第21届五省(市、区)稠油开采技术研讨会论文集

本书编委会　编

中国石化出版社

图书在版编目(CIP)数据

第21届五省(市、区)稠油开采技术研讨会论文集/本书编委会编. —北京：中国石化出版社，2022.9
ISBN 978-7-5114-6831-4

Ⅰ.①第… Ⅱ.①本… Ⅲ.①稠油开采-学术会议-文集 Ⅳ.①TE345-53

中国版本图书馆CIP数据核字(2022)第142119号

中国石化出版社出版发行
地址：北京市东城区安定门外大街58号
邮编：100011 电话：(010)57512500
发行部电话：(010)57512575
http://www.sinopec-press.com
E-mail:press@sinopec.com
北京富泰印刷有限责任公司印刷
全国各地新华书店经销
*
880×1230毫米 16开本 52.25印张 1567千字
2022年9月第1版 2022年9月第1次印刷
定价：380.00元

《第21届五省(市、区)稠油开采技术研讨会论文集》
编　委　会

前　言

1989年，山东、河南、新疆、辽宁四省区石油学会在中国石油学会的领导下，共同策划举办了首届稠油开采技术研讨会，开启了稠油开采技术学术交流活动的序幕。2004年天津市石油学会加入主办单位行列，主办单位由四省(区)变成为五省(市、区)，2014年被中国石油学会评为“品牌学术活动”。稠油开采技术研讨会已成功举办20届，是国内具有影响力的稠油开采高水平学术会议，促进了我国稠油开采技术创新、高质量发展，为保证国家能源安全作出积极贡献。

为积极贯彻落实习近平总书记关于国家能源安全新战略重要思想，有效应对“双碳”战略目标与高能耗、高排放的稠油开采之间的矛盾，共商低成本稠油开采技术发展方向，提高稠油开采技术水平和经济效益，新疆石油学会承办了第21届五省(市、区)稠油开采技术研讨会。研讨会以“探索稠油低成本效益开发技术，助力国家能源安全新战略”为主题，通过专家报告、论文交流集中展示国内最新稠油开采理论、技术和研究成果，围绕低成本稠油开采技术发展方向和绿色低碳、数智化应用等议题开展交流研讨。在辽宁省石油石化学会、山东石油学会、河南省石油学会、天津市石油学会等兄弟学会的积极响应和大力支持下，大会共征集论文195篇，经专家审核筛选出157篇，汇编出版《第21届五省(市、区)稠油开采技术研讨会论文集》，并从中优选部分优秀论文进行会议交流。

本论文集作为研讨会成果之一，全面总结了五省(市、区)各油田稠油开采领域在油藏地质、钻采工程、绿色低碳、数智化应用等方面的技术创新成果，分享了各油田稠油开采的成功案例及经验做法。相信论文集的出版，对石油行业科技工作者将有一定的参考和借鉴作用，将有力推动我国稠油开采技术进步和高质量发展。

在本书出版过程中，得到了论文作者和相关单位的大力支持，编审专家认真审核，提出了一些宝贵意见，在此一并表示衷心感谢！

稠油开采技术研讨会历程表

会议时间	会议地点	承办单位	会议届次
1989 年 10 月 11 日–15 日	山东省烟台市	山东石油学会	第一届四省(区)稠油开采技术研讨会 山东石油学会倡议发起，并确定轮值制度
1990 年 8 月 10 日–13 日	江苏省无锡市	河南省石油学会	第二届四省区稠油开采技术研讨会
1991 年 8 月 24 日–30 日	新疆克拉玛依市	新疆石油学会	第三届四省区稠油开采技术研讨会
1992 年 8 月 24 日–30 日	辽宁省大连市	辽宁省石油 石化学会	第四届四省区稠油开采技术研讨会
1993 年 9 月 18 日–23 日	山东省泰安市	山东石油学会	第五届四省区稠油开采技术研讨会
1994 年 9 月 7 日–12 日	湖北省襄樊市	河南省石油学会	第六届四省区稠油开采技术研讨会
1995 年	江苏省无锡市	新疆石油学会	第七届四省区稠油开采技术研讨会
1996 年 7 月 5 日–8 日	辽宁省丹东市	辽宁省石油 石化学会	第八届四省区稠油开采技术研讨会
1998 年 8 月		山东石油学会	第九届四省区稠油开采技术研讨会
2000 年		河南省石油学会	第十届四省区稠油开采技术研讨会
2002 年 7 月 24 日–30 日	新疆克拉玛依市	新疆石油学会	第十一届四省区稠油开采技术研讨会 天津市石油学会组团参加会议
2004 年 9 月 22 日–25 日	辽宁省大连市	辽宁省石油 石化学会	第十二届五省(市、区)稠油开采技术研讨会 天津市石油学会正式加入主办单位行列
2006 年	云南省昆明市	山东石油学会	第十三届五省(市、区)稠油开采技术研讨会
2008 年 9 月	福建省福州市	河南省石油学会	第十四届五省(市、区)稠油开采技术研讨会
2010 年 10 月 13 日–15 日	天津市	天津市石油学会	第十五届五省(市、区)稠油开采技术研讨会
2012 年 6 月 16 日–17 日	新疆克拉玛依市	新疆石油学会	第十六届五省(市、区)稠油开采技术研讨会
2014 年 7 月 22 日—25 日	辽宁省盘锦市	辽宁省石油 石化学会	第十七届五省(市、区)稠油开采技术研讨会 被中国石油学会评为“品牌学术活动”
2016 年 10 月 19 日–20 日	山东省青岛市	山东石油学会	第十八届五省(市、区)稠油开采技术研讨会
2018 年 7 月 25 日–27 日	河南省郑州市	河南省石油学会	第十九届五省(市、区)稠油开采技术研讨会
2021 年 5 月 19 日–20 日	天津市	天津市石油学会	第二十届五省(市、区)稠油开采技术研讨会
拟定 2022 年 9 月 27 日–29 日	新疆乌鲁木齐市	新疆石油学会	第二十一届五省(市、区)稠油开采技术研讨会

目　　录

开发地质及油藏工程

钻采工艺与地面工程

绿色低碳

稠油开采数智化应用

海上稠油渗流特征及大井距热采研究及实践

马奎前　刘　东　朱　琴　潘广明　冯海潮

[中海石油(中国)有限公司天津分公司]

摘　要　针对海上热采的难点，基于稠油流变性分析和岩心实验研究了稠油启动压力梯度和流度的关系式，研究了渤海主力稠油油田的渗流特征和非线性渗流规律，研究结果表明，天然能量开发具有较高日产油能力成为海上大井距热采的基础。热采的极限井距受启动压力梯度控制，建立了不同地层渗透率和地层原油黏度条件的极限井距和对应生产井网下的合理生产压差的计算模型，并绘制了相关的图版。研究结果在渤海 BL1、BN5、BL7 等主力稠油油田进行了矿场应用，取得了初步效果。研究成果对海上稠油油藏大井距热采研究方案设计和生产制度优化具有重要指导意义。

关键词　稠油油藏；渗流特征；蒸汽吞吐；蒸汽驱；工作制度

稠油注蒸汽热采是开发稠油的有效技术，蒸汽吞吐、蒸汽驱在陆地油田进行了工业化应用，而由于海上油田开发具有高投入、高成本的特点，稠油热采技术在海上长期未见应用和推广。渤海油田稠油储量丰富，地层原油黏度从50mPa·s到50000mPa·s均有分布，长期以天然能量开发、注水开发为主。多年开发实践表明，地层条件黏度小于350mPa·s左右的稠油可以通过天然能量、水平井、化学驱等技术开发获得较好效益，对于地层条件黏度大于350mPa·s的特殊稠油，常规冷采开发采油速度和采收率均比较低，经济效益差，目前正在开展稠油热采的先导试验。

为提高经济效益，陆地“定向井+小井距(70m)”的开采模式不适用于海上，海上需要采用“水平井+大井距”的热采模式。与低渗透介质一样，在高渗透介质中，稠油也存在低速非达西渗流现象，而启动压力梯度则能表述稠油低速非达西渗流现象。由于稠油黏度高，渗流阻力大，液-固界面及液-液界面的相互作用力大，导致稠油的渗流规律产生某种程度的变化而偏离达西定律。只有当驱动压力梯度超过某一初始压力梯度时，稠油才能流动，为此增加了稠油的开采难度。由于启动压力梯度在稠油油藏中广泛存在，稠油开发的井网设计与稠油流度和流变性关系密切，因而不同类型稠油油藏需要不同的开发井网。因此定量研究大井距水平井的极限井距与油藏和油品的关系，指导海上稠油油田井网设计和生产制度优化，是高效开发海上稠油的关键。

针对海上热采的难点，基于稠油流变性分析和岩心实验，对稠油启动压力梯度和流度的关系式进行了研究，分析了渤海主力稠油油田的渗流特征和非线性渗流规律，初步探索了不同地层渗透率和地层原油黏度条件的极限井距和对应生产井网下的合理生产压差的计算模型，并通过渤海BL1、BN5、BL7等主力稠油油田的实例研究，对海上大井距热采的矿场应用效果进行了分析，研究成果对海上稠油油藏大井距热采研究方案设计和生产制度优化具有重要指导意义。

1　渤海典型稠油油藏渗流特征

1.1　稠油样品组分分析

表1为渤海典型稠油油田的地层和油藏流体主要参数。由表1可知，渤海典型稠油油田的平均胶质含量为18.3%(孤东油田31.1%)、平均沥青质含量为7.6%(孤东油田2.1%)，平均沥青质含量远高于孤东油田的水平，这是导致渤海典型稠油特性不同于其他油田稠油特性的主要原因。胶质和沥青质的含量是影响稠油黏度的主要因素。随着沥青质和胶质含量的增加，稠油的黏度变大。

表1　渤海典型稠油油田地质油藏参数

典型油田 典型区块	(A)BL7 油田	(B)BN5 油田南区	(C)BL2 油田	(D)BJ油田 5井区	(E)BL1 油田西盘	(F)BL5 油田	海上典型 油田平均值
地层	明化镇组	明化镇组	明化镇组	东营组	馆陶组	馆陶组	/
沉积相	浅水三角洲	河流相	三角洲平原	三角洲前缘	辫状河	/	/
油藏类型	构造岩性	边水油藏	边底水油藏	层状构造	边水油藏	顶底水	/
油层厚度/m	10	6	20	67.7	40	57	33
平均渗透率/$10^{-3}\mu m^2$	5840	3650	2814	740	3085	3192	2841
地层原油黏度/mPa·s	2337	650	437	262	2908	53203	/
50℃地面脱气原油黏度/mPa·s	2678	2568	1080	1973	4582	/	/
胶质/%	20.32	21.04	11.77	18.35	18.24	20.3	18.3
沥青质/%	6.81	7.62	6.25	2.92	6.86	15.11	7.6
水平段长度/m	300	200	280	300	300	500	313
水平井井距/m	400	300	240	500	120	75	273

1.2　流变性实验研究

本实验使用旋转法对原油流变性进行测试，测试遵照国家标准GB/T 28910—2012《原油流变性测定方法》执行。实验流程如下：(1)稠油样品准备。对稠油样品进行加热脱水处理，并使用不锈钢滤网过滤。脱水和过滤之后的稠油样品装入密封磨口瓶中，在80℃条件下恒温2h，使原油依靠分子的热运动达到均匀状态，然后自然冷却至室温，并稳定48h以上，确保原油样品达到了相同的组成和初始状态。(2)测试准备。测试前依据实验要求及设备要求，用溶剂清洗干净盛样容器、测量系统；再将油样倒入测量筒，倒油时保证样品中无气泡；试样在设定温度下恒温至少1h，以保证示值稳定。(3)流变曲线测试。依据测试要求，设定样品测试温度、压力条件，然后在设定的测试温度压力条件下，由低到高改变剪切速率，每个温度下测试从$1s^{-1}$到$50s^{-1}$(间隔$2s^{-1}$)共25个剪切速率，记录相应剪切速率下对应的剪切应力和动力黏度。(4)屈服值测定。本实验使用外延法，将实测剪切速率范围内的流变曲线向剪切速率低的方向外延至剪切速率为零，取对应的剪切应力，即得到屈服值。(5)反常点测定。先在不同的剪切速率下测定黏温曲线，再绘制于同一坐标系中，找出直线段与放射线段的分界点对应的温度，即得到反常点。

如图1所示，在温度较低时，不同剪切速率下原油黏度尚存在一定差别，随着温度的增加，差异逐渐减小，说明原油逐渐从非牛顿流体向牛顿流体转化，当温度升高至80℃以上，不同剪切速率下原油黏度点基本重合，即在温度高于80℃的条件下，可以认为热采区原油已经处于牛顿流体状态。

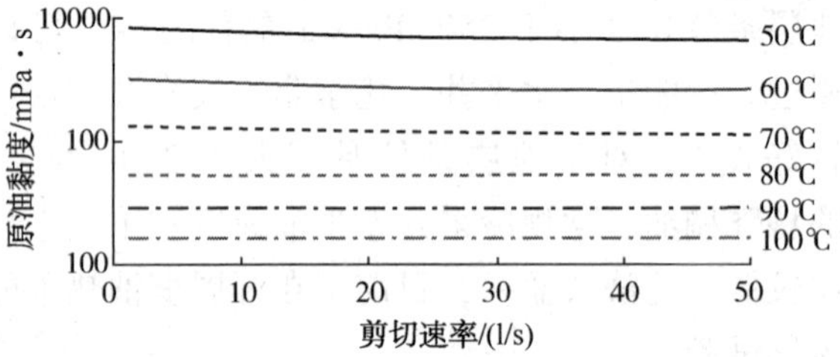

图1　BL1油田稠油样品流变性数据

1.3　流变性拐点温度分析

屈服值是非牛顿流体开始流动所需的最小剪切应力值。BL1油田在ODP方案设计时，用传统黏温曲线斜率法得到的拐点温度值为56℃，见图2(a)；在钻前优化阶段，补充流变性实验后，得到不同温度下原油的屈服值，并绘制成图，见图2(b)。

图1(b)是海上BL1油田油样流变性的实验分析结果。牛顿流体的黏度与剪切速率无关，而非牛顿塑性流体的黏度则随着剪切速率的变小而增大。当温度降到80℃及以下，原油可从牛顿流体变成非牛顿流体。

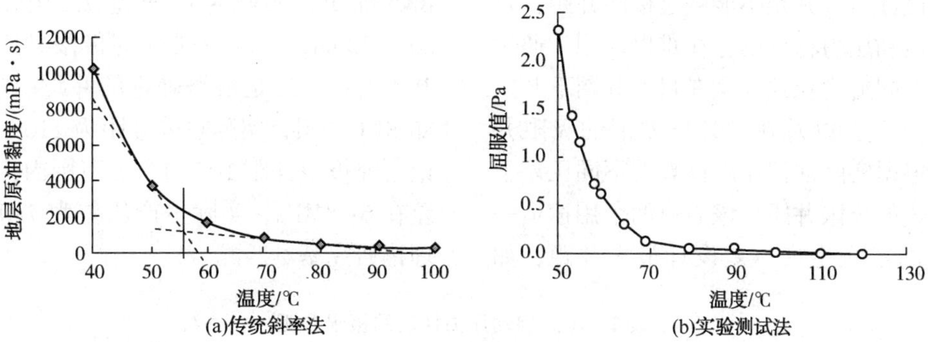

(a)传统斜率法　　(b)实验测试法

图 2　BL1 油田西块稠油拐点温度值

2　稠油非线性渗流特征研究

根据达西定律，渗流速度与压力梯度之间表现为一条过原点的线性关系，只要偏离这种线性关系的渗流过程，都称为非达西渗流，即非线性渗流。假设地层无限大，生产井以恒定压力生产，则地层中存在内部渗流区域及外部定压区域两个区域。内部渗流区域边界为随时间变化的动边界，运动方程如下：

$$\begin{cases} u=0, & |\partial p/\partial r|\leqslant G \\ u=-\dfrac{K}{\mu_o}(\partial p/\partial r-G), & |\partial p/\partial r|>G \end{cases} \tag{1}$$

式中，u 为渗流速度，m/s；$\partial p/\partial r$ 为压力梯度，MPa/m；G 为启动压力梯度，MPa/m；K 为地层渗透率，$10^{-3}\ \mu m^2$；μ_o 为地层原油黏度，mPa·s。只有当驱动压力梯度超过启动压力梯度时，稠油才能流动。

在目前常规热采数值模拟软件中，未考虑稠油的启动压力梯度，但其对稠油热采开发的影响不能忽略，因此提出在热采井网部署计算合理井距时考虑启动压力梯度。

根据渗流理论，无限大地层中压力梯度最小值表达式为：

$$(\mathrm{d}p/\mathrm{d}r)_{\min}=2\Delta p/[\mathrm{d}\ln(\mathrm{d}/r_w)] \tag{2}$$

式中，$(\mathrm{d}p/\mathrm{d}r)_{\min}$ 为最小压力梯度，MPa/m；Δp 为生产压差，MPa；d 为 2 口井连线上任意点到注水井的距离，m；r_w 为生产井井筒半径，m。

对于等产量一注一采情况，在注采井中间位置压力变化最缓，压力梯度最小。要使注水受效，就必须使井间最小压力梯度足以克服启动压力梯度。当启动压力梯度等于注采井主流线中点处的驱替压力梯度时，对应的注采井距即为技术极限井距。联立文献中关系式和公式(2)可得：

$$2\Delta p/[\mathrm{d}\ln(d/r_w)]=0.1231\times(K/\mu_o)^{-0.8688} \tag{3}$$

根据公式(4)，绘制不同压差下冷采开发的极限井距见图 3(a)。根据热采的复合油藏模式，将热采油藏划分为加热区和冷区，在加热区内原油黏度大幅度降低，启动压力梯度变化较为明显。通过数模模型计算结果可知，在加热半径范围内的启动压力梯度较低，距离注热井 50m 范围内的原油黏度较低，吞吐 15 轮时的启动压差约为 0.5MPa。而在冷区范围内原油黏度为地层原油的原始黏度，启动压力梯度维持在恒定值。图 3(b) 为热采开发的极限井距，绘制时考虑了加热区黏度的急剧降低。

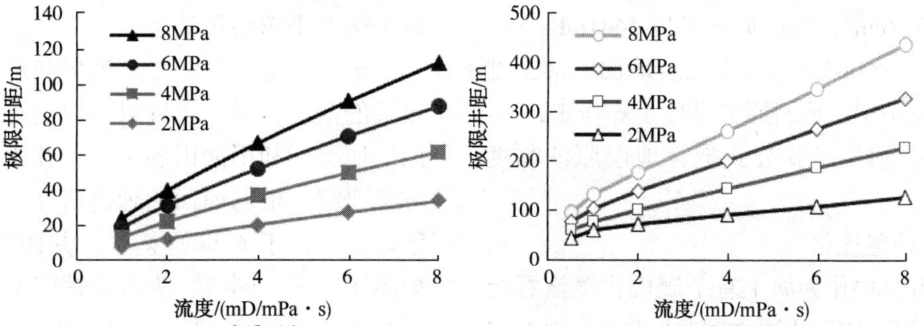

(a)冷采开发　　(b)热采开发

图 3　稠油极限井距和生产压差图版

在方案设计时，井距不能超过极限井距，否则稠油因为启动压力梯度的存在难以动用。通过图版可查询不同流度稠油油藏在目前井网下开发所需的生产压差，以及在设计压差下的极限井距。表2为根据实际油田流度计算的不同压差下不同开发方式的极限井距。该表有两个用途：一是根据确定的最大生产压差设计最大井距，如BN5油田，实际生产压差7.2MPa，实际井距200~300m，与理论研究的极限井距250~325m基本匹配。二是根据确定的井距确定生产压差，如BL1油田，实际热采井距为110~130m，在理论研究极限井距107~137m范围内，理论生产压差在6~8MPa，实际生产压差为7MPa左右，与理论研究基本匹配。

表2　考虑启动压力梯度的极限井距

油田名称	流度/(mD/mPa·s)	理论极限井距/m						实际情况				
		生产压差4MPa		生产压差6MPa		生产压差8MPa		地层静压/MPa	最小井底流压/MPa	生产压差/MPa	实际井距/m	开发方式
		冷采	热采	冷采	热采	冷采	热采					
BL7	2.5	26	124	37	175	48	225	12	2	10	400	热采吞吐
BN5	5.6	45	178	65	250	85	325	9.5	2.3	7.2	300	热采吞吐
BJ1	2.8	28	115	40	157	51	236	10	2.5	7.5	500	注水开发
BL1	1.1	15	76	20	107	25	137	15	8.0	7.0	120	热采吞吐
BL5	0.1	/	50	/	55	/	60	15	/	/	75	热采吞吐

3　海上稠油大井距热采开发矿场试验实例

3.1　厚层边底水稠油油藏蒸汽吞吐实例——BL1油田西块

3.1.1　地质油藏特征

BL1油田主要受中央走滑断层控制，平面上分为西块和东块。西块含油层系主要发育于新近系馆陶组和古近系东营组、沙河街组，其中主要含油层位为馆陶组，以块状边底水油藏为主，油藏埋深-1150~-1970m。馆陶组储层为辫状河沉积，岩性以中-细粒、细粒岩屑长石砂岩为主，为特高孔渗储层，平均孔隙度29.9%，平均渗透率2050mD。馆陶Ⅳ、Ⅴ油组为主力油组，流体性质为重质稠油，其中Ⅳ油组地面原油密度0.979~0.985g/cm^3，地面原油黏度5441mPa·s，地层原油黏度2909mPa·s；Ⅴ油组地面原油密度0.979~0.985g/cm^3，地面原油黏度10670mPa·s，无PVT取样，利用经验公式折算地层原油黏度为3890mPa·s。

3.1.2　井网调整优化

BL1油田西块作为海上首个规模化蒸汽吞吐热采区块，开发方案设计10口水平井，其中9口井位于馆陶Ⅳ油组高部位开采优质储量，1口井位于馆陶Ⅴ油组作为底水稠油油藏热采先导试验井。第一轮蒸汽吞吐设计注汽速度12.5t/h，井底温度340℃，井底干度40%，边水油藏9口井注汽强度25t/m，底水油藏1口井注汽强度15t/m。由于原始地层压力高(15.3MPa)，注汽速度和井底干度整体低于设计，周期注汽量和井底温度整体达到设计。从第一轮蒸汽吞吐生产效果来看，除了因为注汽压力高导致注汽效果较差的2口井(B6H、B7H)，馆陶Ⅳ油组整体热采效果较好，高峰日产油主要在80~120m^3，是冷采产能的4倍左右，热采有效期主要在300~400天，周期平均日产油主要在50~80m^3，是冷采产能的2倍左右。馆陶Ⅴ油组1口底水油藏热采先导试验井，第一轮高峰日产油48m^3，热采有效期220天，周期平均日产油32m^3，由于原油黏度是馆陶Ⅳ油组的2倍，且注汽强度低，生产效果略差于馆陶Ⅳ油组。

第一轮蒸汽吞吐生产效果坚定了油田规模化热采的信心，进一步针对西块仍有大量储量未动用的情况，利用油田剩余6个井槽，开展调整井方案研究。根据前面的理论研究，结合数值模拟手段，设计了6口调整井，井距在120m左右，如图4所示。同时，为改善馆陶Ⅴ油组调整井热采效果，馆陶Ⅴ油组3口调整井注汽强度由15t/m提高至20t/m，馆陶Ⅳ油组注汽强度仍采用25t/m。

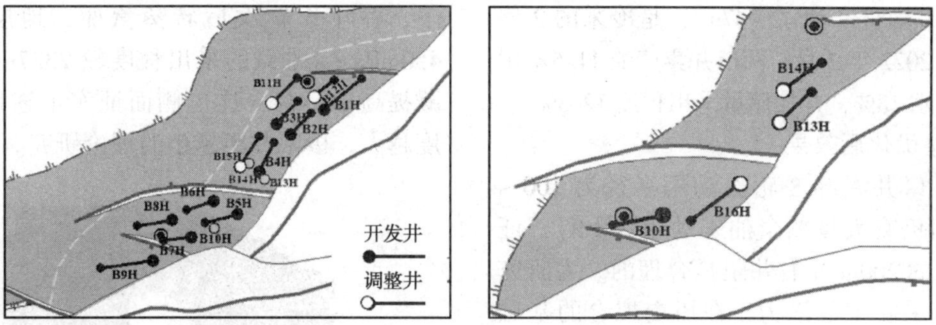

图 4　BL1 油田井位图

3.1.3　调整优化后效果

目前有 2 口调整井（B12H、B16H）正式投产，其中馆陶Ⅳ油组调整井 B12H 高峰日产油 105m^3，与周边邻井生产效果相当，如图 5 所示；馆陶Ⅴ油组调整井 B16H 高峰日产油 114m^3，是邻井 B10H 的 2.4 倍，可见提高注汽强度后，生产效果得到明显改善，如图 6 所示。

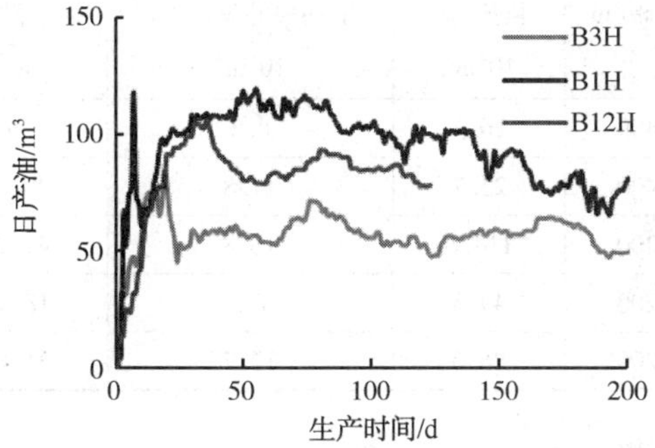

图 5　B12H 与邻井第一轮蒸汽吞吐日产油曲线

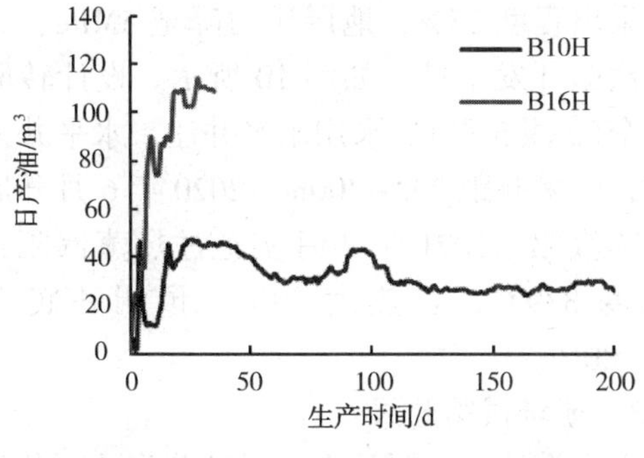

图 6　B16H 与邻井第一轮蒸汽吞吐日产油曲线

3.2　薄层边水稠油油藏蒸汽吞吐实例——BL7 油田明化镇组

3.2.1　地质油藏特征

BL7 油田主要含油层系为明化镇组，属于受断层控制的低幅鼻状构造，以河道、滩坝型浅水三角洲沉积为主，储层横向变化较大，非均质性强，属于高孔高渗储层。地层原油黏度 2337mPa·s，属于重质稠油。明化镇组试采井冷采效果差，水平井冷采初期产能仅为 20～30m^3/d（A23H 井 2015 年 4 月前为冷采，如图 7 所示），预测采收率仅 7.0%，为提高采收率编制了总体热采开发方案，并在主力砂体部署热采井 7 口，如图 8 所示。为确保试验效果、降低试验风险，优选明化镇组两口井（A22H、A23H）进行蒸汽吞吐先导试验，动用地质储量 $90\times10^4m^3$，布井区域基本不受边水影响。

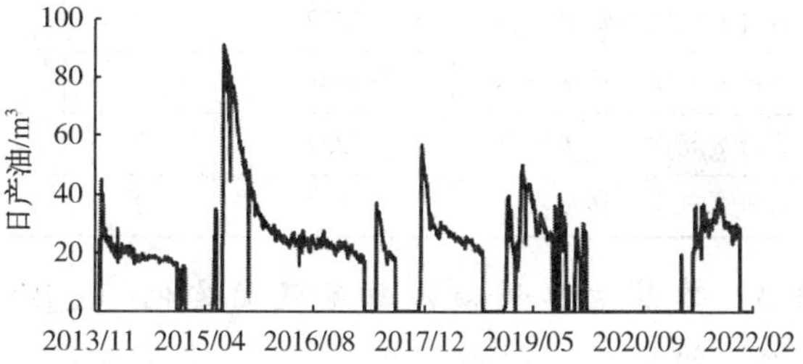

图 7　BL7 油田 A23H 井日产油曲线图

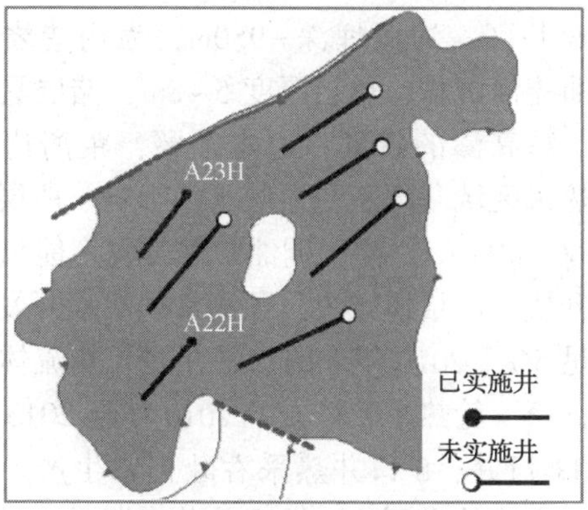

图 8　BL7 油田明化镇组井位图

3.2.2　井网调整优化

A22H 和 A23H 于 2013 年 12 月投产，第一轮蒸汽吞吐高峰日产油 76～91m^3，是冷采的 3～

4倍，周期平均日产油42~47m^3，是冷采的2倍左右。截至2022年2月，两口井累产油11.5×10^{4}m^3，综合含水18%，井控储量采出程度12.8%。

3.2.3　调整优化后效果

预测2口井吞吐8轮次动用半径为100~130m，井间仍有大量剩余油未动用(图9)，证实理论研究的200m左右井距是合理的。为研究该油田提高采收率的潜力，在历史拟合的基础上，研究了不同开发方案的开发效果，预测结果如表3所示。分析预测结果有以下结论：(1)在地层原油黏度2337mPa·s、井距400m条件下，虽然单井累产油高，但最终采出程度低；(2)在井距400m条件下转蒸汽驱后采出程度提高2.6%，在井距200m条件下转蒸汽驱后采出程度提高13.7%，说明对于BL7油田明化镇组，200m井距更合理；(3)在相同井距200m条件下，吞吐6轮次后转蒸汽驱，地层原油黏度450mPa·s油藏的采出程度较2337mPa·s的油藏提高10.4%，这也侧面证实上述地层原油黏度越大，极限井距越小的理论研究。

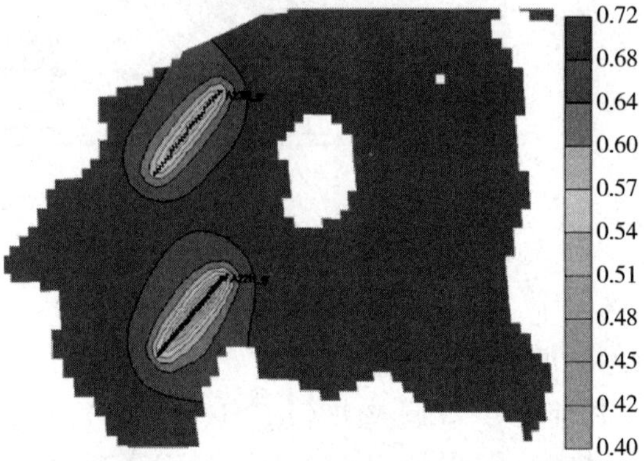

图9　BL7油田吞吐8轮次后含油饱和度图

表3　BL7稠油油田不同开发方式开发效果对比

方案	地层原油黏度/(mPa·s)	井数/口	地质储量/10^{4}m^3	井距/m	生产27年 累产油/10^{4}m^3	生产27年 平均单井累产油/10^{4}m^3	生产27年 采出程度/%
吞吐8轮次	2337	2	272	400	16.7	8.3	6.1
吞吐6轮次后转蒸汽驱	2337	2	272	400	23.7	11.8	8.7
吞吐6轮次后转蒸汽驱	450	7	272	200	114.6	16.8	42.2
吞吐8轮次	2337	7	272	200	49.3	7.3	18.1
吞吐6轮次后转蒸汽驱	2337	7	272	200	86.6	12.7	31.8

3.3　薄层边水稠油油藏蒸汽驱实例——BN5油田

3.3.1　地质油藏特征

BN5油田过热蒸汽驱位于南区Nm0-7+8+9小层6井区，油藏埋深-950m，为构造岩性油藏，曲流河沉积，单层厚度5~8m，储层具有特高孔、特高渗的特征；边水油藏，距离边水较远，热采区域基本不受地层水的影响。地层原油黏度600mPa·s，南区稠油常规开发产能低、含水上升快、产量递减快，预测常规注水开发采收率不足5%。2010年采用水平井多元热流体吞吐开发，第一轮热采整体方案2010年至2013年共实施11口井，8口井热采吞吐正常生产。通过第一轮实施效果评价，发现单井周期平均日产油50m^3，周期平均产能提高1.6倍，平均热采有效期330天，周期累产油1.7×10^{4}m^3，平均单井周期增油量0.6×10^{4}m^3。热采吞吐后，南区日产油从200m^3/d上升到600m^3/d，预测吞吐采收率为23%。

3.3.2　蒸汽驱先导试验

BN5油田转蒸汽驱先导试验区，已吞吐3轮次，采出程度25%，地层压力降至5MPa，具备转蒸汽驱开发条件，如图10所示。设计转驱井组1个(2注5采)，采用水平井注，水平井采的方式，注采井距200~300m。2020年6月开展湿饱和蒸汽驱，2021年3月实施过热蒸汽驱，注入温度339℃，过热度23℃，预测井底干度70%~80%。

3.3.3　矿场试验效果

方案设计时，预计吞吐后转蒸汽驱可分为吞吐预热、蒸汽驱替、蒸汽突破、蒸汽剥蚀四个生产阶段，预计区块阶段采出程度分别为18.7%、0.3%、10.4%、9.4%，最终采出程度38.8%。目前5口井见效(1口井热连通)，累产油13.0×10^{4}m^3，日增油70m^3，累增油3.0×10^{4}m^3，仍处于驱替试验初期，如图11所示。日产油曲线下

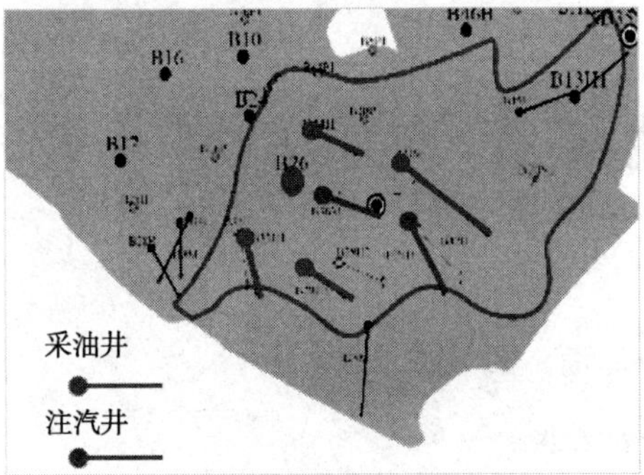

图 10　BN5 油田井位图

降，主要是因为两口生产井泵故障影响时率，目前预计采收率能够达到 40%。

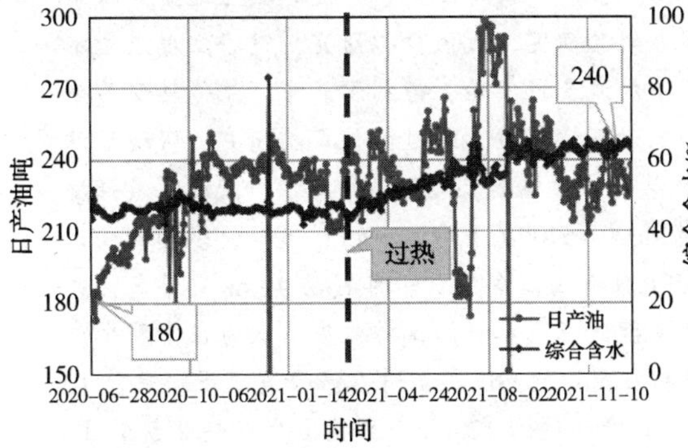

图 11　BN5 油田蒸汽驱试验区生产曲线

4　结论与认识

（1）由于经济门槛高等原因，陆地热采小井距模式不适用于海上。海上稠油油藏大多具有一定规模的冷采产能，地层条件下能够流动，是海上能够采用大井距热采的基础。

（2）分析原油黏度随温度变化的规律可知，高温下原油的结构易被破坏，且在高温条件下增加较小的压力梯度，就能获得较大的渗流速度。稠油冷采开发与稠油热采开发的启动压力梯度不同，造成不同开发方式的极限井距也不同。相同生产压差条件下，热采的极限井距大于冷采。

（3）矿场实践表明，拐点温度值越大，注入相同热量的有效加热范围越小，蒸汽吞吐生产的产能越低，周期生产有效期越短。增加周期注汽量，可提高有效加热半径，从而延长热采有效期，改善蒸汽吞吐效果，获得较高初期产能。

参　考　文　献

[1] 郭太现，苏彦春．渤海油田稠油油藏开发现状和技术发展方向[J]．中国海上油气，2013，25(4)：26-30.

[2] 刘东，李云鹏，张风义，等．弱凝胶提高海上稠油油田采收率影响因素分析[J]．特种油气藏，2013，20(2)：84-86.

[3] 程大勇，蔡晖，朱志强，等．大倾角油藏重力作用对注水时机影响研究[J]．特种油气藏，2018，25(2)：99-106.

[4] 刘东，李云鹏，张风义等．烟道气辅助蒸汽吞吐油藏适应性研究[J]．中国海上油气，2012，24(增刊1)：62-66.

[5] 刘东．热采水平井加热半径计算新模型[J]．中国海上油气，2015，27(3)：84-90.

[6] 刘东，胡廷惠，潘广明等．海上稠油多元热流体与蒸汽吞吐开采效果对比[J]．特种油气藏，2015，22(4)：118-120.

[7] 薛定谔．A. E. 多孔介质中的渗流物理[M]．王鸿勋，张朝琛，孙书琛，译．北京：石油工业出版社，1982：174-175.

[8] 王晓冬，郝明强，韩永新．启动压力梯度的含义与应用[J]．石油学报，2013，34(1)：188-191.

[9] 许家峰，程林松，李春兰等．普通稠油油藏启动压力梯度求解方法与应用[J]．特种油气藏，2006，13(4)：53-57.

[10] 马涛，王海波. 腐植酸盐对吉林稠油乳化作用研究[J]．西南石油大学学报：自然科学版，2012，34(5)：159-163.

[12] 罗宪波，李波，刘英，等. 存在启动压力梯度时储层动用半径的确定[J]．中国海上油气，2009，21(4)：248-249.

[13] 石立华，喻高明，袁芳政，等．海上稠油砂岩油藏启动压力梯度测定方法及应用—以秦皇岛 32-6 油田为例[J]．油气地质与采收率，2014，21(3)：82-85.

[14] 王守磊，耿站立，安桂荣. 海上稠油油藏层间干扰系数确定新方法[J]．中国海上油气，2017，29(5)：90-95.

[15] 石立华，喻高明，袁芳政，等．海上稠油砂岩油藏启动压力梯度测定方法及应用—以秦皇岛 32-6 油田为例[J]．油气地质与采收率，2014，21(3)：82-85.

海上厚层普通稠油油藏蒸汽吞吐油藏工程研究及实践

刘　东　罗宪波　朱　琴　冯海潮　吕文杰

[中海石油(中国)有限公司天津分公司]

摘　要　目前对注蒸汽热采过程中由于温度变化导致的稠油流变性变化、有效加热范围等研究较少，从而为热采方案设计时确定最优注采参数等带来困难。渤海湾LD油田西区稠油具有埋藏深(1500m)，黏度稠(50℃脱气原油黏度达到5441mPa·s)，油层厚(单层厚度16~38m)，边水发育(水体倍数4~11倍)等特点，ODP设计10口水平井蒸汽吞吐开发。如何让注采参数、水平井纵向位置等关键参数与地质油藏条件匹配，从而获得好的开发效果，成为关注的焦点。本文结合实验研究、数值模拟研究，对海上厚层边水油藏、底水油藏蒸汽吞吐开展了一些探索。开展了不同温度下的流变性实验，得到了非牛顿流体转变为牛顿流体的流变性拐点温度，研究了不同流体在多孔介质中的启动压力梯度。通过数值模拟研究，实现了注采参数优化。综合研究结果，对ODP方案做出了三项改变。第一，注热参数优化。每米水平段的注汽强度由17t/m提升到了25t/m，第一周期注汽量由3900t增加到了4600~6700t(平均5750t)；第二，纵向位置优化，距离边水较远的5口水平井，纵向位置从ODP设计的靠近顶部位置向储层中部移动4~6m；第三，关于生产制度优化，根据比采液指数随温度的变化，探索了海上稠油蒸汽吞吐的工作制度，认为在下泵生产约4个月时，开始适当控制压差，后期通过井筒化学降黏提高采液指数可改善蒸汽吞吐开发效果。目前10口开发井全部投产，达到ODP设计。第一口井B1H投产后，日产油达到120t/d，且稳定生产超过5个月，第一周期吞吐累产油达4万吨，实现了海上稠油“高产、稳产”的目标。

关键词　稠油油藏；流变特征；牛顿流体；蒸汽吞吐；注采参数

渤海油田地层黏度大于350mPa·s的稠油探明地质储量高达数亿吨，未动用稠油储量占比较大。2008年以来，渤海油田先后建立了多元热流体吞吐和蒸汽吞吐热采先导试验区，分别进行了3~5轮次吞吐现场试验，取得了较好的热采开发和增油效果。2020年9月，中国海上第一个大型稠油热采开发平台正式投产，成为渤海稠油热采规模化的一座重要里程碑。LD油田西区稠油具有埋藏深(-1500m)，黏度稠(50℃脱气原油黏度达到5441mPa·s)，油层厚(单层厚度16~38m)，边水发育(水体倍数4~11倍)等特点，ODP设计10口水平井蒸汽吞吐开发。如何让注采参数、水平井纵向位置等关键参数与地质油藏条件匹配，从而获得好的开发效果，成为关注的焦点。

1　典型油田地质油藏特征及开发难点

1.1　地质油藏特征

LD油田含油层系主要发育于新近系馆陶组，以块状边底水油藏为主，油藏埋深-1150~-1970m，发育辫状河沉积。馆陶组纵向上划分为6个油组，主力含油油组为馆Ⅳ、馆Ⅴ油组。油田整体流体性质为重质稠油，平均孔隙度34.2%，平均渗透率3268mD，为特高孔渗储层(图1)。

1.2　开发的难点及挑战

根据渤海稠油开发多年的经验，该油田西块开发面临的主要挑战为：

(1) 原油黏度大。馆陶Ⅳ油组地面脱气原油黏度为5441mPa·s，地层条件原油黏度为2909mPa·s；馆陶Ⅴ油组地面脱气原油黏度为8138~10670mPa·s，属于特稠油范围。

(2) 油层厚度大。Ⅳ油组油层厚度为25.2~38.7m，ODP设计9口水平井，井距120~150m，位于储层上部1/3处。Ⅴ油组油层厚度为32.1~43.3m，底水油藏，ODP设计1口水平井，位于储层顶部1/3。

(3) 油藏类型复杂：Ⅳ油组为层状边水油藏，边水油藏水体倍数约4~11倍；Ⅴ油组为块状底水油藏，底水油藏水体倍数约为24~65倍。

目前海上在薄层、单砂体开辟了热采试验区，但在厚层、底水油藏还没有热采的先例。如何通过注采参数优化、水平井位置优化，实现注入热量加热范围最大化，是该油田能否有效开发的关键。

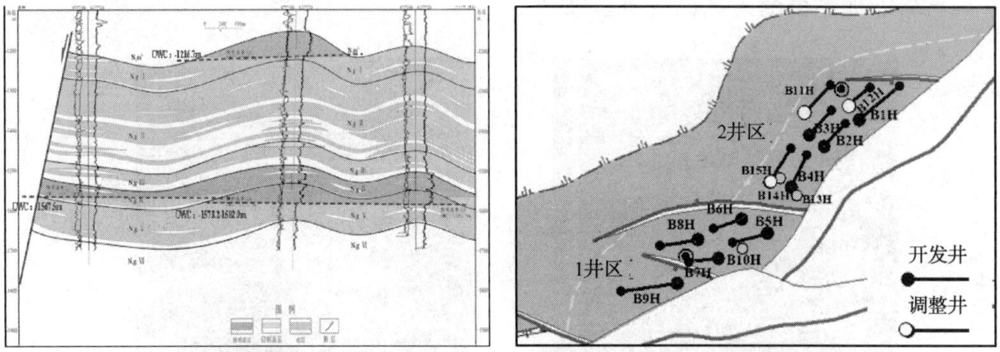

(a)油藏剖面图　　(b)热采井位图

图 1　LD 油田西块地质油藏特征

2　稠油热采油藏工程关键技术研究

2.1　稠油冷采渗流特征研究

海上稠油具有一定冷采产能，是海上稠油能够采用“大井距”热采的关键基础。为落实该油田冷采产能，为后续热采吞吐效果评价提供基础数据，选择Ⅳ油组边水油藏 3 口井 B2H、B3H、B5H，Ⅴ油组底水油藏 1 口井 B10H 下泵冷采 6 个月，生产压差 1.2~3.5MPa，单井平均日产油 8~34m^3/d，见表 1。

通过先期冷采，得到以下认识：(1)4 口先期冷采井平均米采油指数与 ODP 设计基本一致；(2)不同完井方式的冷采产能不同，套管射孔完井的冷采产能低于筛管完井；(3)馆陶Ⅴ油组原油黏度大，冷采产能低于馆陶Ⅳ油组。通过冷采排液发现，米采油指数较低，生产压差较大，厚层稠油油藏想取得好的开发效果，需加热降黏；否则，只能通过增大生产压差提高单井日产油。

表 1　先期冷采井生产情况统计表

油组	井号	渗透率/mD	厚度/m	生产压差/MPa	冷采产能/(m^3/d)	实际冷采米采油指数/[m^3/(MPa·d·m)]	ODP 冷采米采油指数/[m^3/(MPa·d·m)]	完井方式
N_1gⅣ	B2H	2139	38	3.5	34	0.26	0.19	筛管+砾石充填
	B5H	2197	16	2.0	10	0.30	0.19	筛管+砾石充填
	B3H	2045	38	3.0	9	0.08	0.19	套管射孔+砾石充填
N_1gⅤ	B10H	2174	45	1.2	8	0.15	0.19	筛管+砾石充填
平均	/	/	/	/	15	0.20	0.19	/

2.2　稠油拐点温度及有效加热范围研究

稠油按照组分极性可分为四组分，即饱和组分、芳香组分、胶质和沥青质。在温度较低时，不同剪切速率下原油黏度尚存在一定差别，随着温度的增加，差异逐渐减小，原油逐渐从非牛顿流体向牛顿流体转化。通过 LD 油田稠油样品的流变性实验得知，当温度升高至 80℃以上，不同剪切速率下原油黏度点基本重合，即在温度高于 80℃的条件下，可以认为热采区原油已经处于牛顿流体状态。不同的流变性拐点温度，对注热参数有不同的需求。

图 2 是假设周期注汽量为 6000t，日注入速度 300t/d，焖井结束后的 LD 油田西块在不同拐点温度下的有效流动范围示意图。蓝色区域为原始油藏温度区域，注热热量不能波及，有较大的启动压力梯度；红色区域为有效加热区域，渗流规律为牛顿流动，不存在启动压力梯度；绿色区域为有效加热区和未加热区之间的过渡区域，有

一定的启动压力梯度。如果拐点温度为45℃，注入6000t蒸汽后的加热范围为红色区域，波及范围较大，见图2(a)；如果拐点温度为80℃，注入6000t蒸汽后的加热范围为红色区域，波及范围较小，见图2(b)。要提高单井产能，改善蒸汽吞吐效果，就需要想办法增加红色区域，而增加周期注汽量成为选择的方法之一。

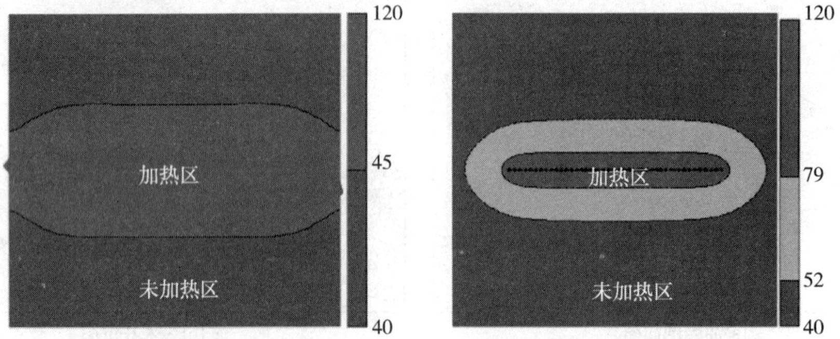

(a)ODP认识拐点温度≥45℃ (b)钻后认识拐点温度≥80℃

图2 LD油田西块不同拐点温度值下的有效流动范围

2.3 厚层蒸汽吞吐注采参数优化研究

与低渗透油藏一样，在多孔介质中，稠油也具有拟启动压力梯度，其大小决定于流体的性质、介质的表面作用和孔隙结构。只有当驱替压力梯度大于拟启动压力梯度时，稠油才能够流动。因此，注热热量加热地层时，加热区需要超过一定温度才能满足注热要求。不同的稠油样品具有不同的拐点温度值，拐点温度值越大，注入相同热量的有效加热范围越小，蒸汽吞吐生产的产能越低，周期生产有效期越短。

注汽强度是影响周期累产油和增油量的最敏感参数之一，也是设计吞吐方案的主要参数。辽河油田水平井注汽强度约为直井注汽强度的25%，借鉴辽河油田标准，水平井注汽强度参考30t/m，在此基础上根据具体油藏类型、地质油藏特征和不同轮次优化注汽强度。

根据数值模拟研究，如果不增加注汽强度，提高周期注汽量，第一周期加热半径只有ODP的60%。由于实验拐点温度80℃高于ODP认识的56℃，为确保第一轮吞吐效果，设计增加水平井的注汽强度，如图3所示。对于边水油藏，考虑到LD油田油层厚度大，原始地层压力较高，结合数模研究结果，推荐馆陶Ⅳ油组9口井第一轮注汽强度为25t/m，第一轮单井平均周期注入量为5905t，后续轮次按照10%左右的比例逐轮递增，预计到第四轮时注汽强度增加到33t/m，可达到注汽强度的拐点。对于底水油藏，考虑到馆陶V油组B10H井为底水油藏热采试验井，热采效果受含水上升规律影响较大，底水突破后热采效果大幅度降低。结合数值模拟研究结果，注汽强度越大，含水率越高。推荐B10H第一轮注汽强度为15t/m，第一轮单井周期注入量为3960t，后续轮次根据生产动态逐轮递增。通过增加周期注汽量，周期产油量增加，热采有效期延长，如表2所示。

表2 10口开发井第一轮蒸汽吞吐注汽参数表

井号	蒸汽注入量/t	注汽强度/(t/m)	平均注汽速度/(t/h)	平均井口干度/%	井底温度/℃	井底干度/%	平均井底干度/%
B1H	5223	25	9.5	78.7	359.3	0-59.7	21.0
B2H	5600	25	12.5	84.3	361.4	34-44	39.3
B3H	6637	25	9.8	77.6	359.3	9-38.9	23.3
B4H	6253	25	8.2	70.2	365.7	0-32.7	3.2
B5H	6375	25	10.5	85.7	358.9	41-50.3	45.3
B6H	5447	29	8.7	63.5	313.8	0-30.3	10.0

续表

井号	蒸汽注入量/t	注汽强度/(t/m)	平均注汽速度/(t/h)	平均井口干度/%	井底温度/℃	井底干度/%	平均井底干度/%
B7H	3165	17	8.1	31.1	310.8	0-38	2.7
B8H	6829	25	9.5	83.9	360.1	0-42.5	26.5
B9H	5062	25	9.0	60.0	358.6	0-30.3	3.4
B10H	3960	15	9.2	58.4	364.8	0-39.6	14.5

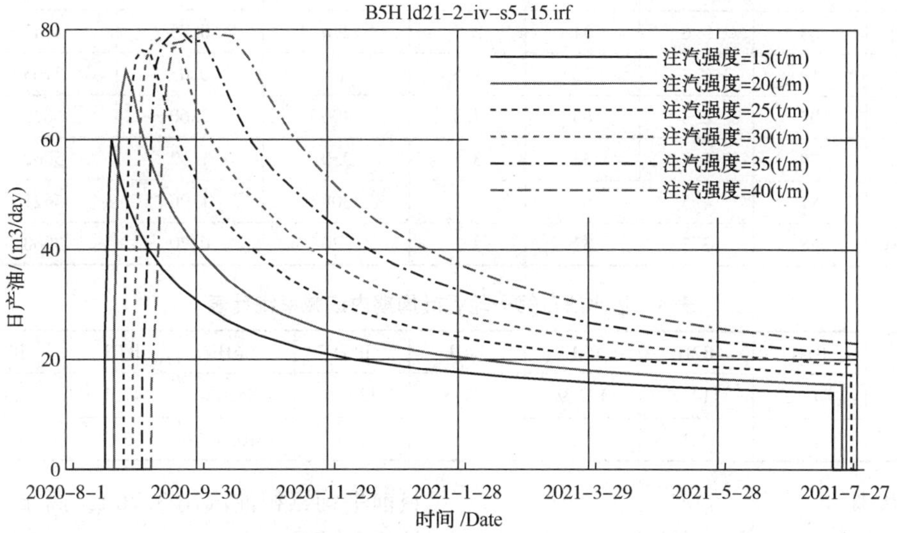

图3　LD油田西块不同注汽强度的日产油预测曲线

图4为LD油田西块10口热采井实际周期注热量柱状图。实际周期注热量5455t高于ODP设计周期注热量3900t，井底注汽温度整体达到ODP设计，由于第一轮注汽压力高，第一轮吞吐注汽速度和井底注汽干度暂时未达ODP设计。

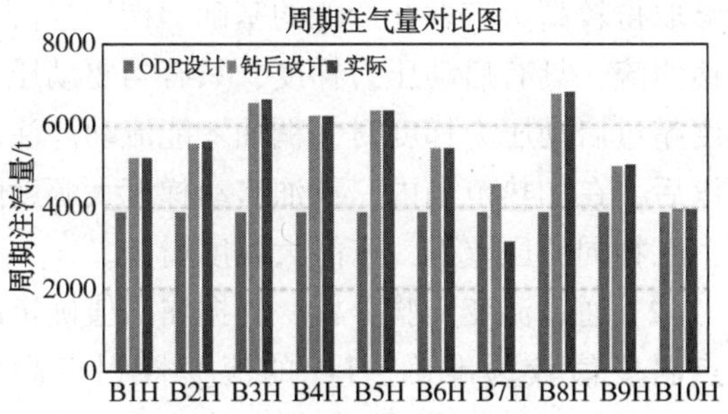

图4　LD油田西块实际注热量

3　矿场实践及第一轮蒸汽吞吐矿场效果

3.1　投产初期产能

ODP设计西块10口热采开发井，自2019年7月8日开始至2021年3月15日全部实施完成。ODP设计时热采产能倍数取4.0倍。根据井位部署及井型优化研究，按照开发井所在油层厚度，结合生产压差以及考虑综合校正系数、热采产能倍数确定不同油组热采井的产量：馆陶组Ⅳ油组、Ⅴ油组水平井热采高峰产量为88t/d（90m^3/d）。投产后，2井区（B1H、B2H、B3H、B4H）实际平均高峰产能102m^3，1井区（B5H、B8H、B9H）实际平均高峰产能83m^3，基本上达到方案设计，见表3。

7口正常注热/生产井高峰日产油较ODP提高10～30方，稳产期一般5个月，B1H、B2H和B3H、B4H、B5H、B9H等。注汽困难井B6H/B7H及原油变稠井B10H未达ODP设计，稳产期一般1个月。周期平均产能倍数为冷采产能倍数的2.1倍，取得较好开发效果。

3.2　周期内递减率

第一周期日产油递减率呈现出随注入热焓值的增加而减小的趋势（表4），如B8H井底热焓134.0×10^8 kJ，月递减6.0%；B1H井底热焓100.2×10^8 kJ，月递减8.1%；B9H井底热焓90.0×10^{10} kJ，月递减15.7%；表明增加注入地层热量有利于减缓周期内递减速度，第一轮平均月递减率在10%左右。

表3　10口开发井第一轮蒸汽吞吐生产指标表

油藏类型	井号	高峰产能		周期平均		热采有效期/d	有效期累产油/10^4m^3	周期注汽量/t	周期油汽比/(m^3/t)
		日产油/m^3	产能倍数	日产油/m^3	产能倍数				
边水	B1H	120	4.0	85	2.8	460	3.89	5223	7.4
	B2H	82	2.7	61	2.0	420	2.55	5600	4.5
	B3H	84	8.4	50	5.0	320	1.61	6637	2.4
	B4H	120	4.0	78	2.6	250	1.95	6253	3.1
	B5H	76	5.0	56	3.7	340	1.90	6375	3.0
	B6H	54	3.6	34	2.3	220	0.75	5447	1.4
	B7H	19	1.3	22	1.5	15	0.03	3165	0.1
	B8H	95	6.3	65	4.3	400	2.60	6829	3.8
	B9H	79	5.2	52	3.5	350	1.82	5062	3.6
	平均	81	4.5	56	3.1	308	1.90	5621	3.2
底水	B10H	48	3.2	32	2.1	220	0.70	3960	1.8

表4　边水油藏第一轮吞吐周期内递减率统计表

参数	B1H	B2H	B3H	B4H	B5H	B6H	B7H	B8H	B9H
井底热焓/10^8kJ	100.2	114.7	127.9	109.8	133.1	85.0	47.1	134.0	90.0
月递减率/%	8.1	7.1	7.5	9.6	9.5	10.8	35.2	6.0	15.7

3.3 热采有效期

注入地层的热量，随着生产的进行，热量损耗，表现为生产井的流动温度降低，近井地带被加热的稠油黏度随着温度的降低逐渐增加，导致油井的比采油指数逐渐降低，见图5。通常，根据比采油指数判别热采井的有效期，当比采油指数降为冷采比采油指数时，第一轮次的蒸汽吞吐有效期结束。采用比采油指数法，判断第一轮蒸汽吞吐的热采有效期为300天左右，见图5。边水油藏正常生产井(B6H、B7H除外)热采有效期为250~460天，累产油较高；底水油藏热采有效期220天，累产油较低。

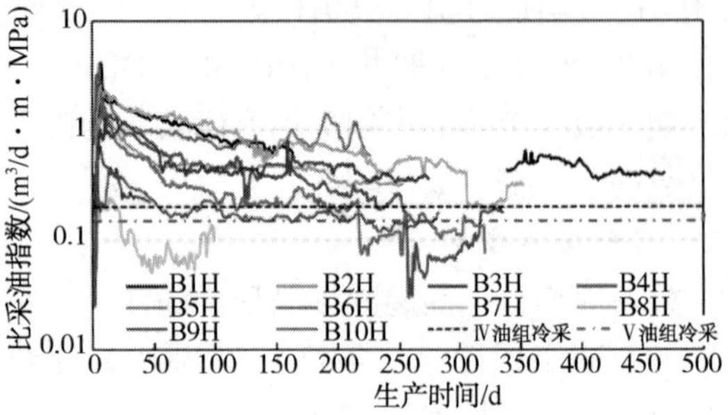

图5　LD油田热采吞吐井比采油指数曲线变化图

3.4 累计油汽比

油汽比表示每注1t蒸汽采出的原油，LD油田10口热采开发井第一轮正常注热的8口井，目前平均累积油汽比3.7t/t，高于陆地油田第一轮累积油汽比(0.5~2.5t/t)；注入压力高、注热效果较差的2口井B6H、B7H，目前累积油汽比分别1.4t/t、0.1t/t，明显低于正常注热井的累积油汽比。

4　结论与认识

(1) LD油田西块冷采产能8~34m^3/d，是能够取得较高蒸汽吞吐产能的基础。稠油渗流为非达西流，具有启动压力梯度，只有当驱动压力梯度超过启动压力梯度时，稠油才能流动。注入蒸汽后，在加热范围内，稠油启动梯度大幅度降低，在相同的压差下，产能大幅度增加。

(2) 通过流变实验分析，根据屈服值确定的拐点温度值较为准确。LD的流变性拐点高于80℃，远高于ODP阶段的认识56℃，对地层中的稠油流动影响较大。通过增加周期注汽量，可以大幅度提高注入蒸汽的有效加热范围，从而延长热采有效期；通过对生产制度的优化，可以改善蒸汽吞吐效果。

(3) LD油田的注热参数根据拐点温度进行了优化，第一周期实际注热量从ODP涉及的17t/m增加到25t/m(第一周期单井平均注入蒸汽5455t高于ODP设计周期注热量3900t)，井底注汽温度整体达到 ODP 设计，投产效果达到预期。LD 油田西块投产后，实际周期平均产能 $56m^3$，周期油气比 3.2t/t 左右，达到 ODP 方案设计。

参 考 文 献

[1] 郭太现，苏彦春．渤海油田稠油油藏开发现状和技术发展方向[J]．中国海上油气，2013，25(4)：26-30.

[2] 张彩旗，刘东，潘广明，等．海上稠油多元热流体吞吐效果评价研究及应用[J]．油气藏评价与开发，2016，6(2)：33-36.

[3] 刘东，胡廷惠，潘广明等．海上稠油多元热流体与蒸汽吞吐开采效果对比[J]．特种油气藏，2015，22(4)：118-120.

[4] 朱琴，刘东，王树涛，等．海上稠油蒸汽吞吐开采技术实践及认识[J]．录井工程，2019，30(1)：21-26.

[5] 王晓冬，郝明强，韩永新．启动压力梯度的含义与应用[J]．石油学报，2013，34(1)：188-191.

[6] 罗宪波，李波，刘英，等．存在启动压力梯度时储层动用半径的确定[J]．中国海上油气，2009，21(4)：248-249.

[7] 石立华，喻高明，袁芳政，等．海上稠油砂岩油藏启动压力梯度测定方法及应用—以秦皇岛 32-6 油田为例[J]．油气地质与采收率，2014，21(3)：82-85.

[8] 许家峰，程林松，李春兰等．普通稠油油藏启动压力梯度求解方法与应用[J]．特种油气藏，2006，13(4)：53-57.

[9] 刘东．热采水平井加热半径计算新模型[J]．中国海上油气，2015，27(3)：84-90.

[10] 王树涛，张风义，张彩旗，等．考虑黏温系数的蒸汽吞吐递减率多元回归模型[J]．油气勘探与开发，2020，38(3)：57-61.

低效水驱转热水化学复合吞吐研究与实践

朱 琴　葛丽珍　刘 东　张 华　冯海潮

[中海石油(中国)有限公司天津分公司]

摘　要　针对渤海LD油田S井区强底水稠油油藏水平井单井日产油能力低、含水率高、采出程度低、剩余油动用难度大等问题，通过室内实验结合数值模拟开展了热水、化学剂、氮气复合吞吐技术增效机理研究与矿场先导试验。化学剂与氮气形成氮气泡沫可以调剖堵水，热水与化学剂在调剖堵水的基础上协同降黏，从而达到降水增油的目的。该项技术对于海上油田的优势在于：可以不换耐高温管柱、施工简单，在提高单井产能、改善油藏开发效果的同时可以降低工具和人工成本。热水化学复合吞吐在渤海LD油田S井区取得了明显的降水增油效果，含水率由74%~92%降低到1%~6%，高峰日增油51~79m^3。按油价50 $/bbl评估，第一轮吞吐平均投入产出比6.0，经济效益明显。热水化学复合吞吐先导试验的成功，为该项技术进一步推广应用提供了宝贵的矿场实践经验，在海上类似稠油油藏具有广阔的应用前景。

关键词　底水稠油；高含水；热水；氮气泡沫；复合吞吐

对于地层条件黏度350mPa·s以上的稠油，常规冷采开发采收率低，经济效益差。特别是采用水平井冷采开发的底水稠油油藏，面临油井含水快速上升后，水平井常规工艺堵水难度大的问题。因此，稠油油藏开发的主要难题是如何改善高含水后的开发效果。通常，对于类似LD油田S井区地面原油黏度高达4000mPa·s的稠油油藏，热采是提高采收率的有效手段，但是S井区油井已经高含水，且采油管柱为常规冷采管柱，注蒸汽等高温热采方法是不可行的。国内外研究实践表明，在注热水的同时加入氮气与表面活性剂形成氮气泡沫驱，可以进一步改善稠油开发效果。热水氮气泡沫驱在稠油油藏开发中已经得到广泛应用，但在水驱后改善高含水稠油油井生产效果的现场应用尚不多见。热水+氮气+化学剂开发技术在改善稠油油藏开发效果的同时，可以满足S井区不换耐高温管柱的需求，进而保障经济效益。为此，针对S井区生产现状，开展了热水化学复合吞吐改善高含水稠油油井生产效果的研究与矿场先导试验，以期为实际开发提供帮助。

1　油藏概况

1.1　地质油藏特征

LD油田主力含油层系为馆陶组，探明原油地质储量占全油田的91%。S井区被东西向和北东向断层夹持，两条近东西向断层对S井区构造起到复杂化的作用，两条断层不搭接，未起到分块作用。S井区纵向上发育馆陶Ⅳ、Ⅴ油组两个层位，馆陶Ⅴ油组为目标区块，其构造高点埋深-1820m，与相邻井区馆陶Ⅳ油组高点埋深-1850m基本一致。馆陶Ⅴ油组孔隙率30.7%，渗透率2330mD，油藏类型为块状底水油藏，水体倍数31~78倍，地层温度62.5℃，平均油层厚度20m。在开发方案阶段，S井区无PVT样，探井地面原油化验黏度为656~753mPa·s，与相邻井区馆陶Ⅳ油组地面原油黏度891mPa·s差异不大，并且埋深基本相当，类比地层原油黏度为270mPa·s。

1.2　开发历程

综合考虑含油面积形状(图1)、油层厚度和水体能量，开发方案在平面上布2口水平井，采用天然能量开发。X2井投产初期生产压差3.7MPa，是方案设计生产压差1.0MPa的3.7倍，而实际比采油指数0.58m^3/(d·MPa·m)，仅为方案设计的1/5(表1)。因此，怀疑该区块实际原油黏度较开发方案阶段认识的要大，取原油化验地面黏度为3370~5116mPa·s，平均

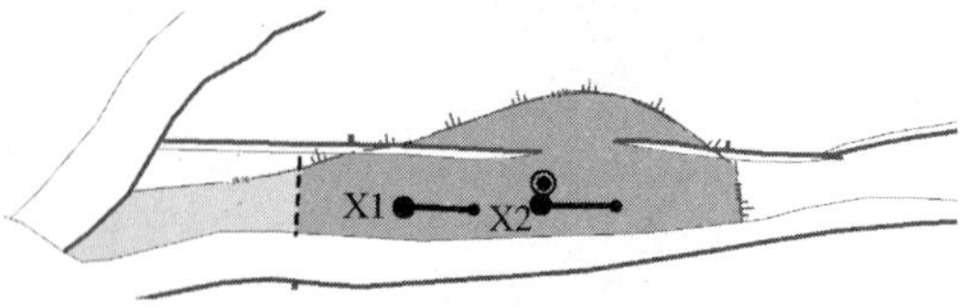

图1　S井区含油面积图

4253mPa·s，是开发方案阶段认识的6.0倍(表2)。根据初期稳定生产气油比5m³/m³，利用渤海稠油经验公式折算地层原油黏度1260mPa·s，是开发方案阶段认识的4.7倍，这也是初期生产压差大、比采油指数低的根本原因。

表1　调整井初期米采油指数类比表

方案	井名	水平段长度/m	布井区有效厚度/m	水平井比采油指数/[m³/(d·MPa·m)]	生产压差/MPa	日产油/(m³/d)
方案设计	X1	310	30	2.38	1.0	50
	X2	401	30	2.85	1.0	60
实际生产	X1	293	35	—	—	47
	X2	300	35	0.58	3.7	75

表2　地面原油性质统计表

油组	井号	序号	胶沥含量/%	地面密度/(g/cm³)	地面黏度/(mPa·s)
N_1gV	X1	1	31.62	0.978	4348
		2	33.69	0.980	5116
		3	33.51	0.980	4942
	X2	4	31.98	0.976	3370
		5	32.59	0.976	3490
平均		—	32.68	0.978	4253

X1井初期平均日产油47m³，生产3个月后开始见水，含水突破后日产液能力下降，经过环空补液、井筒降黏、环空补柴油等措施均未见效果，且生产过程中有过载停泵现象，怀疑该井生产过程中发生乳化导致黏度进一步变大；生产1年后含水率达到70%，日产液25m³左右，累产油0.74×10⁴m³；X2井初期平均日产油75m³，生产5个月后开始见水，降频生产无降水效果，含水突破后1个月含水率就上升至90%以上；生产1年后含水率93%，日产液180m³左右，累产油1.65×10⁴m³。整个区块生产1年后累产油2.39×10⁴m³，含水率91%，采出程度仅0.6%。

针对S井区馆陶V油组含水率高、采出程度低、剩余油动用难度大、采油管柱耐温120℃等问题，为控制成本、提高经济效益，提出注热水+氮气+化学剂复合吞吐增效的挖潜方向，以提高单井产能和采收率。

2　热化学复合开采机理

2.1　热水开采机理

注热水主要是利用热水对稠油的加热降黏、对储层的解堵、降低油水界面张力和对油水相渗的改变等作用，增大稠油的流动性，提高流度比，从而改善稠油渗流能力。

(1) 加热降黏作用：研究及实践表明，稠油对温度有较强的敏感性，受热后其黏度会大幅降低。图2为S井区的黏温曲线图，温度小于100℃时，随着温度上升，原油黏度快速降低，温度100℃时，原油黏度由1260mPa·s降为171mPa·s，降黏率86.4%，降黏效果显著。

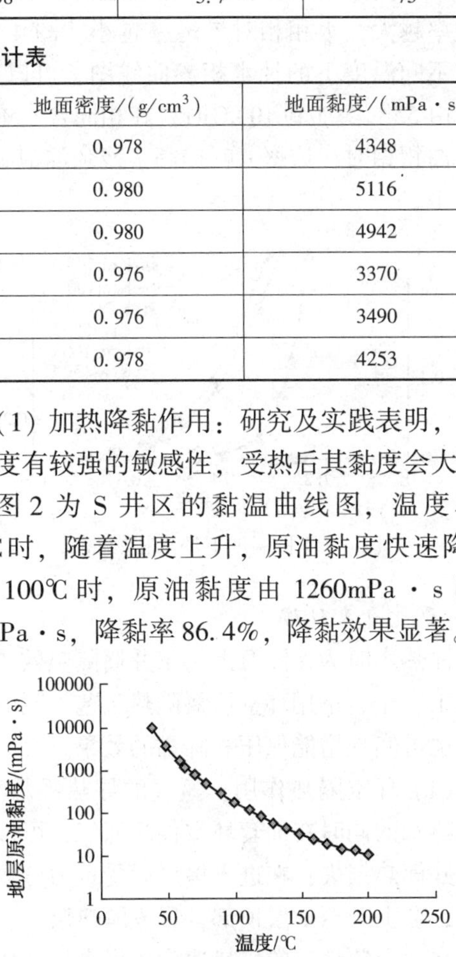

图2　黏度随温度变化曲线

(2) 降低界面张力作用：图3为利用毛细管法测定的渤海南堡稠油在不同温度下水与稠油的界面张力，可以看出，随着温度的升高，油水间界面张力快速降低，温度由50℃增加到100℃，油水界面张力可降低56%，从而可以减小原油在孔隙中的渗流阻力。

(3) 改变油水相渗作用：注入热水后，受地层温度升高的影响，岩石润湿性会发生改变，由亲油变为弱亲油或亲水。随着温度的升高，岩石

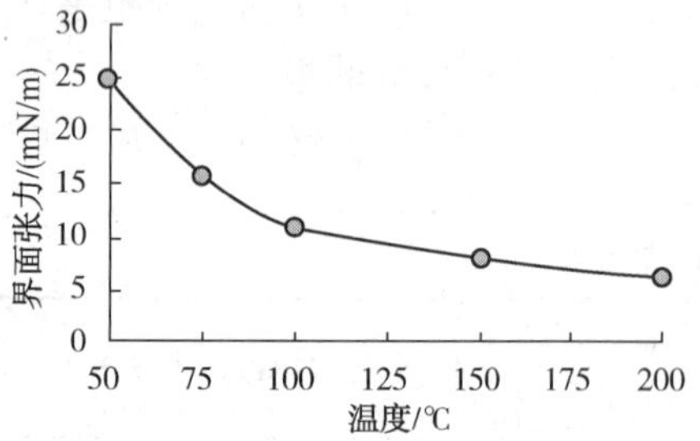

图3　不同温度下水与稠油的界面张力

束缚水饱和度逐渐增大，残余油饱和度减小；同时，在相同含水饱和度下，温度越高，油相相对渗透率越大，水相相对渗透率越小。图4为LD油田不同温度下的油水相渗曲线图，可以看出，温度由55℃增加到100℃时，在相同含水饱和度下，油相相对渗透率大幅提高，残余油饱和度大幅减小。

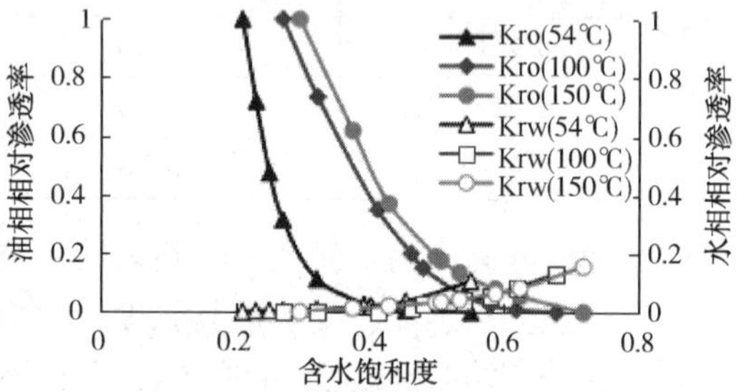

图4　不同温度下油水相渗曲线

2.2　氮气开采机理

注热水时为保障海上热采井筒隔热效果及作业施工安全，采用环空注氮隔热工艺，同时注入氮气也可实现增能保压和降黏的效果。

（1）环空隔热作用：氮气的导热系数极低，在注热水的同时在油套环空伴注氮气，可以有效减少井筒热损失；在进入地层后受重力分异作用影响，会上升至油层顶部，形成隔热层，从而降低热水向上覆地层的传热速度，提高热利用率。

（2）抑制水锥作用：由于稠油油藏中油水黏度差异很大，氮气进入地层后会首先进入渗流阻力较小的水锥体中，推动水向油层下部运移，从而降低油水的动态界面。同时，由于稠油、水、氮气的密度差异大，受重力分异作用的影响，氮气将逐步向油层顶部运移并聚集在油层顶部，增加油层的弹性能量，在纵向上形成气驱油、油驱水的过程，从而延缓底水再次锥进的速度。

（3）扩大热波及体积作用：氮气不溶于水、少量溶于油，并且渗透性好，具有良好的膨胀性，进入地层后体积膨胀，不仅能补充近井地层能量，还可以帮助扩大加热半径，扩大波及体积。

（4）降黏作用：渤海典型稠油的PVT实验研究了80℃下氮气对原油黏度的影响规律(表3)，在较高压力下，氮气在原油中具有一定溶解性，在地层压力条件下原油黏度可降低20%左右(渤海稠油地层压力一般在10~20MPa之间)。

表3　氮气对渤海典型稠油黏度的影响

氮气/油体积比/(m^3/m^3)	饱和压力/MPa	密度/(g/cm^3)	黏度/(mPa·s)
0	6.50	0.93	218.8
5	9.05	0.91	194.7
10	12.59	0.89	169.9
20	14.54	0.83	168.6

2.3　化学剂开采机理

目前用于稠油油藏改善开发效果的化学剂主要有解堵剂、防乳增效剂以及起泡剂，根据不同的原油物性和不同的油井生产情况，采取相应的措施。

对于胶质、沥青质含量高的稠油，近井地带若发生有机堵塞，通常采用油溶性解堵剂进行有机解堵，通过“相似相溶”原理，溶解胶质、沥青质，解除近井地层的堵塞；从室内实验效果来看，油基高效解堵剂能够有效溶解胶质、沥青质，应用解堵剂后，原油颜色明显变浅(图5)。

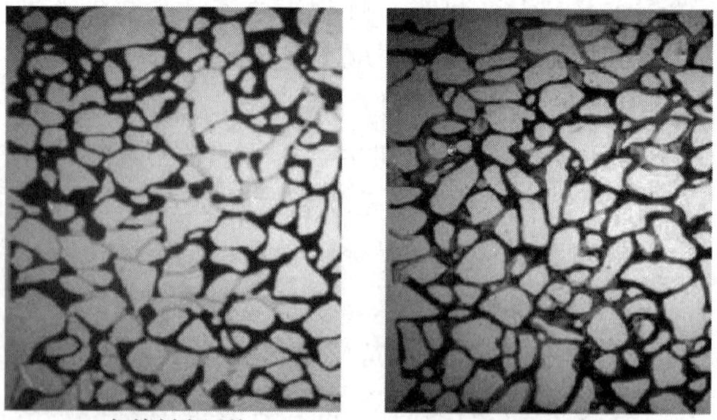

(a)解堵剂应用前　　(b)解堵剂应用后

图5　高效解堵剂解堵实验

稠油开采过程中易发生乳化形成油包水乳状液，使得原油黏度进一步加大，会导致产液能力大幅降低。针对稠油易乳化的问题，通常利用防乳增效剂，对乳状液进行破乳的同时，防止稠油再次形成油包水型乳状液。室内实验结果表明，乳化后的油水混合液中加入防乳增效剂后可以快速破乳，并有效抑制油水乳化(图6)。

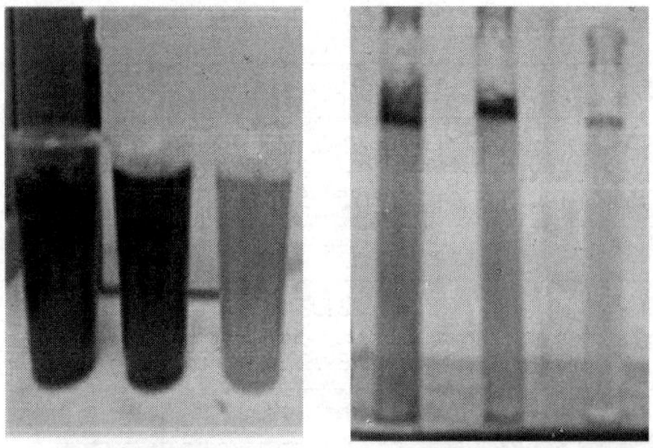
(a)防乳增效剂应用前　(b)防乳增效剂应用后

图6　防乳增效剂防乳破乳实验

底水稠油油藏开采过程中，由于油水黏度比大，底水极易快速锥进，导致采收率低。针对这个问题，可以通过起泡剂结合氮气形成氮气泡沫进行调剖堵水。氮气泡沫一是具有“堵大不堵小”的特性，能够首先进入高渗带，逐步形成堵塞，增大高渗带的流动阻力，加入调堵增效剂形成泡沫后，驱替压差快速增大(图7)，表明封堵效果明显；二是有“逢油消泡、遇水稳定”的特性，随着含油饱和度的增加，泡沫的阻力因子快速降低(图8)，即泡沫在含水饱和度高的孔隙中可以较为稳定的存在，在含油饱和度高的地层中，泡沫的稳定性较差。

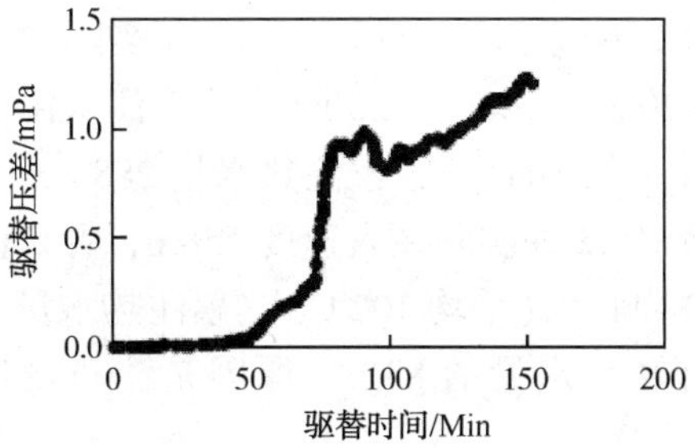

图7　氮气泡沫驱替压力随时间变化图

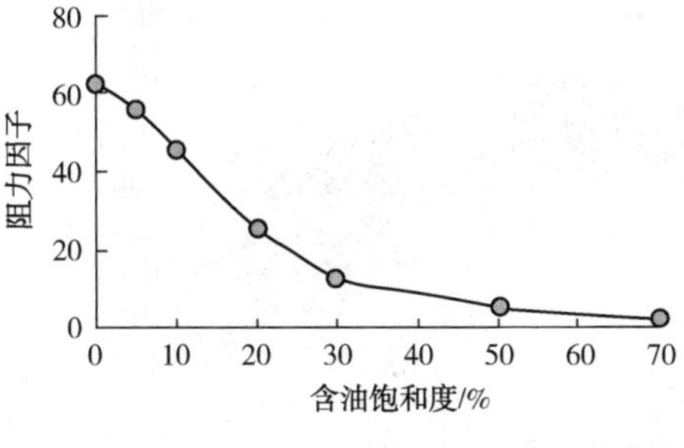

图8　含油饱和度对起泡剂阻力因子的影响

3　存在问题及对策

针对目标区块2口井生产状况的差异，配置不同的化学剂：

(1) X1井含水率达到70%以上，但产液能力却大幅降低，且生产过程存在过载停泵现象，存在近井堵塞迹象。分析其主要原因是原油在地层中发生了乳化，原油黏度进一步增大，使得原油流动能力减小、近井地带堵塞，进而导致产液能力低。因此，为保障热水顺利注入，前置注入油基高效解堵剂。同时，针对X1井稠油易乳化的情况，在注热水的同时伴注防乳增效剂，在防乳破乳的同时，还具有一定降黏增效、起泡的作用，可与氮气形成氮气泡沫进行堵水。

(2) X2井含水率已达90%以上，且存在原油黏度高的问题，堵水+降黏是改善开采效果的主要方向。针对X2井的生产状况，在热水中伴注调堵增效剂，与氮气形成泡沫对水窜孔道进行封堵。同时，调堵增效剂还具有一定降低油水界面张力以及降黏增效的作用。基于以上特性，热水中加入调堵增效剂具有调堵、降黏的作用，从而使油井有良好的降水增油的效果。

4　热化学增效数值模拟研究

4.1　降黏剂主要机理数模表征

根据降黏剂溶解降黏的实验数据，利用非线性混合规则的计算公式(1)得出非线性混合系数(表4)，CMG文件中对应的关键字为VSMIX-FUNC。

$$\ln\mu_\alpha = f(x_i)\ln\mu_i + [1 - f(x_i)]\ln\mu_o \qquad (1)$$

式中：μ_α为混合黏度；$f(x_i)$为降黏剂的混合系数，是组分“i”的摩尔分数x_i的函数；μ_o为原油黏度。

4.2　泡沫机理数模表征

泡沫机理的数值模拟表征方法主要有经验法和机理法两种：机理法能够详细模拟泡沫的产生、发展、破灭等复杂过程，涉及多个化学反应，适用于机理研究；经验法对泡沫作用机理进行了简化处理，泡沫剂对多相流流变性的影响可以通过流度函数表达出来，便于研究和操作，适用于矿场模拟。在用经验法对不同强度泡沫进行相渗插值时，根据起泡剂浓度和含油饱和度对阻力因子影响的实验结果，回归计算得到F1和F2，最终确定泡沫因子FM。再根据确定的泡沫因子 FM，计算相渗插值因子 DTRAPW = 1/FM，来表征泡沫对相渗的影响。

表4　非线性混合参数计算表

降黏剂/摩尔分数	降黏率/%	原油黏度/(mPa·s)	降黏剂黏度/(mPa·s)	混合物黏度/(mPa·s)	混合系数/f
0	0	1260	1.135	1260.00	0
0.04826	40.4	1260	1.135	750.57	0.0739
0.09652	63.9	1260	1.135	455.25	0.1452
0.14478	81.6	1260	1.135	231.34	0.2417
0.19304	88.9	1260	1.135	139.27	0.3141
0.24130	91.9	1260	1.135	102.03	0.3585
0.28956	94.4	1260	1.135	71.02	0.4101
0.33782	95.9	1260	1.135	51.64	0.4556
0.38608	97.4	1260	1.135	33.07	0.5191
0.43434	98.4	1260	1.135	20.58	0.5868
0.48260	99.4	1260	1.135	7.02	0.7402

4.3　数值模拟结果

利用上述机理表征方法结合室内实验结果，开展数值模拟研究，进一步确定热水参数。通过采油工艺井筒耐温和注热设备校核，确定井底热水温度90℃、注入速度300t/d，数值模拟单因素研究确定周期注热水量3000t，焖井时间结合数值模拟和类比相似油田多元热流体实际情况确定为3天(表5)。

表5　热水注入参数表

注热参数	NJ 油田	NB 油田	S 井区数模预测
注入速度/(t/d)	200	150~160	300
井底注入温度/℃	150	120~140	90
周期注入量/t	3000	3000~4500	3000
焖井时间/d	3	4	3~5

根据推荐的热水参数，进一步预测S井区继续冷采(基础方案)和热水化学复合吞吐(热采方案)两个方案生产效果，其中热水化学复合吞吐方案吞吐八轮次，继续冷采方案生产相同时间。根据模拟结果，热采方案的动用程度和驱油效率较基础方案有明显提高(图9)，热水化学复合吞吐八轮次较基础方案累增油 $4.61\times10^4m^3$，采出程度提高1.4%(表6)，采出程度提高幅度高达70%。

5　实践效果

整个施工过程总体可分为：前置段塞、主体段塞、封口段塞以及油套环空注氮气，2口井的实际注入情况如表7所示。X1井实际注入速度12.5~20t/h(平均15.2t/h)，井口注入温度94~114℃(平均104℃)，累注热水量2883t，基本达到设计。X2井实际注入速度15t/h，井口注入温度100~113℃(平均102℃)，累注热水量2480t，为设计注热水量的83%，原因是注热设备发生故障。

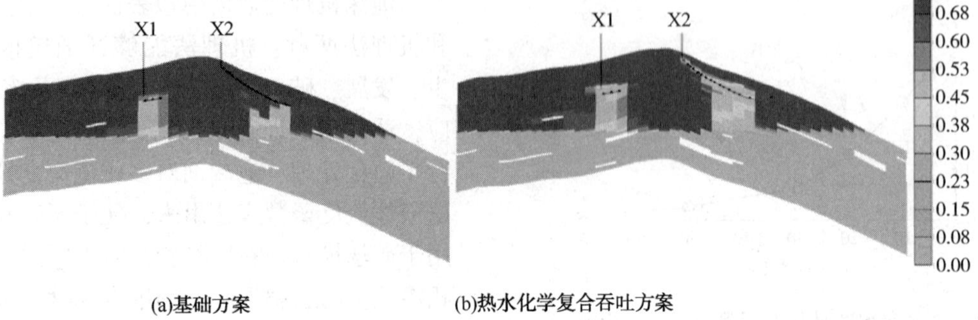

图9　S井区生产末期含油饱和度图

表 6　不同方案指标对比表

方案	累产油/10^4m^3	增油量/10^4m^3	单井累产油/10^4m^3	采出程度/%	提高采出程度/%
基础方案：目前液量冷采	6.82	—	3.41	2.0	—
热采方案：热水+氮气+化学剂吞吐	11.43	4.61	5.72	3.4	1.4

表 7　实际注入参数统计表

井号	前置段塞	顶替段塞	主体段塞			氮气(油套环空注入)			封口段塞
	高效解堵剂/t	清水/t	热水/t	防乳增效剂/t	调堵增效剂/t	注热水前累注量/Nm^3	注热水时累注量/Nm^3	小计/Nm^3	清水/t
X1	10	15	2883	24	-	20150	18200	38350	20
X2	—	—	2480	—	36	50960	52640	103600	20

通过对比 2 口井措施前后的生产效果，X1 井高峰日产油 $56m^3$，高峰日增油 $51m^3$，含水率最低降至 1%，有效期 150 天，累增油 $0.48\times10^4m^3$；X2 高峰日产油 $95m^3$，高峰日增油 $79m^3$，含水率最低降至 6%，有效期 100 天，累增油 $0.43\times10^4m^3$(表 8、图 10、图 11)。按 50＄/bbl 油价评估，两口井第一轮热水化学复合吞吐产出投入产出比 5.8~6.2，平均 6.0；按 100＄/bbl 油价评估，两口井第一轮热水化学复合吞吐产出投入产出比 11.6~12.4，平均 12.0，经济效益明显。

实践结果表明，热水化学复合吞吐技术在高含水稠油油井具有明显的降水增油效果，大幅改善了 S 井区的开发效果。该技术先导试验的成功，为海上冷采稠油油藏的低产低效井治理提供了一条新的方法与思路。

表 8　单井措施受益效果分析表

井号	措施前		措施后						投入产出比	
	日产油/m^3	含水/%	高峰日产油/m^3	最低含水率/%	高峰日增油/m^3	含水率最大降低值/%	有效期/d	累增油/10^4m^3	油价 50＄/bbl	油价 100＄/bbl
A2H	5	74	56	1	51	73	150	0.48	6.2	12.4
A3H	16	92	95	6	79	86	100	0.43	5.8	11.6

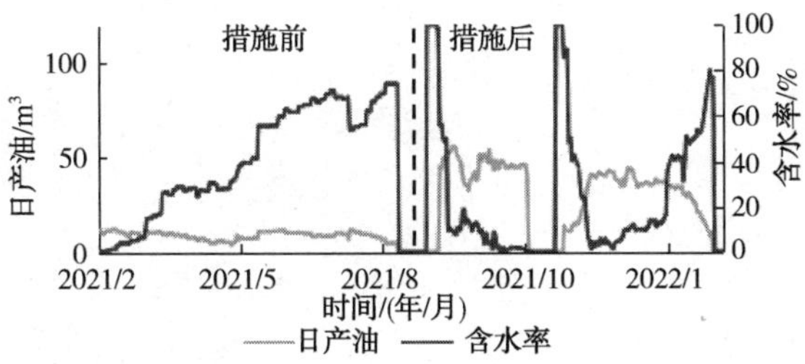

图 10　X1 井热水化学复合吞吐措施前后生产效果对比图

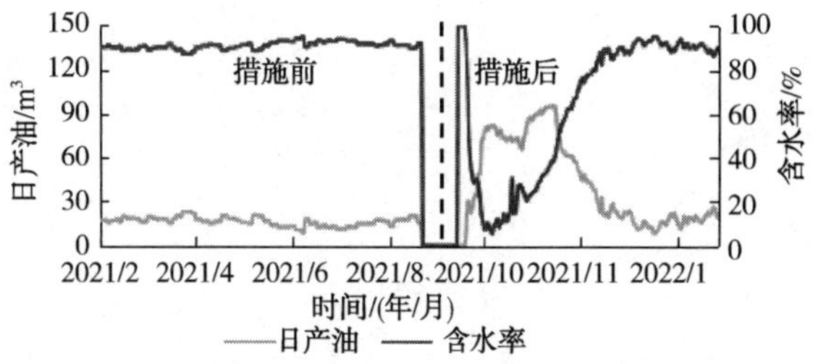

图 11　X2 热水化学复合吞吐措施前后生产效果对比图

6　结论和建议

(1) 化学剂与氮气形成氮气泡沫，在高含水饱和度的孔道中可以产生较高的阻力，具有随着含油饱和度的增加，泡沫的阻力因子快速降低的特性，氮气泡沫可以封堵底水的窜流通道，抑制水锥效果显著，并与热水协同降黏，从而达到降水增油的目的。

(2) 热水化学复合吞吐技术应用于渤海 LD 油田 S 井区，措施后单井含水下降幅度最高达到 85%~97%，单井产能是措施前的 5~10 倍，在矿场试验取得了明显的增油效果。

(3) 热水化学复合吞吐技术可以不用换耐高温管柱，节省大量工具、人工成本，施工简单，适用于海上油田高效开发的需求，具有非常广阔的应用前景。

参 考 文 献

[1] 袁士义，刘尚奇，张义堂，等．热水添加氮气泡沫驱提高稠油采收率研究[J]．石油学报，2004，(01)：57-61+65.

[2] 王业飞，张希喜，孙致学，等．基于 Box-Behnken Design 法的底水油藏氮气泡沫驱影响因素分析[J]．油气地质与采收率，2018，25(2)：77-82.

[3] 向湘兴，陈静，侯军伟，等．克拉玛依油田稠油油藏氮气泡沫驱应用[J]．新疆石油地质，2017，38(1)：76-80.

[4] 张伟，孙永涛，林涛，等．海上稠油多元热流体吞吐增产机理室内实验研究[J]．石油化工应用，2013，v.32；No.134(01)：34-36.

[5] 李萍，许春英，康玲珍，等．氮气隔热技术及其在古城油田泌123断块的应用[J]．石油天然气学报，2008，105(03)：362-364.

[6] 吴金儒，侯晓权，乔东旭．氮气隔热助排技术在稠油开采中的应用[J]．齐齐哈尔大学学报(自然科学版)，2009，25(06)：34.

[7] 庞占喜，程林松，许家峰，冯汝勇．物质平衡法在氮气压水锥技术中的应用[J]．石油勘探与开发，2008，203(02)：234-238.

[8] 尹太恒，赵冀，唐永亮，等．注氮气控制底水锥进实验研究[J]．石油化工高等学校学报，2017，30.125(03)：50-55.

[9] 邓子刚．氮气调剖控水稳油在草桥油田草四区块开发的研究及应用[J]．中国石油和化工标准与质量，2013，34.285(03)：166.

[10] 刘文章．特稠油、超稠油油藏热采开发模式综述[J]．特种油气藏，1998，5(3)：1-7.

[11] 李敬松，杨兵，张贤松，等．稠油油藏水平井复合吞吐开采技术研究[J]．油气藏评价与开发，2014，4(04)：42-46.

[12] 刘尧文，刘建仪．氮气的溶解及抽提效应对原油性质的影响[J]．西安石油大学学报(自然科学版)，2004，(05)：28-30+55-3.

[13] 庞占喜，程林松，陈月飞，廖广志．常规稠油底水油藏氮气泡沫控制水锥技术研究[J]．石油学报，2007，(05)：99-103.

[14] 韩蕾．断块油藏氮气泡沫深部调驱参数优化研究[D]．中国石油大学(华东)，2013.

[15] 钱昱，张思富，钱彦琳，等．泡沫复合驱泡沫稳定性及影响因素研究[J]．大庆石油地质与开发，2001，20(002)：33-35.

[16] 张吉磊，李廷礼，张昊，等．海上低幅边底水稠油油藏氮气泡沫调驱技术应用效果评价[J]．钻采工艺，2019(4)：70-73.

刘官庄稠油油藏 CO_2 吞吐技术探索与实践

刘双锋　王雪松　田木国　鲍　磊　姬虎军

（中国石油大港油田第二采油厂）

摘　要　大港油田第二采油厂以刘官庄油田二、三断块为主的稠油油藏部分井组含水上升速度快，部分油井因负效生产关井；以埕隆1601区块为代表的未动特稠油储量同时具有“稠、低、敏、薄”的特点。大港油田第二采油厂秉承绿色低碳开发，创新应用 CO_2 吞吐增产技术，在2019年开展 CO_2 吞吐先导试验成功的基础上，进一步推广应用，实现了刘官庄油田的高效开发，进一步提高了稠油油藏开发效果。本文从二氧化碳吞吐增油机理入手，对刘官庄油田二氧化碳吞吐参数探索与实践、注采一体化工艺、增产效果影响因素进行分析等方面进行阐述，以进一步促进二氧化碳吞吐增油技术的广泛应用，为大港油田公司的绿色发展和高效开发提供支撑保障。

关键词　CO_2 吞吐；稠油；增产；影响因素分析；注采一体化工艺

1　刘官庄稠油油藏 CO_2 吞吐应用背景

1.1　刘官庄稠油油藏地质概况

刘官庄稠油油藏主要开发层系为馆陶、沙河街，油藏平均埋深1260m，地层温度55℃。综合评价刘官庄油田馆三油组储层物性为中孔-中低渗储层，总体表现为稠油-特稠油油藏（表1）。

表1　刘官庄油田各断块、层系储层物性表

序号	断块	原油黏度/(mPa·s)	孔隙度/%	渗透率/mD	含油饱和度/%
1	一断块	66.38	27	1506	68
2	二断块	798~3930	6~36	45~1200	60
3	三断块	1033~10339	8~32	10~980	61
4	四断块	8488~48462	9.7-25	5~333	61

1.2　开发现状及存在问题

1.2.1　开发现状

刘官庄二断块2014年规模开发，2019年底采油井开井17口，日产水平71.35t，综合含水75.68%，累产油 14×10^4t，采出程度5.31%；注水井开井6口，日注水能力229m³，累计注水 37.31×10^4m³，月注采比0.76(图1)。

刘官庄三断块庄69-5井于2014年9月23日射开馆二4的10号层，井段1402~1410m，折日产液1.16m³。至2019年底该断块共油井开井13口，日产油46.06t，综合含水86.9%，累产油 7.15×10^4t，采出程度1.67%；水井开井4口，日注水能力80m³，累注水量 11.28×10^4m³，月注采比0.22(图2)。

刘官庄四断块自2016年11月28日埕隆1601投产而投入开发，生产层位馆陶，井段1261.8~1265.8m，初期日产油3.92t，日产水2.11m³，含水35%。目前油井开井2口，日产油3.35t，综合含水38.46%，累产油2900t，采出程度0.25%，无注水井(图3)。

1.2.2　存在问题

刘官庄二断块受边底水和稠油地层流动性差影响，馆二2、3、4、馆三3层系油井均有含水上升速度过快的现象，馆三2层系油井低能现象较为普遍。

刘官庄三断块受边水影响均有含水上升速度过快的现象。

刘官庄四断块受地层原油受其自身黏度影响，流入井筒难度逐渐加大，导致油层剩余油分布不均、采收率低。

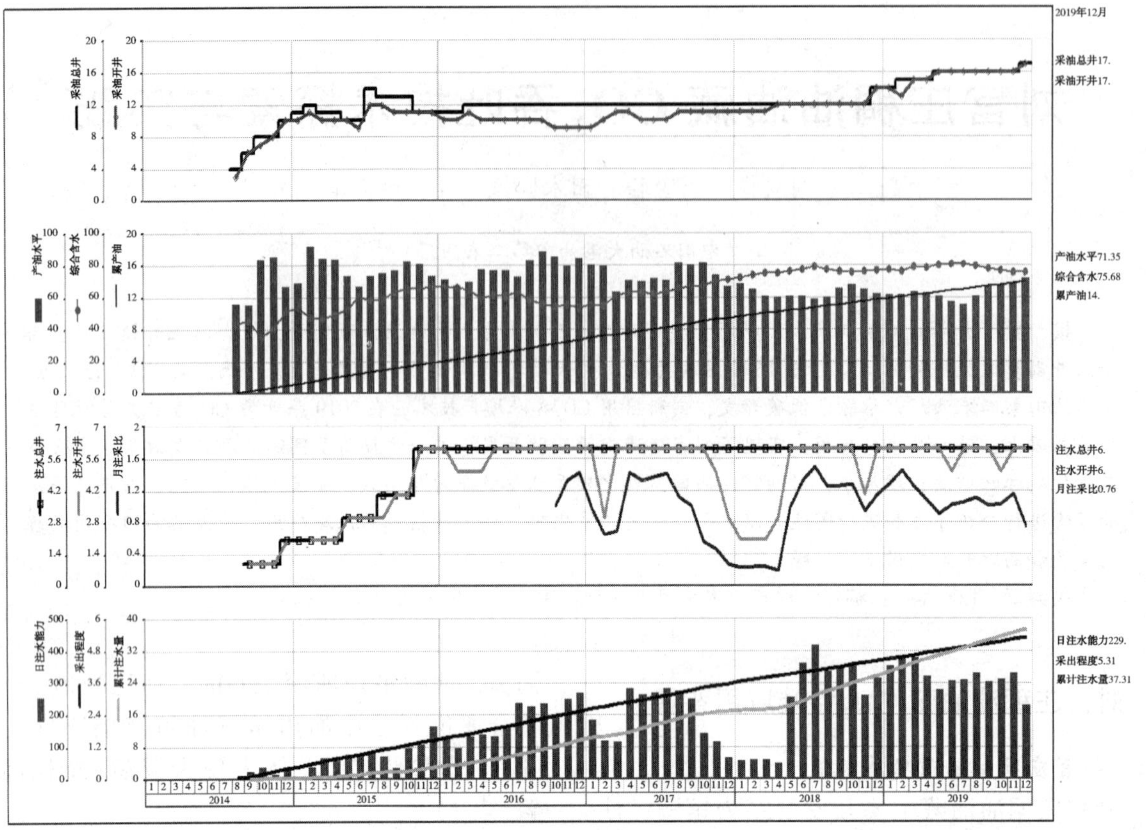

图1　刘官庄二断块综合开发曲线图

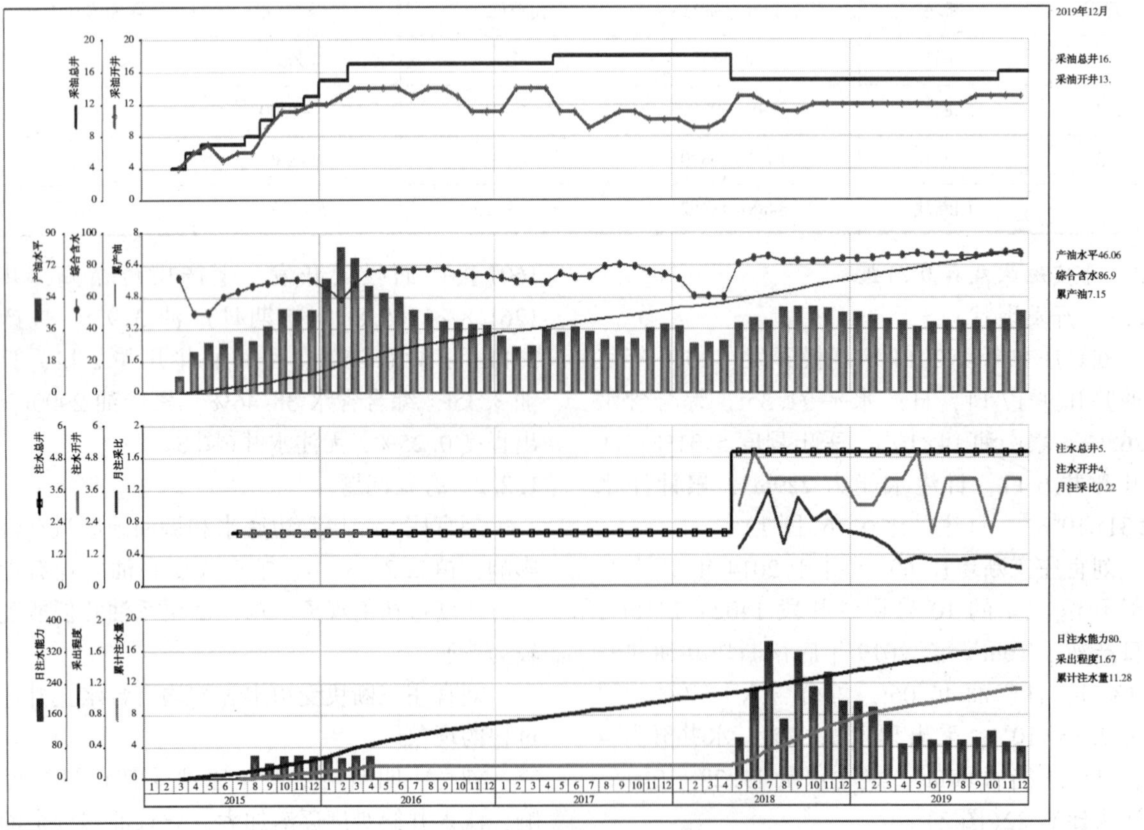

图2　刘官庄三断块综合开发曲线图

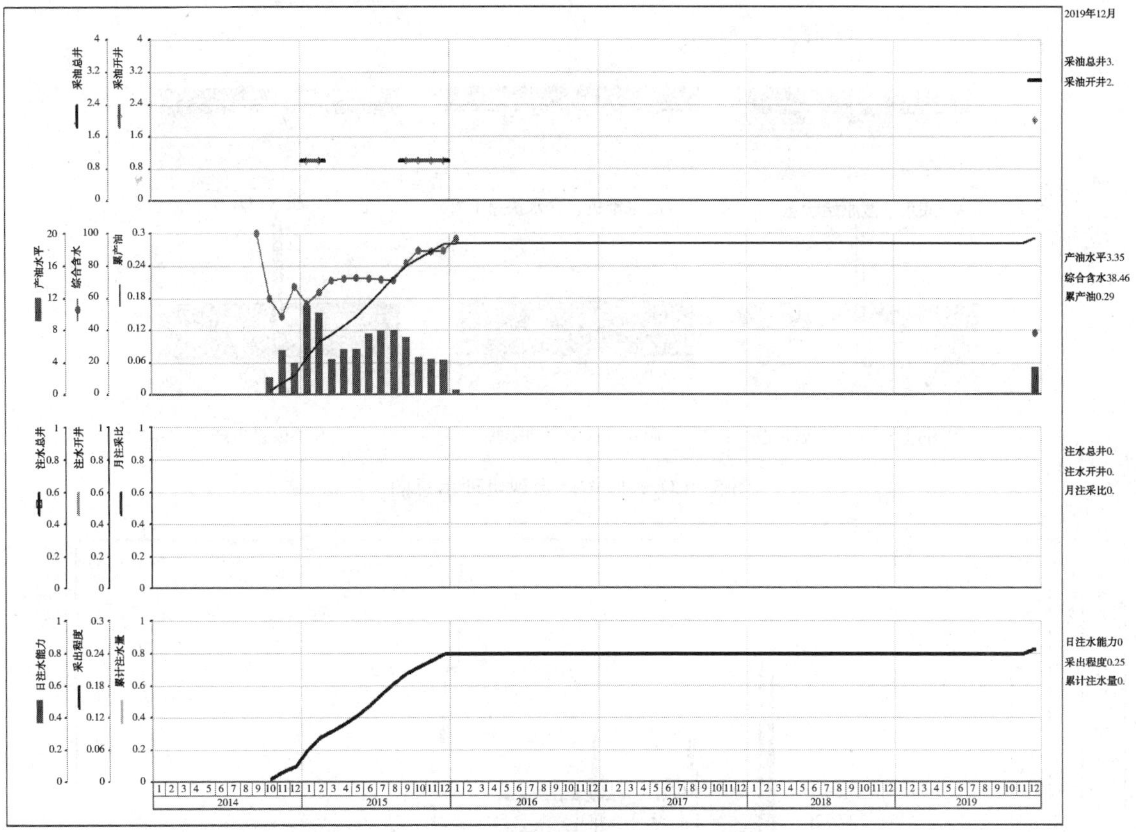

图 3　刘官庄四断块综合开发曲线图

2　CO_2 吞吐机理及先导试验

2.1　CO_2 吞吐机理

CO_2 吞吐具有五大增产机理：降黏作用、增能作用、渗吸作用、堵剂作用、驱替作用，但不同油藏类型各机理贡献差别较大。在稠油油藏应用 CO_2 吞吐，将稠油油藏难动用储量变为优质储量的同时，实现了 CO_2 的地质封存(图 4、图 5)。

2.2　先导试验效果评价

2019 年在特稠油区块实施 CO_2 吞吐 2 井次，分别是埕隆 1601 井、埕隆 101H。

水平井埕隆 101H 井累计注入液态二氧化碳 800t，关井扩散 27 天，采用水力泵排液恢复生产，初期最高日产油 37.72t，含水 5%；生产 120 天后转电动潜油螺杆泵生产，二氧化碳吞吐有效期 249d，增油 1499t，换油率 1：1.87(图 6)。

直井埕隆 1601 二氧化碳吞吐同样取得明显效果，累计增油 439t，换油率 1：1.45，先导试验验证了二氧化碳混溶特稠油后能实现储层有效渗流，解决该类油藏获得高产的瓶颈问题，实现效益动用(图 7)。

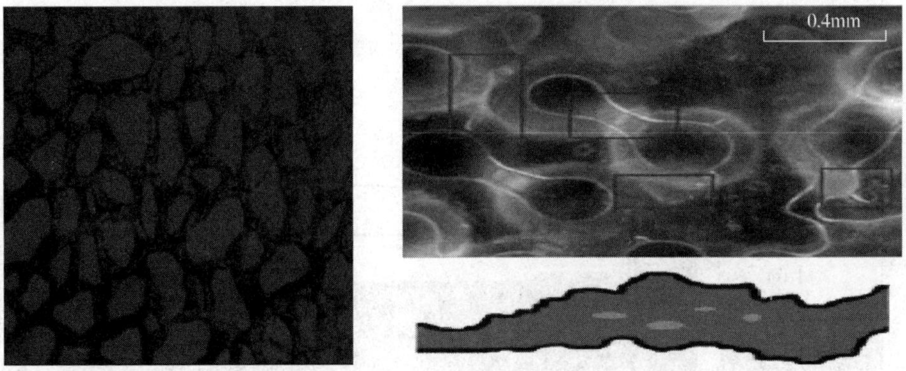

图 4　CO_2 吞吐增产微观机理示意图

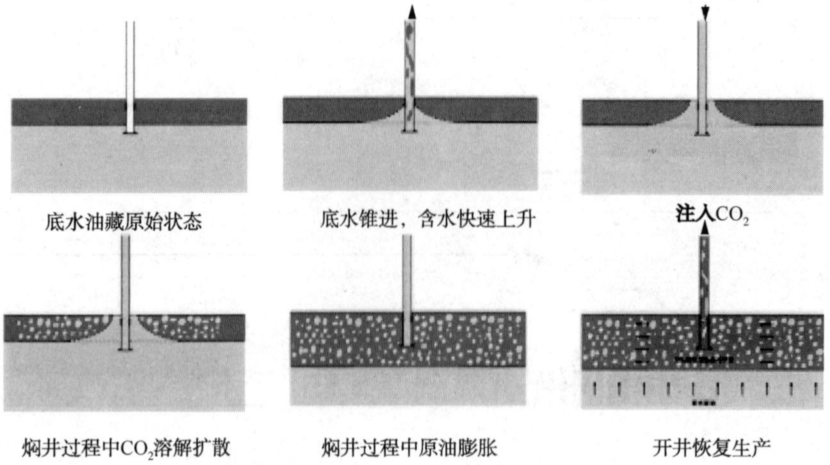

图 5　CO_2吞吐增产宏观机理示意图

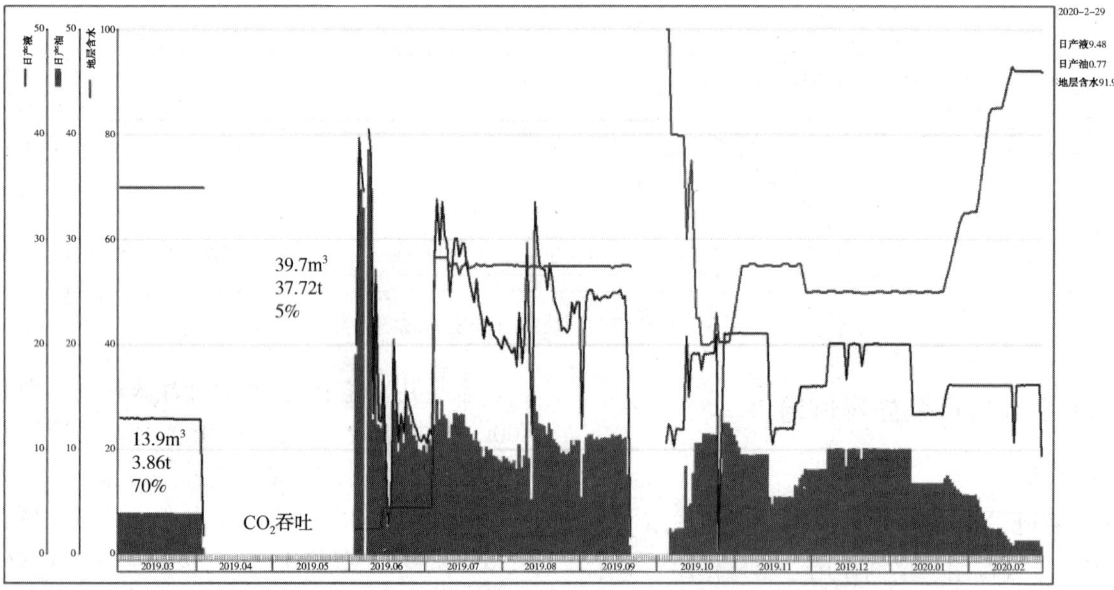

图 6　埕隆 101H 吞吐前后生产曲线

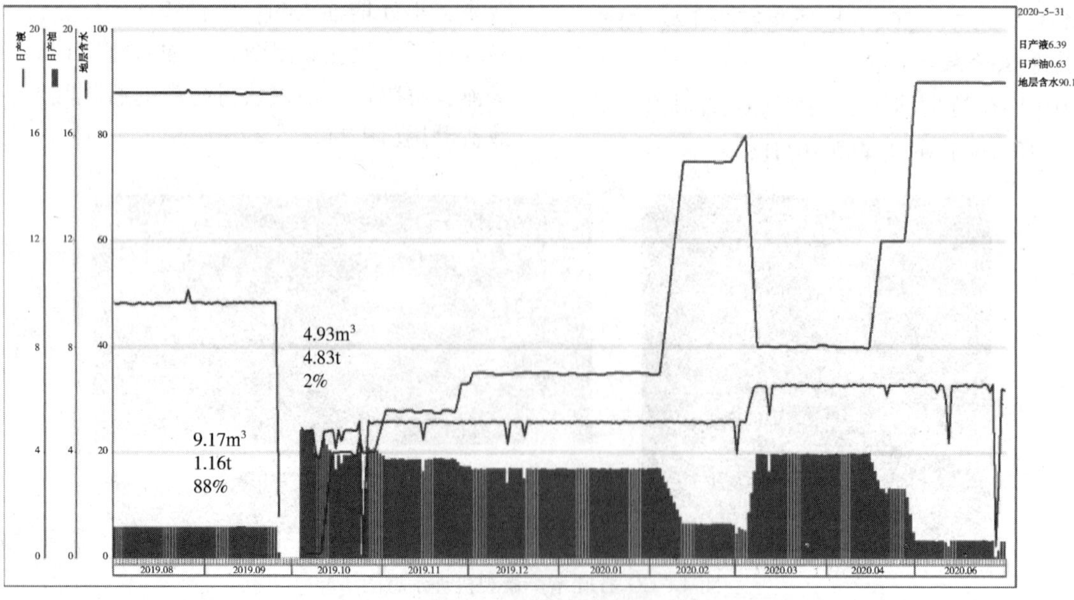

图 7　埕隆 1601 生产前后生产曲线

3　刘官庄稠油油藏 CO_2吞吐参数确定方法及影响因素分析

CO_2吞吐参数在的选取上，初期处于借鉴、试验阶段。随着实施工作量的增加，及时总结经验和教训，逐步形成了适合采油二厂油藏特定的熟的参数确定方法，下面对注入量和采液速度 2 个重点参数进行说明。

3.1　水平井注入量确定方法

3.1.1　理想水平井椭圆柱体模型

吞吐井为水平井时，CO_2地下体积用量计算采用椭圆柱体模型，计算公式为：

$$m=\rho V=\rho\phi P_V\pi abH \qquad (1)$$

其中，m 为 CO_2用量，单位：t；ρ 为地层条件下 CO_2密度，单位 kg/m^3；V 为地层条件下的 CO_2气体体积，单位 m^3；ϕ 为孔隙度，单位%；P_V为经验系数，取值范围为 0.2~0.4；a，b 分别为处理半径，单位 m；H 为生产段长度，单位 m(图 8)。

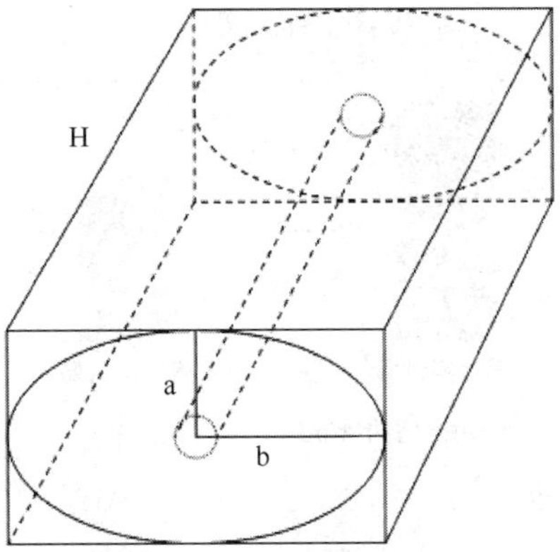

图 8　水平井模型示意图

前期试验验证了按照计算模型设计可取的较好的技术和经济效果，水平井单井注入量设计在 600~800t(图 9)。

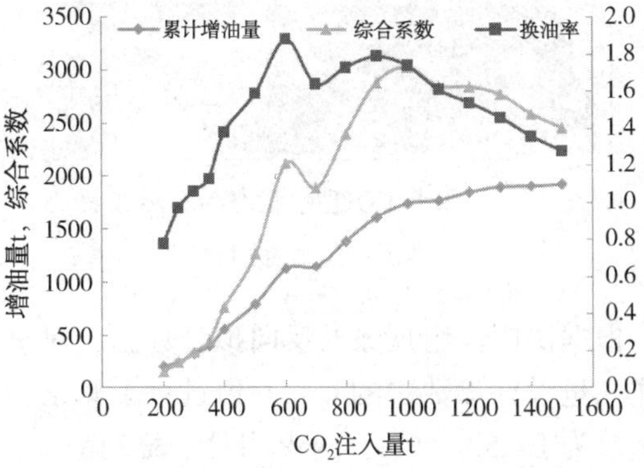

图 9　水平井 CO_2注入量与增油量、换油率关系

3.1.2　水平井椭圆柱体模型的修正

2020 年埕隆 1601 区块整体 CO_2吞吐投产，在首轮吞吐时出现 2 井次井间协同现象，分别为埕隆 1601-16H 注 CO_2时邻井埕隆 1601-32H 套压上升明显、埕隆 1601-14H 注 CO_2时邻井埕隆 1601-12H 套压上升明显(图 10、图 11)。

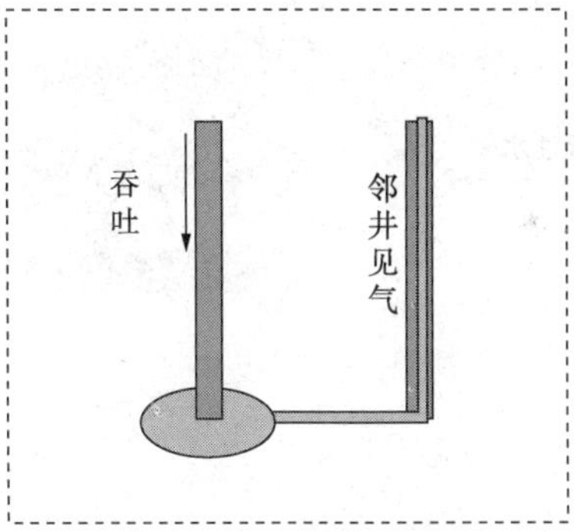

图 10　井间协同现象示意图

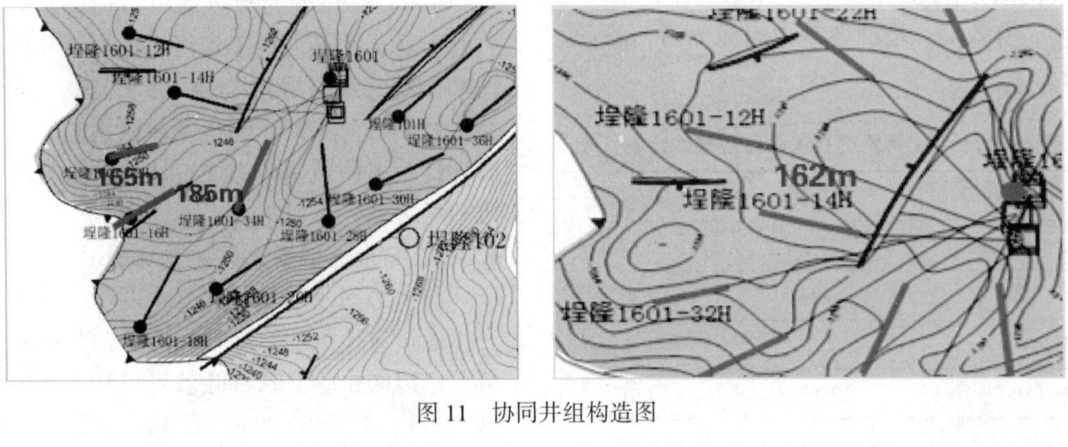

图 11　协同井组构造图

通过反向拟合，在埕隆 1601 特稠油区块水平井注 CO_2时，CO_2波及体积并非规则的椭圆柱体，而是受储层物性、原油黏度及 CO_2切入点影响的不规则的几何体(图 12)。

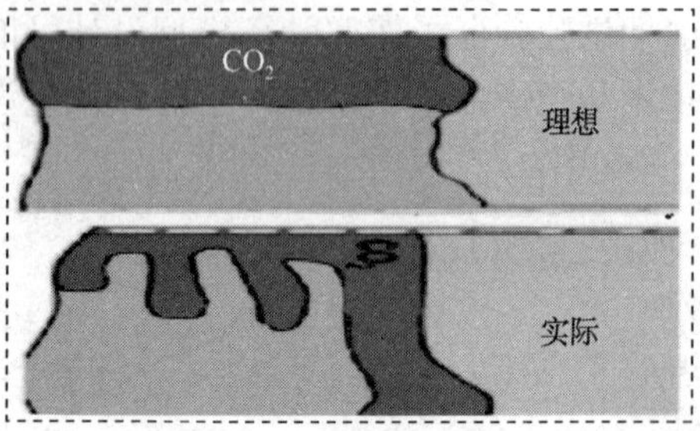

图12　水平井 CO_2 理想状态与实际波及体积对比示意图

根据协同井组现象及反向拟合数据，对水平井注入量设计参数中的L和b值进行了修正，修正结果为L=50~80m，b=½井距(表2)。

表2　协同井组反向拟合数据表

模型L值	埕隆1601-16H井b值(733t)	埕隆1601-14H井b值(986t)
L=水平段	9.5~19	33.3~66.8
L=100m	25.25~50.5	52.6~105.55
L=50m	50.5~101	105.2~211.1

3.2　采液速度确定方法

从室内试验效果分析，采液速度为0.3mL/min(折算后为12.6m³/d)时，最终增油量、换油率最高。采液速度大可以减少 CO_2 在地层原油中的分离时间，有利于 CO_2 驱动原油流向井底；但浅层油藏边底水活跃，采油速度过快，会使边底水突进，影响吞吐效果(图13、表3)。

表3　CO_2 吞吐实验结果数据表

实验效果统计	第1组实验	第2组实验
注气量/mL	69.14	67.55
注气速度/(mL/min)	1.08	1.08
关井时间/h	24	24
初期采液速度/(mL/min)	0.3	0.6
采油量/mL	145	99
换油率/(g/g)	3.15	2.05
增油量/mL	128.11	81.35

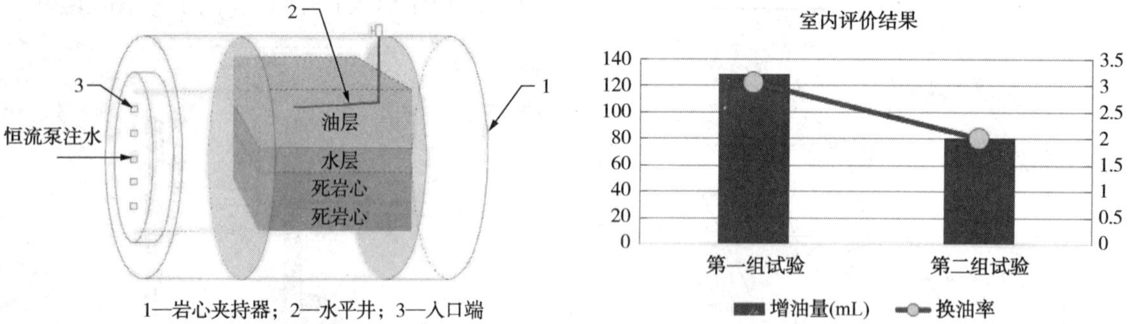

图13　室内试验模型及结果

为进一步探索最佳采液速度在刘5-6H井进行了现场试验，通过动态调整采液强度，第二轮换油率、有效期、增油量等指标优于第一轮(表4、图14)。

表4　刘5-6H两轮次 CO_2 吞吐效果对比表

对比内容	第1轮	第2轮
初期日产液/m³	25.1	20.1
平均日产油/t	7.44	8.67
有效期/d	182	235
换油率/(t/t)	2.83	3.16
增油量/t	1354	1562

3.3　CO_2 吞吐增油效果影响因素分析

CO_2 吞吐作为一项稠油增产措施，实际 CO_2 吞吐成功与否还取决于油层孔隙介质和油层流体的性质及二者的相互作用、施工流体与油层孔隙介质和油层流体的作用以及注采工艺的完善性和合理性。下面从4个方面论述各因素与增油效果之间的关系。

3.3.1　与地层能量之间关系探究

(1) 边底水越活跃程度角度

通过对比稠油吞吐井构造位置及边底水发育情况，边底水越活跃吞吐效果越好。有边底水井 CO_2 吞吐有效率85.7%，有14.3%的井受其他因素的影响，效果较差(图15)。

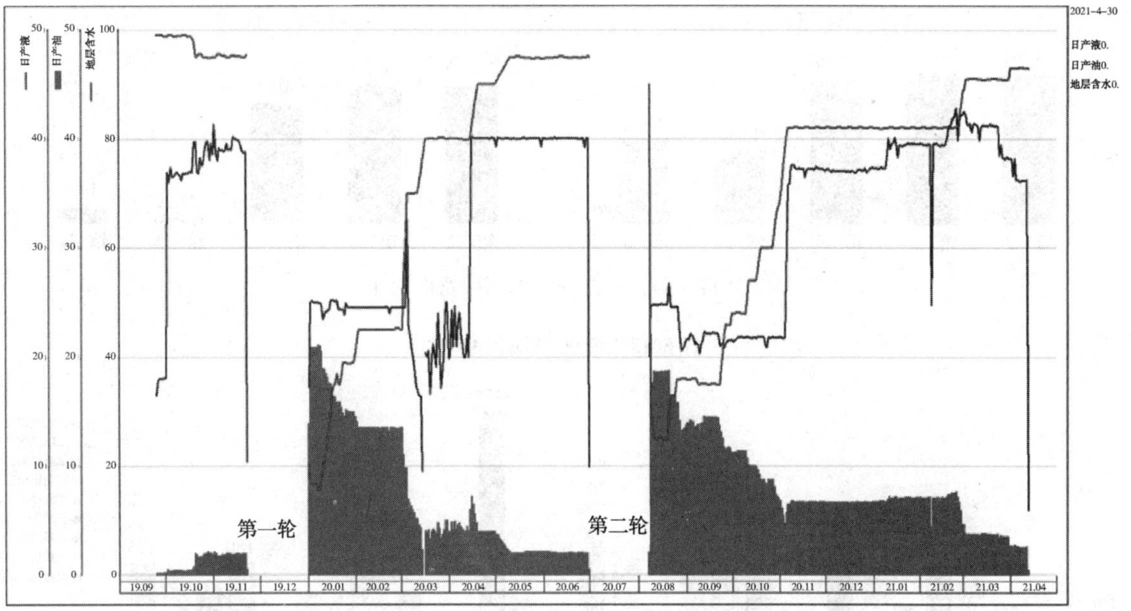

图 14　刘 5-6H 生产曲线

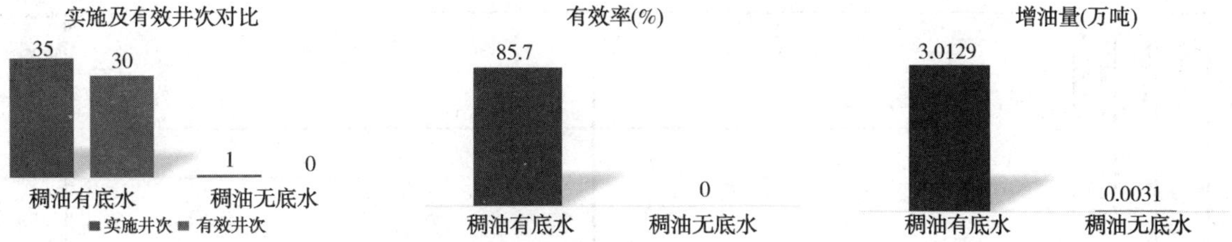

图 15　从有效期、增油量、换油率角度对比不同能量吞吐井效果

(2) 注采井网越完善角度

刘官庄稠油有井网实施 8 井次、有效率 100%，无井网实施 28 井次、有效率 75.6%。有注采井网的井实施 CO_2 吞吐，含水日涨幅、递减、有效期、换油率等评价指标均好于无注采井网井效果(图 16)。

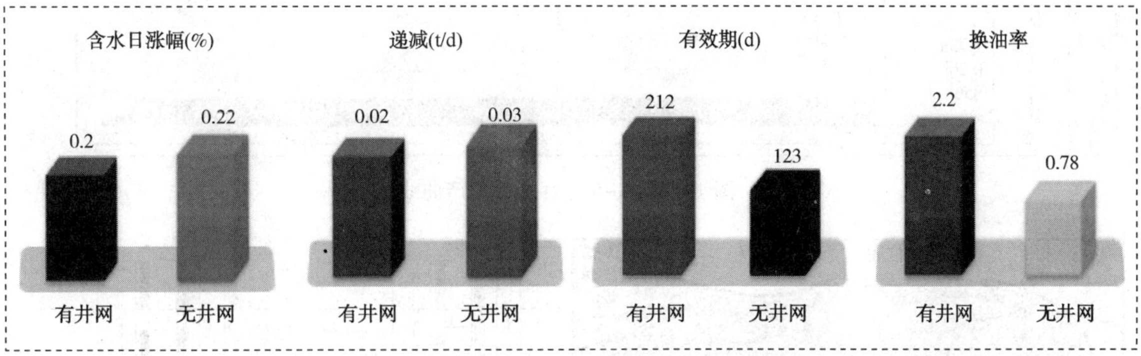

图 16　从不同评价指标对比注采井网与吞吐效果之间的关系

3.3.2　与储层物性之间关系探究

以刘官庄二断块为例，该断块馆三 2、馆三 4 层系孔隙度、渗透率与其他 3 个层系相比相对较差，相应层系吞吐井换油率、有效期内平均日增油均较差，CO_2 吞吐增能效果较差，也进一步证明了 CO_2 增能作用小(图 17、图 18)。

典型案例：刘 7-5

该井所在井组无能量补充，吞吐前日产液呈下降趋势，供液逐渐变差，吞吐后供液未能得到明显改善(图 19、图 20)。

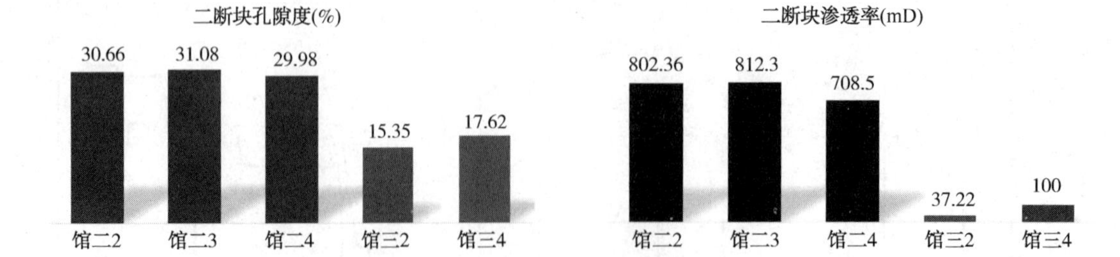

图 17　刘官庄二断块不同层物性对比

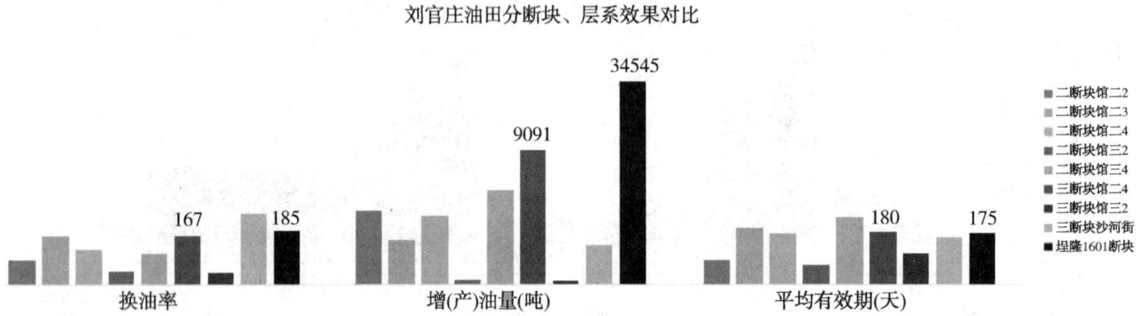

图 18　刘官庄各断块不同层系吞吐效果对比

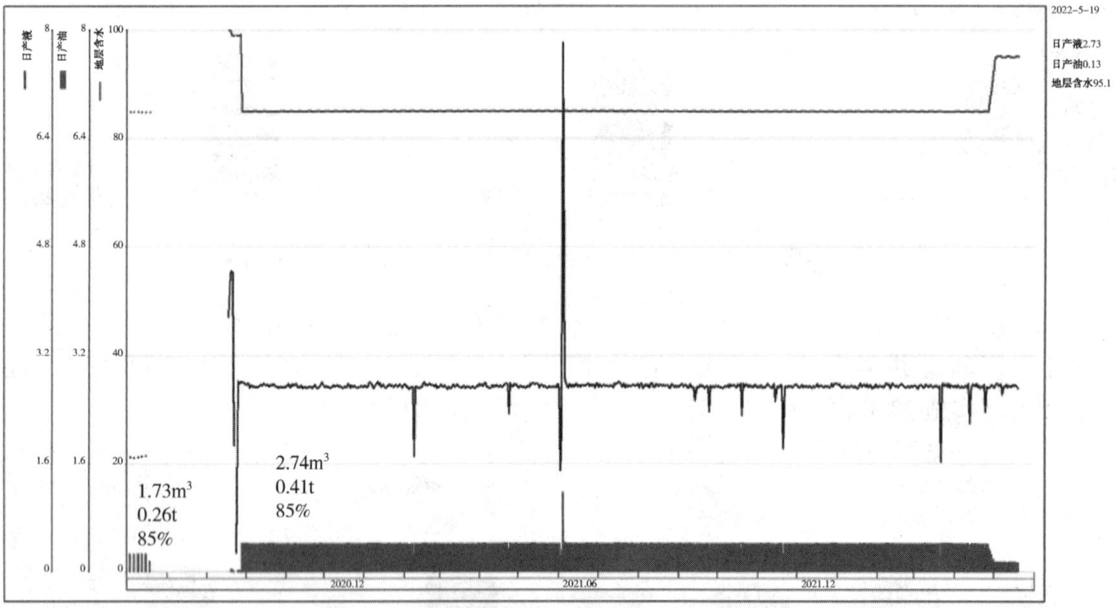

图 19　刘 7-5 井吞吐后生产曲线

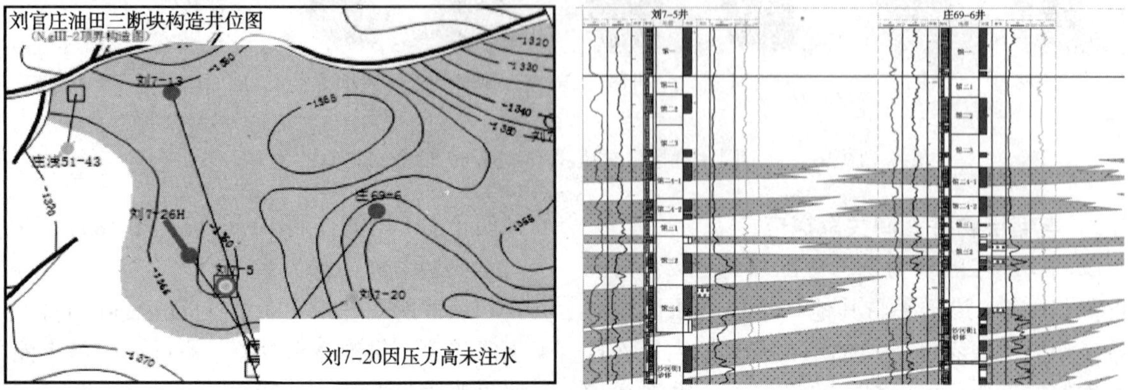

图 20　刘 7-5 构造位置及地层对比图

3.3.3 与直井(大斜度井)射孔厚度比例之间关系探究

对比分析刘官庄二段块直井 CO_2 吞吐效果，仅考虑油层射孔厚度发现：油层射孔厚度百分比越大、换油率越低(但不呈线性关系)，见表 5。

表 5　换油率与射开厚度百分比之间的关系

序号	井号	吞吐层位	油层解释厚度/m	射开厚度/m	射孔厚度百分比	换油率
1	刘 102X1	馆三 2	4.7	4.7	100.00%	0.12
2	刘 103X1	馆二 2	7.9	7	88.61%	0.22
3	刘 1-6	馆二 3	5.3	4	75.47%	1.99
4	刘 3-16	馆二 2	4.5	3.4	75.56%	1.54

典型案例：刘 103X1

刘 103X1 井于 2020 年 9 月 27 日~10 月 3 日注入 CO_2，累计注入 335.88t，焖井 31 天后于 11 月 3 日放喷投产，投产后初期日产液 8.01m^3、日产油 5.9t，生产至第 9 天，含水快速上升，二次焖井未见效果，有效期仅 25 天，增油 74.21 吨、换油率 0.22，效果较差(图 21、图 22)。

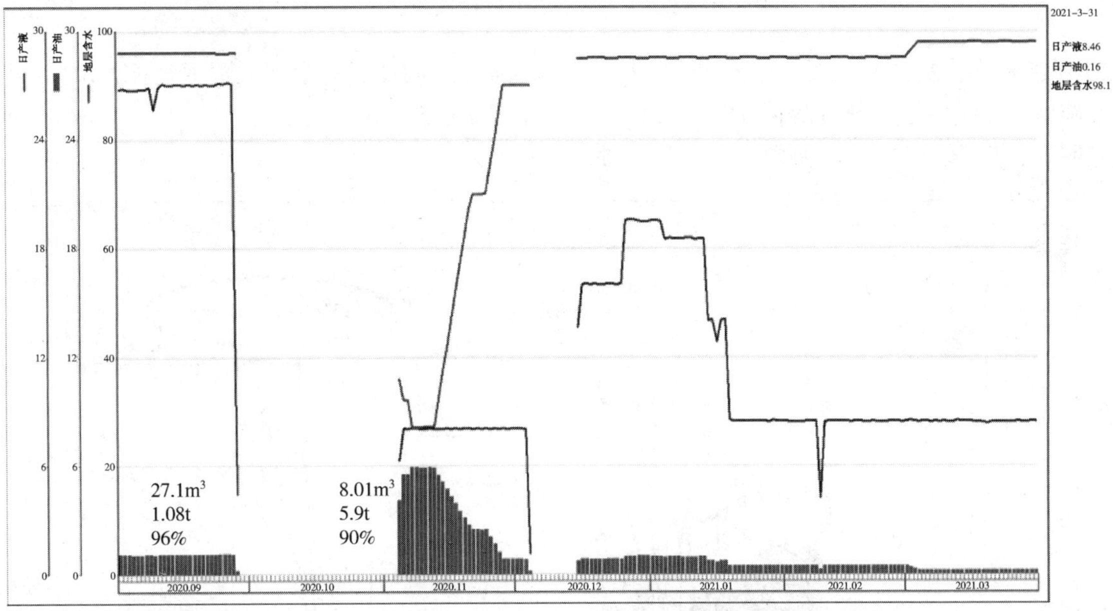

图 21　刘 103X1 井生产曲线

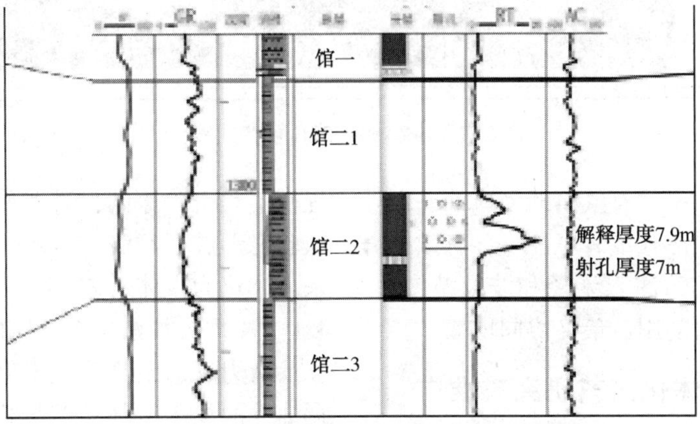

图 22　刘 103X1 井射孔厚度与解释厚度

3.3.4　与吞吐方式之间关系

在刘官庄老区实施井中，在庄 69-5 断块规模开展 CO_2吞吐，与老区其他井相比，庄 69-5 断块换油率、有效期指标远好于单井吞吐效果(图 23)。

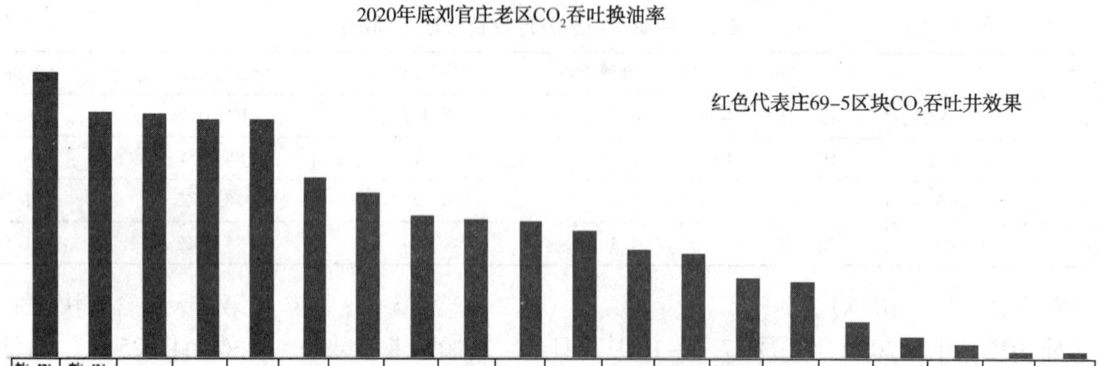

	刘5-6H [1]	刘5-6H [2]	庄69-5	刘5-14H	刘1-8	刘1-8H	刘5-8H	刘2-9	刘1-10H	刘2-3	庄69-8	刘3-16	刘1-6H	刘8-8H	刘1-9H	刘8-46	刘103X1	刘7-5	刘6-18	刘102X1
目前日产油		1.88	0.77	5.61		6.87	3.10		3.09		8.12	3.82		2.2	1.01	1.51		0.11		0.30
■换油率	2.83	2.16	2/13	2.58	2.38	1.79	1.81	1.11	1.58	1.56	1.27	1.08	1.08	0.80	0.77	0.56	0.22	0.13	0.08	0.08

图 23　刘官庄老区各吞吐井阶段换油率

2020 年 8 月、2021 年 6 月，埕隆 1601-16H 先后实施两次 CO_2吞吐，邻井埕隆 1601-32H 协同效应明显，埕隆 1601-16H 协同焖井后，增油降水效果明显，有效期大幅度延长，协同实施效果显著(图 24)。

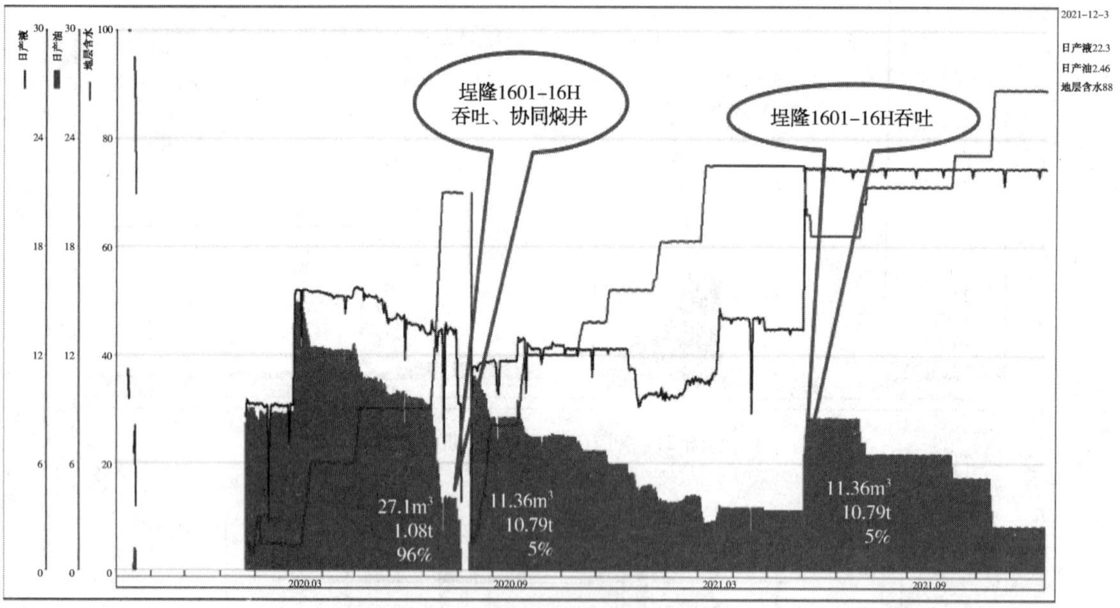

图 24　埕隆 1601-32H 生产曲线

针对同层连同好、相邻有气窜的多口油井组成开发单元，实施集中注气或有序注气，有效抑制或利用气窜，扩大 CO_2注入半径和波及范围，对井间剩余油实现高效动用，最终协同增效。

4　CO_2吞吐注采一体化工艺研究与推广

针对 CO_2吞吐多轮次、多环节的特点，以减少占井周期、提高生产时率、降低作业次数、过程衔接紧密为原则，对多种注采一体化工艺进行试验，形成了经济、高效、实用的液力反馈泵注采一体化为主体工艺。

4.1　液力反馈泵注采一体化工艺研究与推广

液力反馈泵注采一体化工艺实现了稠油、特稠油井的注采一体化，推广应用 18 口，注采转化成功率 100%。应用井数占吞吐井比例 58%，总日产油量占全部吞吐井总产量 61.4%，平均泵效 66.9%。

埕隆 101H 井采用液力反馈泵注采一体化工艺后，已稳定运行 650d 且继续有效，保证了 CO_2 吞吐效果。

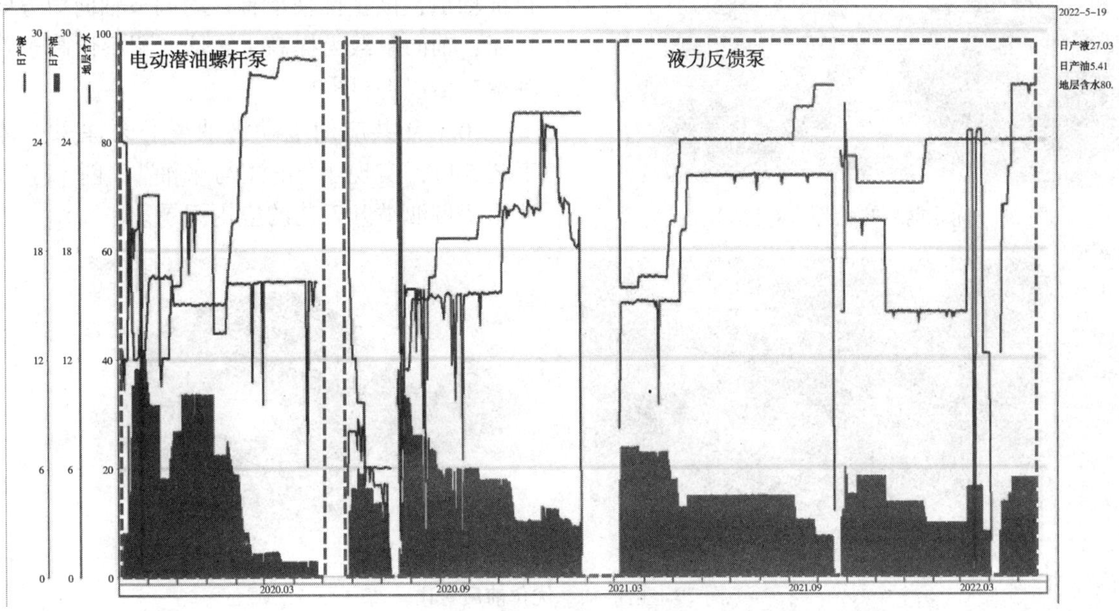

图 25　埕隆 101H 生产曲线

4.2　抗稠油防腐电泵注采一体化工艺设计与试验

通过应用对电动潜油离心泵进行以下 3 个方面的改进，设计了具有抗稠油防腐功能的电动潜油离心泵注采一体化工艺。

4.2.1　对耐温、绝缘、负载能力的改进

采用 204℃ 高温无溶剂绝缘漆、采用耐温 204℃ 电磁线、采用 220℃ 高温焊锡，优化了定子浸漆工艺、优化了定子浸漆温度梯度、优化运动件的配合间隙、提高抗过载能力、优化电机定转子间气隙、采用低损耗硅钢定子(图 26)。

4.2.2　对稠油进泵效率的改进升级

加宽叶导轮的流道宽度、提高了叶导轮的表面粗糙度、特殊设计的保护器、浮动式结构设计、扶正式结构设计(图 27、图 28)。

图 26　电磁线及电泵外观图

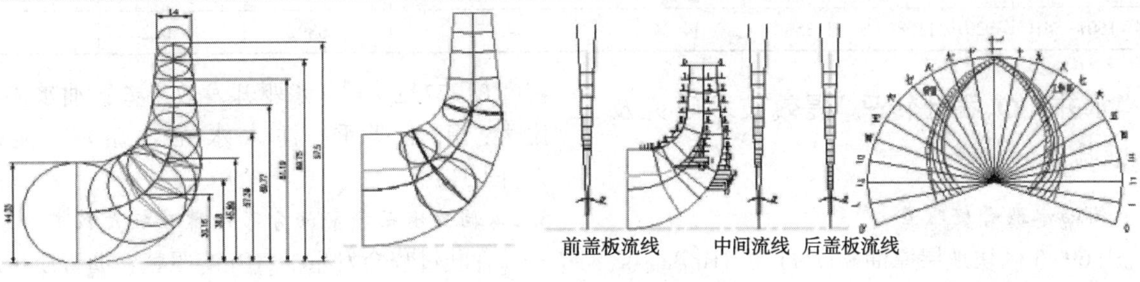

图 27　叶轮与紧绷效率的理论关系

图28　优化前后叶轮外观对比图

4.2.3　提高止推轴承的抗载能力

采用复合材料PEEK做成的自调节式高承载止推轴承，该止推轴承有自动调节轴向力方向的功能，轴向承载力提高1.5倍，耐磨性高于普通轴承二倍以上(图29)。

2020年共应用电动潜油离心泵注采一体化工艺5口，实现了“正注与采油”，创下了大港油田特稠油举升工艺的应用记录。

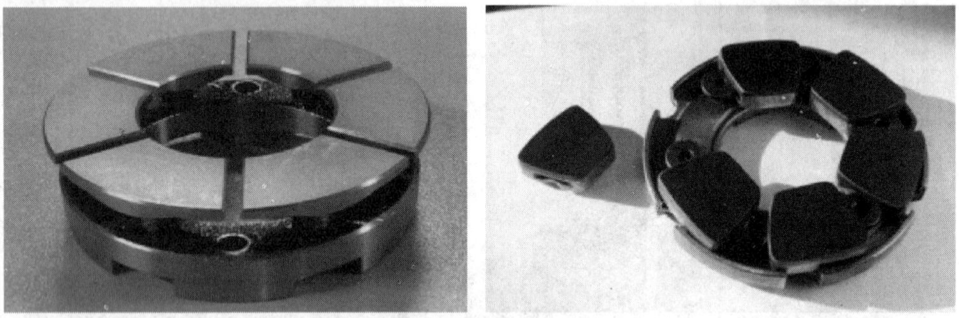

图29　止推轴承优化前后对比

4.3　稠油双向水力泵注采一体化工艺设计与试验

针对埕隆1601区块原油黏度大、水平段原油流动难的问题，创新应用稠油双向水力泵注采一体化工艺，降低了混合液的黏度、改变了水平段的流场。通过在埕隆101H、埕隆1601-34H试验与推广，稠油双向水力泵创下埕隆区块特稠油日产能力50t的最高记录(图30、表6)。

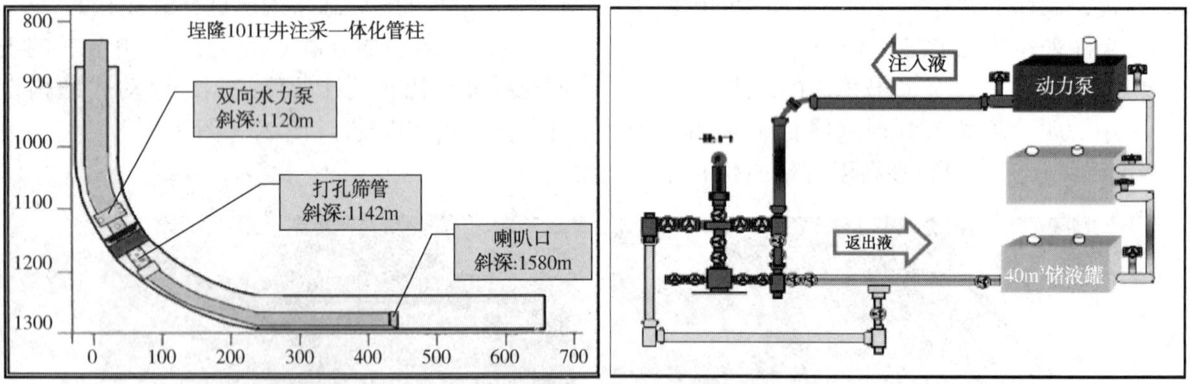

图30　双向水力泵井筒及地面示意图

表6　双向水力应用效果统计表

井号	应用时间	泵深	泵处井斜	泵处全角变化率/(°/30m)	完钻井深/m	尾管末端位置/m	最高日产能力/t
埕隆101H	2019.4.13	1120m	25.2°	5.7	1815	1580	38.48
埕隆1601-34H	2019.11.8	1135m	34.24°	4.07	1689	1620.2	54

5　“水井CO_2吞吐转采”提效技术研究及试验

5.1　稠油水驱开发难点

庄69-5区块地层原油黏度7112.31mPa·s、密度0.9772g/cm^3，水驱开发效果差；油水流度比大，窜流严重；注入水无效循环、能耗大(图31)。

5.2　稠油水驱剩余油分布规律及提产技术

吞吐过程会发生油气互溶驱替、沥青质析出

和气体携带部分沥青质颗粒运移效应。利用CO_2吞吐机理，扩大波及面积，达到提高采收率目的(图32、图33)。

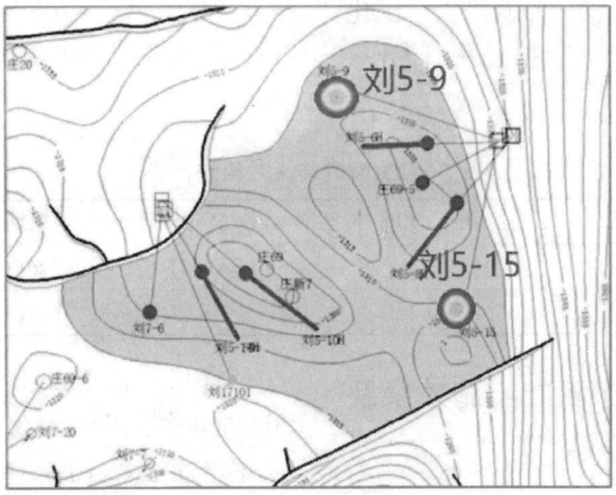

图31　刘官庄油田三断块馆二4构造井位图

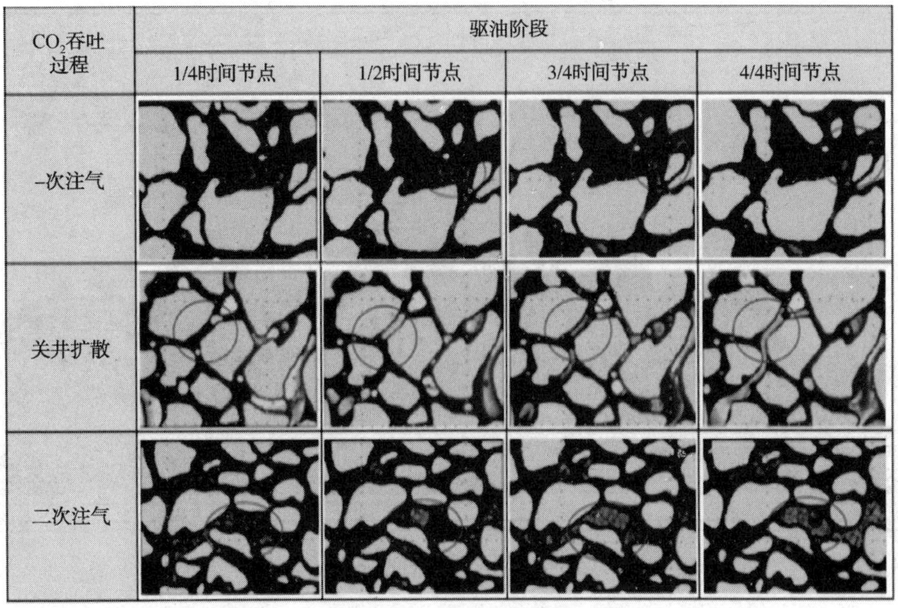

图32　CO_2吞吐不同时间节点剩余油分布图

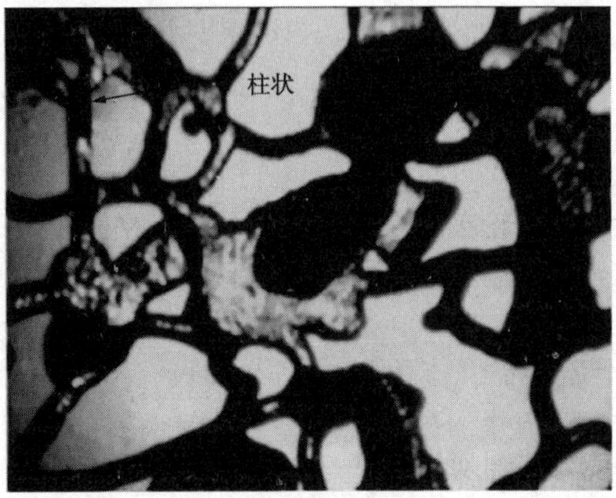

图33　稠油水驱后剩余油分布类型

5.3　设计要点及实施效果

根据2021年庄69-5断块CO_2吞吐显著效果，通过分析稠油区块剩余油分布及潜力、优化吞吐工艺方案，累增油2080t、换油率2.98+，取得显著增油效果。

5.4　阶段认识

稠油注水井周边剩余油富集，可采储量较大；CO_2吞吐可动用水井周围滞留油实现转采增产；拓宽了二氧化碳吞吐技术适用范围。

表7　CO_2吞吐转采效果统计表

井号	油藏埋深/m	厚度/m	最高注入压力/MPa	注碳量/t	增油量/t	有效期/d	日均增油/(t/d)	换油率
刘5-15	1526	13.57	10.8	395	1148+	261+	4.41	1：2.9+
刘5-9	1548	2.5	7.7	302	932+	171+	5.45	1：3.1+

6　刘官庄稠油油藏CO_2吞吐实施效果及下步攻关方向

6.1　实施效果

采油二厂自2020年规模推广实施以来，至2021年底，在刘官庄稠油油藏累计实施CO_2吞吐76井次，共注入3.812×10^4t CO_2，刘官庄老区累增油2.4×10^4t；埕隆1601特稠油区块累产油3.45×10^4t、采油速度在1.45%以上，实现稠油油田高效开发(图34)。

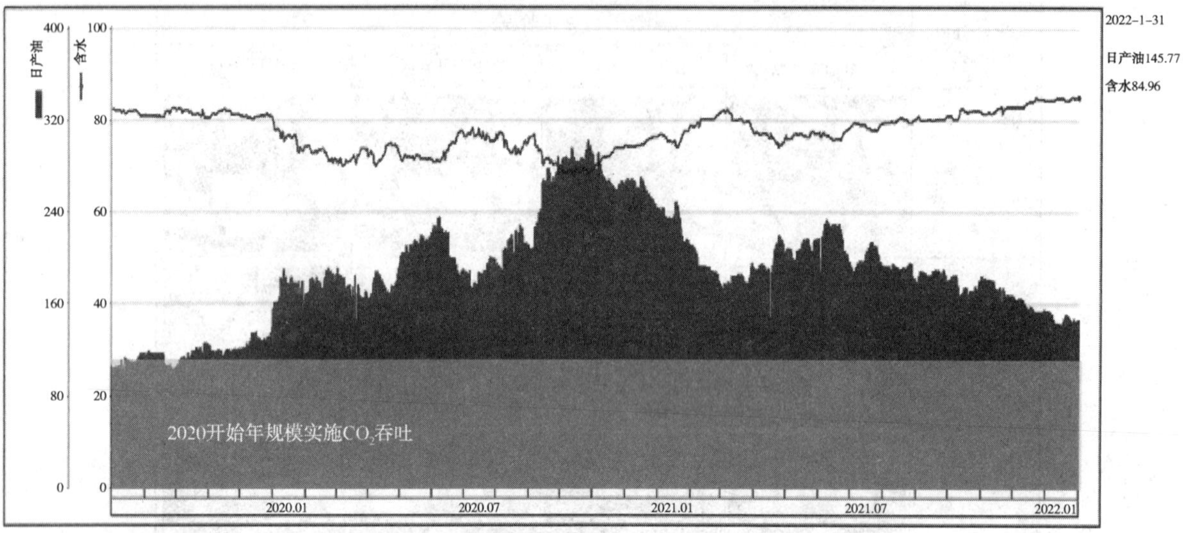

图34　刘官庄稠油区块吞吐后生产曲线

刘官庄老区三断块馆二4层系CO_2吞吐效果显著，刘官庄新区埕隆1601断块特稠油实施CO_2吞吐后，原油黏度大幅度下降，实现了特稠油有效动用。

6.2　下步攻关方向

CO_2吞吐目前已成为采油二厂刘官庄油田稠油区块主要的增产措施，首轮和第二轮次均见到较好的效果，但存在多轮次实施效果逐步变差的客观规律。

综合考虑吞吐井的油藏地质特征、流体物性、开发情况等多重因素，在选藏选井、吞吐参数优化、吞吐时机的选择、复合吞吐(水+CO_2、降黏剂+CO_2、堵剂+CO_2等)上进一步加强研究，以满足后续吞吐井次的需求，同时，开展CO_2吞吐转驱技术的攻关研究与试验，提高CO_2在稠油油藏的波及范围。

参 考 文 献

[1] 王晓燕，章杨，张杰，等．稠油油藏注CO_2吞吐提高采收率机制[J]．中国石油大学学报，2021.

[2] 杨胜来．影响CO_2吞吐采油效果的若干因素研究[J]．西安石油学院报，2002，17(1)：32-35.

[3] 唐锡元．文留油田二氧化碳吞吐采油方案研究[D]．北京：中国地质大学(北京)，2006.

[4] 王桂华．注CO_2改善超稠油开发效果研究．承德石油高等专科学校学报，2009，Vol. 11 No. 2009.

[5] 许善文，申成俊，黄煜辰，等．南堡陆地油田二氧

化碳多轮吞吐技术发展方向研究[J]. 内蒙古石油化工，2014(16)：88-89.

[6] 王守岭，孙宝财，王亮，等. CO_2吞吐增产机理室内研究与应用[J]. 钻采工艺，2004，27(1)：91-94.

[7] 唐钢，薄纯辉，刘承杰，等. 断块稠油油藏化学吞吐工艺技术研究与应用[J]. 西南石油大学学报(自然科学版)，2012，34(4)：141-146.

[8] 付美龙，张鼎业. CO_2在辽河油田杜84块超稠油中的溶解特性研究[J]. 钻采工艺，2006，29(2)：104-107.

[9] 张均溢，赵风兰，候吉瑞，等. CO_2驱替过程中沥青沉积及其对原油采收率的影响[J]. 特种油气藏，2012，19(2)：107-109.

[10] 陈育红，潘卫东，孙双立. CO_2吞吐对储层结垢趋势影响研究[J]. 石油化工与腐蚀，2003，20(6)：21-23.

[11] 杨胜来，郎兆新. 影响CO_2吞吐采油效果的若干因素研究[J]. 西安石油学院学报(自然科学版)，2002，17(1)：32-34.

[12] 张国强，孙雷，孙良田，等. 小断块单元多周期CO_2吞吐强化采油研究[J]. 大庆石油地质与开发，2006，25(5)：85-89.

海上断块底水稠油油藏描述关键技术与实践
——以渤海CFD油田为例

杨 威 李子靳 郭敬民 缪飞飞 张文童

[中海石油(中国)有限公司天津分公司渤海石油研究院]

摘 要 CFD油田是位于渤海湾盆地的断块底水稠油油田，受稠油、底水、低幅构造、稀疏井网等不利因素限制，目前油田已处于高含水的开发中后期，急需开展储层表征、剩余油精细预测等研究以改善开发效果。本文从近年来油田开展的实际工作出发，对相关关键技术及其实践效果展开论述，包括对复杂断裂系统的精细刻画、微构造的精细描述、隔夹层的精准刻画以及剩余油的精细预测等方面，形成了一系列海上断块底水稠油油田开发中后期关键技术，并在实际应用中取得了优异的效果。

关键词 海上油田；复杂断块；底水油藏；稠油；低幅度

随着渤海湾盆地众多稠油油田开发阶段的不断深入，地质、油藏、物探研究日趋精细，手段也日趋丰富多样，很多新技术被广泛应用于稠油油田开发研究工作中，并且在渤海油田开发过程中发挥了重要的作用。以渤海湾盆地典型的断块底水稠油油田——CFD油田为例，实际工作中应用蚂蚁追踪算法将对复杂断裂系统进行精细刻画，应用低幅构造高精度深度预测技术刻画局部构造高点，应用储层遗传反演算法精细刻画储层底部隔夹层，应用水脊腔动态驱油效率精细刻画技术精细预测剩余油分布。下面本文以CFD油田为例，对各关键技术在不同方面解决的开发难题进行论述。

1 研究背景

CFD油田位于渤海湾盆地西部海域。受基底古地貌和晚期形成的雁列断层的双重控制，油田被分割成南北并列分布的若干个断块。该区域晚期构造活动相对沉寂，构造幅度较低。油田主力层位于新近系明化镇组，储层为曲流河相沉积，在断裂系统和沉积作用的双重控制下，单个储量单元平面展布范围较小，厚度较大，呈高孔高渗的物性特征。油层多为底水油藏，油柱高度较低，地层原油黏度约240mPa·s。

油田采用水平井单砂体利用天然能量的开发方式，油井在开发生产过程中表现出天然能量充足、初期产能高、含水上升快的生产特征。受稠油、底水、低幅构造、稀疏井网等不利因素限制，油田长期处于高含水的开发中后期，综合含水高达98.5%，日产油量30m^3/d。

2 关键技术及应用

2.1 基于蚂蚁追踪算法的断层精细解释技术

CFD油田C2区块为一狭长状背斜构造，沿脊部发育一系列局部高点。如图1所示，由北向南沿构造脊部的连井剖面图上显示，主力砂体上各井钻遇的油水界面均不一致，这种油水界面认识的不确定直接影响了油田的开发效果。为改进对断层的识别以解决油水界面差异的问题，本次研究过程中主要应用了蚂蚁追踪算法。该方法是一种基于地震资料的自动断层识别与解释的数学算法，其原理和实际应用效果已经取得了广泛的认可。

蚂蚁追踪算法的主要工作流程包括以下几个步骤：第一，通过地震资料的预处理过滤掉部分噪声与假象，增强地震通向轴的横向连续性；第二，通过计算方差体或者相干体来体现地震资料的不连续程度，在方差体中放入多个虚拟电子蚂蚁，通过预设条件使电子蚂蚁在方差体高值路径上行走，并留下信息素记录行走的路径。若单个蚂蚁走过的路径符合先前我们对断层形态的定义，其信息素将会被保留，反之则不被保留。最终计算结果为衡量信息素强弱的蚂蚁体，它所体现的即是断层存在的可能性。在蚂蚁体的基础上，可通过手动或自动的方式在3D空间中提取断层。相比传统的手工识别与解释断层，该方法具备计算结果客观，断层刻画更加精细以及更加方便快速等优势。

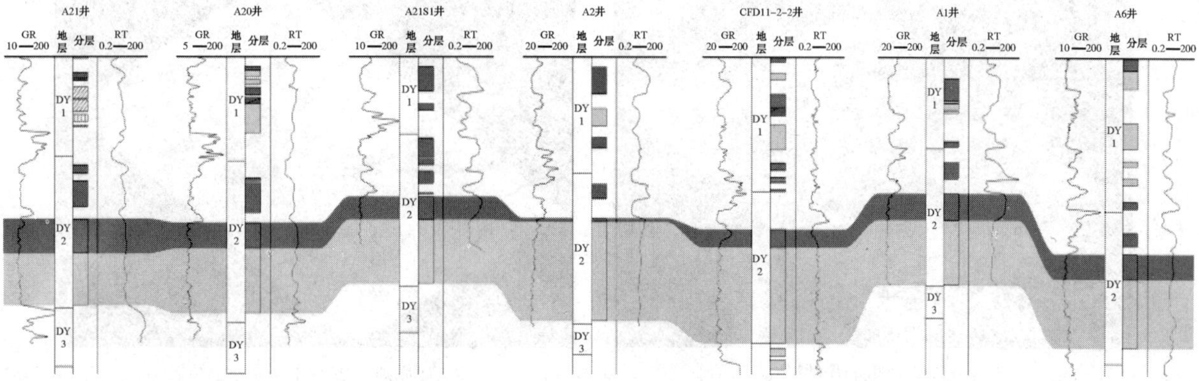

图 1　C2 区块主力砂体连井对比图

依据在地质研究工作中应用蚂蚁追踪算法所取得的经验，在地震资料品质较差的条件下，该方法的应用面临以下几个难点：第一，在蚂蚁追踪算法的整个流程中，从地震资料的预处理到断层的自动提取，共涉及到近 30 个参数的设置。由于每一个参数都会在不同程度上影响蚂蚁体的计算结果，地质与物探人员如何判断蚂蚁体计算结果的正确性，并且在无数种可能的计算结果中挑选出正确的计算结果至关重要。第二，在原始地震资料品质较差的条件下，初学者从蚂蚁体中自动提取出来的断层或太少不能解决问题，或太多难以分辨，这两种情况均不利于解决实际问题。地质与物探人员如何从蚂蚁体中提取“正确的”断层是另一个重要的难点。

为了解决以上实际问题，除了对油田有足够的了解之外，还要把握以下几条重要原则。

原则一：蚂蚁体必须完整刻画出已知断裂系统。已知的断层是地震解释人员在地震剖面上凭认识与经验手工识别出来的断层，它的存在是确定的。确保的蚂蚁体正确的一个必要条件就是蚂蚁体对已知断层刻画要准确。如图 2 所示，在油田的中心含油面积范围内并不存在手工解释的断层，所以蚂蚁体的计算范围需要被扩大至覆盖周边存在手工解释断层的区域，确保生成的蚂蚁体能够对周边的断层有清晰准确的反应。

原则二：在关注主要矛盾的前提下，有针对性地拾取断层。蚂蚁追踪算法通常被应用于地震资料品质较差、手工解释断层存在困难的区域，而这种情况下计算出的蚂蚁体就不可避免地出现许多噪声或者假象，在此基础上自动提取的断层就有可能过于杂乱难以分辨。针对这一问题，要在了解油田主要矛盾的前提下，适当缩小断层提取的范围，重点关注主要矛盾。如图 3 所示，主要矛盾为南部流体系统认识的矛盾，所以拾取断层的重点区域就主要位于南部含油面积内部和周边，在这一区域有针对性地调整参数拾取断层，可有效避免过于杂乱的断裂系统的产生。

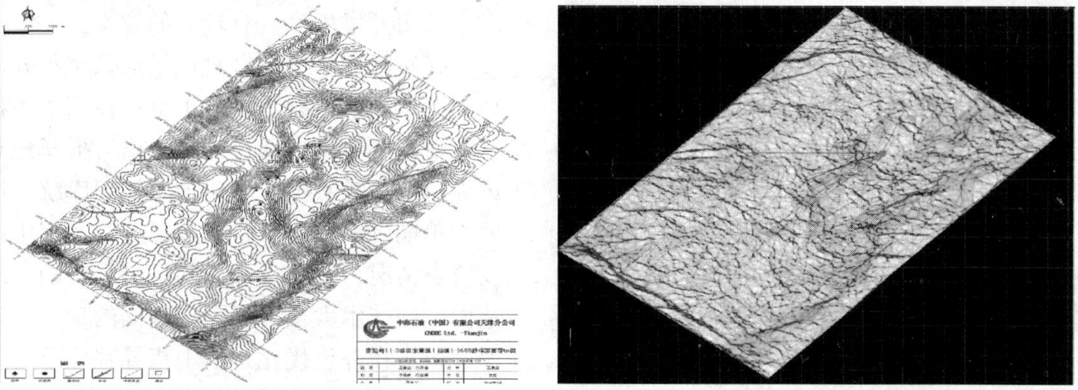

(a)C2区块主力层顶面构造图　　(b) C2区块主力层蚂蚁体沿层切片

图 2　C2 区块主力层构造图与蚂蚁体沿层切片中断层对比

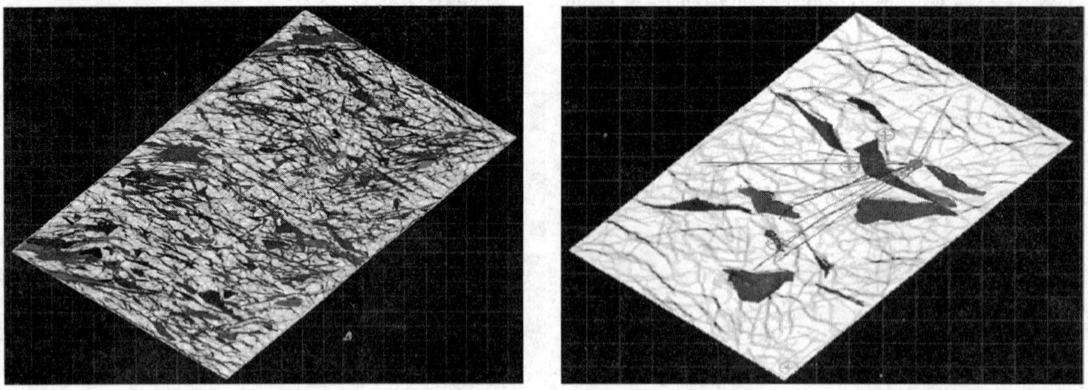

(a)任意自动提取断层结果　　(b)在“原则二”指导下提取断层结果

图 3　C2 区块主力层任意自动提取断层与在“原则二”指导下提取断层结果对比

原则三：重点关注受参数影响较小的断层。鉴于所有参数对蚂蚁体的计算结果均有不同程度的影响，若在重点关注的区域有若干条断层受参数变化影响较小，说明其存在的基础条件扎实充分，对于此类断层，需要重点关注。如图 4 所示，南部 a、b、c 三条沿构造走向的断层受参数影响较小，在一定范围内调整参数，这些断层在蚂蚁体上的形态并无明显变化。

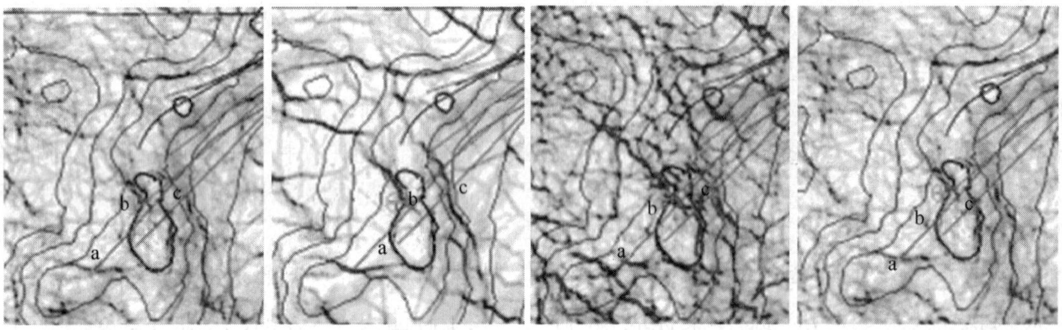

(a)计算结果1　　(b)计算结果2　　(c)计算结果3　　(d)计算结果4

图 4　在不同参数设置下东营组顶面蚂蚁体沿层切片对比

新识别出来的几条断层已经把东营组南部从原来的一个简单的背斜构造分割成了北、中、西、南四个断块(图 5)，剖面的走向线由北向南先后共 4 次横穿断层，造成了剖面上油水界面变化的多样，每个断块内部油水界面均为统一深度(图 6)。说明断层遮挡是造成主力层井间油水界面变化多样的原因，同时这也验证了蚂蚁追踪算法对断层识别的准确性。

基于新的断层解释结果，南部西侧断块尚无生产井，且已经被证实具有一定潜力，应用一口定向井对西侧断块的几个含油砂体进行合采。经该井证实，西侧断块个含油砂体油水界面深度与钻前预测一致，该井初期产能超过 300m^3/d。

2.2　低幅构造高精度深度预测技术

CFD 油田主力层均为浅层低幅度底水稠油油藏，油柱高度 8～10m。鉴于油田生产井表现底水锥进速度快的生产特征，油柱高度对底水对含水上升速度影响较大，因此提高构造研究精度，在油层顶面寻找局部微构造高部位部署水平对于油田开发生产具有较大的意义。

在实际工作中，针对低幅油藏水平井对构造精度要求高的问题，提出了沉积控制的微构造快速定量识别技术。通过计算机语言拆解地震数据体提取地震道数据，利用地质知识库统计河道宽度与单期沉积厚度，限制地震追踪过程中的间断及跳点情况，快速生成不同风险等级的三维微构造面。该技术大幅提高了构造面的精度，且生成速度快，在井位优化过程中指导井位部署，提高水平段避水高度，延缓了含水上升速度。

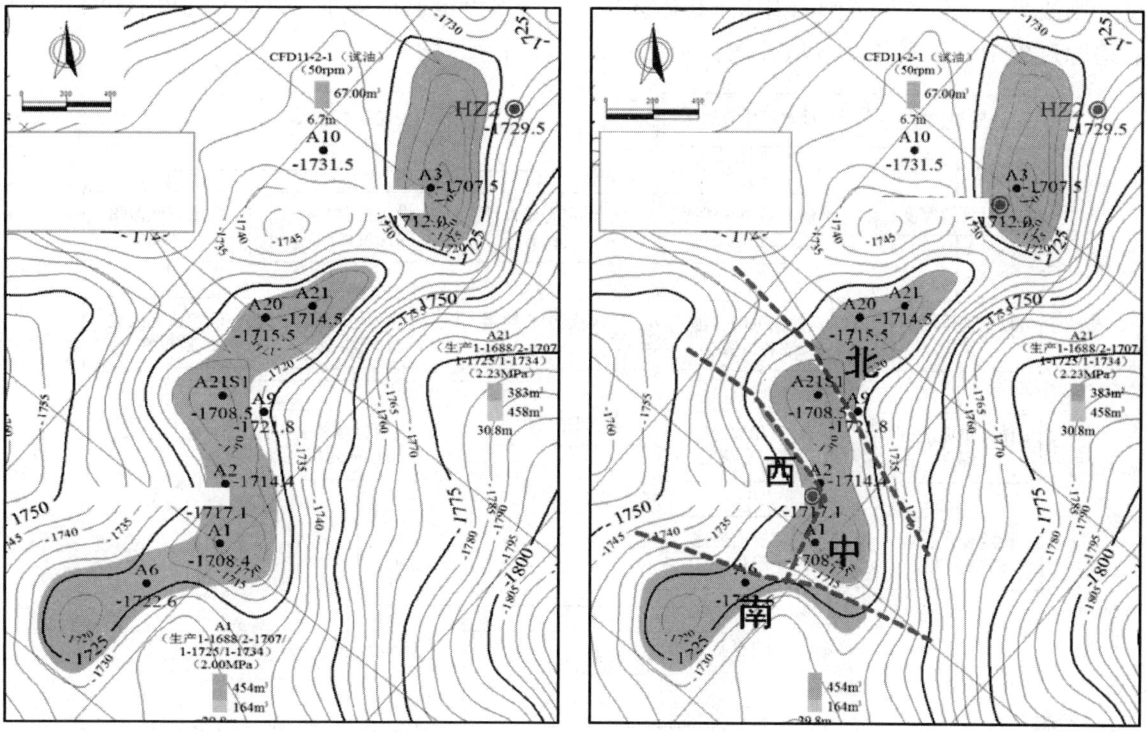

(a) 重新识别断层之前主力层含油面积图　　(b)重新识别断层之后主力层含油面积图

图 5　蚂蚁体识别断层前后主力层含油面积图对比

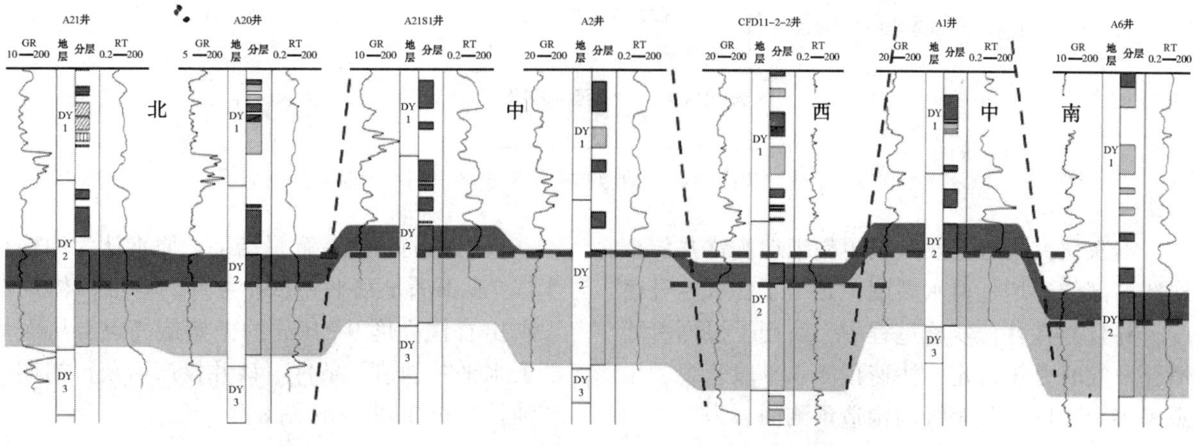

图 6　C2 区块主力层连井对比图(应用蚂蚁追踪算法识别断层后)

针对河流相储层，当前主流物探软件中的追层功能普遍存在三个问题：(1)逐道追踪过程中容易受横向相变影响出现间断；(2)在遇到不同期次河道砂体叠置时，无法判断叠置砂体是否为追踪目标，时常出现跳点等异常情况；(3)追踪结果无法分区处理，即根据不同区域沉积差异引起的阻抗差异而分别处理。

本次研究提出了一种地质知识库约束下的微构造快速定量识别技术，对开发中后期微构造研究、储层刻画及井位优化具有重要意义。主要研究思路为：首先通过计算机技术对地震数据体 segy 进行拆解，读入计算机内存，通过滤波降噪技术去除资料中的噪点数据；根据预设的区域振幅区间、种子坐标及地震极性等确定追踪方式，沿着中心发散式路径逐道追踪；追踪过程中，当遇到废弃河道时，根据预设的废弃河道宽度(研究区废弃河道平均宽度在 80～120m 之间)，在间断点处定点搜索半径为 120m 内的地震道，沿符合地震道继续追踪；在砂体叠置位置，根据统计的单期次河道砂体厚度判断上覆河道砂是否存在下切情况，即上覆河道砂厚度小于预设河道厚度时，开始追踪上覆砂体顶面，若大于单期河道厚度，则改为在预设深度范围内追踪下伏砂体顶面；追踪过程中，根据各个区域井震标定结果，分区设定追踪条件，满足各沉积带砂体的阻抗差异特征(图7)。

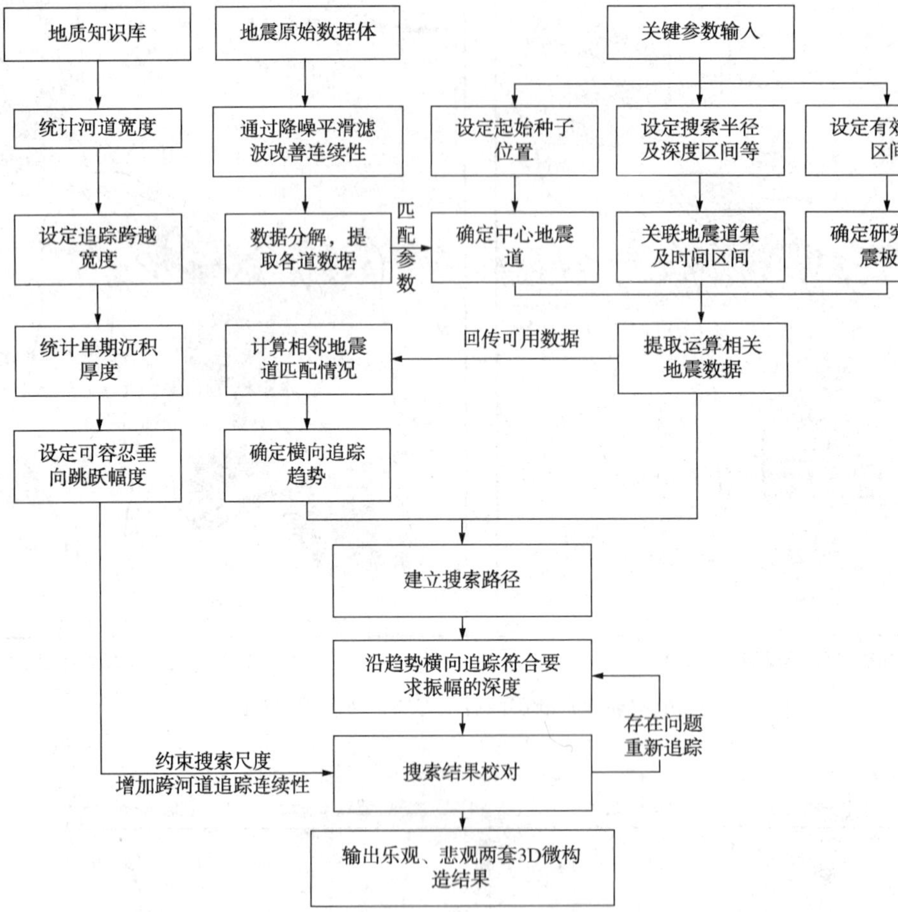

图7　地质知识库约束下的微构造快速定量识别技术流程图

本次研究指导开发人员更精细地优化井位至构造高部位，增加避水高度，延缓了含水上升速度，并且，在井位实施过程中，实现了根据着陆情况及实时井震标定，快速预测水平段悲观、乐观等多套不同风险等级的构造预测面，为井位顺利实施提供了有力的技术保障。

基于新的微构造解释结果，原本认为油柱高度仅7m不满足水平井布井条件的含油砂体局部识别出有柱高度9~10m的微构造高点，从而为部署水平井创造了条件。该井投产后获得初期日产油量超过300m^3/d(图8)。

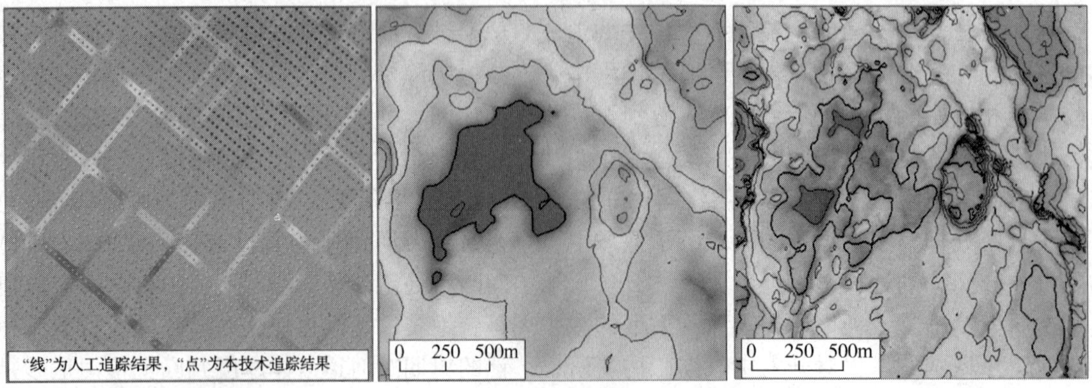

(a)人工追踪与本研究追踪精度对比　　(b)人工追踪结果　　(c)本技术追踪结果

图8　微构造追踪与人工追踪对比

2.3 底水油藏隔夹层精细描述技术

对于低油柱高度的底水稠油油藏，为减缓开发过程中底水锥进速度过快，除提高水平井避水高度以外，准确定位底部隔夹层发育的有利部位对于精准寻找开发甜点以实现高效动用同样具有关键作用。为在少井条件下实现底水油藏隔夹层准确描述刻画，需采取井震结合的预测方法。

依据地震资料预测储层属性具有较大的多解性，目前国内外常用的地震反演算法有多种，每种算法适用于不同储层特点、资料品质和目标属性。针对储层特点与井震匹配关系，结合海上油田自身特点与测井资料的局限性，本次研究选择遗传反演算法。作为一种神经网络和遗传算法相结合的非线性迭代反演算法，遗传反演在实际操作过程中所需的资料仅限于原始地震资料和井资料，而不需要子波和初始模型，从而在降低获取资料难度、减少主观因素对反演结果的影响的同时，使研究人员更加专注于储层结构与地震响应之间的关系；该方法的另一大优势在于反演的目标属性不仅限于传统的波阻抗属性，而是可扩展到更多与地震振幅直接或间接相关的其他岩石物理属性，如密度、孔隙度和自然伽马等。该方法已在全球范围内多个油田被证明具有良好的应用效果。海上油田开发井具有测井项目较少的特点，需要在有限的岩石物理参数中选择与地震资料对应关系最佳并可以较为准确的反映储层物性的参数作为反演目标。鉴于自然伽马测井资料在本油田较为丰富、与储层渗透率具有较好的相关关系，本次研究选择自然伽马作为储层遗传反演的目标属性。

本次研究供选取分布于油田不同部位、不同沉积微相与不同储层级别的 20 口井针对本油田东营组低渗层进行自然伽马反演计算。从井震对比上来看，原始地震资料受分辨率限制，蓝轴代表油组顶面，内部小层没有清晰连续的反射轴，地震资料对储层物性反应效果较差；而反演结果对小层的刻画效果有明显改善，并且与自然伽马测井有理想的对应关系，从而反映储层内部隔夹层的分布。

从原始地震资料和反演结果对比上来看，加入了井信息的反演剖面纵向分辨率有了显著提高，使具有一定规模的泥岩夹层在地震资料中得以清晰刻画，结合对微构造的研究认识，为找寻开发甜点部署水平井提供了指导(图 9)。

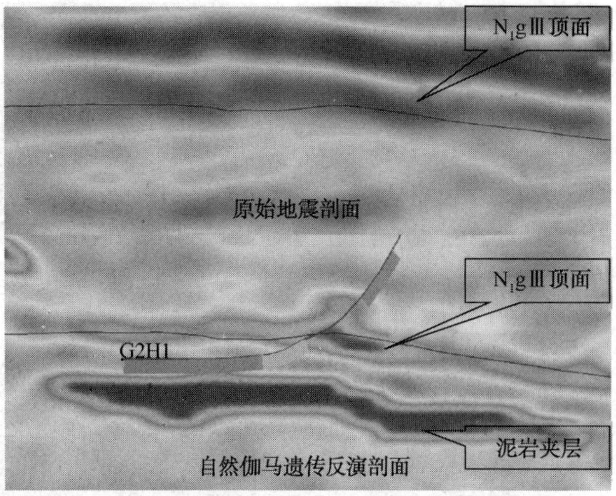

图 9 CFD 油田原始地震资料地震剖面与反演剖面对比图

基于本次研究成果，在馆陶组底水油藏中寻找并刻画出若干个底部隔夹层稳定发育的开发甜点，并部署水平生产井挖潜获的初期日产超过 400 吨，该井在底部隔夹层的作用下，含水上升速度远低于油田平均水平。

2.4 底水稠油油藏水脊腔动态驱油效率公式表征

CFD 油田底水稠油油藏普遍具有底水锥进速度快的生产特征，对水脊腔动态的精细刻画对确定水平井井距和剩余油挖潜具有重要意义。

在油井生产过程中黏度是影响影响波及范围重要因素，如图 10 所示，随着黏度的增加波及范围逐渐降低，根据油水界面位置可以发现，黏度低于 50mPa·s 时油水界面随着黏度的降低逐渐抬升，这是由于油水黏度越相近，底水驱油越接近于活塞式驱油，使油水界面平托至水平井，波及范围较大。

从驱油效率图中可以看出黏度越低波及范围越大驱油效率分布比较均匀如图 11 所示，主要水脊驱替区驱油效率为 65%~70%，而稠油的驱油效率分区分带性，其驱油效率主要分为三个区，分别为核心水脊区、过渡水脊区、边缘水脊区，核心水脊的驱油效率可以达到 80%，过渡水脊区的驱油效率为 41%，而边缘水脊区的驱油效率仅为 13%。稠油出现核心水脊区的原因是由于稠油黏度过大，底水驱替容易发生锥进现象，从而使核心位置处的过水倍数较大，经过高倍数水体的冲刷后，储层内部的润湿性发生变化，从而使残余油饱和度进一步降低，更多的油被驱替出来，表现出高驱油效率的核心水脊。

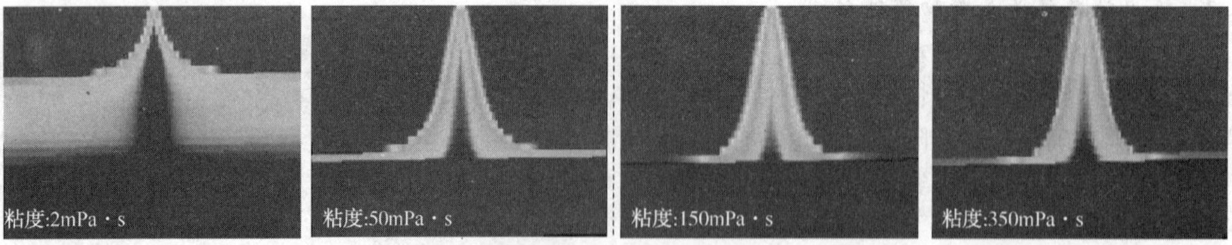

图10　相渗时变含油饱和度场图对比

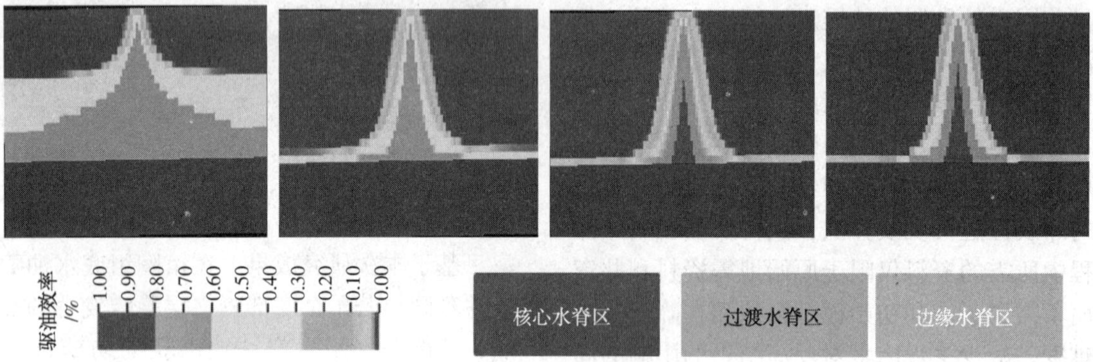

图11　相渗时变驱油效率场图对比

如图12所示，从稠油的内外波及半径随驱替时间的关系可以看出，外水脊半径在一年左右就基本达到最大，随着后续几年的生产其波及半径基本没有发生变化，而核心水脊区的波及半径始终随着生产时间的增加而增加，说明核心水脊区高驱油效率的部分逐渐扩大，这是由于在生产初期稠油的外水脊形成后，生产井很快见水，底水在核心水脊处流量最大，由于其黏度大，水驱油过程为典型的非活塞驱替，使较大的液量通过核心水脊区流入井底。核心水脊处随着大液量冲刷，使该部分驱油效率最大。

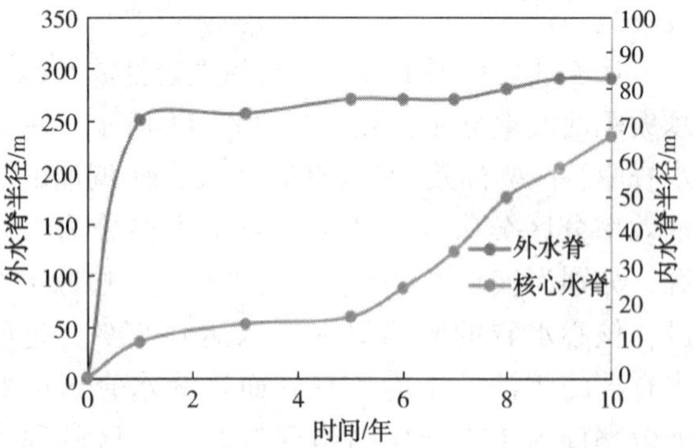

图12　稠油内外波及半径随时间的变化

通过上述研究我们已经指导在稠油驱替过程中，驱油效率的核心区、过渡区、边缘区驱油效率不同，同时他们的变化规律也不相同，结果如图13所示，核心水脊驱油效率最大在驱替的初期稠油驱油效率最大且随着驱替时间的增加驱油效率逐渐增加，过渡水脊区增加幅度较缓，而边缘水脊区在驱替初期驱油效率为10%，到驱替结束后驱油效率为13%，也就是说边缘驱替区驱油效率基本没变，其驱油效率不受驱替体积的影响。如图14所示，当驱替结束后稠油的驱油效率的三个区域逐渐形成。

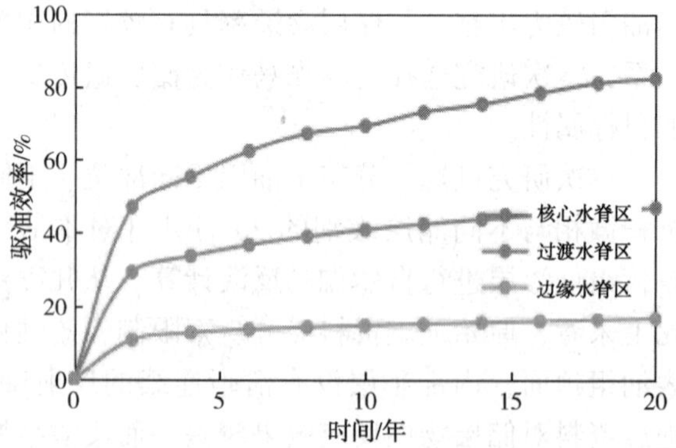

图13　不同驱替效率条件下波及体积随PV的变化

通过对稠油的动态驱油效率分区后发现，稠油的动态驱油效率具有明显的分区分带性，核心水脊区驱油效率可以达到80%，过渡水脊区驱油效率为41%，边缘水脊区驱油效率仅为13%。核心水脊区驱油效率随着驱替时间的增加而增加，核心水脊区变化较缓，边缘水脊区驱油效率

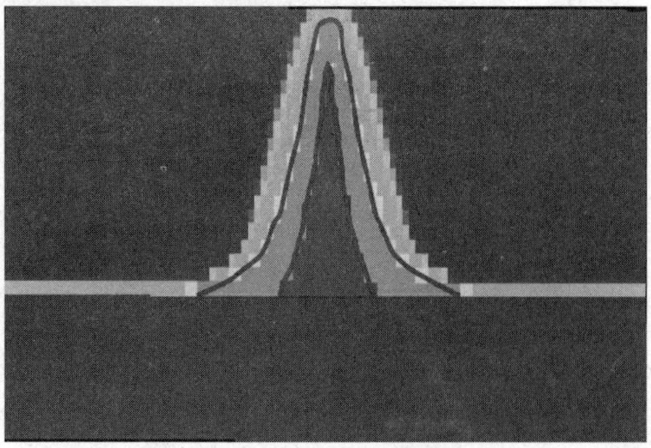

图 14 稠油驱油效率分区分带现象

在初期达到 10%左右后基本不再发生变化。

基于本次研究成果，在馆陶组底水油藏剩余油挖潜过程中，在老井周边 200m 初部署加密调整井取得了优异的效果，获得多口水平生产井初期日产超 300m^3/d。

3 结论认识

(1) 应用蚂蚁追踪算法识别出的断层可对 CFD 油田 C2 主力层小层南部各井油水界面矛盾的现象做出合理的解释，并指导进一步挖潜；

(2) 应用低幅构造高精度深度预测技术可辅助寻找低油柱底水稠油油藏的挖潜动用及井位设计；

(3) 本次研究应用的遗传反演算法以自然伽马属性为目标，对底水油藏中的隔夹层做出了较为准确的刻画并指导调整井优化与随钻，取得了理想的效果；

(4) 稠油的动态驱油效率具有明显的分区分带性，核心水脊驱油效率最大，边缘水脊驱油效率最低。核心水脊区驱油效率随着驱替时间的增加而增加，过渡水脊区变化较缓，边缘水脊区驱油效率在初期达到 10%左右后基本不再发生变化。该结论指导剩余油挖潜获得了优异的效果。

参 考 文 献

[1] 霍春亮，叶小明，高振南，等．储层内部小尺度构型单元界面等效表征方法[J]．中国海上油气，2016，28(1)

[2] 霍春亮，古莉，赵春明，等．基于地震、测井和地质综合一体化的储层精细建模[J]．石油学报，2007，28(6)．

[3] 徐安娜，董月霞，韩大匡，等．地震、测井和地质综合一体化油藏描述与评价——以南堡 1 号构造东营组一段油藏为例[J]．石油勘探与开发，2009，36(5)．

[4] 吕坐彬，赵春明，霍春亮，等．精细相控储层地质建模技术在老油田调整挖潜中的应用——以绥中 36-1 油田为例[J]．岩性油气藏，2010，22(3)．

[5] 霍春亮，刘松，古莉，等．一种定量评价储集层地质模型不确定性的方法[J]．石油勘探与开发，2007，34(5)．

[6] 龙旭，武林芳．蚂蚁追踪属性体提取参数对比试验及其在塔河四区裂缝建模中的应用[J]．石油天然气学报，2013，33(5)．

[7] 王军，李艳东，甘利灯．基于蚂蚁体各向异性的裂缝表征方法[J]．石油地球物理勘探，2013，48(5)．

[8] 程秋菊，冯文光，彭小东，等．底水油藏注水开发水淹模式探讨[J]．石油钻采工艺，2012(3)：3.

[9] 张建东，付刘娜，房国庆．底水油藏注水开发效果评价研究[J]．中国石油和化工标准与质量，2013(8)：1.

[10] 郑小杰，钟伟，段洪泽，等．强底水油藏注水开发可行性研究[J]．断块油气田，2015，22(2)：4.

[11] 章威，龙明，周焱斌，等．无夹层底水油藏注水开发图版建立与应用[J]．特种油气藏，2020，27(2)：5.

海上顶底水特超稠油蒸汽吞吐试验关键参数优化及实践

王树涛　刘东　程奇　张风义　朱建敏

[中海石油(中国)有限公司天津分公司]

摘　要　渤海 LD-N 顶底水特稠油油藏冷采开发无产能，而海上开采条件下的特超稠油蒸汽吞吐开发缺乏经验，为此在项目整体投产前选取1口井开展关键参数优化研究及现场试验。针对特稠油注汽压力高导致蒸汽波及范围小和顶底水加剧地层中热损失等问题，分别开展了试验井的纵向位置优化、周期注汽量、注入蒸汽温度和干度等关键参数优化。试验井投产后注热和生产效果均达到了预期，证实了海上首个特超稠油蒸汽吞吐开发方案的关键参数选取是合理的，并为进一步提高后续蒸汽吞吐井的热采效果提供了指导。

关键词　海上；顶底水；特超稠油；蒸汽吞吐；试验；参数优化

渤海油田非常规稠油储量大，动用程度低，正在开展多种热采方式的试验及推广。目前，渤海油田普Ⅱ类稠油蒸汽吞吐已进入规模化开发阶段，但是海上特超稠油蒸汽吞吐开发尚无可借鉴经验。特超稠油高效开发是世界难题，加拿大、中国陆地辽河、新疆和胜利油田等经过多年的研究与实践，特超稠油蒸汽吞吐技术取得了工业化应用和推广，积累了丰富的经验。然而，海上稠油热采与陆地稠油热采存在巨大差异，注热作业成本高，对热采效果的要求也更高，陆地热采经验不能照搬到海上。渤海 LD-N 顶底水特稠油油藏冷采开发无产能，而海上开采条件下的特超稠油蒸汽吞吐开发缺乏经验，为此在项目整体投产前选取1口井开展关键参数优化研究及现场试验。

1　油藏概况

渤海 LD-N 油田地层自上而下为第四系平原组、新近系明化镇组、馆陶组以及古近系东营组，主要含油层系为新近系明化镇组和馆陶组。油藏类型为油水界面不规则的底水块状油藏(图1)，沉积相为辫状河沉积，特高孔渗储层，明下段孔隙度平均值 34.4%，渗透率平均值 4181.2mD；馆陶组孔隙度平均值 32.9%，渗透率平均值 2908.3mD。明下段油藏埋深-845.0~-945.4m，钻井揭示油层厚度 8.7~49.7m，各井钻遇底部油水界面为-921.4~-945.3m；馆陶组油藏埋深-930.0~-1060.5m，钻井揭示的油层厚度 44.2~85.5m，各井钻遇底部油水界面为-1037.3~-1060.5m。LD-N 油田新近系地面原油性质属超重质特~超稠油，具有密度高、黏度高、含硫量低、胶质沥青质含量高、含蜡量中偏高、凝固点高等特点。

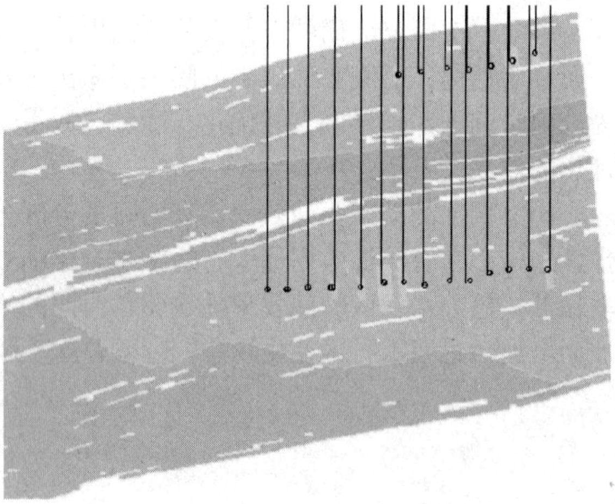

图1　渤海 LD-N 油田油藏数值模拟模型

2　特超稠油蒸汽吞吐试验关键参数优化

2.1　水平井纵向位置优化

试验井 X12H 井位于 LD-N 油田馆陶组，该油组为顶、底水发育的特~超稠油油藏，需要开展蒸汽吞吐水平井的纵向位置优化，一方面，需要考虑延缓顶底水突破时间，另一方面，需要考

虑蒸汽吞吐过程中顶底层热损失降到最低

首先，开展隔夹层的发育模式研究，根据测井、岩心资料，将目的层隔夹层划分为3类：泥岩、砾岩(砂砾岩)、泥质细粉砂岩。其中泥岩和砾岩属于不同期次河道间沉积界面，分布相对较稳定，物性较差。对馆陶组划分出3期河道，在等时地层格架下进一步开展沉积界面刻画研究。馆陶组油藏内部夹层厚度薄，横向分布不稳定，仅个别夹层在反演资料上“具有响应”，平面分布范围小(图2)。第①套是馆陶组中部砂砾岩隔夹层，平面分布于探17井和探4井附近，垂向上分布于油水界面附近，开发过程有利于延缓底水锥进；第②套是馆陶组下部砂砾岩隔夹层，平面分布于探1井附近。此外，第③套为明下段底砾岩，厚度约10m，横向分布稳定，具有高电阻率、高密度和低声波时差的测井响应特征。根据新增的探7d井核磁资料，分析明下段底砾岩可动孔隙度在5%～10%左右，具有一定的渗流能力，因此，馆陶组蒸汽吞吐水平井需要考虑吞吐后期顶水突破的风险。

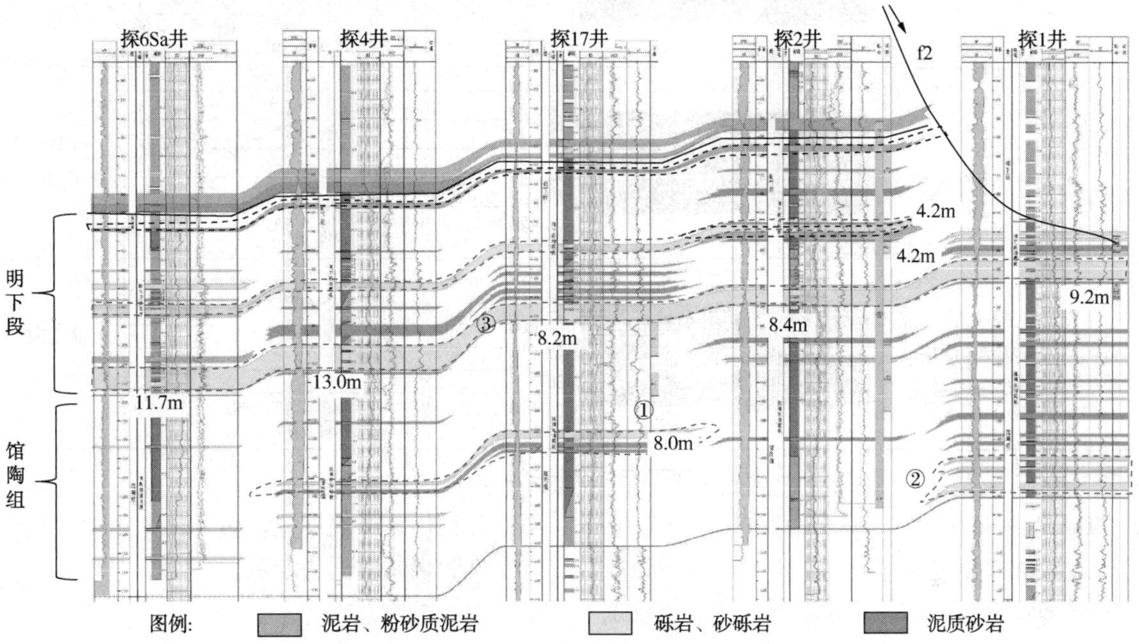

图2　LD-N油田目的层主要隔夹层分布示意图

然后，考虑隔夹层的发育模式对开发影响较大，根据隔夹层的不同展布模式，优化水平井纵向位置。一方面，考虑顶底层热损失最小化，通过数值模拟研究，随着水平井纵向位置的上移，热损失先降低后增加，水平井位于距油底40m处效果最好，推荐水平井部署在油层中部；另一方面，考虑充分利用不同类型的隔夹层对顶底水的阻挡作用，将隔夹层分布模式分为三类：底部隔夹层连续发育、顶部隔夹层连续发育和顶底部隔夹层均不发育，开展了分类优化研究，进一步优化水平井在纵向上的位置，最大程度降低顶底水突破的风险(表1)。X12H井纵向位置优化后，吞吐阶段累产油增加0.70万吨，吞吐阶段动用储量采出程度提高为0.2个百分点。

表1　不同隔夹层模式下水平井纵向位置优化对比表

油组	隔夹层分布	油藏模式图	水平井纵向优化原则	
明化镇组（底水油藏）	隔夹层不连续发育		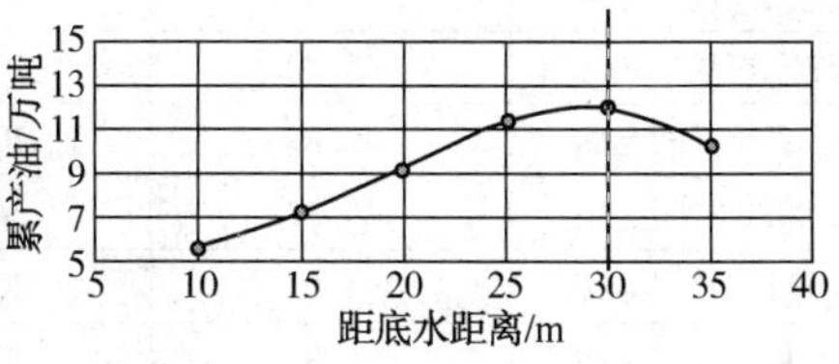	保持初步推荐井位不变

续表

油组	隔夹层分布	油藏模式图	水平井纵向优化原则	
明化镇组（底水油藏）	顶、底部隔夹层连续发育	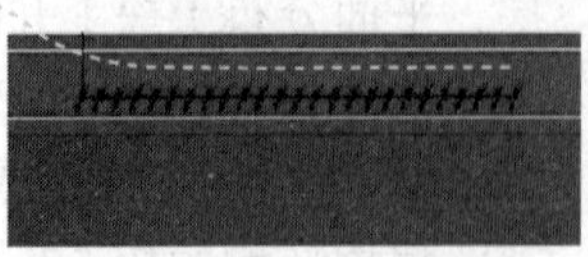	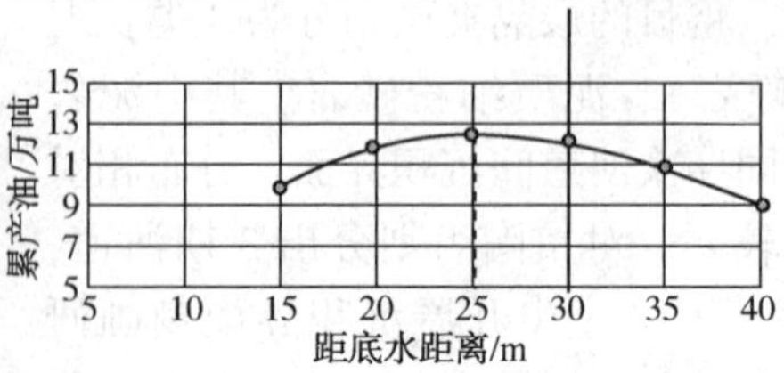	继续向下优化4m
馆陶组（顶底水油藏）	底部隔夹层连续发育	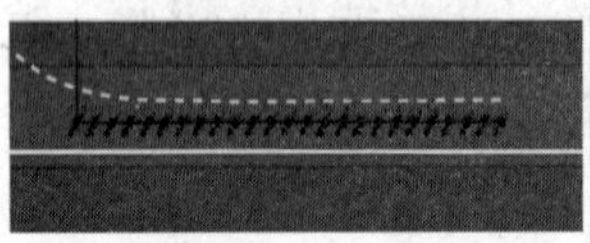	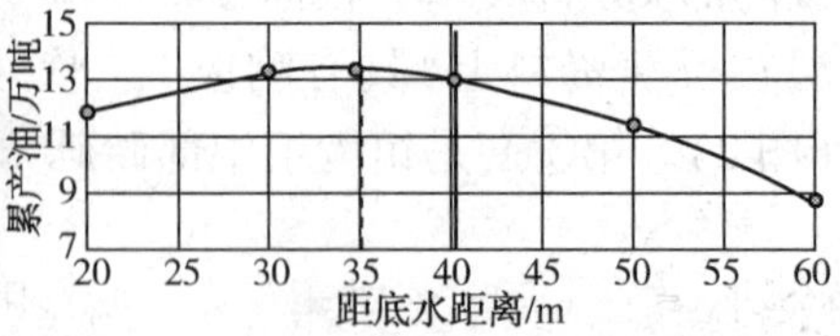	继续向下优化4~6m
	顶、底部隔夹层连续发育	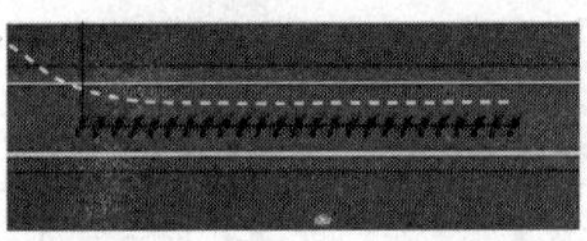	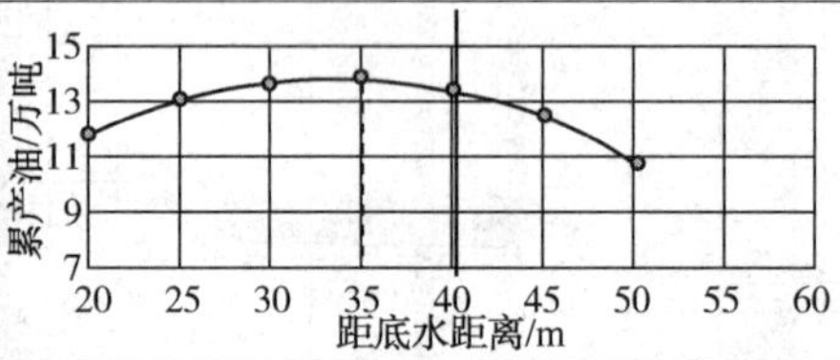	继续向下优化4~6m
	隔夹层不连续发育（油柱高度低于55m）	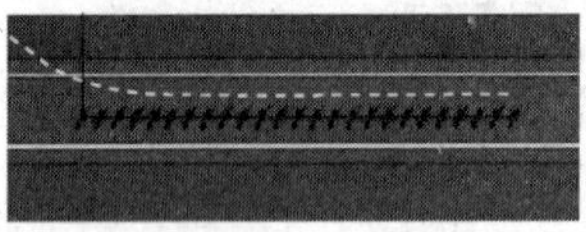	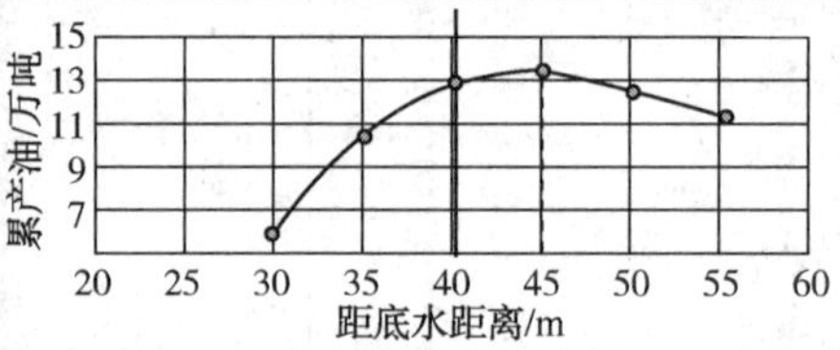	继续向上优化4m

备注：图例 ------ 初步推荐井位 ⫽⫽⫽⫽ 继续优化后井位

2.2 注采参数优化

通过数值模拟研究，得到了不同注采参数条件下的热采效果(表2)，并考虑海上热采作业条件，分别优化了周期注汽量、注入速度、注入蒸汽干度和焖井时间等参数。

表2　蒸汽吞吐试验井不同注采参数下热采指标对比表

敏感因素	方案描述	单井控制储量/10^4m^3	生产年限/年	单井累产油/10^4m^3	累注汽/10^4m^3	累计油汽比/(m^3/m^3)	采收率/%
周期注入量	周期注入量=2000t	45.82	20	7.57	5.60	1.35	16.5
	周期注入量=4000t	45.82	20	9.32	11.20	0.83	20.3
	周期注入量=6000t	45.82	20	11.08	16.65	0.67	24.2
	周期注入量=8000t	45.82	20	12.74	22.05	0.58	27.8
注汽干度	注汽干度=0.2	45.82	20	10.05	16.65	0.60	21.9
	注汽干度=0.4	45.82	20	11.08	16.65	0.67	24.2
	注汽干度=0.6	45.82	20	11.37	16.65	0.68	24.8
	注汽干度=0.8	45.82	20	11.47	16.65	0.69	25.0
注汽速度	注汽速度=100t/d	45.82	20	10.67	16.65	0.64	23.3
	注汽速度=200t/d	45.82	20	10.82	16.65	0.65	23.6
	注汽速度=300t/d	45.82	20	11.08	16.65	0.67	24.2
	注汽速度=400t/d	45.82	20	10.87	16.65	0.65	23.7
焖井时间	焖井时间=1d	45.82	20	11.05	16.65	0.66	24.1
	焖井时间=3d	45.82	20	11.08	16.65	0.67	24.2
	焖井时间=5d	45.82	20	10.93	16.65	0.66	23.9
	焖井时间=7d	45.82	20	10.82	16.65	0.65	23.6

2.2.1　周期注汽量优化

考虑到周期注汽量对热采开发加热半径的影响，设计周期注汽量为 2000t，4000t，6000t，8000t 四种方案。通过数值模拟研究，随着周期注汽量的增加，周期产油量也随之增加，油汽比随之降低，当周期注汽量为 6000t 时，累计油汽比递减变缓。因此，推荐水平井第一周期注汽量为 6000t。

2.2.2　注汽干度优化

考虑到注汽干度对热采开发加热半径的影响，设计注汽干度为 0.2，0.4，0.6，0.8 四种方案。通过数值模拟研究，在相同注入量下，随着蒸汽干度的增加周期产油量随之增加，当井底蒸汽干度大于 0.4 以后周期产油量增加幅度明显减缓。综合考虑设备能力，第一周期蒸汽吞吐井底蒸汽干度高于 0.35，第 2 周期大于 0.4，第 3~4 周期大于 0.5，第 5~6 周期大于 0.6，第 7~8 周期大于 0.7，保证注汽质量。

2.2.3　注汽速度优化

考虑到注汽速度对蒸汽干度及热损失的影响，设计注汽速度为 100t/d，200t/d，300t/d，400t/d 四种方案。通过数值模拟研究，随着注汽速度的增加，井底蒸汽干度逐渐增加，热损失减小，而注汽速度过大可能导致汽窜，同时，累计产油量和油汽比先增加后减小，在注入速度达到 300t/d 时，累计产油量和油汽比达到峰值。因此，推荐水平井注汽速度为 300t/d。

2.2.4　焖井时间优化

考虑到焖井时间对热损失及传热效果的影响，设计焖井时间为 1d，3d，5d，7d 四种方案。通过数值模拟研究，随焖井时间延长，产油量、油汽比指标呈先增加而后略有下降的变化趋势。焖井 3~5d 时产油量、油汽比指标有较大幅度增加。综合考虑生产时长和焖井效果，推荐焖井时间为 5d。

2.2.5　参数优化结果

推荐蒸汽吞吐试验井的第一周期注热参数如下：周期注汽量为 6000t，井底注汽干度大于 0.35，注汽速度 300t/d，焖井时间 5d，注汽温度 340℃。

3　试验井生产效果

3.1　注热效果

X12H 井于 2022 年 3 月 19 日开始恢复注热，4 月 9 日注热完成。X12H 井井口平均注汽温度 345℃，注汽速度 300t/d，累计注汽 6000t，焖井 5d，注热参数均达到设计要求。X12H 井注汽较为平稳，注汽压力 14.6~16.6MPa，低于最高注汽压力 17.0MPa（图 3）。

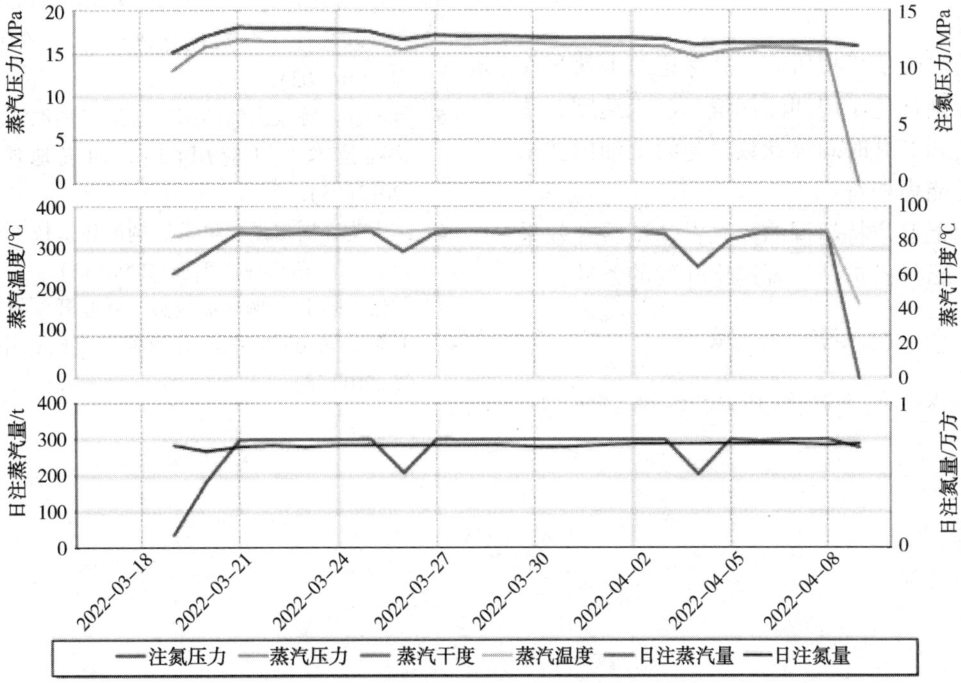

图 3　LD-N 油田 X12H 井注汽动态曲线

3.2 生产效果

X12H井于2022年4月15日开始放喷，放喷6d，高峰日产液31t，日产油9t，含水65%，放喷累产油37t。2022年4月28日转射流泵生产，目前日产液量128t，含水15%，日产油109t，井口温度110℃，基本达到设计高峰产能(图4)。

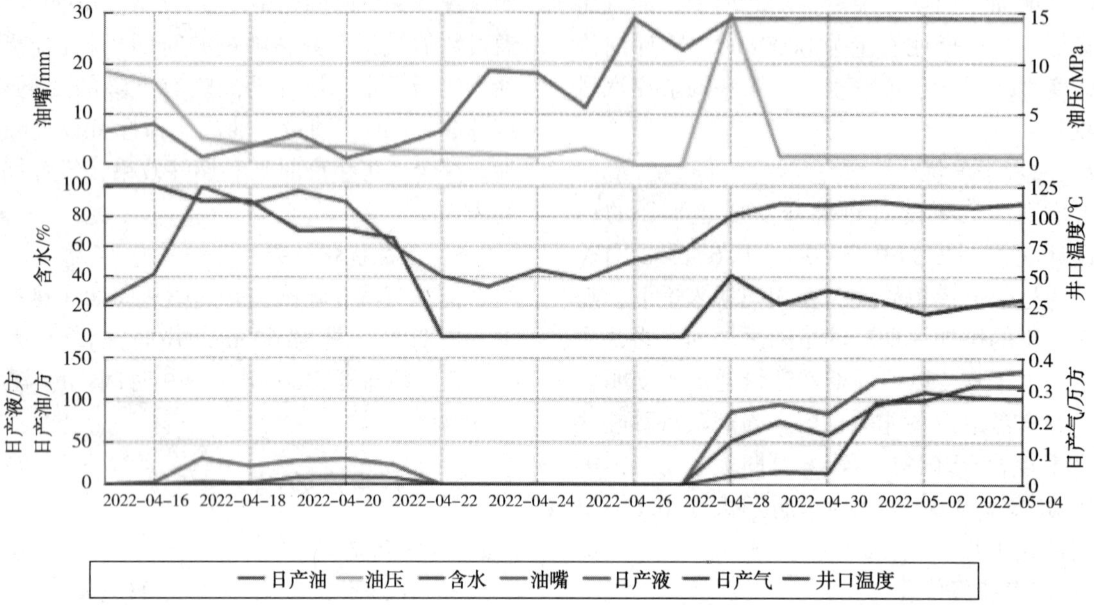

图4　LD-N油田X12H井生产动态曲线

4 结论

(1) 考虑隔夹层的发育模式对开发影响较大，根据隔夹层的不同展布模式，优化了水平井纵向位置，有效降低了热损失和顶底水突破风险；

(2) 通过数值模拟研究，并考虑海上热采作业条件，分别优化了周期注汽量、注入速度、注入蒸汽干度和焖井时间等参数，与海上油田注采需求和设备能力相符；

(3) 海上首个特超稠油蒸汽吞吐试验井效果达到预期，已具备进一步规模化开发的条件。

参考文献

[1] 刘小鸿，张风义，黄凯等．南堡35-2海上稠油油田热采初探[J]．油气藏评价与开发．2011(1-2).

[2] 唐晓旭，马跃，孙永涛．海上稠油多元热流体吞吐工艺研究及现场试验[J]．中国海上油气．2011(3).

[3] 吴永彬，李松林．海上底水稠油油藏蒸汽吞吐可行性研究[J]．钻采工艺．2007(3).

[4] 余洋，冯国庆，陈仁人等．春10井区特稠油水平井蒸汽吞吐注采参数优化研究[J]．石油地质与工程．2016(03).

[5] 赵淑萍．陈家庄油田南区薄层特稠油油藏高效开发关键技术及其应用[J]．油气地质与采收率．2012(03).

[6] 王大为，周耐强，牟凯．稠油热采技术现状及发展趋势[J]．西部探矿工程．2008(12).

[7] 陈伟．陆上A稠油油藏蒸汽吞吐开发效果评价及海上稠油油田热采面临的挑战[J]．中国海上油气．2011(6).

基于多模型耦合的稠油油藏智能产液结构优化方法研究

梁　潇　何逸凡　许亚南　张吉磊　缪飞飞

[中海石油(中国)有限公司天津分公司]

摘　要　海上稠油油田开发受平台处理能力限制，产液结构优化是挖掘油井剩余潜力，减缓稠油油田产量递减，进一步改善稠油油田开发效果的有力方法。同时产液结构优化也是一项系统工程，需要统一协调，制定合理的工作制度能够释放单井潜力，同时还要考虑各平台的处理能力，实现统筹调配，优化资源。本文首先应用INTERSECT模拟器将Q油田目前按区块划分的7个独立子模型进行多模型耦合模拟研究，解决了常规方法无法考虑液处理平台限制的问题，实现了跨模型、多平台、全管网数值模拟方案预测。之后，通过PYTHON编写程序对Q油田油井水驱曲线进行自动化拟合，计算得到油井提液效率系数，再通过优化算法运算合理产液分配优化方案，结合INTERSECT导入CSV表动态优化油井液量，实现智能产液结构优化。以该方法为指导，对Q油田27口井实施了产液结构调整，其中释放液量潜力井14口，合计增油159.8方；液量限制井13口仅影响日产量5方。证明该技术可以有效优化Q油田现有产液结构，实现提效增产。

关键词　多模型耦合；数值模拟；产液结构优化；提效增产。

产液结构优化是油田开发中后期降本增效、延长经济寿命和提高采收率的重要举措。目前针对稠油油藏中高含水期产液结构优化主要有3种模式："提液稳油"模式，即以提液为核心手段的综合治理办法达到稳油的目的；"稳液稳油"模式，用控制液量的办法达到减缓原油产量递减目的，究其核心思路在于控制采油速度与采液速度，改善水驱开发效果；"稳油控水"模式，主要针对高含水时期存在的问题进行分析，提出了一系列的稳油控水策略与配套措施。针对油田开发后期提液面临存在的诸多问题，国内学者以油藏工程方法研究为主，对提液策略、提液技术等方面进行了深入性的探讨。目前提液理论研究主要以油藏数值模拟与渗流力学理论推导为手段，依托工程需要持续深化油藏提液增油的理论研究，并在利用无因次采液指数提液方面取得了广泛性应用。本文目标油田Q油田进入高含水期以来采取"稳油控水"模式进行油田治理，然而在开发过程中面临着由于海上平台资源受限，液处理能力不足导致无法满足油井提液需求，并且由于油田分区建模导致无法统筹考虑多个液处理中心液量限制，因此亟待开展能够考虑多模型耦合的新型产液结构优化方法研究。

近年来，国外油田大力发展了基于系统控制的智能产液结构优化方法，已经形成了基于人工智能和大数据的智能井工艺及配套工程，并取得了良好的现场应用效果。国内围绕油藏优化算法的运算机理、迭代速度与约束条件等关键问题也已取得理论研究突破。但在中国海上油田的生产应用，以油藏动态智能优化技术为手段开展提液优化研究鲜有报道。为此，针对处于双高阶段的Q油田，开展了基于多模型耦合的智能产液结构优化研究，以期为渤海油田的类似稠油油田开发提供参考和依据。

1　多模型耦合研究

1.1　Q油田数值模拟模型现状

Q油田目前数值模拟建模工作分区进行，全油田建模分为北区、南区、西区、北块、馆陶以及主体区周边的非主力砂体NmI-2、Nm0-7等，按区块划分模型单独模拟导致无法考虑平台液量限制条件，模拟预测方案在实际实施过程中会受到平台、管网等设施限制，因此急需将多个子模型进行多模型耦合运算，实现跨模型、多平台、全管网数值模拟方案预测。

1.2　多模型原理

本文应用INTERSECT数值模拟器，该模拟器可以耦合多个油藏模拟，以实现几个独立油藏之间的平衡和控制。当耦合多个油藏模拟时，可以实现跨油藏报告与管理。多个数模模型通常是通过组合几个独立的储层模拟模型来创建的，每个模型都可以独立运行。即使将其结合在一起，每个耦合模型仍会在各自的 INTERSECT 模拟过程中进行模拟，并可以包含自己的油田管理逻辑。可以定义全油田范围的策略，以实现跨模型的同平台油井模拟并可以考虑将多个储层模型与地面管网系统进行耦合模拟，最终模拟结果也可以实现跨模型后处理(图1)。

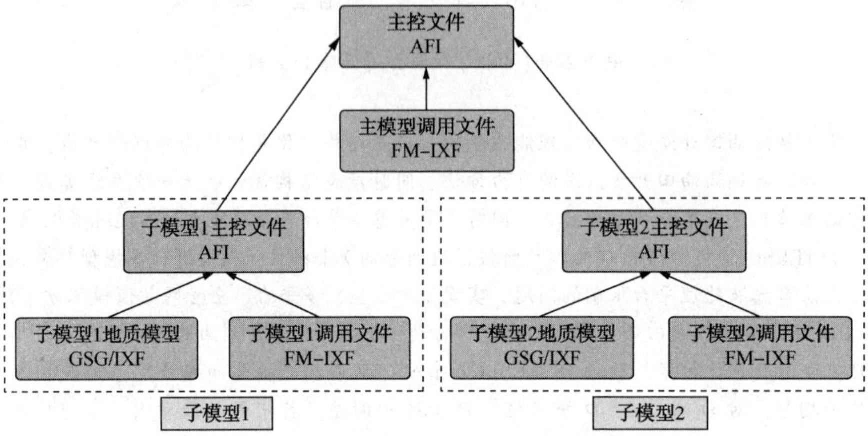

图1　多模型耦合逻辑图

耦合方法是程序结构内不同模块之间相互关联程度的度量。它是由模块间接口的复杂程度调用模块的方式及接口传递的信息类型决定的。模块之间的连接越紧密，联系越多，耦合性越高。

模型耦合顺序是先执行子模型底层方案逻辑，再逐级执行更高一级主模型逻辑。同时，如果子模型与主模型间存在逻辑冲突，则先执行子模型中单井策略后再执行平衡后的主模型。

而对于耦合频率来说，耦合属性节点定义了与底层模拟时间步长相比的策略执行的频率。迭代滞后耦合确保策略方案在每个模拟时间步长的前 n 个牛顿迭代中运行。周期性耦合频率更低，策略方案仅在每个周期的第一次牛顿迭代时运行。运行耦合多油藏模拟时，子模型和主模型之间的耦合频率和类型可以设置不同(图2)。

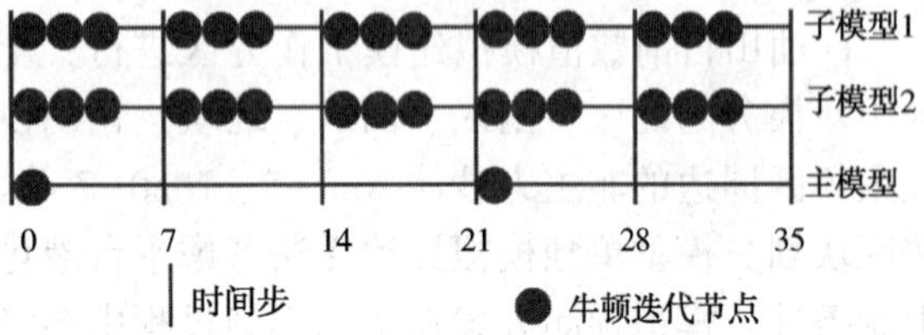

图2　牛顿迭代周期耦合频率

1.3　多模型耦合方法实现

通过对 INTERSECT 数值模拟软件特性的研究后，应用其支持多模型耦合的模块，进行了 Q 油田多模型耦合研究。具体实现流程如下：

(1) 建立多模型耦合运算启动模拟器，将本次多模型耦合中需要进行模拟的 Q 油田北区、南区、西区以及馆陶的数值模拟启动文件进行整合。

(2) 其中耦合模型主文件调用主模型油田管理策略以及控制是输出模拟结果报告文件。

(3) 主模型油田管理策略文件可以跨数值模拟模型的井组划分，将四个区域相同平台油井进行小组划分，并支持对制定小组进行液量上限修改，以匹配实际生产过程中的平台液量限制。

(4) 每个区域数值模拟模型通过主控文件调用其静态参数、动态参数以及网格参数等，实现多模型耦合模拟的同时，也可以通过单个模型的策略限制修改其方案。

(5) 最终，通过主驱动模型联动多个子模型，并跨模型以平台为单位进行开发方案设置，实现了 Q 油田基于 INTERSECT 软件的多模型耦合油藏数值模拟技术，该方法打破常用以区块为单位建立模型的壁垒，创新按液处理中心设置液量上限(图3)。

模拟结果通过调用 PETREL RE 后处理平台进行曲线拟合结果查看，并可以根据不同液处理平台日处理液能力进行模型方案限制条件修改(图4)。

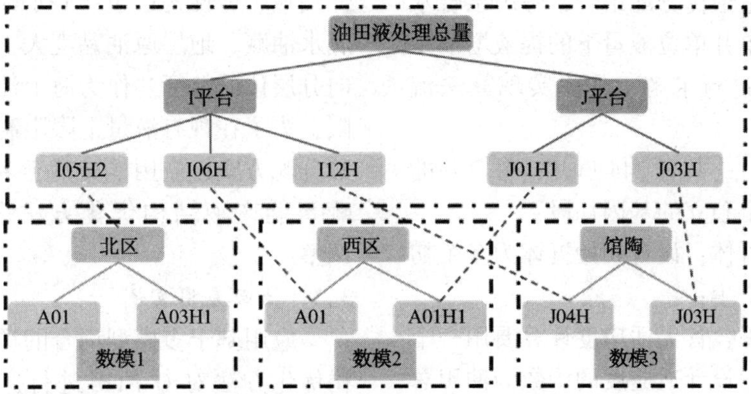

图3　跨平台多模型耦合关系图

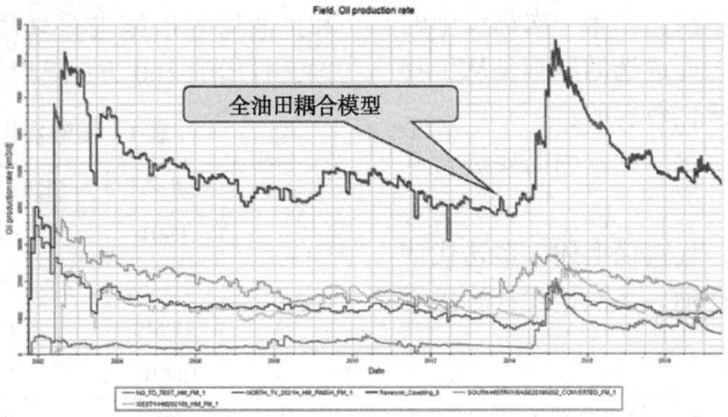

图4　petrel re 后处理平台

2　智能产液结构优化研究

针对 Q 油田目前面临着液量分配难的问题，进行了智能产液结构优研究，主要思路是基于 python 语言编写程序对 Q 油田油井水驱曲线进行自动化拟合，获得油井提液效率系数，并通过优化算法运算得到每口井提液效率权重分配系数，结合 INTERSECT 中通过导入自定义 CSV 表的形式自动修改各单井液量限制条件，实现智能产液结构优化调整技术，并通过在数值模拟软件中运算对比，证明该技术可以有效优化扩容改造后 Q 油田产液结构实现产量最优化(图5)。

2.1　产液结构优化原理

对于油田单井提液增油效率系数的确定主要依据水驱曲线法进行预测，并针对油田类型选取适合的乙型水驱曲线法，对公式进行推导转换为单井提液增油效率系数与公式中变量的线性关系。从公式(4)中可以看出，单位液量下增油量主要与公式中系数 B 呈负相关，对每口油井分别进行水驱曲线预测后便可以获得全油田范围的提液增油效率图版。

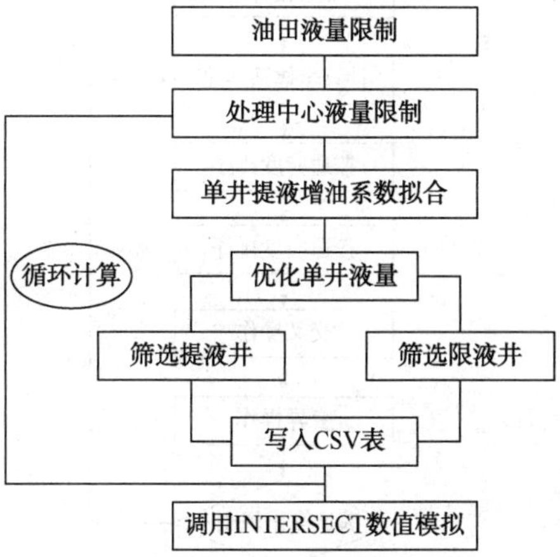

图5　产液结构优化思路

$$L_gL_p = A + B \times N_p \tag{1}$$

$$\frac{dL_gL_p}{dL_p} = B \times \frac{dN_p}{dL_p} \tag{2}$$

$$\frac{1}{L_p \times \ln 10} = B \times \frac{dN_p}{dL_p} \tag{3}$$

$$\frac{dN_p}{dL_p} = \frac{1}{B \times L_p \times \ln 10} \tag{4}$$

2.2　产液结构优化实现思路

为了计算得到全油田液量限制下的各个液处

理平台以及单井液量最优分配组合，考虑结合水驱曲线计算得到的单井单位液量下的提液增油系数，应用遗传算法进行求解，具体实现算法流程(图6)：

(1) 基因编码：一共有244口井，每口井的提限液可以作为一个独立的基因片段；

(2) 设计初始群体：设置初始群体为多个初始生物个体，随机产生；

(3) 适应度计算：首先适应度计算要用一个适应函数来做标尺，设计适应度的函数为油田总液量上限。这里同时还要计算液处理平台上限，超过直接淘汰。然后对剩下的染色体进行遴选，每个基因组就允许繁殖一次，如果一次都没中的基因组将无法得到延续。而遴选的原则是从生物多样化中进行挑选，淘汰比较弱的；

(4) 生产下一代：优化后的基因需要进行基因重组产生下一代；

(5) 迭代计算：每一代遵循上述方案迭代计算，求取日产液以及日产油。多次迭代计算求得最终的提限液优化方案。

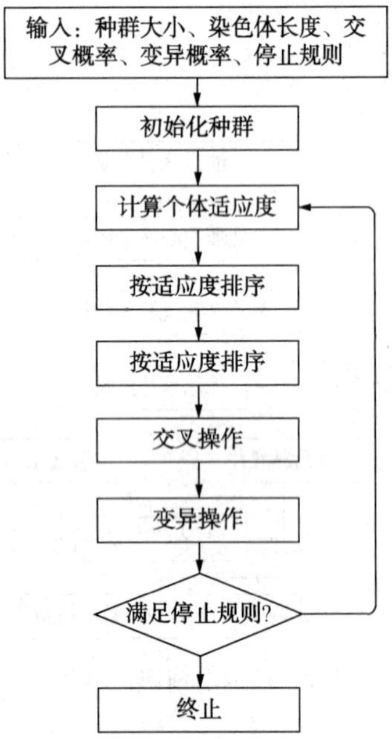

图6　遗传算法优化思路

3 应用实例

3.1 油田概况

Q油田地理位置位于渤海中部海域，西距南堡35-2油田25km，东距秦皇岛33-1油田6km，西北距京唐港约20km。区域位置位于渤中凹陷石臼坨凸起中部。油藏类型多样，明化镇组为岩性油藏、岩性构造边、底水油藏，馆陶组为构造底水油藏。地层原油黏度大，具有平面分区、纵向分层位的特征。作为海上油田，液处理能力受限，为了在现有液量上限限制前提下求取最优产液分配方案，应用本文基于多模型耦合的稠油油藏智能产液结构优化方法进行产液结构优化调整。

3.2 油田应用实例

应用基于多模型耦合的稠油油藏智能产液结构优化方法对Q油田进行产液结构优化计算，对提液增油效率高的油井进行提液方案设计。通过对优化算法筛选出的14口进行换大泵、提频和扩油嘴等措施进行现场应用。合计提液5000方，日增油160方(表1)。

表1　提液优化单井增油量

序号	井名	预测提液量/m^3	增油量/m^3
1	J24H	645.6	18.2
2	H12H2	352.3	6.8
3	H25H	456.5	14.5
4	H08H1	234.0	10.1
5	H21H	296.1	5.4
6	E22H1	380.4	10.5
7	J14H1	442.5	12.1
8	H02H	393.4	5.8
9	H09H	402.2	20.2
10	H22H	360.2	13.6
11	H24H	293.1	10.8
12	H19H1	254.2	18.9
13	H27H	259.6	6.8
14	I33H	214.1	6.2
合计		4984.2	159.8

通过产液结构优化后的液量限制井13口，释放液量空间1000方的情况下，仅影响日产油5方，可以很好的释放液量空间提高液量利用效率，将释放后的液量空间分配给液量受限的提液增油潜力较大井组(表2)。

表2　限液优化单井增油量

序号	井名	预测限液量/m^3	增油量/m^3
1	F01H3	-359.5	-0.8
2	E30M	-150.9	0.0
3	A23H1	-52.0	-1.2
4	E09H1	-65.8	-1.5

续表

序号	井名	预测限液量/m^3	增油量/m^3
5	I31H	-39.6	0.1
6	D20	-72.7	1.1
7	I17H	-55.1	-1.8
8	I21H1	-56.4	0.2
9	I14H	-15.2	-1.3
10	F27	-40.9	-0.2
11	F20	-20.1	1.4
12	I19H1	-27.5	-0.1
13	I26H	-18.8	-0.9
合计		-974.3	-5.0

4 结论

(1) 本文应用 INTERSECT 数值模拟器，将 Q 油田多油藏耦合模拟，并考虑几个独立油藏之间的平衡和控制。实现了跨模型、多平台、全管网数值模拟方案预测。

(2) 基于 Python 编程语言编制智能产液结构优化方法研究，对 Q 油田单井进行提液增油效率预测，并结合遗传算法优化计算得到各油井合理液量分配。结合数值模拟软件运算对比结果，证明该方法可以有效优化产液结构。

(3) 应用基于多模型耦合的智能产液结构优化方法，从全油田模型耦合出发，跨液处理平台限制生产条件，并且在其中考虑从单井水驱曲线预测增油能力到注采井组平衡调控，将扩容改造后的液量空间实现最优化利用。在对油田进行扩容改造后产液结构智能优化调整的过程中，对产油潜力较强的井在液量限制内进行提液措施，共实施提液井 14 口合计增油 159.8 方，预计年增油 5.5 万方。

参 考 文 献

[1] 王树涛，冯海潮，郑华，等．稠油油田高含水期产液结构智能化调整研究[J]．新疆石油天然气，2019，15(04)：48-51+3-4.

[2] 谢明英，戴宗，孙晓娜，等．海上强水驱砂岩油田产液结构优化研究与实践[J]．中外能源，2019，24(09)：50-54.

[3] 谭捷，侯亚伟，彭琴，等．海上强底水油藏高含水期产液结构调整[J]．新疆石油天然气，2019，15(01)：62-65+4.

[4] 雷占祥，穆龙新，赵辉，等．强天然水驱油藏开发后期产液结构自动优化技术[J]．石油勘探与开发，2019，46(04)：763-767.

[5] 王守磊，安桂荣，耿站立，张伟．考虑工程设施约束的海上油田群产液结构优化模型及其应用[J]．中国海上油气，2018，30(05)：96-102.

[6] 魏峰．海上高含水油田产液结构优化技术的研究与应用[J]．中国石油和化工标准与质量，2018，38(13)：182-184.

[7] 黄军立，李锋，闫正和，等．海相砂岩稠油油藏产液结构优化研究[J]．长江大学学报(自科版)，2017，14(15)：69-72+95.

[8] 张伟，许家峰，焦婷，耿站立．广适水驱曲线在海相油田产液结构调整中的应用——以南海 A 油田为例[J]．石油地质与工程，2017，31(03)：80-83.

[9] 李文红，张乔良，李英蕾，等．基于微观渗流机理研究的产液结构优化[J]．中外能源，2016，21(12)：33-38.

[10] 焦红岩，张戈，崔传智，等．断块油藏高含水期油井产液结构优化方法[J]．西安石油大学学报(自然科学版)，2015，30(04)：63-66+72+7-8.

[11] 李翠玲．官 15-2 区块产液结构调整研究与做法[J]．化工管理，2014(36)：181.

[12] 张金庆，许家峰，安桂荣，甯波．高含水油田适时产液结构优化调整计算方法[J]．大庆石油地质与开发，2013，32(06)：76-80.

[13] 马兵兵，杜雪花，刘志强，等．王集油田动态调整技术措施界限[J]．油气田地面工程，2013，32(12)：10-11.

[14] 崔文富，赵红兵，吴伟，郭振海．胜陀油田特高含水期油藏矢量层系井网产液结构调整研究[J]．石油天然气学报，2012，34(06)：127-131+169.

[15] 辛宾，辛辉，陈艳．老油田产液结构优化调整[J]．中国石油和化工标准与质量，2011，31(07)：134.

[16] 姚江．边水驱油藏行列式井网的开发现状[J]．内江科技，2010，31(12)：140+107.

[17] 王碧涛，李化斌，沈焕文，等．分层开发油藏见水原因分析及稳产技术研究[J]．石油化工应用，2010，29(05)：63-65.

[18] 刘敏，王京华，杨立军，等．特高含水期油井工况优化途径与效益评价[J]．油气田地面工程，2008(07)：35-36.

[19] 孙继玲，常丽娟．特高含水油田水驱注采结构优化方法研究[J]．内蒙古石油化工，2006(06)：77-78.

[20] 郭铁路，张学臣，卢克勤，等．任丘雾迷山组油藏调整产液结构的措施及效果[J]．油气田地面工程，2005(04)：26-27.

辽东湾坳陷SZ油田稠油成因及黏度预测

张 莹 尹洪超 郝叶红 来建宾 何俊辉 刘 玉

(中海油能源发展股份有限公司工程技术分公司)

摘 要 SZ油田位于渤海海域辽东湾坳陷，其原油整体属于稠油，少数井黏度甚至达到了特稠油的程度，开采难度较大。本研究利用地球化学手段，对主力油层东营组原油的物性、稠油分布规律、成熟度及生物标志化合物特征进行了分析，判断其稠油成因，并对原油的黏度进行预测。研究结果表明，SZ油田为低蜡、低硫原油，平面分布特征从东到西的方向原油黏度逐步降低，纵向分布上浅层原油黏度较高。从生标特征可以看出，该区块东营组原油油源一致，属于典型的沙三沙一混合型原油。通过对原油生标特征及地层水的分析结果可以判断，生物降解作用是导致原油稠化的主要原因，此外，原油还受到了不同程度的水洗作用的影响。基于上述研究结论，优选反映稠化过程的地化参数，与原油黏度进行拟合，多个参数拟合得到较好的结果，相关系数均大于0.65。该研究成果可以在油田开发的初期对原油的黏度进行预测，同时也可为同类成因的稠油油藏提供参考。

关键词 稠油成因；黏度预测；生物降解；水洗作用；辽东湾坳陷

稠油是在世界范围内广泛分布的一类非常规油气资源，近年来随着勘探的不断深入，稠油及稠油气资源越来越受到重视。辽东湾坳陷是中国东部海域重要的油气富集区，稠油储量丰富，已探明储量为1.3×10^9t。然而，对于该区稠油的成因，前人也有不同的认识，有观点认为该区域原油为原生稠油成藏；也有观点认为该区域为正常原油，成藏后在次生作用下稠化形成稠油藏。针对以上问题，本文在稠油地球化学实验分析的基础上，选定SZ区块的稠油进行了深入研究，揭示了目标油田原油稠化原因，并对原油黏度变化进行预测，以期为研究区的稠油油田开发方案提供地球化学依据。

1 地质概况

渤海海域辽东湾坳陷整体呈北东-南西向展布，古近系次级构造单元自西向东依次为辽东凹陷、辽西低凸起、辽中凹陷、辽东凸起和辽西凹陷，表现为“三凹两凸”的特点。目标区块SZ油田处于辽西低凸起中段，西侧以辽西大断层为界与辽西凹陷相邻，东侧以斜坡形式逐渐向辽中凹陷过渡。油田范围内平均水深30m，含油面积42.5km^2，地质储量约为2.98×10^8m^3。

本次研究，选取了目标区内13口探井的17个原油以及多个平台生产井的样品进行地球化学、原油物性和油田水等项目分析。

2 稠油特征

2.1 原油物性特征及分布规律

研究区主力油层分布于东一到东二段，原油整体属于高黏度原油、重质油，黏度变化较大，原油黏度为41.38～12044mPa·s，平均值为1844mPa·s，50℃密度为823.3～981.5g/cm^3，平均值为957.2g/cm^3。含蜡量为平均值为2.14%，其中70%以上含蜡量低于2.50%，属低含蜡原油；含硫量为0.38%，属于典型的低硫原油。

平面分布的特征，主要依据各平台生产井的黏度数据。从黏度分布图(图1)上可以看出，靠近东部边缘，原油黏度较大，沿着从东到西的方向原油黏度逐步降低。纵向分布特征深层原油黏度较低，浅层原油黏度高，表明浅层地质作用对原油黏度具有显著影响。

2.2 原油生标特征

选取目标区块探井原油样品进行饱和烃气相色谱分析，谱图见图2。从色谱图可以看出，该区块的原油多数属于降解原油，少量正构烷烃比较完整，但仍存在鼓包现象，说明样品经历了生物降解过程，可能存在二次充注的现象。

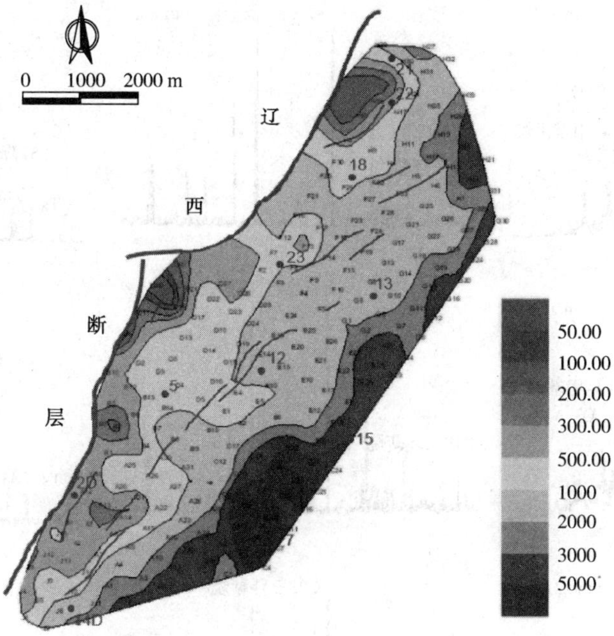

图1　SZ区块东Ⅰ-东Ⅱ段原油黏度分布图

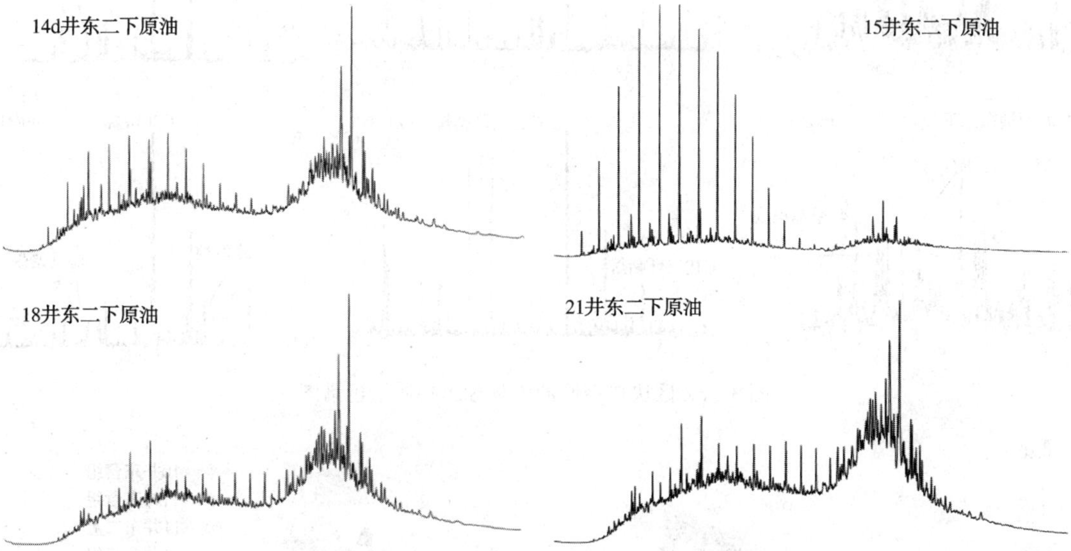

图2　SZ区块典型原油饱和烃色谱图

该区块饱和烃的生物标志化合物的特征见图3，规则甾烷ααα(20R)C_{27}-C_{29}呈"L"型分布，C_{27}甾烷含量相对较高，4-甲基甾烷含量整体较高，4-甲基甾烷指数在0.3~0.6之间。成熟度参数C_{29}ββ/(ββ+αα)和ααα-C_{29}20S/(20R+20S)基本分布在0.3~0.4之间，说明原油成熟度处于低熟-成熟阶段。该区块各井m/z=191谱图也比较相似，Ts/Tm值接近1，C_{19}三环萜烷/C_{23}三环萜烷(C_{19}TT/C_{23}TT)和C_{24}四环萜烷/C_{26}三环萜烷(C_{24}Tet/C_{26}TT)比值分别为0.17~0.30和0.44~0.69，伽马蜡烷指数介于0.13~0.33之间。综合甾烷和萜烷的特征，该区块的母源有机质以藻类等低等水生生物为主，陆源有机质输入较少，其沉积环境属于偏咸水、还原的湖泊沉积环境。不同井原油样品的生标特征比较一致，属于比较典型的沙三沙一混合型原油特征，油源参数对比图见图4。

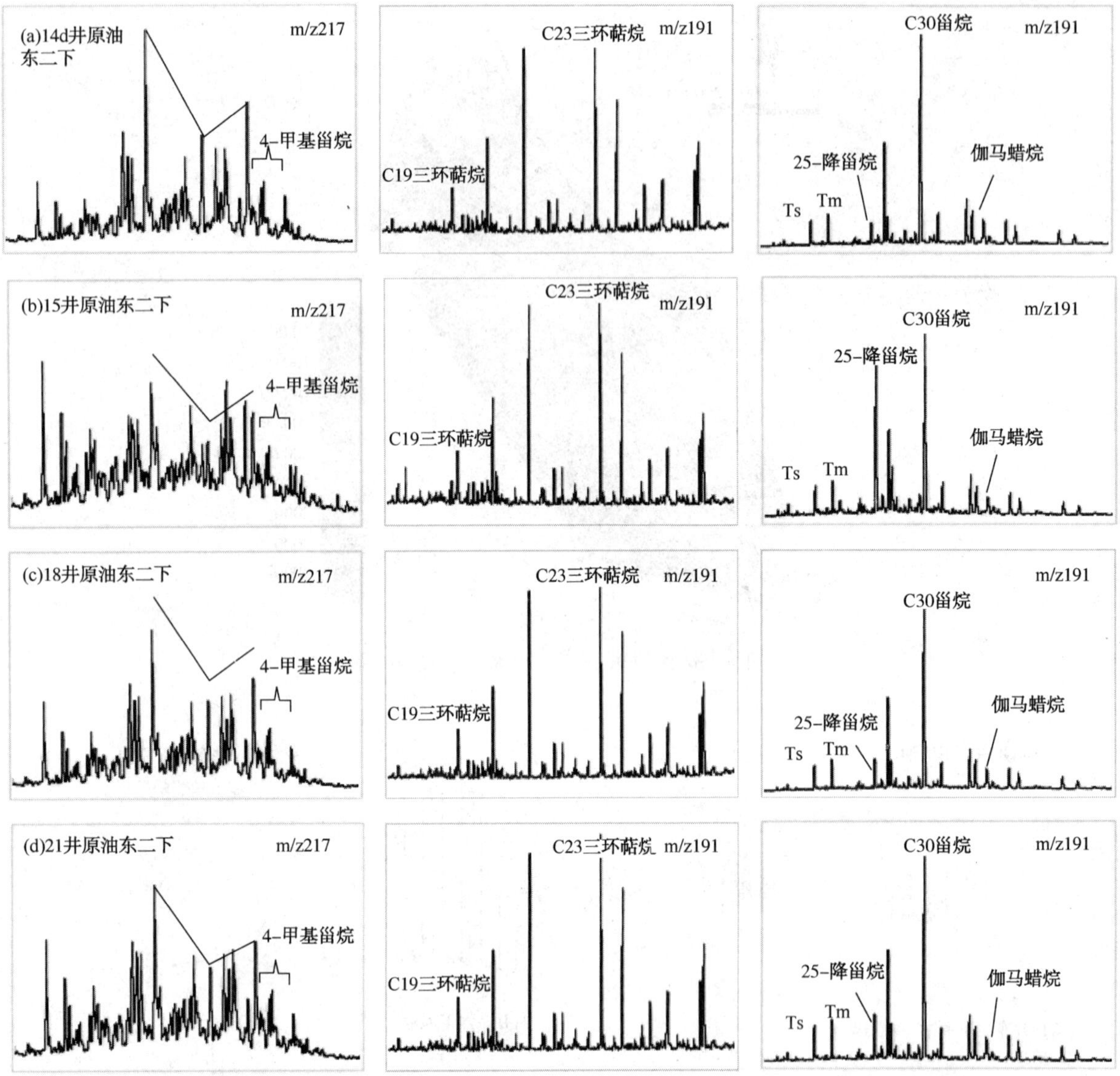

图3　SZ区块典型原油生物标志物质量色谱图

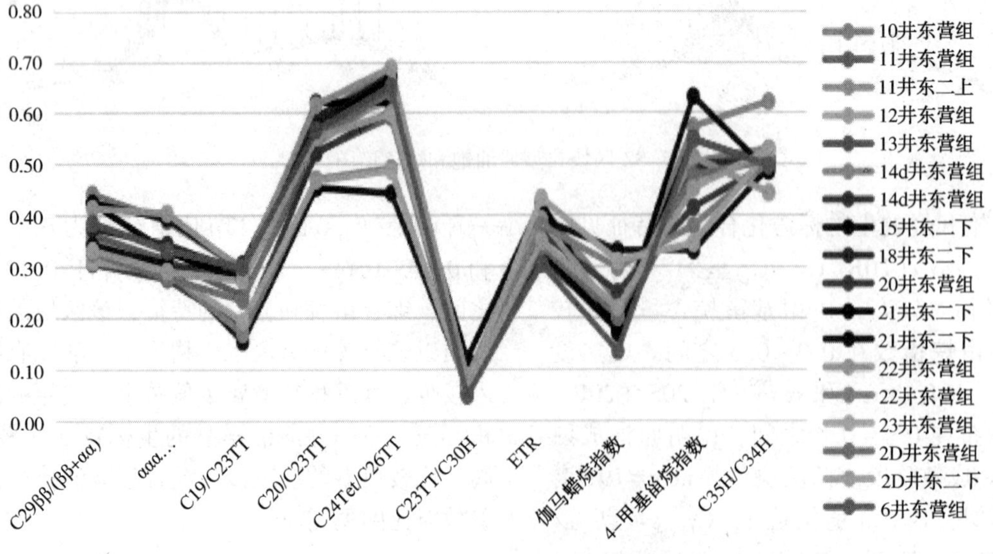

图4　SZ区块典型原油油源参数对比图

注：ETR：长链三环萜烷比值；伽马蜡烷指数：伽马蜡烷/C_{30}藿烷；4-甲基甾烷指数：4-甲基甾烷/ΣC_{29}甾烷

3 稠油成因分析

3.1 生物降解作用

由于原油中不同分子组成的化合含物抗生物降解能力存在差异，依据 Wenger 等人建立的原油生物降解等级划分标尺，目标区块的原油基本可以分为两类。

一类原油正构烷烃保存完整，或者正构烷烃降解，但烷基环己烷和类异戊二烯烷烃基本未降解，其生物降解程度为轻微。这类原油样品埋深均大于 1500m，原油物性数据密度小于 900g/cm^3，黏度小于 30mPa·s。另一类原油出现了比较明显的 25-降藿烷，说明生物降解水平已经达到了 6~7 级，25-降藿烷/C_{30}藿烷的比值介于 0.05-0.87 之间，平均值为 0.19，说明整体的降解程度比较高。同时，这类原油中的正构烷烃、烷基环己烷和和类异戊二烯烷烃还有不同程度的残留，推测可能存在降解油与正常油的混合油。

以图 5 所示 23 井为例，浅层原油由于温度环境等适宜条件的存在，原油发生了强烈降解，降解后的原油，与油源特征基本一致的同井原油相比，黏度增加了 63 倍。

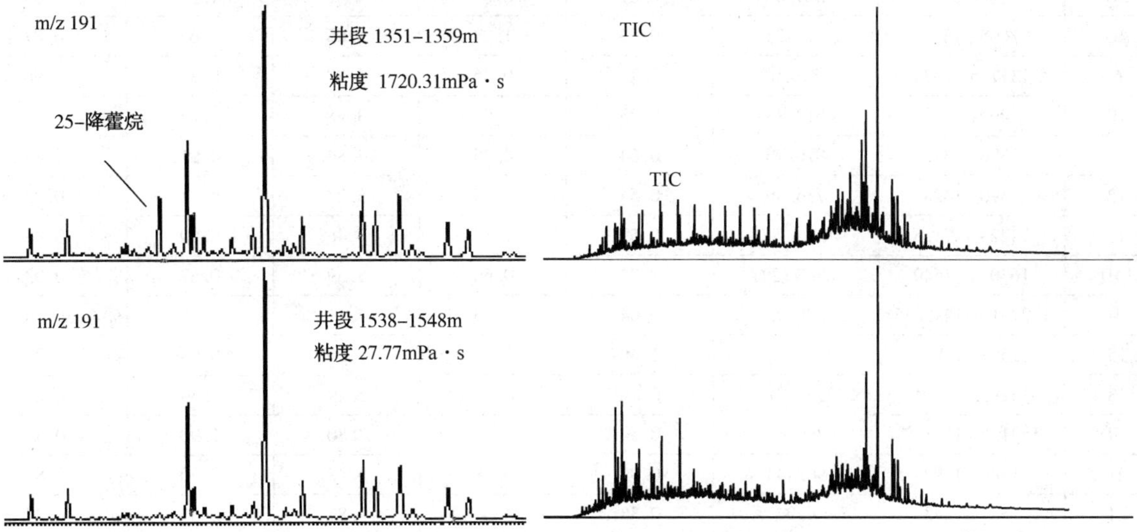

图 5　23 井不同深度原油生标谱图

3.2 氧化作用

如图 6 所示地化分析中常用的沉积环境判定参数分析，SZ 区块整体处于强还原或弱氧化-还原环境，说明原油受到的氧化作用较弱。

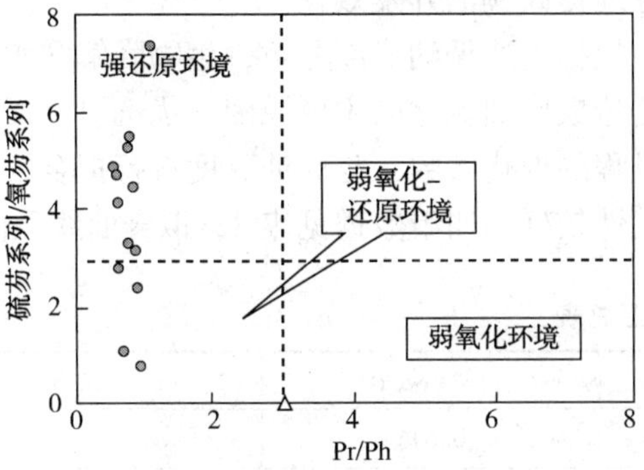

图 6　SZ 区块各井原油 Pr/Ph 与硫芴/氧芴关系图

SZ 区块油田水分析的结果见表 1，结果表明 SZ 区块油田水大多属于 $NaHCO_3$水型，矿化度范围在 4352.49~9514.28mg/L，高矿化度的 $NaHCO_3$ 水型同样提示地层处于偏还原环境。同时，考察矿化度、脱硫系数等参数与对应井原油黏度的关系，也未见有明显的相关性。

通过地化、油田水分析的结果，基本可以认为 SZ 区块处于偏还原的地层环境，较少受到氧化作用的影响，此因素不是原油稠化的原因。

3.3 水洗作用

根据文献总结，易受水洗作用影响的参数主要有二环倍半萜类、三环萜类和孕甾烷等化合物。比较 SZ 区块各井的上述参数变化，也发现其含量与黏度数据具有一定的相关性，具体数据见表 2。从数据结果可以发现，黏度与水洗作用存在一定的相关性，如其中 C(硫芴/氧芴)比值，水洗作用较为强烈时该比值较大，同时原油的黏度值也相应升高。

表1 SZ区块各井水分析数据

井号	钠氯系数	变质系数	镁钙系数	脱硫系数	氯镁系数	碳酸盐平衡系数	总矿化度
25	0.88	36.41	0.66	0.18	24.19	33.67	7573.52
31	1.17	-9.44	0.72	0.56	52.33	19.68	6213.55
43	0.96	7.82	0.79	0.29	49.73	13.49	7140.10
47	3.01	-12.39	1.11	2.46	16.87	23.12	4352.49
51	1.04	38.27	1.07	3.07	29.07	40.97	9514.28
54	0.96	6.08	0.59	0.25	41.12	23.68	6989.04
57	1.31	-5.36	1.14	0.34	44.62	12.15	4875.35

表2 SZ区块各井原油黏度与水洗作用参数表

井号	深度/m	黏度/(mPa·s)	水洗参数				
			A	B	C	D	E
2D	1455	569.00	0.61	0.85	4.68	1.00	0.88
2D	1605~1657	113.22	0.53	1.27	1.05	1.65	0.87
6	1317.5~1374	1819.06	0.73	0.36	9.83	0.82	0.96
10	1490~1508	512.83	0.73	1.02	3.28	1.16	0.58
11	1306~1372	876.90	0.64	0.75	4.84	0.91	0.85
12	1390~1428	736.46	0.57	1.74	5.27	0.84	0.98
13	1422~1471.5	1276.88	0.59	1.19	6.46	0.69	0.85
14D	1630.5~1640	2421.22	0.74	0.60	5.59	0.67	0.93
14D	1427.17~1495.55	598.95	0.64	1.23	4.11	0.79	0.96
15	1587~1590	8962.05	1.68	3.04	7.35	0.98	0.86
18	1329.5~1404	755.91	0.78	0.78	5.49	0.54	0.82
20D	1531.5~1561.5	369.63	0.54	4.27	2.80	1.90	0.87
21	1380~1398	902.43	0.99	0.38	4.43	0.50	0.83
21	1501~1543	4.94	0.38	3.34	0.82	2.57	0.77
22	1381~1390	271.16	0.89	1.55	2.35	0.67	0.87
22	1525	28.71	0.37	1.60	0.78	2.10	0.70
23	1538~1548	27.77	0.39	1.81	1.65	2.19	0.69
23	1351~1359	1720.31	0.32	1.02	3.11	1.20	0.74

注：A：C23三环萜烷/伽马蜡烷；B：二苯并噻吩/苯并芘；C：硫芴/氧芴；D：C15二环倍半萜烷/补身烷；E：补身烷/升补身烷。

4 稠油黏度预测

原油的黏度，特别是稠油黏度问题，关系到油田开发方案的设计，是油藏开发关注的焦点之一。如果可以在勘探初期预测原油的黏度，可以更好地提高稠油开发效益。

根据上述稠油成因分析，生物降解和水洗作用是造成原油稠化的主要原因，优选可以反映上述过程的地化参数，与原油黏度进行拟合，其中相关性较好的四组数据见表3，拟合曲线见图7。

表3 黏度拟合结果汇总表

序号	地化参数	黏度回归方程式	相关系数 R^2	适用范围
1	饱和烃+芳香烃/非烃	$y=252583e^{-1.774x}$	0.646	
2	C_{15}二环倍半萜烷/补身烷	$y=5510.7e^{-2.288x}$	0.755	
3	25-降藿烷/藿烷	y=9420.8x-306.78	0.847	
4	硫芴/氧芴	y=196.08x-169.03	0.908	黏度<1400mPa·s

但是，上述参数也有一定的适用范围，如生物降解相关参数25-降藿烷/C_{30}藿烷，与黏度呈线性相关，当原油的稠化是由生物降解单一因素影响时，拟合结果较好，如果原油同时受到其他作用影响，就会偏离拟合趋势线。如图7(c)上A点，25-降藿烷/C_{30}藿烷比值接近0.3，说明生物降解程度较强烈，但由于受到正常原油充注的影响，黏度值较低。

图7(d)中，硫芴/氧芴比值参数，反映了样品受到水洗作用的影响程度，但当黏度超过1400mPa·s之后，线性关系明显变差。拟合的结果也说明大部分较高黏度的原油，并非受到水洗作用的单一影响而稠化。

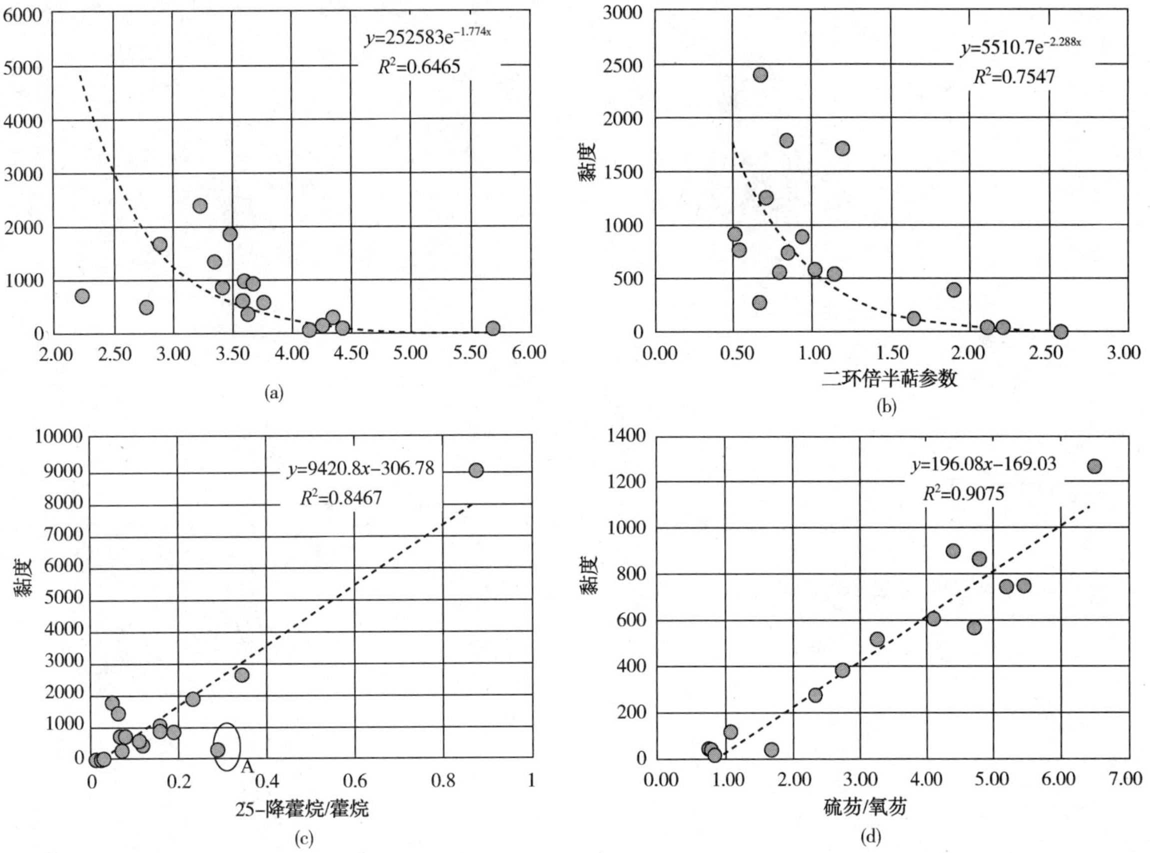

图7　地化参数与黏度关系曲线图

总的来看，结合SZ区块原油稠化的机理，优选出一些与原油生物降解、水洗作用程度相关的参数用于预测原油的黏度，拟合结果相关系数R^2均大于0.65。

5　结论

通过对研究区原油特征及地层水的分析，该区稠油主要为生物降解而成的稠油，降解较严重的样品，黏度可以达到8000mPa·s以上。此外，原油还受到了不同程度的水洗作用的影响。

原油黏度预测，对于不同成因的稠油，适用的参数略有差异，在开发的初始阶段可以预测原油的黏度范围。如研究区原油，与25-降藿烷/C_{30}藿烷、硫芴/氧芴拟合的结果的相关性均大于0.8，可以得到较为理想的预测值。此类相关性预测数据，还可用于相似环境、相似油源的原油黏度预测。

参考文献

[1] 邓运华. 渤海油区稠油成因探讨[J]. 中国海上油气，2006，18(6)：361-364.

[2] 蒋琪，游红娟，潘竟军等. 稠油开采技术现状与发展方向初步探讨[J]. 特种油气藏，2020，27(6)：30-39.

[3] 董长友，卢显赫，洪鑫等. 渤海辽东湾绥中36-1油田稠油特征及成因[J]. 化工管理，2018，3：219-221.

[4] 薛子鑫，程付启，牛成民. 辽东湾坳陷SZ36-1油田原油稠化过程分析[J]. 特种油气藏，2017，

24(6)：55-59.
[5] 赵红静，张春明，梅博文等．利用地化参数预测稠油油藏开采难度[J]．石油学报，2004，25(3)：61-65.
[6] 赵婷婷，徐长贵，陈保柱．西凹陷A油田特稠油油藏成因探讨[J]．长江大学学报(自然科学版)，2019，16(1)：1-5.
[7] 田金强，邹华耀，周心怀等．辽东湾地区烃源岩生物标志物特征与油源对比[J]．中国石油大学学报(自然科学版)，2011，35(4)：53-58.
[8] K.E. 皮特斯，C.C. 沃尔特斯，J.M. 莫尔多万．生物标志化合物指南(第二版下册)[M]．北京：石油工业出版社，2011：190-193.
[9] 张敏，张俊．水洗作用对油藏中烃类组成的影响[J]．地球化学，2000，29(03)：287-292.

海上蒸汽驱效果评价方法研究及应用

吴婷婷　刘小鸿　黄保纲　王大为　吉诗娴

[中海石油(中国)有限公司天津分公司渤海石油研究院]

摘　要　陆上采用小井距开发，见效快，且通过监测井或示踪剂跟踪技术，数据采集容易，资料丰富，后期井网及措施调整简单，开发效果评价根据实际生产资料，着重于短期评价，无系统的油藏工程理论支撑。本研究以非活塞驱替油藏工程理论方法为基础，通过蒸汽驱“注采特征曲线”，创新形成蒸汽驱瞬时生产参数与采出程度间的定量关系，并建立了蒸汽驱效果评价图版，该图版可实现对海上稠油油藏蒸汽驱开发效果的客观评价，为蒸汽驱方案实施及调整提供依据。

关键词　蒸汽驱；效果评价；瞬时油汽比；含水率；评价图版

对于陆上稠油油藏的热采开发，一般通过借鉴水驱和引入一些评价参数来完善开发效果评价体系，但评价体系仍不完善。经过大量的蒸汽驱开发实践，人们发现：对于蒸汽驱开发来说，在开发的中后期，其累积注汽量 N_s 的对数值和累积采油量 N_p 有较好的直线关系，通常称之为“注采特征曲线”。这种线性关系虽然与水驱特征曲线的形态相似，但所具有的物理意义尚不明确，无法对蒸汽驱开发进行较为客观全面的分析与预测。卢小娟基于层次分析法和模糊综合评价法，建立了稠油蒸汽驱开采效果综合评价的定性定量分析法。但这种方法在赋予参数权重的时候过于主观，无法对稠油油藏开发进行较为客观的评价。张兆祥等从累注累采关系曲线出发，通过引入表征油藏生产特征的参数 M_r，提出了一种稠油油藏蒸汽驱评价的新方法。这种方法评价效果较好，但其中的用于评价的核心参数是基于陆上五个油藏回归的，样本较小，误差较大，此外，这种方法并没有考虑海上稠油开发效果评价的问题。

王敏等提出了体现海上油田时效性的水驱开发效果评价新指标，制定出不同油水黏度比范围下时效采出比评价分级标准。这种方法考虑的参数较少，更多的是从时效性、经济的角度进行评价，评价指标不够完善，同时这种方法针对的是海上稠油水驱开发，而不是蒸汽驱、多元热流体驱开发。张彩旗等增加了热采周期平均产能、热采有效期、热采周期增油量等评价指标，并结合实例提出了三个指标的定量评价方法。然而这种方法所得到的量都不是无因次量，因此对其他油藏不具有通用性，这种方法也只是针对海上多元热流体吞吐，并没有对海上多元热流体驱/蒸汽驱的评价方法进行研究。

1　蒸汽驱注采关系

大量的稠油热采现场实测数据统计显示，在蒸汽驱生产过程中，注汽井的累积注汽量 N_s 同生产井的累积产油量 N_p 在半自热对数坐标上存在着较好的线性关系，这一线性关系在油井生产动态预测等方面具有重要意义，通常称之为“注采特征曲线”。蒸汽驱就是由注汽井连续不断地向油层中注入高干度的蒸汽，然后蒸汽不断地加热油层，降黏后驱替原油的过程。和常规水驱油相比，蒸汽驱实际上是“汽凝结成热水，汽驱热水，热水驱油”的过程。注入的热蒸汽在地层中释放潜热用于加热地层和流体，大大降低了原油的黏度；释放潜热后蒸汽又凝结成为热水，继续加热并推进原油，将原油驱替到生产井附近并被采到地面上来。

在不考虑边底水的情况下，蒸汽进入地层冷凝成的热水就是驱替用水的全部来源。因此，蒸汽驱中蒸汽冷凝所得热水量可被视为热水驱中的累积注入量 Q_w。因此，根据注入产出体积守恒关系，即热区注入流体体积+冷区注入流体体积=产出原油体积+产出水体积。

$$Q_w+Q_s=N_p+W_p \tag{1}$$

而累积注汽量 N_s 可表达为：

$$N_s=\frac{\rho_w}{\rho_s}Q_w+Q_s=\rho_r Q_w+Q_s \tag{2}$$

经推导可得到：

$$\ln(N_s+C_1)=A_1+B_1N_P \quad (3)$$

其中：$A_1=\ln\frac{\phi V_r}{b}+\ln\frac{\rho_r}{e^{E_1}}$，$B_1=\frac{b}{\phi V_r}$，$C_1=-\frac{\phi V_r}{b}E_3$。

那么，对于使用蒸汽驱开发的油田来说，随着累积注汽量 N_s 逐渐增大，常数 C_1 对 N_s+C_1 整体的影响就越来越小，注采特征曲线就越来越趋近于一条斜率为 B_1，截距为 A_1 的直线。实际上，$\ln N_s \sim N_p$ 曲线可看作是 $\ln(N_s+C_1)\sim N_p$ 曲线的的平移，因此，在开发中后期时，$\ln N_s$ 与 N_p 成直线关系。

另一方面，大量的稠油热采现场实测数据统计显示，在蒸汽驱生产过程中，生产井的累积产液量 L_p 同生产井的累积产油量 N_p 在半自热对数坐标上存在着较好的线性关系，这一线性关系同样在油井生产动态预测等方面具有重要意义，其数学表达式为：

$$\ln L_p=A_2+B_2N_P \quad (4)$$

基于体积守恒，累积产液量 L_p 与累积产油量 N_p、累积产水量 W_p 之间存在体积守恒关。油藏热采开发进入稳定期时，随着水油流度比 M 的值越来越大，$1/M$ 的值则越来越小，对整体的影响很小，可忽略。经推导得：

$$\ln(L_p+C_2)=A_2+B_2N_p \quad (5)$$

其中：$A_2=\ln\frac{\phi V_r}{b}-E_1$，$B_2=\frac{b}{\phi V_r}$，$C_2=-\frac{\phi V_r}{b}\cdot E_4$。

那么，对于使用蒸汽驱开发的油田来说，随着累积产液量 L_p 逐渐增大，常数 C_2 对 L_p+C_2 整体的影响就越来越小，注采特征曲线就越来越趋近于一条斜率为 B_1，截距为 A_1 的直线。实际上，$\ln L_p \sim N_p$ 曲线可看作是 $\ln(L_p+C_2)\sim N_p$ 曲线的的平移，因此，在开发中后期时，$\ln L_p$ 与 N_p 成直线关系。

以上，证明了在稠油油藏注蒸汽开发中总是出现的累积注汽量 N_s 和累积产油量 N_p、累积产液量 L_p 和累积产油量 N_p 在半对数坐标上的线性关系，即"注采特征曲线"。而 A_1、B_1、A_2、B_2 是关于油层有效厚度 H_e、孔隙度 ϕ、渗透率 K、原油黏度 μ_o、井距 L(或井控范围)的参数，反映了油藏的物性和油田开发方式的特征。

无论是 $\ln(N_s+C_1)\sim N_p$ 关系还是 $\ln(L_p+C_2)\sim N_p$ 关系，其斜率的表达式都为 $B=b/(\phi\cdot V_r)$。其中，b 是由油水相对渗透率的比值回归得到的，与油水相渗曲线的形态有关，反映了油水流动的相对能力，会影响驱油效率；$\phi\cdot V_r$ 表示油藏整体储油孔隙的体积，反映了井网控制的范围，会影响波及程度。综合来看，注采特征曲线的斜率 B 能够综合反映一个油藏的开发效果。对于 $\ln(N_s+C_1)\sim N_p$ 函数关系来说，参数 A_1、B_1、C_1 之存在如下相互关系：

$$A_1=\ln\frac{1}{B_1}+\ln\frac{\rho_r}{e^{E_1}},\quad C_1=-E_3\cdot\frac{1}{B_1}$$

对于 $\ln(L_p+C_1)\sim N_p$ 函数关系来说，参数 A_2、B_2、C_2 之存在如下相互关系：

$$A_2=\ln\frac{1}{B_2}-E_2,\quad C_2=-E_4\cdot\frac{1}{B_2}$$

由此可知，A_1 与 $\ln(1/B_1)$ 存在良好的线性关系，C_1 与 $1/B_1$ 存在良好的线性关系。A_2 与 $\ln(1/B_2)$ 存在良好的线性关系，C_2 与 $1/B_2$ 存在良好的线性关系。综上所述，对于注采特征曲线来说，参数 B 既能综合反映一个油藏的开发效果，又与参数 A、C 关系紧密，因此，确定参数 B 为海上稠油热采的关键参数。

一般地，不同的油藏、不同的开发方式，其注采特征曲线中的 B 值也会不同，因此，有必要建立海上稠油热采的关键参数 B 与油藏的特征之间的联系。基于推导结果中参数 B 的表达式，特建立海上稠油油藏特征参数 G，其表达式如下：

$$G=f(K)\cdot g(\mu_o)\cdot\frac{b}{\phi\cdot H_e\cdot A_w} \quad (6)$$

其中，$f(K)$ 为有关绝对渗透率 K 的函数；$g(\mu_o)$ 为有关原油黏度 μ_o 的函数。

(1) $f(K)$ 的确定

使用 CMG 软件建立具有不同地质特征的、不同井网形式的海上稠油油藏模型。使用控制变量法，保证数值模型中其他参数一定，仅改变渗透率 K，使用 MATLAB 回归得到不同渗透率 K 条件下的 B 值。结果表明，回归得到的 B 值与油藏渗透率 K 具有良好的对数函数关系，因此，我们认为，$f(K)$ 应为 $f(K)=\ln K$。

(2) $g(\mu_o)$ 的确定

使用 CMG 软件建立具有不同地质特征的、不同井网形式的海上稠油油藏模型。使用控制变量法，保证数值模型中其他参数一定，仅改变原油黏度μ_o，使用MATLAB回归得到不同原油黏度μ_o条件下的B值。结果表明，回归得到的B值与原油黏度μ_o具有良好的分式函数关系。因此，我们认为，$g(\mu_o)$应为$g(\mu_o)=1/\mu_o$。

综上所述，油藏特征参数G的表达式应为：

$$G=\frac{\ln K}{\mu_o}\cdot\frac{b}{\phi\cdot H_e\cdot A_w} \quad (7)$$

由此建立了海上稠油蒸汽驱开发效果评价方法：如果现场实施时间较短，无充实的生产数据时，可依照统计渗透率K、有效厚度H_e、原油黏度μ_o、井距L(或井控范围)等对采收率有较大影响的地质因素和井网因素，首先计算出相应的油藏特征参数G，再计算相应的参数A、B、C。如果现场生产数据翔实可靠，可直接依赖于实际生产数据确定相关常数项。

利用数值模拟方法采用现场优化过的注入强度、采注比等注采参数进行数值模拟。将经济极限油汽比0.15和生产年限15年作为生产截止条件，获得27个海上稠油油藏蒸汽驱的累积注汽量、累积产油量的数据，通过MATLAB软件进行回归，得到27个海上稠油油藏多元热流体驱注采关系曲线的参数A_1、B_1、C_1和A_2、B_2、C_2，并基于油藏实际参数计算G的值。

斜率B_1与G具有良好的直线关系，回归得到：

$$B_1=0.4533G-0.0414$$

斜率B_2与G具有良好的直线关系，满足：

$$B_2=0.3885G+0.02494$$

回归得到A_1与B_1的关系：

$$A_1=\ln\left(\frac{2.064}{B_1}-0.5746\right)$$

回归得到C_1与B_1的关系：

$$C_1=\frac{2.2}{B_1-1.235}$$

回归得到A_2与B_2的关系：

$$A_2=\ln\left(\frac{1.943}{B_2}+0.2399\right)$$

回归得到C_2与B_2的关系：

$$C_2=\frac{2.127}{B_2+0.01012}$$

2　蒸汽驱效果评价图版

由此形成了海上稠油蒸汽驱开发效果评价方法：如果现场实施时间较短，无充实的生产数据时，可依照统计渗透率K、有效厚度H_e、原油黏度μ_o、井距L(或井控范围)等对采收率有较大影响的地质因素和井网因素，计算出相应的油藏特征参数G，计算相应的参数A、B、C。如果现场生产数据翔实可靠，可直接依赖于实际生产数据确定相关常数项。

评价方法的应用步骤为：第一步：计算累产累注曲线、累产油累产液曲线的参数A、B、C；统计渗透率、有效厚度、原油黏度、井网面积等对采收率有较大影响的地质因素和井网因素，计算出相应参数A、B、C；第二步：依据油藏特征作出理论模板，对实际生产进行评价；根据汽驱评价指标体系，包括：瞬时油汽比、瞬时含水率、瞬时回采水率、瞬时采注比；第三步：制作相应的汽驱效果评价理论模板。

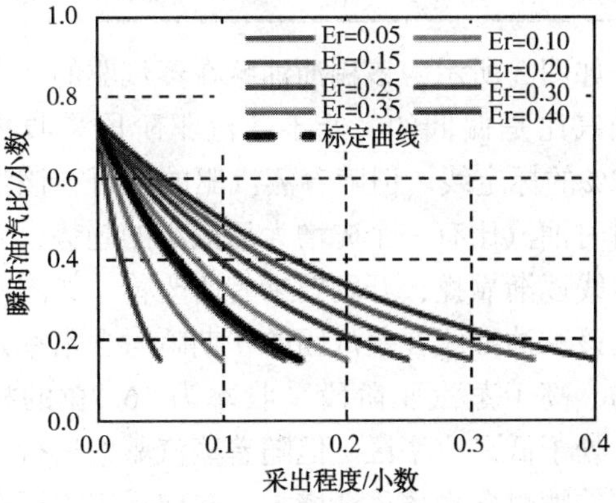

图1　瞬时油汽比评价图版

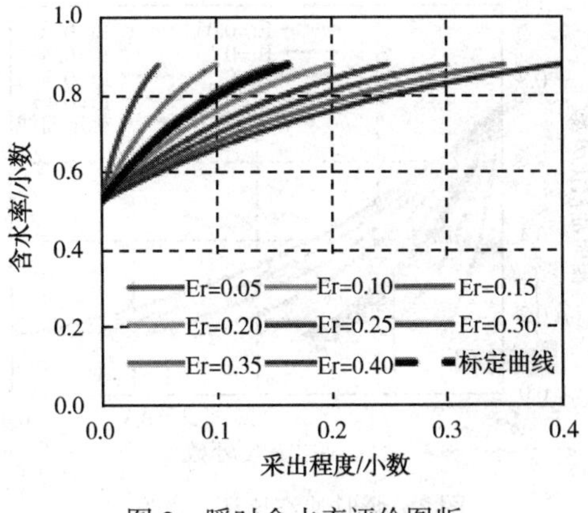

图2　瞬时含水率评价图版

3　成果应用

根据渤海B5油藏地质和注采参数，使用CMG软件建立该油藏的数值模型，得到该油田实施蒸汽驱开发的预测结果，如表1所示。将所得数模数据进行整理，回归出该油藏的注采关系曲

线的参数 A_1、B_1、C_1 和 A_2、B_2、C_2，并根据建立的评价体系和评价方法，得出该油藏的评价图版。

表1　渤海B5油田蒸汽驱开发效果数值模拟预测结果

年份	油井/口	注汽井/口	总井数/口	日注汽/m^3	年注汽/10^4m^3	年产液/10^4m^3	年产油/10^4m^3	年产水/10^4m^3	年产气/10^4m^3	含水率/%	采出程度/%
2020	6	1	7	300	9.3	10.9	3.8	7.1	9.8	65.1	1.4
2021	6	1	7	350	10.9	13.9	4.4	9.5	11.6	68.1	3.1
2022	6	1	7	350	10.9	15.1	4.5	10.6	10.7	70.2	4.8
2023	6	1	7	350	10.9	16.6	4.7	11.9	7.3	71.6	6.6
2024	6	1	7	350	10.9	16.9	4.6	12.3	5	72.8	8.3
2025	5	2	7	500	15.5	19.7	4.7	15	3.6	76	10.1
2026	5	2	7	500	15.5	19.7	4.1	15.6	2.6	79	11.7
2027	5	2	7	500	15.5	19.7	3.4	16.3	2.1	82.7	13.0
2028	5	2	7	500	15.5	19.7	3	16.7	1.7	85	14.1
2029	5	2	7	500	15.5	19.7	2.6	17.1	1.5	86.7	15.1
2030	5	2	7	500	15.5	19.7	2.2	17.5	0.9	89	15.9

如图3所示，该稠油油藏在蒸汽驱的初期瞬时油汽比是偏低的，低于蒸汽驱阶段采收率为16.2%的标定线。但随着蒸汽驱的进行，该油藏的瞬时油汽比有一个先增大后减小的趋势，并向标定线逐渐靠拢，开发效果有所改善。如图4所示，该稠油油藏在蒸汽驱的初期瞬时含水率是偏高的，高于蒸汽驱阶段采收率为16.2%的标定线，处于低采收率区。但随着蒸汽驱的进行，该油藏的瞬时含水率逐渐增大，并向标定线逐渐靠拢，开发效果有所改善。

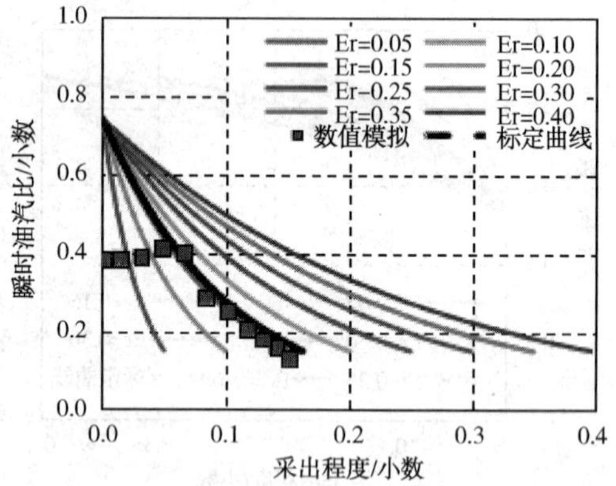

图3　瞬时油汽比评价图版

从瞬时评价图版评价结果可知，生产初期数值模拟结果与标定曲线间存在较大差异，这是因为生产初期还未达到稳定驱替阶段，数据波动幅度很大；至阶段采出程度达到5%以上时，蒸汽驱逐渐向见效方向转变；至阶段采出程度超过10%后，蒸汽驱效果逐渐与标定曲线基本趋于一致；生产初期的各项瞬时指标大多处于图版中的低采收率区域，说明初期的开发效果较差，但随着采出程度的增加，各项瞬时指标有逐渐改善的趋势。

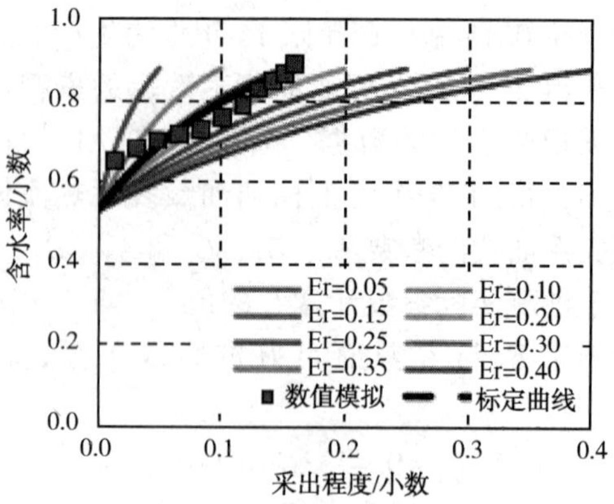

图4　瞬时含水率评价图版

4　结论

（1）基于蒸汽驱生产特征，结合注采特征曲线，应用油藏工程方法推导了瞬时生产参数与采出程度关系式。

（2）根据理论推导与热采特征分析，建立了瞬时油汽比、瞬时含水率与采出程度关系图版，该图版可用于实现蒸汽驱全开发过程的实时评价。

（3）将该图版应用于海上B5油田吞吐转驱开发效果评价，认为生产初期的各项瞬时指标处于图版中的低采收率区域，说明初期的开发效果较差，但随着采出程度的增加，各项瞬时指标有逐渐改善的趋势。

参 考 文 献

[1] 卢小娟．稠油蒸汽驱开采效果综合评价新方法[J]．新疆石油科技，2013，23(03)：19-21.

[2] 张兆祥，刘慧卿，杨阳，等．稠油油藏蒸汽驱评价新方法[J]．石油学报，2014，35(04)：733-738.

[3] 王敏，陈民锋，刘广为，等．海上稠油油田水驱开发时效采出比计算方法及评价[J]．断块油气田，2015，22(02)：224-227.

[4] 张彩旗，刘东，潘广明，等．海上稠油多元热流体吞吐效果评价研究及应用[J]．油气藏评价与开发，2016，6(02)：33-36.

[5] 王晨阳，刘华阳，张洁，等．稠油热力开采方法简述[J]．石化技术，2015，22(06)：77.

[6] CHENG W L，HUANG Y H，LU D T，et al. A novel analytical transient heat - conduction time function for heat transfer in steam injection wells considering the wellbore heat capacity[J]. Energy，2011，36(7)：4080-4088.

[7] WEI S，CHENG L，HUANG W，et al. Flow behavior and heat transmission for steam injection wells considering the tubing buckling effect[J]. Energy Technology，2015，3(9)：935-945.

[8] SUN F，LI C，CHENG L，et al. Production performance analysis of heavy oil recovery by cyclic superheated steam stimulation[J]. Energy，2017，121：356-371.

海上油田河流相稠油油藏储层构型及剩余油表征

杨　青　侯亚伟　刘建华　王　刚　安玉华

[中海石油(中国)有限公司天津分公司渤海石油研究院]

摘　要

海上油田具有井网稀疏、井距较大的特点，高含水期稠油油藏层间及层内水淹规律复杂，原定向井挖潜剩余油的难度增大。根据河流相储层构型理论，综合利用岩心、地震、测井等资料，详细刻画了单一成因砂体在垂向的接触关系，平剖结合识别了油田范围内的单河道砂体发育模式，总结了五种砂体的典型切叠模式，推广应用至全区沉积模式总结。在此基础上，总结明化镇组砂体发育模式，提出该层位属于限制性曲流河沉积模式；某典型砂体被末期河道将该砂体切割为4个独立单元。基于储层构型分析结果，以及对差异流动分析和典型井段的剩余油分析，将剩余油分为非渗遮挡剩余油、低渗缓冲剩余油和高渗通道屏蔽剩余油3大类，并根据各类剩余油形成机制，提出相应的挖潜方向和思路，指导水平井的部署及优化。

关键词　稠油油藏；储层构型；河流相；剩余油

目前，渤海油田多数进入高含水阶段，高含水期稠油油藏层间及层内水淹规律复杂，原定向井挖潜剩余油难度增大。以P油田为例，新近系馆陶组、明化镇组具有采出程度较低、剩余油分布模式复杂等特点，迫切需要单砂体精细刻，储层内部构型的精细研究与表征成为中高含水期油田剩余油挖潜的重要手段。对于河流相油田而言，由于河道砂体内部储层构型单元控制着剩余油的分布，因此，弄清河道砂体各构型单元的特征，并对其进行定量表征对油田下步水平井挖潜具有重要意义。

河流相储层是中国重要的油气储层之一，海上油田由于开发成本较高，具有井网稀疏、井距较大的特点，开展稀井网条件下曲流河储层构型表征存在较大难度。已有学者通过综合利用地震属性、地震反演、地震正演等多种地震技术，结合测井资料识别单一曲流带及内部点坝，并提出“井震结合”的曲流河构型方法。

本文充分利用测井曲线资料，运用侧向划界，垂向分期的思路开展油田储层的构型研究，在构型要素分析基础上，按照层次约束的思路，针对曲流河沉积不同级次的砂体分布模式进行了总结，重点对研究区点坝、废弃河道、末期河道的展布进行了识别及预测，精细刻画研究区明化镇组L32小层单河道砂体不同沉积微相的分布范围及发育模式，为油田储层的精细研究及剩余油挖潜提供理论基础。

1　研究区概况

P油田位于渤海湾盆地东部渤南低凸起带中段的东北端，为一个在基底隆起背景上发育起来的处于郯庐断裂带上，受两组近南北向走滑断层控制的断裂背斜(图1)。P油田含油储层地层为明化镇组至馆陶组，为稠油油藏，本文以研究区明化镇组L32小层为例，开展精细储层构型解剖。通过勘探实验资料得知，明化镇组沉积时期，古地貌特征显示P油田所处位置地势较为平缓，测井相表示明化镇组沉积基准面整体位于中长期上升半旋回。根据岩心颜色，L32小层的泥岩为杂色泥岩，沉积环境逐渐转变为弱还原-弱氧化的河湖过渡环境，岩心具有明显的底冲刷、平行层理以及边滩滑塌泥砾等特征，废弃河道等微相测井相明显，属于曲流河沉积。

2　曲流河储层构型研究

2.1　曲流河砂体构型级次划分

Miall提出了河流相储层的6级划分方案，本文参考Miall的河流相构型级次划分原则，将研究区曲流河沉积的构型界面划分为6个级次，其中3级界面为成因体内部的冲刷面或沉积间断面，如侧积体内部不同加积体的界面；4级界面为成因体的顶底界面，对于曲流河主要表现为规模为几到几十厘米的侧积泥岩或点坝与河道的接触界面。本次研究对曲流河各级次界面进行了精细划分，重点揭示点坝内部 3 级、4 级构型界面。

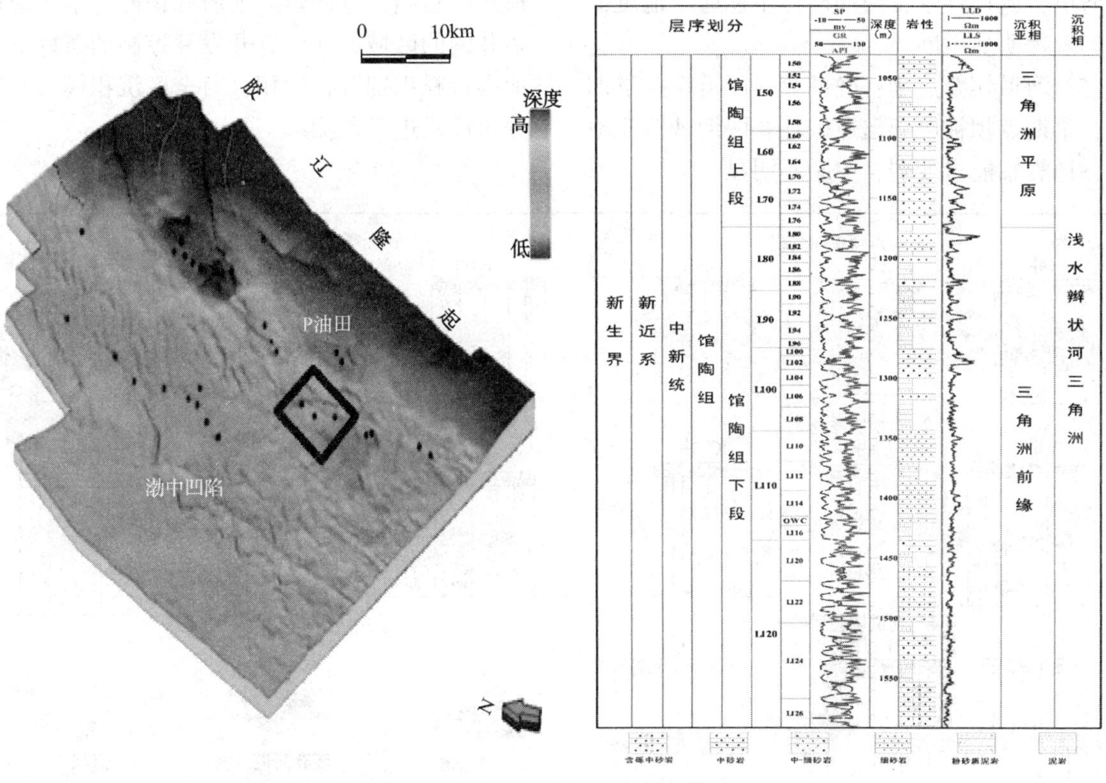

图 1　P 油田构造位置及地层特征

2.2　单河道砂体构型解剖

随着油田的逐步开发，厘定单河道砂体分布特征及发育模式有利于指导油田剩余油挖潜。首先运用数模建模一体化软件 Petrel 软件进行井震标定、时深标定，利用定向井联合地震资料开展以小层为单元的储层精细对比，建立地震等时格架，确保地震解释层位、井上分层的真实性与可靠性，为后续提取地层属性、建立等时地层切片，精细刻画点坝、末期河道等遮挡界面奠定基础。

曲流河点坝沉积是研究区优质储层的基础，同时也是曲流河沉积主体，由于曲流河侧向侵蚀—加积作用形成。点坝沉积具有明显的粒度向上变细、沉积规模向上变小的正韵律或复合韵律特点。正韵律底部为冲刷面，冲刷面处可见河床负载的砾石—粗砂、泥砾及植物碎屑等；下部主要为砂质沉积，由下向上粒度变细，过渡为顶部细粉砂—泥质沉积，反映水动力逐渐减弱。

不同成因砂体在岩性、电性和平剖面几何形态上都有所差异和其各自的特点，通过密井网条件下丰富的实钻资料，结合高弯度曲流河演化的特点、各井点的测井曲线形态以及空间上的组合特点，结合地震剖面及正演模型，综合识别河道砂体各沉积相分布模式。

根据曲流河沉积特征，井震结合总结 5 中砂体切叠模式(图 2)，通过模式总结分析砂体间连通性，有利于对单河道砂体进行精细刻画。

(1) 堤岸—点坝单向侧积：在曲流带内部结构中，形成废弃河道代表同期点坝发育结束，识别废弃河道是寻找单河道砂体边界关键。

(2) 点坝切叠河道：点坝切叠早期废弃河道，由于切叠作用废弃河道被破坏，遮挡性较弱，两期点坝砂体可能呈连通状态。但由于地震资料分辨率原因，地震轴中断，不代表砂体一定不连通还需根据实际生产动态资料进行判断。

(3) 点坝切叠点坝：属同一个成因单元的两个或多个点坝砂体，受其沉积古地形、沉积能量的微弱差别或河道改道、废弃时间差异的影响，在点坝顶底层位上测井响应及地震响应会出现一定差异，可据此判别该砂体是否为两期点坝互相切叠。同时，两期点坝发生切叠，形成砂体厚度比单期点坝沉积砂体厚度更大。两期点坝互相切叠，砂体间连通性较好。发生切叠区域横向轴能量变弱，但不会产生明显中断。

(4) 河道切叠河道：晚期废弃河道切叠早期废弃河道，遮挡性强，两期砂体不连通。地震横向轴均发生明显中断。

(5) 河道切叠点坝：晚期废弃河道切叠早期点坝，早期点坝被废弃河道破坏，两期砂体互不连通，地震轴能量变弱，中断不明显。

通过井震结合对密井网区域曲流河砂体切叠模式的总结，进而建立地质知识库并推广应用至稀井网的区域，在没有开发井控制的条件下通过地震资料识别沉积微相，对全区沉积模式及砂体分布模式进行预测。

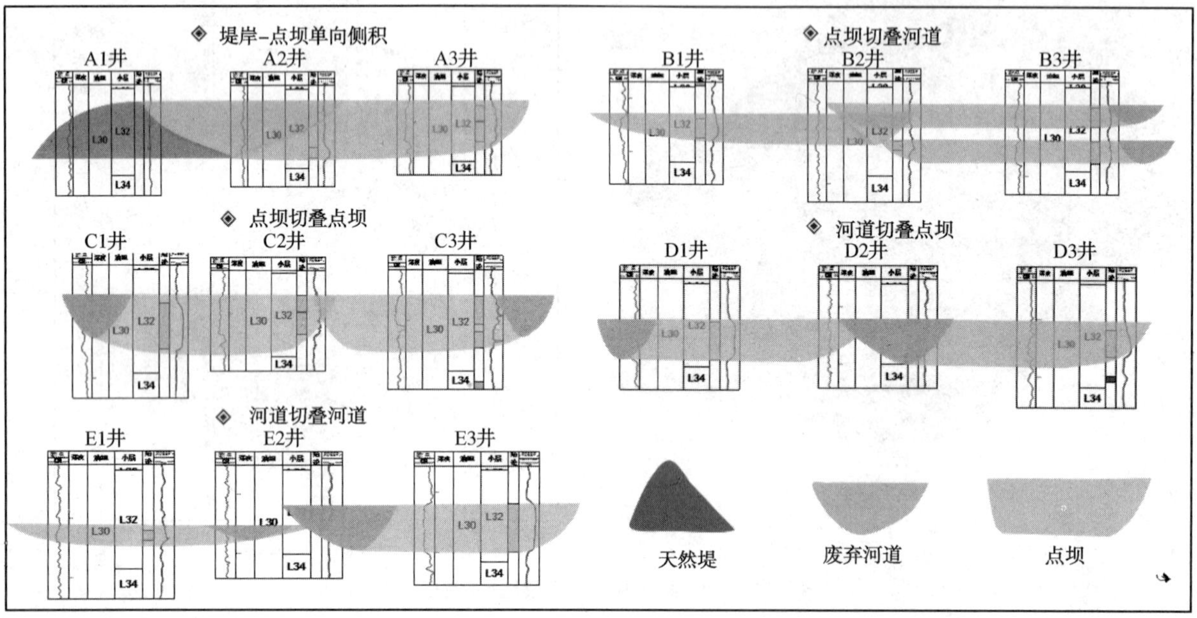

图2　河道砂体切叠模式

2.3　单河道砂体边界刻画

废弃河道与点坝砂体间存在较大的岩性和物性的差异，可形成有效的渗流屏障并遮挡两侧砂体间流体的运移互换，作为单河道砂体的边界。通过均方根振幅属性提取，在平面上可通过属性的强弱较好地识别不同构型单元。强振幅属性反射区域多为点坝砂体沉积，而弱振幅属性反射区为废弃河道及末期河道或河道间泥质沉积，同时结合井间沉积模式，最终确定沉积微相类型。

(1) 废弃河道：河道在演变化过程中随着时间的推移曲率逐渐增大，河床上下游逐渐接近，当洪水爆发时，河道被冲开形成决口，河道的某一段失去了作为河水通行路径的功能时，这段河道废弃，形成废弃河道。在曲流河的截弯取直过程中，废弃的曲流河段形成牛轭湖。自然电位曲线表现为近泥岩基线的低幅度微齿状，微电极曲线表现为低幅度，略呈锯齿状。废弃河道在剖面上为顶平底突的“楔形”，平面上呈“月牙形”在点坝边缘发育。

(2) 末期河道：在曲流河沉积过程中河道不断演化，曲率逐渐增大，上游河流决口改道，使整条河流废弃形成末期河道，测井相特征与废弃河道相似。该微相的出现代表这一期砂体沉积的结束，其形态和规模保持着原有曲流河道的轮廓。可根据点坝砂体的位置推断末期河道位置，且同一河道中末期河道的形成晚于废弃河道，据此可区分出废弃河道及末期河道。

3　沉积模式分析及应用

3.1　限制性曲流河沉积模式

基于前文储层构型精细解剖，结合地震属性提取，总结单河道砂体发育模式。等时地层体属性切片法是以层序地层学为基础的科学地震属性提取方式，运用Petrel一体化软件以地震解释层位为基础截取相应厚度的地震数据，按照所设置切片数目均匀等分地震体，所提取出的不同时深的地震属性代表着不同沉积时期的砂体发育模式。

综合地震属性切片及储层构型研究，分析认为L32小层河道中部点坝发育，砂体较厚，且分布范围广，为L32小层优势布井区域，河道北侧及河道南侧砂体规模及厚度均较河道中部小。

利用地质知识库的约束，结合地震特征、单井解剖，完成了单河道砂体的刻画，总结沉积模式绘制 L32 小层沉积微相图，表明 L32 小层沉积时期发育一条限制性的高弯度曲流河。限制性窄条带状河道构成砂体骨架，点坝砂体平面展布限定在一定范围内呈条带状发育。限制性的高弯度曲流河砂体连续性较差、厚度较小，而非常规的高弯度曲流河多成联片叠置发育，砂体连续性好，厚度较大。末期河道将河道砂体切割为四个独立单元，形成渗流屏障，废弃河道发育于点坝砂体边部，同时也作为河道砂体的边界(图 3)。

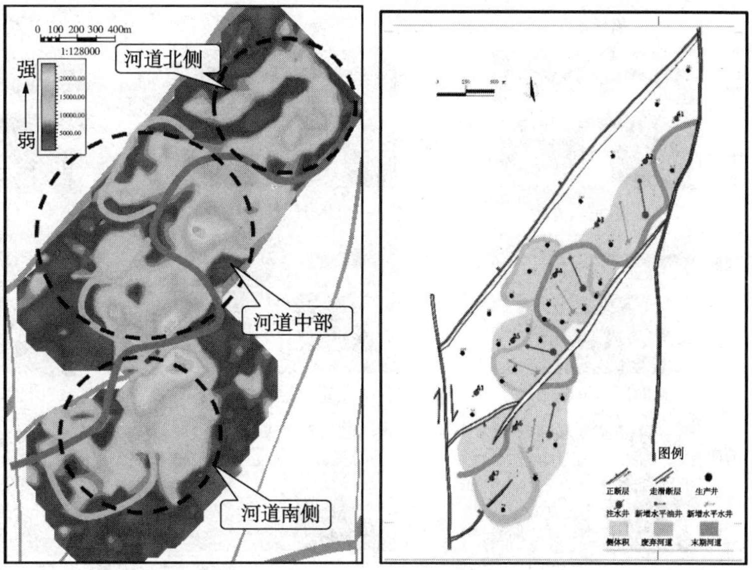

图 3　L32 小层均方根振幅属性及砂体构型平面图

3.2　河流相储层构型单元对剩余油的控制作用

储层构型是储层重要的宏观非均质性表现，小同类型构型单元具有小同的孔隙结构和渗流特征。储层构型更细致的研究储层的油水运动规律、空间配置结构，为预测和挖潜剩余油提供科学依据。河流相储层的内部建筑结构极为复杂，造成开发中后期剩余油分布高度零散，储层构型影响剩余油分布的主要因素是各构型要素的特征、接触关系及与开发井网的耦合关系等。

剩余油的形成基本原因是由于流动差异导致部分油气未动用或未得到较好的动用，从而滞留于地下。要想从机制上查明剩余油的形成过程及针对性地进行挖潜，就需要从渗流机制或者说渗流差异的角度去进行分析和研究。基于储层构型分析结果，以及对差异流动分析和典型井段的剩余油分析，将剩余油分为非渗遮挡剩余油、低渗缓冲剩余油和高渗通道屏蔽剩余油 3 大类(图 4)，并根据各类剩余油形成机制，提出相应的挖潜方向和思路(表 1)，指导水平井的部署及优化。

表 1　基于差异流动的剩余油类型及其挖潜对策

大类	小类	特点	挖潜策略
非渗遮挡	简单结构单元分隔遮挡	规模小、压降快，难完善	加密井，补孔完善，调井网
	结构单元复合体分隔遮挡	规模较大，较易完善	
	断层分隔遮挡	分处断层两侧	
低渗缓冲	高能结构单元不完全拼接缓冲	整体规模大，潜力多	加大注水压差，重炮深射，压裂酸化
	高能与低能结构单元拼接缓冲	面积大、供液差，见效弱	
	低能结构单元分隔高能结构单元缓冲	渗流极差，压力不足	

续表

大类	小类	特点	挖潜策略
高渗屏蔽	垂向层间高渗结构单元屏蔽	规模中等，高含水与低产层共存	注、堵结合，方向调水
	垂向层内高渗结构单元屏蔽	规模较大，主力层明显，整体水淹严重	
	平面方向性结构单元遮挡	单一方向动用，方向性剩余油富集	

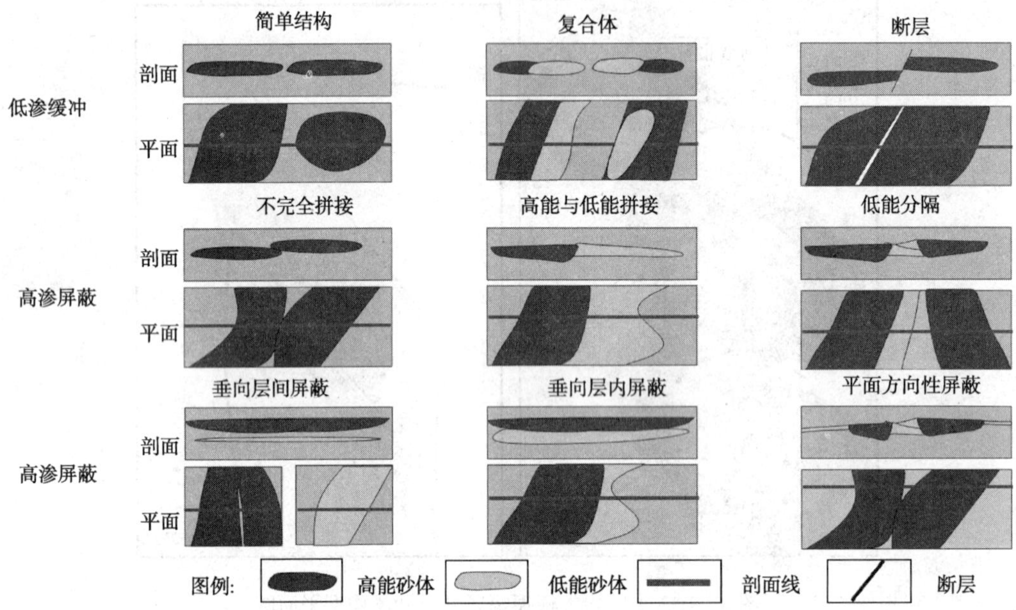

图4　差异流动剩余油类型

4　结论

(1) 明化镇组沉积时期，古地貌趋于平缓，沉积基准面整体位于中长期上升半旋回；L32小层沉积时期，沉积环境为弱还原-弱氧化的河湖过渡环境，L32小层岩心具有明显的底冲刷、平行层理以及边滩滑塌泥砾等特征，废弃河道等微相测井相明显，属于典型的曲流河沉积。

(2) 平剖结合、井震结合，总结研究区L32小层沉积模式，整体呈一条限制性的高弯度曲流河，该曲流河为准平原化地貌条件下，低弯度限制性河道内部发育的高弯度曲流河，末期河道将L32砂体切割为4个独立单元。

(3) 基于储层构型分析结果，以及对差异流动分析和典型井段的剩余油分析，将剩余油分为非渗遮挡剩余油、低渗缓冲剩余油和高渗通道屏蔽剩余油3大类，并根据各类剩余油形成机制，提出相应的挖潜方向和思路。

参　考　文　献

[1] 徐中波，康凯，申春生，等．渤海海域L油田新近系明化镇组下段与馆陶组储层沉积微相研究[J]．岩性油气藏，2015，27(05)：161-166.

[2] 李廷礼，韩建斌，梁世豪，等．曲流河储层展布特征——以渤海P油田为例[J]．海洋地质前沿，2018，34(12)：39-46.

[3] 徐中波，申春生，陈玉琨，等．砂质辫状河储层构型表征及其对剩余油的控制——以渤海海域P油田为例[J]．沉积学报，2016，34(02)：375-385.

[4] 胡光义，肖大坤，范廷恩，等．河流相储层构型研究新理论、新方法——海上油田河流相复合砂体构型概念、内容及表征方法[J]．古地理学报，2019，21(01)：143-159.

[5] 林国松，徐中波，汪利兵，等．渤海湾盆地P油田馆陶组物源演化及其对沉积体系的影响[J]．大庆石油地质与开发，2018，37(06)：22-27.

[6] 申春生，罗宪波，孟鹏，等．渤海L油田小层对比研究[J]．中国海上油气，2012，24(S1)：97-100.

[7] 刘建华，汪利兵，赵靖康，等．PL油田浅水辫状河三角洲隔夹层精细表征方法[J]．西南石油大学学报(自然科学版)，2019，41(05)：10-20.

[8] MIALL AD. Archittere-element analysis：a new method of facies applied to fluvial applied to fluvial [J]. Earth-Science Review，1985，22：261-308.

[9] 马世忠，杨清彦．曲流点坝沉积模式、三维构形及其非均质模型[J]．沉积学报，2000(02)：241-247. DOI：10.14027/j.cnki.cjxb.2000.02.012.
[10] 张本华．曲流河储层构型中废弃河道的识别及其分布模式——以孤岛油田馆上段为例[J]．油气地质与采收率，2013，20(03)：18-21+25+112.
[11] 张东，侯亚伟，张墨，等．底水油藏特高含水期剩余潜力认识[J]．断块油气田，2018，25(02)：196-199.
[12] MENGPeng，HU Yong. Fine anatomy of reservoir architecture of point bar in meandering river：a case study of Minghuazhen Formation in northern block of Q oilfield，Bohai Sea [J]. Global Geology，2014，17(04)：218-224.
[13] 罗宪波，刘超，李金宜．复杂河流相储层微观剩余油分布实验研究[J]．重庆科技学院学报(自然科学版)，2021，23(03)：6-9+34.
[14] 谭先红，范廷恩，张利军，等．河流相储层不连续界限对剩余油分布及布井策略的影响作用[J]．中国海上油气，2021，33(02)：123-130.
[15] 芦凤明，倪天禄，任宝生，等．河流相储层剩余油分布控制作用研究[J]．天然气地球科学，2010，21(04)：647-651+682.
[16] 张瑞，刘宗宾，廖新武，等．三角洲前缘砂体高含水期剩余油分布研究[J]．西南石油大学学报(自然科学版)，2022，44(02)：1-18.
[17] 李宜强，张津，潘登，等．高含水期微观剩余油赋存规律——以大港油田小集区块和港西区块为例[J]．新疆石油地质，2021，42(04)：444-449.
[18] 徐中波，申春生，陈玉琨，等．砂质辫状河储层构型表征及其对剩余油的控制——以渤海海域P油田为例[J]．沉积学报，2016，34(02)：375-385.

海上多轮次蒸汽吞吐井提效研究与实践

黄　琴[1]　葛丽珍[1]　桑　丹[2]　王颖超[1]　孔超杰[1]

[1. 中海石油(中国)有限公司天津分公司; 2. 中海油能源发展股份有限公司工程技术分公司]

摘　要　H井为渤海油田首个蒸汽吞吐先导试验区的水平生产井，开采过程中出现了产液量和产油量递减快，举升困难的情况。分析显示，该井产出流体乳化严重，黏度明显增大，乳化后原油黏度是乳化前的三倍。针对上述问题，本文从产出液乳化机理出发，明确H井稠油乳化的主要影响因素为胶质、沥青质含量、冷凝水、电潜泵机械作用；并通过反相乳化降黏体系正交实验研究，确定浓度不低于0.3%的阴离子石油磺酸盐乳化降黏剂具有耐高温且稳定降黏效果。H井第四轮蒸汽吞吐实践表明，稠油乳化现象得到极大缓解，产出液黏度大幅下降，流动性得到恢复，产量稳中有升，热采有效期延长约100天，累增油0.14万吨。本文研究方法对海上类似蒸汽吞吐井治理具有重要的指导意义。

关键词　海上油田；稠油；蒸汽吞吐；反相乳化降黏；提高采收率

渤海油田非常规稠油(地层原油黏度大于350mPa·s)资源量大，常规开发方式产量和采收率均低。目前蒸汽吞吐已成为海上稠油有效动用的技术手段。它是利用高温加热地层和流体，降低原油黏度和流动阻力，促进地层弹性能的释放，达到提高稠油产量的目的。L油田是渤海首个蒸汽吞吐先导试验区，共有2口水平生产井，其中H井已完成四个轮次蒸汽吞吐。随着蒸汽吞吐轮次的增加，逐渐暴露出一些问题，如产出流体乳化严重，黏度明显增大，乳化后原油黏度是乳化前的三倍，导致吞吐井产液量下降、举升困难，严重影响了油井热采开发效果。随着渤海油田越来越多的蒸汽吞吐井投入开发，有必要针对多轮次蒸汽吞吐后期油井提效技术开展研究和实践，为类似井的高效开发提供借鉴。

1　产出液乳化机理及反相乳化降黏技术

1.1　多轮次蒸汽吞吐H井产出液性质分析

蒸汽吞吐试验井H井第四轮产出液呈棕色，内部分散大量的水泡和气泡，常温下状态稳定，流动性差。该井蒸汽吞吐前的产出液地面原油黏度(50℃)为2409.8mPa·s，乳化后原油黏度为7730.6mPa·s，是乳化前的3.2倍。经过脱气、脱水处理后，原油黏度明显下降，与蒸汽吞吐前测试结果接近(表1)。其次，对第四轮吞吐不同日期取得的油样进行了黏温实验分析。结果表明，乳化后的原油黏度随温度的变化趋势基本一致，说明原油乳化后性质相对稳定，但温敏性较蒸汽吞吐前变强(图1)。

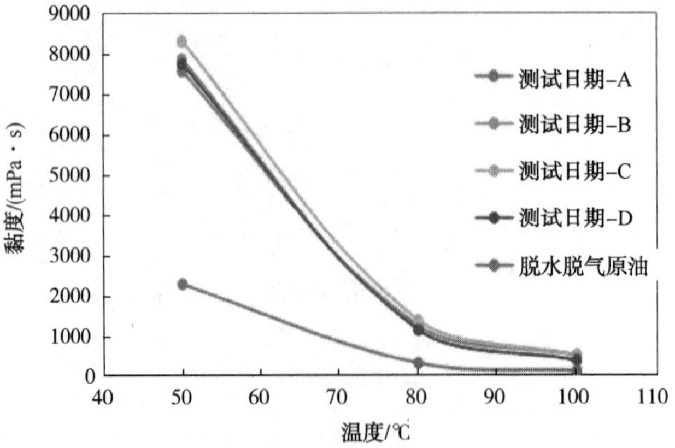

图1　不同取样日期、不同温度下的产出液黏度

表 1　H 井产出液黏度测试

温度/℃	未蒸汽吞吐 原油测试黏度/(mPa·s)	第四轮蒸汽吞吐 乳化原油黏度/(mPa·s)	第四轮蒸汽吞吐 乳化原油脱气后黏度/(mPa·s)	第四轮蒸汽吞吐 乳化原油脱水脱气后黏度/(mPa·s)
50	2409.8	7730.6	5934.9	2252.2
80	306.9	1120.7	421.5	291.7
100	103.9	361.0	250.1	96.2

1.2　多轮次蒸汽吞吐 H 井产出液黏度增加的原因分析

陆上多年实践表明，由于产生了油包水型的乳化原油导致多轮次蒸汽吞吐井产出液黏度增大。稠油的胶质沥青质、冷凝水以及开采和泵送等机械作用是稠油乳化形成的必要条件：稠油中的胶质沥青质是天然的表面活性剂，具有较高的乳化能力。H 井稠油中的胶质含量为 16.34%，沥青质含量为 7.67%。胶质、沥青质含量高，发生乳化的机率高；随着吞吐轮次的增加，周期注入量增大，累计回采水率仅 60%，地下存水率高。生产初期冷凝水呈碱性，与稠油中的脂肪酸、环烷酸等酸性物质易发生乳化反应，促进油包水型乳化原油的形成；而开采和泵送等机械作用加速了水气等内相在油相中的分散，使得乳化原油的稳定性更强。

1.3　反相乳化降黏技术

在不同的条件下，稠油和水混合后，可形成油包水型和水包油乳状液。这两种乳状液类型与黏度的关系可用 Richarson 公式解释：

$$u = u_0^{\kappa\phi} \tag{1}$$

式中：u 为乳状液黏度；u_0 为外相黏度；ϕ 为内相所占体积分数；κ 为常数，当 $\phi \leq 0.74$ 时 $\kappa=7$，当 $\phi>0.74$ 时 $\kappa=8$。

当乳状液为油包水型时，油为外相，水为内相。此时乳状液的黏度与油的黏度呈指数关系。当原油含水率大于 14%时，$\kappa\phi$ 之积大于 1，含水率增加，则式(1)中的黏度指数将进一步增加，这意味着乳化原油黏度将远远高于未乳化原油黏度；当乳状液为水包油型时，水为外相，油为内相。乳状液的黏度与水的黏度呈指数关系，原油含水率越高，$\kappa\phi$ 之积越小，乳状液的黏度越低，且远远低于原油的黏度。因此，如果可以设法将乳化原油转型为水包油型乳状液，则产出液的黏度将大幅降低。

2　反相乳化降黏技术在 H 井的应用

2.1　高温降黏剂性能评价

反相乳化降黏技术是利用高温降黏剂来改变乳状液的类型。利用高温降黏剂较强的亲水性能，使稠油和冷凝水作用形成的油包水乳化原油转变为黏度更低、流动性更强的水包油型乳状液，避免油包水乳状液的形成。同时，它还可通过降低油水界面张力，改变近井地带岩石润湿性，降低原油回流阻力，增强流动性，改善热采开发效果。

选取 4 种高温降黏剂进行不同油剂比条件下降黏性能评价，共设计了 12 组正交实验方案(表 2)。高温降黏剂包括两种阴离子乳化降黏剂(阴离子硫酸盐 1#和阴离子石油磺酸盐 4#)和两种脂肪醇聚氧乙烯醚羧酸盐乳化剂降黏剂(2#和 3#)。

表 2　4 种高温降黏剂不同油剂比降黏效果对比(50℃，浓度 1%)

样品名称	油：剂	黏度/(mPa·s)	降黏率%
原油	—	3005.6	—
1#	7：3	17.5	99.4
2#		28.1	99.1
3#		35.1	98.8
4#		35.6	98.8
1#	8：2	30.9	98.97
2#		70.3	97.6
3#		98.6	96.7
4#		70.3	97.6
1#	9：1	3737.9	-24.3
2#		3641.5	-21.1
3#		3684.7	-22.5
4#		573.5	80.9

结果表明，当油剂比为 7：3 和 8：2 时，4 种高温降黏剂的降黏率均大于 96%；当油剂比为 9：1 时，1#、2#、3#油水乳状液发生反转，

黏度升高；仅有4#药剂仍有较好降黏效果，降黏率在80%以上。

对4#乳化降黏剂在不同油剂比条件下形成的水包油型乳状液进行高温(300℃)老化实验研究。结果表明，4#乳化降黏剂与H井产出液的乳化速率快，形成的水包油型乳状液稳定性高，且经过300℃老化24小时后仍具有较好的降黏效果(表3)，表明4#乳化降黏剂具有较高的热稳定性，可用于高温下的蒸汽吞吐作业。结合降黏效果及耐温性，推荐4#高温降黏剂。

表3　4#乳化降黏剂耐温性能评价(300℃老化24小时，浓度1%)

药剂名称	油剂比	老化前		老化后	
		黏度/(mPa·s)	降黏率/%	黏度/(mPa·s)	降黏率/%
原油	—	3006		3006	
4#	7∶3	35.6	98.8	139.5	95.4
	8∶2	70.3	97.6	193.6	93.6
	9∶1	573.5	80.9	646.6	78.5

其次，对4#高温降黏剂的浓度进行优选，设计了5组不同降黏剂浓度方案。结果表明，随着浓度的增加，降黏率增大；但当浓度<0.3%时，油水乳状液体系不稳定，降黏率仅有61.7%。因此，为了保证降黏效果，推荐4#高温降黏剂的浓度不低于0.3%(表4)。

表4　4#乳化降黏剂不同浓度降黏效果

样品名称	浓度/%	油∶剂	温度/℃	黏度/(mPa·s)	降黏率/%
原油	—	—	50	3005.6	—
4#	0.2%	7∶3		1150.6	61.7
	0.3%			40.4	98.6
	0.5%			38.5	98.7
	1.0%			35.6	98.8
	1.5%			30.0	99.0

2.2 *矿场应用效果*

H井于2021年4月开展第四轮蒸汽吞吐。开井生产初期，产出液乳化严重，黏度高达10000mPa·s，流动性差，产液量由105方快速降至70方，蒸汽吞吐效果差。为提高本轮次蒸汽吞吐效果，充分利用已注入的蒸汽高温对反相乳化降黏的协同作用，开井生产一个月后，实施乳化降黏作业。乳化降黏剂由环空注入，保证了施工期间油井不停产。随着乳化降黏剂的注入，黏度大幅下降至400~500mPa·s，产出液乳化现象得到改善，流动性增强，且在该水平上维持较长时间(图2)。

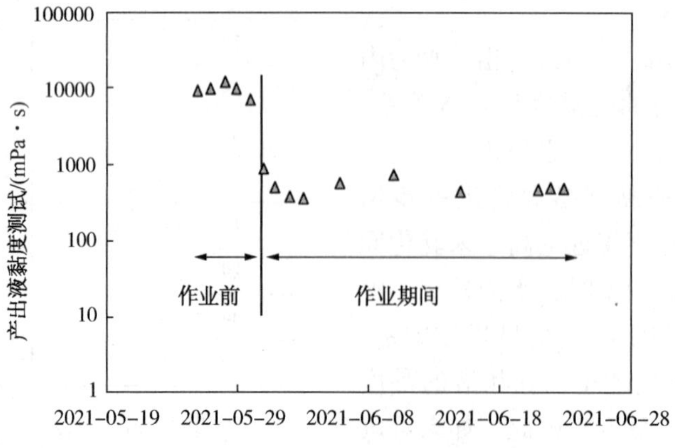

图2　反相乳化降黏作业前后产出液黏度测试变化

随着蒸汽吞吐期间注入的冷凝水逐渐被采出，油井产液量持续下降，但产油量较措施前上升(图3)。这表明，乳化降黏剂有效抑制了原油在地层中的乳化现象，解除了井筒附近及近井地带的堵塞，增加原油流动性，减少原油的流动阻力，促进地层中深部受蒸汽和降黏剂协同降黏、恢复流动性的原油持续流向井底。产油量稳中有升，含水率持续下降(修正曲线：将实际产液量中因携带乳化降黏剂入井的水量减掉计算的含水率)，产量递减趋势得到延缓，蒸汽吞吐有效期得以延长。在蒸汽吞吐有效期内，反相乳化降黏作业增油约1390t。

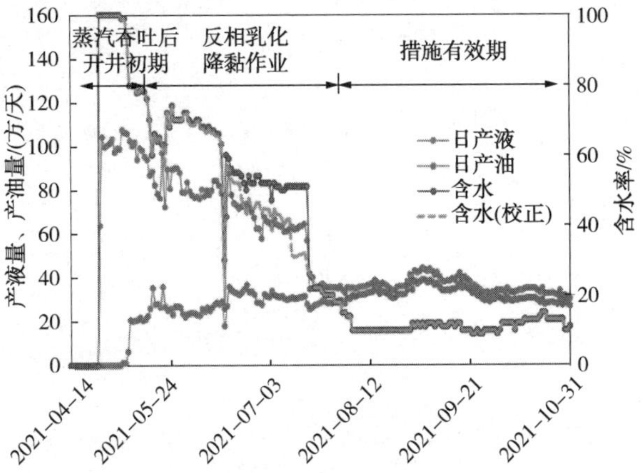

图3 反相乳化降黏作业前后产量及含水变化（包含修正的含水曲线）

反相乳化降黏后，马达温度、井口温度、井底流温和泵电流等参数波动减少，井筒举升工况有所改善(图4)。

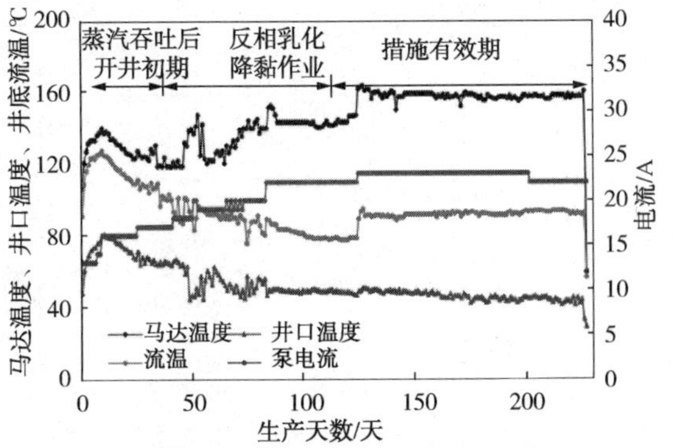

图4 反相乳化降黏作业前后举升参数变化

与同样存在产出液乳化严重的第二轮蒸汽吞吐对比(图5)，反相乳化降黏作业之后，第四轮蒸汽吞吐产油量上升，且明显高于第二轮。充分反应了反相乳化降黏技术在防乳降黏方面的优势，提高了蒸汽吞吐的效果。

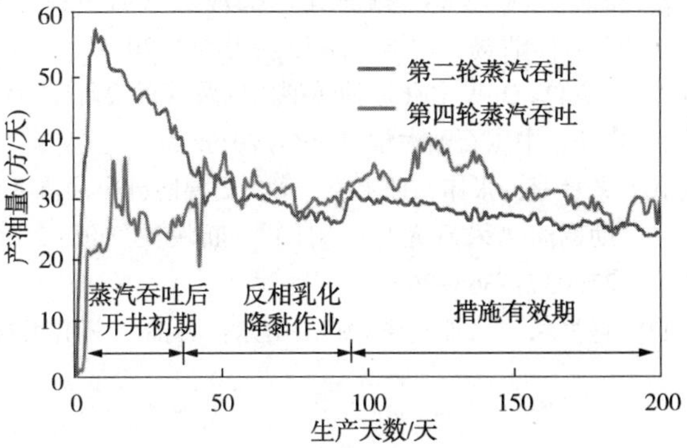

图5 第二轮、第四轮蒸汽吞吐产量对比

3 结论

（1）H井稠油乳化的主要影响因素包括胶质沥青质含量、冷凝水、电潜泵机械作用。

（2）实验结果表明，H井乳化原油降黏体系推荐为4#阴离子石油磺酸盐乳化降黏剂、浓度不低于0.3%、油剂比8：2；该体系耐高温且具有稳定的降黏效果。

（3）反相乳化降黏技术在H井第四轮蒸汽吞吐中取得了较好的增油效果，不仅降低了产出液黏度，解除井筒和近井地带的堵塞，提高原油流动性，而且措施后的产量稳中有升，产量递减趋势得到延缓，热采有效期延长约100天，累增油0.14万吨。

参考文献

[1] 陈伟. 陆上A稠油油藏蒸汽吞吐开发效果评价及海上稠油油田热采面临的挑战[J]. 中国海上油气，2011，23(6)：384-386.

[2] 朱国金，余华杰，郑伟，等. 海上稠油多元热流体吞吐开发效果评价初探[J]. 西南石油大学学报(自然科学版)，2016，38(4)：89-94.

[3] 郑伟，袁忠超，田冀，等. 渤海稠油不同吞吐方式效果对比及优选[J]. 特种油气藏，2014，21(3)：79-82.

[4] 陈证旭. 改善稠油油藏蒸汽吞吐开发效果的研究进展[J]. 中国设备工程. 2012，12：243-244.

[5] 朱琴，刘东，王树涛，等. 海上稠油蒸汽吞吐开采技术实践及认识[J]. 录井工程. 2019，30(1)：21-26，32.

[6] 黄红玺，张峰，许明标，崔洪波. 油包水乳状液稳定性影响因素分析[J]. 断块油气田. 2009，16(6)：99-101.

[7] 冯明强. 海上埕岛油田原油乳化特性及防治[J]. 油

气田地面工程，2013，32(2)：16-17.
[8] 马超．尚12-41稠油乳化机理及其防治技术研究[D].青岛：中国石油大学(华东).2013.
[9] 于晓聪．O/W乳化原油转型原因及其对策研究[D].青岛：中国石油大学(华东).2019.
[10] 吴春洲，张伟，孙永涛，等．耐温防乳驱油体系辅助稠油热采研究与应用[J].断块油气田.2020，27(03)：365-369.
[11] 赵福麟．采油化学[M].山东：石油大学出版社，1989，149-152.
[12] 王惠敏，王积龙．化学降黏开采技术在小断块稠油油田的应用[J].石油规划设计.1996(2)：23-25.
[13] 吴本芳，郭金波．原油乳化降黏研究进展[J].洛阳师范学院学报.2002，5：47-52.
[14] 张辉，张春娥，李长伟，等．海洋平台水溶性降黏剂注入工艺设计与优化研究[J].盐科学与化工.2021，50(3)：33-36.

渤海稠油油田特高含水期井网重构提高水驱采收率技术研究

张俊廷 王公昌 王美楠 邓景夫 张国浩

[中海石油(中国)有限公司天津分公司渤海石油研究院]

摘 要 S油田是渤海典型的水驱开发稠油油田，目前油田已经进入高采出程度、高含水率的“双高”阶段，近几年随着含水上升，油田开发效果逐渐变差，部分区块已进入特高含水期开发阶段，亟需探索水驱提高采收率技术。本文以S油田F区为例，开展特高含水期井网重构提高采收率技术研究，通过井网重构实现流场立体转换，并持续扩大波及系数，进一步提高采收率，旨在探索特高含水期提高水驱采收率有效技术手段。F区是S油田首个含水突破90%的区块，优势通道发育，含水上升快，生产效果逐年变差，基于此，以持续扩大波及系数为目标，通过扩大平面波及系数和纵向波及系数两个方面改善油田开发效果，提高水驱采收率。首先，基于F区目前地质油藏特征和生产特征，建立纵向波及系数下的井位筛选和层系组合图版，明确平面调控区域、纵向调控层位，持续提高纵向波及系数；其次，通过油藏工程理论、矿场实践与机理研究相结合，优化F区块平面流线转换角度，确定现井网条件下平面波及系数最大化下的流线转变角度。通过以上两方面的研究，在F区块建立井网重构试验区，2020年对试验区实施13井次油井开关层、20井次水井分层调配工作，实现了流场立体重构，试验区含水率稳定，日产油量由300方上升至360方，试验区产量实现负递减，扭转了F区生产形势，预计水驱采收率提高2%~4%。基于本文井网重构技术的研究及应用，实现了流场立体转换，进一步提高水驱采收率，对海上稠油油田高含水期及特高含水期进一步提高水驱采收率具有一定的指导和借鉴意义。

关键词 特高含水期；井网重构；平面波及系数；纵向波及系数；水驱采收率

渤海S油田是典型的水驱开发稠油油田，开发至今已经近30年，油田自投产以来先后经历过综合调整、聚合物驱、调剖堵水、注采结构调整等措施，取得了较好的开发效果。但经过多年的开发，油田已经进入“双高”开发阶段，目前采出程度已达28%，综合含水率达到85%，油田后续稳产难度加大，同时多年的注水开发，部分区块优势渗流通道发育，导致无效水循环加剧，严重影响了油田的注水开发效果。通过对S油田不同区块地质油藏特征和生产特征的分析，选取F区作为目标区开展特高含水期水驱提高采收率技术研究。F区目前采用行列注采井网注水开发，物源方向与主流线方向一致，且平面上水下分流河道优势相带发育，经过多年的注水开发，平面上注入水主要沿河道优势方向渗流，形成低效注水；纵向上层间、层内矛盾突出，受韵律性和重力作用双重影响，注入水在层间沿高渗层渗流，在层内沿底部渗流，形成高渗通道，影响注水开发效果。由于在特高含水期平面矛盾和纵向矛盾持续加剧，近几年F区开发效果逐渐变差，日产油从2015年1500m^3递减至2020年年初510m^3，含水率从68%上升至90%以上，2019年自然递减率达到15.2%，开发效果逐年变差，亟需开展技术攻关研究，探索特高含水期提升水驱油田水驱采收率的技术方法。

笔者通过调研，目前陆上油田及海上油田针对处于特高含水期开发阶段的水驱油藏，主要围绕“剩余油挖潜”开展研究，如剩余油定量表征及调整井挖潜、注采结构调整、井网加密、调剖调驱、气体吞吐增效、工艺配套技术研究等方面，旨在不断提高波及系数和驱油效率，实现采收率的提高，改善油田开发效果。但目前关于特高含水期开发阶段针对井网重构研究相对较少，本文以F区为例，纵向上，对F区油井纵向波及系数评价基础上，开展纵向细分层系及重组，提高纵向波及，平面上，开展平面流线角度转换研究，实现井网重构，将平面波及最大化，从而实现流场的立体重构，改变F区目前开发效果。也为渤海水驱油藏在特高含水期开发阶段进一步提高水驱采收率提供一定指导和借鉴。

1　基于纵向波及差异化的纵向波及系数提高方法

1.1　考虑采液强度倍数的纵向波及系数方法研究

针对F区在特高含水开发阶段纵向矛盾逐步突出，亟需开展F区油井纵向波及系数评价，明确目前F区不同油井纵向波及程度，并制定改善策略。通过调研发现，目前针对纵向波及系数的研究主要基于俞启泰、沈瑞、陈元千等学者确定的纵向波及系数计算方法开展研究，计算公式如公式(1)和公式(2)所示：

$$3.3341E_Z^{0.7747}(1-E_Z)^{-1.2258}=\frac{(F_{ow}+0.4)(18.948-2.499V_K)}{(M+1.137-0.8094V_K)10^{Y(V_K)}} \tag{1}$$

式中：$Y(V_K)=-0.6891+0.8735V_K+1.6453V_K^2$

其中：E_Z为纵向波及系数，无量纲；F_{wo}为水油比，无量纲；M为流度比，无量纲；$Y(V_k)$为渗透率变异系数V_k的函数。

$$E_Z=\frac{0.993f_w}{\left[0.034M(1-f_w)+\left(0.044\left(\frac{H^2}{\bar{K}}\right)^{0.556}+1\right)f_w\right]10^{0.014-0.287V_K+0.789V_K^2}} \tag{2}$$

式中：H为油层生产厚度，m；$\bar{K}$为渗透率平均值，m^2。

公式(1)考虑了储层非均质性，但是未考虑储层厚度影响，公式(2)在考虑储层非均质性基础上考虑了储层厚度的影响，但是没有考虑高含水阶段采液强度提高对纵向波及系数的影响。基于此，为了更能准确评价高含水阶段纵向波及系数的变化，本文在公式(2)基础上，通过开展油藏数值模拟研究，分析高含水阶段不同采液强度提高幅度对纵向波及系数的影响，并建立了考虑采液强度倍数的纵向波及系数计算公式，如公式(3)所示：

$$E_Z=\frac{0.875f_w+\lambda(x)}{\left(0.034M(1-f_w)+\left(0.044\left(\frac{H^2}{\bar{K}}\right)+1\right)f_w\right)10^{Y(V_K)}} \tag{3}$$

式中：$Y(V_K)=-0.6891+0.8735V_K+1.6453V_K^2$

$$\lambda(x)=-2E\text{-}06x^4+0.0001x^3-0.0031x^2+0.0351x-0.033$$

$$x=\frac{(Q_L/H)_{措施后}}{(Q_L/H)_{措施前}}$$

其中：$\lambda(x)$为采液强度倍数的函数；Q_L为产液量，m^3/d；H为油层生产厚度，m；$\bar{K}$为渗透率平均值，m^2。

根据公式(3)，结合F区不同油井油层生产厚度、渗透率变异系数、含水率、流度、采液强度等参数，计算得到F区目前纵向波及系数及不同油井纵向波及系数图版，如图1所示。从图1中可以看出，不同油井纵向波及系数存在一定差异，以F区目前整体波及系数作为评价基值，高于基值的油井目前纵向整体波及程度较高，低于基值的油井目前纵向矛盾较突出，纵向波及程度较低，需要进一步改善。其中纵向波及系数较低的油井主要集中在如图2所示的蓝色框图区域，通过纵向波及系数的评价，以该区域纵向波及系数低的油井作为研究目标开展流场立体重构研究。

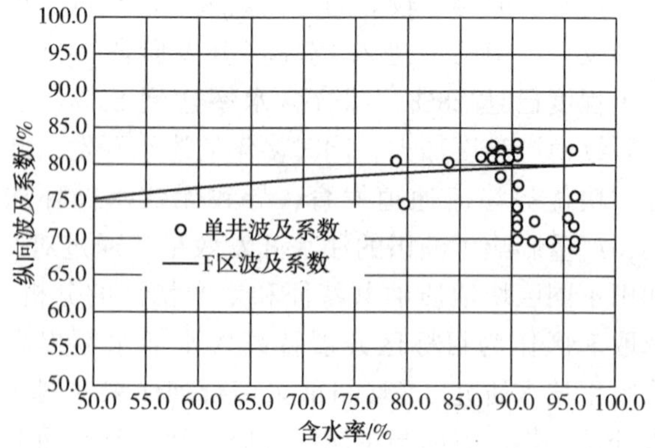

图1　F区及单井纵向波及系数图版

1.2　基于提高纵向波及系数的层系重组研究

在纵向波及系数评价基础上，进一步明确了F区纵向调控主要区域为纵向波及程度低区域，基于此，在该区域开展层系细分及重组研究，旨在进一步提高纵向波及系数。通过该区域F7～

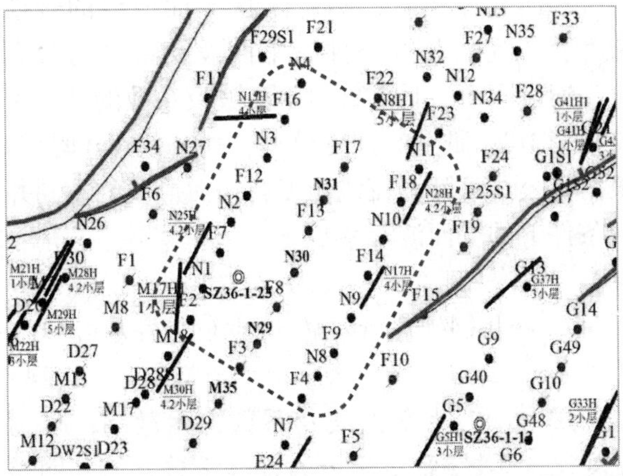

图 2　F 区纵向波及系数低的井位分布图

N3 井连井剖面可以看出，纵向上主要划分为 4 个主力层，分别为 1 小层、3-1 小层、4-2 小层和 5 小层，如图 3 所示，且各个小层水淹情况存在一定差异，其中 1 小层和 3-1 小层水淹程度相对较低，4-2 和 5 小层水淹程度相对较强，如图 4 所示。

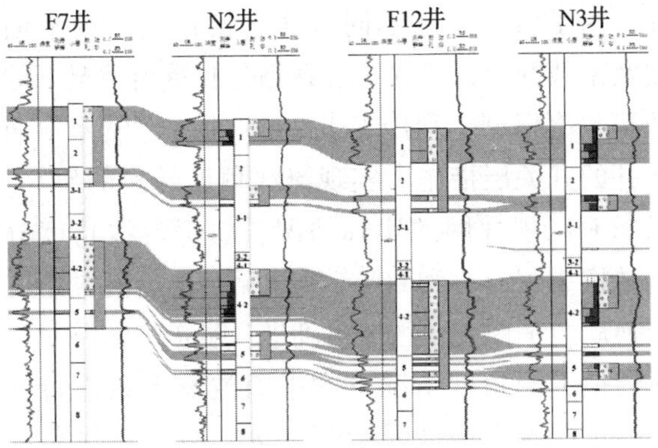

图 3　F 区 F7～N3 井连井剖面图

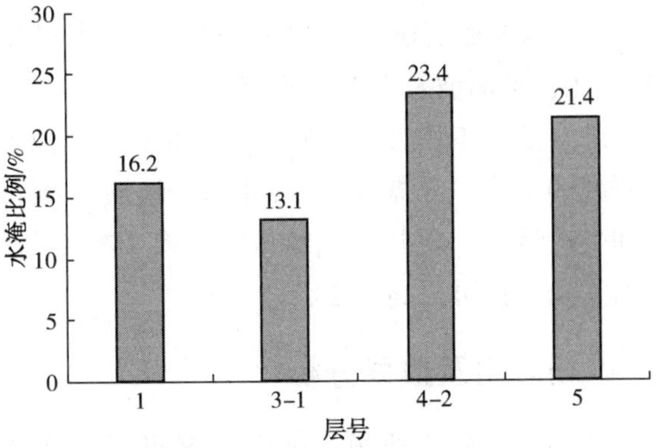

图 4　F 区各个小层强水淹层占比图

基于调控区域油井储层物性、厚度、采液强度、渗透率变异系数及含水率等参数，应用公式(3)建立不同层系细分和重组下的纵向波及系数图版，并考虑两种层系细分及重组模式，模式一：3-1 小层和 4-2 小层合采，1 小层和 5 小层合采；模式二：1 小层与 3-1 小层合采，4-2 小层和 5 小层合采。通过对不同层系细分和重组情况下纵向波及系数计算可以看出，细分层系和重组后，相比合采纵向波及系数均有不同程度的提高，其中模式二的层系细分和重组纵向波及系数提高幅度最大，纵向波及系数可提高 4.4%～8.5%，如图 5 所示，主要因为在高含水阶段水淹程度影响相对较大，层系细分和重组在考虑储层物性的干扰情况下，含水的干扰也是重要考虑因素。

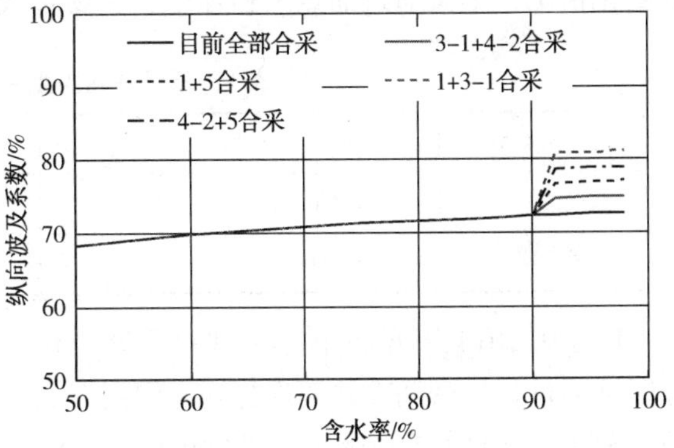

图 5　F 区层系细分和重组纵向波及系数图版

在层系细分和重组的基础上，为了进一步提高水驱开发效果，开展层系细分和重组下的提高采液强度优化研究，通过建立符合研究区域储层物性、生产特征的油藏数值模型，模拟层系细分和重组后，不同采液强度条件下 F 区的开发效果，通过大量模型计算得到不同采液强度提高倍数优化图版，如图 6 所示，通过研究，在层系细分和重组基础上，进一步提高采液强度，采收率可得到提高，其中采液强度提高 2.0～3.0 倍效果最佳。

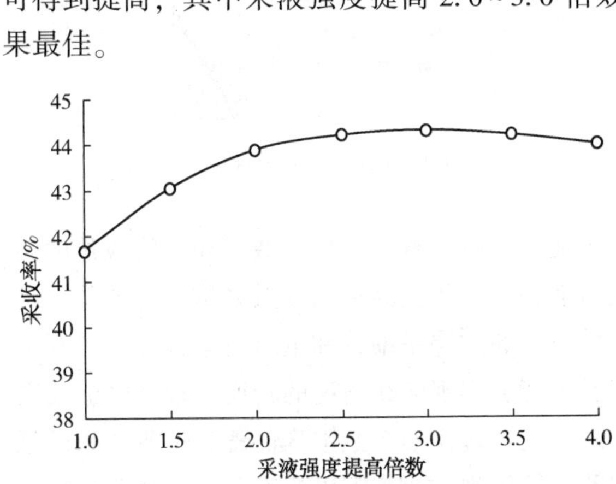

图 6　不同采液强度提高倍数优化图版

2　基于流线角度转换的平面波及系数提高方法

通过纵向上层系细分和重组，纵向波及系数得到进一步提高，在此基础上开展扩大平面波及系数的流线角度转换研究，由于F区物源方向与主流线方向一致，且平面上水下分流河道优势相带发育，平面注入水主要沿主流线方向渗流，形成高渗通道，影响开发效果，亟需开展平面流线角度转换研究，进一步扩大平面波及，改善开发效果。

为了明确不同流线角度转换后平面波及系数的变化情况，本文通过油藏工程理论、矿场实践与机理研究相结合，确定F区平面流线的转换角度，达到现井网条件下平面波及系数的最大化。通过调研，目前针对平面波及系数的计算主要采用Dyes研究的计算模型，如公式(4)所示，根据该公式可计算流线角度转换后形成的不同井网条件下的平面波及系数。

$$E_A=\frac{1}{[a_1\ln(M+a_2)+a_3]f_w+a_4\ln(M+a_5)+a_6+1} \tag{4}$$

式中：E_A为平面波及系数，无量纲；M为流度比，无量纲；$a_1\sim a_6$为计算常数，与井网类型有关，数值如表1所示。

表1　不同井网类型平面波及系数计算参数统计表

不同井网类型	a_1	a_2	a_3	a_4	a_5	a_6
五点井网	-0. 2062	-0. 0712	-0. 511	0. 3048	0. 123	0. 4394
直线井网	-0. 3014	-0. 1568	-0. 9402	0. 3714	-0. 0865	0. 8805

F区在2014年开展小井距试验研究，在局部区域通过打加密调整井实现行列井网到五点井网的转换，如图7所示蓝色区域所示，F27、F32、N35、F33和F28井形成五点井网，根据公式(4)计算了F区内部行列注采井网和五点注采井网的平面波及系数，其中行列井网平面波及系数为78. 4%，五点法井网为81. 6%，与行列井网相比，流线角度转换45°，平面波及系数可提高3. 2%。

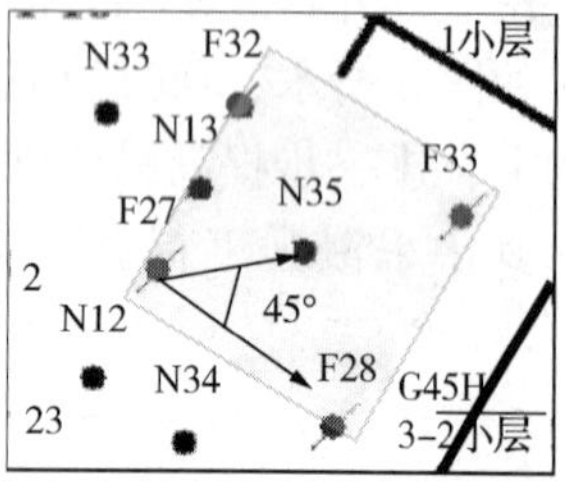

图7　F区五点井网开发区域井位图

通过油藏工程和矿场实践可知，流线角度转换后能够进一步提高平面波及系数，F区现井网条件下，通过层系细分和重组后结合油水井开关层措施能够实现流线角度的转换，现井网流线角度最大能够转换60°。由于油藏工程理论和矿场实践能够得到45°情况下波及系数，对于其他流线角度转换后的波及系数评价难度较大，基于此，为了明确F区不同流线转换角度下的平面波及系数变化，建立了层系细分和重组情况下的油藏数值模型，利用Eclipse软件结合模型中油水井的开关层措施，实现流线角度转换的研究，考虑F区现井网的实际情况，模拟流线角度分别转换30°、45°和60°三种情况，通过流线角度转换后，平面波及区域得到进一步扩大，并对流线转换不同角度情况下的平面波及系数进行计算，现井网平面波及数据为82. 7%，流线角度转换30°、45°和60°后平面波及系数分别为85. 4%、87. 1%和87. 7%，相比现井网分别提高2. 7%、4. 4%和5. 0%，其中流线转换60°与转换45°相比，平面波及系数增幅较小。

综合油藏工程方法、矿场实践和数值模拟机理研究的结合，考虑F目前井网、地质油藏特征和生产特征，现井网流线角度转换45°，预计平面波及系数可提高3. 2%~4. 4%。

3　矿场应用及效果分析

基于以上研究成果，确定F区纵向上实施层系细分和重组，其中1小层与3-1小层合采，4-2小层和5小层合采，进一步提高纵向波及；平面上实施流线角度转换，转换角度为45°，进一步实现平面波及系数提高，通过纵向和平面的调整实现F区井网重构和流场立体重构。在调整策略明确基础上，选取F区整体波及相对较低区域作为先导试验区，根据研究成果对油水井实施开关层措施，实现纵向细分层系和重组、平面流线角度的转换。

2020年对F区先导试验区共实施了13井次油井开关层措施、20井次水井开关层和分层调配措施，实现井网重构和流场立体重构，先导试验区平均单井产液量增幅25%，采液强度提高2.1倍，日产油量从年初300m³提高到年底360m³，日增油60m³，含水率从年初91.7%控制到年底91.8%，含水率得到有效控制，试验区自然递减率为负值，通过水驱曲线法评估先导试验区水驱采收率可提高2%~4%，如图8所示。F区2020年整体自然递减率从2019年15.2%降低至1.2%，极大的改善了F区整体开发效果，后续将研究成果在F区及S油田其他区块进行推广应用。

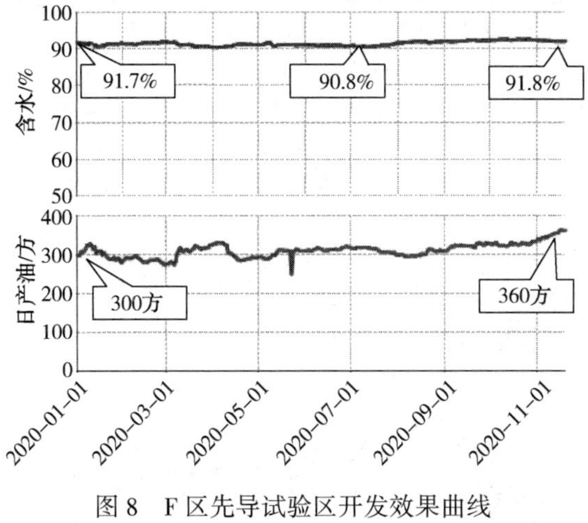

图8　F区先导试验区开发效果曲线

4　结论及认识

(1) 本文建立了F区考虑采液强度影响的纵向波及系数公式，并建立单井纵向波及系数图版，实现F区单井纵向波及效果的评价。

(2) 本文建立F区层系细分和重组纵向波及系数图版，同时考虑层系重组后提高采液强度进一步扩大纵向波及策略，明确F区纵向划分为两套层系进行分层系注水开发。

(3) 基于油藏工程方法、矿场实践和油藏数值模拟方法，确定F区平面流线角度转换45°的调整策略，进一步提高平面波及。

(4) 基于本文研究成果，在F区建立先导试验区，2020年通过油水井开关层和分层调配措施实现井网重构和流场立体重构，先导试验区水驱采收率预计提高2%~4%，改善了F区整体开发效果。

(5) 通过本文研究技术在F区先导试验区的成功应用，进一步验证了该技术在水驱油藏特高含水期开发阶段的实用性，探索出渤海水驱油藏在特高含水期开发阶段进一步提高水驱采收率的关键技术，具有一定的指导和推广意义。

参考文献

[1] 郑春峰，赵忠义，郝晓军，等．高含水、高采出程度阶段油田剩余油定量表征及其综合评价[J]．石油天然气学报，2012，34(2)：131-135.

[2] 李伟．海上"特双高"油田剩余油挖潜关键技术研究与实践——以埕北油田调整挖潜为例[J]．工艺技术，2019，19：228-232.

[3] 闫建丽，谷志猛，颜冠山．海上双高油田断层附近剩余油评价及挖潜[J]．科学管理，2020，4：189-198.

[4] 陆杨．厚层状中高渗油藏"双高"阶段挖潜技术完善及推广[J]．科学管理，2018，12：296.

[5] 温静．"双高期"油藏剩余油分布规律及挖潜对策[J]．特种油气藏，2004，11(4)：50-53.

[6] 吴义志．基于流场强度的注采调控优化方法[J]．西安石油大学学报(自然科学版)，.2020，35(6)：54-59.

[7] 孔祥玲．欢采某双高阶段剩余油研究及开发对策[J]．科学管理，2017，8：243.

[8] 王全贵．中高含水弧状油藏流场改变的水驱技术研究[J]．石油化工应用，2019，38(11)：49-59.

[9] 李廷礼，刘彦成，于登飞，等．海上大型河流相稠油油田高含水期开发模式研究与实[J]．地质科技情报，2019，38(3)：141-146.

[10] 张安迪．K油田"双高递减"开发期井网加密调整潜力评价[J]．内蒙古石油化工，2016，6：61-63.

[11] 徐海波．牛12东营双高区块调驱技术的研究及应用[J]．技术管理，2015：174.

[12] 林云．大剂量深部调驱技术在小集"双高"油田的应用[J]．石油化工高等学校学报．2014，27(5)：85-91.

[13] 尹敏，曹杜军，杨承欣，等．老爷庙油田浅层双高油藏剩余油挖潜技术研究[J]．技术管理，2016：189.

[14] 于春生．明一西块“双高”开发期稳产技术研究[J]．内蒙古石油化工，2013，3：127-128.
[15] 张文静，谷建伟，赵金水．过扩大波及系数提高采收率的技术展望[J]．内蒙古石油化工，2013，18：90-92.
[16] 俞启泰，赵明，林志芳．水驱砂岩油田驱油效率和波及系数研究(一)[J]．石油勘探与开发，1989，2：48-52.
[17] 俞启泰，赵明，林志芳．水驱砂岩油田驱油效率和波及系数研究(二)[J]．石油勘探与开发，1989，3：46-53.
[18] 沈瑞，高树生，胡志明，等．低渗透油藏水驱波及系数计算方法及应用[J]．大庆石油地质与开发，2013，32(2)：60-65.
[19] 陈元千．水驱体积波及系数变化关系的研究[J]．油气地质与采收率，2001，8(6)：49-51.

板 64 区块中浅层稠油油藏二氧化碳吞吐提效技术

张　栋

［中国石油大港油田公司第四采油厂（滩海开发公司）］

摘　要　板桥油田板 64 区块中浅层边底水稠油油藏具有采出程度低、采油速度低、含水高的开发难点。自 2019 年以来试验、推广 CO_2吞吐技术 43 井次，有效率 93%，累计增油 3.5 万 t，但是随着单井注入轮次的增加，有效期变短，增油效果变差。通过研究，现场实施了 4 口井“协同吞吐“、1 口井“分层注采” CO_2吞吐提效技术，有效率 100%，措施后单井产量、有效期、换油率均好于第一轮，提高了油层动用率，有效解决了多轮次吞吐效果差的问题。

关键词　稠油油藏；CO_2吞吐；协同吞吐；分层注采

1　背景

板桥油田板 64 区块主要开发的为中浅层的馆陶、东营油组，地质储量 496 万 t，目前有油井 22 口，日产油 71.4t，日产气 4343m^3，日产水 782m^3，含水 91.6%，累积产油 67.6 万 t，采出程度 13.6%；有注水井 8 口，日注水 308m^3，累积注水 123.2 万 m^3，累积注采比 0.17。

储层物性为高孔高渗、流体性质为常规稠油、属于正常温压系统。区块经历了“直井控液量生产缓突进”、“水平井开发避水锥”、“化学降黏驱油”、“产液结构调整加快开发”等 4 次治理，仍存在“两高一低”的开发难点。2019~2020 年累计实施 CO_2吞吐 35 井次，33 井次有效，平均单井日增油 3.5t，效果显著。但是，随着注入轮次的增加，单井增油量下降、有效期变短、换油率降低。图 1 为该地区多轮次注入量、单井增油量、有效期及换油率对比图。

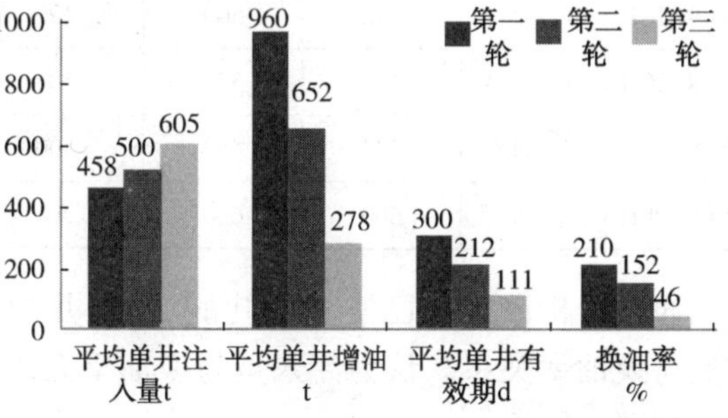

图 1　二氧化碳吞吐三轮井效果统计

针对板 64 区块 CO_2吞吐过程中暴露出的问题，借鉴国内兄弟油田的相关提效技术，总结已实施井取得的经验及认识，结合区块及单井特点研究试验了一套适用于板桥油田的 CO_2吞吐提效技术。

2　主要提效技术及实施效果

研究出解决多轮次吞吐效果差的“同藏油井协同吞吐提效技术”；与不同层系笼统吞吐单层注入量无法控制、效果差的“分层注采提效技术”。

2.1　同藏油井协同吞吐提效技术

2.1.1　井组油藏条件

油藏目的层原油黏度、地层能量保持水平、目的层层数、采出程度是二氧化碳吞吐选井的主要条件，目的层渗透率、厚度等是次要条件。

采用二氧化碳吞吐适应度对二氧化碳吞吐技术在目标油藏区块的适应性进行评价，二氧化碳吞吐适应度的计算公式为：

$$A_d = \sum_{i=1}^{\infty} C_{Ai} \times W_{Ai}$$

式中　A_d——油藏及油井的二氧化碳吞吐适应度，无量纲；

C_{A_i}——油藏及油井第 i 项二氧化碳吞吐适应性评价指标的二氧化碳吞吐适应性系数，无量纲；

W_{A_i}——油藏及油井第 i 项二氧化碳吞吐适应性评价指标的二氧化碳吞吐适应性权重，无量纲。

通过适应度评价，目的层原油黏度 ≥100MPa · s、目的层能量保持水平≥80%、目的层层数=1、目的层采出程度<10、目的层渗透

率≥$100\times10^{-3}\mu m^2$、厚度≥2m的油藏二氧化碳吞吐适应性系数最高。

分析板64区块油藏资料认为板69-18H井组馆三油组4口井(板69-18H、板68-29H、板69-16、板68-28H)二氧化碳吞吐适应度高，井距<150m，区块协同吞吐潜力大。4口井均实施了第一轮吞吐，第一轮吞吐增油效果显著(表1、表2)。

表1　板64断块油藏情况

断块	层位	地质储量/10^4t	可采储量/10^4t	采收率/%
板64断块	馆三3	222.41	33.36	15.0
	馆三1	174.57	26.19	15.0
	馆陶小计	396.98	59.55	15.0
	东三1-1	1.96	0.77	39.2
	东三1-2	22.31	8.75	39.2
	东三2	75.23	29.49	39.2
	东营小计	99.5	39.01	39.2
	合计	496.48	98.56	19.8

表2　板69-18H井组油藏情况

井号	累产油/万吨	累产水/万吨	采出程度/%	含水/%
板69-18H	0.7327	17.39	6.1	99.09
板68-29H	0.9307	29.66	7.8	98.2
板69-16	0.6905	7.3638	5.8	95.44
板68-28H	1.2	19.9	10	98.16

2.1.2　单井注入量确定

常规井二氧化碳用量计算采用椭球体模型计算公式(图2)：

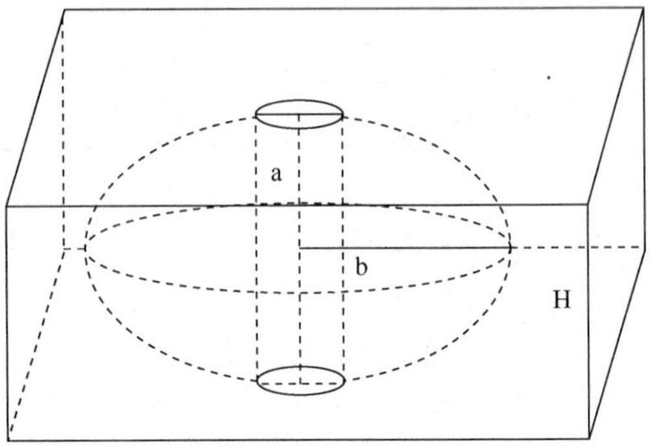

图2　椭球体模型

$$m=\rho V=4\rho\phi P_V\pi ab^2/3$$

式中　m——CO_2用量，t；

ρ——地层条件下CO_2密度，kg/m³；

V——地层条件下CO_2气体体积，m³；

ϕ——孔隙度，%；

P_V——经验系数，0.2~0.4；

a、b——以定向井轨迹为中心的椭圆体长、短轴处理半径，m。

水平井二氧化碳用量计算采用椭圆柱体模型计算公式(图3)：

$$m=\rho V=\rho\phi P_V\pi abH$$

式中　m——CO_2用量，t；

ρ——地层条件下CO_2密度，kg/m³；

V——地层条件下CO_2气体体积，m³；

ϕ——孔隙度，%；

P_V——经验系数，0.2~0.4；

a、b——处理半径，m；

H——生产段长度，m。

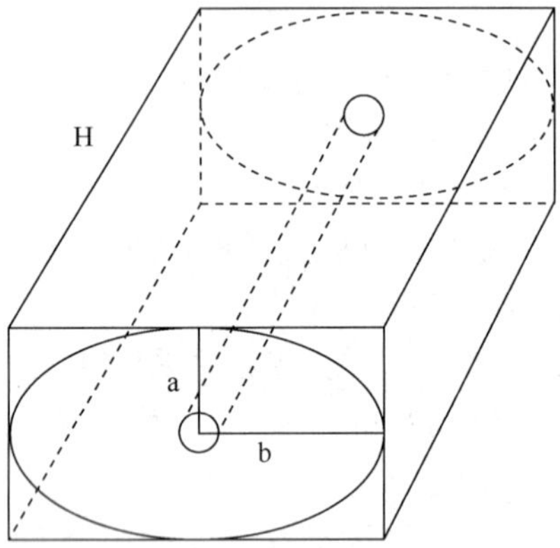

图3　椭圆柱体模型

该井组中4口井通过公式模拟计算第二轮吞吐量均高于第一轮(表3)。

表3　井组注入量统计表

井号	生产层位	第一轮注入量/吨	第二轮计算注入量/吨	第二轮实际注入量/吨
板69-18H	馆三油组	502	560	495
板68-29H	馆三油组	494	550	503
板69-16	馆三油组	399	450	400
板68-28H	馆三油组	600	650	有效期内未注

通过分析该区块已实施吞吐的20口井的注入量与换油率关系，认为注入量与换油率无线性关系如图4所示。

为验证区块同藏油井协同吞吐效果，综合考虑各方面因素，确定4口井第二轮与第一轮注入量相当，且同时注入、同时焖井、同时开井。

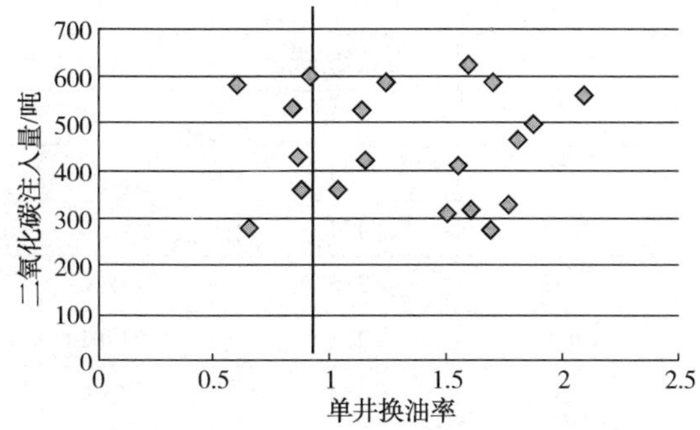

图 4　吞吐井的注入量与换油率关系图

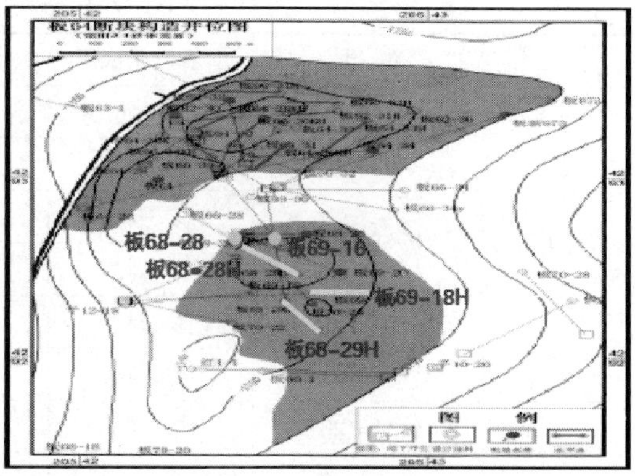

图 5　板 69-18H 井组构造图

2.1.3　现场实施

2020 年 12 月 11 日-20 日按照设计排量分别对板 69-18H、板 68-29H、板 69-16 井进行 CO_2 注入，注入量见表 3。根据焖井期间压力变化情况 24 天后对 3 口井陆续开井(图 5)。

注入时由于板 68-28H 井还在第一轮有效期内，因此没有实施第二轮注入。

2.1.4　措施效果

3 口井第二轮注入措施后的增油量、换油率均高于第一轮水平；2 口受益井板 68-28H、板 68-28 井累增油 5766t，目前任然有效。区块累增油 9417t。协同吞吐效果非常显著。实施效果见表 4。井组单井生产情况见图 6。

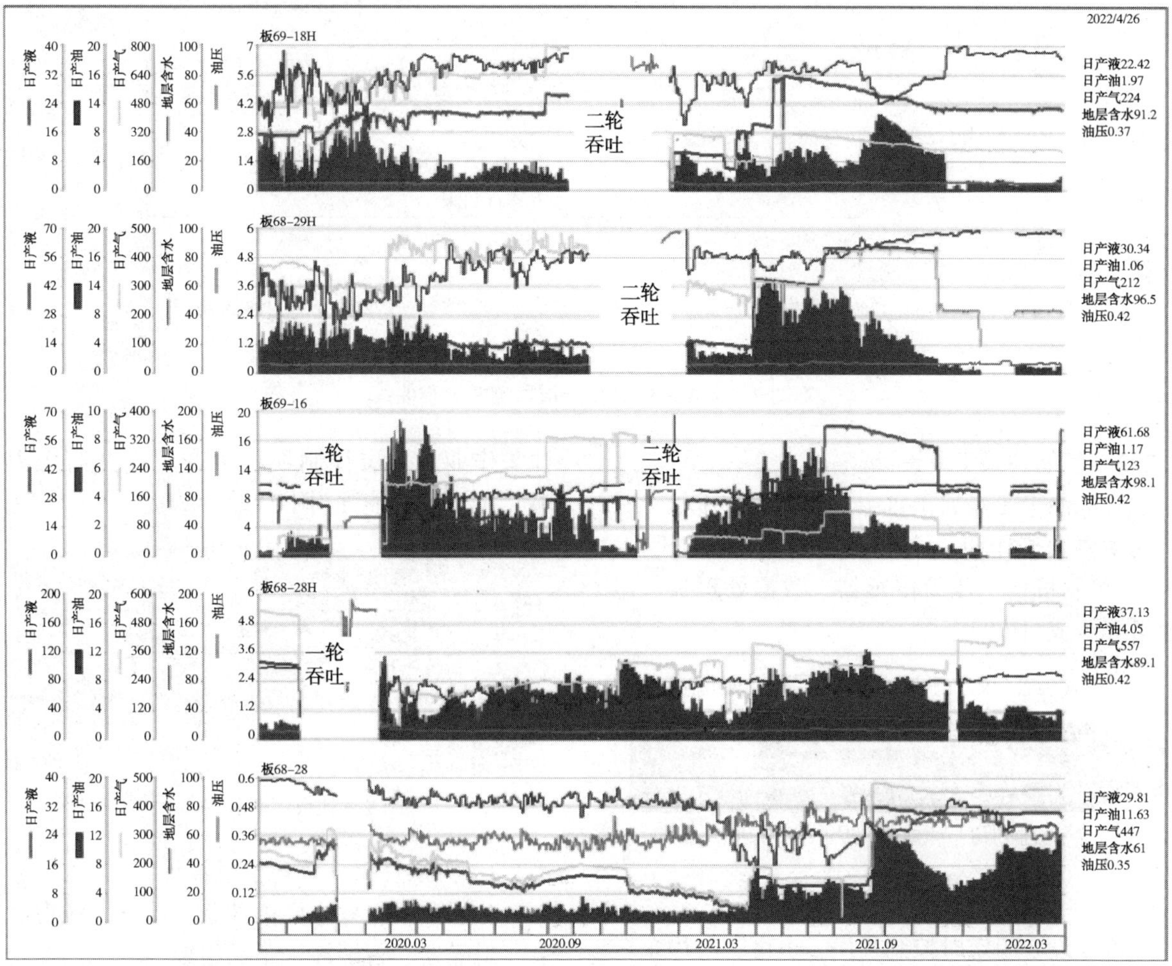

图 6　板 69-18H 井组生产曲线(统计至 2022.4.28)

表4　井组实施效果统计(统计至2022.4.28)

	井　号	吞吐轮次	注入量/吨	增油/吨	有效期/天	换油率/%
吞吐井	板69-18H	第一轮	502	1011	422	2.01
		第二轮	495	1173	333	2.37
	板68-29H	第一轮	494	1328	454	2.69
		第二轮	503	1558	314	3.10
	板69-16	第一轮	399	767	252	1.92
		第二轮	400	920	300	2.3
受益井	板68-28H	第一轮	710	3620	782	5.1
	板68-28			2146	385	

2.2　不同层系分层注采提效技术

2.2.1　适应的油井及解决的主要问题

油藏条件适应CO_2吞吐的油井，两套以上层系或者同一层系的水平井。主要解决多层系油井笼统吞吐层间干扰严重和水平井注入突进等引起的油层动用程度低的问题。

板64区块大部分油井是水平井，生产的主要是馆陶油组。常规井板62-30井目前是馆三11#与东三22#合采，孔隙度31.32%～33.99%，渗透率$915.6\times10^{-3}-2126.2\times10^{-3}\mu m^2$。2套层间距115.1m，具备分层注采的条件(图7)。

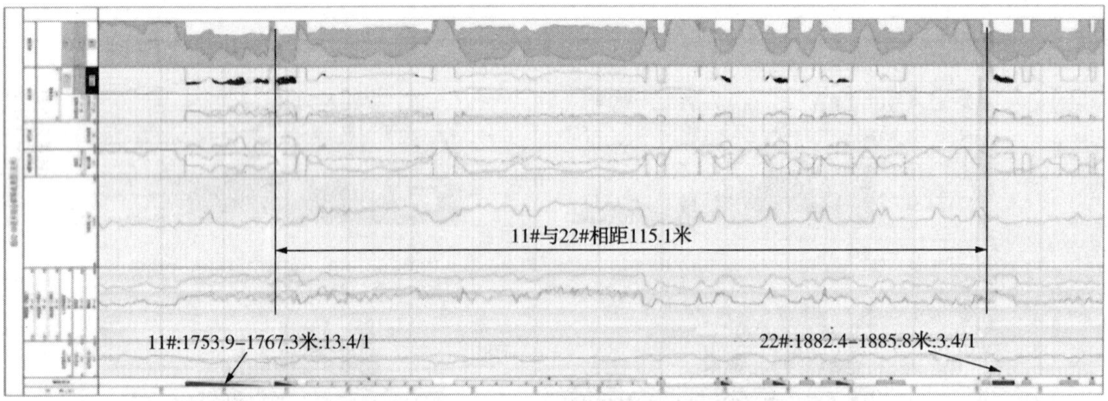

图7　板62-30井生产层段测井解释曲线

2.2.2　智能注采工具设计

智能注采工具属于自主集成创新技术。工具结构主要由工作筒、控制电路、电动传动机构、注/采控制机构、压力传感器、数据处理器、电池组等组成(图8)。

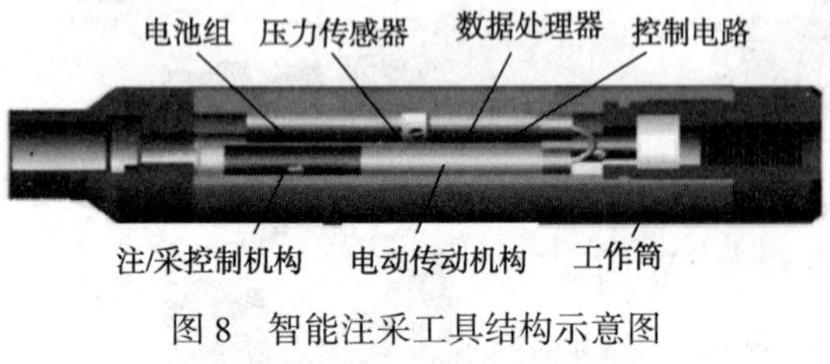

图8　智能注采工具结构示意图

可预设8组定时控制程序，也可随时用泵车加压力脉冲信号控制任意一层或几层智能注采工具开/关状态，实现轮换分层注入、分层焖井及分层放喷、分层生产及多轮次二氧化碳吞吐分层注采作业。分层控制换层生产不受井筒压力影响，抗干扰性能强(图9)。

图9　预设定时控制设置图

2.2.3　分层注采一体化管柱设计

分层注采管柱主要由油管、泵杆、液力反馈泵、封隔器、智能注采工具组成。

设计应用液力反馈泵可以实现油注，后期放喷及采油不需动管柱作业，真正实现注采一体化。封隔器设计采用耐二氧化碳腐蚀、抗低温、压差 35MPa 以上。

根据板 62-30 井的井况设计了三种注采一体化管柱，通过综合对比分析，优选施工工序简单、成功率高、后期生产可监测液面、采集生产数据方便的方案二为最终完井管柱(图 10)。

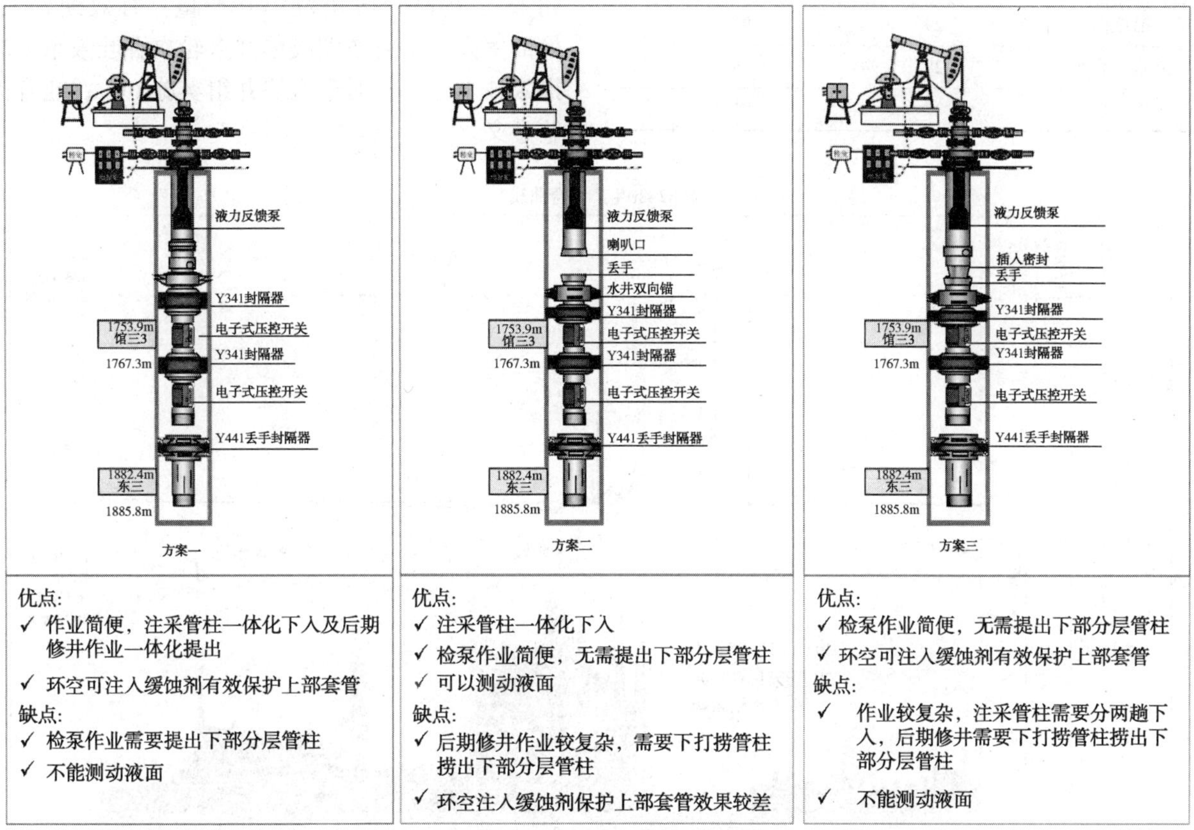

图 10　注采一体化管柱设计优化对比

2.2.4　分层注入参数优化

应用椭球体模型计算公式，板 62-30 井馆三油组 11 号层处理半径 a、b 分别为 6.7m、20m，计算 CO_2 注入量 470t；东三油组 22 号层处理半径 a、b 分别为 1.7m、30m，计算 CO_2 注入量 390t。根据现场试验情况确定注入量，最大注入量为 860t。

考虑分注工艺复杂性，为确保施工成功，要求保证快速注入与施工效率，注入速度 100~120m^3/d 以上，初期可低速注入，待注入压力稳定后逐渐提高注入速度。

根据注入 CO_2 的不同温压条件下的相态、密度与黏度等理化性质，井深和注入量，以及目的层厚度、渗透率等物性参数，结合稳态渗流计算模型，对 CO_2 注入井口的注入压力进行预测。其中馆三油组 11 号层渗透率 $2126.2\times10^{-3}\mu m^2$，预测注入压力 3.96MPa；东三油组 22 号层渗透率 $915.6\times10^{-3}\mu m^2$，预测注入压力 4.27MPa。

2.2.5　现场实施

下入完井管柱时 2 层控制阀均处于关闭状态，注入及放喷期间控制阀开启及关闭是按照时间设定的(如果设定时间内没有完成预定注入，也可以通过压力波调节开关)，东三油组控制阀设定于 2021 年 3 月 12 日 15：00 开启，13~18 日按照设计进行二氧化碳注入，3 月 19 日 11：00 东三油组控制阀关闭焖井，延迟 3 小时后 14：00 开启馆三油组控制阀，20~26 日对馆三油组按照设计进行二氧化碳注入，注入结束后关井焖井，3 月 28 日 8：00 馆三控制阀关闭。焖井 21 天后东三控制阀打开放喷生产，生产 15 天后馆三控制阀开启合采。

2.2.6　措施效果

板 62-30 井实施分层注采工艺措施后初期平均日产油 8.28t，含水 45%；换层后(通过井口泵车打压)平均日产油 6.27t，含水 81.1%；单井累计增油 1237 吨，有效期 250 天，换油率 1.45。与同类型未分层注入井相比，日增油增加 4t，累计增油增加600t以上。

表5　板62-30井措施前后生产对比

	平均日产油/吨	平均含水/%
措施前	2.29	97.8
措施后合采	8.28	45
换层后	6.27	81.1

3　结论

(1)同藏油井协同吞吐，即“同注、同焖、同采”，提高了区块及单井产量，有效期延长、换油率高。是有效解决单井多轮次吞吐效果差的提效技术之一，对于区块井组实施CO_2吞吐有借鉴意义。

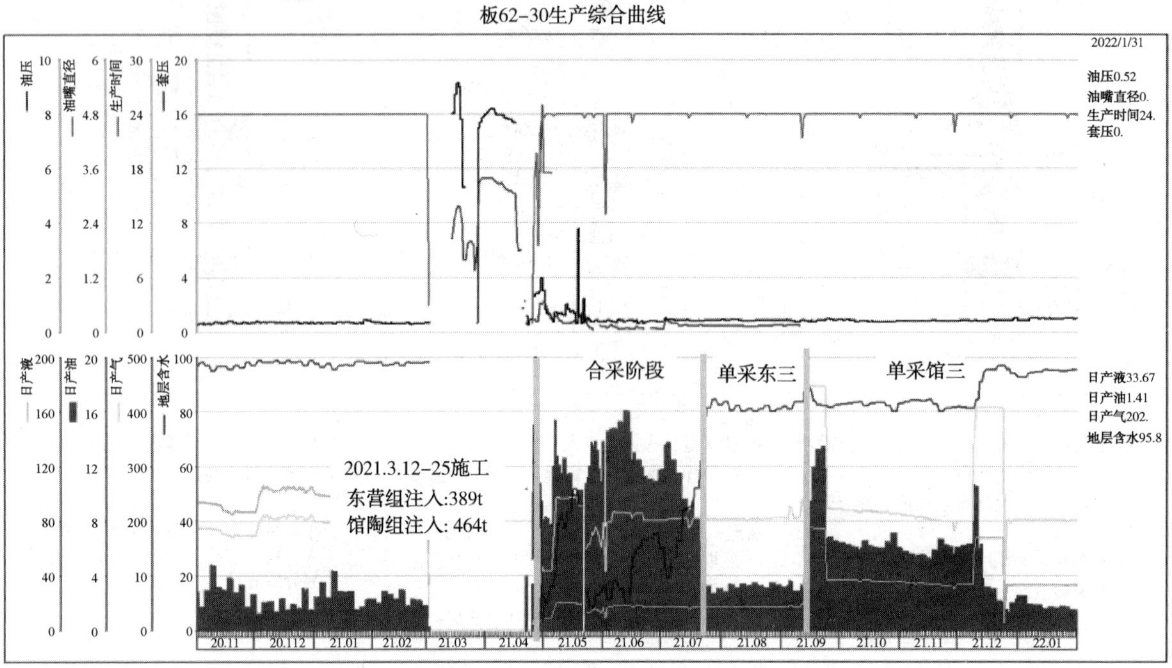

图11　板62-30井生产曲线(统计至2022.4.28)

(2)研究形成了智能控制注采一体化管柱配套工艺，不同层系油井可实现CO_2分层精准注入，并可根据油井生产动态，随时调整油井生产层，可以充分挖掘油藏潜力，提高油井单井产量，是具有可推广价值的CO_2吞吐提效技术之一。

海上超稠油热化学驱油效率实验研究及应用

葛涛涛　刘小鸿　杜春晓　程大勇　宋建芳

[中海石油(中国)有限公司天津分公司]

摘　要　针对海上超稠油油藏埋藏深、黏度大、具有边、顶、底水等开发难点，探索利用热与化学剂复合增效技术进一步提高单井产能。通过一维驱油效率物理模拟实验与数值模拟相结合，系统研究了3个不同注入温度条件下，3种类型单一化学剂与热水复合的驱油效率；在此基础上，对比了热与多种化学剂不同组合的复合方式驱油效果；并利用超稠油油田实际模型，进行了热化学吞吐开发效果预测。研究结果表明，注入温度越高，热化学驱油效率越大，注入热水温度240℃驱油效率比100℃提高31.8%，而240℃同温度蒸汽比热水提高驱油效率5.9%；单一化学剂与热水复合，热+泡沫的“堵调”作用明显，驱油效率最高，达到82.8%，温度越低，热与化学剂提高驱油效率幅度越大；热与多种化学剂组合，综合考虑降黏剂、高温驱油剂、泡沫的不同增油机理，热水复合前置降黏剂、高温驱油剂，后加入泡沫，驱油效果最好，高达87.2%；采用热与化学复合吞吐比热吞吐单井增油2.3万方，增油幅度17.5%，开发效果明显改善。本文的研究方法及结果可为同类型油藏开发或调整提供借鉴。

关键词　超稠油；一维物理模拟实验；化学剂；复合增效；驱油效果

渤海海域稠油资源丰富，探明地质储量约占总储量的一半。经过多年的实践探索，在普通稠油开发方面取得了一定进展，对于黏度在350~10000mPa·s的普Ⅰ-2类油藏，利用蒸汽吞吐和多元热流体吞吐开发取得了较好的开发效果。但在黏度大于50000mPa·s的超稠油开发方面，海上尚无开发先例。本文以渤海某超稠油油田为目标，针对该油田埋藏深、黏度大、存在顶底水等特征，在常规注热开发的基础上，探索研究热与化学剂复合增效开发技术，评价热与化学剂复合的驱油效果，进一步提高单井产能，达到经济高效开发该类油田的目的。

1　目标油田地质油藏概况及开发难点

目标油田位于渤海辽东湾海域，构造上位于辽西凹陷南洼东陡坡带，主要含油层位明化镇组下段和馆陶组，沉积相为辫状河沉积，主要发育心滩和河道沉积微相，孔隙度32%，渗透率3100mD，为高孔高渗储层，油藏类型为块状顶底水超稠油油藏，埋藏深度-845.0m~-1060.5m，地面原油黏度53000mPa·s，单井油层厚度大，最高达85.8m；具有边、顶、底水，油水界面不规则(图1)。

该油田地质油藏特征为热采开发带来极大挑战，其主要面临埋藏深、热损失大、加热效率低；黏度大，驱油效率低；存在顶底水突破风险等开发难点，亟需在常规注蒸汽开发基础上，探索研究适合该类油藏的热化学技术，从而进一步提高产能和采收率，达到海上油田高速高效开发目的。

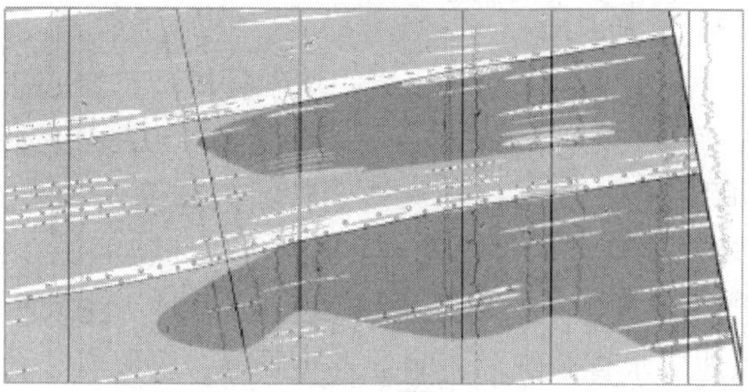

图1　L5油田油藏剖面图

2　实验方案及流程

2.1　实验用品

实验设备包括：高温烘箱、驱替系统、六通阀、回压系统、产出计量等。

实验用水：根据L5油田地层水资料进行复配，$CaCl_2$水型，矿化度10249mg/L。

实验用油：L5油田原油油样。

增效药剂：化学增效复合药剂考虑其不同增效机理，主要包括降黏剂、高温驱油剂、泡沫。

2.2 实验方案

采用稠油高温一维驱替实验装置分别进行稠油热水驱、稠油热与单一化学剂驱和稠油热化学剂复合驱驱油效率实验，实验方案如表1所示。

表1 海上超稠油热与化学剂复合一维物理模拟实验方案

方案	注入温度/℃	注入速度/(mL/min)	注入介质
1	100、170、240	2.0	热水、蒸汽(240℃)
2	100、170、240	2.0	热水+0.5%质量分数高温驱油剂、热水+0.1PV降黏剂、热水+1%泡沫 热水+0.1PV降黏剂+0.5%质量分数高温驱油剂、热水+0.1PV降黏剂+1%
3	240	2.0	泡沫、热水+0.5%质量分数高温驱油剂+1%泡沫、热水+0.1PV降黏剂+0.5%质量分数高温驱油剂+1%泡沫

2.3 实验流程

一维驱替实验采用岩心填砂管模型，岩心渗透率为1527~1698mD，平均渗透率1597mD，平均孔隙度33.7%，平均初始含油饱和度81.1%，实验步骤如下：(1)将岩心置于47℃恒温箱中烘干4h称重；(2)将岩心抽真空4小时，注入模拟地层水直至饱和，测量岩心质量，求取岩心孔隙度；(3)在47℃恒温箱中，设定出口压力为大气压，以2mL/min的速度注入原油油样，记录出水量，求取初始含油饱和度；(4)按照实验设计方案，分别进行注入热水、蒸汽、热水与单一化学剂、热水与化学剂复合一维驱油效率物理模拟实验，当岩心出口端含水率达到98%时，停止实验，记录驱油实验过程中的产油量、产水量，求取含水率、驱油效率。

3 实验结果及分析

3.1 注入温度对驱油效率影响规律研究

稠油热采开发对注入温度非常敏感，通过分析不同注入温度对超稠油驱替过程对比结果可以看出(图2、图3)：随着注入热水温度升高，原油黏度逐渐下降，油相相对渗透率变大，油水流度比越高，含水上升变缓，残余油饱和度降低，驱油效率越高；注入热水温度为100℃时，注入热水驱替倍数小于0.45PV，随着驱替倍数增加，含水快速上升，驱油效率增加，而后缓慢上升直至平稳，驱油效率最终为43.6%；注入热水170℃时，含水快速上升驱替倍数区间为0.98PV，最终驱油效率为62.9%；240℃对应驱替倍数区间为4.13PV，最终驱油效率为75.4%；若注入介质为240℃蒸汽，在相同条件下，蒸汽与热水相比，单位质量蒸汽比容大，热焓值高，波及体积范围广，驱油效率最终为81.3%，比相同温度下注入热水提高5.9%。

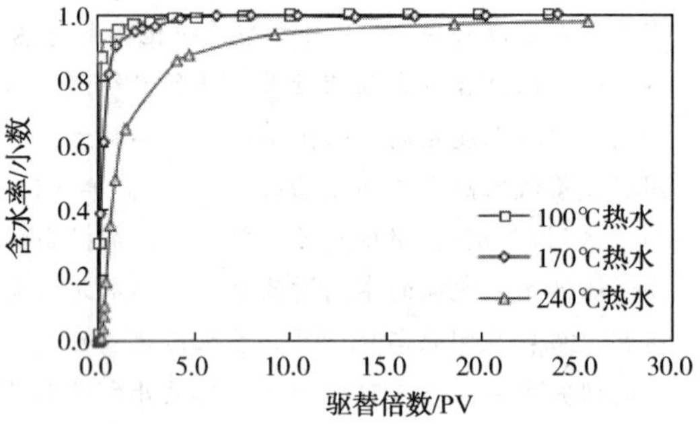

图2 不同注入热水温度驱替倍数与含水率上升曲线

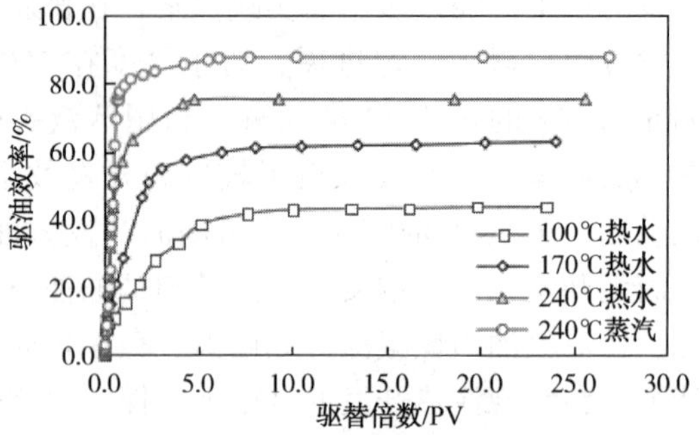

图3 不同注入热水温度驱替倍数与驱油效率曲线

3.2 热与单一化学剂驱油效率影响规律研究

考虑不同单一化学剂的增油机理，开展3种不同注入温度下，热对化学剂的影响规律研究，包括热与0.5%质量分数高温驱油剂、热与0.1PV降黏剂、热与1%泡沫的增效作用，其中降黏剂具有对原油大分子的解缔能力、对原油芳香片聚集体的拆散能力，可以使沥青质溶解能力显著加强，进一步降低原油屈服值和牛顿流体转变温度，大幅降低原油黏度；高温驱油剂能够降低界面张力，形成O/W型乳状液，改变润湿性；泡沫具有较强的“堵调”作用，随着含油饱和度降低，泡沫作用明显，优先进入高渗透优势通道，在岩石表面附着，对注入介质产生附加阻力，并在孔隙吼道处变形产生贾敏效应，扩大波及范围。

实验结果如表2、图4所示，可以看出：相同温度下，降黏剂驱油效率最低，其次为高温驱油剂，泡沫驱驱油效率最高，“堵调”作用明显，扩大蒸汽波及体积提高驱油效果最显著，240℃，驱油效率达到82.8%，比高温驱油剂提高4.2%，比降黏剂提高6.1%；相同热与单一化学剂作用下，随着温度升高，驱油效率增大，但增幅逐渐减小，热与化学剂的增效作用减弱；与热水驱驱油效率相比，100℃时，热与降黏剂、高温驱油剂、泡沫驱油效率分别提高了3.7%，6.8%和12.7%，而在240℃时，仅提高了1.3%、3.2%、7.4%，在较低温度时，化学剂对驱油效率贡献值大，随着温度升高，化学剂对驱油效率贡献作用逐渐减弱。

吞吐过程中通过添加化学剂，一方面注入热介质向油层深部扩展过程中，温度逐渐降低，热作用减弱；另一方面，在油层深部，依靠化学剂的协同增效作用，驱油效率及波及作用得到进一步增强，弥补了热介质的不足，实现热与化学剂的接替助驱。

表2　热水驱、热与单一化学剂驱驱油效率

温度/℃	热水驱驱油效率/%	240℃热水与0.1PV降黏剂驱驱油效率/%	240℃热水与0.5%质量分数高温驱油剂驱驱油效率/%	240℃热水与1%泡沫驱驱油效率/%
100℃	43.6	47.3	50.4	56.3
170℃	62.9	64.4	67.5	73.6
240℃	75.4	76.7	78.6	82.8

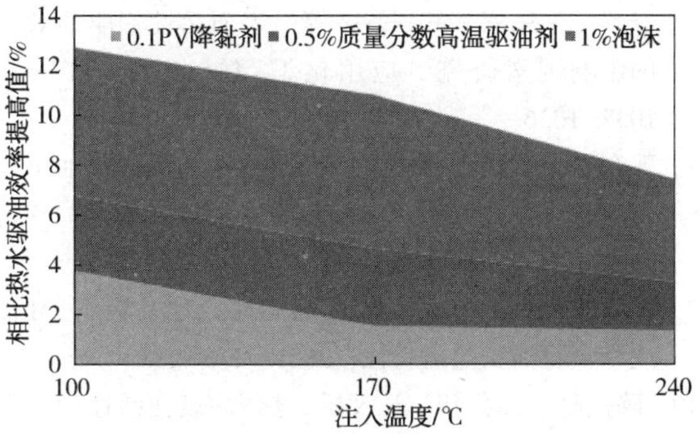

图4　相同温度下热与单一化学剂驱相比热水驱驱油效率提高值

3.3　热与化学剂复合驱对驱油效率的影响规律研究

L5超稠油油田原始地层压力大，初期注汽困难，储层非均质性强，吞吐开发过程中不可避免存在汽窜现象，通过研究多化学剂复合驱协同增效作用，提高驱油效率及波及体积，进一步提高单井产能，共设计了三组热与化学剂复合驱实验，包括前置降黏剂与高温驱油剂、前置降黏剂与高温泡沫、前置降黏剂与高温驱油剂及泡沫，一维驱替实验结果如图5所示，相同驱替倍数下，初期复合降黏剂伴注泡沫驱油效果较好，在复合降黏剂及高温驱油剂情况下，后期注入泡沫进行“堵调”作用，效果显著，驱油效率最高，三种药剂复合驱驱油效率为87.2%，比复合前置降黏剂和高温驱油剂提高6.3%，比复合前置降黏剂和泡沫提高3.0%。

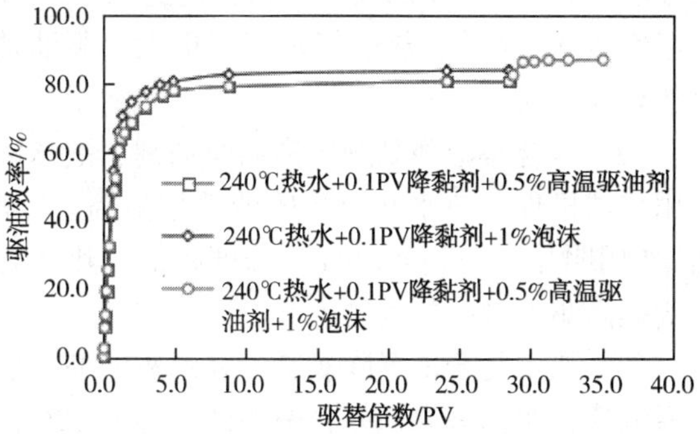

图5　相同温度下不同热与化学剂复合驱驱油效率曲线

4　目标油田开发效果预测

根据L5油田实际油藏模型，截取5口水平生产井进行开发效果预测，建立油藏数值模型，进行吞吐与化学复合吞吐效果对比，根据数值模拟优化结果，采用吞吐1~3周期复合降黏剂和高温驱油剂，吞吐4~8周期复合驱油剂和泡沫体系，单井周期注汽量6000t，最大排液量150t/d，单井注汽注降黏剂40t，泡沫剂浓度0.5%，驱油剂浓度0.5%，气液比50~60。

从两个开发效果预测方案年产油量及累产油量曲线可以看出(图6)，热化学剂复合吞吐在热吞吐方式基础上可以明显提高开发效果，生产8个周期，热吞吐累产油66.2万方，化学复合吞吐累产油77.7万方，增油11.5万方，单井增油2.3万方，增油幅度17.5%，开发效果明显改善，单井产能得到进一步提高。

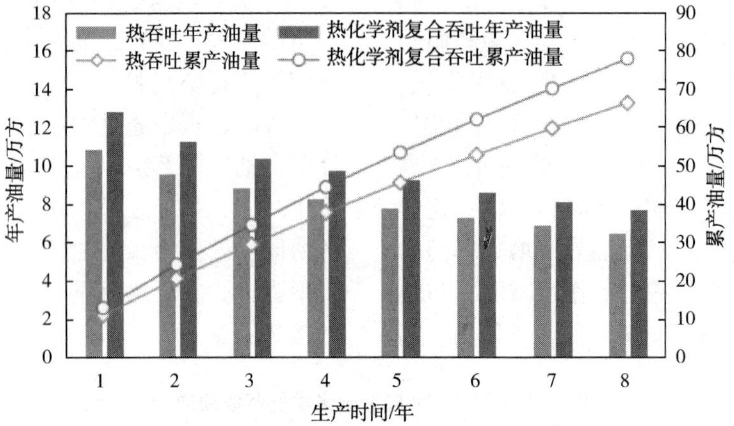

图6　热与化学剂复合吞吐与热吞吐开发效果对比

5　结论及建议

（1）随着注入热水温度升高，原油黏度逐步下降，油水流度比越大，含水上升变缓，注入热水温度240℃时，驱油效率较高，达到75.4，注入温度240℃蒸汽，热焓值及比容更大，驱油效率达到81.3%。

（2）综合考虑降黏剂、高温驱油剂、泡沫的不用增油机理，热水和泡沫驱油效率最高，“调堵”作用明显，达到82.8%，温度越低，热与化学剂提高驱油效率幅度越大。

（3）热水复合前置降黏剂、高温驱油剂，后加入泡沫，驱油效果最好，驱油效率为87.2%。

（4）根据数值模拟优化结果，采用热与化学剂复合吞吐比热吞吐单井增油2.3万方，增油幅度17.5%，开发效果明显改善。

参　考　文　献

[1] 王玉斗，李茂辉．基于集合卡尔曼滤波的非稳态油水相对渗透率曲线计算方法[J]．中国石油大学学报(自然科学版)，2012，36(4)：123-128.

[2] 柳荣伟，陈侠玲，周宁．稠油降黏技术及降黏机理研究进展[J]．精细石油化工进展，2008，9(4)：20-25，30.

[3] 尚思贤，赵芳茹，徐多悟，等．克拉玛依浅层稠油油藏化学降黏辅助吞吐技术的应用[J]．石油钻采工艺，2001(2)：66-68，86.

[4] 包木太，范晓宁，曹秋芳，等．稠油降黏开采技术研究进展[J]．油田化学，2006(3)：284-288，292.

[5] 吴婷婷，廖辉，葛涛涛，等．渤海特稠油油藏油溶性降黏体系辅助热采室内实验研究[J]．当代化工，2020，49(8)：1618-1621，1625.

[6] 陈德春，周淑娟，孟红霞，等．陈家庄油田陈373块蒸汽吞吐后转CO_2-化学剂复合吞吐研究[J]．油气地质与采收率，2014，21(6)：76-78，116.

[7] 舒政，丁思家，韩利娟，等．表面活性剂驱油效率的影响因素研究．应用化工[J]，2012，41(6)：1032-1036.

[8] 郭东红，李森，袁建国．表面活性剂驱的驱油机理及应用[J]．精细石油化工进展，2002，3(7)：36-41.

[9] 韩冬，沈平平．表面活性剂驱油原理及应用[M]．北京：石油工业出版社，2001：213-288.

[10] 陈民峰，郎兆新，江汉桥．热力-表面活性剂复合驱油研究[J]．西安石油大学学报，2005，20(2)：46-51.

[11] 何春百，张健，崔盈贤，等．海上油田蒸汽吞吐化学增效技术研究[J]．科学技术与工程，2017，17(5)：172-176.

[12] 李锦超，王磊，丁保东，等．稠油热/化学驱油技术现状及发展趋势[J]．西安石油大学学报(自然科学版)，2010，25(4)：36-39.

[13] 王玉斗，周彦煌，陈月明，等．热/化学复合采油技术研究现状与进展[J]．南京理工大学学报，2001，25(4)：444-447.

[14] 宫俊峰，曹嫣镔，唐培忠，等．高温复合泡沫体系提高胜利油田稠油热采开发效果[J]．石油勘探与开发，2006，33(2)：212-216.

[15] 廖辉，王大为，高振南，等．海上D油田蒸汽泡沫驱提高采收率实验研究[J]．当代化工，2021，50(10)：2355-2359.

[16] 杨德远．稠油注蒸汽热采中添加化学剂技术[J]．特种油气藏，1999，6(1)：41-46.

降黏剂对海上特稠油流变特性影响实验研究

廖　辉　刘　东　李金宜　徐　静　郑文乾

[中海石油(中国)有限公司天津分公司]

摘　要　海上稠油的高效开发具有重要意义。以海上某油田特稠油为研究对象，利用哈克流变仪研究了其黏温度及流变特性。通过室内实验，研究了该油田特稠油黏温关系、不同剪切速率与黏度的关系以及降黏剂对流变性的影响规律。实验结果表明，该特稠油黏度受温度影响较大，黏度随温度升高快速降低，同时，随着剪切速率增大，黏度也快速降低，逐渐呈现出剪切变稀的特征，在温度超过临界温度后，黏度随剪切速率的变化相对较小，逐渐显示出牛顿流体的特征。较低温度下，特稠油屈服应力最大，启动压力最大，随着温度升高，屈服应力逐渐减小，启动压力变小，流动性变好；在注蒸汽的基础上，辅助加入降黏剂，能通过溶解沥青质胶质组分，极大地降低特稠油黏度和屈服应力，但是加入降黏剂并未改变特稠油的流型，随着降黏剂加量增大，黏度和屈服应力降得越低，临界温度也降得更低，10%降黏剂加量下，临界温度能从110℃降低到80℃，有利于提高该油田特稠油注蒸汽开发效果。

关键词　特稠油；降黏剂；屈服应力；剪切速率；流变特性；临界温度

L5油田为海上典型特稠油油田，50℃地面脱气原油黏度超过30000mPa·s，沥青质含量为11.54%，胶质含量高达36.25%，温度敏感性强，按照陆地油田开发经验，该稠油在地层条件下流动性较差。对于特稠油，其在地层条件下脱气黏度大，密度大，胶质、沥青质含量高，在地层条件下流动能力较差，需要采用注蒸汽热采降黏，并配合井筒降黏技术才能有效动用。特稠油常表现为宾汉流体特征，在一定温度范围内，黏度随温度升高快速降低，并逐步显现出牛顿流体的特征，这种流变特性是稠油重要的特点，也是稠油热采的重要依据。流变特性不仅仅局限于黏温特征，它还可以描述稠油在地层的流动和形变特征。稠油的这种流变特性对其开发、集输以及在地层渗流过程有着显著的影响，而且稠油的流变性对油田开发指标也有着直接影响。因此，认识特稠油的黏温及流变特性，对于指导海上特稠油热采开发意义重大。本文以该油田特稠油为主要研究对象，研究了其黏温特性和流变特性，为海上特稠油的开发提供了理论指导和技术支撑，同时也为海上稠油油田的开发提供了借鉴。

1　实验部分

1.1　实验仪器及试剂

实验试剂：油溶性降黏剂S(自制)，渤海L5油田高沥青质胶质特稠油。

实验仪器：哈克RS6000型流变仪，恒温水浴锅，电子天平。

1.2　实验流体

实验所用油样为渤海L5油田原油，见表1。

表1　渤海L5油田特稠油组成

油藏温度/℃	密度(20℃)/(g·cm^{-3})	黏度(50℃)/(mPa·s)	沥青质/%	饱和烃/%	芳香烃/%	胶质/%
47	1.0066	39610	11.54	33.31	18.90	36.25

1.3　实验方法

分别称取一定量的目标油样，与降黏剂S按照一定比例充分混合，在50℃恒温水浴锅中预热30min，用哈克流变仪对原始油样及加入降黏剂的混合物进行测试，得到各个剪切速率下稠油的剪切应力和有效黏度。

2　结果与讨论

2.1　黏温特性

黏度是反应流体流动性能和影响集输效果的重要参数之一，其对温度敏感，且与温度的变化关系存在着一定的规律性。认识特稠油的黏温特性对于海上特稠油的热采开发具有重要意义。特稠油黏度除受到原油胶质、沥青质组分含量的影响外，温度对其黏度的影响最大。本次利用哈克流变仪，测定了不同温度下的特稠油黏度，得到了黏度与温度的变化关系。

(1) 温度对黏度的影响

在剪切速率为16.2s⁻¹条件下，系统测试了该油田油样在不同温度下的黏度变化，如图1所示。

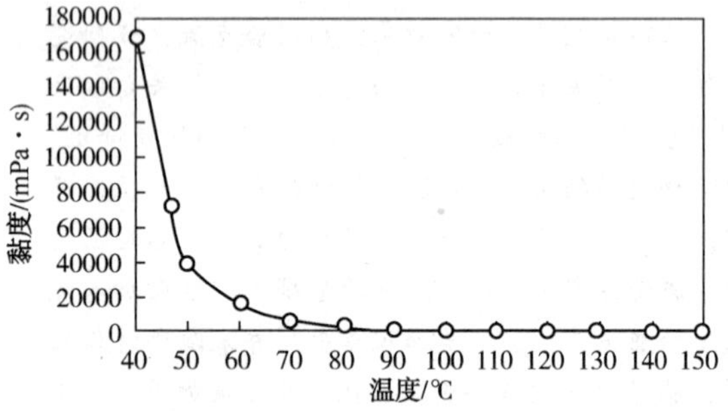

图1　渤海L5特稠油黏温曲线

由图1可知，该特稠油对温度敏感性极强，随着温度由40℃逐渐增大，黏度快速降低，因为黏度体现的是流体运动的内摩擦力，而内摩擦力又取决于胶质、沥青质等高分子聚合物之间形成的氢键，以及它们之间通过平面重叠堆砌形成的聚集体所主要影响着的内聚力。并且由于温度的增加，微粒的分子运动剧烈，导致这些聚集体的无序排列加剧，结构疏松，内聚力减弱，黏度降低。

(2) 剪切速率对黏度的影响

稠油黏度对温度敏感，同时还与剪切速率有关，测定了该油田特稠油不同剪切速率下的黏度，结果如图2所示。

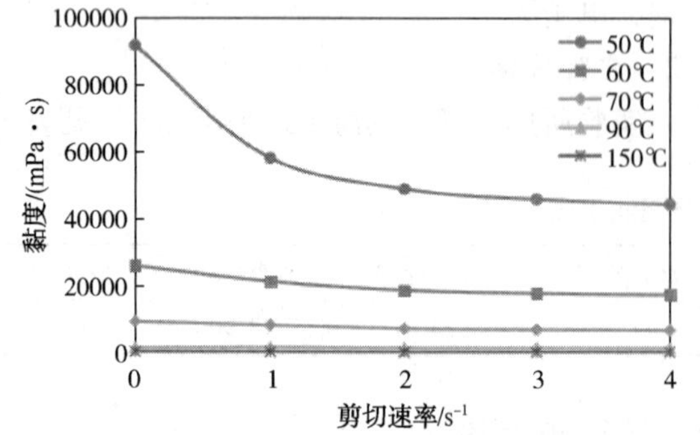

图2　L5油田特稠油黏度与剪切速率关系曲线

由图2可见，该特稠油具有剪切变稀的特性，随着剪切速率增大，黏度快速降低，在较低的剪切速率范围内黏度降低最大，在较高剪切速率条件下，黏度变化相对较小。当温度超过临界点，黏度不再随剪切速率变化而变化，从而展现出牛顿流体的相关特征；随着温度下降，剪切变稀的特性越来越明显。所以，从该油田特稠油流变性角度来看，在开采特稠油时，需要保证一定的开采速度。

2.2　流变特性

(1) 剪切应力与剪切速率的关系

流变特性不仅局限于黏温特性，还可用于描述稠油的流动和形变特征。稠油的流变特性，可以通过流体的剪切应力和剪切速率关系曲线来确定。用哈克流变仪测定了不同温度条件下，该特稠油剪切应力与剪切速率的关系，如图3所示。

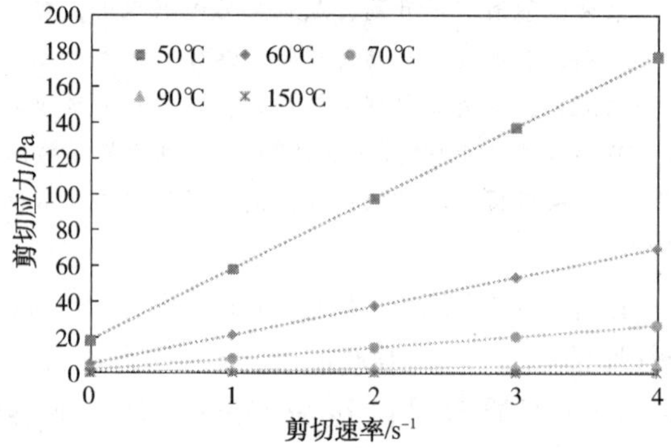

图3　剪切应力与剪切速率关系曲线

由图3可知，剪切速率和剪切应力为线性关系。在90℃以下，剪切应力与剪切速率为一条不过原点有截距的直线，即可确定此时该油样为呈现出非牛顿特征的宾汉塑性流体，但是随着温度升高，曲线斜率变小，当温度大于90℃时，剪切应力与剪切速率的关系曲线经过原点，可以得出此时油样流变性表现出了牛顿特性。主要是因为超稠油中含有胶质、沥青质等高分子聚合物，易于形成空间网状结构，产生阻力，阻碍稠油流动，且随着温度升高，其屈服应力的变化受到的影响较大，温度越低，形成的空间网状结构越牢固，越不容易被破坏，屈服应力越大。而屈服应力所体现的是原油在一定温度下从形变到流动需要的力的大小，只有当施加给原油的力大于其初始屈服应力值时，原油才会流动，该值越大，初始的启动压力也就越大，给稠油生产带来的不利影响越大。

(2) 剪切屈服值与温度关系

屈服应力是使流体流动的最小力，它的产生与原油组分中胶质、沥青质等组分的结构有关。对比了加降黏剂前后，该特稠油在不同温度下的屈服应力，如图4所示。

由图4可知，在较低温度下，特稠油的屈服值最大，此时稠油的空间网络结构已经比较稳定，难以形成游离结构，但是随着温度升高，流体的屈服应力逐渐减小并趋向零，原油剪切变稀的非牛顿流体特征会趋向不明显，从而显现出牛顿流体的特征，我们将这一变化的温度点就叫做牛顿流体转化温度点，该油田特稠油的拐点温度为110℃，当超过拐点温度时，稠油屈服应力值较小，流动性较好，所以在热采开发过程中，通常需要注入的蒸汽量应保证使地层加热到该拐点温度以上。

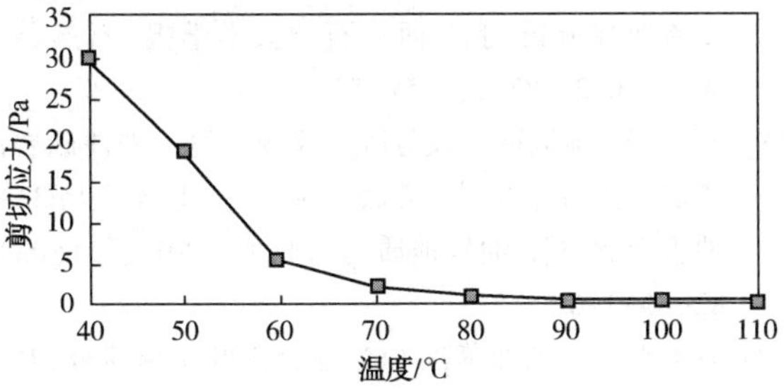

图4　L5油田特稠油屈服值与温度的关系

2.3　降黏剂对稠油流变特性的影响

在研究了温度、剪切等因素对特稠油流变特性影响的基础上，进一步对比分析了加入油溶性降黏剂S前后该特稠油的流变性能。

(1) 降黏剂对黏度的影响

对比研究了加降黏剂前后原油组分及黏度变化，如图5、表2所示。

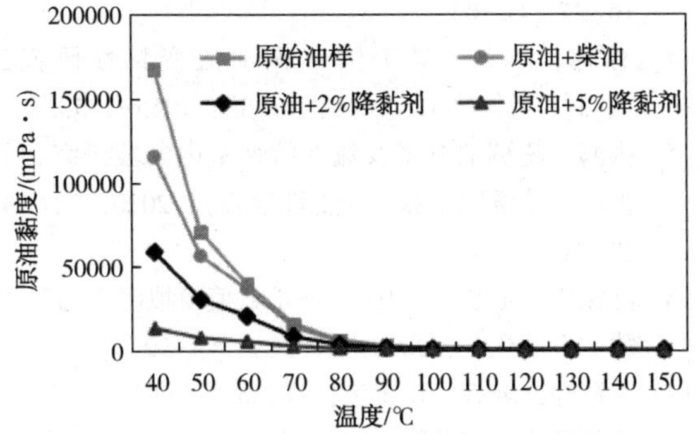

图5　降黏剂对原油黏度的影响

表2　降黏剂S对L5稠油组分的影响

原油	饱和分/%	芳香分/%	胶质/%	沥青质/%
原始稠油	33.31	18.9	36.25	11.54
稠油+柴油	33.31	18.9	36.27	11.52
稠油+降黏剂S	34.61	19.5	35.61	10.28

实验结果表明，由于稠油黏度受温度影响较大，随着温度升高原油黏度降低，随着降黏剂浓度的增大，降黏率逐渐增大，100℃时，降黏剂质量百分数为5%时，稠油黏度为183mPa·s，降黏率达70%，而加入降黏剂稠油黏度较加入柴油降得更低，主要是因为柴油主要通过相似相溶原理与原油混合，仅起到了稀释剂的作用，而原油各组分含量并未发生明显变化，加入油溶性降黏剂时，原油中的胶质和沥青质组分含量明显降低，说明油溶性降黏剂的加入对稠油中的沥青质、胶质起到了明显溶解作用，并有助于拆散原油芳香片聚集体，并对其结构有一定的影响，同时在实际生产中也能解除近井地带沥青质堵塞，此外，油溶性降黏剂的加入还能大幅度降低稠油屈服值，使流体从非牛顿流体转变为牛顿流体，启动压力降低，利于稠油在储层中渗流。

(2) 降黏剂对屈服值的影响

对比研究了加降黏剂S前后该特稠油流变性能，如图6、图7所示。

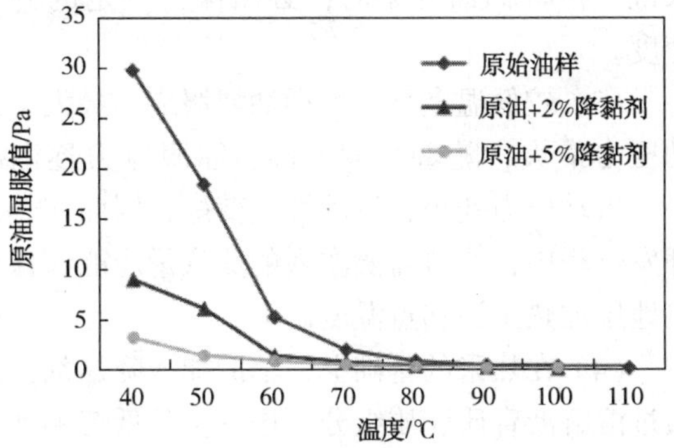

图6　降黏剂对原油屈服值的影响

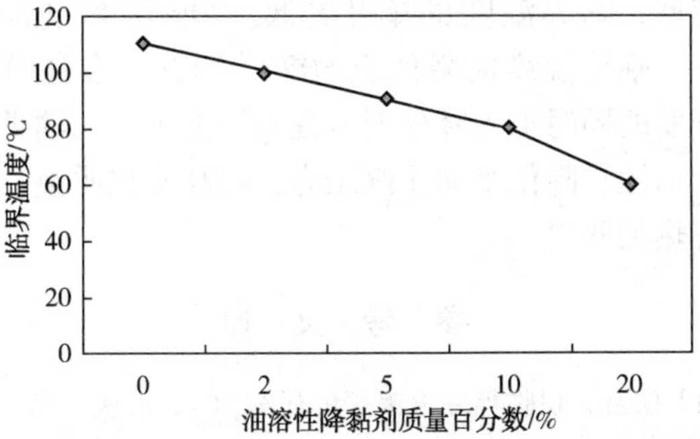

图7　降黏剂对特稠油临界温度的影响

从实验结果可以看出，加入降黏剂并未改变该油田油样的流型，却能明显降低原油的屈服值和临界温度。随着降黏剂加量的增大，屈服值大幅度降低。该油田稠油在50℃下屈服值为

18.3Pa，加入5%降黏剂后，屈服值降低至1.3Pa，同时使稠油的临界温度从110℃下降至90℃，从而使稠油从非牛顿流体转变为牛顿流体的温度得到明显降低。这主要是由于降黏剂S为油溶型，能够对稠油中的沥青质、胶质起到了明显溶解作用，并有助于拆散原油芳香片聚集体，破坏由胶质、沥青质形成的三维空间网状结构，最终极大地减小了原油的屈服应力，从而降低启动压力，提高稠油流动性，降低整体注汽压力，提高蒸汽质量，改善热采效果。

3 结论

（1）L5油田特稠油对温度敏感性极强，随着温度升高黏度快速降低，随着剪切速率增大，黏度快速降低，呈现出剪切变稀的特征。

（2）随着温度的下降，稠油剪切变稀的特性逐渐增强。在温度达到临界温度以后，黏度随剪切速率的改变变化相对较小，并逐渐显现出牛顿流体的特征。所以，从该油田特稠油流变性角度来说，在特稠油开采时，必须保持一定的开采速度。

（3）较低温度下，特稠油屈服应力最大，启动压力最大，随着温度升高，屈服应力逐渐减小，启动压力变小，流动性能变好，因此在热采开发过程中，通常需要注入的蒸汽量应能够保证将地层加热至该拐点温度以上。

（4）在热采的基础上，辅助加入降黏剂，能通过溶解沥青质胶质组分，进一步降低特稠油黏度和屈服应力，加入降黏剂并未改变特稠油的流型，随着降黏剂加量增大，黏度和屈服应力降得越低，临界温度也降得更低，20%降黏剂加量下，临界温度能降低至60℃。因此，在注蒸汽开发的同时加入降黏剂能提高该油田特稠油稠油流动性，降低整体注汽压力，提高蒸汽质量，改善热采效果。

参 考 文 献

[1] 侯君．超临界注汽锅炉的研究[D]．大庆：东北石油大学，2012.
[2] 徐长贵，王冰洁，王飞龙，等．辽东湾坳陷新近系特稠油成藏模式与成藏过程——以旅大5-2北油田为例[J]．石油学报，2016，37(5)：599-609.
[3] 张风义，廖辉，杨东东，等．海上深层块状特稠油SAGD开发三维物理模拟实验研究[J]．石油与天然气化工，2019，48(2)：90-94.
[4] 王欣，赵法军，刘江，谈龙日．稠油比热容导热系数及黏温物性参数变化研究[J]．化工科技，2012，20(03)：10-13.
[5] 韩继勇，侯云翌，郑维师．冷家稠油黏温特性及流变特性实验研究[J]．西北大学学报，2014，44(4)：610-614.
[6] 赵法军，刘永建，王广昀，等．大庆普通稠油黏温及流变性研究[J]．科学技术与工程，2010，10(31)：7644-7647.
[7] 朱静，李传宪，辛培刚，等．稠油体系的微观结构及流变性分析[J]．西安石油大学学报(自然科学版)，2012，27(2)：54-57.
[8] 石立华，喻高明，袁芳政，薛颖．海上稠油砂岩油藏启动压力梯度测定方法及应用——以秦皇岛32-6油田为例[J]．油气地质与采收率，2014，21(03)：82-85+116.
[9] 战永平．超稠油蒸汽CO_2复合吞吐实验研究[D]．中国石油大学，2009.
[10] 朱静．稠油黏温特性及流变特性分析[J]．石油化工高等学校学报，2011，24(2)：66-68.
[11] 喻高明．超特稠油流变性综合研究[J]．河南石油，2004(03)：40-43+84.
[12] 肖洒，孙玉豹，王少华，等．渤海稠油物性特征分析及开发措施研究[J]．新疆石油天然气，2020，16(04)：70-77+8.
[13] 伍锐东，彭江华，刘波，等．轮古15井区含水稠油流变性实验研究[J]．断块油气田，2009，16(9)：62-64.
[14] 徐冰，齐超，吴玉国．稠油流变特性研究进展[J]．当代化工，2016，45(8)：1955-1958.
[15] 张鸿．超稠油黏温及流变特性室内实验研究[J]．重庆科技学院学报(自然科学版)，2020，22(4)：40-44.
[16] 冯保华，毛晓楠．HDNS技术数值模拟研究[J]．内蒙古石油化工，2015，41(18)：89-92.
[17] 吴婷婷，廖辉，葛涛涛，等．渤海特稠油油藏油溶性降黏体系辅助热采室内实验研究[J]．当代化工，2020，49(08)：1618-1621+1625.
[18] 肖洒，孙玉豹，王少华，等．加拿大稠油油田油溶性降黏剂的制备及性能评价[J]．日用化学工业，2021，51(09)：832-838.

海上低油柱底水稠油油藏热采有效开发技术研究

耿志刚　缪飞飞　李廷礼　崔　政　李俊飞

［中海石油(中国)有限公司天津分公司］

摘　要　渤海稠油资源丰富，但因海上复杂地质油藏条件及特定的平台式开发模式，大幅度提升了海上稠油开发的技术、经济门槛，导致350mPa·s以上稠油动用率不足20%，且占渤海350mPa·s以上稠油探明储量近五分之二的低油柱底水稠油油藏目前仍难以动用。针对该类稠油油藏有效动用面临的问题与挑战，基于目前国内外稠油热采技术发展现状，结合海上十余年来稠油热采技术研究成果，开展海上低油柱底水稠油油藏蒸汽吞吐、蒸汽驱及火驱开发适应性研究。研究结果表明：常规蒸汽吞吐技术单井累产及蒸汽驱技术累积油气比均低于海上开发门槛，开发效果较差，难以有效动用该类油藏；火驱开发15年提高阶段采出程度25.5%，开发效果较好，可以作为有效动用该类油藏的潜力目标技术。

关键词　稠油热采；低油柱底水；注蒸汽；火驱；适应性分析

渤海油田稠油资源丰富，稠油油田的规模化高效动用是实现上产4000万吨目标的有力保障。但因海上复杂地质油藏条件与特定的平台式开发模式，大幅度提升了海上稠油开发的技术、经济门槛。目前渤海稠油油田最主要的开发方式是常规注水开发，即冷采开发，且主要动用地层原油黏度<350mPa·s的稠油油藏，占稠油总动用储量的88%。地层原油黏度大于350mPa·s的稠油油藏，因其黏度大、流动性差，开发难度大，目前动用率不足20%，且占渤海350mPa·s以上稠油探明储量39%的低油柱底水稠油油藏目前仍难以动用。

本文从渤海低油柱底水稠油油藏资源分布特征与地质油藏特征出发，基于海上平台式开发的特点，总结分析该类油藏有效动用面临的主要难题与挑战。在综合分析目前国内外稠油热采技术发展现状基础上，结合渤海稠油热采实践历程，筛选不同热采潜力技术，并开展效果评价研究，针对性提出海上低油柱底水稠油油藏热采有效开发技术方向，助推渤海低油柱底水稠油油藏有效动用进程。

1　海上低油柱底水稠油油藏特征及开发难题

渤海稠油储量规模大且油藏类型复杂，为能够针对性提高不同类型稠油油藏的动用率与开发效果，海上结合自身开发实践经验，对350mPa·s以上稠油做出进一步细化分类，其中，将纯油区油层厚度小于5m、过渡带油层厚度小于15m的油藏定义为低油柱底水稠油油藏。该类油藏不仅储量占比大，且分布极为广泛，遍布渤海湾盆地。该类油藏能否实现有效动用，未来将成为渤海稠油继续上产稳产的关键制约因素，因此基于海上平台式开发的特点开展针对性研究，力求寻找到破解动用瓶颈的技术方向。

海上平台式热采与陆地稠油热采存在巨大差别，这些差别也为海上稠油热采带来六个方面的难题与挑战：一是海上淡水资源匮乏，注热锅炉用水需海水淡化，淡水处理流程复杂、处理难度大、费用高；二是平台面积有限，锅炉设备数量和摆放受限，难以直接照搬陆地热采设备设施；三是海上稠油普遍埋藏较深，属于深层稠油，其中埋深900~1600m稠油探明储量占92%，对蒸汽注入温度要求高；四是海上开发井轨迹长且复杂，以大斜度井和水平井完井为主，沿程热损失大，对保干工艺要求高；同时海上热采安全性要求更高，船舶等服务费高，单井费用高，可达陆地单井费用的10倍以上；五是产出液处理流程短，设备受限；六是海上开发成本高，经济界限高，布伦特油价50美元/桶条件下，蒸汽吞吐开发8年单井经济界限产量需10万吨以上。

除面临以上难题与挑战以外，低油柱底水稠油油藏还因自身地质油藏特征，进一步提高了动用难度：一是油层薄，热散失大，热波及体积小，稠油可动用范围小；二是边底水活跃，底水储量占比57%，且水体倍数大，50倍以上水体占 31%，极易发生水体侵入，导致热损失大，大幅度降低热采开发效果。

因此，为破解上述难题与挑战，需总结凝练渤海稠油热采实践认识，并充分借鉴国内外陆地油田稠油热采开发经验，明确有效动用该类油藏的潜力目标技术。

2　海上低油柱底水稠油油藏不同热采开发方式适应性分析

2010 年以来，渤海先后成功开辟 N35 多元热流体吞吐、L27 蒸汽吞吐、N35 蒸汽驱 3 个先导试验区，建立渤海首个规模化热采示范区 L21，已基本掌握蒸汽/多元热流体吞吐与蒸汽驱技术。因此，基于世界范围内热采技术发展现状及渤海稠油热采实践认识，结合行业内各热采技术筛选原则，初步考虑蒸汽吞吐、蒸汽驱与火驱 3 种开发方式作为低油柱底水稠油油藏的潜力目标技术，并开展适应性分析。

2.1　海上低油柱底水稠油油藏蒸汽吞吐开发适应性分析

蒸汽吞吐是世界上开采稠油的最主要热力开发方式之一，在中国有 80% 的稠油产量依靠蒸汽吞吐获得，其优点是工艺技术相对成熟简单、投资相对较少、增产快，技术和经济风险小，最终采收率一般仅有 15%~20%。该技术在海上也已历经十余年发展历程，现已处于拓展应用阶段，相关配套技术、设施、人员较为完备，因此优先针对该技术进行适应性分析。

基于渤海首个热采油田 N35 油田地质油藏参数及油田开发注采参数认识，建立机理模型(图 1)，开展蒸汽吞吐开发适应性分析，模型具体参数如表 1 所示。

图 1　蒸汽吞吐网格构造剖面(机理模型)

表 1　模型基本参数

N35	厚度/m	孔隙度/%	渗透率/mD	原油黏度/(mPa·s)	地质储量/$10^4 m^3$	井型
油田	6.8	35	4245	1000	45.20	水平井

经过 8 轮次蒸汽吞吐开发，单井累产油 3.66 万方，采收率 8.1%，难以达到海上单井累产的最低门槛，初步判定常规蒸汽吞吐技术难以有效动用低油柱底水稠油油藏。

2.2　海上低油柱底水稠油油藏蒸汽驱开发适应性分析

蒸汽驱技术在美国克恩河油田、印尼 Duri 油田，国内的辽河油田、胜利油田等均已进入大规模工业开发应用阶段。其作为蒸汽吞吐后进一步提高采收率的常用且有效开发手段，采收率可以达到 35%~65%。海上目前在 N35 油田也已成功开辟蒸汽驱先导试验区，取得较好开发效果，积累了部分成功经验。因此，针对蒸汽驱技术开展低油柱底水稠油油藏适应性分析。

沿用上述机理模型开展水平井蒸汽驱开发适应性分析，经过 15 年蒸汽驱开发，累产油 8.23 万方，采收率 18.2%，累积油气比仅 0.12，低于行标经济极限油汽比 0.15，开发效果较差(图 2)。初步判定常规蒸汽驱开发难以有效动用低油柱底水稠油油藏。

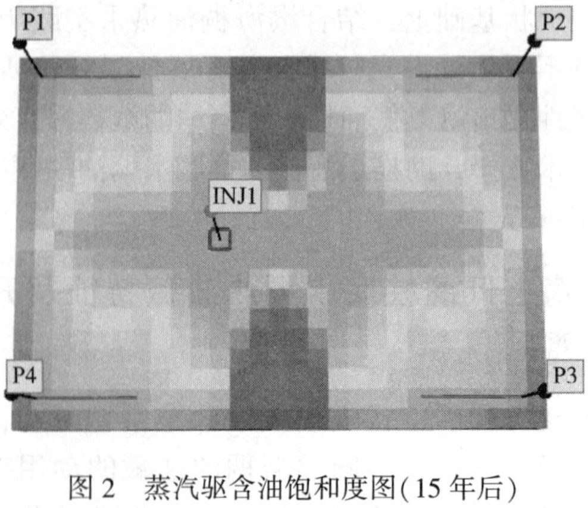

图 2　蒸汽驱含油饱和度图(15 年后)

2.3 海上低油柱底水稠油油藏火驱开发适应性分析

火驱技术是一种在油层内部产生热量的热力采油技术，目前主要集中在陆地油田。国外从1942年开始在美国、罗马尼亚、加拿大、印度开展矿场试验，国内从1958年开始在新疆、玉门、胜利、辽河、吉林等油田开展了矿场试验，试验结果表明，该技术可显著提高稠油油田的采收率。

经调研分析，火驱以其独有的技术优势，可有效解决海上平台式开发难点，亦可以有效缓解因油层薄、边底水活跃带来的挑战(表2)：一是火驱技术为油藏内部生热，无需平台注热设备；二是火驱注入介质为空气，不需要消耗大量淡水；三是相对于注蒸汽和注多元热流体等热采技术，对井筒可靠性要求相对较低；四是火烧油层可以对地层原油进行改质降黏，缩短产出液处理流程；五是火烧油层最终采收率一般可达50%~70%，在现有技术基础上大幅度提高采收率。六是油层薄，有助于火线平面稳定推进；七是火驱为注气开发，地层压力下降缓慢，有助于抑制边底水侵入。因此，理论分析初步判断火烧油层技术可以作为海上开发普Ⅰ-2b类低油柱底水稠油油藏的有效技术。

表2 化学反应氧化动力学模型

海上热采的开发难点	火驱技术优势
平台面积有限	地面设备简单
淡水资源匮乏	以空气为注入介质
埋藏深，井轨迹长且复杂	无井筒热损失
产出液处理流程短设备受限	对产出原油进行改质
开发成果高，目前技术采收率较低	50%~60%
油层薄	利于火线稳定推进
边底水活跃	注气开发，地层压力下降慢

沿用上述机理模型开展水平井火驱开发适应性分析，为真实反应火驱开发效果，模型采用水、轻质油、重质油、氮气、二氧化碳、氧气、溶解气以及焦炭的3相8组分数值模拟机理模型，并通过拟合一维燃烧管实验产油量、温度等数据，调整配平系数、活化能、放热量等参数，成功建立化学反应氧化动力学模型(表3)。经过15年火驱开发，累产油19.97万方，累积空气油比2430m^3/m^3，采收率30.2%，较蒸汽吞吐与蒸汽驱分别提高22.1%、12.0%，取得较好开发效果。机理模型研究初步判定火驱技术可以有效动用低油柱底水稠油油藏。

表3 化学反应氧化动力学模型

反应类型	化学反应方程	阿尔纽斯参数		反应热/(J/mol)
		指前因子A	活化能Ea/(J/mol)	
裂解反应	1 Dead_Oil=>6.67 Mid_Oil+5 COKE	4.2×10^8	7.2×10^4	-9.3×10^2
中质油氧化	1 Mid_Oil+5.8 O_2=>9.7 WATER+2 CO_2	3.0×10^{10}	1.2×10^5	2.9×10^6
重质油氧化	1 Dead_Oil +15 O_2=>47.8 WATER+5 CO_2	3.0×10^{10}	1.2×10^5	1.3×10^7
焦炭氧化	1 COKE+1.18 O_2=>1.11 WATER+0.8 CO_2	4.2×10^2	5.8×10^4	4.1×10^5

为进一步验证火驱技术的适应性，在上述机理模型研究基础上，选取N35油田的实际区块模型进行火驱可行性研究。模型网格数为：147×87×7=89523，其中有效网格数有63423个，储量440×10^4m^3，详细参数见表4。

表4 数模模型基本参数

	孔隙度/%	渗透率/mD	厚度/m	原油黏度/(mPa·s)	井长/m	井距/m
N35油田	35	4245	6.8	1000	300	150

借鉴Suplacu油田移风接火的火驱方式，采用理想的水平井接替式线性火驱开发(表5)，火驱开发15年，预测原油累产111.00万方，累计空气油比1949m^3/m^3，阶段提高采出程度25.2%，采收率达到30.3%，稳产期5年内平均采油速度3.0%(图3)，火驱开发取得较好效果。

表5　火驱开发关键参数设置

N35油田	火驱方式	转换方式	井网	井型	注气速度/(10^4m^3/d)	井数/口
	干式火驱	移风接火	线性	水平井	9	25

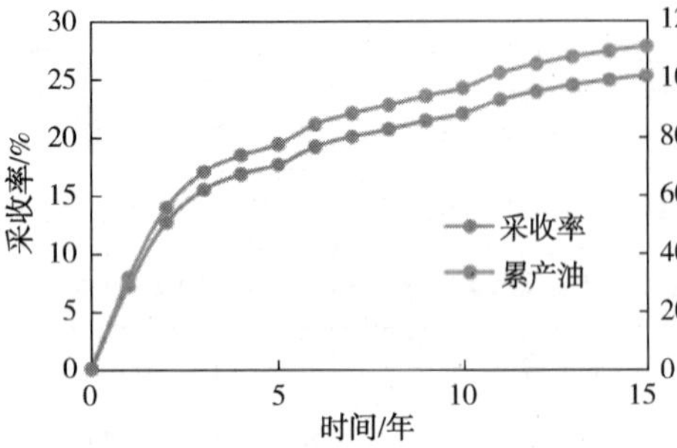

图3　目标区块火驱开发产量剖面

综合上述研究结果判断，火驱技术可以有效动用薄层稠油油藏，可以作为有效动用低油柱底水稠油油藏的潜力目标技术。但从目标区块火驱开发末期含油饱和度场图(图4)可以看出，水平井线性火驱仍存在火线推进不均匀的问题，开发效果具备进一步提高的空间。

3　结论与建议

(1) 蒸汽吞吐8轮次单井累产3.66万方，难以达到海上单井累产的最低门槛；蒸汽驱开发15年累产油8.23万方，累计油气比仅0.12，低于行标经济极限油汽比0.15，开发效果较差。注蒸汽开发难以有效动用低油柱底水稠油油藏；

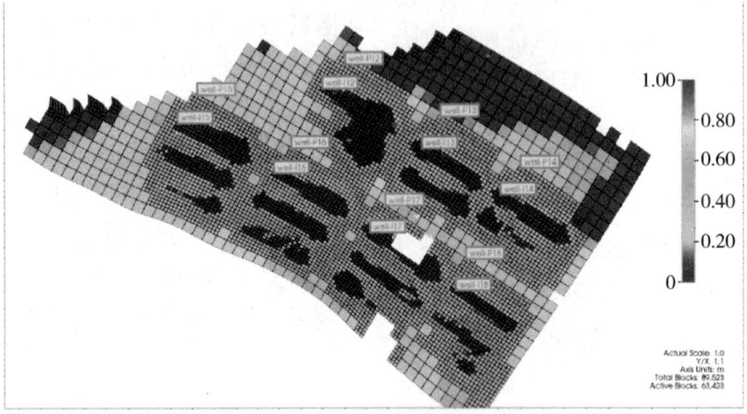

图4　目标区块火驱开发末期含油饱和度场

(2) 火驱开发15年累产111.0万方，阶段提高采出程度25.2%，累计空气油比1949m^3/m^3，火驱开发效果较好，可以作为低油柱底水稠油油藏有效动用潜力目标技术；

(3) 火驱技术距离矿场先导试验仍面临诸多难题，需围绕水平井点火、燃烧前缘控制、均匀注气等关键问题开展技术攻关，为火驱技术进入矿场试验铺平道路，推进海上低油柱底水稠油油藏有效开发进程。

参　考　文　献

[1] 沈平平．热力采油提高采收率[M]．北京：石油工业出版社，2006：155-161.

[2] 刘文章．热采稠油油藏开发模式[M]．北京：石油工业出版社，1998.

[3] 刘光成．渤海稠油多元热流体吞吐技术研究[J]．长江大学学报(自科版)，2014，11(10)：99-103.

[4] 刘东，李云鹏，张风义，等．烟道气辅助蒸汽吞吐油藏适应性研究[J]．中国海上油气，2012，24(增1)：62-66.

[5] 黄颖辉，等．海上多元热流体吞吐先导试验井生产规律研究[J]．特种油气藏，2013.20(2)：84-86.

[6] 曾玉强，刘蜀知，等．稠油蒸汽吞吐开采技术研究概述[J]．特种油气藏，2006.13(6)：5-9.

[7] 廖辉，张风义等．海上B油田多元热流体转驱注采参数优化设计[J]．当代化工，2019，48(10)：2349-2352.

[8] 王大为，杜春晓，等．海上特稠油油藏蒸汽吞吐转蒸汽驱物理模拟研究[J]．新疆石油天然气，2020，16(4)：47-53.

[9] 张方礼，火烧油层技术综述[J]．特种油气藏，2011，18(6)：1-5.

[10] 关文龙，马德胜，梁金中，等．火驱储层区带特征试验研究[J]．石油学报，2010，31(1)：100-109.

[11] 岳清山．火烧驱油采油方法的应用[M]．北京：石油工业出版社，2000：16-18.

[12] 王泰超，王凯，朱国金，等．海上底水稠油油藏火驱开发井网参数优化及应用潜力分析[J]．中国海上油气，2019，31(2)：108-115.

稠油底水油藏水平井+CO_2吞吐高效开发技术研究
——以 GX 油田二区为例

马文华　张文婷　周宗良

(中国石油大港油田公司勘探开发研究院)

摘　要　GX 油田二区 NgⅢ油组属于典型稠油底水油藏，原油黏度高，底水能量充足，常规井生产面临着初产高、递减快、含水上升快、累产低的特点，油藏整体动用程度偏低，开发效果较差。为进一步提升该类油藏开发效果，本文在精细储层刻画的基础上，优选水平井实施位置，优化水平段长度，攻关 CO_2 吞吐措施参数设计，提出整体水平井+CO_2吞吐开发方案，实施后区块开发效果明显改善，为类似油藏高效开发提供了可借鉴的方法，具有较强的推广意义。

关键词　稠油底水油藏；水平井优化；CO_2吞吐

我国稠油底水油藏普遍发育，相较于普通的稠油油藏，这类油藏除了采出工艺难以外，更面临着底水快速锥进，稳产难的问题，也导致其开发成本居高不下，油藏开发效果一般都较差，大多扔处于未动用或低动用状态，因此，针对此类油藏亟需探索新的低成本开发方式。本文从水平井稳产角度出发，研究水平段位置、水平段长度、后期二氧化碳吞吐参数以及采液强度设计等技术，形成了针对此类油藏的高效开发技术，也为类似油藏的开发指明了方向。

1　GX 油田二区基本特征

GX 油田二区断块构造上位于北大港构造带西段，是一个被北东向断层控制的单斜半封闭断块，地层产状南高北低(图 1)，目的层 NgⅢ油组为上第三系馆陶组辫状河沉积地层，地面原油

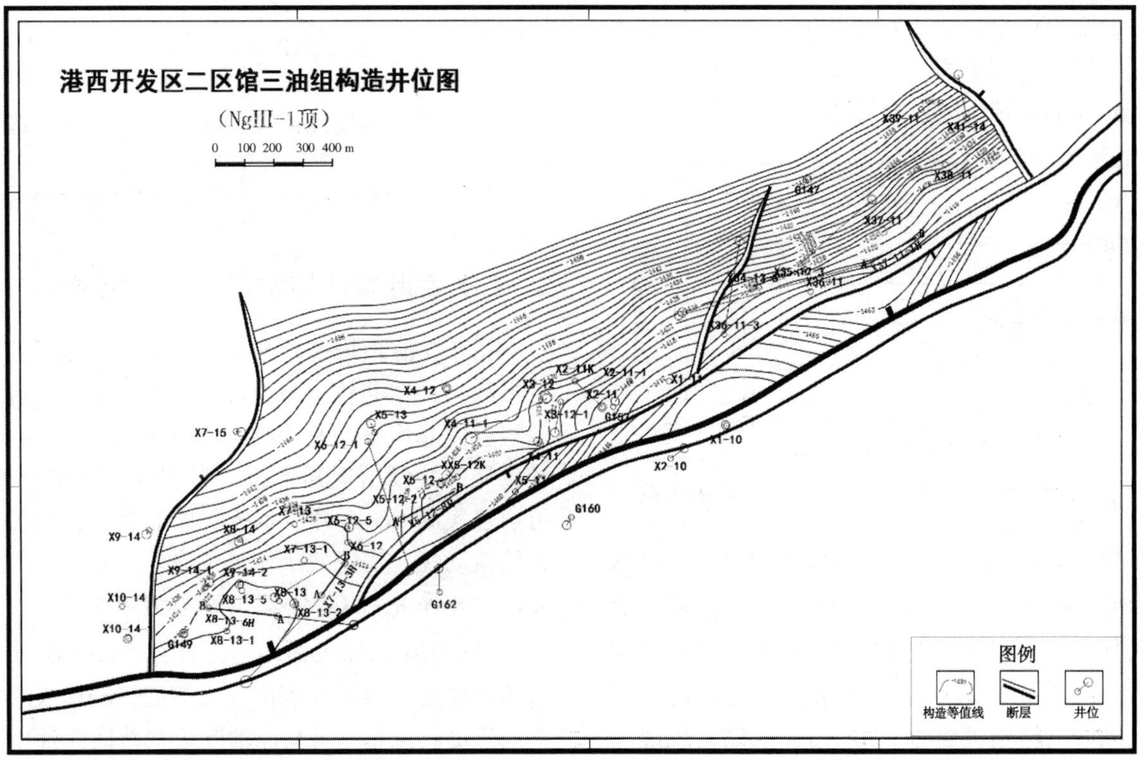

图 1　GX 油田二区馆 III 油组构造井位图

密度 0.98g/cm^3，平均地下原油黏度 3624mPa·s，属于高黏重质稠油油藏；油层平均有效厚度 11.28m，底水厚度最大达 20m 以上，油层分布主要受构造因素控制，属于断块型底水油藏；该断块构造简单，高部位被断层封堵，低部位敞开，与大片水体相连，边底水能量充足，自投入开发以来，采油速度 0.24%，采出程度 4.9%，综合含水 87.9%，底水锥进速度快，含水上升快，自然递减大(月递减 7.1%)，处于低速低效开发阶段。

2 水平井优化设计

2.1 水平井垂向位置优化

对于 GX 二区 NgⅢ油组稠油底水油藏而言，水平井的垂向靶点位置优选尤为关键。水平井部署在底部，通过增加液量增油的方式是不可取的，同时水平井越靠近底部的油水界面，初始含水率越高，生产后含水上升越快，累产油越低，所以应尽可能靠近层顶以减少底水突进；但同时水平井越靠近油层顶部，易导致(1)钻井过程中进入顶部差储层致使生产时液量低，(2)受渗流阻力影响，底水驱油藏中远离油水界面渗流阻力增大，产能变低。因此，通过数值模拟计算表明，水平井要部署在构造相对高点，合理位置应选择距油层顶部 1/3-1/9 处，可以有效提升水平井的临界产量，图 2 为水平井垂向位置与临界产量、见水时间的对应关系，由于底水能量强，水平井在油层顶部时供液依然充足。

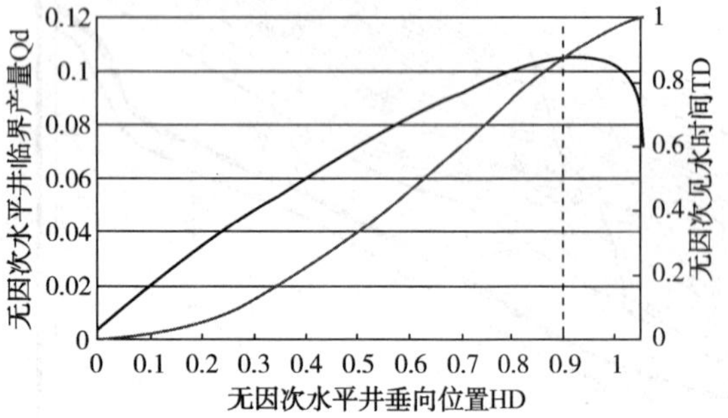

图 2　水平井垂向位置与临界产量、见水时间关系

针对 GX 二区辫状河储层隔夹层发育、砂体横向变化快的特点，在砂体厚度与隔夹层精细刻画的基础上，应用三维地质建模技术，将隔夹层作为单一岩相，运用厚度约束，建立确定性模型，纵向网格精度精细为 0.5m，准确实现隔夹层在三维空间的精细表征；从设计水平井建模轨迹示意图中看出，水平井轨迹设计应在有效隔夹层之上的剩余油富集区内部署，但同时也要避开顶部的低阻层，这样既能保证钻遇段储层物性相对均一，提高油层钻遇率，又可以较大程度减缓底水上锥速度。

2.2 水平井平面位置优化

当油层厚度一定时，累产油与水平段长度成正比，增加水平段长度可以增加单井控制地质储量。但在实际生产过程中受构造条件、相邻生产井、含油圈闭、隔夹层储层中井轨迹控制难度大等情况的影响，水平段应尽量沿着构造等值线部署，且与邻井保持合理井距，同时由于井筒摩擦阻力作用，原油沿水平段流动时会产生压降，水平长度过长会使水平段内压降和油藏内压降趋于接近，导致出油困难甚至不出油，因此不能为了增加长度而降低出油效率，如图 3 所示得出水平段长度 200m 左右为最优。生产实践表明，底水油藏采用常规井开发时，底水水锥半径为 70m 左右，井间水锥体间剩余油难以动用，部署新井应尽量避开底水水锥半径的影响，且能控制一定的地质储量，因此水平井平面合理井距应距周围老井>70m。

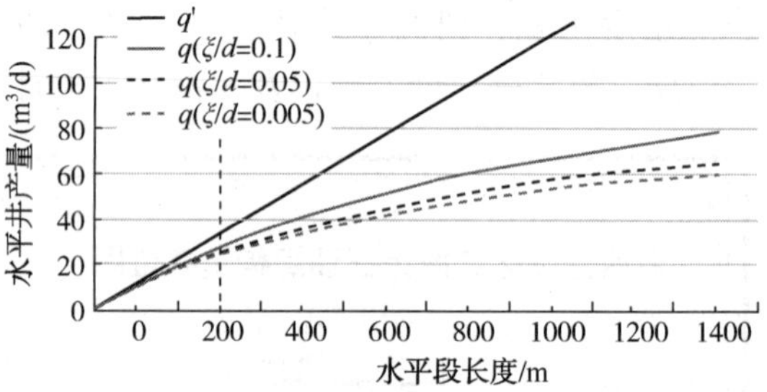

图 3　不同摩擦阻力系数下水平井产量与长度关系

3 CO_2吞吐增油控水高效开发技术

由于实际地层产状与预计有偏差，水平井生产过程中，钻井轨迹与设计有出入，井身轨迹和储层层内非均质性都会影响水平井的出水情况，导致局部井段出现强水淹，当底水全面突进时，可通过实施 CO_2吞吐技术改善原油黏度，增加驱替的流动性，实现残余稠油的高效开发。

3.1 “水平井+CO_2吞吐”渗流机理研究

CO_2吞吐机理包括两个方面：一是 CO_2注入后体积膨胀，水平井周围底水驱回，减缓底水锥进的程度；二是 CO_2与原油互溶，萃取原油中轻质组分，降低原油黏度，减小油水界面张力，改善原油和水的流度比，从而增加原油流动性。对比“常规井+水驱”、“水平井+水驱”、“常规井+CO_2吞吐”、“水平井+CO_2吞吐”等不同开采方式下生产效果，结果表明“水平井+CO_2吞吐”累产效果最好（图4），可最大限度提高采收率，相比“常规井+水驱”，提高采收率18个百分点。

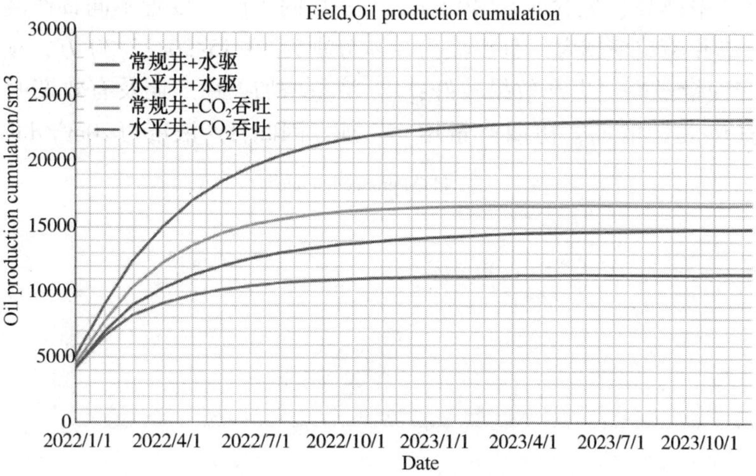

图4　不同井型与开发方式下累产油曲线

3.2　吞吐参数优化

吞吐参数包括：CO_2注入量、注入速度、焖井时间、注入压力和吞吐轮次，其中水平井CO_2吞吐注入量计算公式为：

$$V=\Phi P_V \pi abH$$

式中　V——CO_2体积，m^3；

ϕ——地层孔隙度，%；

P_V——注入体积经验系数（0.2~0.4）；

a——垂直（油层厚度）方向处理半径；

b——水平（取值20~30m）方向处理半径；

H——生产水平段长度，m。

通过数值模拟计算最优CO_2吞吐注入量在600t；最佳注入速度80~100t/d；最佳焖井时间20~30d，要求CO_2气体在地层中溶解达到饱和；吞吐轮次前2轮效果最好。

多轮次CO_2气体吞吐设计时，进行了各轮次不同CO_2注入量的增油效果论证，方案一各轮次注入量相同，方案二~方案四采取各轮次注入量比上一次增加100/200/300吨，预测结果表明，注入量越多，有效期及累增油越高，但方案四换油率低于方案三，因此每次增加的注入量比前次多200吨时吞吐最佳（图5）。

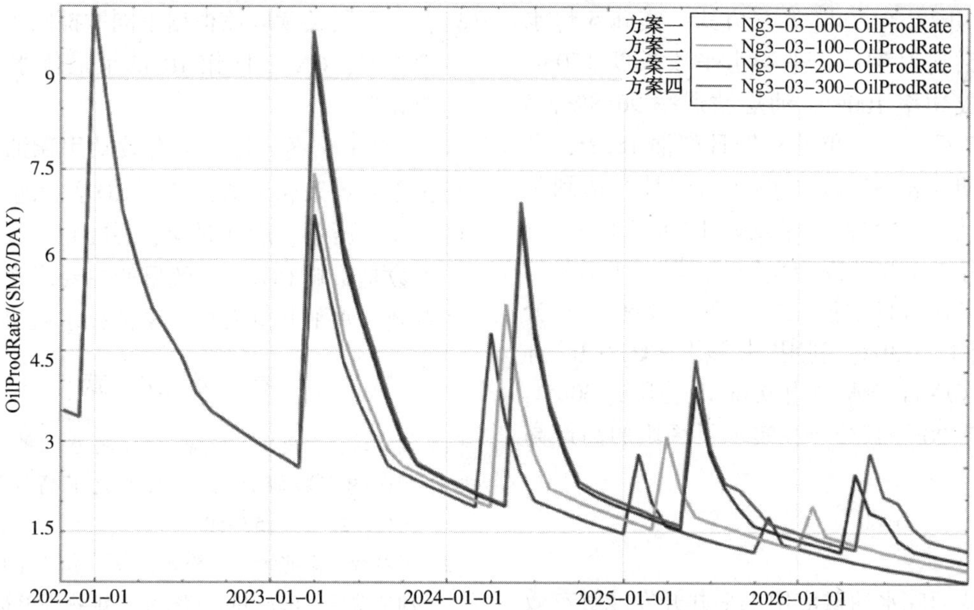

图5　不同轮次CO_2注入量方案日产油曲线

3.3 合理采液强度优选

含水上升峰值为含水率45%~75%，峰值前后应优选不同的采液强度。低含水控液阶段：日产液量增加，含水上升率越高、低含水(<40%)阶段生产天数越短、单井递减率越大，日产液为20m³/d时，阶段累产油量最高，生产效果较好；高含水提液阶段：日产液量增加，初期产量增加，含水上升率增加，日产液量100m³/d情况下累产油量最高，效果较好。

CO_2吞吐阶段产液量优化：模拟CO_2吞吐后一年内生产，设置不同日产液量方案，日产液量分别为10/15/20/25/30方，预测结果表明，日产液量增加，稳产期及有效期明显缩短，递减率增加，因此日产液量为20m³/d时效果最好(图6)。

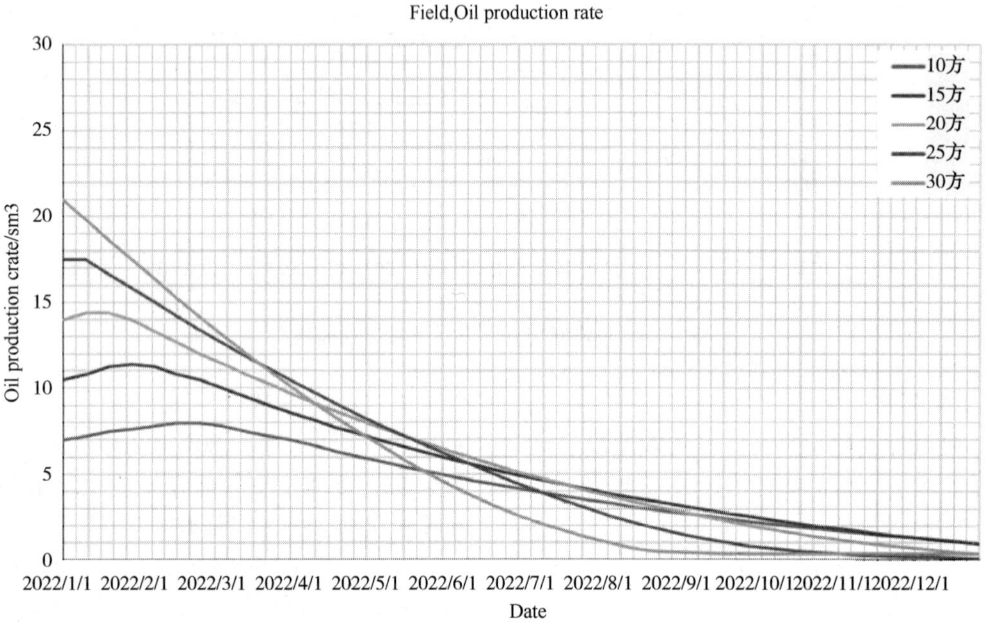

图6　不同方案日产油量曲线

4 应用效果

根据合理井型与开采方式的优化成果，同时通过精细设计与现场调整，GX二区NgIII油组采用"水平井+CO_2吞吐"开采方式，实施5口水平井全部钻遇厚油层，平均水平段长度170m，井位实施成功率100%，油层钻遇率96.8%；5口新井投产后，平均单井初期日产油18.1t，平均单井初期含水33.2%，单井初期日产达到常规井2.05倍，含水低于常规井10.8个百分点；新井中已有1口井实施CO_2吞吐，根据注采参数论证结果实施后日增油9.9t，降含水60个百分点，换油率达2.3t/t。利用"水平井+CO_2吞吐"开发技术，区块日产水平由9.6t/d上升到60t/d，提高采收率20个百分点，实现了区块的高产高效开发。

5 结论

(1) 稠油底水油藏应用水平井开发能够有效控制底水锥进速度，大幅提升油藏开发效果，水平段垂向位置应选择在砂体的中上部远离油水边界，且有稳定隔夹层之上，避免过多钻穿隔夹层，保证水平段油层钻遇率。

(2) 水平段平面位置选择应避开老井水锥半径，水平段长度应该根据不同摩擦阻力系数确定合理长度，GX二区馆III油组最优水平段长度为200米。

(3) CO_2吞吐技术可有效动用稠油强底水油藏，盘活难采剩余油，其中CO_2注入量、注入速度、注入压力、焖井时间、吞吐轮次、采液强度等参数是影响CO_2吞吐效果的主要因素，相比直井吞吐，水平井具有更好增油控水效果。

参考文献

[1] 刘怀珠，李良川，吴均，等．底水油藏水平井出水规律的实验研究[J]．石油化工高等学校学报，2012，25(1)：57-60.

[2] 王春智，李兆敏，李松岩，等．水平井开发底水稠油油藏氮气泡沫和冻胶控水三维物理模拟试验[J]．中国石油大学学报(自然科学版)，2015，39(6)：

118-123.
[3] 李国永，叶盛军，冯建松，等．复杂断块油藏水平井二氧化碳吞吐控水增油技术及其应用[J]．油气地质与采收率，2012，19(4)：62-65.
[4] 许国晨，王锐，卓龙成，等．底水稠油油藏水平井二氧化碳吞吐研究[J]．特种油气藏，2017，24(3)：155-159.
[5] 武玺，张祝新，章晓庆，等．大港油田开发中后期稠油油藏 CO_2 吞吐参数优化及实践[J]．油气藏评价与开发，2020，10(3)：80-85.
[6] 张海龙．CO_2混相驱提高石油采收率实践与认识[J]．大庆石油地质与开发，2020，39(2)：114-119.
[7] 刘晓强，曲占庆，杜勇．底水油藏 CO_2 控水实验[J]．断块油气田，2016，23(3)：350-353.
[8] 孙雷，庞辉，孙扬，等．浅层稠油油藏 CO_2 吞吐控水增油机理研究[J]．西南石油大学学报：自然科学版，2014，36(6)：88-94.
[9] 马奎前，黄琴，张俊，等．南堡35-2油田 CO_2 吞吐提高采收率研究[J]．重庆科技学院学报：自然科学版，2011，(1)：28-32.
[10] 汤勇，杜志敏，孙雷，等．CO_2在地层水中溶解对驱油过程的影响[J]．石油学报，2011，32(2)：311-314.

蒸汽驱中蒸汽前缘黏性指进模型研究

吴春新　原建伟　张言辉　刘美佳　马　栋

[中海石油(中国)有限公司天津分公司]

摘　要　针对稠油蒸汽驱过程中黏性指进问题，建立了稠油油藏蒸汽驱黏性指进模型，并对其进行求解，重点分析了蒸汽的降黏特性，蒸汽干度，蒸汽温度以及驱替速度对黏性指进的影响。研究结果表明：在驱油过程中，由于蒸汽的降黏作用，减缓了指进；随着蒸汽干度的增大，指进程度减轻；随着蒸汽温度的增加，指进程度增大；随着驱替速度增大，指进程度加重。

关键词　稠油油藏；蒸汽驱；黏性指进；数学模型

大量实验表明，蒸汽驱是提高稠油油藏采收率的一种重要方法，由于油藏的非均质性和孔隙结构的微观随机性常会导致指进的产生，指进产生后在同一平面将产生两种流体，由于流度的差异，流体运移速度不同，指进会进一步发展。

针对黏性指进的问题专家学者进行了大量的研究。科林斯等人在研究流体在多孔介质中的流动时发现，黏性指进现象有其产生的必然性。Chuoke 等人应用扰动理论得到了平直界面失稳形成指进的临界速度；Saffman 等人分析界面张力对界面稳定性的影响，得到正则模扰动的色散关系，Kopf-Sill 等人采用实验研究了指进失稳后的发展过程，如指进的尖端分裂，屏蔽及增长。Pihler-Puzovic 等人将径向 Hele-Shaw 模型的一个平板换成弹性薄膜后发现流体-结构的交互作用可以推迟指进的发生，抑制界面的不稳定性。Al-Housseiny 等人进一步分析表明弹性薄膜对不稳定性的一直作用是由于变形薄膜形成负间距梯度的流动几何特性造成的。Mora 等人引入广义牛顿流体的概念，并推到出对应的广义牛顿流体的达西定律，然后推导出集中广义牛顿流体的正则模扰动的增长率。Maryushev 等人研究了两相都是幂律流体时两相界面的线性稳定性，研究驱替相的非牛顿特性对黏性指进的影响。胡江平采用数值模拟的方法研究了多孔介质中两项驱替的黏性指进发展过程。

然而，目前鲜见针对稠油油藏蒸汽驱黏性指进特性的描述。本文建立了稠油油藏蒸汽驱油黏性指进的模型，对其进行求解，重点分析了黏性指进的影响因素，对采用蒸汽驱开发稠油具有非常重要的指导意义。

1　计算模型的建立

1.1　物理模型

稠油油藏油层与水平面的夹角为 ϑ，进行蒸汽驱替时，渗流存在三个区，即蒸汽区、油水两相区以及油相区，如图1所示，黏性指进的大小用 ΔL 表示，开发过程中水以恒定的速度 v 注入，蒸汽与两相区界面压力为 P_1，指进发生在两相区与油相区界面，压力为 P_2，油相和水相压力分别为 P_o 和 P_w，并做如下假设：(1)流体渗流符合达西定律；(2)不考虑毛管力；(3)油藏是均质的；(4)岩石与流体不可压缩；(5)忽略扩散现象。

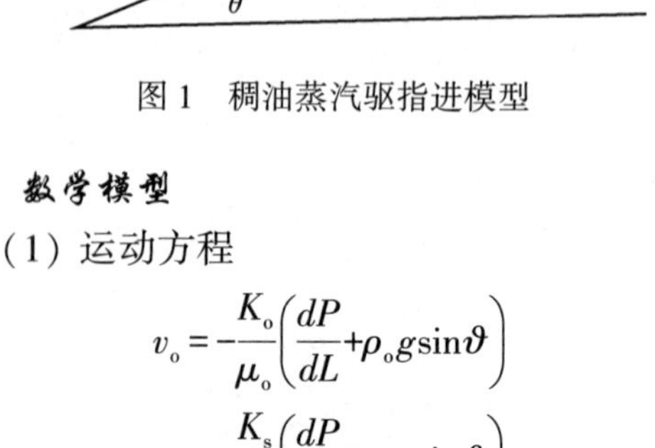

图1　稠油蒸汽驱指进模型

1.2　数学模型

(1) 运动方程

$$v_o=-\frac{K_o}{\mu_o}\left(\frac{dP}{dL}+\rho_o g\sin\vartheta\right) \tag{1}$$

$$v_s=-\frac{K_s}{\mu_s}\left(\frac{dP}{dL}+\rho_s g\sin\vartheta\right) \tag{2}$$

(2) 连续性方程

$$\frac{\partial(\rho_o\phi)}{\partial t}+\frac{\partial(\rho_o v_o)}{\partial L}=0 \quad (3)$$

$$\frac{\partial(\rho_s\phi)}{\partial t}+\frac{\partial(\rho_s v_s)}{\partial L}=0 \quad (4)$$

（3）能量守恒方程

$$\frac{\partial}{\partial x}\left(K\frac{\partial T}{\partial x}\right)-\frac{\partial}{\partial x}(\rho_o S_o H_o+\rho_s S_s H_s)$$
$$=\frac{\partial}{\partial t}[\varphi\rho_s\bar{S}_s H_s(\bar{T})+(1-\varphi)(\rho C)\bar{T}] \quad (5)$$

（4）边界条件

初始条件：

$$P_{t=0}=P_1 \quad (6)$$

式中，v_o，v_s 分别为油相和水相的渗流速度，cm/s；K_o，K_w 分别为油相和气相的渗透率，μm^2；ρ_o，ρ_s 分别为原油和水的密度，g/cm^3；μ_o，μ_w 分别为油相和气相的黏度，mPa·s；P 为压力，MPa；g 为重力加速度，9.8m/s^2。K 为地层导热系数，kJ/(m·d·℃)；T 为温度,℃；ρC 为地层岩石的热容，kJ/(m·℃)；S_o 和 S_s 分别为油和蒸汽的饱和度，小数；H_o 和 H_s 分别为油和蒸汽的热焓，kJ/kg；φ 为孔隙度，小数。

2　两相区原油黏度的计算

两相区原油的黏度由 ASTM 标准黏温曲线求得：

$$\mu_o=10^{(10A\cdot(1.8\bar{T}+492)^{-B})}-0.6 \quad (7)$$

蒸汽在不同温度下黏度可由下面经验公式得到：

$$\mu_s=0.00102\cdot\exp(0.0007295T^{1.2244}) \quad (8)$$

由式(7)与(8)可以看出，原油与蒸汽的黏度与温度相关。

根据地层岩石与孔隙流体之间存在瞬时热平衡的假设，对于两相区，可建立如下的能量平衡方程：

$$\varphi[\rho_w S_{wi}H_w(T_i)+\rho_s(\bar{S}_s-S_{wi})H_s(T_i)]+(1-\varphi)(\rho C)T_i$$
$$=\varphi\rho_s\bar{S}_s H_s(\bar{T})+(1-\varphi)(\rho C)\bar{T} \quad (9)$$

油水两相区平均饱和度$\bar{S}_s$可以通过以下公式求得：

$$\bar{S}_s=s_{wf}+\frac{(1-f_{swf})}{f'_{swf}} \quad (10)$$

任一饱和度断面上总流量中的含气率可以用相渗曲线求得：

$$f_s=\frac{\lambda_s}{\lambda_s+\lambda_o}\left(1-\frac{\lambda_o A\Delta\rho g\sin\alpha}{q_t}\right) \quad (11)$$

通过迭代即可以两相区原油与蒸汽的黏度，整个迭代过程可以简述如下：

（1）首先假设两相区前缘的蒸汽饱和度，根据式(10)求得两相区平均饱和度；

（2）根据能量平衡方程式(9)计算两相区的平均温度；

（3）将平均温度带入式(7)，(8)，计算分流量方程，利用图解法计算两相区平均含水饱和度；

（4）重复(1)、(2)、(3)，直至饱和度收敛为止，此时的原油黏度即为所求黏度。

3　模型的求解

对于油相，将式(1)代入式(3)中，可以得到：

$$\frac{d^2P}{dL}=0 \quad (12)$$

在注入速度 v 的条件下，可以得到指进前沿处油相压力：

$$P_o=P_2-(\rho_o g\sin\vartheta)L-\frac{v\mu_o L}{K} \quad (13)$$

同样能够得到指进前沿处水相压力：

$$P_s=P_2-(\rho_s g\sin\vartheta)L-\frac{v\mu_s L}{K} \quad (14)$$

由于蒸汽与油相的渗透阻力不同，油相与水相的驱替速度不同。当 $v_w<v$ 时，指进会得到有效的抑制；当 $v_w=v$ 时，指进会保持在原来的状况不再发展；当 $v_w>v$ 时，指进会变得更严重。

当 $v_w>v$ 时，指进小瘤的相对运移速度为 $v_{\Delta L}$，由于驱替前沿出水相和油相压力相同，由式(12)、式(13)和式(14)可得：

$$v_w=v\frac{\mu_o}{\mu_s}+\frac{\Delta\rho g\sin\theta K}{\mu_s} \quad (15)$$

所以，指进小瘤的相对运移速度为：

$$v_{\Delta L}=v_w-v=v\left(\frac{\mu_o}{\mu_s}-1\right)+\frac{\Delta\rho g\sin\theta K}{\mu_s} \quad (16)$$

4　蒸汽驱指进情况的分析

根据式(16)对稠油蒸汽吞吐黏性指进进行分析。所用的基本参数如下：地层温度 40℃，地层原油黏度 100mPa·s，地层渗透率 1μm^2，油藏倾角为 15°，蒸汽的注入温度为 150℃，油藏的驱替速度为0.1cm/s。

4.1 蒸汽降黏特性对指进的影响

蒸汽驱过程中，原油由于温度的升高黏度下降，通过对原油黏度的修正，描述了在考虑降黏和不考虑降黏两种情况下黏性指进的不同(图2)，从图2可以看出，考虑降黏特性的指进程度较轻，这说明蒸汽的降黏作用对指进的发展有抑制作用。

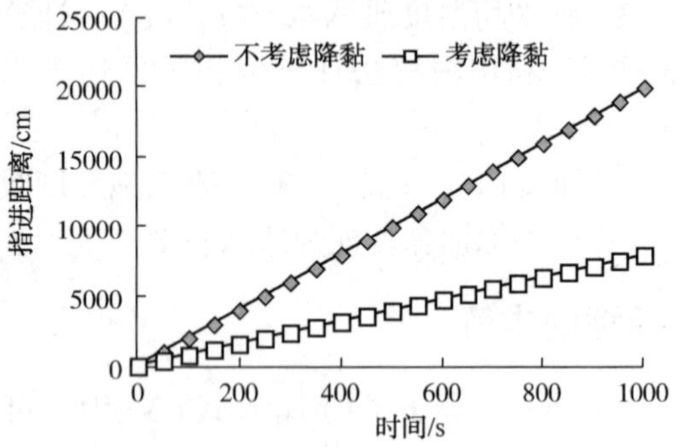

图2 蒸汽的降黏作用对指进的影响

4.2 蒸汽温度对指进程度的影响

图3是表示不同温度条件下的指进情况，可以看出，在较高蒸汽温度的情况下，指进明显减轻，这是因为在较高的温度下，原油黏度较低，公式(16)第一项会减小，在第二项不变的情况下，指进速度增长较慢。因此，稠油蒸汽驱油过程中应尽量提高蒸汽温度。

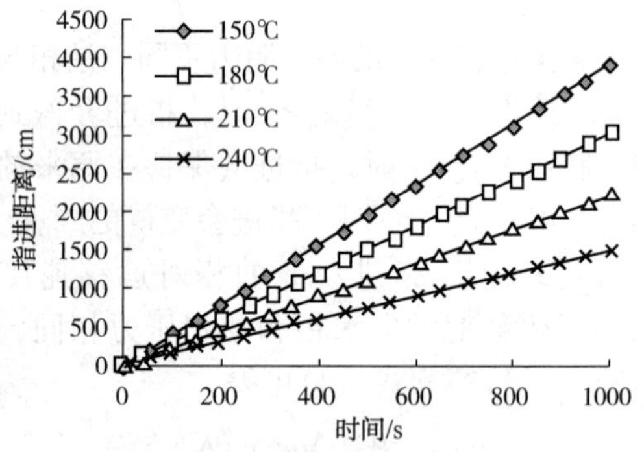

图3 不同蒸汽温度对指进的影响

4.3 蒸汽干度对指进程度的影响

图4为不同蒸汽干度条件下指进的情况，从图4中可以看出，干度越大指进越小。高干度的蒸汽热焓值高，原油的降黏作用明显，能有效减缓指进。因此，稠油蒸汽驱油过程中应尽量提高蒸汽干度。

4.4 驱替速度对指进程度的影响

图5为不同驱替速度条件下的指进情况对

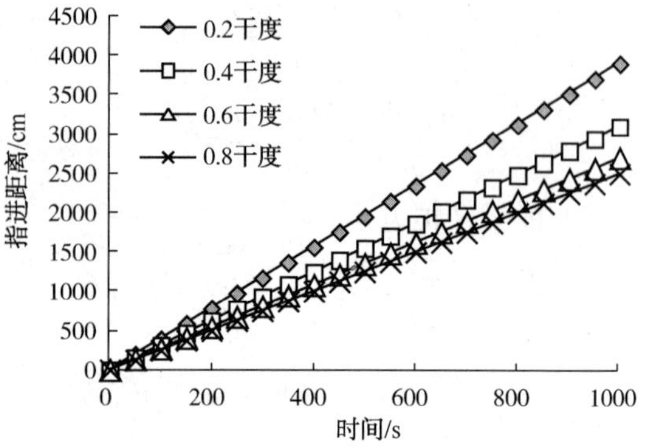

图4 不同蒸汽干度对指进的影响

比，从图中可以看出，驱替速度越大指进情况越严重。根据公式(23)可以看出，指进速度越大，指进小瘤的相对运移速度越大。为了控制指进，应该保持在一定驱替速度之内。

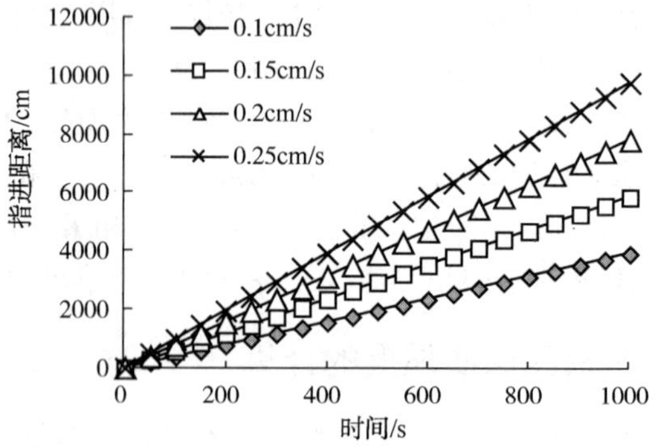

图5 不同驱替速度对指进的影响

5 结论

(1) 蒸汽在驱替过程中大大降低了原油黏度，有效的减缓了指进。

(2) 蒸汽的温度越高，干度越大，原油的降黏效果更加明显，指进程度更轻。

(3) 驱替速度大油层指进现象严重，为了有效控制指进，驱替速度应该保持在一定范围之内。

参 考 文 献

[1] Colins R E, Flow of Fluids Through Porous Materials[M]. Beijing: Petoleum Industry Press, 1984.

[2] Lei Timan, Meng Xuhui, Guo Zhaoli. Numerical Study on Viscous Fingering of Reaction Fluid in a Microchannel[J]. Chinese Journal of Computational Physics, 2016, 33(1), 30-32.

[3] Saffman P G, Taylor G. The penetration of a fluid into a porous medium or hele-shaw cell containing a more vis-

cous liquid[J]. Proceedings of the Royal Society of London. Series A. Mathematical and physical Sciences, 1958, 245(1242): 312-329.

[4] Kopf-Sill A R, Homsy G. Nonlinear unstable viscous fingers in hele-shaw flows experiments[J]. Physics of Fluids, 1988, 31(2): 242-249.

[5] Pihler-Puzović D, Illien P, Heil M, et al. Suppression of complex fingerlike patterns at the interface between air and a viscous fluid by elastic membrances[J]. Physical review letters, 2012, 108(7): 074502.

[6] Al-Housseiny T T, Christov I C, Stone H A. Two-phase fluid displacement and interfacial instabilities under elastic membranes[J]. Physical review letters, 2013, 111(3): 034502.

[7] Mora S, Manna M. Saffman-talor instability for generalized newtonian fluids[J]. Physical Review R 2009, 80(1): 016308.

[8] Mora S, Manna M. Saffman-talor instability of viscoelastic fluids: From viscous fingering to elastic fractures[J]. Physical Review R, 2010, 81(2): 026305.

[9] Martyushev L, Birzina A. Morphological stability of an interface between two non-newtonian fluids moving in hele-shaw cell[J]. Physical Review E, 2015 91(1): 013004.

[10] Hu Jiangping. Numerical Investigation of the Two-phase Displacement in the Hele-Shaw Cell and Porous Media[D]. He fei China: University of Science and Technology of China, 2015.

稠油降黏冷采技术在临盘油田的应用

宋秀梅　刘冬炎　王冬梅　陈学敏　李　鹏

(中国石化胜利油田分公司临盘采油厂工艺研究所)

摘　要　临盘油田稠油主要为普通稠油，储量大，占比高。由于油水黏度比大，综合含水高，采油速度低，稠油降黏冷采挖掘潜力大。针对目前稠油油藏油水流动差异大、产能低、常规冷采生产困难的实际问题，引进应用了乳液降黏剂、微生物、油溶+液态二氧化碳等降黏吞吐技术，取得了明显的降黏增油效果和显著的经济效益，并初步建立了适合不同类型油藏的降黏技术体系，为今后如何有效提高稠油油藏开发效果提供了积极的借鉴作用。

关键词　稠油；降黏吞吐；乳液；微生物；油溶+二氧化碳；经济效益

1　稠油现状

1.1　基本现状

临盘油区稠油以普通稠油为主，地层原油黏度50～247mPa·s，地面原油黏度320～4600mPa·s。共计29个单元，主要集中在盘一，盘二，大芦家浅层，临十三，赵家等区块，地质储量6411×10^4t，占总储量的22%，采出程度24.56%。普通稠油开井351口，单井日油1.5t/d，由于油水流度差异大，含水高于稀油油藏6%，采油速度低于稀油油藏0.11%。另外，部分稠油井还因油稠多次卡停无法正常生产，储量失控严重(表1)。

表1　稀油与稠油油藏开发情况对比

油藏类型	标准	油井井数/口	开井数/口	日液水平/t	单井日液/t	日油水平/t	单井日油/t	综合含水/%	采油速度/%	采出程度/%
稀油	地层黏度小于50 mPa·s	2171	1941	24453	12.6	2968	1.5	87.86	0.46	23.96
普通稠油	地层黏度大于50 mPa·s	407	351	8835	25.2	529	1.5	94.01	0.35	24.23
合计	2578	2292	33288	14.7	3497	1.5	89.49	0.45	24.18	

1.2　治理现状

由于临盘油田的稠油黏度不是很高，过去采取的主要是维护性降黏冷采措施：(1)作业开井时采用3%降黏剂循环洗井一周后再开井；(2)根据载荷、功图变化情况套管定期添加降黏剂或热洗；(3)尽量加深泵挂、调小冲次。随着生产的不断延长以及对稠油开发认识的不断加深，技术人员越来越意识到，过去的老方式仅仅能够降低井筒内的原油黏度，保证地层原油流至井筒后可以正常举升到地面，而地层内原油黏度依然很高，重质组分得不到启动，油水流度差异得不到有效改善，导致近井地带堵塞不出油、含水高、采出程度低、采油速度低等系列问题。同时，井筒降黏也存在效率低、效果差等不足，没有从根本上解决稠油井卡停、低效等现场问题。

随着科学技术的持续发展及技术人员的不断探索，自2020年开始，临盘油田在综合考虑油区断块复杂破碎、物性差异大、敏感性强等地质特征的前提下，引进应用了乳液降黏剂、微生物、油溶+二氧化碳等多项降黏吞吐技术体系，从井筒延伸到地层，经过现场实践取得显著增油效果，并初步探索出一套适合不同类型油藏的降黏技术体系，大大提高了稠油油藏开发效益。

2 降黏吞吐技术原理

2.1 稠油降黏吞吐必要性论证

稠油是指含有高胶质沥青质的高黏度原油，稠油中胶质、沥青质形成的结构造成的黏度异常反映了稠油油藏的特性，对稠油在地层中的渗流特征有非常重要的影响。借鉴其他油田研究结果表明，随着油样中所含稠油比例增大，多孔介质中油样的非牛顿渗流特征增强，且渗透率越小，油样的非牛顿特性表现越明显；随着油样中稠油比例增大，水相相对渗透率迅速增大，而油相相对渗透率急剧降低，导致开采效果变差，且对低渗油藏影响大于对高渗油藏的影响。随着被驱替油样中稠油比例增加，产出液中含水率上升速度加快，且渗透率越低，含水率随采出程度增加上升速度越快。此外，部分稠油因胶质沥青质中极性物质的作用，在多孔介质内大量吸附，堵塞渗流孔道，最终导致原油的流动能力明显降低。

由此可见，稠油与低渗油藏一样，在地层中流动时具有非达西特征，存在启动压力梯度，且黏度越高，启动压力梯度越大，非牛顿渗流特征越强。只有改善地层内原油的流体性质(即降低原油黏度)，或提高驱替压力(即增大生产压差)，才能更好地提高稠油油藏开发效果。

稠油降黏的方式主要分两大类，热采和冷采。热采一般费用都比较高，适合于常规工艺无法开采的特超稠油，而对于我厂这样的普通稠油，冷采即可满足生产需求。综合对比各种冷采工艺，我们优选了工艺简单、价格低廉的降黏剂吞吐、微生物吞吐、二氧化碳增能吞吐等降黏冷采技术开展矿场试验，通过向地层注入药剂，对近井地带一定半径范围内的地层进行降黏预处理，改善近井地带原油流动特性，由非牛顿流体变为牛顿流体，近井地带堵塞状况得到缓解，也相当于加大了生产压差，有利于启动更多的稠油，从而获得较长有效期和可观的经济效益。另外，二氧化碳辅助增能技术本身相当于增大了驱替压力，进一步提高了稠油开发效果。

2.2 乳液降黏剂降黏机理

该技术是采用乳液复合降黏体系，通过溶解、乳化降黏、降低油水界面张力，达到提高采油效率的目的。该技术是以具有特定表面活性的乳状剂将油溶性降黏剂配成乳状液，将其注入井下，乳状液破乳后油溶降黏剂与稠油作用，降低稠油黏度，黏度降低的稠油易被乳化，因而可达到很高的降黏效率。该复合降黏体系兼具油溶性降黏剂和水溶性降黏剂的技术优势，摈弃两者不足，大大提高了传统降黏剂的应用功效。技术要求是所选降黏吞吐井必须先做降黏率实验。参照 Q/SLCG 0255—2018《稠油冷采吞吐降黏剂技术要求》标准，原油黏度>10000mPa·s时，降黏率≥80%；5000~10000mPa·s时，降黏率≥70%；<5000mPa·s时，降黏率≥60%。我厂原油黏度一般在5000mPa·s以内，降黏率达到60%即可。

2.3 微生物降黏机理

该技术是通过油井井筒向地层挤入微生物和激活剂，利用微生物及其代谢产物作用于原油和储层，从而提高单井产能。微生物降黏机理主要有：(1)利用微生物自身的代谢降解作用将大分子的烃类转化为低分子烃类，而降低稠油的黏度；(2)微生物代谢产生的生物表面活性剂与稠油相互作用，能够乳化原油、降低油水界面张力，从而改善稠油的黏度；(3)微生物代谢产生的 CO_2 可增加油层的压力，增强原油的驱动力；(4)微生物代谢产生的有机酸、聚合物等可改善稠油的性质，将固结的稠油分散成液滴状，便于开采集输；(5)对稠油组分进行生化活性的酶改进，从而改善稠油的黏度。该技术具有稳定性高、成本低、无二次污染、产出液后处理容易、操作方便、有效期长等优势。

2.4 油溶+二氧化碳降黏机理

该技术主要由“油溶降黏剂+液态二氧化碳”组合而成。油溶降黏剂分子与沥青质相互作用，形成了更强的氢键取代了沥青质分子之间原来的氢键，部分拆散了重叠堆积而成的沥青质片状分子聚集体；二氧化碳根据“混相溶解”原理，溶解在稠油中，拉大胶束间的距离，降低胶束间的相互作用力，从而降低原油黏度；两者复合体系协同作用下，稠油降黏率可以达到98.52%；另外，二氧化碳还具有实现原油体积膨胀、溶解气驱、提高地层渗透率、解除无机堵塞、对原油抽提的作用(图1)。

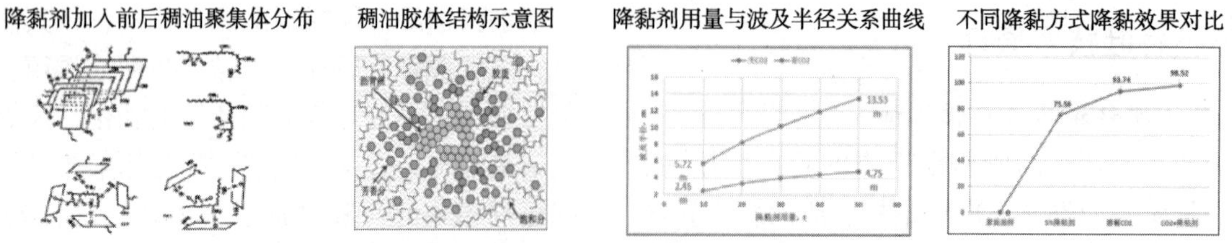

图1 油溶+液态二氧化碳降黏机理表

3 现场应用及效益分析

3.1 现场应用

3.1.1 乳液降黏剂降黏吞吐技术应用

该技术2021年在我厂共实施微乳降黏吞吐措施26井次，累计注入药剂142.1t，累增油3680.7t，投入产出比1：2.5，效果十分显著。

典型区块A：开发层位沙三下，含油面积1.27km^2，地质储量253.6×10^{4}t，油藏埋深1700~1771m，孔隙度29%，渗透率611毫达西，地面原油密度0.964mg/L，地面原油黏度2010mPa·s，油层温度66~78℃，原始地层压力16.5~17.6MPa，边底水活跃能量充足。单元总井数25口，19.7口/km^2，油井19口，开10口，单井平均日液9.9t，日油1.7t，含水83.2%，平均动液面1007m，累油25.2×10^{4}t。注水井5口，开4口，平均日注能力34m^3，累注47.9×10^{4}m^3，采油速度0.31%，采出程度9.93%。

开发主要矛盾：由于油稠、出砂、泥质含量高，近井地带油泥砂堵塞严重，原油流动受阻，长停井、低产低液井多，采油速度、采出程度低。

实施效果：2021年在该块共实施5口井，通过优化吞吐半径，评价筛选高效降黏剂，实现最佳经济效益。措施前日油3.2t，措施后峰值日油7.1t，累增油533t，投入产出比1：2.2。采油速度提高0.07%，采出程度提高0.15%。

(1) 吞吐半径优化：针对本块近井油泥砂堵塞造成的低产低液井和长停井，以近井地带降黏解堵为主，疏通堵塞的油相通道，吞吐半径取3~6米。

(2) 评价筛选药剂：经室内评价，优选浓度8%的乳液降黏剂4现场实施(图2)。

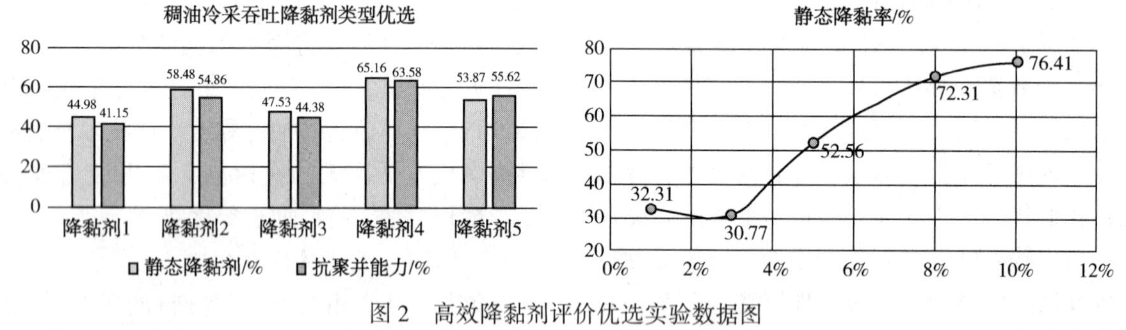

图2 高效降黏剂评价优选实验数据图

3.1.2 微生物降黏吞吐技术应用

典型井例A：所在区块开发层位东二，含油面积0.07km^2，地质储量5.0×10^{4}t，油藏埋深1990m，孔隙度29.8%，渗透率304.7毫达西，地面原油密度0.9901mg/L，地面原油黏度12000mPa·s，油层温度74~80℃，原始地层压力19.6MPa，目前只有这一口井生产，井网密度14.3口/km^2，采出程度1.9%。该井2019年11月投产，生产不足两个月即因油稠卡停关井，2020年6月采取微生物降黏吞吐扶长关，2021年11月补孔后又因油稠卡停，同样采取微生物降黏吞吐措施，两次措施后日油均在4t左右，且有效期长，降黏效果显著(图3)。

3.1.3 油溶+二氧化碳降黏吞吐技术应用

2021年11月以来，在区块B、区块C、区块D等7口井上实施了油溶+二氧化碳降黏吞吐技术，主要解决近井地带堵塞、能量不足等问题，截至目前累计增油970.32t，效果显著。

典型井例B：所在区块开发层位沙二上，含油面积0.21km^2，地质储量8.6×10^{4}t，油藏埋深1562m，孔隙度29.4%，渗透率359.61~1002.3毫达西，地面原油密度0.9655mg/L，地面原油黏度602mPa·s，油层温度63℃，原始地层压力14.98MPa。区块1油2水，井网密度14.3口/km^2。该井生产井段1752.1～1885.16m，厚度63.01m/2层，精密微孔滤砂管完井，泥质含量11.76%～17.82%。2018年5月投产，投产后即低产低液，曾酸化无效。分析认为由于油稠胶质含量高，至滤砂管堵塞，有对应注水井，未见效。2021年12月份实施油溶+二氧化碳吞吐措施，措施前日油1.5t，措施后日油5.5t，日增油4t，累增油248t，投入产出比1：1.9并继续有效，降黏解堵增能效果明显，同时对应水井注水压力有所下降，起到了通过降黏注水引效的作用，缓解了井网注采矛盾，延长了增油有效期，经济效益十分显著。

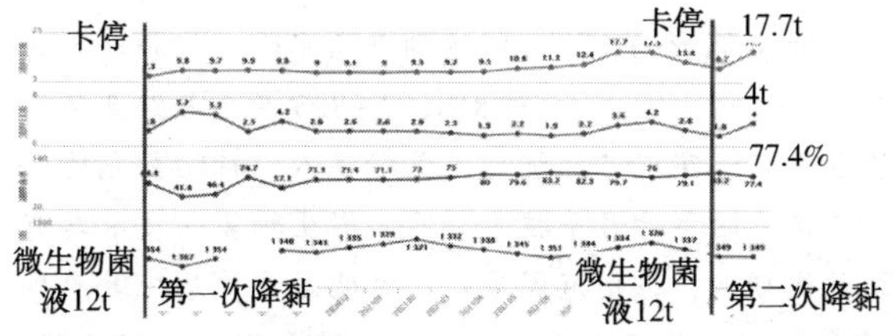

图3　A井降黏效果图

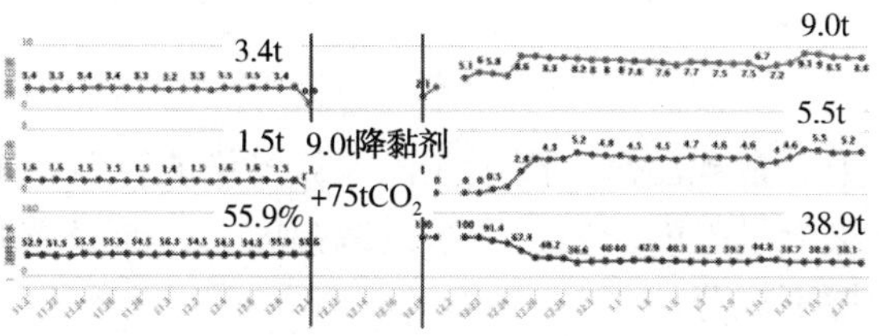

图4　B井降黏效果图

3.2　效益分析

3.2.1　经济效益

截止目前，三项措施共累计增油4651.02t，药剂费用271.94万元。吨油价格按3696.7元/吨，吨油成本按2533.7元/吨，则增油效益=增油量×(吨油价格-吨油成本)=540.9万元，去掉药剂费，净效益268.96万元，投入产出比1：1.99，经济效益十分显著。

3.2.2　社会效益

乳液降黏剂、微生物、油溶+液态二氧化碳等稠油降黏吞吐技术的成功应用，为临盘厂稠油储量的高效挖掘提供了积极的借鉴意义。

4　结论与认识

（1）在临盘油田普通稠油油藏开展降黏吞吐冷采技术应用是可以实现开发效益的。

（2）通过现场实践，初步形成了适合临盘油田复杂断块油藏降黏技术体系：能量充足油藏，运用乳液/微生物降黏解堵技术，疏通近井地带，提高采油速度；封闭小断块/注水见效差的油藏，运用油溶+二氧化碳降黏解堵增能复合降黏技术，提高单井产能。

（3）临盘油田普通稠油油藏储量占比22%，随着油田深入开发，轻质成分先被采出，重质成分比重越来越多，稠油开发难度也将越来越大，该技术必将具有广阔的推广应用前景。

微生物驱油技术研究与现场应用

王美佳　周　杨　代亚男　张德华　方志刚

(中石化胜利油田分公司现河采油厂工艺研究所)

摘　要　A区块B层系受原油黏度高、地层物性差、能量低影响，远未能达到平均水平，需寻求新的技术接替，充分挖掘稠油剩余油开发潜力、提高开发效益。为此，优选A-斜818、A-825两个井组开展微生物驱试验，通过优选药剂、优化方案、监测跟踪、治理异常，实现井组阶梯式平稳注入，持续补充地层能量，扩大波及体积，提高洗油效率，改善开发效果。与传统的稠油开采技术相比，微生物驱油技术具有成本低，注入简单，且微生物体积小，运移能力强，见效周期长；适用范围较广，对地层非均质性敏感性小，不损害地层，不污染环境，可在同一油藏或油井反复使用等优点。通过对区块、流体概况进行了解，对微生物驱油技术机理、适配性等方面研究，优化微生物驱技术在现场的应用，整体实现了A区块B层系开发的提质提效。

关键词　微生物驱；适配性；提质提效

1　区块概况

目前采油厂可动用深层低渗稠油油藏储量216万吨，已动用105万吨，累计采油10.56万吨，采出程度4.89%，是典型的低动用、低采出油藏。如何有效动用这些储量提高资源贡献率，是目前开展稠油油藏矿场攻关的一大难点。

A区块B层系为常温、高压、中孔、中渗透、岩性构造普通稠油油藏，主要为河流相沉积，地质储量372×10^4t。该区B层系储层岩性主要为粉砂岩、粉细砂岩为主，粒度中值为0.09m，岩石主要为泥质胶结，泥质含量11.5%。借鉴相邻区块薄片分析资料，孔隙类型：原生粒间孔、泥质晶间微孔、粒间溶孔、粒内溶孔。粒间孔喉分布均匀，微孔隙发育，填隙物量少，主要为方解石、高岭石、伊蒙混层。孔隙大小在8~62μm之间，喉道大小为5~12μm，一般为点状喉道，个别为片状喉道。A区块B层系的原油密度为0.90~0.97g/cm^3，50℃下脱气原油黏度为2088mPa·s，按照高压物性参数折算地层(65℃，气油比15)原油黏度266mPa·s，原油凝固点9℃，含蜡量7%~11%。地层水为氯化钙型，总矿化度11533~16958mg/L。该层系压力系数为0.93，油层温度65℃，温度梯度则为3.6℃/100m。属常温常压系统。

目前，B层处于低采液量、低采油速度、中高含水。该区块应用多种开发技术：初期压防冷采、常规注汽、高干注汽、氮气增能，但均未解决能量差的矛盾，产量递减幅度大，油藏潜力发挥不充分。

2　开发现状

为改变油井低液低能的状况，在B层系整体部署A-斜818、A-825两个微生物驱试验井组(注入井2口，采油井11口)，井组开发初期A-斜825、A-斜818井组转水驱开发。

A-斜825井组油水井数之比为5∶1，注采井距235~290m，注采井网基本完善，井层对应率91.7%，厚度对应率96.4%。A-斜818井组油水井数之比为6∶1，注采井距210~310m，注采井网完善，井层对应率90.0%，厚度对应率88.7%。注水启动压力5.6~5.87MPa，吸水指数为32.8~54.7m^3/(d·MPa)。两口注水井基本可以满足注入要求。

由两个井组整体生产曲线可知(图1)，两个井组注水初期见效，日油增加12.6t/d，含水降低10%，但产量难以维持，10个月后，含水快速上升至77%，日油逐渐下降，水驱表现为线性水淹。为改善水驱开发中黏度高、油水流度比大、驱替不均衡等一系列矛盾，提高A区块B层储量动用及最终采收率，在B层系A-斜818、A-825两个井组进行微生物驱试验，区块采用内外源复合微生物驱开发方式，利用微生物噬烃降黏，降低油水流度比，从而改善水驱效果。

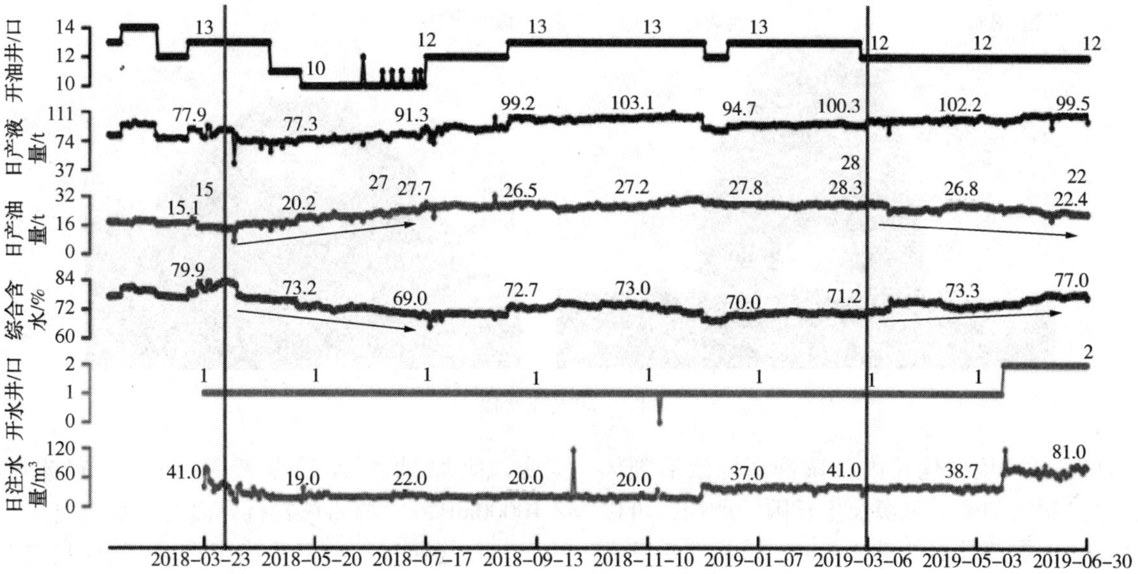

图 1　整体开发曲线

3　微生物驱油

3.1　微生物驱油机理

微生物驱油是利用油藏中活的生命体及其生长代谢活动来提高原油采收率，通过微生物作用于整个油藏，核心是利用微生物噬烃对稠油进行降黏，同时依靠水井注水来建立油水井驱替关系，从而提高驱替效率，改善波及。微生物驱油是一种集调剖和驱替于一体的新型驱油技术。

微生物驱油技术机理主要有以下几方面：

（1）自动寻的：微生物具有主动运移，在油水界面高度富集的特性。以原油碳源为目的自发的运移称为“自动寻的”。“自动寻的”是微生物提高采收率的基础。如图 2 所示，可以看出，随着时间推移，油水界面附近菌体数量大幅增加。微生物可以向剩余油处富集，从微生物初期接触原油，到微生物及代谢产物作用于原油和岩石孔隙表面，最终可达到提高剩余油动用的目的。

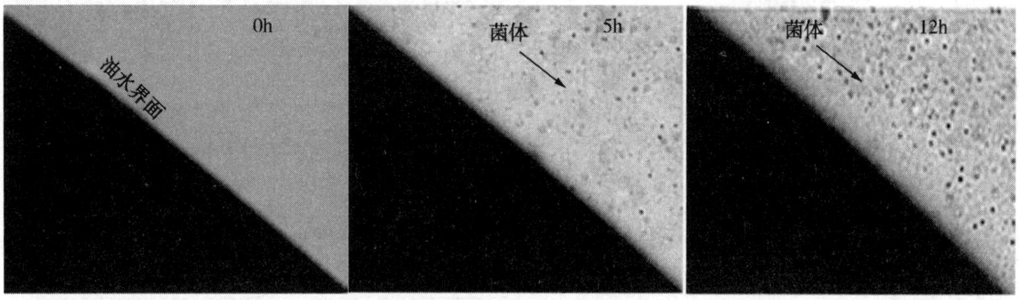

图 2　“自动寻的”微观示意图

（2）降黏：稠油是由于胶质、沥青质等重质组分含量较高从而表现为原油黏度大。而微生物在油藏条件下持续繁殖，可通过对沥青质进行乳化、降解破坏稠油网状结构，降低原油黏度，提高原油流动性；通过嗜烃断键，断裂 C-S、C-N 键，使得大分子烃类转化为低分子烃类，；通过繁殖代谢产生生物气，生物气溶于原油，增大稠油体积，从而达到强化生物降黏的目的。

（3）此外，在微生物及代谢产物的作用下，还可以改变孔道润湿性，使得固体表面润湿性向水湿方向改变（图 3），增加水驱动力。

3.2　A 区块微生物驱适配研究

A 区块 B 层原油平均密度 0.95mg/L，黏度>500mPa·s，酸值 1.38，平均分子量 732。原油组成以 C20-C30 为主，占比约 35%。原油中胶质高，平均 35%；硫含量高，约为 1.14%。A 原油为缔合度较强的普通稠油。

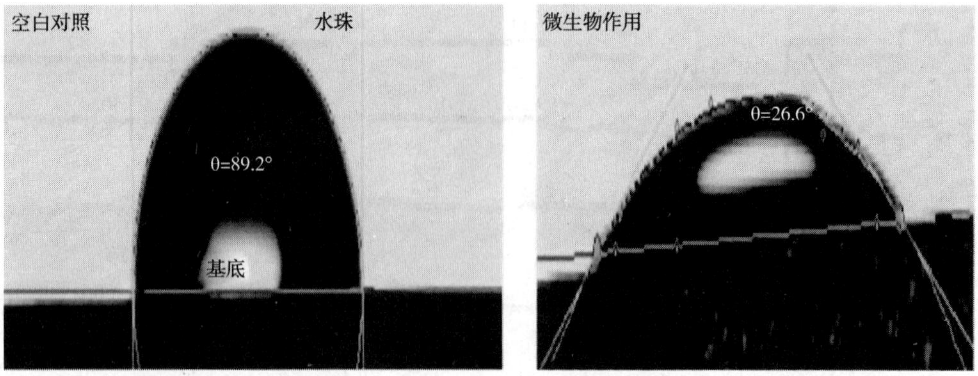

图3　润湿性变化

针对A区块，构建内源菌群调控激活剂体系，通过激活剂碳、氮源及生长因子调控，可以实现不同功能菌针对性激活；同时采用简单碳源实现微生物快速激活，利用复杂碳源实现微生物延时激活。通过优选得到0.3%碳源A作为激活剂体系碳源，乳化能力可达到95%，初步实现菌浓小于10^4个/mL的稠油油藏内源功能菌高效激活。

对于微生物菌液，原则是培育具有降解胶质沥青质、降解C12以上烷烃的嗜烃微生物菌系，可实现胶质沥青质含量大于20%的重质稠油高效降黏；同时筛选培育具有高效润湿反转性能菌株，可改变岩石润湿性，使得由亲油向亲水转变，使原油更容易从壁面剥离。实现小于10000mPa·s稠油在岩石界面的有效剥离。

最终通过室内实验确定采取0.6%高效激活剂+0.5%外源菌的的内外源复合驱油体系，不仅提升微生物激活和产气的能力，同时降低原油黏度，提高体系的润湿剥离效果。

4　微生物驱开发效果评价

A区块B层系试验井组微生物驱实施后，整体液量提升，由100t/d提高到127t/d，日油由23t/d升至30t/d，含水稳定在75%～77%（图4）。转微生物驱后生产465d，累增油3271t。具体从五个方面反映：

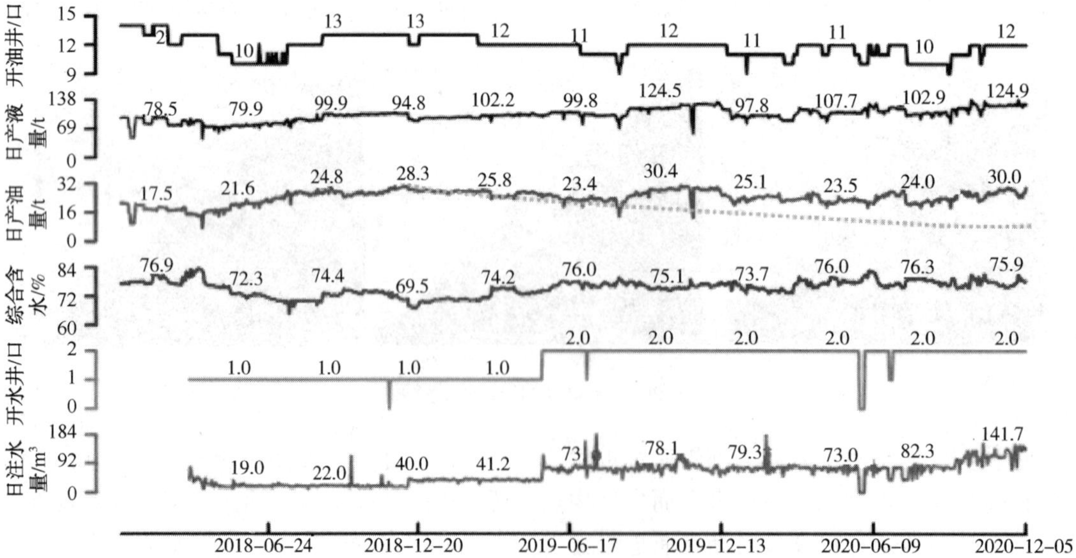

图4　整体开发曲线

（1）产出液菌浓明显升高。转微生物驱前，产出液整体菌浓较低，后期通过激活剂定向激活，产出液菌浓上升至10^6～10^7个/mL。

（2）外源菌明显增加。A沙四为热采区块，注水时间较短，内源群落尚未稳定；通过向油藏注入外源菌，转微生物驱后定向激活，外源噬烃功能菌很快成为地层优势菌。

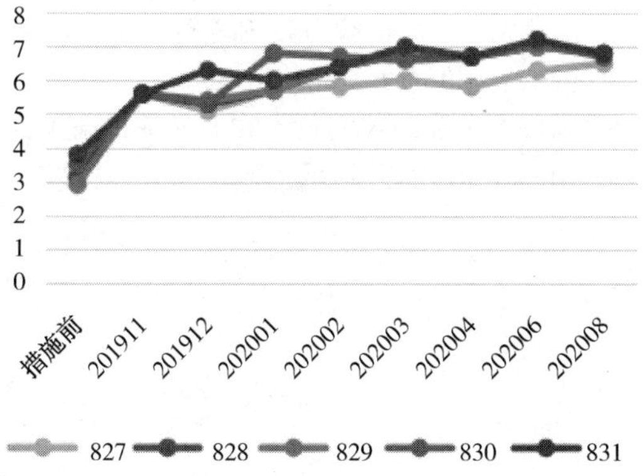

(a)斜825井组产出液菌浓

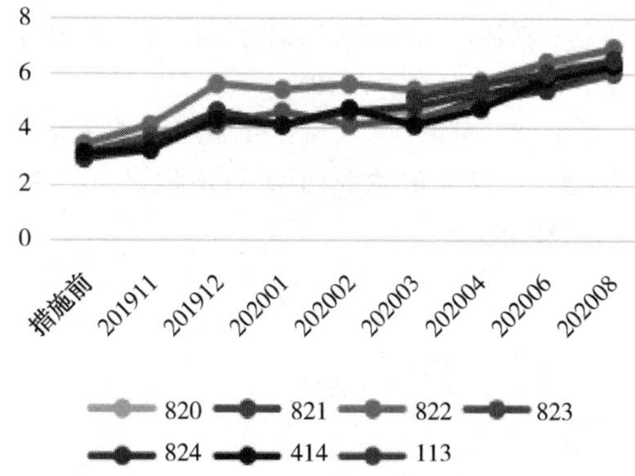

(b)斜818井组产出液菌浓

图5　菌液浓度变化

（3）原油黏度降低。试验两个井组，A-斜825和A-斜818井组井口原油黏度下降幅度5%～45%。首先下降的是原水驱高含水的油井，其次逐步扩展到其他井。斜825井组中，A-斜831井（含水90%）由1152mPa·s下降到405mPa·s，下降幅度65%；A-斜829井（含水65%）由1375mPa·s下降到746mPa·s，下降幅度38%。

（4）改善油水井间不均衡驱替。因原油黏度的下降，地层流动系数和油水井间流动势增加，测算后：原高流动势的区域（高含水井）增加幅度50%左右，原低流动势（低液低含水井）区域增加幅度122%以上，高的达到300%。因此，微生物驱向水驱不见效井扩展。示踪剂监测显示，油井由水驱时单向受效转为多向受效。

实施微生物驱后，井间流动系数明显改善，试验井组的A-斜829、A-斜827井提高幅度较大，日液水平上升，含水稳定，日油达到4t/d以上。（计算水驱与微生物驱前后的流动系数，原不见效方向的提高幅度大，如斜827井方向提高300%，斜829方向提高122%）。而原水驱见效方向的油井也出现分化：A-斜831井流动势变化不大，所以基本保持稳定；A-斜828井因两个方向油井见效，压力场变化，导致本井的流动势反而下降21.8%，对应生产状况也发生变化。热采后地层亏空，油井液量低，转微生物驱后，液量上升，含水得到有效控制。目前含水阶段下，单井液量低制约了微生物驱的开发效果。

提高注水量补充地层能量后，油藏开发效果得到改善。A-斜818井组：水井A-斜818井微生物驱后，连续上调配注，由50m^3/d连续上提配注至100m^3/d，油井A-824开发效果持续改善。含水由80%下降至75.3%，日油水平由2.3t/d上升至4.2t/d。

5　认识与结论

（1）微生物具有主动运移，在油水界面高度富集的特性。对沥青质进行乳化、降解破坏稠油网状结构，降低原油黏度。同时微生物及其代谢产物可改变孔道润湿性，增加水驱动力。

（2）最终通过室内实验确定采取高效激活剂+外源菌的的内外源复合驱油体系，提升微生物激活和产气的能力，同时降低原油黏度，提高体系的润湿剥离效果。

（3）微生物驱开发能够有效降低原油黏度，改善油水井间的不均衡驱替。但补充地层能量是改善油藏开发效果的保障，但现开发井网不完善，纵向的层间矛盾突出，导致油藏开发整体效果不高。

参　考　文　献

[1] 杨剑，马健，苏琪，等．南梁延10层低成本微生物驱油技术研究与应用[J]．石油化工应用，2021，40(7)：52-58.

[2] 孙刚正，胡婧，刘涛，等．油藏物性及采出程度对内源微生物驱油效果的影响[J]．油气地质与采收率，2021，28(2)：41-48.

[3] 冯庆贤，杨怀军，Nazina T N，等．孔店油田本源微生物驱油先导试验研究[J]．石油勘探与开发，2005，32(5)：125-129.

[4] 伍晓林，石梅，侯兆伟，等．以烃为碳源的微生物驱油微观机理探索研究[J]．大庆石油地质与开发，2003，22(4)：56-57，60.

[5] 郭辽原，张玉真，杨年文，等．邵家油田沾3块内源微生物驱激活剂优化及现场试验[J]．油气地质与采收率，2012，19(1)：79-81.

[6] 王慧，宋智勇，郝滨，等．微生物驱产出液群落结构与现场生产动态的关系[J]．石油学报，2013，34(3)：535-539.

[7] 赵凤敏，王春光，李基昌，等．罗家油田罗801块微生物驱矿场试验[J]．油气地质与采收率，2002，9(6)：640-661.

[8] 钱玲．示踪剂监测技术在奈曼油田奈1区块的应用[J]．化工设计通讯，2020，46(1)：245-246.

注汽锅炉烟道气辅助稠油吞吐工艺技术研究与应用

王　远　王　建　周承诗　余　芳

（中国石化胜利油田分公司鲁胜公司）

摘　要　针对热采稠油进入多轮次吞吐开发阶段，普遍存在吞吐轮次高、加热半径受限、井间剩余油难于采出、周期产油量和油汽比递减快、单纯注汽采收率低、烟道气污染环境等问题，提出注汽锅炉烟道气辅助稠油吞吐工艺技术。通过将燃气锅炉产生的烟道气经换热器换热，经滤器分离出其中的烟尘、液体，深度脱水后进入增压机进行加压，最终从油套环空伴注蒸汽进入油层。烟道气中二氧化碳与原油互溶性好，溶于原油可以降低原油黏度，为提高原油采收率提供驱动力。氮气起增能助排、泡沫调剖作用，并可有效减少热损失，提高驱油效率。林东馆三已实施注烟道气辅助蒸汽吞吐试验18井次，取得较好效果，为下步实现注汽锅炉烟道气资源化利用取得实质性进展。

关键词　烟道气；稠油；吞吐

1　技术背景

注蒸汽热采过程中，注汽锅炉燃烧产生大量烟道气排放到大气，全国每年排放超过 200×10^8 m^3，环保问题突出。如何实现烟道气资源化利用和减排是亟待解决的现实问题。目前烟道气利用主要包括两个方面：一是利用烟道气中的气体成分，二是利用烟道气进行换热。烟道气中氮气含量达80%~90%，二氧化碳含量达10%~15%，利用注氮气膨胀增能和注二氧化碳溶解降黏双重机理，可以实现稠油油藏有效开发。国内外研究结果表明，在蒸汽驱过程中注入部分烟道气，可有效减少热损失，强化地层深部传热，提高驱油效率。因此，国内外相继开展了烟道气减排驱油相关理论研究和矿场试验。

胜利油田稠油油藏以边际稠油为主，热采开发过程中，普遍存在蒸汽热利用效率低问题。热采稠油多数已进入多轮次吞吐开发阶段，吞吐轮次高（平均7轮次以上），蒸汽吞吐加热半径受限（小于60m），井间剩余油难于采出，周期产油量和油汽比递减快，单纯注蒸汽采收率低；蒸汽驱时，蒸汽干度随深度增加而降低，适合埋藏较浅的油藏，由于热损失，制约了蒸汽驱的开发效果，且通过单纯提高蒸汽的注入量来提升热采的增产措施受到经济油汽比的限制。因此，热采稠油油藏需要转换开发方式和提升蒸汽吞吐效果来进一步提高采收率。同时油田热采注汽锅炉200台，年注汽量近800万吨，年消耗天然气6亿标方。2018年底胜利东部注汽锅炉实现气代油，天然气燃料产生的烟道气杂质少，使得烟道气处理工艺相对简单，具备了烟道气资源化利用条件。初步研究表明，燃气锅炉产出2000吨蒸汽可产生约200万标方烟道气，其中含有75%氮气、15%二氧化碳；将烟道气和蒸汽混注进入油层，可扩大蒸汽加热半径，提高驱油效率，增加油层压力，提升热采油汽比。“碳达峰、碳中和”大背景下，中国石化持续推进“能效提升”计划和“绿色企业行动计划”，大幅降低二氧化碳排放强度，加快部署CCUS项目建设，不断提升绿色低碳竞争力。为此，探索烟道气辅助稠油开发的资源化利用，契合中国石化打造世界领先洁净能源化工公司要求，也为油田绿色低碳开发提供了有益的探索和借鉴，具有广阔的推广应用前景。

2　烟道气辅助稠油吞吐工艺技术原理

2.1　增产原理

烟道气主要成分是氮气和二氧化碳等非凝析气体（表1），在稠油中的溶解度比较高，为提高原油采收率提供驱动力；烟道气中二氧化碳与原油互溶性好，二氧化碳溶于原油可以降低原油黏度；烟道气中的二氧化碳溶于地层水形成碳酸，矿物颗粒孔隙变大，提高油层的渗透率，提供采收率。氮气起到增能助排、泡沫调剖作用，并可有效减少热损失，强化地层深部传热，提高驱油效率。

将燃气锅炉产生的烟道气经换热器换热，经过滤器分离出其中的烟尘、液体，再深度脱水后进入增压机进行加压，最终从油套环空伴注蒸汽进入油层(图1)。

表1　烟道气实测组分

序号	组成成分	浓度/%
1	N_2	85.9
2	CO_2	8.7
3	O_2	5.4
4	NO_x	0.006

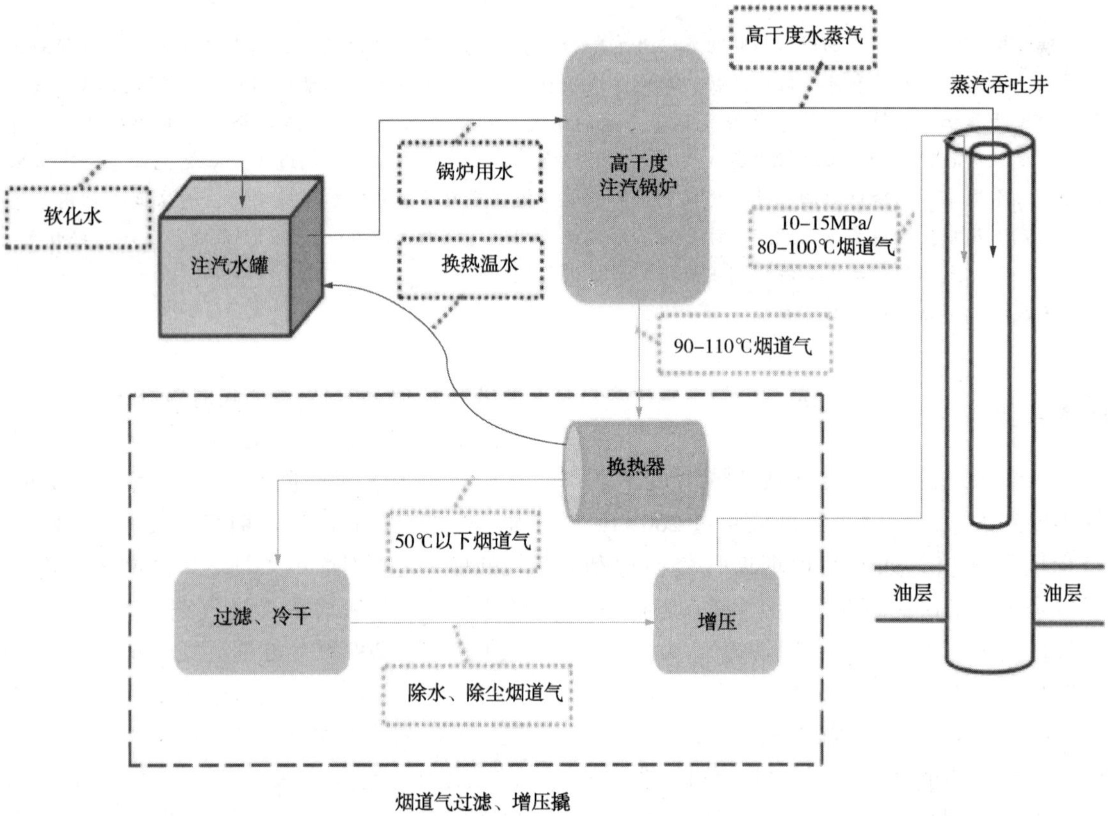

图1　烟道气与蒸汽混注工艺流程图

2.2　强化导热效果

纯蒸汽与冷凝块凝结表面直接接触，而混合蒸汽中烟道气分子聚集在凝结表面附近，形成高浓度烟道气富集层，类似"气膜"；气膜存在一方面增大了蒸汽向冷凝块传热阻力，另一方面降低了凝结表面附近蒸汽有效凝结驱动温差，因此使蒸汽冷凝传热受到抑制。烟道气降低蒸汽冷凝传热系数20%~30%，有效抑制蒸汽在近井地带的冷凝。纯蒸汽注入过程中，蒸汽在近井地带冷凝放热，热波及范围较小。烟道气抑制了近井地带蒸汽冷凝，强化了地层深部传热。

2.3　扩大波及范围

烟道气注入初期携带蒸汽向上运移，促进蒸汽腔纵向发育。注入后期在顶部形成气顶隔热，促进蒸汽腔横向扩展(图2)。

2.4　提高驱油效率

烟道气注入后溶解降黏，易于形成泡沫油，气液协同作用，改善流度比，提高回采原油驱油效率(图3)。

3　应用效果

3.1　基本情况

林东馆三位于林樊家油田东部，林东馆三区块1994年上报含油面积6.1km^2，探明石油地质储量648×10^4t。主要含油层Ng331、Ng332、Ng342，各小层具有独立的油水系统，属层状岩性-构造油藏。该块1999年10月投入开发，2009年12月进行产能建设，主要采用水平井热采开发，目前采油速度 2.0%，采出程度 22.5%，水平井多轮次吞吐后压降速度快，纯油区压降幅度大。目前地层压力 4.3MPa，压降 5.0MPa。随着开发深入，林东馆三处于吞吐中后期，周期日油水平和油汽比均变差，热采效益变差，需要探索新开发策略(表 2)。

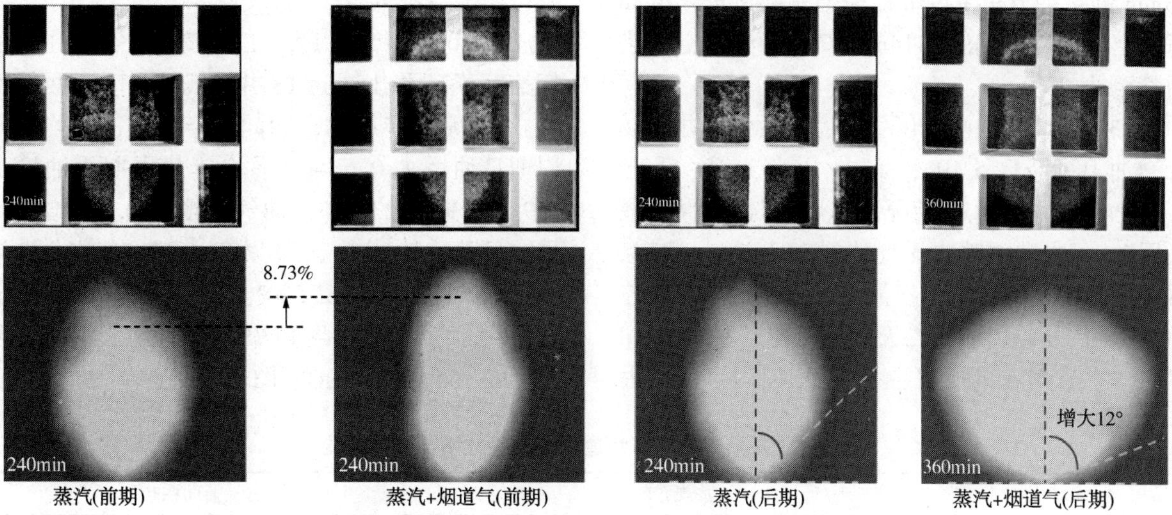

图 2　蒸汽与烟道气混注前后期波及范围对比图

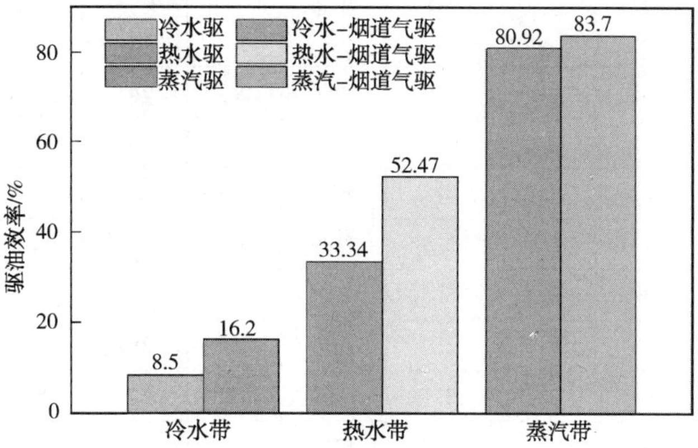

图 3　不同注入方式驱油效果对比

表 2　林东馆三区块开发历程

阶段	时间	开油井/口	定向井/口	水平井/口	注水量/10^4m^3	注汽量/10^4t	含水/%	年产油/10^4t	阶段累油/10^4t	采油速度/%	采出程度/%
直井天然能量	1999.10~2004.6	4	4				34.8	0.129	0.6728	0.09	0.21
直井局部注水	2004.7~2008.11	9	9		6.8		73.6	0.4108	2.7461	0.16	0.63
水平井蒸汽吞吐阶段	2008.12~	47	3	44		37.8608	77.8	2.06	51.58	2.0	22.5

3.2　选井原则

主要遵循以下原则：(1)注入井位于构造高部位，含水相对较低；(2)前期注汽压力低，有一定增压空间；(3)地层温度场已建立；(4)井况较好，无套损等工程问题。

3.3　注入程序设计

(1) 注汽参数：注汽量：2000t；注汽速度：7~12t/h；蒸汽干度：≥80%；焖井时间：3~6 天，依据现场具体情况调整；伴注烟道气 $4\times10^4Nm^3$。

(2) 注汽管柱设计：73mm 丝堵+73mm 倒角油管+注汽节能装置+73mm 倒角油管+注汽节能装置+73mm 倒角油管×55m+注汽节能装置+73mm 倒角油管+注汽节能装置+114mm×76mm 高真空倒角隔热油管+114mm×76mm 高真空隔热油管至井口。

(3) 焖井后放喷制度：注完汽后，焖井 3~6 天，油压低于 5MPa，焖井压降速度低于 0.5MPa/d，根据实际情况调整焖井时间后放喷。先用 2mm 油嘴放喷，无气体时改为 3mm 油嘴，再根据现场实际依次更换油嘴，第一天产液量控制在 20m³/d 以内，第二天产液量控制在 30m³/d 以内，之后产液量控制在 30m³/d 以内，最后去掉油嘴。畅喷至大气压时转抽。放喷阶段每 8h 测量一次产液含砂量。

3.3 取得效果

(1) 经济效益

自 2020 年 5 月起，在林东馆三实施注烟道气辅助蒸汽吞吐试验 18 井次(含 3 口注两轮次井)。与常规转周比，相同生产天数，平均单井周期日油增加 0.6 吨，平均单井周期累油增加 189 吨，提升 23.4%，油气比增加 0.1，增产效果较显著。18 井次阶段累产油 17973 吨，措施投入 2111 万元，按 50 $/bbl 计算，阶段产出 3541 万元，阶段效益 1430 万元，比上周期同期多增效 555 万元(表 3、图 4)。

表 3　常规蒸汽吞吐与烟道气辅助吞吐增产效果对比

吞吐轮次	生产效果	井号	常规吞吐					烟道气辅助吞吐				
			周期生产情况					周期生产情况				
			生产天数/d	峰值日油/t	周期日油/t	周期累油/t	油汽比	生产天数/d	峰值日油/t	周期日油/t	周期累油/t	油汽比
第 1 轮	好	LFL7-P3	287	8.8	3.0	863	0.3	287	12.1	5.0	1436	0.7
		LFL7-P4	301	4.6	1.9	582	0.3	301	11.0	4.5	1357	0.9
		LFL7-P30	182	10.2	3.7	677	0.3	367	9.4	2.9	1057	0.5
		SDB509-1	313	6.6	3.8	1189	0.6	313	11.7	7.2	2255	1.1
		LFL7-P22	80	6.9	5.5	441	0.2	80	10.1	7.3	582	0.3
		LFL7-P7	261	9.1	3.9	1030	0.6	283	7.9	4.6	1309	0.9
	较好	SDB509-P28	298	4.7	3.1	931	0.5	298	8.0	2.7	804	0.5
		LFL7-P46	264	10.0	5.0	1315	1.3	264	14.3	8.0	2104	1.3
		LFL7-P26	217	13.8	4.7	1011	0.4	217	3.4	3.2	687	0.3
		SDB509-P25	99	19.4	7.0	99	0.4	99	10	6.2	612	0.3
		LFL7-NP23	318	15.6	3.8	1209	0.7	318	8.7	3.8	1198	0.6
	较差	LFL7-P6	126	8.2	6.4	805	0.4	126	4.5	3.5	435	0.2
		SDB509-P26	179	11.7	3.6	640	0.5	179	5.3	2.8	498	0.2
		LFL7-P17	266	11.8	4.5	1189	0.7	219	13.9	4.7	1038	0.5
		SDB546-25	200	11.9	4.5	904	0.6	200	5.0	1.7	330	0.2
第 2 轮	较好	LFL7-P4	361	4.6	2.0	708	0.3	361	6.7	2.9	1035	0.5
		LFL7-P3	140	8.8	3.9	549	0.2	140	10	4.6	647	0.3
		LFL7-NP23	67	15.6	6.3	422	0.2	67	11	8.8	590	0.3
平均			220	10.1	3.8	809	0.4	229	9.1	4.4	998.5	0.5

(2) 社会效益

根据采出气量变化及组分分析测算，约有 89%的 CO2(约 20 万标方)可以埋存地下，平均单井减排温室气体 25t，初步实现了烟道气资源化利用，为油田绿色低碳开发提供了有益的探索和借鉴(图 5、图 6)。

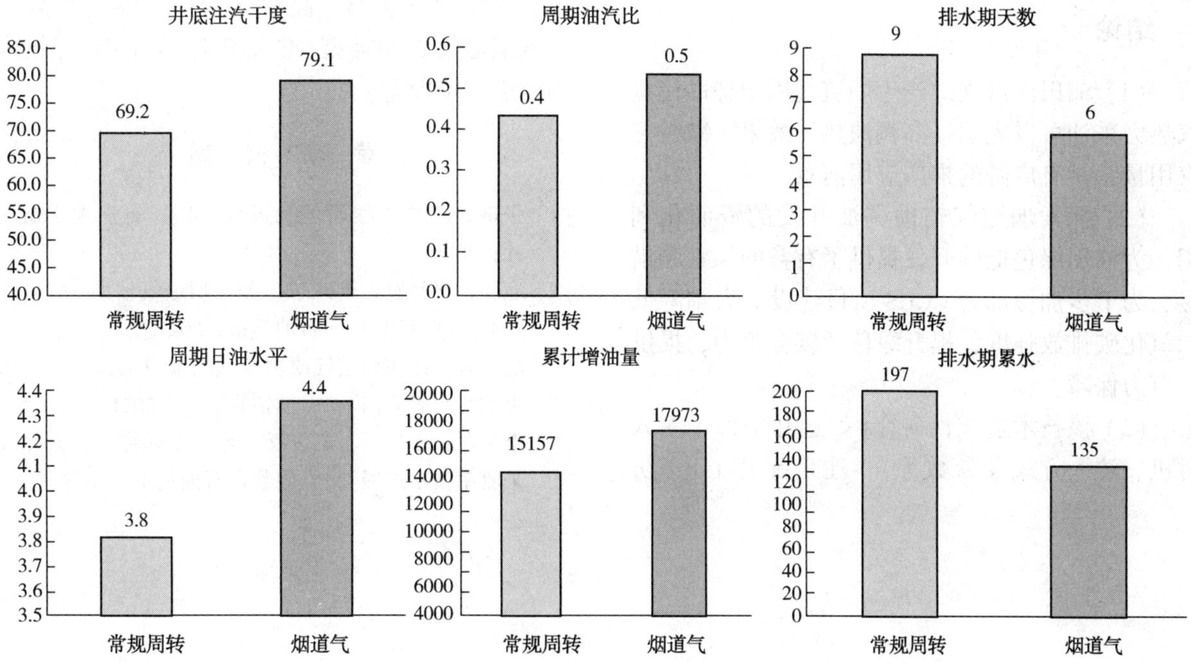

图 4　常规转周与烟道气注入情况及效果对比

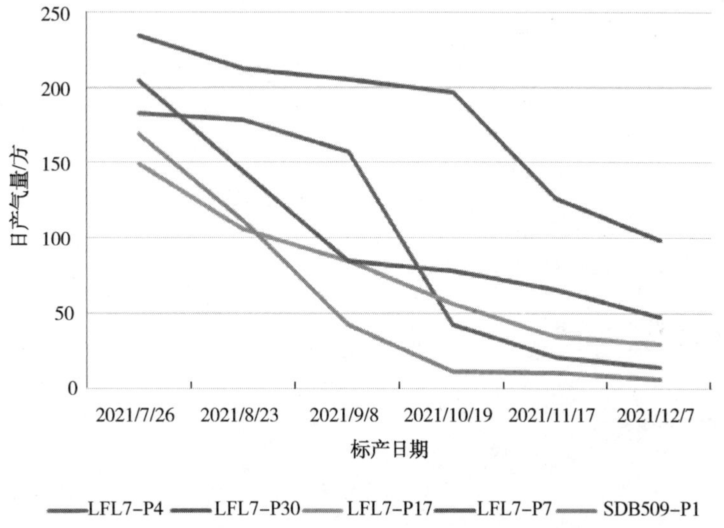

图 5　注入烟道气井产出气量变化曲线

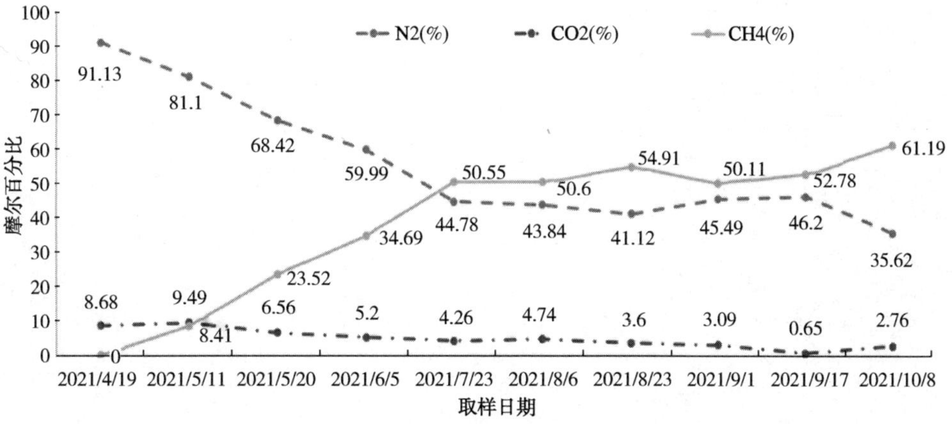

图 6　林 7-平 4 井产出气成分变化曲线

4　结论

(1) 油田注汽锅炉产生烟道气用于辅助注蒸汽热力采油可以大幅提高稠油热采效果、减少蒸汽用量，具有广阔的推广应用前景。

(2) 探索烟道气辅助稠油开发的资源化利用，为油田绿色低碳开发提供了有益的探索和借鉴，为下步加快部署CCUS项目建设，大幅降低二氧化碳排放强度，提升绿色低碳竞争力，提供了有力保障。

(3) 该技术适应性研究(如选井条件、注入时机、注入方式及参数等)、注采配套工艺(防窜、二氧化碳防腐、高含气治理、参数监测)、拓展烟道气试验类型(热复合化学吞吐)等技术仍需进一步探索。

参　考　文　献

[1] 张琪. 采油工程原理及设计[M]，石油大学出版社，2006.

[2] 鹿腾，班晓春，李兆敏，等. 烟道气辅助SAGD蒸汽腔扩展机理[J]，石油学报，2021.

[3] 赵庆辉. 伴注烟道气改善蒸汽辅助重力泄油开发效果的实验研究[J]，石油钻采工艺，2021.

[4] 李平友，王华杰，李俊汉，等. 注烟道气提高原油采收率技术进展[J]，内蒙古石油化工，2018.

微生物采油在浅薄层特超稠油油藏开发中适用性研究与应用

常泰乐　高志卫　杨元亮　包正强　胡春余

（中石化新疆新春石油开发有限责任公司）

摘　要　春风油田排6南区块新近系沙湾组特超稠油油藏埋藏浅、油层薄、地下原油黏度高。开发中受开采方式、边水入侵、底水锥井等因素的影响，造成266万吨地质储量失控。为此先后开展了多轮次微生物采油试验，针对不同吞吐阶段油井微生物采油效果不同问题，深入论证微生物群落特征与吞吐实施效果间的关系，不断对微生物菌种的适用性进行研究，找出一种适用于浅薄层特超稠油油藏的微生物采油技术体系。从2020年现场应用来看，采用内外源复合吞吐体系注入技术，累计产油6863t，平均单井产油458t。与前期单一体系微生物比较，菌浓提升10^2，降黏能力提升11%，平均单井累产油增加246.7t，表明该项技术体系在浅薄层特超稠油油藏开发中可有效降低含水率，提高原油产量，提升最终采收率。

关键词　浅薄层特超稠油；微生物采油；降黏增油；蒸汽吞吐；复合吞吐体系

1　前言

微生物采油技术始于20世纪20年代，国内研发起步相对较晚，开始于20世纪50年代。该技术是将定向筛选的可降解稠油微生物及激活体系或高效生物剂注入地层，通过内外源微生物及其产生的各种代谢产物作用进行强化采油。主要机理有以下两个方面：（1）从微生物自身来说，微生物繁殖呈现指数增长，可以利用其大量的增加个体数量，封堵高孔渗透通道。此外，大量研究认为，原油组分中的沥青质和胶质可以被微生物有效的分解，转换为短链的烃类，使原油中轻组分含量增加，原油更易流动，最终有效地被采出。（2）从微生物代谢产物来说，微生物能分解原油中分子质量较大的烃，释放氮气、甲烷、二氧化碳等气体，这些气体可部分溶解在原油中从而降低原油黏度，增强稠油流动性，排挤出剩余原油，达到有效驱油的目的。而且在微生物激活培养过程中，会代谢出具有表面活性的双亲分子，这类生物表活剂可通过乳化降低稠油黏度，增强其流动性。

2　区块概况

春风油田位于车排子凸起的东北部，储集层系为沙湾组，含油面积42.3km^2，动用储量4790万吨，埋藏深度-420～-610m，砂体平均厚度7.4m，油层厚度3～6m，孔隙度31%～35%，渗透率2～5μm^2，地面原油密度为0.9235g/cm^3，油层温度18～32℃，地下原油黏度50000～90000mPa·s，油藏温度为50℃时原油黏度为4000～7000mPa·s，地层水为氯离子含量为1127.0～7349.0mg/L的$NaHCO_3$水型，矿化度为2974.0～14062.0mg/L。属于薄浅层特超稠油高渗透砂岩油藏。特、超稠油动用储量为5335.3万吨，占公司动用储量的81.4%，年产量92.5万吨，占公司年产量的80.8%，春风油田主要开发技术是HDNS吞吐技术，即水平井-降黏剂-蒸汽-氮气复合开发模式。目前平均吞吐18轮次，最高为35吞吐轮次（图1）随着地层压力下降，边底水突破油水界面发生锥进，造成油井排水期长、末期见水早、周期累产水增加等问题，导致最终采收率较低。根据前人研究微生物采油技术具有廉价、环境友好以及施工工艺相对简单等特点，尤其在原油价格持续走低的情况下，对改善稠油开采效率、提高采收率是一个比较有前景的方向，因该技术在薄浅层特超稠油高渗透砂岩油藏中应用研究较少，为此笔者通过在室内实验研究，对不同类型菌种性能以及相关注入参数与实施工艺进行评价优化，通过现场验证，及时修正相关注入体系，为微生物采油技术在春风油田的高效开发提供技术支持。

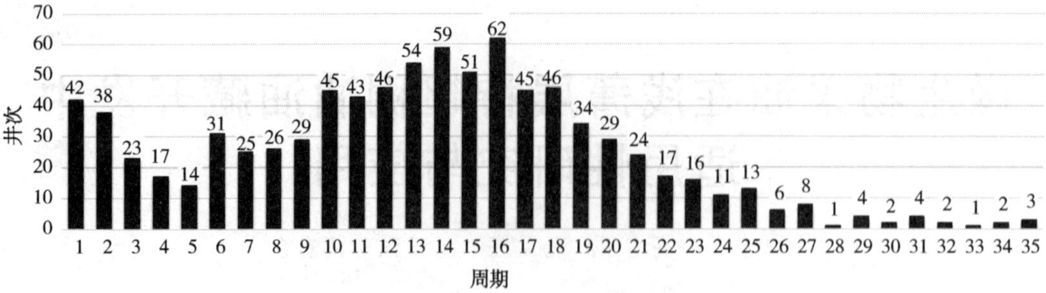

图1　新春公司特、超稠油油井各周期井数分布

3　稠油微生物优势菌种分析

3.1　稠油微生物种类分析

根据稠油微生物采油机理研究来看，所筛选的微生物应具有代谢产生物乳化剂、生物表活剂、生物气的功能，或者对原油尤其原油中的重质组分具有降解功能，从而降低稠油黏度、增强剩余稠油的流动性，最终达到提高稠油采收率的目的。春风油田从2015年~2018年在排6南实施微生物吞吐9口井16轮次，根据产出液研究井间实施效果差异性大，选择实施效果好的P48、P46和实施效果差的P34、P35油井产出液开展研究，分析微生物群落特征与吞吐实施效果间的关系，可以为现场实施提供理论依据，提高实施成功率。通过对以上4口井进行群落结构分析，不同激活剂激活的内源菌呈现群落结构的明显差异(图2)。P34和P35群落结构的优势细菌为芽孢杆菌、优势古菌为甲烷囊菌属，该菌代谢分泌产生大分子类生物乳化剂，由蛋白、多糖和脂类组成乳化指数$EI_{24}=100\%$，可以有效乳化原油，实现乳化降黏，产出的乳化剂随原油采出后原油黏度升高实施有效期短。P48和P46群落结构主要的优势细菌为假单胞菌、优势古菌为甲烷砾菌属，该菌分泌产生以糖脂为主的生物表面活性剂，该代谢产物可以有效有效改变岩石润湿性，由亲油向亲水转变，使原油更容易从壁面剥离，提高油相渗透率。

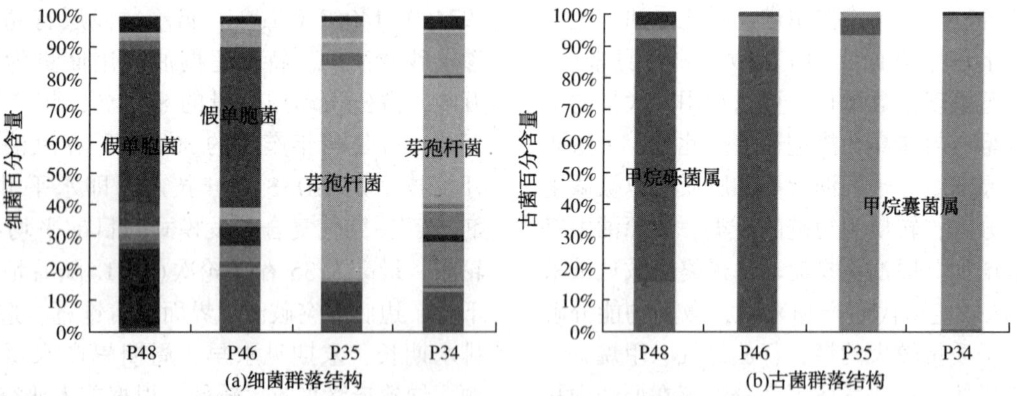

图2　排6南地层内源微生物菌群结构分析

3.2　稠油微生物营养激活剂优化

由于稠油油藏中只有原油、水及少量的无机盐，缺乏微生物生长代谢所需的氮、磷等营养元素。并针对排6南区块试验区经过多轮次蒸汽吞吐，整体菌群数量不高，生长衰亡率快等问题，为了进一步改善开发效果，根据地层水矿物成分等油藏地质特点与油藏开发的实际情况，以及不同组分浓度对激活效果的影响，对配方中碳源、氮源、磷源浓度进行优化。从室内评价结果中可以看出，利用筛选得到的激活剂体系，进行了内外源微生物的激活。结果表明，微生物最高菌浓出现在12天，维持在10^8个/mL高浓度达到36天以上，而常规激活剂只有12天(图3)。利用筛选得到的激活剂体系，进行了内源微生物的激活。激活后菌浓从2.4×10^4个/mL升高到6.2×10^8个/mL(图4)，而且激活后产表活剂和产气

等功能菌成为优势菌，对原油乳化明显，最终确定排6南区块的配方为碳源0.7%+氮源0.3%+磷源0.3%，高效激活剂总浓度为1.3%。

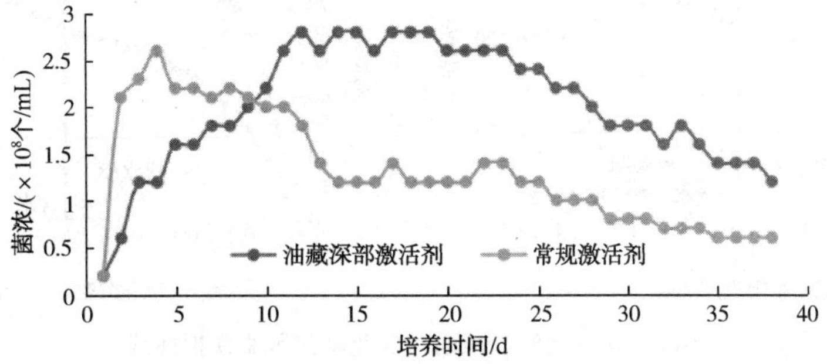

图3　功能性激活剂与常规激活剂激活效果对比

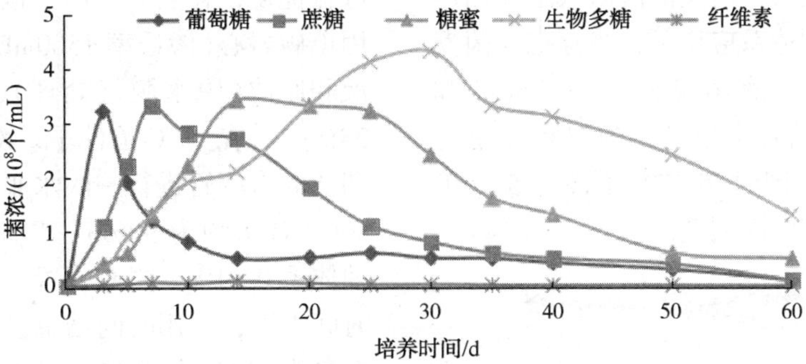

图4　微生物利用功能性激活剂生长曲线

3.3　微生物复合体系优化

3.3.1　采出液群落特征分析

为研究P34、P35等四口井微生物菌种在春风油田排6南油藏中的作用情况，利用胜利油田石油工程技术研究院4注1采模拟微生物吞吐三维物理装置开展产生物表面活性剂及产乳化剂微生物在微生物单井吞吐中的作用效果评价(图5)。在闷井结束二次水驱不同时间点分别检测乳化剂浓度及生物表面活性剂浓度，乳化剂与原油相互作用，随生产时间延长乳化剂浓度快速降低。生物表面活性剂的浓度衰减的较慢，这是由于它大量吸附在多孔介质表面，改变岩石表面的润湿性。

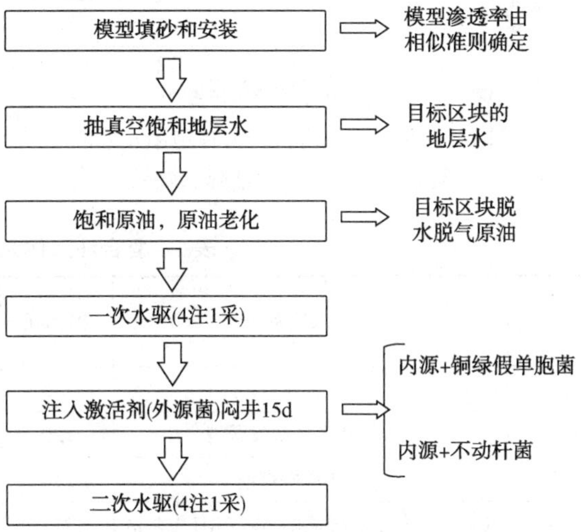

图5　4注1采三维物理模拟微生物吞吐模型试验步骤

根据物模试验结果，以润湿减阻为主的实验体系，含水最高下降10.2个百分点，二次水驱提高采收率7.3%，整体含水明显降低，稳定时间长，而以乳化降黏为主的实验体系，含水最高下降14.5个百分点，二次水驱提高采收率6.2%。结合现场效果看，P34和P35以乳化降黏为主，产出的乳化剂随原油采出后原油黏度升高实施有效期短；P48和P46通过改变岩石表面润湿性，减小原油和固体壁面之间的摩擦，达到润湿减阻的目的，即使后期随着黏度升高，原油依然可以保持一定流动性，单井有效期相对长，但是随着表面活性剂浓度的降低，生产动态逐渐变差。为此，需要开展以润湿减阻为主同时复合长效嗜烃降黏技术才能保证微生物吞吐效果，同时延长有效期(图6)。

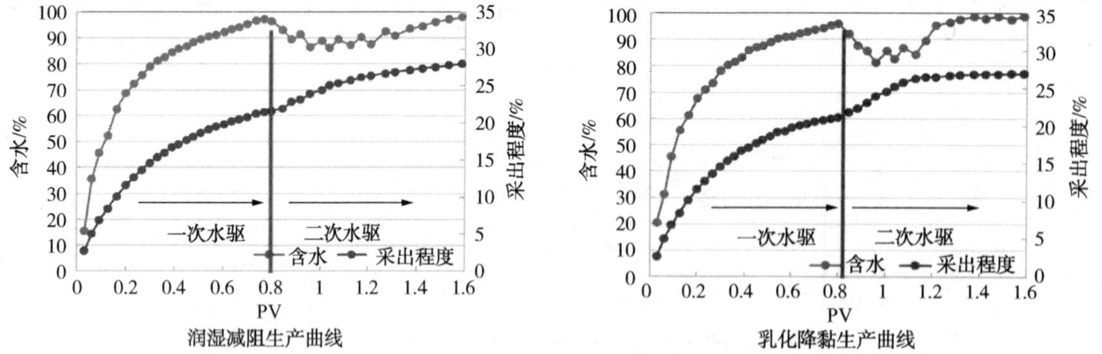

图6　排6南润湿减阻与乳化降黏水驱模拟曲线

3.3.2　复合体系注入浓度优化

针对排6南油藏条件研发的润湿减阻降黏体系，在功能性激活剂体系应用下，当芽孢杆菌发酵液与假单孢菌发酵液用量分别为10wt%和5wt%时，对单井降黏效果显著，静置降黏率达到90%以上(图7)，同时在37℃条件下5天可以将原油完全从玻璃壁面剥离。

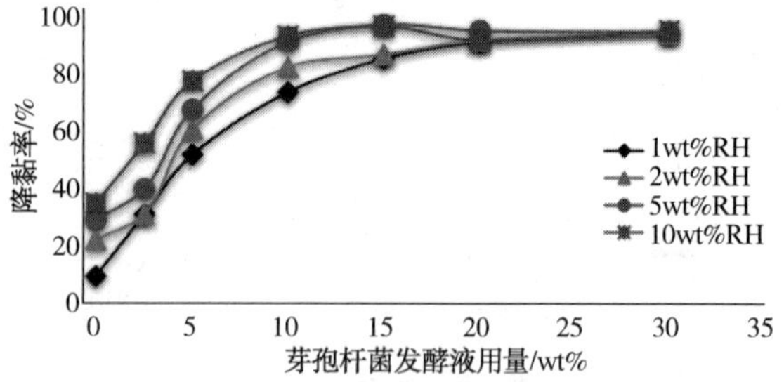

图7　芽孢杆菌发酵液与假单孢菌发酵液复合驱油体系对原油降黏效果

为此我们基于以上研究对复合体系注入浓度进行优化，在实验室内模拟排6南油藏条件，利用填砂岩心(渗透率1500mD)，使用该区块产出液和原油(脱水脱气处理)，岩心管(Φ600mm×38mm)，在37℃条件下。对装填有饱和水，饱和油的岩心管进行一次水驱，一次水驱采出程度30%(含水约为90%)，后对每根岩心管注入驱油体系0.3PV，岩心管置于烘箱静态放置，作用时间1天，作用时间结束以后进行二次水驱，驱替量为3PV(含水98%以上)。通过注入体系的物理模拟实验结果可知，单独芽孢杆菌发酵液(10wt%)和假单孢菌发酵液(5wt%RH)，提高采收率分别为5.1%和1.8%，而采用复合驱油体系可提高采收率11.4%(表1)。

表1　复合注入体系的物理模拟实验结果统计表

编号	注入体系	PV/mL	饱和油/mL	一次水驱/%	二次水驱采收率/%	总采收率/%	提高采收率/%
1	配注水	215	194	46.8	9.7	57.6	-
2	10wt%芽孢杆菌发酵液	220	198	46.6	13.2	62.5	5.1
3	5wt%RH发酵液	218	198	45.9	10.6	58.3	1.8
4	10wt%芽孢杆菌发酵液+5wt%RH发酵液	217	195	46.1	17.9	68.3	11.4

4　现场实施情况

为研究评价内外源复合吞吐体系实际应用效果，2020年使用该方案按照前置液、功能性激活剂段塞、顶替液、微生物菌剂(两种菌)与顶替液的工艺泵注顺序注入，实施完毕后关井焖井反应74天后开井生产，本轮次共实施微生物采油15口，至2021年5月份关井，累计产油6863吨，平均单井产油458吨。对于2020年与2018年均注入微生物的油井，2020年4月份化验菌浓为106~107，较2018年同期有所上升。将注微生物后的黏度与原始黏度相比，开井后平均黏度降低52%，降黏能力较2019年提升了11%。(表2)。2020年排6南微生物效果较好，较2019年实施过微生物油井累产油增加1974吨，平均单井累产油增加246.7吨(图8)。

表 2　不同单一体系与复合体系采出液指标统计表

井号	黏度			菌浓	
	原始黏度	2018 年黏度	2020 年黏度	2018 年菌浓	2020 年菌浓
排 6-平 44	25440	18342	5515	3. 1×10^6	3. 1×10^7
排 6-平 45	17100	8900	6918	1. 1×10^5	7. 5×10^6
排 6-平 46	13140	7778	7407	5. 4×10^5	4. 5×10^7
排 6-平 47	10800	7387	6803	4. 7×10^5	7. 5×10^7
排 6-平 48	16400	9538	9075	8. 8×10^6	6. 0×10^7
排 6-平 49	12800	6590	6307	4. 6×10^5	2. 5×10^7
排 6-平 50	21150	10307		2. 1×10^7	6. 0×10^7

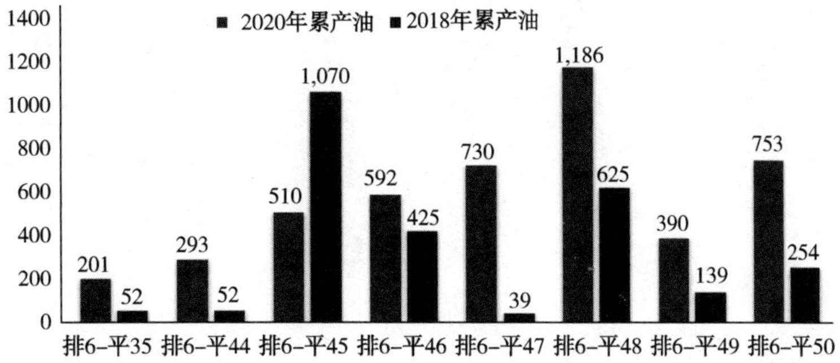

图 8　单一体系与复合体系产油效果对比柱状图

5　结论

（1）通过现场采出液分析，排 6 南主要的优势细菌为乳化作用的假单胞菌与具有降黏作用的芽孢杆菌，但二者均存在一定的缺陷。只有通过以润湿减阻为主同时复合长效嗜烃降黏才能保证微生物吞吐效果，同时可以延长有效期。

（2）由于试验区经过多轮次蒸汽吞吐，整体菌群数量不高，为了进一步改善开发效果，采用功能性激活剂在保证微生物的长时间激活，从室内评价最终确定排 6 南区块的配方为碳源 0. 7%+氮源 0. 3%+磷源 0. 3%，高效激活剂总浓度为 1. 3%。

（3）根据实验室内模拟结果可知，单独芽孢杆菌发酵液（10wt%）和假单孢菌发酵液（5wt% RH），提高采收率分别为 5. 1%和 1. 8%，而采用复合驱油体系可提高采收率 11. 4%。

（4）根据现场试验可以发现采用内外源复合吞吐体系较单体体系注入，在菌浓、降黏率与产油量上效果明显变好，表明该项技术在浅薄层特超稠油油藏开发中可有效降低含水率，提高原油产量，提升最终采收率。

参　考　文　献

[1] 黄世伟，张廷山，霍进，等．稠油微生物开采在新疆油田的现场应用[J]．新疆地质，2006，24(1)：84-87.

[2] 王志瑶，王松，向廷生．新疆油田单井吞吐微生物采油菌种的筛选[J]．石油天然气学报，2008，30(1)：327-328.

[3] 宋智勇，郭辽原，袁长忠，等．微生物驱配气工艺参数优化试验研究——以孤岛中一区 Ng_3 区块为例[J]．石油天然气学报，2009，31(5)：126-129+433.

[4] 王慧，宋智勇，郝滨，等．微生物驱产出液群落结构与现场生产动态的关系[J]．石油学报，2013，34(3)：535-539.

[5] 李彩风，宋永亭，谭晓明，等．激活剂对油藏微生物群落及其驱油能力的影响[J]．西安石油大学学报：自然科学版，2013，28(6)：77-81+98.

[6] 崔庆锋，齐义彬，伊丽娜，等．氯化钙水型油藏内源微生物激活剂研究[J]．科学技术与工程，2015(4)：78-83.

[7] 王学忠，杨元亮，席伟军．油水过渡带薄浅层特稠油微生物开发技术——以准噶尔盆地西缘春风油田为例[J]．石油勘探与开发，2016，43(4)：630-635.

[8] 刘涛，赵凤敏，林军章，等．胜利油田辛68区块内源微生物驱油现场试验[J]．石油与天然气化工，2018，47(2)：71-74.
[9] 王志坚，高志卫，孙立柱，王静．排6南微生物吞吐应用研究[J]．山东化工，2019，48(22)：108-111.
[10] 林军章，汪卫东，胡婧，等．胜利油田微生物采油技术研究与应用进展[J]．油气地质与采收率，2021，28(2)：18-26.
[11] 姚传进，孟祥祥，曲晓欢，等．油藏微生物驱反应动力学模型及数值模拟方法[J]．中国石油大学学报：自然科学版，2021，45(4)：84-91.
[12] 常泰乐，杨元亮，高志卫，等．氮气泡沫在浅薄层超稠油油藏开发中的适用性[J]．新疆石油地质，2021，42(6)：690-695.

超稠油油藏高压大剂量注汽技术优化研究

曲　丽　陈晓春　赵　磊　盖平原　张兆祥　翟　勇

（中国石化胜利油田分公司石油工程技术研究院；中国石化新春开发有限责任公司）

摘　要　超稠油油藏原油黏度高，降黏难度大，开发过程中需要提高周期注汽量，保证足够的注入热量。超破裂压力注汽是一种改善特超稠油蒸汽吞吐开发效果的有效措施：通过高压大剂量注入蒸汽，增大储层孔隙度、渗透率，高效降低原油黏度，提高原油流动能力，进而改善蒸汽吞吐开发效果。现有数值模拟多采用静态孔隙度和渗透率来表征储层物性状态，没有考虑注汽过程中的动态变化。本文利用 Marx-Langenheim 模型计算注入蒸汽的波及范围，再将范围内储层的孔隙度、渗透率进行修正，实现对超破裂压力注汽过程的表征，达到特超稠油油藏超破裂压力注汽的准确模拟。研究表明，注入蒸汽可以提高 15 米以上储层的孔隙度、渗透率，相比常规注汽，波及范围内温度提高 35℃以上，采出程度提高 13%以上，有效改善蒸汽吞吐开发效果。该方法可以准确模拟超破裂压力注汽过程中的储层变化规律，对后续开发策略的制定提供借鉴与指导意义。

关键词　超稠油；超破裂压力；Marx-Langenheim 模型；孔隙度和渗透率；蒸汽吞吐

1　前言

稠油油藏主要以注蒸汽开发为主，岩石孔隙度、渗透率随注入压力的变化而发生改变，一定压力范围内，岩石发生弹性变形，超过临界压力，发生塑性变形。塑性变形会导致孔渗分布、油水分布、温度压力分布进一步复杂化，对热采后的稠油油藏难以形成准确认识，导致油藏模拟难度提高，常规数值模拟方法只考虑弹性变形，没有考虑岩石的塑性变形，无法准确模拟高压大剂量注汽开发，进而影响稠油油藏开发措施的调整以及采收率提高效果的评估。

2　超破裂压力注汽数值模拟方法

2.1　Marx-Langenheim 模型计算波及半径

热能注入速率方程为：

$$E_i = i_s H_m \tag{1}$$

其中，E_i 为能量注入速率；i_s 为注水蒸气的速度；H_m 为水蒸气的热焓。

注入水蒸气热焓方程为：

$$H_m = C_w(T_s - T_i) + xL_v \tag{2}$$

其中，C_w 为水的比热容；T_s 为注入水蒸气温度；T_i 为油藏温度；x 为注入水蒸气干度；L_v 为水蒸气比热容。

顶底盖层热损失速率计算方程为：

$$E_c = 2\int_0^A q_L dA = 2\int_0^t \frac{\lambda_e(T_h - T_i)}{\sqrt{\pi\alpha_e[t-\delta(A)]}}\frac{dA}{d\delta}d\delta \tag{3}$$

其中，E_c 为顶底盖层的热损失速率；λ_e 为顶底盖层的导热系数；T_h 为加热区温度；α_e 为顶底盖层的热扩散系数；A 为加热面积；t 为蒸汽注入时间；$\delta(A)$ 为加热面积扩展前缘对应的时间；q_L 为单位面积上的热损失速率；

储层能量增加速率的计算方程为：

$$E_R = M_R \frac{dA}{dt} h_t (T_h - T_i) \tag{4}$$

其中，E_R 为储层能量的增加速率；M_R 为储层的热容量；h_t 为储层的厚度；

注入热量的速率等于顶底盖层的热损失速率与储层能量增加速率之和，能量守恒定律方程：

$$E_i = E_c + E_R \tag{5}$$

将方程(1)～(4)代入(11)，得到直井开发加热面积计算方程：

$$A(t) = \frac{i_s H_m h_t M_R \alpha_e}{4\lambda_e^2 (T_h - T_i)}\left(e^{t_D} erfc\sqrt{t_D} + 2\sqrt{\frac{t_D}{\pi}} - 1\right) \tag{6}$$

$$t_D = \frac{4\lambda_e^2 t}{M_R^2 h_t^2 \alpha_e} \tag{7}$$

其中，t_D 为无因次时间；erfc(x)为误差补偿函数；

所述误差补偿函数表示：

$$e^{t_D}erfc\sqrt{t_D}=0.25482959y-0.28449673y^2+1.42143741y^3-1.453152027y^4+1.061405429y^5 \quad (8)$$

$$y=\frac{1}{1+0.32759\sqrt{t_D}} \quad (9)$$

若顶底盖层与储层的热物性近似相等，则得到假设方程：

$$\lambda_e=\alpha_e M_R \quad (10)$$

将方程(10)代入方程(6)，得到简化的直井开发加热面积计算方程：

$$A(t)=\frac{i_s H_m h_t}{4\lambda_e(T_h-T_i)}\left(e^{t_D}erfc\sqrt{t_D}+2\sqrt{\frac{t_D}{\pi}}-1\right) \quad (11)$$

储层加热效率计算方程为：

$$E_{hs}=\frac{\int_0^t E_R dt}{\int_0^t E_i dt}=\frac{1}{t_D}\left(e^{t_D}erfc\sqrt{t_D}+2\sqrt{\frac{t_D}{\pi}}-1\right) \quad (12)$$

其中，E_{hs}为加热效率；

储层加热效率可以近似取：

$$E_{hs}=\frac{1}{1+0.85\sqrt{t_D}} \quad (13)$$

直井吞吐加热体积计算方程为：

$$V_{hL}=\frac{i_s H_m t}{M_R(T_h-T_i)}E_{hs} \quad (14)$$

其中，V_{hL}为直井吞吐加热体积；

直井吞吐加热半径计算方程为：

$$r_V=\sqrt{\frac{V_{hL}}{\pi h_t}}=\sqrt{\frac{i_s H_m t}{M_R(T_h-T_i)h_t}E_{hs}} \quad (15)$$

其中，r_V 为直井吞吐加热半径；

如果不考虑顶底盖层热损失，建立加热体积计算公式：

$$V_{hU}=\frac{i_s H_m t}{M_R(T_h-T_i)} \quad (16)$$

其中，V_{hU}为不考虑顶底盖层热损失的加热体积；

水平井吞吐开发中，布井位置靠近储层中下部，顶底盖层热损失介于直井顶底盖层热损失与无顶底盖层热损失之间，建立水平井吞吐加热体积计算方程：

$$\bar{V}_h=\frac{V_{hU}+V_{hL}}{2}=\frac{i_s H_m t(1+E_{hs})}{2M_R(T_h-T_i)} \quad (17)$$

其中，$\bar{V}_h$ 为水平井吞吐加热体积；

水平井吞吐加热半径计算方程为：

$$r_h=\sqrt{\frac{\bar{V}_h}{\pi h_t}}=\sqrt{\frac{i_s H_m t(1+E_{hs})}{2M_R(T_h-T_i)h_t}} \quad (18)$$

其中，r_h 为水平井吞吐加热半径。

2.2 储层参数修改原则

超破裂压力注汽前后储层孔隙度、渗透率发生改变，但改变幅度很难通过现场测试得到，因此利用室内物理模拟方法测量超破裂压力注汽前后储层物性的变化幅度。

岩心孔隙度可以采用体积法计算得到：

$$\phi=\frac{\Delta Q}{A\Delta L} \quad (19)$$

其中，ϕ 为岩心注汽后孔隙度；ΔQ 为通过岩心的流量差。

岩心渗透率可以采用达西公式计算得到：

$$k=\frac{Q\mu\Delta L}{A\Delta P} \quad (20)$$

式中，Q 为通过岩心的流速；k 为岩心注汽后渗透率；μ 为流体黏度；A 为渗流截面积；Δp 为折算压差；ΔL 是两渗流截面间的距离

通过实验得到超破裂压力对储层的影响，以此作为数值模拟中参数修正的原则，修正之后的模型就可以开展超破裂压力注汽数值模拟研究，分析不同参数的影响(图1)。

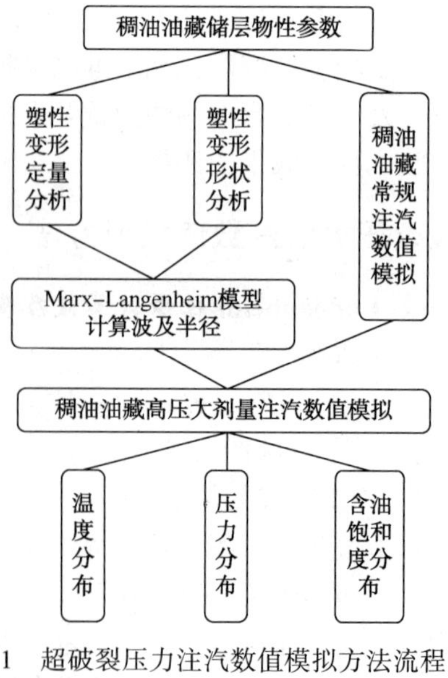

图1 超破裂压力注汽数值模拟方法流程图

3 结果分析

以油田某区块为例，开展稠油油藏高压大剂

量注气开发模拟，该区块埋深较浅(358 米~432 米)，采用水平井开发。由于储层上覆压力较小，超破裂压力注汽过程中容易形成水平裂缝，因此假设数值油藏中储层孔隙度、渗透率的变化范围在水平方向。该区块水平井距离较小，只有 100 米左右，注入蒸汽可以在两井之间形成高渗空间，促进吞吐井之间的热连通，实现区块整体加热与动用。

如图 2 所示，模型修正前，高温区域主要集中在水平井附近，模型修正后，与水平井距离较远区域的温度明显提高，原油黏度明显下降，在水平方向可以提高 15 以上，温度提高 35℃ 以上，说明孔隙度、渗透率的修正可以扩大注入蒸汽的波及范围，提高热效率。

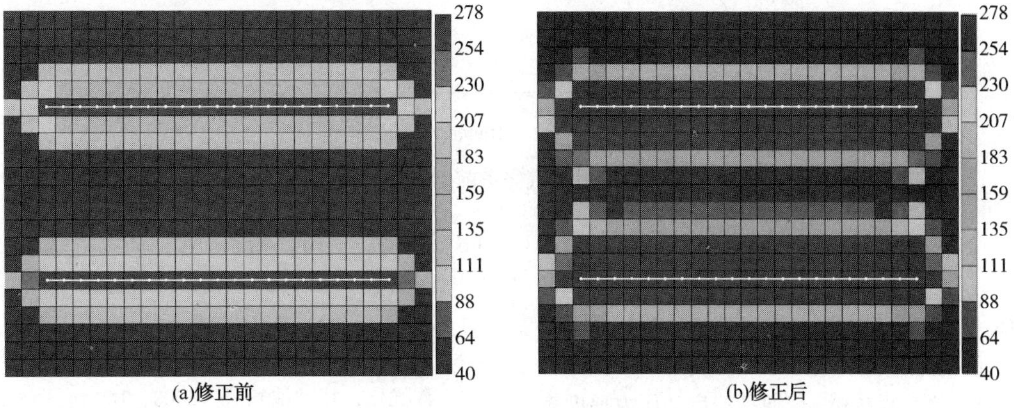

(a)修正前　　(b)修正后

图 2　超破裂压力注汽修正前后温度场图

如图 3 所示，修正储层孔隙度、渗透率前后，近井地带的剩余油饱和度差距不大，说明近井地带波及程度较强，主要受注汽温度、注汽干度等蒸汽本身特性影响，与储层发生的塑性变形关系不大；水平井之间地带的含油饱和度进一步降低，由 0.63 降低到 0.53 左右，泄油半径扩大，说明超破裂压力注汽可以提高累积产油量，改善蒸汽吞吐开发效果。

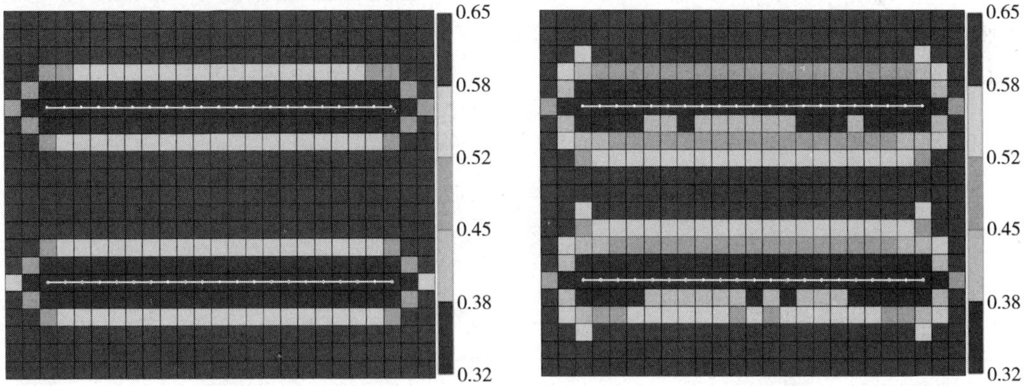

(a)修正前　　(b)修正后

图 3　超破裂压力注汽修正前后饱和度场图

如图 4 所示，修正后的超破裂压力注汽吞吐的开发速率提高，1130 天累积产油 1.72 万吨，修正前的蒸汽吞吐开发采油速度较慢，1470 天累积产油 1.57 万吨，该结果也可以说明，通过超破裂压力注汽，提高储层物性，改善流体渗流能力，可以有效提高蒸汽吞吐开发效果，提高吞吐阶段采收率以及周期采油速度。

4　结论

超破裂压力注汽可以使储层发生塑性变形，提高岩石的孔隙度、渗透率，改善流体的渗流能力，扩大注入蒸汽的波及范围，提高热效率，提高泄油半径，增加吞吐阶段累积产油量，该方法可以为类似开发方式的准确模拟提借鉴意义，指导相关油藏开发的模拟与预测。

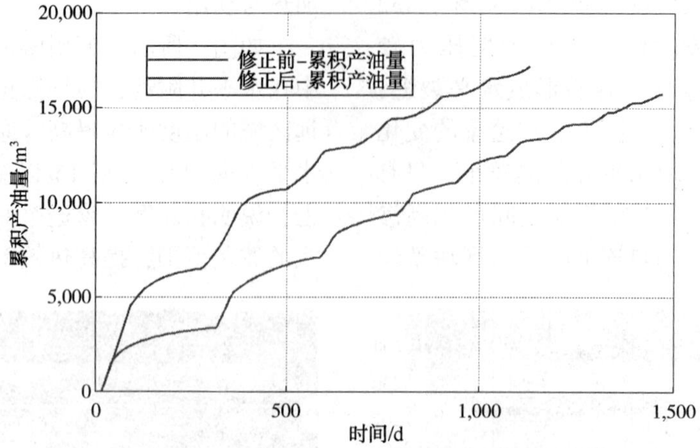

图4　超破裂压力注汽修正前后累积产油量曲线

参 考 文 献

[1] 傅春华，葛家理. 低渗透油藏的非线性渗流理论探讨[J]. 新疆石油地质，2002. 23(4)：317-320.

[2] 田冀，许家峰，程林松. 普通稠油启动压力梯度表征及物理模拟方法[J]. 西南石油大学学报，2009，31(3)：161~162.

[3] 姚军，郭龙. 特超稠油油藏复合驱替机理研究[C]. 青岛：中国石油大学(华东)，2008，12.

[4] 杨胜来，蒋利平．克拉玛依九7区超稠油流变性及渗流特性研究[J]．特种油气藏，2004，11(6)：86-92.

[5] 孙建芳．胜利郑411区块超稠油单相渗流特征试验研究[J]. 石油钻探技术，2011，39(6)：86-90.

[6] 王新海，黎洪．敏感性稠油油藏注蒸汽开采的数学模型，石油天然气学报(江汉石油学院学报)，2005，27(5).

[7] 周明升．互层状超稠油油藏开发影响因素分析及参数优化，特种油气藏，2008，10.

[8] 邵明记，王厉强，刘慧卿．宾汉型稠油单斜油藏凝析带启动压力梯度对汽窜的影响[J]. 油气地质与采收率，2009，16(1)：90-93.

[9] 何聪鸽，范子菲．裂缝性稠油油藏蒸汽吞吐产能预测，地质科技情报，2016，35(4).

[10] Z. F. Dholkawala，H. K. Sarma，S. I. Kam. Application of fractional flow theory to foams in porous media [J]. Journal of Petroleum Science and Engineering，57 (2007)：152-165.

镍系稠油改质催化剂辅助稠油裂解改质评价研究

初　伟　汪庐山　刘　明　盖平原　马爱青　于田田　刘冬青

(1. 山东省稠油开采技术重点实验室；2. 中国石化胜利油田分公司石油工程技术研究院)

摘　要　稠油地下原位改质是将地面裂解的工艺放到地下油层，在油藏内将稠油进行不可逆的性质改变，提升油品质量，实现“就地原位石油炼制”，可从根本上、不可逆的提升原油品质，提高稠油在油藏内渗流能力，颠覆原有的热力采油理论，大幅提高采收率。稠油改质是化学键断裂的化学反应，发生裂解反应的温度条件较高，需要研制催化剂来降低反应条件，提高反应程度。室内合成了铁、钴、镍两亲有机盐催化剂，通过实验对比优选了镍系两亲有机盐催化剂，对其最佳使用浓度、油水比、反应温度、反应时间等性能进行了评价，温度(T)=265℃、油水比=7：3、催化剂添加量0.2%、供氢剂添加量3%、助剂添加量0.05%、反应时间为24小时，稠油催化改质降黏率>60%。多孔介质条件下，镍系两亲有机盐催化剂可明显降低驱替出的油相黏度，可以有效促进裂解改质反应；且温度越高反应降解率越高，可提高驱油效率5%左右。

关键词　地下原位改质；两亲有机盐催化剂；催化改质降黏率

1　前言

随着全球石油消费的迅速增长、常规石油资源日益减少，稠油逐渐成为油田中后期开采的主要对象。中石化稠油储量 2.69×10^9 t，占比30.7%，主要分布在胜利、西北、河南等油田。稠油黏度高，密度大，流动阻力大，实现稠油开采的最大困难在于如何降低稠油黏度。目前国内外稠油降黏的方法主要有物理降黏、化学降黏和微生物降黏。其中，蒸汽吞吐和蒸汽驱等已成为稠油油藏的主要开采方式，其对普通稠油开采效果较好，但对特超稠油开采的效果有限。稠油催化裂解改质降黏技术是化学降黏的一种，其最大的优势在于能够实现稠油不可逆降黏，在实现稠油开采的同时，改善稠油品质。稠油自身发生裂解反应的温度条件较高，需要研制催化剂来降低反应条件，提高反应程度。有机盐催化剂具有与原油接触效率高，催化效率高的有点，本文重点针对有机盐催化剂开展研发。

2　两亲有机盐催化剂辅助稠油裂解改质实验研究

2.1　镍系两亲有机盐催化剂研制

在水热裂解反应过程中，两亲性催化剂易于在油水界面富集；另一方面，稠油沥青质具有一定的表面活性，容易在油水界面富集。因而两亲性催化剂，在稠油水热裂解反应过程中，更容易和稠油中的沥青质接触和发生作用，从而最大限度地降低稠油黏度，本文主要研究两亲性催化剂对稠油水热裂解的影响。两亲性催化剂的合成机理如下：

$$MSO_4+NaOH \longrightarrow M(OH)_n+Na_2SO_4 \quad (1)$$

$$M(OH)_n+C_{12}H_{23}-C_6H_4-SO_3H \longrightarrow C_{12}BSM+H_2O \quad (2)$$

式(1)中无机盐中金属元素M代表 Ni^{2+} 金属离子；

式(2)中有机酸中侧链R代表代表十二烷基苯磺酸侧链；

金属无机盐在碱性溶液中反应、沉淀，最终生成碱性化合物，洗涤干净后与过量的有机酸进行酸碱反应，反应一段时间以后，用氯仿和乙醇有机溶剂萃取，即可得镍系两亲有机盐催化剂十二烷基苯磺酸镍。

2.2　镍系两亲有机盐催化剂最佳反应条件优化

为了探讨稠油水热裂解反应条件，同时也为以后深入的研究水热裂解反应提供基础数据的支持，在镍系两亲有机盐催化剂基础上，运用单因素法来确定稠油水热裂解的最适宜的反应条件。为了提高实验效率，本章设计的六个单因素实验均是在晶化釜中进行，晶化釜反应装置如图1所示，这套装置的主体式一个150mL的晶化釜，釜盖和釜体的材质和高压釜一样，但是密封采用聚四氟乙烯或石墨垫片密封，密封效果良好；同时晶化釜可以间歇批次反应，较高压釜而言实验效率大大提高。

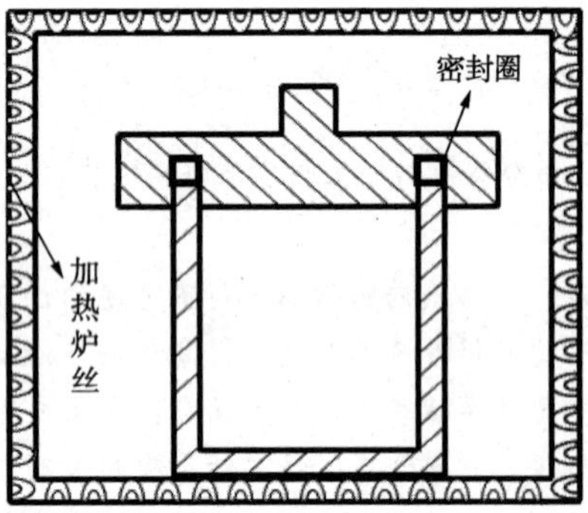

图1　晶化釜图

晶化釜热裂解反应实验步骤如下：

(1) 反应原料的加入。将烘好具有一定流动性的脱水后稠油加入晶化釜中，利用减差法算出加入稠油的质量，而后按照实验要求的比例推算出催化剂、供氢剂、乳化剂和水的添加量，并以此加入其中，在常温下匀速搅拌20分钟，油样搅拌混合以后，外观上性质均一，流动效果变的更佳。最后将晶化釜拧紧并放入马弗炉中，按照实验要求进行反应。

(2) 反应后油样脱水。反应后的油样冷却至室温转移至干净烧杯中，静置脱去反应后油样中游离态水。

(3) 反应后油样性质的分析。将脱水后的油样，进行黏度、四组分、分子量等实验方法进行分析，考察水热裂解前后稠油性质的变化。

具体考察条件如表1所示。

表1　水热裂解反应单因素考察条件

实验条件	考察因素变化量				
温度/℃	—	250	265	280	—
催化剂添加量/wt%	0.1	0.2	0.3	0.4	0.5
油水比	5∶5	6∶4	7∶3	8∶2	9∶1
供氢剂添加量/wt%	1.0	2.0	3.0	4.0	3.0
表面活性剂添加量/wt%	0.005	0.05	0.1	0.25	0.5
反应时间/h	12	24	36	48	60

① 催化剂最适添加量

实验采用催化剂为十二烷基苯磺酸镍，同时具有亲水与亲油基团，能显著降低油水界面张力，因此它可以分散并保持在油水界面上，从而提高了催化反应活性。其中金属元素Ni在高温下，有很强的催化活性，加快了稠油物质结构的变化，将稠油高分子中的长支链催化裂化成分子量小的短链低分子，同时促进一些环烷环和芳香类物质开环，降低了稠油的支化度和紧密的层状结构，从而稠油的黏度大幅度降低。从反应结果来看，随着催化剂添加量的增多，降黏率呈现先增加后减少再平缓的趋势，经过多次平行试验，当催化剂添加量为0.2%时，降黏率为55.9%。当催化剂添加量为0.3%、0.4%、0.5%时，降黏趋势变化相对平缓。对此结果进行分析，由于反应条件一致，因此反应的油水界面是一定的，当油水界面催化剂浓度没有达到饱和时，增加催化剂会使反应加快，即添加量由0.1%增加到0.2%时，降黏率迅速升高，因为水热裂解反应机理为自由基机理，催化剂的存在不仅会加速裂解反应，也会加速缩合反应，因此，过多催化剂存在条件下，因为本反应的供氢剂浓度较低、可能加速缩合反应，聚合形成分子量更大的沥青质分子，从而不利于降黏效果。另一种可能是，两亲性催化剂能够降低两相界面张力，添加量增加，反应后油样中含小液滴太多，也会增黏。同时出于环保和成本考虑，选择催化剂最佳添加量为0.2wt%。

② 供氢剂最适添加量

稠油水热裂解过程中，供氢剂就是很好的氢源。供氢剂的存在可以产生氢自由基，提供一定量的氢，促进加氢脱硫向正方向移动，提高了原油水热裂解的程度。为考察供氢剂浓度对反应的影响，使用不同浓度供氢剂，以及不同条件下供氢剂对实验影响做了比较。水热裂解过程中，供氢剂在高温下产生氢自由基，捕获稠油大分子断裂支链产生的大自由基，生成小分子量的组分，减少了自由基间的碰撞聚合反应，同时也降低了稠油的分子量和稠油的结构，进而降低了稠油的黏度，同时供氢剂产生的氢自由基，也为稠油的加氢反应提供了氢源，使水热裂解反应向胶质和沥青质加氢脱硫的方向进行，改变了稠油中胶质和沥青质的结构和含量，进而改变了稠油的结构，所以黏度下降。因此，综合考虑，当供氢剂添加到3%以后，此时供氢剂利用率最大，所以再多的供氢剂对稠油黏度的影响相比之前变小，降黏率下降的趋势变缓。

③ 助剂最适添加量

在两亲性催化剂作用下，稠油中胶质和沥青质在油水界面发生支链断裂、开环和加氢脱硫一系列反应，尽管两亲性催化剂能够显著地降低水的表面张力，但其主要功能还是进行水热裂解催化改质，所以为了提高反应过程中，增大油水之间界面，提高油水与催化剂的接触机会，在反应过程中加入十二烷基苯磺酸钠做乳化剂作为助剂，并改变不同条件研究了其对水热裂解反应的影响，随着乳化剂的刚加入，稠油降黏率随着增加；当乳化剂添加量继续增加时，多余的乳化剂会聚沉而使其在油水界面的含量降低，进而降低了对稠油油水界面的影响，所以稠油的降黏率反而后随之略略下降；当乳化剂继续增加时，乳化剂形成的胶束结构降低了油水界面张力，同时，由于胶束的增溶作用也会溶解一定的稠油，进而利于稠油水热裂解反应，所以稠油的降黏率又随着乳化剂的增加而升高。

根据降黏结果来看，即使相同乳化条件，温度不同，油水比不同，最后所得降黏结果也不同，油水比越大，即含水量越小，所需表活剂也越少，随着表活剂增多，其基本趋势也是降黏率先增加后减少然后再增加，在 250℃、280℃时，乳化剂添加量在 0.005%时显示出较好效果，在265℃时 0.05%的乳化剂效果较好。

从降黏率角度对乳化剂作用分析比较困难，规律不易掌握，从沥青质含量来看，乳化剂增加促进反应进行，进一步说明了乳化剂的增加使油水界面增大，提高油水与催化剂的接触机会。再者，反应后形成油包水型乳状液，油中包含小水滴的多少也会影响黏度的大小，一般来说，油包水型乳状液中水滴越多，流动产生的摩擦越大，因此黏度也会越大。使用的催化剂与乳化剂都有十二烷基苯磺酸根，都具有相同的表面活性作用，在相同的搅拌条件下，两种添加剂加入量也会影响水热裂解反应的黏度。

其次，在油水比 5：5 条件下，助剂添加量达到 5%以后，反应后，油样黏度在常温下很低，并且不易黏在玻璃器皿表面，50℃综合降黏率能够达到 99%，但油样仍然是油包水型，在油样表面形成了一层水膜，使得测的黏度非常低。乳化降黏机理可以分为两个方面：一是稠油与表面活性剂溶液接触能使油水界面张力下降，在一定温度下，经过一定时间的搅拌，表面活性剂分子便吸附在油滴颗粒周围，形成定向单分子保护膜，抑制了油珠的重新聚合，油滴便呈颗粒状分散在表面活性剂水溶液中，形成 O/W 乳状液，减弱了其流动对管壁摩擦力和分子间内摩擦力。二是活性水溶液的湿润作用，显著减少了流动阻力，即管壁上吸附了一层表面活性剂水溶液水膜，使得管壁和原油之间的摩擦变成管壁与表面活性剂水溶液之间的摩擦，流动阻力大幅度下降。

④ 反应最佳油水比

在高温下，水的密度和极性发生较大变化，还可以提供氢自由基，引发稠油水热裂解反应的基元反应，但是，在油田开采的后期，不论是地层中的水还是人们驱油注入的水都会使油藏里的含水量不断升高，大量水的加入会形成水包油体系，对反应后的降黏率有很大影响，所以有必要考察油水比对稠油降黏率的影响。

从原理上看，稠油与水如果能够形成水包油的状态，稠油被分散成许多微小微粒，所以稠油的降黏率的随之增大，但本次实验增加含水率到50%，并没有形成水包油的状态，反应完成后，油水明显分层，从文献也可以得知，水相过剩并不能形成稳定乳状液。可知 7：3 的油水比的降黏效果要更好。

⑤ 反应最适时间

有自由基参与的反应，一般经历三个阶段：自由基的生成、自由基的传递和自由基的终止；稠油水热裂解过程中，稠油大分子会断裂产生自由基同时供氢剂也会生成氢自由基，所以在反应的过程中，有必要反应时间的影响。随后考察了不同反应时间对反应的影响。随着反应时间的增加降黏率也增大，从 12 小时增加到 24 小时，降黏率增加了迅速，但从 24 小时以后，黏度变化不大。降黏率变化相对平稳，因此，综合考虑，反应时间为 24 小时较为合适。

⑥ 反应最适温度

温度是化学反应的一个重要因素，温度的高

低直接影响到一个化学反应的速度和效果，对大多数催化剂来说，在某一特定温度下活性最高，对稠油降黏起到的果最显著。为此考察温度对降黏率的影响。温度升高，反应速率增大，只有极少数反应是例外的。因此，改变温度来研究其影响。

不同条件下，温度对黏度影响规律不同，总的来说，升高温度能够增加反应速率，但是反应控制时间都为24小时，所以对于不同条件下反应深度也不同，且随着温度升高裂解与缩合速率都升高，都在24小时条件下，部分油样仍旧处在裂解大于缩合阶段，而部分油样已经处在缩合大于裂解阶段。

因此，不同条件下达到的反应深度也不同，前面选取的较优条件基本存在与第二组实验中，从其中可知，在265℃时黏度更低，降黏率高。因此，在此条件下选择265℃较为合适。

⑦ 供氢剂对稠油的稀释作用

为了研究反应降黏效果、剔除供氢剂稀释作用对降黏的贡献，研究了供氢剂的稀释作用。反应只加入供氢剂，进行搅拌20分钟，搅拌完成后测量50℃黏度，结果如表2所示：

表2　供氢剂的稀释作用

供氢剂/%	50℃黏度	降黏率
1%	10288	3.4%
2%	7485	29.7%
3%	6272	41.1%
4%	5029	52.8%

由表中数据可见，供氢剂的稀释作用，随着供氢剂用量的增加降黏率逐渐增大；在3%的供氢剂用量下，搅拌作用后，降黏率为41.1%，而反应后的综合降黏率为57.6%，可见反应有显著的降黏效果，间接说明了体系确实发生了反应；少量的乳化水，对体系会有一定的增黏作用；另外，油样经过反应的处理，轻组分发生部分损失的可能性较大，也会使体系的降黏率降低。而本实验，只是加入供氢剂，没有进行反应处理，因而降黏率会高一些。

2.3　镍系两亲有机盐催化剂驱油性能评价

实验条件：

岩心：直径25mm，长度600mm

渗透率：700~800mD

油样：郑王庄油田稠油油样，50℃初始黏度9200mPa·s

催化剂体系：有机盐改质催化剂

方案设计：

模拟蒸汽驱中温区域：①200℃热水驱10PV。②前置3.25%（油相质量）催化剂、0.5PV水，恒温265℃反应24h，后200℃热水驱至10PV。

模拟蒸汽驱高温区域：③250℃热水驱10PV。④前置3.25%（油相质量）催化剂、0.5PV水，恒温265℃反应24h，后250℃热水驱至10PV。

从驱替压差来看，高温下稠油黏度较低，驱替压差较小。多孔介质条件下，催化剂可提高驱油效率5%左右；多孔介质条件下，催化剂可明显降低驱替出的油相黏度，催化剂体系可以有效促进裂解改质反应，且温度越高反应降解率越高(图2)。

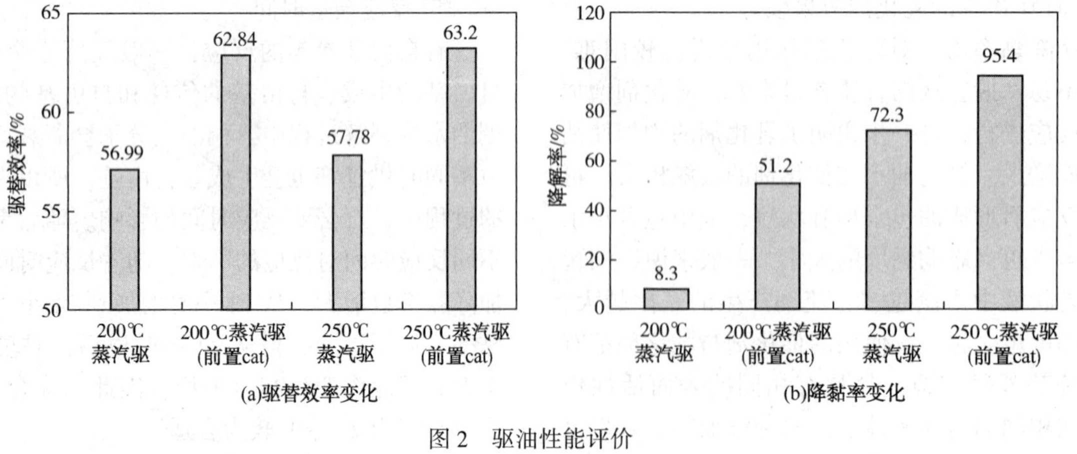

图2　驱油性能评价

3 结论

（1）稠油自身发生裂解反应的温度条件较高，催化改质催化剂可以降低反应温度，提高反应程度。室内合成了基于苯磺酸结构的铁、钴、镍两亲有机盐催化剂，通过实验对比优选了镍系两亲有机盐催化剂。

（2）确定了镍系两亲有机盐催化剂的最佳反应条件：温度(T)= 265℃、油水比=7：3、催化剂添加量 0.2%、供氢剂添加量 3%、助剂添加量 0.05%、反应时间为 24 小时，稠油催化改质降黏率>60%。

（3）多孔介质条件下，镍系两亲有机盐催化剂可明显降低驱替出的油相黏度，可以有效促进裂解改质反应；且温度越高反应降解率越高，可提高驱油效率 5%左右。

参 考 文 献

[1] 高楠．火烧油层地下原位供氢催化裂解改质超稠油反应动力学研究[D]．大庆：东北石油大学，2018.

[2] 石静，王红艳，曹绪龙．适用于普通稠油油藏的乳化降黏型驱油剂性能研究[C]//.2018 油气田勘探与开发国际会议（IFEDC 2018）论文集．2018：2441-2447.

[3] 任韶然，裴树峰，张攀锋，等．超稠油注空气辅助地下原位裂解改质试验和数值模拟[J]．中国石油大学学报(自然科学版)，2021，45(05)：97-103.

[4] 刘观军，张强，王成胜，等．油溶性催化剂 PAS-Zn 的制备及性能研究[J]．石油化工应用，2021，40(08)：103-107.

[5] 成浪．稠油催化改质降黏催化剂的合成与性能评价[D]．新疆大学，2019.

[6] 张强，吴晓燕，王成胜，等．渤海 L 油田稠油改质催化剂表征及性能分析[J]．石油地质与工程，2020，34(06)：58-62.

[7] 李晨．改性 SO_4~(2-)/ZrO_2-TiO_2 固体超强酸在稠油催化降黏中的应用研究[D]．郑州：河南大学，2016.

[8] 史建民，吴志连，王耀国．稠油水热催化裂解降黏研究进展[J]．广州化工，2021，49(06)：11-13.

[9] 张宇飞．稠油火烧供氢催化改质效果评价及改质降黏机理分析[D]．大庆：东北石油大学，2020. DOI：10. 26995/d. cnki. gdqsc. 2020. 000249.

[10] 赵法军．稠油井下改质降黏机理及应用研究[D]．大庆石油学院，2008.

[11] 钟立国．水热裂解开采稠油关键技术研究[D]．大庆石油学院，2005.

[12] 刘祖鹏，李洪毅，魏超平，吴光焕．普通稠油油藏 CO2 吞吐技术研究[C]//.2018 油气田勘探与开发国际会议(IFEDC 2018)论文集．2018：2356-2364.

高温高盐稠油油藏微生物现场驱油示范研究

刘　涛　曹功泽　林军章　李彩凤　曹嫣镔

(中国石化胜利油田分公司石油工程技术研究院)

摘　要　目前微生物驱油现场应用的油藏温度为≤80℃，矿化度≤30000mg/L，但高温(≥90℃)、高盐(≥50000mg/L)油藏，由于油藏中微生物相对匮乏，群落单一，激活难度较大，目前应用区块较少。本研究在分析高温、高盐油藏微生物群落的基础上，针对性的研发了高温、高盐激活剂体系。室内评价激活剂体系能够有效激活不同类型驱油功能菌，菌数提高3~5个数量，且与常规激活剂相比能够延长有效激活时间50d以上，乳化原油粒径明显变小，平均粒径10μm左右，乳化作用有利于降低贾敏效应，促进原油从孔隙中流出，改善了原油流动性。现场开展了多轮次单井试验，见到了明显的驱油效果，含水降低20%以上，有效期超过10个月，累积增油达到1380t，应用前景广阔。

关键词　高温高盐；微生物驱油；激活剂；功能菌；现场试验

微生物驱油是利用微生物在油藏中的生长代谢作用原油，进而提高原油产量和采收率的技术。按照微生物的来源不同可分为内源微生物驱油和外源微生物驱油，其中内源微生物驱油利用油藏中原有微生物群落，不需要地面发酵设备，省去了微生物发酵的成本费用，所以目前现场应用较多的是内源微生物驱油技术。

内源微生物驱油过程中油藏微生物是产生驱油效果的前提和基础，目前微生物驱油现场应用的油藏温度为≤80℃，矿化度≤30000mg/L，在该条件下利用常规的激活剂体系就可以将微生物有效激活并产生驱油效果。但是针对高温(≥90℃)、高盐(≥50000mg/L)油藏，由于油藏条件相对苛刻，油藏中微生物相对匮乏，微生物群落单一，激活微生物的难度增加，功能性微生物代谢作用相对较弱。针对高温、高盐油藏，目前微生物驱油技术现场应用区块较少。所以研发高效的激活剂体系，有效激活高温、高盐油藏功能微生物，并代谢作用油藏剩余油，将为高温、高盐油藏进一步提高采收率提供技术支撑。

1　高温高盐油藏微生物群落特点

按照化学驱的分类标准，高温高盐油藏定义为温度≥80℃，矿化度≥30000mg/L的油藏。本研究以胜利油田某高温高盐区块为研究对象，该区块含油面积0.62km^2，地质储量63.9×10^{4}t，油藏平均厚度8.3m，油藏深度平均2200~2370m，油藏温度91℃，地层水矿化度56000mg/L，地下原油黏度220~350mPa·s，区块属于典型的高温、高盐深层稠油油藏。

利用高通量测序方法对油井产出液进行微生物群落结构解析。菌体DNA的提取利用AxyPrep基因组提取试剂盒。提取后的DNA利用nanodrop进行浓度检测后用于细菌16S扩增。样品DNA保存在-70℃冰箱中备用细菌和古菌16S v4区扩增及高通量测序委托深圳华大基因公司进行，细菌采用通用引物341F(5′-CCTAYGGGRBGCASCAG-3′)和806R(5′-GGACTACHVGGGTWTCAAT-3′)，反应程序为：95℃ 5min，98℃ 1min(98℃ 20s，51℃ 20s，72℃ 12s)循环30次，最后72℃再延伸1min。古菌扩增采用通用引物21F(5′-TTCCGGTTGATCYGCCGGA-3′)和958R(5′-YCCGGCGTTGAMTCCAATT-3′)，反应条件为94℃ 3min(，94℃ 30s，50℃ 30s，72℃ 30s)循环30次，最后72℃再延伸5min。在进行Illumina高通量测序(Miseq)时采用华大设计的测序接头融合引物。测序完成后进行了相应的生物信息学分析，首先进行序列质量筛选，去除低质量的序列，剩余高质量的序列通过之间的重叠关系，对序列进行拼接，然后将拼接的序列聚为OUT，通过OUT与数据库的比对，对OUT进行物种注释，从而解析每个样品的微生物群落结构及其中的优势菌属。测序稀释曲线(图1)表明测序已达到饱和，测序有效列数达到102189条，通过数据库比对共解析到的43个细菌OUT(Operational Taxonomic Units)和10个古菌OUT，在种水平上共识别7种细菌及4种古菌，大部分微生物在数据库种无法鉴别。

微生物群落结构分析的目的是明确其中的驱油功能菌，所谓的驱油功能菌是指能够生长代谢产生生物表面活性剂、生物气等能够作用原油的微生物。结果表明区块中存在一定丰度的驱油功能菌，其中细菌主要以嗜热的地芽孢杆菌、厌氧杆菌及热袍菌为主，但有超过48%的微生物属于未分类种群，该部分微生物在油藏中的作用效果目前还不明确，本研究激活目标以能够分类的功能菌为主要对象。另外古菌群落中以产甲烷菌为主，其中甲烷嗜热杆菌、甲烷鬃毛菌及嗜热古菌三类古菌丰度超过60%，古菌的主要激活目标以上述三类古菌为主(表1)。

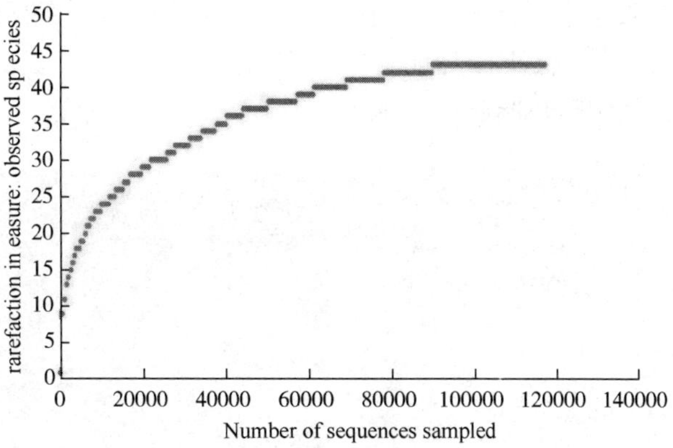

图1 油井产出液样品测序稀释曲线

表1 辛68区块微生物群落组成

序号	细菌	丰度/%	古菌	丰度/%
1	嗜热脂肪地芽孢杆菌	15.62	甲烷嗜热杆菌	28.94
2	嗜热厌氧杆菌	8.33	甲烷鬃毛菌	15.63
3	栖热粪杆菌	6.24	嗜热古菌	18.27
4	艾尔索氏热袍菌	12.67	超嗜热球菌	6.33
5	嗜热假单胞菌	6.81	未分类	30.83
6	脱铁杆菌	1.39		
7	弓形杆菌	0.86		
8	未分类	48.08		

2 室内实验

2.1 激活剂体系筛选

针对区块油藏微生物的群落特点，以激活驱油功能菌为目标，开展激活剂体系筛选。激活剂体系中主要包括了碳源、氮源、磷源及微量元素类生长因子等主要成分，传统激活剂体系的碳源主要是小分子单糖类物质，氮源、磷源和微量元素类生长因子以无机盐类为主。但是针对高温高盐油藏激活剂体系的筛选需要从以下几方面提升改进，其中碳源筛选的原则一是高效激活功能微生物，二是能够长效激活功能微生物，同时满足这两点要求，才能在区块高温高盐油藏条件下发挥激活作用；氮源筛选的原则是能够保证微生物代谢产生足够的代谢产物，从而作用于原油，发挥有效的作用效果；另外磷源和微量元素的筛选原则是能够保证在高温、高盐条件下实现油藏微生物的特异性激活，从而耐受更高温度和盐度。所以基于以上的总体原则，通过单因素法和正交法相结合，开展了高温高盐油藏微生物驱油激活剂体系的筛选。最终确定耐温耐盐激活剂体系的组成为：多糖类碳源1.5%+有机类氮源0.35%+多磷类磷源0.15%+微量元素类生长因子0.1%。

2.2 激活剂体系激活作用效果评价

利用筛选得到的耐温耐盐激活剂体系开展了激活评价，通过细菌计数板(英国AUVON，Helber Thoma)对激活前后的菌浓进行定量检测。研究表明激活剂体系能够有效激活油藏中的微生物，激活以后微生物菌体以长杆菌为主，菌体饱满，活性突出，菌浓达到了 2×10^8个/mL 以上，与空白相比菌数提高 3~5 个数量级(图 2)，说明筛选到的激活剂体系能够较好的激活高温高盐油藏微生物。另外对激活以后的功能菌进行高通量测序分析(图 3~图 4)，结果表明激活剂激活以后功能菌丰度明显提升，细菌中增加明显的是嗜热脂肪地芽孢杆菌和嗜热假单胞菌，丰度分别提升了 5.74%和 10.03%，上述两类细菌均能够代谢产生生物表面活性剂，其中嗜热脂肪地芽孢杆菌主要产生的是脂肽类生物表面活性剂，检测其浓度能够达到 5.5g/L，嗜热假单胞菌主要产生的是鼠李糖脂类生物表面活性剂，检测其浓度能够达到 12.6g/L，生物表活剂的作用有利于原油的乳化分散，促进原油的流动，从而提高油井产量。古菌激活以后主要提高了甲烷嗜热杆菌和甲烷鬃毛菌的丰度，从而促进了甲烷气体的产生，这对原油的增产同样起到了积极的促进作用。

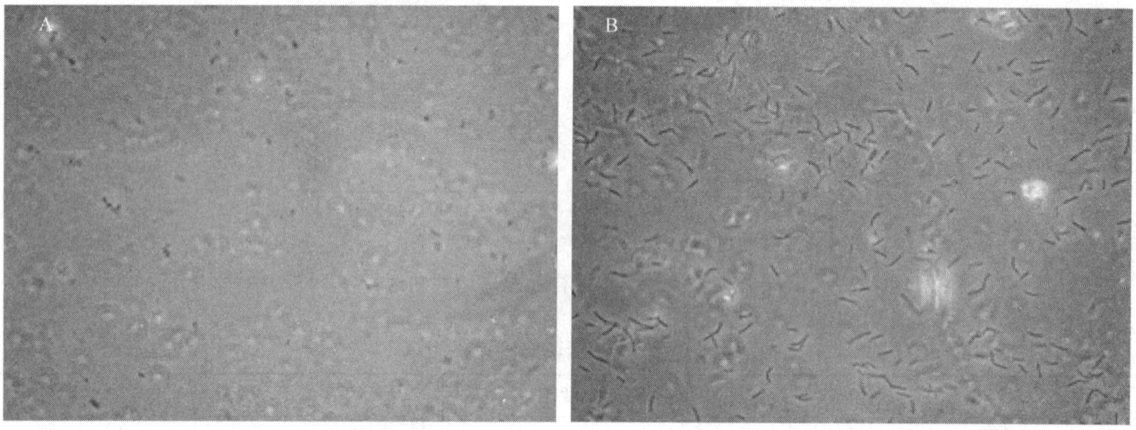

图 2　耐温耐盐激活剂激活前后效果对比(A：激活前，B：激活后)

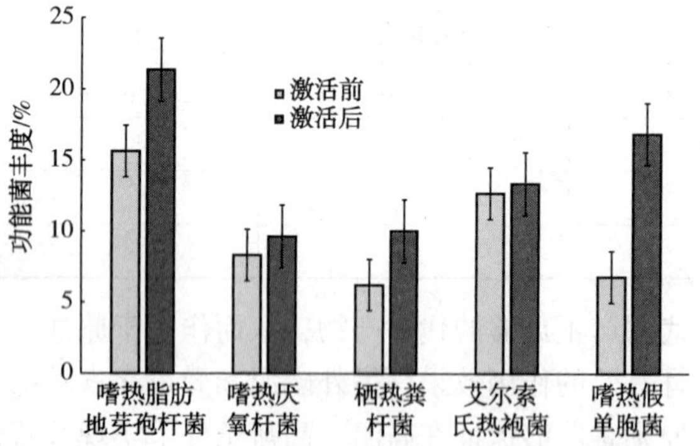

图 3　耐温耐盐激活剂激活细菌前后对比

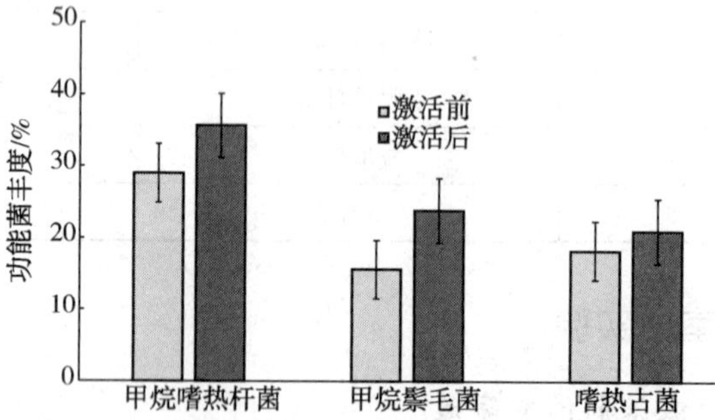

图 4　耐温耐盐激活剂激活古菌前后对比

与传统激活剂体系相比耐温耐盐激活剂体系激活微生物以后高菌浓持续时间延长 50d 以上，高菌浓持续时间的延长有利于微生物代谢产物的积累，从而更加有效的作用原油。耐温耐盐激活剂体系之所以能够延长有效激活时间，这主要与激活剂体系中优选的多糖类碳源有直接的关系。因为多糖类碳源是由微生物代谢产生的高分子聚合物组成，与传统的激活剂单糖碳源相比，多糖类碳源分子量增加，碳链延长，随着微生物的代谢消耗，多糖类碳源能够被分解为更多的单糖碳源，从而延长了微生物有效激活时间(图 5)。

与传统激活剂体系激活微生物以后对原油的乳化分散效果相比，耐温耐盐激活剂激活微生物作用以后对原油的乳化分散效果更加明显，平均乳化粒径小于 10μm，而且油滴分散更加均匀(图 6)。这样有利于原油从更加细小的空隙中流出，减小了贾敏效应，改善了渗流阻力，从而进一步提高了油井的产量。

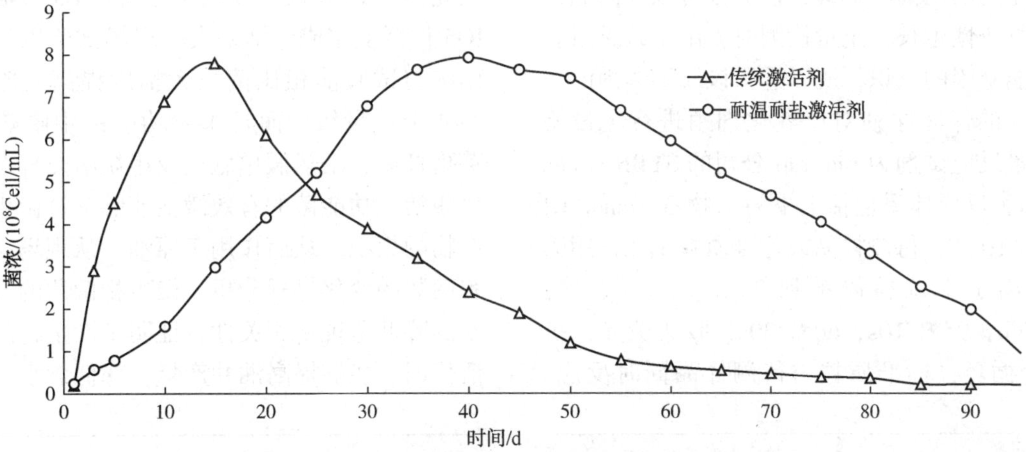

图 5　耐温耐盐激活剂与传统激活剂激活效果对比

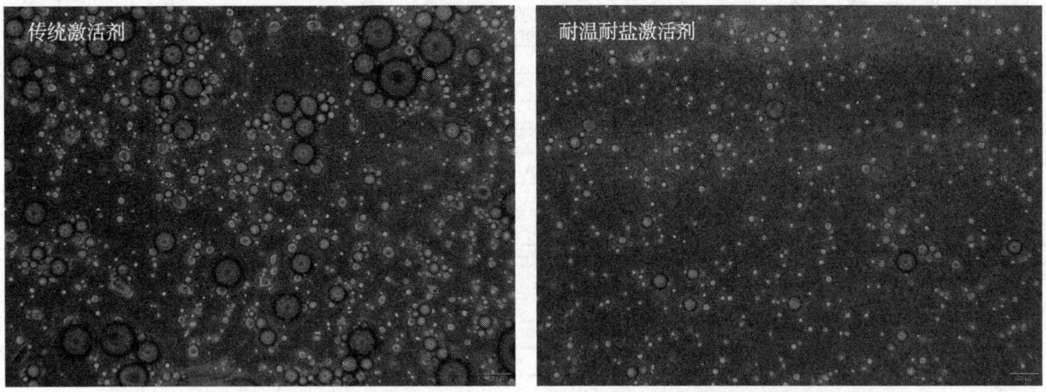

图 6　耐温耐盐激活剂与传统激活剂原油乳化效果对比

3　现场试验

3.1　实施工艺及设计

利用研究得到的耐温耐盐激活剂体系开展了现场试验，所应用的油井先后开展了两个轮次的现场试验，均取得的了较好的效果。现场实施工艺过程是用区块注入水反洗井，返排液进生产流程，关闭生产流程；正挤激活剂段塞，施工排量5~10m^3/h，注入过程中若出现压力快速上升或注入压力上升超过5MPa，停注激活剂段塞，转打注入水待压力恢复正常后再继续注入激活剂段塞，最后注入顶替液，关井15~30天后开井生产，同时跟踪油井生产动态及产出液生化指标。现场试验具体施工注入参数如表2所示。

表 2　单井施工注入参数

轮次	洗井液量/m^3	激活剂量/m^3	顶替液量/m^3	总液量/m^3
1	30	120	40	190
2	30	180	50	260

3.2　实施效果

3.2.1　油井生产动态效果

现场试验开井生产后效果显著，第一轮次开井后油井日产油量从实施前的1.7t/d增加到最高时的5.2t/d，含水从实施前的平均87%下降到最低时的61%，与措施前相比含水降低26个百分点，有效期超过10个月，累计增油量820t。第二轮次开井后油井日产油量从实施前的1.3t/d增加到最高时的4.5t/d，含水从实施前的平均89.8%下降到最低时的67.5%，与措施前相比含水降低22.3个百分点，有效期超过8个月，累积增油量560t。

3.2.2　油井产出液生化指标跟踪分析

现场对试验前及试验后的微生物总菌数及主要功能菌进行跟踪检测，检测方法采用荧光定量PCR标准曲线法，研究选取假单胞菌，嗜热脂肪地芽孢杆菌及甲烷嗜热杆菌作为检测目标。铜绿假单胞菌和产甲烷的定量检测分别选用oprI基因和mcrA基因；地芽孢杆菌是一类可以产生生物乳化剂的驱油功能菌，该类菌可以在高温条件下进行兼性生长，定量检测时，由于缺乏对乳化剂功能基因的认识，所以选择该属细菌内的一段特异性的保守序列对产乳化剂菌进行定量检测。定量反应试剂为 Bio-rad 公司的 SYBR Green supermix，反应体系包括上下游引物各 1pmol/L，supermix 10μL，待测样品或标准质粒 1μL，用灭菌的去离子水调整体系到 20μL。反应程序：95℃ 3min，95℃ 10s，60℃ 30s，收集荧光，扩增 40 个循环；标准质粒与待测样品同时反应。荧光定量 PCR 反应及数据分析在 Bio-rad 公司的 IQ5 仪器上完成。结果表明现场试验以后微生物菌浓与试验前相比菌数大幅度提高，能够提高 2~4 个数量级。而且主要功能菌中嗜热脂肪地芽孢杆菌、嗜热假单胞菌及甲烷嗜热杆菌均被有效激活，功能菌的有效激活能够存进微生物代谢产物的累积，从而作用于原油。从现场含水变化和菌数的变化过程分析，微生物菌浓的升高与含水的降低呈现正相关性，证明了微生物的有效激活代谢，能够提高油井产量，降低含水。

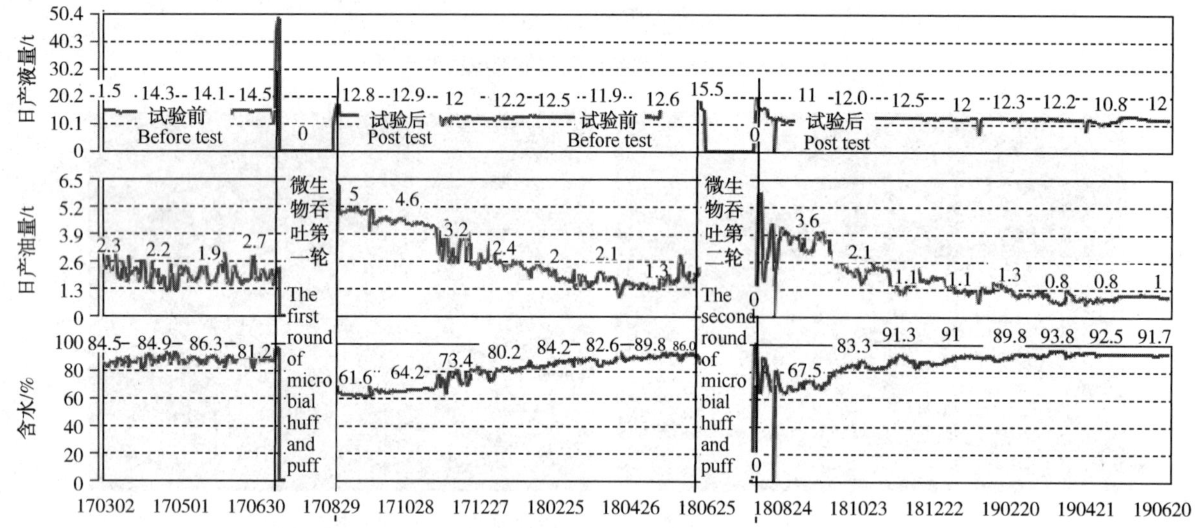

图 7 实施前后油井生产效果对比

表 3 油井施工前后微生物变化

轮次	阶段	时间	含水/%	镜检菌浓/(cell/mL)	嗜热脂肪地芽孢杆菌/(cell/mL)	嗜热假单胞菌/(cell/mL)	甲烷嗜热杆菌/(cell/mL)
第一轮	试验前	2017.6.10	87.2	1.6×10^3	1.2×10^2	0.4×10^2	0.4×10^2
	试验后	2017.8.10	67.1	0.6×10^7	2×10^5	1.6×10^4	1.6×10^4
		2017.9.11	61.6	1.4×10^7	4.4×10^5	5.8×10^5	5.8×10^4
		2017.10.14	64.2	2.0×10^7	3.8×10^5	9.4×10^4	9.4×10^4
		2017.12.16	73.4	1.6×10^7	8.4×10^4	5.2×10^5	5.2×10^4
		2018.2.18	84.2	0.3×10^7	8.8×10^4	7.4×10^4	7.4×10^3
		2018.4.10	82.6	2.6×10^5	8.6×10^4	6.8×10^4	6.8×10^3
第二轮	试验前	2018.5.20	89.8	2.6×10^3	2.4×10^2	3.4×10^2	1.8×10^2
	试验后	2018.7.20	77.1	2.4×10^6	3.6×10^5	2.8×10^4	6.6×10^3
		2018.8.20	67.6	1.8×10^7	4.2×10^5	5.2×10^5	4.4×10^4
		2018.9.14	74.2	2.0×10^7	3.4×10^5	7.4×10^4	2.4×10^4
		2018.11.16	83.4	1.6×10^6	1.8×10^4	4.4×10^4	5.2×10^3
		2019.1.18	89.2	0.3×10^6	8.8×10^3	7.4×10^3	7.4×10^2
		2019.3.20	92.6	2.6×10^4	8.6×10^2	6.8×10^2	6.8×10^1

4 结论与认识

（1）针对高温、高盐稠油油藏开展了菌群分析，证明高温高盐油藏中存在一定丰度的驱油功能菌，但整体丰度较低，需要进行有效激活才能够发挥驱油作用。

（2）筛选了针对高温高盐油藏微生物的高效激活剂体系，能够有效激活不同类型驱油功能菌，且与常规激活剂相比能够延长有效激活时间50d以上，乳化原油粒径小于10μm。

（3）现场开展了多轮次的单井试验，见到了明显的驱油效果，含水降低20%以上，有效期超过10个月，累积增油超过1300t，应用前景广阔。

参考文献

[1] Bao Mutai, Liu Tao, Chen Zhi, et al. A Laboratory Study for Assessing Microbial Enhanced Oil Recovery [J]. Energy Sources, 2013, 35(22), 2141-2148.

[2] Hongbo Zhu, Han K. Carlson, John D. CoatesApplicability of Anaerobic Nitrate-Dependent Fe(II) Oxidation to Microbial Enhanced Oil Recovery (MEOR) [J]. Environmental Science & Technology, 2013, 47, 8970-8977.

[3] 宋永亭．不同配气条件下微生物驱油生长代谢规律[J]．应用与环境生物学报，2017，12(6)：974-978.

[4] 曹嫣镔，刘涛，李彩风，等．一株嗜热脂肪地芽孢杆菌的驱油性能及机理[J]．应用与环境生物学报，2015，12(6)：1060-1064.

[5] 宋智勇，郭辽原，袁书文，等．高温油藏内源微生物的堵调及种群分布[J]．石油学报，2010，31(6)：975-979.

[6] 张爱美．胜利油区聚合物驱资源分类标准修订及其评价[J]．油气地质与采收率，2004，11(5)：68-70.

[7] 元福卿，李焕臣，张朝启．胜利油区化学驱潜力评价[J]．油气地质与采收率，2000，7(2)：12-15.

[8] 胡婧，束青林，孙刚正，等．油藏内源微生物演替规律及其对驱油效果的影响[J]．中国石油大学学报(自然科学版)，2019，43(1)：108-114.

[9] Hossein Ghojavand, Farzaneh Vahabzadeh, Alireza Khodabandeh Shahraki. Enhanced oil recovery from low permeability dolomite cores using biosurfactantproduced by a Bacillus mojavensis (PTCC 1696) isolated from Masjed-I Soleyman field [J]. Journal of Petroleum Science and Engineering, 2012, 81, 24-30.

[10] HUANG L, YU L, LUO Z, etal. A microbial-enhanced oil recovery trial in Huabei Oilfield in China[J]. Petroleum Science & Technology, 2014, 2(5): 584-592.

[11] 马波，刘涛，曹功泽，等．胜利油田孤岛中一区Ng3微生物驱油现场试验效果[J]．油田化学，2016，33(4)：732-735.

[12] 刘涛，赵风敏，林军章，等．胜利油田辛68区块内源微生物驱油现场试验[J]．石油与天然气化工，2018，47(2)：71-74.

[13] LE JJ, WU X L, WANG R, et al. Progress in pilot testing of microbial-enhanced oil recovery in the Daqing oilfield of North China[J]. International Biodeterioration & Biodegradation, 2015, 7: 188-194.

[14] 刘涛，宋智勇，曹功泽，等．微生物驱油过程中模拟地层条件对微生物生长的影响[J]．油田化学，2013，30(1)：92-95.

[15] 李彩风，李阳，吴昕宇，等．胜利油田沾3区块油藏中Geobacillus菌的激活研究[J]．中国石油大学学报(自然科学版)，2016，10(1)：163-167.

深层低渗透超稠油化学冷采技术研究

陈景军　徐福刚　李月胜　李文轩　薛广昌

(中国石化胜利油田分公司河口采油厂)

摘　要　L904块具有原油黏度高、油层埋藏深、储层渗透率低的特点。由于储层埋藏深、渗透性差，导致注汽压力高，注汽开发效果不好。针对这种情况，河口采油厂优选了一种新型稠油冷采降黏体系。该体系降黏效果明显，在地层温度条件下，降黏率高达93%。降黏体系兼具驱油、解堵、防膨效果，0.2%降黏体系溶液驱油效率比水驱提高9.3%。在L904井进行现场试验后取得较好效果，实现了深层超稠油的化学冷采生产。

关键词　深层特稠油；高分子聚合物；化学降黏；作用机理

罗家油田稠油分布在罗家鼻状构造的南部，主要为沙四上的砂砾岩体沉积，勘探面积约160km²。沙四段油藏埋深2400m左右，油层厚度大，油藏类型为岩性构造油藏。地面原油密度0.9701~1.0806g/cm³，黏度41920~319600mPa·s，属重质-超稠油。罗904井是罗家地区深层稠油第一口热采试验井。该井于2008年完钻，钻遇沙四段砂砾岩，解释油层79.3m/30层。储层孔隙度9%，渗透率2×10^3~$4\times10^{-3}\mu m^2$，属特低孔、特低渗储层，泥质含量7.8%。原油密度1.065g/cm³，80℃时原油黏度32676mPa·s；原油含蜡9.6%，胶质、沥青质含量32.66%，凝固点37℃。因油稠、低渗等原因，常规开发方式难以动用储量。2010年7月罗904井试采井段2423.0~2439.8m，先后采用注汽、压裂、伴注CO_2、伴注降黏剂、电加热等采油方式试采。初期日产液8.7t，日产油2.8t，含水67.2%，但生产时间较短，2011年因电热杆电缆故障停产后无法生产，截至2021年一直停井。实践证明已有开采技术手段无法实现罗904深层低渗稠油经济有效动用。罗904开发中存在的主要问题是原油黏度高、储层渗透率低，常规冷采降黏产能低。由于储层埋藏深、渗透性差，注汽压力高，热采开发效果不好。针对这种情况，河口采油厂优选了一种新型稠油冷采降黏体系在罗904井进行试采。该体系降黏效果明显，兼具驱油、解堵、防膨效果。现场试验后取得较好效果，实现了深层稠油的化学降黏冷采生产。

1　新型高分子降黏剂作用机理

针对罗904开发中存在的问题，我们开发了新型降黏剂体系。该剂是一种双亲高分子聚合物，聚合物分子链节中含有脂类、苯甲基、磺酸基等多种官能团。在地层条件下，聚合物发生水解反应，反应生产物质具有降黏、降低界面张力、防膨的效果。

1.1　降黏机理

新型高分子聚合物含有脂类官能团，该脂类官能团在60℃、9h即可发生水解反应。罗家深层稠油区块地层温度90℃以上，完全符合水解条件，水解后的反应物为优良的油溶性降黏剂，可令原油持久性降黏。随着水解反应的不断进行，降黏体系具备持续性降黏作用；另外，高分子聚合物含有磺酸基，是性能优良的表面活性剂，具备乳化降黏效果。降黏体系水解前后均有降黏作用，具备加和降黏的作用。

1.2　驱油机理

高分子聚合物含有的脂类水解为羧酸，羧酸有较好的亲水性。体系中磺酸基官能团也有较强的亲水性，二者比例>70%，体系及反应生成物质因此产生界面活性，可有效降低油水界面张力，防止原油聚并，避免黏度反弹，并有较好驱油作用，利于原油采出。

1.3　防膨、解堵机理

高分子降黏体系在地层温度下发生水解反应，反应产物含有羧酸基官能团，羧酸官能团易与Ca^{2+}、Mg^{2+}等二价阳离子形成水溶性络合物，避免黏土膨胀产生，防膨能保持地层渗透性、克服地层敏感性作用。另外，反应产物羧酸有解堵的作用。

2　降黏体系性能评价

2.1　降黏效果

新型降黏体系加药量 0.3%，降黏实验结果见图 1。从图中看到，随着温度的提高，原油黏度显著下降，加药后黏度下降更多。0.3%的高分子降黏体系在 50℃条件下对罗 904 稠油降黏率达到 91%。在地层温度 90℃条件下，降黏率也高达 93%。

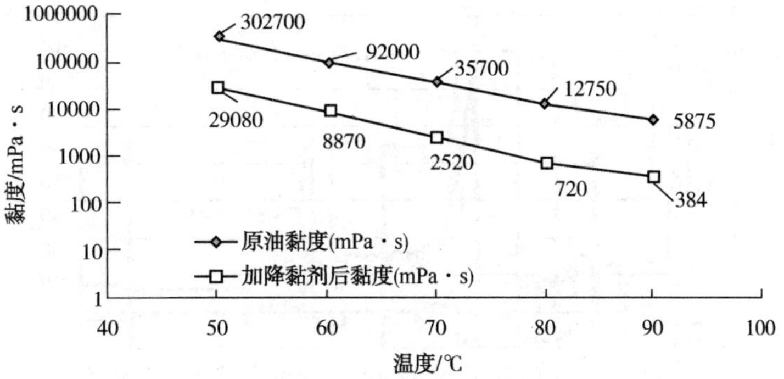

图 1　不同温度条件降黏体系降黏效果评价

2.2　驱油效率评价

对比水驱和 0.2%降黏体系溶液驱两种驱替方式的驱替特征，结果表明降黏体系溶液 0.2%驱油效率相比水驱提高了 9.3%(图 2)。图 2 中红线代表降黏体系驱油试验，蓝线为水驱结果。

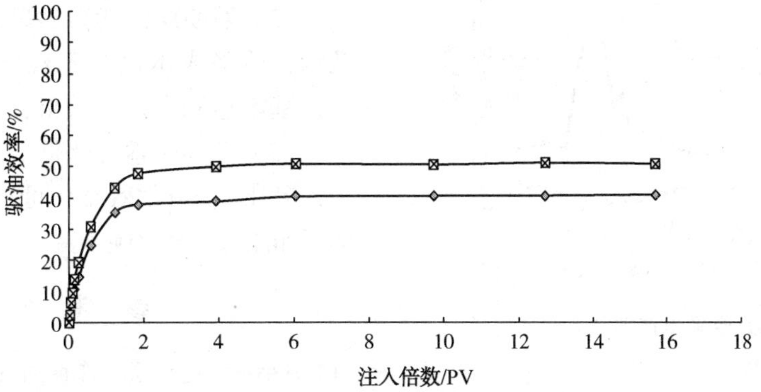

图 2　降黏体系-水驱试验图

3　降黏剂注入工艺优化

经过多年开采，储层易形成部分优势渗流通道。通过 20m³/h 以上的大排量，形成瞬时高压，确保强制启动低渗透区域。即通过注入工艺大排量吞吐，同时动用高渗和低渗区域。首先应用较高浓度降黏剂活化近井死油，同时改善原油的非牛顿流体性质，扩大孔喉过流半径，形成低压易流区。注入排量>700L/min，快速冲刷近井死油、泥质，清洗近井地带、形成易流区域，增大泄油面积的同时为后续注剂提供空间。随后采用适中浓度降黏剂，扩大药剂体系波及范围；同样注入排量>700L/min，保持注剂突进方向，提高穿透效率，推动药剂体系接触径向较远距离的原油；后续使用较低浓度段塞，降黏储层深部原油，提高原油动用比例。注入排量>600L/min。注入工艺见表 1。

表 1　冷采降黏泵注程序

药剂	高分子降黏体系		
段塞	液量/m³	浓度/%	药剂/t
1(预处理解堵)	100	6	6
2(改善储层渗流)	200	5	10
3(改善流体流度)	200	3	6
合计	500	4.4	22

4　现场试验

4.1　降黏试采情况

为探索能够改善罗家深层稠油储量动用的有效技术手段，2021年3月，采用新型降黏体系在罗904井开展化学冷采吞吐试验，注入泵压22MPa。闷井两天后开井，工作制度ϕ44泵×4.18m×1.3次/分，目前日液4.2t，日油2.3t，含水49%，泵深1600m，已连续生产146天(其中排液10天，排液120方)，阶段产油278t。与投产初期热采方式相比，冷采基本达到了与热采相当的开发效果(图3、图4)。

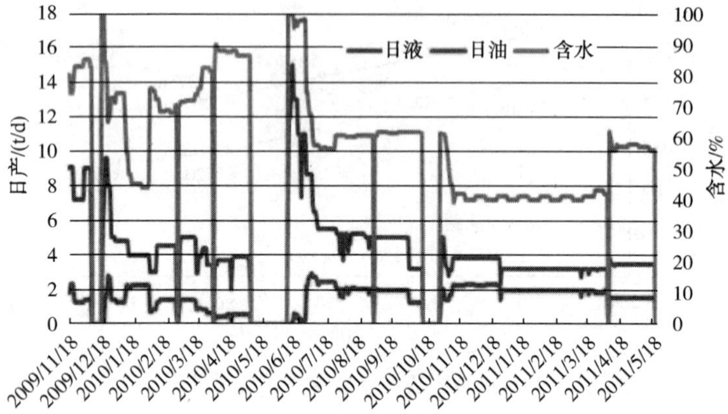

图3　历史生产情况(热采)

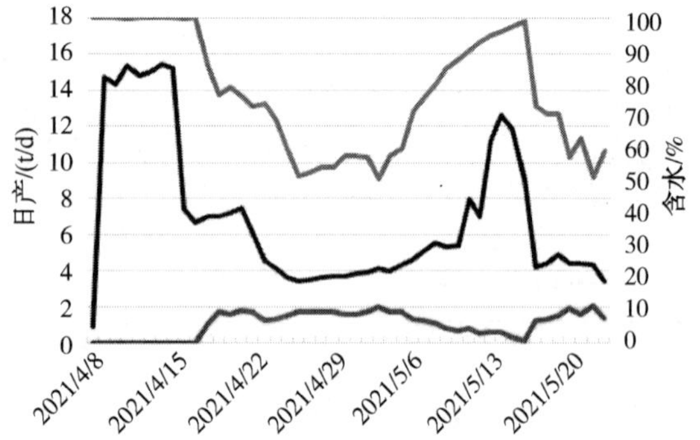

图4　降黏冷采生产曲线

4.2　效益分析

罗904井施工及药剂费用50.632万元(表2)。

表2　费用构成表

序号	名称	规格型号	数量	单位
1	本区热水	60℃以上	500	m^3
2	水罐车	$15m^3$容积	4	辆
3	注入泵		2	台
4	搅拌池	$10m^3$容积	2	个
5	活性分子降黏剂		22	吨

该井目前处于低液低产相对稳产阶段，周期生产天数按200天，周期产油278吨，油价取2200元/吨，预计经济效益62万元，投入产出比1.3。

5　结论及认识

(1) 利用新型冷采降黏体系，有效恢复了停产长达十余年的罗904井生产，为罗家地区深层特低渗特稠油油藏的有效动用提供了有益借鉴。

(2) 罗904沙四段砂砾岩油藏埋深大、油稠低渗，热采成本高、不经济；采用冷采降黏方式，基本达到了热采效果，且成本大幅降低。

(3) 继续探索优化低成本高效降黏药剂及工艺，提升经济开发效益空间。如气体辅助扩大波及体积如注入二氧化碳、氮气等气体配合冷采降黏。

参考文献

[1] 尹小梅．超深层低渗稠油有效开发技术[J]，中国石油大学胜利学院学报，2015，29(2)：7-9.

[2] 陈月明．注蒸汽热力采油[M]，北京：石油工业出版社．1996：1-50.

[3]范江，侯创业．采油方法筛选[M]，北京：石油工业出版社．1991：1-100

[4] 马昌明等．化学添加剂提高蒸汽吞吐效果室内研究[J]，石油钻采工艺，2003，12(2)：82-84.

[5] 张义堂．热力采油提高采收率技术[M]，北京：石油工业出版社．2006：5-35.

[6] 刘峰．超稠油乳化降黏技术研究[J]，特种油气藏，2005，26(1)：40-45.

[7] 尉小明，刘喜林，郭占文等．辽河油田超稠油掺活性水降黏先导性分析[J]，石油学报，2006，24(7)：119-121.

[8] 吴国斌，向明光，李小龙等．稠油井筒化学降黏技术室内试验及现场应用[J]，河南石油，2004，18(3)：50-54.

边底水稠油油藏控水降黏一体化技术研究与实践

李月胜　李　刚　田云霞　符　晶　王　龙

（中国石化胜利油田分公司河口采油厂）

摘　要　河口采油厂边底水稠油油藏分布广泛，地质储量5781万吨，油藏埋深1100~1500m，地面原油黏度1000~8000mPa·s，综合含水96.3%。由于油藏水体大、原油黏度大、油水流度比大，开发过程中出现底水锥进快、含水上升快、采出程度低等难题。为提高边底水油藏开发效果，创新探索了“压、降、控”三位一体控水增油新思路，过氮气压水的作用，实现地层中油水界面重新分布；利用二氧化碳及降黏剂协同降黏，有效降低油水流度比；同时配合优化生产参数，控液生产压差。筛选了适于油品特性的降黏剂体系，优化了配套工艺参数。现场应用177次，阶段增油7.72万吨，投入产出比1：3.0，效益显著，该技术的成功应用，显示出边底水稠油油藏治理的巨大潜力，具有重要的指导和借鉴意义。

关键词　边底水；稠油；底水锥进；控水；降黏

1　概况

河口厂边底水稠油储量丰富，地质储量5781万吨，占采油厂的12.4%，年产油47.4万吨，占采油厂的21%，采出程度20.5%。埕东西区是典型的边底水油藏，动用含油面积16.9km^2，地质储量3088×10^{4}t，主要含油层系为馆陶组，油藏埋深1100~1400m。馆陶组分为9个砂层组，除Ng3^{31}层外，均为边底水普通稠油油藏，构造比较平缓，地层倾角不到1°，内部基本无断层发育，地层整体上向东南抬升，西北倾没。平均孔隙度34.1%，平均渗透率1492×10^{-3}μm^2，属于高孔高渗砂岩储层。原油属于普通稠油，且差异性大，平均地面原油密度0.9694g/cm^3、黏度1359mPa·s，为普通稠油。长期以来，受边底水水体大、原油黏度大，油水流度比大的束缚和制约，开发过程中暴露出常规开采含水上升快、油藏采收率低等突出问题。

为提高油藏开发效果，随着水平井钻完井技术的发展，采油厂首先采取了转换开发方式，埕东西区Ng7历经了直斜井转水平井调整开发和老井侧钻水平井，初期见到了一定效果，但到后期水锥突破，即使大排量提液仍然遏制不了产量下滑。为了控水含水上升，又相继配套实施了氮气泡沫、超分子凝胶、有机冻胶等多种堵水工艺技术，存在堵不住或堵死的问题，没有达到控制含水上升的目的。鉴于原油黏度大，油水流度比大，又考虑采取化学降黏吞吐措施，降低油水流度比，提高产能。但现场试验又没有达到预期，分析认为采用的水溶性降黏剂尽管降黏性能好，但无法与原油充分解除，未能发挥应有的作用。

2　边底水稠控水降黏一体化技术

经过不断探索，分析认为边底水油藏能量充足，压降小，形成水锥后，短期内水锥半径变化不大，油藏顶部和井间剩余油富集，具有控水挖潜的潜力。但是由于原油黏度高，油水流度比大、生产参数不合理、水体大，水基降黏体系易向水中富集等问题造成措施效果差。

2.1　技术原理

在剩余油潜力认识和不断探索的基础上，转变思路，创新探索出边底水稠油油藏“压、降、控”三位一体控水降黏新思路，挖潜剩余油，提高边底水稠油油藏开发效果。“压”是指氮气压水，氮气不溶于，较少溶于油，且具有良好的膨胀性，前置注入大量氮气压水，利用油水黏度差，注入的氮气首先进入水锥，使其被迫沿地层向构造或油层下部运移，实现地层中油水界面重新分布；“降”是降低原油黏度，利用高效油溶降黏剂及二氧化碳与原油充分接触，协同降黏，有效降低油水流度比，减缓纵向水锥速度、扩大波及体积；“控”是指控液生产，开井后通过合理生产压差，控制含水上升，延长低含水期。

2.2　氮气用量优化

首先根据每口井的生产情况，避水高度，原油黏度等不同因素计算水锥半径。计算公式(1)：

$$r=33.175\ln L_p+1.51\times10^{-6}\ln H+2.092e^{7.36\times10^{-6}f_w}-0.245\ln\mu_r-0.249\ln Q_L+37.5 \quad (1)$$

式中：L_p 为累产液，10^4t；H 为避水高度，m；f_w 为含水,%；μ_r 为地下油水黏度比；Q_L 为日产液量，t。

再根据水锥半径，结合地层孔隙度、水平段长度等因素，计算不同压水高度下的氮气用量。计算公式(2)：

$$v=(2r*H_1)/2*h*\phi \quad (2)$$

式中：V 为压水体积，m^3；r 为水锥半径，m；h 为水平段长，m；H_1为压水高度，m；ϕ 为油层孔隙度。

通过计算指导氮气用量优化，结合经济性，目前压水高度控制在1.0~1.5m之间。

2.3 协同降黏优化

(1) 油溶性降黏剂优化

体系的主链为C—C单键结构，通过接枝芳香类缩合物提高其在胶质、沥青质中的亲和力，确保其在溶剂化层和胶束核心有良好的渗透性，通过破坏稠油胶束形态达到高效降黏的目的。通过溶解和分散沥青质两方面作用，实验表明5%用量降黏率可以达到85%以上(图1)。

(2) 二氧化碳优化

二氧化碳主要通过溶解在烷烃、芳香烃中，增加了重质组分的空间作用距离，降低了之间的相互作用力，起到降低稠油黏度的作用。二氧化碳具有良好的传质能力，可以有效解决降黏剂极易溶于原油，波及范围小，处理原油有限的问题，大幅度提高油溶性降黏剂的处理半径(图2)。

实验表明，加入降黏剂后，相同饱和压力二氧化碳的溶解气油比增大20%~30%。复合体系协同作用下，降黏率可以达到98.52%(图3、图4)。

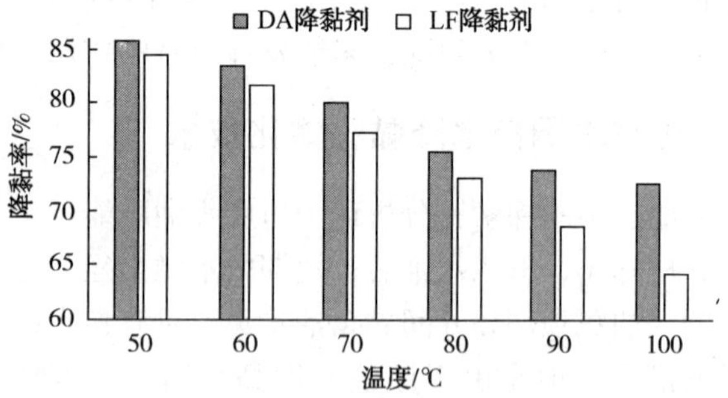

图1　5%两种不同降黏剂的降黏率

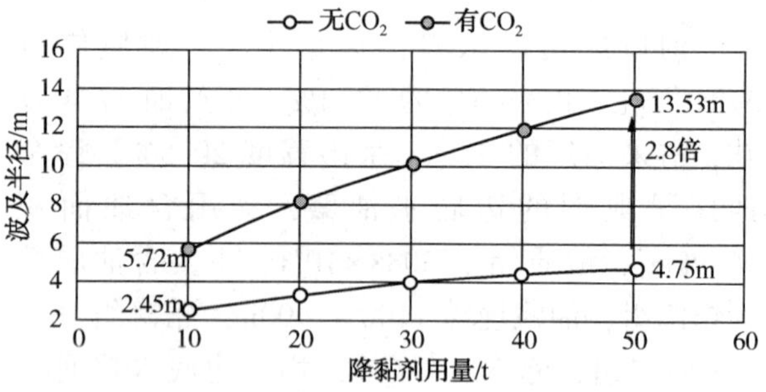

图2　降黏剂用量与波及半径关系曲线

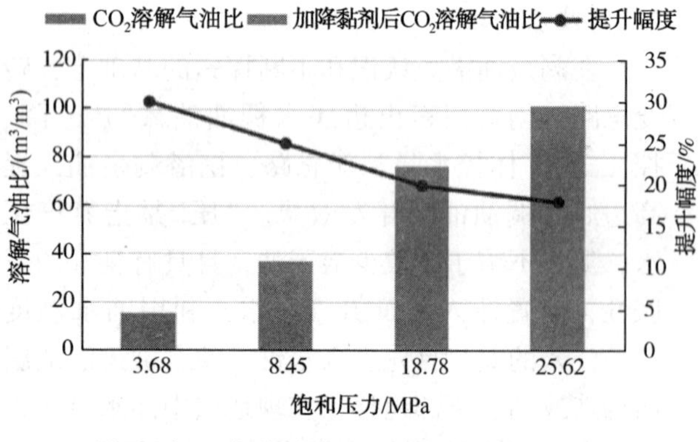

图3　加入降黏剂前后 CO_2 溶解气油比对比

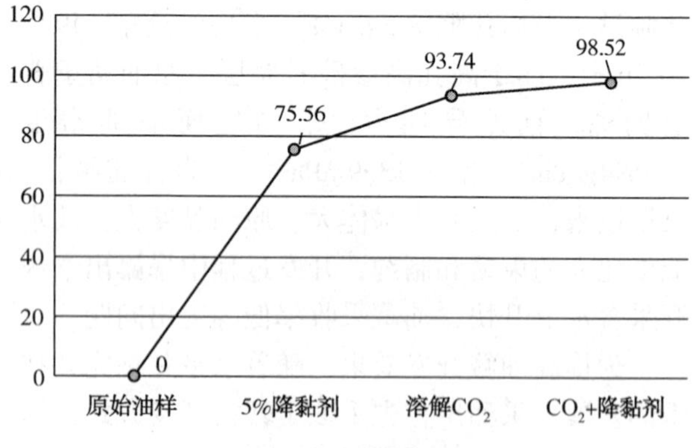

图4　不同降黏方式降黏效果对比

研究了不同CO_2注入量和增油量的关系。如图5所示，周期累增油随着CO_2注入量的增加成上升趋势，注入二氧化碳量在160t时，增产效果最好，现场施工时，要以较高的增油量和适当的换油率来优选CO_2注入量。

2.4 生产参数优化

采用等值渗流阻力法计算公式，根据避水高度、原油黏度等参数计算不同含水阶段的合理生产压差，通过控液生产，控制含水上升，延长低含水期。计算公式(3)：

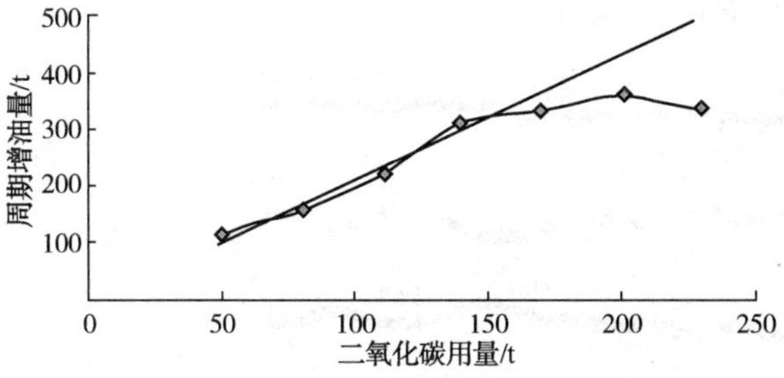

图5　不同二氧化碳用量下的增油量

$$\Delta P=\frac{\Delta\rho g k_n\phi\left[\frac{\mu_w h_w}{k'_{rw}}+\frac{\mu_o(h_p-h_w)}{k'_{ro}}\right]}{k_v(\mu_r-1)} \tag{3}$$

式中：$\Delta\rho$ 为水油密度差，$\Delta\rho=\rho_w-\rho_o$，g/cm^3；k_n 为油层水平渗透率，um^2；k 为油层垂向渗透率，um^2；ρ_o 为原油黏度，mPa·s；P_w 为地层水黏度，mPa·s；h_p 为水平井水平段距原始油水界面的距离，m；h_w 为底水脊进高度，m；k_{iw}为残余油下水相渗透率；k_{ro}为束缚水下油相渗透率；

通过计算确定不同含水阶段下的合理产量：

表1　不同含水阶段产液量

含水阶段	开发对策	目的	不同含水的初产液量	
			含水/%	初产液/(t/d)
中低	控液生产	控制含水上升速度	40	10.8
中高	适当提液	控制产油量递减	60	13.5
特高	逐步提液	达到一定效益的产油量	80	23.3

3　实施效果

该技术从2020年6月份开始实施，已推广至埕东、太平、义东和邵家4个油田8个区块，累计实施177井次，累增油7.72万吨，平均单井增油437吨，投入产出比1∶3.0，同时减少产出水45.8万方，节电161.4万千瓦时，节约水处理费用366万元。该技术的成功应用，显示出边底水稠油油藏治理的巨大潜力(图6)。

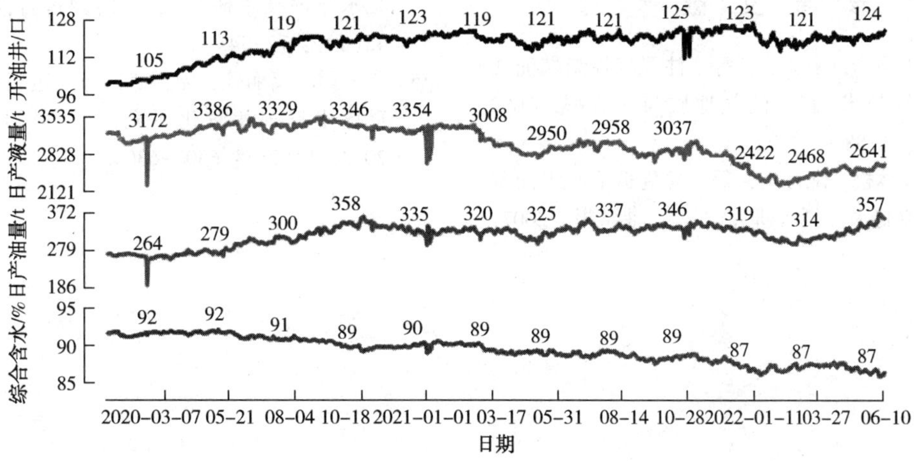

图6　控水降黏井生产日度曲线

以埕42-平8井为例，该井2019年6月投产，初期含水为35%左右，从2019年10月开始，由于边底水影响，含水逐步上升，原油黏度2155mPa·s，累油1633吨，累水4572吨。2020年9月实施控水降黏一体化措施，措施前13.6/1.8/86.8%，开井后峰值11.1/10.5/5.4%，目前17.7/7.5/57.7%，累增油2858吨，投入产出比1∶22，持续增效中(图7)。

4　结论和认识

(1) 通过转变思路，创新驱动，探索了"氮气+二氧化碳+油溶性降黏剂"边底水稠油控水降黏一体化技术，通过氮气压水的作用，实现地层中油水界面重新分布；利用二氧化碳及降黏剂协同降黏，有效降低油水流度比，提高原油流动能力；同时优化生产参数，配合控水生产。

(2) 筛选了适用于油品特性的高效油溶降黏剂体系，与CO_2协同降黏效果较好；同时利用CO_2的膨胀扩散性能，携带更多的降黏剂进入油层深部，扩大波及体积，提高降黏效果。

(3) 进行了控水降黏一体化配套工艺及施工参数优化：根据水平段长度、底水锥进半径、避水高度等情况，优化氮气用量；根据避水高度、原油黏度、水平段长度等参数计算不同含水阶段的合理生产压差，控制合理产液量，延长低含水　　采油期。

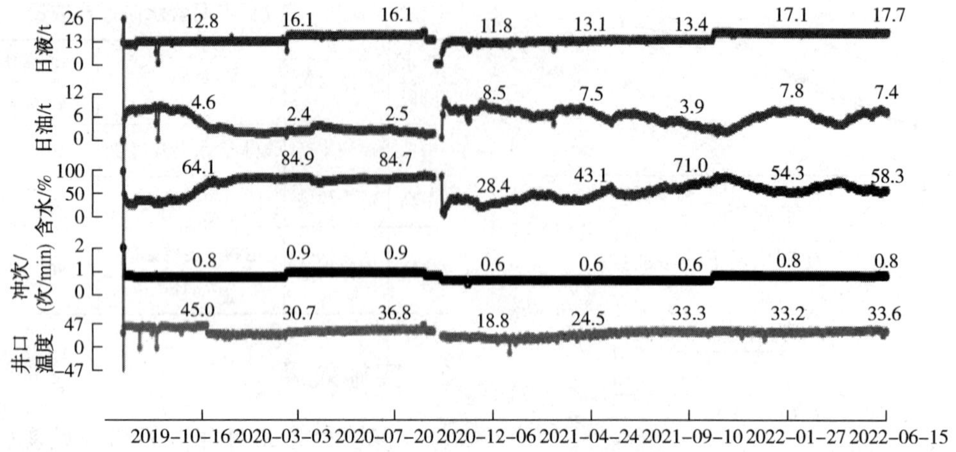

图7　埕42-平8井日度采油曲线

（4）边底水稠油控水降黏一体化技术具有无需动作业，措施投入少、施工简单的特点，现场实施控水增油效果突出，对边底水油藏低效井具有突破性的意义。

参　考　文　献

[1] 杨元亮，沈国华，宋文芳，等．注氮气控制稠油油藏底水水锥技术[J]．油气地质与采收率，2002(03)：83-84+88-0.

[2] 庞占喜，程林松，陈月飞，等．常规稠油底水油藏氮气泡沫控制水锥技术研究[J]．石油学报，2007，28：99~103。

[3] 马跃，唐晓旭，刘晖，等．海上底水稠油油藏氮气泡沫压锥技术研究与应用[J]．中国海上油气，2012，24(1)45~50.

[4] 侯利，赵军梅，李凤玲，等．边底水油藏 CO_2 吞吐控水稳油技术研究[J]．内蒙古石油化工，2017，43(09)：72-74.

[5] 徐玉霞，葛丽珍，廖新武，等．边底水稠油油藏单砂体水淹规律量化研究[J]．科学技术与工程，2012，12(25)：6300-6304.

深层强敏感稠油多元热复合驱开发技术研究

陈明铭　刘西雷　吴光焕　尹小梅　韦　涛

（中国石化胜利油田勘探开发研究院）

摘　要　胜利油田东部稠油油藏具有埋藏深、厚度薄、黏度大、敏感性强、边底水活跃的特点，属于深层敏感性稠油油藏，开采难度大。本文选取王庄油田郑364块为试验区，提出使用多元热复合驱开发技术，对多元热复合驱油体系进行筛选评价，确定驱油体系为1#高温起泡剂+1#高温驱油剂+KS-1高温防膨剂，开发方式为蒸汽驱+驱油剂+泡沫体系，并通过物理模拟和数值模拟的方法，对多元热复合驱开发技术的界限进行了优化。

关键词　稠油油藏；敏感性；热复合；驱油体系；技术界限

1　概况

胜利油田东部稠油探明储量6.2亿吨，分布在单家寺、孤岛、王庄等24个油田，目前已动用储量5.75亿吨，具有埋藏深（900～2000m）、厚度薄（小于6m的油层占31%）、黏度大（原油黏度超过1×10^4mPa·s）、敏感性强（水敏渗透率保留率小于30%）、边底水活跃（水油体积大于5）的特点，是典型的难采深层敏感性稠油油藏。

为了解决目前深层敏感性稠油油藏开发面临的问题，本文从矿场应用出发，通过室内实验、物理模拟、数值模拟，形成保障多元复合体系作用效果的技术方法，创建开发模式，建成高效、绿色的难采稠油多元热复合开发试验区，形成适用于深层强敏感性稠油油藏的多元热复合驱开发技术。

2　试验区开发特征

2.1　地质特征

在对油藏地质及开发进行综合分析评价的基础上，确定了本次难采稠油多元热复合开发试验区为王庄油田郑364块（图1）。试验区具有以下特征：储层物性、发育良好，储层连通性较好；剩余油饱和度40%以上，有一定的物质基础；井网完善程度高，井况良好。

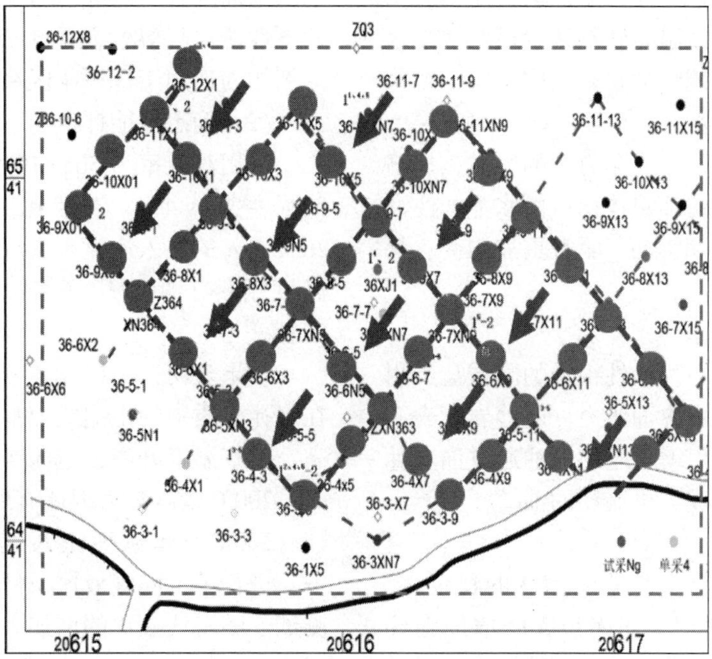

图1　先导试验区位置示意图

2.2 开发难点

王庄油田郑364块为深层敏感性难采稠油油藏，该种油藏类型采用多元热复合驱开发，面临以下挑战：

（1）油藏埋藏深，注入蒸汽干度低

油藏埋藏深度一般在1000~1400m，注入蒸汽井筒沿程热损失大，导致相同的干度蒸汽注入油层蒸汽干度低，热焓低；

（2）储层黏土含量高，强水敏

王庄油田郑364块黏土矿物含量为12%，以水敏矿物蒙脱石为主，伊蒙间层比高，外来流体注入，会引起储层伤害严重，储层渗透率大幅度下降；

（3）井网井距大，热水带宽

郑364块的注采井距大，数值模拟研究，该块转蒸汽驱后，40%的井距发育蒸汽腔，注采井间60%距离为热水带，而同样温度的热水的驱油效率较蒸汽驱油效率低，而热水易沿下步高渗条带窜进，导致波及体积小。

3 多元热复合驱开发技术政策

3.1 深层敏感难采稠油大幅度提高采收率开发模式

针对深层敏感性普通稠油油藏注入蒸汽井底干度低、井距大，热水带宽，储层强水敏的不利因素，提出了大井距敏感稠油多元热复合驱开发技术。即通过注入高温泡沫体系调控热前缘，防止汽窜，扩大波及体积，注入驱油剂提高提高水驱带驱油效率，注入高温防膨剂减少远井地带水敏性，最终提高敏感稠油油藏采收率。

（1）提高波及系数

氮气泡沫能有效地防止驱替剂的突进，提高波及系数，扩大热水的加热体积；而水平井注汽可以使汽驱前缘呈线性驱动，驱替更加均衡，从而提高驱油效率。

（2）提高洗油效率

高温驱油剂性是一种活性很强的磺酸盐类阴离子物质，能降低油水界面张力，改善岩石表面的润湿性，使原来呈束缚状态的原油通过油水乳化、液膜置换等方式成为可流动的油。

（3）氮气的作用

非冷凝氮气的加入，增强了泡沫的稳定性。同时具有氮气驱的作用，如体积膨胀增加弹性能，溶于油中使原油膨胀变稀，在地层中形成微小气泡或气腔提高驱油效率等。同时，在套管中伴注氮气，能够有效降低井筒热损失，提高蒸汽驱井底干度。

（4）防膨剂的作用

防膨剂是一种有机阳离子聚合物的混合物，分子链节含有多个阳离子基团，能以网络形式强力吸附在黏土的交换点上，并通过分子间力和氢键力等作用，牢固吸附在黏土表面，防止储层中黏土矿物水化膨胀和分散运移。

3.2 多元热复合体系筛选与评价

针对郑364区块井距大，热水带宽，波及面积小，热前缘指进及强水敏，渗透率损害问题，攻关敏感稠油化学蒸汽驱油剂研究。室内主要进行了高温起泡剂、高温驱油剂及高温防膨剂的评价与筛选。

3.2.1 高温起泡剂的适应性评价

（1）静态性能评价

采用WaringBlender法，所采用的起泡剂共计4种，分别编号为1#~4#，配制浓度为0.4%的高温起泡剂溶液。通过分析各起泡剂老化前后气派性能对比起泡体积、析液半衰期，4种高温起泡剂的性能在280℃老化24h后性能变化不大。因此，4种高温泡沫剂均具有较好的耐温性。

加油量为10%条件下，对比4种高温起泡剂加油前后的泡沫性能，实验结果如图2所示。由图2可知，加入10%油前后，1#和2#高温泡沫剂的耐油性较好。综合对比高温起泡剂的常温条件下性能、耐温性及耐油性，优选出1#高温泡沫剂作为适用于郑364区块的高温泡沫剂。

（2）动态性能评价

采用渗透率为$508\times10^{-3}\mu m^2$的填砂管，起泡剂浓度为0.4%，气液比为1∶1的条件下以2mL/min的注入速度对1#高温起泡剂进行不同温度条件下阻力因子和残余阻力因子的测试实验。

结果表明，不同温度条件下1#高温起泡剂在多孔介质中的生泡能力都比较强，阻力因子较高。随着温度升高，泡沫溶液的阻力因子逐渐增大，200℃以后阻力因此有所下降。

200℃，起泡剂注入速度为2mL/min条件下，进行了不同气液比条件下泡沫溶液阻力因子测试。随着气液比的增加，泡沫的封堵性先增大后减小，气液比为1∶1时，泡沫的封堵效果最佳。当起泡剂的经济使用浓度为 0.4%，当含油饱和度高于 30%时，泡沫的封堵性能显著降低。

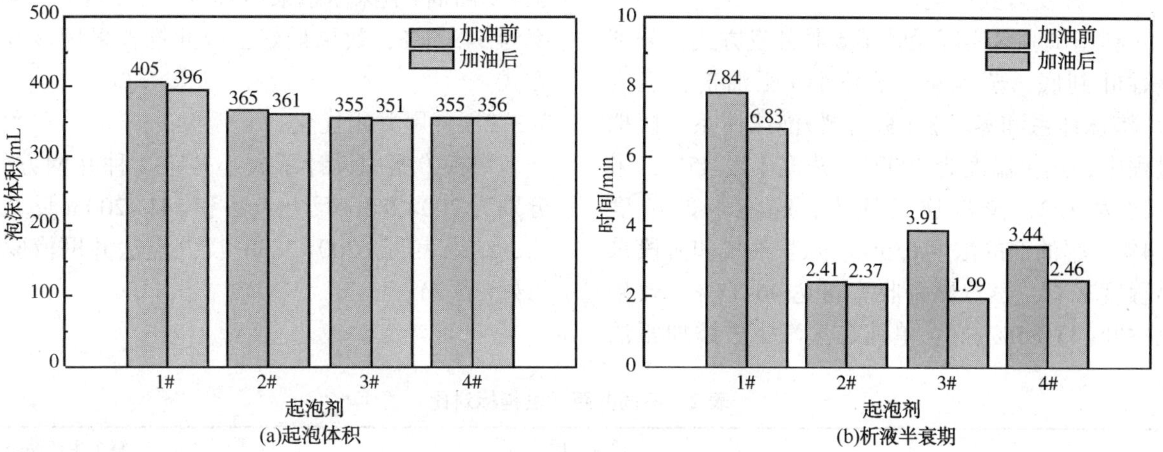

图 2　各起泡剂加油前后气派性能对比

3.2.2　高温驱油剂的适应性评价

（1）降低界面张力性能评价

郑 364 区块高温驱油剂适应性评价首先采用模拟地层水配制浓度为 0.5% 的高温驱油剂溶液，优选了老化前后的界面张力变化不大的 1#驱油剂。

（2）驱油剂浓度优化

60℃条件下使用 1#驱油剂配制不同浓度溶液分别测试其界面张力，不同浓度条件下的界面张力值测试结果显示，随着浓度增加，高温驱油剂的界面张力值降低。当浓度超过 0.3%时达到超低界面张力值，界面张力变化不大。高温驱油剂的最佳使用浓度为 0.5%。

3.2.3　高温防膨剂的适用性评价

（1）静态性能评价

对比膨润土在高温防膨剂溶液中体积增量来评价高温防膨剂的防膨性能。优选了防膨率高，防膨效果好的高温防膨剂 KS-1 和 FP-1。配制不同浓度的 KS-1 和 FP-1 防膨剂溶液进行防膨率测定，考察两种防膨剂的最佳使用浓度。

试验结果显示，KS-1 的质量浓度超过 1%时，防膨率变化较小，最优浓度选择 1%；FP-1 的质量浓度超过 2%时，防膨率变化较小，最优浓度选择 2%。

（2）动态性能评价

向两块岩心中分别注入两种防膨剂，第三块岩心不注入防膨剂作为空白样。对比三块岩心的渗透率伤害程度，分析两种防膨剂的动态防膨性能。KS-1 和 FP-1 防膨效果见表 1。

表 1　不同条件下防膨剂动态实验结果

实验组	空白实验	防膨剂 KS-1	防膨剂 FP-1
水敏伤害率/%	76.0	19.9	39.4
水敏伤害程度	强	弱	中等偏弱

由表 1 可知，高温防膨剂 KS-1 和 FP-1 都使水敏程度降为中等偏弱以下，KS-1 防膨效果更优。

3.2.4　热化学驱油体系驱油效果评价

由高温泡沫剂、高温驱油剂和高温防膨剂适应性评价可知，郑 364 区块热化学驱油体系应当选用 1#高温起泡剂+1#高温驱油剂+KS-1 高温防膨剂。对饱和油的两根岩心（高渗管渗透率为 $4918.6\times10^{-3}\ \mu m^2$，低渗管渗透率为 $1503.58\times10^{-3}\mu m^2$，渗透率极差为 5：1）分别水驱至出口端含水 98%以上，然后注入 1 PV 泡沫驱（气液比为 1：1），最后进行驱油剂驱，结果如图 3 所示。

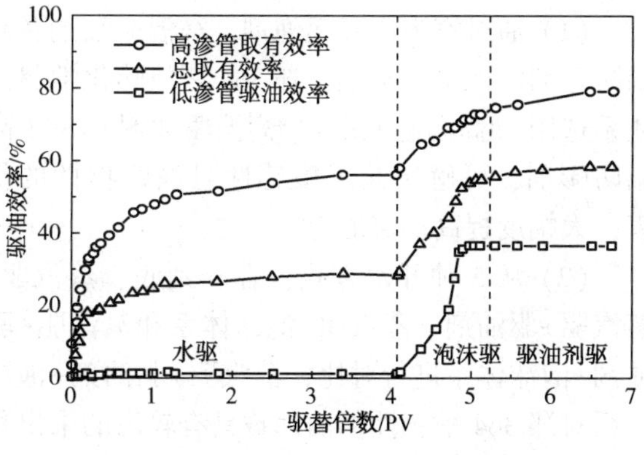

图 3　并联管模型泡沫+驱油剂驱油效果评价

3.3 多元热复合驱开发技术界限

3.3.1 开发方式优化

利用试验区实际设计了5种开发方式，分别是吞吐到底、蒸汽驱、蒸汽驱+驱油剂、蒸汽驱+泡沫体系和蒸汽驱+驱油剂+泡沫体系。模拟过程中，热水温度为300℃，蒸汽干度45%，采注比为1.2，蒸汽连续注入，起泡剂的浓度0.4%，驱油剂的浓度0.5%。从累油量和阶段采出程度来看，蒸汽驱采收率可达46.13%，效果比吞吐(33.85%)好，单纯在蒸汽驱中添加驱油剂和泡沫体系提高采出程度效果不明显，蒸汽驱+驱油剂+泡沫体系采出程度为23.41%，采收率为54.21%，效果最好，因此推荐采用该开发方式。

3.3.2 井网井距优化

数模方案中设计了大小井距2种井网方式，分别为200×283m反九点法和141×200m反九点法，结果表明，200×283m反九点法井网汽驱效果好(表2)。

表2　不同井距开发指标对比

井网井距	预测阶段							整个生产期	
	产油/10^4t	注汽/10^4t	注起泡剂/t	注氮气/10^4Nm^3	注驱油剂/t	采出程度/%	净增油/10^4t	产油/10^4t	采收率/%
200×283m反九点	73.73	333.95	2876.94	3539.53	2397.45	23.41	27.08	201.03	54.21
141×200m反九点	96.68	400.29	3661.56	4669.39	3051.30	31.33	15.64	225.98	62.13

3.3.3 转注时机优化

通过数值模拟方法对不同转热化学驱时机(直接转、汽驱1年、2年、3年转)进行了优化，从采出程度和净增油指标来看(表3)，直接转化学蒸汽驱使得泡沫体系改善波及状况，尽早调控蒸汽温度场发育较均匀，蒸汽波及效率得到有效提高，阶段采出程度最高，经济效益最好。

表3　不同转热化学驱时机开发效果对比

转热化学驱时机	预测阶段							整个生产期	
	产油/10^4t	注汽/10^4t	注起泡剂/t	注氮气/10^4Nm^3	注驱油剂/t	采出程度/%	净增油/10^4t	产油/10^4t	采收率/%
直接转	73.73	333.95	2876.94	3539.53	2397.45	23.41	27.08	201.03	54.21
汽驱1年转	73.29	341.22	3412.19	4265.24	2843.49	23.27	24.89	200.59	54.07
汽驱2年转	73.49	349.25	3492.48	4365.60	2910.40	23.06	23.95	200.79	53.86
汽驱3年转	75.19	367.13	3671.35	4589.18	3059.46	22.94	23.11	202.49	53.74

4 结论及认识

(1) 通过室内高温起泡剂、高温驱油剂及高温防膨剂的评价与筛选，郑364区块热化学驱油体系选用1#高温起泡剂+1#高温驱油剂+KS-1高温防膨剂，可解决储层敏感性对油藏物性的伤害，大幅度提高渗流能力。

(2) 从5种开发方式：吞吐到底、蒸汽驱、蒸汽驱+驱油剂、蒸汽驱+泡沫体系和蒸汽驱+驱油剂+泡沫体系进行对比，蒸汽驱+驱油剂+泡沫体系对郑364敏感性稠油油藏具有较高的采出程度，可获得更好的开采效果。

(3) 针对郑364块深层强敏感性普通稠油油藏注入蒸汽井底干度低、井距大，热水带宽，储层强水敏的不利因素，提出了大井距敏感稠油多元热复合驱开发技术。即通过注入高温泡沫体系调控热前缘，防止汽窜，扩大波及体积，注入驱油剂提高提高水驱带驱油效率，注入高温防膨剂减少远井地带水敏性，最终提高敏感稠油油藏采收率。

参考文献

[1] 曹嫣镔，刘冬青，张仲平，等．胜利油田超稠油蒸汽驱汽窜控制技术[J]．石油勘探与开发，2012，39(6)：739-743.

[2] 杜永欣，盖平原，谢志勤，等．胜利油田稠油开采技术进展及发展对策[C]．山东石油学会地质专业

委员会．稠油、超稠油开发技术研讨会论文汇编．山东石油学会地质专业委员会：山东省科学技术协会，2005：24.
[3] 吴光焕，刘祖鹏．胜利油田稠油热采开发技术研究进展[J]．当代石油石化，2014，22(12)：7-11.
[4] 刘方方．王庄油田郑36块沙一段2砂组储层特征研究[D]．青岛：中国石油大学(华东)，2017.
[5] 张更，陈雨飞，郑浩，等．泡沫驱油机理研究综述[J]．当代化工研究，2017(11)：6-7.
[6] 邢晓璇．泡沫驱微观驱油机理及驱油效果[J]．油气地质与采收率，2020，27(3)：106-112.
[7] 刘珑，范洪富．氮气泡沫驱油研究进展[J]．油田化学，2019，36(02)：353-360.
[8] 葛际江，张贵才，蒋平，等．驱油用表面活性剂的发展[J]．油田化学，2007(03)：287-292.
[9] 李建波，胡正海，张莉梅，等．化学驱油用表面活性剂合成及性能研究进展[J]．精细与专用化学品，2014，22(10)：42-47.
[10] Yang J，Hou J，Qu M，et al. Experimental study the flow behaviors and mechanisms of nitrogen and foam assisted nitrogen gas flooding in 2-D visualized fractured-vuggy model[J]. Journal of Petroleum Science and Engineering，2020：194.
[11] 李正辉，赵莉，陈菊涛 等．氮气驱与氮气泡沫驱技术适用性分析[J]．内蒙古石油化工，2019，45(11)：83-85.
[12] 戎旭峰，王彦玲，张传保，等．MCS黏土防膨剂的合成[J]．科学技术与工程，2019，19(30)：134-139.

胜利稠油老区提高采收率技术方向及潜力评价

王可君　吴光焕　邓宏伟　李　伟　尹小梅

(中石化胜利油田勘探开发研究院)

摘　要　以胜利油田稠油老区特点出发，采用统计学方法论证了胜利稠油油藏由于类型复杂、开发技术单一性造成采出程度低、井间剩余油富集。通过大量调研、室内研究、矿场实践等手段，提出了化学蒸汽驱技术、深层稠油SAGD技术、火烧驱油技术和化学降黏开发技术可进一步提高稠油老区采收率。并对每一类技术目前的应用现状、研究进展，开发适用性进行了详细论述，对胜利稠油在不同技术下的潜力规模进行摸排评价。研究内容对胜利稠油老区进一步提高采收率有重要意义。

关键词　稠油老区；化学蒸汽驱；深层稠油SAGD；火烧驱油；化学降黏

胜利稠油资源量8.35亿吨，已动用稠油地质储量6.28亿吨，多为难采稠油。东部稠油油藏主要分布在单家寺、王庄等25个油田。西部以浅薄层特超稠油为主，主要分布在春风、春晖、阿拉德油田。作为胜利油田重要的稳产支撑，稠油热采板块以油田八分之一的动用储量贡献了五分之一的产量。目前稠油老区已大部分进入吞吐开发末期，急需探索进一步提高采收率的技术对策。

1　胜利稠油老区特点

1.1　油藏类型复杂

胜利稠油已开发的221个单元中，油藏类型极为复杂。以东部油区为例：按照埋藏深度可分为中深层(600~900m)稠油、深层(900~1300m)稠油和特深层(1300~2000m)稠油。3种类型稠油的已动用储量分别占到总动用储量的13%、60.6%和26.4%。按照边底水的强弱可分为无边底水稠油、弱边底水稠油和强边底水稠油。3种类型稠油的已动用储量分别占到总动用储量的1.1%、56.4%和42.5%。按照原油黏度可分为普通稠油、特稠油、超稠油和特超稠油。以上类型的已动用储量分别占到总动用储量的59.5%、26.5%、9.2%和4.8%。此外还可按照油层厚度分为薄层(有效厚度<5m)稠油、中-厚层(5~10m)稠油、厚层(10~15m)稠油及极厚层(>20m)稠油。前3种类型稠油的已动用储量分别占到总动用储量的7.9%、40.9%和29.9%。

以上数据表明：胜利已动用的东部稠油油藏以深层、薄层和边底水普通稠油为主。而西部稠油油藏以埋藏浅(420~615m)、厚度薄(3~6.5m)、原油黏度高的特超稠油为主。如此类型多样的稠油油藏，为稠油开发带来了极大的难度。

1.2　开发方式单一

由于胜利稠油油藏类型的复杂性，稠油开发技术主要以蒸汽吞吐为主，包括一些气体辅助吞吐技术等。2019年胜利稠油产量443万吨，其中蒸汽吞吐产油量达到428万吨，占到稠油总产量的96.6%。据统计胜利稠油吞吐轮次达到6.7个，已逐步进入高轮次开发阶段。对于弱边底水稠油油藏存在地层能量低，供液不足的问题。而强边底水稠油油藏，随着吞吐轮次的增加，油藏内部亏空大，边底水入侵严重，油井含水上升，产油量下降。目前胜利稠油采出程度仅为16.7%。

通过吞吐后10口密闭取心井(图1)，1585块样品统计分析结果表明剩余油饱和度平均48.7%，主要分布区间35%~60%。说明吞吐后井间的剩余油饱和度仍然很高，稠油老区有进一步提高采收率的物质空间。

2　提高采收率技术及潜力

2.1　化学蒸汽驱技术

多数稠油开发都会考虑蒸汽驱作为蒸汽吞吐后的接替技术。作为吞吐后期的重要接替技术，自20世纪90年代初在胜利油田单2断块开展了蒸汽驱的先导试验，后在乐安油田扩大试验，在孤岛油田开展化学蒸汽驱先导试验，技术日趋成熟。但胜利稠油油藏埋藏深(1000~1400m)、油层压力高(7~10MPa)，蒸汽腔小，热水带大；地层存在较强的非均质性，热前缘的指进现象明显。以上开发矛盾严重制约了的蒸汽驱的开发效果。

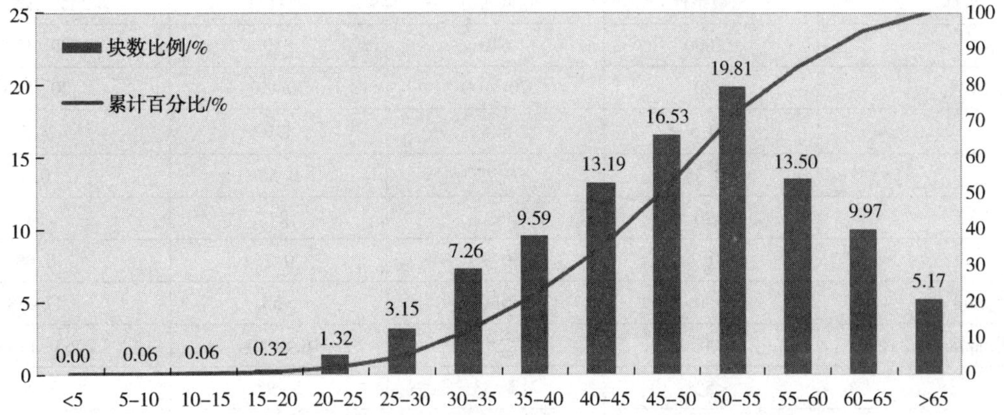

图 1　稠油油田岩心分析油饱和度频率分布及累计曲线

针对胜利油田深层稠油蒸汽驱面临的问题，根据剩余油分布特点，胜利稠油转变开发理念和思路，探索新的技术方向。“十二五”以来通过高干度注汽、泡沫堵调、驱油剂复合增效的方式，实现稠油的有效驱替和大幅度提高采收率，即化学辅助蒸汽驱。同时根据数值模拟及现场应用情况，制定(化学)蒸汽驱实施油藏筛选依据：原油黏度<10000mPa·s；油藏埋深<1800m，压力低于 7MPa；油层厚度>6m；孔隙度>0.2%，渗透率>$500\times10^{-3}\mu m^2$。该技术在孤岛油田中二北 Ng5 开展先导试验以来，效果明显：试验区采出程度突破 50%，2 个小井距井组采出程度突破 60%。

技术界限持续突破促使蒸汽驱的应用规模进一步拓展。根据潜力评价条件结合胜利稠油类型特点认为：弱边水普通稠油油藏是实施(化学)蒸汽驱大幅提高采收率的主要阵地：筛选适合(化学)蒸汽驱的地质储量 1.12 亿吨。其中已达到转驱条件(地层压力<7MPa)的潜力 3883 万吨，占总储量的 34.7%，主要分布在蒸汽吞吐轮次较高的孤岛、单家寺和王庄等边底水较弱的整装稠油油藏，包括孤岛中一区 Ng5、单家寺油田单 83-050 块、王庄坨 82 块等 10 个单元；需进一步吞吐降压后转蒸汽驱的潜力覆盖地质储量 5908 万吨，占总储量的 52.7%，主要分布在孤岛、王庄、乐安等油田边部、处于中高吞吐阶段和具有一定边底水能量的普通稠油油藏，包括孤岛中二中 Ng5 稠油、渤 76 断块稠油、乐安草 109 等 10 个单元；需要进一步加密后转蒸汽驱的潜力覆盖储量 1432 万吨，占总储量的 12.8%。主要分布在草桥、王庄郑 36 等投入时间相对较晚，井距较大的普通稠油油藏，包括草四沙四 4 块、王庄郑 364 沙 1 基、王庄 365 基 3 个区块。

2.2　深层稠油 SAGD 技术

蒸汽辅助重力泄油技术(SAGD)首先由由 Butler 提出。加拿大应用最多，主要集中在阿尔伯达省，均为浅层，油藏埋深不超过 500m，油层厚度一般在 15m 以上，现场试验及应用采收率达到了 50%~60%。国内主要在辽河、新疆油田实现工业化应用，众多学者对 SAGD 不同井型的组合方式、泄油速率、蒸汽腔的形成及扩展规律等问题进行了研究。

与辽河 SAGD 区块油藏地质条件对比(表 1)，胜利东部稠油埋深偏深、水体能量较大，导致地层压力高。目前深层、活跃边水特超稠油油藏开展 SAGD 尚无研究先例。针对油藏特点针对性提出解决对策一：引入非凝析气体(如 N_2、CO_2、烟道气等)辅助 SAGD。利用气体隔热降低热损失，有利于蒸汽扩展。对策二：引入溶剂气体(丙烷、丁烷等)辅助 SAGD，当蒸汽前缘温度高于溶剂沸点温度时，溶剂气化，利用分压作用降低汽腔温度，增加蒸汽比容，有效扩展蒸汽腔。对策三：引入直-水平井驱泄复合方式，改传统的双水平井注采模式为直井注汽，水平井采油的直-水平井模式，蒸汽腔上升较快，加速蒸汽腔连通和扩展。

目前该技术已经进入室内攻关研究阶段，预测可在单家寺的单 2、单 10、单 113 等厚层稠油油藏实施，覆盖地质储量 8174 万吨。

表1 胜利东部深层稠油目标区块与辽河SAGD区块油藏参数对比表

指标	油藏条件	馆陶油层	兴Ⅵ组	单2沙三段4砂组
油层中深/m	<1000	640	810	1100~1230m
连续油层厚度/m	>20	70~100	30~50	20~50m
Kh/μm^2	>0.5	5.5	1.9	3.5
Kv/Kh	>0.35	0.77	0.56	0.5
孔隙度/%	>20	36.3	27	34
净总厚度比	>0.7	0.9	0.7	0.68
目前含油饱和度/%	>50	>60	>55	47~58
地层温度原油黏/(mPa·s)	>10000	23.2×104	16.8×104	2663~119329
地层倾角	<5°	2~3°	5~9°	3~8°
边底水影响	水体倍数<2	边顶水	底水	水体倍数9

2.3 火烧驱油技术

火驱开发看成是一种“收割”式的采油过程，驱油效率可以达到90%甚至更高，燃烧前缘波及范围内(已燃区)基本没有剩余油。无论将其应用于原始油藏，还是水驱后、注蒸汽后的油藏，它都是“末次采油”方式。在20~30年代美国、苏联已经开始火驱技术研究试验，在80年代随着注空气工艺技术发展，火驱技术得到广泛应用。国内相似区块取得较好效果，新疆红浅1块火驱开发已累产油超过9万吨，阶段采出程度22%，预计最终采收率65.1%；辽河共实施3个项目，转驱161个井组，日产油1128t，瞬时空气油比1326标方/吨，年产油34.4万吨。。

胜利油田在1993年将“火烧油层”列入重点先导性试验项目，随后在金家油筛选三种不同类型的试验井组进行火烧油层试验，后由于工艺设备条件限制，被迫停止试验，但此次试验对火驱稠油技术取得了一些初步认识。2003年选取郑408-试1井组作为试验井组开展火驱试验，后岩心分析表明该井以低温结焦为主，没有实现有效燃烧。

通过近年来不断深入研究发现，油藏的埋藏深度在150~1500m时适合采用火烧油层技术。同时需要有一定的地层倾角，在构造高部位注气，重力作用改善波及。薄油层中应用火烧油层成功的可能性较大，油层厚度3.0~15m为宜。油层应具有高孔(大于0.20)、中高渗(大于100mD)和较高的含油饱和度(大于0.4)，一般说来，原油应含有足够的重质成分，且氧化性好，油层条件下密度为0.802~1.00g/cm^3的原油适合于选用火烧油层开采。为了补偿火驱中消耗的燃料油，要求必须有一个最低的含油量，不能低于0.09。此外横向上，油层要具有较好的连通性，利于提高火驱的波及系数；连通系数应在70%以上。纵向上，各油层之间具有良好的隔层分布，可把注入空气限制在产层中，避免纵向上气窜，利于维持高温燃烧模式，隔层厚度应≥3m。

通过初步筛选评价，胜利油田可应用火烧驱油的潜力主要集中在孤岛、单家寺等弱边底水稠油的68个单元，储量1.7亿吨。

2.4 化学降黏开发技术

化学降黏开发技术为稠油油藏一种新的开发技术，目前降黏剂在矿场上的应用主要有两个方向：在热采开发中和蒸汽一起，用其辅助蒸汽开采特稠油或者超稠油；运用于采油工艺和管道运输中，降低原油黏度，减少举升和运输中的载荷或者压差。而将化学降黏开发作为一种油藏开发方式的矿场实践基本没有，国内仅有少量理论的研究。

在室内实验和数值模拟研究的基础上初步建立化学降黏开发理论体系：揭示了稠油致黏、化学剂降黏机理；明晰化学降黏驱提高采收率机理。同时开展了数值模拟拟合适应性研究，建立了化学降黏表征方法，考虑界面张力改变而引起油水相渗曲线的变化，实现化学降黏提高采收率主要机理的模拟。并研发形成适合低动力解聚的水溶性和适合近井解堵的油溶性两类降黏体系，分析了稠油理化性质，筛选化学剂功能基团，研制出具有微动力乳化降黏作用的化学驱替体系，完成体系对界面润湿性、接触角/黏附功等的实验评价，实现稠油低动力条件下的降黏分散。

同时建立了降黏剂驱油藏筛选标准：原油黏度<1500mPa·s，渗透率>100mD，有效厚度>4m，含油饱和度>0.4。同时优化了降黏剂驱关键注采参数：降黏剂注入浓度0.3%，降黏剂注入量0.5PV，转降黏复合驱的最佳时机为降黏剂驱含水达到75%，最优泡沫剂浓度为0.5%，气液比为1.05，降黏复合驱的合理注入方式为注一个月泡沫后注两个月降黏剂。

根据建立的油藏筛选标准，按区块目前所采用的开采方式，降黏开发可应用于于两类油藏，一类是热采开发稠油区块，主要集中在孤岛、乐安等26个单元，储量5844万吨；另一类是低效水驱稠油区块，主要为敏感性及活跃边底水区块，30个单元，储量12523万吨。该技术可应用于胜利油田56个区块、近1.8亿吨稠油地质储量，增加可采储量1080万吨。

3 结论

（1）胜利稠油多为难采稠油，目前已大部分进入吞吐开发末期，需要探索进一步提高采收率的技术对策；

（2）（化学）蒸汽驱是弱边水普通稠油油藏后期大幅度提高采收率的主导技术；深层、活跃边水特超稠油油藏开展SAGD可进一步提高采收率；

（3）火烧驱油效率高、适应性强、低能耗低排放，但需要配套相应的工艺设备，以提高其成功率；

（4）化学降黏目前作为胜利油田一项低成本提质增效开发技术已逐渐扩大使用规模，在低油价、绿色减排形势下，该技术无疑是一项绿色、节能、增效的有效技术手段。

参 考 文 献

[1] 刘文章．中国稠油热采技术发展历程回顾与展望[M]．北京：石油工业出版社，2014.

[2] 吴光焕，刘祖鹏．胜利油田稠油热采开发技术研究进展[J]．当代石油石化，2014，12(1)：7-10.

[3] 顾浩，孙建芳，秦学杰．稠油热采不同开发技术潜力评价[J]．油气地质与采收率，2018，25(3)：112-116.

[4] 潘一，付洪涛，殷代印等．稠油油藏气体辅助蒸汽吞吐研究现状及发展方向[J]．石油钻采工艺，2018，40(1)：111-117.

[5] 王学忠．多轮次蒸汽吞吐井开发接替技术研究[J]．当代石油石化，2019，27(6)：30-34.

[6] 刘晏飞，唐亮，熊海云等．化学蒸汽驱不同温度区域的驱油特征[J]．油气地质与采收率，2015，22(3)：115-118.

[7] 曹嫣镔，刘冬青，王善堂等．中深层稠油油藏化学辅助蒸汽驱三维物理模拟与应用[J]．石油学报，2014，35(4)：739-744.

[8] 魏新辉．化学蒸汽驱提高驱油效率机理研究[J]．油气地质与采收率，2012，19(3)：84-86.

[9] ButlerRM，Stephens D J. The Gravity Drainage of Steam-Heated Heavy Oil to Paral el Horizontal Wells[J]. Petroleum Society of Canada，1981，20(2)：90-96.

[10] 任芳祥，孙洪军，户昶昊．辽河油田稠油开发技术与实践[J]．特种油气藏，2012，19 (1)：1-8.

[11] 李浩哲，熊彪，张荷等．国外稠油油藏单井SAGD开发技术综述[J]．天然气与石油，2017，35(1)：84-87.

[12] 刘尚奇，包连纯，马德胜．辽河油田超稠油油藏开采方式研究[J]．石油勘探与开发，1999，26(4)：80-81.

[13] 岳宗杰，李勇，于海军．辽河油田杜84区块超稠油油藏水平井钻井技术[J]．石油钻探技术，2005，33(6)：15-18.

[14] 武毅，张丽萍，李晓漫，等．超稠油SAGD开发蒸汽腔形成及扩展规律研究[J]．特种油气藏，2007，14(6)：40-43.

[15] 李巍，刘永建．提高直井与水平井组合SAGD泄油速率技术研究[J]．石油钻探技术，2016，44(2)：87-92.

[16] 栾健．超稠油砂岩油藏SAGD参数优选及SAGP方案设计[D]．成都：西南石油大学，2016：1-11.

[17] 王建俊，鞠斌山，陈常红等．超稠油FAST-SAGD技术影响因素分析[J]．特种油气藏，2016，23(2)：89-92.

[18] 王伟伟．火驱油墙技术界限判定及运移特征[J]．特种油气藏，2019，23(4)：131-135.

[19] 黎庆元．红浅一井区稠油油藏火驱开采适应性分析[J]．新疆石油地质，2014，35(3)：333-336.

[20] 程宏杰，廉桂辉，毛小茵等．火驱过程中储集层变化[J]．特种油气藏，2014，21(3)：132-134.

[21] 江琴，金兆勋．厚层稠油油藏火驱受效状况识别与调控技术[J]．新疆石油地质，2014，35(2)：204-207.

[22] 席长丰，关文龙，蒋有伟等．注蒸汽后稠油油藏火驱跟踪数值模拟技术———以新疆H1块火驱试验区为例[J]．石油勘探与开发，2013，40(6)：715-721.

[23] 孟科全，唐晓东，邹雯炆等．稠油降黏技术研究进

展[J]. 天然气与石油，2009，27(3)：30-34.
[24] 周风山，吴瑾光．稠油化学降黏技术研究进展[J]. 油田化学，2001，25(3)：268-271.
[25] 范海涛，王秋霞，刘艳杰等．稠油冷采技术在胜利油田应用的可行性探讨[J]. 特种油气藏，2006，13(1)：81-83.
[26] 周风山，吴瑾光．稠油的类乳化复合降黏作用机理[J]. 油田化学，2002，19(4)：311-315.
[27] 吴晓明，张建国，王颖等．振动辅助化学剂降黏的室内实验及现场应用[J]. 油气地质与采收率，2008，15(6)：89-91.
[28] 周风山．稠油流动性改善机理及聚合物降黏剂制备与应用研究[D]. 西安：西安交通大学，2000.
[29] 张付生，王彪．复合型原油降凝降黏剂 EMS 的研制[J]. 油田化学，1995，12(2)：117-120.
[30] 李锦昕．原油改性机理研究中的几个问题[J]. 油气储运，1998，17(7)：1-5.

特稠油油藏水平井化学降黏复合驱提高采收率研究

马金娜　陈国强　孟庆丽　赵　婷　王树欣

（中国石化胜利油田分公司河口采油厂）

摘　要　陈家庄油田陈373块是河口采油厂稠油主要阵地，动用储量1773万吨，可采储量239万吨，年产油在10万吨左右，该区块油井平均轮次为6次，进入高含水(90.9%)阶段，产量大幅度递减，井间剩余油难以动用，采出程度低(7.83%)，采收率低(15.3%)。如何寻找特稠油油藏提高采收类技术，本论文对水平井化学降黏复合驱的研究与矿场实验进行了总结，变革性的将化学降黏复合驱应用到特稠油油藏，对稠油热采产量的稳定和发展具有重要意义。

关键词　特稠油；降黏复合驱；采收率

1　油藏概况

陈家庄油田陈373块位于山东省东营市利津县陈庄镇以北约2km处，构造位置属于陈家庄东部凸起的西北部。目的层馆下段油藏构造较为平缓，为薄互层稠油油藏，主要含油层系为下馆陶，15个含油小层，主力小层7个，厚度一般2~6m。

油水关系复杂，各油砂体具有不同的油水界面；平均压力下降速度0.19MPa/年，每采出1%地质储量地层压力下降值为0.37MPa，弹性产量比为39，油藏天然能力较充足，有一定的边底水。

50℃脱气油黏度10000~30000mPa·s之间，属特稠油油藏，含油面积8.0km^2，动用储量1773万吨，标定可采储量231.81万吨，采出程度较低仅为7.83%。

2　目前开发中存在的一些问题

2.1　多轮次吞吐递减大，接近经济极限油气比

该区块平均吞吐周期为6次，多轮次吞吐后期，周期效果逐渐变差，水平井周期油汽比递减率为21.3%，周期产量递减率为17.6%；预测采收率仅为17.9%，且目前可采储量采出程度已达70.4%。45美元条件下陈庄薄层稠油常规转周经济极限油气比0.26，目前平均第六轮油气比仅0.3，亟需寻找经济有效的提高采收率的新技术。

2.2　直斜井蒸汽驱实验效益低，区块整体压降低接替技术不明朗

根据国内外稠油油藏开发经验，蒸汽驱是稠油油藏大幅度提高采收率的有效手段。但由于该块油藏厚度薄(3~5m)，汽驱热损失大，相似油藏水平井汽窜严重，开发效益差，水平井蒸汽驱存在诸多技术瓶颈。陈家庄稠油储层厚度2~6m，以薄层为主，此类油层转蒸汽驱，热损失在65%以上。同时由于油藏天然能力较充足，有一定的边底水，原始地层压力12.91MPa，目前地层压力为9~11MPa，不适合转蒸汽驱，2013年在直斜井压降最大的2个井组实验蒸汽驱，汽驱阶段油汽比0.17，经济效益低。

3　化学降黏复合驱机理研究

3.1　国内外技术现状

如何稳定陈373块吞吐后期开发效果，寻找经济有效的提高采收率技术进行产量接替是技术人员研究突破的重点，而国内目前无可借鉴的经验，国外类似油藏采用水平井聚合物驱已取得成功。苏里南Tambaredjo稠油油田从2008年9月开始分别在1M101井组、1N062井组、1M052井组进行了注聚先导试验，截至2015年3月，3个井组聚驱平均累计增油11.9万桶，平均提高采收率11.3%，获得了良好的开发效果。Pelican Lake油田稠油油藏在2002年水平井注水补充能量开发采收率低且水窜严重，试验中止。2007年12月开展多分支井聚驱的先导试验，取得了显著效果，油井产量大幅上升，是注聚前10倍，截至2012年油井一直维持了低含水、高产油生产5年。大幅提高了稠油油藏的开发效果及采收率，化学驱有望成为深层、薄层稠油油藏提高采收率的有效手段。

3.2　稠油化学降黏复合驱药剂研发与筛选

稠油较普通原油在黏滞力、油水界面能等方面有很大的不同，基于市场化应用的表活剂和聚合物产品，采用化学剂室内检测及评价技术，分析聚合物、表面活性剂物化参数、相互作用及不同矿化度、浓度、温度对性能的影响；研发了具有高降黏率的水溶性降黏剂，结合试验区储层条件，评价对稠油的适用性，确定驱油剂类型。

3.2.1　聚合物的筛选评价

结合陈373油藏条件，分析和评价了普通聚合物和疏水缔合聚合物的流变性、热稳定性、抗盐性能。增黏效果上相同浓度的疏水缔合聚合物的增黏效果明显好于普通聚合物。两种聚合物均表现出一定的抗盐性能：矿化度越高，普通聚合物的黏度越低，但降低幅度不大；疏水缔合聚合物表现出较好的抗盐性能(陈373块平均矿化度10000ppm)。普通聚合物抗温性能好：随温度升高，普通聚合物黏度降低率为0.7%/℃，适用于低于80℃油藏(陈373油藏温度70℃)。高浓度疏水缔合聚合物抗温性较差。普通聚合物稳定性较好，普通聚合物的黏度随测试时间逐渐降低，而疏水缔合聚合物的黏度在30天后突然显著降低，接近普通聚合物黏度，表示该聚合物稳定性不好。

从两种聚合物测试结果分析，认为目前市场广泛应用的普通聚合物能够符合陈373稠油油藏化学驱的矿场条件。

3.2.2　降黏剂的筛选评价

水溶性降黏剂降黏效果好于油溶性降黏剂。对于相同黏度的稠油(6000mPa·s)，采用新型水溶性降黏剂降黏的效果要优于油溶性降黏剂。

分析了稠油重组分化学结构及所携带的官能团，以活性较强的官能团为目标，设计降黏剂化学结构，使其与官能团发生化学反应，从而将稠油重组分物质以稳定的共价键方式连接到降黏剂上，再通过外层的亲水高分子链将聚集体拉到水相中，破坏聚集体间由芳香多环共轭所形成的大π键，达到自扩散降黏的目的。

在静置实验条件下，药剂与原油作用后逐渐呈分散的油滴状态，从油相迁移分散到水相中，说明水溶性降黏剂对稠油能起到很好的分散降黏作用。降黏效果对油水比有一定的要求，随着油水比降低，降黏效果明显变好。油水比7∶3情况下(与油藏油水比接近)，降黏率超过90%。浓度对降黏效果影响大，随降黏剂浓度的增加降黏效果明显变好，0.5%的浓度降黏效果达到最优，降黏率达到了99%。

3.3　化学降黏复合驱协同增效驱油机理

与稀油油藏相比，稠油为具有启动压力的非达西渗流，稠油油藏化学降黏复合驱目的以提高原油流动性及波及为主要目标：(1)降黏剂驱降低稠油黏度，减小启动压力梯度，提高流动性和动用程度；(2)聚合物驱提高驱替压差，克服启动压力梯度，提高动用范围和波及。通过物模与数模相结合的方法，揭示水平井化学降黏复合驱协同增效驱油机理。

平面上，降黏剂驱在注采井间的波及区域小，在注入井周围驱油效率略高，但是整体采出程度低；聚合物驱明显扩大了波及范围，但是驱油效率偏低，导致整体采出程度低；先注降黏剂后注聚合物，聚合物沿原驱油通道流动，波及系数低，聚合物驱作用发挥不充分，仅提高一定采收率；先注聚合物，后注降黏剂首先发挥了充分聚合物扩大波及的作用，同时后注入的降黏剂降低了波及区的原油黏度，既实现了波及系数高，有提高了波及区的驱油效率，最终大幅度提高了采收率。

平板可视化物理模拟聚合物驱较水驱扩大波及系数，后续降黏剂驱通过分散降黏作用，降低波及范围内较细小孔喉中的含油饱和度、提高波及区动用程度。数值模拟中，纵向上先注聚合物提高了驱替压力，有利于低渗储层中的稠油启动，扩大了后续降黏剂的波及范围；先注降黏剂，驱替压力低，降黏剂仅进入高渗储层，低渗储层难以启动动用。

水平井发挥“聚合物+降黏剂”化学降黏复合驱的优势。稠油油藏原油黏度高，高黏聚合物注入需要更高的注入压力，易造成地层产生裂缝而发生窜聚。陈373油藏Ngx212地层破裂压力约为20.0MPa，采用直井注入聚合物，直井的注入能力会受到限制，而水平井的长水平段具有更长的吸液剖面，因而不会产生较高的注入压力，更易发挥水平井的注入能力。通过理论计算，采用水平井注入，注入能力大大增加，相同的注入压力下，水平井的注入指数为直井的5~6倍。相同注入速度下，水平井比直井的注入强度低。日注入量为$60m^3/d$时，油层厚度4.5m，水平段长度为100m的水平井注入强度为$0.7m^3/(d\cdot m)$，而直井为 15.6m^3/(d·m)，仅为 4%。水平井注入强度较低，防砂管对聚合物溶液剪切降黏影响小。根据室内模拟不同类型筛管剪切实验结果，当注入强度小于 0.7m^3/(d·m)，聚合物溶液通过筛管的黏度保留率几乎为 100%。

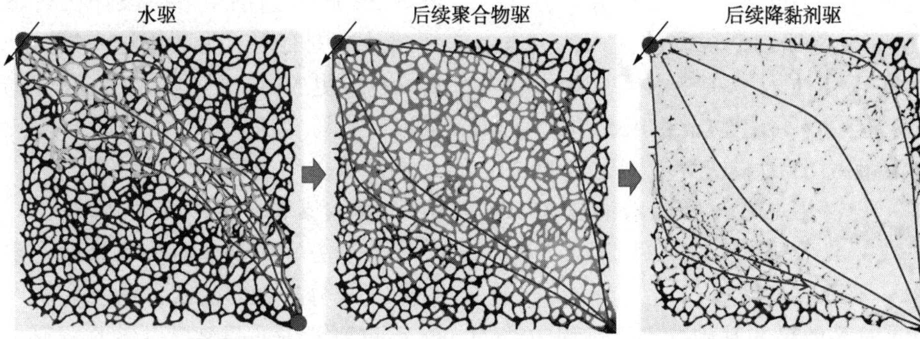

图 1　不同驱替方式含油饱和度分布图(平板可视化实验)

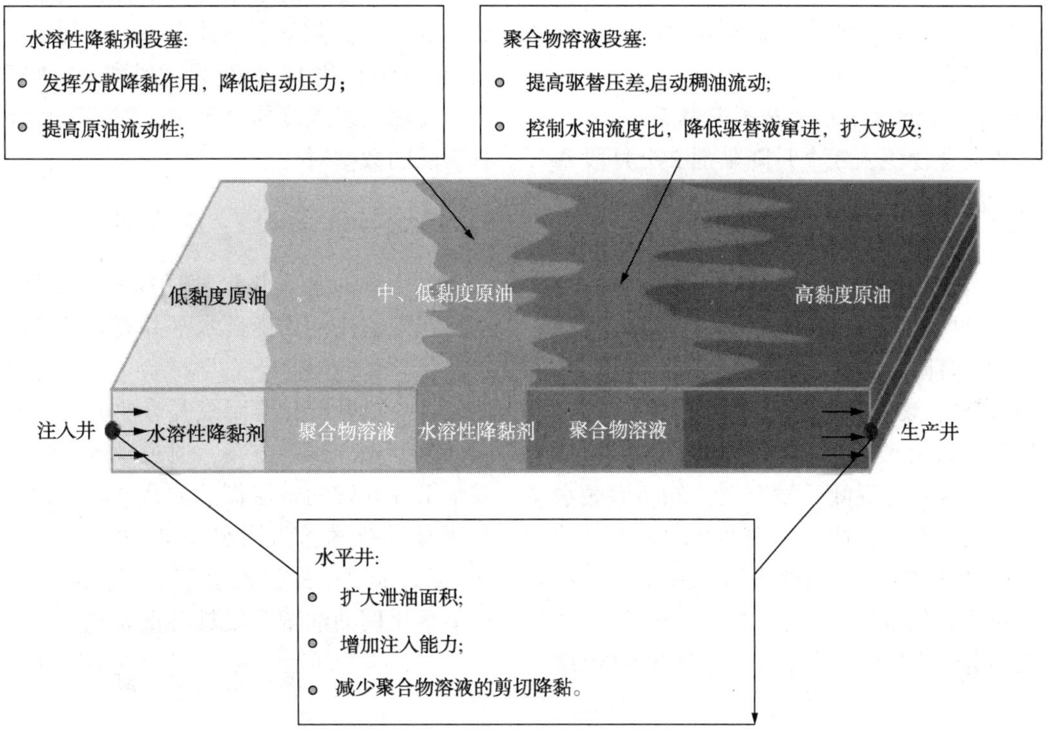

图 2　稠油化学降黏复合驱协同增效技术示意图

4　开发典型经验和特色做法

优选实验井组为陈家庄油田陈 373 块陈 373-平 85 井区，降黏复合驱覆盖含油面积 0.42 平方千米，地质储量 27.6 万吨。方案设计注入井 3 口，油井 4 口，配液 205 吨，配注 165 立方米，采用聚合物+降黏剂复合驱油体系清水配制母液、清水稀释注入。方案设计聚合物注入 3 个月降黏剂 2 个月方式，经过 12 个周期“0.03PV 聚合物+0.02PV 降黏剂”段塞的化学降黏复合驱油体系后，进行后续水驱。聚合物段塞参数：溶液浓度为 3000 毫克每升，聚合物总配液量为 18.0 万立方米，干粉用量为 540 吨；降黏剂段塞(驱替)参数：溶液浓度为百分之一，降黏剂总配液量为 12 万立方米，用量为 1200 吨；降黏剂段塞(吞吐引效)参数：单井单次吞吐引效降黏剂溶液用量为 1000 立方米，溶液浓度为百分之一，每年实施吞吐引效一次每井，共实施 2 年，总配液量 8000 立方米，总降黏剂母液用量 80 吨。

现场于 2019 年 8 月 3 日正式试注，2020 年 7 月进入全面注入阶段，2020 年 11 月调整为注入井4口，调整平面流场，降黏均衡驱替，由于出现油井供液不足的问题，通过论证适当增加降黏剂段塞体积，第三周期采用调整方案聚合物注入3个月降黏剂3个月进行下一步试验。截至2021年12月已完成前四周期段塞的注入，第五周期聚合物段塞正在注入，共注入聚合物溶液6.14万立方米，已注入聚合物干粉155.785吨；共注入降黏剂溶液6.65万立方米，已注入降黏剂636.405吨，见效井4口，累计增油量1760吨，提高采收率0.64个百分点。

4.1 细化管理，保证注入质量

注入质量是驱替效果的基础，实施过程中注入参数按方案设计实施。方案要求聚合物段塞井口注入黏度>50mPa·s，实际注入黏度保持在300mPa·s，日注量、有效浓度与方案设计误差<10%，注入时率>95%。

4.2 优化段塞，根据矿场实践不断摸索

原方案聚合物注入3个月降黏剂2个月段塞体积较大，流度调节作用发挥的更好，预测采收率高。实际井组油井2口周期末泵漏作业后供液不足，降黏引效后仍低液，考虑适当增加降黏剂段塞体积，经再次数值模拟推荐采用调整方案聚合物注入3个月降黏剂3个月进行试验。

4.3 完善井网，实现储量高效动用

方案充分利用水平井，设计注入井3口，油井4口，多轮次吞吐吞吐后亏空大，外部边底水能量比数模预计要弱，西部出现油井供液不足的问题，2020年11月井组调整为注入井4口，对供液不足的西部转注直斜井陈25-斜59井注降黏剂补充能量，调整平面流场，保证平面均衡驱替。

4.4 调整流线，保证驱替效果

由于井组油井蒸汽吞吐阶段采出状况差异大，平面非均质性显著，示踪剂速度，最慢1.8米/天，最快5.24米/天，结合油井动态，采用调参，引效等方式改变单井液量，调整流线方向。

方案构筑热稳定性高的驱油体系，对油井进行吞吐过程为均衡水平段动用情况，测试温压剖面有针对性的对应水平段位置引效以保证驱替效果。

由于在投注前陈373-平88井套损水平段无法修复，仅注入北部40米，示踪剂显示本段对陈373-平90目前生产层段存在高渗透条带，驱替波及范围有限，为改善这一情况，部署新水井陈29-斜更59位于陈373-平88井原B靶附近，同时补孔陈373-平90水平段合采，多方式完善平面注采关系，提高驱替效果。

4.5 实时监测，延长见效周期

按照方案做好监测资料录取，掌握油藏动态变化，来分析聚驱流线，为及时调参、提配、降配、调剖等注采调整提供借鉴资料。由于水平井注聚剖面目前测试技术未测试成功，加测示踪剂以明确注入速度及注采对应情况，同时为了能够更加准确的监测复合驱井下动态，加设观察井一口(距离中心井10米处的直斜井)，进行剩余油饱和度测试及温度压力测试，对剩余油驱替效果有明确的数据对比。

5 结论与认识

采用稠油水平井化学降黏复合驱技术思路，选择在陈家庄油田南部水平井开发区开展水平井稠油化学降黏复合驱先导试验，针对其薄层稠油油藏特点，开展化学降黏复合驱开发技术政策研究，编制先导试验方案，通过现场试验，配套形成水平井开发的薄层稠油油藏吞吐转化学降黏复合驱开发技术，为同类型稠油油藏(近5000万吨)提高采收率提供借鉴和示范，对胜利油田乃至中石化稠油油藏开发具有重要意义。

参考文献

[1] 束青林，王宏，孙建芳．孤岛油田稠油油藏高轮次吞吐后提高采收率技术研究与实践[J]．油气地质与采收率，2010，17(6)：61-64.
[2] 喻高明．水平井蒸汽驱开采稠油数值模拟研究[J]．特种油气藏，1999，6(1)：18-22.
[3] 杨元亮．胜利单56超稠油油藏蒸汽驱先导性试验[J]．石油天然气学报，2011，33(1)：142-144.
[4] 胡常忠，刘新福，宋振宇．井楼零区浅薄层稠油油藏蒸汽驱先导试验研究[J]．石油勘探与开发，1996(3)：68-71.

超稠油Ⅲ类油藏直井辅助双水平井 SAGD 提高采收率技术研究

王 青 罗池辉 刘 佳 刘传义

（中国石油 新疆油田分公司 勘探开发研究院）

摘 要 超稠油Ⅲ类油藏由于黏度高、非均质性强、夹层广泛发育，开发难度很大。其主体开发技术SAGD受隔夹层、工艺条件等方面影响，部分井组存在水平段动用程度低，蒸汽腔发育不均衡、横向扩展缓慢等问题。直井辅助SAGD技术是利用SAGD邻近直井，依靠直井蒸汽吞吐与SAGD井组形成热连通，直井持续注汽扩大蒸汽腔规模来提高SAGD开发效果的技术。其所需费用较少、可操作性较强，可明显改善蒸汽腔发育，提高采油速度。利用数值模拟技术论证了辅助直井的筛选条件，并对考虑夹层分布时的射孔参数、直井蒸汽吞吐阶段和直井汽驱阶段的注采参数进行了优化。最后在实际模型中进行了验证，直井辅助后平均单井组日产油量提高5t/d，油汽比提高0.021，采收率提高6.3%，有效改善开发效果。该研究结果为超稠油Ⅲ类油藏直井辅助SAGD高效开发提供了技术支撑。

关键词 超稠油Ⅲ类油藏；直井辅助SAGD；数值模拟；筛选条件；注采参数优化

稠油油藏资源量巨大，在全国石油总量中占有重要地位。按企业标准划分50℃条件下地面脱气原油黏度>2000mPa·s的为超稠油油藏，其中根据黏度大小又细分为4类油藏，50℃条件下地面脱气原油黏度>50000mPa·s的属于超稠油Ⅲ类油藏。由于黏度高、非均质性强、夹层广泛发育，超稠油Ⅲ类油藏开发难度很大。经过新疆油田多年攻关实现了超稠油SAGD的经济有效开发，目前该技术已成为超稠油开发的主体技术，但受隔夹层、工艺条件等方面影响，部分井组存在水平段动用程度低，蒸汽腔发育不均衡、横向扩展缓慢等问题。现场实践中，在SAGD基础上采取了多井型组合（鱼骨井、立体SAGD井网、直井/水平井辅助SAGD）、多介质辅助（氮气、碳酰胺、高温分散剂）、多措施方式（快速预热、储层扩容、定点注汽）等方式进行开发增效，其中直井辅助SAGD所需费用较少、可操作性较强，可以明显改善蒸汽腔发育，提高采油速度，最终达到提高油汽比和采收率效果。此次以超稠油Ⅲ类油藏典型井区Z01为例，对直井的筛选条件、射孔参数、不同阶段注采参数优化进行了全流程、系统性地论证，为超稠油Ⅲ类油藏直井辅助双水平井SAGD提高采收率提供了技术支撑。

1 油藏地质概况

风城油田Z01井区50℃下原油黏度在9.0~44.8×10^{4}mPa·s，平均11.5×10^{4}mPa·s，属于超稠油Ⅲ类油藏。目的层齐古组J_3q_3层构造形态为南倾单斜，地层倾角5°~8°，油藏中部埋深470m，油层以中-细砂岩为主，连续油层厚度15~24m，平均19m，平均孔隙度28.7%，平均渗透率983mD，平均含油饱和度62.5%。原始地层温度21.42℃，地层压力4.5MPa。油层内发育多期夹层。井区内5对SAGD井组水平井井距70m，水平段长度570~800m。其中A01井组为800m长水平段，其余井组为570~600m长水平段，共有控制井12口。Z01井区于2013年投产，截止2020年6月，单井组日产油12.1~24.2t/d，平均15.9t/d，油汽比0.12~0.17，平均0.14，采注比0.77~1.03。井区累积产油15.41×10^{4}t，采出程度14.4%。生产效果低于Ⅱ类油藏。

根据蒸汽腔发育形态及监测资料显示，Z01井区SAGD开发主要存在水平段动用程度低，蒸汽腔发育不均衡等问题。目前5个SAGD井组均有部分蒸汽腔上升到油层顶部正在横向扩展，水平段动用程度72%~95%，平均84%。蒸汽腔整体状态呈现出局部未到顶、发育不均衡、横向扩展缓慢的特点。

2　技术原理

直井辅助SAGD技术是指为解决储层物性差、隔夹层普遍发育导致的SAGD井组蒸汽腔发育受阻、开发效果差的问题，利用SAGD邻近直井，依靠直井蒸汽吞吐与SAGD井组形成热连通，直井持续注汽扩大蒸汽腔规模来提高SAGD开发效果。

直井辅助SAGD机理主要分四个阶段(图1)：

(1) 吞吐预热阶段：SAGD井组正常生产，辅助直井以吞吐方式启动，多轮吞吐后，辅助直井周围蒸汽腔不断扩大，与SAGD井蒸汽腔逐渐形成热连通。

(2) 井间采油阶段：井间热连通后，辅助直井通过交替注采方式采出井间原油，促进SAGD汽腔局部扩展。

(3) 驱替泄油阶段：随着蒸汽不断注入，蒸汽腔合并，辅助直井转为持续注汽，形成稳定的泄油通道。

(4) 汽腔淹没阶段：随着生产时间增加，蒸汽腔下部距SAGD井越来越近，直至淹没。

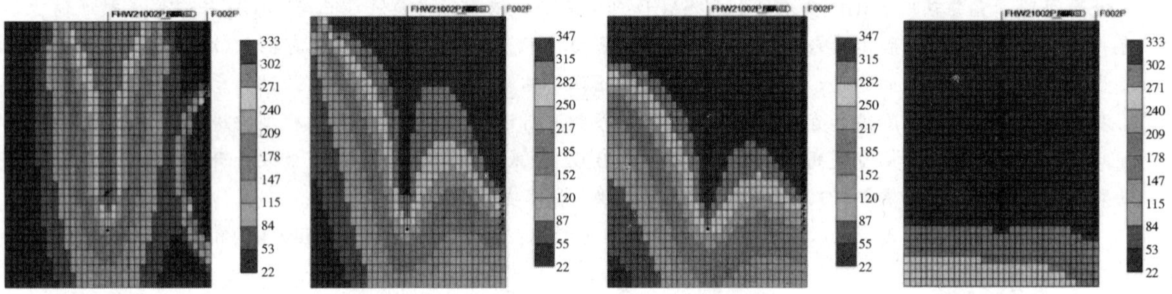

(a)吞吐预热　(b)井间采油　(c)驱替泄油　(d)汽腔淹没

图1　直井辅助SAGD过程机理图

3　辅助直井筛选原则

3.1　数模模型的建立

根据Z01井区J_3q_3层油藏地质特征，建立单井组油藏数值模型，网格步长为10m×2m×1m。采用不规则角点网格，平面网格划分为37×35个，纵向上分为35层。渗透率为1056mD，孔隙度为32%，含油饱和度为65%，原始地层温度22.0℃，底层压力4.5MPa。中间设置一对SAGD井，以此机理模型对辅助直井相关参数进行论证。(图2)。

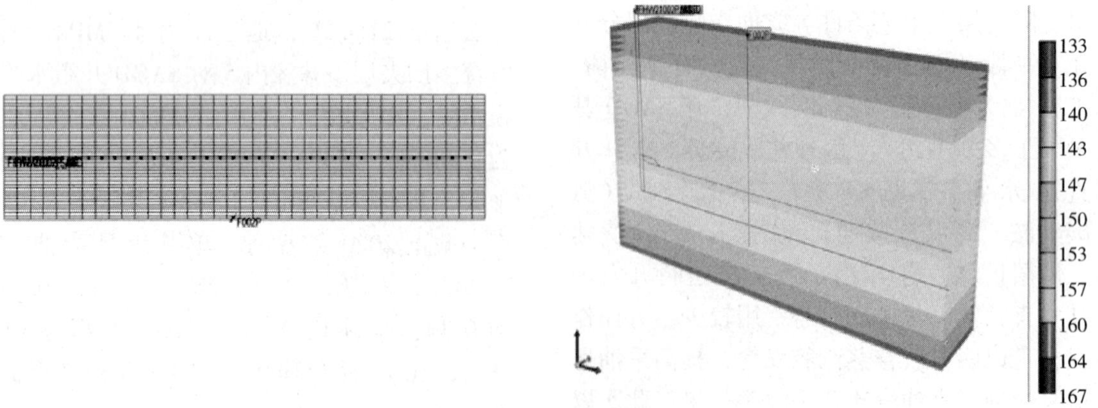

图2　数模模型网格示意图(顶面高度)

3.2　平面垂距

直井与SAGD井组距离如果太小，直井处于SAGD井蒸汽腔中，达不到辅助效果，且钻井存在风险。直井与SAGD井组距离越大，实现连通的吞吐轮次越高。如图3所示，平面垂距如果小于10m则直井处于SAGD井蒸汽腔中，如果大于50m，则吞吐5轮蒸汽腔还未连通，所以优化直井与SAGD井组距离为20~40m。

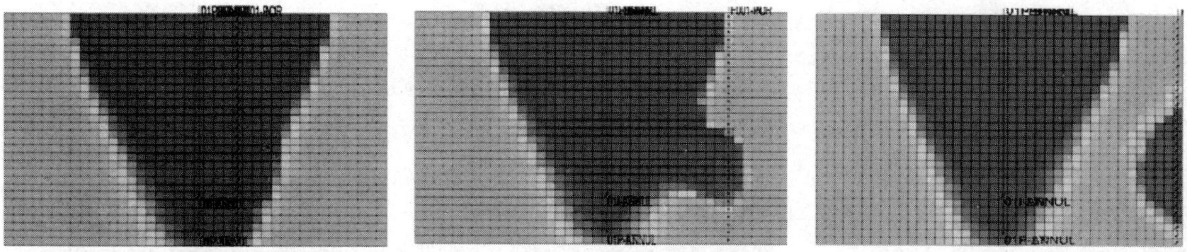

(a)10m　　(b)30m　　(c)50m

图3　不同距离直井辅助SAGD吞吐5轮温度场对比图

3.3　直井与直井距离

直井蒸汽吞吐汽腔扩展半径一般为20~40米，在横向上可影响40~80米的范围，所以单井辅助受效范围在100m。单井辅助在未连通段长度小于100m时效果最佳，超过100m采用多井进行辅助(图4)。

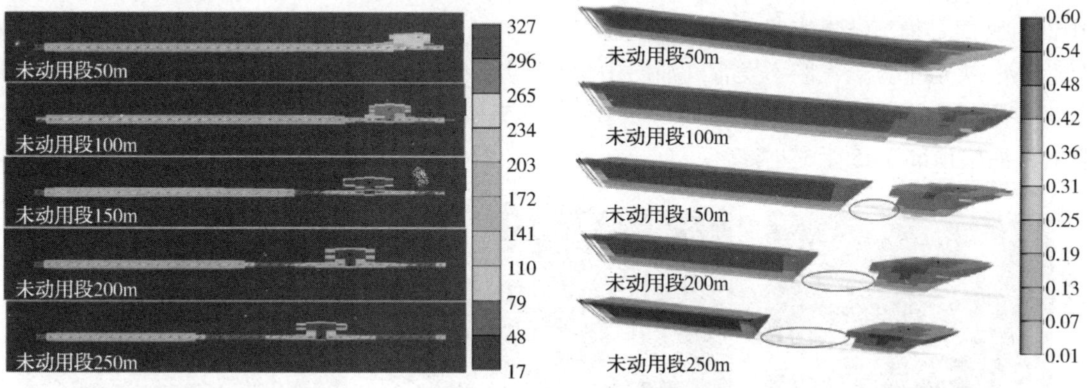

(a)不同未动用段长度温度场示意图　　(b)不同未动用段长度生产2000天蒸汽腔示意图

图4　直井与直井不同距离受效范围

3.4　直井排列方式

直井排列方式有两种：平行式排列和交错式排列。通过对SAGD井组现场调研及数模分析发现，辅助直井分布在水平井两侧呈现交错排列时，水平段连通程度提高呈现最大化，控制程度高；避免了直井对蒸汽腔两侧的同时施压，降低了气窜风险(图5)。最终采收率高于平行式布井方式3%左右。

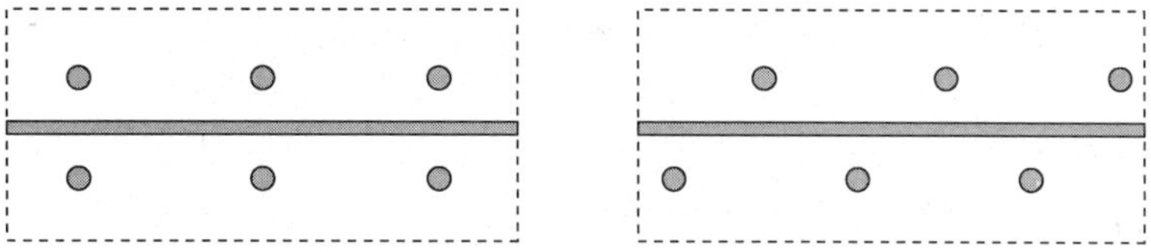

(a)直井平行式排列　　(b)直井交错式排列

图5　直井不同排列方式示意图

4　参数优化

4.1　夹层射孔位置

SAGD生产效果受夹层影响很大，夹层处于不同位置时射孔位置也不同。模拟了无夹层、中部有夹层和顶部有夹层三种情况。

无夹层：射孔位置与蒸汽腔连通时间相关，越靠上越容易与蒸汽腔连通。模拟了与P井平行射孔、平行I井射孔、I井上方5m射孔三种情况。结果显示射孔底界与P井平行时射孔有利于提高油层动用。射孔段底界与P井适当避射1~3m，防止气窜。同时，射孔井段与盖层避射距离应大于3~5m，可大幅度减少盖层热损失，提高油汽比(图6)。另外射孔厚度一般情况下大于5m，保证直井辅助效果。

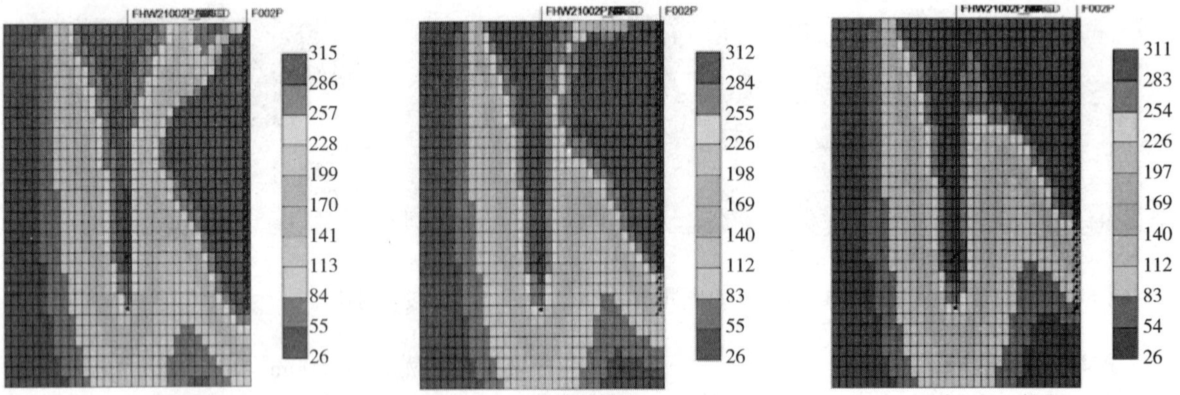

(a)与P井平行射孔　(b)平行I井射孔　(c)I井上方5m射孔

图6　水平距离35m不同射孔位置蒸汽腔连通情况对比

中部有夹层：模拟结果表明夹层严重阻碍了蒸汽腔发展，夹层上方蒸汽腔不发育。油层中部有夹层时夹层上方和下方都射开。距离P井1~3米避射，油层顶部3~5米避射。

顶部有夹层：蒸汽腔只在夹层以下发育，夹层上方不发育，损失了一部分储量。油层顶部有夹层时夹层上方不射开。距离P井1~3米避射（图7）。

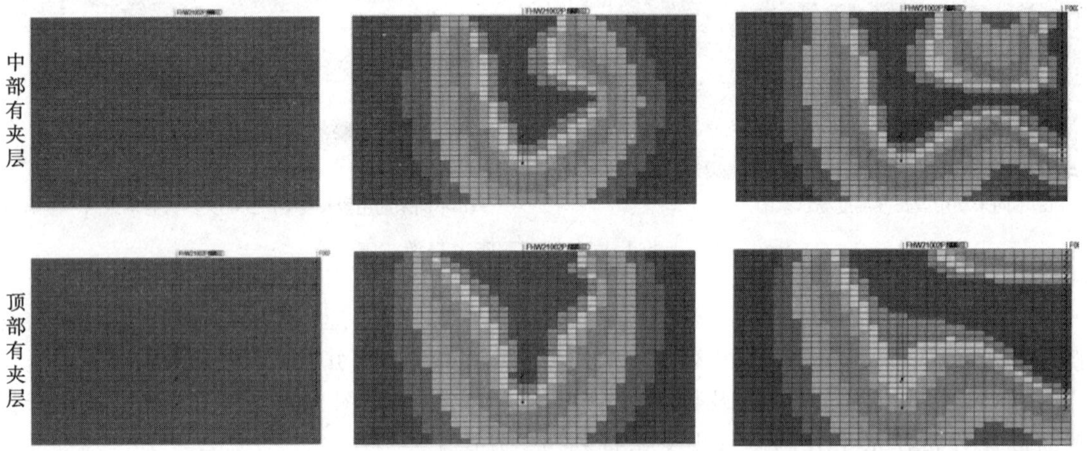

(a)夹层分布　(b)无辅助直井蒸汽腔发育情况　(c)有辅助直井蒸汽腔发育情况

图7　有夹层时直井辅助前后效果图

4.2　直井吞吐预热阶段参数

注汽压力：直井注汽压力越高，热扩散半径越大，但注汽压力过高易导致顶部盖层被压破，造成地表汽窜，因此结合各区块地层破裂压力，Z01井区J_3q_3层参考同层吞吐井注汽压力，注汽压力上限为8~9MPa。

注汽强度：注汽强度越高，轮产油量越高；注汽强度过高将导致油汽比降低。Z01井区J_3q_3层设计吞吐4轮连通，优化吞吐第1~4轮注汽强度140t/m、140t/m、150t/m、160t/m。逐轮增加注汽强度增大注汽量，有利于提高热扩散半径，前4轮注汽量分别为1000t、1000t、1100t、1200t。

注汽速度：吞吐阶段的注汽速度影响直井和水平井间的热连通时间，以注汽速度逐轮增加的方式吞吐更有利于温度场的形成。提高注汽速度可以减少热损失，提高热利用率，模拟对比了注汽速度在110~150t/d下的生产效果，注汽速度大于130t/d后轮产油量不再增加，油汽比降低。注汽速度过大，容易造成地层破裂汽窜，推荐J_3q_3层注汽速度为120~130t/d，在不超压情况下，注汽速度至少在100t/d。

采注比：当采注比小于1，油层压力升高较快，蒸汽带体积不能有效地扩展，蒸汽带前缘停滞不前，而只是热水带向前推进，采注比过大，易造成地层亏空。模拟对比了0.9~1.3采注比下的生产效果，采注比1.1~1.2较为合适。

焖井时间：焖井时间过短，热交换时间不

足，蒸汽被大量采出，油汽比降低；焖井时间过长，热损失加大，热利用率低，油汽比也降低。同时参考现场通用做法，吞吐注汽后需焖井2~3天。

4.3 直井转汽驱辅助阶段参数

注汽压力：直井与SAGD井组形成热连通后转为注汽井，即直井和SAGD注汽井同时注汽，SAGD生产井继续保持生产。SAGD水平井以稳定生产为目标，保持目前注汽速度、操作压力及Sub-cool。该阶段直井与SAGD注汽井形成统一压力系统，为精细调控蒸汽腔发育形态，防止气窜，注汽压力高于SAGD注汽井压力1MPa以内，即保持在6MPa以内。

注汽速度：模拟了直井汽驱阶段注汽速度在20~60t/d下的生产效果，研究结果表明，辅助直井注汽速度过大将导致SAGD井组汽液界面不稳定而导致汽窜，油汽比降低；注汽速度过小时，驱油能力弱，增油效果差，因此优化直井注汽速度为30~40t/d。

表1 直井辅助注采参数优化结果汇总表

阶段	预热连通阶段					注汽辅助阶段		
操作参数	注汽压力/MPa	注汽强度/(t/m)	注汽速度/(t/d)	采注比	焖井时间/d	注汽压力/MPa	注汽速度/(t/d)	SAGD注采参数
技术标准	小于地层破裂压力	逐轮增加，控制注汽强度	逐轮增加控制压力不超过地层破裂压力	推进蒸汽带前进	提高热利用率	稍高于SAGD蒸汽腔压力	汽腔连通时间和日产油最优	稳定SAGD井生产
Z01井区J_3q_3层	≤8	1000、1000 1100、1200	120~130	1.1~1.2	2~3d	大于SAGD注汽压力0.5~1	30~40	维持现有注汽速度，sub-cool：20~35℃

SAGD井组参数：直井与SAGD井组形成热连通后转为注汽井，即直井和SAGD注汽井同时注汽，SAGD生产井继续保持生产。SAGD水平井以稳定生产为目标，保持目前注汽速度、操作压力及Sub-cool(表1)。

5 实例验证

以风城油田Z01井区为例，建立了实际模型。结合直井的筛选条件，优选后的射孔参数和注采参数，将井区原有的12口控制井中的8口转为辅助直井，预测10年之后的生产效果。

从预测结果可以看出，调整后5井组生产效果均有不同程度提高，SAGD平均单井组日产油量提高5t/d。预计可有效生产10年，累积产油量52.4×10^{4}t，采收率49.2%，比未采取措施油汽比提高0.021，采收率提高6.3%。从蒸汽腔发育可以看出，调整后蒸汽腔发育更均衡，辅助直井周围储量得到有效动用(图8)。

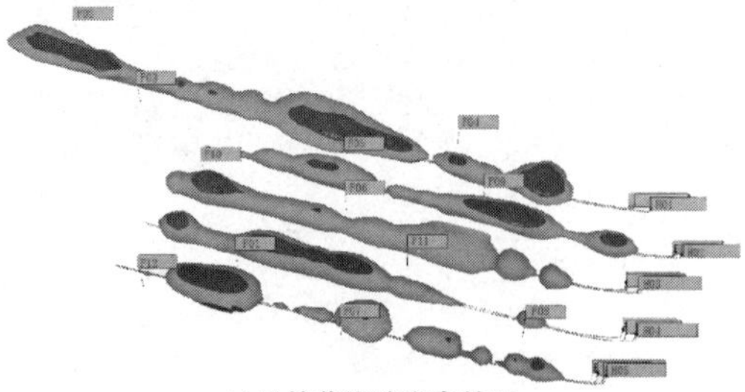
(a)目前蒸汽腔发育情况

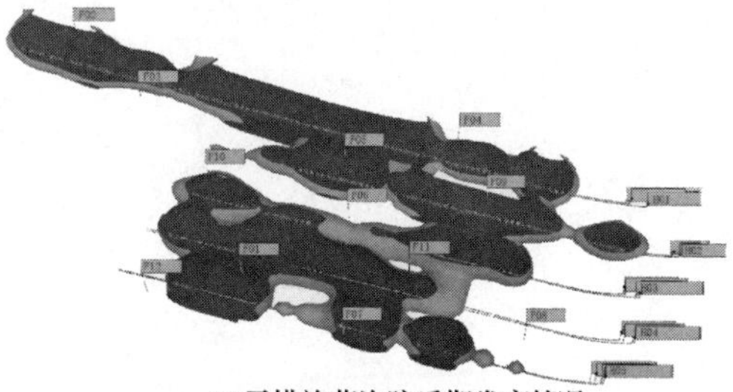
(b)无措施蒸汽腔后期发育情况

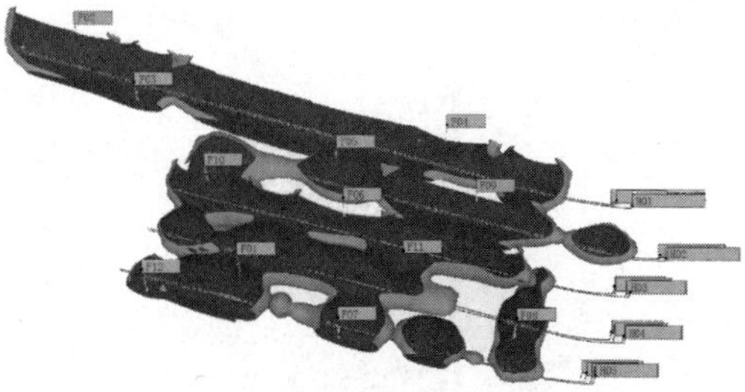
(c)采取直井辅助后蒸汽腔后期发育情况

图8 采取直井辅助后蒸汽腔发育情况对比

6 结论

(1) 直井辅助双水平井SAGD措施能有效地提高水平井动用程度和采油速度，改善开发效果。

(2) 辅助直井的筛选条件：布置在水平段动用较差的部位、有效厚度大于10m、平面垂距20~40m之间、直井之间距离为100m、直井井排为交错式排列。

(3) 无夹层时，射孔底界与P井平行并适当避射1~3m；油层中部有夹层时，夹层上方和下方都射开。距离P井1~3米避射，油层顶部3~5米避射；油层顶部有夹层时，夹层上方不射开。距离P井1~3米避射。

(4) 吞吐预热阶段：注汽压力≤8MPa；设计吞吐4轮连通，注汽量分别为1000t、1000t、1100t、1200t；注汽速度为120~130t/d；采注比为1.1~1.2；焖井时间2~3天。

(5) 直井转汽驱阶段：直井注汽压力稍高于SAGD蒸汽腔压力0.5~1MPa；直井注汽速度为30~40t/d；SAGD井组维持现有注汽速度，sub-cool在20~35℃。

(6) 实际模型里采用直井辅助后，SAGD平均单井组日产油量提高5t/d。比未采取措施油汽比提高0.021，采收率提高6.3%。有效改善了开发效果。

参 考 文 献

[1] 新疆油田分公司油气开发专业标准化技术委员会.浅层稠油油藏分类规范：Q/SY XJ0302-2015[S].北京：中国标准出版社，2015：2-3.

[2] 刘文章.稠油注蒸汽热采工程[M].北京：石油工业出版社，1997：23-24.

[3] 石兰香，李秀峦，刘荣军，等.夹层对SAGD开发效果影响研究[J]特种油气藏，2015，22(5)：133-136.

[4] 张洪源，李婷，解阳波，等.夹层对蒸汽辅助重力泄油的影响[J].特种油气藏，2017，24(5)：120-125.

[5] 王倩，高祥录，罗池辉，等.超稠油Ⅲ类油藏夹层发育模式及SAGD提高采收率技术[J].特种油气藏，2020，27(04)：105-112.

[6] 赵睿，罗池辉，陈河青，等.鱼骨注汽水平井SAGD在风城油田超稠油油藏中的应用[J].新疆石油地质，2017，38(5)：611-615.

[7] 杨智，赵睿，高志谦，等.浅层超稠油双水平井SAGD立体井网开发模式研究[J]，特种油气藏，2015，22(6)：104-107.

[8] 赵睿，罗池辉，张宇，等.非均质超稠油油藏SAGD快速启动技术界限—以风城油田侏罗系齐古组超稠油油藏为例[J].新疆石油地质，2019，40(2)：199-203.

[9] 王江涛，熊志国，张家豪，等.直井辅助双水平井SAGD及其动态调控技术[J].断块油气田，2019，26(06)：784-788.

稠油老区转驱泄复合全油藏数值模拟

马　鸿　何万军　段　畅　加热拉

（中国石油新疆油田分公司）

摘　要　针对A区30余年时间，经历2次井网调整，转驱泄复合面临汽窜、亏空严重，井组见效差异大，井组数模研究难以满足生产动态分析和调整优化研究需求等若干问题，开展了29个井组（直井210口，水平井29口）的VHSD全油藏数值模拟。利用STARS软件，考虑原油黏度、岩石类型及相渗曲线非均质性，结合生产测试，完整再现了全油藏开发过程，1994～2005年开发范围小，油藏动用程度低，压力、温度、油饱和度变化不大，2005年规模开发后，地层压力由1.5MPa降至0.5MPa，地层温度由18℃上升至50～100℃，含油饱和度由0.8降至0.4～0.65，油层动用极不均衡，造成转VHSD后，见效差异大、3个月后部分井组生产效果变差。以汽窜井数比例、井底流压、采出程度，将各井组生产阶段划分为未汽窜阶段、部分汽窜阶段、全面汽窜阶段，通过典型井组优化，各阶段分别采用交叉井网轮注，汽窜井控关、其余注汽井交叉轮注，轮注间开结合抑制汽窜措施方式生产，可提高采出程度3.14%，为不同VHSD不同开发阶段的井组调控提供了指导。

关键词　全油藏，VHSD，数值模拟，非均质，汽窜

1　前言

VHSD是在SAGD机理认识、和试验的基础上，针对新疆油田陆相强非均质薄油层，衍生出的有效开发方式。在风城油田原始油藏开展了8个井组试验，取得预期效果，在风城油田未动用区和A区已开发区进行了推广。A区已生产超10年，VHSD部署区采出程度22.3%，经历不同井网开发方式的生产，温度、压力、剩余油分布认识不清，油藏压力低、亏空大，易汽窜，需要开展复杂井网全油藏热采模拟，摸清全区剩余油分布、压力亏空，以及受热不均衡状况，为VHSD精准调控奠定基础，优化并形成科学、有效的稠油老区吞吐后转驱泄复合不同阶段的调控技术政策。

2　基本情况

VHSD驱泄复合区位于A区齐古组油藏中部，共有29个VHSD井组，动用含油面积0.87km^2，动用地质储量387.4万吨。总体为西北向东南倾的单斜，倾角3°～9°，目的层为$J_3q_2^{2-1}$和$J_3q_2^{2-2}$层，油层平均厚度25.1m，连续性较好；平面上，中部油层厚度大，西北角油层厚度相对较薄，整体属于中等-强非均质储集层，西北边部构造高部位单层物性较好，中部区域物性差异大，东南边部区域物性变化大，中部区域局部发育物性夹层，影响驱泄开发（距水平段5m）的隔夹层主要在东南边部发育。油层中部深度160m（海拔160m）处原始地层温度为17.4℃，原始地层压力为1.58MPa，20℃平均217163mPa·s，50℃黏度平均4969.6mPa·s；油藏类型确定为受构造和岩性控制的浅层超稠油油藏。吞吐末期采出程度达到22.3%，累积亏空达36.3万方；汽窜严重，平均单井汽窜频次达8.9井次；压力保持程度低，仅为37.9%，吞吐末期压力仅为0.6MPa。

3　全油藏历史拟合

3.1　模型建立

在建模过程中，合理的网格设计非常重要。一方面，为了节省计算机资源，网格数目应尽可能少；另一方面，为了控制地质体的形态及保证建模精度，网格又不能过少。根据数值模拟研究的需要，对地质模型进行粗化，平面网格尺寸平均10m，垂向网格尺寸在隔夹层处小于0.5m，在油层处小于1m，确保合层后保留了隔夹层特征。VHSD研究区地质模型粗化后的网格数是110×228×64，共有160.5万个网格。

3.2　数值模型

研究区平面上黏度差异大，岩性在横向和纵

向变化大，因此需要通过黏度非均质模型、岩石类型分区和相渗曲线分区，来描述VHSD开发区的油藏非均质性。

(1) 岩石类型模型

岩石类型分区主要是参考A区齐古组前期研究成果进行取值。按照岩石类型对岩石热物性参数进行分区设置，共分为5个区，相应的岩石类型分别是泥岩、砂质泥岩、泥质砂岩、中细砂岩、砂砾岩。5种岩石类型的热物性参数见表1。

流体热物性参数主要也是参考A区齐古组前期研究成果进行取值。如表3.2.2所示，水相导热系数5.50×10^{5}J/(day·m·℃)，油相导热系数1.15×10^{4}J/(day·m·℃)，气相导热系数140J/(day·m·℃)。

表1 岩石类型参数分区统计表

岩石类型	1泥岩	2砂质泥岩	3泥质砂岩	4中细砂岩	5砂砾岩
压缩系数/(1/MPa)	3.0×10^{-3}	5.0×10^{-3}	1.0×10^{-2}	5.0×10^{-2}	5.2×10^{-3}
热容/(J/m^3·℃)	2.22×10^{6}	2.00×10^{6}	1.80×10^{6}	1.67×10^{6}	1.72×10^{6}
导热系数/(J/m·day·℃)	2.68×10^{5}	2.59×10^{5}	2.51×10^{5}	2.42×10^{5}	3.72×10^{5}

(2) 地层油黏度场模型

参考VHSD区单井黏度采样数据，插值获取全油藏黏度等值线图(图1)，对每个网格赋一个黏度值。

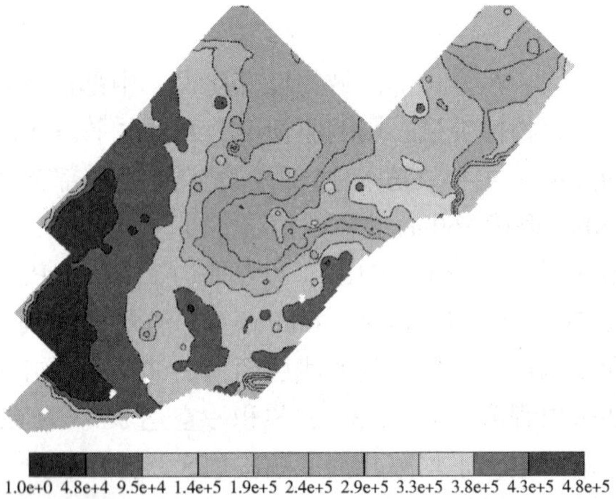

图1 A区VHSD区黏度分区等值线图

(3) 相渗曲线及初始化模型

相对渗透率和残余油饱和度是描述多孔介质中多相流动的重要参数。在进行数值模拟时，首先根据区块的整体指标确定基础的相渗曲线，然后根据油藏相对渗透率的特点，结合不同井区的油藏性质和生产特点，以及岩芯测试数据资料，对相渗曲线进行修正。参考A区齐古组前期研究成果，按照岩性将相渗进行分区，共分为3类，分别对应泥岩区、砂岩区和砂砾岩区(图2)。

本次研究给定初始压力为1.5MPa，初始温度20℃，平均含油饱和度0.8。

3.3 全油藏历史拟合

(1) 拟合策略：全油藏历史拟合不同于井组历史拟合，其需要考虑的因素与井数成正比，计算需要的时间更长，很难在全区范围内进行敏感性分析，因此前期需要对典型井组进行敏感性分析，并对单井组进行历史拟合等。将单井组拟合调整的动静态参数赋值给全油藏，尽量减少全油藏的反复计算，进而对全区模型整体进行历史拟合。在模拟过程中使用了定压边界模拟技术和采用人工智能技术提高运算速度。表2列出了本次全油藏模拟与井组模拟采用的不同技术和方法。

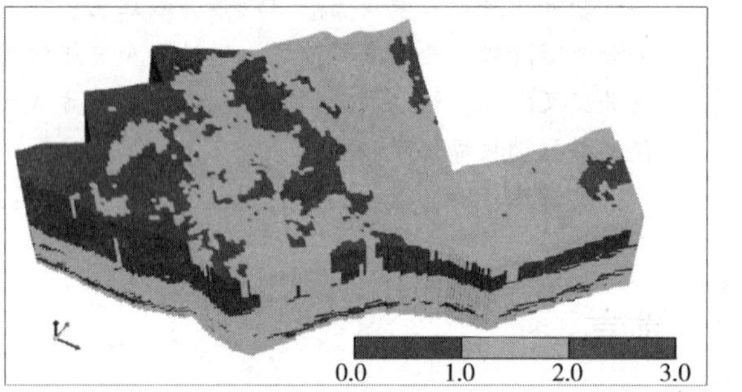

图2 相渗曲线分区

全油藏历史拟合先对全区压力、含水率等指标进行趋势拟合，再对单井生产动态指标进行拟合。

表2 全油藏与井组模拟比

拟合问题	井组模型	全油藏模型
井间干扰	不考虑	考虑
相渗分区	不分区	分区
岩石类型分区	不分区	分区
黏度分区	不分区	分区
其他特色技术	—	膨胀压实模型
		定压边界

(2) 压力变化的拟合：由于研究区有长达30多年的蒸汽吞吐开发历史，需要根据注汽吞

吐的特征，模拟压力变化规律。为此，本次研究中选取了膨胀压实模型(图3)。使用膨胀压实模型后，在吞吐过程可以缓解注汽井压力急剧升高或降低引起的收敛性变差的问题，提高计算速度，而且可以近似模拟注汽引起的局部地层开启和闭合现象。膨胀压实模型需要额外添加四个参数，残余膨胀分数、膨胀压力、再压实压力及膨胀倍数，其中启动膨胀压力高于原始地层压力的30%~50%，启动再压实压力低于原始地层压力的10%~35%。

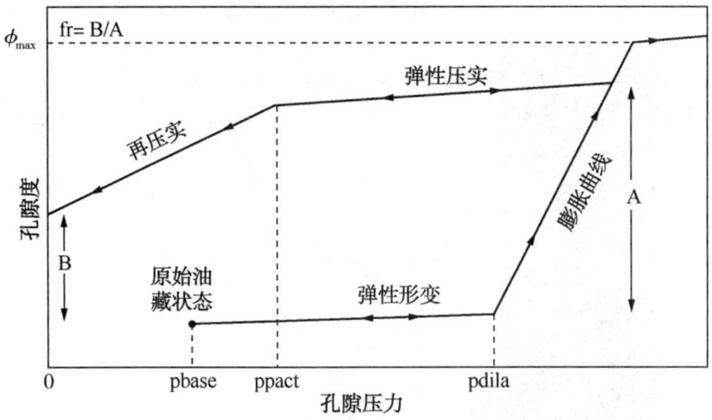

图3　膨胀压实模型示意图

(3) 产液拟合：产液拟合是历史拟合的第一步。由于模型是定产液生产，故一般单井的日产液量都能定住，部分井存在产液不足的现象，分析模型及生产动态数据，由以下几个原因引起。

① 注入量：注入井一般采用集团注汽，一根撬支线上面又几口注入井，而统计的注入量是平均劈分到每口井的，因此，有些井可能实际注量大，平均后注入量减少了，而有些井实际注入量偏低，平均后注入量偏高。对于这种情况，一般通过历史拟合来确定，如果生产井发生汽窜，但汽窜量与实际偏低，需要增大周边注入井注入量。

② 汽窜：拟合过程中出现汽窜造成的单井实际产液量激增，拟合产液量偏低的情况，在模型中添加窜流通道后，拟合结果基本与生产历史数据吻合。

(4) 产油拟合

产液定住后，下面的主要工作是拟合产油。在拟合产油的过程中，主要遇到3类问题：

① 产油量整体偏高：结合VHSD试验区岩性图以及VHSD试验区储量丰度分布图，可以看出产油量整体偏高的井大部分位于工区边部，对应的储量丰度相对较小，分区给定相渗曲线后，模拟的结果与生产历史数据基本吻合。

② 产油量整体偏低：对注汽量相对较少，无汽窜，但产油量却很高的井，需要调整部分井的注汽量。

③ 产油量后期偏高：拟合过程中出现单井产油量后期偏高的情况，从生产动态曲线上可以看出，在对应产油量偏高的阶段，井口产液温度大于100℃，表明该井发生汽窜，在模型中添加窜流通道后，模拟结果基本与生产历史数据吻合。

(5) 拟合结果

从全区及单井生产曲线对比来看，区块和井组的模拟结果与实际生产数据误差较小，生产指标拟合程度较高，单井拟合精度较高(误差小于10%)的井有205口，占总井数的86.5%。油藏累积产油量误差2.61%，累积产液量误差-1.71%，累积注汽量误差-0.16%。图4(a)展示了A001井温度实测值曲线和模拟曲线的对比，两者基本吻合。图4(b)为A002井压力实测值曲线和模拟曲线，两者基本吻合。图4(c)为A003井饱和度实测值曲线和模拟曲线，两者基本吻合。温度、压力和饱和度拟合结果表明历史拟合较为精确，为下一步模型预测奠定了基础。

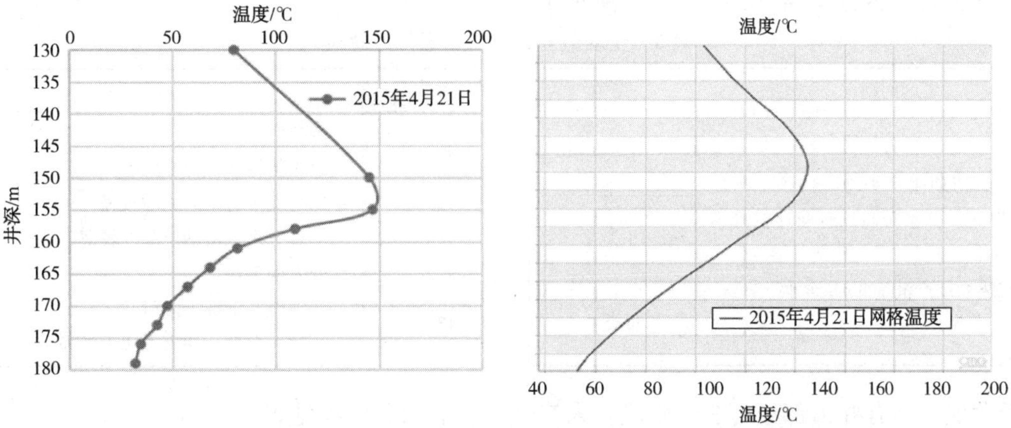

A001井温度实测值曲线　　　　A001井温度模拟值曲线

(a)A001井温度模拟值曲线

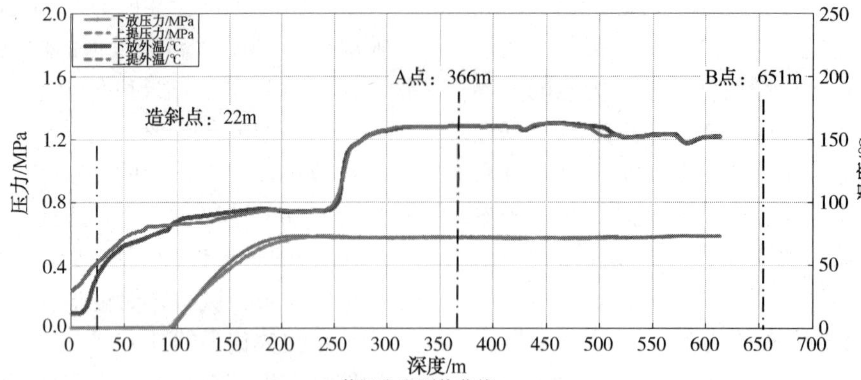

(b)A002井压力实测值曲线(2018.11.2)

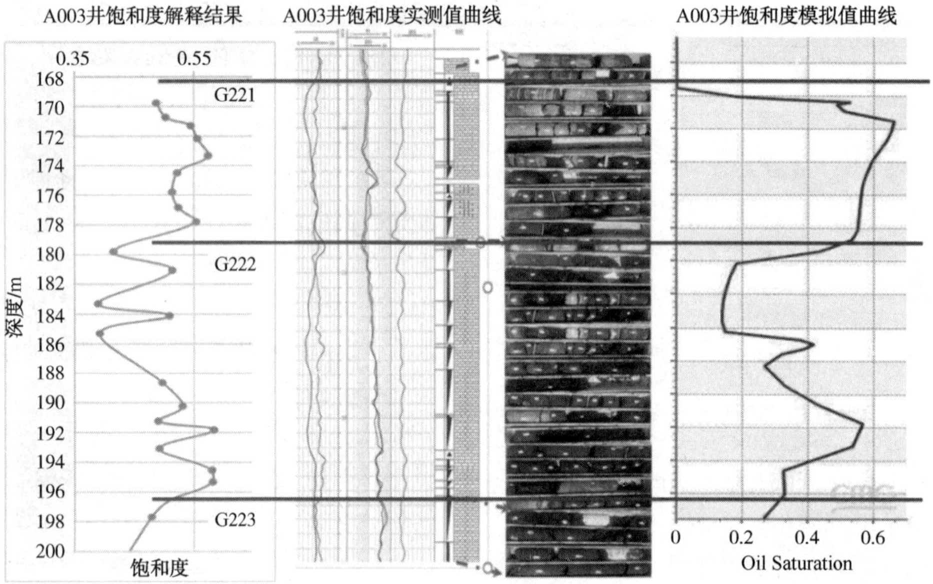

(c)A003井饱和度似合

图4

4 VHSD井组分类及开发效果优化

根据数值模拟研究结果，结合动态分析，按单井日产油量和储层物性将转驱后的井组分为3类：平均日产油大于12m³/d的Ⅰ类井6口；日产油在7～12m³/d的Ⅱ类井10口；日产油小于7m³/d的Ⅲ类井13口。目前面临的主要生产问题为转汽驱初期生产平稳，持续半年左右，液量降低，含水升高，后期存在汽窜风险和转汽驱初期产液量低/高含水。对所有井组汽窜的原因进行了深入分析，表3列出全油藏各井组的汽窜原因汇总。

表3　全油藏各井组汽窜原因汇总表

生产问题	类型	井组数	原　因
(1)转汽驱初期生产平稳，持续半年左右，液量降低，含水升高，后期存在汽窜风险 (2)转汽驱初期产液量低/高含水	Ⅰ类井	6	地质因素： √微构导致汽驱受效差 √平面渗透率非均质较强 √部分水平段油层厚度较薄 开发因素： √注汽井下部未避射 √注采参数、注入方式不合理
	Ⅱ类井	10	
	Ⅲ类井	13	

分析发现，所有井组都经历3个阶段：未汽窜阶段、部分汽窜阶段、全面汽窜阶段。3个阶段的划分标准见表4。

表4　汽窜阶段划分标准

汽窜阶段	判别标准			井组数	备注
	汽窜直井数	井底流压	井组采出程度		
未汽窜阶段	<30%	>1.4MPa	<35%	6	Ⅰ类井
				3	Ⅱ类井
部分汽窜阶段	30%~50%	1.1~1.4MPa	35~43%	7	
				13	Ⅲ类井
全面汽窜阶段	>50%	<1.1MPa	>43%		

为了提高开发效果，需要针对不同阶段，对射孔层位、注汽方式、采注比、注采参数等进行优化。

投产初期：注气引效阶段：注汽引效1~3轮次后汽腔逐步扩展形成，注入温度265℃，井底干度大于0.8，井控条件Sub cool，20℃，单井注汽速度50m^3/d，每180天轮换注汽井；射孔底部闭射；

投产中期：低速连续注汽阶段，井组采用连续注汽（控关汽窜井），实施2~3个轮次，180天轮换注汽井，单井注入速度40m^3/d，采注比1.1~1.3；

投产中后期：低速间歇注汽阶段，井组采用间歇注汽，90天轮换注汽井，控关180天，单井注汽速度40-50m^3/d，采注比1.1~1.2。

投产后期：注氮气补充地层能力阶段，采用低速间歇方式，在控关期间注氮气5天，注氮气速度500m^3/d，最大产液速度80m^3/d。

全油藏优化过程中，每个井组面临的问题不同，优化方案也不尽相同，相邻井组所处的开发阶段不同，在同一时间相互影响，在一井一策方案优化过程中形成以下认识：

（1）首先，注采参数优化要遵循的原则是：在整体生产效果向好变化的前提下，对生产变差的井组进行调控。在调控时相邻区域统筹考虑，尽量兼顾邻井，使相邻井组保持均衡增长，做到"差的变好，好的不变差"，避免出现"一井变好，邻井变差"的情况。

（2）汽窜分阶段和物性特征相结合的方法为全油藏整体优化和一井一策的制定奠定了基础。

（3）对于储层物性非均质性较强的水平井段，要控制注汽速度，同时保证注汽干度。

（4）对于地层温度较高的区域（平均温度150℃），应适当降低地层压力，有利于蒸汽腔的扩展。

（5）对于水平段所在储层厚度分布不均的井组，部分井段厚度较薄（小于5m），会过早进入部分汽窜阶段，需要加强关注，一旦发现汽窜的苗头需要及时进行调控。

（6）全油藏优化过程中，相邻井组间有共有注汽井，因此在调整中会出现很多矛盾之处，将相邻的井组组合在一起优化，以汽窜井组调整为主，在解决汽窜的同时，尽量不造成邻井的损失。

（7）对于汽窜严重的区域，可以采取注入凝胶封堵或注氮气泡沫抑制汽窜的措施，减少注汽损失，提升开发效果。

按照以上策略分阶段优化，与当前操作参数下的基础方案采出程度为41.8%，优化方案采出程度为46.1%，提高4.3%，增油效果明显(图5)。

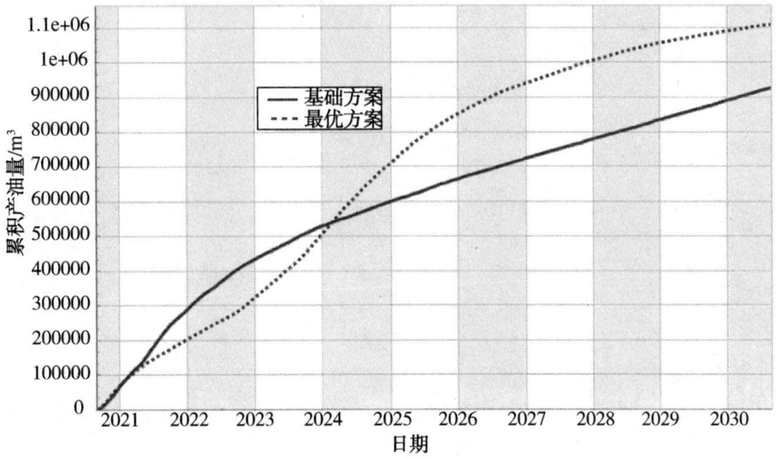

图5　全油藏基础方案和最优方案累产油曲线

5 结论

(1) 全油藏数值模拟完整再现了油藏开发全过程，和井间相互影响，为全油藏整体优化和一井一策的制定奠定了基础。

(2) 转驱后，井组均经历3个开发阶段：未汽窜、部分汽窜和全面汽窜阶段，各阶段的调控策略不同。

(3) 通过分阶段调控，全油藏采出程度可提高4.3%，达到46.1%。

参 考 文 献

[1] 孙新革，马鸿，赵长虹，等．风城超稠油蒸汽吞吐后期转蒸汽驱开发方式研究[J]．新疆石油地质，2015，36(1)：61-64.

[2] 刘尚奇，王晓春，高永荣，等．超稠油油藏直井与水平井组合SAGD技术研究[J]．石油勘探与开发，2007，34(2)：234-238.

[3] 曹嫣镔，刘冬青，张仲平，等．胜利油田超稠油蒸汽驱汽窜控制技术[J]．石油勘探与开发，2012，39(6)：739-743.

[4] 岳清山，赵洪岩，马德胜．蒸汽驱最优方案设计新方法[J]．特种油气藏，1997，4(4)：19-23.

[5] 杨元亮．胜利单56超稠油油藏蒸汽驱先导性试验[J]．石油天然气学报，2011，33(1)：142-144.

[6] 肖卫权，高孝田，张玉霞，等．河南油田超稠油油藏蒸汽驱的可行性及先导性试验[J]．石油天然气学报，2008，30(1)：341-343.

[7] 喻高明．水平井蒸汽驱开采稠油数值模拟研究[J]．特种油气藏，1999，6(1)：18-22.

[8] 王国栋．超稠油蒸汽驱先导试验效果分析[J]．中外能源，2014，19(10)：44-46.

[9] 刘振宇，张明波，周大胜，等．曙光油田杜84块馆陶超稠油油藏SAGP开发研究[J]．特种油气藏，2013，20(6)：96-98.

[10] 赵永博，罗东坤，臧丽娜．原油价格对勘探开发投资及操作成本的传导机制分析[J]．中外能源，2016，21(1)：32-37.

[11] 殷代印，张湘娟．朝阳沟油田蒸汽驱数值模拟研究[J]．特种油气藏，2008，15(1)：59-61.

[12] 朱桂林，王学忠．准噶尔盆地春风油田薄浅层超稠油水平井蒸汽驱试验[J]．科技导报，2014，32(31)：55-60.

[13] 张初阳，王晗，韩怀，等．浅薄层特超稠油吞吐中后期间歇汽驱现场试验[J]．江汉石油学院学报，2002，24(3)：43-45.

浅层超稠油油藏 SAGD 开发全过程热能利用效率分析及提升对策

何万军　孙新革　罗池辉　高　雨

（中国石油新疆油田分公司）

摘　要　针对新疆风城油田浅层超稠油油田双水平井 SAGD(蒸汽辅助重力泄油)开发全过程中热能消耗大、热效率低的问题，根据风城油田 A 区块齐古组油藏双水平井 SAGD 实际生产数据，对 SAGD 开发关键节点热损失原因和影响因素进行了分析，利用 TWBS 等软件定量计算了 SAGD 开发全过程的热损失，并提出了热效率改善对策。结果表明：SAGD 开发全过程的热损失包含注汽锅炉系统热损失、注汽管线热损失、注汽井筒热损失、地层热损失、生产井井筒热损失、集输管线热损失和换热系统热损失 7 个部分，地层吸收热量仅占总热量的 50.32%。针对注汽锅炉系统、生产管网、管柱结构、注汽方式和操作压力等关键节点提出了提升热效率的相应对策，现场实施后综合热效率提高了 16.32 个百分点。本研究成果可为改善浅层超稠油油藏 SAGD 开发效果及经济性提供技术参考。

关键词　SAGD；浅层超稠油；热效率；热损失；风城油田

随着常规石油资源开始枯竭，稠油资源成为 21 世纪最具前景的接替资源。超稠油原油黏度高、密度大，地层温度条件下流动难，导致其开采成本高，单位能耗高，销售价格低，始终处于产业链的最低端，常规蒸汽吞吐和蒸汽驱等热采技术难以经济有效动用超稠油资源。蒸汽辅助重力泄油技术简称 SAGD，是目前在技术和经济上比较成功的超稠油油藏开发技术之一，已在加拿大及中国的辽河油田和新疆油田大规模应用。目前，新疆油田 SAGD 年产油量达到 130.0×10^4t 以上，由于地面工艺和生产管柱结构等条件不完善及油藏内部因素的影响，SAGD 开发过程中大部分热量未有效利用。随着国家“碳达峰”和“碳中和”目标战略背景下，SAGD 全流程热效率量化分析和如何提高热能利用，成为 SAGD 开发降耗减碳的研究重点。为此，根据新疆油田浅层超稠油油藏地质特点，针对 SAGD 开发全过程的热能损失和影响因素进行了详细研究，依据新疆风城油田 SAGD 生产实际数据，对关键节点热损失进行了定量计算。在此基础上提出了提升热效率对策，改善 SAGD 开发效果。

1　SAGD 开发过程热损失分析

新疆油田采用双水平井 SAGD 开发方式，其原理是在靠近油藏底部布置 2 口上下平行的水平井，2 口水平井均为长管、短管组合的双管结构，经过 150~250d 的循环预热，注汽水平井和生产水平井井间油层形成热连通后，上部水平井注汽，注入的蒸汽向上超覆，在油层中形成蒸汽腔，蒸汽腔不断向上和侧面扩展，蒸汽与原油发生热交换，加热的原油和蒸汽冷凝水在重力作用下，泄流到下部的生产水平井中，并产出。双水平井 SAGD 开发过程中需向油层中注入大量高干度蒸汽，整个生产过程中均处于高温和高压状态，全过程热损失主要包括：注汽锅炉系统热损失($\Delta Q1$)、注汽管线热损失($\Delta Q2$)、注汽井筒热损失($\Delta Q3$)、地层热损失($\Delta Q4$)、生产井井筒热损失($\Delta Q5$)和集输管线热损失($\Delta Q6$)，换热系统热损失($\Delta Q7$)和余热利用热能回收($\Delta Q8$)，详见图 1。

2　热损失计算

以新疆风城油田 A 井区侏罗系齐古组油藏 SAGD 开发为例进行分析。A 井区侏罗系齐古组油藏整体为断裂切割的向南倾的单斜，地层倾角 5°~8°，为陆相辫状河沉积，以河道和心滩微相为主，储层岩性以细砂岩、中细砂岩为主，油藏中部埋深为 470.0m，油层温度为 20.0℃，连续油层厚度 15.0~24.0m，平均 21.0m，油层孔隙度为 23.3%~35.1%，平均 28.9%，渗透率 36.0~4930mD，平均 1056.7mD，油层含油饱和度 44.8%~84.2%，平均 65.5%，为典型的“高孔、高渗、高含油饱和度”油藏。该油藏 50℃地

面脱气原油黏度在 $9.0\times10^4\sim44.8\times10^4$mPa·s 之间，平均为 18.8×10^4mPa·s，平均地面原油密度为 0.976g/cm³。

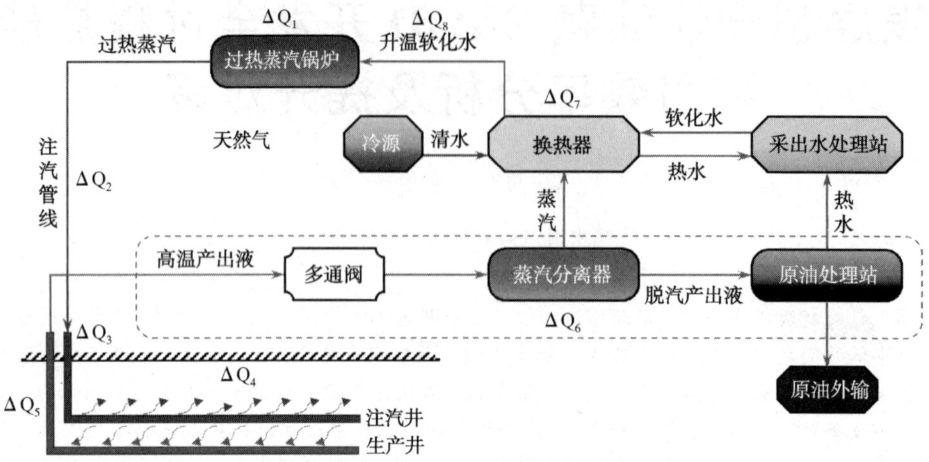

图1　SAGD 开发全过程热损失示意图

以 SAGD 开发现场 FHW01 井组测试数据为基础(表 1)，以加热质量为 1000kg，温度为 17℃ 的清水为例，需要燃烧天然气的量为 76.0m³，按照天然气的燃烧值 4.02×10^4kJ/m³ 计算，产生的总热量 Q 为 3.12×10^6kJ。根据表 1 中的不同生产节点饱和水和蒸汽的热焓值，计算各阶段的热损失。

表1　FHW01 井组 SAGD 开发全过程关键节点监测数据及热焓值

生产节点	压力/MPa	温度/℃	干度/%	饱和水显热/(kJ·kg⁻¹)	蒸汽潜热/(kJ·kg⁻¹)	总热焓/(kJ·kg⁻¹)
锅炉出口	6.85	292.4	100.0	1259.67	1554.06	2813.73
注汽井井口	6.35	279.3	95.0	1233.07	1547.54	2780.61
注汽井井底	5.30	267.6	87.5	1172.97	1618.64	2791.61
生产井井底	4.60	238.0	0	1028.12	/	1028.12
生产井井口	2.65	184.0	0	781.64	/	781.64
换热系统	0.24	125.0	0	525.14	/	525.14
原油处理站	0.20	95.0	0	398.10	/	398.10
冷源	0.10	17.0	0	71.36	/	71.36

2.1　注汽锅炉系统热量损失

注汽锅炉系统的热效率受注汽锅炉出口压力及蒸汽干度影响较小，主要与锅炉本身的材质，燃烧方式、负荷率和燃料类型有关，注汽锅炉热损失主要包括排烟热损失和注汽锅炉炉体散热损失。

A 井区现场采用过热蒸汽锅炉系统，注汽锅炉的出口压力为 6.85MPa，干度为 100% 的过热蒸汽，过热度为 7.0～11.0℃，平均 8.0℃，由公式(1)得到 1000kg 过热蒸汽所携带的热量为 2.81×10^6kJ。由式(2)得到锅炉热损失为 0.31×10^6kJ，注汽锅炉系统总热损失比例为 9.93%。

$$Q_1=M_1h_1+M_1h_2 \tag{1}$$

$$\Delta Q_1=Q-Q_1 \tag{2}$$

式中：Q_1 为注汽锅炉出口处蒸汽的总热量，kJ；ΔQ_1 为注汽锅炉热损失，kJ；Q 为天然气燃烧后的总热量，kJ；M_1 为注汽锅炉出口蒸汽的质量，kg；h_1、h_2 分别为注汽锅炉出口压力为 6.85MPa，温度为 292.37℃ 时过热蒸汽对应的饱和水显热和蒸汽潜热，kJ/kg。

2.2　注汽管线热量损失

高干度蒸汽通过注汽管线输送至注汽井，根据公式(3)、(4)可计算不同井口注汽压力下的注汽管线热损失。通过现场实测可知井口注汽压力为 6.35MPa，蒸汽干度为 95%，注汽管线沿途无蒸汽质量损失，总热量为 2.70×10^6kJ，注汽管线热量损失为 0.11×10^6kJ，热量损失比例为 3.52%。

$$Q_2 = M_1 h_1 + M_1 B_1 h_2 / 100 \quad (3)$$

$$\Delta Q_2 = Q_1 - Q_2 \quad (4)$$

式中：Q_2为注汽井口蒸汽的热量，kJ；h_1、h_2分别为不同井口注汽压力下饱和水显热和蒸汽潜热，kJ/kg。B_1为为注汽井口处的蒸汽干度,%。

2.3 注汽井筒热损失

通过注汽井将高干度蒸汽注入至油层，A 井区 SAGD 注汽水平井采用双管结构完井(图 2)，其中长管采用 41/2 吋隔热油管接 27/8 吋内接箍普通油管，短管采用 23/8 吋普通油管。转 SAGD 生产后长管关闭，采用短管注汽。

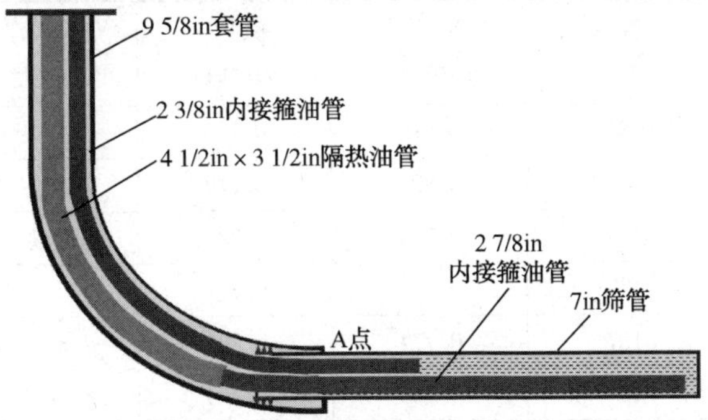

图 2　SAGD 注汽水平井管柱结构示意图

在目前注汽井筒工艺条件下，不同油藏深度和地层压力条件下，利用 TWBS 软件的井筒热损失模型计算出井底的蒸汽干度，利用公式(5)和(6)计算热损失情况(表 2)，油藏埋深越大，压力越高，井筒热损失比例越大。FHW01 井组水平段埋深为 530m，注汽井井口蒸汽干度为 95%，井底注汽压力为 5.3MPa，井底蒸汽干度为 87.5%，则进入地层中的热量为 2.59×10^6kJ，注汽井筒热损失为 0.111×10^6 kJ，热损失比例为 3.56%。

$$Q_3 = M_2 h_1 + M_2 B_2 h_2 / 100 \quad (5)$$

$$\Delta Q_3 = Q_2 - Q_3 \quad (6)$$

式中：Q_3为进入地层蒸汽的总热量，kJ；ΔQ_3为注汽井筒热损失，kJ；B_2为井底的蒸汽干度；h_1、h_2分别为不同深度与井底压力条件下饱和水显热和蒸汽潜热，kJ/kg。

表 2　不同深度和压力条件下注汽井筒热损失

深度/m	井底压力/MPa	饱和水显热/($kJ\cdot kg^{-1}$)	蒸汽潜热/($kJ\cdot kg^{-1}$)	总热焓/($kJ\cdot kg^{-1}$)	热损失/(10^6kJ)	热损失比例/%
350	3.5	1049.78	1752.97	2802.75	0.037	1.20
400	4.0	1087.43	1713.47	2800.90	0.053	1.71
450	4.5	1122.14	1675.85	2797.99	0.073	2.34
500	5.0	1154.50	1639.73	2794.23	0.103	3.29
530	5.3	1172.97	1618.64	2791.61	0.111	3.55
550	5.5	1184.92	1604.79	2789.71	0.119	3.81
600	6.0	1213.73	1570.83	2784.56	0.135	4.34

2.4 地层吸热

SAGD 开发阶段地层吸收的热量主要受岩石类型、矿物成分、储层孔隙结构、储层物性、含油性以及流体组分及性质等条件决定。同一个油藏，各个 SAGD 井组地质条件差异较小，地层吸热效率基本相同。按照 A 井区 SAGD 生产阶段实际监测数据统计，生产井井底流体温度为 238℃，Sub-cool 为 5℃～30℃(井底压力对应的水饱和温度与井底流体温度的差值)，处于不饱和状态，平均采注比为 1.1，产出液平均含水饱和度为 83.0%，产出液中产水量为 913.0kg，产油量为 187.0kg。原油比热容测定为 1.8kJ/(kg·℃)～2.1kJ/(kg·℃)，平均值为 2.0kJ/(kg·℃)。计算出井底产出液热量为 1.02×10^6 kJ，地层吸热量为 1.57×10^6 kJ，占总热量的 50.32%。

$$Q_4 = M_3 h_2 + M_o \gamma_o (T_o - 20) \quad (7)$$

$$\Delta Q_4 = Q_3 - Q_4 \quad (8)$$

式中：Q_4为生产井底产出液热量，kJ；ΔQ_4为地层吸热，kJ；Q_3为进入地层蒸汽的总热量，kJ；M_3、M_o 分别为产水量和产油量，kg；h_2为井底压力条件下对应井底温度水的显热，kJ/kg；γ_o为原油比热容，kJ/(kg·℃)；T_o为生产井底产出液温度,℃。

2.5 生产井筒热损失

在生产井口产出液量、含水饱和度相同情况下，不同油藏埋深条件下，生产井口产出液的温度不同，剩余热量由井底产出液携带至地面，可根据公式式(9)和(10)计算生产井井筒热损失。

$$Q_5=M_3h_3+M_o\gamma_o(T_1-20) \tag{9}$$

$$\Delta Q_5=Q_4-Q_5 \tag{10}$$

式中：Q_5为井口产出液热量，kJ；ΔQ_5为生产井井筒热损失，kJ；Q_4为生产井底产出液的热量，kJ；M_3、M_o分别为产水量和产油量，kg；h_3为生产井出口压力条件下对应井口温度不饱和水显热，kJ/kg；γ_o为原油比热容，kJ/(kg·℃)；T_1为生产井口产出液温度,℃。

如表3所示，油藏埋深越大，井筒热损失量越大；FHW01井组生产井口产出热量为0.774×10^6kJ，生产井井筒热损失为0.246×10^6kJ，损失比例为7.88%。

表3　不同深度和压力条件下注汽井筒热损失

深度/m	井口温度/℃	不饱和水热焓/(kJ·kg^{-1})	产水量/kg	产油量/kg	产出液热量(10^6kJ)	热损失/(10^6kJ)	热损失比例/%
350	192	817.09	913	187	0.810	0.210	
400	190	808.20	913	187	0.801	0.219	7.00
450	188	799.33	913	187	0.793	0.227	7.29
500	185	786.06	913	187	0.779	0.241	7.71
530	184	781.64	913	187	0.774	0.246	7.87
550	182	772.82	913	187	0.766	0.254	8.14
600	179	759.62	913	187	0.753	0.267	8.56

2.6 集输管线热损失

高温产出液经过集输管线输送到换热站和处理站，该过程热损失分为2部分，其中经过换热后产出液一部分含水率为30%的粗脱水原油，温度为95℃，输送至处理站，其中原油187.0kg，热水80.14kg，按照公式(11)计算热量为0.054×10^6kJ。一部分产出液通过降压闪蒸成湿蒸汽进入换热器中，经过测算，832.86kg温度为125℃，蒸汽干度为9.8%的蒸汽输送至换热器中，按照公式(12)计算，热量0.616×10^6kJ。根据公式(13)计算得到集输管线热损失为0.104×10^6kJ，损失比例为3.33%。Q_{6a}随着粗脱水原油进入原油处理站，为保持超稠油原油流动性，外运集输保温，热量损失殆尽，损失比例为1.73%。

$$Q_{6a}=M_4(h_4-h_5)+M_o\gamma_o(T_2-20) \tag{11}$$

$$Q_{6b}=M_5h_6+M_5B_3h_7/100 \tag{12}$$

$$\Delta Q_6=Q_5-Q_{6a}-Q_{6b} \tag{13}$$

式中：ΔQ_6为集输管线热损失，kJ；M_4、M_o分别为粗脱水原油中水量和原油量，kg；h_4和为95℃和17℃不饱和水显热，kJ/kg；h_6为125℃不饱和水显热，h_7为125℃饱和蒸汽总热焓，kJ/kg；γ_o为原油比热容，kJ/(kg·℃)；T_2为输出液温度,℃，B_3为蒸汽干度。

2.7 换热系统热损失

为使高温产出液满足原油和产出水处理站设备要，A井区采用集中换热模式，现场安装多相汽水换热器1台，换热管采用来复管，换热面积达到160m^2，换热效率为85%，换热系统热损失(ΔQ_7)为0.092×10^6kJ，热损失比例为2.94%。，经过换热系统回收热能(ΔQ_8)0.524×10^6kJ，为总热量比例16.79%。

通过上述分析可知：过热蒸汽进入油藏之前，热量损失主要集中在注汽锅炉系统、注汽管线和注汽井筒热损失，热损失比例达为17.1%；生产井井筒热损失与高温产出液携带热量占32.67%，地层吸热比例仅为50.32%。因此，为提高SAGD的开发效果，需采取措施减少各阶段蒸汽热量的损失，提高地层吸热比例，将热量留在油藏内部，更有效加热油藏，有效提高热效率。

3 提高热效率措施

3.1 提高锅炉系统热效率

注汽锅炉热损失的主要因素为注汽锅炉炉体散热和排烟热损失。针对这一影响因素，优选炉体保温材料和铺设方式，减少注汽锅炉炉体散热。通过加装烟气余热回收装置，根据蒸汽需求量，合理调节风门，使送风量和燃料量相匹配，提高燃烧效果，实施后注汽锅炉的热效率由 90.0%提高至 95%以上。

3.2　降低注汽管网热损失

影响注汽管网热效率的主要因素为管线的保温质量以及地面管网支撑架热损失。为提高注汽管网热效率，研发了新型气凝胶绝热毡、硅酸铝箔、高温型铝箔玻纤复合保温方案，采用新型隔热地面管网支撑架，部分管线通过埋地，减少热损失，使用后管网单位长度热损失由改造前的 180W/m 降至 90W/m，管线的热损失比例由 3.53%降至 1.9%，降低了 1.63 个百分点。

3.3　降低井筒热损失

如图 3 所示，A 井区 SAGD 注汽水平井短管为普通油管，将其更换成隔热油管后，短管出蒸汽干度由 87.5%提升至 90.4%，热损失比例由 3.55%下降至 2.04%。如图 3 所示，常规 SAGD 采用短管单点注汽容易造成水平段尾端蒸汽干度较低，当注汽速度较低时，水平段尾端蒸汽干度甚至下降至 0。研究分析认为依托目前现有管柱结构，短管不更换隔热油管，采用长短管同时注汽，配汽比例为 3∶7。模拟结果如图 3 所示，短管出口处蒸汽干度略有下降，由于长管采用隔热油管与普通油管组合，出口处的蒸汽干度达到 90.7%，热损失为 3.23%，但 SAGD 水平段蒸汽干度分布更加均匀，有利于水平段均衡动用。

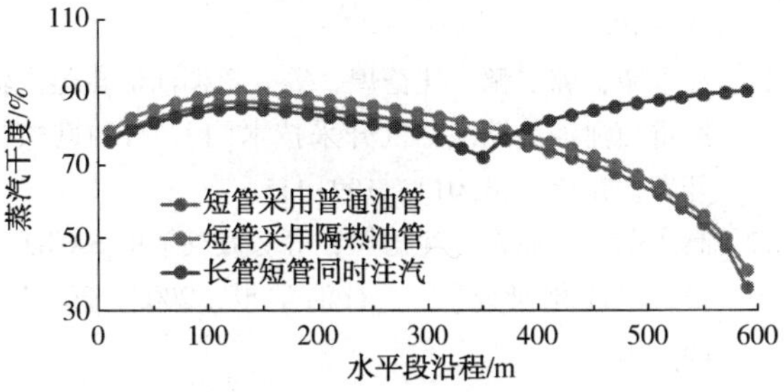

图 3　不同注汽方式蒸汽干度在水平段沿程分布图

3.4　提高油层中蒸汽热效率

SAGD 开发过程中主要依靠蒸汽释放潜热加热油层，随着操作压力降低，相同质量的蒸汽所携带的汽化潜热越多。以 FHW01 井组为例，将均匀注汽改为脉冲式注汽，早期注汽速度较快，注汽速度 150～180t/d，随着油层压力提高，逐渐减少注汽速度，同时控制并维持较低的产液速度，产液速度维持在 50t～60t/或者生产井关井 10～15d，当注汽压力达到 8MPa 时，停止注汽，关闭注汽井和生产井并焖井 24～48h。当监测到生产水平井井底温度小于 200℃时，开井生产 50～60d，当日产油量与脉冲式注汽前的生产水平时，恢复注汽，注汽速度逐渐提升，产液速度逐渐降低，进入下一轮脉冲式注汽。蒸汽腔操作压力由 5.3MPa，下降至 3.9MPa，产出液含水率平均下降 7 个百分点，单井组日产油量提高 3.8t/d，热效率可提高 8.6%。

当 SAGD 蒸汽腔到达油层顶部时，蒸汽向盖层持续散热，热效率明显下降，可适当注入 N_2，CO_2等非凝析气体，在蒸汽腔顶部形成一个气体隔热层，减少蒸汽向盖层的传热速度，同时保持蒸汽腔压力，代替部分蒸汽，从而提高油汽比。数值模拟研究结果显示，氮气隔热层可以降低 40%的盖层热损失，风城油田累积实施氮气辅助 SAGD 生产 112 井次，油汽比提高 0.04。

3.5　产出液高温全密闭处理

SAGD 开发循环预热阶段早期，受 SAGD 水平井钻井泥浆残留物影响，产出液中存在大量絮状悬浮物，常规处理站无法处理，该阶段产出液全部外排至污油池。后期经过增加 2 座加药撬，进行预处理，增加 1 套 SAGD 产出液高温密闭脱水站，将输送至原油处理站的粗脱水原油含水率由 30%降低至 5%以下，同步多回收热能 0.79%。另外将回收处理过的锅炉用软化水温度由 17℃提升至 95℃后，通过二次换热方式，提升至 120℃，产生 1000kg 的过热度为 8℃的过热蒸汽，一次换热后消耗的天然气由最初的 76Nm^3 降低至 65.1Nm^3，二次换热后降低至 62.4Nm^3，合计减少了 17.9%的碳排放。

4　实施效果

采取综合措施降低蒸汽锅炉排烟热损失和注汽锅炉炉体散热损失，注汽锅炉系统热效率由 90%提高至 95%；注汽管线应用新型复合保温方案，热损失比例降低了 1.63 个百分点，在不调整目前注采管柱条件下（不增加任何成本），采用水平段首尾两点注汽方法井筒热损失比例虽然只下降 0.3 个百分点，但整个水平段蒸汽干度分布更加均衡，水平段动用程度增加 10%以上；在油藏调控方面，通过采用脉冲式注汽方式，合理的降低操作压力，同时降低产出液温度，将更多的热量保留在油层内部，蒸汽的热效率提高

8.6个百分点，地层总吸热比例上升至58.92%；通过采用产出液全密闭处理对高温分离水及产出液的热量进行合理利用，仅有含水率为5%以下的95℃原油外输的，减少了0.79%的热损失，另外通过二次换热，消耗的天然气从76Nm^{3}下降到62.4Nm^3，降低了碳排放量和生产成本。非凝析气体辅助SAGD目前属于现场试验阶段，对目前新疆SAGD开发能耗影响较小。采用措施后SAGD开发中的综合热利用率已由原来的67.12%提高至83.44%，提升效果显著。

5　结论

（1）SAGD开发过程的热损失包含注汽锅炉系统热损失、注汽管线热损失、注汽井筒热损失、地层热损失、生产井井筒热损失、集输管线热损失和换热系统热损失7个部分。

（2）SAGD开发过程中热损失集中在注汽锅炉系统、注汽管线和注汽井筒热损失，热损失比例达为17.01%；生产井井筒热损失与高温产出液携带热量占32.67%，地层吸收热量仅占总热量的50.32%。

（3）通过对SAGD全过程热损失的主控因素分析，依托产出液高温全密闭处理技术、降低蒸汽腔操作压力和产出液温度，采用新型管线保温方案，软化水二次换热等手段，热能综合利用率提升了16.32个百分点，减少了17.9%碳排放量。

（4）SAGD生产中后期，需要进一步研究非凝析气体注入频次和注入量，监测非凝析气体逸散速度，减少盖层热损失，合理降低蒸汽腔操作压力，进一步释放岩石骨架储热，减少蒸汽用量，提高油汽比。

参考文献

[1] 钱根宝，马德胜，任香，等．双水平井蒸汽辅助重力泄油生产井控制机理及应用[J]．新疆石油地质，2011，32(2)：147-149.

[2] 席长丰，马德胜，李秀峦，等．双水平井超稠油SAGD循环预热启动优化研究[J]．西南石油大学学报(自然科学版)，2010，32(4)：103-108.

[3] 陈继明，马硕，李子豪，等．影响燃气锅炉热效率的主要因素分析[J]节能，2020，39(10)，50-53.

[4] 吴佳蕾，王随林，石书强，等．大型燃气锅炉烟气冷凝余热深度回收技术方案与节能潜力分析[J]．暖通空调，2016，46(3)：66-69.

[5] 张永贵，李子丰，等．热采井注汽过程井筒沿程蒸汽参数变化规律研究[J]．钻采工艺．2007(03)：57-59.

[6] 曾玉强，李晓平，陈礼，等．注蒸汽开发稠油油藏中的井筒热损失分析[J]．钻采工艺，2006，29(4)：44-46.

[7] 李景玲，王丽荣，石善志，等．超稠油油藏直井采用隔热油管注采经济性分析——以风城油田为例[J]．石油地质与工程，2014，28(05)：137-140.

[8] 孙新革，何万军，胡筱波，等．超稠油双水平井蒸汽辅助重力泄油不同开采阶段参数优化[J]．新疆石油地质，2012，33(6)：697-699.

[9] 何万军，木合塔尔，董宏，等．风城油田重37井区SAGD开发提高采收率技术[J]．新疆石油地质，2015，36(04)：483-486.

[10] 舒展，裴海华，张贵才，等．改善蒸汽辅助重力泄油技术研究进展[J]．油田化学，2020，37(01)：185-190.

[11] 高永荣，郭二鹏，沈德煌，等．超稠油油藏蒸汽辅助重力泄油后期注空气开采技术[J]．石油勘探与开发，2019，46(01)：109-115.

[12] 高永荣，刘尚奇，沈德煌，等．氮气辅助SAGD开采技术优化研究[J]．石油学报，2009，30(5)：26-29.

红 003 井区集团式蒸汽吞吐数值模拟研究

王传康　木合塔尔　刘　刚　朱爱国

（新疆油田分公司勘探开发研究院）

摘　要　针对红 003 井区稠油油藏吞吐开发过程中出现的油层动用不均、汽窜干扰严重、产油量和油汽比低等问题，提出集团式蒸汽吞吐方式改善开发效果。建立集团式蒸汽吞吐试验区油藏数值模拟模型，开展集团式蒸汽吞吐注采关键参数优化。模拟优化结果为：单井轮注汽量为 1800t，注汽速度为 140t/d，焖井时间为 3d，集团吞吐第 2 轮采用尿素辅助蒸汽吞吐，增油效果显著。现场实施集团式注蒸汽吞吐后，单井日产液量对比上一轮次平均提高 3.4t/d，单井日产油量对比上一轮次平均提高 0.4t/d，地层注汽压力由措施前的 8.4Mpa 上升到的 9.1Mpa，累计增油 184.3t，取得较好的生产效果。研究结果为同类油藏改善吞吐开发效果提供了较强实用性的技术参数。

关键词　稠油油藏；集团注蒸汽吞吐；数值模拟；参数优化

1　前言

新疆油田红 003 井区埋藏深度 475m，平均油层有效厚度为 14.4m，孔隙度 19.0%~36.0%，平均为 29.0%，渗透率 45.1 ~ 5000.0mD，平均为 988.9mD，属于高孔高渗构造-岩性特稠油油藏。地面原油密度 0.962g/cm^3，50℃地面脱气原油黏度 329~17329MPa·s，平均为 5596MPa·s，具有高黏度、高密度、高沥青质和胶质含量等特点。油藏原始地层温度 24℃，原始地层压力 4.65MPa，天然能量低，地层温度低，原油流动性差。

红 003 井区采用 70×70m 井距进行蒸汽吞吐开发，累注汽 2344.4×10^{4}t，累产液 3218.9×10^{4}t，累产油 388.2×10^{4}t，油汽比 0.17，综合含水 87.9%，采出程度 13.9%，平均吞吐 6.6 轮，日产油 755t。从开发效果来看，由于原油黏度高、储层物性差异大，初期投产高速注汽的影响，导致汽窜现象严重，发生汽窜后，就会出现油藏加热不均匀，导致蒸汽波及体积小、热效率低及经济效益差等问题，影响油藏开发效果。由于蒸汽超覆影响，油藏剖面动用程度不均，在吞吐过程中，蒸汽主要在油层上部进行热交换，长时间易引发汽窜，2021 年平均单井日产油 0.22t/d，油汽比 0.08，开发效果差，因此亟需抑制汽窜、提高剖面动用程度，提高油汽比。

针对这种情况，本文按照“热量集中、能量集中”的原则，提出集团式蒸汽吞吐开发方式，即同层位生产井组合在一起，同步作业、同步注汽、焖井、放喷、开井生产的一种蒸汽吞吐方式。通过减小区域内井间汽窜、提高剖面动用程度、降低原油黏度，补充地层能量，利用数值模拟技术对集团式蒸汽吞吐方式进行参数优化，最终达到提高稠油油汽比的目的。

2　集团式蒸汽吞吐数值模拟研究

2.1　模型建立与历史拟合

选取红 003 井区南部试验区，建立试验区集团式蒸汽吞吐数值模型，工区面积 0.156km^2，井数 42 口，储量 36.78 万吨，平均埋深 500m，油层厚度 13m，50℃原油黏度 1991MPa·s，渗透率 990mD，孔隙度 27.8%。模型大小为 51×43×46，模型步长 10m×10m×1m，井距 70m×70m（图 1）。

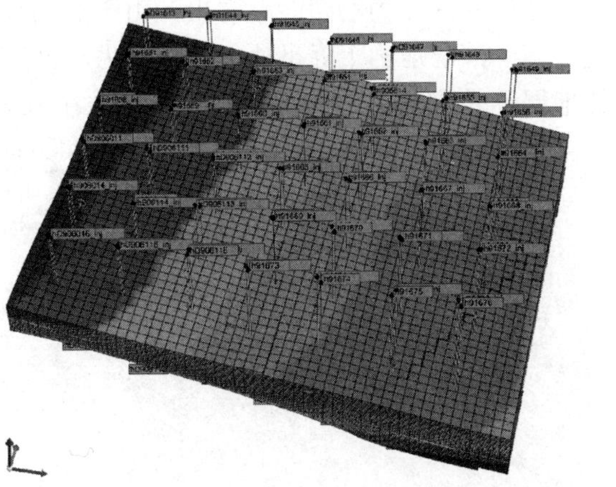

图 1　数值模型示意图

试验区拟合选取近8年生产注汽指标参数，对累积产液量和累积产油量进行历史拟合，累积产液量拟合相对误差为0.29%，累计产油量拟合相对误差为6.3%，产量拟合结果与生产动态基本一致。

2.2 吞吐开发末期三场分布

从试验区温度场图能够看出，平面上温度场分布不均，井间汽窜严重，纵向上油层上部温度高于油层下部，近井地带温度在60℃～80℃之间，但部分井间低温区在25℃～50℃之间(图2)。

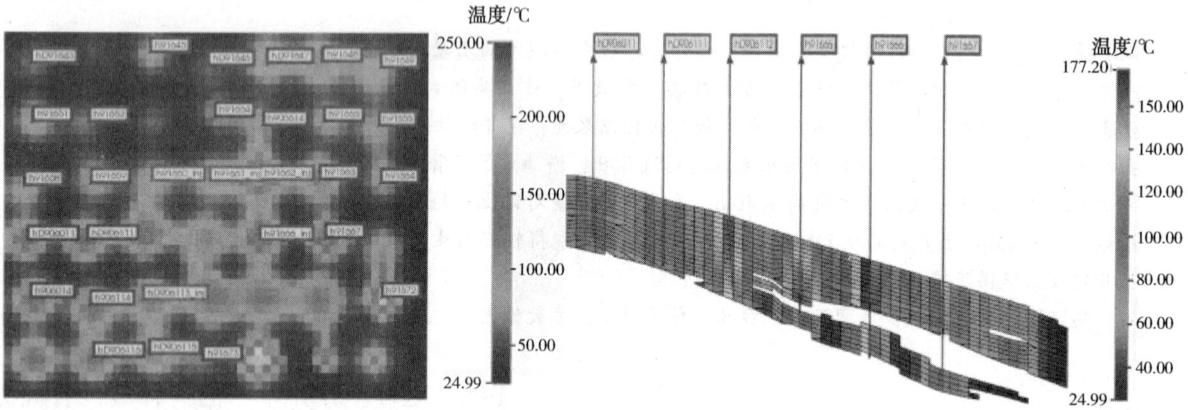

图2　吞吐末期温度场分布图

从试验区含油饱和度场图能够看出，经过多轮次蒸汽吞吐后，近井地带含油饱和度降到45%左右，井间仍存在大量剩余油，可采潜力大(图3)。

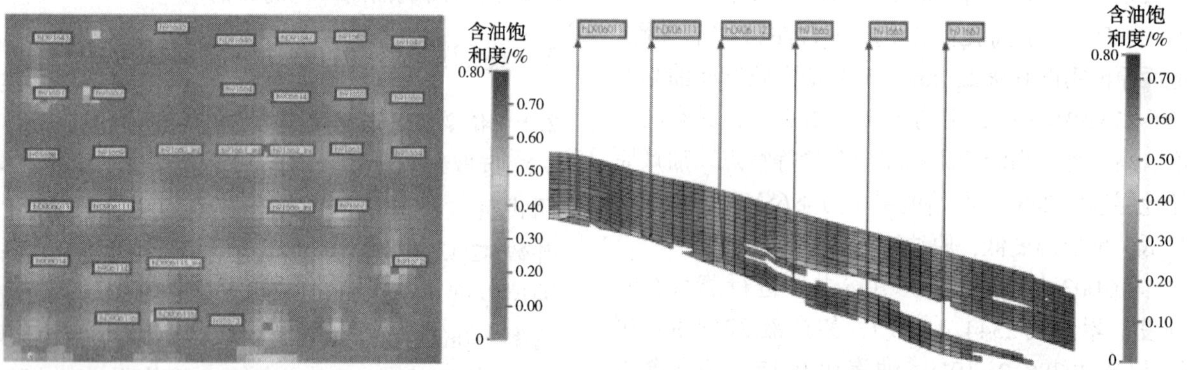

图3　吞吐末期含油饱和度分布图

从试验区压力场图能够看出，由于前期采注比过高，油层压力下降迅速，整体压力降低至原始地层压力的三分之一，整体压力处在0.8～2.2MPa之间，试验区东北部平均压力为0.8MPa(图4)。

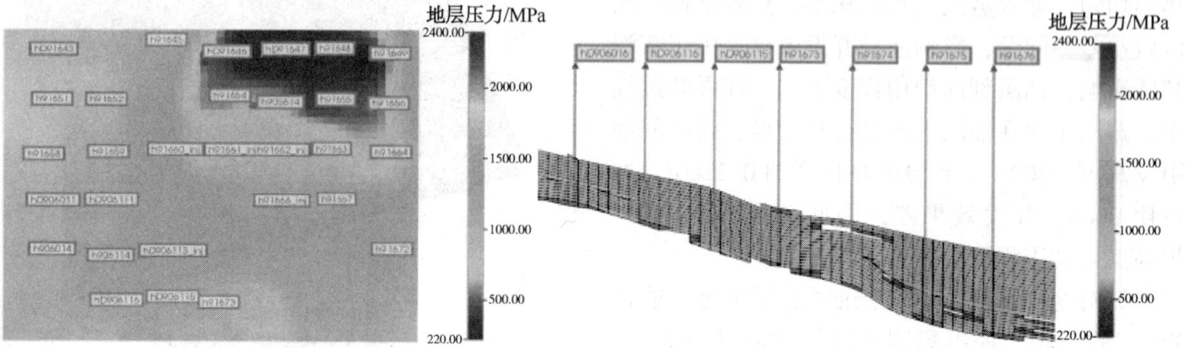

图4　吞吐末期压力场分布图

3 集团式蒸汽吞吐参数优化研究

在试验区温度场、含油饱和度场、压力场分析的基础上，采用数值模拟方法对试验区进行注蒸汽量、注汽速度、焖井时间及注介质辅助措施的注采参数优化研究，用提高油汽比表征集团式蒸汽吞吐开发效果。

3.1 注汽量对油汽比影响

选取试验区中部九口井进行集团式蒸汽吞吐试验，模拟优化出适合试验区的注汽操作参数，结合本区前期注汽情况分析对比，选择对轮次单井注汽量 1400~2200t 进行优化。优化结果能够看出，油汽比在注汽量 1600t 时到达峰值。考虑试验区前期采注比高，导致地层亏空严重，需要降低采注比，提高地层压力，因此推荐注汽量为 1800t(表 1)。

表 1 注汽量对油汽比的影响

方案	单井注汽量/m^3	累产油量/(m^3/t)	累产液量/(m^3/t)	油汽比	提高采出程度/%
01	1400	4749.3	41566.9	0.121	0.91
02	1600	5628.5	47086.6	0.130	1.08
03	1800	5867.2	53099.7	0.125	1.13
04	2000	5972.6	58948.3	0.111	1.15
05	2200	6058.8	64454.4	0.102	1.16

3.2 注汽速度对油汽比影响

在考虑锅炉产汽能力和油层注入能力的前提下，注汽速度应尽可能大，从而减少蒸汽热损失，缩短油井非生产时间。对比分析轮次注汽速度 120~200t/d，当注汽速度为 140t/d 时，油汽比最高(表 2)。

表 2 注汽速度对油汽比的影响

方案	单井注汽量/m^3	累产油量/(m^3/t)	累产液量/(m^3/t)	油汽比	提高采出程度/%
01	120	5628.5	47086.6	0.132	1.08
02	140	5818.5	47012.0	0.135	1.12
03	160	5278.1	47196.6	0.122	1.01
04	180	5106.1	47236.0	0.118	0.98
05	200	4881.6	47353.7	0.113	0.93

对比分析注汽前后温度场图，集团式蒸汽吞吐后，蒸汽波及区域更广泛，汽窜由原先井间汽窜变为外围井零星窜扰。继续加大注汽速度，外围井温度升高，会形成汽窜发育通道，影响开发效果。考虑目前试验区亏空大，汽窜严重，在能够保证蒸汽质量的情况下，注汽速度不高于 140t/d，同时在注汽过程中对汽窜风险井进行控关。

3.3 焖井时间对油汽比影响

焖井时间长，能够使热量在井底完全分散，减少开井生产时返回井口的热量比例；焖井时间短，能够充分利用蒸汽注入后使地层压力增高的优势。应合理选择焖井时间，提高蒸汽热利用率的同时避免蒸汽大量采出，造成吞吐效果下降。对比 1~5 天焖井效果能够看出，在焖井时间三天效果较好(表 3)。

表 3 焖井时间对油汽比的影响

方案	焖井时间/d	累产油量/(m^3/t)	油汽比
01	1	5810.9	0.1341
02	2	5815.1	0.1344
03	3	5849.4	0.1355
04	4	5834.7	0.1352
05	5	5842.3	0.1352

3.4 注介质辅助对油汽比影响

尿素的临界分解温度为 150℃，近井地带蒸汽可提高尿素的分解程度。注尿素辅助蒸汽吞吐，主要是利用尿素分解后的 CO_2 增压和降黏、NH_3 的弱乳化效果以及气体重力差异等作用，有效地抑制蒸汽的超覆和窜槽，实现扩大蒸汽波及、降黏及提高驱替效率的效果。数模优化结果表明，注尿素辅助蒸汽吞吐能够使产油量和油汽比明显提升，增油效果显著(表 4)。

表 4 注尿素效果对比表

编号	方案	吞吐轮次	轮产油量/(m^3/t)	累产油量/(m^3/t)	轮油汽比
01	注蒸汽	1	2081.5	2081.5	0.14
	注蒸汽+尿素	2	4518.1	6599.6	0.31
	注蒸汽+尿素	3	3213.6	9813.2	0.22
02	注蒸汽	1	2081.5	2081.5	0.14
	注蒸汽	2	1856.1	3937.6	0.13
	注蒸汽	3	1896.4	5834	0.13

3.5 集团式蒸汽吞吐措施对比

通过红 003 井区集团式蒸汽吞吐数值模拟参数优化，优选参数为：轮次单井注汽量 1800t、注汽速度 140t/d、焖井时间 3d，吞吐第二轮开始增注浓度为 30%的尿素液 60t，注汽过程中对外围风险井进行控关。由数值模拟措施前后对比图能够看出，措施效果显著，模拟后的油藏平均温度由 45℃ 提升至 75℃，平均地层压力由 1.3MPa 提升至 2.1MPa。采用同时注汽、同时焖井的方式，一定程度上减少井间汽窜，提高增油效果(图5、图6)。

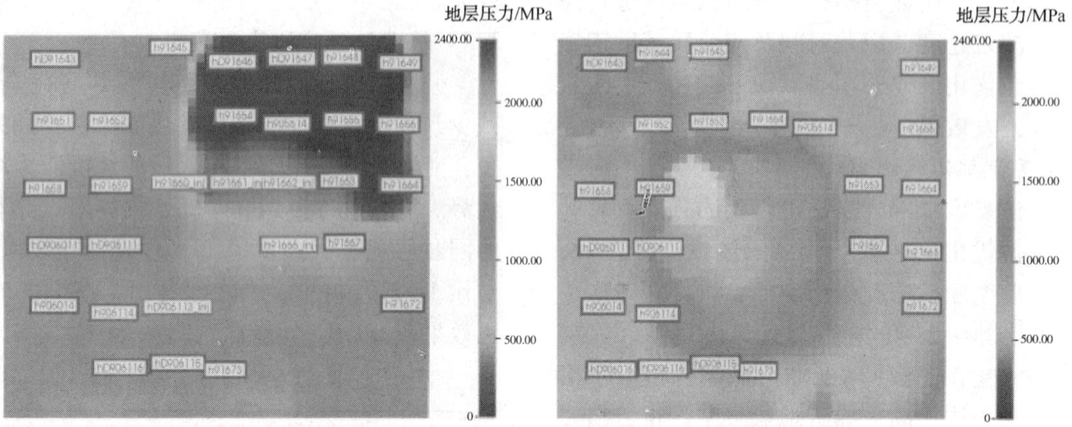

图5　措施前后压力场对比图

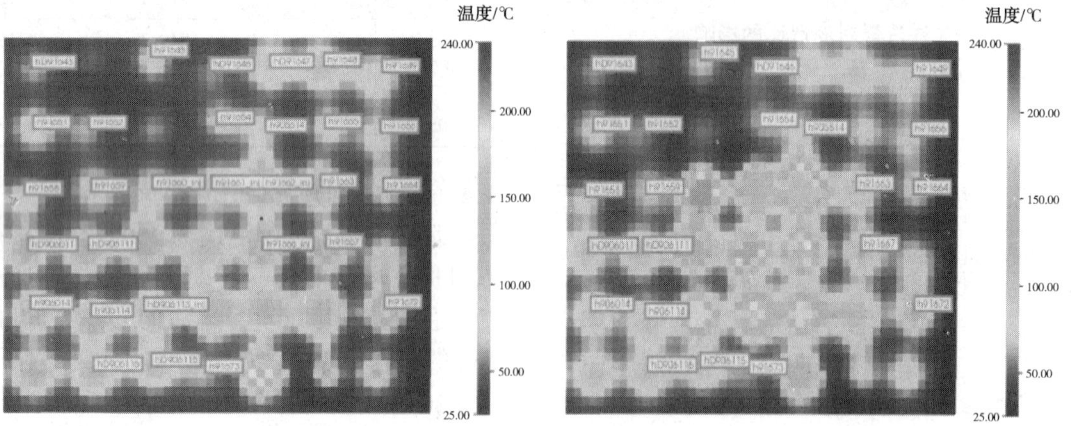

图6　措施前后温度场对比图

4　现场应用及效果

2022年，试验区开展集团式蒸汽吞吐试验井11口，焖开后生产44天，与上一轮次对比得出，单井日产液量对比上一轮次平均提高3.4t/d，单井日产油量对比上一轮次平均提高0.4t/d，地层注汽压力由措施前的8.4MPa上升到的9.1MPa，累计增油184.3t，初步试验取得较好的生产效果，将持续跟踪本轮生产效果。

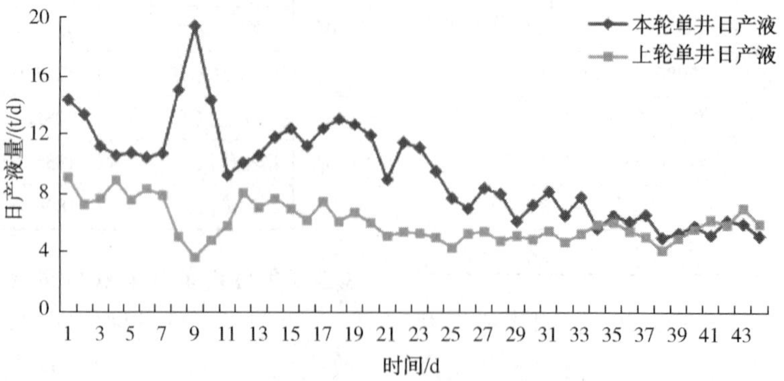

图7　措施前后单井日产液量轮次拉平对比图

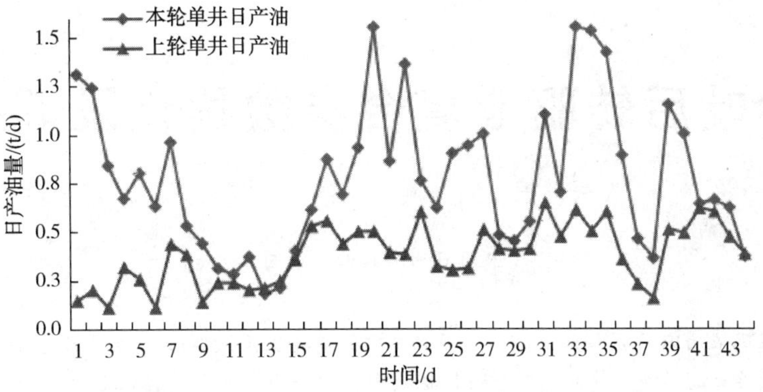

图 8　措施前后单井日产油量轮次拉平对比图

5　结论

通过对试验区的数值模拟优化结果，可得出结论：

（1）集团式蒸汽吞吐后地层压力、热场温度、剖面动用程度显著提升。

（2）红 003 井区集团式蒸汽吞吐参数优化结果为：单井注汽量 1800t、注汽速度 140t/d、焖井时间 3d，集团吞吐第 2 轮采用尿素辅助蒸汽吞吐，增油效果显著。

（3）通过现场实施情况表明，单井日产液量对比上一轮次平均提高 3.4t/d，单井日产油量对比上一轮次平均提高 0.4t/d，地层注汽压力由措施前的 8.4MPa 上升到的 9.1MPa，累计增油 184.3t。

参 考 文 献

[1] 陈月明．注蒸汽热力采油[M]．东营：石油大学出版社，1996：1-2.

[2] 沈平平．热力采油提高采收率技术[M]．北京：石油工业出版社，006：38-141.

[3] 杨胜利，耿立峰．多井整体蒸汽吞吐在超稠油开采中的初步应用[J]．特种油气藏，2002，12(6)：16-17.

[4] 黄伟强，王利华，陈忠强，等．复合蒸汽吞吐提高稠油采收率试验[J]．新疆石油地质．2010，31(1)：69-71.

[5] 黄伟强，郑爱萍，王利华，等．克拉玛依油田复合吞吐改善稠油热采开发效果试验研究[J]．石油地质与工程，2008，22(6)：20-23.

[6] 周明升．辽河油田曙一区互层状超稠油油藏改善吞吐效果技术研究[J]．石油地质与工程，2007，21(3)：64-65.

[7] 胡成亮，魏玉莲，熊英，等．稠油复合吞吐开采技术[J]．油气田地面工程，2007，26(10)：21-22.

[8] 陈风君．稠油热采优化组合注汽技术研究[J]．河南石油，2006，20(4)：44-46.

[9] 武诗琪．N 油田热采开发方式研究[D]．青岛：中国石油大学（华东），2018. DOI：10.27644/d.cnki.gsydu.2018.001489.

[10] 王旭．P691 区块稠油复合热采实验及生产参数优化研究[D]．成都：西南石油大学，2017.

[11] 卢志敏．黑油山东区多元介质辅助吞吐技术研究及应用[J]．化工管理，2018(27)：150-151.

[12] 赵岩．蒸汽吞吐井氮气辅助增产机理与工艺优化研究[D]．北京：中国石油大学(北京)，2020

稠油吞吐后转驱泄复合参数优化及调控研究

朱爱国　刘　刚　王传康　陈燕辉

(中国石油新疆油田公司)

摘　要　克拉玛依油田G区稠油油藏历经多种井网的高轮次蒸汽吞吐，转驱泄复合开发面临地层能量不足、生产效果差异大的问题，建立油藏数值模拟模型，结合现场实际对吞吐预热和驱泄生产两个阶段的关键的注采参数进行优化。结果表明：(1)预热阶段的合理操作条件为：直井和水平井组合注汽，注汽强度水平井13t/m、直井120t/m，注汽速度水平井180t/d、直井110t/d，吞吐预热3轮后采用水平井引效转驱生产。(2)驱泄阶段的合理操作条件为：以90天为周期进行交替注汽，注汽速度60t/d，采注比1.0。同时结合生产井特征将井组分为正常驱泄井组、见效缓慢井组和蒸汽窜扰井组，对应治理措施为注汽制度优化和稳定subcool、吞吐引效和提汽增压、控制关井和封堵微压裂。优化治理后，区域日产油由221t/d提升到348t/d，含水下降4.6%，生产效果明显向好。表明研究成果可有效指导稠油吞吐后转驱泄复合开发现场生产调控，对同类油藏转驱泄复合开发具有重要的指导意义。

关键词　稠油油藏；克拉玛依油田；驱泄复合；参数优化；精细调控

目前，国内稠油油藏开采使用的最广泛的技术是蒸汽吞吐，后期多转为蒸汽驱生产，但在强非均质性油藏中，吞吐后转直井汽驱，汽窜严重，调控难度大，生产效果不理想。克拉玛依油田G区齐古组油藏平均吞吐开发11.7轮，汽窜干扰频繁，后期使用常规直井汽驱开采调控难度大，而不同学者研究表明使用直井—水平井组合驱泄复合的方式有助于抑制汽窜，进一步提高采收率，但针对已吞吐开发多年的稠油油藏转驱泄复合开发尚未形成有效的调控经验，也未根据井组生产特征提出针对性的调控措施。以克拉玛依油田G区超稠油油藏为例，通过现场实际结合数值模拟研究，对驱泄复合预热和转驱生产的关键注采参数进行优化，对驱泄复合井组进行分类优化治理，为稠油老区转驱泄复合开发调整提供技术支持。

1　油藏概况

克拉玛依油田G区齐古组油藏位于准噶尔盆地西北缘，构造上位于克~乌大逆掩断裂上盘超覆尖灭带上，总体为西北向东南倾的单斜，地层倾角6°~7°，油藏顶部埋深在156.3~296.4m，平均160m，50℃原油黏度4969.6MPa·s属于典型的浅层超稠油油藏。储层主要分布在中、细砂岩发育的J_3q_2段，非均质性较强，其中$J_3q_2^{2-1}$、$J_3q_2^{2-2}$层物性最好，是主力油层发育区，层内无稳定隔夹层发育。

该油藏自1986年投入开发，综合采出程度已达22.4%，地层压力从1.58MPa下降至0.6MPa，瞬时油汽比0.08，含水在90%以上，生产效果不理想且继续吞吐调控难度大，但生产井间热连通状况较好，具备进一步转换开发方式的条件。对此，建立了驱泄复合试验区，将原有的直井井网作为注汽井，在油层上部注汽，而在油层底部部署水平井作为生产井，构成直井-水平井组合的驱泄复合开发新方式。

2　油藏数值模拟研究

2.1　油藏数值模型建立

驱泄复合试验区直井间距70×100m，直井与水平井间距35m，使用随机建模方法建立油藏精细地质模型，在保证精度的同时，考虑到运算速度和纵向非均质性等情况，保留模型平面网格大小10×10m，油藏总厚度为47m，纵向上粗化为64个网格，网格垂向步长1~2m，网格总数120×10^4个，将粗化后的模型及轨迹等导入CMG软件，建立油藏数值模型。

2.2　历史拟合

历史拟合是使数值模型的产量数据、压力等与油藏实际情况基本一致的过程。在监测资料的约束下，通过调整相渗、黏温曲线、岩石热物性参数和传导率等，对模型范围内的单井和累积产量以定液量方式进行历史拟合。全区整体产油拟合率达 97%，单井拟合率 92%，拟合温度与监测井实测温度基本一致，拟合含油饱和度和取心井解释剩余油饱和度相近，模型准确、可靠。

2.3 三场分布

由温度场分布(图 1)可知，油藏吞吐生产后期，近井地带 20m 内地层受热最充分，温度 100~200℃，但部分井前期生产效果差，加热半径小，井间温度低，略高于油藏原始温度。纵向上储层非均质性强，蒸气超覆严重，蒸汽沿油藏顶部的高渗层突进，形成优势通道，使井间部分地层温度可达 150℃以上。总体上油藏温度由井点到井间，由油层顶部到底部逐渐降低；由压力场分布可知，吞吐末期油藏压力较低，平均 0.68MPa；由剩余油饱和度场可知，油层动用不均，纵向上油藏上部采出程度较高，平均剩余油饱和度低于 50%，油藏下部采出程度低，剩余油饱和度在 60%~70%。平面上，直井附近及井间连通部分原油大部分被采出，原油得到有效动用，剩余油饱和度较低，井间剩余油饱和度高。

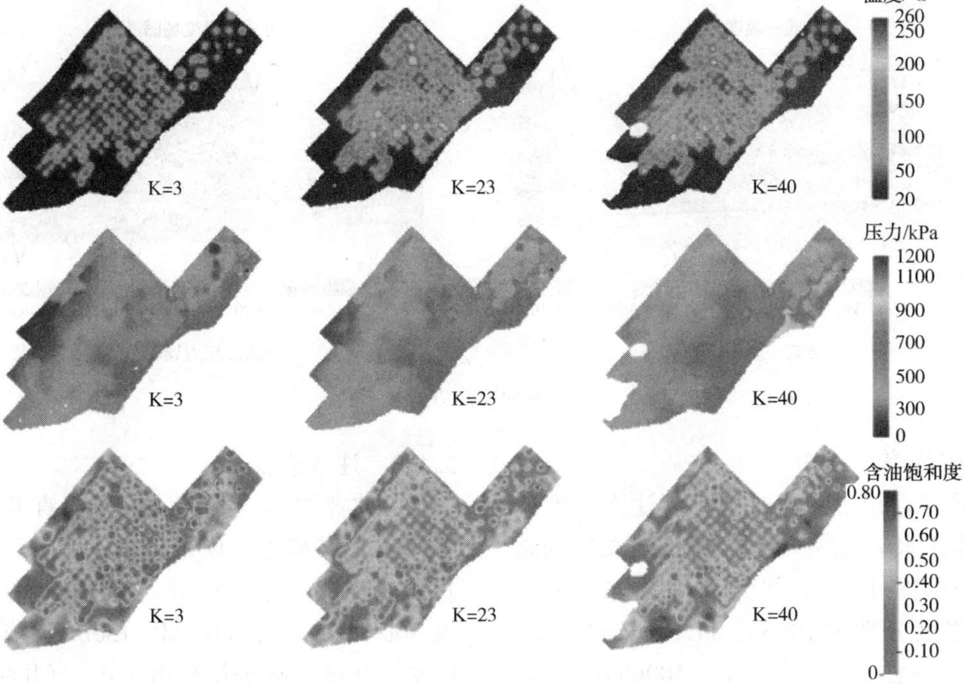

图 1　吞吐后期三场分布图

3　油藏工程优化

3.1 吞吐预热阶段

在预热阶段，通过蒸汽吞吐快速形成温度场，使水平井与周边直井建立井间热连通及泄油通道。

3.1.1　预热方式

在蒸汽吞吐末期油层上部已形成热连通，而油层下部尚未完全建立热连通，因此，预热重点在油层下部水平段位置。预热注汽以水平井吞吐为主，模拟设计了 2 种预热方式：①水平井吞吐、直井关井；②直井—水平井组合注汽，在属于注汽预热范围内的水平井和直井同时注汽，周围直井关井控关，形成能量分割区，阻止蒸汽外溢，在完成注汽和焖井后，水平井正常焖开生产，但直井保持低水平生产(图 2)。

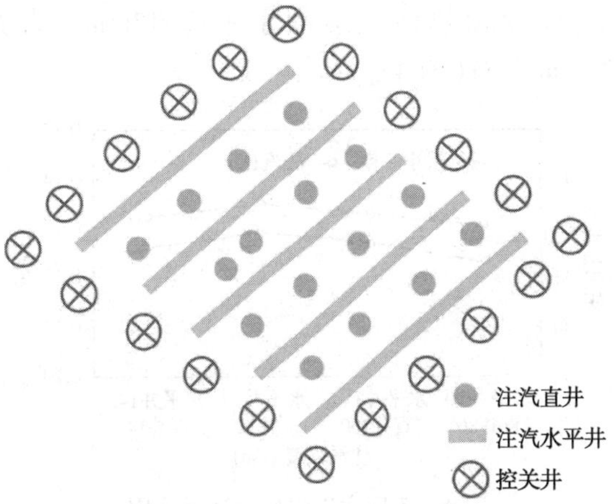

图 2　直井—水平井井组合注汽预热示意图

数值模拟结果显示 2 种预热方式的直井与水

平井井间均能形成热连通，且有效受热区都有扩大，低温体积减小，但方式①吞吐预热后油层整体温度、压力提升不明显，而方式②油藏平均温度达到了93℃，地层压力上升到0.8~1.2MPa，地层能量得到较好的补充，初步具备转驱生产条件。考虑到地层压力低，能量不足，因此推荐采用直井—水平井组合注汽的方式进行预热(图3)。

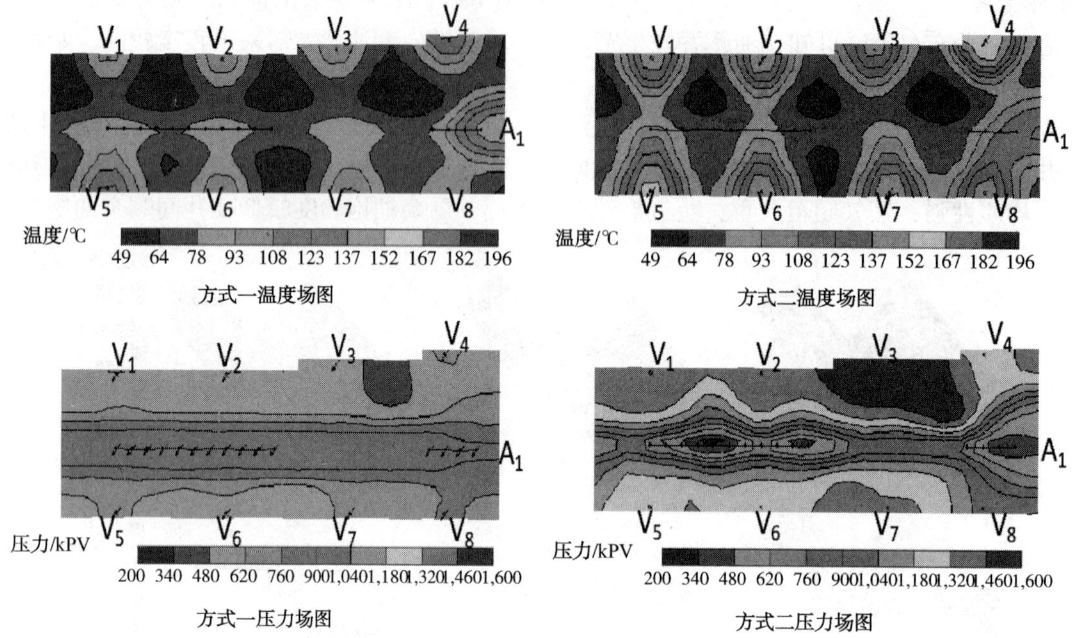

图3　不同预热方式场图

3.1.2　注汽强度

注汽强度直接影响吞吐效果。注汽强度越大，单轮生产水平越高，且达到热连通的时间越短，但注汽强度过大，井间汽窜风险增大。对水平井注汽强度分别为10t/m、11.5t/m、13t/m、14.5t/m、直井注汽强度80t/m、100t/m、120t/m和140t/m进行模拟，数模结果表明，水平井注汽强度大于13t/m、直井注汽强度大于120t/m时，生产水平和油汽比增加趋势明显变缓。因此，推荐预热注汽强度水平井13t/m、直井120t/m左右(图4)。

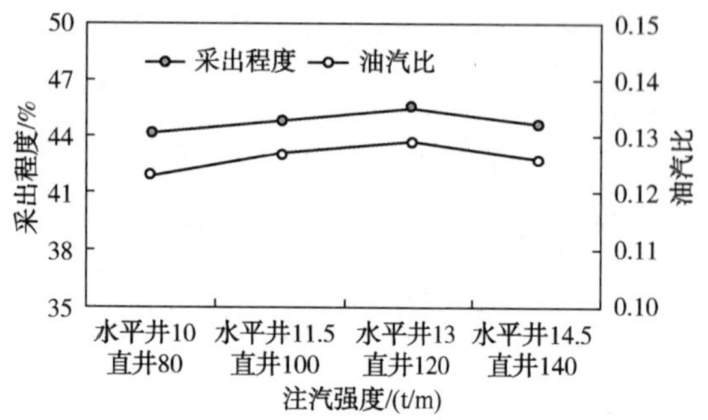

图4　不同注汽强度优选示意图

3.1.3　注汽速度

在水平井注汽强度13t/m、直井注汽强度120t/m的基础上，模拟设置水平井注汽速度为140t/d、160t/d、180t/d、200t/d，直井注汽速度70t/d，90t/d，110t/d，130t/d，模拟结果表明水平井注汽速度大于180t/d、直井注汽强度大于110t/d时，采出程度和油汽比降低。并且统计注汽结束后油藏高温体积占比和生产水平，结果表明：在不同注汽速度条件下，油藏高温体积占比相近，注汽速度对高温占比影响不明显。因此，推荐预热注汽速度水平井180t/d、直井110t/d(图5)。

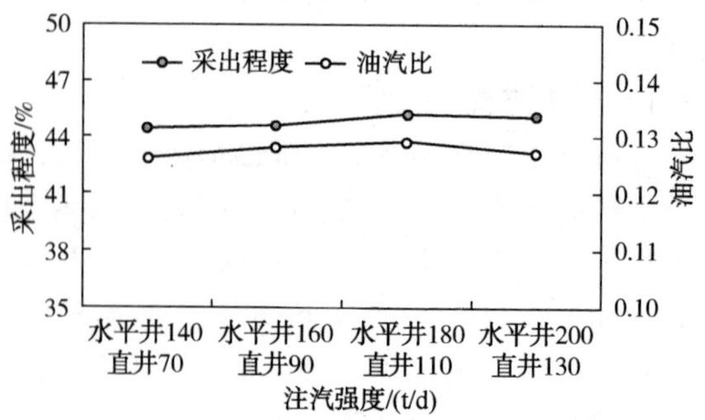

图5　不同注汽速度优选示意图

3.1.4　转驱时机

根据优化吞吐参数，以直井与水平井形成热连通为目标设计吞吐轮次，分别模拟了水平井蒸汽吞吐1、2、3、4轮的情况。模拟结果表明在吞吐3轮后，直井与水平井间的温度达到80℃，基本实现热连通，而且由不同转驱时机的井组采出程度可以看出，随着吞吐轮次增加采出程度和油汽比逐渐增大，但吞吐3轮后增加幅度明显变小，故优选转汽驱轮次为3轮(图6)。

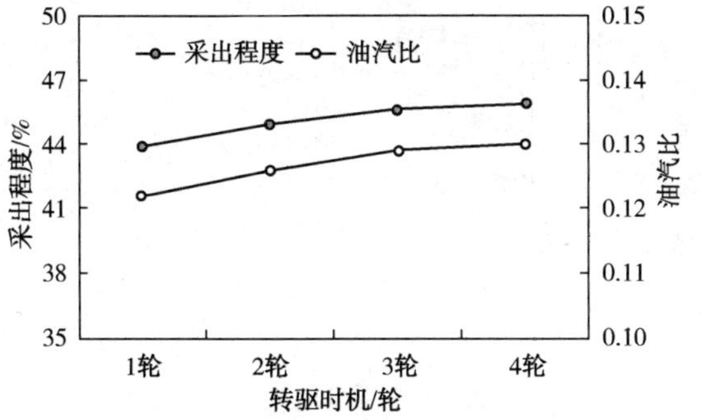

图6　转驱时机优选示意图

3.1.5　转驱方式

在形成热连通以后，模拟了两种转VHSD生产方式，方式一水平井引效，方式二水平井不引效。模拟结果表明，两者阶段采出程度相当，但水平井引效后生产的高产期提前3~4个月，采油速度更高(图7)，并且当引效水平井注汽量为3000t，注汽速度为200t/d，水平井焖井15小时，生产效果最好，故推荐采用直井注汽、水平井引效方式转VHSD生产，水平井引效注汽量为3000t，注汽速度为200t/d，焖井15小时。

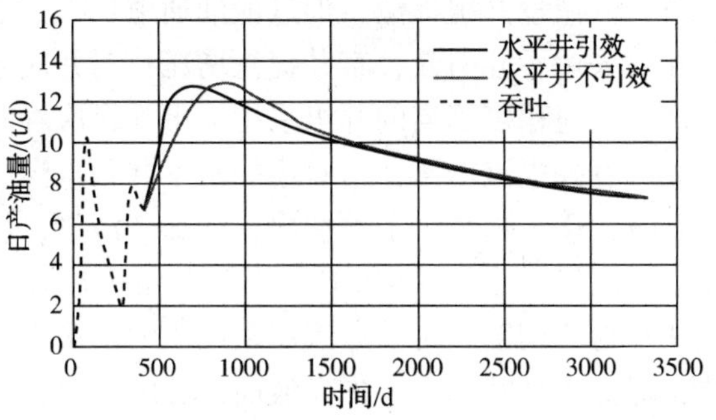

图7　转驱方式优选示意图

3.2　驱泄复合阶段

3.2.1　注汽方式

直井同时注汽，注汽速度太低，且容易产生汽窜干扰，因此，模拟了1口水平井对应4口直井(VHSD生产时，1口直井同时对2口水平井注汽，因此VHSD井组中，水平井系数为1，直井系数为0.5)布井方式下，不同组合方式的开采效果(图8，图9)。综合油汽比和采出程度，结果表明直井交替注阶段采出程度最高。优选注汽方式为直井交替注汽。

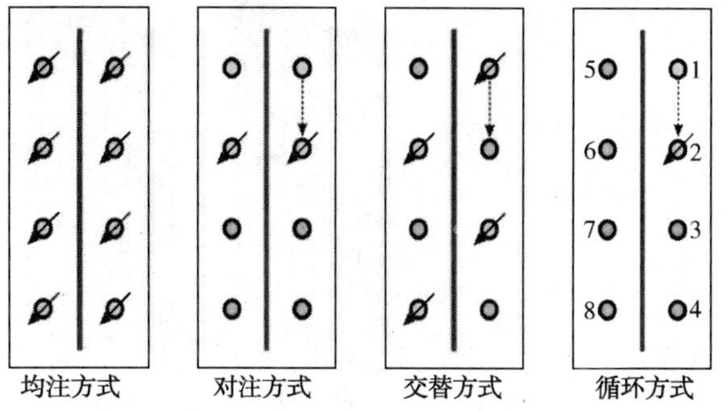

图8　不同注汽方式示意图

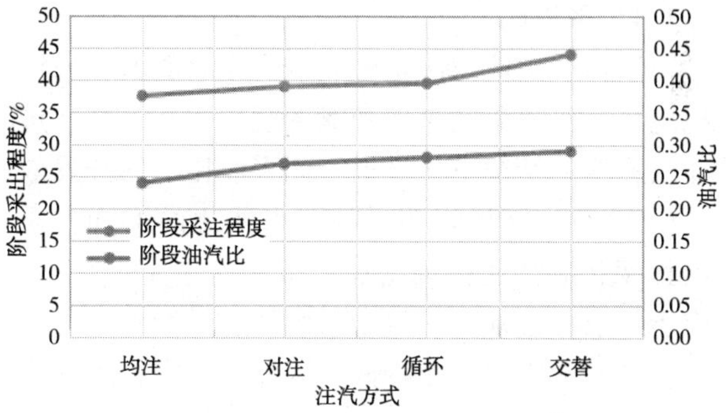

图9　不同注汽方式生产效果图

3.2.2　注汽速度

蒸汽腔横向扩展初期，注汽速度影响蒸汽腔扩展速度。研究区汽窜优势通道发育，注汽速度大，容易引发汽窜；注汽速度过低，热损失加大，井底蒸汽干度低，产油量低。通过对比不同注汽速度开发效果，确定单井最优注汽速度为60t/d(图10)。

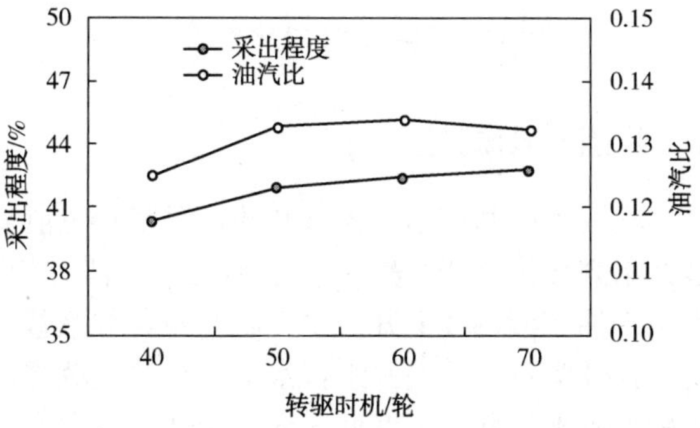

图10　不同注汽速度生产效果图

3.2.3　交替周期

交替周期时间长，管理难度低，但蒸汽腔前缘与水平井距离变小，汽窜风险加大。模拟表明随着注汽天数的增加，汽液界面的距离减小，当交替周期为90天时，蒸汽腔距水平段3m，蒸汽腔体积较大，且无汽窜特征，故推荐交替注汽周期90天(图11)。

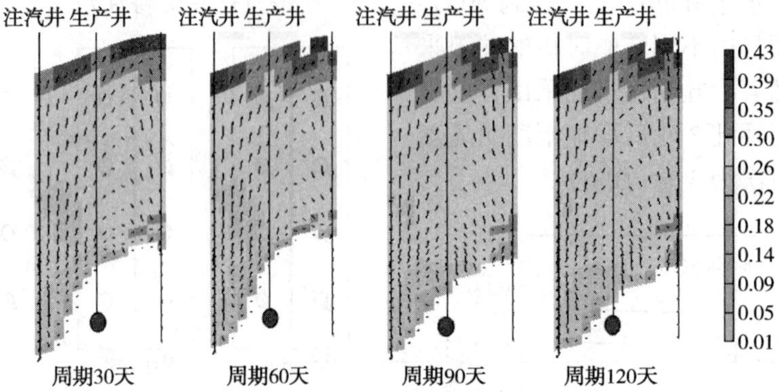

图11　不同交替周期汽液界面距离图

3.2.4　采注比

液体采出能力决定着蒸汽的注入能力，采注比应该与蒸汽腔的扩展和泄油能力匹配，在优选注汽速度的情况下，模拟不同采注比下的开发效果(图12)。结果表明，随着采注比的增加，采出程度和油汽比逐渐增加，采注比增至1.0后，由于地层亏空加大，生产后期油层供液不足，采出程度和油汽比逐步降低。因此，确定合理的采注比为1.0。

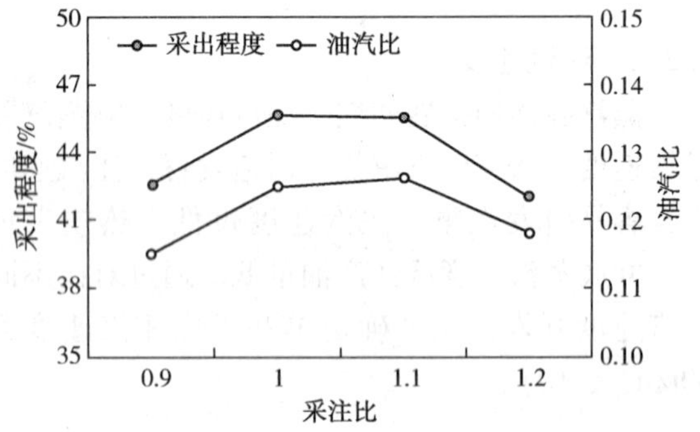

图12　不同采注比生产效果图

4　井组精细调控

根据生产井产油、含水和井口温度井驱泄复合井组划分为3类(表1)：Ⅰ类正常驱泄井组：井组产油产液持续上升，井口温度和含水率基本稳定；Ⅱ类见效缓慢井组：水平井产油产液维持在较低水平，井口温度低，含水较高；Ⅲ类汽窜井组：由于储层非均质性使蒸汽沿高渗层突进，使得产液产油量很低，含水很高，甚至接近100%，井口温度上升明显甚至见汽。

表1　井组分类特征表

井组类型	日产油量/(t/d)	含水/%	井口温度/℃
Ⅰ类	>10	50~80	90~120
Ⅱ类	4~10	70~90	<100
Ⅲ类	<4	>90	>120

根据3类井的生产特征，确定精细化调控措施分别为注汽制度优化、吞吐引效和提汽增压、控制关井和封堵+微压裂(表2)。Ⅰ类井组通过注采制度优化，调控注采平衡，保持饱和温差在20~30℃之间：高温区降速降压、停注卸压，低温区提汽增压，促进区域温度平衡，同时改变工作制度维持合理产液量，高液量井组控液，抑制汽窜，低液量井组提液，促进泄油通道扩大。Ⅱ类井组采用吞吐引效，直井提汽增压：对井底温度低，连通程度不高的井组采用水平井再次吞吐引效，直井提汽增压，当对应的水平井测点温度上升时，逐步提高水平井冲次，增加产液量，使井口温度稳定在90~120℃。Ⅲ类井组采用控制关井和封堵调剖：对单点汽窜采用关闭汽窜来源井，降低水平井冲次，提高液面，缓解汽窜。对于多点汽窜采用水平井暂堵和微压裂，封堵原有的高渗层，重建泄油通道，提高低渗区的动用程度，改善生产效果。

表 2　井组分类调控措施表

井组类型	调控措施	
	直井	水平井
Ⅰ类	高温区降速降压，注汽速度 30~50t/d 低温区提汽增压，注汽速度 70~90t/d	控液生产 50~80t/d，采注比 0.8~1.0
Ⅱ类	吞吐预热，提汽增压注汽速度 70~90t/d	吞吐引效：1/2 预热引效量提液调参，采注比 1.0~1.2
Ⅲ类	单点汽窜：关闭汽窜来源直井	控液生产，采注比 0.8
	多点汽窜：降速降压，注汽速度 30~50t/d	暂堵+微压裂

5　应用效果

通过预热和驱泄复合阶段油藏注采参数优化和井组精细调控，各类井组生产水平明显提高（表 3）。驱泄复合区域日产油由转驱初期 233t 上升到了 348t，油藏总体生产指标明显改善，阶段油汽比由 0.09 上升至 0.11，综合含水由 81.1%下降到 76.5%，驱泄复合方式生产阶段采出程度 8.8%，调控效果显著。

表 3　井组精细调控效果表

井组分类	井组数	日产油量/(t/d)	
		调控前	调控后
Ⅰ类	10	12.4	16.7
Ⅱ类	13	7.0	12.2
Ⅲ类	6	3.0	7.6

6　结论

（1）油藏模拟表明，预热阶段直井—水平井组合注汽可快速有效的提升地层温度、压力。

（2）根据数值模拟结果分析，预热注汽强度水平井 13t/m、直井 120t/m，注汽速度水平井 180t/d、直井 110t/d，吞吐预热 3 轮转驱泄生产；驱泄阶段以 90 天为周期进行交替注汽，注汽速度 60t/d，采注比 1.0，subcool20~35℃。

（3）结合生产井情况将驱泄复合井组分为正常驱泄井组、见效缓慢井组和窜扰井组，并分别提出针对性的精细调控措施为注汽制度优化、吞吐引效和提汽增压、控制关井和封堵+微压裂。

参　考　文　献

[1] 马德胜，郭嘉，李秀峦，等．浅薄层超稠油油藏蒸汽吞吐后开发方式实验[J]．新疆石油地质，2013，34(4)：58-461.

[2] 王长久，刘慧卿，郑强．稠油油藏蒸汽吞吐后转驱方式优选及注采参数优化[J]．特种油气藏，2013，20(3)：72-75.

[3] 孙新革，马鸿，赵长虹，等．风城超稠油蒸汽吞吐后期转蒸汽驱开发方式研究[J]．新疆石油地质，2015，36(1)：61-64.

[4] 刘春泽，任香，李秀峦，等．浅薄层超稠油水平井蒸汽吞吐后转换开发方式研究[J]．特种油气藏，2010，17(4)：66-68.

[5] 魏桂萍，胡桂林，闰明章．蒸汽驱油机理[J]．特种油气藏，1996，3(增刊 1)：7-11.

[6] 黄伟强，马新民，郑爱萍，等．转蒸汽驱最佳吞吐轮次的确定[J]．新疆石油质，2013，34(6)：665-668.

[7] 宋杨．薄层稠油水平井蒸汽驱优化设计[J]．断块油气田，2013，20(2)：239-241.

[8] 钱根葆，孙新革，赵长虹，等．驱泄复合开采技术在风城超稠油油藏中的应用[J]．疆石油地质，2015，36(6)：733-737.

[9] 刘文章．稠油注蒸汽热采工程[M]．石油工业出版社，1997.

[10] 马德胜，郭嘉，李秀峦，等．浅薄层超稠油油藏蒸汽吞吐后开发方式实验[J]．新疆石油地质，2013，34(4)：458-461.

[11] 程紫燕，周勇．水平井蒸汽驱技术政策界限优化研究[J]．石油天然气学报，2013，35(8)：139-142.

红浅火驱生产问题快速诊断图版的建立与应用

展宏洋　李海波　李永会　吕世瑶　高成国

(中国石油 新疆油田分公司 勘探开发研究院)

摘　要　受储层非均质性、原油黏度、开发井网及预热方式等因素影响，红浅火驱工业化试验区单井产量差异大，生产特征各有不同。工业化后随着油藏规模扩大，储层非均质性显著增加，导致不同油藏条件下的采油井火驱生产特征差异大，生产问题多样，目前对于不同类型的采油井火驱生产规律的认识存在局限性，尚未形成定量化诊断图版，存在单井分析效率低、动态分析工作量大等问题。本文以各区域动态数据为基础，结合火驱的产出气指标，以生产主导、燃烧辅助、地质探因为诊断思路，建立火驱单井生产问题的诊断图版，快速、准确进行单井问题的诊断。研究表明：(1)火驱见效后产油量、稳产时间、井口温度及产出气组分能直观反应生产井的生产状态，可以作为问题诊断的重要参数；(2)分类建立的问题诊断图版可以诊断火驱生产过程中的各种问题，并据此建立对应的调控对侧，改善火驱开发效果。

关键词　红浅1井区；火驱工业化试验；火驱生产特征；诊断图版

火驱是一种通过燃烧地下原油的重质成分和油焦产生热量，降低油层原油黏度，使之流向生产井井底的热力采油技术。2009年新疆油田在红浅1井区开辟先导试验区进行火驱试验并取得成功，试验累积产油14.7×10⁴t，火驱阶段采出程度34.6%。在先导试验获得成功的基础上，2018年7月，火驱工业化试验点火投产。

火驱从先导试验推广至工业化试验，随着油藏规模扩大，储层非均质性显著增加，导致不同油藏条件下的采油井火驱生产特征差异大，生产问题多样，目前对于不同类型的采油井火驱生产规律存在局限性，尚未形成定量化诊断图版，存在单井分析效率低、动态分析工作量大等问题。本文在对火驱典型采油井生产特征分析的基础上，结合储层非均质性的认识，建立了生产井的问题预警及快速诊断图版，实现了火驱单井效果的快速诊断评价。

1　试验区油藏概况及火驱开发现状

1.1　试验区油藏概况

红浅1井区位于准噶尔盆地西北缘，构造为受边界断裂控制的北西-南东方向缓倾的单斜，平均地层倾角4°。八道湾组油藏自下而上发育J_1b_1~J_1b_4四个砂层组，其中J_1b_4层火驱工业化开发的目的层。目的层油层单一集中，连通性好，平均油层厚度9.4m，平均孔隙度25.2%，平均渗透率481mD，20℃脱气原油黏度327~160330mPa·s，变化范围较大(表1)。

表1　工业化试验区油藏参数统计表

油藏参数	工业化试验区	先导试验区
油藏中部埋深/m	510	550
地层倾角/°	4	4
原始地层压力/MPa	5.8	6.4
油层厚度/m	9.1	9.6
孔隙度/%	26.5	25.4
饱和度/%	67	67
水平渗透率/mD	775	760
20℃脱气油黏度/(mPa·s)	16291	9000
剩余饱和度/%	51	52
采出程度/%	32.3(27.2%)	28.9

1.2　火驱开发概况

火驱工业化试验于2018年7月点火投产，已运行近4年，截止2022年4月，累积注空气量7.2亿方，累积产油44.5万吨。当前日注气量78.1×10^4 Nm^3，日产油量240吨，含水84.2%，空气油比2917Nm^3/t(图1)。

试验区火驱采油井共465口，其中火驱见效井176口，主要集中在距点火井较近的50m、100m井排。产出油样品分析发现，火驱见效后原油发生明显改质，原油中饱和烃含量上升，胶质、沥青质含量下降，50℃原油黏度降幅达46%，原油改质明显(图2)。

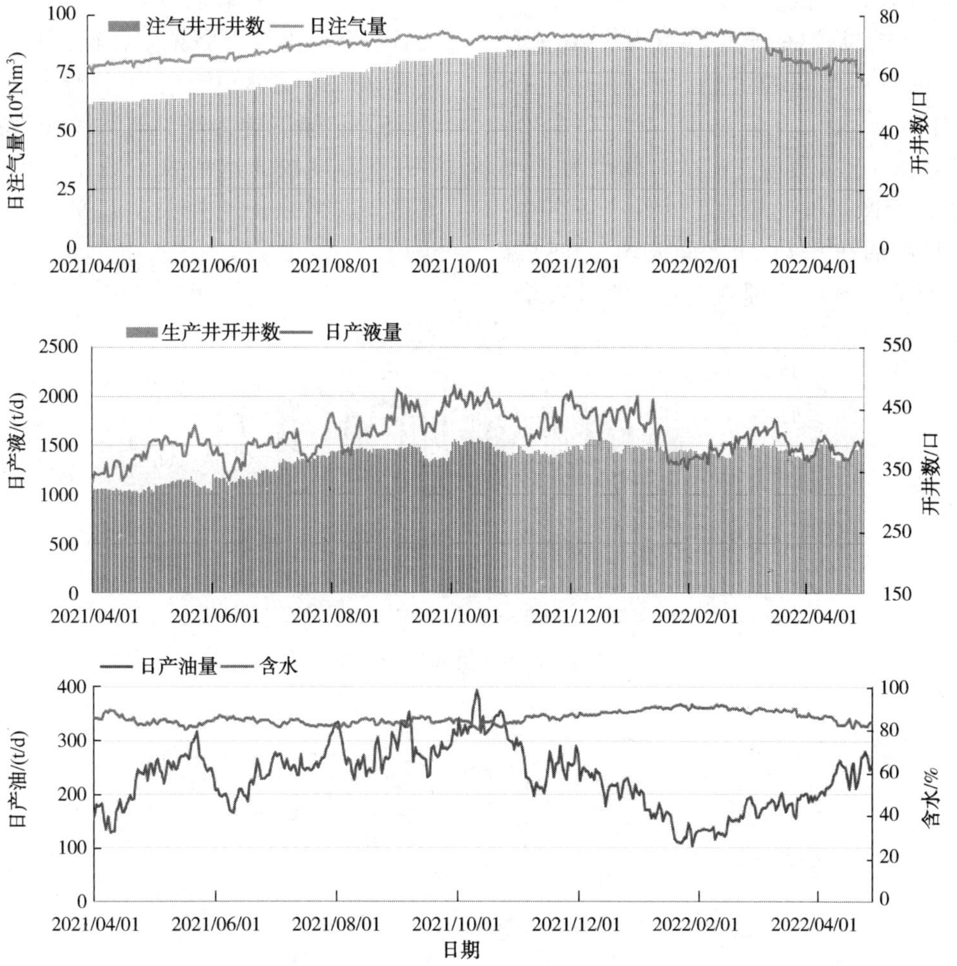

图 1　红浅火驱工业化试验区综合曲线

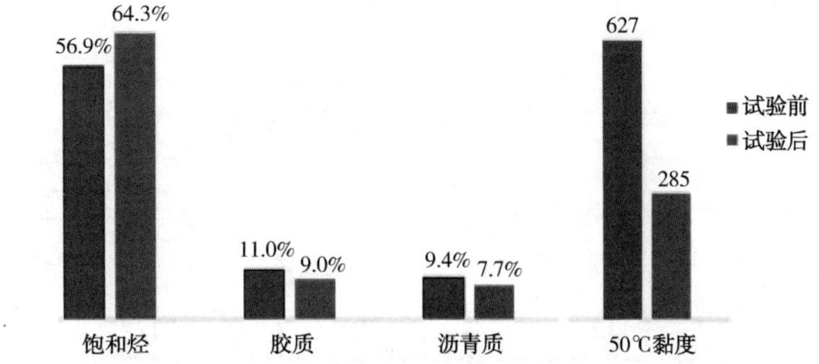

图 2　火驱采油井见效前后的族组分及黏度的变化

2　火驱采油井生产特征

在工业化试验运行的过程中，受到储层非均质性及流体黏度等因素的影响，不同火驱井组的采油井在产油量、火驱见效情况、产出气组分等方面表现出不同的特征，本文的将选择不同生产效果的典型井分析总结其生产动态特征。同时，结合地质认识，分析造成采油井不同生产特征的原因。

2.1　火驱采油井动态特征

红浅火驱先导试验区的生产实践表明，注蒸汽后期稠油油藏火驱开发时，采油井大致经历烟道气驱阶段、排水阶段、火驱见效阶段、火驱稳产阶段、产量递减阶段等生产阶段，不同类型的生产井生产阶段有所不同。

工业化试验区不同井组采油井的见效情况及见效后的产量各不相同。选择不同生产效果的典型井进行研究发现，试验区采油井共有3种类型：Ⅰ类(生产效果较好)典型井点火3~6个月火驱见效，见效后产量较平稳，平均日产液>10t，平均日产油>1t，井口温度<50℃(图3)；Ⅱ类(生产效果一般)典型井见效时间也为3~6个月，但见效后产量波动较大，其日产液在0~10t之间，日产油在0.1~5t之间波动，井口温度接近环境温度(图4)。Ⅲ类(生产效果较差)典型井共有两种情况，第一种为不见效井，其点火后一直为出现火驱见效特征，日产液<1t，日产油<0.2t，含水>95%，井口温度接近环境温度(图5a)；第二种为高温气大不出液井，其点火后井口温度快速达到80℃以上，由于井口温度太高，这类井长期控关，几乎无产液能力(图5b)。

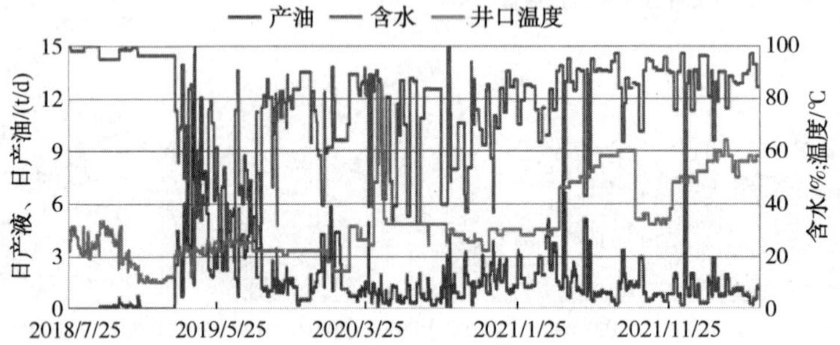

图3 典型Ⅰ类井生产曲线

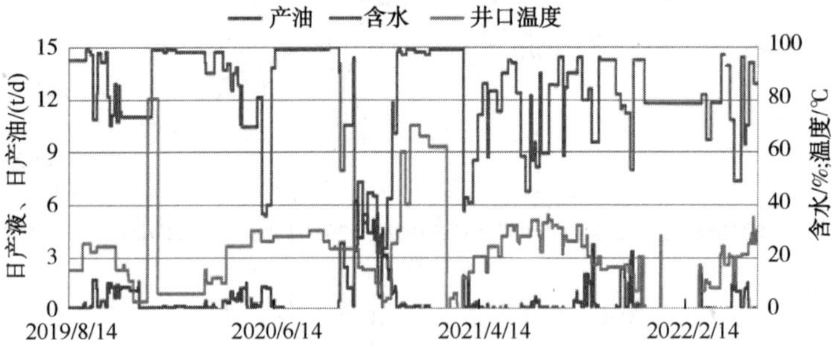

图4 典型Ⅱ类井生产曲线

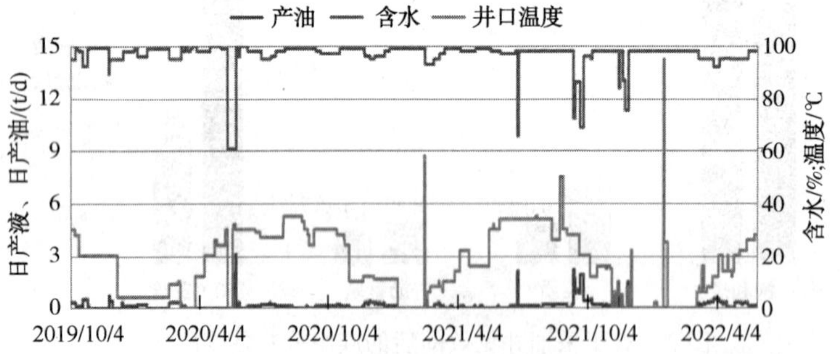

(a)不见效井生产曲线

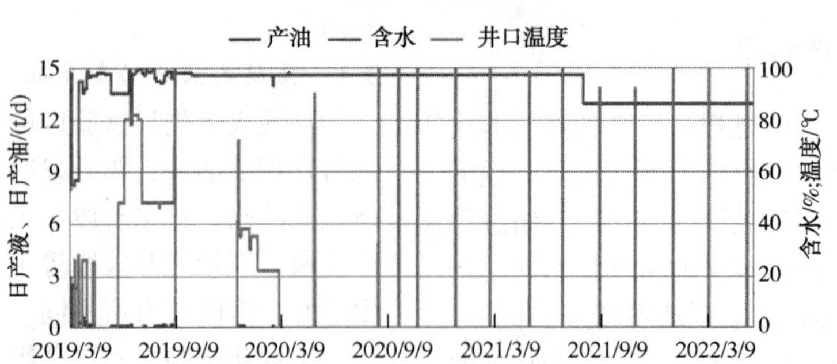

(b)高温井生产曲线

图5 典型Ⅲ类井生产曲线

2.2 火驱采油井产出气特征

先导试验的生产实践表明，当油藏处于高温燃烧时，采油井产出气的 CO_2 体积分数保持在 13%以上，氧气利用率大于 93%。目前试验区产出气中 CO_2 体积分数均在 15%左右，氧气利用率在 95%以上，表明试验区处于高温燃烧状态(图 6、图 7)。同时对产出气中的 H_2S 统计分析发现，火驱见效采油井未发生高温气窜时，H_2S 含量基本在 500~1000ppm 左右，当采油井出现高温气窜时，产出气中的 H_2S 含量迅速上升至 2000ppm 以上(图 8)。H2S 产生的机理目前尚未明确，初步分析可能与含硫的稠油在 200℃左右时发生水热裂解反应有关。当采油井出现高温气窜时，产出气量增大，地层对 H_2S 的吸附量减少，产出气中的 H_2S 含量迅速上升。

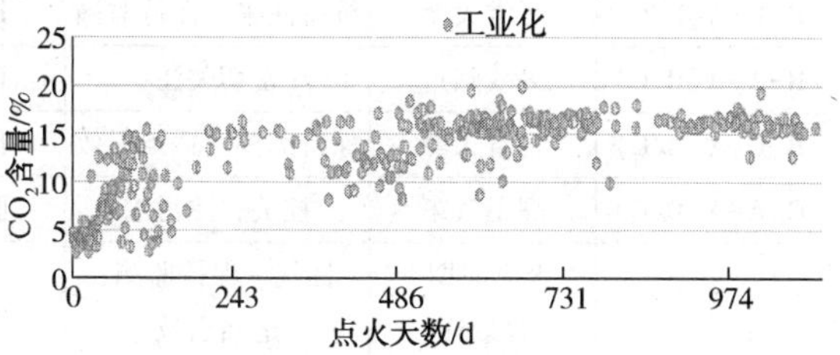

图 6　试验区 CO_2 含量随时间的变化

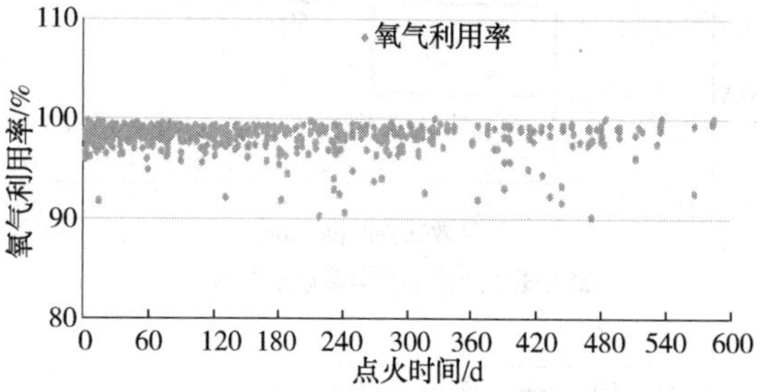

图 7　试验区氧气利用率随时间的变化

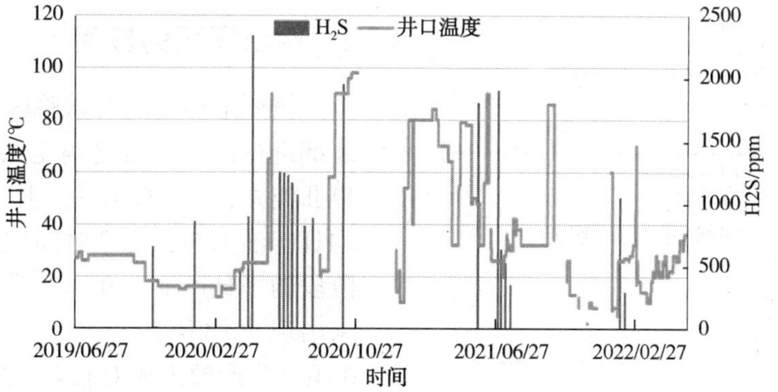

图 8　高温井井口温度与产出气 H2S 含量随时间变化

2.3 不同生产特征采油井的原因分析

对试验区不同特征典型井的影响因素分析表明，储层非均质性、原油黏度、剩余油饱和度会影响火驱的生产效果。其中储层的非均质性对火驱的生产效果影响较大，在原油黏度及剩余油饱和度相近的井组中，可正常见效的火驱井大多处于水下分流河道微相中，储层的非均质性较弱，渗透率级差在 1.5~2.5；点火后快速高温气窜的采油井目的层段存在河口坝微相，储层的非均质性较强，渗透率级差>2.5；点火后一直不见效的采油井目的层段存在远砂坝微相，储层的物性较差，渗透率在 600mD 以下(表 2)。

表 2　不同类型井组的沉积相及物性统计

井组类型	砂体连通类型	K/mD	层间渗透率级差
高温气窜井	河口坝-河口坝 河口坝-河道砂	>600	>2.5
正常见效井	河道砂-河道砂	>300	1.5-2.5
不见效井	远砂坝-河道砂	-	<1.5

3 诊断图版的建立

通过不同生产效果的典型井的见效特征、产出气特征，以及影响生产效果的地质因素，按照“生产主导、燃烧辅助、地质探因”的思路建立火驱快速诊断模板。首先按照生产井的产油量及见效保持时间的交汇图可将火驱生产井分为见效好区、见效一般区、见效差区(图 9a)；其次，按照火驱产出气 H_2S 含量及井口温度交汇图可将火驱生产井分为已高温气窜区、将高温气窜区、未高温气窜区(图9b)；最后渗透率与渗透率级差对不同生产井的原因进行分析(图9c)，如此可实现火驱生产井的快速诊断。

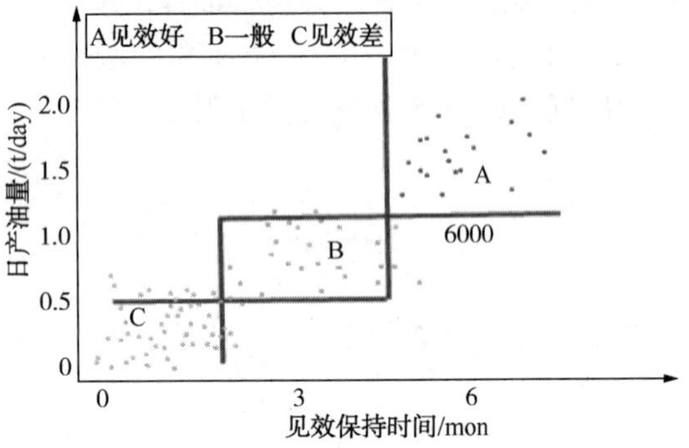

(a)火驱生产井生产类型诊断图版

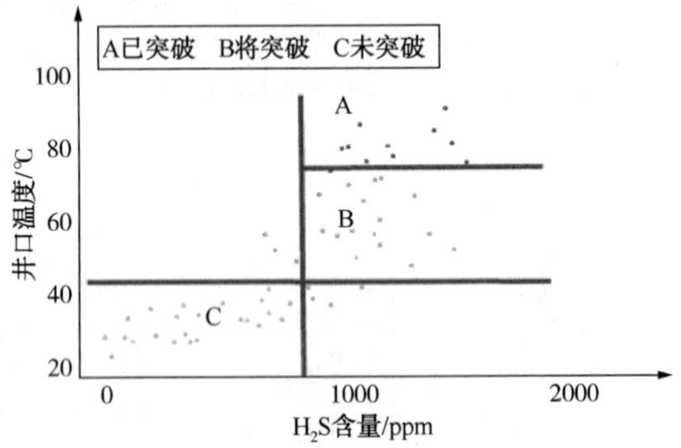

(b)火驱生产井燃烧类型诊断图版

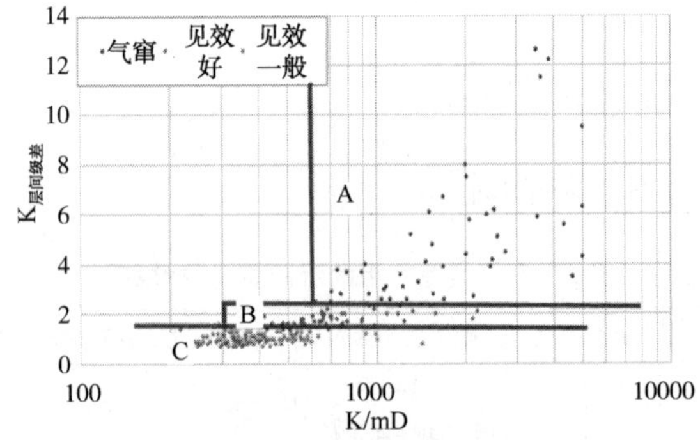

(c)火驱生产井燃烧类型诊断图版

图9　火驱生产井诊断图版

按照上述诊断图版，可将火驱生产井共分为火线临近、预防气窜、正常火驱、高温气窜、火驱前期/见效慢、低温气窜/见效差等6种情况(表3)。

表3　火驱生产井评价结果统计表

评价结果	评价结论	调控措施	分类
A-A-A(B/C)	火线临近	控关，注污水	Ⅰ
A-B-A(B/C)	预防气窜	维持注采、保持监测	Ⅰ
A-C-A(B/C)	正常火驱	保持监测、适当引效	Ⅰ
B-B-A(B/C)	正常火驱	维持注采、保持监测	Ⅱ
B-A-A(B/C)	火线临近	密切关注	Ⅱ
B-C-A(B/C)	正常火驱	保持监测、适当引效	Ⅱ
C-A-A(B/C)	高温气窜	控关，注污水	Ⅲ
C-B-A(B/C)	火驱前期/见效慢	提气、保持监测、适当引效	Ⅲ
C-C-A(B/C)	低温气窜/见效差	化学封堵、引效或压力循环	Ⅲ

4　诊断图版的应用

按照上述图版对试验区点火较早的西列井排北部进行诊断，最终确定共有25口Ⅰ类井，58口Ⅱ类井，8口Ⅲ类井。其中Ⅰ类井稳产阶段平均日产油1.5t，稳产时间超过1年，Ⅱ类井稳产阶段的平日产油在0.8t，产量波动较大，Ⅲ类井未出现火驱稳产阶段，点火以来平均日产油0.4t，生产效果相对较差(表4)。同时依据不同诊断结果，分别开展吞吐引效、污水回注及化学封堵等调控措施60井次。其中吞吐引效29井次，单井日产油增加0.5t；污水回注、化学封堵及控关等措施共31井次，实施后高温气窜井可恢复正常生产，平均单井日产油增加0.2t，调控效果显著(表5)。

表4　试验区不同类型火驱采油井生产特征统计

特征类型		产量特征	平均产量/(t/d)	见效含水率/%	平均稳产持续时间/月	井口温度/℃	H_2S/ppm
Ⅰ类井		连续稳定	1~2	50~80	>12	<50	500~1000
Ⅱ类井		波动大	0.6~1	50~90	4~12	环境温度	500~1000
Ⅲ类井	不见效井	低产、见效慢	<0.2	>90%	未见效	环境温度	500~1000
	高温气窜井	高温控关	/	/	见效后快速高温	>80	>2000

表 5　试验区调控措施效果统计

调控措施	实施工作量/(井次)	调控效果	
		单井日增油量/t	调后动态特征
吞吐引效	29	0.5	单井产液能力显著提升
污水回注	7	0.3	井口温度降至50℃以下，采油井可正常开井生产
高温封堵	2	0.2	井口温度降至50℃以下，采油井可正常开井生产
控关	22	0.1	井口温度降至50℃以下，采油井可正常开井生产
合计	60	1.1	—

5　结论

(1) 根据火驱见效后产油量、稳产时间、井口温度及产出气组分，可将试验区采油井分为Ⅰ(生产效果好)、Ⅱ(生产效果一般)、Ⅲ(生产效果差)三类，并据此建立定量化诊断图版；

(2) 在上述分类的基础上，通过不同类采油井储层非均质性的分析，可将3类生产井进一步分为6种典型生产特征，并建立对应调控对策。

参　考　文　献

[1] 宁奎，袁士宝，蒋海岩．火烧油层理论与实践[M]．北京：中国石油大学出版社，2010.

[2] 师耀利，吕世瑶，施小荣，等．火驱油藏岩矿与原油演化特征[J]．新疆石油地质，2018，39(6)：696-700.

[3] 梁建军，计玲，蒋西平，等．克拉玛依油田红浅火驱先导试验区火驱开发节能效果[J]．新疆石油地质，2017，38(5)：599-601.

[4] 关文龙，席长丰，陈亚平，等．稠油油藏注蒸汽开发后期转火驱技术[J]．石油勘探与开发，2011，38(4)：452-462.

[5] 高成国，木合塔尔，展宏洋，等．克拉玛依油田红浅区火驱燃烧前缘的确定[J]．新疆石油地质，2020，41(2)：188-192.

[6] 木合塔尔，高成国，袁士宝，等．红浅1井区注蒸汽后火烧油层生产特征分析[J]．大庆石油地质与开发，2021，40(4)：73-79.

[7] 王延杰，顾鸿君，程宏杰，等．注蒸汽开发后期稠油油藏火驱燃烧特征评价方法[J]．石油天然气学报，2012，34(10)：125-128.

[8] 席长丰，关文龙，蒋有伟，等．注蒸汽后稠油油藏火驱跟踪数值模拟技术：以新疆H1块火驱试验区为例[J]．石油勘探与开发，2013，40(6)：715-721.

[9] 周伟建，施小荣，王贵文，等．红浅1井区砂砾岩稠油储层特征与主控因素[J]．特种油气藏，2015，22(4)：65-68，154.

[10] 杨志亮，高怡，王珍珍，等．红山嘴油田红浅1井区侏罗系稠油油藏剩余油研究[J]．中国石油和化工标准与质量，2014，34(8)：170-171.

[11] 程宏杰，顾鸿君，刁长军，等．注蒸汽开发后期稠油藏火驱高温燃烧特征[J]．成都理工大学学报(自然科学版)，2012，39(4)：426-429.

[12] 丁福臣，方克兴．加工新疆稠油蒸馏装置的腐蚀与防护[J]．北京石油化工学院学报，1995，3(1)：47-52.

[13] 马强．稠油水热裂解生成H2S机制研究[D]．青岛：中国石油大学(华东)，2019.

基于通道识别的火驱调控策略研究

吕世瑶　展宏洋　王若凡　杨凤祥　李永会

(中国石油新疆油田分公司勘探开发研究院)

摘　要　新疆油田红浅1井区八道湾组稠油油藏蒸汽开发达到标定采收率后，于2017年开展了火驱提高采收率的工业化试验。由于前期蒸汽开发影响，八道湾组油藏储层和流体非均质性增强，导致在火驱开发过程中出现火腔扩展不均、快速高温气窜、局部见效缓慢等问题。本文以储层有效渗透率为主要判别参数，结合生产动态响应特征，确定量化分级标准，将影响火线发育速度的通道划分为三级，不同级别的通道与上述火驱生产过程中出现的问题有一定的关联。在通道识别基础上，借助数值模拟手段，论证了采出水回注、蒸汽吞吐引效、注采参数优化等对于抑制高温气窜、加快火驱见效、促进火腔均衡发育等的有效性和可行性，提出了“关、疏、引”的差异化调控策略。矿场实践中，通过采用上述调控措施，典型井组空气油比由4050Nm^3/t降至3200Nm^3/t，单井日产油从0.8t/d提高至3.4t/d，扩大了火驱波及体积，改善了火驱开发效果。

关键词　通道；定量识别；火驱调控

在水驱开发中，优势通道指因地质及开发导致储集层局部形成的低阻渗流通道；火驱开发中，通过注空气并点烧地层原油，使高黏度的重质油被高温改质，形成易于流动的轻质油，同时燃烧会生成大量烟道气，轻质油在烟道气驱动下，从注气井流向生产井。类比水驱开发，将这一过程中流体的运移空间定义为火驱通道。受油藏非均质性影响，通道中流体的流动能力不同，导致火驱开发生产效果出现差异：流体流动能力强的通道易发生气窜，流动能力弱的通道难以火驱见效，严重影响火驱开发效果。因火驱开发过程不可逆的特点，需在开发前对通道渗流能力进行预判，并制定相应的调控对策。

通道识别方法可以分为静态方法和动态方法两大类，前人研究主要针对水驱油藏展开，目前尚无针对火驱通道的研究，故其结果或受限于适用条件，或受限于结果精度，在红浅火驱先导试验区应用后，结果不理想，无法根据其进行火驱开发调控。本文以红浅火驱先导试验区为研究区，综合运用流动单元非均质参数、火驱开发动态响应特点、数值模拟火驱阶段油藏流速及产出物组分分析等方法，创新提出通道指数方法，定量表征动态、静态及数模方法对通道识别结果的贡献率，建立了火驱阶段优势通道的定量识别方法，解决了各类通道表征结果不一致问题，为火驱开发制定差异化的调控措施提供有力支撑。

1　优势通道识别

(1) 动态响应特征

在火驱开发试验过程中，部分生产井在对应点火井点火1至2个月便有“井口见气”现象，3个月内井口温度即超过80℃。进一步对研究区生产井动态数据进行分析，发现气窜井与非气窜井在火驱稳产阶段的日产油水平存在差异。对于非气窜井，火驱见效后日产油水平与见效后含水率变化幅度间存在相关性(图1)。通过稳产阶段的日产油水平 Q 及见效后含水率变化幅度 Δw，可将研究区生产井分为气窜、火驱效果好、火驱效果一般三类(表1)。

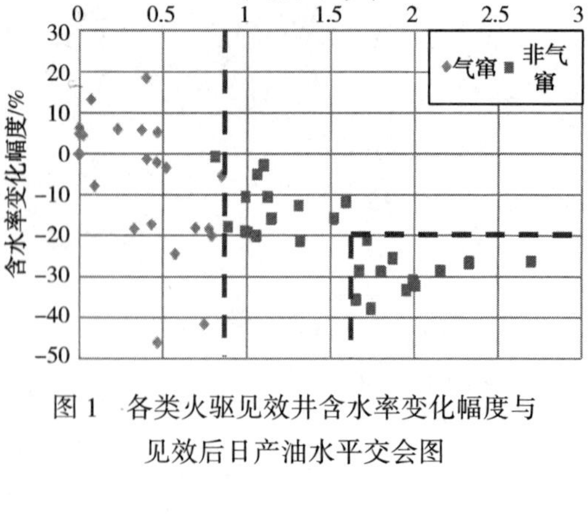

图1　各类火驱见效井含水率变化幅度与见效后日产油水平交会图

表 1 火驱见效井井组分类表(动态参数)

井组类型	见效后日产油水平/(t/d)	见效后含水率变化幅度/%	井口是否见气
气窜型	<0.8	—	是
见效好	0.8~1.6	-20%~0%	否
见效一般	>1.6	<-20%	否

气窜型井组渗流能力过强，定义为一级通道，见效好井组渗流能力可达到较好的开发效果，为主要产油通道，定义为二级通道；见效一般井组通道渗流能力相对差，定义为三级通道。通过 Q 及 Δw 与渗流能力关系，建立动态影响指数 I_p 的表达式：

$$Q \in (0.8,\ 0.9)时，I_p = 0 \quad (1)$$

式中：I_p' 为未校正的动态影响指数；I_p 为校正后的动态影响指数；Q 为单井火驱见效后平均日产油，t/d；C 为校正系数；Δw 为火驱见效前后含水率变化值。

（2）地质因素分析

对研究区进行单砂体刻画后，以单砂体为基本流动单元进行各类地质参数的提取。在各项地质参数中，渗透率及非均质性是形成通道的地质基础，所以为识别通道可基于渗透率及非均质参数进行研究。经过对比分析研究区各非均质参数响应特征，层间渗透率级差对不同生产效果井响应差异明显(图 2、表 2)。

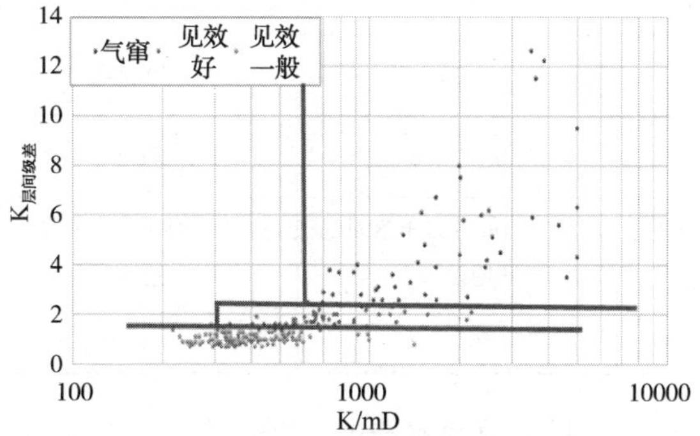

图 2 不同类型见效井砂体渗透率与层间渗透率级差交会图

表 2 不同类型见效井对应通道类型及识别标准(地质参数)

井组类型	通道类型	K/mD	层间渗透率级差
气窜	一级通道	>600	>2.5
见效好	二级通道	>300	1.5-2.5
见效一般	三级通道	—	<1.5

根据单砂体渗透率 k 与其层间级差 J 建立动态影响指数表达式：

$$I_G = \frac{1}{8}\left[\frac{(k-300)}{(k+300)} + \frac{(k-600)}{(k+600)} + \frac{(J-1.5)}{(J+1.5)} + \frac{(J-2.5)}{(J+2.5)}\right] + \frac{1}{2} \quad (2)$$

式中：I_G 为动态影响指数；k 为单砂体渗透率，mD；J 为渗透率层间级差。

（3）数值模拟方法

运用数值模拟方法，可模拟火驱开发过程中的气体流速场。气体流速场中速度最大的区域即为火线前缘，其发育规模和形态可反映通道渗流能力，通过气体流速场形态参数构建通道数模影响指数 I_M：

$$I_M = \frac{R_{max} - R_{min}}{L}$$

式中：I_M 为数模影响指数；R_{min} 为最小波及半径，m；R_{max} 为最大波及半径，m；L 为注采井间距，m。

（4）通道指数权重分析

动态、静态、数模对渗流能力表征的贡献率不同。构建加权形式的通道指数表达式：

$$I = \omega_1 I_p + \omega_2 I_G + \omega_3 I_M$$

式中：I 为通道指数；ω_1 为动态权重系数；ω_2 为静态权重系数；ω_3 为数模权重系数；I_p 为动态影响指数；I_G 为动态影响指数；I_M 为动态影响指数。

通过相关性分析计算权重，可以得到各权重系数值(表 3)。

表 3 研究区通道各类影响指数权重系数表

动态权重系数 ω_1	地质权重系数 ω_2	数模权重系数 ω_3
0.4	0.4	0.2

（5）综合识别标准

通过动态响应方法确定优势通道可能方向，并结合静态地质参数进行定量分级，最后运用油藏数值模拟技术对通道空间分布进行模拟验证，得到火驱阶段各级通道的综合识别标准(表 4)。

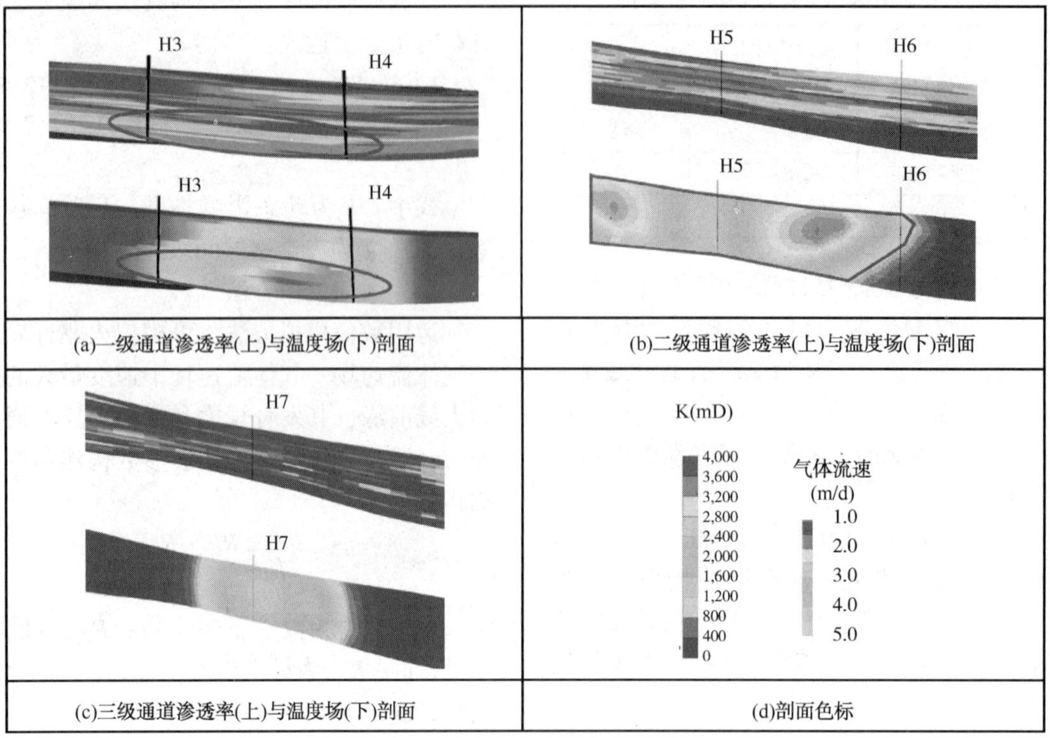

(a)一级通道渗透率(上)与温度场(下)剖面　(b)二级通道渗透率(上)与温度场(下)剖面

(c)三级通道渗透率(上)与温度场(下)剖面　(d)剖面色标

图3　不同类型通道渗透率与火驱阶段温度场连井剖面对比图

表4　研究区 $J_1b_4^2$层火驱阶段优势通道标准参数表

分项	指标	一级优势通道	二级优势通道	三级优势通道
静态特征	渗透率/mD	>600	>300	—
	层间级差	>2.5	1.5~2.5	<1.5
动态特征	井口温度/℃	>60且持续见气	正常	正常
	含水率变化幅度/%	—	<-20%	-20%~0
	日产油水平/(t/d)	<0.8	0.8~1.6	>1.6
数值模拟	气体流速场分布	大于4m/d以上区域舌进，纵向<1.5m	大于4m/d以上区域呈超覆形态	未形成大于4m/d以上连通区域
综合	通道指数I	0.59~1.0	0.36~0.59	0~0.36

2　调控策略研究

(1) 冷水回注

由一级通道引起的高温气窜井，主要由于火线沿通道突进，造成火线平面发育不均。采取控关、回注冷水等措施抑制火线突进。数模研究表明：采用控关-间开生产，可一定程度改善高温井生产效果，但不能明显改善气体流动方向；通过回注净化水可一定程度上改变气体流向(图4)，提高单井累产油(图5)。

(2) 蒸汽吞吐引效

针对高黏区见效慢的问题，数模研究表明：对火驱生产井每半年实施一次吞吐引效可加快火驱见效，井组平均单井单轮增油63t，空气油比降低30%以上，生产井周围温度上升到50℃以上，可有效较低原油黏度，促进注采井间连通(图6)。

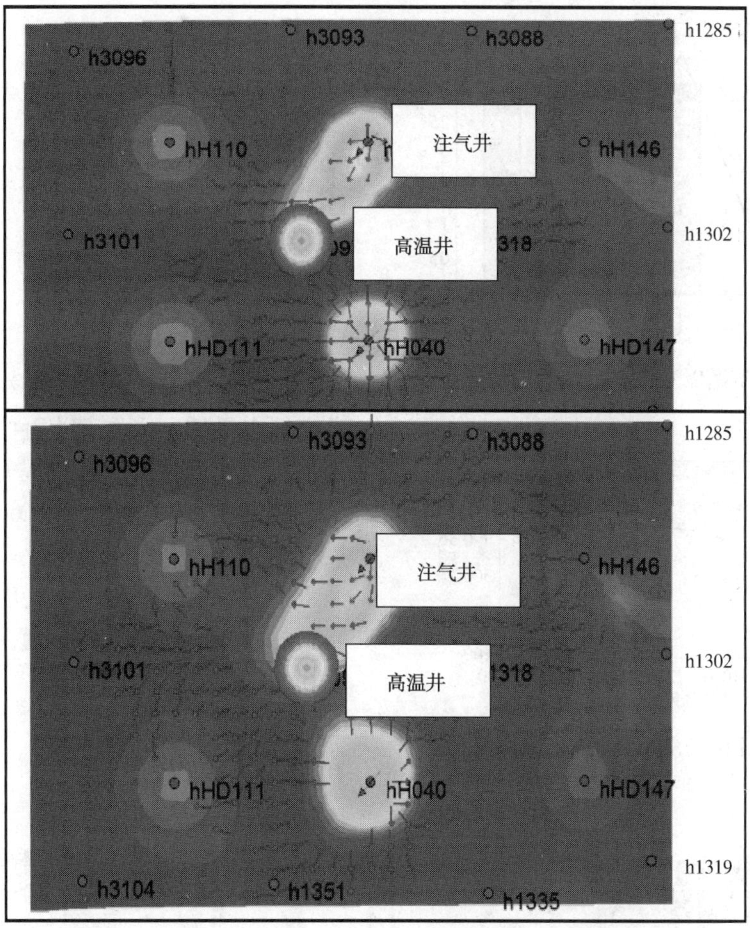

图 4　无措施(上)与冷水回注(下)高温井组气体流向场对比

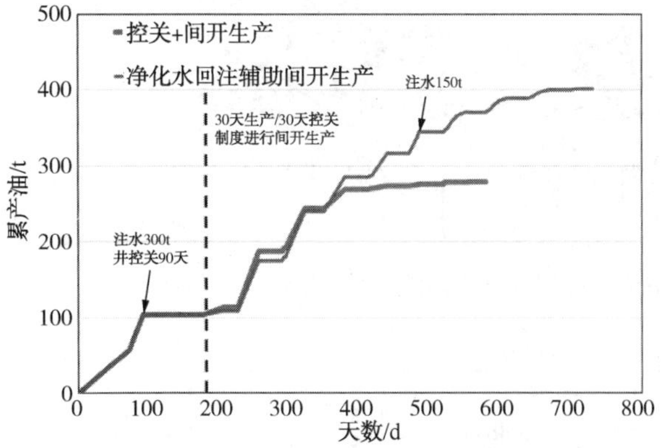

图 5　控关与冷水回注辅助高温井组累产油对比

(3) 注采参数优化

矿场实践表明，当井组生产井开井数量少时，平均单井分配气量过高，会影响火驱开发效果；降低气量后，井组生产效果变好。基于矿场认识，进行室内物模及数模研究，对注采参数进行优化。室内燃烧试验表明：注气速度过高或过低，均会导致燃烧前缘温度及产出油量下降(图 7)。通过数模研究对注气强度进行优化，可实现空气油比降低(图 8)。

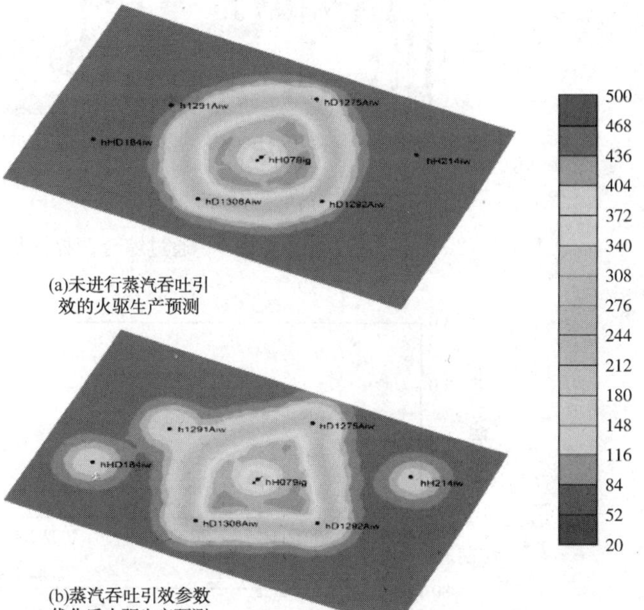

图 6　无引效(上)与蒸汽引效(下)火驱井组温度场对比

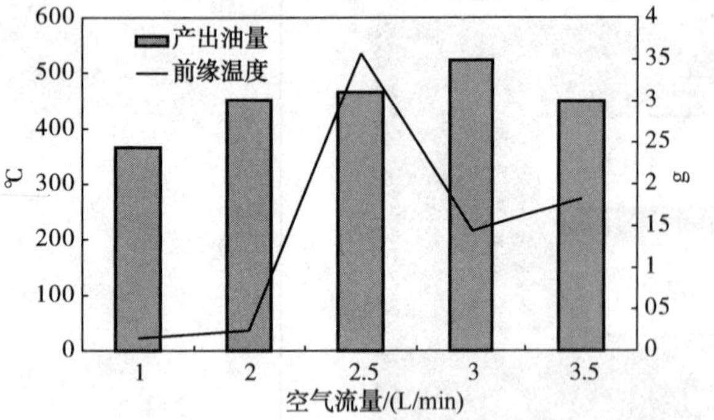

图7　不同注气速度下燃烧前缘温度及产出油量对比

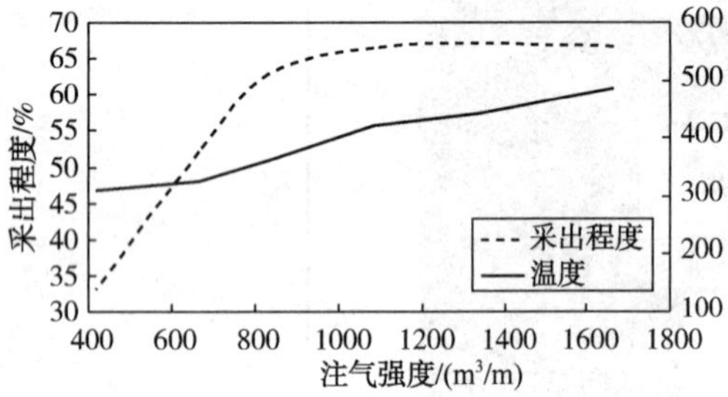

图8　不同注气速度下燃烧前缘温度及产出油量对比

3　调控效果

高黏区一级通道井A1井点火后18个月井口高温，5个月后气窜关井。对该井实施冷水回注后，间开生产，井口产液量恢复，并间歇产油(图9)。

二级通道井A2可正常产油，通过注采参数优化研究，对其注气量进行下调，空气油比下降52%(图10)。

三级通道井A3渗透性差，见效慢，见效后日产油水平低，采取蒸汽吞吐引效措施引导见效为主。引效后，日产油量提升明显(图11)。

在“关、疏、引”调控策略引导下，实施调控措施200余井次，实现火驱工业化试验区日产油水平翻一番，由207t/d上升至462t/d。存在问题的一级通道与三级通道井平均单井日产油提升0.5t/d以上。

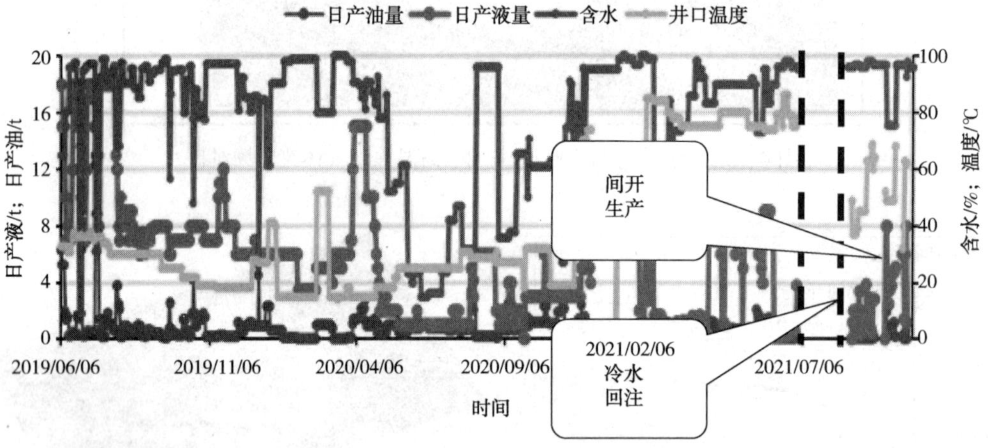

图9　通过综合调控恢复产液能力高温井开发曲线

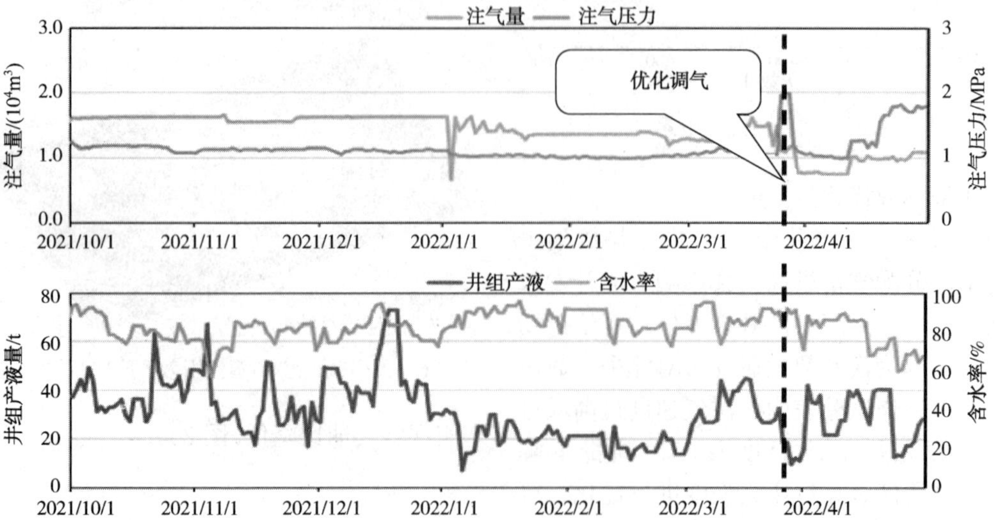

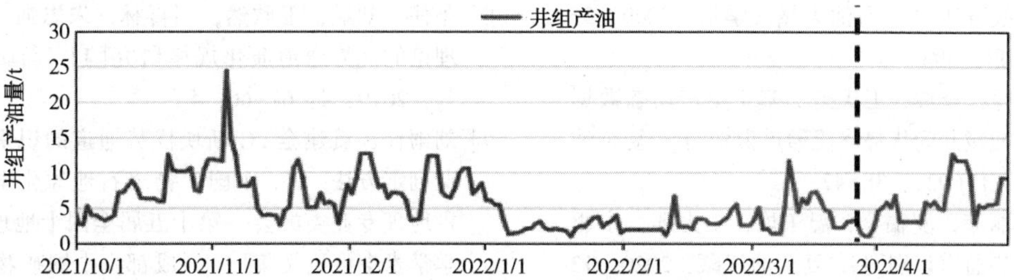

图 10　注气量优化井开发曲线

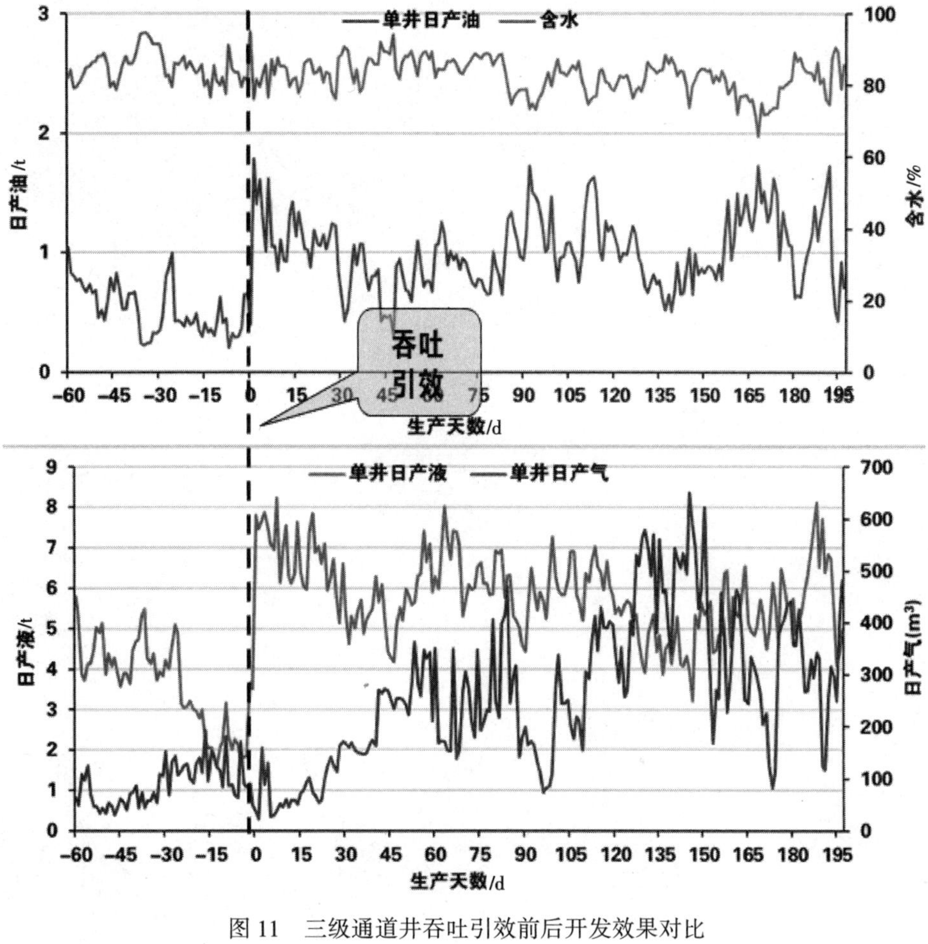

图 11　三级通道井吞吐引效前后开发效果对比

4　结论

（1）地层非均质性对火驱开发影响严重，可根据开发效果将注采井间通道划分为三级；

（2）动态、静态及数模研究均可在一定程度上反映通道渗流能力，通过相关分析合理分配权重得出通道指数，可定量描述通道级别，符合率达 95%；

（3）以通道级别为基础，制定了“关、疏、引”的调控对策，可有效调控火线发育，改善开发效果。

参考文献

[1] 姜汉桥．特高停水期油田的优势渗流通道预警及差异化调整策略[J]．中国石油大学学报(自然科学版)，2013，37(5)：114-119.

[2] 廖明光，李仕伦，谈德辉．根据压汞曲线估算储集层渗透率的模型[J]．新疆石油地质，2001，22(6)：503-505，456.

[3] 李国娟，梁杰，李薇．测井资料识别大孔道的方法研究[J]．油气田地面工程，2008(9)：11-12.

[4] 史有刚，曾庆辉，周晓俊．大孔道试井理论解释模型[J]．石油钻采工艺，2003(3)：48-50，84.

[5] 高慧梅，姜汉桥，陈民锋．疏松砂岩油藏大孔道识

别的典型曲线方法[J]. 石油天然气学报，2009，31(1)：108-111，393.
[6] 雷霆，倪天禄，季岭，王庆魁 . 基于生产动态数据的水驱砂岩油藏井间优势渗流通道识别[J]. 复杂油气藏，2020，13(02)：38-42.
[7] 刘薇薇，龚丽荣，罗福全，温玉焕，王力那 . 水驱砂岩油藏优势通道识别[J]. 复杂油气藏，2020，13(01)：42-47.
[8] 张伟，刘斌，王欣然，刘喜林，朱志强 . 基于时变理论的优势通道演化规律研究[J]. 新疆石油天然气，2019，4：61-66，4.
[9] 刘雨佳，黄建全 . G 断块优势通道的识别及发育情况判定方法[A]. 中国矿物岩石地球化学学会岩相古地理专业委员会--第十五届全国十地理学及沉积学学术会议论文集[C]. 成都：中国矿物岩石地球化学学会岩相古地理专业委员会，2018：442.

强非均质超稠油 SAGD 储层升级扩容数值模拟研究

孟祥兵　孙新革　马　鸿　王若凡

（新疆油田公司勘探开发研究院）

摘　要　新疆风城油田超稠油油藏属陆相辫状河流相沉积，储层非均质性强，SAGD 井组存在循环预热周期长、蒸汽腔发育不均等问题。前期储层扩容试验能够显著提高蒸汽注入能力，缩短预热时间，但缺乏储层扩容的全流程的岩石力学耦合分析，不利于 SAGD 储层升级扩容施工参数优化设计。基于岩石三轴压缩等室内实验，获取强非均质储层岩石力学参数，建立耦合岩石力学的双水平井 SAGD 扩容热采数值模型，开展储层升级扩容影响因素分析研究。通过对强非均质储层开展分级分段扩容模拟，明确储层升级扩容应包括：井筒孔压预处理、注汽井应力预处理扩容、注汽井大体积扩容、生产井扩容及注汽井、生产井井间连通、注汽井上方大体积扩容等五个阶段，形成鱼骨井分段扩容等针对强非均质储层的升级扩容策略。现场应用实践表明，储层升级扩容技术对于强非均质储层适应力更好，启动时间缩短 50%，采油速度提高 20%。研究成果可为强非均质储层 SAGD 升级扩容施工参数优化设计提供理论指导。

关键词　浅层超稠油油藏；SAGD；强非均质性；耦合岩石力学；储层升级扩容

双水平井 SAGD 作为一种超稠油高效开发方式，在加拿大油砂矿、中国风城油田等稠油油藏得到了成功应用。与海相均质的 SAGD 项目不同，新疆风城油田超稠油油藏属陆相辫状河流相沉积，具有埋藏浅、原油黏度高、储层非均质性强等特点，储层中存在多期较薄的泥质纹层和泥岩互层，SAGD 在开发过程中存在循环预热周期长、蒸汽腔发育不均等问题。

储层升级扩容是利用弱固结油砂储岩石力学特性，通过向注汽井及生产井注入扩容液的方式，改善注采井间及注汽井上方储层渗流能力的一项技术。前人研究表明，通过储层扩容能够显著改善 SAGD 注采井间储层物性，提高蒸汽注入能力，建立水平井水力连通通道，从而缩短预热时间。利用均质模型，针对 SAGD 储层升级扩容数值模拟，国内外学者已开展较多研究，Yuan 等针对新疆风城油田 SAGD 挤液扩容快速启动试验区块进行数值模拟分析，将地质力学模型与均质油藏模型联系起来，建立了井间连通判断依据；王琪琪等利用有限元计算了扩容引起的储层变形，然后采用 CMG 分析扩容后的均质储层模型 SAGD 预热及生产情况。非均质性油藏储层升级扩容数值模拟研究相对较少。孙新革等利用真三轴地应力条件下的大型物理模拟，基于储层物性参数和岩石力学参数等，利用 ABAQUS 和热采软件 CMG 对非均质性油藏开展了可控升级扩容技术的研究；孙君等利用 ABAQUS 有限元分析扩容启动过程中的流固耦合过程，并将模拟结果耦合到 CMG 热采数值模型中，对物性较好的均质地层和存在泥岩夹层的强非均质地层，扩容过程演化研究和施工参数进行了优化分析。

以上储层扩容数值模拟研究主要利用有限元模型进行流固耦合，流程较为复杂，且在后续热采模拟过程中未考虑储层地质力学变化，不利于强非均质性 SAGD 储层升级扩容参数优化设计。为此，以风城油田重 18 井区强非均质性超稠油油砂储层为例，利用 CMG 软件建立耦合岩石力学的双水平井 SAGD 扩容热采数值模型，开展储层升级扩容影响因素分析研究，对储层升级扩容全过程进行优化分析。

1　耦合岩石力学的储层升级扩容模型

1.1　岩石力学参数

岩石力学参数是储层升级扩容设计的关键参数。为充分了解油砂储层、泥岩盖层在特定的环境压力条件下的变形和强度情况，揭示并定量化岩样在不同工况条件下的变形破裂机理。通过对标准规格的圆柱形试样在压力室内施加一定的围压，再施加轴向压力，逐步进行剪切直至试样破坏，根据选定的岩石力学本构关系，求得抗剪强度参数(内摩擦角、内聚力和剪胀角)，可以模拟剪切扩容过程。选取风城油田重 18 井区有代表性的取心井岩心，通过室内三轴压缩实验测得泥岩盖层、油砂储层、泥质夹层的应力-应变曲线，计算得到风城油田重 18 井区岩石力学参数。建立适合风城油田重 18 井区储层的岩石力学本构关系和数值模型，为储层升级扩容设计提供理论依据。

表1　风城油田重18井区不同岩性岩石力学参数统计表

分类	抗压强度/MPa	残余强度/MPa	内摩擦角/°	内聚力/MPa	残余内摩擦角/°	残余内聚力/MPa	剪涨斜率	弹性模量/MPa	泊松比
泥岩盖层	20.85	7.37	24.51	4.60	22.92	0.37	-0.81	1819.87	0.26
油砂储层	25.42	7.42	35.39	0.94	35.39	0.94	-0.21	452.15	0.03

从风城油田重18井区岩石力学参数看(表1)，泥岩盖层的内聚力显著高于油砂储层，即在原位地应力条件下(重18储层有效围压为4~6MPa)，泥岩盖层的强度将高于油砂储层。油砂储层的抗剪强度和泥岩盖层的抗剪强度差别不大，不利于盖层稳定性。在油砂储层中如果形成破坏区(剪切裂缝或者张性裂缝)并向上扩展，盖层将不能形成明显的强度遮挡效应，储层中的扩容区将一直向上扩展。因此，在储层升级扩容过程中需要将扩容压力严格控制在盖层破裂压力以下。

从油砂储层的剪胀性状来看(图1)，在低有效围压下，随着轴向应变的增加，体积扩容量增加。同时，随着有效围压的增加，油砂体积扩容速度变慢，扩容量减小。当有效围压为0MPa、2MPa、3MPa、4MPa和6MPa时，剪胀角分别为：46°、23°、20°、12°和9°。在岩石力学中，孔隙介质岩体的扩容能力随着围压的增加而降低。因此，在储层升级扩容过程中需要以低于地层破裂压力的压力连续注水，提高井周地层的孔隙压力，降低井周有效围压，同时随扩容区域实际埋深的增加适当提高注入压力，以保证达到良好的扩容效果。

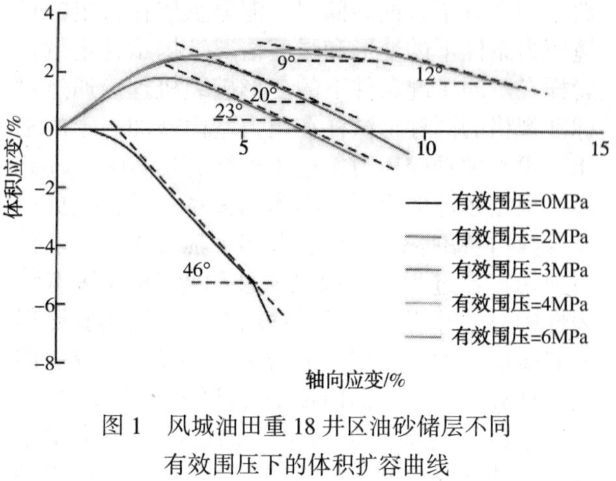

图1　风城油田重18井区油砂储层不同有效围压下的体积扩容曲线

1.2　地应力大小及方向

现场小型压裂地应力测试是一种能够可靠而有效的测量地壳深部应力的方法。通过小体积、高压的流体注入，小型压裂测试在测试层位产生一条张性裂缝并将破裂扩展到远离井筒影响范围的原始地层中，然后停止流体注入，裂缝将随着压力下降而闭合。通过地质力学与渗流的理论方法分析压降曲线，取得破裂闭合压力，该压力等效于地层的最小主应力。根据测试结果，风城油田重18井区油砂储层的垂向应力梯度、最大和最小水平主应力梯度分别为22kPa/m、18kPa/m、21kPa/m；盖层的垂向应力梯度、最大和最小水平主应力梯度分别为21.2kPa/m、28kPa/m、21kPa/m，盖层破裂压力约10.0MPa。

钻井过程中由于各向异性地应力场所引起的井壁坍塌，或者诱导张裂缝可以用来估计地应力的方向。通常来说，井壁坍塌的方位对应着最小水平主应力的方位，诱导张裂缝的方位对应着最大水平主应力的方位。根据风城油田重18井区的成像测井数据(图2)，储层中水平最大主应力的方向为北偏东60°。

1.3　耦合岩石力学数值模型建立

基于风城油田重18井区储层岩石力学参数及油砂强度本构关系模型，利用热采数模软件CMG-STARS的Geo-mechanical模块开展耦合岩石力学的储层升级扩容技术的数值模拟研究。其中地质力学模型采用应力-应变关系数据，通过双向耦合，实现温度-渗流-应力三场全耦合求解。

通过在重18岩芯上开展的岩石力学三轴强度测试曲线来标定油砂的强度模型，结果表明数值模型和实验室数据有较高的拟合度(图3)。通过岩石力学标定和强度曲线历史拟合，得到油砂强度本构关系模型。在岩石力学强度模型的基础上，对重18井区开展的小型压裂地应力测试进行了数模历史拟合，进一步标定了扩容模型的非线性渗透率参数和流固耦合参数。

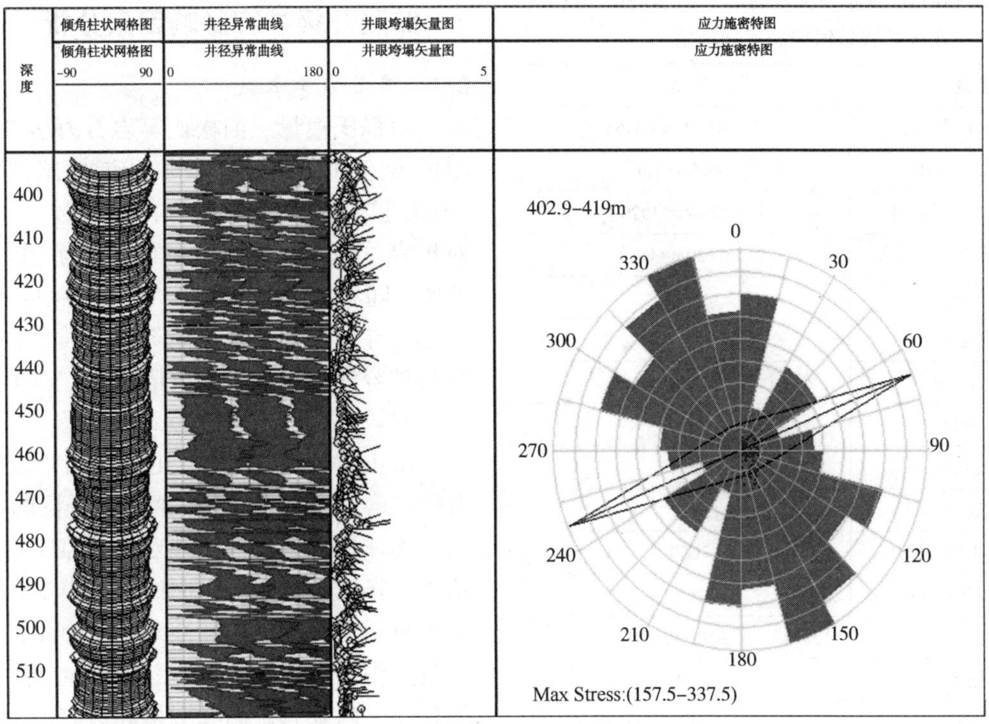

图 2　风城油田重 18 井区成像测井
上井壁坍塌和诱导张裂缝的方位

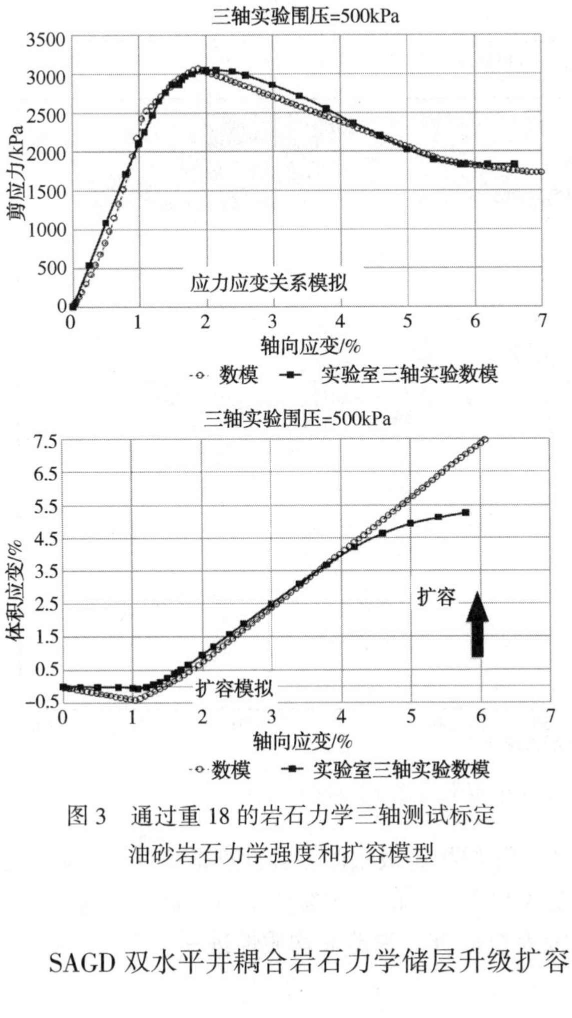

图 3　通过重 18 的岩石力学三轴测试标定
油砂岩石力学强度和扩容模型

SAGD 双水平井耦合岩石力学储层升级扩容

数值模型如图 4 所示。模型中注汽井和生产井的水平井段长度均为 400m，注采井的垂向间距为 5m。红色边框为岩石地质力学模型，模型中的岩石力学和地应力参数采用前述油砂储层岩石力学测试和地应力测试数据，具体参数见表 2。利用耦合地质力学和热采的数值模型，对 SAGD 储层升级扩容各阶段进行了模拟分析。

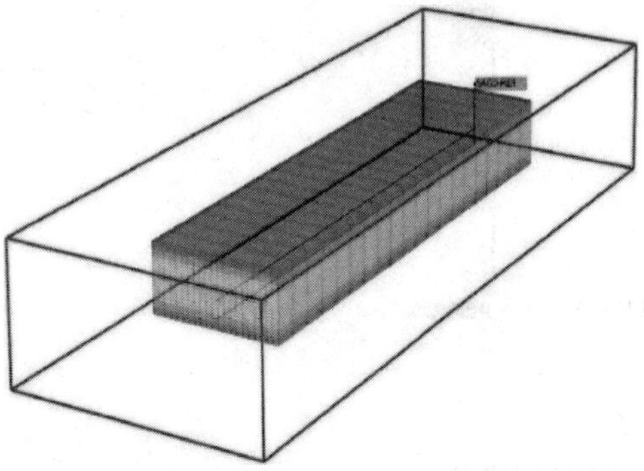

图 4　耦合岩石力学的数值模拟模型
（红框为地质力学模型边界）

表 2　SAGD 双水平井耦合岩石力学储层升级扩容数值模型参数取值

参数	数值
热采模型网格数	41×101×21=86961
热采模型网格步长	3m×5m×1m
地质力学模型网格数	41×30×40=49200
地质力学模型网格步长	5m×20m×1m
埋深/m	450
孔隙度/%	30.5
渗透率/mD	1100
含油饱和度/%	65.0
地层温度/℃	22.0
50℃原油黏度/(mPa·s)	12×10^4
最小水平主应力/kPa	7650
垂向地应力梯度/kPa/m	22
杨氏模量/kPa	310×10^3
泊松比	0.09
内摩擦角/°	30
内聚力/kPa	260
剪胀角/°	20

2　储层升级扩容影响因素分析

2.1　岩石力学参数

对杨氏模量、泊松比等岩石力学参数，利用 CMG 软件 CMOST AI 模块开展敏感性分析。以 SAGD 扩容总注入量作为目标函数，结果表明，对扩容总注入量影响最大的参数为杨氏模量，占 93%。随着杨氏模量的增大，扩容总注入量逐渐变小，导致扩容效果逐渐降低，其余岩石力学参数与扩容注入量之间为离散关系，对扩容效果影响相对较小(图 5)。

由于重 18 井区储层孔隙度相对较高，储层升级扩容过程中主要通过岩石颗粒的滑动或分离，而非形成裂缝，实现宏观孔隙度和渗透率的增加。杨氏模量为沿纵向的弹性模量，泊松比是反映材料横向变形的弹性常数。因此，在储层扩容过程中杨氏模量对扩容总注入量的影响远大于泊松比。内聚力、内摩擦角等参数，反映岩石的摩擦特性和抗剪强度，主要影响储层达到扩容时所需的最小压力，对扩容总注入量影响相对较小。

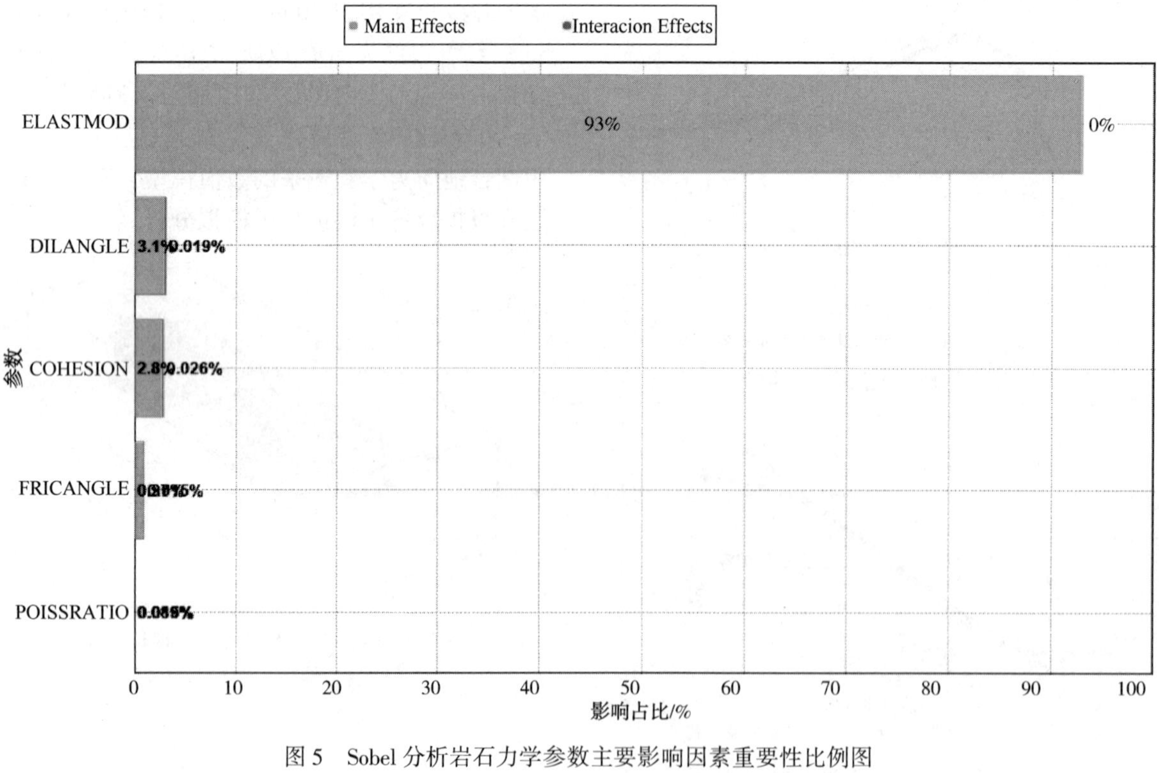

图 5　Sobel 分析岩石力学参数主要影响因素重要性比例图

2.2　储层非均质性

对不同渗透率极差下的储层扩容效果进行模拟对比，结果显示：随着储层渗透率极差的增大，储层扩容效果的差异性逐渐增强。当储层渗透率极差为 2 时，扩容结束后，储层渗透率极差放大至 4.56，油藏非均质性进一步增强(图 6)。

在扩容介质为水的条件下，储层渗透率越高的区域，扩容介质越容易进入，导致该区域扩容效果好于储层渗透率低的区域，进一步放大了储层的非均质性。

风城油田重 18 井区储层具有较强非均质性，水平段渗透率极差平均 3~5，储层内分布较多抗剪强度较高的泥岩夹层。因此在扩容过程中需要考虑采用分段扩容的方式，改善储层非均质性。

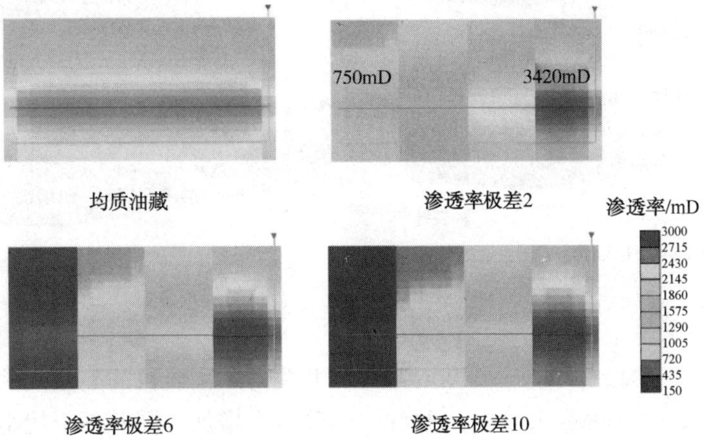

图 6　不同渗透率极差下储层扩容后渗透率分布图

2.3　扩容介质

利用非均质模型(渗透率极差 2)，对不同扩容介质：水(温度 80°，黏度 1mPa · s)、聚合物(黏度 200mPa · s)的储层扩容效果进行模拟对比。结果显示：采用热水扩容，渗透率较低的水平段扩容效果较差，采用聚合物扩容，可以较大程度改善非均质性(图 7)。

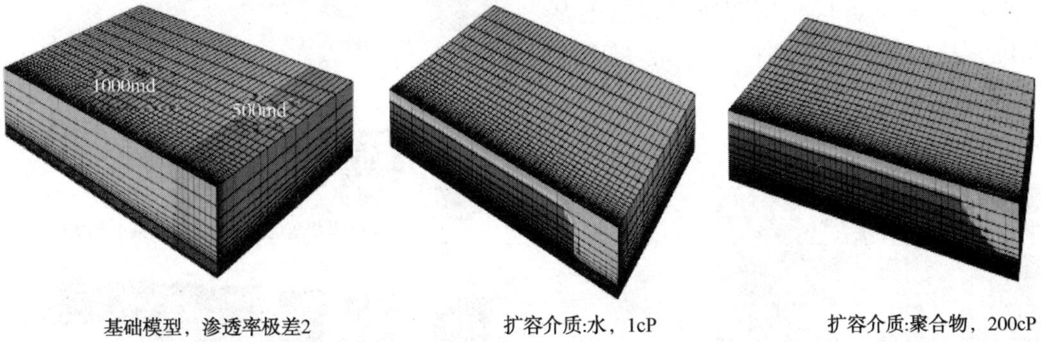

图 7　不同扩容介质下非均质储层扩容后渗透率分布图

进一步对不同渗透率的储层适宜注入的聚合物黏度进行了对比分析。结果显示：渗透率为 1000md 的储层使用黏度大于 200mPa · s 的聚合物，在扩容过程中储层容易形成张裂缝；渗透率为 2000md 的储层使用黏度大于 200mPa · s 的聚合物，由于水平井的流动阻力，在扩容过程中容易导致储层非均质性扩容(图 8)。

扩容介质为高黏聚合物的条件下，对储层渗透率高的区域形成了暂堵，迫使更多的介质进入渗透率相对低的区域，使得该区域储层扩容，一定程度上改善了储层的非均质性。当聚合物黏度过高时，又会在扩容过程中形成张裂缝。

风城油田重 18 井区储层渗透率平均为 900mD。在储层扩容过程中，使用聚合物的黏度应小于 200mPa · s。

3　强非均质性储层升级扩容策略

储层升级扩容可分为井筒孔压预处理、I 井应力扩容、I 井大体积扩容、I、P 井间联通、I 井上方大体积扩容等五个主要阶段，首先利用均质模型对储层升级扩容五个阶段进行了模拟优化。

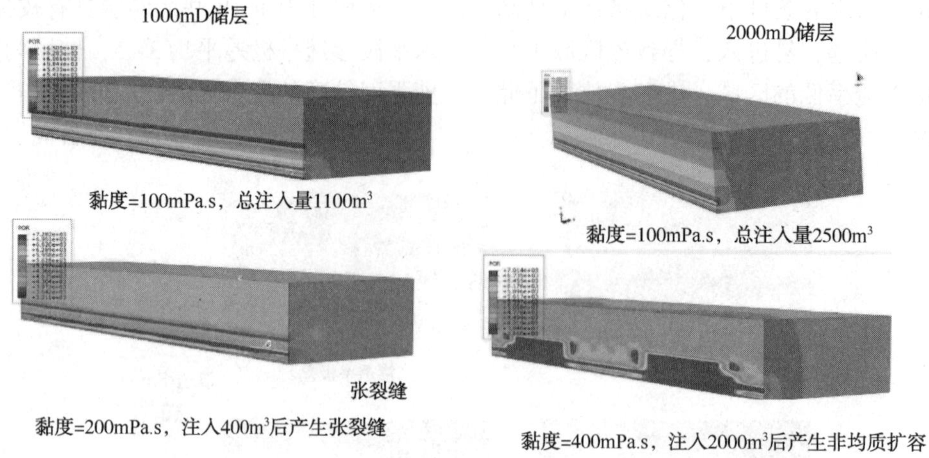

图8　不同渗透率储层不同黏度扩容介质下扩容效果对比分析

（1）井筒孔压预处理阶段

该阶段注汽井注入80℃热污水，生产井注入黏度50mPa·s的聚合物。通过较长时间的高压流体注入，调节井周的物性非均质性和井周的含水饱和度，使之后大排量流体扩容容易形成剪切扩容区，同时扩容区沿水平井能够均匀分布。从模拟结果看，有预处理阶段的扩容效果明显好于无预处理，注汽井、生产井井间孔隙度分布更为均衡(图9)。重18井区孔压预处理启动压力为6.65MPa，接近地层最小水平主应力，最大应控制在7.5MPa。

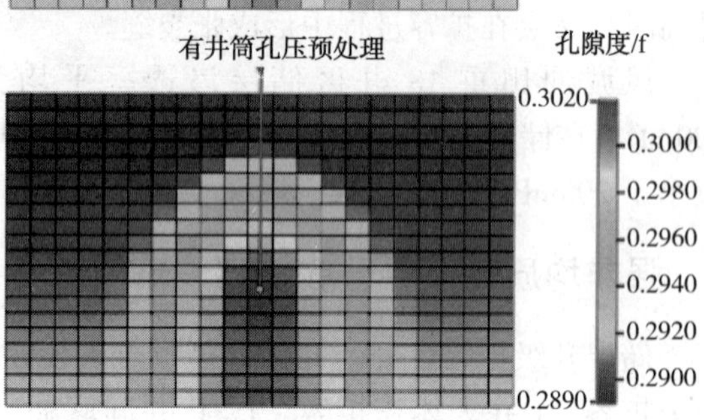

图9　均质油藏有无井筒孔压预处理阶段扩容后孔隙度对比图

（2）注汽井及分支应力扩容阶段

该阶段注汽井继续注入80℃热污水，生产井关井。主要目的是注汽井分支周围1m左右孔隙压力增加，同时不干扰生产井，注汽井与生产井之间不形成联通。模拟对比了注汽井提压至最大压力分别为1.1、1.2、1.3倍最小主应力的效果。结果显示，注汽井提压至最大压力为1.2倍最小主应力(8.25MPa)时效果最佳(图10)。

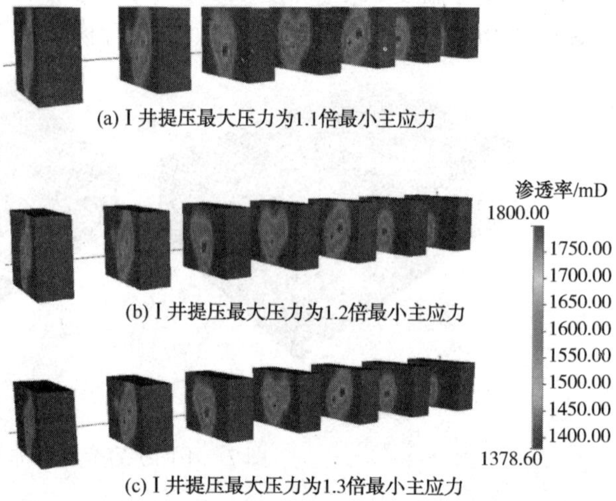

图10　注汽井及分支应力扩容阶段不同压力时渗透率分布对比图

（3）注汽井及分支大体积扩容阶段

该阶段注汽井采用阶梯式升压、降压，震荡循环，尽可能增大扩容范围。生产井注入黏度为50mPa·s的聚合物循环，压力与注汽井同步。主要目的是注汽井分支周围1~2m左右扩容，未产生塑性变形，注汽井、生产井井间未有明显联通。模拟对比了注汽井及分支震荡的最大压力分别为1.2、1.3、1.4倍最小主应力的效果。从模拟结果看，震荡的最大压力为1.3倍最小主应力(8.9MPa)时效果最佳(图11)。

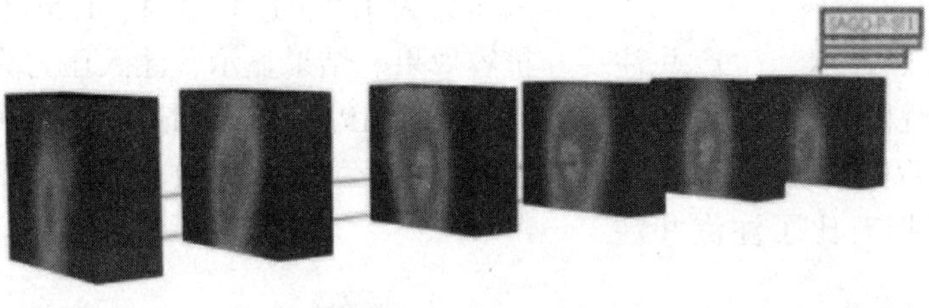

(a)震荡最大压力为1.2倍最小主应力

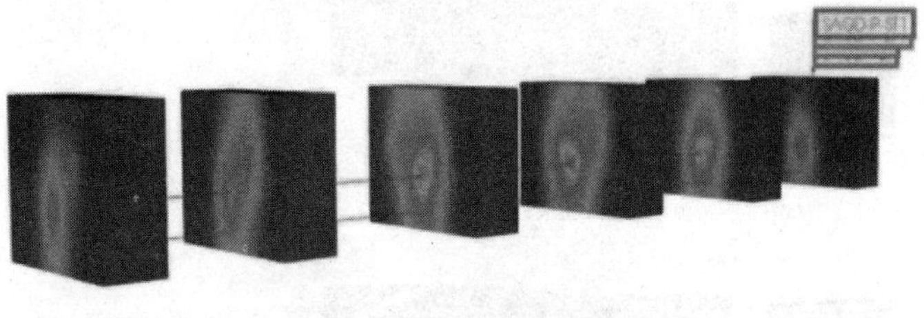

(b)震荡最大压力为1.3倍最小主应力

(c)震荡最大压力为1.4倍最小主应力

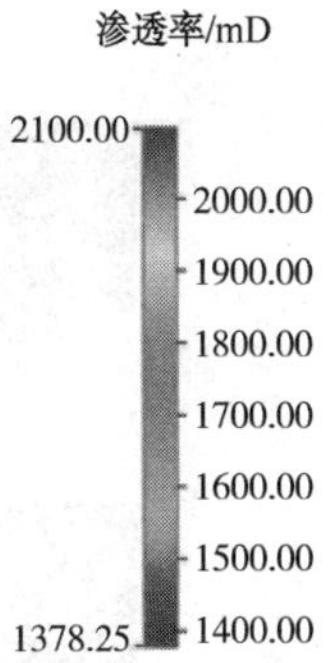

图11　注汽井大体积扩容阶段不同震荡最大压力时渗透率对比图

(4) 注汽井与生产井井间联通阶段

该阶段注汽井、生产井通过排液降压，然后生产井用热污水进行扩容，实现井间联通。主要目的是注汽井、生产井井间实现弱联通。模拟结果显示：注汽井、生产井排液降压后，生产井以1.2倍最小主应力注热污水循环，同时控制注汽井与生产井压差在1MPa以内，井间联通效果最好(图12)。

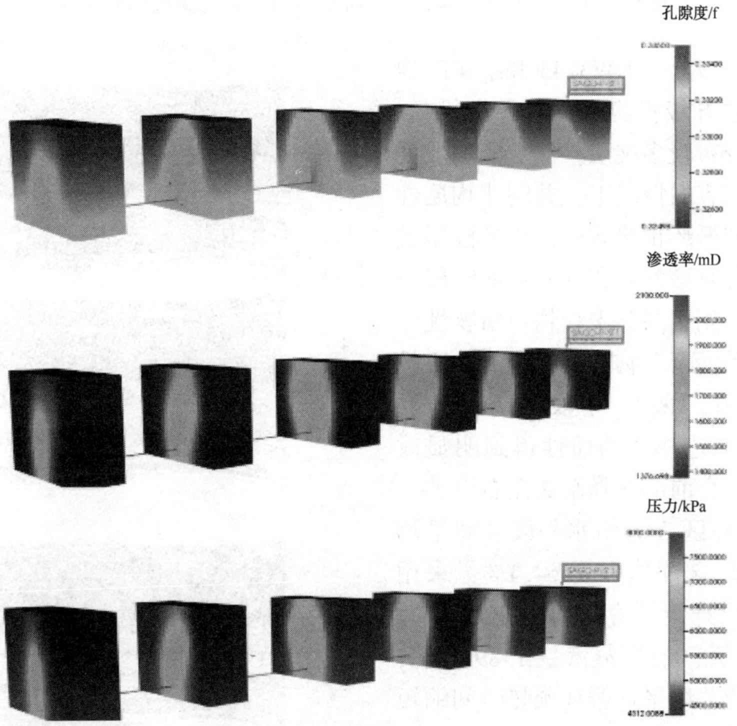

图12　注汽井、生产井井间联通后孔隙度、渗透率及压力分布图

(5) 注汽井上方大体积扩容阶段

该阶段注汽井注入80℃热污水，生产井注入黏度为100mPa·s的聚合物循环，压力与注汽井同步。主要目的是在注汽井上方扩容5m~8m，同时对盖层无影响。模拟对比了注汽井注入压力为1.2、1.3、1.4、1.5倍最小主应力的扩容效果。结果显示，注入压力为1.4倍最小主应力(9.2MPa)时效果最佳，压力过低扩容效果不明显，压力过高导致非均质性严重(图13)。

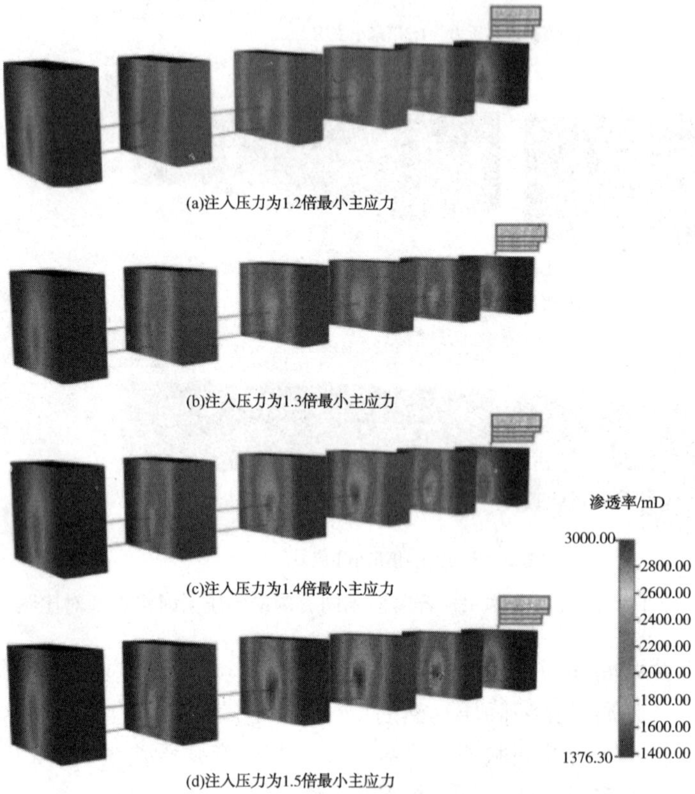

图13　注汽井上方大体积扩容阶段不同压力时渗透率对比图

以风城油田重18井区FHW3143井组实际地质模型为例，对储层升级扩容流程进一步优化。该井组水平段井间分布较多夹层，储层非均质性较强，不进行分段扩容的情况下，井间非均质性未得到明显改善，转循环预热阶段，水平段尾端动用较差。因此，针对该井组在井间连通阶段应采用分段扩容方式，先用高黏聚合物封堵物性好的井段，然后用低黏度聚合物对物性差的井段扩容。从模拟结果看，采用分段扩容方式，FHW3143井组井间渗透率非均质性得到明显改善，渗透率极差由扩容前的5降至2左右。

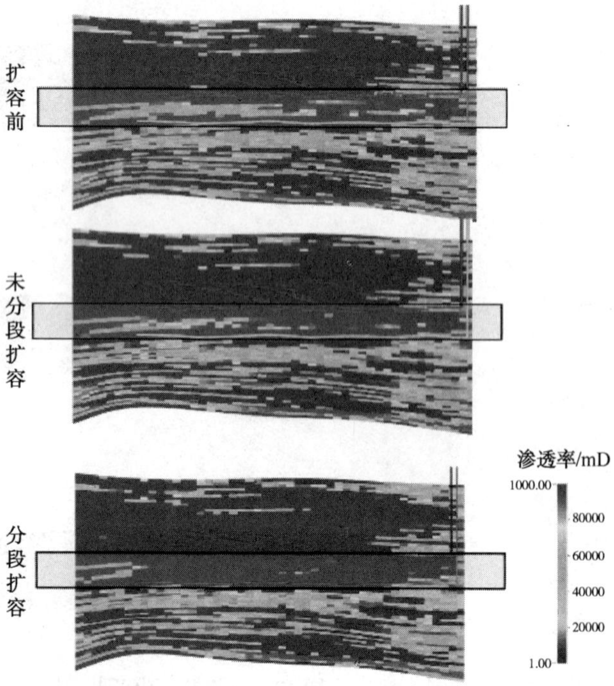

图14　FHW3143井组未分段/分段扩容前后渗透率分布对比图

风城油田重18井区A井组水平段井间平均渗透率958mD，平均含油饱和度64.7%，采用上述6个阶段的储层升级扩容后(图15)，A井组循环预热时间90天，消耗蒸汽量1.89万吨，较同区块物性相近的井组平均循环预热时间缩短50%，消耗蒸汽量减少30%。转SAGD生产后，A井组日产油15t/d，油汽比0.18，较同区块物

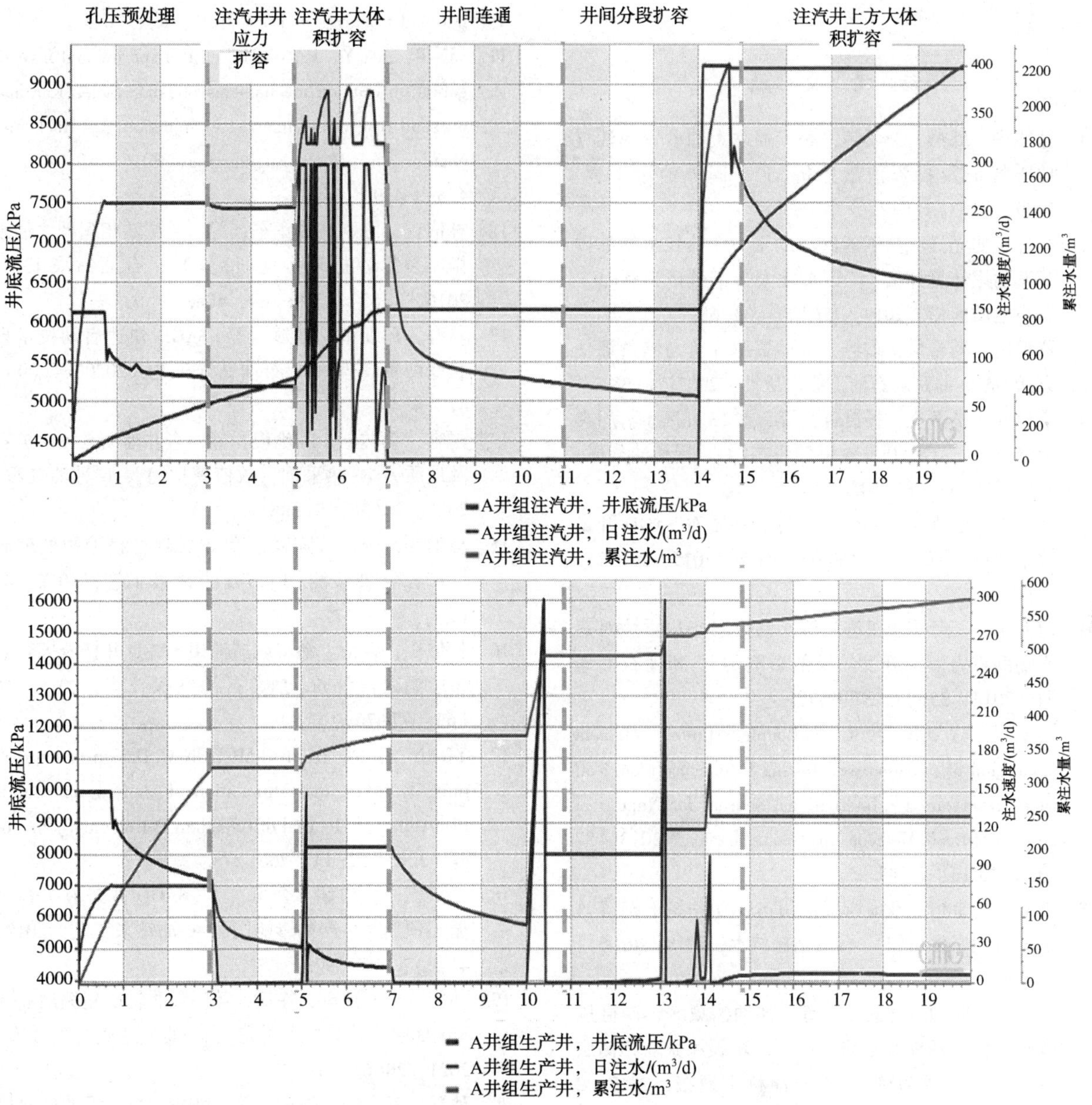

图 15　A 井组储层升级扩容注汽井与生产井参数变化图

性相近的井组采油速度提高 20%，油汽比提高 0.01。现场应用结果表明，该研究可为强非均质储层 SAGD 升级扩容施工参数优化设计提供理论指导。

4　结论

本文基于风城油田重 18 井区强非均质性储层岩石力学参数，利用热采数模软件 CMG 开展耦合岩石力学的储层升级扩容技术的数值模拟研究，得到主要认识如下：

（1）风城油田重 18 井区油砂储层的抗剪强度和泥岩盖层的抗剪强度差别不大，在储层升级扩容过程中需要将扩容压力严格控制在盖层破裂压力以下，保护盖层；

（2）利用热采数模软件 CMG-STARS 的 Geo-mechanical 模块开展耦合岩石力学的储层升级扩容技术的数值模拟研究。其中地质力学模型采用应力-应变关系数据，通过双向耦合，实现温度-渗流-应力三场全耦合求解；

（3）风城油田重 18 井区储层具有较强非均质性，在扩容过程中需要考虑采用分段扩容的方式，利用高黏聚合物对高渗透段进行封堵，对低渗透段进一步扩容，改善储层非均质性；

（4）现场应用实践表明，储层升级扩容技术对于强非均质储层适应力更好，启动时间缩短 50%，采油速度提高 20%。研究成果可为强非均质储层SAGD升级扩容施工参数优化设计提供理论指导。

参 考 文 献

[1] 孙桂华，邱燕，彭学超，等．加拿大油砂资源油气地质特征及投资前景分析[J]．国外油田工程，2009，25(3)：1-2.

[2] 武静，胡光义．基于蒸汽辅助重力泄油技术的油砂开发动用储量评估——以加拿大A油砂矿为例[J]．海洋地质前沿，2019，35(10)：63-68.

[3] 贾承造，刘希俭，雷群．油砂资源评价与储量评估方法[M]．北京：石油工业出版社，2007：1-38.

[4] 桑林翔，杨万立，杨浩哲，等．重18井区J_3q_3层夹层分布对SAGD开发效果的影响[J]．特种油气藏，2015，22(3)：81-84.

[5] 石兰香，李秀峦，刘荣军，等．夹层对SAGD开发效果影响研究[J]．特种油气藏，2015，22(5)：133-136.

[6] 何万军，王延杰，王涛，等．储集层非均质性对蒸汽辅助重力泄油开发效果的影响[J]．新疆石油地质，2014，35(5)：574-577.

[7] XU B，WONG R C K. Coupled finite - element simulation of injection well testing in unconsolidated oil sands reservoir[J]. International Journal for Numerical and Analytical Methods in Geomechanics，2013，37(18)：3 131-3 149.

[8] 林伯韬，金衍．新疆风城油田SAGD井挤液扩容效果影响因素评价[J]．石油钻探技术，2018，46(6)：71-76.

[9] 高彦芳，陈勉，林伯韬，等．稠油油藏SAGD微压裂阶段储层压缩系数研究——以新疆风城陆相储层重1区齐古组为例[J]．石油科学通报，2017，2(2)：240-250.

[10] LIN B，CHEN S，YOU H，et al. Experimental investigation on dilation mechanism of ultra-heavy oil sands from Xinjiang oilfield[C]. Montreal：13th ISRM International Congress of Rock Mechanics，2015.

[11] LIN B，JIN Y，PANG H，et al. Experimental investigation on dilation mechanisms of land-facies Karamay oil sand reservoirs under water injection[J]. Rock Mechanics and Rock Engineering，2016，49(4)：1 425-1 439.

[12] 林伯韬，陈森，潘竟军，等．风城陆相超稠油油砂微压裂扩容机理实验研究[J]．石油钻采工艺，2016，38(3)：359-364，408.

[13] 赵睿，孙新革，徐斌，等.SAGD快速启动技术现状及前景展望[J]．石油钻采工艺，2020，42(4)：417-424.

[14] 赵睿，桑林翔，陈伦俊，等．直井辅助SAGD扩容及地质力学-热采耦合数值模拟[J]．特种油气藏，2021，28(3)：81-86.

[15] 林伯韬，金衍，陈森，等.SAGD井挤液预处理储层扩容效果预测[J]．石油钻采工艺，2018，40(3)：341-347.

[16] 林伯韬，金衍．新疆风城油田SAGD井挤液扩容效果影响因素评价[J]．石油钻探技术，2018，46(6)：72-76.

[17] YUAN Y，XU B，PALMGREN C. Design of caprock integrity in thermal stimulation of shallow oil - sands reservoirs[J]. Journal of Canadian Petroleum Technology，2013，52(4)：266-278.

[18] 王琪琪，林伯韬，金衍，等.SAGD井挤液扩容对循环预热及生产的影响[J]．石油钻采工艺，2019，41(3)：387-392.

[19] 孙新革，罗池辉，徐斌，等．强非均质超稠油油藏SAGD储层升级扩容研究[J]．油气地质与采收率，2021，28(6)：38-45.

[20] 孙君，王小华，徐斌，等．强非均质超稠油砂储层双水平井扩容启动数值模拟研究[J]．科学技术与工程，2021，21(15)：6262-6271.

稠油注蒸汽开发后期转冷采规模应用与实践

李屹洋　王利华　商振新　吕玉兰　赵　可

（中国石油新疆油田公司重油开发公司）

摘　要　针对克浅井区蒸汽驱开发后期汽窜干扰严重、油层纵向动用不均、生产效果变差、开采成本高等问题，开展蒸汽驱后期转换开发方式技术研究，通过对地质油藏的认识和开发方式的转变，进一步了解克浅冷采与常规开发方式的技术特点及优势，并对不同冷采技术进行适用性、经济性、管理方式的效果评价，为公司稠油中后期转换开发方式提供配套工艺技术支持。

关键词　稠油；蒸汽驱；冷采；规模应用

克浅井区油藏从1998年开发至今已有15年了，作为一个平均油层厚度只有7.4m的浅薄层油藏，经历了滚动扩边、高产稳产阶段，目前进入递减阶段，克浅油藏中后期油井表现出周期产油量低、回采水率低、递减大、油井产能平面差异大。

克浅井区浅层稠油在热采开发过程中，随着油田开发延续和多周期吞吐注汽方式开发，在一个或多个油井注蒸汽压力推动作用下，地层发育的微裂缝或断层逐渐扩大，油、汽沿着裂缝或断层窜漏至地表，不仅造成地面漏油、窜汽等环境污染现象，同时还造成一个或多个井组油井无法实施注汽生产，损失油井生产能力，最终导致油井地质储量停止动用。

针对克浅井区蒸汽驱开发后期汽窜干扰严重、油层纵向动用不均、生产效果变差、开采成本高等问题，开展蒸汽驱后期转换开发方式技术研究，通过对地质油藏的认识和开发方式的转变，进一步了解克浅冷采与常规开发方式的技术特点及优势，并对不同冷采技术进行适用性、经济性、管理方式的效果评价，为稠油中后期转换开发方式提供配套工艺技术支持。

1　“调剖”+“降黏冷采”的复合技术

1.1　设计思路

根据稠油水驱冷采的技术特点及克浅十井区蒸汽吞吐、蒸汽驱生产特征以及油藏非均质性严重、室内岩心驱油的驱替特征等特点，本次现场试验实施的技术思路为“驱调结合”，注剂与后续水驱并重，多段塞注剂、多轮次注入，驱替剂在生产井有效突破后即采取调剖措施对水窜通道进行封堵，达到纵向动用与平面驱扫面积最大化，从而达到提高井组产量及试验区原油采收率的目的(图1)。

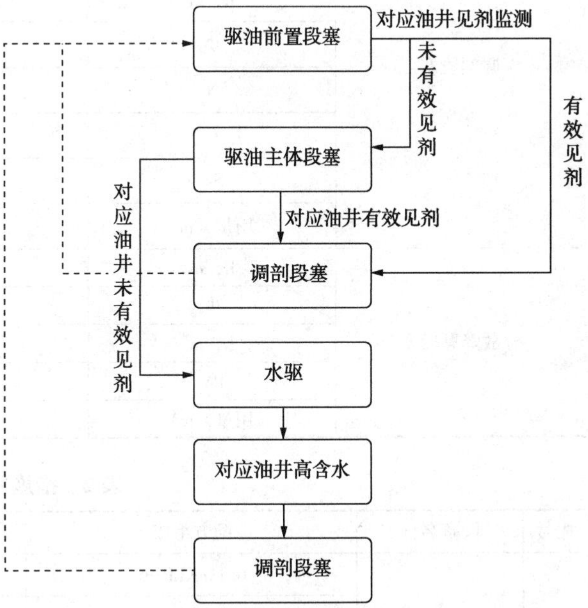

图1　调剖+降黏技术思路

1.2　注入量设计

（1）调剖段塞用量设计

考虑油藏开发特点，采用方向法进行调剖剂用量设计较为合理(图2)。调剖剂前缘在井距的1/3处，根据调剖半径计算调剖剂各方向的用量为Q_1：

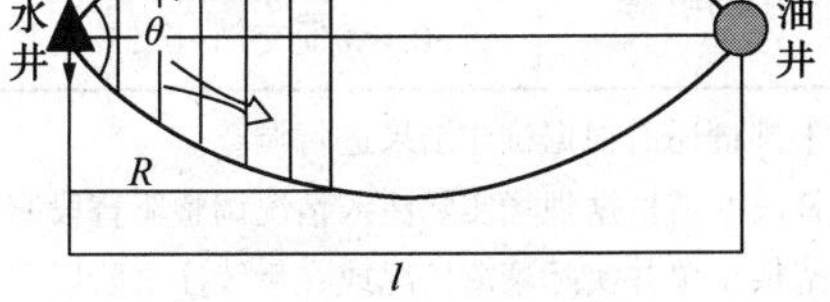

图2　方向法计算调剖剂示意图

$$Q_1=\pi\times A\times B\times h\times \Phi\times N\times C\times S_w$$

式中：N为水井周围注采敏感油井数(方向数)；A、B为椭圆的长半轴和短半轴长(m)；h为调剖厚度(m)，有吸汽剖面参考吸汽剖面厚度，无吸汽剖面采用经验常数，即：取射孔厚度的1/3；Φ为油藏孔隙度(%)；C为调剖剂处理量占水淹体积的比例，取值1/3。S_w为含水饱和度(%)；

(2)冷采驱替段塞用量计算

$$Q_2=\pi\times L^2\times h\times \Phi$$

式中：Q_2为油层孔隙体积，m^3；H为射孔厚度，m；Φ为油藏孔隙度(%)；L为井距，平均井距为80m；

根据室内实验测试结果表明，当冷采驱替段塞注入量为0.15PV时措施效果较好。考虑到施工周期等问题，最终设定21760、21762和21823井分散降黏驱替段塞0.1PV共计15500m^3。

方案设计注入量：单井冷采驱替段塞为5178m^3，单井初次调剖段塞为600m^3设计，剩余调驱剂用量在实际实施中按注入井注入动态及对应生产井的生产动态、见剂情况进行调整(表1、表2)。

表1　措施井单井注入量设计

用量设计	取值	21760	21762	21823
调剖段塞	A，m	80	80	80
	B，m	20	20	20
	h，m	2.6	3.6	2.5
	Φ	0.3	0.28	0.3
	N	5	1	4
	C	1/3	1/3	1/3
	Sw	0.35	0.35	0.35
	用量，m^3	2285	590	1758
分散降黏段塞	h，m	8	11	7.5
	Φ	0.3	0.28	0.3
	L，m	80	80	80
	PV	0.1	0.1	0.1
	用量，m^3	4823	6189	4521

表2　措施井调剖施工工艺

序号	段塞名称	配方组成	用量/m^3	排量/(m^3/h)	施工设备
1	试注段塞	0.1%KLP-6	200	3	注聚泵
		0.1%KLP-6	200	4	
		0.1%KLP-6	200	5	
		0.1%KLP-6	200	6	
2	多激发调剖段塞	0.4%HPAM+0.35%交联剂+0.4%促交剂+0.5%水膨体	1800	6	
3	冷采驱替段塞	0.15%KLP-6	5000	5.5	
		0.2%KLP-6	10000	5	
4	后续注水		15000	5	
	调剖段塞	0.4%HPAM+0.35%交联剂+0.4%促交剂+0.5%水膨体	2800	6	注聚泵或泵车

注：①排量还需根据试注结果进行调整。

②驱替段塞需根据现场实际注入情况调整驱替段塞浓度及注入量，必要时可将KLP-6浓度提高至0.25%。

③段塞根据单井实际聚窜情况或在后续注水阶段出现水窜进行调剖封堵时应用。

④后续水驱注入量具体需根据油井生产情况进行调整。

1.3 施工流程

（1）设备试运行及管网试压

① 通知甲方按设计要求打开关闭注汽总阀和其他无关注汽阀，并锁死，防止施工过程中意外打开；

② 打开配汽间放空阀门，放空注汽管线压力，拆除注汽井 21792 井注汽阀门，用耐压 15MPa 以上的硬管线连接注聚泵及 21792 井注汽阀门，21792 注汽阀另一端用蒙板封死；

③ 用取水管线与供水管线上的阀门连接，另一端与储水罐连接；用管线连接储水罐、配液罐和熟化罐以及注聚泵，确保连接管线密封性良好；

④ 在现场装置和地面流程按照设计工艺流程安装完毕后，接好所有电器设备电源，并进行空载试运转。所有流程连好并检查无误后，打开低压管汇进出口阀门，再缓慢打开来水闸门，清洗所有的管线、流程，同时检查各闸门的可靠性；

⑤ 用注入水对管线到井口整个流程进行清扫并进行试压 10MPa，稳压 30 分钟不刺不漏为合格。

（2）试注：用 0.1%KLP-6 溶液按方案设计注入速度连续注入。

（3）多元激发调剖：按照方案设计要求注入多元激发调剖段塞，并做好施工记录。要求施工过程应连续，若意外停泵以及方案调整，按技术预案规定操作。

（4）注冷采驱替剂

按照方案设计要求，进行分散降黏段塞注入，并做好施工记录。要求施工过程应连续，若意外停泵以及方案调整，按技术预案规定操作。

（5）后续注水

按照方案设计要求，进行注水，并做好施工记录。要求施工过程应连续，若意外停泵以及方案调整，按技术预案定操作。

（6）突破后再次调剖

按照方案设计要求，检测油井见聚情况和注入井井口压力情况，当水窜通道形成后，再次进行调剖段塞注入，并做好施工记录。要求施工过程应连续，若意外停泵以及方案调整，按技术预案规定操作。

（7）再注入冷采驱替剂

按照方案设计要求，在完成调剖后进行分散降黏段塞注入，并做好施工记录。要求施工过程应连续，若意外停泵以及方案调整，按技术预案规定操作。

（8）后续注水

按照方案设计要求，进行注水，并做好施工记录。要求施工过程应连续，若意外停泵以及方案调整，按技术预案规定操作。

1.4 室内试验

采用分散降黏体系，大幅度降低原油黏度，增加原油的流动性，使稠油从热采转冷采具备可行性，最终理论采收率在水驱基础上提高 28.1%（表 3、图 3）。

表 3　室内提高采收率评价表

岩心编号	160511-1	填砂管规格	¢38×300
水测渗透率/$10^{-3}\mu m^2$	1295	孔隙度/%	33.8
油饱和度/%	73.2	原油黏度/($mPa\cdot s^{-1}$)	9270
实验温度/℃	20	驱替速度/($mL\cdot min^{-1}$)	0.2
提高采收率/%	前期水驱		27.4
	驱油剂段塞 A		47.2
	降黏剂段塞 B		55.5
水驱基础上提高采收率/%			28.1

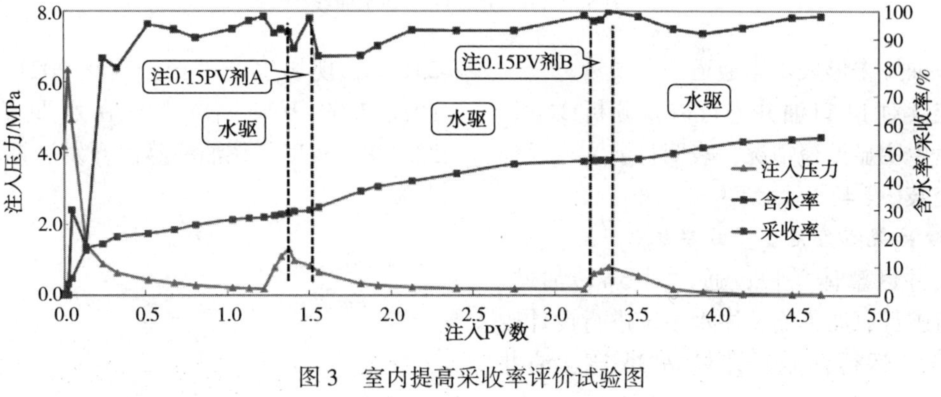

图 3　室内提高采收率评价试验图

2　现场应用效果分析

2.1　注水措施效果分析

(1)汽驱井底层亏空大

21823井地层亏空严重，是三口井注入量最大的井。截止2021年12月，累计注入$2645m^3$药剂后井口仍然存在倒吸现象；

21760井地层也存在亏空，但在进行调剖药剂注入后，井口能够出液，但井口压力始终为0MPa。截止2021年12月，累计注入$1961m^3$；

21762井为采油井转注，地层亏空较21823和21760小，在正常注入$300m^3$药剂后井口能够放出液，在判断地层亏空程度时，井口压力为0.6MPa，因此该井并未进行调剖施工。截止2021年12月，累计注入$1858m^3$，井口压力为1.8MPa(图4、图5)。

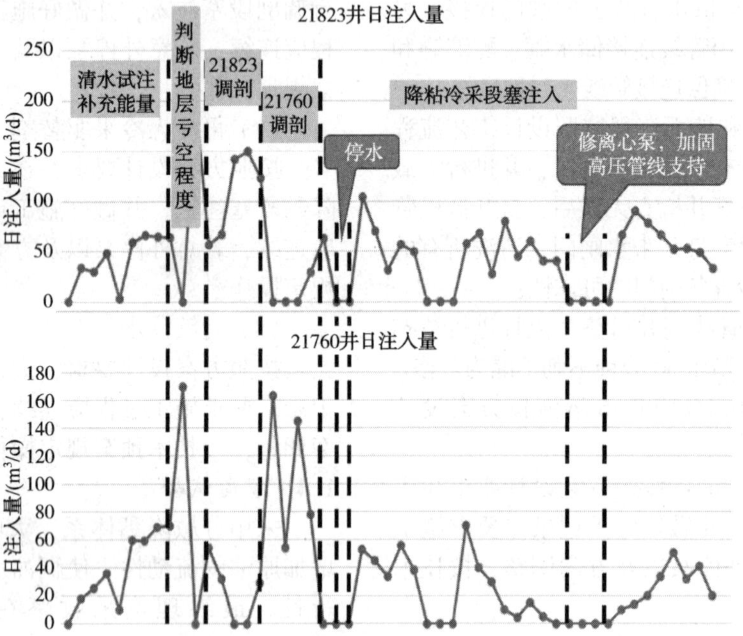

图4　21823和21760井日注入动态曲线

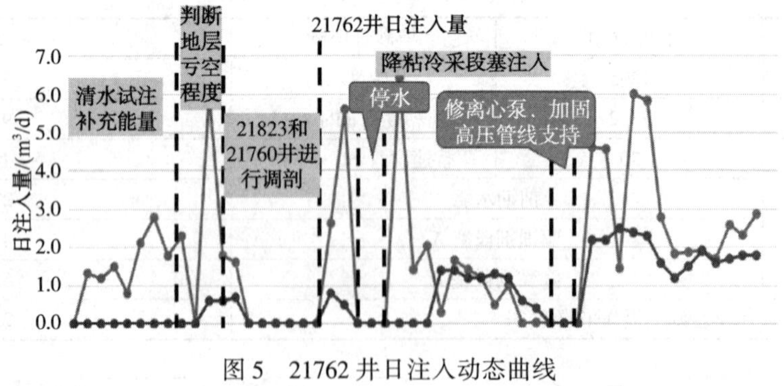

图5　21762井日注入动态曲线

(2)采油井未形成水窜通道

通过连续对14口油井进行取样分析31次，油井均未发生明显见聚情况，表明目前注入过程并未出现突破(表4)。

2.2　稠油冷采规模应用生产效果统计

在克浅井区整体关停，通过对5#转油站、109#转油站进行原油集输及注水系统进行设计改造投产并连续运行，复开计量站36座，油井231口，现场生产平稳，截止2021年底，累积产油7.09万吨，采收率在水驱基础上提高28.1%，实现了稠油注蒸汽开发后期转冷采效益开发。

表4　油井见聚检测统计

序号	井号	见剂浓度/(mg/L)		
		2021-8-23	2021-9-16	2021-10-8
1	21729	1.1	1.6	1.6
2	21731	2.3	1.8	0.9
3	21732	1.1	2.3	0.7
4	21733	1.9	0.9	2.2
5	21759	0.4	2.0	/
6	21763	/	/	/
7	21788	/	/	/
8	21789	0.5	1.0	0
9	21791	1.8	2.5	0
10	21792	2.3	2.1	0
11	21824	/	1.4	0.2
12	21850	/	/	0
13	21851	2.3	3.9	0
14	21761	/	0.9	2.3

3　结论和认识

（1）通过引进成熟可靠的冷采技术：“调剖”+“降黏冷采”，实现了稠油开发后期开发方式的转变，通过现场管理方式的进一步创新，达到了冷采技术效益开发的目的。

（2）稠油注蒸汽开发后期转冷采规模应用，通过利用现有设施设备进行改扩建，对现有集输、注水流程进行优化，实现了现场生产平稳运行，取得了较好产油效果，为公司稠油中后期转换开发方式提供配套工艺技术支持。

参　考　文　献

[1] 熊钰，冷傲燃，孙业恒，等．稠油冷采降黏剂分散机理与驱替实验评价[J]．新疆石油地质．2021，42(1)：68-75.

[2] 韩建民，占良，卢凯，等．基于菱形模型的调剖剂用量预测算法的研究与实现[J]．计算机与应用化学．2003，20(2)：205-209.

CO_2+表面活性剂多元吞吐技术提高五区南低渗透稠油油藏开发效果研究与实践

郑爱萍　陈宏飞　冯海蛟　蒙延冲　陈文顺

(中国石油 新疆油田分公司 重油开发公司)

摘　要　针对克拉玛依油田五区南上乌尔禾组低孔、低渗透稠油油藏水驱开发不见效、地层压力快速下降、产量递减大、开发效果较差的问题，开展CO_2+表面活性剂多元吞吐增产技术研究与应用。以增油机理实验和多组分油藏数值模拟为基础，对比研究了CO_2+表面活性剂多元吞吐周期注入量、注气速度、焖井时间、开采强度等工艺参数对增油效果的影响，优选出了不同段塞大小、CO_2注入量、焖井天数、采液强度等技术参数和施工工艺流程。矿场试验结果表明CO_2+表面活性剂多元吞吐技术实施后有效地补充了地层能量、提高了原油的流动性，初期单井日产油9.9t/d，流压升高8.5Mpa，自喷期达到了8个月，对于低孔、低渗稠油油藏提高采收率提供了新的技术思路。

关键词　克拉玛依油田；五区南；上乌尔禾组；CO_2；化学助剂；复合吞吐；数值模拟；采收率

从20世纪60年代开始利用CO_2提高油藏采收率试验性应用，到现在为止，已经发展几十年，技术从单一的二氧化碳增油(吞吐或驱油)，逐步发展到二氧化碳+聚合物(表活剂)等多种助剂复合技术应用。国内学者进行的注蒸汽-CO_2-化学助剂复合吞吐的室内实验发现：注蒸汽-CO_2-化学剂复合吞吐相较于纯蒸汽吞吐，第一周期产油量提高49.4%，最终驱替效率可提高25.7%，提高采收率效果显著。此外，中石化陈家庄油田的CO_2-化学助剂复合吞吐试验结果表明，两者协同作用后平均周期产油量比单一蒸汽吞吐高252.4t。前人对克拉玛依油田五区南上乌尔禾组油藏的研究，主要集中于油藏工程、压裂工艺等方面，而针对复合吞吐的实验和数值模拟研究较少。本文以五区南先导试验为基础，通过优化CO_2+表面活性剂多元吞吐注采各项参数及其对提高采收率的影响，分析了五区南地层原油相态特征及注气增溶膨胀驱油相态配伍性特征，建立了一套符合该油藏的CO_2+表面活性剂多元吞吐技术施工工艺流程，推动了低渗透稠油油藏提高采收率技术进步。

1　基本情况

1.1　油藏特征

克拉玛依五区南上乌尔禾组油藏是受断裂控制的构造岩性油藏(图1、图2)，储层孔隙度平均9.66%，渗透率平均1.05mD，渗透率变异系数平均0.67，突进系数平均27.5；为低孔特低渗、强非均质性储层。原油黏度高，50℃时达625mPa·s，原油密度0.895g/cm³，含蜡9.8%，凝固点22.6℃，地层水为低矿化度的$CaCl_2$水型。上乌尔禾组储集层表现为具中等偏弱水敏、中等偏弱盐敏、中等偏弱酸敏。油藏中部埋深平均4000m，平均压力48.47~50MPa，油藏中部温度96.7℃。

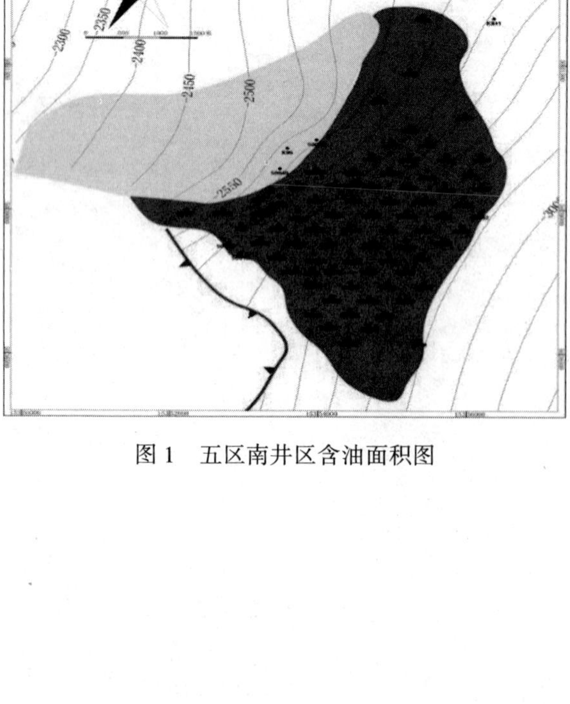

图1　五区南井区含油面积图

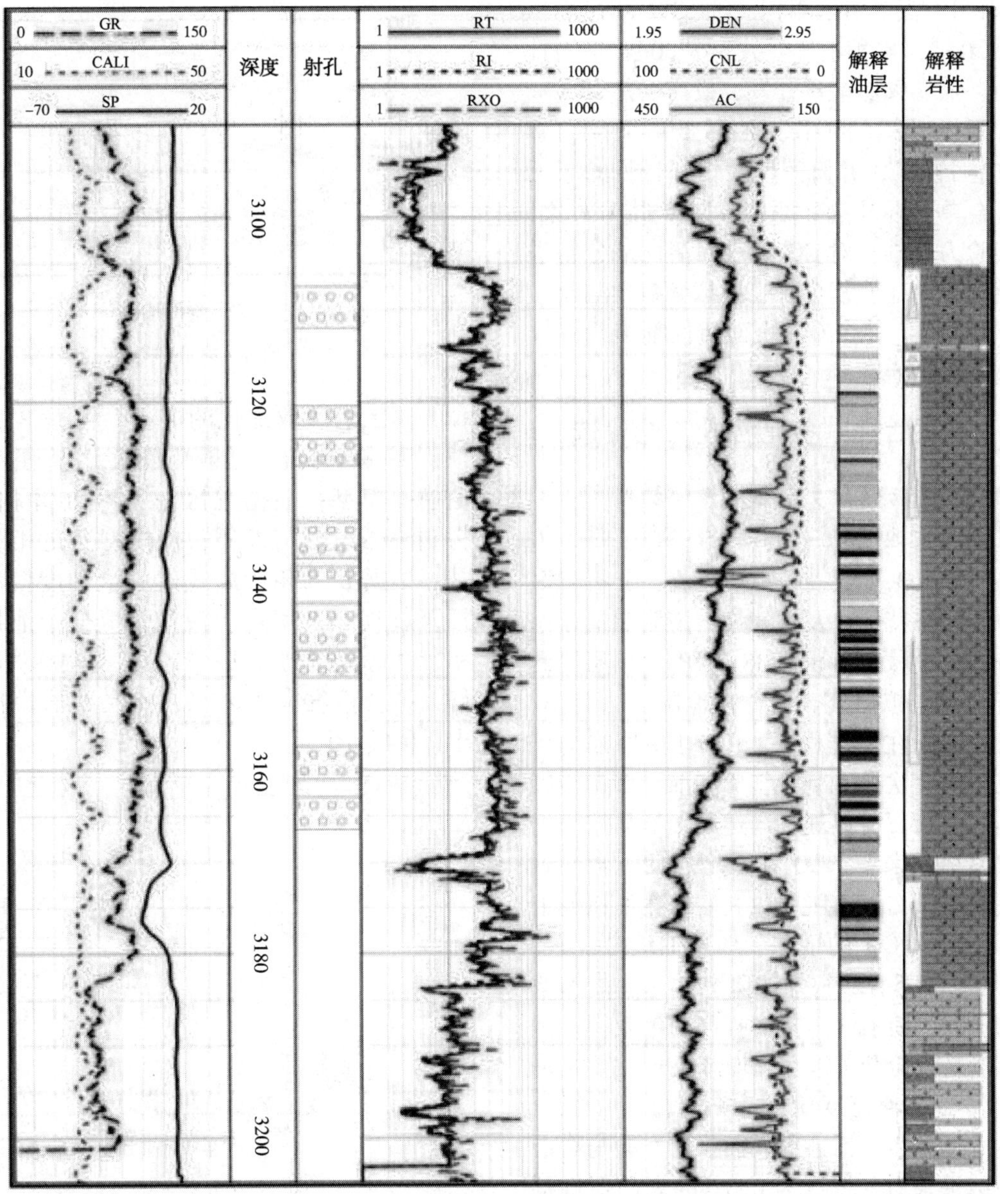

图 2　典型井测井曲线

1.2　开发特点及开采现状

受低孔特低渗储层条件限制，单井无自然产能，需压裂投产，原油黏度高，流动性差。五区南上乌尔禾组油藏大部分油井初期试油均进行了压裂改造，初期产能较高，但弹性开采稳产期短，产量递减快。油藏开发程度低，剩余储量丰富，目前地层压力下降缓慢，但产液指数下降快，由 0.6m^3/d · MPa 下降至 0.3m^3/d · MPa，开发难度大。压裂后，近井带区域渗透率得到改善，产能有了一定的提高，但是原油的采出程度依然较低。采用注水开发后，存在注水井吸水能力低，高强度注水造成局部单层突进的现象，70%以上油井未见到注采反应，水驱见效差。

1.3　CO_2+化学助剂复合吞吐开采可行性分析

该区块受储层条件影响，上乌尔禾组油藏增产措施单一，油井产量递减较快，日递减达 1.0%，目前低产井较多；近几年已进行单一 CO_2吞吐措施，因无实验数据做支撑，前期效果均不理想。而 CO_2混相或非混相驱(吞吐)是一项重要的提高采收率技术，CO_2+表面活性剂多元吞吐增产技术研究也逐渐深入，矿场增产效果较单一的 CO_2增产技术更好、应用空间更大。该技术是基于表面活性剂造腔理论，最大可能放大 CO_2的波及空间，达到最佳的提高采收率的效果。

本文选取了该油藏的典型井 B 井，该井于 1993 年 8 月 23 日压裂投产，初产较高，初期日产油12.4t/d，截至目前累积产油6391.0t，累积产水1479.0m³，累积生产天数3477.0d，平均日产油1.8t。依靠天然能量开发，投产后产量递减大，随着开发时间的延长，油井低产低能，于2012年12月停关，井筒完整性良好且目的层无窜漏，符合单井吞吐选井原则。以B井为对象，以前期实验为基础，对CO_2和表面活性剂分别进行数值模拟，并建立复合吞吐模拟参数预测及参数优化，建立了一套CO_2+表面活性剂多元吞吐先进的施工工艺流程。

2　CO_2+表面活性剂多元吞吐工艺优选

2.1　CO_2+表面活性剂多元吞吐增油机理

通过五区南地层原油相态特征实验、注CO_2膨胀实验、注CO_2多级接触驱油实验，分析五区南地层原油相态特征，及注气增溶膨胀驱油相态配伍性特征。油藏饱和压力38.5MPa，地层原油样品注气相态模拟研究表明：在地层压力范围，当实验气体不断注入过程中，CO_2地层原油均可同时形成后缘多次接触凝析气驱和前缘多次接触蒸发气驱近混相驱替机理；通过原油样品注气增溶膨胀实验结果来看，CO_2注入地层后，会导致原油样品饱和压力、膨胀系数和溶解气油比的上升，且随着注入CO_2的增加，地层油组分变轻，CO_2对地层原油都有着很好的降黏效果，能够改善原油的流度，有利于返排时提高驱油效率。因此，从相态特征分析CO_2吞吐增产机理主要是增溶膨胀、降黏改善流度比、补充返排所需能量等。通过原油与表面活性剂表面张力实验与岩心洗油实验结果来看，浓度为0.3%的表面活性剂溶液与原油间的界面张力降至3.26mN/m，随着浸泡时间增加，洗油率可达到20%(图3)。由此，CO_2+表面活性剂多元吞吐增油机理主要是利用表面活性剂造腔理论，降低残余油饱和度，降低界面张力，提高洗油效率，进一步扩大CO_2的波及体积，充分发挥CO_2增溶膨胀、降黏、改善流度比、补充地层能量的作用。

2.2　数值模拟模型建立

在完成五区南B井地层流体相态实验，相态参数获取和混相能力评价等基础之上，利用组分油藏数值模拟技术，开展五区南断块B井注气复合吞吐改善开发效果方案设计研究，通过对原油采出程度、增油量等指标进行对比，最后得到符合B井的注气吞吐最优方案。

通过获取各种精确生产参数对油藏进行模

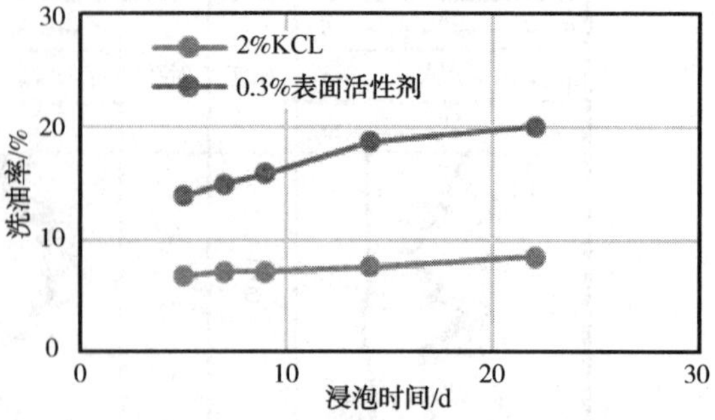

图3　岩心洗油实验

拟，是工艺参数优化的前提。根据B井地质特征、测井解释成果、射孔数据，建立单井径向数值模拟模型；根据五区南井区B井相图拟合，得到流体组分与性质，使模型满足相态模拟要求；根据B井相渗曲线建立饱和度模型；历史拟合过程中采用定产液量，拟合产油量、含水率、井底流压的方式，计算值与实际值吻合度较好，拟合精度大于85%，满足数值模拟计算要求(图4、图5)。

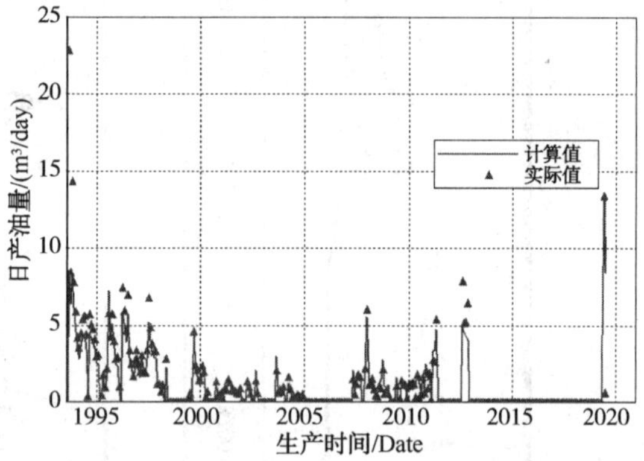

图4　B井日产油量拟合

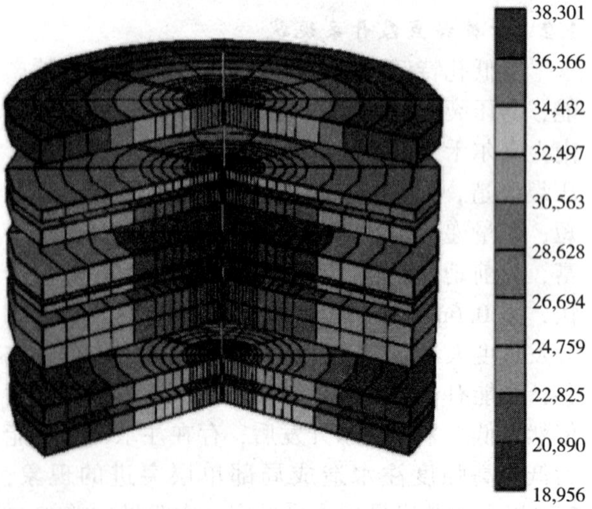

图5　B井拟合末期油藏压力分布

2.3　注采参数优化设计

为进一步改善B井开采效果，进行CO_2+表面活性剂多元吞吐增采先导试验。为此，开展CO_2+表面活性剂多元吞吐数值模拟计算，分析吞吐周期注入量、注气速度、焖井时间、开采强度等工艺参数对提高采收率效果的影响，以精确的生产数据为依托，建立真实可靠的数值模拟模型，并优选最优吞吐工艺参数。

2.3.1　CO_2注入参数优化设计

（1）周期注气量

方案设置：模拟单周期注气量为200t～1200t时吞吐效果，焖井15d，注气速度$5\times10^4m^3/d$，单周期生产2年。经济评价按CO_2注入成本为800元/吨；原油价格2500元/吨(50美元/桶)计算，注入量越大、日产油量越高，周期采油量越高，单井注入量大于800t，增幅逐渐下降。注入量越大，即注入量越大原油被推至更远处，不利于回采，综合考虑换油率与经济效益的影响，单井注入量800t左右(图6)。

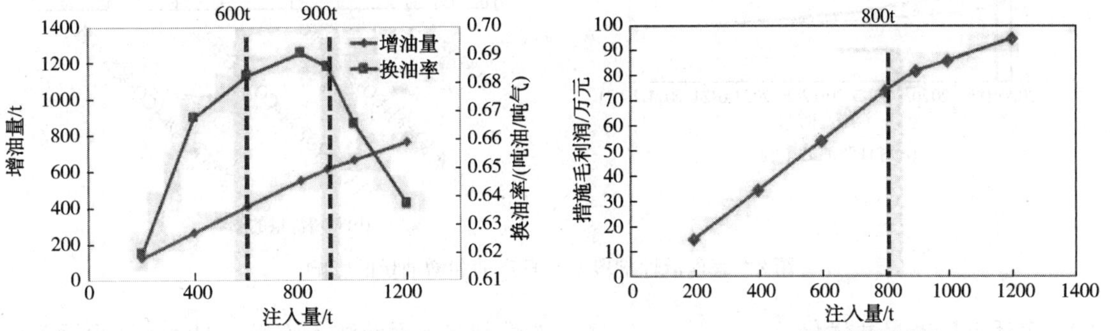

(a)对换油率的影响　(b)对经济效益的影响

图6　CO_2注入量对换油率和经济效益的影响

（2）注入速度

方案设置：模拟注气速度为$(1\sim10)\times10^4m^3/d$时吞吐开采效果，各方案总注气量均为800t时，焖井15d，单周期生产2年。随着注气速度的增加，日产油量降低。增大注气速度有利于油藏快速增压，利用混相，但注气速度过大，不利于注入气波及面积和回采期稳产，综合考虑注入速度与增油量和换油率的影响，建议注气速度2~4万方/天(图7)。

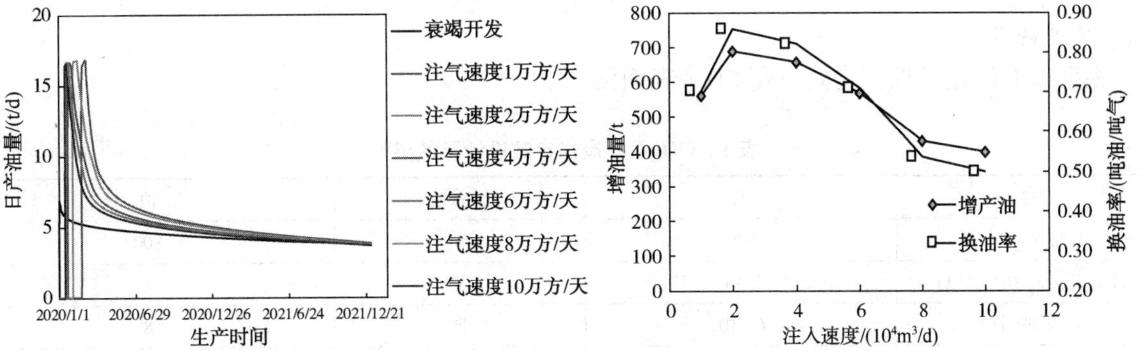

(a)对日产油的影响　(b)对增油量的影响

图7　CO_2注入速度对日产油和增油量的影响

（3）焖井时间

方案设置：模拟焖井时间为2～15d时吞吐效果，注气量800t，注气速度4万方/天。随着焖井周期变长，日产油量增加，但是焖井期对于吞吐效果相对不敏感。焖井过久地层能量损失加重，产油高峰越低，综合考虑故推荐焖井期为6～10d。

（4）采液强度

方案设置：模拟回采液速度为$10\sim25m^3/d$时吞吐效果，注气量800t，注气速度$4\times10^4m^3/d$，焖井时间8天。回采液量的变化虽然对日产量有一定影响，但采液强度对吞吐效果相对不敏感，主要为充分释放地层能量；综合考虑采液强度对增油量的影响效果，由模拟结果预测采液强度应$>15m^3/d$。

2.3.2　表活剂段塞注入参数优化设计

(1) 表活剂段塞注入方式优化

方案设置：模拟表活剂段塞注入方式对吞吐效果的影响，注气速度 $4\times10^4m^3/d$，周期注气量 800t，活性剂水 400t(浓度 0.3%)，焖井时间 8 天，方案预测单周期 2 年。方案二前置表活剂+CO_2复合吞吐增油量最高，增产效果最好，最差为方案一：单一的 CO_2吞吐增油量最差，因此前置段塞工艺，是本次施工的重点之一(图 8)。

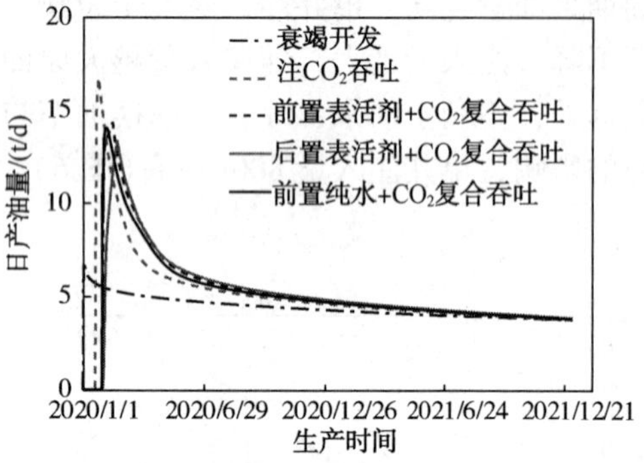

(a)对日产油的影响

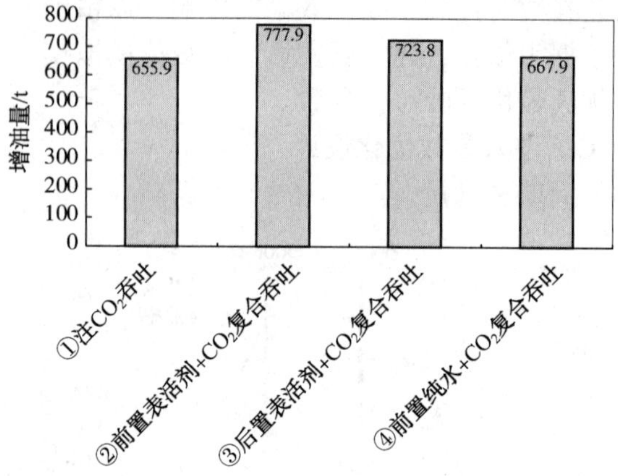

(b)对增油量的影响

图 8　表面活性剂段塞对日产油和增油量的影响

(2) 表活剂段塞尺寸优化

方案设置：考察表活剂溶液段塞大小为 100~800t 时吞吐效果，注气速度 $4\times10^4m^3/d$，周期注气量 800t，焖井时间 8 天，表活剂为前置注入，注入速度为 $40m^3/d$，方案预测单周期 2 年。单一表活剂溶液注入量越大，日增油量有增大趋势，但复合吞吐日增产油先增加后降低，注入水过多不利于回采。前置段塞为 150t 时复合吞吐效果最好。

2.4　优选结果

根据以上优化过程，建立一套 CO_2+表面活性剂多元吞吐注入流程，即：①注表活剂前置段塞；②注 CO_2段塞；③注顶替液段塞；④焖井；⑤开井回采。

通过 CO_2吞吐参数优化，得出目标井的最优的吞吐参数组合，其中 CO_2注入量 800t，CO_2注入速度$(2\sim4)\times10^4m^3/d$，焖井时间 6~10d，采液强度大于 $15m^3/d$，表活剂段塞大小 400t。推荐操作工艺参数范围及敏感性见表 1。

表 1　CO_2吞吐最优参数设计及敏感性

参数	值	敏感性	值
周期注入量/t	800	Ⅰ	800
注入速度/$(10^4m^3/d)$	2~4	Ⅱ	4
闷井时间/d	6~10	Ⅲ	8
采液强度/(m^3/d)	>15	Ⅱ	20
复合吞吐注入方式	表活剂溶液前置+CO_2后续注入	Ⅰ	表活剂溶液前置+CO_2后续注入
表活剂溶液段塞大小/t	400	Ⅱ	400

注：Ⅰ—表示增油与参数敏感性强；Ⅱ—表示与参数敏感性相对强；Ⅲ—表示与参数敏感性相对弱

3　现场试验

在五区南井区 B 井地层流体相态实验，相态参数获取和混相能力评价等基础之上，利用组分油藏数值模拟技术，对 B 井 CO_2+表面活性剂多元吞吐工艺进行优化，采用符合 B 井的注气吞吐最优方案。其中 CO_2注入量 800t，CO_2注入速度 $2\sim4\times10^4m^3/d$，焖井时间 6~10d，采液强度大于 $15m^3/d$，第二周期注入时机为第一周期回采 6~9 个月后；表活剂段塞大小 400t。按照优化方案在五区南B井开展现场注气吞吐试验，增油效果明显。注CO_2吞吐增产措施8个月、净增油量达630t，与吞吐第一周期预测产量和产能周期吻合，增产及工艺优化方案取得初步成效。

4 结论与认识

（1）非混相CO_2+表面活性剂多元吞吐技术增油效果明显，解决了五区南井区前期注水效果不佳、地层能量下降和流动性差的问题，该技术从理论到实践均可行；

（2）建立的CO_2+表面活性剂多元吞吐注入流程：表活剂前置段塞-CO_2段塞-顶替液段塞-焖井-开井回采，适合非混相CO_2+表面活性剂多元吞吐技术；

（3）五区南井区共有80余口躺停井，目前采出程度5.8%，剩余地质储量670.3×10^4 t，CO_2+表面活性剂多元吞吐技术在该区具备规模推广的条件。预计可提高采收率2.5%，能够激发老区增产活力，前景可期。

参考文献

[1] 宋传真，林长志，王元庆，等．低渗稠油油藏蒸汽-CO_2-化学剂复合吞吐研究[J]．成都理工大学学报(自然科学版)，2016，43(3)：336-343.

[2] 陈德春，周淑娟，孟红霞，等．陈家庄油田陈373块蒸汽吞吐后转CO2-化学剂复合吞吐研究[J]．油气地质与采收率，2014(6)：76-78.

[3] 彭彩珍，李超，杨栋．低渗透油藏二氧化碳吞吐选井研究[J]．油气藏评价与开发，2017，7(1)：32-35.

[4] 李相远，李向良，郭平，等．低渗透稀油油藏二氧化碳吞吐选井标准研究[J]．油气地质与采收率，2001，8(5)：66-68.

[5] 克林斯M A程绍进(译)．二氧化碳驱油机理及工程设计[M]．北京：石油工业出版社，1993.

[6] 钱卫明，余峰，季翔，等．溱潼凹陷复杂断块油藏CO_2吞吐试验[J]．油气地质与采收率，2002，9(2)：80-82.

[7] 谈士海，周正平，刘伟，等．复杂断块油藏CO_2吞吐试验及效果分析[J]．石油钻采工艺，2002，24(4)：56-59.

[8] 杨胜来，王亮，何建军，荣光迪．CO_2吞吐增油机理及矿场应用效果[J]．西安石油大学学报：自然科学版，2004，19(6)：23-26.

[9] 钟立国，韩大匡，李莉．人工压裂低渗透油藏二氧化碳吞吐因素敏感性分析[J]．大庆石油学院学报，2009，33(4)：125-129.

二氧化碳介质提高浅层稠油蒸汽驱开发效果试验研究及应用

蒙延冲　郑爱萍　陈宏飞　黄后传　宋　栋

(中国石油 新疆油田分公司 重油开发公司)

摘　要　克拉玛依油田浅层稠油蒸汽驱已开发30余年，采出程度超过50%，含水上升至97%，油汽比低于0.10，开发效果亟待改善。九$_6$区齐古组油藏是其中典型的蒸汽驱开发特稠油油藏，剩余油主要赋存于砂岩、砂砾岩储层中，继续注蒸汽开发剩余油难以有效动用，面临无效益的开发困境，亟需探索提高油藏采收率的新途径。本文通过大量取心资料对剩余油进行重新认识，运用物模技术和数值模拟技术，深化CO_2介质在室内和试验区油藏条件下协同注蒸汽机理认识，对注采井网重构、射孔层位选择、射孔厚度确定、CO_2介质注入参数等对比优选，形成了二氧化碳复合汽驱提高采收率开发技术体系。在九$_6$区9井组试验区实施后，井组日产油水平由5t/d提高到30t/d，累积增油2.5万吨，阶段采出程度3.7%，为浅层稠油蒸汽驱后进一步提高采收率提供了借鉴。

关键词　克拉玛依油田；浅层稠油；特稠油；砂岩；砂砾岩；蒸汽驱；采收率；二氧化碳；复合蒸汽驱

针对浅层特稠油油藏长期注蒸汽后渗流关系复杂、蒸汽波及下降，油藏递减加大，开发成本逐年上升的共性问题，以克拉玛依油田九$_6$区蒸汽驱油藏为例，通过密闭取心、岩心水洗状况分析等技术联合，实现了剩余油定量分布表征，指导蒸汽驱开发后期井网重构及复合汽驱潜力层选取。利用二氧化碳改善油水流度比、乳化驱油等机理，提出了二氧化碳复合蒸汽驱的开发模式并进行方案优化与矿场实践。以“井网调整+层位封堵+重新射孔+复合汽驱”为试验基础，运用物模技术和数值模拟技术，优化射孔层位、射孔厚度及CO_2注入参数，形成了一套完整的二氧化碳复合汽驱开发技术，为同类型蒸汽驱油藏开发后期提产提效、提高采收率提供借鉴。

1　油藏地质概况

克拉玛依油田九$_6$区为受构造、岩性控制的浅层特稠油油藏，顶面构造形态为南东缓倾的单斜，油层纵向上主要分布在J_3q_{22-1}和J_3q_{22-2}砂层，J_3q_{22-1}层油层厚度平均11.2m，J_3q_{22-2}层油层厚度平均10.6m，层内隔夹层主要为物性夹层，油层系数平均0.81；平均渗透率为2015mD，孔隙度29.8%，含油饱和度68%，属于高孔、高渗储层；20℃下黏度平均17302mPa·s，黏-温反应敏感。

油藏开发30余年，采出程度超过50%，单井日产油下降至0.2t/d，含水从初期的85%上升到98%，油汽比跌至0.05以下。受纵向非均质性的影响，蒸汽超覆、高渗通道指进现象突出，未动用层位原油黏度与汽窜通道流体间流度比大，导致驱油效率降低，蒸汽有效波及体积减小，同时地层亏空严重，油藏供液能力下降，由原始油藏压力1.8MPa下降到目前0.5MPa。

2　剩余油潜力再认识

2.1　蒸汽驱开发动态解剖

从全区生产井产液剖面测试资料统计来看(表1)，上部$J_3q_2^{2-1}$层产液占比78.7%，下部$J_3q_2^{2-2}$层占比21.3%，根据产液剖面统计结果对小层产油量进行批分，计算$J_3q_2^{2-1}$层采出程度68.7%，$J_3q_2^{2-2}$层采出程度24.0%。

表1　目标区小层剩余油参数统计表

层位	有效厚度/m	储量/10^4t	批分产油量/10^4t	剩余储量/10^4t	采出程度/%	剩余油饱和度/%
$J_3q_2^{2-1}$	11.2	35.5	24.4	11.1	68.7	22.0
$J_3q_2^{2-2}$	10.6	32.0	7.7	24.3	24.0	51.7

2.2　取心剩余油认识

2016年在试验区部署完钻了4口取心井，

根据4口取心井岩样组分分析结果，呈现出饱和烃含量自上而下逐渐降低，沥青质逐渐升高的趋势，特别是顶部汽窜位置饱和烃尤其高。通过文献调研，沥青质在温度大于150℃情况下，部分胶质、沥青质发生裂解反应，饱和烃、芳香烃含量会随温度的升高而增大，胶质、沥青质含量则降低。组分分析结果验证了，上部$J_3q_2^{2-1}$层动用程度较$J_3q_2^{2-2}$层高，$J_3q_2^{2-2}$层潜力仍较大。取心化验饱和度统计得出，试验区主力小层剩余油资源基础落实，取心剩余油饱和度平均43%，主力油层含油饱和度平均下降32%(表2)。

表2　取心井化验饱和度明细

层位	邻井总平均/%	取心井化验饱和度/%
$J_3q_2^{2-1}$	77.2	42.9
$J_3q_2^{2-2}$	70.1	43.8

2.3　水淹测井解释分析

在油藏开发中后期，长时间蒸汽注入带来了地层水矿化度、地层温度不确定性等问题，饱和度求取难度比较大。为解决这一问题，对Archie公式进行变形，基于地层电阻率、孔隙度、自然电位相对值及与吸汽层段顶的距离等四个变量，建立多元线性回归饱和度模型，利用自然电位相对值反映地层水矿化度的变化，与吸汽层段顶的距离也可以反应地层水矿化度变化及地层温度的变化，可以提高模型的计算精度。分层位含水饱和度计算公式如下：

$J_3q_2^{2-1}$层：

$$Lg(S_w)=3.875-0.650\lg(D+50)-0.487\lg(\Phi)-0.355\lg(R_t)-0.208\lg(\Delta SP)$$

$J_3q_2^{2-2}$层：

$$Lg(S_w)=-3.19+1.296\lg(D+70)-0.151\lg(POR)-0.172\lg(R_t)-0.183\lg(\Delta SP)$$

式中：S_w为含水饱和度,%；R_t为地层电阻率，Ω·m；Φ为孔隙度,%；ΔSP为自然电位相对值，f；D为与吸汽层段顶的距离，m。

利用新建立的孔隙度、饱和度解释图版，对4口取心井进行解释，解释结果与化验分析符合率93%，解释结果可靠。利用新建立的解释图版，对2016年完钻的9口更新井进行测井解释。新老井解释结果对比，更新井$J_3q_2^{2-1}$层平均含油饱和度48.4%，$J_3q_2^{2-2}$层平均含油饱和度47.7%，较原始含油饱和度分别下降34.8%、30.8%。

综上，通过密闭取心、岩心水洗状况分析、过套管电阻率和全谱剩余油测井等技术联合、综合分析$J_3q_2^{2-1}$层、$J_3q_2^{2-2}$两层蒸汽驱技术极限采出程度分别为：72.3%、70.4%，剩余技术极限可采储量分别为：6.49×10^4t、8.00×10^4t，具备调整潜力。

3　二氧化碳复合蒸汽驱驱油效率评价

3.1　二氧化碳基本驱油机理

CO_2气体驱油机理为：①调整注汽剖面。在注入CO_2过程中，气体首先进入超覆层段，占据井筒附近汽驱超覆孔隙体积，在连续注入高温蒸汽后，CO_2遇热体积迅速膨胀，形成相对高压腔，有利于注入的蒸汽向低渗层段扩展；②改善流度比；CO_2易溶于原油，试验结果表明，2~8MPa、100℃情况下，CO_2在普通稠油中的溶解度达到10~23Nm³/m³，原油黏度下降25%~50%，同时CO_2溶于水后，能起到油水间的传质作用，能明显改善油水相渗；③原油体积膨胀。CO_2溶于原油，在3MPa时，原油体积膨胀率在8.5%~11.7%。原油体积的膨胀易于摆脱毛管力的束缚，使不动油变成可动油，从而达到提高采收率的作用；④溶解气驱作用。在原油生产过程中，溶于原油中的CO_2在低于饱和压力以后，CO_2在原油中脱出，体积膨胀，占据了一定的孔隙空间，同时液体内产生气体驱动力，提高了驱油效果；⑤酸化解堵。CO_2溶于水后，呈现弱酸性，能与油藏中的碳酸盐反应，使注入井周围的渗透率得到提高，同时在一定程度上解除储层无机垢堵塞，疏通油流通道；⑥提高热效率。CO_2注入后占据汽驱超覆空间，减少热量向上部地层的扩散，扩大汽驱波及体积，使热量用于加热油层。

3.2　CO_2对原油物性及油水渗流影响研究

为了研究CO_2辅助蒸汽驱技术在稠油油藏应用中CO_2的辅助作用，开展不同温度、不同溶解CO_2气量条件下的PVT实验，系统研究了CO_2对稠油泡点压力、体积系数、相对密度、黏度等物性的影响，并分析总结CO_2作用机理。

试验结果表明随着温度和CO_2溶解气量的增加，原油的体积系数不断增加，相对密度逐渐减小。原油体积能够膨胀0.6~12.2%，相对密度降低了1.1~9.5%，原油黏度明显降低，降黏率最高可达到54.7%。说明溶解CO_2增加了原油弹性膨胀能量、降低了原油密度(图1)。

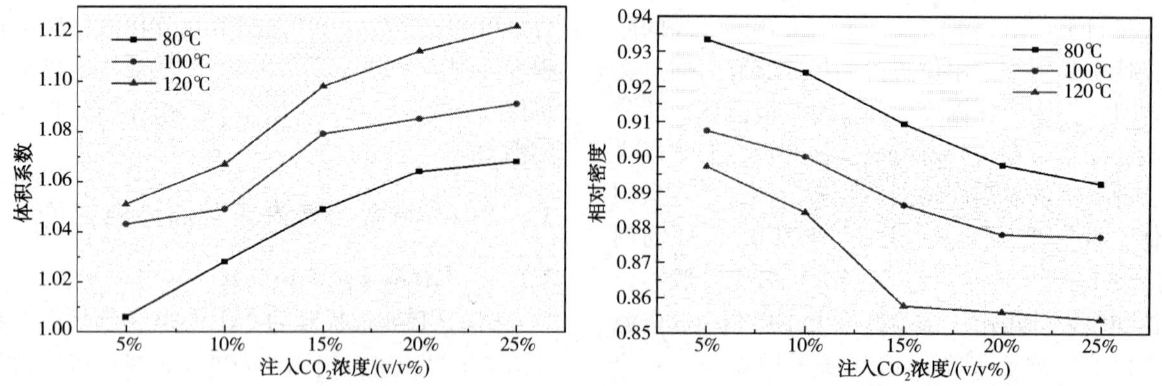

图1 不同温度及不同溶解气量下原油体积系数(左)及相对密度(右)

从油水相渗变化特征来看，热水驱条件下，油水两相渗流区域较窄，油相端点相对渗透率为0.804，残余油下的水相端点相对渗透率为0.433，等渗点含水饱和度为0.518，最终的残余油饱和度为0.271。加入CO_2后，油相端点相对渗透率减小到0.784，水相端点相对渗透率增加到0.583，等渗点含水饱和度上升至0.597。CO_2能够有效降低原油黏度，有效改善水油流度比，能够扩大油水两相共渗区，油水等渗点向右偏移；明显改善油水在多孔介质中的渗流特性，最终的效果就是起到扩大波及效率，提高洗油效率，降低残余油饱和度，从而提高原油采收率(图2)。

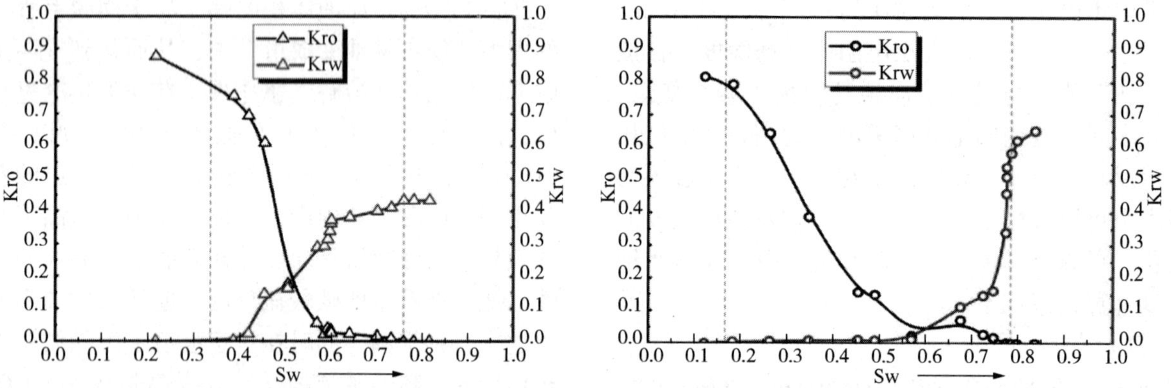

图2 相对渗透率曲线(热水驱为左图，热水+CO_2驱为右图，150℃条件下)

3.3 驱替方式及参数优化研究

(1) 不同注入方式优选

蒸汽与CO_2的注入方式主要是交替注和混注两种方式。通过物模实验研究了两种方式情况下的驱油效率，结果表明(图3)：混注驱油效率为57.65%；而交替注入的驱油效率在70%以上，最高甚至达到89%，混注的驱油效率明显低于交替注。采用交替注入，能在地层中形成有效的水气段塞，注入压力降低缓慢，在一定程度上保持了地层压力扩大了波及效率，有效增加了蒸汽和CO_2的注入量，延长了生产周期(图4)。

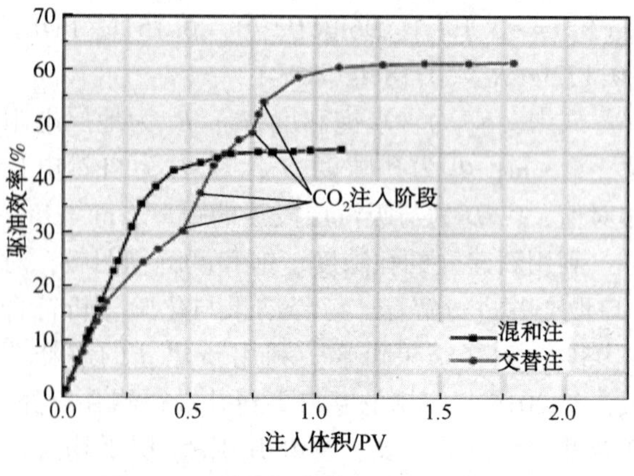

图3 CO_2混注与交替注驱油效率曲线

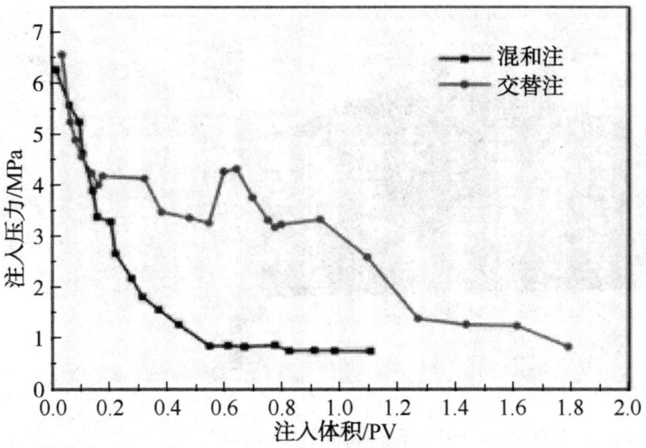

图4　CO_2混注与交替注压力对比曲线

（2）不同注入体积比例优选

室内实验研究表明(表3)，在驱替过程中蒸汽与CO_2的注入体积比为10：1时，采收率最大，为84.02%；蒸汽与CO_2的注入体积比为50：1时，采收率最小，为64.71%。这是由于注入蒸汽量过多，最终产生了汽窜，并且注入蒸汽过多会使稠油乳化现象严重，原油黏度不减反增，从而导致驱油效率较低。

表3　四种注气比例下注采参数对比

注气比例	注入CO_2量(PV)	注入蒸汽量(PV)	前期吞吐轮次	吞吐采收率/%	驱替采收率/%	最终采收率/%
5：1	0.53	2.65	11	3.8	66.26	70.06
10：1	0.47	4.70	8	5.0	84.02	89.02
25：1	0.19	4.67	11	4.2	78.55	82.75
50：1	0.17	8.54	13	11.8	64.71	76.51

4　二氧化碳复合驱矿场应用

4.1　复合驱井网优化

根据目前汽驱井网，设计了4套复合驱井网，分别为：①原反九点井网；②新反九点井网，原注汽井转为生产井，原角井转为注汽井；③反五点井网，利用井网老井，直接转换为反五点井网；④新反五点井网，井网井均为新钻井，且新钻井均部署在原注汽井—边井—角井三角区域中心位置。

数值模拟预测显示，注采井进行转换后形成新的反九点井网多介质复合驱效果最好，因此，多介质复合驱推荐注采井网转换后的反九点井网(表4)。

表4　不同井网形势下CO_2复合驱生产效果预测表

井　网	控制面积/m^2	单井组井数	累计产油/m^3	油汽比	最终采收率/%
原反九点井网	19600	4	56662	0.154	62.98
新反九点井网	19600	4	59594	0.158	66.24
老井反五点井网	10000	2	25758	0.139	57.26
新井反五点	10000	2	29289	0.151	65.11

4.2　开发层位优化

随着汽驱注汽时间的延长，蒸汽超覆现象越明显，后期蒸汽主要沿上部$J_3q_2^{2-1}$层突破。从汽驱中后期取心井岩心及数值模拟汽驱后剩余油饱和度场、温度场来看上部$J_3q_2^{2-1}$层汽窜通道已形成，且剩余油饱和度较低，下部$J_3q_2^{2-2}$层汽窜通道并未形成，动用程度较低。因此复合驱目的层调整为下部$J_3q_2^{2-2}$层，对上部$J_3q_2^{2-1}$层实施封堵(图5)。同时对射孔厚度2.7m、3.6m、4.5m、5.8m、7.2m进行了筛选，从预测单井产液水平来看(表5)，不同射孔厚度均可达到产液要求。从不同射孔厚度产量及油汽比预测结果来看，射孔厚度越小，累积产油越高，但见效所需时间越长；射孔厚度越大，前期产油水平越高，但蒸汽腔突破射孔段位置越早，有效生产时间越短，累积产油越低。射孔厚度小于3.6m后，前期油汽比低，且整体油汽比低。总体来看，射孔厚度在4~7m之间，生产效果最好。

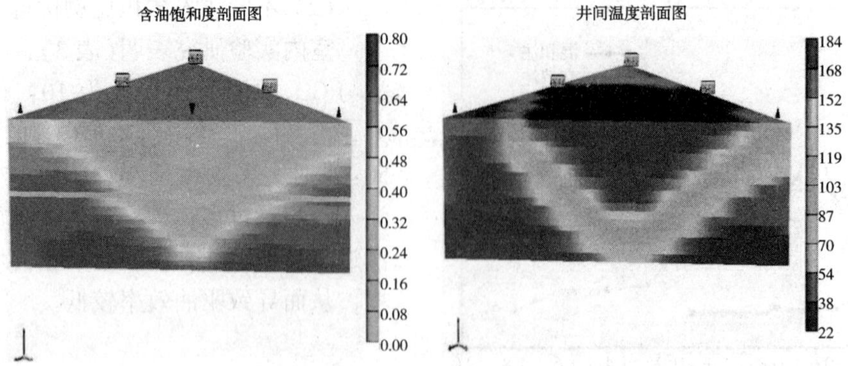

图 5　典型井组数值模拟汽驱末期井间含油饱和度、温度场剖面图

表 5　不同射孔方案产量预测表

方案	生产时间(d)	阶段产油(t)	阶段累注汽(t)	阶段油汽比(f)
射孔 7.2m	1364	11919	68250	0.175
射孔 5.8m	1485	12468	74250	0.168
射孔 4.5m	1706	13470	85500	0.158
射孔 3.6m	2023	14162	101250	0.140
射孔 2.7m	2555	15270	127750	0.120

4.3　注入参数优选

按油层厚度 20m，注汽速度 2.0t/d.m.ha 的参数技术，目标区注汽速度设计为 80t/d。实际生产条件下，受油层非均质性和汽窜影响，目标区注汽井平均注汽速度 50~59t/d，50~52t/d 时井组产油量最高，因此优选复合驱注汽速度 50t/d，后期蒸汽腔到达生产井油层顶部后，适当降低注汽速度 40t/d 左右。实验结果表明，段塞注入比混注驱油效率高，考虑到现场注入工艺，以小段塞的方式注入。数值模拟了 50t 蒸汽拌注不同二氧化碳量的产油量，结果显示注入 CO_2 后较注纯蒸汽见效时间更快，且峰值产油量更高。每 50t 蒸汽拌注 1t CO_2(1：10Sm^3/t)效果更好，增油量 2~3m^3/t。

根据非均质模型预测，新井网条件下，注二氧化碳辅助蒸汽开发比注纯蒸汽开发生产效果有明显提升，油汽比从 0.119 提高到 0.16，提高 34%，CO_2增油比为 1.7(表 6)。

4.4　矿场应用效果

2018 年底试验区投产运行，截止目前试验区累积增油 2.5 万吨，试验区单井日产油由 0.4t/d 提升至 1.3t/d，含水下降 2.0%，措施后井组产油水平均有明显提升，产油水平增幅在 0.9~4.5t/d 之间，整体指标向好(图 6)。

表 6　预测结果

方案	累计注汽/(10^4m^3)	累计注 CO_2/t	累计产油/(10^4m^3)	累计油汽比/(m^3/m^3)	增油比/(m^3/m^3)
注纯蒸汽	80.04	0	9.55	0.119	
注 CO_2 复合蒸汽	80.04	19110	12.80	0.160	1.7

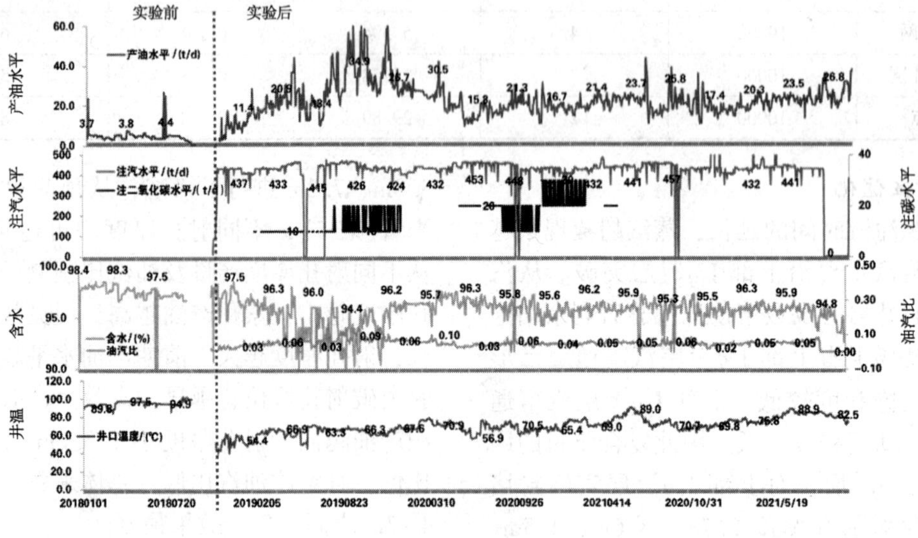

图 6　CO_2复合驱试验生产曲线

5 结论与认识

(1) 先导试验区累积增油 2.5 万吨，阶段采出程度 3.7%，试验区单井日产油由 0.4t/d 提升至 1.3t/d，含水下降 2.0%，取得初步成效，预计提高采收率 15%以上。

(2) 形成二氧化碳协同蒸汽驱技术序列，通过井网重构、层位调整、优化射孔，优化 CO_2 注入参数，引导稠油开发由“单介质”、“笼统注汽”向“多种介质”、“精细注汽”转型。

(3) 研究成果为蒸汽驱后期转换开发方式、未来吞吐转汽驱经济效益开发储备了技术，对于国内外稠油油藏热采开发综合治理提产、提质增效具有重要的借鉴意义。

参 考 文 献

[1] 张虎贲 . 稠油油藏蒸汽-CO_2 复合驱模拟实验研究[D]. 东营：中国石油大学，2011.

[2] 李兆敏，孙晓娜，等二氧化碳在毛 8 块稠油油藏热采中的作用机理 . 特种油气藏，2013(05)：122-124.

[3] 杨胜来，李新民，郎兆新，等 . 稠油注 CO_2 的方式及其驱油效果的室内实验[J]. 石油大学学报(自然科学版)，2001，25(2)：62-64.

[4] 陶磊，王勇，李兆敏，等 . CO_2/降黏剂改进超稠油物性研究[J]. 陕西科技大学学报，2008，26(6)：25-29.

[5] 李向良 . 温度和注入压力对二氧化碳驱油效果的影响规律试验[J]. 油气地质与采收率，2015，22(1)：84-87.

[6] 陶磊，李兆敏，张凯，等 . 二氧化碳辅助蒸汽吞吐开采超稠油机理-以王庄油田郑 411 西区为例[J]. 油气地质与采收率，2009，16(1)：51-54.

[7] 凌建军，黄鹏 . 非混相二氧化碳开采稠油[J]. 油气采收率技术，1996，3(2)：13-19.

[8] 唐亮 . CO_2 泡沫蒸汽驱油藏适应性研究[J]. 内蒙古石油化工，2012，9(2)：6-8.

浅层超稠油老区蒸汽吞吐后转驱泄开发提高采收率实践
——以克拉玛依油田九$_8$区齐古组超稠油油藏为例

刘　欢　郑爱萍　黄后传　敬思伟　李　玄

(中国石油新疆油田分公司)

摘　要　浅层超稠油油藏因原油黏度高、吞吐开发加热范围有限、注蒸汽热效率低，导致油藏采收率低。克拉玛依油田九$_8$区齐古组是超稠油油藏的典型代表，采用蒸汽吞吐开发30余年，采出程度仅22.3%，单井日产低、油藏递减大，继续吞吐效益稳产难度大。为改善其开发效果，对油藏进行综合调整治理，采用转驱泄复合开发的方式，提高注蒸汽的加热效率，建立高效泄油系统，形成分类调控方法，解决了超稠油老区吞吐后油藏动用不均、地层亏空大、蒸汽腔发育不均衡等一系列难题，油藏采收率大幅提升，由不足原来的不足30%提高至55%，实现了油藏由多井低效向少井高效的转变，为同类油藏开发提供了技术借鉴。

关键词　克拉玛依油田；齐古组；浅层超稠油；蒸汽吞吐后；驱泄复合；提高采收率

超稠油注蒸汽提高采收率的成熟技术包括蒸汽吞吐、蒸汽驱、蒸汽辅助重力泄油等技术。辽河油田针对中深层、巨厚层(油层厚度50~110m)油藏蒸汽吞吐采收率低的问题，采用蒸汽辅助重力泄油(直井-水平井组合VHSD)的接替开发方式实现了超稠油储量的有效动用、并大幅提高了油藏采收率，单井组产油水平在50~110t/d，油汽比保持在0.20以上，最终采收率将达到60.0%~65.0%。风城油田采用双水井SAGD的方式实现了在原始油藏条件下浅层超稠油油藏的有效开发，并取得了较好的效果，自2017年SAGD年产油量达到100×10^4t以来已实现稳产5年。而在注蒸汽吞吐后高采出程度的浅层超稠油老区，尚未有驱泄复合规模开发的先例。本文通过对九$_8$区超稠油油藏蒸汽吞吐后转驱复合开发油藏工程论证和有针对性地分类调控，扭转了九$_8$区吞吐末期的严峻生产形势、实现了油藏的高效开发，为相关油藏的开发提供参考。

1　油藏基本情况

1.1　油藏地质特征

克拉玛依油田九$_8$区齐古组油藏中部埋深160m，50℃原油黏度4970mPa·s，为浅层超稠油油藏。构造上为一受逆断裂控制的西北向东南倾单斜，地层倾角约为3°~9°。齐古组为辫状河流相沉积，发育$J_3q^2-1_2$+$J_3q_2^{2-2}$、$J_3q_2^{2-3}$、$J_3q_3$3套油层，层间隔层发育稳定，其中$J_3q_2^{2-1}$+$J_3q_2^{2-2}$油层分布范围广、厚度大且连续性好。

1.2　开发简况

九$_8$区自1986年投入吞吐开发试验、2005年以70×100m直井网大规模扩边开发，截至2018年底，平均吞吐周期为13.6，采出程度达到了22.3%，进入“双高”阶段，阶段油汽比由0.22降至2018年的0.08，单井日产油仅0.8t/d。

1.3　吞吐末期特征

油藏高轮次吞吐后井间汽窜频繁，试验区平均单井汽窜频次达17.8井次。吞吐末期亏空大、平均单井达1.5万方，地层压力降至0.6Mpa，压力保持程度仅为38.0%。

1.4　油层动用及剩余油分布特征

油藏储集层为反韵律，受储层非均质性及蒸汽超覆影响，纵向上，油层以上部$J_3q_2^{2-1}$层动用为主，$J_3q_2^{2-1}$、$J_3q_2^{2-2}$层上部高渗段动用程度高、电阻率下降明显，剩余油主要富集在$J_3q_2^{2-1}$底部及$J_3q_2^{2-2}$层中下部；平面上，吞吐直井动用范围有限，井间是剩余油的主要富集区。

2　驱泄复合开发模式

2.1　开发机理

在超稠油注蒸汽驱油过程中，存在蒸汽驱动力、重力、毛细管力这3种力。驱动力控制着油和蒸汽的水平运动，而重力引起油的垂向运动。驱泄复合技术通过直井连续注入蒸汽形成蒸汽腔，被加热原油在重力和蒸汽驱动力作用下，流至油层下部的水平井中被采出(图1)。

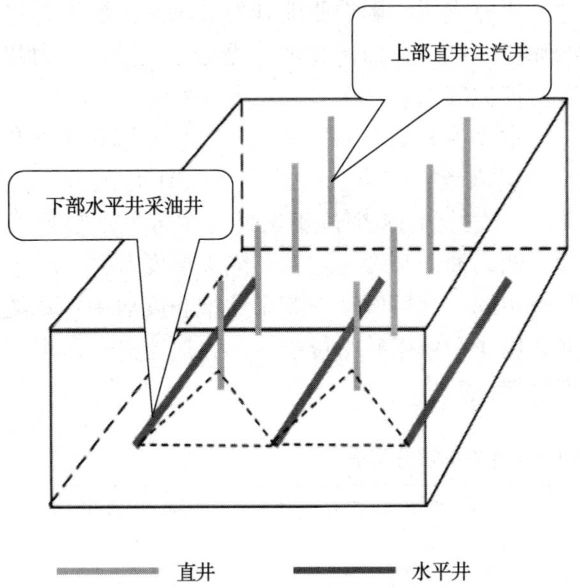

图1　驱泄复合开发机理模式图

2.2　井网模式

平面上，水平井位于直井井间，直井与直井间距70m，直井与水平井间距35m；垂向上，水平井位于直井侧下方，直井射孔底界距水平段5m，水平段距油层底界2m，形成直井注汽、水平井生产的井网模式。

2.3　油层厚度

对比了油价60美元时，不同油层厚度下、吞吐后不同接替开发方式的的净增油量，结果表明：连续油层厚度<10m区，适合直井汽驱；10m<连续油层厚度<20m区，适合VHSD开发；连续油层厚度>20m时双水平井SAGD方式最优(图2)。

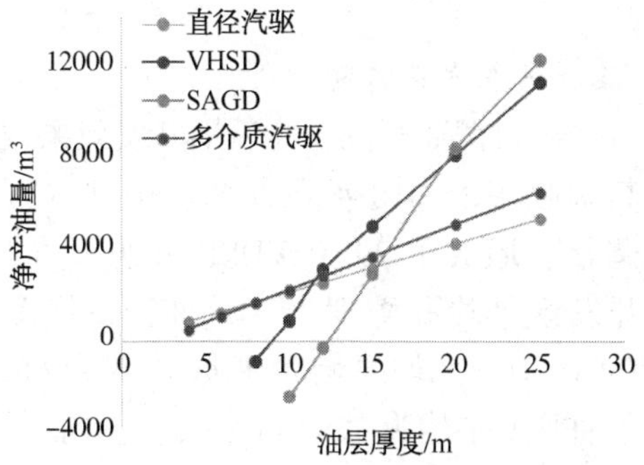

图2　不同油层厚度下不同开发方式下净产油量

2.4　水平段长度

对比了水平段长度为210m、280m、350m、420m不同情况下预测生产10年的生产效果，结果表明：水平段越长，累积采出程度越高，但当水平段超过350m后，累积采出程度增幅减少(图3)。考虑长水平段汽窜出砂风险，推荐水平段长度为280~350m。

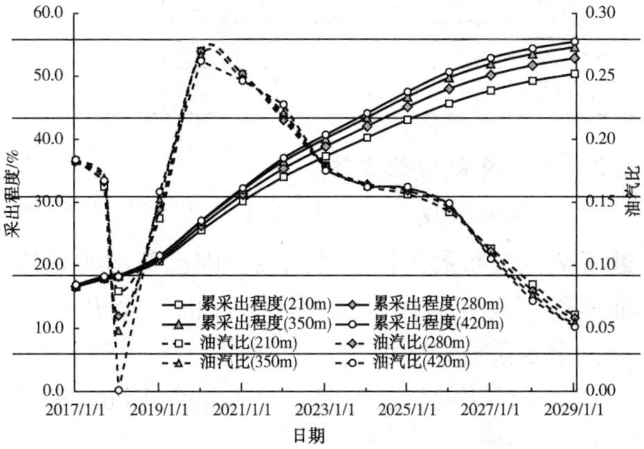

图3　不同水平段长度长度累采出程度、年油汽比对比图(预测10年)

2.5　开发阶段划分

研究表明，根据蒸汽腔发育过程，可将驱泄复合技术开发划分为4个阶段，即注采热连通阶段、蒸汽腔上升阶段、蒸汽腔扩展阶段和蒸汽腔剥蚀阶段(图4)。

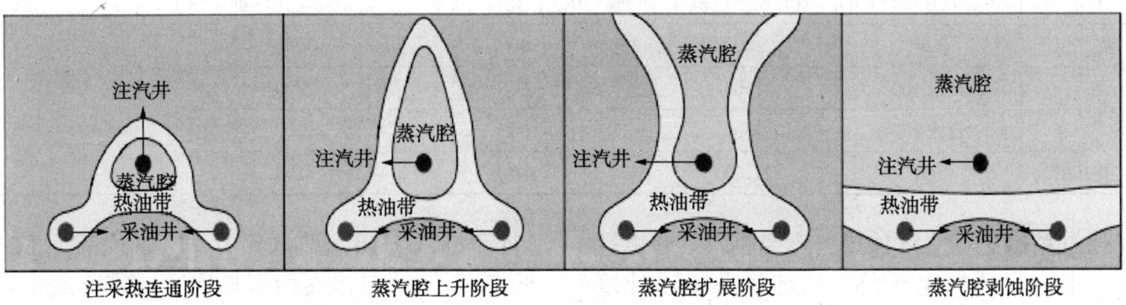

图4　驱泄复合技术开发蒸汽腔发育示意图

2.6 驱泄调整实施情况

为改善超稠油蒸汽吞吐后期开发效果及进一步提高采收率，2018年在九8区中部进行驱泄开发调整，形成了29个VHSD井组开发规模。驱泄开发区平均孔隙度为31.0%，平均渗透率为1409.0mD，平均原始含油饱和度为68.5%，50℃原油黏度平均为7294mPa·s，垂向/平面渗透率为0.5，储层强非均质性。

驱泄复合试验区VHSD井组水平井段长平均为283m，目标层位为J_3q_{22-1}+J_3q_{22-2}层，平面上直-直井距70m，直-平井距35m，垂向上水平段位于J_3q_{22-2}油层底部上方2~3m，直井射孔段与水平段无明显高差。

3 分阶段开发政策与优化调控

3.1 井组分类

研究表明，影响驱泄开发效果的主要因素包括油层厚度、含油饱和度、隔夹层、操作压力和盖层损失等因素。

本文主要结合油层厚度、剩余油饱和度以及隔夹层因素，将九$_8$区29个VHSD井组分为三类。一类井组18个位于试验区中部、油层厚度大、剩余油饱和度高；二类隔夹层发育井组处于东南边部，油层厚度、剩余油饱和度居中；三类强动用4个单层井组位于西部，油层薄、采出程度最高(表1)。

表1 九$_8$区驱泄复合试验区VHSD井组储层分类表

分类	井组数/个	油层厚度/m	采出程度/%	剩余油饱和度/%	水平段上方5m内夹层占比/%
一类井组	18	20.6	19.8	53.8	3.2
二类井组	7	17.8	23.1	49.5	7.3
三类井组	4	12.6	35.2	40.6	1.2
合计/平均	29	17.0	22.3	53.8	3.9

3.2 不同阶段调控方法

九$_8$区驱泄复合试验区VHSD井组目前整体处于蒸汽腔扩展阶段、井组蒸汽腔已基本实现顶部连通、成片。针对试验区历经的三个开采阶段，主要采取以下做法：

(1) 注采热连通阶段：直平组合注汽，实现均衡热连通

考虑到九$_8$区驱泄复合试验区亏空大、汽窜严重、直井已动用区压力低的特点，采用直井-水平井组合注汽预热方式，一方面可快速补充地下能量，另一方面可减轻直井已动用低压区蒸汽牵引作用、降低汽窜风险，同时控关外围边井，形成区域能量封隔、减少蒸汽逸散，实现水平段集中加热和均衡预热。

并结合试验区井组分类，进一步优化注汽参数，确保预热期实现水平井精准预热、高效连通：一类井组油层厚度大，直井提速提压强化注汽，水平井中速注汽加热水平段，实现均衡提温提压；二类井组隔夹层发育，针对发育稳定隔夹层的直井下封隔器选注下部，隔夹层不发育直井笼统与水平井同注，集中加热下部油层；三类井组层薄、动用程度高，采取低速低量注汽、防窜保压，确保水平段建立有效热连通(表2)。

表2 九$_8$区驱泄复合试验区VHSD井组分类预热注汽参数表

分类	直井注汽速度/(t/d)	直井轮注汽量/t	水平井注汽速度/(t/d)	水平井轮注汽量/t	注汽压力/MPa
一类井组	120	1800	200	3000	<3.5
二类井组	分注 100	1500	180	2700	
	合注 120	1800	180	2700	
三类井组	100	1200	180	2200	

通过精准组合注汽预热，热连通期单井组日产油8.1t/d、油汽比0.15，均超过方案设计值(日产油4.1t/d，油汽比0.11)，预热天数210天直-平井间即建立均衡热连通，热连通率达到

70%以上。

(2) 汽腔上升阶段：直井整体连续注汽，加速蒸汽腔形成

组合注汽预热后平均单井组地下亏空仍有0.9万方，地层压力恢复至0.8~1.0MPa左右、仍未达到方案要求的1.5Mpa。因此转驱初期采取整体注汽方式、快速弥补亏空、提升地层压力，加速蒸汽腔上升形成(表3)。

表3　九$_8$区驱泄复合试验区 VHSD 井组整体注汽参数表

分项	直井注汽井数/口	直井注汽速度/(t/d)	直井注汽压力/MPa	水平井采液速度/(t/d)	采注比
参数	4	40-50	1.5-2.0	40-50	0.5

受储层差异影响，整体注汽后分类井组见效时间差异大，跟踪数模表明注汽30天汽腔可初步形成：一类井组汽腔形态剖面上多呈锥形，二类井组剖面上呈现锥形-双锥形特征，三类井组剖面上多呈弓形(表4)。

表4　九$_8$区驱泄复合试验区 VHSD 井组整体注汽效果

分类	整体注汽驱替见效时间	蒸汽波及特征图
一类井组	注汽25天温压提升	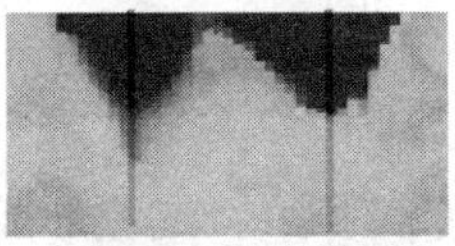
二类井组	注汽40天液量上升	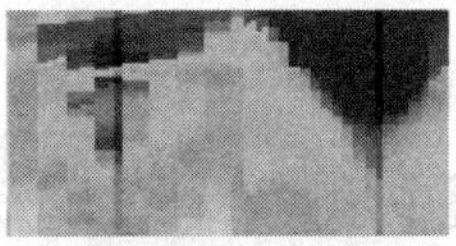
三类井组	注汽10天温度上升	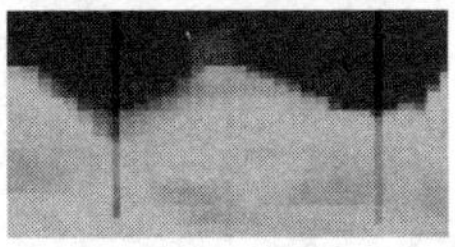

(3) 汽腔扩展阶段：分类精准调控，促进汽腔均衡发育

针对储层差异导致的汽腔形态差异，采取分类治理策略，调整汽腔均衡。

一类井组汽腔剖面上呈“锥形”，但立体形态差异较大，多呈现“理想锥形”、“柱形”、“小锥形”等状态。基于注汽井单个汽腔的形态分类，制定汽腔有序调整方式，促使汽腔逐步向“理想锥形”发育。一是整体提汽增压，提升操作压力至1.5MPa左右，现场措施后监测井显示全井段温度升高、表明汽腔有所扩展(表5)；二是单点吞吐引效，为汽腔发育腾挪空间。直井引效汽量1800t，引效速度120t/d，采注比1.2以上(表6)，现场实施了36井次，实施后水平段监测温度明显升高。

表5　九$_8$区驱泄复合试验区 VHSD 井组汽腔调控参数表

汽腔形态	初期		优化后	
	注汽压力/MPa	注汽速度/(t/d)	注汽压力/MPa	注汽速度/(t/d)
锥形	0.8~1.2	40~50	1.5~2.0	40~50
小锥形	1.0~1.5	30~40	1.8~2.0	50~60
柱形	1.0~1.5	30~40	1.5~1.8	40~50

表6　九$_8$区驱泄复合试验区 VHSD 井组直井引效参数表

直井轮引效汽量/t	直井轮引效速度/(t/d)	直井轮采注比
1800	120	>1.2

“暂堵+微压裂”储层改造技术是在 SAGD 应力扩容启动上发展形成的一项技术，是封堵调剖与水力微压裂扩容改造的有机结合技术，通过向水平井或直井注入高温堵剂暂堵高渗窜流通道，调整蒸汽波及方向，而后通过实施水力压裂改善低渗透储层，达到改善老区改善储层物性、提高水平段均衡动用程度的目的。

二类井组隔夹层发育处汽腔呈双锥形，通过实施“微压裂”扩容储层改造措施，加快隔夹层处汽腔发育、改善泄油通道。现场措施4井组次，典型井组措施后水平段前端隔夹层发育段温度升高20℃、动用程度提高18%、井组产液能力提升1倍。

三类单层、动用程度高井组，汽腔形成后即沿顶部发育、多呈弓形，通过实施交替注汽并控减注汽压力、速度，实现了水平井的稳定生产。同时实施“暂堵为主”的储层改造措施、暂堵高渗通道，提高对井组下部蒸汽弱波及区油层有效动用。现场措施3井组次，措施井组水平段温度下降10℃、单井组产油水平上升5.1t/d、含水下降了10%。

(4) 以采液能力为核心，稳定提液量扩汽腔

针对一、二类汽腔体积大、连通程度好泄油能力强的井组，以采液能力为核心，稳定提液扩腔，调控注采平衡。现场对16个井组开展逐级提冲次、更换大排量举升泵提液，措施井组采注比由0.5提升至0.8，采注比趋于合理，同时受液流牵引作用、水平段动用程度提高8%(图5)。

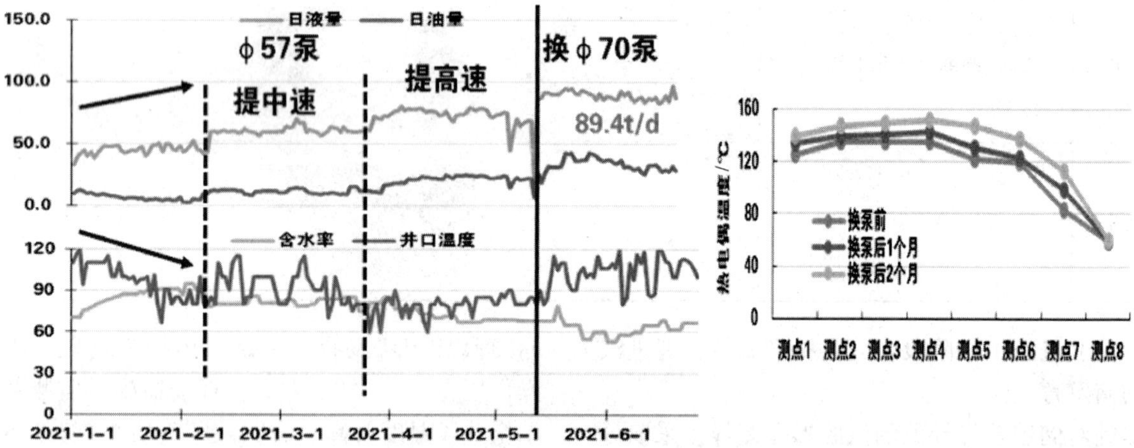

图5　典型提液、换泵井组 HWT98024 生产曲线及热电偶温度剖面

3.3　驱泄复合开发成效

(1) 转 VHSD 开发实现了吞吐老区产量、效益大幅提升

方式转换后，九$_8$区驱泄复合区产油水平由100t/d提升至290t/d，单井日产油0.8t/d提升至10.5t/d，阶段油汽比由0.08提升至0.11，完全操作成本由50＄/桶下降至42＄/桶。

(2) 转 VHSD 开发预计可提高吞吐老区采收率25%以上

对比继续吞吐开发，九$_8$区中部超稠油区转 VHSD 开发目前已效益增产油量21.5万吨，预计最终采收率将达到55%，较吞吐提高25%以上。

4　结论及认识

(1) 组合注汽预热、整体注汽提压可有效解决超稠油吞吐后转驱泄复合开发面临的亏空大、压力低、汽窜严重等问题。

(2) “暂堵+微压裂”储层改造措施对于改善隔夹层井组、薄层强动用井组汽腔发育形态及生产效果具有明显作用。

(3) 实践证明超稠油吞吐老区转驱泄开发是经济可行的。九$_8$区中部超稠油区通过方式的转换，实现了由“多井低效”向“少井高效”的成功转型，试验区已效益增产油量21.5万吨，最终采收率可提高25%以上。

参 考 文 献

[1] 武毅．辽河油田开发技术思考与建议[J]．特种油气藏，2018，25(06)：96-100.

[2] 岳清山．蒸汽驱油藏管理[M]．北京：石油工业出版社，1996.

[3] 魏桂萍，胡桂林，闰明章．蒸汽驱油机理[J]．特种油气藏，1996，3(S1)：7-11.

[4] 钱根葆，孙新革，赵长虹等．驱泄复合开采技术在风城超稠油油藏中的应用[J]．新疆石油地质，2015，36(06)：733-737.

[5] 孙新革，赵长虹，熊伟等．风城浅层超稠油蒸汽吞吐后期提高采收率技术[J]．特种油气藏，2018，25(03)：72-76+81.

携砂挤液技术在改善砾岩稠油油藏注蒸汽开发效果中的应用
——以六东区克下组Ⅲ类砾岩稠油油藏为例

敬思伟　郑爱萍　黄后传　刘　欢　李　玄

(中国石油 新疆油田分公司 重油开发公司)

摘　要　砾岩稠油油藏渗透率低、非均质性强，注蒸汽开发中油层纵向动用极不均衡，低渗层动用困难。克拉玛依油田六东区克下组稠油油藏属于典型的Ⅲ类砾岩稠油油藏，加之储层中黏土矿物膨胀导致注汽压力高、蒸汽注入困难，严重影响油藏的开发效果。本文通过对改造层段、改造规模、施工排量、压裂液体系、注采参数及返排系数的优化研究，形成适合砾岩稠油油藏的小规模、小排量携砂挤液分段改造技术。在六东区克下组油藏蒸汽吞吐开发区已实施携砂挤液措施28井次，措施后油井注吸汽能力明显提高，增油效果显著，单井日产油由0.8吨/天提升至1.9吨/天，平均单井周期增油155吨，为强非均质稠油油藏改善注蒸汽开发效果提供了借鉴。

关键词　砾岩；稠油油藏；注蒸汽；蒸汽吞吐；携砂挤液；分段改造

1　油藏基本情况

1.1　地质概况

克拉玛依油田六东区克下组油藏位于准噶尔盆地西北缘，油藏平均埋深430m，平均渗透率214mD，渗透率级差46，渗透率变异系数0.69，20℃平均原油黏度5378mPa·s，属强非均质性Ⅲ类砾岩普通稠油油藏。主要含油层系为S_7^2和S_7^3层，其中S_7^2层以砂砾岩为主，S_7^3层以砂砾岩、不等粒小砾岩为主。与常规砂岩稠油油藏相比，储层渗透率更低，非均质性更强，吸汽能力更差，且具有中强水敏性。

1.2　开发矛盾

(1) 储层非均质性较强导致纵向动用不均，低渗段剩余油难以动用

六东区克下组油藏属强非均质性储层，层内、层间渗透率级差较大，导致蒸汽在较发育的高渗通道内无效循环，低渗段难以得到有效动用，油井纵向动用不均现象严重(图1)。

(2) 地层中强水敏性，油井吸汽困难

六东区克下组油藏黏土矿物成分主要为高岭石，占比73.6%(表1)，岩石水敏评价为中等偏强(图2)，在长期注蒸汽开发后，水敏矿物膨胀形成地层堵塞，导致油井注汽压力升高、注汽困难，2014年后投产的加密井前四周期注汽压力明显高于老井同期(图3)，注汽质量无法得到保障，油藏递减逐年加大。

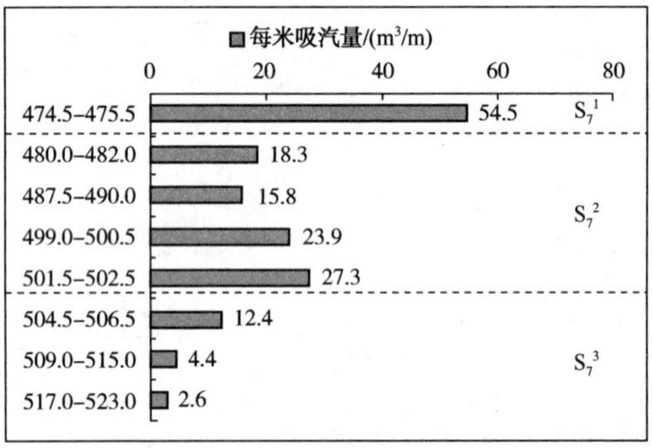

图1　典型井吸汽剖面

表1　六东区克下组油藏黏土矿物成分统计表

井号	样品数/块	黏土矿物含量/%			
		伊蒙混层矿物	伊利石	高岭石	绿泥石
65239	3	4.4	5.6	91.6	/
65189	8	21.0	5.3	55.7	18.0
平均		12.7	5.5	73.6	9.0

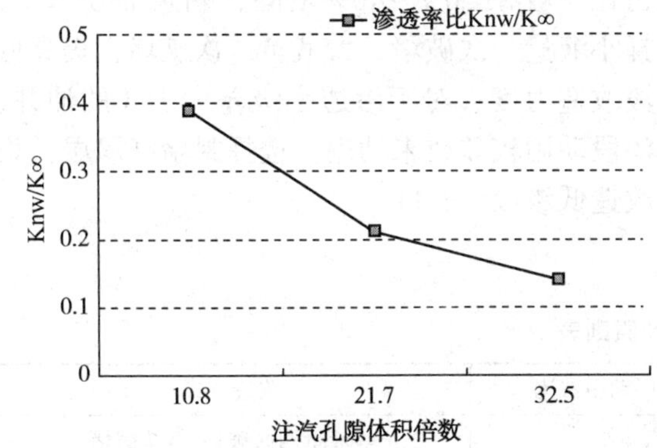

图 2　油藏岩心水敏分析图

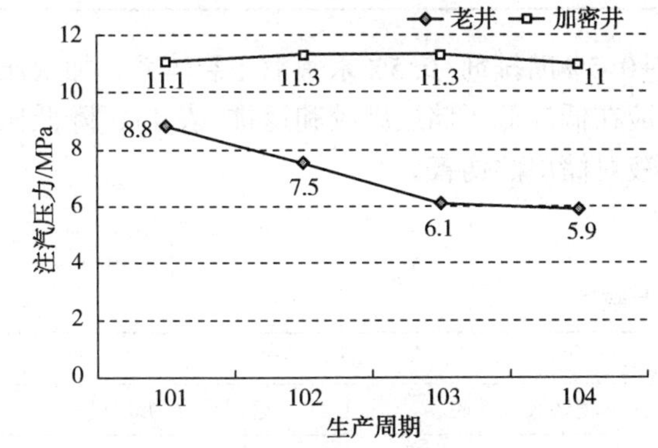

图 3　油藏老井与加密井注汽压力对比图

2　携砂挤液技术原理与参数设计

2.1　技术原理

借鉴常规稀油低渗油藏压裂改造提高储层渗流能力原理，在非均质性差异较大的浅层稠油油藏开展携砂挤液储层改造，通过前置液造缝、携砂液携砂支撑裂缝，结合暂堵压裂进一步改造低渗段，最终在近井地带形成人工裂缝，达到均匀改造储层、提高渗流能力的目的，改善储层吸汽能力，提升油藏注蒸汽开发效果。

2.2　技术优化

2.2.1　施工参数优化

(1) 改造规模优化：相对于常规压裂，六东区克下组油藏井距为 70m，大规模压裂易导致油井汽窜，结合该油藏吞吐开发有效动用半径 25~30m 的现状(图 4)，确立造缝范围为近井地带，裂缝半缝长优选为 5~10m，根据容积法(式 1)推算单井用液量。

$$V=\pi\times R^2\times h\times \varnothing \tag{1}$$

其中：V 为破堵液用量(m^3)，π 为圆周率，R 为半缝长(m)，h 为油层有效厚度(m)，$\varnothing$ 为有效孔隙度(%)。

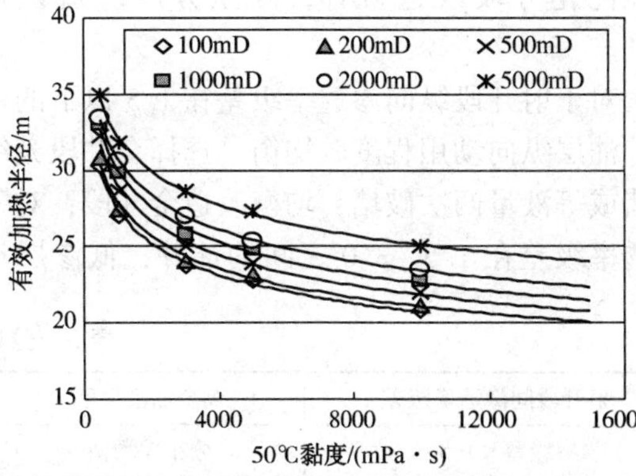

图 4　不同渗透率、原油黏度下吞吐有效加热半径(50℃)

(2) 施工排量优化：考虑到油藏埋深较浅，储层胶结相对疏松，为避免地层流体流速过高、孔道中沙粒运移导致油井出砂，采用小排量破堵工艺，再根据油层深度、地层破裂压力等计算施工排量，以 T65915 井为例(表 2)，最终确定将排量控制在 1.5~2.5 方/分钟，这样既可以避免油井出砂，又可达到储层改造效果。

表 2　T65915 井井口泵压计算表

泵注/(m^3/min)	液柱压力/MPa	破裂压力/MPa	摩阻损失/MPa	井口泵压/MPa
1.0	4.19	14.72	0.57	12.4
1.5	4.19	14.72	1.24	13.07
2.0	4.19	14.72	2.12	13.95
2.5	4.19	14.72	3.29	15.12
3.0	4.19	14.72	4.68	16.51
3.5	4.19	14.72	6.31	18.14

2.2.2　改造层段优化

针对油藏纵向非均质性较强的特点，采用封隔器、暂堵球分段破堵技术，实现细化小层破堵。

为研究各小层剩余油分布情况，针对性改造未动用段，需根据油层纵向动用程度将生产井的采油量进行合理的劈分。为了实现这一目的，利用油井每个射孔单层测井解释和已测试的吸汽剖面结果，统计地层系数与吸汽百分比之间的关系，发现地层系数与吸汽百分比之间具有较好的相关性。

根据以上研究结果，利用射孔单层地层系数 K×h 所占百分比对油井进行产量劈分，得到各小层采油量，明确各小层目前采出程度。再综合射开段渗透率级差、隔夹层发育情况及小层动用情况优化分段改造设计，确立分段改造设计原则。

对于射开段纵向渗透率级差在1.5以下的油井，油层纵向动用程度较均衡，选择全井段笼统破堵或等液量两次破堵，均衡改造全井段；对于渗透率级差在1.5~3.0之间的油井，低渗层动用占比一般在20%~40%之间，剩余油较丰富，选择小液量一次破堵、大液量二次破堵，提高低渗段改造力度；对于渗透率级差大于3的油井，低渗段动用较差或未动用，选择封堵高渗层，集中改造低渗段(表3)。

表3　分段改造设计原则表

射开段间渗透率级差	剩余油富集区	低渗层动用占比	改造方式
级差≤1.5	分布较均衡	>40%	等液量两次破堵/笼统破堵
1.5<级差≤3.0	低渗油层	≤40且>20%	两次改造，液量比例1∶2
级差>3.0	低渗油层	≤20%	封堵高渗层，改造低渗层

2.2.3　压裂液体系优化

针对地层水敏性中强、低温低压的特点，使用0.40%羟丙基胍胶+0.05%破乳剂+1.0%氯化钾+0.5%助排剂+0.5%杀菌剂压裂体系，加快压裂液在低温低压储层破胶和返排(表4)，降低压裂液对储层的伤害。

表4　解堵液性能参数表

序号	项目		指标	
			植物胶线性胶	合成聚合物线性胶
1	表观黏度/(mPa·s)		≥15	
2	增黏速率/%		≥85	
3	破胶液性能	破胶液表观黏度/(mPa·s)	≤5.0	
		破胶液表面张力/(mN/m)	≤28.0	
		破胶液与煤油界面张力/(mN/m)	≤2.0	
4	残渣含量/(mg/L)		<400	<50
5	与地层水配伍性		无沉淀，无絮凝	
6	破乳率/%		≥95	
7	降阻率/%		≥60	
8	排出率/%		≥35	
9	CST比值		<1.5	

注：助排性能可任选表面张力和排出率评价。

2.2.4　注采参数优化

(1) 注汽强度优化：对措施后注汽强度分别为80t/m、100t/m、120t/m、140t/m时的蒸汽吞吐效果进行了数值模拟计算，综合产油量和油汽比确定最优注汽强度为120t/m(图5)。

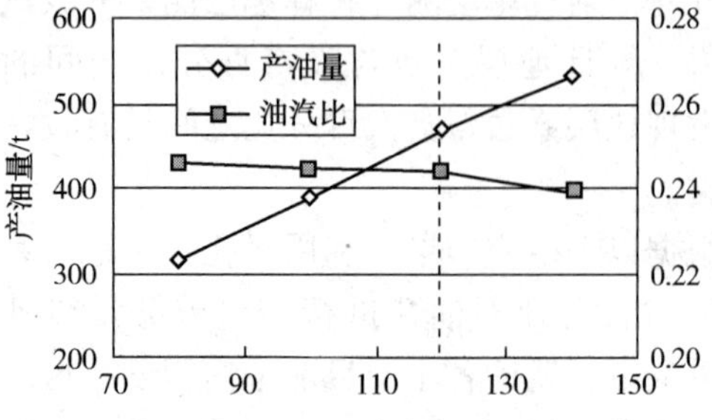

图5　注汽强度与产油量、油汽比关系图

(2) 返排制度优化：相较于常规稀油压裂后以油压为参考制定返排制度，稠油油藏埋深较浅、地层压力较低，措施后油压基本在2MPa以下，参考意义不大，因此携砂挤液后返排制度主要以日返排液量为参考(表5)。

表5　返排制度优化表

日产液量/(t/d)	油嘴/mm	备注
大于15	2.0	观察有无支撑剂返吐
12~15	3.0	若有支撑剂返吐换2.0mm油嘴
8~12	4.0~6.0	若有支撑剂返吐换3.0mm油嘴
<8	大油嘴	

3 矿场应用效果

3.1 总体应用效果

2020 年~2021 年应用携砂挤液技术在六东区克下组油藏实施 28 井次 54 级，共注入复合破堵液 3710.5m³、砂量 156.2m³，施工压力在 7~13MPa 之间，平均为 9.3MPa。完工后 28 口油井平均注汽速度 98 方/天，较上周期提升 14 方/天，注汽速度得到提升，油井吸汽能力明显增强（表 6）；单井日产油由 0.8 吨/天提升至 1.9 吨/天，平均单井周期增油 155 吨，增油效果显著（表 7）。

表 6 携砂挤液措施前后注汽数据对比

井数/口	措施上一周期平均单井			措施后周期平均单井			单井日增油/(t/d)
	日产液/(t/d)	日产油/(t/d)	含水/%	日产液/(t/d)	日产油/(t/d)	含水/%	
28	6.9	0.8	88.1	9.3	1.9	79.7	1.1

表 7 携砂挤液措施前后生产数据对比

井数/口	措施上一周期平均单井		措施后周期平均单井		注汽速度上升/(t/d)
	注汽速度/(t/d)	注汽压力/MPa	注汽速度/(t/d)	注汽压力/MPa	
28	84	9.0	98	9.2	14

从 T65542 施工同步微地震监测结果来看（图 6、图 7），两级破堵均有效启裂地层，半缝长在 3~4.3m 之间，缝高在 8~15m 之间，得了储层改造效果。

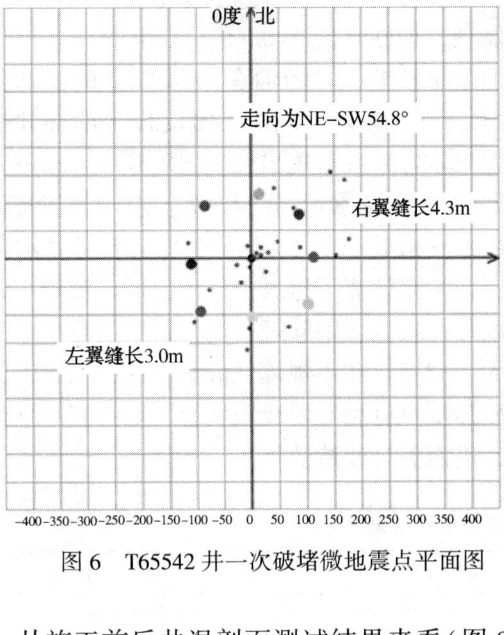

图 6 T65542 井一次破堵微地震点平面图

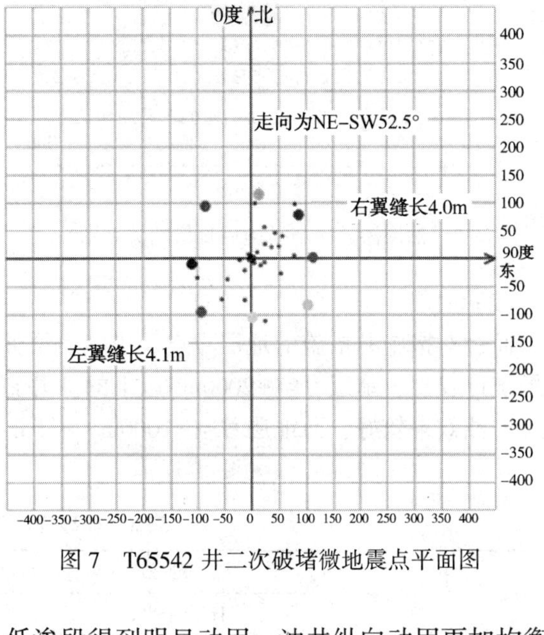

图 7 T65542 井二次破堵微地震点平面图

从施工前后井温剖面测试结果来看（图 8），低渗段得到明显动用，油井纵向动用更加均衡。

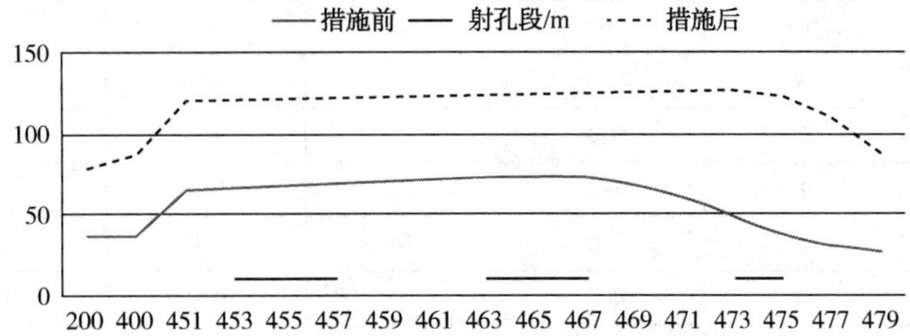

图 8 措施井前后井温剖面测试结果图

3.2　影响因素分析

(1) 渗透率

通过对措施井油层渗透率及措施后增油效果统计发现，平均渗透率在 100~170mD 的油井施工后增油效果较好(图 9)，分析认为：渗透率 100mD 以下的相对低渗井受最大施工压力限制，改造力度有限，增油效果较差；渗透率在 100~140mD 之间的相对中渗井施工压力达到地层破裂压力，全井段均得到一定改造，低渗、未动用段吸汽比例增加，高渗、高采出程度段吸汽比例相应减小，增油效果较好；而渗透率 170mD 以上的相对高渗井在小排量携砂挤液过程中，由于施工压力低，低渗、未动用段未得到有效改造，仅高渗、高采出程度段得到改造，纵向动用不均现象更加突出，增油效果较差。

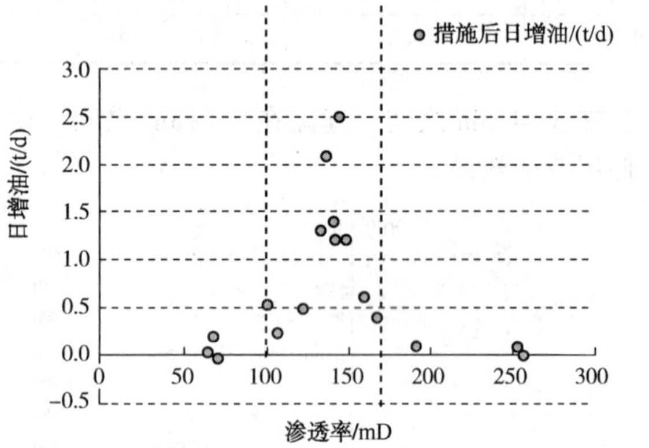

图 9　油层渗透率与措施后日增油关系图

(2) 地层亏空

通过对措施井措施前地层亏空及措施后增油效果统计发现，地层亏空+2000m³ 以上的油井施工后增油效果较好，而地层亏空−1000m³ 以下的油井日增油均在 0.5t/d 以下(图 10)，分析认为：地层不存在亏空的油井在施工过程中地下存水被破堵液挤入地层，对施工压力的提升有正向作用，提高一定的造缝效果；而地层存在亏空的油井由于近井地带能量下降，大量破堵液用于填补地层亏空，导致造缝效果低于预期，增油效果差。

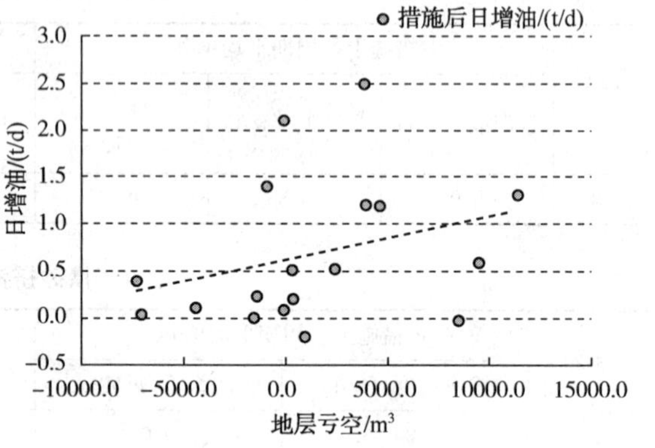

图 10　地层亏空与措施后日增油散点图

(3) 加砂强度

通过对措施井加砂强度及措施后增油效果统计发现，加砂强度在 0.4t/m 以下的油井措施后普遍效果较差，日增油在 1t/d 以上的油井仅占 29.4%；而加砂强度在 0.4t/m 以上的油井措施后效果较好，且呈现出加砂强度越大、增油效果越好的趋势(表 8)。分析认为：对于常规特低渗地层，一般追求造长缝，增大原始裂缝沟通范围，而六东区克下组属中低渗地层，渗透率、孔隙度相对较高，解除近井地带污染的意义大于造长人工裂缝。在小规模低液量改造的前提下，高加砂强度更有利于形成短宽缝，增强裂缝导流能力，进而提升改造效果。

表 8　加砂强度与措施后日增油统计表

加砂强度/(t/m)	总井数/口	不见效		效果一般		效果较好	
		日增油≤0t/d		0t/d≤日增油~0.5t/d		日增油大于 0.5t/d	
		井数/口	占比/%	井数/口	占比/%	井数/口	占比/%
0.2~0.3	3	0	0	3	100.0	0	0.0
0.3~0.4	14	6	42.9	3	21.4	5	35.7
0.4~0.5	6	0	0.0	1	16.7	5	83.3
0.5~0.6	2	1	50.0	0	0.0	1	50.0
0.6~0.7	2	0	0.0	0	0.0	2	100.0
0.7~0.8	1	0	0.0	0	0.0	1	100.0
合计	28	7	25.0	7	25.0	14	50.0

4 结论及认识

（1）携砂挤液措施后油井注吸汽能力明显提高，增油效果显著，在六东区克下组砾岩稠油油藏实施后，单井日产油由0.8吨/天提升至1.9吨/天，平均单井周期增油155吨，显著提高了强非均质砾岩稠油油藏注蒸汽开发效果。

（2）形成的小规模、小排量携砂挤液分段改造技术，适于强非均质砾岩稠油油藏，能够有效预防破堵规模过大导致汽窜、施工排量过高导致出砂的问题，明显改善了砾岩稠油油藏储层渗透性，提高低渗油层的吸汽能力，扩大蒸汽波及体积。

（3）优化选井原则及加砂强度是携砂挤液技术成功的关键。油层渗透率在100~140mD之间、地层不存在亏空的油井携砂挤液后注蒸汽开发效果改善明显；在破堵液悬砂能力允许的范围内尽可能的提高加砂强度，更利于形成宽短缝、提升改造效果。

参考文献

[1] 王红霞，戴凤春，林增斌．冷家稠油井压裂工艺及效果分析[J]．油气井测试，2004(02)：55-56+77.
[2] 刘伟，郑志．辽河油田压裂辅助稠油热采矿场试验初探[J]．石油钻采工艺，2004(S1)：26-27+81.
[3] 蒋海岩，刘召，袁士宝，田相雷，张丁涌．水敏性低渗透稠油薄油层压裂改造方法[J]．新疆大学学报(自然科学版)，2017，34(03)：299-302.
[4] 何春明，吴刚，卢昊，钟小军，张明，孟杰，郭朝霞，周旭．一种低渗稠油油藏储层改造技术[J]．钻井液与完井液，2018，35(01)：105-108.
[5] 彭传波，黄志宇，鲁红升，权红平．油田压裂用羟丙基胍胶的合成及性能评价[J]．精细石油化工进展，2009，10(03)：9-11.

浅层超稠油SAGD热溶剂萃取开发技术

杨兆臣[1]　马小梅[1]　张　康[1]　关　心[1]　刘　伟[2]

(1. 中国石油新疆油田分公司；2. 中国石油西部钻探工程有限公司)

摘　要　重1井区齐古组属浅层超稠油油藏，采用双水平井SAGD开发方式，油藏东部由于地层微裂缝发育，钻井过程中钻井液漏失严重，为防止注入蒸汽在井间和地面窜扰，完钻井组至今未能投产，需要探索新型SAGD开发方式。热溶剂萃取技术为低压、低碳开采新技术，国外已开展现场试验，产能与蒸汽开采相当，碳排放比注蒸汽低80%。以物模实验和数模表征为手段，经综合评价，该技术在本区具有良好适应性。采用电加热辅助热熔机萃取方式，以LPG为溶剂体系，预热阶段IP井同时加热，生产阶段IP井持续加热辅助溶剂萃取，生产可划分为溶剂腔上升、扩展和下降3个阶段，生产后期采用升温降压氮气置换。预测采收率63.7%，税后内部收益率6.05%，项目经济可行。

关键词　浅层稠油；SAGD，电加热，溶剂萃取

1　基本情况

1.1　技术发展现状

双水平井SAGD(Steam Assisted Gravity Drainage)，是指垂向平行的水平井对，蒸汽从上方的水平井注入油藏，被加热的原油和蒸汽冷凝液从油藏底部的水平井产出的采油方法，在加拿大等国外油田及新疆油田已得到工业化应用。

溶剂萃取是指在油藏条件下，由于液态溶剂或超临界流体对原油中各组分有选择性的溶解度，即溶剂对油组分有较大的溶解度，但对胶质、沥青质却几乎不溶，使其可以在油藏中发生萃取过程，从而使原油被分成抽提油液相和重质油沉淀相，再利用重力作用和密度的差异，使油液相被采出。

稠油溶剂萃取开采技术(VAPEX：Vapor Extraction)是由加拿大石油专家Butler等人于20世纪80年代率先提出的一种稠油开采技术，其衍生技术包括N-SOLV和ESEIEH技术，这两项技术在加拿大均已经进入了现场试验，并取得了较好的效果。

1.2　油藏基本情况

重1井区位于风城油田的中东部，油藏平均埋深265m，属受断层切割的浅层超稠油断块油藏，开发层位为$J_3q_2^{2-1}$+$J_3q_2^{2-2}$层。于2012年采用双水平井SAGD方式投入开发，开发10年来，取得了良好的开发效果。2017年，该油藏东部新井钻井过程中，出现了严重的钻井液漏失问题，导致完钻的7个井组至今未能投产，造成严重的储量和产能损失。分析认为，漏失区域处于东部边界断层附近，裂缝和次生裂缝发育，地层承压能力弱，是造成钻井漏失的根本原因。

2　技术机理

2.1　工艺原理

稠油热溶剂萃取(N-SOLV)井网结构与双水平井SAGD相同，即包含一个水平井对，注入井位于生产井的正上方，垂向距离生产井水平段5m左右，生产井通常位于油层底部，距油层底界1~2m。气化烃类溶剂通过上部的注入井注入，并溶解稠油，使其黏大幅度降低，在重力作用下流至油层下部的生产井而采出。注入井周围的原油流出后，在近井地带的多孔介质孔隙空间充满了烃类溶剂，形成一个溶剂腔。随着生产的进行，溶剂腔不断增大，从而实现有效开采(图1)。

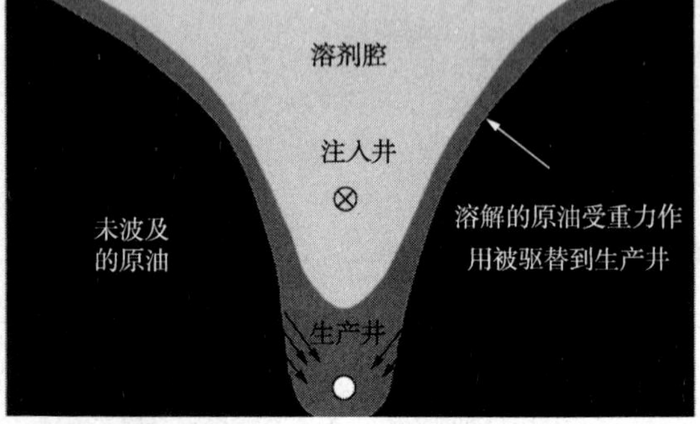

图1　N-SOLV开采原理示意图

注入的轻烃溶剂在采出液到达地面后经过加热又能够被分离出来，并循环注入地层中。与蒸汽辅助重力泄油(SAGD)技术相比，N-SOLV 地面工艺简单，所需设备成本较低，操作方便(图2)。

图2　N-SOLV 地面工艺示意图

2.2　物模实验

采用二维模型进行热溶剂萃取物理模拟实验，溶剂为 LPG，模型初始含油饱和度 88%。预热阶段通过电加热棒持续加热 IP 井，IP 井间测温达到要求后，转入生产。生产阶段持续向 I 井注入 LPG，且井内电热棒保持加热；P 井在井内电热棒持续加热的条件下以 2MPa 背压进行生产。

温度场显示，初期电加热可以实现预热启动；生产初期注入溶剂在 I 井附近高温下气化，并向油层顶部超覆，溶解在原油中并下泄；生产中期溶剂热焓有限，但溶剂的扩散能一定程度促进热扩散；生产中后期溶剂的超覆促进了热场往顶部拓展(图3)。

热溶剂萃取过程中，高碳数的气体溶剂溶解在原油中，形成明显的泡沫油现象，泡沫油大幅提高原油流动性和原油的弹性能量，从而实现快速生产。物模实验原油采收率 74.3%，溶剂回采率 86.83%，溶剂换油比 9.34(ml/ml)，高于国外水平。

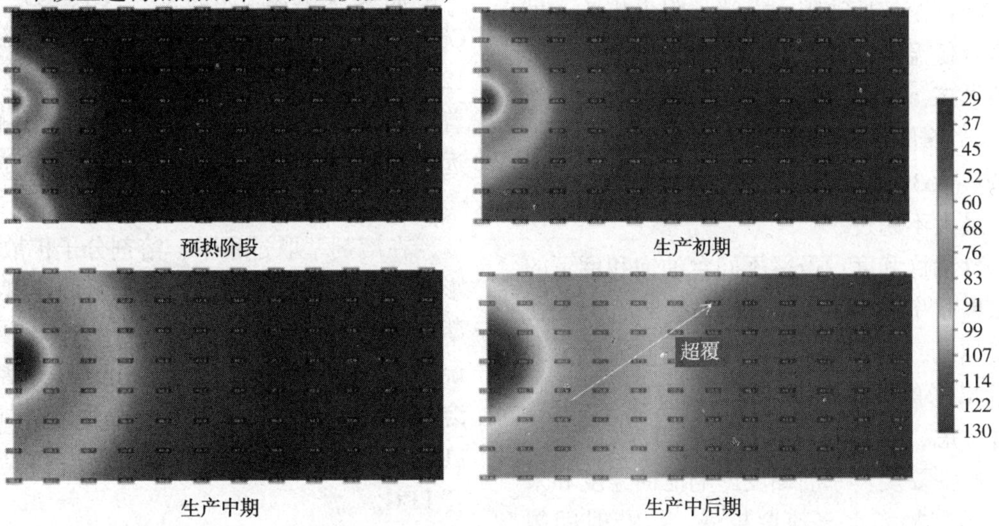

图3　溶剂萃取不同阶段温度场

3　热溶剂萃取适应的油藏条件

基于重1井区东部储层及流体参数，设定数值模型的基础参数为油层孔隙度 30%、渗透率 1500mD、含油饱和度 70%、油层厚度 25m、原油黏度 2 万 mPa·s。采用电预热启动，操作参数参考后面章节的优化结果。通过数值模拟，分别针对油层有效厚度、渗透率、渗透率级差、含油饱和度、原油黏度等影响生产的关键参数开展了多因素敏感性评价，明确了热溶剂萃取适应的油藏条件。

(1) 有效厚度：分别对比了 8m、10.5m、12m、13.5m、15m、16.5m 条件下的日产油与采收率变化。模拟结果表明，8m 条件下日产油仅 5t/d，采出程度 61%，远低于 10.5m 情况，故有效厚度应不小于 10m(图4)。

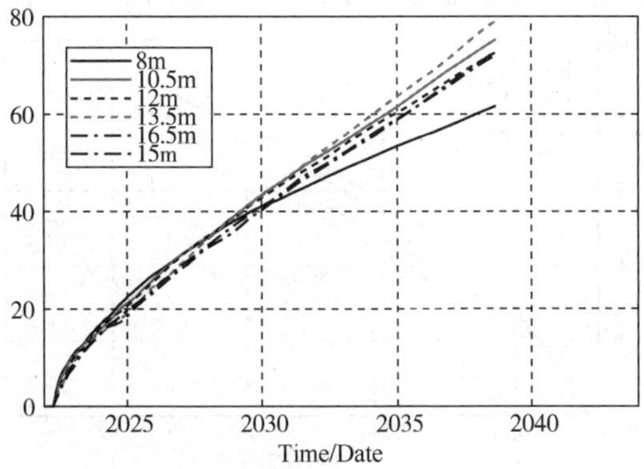

图4　有效厚度与采出程度关系图

(2) 渗透率：分别对比了渗透率从 500mD 到 1000mD 的采出程度，渗透率与采出程度正相关(图 5)，考虑生产效果和经济效益，渗透率下限需大于 800mD。

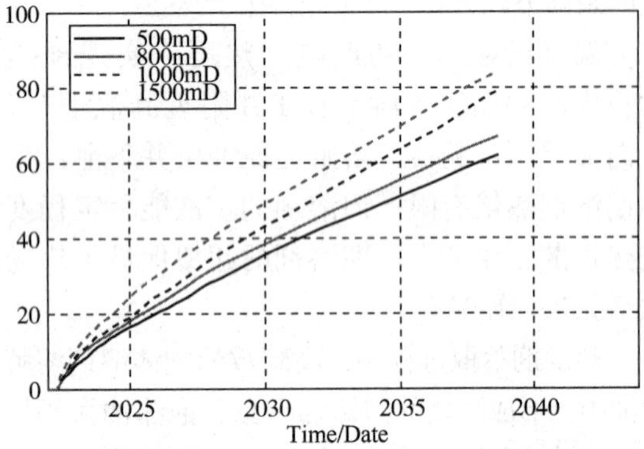

图 5　渗透率与采出程度关系图

(3) 渗透率级差：渗透率级差主要与溶剂上升阻力、溶剂溶解原油阻力及泄油阻力相关，虽然溶剂适合低温操作生产，但渗透率级差依然影响溶剂腔形态。模拟水平段渗透率级差为 1、2、3、4、5、6 条件下预测采出程度分别为 78%、75%、70%、63%、59%、45%，渗透率级差越小越好，最大不超过 5。

(4) 含油饱和度：虽然不同含油饱和度下的溶剂萃取采收率都能达到近 80%(图 6)，但是含油饱和度越低，溶剂油比越高，即相同注入量的溶剂携带出来的原油越少，造成溶剂利用率下降，综合考虑，含油饱和度下限为 60%。

(5) 原油黏度：原油黏度影响泄油速度和采油速度，黏度越高生产速度越慢，生产时间越长。生产同量的原油，原油黏度 8 万 mPa · s 比 0.5 万 mPa · s 滞后 9 年(图 7)，严重下降的产量限制了项目的经济性。按溶剂油比不超过 8 测算，原油黏度需低于为 10 万 mPa · s。

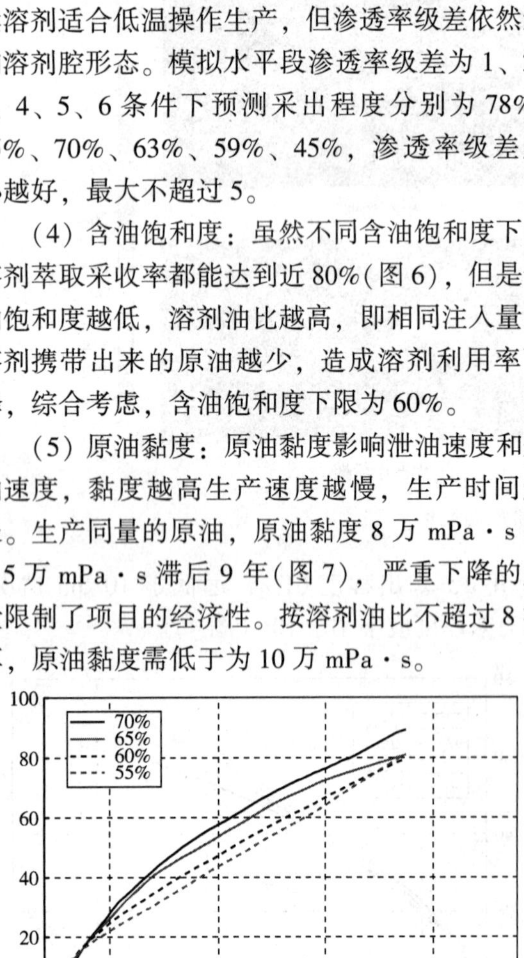

图 6　含油饱和度与采出程度关系图

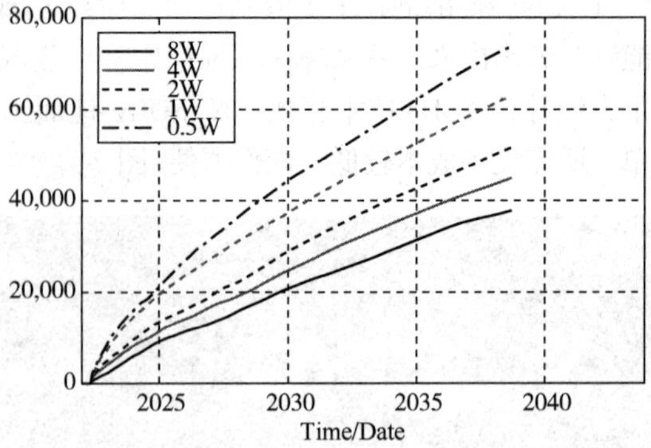

图 7　原油黏度与累产油关系图

4　溶剂筛选

(1) 不同溶剂降黏率评价

黏度对溶剂的扩散能力和 IP 井间的泄油能力均有较大影响。对于重 1 井区东部原油，开展了溶剂质量浓度 5% 的 C3、C4、C5、C6、C7、C8、LPG 与原油混合条件下的黏温关系测试。120℃时，LPG 降黏率介于 C3 和 C4 之间，且随着碳数增加，降黏率逐渐下降，考虑 LPG 成本远低于 C3 和 C4，优选 LPG 为萃取溶剂。

(2) 不同溶剂扩散能力评价

在溶剂萃取过程中，溶剂分子扩散能力直接影响稠油吸收的溶剂蒸汽量与吸收速度，对溶剂萃取产量具有重要影响。开展甲烷、乙烷、丙烷、正丁烷、LPG 与原油的分子扩散系数测试，溶剂随着碳数增加扩散系数明显增加，丙烷、LPG、丁烷分子扩散能力几乎接近，故推荐 LPG。

(3) 不同溶剂相态特征与油藏操作压力分析

机理模型研究表明，溶剂需要在近井地带和井筒发生相变气化，才能产生明显的超覆作用，发挥溶剂的最大功效。LPG 主要成分为甲烷、丙烷、丁烷，开展 LPG 在重 1 稠油中的相态实验，LPG 两相区的液化线介于丙烷与丁烷之间，而气化线远高于丙烷、丁烷，LPG 满足本区的温压操作条件。

(4) 不同溶剂与原油对流传质性能评价

溶剂萃取过程中，轻质溶剂与稠油在溶剂腔表面发生逆流(对流)传质作用，传质性能越好，则泄油速度、溶剂腔上升速度以及产量越高。LPG 在亚临界(120℃、4MPa)状态下，对流传质系数为低温低压下的 9000 倍，故推荐在亚临界条件下注入 LPG 溶剂体系。

综合以上分析评价，本区热溶剂萃取选用 LPG 为溶剂体系。

5 预热启动工艺及参数优化

5.1 预热方法的选择

建立实际非均质井组模型，模拟 IP 井同时电预热和常规蒸汽循环预热，结果表明，电预热优势为加热均匀、热对流减少、热传导提高，相比蒸汽强对流加热更适合本区情况，故选择 IP 井同时电加热启动方式。

5.2 电预热前处理工艺

IP 井预热前，首先使用高温蒸汽洗井一周，将井筒内原油与泥饼清除。二是将井筒饱和注入水，根据 SAGD 井对 Bullheading 焖井实践，漏失性地层裂缝发育，饱和水最高压力要远低于油层裂缝开启压力。同时，为防止饱和井筒过程中水蒸汽上浮造成井筒上方原油快速向下流入井筒，采用干度在 0%~5%之间的低干度蒸汽。注入量过大，易发生漏失，故注入量仅需饱和井筒水平段即可。

5.3 电预热启动的操作参数优化

根据井筒附近积油饱和度变化模拟，饱和注入水一个月时，井筒内已经几乎全为下泄的热油(图 8)，而水蒸汽已经高温加热为高干度蒸汽进入油层，为防止井筒内大量原油积累产生的安全风险，需每 1 个月排液、注水替换一次。

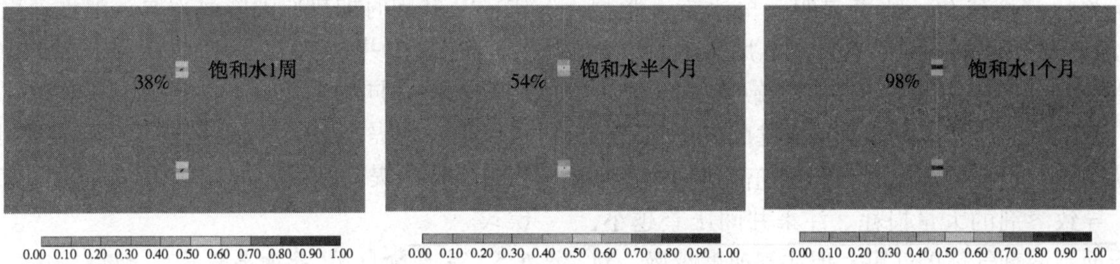

图 8　饱和水后不同时间井筒含油饱和度剖面图

循环替液时，排液速度 100~150t/d，注入速度 80~100t/d，排液时间 3~4 天，期间保证 I、P 井的排液压力相同。当含水达到 98%以上时，再注汽 3 天饱和井筒，当原油已经明显推离井筒，重新开始电预热。

按照上述优化结果进行电预热，重 1 井区 50℃黏度 1.96 万 mPa·s 下预热连通时间约 200 天，经焖井法判断井间热连通形成后，可转入生产阶段。

6 生产阶段关键参数优化和加热模式

6.1 操作压力上限

(1) 根据钻井漏失情况计算地层起裂压力，确定注溶剂操作压力上限

重 1 井区东部油层漏失压力计算结果表明，实际漏失压力最低 4.86MPa(表 1)，考虑实际操作中压力波动及相变，确定最高注溶剂压力不超过 4MPa，较油层漏失下限低 0.86MPa。

表 1　重 1 井区东部齐古组油层内部漏失压力计算表

井号	钻井液密度/(g/cm³)	漏失井段/m	对应垂深/m	漏失压力/MPa
FHW * * 8P	1.15	662-957	473.5	5.45
FHW * * 8I	1.10	800	466.8	5.13
FHW * * 9UP	1.17	1047	457.4	5.35
FHW * * 0UP	1.08	525	449.8(油层顶部)	4.86
FHW * * 2P	1.15	877~920	478.0	5.5
FHW * * 3P	1.16	780~935	466.4~466.6	5.41
FHW * * 3UP	1.10	860	458.5	5.04
FHW * * 7UP	1.08	1030	461.6	4.99

(2) 不同生产阶段的注入压力优化

利用数值模拟，优化生产各阶段的注入操作压力，指导现场操作。

溶剂腔上升阶段：近井地带温度较低，溶剂

更容易液化，需要保持较低的操作压力，控制在3.0~3.5MP。

溶剂腔扩展阶段：近井地带高温范围扩大，溶剂在井筒出口气化能力更高，提高操作压力到3.5~4.0MPa，加速溶剂溶油与泄油。

溶剂腔下降阶段：相邻溶剂腔之间合并，为减少溶剂窜流漏失，提高回采率，降低操作压力到3.0~3.5MPa。

溶剂腔下降末期：改为氮气置换溶剂，操作压力进一步下降到2.0~2.5MPa。

6.2 注采井间压差

注采井间压差主要取决于IP井距和井间油层渗透率，分别针对渗透率、井距进行了注采井间压差的模拟优化。结果表明，与注蒸汽常规SAGD相比，溶剂萃取过程中，I井气化的溶剂气体对IP井距和井间渗透率更为敏感。

注采井间压差过大，易造成井间气窜和产量波动剧烈，大幅的产量波动会伴随高速的溶剂采出，导致溶剂的大量损耗。注采井间压差越小，越能抑制溶剂气体的气窜，但注气速度越慢，对应产量越低。注采井间压差直接影响到气液界面位置，0.2~0.3MPa的压差下气液界面刚好IP井间I/2处，确定为合理压差。

6.3 溶剂注入速度–峰值注入速度

溶剂注入速度影响溶剂腔的扩展(泄油面大小)和溶油速度，不同油层厚度、原油黏度、渗透率下的溶剂注入速度不同，溶剂注入速度也与沿程电加热功率有关，通过模拟，溶剂峰值速度在150~200m³/d，生产相对稳定，速度过高或过低均造成产量波动大，采油速度低(图9)。

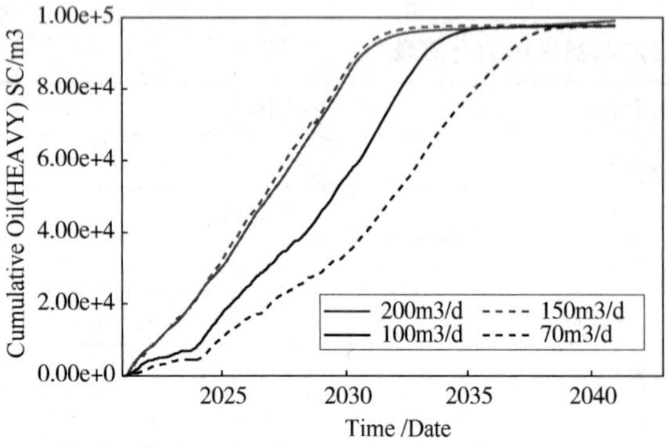

图9　不同溶剂速度下的累产油

分别针对溶剂腔上升、扩展、下降和末期四个阶段，开展了溶剂注入速度的优化设计，用于指导现场提液和降液(图10)。

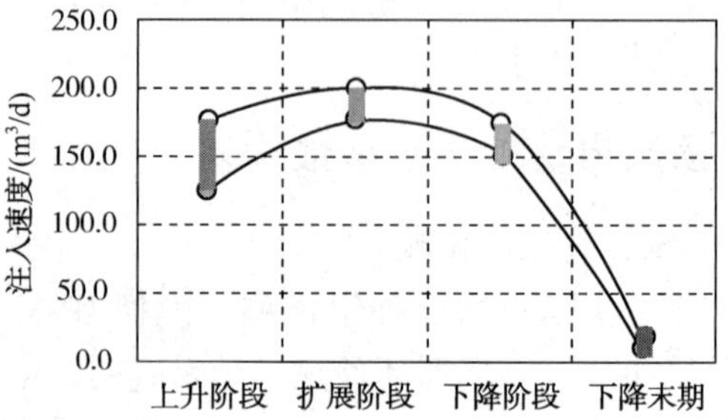

图10　不同生产阶段的溶剂注入速度

6.4 生产阶段IP井加热模式

因注入井溶剂需要气化并依靠重力分异作用上浮溶油，生产井则需要加热促进溶剂携带原油下泄，经对比I井加热、IP井同时加热两种模式，IP井同时加热原油降黏率高，泄油速度快，比单纯的I井加热在平台期产量提高15%~20%。IP井同时加热，利用热源的叠加效应，可以很好的提高IP井间的储层温度，降低泄油阻力，从而提高产量，故选择IP井同时加热的模式。

6.5 生产阶段IP井加热温度

I井电加热可以在气化溶剂的同时，促进近井地带油层升温，进一步提高溶剂在油层内的气化效率和范围，但温度过高容易直接气窜到P井，难以有效的控制气液界面；P井加热目的仅为溶解近井地带重质组分，防止阻塞，不推荐过高温度加热。相反，温度越低萃取的生产时间过长，平台期的产量越低，对应的溶剂油比越高。考虑溶剂上浮、原油下泄速度以及生产控制和溶剂利用率，推荐I井250℃、P井150℃持续加热。

7　生产末期操作策略

鉴于大量价格昂贵的溶剂注入油层后，需要尽量的回采，以提高溶剂的重复利用率。而在生产末期，溶剂在操作压力限制下滞留在油层中，影响了项目的经济效益。经对比优化，生产末期在IP井加温250℃的情况下，按氮气与溶剂9:1比例实施氮气辅助促排，最终采收率几乎等于注溶剂，但溶剂回采率高，经济效益好。

优选重1井区东部的某井组作为试验井组，依据以上的实施工艺和参数，预测生产14年，累计产油9.72万吨，采收率63.7%，税后内部收益率6.05%。与重1井区已投产SAGD井组相比，采用热溶剂萃取技术，除了可以大幅降低操作压力，实现有效开发外，还能达到良好的生产效果和经济效益。

8 结论与认识

（1）热溶剂萃取技术操作温度仅 120℃ 左右，碳排放比注蒸汽项目低 80%，产量与 SAGD 相当，是超稠油低碳绿色开采前沿技术。

（2）重 1 井区东部开发潜力大，但因地层裂缝发育，无法投产。通过热溶剂萃取机理研究及筛选条件评估，明确热溶剂萃取在该区具有良好的适应性。

（3）优选 LPG 作为溶剂体系，采取电加热启动，生产阶段 IP 井持续加热辅助溶剂萃取，生产末期实施氮气辅助促排，应用热溶剂萃取技术可实现重 1 东区的经济有效开发。

参考文献

[1] 白翔，马凤云，刘景梅，等．新疆托里油砂分段热解机理[J]，化工学报，2015，66(11)：4626.

[2] 王俊，谢凌志，谢和平，等．风城油砂三轴力学特性及其本构模型研究[J]．四川大学学报，2015，47(5)：1-8.

[3] 赵瑞玉，张超，鲍严旭，等．新疆油砂溶剂萃取研究[J]．油田化学，2015，22(2)：282-286.

[4] 赵法军，文子祥，阚唱轩，等．VAPEX 技术中溶剂气体扩散系数研究现状与分析[J]．辽宁石油化工大学学报，2015，35(4)：9-15.

[5] 刘杨，刘振宁，闫东，等．油砂溶剂抽提实验研究[J]．化工机械，2015，42(2)：199-203.

[6] 吴兆徽，吴颖昊，郭金辉，等．极浅层稠油油藏油砂特征及潜力评价[J]．地质与资源，2016，25(3)：281-286.

[7] 孙昱东，周琼，赵凌云．溶剂对抽提所得油砂沥青中沥青质结构的影响研究[J]．西安石油大学学报（自然科学版），2016，31(4)：98-102.

[8] 王艳，丙烷萃取法开采大庆稠油的实验研究[J]．化学工程与装备，2017，9：69-70.

浅层超稠油油藏原位催化改质降黏技术研究与应用

丁　超　马　鹏　董森淼　吕柏林　宋祥健

(中国石油新疆油田分公司)

摘　要　风城浅层超稠油地层条件下原油黏度超过60万mPa·s，应用常规的微生物、水热催化、表面活性剂等方式进行原油降黏，现场应用效果均不佳，严重制约了超稠油高效开发。对此，选取风城油田重18井区油样，在压力4.5Mpa，室内物理模拟实验验证不同温度原油催化改质效果。实验结果显示，催化剂在220℃与原油作用，将长碳链开始断裂，降黏率达50%，再加上供氢剂后，降黏率可达90%以上，C25以上组分由54.4%下降至37%，原油轻质化效果明显。现场试验低产能吞吐油井1口，实施后周期产油增加435吨，油汽比提高0.36，取得较好的试验效果。

关键词　超稠油；吞吐中后期；催化改质；降黏；提高采收率

风城浅层超稠油具有埋藏浅、地层温度低、原油黏度高、薄互多层等特点，地层条件下原油黏度超60万厘泊，无法采用蒸汽驱或驱泄复合方式开发，主体开发方式仍然采用蒸汽吞吐方式开发。多轮次蒸汽吞吐后，受原油流动性差、蒸汽热效率低的影响，离井筒较远的原油无法流入井筒被采出，吞吐中后期开发效果急剧下降。近几年，已有学者对不同介质辅助蒸汽吞吐开展了技术研究和现场试验，取得了一定的开发效果，但无法从根本上解决原油流动问题，且有效期短。

稠油开发最根本是解决原油黏度的问题，目前常见的降黏技术分为两种，一种是可逆降黏，在蒸汽热力降黏的基础上，加入降黏剂、表面活性剂等物质，降低界面张力从而达到降黏的效果；一种是不可逆降黏，主要是通过微生物降解、高温裂解等手段，将原油中的长碳链组分断成短碳链组分，从而达到降黏的效果，但因微生物对环境要求苛刻，高温裂解要求温度大于500℃以上，应用具有局限性。本文通过在原油中加入催化剂，降低原油裂解的反映阈值温度，使原油在200~300℃的中温条件下发生催化裂解反应，促使长碳链组分断链形成稳定不可逆的短碳链组分，经过断链后的沥青质、胶质等组分含量减少，大大提高了原油品质，可从根本上解决了超稠油吞吐中后期开发的难题。

1　改质降黏原理

超稠油中的有机物种类复杂，所含元素除构成有机物分子骨架的C、H外，还有O、S、N等杂原子，杂原子主要分布在胶质和沥青质中。杂原子所带的负电性在分子间形成负电中心导致大分子团聚形成大集团，集团内部的分子力和集团间的相互作用力增强，导致稠油黏度的大幅度提高。一般来说，杂原子含量越高，胶质和沥青质含量越高，黏度越大。稠油所含化合物中的主要化学键的离解能大小依次为：C=C>C-C>C-O>C-N>C-S。在此基础上，通过加热地层至100~220℃后，向油藏中加入一定量的催化剂，催化剂脱去原油中的杂原子，还原内部不饱和键，同时配合加入供氢剂，防止原油因温度升高出现结焦，降低S、N、O等杂原子组分含量，提高H/C原子比，形成较短链的产物，可有效进一步降低原油黏度。

2　催化加氢改质实验研究

根据稠油与催化剂是否具有互溶性，将催化剂主要分为水溶性催化剂、油溶性催化剂和纳米分散性催化剂。水溶性催化剂一般是金属、金属氧化物、金属盐，金属离子很难溶于非极性的油层物质，不能进入油相中，显著削弱了催化反应的效率；纳米分散性催化剂由于纳米颗粒极易团聚，导致催化剂失效；油溶性催化剂可以在油层中达到更高的分散度，并与原油互溶，降黏效果最好。

本次实验采用油溶性催化剂，其成分是环烷酸锰、二烷基二硫代磷酸氧钼混合物，供氢剂选择四氢化萘，超稠油样品取自准噶尔盆地风城油田，该区超稠油油藏平均埋深370m，地层条件下原有黏度超过60×10^4mPa·s，50℃原油黏度为18253mPa·s。

2.1 催化剂降黏实验及效果

称取约200g的脱水原油置于反应釜中，加入约10g的催化剂后进行搅拌均匀，初始温度设置为100℃，温度每升高20℃，稳定8小时，分离出原油样品，当原油温度冷却至50℃时，用BROOKFIELD旋转黏度计测量油样在50℃条件的黏度，并计算降黏率。按照此方法依次测量120℃、140℃、160℃、180℃、200℃和220℃条件下原油被催化剂断裂后降温至50℃时原油黏度。实验结果显示：100~220℃条件下催化剂的降黏率在25%~50%之间，且随着温度的升高，催化剂作用于原油的效果越好，原油降黏率逐渐上升，当温度达到160℃时，催化剂不可逆降黏率可达到40%以上(表1)。

表1　加催化剂后反应釜试验结果统计表

催化剂反应温度	100℃	120℃	140℃	160℃	180℃	200℃	220℃
温度降至50℃原油黏度/(mPa·s)	13671	12814	11463	10678	9930	9638	9153
降黏率/%	25.1	29.8	37.2	41.5	45.6	47.2	50.2

2.2 催化剂供氢改质降黏效果

称取约200g的脱水原油置于反应釜中，依次加入10g的催化剂和30g的供氢剂(四氢化萘)后进行搅拌均匀，初始温度设置为100℃，温度每升高20℃，稳定8小时，分离出原油样品，当原油温度冷却至50℃时，用BROOKFIELD旋转黏度计测量油样在50℃条件的黏度，并计算降黏率。按照此方法依次测量120℃、140℃、160℃、180℃、200℃和220℃条件下原油被催化剂+供氢剂断裂后降温至50℃时原油黏度。实验结果显示：随着温度的升高，催化剂+供氢剂对原油的改质效果逐步提升，原油降黏率呈上升趋势，当温度达到160℃时，降黏率上升至60..6%，降黏效果明显，当温度升高至220℃，原油黏度下降至1500mPa·s以下，原有流动性明显增强(表2)。

表2　加催化剂、供氢剂后反应釜试验结果统计表(反应8h)

催化剂反应温度	100℃	120℃	140℃	160℃	180℃	200℃	220℃
温度降至50℃原油黏度/(mPa·s)	13434	12321	10313	7192	4271	2829	1424
降黏率/%	26.4	32.5	43.5	60.6	76.6	84.5	92.2

对220℃分离后的原油样品与原始油样进行色谱实验分析对比，实验结果看出在催化剂和供氢剂共同对原油进行改质作用下，C_5~C_{24}组分质量分数上升，其中C_5~C_9从反应前的3.5%上升至6.6%，增加3.1%；C_{10}~C_{14}从反应前的5.2%上升至16.5%，增加11.3%；C_{15}~C_{19}从反应前的10.5%上升至24.8%，增加14.3%；C_{20}~C_{24}从反应前的18.4%上升至21.4%，增加3.0%。C_{25}及以上组分质量分数下降，其中C_{25}~C_{29}从反应前的26.6%下降至20.5%，下降6.1%；C_{57}及以上组分从反应前的27.8%下降至16.5%，增加11.3%(图1)。加氢催化改质可实现对原油长碳链组分断链形成短碳链组分，可见该技术原理可行。

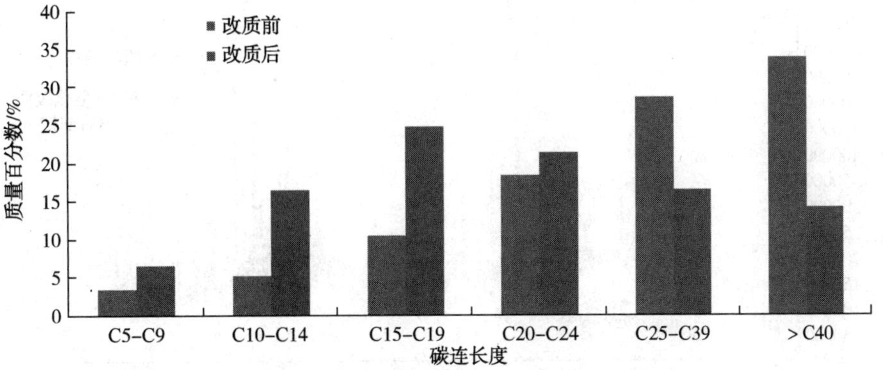

图1　实验前后组分含量变化图

3 原油改质驱替模拟实验

驱替实验采用一根内径45mm、长度60cm的填砂管，以及高温蒸汽发生器、恒速恒压泵、中间容器、压力传感器、BROOKFIELD旋转黏度计和色谱实验分析仪等装置进行驱替实验操作和数据测量。压力传感器记录两端驱替压差，电脑进行数据采集。实验步骤共分为5步：①填砂管充入取自风城油井采出砂样品，粒径为80～250μm；②抽真空后饱和水，测渗透率和孔隙度，保证渗透率在500mD，孔隙度为32%，使得孔隙度、渗透率与矿场储集层物性基本接近；③在恒温条件下饱和超稠油(黏度为18253mPa·s)，老化24h；④设置注汽压力5.0MPa，采用220℃的蒸汽，以150mg/min的注汽速度进行原油驱替，在采出端记录原油采出量，当采出端含水达到95%时驱替实验结束；⑤重复步骤1～3，在相同蒸汽注入条件下加入质量分数为30%的改质剂溶液(催化剂与供氢剂比例是1∶3)，按照步骤4进行原油驱替。

驱替结束后对两组实验的驱油效率、产出油的黏度、降黏率及组分进行对比，实验结果显示，单独使用蒸汽驱采收率38.5%，采出油50℃原油黏度仅下降1.6%；加入催化改质剂后，驱油效果达到65.5%，较蒸汽驱提高27.0%，采出油50℃原油黏度从18253mPa·s下降至2098mPa·s，降黏率为88.5%(表3)。

表3　实验后降黏率及驱油效果统计表

实验介质	孔隙度/%	渗透率/mD	含油饱和度/%	采收率/%	采出油50℃原油黏度/(mPa·s)	降黏率/%
蒸汽	30.2	560	72	38.5	17956	1.6
蒸汽+催化改质剂	29.9	480	71	65.5	2098	88.5

产出原油色谱及组分分析结果显示，蒸汽驱后，原油中原油组分、凝固点与驱替前基本一致，蒸汽+催化剂驱替后凝固点从14℃下降至-50℃，饱和烃含量从38.1%增加63.8%，增加25.7%；芳香烃从20.0%下降至15.6%，下降4.4%；胶质从20.3下降至12.3%，下降8.0%；沥青质从21.6%下降至8.3%，下降13.3%(表4)。色谱分析显示，蒸汽+催化剂驱替后原油分子的碳链长度由C_{36}变成C_{18}，原油中部分长碳链组分断链，形成短碳链组分，黏度和凝固点大幅度下降，流动性明显变好(图2)。

表4　实验前后原油黏度及组分的变化

序号	分类	凝固点/(mPa·s)	质量分数/%			
			饱和烃	芳香烃	胶质	沥青质
1	原始油样	14	38.1	20.0	20.3	21.6
2	蒸汽驱	13.5	39.7	21.3	18.5	20.5
	对比	-0.5	1.6	1.3	-1.8	-1.1
3	蒸汽+催化改质剂驱	-50	63.8	15.6	12.3	8.3
	对比	-64	25.7	-4.4	-8.0	-13.3

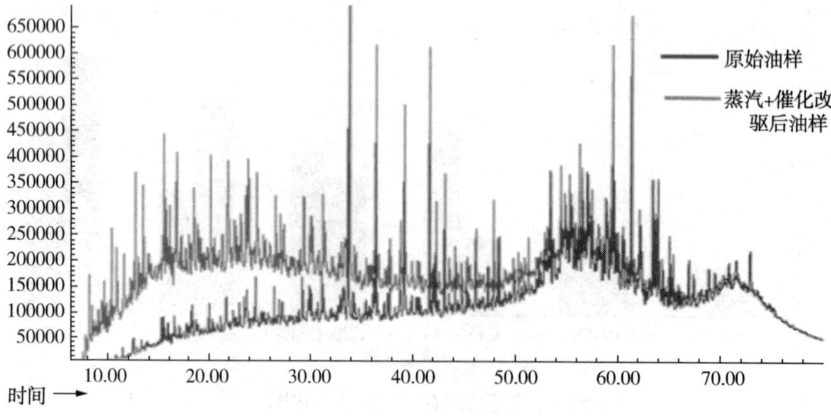

图2　蒸汽+催化改质剂驱替前后原油色谱图

4　现场应用效果

2020年初，在风城超稠油油藏B16井开展原位改质催化降黏试验，该井油层厚度11.5m，射孔厚度9m，原油黏度22640mPa·s，含油饱和度65.5%，动用地质储量8691t，实施前生产8轮，累计产油1394吨，动用储量采出程度16.04%。由于原油黏度高，多轮次吞吐后，周期产油已下降至115吨，油汽比下降至0.06，日产油下降至0.9t/d。

第9轮开展催化改质试验，施工采用前置段塞注入，即先向井内注入催化改质剂体系60吨，后注汽蒸汽1250吨（注汽压力10.5MPa，注汽温度310℃），注汽后焖井5天后开井。

实施后周期生产时间延长106天，周期产液增加1672吨，周期产油增加387吨，周期油汽比提高0.34，周期采注比提高1.6。原油分析发现：产出油50℃黏度从22640mPa·s降至21mPa·s，降黏率达到99.1%，放置100天后测试黏度为23mPa·s，基本不变，原油发生了不可逆降黏（表5）。

表5　催化改质降黏前后效果对比表

分类	轮次	周期注汽/t	周期生产天数/d	周期产液/t	周期产油/t	周期油汽比	周期采注比
措施前	8	1795	125	1245	115	0.06	0.69
措施后	9	1250	231	2917	502	0.40	2.3
对比		-545	106	1672	387	0.34	1.61

分别选取第8、9轮焖开后60天生产数据对比，第8轮平均单井日产油1.7t/d，焖开前10天生产效果较好，日产油达到8.9t/d，10天后由于地层热量的下降，原油黏度上升，原油流动性变差，生产急剧变差；第9轮平均日产油达到6.2t/d，较措施前提高4.6t/d，生产效果大幅度改善（图3）。

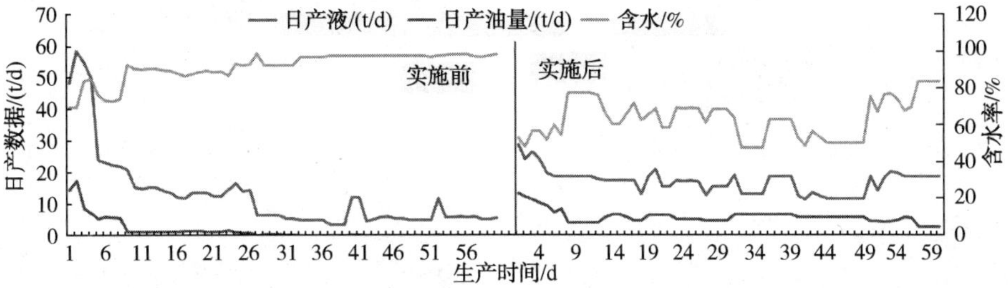

图3　试验井试验前后前60天生产曲线

与实验对比来看，现场试验降黏效果更好，主要由于注汽温度高，焖井时间长，催化剂和供烃剂在高温条件下，长时间参与催化改质反应，使该反应更充分，稠油降黏率更高，油品改善更大。

5　结论与认识

（1）反应釜实验发现，单独使用催化剂降黏率在30~50%，加入供氢剂后，降黏率可提高到80%以上，实现不可逆降黏。

（2）多孔介质驱油实验表明，在蒸汽驱过程中，加入催化剂和供氢剂可大幅度提高开发效果，产出油黏度大幅度降低，降黏率达90%以上，提高采收率30%以上；

（3）超稠油中的某些长碳链组分在改质剂的作用下形成更为稳定的短碳链组分，碳链长度由C36变成C18，凝固点从14℃下降至-50℃，原油品质得到有效改善，流动性增强；

（4）该技术在风城油田试验1口井，试验后周期产油增加387吨，周期油汽比提高0.34，产出油50℃黏度从22640mPa·s降至21mPa·s，降黏率达到99.1%，放置100天后黏度23mPa·s。

参考文献

[1] 王福顺，牟珍宝，刘鹏程等．超稠油油藏CO_2辅助

开采作用机理实验与数值模拟研究[J]. 油气地质与采收率，2017，24(6)：86-91.
[2] 熊钰，冷傲燃，孙业恒，等. 稠油冷采降黏剂分散机理与驱替实验评价[J]. 新疆石油地质，2021，42(01)：68-75.
[3] 任韶然，裴树峰，张攀锋，等. 超稠油注空气辅助地下原位裂解改质试验和数值模拟[J]. 中国石油大学学报(自然科学版)，2021，45(05)：97-103.
[4] 孙宁武，马成明，李佳华，等. 提高稠油开发效果的原位常温断链改质技术[J]. 大庆石油地质与开发，2021，40(01)：90-95.
[5] 柳波，刘阳，刘岩，等. 低熟页岩电加热原位改质油气资源潜力数值模拟——以松辽盆地南部中央坳陷区嫩江组一、二段为例[J]. 石油实验地质，2020，42(04)：533-544.
[6] 林军章，汪卫东，胡婧，等. 胜利油田微生物采油技术研究与应用进展[J]. 油气地质与采收率，2021，28(02)：18-26.
[7] 赵小盈，陈玉坤，臧芸蕾，等. 稠油原位水热裂解降黏的研究进展[J]. 化工技术与开发，2021，50(06)：30-35.
[8] 蒋琪，游红娟，潘竟军，等. 稠油开采技术现状与发展方向初步探讨[J]. 特种油气藏，2020，27(06)：30-39.
[9] 刘海涛，孙永涛，林涛，等. 渤海稠油催化改质降黏实验[J]. 油田化学，2021，38(03)：515-518+523.
[10] 孙盈盈，周明辉，黄佳，等. 稠油地下改质开采技术及发展趋势[J]. 化工学报，2020，71(09)：4141-4151.
[11] 解来宝，吴玉国，宫克，等. 稠油降黏方法研究现状及发展趋势[J]. 应用化工，2018，47(06)：1291-1295.
[12] 周明辉，孙文杰，李克文. 纳米催化剂辅助超稠油氧化改质实验研究[J]. 中国科学：技术科学，2017，47(02)：197-203.
[13] 邓刘扬，唐晓东，李晶晶，等. 稠油地面催化改质降黏技术的研究进展[J]. 石油化工，2016，45(02)：237-243.
[14] 张国英. 超稠油催化改质降黏研究[J]. 科学技术与工程，2014，14(36)：171-175.

浅层超稠油直井水平井组合重力泄油动态调控技术研究及应用

黄 纯 赵长虹 吕柏林 卢迎波 马 鹏 陈 超 洪 锋 宋翔健

（中国石油新疆油田分公司）

摘 要 针对浅层超稠油直井-水平井组合重力泄油开发面临的蒸汽易突进、井组提液难及蒸汽腔发育不均衡等问题，利用数值解析方法，得出直平组合重力泄油产能公式，明确增加泄油井点、提升泄油高度是提高井组产能的关键。采用数值模拟技术，明确重力泄油合理井下Sub-cool在15~20℃之间。现场通过增加注汽井完善注采井网，增加蒸汽腔压力提升井组产液，加之以相态调控为核心，根据Sub-cool大小实施提汽增压、控液稳面等调控政策，促使井组产能发挥最大，井组日产油提高至14t/d，油汽比提高至0.2左右，水平段动用有单峰型想平台型转变，动用程度提高至85%以上，成为国内浅层超稠油油藏首批直井-水平井组合重力泄油开发的先例。

关键词 直井-水平井；浅层超稠油；蒸汽腔；重力泄油；动态调控

风城油田重32井区侏罗系齐古组超稠油油藏位于准噶尔盆地西北缘，底部构造形态为一向东南缓倾的单斜，地层倾角约3°~9°。油藏埋深150m~235m，属辫状河流相沉积，发育$J_3q_2^{2-1}$+$J_3q_2^{2-2}$、$J_3q_2^{2-3}$和J_3q^3三套油层，各套油层间的隔层10m~15m，且发育稳定，可分别作为一套开发层系；油层岩性均以中砂岩、细砂岩为主，胶结程度疏松，储集空间为原生粒间孔。油层平均厚度13.2m，孔隙度30.6%，渗透率1627×10^{-3} μm^2，含油饱和度71%；属高孔、高渗、高饱和度的浅层超稠油构造岩性油藏。油藏原始地层温度为17℃，原始地层压力为2.3MPa，压力系数0.987，50℃时原油黏度15839mPa·s，黏温反映敏感，温度上升至80℃时，原油黏度降至1000mPa·s。2008年采用蒸汽吞吐开发，但随着吞吐轮次上升，开发效果日益变差，2013年利用直平组合井网开展浅层超稠油重力泄油开发试验，进一步提高采收率。试验区共部署油井36口，其中水平井8口(水平段长度280m)，直井28口，形成8个井组，直井与直井间距70m，直井与水平井间距50m，油藏平均埋深190m，油层厚度15.3m，孔隙度32.2%，渗透率2618mD，原始含油饱和度75%，50℃地面脱气原油黏度15000mPa·s，动用地质储量76.4万吨。试验采用单点交叉轮换式注汽，注汽速度70t/d，注汽周期60天，剩余直井和水平井采油，开发初期产油水平由74t/d上升至138t/d，油汽比由0.13提升至0.24，随后井间汽窜逐步加剧，产油水平快速下降至55t/d，油汽比仅0.14，蒸汽腔扩展速度缓慢，规模较小，且形态呈“孤岛状”，开发效果不理想。

1 开发原理

浅层超稠油通常为蒸汽吞吐开发，油井动用半径较小，采收率为20%~25%，大量井间剩余油无法开采。直井水平井组合重力泄油开发是浅层超稠油蒸汽吞吐后期的接替开发方式，能有效动用井间剩余油，提高采收率。

直井水平井井网组合下，直井作为注汽井持续向油藏内注入蒸汽，蒸汽超覆在油层上部形成蒸汽腔，受蒸汽驱动力和重力势能的作用，井间热原油渗流至生产水平井采出。重力泄油开发根据蒸汽腔发育情况分为三个阶段，初期为蒸汽腔形成阶段，直井持续注汽，蒸汽逐渐充斥吞吐动用区域形成蒸汽腔，由于蒸汽超覆作用，蒸汽腔沿油层顶部向水平井推进，井间原油被驱替至水平井采出，蒸汽腔前缘形态呈“S”型，直至与水平井形成汽腔连通，此阶段蒸汽驱动力起主要作用，生产表现为产油先升后降，含水先降后升，采出程度3%；中期为蒸汽腔横向扩展阶段，当直井与水平井产生连通后，水平井作为泄压点，对蒸汽具有牵引作用，蒸汽腔沿水平段方向扩展融合，在水平井上方形成“倒三角型”蒸汽腔，形成相对稳定的泄油界面和泄油沟槽，汽液界面的可动原油在重力作用下流至水平井采出，此阶段蒸汽驱动力逐渐减弱，重力起主要作用，生产表现为产油、含水相对稳定，采出程度15%；后期为蒸汽腔下降阶段，当井间原油不断被采出，蒸汽腔逐渐下降，泄油坡面逐渐减小，直至重力作用消失，生产表现为产油下降，含水上升，采出程度7%(图1)。

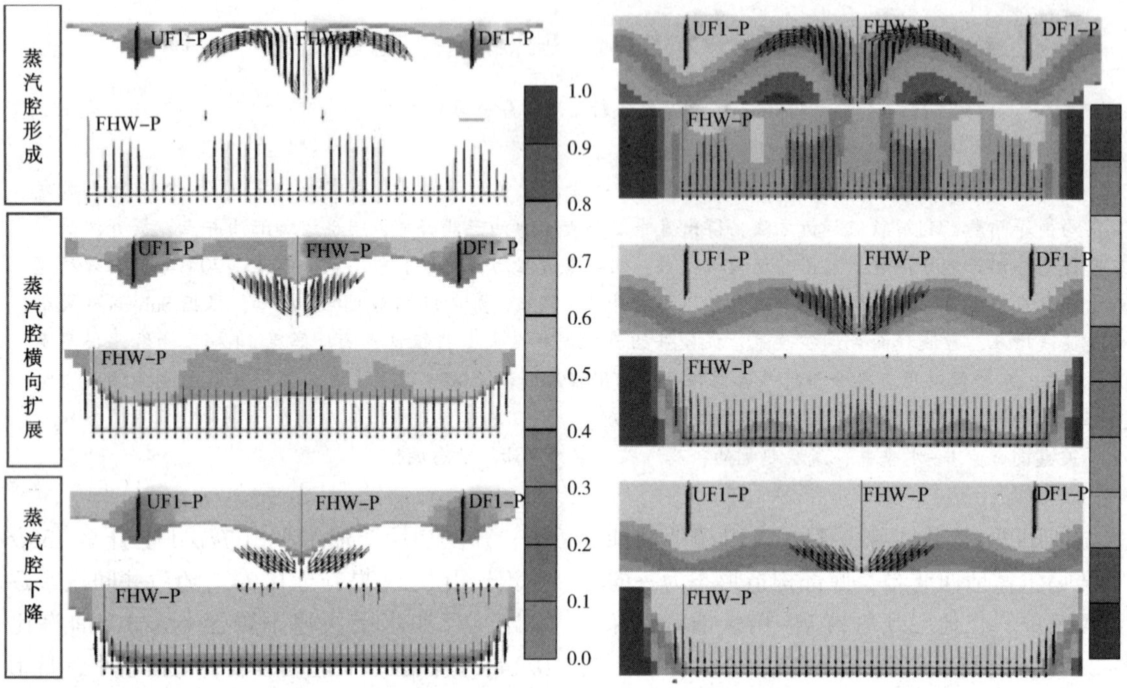

图1　直井-水平井重力泄油各开发阶段蒸汽腔、温度场变化示意图

2　影响产能因素分析

利用数学解析，根据达西公式和物质平衡方程，推导出直平组合重力泄油产能公式：

达西推导公式：

$$dq=\frac{2\pi rK\rho g\sin\theta}{\mu}\mathrm{d}\delta=\frac{2\pi rKg\sin\theta}{v}\mathrm{d}\delta \tag{1}$$

蒸汽腔界面热传导公式：$d\delta=-\frac{a}{U}\frac{dT}{(T-Tr)}$　(2)

原油黏温方程：$\frac{v_0}{v}=\left(\frac{T-T_r}{T_0-T_r}\right)m$　(3)

物质平衡方程：$-(\frac{\partial q}{\partial t})_y\,\mathrm{d}y\mathrm{d}t=2\pi r\O\Delta S_0\,(\frac{\partial r}{\partial t})_y\,\mathrm{d}y\mathrm{d}t$　(4)

由(1)式、(2)式、(3)式、(4)式得

产能公式：

$$q=2\beta(a-c)\sum_{i=1}^{n}\psi_1\sqrt{\frac{2K\rho g\alpha\phi\Delta S_0h}{3m\mu_0}}=25\mathrm{t} \tag{5}$$

公式中：a：直井到水平井距离，m；c：实际的蒸汽腔顶部平缓区域半径，m；n：泄油井点数；h：油高度，m；q：原油的体积流量，m·s^{-1}；K：油藏渗透率，mD；$\mu 0$：汽腔温度下原油黏度，mPa·s；ρ：原油密度，kg·m^{-3}；α：油藏热扩散系数，m^2·d^{-1}；ψi：直井控制水平段对应的角度，°；m：黏度指数；$\Delta S0$：原始含油饱和度与蒸汽腔内残余油饱和度之差。

根据公式，重力泄油产能与渗透率、含油饱和度、原油黏度等油藏静态数据有关外，泄油井点数和泄油高度这两个动态因素直接影响产能大小。泄油井数越多，蒸汽腔沿水平段方向发育点越多，整体泄油量越多，水平段动用程度越高，泄油效率越高；泄油高度越高，重力势能作用越大，泄油面与蒸汽腔接触面积越大，泄油效率越高。结合试验区地质参数，理论单井组产油可达25吨，采收率可达55%。

试验区采用单点轮换注汽，剩余直井生产，在开发初期蒸汽腔形成阶段，能快速驱替井间可动原油，产油水平快速提升，但进入开发中期蒸汽腔扩展阶段时，随着井间可动原油不断驱替采出，注采压差逐渐降低，蒸汽驱动力减弱，驱油

效率降低，而单点注汽，仅有一个泄油点，水平段动用不均严重，影响井组产量；并且因剩余生产直井成为泄压点，牵引蒸汽腔，致使注汽直井与生产水平井间蒸汽腔发育缓慢，甚至不发育，直接导致开发中期无法形成有效的重力泄油，仅靠蒸汽驱扫井间连通通道内的边缘油，产油水平逐步下降。

3　调控技术政策

为形成有效的重力泄油，提高井组产能，对制约重力泄油开发的泄油井数和泄油高度开展针对性的注采政策优化和动态技术调控，促使蒸汽腔沿水平段方向均衡扩展融合，提高水平段动用程度，井组达到理论产能。

3.1　注采政策优化

(1) 井组注汽速度优化：不同的注汽速度影响蒸汽腔的扩展速度，导致产量降低。注汽速度过大，注采压差大，蒸汽易突破至采液点发生汽窜，蒸汽尚未进行热交换，直接被生产井采出，油汽比降低；注汽速度过小，热损失较大，蒸汽腔扩展缓慢，产油水平降低。通过结合现场采油工艺，拟合比对，优化单井组注汽速度为 80~100t/d。

(2) 蒸汽干度优化：蒸汽干度越大，产油水平和油汽比越高。研究表明，当蒸汽干度小于70%时，蒸汽中水相比例高，蒸汽腔难以有效扩展，开发效果明显变差；当蒸汽干度大于 70%时，井组产油水平和油汽比提升幅度变小。考虑到经济效益，因此注入蒸汽干度应保持在 70%。

(3) 蒸汽腔操作压力优化：重力泄油不同开发阶段对应的蒸汽腔操作压力不尽相同，为确定蒸汽腔横向扩展阶段合理的操作压力，分别模拟了 1.0~1.3MPa、1.3~1.5MPa、1.5~1.8MPa、1.8~2.0MPa、2.0~2.5MPa 操作压力下开发效果，结果表明，在蒸汽腔横向扩展阶段，较高的操作压力对应的注汽量增加，但产油量上升有限，油汽比下降；较低的操作压力，产油量和油汽比均有所下降。因此合理的操作压力在1.5~1.8MPa。

(4) 采注比优化：重力泄油生产过程中，生产井排液速度应与泄油速度相匹配。排液速度过高，易发生汽窜，排液速度过低，降低蒸汽腔扩展速度，影响产油量。以泄定采，维持注采平衡，才能保持稳定的泄油，则最优的采注比为1.0~1.2。

3.2　动态调控技术

蒸汽腔沿水平段方向均衡发育直接关系到水平段的动用程度，更是是直平组合重力泄油开发的关键。试验区每个水平井两边有 8 个直井，在蒸汽腔平面调整上较为灵活，可通过多个井点注汽提高水平段动用。单点轮换式注汽，单井组泄油井点为 2 个，水平井水平段上方的蒸汽腔仅泄油井点发育，整体动用程度为 58%，为了使蒸汽腔均衡发育，提高水平段动用程度，试验区由单点轮换式注汽优化为直井整体注汽，直井停采转注后，水平井成为唯一泄压点，不仅能快速牵引蒸汽腔，产生井间连通，成为有效泄油井点，并且当所有注汽井与水平井连通后，蒸汽腔会覆盖整个水平段，泄油井点由 2 个增加至 8 个，泄油面积增加，大幅度提高水平段动用程度和泄油效率。数值模拟与生产动态结合分析表明，每增加 1 个有效泄油井点可贡献 3 吨产能。

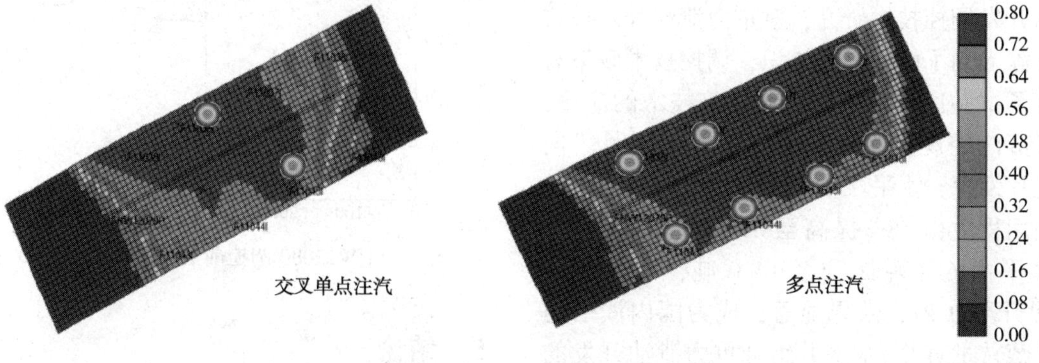

图 2　不同注汽井点下含油饱和度分布图

为保证注采平衡，使蒸汽腔均衡扩展，产油量和油汽比最大化，引入 Sub-cool 值指导重力泄油开发。Sub-cool 值是水平井井底流体温度与蒸汽腔压力对应饱和蒸汽温度的差值。其大小表明井底液面的高度，作用是避免井底蒸汽突破和积液过多，影响蒸汽腔扩展。通过数值模拟表明，当Sub-cool大于20℃时，意味着井底汽液界面高，则泄油高度小，重力作用弱，且泄油面与蒸汽腔的接触面小，泄油速率低；当Sub-cool小于15℃时，虽然泄油速率高，但汽液界面临近采液点，蒸汽易突破到采液点，发生汽窜。则Sub-cool为15~20℃为最佳，此时泄油高度大，并且汽液界面在采液点上部0.5~1m处，蒸汽无法突破。则严控Sub-cool在15~20℃，是重力泄油开发动态调控的关键。

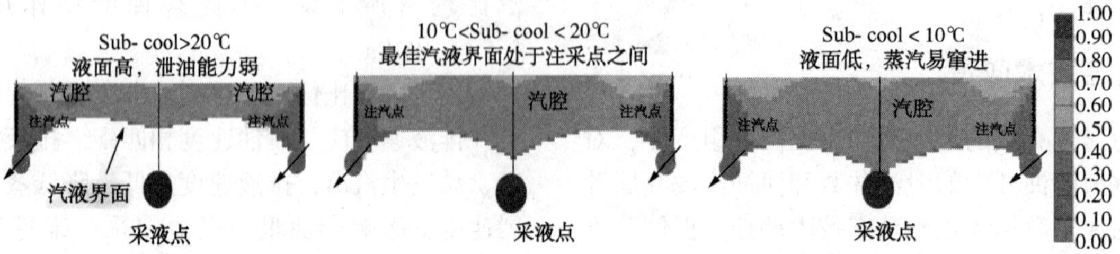

图3　直径水平井组合重力泄油不同Sub-cool对应的汽液界面位置

因此建立以Sub-cool为核心注采联动调控技术，由于在直井与水平井组合的井网下，每个直井注汽井点与水平井都是一个独立的蒸汽腔，当Sub-cool大于20℃时，要降低操作压力对应的注汽井提高注汽速度和操作压力，增大注采压差，推进汽液界面向采液点靠近，同时采油井加大排液量，加速降低汽液界面；当Sub-cool小于15℃时，对应注汽井降低注汽速度和操作压力，减小注采压差，防止蒸汽突破液面窜入采液点，同时采油井减小排液量或进行控关，在采液点上方持续续液，提高汽液界面；当Sub-cool在15~20℃时，保持注采参数，实现产油能力最大化(表1)。

表1　不同Sub-cool条件下对应调控策略

Sub-cool	调控对策	方法	
		注汽井	采油井
小于15℃	降低操作压力	提高注汽速度	降低排液量/焖井续液
15~20℃	稳定操作压力	保持注汽参数	保持生产参数
大于20℃	提高操作压力	降低注汽速度	提高排液量

4　应用效果

风城油田作业区自2020年开展直平组合重力泄油开发调控技术研究，对重力泄油开发模式有了更深入的了解和重新认识，调控技术政策有效指导了试验区开发调整，通过该技术的应用，试验区蒸汽腔规模逐渐扩大，且由“孤岛状”向整体连片发育，水平段动用由单峰型向平台型转变，动用程度由58%提高至85%以上，单井组产油水平由6.8吨提升至14.0吨，油汽比由0.14提升至0.21，效果显著，成为国内浅层超稠油油藏首批直井-水平井组合重力泄油开发的先例，同时为浅层超稠油重力泄油开发提供了强有力的技术支撑。

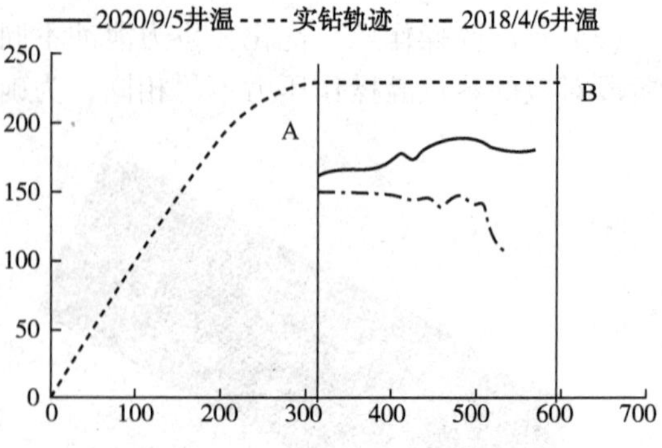

图4　FHW12080调控前后水平井井温测试对比图

5　结论

(1)重力泄油开发根据蒸汽腔发育规律可分为三个开发阶段：初期为蒸汽腔形成阶段；中期为蒸汽腔横向扩展阶段；后期为蒸汽腔下降

阶段；

（2）单点轮换式注汽时，蒸汽腔横向扩展速度缓慢，无法形成有效重力泄油，且水平段动用程度低；

（3）重力泄油开发模式的关键影响因素为泄油井点数和泄油高度；

（4）明确了直井水平井组合浅层超稠油重力泄油注采政策为直井整体转注，井组注汽速度80~100t/d，蒸汽干度保持在70%，操作压力1.5~1.8MPa，采注比1.0~1.2；同时围绕Sub-cool制定注采联动动态调控技术，严控Sub-cool在15~20℃，促使蒸汽腔沿水平段方向均衡扩展发育，实现井组产能最大化。

参 考 文 献

[1] 孙新革，马鸿，等．风城超稠油蒸汽吞吐后期转蒸汽驱开发方式研究[J]．新疆石油地质，2015，36(01)：61-64.

[2] 孙新革，赵长虹，等．风城浅层超稠油蒸汽吞吐后期提高采收率技术[J]．特种油气藏，2018，25(03)：72-76+81.

[3] 巴忠臣，张元，等．超稠油直井水平井组合蒸汽驱参数优化[J]．特种油气藏，2017，24(01)：133-137.

[4] 钱根葆，孙新革，等．驱泄复合开采技术在风城超稠油油藏中的应用[J]．新疆石油地质，2015，36(06)：733-737.

[5] 王宏远，杨立强．辽河油田蒸汽辅助重力泄油开发实践[J]．特种油气藏，2020，27(06)：20-29.

[6] 王春生，曹海宇．稠油油藏直平井组合立体开发实验研究[J]．天然气与石油，2017，35(04)：25-29+53.

[7] 杨建平，王诗中，等．过热蒸汽辅助重力泄油吞吐预热模拟及方案优化[J]．中国石油大学学报(自然科学版)，2020，44(03)：105-113.

[8] 田明磊，陈小宁，靳尚朴．基于SAGD研究注采参数调整对开发效果的影响[J]．当代化工，2019，48(07)：1591-1594.

[9] 侯国儒．杜84块馆陶组油层SAGD高产井影响因素和调整对策研究[J]．石油地质与工程，2019，33(02)：64-67.

[10] 王连刚．溶剂辅助蒸汽重力泄油室内实验研究[J]．特种油气藏，2018，25(05)：151-155.

[11] 任宝铭．直井-水平井组合SAGD物理模拟研究[J]．中外能源，2018，23(01)：27-31.

[12] Wang Yanwei; Liu Huiqing; Zhou Yuhao. Development of a deep learning-based model for the entire production process of steam-assisted gravity drainage (SAGD) [J]. FuelVolume，287，2021.

[13] Hamidreza Erfani; Abtin Karimi Malekabadi，et al. Experimental and Modelling Study of Gravity Drainage in a Three-Block System[J]. Transport in Porous Media，2020. PP 1-24.

[14] Wang Fei; Yang Zhengda，et al. Convection beyond the Steam Chamber Interface in the Steam-Assisted-Gravity-Drainage Process[J]. ACS OmegaVolume 5，Issue 47. 2020. PP 30478-30487.

[15] WANG Hongyuan，GUO Erpeng. Surveillance of steam assisted gravity drainage in in-depth extra-heavy oil reservoir[C]. SPE190442，2018：59-71.

[16] 卢迎波，胡鹏程，申婷婷，等．电加热辅助蒸汽吞吐提高水平井水平段动用程度的技术[J/OL]．大庆石油地质与开发：1-8.

提高直井辅助SAGD生产效果技术研究

孙　滕　陈　超　姜　丹　张宝真　王伟伟

(中国石油新疆油田分公司风城油田作业区)

摘　要　风城超稠油双水平井SAGD开发已规模化应用，针对井组蒸汽腔局部发育，采用直井辅助SAGD技术来增加蒸汽发育点，但由于储层非均质性较强导致井间连通差或难连通，蒸汽耗量大。本文以直井辅助SAGD技术机理为基础，考虑溶剂溶解能力和安全性，结合原油样本，开展溶剂筛选及物模实验研究，明确直井注溶剂辅助技术实施方式，以提高直井辅助SAGD生产效果。研究结果表明，直井注溶剂技术优选未连通直井，且渗透率大于800mD，油层厚度大于10m的SAGD井组。通过确定关键实施参数，直井注溶剂辅助最初两年内，增油效果明显，平均日产油提高7吨，蒸汽腔提早70天实现热连通。通过直井注溶剂技术，达到直井与SAGD井组汽腔快速融合的目的，提高了阶段采收程度，为大幅提升直井辅助双水平井SAGD生产效果提供了技术保障。

关键词　SAGD；热连通；溶剂；适应性；直井辅助

1　前言

风城油田于2015年开始实施直井辅助SAGD技术的试验，即利用SAGD井组侧方的直井来辅助，射开隔夹层上方油层，实现直井蒸汽腔和SAGD水平井组蒸汽腔连通，促进隔夹层上方蒸汽腔逐步发育，提高驱油效率。根据风城油田重18井区J_3q_2层已连通25口直井生产状况统计结果，在直井辅助SAGD过程中，直井与水平井的汽腔连通时间平均为205天，平均耗汽量为2586吨，存在直井与SAGD井组连通耗时长，蒸汽消耗量大的问题。本次依据国内外研究成果，Leaute R P在2002年首次系统提出LASER概念，即在直井蒸汽吞吐的后几个周期，重力为主要驱油动力时注入液体添加剂(一般指轻质碳氢化合物)的过程，达到热力与溶剂联合降低井间原油黏度，提高吞吐阶段直井蒸汽波及范围和阶段产油量，进而达到直井与SAGD井组汽腔快速融合的目的。

直井为常规LASER井，I、P井为SAGD井对。在直井辅助蒸汽吞吐过程中，在注入蒸汽的同时注入少量溶剂，由于碳氢化合物一般都具有较强的挥发性，可以抑制黏性指进，又可开辟更长的蒸汽渗流通道，加热更大的油藏体积；另外，由于溶剂对稠油中的胶质、沥青质等有较强的溶解能力，因此当溶剂到达油藏较冷的地带时，便会冷凝并与稠油混合溶解使其黏度降低，这样在油藏的加热带及未加热带之间形成一个低黏度液体带，增加驱油的附加弹性能，强化了助排作用，从而提高了原油采收率。

2　直井LASER技术溶剂筛选

根据风城油田SAGD开发区超稠油的温敏特点，应用风城油田SAGD开发区的原油样本做实验，确定原油降黏性能好的溶剂配方。

依据相似相溶原理结合实际工业生产常用轻烃溶剂，选取溶解能力较强的芳香烃类、柴油、汽油、以及6#溶剂油、石脑油、200#溶剂油、D70溶剂油等共计10种溶剂进行对比筛选。取30g左右软化点在26.7℃～70℃的沥青，分别加入沥青质量的2%、5%、10%、20%的上述溶剂，混合均匀，水浴实验条件下恒温1小时，测量60℃下的黏度，计算出降黏率，评价溶剂的溶解能力。从实验结果来看，不同的溶剂对沥青都具有降黏作用，且随着溶剂加入量的增加，降黏率也不断增加。同时，苯类、6#溶剂油、石脑油、200#溶剂油、D70溶剂油在同等加量下的溶剂溶解能力要优于其他溶剂，降黏率要高于其它溶剂。

进一步按10%的6#溶剂油、石脑油、200#溶剂油、D70溶剂油四种溶剂加入量测定不同温度下原油的黏度，评价溶剂的性能，实验结果看出，溶剂的降黏率随温度升高逐渐降低，溶剂在较高温度下具有较好的降黏性能。溶剂分子通过与原油体系中重质成分的胶质—沥青质超分子结构发生作用，改变了沥青各组分的内部微观结构，降低了原油的黏度。溶剂 C、D 两种溶剂降黏效果好于 A、B 两种溶剂(表 1)。

按添加量 5%、10%、15%、20%的比例在原油中加入 A、B、C、D 四种溶剂。测定同一温度不同添加量下原油的黏度的变化，评价溶剂的性能(图 1)。

表 1　不同温度下加入 10%溶剂后降黏率

温度/℃	降黏率/%			
	A(6#溶剂油)	B(石脑油)	C(200#溶剂油)	D(D70 溶剂油)
50	96.45	96.29	96.73	96.65
60	95.81	95.62	96.36	96.24
70	94.91	94.63	95.77	95.58
80	93.42	92.94	95.13	94.73
90	91.62	91.05	93.69	93.15
100	89.28	88.54	91.67	91.06

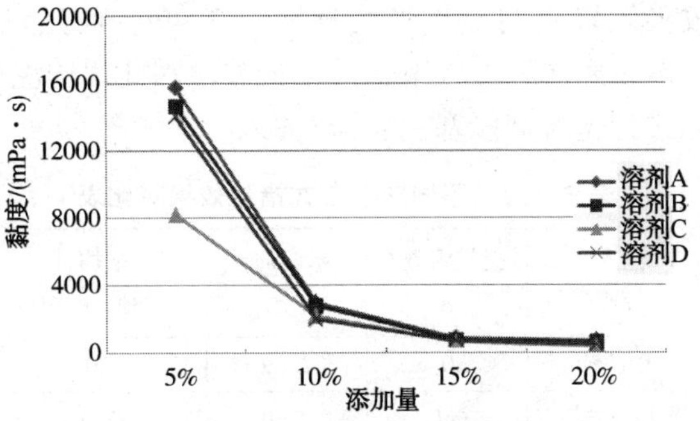

图 1　不同添加量溶剂降黏效果对比图(50℃)

综合耐温性和降黏性对比，选定溶剂 C、D 作为溶剂主体。在溶剂筛选实验的基础上对溶剂 C、D 进行复配，根据实验常规参数设定 C、D 两因子水平分别为 1(2mL)、2(4mL)、3(6mL)，取 50 克原油，加入不同混合比溶剂，测定 50℃下原油的黏度，通过二因子三水平的正交试验，确定 C、D 两种溶剂的最佳配比为 2∶3。

3　直井 LASER 技术适应性研究

直井 LASER 措施主要影响因素：注汽井上方夹层、渗透率及油层厚度。

根据风城油田 SAGD 开发区油藏特征及研究需要，建立 20m×61m×20m 的机理模型，平面网格步长 I 方向为 5m，J 方向为 2m，垂向网格步长为 1m，模型油层厚度 20m，孔隙度 30%，平面渗透率 1000mD，50℃脱气油黏度 85000mP·s，平均含油饱和度 60%。直井吞吐阶段注汽速度 100t/d，注汽温度 250℃，干度 75%，焖井 3 天后转入采油，采液速度 40t/d，井底流压 2.5MPa，直至注采平衡时转下一轮次吞吐生产，直井进行 7 个轮次蒸汽吞吐后其蒸汽腔和 SAGD 井蒸汽腔实现连通，达到直井转入汽驱条件，直井转汽驱阶段注入压力 3.8MPa，注汽速度 40t/d，I 井生产制度不变，P 井提液至 100t/d。

3.1　注汽井上方夹层

当油藏内发育夹层时，流体的流动会受到影响，因此会阻碍蒸汽腔发育，采油速度也会受到影响。储层非均质性强，尤其是大量夹层的存在影响了蒸汽腔的均匀、快速扩展，造成 SAGD 产量减少，产量高峰推迟，经济效益降低。

为了评价夹层存在对 LASER 技术的适用性，在注汽井上方 4m 设定长 100m、宽 16m、厚 1m 的物性夹层，夹层渗透率为 1mD，孔隙度 0%，模拟夹层存在对直井蒸汽腔和 SAGD 蒸汽腔的融合速度和产油的影响，从温度场图看，夹层的存在影响蒸汽腔的形态，影响直井与 SAGD 井组的连通时间(图 2)。无夹层时注溶剂蒸汽腔可提早 85 天融合，累产油增加幅度为 5.35%，存在夹层时蒸汽腔融合速度提早 66 天，累产油增幅为 4.99%，即不管有无夹层，注溶剂均可加速蒸汽腔的连通，增加累产油。

3.2　渗透率

油层渗透率影响 SAGD 蒸汽腔垂向和横向推进速度以及原油的日产量。在蒸汽辅助重力泄油中，重力又是驱替原油的主要动力，因此渗透率的影响更为明显。

为了评价渗透率对 LASER 技术的适用性，设定模型渗透率分别为 500、800、1000、1200、

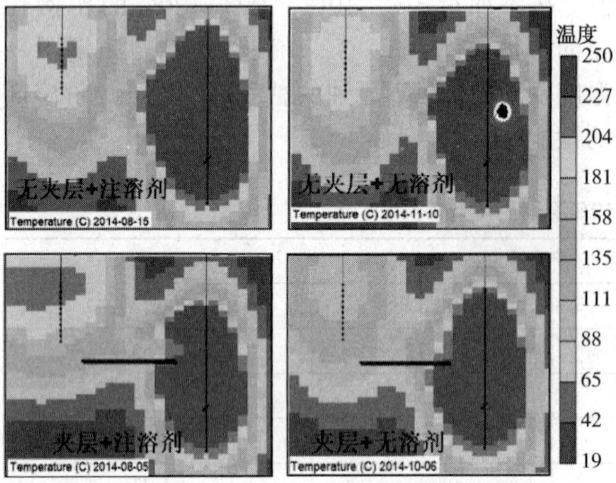

图 2　有无夹层、溶剂蒸汽腔融合时温度场图

1500mD，由不同渗透率下有无溶剂生产效果数模结果可知，储层渗透率越大，连通天数越少，蒸汽用量越少，泄油速度越大，从而提高蒸汽热利用率。根据计算结果，油层渗透率大于800mD时，增油幅度达到5.8%且随着渗透率增加基本保存不变。

3.3　油层厚度

SAGD泄油过程是以流体的重力作用作为动力，油层厚度越大，重力作用越明显，反之，油层厚度太小，不但重力作用小，而且上下围岩的热损失增大，降低累积油汽比。设计不同的油层厚度5m、10m、15m、20m，分别模拟计算并分析油层厚度对直井和SAGD蒸汽腔连通速度及后续产油的影响。根据计算结果(见表2)，综合提早天数及累产油增加幅度来看，优化油层厚度为大于10m，提早天数达到最大82天。

表 2　不同油层厚度蒸汽腔融合提早天数和累产油统计表

油层厚度/m	提早天数/天	累产油/10^4t	累产油增加幅度/%
5	68	5.31	4.84
5(无溶剂)	—	5.06	—
10	81	6.96	5.46
10(无溶剂)	—	6.60	—
15	82	7.69	5.53
15(无溶剂)	—	7.29	—
20	71	7.85	5.36
20(无溶剂)	—	7.45	—

4　直井LASER技术参数优化

直井添加溶剂主要对连通时间和增油量有效，因此操作参数主要从溶剂注入方式、注入时机及注入量三方面优化，从而提高直井辅助效果。

4.1　溶剂注入方式

溶剂的注入方式有伴蒸汽注入和段塞注入，在溶剂总量一定的情况下，连续随蒸汽伴注会增加操作的复杂性和人工成本，而段塞注入可降低操作成本，但不同的注入方式对直井蒸汽腔和水平井蒸汽腔的连通速度以及开发效果影响不同，必须对注入方式进行合理优化，确保溶剂降黏作用得到有效的发挥。从模拟结束后的增油效果看(表3)，溶剂段塞-蒸汽注入，对连通时间提早改善效果最明显，平均日增油3.49t，而蒸汽-溶剂段塞注入方式下，效果最差。因此优选注入方式为先溶剂段塞-再蒸汽注入。

表 3　溶剂不同注入方式措施效果对比表

注入方式	提早天数/d	累产油/10^4t	平均日增油/(t/d)
无溶剂	0	2.09	0
溶剂段塞-蒸汽	74	2.60	3.49
伴蒸汽注入	63	2.54	3.08
蒸汽-溶剂段塞	40	2.42	2.23

4.2　溶剂注入时机

模拟溶剂注入总量定为25t，溶剂注入方式为溶剂段塞-蒸汽。在直井吞吐的第一轮次，因未发育蒸汽腔，注入的溶剂不能大面积接触稠油，溶剂不能充分发挥溶解降黏作用即被采出，因此选择在直井蒸汽吞吐第1轮次后注入溶剂，通过对比不同轮次注入对蒸汽腔连通速度以及开采效果的影响，模拟结果表明，吞吐第二轮开始注入溶剂，汽腔连通时间可以提前74天，之后逐轮降低，第五轮较第二轮降低提早连通时间47%，因此注入时机为直井吞吐的第二轮次为最优。

4.3　溶剂注入量

溶剂量越多越能够更快地在蒸汽腔边缘溶解，更有效地降低原油黏度，由于注入溶剂，汽腔温度降低，减少了向岩层的热损失，增大了蒸汽的热效率；同时，汽腔边缘温度降低，蒸汽腔向周围油藏的传热能力下降，蒸汽降黏作用减弱，因此设计溶剂注入量需要平衡溶剂溶解降黏作用和蒸汽加热降黏作用。

溶剂用量与直井距 SAGD 井的垂直距离有关，通过不同井距所需溶剂的数值模拟，设定直井距 SAGD 井水平距离分别为 10m、20m、30m 和 40m，在直井吞吐的第二轮次段塞注入，不同距离分别设定不同的溶剂量进行优化，当井距为 10m 时，在直井蒸汽吞吐的第一个轮次即实现连通，不需要额外注溶剂加快直井蒸汽腔的扩展速度。井距大于 20m，所需溶剂量 10t，连通速度增幅 29.3%，随着井距的增加，连通速度增幅减小。井距越远，连通时间越晚，直井的蒸汽腔和 SAGD 蒸汽腔规模也越大，连通的位置越靠上，蒸汽热利用率也越低。根据不同井距优化出最优溶剂量，回归井距与溶剂用量的关系式(图 3)。

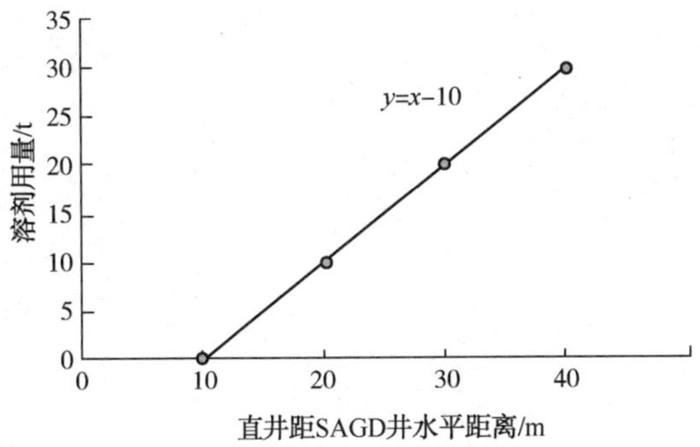

图 3　不同井距与所需溶剂量关系图

根据溶剂注入总量设计和首轮蒸汽作用范围，平面垂直距离小于 30m 时首轮注入量控制在 10t~13t；平面垂直距离 30m~40m 时首轮注入量控制在 13t~15t；大于 40m 则按最大剂量注入。

5　试验应用结果

以双水平井 A 井组为例，直井 B 距离 A 井组垂向平面距离 31m，直井射孔厚度 5m，溶剂总量为 21t。结果显示，直井注溶剂辅助最初两年内，增油效果明显，平均日产油由 13.9t/d 提高至 20.9t/d，之后效果逐渐变弱，至模拟末期，其日产油和油汽比与不注溶剂相比，基本趋于一致(图 4)。由于注溶剂加速了直井蒸汽腔的扩展，与不注溶剂相比，该井蒸汽腔约提前 2 轮实现热连通，合计节约蒸汽 3000 吨。

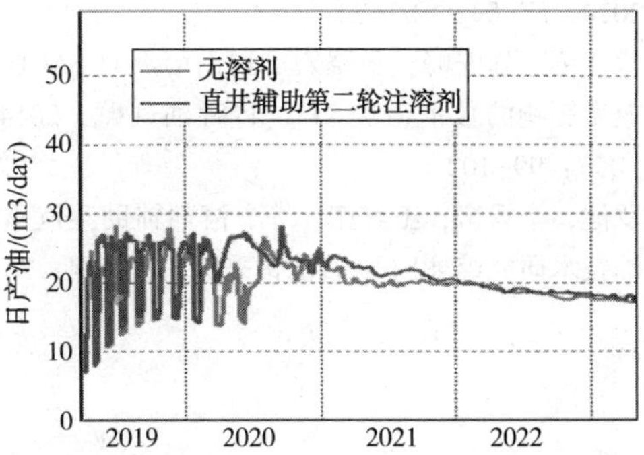

图 4　有无添加溶剂生产预测日产油数模预测对比曲线

6　结论

(1) 直井 LASER 技术利用传质和传热降黏的协同作用，溶剂辅助 SAGD 启动技术能更快速、更均匀的实现 SAGD 水平注采井间连通，提高初期生产阶段的产油能力。

(2) 夹层存在与否对直井 LASER 技术均有效，渗透率大于 800mD，油层厚度大于 10m 的井组开展直井 LASER 技术效果较好。

(3) 溶剂注入方式选取溶剂段塞-蒸汽的注入方式，注入时机优选直井蒸汽吞吐第二轮次效果最佳，溶剂注入总量与井距呈正相关性，距离越远，所需溶剂越多。

(4) 直井注溶剂辅助最初两年增油效果明显，蒸汽腔提早实现热连通，节约蒸汽。该技术为直井辅助 SAGD 技术提高采油速度加快了进程。

参　考　文　献

[1] 王江涛．超稠油直井辅助双水平井 SAGD 技术研究[J]．石油石化应用，2019，38(03)：57-60.
[2] 刘尚奇，王晓春，高永荣，等．超稠油油藏直井与水平井组合 SAGD 技术研究[J]．石油勘探与开发，2007，34(2)：234-238.
[3] 吴永彬，刘雪琦，杜宣，等．超稠油油藏溶剂辅助重力泄油机理物理模拟实验[J]．石油勘探与开发，2020，47(04)：765-771.
[4] 徐振华，刘鹏程，张胜飞，等．稠油油藏溶剂辅助蒸汽辅助重力泄油启动物理实验和数值模拟研究[J]．油气地质与采收率，2017，24(03)：110-115.
[5] 王连刚，石兰香，袁哲，等．超稠油油藏溶剂辅助蒸汽重力泄油室内实验研究[J]．现代地质，2018，32(06)：1203-1211.
[6] 杨兆臣，于兵，吴永彬，等．超稠油溶剂辅助 SAGD 启动技术油藏适应性研究[J]．特种油气藏，

2020，27(04)：67-72.
[7] 贾江涛，施安峰，王晓宏. 辅助溶剂对SAGD开采效率影响的数值研究[J]. 特种油气藏，2014，21(05)：99-102.
[8] 罗健，李秀峦，王红庄，等. 溶剂辅助蒸汽重力泄油技术研究综述[J]. 石油钻采工艺，2014，36(3)：106-110.
[9] 高永荣，刘尚奇，沈德煌，等. 超稠油氮气、溶剂辅助蒸汽吞吐开采技术研究[J]. 石油勘探与开发，2003，30(2)，73-75.
[10] 王正东. 溶剂辅助SAGD现场实验-以辽河油田杜84块为例[J]. 石油工程，2016，42(6)：24-25.

超稠油双水平井 SAGD 暂堵调剖技术研究与应用

张洋洋　于　兵　孙　璐　佟　娟　安　廷

（中国石油新疆油田公司风城油田作业区）

摘　要　新疆 F 油田超稠油双水平井 SAGD 开发区油藏埋深浅，储层物性差，非均质性强。在 SAGD 开发过程中储层结构和构造发生次生变化，形成了优势渗流通道，生产调控困难。针对该问题，本次研究基于岩心物理实验，明确了优势渗流通道的形成及变化规律，利用三维物模研究了暂堵作用机理，筛选出了适用于 SAGD 的暂堵调剖体系，通过油藏数值模拟优化了注入工艺，制定了措施后调控参数。自 2019 年在 SAGD 全区累计实施 21 井组，实施后水平段动用程度提高 10%，平均单井组增油 3.2t/d，产油水平提高 25%。该技术有效提高了 SAGD 水平段动用程度，为同类开发方式改善开发效果提供了借鉴。

关键词　超稠油；SAGD；渗流通道；水平段动用；暂堵调剖

1　前言

随着超稠油 SAGD 深入开发，SAGD 井组在转 SAGD 阶段生产后，水平段动用不均且动用程度低是制约 SAGD 单井产量的关键问题之一，而常规调控手段无法有效干预改善。目前 SAGD 全区共有 58 井组水平段存在明显动用不均且动用程度低问题，井组生产呈现出产量提升困难，含水上升，油汽比下降，生产效益难以提升现象，严重制约了 SAGD 开发效果。因此，亟需开展有效改善水平段动用技术研究，依据国内外研究成果，针对 F 油田超稠油 SAGD 开发区开展了高温暂堵调剖技术研究及现场应用，有效改善了 SAGD 开发效果，为 SAGD 高效开发提供了新技术。

2　高温暂堵调剖技术机理研究

2.1　SAGD 开采过程中大孔道形成及渗流变化规律研究

钻取野外露头进行了岩心室内物理模拟实验，通过注蒸汽热采实验获取了热采后平行岩样，对平行样品进行对比，分析了注蒸汽前后的岩心物性变化。

（1）铸体薄片和高压压汞实验研究表明，热采后岩心大孔隙增加，微小孔隙减少；孔喉结构变好，排驱压力降低、毛管半径增大，出现优势渗流通道（表 1、图 1）。

表 1　注蒸汽前后样品最大孔喉半径和平均孔喉半径变化对比表

参数	A 组样品				B 组样品			
	注蒸汽前	注蒸汽后	差值	增加幅度/%	注蒸汽前	注蒸汽后	差值	增加幅度/%
最大孔喉半径/μm	23.675	30.435	6.760	28.553	17.780	23.685	5.905	33.211
平均孔喉半径/μm	8.003	10.059	2.056	25.690	6.270	10.084	3.814	60.829

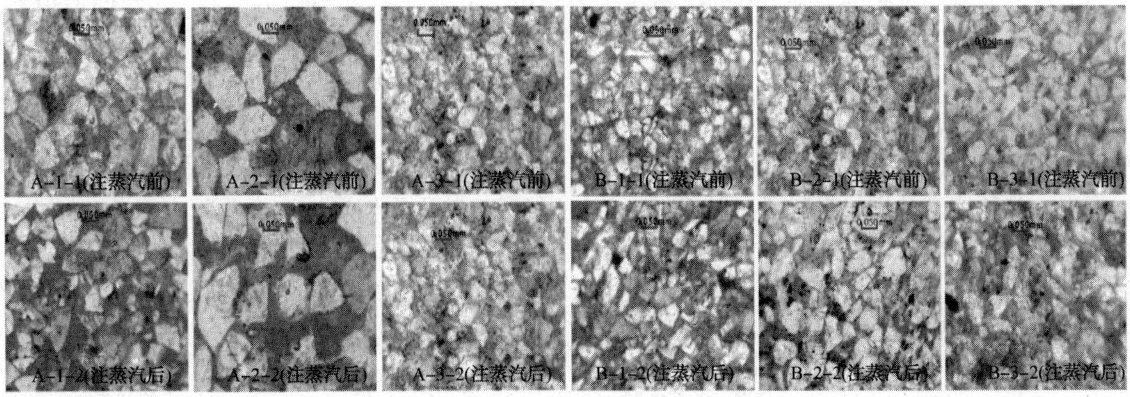

图 1　注蒸汽前后铸体薄片注对比图

(2) 孔隙度、渗透率和黏土矿物实验结果表明，热采后物性变好、孔隙度和渗透率都增加，物性越差的储层，越容易形成高渗通道；黏土矿物在注蒸汽之后，伊蒙混层与伊利石体积分数减小；高岭石和绿泥石体积分数增加；伊蒙混层和高岭石变化程度大(表2)。

表2　注蒸汽前后样品矿物组成及变化情况统计表

矿物组成	伊蒙混层	伊利石	高岭石	绿泥石
注蒸汽之前/%	44.10	10.84	36.18	8.88
注蒸汽之后/%	34.50	7.11	47.10	11.29
对比/%	-9.60	-3.73	10.92	2.41

(3) 热采前后岩心油-水两相渗流规律研究表明，油水相对渗流能力差别很大，且在SAGD开发过程中，由于蒸汽的作用形成优势渗流通道后，热水优先通过，导致采出液含水明显上升；温度升高，束缚水饱和度增大，残余油饱和度减小，两相共渗区间扩大，并且两相渗流能力均增加；物性越好，两相共渗区间越大。

2.2　主要作用机理

高温暂堵调剖技术是暂堵剂进入油层后，形成凝胶并吸附于颗粒之间，封堵热采过程中形成的优势泄油通道，暂时封堵注汽井和采油井井间已动用段，然后通过调整注采参数促使未动用段建立有效生产压差，达到启动未动用段，随着蒸汽的持续注入，高温暂堵调剖体系老化并自然降解，实现提高整个水平段有效均匀动用(图2)。

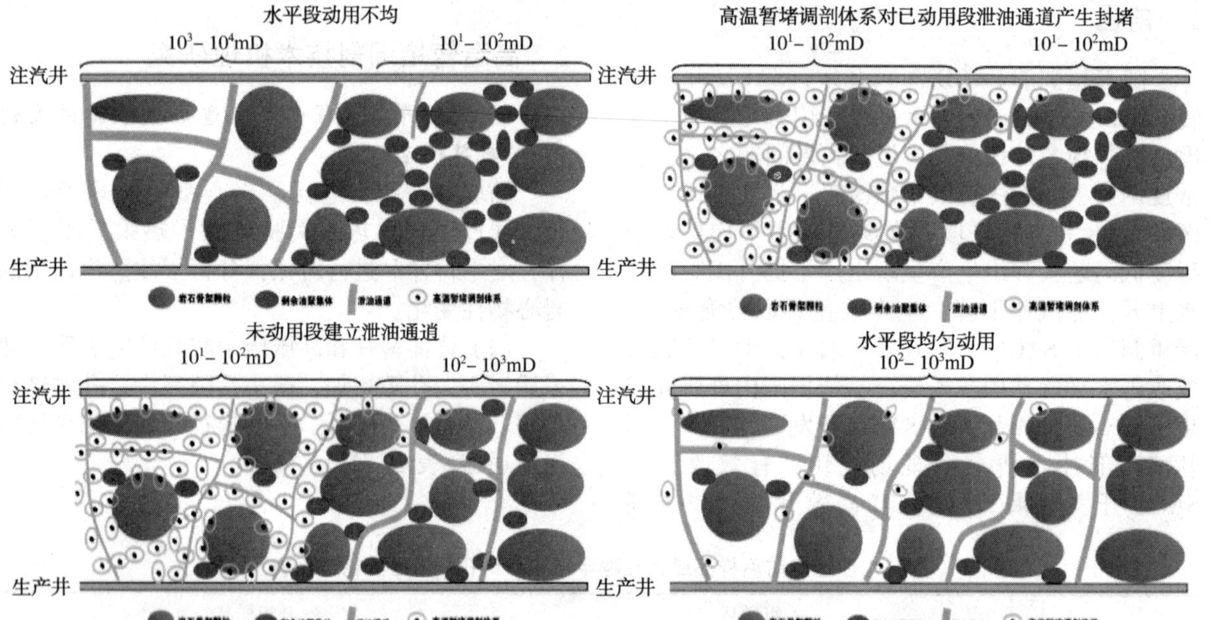

图2　高温暂堵调剖技术机理图

其应用原理如下：

(1) 注入高温泡沫体系，利用体系“堵水不堵油、堵高不堵低”特性，暂堵已动用段优势泄油通道；

(2) 注入耐温暂堵体系，利用体系的选择注入性，在优势孔道内壁吸附，降低优势通道孔渗大小，进一步暂堵已动用段优势泄油通道；

(3) 注入少量破胶剂，实现已封堵的高渗部分破除封堵，为下步启动未动用段创造条件；

(4) 动用未动用段，通过一段时间的蒸汽循环后，在注汽井和采油井井间给予微压差，重建未动用段泄油通道；

(5) 注入破胶剂，暂堵体系在蒸汽和破胶剂作用下水解，恢复泄油能力，达到全段动用、提高产量的目的。

2.3　高温暂堵调剖体系

基于岩心热采前后物理模拟实验研究，确定了热采过程对岩心孔隙结构和物性的影响。SAGD热采后储层性质发生较大变化，部分水平段储层的孔隙度、渗透率明显增大，泥质含量降低，储层非均质性进一步增大，导致动用好的部位原油具有流动性，泄油能力强，而动用差的部位原油聚集体较大，泄油受阻。随着井组的持续生产，在泄油能力强的水平段逐渐形成优势渗流通道。

根据实验研究结果及生产实际，基于“可耐高温、适量残留、堵而不死、高效暂堵”的技术理念，实现了“疏堵结合”的高温暂堵剂体系。针对SAGD井组的注汽井，从体系性能及现场措施有效时间方面考虑，优选凝胶颗粒体系作为暂堵剂。该体系主要组分为：主剂、抗高温交联剂、HPAM、热稳定剂、固相颗粒、起泡剂、碱木素等。针对SAGD井组的采油井，采用以碱木素为主体，适当加入甲醛和苯酚，在合适PH值和温度条件下生成高强度耐温的调堵剂。该调堵剂可实现完全解堵，且避免对采油井周围渗流通道造成永久性伤害。

3 施工过程及各阶段参数控制

3.1 高温暂堵调剖技术现场施工注入设计

（1）施工前2天SAGD井组注汽井停注，采油井正常生产，液量维持此前水平，定时记录注汽井、采油井温度及压力数据；

（2）采油井关井，连接水泥车和注汽井长管管线，进行试压；

（3）注入本区块热污水，测试地层吸水能力；

（4）打开注汽井短管闸门，连续注入堵剂溶液，随时观察压力变化情况，根据压力变化情况调整排量；

（5）注入热水段塞，将井筒中堵剂溶液挤入油层，完全顶替后注汽井、采油井同时关井，候凝；

（6）注汽井注汽量恢复至此前水平的50%，采油井短管生产，控制液量为此前水平的50%，生产2天，观察井底温度变化，判断暂堵效果，确定下步工作安排；

（7）施工过程中操作压力不得超过区块限压，记录好施工时间、施工压力、排量及P井各测温点温度等参数。

3.2 封堵效果判断

（1）SAGD井组注汽井、采油井同时恢复此前50%生产制度，观察采油井温度变化、井口压力及井口温度等参数，判断高渗段是否已达封堵目的；

（2）根据采油井温度判断封堵效果，如果采油井实施该技术后2天内井下测温点前端3点温度均下降20℃以上，则判断封堵成功，施工结束，否则判断为未完全封堵，进行下一轮施工。

3.3 措施后SAGD井组调控

高温暂堵调剖技术实现水平段优势渗流通道完全封堵后，由于未动用段井间温度低，需将SAGD井组转入微压差生产，通过蒸汽循环，加热井间原油，降黏原油黏度，再在注汽井和采油井之间施加一定的压差，逐步建立井间连通。该阶段井组具体参数调控为：注汽井、采油井均以注汽速度80t/d进行循环，即短管注汽、长管生产，循环时间在40天左右。在注汽井、采油井井间温度升高至80℃时井组转微压差生产，该阶段注汽井持续注汽，采油井循环，注汽井、采油井之间建立0.3MPa压差，该阶段在30天左右可实现水平段未动用段动用。

在实现水平段未动用段动用后，通过优化注采参数实现水平段全井段的均匀动用。该阶段优化注汽速度为70t/d，注入干度为0.75，采液速度为80t/d，在后期，优化注汽速度为60t/d，采液速度为70t/d。该阶段后通过增汽扩腔，可增加阶段产油量，提高采出程度。

4 现场试验情况及效果分析

2019年至目前在SAGD全区共计21井组实施了高温暂堵调剖技术，实施后各井组高渗段温度平均下降53℃，水平段动用更均匀，水平段动用程度提高10%，平均单井组增油3.2t/d，较措施前产油水平提高25%。以FHW001井组为例，该井组实施高温暂堵调剖技术后，高渗段温度平均下降56℃，水平段动用程度提高25%，井组增油3.6t/d，较措施前产油水平提高39.4%。

5 结论

（1）根据岩心物理模拟实验，通过热采前后岩心铸体薄片、高压压汞、孔隙度、渗透率、黏土矿物和相对渗透率变化等实验研究，明确了SAGD开采过程中大孔道形成、扩张及储层渗流规律变化机理和变化规律；

（2）基于岩心物理模拟实验研究，确定了适用于超稠油SAGD井组“疏堵结合”的高温暂堵调剖体系，体系耐温可达到250℃以上、成胶时间可控、热稳定性强、耐冲刷、可实现选择性封堵、能够根据不同储层条件调整配方；

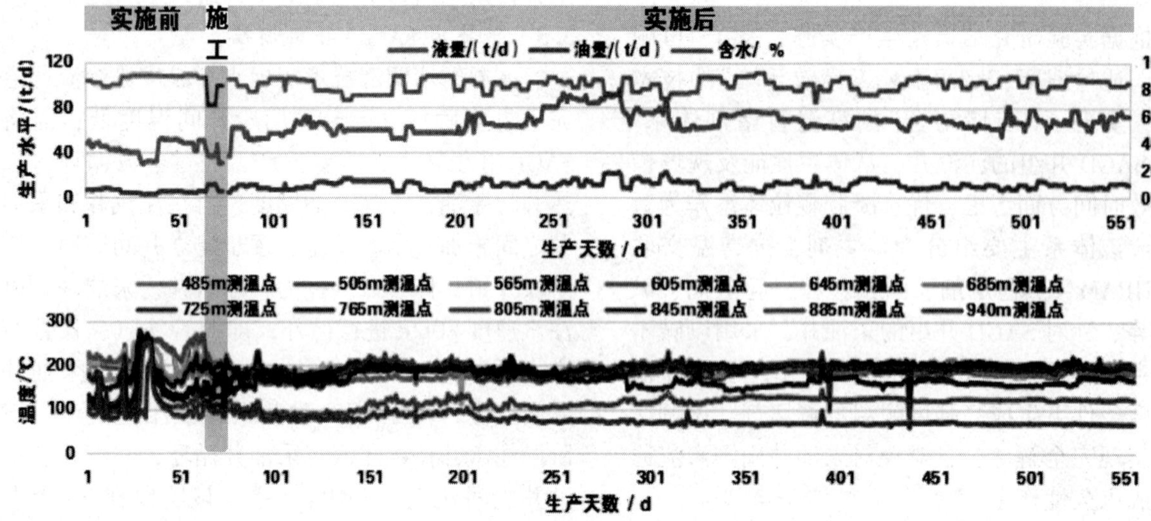

图3　FHW001井组实施高温暂堵调剖技术前后生产曲线

(3) 根据试验效果分析，高温暂堵调剖技术有效改善了水平段优势渗流通道，提高了水平段动用程度，为SAGD高效开发提供了新技术。

参考文献

[1] 何万军，王延杰，王涛，等．储集层非均质性对蒸汽辅助重力泄油开发效果的影响[J]．新疆石油地质，2014，35(05)：574-577.

[2] 何万军，木合塔尔，董宏，等．风城油田重37井区SAGD开发提高采收率技术[J]．新疆石油地质，2015，36(04)：483-486.

[3] 谢华锋，王健，黄海平，张伟．储层流体非均质性对加拿大油砂热采的影响[J]．油气地质与采收率，2016，23(06)：94-98+104.

[4] 马德胜，郭嘉，昝成，等．蒸汽辅助重力泄油改善汽腔发育均匀性物理模拟[J]．石油勘探与开发，2013，40(02)：188-193.

[5] 胡书勇．疏松砂岩油藏大孔道形成及其调堵的随机模拟[D]．成都：西南石油大学，2006.

[6] 林中阔．中深层稠油油藏汽驱优势通道研究[J]．中国石油和化工标准与质量，2016，36(13)：88+90.

[7] 宋玉龙．优势通道综合识别描述方法研究[D]．青岛：中国石油大学(华东)，2013.

[8] 宁丽华．稠油油藏高温调剖技术[J]．渤海大学学报(自然科学版)，2009，30(02)：110-114.

[9] 陈小凯．辽河油田稠油油藏高轮次吞吐井化学调剖封窜技术应用[J]．精细石油化工进展，2017，18(06)：1-5.

[10] 李睿姗，何建华，唐银明，等．稠油油藏氮气辅助蒸汽增产机理试验研究[J]．石油天然气学报(江汉石油学院学报)，2006(01)：72-75+141.

[11] 高永荣，刘尚奇，沈德煌，郭二鹏．氮气辅助SAGD开采技术优化研究[J]．石油学报，2009，30(05)：717-721.

[12] 吕广忠，刘显太，尤启东，栾志安．氮气泡沫热水驱油室内实验研究[J]．石油大学学报(自然科学版)，2003(05)：50-53+4.

[13] 刘仁静，刘慧卿，李秀生．胜利油田稠油油藏氮气泡沫驱适应性研究[J]．应用基础与工程科学学报，2009，17(01)：105-111.

[14] 袁士义，刘尚奇，张义堂，张世民，赵郭平．热水添加氮气泡沫驱提高稠油采收率研究[J]．石油学报，2004(01)：57-61+65.

[15] 孙新革，何万军，胡筱波，吴永强，张建华，张伟．超稠油双水平井蒸汽辅助重力泄油不同开采阶段参数优化[J]．新疆石油地质，2012，33(06)：697-699.

[16] 桑林翔，张家豪，宁朦，徐乔南，李程辉，潘海峰．SAGD水平段动用程度判断方法及动用模式分析[J]．油气地质与采收率，2020，27(06)：136-142.

利用小井距蒸汽热采实现浅层普通稠油油藏高效开发

郑　强　时正理　路　阳　王　宁　任旭京　李春涛　帕丽达·吐尔孙

（中国石油新疆油田分公司勘探开发研究院）

摘　要　哈国A油田白垩系巴列姆组油藏为浅层普通稠油油藏，针对国内外同类油藏先采用大井距注蒸汽热采开发再进行加密导致加密井初期产量降低的问题，为有效动用该油藏，利用油藏工程方法和数值模拟方法，确定巴列姆组直接采用70m×100m反九点法小井距井网进行热采开发。方案实施后，平均单井日产油由冷采的0.7t上升至热采的4.5t，日产油水平由2017年的2.4t/d上升至2021年655.9t/d，油汽比0.53，蒸汽吞吐取得较好的开发效果。

关键词　稠油；蒸汽吞吐；小井距；高效开发

1　前言

国内外浅层稠油油藏大多先采用大井距进行蒸汽吞吐加蒸汽驱进行开采，待油田开发效果不好后再进行加密调整，虽然可以提高油藏的采收率，但由于压力下降和汽窜、水淹等原因，加密井初期产量一般低于未加密前生产井的初期产量。如哈国K油田普通浅层稠油油藏，先后经历了300m行列式井网、150m×212m反九点井网、106m×150m反九点井网的蒸汽吞吐加蒸汽驱开发，预测采收率分别达到14.63%、32.44%、43.80%，初期单井日产油量分别为15.4t/d、6.3t/d、3.4t/d，随加密轮次的增加，加密井初期产量下降。哈国A油田侏罗系普通浅层稠油油藏，于2004年分别采用70m×100m反九点法小井距和100m×140m反九点法大井距进行蒸汽吞吐加蒸汽驱开采试验，小井距蒸汽驱较大井距见效快、效果好，至2016年2月结束，汽驱阶段采出程度分别为17.9%、6.7%，平均单井日产油分别为2.0t/d、1.4t/d，油汽比分别为0.12、0.09，说明小井距能改善该类稠油油藏热采的开发效果。新疆克拉玛依油田九区齐古组浅层稠油油藏，初期采用100m×140m反九点法井网进行热采开发，后期加密为70m×100m反九点法井网，生产井初期蒸汽吞吐日产油分别为7t/d、3t/d。哈国A油田白垩系巴列姆组是该油田重要的产能接替层，计划于2018年投入开发，该油藏地质特征和流体性质与侏罗系油藏相似，为有效开发该稠油油藏，本文利用油藏工程方法和数值模拟方法，对能否直接采用小井距进行稠油热采开发进行论证。

2　地质开发简况

哈国A油田白垩系巴列姆组油藏平均埋深193m，储层单一，平均油层厚度10.4m，储层平均孔隙度35.9%，储层平均渗透率949.4mD，地面原油密度平均0.932g/cm^3，20℃地面原油黏度平均1786.5mPa·s，地层原油黏度202mPa·s，属于浅层普通稠油油藏。71口井以冷采方式试采，平均单井日产油0.7t/d，平均含水73%，冷采效果差，储量一直未得到有效动用。

为获得巴列姆组油藏热采产能，在充分调研文献和理论论证基础上，提出对该油藏进行热采开发试验。试验区主力含油层连片分布，隔层不发育，偶有局部薄夹层。储层渗透率变异系数0.38，非均质性弱。2017年10月采用70m五点法井网，对该油藏5口新井进行注蒸汽吞吐试验，5口井共注汽9141t，截止到2018年3月，单井平均日产油8.5t/d，阶段累积产油5493t，油汽比0.6，采注比1.34，蒸汽吞吐获得了好的热采试验效果，证实了该油藏注蒸汽热采的潜力（图1）。

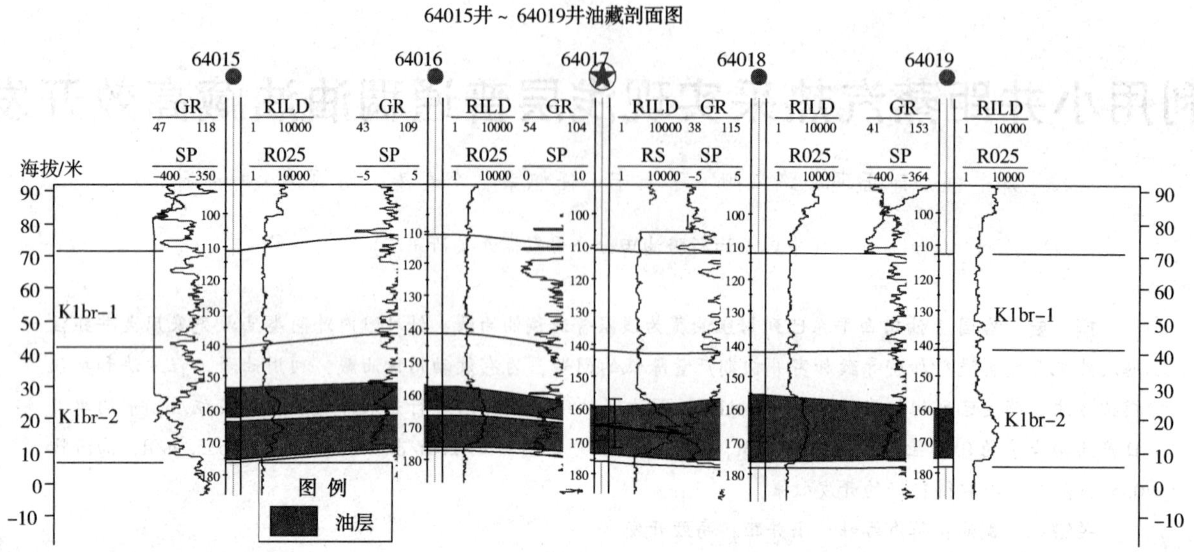

图1　热采试验井组油藏剖面图

3　合理井网井距确定方法

3.1　数值模拟方法确定热采合理井网井距

3.1.1　热采开发方式优选

为确定巴列姆组热采开发方式、优化井网井距及蒸汽吞吐加汽驱注采参数，建立了热采试验井区概念模型，模拟器为CMG热采模型。模型有效厚度15m、孔隙度37%、渗透率1049mD、2.5倍水体，平面上网格划分为30×30 = 900(个)，网格步长10m×10m，纵向分为21层，总网格数18900个。

根据数值模拟研究结果：巴列姆组油藏5年预测期末采用冷采、40℃热水驱、蒸汽吞吐的采出程度分别为0.3%、6.7%、20.0%，热采方式好于冷采；根据蒸汽驱开发投资及生产成本，计算得到60美元油价下经济极限油汽比为0.138。在此条件下蒸汽吞吐三轮、四轮、五轮、六轮转蒸汽驱的采收率分别为58.26%、59.88%、57.26%、54.30%，随吞吐轮次增加，油藏采收率先升后降，四轮后转驱采收率最高，巴列姆组稠油油藏最优转驱时机为蒸汽吞吐四轮次后转汽驱；根据经济极限油汽比，适合蒸汽吞吐的油层厚度下限大于5m，适合蒸汽驱的有效厚度大于7.5m，大于5m小于7.5m的区域不适合蒸汽驱，吞吐四轮后转热水驱。

3.1.2　数值模拟方法

分别设计注采井距70m五点法井网、注采井距70m反七点法井网、70m×100m反九点法井网进行蒸汽吞吐四轮加蒸汽驱数值模拟预测。数模结果表明：反九点井网吞吐和汽驱阶段采出程度高于反七点及五点井网(图2)；再分别设计50m×70m、70m×100m、100m×140m、140m×200m反九点井网进行蒸汽吞吐四轮加蒸汽驱数值模拟预测，蒸汽吞吐5年的加热半径为35m，采收率分别为49.67%、59.90%、39.00%、19.82%，采油井距×注采井距为70m×100m时的反九点井网采收率最高。

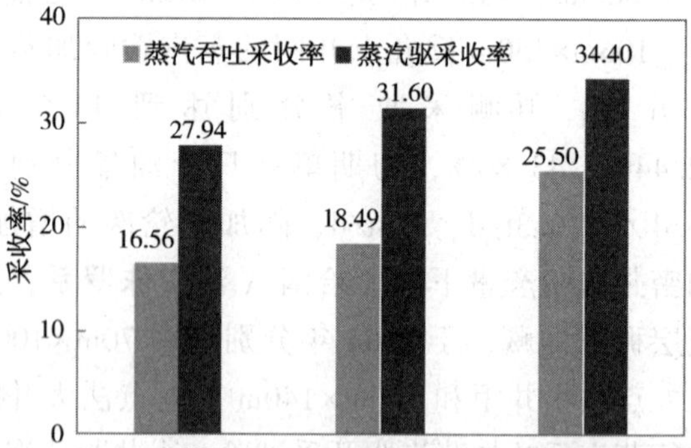

图2　不同井网类型下采收率对比图

为对比先采用大井距再加密为小井距和直接采用小井距的开发效果，利用数值模拟方法对比了两大类共5个方案的开发效果：

方案1：100m×140m反九点井网进行蒸汽吞吐四轮后加密为70m×100m反九点井网进行蒸汽驱；

方案2：100m×140m反九点井网进行蒸汽吞吐四轮并蒸汽驱1年后加密为70m×100m反九点井网进行蒸汽驱；

方案3：100m×140m反九点井网进行蒸汽吞

吐四轮并蒸汽驱3年后加密为70m×100m反九点井网进行蒸汽驱；

方案4：100m×140m反九点井网进行蒸汽吞吐四轮并蒸汽驱5年后加密为70m×100m反九点井网进行蒸汽驱；

方案5：直接采用70m×100m反九点井网进行蒸汽吞吐四轮加蒸汽驱的开发效果。

数模预测：方案1~方案4第一轮蒸汽吞吐新井初期产量6.8t/d，不同时机加密新井初期产量分别为3.4t/d、3.1t/d、3.0t/d、2.6t/d，预测采收率分别为58.80%、56.18%、53.84%、51.57%；方案5第一轮蒸汽吞吐新井初期产量4.8t/d，预测采收率59.90%。数模结果表明：方案5的新井初期产量和采收率高于方案1~方案4，加密时机越晚，加密新井初产和采收率越低。为获得高采收率，建议直接采用70m×100m反九点井网进行蒸汽吞吐四轮加蒸汽驱开发浅层普通稠油油藏。

3.2 油藏工程方法确定热采合理井网井距

3.2.1 注汽速度界限确定

根据数值模拟结果，注入蒸汽干度越高采出程度越大，当蒸汽干度大于0.5时采出程度增幅不大，建议注入蒸汽的井底干度控制在0.5以上。利用CMG-SAM半解析井筒压降及导热模型计算蒸汽井底干度与注汽速度关系，结果表明：在巴列姆组油藏埋深条件下，注汽速度越大，井底干度越高；井口干度在0.7时，保持井底蒸汽干度在0.5以上的注汽速度下限为25t/d(图3)。

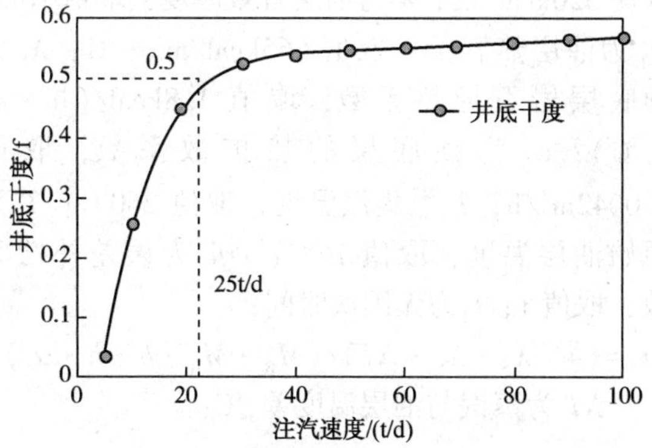

图3　蒸汽井底干度与注汽速度关系图

3.2.2 油藏工程方法

基于不同井网形式的注采特点，岳清山等人根据成功热采所需注汽强度大于1.6m^3/(d·ha·m)和采注比大于1.2的要求，提出了稠油油藏蒸汽驱不同井网形式的井距计算公式(式1~式2)。结合巴列姆组油藏蒸汽吞吐试验井组单井注汽及产液能力，计算得到反九点井网在不同厚度区域的合理注汽速度(表1)。根据注汽速度下限大于25t/d的要求，在油层厚度大于7.5m的区域，所需井网井距为70m×100m反九点井网，技术上可以满足蒸汽驱效益开发。

九点法井网井距设计公式：

$$d=86.6\times\left(\frac{q_{\mathrm{L}}}{Q_{\mathrm{s}}\times H_{\mathrm{o}}\times R_{\mathrm{pi}}}\right)^{0.5} \quad (1)$$

$$q_{\mathrm{s}}=4\times10^{-4}Q_{\mathrm{s}}\cdot H_{\mathrm{o}}\cdot d^{2} \quad (2)$$

式中，d为井组中相邻生产井的距离，m；q_{L}为平均单井产液量，m^3/d；H_{o}为井组油层平均厚度，m；q_{s}为井组注汽速度，m^3/d；R_{pi}为井组采注比，f；Q_{s}为井组注汽强度，m^3/(d·ha·m)。

表1　不同油层厚度及不同井网形式下蒸汽驱注汽速度计算表

井网类型	油层厚度 H_o/m	注汽强度 Q_s/(m^3/(d·ha·m))	采注比 R_{PI}	单井排液能力 Q_L/(m^3/d)	采油井距 D/m	注采井距/m	井组注汽速度 q_s/(m^3/d)	井底蒸汽干度/f
反九点	15.0	1.6	1.2	20.0	70	100	50	0.538
反九点	10.0	1.6	1.2	13.3	70	100	33	0.525
反九点	7.5	1.6	1.2	10.0	70	100	25	0.521
反九点	5.0	1.6	1.2	6.7	70	100	17	0.415

3.3 经验公式方法确定热采合理井网井距

采用玛克斯兰根海姆加热半径经验公式，计算油层厚度10.4m时的最大加热半径为37m(式3)，合理井距在70m左右。

$$Ar=\frac{I_{\mathrm{s}}h_{\mathrm{m}}hM_{\mathrm{R}}\alpha_{\mathrm{s}}}{4\lambda_{\mathrm{s}}^{2}(T_{\mathrm{s}}-T_{\mathrm{i}})}\left(e^{t_D}\cdot erfc\sqrt{t_{\mathrm{D}}}+2\sqrt{\frac{t_{\mathrm{D}}}{\pi}}-1\right) \quad (3)$$

式中：Ar为加热区蒸汽面积，m^2；I_s为蒸汽注入速率，取值8300kg/h；h_m为饱和蒸汽的焓，取值520kcal/kg；h为油层有效厚度，取值10m；M_R为油层热容量，取值665kcal/m^3·℃；λ_S为顶底层岩石导热系数，取值1.8kcal/(h·m·℃)；α_S为顶底层的热扩散系数，取值0.0042m^2/h；T_s为蒸汽温度，取值260℃；T_i为原始油层温度，取值16℃；$erfc$为误差补偿系数，取值1；t_d为无因次时间；

$$t_d=(4\cdot\lambda_S\cdot\lambda_S\cdot\Delta T)/(M_R\cdot M_R\cdot h\cdot h\cdot\alpha_S)$$

ΔT为蒸汽与油层温度差,℃。

4　合理注采参数优化

综合油藏工程及数值模拟方法，推荐巴列姆组油藏采用70m×100m反九点井网蒸汽吞吐四轮后转蒸汽驱开发。分别设计蒸汽吞吐和蒸汽驱阶段的$L_{16}(44)$正交试验，优化得到巴列姆组油藏蒸汽吞吐合理参数为：蒸汽温度247.5℃、蒸汽干度0.5以上、注汽压力3.8MPa、周期注汽强度137.5t/m、周期生产时间303d，焖井天数5d。蒸汽驱合理参数为：井组注汽强度1.63t/(ha·m·d)、采注比1.26、井组注汽速度46t/d、单井产液速度19.16t/d。

根据数值模拟研究，平均厚度6.25m(油层厚度5m~7.5m)油层吞吐第一轮日产油2.1t/d，汽驱第一年平均日产油1.1t/d；平均厚度10m(油层厚度7.5m~12.5m)油层厚度吞吐第一轮日产油为3.0t/d，汽驱第一年平均日产油1.3t/d；平均厚度15m(油层厚度大于12.5m)油层厚度吞吐第一轮日产油为4.0t/d，汽驱第一年平均日产油2.6t/d(表2)。

表2　巴列姆油藏不同油层厚度下日产油量

生产阶段	日产油量/(t/d)		
	$h=15$m	$h=10$m	$h=6.3$m
第一轮吞吐	4.0	3.0	2.1
第二轮吞吐	2.6	1.9	1.4
第三轮吞吐	2.2	1.6	1.0
第四轮吞吐	1.7	1.0	0.7
汽驱	2.6	1.3	1.1

5　方案实施效果

2017年编制完成了巴列姆组油藏开发方案，方案设计在油层厚度大于5m区域利用热采方式采用70m×100m反九点井网部署新井，全区部署新井440口，2018年实施40口，剩余400口从2019年开始每年实施80口，新井以蒸汽吞吐方式投产，吞吐4轮后在厚度大于7.5m区域转蒸汽驱。方案设计年产油量在2023年达到峰值采油速度2.07%，到2042年合同期末采出程度为25.30%。当布伦特油价60美元/桶时，项目评价期内税后内部收益率达到13.41%，税后投资回收期8.5年。

截止2021年12月，盐上巴列姆组油藏完钻投产井266口，与方案设计相比少9口。产油水平由2017年10月的2.4t/d上升至2021年655.9t/d，累积吞吐538井次，第一轮蒸汽吞吐平均单井日产油4.5t/d，高于设计产能，油汽比0.74，采注比1.53，小井距稠油热采取得较好的开发效果。

6　结论

(1) 推荐A油田巴列姆组浅层普通稠油油藏采用70m×100m反九点井网蒸汽吞吐四轮后转蒸汽驱开发，方案实施后产油水平由2017年10月的2.4t/d上升至2021年655.9t/d，第一轮蒸汽吞吐平均单井日产油4.5t/d，油汽比0.74，高于设计产能，小井距稠油热采开发取得较好的开发效果；

(2) 建议浅层普通稠油油藏直接采用小井距进行蒸汽热采开发，效果好于后期加密的开发方式。

参　考　文　献

[1] 刘文章．稠油注蒸汽热采工程．[M]北京：石油工业出版社，2008.

[2] 岳清山，等．稠油油藏注蒸汽采油技术．[M]北京：石油工业出版社，1998.

[3] 许心伟，张锐．稠油油藏蒸汽驱合理井网密度研究[J]．石油勘探与开发，1998(04)：61-64+5-6+13.

[4] 张锐．稠油热采技术[M]．北京：石油工业出版社，1999.

[5] 李军民．新疆油田红浅1井区齐古组加密调整方案研究[D]．成都：西南石油大学，2014.

[6] 陶冶．普通稠油油藏提高蒸汽驱开发效果技术研究[D]．西安：西北大学，2019.

[7] 徐克强．稠油油藏过热蒸汽吞吐开发技术与实践．[M]北京：石油工业出版社，2011.

[8] 闻玉贵．准噶尔盆地油气藏开发技术研究．[M]乌鲁木齐：新疆人民出版社，2005.

[9] 岳清山．油藏工程理论与实践．[M]北京：石油工

业出版社，2012.
[10] 凌建军，黄鹂，王远明．注汽速度对蒸汽驱开采效果的影响[J]．石油勘探与开发，1996，23.
[11] 岳清山，李平科．对蒸汽驱几个问题的探讨[J]．特种油气藏，1997(02)：10-13.
[12] 岳清山，赵洪岩，马德胜．蒸汽驱最优方案设计新方法[J]．特种油气藏，1997(04)：19-23.
[13] 张义堂，李秀峦．稠油蒸汽驱方案设计及跟踪调整四项基本准则[J]．石油勘探与开发，2008.6：715-719.
[14] 侯建，陈月明．综合化的蒸汽吞吐参数优化设计[J]石油大学学报(自然科学版)，1997(06).
[15] 刘义坤，刘扬，王凤娇，等．江37区块浅薄层稠油油藏蒸汽吞吐参数优化[J]．特种油气藏，2015，22(06)：90-92+145.
[16] 高海红，程林松，叶兴树．稠油油藏蒸汽驱注采参数优化的正交数值试验[J]．石油天然气学报，2009，31(02)：116-119+9+8.
[17] 符跃春．杜84块超稠油蒸汽驱优化注采参数研究[J]．内蒙古石油化工，2020，46(05)：119-121.

哈萨克斯坦浅层稠油油藏蒸汽吞吐采收率标定新方法

古家青　王苗苗　肖寿恒

(中石油新疆油田分公司勘探开发研究院)

摘　要　针对使用油气专委公式计算肯基亚克盐上油藏蒸汽吞吐井组采收率结果偏高的问题，基于正交模拟实验的数值模拟结果，通过多元回归的方法，重新制定针对哈国浅层稠油油藏的蒸汽吞吐采收率标定公式，改进的公式在该区计算误差从 5 个百分点下降至 2 个百分点，精确度大幅提高，该公式适用于哈萨克斯坦浅层普通稠油蒸汽吞吐采收率标定，填补了哈萨克斯坦该类油藏采收率计算方法的空白，在肯基亚克盐上油藏进行了推广应用，应用结果最终得到了哈方的批复。

关键词　哈萨克斯坦稠油油藏；采收率标定公式；数值模拟；蒸汽吞吐

1　前言

哈萨克斯坦浅层普通稠油油藏埋深浅，储量高，是海外重要的勘探开发研究对象。在编制肯基亚克盐上开发方案时，由于油藏属于开发初期，需要用到经验公式来预测蒸汽吞吐阶段的采收率。国内普遍使用的公式为赵洪岩于 2001 年，在《稠油油藏蒸汽吞吐采收率确定方法》这一文章中提出的公式(1)，该公式被收录于石油可采储量计算方法中，其考虑了净总厚度比、油藏有效厚度、油层平均渗透率、油藏温度下的脱气原油黏度、井距 5 个参数。但是，在肯基亚克油田盐上 V 区的侏罗系油藏，蒸汽吞吐加蒸汽驱的批复采收率为 25%，其中，代表盐上开发水平最高的 8 个井组，正常吞吐，根据该研究区经济极限油气比完全结束吞吐时采收率测算为 20.5%，使用油气专委公式计算该井组采收率，仅蒸汽吞吐阶段标定结果为 25.5%，偏高 5 个百分点。为了方案编制需求，需要针对肯基亚克油田稠油开发重新制定新的蒸汽吞吐采收率标定公式，减少投资的风险性。

赵洪岩提出的公式：

$$E_R=31.609-0.0093h_o^2+0.4056h_o+2.3554\ln K-4.4808\ln\mu_o-5.9643J_h^2+7.105J_h+0.000005d^3-0.0023d^2+0.2598d \quad (1)$$

E_R 为蒸汽吞吐的采收率，小数；h_o 为油层有效厚度，小数；K 为油层平均渗透率，10mD；μ_o 为油藏温度下脱气油黏度，mPa·s；J_h 为油层净总厚度比，小数；d 为井距，m。

2　关键问题分析及技术思路

油气专委公式的基础油藏模型主要基于辽河油田深层稠油油藏建立，不能完全反映出哈萨克斯坦稠油油藏特征及最佳经济生产情况(表 1)。

表 1　赵洪岩公式及研究区块油藏条件对比

油藏条件	油藏埋深/m	50℃脱气原油黏度/(mPa·s)
赵洪岩公式适用条件	600~1300	500~50000
哈萨克斯坦浅层稠油油藏条件	<300	<400

国内常用的油气专委公式的编制方法是直接将多个单参数回归关系叠加，各个特征和预测值之间为简单的加权求和关系，如采收率与渗透率、黏度的关系等(图 1)，未考虑各参数间的交互影响。

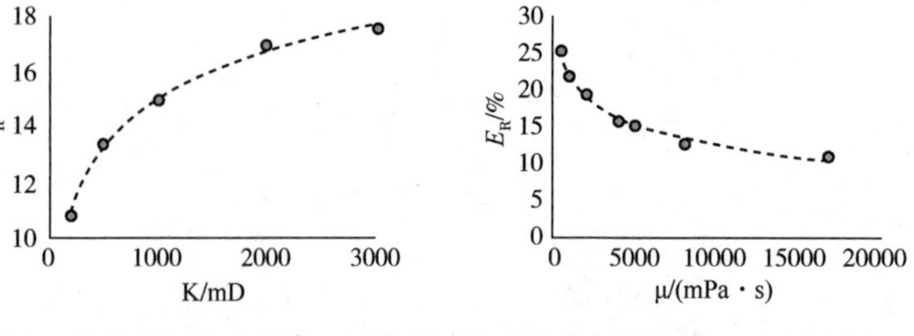

图 1　国内常用公式中建立的蒸汽吞吐采收率与渗透率、黏度的关系

所以，本文基于正交模拟试验的数值模拟结果结合多元回归分析方法对采收率公式进行重新编制，以适应哈国油田生产的实际情况。

3 基础油藏模型

油藏埋深 200m；油藏压力 1741kPa；油藏条件下的原油黏度 202mPa·s；净总厚度比 0.55；油藏孔隙度 0.303；油层渗透率 2550mD；油层含油饱和度 0.6；油层渗透率变异系数 0.48；岩石压缩系数 2.38E-5。油藏模型在纵向上划分为 11 层，6 个等厚度油层，5 个等厚度夹层，横向均质。

4 正交实验设计与方差分析

4.1 正交实验方案参数设计

根据现场经验选取哈国浅层稠油参数范围，基于正交试验分析，进行数值模拟预测。线性回归方程纳入的自变量越多，越能够反应现实，此次正交试验相较于赵洪岩发布的公式新增了 6 项参数，共 11 个参数，分为 7 级(表 2)，故自主设计了有 98 个方案正交设计表 L98，并用数值模拟方法计算出了 98 个方案的采收率(表 3)，其回归关系结果可以代替 117 个样本量。

表 2 正交试验设计基础数据表

水平/因素	油气专委使用参数					本次新增参数					
	渗透率/mD	油层厚度/m	原油黏度/(mPa·s)	NTG/f	井网密度/m	埋深/m	注汽强度/(m^3/(d·m))	产液强度/(m^3/(d·m))	周期油气比/f	渗透率变异系数/f	含油饱和度/f
1	100	2	50	0.1	50	10	50	0.2	0.05	0.05	0.4
2	917	7	542	0.25	70	100	80	1	0.09	0.19	0.5
3	1733	12	1033	0.4	100	200	110	1.8	0.13	0.33	0.55
4	2550	17	1525	0.55	142	400	150	2.6	0.18	0.48	0.6
5	3367	22	2017	0.7	200	600	180	3.4	0.22	0.62	0.65
6	4183	27	2508	0.85	283	700	210	4.2	0.26	0.76	0.7
7	5000	32	3000	1	400	800	250	5	0.3	0.9	0.8

表 3 L98 正交试验设计表及数模采收率计算结果

方案编号	渗透率/mD	油层厚度/m	原油黏度/(mPa·s)	NTG/f	井网密度/m	埋深/m	注汽强度/(m^3/(d·m))	产液强度/(m^3/(d·m))	周期油气比/f	渗透率变异系数/f	含油饱和度/f	数值模拟采收率计算结
1	100	2	50	0.1	50	10	50	0.2	0.05	0.05	0.4	18.08
2	917	7	542	0.25	70	100	50	1	0.09	0.19	0.5	18.14
3	1733	12	1033	0.4	100	200	50	1.8	0.13	0.33	0.55	20.45
·	·	·	·	·	·	·	·	·	·	·	·	·
·	·	·	·	·	·	·	·	·	·	·	·	·
·	·	·	·	·	·	·	·	·	·	·	·	·
98	5000	32	3000	1	400	800	250	5	0.26	0.9	0.8	32.22

4.2 方差分析检验

利用方差分析对正交模拟试验的数值模拟结果进行分析，可计算比较每个因素各自的平均偏差平方和，从而确定各因素对采收率的影响程度和先后顺序，最终找出影响最大的主控因素。

表 4 方差分析结果

参数类型	注汽强度/[m^3/(d·m)]	产液强度/[m^3/(d·m)]	周期油气比/f	变异系数/f	lg 渗透率/mD	油层厚度/m	含油饱和度/f	lg 原油黏度/(mPa·s)	埋深/m	NTG/f	井网密度/m
极差	6.01	6.44	6.03	2.19	4.41	4.22	4.74	4.03	3.26	8.2	2.19
对结果敏感性排序	4	2	3	11	6	7	5	8	9	1	10

续表

参数类型	注汽强度/[m³/(d·m)]	产液强度/[m³/(d·m)]	周期油气比/f	变异系数/f	lg渗透率/mD	油层厚度/m	含油饱和度/f	lg原油黏度/(mPa·s)	埋深/m	NTG/f	井网密度/m
最优水平	水平7	水平1	水平7	水平7	水平7	水平4	水平6	水平2	水平1	水平5	水平7
偏差平方和	132.801	68.804	104.217	27.25	68.804	93.582	88.94	73.854	43.248	330.035	27.25
F值	2.505	1.07	1.795	0.828	1.07	1.561	1.464	1.164	0.628	18.119	0.828
P值	0.041	0.4	0.13	0.487	0.4	0.189	0.22	0.348	0.706	0.006	0.487
显著性	显著	不显著	不显著	不显著	不显著	不显著	不显著	不显著	不显著	非常显著	不显著

由方差分析结果(表4)可知，3项油藏工程参数对采收率计算结果的敏感性分别排在2、3、4名，对采收率影响大，故加入该类型参数是合理的。

井网井距排在最后的原因为蒸汽吞吐阶段末期才形成热联通，所以在蒸汽吞吐阶段，蒸汽的热效率只作用于井周边的储层。变异系数排在最后的原因事因为变异系数是由纵向的渗透率求取的，相当于层间非均质性，但在本次模型中，井是完全射开的状态，所以影响不大。总之，影响最大的就是油藏工程参数，故加入该类参数是正确的选择。

5 多元回归分析

5.1 多元回归原理

多元线性回归的本质是最小二乘法与概率密度函数，其求解方法包括解析解求解法与梯度下降法，原理非常复杂，最方便的方法是利用高级统计分析软件求解。

5.2 哈国蒸汽吞吐采收率预测公式

使用高级统计分析软件多元回归蒸汽吞吐采收率标定公式，复相关系数为0.887，公式充分考虑了各种关键因素，加强了各因素之间的相互联系。最终，回归的公式(2)用于计算盐上V区蒸汽吞吐采收率误差从5个百分点下降至2个百分点，精确度大幅提高

$$E_R=13.823+0.008\lambda_{Gi}+0.263\lambda_L+1.799OSR-0.2739D_p+0.8\lg K+0.046h_o+1.153S_{oi}-1.464\lg\mu_o-0.009D+9.511h_r-0.007L \quad (2)$$

其中，E_R为原油采收率；λ_{Gi}为单井注汽强度，单位$m^3/(d\cdot m)$；λ_L为单井采液强度，单位$m^3/(d\cdot m)$；OSR为周期油汽比；D_p为变异系数；K为油层渗透率，单位mD；h_o为油层厚度，单位m；S_{oi}为初始含油饱和度；μ_o为地层温度下的脱气原油黏度，单位mPa·s；D为油藏埋深，单位m；h_r为油层净总厚度比；L为井距，单位m。

6 结论

(1)本次针对哈萨克斯坦浅层稠油油藏改进的公式用于计算盐上V区蒸汽吞吐采收率误差从5个百分点下降至2个百分点，精确度大幅提高。

(2)本次改进公式相对赵洪岩公式增加了静态参数3个，分别是油藏埋深、渗透率变异系数、含油饱和度；增加了油藏工程参数3个，分别是注汽强度、产液强度、周期油气比。创新使用了L98正交试验设计表，大大减小了计算量，提高了效率。

(3)改进公式使用的多元回归方法，增强了各因素之间的联系。

(4)本次改进的公式可以适用与哈国的类似稠油油藏蒸汽吞吐阶段采收率的计算。

参 考 文 献

[1] 岳清山，李平科. 对蒸汽驱几个问题的探讨[J]. 特种油气藏，1997(02)：10-13.

[2] 刘义刚，钟立国，刘建斌，等. LD27-2油田稠油油藏蒸汽吞吐中后期注采参数优化研究[J]. 能源与环保，2020，42(08)：86-91+108.

[3] 邓博，刘威，李健. 边底水稠油油藏蒸汽吞吐开采特征及开发优化数值模拟研究[J]. 能源与环保，2020，42(02)：145-147.

[4] 王泰超，王凯，朱国金，等. 海上底水稠油油藏火驱开发井网参数优化及应用潜力分析[J]. 中国海上油气，2019，31(02)：108-115.

[5] 武诗琪. N油田热采开发方式研究[D]. 青岛：中国石油大学(华东)，2018.

[6] 丁奕人. 复杂断块注氮气吞吐选井方法及注采参数优化研究[D]. 北京：中国石油大学(北京)，2018.

[7] 刘义坤，刘扬，王凤娇，等. 江37区块浅薄层稠油油藏蒸汽吞吐参数优化[J]. 特种油气藏，2015，22

(06)：90-92+145.
[8] 王长久，刘慧卿，郑强．稠油油藏蒸汽吞吐后转驱方式优选及注采参数优化[J]. 特种油气藏，2013，20(03)：72-75+154.
[9] 高海红，程林松，叶兴树．稠油油藏蒸汽驱注采参数优化的正交数值试验[J]. 石油天然气学报，2009，31(02)：116-119+9+8.
[10] 杨光璐，唐震，王中元．边底水稠油油藏蒸汽驱注采系统优化研究[J]. 特种油气藏，2006(02)：51-52+55+107.
[11] 王卫红，王经荣，李鎏，等．稠油油藏蒸汽吞吐井注采参数系统优化[J]. 石油勘探与开发，2004(02)：104-106+118.
[12] 艾敬旭，王卫红，王经荣．蒸汽吞吐井注采参数优化设计[J]. 大庆石油地质与开发，2004(01)：64-66+78.
[13] 鲍君刚，杨德卿，沈鸥，等．杜32断块区兴隆台油层蒸汽吞吐参数优化数值模拟研究[J]. 特种油气藏，2000(S1)：17-18+21-57.
[14] 侯健，陈月明．基于模糊综合评判模型的蒸汽吞吐注采参数优化设计方法的研究[J]. 特种油气藏，1997(03)：15-21.
[15] 岳清山，赵洪岩，马德胜．蒸汽驱最优方案设计新方法[J]. 特种油气藏，1997(04)：19-23.

动态监测系统在SAGD开发中的应用

支印民　王　强　林　静　李雅芹

(中油辽河油田公司)

摘　要　SAGD动态监测系统的建立和完善是保证SAGD先导试验成功的基础，综合的应用监测资料，及时发现问题、分析问题、提出解决方案，是保证SAGD先导试验顺利实施的关键。辽河油田曙一区杜84块2个先导试验区于2005年2月转入SAGD开发以来，建立并逐步完善了监测系统，形成区块油藏监测技术，该技术是一项油藏立体综合监测技术，改变了过去监测手段单一、资料录取不系统、解释结果难以统一应用的局面，提供了准确、长期、系统、有效的监测资料，并综合应用监测资料指导现场生产实践，取得较好的应用效果。

关键词　曙一区；SAGD动态监测；综合监测技术；监测资料；应用效果

SAGD生产阶段需要大量的数据进行监测，指导先导试验动态调控，保障先导试验成功，为后期评价提供可靠资料。SAGD开采过程中需要监测的主要参数是生产井井底的压力和温度沿水平段的分布，以及蒸汽腔内的压力和温度在平面及纵向上的分布。监测生产井井底温度和压力沿水平段的分布是为了了解蒸汽腔沿水平段的发育情况，从而判断水平生产段的有效利用程度。而监测蒸汽腔内的压力和温度在平面上及纵向上的分布是为了了解油层中蒸汽腔发展的均匀程度和弄清油藏非均质性的影响，以及剩余油饱和度的分布。

因此，监测系统所得的资料对分析油藏的生产动态和生产效果至关重要，是进行注采参数优化和调整的依据，完整的监测系统的建立对先导试验的操作十分重要。

1　SAGD先导试验区监测系统设计

生产井监测系统的主要监测参数是生产井井底温度、压力及井口温度、压力、动液面，其目的是判断是否实现阻汽控制及水平段动用状况。利用热电偶监测井底温度，利用毛细管测压监测井底压力。

在生产井井底温度监测共布置4个点，自上而下分别为抽油泵附近、水平段入口点(A点)、距端点前1/3处、端点(B点)；2006年后，为了生产的需要，井底温度监测点由4个点增加至6个点，自上而下分别为抽油泵附近、水平段入口点(A点)、距A点1/4处、距A点1/2处、距A点3/4处、端点(B点)；压力监测共布置2个点，由上至下分别为抽油泵附近及距端点前1/3或3/4处。所有热电偶和毛细管均装在ϕ25mm连续油管内，将连续油管下在ϕ48mm导管内，以保证起下抽油泵时不会损坏连续油管(图1)。同时录取采油井口压力、温度、动液面资料。

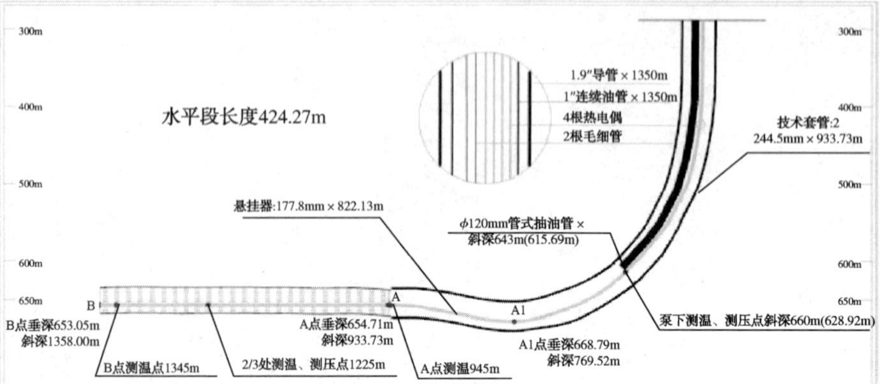

图1　生产井井下监测系统示意图

观察井监测系统监测参数是油藏温度、压力及含油饱和度，其目的是判断蒸汽腔的温度、压力及在纵向和平面上的扩展速度与方向。

根据观察井监测需要分布式测温及分层测压，所以温度测试采用光纤测温技术，压力监测采用毛细管分层测压。饱和度测试采用 C/O 比及观察井取芯。

根据先导试验方案设计，馆陶油层组先导试验区部署观察井 15 口，已有温度观察井 3 口，利用老井转观察井 6 口，新部署观察井 6 口；兴Ⅵ油层组先导试验区共部署观察井 11 口，其中已有温度观察井 2 口，利用老井转观察井 3 口，新部署观察井 6 口。目前两个先导试验区观察井已完善，12 口新钻观察井已完钻。观察井完井设计采用外径 139.7mm 套管外挂外径 40mm 空心杆完井(图 2)，全井段固井，完井后在空心杆内孔下入测温光纤，真正地实现分布式全井段温度测量。测压采取分层测压技术，目的是测试油藏不同深度的压力，其过程是用高温封隔器进行卡层，每层下入一组毛细管传压筒，油层段毛细管穿越封隔器捆绑下入，连接处用固定接箍扶正毛细管，并顺油管引至井口，通过大四通和密封切换阀组引出井口，座封后逐层打压(图 3)。

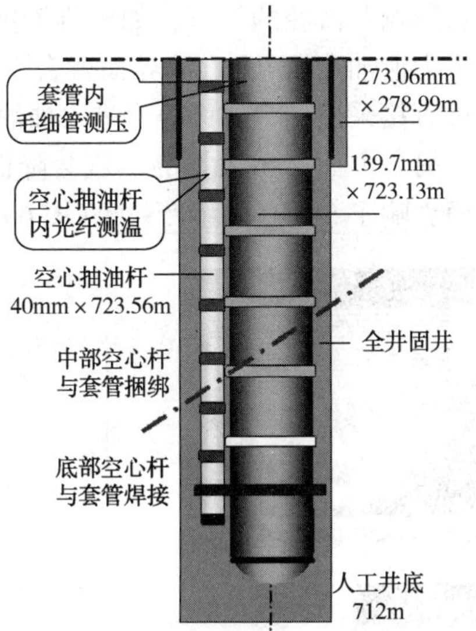

图 2　观察井完井设计

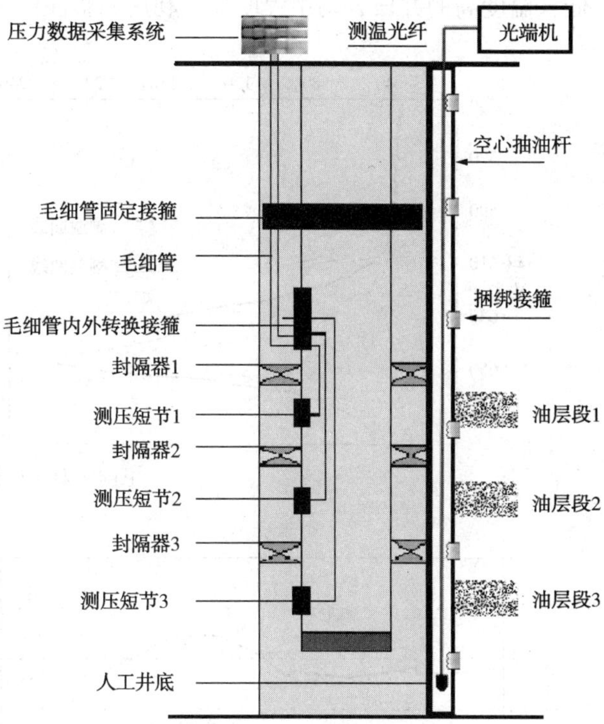

图 3　温度压力一体化监测示意图

2　综合应用监测技术指导 SAGD 动态调控

SAGD 阶段，通过油藏动态监测及生产动态分析，发现生产中存在的问题，提出针对性的调整措施，实现 SAGD 平稳操作，改善先导试验开发效果。

从蒸汽腔发育状况上看，在驱替阶段，未形成蒸汽腔，测温曲线呈指形、钟形或漏斗形；在泄油阶段，已形成蒸汽腔，测温曲线呈箱形(图 4)。

从生产井测压状况上看，在驱替阶段，油藏压力较高，生产压差较小，油藏压力一般在 4～5MPa 之间，生产压差一般在 0.1～0.2MPa 之间；在泄油阶段，油藏压力降至 3～4MPa 之间，生产压差稳定在 0.5～1MPa 之间。

例如，杜 84-平 45 井分别于 2006 年 12 月、2008 年 5 月做压力恢复测试，根据水平段压力变化，2006 年 12 月该井处于蒸汽腔形成阶段(驱替阶段)，008 年 5 月该处于蒸汽腔扩展阶段(泄油阶段)，见图 5。

在直井与水平井组合 SAGD 方式中，油井的产量是由蒸汽腔沿水平段扩展的程度所决定的，因此提高水平井产量，需多增加直井的泄油点和泄油面积。在现场操作中，通过水平井井底温度分析水平段动用程度，温度低的井段，动用程度低，温度高的井段，动用程度高。利用调整注汽井及注汽强度，提高动用程度。

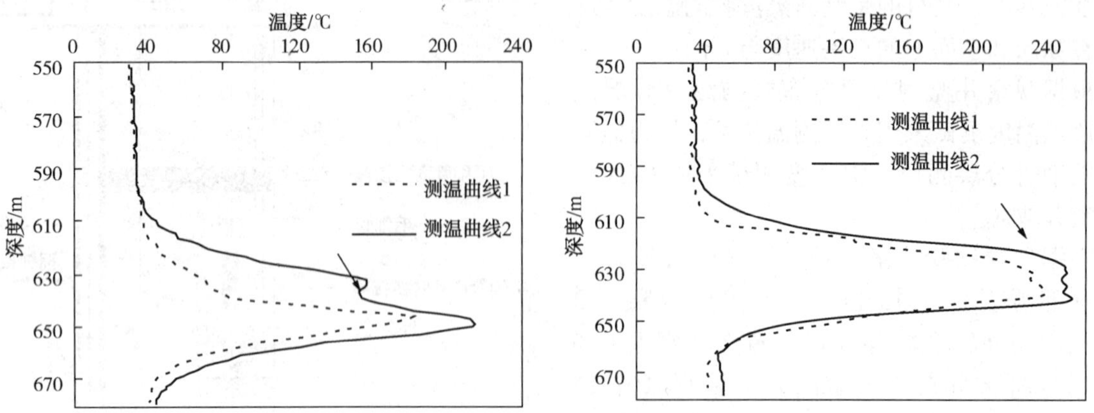

图4　杜84-馆观5测温曲线

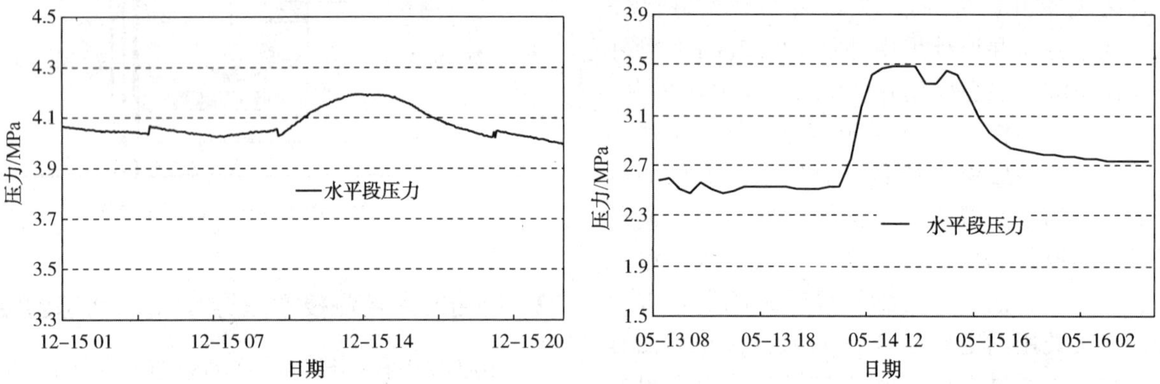

图5　杜84-平45井压力恢复曲线

生产井排液能力对SAGD影响很大，生产井必须具备足够的排液能力，才能实现真正的重力泄油生产。如果排液能力太低，就会导致冷凝液体在生产井上方聚集，汽液界面逐渐上升，使注采井间的蒸汽带变为液相带，油层压力也随之上升，影响蒸汽腔的发育；如果排液能力太大(大于重力泄油速度)，汽液界面就会下降，蒸汽就会被直接采出，一方面蒸汽进入抽油泵会降低泵效，另一方面产出大量的蒸汽会降低热利用率，从而影响了SAGD的生产效果(图6)。

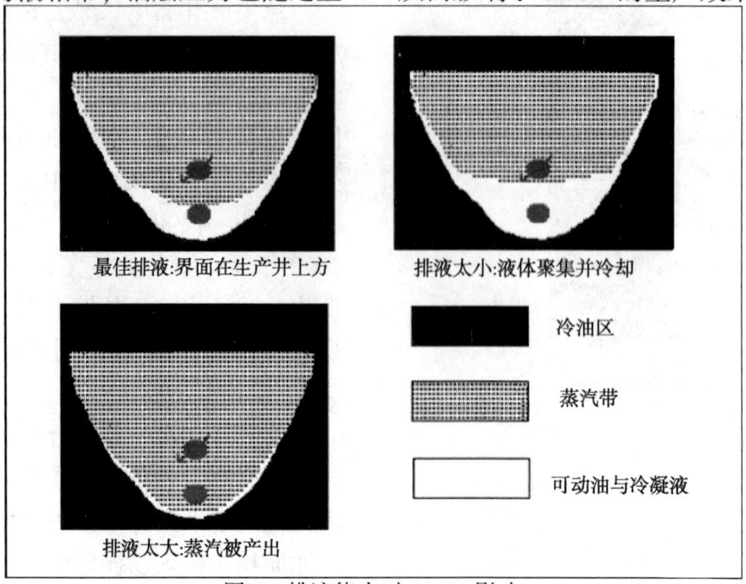

图6　排液能力对SAGD影响

3 实施效果

两个先导试验区综合运用动态监测技术，掌握了蒸汽腔的展布，水平段的动用状况，水平井的温度、压力变化情况，并结合采油井及注汽井的动态变化，适时地进行注采参数、工作制度、注汽井点的调整，使两个先导试验区的生产效果逐渐变好，取得了较好的经济效益和社会效益。

4 结论

（1）SAGD动态监测系统的建立和完善是保证SAGD先导试验成功的基础，综合的应用监测资料，及时发现问题、分析问题、提出解决方案，是保证SAGD先导试验顺利实施的关键。

（2）SAGD监测技术主要包括油藏监测系统、地面监测系统、网络信息化。配套应用这几种技术，能够较好的指导现场操作。

（3）综合应用监测系统，既可以划分开发阶段，又可以指导调整水平井动用程度、优化注采参数、均衡发育蒸汽腔、生产井合理排液、控制油井抽喷等工作。

参 考 文 献

[1] 任芳祥，孙洪军，户昶昊．辽河油田稠油开发技术与实践[J]．特种油气藏．2012，19(01)：1-8.

[2] 杨立强，陈月明，王宏远，田利．超稠油直井-水平井组合蒸汽辅助重力泄油物理和数值模拟[J]．中国石油大学学报(自然科学版)．2007(04)：64-69.

[3] 武毅，张丽萍，李晓漫，等．超稠油SAGD开发蒸汽腔形成及扩展规律[J]．特种油气藏，2007，14(6)：40-43.

[4] 张方礼，张丽萍，鲍君刚，张晖．蒸汽辅助重力泄油技术在超稠油开发中的运用[J]．特种油气藏，2007.

[5] 任芳祥，孙洪军，户昶昊等．辽河油田稠油开发技术与实践[J]．特种油气藏．2012，19 (01)：1-8.

[6] 徐东等．光纤测温、毛细钢管测压系统在现场中的应用[J]．石油钻采工艺．1999，21(5)104-106.

油藏动态监测技术在超稠油提高采收率中的应用

王　磊　韩树柏　林　静　王　诗　曾思瑶

(中国石油辽河油田分公司)

摘　要　超稠油目前主要采用蒸汽吞吐、SAGD、蒸汽驱等热采方式进行开发。随着开发不断深入，采出程度不断提高，对油藏的精细描述、对剩余油分布规律的研究显得更为重要。油藏动态监测技术在三大开发方式中发挥着越来越重要的作用，以剩余油饱和度监测、温度压力监测、吸汽剖面监测、示踪剂监测、四维地震为代表的各种动态监测新、老技术都在超稠油开发中广泛应用。在指导新井部署、SAGD监测、蒸汽驱调控、剩余油挖潜方面成效显著。本文将对辽河油田特种油开发公司油藏动态监测技术在超稠油提高采收率中的具体实践进行介绍。

关键词　剩余油饱和度监测；SAGD监测；蒸汽驱调控；四维地震；提高采收率

油藏动态监测资料在油藏分析中发挥着重要的作用，蒸汽吞吐、蒸汽辅助重力泄油(SAGD)、蒸汽驱作为目前稠油热采的三种最主要开发方式，已经在辽河油田特种油开发公司(以下简称特油公司)管辖的曙一区杜84块、杜229块、曙1-6-12块实现了工业化推广。通过多年的开发实践，在不同的开发方式下，运用多种动态监测资料和技术，对油藏的蒸汽腔扩展情况、剩余油分布特征、油水运移规律、井间连通情况进行了精细描述，为油田开发动态调控、剩余油挖潜调整、加密新井的部署指明方向，对进一步提高油田采收率具有重大的现实意义。

1　超稠油热采常用动态监测技术

特油公司开采超稠油，基于超稠油热采开发的特点，结合所处开发阶段及不同开发方式，特油公司超稠油动态监测主要包含以下内容：地层压力监测包括长效压力计和压力直读测试；生产测井监测包括温度剖面(温度压力剖面测试、分布式光纤测温、微差井温等)、吸汽剖面、蒸汽干度、工程测井(固井质量测试、井斜方位校验)；饱和度测井监测包括碳氧比能谱、多参数中子、中子寿命；井间监测主要为示踪剂；以及油气水等分析化验。

2　蒸汽吞吐、SAGD、蒸汽驱开发中监测技术的具体运用

稠油热采开发由于高温高压的生产特征，动态监测资料也主要以温度、压力监测为主，一般井下温度、压力监测比例占到总数的50%以上，其中SAGD和蒸汽驱监测比例更高，对于蒸汽吞吐开发，主要是进行吸汽剖面和剩余油饱和度等方面监测。

2.1　利用剩余油饱和度监测技术，指导新井部署方向

特油公司没有勘探面积，主力区块目前直井开发井网井距为70m，水平井井网井距为70~100m，已经接近井网井距的开发极限，随着原规划的兴Ⅱ+Ⅲ组薄互层直井剩余井位越来越少，新井部署难度越来越大，转换部署思路势在必行，落实好剩余油分布规律，才能更好的进行下一步挖潜，剩余油饱和度监测在探索新井部署方向的实践中发挥了重要作用。

首先通过水平井、直井井温监测资料发现，水平井井间的直井井段对应位置温度不高(图1)，定性分析来看，判断存在剩余油，结合碳氧比剩余油饱和度测试结果，定量分析后，认为剩余油较富集，可以进行试采挖潜(图2)，因此在油层厚度>10m、地层温度<80℃水平井井间区域优选3口长停井调层试采兴Ⅱ组，首轮平均单井产油850吨，油汽比0.27，单井日产能力7.0t/d，取得较好效果。

通过长停井试采落实产能，实现了新井部署方向向“水平井井间直井加密挖潜部署”的转变，开创了产能建设新局面，结合重构开发方式转换井网，公司新增井位116个，增建产能19.1×10^4t。2018年以来扩大实施后，平均单井日产能力达到7.6t/d。一举扭转了产能建设新井效果连

年下降的不利局面。后续监测结果显示，今年来部署的加密井对比周边老井，含油饱和度差距不大。井温监测资料和剩余油饱和度监测技术的综合运用为公司蒸汽吞吐开发下步新井部署指明了方向。

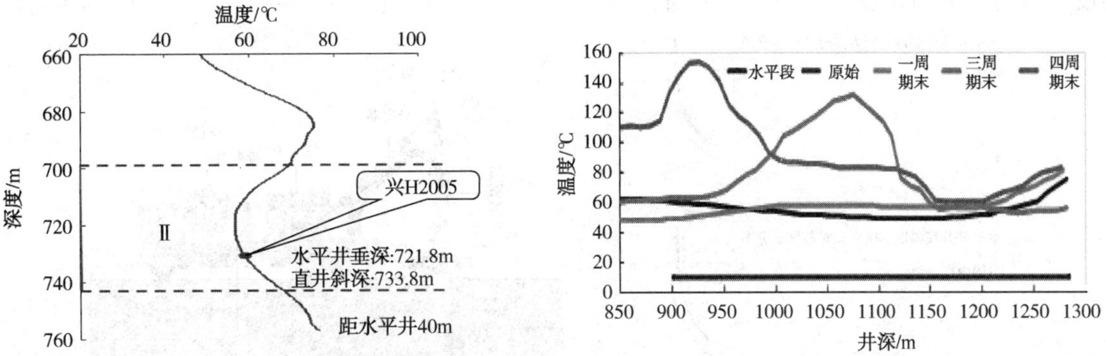

图 1　直井、水平井井温监测结果曲线

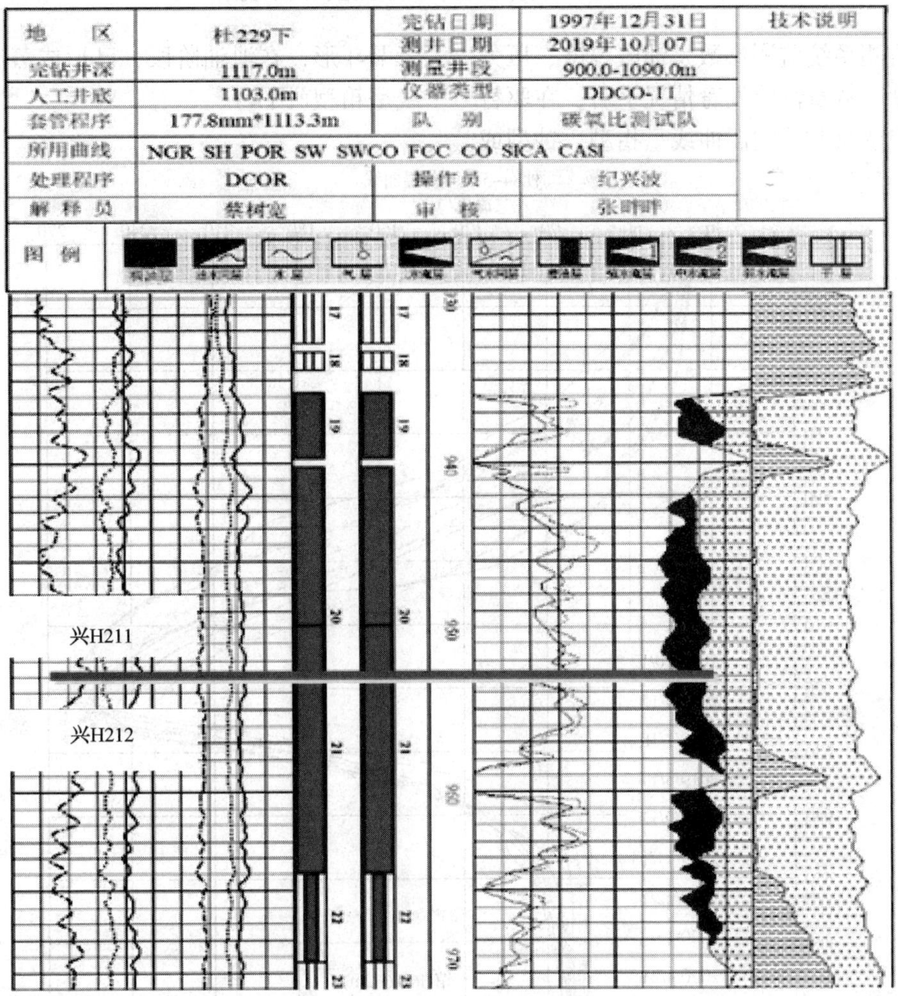

图 2　杜 32-60-28 井剩余油饱和度测试结果图

2.2　温度、压力监测技术成功指导 SAGD 动态调控

SAGD 生产阶段需要大量的数据进行监测，指导油藏动态调控。其中对于水平生产井来说，主要是监测生产井井底压力和温度沿水平段的分布，了解蒸汽腔沿水平段的发育情况，用于判断水平生产段的有效利用程度；对于观察井来说，主要是监测蒸汽腔内的压力和温度在平面及纵向

上的分布，用于判断蒸汽腔发育的均匀程度和落实油层非均质性的影响，弄清剩余油分布规律。

生产井监测系统的主要监测参数是生产井井底温度、压力及井口温度、压力、动液面，利用热电偶监测井底温度，利用毛细管测压监测井底压力，为直平组合和双水平井 SAGD 动态调控提供了监测依据(图3)。

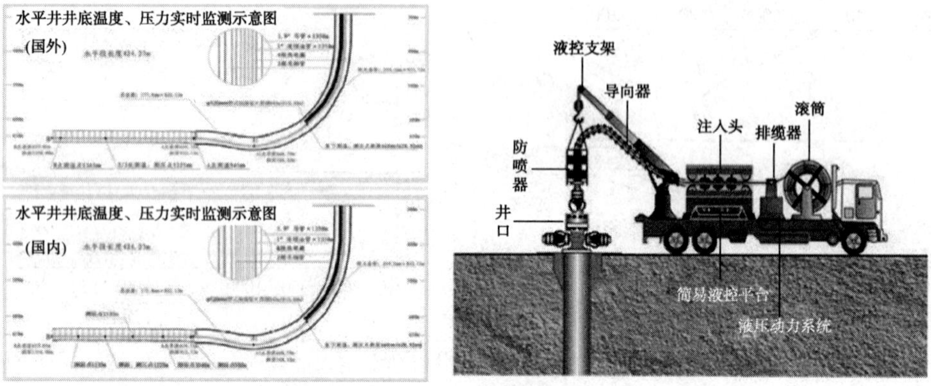

图3　水平井井下温度、压力实时监测系统图

观察井监测系统监测参数是油藏温度、压力及含油饱和度，从蒸汽腔发育情况上看，在驱替阶段，未形成蒸汽腔，测温曲线呈指型、钟型或者漏斗形；在泄油阶段，已形成蒸汽腔，测温曲线呈箱型(图4)。

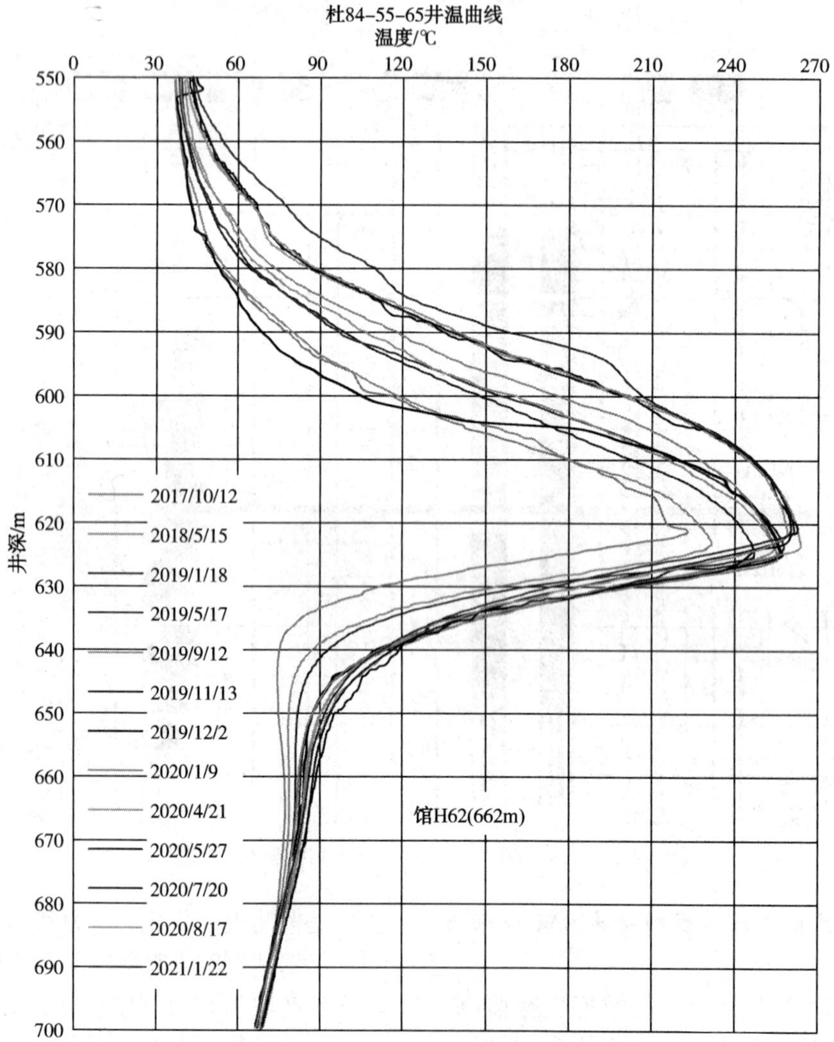

图4　直井井温监测温度变化及蒸汽腔高度图

2.3　利用四维地震技术指导SAGD剩余油挖潜

四维地震油藏监测技术是近年来发展起来的技术，已在国外SAGD和国内外其他开发方式中取得了较好的现场应用效果。四维地震油藏监测技术是在油藏开发过程中，对同一油气田在不同时间重复进行三维地震测量，其地震响应随时间的变化可以表征油藏性质变化，通过特殊的四维地震处理技术、差异分析技术、差异成像技术和计算机可视化技术来描述油藏内部物性参数(孔隙度、渗透率、饱和度、压力、温度)的变化并追踪流体前缘。

四维地震监测的核心就是弄清地震数据体的差异与油藏参数之间的关系，弄清产生这些差异的原因，进而弄清地下油藏内的变化以及剩余油的分布。合理的地震差异变化是储层中流体驱替，储层的温度、压力以及岩石物理特征变化的综合反映。

在注汽区和未注汽区，地震反射特征明显不同，尤其是在差异剖面上，注汽区差异明显，而非注汽区几乎没有差异。这是由于注汽区向未注汽区压力逐渐降低，同时注入的蒸汽也存在汽相到汽液混合相再到液相的变化过程，因此，未注汽区向注汽区波速降低，并在汽液混合区出现明显拐点，也就是蒸汽波及到的前缘地带。根据这个特征，可以判断蒸汽波及范围，地下注入蒸汽后流体的形态，进而通过分析地震层位下拉情况，反推蒸汽波及区，进一步分析油藏非均质性分布的规律，预测剩余油分布规律

以杜84块馆陶组为例，根据馆陶组的油层厚度图可知此处油层较厚，此处可能还存在一定的残余油；中部变化较小，说明此处在油田开发过程中变化较小，而根据馆陶组油层厚度可知该处油层厚度也比较厚，因此该处应该是比较可靠的剩余油相对富集区；而东南部差异较小(图5)，该处在开发过程中虽然差异较大，储层整体变化小，据此推测此处储层总体含少量油。因此油田下一步部署井位时，中部可以作为开发布井的重点区域，西北和东南次之。

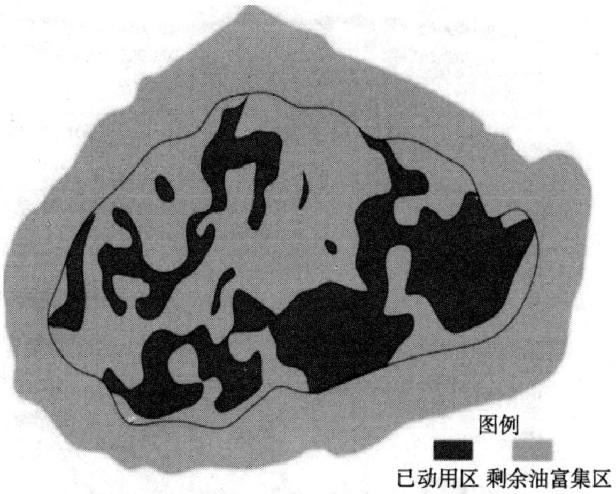

图5　馆陶油藏剩余油相对富集位置平面图

2.4　利用动态监测资料指导蒸汽驱动态调控

蒸汽驱动态监测系统的完善是保证蒸汽驱成功的基础，蒸汽驱动态监测系统主要包括油藏监测系统和地面监测系统，其中油藏监测系统(图6)和SAGD监测系统类似，主要以温度、压力监测为主。地面监测系统集计算机技术、通信技术、数据采集技术及传感技术于一体、通过数据采集器，获得各种生产数据，结合A11物联网技术的推广应用，通过移动通信网络将其传输到中心服务器，再以WEB浏览的方式提供给用户浏览查询，实现对采油过程的全面实时监控。

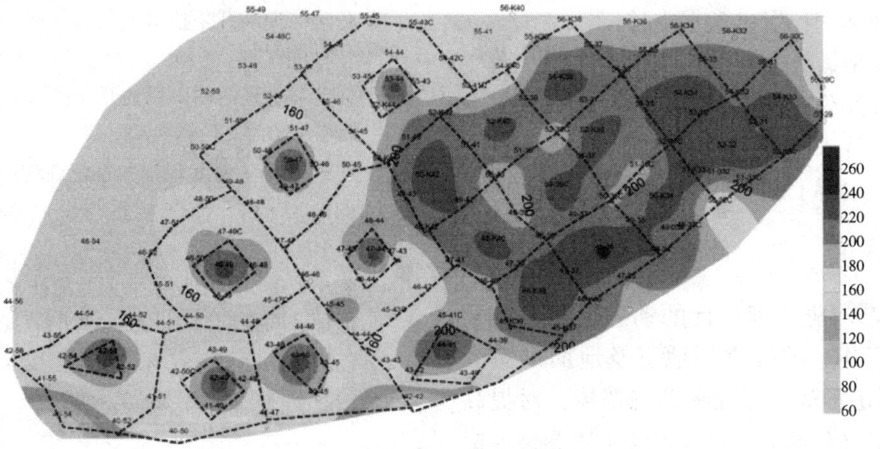

图6　杜229块蒸汽驱井组蒸汽腔平面发育图

井温监测发现，反九点井组蒸汽腔已经形成，为防止蒸汽突破，2020年坚持开展注汽井优化注汽，生产井subcool值控制在30℃以上(图7)，措施后汽驱效果持续提升(图8)。

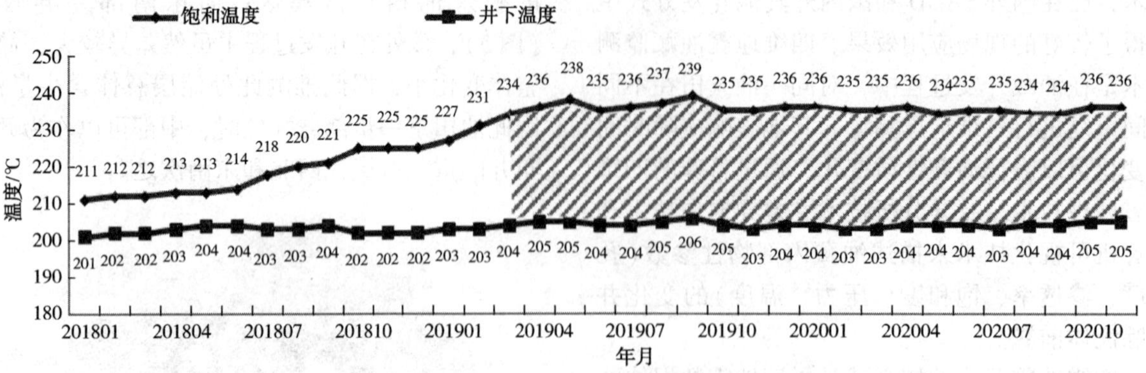

图7　杜229块蒸汽驱井组SUBCOOL曲线

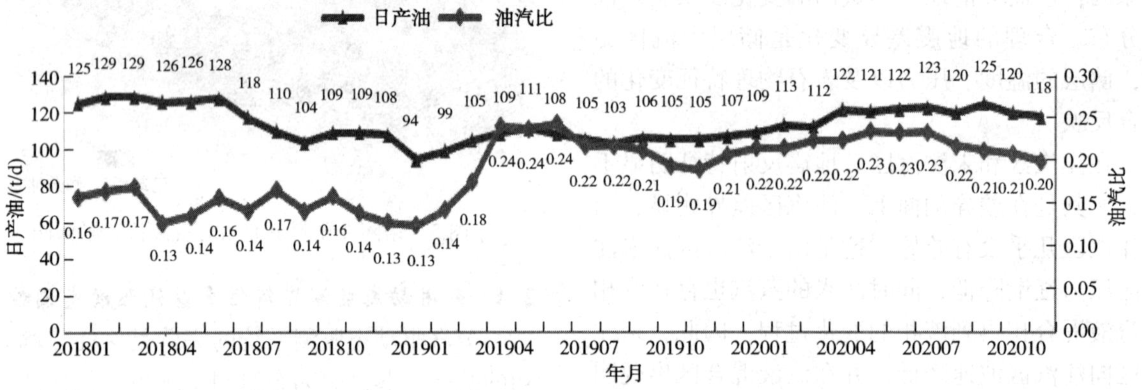

图8　杜229块蒸汽驱井组生产曲线

3　油藏动态监测技术实施效果

通过各种动态监测新老技术的应用，实现了指导产能建设新井部署，拓展了产能建设空间的艰巨任务；实现了SAGD、蒸汽驱等方式转换蒸汽腔的精细描述，结合A11物联网技术的推广实施，技术人员可以及时掌握井下、井底生产参数变化，为动态调控提供数据支持。

通过四维地震等动态监测技术的应用，落实了SAGD剩余油分布特征，为馆陶油藏下一步继续挖潜提供了技术支持，近年来新增部署4口水平井挖潜，均取得了理想效果。

4　结论及认识

SAGD、蒸汽驱合理设计的动态监测系统及监测技术的运用，准确掌握地下及地面动态变化，指导SAGD、蒸汽驱油藏动态调控，对提高开发效果具有重大意义。蒸汽吞吐利用剩余油饱和度及井温监测，成功落实了剩余油分布规律，为进一步提高油藏采收率提供了技术支持。

特油公司将继续做好油藏动态监测工作，为辽河油田做好“千万吨油田”“百亿方气库”“流转区效益上产”三篇文章贡献力量。

参考文献

[1] 蒋琪．稠油开采技术现状与发展方向初步探讨[J]．特种油气藏．2020，(12)：

[2] 任芳祥．辽河油田稠油开发技术与实践[J]．特种油气藏．2012，(9)：1-8.

[3] 尤红军等．温度观察井系统在超稠油SAGD开发中的应用[J]．油气地质与采收率．2008，14(1)：7-10.

[4] 陈小宏等．四维地震油藏监测技术及其应用[J]．石油地球物理勘探．1998，33(6)：707-715.

[5] 姜国庆．改善蒸汽驱效果配套技术研究及实施效果[J]．特种油气藏．2020，(12)：

坚持探索创新，实现特稠油低效区块效益开发

张崇刚　李坤遥　刘宏磊

（中国石油辽宁盘锦辽河油田）

摘　要　目前国内外藏埋深超过1000m的稠油油藏蒸汽驱开发仍然存在诸多技术瓶颈。辽河的XWW38块为深层特稠油油藏，作为二类储量蒸汽驱，受埋藏深、原油黏度大等因素影响，导致井底干度较低、汽腔均匀扩展难度大、油汽比低，加之长期蒸汽驱开发，效果变差，油田效益低下。经过不断探索创新和开发实践，基本实现了特稠油低效区块的效益开发

关键词　深层稠油；间歇汽驱；二氧化碳辅助吞吐；效益开发

1　油藏基本特征

XW38块含油面积10平方公里，地质储量3224万吨，为深层特稠油油藏，油藏埋深1240~1430m，原油黏度11500~50800mPa·s，主要发育三套含油层系，其中东二段（1076万吨）为普通稠油油藏，东三段（1186万吨）、沙三段（962万吨）为特稠油油藏。该油田1991年投入开发，1996年高峰期产量74.7万吨，60万吨稳产6年后产量快速递减，目前处于吞吐开发后期，油井普遍低压低产。从2003年起局部开展蒸汽驱试验，累计实施18个蒸汽驱井组，其中东三段互层状蒸汽驱由于转驱时间长（12年）、采出程度高（21.3%），汽驱剥蚀阶段存在平面上蒸汽腔单向突进加剧，纵向上蒸汽超覆日益严重，油层动用不均；沙三段厚层-块状蒸汽驱受油层厚度大（平均60m）、蒸汽超覆汽窜严重、硫化氢含量高（最高375000mg/m³）影响停注。作为二类储量蒸汽驱，受埋藏深、原油黏度大影响，加之井底干度较低、汽腔均匀扩展难度大、油汽比低，开发效益低下，整体开发效果不是十分理想，亟需探索创新，改善深层特稠油蒸汽驱开发效果，实现效益开发。

2　实现效益开发的几点做法

2.1　开展高干度间歇汽驱为主的综合调控，实现低成本注汽

通过研究分析地层压力与蒸汽比容、蒸汽干度关系发现，油层压力大幅度下降，注入蒸汽比容将显著增大，即注入蒸汽将在低压油藏中发生膨胀；压力为5MPa的饱和湿蒸汽降压至3MPa时，蒸汽干度提高5个百分点，压力继续下降，蒸汽干度进一步提高，也就是说，油藏压力降得越低，注入蒸汽在地层中的干度越高，驱油效率也就越高。通过相对渗透率与饱和度关系图可看出，含水、含汽饱和度的降低可使油相相对渗透率急剧回升，同时，采用间歇注汽方式，避免了注人蒸汽直接从采油井产出，降低了产出液热损失。其次，随着回采水率的提高，加热地层存水所导致的热损失减少。因次，间歇蒸汽驱有利于增加蒸汽比容、提高蒸汽干度、减少热损失、提高油相相对渗透率（图1、图2）。

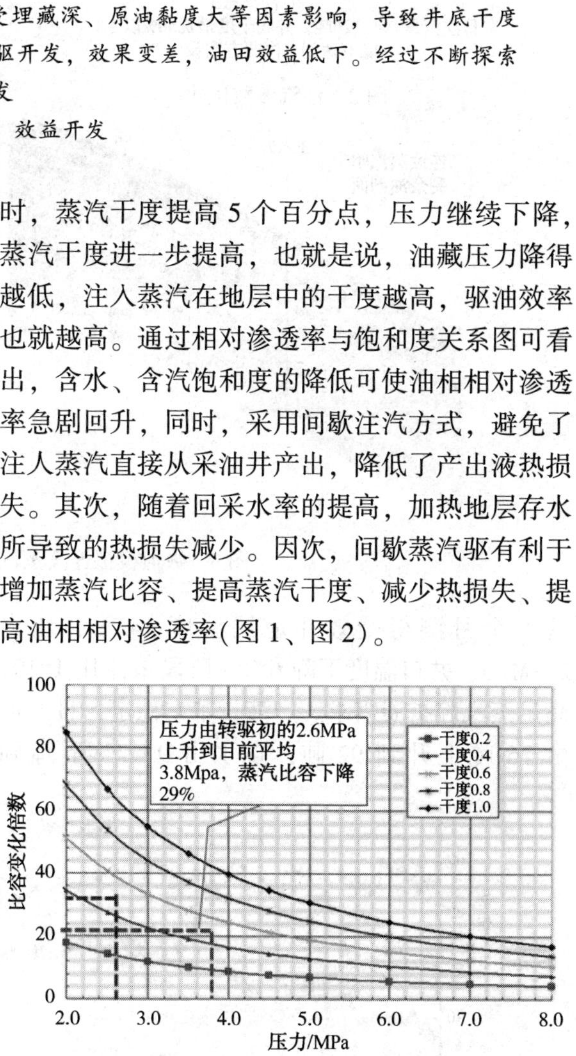

图1　地层压力与蒸汽比容、蒸汽干度关系图

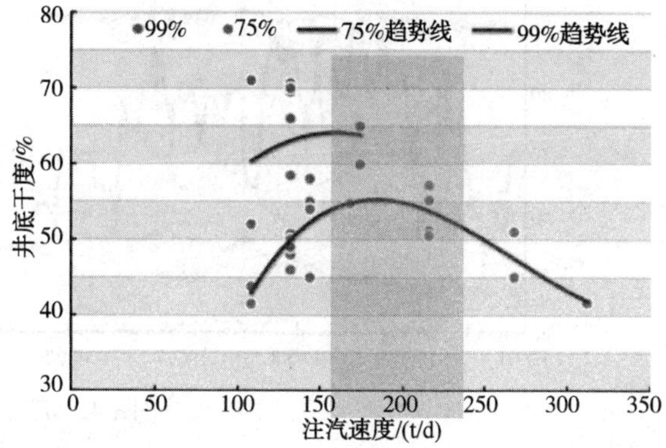

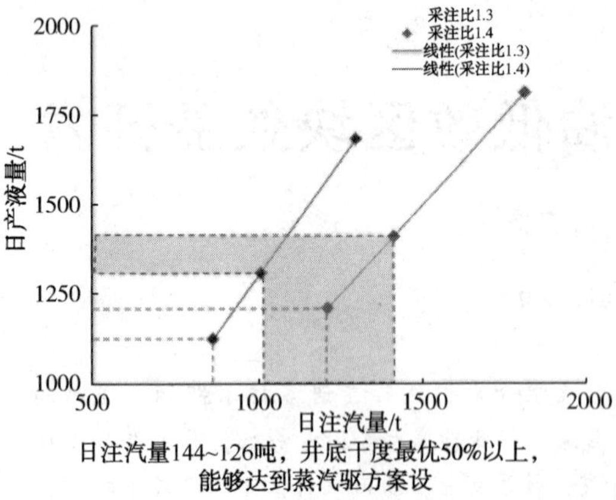

图 2　注汽参数优化

数值模拟显示连续驱后期，间歇蒸汽驱提高采收率幅度最大，对油层的动用程度大于连续蒸汽驱，并且间歇蒸汽驱的累计油汽比高于其他驱替方式(图 3)。

通过井组实际生产规律研究、计算油汽比与停注时间关系，确定间歇驱停注时间为 2 个月；同时为了减少延程热损失、提高井底注汽干度，将注汽速度提高至连续汽驱时的 1.5 倍，并根据以液定注原则，制定注 2 月停 2 月间歇驱方案，最终将 12 个井组交错分成三批注汽。方案实施

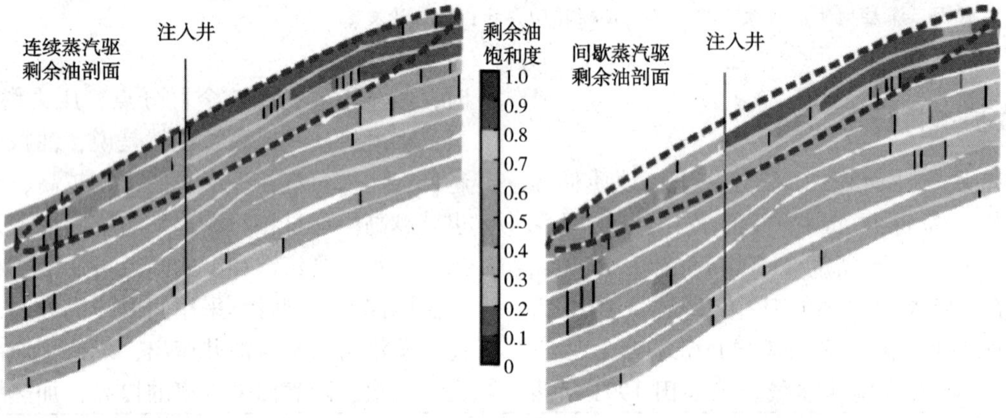

图 3　数值模拟连续蒸汽驱与间歇蒸汽驱剩余油剖面图

后 1 个月测得受效井地层温度 143℃，压力 2.8MPa，井口温度下降 6℃，阶段采注比 1.19，满足蒸汽腔扩展需求。产液量基本稳定，日产油由 76 吨上升到 92 吨，含水由 93.7% 下降到 92.9%，前 8 个月削减注汽量 8.3 万方，阶段累产油超计划 700 吨，阶段油汽比 0.17。实现了效益注汽(图 4)。

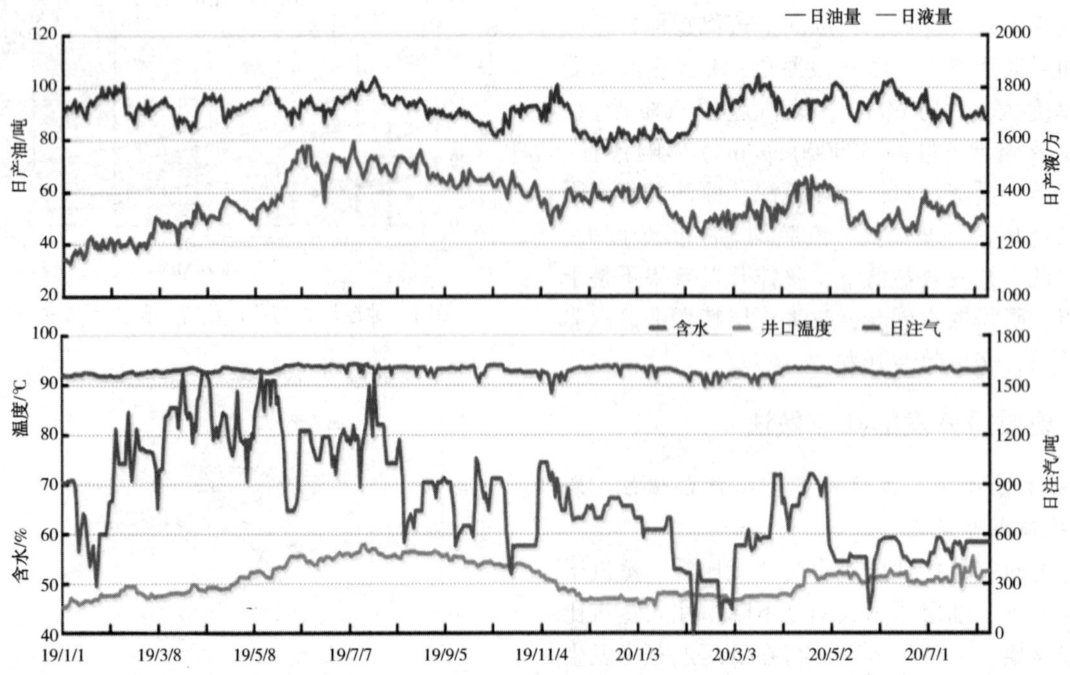

图 4　东三段蒸汽驱生产曲线

2.2 采用二氧化碳辅助吞吐及分层注汽，优化吞吐

通过运用热力学理论、数值分析、经验方程和工艺设计等研究方法，开展了深层特稠油 CO_2 辅助吞吐技术研究，形成了液态 CO_2 地层吸热计算、措施效果影响因素评价、单井 CO_2 用量设计、CO_2 分注工艺等系列成果，从而消除了业内对 CO_2 地层热量消耗疑虑，减少蒸汽用量；制定了 HW 油田 CO_2 辅助吞吐选井标准，并研制了低成本 CO_2/蒸汽分层注入管柱。结合现场实际，根据油汽比分级结合单井效益评价，按照“提有效、改低效、限无效”原则，重点加大实施 CO_2 辅助吞吐工作量，年完成 53 井次，有效率 83.8%，周期对比单井增油 133 吨，油汽比上升 0.06，年减少 CO_2 排放 2000 吨，节约蒸汽 1.3 万吨，实现增油、降本、减碳“三效合一”目标(表 1、图 5)。

表 1　吞吐井效益分级统计表

分类	井数口	油汽比	治理方向	配套工艺	优化井次
有效井(效益一类)	121	>0.35	优化吞吐提高有效产量	高压注汽解堵降黏	112
低效井(效益二类)	68	0.2-0.35	复合吞吐改善低效井效益	水平井多点 CO_2 辅助吞吐分(选)层注汽	65
无效井(效益三类)	53	<0.2	间歇吞吐延缓注汽限制无效产量	分(选)层注汽	11
合计	242	0.30			188

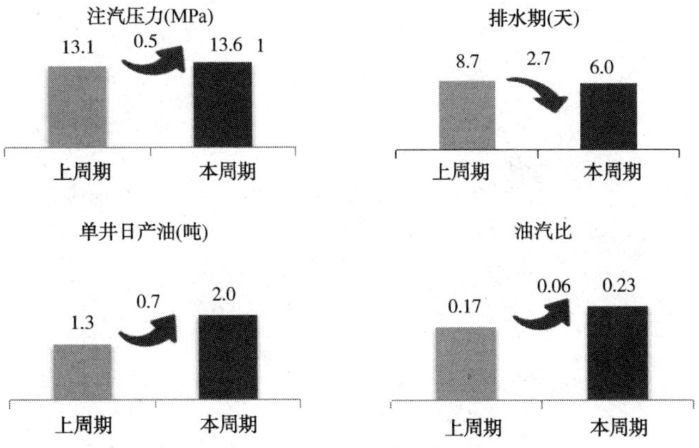

图 5　CO_2 辅助吞吐效果对比图

2.3 以无潜力老井替代新井，降低产能建设投资

XW38 块 S_3 段属厚层-块状、深层特稠油油藏，1992 年投入开发，先后采用蒸汽吞吐、蒸汽驱等开发方式，目前可采储量采出程度已达 93.6%，继续吞吐开发潜力有限，亟需转换开发方式。重力泄水辅助蒸汽驱技术是具有辽河自主知识产权的稠油开发新技术，正好适用埋深大、黏度大的 XW38 块沙三段稠油油藏。因此编制完成了《XW38 块沙三段油层驱泄复合先导试验方案》，按照“二三结合”开发思路，整体部署蒸汽驱井组 19 个，其中：重力泄水辅助蒸汽驱井组 3 个，直平组合蒸汽驱井组 10 个，直井蒸汽驱井组 6 个)，规划新井 70 口。在实施过程中，为了降低风险，采用“整体部署、分批实施”的原则，首先在东部区域优先实施(部署直井汽驱井组 3 个，动用储量 72 万吨，预计采收率 45.8%)，同时坚持“效益开发”的理念，结合 XW38 块沙三段驱泄复合完善井网方案，在保证完整井网的条件下，优选 9 口无潜力老井实施侧钻代替新井，从而大大地缩短了钻井周期，同时对比新井方案节约投资约 2681 万元(图 6)。

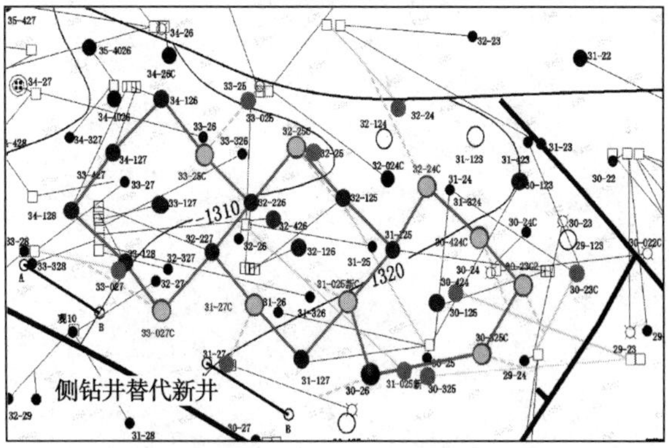

图 6　沙三段“二三结合”井网规划图

3　实施效果

近两年来，根据油汽比分级结合单井效益评价，坚持探索创新，先后开展并实施高干度间歇蒸汽驱、优化分层吞吐并结合二氧化碳辅助吞吐、以无潜力老井替代新井等各项工作，确保了 XW 热采稠油区块年产油规模有效稳定在 25 万吨，吞吐油汽比保持在 0.32 以上，蒸汽驱油汽比保持在 0.13 以上，桶油完全成本同比下降 5 美元，节约产能建设投资 2681 多万元。

4 结论与认识

(1) 蒸汽驱后期采用合理的间歇注汽周期，在保证地下温度场不变的情况下，可有效降低注汽成本。

(2) 深层特稠油 CO_2 辅助吞吐技术机理还需深入研究，但应用前景广阔。

(3) 在实施老油田开发调整过程中，充分利用老井是降低成本的有效途径之一。

普通稠油油藏聚/表复合体系黏度设计方法研究

张艳娟　郭丽娜　侯力嘉　郭　斐　肖传敏　赵　晔

(中石油辽河油田勘探开发研究院)

摘　要　应用驱油试验评价聚/表驱油配方体系时，由于普通稠油采出后脱气脱水，导致驱油试验用油黏度较高，无法开展模拟驱油试验评价驱油配方体系，另外驱油体系注入地层后，会受到稀释、剪切等作用，导致黏度大幅度下降，要求驱油体系在注入井口时的黏度要设计合理，因此针对H1块普通稠油油藏，开展了驱油试验黏度设计方法研究，运用高压物性法确定原油黏度，通过不同黏度体系的驱油效率对比，确定了驱油配方体系黏度设计方法，应用该方法确定聚合物浓度，优化聚/表驱油配方体系，驱油效率预测较水驱提高28.3%，为普通稠油油藏开展聚/表复合驱油试验提供技术支撑。

关键词　普通稠油；聚/表复合驱；黏度设计方法；驱油试验

化学驱是指向注入水中加入化学剂，以改变驱替流体的物化性质及驱替流体与原油和岩石矿物之间的界面性质，从而有利于原油生产的一种采油方法，化学驱主要包括聚合物驱、聚合物/表面活性剂二元复合驱、表面活性剂/聚合物/碱三元复合驱等，所使用的药剂为聚合物、表面活性剂、碱以及其他辅助化学剂。化学复合驱技术现已成为各油田提高原油采收率保持油田稳产的重要技术手段之一。随着化学复合驱技术规模化推广应用，采出污水组份复杂，对驱油体系黏度影响大，尤其驱油体系注入至地层后，会受到地下水的稀释、地层岩心的剪切，细菌降解等作用，导致黏度大幅度下降，因此合理设计注入井口的驱油体系黏度是重中之重，根据稀油化学驱体系黏度设计经验，体系黏度是地下原油黏度的3~7倍驱油效果较好(表1)。但对于稠油油藏黏度过高，3~7倍的体系黏度在300mPa·s以上，现场实施难以实现，因此稀油化学驱黏度设计方法不适合普通稠油油藏。由于普通稠油采出后脱水脱气，黏度较高，无法模拟驱油试验，所以需要先模拟地下原油黏度，再设计注入驱油体系黏度。借鉴胜利油田稠油油藏化学驱黏度比确定方法，优化了H1块配方体系黏度，建立了适合辽河油田低矿化度普通稠油油藏提高原油采收率化学驱配方体系黏度设计方法。

表1　体系黏度与地下原油黏度的倍数

序号	地下原油黏度/(mPa·s)	水油黏度比	体系黏度/(mPa·s)
1	100~80	1.0	100~80
2	100-80	3.0	300~240
3	100~80	7.0	700~560

1　实验

(1) 实验用油

地层温度70℃下脱水脱气原油黏度为589.6mPa·s。

(2) 实验温度

实验用温度70℃。

(3) 实验用岩心

贝雷岩心，直径2.5cm，长10cm左右，渗透率$968\times10^{-3}\mu m^2$。

人造三层非均质物理模型：2.5×2.5×30cm，渗透率平均$200/1000/3000\times10^{-3}\mu m^2$。

(4) 实验用水

根据现场实际情况，采用联合站出水进行实验，水性质分析结果见表2。

表2　联合站出水性质分析

离子组成和浓度/mg/L							含油/%	粒径中值	悬浮固体	总矿化度/(mg/L)	pH值
K^++Na^+	Ca^{2+}	Mg^{2+}	Cl^-	SO_4^{2-}	CO_3^{2-}	HCO_3^-					
526.3	19.5	11.8	303.4	13.0	31.5	956.4	0.13	5.03	4.22	1805.3	8.2

(5) 实验用化学剂

针对 H1 块油藏温度高、原油黏度高的性质特点，筛选评价出适宜的聚合物和表活剂。聚合物为阴离子聚丙烯酰胺，分子量为 2000 万，代号为 P1；表活剂为阴非复合表面活性剂，代号为 H6。

(6) 实验方法

优选原则：驱油效率高、性价比好

参考标准：SY/T 6424—2014 复合驱油体系性能测试方法

2　实验结果与讨论

2.1　驱油试验用油黏度设计

原始条件下，地层原油黏度 16.5～82.5mPa·s。

目前 50℃ 地面脱气原油平均黏度 1224mPa·s(表 3)，无法真实模拟地下原油状态，采用高压物性法即 PVT 实验方法分析地层原油黏度，在目前地层油气比 15，地层压力 14.8MPa 的条件下，测得地下原油黏度为 100mPa·s(图 1)。

表 3　H1 块不同井的密度与黏度

井号	密度/(g/cm³)			黏度/(mPa·s)
	20℃	50℃	100℃	50℃
4-24C	0.9776	0.9594	0.9288	1632
5-16	0.9703	0.9523	0.9219	1157
9-26	0.9808	0.9626	0.9319	1153
10-15	0.9757	0.9575	0.9270	1267
10-23	0.9743	0.9561	0.9256	1037
11-20	0.9746	0.9565	0.9260	1096
平均	0.9756	0.9574	0.9269	1224

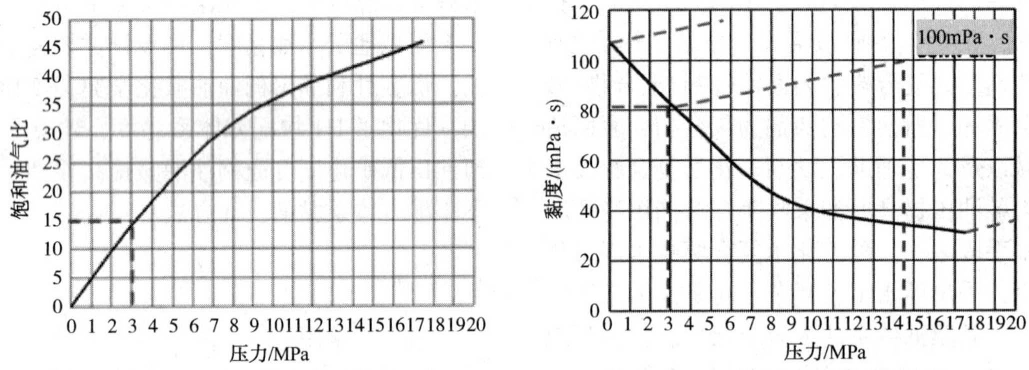

压力与饱和油气比关系曲线　　压力与黏度关系曲线

图 1　高压物性实验曲线

2.2　模拟油配制

按脱水原油：煤油 = 14：1 配成模拟油，70℃黏度为 100mPa·s，用于驱替实验，模拟地下原油黏度及流度比。以油水界面张力参数来对比模拟油与脱水原油的油品性质，见表 4，可知注入体系降低两种油品的油水界面张力的能力基本相当，该模拟油可以作为驱油实验用油。

表 4　二元驱油体系与不同油之间界面性能对比

配方组成	用油	油水界面张力/(mN/m)
0.12%P+0.2%H6	模拟油	3.69×10^{-3}(达超低时间 39min)
	脱水原油	4.71×10^{-3}(达超低时间 35min)

2.3　最佳驱替液工作黏度设计

根据胜利油田确定稠油油藏合理黏度比经验，通过物模实验，随着黏度比的增大，驱油效率提高幅度逐渐增大，黏度比在 0.6～0.8 时，驱油效率增幅和增油量最佳。原油黏度按 100mPa·s 计，最佳驱替液工作黏度为 60～80mPa·s。

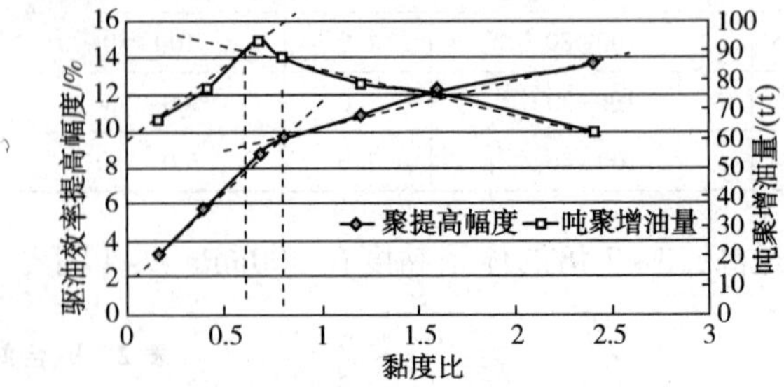

图 2　物模实验黏度比与提高驱油效率幅度和吨聚增油量的关系

分别对两曲线上不同驱油效率增幅点、不同

吨聚增油量点作切线，当黏度比达到一定值后，两曲线的斜率各相交于一点，这两点所对应的黏度比范围即为该原油黏度的合理黏度比范围。

表 5　不同原油黏度下的合理黏度比

原油黏度/mPa·s	合理黏度比	注入体系最低工作黏度/(mPa·s)
100	0.60~0.80	60~80

2.4　物模实验应用

2.4.1　优化注入体系的聚合物浓度

根据 JH16 块工业化试验经验可知：配注站到井口<20%，井口+套管+水泥环黏损<5%~10%，经过炮眼黏损 24%，地层 100m 剪切黏损 10%，从井口到井底总黏损为 54%，于是地面井口黏度由下式计算：

地面井口黏度=地层最小工作黏度/(1-黏损 i)= 121.8mPa·s

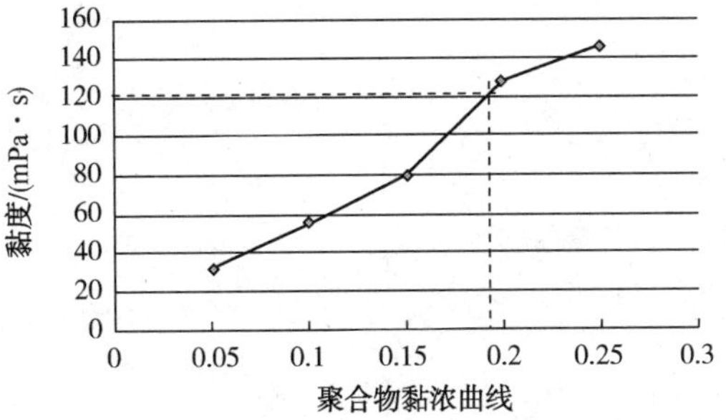

图 3　H1 聚合物溶液黏浓曲线

从黏浓曲线上可得：黏度 121.8mPa·s，对应浓度为 0.19%，见表 6。

表 6　注入体系井口黏度及浓度确定

聚合物	表活剂	最低工作黏度/(mPa·s)	井口体系黏度/(mPa·s)	井口聚合物浓度/%
P1	H6	60	121.8	0.19

2.4.2　主段塞尺寸优化

采用贝雷岩心，配方体系为 0.2% P2000+0.25%H6，开展不同注入量驱油实验，结果表明：驱油效率随着 PV 数增大不断增加；PV 数增大，乳化现象增强，0.8PV 的采出液乳化现象较强烈，推荐主段塞尺寸为 0.8PV(图 4)。

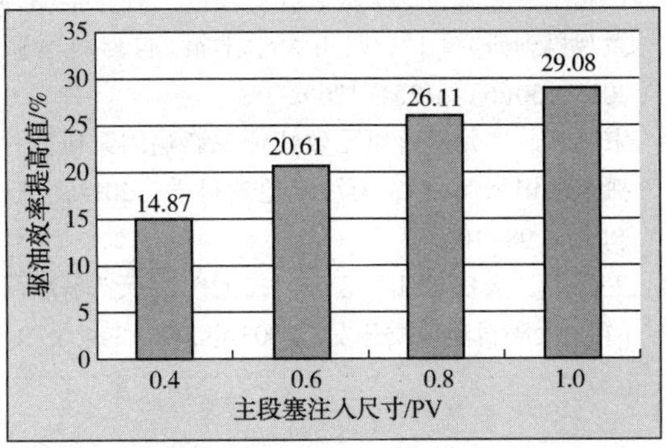

图 4　主段塞注入量优化

2.4.3　段塞组合注入方式优化

采用三层非均质胶结岩心优化注入方式。配方为：前置(0.25%P)、主段塞(0.2%P+0.25%H6)、副段塞(0.16%P+0.2%H6)、保护(0.16%P)。结果表明：三段塞效果要好于四段塞，在相同 PV 数下，采用三段塞比四段塞提高驱油效率 3.88%，吨聚增油量提高 2.0t/t，见表 7。

表 7　段塞组合注入方式优化实验结果

方案	水驱效率/%	前置段塞(0.1PV)驱油效率/%	主段塞驱油效率/%	副段塞驱油效率/%	保护段塞(0.1PV)驱油效率/%	后续水驱/%	提高值/%	吨聚增油量/(t/t)
四段塞	36.86	37.68	56.08(0.6PV)	58.39(0.2PV)	59.85	61.16	24.30	24.7
三段塞	35.04	35.92	59.51(0.8PV)	/	61.71	63.22	28.18	26.7

2.4.4　驱油效率预测

使用贝雷岩心进行驱油实验，水驱后含水在 98%以上时驱油效率在 51.42%，三段塞注入后，继续水驱至不出油时驱油效率为 79.76%，驱油效率提高值为 28.34%(图 5)。

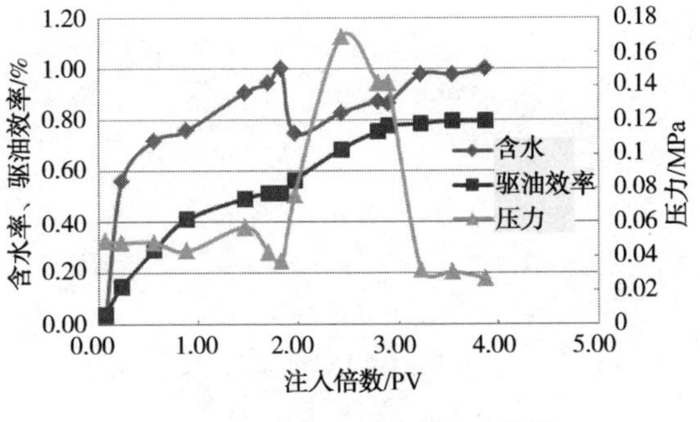

图 5　贝雷岩心三段塞驱油效果

3　结论

(1) 普通稠油油藏进行化学驱物模实验，驱替用油黏度采用高压物性 PVT 法来确定。

(2) 建立注入体系最低工作黏度设计方法，为现场注入配方体系聚合物浓度确定提供依据。

(3) 优化出注入段塞尺寸及注入方式，预测驱油效率较水驱提高28.34%。

参考文献

[1] 廖广志，等. 化学驱开发现状与前景展望[J]. 石油学报，2017，398(2)：196-207.

[2] 陆屹，等. 三元采出污水配制三元体系黏度性能改进方法研究[J]. 内蒙古石油化工，2019，(7)：99-102.

[3] 孙志刚，陈庭，杨晓敏. 胜利油区三种化学驱体系微观机理研究[J]. 四川大学学报(自然科学版)，2013，50(6)：1254-1260.

[4] 宋鸿斌. 二元复合驱见效特征及影响因素研究—以孤东油田为例[J]. 天然气地球科学，2014，25(增刊1)：98-105.

[5] 王德民. 大庆油田"三元""二元""一元"驱油研究[J]. 大庆石油地质开发，2003年，22(3)：1-9.

[6] 陈文林，卢祥国，于涛，等. 二元复合驱注入参数优化实验研究[J]. 特种油气藏，2010年，17(5)：97-99.

[7] 张运来，卢祥国，朱国华，等. 特殊油藏聚合物驱物理模拟实验研究[J]. 特种油气藏，2008，15(4)：75-78.

[8] 侯吉瑞，刘中春，岳湘安，等. 低碱ASP三元复合驱技术的适用界限分析[J]. 石油大学学报，2003，27(3)：46-50.

[9] 饶良玉，韩冬，吴向红，等. 中低渗油藏化学驱方案优化与矿物对比评述[J]. 西南石油大学学报(自然科学版)，2012，34(5)：107-113.

[10] 董玲，张群志，李织红，等. 表面活性剂-聚合物二元复合体系评价指标探讨[J]. 油气地质与采收率，2011，18(2)：52-54.

[11] 郭兰磊，等，一次和二次聚合物驱驱替液与原油钻度比优化研究[J]. 石油学报，2008，29(5)：738-741.

密井网条件下的薄层稠油油藏立体开发可行性

费永涛　胡德鹏　刘　宁　李　星　刘士梦　安　超

（中石化河南油田分公司勘探开发研究院）

摘　要　针对河南油田稠油老区超高轮次吞吐后仍有70%～80%的剩余油滞留地下，现有密井网难以采出的问题，从多角度剩余油描述入手，揭示密井网井间剩余油饱和度高、呈“串珠状”富集的内幕，提出了在密井网井间部署水平井与原有老井协同生产的立体开发策略，应用CMG软件研究了典型单元的立体井网形式及投产方式，优化出水平井分段投产+老井间歇注蒸汽驱的立体开发技术政策，累计产量高，油汽比普遍高于0.2，经济性较好，为薄层稠油油藏超高轮次吞吐后提高采收率提供了一种新的技术思路。

关键词　立体开发；密井网；薄层稠油油藏；注蒸汽开发；可行性分析

河南油田稠油老区大部分埋藏深度在100～400m，油层叠合厚度小于10m，原油以特超稠油为主，油层疏松。1987年投入蒸汽吞吐开发，初始按照井距100×140m构建了主力区块的正方形基础井网，1995～2002年陆续将井距缩小到70×100m的密井网。“十三五”以来，陆续进入超高轮次吞吐阶段，普遍吞吐超过16个周期，单井平均日产油量不足0.4 t，油汽比下降至0.2以下，开发指标和经济指标均不理想。

一方面，热采老区采出程度在21%～30%之间，按照极限吞吐油气比0.15测算，热采老区标定采收率约为24%～31%，表明继续密井网条件下的吞吐开发提升采收率的空间非常有限；另一方面，剩余油受控于网状面积汽窜，赋存状态复杂，分布情况不清。鉴于此，迫切需要在认清密井网条件下的薄层稠油油藏剩余油基础上，寻找适合薄层稠油油藏提高采收率的技术。

1　密井网条件下的薄层稠油油藏剩余油研究

1.1　剩余油研究方法

剩余油研究主要包括宏观分布、微观分布、剩余油饱和度等三方面，其中，宏观分布主要采取检查井或观察井取芯、动态分析、油藏数值模拟等方法，微观分布通常采取构建微观仿真模型，应用显微技术观察描述的方法，剩余油饱和度最常采用的就是测井评价方法。

参考河南油田稠油老区中高周期蒸汽吞吐阶段的剩余油研究成功做法，通过检查井钻井取芯、动态分析、油藏数值模拟等研究方法描述密井网条件下的剩余油宏观分布，采用微观仿真模型分析微观剩余油，利用测井资料评价密井网超高轮次吞吐阶段的剩余油饱和度，多角度分析密井网条件下的剩余油的赋存状态和分布特点。

1.2　剩余油分布形态

动态分析和油藏数值模拟显示，热采老区剩余油在宏观上呈现井间富集、局部连片的形态（图1、图2）。2019年，在井楼油田主体区密井网中心、距老井50%～60m的井间，部署了两口检查井——楼检2、楼检3井。油层段取芯结果显示，岩芯粒间含油饱满，分布均匀，呈黑褐色油浸细砂岩，含油饱和度都在60%～80%之间（图3），与微观仿真模型研究（图4）的结果基本一致，证实密井网的井间剩余油富集且基本处于蒸汽未波及的原始含油状态。

图1　剩余油宏观分布（动态分析法）

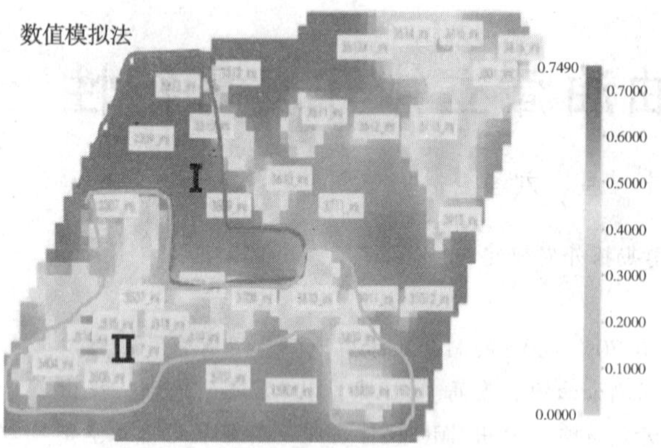

图2　剩余油宏观分布（数值模拟法）

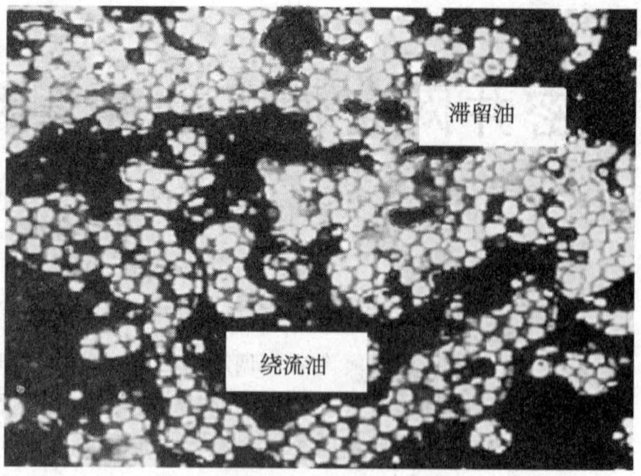

图4　剩余油微观分布（仿真模型）

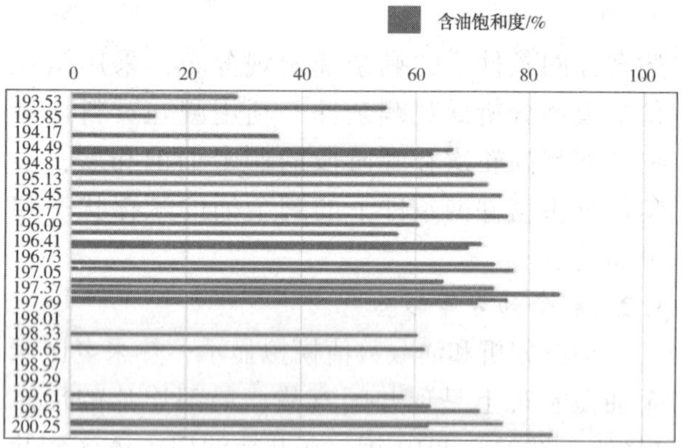

图3　楼检2井冷冻取芯含油饱和度分析

井楼油田三区主力油层生产效果统计显示，单井累计产油量在2962t～7561t之间，平均4917t。按照容积法计算，泄油半径23.54～38.84m，平均约为33.32m。进一步的数值模拟研究显示，在没有套损、套变或其它井下技术状况的70×100m井距密井网条件下，从吞吐17个周期到24个周期，吞吐周期增加7个，其蒸汽波及半径仅增加2m（图5），现井网继续吞吐开发很难进一步扩大动用范围。井间剩余油沿老井行列方向，在各个井组之间呈现出“串珠状”的平面分布形态（图6），每一“珠”的直径约在40～50m，控制面积0.1256～0.1963ha，按10m的油层厚度计算，约控制2637～4121t地质储量。

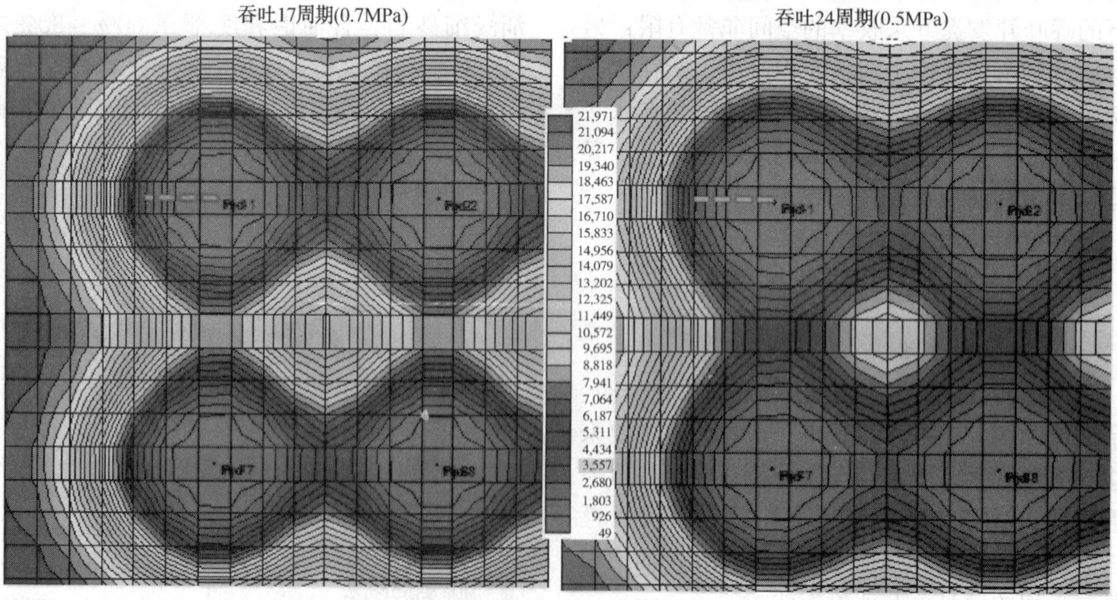

图5　密井网超高轮次吞吐后的吞吐后黏度场的分布

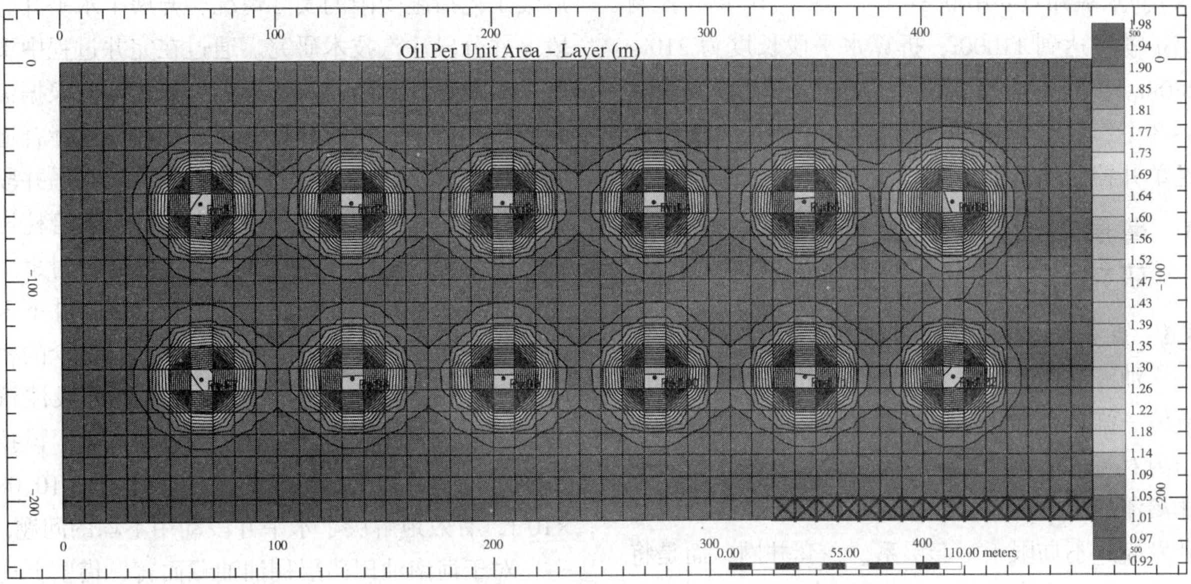

图 6 密井网超高轮次吞吐后的储量丰度场

2 密井网条件下的薄层稠油油藏提高采收率策略分析

2.1 现井网转蒸汽驱经济上的风险较高

在低、中、高周期等不同阶段，河南油田稠油老区共开展了 31 个井组的常规蒸汽驱和热化学辅助蒸汽驱矿场试验，近年来还在高采出程度的井区实施了 6 个井组的不规则井网点状蒸汽驱试验。其中，对于吞吐轮次低、采出程度低、井网条件好(井况好且井网完整)的井组，常规蒸汽驱试验取得了较好的效果，汽驱油汽比在 0.2 以上，吞吐+汽驱采收率可达到 45%以上。对于吞吐轮次高、采出程度高、汽窜严重或井况差、井网不完整的井组，无论常规蒸汽驱，还是热化学辅助蒸汽驱，试验效果均不理想，汽驱油汽比 0.12~0.15，经济性较差。而 6 个井组的点状蒸汽驱试验效果也不理想，油汽比平均 0.145。因此，在稠油老区已进入超高轮次吞吐开发阶段后，现井网转蒸汽驱存在较高的经济风险。

2.2 进一步缩小井距的直井加密单井控制储量太低

缩小井距加密井网是油田提高采收率的有效手段，稠油油藏注蒸汽开发亦是如此，但其关键是要在采收率和经济性之间找寻到最佳平衡点，即单井极限经济可采储量。对于常规直井加密而言，其关键点就是单井控制的最小储量。在剩余油面积一定的条件下，关键点就转换为投产的最小油层厚度。加密井在纵向上钻遇尽可能多的或厚的油层，增加投产的油层厚度，就能保证较高的产量和较好的经济效益。

河南油田稠油老区经济评价结果显示，油价 $60 条件下进一步缩小井距后，加密直井采取蒸汽吞吐+蒸汽驱开发方式，单井极限经济可采储量 4730t，按采出程度 43%换算，单井控制地质储量 11000t。目前密井网单个井组内的剩余油平面直径 40~50m，据此计算的加密井投产油层厚度在 26.7~41.7m 左右，而这一指标远远超出了河南油田稠油老区的油层条件，显然进一步缩小井距的直井加密不可行。

2.3 引入水平井加密井网可满足单井控制储量要求

井网加密的关键点是单井控制的最小地质储量。既然稠油老区通过直井加密难以满足纵向上油层厚度的要求，可以变换角度，从横向增加钻遇油层的长度，用长度弥补厚度，增加单井控制储量，也就是引入水平井对每个油层进行分层加密，来满足单井控制储量的要求。

辽河油田杜 84-平 45、杜 84-平 46 均为部署在直井间的蒸汽吞吐水平井，单井平均周期生产时间 190d，约为直井的 2~3 倍，周期产油量约为直井的 3~5 倍，周期油汽比为 1.0~1.8 倍，周期回采水率为 1.5~2.0 倍。

如图 6 所示，井间剩余油每一“珠”约控制 2637~4121t 地质储量（按 10m 的油层厚度计算)，水平井只要串联3~4个“珠”，其单井控制储量就可达到11000t，折算水平段长度为210~280m。如果油层厚度5m左右，水平井需要串联6~8个“珠”，即水平段长度420~560m，即可满足单井控制储量要求。

3 薄层稠油油藏密井网立体开发策略研究

3.1 密井网立体开发可以提高采收率

油藏立体开发是一种全新的开发方式，是以流体三维运移和驱动规律为基础，既考虑水平作用力对流体渗流的影响，又考虑垂直作用力对流体渗流的影响而建立起来的一种开发模式。此种开发模式不局限于一套层系、一套井网，而是将垂直井网与水平井网相结合，最大程度地提高油藏采出程度，实现高水平、高效益开发。辽河油田在中深层稠油油藏立体开发矿场实践中，采取“直井与水平井两套井网组合，平面驱替与重力泄油两种方式复合”，实施后大幅提高了日产油量和油汽比，并显著提高了纵向油层动用厚度。试验区日产油量从试验前的155t/d上升到228t/d，油汽比从0.15上升到0.20。测温曲线表明，夹层上部最高温度从试验前的160℃上升到230℃，已接近主体蒸汽腔温度，说明夹层上部近20m油层得以动用。

辽河油田还针对稠油水平井筛管完井、笼统方式注汽易造成水平井段储量动用不均，不能对水平井实施分段注汽、分段堵水和封窜等工艺，后续工艺措施受限的实际情况，开展了水平井分段完井分段注汽技术研究。通过在完井过程中下入高温套管外封隔器和套管热力扶正器，根据油井的钻井数据、地质数据等相关资料，选择合适的分隔位置，利用高温套管外封隔器对水平井段进行分段，套管热力扶正器可以保证整个管柱居中，提高密封的可靠性。在下入注汽管柱时采用蒸汽伞对水平井段的油套环空进行分隔，并下入油管扶正器使管柱尽可能居中，保证蒸汽伞的密封效果。在各段中选择合适位置放置分段注汽阀，并根据测试数据合理分配各段注汽量。该技术在辽河油田共实施164井次，累计增油10.08 $\times10^4$t，有效地解决了水平井段动用不均的问题。

对于河南油田薄层稠油油藏而言，借鉴上述技术思路，引入水平井后，与现有密井网相互协同，可以构建立体井网，但与辽河油田厚层块状稠油油藏的开发技术策略是不同的，即将直井加密逐层上返开采的策略改变为水平井加密逐段回返的开采策略，并且要发挥好原有老井(直井)的作用。也就是说，在密井网内利用水平井分段完井分段注汽技术，把每一“珠”剩余油当做一个生产段，同时，水平井作为采油井，将老井全部转换为注汽井，与各个水平段构建蒸汽驱井网，从而把密井网井间难以采出的剩余油驱替出来。

3.2 薄层稠油油藏密井网立体开发井网设计

采用CMG软件研究薄层稠油油藏密井网的立体开发设计参数，数值模型参数见表1，图7。

表1 密井网立体开发模型参数

项目	数值	项目	数值
油藏中深/m	42	密度/(g/cm³)	0.9611
层厚/m	14	平均孔隙度/%	32
有效厚度/m;	10	平均渗透率/mD	1670
油层压力/MPa;	1.48	网格尺寸/m	10×10
油层温度/℃	25.9	网格数量(X×Y×Z)/个	3087(49×21×3)
油层温度下原油黏度/mPa·s	39202	井网井距	五点法井网，井距70m

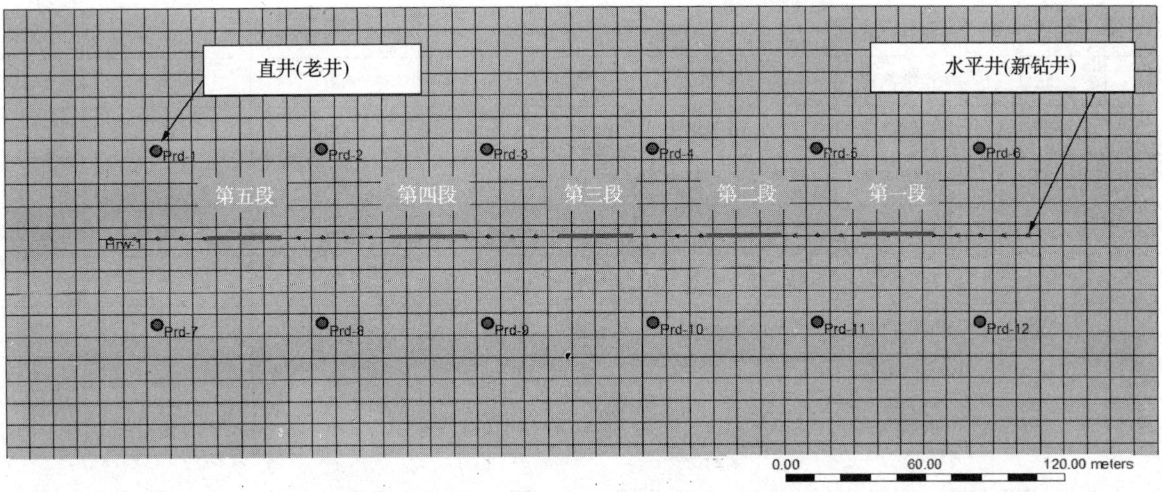

图 7　密井网立体开发模型

如图 7 所示，构建直井+水平井蒸汽驱井网，即直井注蒸汽，水平井采油。新钻水平井位于直井井网之间，共串接 5 个井组，采用水平井分段射孔投产，每段 40m。共设计同注、轮注、同侧注入、对角线注入(图 8)4 种注入方式，共 8 套方案。模拟直井吞吐 17 周期(采出程度 20%)后，水平井吞吐 3 周期和直井+水平井汽驱 1 年的开发指标。

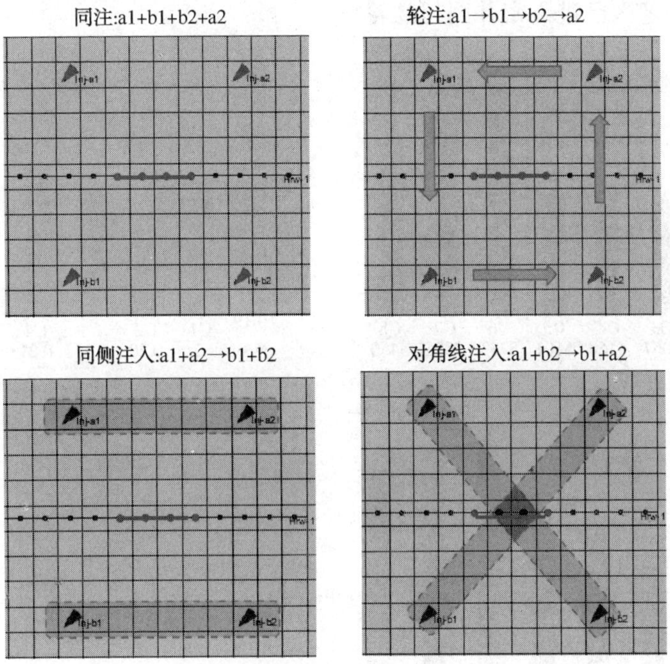

图 8　密井网立体开发注入方式

3.3　密井网立体开发的指标对比

模拟结果显示，间歇汽驱和连续汽驱均能取得较好的开发效果，阶段累产油在 4800t 以上，阶段采出程度 11.3%以上，阶段油汽比 0.20 以上。间歇汽驱提高采收率幅度显著高于连续汽驱。其中，直井同注 20 天，歇 60 天(方案 C6)，提高采收率幅度最大，油汽比最高(图 9)。

表2　密井网立体开发不同注入方式设计

方案名称	注入方式	驱替方式	注入方案	单井注入量/m^3	水平井配液/m^3	注采比
C1	轮注	连续汽驱	a1/a2/b1/b2 每井轮注 1 天	80	80	1∶1
C2	同侧注入	连续汽驱	a1/a2 注 10 天后停注；b1/b2 注 10 天为一轮	40	80	1∶1
C3	同侧注入	连续汽驱	a1/a2 注 5 天后停注；b1/b2 注 5 天为一轮	40	80	1∶1
C4	对角线同注	连续汽驱	a1/a2 注 10 天后停注；b1/b2 注 10 天为一轮	40	80	1∶1
C5	对角线同注	连续汽驱	a1/a2 注 5 天后停注；b1/b2 注 5 天为一轮	40	80	1∶1
C6	同注	间歇汽驱	a1/a2/b1/b2 同注；注 20 天，歇 60 天	80	80	1∶1
C7	同注	间歇汽驱	a1/a2/b1/b2 同注；注 30 天，歇 50 天	54	80	1∶1
C8	同注	间歇汽驱	a1/a2/b1/b2 同注；注 40 天，歇 20 天	40	80	1∶1

从模拟结果来看，引入水平井对密井网进行加密，采取直井间歇注蒸汽、水平井采油的技术策略，其累计产量高，油汽比普遍高于 0.2，经济性较好，对于河南油田稠油老区在密井网条件下进一步提高采收率提供了一种新的选择。

4　结论

（1）河南油田稠油老区已进入密井网超高轮次吞吐开发阶段，井间剩余油富集且基本处于蒸汽未波及的原始含油状态，沿老井行列方向，井间剩余油在各个井组之间呈现出“串珠状”的平面分布形态，现井网继续吞吐难以动用。

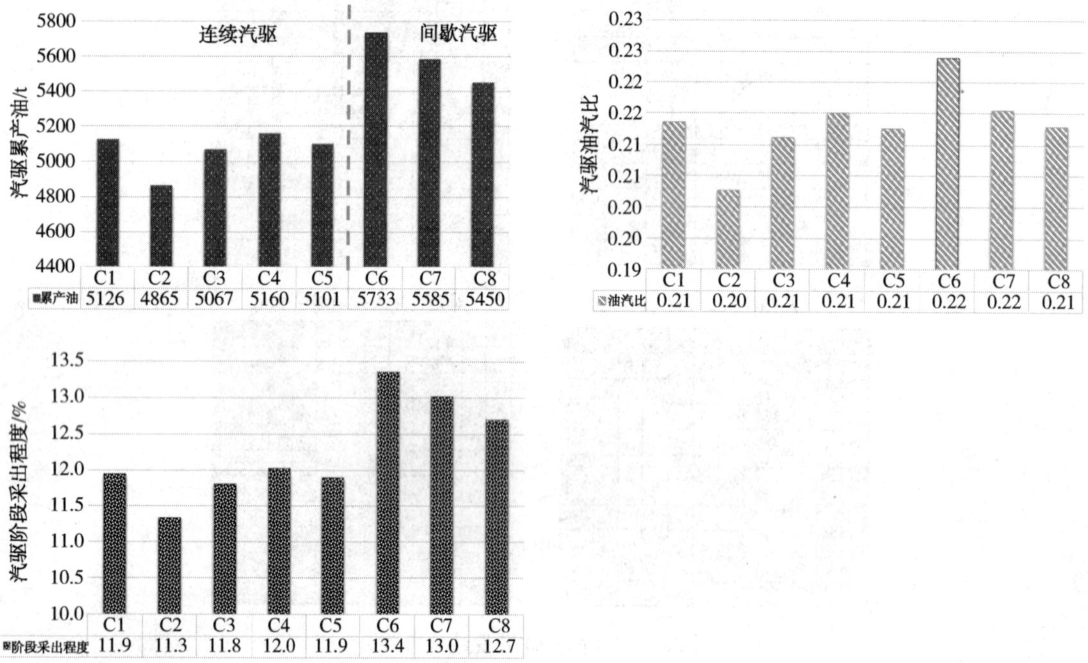

图 9　密井网立体开发不同注入方式下的开发指标

（2）稠油老区直井井网转蒸汽驱的经济风险较高，缩小井距的直井加密单井控制储量较低，亟待找寻提高采收率的接替技术。

（3）在密井网井间部署水平井与原有老井协同生产，采取水平井分段投产+老井间歇注蒸汽驱的立体开发技术政策，累计产量高，油汽比普遍高于 0.2，经济性较好，为薄层稠油油藏超高轮次吞吐后提高采收率提供了一种新的技术思路。

参 考 文 献

[1] 陶光辉．河南油田稠油老区开发后期技术路径的思考[J]．石油地质与工程，2019，33(03)：49-52.
[2] 费永涛，刘宁，丁勇，等．一种叠加汽窜影响的稠油剩余油潜力评价方法——以井楼油田中区为例[J]．石油地质与工程，2020，34(01)：79-83.
[3] 俞启泰．关于剩余油研究的探讨[J]．石油勘探与开发，1997，(02)：46-50+99.
[4] 王克杰，曲玉线，贾玉培，赵淑范．蒸汽吞吐后剩余油分布预测的一种方法[J]．河南石油，1996，(03)：21-26+5.
[5] 赵克超，陶果，胡润苗，王克杰．利用声波资料评价稠油热采区蒸汽波及范围的方法与实践[J]．测井技术，2006，(01)：72-75+100.
[6] 胡常忠，刘新福，高孝田．浅薄层稠油油藏资源二次利用的一种方法——加密井蒸汽吞吐[J]．石油勘探与开发，1997，(02)：58-61+100.
[7] 廖广志，罗梅鲜，刘颖，石国新．浅层稠油油藏热采合理井网密度及加密可行性研究[J]．石油勘探与开发，1995，(06)：57-63+103.
[8] 霍进，张新国，李拥军，等．克拉玛依油田浅层稠油油藏加密调整跟踪研究[J]．新疆石油地质，2000，(06)：498-501+538.
[9] 束青林，王宏，孙建芳．孤岛油田稠油油藏高轮次吞吐后提高采收率技术研究与实践[J]．油气地质与采收率，2010，17(06)：61-64+115.
[10] 李志政．辽河油田超稠油水平井分层开发技术研究与应用[D]．大庆：东北石油大学，2015.
[11] 任芳祥．油藏立体开发探讨[J]．石油勘探与开发，2012，39；(03)：320-325.
[12] 许宁．油藏立体开发现状及研究进展[J]．断块油气田，2014，21(03)：322-325.
[13] 杜晓雪．水平井分段完井分段注汽技术研究[D]．青岛：中国石油大学(华东)，2018.

浅薄层特稠油油藏热化学复合蒸汽驱技术研究与矿场试验

李 星[1] 刘 宁[1] 刘士梦[1] 黄 磊[1] 贾胜彬[2] 赵长喜[3] 王 泊[2]

(1. 中国石化河南油田分公司勘探开发研究院; 2. 中国石化河南油田分公司采油二厂;
3. 中国石化河南油田分公司石油工程技术研究院)

摘 要 井楼油田中区作为河南油田稠油热采的主要区块,属于典型的浅薄层特稠油油藏,经过30余年的蒸汽吞吐开发,目前呈现出“三低两高”(日产油低、采油速度低、油汽比低、吞吐周期高,综合含水高)特征,开发效益差,采收率难以进一步提高。筛选6个反九点注采井组(井距100×140m)作为试验区,根据地下“三场”特征判断,已达到转蒸汽驱开发条件。相比纯蒸汽驱来说,热化学复合蒸汽驱具有扩大蒸汽波及体积、提高低温带驱油效率的优势,通过转驱层系及井网优化、化学剂性能评价、化学剂及蒸汽注采参数优化等研究,预计提高采收率18个百分点。2021年10月进入现场实施后,试验区日产油由初期7吨上升到峰值44吨,目前日产油稳定在35吨以上,日油汽比达到0.15,已累计产油5095吨,从矿场试验情况来看取得了初步成效。

关键词 浅薄层特稠油油藏;转驱条件;热化学;蒸汽驱;矿场试验

井楼油田中区作为河南油田东部稠油热采储量最大的区块,热采动用储量1595万吨,具有“浅、薄、稠、散”的特点,属于典型浅薄层特稠油油藏,资源品位低,经过三十余年的蒸汽吞吐开采,绝大多数吞吐井已进入日产油量低、综合含水高、油汽比低的高周期吞吐阶段。2010年以来,通过应用热化学辅助蒸汽吞吐技术,有效地改善了开发效果,但该技术存在的问题是有效时间短,一般在2~4个周期,采出程度难以大幅度提高。为此,在目前稠油后备资源严重不足的情况下,如何进一步提高采出程度,已成为河南稠油油田持续发展的重要研究课题。

1 试验区概况

1.1 油藏地质特征

楼3711试验区处于井楼油田中区西北部,位于高庄南鼻状构造东翼,由北向南,鼻状构造逐步倾没,构造两翼不对称,西翼陡,倾角15.5°,东翼较缓,倾角9.8°,基本上属于由西北往东南方向倾没的单斜构造。处于东南长桥物源与北部古城物源交互带,主要受北部古城物源影响,发育水下分流河道、河口坝、前缘席状砂等微相,储层以水下分流河道沉积微相为主。砂体在平面上广泛分布,主要层位为H3Ⅳ1、H3Ⅳ2^1、H3Ⅳ2^2、H3Ⅳ2^3、H3Ⅳ3、H3Ⅳ4^1等6个层,主力油层为H3Ⅳ2^2层,油层埋深160-230m,油层单层有效厚度1.2~3.6m,孔隙度30%~35%,渗透率1.0~5.0D,含油饱和度52%~75%,原始地层压力1.5~2.3MPa,原始地层温度20~25℃,原始油层温度下脱气原油黏度18000mPa·s左右,属于浅薄层特稠油油藏。

1.2 转驱前开发状况

楼3711试验区地质储量48.9×10^4t,从1991年投产至今,具有开采历史长、采出程度高、单井日产油低、油汽比低等特点。该区油井共42口,累计注汽49.85×10^4t,累计产液65.19×10^4t,累计产油16.21×10^4t,采注比为1.31,采出程度33.15%。其中,H3Ⅳ2^2层地质储量34.7×10^4t,占试验区总地质储量85.7%,累计产油13.51×10^4t,采出程度28.7%。目前生产H3Ⅳ1-4层的井数29口,单井日产油0.6t/d,油汽比0.12,综合含水86%,开发效果较差。

2 转驱条件分析

主要通过油藏数值模拟研究、油藏动态分析、冷冻取心资料及矿场监测资料综合分析试验区高周期吞吐后地下“三场”特征。参考国内蒸汽驱油藏筛选标准和邻近区块蒸汽驱油藏参数判断转蒸汽驱条件是否成熟。

转驱时的含油饱和度是蒸汽驱的物质基础，对蒸汽驱采油量的影响较大。通过油藏数值模拟研究表明，要保证蒸汽驱效果，转驱时的含油饱和度最好不要低于45%，而主力油层85%的网格含油饱和度在50%以上，为蒸汽驱提供了物质基础。油层压力较高不能直接进行蒸汽驱开发，蒸汽吞吐就成为降低油层压力和预热油层的主要手段。油藏转驱压力应满足两点：既要能够充分发挥蒸汽在低压油藏中的优势，又要保证油井具有足够的生产压差，满足产量需求。主力油层压力为初始水平的37%，油层压力大幅度下降为转蒸汽驱开采创造了有利条件。温度越高原油黏度就越低，原油流动性就越好。主力油层的平均温度由初始的25.0℃上升到50.0℃以上，大部分区域原油黏度也降到1000mPa·s以下。综上所述，试验区主力油层地质条件和“三场”条件达到转驱标准(表1)。

表1　国内蒸汽驱油藏筛选标准(据中石油热采所岳青山)

油藏地质参数	标准值	楼资27井区	楼3711试验区
油层埋深/m	<1400	186.4~302.5	124~267
油层净厚度/m	≥8	2~8.6	1~10
净总厚度比	>0.5	0.56~0.71	0.71
平均孔隙度/%	>20	27.23~37.78	34.7
平均渗透率/mD	>200	299~5495	3528
原始含油饱和度	≥0.65	0.7	0.7
油层温度下脱气原油黏度/mPa·s	<20000	18749	18000
其它：渗透率变异系数<0.7，水体小于5倍油藏体积，地层倾角小于20°			
蒸汽驱转驱时机的重要标志			
地层压力是否降低	降低		原始压力37%
地下温度场是否形成	形成		升高34.8℃
起始含油饱和度大于50%	≥50		大部分区域大于50%

3　热化学复合蒸汽驱技术对策研究

3.1　热化学剂性能评价

3.1.1　复合驱油剂性能评价

经过多轮吞吐，一方面近井地带含油饱和度降低，而远井地带温度低，原油黏度高，需要添加驱油剂降低原油黏度，提高驱油效率降低界面张力；另一方面，蒸汽黏度极低，油汽流度比大，极易汽窜，影响蒸汽驱的开发效果，需要增加驱替相黏度，降低流度比，扩大蒸汽波及体积。

1）驱油剂研制

(1) 筛选的驱油剂界面张力达到10^{-2}数量级，质量浓度为0.5%的驱油剂对试验区油井的油砂样洗油率达到30.97%~59.44%，都达到了中等以上。

(2) 综合体系黏度和降黏率，优选黏度调节剂最佳浓度为0.3%~0.5%。确定试验区的耐温驱油剂的配方为：0.5%~1.0%驱油剂A+0.3%~0.5%STA。

(3) 研制的驱油剂达到以下指标：

① 试验区原油洗油率为30.97%~59.44%；

② 耐高温300℃，高温下驱油体系黏度≥30mPa·s；

③ 提高管式模型蒸汽驱油效率15.8%。

2）降黏剂研制

(1)通过乳状液稳定性和再次乳化性能评价，完成降黏剂和界面稳定剂浓度优选，确定了最佳使用浓度，形成了对试验区原油具有良好适应性的广普高效降黏剂配方：0.4%~1.0%BY-2+0.3%BTH。

(2) 研制的降黏剂达到以下指标：

① 耐温：290℃；

② 对试验区原油降黏率：≥95%；

③ 破乳后晃动可再次形成均匀乳化液。

3.1.2　泡沫调驱剂性能评价

泡沫调驱可减缓层间矛盾，抑制平面窜流，扩大蒸汽波及体积，提高采收率。

(1) 高温泡沫剂的评选与浓度优选

通过系列发泡剂的耐温性能评价，评选出三种发泡性能相对稳定的泡沫剂。根据高温老化后泡沫剂浓度与发泡体积的关系优选泡沫剂浓度，筛选出的泡沫剂浓度为0.5%时起泡体积达到480ml/100ml，当泡沫剂浓度大于0.5%，发泡体积增幅较小。

(2) 高温泡沫剂调驱性能评价

通过相同排量下蒸汽驱压力与泡沫注入压力差、与后续蒸汽驱压力差计算阻力因子和残余阻力因子。当泡沫剂浓度0.5%时，高温物模条件下驱替阻力因子为14，残余阻力因子为8(图1)。

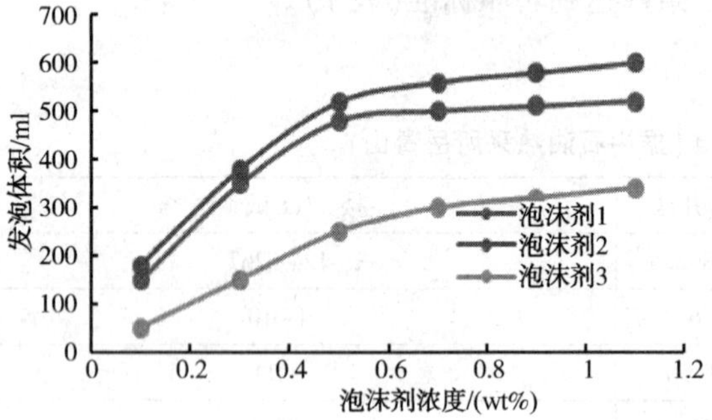

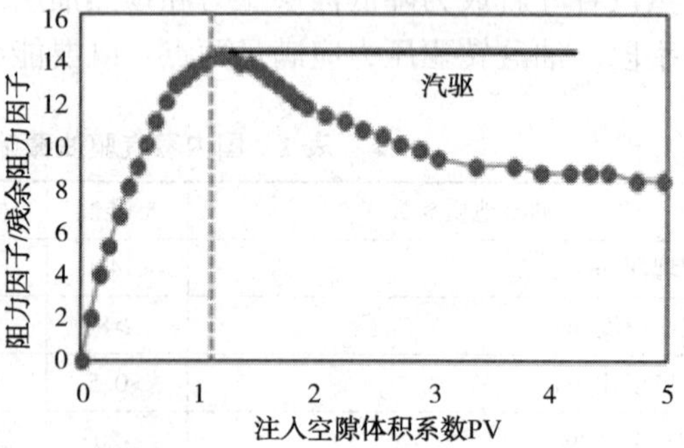

图1　化学剂评价分析化验资料

3.2　热化学复合蒸汽驱层系及井网优化

试验区在蒸汽吞吐阶段主力层位为H3Ⅳ1-4层，共分为6个单层，其中H3Ⅳ2^2层为主力油层，全区发育，含油面积大，厚度较大，纯总比高，其他6个单层仅为局部区域发育，含油面积小。因此，转驱主力油层为H3Ⅳ2^2层，其他油层根据井网实际控制和连通情况，作为兼采层。

结合试验区井网实际情况，对比了反九点和反七点注采井网蒸汽驱数值模拟结果，反九点注采井网的生产效果更好，取蒸汽驱极限油汽比为0.1时，反九点相比反七点注采井网提高采收率2个百分点，且反九点注采井网的后续生产趋势也较好，具有较大的生产潜力，故试验区转蒸汽驱推荐使用反九点注采井网。

3.3　热化学复合蒸汽驱注采参数优化

结合河南油田东部稠油油藏历史上进行的蒸汽驱开发的经验，根据井组控制范围内油层分布状况，进行层系划分，并优化确定了热化学复合蒸汽驱注采参数。根据数模优化结果，方案确定井底注汽干度大于60%，注汽强度2.0t/d·m·ha，采注比1.2，氮气泡沫气液比1∶1，段塞量0.3PV，驱油剂浓度0.5%，驱油剂注入PV数0.12。蒸汽驱初期连续注入，中后期根据蒸汽驱动态情况择机进行热化学辅助和间歇汽驱调整。

根据注采参数优化结果，方案采用反九点注采井网，注汽井6口，生产井29口；注汽强度2t/d·m·ha，采注比1.2，井底蒸汽干度60%以上，六井组注汽井总配汽量355t/d，总配液量426.3t/d。通过不同方案优化对比，对最优方案进行开发指标预测，方案预测生产时间6年(经济极限油汽比0.11)；累计注汽76.68×10^4t，累计注入化学剂110.06t，累计产液92.02×10^4t，累计产油9.16×10^4t，综合含水90.04%，油汽比0.119，采出程度为18.7%。

在注汽井、生产井中优选监测井各2口，在汽驱井组内的加密井中优选2口作为观察井，通过监测温度剖面、流体性质、含油饱和度等资料，判断蒸汽波及状况，为后期动态调整提供依据。

4　矿场试验实施及效果分析

4.1　矿场试验工艺配套

(1) 锅炉提干及地面保干工艺：蒸汽驱井底蒸汽干度对蒸汽驱开发效果影响较大，将23t注汽锅炉进行提干提效改造，锅炉注汽干度提升至90%，热效率提升至92%，采取地面保温隔热措施，减少管线热量损失。

(2) 长效注汽工艺：对楼3713、楼3507井分层注汽，针对7″套管井配套了“隔热油管+1.9英寸小油管”组成同心双管分注管柱，通过形成两个独立的注汽通道，同时地面配套蒸汽流量计，实现两层单独计量，精准注汽。针对5″套管井受限于管柱尺寸无法实施同心双管分注的问题，采用ϕ73mm N80平式油管+Y241-102隔热封隔器+环空注氮隔热的工艺方案。井下管柱采用“隔热油管+封隔器+N_2”井筒隔热工艺，确保汽驱全程保干隔热，确保注汽井井底蒸汽干度达到60%以上。

（3）驱前调剖封窜工艺：针对层间动用不均问题，为减少层间干扰，采用耐高温、高强度堵剂进行调剖。针对平面窜流问题，为扩大蒸汽波及体积，采用多段塞组合调剖。在蒸汽驱前对吞吐阶段汽窜严重的楼3713、楼3507等井组进行深部调剖，调剖层位H3Ⅳ2^2，调剖半径30~50米。

（4）蒸汽流量及干度单井计量工艺：注汽井实现单井计量，采用锥形孔板流量计，通过同时注、变流量注、变干度注时，流量之和与锅炉出口对比，修正流量计系数，把注汽流量误差控制在10%以内。引进井口干度检测装置，通过对炉水和生水进行采集，利用摩尔滴定法测定水中氯离子浓度的方法来测量蒸汽干度。

4.2 矿场试验效果分析

截止2022年4月，试验区累计注汽7.84×10^4t，累计产液4.72×10^4t，累计产油5095t，阶段油汽比0.07，采注比0.67。试验区32口采油井(包含内部井和外部井)，见反应井共24口，其中19口井见效，整体见反应率75%，见效率59%(图2)。具有以下特征：

（1）注入状况：注入压力平稳上升，注汽量稳定，日注汽量363t/d(配注量355t/d，2022年3月18日楼3713井暂停注，日注汽量降到300t/d)；

（2）采出状况：日产液、日产油缓慢上升，日产液稳定在290t/d左右，日产油稳定在40t/d左右，采油速度2.7%，含水先升后降；

（3）出油温度：稳中有升，由汽驱初期的43.6℃上升到59.3℃；

（4）油汽比稳中有升，目前日油汽比已达到0.13，采注比稳步上升，由0.56上升到1.06(设计采注比1.2)。

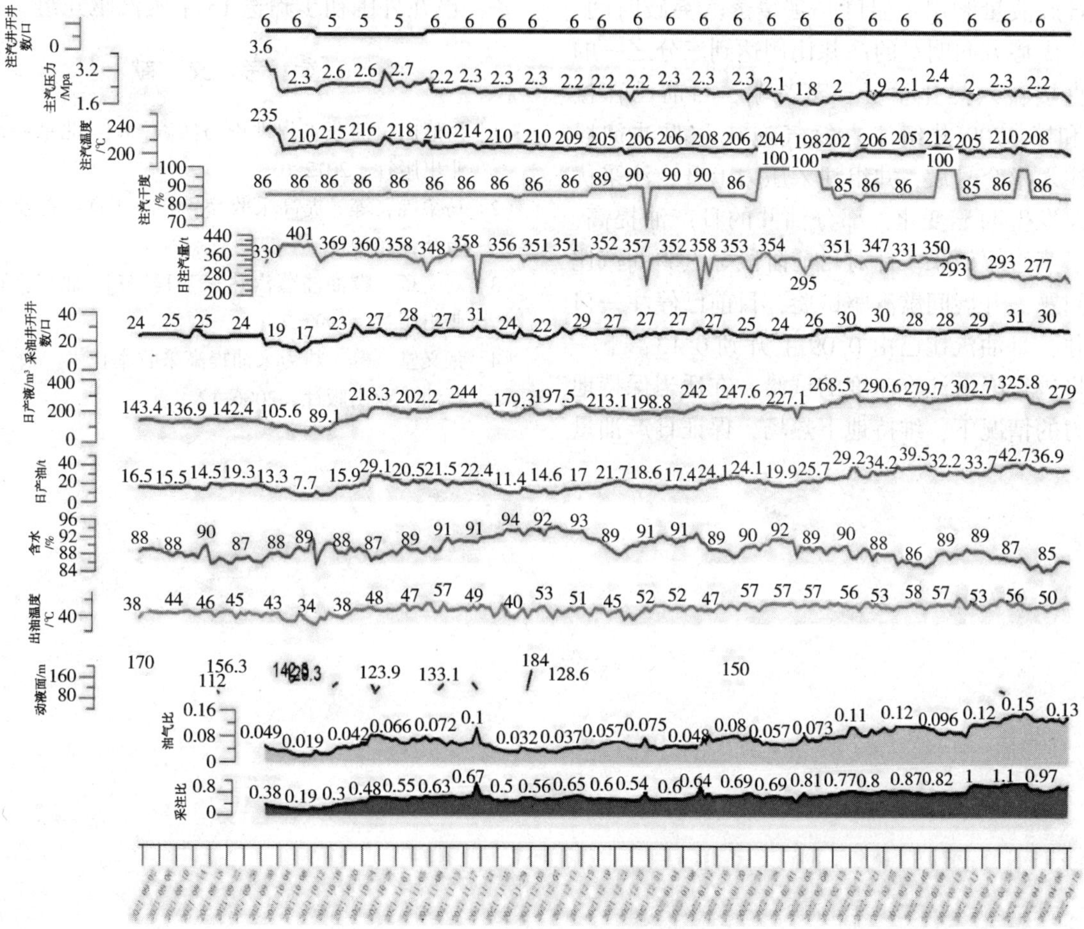

图2　试验区热化学复合蒸汽驱注采曲线

借鉴邻区进行过的蒸汽驱生产经验，从蒸汽驱开采特征来判断所处开发阶段：

(1) 预热阶段：日产液量、日产油量下降、含水缓慢上升、出油温度有所下降，地层能量开始恢复。

(2) 热连通阶段：日产液量、日产油量、出油温度上升、含水缓慢上升。在此阶段，针对某些区域热连通程度低，地层能量低，存在未见反应油井的问题，开展8口油井吞吐引效后，日产液量逐步提高。针对见反应油井能量恢复，但日产油量低，出油温度低的问题，开展10口油井加深泵挂、调大参、换大泵等措施，提高油井生产压差，使油井日产液量、油量逐步提高，井组采注比逐步提升，蒸汽波及体积不断扩大。

(3) 蒸汽驱替阶段：日产液量、日产油量缓慢上升至稳定，含水下降，出油温度缓慢上升。目前，试验正处于蒸汽驱替阶段初期，由之前的纯蒸汽驱向热化学复合蒸汽驱过渡。在此阶段，针对注采井间优势方向明显，日产液量高，出油温度高或上升快的油井，开展调小参限液生产，控制日产液量和出油温度，延缓蒸汽突破时间。在注采优势方向明显的油井比例达到三分之一的井组直接转入热化学复合蒸汽驱，目前已在楼3310和楼3709井组注入氮气泡沫和驱油剂段塞，注入半个月后，井组注入压力上升，注采优势方向发生明显变化，部分油井的日产油提高，改善了蒸汽驱效果。针对目前阶段蒸汽驱油汽比低的问题，开展间歇汽驱试验，目前已停注一口注汽井，日油汽比已由0.09上升到0.13，下一步还将进行降低注汽速度的试验，在适当保持地层压力的情况下，维持地下热场，保证日产油量的情况下，提高油汽比，改善开发效益。

5　结论与下步工作

(1) 高周期吞吐阶段转蒸汽驱是进一步提高采收率行之有效的方法，转驱区块的筛选和热化学复合蒸汽驱方案优化设计是高周期吞吐后蒸汽驱开发取得成功的重要基础。

(2) 锅炉提干、地面及井筒保干、分层注汽、蒸汽单井计量、驱前驱中调剖、降黏驱油等工艺配套是高周期吞吐后蒸汽驱开发取得成功的重要前提。

(3) 做好蒸汽驱过程管控，一方面加强注汽井和采油井的单井调控措施；另一方面加强热化学辅助工艺的应用，扩大蒸汽波及体积和提高蒸汽远端驱油效率，是高周期吞吐后蒸汽驱开发取得成功的重要保障。

(4) 下步将聚焦两方面的工作：一方面，将扩大驱中热化学辅助工艺的应用范围，全面转入热化学复合蒸汽驱阶段，做好跟踪调整；另一方面，随着蒸汽腔扩展择机做好扩大试验规模准备，已在外围初步筛选15个蒸汽驱井组。

参 考 文 献

[1] 岳清山．油藏工程理论与实践[M]．北京：石油工业出版社，2012.6.

[2] 马德胜，等．提高采收率[M]．北京：石油工业出版社，2019.1.

[3] 刘文章．稠油注蒸汽热采工程[M]．北京：石油工业出版社，1997.7.

[4] 张义堂，等．热力采油提高采收率技术[M]．北京：石油工业出版社，2006.12.

隔层精细表征在边底水薄层稠油开发中的应用

陈民波

（中国石油化工股份有限公司河南油田分公司勘探开发研究院）

摘　要　春光油田春10区属于边底水特超稠油油藏，采用蒸汽吞吐开发取得了一定效果，但受油藏条件制约采出程度较低，仅为5.0%。由于油层紧邻下部水层，投产后见水快，亟需对隔层进行研究，为进一步提高采收率提供地质依据。本文利用岩心、测井、生产动态资料，建立隔层岩性识别标准，总结四类隔层模式。结合稠油开发效果影响因素，优化调整研究区井参数、注汽参数、完井工艺等，取得了较好的开发效果，并提出了一套适用于中深薄层稠油油藏蒸汽吞吐热采的开发对策，为同类型油藏开发提供了技术指导。

关键词　稠油；蒸汽吞吐；影响因素；隔层；开发对策

油田开发实践表明，随着开发进程的不断深入，开展精细的储层地质研究是实现进一步挖掘剩余油及提高采收率的良好途径。

春光油田春10区沙湾组为中深薄层边底水特超稠油油藏。该区采用水平井蒸汽吞吐开发，研究区储层上下部均有能量强大的水体，隔层岩性的稳定性和封堵性对开发影响较大，是影响该区开发效果的主控因素。其主要原因在于：(1)隔层的平面分布规律通常具有不稳定性，根据水平井所处的隔层岩性带制定针对性的工艺措施能够提高经济效益，对于边底水发育的稠油油藏来说更是如此；(2)不同隔层岩性隔挡能力差距较大，需要根据其隔层条件制定不同的注汽参数。因此，隔层的精细表征对改善研究区开发效果，进一步提高采出程度具有重要的意义。

利用全区180余口井的测井资料，建立识别标准，对隔层岩性及隔层厚定性定量识别，总结刻画该区隔层平面分布特征，为研究区改善开发效果，制定适合边底水稠油油藏的开发对策提供了地质依据。

1　研究区概况

春光油田位于准噶尔盆地西缘车排子地区东部，春10区位于春光油田东北部，是河南油田2011年投入开发的一个稠油区块，含油面积9.84km^2，地质储量842万吨。根据前人对研究区层序地层格架的划分，春10区沙湾组一段可划分为含油层系为Ⅰ-Ⅳ个砂组，其中含油层段S_1Ⅱ砂组可细分为3个小层，即S_1Ⅱ1、S_1Ⅱ2和S_1Ⅱ3小层。3个含油砂体构造较平缓，顶面构造形态为一倾向160°~180°，倾角2~3°的单斜构造，区内构造圈闭不发育。

研究区为复合河道大面积连片的叠置砂体，其3个含油砂体叠置发育，相互独立，具有不同的油水系统。砂体南部及构造低部位均有强边水，同时，S_1Ⅱ1层底部、S_1Ⅱ3层东部有底水发育(图1)。

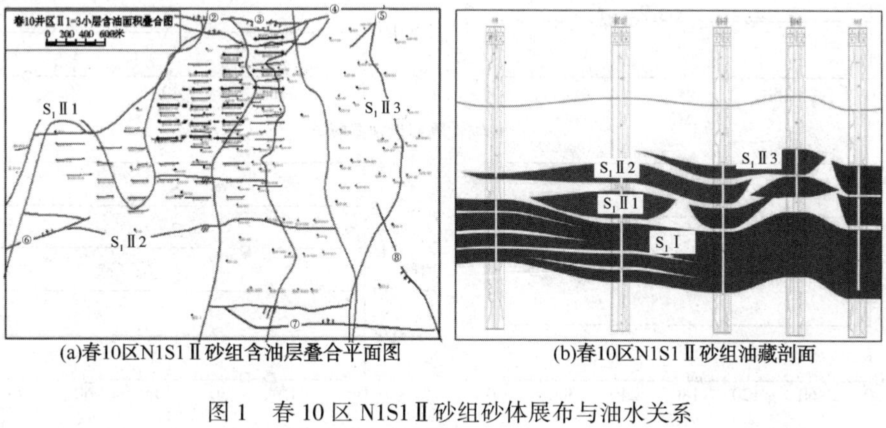

(a)春10区N1S1Ⅱ砂组含油层叠合平面图　(b)春10区N1S1Ⅱ砂组油藏剖面

图1　春10区N1S1Ⅱ砂组砂体展布与油水关系

2　隔层分布特征

研究区隔层按层位对应关系分别是 S_1 Ⅰ-S_1 Ⅱ1、S_1 Ⅱ1-S_1 Ⅱ2、S_1 Ⅱ2-S_1 Ⅱ3、S_1 Ⅱ3-S1Ⅲ等四个层间隔层，其中 S_1 Ⅱ3-S1Ⅲ层间隔层为全区稳定分布的泥岩隔层，是该区地层对比划分中的一级标准层，不影响该区开发效果，故此次不作研究讨论。

2.1　隔层岩性

根据春10区N1S1Ⅱ砂组岩心观察结果和隔层的岩性、电性特征，划分为泥质隔层、物性隔层、钙质隔层三类。本次研究利用工区测井资料，建立不同隔层识别模板，对隔层进行定量精细表征。

测井曲线中反映岩性的曲线主要有：井径、自然电位和自然伽马曲线；反映含油性的曲线主要有：深浅侧向电阻率、微侧向(微球)和微电极曲线；反映储层物性和孔隙性曲线主要有：声波时差、岩石密度、中子孔隙度曲线。自然伽马曲线(GR)可以反映岩石中泥质含量的多少；在已知岩性和孔隙中所含流体的情况下，声波时差(AC)测井可以确定岩石的孔隙度等。

研究中发现，自然电位曲线仅能在少数井局部层段能很好反映储层岩性特征；电阻率测井曲线垂向分辨率高于其它几种岩性测井曲线，其中微电极系曲线能很好地反映出薄层砂的厚度，其幅度的相对高低及幅度差的大小也能够反映出岩性的粗细及泥质含量高低，但电阻率曲线受溶解气的影响较大；自然伽马曲线是反映岩性响应的最佳曲线，但由于研究区储层自然伽玛曲线受地层中放射性元素影响较大，而无铀伽玛曲线实测井不全，利用程度较差。

因此本次研究选取识别效果较好的Rt—AC、泥质含量—渗透率等曲线，绘制交会图，建立研究区隔层识别图版。不同层段电测曲线具有不同的值域范围，具体定量识别标准如下：

泥质隔层：声波时差>320μm/s；地层电阻率<2.0Ω·m；泥质含量>75%；渗透率<0.01μm2(图2a)；

物性隔层：声波时差为>320μm/s；地层电阻率>1.0Ω·m；20%<泥质含量<75%；渗透率>0.01μm2(图2b)。

钙质隔层：声波时差<320μm/s；地层电阻率>2.0Ω·m；20%<泥质含量<75%；渗透率>0.01μm^2(图2c)。

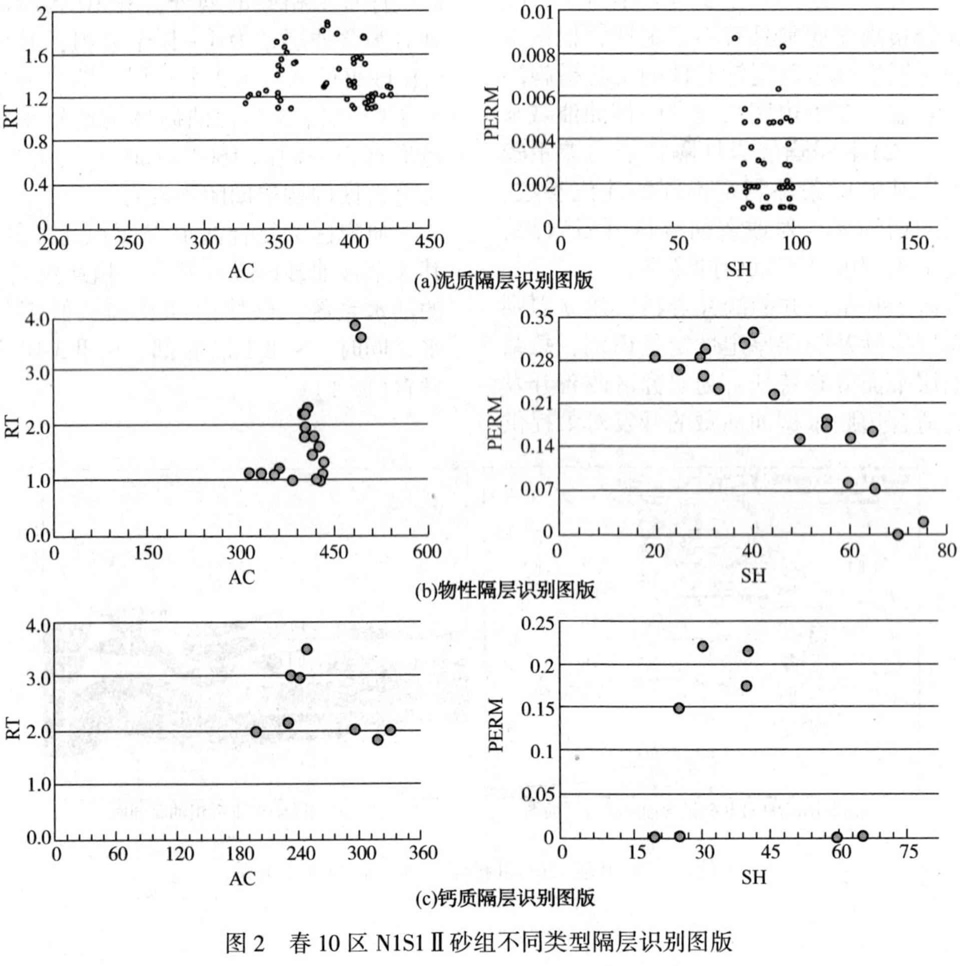

图2　春10区N1S1Ⅱ砂组不同类型隔层识别图版

2.2　隔层厚度

隔层在工区范围内基本连续发育，厚度平面上分布较为稳定，大多数具有从东向西增厚的趋势。

根据隔层的发育情况和钻遇率，按其分布面积可将层间隔层分为稳定隔层(钻遇率≥80%)、欠稳定隔层(65%≤钻遇率<80%)和不稳定隔层(钻遇率<65%)三种类型(表1)。

由通过统计结果可知：

(1) S_1Ⅰ-S_1Ⅱ1层间隔层为中间厚两边薄的“孤岛式”不稳定隔层，厚度在0.4~8.1m(图3a)；

(2) S_1Ⅱ1-S_1Ⅱ2层间隔层为西厚东薄的“海湾型”稳定分布隔层，隔层厚度整体较薄在0.4~5.9m(图3b)；

(3) S1Ⅱ2-S1Ⅱ3层间隔层为西厚东薄的“海岸线型”不稳定隔层，厚度在0.2~5.8m(图3c)。

由上述统计分析可知，研究区层间隔层基本连片分布，但小层之间的隔层分布较复杂，厚度普遍较薄。结合沉积微相平面分布来看，水下分流河道微相中隔层一般厚度较厚，向河道两侧隔层厚度变薄。若隔层上下两个时期均为水下分流河道的沉积环境，则小层间的隔层厚度一般较薄，甚至为零；若两个时期处于水动力逐渐变弱或均处于较弱的水动力条件，则两层间的隔层厚度较厚(表1)。

表1　春10井区N1S1Ⅱ砂组层间隔层发育情况统计

层号	最薄/m	最厚/m	平均值/m	井数/口	钻遇率/%
N1 S2Ⅰ-N1 S1Ⅱ1	0.4(春17-13)	8.1(K436-28H)	3.2	41	44
N1 S1Ⅱ1-N1 S1Ⅱ2	0.4(春10-391)	5.9(K435-26H)	2.1	64	81
N1 S1Ⅱ2-N1 S1Ⅱ3	0.2(排203)	5.8(春10-3101)	3.2	84	64.3

2.3　隔层平面分布特征及开发风险分析

通过研究区隔层岩性及厚度的统计分析，三个含油小层的层间隔层多发育为物性隔层和钙质隔层，平面上并非稳定分布，在部分区域有一定变化。利用测井资料按照砂岩和泥岩孔隙度含量，能够快速准确地识别隔层不同岩性。

在物质命名中，一般遵循这样的原则，当某一成分在50%以上则构成基本名称，另一成分含量在50%~25%之间，以“质”表示之。根据碎屑岩分类标准，按黏土含量所占比例，将隔层岩性分为三种类型：(1)泥岩：黏土含量在75%以上，砂岩黏土含量25%以下；(2)泥质粉沙岩：黏土含量50%~25%，粉砂岩含量50%或以上；(3)粉砂质泥岩：粉砂含量25%~50%，黏土含量50%以上。因此，按照上述岩性划分标准，将泥岩隔层、物性隔层和钙质隔层按照其黏土含量百分比进一步细分为泥岩、粉砂质泥岩、泥质粉砂岩等三种隔层岩性。结合隔层厚度的统计结果，绘制隔层平面分布图，能够直观的看出其分布特征。

S1Ⅰ-S1Ⅱ1层间隔层：S1Ⅰ砂组为一套大厚水层，水体能量强，因此S1Ⅱ1小层与S1Ⅰ砂组的隔层厚度及岩性，直接决定S1Ⅱ1层开采效果。此隔层大部分区域为泥质粉砂岩，存在一定的渗透性，蒸汽吞吐开发的水窜风险较大。另外，此隔层尽管有2个井点岩性为泥岩和粉砂质泥岩，但纵向上非均值性较强，泥岩隔层基本起不了隔挡作用，容易导致蒸汽过早突破，油层见水(图3a)。

S1Ⅱ1-S1Ⅱ2层间隔层：此隔层西部、中西部区域沉积有连片且厚度较大的泥岩，泥质含量普遍较高，是最有利于开发的区域。东部沉积部分粉砂质泥岩，南部、东南部区域有部分井钻遇隔层岩性为泥质粉砂岩，这部分区域隔层厚度薄，隔挡性较差，且南部距离边水较近，蒸汽吞吐开发水窜风险较大(图3b)。

S1Ⅱ2-S1Ⅱ3层间隔层：此隔层岩性以泥岩为主，泥质含量往东部逐渐降低，孔渗性变大，为粉砂质泥岩。整体上看，泥岩隔层分布较稳定，隔层遮挡性较好，是开发有利区域(图3c)。

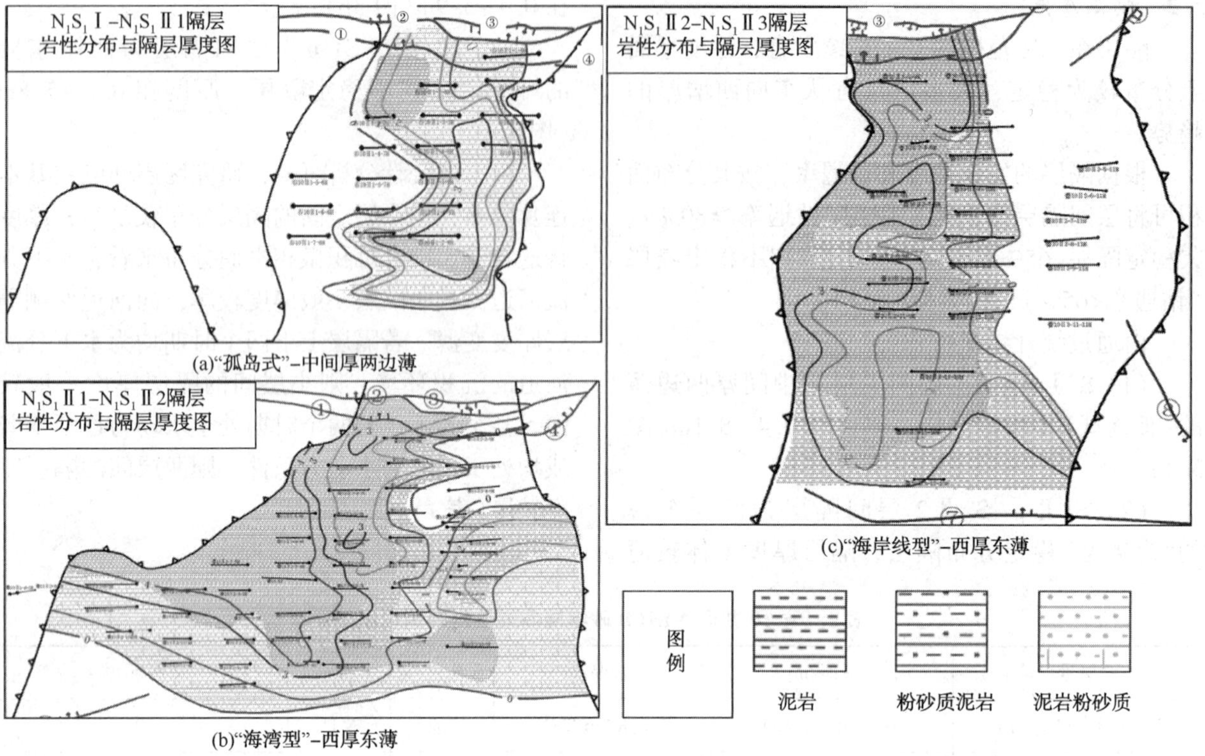

图3　春10区N1S1Ⅱ砂组隔层岩性与隔层厚度平面分布图

3　不同隔层模式开发对策

3.1　隔层模式建立

通过前文春10区隔层分布特征研究成果，根据生产井动态资料统计筛选出典型井，将该区隔层模式总结为四类(图4)。

模式Ⅰ泥岩隔挡型：即上部油层与下部水层之间有泥岩隔挡，这类隔层模式分布在S1Ⅱ2小层中部至北部、S1Ⅱ3小层西部，面积较大，此类隔层模式生产井开发效果相对较好。

模式Ⅱ粉砂质泥岩隔挡型：即上部油层与下部水层之间隔层为粉砂质泥岩+砂岩的复合型隔层。这类隔层模式主要分布在S1Ⅱ3小层中部，受一定程度上注汽压力影响，注汽压力控制不当有水窜风险。

模式Ⅲ泥质粉砂岩隔挡型：即上部油层与下部水层之间隔层为泥质粉砂岩隔层。这类隔层模式主要分布在S1Ⅱ1小层中部、S1Ⅱ2小层南部，受注汽压力影响较大，蒸汽吞吐后极易发生水窜。

模式Ⅳ直接接触型：即上部油层与下部水层之间没有隔层，直接接触。这类隔层模式在S1Ⅱ3层东部、S1Ⅱ1层西部最为常见，分布面积较大。该模式下生产井见水快，含水上升快，蒸汽吞吐投产初周期即与下部水层窜通，不具备效益开发条件。

3.2　不同隔层模式对热采开发的影响

总结不同隔层模式蒸汽吞吐开发规律，能够优化注采参数，及时准确的掌握转轮时机，提高周期生产效果，同时也能够为后期的部署井位提供产能预测模型，是产量预测的重要依据。本次筛选出生产中故障较少，周期生产正常且开发效果较好的19口水平井，按隔层模式对比分析其生产效果。

(1) 产能对比

三类模式隔层生产井周期日均产油量主要在6.0吨~10.0吨之间，前五周期产油量均为递增趋势，五周期后产量开始递减，周期间呈指数递减，递减率在4.0%左右。开发中具有以下特点：①只要开采层未与水层直接接触或砂岩接触，均可取得较好的生产效果；②周期生产天数与周期产油量正相关性极高，因此，稳定的生产时率是保证周期效果的主要因素；③在具有隔层的情况下，油层厚度越大的区域，油井生产效果也越好。(图5a、图5b)。

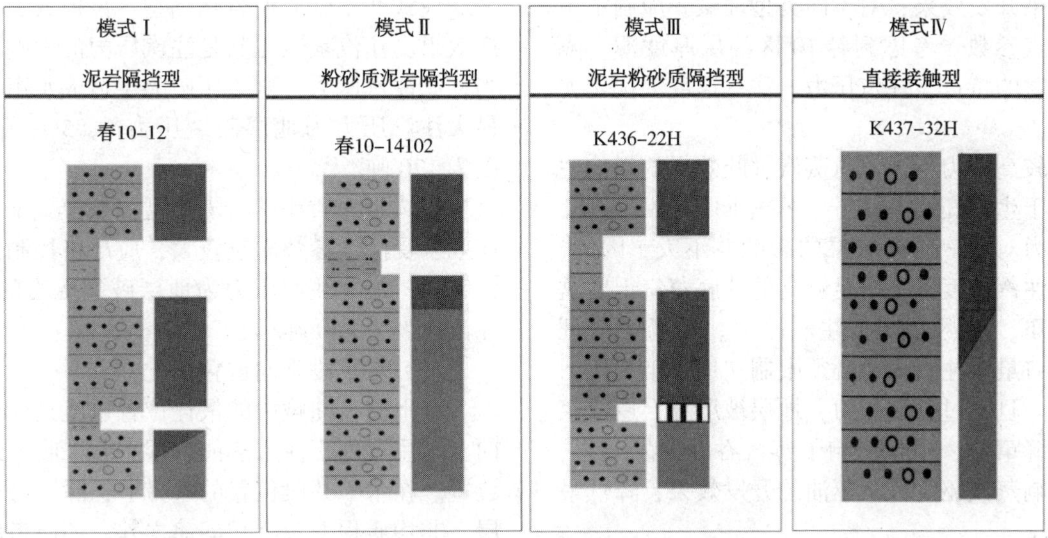

图4　春10区N1S1Ⅱ砂组隔层模式示意图

(2) 回采水率对比

三类隔层模式生产井周期回采水率基本小于100%，吞吐前四周期采注比基本上在1.0以下，五周期后采注比一般在1.0~1.5之间。总体上看，模式Ⅰ在中周期阶段回采水率和采注比明显高于其余两类模式(图5c)。

(3) 油汽比对比

三类隔层模式生产井油汽比均出现先升后降的两段式特点，总体上周期油汽比在0.2~0.6，生产效益较好。其中模式Ⅰ的油汽比始终保持在0.4以上，生产效益高于其余两类模式(图5d)。

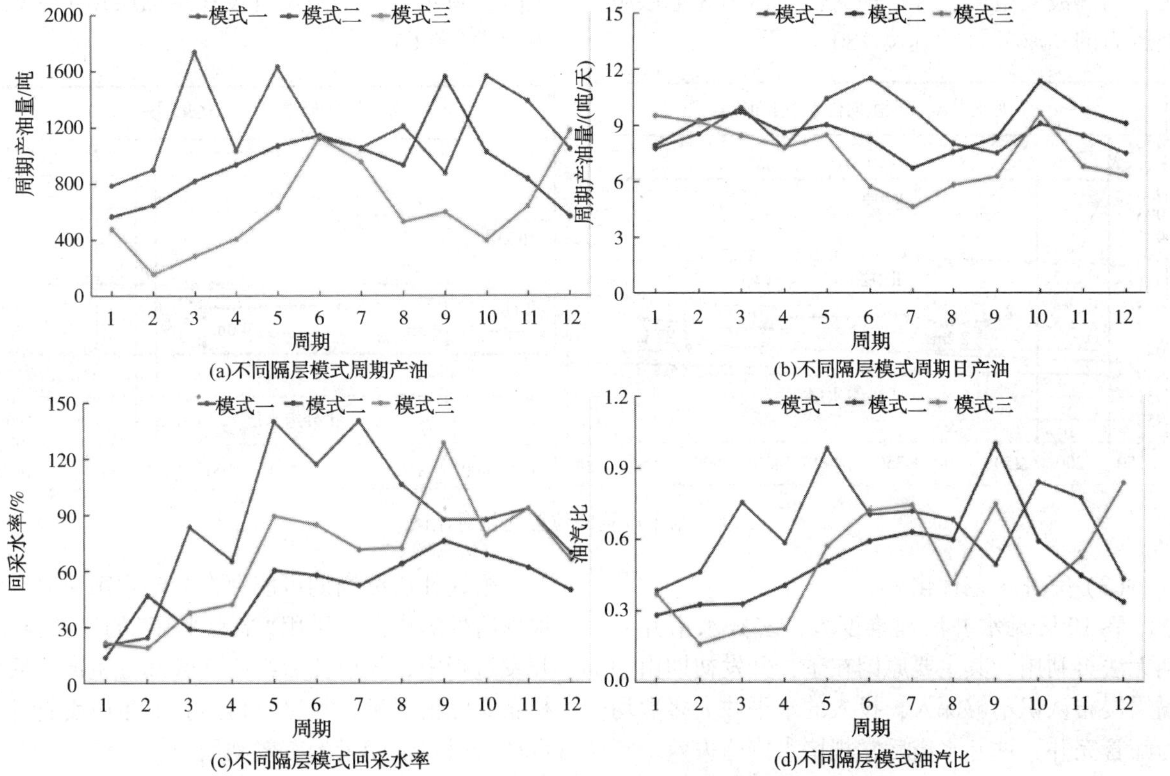

图5　不同隔层模式开发效果对比

3.3　不同隔层模式开发对策

(1) 注汽参数优化

稠油水平井蒸汽吞吐开发的注汽参数包括：注汽压力、注汽速度、周期注汽量、注汽强度、注汽干度、生产井排液速度、采注比等参数。国内外生产实践证明，注汽质量的高低直接决定了稠油热采开发效果，对不同类型油藏，应制定不同的注汽参数。考虑到春10区油层厚度薄、隔层厚度薄的特点，注汽压力、注汽速度的优化尤其重要。

在较高压力下注汽对蒸汽吞吐效果的影响主要取决于生产压差的大小，在相同压差下采回，注入压力对蒸汽吞吐效果的影响并不大。因此，在保证注汽速度下，有足够高的井底蒸汽干度这一前提下，应尽量降低注汽压力。现场实践证明，井口最大注汽压力必须限制在地层破裂压力以内，一旦超过破裂压力，地层被压开，造成蒸汽沿裂缝窜流，不仅影响了蒸汽吞吐开发效果，还将影响蒸汽驱阶段汽驱油的开发效果，降低最终采收率。

注汽速度能够保证足够的蒸汽干度，注汽速度主要通过影响井筒热损失和井底蒸汽干度来影响开采效果。注汽速度过低，井筒内的热损失增大，降低蒸汽到达井底的干度，但提高注汽速度意味着注汽压力的增大，容易造成地层破裂。

模式Ⅰ泥岩隔挡型：该模式下油井生产效果较好，可适当提高注汽参数，减小热损失，保证足够的热波及范围，井口最大注汽压力为地层破裂压力的90%；注汽速度180吨/天。

模式Ⅱ粉砂质泥岩隔挡型：该模式下油井生产效果受注汽参数尤其是注汽压力的影响，应适当控制注汽压力，避免压破隔层造成水窜，井口最大注汽压力为地层破裂压力的85%；注汽速度为170吨/天。

模式Ⅲ泥质粉砂岩隔挡型：该模式下油井生产效果受注汽参数影响较大，应严格控制注汽压力，井口最大注汽压力为地层破裂压力的80%；注汽速度为150吨/天。

（2）水平段垂向位置优化

水平井在油藏中的最佳位置也就是油层在纵向上动用程度、注入热能利用率和采收率最高的位置。在水平井段位置的选择上，除了考虑隔夹层、非均质程度及沉积韵律之外，还应考虑到由于注入蒸汽的超覆作用而使水平段上部加热效果比下部好，稠油的重力泄油作用和向盖、底层的热损失等因素。

根据稠油开发的经验，模式Ⅰ、模式Ⅱ水平段可以按照常规方法将水平段垂向位置设计在油层的中部。但是对于模式Ⅲ这类隔挡能力较差，受注汽参数影响较大的隔层，应尽可能降低水窜风险，将水平段垂向位置设在距油层顶1/3处较为合理(图6)。

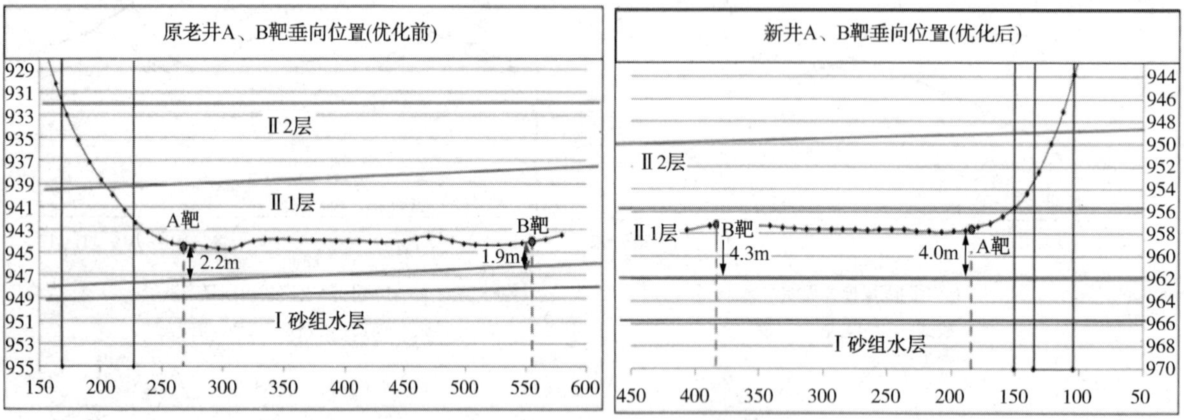

图6　水平段垂向位置优化对比图

（3）完井工艺优化

春10区见水井治理难度大，多数水窜井后期无法再利用，其主要原因在于，开发初期由于隔层展布认识不够深入，投入的水平井大多数均为筛管完井，油井水淹后常规堵水措施失效。

在隔层精细表征的基础上，后续部署的新井完井方式能够根据其所处隔层条件进行选择：

模式Ⅰ隔挡性较好，无水窜风险，可采用筛管完井方式，最大限度提高蒸汽热利用率，同时节省经济成本，增大效益。

模式Ⅱ后续周期可能存在一定水窜风险，可根据所处隔层条件采用“半套半筛”的完井方式。开发过程中，先射孔后半段筛管部分生产，后期根据实际情况进行封堵，再射孔前半段套管部分生产，以保证储量的有效动用。

模式Ⅲ隔挡能力较差，后期水窜风险较高，需采用套管完井方式，便于后期的有效治理。

3.4　现场应用效果

2019-2021年研究区根据隔层精细表征研究成果，开展了水平井热采矿场实践。共部署水平井25口，新井生产指标均不同程度超过老井各项生产指标，平均单井日产油7.6吨，研究区采油速度由0.86%提升至1.83%，自然递减由2018年底的31.4%下降到30.3%，整体开发效果得到了明显改善，控制了产量下滑的趋势。实践表明，隔层精细研究对改善研究区这类边底水发育的薄层稠油油藏开发效果，具有重要意义和实用价值。

4 结论

（1）测井资料是识别隔层的主要工具，建立隔层岩性定性定量识别标准，能够快速准确的对隔层精细刻画。

（2）利用油藏动态分析法，建立不同的隔层模式，总结开发特征及影响开发效果主要因素，可为开发技术政策参数提供可靠的依据。

（3）油藏埋藏深、储层厚度薄、有边底水发育的稠油油藏在热采开发时，应充分认识隔层的分布规律及对底水的隔挡性，井位部署、生产参数、完井方式等均要在此基础上开展才能取得良好的开发效果。

参考文献

[1] 孙天建，穆龙新，赵国良．砂质辫状河储集层隔夹层类型及其表征方法——以苏丹穆格莱特盆地Hegli油田为例[J]．石油勘探与开发，2014，41(01)：112-120.

[2] 赵小庆，鲍志东，刘宗飞，等．河控三角洲水下分流河道砂体储集层构型精细分析——以扶余油田探51区块为例[J]．石油勘探与开发，2013，40(02)：181-187.

[3] 柳成志，张雁，单敬福．砂岩储层隔夹层的形成机理及分布特征——以萨中地区PⅠ2小层曲流河河道砂岩为例[J]．天然气工业，2006(07)：15-17+146-147.

[4] 王健．储层隔夹层模型研究[D]．中国石油大学，2010.

[5] 崔建，李海东，冯建松，等．辫状河储层隔夹层特征及其对剩余油分布的影响[J]．特种油气藏，2013，20(04)：26-30+152.

[6] 韩如冰，刘强，江同文，等．钙质隔夹层特征、成因及分布——以塔里木盆地哈得油田东河砂岩为例[J]．石油勘探与开发，2014，41(04)：428-437.

[7] 王改云，杨少春，廖飞燕，武群虎．辫状河储层中隔夹层的层次结构分析[J]．天然气地球科学，2009，20(03)：378-383.

[8] 丁世梅，季民，史洁，等．泥岩隔夹层类型及剩余油控制研究[J]．江汉石油学院学报，2004(04)：130-131+134-222.

[9] 唐清山，施晓蓉．高升油田高3块隔夹层特征及对稠油热采的影响[J]．特种油气藏，1995(01)：25-32+38.

[10] 王延章，林承焰，温长云，等．夹层分布模式及其对剩余油的控制作用[J]．西南石油学院学报，2006(05)：6-10+109.

[11] 李鹏华．稠油开采技术现状及展望[J]．油气田地面工程，2009，28(02)：9-10.

[12] 曾玉强，刘蜀知，王琴，等．稠油蒸汽吞吐开采技术研究概述[J]．特种油气藏，2006(06)：5-9+105.

[13] 任芳祥，孙洪军，户昶昊．辽河油田稠油开发技术与实践[J]．特种油藏，2012，19(01)：1-8+135.

[14] 王旭．辽河油区稠油开采技术及下步技术攻关方向探讨[J]．石油勘探与开发，2006(04)：484-490.

[15] 陈民锋，郎兆新，莫小国．超稠油油藏蒸汽吞吐参数优选及合理开发界限的确定[J]．石油大学学报(自然科学版)，2002(01)：39-42+6.

[16] 刘文章．特稠油、超稠油油藏热采开发模式综述[J]．特种油气藏，1998(03)：1-7+11.

[17] 邵先杰，孙冲，王国鹏，等．浅薄层特、超稠油注蒸汽吞吐后剩余油分布研究[J]．石油勘探与开发，2005(01)：131-133.

[18] Tao Ping Chen，Chao Jiang，Li Li Wang. Numerical Simulation Research on Locations Optimization of Horizontal Well to Exploit Remaining Oil of Lateral Accretion Interbed after Polymerflooding[J]. Applied Mechanics and Materials，2013，2400.

[19] Bin Lu. Research on Steam Flooding Technology in Deep Heavy Oil Reservoir[P]. Proceedings of the6th International Conference on Mechatronics，Materials，Biotechnology and Environment (ICMMBE 2016)，2016.

[20] Kirmani Farzain Ud Din，Raza Arshad，Gholami Raoof，Haidar Muhammad Zeshan，Fareed Chaudary Sarosh. Analyzing the effect of steam quality and injection temperature on the performance of steam flooding[J]. Energy Geoscience，2021，2(1).

[21] R. P. Ranganayaki，S. E. Akturk，S. M. Fryer. Formation resistivity variation due to steam flooding: A log study [J]. R. P. Ranganayaki；S. E. Akturk；S. M. Fryer，2012，57(3).

[22] Kirmani Farzain Ud Din，Raza Arshad，Gholami Raoof，Haidar Muhammad Zeshan，Fareed Chaudary Sarosh. Analyzing the effect of steam quality and injection temperature on the performance of steam flooding[J]. Energy Geoscience，2021，2(1).

稠油化学冷采技术研究与应用

魏林平　魏振国　陈义发　方　舒　贾喻博

(中国石化河南油田分公司)

摘　要　针对河南油田采油二厂注汽热利用率低的断块边水油藏、热采受限的浅薄层特稠油油藏以及水驱低效的普通稠油油藏，转变开发方式，开展稠油化学冷采技术研究与应用，提高稠油油藏开发效益。该技术通过现场试验，取得了阶段性成果，为稠油开发提供了一条新的技术途径。

关键词　稠油；注汽热利用率低；水驱低效；化学冷采

1　研究的目的与意义

目前河南油田采油二厂投入开发5个油田，动用地质储量7482万吨，可采储量1676.8万吨，截止2021年年底，累计产油1405万吨，采出程度18%。在开发的过程中存在以下三个问题：一是断块边水油藏经过多轮次吞吐后边水入侵加剧，蒸汽热利用率低，效果效益变差，综合含水90%，操作成本高达3680元/吨；二是井楼靠近断层、剥蚀线区域以特超油为主，受埋深浅、地层压力低、断层以及剥蚀线等因素影响，热采受限；三是水驱普通稠油原油黏度高，受水油流度比大的影响，呈现“三低一高”的特点，吨油耗水量大，低效生产。针对这一情况，亟需通过攻关工艺技术，转变开发方式，应用化学冷采技术，提高稠油油藏开发效益。

2　稠油化学冷采技术原理及性能评价

稠油化学冷采技术，就是将配制而成的化学药剂注入到稠油油藏中，该注剂可将堵塞孔道的重质成份分解，将稠油转换成水包油状乳化液，从而改善稠油的流动能力，提高稠油的采收率。同时，它可改变地层的润湿性和界面张力，提高地层的渗透率，起到辅助驱油的作用。

目前河南油田采油二厂应用的化学冷采降黏剂主要有三种：活性高分子降黏剂、改性油溶降黏剂、两亲大分子降黏剂。

2.1　活性高分子降黏剂

2.1.1　作用机理

活性高分子降黏剂对原油具有自渗透作用，降黏剂分子破坏原油的内部氢键，部分拆散原油胶束结构，原油本身黏度下降，能够实现原油长效降黏，特稠油静态降黏率高(大于95%)。

具有同源嵌入与极性解构作用，根据相似相溶原理，高分子支链上引入带苯环芳香基团，自发嵌入到芳香片层间，破坏其类似“三合板”结构，实现“由内向外”降黏。

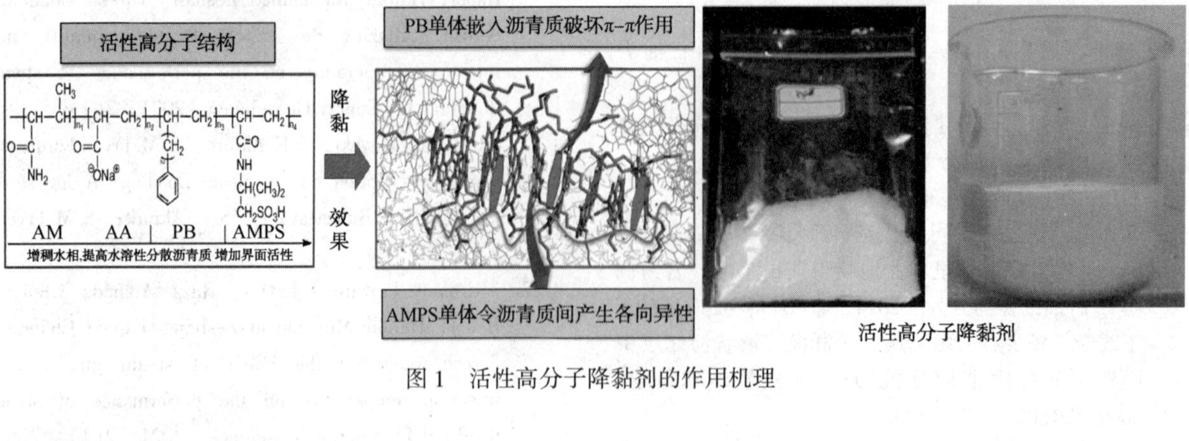

图1　活性高分子降黏剂的作用机理

2.1.2 性能评价

根据活性高分子降黏剂具有破坏原油的内部氢键，部分拆散原油胶束结构，原油本身黏度下降，能够实现原油长效降黏的作用机理，在三区及泌浅57区块特稠油油藏优选实验井1、实验井2开展室内实验，进行性能评价。

(1) 室内实验

选取两口实验井为样本，对活性高分子降黏剂基础性能进行评价，实验结果如下所示（表1、图2、图3）。

表1 实验井1原油降黏数据

温度/℃	原始原油黏度/mPa·s	降黏剂浓度2%下的黏度	降黏剂浓度4%下的黏度	降黏剂浓度6%下的黏度
30	34864	262	204	45
40	13780	189	152	40
50	7276	132	82	25
60	3169	124	44	18
70	1726	70	17	15

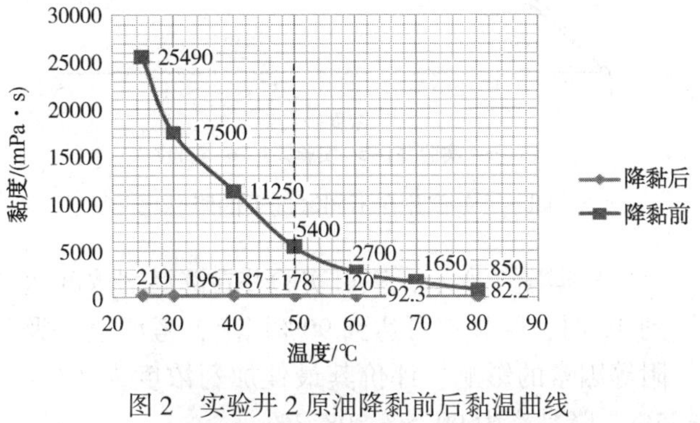

图2 实验井2原油降黏前后黏温曲线

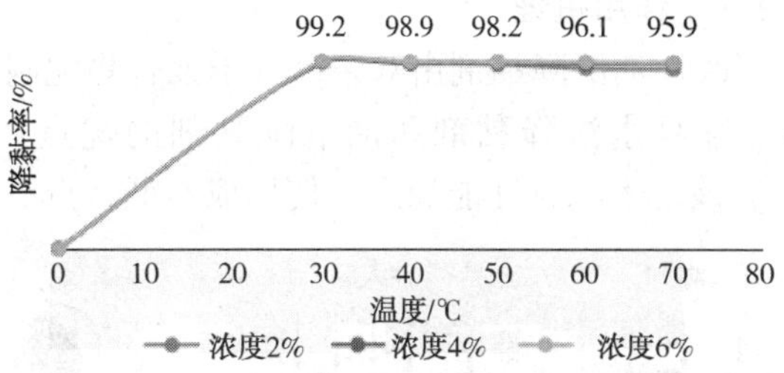

图3 实验井在不同温度下的降黏率

根据两口实验井的室内实验结果（表1、图2、图3）可以看出在降黏剂浓度为2%时，降黏效果较好，其降黏率可达95%以上，考虑地层吸附等因素的影响，评价其最佳加药浓度为2%~4%，降黏率为96%~99%。

(2) 焖井时间评价

在40℃下将降黏剂加入原油静置不同时间，实验结果如下所示（图4、图5），普通稠油静置0.5h原油逐渐混相，特稠油静置5~12h逐渐混相。根据实验结果优化现场焖井时间，普通稠油焖井1~2天，特稠油焖井3天。

2.2 改性油溶降黏剂

常规水溶降黏剂主要由表面活性剂和水基溶剂配制而成，主要的作用机理为乳化降黏，但在水溶性降黏剂作用过程中，随着静止时间延长，黏度很快反弹，不能起到有效改进流动性的目的。常规油溶降黏剂主要由油溶性非离子表面活性剂和有机溶剂配制，主要的作用机理为分子相似相溶，溶剂化作用，降黏效果好，不易反弹，稳定性好，但在高降黏率条件下，投入高。为充分发挥水溶降黏剂和油溶降黏剂的优点，优化油溶降黏剂配方。

图4 普通稠油室内随时间反应结果

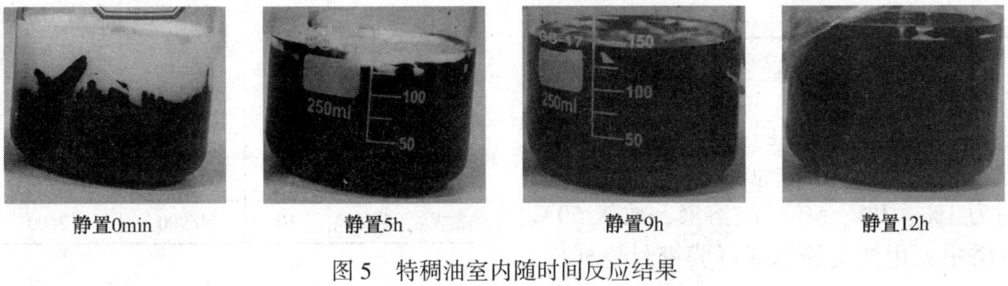

图5 特稠油室内随时间反应结果

2.2.1　作用机理

改性油溶降黏剂由双亲高分子聚合物配制而成，兼具水溶降黏剂和油溶降黏剂的优点(图6)。该技术具有性能稳定、使用成本低特点。

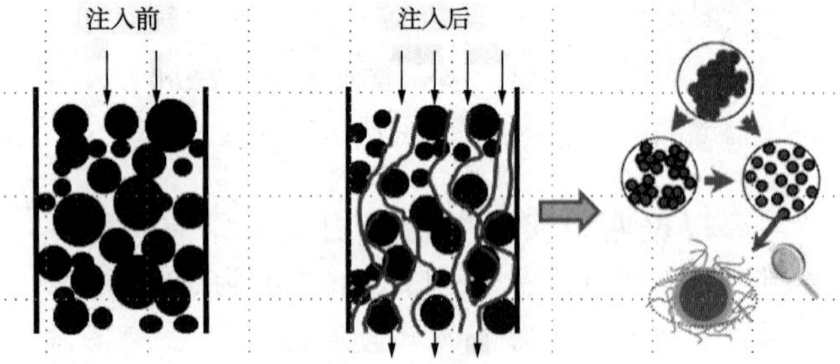

图6　改性油溶降黏剂的作用机理

2.2.2　性能评价

根据改性油溶降黏剂的作用机理，在古城泌125聚驱、水驱油藏优选实验井1、实验井2、实验3开展室内实验，进行性能评价。

(1) 实验井原始油层数据

选取两口实验井为样本，对改性油溶降黏剂基础性能进行评价。

表2　实验井油层数据

井号	层位	原始地层压力/MPa	油层温度/℃	油藏中深/m	油层温度原油黏度/mPa·s
实验井1	V3.4.5	6.2	50	688	624
实验井2	V4.5	7.3	50	794	937
实验井3	V4.5	7.2	50	784	1202

(2) 实验井在不同温度下的原始表观黏度

取两口实验井的原油，脱去游离水，录取30℃、40℃、50℃、60℃、70℃下的表观黏度，实验结果如表3所示。

表3　实验井在不同温度下的原始表观黏度(油样含气和乳化水)

井号	30℃	40℃	50℃	60℃	70℃
实验井1	18950	9960	6560	2935	1097
实验井2	5680	4420	2410	1210	612
实验井3	8866	7075	4660	2085	779

(3) 实验方法

称取70.0g(精确至0.1g)脱游离水原油油样于烧杯中，加入140.0g(精确至0.1g)稀释好的浓度分别为1%、3%、5%样品溶液，放入50℃的恒温水浴中，用橡皮筋和保鲜膜密封烧杯口，恒温静置8h，用注射器吸出下层降黏剂溶液110g，然后测定制备的稠油乳液的黏度。

(4) 改性油溶降黏剂降黏效果

根据室内实验结果可知，随着降黏剂浓度的增加，原油黏度逐渐下降，降黏效果都较好。

表4　实验井在不同浓度下的原油黏度(实验温度50℃)

井号	原始原油黏度/mPa·s	降黏剂浓度1%下的黏度/mPa·s	降黏剂浓度3%下的黏度/mPa·s	降黏剂浓度5%下的黏度/mPa·s
实验井1	6560	3548	1942	1161
实验井2	2410	1173	479	98
实验井3	4660	2580	142	79

根据表4的实验数据计算不同浓度下的降黏率，并绘制降黏率随温度的变化关系图，如图7所示。

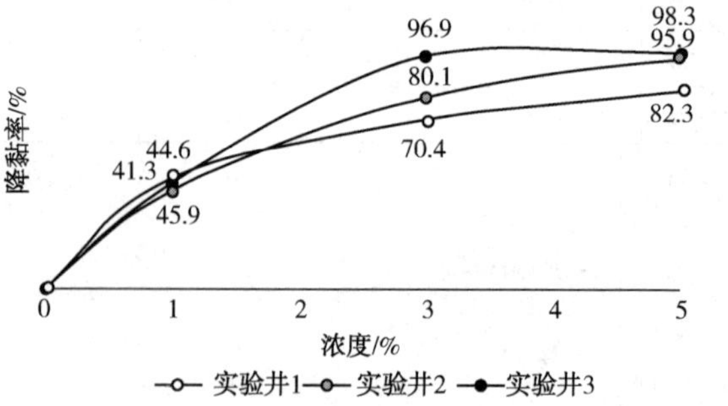

图7　实验井在不同浓度下的降黏率

根据图7所示，三口实验井在降黏剂浓度达到4%时，降黏率可达到90%以上，考虑地层吸附等因素的影响，评价其最佳加药浓度为4%~5%，降黏率为90.5%~98.3%。

(5) 不同降黏剂降黏效果对比

选取实验井3的原油黏度，对比不同降黏剂的降黏效果，由表5可知在相同条件下改性油溶降黏剂的效果最好，常规水溶降黏剂次之，常规油溶降黏剂效果较差。

表5　实验井在不同降黏剂下的原油黏度与降黏率(油样含气和乳化水)

降黏剂类型	降黏剂浓度/%	原始原油黏度(40℃)/mPa·s	降黏后的原油黏度(40℃)/mPa·s	降黏率/%
改性油溶降黏剂	5	16900	60	99.64
常规水溶降黏剂	5	16900	1562	90.76
常规油溶降黏剂	10	16900	3600	78.6

（6）不同冷采降黏剂的稳定性对比

选取实验井 4 的原油黏度，对比不同冷采降黏剂的降黏效果，由表 6 可知改性油溶降黏剂的抗聚并能力优于活性高分子降黏剂，地层流动状态下，改性油溶降黏剂降黏稳定性较好。

表 6　实验井在不同冷采降黏剂下的抗聚并能力（油样含气和乳化水）

降黏剂类型	降黏剂浓度/%	原始原油黏度（50℃）/mPa·s	静止 8h 的原油黏度（50℃）/mPa·s	抗聚并能力/%
活性高分子降黏剂	5	4660	726	84.4
改性油溶降黏剂	5	4660	312	93.3

（7）焖井时间评价

在地层温度 50℃下将剂加入原油静置不同时间，稠油静置 8min 原油逐渐混相（图 8）。

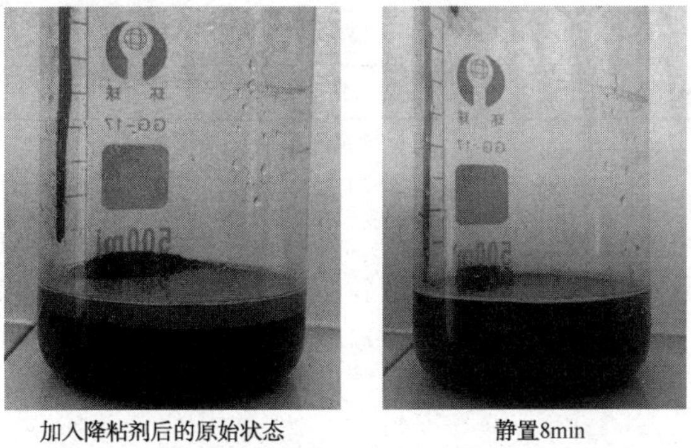

图 8　实验井 3 原油室内随时间反应结果

结合试验井的实际焖井天数可以看出，当井口压力降至 0MPa 需要 2~3 天，同时结合室内结果可以看出在 2~3 天可完成降黏过程，当焖井 2~3 天后井口仍有压力，可控制放喷生产（表 7）。

表 7　实验井的实际焖井时间统计表

试验井	措施后焖井时间/d	压力降至 0Mpa 的天数/d	放喷时油压/MPa	放喷时套压/MPa
1	3	1	0	0
2	3	2	0	0
3	2	2	0	0
4	3		1.4	1.2
5	1	1	0	0
6	3		0.2	0.7

结合降黏剂室内实验及现场实际焖井情况，优化焖井时间为 2~3 天。

2.3　两亲大分子降黏剂

储层条件下，稠油为假塑性流体，难以与水形成混相，仅以降低界面张力为目的的降黏剂无法由外向内渗入稠油内部分散油相，导致降黏低效。通过对稠油形成的原因分析表明，稠油是以沥青质为核心、芳香度和极性逐渐递减的一种结构复杂的聚集体，而 ADX 两亲大分子降黏剂含有两亲高活性功能基团、具有长链结构的大分子物质为一种理想的高效的稠油冷采降黏剂。

2.3.1　作用机理

两亲大分子稠油冷采降黏技术利用降黏剂自渗透乳化分散稠油，大幅度降低稠油黏度，同时增强对原油亲和能力，改变原油及矿物表面润湿性，达到改善原油流动性、扩大波及体积提高洗油效率的目的（图 9）。该技术具有性能稳定、使用成本低特点。

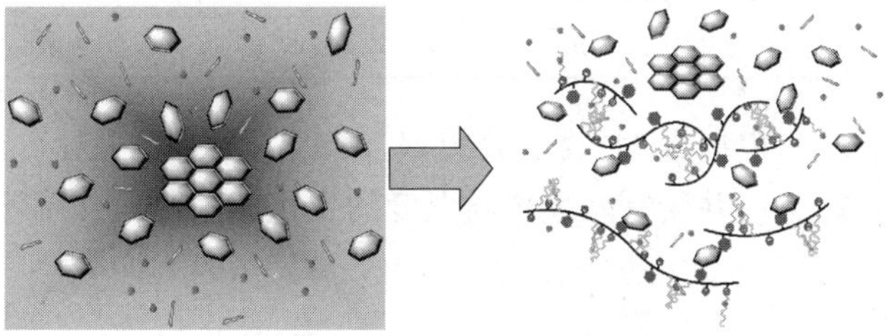

图 9　两亲大分子降黏剂的作用机理

2.3.2　性能评价

根据两亲大分子降黏剂具有自发渗透分散稠油、改变原油及矿物表面润湿性的作用，起到水相增黏，油相降黏，改善油水流度比的作用机理，在新庄南三块水驱油藏优选实验井 1、实验井 2 开展室内实验，进行性能评价。

（1）实验井原始油层数据

选取两口实验井为样本，对两亲大分子降黏剂基础性能进行评价。

表 8　实验井油层数据

井号	层位	原始地层压力/MPa	油层温度/℃	油藏中深/m	油层温度原油黏度/mPa·s
实验井 1	Ⅰ6	7.5	48	809	2606
实验井 2	Ⅲ1.4	6.4	43	656	425

（2）实验井在不同温度下的原始表观黏度

取实验井 1 的原油，脱去游离水，录取 30℃、48℃、60℃、80℃下的表观黏度，实验结果如下所示（表 9）。

表9　实验井1在不同温度下的原始表观黏度(油样含气和乳化水)

井号	30℃	48℃	60℃	80℃
实验井1	14900	4539	2100	505

取实验井2的原油，脱去游离水，录取30℃、40℃、45℃、50℃下的表观黏度，实验结果如下所示(表10)。

表10　实验井2在不同温度下的原始表观黏度(油样含气和乳化水)

井号	30℃	40℃	45℃	50℃
实验井2	2700	1350	970	610

(3) 实验方法

称取35.0g(精确至0.1g)脱游离水原油油样于烧杯中，加入70.0g(精确至0.1g)稀释好的浓度分别为3.2%、4%、4.8%、6%和8%样品溶液，实验井1和实验井2分别放入48℃、45℃的恒温水浴中，用橡皮筋和保鲜膜密封烧杯口，恒温静置8h，用注射器吸出下层降黏剂溶液55g，然后测定制备的稠油乳液的黏度。

(4) 两亲大分子降黏剂降黏效果

根据室内实验结果可知，两种不同原油性质的实验井，随着降黏剂浓度的增加，原油黏度逐渐下降，降黏效果都较好(表11)。

表11　实验井在不同浓度下的原油黏度

井号	原始原油黏度/mPa·s	降黏剂浓度3.2%下的黏度/mPa·s	降黏剂浓度4%下的黏度/mPa·s	降黏剂浓度4.8%下的黏度/mPa·s	降黏剂浓度6%下的黏度/mPa·s	降黏剂浓度8%下的黏度/mPa·s
实验井1	4539	1270	907	453	363	317
实验井2	970	465	368	271	194	87

根据表11的实验数据计算不同浓度下的降黏率，并绘制降黏率随温度的变化关系图，如图10所示。

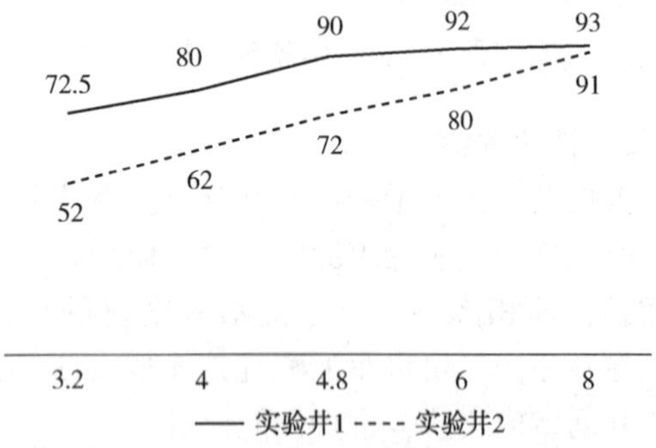

图10　实验井在不同浓度下的降黏率

根据图10所示，两口实验井在降黏剂浓度达到8%时，降黏率可达到90%以上，考虑地层吸附等因素的影响，评价其最佳加药浓度为8%~10%，降黏率为93%~95%。

经过对以上三种降黏剂的作用机理和性能评价来看，确定了冷采降黏剂的使用参数(表12)。

表12　不同类型冷采降黏剂的使用参数

冷采降黏剂类型	使用浓度/%	降黏率/%	焖井时间/%
活性高分子降黏剂	2~4	96~99	2~3
改性油溶降黏剂	4~5	90.5~98.3	2~3
两亲大分子降黏剂	8~10	93~95	2~3

3　现场应用效果

现场实施21井次，阶段产油3290吨，增油2144吨，操作成本997元/吨，投入产出比1:2.5(表13)。

表13　现场应用效果统计表

井次	产油/t	增油/t	操作成本/(元/吨)	投入产出比
21	3290	2144	997	1:2.5

4　结论

(1) 针对受弱边水影响的油井，配套两亲大分子降黏剂后，有效改善水油流度比大的问题，达到提液降含水的目的；

(2) 针对低产低效的普通稠油油藏，配套改性油溶降黏剂，一是乳化降黏效果好，提高原油渗流能力；二是有效降低油水界面张力，提高油水互溶能力，达到改善地层流体流动性，提液的目的。

(3) 针对强边水影响的油井，下步仍需进一步的研究堵水工艺及适用于强边水的冷采降黏剂。

(4) 活性高分子降黏剂对特稠油油藏配伍性好，能够降低原油黏度延长生产时间。

参 考 文 献

[1] 黄兆海，王忠华，王少武，等．稠油化学冷采技术室内评价与应用[A]．石油地质与工程，2008，10：22-6.

[2] 杨帆．稠油冷采技术现场应用及研究[A]．当代化工，2012，5：41-5.

[3] 纪超．稠油冷采技术在孤东油田应用的可行性研究[A]．内蒙古石油化工，2011，5：45-10.

[4] 凌建军，黄鹏．稠油油藏冷采技术[J]．特种油气藏，1997，4(3)：63-67.

[5] 计秉玉，王友启，聂俊，等．中国石化提高采收率技术研究进展与应用[J]．石油与天然气地质，2016，37(4)：572-576.

[6] 李爱芬，任晓霞，江凯亮，等．表面活性剂改善稠油油藏水驱开发效果实验研究———以东辛油田深层稠油油藏为例[J]．油气地质与采收率，2014，21(2)：18-21.

[7] 丁保东，张贵才，葛际江，等．普通稠油化学驱的研究进展[J]．西安石油大学学报：自然科学版，2011，26(3)：52- 58.

[8] 曾玉强，刘蜀知，王琴，等．稠油蒸汽吞吐开采技术研究概述[J]．特种油气藏，2006，13(6)：5-9.

[9] 王大为，周耐强，牟凯．稠油热采技术现状及发展趋势[J]．西部探矿工程，2008(12)：129-131.

[10] 包木太，范晓宁，曹秋芳，等．稠油降黏开采技术研究进展[J]．油田化学，2006，23(3)：284-288.

浅薄层稠油油藏过程中蒸汽腔发育特征研究

姚俊龙

(中国石化河南油田分公司采油二厂)

摘　要　河南油田稠油油藏具有“浅、薄、稠、松、小”的特点，动用地质储量5290万吨，主要依靠蒸汽吞吐开发，目前已吞吐21个轮次，采出程度仅12%，但是由于近井地带采出程度高、地层亏空、汽窜严重等因素严重制约了其开发效果，目前单井日产油水平仅0.4吨，开发效益差。近年来持续开展浅薄层稠油油藏高周期吞吐后转蒸汽驱开发试验，但效果均不理想，本文主要利用数值模拟方法研究蒸汽驱过程中蒸汽腔发育的的主要影响因素及其主控因素。

关键词　稠油；蒸汽驱；蒸汽腔

1　地质模型建立

为研究目标区块蒸汽腔发育特征，以目标区块地质参数与流体物性为基础，结合点驱试验井组特征，建立精细化数值模拟机理模型(图1)。

机理模型网格数为41×41×5，平面网格步长为5m，纵向网格步长为1m，由于实际井组点驱时，注采井距并不一致，此处采用反九点法布井，即考虑了两种不同井距。地层与流体参数均依据III6层数据确定(表1)，在各井分别进行13个轮次的吞吐之后，各边井角井转为生产井，中心井转为注入井，开始蒸汽驱，中心井注汽速度为150t/d，采注比设置为1。

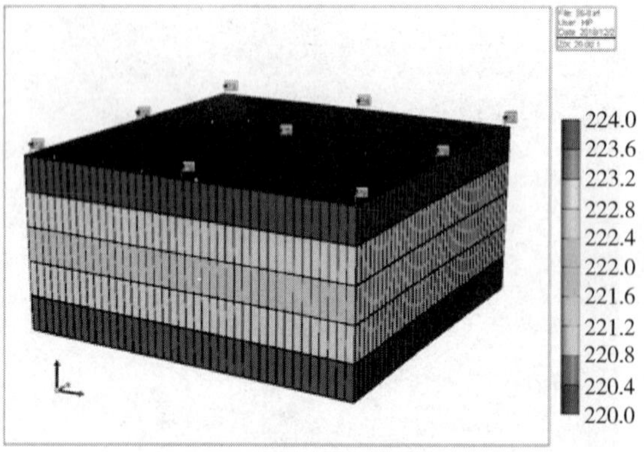

图1　机理模型示意图

表1　地层及岩石的相关物性参数

参数	取值
地层压缩系数参考压力/kPa	2280
地层压缩系数/(1/kPa)	5×10^{-5}
顶底盖层温度/℃	22.3
地层中部深度/m	173
岩石热容/(J/m³·℃)	2.19×10^{6}
岩石导热系数/(J/m·day·℃)	1.50×10^{5}
地层热膨胀系数/(1/℃)	1.1128×10^{-3}
地层中深处压力/kPa	1849

2　蒸汽腔发育特征研究

通过分析计算结果可知，依据生产动态和温度场变化情况可将蒸汽驱过程分为四个阶段，而蒸汽腔发育与之对应，也可分为四个阶段，以下逐一分析。

2.1　蒸汽驱启动(热连通)阶段蒸汽腔发育特征

蒸汽吞吐进行到第13个周期后，在第774d转驱。转驱后初始阶段产油量以及瞬时油汽比很低而含水率很高。参看温度场图及蒸汽腔分布图(图2、图3)可知，这一过程中，随着蒸汽不断注入，中心井周围温度不断上升，加热范围不断扩大，当生产至875d时，注入井(中心井)与生产井(边井)之间出现热连通，井间温度明显上升，高温前缘到达注采井连线的中间位置，则蒸汽驱启动阶段结束。该阶段中采出程度微有增加，约1.1%。

从计算结果可见，这一阶段中蒸汽腔的发育体现在平面和纵向展布范围不断扩大。在吞吐生产阶段结束转入蒸汽驱阶段时，由于地层温度降低以及重力分异作用，注入的蒸汽首先在油层顶部形成小范围的蒸汽腔，而后随着蒸汽的不断注入，热量补充进来，蒸汽腔的体积扩大，平面展布范围加大，纵向上在整个井段上都形成蒸汽腔。在这一阶段的末期，高温前缘到达注采井连线的中间位置，同时与生产井(边井)达到热连通，蒸汽腔在平面上呈现出向边井突进的趋势，而原油产量变化幅度很小，蒸汽对油层释放热量相对减少，蒸汽腔干度略有上升。由于这一阶段蒸汽腔在纵向上的发育更为显著和突出，可以称这一阶段为“蒸汽腔纵向扩展阶段”。

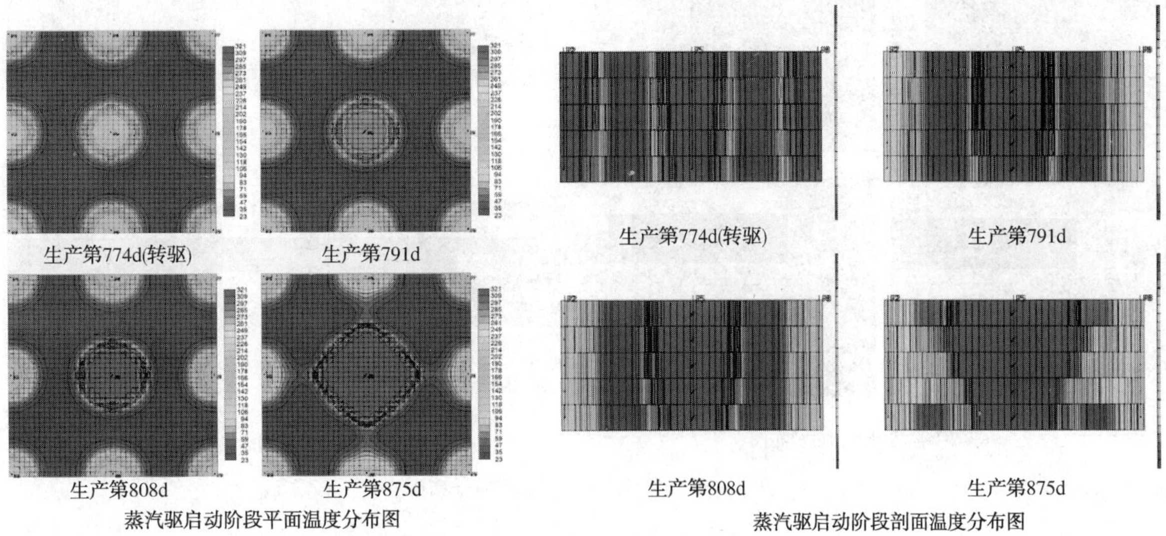

图 2　蒸汽驱启动阶段温度场分布图

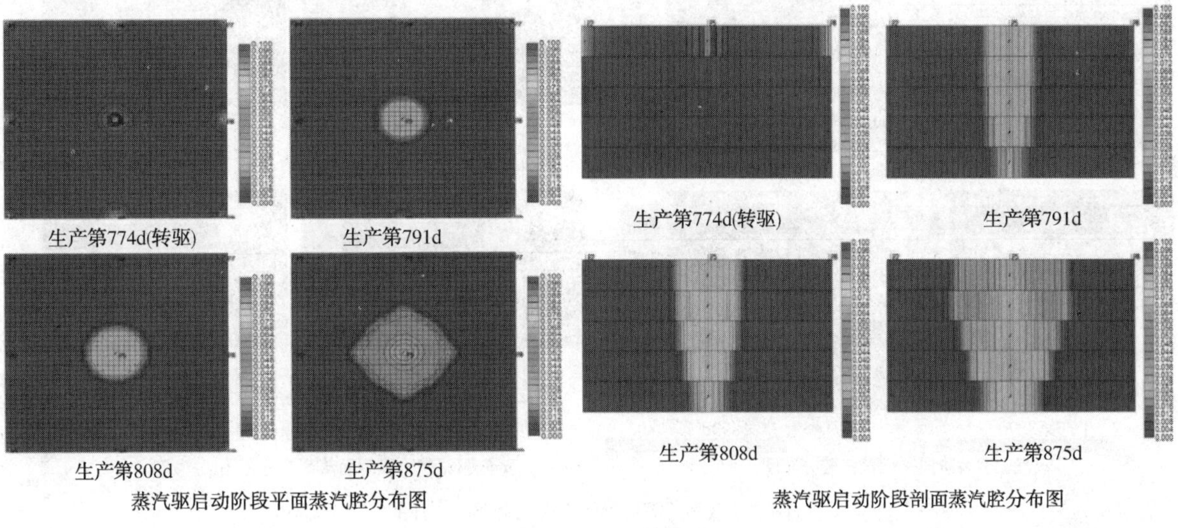

图 3　蒸汽驱启动阶段蒸汽腔分布图

这一阶段生产特征为：生产井产量较低，累产油量增加幅度较慢，生产井产液温度较低，其产液温度来源主要为吞吐过程中的注入蒸汽携带。当生产井产液温度高于吞吐结束时地层平均温度，且产油量有明显上升时，该阶段结束。

2.2　蒸汽驱驱替阶段蒸汽腔发育特征

当注采井间达到热连通之后，进入蒸汽驱驱替阶段，这一阶段中，产油速度迅速上升，含水率降低，油汽比变化与产油速率保持同步。蒸汽加热范围不断扩大，高温前缘向生产井稳步推进，生产井(边井)井底温度也有所升高。到这一阶段末期，高温前缘突进到生产井(边井)，蒸汽驱驱替阶段结束。此时生产井日产量达到最大值。

在这一阶段中，蒸汽腔在平面上的展布范围基本稳定，略有增加，但在形态上明显表现出由注入井(中心井)向生产井(边井)突进的特征。在纵向上，蒸汽腔形态也基本保持稳定。由于这一阶段中实现稳定驱替，产油速率大幅上升，大量原油被加热并驱替到生产井，蒸汽释放热量较多，蒸汽腔内蒸汽干度略有下降。考虑到这一阶段蒸汽腔保持基本稳定，可称这一阶段为“蒸汽腔稳定阶段”(图4、图5)。

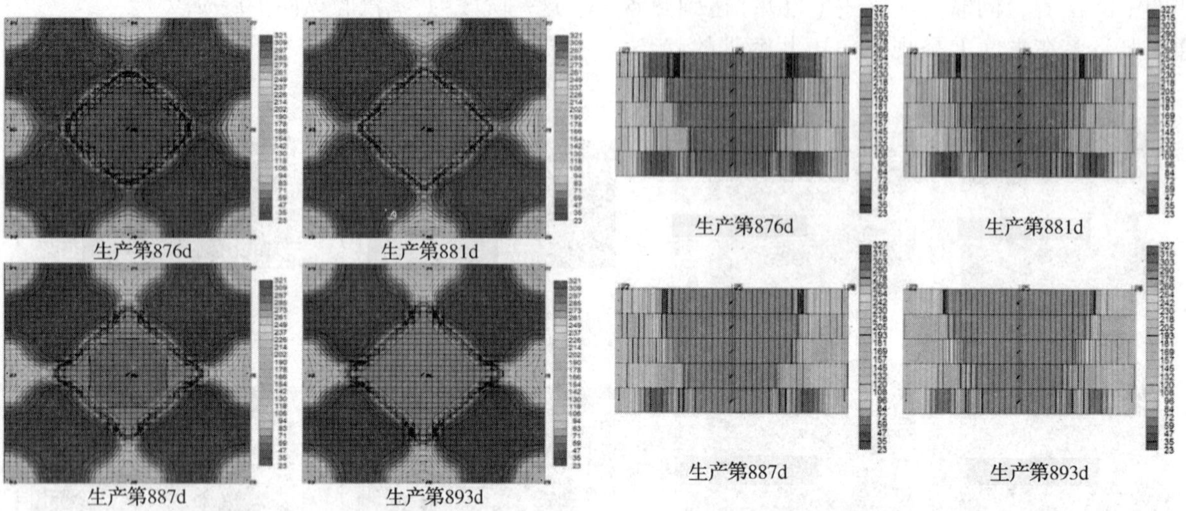

蒸汽驱驱替阶段平面温度分布图　　蒸汽驱驱替阶段剖面温度分布图

图4　蒸汽驱驱替阶段温度场分布图

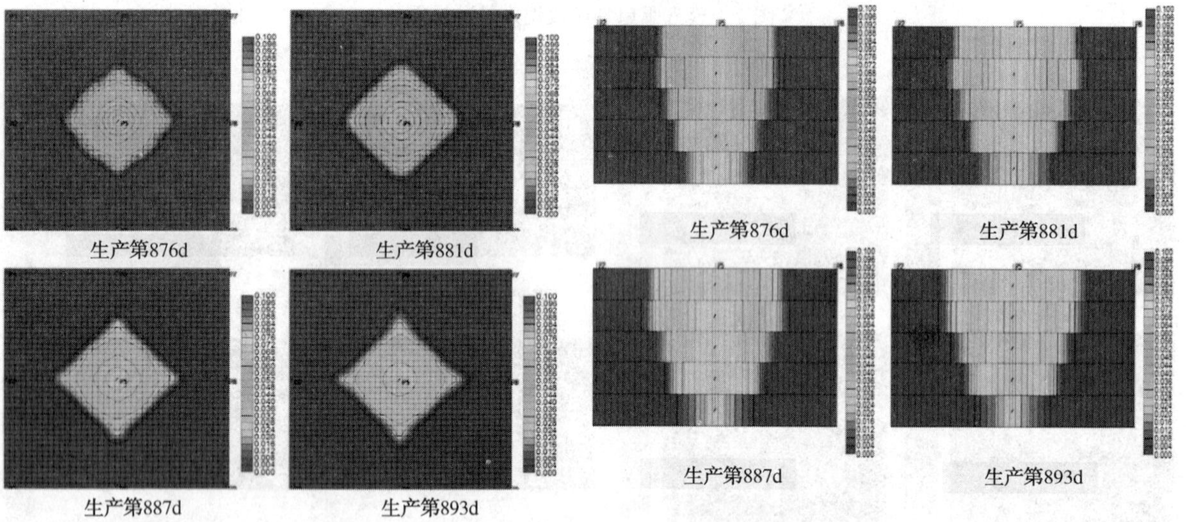

蒸汽驱驱替阶段平面蒸汽腔分布图　　蒸汽驱驱替阶段剖面蒸汽腔分布图

图5　蒸汽驱驱替阶段蒸汽腔场分布图

这一阶段生产特征为：生产井日产油量明显上升，且产液温度有所增加，累产油量增加幅度变大；这是由于注入井温度前缘的原油富集区已被驱替至生产井周围，同时该区域温度较高，使原油具有较好的流动性。当生产井产油量出现明显下降时，表明该阶段结束。

2.3　蒸汽驱突破阶段蒸汽腔发育特征

当蒸汽驱高温前缘突进到生产井，蒸汽驱进入到蒸汽突破阶段，这一阶段中，产油速率迅速降低，油汽比亦随之迅速降低，但仍有相当数量的原油在这一阶段中被采出，采出程度增幅约10%。从温度场分布情况来看，这一阶段高温前缘明显向生产井(边井)突进，生产井(边井)井底温度显著上升。当高温前缘完全突进进入生产井，蒸汽突破阶段结束，瞬时油汽比降至0.1以下。

在蒸汽突破阶段，蒸汽腔平面展布范围有所增加，同时蒸汽腔前缘向生产井突进现象十分明显。而在纵向上可见，这一阶段中，蒸汽腔范围扩大的同时，蒸汽超覆现象十分显著，且超覆程度不断增大，蒸汽腔前缘基本到达生产井，蒸汽腔内蒸汽干度基本稳定。由于这一阶段中蒸汽超覆是典型特征，故这一阶段也可称为“蒸汽腔超覆阶段”

这一阶段生产特征为：生产井日产油量下降速度明显，且产液温度升高，累产油量增幅逐步下降至趋于平缓。这是由于原油富集区域原油已被采出，剩余油主要以注入井温度前缘部分的热水通过热水驱的形式产出。当生产井日产油量下降趋势趋于平缓，且生产井产液温度高，多为蒸汽时，该阶段结束(图6、图7)。

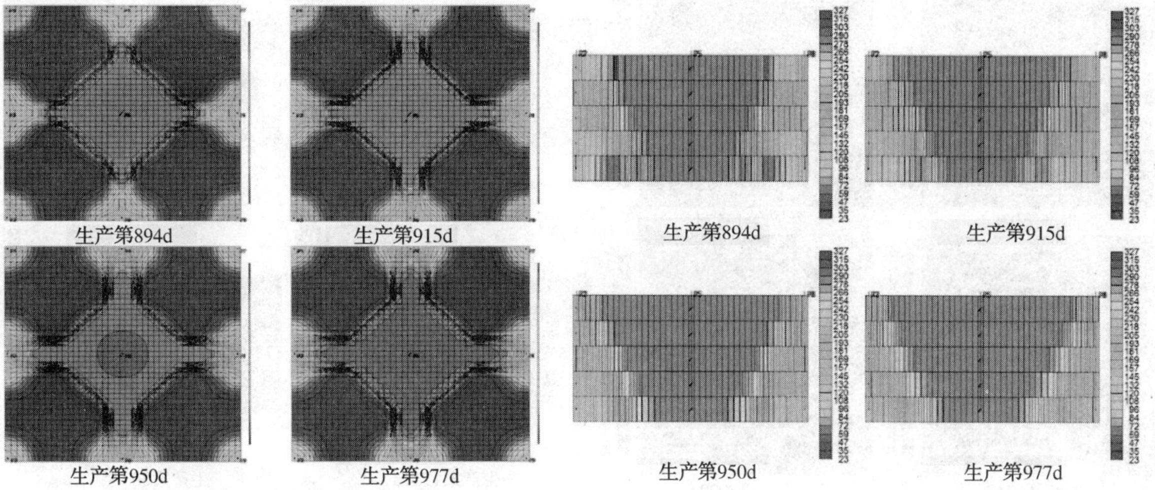

蒸汽驱突破阶段平面温度分布图　　蒸汽驱突破阶段剖面温度分布图

图6　蒸汽驱突破阶段温度场分布图

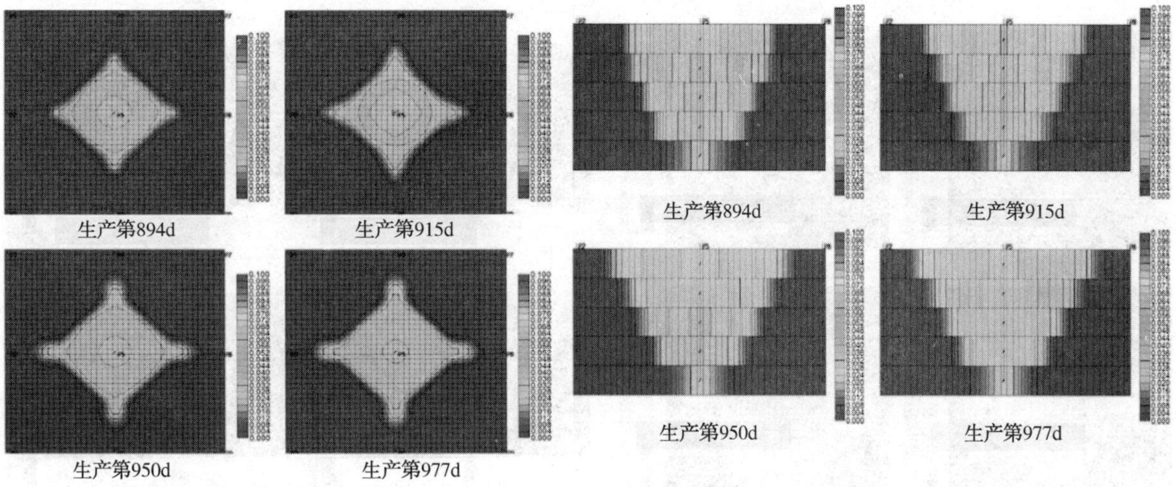

蒸汽驱突破阶段平面蒸汽腔分布图　　蒸汽驱突破阶段剖面蒸汽腔分布图

图7　蒸汽驱突破阶段蒸汽腔分布图

2.4　蒸汽驱剥蚀阶段蒸汽腔发育特征

当蒸汽突破阶段结束后，蒸汽已进入生产井(边井)，这时，瞬时油汽比低于0.1，继续生产，则蒸汽蒸汽对突破通道周围油层进行剥蚀，驱替周围油层中的原油向角井聚集，故产油速度在下降一段时间之后又逐渐上升，瞬时油汽比也随之增加，但始终无法超过0.1，随着生产的进行，角井周围的油被产出一部分，蒸汽加热范围急剧扩张，高温前缘向角井突进，产油速度和瞬时油汽比又逐渐减小。

这一阶段蒸汽腔平面展布范围显著扩大，逐步向角井推进，纵向上形态基本不变，但由于蒸汽已经在边井突破，对外传热量减少，故蒸汽腔内蒸汽干度所有增加。考虑到这一阶段蒸汽腔展布范围急剧增加，可称这一阶段为“蒸汽腔急剧扩张阶段”(图8、图9)。

平面含油饱和度分布很清晰地反映了这一阶段中蒸汽对突破通道周围油层的剥蚀，对周围油层的驱替(图10)。

这一阶段生产特征为：生产井日产油量极低且趋于稳定，产液温度高，且主要为蒸汽。这是由于该阶段注入井注入蒸汽已完全突破至生产井，原油主要靠蒸汽的冲刷及剥蚀作用携带进生产井。对比生产曲线可知，该阶段已完全没有经济效益。

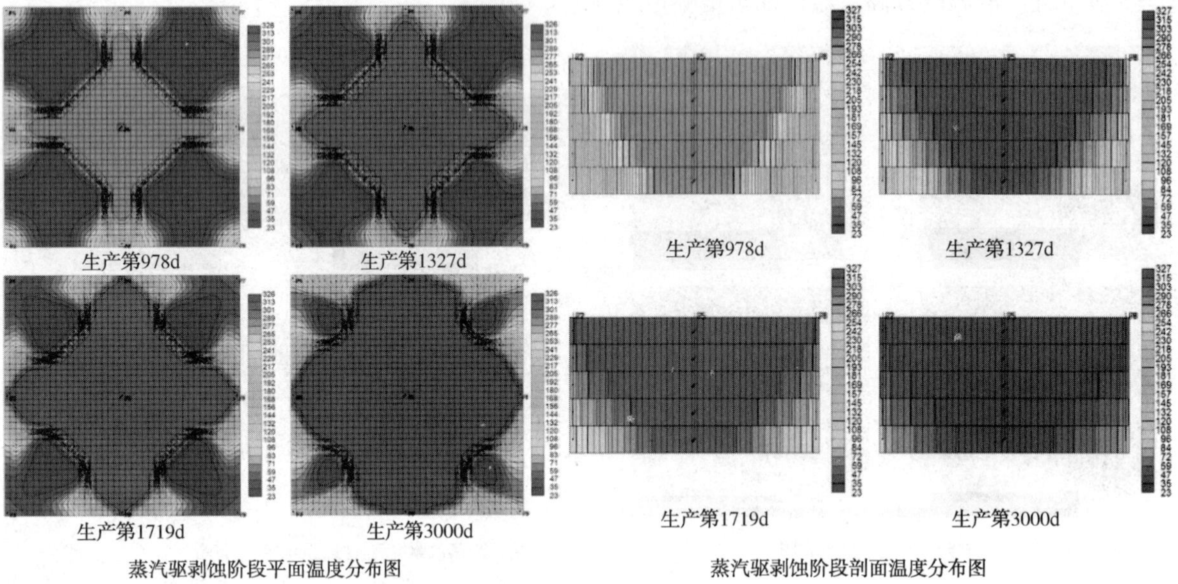

图8　蒸汽驱剥蚀阶段温度场分布图

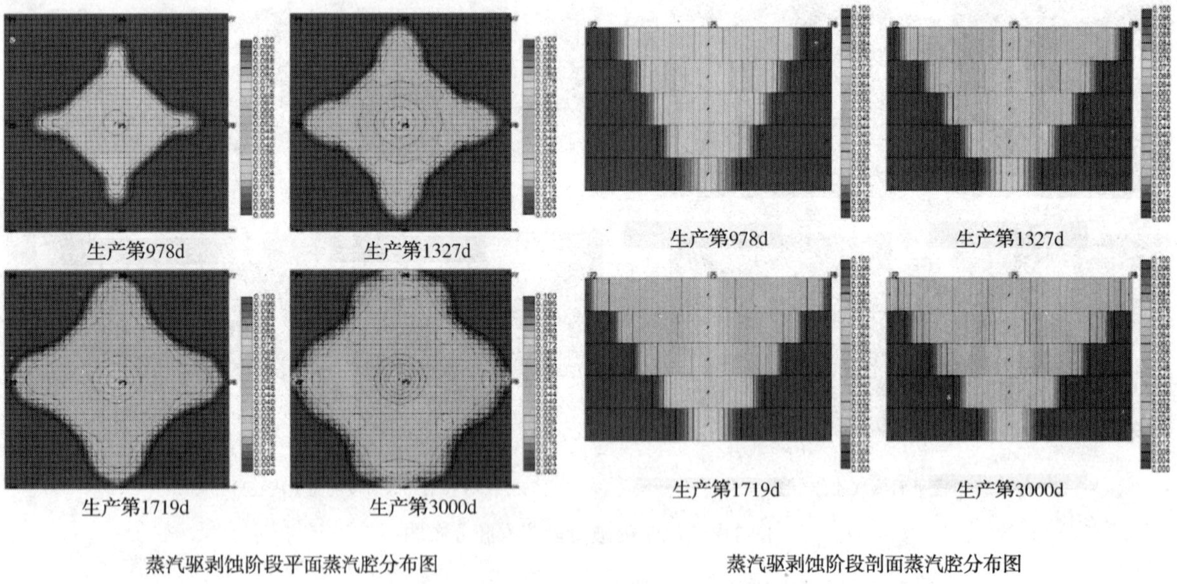

图9　蒸汽驱剥蚀阶段蒸汽腔分布图

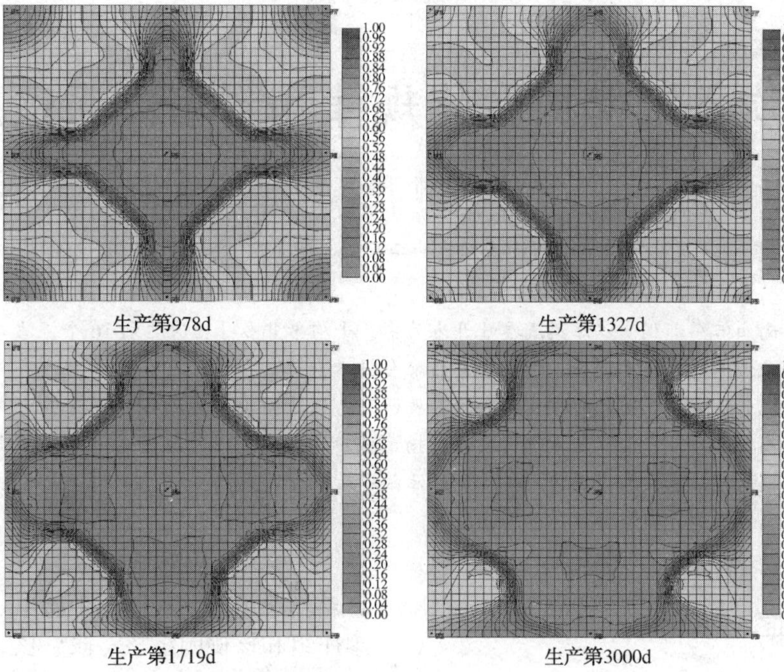

图 10　蒸汽驱剥蚀阶段平面剩余油分布图

3　结论

蒸汽腔的发育状况与蒸汽驱的最终效果息息相关，蒸汽腔发育越均匀，蒸汽驱效果越好。在蒸汽驱过程中，蒸汽腔的发育过程可划分为四个阶段，即蒸汽腔纵向扩展阶段、蒸汽腔稳定阶段、蒸汽腔超覆阶段、蒸汽腔急剧扩张阶段。这四个阶段与蒸汽驱所划分的四个阶段相对应。

参 考 文 献

[1] 刘文章．中国稠油热采现状及发展前景[J]．世界石油工业，1998，5(9)：36-42.

[2] 席长丰，关文龙，蒋有伟，等．注蒸汽后稠油油藏火驱跟踪数值模拟技术——以新疆 H1 块火驱试验区为例[J]．石油勘探与开发，2013，40(6)：715-721.

[3] 付金刚，杜殿发，郑洋，等．超稠油油藏蒸汽驱动态预测模型[J]．石油与天然气地质，2018(1)：192-197.

[4] 岳清山，赵洪岩，马德胜．蒸汽驱最优方案设计新方法[J]．特种油气藏，1996，3(4)：19-23.

[5] 赵洪岩．蒸汽驱动态调控方法探讨[J]．特种油气藏，2008，15(6)：71-72.

[6] 陈月明．注蒸汽热力采油[M]．东营：石油大学出版社，1996，142-157.

[7] 范英才．蒸汽驱动态预测方法和优化技术研究[D]．大庆：东北石油大学，2011.

[8] 程林松，刘东，高海红，等．考虑拟流度比的蒸汽驱前缘预测模型研究[J]．西南石油大学学报(自然科学版)，2009，31(2)：159-162.

[9] 陈东亮．稠油蒸汽驱影响因素研究——以新疆油田 M 井区为例[J]．中国石油和化工标准与质量，2016，36(14)：72+74.

[10] 李伟．胜利稠油蒸汽驱开发现状及主要影响因素[J]．中国石油大学胜利学院学报，2015，29(03)：11-13+18.

[11] 沈德煌．浅层稠油油藏蒸汽驱注尿素调驱机理及技术研究[D]．中国石油勘探开发研究院，2011.

[12] 段学苇．稠油热采作用机理及驱替效率实验研究[D]．中国石油大学(华东)，2015.

[13] 肖洒．影响稠油蒸汽驱蒸馏作用因素及改善效果研究[D]．中国石油大学(华东)，2014.

[14] 蒋生健．齐 40 块中深层稠油蒸汽驱技术研究及其应用[D]．大庆石油学院，2008

稠油高轮次吞吐储层变化规律和封堵体系适应性研究

郝　亮

(河南油田采油二厂工艺研究所)

摘　要　河南油田东部稠油以注蒸汽吞吐开采为主，平均单井吞吐轮次达到 16 个，油井汽窜频繁，多年来持续开展热采调剖封窜技术攻关，形成一系列配套技术，但是在高轮次吞吐后期，部分区块难以解决网状窜流、低成本开发需要。因此通过室内实验开展研究，理清高轮次蒸汽吞吐后储层物性变化规律，明确不同封窜剂对高轮次吞吐井间窜流通道适应性，揭示颗粒堵剂在多级孔隙通道中运移机理，进而指导稠油高轮次吞吐调剖封窜工艺技术现场应用，为稠油油藏中后期开发提供技术支持。

关键词　汽窜；调剖；储层物性；多级孔隙

1　油藏地质特征

1.1　*油藏地质概况*

泌阳凹陷是一个中新生代的断陷盆地，井楼油田一区位于泌阳凹陷西南陡坡井楼背斜上。根据实钻资料，钻遇地层层序自下而上依次为古近系玉皇顶组+大仓房组、核桃园组、廖庄组，新近系凤凰镇组，第四系平原组。研究区西部地区廖庄组和核桃园组核一段、核二段及核三段上部地层遭遇不同程度的剥蚀。核三段的Ⅲ油组，平均孔隙度 32%，平均渗透率 1.67um^2，平面与纵向非均质性较强。脱气原油黏度 10000～50000mPa·s，属特—超稠油范围(图 1)。

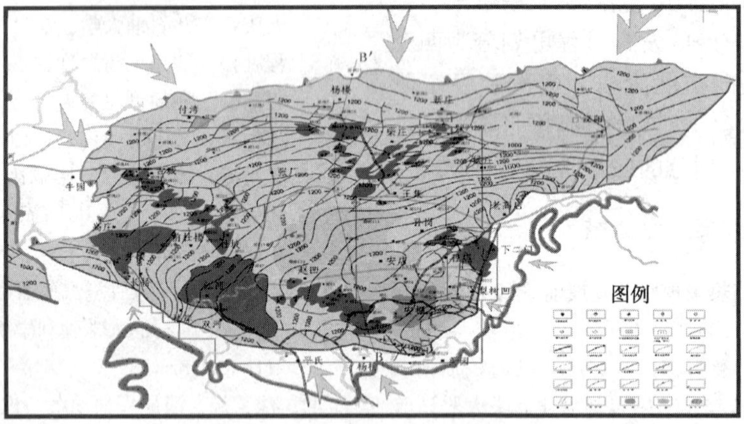

图 1　研究区位置图

井楼油田一区核三段储层属于扇三角洲沉积，物源主要来自于南东方向，由东南向西北方向延伸，砂体在平面上呈宽缓的带状，砂体较为发育。储层埋藏浅，埋深一般集中在 140～280m，沉积环境缺乏水上沉积部分(扇三角洲平原亚相)，主要为扇三角洲前缘亚相。砂体主要为扇三角洲前缘水下分流河道沉积，距物源近，岩性粗(细—砾状砂岩)，同时由于油层埋藏浅，压实及成岩作用差，致使油层胶结疏松，物性较好。储集层主要来自南东部长桥扇三角洲沉积体系。

2　开发中存在的问题

稠油油藏以注蒸汽吞吐开采为主，平均单井吞吐轮次达到 16 个，油井汽窜频繁，年汽窜超 400 井次以上(图 2)，汽窜区域地质储量 1633.3 万吨，汽窜区域原油采出程度为 21.3%，措施潜力较大。

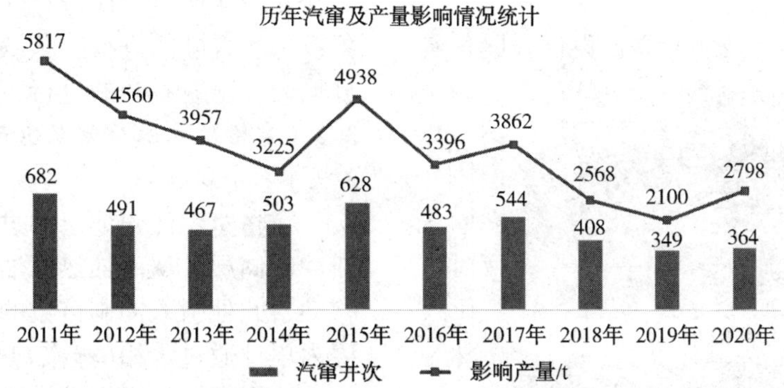

图 2　历年汽窜及产量影响统计图

多年来持续开展了热采调剖封窜技术攻关，形成了系列配套技术，但是在高轮次吞吐后期，部分区块难以解决网状窜流、低成本开发需要。

在开发中存在以下三方面的问题：高轮次蒸汽吞吐后储层物性变化规律不清楚，封堵剂研制针对性不强；高轮次吞吐后井间蒸汽窜流通道及不同封窜剂深部封窜情况认识不清，调剖封窜工艺技术配套针对性差；高轮次吞吐后现有的封窜剂适应性差，成本高。

3　高轮次吞吐储层变化规律研究

3.1　单井蒸汽吞吐高压二维物理模拟实验

3.1.1　实验材料与设备

实验装置即是高压二维物理模拟系统（图3），该系统主要包括模型系统、注入系统、饱和与采液系统、数据采集与传输系统 4 个部分。其中模型系统由钢质模型、加热装置、井模型组成；注入系统由柱塞泵、蒸汽发生器以及沿程管线和阀门组成；饱和与采集系统由中间容器、恒温箱、回压阀、手摇泵、柱塞泵等组成；数据采集与传输系统则由热电偶、压力传感器、数据采集箱以及计算机等组成。其中钢质模型由特殊合金钢制成，最大水平翻转角度 180°，最大倾角角度 45°。内腔有效尺寸为 500×500×40mm，最高工作温度为 425℃，外围保温为室温－90℃，最大工作压力为 25MPa，模型设置温度测点 169 个，压力测点 13 个，可安装水平井、垂直井，完成平面、剖面模型的制作，并进行相应的驱替实验。

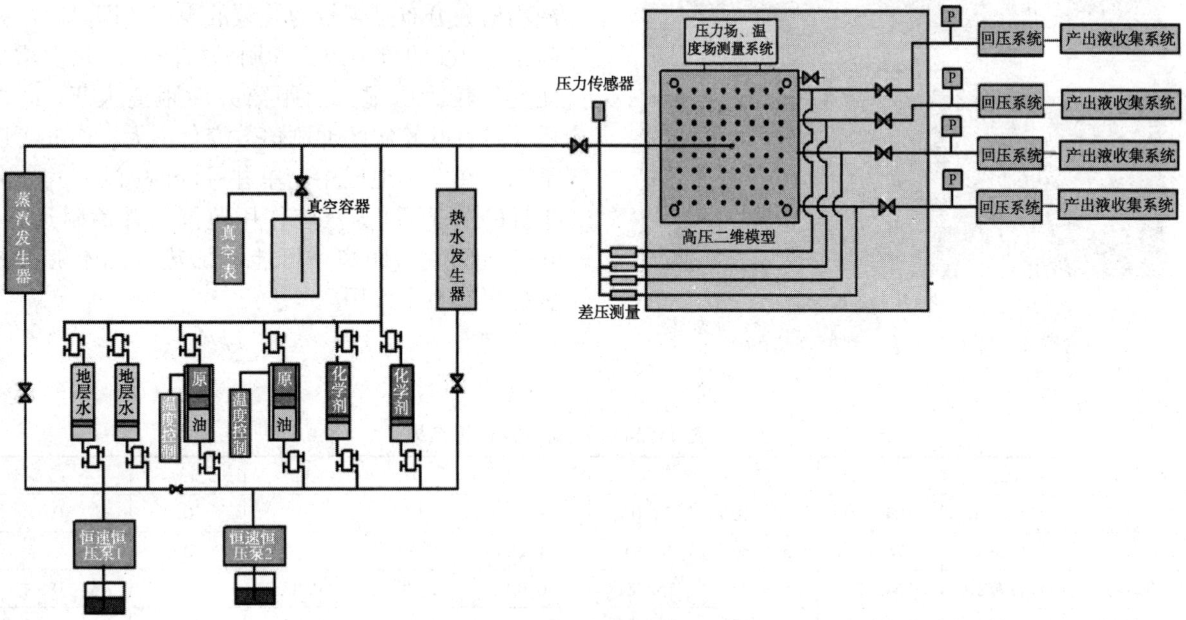

图 3　普通蒸汽驱实验用高压二维物理模拟系统

3.1.2　实验结果

按照前述实验步骤及实验参数设计开展各实验井的二维物理模拟实验。

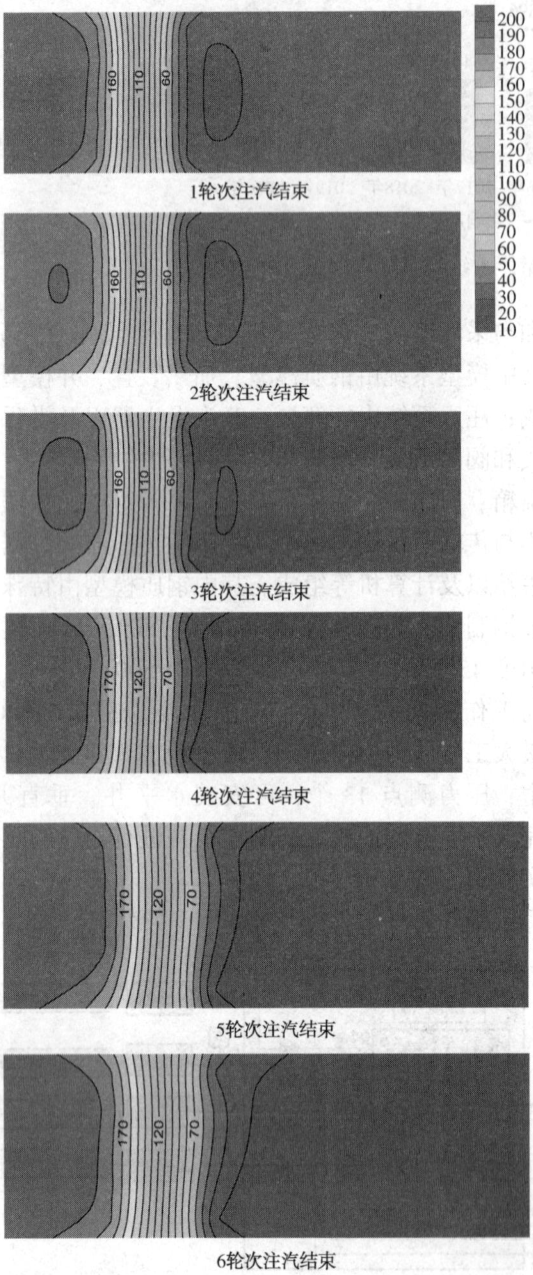

图4　楼J1724蒸汽吞吐温度场

如图4所示，注汽吞吐早期有轻微的超覆现象；随着吞吐的进行，蒸汽腔和温度场在纵向上分均匀；随着吞吐的进行，加热范围趋于稳定。

3.2　高轮次吞吐后油层孔渗变化研究

3.2.1　冲刷倍数

在将蒸汽注入地层的过程中，蒸汽及热水不断冲刷储层，从而加热原油使之更易于向生产井移动。此处引入冲刷倍数的概念，即单位体积地层内累计通过水相(蒸汽+热水)的体积。

依据单井二维物理模拟实验结果，确定各井注汽过程中各层吸汽量分布情况。具体的方法是通过温度场分布判断各层的加热范围，依据Marx-Langenheim模型加热范围计算公式反算吸汽量，从而分析每个轮次注入的蒸汽在纵向上的分布情况。

在上述吸汽量计算结果的基础上，依据各井实际地质流体参数，带入前述过程从而计算矿场实际条件下吞吐过程中地层的冲刷倍数。各井吞吐过程地层冲刷倍数如表1、图5所示。

从以上计算结果可见，各小层在每个轮次吞吐后，地层内各点冲刷倍数是不一致的，距离井筒越近，冲刷倍数越高，距离井筒越远，冲刷倍数越低。其原因在于，蒸汽注入地层后，先在井筒附近形成蒸汽腔，而远处则是热水以及未加热区，蒸汽的比容远大于热水，故而距离井筒近的地方，经受蒸汽+热水的冲刷，而较远的地方只有热水的冲刷。同时从计算结果中可见，各小层冲刷倍数分布呈现较为一致的规律，即是距离井筒小于3m的范围内，冲刷倍数随吞吐轮次增加而变化较为明显，而距离井筒距离大于3m之后，各吞吐轮次的冲刷倍数变化不大，由此可以推知，在实际地层中，单井吞吐时(没有其他井干扰的情况下)蒸汽腔作用范围约井筒附近3~4m，超过这一距离，可能是加热范围不够大或纯粹只有热水作用。

表1　楼J1724井冲刷倍数计算结果

距井筒/m	0.5	1	3	5	7	9	11	13	15
1轮次	7588.80	1849.40	148.00	11.02	0.12	0	0	0	0
2轮次	15180	3747.20	358.86	86.91	11.28	0.84	0.00	0	0
3轮次	22772	5645.00	569.71	162.81	50.00	2.98	0.83	0	0
4轮次	30363	7542.90	780.57	238.72	88.72	26.40	1.32	0.70	0
5轮次	37954	9440.70	991.44	314.62	127.45	49.83	10.02	1.15	0.40
6轮次	45546	11339.00	1202.30	390.53	166.17	73.25	25.70	1.45	0.96

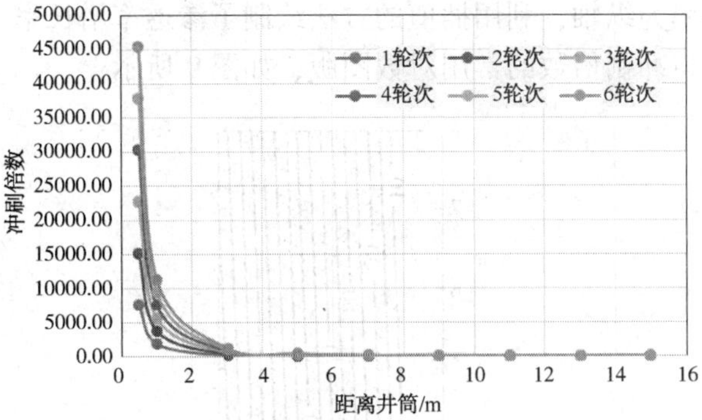

图5　楼J1724井冲刷倍数

从以上各计算结果可知，不同的层位冲刷倍数变化规律是相似的，冲刷倍数将是一个特征参数，当要研究一个范围大小固定或者变化不大的区域的孔渗变化时，可考虑选取这一区域内某个好计算的点作为特征点进行计算，减少计算工作量。

3.2.2　单井蒸汽吞吐一维物理模拟实验

3.2.2.1　实验参数设计

依据二维物模实验计算的冲刷倍数结果，运用同样的计算方法计算在填砂管尺度下的冲刷倍数，从而确定周期注入量，按照计算的结果开展实验。

3.2.2.2　实验材料与设备

实验材料包括矿场实际砂样、蒸馏水。实验使用的设备为稠油一维驱替系统(图6)，该系统可分为注入模块、模型主体模块、数据采集模块、采出液收集模块等四部分。其中注入模块由注液子系统和注气子系统组成，主要有高压精密注入泵、中间活塞容器、空压机、蒸汽发生器等组成。为模型模块提供地层水和地层油，以及提供驱替动力及驱替介质。型主体模块是多功能驱替实验的主要场所，主要包括填砂管(图7)、岩心夹持器、围压跟踪系统、高温电加热套等组成，工作压力0～70MPa可调，工作温度0～200℃可调。数据采集模块由温度和压力传感器、差压传感器、控制柜组成，可对模型压力和温度进行调节，使模型维持在恒定的温度和压力条件，并能够实时读取系统内的温度和压力值及相关数据。采出液收集模块由接收容器、背压阀及计量仪器组成，对实验采出液进行实时收集。

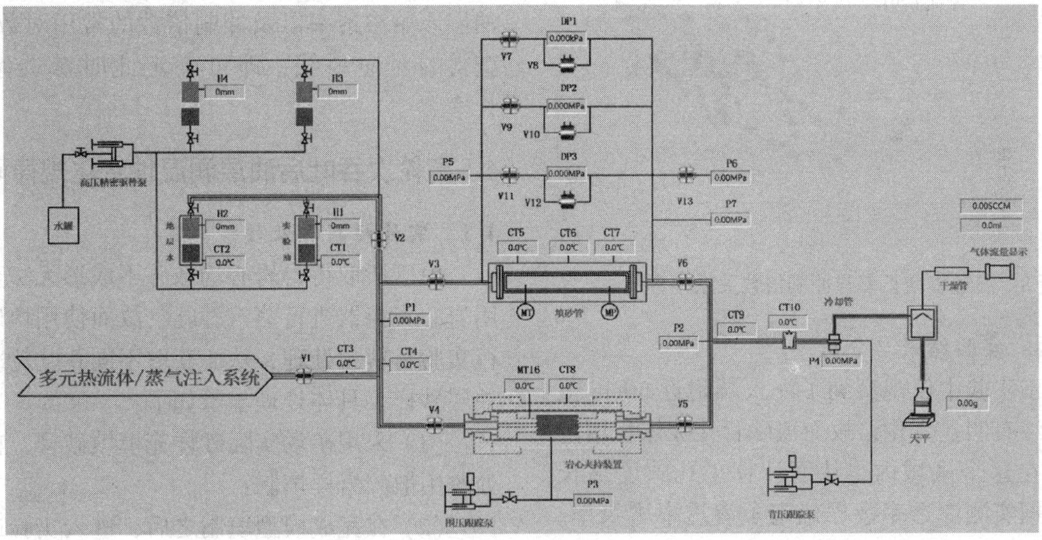

图6　稠油一维驱替系统流程图

图7　填砂管

3.2.2.3　实验方法与步骤

实验步骤大致如下：

(1) 采用矿场实际砂样充填填砂管，抽真空饱和水并根据进水体积计算填砂管孔隙度；

(2) 根据实验设计连接各实验仪器，变速度水驱填砂管并记录填砂管两端压差，根据达西公式计算填砂管渗透率；

(3) 低速饱和油，根据出水体积计算束缚水饱和度，并将填砂管置于恒温箱中老化24小时以上；

(4) 在完成模型初始化之后，进入实验运行阶段。按照设计流量向填砂管中注入一定量的蒸汽而后焖井，焖井结束后开井生产，计量吐出的水量，提高填砂管另一端出口回压，向填砂管内注入热水，记录压差和流量数据；

(5) 重复上述吞吐过程，直至达到实验设计要求；

(6) 实验结束后，依据实验记录数据情况，计算分析孔隙度和渗透率变化情况；

(7) 依据孔渗关系并利用 Kozeny-Carman 公式计算平均毛管半径，公式如下：

$$r=\sqrt{\frac{8K\tau^2}{\Phi}}$$

式中：K 为渗透率，μm^2；r 为平均毛管半径，μm；Φ 为孔隙度，小数；τ 为孔隙迂曲度，无因次，此处取 1.4。

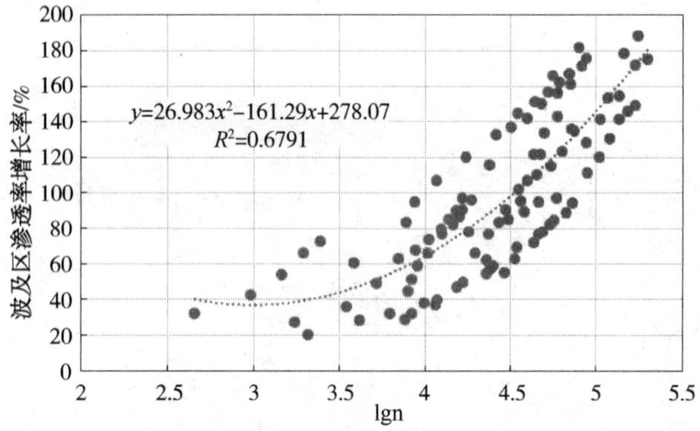

图 8　渗透率增长率与冲刷倍数关系拟合图

3.2.2.4　实验结果与分析

由于实验中仅观察到了注入端附近 30cm 范围内孔渗有明显变化，故而填砂管孔隙体积增量全部算在这个区域内，从而计算了孔隙度增长率，依据实测渗透率数据确定了渗透率增长率。尝试用多项式进行了拟合，如图 8 所示，当冲刷倍数取常用对数时，孔隙度增长率与冲刷倍数的常用对数拟合关系较好，得到如下关系式：

$$e=1.2917\,(\lg n)^2-5.1918\lg n+4.4671$$

式中：e 为波及区域内孔隙度增长率，%；n 为冲刷倍数，无因次；

而渗透率增长率与冲刷倍数之间关系拟合情况相对较差，原始渗透率不同时，渗透率增长率与冲刷倍数的关系曲线之间相差较远，说明原始渗透率对于渗透率增长情况有一定影响。为此，以对冲刷倍数取常用对数作为横轴，以原始渗透率为纵轴，利用插值的方法绘制了渗透率增长率与冲刷倍数的常用对数图版，如图 9 所示：

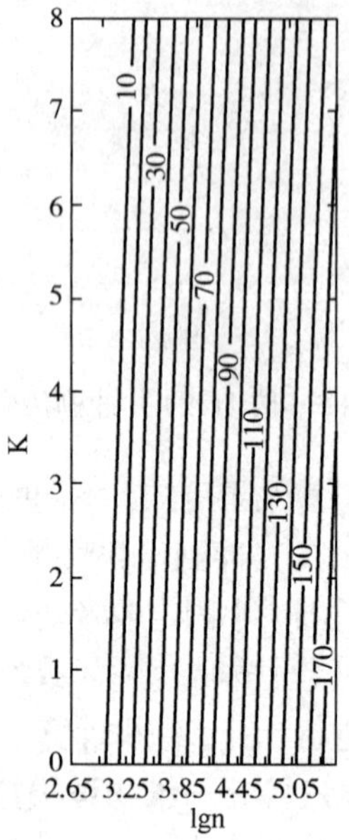

图 9　渗透率增长率与冲刷倍数关系图版

图版中纵轴为油层原始渗透率，单位为 D，斜线上的数值为渗透率增长率，单位为%，依据油层原始渗透率以及冲刷倍数的常用对数数值，查得的对应斜线，即可确定此时渗透率的增长率。

4　高轮次吞吐后油层润湿性变化规律研究

4.1　实验材料预处理

由于所取得得岩心均散碎不成形无法直接使用岩心夹持器进行蒸汽吞吐，故而使用填砂管进行实验材料预处理，从而获取不同吞吐轮次后的油层砂样。具体处理步骤如下：

(1) 采用矿场实际砂样充填填砂管，在入口处改用散碎岩样填制；

(2) 在完成模型填制之后，进入实验运行阶段。按照设计流量向填砂管中注入一定量的蒸汽而后焖井，焖井结束后开井生产；

(3) 达到一定吞吐轮次后，拆开填砂管，取出入口处的岩样，作为润湿性测试待测样品；

(4) 重复上述步骤，准备好全部测试岩样。

考虑到前面的蒸汽吞吐实验研究结果，润湿性岩样准备过程中实验参数与新 6135 井一维吞吐实验保持一直，取吞吐 1、3、5、7、9 轮次后的岩样作为样品(图 10)，实验过程中使用的岩样来自楼 1007 井。

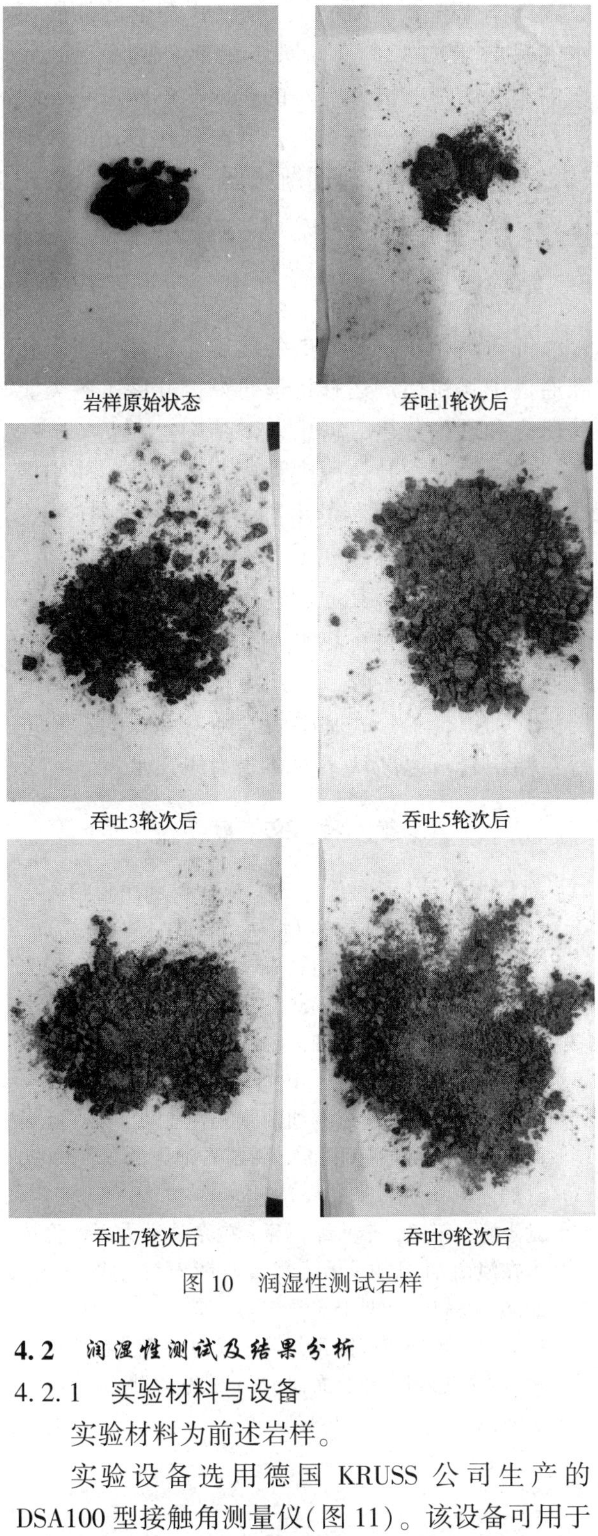

图 10　润湿性测试岩样

4.2　润湿性测试及结果分析

4.2.1　实验材料与设备

实验材料为前述岩样。

实验设备选用德国 KRUSS 公司生产的 DSA100 型接触角测量仪(图 11)。该设备可用于测量固体表面静态/动态/滚动接触角、表面能以及液体表面界面张力。其接触角测量范围：0~180°，表面张力测量范围：0.01~100mN/m，温度范围：室温~400℃。

4.2.2　实验方法与步骤

在本测试中测定水在岩样上的静态接触角。具体的步骤如下：

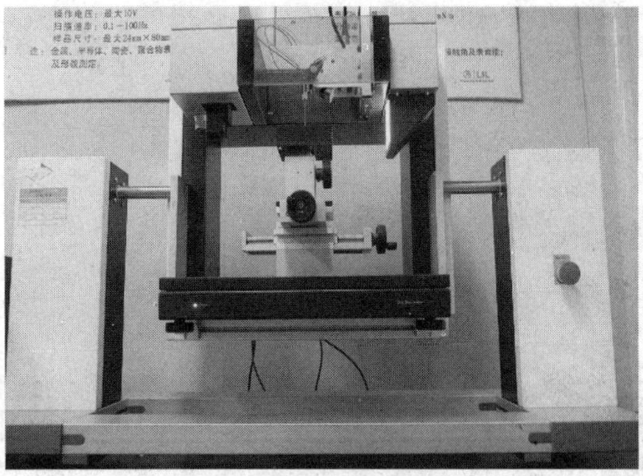

图 11　DSA100 型接触角测量仪

(1) 由于岩样处于粉末状，故而首先将干燥后的岩样通过红外压片机压制成片状；

(2) 将压制成片状的岩样置于测量仪的测量台上，通过测试仪注射口滴出一滴水到样品上；

(3) 上述过程中图像采集系统连续采集水滴图像；

(4) 待水滴稳定后，通过计算机图像处理系统确定接触角。

4.2.3　实验结果与分析

静态接触角测试结果如下：

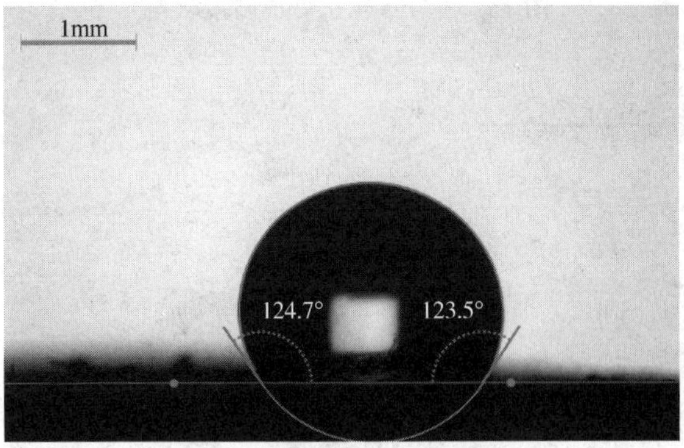

图 12　原始状态油砂接触角

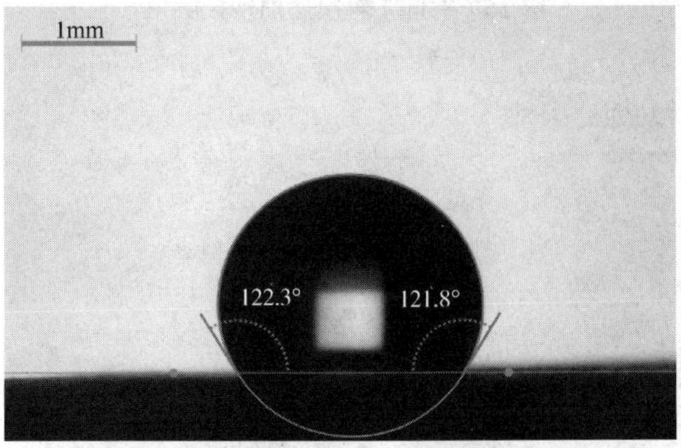

图 13　吞吐 1 轮次后油砂接触角

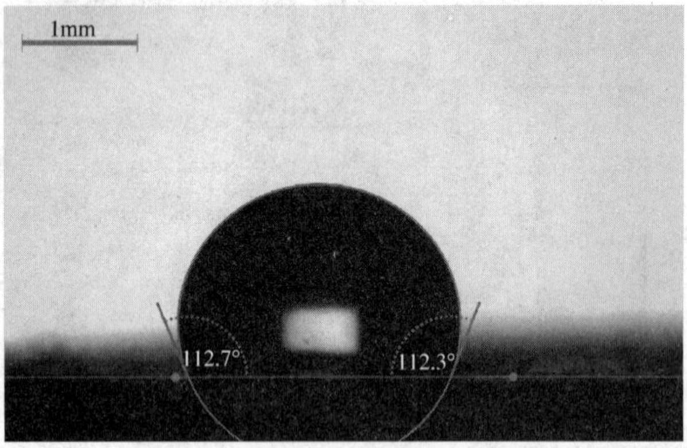

图14　吞吐3轮次后油砂接触角

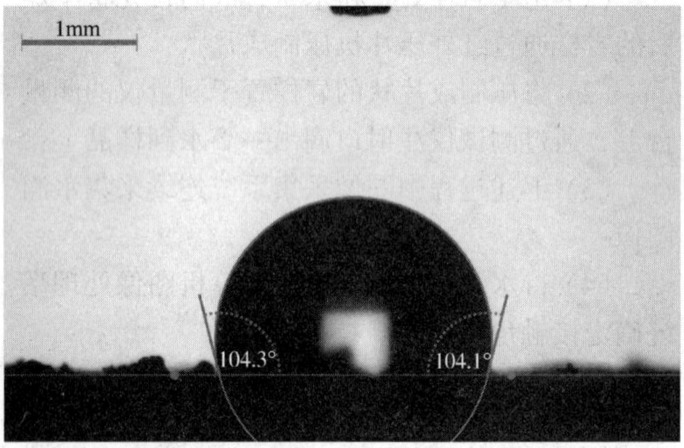

图15　吞吐5轮次后油砂接触角

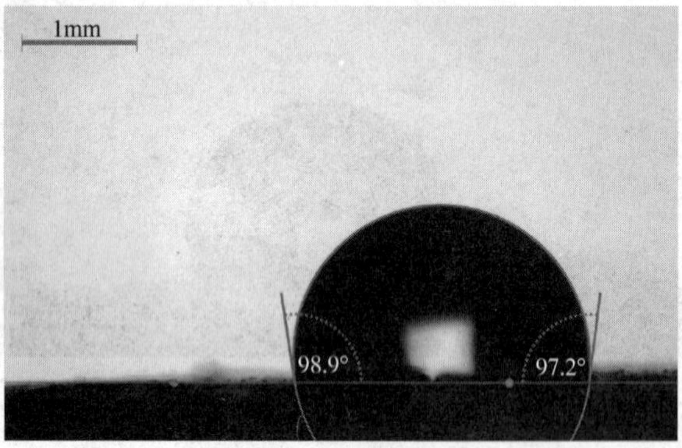

图16　吞吐7轮次后油砂接触角

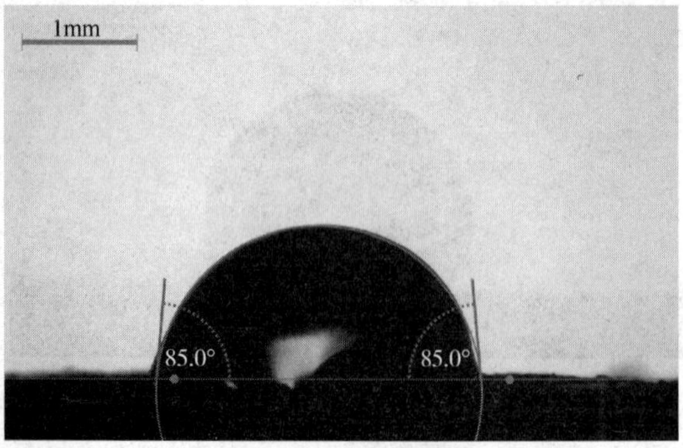

图17　吞吐9轮次后油砂接触角

如图12～图17所示，原始状态下的油砂与水的接触角为124.7°，属于亲油。随着吞吐轮次的不断增加，油砂与水的接触角不断减小，说明吞吐过程中蒸汽作用后，岩石颗粒表面的原油被逐渐剥离，亲油性逐渐减弱。当吞吐到9轮次，接触角已降低至85°，已呈现弱亲水状态。

5　结论及认识

针对高轮次吞吐储层变化规律研究和多级孔隙通道中颗粒堵剂运移机理研究，开展了各类实验研究和理论分析，得出以下结论：

(1)蒸汽吞吐过程中距离井筒越近，冲刷倍数越高，但随着距离的增加冲刷倍数迅速降低，距离井筒越近，冲刷倍数增长越快，距离越远，冲刷倍数增长慢，其原因在于井筒附近是蒸汽+热水冲刷，远处只有热水，蒸汽尚未到达；

(2)多轮次吞吐后，孔渗均有不同程度的增长，分别拟合了公式和图版，随着吞吐的不断进行，储层岩石逐渐从亲油转变为弱亲水；

参考文献

[1] 刘慧卿，范玉平，等．热力采油技术原理与方法[M]．东营：石油大学出版社，2000：

[2] 刘东菊．氮气提高稠油热采效果工艺技术[J]．钻采工艺，2004，27：34-35.

[3] 齐与峰．剩余油分布和运动特点及挖潜措施间的最佳协同[J]．石油学报，1993，14(1)：55-65.

[4] 彭通曙等．新疆浅层稠油油藏氮气辅助蒸汽吞吐提高采收率研究与应用[J]．新疆石油天然气，2009，5(3)：

[5] 党永峰，王城，李艾红，等．剩余油潜力再评价技术在河南油田的应用[J]．西南石油学院学报，2006，28(1)：43-45.

[6] 邵先杰，孙冲，王国鹏，等．浅薄层特、超稠油注蒸汽吞吐后剩余油分布研究[J]．石油勘探与开发，2005，32(1)：131-133.

稠油热采区域综合治理技术应用研究

孙　璐　魏振国　吴　晓　吕　谋

（河南油田分公司采油二厂）

摘　要　稠油热采油藏高周期吞吐汽窜频繁，注汽井注汽时大部分蒸汽沿汽窜通道窜流至对应采油井，形成无效蒸汽波及，蒸汽热利用率低，单井吞吐开发效果差，井间剩余油难以有效动用；稠油边水油藏汽窜形成后，边水沿汽窜通道向高部位推进，区块水淹加剧，整体开发效果较差。集成应用热化学工艺技术，合理划分治理区域，配套堵窜、增能、降黏技术，优化注采工艺参数，扩大蒸汽有效波及体积，改善区域开发效果。

关键词　稠油热采；热化学；区域综合治理；提高热利用率

1　稠油热采开发现状

1.1　油藏特征

河南油田东部稠油热采共投入开发井楼、古城、新庄及杨楼四个油田，主要分布在盆地边缘地带，距物源近，沉积类型多，断层发育，构造复杂，主要为断鼻油藏和岩性油藏，油藏具有“浅、薄、稠、散、小”的地质特征。

1.2　开发现状

河南油田稠油油藏以注蒸汽吞吐开采为主，经过30年的开发，目前已进入高周期吞吐，受非均性影响，稠油高周期吞吐后汽窜、地层亏空严重，开发效果效益持续变差，呈现“四低一高”的特点：压力保持水平低、采油速度低、日产油水平低、油汽比低，吨油操作成本高。部分稠油油藏具有边水，随着吞吐轮次的增加，边水由低部位向高部位推进，区块水淹加剧，整体稠油热采区块采出程度较低，开发效果较差，仍具备改善开发效果的物质基础。

2　存在问题

2.1　汽窜严重影响热利用率

汽窜是影响油井生产效果的主要因素，汽窜形成后，吞吐时注入的大部分蒸汽沿汽窜通道窜流至对应汽窜井，形成无效蒸汽波及，蒸汽热利用率低，单井吞吐开发效果差，井间剩余油难以有效动用。

边水油藏开发效果变差的原因：一是随着吞吐轮次的增加，边水侵入更进一步加剧，能量增强，仅靠氮气辅助措施难以有效抑制边水推进；二是随着吞吐轮次的增加，区块汽窜程度加剧，边水沿汽窜通道推进至油层高部位，单井点治理和单一措施类型治理难以取得较好的效果；三是采取单井逐层上返开发方式，单井效果变差后返至其它层生产，首先变差的是构造低部位油井，其返层后，原生产层失去低部位井排边水的的保护作用，边水侵入速度加快，迅速向高部位推进，进而影响整个层的开发效果(图1)。

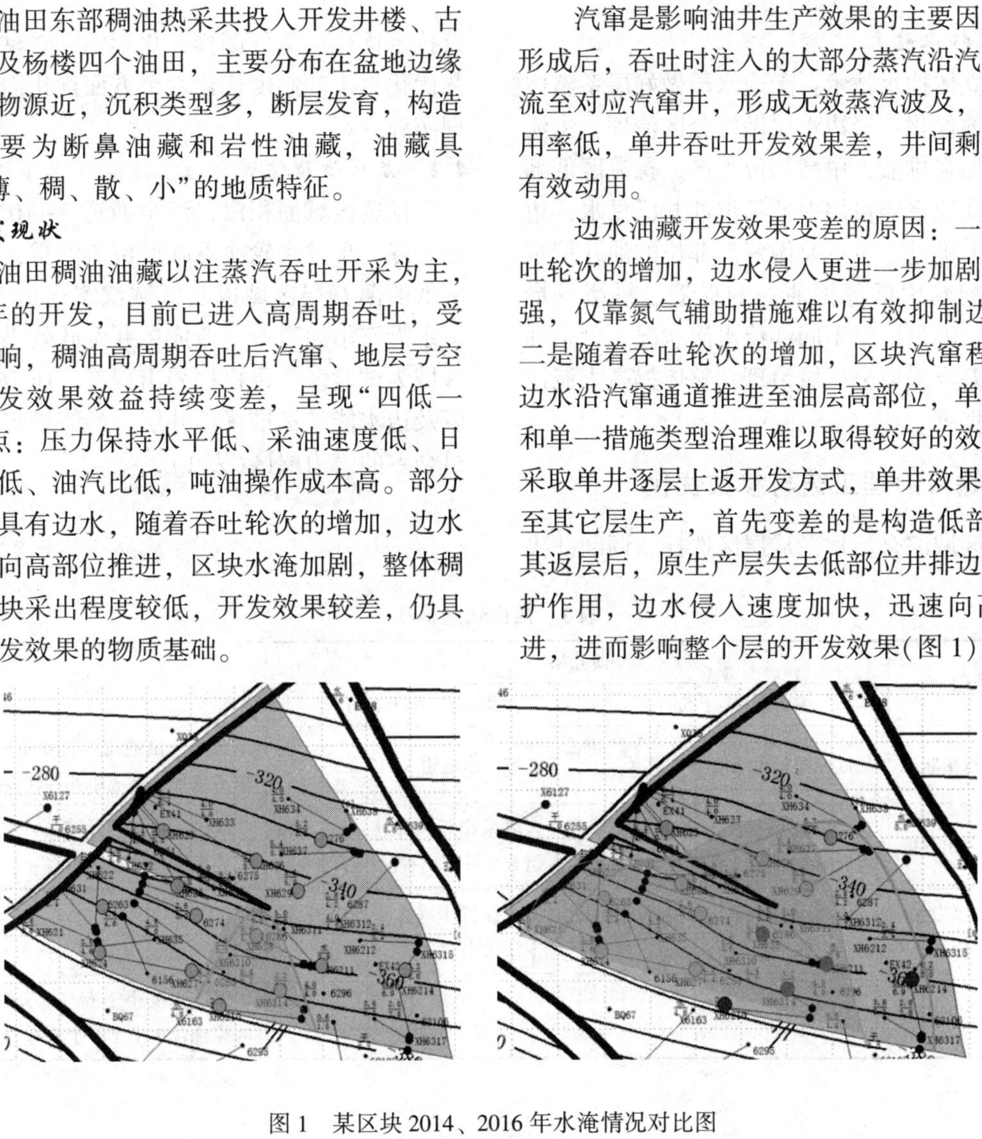

图1　某区块2014、2016年水淹情况对比图

3 区域治理技术研究

3.1 面积式组合蒸汽吞吐

面积式组合蒸汽吞吐是将若干个邻近的同层位生产井组合在一起，同时注汽、焖井、采油的一种蒸汽吞吐方式。经过多轮蒸汽吞吐开采的油藏压力水平较低时，利用反复的同注、同焖、同采过程中，油层压力呈现出的规律性波动，促使含油饱和度场重新分布，达到改善吞吐效果的目的。大量实践证明，面积组合吞吐能使注入蒸汽发生平面转向，改善汽窜层的平面波及范围，提高蒸汽热利用率；同时，相比单纯组合注汽吞吐，氮气及调剖辅助组合吞吐能有效扩大蒸汽的纵向波及，改善单元整体开发效果(图2)。

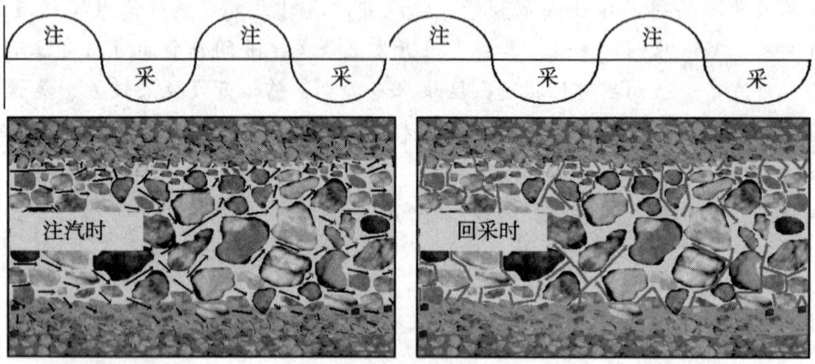

图2 面积式组合蒸汽吞吐机理

3.2 立体抑水技术

分区立体控水技术：无边水层做好层系整体开发的参数优化；轻边水层做好分区治理，主流区低部位加强排液，中高部位生产，扰流区低部位抑水；强边水能量层中低部位油井已见水，边水整体向上推进，重点要做好高部位的油井抑水挖潜，可配套中低部位油井的提液、封堵等措施；弱边水能量层对不同部位水淹状况、剩余油分布状况差异采取分区域治理，整体提高水淹区储量动用程度。

4 区域综合治理工艺与参数优化

开展区域综合治理，从层区选择、调剖井决策技术优化、氮气助排、化学辅助降黏、注汽工艺优化、生产制度优化六个方面优化面积组合治理实施方案。

4.1 层区治理优选标准

优选区域面积窜，汽窜通道3~10条、热连通较好、单井多轮次吞吐后窜流严重，蒸汽利用率低的薄互层区域以及区域汽窜通道3~10条、边水沿汽窜通道指进造成单井吞吐效果差的边水区域为试验区，再根据采出程度、压力保持水平以及边水能量标准优选井层，最终确定适宜面积组合吞的潜力层区(表1)。

表1 层区优选标准

油藏类型		薄互层		边水
		主力层(大于5m)	兼采层(小于5m)	
选区标准	汽窜状况	区域面积窜通道10~20条	区域汽窜通道3~10条	区域汽窜通道3~10条、边水沿汽窜通道指进造成单井吞吐效果差
选层标准	采出程度	区域采出程度≤30%，纳入组合单井采出程度小于40%；	区域采出程度小于20%，纳入组合单井采出程度小于30%；	区域采出程度小于20%；纳入组合单井采出程度小于30%；
	压力保持水平	压力保持水平大于30%或累计采注比小于2.0	压力保持水平大于50%或累计采注比小于2.0	
	边水能量			采液强度小于6t/(m·d)；单井吞吐综合含水小于等于95%

4.2　汽窜井调剖决策与优化

面积组合吞吐试验区的主要矛盾即为汽窜，其次为边水，通过对关键节点即区块边界、汽窜中心、低部位边水强淹井采取高强度调剖封窜，并通过多轮次转换重点治理井、高低强度调剖间隔实施提高多轮次面积组合吞吐井组效果，具体调剖工艺则应根据单井主要矛盾、孔渗条件、井下管柱请款等进行相应优化(表2、表3)。

表2　调剖井选择标准

油藏类型	主要矛盾	对策	调剖井选择	多轮次治理思路
薄互层	汽窜	汽窜节点强封窜阻断区域外汽窜，提高区域内蒸汽热利用率	区块边界强封窜，中心汽窜节点强封窜	多轮次转换重点治理井、高低强度调剖间隔实施、辅助实施其他增效措施
小断块边水	汽窜	汽窜节点高强度封窜阻断面积窜	汽窜中心井封窜	
	汽窜+边水	低部位强水淹潜力井高强度抑水；高部位汽窜中心高强度封窜	低部位强边水井高强度抑水；高部位汽窜中心井封窜	

表3　单井调剖参数设计

存在问题	油层物性及生产参数		不同类型堵剂段塞组合优化设计		备注
			堵剂段塞组合	段塞体积比例	
剖面矛盾	渗透率≤0.9μm²	渗透率级差≤3	氮气泡沫		泡沫、凝胶类调剖原则上可以不动管柱；颗粒类调剖在井下无封隔器、防砂管等工具且井斜<30°、沉沙口袋>30m的情况下可以不动管柱；
		渗透率级差>3	高强度固结型颗粒堵剂+氮气泡沫	3:7	
	渗透率>0.9μm²	渗透率级差≤3	高强度固结型颗粒堵剂		
		渗透率级差>3	高强度固结型颗粒堵剂+氮气泡沫	3:7	
汽窜	渗透率≤0.9μm²	见窜时间<2d	分散型颗粒堵剂+高强度固结型颗粒堵剂	7:3	
		见窜时间≥2d	分散型颗粒堵剂+高强度固结型颗粒堵剂	6:4	
	渗透率>0.9μm²	见窜时间<2d	高强度固结型颗粒堵剂		
		见窜时间≥2d	分散型颗粒堵剂+高强度固结型颗粒堵剂	4:6	
边水淹	渗透率≤0.5μm²	采液强度<4.5m³/(m*d)	氮气泡沫+凝胶	7:3	
		采液强度≥4.5m³/(m*d)	氮气泡沫+凝胶+高强度固结型颗粒堵剂	7:2:1	
	渗透率>0.5μm²	采液强度<4.5m³/(m*d)	氮气泡沫+高强度固结型颗粒堵剂	7:3	
		采液强度≥4.5m³/(m*d)	高强度固结型颗粒堵剂		

4.3　氮气增能助排工艺

面积组合吞吐井组中汽窜相对不严重、边水能量较弱油井，通过配套氮气辅助吞吐措施，一方面利用前置氮气封堵汽窜、边水，另一方面通过混注或后置氮气增能助排。具体根据单井主要矛盾、采出状况、原油性质对注氮量及及段塞注入方式进行优化(表4)。

表4　注氮参数设计标准

油藏类型	薄互层		边水
	主力层(大于5m)	兼采层(小于5m)	
选井	汽窜通道<5条；20%~40%	汽窜通道<5条；采出程度介于10%~30%	汽窜通道<5条；中高部位，边水能量相对较弱

续表

<table>
<tr><td colspan="2" rowspan="2">油藏类型</td><td colspan="2">薄互层</td><td colspan="2" rowspan="2">边水</td></tr>
<tr><td>主力层(大于5m)</td><td>兼采层(小于5m)</td></tr>
<tr><td colspan="2">注氮量</td><td colspan="2">普通稠油：V蒸汽地下：V氮气地下=1：2；
特稠油：V蒸汽地下：V氮气地下=1：1；
超稠油：V蒸汽地下：V氮气地下=2：1；
V氮气地面=P×V氮气层×T地面/37.3</td><td colspan="2">半径R：产液量5~10t，注氮半径3~6m；产液量10~20t，注氮半径7~10m；产液量按大于20t，注氮半径10~14m；
V氮气地层=3.14×(R×R)×H×Q×R-汽量；
V氮气地面=P×V氮气层×T地面/37.3；</td></tr>
<tr><td colspan="2">注入方式</td><td colspan="2">前置：采出程度大于30%，且非均质严重油藏；混注：采出程度20-30%，储层较均质；后置：埋藏深吸汽差油井、排水期长存水较多地层</td><td colspan="2">前置：采出程度小于20%，边水能量较弱油井；前置+后置：采出程度大于20%，边水能量较强油井</td></tr>
<tr><td rowspan="5">氮气段塞优化标准</td><td>采出程度</td><td>注入方式</td><td>段塞比例</td><td>注入方式</td><td>段塞比例</td></tr>
<tr><td>10%~20%</td><td>混注</td><td></td><td>前置</td><td></td></tr>
<tr><td>20%~25%</td><td>前置+混注</td><td>1：2~3</td><td>前置+后置</td><td>3：1</td></tr>
<tr><td>25%~30%</td><td>前置+混注、前置+后置、前置</td><td>1.5~2：1</td><td>前置+后置</td><td>2：1</td></tr>
<tr><td>30~40%</td><td>前置+混注+后置</td><td>1.5~2：1：1</td><td>前置+后置</td><td>1：1</td></tr>
</table>

4.4 化学辅助降黏工艺

主要针对特超稠油油藏，在正常注汽、调剖等基础上辅助配套降黏、二氧化碳采油等技术，进一步提效。具体降黏工艺应根据原油黏度、采出程度及汽窜情况优化(表5)。

表5　辅助驱剂实施标准

油藏类型	选井条件			对　策
	黏度(10^4mPa·s)	采出程度	汽窜通道	
特稠油	<2	采出程度<15%	<2条	一般不需要配套降黏，特殊情况包括：1. 靠近剥蚀线需要限压注汽的可以配套水溶性降黏技术；2. 因埋藏深、吸汽相对差，注汽锅炉压力低于启动压力造成常规注汽效果差的井可以配套油溶性降黏技术
	2~5	采出程度<10%	<1条	油溶性降黏技术
			1~2条	建议调剖封窜后实施
			>2条	不建议实施
		采出程度10~15，含水≤80%	<1条	氮气辅助降黏
			1~2条	建议调剖封窜后实施
			>2条	不建议实施
超稠油	5~15	采出程度<10%	<1条	油溶性降黏技术
			1~2条	建议调剖封窜后实施
			>2条	不建议实施
		采出程度10%~15%，含水≤80%	<1条	组合降黏技术
			1~2条	建议调剖封窜后实施
			>2条	不建议实施
		采出程度10%~20%，油层中深≥200米	<1条	二氧化碳采油技术
			1~2条	建议调剖封窜后实施
			>2条	不建议实施
	>15			不建议实施降黏技术

4.5 注气量与注汽工艺优化

注汽量主要根据压力保持水平不同、采出状况不同、水淹强度、地层温度等差异配注。注汽组合，除了充分考虑地面管网、锅炉能力、工艺配套及吸汽相当的原则外，还应尽量保证调剖井与调剖井组合，辅助治理井与辅助治理井组合。注汽顺序则从低压区区域往高压区区域注汽、高部位向构造低部位依次注汽(表6、表7)。

表6　注汽量设计标准(薄互层油藏)

油藏类型	薄互层		备注
	主力层(大于5m)	兼采层(小于5m)	
采出程度小于30%、压力保持水平大于50%	厚度×100×1.75为基数，根据累计采注比递增10%(采注比大于1.2)或保持不变(采注比0.8~1.2)	厚度×130×1.75为基数，根据采注比递增10%(采注比大于1.2)或保持不变(采注比0.8~1.2)	常规配注
采出程度小于30%、压力保持水平小于50%	厚度×120×1.75为基数，根据累计采注比递增10%(采注比大于1.2)或保持不变(采注比0.8~1.3)	厚度×150×1.75为基数，根据采注比递增10%(采注比大于1.2)或保持不变(采注比0.8~1.3)	加大配注
采出程度大于30%、压力保持水平大于50%	按正常配注井的1/2配注	按正常配注井的1/2配注	减少配注，辅助治理
采出程度大于30%、压力保持水平小于50%	不注	不注	根据汽窜程度干扰增油、或只调不注

表7　注汽量设计标准(边水油藏)

构造位置	边水		备注
	主力层(大于5m)	兼采层(小于5m)	
高	厚度×100×1.75为基数，根据累计采注比递增10%(采注比大于1.2)或保持不变(采注比0.8~1.2)	厚度×130×1.75为基数，根据采注比递增10%(采注比大于1.2)或保持不变(采注比0.8~1.2)	正常配注
中	厚度×100×1.75，基本不再递增	厚度×130×1.75，基本不再递增	减少配注
低	按正常配注井的1/3~2/3配注	按正常配注井的1/3~2/3配注	热处理

4.6 热采生产制度优化

合理的采液强度能进一步发挥面积组合吞吐油井潜力，提高井组蒸汽有效利用率。薄互层油藏根据采出程度、压力保持水平不同采液强度不同；边水油藏则根据构造位置、水淹状况及潜力大小确定合理的采液强度，合理的放喷转抽顺序及下一轮次转轮时机(表8、表9)。

表8　采液强度标准

油藏类型	水淹因素	条　件	采液强度
薄互层	无	采出程度小于30%、压力保持水平大于50%	采液强度2~3t/(d·m)
		采出程度小于30%、压力保持水平小于50%	采液强度1~2t/(d·m)
		采出程度大于30%、压力保持水平大于50%	采液强度1~2t/(d·m)
		采出程度大于30%、压力保持水平小于50%	采液强度1~1.5t/(d·m)
边水	弱淹		2≤采液强度≤5
	中淹	采出程度大于20%，吞吐效果差、潜力小	5<采液强度≤6
		采出程度小于20%，油藏条件好、吞吐效果较好井	2≤采液强度≤5
	强淹	采出程度大于20%，吞吐效果差、潜力小	采液强度>6
		采出程度小于20%，油藏条件好、吞吐效果较好井	5<采液强度≤6

表9　放喷转抽顺序及转轮时机

<table>
<tr><td rowspan="2">油藏类型</td><td colspan="2">薄互层</td><td rowspan="2">边水</td></tr>
<tr><td>主力层(大于5m)</td><td>兼采层(小于5m)</td></tr>
<tr><td>放喷转抽顺序</td><td colspan="3">若大锅炉整体注汽、注汽时间短，可考虑同注同采；若小锅炉依次注汽、注汽时间长，和正注汽井无汽窜通道的油井可视情况依次放喷转抽</td></tr>
<tr><td>转轮时机</td><td colspan="3">组3/4油井进入周期末，井组油汽比大于0.15</td></tr>
</table>

5　现场应用效果

区域治理实施24个井组，覆盖127井次，其中配套调剖64井次，阶段产油7124吨，增油1817吨，减少无效产液3923吨。通过区域综合治理，区域日产液、综合含水均得到了控制，峰值产油升高，有效产油期延长，区域生产效果得到明显改善(图3)。

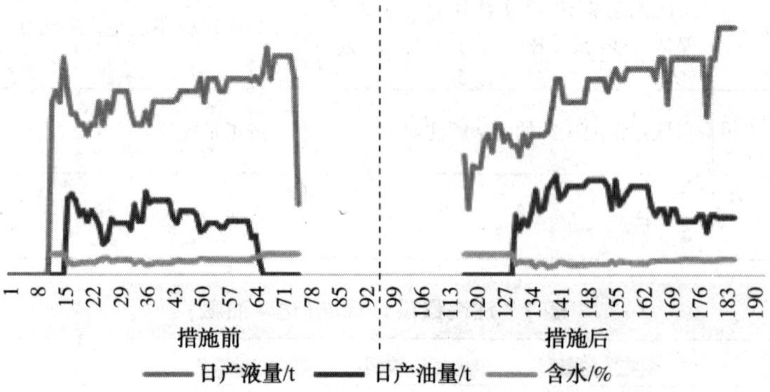

图3　区块综合治理前后效果对比图

6　结论及认识

(1) 面积组合治理通过优化组合、参数及工艺配套能有效改善区域生产效果；

(2) 组合井组内压力保持水平低油井汽量加大后，产能有一定提升，油汽比仍较低，应优选汽窜不严重，采出程度20%~30%，氮辅措施仍有效区域提前介入；

(3) 潜力区域增加调剖井数，并优化组合，实现调剖井组合、辅助治理井组合，尽量避免偏流。

参　考　文　献

[1] 刘慧卿，范玉平等. 热力采油技术原理与方法[M]. 东营：石油大学出版社，2000：

[2] 刘东菊. 氮气提高稠油热采效果工艺技术[J]. 钻采工艺，2004，27：34~35.

[3] 齐与峰. 剩余油分布和运动特点及挖潜措施间的最佳协同[J]. 石油学报，1993，14(1)：55-65

[4] 彭通曙等. 新疆浅层稠油油藏氮气辅助蒸汽吞吐提高采收率研究与应用[J]. 新疆石油天然气，2009.5(3)：

[5] 党永峰，王城，李艾红，等. 剩余油潜力再评价技术在河南油田的应用[J]. 西南石油学院学报，2006，28(1)：43-45

[6] 邵先杰，孙冲，王国鹏，等. 浅薄层特、超稠油注蒸汽吞吐后剩余油分布研究[J]. 石油勘探与开发，2005，32(1)：131-133.

点状蒸汽驱配套工艺技术研究与应用效果

魏献芝　贾爱红　刘怀锦　白小凯

（中国石化河南油田采油二厂）

摘　要　井楼油田六区经过25年的吞吐开发平均单井吞吐18个周期，已经进入高周期吞吐阶段，整体采出程度24.4%，其中主力层（Ⅳ9层）采出程度达34.2%。受采出程度高、地层压力低以及储层非均质性等因素的影响，吞吐效果逐渐变差；近年来应用热化学辅助吞吐技术，有效地减缓了油井周期递减，但是多轮次热化学辅助吞吐后，油井的生产效果逐渐变差；剩余油以井间分布为主，而依靠吞吐开采不能有效动用井间剩余油，制约着开发效果及采收率的提高。通过配套工艺技术的研究与应用，改善区块生产效果，进一步提高区块采收率。

关键词　稠油；蒸汽驱；氮气；调剖

1　点状蒸汽驱配套工艺实施的背景

在点驱过程中，因汽窜、干扰方向性强，点驱见效即形成蒸汽窜流，导致部分油井见反应快，高液量高含水，但是部分油井一直能量较低生产效果较差；汽驱前油层采出程度较高，地层压力保持水平较低，采油井受效慢。针对这两种问题主要采取调剖封堵工艺技术和氮气辅助点驱两种措施改善采油井生产效果。

2　配套工艺技术研究

2.1　复合调剖抑制汽窜技术

颗粒调剖：颗粒调剖剂在地层堆积、固结，调整油层渗透率，使蒸汽转向。

复合调剖：对于厚油层，颗粒堵剂封堵汽窜大通道，泡沫调剖剂封堵汽窜次通道、调整剖面矛盾。

参数优化设计：颗粒抑制汽窜模型的建立：长方体，即 $V=\sum rhb\varphi$

调剖剂体积 V，m^3；调剖半径 r，m；调剖厚度 h，m；汽窜通道宽度 b，m；高渗透层的孔隙度 φ；各汽窜通道的调剖剂量的加和 $\sum$。

通过汽窜程度和油藏动态因素确定工艺，完善了复合抑制汽窜技术参数设计规范（表1）。

表1　复合技术抑制汽窜工艺、参数设计规范

汽窜程度	油藏动态	气液比	调剖半径/m
汽窜通道>2条 见窜时间<3天	油层有效厚度≥5米 采出程度≥30% 吞吐周期≥10轮次	0.5：1-1.2：1	15~30 （20~25）

针对蒸汽驱调剖，设计大剂量、高强度调剖：确保高强度颗粒段塞进入油层深部，实现汽窜通道有效封堵；若隔夹层稳定发布，实施分层调剖，提高针对性；采取多段塞注入调剖剂方式调剖，一次挤注大剂量颗粒堵剂，封堵汽窜通道，待堵剂沉降后二次挤注少量颗粒堵剂，再次封堵汽窜通道，实现汽窜通道有效封堵。

2.2　氮气辅助点驱技术

2.2.1　氮气辅助点驱机理

（1）减少热损失，扩大油层加热带，降低残余油饱和度

氮气的导热能力低，能有效减少热损失，扩

大油层加热带。氮气、水/蒸汽有不同的驱替路径，驱替不同部位的残余油。氮气在地层中能够形成微气泡，一方面推动蒸汽向前运移，增强导热作用，增加蒸汽携热能力；另一方面氮气进入岩芯后，优先占据多孔介质中的油通道，使原来呈束缚状态的原油成为可动油，并且氮气与水/蒸气在驱替原油时有不同的驱替路径，注入氮气后，氮气可以驱替到不同部位的残余油，从而降低残余油饱和度以提高采收率。

(2) 优先进入水体，降低油水界面张力及气泡的贾敏效应堵水机理

利用岩心先蒸汽驱替，再进行氮气驱替，然后再进行蒸汽驱替，由蒸汽和氮气交替注入曲线(图1)可以看，先蒸汽驱再氮气驱再蒸汽驱时的驱替压差要比第一次蒸汽驱结束时的驱替压差要高，表明此时氮气已经不是连续相，多数氮气应以微气泡的形式存在，会对蒸汽/水的流动产生一定的附加阻力。后续蒸汽驱时，此时的含油饱和度较第一次蒸汽驱时已经降低了20%左右，假设后续蒸汽驱将氮气全部驱出，则此时水相渗透率应该上升，平衡压力应低于第一次蒸汽驱时的平衡压力，但后续蒸汽驱的平衡压力高于第一次蒸汽驱结束时的压力，所以说，此时管内的氮气对蒸汽/水的流动起到了一定的封堵效果。

由驱替生产曲线可得，氮气注入后提高了注汽压差，后续注入蒸汽过程中仍有10%的孔隙体积是由氮气占据，故氮气辅助蒸汽吞吐的机理之一是氮气的贾敏效应堵水机理。

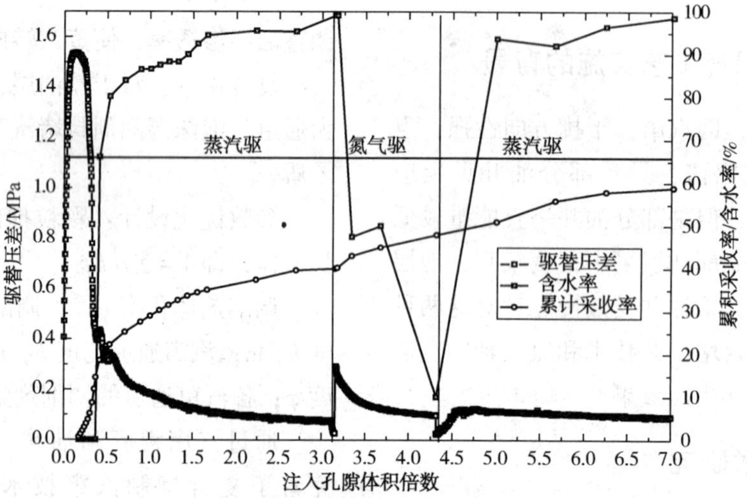

图1　稠油蒸汽和氮气交替驱替生产曲线

(3) 氮气的压缩膨胀作用，强化助排及增强了原油流动性

氮气的良好的膨胀性，氮气驱油时的弹性能量较大，另外氮气不溶于水，较少溶于油，与蒸汽一起注入油层的氮气，在蒸汽凝为热水后，仍然是气体状态，在回采降压时，部分氮气迅速膨胀，起到强化助排油、水的作用。

2.2.2　氮气辅助点驱参数设计

注汽井注氮气可补充地层能量，提高地层压力，堵塞出水层，扩大蒸汽波及体积，提高热利用率。

$$V_{地下} = \pi R^2 \times \Phi \times h_e - V_{汽}$$

$$V_{地面} = \frac{P_{井下} \times T_{地面} \times V_{井下}}{P_{地面} \times T_{井下}}$$

式中：V为氮气量，m^3；R为半径，m^2；φ为油藏孔隙度，%；h_e为油藏有效厚度，m；$V_{汽}$为注汽量，m^3；P为压力，MPa；T为温度，K

3　现场实施效果及经济效益评价

3.1　楼6202井组一注多采点状蒸汽驱现场实施效果

楼6202井组生产Ⅳ9层，注汽井1口，生产井7口，井距100×140米，动用储量6.1万吨，采出程度50%，累计油汽比0.38，采注比2.01，含水81%。

3.1.1 第一轮注采状况分析

第一轮点状蒸汽驱 2017 年 01 月 25 日开始注汽，2017 年 03 月 14 日结束。注汽 1061 吨，注汽速度平均 23 吨/天，累计采油 512.2 吨，油汽比 0.48，采注比 4.10。由于能量场尚未形成，注汽结束后井组能量下降较快。点驱期间井组优势见效方向明显，早期实施氮气抑水增油，效果比较明显；采出程度较高井，见效较差；井组初期点状蒸汽驱生产效果较好。

3.1.2 第二轮注采状况分析

第二轮点状蒸汽驱 2017 年 07 月 24 日开始注汽，2017 年 09 月 15 日结束。注汽 1139.8 吨，注汽速度 21 吨/天，累计采油 590.4 吨，油汽比 0.52，采注比 4.97。本次点驱主要对见效优势方向和强窜方向实施先行注氮焖井，促使蒸汽转向，进一步扩大波及范围；受效井择机实施氮气抑水增油，不受效或见效差井热处理引效生产效果较好。

3.1.3 第三轮注采状况分析

第三轮点状蒸汽驱 2018 年 07 月 31 日开始注汽，2018 年 12 月 24 日结束。注汽 4260 吨，累计采油 911.3 吨，油汽比 0.15，采注比 2.1。虽然加强了过程调控，但受注汽质量及组合等因素影响，点驱初期注汽压力低，注汽干度较低，期间多次停驱，井组采油井基本不受效。

3.1.4 第四轮注采状况分析

第四轮实施氮气辅助蒸汽驱试验，2019 年 9 月 2 日开始注汽，2020 年 1 月 16 日结束。注汽 5480 吨，注汽速度 60 吨/天，累计采油 714.5 吨，油汽比 0.11，采注比 0.89。受蒸汽驱注汽质量差、不连续影响，能量递减快。

3.1.5 第五轮注采状况分析

根据井组目前现状，转变蒸汽驱调剖思路。优化楼 6202 井组蒸汽驱调剖方式，将以往对汽驱井实施驱前高强度封窜，优化为：对应强窜井驱前高强度封窜，汽驱井低强度封窜+驱中汽驱井全过程调剖。

（1）注汽井

汽驱前采取氮气泡沫调剖，注汽井过程中混注调剖剂段塞。

（2）采油井

强窜方向采油井楼 6402、楼 11、楼 6301 汽驱前调剖焖井（表 2），点驱中可根据 3 口油井动态情况择机进行热处理开抽生产。见反应较快的油井，为充分利用热能，采取氮气抑水改善采油井生产效果；不见效或见效差的油井，采取氮气辅助热处理引效。

表 2 调剖设计参数

井号	段塞类型	注入方式	封堵体积/m^3	封堵半径/m	配液浓度/%	粉煤灰/t	注入压力/MPa
楼 6301	高强度粉煤灰	反注	327	半径 30/45 厚度 4.4	25	95.6	≤4.0
楼 6402	高强度粉煤灰	反注	176	半径 30 厚度 4.2	25	51.5	≤4.0
楼 11	高强度粉煤灰	反注	130	半径 30/45 厚度 4.5	25	38.0	≤4.0

第五轮累计注汽 8147 吨，累计产油 1059.1 吨，油汽比 0.13。有 6 口井有见效反应，点驱全过程调剖，有效改善了吸汽剖面，迫使蒸汽转向，扩大了蒸汽波及体积。

3.2 经济效益评价

楼 6202 井组累计注汽 2.009 万吨，累计产油 4619 吨，油汽比 0.22，单位操作成本 2202.5 元，投入边际效益 216.7 万元。

4 结论及认识

（1）点驱早期对强窜方向油井实施注氮焖井，促使蒸汽转向，进一步扩大波及范围；受效方向油井择机实施氮气抑水增油，不受效或见效差油井实施热处理引效生产，效果较好。

（2）多轮次点驱后，注汽井驱前低强度封窜+汽驱中全过程调剖；强窜油井驱前高强度封窜，择优开抽生产；见反应较快的油井，为充分利用热能，采取氮气抑水改善采油井生产效果；不见效或见效差的油井，采取氮气辅助热处理引效。

(3) 运用汽驱前调剖+全过程调控，有效改善了吸汽剖面，迫使蒸汽转向，扩大了蒸汽波及体积。取得了较好的效果。

参 考 文 献

[1] 崔连训，魏佳伟，费永涛，等．超薄层普通稠油油藏开发实践与认识[J]．河南石油，2005，19(6)：38-40.

[2] 王嘉淮，李允．注氮气改善稠油蒸汽吞吐后期开采效果[J]．西南石油学院学报，2002.

[3] 王晗，陈彩云，等．井楼油田稠油厚油层高周期吞吐后剩余油分布规律研究[J]．石油天然气学报，2010.

[4] 徐文芹译．泡沫驱在油田的应用现场试验设计和技术要求．国外石油工程，1997，4.

[5] 张莉，李洁．埕东油田西区强化泡沫驱参数优化设计．河南石油，2005.

稠油油藏高周期吞吐后化学辅助面积组合吞吐技术研究及应用

徐　婷

（中国石化河南油田公司采油二厂地质研究所）

摘　要　杨楼油田杨浅19区自2008年投入开发以来，经过十多年的开发，进入稠油蒸汽吞吐开发中后期，汽窜日趋严重，由早期单向窜发展为多向窜、不规则面积窜，蒸汽热利用率低，单井吞吐生产效果差。本文在对化学面积组合吞吐机理研究的基础上，探索在汽窜区域实施了面积组合注汽、调剖+面积组合注汽、组合调剖+面积组合注汽的现场应用，有效改善了汽窜区域开发效果。

关键词　蒸汽吞吐；高周期；汽窜；组合吞吐；采收率

1　研究区概况

1.1　油藏地质特点

研究区为杨楼油田杨浅19断块。杨浅19断块构造位于泌阳凹陷北部斜坡的杨楼-新庄鼻状构造之间，断层发育。Ⅲ5、6层总储量30.3万吨，占区域总储量的26%，核实采出程度15%。Ⅲ5、6层平均砂厚12m，平均有效厚度8m。该井区Ⅲ5、6层井段480~550m，原始地层压力为4.5MPa，原始油层温度为37℃，地面原油相对密度0.9488~0.9945g/m^3，油层温度下脱气原油黏度在10946.63~13389.32mPa·s之间，按国内稠油分类标准，Ⅲ5、6层属于特稠油。

1.2　开发简况及存在问题

杨浅19区于2008年投入蒸汽开发，2015年采用五点法井网在Ⅲ5、6层完善部署16口井。多轮次蒸汽吞吐后，汽窜发生频次高，地下已形成网状分布的高耗汽条带，注入蒸汽已形成面积窜，无效循环程度加剧。汽窜特征主要表现为：①由于Ⅲ5、6层油藏物性好、非均性严重，导致汽窜发生时间早、影响时间长（图1），多数井在吞吐第一、二周期就发生汽窜，汽窜时间长达10~15天，；②随着吞吐轮次的增加，汽窜由单向、双向窜发展为面积窜、跨井距窜，汽窜加剧的速度快（图2），Ⅲ5、6层在吞吐第1周期时，采出程度3%，汽窜通道7条，呈单向窜，汽窜较弱；在吞吐第3周期时，采出程度8.7%，汽窜通道12条，单向窜5条，双向窜7条，汽窜加剧；在吞吐第5周期时，采出程度11%，汽窜通道21条，呈面积汽窜、跨井距窜，汽窜严重。

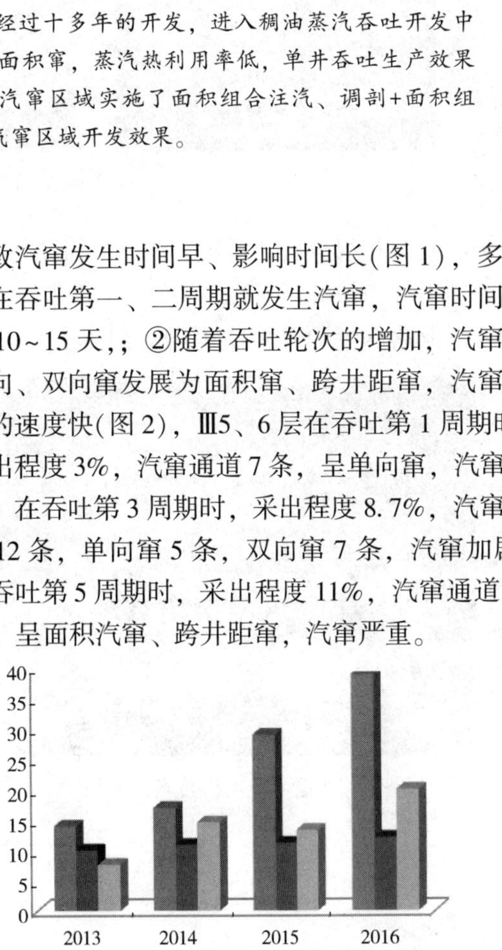

图1　杨浅19区Ⅲ5-6层2013年-2016年汽窜情况统计图

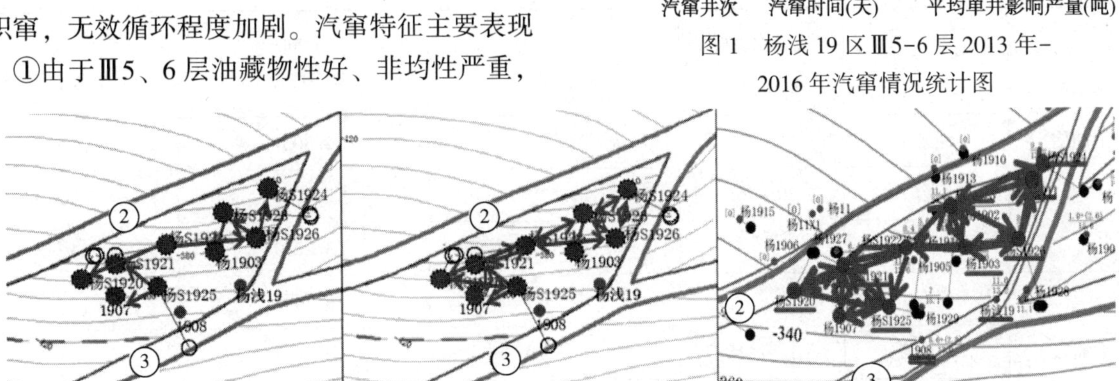

图2　杨浅19区汽窜演变过程

2　面积组合吞吐机理及技术优化研究

2.1　面积组合吞吐技术提高采收率机理研究

机理一：消除井间压差，抑制蒸汽窜流，提高热利用率，扩大热波及范围

通过研究表明，单井蒸汽吞吐时由于井间汽窜通道及非均质性的影响，注采井间压差大，蒸汽窜流至邻井采出，热量损失，加热范围有限，开发效果差，提高采收率难度大(图3)。

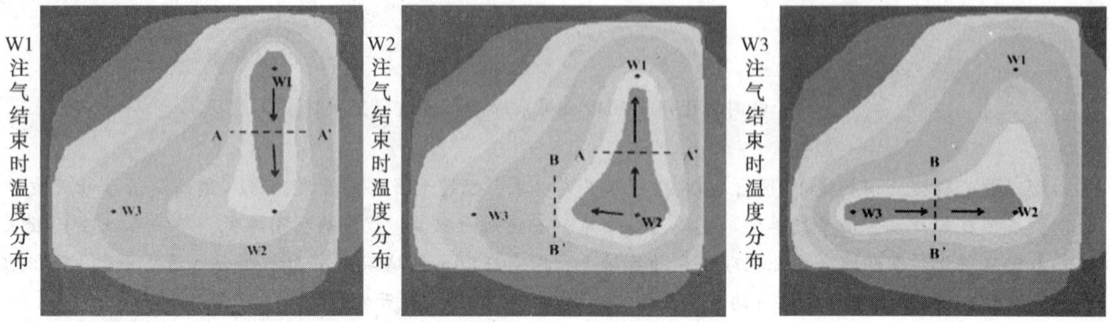

图3　单井吞吐时温度场分布图

配套面积组合吞吐后集中注汽，消除井间压差，“切断”窜流，提高热利用率、扩大加热范围，热波及效率明显提高(图4、图5)。

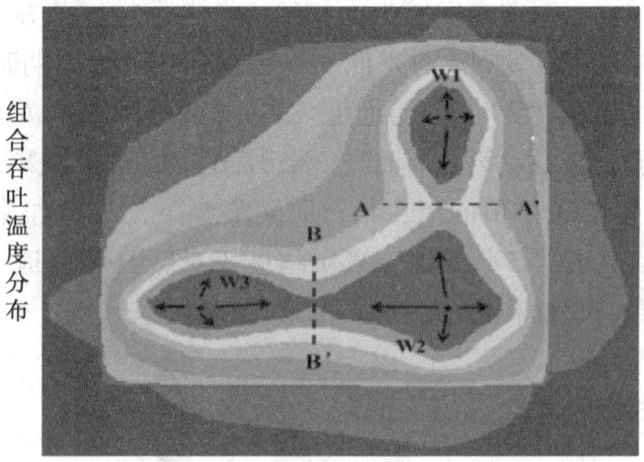

图4　组合吞吐时温度场分布图

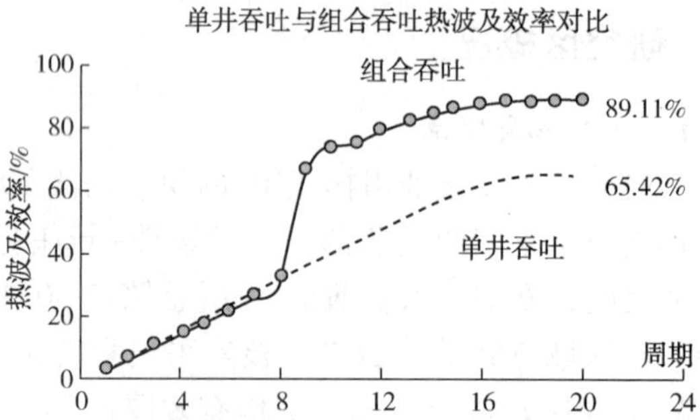

图5　组合吞吐与单井吞吐热波及效率对比

机理二：面积组合吞吐能同时改善蒸汽的平面和纵向波及，但平面改善幅度大于纵向

通过建立上下两层地质模型(表1)，上层有汽窜通道，下层无汽窜通道，并模拟三种不同组合方式下蒸汽吞吐开发效果，从结果来看整体上下两层蒸汽波及效率均有所提高，平面波及效率改善较为明显，纵向稍弱(图6)。

表1　三种不同组合方式吞吐上下油层采收率变化

	组合方案	五轮次吞吐采收率/%	组合吞哇后采收率/%	吞哇提高采收率/%	组合提高采收率/%
上油层	组合1	20.9263	23.2284	2.3021	
	组合2		23.5797	2.6534	0.3513
	组合3		24.1602	3.2339	0.9318
下油层	组合1	1.92475	2.1927	0.2680	
	组合2		2.3659	0.4412	0.1732
	组合3		2.6514	0.7266	0.4586

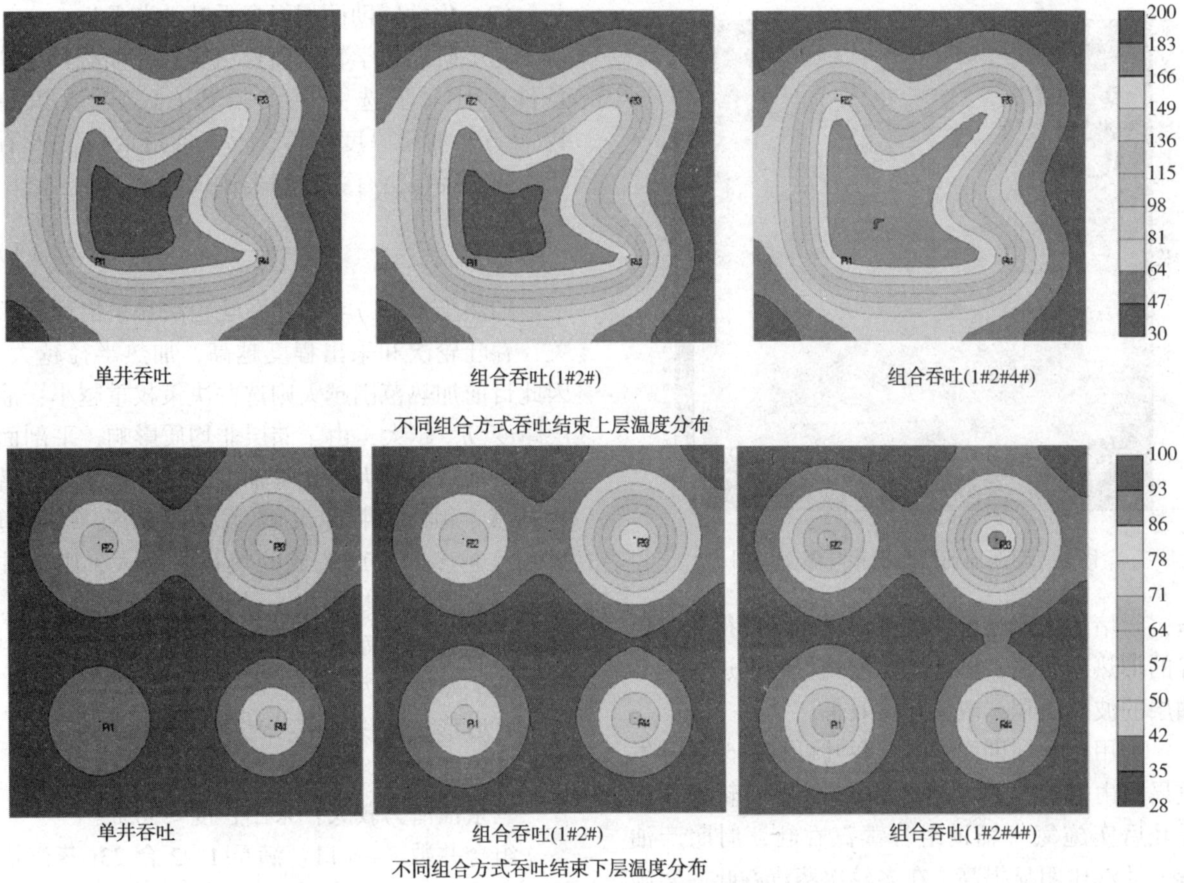

图 6　不同组合方式吞吐结束下层温度分布

2.2　化学辅助面积组合吞吐技术研究

对于地层压力更低、干扰汽窜更严重的井区，单纯的面积组合吞吐不能更有效扩大蒸汽波及体积。为此探索研究采取化学辅助面积组合吞吐技术来改善开发效果及进一步提高采收率。

(1) 化学辅助面积组合吞吐数值模拟研究

利用化学辅助面积组合吞吐可有效改善热能利用率，如图 7、图 8、图 9 所示的温度场分布图可以看出，在多轮次蒸汽吞吐后实施氮气辅助组合蒸汽吞吐，其热波及范围扩大 52%，说明氮气辅助组合蒸汽吞吐可集中建立温度场，扩大蒸汽波及体积，从而动用较多的剩余油；在多轮次蒸汽吞吐后实施调剖剂辅助组合蒸汽吞吐，其热波及范围扩大 78%，说明调剖剂辅助组合蒸汽吞吐时，调剖剂注入后，可优先进入高渗通

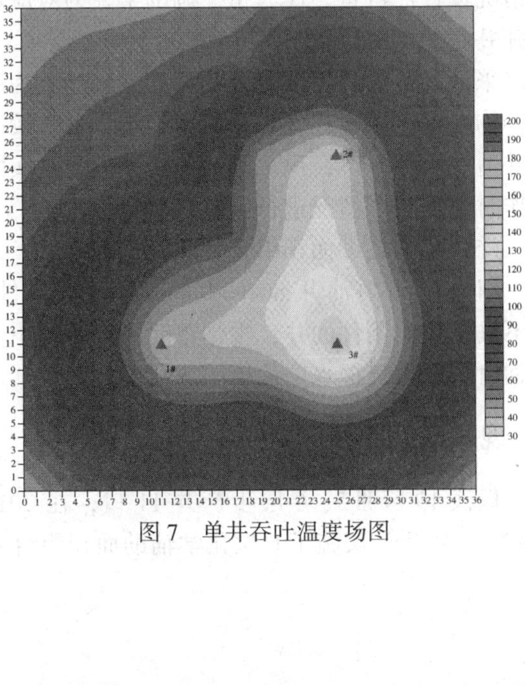

图 7　单井吞吐温度场图

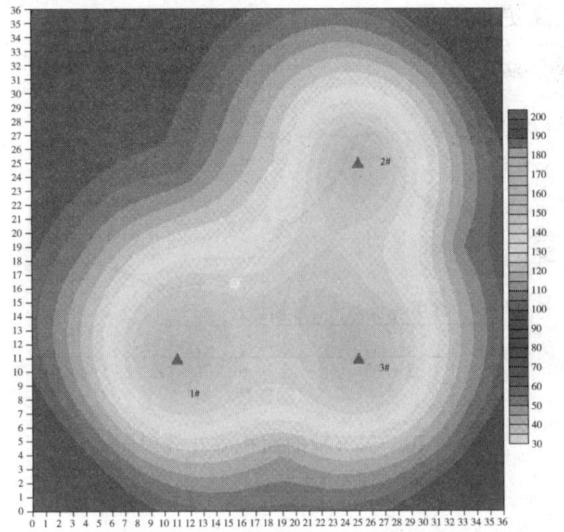

图 8　氮气辅助面积吞吐温度场图

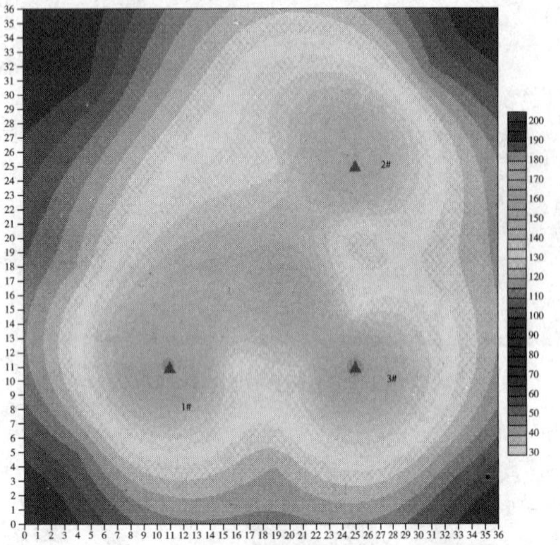

图9　调剖剂辅助面积吞吐温度场图

道，封堵了汽窜通道，改善流度比，使得蒸汽更好的加热剩余油，驱动流体能均匀的推进，提高油层的波及面积，改善开发效果。

利用化学辅助面积组合吞吐可有效改善开发效果，由图10、图11可以看出，在多轮次蒸汽吞吐后实施氮气辅助组合蒸汽吞吐，周期产油量、油汽比明显提高，在多轮次蒸汽吞吐后实施调剖剂辅助组合蒸汽吞吐，周期产油量、油汽比提高更加明显。

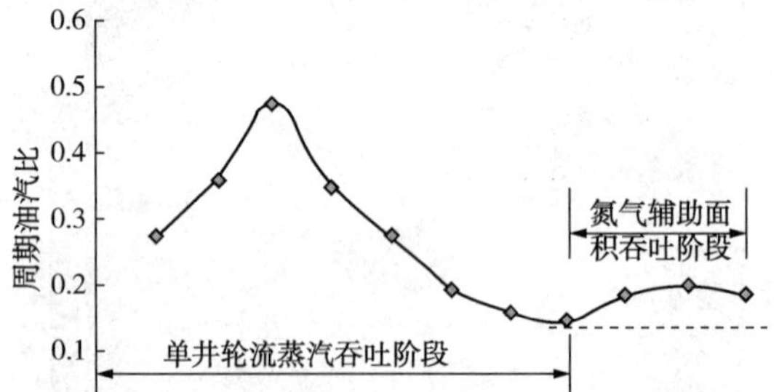

图10　氮气辅助面积吞吐效果图

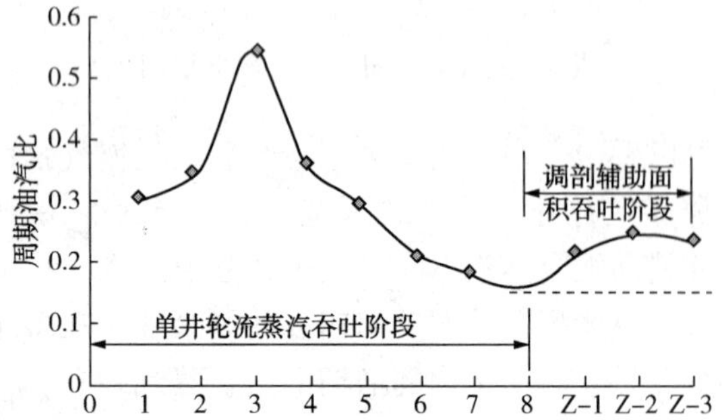

图11　调剖剂辅助面积吞吐效果图

(2) 化学辅助面积组合吞吐油藏条件

为了研究化学辅助面积组合吞吐油藏及选井条件，引入了选井决策指数(A_{di})，决策指数(A_{di})与油层厚度(h_t)、汽窜通道数(n_c)及吞吐加热半径(r_h)有关，其表达式为：

$$A_{di}=\frac{h_t n_c}{r_h} \tag{1}$$

加热半径(r_h)与油井吞吐轮次和采出程度相关，吞吐轮次和采出程度越高，加热半径越大，因此目前加热范围越大则选井决策权重越小；油层厚度(h_t)越大，由于储层非均质影响，平剖面上剩余油潜力越大，化学辅助注汽有效波及的潜力越大，则选井决策权重越大；汽窜通道数(n_c)越多，汽窜造成的热损失越大，则选井决策权重越大。基于以上认识，结合现场实际，确定了化学辅助面积组合吞吐油藏条件：

油层厚度较大：一般≥5米；

区域形成面积汽窜：汽窜通道3~6条；

地层能量低：地层压力保持水平≤50%；

剩余油潜力较大：采出程度≤30%；

组合井数3~6口：满足1~2台23t蒸汽锅炉注汽能力。

(3) 化学辅助面积组合吞吐选井条件

调剖井：汽窜中心井、油层厚度一般大于5米、采出程度不大于30%；

氮气助排井：弱汽窜井、地层压力保持水平≤50%。

(4) 化学辅助面积组合吞吐注采参数设计

注入参数设计：根据油井平剖面潜力大小、油层亏空量、已动用半径、下周期需扩大动用半径情况设计注汽量、注氮量，调剖半径为对应汽窜井井距的1/2位置(30~35米)；

采液参数设计：以充分利用势能和热焓为原则，物性好、采出程度高、汽窜严重、含水较高油井适当限液生产，反之则适当提液生产，实际操作时根据具体情况进行调整。

(5) 化学辅助面积组合吞吐时机确定

组合单元内油井80%以上达到注汽条件。对不具备注汽条件的井，根据单元注汽时动态变化临时采取氮气抑水增油措施或暂关井。

3　现场应用情况及效果

杨浅19区Ⅲ5、6层生产井11口，在2017年-2019年累计实施了6次化学辅助面积组合吞吐措施。在组合优化的前提下，通过轮换重点治理井配套调剖工艺、差异化配注参数、CO_2 增效技术配套，持续开展优化(图 12)。

第一、二轮：按构造位置分上下两个小井组，汽窜中心井实施调剖措施封堵汽窜大通道，油井整周期配注；其它井采取氮气辅助措施增能，周期效果得到一定改善，单井日产油虽然未增加，但井组油汽比由 0.22 提高至 0.25 以上。第一、二了轮次面积注汽主要存在问题一是封堵强度低，部分汽窜通道仍然未封堵住；二是两个井组注汽时机不同步，井组间仍然汽窜。

第三、四轮：扩大井组范围，将两个小井组合为一个大井组整体进行面积注汽。同时对汽窜中心井加大调剖封堵力度，其它井增加注氮量封堵汽窜通道，周期效果得到一定改善，单井日产油上升至 1.7 吨/天，井组油汽比提高至 0.27。第三、四轮面积注汽主要存在问题一是高强度封堵剂颗粒粒径大伤害油层，影响油井吸汽；二是部分井井距小，调剖剂无法封堵汽窜通道。

第五、六轮：抽稀井网、转换重点治理井，整体进行面积调剖+组合注汽治理。同一油井强弱调剖交替应用，地层温度场上升，优化减少采出程度低井注汽量，周期效果大幅改善，单井日产油上升至 2.0 吨/天，井组油汽比提高至 0.36 以上。

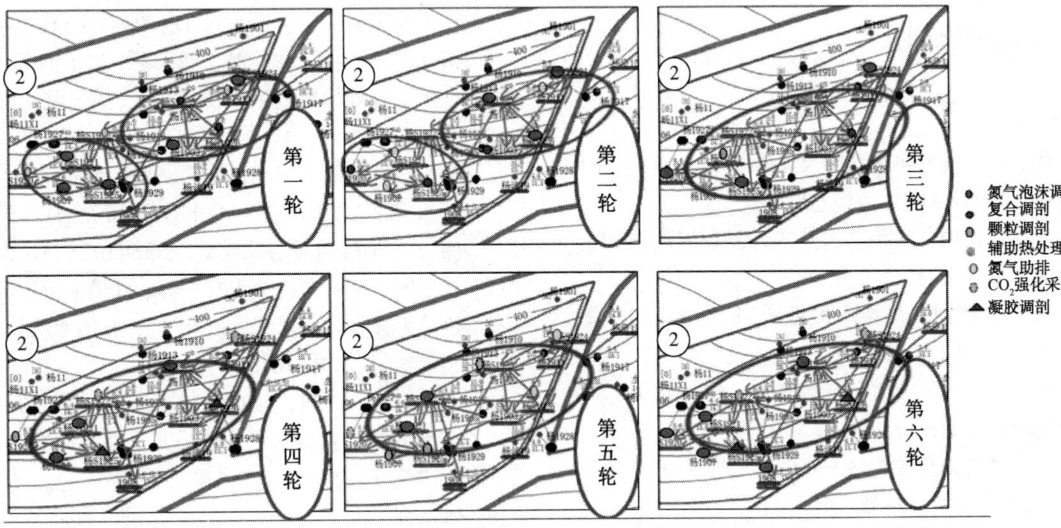

图 12　杨浅 19 区Ⅲ5、6 层面积组合吞吐多轮次组合图

根据面积组合吞吐技术优化思路，实施了差异化配注和差异化调剖，杨浅 19 区通过不断的注汽组合、配套措施以及参数的调整，累计实施了 6 轮面积组合吞吐，第五、六轮周期产油达到 2000 吨以上，单井日均产油达到 2 吨/天，井组油汽比达到 0.36 以上，操作成本下降至 1750 元/吨(图 13)，取得较好的应用效果。

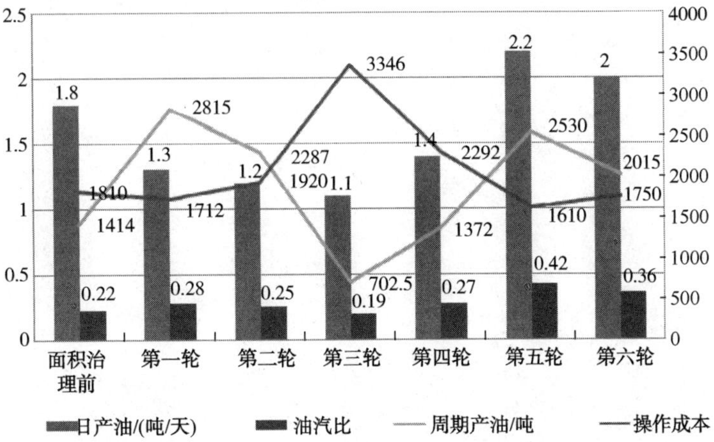

图 13　杨浅 19 区Ⅲ5、6 层面积组合吞吐多轮次效果

4 结论

(1) 相比于单纯的组合蒸汽吞吐，氮气辅助组合蒸汽吞吐能够更加有效的扩大蒸汽的纵向上的波及，减少了蒸汽的热损失，提高了蒸汽的热利用率。从生产动态方面来看，氮气的增能作用有助于补充地层能量，延长吞吐周期。

(2) 强弱调剖方式交替使用，能有效封堵汽窜通道，改善流度比，使得蒸汽更好的加热剩余油，驱动流体能均匀的推进，提高油层的有效波及体积。

(3) 现场实施1井组，11井次，6轮次，第5、6轮周期产油达到2000吨以上，单井日均产油达到2吨/天，井组油汽比达到0.36以上，取得了较好的应用效果。

参考文献

[1] 刘文章．中国稠油热采现状及发展前景[J]．世界石油工业，1998：14(5)，15-18.

[2] 刘文章．普通稠油油藏二次热采开发模式综述[J]．特种油气藏，1998：5(2)，1-7.

[3] 宋育贤译．稠油热采技术的进展[J]．国外油田工程，1997：10(2)，12-13.

[4] 孙德浩．油井注氮气增产技术的研究与应用[J]．断块油气藏，2003，10，61-62.

[5] 刘东菊．氮气提高稠油热采效果工艺技术[J]．钻采工艺，2004，27，34-35.

[6] 朱鹏飞，杨宇．注气开采煤层气技术浅谈[J]．现代矿业，2009(05)，40-42.

[7] 袁奕群，高雅文，桓冠仁．点坝砂地层注气数值模拟[J]．石油勘探与开发，1985(03)，33-40.

[8] 李凤颖，查玉强，韩鑫，等．独立油藏合并在A油田自流注气研究中的应用[J]．石油化工应用，2017(03)，111-119.

[9] 路长伟．优化注气提高凝析气田采收率[J]．石化技术．2016(01)，75.

[10] 何松，李科星，倪积慧，等．注气速度对空气泡沫防气窜性能影响的实验研究[J]．科学技术与工程，2015(06)，74-77.

[11] 朱瑞文．常见注气方式的机理分析[J]．中国石油和化工标准与质量．2014(06)，47.

[12] 吴世跃，赵文．自然降压开采和注气开采煤层气的效果评价[J]．中国矿业，2004，(10).

[13] 桓冠仁，张景存，王启民，等．注气提高扫油厚度系数的数值模拟研究[J]．大庆石油地质与开发，1985(04)，51-66.

[14] 陈凤君，刘军红，叶志权，等．稠油热采优化组合注汽技术研究[J]．河南石油，2006(04)，44-46.

[15] 苗彦平，唐林，高遵美，刘玉奎．边水油藏水平井含水上升规律影响因素研究[J]．油气藏评价与开发，2013(05)，41-46.

[16] 陶磊，李兆敏，张凯，等．二氧化碳辅助蒸汽吞吐开采超稠油机理——以王庄油田郑411西区为例[J]．油气地质与采收率，2009(01)，51-54.

[17] 魏振国，王若浩，熊正友，等．井楼油田零区稠油热采组合吞吐技术实验研究[J]．石油地质与工程，2017(06)，101-104.

[18] 于天忠，张建国，叶双江，等．辽河油田曙一区杜84块超稠油油藏水平井热采开发技术研究[J]．岩性油气藏，2011(06)，114-119.

[19] 何富强，龚雪峰，肖玮，王继强．桩西油田桩斜139块深层稠油提高采收率技术研究[J]．中国石油和化工标准与质量，2011(09)，293.

[20] 束青林，张本华，毛卫荣，王宏．孤岛油田特高含水期提高采收率技术措施及效果[J]．油气地质与采收率，2009(05)，52-55.

多轮次二氧化碳采油技术优化应用

肖江河 魏振国 陈 勇 魏林平 牛雪玲

（中国石化河南油田分公司）

摘 要 二氧化碳采油技术在稠油热采应用中增产增效明显，随着吞吐轮次的增加，产量逐渐递减，油层动用不均、汽窜、二氧化碳注入量是影响效果递减的主要因素，通过配套水平井均匀注汽工艺，调剖堵窜工艺以及二氧化碳注入参数优化，达到了减缓递减的目的，改善了多轮次二氧化碳采油技术措施效果。

关键词 稠油热采；二氧化碳采油；递减；工艺参数

1 稠油开发现状

河南油田稠油油藏以断块油藏为主，具有“浅、薄、稠、松、小”的特点，以稠油热采蒸汽吞吐开发方式为主，热采平均单井吞吐18.8个周期，采出程度17.6%。二氧化碳采油主要应用于浅层特、超稠油油藏，油藏埋深207~730m，油层温度下脱气原油黏度12195~129271mPa·s。在稠油热采开发过程中，受原油黏度差异影响，注蒸汽过程中造成蒸汽指进严重，影响蒸汽利用率，高周期蒸汽吞吐后，平面汽窜日益严重，导致油层动用不均，影响开发效果。

2 二氧化碳采油应用概况

二氧化碳具有溶解降黏、增能助排、混合传质的作用机理，应用于稠油热采开发中，改善蒸汽吞吐油井生产效果。研究表明：二氧化碳溶解原油后，形成泡沫油溶解气驱，在第一、二周期回采阶段形成了“泡沫油”状态，提高了CO_2的增能助排效果，因此周期采油速度较高，三周期后“泡沫油”现象减弱，CO_2气窜明显，周期采油速度明显降低。

通过二氧化碳对浅薄层不同黏度类型油藏适应性研究，优化工艺参数，生产井增产效果明显，随着吞吐轮次的增加，开发效果逐渐下降，2017~2019年共实施二氧化碳采油技术119井次，油汽比由0.29下降至0.16。见表1。

表1 多轮次二氧化碳采油应用效果表

轮次	井次	平均单井产油/t	平均单井增油/t	油汽比
1	78	192	101	0.29
2	30	263	134	0.24
3	11	264	115	0.16
合计	119	246	125	0.23

现场应用中，随着吞吐轮次的增加，周期产油量递减，实施二氧化碳采油三个周期的11口油井，单井平均产油量由373吨下降至213吨，油汽比由0.31下降至0.17，第二、第三周期递减分别为18.2%、30.2%。见表2。

表2 多轮次二氧化碳采油递减表

轮次	井次	平均单井产油/t	油汽比	递减率%
1	11	373	0.31	/
2	11	305	0.21	18.2
3	11	213	0.17	30.2

3 递减影响因素分析

3.1 水平井油层动用不均

水平井主要应用于特稠油区块，油藏埋深702~863米，油层温度下原油黏度高13258~77507mPa·s，平均单井吞吐10周期，油汽比0.13，受原油黏度及非均质性影响，水平段动用不均，根据剩余油监测资料统计，高动用占总段长的45.2%；中低动用占总段长的54.8%，高周期吞吐措施效果逐渐变差，水平井采出程度仅4.78%~7.6%。

受水平井水平段动用不均影响，导致水平井二氧化碳采油递减增大，第2至第4轮次递减率分别为23%、48%、61%，高于平均递减率。

3.2 蒸汽窜流影响波及效率

受油层物性的影响、蒸汽与原油黏度的差异影响，注汽过程中，导致油层间吸气量差异大，产生明显的指进现象，蒸汽沿高渗透带突进，限制了蒸汽扩展范围，油层加热效率低，开发效果变差。

由于汽窜通道的存在，二氧化碳利用率低，有效波及范围小，以示例井1为例，该井油层温度下原油黏度13235.81mPa·s，第二轮次实施二氧化采油措施时，受同层邻井汽窜影响，见窜时间4天，压力上升2.7MPa，排水14天，第二轮次递减率46.7%，较平均递减率增加了30.2%，整体措施效果受到影响。

表3 示例井1措施效果对比表

轮次	注汽量/t	生产天数	产液量/t	产油量/t	油汽比	产油递减率/%
1	555	136	651	187	0.34	/
2	614	63	393	100	0.16	46.7

3.3 二氧化碳注入量影响波及体积

从不同递增幅度措施效果效果统计表来看，随着二氧化碳递增幅度的增加，减缓周期产油递减，效果得到改善(表4)。

表4 不同递增幅度措施效果统计表

二氧化碳递增幅度	井次	对比周期		本周期		产油递减率/%
		平均单井产油/t	油汽比	平均单井产油/t	油汽比	
10%-30%	12	305	0.23	250	0.19	18.1
30%-50%	5	248	0.29	219	0.21	11.6
大于50%	2	420	0.28	579	0.36	-37.9

二氧化碳增加，产量递减得到控制，二氧化碳增量越大，产量增加越多。为了控制递减，吞吐轮次增加，二氧化碳增量相应增加。

4 多轮次二氧化碳工艺参数优化

周期递减大主要由于近井地带亏空，导致二氧化碳作用半径无法进一步扩大，针对这一情况，一是在水平井上，采用水平井均匀动用工艺，提高水平段动用程度，减缓递减；二是集成应用调剖等复合措施，提高二氧化碳有效利用率，控制递减；三是优化二氧化碳设计用量，减缓递减。

4.1 水平井均匀注汽工艺

水平段动用不均的原因，一是水平井开采受油层非均质性影响，水平段物性存在较大差异，蒸汽吞吐过程中吸汽强度存在差异，从而导致多轮注汽生产后油藏动用不均；二是目前水平井采用笼统方式注汽，水平井段只有一个出汽口，由于水平段段长并且还存在物性差异，会导致水平段其它部位油层原油吸收热焓相对较少，原油被加热体积较小，所以在水平井段易造成动用不均现象。

针对水平井水平段动用不均的问题，采用优化注汽口位置、水平井分段堵水、配套分段注汽工艺的方法，控制递减。

通过配套水平井均匀动用工艺4井次，油汽比增加0.09，周期递减由41%降至-15%。以示例井2为例，该井累计实施4轮次二氧化碳采油技术，第4轮次实施水平井均匀动用工艺+二氧化碳采油技术，二氧化碳用量不增加，递减率由17.1%控制到8.9%，递减控制效果明显(表5)。

表5 示例井2二氧化碳采油多轮次对比表

轮次	产油/t	二氧化碳用量/t	递减率/%
对比周期	86	/	/
1	308	93	/
2	257	102	16.5
3	213	122	17.1
4	194	122	8.9

4.2 调剖工艺技术集成应用

研究表明：汽窜成因主要分为储层地质因素、井网井距与注采参数因素影响，地层胶结疏松、砂体孔渗性好、层间非均质性强、井距近、注汽压力高、速度快等易发生汽窜。措施过程中发生汽窜影响蒸汽利用率，汽窜通道的存在加剧了二氧化碳窜流的可能性，降低二氧化碳利用率。

因此，集成应用调剖工艺改善层间非均质性，封堵汽窜通道，开展区域组合治理，减缓因高周期吞吐后地层压力下降产生"压降漏斗"现象，提升低压区域地层压力，使蒸汽前缘无法迅速泄压，达到治理面积汽窜目的，提升蒸汽、二氧化碳利用率，减缓多轮次递减。河南油田自主研发调剖技术可以分为颗粒、凝胶、泡沫三个类型，粉煤灰、乳化油泥、植物纤维、脱硫渣堵剂、凝胶、泡沫六种堵剂。

集成应用调剖+二氧化碳采油技术 12 井次，周期递减由 56%降至 14%，减缓递减 42%。以示例井 3 为例，该井实施 3 轮次二氧化碳采油技术，第 3 轮次配套调剖+二氧化碳采油技术，二氧化碳用量不增加，措施后递减率由 43%下降至-4%，控制递减效果明显(表 6)。

表 6　示例井 3 二氧化碳采油多轮次对比表

轮次	产油/t	二氧化碳用量/t	递减率/%
对比周期	343	/	/
1	851	119	/
2	482	127	43.4
3	501	117	-4.0

4.3 二氧化碳注入参数优化

为探索 CO_2用量优化与周期递减关系，增大二氧化碳注入量，控制递减，进行了二氧化碳增量与递减关系分析(表 7)。

表 7　试验井第三轮次二氧化碳用量与产量关系统计表

试验井	二氧化碳递增率/%	产油递减率/%
1	-1.4	46.9
2	19.5	17.1
3	66.3	0.6
4	92.9	-74.6

CO_2设计量周期不增加，周期递减加剧（平均递减率 42%）；CO_2设计量周期递增 10%～20%，周期递减减缓(平均递减率 17%)；CO_2设计量增加 66%，周期不递减；CO_2设计量周期递增 93%，周期产油增幅 75%。

通过回归不同 CO_2增幅与产量递减之间的关系，可以看出总体规律仍然呈现出 CO_2增加越多，产量增加越多，在增幅达到 45%可以控制递减，此时产量保持稳定，继续增加 CO_2，产量递增(图 1)。

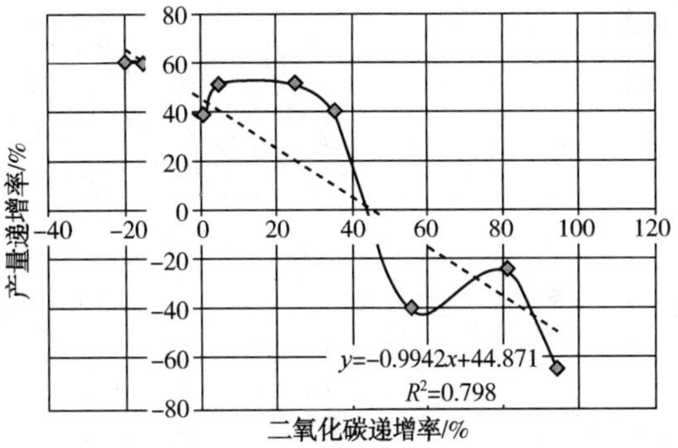

图 1　CO_2 增量与递减关系曲线图

优化二氧化碳用量共实施 17 井次，油汽比 0.33，提升 0.09,，平均单井产油量增加 77 吨。

5　总体应用效果

多轮次二氧化碳采油技术共优化 33 井次，产油 9692 吨，油汽比 0.23，递减率 6.5%，递减得到控制(表 8)。

表 8　二氧化碳采油多轮次井效果统计

措施类型	井次	产油量/t	增油/t	油汽比	递减率/%
水平井均匀动用工艺	4	218	107	0.15	8.9
调剖+二氧化碳	12	372	205	0.25	14
优化二氧化碳用量	17	310	228	0.21	-21.2
合计	33	323	211	0.23	6.5

6 结论

(1) 二氧化碳采油措施增产增效效果明显，但递减率较大；

(2) 水平段动用不均、汽窜、二氧化碳用量等是影响递减的主要因素；

(3) 通过配套水平井均匀动用工艺、调剖工艺集成应用、优化二氧化碳用量可以减缓递减，经济效益得到提升。

参考文献

[1] 沈德煌，张义堂．稠油油藏蒸汽吞吐后转注二氧化碳吞吐开采研究[J]．石油学报，2005，21(3)：30-33.

[2] 杨胜来，王亮，何建军，等．二氧化碳吞吐增油机理及矿场应用效果[J]．西安石油大学学报(自然科学版)，2004，19(6)：23-26.

[3] 黄小亮，贾新峰，周翔，等．延长油田低渗透油藏长岩心二氧化碳吞吐参数优化[J]．新疆石油地质，2015，06(3).

[4] 袁光喜，陈金星，罗全民，等．CO_2 辅助蒸汽提高春光超稠油开发效果实验研究[J]．石油地质与工程，2018，32(6)：82-84.

[5] 张宗辉，孙来喜．新浅45断块稠油蒸汽吞吐汽窜特征及成因分析 [J]．四川文理学院学报，2012，05.

春 17 区块白垩系开发效果研究

张安平

（新疆采油厂）

摘 要 在油藏特征的基础上，通过对春 17 单元地层、沉积相、砂体展布、储层物性、含油层分布等认识，对春 17 区块油井纵向上油层叠合研究，对春 17 白垩系“甜点区”潜力进行摸排，结合上部油层周围邻井生产情况通过开展改善白垩系效果应用研究及现场应用。

关键词 储层沉积学理论指出，沉积环境是沉积物形成的条件，而沉积相是沉积环境的产物，是沉积环境的物质表现。砂体的沉积环境和沉积条件，控制着砂体的分布状况和内部结构特征。大量的实验、模拟和生产动态研究表明，不同环境成因的砂体其储层性质不同，流体在其中的运动规律不同，开发特征也不同。因此，从研究砂体的成因入手，重建砂体沉积时的古环境，识别砂体沉积相，是正确认识砂体特征及其开发动态的基础。

1 沉积特征

根据小层细分结果，再结合砂体展布特征、地震相及单井测井相特征对 KⅣ1^2层开展了沉积微相研究，绘制了 KⅣ1^2层的沉积微相图，研究区内该层中东部广大区域主要发育前三角洲微相，砂体不发育(图 1)。

西北部的春 17 砂体发育 2 支自北向南的水下分流河道。其中西部的春 10-5 这支河道延伸 2.5km 左右，河道规模较小，但河道分支较多；东部的春 17-17 这支河道延伸 2.8km 左右，河道规模较大，河道分支较少；河道砂体厚度一般在 6m 左右。河道侧缘微相主要发育在河道周围和西部的春 10-11-春 2-5 井区域，砂体厚度在 4m 左右。在砂体的南部和东部边界附近及中部的 K4311-401 及春 10-12102 和春 10-16101 等区域发育席状砂微相，砂体厚度一般在 3m 以下。河道间湾微相仅在春 17-3 井和春 10-2 井附近区域发育，砂体厚度在 1m 左右。

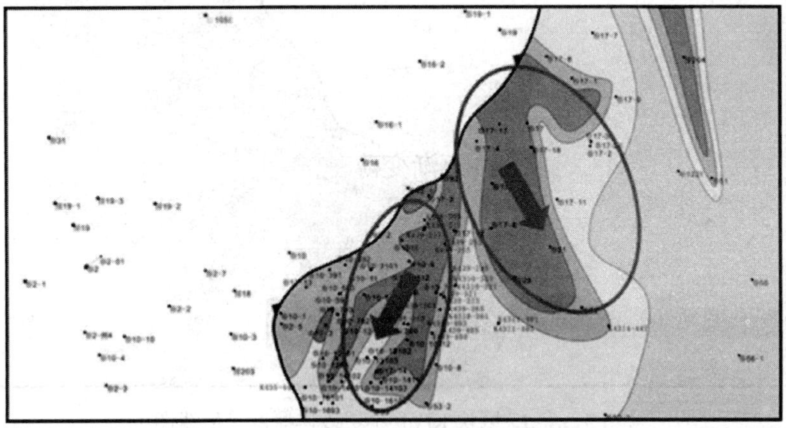

图 1 春 17 井区 KⅣ1^2小层沉积微相图

KⅣ1^3层中东部广大区域除春 9 附近区域发育河口坝微相外，其它区域主要发育前三角洲微相，砂体不发育(图 2)。

西北部的春 17 砂体主要发育 3 支自北向南的水下分流河道。其中西部的春 101E 这支河道延伸 1.5km，河道规模较小，但河道分支较多；中部的春 17-10 这支河道延伸 0.8km，河道规模小，河道分支不发育；东部的春 21 这支河道延伸 3.3km，河道规模较大，但河道分支不发育；河道砂体厚度均在 6m 左右。河道侧缘微相主要发育在河道周围发育，砂体厚度在4m左右。在砂体的南部和东部边界附近、中部的K4311-401井附近及西部的春17-13井等区域发育席状砂微相，砂体厚度一般在3m以下。河道间湾微相仅在春10-392井附近区域发育，砂体厚度在1m左右。

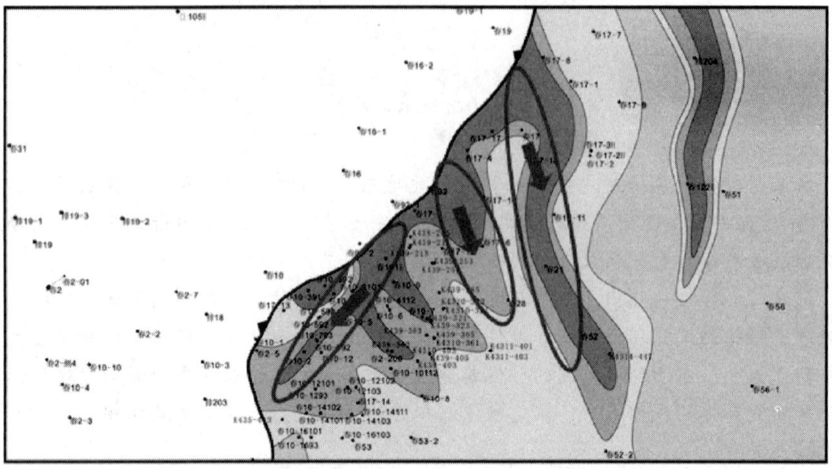

图2　春17井区KⅣ1^3小层沉积微相图

2　储层展布特征

(1) KⅣ$_1^2$ 小层砂体展布特征

由KⅣ1^2小层砂体厚度等值线图(图3)可以看出，西北部的春17砂体是其中分布范围最大的一支砂体，西部边界受地层剥蚀线控制，东部和南部边界受砂体尖灭线控制。砂体整体上呈现从北向南、由中部到东西两侧逐渐变薄的特征，砂体厚度一般在2～6m之间。砂体在K439-211-春10-6-春10-12(春17-14)条带和春17-14-春17-6—春21条带厚度达到6m以上，最大达到7.2m。砂体在南部和东部的砂体边界区域厚度较小，一般在2m一下，最薄处的春53-2井仅为0.8m。

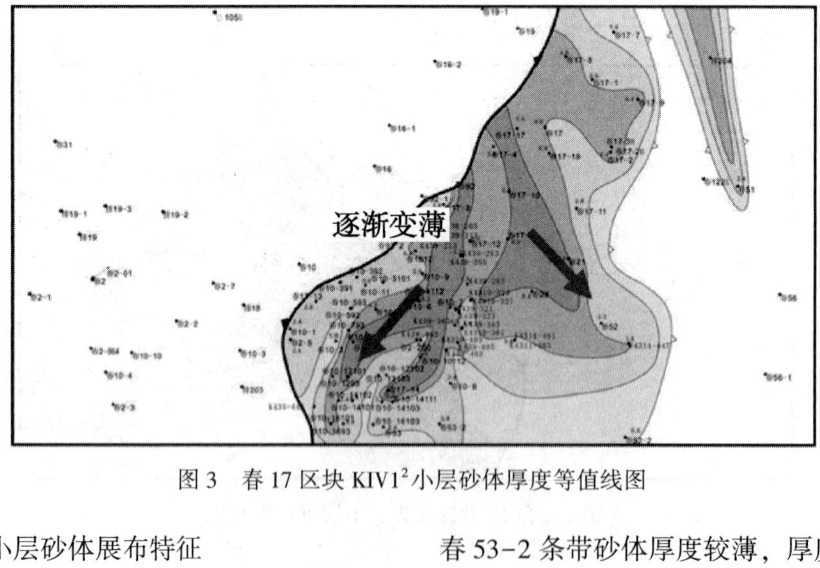

图3　春17区块KIV1^2小层砂体厚度等值线图

(2) KⅣ$_{13}$小层砂体展布特征

由KⅣ1^3小层砂体厚度等值线图(图4)可以看出西北部的春17砂体是其中分布范围最大的一支砂体，西部边界受地层剥蚀线控制，东部和南部边界受砂体尖灭线控制。砂体整体上呈现从北向南逐渐变薄的特征，中部春17-10-春28-春53-2条带砂体厚度较薄，厚度在2-4m之间，砂体在春10-2101-春10-2(K439-403)、春17-3-春17-6和春17-8-春17-11-春21-春52-K4314-447条带厚度在6m以上，最大达到7.8m。

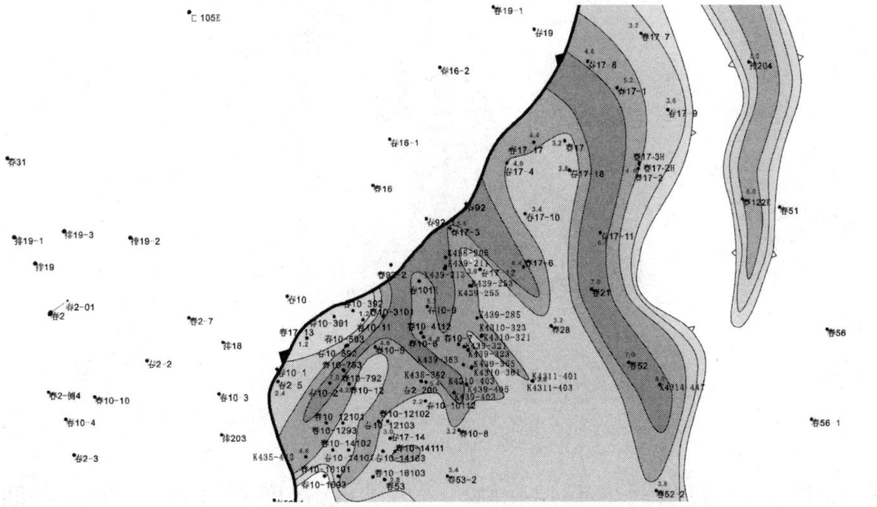

图 4　春 17 区块 KIV1^3小层砂体厚度等值线图

(3) 钙质砂岩展布特征

春 2-5 井是 2011 年钻遇和白垩系油层的一口发现井，根据电测解释及钻井取芯结果，含油层位中钙质砂岩极为发育，受此影响评价初期个别井电测解释的油层厚度偏大。因此，通过开展钙质砂岩岩电特征、平面分布等内容研究，对该区油藏地质特征描述具有重要作用。

春 17 井区白垩系钻井取芯井有春 10-2、春 10-7、春 17-9、春 17-10、春 10-10112 和春 17-17 井，其中春 10-2、春 10-10112、春 17-10 和春 17-17 井四口井钻遇钙质砂岩。

3　储层物性特征

(1) KⅣ1^2小层物性平面分布特征

根据春 17 区块 KⅣ1^2小层储层孔隙度数据绘制了该层孔隙度等值线分布图(图 5)。KⅣ1^2小层孔隙度在 9%~40%之间，平均值为 31.6%。西北部的春 17 砂体仅在南部和东部砂体尖灭线附近、春 10-9 井和 K438-362 井附近区域孔隙度值较低，小于 20%，其它区域孔隙度基本在 25%以上，最高值达 38.8%。

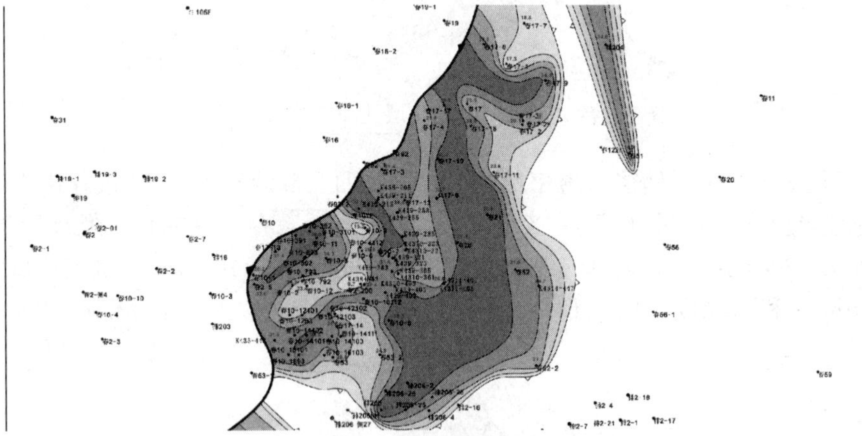

图 5　春 17 区块 KIV1^2小层孔隙度等值线图

根据春 17 区块 KⅣ1^2小层储层渗透率数据绘制了该层渗透率等值线分布图(图 6)。KⅣ1^2小层渗透率在 130~1600×10^{-3} μm^{2}之间，平均值为 1084.9×10^{-3} μm^2。和孔隙度平面分布特征一样，西北部的春 17 砂体仅在南部和东部砂体尖灭线附近、春 10-9 井和 K438-362 井附近区域渗透率值较低，小于 400×10^{-3} μm^2，其它区域渗透率基本在 600×10^{-3} μm^{2}以上，最高值达 1601×10^{-3} μm^2。

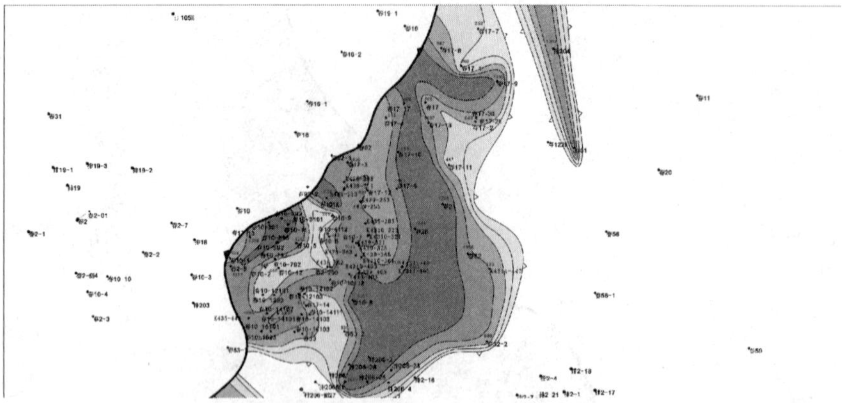

图6　春17区块KIV1²小层渗透率等值线图

整体来看，春17区块KⅣ1²小层储层孔隙度平均值为31.6%，渗透率平均值为1084.9×10^{-3}um²，属高孔高渗储层，储集条件较好。

(2) KⅣ1³小层物性平面分布特征

根据春17区块KⅣ1³小层储层孔隙度数据绘制了该层孔隙度等值线分布图(图7)。KⅣ1³小层孔隙度在15%～40%之间，平均值为31.9%。西北部的春17砂体仅在南部和东部砂体尖灭线附近、中部的春10-6-春10-10112条带区域孔隙度值较低，小于25%，其它区域孔隙度基本在25%以上，最高值达38.3%。

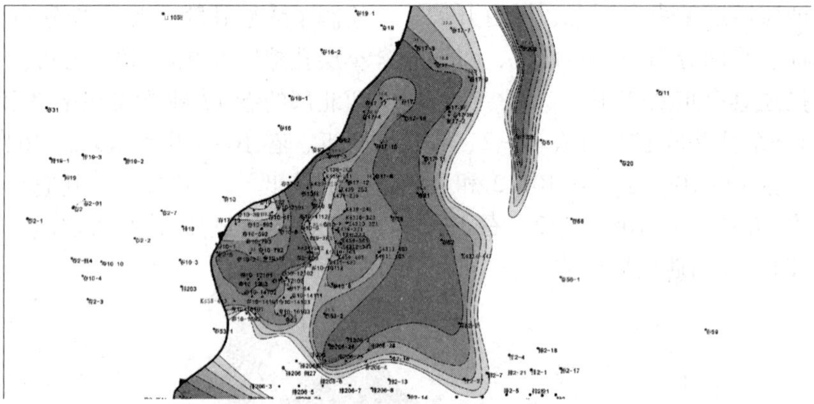

图7　春17区块KIV1³小层孔隙度等值线图

根据春17区块KⅣ1³小层储层渗透率数据绘制了该层渗透率等值线分布图(图8)。KⅣ1³小层渗透率在200～1800×10^{-3}μm²之间，平均值为1109.5×10^{-3}μm²。和孔隙度平面分布特征一样，西北部的春17砂体仅在南部和东部砂体尖灭线附近、春10-391井附近区域渗透率值较低，小于400×10^{-3}μm²，其它区域渗透率基本在600×10^{-3}μm²以上，最高值达1798×10^{-3}μm²。

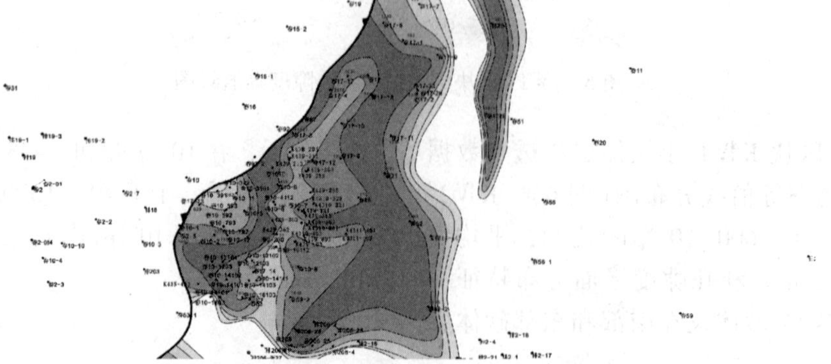

图8　春17区块KIV1³小层渗透率等值线图

(3) 钙质砂岩展布特征

春 2-5 井是 2011 年钻遇和白垩系油层的一口发现井，根据电测解释及钻井取芯结果，含油层位中钙质砂岩极为发育，受此影响评价初期个别井电测解释的油层厚度偏大。因此，通过开展钙质砂岩岩电特征、平面分布等内容研究，对该区油藏地质特征描述具有重要作用。

春 17 井区白垩系钻井取芯井有春 10-2、春 10-7、春 17-9、春 17-10、春 10-10112 和春 17-17 井，其中春 10-2、春 10-10112、春 17-10 和春 17-17 井四口井钻遇钙质砂岩。

根据钻井取芯结果，KⅣ1 小层内部发育了多期次、复杂成因的钙质夹层，在岩心精细描述和精确归位的基础上，落实钙质砂岩的岩性及电性特点：

① 岩性由细到粗均有分布、含油级别低

钙质砂岩岩性从粉砂岩到砂砾岩均可见到，成分以石英为主、长石次之；颜色主要为灰色、浅灰色、灰褐色、褐灰色等，泥灰质胶结(方解石)，胶结中等-致密，含油性多见荧光、油迹和油斑级别显示，未发现油浸及以上级别显示，与稀盐酸反应中等-强烈，颗粒分选中等-差，整体分选较差。

② 厚度薄，与上下岩性呈突变接触关系

钙质砂岩厚度在 0.07~0.89m 之间，一般小于 0.5m，多数在 0.20~0.5m 之间(表 1)；与上、下岩性呈突变接触，致密的钙质砂岩与上、下胶结疏松的油层也呈突变接触的关系(图 9、图 10)。

图 9　春 17-10 井 KⅣ2-3 层第九、十筒钻井取芯

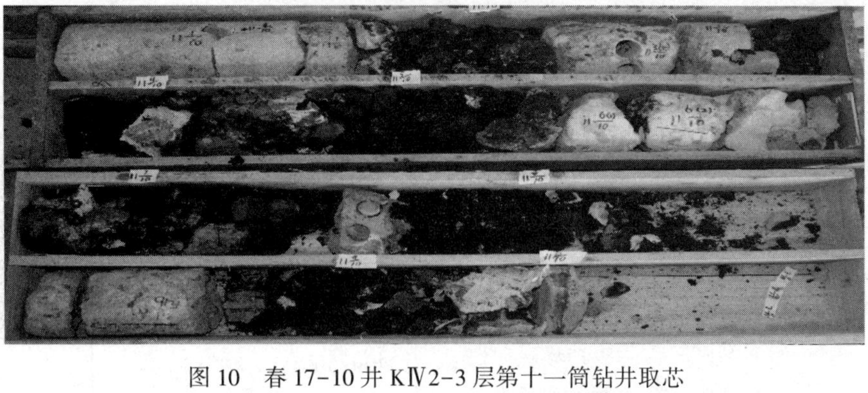

图 10　春 17-10 井 KⅣ2-3 层第十一筒钻井取芯

③ 结构特征

根据铸体薄片、扫描电镜鉴定分析结果，研究区白垩系岩石的孔隙类型有原生粒间孔、剩余粒间孔及粒内溶孔。孔隙以剩余粒间孔为主，其次为原生粒间孔，少量为粒内溶孔；颗粒间以点接触或点—线接触为主，其支撑类型主要为颗粒支撑(图 11)。

④ 电性特征

由于钙质砂岩胶结中等-致密，其电性特征是声波时差小，电阻率高(图 12)。

根据岩心观察及电测解释统计结果，钙质砂岩电测解释孔隙度≤15%，声波时差< 340us/m、电阻率≥2Ω·m，并以此作为钙质砂岩的电性识别标准(图 13)。

图11　春光油田春17井区典型铸体薄片

(a：春10-2井，1027.49m，颗粒间以点接触，原生粒间孔+剩余粒间孔；
b：春10-5井，995.45m，颗粒间以线接触，剩余粒间孔)

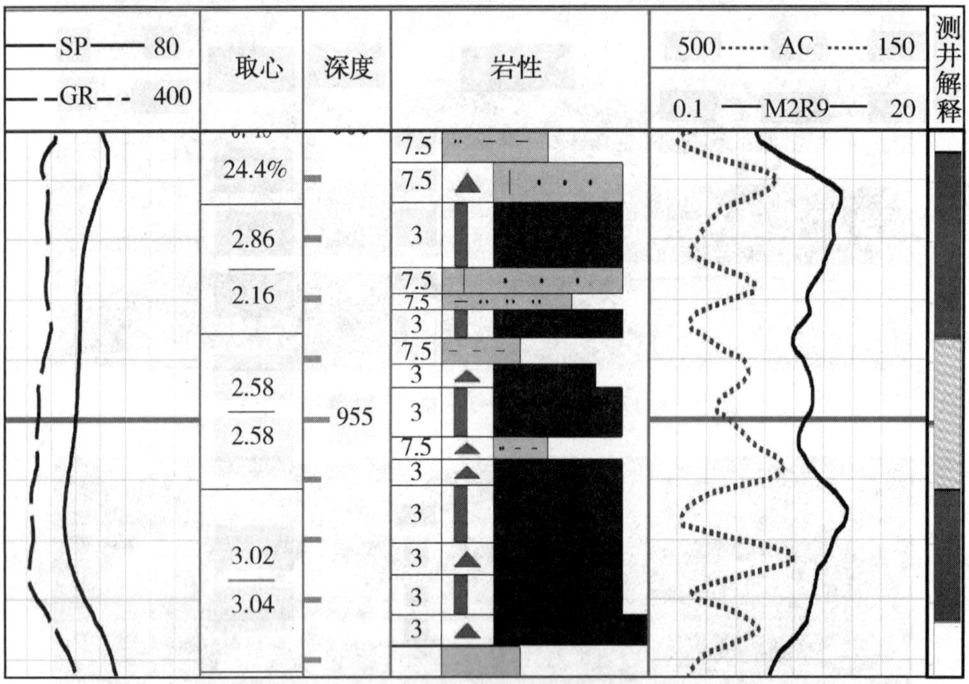

图12　春17-10井岩心归位图

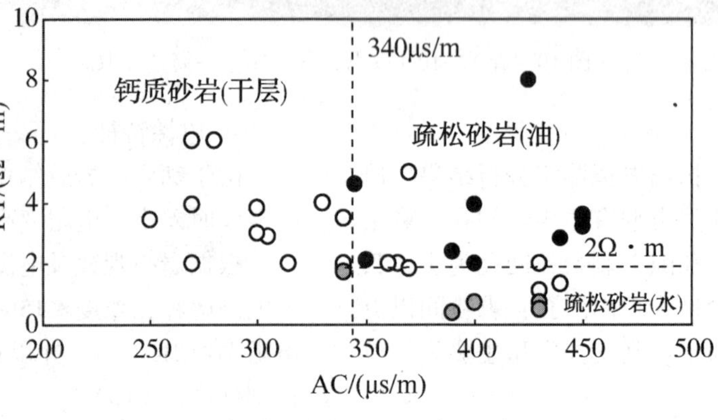

图13　钙质砂岩与Δt、R关系图版

根据钙质砂岩岩电特征对单井进行解释，统计出单井钙质砂岩的发育厚度，本项目主要针对井控程度大的主力含油层位 KIV1^2 和 KIV1^3 小层开展钙质砂岩平面分布特征研究。

⑤ KIV1^2 小层钙质砂岩平面分布特征

从 KⅣ1^2 小层钙质砂岩厚度分布图(图 14)可以看出，该层钙质砂岩在西部的春 17-4-春 17-12-春 10-6-春 10-12-春 17-14 条带、东部的春 17-8-春 17-2-K4314-447 条带和排 204-春 51 条带、南部的排 206-23-春 153E 侧 1 条带等广大区域均发育，仅在中部的春 17-18-春 17-6-春 28-排 206-28 条带不发育，一般发育厚度在 1～4m 之间，厚度较大的春 10-6、春 10-12 和春 153E 侧 1 井附近区域达到 5m 以上。

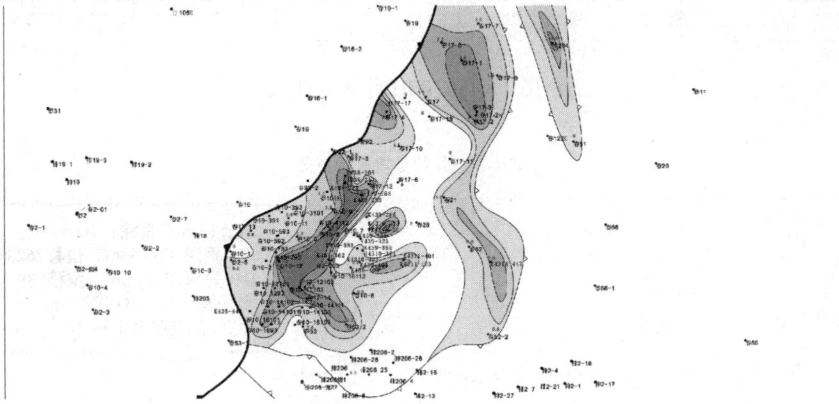

图 14　春 17 区块 KIV1^2 小层钙质砂岩厚度等值线图

⑥ KIV1^3 小层钙质砂岩分布特征

从 KⅣ1^3 小层钙质砂岩厚度分布图(图 15)可以看出，该层钙质砂岩在西部的 K438-205-春 10-6-春 17-14 条带、北部的春 17-7-春 17-1、东部的 17-11-K4314-447 条带、南部的排 206-16-春 153-1 和春 153E 侧 1 条带等广大区域均发育，在中部的春 17-18 和春 17-10-春 28 条带和南部的排 206-23-排 206-19 条带不发育，一般发育厚度在 1～3m，厚度较大的春 10-6、K438-205 和春 17-1 井附近区域达到 4m 以上。

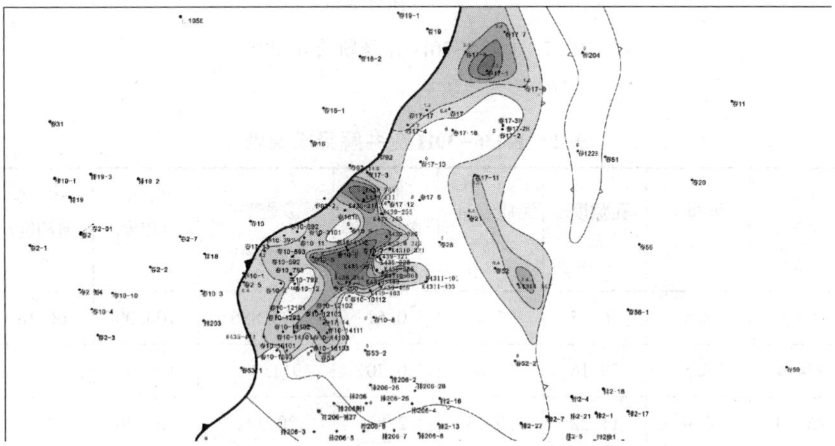

图 15　春 17 区块 KIV1^3 小层钙质砂岩厚度等值线图

⑦ 主要发育在水下分流河道和河道侧缘部位

结合钙质砂岩厚度平面分布和沉积微相类型分析发现，钙质砂岩主要发育在辫状河三角洲水下分流河道和河道侧缘部位，且厚度较大，一般在 3m 以上；席状砂和河道间湾部位钙质砂岩仅局部发育，且厚度较小，一般在 2m 以下。

4　白垩系低效井原因分析及治理对策研究配套

(1) 低效原因分析

白垩系 KⅣ2、3 层由于储层展布变化快，钙质夹层发育，油层含油饱和度低，同时由于油层薄，钻井过程中容易出层，因此致使部分油井投产后低效生产。从K436-30H测井曲线可以看出，射孔层段1166.66~1439.85米油层钻遇油层，但油层含油饱和度低，因此投产后措施效果差(图16、图17、表1)。

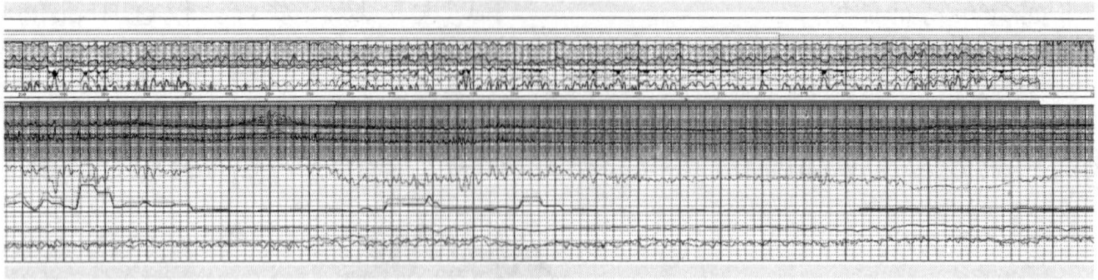

图16　K436-30H井测井曲线

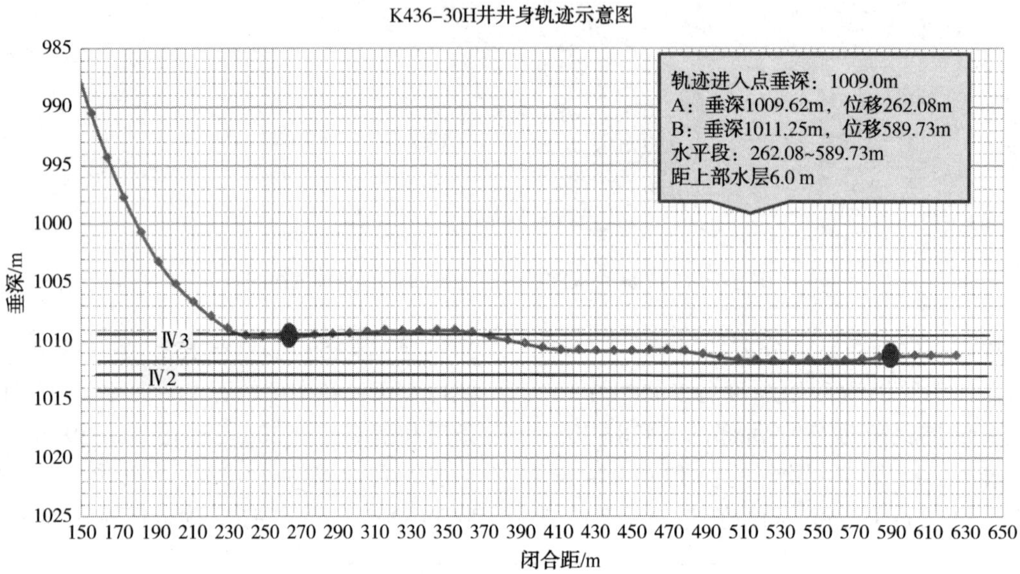

图17　K436-30H井身轨迹示意图

表1　K436-30H测井解释成果表

层号	起始深度/m	终止深度/m	厚度/m	孔隙度/%	泥质含量/%	地层电阻率/Ω·m	渗透率/$\times10^{-3}\mu m^2$	含水饱和度/%	束缚水饱和度/%	解释结论	备注
1	931.4	939.9	8.5	26.95	27.17	0.51	678.886	100.00	66.18	水层	
2	941.9	944.4	2.5	29.16	21.00	0.70	911.303	100.00	59.72	水层	
3	950.1	952.0	1.9	11.22	30.23	2.83	20.381	100.00	67.22	干层	
4	970.7	975.1	4.4	26.57	14.87	9.66	567.331	68.93	34.32	油层	
5	982.1	984.4	2.3	2.13	25.67	9.96	0.321	100.00	74.73	干层	
6	984.5	993.0	8.5	12.82	16.39	23.00	52.977	86.51	64.83	油层	
7	993.0	994.4	1.4	8.69	13.91	28.14	19.261	95.11	62.08	差油层	
8	996.1	1002.7	6.6	12.41	19.02	8.32	36.823	97.90	67.26	差油层	
9	1003.6	1009.9	6.3	11.10	20.83	6.04	21.314	98.71	69.77	差油层	
10	1012.4	1013.6	1.2	2.03	24.35	2.33	0.733	100.00	73.53	干层	

续表

层号	起始深度/m	终止深度/m	厚度/m	孔隙度/%	泥质含量/%	地层电阻率/Ω·m	渗透率/$\times 10^{-3}\mu m^2$	含水饱和度/%	束缚水饱和度/%	解释结论	备注
11	1014.4	1017.2	2.8	2.60	12.75	2.84	0.200	100.00	60.98	干层	
12	1017.5	1021.9	4.4	9.97	21.23	1.29	9.916	100.00	70.13	水层	
13	1028.0	1058.9	30.9	9.88	19.72	1.43	25.499	100.00	58.73	水层	
14	1068.1	1078.5	10.4	3.17	22.16	1.61	1.961	100.00	70.06	水层	
15	1083.1	1108.2	25.1	24.41	16.41	0.98	471.077	100.00	56.23	水层	
16	1116.0	1118.2	2.2	7.98	36.12	2.68	9.514	93.92	81.12	干层	
17	1118.2	1128.2	10.0	16.52	27.09	2.65	75.284	73.13	74.91	差油层	
18	1128.2	1179.3	51.1	5.87	25.36	4.69	1.685	100.00	74.12	干层	
19	1179.4	1200.8	21.4	16.59	20.28	4.14	216.573	74.89	69.14	油层	
20	1200.8	1222.0	21.2	9.97	26.05	4.20	10.617	85.90	74.63	差油层	
21	1222.0	1256.4	34.4	8.45	23.24	3.76	6.043	98.95	72.01	干层	
22	1256.5	1427.2	170.7	24.70	16.95	2.40	421.510	89.82	65.67	差油层	
23	1427.2	1446.3	19.1	12.74	31.69	4.04	24.297	97.39	79.93	干层	
24	1446.3	1504.8	58.5	31.85	15.31	2.96	1174.870	83.17	63.88	差油层	

K436-30H 井，生产 K$Ⅳ_3$仅吞吐一个周期，累计产油仅有 5.0 吨，平均日产油量仅有 0.1 吨，生产效果差，于 2017 年 7 月上返至沙湾组Ⅱ2 层生产(表 2)。

表 2　K436-30H 井周期吞吐效果统计表

周期	注汽情况				周期情况				指标					备注
	注汽量/t	注汽压力/MPa	注汽温度/℃	注汽速度/(t/d)	生产天数/d	液量/t	油量/t	综合含水/%	阶段油汽比	回采水率/%	采注比	液量/t	油量/t	
1	1092	15.3	331	195	43	2032	5	100	0	186	1.9	47.6	0.1	水溶 26m^3，N226000Nm^3

(2) 治理对策研究配套

针对水平井水平段油藏物性差异大的情况，注汽后吸汽差异性大，物性差的井段吸汽会降低蒸汽的热利用率，致使生产效果变差，可以采用分段开采技术，对物性差的井段进行封堵，优先开采物性好的层段，提升蒸汽热利用率，改善油井开发效果。结合二氧化碳膨胀增能降黏的作用机理，对白垩系油井配套应用二氧化碳强化采油技术，进一步改善油井生产效果。

K439-26H 井是春光油田春 10 东区白垩系Ⅳ砂组开发方案部署的一口热采水平井，2014 年 6 月 17 日注汽投产 KⅣ3(后段,)井段：1290.0～1370.0m，共注汽一轮，累计注氮气 10200Nm^3，累计注汽 687t，累计产液 687.7 吨，产油 0.6 吨，油汽比为 0，回采水率 100%，日均产液 22.2 吨，日均产油 0 吨。(见吞吐数据表)。焖井后油嘴放喷不出，转抽后日产液 35.9m^3，含水 100%。取样化验该井含硫化氢超标停产。2017 年 6 月 23 日再次开抽，6 月 25 日～7 月 20 日日产液 24.4m^3，含水 100%，液面 84m，Cl^-：38813mg/L，监测 H_2S 浓度：179～200ppm，2017 年 7 月 21 日高含水关井。

该井进行注蒸汽吞吐投产，投产层位KⅣ3小层后段（射孔井段：1290.0～1370.0m，射孔厚度80.0m），生产效果差，含水100%，且高含硫化氢。对K439-26H测井曲线进行分析，认为前段1060.0～1077.4m油层物性好，具有开采潜力，因此对该井返至前段生产。射孔井段：1060.0～1077.4m，射孔厚度17.4m，要求封堵水平段后段，生产水平段前段(表3、图18、图19)。

表3　K439-26H井油层数据表

层位	井段/m	砂层厚度/m	孔隙度/%	泥质含量/%	渗透率/$10^{-3}\mu m^2$	测井解释	实射井段/m	实射厚度/m	备注（生产、已封、待射等）
	1035.0～1037.6	2.6	31.92	14.2	847.6	水层			
$KⅣ_3$	1057.8～1080.8	23.0	33.13	16.05	1426.4	油层	1060.0～1077.4	17.4	射孔单采
$KⅣ_3$	1080.8～1163.7	82.9	17.71	23.96	113.5	差油层			
$KⅣ_3$	1163.7～1168.5	4.8	12.09	21.04	15.2	干层			
$KⅣ_3$	1168.5～1174.6	6.1	22.26	19.19	169.7	差油层			
$KⅣ_3$	1174.6～1179.6	5.0	6.79	17.1	3.1	干层			
$KⅣ_3$	1179.6～1187.1	7.5	23.76	15.02	409.7	差油层			
$KⅣ_3$	1187.1～1189.7	2.6	12.56	14.23	27.9	干层			
$KⅣ_3$	1189.7～1215.6	25.9	25.26	19.89	364.8	差油层			
$KⅣ_3$	1215.6～1218.7	3.1	7.60	10.22	7.9	干层			
$KⅣ_3$	1218.7～1259.5	40.8	21.99	20.99	302.0	差油层			
$KⅣ_3$	1259.5～1387.2	127.7	23.64	29.85	356.2	干层	1290.0～1370.0	80.0	封堵

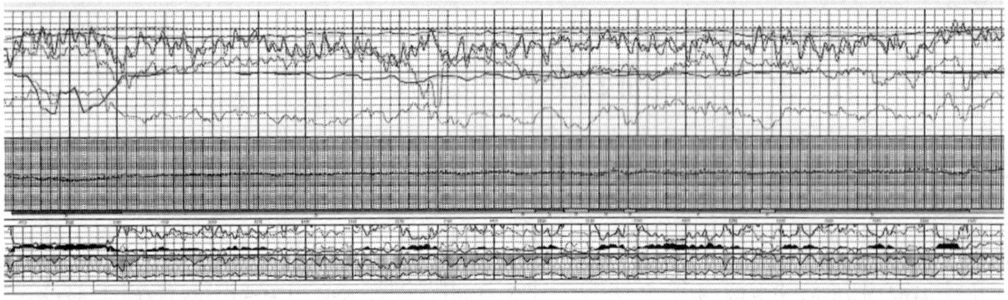

图18　K439-26H井测井曲线

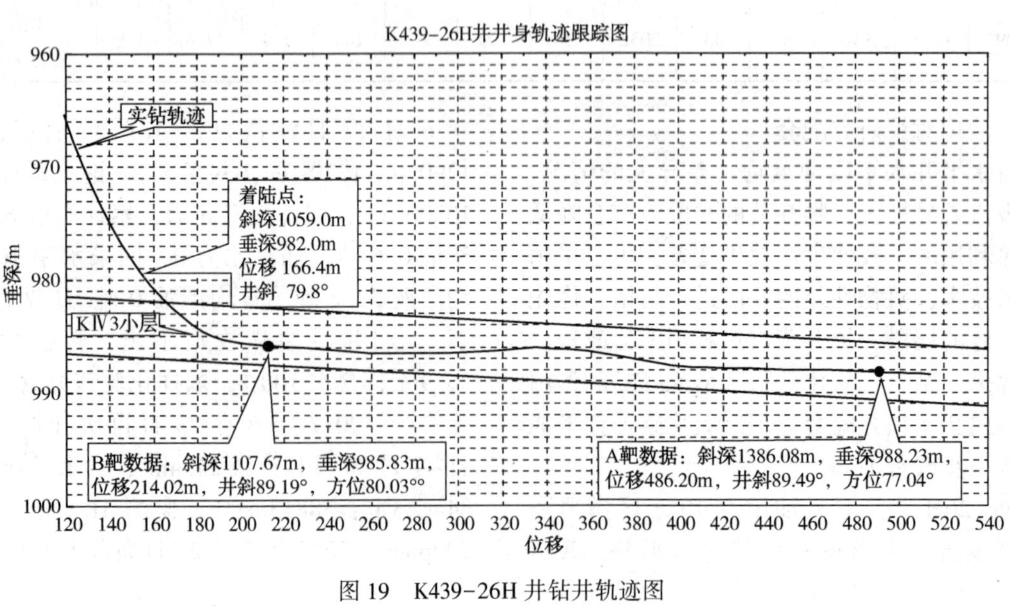

图19　K439-26H井钻井轨迹图

该井上返后生产效果较好，前2个周期，累计注蒸汽961.3t，生产96.5天，产液857.4t，产油446.3t，含水47.9%，阶段油汽比0.46，回采水率42.8%。为增加地层能量，延长生产周期，改善油水流度比，增加原油产量，决定对该井实施二氧化碳强化采油措施。该井在第3周期实施二氧化碳强化采油措施，注二氧化碳38.84t，生产90.8d，产液1250.5t，产油422.2t，含水66.2%，油气比0.48，日均产油4.7t/d。第4周期实施二氧化碳强化采油措施，注二氧化碳22.36t，生产86.5d，产液1379.1t，产油637.9t，含水53.7%，油气比0.8，日均产油7.4t/d。实施二氧化碳强化采油后，峰值产油期明显延长，日均产油提高，取得较好的增油效果。为进一步改善油井生产效果，优化工艺技术及参数，配套了二氧化碳复合降黏工艺，由于油溶性复合降黏剂、CO_2和蒸汽的复合降黏及混合传质作用，地层原油降黏效果好，降黏范围大，蒸汽的波及体积大幅增加，因此，措施效果得到进一步改善(表4)。

表4 K439-26H井周期吞吐效果统计表

周期	井段长度/m	注汽情况		周期情况				指标					备注
		注汽量/t	注汽压力/MPa	生产天数/d	液量/t	油量/t	综合含水/%	阶段油汽比	回采水率/%	采注比	液量/t	油量/t	
1	80.0	687	11.1	31	688	1	100	0.00	100	1.00	22.3	0.0	油溶 $18m^3+10200m^3 N_2$
2	17.4	558	17.8	36	242	133	45	0.24	20	0.43	6.7	3.7	
3	17.4	404	16.3	65	476	227	52	0.56	62	1.18	7.4	3.5	
4	17.4	885	16.5	93	1285	422	67	0.48	97	1.45	13.9	4.6	CO_2：38t+N_2：$2000m^3$
5	17.4	800	13.5	87	1379	638	54	0.80	93	1.72	15.9	7.4	CO_2：22.5t+N_2：$2000m^3$
6	17.4	818	17	80	1496	131	91	0.16	167	1.83	18.8	1.6	降黏剂：6t+CO_2：24.58t
7	17.4	839	13.5	126	2826	430	85	0.51	286	3.37	22.3	3.4	
8	17.4	1277	15	92	2853	80	97	0.06	217	2.23	30.9	0.9	N_2：$15000m^3$
9		6268		609	11245	2061	82	0.33	147	1.79	18.5	3.4	

(3) 注入工艺及参数优化

春17-12井是部署在春17井区的1口评价井，其目的为落实春17井区白垩系、侏罗系储量规模和侏罗系产能。该井于2013年8月25日开钻，2013年8月30日完钻，完钻层位为石炭系，完钻井深1068米。春17-12井录井共发现油气显示5层，38.0m，其中油斑2层，16.0m；油迹2层，17.0m；荧光1层，5.0m。全井综合解释油层3层，5.9m；差油层3层，14.7m。

该井于2014年7月13日对KⅣ2-3小层的976.6~984.0m井段进行蒸汽吞吐试采，累计生产577.6天，累计产液5943.8t，累计产油518.9t，平均日产油0.9t，油汽比0.08，目前日产液3.7t，日产油0.8t，含水78.4%，生产效果较差。

该井原油黏度没有数据，借鉴同层临井春101E的黏度数据，油层温度44.2℃，原油黏度42320mPa·s，为特稠油(图20)。

该井主要采取的是水溶性降黏剂和油溶性降黏技术。水溶性降黏剂是在表面活性剂的作用下，注入井下的水溶液使高黏度的稠油转变为低黏度的水包油(O/W)型乳状液。油溶性降黏技术在地层条件下通过降黏剂与原油接触后相似相溶，降低原油黏度。在新井预处理阶段，注油溶性降黏剂5吨，水溶性降黏剂$11m^3$，注氮气$11000Nm^3$，注蒸汽159吨。在第二周期注汽阶段，注水溶性降黏剂$20m^3$，注氮气$15000Nm^3$，注蒸汽1531吨。在第三周期注汽，注水溶性降黏剂$18m^3$，注氮气$15000Nm^3$，注蒸汽1402吨(表5)。

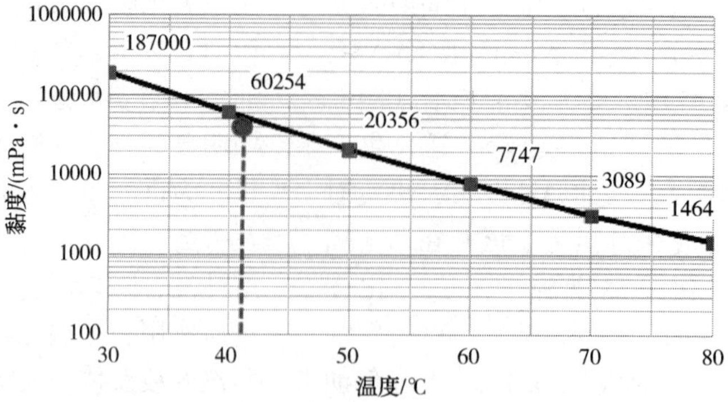

图 20

表 5　春 17-12 井周期生产数据表

周期	注汽情况				周期情况						指标				
	注汽天数/d	注汽量/t	注汽压力/MPa	注汽干度/%	焖井天数/d	生产天数/d	峰值产油/t	液量/t	油量/t	综合含水/%	阶段油汽比	回采水率/%	采注比	液量/t	油量/t
预处理	0.9	159	16.4	59		2.3		12.0	0.0	100	0.00	7.5	0.08	5.2	0.0
1	9.2	1437	16.5	50	3.2	64.3	1.7	1050.8	40.1	96	0.03	70.4	0.73	16.3	0.6
2	9.8	1531	16.6	38	2.2	300.6	5.2	2342.6	320.5	86	0.21	132.1	1.53	7.8	1.1
3	9.5	1402	16.3	75	3.1	43.1	5.5	765.6	70.3	91	0.05	49.6	0.55	17.8	1.6
4	7.1	1200	15.9	77	3.9	118.4	1.9	1604.3	74.9	95	0.06	127.5	1.34	13.6	0.6
合计		4529				410		4171	431	90	0.10	82.6	0.92	10.2	1.1

5　应用效果评价

2018年以来，通过分析白垩系水平井平面分布特征，结合测井曲线、油井产状等资料，配套应用了优化生产井段和辅助吞吐措施，井实施11井次，有效9井次，有效率81.8%，增油4537t。其中对3口井实施了优化生产井段措施，两口井见到好的效果，实施后共吞吐12周期，改善了油井产状。其中，平均周期产油量由原来的29.3t提高到264.6t，油汽比由0.03提高到0.29(表6)。

表 6　白垩系优化生产井段前后应用效果统计表

		井段长度/m	周期	注汽量/t	注汽压力/MPa	生产时间/d	产液量/t	产油量/t	含水/%	油汽比	增油量/t
K437-22H	实施前	141.6	5	1400	16.7	109	846	12	99	0.01	
	实施后	59.1	1	1600	17.9	22	164	32	80	0.02	20
		59.1	2	1200	17.8	31	243	103	58	0.09	71
		59.1	3	889	17.1	40	429	234	46	0.26	221
		59.1	热	556	17.3	34	434	245	43	0.44	233
		59.1	4	1000	16.0	64	1003	479	52	0.48	467
		59.1	5	1000	14.2	47	800	323	60	0.32	311

续表

		井段长度/m	周期	注汽量/t	注汽压力/MPa	生产时间/d	产液量/t	产油量/t	含水/%	油汽比	增油量/t
K439-26H	实施前	80.0	1	687	11.1	31	688	1	100	0.00	
	实施后	17.4	1	558	17.8	36	242	133	45	0.24	132
		17.4	2	404	16.3	65	476	227	52	0.56	226
		17.4	3	885	16.5	93	1285	422	67	0.48	421
		17.4	5	800	13.5	87	1379	638	54	0.80	638
		17.4	6	818	17.0	80	1496	131	91	0.16	130
		17.4	7	839	13.5	126	2826	430	85	0.51	429
K437-24H	实施前	266.1	6	1349	14.1	58	727	75	90	0.06	
	实施后	48.0	7	1159	15.2	42	667	43	94	0.04	无效
平均	实施前			1145	14.0	66	753.7	29.3	96.1	0.03	
	实施后			900	16.2	59	880.3	264.6	69.9	0.29	
合计											3299

针对白垩系埋藏深，原油黏度高等特点，配套应用了化学降黏、二氧化碳降黏及防膨等措施，共实施 8 井次，合计周期产油量由原来的 1137t 提高到 2546t，油汽比由 0.12 提高到 0.25，增油 1238t(表 7)。

表 7　辅助吞吐应用效果统计表

井号	降黏剂/t	CO_2量/t	蒸汽量/t	生产天数/d	累产液量/t	累产油量/t	含水/%	油气比	日产液量/t	日产油量/t	措施有效与否	增油量
K439-323			822	15	87	10.8	87.6	0.01	5.7	0.7	有效	63.1
		49	900	28	230	73.9	67.8	0.08	8.3	2.7		
K438-362			1215	62	1001	259	74.1	0.21	16.1	4.2	有效	429.2
		49.92	1200	133	2169	688.2	68.3	0.57	16.4	5.2		
K436-38H			1900	106	1154	340.9	70.5	0.18	10.9	3.2	有效	
		85.68	1223	49	907	310.7	65.8	0.25	18.6	6.4		
春 17-12			1200	172	1831	89.9	95.1	0.07	10.7	0.5	有效	147.9
	8	70.14	1200	87	1482	237.8	84	0.2	17	2.7		
K436-28H			2548	107	2072	388.4	81.3	0.15	19.4	3.6	有效	57.8
		47.1	1392	60	1332	446.2	66.5	0.32	22.1	7.4		
K436-40H			1180	32	394	102.7	73.9	0.09	12.4	3.2	有效	263.9
		55.56	1530	34	521	366.6	29.6	0.24	15.2	10.7		
K436-36H			1413	46	586	72.5	87.6	0.05	12.8	1.6	无效	
	5	50.36	1222	104	3249	43.7	98.7	0.04	31.3	0.4		
K436-40H			1180	32	394	102.7	73.9	0.09	12.4	3.2	有效	276.1
		68.54	1336	64	1165	378.8	67.5	0.28	18.3	5.9		
实施前			11459	571	7520	1367	81.8	0.12	13.2	2.4		
实施后			10004	558	11055	2546	77.0	0.25	19.8	4.6		1238

参 考 文 献

[1] 冯增昭．沉积岩石学[M]．2版．北京：石油工业出版社，1993.

[2] 冯增昭，王英华，刘焕杰，等．中国沉积学[M]．北京：石油工业出版社，1994.

[3] 赵澄林，吴崇筠．油区岩相古地理[M]．东营：石油大学出版社，2001.

[4] 邢凤存，陆永潮，刘传虎，等．车排子地区构造-古地貌特征及其控砂机制[J]．石油与天然气地质，2008，29(1)：78-83.

[5] 杨勇，陈世悦，向奎，杨俊生，等．准噶尔盆地西北缘车排子地区下白垩统层序地层与沉积演化[J]．中国石油大学学报(自然科学版)，2011，35(5)：20-26.

[6] 于群达，贾艳霞，李秋菊，赵平，安艳君，何坚等．准噶尔盆地西缘春光区块沙湾组沉积相及含油规律分析[J]．石油地质与工程，2010，24(5)：23-27.

[7] 庄新明．准噶尔盆地车排子凸起石油地质特征及勘探方向[J]．新疆地质，2009，27(1)：70-74.

[8] 朱筱敏，信荃麟，张晋仁，等．断陷湖盆滩坝储集体沉积特征及沉积模式[J]．沉积学报，1994，12(2)：20-27.

[9] 刘传虎，王学忠，等．准噶尔盆地车排子地区层序地层结构及有利储集相带[J]．新疆石油地质，2012，33(1)：1-5.

[10] 沈扬，贾东，赵宏亮，韩祥磊，等．准噶尔盆地西部车排子凸起新近系沙湾组成藏体系与富集规律[J]．地质通报，2010，29(4)：581-588.

[11] 穆玉庆，等．岩性油藏地震描述技术的研究与应用-以车排子地区为例[J]．油气地球物理，2009.

[12] 万敏．准南缘及车排子地区深部碎屑岩优质储层控制因素分析[J]．新疆石油天然气，2009.

[13] 史建南．准噶尔盆地车排子凸起隐蔽油气藏成藏机理[J]．西安石油大学学报：自然科学版，2009.

[14] 董臣强．准噶尔盆地车排子地区成藏特征分析[J]．油气地球物理，2008.

[15] 靖辉，江洪，等．准噶尔盆地西缘车排子地区岩性油气藏成藏主控因素[J]．石油实验地质，2007.

浅薄层稠油油藏不同蒸汽干度驱油效率研究与应用

姚俊龙

（中国石化河南油田分公司采油二厂）

摘　要　稠油在世界油气资源中占比较大，其突出特征是对温度非常敏感，随温度的增加，原油黏度快速降低，因此，注蒸汽是开发稠油油藏的常用手段。本论文通过建立蒸汽驱替实验装置，模拟现场蒸汽吞吐驱油过程，计算出不同蒸汽干度驱油效率，结果表明，在相同注入倍数时，随蒸汽干度的增加，驱油效率增加，井底最佳蒸汽干度应大于50%；同时，通过监测注汽管网沿程热损失，测算出不同管网条件下的井口蒸汽干度，注汽管线距离越近、保温质量越好、管道附件越少，沿程热损失就越少，井口蒸汽干度就越高。现场生产应用表明，通过提高注汽锅炉出口蒸汽干度或减少注汽管网沿程热损失，都可达到提高注汽井井口蒸汽干度，进而达到提高驱油效率的目的。理论与应用相结合，论文研究成果可为现场地面方案设计、生产运行组织、注汽参数设计提供参考。

关键词　稠油；蒸汽吞吐物理模拟干度驱油效率；热损失

1　河南油田稠油简要特征

稠油是一种高黏度、高密度的原油，国外将稠油统称为重质原油。稠油在世界油气资源中占有较大的比例，据统计，世界稠油、超稠油和天然沥青的储量超 1000×10^8t，稠油年产量高达 1.27×10^8t 以上。稠油从上个世纪 60 年代开始工业化生产，经过几十年的发展，开采技术发展较快，形成了冷采及热采两大类技术，其中以蒸汽吞吐、蒸汽驱、火烧油层、热水驱等热力开采技术为主。从稠油年产油量构成来看，用注蒸汽法产油量约占 70%，特别在开发高重度、高黏度和高孔隙度的油藏时，它几乎已成为一种常规的采油方法。河南油田稠油主要为浅薄层油藏，常用注蒸汽法开采，因油藏埋藏浅（绝大多数小于 500m），油层原始地层温度、压力低，蒸汽吞吐周期递减大；因油层薄（单层厚度 1～4m），开发过程中顶底盖层热损失大，注采转换频繁，单井产能低。

稠油的突出特征是对温度非常敏感，如图 1 所示，随着温度的上升，原油黏度大幅度下降。在注蒸汽采油中，相同温度压力条件下，蒸汽干度越高，热焓值越高，加热油层体积越大，降黏效果越明显，开发效果越好。为确定不同蒸汽干度的驱油效率，笔者参考河南油田分公司井楼油田浅薄层稠油油藏条件，建立物理蒸汽驱替模型，利用现场原油，开展不同蒸汽干度在吞吐过程中的驱油效率研究。

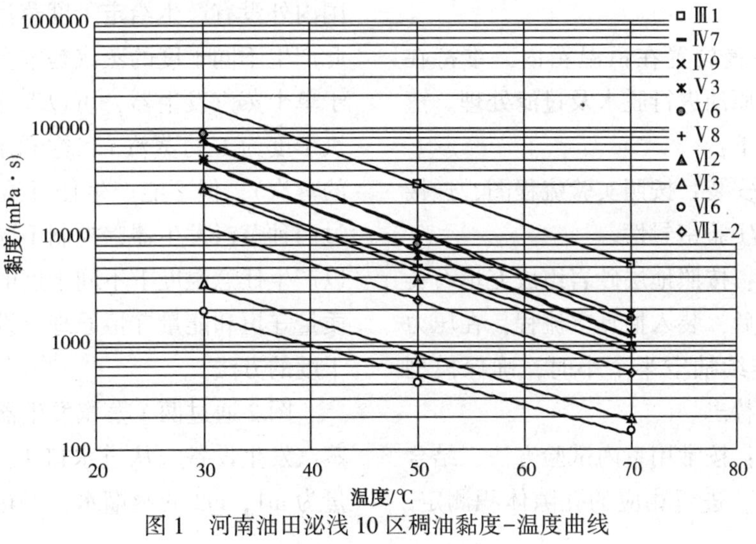

图 1　河南油田泌浅 10 区稠油黏度-温度曲线

2　实验原理、器材及方法

2.1　实验原理

通过两台高压蒸汽发生器，产生相应温度和干度的蒸汽，两个蒸汽发生器产生的蒸汽按一定比例配制，形成不同目标干度的蒸汽，注入管式岩心模型装置进行驱油实验，通过计量驱替末端的原油产出量，进而推算出不同蒸汽干度对驱油效率的影响。

2.2　实验器材

利用蒸汽驱线性模型(图2)，可以实现不同温度(250℃、300℃)和不同蒸汽干度(0、10%、30%、50%、70%、90%、100%)条件下驱油效率研究。

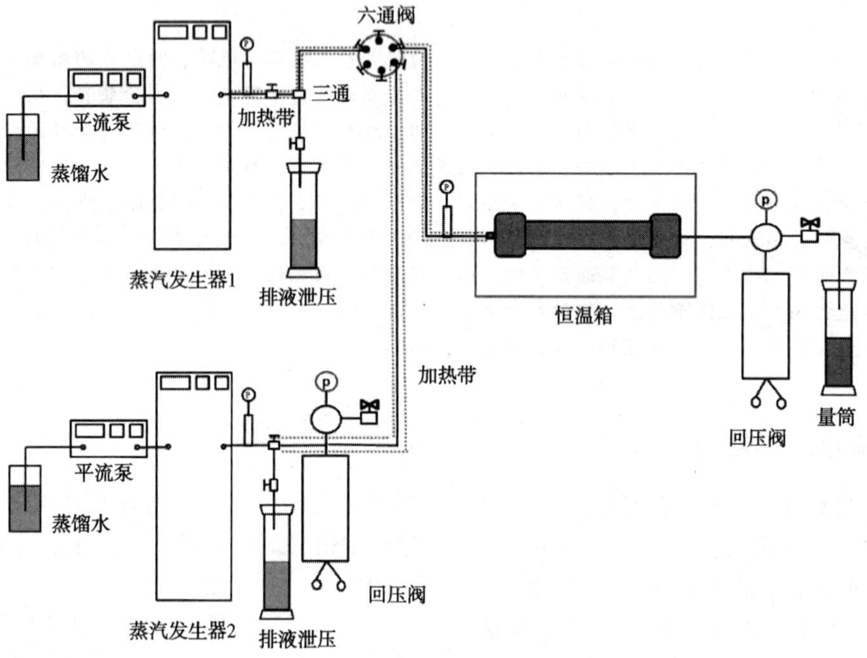

图2　不同干度驱油线性模型流程图

该装置包括恒温箱、蒸汽发生器、注入系统、温控系统、生产系统及辅助系统等。注入系统包括蒸汽发生器、平流泵、回压阀等装置，由两台蒸汽发生器构成，可以模拟不同干度蒸汽的注入。

2.3　实验方法

将整个实验装置放置在恒温箱内，维持在30℃，实验前，将原油进行脱水及过滤处理。蒸汽驱替实验步骤如下：

(1) 实验装置安装：按照实验流程图，连接各设备，确保整个实验密封性。

(2) 模型填充：按照地层砂岩组成充填石英砂，模型填充完成后，装入抽真空流程，在压力至-0.1MPa后，连续抽空半个小时，确保模型管中气体被完全驱替出。

(3) 岩心准备：按常用室内试验方法，结合现场油层物性条件，进行相应的孔隙体积测定、渗透率测定及原始含油饱和度测定；

(4) 驱替实验：通过两台高压蒸汽发生器，产生相应的温度和干度的蒸汽，两个蒸汽发生器产生的蒸汽按一定比例配制，形成不同目标干度的蒸汽，注入管式岩心模型进行驱油实验。由于国内外没有产生给定干度蒸汽的蒸汽发生器，因此产生不同干度的蒸汽是本实验的最大难点。对于单个蒸汽发生器，可以产生干饱和蒸汽(即蒸汽干度为1的蒸汽)和饱和水(即蒸汽干度为0的蒸汽)，但不能产生任意给定干度的蒸汽。通过两种蒸汽发生器，控制不同的温度和流量是可以产生任意温度下不同干度的蒸汽。本实验基于质量守恒和能量守恒原理，设计了一种产生不同干度的方法。

图2通过两个蒸汽发生器组装形成一个组合蒸汽发生设备，从进水口1、2分别注入质量流量为m1，m2的蒸馏水，经过蒸汽发生器1、2，

蒸汽发生器 1 产生温度为 T1 的干蒸汽，蒸汽发生器 2 产生温度为 T2 的饱和水，通过蒸汽出口段的回压阀控制回压(油藏压力)p，根据饱和蒸汽压力和温度一一对应的关系，通过这个装置就可以产生质量流量为 m，温度 T 的干度为 x 的饱和蒸汽，其中热补偿设备(加热带)的加入是为了补偿平衡蒸汽流过管线带来的热损失，具体算法如下：

对于饱和蒸汽，温度和压力 T 和 p 满足如下关系式：

$$T = 210.2376p^{0.21} - 30 \tag{1}$$

由质量守恒定律可得：

$$m_1 + m_2 = m \tag{2}$$

能量守恒可得：

$$H_1 \cdot m_1 + H_2 \cdot m_2 = H_0 \cdot m \tag{3}$$

式子中 H_1，H_2 分别为蒸汽发生器 1、2 产生蒸汽的热焓值。

因此要产生质量流量为 m，温度为 T，干度为 x 的饱和蒸汽只需要同时满足(2)、(3)两个方程式即可。

3 实验结果与分析

3.1 直观分析

该论文共开展了 7 组驱替实验，分别研究了蒸汽干度为 0%(热水)、10%、30%、50%、70%、90%、100%(干蒸汽)时的驱油效率，具体参数见表 1。

表 1 不同蒸汽干度对驱油效率影响实验参数取值表

序号	蒸汽物性			填砂管参数			
	温度/℃	蒸汽干度/%	出口压力/MPa	长度/cm	直径/cm	孔隙度/%	渗透率/μm²
1	250	0(热水)	4.5	60	3.8	32.2	3.47
2	250	10	3.5	60	3.8	33.5	3.54
3	250	30	3.5	60	3.8	33.1	3.52
4	250	50	3.5	60	3.8	32.8	3.48
5	250	70	3.5	60	3.8	33.3	3.61
6	250	90	3.5	60	3.8	32.5	3.55
7	250	100	3.5	60	3.8	33.5	3.48

每个实验以瞬时油汽比低于 0.1 作为结束条件，驱油效率结果如图 3 和图 4 所示，由结果可知：

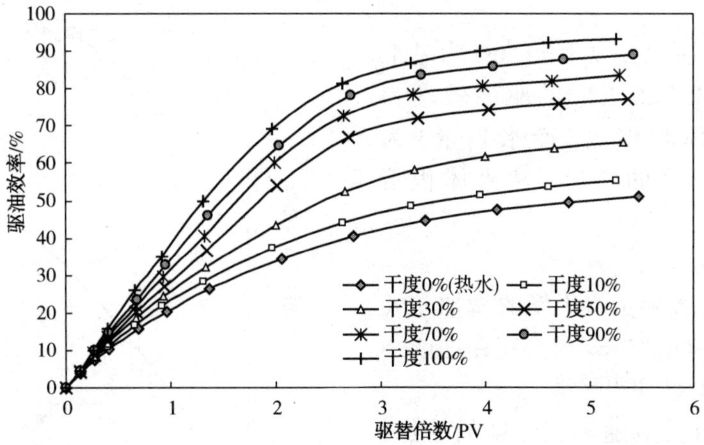

图 3 不同蒸汽干度时驱油效率随驱替倍数变化曲线

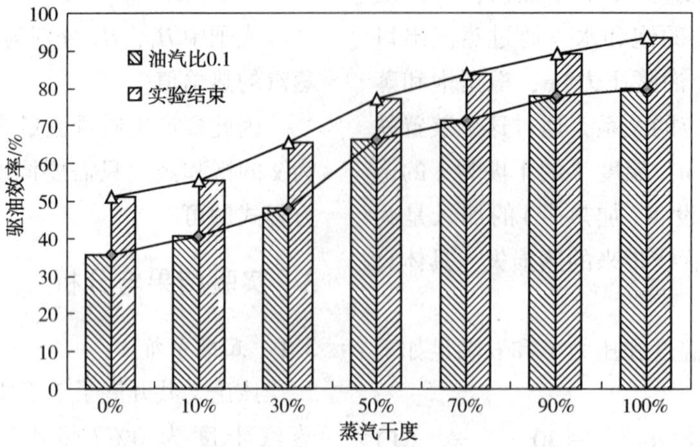

图4　不同干度蒸汽的最终驱油效率对比柱状图

① 相同注入倍数时，随蒸汽干度的增加，驱油效率增加，当蒸汽干度超过50%后增幅变缓。

② 低蒸汽干度下，驱替倍数超过4倍驱油效率增幅变缓；高蒸汽高度下，驱替倍数超过3倍驱油效率增幅变缓。

③ 当井底蒸汽干度较低时，可通过提高驱替倍数来进一步提高驱油效率。

④ 井底最佳蒸汽干度不应低于50%。

因此，对于河南油田井楼稠油注蒸汽热采而言，应尽量提高蒸汽干度，井底最低蒸汽干度不应低于50%。

3.2　蒸汽用量分析

根据以上实验结果，选取干度50%的实验结果为基准，分别计算出干度为70%、90%和100%时的蒸汽用量百分数和节约蒸汽百分数，从而分析不同干度蒸汽对稠油油藏注蒸汽开发的适用范围。

计算结果如表2所示，以干度50%为基准时，其瞬时油汽比降至0.1时的驱油效率为66.23%，蒸汽注入体积倍数(冷水当量)为2.66PV，随着蒸汽干度的增加，注入体积倍数(冷水当量)减少。

如图5和图6所示：

① 蒸汽用量百分数随蒸汽干度的增加先大幅度降低而后缓慢降低，当蒸汽干度在70%～90%范围内时，降低幅度变得平缓。

② 节约蒸汽量百分数随蒸汽干度的增加，先大幅度增加而后缓慢增加，当干度超过90%后，增加幅度明显减小。

表2　不同干度蒸汽驱油蒸汽用量统计表

干度/%	注入体积倍数/PV	蒸汽用量百分数/%	节约汽量百分数/%
50	2.66	100.00	0.00
70	2.31	86.79	13.21
90	2.11	79.45	20.55
100	2.08	78.01	21.99

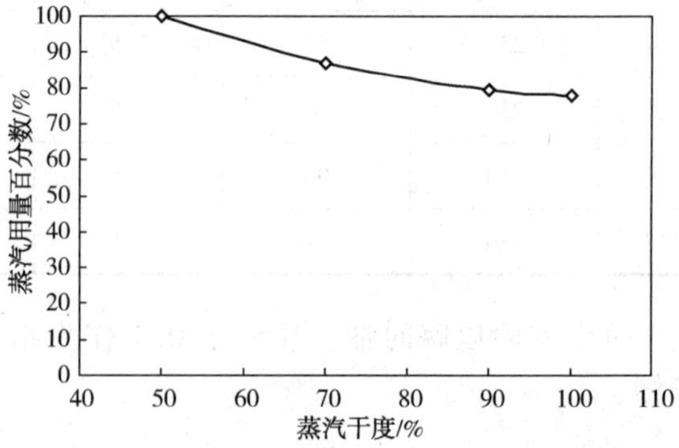

图5　蒸汽用量百分数变化曲线

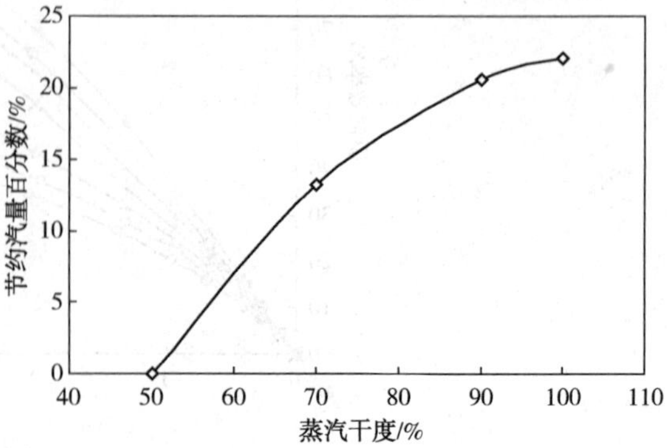

图6　节约汽量百分数变化曲线

4　注汽管网干度变化监测

河南油田稠油蒸汽开发主要采用两种固定锅炉注汽，一种是75吨燃煤锅炉，产生的是过热蒸汽，锅炉出口蒸汽干度为1；另一种是23吨燃气锅炉，产生的是湿蒸汽，锅炉出口蒸汽干度一般为0.75。为掌握蒸汽干度从注汽锅炉出口到注汽井井口的变化规律，本论文开展了注汽管网沿程散热情况监测，进而测算出不同管线位置的干度变化。

4.1　监测过程及标准

结合现场情况，选取一口具有代表性的不同保温材料的油井，通过委托专业节能监测站进行不同位置测散热情况监测。

根据管线保温类型将管网分为两段(图7)，第一段为注汽站至硅酸盐保温管网末端，此段为2011年7月施工保温，管径ϕ133mm，全长500m；第二段硅酸盐保温管网末端到注汽井井口，该段保温为岩棉+硅酸盐，2007年9月施工保温，管径ϕ114mm，全长1523m。

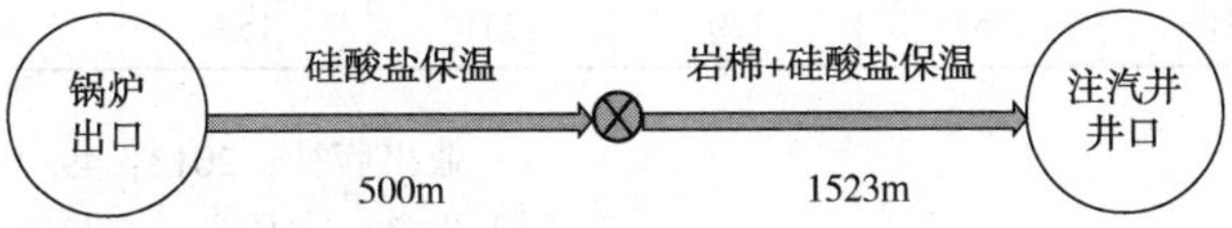

图7　测试管线流程示意图

4.2　监测结果分析

测试结果显示，在现有保温条件下，从注汽锅炉出口到注汽井井口，全长2023m，总散热量519.78kW，折算后每公里平均干度下降8.49%，具体数据详见表3。

表3　注汽管网沿程散热情况监测统计表

序号	节点	散热量/kW	占管网散热比例/%	热效率/%	干度降百分比/km	折算散热损失/(W/m^2)
1	第一段(500m)	80.83	15.55	98.09	6.4	229.74
2	第二段(1523m)	432.52	83.21	89.59	9.18	625.98
3	采油树栅	6.43	1.24	–	–	2375.6
4	注汽站至井口管网	519.78	100	87.89	8.49	492.29

5　不同蒸汽干度驱油效率应用分析

由不同蒸汽干度驱油物理模型实验可知，相同注入倍数时，随蒸汽干度的增加，驱油效率增加；而从注汽管网散热情况监测知道，受管线内径、所用保温材料、管道附件等的不同，注汽管网散热量不同，测算井口蒸汽干度也不同。因此，想提高井口蒸汽干度，可从提高锅炉出口干度和减少沿程热损失方面入手。

5.1　提高锅炉出口蒸汽干度注汽

笔者统计了河南油田近几年热采井单井蒸汽吞吐效果，选择了同一批可对比井，分别采用高干度蒸汽(锅炉出口蒸汽干度为1)注汽和湿蒸汽(锅炉出口蒸汽干度为0.75)注汽，对比发现，在相同管网热散失、相近注汽量的情况下，锅炉出口蒸汽干度越高，周期生产天数越长，周期累产油、油汽比越高，吞吐效果改善越为明显(表4)。

表4　不同锅炉出口蒸汽干度吞吐效果对比表

井数/口	锅炉出口干度/%	平均油层厚度/%	单井注汽量/t	周期产状					
				生产天数/d	累产液/t	累产油/t	综合含水/%	日均产油/(t/d)	油汽比
17	100	4.8	724	152	896	244	77.8	1.6	0.34
17	75	4.8	748	139	824	212	74.3	1.5	0.28

5.2 减少沿程管网热损失注汽

要想减少注汽管网热损失，可从减少注汽管线距离、提高管线保温质量、减少管线附件等方面入手，同样，笔者统计了河南油田近几年热采单井蒸汽吞吐效果，选择了相同锅炉出口干度，不同保温质量、不同管线距离的一批注汽井进行对比，对比发现，在相同的锅炉出口干度、相近的注汽量的情况下，注汽管网热损失越小，测算井口干度越高，周期累产油、油汽比也越高，吞吐效果改善越为明显(表5)。

表5　不同管线热损失井吞吐效果对比表

井数/口	锅炉出口干度/%	平均油层厚度/%	单井注汽量/t	周期产状					
				生产天数/d	累产液/t	累产油/t	综合含水/%	日均产油/(t/d)	油汽比
49	75	63	543	125	784	174	77.8	1.4	0.32
49	75	51	554	120	741	158	78.7	1.3	0.29

6 结论及认识

(1) 室内蒸汽驱替实验表明，在相同注入倍数时，随蒸汽干度的增加，驱油效率增加，当井底蒸汽干度超过50%后增幅变缓。

(2) 通过对注汽管网热散失情况进行监测，注汽管网井距越近、保温质量越好、管道附件越少，沿程热损失越少，测算每公里注汽管网蒸汽干度下降6个百分点以上。

(3) 在相同管网热散失、相近注汽量的情况下，锅炉出口蒸汽干度越高，周期生产天数越长，油汽比越高，吞吐效果越好。

(4) 在相同的锅炉出口干度、相近的注汽量的情况下，注汽管网热损失越小，周期累产油、油汽比越高，吞吐效果改善越为明显。

参 考 文 献

[1] 于连东，世界稠油资源的分布及其开采技术现状与展望[J]，特种油气藏，2001.06(8)：98-100.
[2] 刘文章．热采稠油油藏开发模式[M]．北京：石油工业出版社，1998：80-85.
[3] 刘慧卿．热力采油原理与设计[M]．北京：石油工业出版社，2013：49-53.
[4] 朱静，李传宪，辛培刚，等．稠油黏度特征及流变特征分析[J]，石油化工高等教育学报，2001.24(4)：73-77.
[5] 杨淑梅，注高干度蒸汽改善超稠油油藏吞吐油井生产效果[J]，石化技术，2020.27(3)：127-128.
[6] 霍进，吕柏林，等．稠油油藏多元介质复合蒸汽吞吐驱油机理研究[J]，特种油气藏，2020.27(8)：93-97.
[7] 鲍云杰 李志明，等．孔隙度测定误差及其控制方法研究[J]，石油实验地质，2019.41 (4)：593-597.
[8] 陈志明，汪伟英，蔡雨桐，等．致密砂岩和页岩渗透率实验研究[J]，断块油气田，2013.(1)：80-84.
[9] 董爱华，赵宇兰，刘金福，等．套管式直流蒸汽发生器系统控制策略研究[J]，应用能源技术，2018.(1)：21-25.
[10] 冯国会，刘博智，夏成文，等．PP-R热水直埋保温管道保温性能检测与评价[J]．沈阳建筑大学学报(自然科学版)，2010，(4)：749-755.
[11] 王建军，蒸汽管道保温材料的优化探析[J]，石油化工技术与经济，2018.34(5)：30-32.
[12] 解峰，控制热注地面管网热损失的措施[J]，石化技术，2019.26(1)：237.

内蒙毛 1 块薄互层稠油开采室内实验研究

董炳阳

（中原油田分公司　勘探开发研究院）

摘　要　本文通过开展毛 1 块稠油室内实验研究，针对流体性质，结合油藏特点，通过地层原油室内评价研究和物理模拟驱油实验技术，开展了稠油油藏开发室内实验评价，对稠油降黏的三种方式对比研究，优选了试验方案。实验表明，从降黏、增能角度出发，开展氮气泡沫驱、CO_2 驱、CO_2/乳化剂复合驱、聚合物乳化剂复合驱等试验。从提高采收率角度看，都未大幅度提高采收率，稠油油藏水驱提高采收率的首要问题是油水黏度比高，水驱波及与驱油效率低，降低原油黏度，可提高采收率，CO_2、乳化剂相对来看成本较高。与热水驱对比研究，综合经济因素，建议优选热水驱开发方式。

关键词　稠油；驱油；提高采收率

1　前言

据美国能源部的报道，世界油气资源总储量约为 9 万亿~13 万亿桶，其中 30%为普通原油，40%为稠油和超稠油，剩余的 30%为页岩油和沥青质。如何开采稠油、页岩油和沥青质是石油工业所面临的主要问题。SAGD 技术和循环注蒸汽及火烧油层技术是目前稠油开采中通常使用的方法。稠油化学降黏开采技术，是一项比较有前景的稠油冷采技术。国内在利用化学降黏剂降低稠油黏度、改善稠油流动性、解决稠油开采、集输方面进行了广泛研究，并取得了良好效果。

毛 1 断块区苏二段油藏位于乌力吉构造带中部，毛 1 块苏二段探明含油面积 2.85km^2，石油地质储量 270.79×10^{4}t，薄互层普通稠油低压强敏感性中低渗透性油藏。探索薄层稠油有效复合开采技术，对于内蒙地区稠油储量降本增效、逐步实现有效动用具有现实的意义。

内蒙毛 1 块薄层稠油进行了多种热采先导试验，存在以下问题：(1) 油藏井控程度低，储层物性差，高压难注，无法保证注入蒸汽干度。(2)蒸汽注入强度低，无法有效加热油层，油汽比低。(3) 薄层稠油复合热采试验产量递减快、稳产周期短、回采率低。室内实验和复合降黏体系研究有待加强。(4) 薄层稠油热采成本高，采用强化热力采油方式(DCS)，取得了一定的效果，但产油水平低、效益差。周期累计产油低，需要进一步优化热采参数，探索薄层稠油有效复合开采技术。

本项目以内蒙探区毛 1 块为目标，通过开展地层原油室内评价研究、驱油方式对比及现场注入参数优化设计研究，最终形成一套适合毛 1 块稠油油藏有效开发的技术手段，不仅为中原油田内蒙探区稠油储量的开发提供技术支持和借鉴经验，也将对国内外类似油藏开发具有重要的理论与应用价值。

2　目标区块油藏概况

毛 1 断块区苏二段油藏位于乌力吉构造带中部，孔隙度平均值为 16.5%，渗透率平均值为 56.08×10^{-3}μm^2，储层为低孔低渗储层。地层压力系数 0.79，油层温度 47.5℃，地温梯度 3.586℃/100m，原油黏度（50℃）840 ~ 2500mPa·s，原油密度 0.9619~0.9843g/cm^3。根据本块毛 1 井、毛 6 井苏二段试油的地层水分析资料，地层水矿化度 5326~6560mg/L，水型为 $NaHCO_3$。

3　原油及乳化剂室内评价研究

3.1　稠油的族组分

实验所用稠油取样自毛 1 块(毛 8-3 井、吉 12 井)，稠油的烃类族组成见表 1。从原油族组成测试结果分析，原油胶质含量高、饱和烃中正构烷烃及支链、直链烷烃接近消耗殆尽，毛 8-3 井正构烷烃含量低，吉 12 井正构烷烃已全部消失，GC—MS 检测到的几乎全部是甾烷和萜烷类化合物，且明显是强烈生物降解的产物或遗留物。饱和烃含量低、非烃+沥青质含量高，稠油非烃+沥青质平均含量达45%。原油高黏度无疑与其特别高的胶质、沥青质含量有关。

表1　稠油族组份分析结果表

序号	井号	井深/m	层位	烷烃/%	芳烃/%	非烃/%	沥青质/%	总烃/%
1	吉12	1000~1200	苏二段	35.16	15.11	39.57	10.16	50.27
2	毛8-3	1150~1214	苏二段	45.87	12.84	31.88	9.41	58.71

3.2　原油的黏温性

从毛1块稠油的黏温性测定结果(表2、图1)可知，黏度对温度反应敏感，在一定的温度范围，温度每升高10℃，黏度降低约50%，与国内外常规稠油比较，原油物化性质差异不大。

表2　原油黏度与温度关系

黏度/(mPa·s)　温度	30℃	40℃	50℃	60℃	70℃	80℃
毛8-3井	5857	2630	1060	670	380	235
毛8-2井	—	2760	1200	700	400	220
毛6井	2980	1300	510	295	200	140
J12井	—	37900	16700	7260	3510	2070

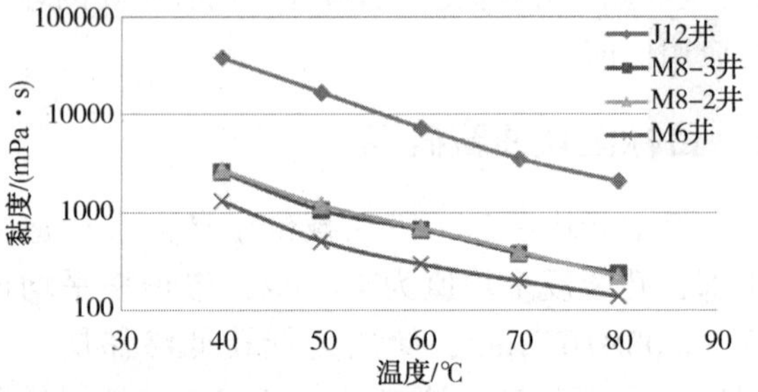

图1　原油温度与黏度的关系曲线

稠油井乳化降黏剂针对性强，不同井需采用不同的体系。研制出了稠油乳化降黏剂，降黏剂在常温条件下可以与稠油乳化。乳化降黏剂浓度为0.5%时，降黏率达到95%以上，降黏后不同稠油区块的原油黏度≤100mPa·s。

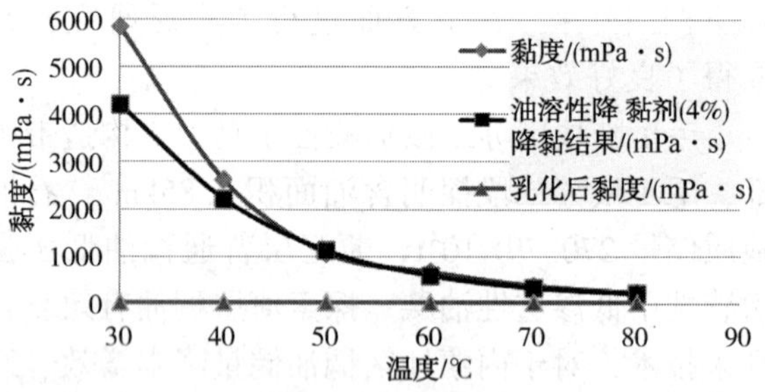

图2　毛8-3井原油乳化前后温度-黏度曲线图

4　乳化降黏剂的评价研究

4.1　乳化降黏实验

称取100g稠油样品，常温加入43g含乳化剂A的地层水溶液(油水比7∶3)，玻璃棒搅拌10min，观察乳化情况，测定黏度。乳化后乳化液黏度采用中黏布氏黏度计，0号转子测定。毛1块原油乳化降黏结果见图2。

水相中乳化剂浓度为0.3%，30℃时，原油黏度由5000mPa·s降至60mPa·s左右。毛8-3加入0.5%乳化剂A后，常温下可以乳化。40℃条件下黏度由乳化前2618mPa·s下降为25.6mPa·s，降黏率99%。

4.2　乳化驱油物理模拟试验

从毛1块乳化剂驱油物理模拟试验结果(表3)中观察到，在多孔介质中，乳化降黏剂能够与原油发生乳化。乳化剂注入后驱替压力下降，这是由于乳化剂溶液属于低界面张力，渗流阻力下降造成的。乳化剂注入后含水下降4%左右，采收率提高约8%以上，驱油特点与常规表面活性剂驱相似(图3)。

表 3　毛 8-3 井乳化驱油物理模拟试验参数

试验号	渗透率/mD	孔隙度/%	原始含油饱和度/%	原油黏度/(mPa·s)	试验温度/℃	乳化剂提高采收率/%	乳化剂注入前后压力比/MPa	油水界面张力/(mN/m)
1	49	33.1	60.6	2630	40	8.50	0.56	>1
2	46	32.58	60.4	670	60	8.69	0.71	0.24
3	51	32.41	60.9	235	80	8.22	0.51	0.07

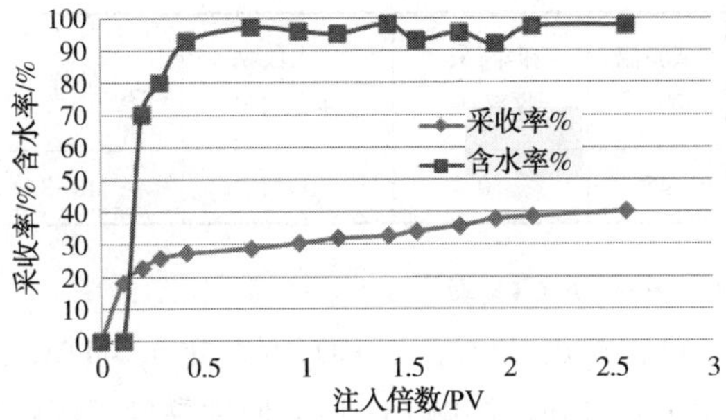

图 3　毛 1 块注入倍数与含水率、采收率的关系曲线(40℃)

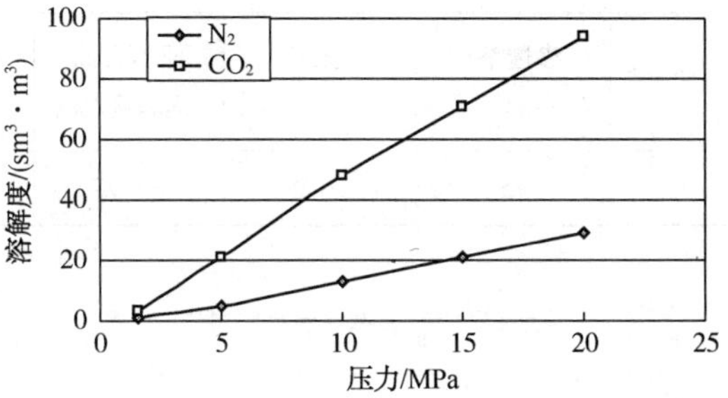

图 4　CO_2和N_2在毛 1 块稠油中的溶解度与压力的关系

5　多种驱替方式物理模拟试验对比研究

毛 1 块开发的主要难点在于油层渗透率低，原油黏度高，地层能量低。渗透率低，蒸汽吞吐，蒸汽驱易造成储层伤害，现场试验表现为注入压力升高，无法注入。室内物理模拟试验在油层温度下，从降黏、增能角度出发，开展氮气泡沫驱、CO_2驱、CO_2+乳化剂复合驱、聚合物乳化剂复合驱等试验，与热水驱对比研究，综合经济因素，优选开发方式。

5.1　CO_2和N_2在原油中的溶解性及其对原油黏度的影响

(1) CO_2和N_2在原油中的溶解性实验

先将约为配样器容积 1/2～1/3 的脱气、脱水原油装入配样器，再向配样器中分别注入CO_2和N_2并加热，边注气体边搅拌，直至温度和压力稳定在设计值，使CO_2和N_2在油中达到溶解平衡；最后将出口回压调至设计压力，在室温条件下计量排出的气量。

结果表明(图 4)，40℃时CO_2和N_2在原油中的溶解度与压力均呈很好的线性关系，并且溶解度均随压力的增加而增大。CO_2在毛 1 块稠油中的溶解度较大，但低于其在一般轻质油中的溶解度；N_2在毛 1 块稠油中的溶解度较小，且大大低于CO_2在该油样中的溶解度。

(2) CO_2和N_2对原油黏度的影响

首先测定不同温度下毛 1 块脱气原油的黏度，再在不同温度下测定脱气原油在地层压力条件下饱和CO_2和N_2后的原油黏度。将脱气原油转入 MC300 数字流变仪的样品筒，加热温度调到设计温度，恒温 30min 后，测定脱气原油在该温度下的黏度，然后进行下一个温度点的黏度测试；测溶解CO_2和N_2后原油的黏度则是在每个温度点，向样品筒中分别注入CO_2和N_2至压力为 5MPa，并搅拌使其达溶解平衡，再测该温度下溶解CO_2和N_2后原油的黏度。

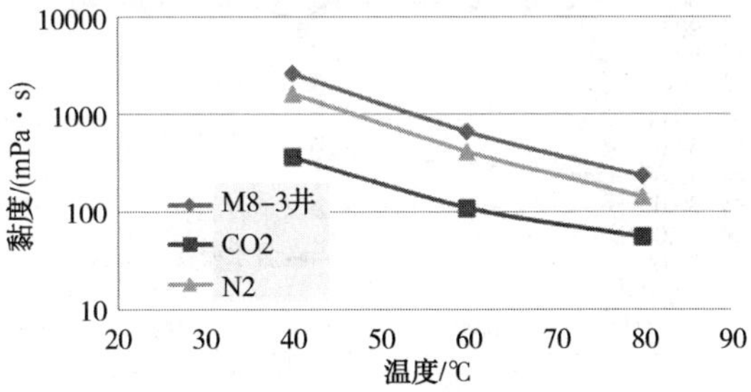

图 5　毛 1 块毛 8-3 井原油溶解CO_2和N_2的黏度变化

比较毛 1 块脱气原油与溶解CO_2和N_2后的原油黏度发现(图 5)，毛 1 块稠油的黏度对温度非常敏感，随着温度升高而大幅度降低；溶解CO_2和N_2后原油黏度降低，温度越高，下降得幅度越大；且溶解 CO_2后原油黏度下降幅度大于溶解 N_2后原油黏度的下降幅度。这表明 CO_2和 N_2均可溶入毛1块稠油，CO_2的溶解性比 N_2强，溶入 CO_2和 N_2后，毛1块稠油的原油黏度会降低，并且 CO_2对原油性质的影响比 N_2更明显。

5.2 毛1块氮气泡沫驱

试验温度45℃，注氮气压力为13MPa，从前期实验可知，溶解氮气后，原油黏度下降幅度60%左右，由于原油黏度降低提高采收率的幅度(2.5%)也不大。氮气泡沫驱主要可提高驱替相的波及体积来提高采收率。(表4，图6)

表4　毛8-3井氮气泡沫驱油物理模拟试验参数

试验号	渗透率/mD	孔隙度/%	原始含油饱和度/%	原油黏度/(mPa·s)	试验温度/℃	提高采收率/%	注入段塞体积/PV	油样
1	75	26.9	66.95	2630	45	10	0.34	M8-3

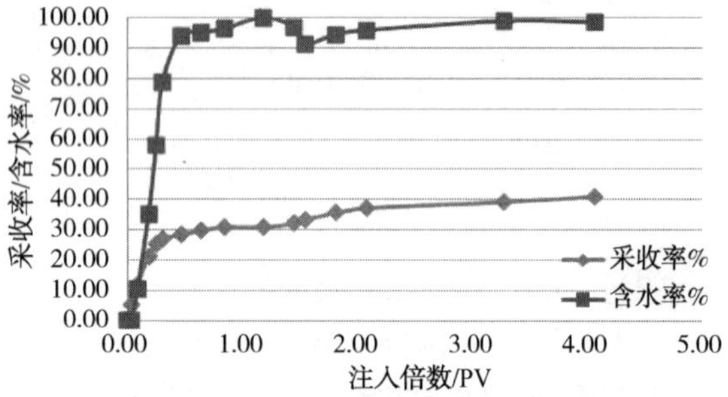

图6　毛1块氮气泡沫驱注入倍数与含水率、采收率的关系曲线

5.3 毛1块 CO_2驱

试验温度45℃，注 CO_2压力为3.5MPa，从前期实验可知，溶解 CO_2后，原油黏度下降幅度95%左右，注 CO_2驱可提高采收率10%左右，但 CO_2突破后，可形成气窜，波及效率低。在压力为15MPa以上，注入 CO_2时低渗透岩芯试验中出现堵塞现象，在稠油低渗透油藏开展 CO_2驱还需进一步深入研究。(表5，图7)

表5　毛8-3井二氧化碳驱油物理模拟试验参数

试验号	渗透率/mD	孔隙度/%	原始含油饱和度/%	原油黏度/(mPa·s)	试验温度/℃	提高采收率/%	注入段塞体积/PV	油样
2	300	20.5	60	2630	45	10	1.0	M8-2

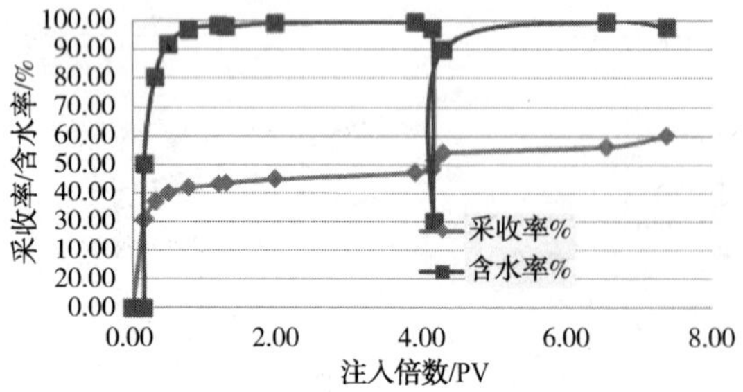

图7　二氧化碳驱注入倍数与含水率、采收率的关系曲线

5.4 毛1块 CO_2/乳化剂复合驱

试验温度45℃，注 CO_2压力为3.5MPa，交替注入 CO_2段塞与乳化剂(乳化剂浓度：0.5%)段塞0.8PV，注 CO_2+乳化降黏剂驱可提高采收率16%左右，从岩芯实验总结 CO_2与乳化降黏剂配合使用驱油效果较好。(表6，图8)

表6　毛8-3井 CO_2/乳化剂复合驱物理模拟试验参数

试验号	渗透率/mD	孔隙度/%	原始含油饱和度/%	原油黏度/(mPa·s)	试验温度/℃	提高采收率/%	注入段塞体积/PV	油样
3	300	20.5	60	2630	45	16	0.8	M8-2

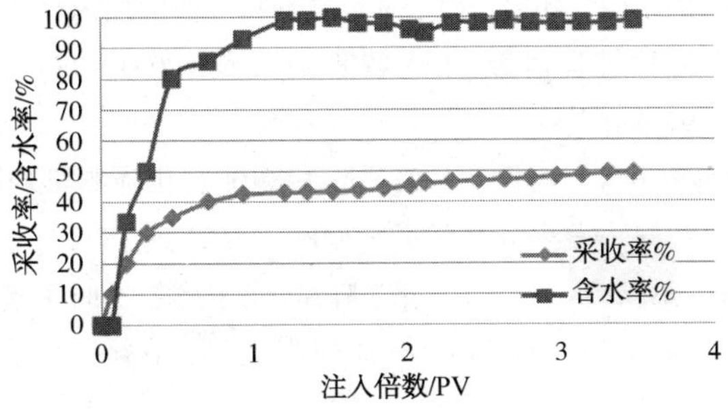

图 8 CO_2/乳化剂复合驱注入倍数与含水率、采收率的关系曲线

5.5 毛 1 块聚合物/乳化剂复合驱

试验温度 45℃，注入聚合物乳化剂复合(聚合物浓度：1000mg/L，乳化剂浓度：5000mg/L，溶液黏度：30mPa·s)段塞 0.5PV，提高采收率 8%，由于聚合物溶液的黏度仅 30mPa·s，虽然比水溶液的黏度高，但相比 2000mPa·s 的原油黏度，还是不够的，聚合物成本也较高。(表 7，图 9)

表 7 毛 8-3 井聚合物/乳化剂复合驱物理模拟试验参数

试验号	渗透率/mD	孔隙度/%	原始含油饱和度/%	原油黏度/(mPa·s)	试验温度/℃	提高采收率/%	注入段塞体积/PV	油样
1	110	27	67	2630	45	6.50	0.56	M8-2

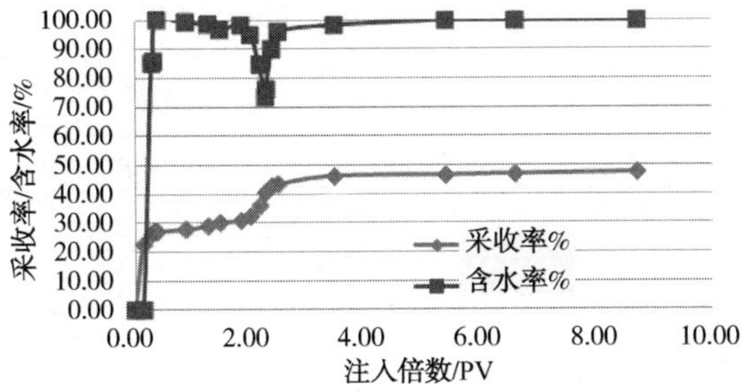

图 9 聚合物/乳化剂复合驱注入倍数与含水率、采收率的关系曲线

室内物理模拟试验在油层温度下，从降黏、增能角度出发，开展氮气泡沫驱、CO_2驱、CO_2+乳化剂复合驱、聚合物乳化剂复合驱等试验。从提高采收率角度看，都未大幅度提高采收率，稠油油藏水驱提高采收率的首要问题是油水黏度比高，水驱波及与驱油效率低，降低原油黏度，可提高采收率，CO_2、乳化剂相对来看成本较高。与热水驱对比研究，综合经济因素，建议优选热水驱开发方式。

由于气体、蒸汽与地层油相密度差及流度比过大，易造成重力超负荷汽窜，体积波及系数低，蒸汽的热效应得不到充分发挥，而用热水驱则可有效的减缓这些不利影响。

热水驱对稠油开采的总体效果不如注蒸汽显著，但因其操作简单，与常规水驱基本相同，因此一直被人们所应用，只不过规模小些。有些普通稠油油藏进行普通水驱的采收率甚低，对这类油藏推荐采用热水加化学剂(表面活性剂)驱。该方法的主要增产机理在于降低原油黏度及油水界面张力，以及还可能形成水包油型乳化液等，从而提高原油采收率而又减少热耗(与汽驱相比)。

6 结论与认识

(1) 采用物理模拟实验研究对稠油降黏的三种方式对比评价：在一定的温度范围，温度每升高 10℃，黏度降低约 50%。温度升高 20℃，水驱采收率提高 5%；CO_2和N_2增能降黏对比实验，在相同温度和压力条件下，N_2降黏效果明显比CO_2差；乳化降黏剂在常温条件下可以与稠油乳化，降黏率达到 95%以上；

(2) 综合经济因素，建议优选热水驱开发方式。

参 考 文 献

[1] 于连东．世界稠油资源的分布及其开采技术的现状与展望[J]．特种油气藏，2001，8(2)：98-103.

[2] 赵炜，张志远．重油—21 世纪的重要能源[J]．世界石油工业，1999，7(3)：46-49.

[3] 阳鑫军．稠油开采技术[J]．海洋石油，2003，23(2)：55-60.

[4] 周凤山，吴瑾光．稠油化学降黏技术研究进展[J].

油田化学，2001，18(3)：268-272.
[5] 孙慧，张付生．稠油化学降黏研究进展[J]．精细与专用化学品，2005，23(30)：16-20.
[6] 王付才，何涛，曹国明，等．稠油乳化降黏剂的研究[J]．石油炼制与化．2002，33(9)：41-43.
[7] 李干佐，徐军．表面活性剂在油田中的应用及其作用原理[J]．精细石油化工进展，2004，5(2)：1-6.
[8] 尉小明，郑猛，白永林．稠油掺表面活性剂水溶液降黏机理研究[J]．特种油气藏．2004，11(4)：92-94.
[9] 李美蓉，向浩，马济飞．特稠油乳化降黏机理研究[J]．燃料化学学报，2006，34(2)：175-178.
[10] 王惠敏，王积龙．化学降黏开采技术在小断块稠油油田的应用[J]．石油规划设计，1996，4(2)：23-25.

毛 8 块强水敏稠油油藏火烧吞吐技术现场试验

王跃华[1] 姜永荣[1] 陈春江[2]

(1. 中国石化中原油田分公司文留采油厂工艺研究所；2. 中国石化中原油田分公司内蒙采油厂工艺研究所)

摘 要 吉祥油田毛 8 块因强水敏注汽压力高达 23MPa，使得 HDNS/HDCS 吞吐工艺不能发挥出其应有的优势，经济效果很差，因此对于毛 8 块强水敏特点开发了火烧吞吐技术，在模拟优化参数的基础上在吉 1 井进行了现场试验，实施结果表明火烧吞吐能将稠油进行高温裂解改质，打断较长的碳链，降低黏度，减少原油重组分；火烧吞吐工艺能使受热稠油在各种驱替作用下重新分布，封堵地层水通道，起到堵水作用；强水敏油藏可以实现蒸汽辅助化学点火，但不能用蒸汽顶替催化剂，否则形成水敏带死角，造成近井地层伤害；火烧吞吐技术在吉 1 井的现场试验为毛 8 块强水敏稠油油藏的经济有效开发找到了途径。

关键词 火烧吞吐；裂解改质；水敏；稠油

1 前言

吉祥油田毛 8 块主要储层为银根组 2-5 砂组，油藏埋深 730 ~ 1010m，平均孔隙度 24.89%、渗透率 412mD，原油油藏温度 36℃下脱气原油黏度为 5100mPa·s。压力系数为 0.6，油藏地层压力为 5.7MPa，属中深、低温、低压、中渗普通稠油油藏。

根据毛 8 井银根组岩心 X 衍射分析，储层中黏土矿物含量为 8.17%，主要为高岭石，平均为 71.17%，其次为伊利石和绿泥石，分别为 17.67%和 9.33%，伊/蒙间层含量较少。进一步分析储层矿物敏感性为：强水敏、弱速敏、极强酸敏、弱－中等的碱敏，盐敏临界矿化度 12919mg/天(图 1)，属敏感性稠油油藏。

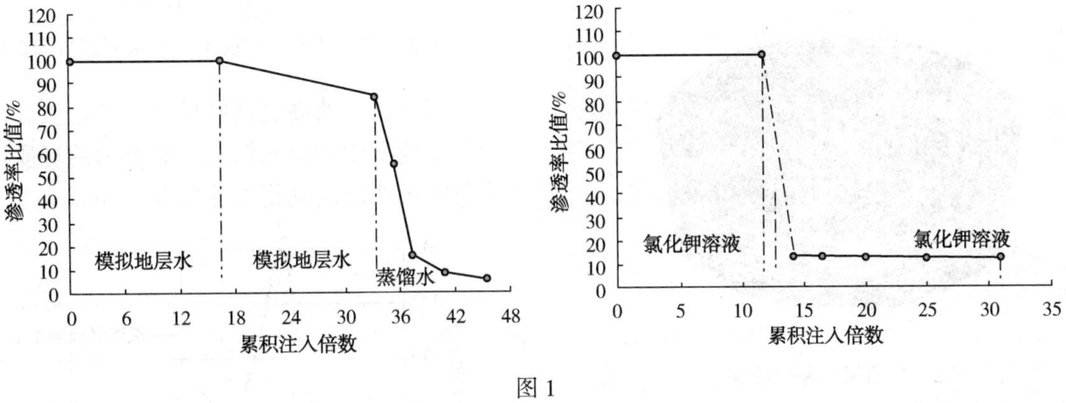

图 1

由于强水敏，毛 8 块的注汽压力高达 23MPa，HDNS/HDCS 吞吐工艺没有充分显示其技术特点并发挥出其应有的优势，经济效果不理想。因此对于毛 8 块强水敏特点开发了火烧油层吞吐技术，避免地层注汽水敏，同时裂解稠油降黏，改善开采效果。

2 原理及特点

根据毛 8 区块渗透率和原油黏度的特点，采用注空气高温裂解改质吞吐(简称火烧吞吐)，是油层火烧与吞吐开采技术的结合，火烧吞吐能够弥补直接火驱见效慢的缺点，从而提高采油速度，同时火烧吞吐能够为后续的火驱改善井间联通，降低注气压力。

火烧油层主要是利用地层原油本身的部分燃烧裂化产物作为燃料，利用外加的氧气源和人为的加热点火手段把油层点燃，并维持不断的燃烧，在燃烧区前缘的前方，原油在高温热作用下，不断发生各种高分子有机化合物的复杂化学反应，如蒸馏，热裂解，低温氧化和高温氧化反应，其产物也是复杂的，除液相产物外，还有燃烧生成的烟气(一氧化碳，二氧化碳，天然气等)；同时热水、热气都能把热量携带或者传递给前方的油层，从而形成热降黏、热膨胀、蒸馏汽化、气驱、高温改变相对渗透率等等一系列复杂的驱油作用。

同时火烧油层注入的介质为空气，火烧油层开发过程中不会出现注蒸汽过程中严重的水敏性伤害问题。此外，火烧油层还能够改善储层的敏感性，火烧之后的岩心中高岭石和伊/蒙混层比降低，从而降低储层的水敏性，提供开发效果。

3 数值模拟与参数优化

毛8块火烧油层吞吐油藏数值模拟基础模型采用径向不等距网格，注气井中心网格最密，如图2所示。半径方向网格数目尺寸为20×1m，20×2m，16×5m，油藏厚度方向网格数模尺寸为14×1m。油藏数值模拟基础模型的油藏物性参数如表1所示。

图2 数值模拟基础模型

表1 油藏数值模型物性参数表

参 数	数值
油藏埋深/m	1100
油层有效厚度/m	12
净总厚度比	0.85
孔隙度/%	0.25
渗透率/mD	610
原油黏度/mPa·s(地下)	5100
原始地层温度/℃	36
原始地层压力/MPa	7

火烧油层吞吐开采具有原油高温降黏、原油裂解改质和烟道气溶解降黏增加弹性能量等作用机理，但每种作用机理的作用半径不同，需要对其作用范围进行模拟研究，从而为井网井距设计提供依据。

当注气井井底压力达到20MPa时停止注空气。图3为第1轮次注气结束时油层从注气井沿径向方向的温度展布曲线。火烧热效应的作用范围为10m(地层温度升高20℃)，其中，地层峰值温度在距离注气井4m的位置(即火线位置)。

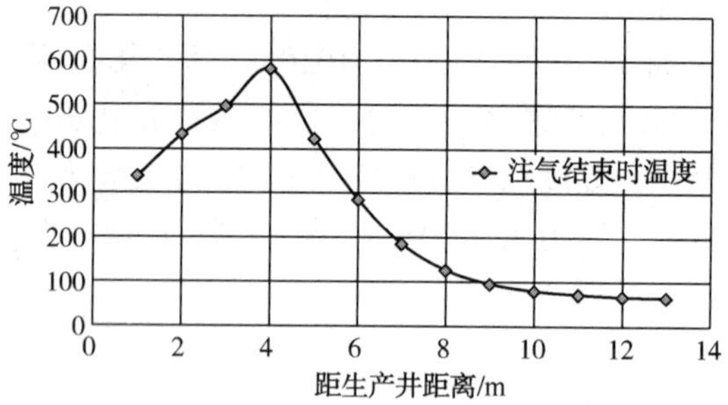

图3 注气结束时油层不同位置温度分布曲线

图4为原油高温裂解后产生的轻质原油摩尔含量在地层中的分布曲线。裂解后的轻质油主要分布在火线之前到距离注气井14m的位置。

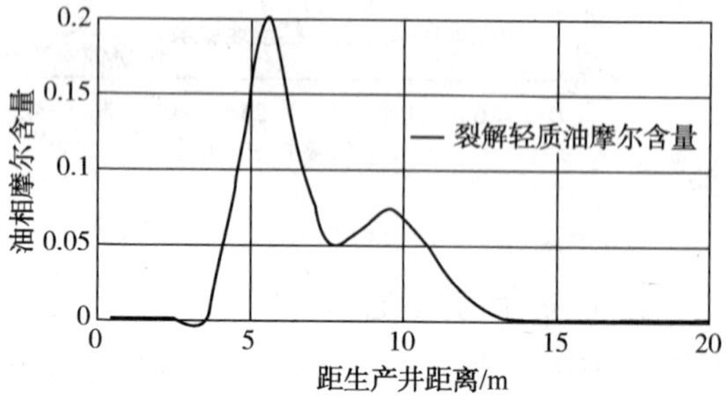

图4 原油高温裂解后产生的轻质原油摩尔含量在地层中的分布曲线

图5为燃烧产生的CO_2气体摩尔含量在地层中的分布曲线。烟道气的溶解降黏机理作用半径

能够达到 60m 左右。

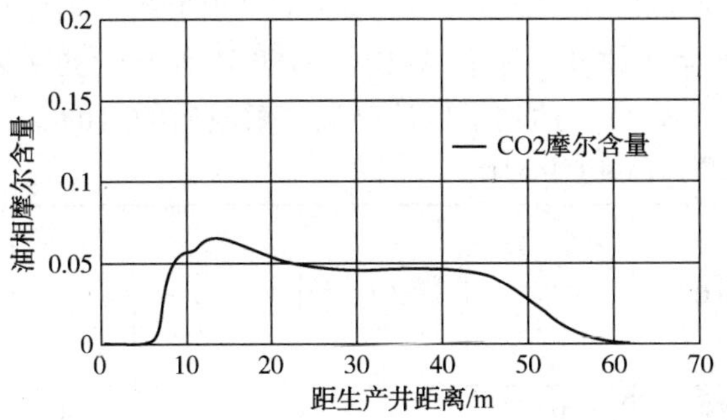

图 5　燃烧产生的 CO_2 气体摩尔含量在地层中的分布曲线

一般来说，周期注入空气量越多，热效应和烟道气的作用半径就会越大，回采原油也会越多。但由于火烧吞吐注气阶段压力持续上升，因此周期注入空气量必须控制在一个合理的范围。图 6 为首轮次火烧吞吐注气量优化曲线，分别模拟了注气量 $10\times10^4m^3$、$20\times10^4m^3$、$25\times10^4m^3$、$30\times10^4m^3$、$33\times10^4m^3$ 和 $40\times10^4m^3$ 时，井底压力和周期采油量变化曲线。建议矿场首轮次周期注空气量为 $30\times10^4m^3$。

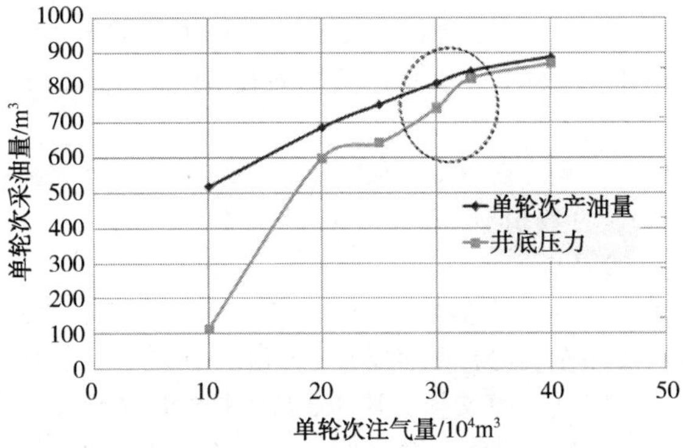

图 6　首轮次火烧吞吐注气量优化曲线

注入空气的速度与燃烧带前缘推进的速度有关。与火驱开发不同，火烧吞吐注气为周期间歇式注气，并且生成的烟道气大部分储存在油层中而不是通过生成井排出，因此，火烧吞吐注气过程是压力持续增长的过程，注气速度采用阶梯递增方法，点火期间注气速度 3000～5000m^3/d，点火成功后逐级提速 10000－15000－20000－25000－30000m^3/d，每个注气速度保持 5～7 天。

图 7 为周期采油量、井底压力随焖井时间的变化曲线。结果显示，焖井时间对周期采油量的影响很小，焖井 5d 周期产量达到峰值，矿场试验焖井 3～5d。

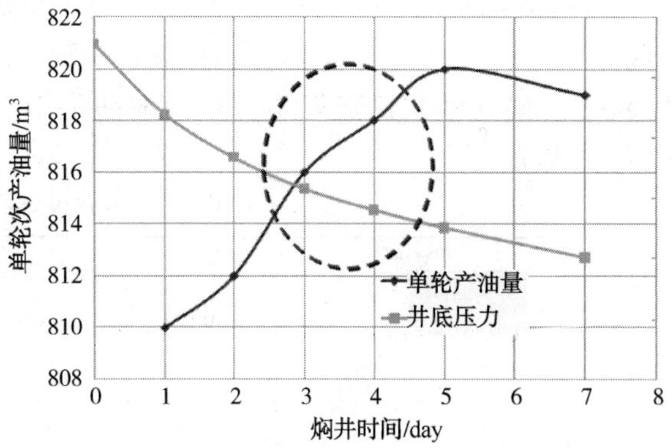

图 7　周期采油量、井底压力随焖井时间的变化曲线

4　试验情况与评价

在毛 8 块优选了吉 1 井的 4 砂组进行现场试验，针对本区块油稠、胶结疏松的特点，在对油层进行压裂防砂改造的基础上，采取火烧吞吐工艺措施，以提高开发效果。

本井采取火烧吞吐工艺，制约了电点火工艺的实施，因此采用化学点火，即向油层注入一定量的助燃催化剂，并对油层预热，然后注入空气以实现化学点火。地层预热采取注入蒸汽方法，考虑到储层的强敏感性，注汽前对油层采取防膨措施。点火后连续注入高压空气，后期注入一定量的氮气，主要是为保证注入空气充分与地层原油反应，同时生产时防止产出气体含氧量过高，造成安全隐患。具体情况如下：

在射开 4 砂组后进行了压裂防砂，然后下 Φ70mm 注采一体化泵排液，生产 40 天累计采液 900 方，油 120 吨，平均日产液 30 方，日产油 3 吨，含水 87%。然后准备注防膨剂，但防膨剂因材料采购原因没能按期到达，临时取消了防膨剂注入工序，直接采用超临界锅炉注蒸汽 450 吨，注汽压力 21MPa，温度 371℃，然后注催化剂 18 吨，顶替蒸汽 40 吨。紧接着开始注空气，排量 30000 方/天。注空气 20 天累计注空气 60 万方，注入压力 18MPa；接着注氮气 3 天，注入氮气 6 万方，注入压力 16MPa。

焖井 3 小时后安装 2mm 油嘴放喷，初始出气，油压 15MPa；逐步放大油嘴放喷，30 小时后见油，初期日产液 11 方，取样化验含水 22%，为乳化状态，含水较火烧前的 87% 大幅度下降，起到了火烧油层时热油封堵优势水通道，降低含水的作用；

连续气体检测：二氧化碳含量从5.2%升至目前的9.5%，氧气含量一直保持0%，出液温度80℃，确认油层已经燃烧，蒸汽辅助化学点火获得成功。

另外原油黏度大幅度降低，40℃时的黏度从1013mPa·s降到171mPa·s；同时原油成分也发生了改变，胶质从22.26%下降到15.33%(表2、表3)，达到了稠油高温裂解改质的目的。

表2 吉1井火烧吞吐前后原油黏度变化对比

项目 \ 黏度/mPa·s \ 温度	40℃	50℃	60℃	70℃	80℃	90℃	100℃
火烧前	1013	530	299	185	92	62	44
火烧后	171	118	74	50	35	25	14

表3 吉1井火烧吞吐前后原油组分变化对比

项目 \ 含量/% \ 成分	沥青	蜡	胶质
火烧前	6.79	2.39	22.26
火烧后	6.01	1.18	15.33

本轮注气吞吐过程中，该井注汽压力、注气压力和产量递减率均高于数值模拟结果，通过施工过程、试井和生产情况等综合分析，原因是没有使用防膨剂：注汽压力过高由地层强水敏所致，而注气压力和产量递减过高是因为顶替催化剂的40吨蒸汽水敏带是火烧死角，无法通过燃烧得到改善，在近井形成低渗带，是本次现场试验的缺陷所在，在下轮火烧吞吐时直接采用连续油管电点火，初期注气压力快速上升到16.7MPa很快下降到10.5MPa，然后再缓慢上升，表明已通过火烧清除该水敏带。

5 认识与结论

(1) 强水敏油藏可以实现蒸汽辅助化学点火，但不能用蒸汽顶替催化剂，以免形成水敏带死角，造成近井地层伤害。

(2) 火烧吞吐工艺能使受热稠油在各种驱替作用下重新分布形成富油带，封堵地层水通道，起到堵水作用。

(3) 火烧吞吐能将稠油进行高温裂解改质，打断较长的碳链，降低黏度，减少原油重组分。

(4) 火烧吞吐技术在吉1井的现场试验为毛8块强水敏稠油油藏的经济有效开发找到了途径。

参 考 文 献

[1] 张敬华，杨双虎，王庆林．火烧油层采油[M]．北京：石油工业出版社，2000，11-14.

[2] 宁奎，袁士宝，蒋海岩．火烧油层理论与实践[M]．山东：中国石油大学出版社，2010，16-157，.

[3] 王弥康，张毅，黄善波，等．火烧油层热力采油[M]．山东：中国石油大学出版社，1998，7-8.

[4] 李伟忠．王庄油田强水敏稠油油藏储层水敏感性评价方法[J]．油气地质与采收率，2005，12(5)：53-55.

[5] 崔玉峰，杨德伟，陈玉丽等．火烧油层热力采油过程的数值模拟[J]．石油学报，2004，25(5)：99-103.

[6] 关文龙，马德胜，梁金中，等．火驱储层区带特征试验研究[J]．石油学报，2010，31(1)：100—109.

[7] 关文龙，蔡文彬．郑408块火烧油层物理模拟研究[J]．石油大学学报：自然科学版，2005，29(2)：58-61.

[8] 柳兴邦，李伟忠，李洪毅．强水敏稠油油藏火烧驱油开发试验效果评价[J]．油气地质与采收率，2010.17(4)：59-62.

[9] 周燕，李迎春，邱国清，等．敏感性稠油油藏火烧驱油油藏工程设计[J]．海洋石油，2004，24(1)：67-70.

[10] 柴利文，金兆勋．中深厚层稠油油藏火烧油层试验研究[J]．特种油气藏，2010，17(3)：67-69.

次生水体对火驱开发效果影响实验研究

孙梓齐[1] 赵仁保[1,2] 王田田[1] 龙海庆[1] 黄 田[1] 陈昌剑[1]

(1. 中国石油大学油气资源与探测国家重点实验室; 2. 中国石油大学(北京)克拉玛依校区)

摘 要 利用燃烧管实验装置，将不同含水量的油砂填充到燃烧管的中间部分以模拟储层中的次生水体，研究了次生水体对火线的传播特征和火驱开发效果的影响。结果表明：。次生水体有利于提高火线的推进速度，但会降低火线的燃烧稳定性。当次生水体的含水饱和度高于75.4%时，火线穿过次生水体后难以稳定地推进至生产井，导致了较差的开发效果；含水饱和度低于50%且有一定含油量的次生水体对火驱的开发效果影响不大，火线可以穿过次生水体并稳定的推进。研究结果对进一步认识储层中次生水体对火线的稳定推进和火驱的开发效果的影响具有重要的意义，可为火驱技术在注蒸汽开发油藏的现场应用提供理论参考。

关键词 稠油油藏；火烧油层；次生水体；燃烧稳定性；火线推进速度

目前国内多数的稠油油藏已进入注蒸汽开发后期，存在储层动用不均、油汽比低、蒸汽热利用率低、剩余油分散、产出液含水率高等问题，致使注蒸汽的开采经济效益逐渐变低，亟需一种低成本、高效率、低碳排放的接替开采技术来进一步提高该类油藏的原油采收率。大量的室内实验和矿场应用实践表明，火驱技术是注蒸汽开发后期油藏的有效接替开发技术，具有采油成本低、节能环保、热利用率高、最终采收率高等优点。国内已有多个油田开展了注蒸汽开发后转火驱开发，新疆油田公司于2018年在红浅井区开展了大火驱工业化推广试验，将火驱的应用范围扩大至900口井。该区块在火驱技术应用之前经历了长时间的注蒸汽开发，储层中复杂的次生水体分布严重影响着火驱的开采效果。因此，研究次生水体对火驱开发效果的影响，对火驱的现场应用具有重要的意义。

在转火驱开发前，需要根据注采井网和油水分布特征开展可行性研究。R. G. Moore等人通过燃烧管实验发现燃烧前缘能够在过低含油饱和度通道内稳定传播，并且能进一步提高原油采收率。Seyed Javad等人研究了SAGD开采后期转火驱开采技术的可行性，发现火线能在蒸汽腔内稳定的推进。这些研究证实了火线可以在次生水体中稳定的推进。王如燕等人研究了蒸汽驱产生的汽窜通道对火驱生产效果的影响，指出汽窜通道容易造成火线在平面上的局部突进，影响着单井见效时间、稳产时间和累积产油量。关文龙通过物理模拟实验发现储层中的次生水体会降低火驱燃烧带峰值温度、扩大热前缘的波及范围，但对火线的稳定推进影响不大。对于经历注蒸汽开发的油藏，蒸汽长期作用于岩石颗粒表面，加剧了储层的非均质性程度，可能导致火驱过程中出现注气不均的现象。此外，蒸汽动用程度较高的区域内含油饱和度低，可能导致火驱过程中燃料的不足。甚至大幅度降低火线温度而导致熄火。因此，次生水体的含水饱和度对火驱效果的影响尚未明确，需要进一步的开展实验研究。

利用非均质装填的方式在燃烧管的中间部分(测温井T4的两侧)装填不同含水量的油砂来模拟稠油油藏在注蒸汽的开发过程中产生的次生水体，其余部分装填能够模拟油藏其他部分的普通油砂。并通过燃烧管实验得到了火驱过程中产出气体的浓度、各测温井的温度、驱替压差和注气速度随时间的变化关系曲线，计算了火线的推进速度和原油采收率等参数，研究了次生水体对火线传播特征和火驱开发效果的影响。研究结果为火驱技术在注蒸汽开发油藏中的应用提供重要的参考依据。

1 实验方法

1.1 原油物性参数

实验用油为新疆油田红浅井区原油。实验开始之前，利用DTS-4C型电脱水仪将原油脱水，再利用旋转流变仪(RS6000型，德国HAAKE)测得原油黏度随温度的变化关系曲线(见图1)，实验过程中流变仪的剪切速率设定为$10s^{-1}$。地面脱气原油的密度(温度20℃)为$0.953g/cm^3$，黏度(温度30℃，剪切速率$10s^{-1}$)为6811mPa·s。

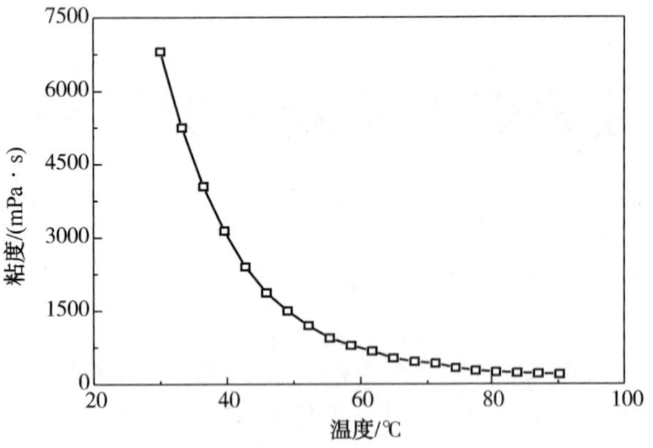

图1　原油黏度随温度变化的关系曲线块

1.2　实验装置及操作流程

一维燃烧管实验是研究火烧油层技术驱油机理的常用室内研究方法。燃烧管实验装置(见图2)由注气系统、点火控制系统、燃烧管、气体分析仪和数据监测系统组成。实验所用的燃烧管由钛合金制成，长度为60cm、内径为3.8cm，燃烧管的两端用法兰和石墨垫圈密封。注气端的上方装有加热棒，其长度为10.5cm、直径为1.4cm。燃烧管的出口端连接着气液分离器，气体从分离器上部进入气体分析仪以实现对气体组分的实时检测。

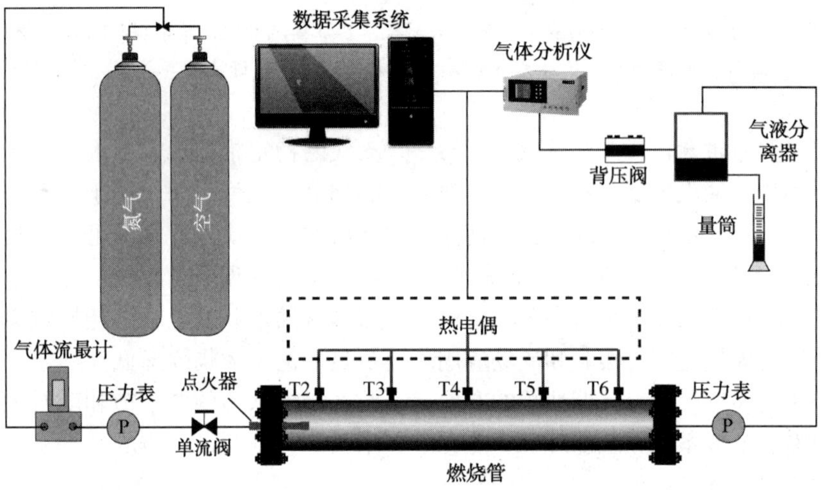

图2　燃烧管实验装置流程图

燃烧管实验的操作步骤如下：

(1) 将不同含水饱和度的油砂填充至燃烧管的中间部分，再将模拟储层含油量的油砂填充到燃烧管的其余部分。装填过程中保证油砂压实均匀，并称量记录装入的油砂质量。

(2) 以2L/min的注气速度向燃烧管中注入氮气，待压力稳定在2.0MPa后检查实验装置的气密性。

(3) 气密性检测完毕后连通所有实验装置，调节注入压力和背压。当背压稳定在0.5MPa时，启动升温程序进行预热。

(4) 当预热至一定温度时关闭氮气，同时开始注空气点火，并实时记录燃烧管各测温井的温度变化和产出气体的浓度变化。

(5) 为了实验安全，火线推进到燃烧管测温井T6附近后停止注气。待燃烧管冷却至室温后掏出燃烧后的油砂，并整理和分析实验数据。

1.3　实验条件

燃烧管的中间部分(测温井T4两侧)装填水体段以模拟储层中的次生水体，次生水体的长度为6cm，如图3所示。燃烧管的其余部分则装填能够近似模拟油藏含油饱和度的普通油砂，实验的基本实验参数见表1。实验E1、E2、E3和E4模拟油藏段的含油饱和度分别为73.9%、78.6%、46.4%和49.3%，次生水体长度一致，均为6cm，且次生水体段的含水饱和度分别为41.1%、79.2%、5.4%和49.1%。此外，实验E4在测温井T4处设置两根热电偶，监测温井T4处不同高度的温度变化，测温井T4处热电偶的分布位置如图4所示。

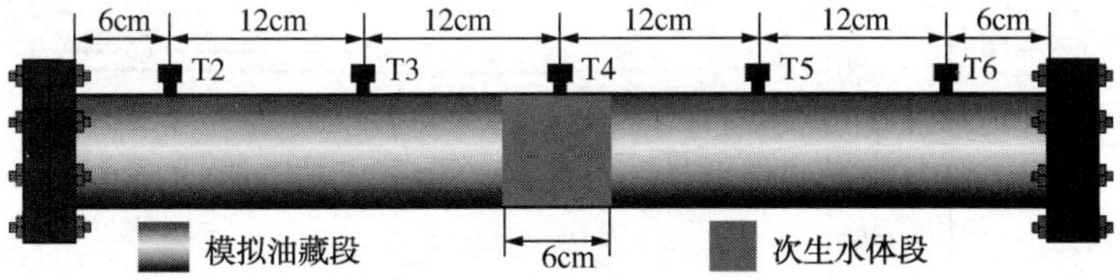

图 3　次生水体分布位置

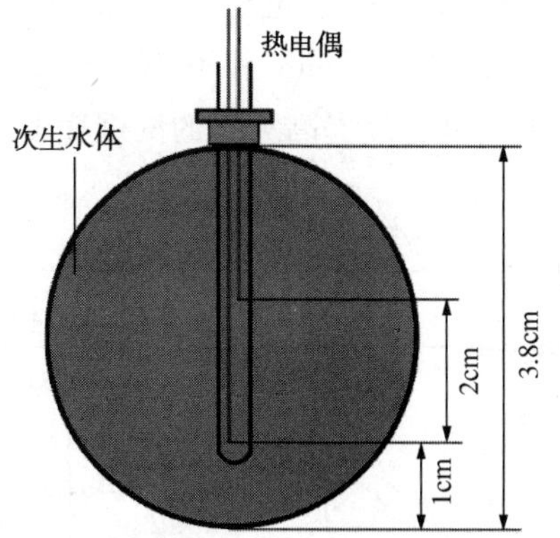

图 4　测温井 T4 的热电偶位置

表 1　实验的物性参数

实验编号	模拟油藏段		次生水体段			渗透率/D	装填砂量/g
	含油饱和度/%	含水饱和度/%	含油饱和度/%	含水饱和度/%	水体段长度/cm		
E1	73.9	0	39	41.1	6	1.81	1206
E2	78.6	0	0	79.2	6	1.57	1242
E3	46.6	0	0	75.4	6	2.17	1140
E4	49.3	0	16.1	49.1	6	2.08	1170

2　实验结果与讨论

2.1　火线的传播特征

实验过程中各测温井的温度变化如图 5 所示。其中，测温井 T2 分布在加热棒附近，在实验过程中始终维持着较高的温度范围；测温井 T6 距离燃烧管采出端 6cm，为了保障实验安全，当测温井 T6 监测到温度峰值后，立即进行注入氮气熄火。由图可知，实验 E1 和 E4 的测温井 T3，T4 和 T5 均监测到了峰值温度，说明次生水体的含水饱和度低于 50%时，火线能够稳定推进。此外，实验 E4 的测温井 T4 不同位置测温点的温度峰值存在明显的差异，上层的峰值温度为 510.5℃，下层的峰值温度为 373.8℃。这是由于气体的超覆作用导致原油的燃烧反应主要发生在上层。在实验 E2 和 E3 中，测温井 T3，T4 和 T5 监测到的峰值温度逐渐降低。实验 E2 中，测温井 T3 监测到 412.7℃ 的降低至 T5 的 327.3℃，而实验 E3 的峰值温度由测温井 T3 的 459.2℃降低至 T5 的 322.7℃。这说明次生水体的含水饱和度高于 75.4%时，火线在推进过程中的燃烧效果逐渐变差。其中，实验 E3 中的测温井 T6 监测到的峰值温度(232.2℃)并不是火线的实际温度，而是火驱过程中高温流体的温度。在火线的传播过程中，油墙会先流入到渗流阻力低的次生水体中，高含水饱和度的次生水体会增加油墙的移动速度，降低油墙的厚度，导致气窜现象的提前发生。所以，在实验 E2 和 E3 中，火线没有稳定推进至生产井附近。因此，储层中较低的次生水体含水饱和度不会影响火线的稳定推进；当次生水体的含水饱和度高时，火线在穿过次生水体后的稳定性变差，不能稳定传播至生产井。

依据各测温井监测到峰值温度的时间，计算了火线在各测温井间的平均推进速度，表 2 列出了实验过程中测温井 T3-T4、T4-T5 和 T5-T6 的火线推进速度。实验 E2 和 E3 的火线没有稳定的推进至测温井 T6，因此没有得到测温井 T5-T6 间的火线推进速度。实验 E1 中，测温井 T3-T4 和 T5-T6 的火线推进速度分别为 0.239cm/min 和 0.447cm/min，推进速度增加幅度最大，达 0.208cm/min；而在实验 E2、E3 和 E4 中的相同阶段火线推进速度增幅分别为 0.095cm/min、0.024cm/min 和 0.207cm/min。可见，次生水体可有效提高火线的推进速度，这主要是由于次生水体的低渗流阻力降低了油墙的移动阻力，加快了火线的推进速度。

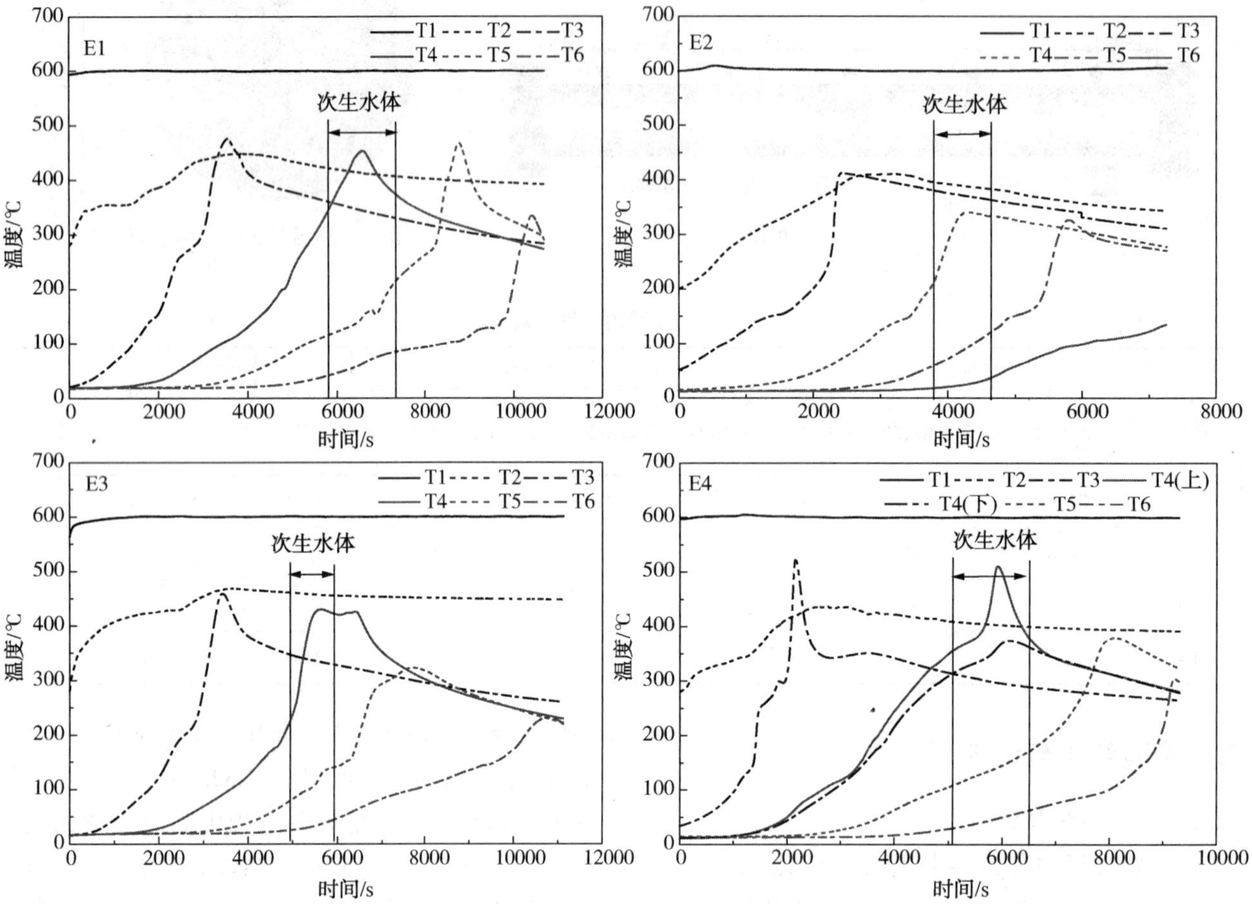

图5　实验过程中各测温井的温度变化曲线

表2　不同测温井间的火线推进速度

实验编号	T3-T4/(cm/min)	T4-T5/(cm/min)	T5-T6/(cm/min)
E1	0.239	0.324	0.447
E2	0.385	0.48	/
E3	0.324	0.348	/
E4	0.186	0.345	0.393

2.2　产出气体浓度变化

火驱过程中产出气体的浓度变化是研究火线燃烧特征的重要依据，实验过程中产出气体的浓度变化如图6所示。实验开始阶段氧气浓度高的原因是点火初期的氧气消耗量低，随着燃烧面积的扩大，氧气消耗量逐渐增加，产出气体中 CO_x($CO+CO_2$)的浓度逐渐升高。

在实验E1中，火线推进至测温井T3时(对应时间3343 s)，产出气体中 CO_x 的浓度达到最大值20.3%，表明火线的燃烧效果很好，随后产出的 CO_x 浓度逐渐降低至9.06%，O_2 浓度逐渐增加至10.15%。当火线传播至次生水体时，产出气体的 CO_x 浓度出现了短暂的上升趋势，随后逐渐降低至5.88%，表明火线的燃烧效果变差；当火线穿过次生水体后，火线的燃烧效果逐渐变好，产出的 CO_x 浓度逐渐上升至11.69%。最终在10300 s后，由于火线推进至生产井附近而停止实验。在实验E4中，产出气体中 O_2 和 CO_x 的浓度波动幅度较大，但是火线仍可以稳定的传播。当火线传播至次生水体段时，产出气体中 O_2 的浓度逐渐降低至10.35%，CO_x 浓度逐渐增加至8.58%。当火线穿过次生水体后，产出的 CO_x 浓度持续增加至12.48%，O_2 的浓度持续降低至 8.01%。由实验 E1 和 E4 的产气浓度变化可以看出，储层中的次生水体含水饱和度低且有一定的含油量时，火线在穿过水体段后仍然可以维持相对稳定的燃烧状态。

在实验 E2 和 E3 中，在火线未推进至次生水体段时，燃烧的状态相对稳定，产出气中 CO_x 的浓度维持在 9%以上。当火线传播至次生水体时，产出气中 O_2 的浓度逐渐升高，CO_x 的浓度逐渐降低。当火线穿过次生水体后，产出气中 COx 的浓度持续降低至 2%，O_2 的浓度持续逐渐升高至 15%以上，最终因严重的气窜而停止实验。可以看出，火线穿过高含水饱和度的次生水体后，燃烧状态逐渐变差，不能稳定的传播至生产井。在火驱过程中，油墙会优先流入到渗流阻力小的次生水体段中，若次生水体的含水饱和度过高会导致油墙的封堵能力变差，加剧了气窜现象的发生。此外，水的蒸发效应会吸收燃烧区的大部分热量，降低了原油燃烧的稳定性。因此，当火线传播至次生水体段时，燃烧的效果变差，产出气中 CO_x 的浓度出现下降趋势。当火线穿过含水量过高的水体段后，不稳定燃烧的现象逐渐加剧，产出气体中 CO_x 的浓度和氧气消耗量迅速下降，并逐渐出现了气窜现象。

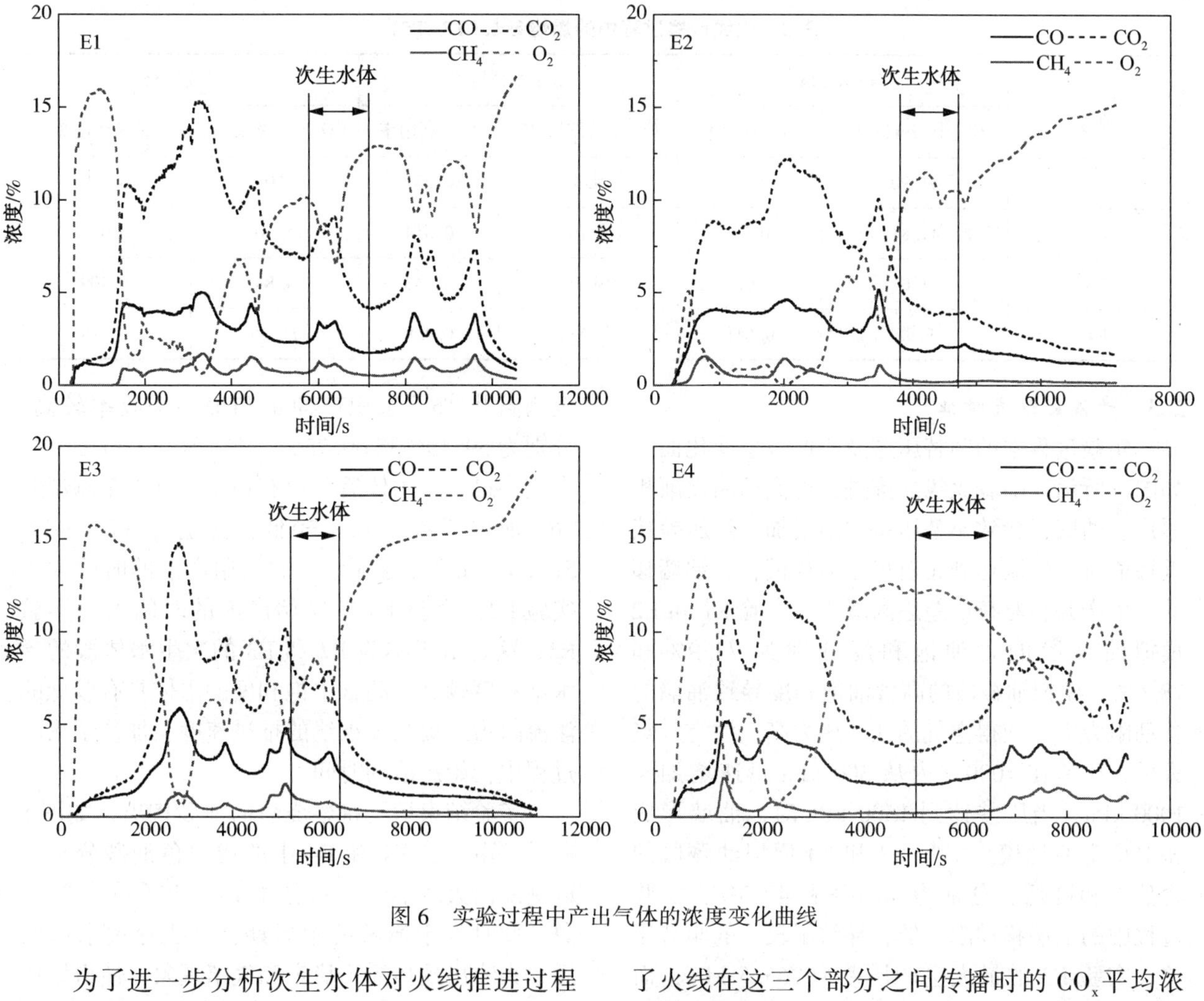

图 6　实验过程中产出气体的浓度变化曲线

为了进一步分析次生水体对火线推进过程中燃烧状态的影响，将燃烧管的测温井 T3 至 T5 之间划分为测温井 T3-水体段、次生水体段和水体段-测温井 T5 三个部分。根据表 2 中的火线推进速度计算了火线在这三个部分内的传播时间，并依据产出气体的浓度变化分别计算了火线在这三个部分之间传播时的 CO_x 平均浓度和氧气利用率(见表 3)，产出 CO_x 的平均浓度和氧气利用率的数值变化可以用来判断火驱过程中燃烧前缘的稳定性。在火驱过程中，水的蒸发会吸收燃烧前缘的大部分热量，降低了火线的燃烧效果。

当火线推进次生水体时，所有实验中产出的CO_x平均浓度和氧气利用率均降低。实验E1的CO_x平均浓度由11.9%降低至9.3%，氧气利用率由0.66降低至0.537；实验E2的CO_x平均浓度由11.81%降低至6.16%，氧气利用率由0.78降低至0.415；实验E3的CO_x平均浓度由11.01%降低至10.16%，氧气利用率由0.673降低至0.648；实验E4的CO_x平均浓度由9.95%降低至6.53%，氧气利用率由0.641降低至0.458。可见，当火线推进至次生水体时，火线的燃烧效果会变差。

当火线穿过次生水体后，实验E2和E3的CO_x平均浓度和氧气利用率均降低。实验E2产出的CO_x平均浓度由6.16%降低至5.10%，氧气利用率由0.514降低至0.473；实验E3产出的CO_x平均浓度由10.16%降低至4.84%，氧气利用率由0.648降低至0.409。可以看出，火线穿过高含水饱和度的次生水体后，燃烧的效果变差。但是，当火线在穿过低含水饱和度的次生水体后，实验E1的CO_x平均浓度和氧气利用率呈现降低的趋势，而实验E4的CO_x平均浓度和氧气利用率出现了升高的趋势。可以看出，实验E1和实验E4的火线燃烧状态呈现出了相反的变化趋势，但火线仍可以维持相对稳定的燃烧状态，并能够稳定的推进生产井。

表3 火线传播过程中的燃烧参数(T3-T5)

实验编号	T3-水体段		次生水体段		水体段-T5	
	CO_x平均浓度/%	氧气利用率	CO_x平均浓度/%	氧气利用率	CO_x平均浓度/%	氧气利用率
E1	11.90	0.66	9.3	0.537	8.01	0.456
E2	11.81	0.78	6.16	0.514	5.10	0.473
E3	11.01	0.673	10.16	0.648	4.84	0.409
E4	9.95	0.641	6.53	0.458	11.30	0.618

2.3 产液的动态特征

实验过程中的驱替压差及累产液量变化曲线如图7所示。随着火线的推进，可流动油逐渐积累形成油墙，导致驱替压差逐渐增加。当压差接近峰值时，油墙达到相对稳定的规模，当油墙移动至生产井，驱替压差逐渐减小。实验E1和E2模拟油藏段的含油饱和度分别为73.9%和78.6%，模拟油藏段的高含油饱和度导致油墙的移动阻力大，使得空气的注入压力高。注空气点火后，压差在1000 s内从300 kPa迅速增加至1000 kPa，当压差达到1500 kPa时，油墙形成相对稳定的规模。实验E3和E4模拟油藏段的含油饱和度低，分别为46.6%和49.3%，实验过程中的油墙移动阻力低，导致了较小的驱替压差，实验E3的最大生产压差为265.5 kPa，而实验E4在3181 s时驱替压差达到最大值637.1 kPa。

表4列出了各组实验的开始产液时间、总产油量和原油采收率。实验E1和E4的火线推进至测温井T6，累积产油量和最终采收率较高，分别为59.19%和60.73%。在实验E2和E3中，火线穿过次生水体后，没有稳定的推进至测温井T6，所以最终采收率较低，分别为45.41%和51.1%。此外，实验E1的初始产液的时间大于实验E2，实验E4的初始产液的时间大于实验E3，这是由于实验E2和E3的次生水体段的含水饱和度较高。高含水饱和度的水体具有较低的渗流阻力，提高了火线的推进速度，加快了火驱过程中初始产液的时间。

实验结束后，将燃烧后的油砂掏出，如图8所示。由实验E1和E4中的浅白色油砂分布可以判断出火线推进至测温井T5后出现了气窜现象，此时处于产液的中后期，火线穿过水体段后，火线出现传播不稳定和气窜现象，使得燃烧效果变差。因此，测温井T5之后的油砂颜色较深。在实验E2和E3中，火线推进至测温井T4同样开始出现了气窜现象，使得测温井T4之后的油砂颜色较深。

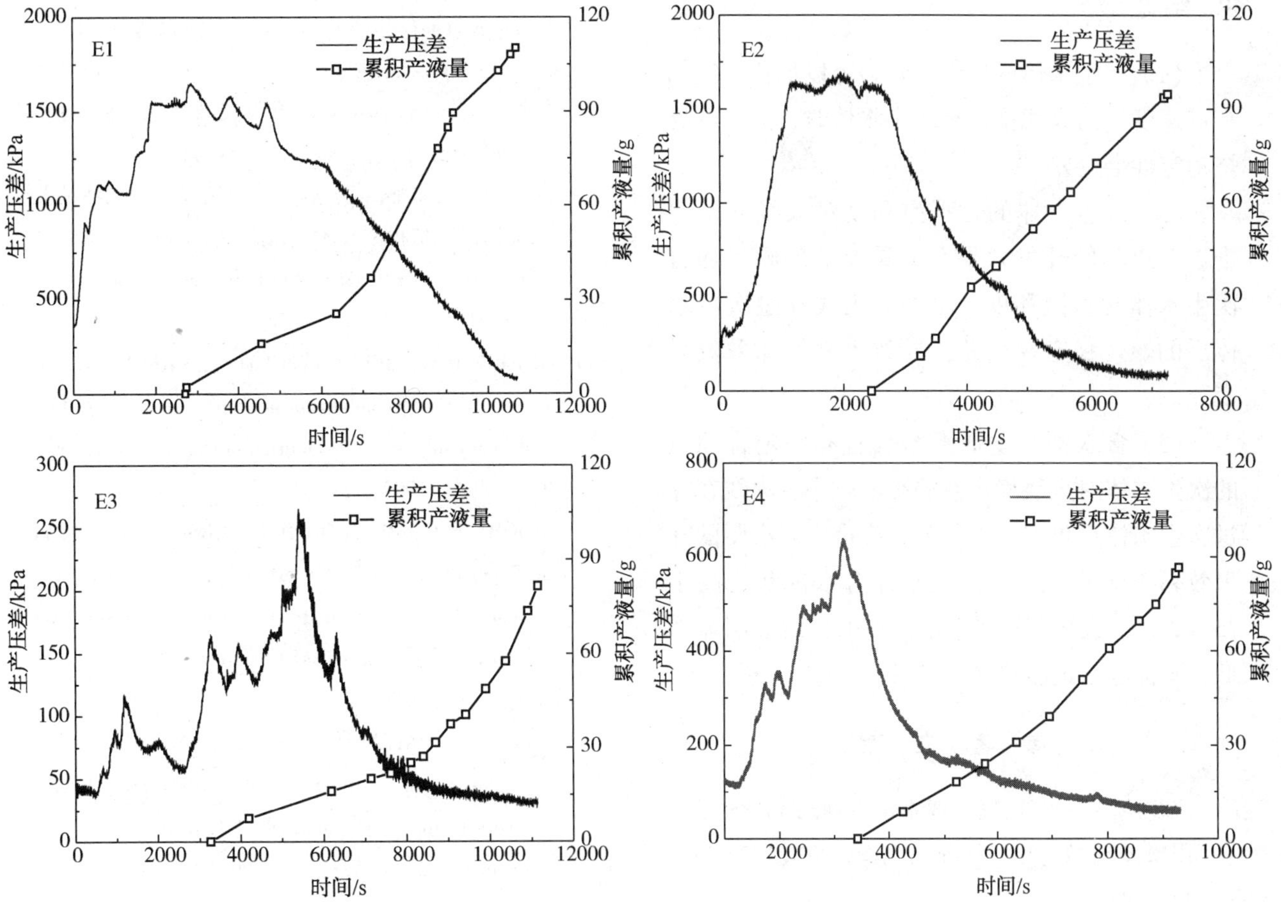

图 7　实验过程中的累积产液量和生产压差变化曲线

表 4　燃烧管的总产油量和最终采收率

实验编号	开始产液时间/s	产油量/g	采收率/%
E1	2700	107.91	59.19
E2	2458	81.52	45.41
E3	3260	65.03	51.10
E4	2420	83.65	60.73

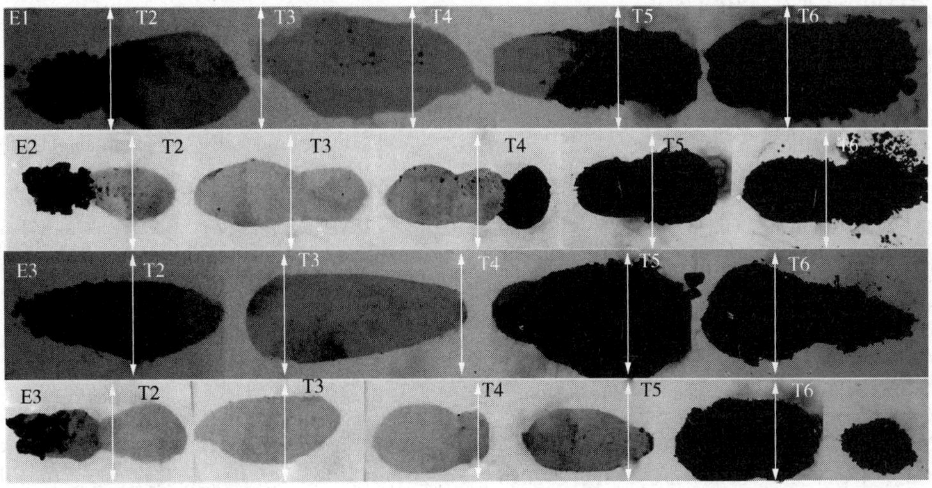

图 8　实验结束后的油砂分布

3 结论

(1) 次生水体的低渗流阻力可以加快火线的推进速度。当火线推进至次生水体时，火线的燃烧稳定性会变差。

(2) 次生水体的含水饱和度对火线的稳定推进及火驱的开发效果有着重要的影响，随着次生水体含水饱和度的增加，火线穿过次生水体后的燃烧稳定性变差，导致火驱的开采效果变差。

(3) 含水饱和度低于50%且有一定含油量的次生水体对火线稳定性的影响较小，火线在穿过次生水体后仍然可以稳定的推进，对火驱的开采效果影响不大；当次生水体含水饱和度高于75.4%时，火线穿过次生水体后的稳定性明显降低，不能稳定的推进至生产井。

参 考 文 献

[1] 张蔓，张军，叶锋，等．稠油蒸汽吞吐油汽比经济界限预测模型［J］．特种油气藏，2020，27(03)：121-124.

[2] GUO K, LI H, YU Z. In-situ heavy and extra-heavy oil recovery: a review [J]. Fuel, 2016, 185: 886-902.

[3] 杨智，廖静，高成国，等．红浅1井区直井火驱燃烧区带特征［J］．大庆石油地质与开发，2019，38(01)：89-93.

[4] 赵庆辉，刘其成，程海清．含油饱和度对火驱开发影响的实验研究［J］．西安石油大学学报(自然科学版)，2019，34(05)：69-72.

[5] YANG M, HARDING T G, CHEN Z. Numerical investigation of the mechanisms in co-injection of steam and enriched air process using combustion tube tests [J]. Fuel, 2019, 242: 638-648.

[6] DONG X, LIU H, CHEN Z, et al. Enhanced oil recovery techniques for heavy oil and oilsands reservoirs after steam injection [J]. Applied Energy, 2019, 2391190-1211.

[7] YANG M, CHEN Z, HARDING T G. An improved reaction kinetics model of in-situ combustion for pre-steamed oil sands; proceedings of the SPE Canada Heavy Oil Technical Conference, F, 2016 [C]. D021S006R007.

[8] 霍进，赵仁保，孙新革，等．火驱技术国内外进展及理论发展方向的思考［J］．新疆石油天然气，2021，17(03)：30-36.

[9] 才业．水淹稠油油藏火驱开发受效特征研究［J］．特种油气藏，2020，27(05)：125-131.

[10] 席长丰，关文龙，蒋有伟，等．注蒸汽后稠油油藏火驱跟踪数值模拟技术—以新疆H1块火驱试验区为例［J］．石油勘探与开发，2013，40(06)：715-721.

[11] MOORE R G, BELGRAVE J D M, URSENBACH M G, et al. In situ combustion performance in steam flooded heavy oil cores [J]. Journal of Canadian Petroleum Technology, 1999, 38(13).

[12] MOORE R G, BENNION D W, URSENBACH M, et al. Experimental basis for extending the oil recovery/volume burned method to wet and superwet combustion [J]. Journal of Canadian Petroleum Technology, 1988, 27(06).

[13] JAVAD S, PAITAKHTI OSKOUEI, MAINI B B, et al. Experimental evaluation of SAGD/ISC hybrid recovery method [J]. Journal of Canadian Petroleum Technology, 2013, 52(03): 204-218.

[14] JAVAD S, OSKOUEI P, MOORE R G, et al. Feasibility of in-situ combustion in the SAGD chamber [J]. Journal of Canadian Petroleum Technology, 2011, 50(04): 31-44.

[15] 王如燕，潘竟军，陈龙，等．汽窜通道对注蒸汽开采后期转火驱生产的影响［J］．长江大学学报(自科版)，2017，14(03)：48-53+93-94.

[16] 关文龙，席长丰，陈亚平，等．稠油油藏注蒸汽开发后期转火驱技术［J］．石油勘探与开发，2011，38(04)：452-462.

[17] ZHAO R, CHEN Y, HUAN R, et al. An experimental investigation of the in-situ combustion behavior of karamay crude oil [J]. Journal of Petroleum Science and Engineering, 2015, 127: 82-92.

[18] ZHAO R, SUN Z, SUN X, et al. Effect of secondary water body on the in-situ combustion behaviors [J]. Fuel, 2022, 316: 123303.

[19] 杨俊印，闫红星，刘家林，等．杜66块火驱典型产出流体变化特征［J］．特种油气藏，2020，27(03)：137-141.

[20] 关文龙，梁金中，吴淑红，等．矿场火驱过程中火线预测与调整方法［J］．西南石油大学学报(自然

科学版), 2011, 33(05): 157-161+202-203.

[21] ZHAO R, YANG J, ZHAO C, et al. Investigation on coke zone evolution behavior during a THAI process [J]. Journal of petroleum science and engineering, 2020, (196): 107667.

[22] SARATHI P. National Petroleum Technology Office: National Petroleum Technology Office, U. S. Department of Energy, Tulsa, Oklahoma, USA., 1999.

[23] 王伟伟. 火驱油墙技术界限判定及运移特征 [J]. 特种油气藏, 2019, 26(04): 131-135.

渤海稠油热采关键技术探索及问题分析

王秋霞　韩晓冬　王弘宇　张　伟　温　佳

[中海石油(中国)有限公司天津分公司]

摘　要　渤海油田稠油油藏资源丰富，目前动用程度较低。针对海上稠油热采油藏埋深、水体活跃、储层复杂、热损高、平台空间小、井距大、成本高、单井经济累产要求高等技术难题，以大幅度稠油提高采收率和提高经济效益为目标，分别从多功能规模化热采注热装备、井下高温安全控制系统、高干注汽、高温长效光纤测试、同心管射流泵注采一体化等方向取得稠油热采关键技术突破，保障了LD油田蒸汽吞吐先导试验顺利实施，并建设形成首个水平井过热蒸汽驱先导试验、首座规模化热采示范平台，有力推动渤海特稠油油藏和薄互层稠油油藏整体开发进程。系统分析海上稠油热采规模化开发过程中出现的问题，总结规律认知，制定措施，创新技术，助推渤海稠油热采持续高效开发。

关键词　热采；井下安全控制；高干注汽；高温测试；注采一体化

渤海油田自2008年起开始稠油热采开发实践，热采开发技术的应用使得单井产能明显增加。热采开发是现阶段高效开发稠油油藏的主要技术之一，为了进一步保障海上稠油热采井安全注热和生产，进一步提高稠油热采井的注热和生产效果，攻关配套了稠油规模化热采地面装备、井下高温安全控制系统、高干注汽、高温长效光纤测试、同心管射流泵注采一体化等关键技术，保障了旅大27-2油田蒸汽吞吐先导试验顺利实施，并建设形成首个水平井过热蒸汽驱先导试验、首座规模化热采示范平台，有力推动渤海特稠油油藏和薄互层稠油油藏的整体开发进程。

1　海上稠油热采关键技术探索

1.1　多功能规模化热采注热及烟道气净化回注装备

利用蒸汽锅炉产生高干度蒸汽，同时将锅炉产生的烟道气利用双疏膜技术除尘，陶瓷膜技术脱硫处理，根据油藏需求将净化后的烟道气随蒸汽注入油藏。利用蒸汽，气体协同作用增产，扩大热量波及范围，补充储层能量，达到提高油井产能目的，同时具有低碳环保、节约集成特点，满足海上稠油油田高效经济开发需求。

与陆地同等排量装备比，面积减少12m^2、重量减少9t、寿命提高10年，可实现油气混烧；具有烟气脱尘、除硫功能、实现“蒸汽+烟气”复合增效，烟道气净化。

图1　多功能规模化热采注热及烟道气净化回注装备

1.2　井下高温安全控制系统

根据“海洋石油安全管理细则”总局令第25号相关规定：“气井、自喷井、自溢井应当安装井下封隔器；在海床面30米以下，应当安装井下安全阀”。稠油热采井蒸汽注入过程中井下温度和压力较高，常规井下安全控制工具无法满足其海上稠油热采井井下高温高压工况的要求，攻关配套主要由高温封隔器、高温安全阀、高温排气阀、定压开启工具、地面控制系统5部分组成的井下高温安全控制系统，其主要功能是实现油管和油套环空通道的开启和应急关闭。关键技术指标见表1。

表 1　井下高温安全控制系统关键技术指标

高温封隔器		高温安全阀		高温排气阀	
耐温等级/℃	350	耐温等级/℃	350	耐温等级/℃	350
耐压等级/MPa	21	耐压等级/MPa	21	耐压等级/MPa	21
控制管线坐封压力/MPa	29	开启压力/MPa	10	开启压力/MPa	10~17
自补偿距离/m	0.5~5	关闭压力/MPa	3.8	关闭压力/MPa	3.8~10

1.3　高干注汽技术

采用高真空/气凝胶材料隔热油管，配套隔热接箍、隔热扶正器、隔热补偿器，形成全密闭无热点注汽管柱，同时环空采取间歇/连续注氮工艺，进一步降低热井筒沿程损失，提高注汽质量，保障热采效果。

为了弥补高真空隔热油管存在的隔热效果对真空度依赖大、使用寿命等问题，研制了气凝胶隔热管。因其特殊结构形式消除了热对流、热传导和热辐射，隔热等级 E/D 级；隔热寿命为 15~30 个注汽周期。

隔热接箍配套隔热油管使用，采用“内管+隔热层+外管”的隔热结构设计，降低油管接箍处的热损失。

为提高热能利用率，保护套管及水泥环，环空采取注氮隔热措施；制氮设备采用高纯度制氮机，氮气纯度可达到 99.9%，油套环空充满氮气避免高温井液上返至环空，增加隔热效果，同时降低腐蚀。

1.4　高温长效光纤测试技术

结合海上油田现有管柱结构，形成了一种可实现热采井高温井下长效测试的工艺管柱，通过采用 Y 型穿越装置实现管内外温度、压力监测，其中 Y 型穿越装置以上可实现对环空温度、压力长效监测，Y 型穿越装置以下实现水平段温度、压力长效监测，同时地面安装光纤密封保护器，降低作业风险，从而实现热采井温度、压力数据长效、安全监测。具体测试管柱图见图 2。

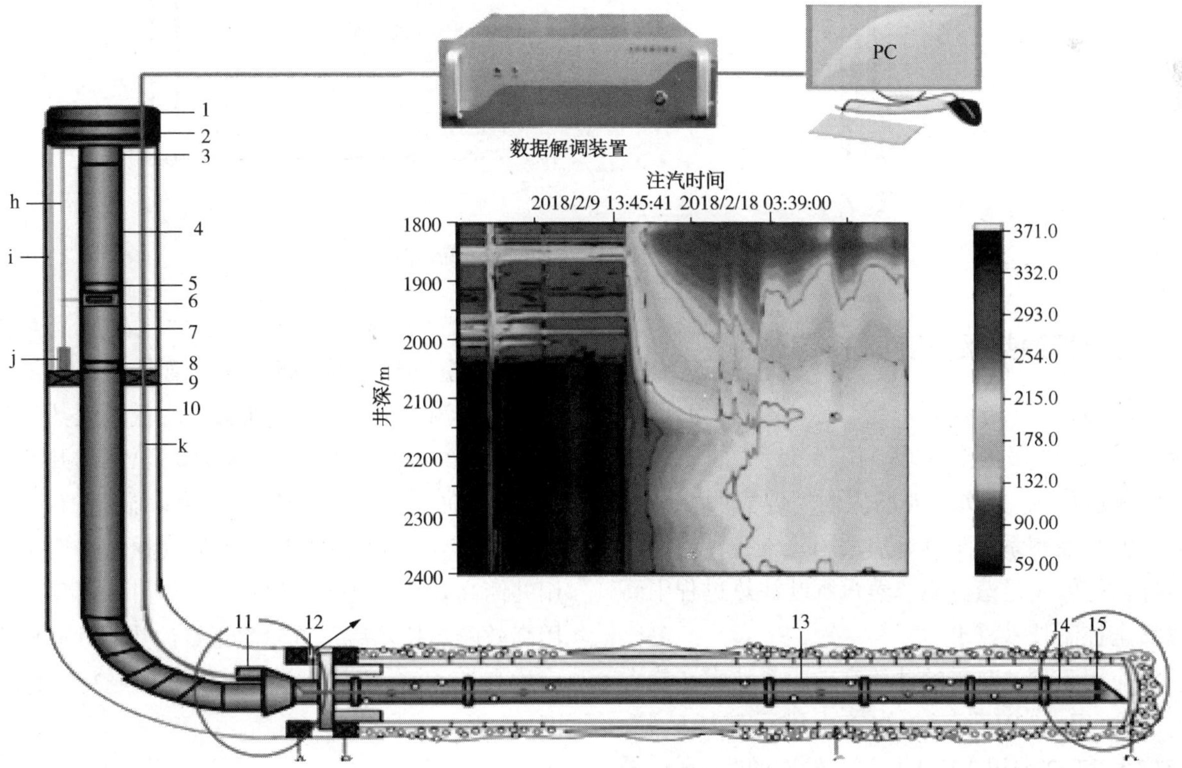

图 2　高温长效光纤测试管柱图

1.5 同心管射流泵注采一体化技术

利用射流泵注采一体化管柱实现注热、焖井、生产、井下安全控制等功能，该管柱主要包括工作筒、内泵筒、生产泵芯等。其中工作筒、内泵筒分别与同心双级油管连接，内泵筒插入工作筒内，两者配合形成插入密封定位。工作时，生产泵芯插入内泵筒，动力液通过喷嘴高速喷出，将井底液体吸入，两种液体在喉管中进行混合、能量交换，最终将井底流体举升至地面。

注汽时：注热前起出1根小油管、开启注热通道；分别从同心内管、同心内/外管间环空注入蒸汽；蒸汽输入量达到设计值后进行焖井。

生产时：投产前回接1根小油管；投入生产泵芯，动力液从同心内管注入，动力液与地层流体的混合液从同心内/外管间环空产出。

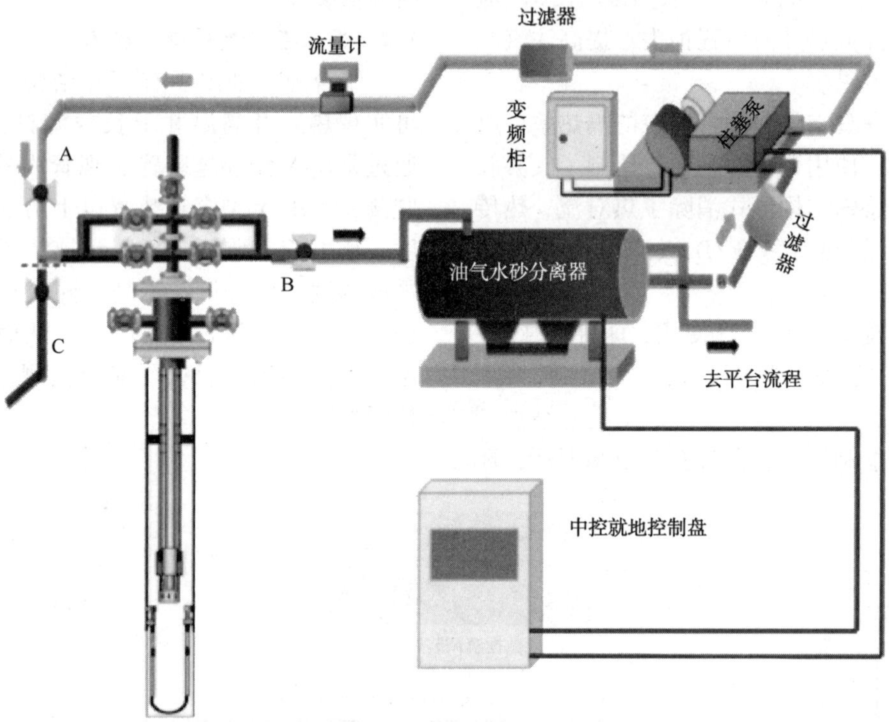

图3 同心管射流泵注采一体化流程图

2 海上稠油热采关键技术矿场实践

高温井下安全控制系统在旅大27-2油田和旅大21-2油田蒸汽吞吐、南堡35-2油田过热蒸汽驱应用15井次，现场应用情况表明，高温井下安全控制系统工具开启关闭正常，密封性能良好，能够满足蒸汽驱、蒸汽吞吐注热过程中高温安全控制技术需求。

应用于稠油热采的井筒高效隔热技术在旅大27-2油田A23H第三轮次首次进行矿场试验，与旅大27-2油田A22H井第三轮次的“高真空隔热油管+普通接箍”相比，采用“气凝胶隔热油管+高真空隔热接箍”高干注汽管柱，隔热油管外壁平均温度下降超过100℃，降低沿程热损失8.26%，纯提高井底干度38.2%，A23H井井底干度达50%。海上首个规模化热采旅大21-2油田10口蒸汽吞吐井的首轮次蒸汽吞吐井全部采用井筒高效隔热技术，模拟计算了井底干度，采用高效隔热技术后，首轮次正常注热的井井底干度均高于10%，最高达到45.3%(表2、图4~图6)。

表 2　旅大 21-2 油田热采井注热关键参数统计表

井号	总注入量/t	平均注汽速度/(t/h)	平均井口干度/%	井底干度/%	平均干度/%	注汽时间/d	有干度时间/d
B1H	5223	9.5	78	0~59.7	20	23	19
B4H	6252	8.2	70	0~32.7	3.9	34	12
B8H	6828	9.5	85	0~42.5	21.4	32	31
B6H	5446	8.7	63	0~30.3	10	28	15
B7H	3165	8.1	32	0~38	2.5	33	4
B9H	5062	9	60	0~30.3	3.2	26	3
B10H	3960	9.2	58	0~39.6	15	21	11
B2H	5600	12.5	84	34~44	39.6	20	20
B3H	6637	9.8	78	9.2~38.9	23.3	30	28
B5H	6375	10.5	86	41~50.3	45.3	26	26
平均	5454.8	8.3				27.4	

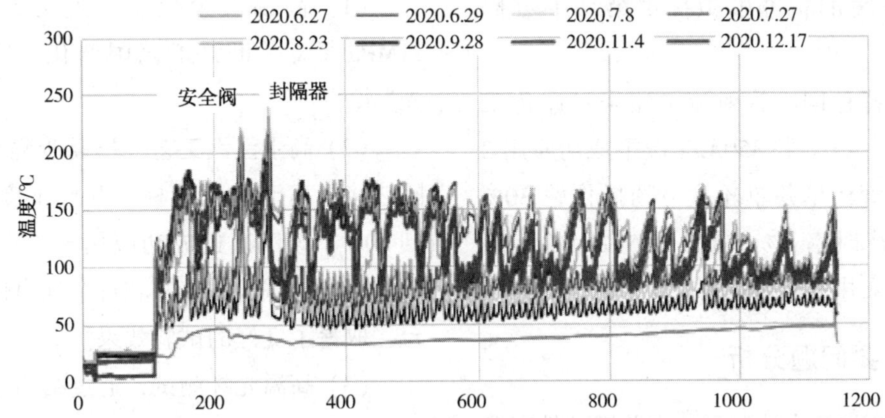

图 4　注汽过程中不同时间油套环空温度曲线

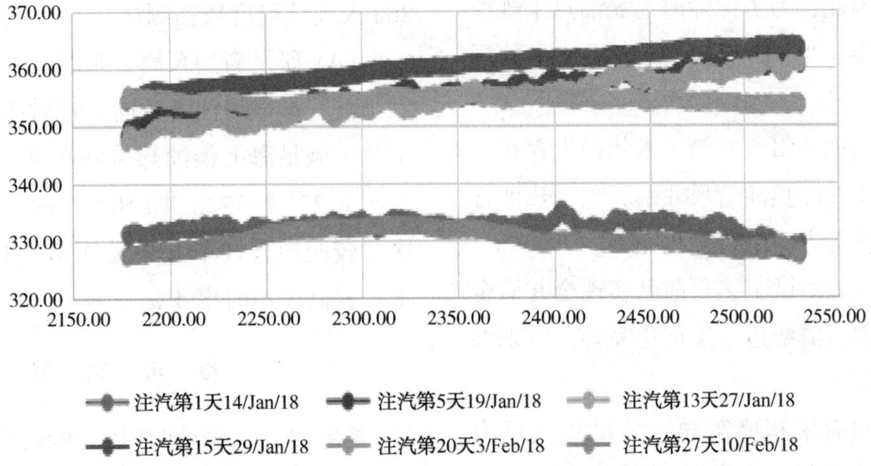

图 5　注汽过程中不同时间水平段温度曲线

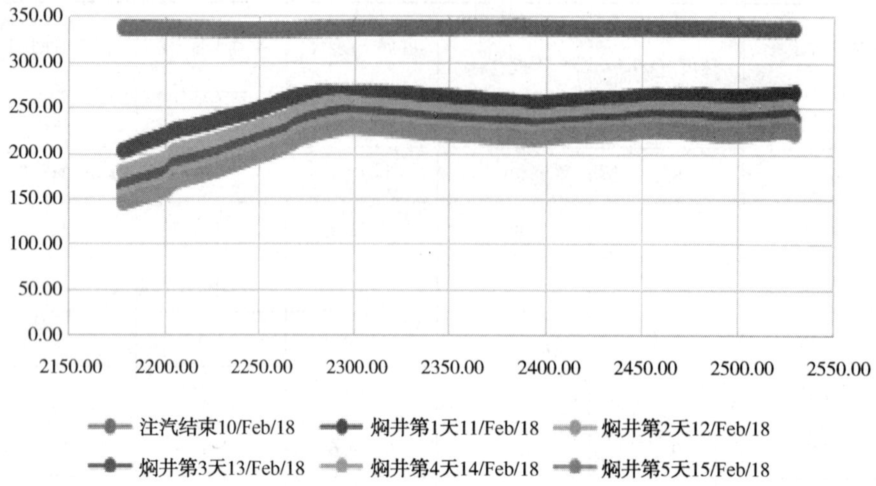

图6 焖井过程中不同时间水平段温度曲线

高温长效光纤测试技术已累计成功应用4井次，为注热管柱隔热效果评测、特殊位置的关键温度、水平段的整体动用情况、增效措施优选和方案的精准模拟提供第一手数据支持。

形成海油特色同心管射流泵注采一体化工艺，旅大27-2-A22h井350℃工况下成功应用2轮次，较两趟管柱单井单轮次节约操作费30%以上，提高生产时率4%，在旅大5-2北特-超稠油规模化热采井中全部实施。

3 存在的主要问题分析

(1) 井下高温安全控制系统中关键部件高温胶筒研发是一项“卡脖子”技术，目前依赖于欧美国家进口，因此，为了保障海上稠油热采规模化实施不受限制，“十四五”完成该项技术的国产化。

(2) 对比陆地油田，井筒千米热损失存在一定的差距，需要在隔热油管尺寸、新型隔热油管及加工制造工艺等方面进行优化完善。

(3) 高温长效测试工艺目前已实现全井筒全时域的温度监测，需要进一步优化完善，实现温压同测功能。

(4) 同心双管沿程摩阻导致井口注汽压力升高，影响注汽质量，尤其是对首轮次注热影响较大，如何进一步降低沿程摩阻，保障注汽质量。

4 结论

(1) 高温安全控制，实现热采井350℃/21MPa紧急关断，工艺国产化，达到“国际领先”水平。

(2) 高干注汽工艺，气凝胶隔热管+高真空隔热接箍高干注汽管柱，井底干度从20%提升到50%，该工艺也成功应用于首个水平井过热蒸汽驱先导试验注汽井和首个规模化稠油热采平台，取得了良好的试验效果。

(3) 高温光纤测试，通过结构创新、管柱优化，首次实现水平段和环空全井段温度剖面实时监测。高温光纤测试系统在蒸汽驱注汽井中实现360天连续温度数据测试。

(4) 研发新型泵筒、泵芯、采油树、安全控制工具，形成海油特色同心管射流泵注采一体化工艺，满足海上稠油热采注热和生产技术需求，在旅大27-2-A22h井350℃工况下成功应用2轮次，较两趟管柱单井单轮次节约操作费30%以上，提高生产时率4%。

参 考 文 献

[1] 姜伟. 加拿大稠油开发技术现状及我国渤海稠油开发新技术应用思考[J]. 中国海上油气，2006，18(2)：123-125.

[2] 郭太现，苏彦春．渤海油田稠油油藏开发现状和技术发展方向[J]．中国海上油气，2013，25(4)：26-30.

[3] 单学军，张士诚，王文雄，等．稠油开采中井筒温度影响因素分析[J]．石油勘探与开发，2004，31(3).

[4]刘同敬，雷占祥．稠油油藏注蒸汽井筒配汽数学模型研究[J]．西南石油学报，2007，29(5)：60-61.

[5]李洪，陈森，周伟，黄勇．稠油热采隔热油管技术适应性分析．石油化工应用．2014，33(3)：17-18.

[6]曹喜承，王忠华，刘晓燕．真空隔热油管传热性能研究．节能技术，2010，28(5)：419-421.

[7] 周赵川，王辉，戴向辉．海上采油井筒温度计算及隔热管柱优化设计．石油机械．2014，42(4)：43-48.

[8] 孙建芳．胜利郑411区块超稠油单相渗流特征试验研究[J]．石油钻探技术，2011，39(6)：86-90.

海上稠油热采井电潜泵注采一体化技术及矿场试验

曹子娟　王弘宇　张　华　张　伟　李　越

(中海石油(中国)有限公司天津分公司)

摘　要　目前海上稠油热采均采用注采两趟技术，由于注热转生产期间需要更换管柱作业，导致作业周期长、作业成本高、同时洗压井造成热量大量损失，限制海上稠油油田的高效开采。为了进一步试验并验证海上稠油热采注采一体化工艺的可靠性，渤海油田开展了电潜泵注采一体化工艺的矿场试验，本文主要介绍电潜泵注采一体化的结构、工作原理和性能特点，以及其它井下关键配套工具和试验情况。通过采用电潜泵注采一体化工艺后，有效减少施工工序，消除了洗压井对热效率的影响，同时节约作业时间和后续作业成本，为注采一体化技术在海上油田稠油热采的推广应用提供参考。

关键词　热采；注采一体化；矿场试验

1　引言

随着世界能源消耗的增加以及常规能源在许多国家的开采趋近枯竭，稠油作为世界能源的组成的重要部分，其高效经济的开发成了各国石油领域研究的重点。中国拥有丰富的稠油储量，主要分布在我国的辽河油田、胜利油田和新疆油田等，以中国海油渤海油田为例，针对海上稠油油田开发，先后开展了蒸汽吞吐、多元热流体吞吐等先导试验，均取得良好的增产效果，展现出了优异的应用前景和发展潜力。

目前海上稠油热采试验井的举升工艺通常采用电潜离心泵举升方式，而常规电潜泵耐温等级低，成为了限制海上稠油油田热采规模化应用的难题。其次，因为耐温限制，热采井必须采用注采两趟管柱作业，不仅是管柱作业及维护成本高，更是影响注热的最终效率。为了进一步释放稠油油田产能，降低热采操作成本，开展海上稠油油田热采井注采一体化技术研究和矿场试验对于推动海上稠油油田热采规模化开发有着重要意义。

目前针对海上油田稠油热采井注采一体化工艺，已有科研人员进行了大量研究，通过优选海上油田热采井注采一体化举升工艺以及对注采一体化管柱、井下关键工具、专用井口装置和配套地面设备的设计形成了海上油田稠油热采井注采一体化工艺技术。为了进一步试验并验证海上稠油热采注采一体化工艺的可靠性，渤海油田开展了电潜泵注采一体化工艺研究，同时进行矿场试验，并最终取得了良好的效果。本文主要介绍电潜泵注采一体化的结构、工作原理和性能特点等，以及其它井下关键配套工具和试验情况，为注采一体化技术在海上油田稠油热采的推广应用提供参考。

2　海上稠油热采井电潜泵注采一体化技术配套及矿场试验

2.1　结构及工作原理

电潜泵由电泵机组、电缆及配套工具和温压监测组成(图4)。工作原理是当离心泵工作时，进入叶轮排液孔道里的井液由叶轮的叶片驱动，相对于泵轴心旋转，由于离心力的作用液体被甩到叶片边缘，将动能变为压能，通过导轮的集流作用进去上一个叶片的入口，叶轮的逐级升压使泵出口压力获得足够的压头，泵的最下级叶轮在油套环空沉没压力的作用下吸入液体，通过举升井液，再将泵的机械能转为流体的动能和压能。

2.2　性能特点

电潜泵是海上油田最常用的人工举升方式，具有使用范围广、功率排量长、管理方便、经济效益显著等特点，其优势在于排量大，一般在80~700m^3/d，该技术具有结构原理简单、技术性能突出及耐高温高压的特点，是一种低成本的热采工艺技术。

2.3 关键工艺技术研究

2.3.1 高温井下安全阀

高温井下安全阀结构如图1所示，主要包括液控接头、柱塞密封、柱塞、中心管、回弹体、阀板等。常规井下安全阀所有需要密封的地方全部采用密封圈密封，动力组件采用活塞式结构，而高温井下安全阀在结构上采取“环状+柱塞”的密封方式，在材质上选择进口“718”合金钢为传动，确保高温工况下安全阀的耐久和耐磨损性。

高温井下安全阀采用全金属密封件结构设计合理，能在常温、350℃高温下保持优良的密封性能，并且当温度由高温降低时，仍然具有良好的密封性。试验过程中阀板反复多次开启、关闭，且每次开启关闭的压力值均在许可范围内，多次开启关闭后的性能稳定。

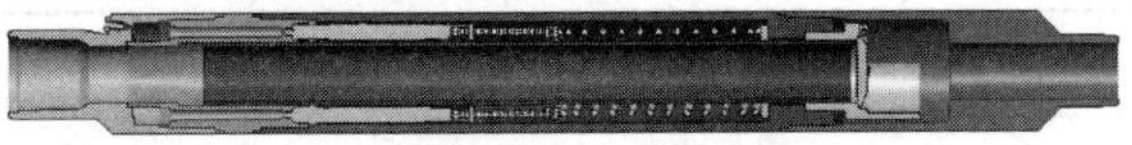

图1 耐高温井下安全阀示意图

高温井下安全阀额定工作压力为35.0MPa，耐温高达350℃，阀体的最大外径为150.00mm，最小内径为71.42mm，阀板完全开启压力为11.2MPa，抗拉强度大于650 kN。

2.3.2 高温过电缆封隔器

随着稠油开采的逐步深入及开采难度的不断增加，电动潜油离心泵凭借其独特优点，被广泛应用于高产井、含水井、斜井以及定向井。由于常规封隔器无法实现注蒸汽的要求，另外现有的放气阀无法高温下耐压，因此现有封隔器的性能并不能满足稠油注汽电潜泵采油的要求。如何解决井下穿越封隔器耐温耐压的要求就成了电缆穿越封隔器设计的首要任务。

井下电缆穿越封隔器设计了防中途座封装置采用了液压座封丢手、筒状卡瓦锚定和上提管柱解封的结构形式，具有下放时抗碰撞、液压座封灵活、防上顶能力强等特点(图2)。

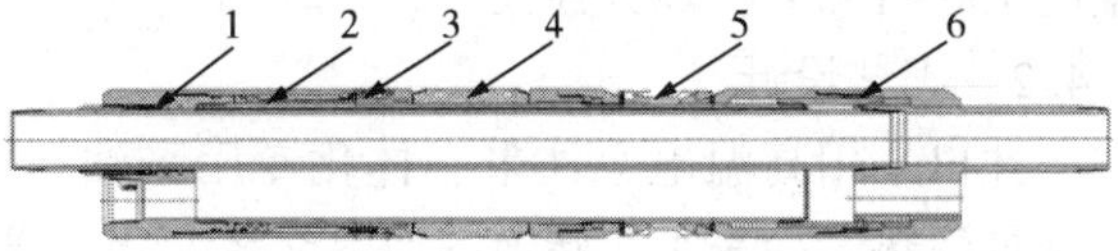

图2 井下电缆穿越封隔器示意图

1. 中心管密封机构；2. 液缸机构；3. 胶筒锁紧机构；4. 胶筒密封机构；5. 卡瓦及卡瓦锁紧机构；6. 解封机构

高温过电缆封隔器额定工作压力为21.0MPa，耐温为300℃，最大外径为216.00mm，最小内径为52.00mm，放气阀通道最小内径为35.00mm，最下下入深度为3000m，坐封压力为35.0MPa，解封载荷为270kN。

2.3.3 高温电缆穿越

电缆穿越器是高压电器产品，根据热采工艺耐温耐压要求，采油树技术参数确定高温井口电缆穿越器主体外形尺寸，再根据高温井口电缆穿越器主体外形尺寸，确定高温井口穿越器主体的内部结构尺寸。在高温电缆穿越器的设计中，既要考虑其在250℃高压饱和水蒸气的恶劣环境下的密封性能、耐压力性能，还需具有绝缘性能、耐电压性能以及高温导电材料的导电性能和壳体材料耐高温性能。

高温电缆穿越器由上、下两部分组成，上部作用是为了保证电缆穿越器主体的绝缘、密封和承压性能，下部作用是为了保证电缆穿越器内部电极与电缆连接后的绝缘、密封和封固性能(图3)。

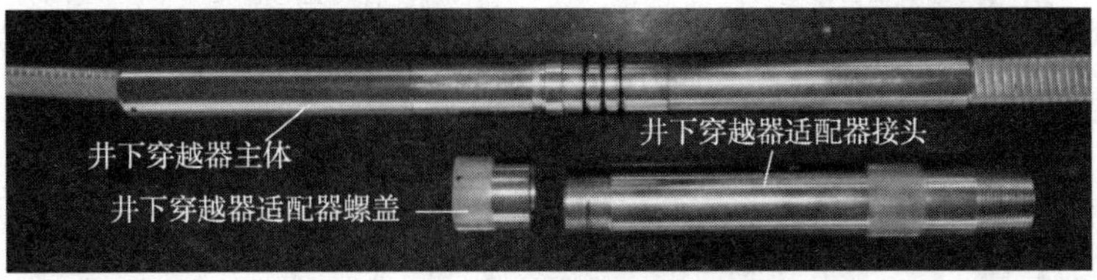

图3 高温井下穿越器外形图

高温电缆穿越器额定工作压力为21.0MPa，工作温度为250℃，额定电压为100 A，井口主体密封部位尺寸为62mm。

2.4 矿场实施

在渤海Y油田热复合吞吐作业期间，成功进行了6井次注采作业(注入温度：150~190℃，注入速度：192t/d，焖井3天)。

2.4.1 油田概况

该井块为具有多套油水系统的复杂断块油藏，具有厚、陡、窄、稠的特征，属于东营组，储层物性为为中高孔中高渗(平均孔隙度 31.1%，平均渗透率 523.1mD)，油层厚度最大 140m，地面原油黏度为 3629~7169mPa·s，第一轮次多元热流体吞吐设计注入量 3000t，注入温度 150~190℃，焖井 3 天。

2.4.2　工艺设计

井口采用高温电泵注采一体化专用采油树，以满足注热、冷采工艺转换的冷热交替变化。管柱设计主要包含：耐高温井下安全阀、耐高温过电缆封隔器(含自动排气阀)、耐高温井下开关、耐高温井下单流阀、液控 Y 接头总成、Y 接头平行管柱、高温电泵机组、耐高温电缆及电缆穿越器、高温高压监测系统(图 4、表 1)，一趟管柱实现注热、生产、安全控制等功能(图 5)。

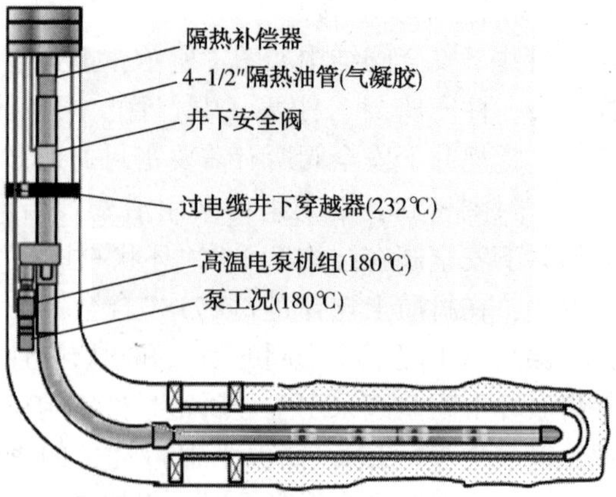

图 4　电潜泵注采一体化管柱图

表 1　井下关键工具参数

工具类型	尺寸参数					
	温度等级/℃	压力等级/MPa	最大外径/mm	内通径/mm	长度/mm	控制管线规格/″
耐高温 Y 接头	205	21	216	50	430	/
耐高温井下穿越	204	21	216	40	/	1/4
耐高温安全阀	204	34.5	137	71	1560	1/4
高温放气阀	204	34.5	56	/	647	1/4

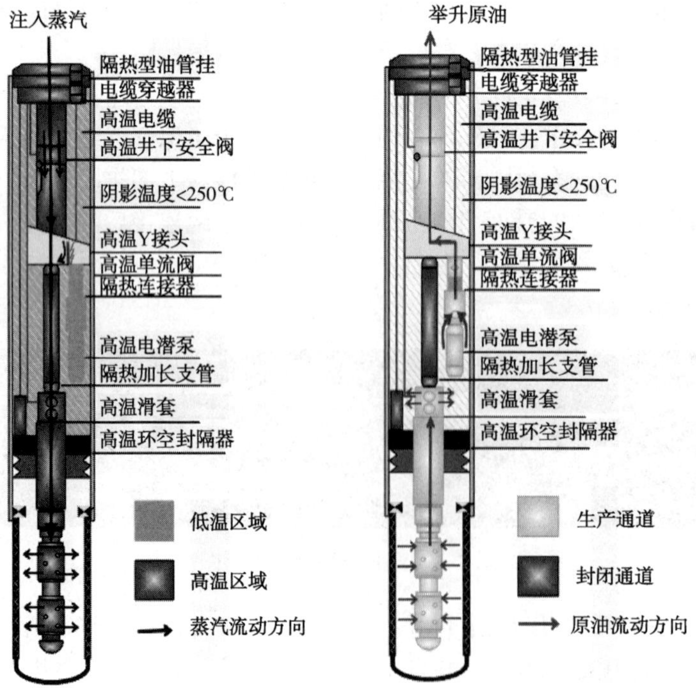

图 5　电潜泵注采一体化工艺

2.4.3 生产动态及效果分析

根据现场注热情况，以渤海 Y 油田 A33H 井为例，累计注入 3000t(水当量)，最高注入压力 16.68MPa，发生器最高出口温度 192℃，焖井 3 天，截至 2022 年 4 月 5 日，生产 217 天，累产液 7080m^3，累产油 4120m^3(图 6)，期间电潜泵注采一体化平稳运行 5341 小时，其余 5 口热采试验井均平稳生产。

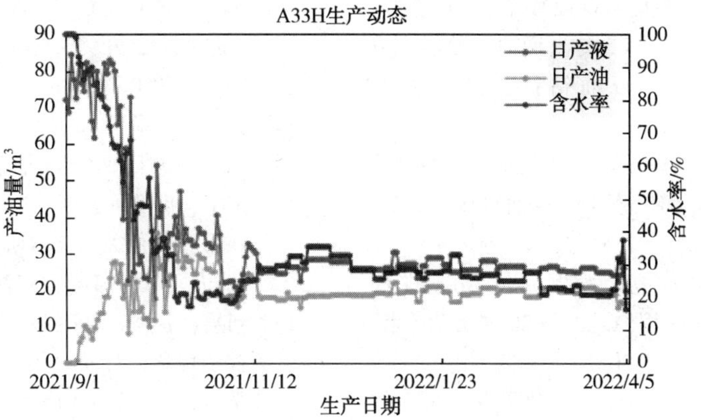

图 6 渤海 Y 油田 A33H 井生产动态

渤海 Y 油田矿场试验的 6 口热采井，承受住了泡沫、防乳剂、降黏剂等复杂流体工况，以及高温、低温及高低温交变等严峻工况的考验，同时通过监测多元热流体吞吐作业过程，均未发现注采一体化井口及电缆穿越器有刺漏情况。目前这 6 口井均顺利启泵生产，且措施前后电泵绝缘情况一切正常(表 2)，标志着电潜泵注采一体化工艺的可靠性，不仅实现了注采的快速转换，还一定程度上降低了热采作业成本。

表 2 渤海 Y 油田多元热流体吞吐井电泵绝缘情况统计表

井号	注热前			注热后		
	日期	三相直阻/Ω	绝缘直阻/MΩ	日期	三相直阻/Ω	绝缘直阻/MΩ
A33H	2021.6.21	5.30	1000	2021.9.1	4.55	15
A32H1	2021.7.8	4.00	1000	2021.9.23	4.00	100
A24H	2021.8.3	4.70	1000	2021.10.17	4.77	229
A25H1	2021.8.18	4.20	1000	2021.12.27	4.16	275
A35H	2021.8.11	3.90	1000	2021.12.9	3.99	247
A23H	2021.7.23	4.50	1000	2021.12.22	4.35	218

3 结论与认识

(1) 海上稠油矿场试验采用电潜泵注采一体化工艺后，有效减少了施工工序，消除了洗压井对热效率的影响，同时节约作业时间和后续作业成本；

(2) 针对试验的电潜泵注采一体化工艺，其经受住了泡沫、防乳剂、降黏剂等复杂流体工况，以及高温、低温及高低温交变等严峻工况的考验，井下关键工具安全、可靠，为保障海上稠油规模化、安全、高效开采奠定了坚实的基础；

(3) 海上稠油热采井电潜泵注采一体化技术在渤海 Y 油田的成功试验，指导了海上稠油热采井注采一体化的关键技术配套，为以后推动海上稠油油田热采规模化开发奠定了基础。

参 考 文 献

[1] 李亮．海上稠油常用开采方式综述[J]．内蒙古石油化工，2012(14)：2.

[2] 顿铁军．中国稠油能源的开发与展望[J]．西北地

质，1995，16(1)：4.

[3] 唐晓旭，马跃，孙永涛．海上稠油多元热流体吞吐工艺研究及现场试验[J]．中国海上油气，2011，23(3)：4.

[4] 朱琴，刘东，王树涛，等．海上稠油蒸汽吞吐开采技术实践及认识[J]．录井工程，2019，30(1)：8.

[5] 梁丹，冯国智，曾祥林，等．海上稠油两种热采方式开发效果评价[J]．石油钻探技术，2014，000(001)：95-99.

[6] 陈华兴，刘义刚，白健华，等．海上油田稠油热采井注采一体化工艺技术研究[J]．石油机械，2020，48(4)：7.

[7] 于法浩，蒋召平，赵宇，等．海上蒸汽吞吐热采注采一体化技术研究及应用[C]，第 20 届五省(市、区)稠油开采技术论文集，2021，83-88.

[8] 王宝军，刘鹏，李冠群，等．海上热采井注采一体化井口技术研究与应用[J]．石油机械，2022，50(3)：7.

[9] 王学忠．春风油田浅层超稠油注采一体化技术应用研究[J]．钻采工艺，2015，38(2)：3.

[10] Hua Zhang，Pingli Liu，Qiuxia Wang，etc. Artificial Lift System Applications for Thermally Developed Offshore Heavy [C]. Offshore Technology Conference Asia 2022，22-25 March 2022 · Kuala Lumpur，Malaysia. Oil Reservoirs

[11] 张方圆．稠油水平井注采一体化技术研究[D]．青岛：中国石油大学(华东)，2017.

[12] 张华，周法元，王秋霞，等．海上稠油多元热流体注采一体化关键技术研究[C]．中国海洋石油有限公司．中国海洋石油有限公司，2016.

[13] 刘昊，张华，韩晓冬，等．海上热采井口抬升安全控制优化设计及应用[J]．中国石油大学胜利学院学报，2020，34(1)：4.

高孔高渗稠油油藏层内选择性堵水技术研究与试验

邹小萍　曹作为　齐行涛　王　浩　陈福明

（大港油田石油工程研究院）

摘　要　高孔高渗稠油油藏的水驱开发厚油层和底水油层，在高含水期油层底部水淹严重，层内物性差异大，如何实现对水淹层段选择性封堵，保护油通道，同时避免水泥类堵剂存在的钻塞等施工缺陷，减少作业时间，降低作业费用。针对这一目的研究了颗粒溶胶深部堵水剂、颗粒类堵剂选择性堵水工艺方法，并研究配套了堵水工艺参数优化设计方法、不留塞免射孔堵水施工工艺。室内试验表明，颗粒溶胶深部堵水剂在井筒不凝固，注入过程中在地层孔隙中逐步滤失凝固，岩心突破压力大于5MPa，选择堵剂粒径是地层孔吼直径的1~2倍，堵剂难以进入岩心孔隙。现场试验表明研究的层内选择性堵水工艺可大幅降低油井产水，提高油井产量，作业成本下降20%以上。

关键词　高孔高渗稠油油藏；颗粒溶胶深部堵水剂；颗粒类堵剂选择性堵水工艺方法；堵水工艺参数优化设计方法；不留塞免射孔堵水施工工艺

大港羊三木、孔店等油田部分特高含水区块属于高孔高渗稠油油藏，平均孔隙度32.5%，渗透率$2259.4\times10^{-3}\mu m^2$，原油黏度1027.02mPa·s，在水驱开发过程中，受储层物性和油水性能差异影响，油层底部水淹程度高，剩余油主要富集在油层的顶部，高含水油井有较大潜力。近年来主要采用水泥浆堵层复射堵水工艺，存在堵剂选择性差，堵水同时也污染了油通道，使措施后日产油下降，同时施工工艺复杂，需钻除井筒灰塞，油层上部重复射孔，作业周期长费用高。针对这一问题，我们研究了颗粒溶胶深部堵水剂和颗粒类堵剂选择性堵水工艺方法，以达到层内深部高强度堵水和保护油层的目的，并研究配套了堵水工艺参数优化设计方法和不留塞免射孔堵水施工工艺。现场试验表明研究的层内选择性堵水工艺，改变了层内油水渗流关系，同时保护了油层，提高了堵水措施的有效率，并降低了措施作业成本。

1　颗粒溶胶深部堵水剂研究

1.1　颗粒溶胶堵剂配方优化研究

颗粒溶胶堵剂主要由活性聚合物悬浮剂、固结剂颗粒和调节剂组成，固结剂颗粒主要成分为硅酸盐，颗粒粒径2~20μm，可根据地层物性选择粒径，使堵剂能够进入地层深部。悬浮剂为一种高分子活性聚合物，能悬浮、分散固结剂颗粒，形成稳定的颗粒溶胶。调节剂主要起到分散、延缓固结剂颗粒初凝时间的作用。

（1）活性聚合物悬浮剂用量优选

模拟地层温度为60℃，配制不同浓度的活性聚合物溶液，加入20%浓度的固结剂颗粒，搅拌均匀后倒入100mL具塞比色管中，观察4h悬浮剂的悬浮稳定性。

表1　活性聚合物悬浮剂用量优选

序号	活性聚合物浓度/%	固结剂浓度/%	60℃，4h析水量/ml
1	0.2	20	40
2	0.3		28
3	0.4		8
4	0.5		0
5	0.6		0
6	0.7		0

如表1所示，当活性聚合物浓度大于0.5%时能得到稳定的颗粒溶胶溶液，考虑到泵送能力及成本因素，活性聚合物的用量范围在0.5%~0.6%。

(2) 固结剂、调节剂用量优选

当固结剂浓度太低时进入地层后难以形成有效封堵，浓度太高时，容易沉降，初凝时间短，施工风险大，因此需通过优化固结剂和调节剂用量保证施工质量和安全。

模拟地层温度为60℃，悬浮剂浓度0.5%，分别加入20%~50%浓度的固结剂，再加入0~1.5%的调节剂(固结剂占比)，搅拌均匀后倒入100mL具塞比色管中，观察4h的悬浮稳定性和堵剂的初凝时间。

表2　固结剂颗粒用量优选

序号	活性聚合物浓度/%	固结剂用量/%	调节剂用量/%	4h析水量/ml	8h是否初凝
1	0.5	20	0	0	否
2		30	0.5	0	否
3		40	1	1	稠度稍有增加，流动性较好
4		50	1.5	6	变稠，底部凝固

从试验结果可以看出(表2)，在60℃下固结剂颗粒用量在20%~40%之间，调节剂用量在0~1%之间(固结剂占比)，形成的颗粒溶胶堵水剂体系性能稳定，不凝固，具有良好的安全性。

通过上述实验，优化出颗粒溶胶深部堵水剂配方组成为：0.5%~0.6%悬浮剂+20%~40%固结剂+0~1%调节剂(固结剂占比)。

1.2　颗粒溶胶深部堵水剂封堵性能评价

制作2支高渗透率填砂管岩心，先抽真空、饱和水、水驱测试岩心渗透率，然后注入1~2PV的不同浓度的颗粒溶胶深部堵水剂，在60℃养护候凝24h，然后测试岩心的突破压力和渗透率，考察堵剂在岩心中的封堵能力。

表3　岩心封堵封堵性能评价试验

岩心编号	颗粒溶胶堵水剂浓度/%	岩心渗透率/DC		突破压力/MPa	封堵率/%
		堵前	堵后		
1	30	2.44	0.07	5.3	97.1
2	40	2.34	0.04	7.2	98.3

从实验可以看出(表3)，颗粒溶胶堵水剂浓度在30%~40%时，60℃养护候凝24h后岩心突破压力分别达到了5.3MPa和7.2MPa，堵塞率大于97%，说明颗粒溶胶深部堵水剂在地层中具有较高的封堵能力。

2　颗粒类堵剂选择性堵水工艺方法研究

水驱开发厚油层和底水油层，在高含水期油层底部水淹严重，层内物性差异大，利用水淹层与油层之间的物性差异，优化堵剂粒径以实现实现对水淹层段的选择性深部堵水，保护低动用层。我们通过室内试验验证了方法的可行性。

2.1　试验方法

- 制作4支中间带有观察孔的填砂管岩心，填砂管长度30cm，直径3.8cm
- 抽真空、饱和水、水驱测试岩心渗透率，要求岩心渗透率2DC左右、孔隙度为35%左右
- 根据孔吼半径计算公式计算岩心的孔吼半径。孔吼半径计算公式：

$$r=\sqrt{\frac{8K}{\phi}}$$

式中：r为孔吼半径，μm；K为渗透率，DC；ϕ为孔隙度,%。

- 注入不同颗粒粒径的颗粒溶胶堵水剂，测试堵剂在岩心中的注入深度

2.2 试验结论

表 4 堵剂在岩心中注入性能评价试验

岩心编号	岩心渗透率/DC	孔隙度/%	孔吼直径/μm	堵剂粒径/μm	注入压力/MPa	注入深度/cm
1	2.26	35.8	14.2	25	8	0
2	2.41	36.4	14.54	15.3	8	1.6
3	2.33	36.2	14.3	7.2	8	6
4	2.19	35.1	14.12	5.4	8	12

从实验结果可以看出(表4)，随着地层孔吼与堵剂粒径比值的增大，堵剂进入孔隙的能力增加。选择堵剂粒径是孔吼直径的 1~2 倍，堵剂难以进入岩心孔隙。

3 层内堵水工艺参数优化设计方法及施工工艺研究配套

3.1 堵水工艺参数设计方法研究

对于层内堵水研究确定剩余油层厚度、优化堵水的半径是优化堵水堵剂用量的基础。

(1) 高含水期剩余油层厚度预测

假设油井产水来自油层底部，水淹厚度为 h'，由达西定律可得到油水比的关系式。

$$R_{wo}=M\left(\frac{h_p+h'-h_o}{h_o-h'}\right)$$

式中：h_o 为油层厚度，h_p 为射孔厚度，h' 为水淹厚度，M 为油水流度比。

$$M=\frac{M_{rw}\mu_0}{K_{ro}\mu_w}$$

上式可变形为含水率的关系式：

$$\frac{f_w}{1-f_w}=\frac{K_v}{K_h}M\left(\frac{h_p+h'-h_o}{h_o-h'}\right)$$

其中 M 值可由油水相渗曲线得到，从而可求得水淹厚度 h'，为堵剂用量的计算提供依据。

(2) 堵水半径优化

实际油藏中每口井附近的渗流都可近似为平面径向流。由平面径向流渗流理论可得到压力分布与半径的关系。如下式：

$$P=P_e-\frac{P_e-P_w}{\ln\frac{R_e}{R_w}}\ln\frac{R_e}{r}$$

式中：P 为距井筒距离为 r 处的压力；P_e 为油层压力，P_w 为井底压力，R_e 为泄油半径。

通过不同半径处的压力可计算得到该半径处的生产压差，选择压差接近于 0 的位置处作为水淹层段堵水处理的最佳半径。水淹层封堵后，油井的生产压差主要作用在上部油层段，而作用于水淹层段的压差很小，抑制了地层水的流动，从而使上部油层的流体优先流动。

(3) 堵剂用量优化

依据计算的堵水的最优半径，可根据下式计算出堵剂用量。

$$Q=3.14\times h'\times r_0^2\times\phi$$

式中：Q 为堵剂用量，m^3；h' 为水淹层厚度，m；r_0 为生产压差接近 0 处离井筒的半径，m；ϕ 为地层孔隙度，%。

3.2 不留塞免射孔堵水施工工艺配套研究

目前国内外对层内堵水主要采用水泥浆堵层复射施工工艺，需要钻井筒灰塞、射孔等工序，存在施工周期长，施工成本高等问题，因此，在深化研究颗粒溶胶深部堵水剂的基础上，我们研究配套了不留塞免射孔堵水施工工艺，有效降低了作业成本。具体施工工艺如下：

(1) 笼统挤注堵剂，最高压力控制在油井生产压差附近，使堵剂尽量进入下部水淹层段，保护上部油层不受污染

(2) 堵剂挤注完成后，过量顶替清水，将堵剂全部挤出井筒

(3) 再加深管柱，充分洗井，井筒不留灰塞

(4) 侯凝 48h，恢复生产

4 现场试验

2020 年在大港羊三木、孔店等稠油油藏现场试验 3 口井，施工工艺均采用不留塞免射孔施工工艺，施工成功率 100%，措施有效率 100%。

4.1 3 口堵水试验井施工工艺参数优化

(1) 应用堵水工艺参数设计方法计算试验井剩余油层厚度和生产压差分布(表 5、表 6)。

表5　剩余油层厚度预测结果

井号	射孔层段/m	射孔厚度/m	含水率/fw	油水流度比/M	剩余油厚度/m
孔1-1	1390~1395	5	0.98	116	2.6
羊1-2	1376.5~1382.6	5.7	0.98	126	3.5
庄1-3	1743~1748	5	0.97	119	3.5

表6　生产压差随半径变化预测结果

井号	射孔井段/m	生产压差/(MPa/0.1m)	压差分布/(MPa/1m)	压差分布/(MPa/2m)	压差分布/(MPa/3m)	压差分布/(MPa/4m)
孔1-1	1390~1395	3.71	1.81	1.41	1.06	0.01
羊1-2	1376.5~1382.6	2.94	1.19	1.10	1.06	0.02
庄1-3	1743~1748	3.87	1.68	1.52	1.38	0.05

(2) 应用颗粒类堵剂选择性堵水工艺方法，计算试验井上部油层孔吼直径(表7)

表7　堵水试验井上部油层孔吼直径计算结果

井号	射孔井段/m	孔隙度/%	渗透率/DC	孔吼直径/μm
孔1-1	1390~1395	33.41	2.758	16
羊1-2	1359.4~1382.6	33.77	0.782	9
庄1-3	1743~1748	28.49	0.578	8

(3) 优化确定3口堵水试验井施工工艺参数(表8)

表8　3口堵水试验井施工工艺参数优化结果

井号	施工井段/m	颗粒溶胶深部堵水剂			注入压力/MPa
		粒径/μm	堵水半径/m	用量/m^3	
孔1-1	1390~1395	16	4	40	8
羊1-2	1359.4~1382.6	9	4	36	8
庄1-3	1743~1748	8	4	20	10

4.2　堵水效果分析

截止到2022年4月，3口堵水试验井累计增油616t，累计降水21702m^3，措施作业成本下降20%以上，取得了较好的增油降水效果，目前仍有效(表9)。

表9　试验井堵水效果统计表

井号	施工日期	措施前			措施后			累计增油/t	累计降水/m^3
		日产水/m^3	日产油/t	含水/%	日产水/m^3	日产油/t	含水/%		
孔1-1	2021.7.22	74.03	1.59	97.9	7.95	2.13	78.9	0	14608
羊1-2	2021.12.14	100.3	1.22	98.8	23.78	1.23	95.1	155	7094
庄1-3	2021.8.26	19.48	0.6	97	22.89	3.21	87.7	461	0

5　结论及建议

5.1　研究的颗粒溶胶深部堵水剂在井筒不凝固，注入过程中在地层孔隙中逐步滤失凝固，封堵强度高，岩心试验表明突破压力大于5MPa，封堵强度远高于聚合物凝胶堵剂。

5.2　研究形成了颗粒类堵剂选择性堵水工艺方法，根据地层孔吼直径，优化堵剂粒径实现对水淹层段选择性封堵。3口试验井堵水后未重复射孔均恢复生产，表明这种选择性堵水工艺对油层有较好的保护作用。

5.3　研究形成了深部堵水工艺参数优化设计方法，并配套了不留塞免射孔堵水施工工艺，现场试验效果表明通过该方法优化堵水堵剂用量和堵水半径，有效改变了油水的渗流关系，取得较好的增油降水效果，同时还降低了措施作业成本。

5.4　2021 年试验 3 口井，堵水成功率 100%，累计增产原油 616t，累计降水 21702m^3，且目前仍有效，提高了油层的动用程度和生产效益。

参考文献

[1] 田小川，邓爱居，蒋涛，等．边底水驱高含水厚油层剩余油分布特征及挖潜实践[J]．油气井测试，2013，22(6)：39-42.

[2] 陈玉琨，吴胜和．砂质辫状河储集层构型表征——以大港油区羊三木油田馆陶组为例[J]．新疆石油地质，2012，33(05)：523-526.

[3] 李克华，王春雨，赵福麟．颗粒堵剂粒径与地层孔径的匹配关系研究[J]．断块油气田，2000(05)：24-25+4-3.

[4] 刘彪，赫文豪，李硕文，等．针对易漏砂岩地层防井漏材料粒径优化设计[J]．石油机，2020，48(07)：19 - 24. DOI：10.16082/j.cnki.issn.1001 - 4578.2020.07.004.

[5] 杨胜来，魏俊之．油层物理学[M]．北京：北京石油工业出版社，2004：13-37.

[6] 刘建升，周长顺，田育红，等．底水油藏选择性堵水堵剂用量计算方法探讨[J]．石油化工应用，2016，35(7)：74-76.

[7] 钟新宇．大港羊三木油田底水油藏水锥形态计算方法研究与应用[D]西安：西安石油大学研究硕士学位论文，2016.

高温高压大型二维可视化物理模拟实验技术研究与应用

林　涛　宋宏志　王乔波　孙玉豹　李田靓　林　旭

(中海油田服务股份有限公司油田生产研究院)

摘　要　海上稠油资源储量丰富，对于非常规稠油迫切需要热采开发，加上普遍埋藏较深，在技术研究过程中对实验装备提出了新的要求。现有的高温高压二维可视化物理模拟装置度多是结合具体油田的研究需求进行定制设计的，耐压较低，无法满足海上稠油热采的需求。通过采用高压舱的设计理念，对可视化模型加覆压，使实验装置的“耐温”和“耐压”分离开，设计了一套二维可视化实验装置，实验温度可达350℃，耐压最高20MPa，模型尺寸达到500mm×500mm×40mm，基本满足海上油田高温高压可视化物理模拟研究的需求；通过研究了热采调堵工艺二维可视化物理模拟实验，整体装置测试达到设计指标要求，试压20MPa，稳压60min，实验研究结果表明采用温敏凝胶对封堵窜流通道起到积极作用，通过数据采集与显示的温度场波及情况，与实际观测的情况基本类似。高温高压二维可视化物理模拟实验装置的建立与应用，为后续的高温高压可视化研究工作奠定了坚实的基础。

关键词　海上稠油；高温高压；可视化实验；调堵

渤海油田稠油储量高达27.3亿立方米，占渤海油田总储量的70%以上，占中国海洋油田总储量的68%，主要分布在旅大、南堡、绥中、埕北等油区。稠油热采作为目前非常规稠油开发的主要技术手段，已在国内外稠油油田中广泛应用，形成了蒸汽吞吐、蒸汽驱、SAGD、火烧油层等技术。近年来，稠油热采技术在海上油田开展应用，目前主要以多组分流体吞吐热采为主，多组分流体热采技术是发展起来的一种新型热采技术，符合当前热采技术的发展趋势，其是通过燃烧产生高温高压的水蒸汽、CO_2及N_2气等混合气体，具气体混相驱(氮气驱、二氧化碳驱)和热力采油(蒸汽吞吐、蒸汽驱) 的特点，经过多年的热采试验，目前大部分热采井已经进入多轮次吞吐热采阶段。由于海上稠油稠油热采的特点：海上油田开发高投入要求必须高产出，热采技术不仅要提高采收率还要有较高的采油速度，另，海上稠油油田高孔、高渗、高压、低黏，井少等特点又要求热采技术确保开采效果；经济效益的挑战：海上工程投资、钻完井投资和生产操作费相对陆地油田高，热采技术需充分考虑支撑平台大小、井网井距等因素。同时还面临多个稠油油田整体开发、稀油与稠油协同开发，稠油特殊政策开发等挑战。

这些都要求海上稠油热采开发研究的精细化，可以通过研究解决的问题都在室内开展研究。物理模拟和数值模拟是开展研究重要的方法，在研究手段上，室内一维管式模型、二维平板模型、三维物理模拟研究等不同手段都被广泛采用。通过对平板模型用某种生产方案进行开采，用较短的时间就可以完成实际油田需要几十年的开采过程 ，从而达到预测开发效果的目的。对于二维平板模型的研究，主要采用一维玻璃管油气运移模拟实验和二维可视油气运移模拟实验。通过广泛调研发现，目前国内的大型二维物理模拟实验装置现状见表1。

表1　大型二维物理模拟实验装置现状

序号	来源	类型	模型规格/mm	耐温/℃	压力/MPa	是否可视
1	陈平等利用高温高压可视化填砂管	填砂管模型	Φ25×70	100	20	否
2	王泊利用通过二维可视化物理模拟技术	二维可视化模型	200×200	蒸汽	3	是
3	牛保伦利用高温高压微观可视模型	激光刻蚀平板玻璃模型	50×50	60	20	是

续表

序号	来源	类型	模型规格/mm	耐温/℃	压力/MPa	是否可视
4	吴正彬等人，利用二维可视化物理模拟设备	二维可视化模型	200×200	蒸汽	0.35	是
5	郭省学利用高温高压微观可视化模拟系统	微观可视化渗流模型	40×40	70	8	是
6	吴光焕等人利用二维可视化实验装置	高温高压打孔石英玻璃片	—	200	—	是

通过调研发现，现有二维平板模型的尺寸和温度多是结合具体油田的研究需求进行定制设计的，且无论是玻璃管还是平板模型，其实验压力都不高。这主要由模型装置的设计方法决定了，而海上的稠油油田地层压力都较高，直接采用较低的二维可视化模型模拟的实验结果很难真实反应地层的实际情况，因此迫切需要可以实现高温高压可视化物理模拟的实验装置。

1　技术路线

综合目前渤海稠油油田的主要地质油藏特点，普遍埋藏较深，其中非常规稠油 90%的储量埋深超过 900m。按照正常的地温梯度的计算，一般的地层初始压力在 10~20MPa。考虑到热采工艺在海上稠油油藏的实施，结合二维可视化研究的要求，对于实验装置的性能要求满足耐温 300℃，耐压 20MPa。

目前行业内可视化研究的实现基本都是通过透明的有机玻璃板来实现，但玻璃板本身的承压是有限的，目前国内外行业内性能最好的玻璃板其耐压小于 2MPa，想要单纯的从材料上取得突破在现阶段难以实现。

通过前期调研发现，三维物理模拟实验装置采用高压舱设计后，可以同时满足耐温和耐压的要求。借鉴这种方式，对于二维可视化实验装置采用高压舱的设计，将耐温和耐压的部件分开，内层模型体耐温但不耐压，外层压力舱耐压但不耐温，内外层之间压力平衡且隔热。由于压力舱本身可承受较高压力，通过压力舱对可视化模型加覆压，自动跟踪模型内部压力，使模型上玻璃内外压差维持在玻璃可承受的压力范围之内(一般 0.5MPa)。利用压力平衡控制的方式，实现同时满足耐温 300℃，耐压 20MPa 的要求。

2　实验装置的设计

2.1　实验装置的功能设计

高温高压大型二维可视化物理模拟装置主要用于模拟采油过程中油藏中油、气、水和驱替介质的流动规律，通过流体在模拟装置中的二维流动模拟开展热采技术增产机理研究、单井采油工艺参数优化及油藏整体开发方案的研究，需满足以下功能：

(1)通过二维流动，模拟多组分流体热采过程中油藏参数对开采效果影响，油藏地质参数包括油层渗透率、含油、孔隙度、油黏度、油层非均质性等；

(2)通过二维流动，开展注采工艺参数包括注多组分流体温度、注入速度、注入量、对油藏开采效果影响的研究；

(3)在平面模型上，开展不同开采方式包括多组分流体吞吐、多组分流体驱、多组分流体辅助重力泄油的开采效果模拟研究；

(4)在平面模型上开展不同模拟井不同井网条件下多组分流体开采效果研究。

2.2　实验装置的研制

结合试验装置的功能定位，实验装置组成主要由注入系统、模型系统 、数据采集与处理系统、采出处理系统等组成，主要性能参数如表 2 所示。

表 2　二维实验设备主要参数

项目	模型规格/mm	耐温/℃	压力/MPa	温度测点/个	压力测点/个	注入速度/(mL/min)
参数	500×500×40	室温~300	20	169	25	1~200

注入系统用于将流体注入物理模型。由注入泵、储液罐、蒸汽发生器、中间容器、恒温套、管线恒温、管阀件等组成，可以注入过热蒸汽、湿蒸汽、单一气体、混合气体等多种流体，其设计注入排量远大于一般的模拟实验装置，最大可达 200mL/min。

模型系统用于进行模拟实验。由玻璃可视模型、高压高温模型、高压舱、各种井网及测压测温探头、压力舱覆压系统、高压舱加热保温、摄像光源系统等组成。将玻璃可视模型放在高压舱中，压力舱本身可承受高压，然后通过压力舱对可视化模型加覆压，使模型上玻璃内外压差维持在玻璃可承受的压力范围之内(一般0.5MPa)，覆压可通过专用的氮气供给系统来调节，从而实现整体耐压的要求。玻璃可视模型的内衬3 cm厚的云母层，防止热采过程中热量损失，且云母层表面涂覆一层高温胶，防止流体沿云母层发生窜流，整个装置见图1。

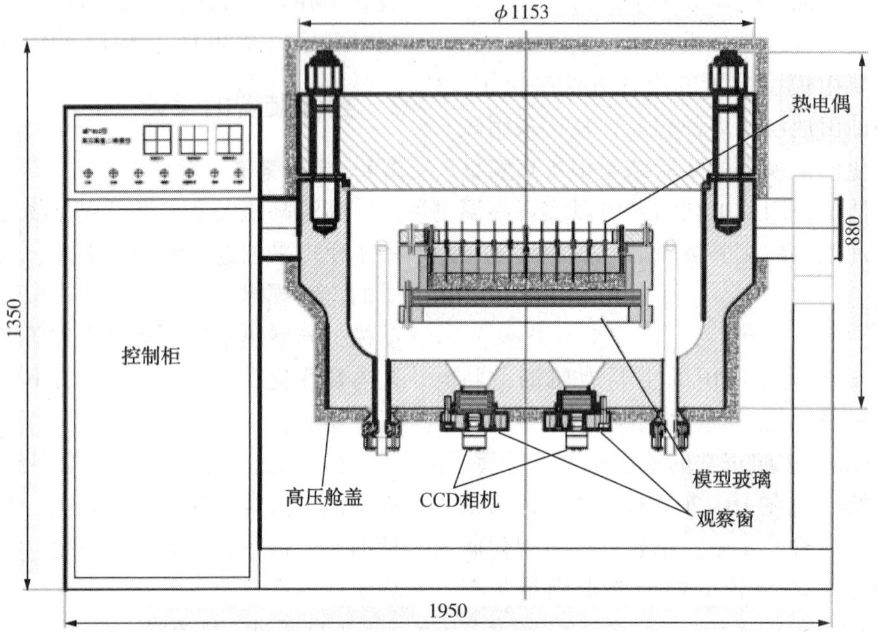

图1　二维可视化高温高压物理模拟实验装置结构示意图

根据地层相似比建立模型，模型本体预埋注采直井、水平井、压力场测点、温度场传感器、饱和度探头，可测定不同部位驱油效果。模拟井筒采用ϕ6mm不锈钢管线制成，管线均匀割缝模拟筛管完井，割缝外有不锈钢丝网包覆，防止细沙粒堵塞筛网(图2)。

(a)高温高压实验舱　(b)二维实验模型

图2　二维可视化高温高压物理模拟实验装置整体系统

数据采集与处理系统用于注入流量、模拟压力、温度的控制，仪器超压、超温安全自动保护。装置注入、采出及模型测点压力、温度、饱和度通过仪表电子电路及计算机数据处理工作站实现。数据处理计算机工作站用于控制实验自动进行，并处理实验数据。包括计算机工作站和数据处理工作软件，可对系统数据仪表数据进行采集、操作、控制、数据存储、计算及打印等，并实时显示压力场、温度场、饱和度场二维图像和曲线图表。

采出分离计量采用定时收集到计量管并切换。

3　实验流程的设计

实验装置的注入系统、模型系统、数据采集与处理系统、采出处理系统通过各类管线接口及相应的连接管线、阀门等连接，为满足各类管线进出高压舱时的密封要求，在高压舱上设置了注采井接口、引压管接口以及饱和度接口，具体流程见图3。

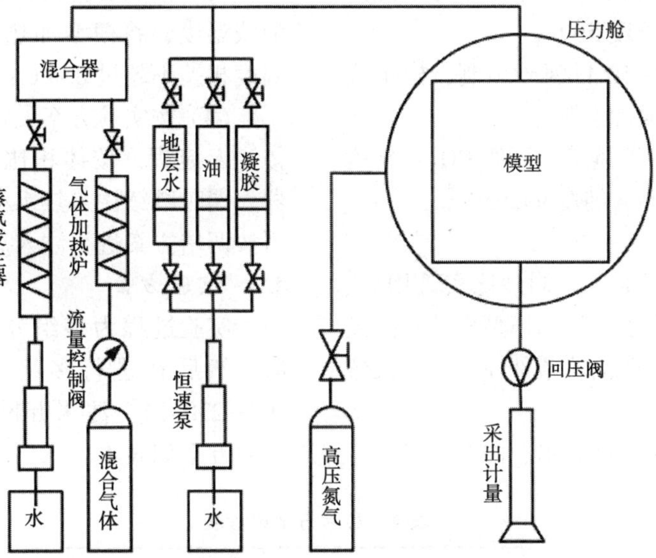

图3　二维可视化高温高压物理模拟实验流程

在实验流程连接后，在实验前对系统进行整体试压，采用逐级增加压力的方式，缓慢提升压力至设计压力20MPa，稳压超过60min，压力不降，试压合格(图4)。

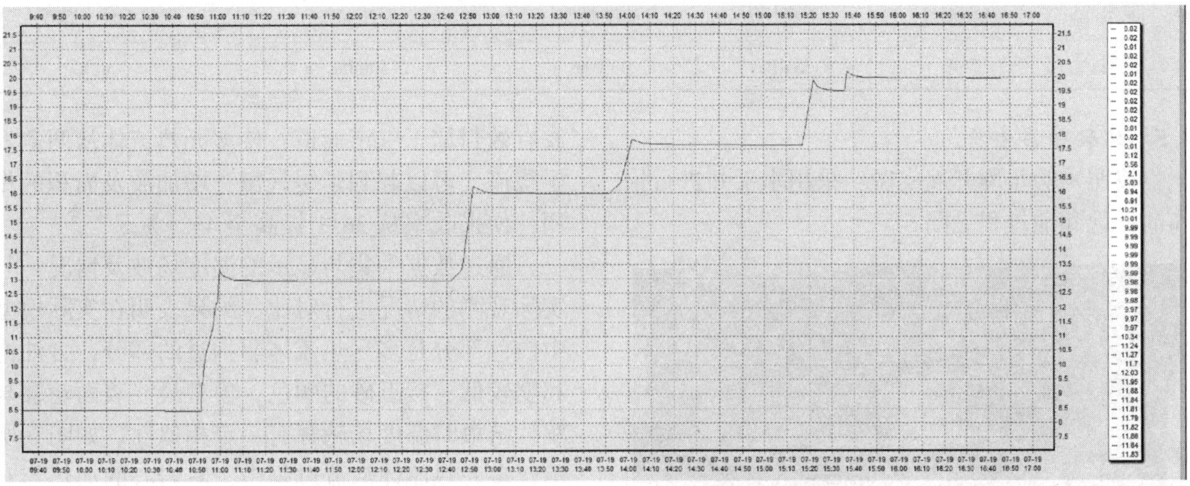

图4　二维可视化高温高压物理模拟实验装置试压曲线

4　典型实验研究

4.1　实验方案

以海上某平台热采井B1和B2为原型，评价热采吞吐井多轮次吞吐，气窜形成高渗条带后注入温敏凝胶改善气窜的效果以及注入化学增效剂后热采增效情况。

4.2　实验条件

实验用水：按地层离子组成配制，地层水水型为$NaHCO_3$型，总矿化度为1218~1814mg/L，如表3所示。

表3　实验用模拟盐水离子组成

矿化度/(mg/L)	离子组成/(mg/L)					
	Na^++K^+	Ca^{2+}	Mg^{2+}	Cl^-	SO_4^{2-}	HCO_3^-
1631.94	479.85	5.17	12.5	138.4	57.79	839.64

实验用油为油田原油，50℃下地下原油黏度在3600mPa·s，实验温度56℃；

模型主体采用40~50目河砂填制，模拟高渗条带采用30~40目河砂填制；

实验用化学剂：工业高纯度CO_2(纯度99.9%)，工业高纯度N_2(纯度99.95%)。

4.3　实验步骤

(1) 模型装填砂：准备不同砂比实验用砂、已沉降脱水原油、蒸馏水。按照模型设计孔隙度计算油、水用量，并按照油藏条件在模型中设置高渗透条带。

(2) 连接实验线路，饱和水、油。

(3) 按照实验设计要求，将压力舱温度调至油藏温度，将模型加热至56℃，模型内部各点温度相差不超过0.5℃；

(4) 按实验方案设定注入参数，打开两路气体注入流程，按体积比设置气体质量流量控制器，同时继续注入热水/蒸汽，完成设计注入量，再按调堵方案进行注入。

4.4　实验方案

实验过程为多组分流体驱替，再注温敏凝胶，然后在进行多组分流体驱替(注入温度200~230℃)，注采井网采用一注一采的方式，实验方案如表4。

表4　实验方案设计表

序号	气窜井水平段长度	吞吐井水平井段长度	井距	渗透率	孔隙度
原型	230m	275m	250m	50~5000×10^{-3}μm^2	24%~45%
模型	230mm	275mm	250mm	4μm^2	40%
原型	油藏温度	油藏压力	油层厚度	原油黏度	热水注入速度
模型	56℃	5MPa	4-10m	2150mPa·s	3t/h

4.5　实验结果分析

按照实验步骤开展实验，采用水平井进行饱和油，饱和油过程见图5。

图5　饱和油过程示意图

通过实验研究表明，在注入多组分流体后，流体有明显的窜流后，综合含水率上升。温敏凝胶有效封堵了气窜通道，使多元热流体从两侧发生绕流，可以起到延缓气窜，增加波及面积的作用，使采收率从36.1提高至45.1%。

通过数据采集与显示的温度场波及情况，与实际观测的情况进行对比，结果表明在实际模型中白色部分是多元热流体驱扫过的部分，含油饱和度较低，接近砂的颜色，模型最终表面轮廓与驱替结束时温度场轮廓有一定相似性。如图6所示，多元热流体渗流过程中，对岩心的加热与对岩心的驱扫有明显对应，因此，通过温度场变化可以反映出多元热流体的驱扫路径。

5　结论

(1) 通过采用高压舱设计，对可视化模型加覆压，使实验装置的“耐温”和“耐压”分离开，设计了一套二维可视化实验装置，实验温度可达

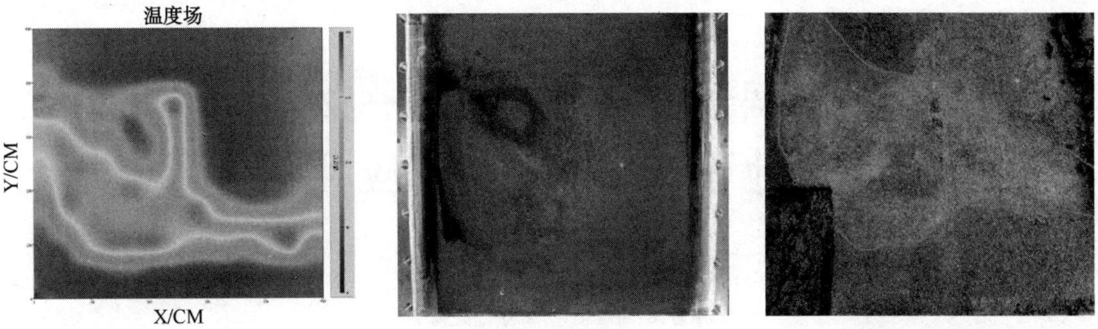

(a)温度场示意图　(b)模型顶层波及图　(c)模型中层波及图

图6　二维可视化高温高压实验温度波及情况

350℃，耐压最高20MPa，模型尺寸达到500mm×500mm×40mm，基本满足海上油田高温高压可视化物理模拟研究的需求。

(2) 采用大型二维可视化物理模拟实验装置，研究了热采调堵工艺，整体装置测试达到设计指标要求，实验结果为工艺技术的应用奠定基础。

参 考 文 献

[1] 喻贵民．多组分流体热采技术与实践[M]．北京：中国石化出版社，2015.

[2] 于连东．世界稠油资源的分布及其开采技术的现状与展望[J]．特种油气藏，2001，8(2)：98-103.

[3] 孙永涛，赵利昌，林涛，等．海上稠油多组分流体开采技术研究与应用[J]．中海油田工程技术，2012，1(1)：46-48.

[4] 唐晓旭，马跃，孙永涛．海上稠油多组分流体吞吐工艺研究及现场试验[J]．中国海上油气，2011，23(3)：185-188.

[5] 孙玉豹，孙永涛，林涛．渤海油田多组分流体吞吐自喷期生产控制[J]．石油化工应用，2012，31(5)：10-12.

[6] 林涛，孙永涛，马增华，等．多组分流体中热-气降黏作用初步探讨[J]．海洋石油，

[7] 林涛，孙永涛，刘海涛，等．CO_2，N_2与蒸汽混合增效作用研究[J]．断块油气田，2013，20(2)：246-247，267.

[8] 林涛，孙永涛，马增华，等．多组分流体热采技术在海上探井测试中适应性研究[J]．海洋石油，2012，32(2)：51-53.

[9] 滕起，杨正明，刘学伟，等．平板模型水驱油物理模拟相似理论研究[J]．科学技术与工程，2013(9)：2478-2482.

[10] 公言杰，柳少波，姜林，等．油气二次运移可视化物理模拟实验技术研究进展[J]．断块油气田，2014(4)：458-462.

[11] 陈平，宋志学，郑继龙，等．QHD32-6油田N_2泡沫驱高温高压可视化实验研究[J]．应用科技，2013(3)：75-78.

[12] 王泊．不连续隔夹层底水油藏水平井水淹特征及氮气抑水机理[J]．特种油气藏，2019(6)：135-140.

[13] 牛保伦．超临界CO_2/水交替微观驱油特征研究[J]．科学技术与工程，2017(25)：51-56.

[14] 吴正彬，庞占喜，刘慧卿，等．稠油油藏高温凝胶改善蒸汽驱开发效果可视化实验[J]．石油学报，2015(11)：1421-1426.

[15] 郭省学．高温高压条件下CO_2驱稠油微观运移特征[J]．油气地质与采收率，2019(3)：99-104.

[16] 吴光焕，吴正彬，李伟忠，等．热化学剂性能评价及辅助水平井蒸汽驱可视化实验[J]．断块油气田，2016(5)：658-662.

[17] 郭太现，苏彦春．渤海油田稠油油藏开发现状和技术发展方向[J]．中国海上油气，2013(4)：26-30.

海上特稠油射流泵注采一体化配套地面工艺研究与应用

夏宏泽　赵　宇　于法浩　李　越　巴特尔

(中海石油(中国)有限公司天津分公司)

摘　要　渤海稠油储量规模大，其中特稠油的原油具有黏度大、油品密度高，动用难度大等特点，旅大某油田作为首个海上超稠油热采大规模开发项目，采用蒸汽吞吐开发方式，射流泵注采一体化举升工艺举升采油，为满足工艺需求，创新研制了海上射流泵注采一体化专用采油树、动力液分离工艺及动力液泵系统，各设备主要性能参数满足海上平台环境及热采井注采要求。研制的专用设备在现场进行了成功实践，注热与生产阶段运行平稳，旅大某油田A12井生产初期产油量达到100m^3/d，研究成果推动了射流泵注采一体化技术对海上特稠油热采的顺利实施及推广应用。

关键词　海上特稠油；射流泵注采一体化；采油树；动力液分离工艺；动力液泵系统

1　引言

渤海油田稠油储量规模巨大，其中特稠油的原油具有黏度大、油品密度高，动用难度大等特点，其中旅大某油田作为首个海上超稠油热采大规模开发项目，地面原油黏度达到33595～74462mPa·s，采用蒸汽吞吐开发方式，射流泵注采一体化举升工艺举升采油，注采一体化技术依靠一趟管柱可同时实现注热和生产2种工艺，可大幅降低热采操作费用，具有较好的应用效果。射流泵注采一体化系统如图1所示，包括井下管柱系统和地面工艺系统，由采油树、分离器、柱塞泵等关键设备组成的地面工艺系统起着悬挂井下管柱、驱动井下管柱系统工作的重要作用，是整个系统必不可少的组成部分。由于海上环境恶劣、平台空间狭小、热采井井况复杂，常用的地面设备已不适用，主要表现在：(1)常规采油树不能满足同心双管悬挂、同心管射流泵生产、注热转生产不换井口的要求；(2)常规分离器无法实现多相流体快速分离、动力液水质监测、补液与排泄等；(3)常规柱塞泵压力增幅有限且控制方式简单，无法实现射流泵稳定工作。为此，紧密结合海上射流泵注采一体化井的特点，创新研制了射流泵注采一体化专用采油树、

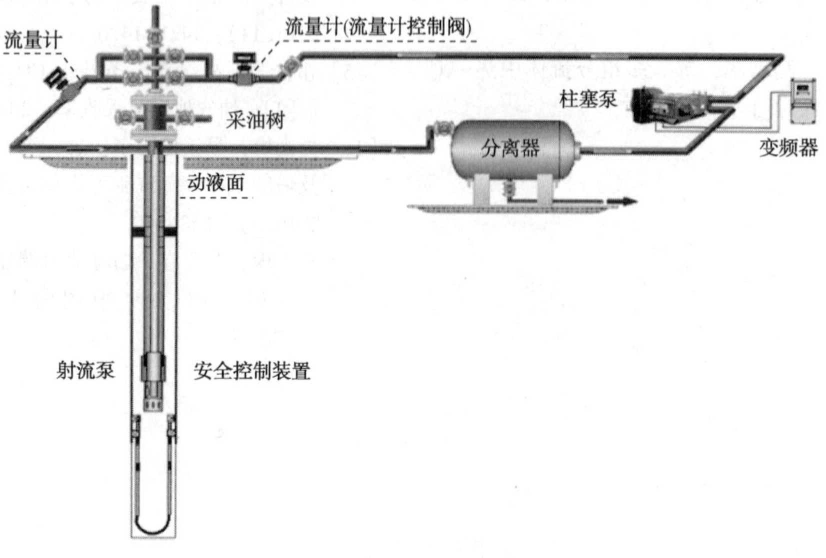

图1　射流泵注采一体化系统

动力液分离工艺及动力液增压系统，研究成果在旅大某油田应用效果良好，推动了射流泵注采一体化技术对海上特稠油热采的顺利实施及推广应用。

2　专用地面工艺系统

旅大某油田射流泵注采一体化专用地面工艺系统包括采油树、动力液分离工艺与动力液增压系统，其总体工艺流程图如图 2 所示。

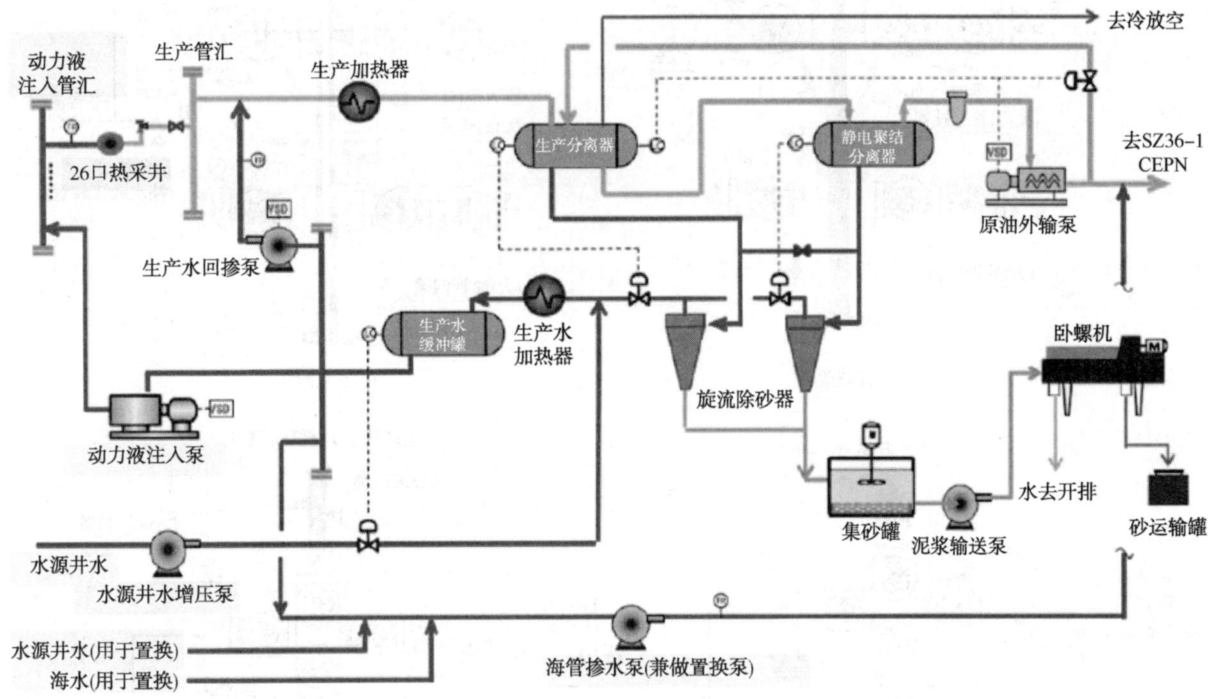

图 2　旅大某油田地面总体工艺流程图

2.1　专用采油树

射流泵注采一体化专用采油树满足以下要求：(1)能够同时悬挂大、小油管；(2)稠油热采注热、焖井、采油以及射流泵更换泵芯工艺需求；(3)能够实现正、反循环流程且切换简单易操作。

研制的专用采油树如图 3 所示。该设备增加了小油管四通，整体为双级油管四通，双翼井口，主要部件包括上、下法兰盘，大、小油管悬挂器，主阀、清蜡阀及各翼阀等阀门及采油树帽等。

注热、放喷与生产时专用采油树的工作原理为：(1)注热前，先连接好注热管线与采油树左端管线。关闭 G、H、B 阀，打开 A、C、D、E、F 阀，如图 2(a)所示。此时蒸汽分别通过同心内管通道和注入井底；(2)放喷时，关闭 A、D、E、F、G 阀，打开 B、C、H 阀，如图 2(b)所示。此时产出液从同心油管环空产出；(3)生产时，关闭 E、F、G 阀，打开 A、B、C、D、H 阀，如图 2(c)所示。此时，动力液进入同心内管通道，产出液从同心油管环空产出。(4)生产反循环起泵芯，关闭 B、D、H 阀，打开 A、C、E、F、G 阀，如图 2(d)所示。此时，动力液进入同心油管环空，产出液走同心内管，此时为反循环，反循环主要用于起出泵芯。

2.2　专用动力液分离工艺

地面生产分离工艺由生产分离器、静电聚结分离器与旋流除砂器组成，将油井产出液处理成合格的动力液，专用动力液分离工艺上的主要设备工作参数如表 1 所示：

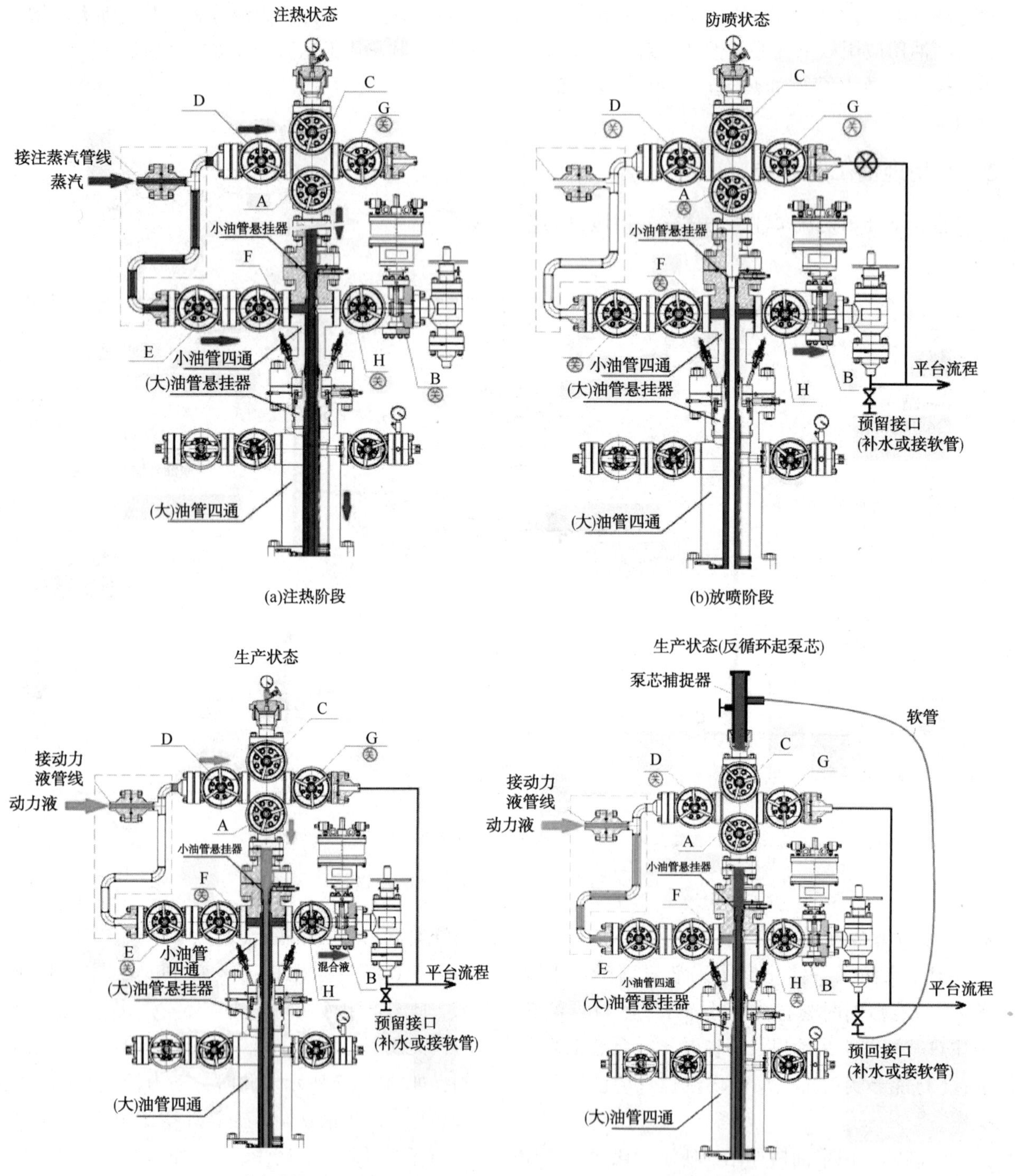

(a)注热阶段　(b)放喷阶段

(c)生产阶段　(d)生产阶段(反循环起泵芯)

图3　射流泵注采一体化专用采油树结构示意图

A—主阀；B—地面安全阀；C—清蜡阀；D、E、F、G、H—翼阀

表1　动力液注入参数

指标	参数	指标	参数
动力液系统设计系数	1.2	动力液注入量	116~3120方/天
动力液注入压力	20MPaA	动力液砂粒径要求	40目
来液含砂量	<8吨砂/万方液	分离器水相出口含油量	2%~5%
砂密度	2.65g/cm^3	旋流除砂器入口压力需求	≥200kPaG
旋流除砂器湿砂水含量	约90%(v)	卧螺机入口压力需求	≥200kPaG
海管外输掺水量	1000方/天		

2.2.1　生产分离器

生产分离器满足以下要求：(1)能够实现海上热采井产出液中多相介质高效分离与集输；(2)具备罐内流体补充与排泄功能；(3)能够进行温压、液位、水质监测；(4)能够实现安全监测与控制；(5)便于平台吊装、安装。

生产分离器如图4所示。分离器整体为卧式、撬装结构，外部设置有混合液进入、输油、动力液排出、泄放、补液接口，分别与流程相应的管线连接；距离罐底一定距离设置上、中、下三个观察口，用于取样观察动力液的水质；罐底设置两个沉砂漏斗，能够收集并排出分离出的固相杂质；另外，分离器外部还设置有温压、液位、关停设备。分离器内部设置有冲击挡板、助流板、迷宫装置、填料装置和收集槽等，用于实现油、气、水、砂等多种介质的分离与油气的集输。

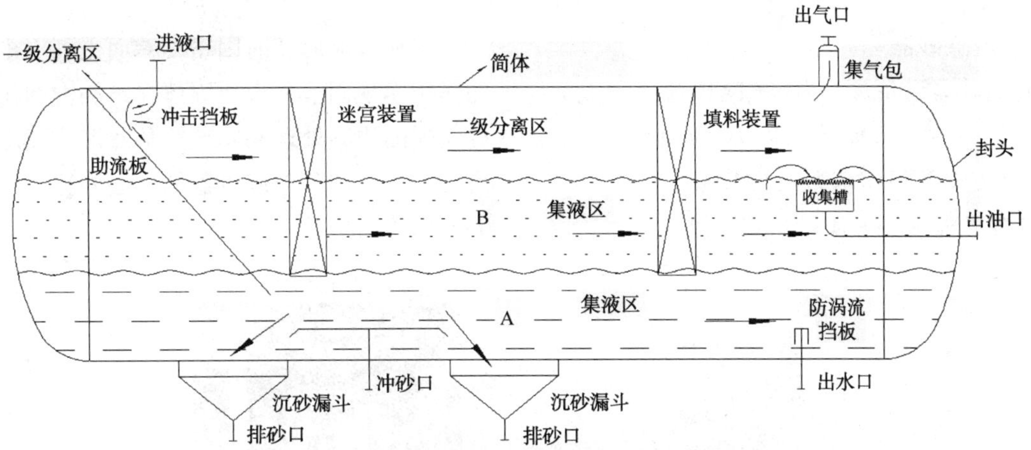

(a)内部结构图

(b)现场实物图

图4　生产分离器结构图

生产分离器主要利用重力沉降原理实现油、气、水、砂三相分离，整个分离工艺流程为：(1)热采井产出液经混合液管线进入分离器，并以较高速度冲击到挡板上，利用气、液、固的比重差完成初步分离；(2)经初步分离后的产出液进入二级分离区，经过迷宫装置、填料装置的进一步分离及重力沉降，彻底实现油、气、水、砂的分离；(3)分离器出的油相进入静电聚结分离器；分离出的气相进冷放空系统，分离出的动力液经出口管线进入旋流除砂器。

2.2.2　静电聚结分离器

静电聚结分离器满足以下要求：(1)能够进行油水界面监测；(2)可以手动排分离器顶部的气体，排出的气体去闭排放空；(3)可用动力液增压泵出口的水在线冲砂。

静电聚结分离器如图5所示，静电聚结分离器可以处理高含水质量分数原油乳化液，避免极板间电流增大、短路的产生。将静电聚结脱水技术与常规分离技术相结合，在保留常规分离器功能的基础上，增加静电聚结相关设施，提高分离器分离效率，将油相出口含水降低至50%。

(a)静电聚结变压器　　(b)外部结构

图5　静电聚结分离器

2.2.3　旋流除砂器

旋流除砂器设备参数为：(1)单台处理能力为 120m³/h；(2)操作压力为 0.45MPa/80℃；(3)安全阀设定值为 1.55MPa。

旋流除砂器如图6所示，其工作原理为利用砂与水在液流旋转时因密度差而受到不等离心力的作用实现固液分离。固体在离心力的作用下向旋流器的边壁处运动，最终从底流口流出，水在离心力的作用下向旋流器的中心处运动，最终从溢流口流出。

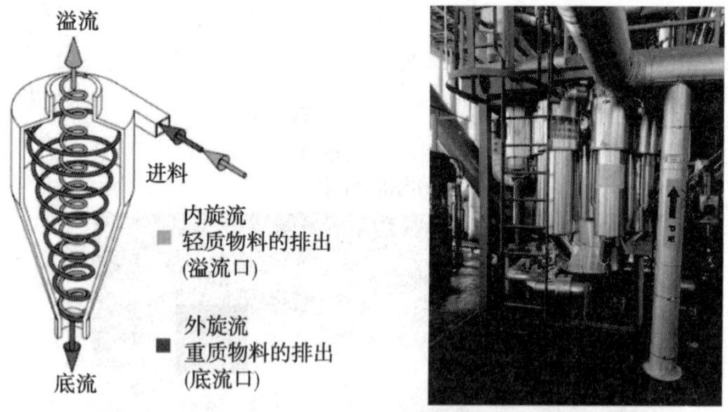

(a)工作原理示意图　　(b)现场实物图

图6　旋流除砂器结构组成

2.3　专用动力液增压系统

动力液增压系统满足以下要求：(1)具备动力液增压及自适应调节功能；(2)具备自动与手动控制功能且切换简单易操作；(3)整体适应海上环境，关键部件具有可靠的耐磨、密封性能；(4)能够实现动力液参数、电参数的实时监测。

动力液增压系统如图7所示。整个系统主要包括低/高压过滤器、动力液泵、变频控制柜及温、压、流量仪表组成。其中低/高压过滤器用于过滤动力液中的固相杂质，分别设置在动力液泵的入口及出口端；动力液泵由底座、电机、变速箱、曲轴箱、柱塞泵组成，用于进行动力液的增压；变频控制柜用于动力液泵的启停、调压、手动/自动控制，控制方式为固定压力、自适应调节流量。系统还设置多个温度、压力及流量计，用于实时监测系统的动力液参数变化。

热采井生产时动力液增压系统的工作过程为：(1)电机的高速转动经变速箱减速传递至曲轴箱，带动曲轴箱内的曲轴旋转；曲轴带动连杆、柱塞进行往复运动；(2)柱塞向后运动时，柱塞泵内的阀体吸入分离器分离出的动力液；柱塞泵向前运动时，压缩动力液使动力液增压排出；(3)需要调整动力液泵的排出压力时，按照配套设置方法在变频控制柜上调节电机运行频率实现。

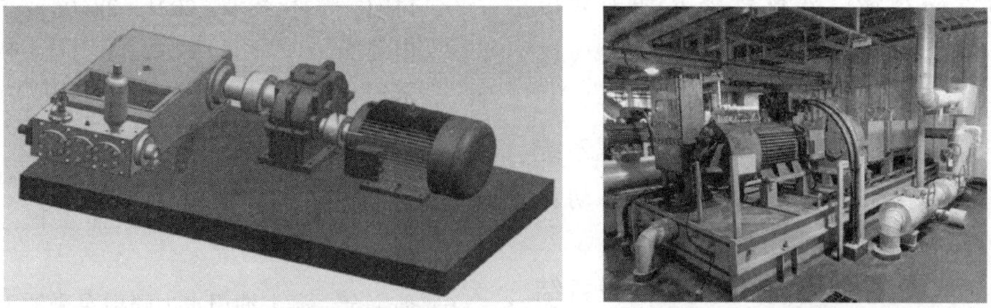

(a)三维结构图　(b)现场实物图

图 7　专用动力液增压系统组成

3　现场应用

研制的射流泵注采一体化专用地面设备在旅大某油田现场应用效果良好。A12 井原油黏度为 53203mPa·s，采用蒸汽吞吐热采。第一轮次注入蒸汽温度 350℃、压力 15.8MPa，累计注入量 $6000m^3$。焖井 5 天后进入热采阶段，整个生产阶段日产液 25.96~157.57m^3/d，含水率 14.9%~100%。

在注热与生产阶段，专用采油树经受住高温、低温、高低温交变等严峻工况的考验，注热与生产过程中未出现渗漏、滴液等问题，并且在多次起下泵作业中正、反循环切换良好；对于动力液泵系统，能够顺利实现动力液增压并平稳运行。生产期间进行多次调压测试，自适应控制系统运行良好，A12 井产油量分布曲线如图 8 所示；对于分离工艺，针对不同含水率的产出液，分离出的动力液清澈，水中含油小于 300ppm，达到了动力液泵对水质的要求，如图 9 所示。运行过程中液位较稳定，油气集输良好。研制的各专用地面设备取得了较好的实践效果，满足海上热采井射流泵注采一体化技术需求。

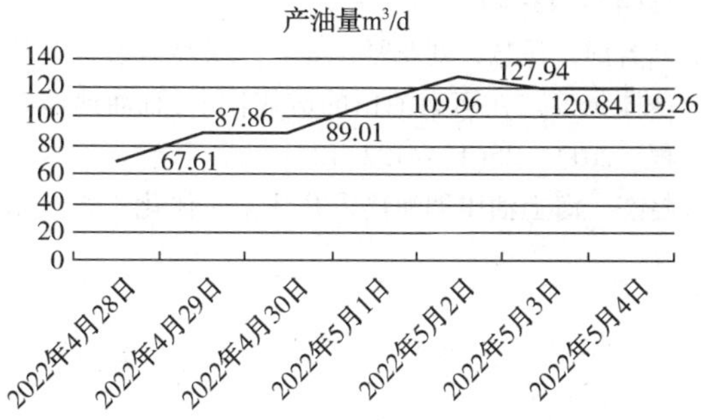

图 8　A12 井产油量分布曲线

(a)分离后的油相　(b)分离后的动力液

图 9　专用分离器产出液分离效果

4　结论

（1）射流泵注采一体化专用采油树可同时悬挂大、小油管，注入转换生产时，无需更换采油树，常温下耐压 5000Psi，高温 350℃ 下耐压 3000Psi，满足热采井注热、生产时耐温、耐压要求。

（2）射流泵注采一体化专用动力液分离工艺由生产分离器、静电聚结分离器与旋流除砂器组成，将产出液处理成合格的动力液，实现注采一体化井产出液高效分离、油气集输及动力液供给，并具备补气、补水、开式排放与闭式排放接口与流程，满足分离器补液及排泄需求。

(3) 射流泵注采一体化专用动力液增压系统具有流量自适应调节、自动/手动控制，自动化程度高，可实现对动力液增压的稳定控制。

(4) 海上射流泵注采一体化专用地面设备结构、技术参数及功能设计均符合海上环境及蒸汽吞吐热采井的相关要求，通过在旅大某油田的现场实践说明各专用地面设备安全可靠、稳定高效，可保证海上特稠油注采一体化顺利实施。

参考文献

[1] 陈华兴，刘义刚，白健华，等．海上油田稠油热采井注采一体化工艺技术研究[J]．石油机械，2020，48(4)：43-49.

[2] 刘若虚，岳慧，刘花军，等．热采喷射泵举升注采一体化工艺在河南油田的应用[J]．石油地质与工程，2011，25(1)：122-124+146.

[3] 赵杰．海上油田稠油热采井注采一体化工艺技术探讨[J]．石化技术，2021，28(06)：54-55.

[4] 白健华，刘义刚，王通，等．海上同心管射流泵注采一体化技术研究[J]．中国海上油气，2021，33(02)：148-155.

[5] 杨廷胜，孙东方，李雪红．Oudna海上油田射流泵采油技术[J]．油气田地面工程，2010，29(9)：34-35.

[6] 孙宝全．海上油田水力喷射泵采油工艺技术[J]．石油机械，2008(10)：60-61+64.

[7] 王丽军，章国华，马志博．BKR热采井口装置研制及推广应用[J]．石油机械，2009，37(6)：52-54+95-96.

[8] 程纠．海洋平台油气水分离器设计与分析[D]．成都：西南石油大学，2014：25-36.

[9] 徐闽，张志平，郝宝齐，等．新型静电聚结脱水技术在分离器中的应用[J]．中国海洋平台，2020，35(06)：84-89.

[10] 张伟，刘正德，牛月来，等．旋流除砂器结构设计研究[J]．化工管理，2020(04)：25-26+32.

[11] 张文杰，魏玉莲．海上平台注水泵技术探究[J]．流体机械，2017，45(10)：51-53.

海上底水稠油油藏降水增油技术探索及优化方向

毕培栋 张 华 韩晓冬 张 伟 刘 昊 王弘宇 朱 琴

(中海石油(中国)有限公司天津分公司)

摘 要 渤海油田正在探索开展热化学复合吞吐提高海上冷采稠油低效井开发效果研究试验，针对底水稠油油藏开发过程中因底水突进引起的无水采油期短、含水上升快、含水率高等生产问题，开展热水+氮气泡沫复合吞吐试验，并取得良好降水增油效果，但是受限于泡沫稳定性，存在有效期短、含水上升快等问题。针对性开展不同泡沫体系室内实验，在泡沫体系中加入聚合物后可以增加泡沫体系的封堵强度和稳定性，聚合物强化泡沫的阻力因子和残余阻力因子分别为205和13.9，大于普通泡沫的166和1.14，泡沫综合指数为10540，达到普通泡沫的2.7倍。因此选取热水伴注聚合物强化泡沫作为后续轮次热化学复合吞吐措施思路，在保证措施效果的前提下，尽量延长措施有效期，提升热采效果，研究结果为海上底水稠油油藏热化学复合吞吐方案的制订提供了依据。

关键词 稠油；热化学复合吞吐；氮气泡沫；底水油藏；堵水；聚合物

1 引言

为探索海上冷采稠油低效井增效措施，2021年9月在渤海某油田开展热化学复合吞吐增效技术现场试验。基于冷采井筒管柱条件，在不动管柱的前提下，通过热水、气与化学的协同作用，实现降黏原油黏度，增能保压，控水稳油等作用。针对含水率上升迅速、呈现底水突进特征的海上冷采稠油低效井，热水伴注氮气泡沫能够取得良好的降水增油效果。但在现场作业中发现，对于海上天然能量较强的油井，普通氮气泡沫虽然能够起到良好的控水效果，但是存在有效期较短、含水上升快的问题，后续轮次热化学复合吞吐考虑提升泡沫稳定性，延长措施有效期，提升热采效果。

起泡剂中加入聚合物和凝胶能够增加溶液黏度，降低重力排液速度，与液膜上的起泡剂相互作用，提升液膜强度、降低气体扩散速度，从而提高泡沫稳定性，应用聚合物强化泡沫的方法在矿场试验和应用较为广泛。本文开展相关室内评价实验，通过一维驱替实验评价不同泡沫体系的封堵性能，聚合物强化泡沫封堵强度和有效期相较于普通泡沫均有大幅提升，且施工风险可控；通过泡沫静态性能评价实验优化起泡剂及聚合物的使用浓度，为后续轮次方案制定提供理论依据。

2 海上底水稠油油田降水增油技术探索

2.1 热化学复合吞吐试验效果

渤海某油田A3H井为典型海上底水稠油油井，由于底水突破问题导致含水迅速上升，造成低产低效，开展热复合吞吐增效技术现场试验。目标井A3H井投产初期平均日产油75方，经历5个月的无水采油期后开始见水，日产油大幅降低，针对性采取降低电泵频率措施，未起到降水作用，含水仍持续上升，含水突破后1个月含水率突升至90%以上，该井水平段距离油水界面23.4m，通过对于含水率曲线特征的分析，认为该井存在局部水淹现象(图1)。

经分析，该井存在的主要问题为水平井趾端可能存在局部水淹情况，产液量高、含水高。改善生产效果的关键在于同步解决底水突进、原油黏度大等问题，针对性提出增效措施建议，前置氮气压水锥，油管注热水伴注起泡剂，环空连续伴注氮气。

如图2所示，前置氮气+伴注泡沫可以抑制水侵，封堵水流通道，热水降低原油黏度，改善油流通道，伴注氮气扩大波及体积，能够有效调整注入剖面，提高热利用率，进一步实现降水增油效果。

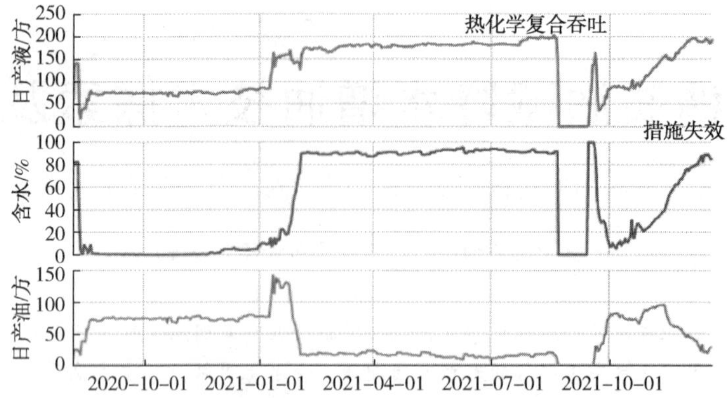

图 1　渤海某油田 A3H 井生产动态曲线

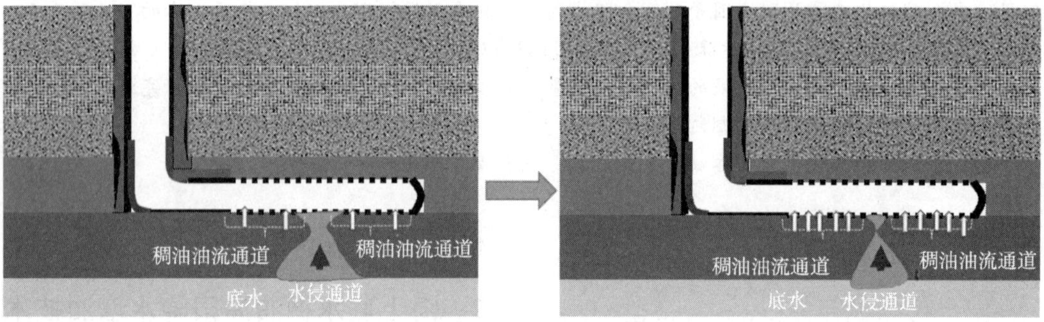

图 2　热化学复合吞吐机理示意图

2021 年 9 月，A3H 井开展了热水+氮气+化学药剂复合吞吐的探索试验，以热水携带热量为基础，复合起泡剂及氮气，充分发挥热-气-剂协同增效作用。措施后高峰日产油达到 96 吨，是措施前的 4～6 倍，含水最低降至 10%以下，前置氮气一定程度压制底水锥进，同时氮气泡沫对小生产压差(2.2MPa)的早期局部出水，可实现一定的封堵作用。起泡剂可一定降低油水界面张力、减小油水流度比等，措施后产液指数下降、含水下降、产油上升。在 A3H 井开展的热化学复合吞吐增效措施取得了良好的降水增油效果，但是有效期较短，仅为 3 个月左右(图 3)。

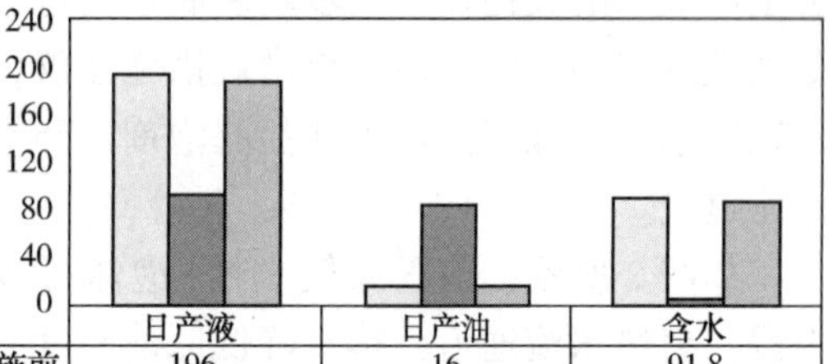

	日产液	日产油	含水
□措施前	196	16	91.8
■措施后	93	86	7
▣目前	189.6	17.4	90.8

图 3　A3H 井热化学复合吞吐措施效果

2.2　后续轮次措施优化方向

第一轮热化学复合吞吐作业表明，起泡剂与氮气形成泡沫起到了良好的堵调作用，但存在有效期短、含水上升快的问题，需要针对性优化堵调措施，在保证措施效果的前提下，尽量延长措施有效期。

为进一步提升泡沫堵调效果，延长作业有效期，综合考虑施工安全和操作难度，开展氮气泡沫优化升级研究，开展不同组合体系泡沫稳定性实验评价工作。第二轮建议采用强化泡沫堵水措施工艺，提高氮气泡沫强度及稳定性，进一步提升堵水调剖性能，延长热化学复合吞吐有效期。

3　实验部分

3.1　实验材料和仪器

(1) 实验材料：起泡剂、聚合物、凝胶、地层水；

(2) 实验仪器：GJS-B12K 变频高速搅拌机，一维驱替物理模拟实验装置。

3.2　实验方法

(1) 不同泡沫体系宏观封堵性能评价

测定不同泡沫体系在 120℃下封堵性能和稳定性，实验步骤如下：

① 制作模拟岩心管，采用地层水驱替，记录地层水驱替压差(基础压差)P0，同时计算出

渗透率；

② 将按照实验要求配置好的不同溶液体系（起泡剂/起泡剂+聚合物/起泡剂+凝胶）分别装入中间容器并准备氮气气瓶；

③ 将岩心管放入一维驱替模型中，将注入流体和岩心管加热到实验温度，设置合适的回压，然后打开中间容器阀门和气瓶阀门，注入起泡剂溶液和气体，设定合适的气液比，记录泡沫驱替压差（工作压差）P1；

④ 当驱替压差稳定后，停止注入泡沫，改用地层水驱替，记录此时的压差 P2。

泡沫的阻力因子是泡沫体系在岩心运移达到平衡时，岩心两端所建立的压差与单纯注水时的压差比值；泡沫的残余阻力因子是注入泡沫体系后再次水驱，岩心两端所建立的压差与单纯注水时的压差比值，是评价泡沫封堵能力和稳定性的重要指标。

阻力因子=P1/P0

残余阻力因子=P2/P0

式中：

P0——水驱压差，MPa；

P1——泡沫驱替压差，MPa；

P2——再次水驱压差，MPa。

（2）起泡剂静态性能评价

①按照实验所需药剂浓度配制好不同浓度（0.1%、0.5%、1%、1.5%、2%）的起泡剂溶液，以及起泡剂中加入不同浓度聚合物（0.01%、0.05%、0.1%、0.2%）的溶液，各 100mL，搅拌均匀，将各类起泡剂溶液倒入搅拌杯；

②将搅拌杯放至高速搅拌机上搅拌，转速 8000r/min，搅拌时间 2min，将搅拌生成的泡沫倒入 500mL 量筒，并记录泡沫体积，该体积即为起泡体积；记录析液半衰期（即析出一半液体体积 50mL 所用的时间）；

③泡沫综合指数=起泡体积×析液半衰期。

4 实验结果与讨论

4.1 不同泡沫体系宏观封堵性能评价

A3H 井第一轮热化学复合吞吐采用的是起泡剂与氮气形成的普通氮气泡沫，延长堵水有效期的关键在于提升泡沫的封堵性能和稳定性，泡沫必须具有良好的封堵效果，才能建立较高的阻力，封堵高渗通道，扩大波及体积，从而提高采收率。以第一轮所用起泡剂为基础，分别加入聚合物和凝胶，评价各类泡沫的封堵性能。

如表 1 所示，相较于普通氮气泡沫，聚合物强化泡沫、凝胶泡沫封堵性能和稳定性均有大幅提升，封堵强度可以均可满足 A3H 井延长堵水有效期的需求。

表 1 不同类型泡沫封堵性能

项目	实验温度/℃	基础压差/MPa	工作压差/MPa	再次水驱压差/MPa	阻力因子	残余阻力因子
1%起泡剂	120	0.007	1.162	0.008	166	1.14
1%起泡剂+0.1%聚合物			1.432	0.097	205	13.9
1%起泡剂+0.1%凝胶			2.053	0.185	293	26.4

如表 2 所示，凝胶泡沫和聚合物凝胶配制复杂，虽封堵强度大，但是有堵错位置、反吐堵泵可能性，施工风险较大，聚合物强化泡沫采用的乳液聚合物配制简单快速，同时施工风险可控，更适用于冷采完井下的注采管柱条件，因此选用热水伴注聚合物强化泡沫作为 A3H 井二轮热化学复合吞吐增效措施。聚合物强化泡沫的封堵能力远远大于普通泡沫，这与聚合物溶液加入使泡沫的液膜强度和稳定性增强有很大关系。

表 2 封堵措施参数对比

类型	起泡剂	聚合物强化泡沫	凝胶泡沫	聚合物凝胶
阻力因子范围	50~150	150~250	250~350	>300
封堵强度	较弱	较强	较强	强
施工操作难度	单一药剂，简单	两种药剂，一般	多种药剂，复杂	多种药剂，复杂
施工风险	低	低	中	高

4.2 泡沫静态性能评价

随着起泡剂浓度增加，起泡性能以及氮气泡沫的有效期随之增长，用起泡体积与析液半衰期相乘得到泡沫综合指数，量化评价氮气泡沫的静态性能，起泡剂浓度越大，氮气泡沫静态性能越强，但是提升幅度放缓，在起泡剂浓度到达1%时，曲线存在拐点，因此优化起泡剂使用浓度为1%，如图4、表3所示。

表3　不同浓度下泡沫静态性能

起泡剂浓度	起泡体积/mL	析液半衰期/min	泡沫综合指数
0.1	345	6.17	2129
0.5	435	7.25	3153
1	490	8	3920
1.5	510	8.5	4335
2	520	9	4680

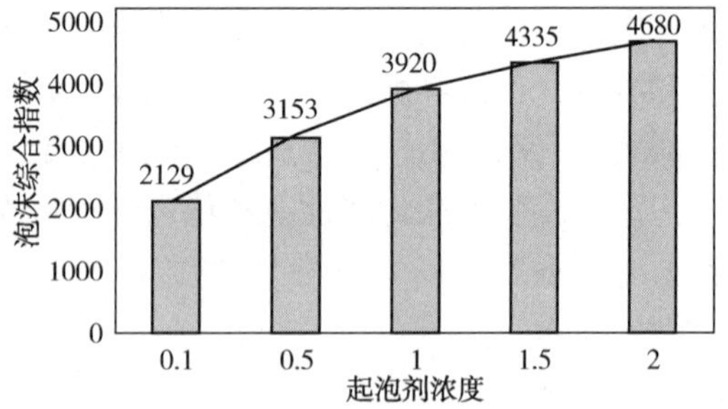

图4　起泡剂浓度与泡沫综合指数曲线关系

泡沫的稳定性影响了热化学复合吞吐措施的有效期。泡沫稳定性越好，泡沫封堵时间越长，在泡沫体系中加入聚合物后可以增加泡沫体系和体相黏度和表面黏度，增加泡沫界面膜黏度和强度形成弹性薄膜，延缓了泡沫的排液过程，降低气体的扩散能力，增加泡沫的稳定性(图5)。

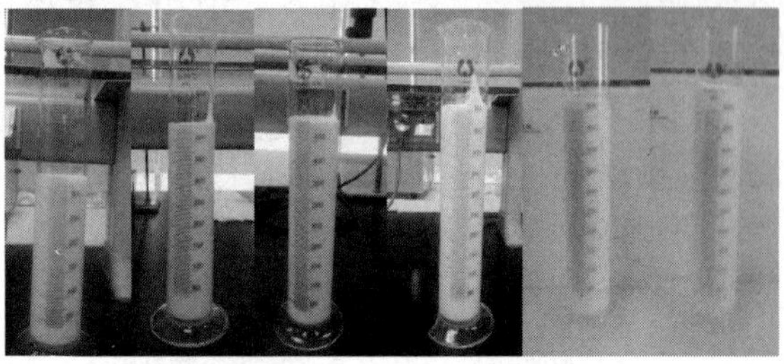

图5　不同浓度起泡剂氮气泡沫形态

在优化浓度为1%的起泡剂中加入不同浓度的聚合物，随着聚合物浓度的提升，对起泡剂的起泡性能会存在一定程度的负向影响，这是因为聚合物浓度的提升导致液相黏度也提高，生成泡沫难度增大，但是析液半衰期却大幅提升，泡沫稳定性提高。聚合物能够降低排液速度，增加液膜弹性，并且降低液膜渗透率，延缓气体扩散速度，提升液膜稳定性(表4)。

表4　不同聚合物浓度下强化泡沫静态性能

溶液	起泡体积/mL	析液半衰期/min	泡沫综合指数
1%起泡剂	490	8	3920
1%起泡剂+0.02%聚合物	410	9	3690
1%起泡剂+0.05%聚合物	350	19	6650
1%起泡剂+0.1%聚合物	310	34	10540
1%起泡剂+0.2%聚合物	240	36	8640

如图6所示，随着聚合物浓度增加，泡沫综合指数呈现先提高后下降的趋势，当加入聚合物浓度在0.1%左右时，提升幅度最大，聚合物强化泡沫综合指数达到10540，达到同浓度普通泡沫综合指数3920的2.7倍，根据实验结果可以判断加入聚合物会对起泡剂的静态性能产生极大的影响，建议第二轮热化学复合吞吐措施思路为：油管注热水，伴注1%浓度起泡剂+0.1%浓度聚合物，环空伴注氮气，延长热化学复合吞吐措施有效期，提升热采效果。

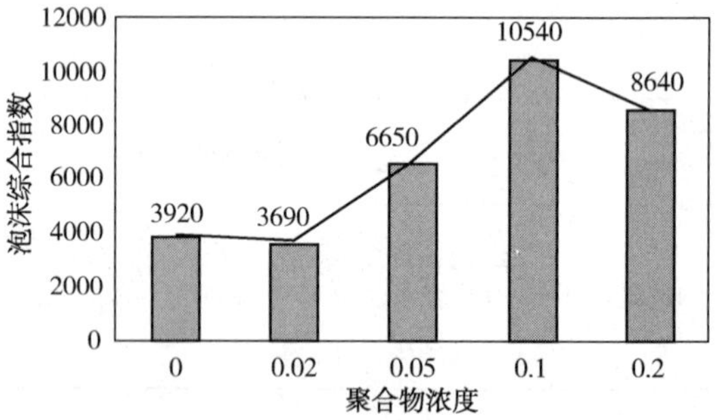

图6　聚合物添加浓度与泡沫综合指数曲线关系

5　结论

(1) 针对海上底水稠油油田开展热水+氮气+化学药剂复合吞吐，能够取得良好的降水增油效果，措施后含水下降、产油上升，但是受限于氮气泡沫稳定性，有效期较短，后续轮次考虑提升泡沫稳定性，延长堵水有效期，提升热采效果。

(2) 在起泡剂中分别加入聚合物和凝胶，生成的聚合物强化泡沫及凝胶泡沫封堵强度和稳定性均有大幅提升，可以满足延长堵水有效期的需求，综合考虑冷采完井方式、施工难度和风险，建议选取配制简单、风险可控的聚合物强化泡沫，聚合物强化泡沫的阻力因子和残余阻力因子分别为 205 和 13.9，大于普通泡沫的 166 和 1.14。

（3）随着起泡剂浓度的增加，泡沫综合指数会不断变大，直至相对平稳，优化起泡剂使用浓度为 1%；向 1% 起泡剂中加入聚合物，相较单一起泡剂的泡沫综合指数有所提升，当加入聚合物浓度在 0.1% 左右时，提升幅度最大，泡沫综合指数为 10540，达到普通泡沫的 2.7 倍。

参考文献

[1] 张吉磊，李廷礼，张昊，等．海上低幅边底水稠油油藏氮气泡沫调驱技术应用效果评价[J]．钻采工艺，2019，42(4)：70-73.

[2] 马跃，唐晓旭，刘晖，等．海上底水稠油油藏氮气泡沫压锥技术研究与应用[J]．中国海上油气，2012，24(1)：45-50.

[3] 彭昱强，沈德煌，徐绍诚，等．氮气泡沫调驱提高稠油采收率实验——以秦皇岛 32-6 油田为例[J]．油气地质与采收率，2008，15(4)：59-61，65.

[4] 康万利，郭黎明，孟令伟，等．超低界面张力强化泡沫体系稠油驱研究[J]．中国石油大学学报(自然科学版)，2012，36(1)：170-174，181.

[5] 郭黎明，周灿，杜伟．两亲聚合物强化泡沫体系调驱性能[J]．大庆石油地质与开发，2013，32(5)：123-127.

[6] 孔德彬，李宜强，苑慧莹，等．聚合物强化泡沫在多孔介质中的运移特性及驱油效果研究[J]．高校化学工程学报，2018，32(5)：1027-1033.

[7] 张旋，张贵才，葛际江，等．聚合物强化 CO_2 泡沫稳定性能研究[J]．断块油气田，2020，27(6)：799-802.

[8] 盖帅．注入耐高温泡沫凝胶改善吸汽剖面实验模拟[J]．油气田地面工程，2012，31(8)：27-28.

[9] 赵修太，付敏杰，王增宝，等．稠油热采调堵体系研究进展综述[J]．特种油气藏，2013，20(4)：1-4.

[10] 李松岩，李兆敏，李宾飞，等．泡沫驱替过程中阻力因子与岩心气相饱和度的变化[J]．油田化学，2016，33(2)：266-270.

[11] HERNANDO，LOUIS，SATKEN，BAUYRZHAN，OMARI，AZIZ，et al. Transport of polymer stabilized foams in porous media：Associative polymer versus PAM [J]. Journal of Petroleum Science & Engineering，2018，169602-609.

[12] 王壮壮，李兆敏，李松岩．泡沫封堵性能与界面性质关系研究[J]．高校化学工程学报，2016，30(1)：216-222.

多孔隙金属筛管多轮次蒸汽吞吐防砂性能评价实验研究

邓　晗　王　尧　孟召兰　刘玉飞　邢洪宪

(中海油能源发展股份有限公司工程技术分公司)

摘　要　多孔隙金属筛管主体挡砂层采用抗高温、耐腐蚀性能优良的金属研制而成，因其特殊的三维立体孔隙结构，筛管具备较强的通透性和过流能力。为进一步评价筛管在稠油热采条件下的适应性，开展了多轮次蒸汽吞吐防砂模拟实验，分析在在多轮次注采过程中筛管内外的压力、温度、出砂量和出砂粒径的变化规律。实验结果表明，经过16个轮次的蒸汽吞吐(蒸汽温度350℃、注入压力17MPa)实验，筛管出砂浓度在$1.86\times10^{-7}\%\sim6.63\times10^{-6}\%$左右，出砂粒径中值略小于筛管挡砂精度，渗透率保持能力在85.7%左右，筛管整体过流能力和抗堵塞性能保持率良好。实验结论充分证明了筛管在稠油热采油藏开发方面具备良好的适应性。

关键词　多孔隙金属筛管；稠油；蒸汽吞吐；防砂性能；抗堵塞性能

近些年我国渤海湾盆地陆续发现了一批大、中型稠油油藏，目前针对稠油油藏开发，逐渐从冷采开发技术到热采开发技术转变，并取得了良好的效果。开发过程中，疏松砂岩储层出砂问题是无法回避的问题，渤海油田防砂主要采用砾石充填和独立筛管简易防砂等机械防砂方式。海上常用的防砂筛管包括绕丝筛管、割缝衬管、金属棉(毡)筛管及金属网布筛管等。但机械筛管在应用中也存在局限性，受原油黏度高、泥质含量多、储层孔渗差异大等因素影响，容易产生筛管堵塞和冲蚀刺漏破坏，所以防砂有效期不长。砾石充填防砂工艺防砂有效期长，但其作业成本高，现场施工风险大，单井投产返排时间长，工艺综合费用居高不下，这也限制了该工艺在稠油热采领域的规模应用。针对稠油油藏开发的筛管研发，业内学者做了大量研发。2016年刘新锋等人研发的新型热采筛管，筛管具备较好的热稳定性和抗腐蚀能力，并在现场成功应用，热采周期为2轮次。2021年贾立新等人研究了稠油热采井防砂筛管失效机理，发现热采井注入高温蒸汽会导致防砂筛管发生塑性变形失效，冲蚀-腐蚀迭加条件是筛管冲蚀损坏的主要因素。2022年刘强等人对热采工况下钛合金筛管性能研究，筛管经过了7个轮次的加热与冷却后，对其变形量进行研究，当温度降到室温后整个管柱的轴向热变形为0，而同样条件下的钢制套管及筛管管体材料的拉伸峰值载荷达到乃至超材料的屈服强度，引起套管缩颈变形导致最终发生大范围的套损。

针对新型多孔隙金属筛管的性能研究，孙金等研究了不同泥质含量、挡砂精度下多孔隙金属筛管的堵塞机理；高斌等研究了多孔隙金属筛管在常规工况条件下的挡砂性能和抗冲蚀性能；王尧等研究了多孔隙金属筛管的综合性能，包括抗堵塞性能、抗冲蚀性能、抗内外压强度性能等，实验结果也体现了筛管的优秀挡砂性能。但针对稠油热采工况下筛管的性能并未开展相关研究。

1　多孔隙金属筛管

多孔隙金属筛管具有多层结构，包括打孔基管、端肩环、固紧加强结构、导流结构、多孔隙金属层以及外保护套等，结构图如图1所示。主体挡砂结构为多孔隙金属层，由镍基合金材质设计而成，原材料具备抗高温、耐腐蚀的优良性能。

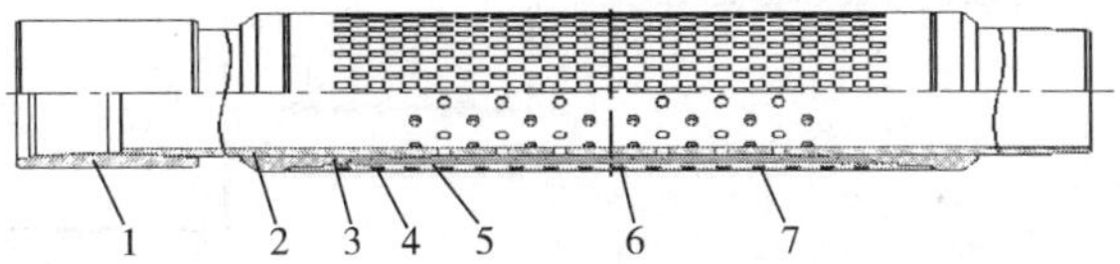

图1　多孔隙金属筛管结构图

1—接箍；2—打孔基管；3—端肩环；4—固紧层；5—导流层；6—多孔隙金属层；7—外护套

多孔隙金属层内部结构（图2）有别于常规绕丝、割缝、金属网布、棉（毡）结构，具有三维立体连通孔喉结构，孔隙率高达80%以上，远高于常规筛管，因此具备较强的过流能力和抗堵塞性能。

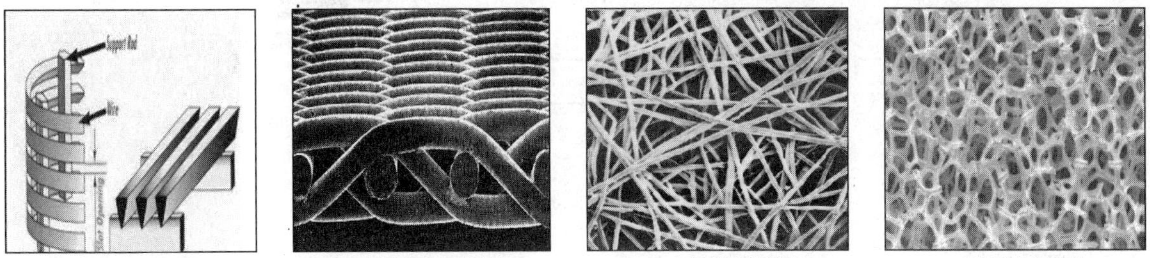

图2　常用筛管挡砂介质与泡沫金属结构对比图

2　多轮次蒸汽吞吐防砂性能评价实验

2.1　实验目的和实验方法

为更好的评价多孔隙金属筛管在稠油热采工况下综合性能，开展了本次实验。主要目的在于分析多轮次注采过程中筛管内外的压力、温度、出砂量和出砂粒径的变化规律，评价筛管在蒸汽吞吐条件下的防砂效果，满足稠油油田热采开发的需要。

主要是利用驱替装置进行筛管堵塞评价实验，流体长时间流过筛管，测量筛管内外的驱替压差以及流量，便可得到筛管渗透率随时间变化关系，见公式(1)。搜集产出砂，测量出砂量和出砂粒径，计算出砂浓度，便可得到筛管挡砂效果随不同轮次蒸汽吞吐的变化关系。

圆筒径向流，筛管渗透率计算公式为：

$$K=\frac{Q\mu\ln\frac{r_e}{r_w}}{2\pi h(P_e-P_w)} \quad (1)$$

其中，P_e、P_w：筛管内外压差，10^{-1} MPa；r_e、r_w：筛管内外半径，cm；Q：驱替流速，m^3/d；μ：驱替液黏度，mPa·s；h：筛管过滤段长度，cm；K：渗透率，mD。

2.2　实验装置与实验条件

（1）实验装置

出砂模拟试验装置是本项试验的主要试验装置，由主模型、恒速恒压泵、蒸汽发生器、配液装置、模拟液加热器、储液装置、液体循环泵、冷凝器、压力采集系统和温度采集系统等部分组成。实验流程图如图3所示。

实验主要流程为：将与储层物性相近的模拟地层砂填充于筛管外侧的环空中。蒸汽注入时，利用蒸汽发生器从筛管内部注入高温高压水蒸汽，连续监测筛管内部的压力和温度变化，待筛管内部温度和压力达到试验要求时，停止注汽，憋压焖井。焖井一定时间后，进行放喷，卸掉筛管内部压力。回采时，切换到回采试验流程，从模拟地层砂外边界，采用稳定的排量注入具有一定黏度的模拟液，进行回采试验。回采过程中，连续监测筛管外砂层中和筛管内部的压力和温度变化，并收集从筛管内部流出的模拟液，分离模拟液中的砂粒，分析出砂量和砂粒粒径。整个试验模拟了热采井筛管防砂的注汽、焖井、放喷和回采过程，通过对比分析压力、出砂量和砂粒粒径的大小来评价不同类型筛管在蒸汽吞吐条件下的适应性。

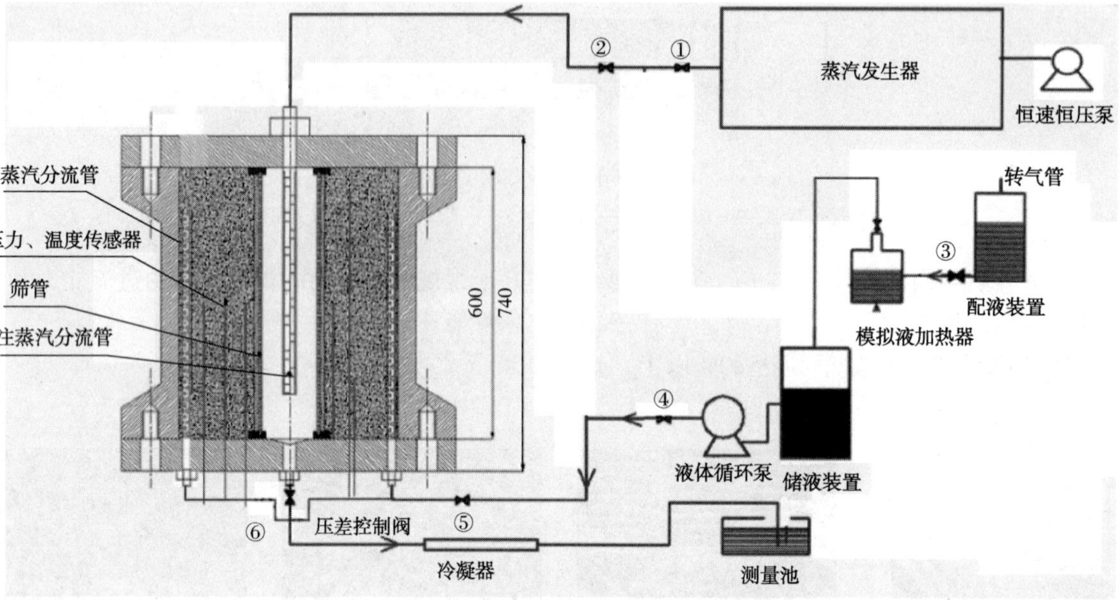

图3 出砂模拟试验装置流程图

(2) 实验材料

本次实验所用的筛管主要实验参数见表1。

表1 多孔隙金属筛管样件主要参数

筛管类型	挡砂精度/μm	规格尺寸	筛管内径/mm	筛管外径/mm	有效长度/mm
多孔隙金属筛管	120	5~1/2″	177.5	124.3	500

本次实验所需要的主要材料包括：石英砂、膨润土、伊利石、聚阴离子纤维素HV、纯净水、自来水等。采用目标油田储层粒度分布规律配置模拟地层砂，配比见表2。

表2 模拟地层砂配比表

砂粒(黏土)	0.425mm	0.355mm	0.300mm	0.250mm	0.212mm	0.180mm	0.150mm	0.125mm
重量百分比/%	0.15	0.06	3.01	2.03	18.44	0.08	9.98	2.95
砂粒(黏土)	0.106mm	0.086mm	0.075mm	0.062mm	0.044mm	<0.044mm	膨润土	伊利石
重量百分比/%	46.29	4.64	0.55	0.4	0.82	0.6	3.5	6.5

(3) 实验条件

本次实验注蒸汽和回采模拟实验参数见表3和表4。

表3 注蒸汽模拟试验参数

试验参数	参数值
蒸汽排量/(mL/min)	500~600
模型内温度/℃	200~350
模型内压力/MPa	8~17
注入时间/h	不小于12
热平衡时间/min	>8小时

表4 回采模拟试验参数

试验参数	参数值
回采排量/(L/min)	2、4、6、8
回采模拟液温度/℃	75~80；常温
回采模拟液黏度/mPa·s	150(75~80)；800(常温)
回采压差/MPa	8(根据实际情况调整)

3 实验结果分析

3.1 实验过程分析

(1) 注蒸汽过程

启动蒸汽发生器，当蒸汽温度和压力达到实验要求时，打开蒸汽注入阀，启动恒速恒压泵，向筛管内部注入高温高压水蒸汽，通过水平井加热控制仪和压力监测控制系统，监测筛管内部的温度和压力。当温度和压力达到实验要求时，停止注汽，关闭蒸汽注入阀。

注蒸汽的压力变化关系见图 4，整个注蒸汽共计 760 分钟。可以看出，蒸汽压力、筛管压力、砂层压力变化曲线基本一致。注蒸汽过程开始时，压力开始迅速上升，达到最高峰后，压力开始起伏变化，波动较大。在整个注蒸汽过程中，蒸汽压力和筛管压力大于砂层压力。注入过程结束时，蒸汽压力为 13.3MPa，筛管压力为 13.23MPa，砂层压力为 6.56MPa。

整体温度经过波动后趋于稳定，筒体温度为 332.7～352.2℃，筛管温度为 317.5～334.6℃，砂层温度为 314.9～339.3℃。温度变化曲线见图 5。

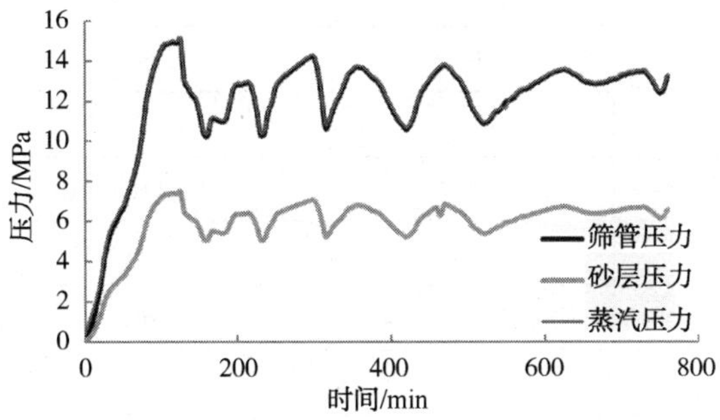

图 4　多孔隙金属防砂筛管第 1 轮次注蒸汽过程压力随时间变化曲线

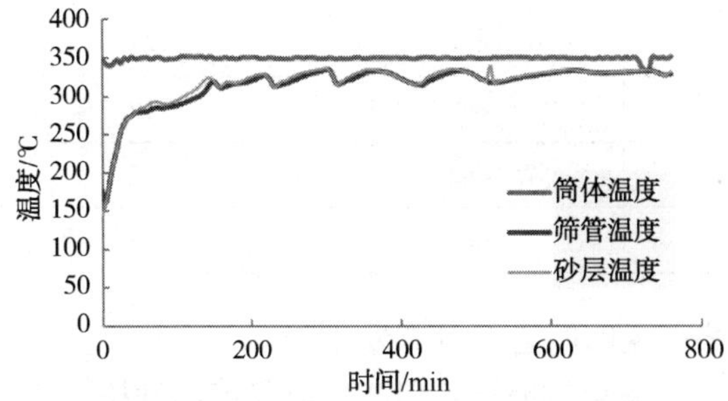

图 5　多孔隙金属防砂筛管第 1 轮次注蒸汽过程温度随时间变化曲线

(2) 焖井放喷过程

在注蒸汽停止后，关闭蒸汽注入阀和模型出口阀，进行焖井，使主模型内的温度和压力达到平衡，监测温度和压力的变化。

焖井放喷共计 995 分钟，其中焖井时间 720 分钟，放喷时间共 275 分钟。焖井开始后，压力逐渐下降，且随时间的推移，下降幅度开始变缓，最后趋于稳定。焖井开始时，筛管压力为 13.23MPa，砂层压力为 6.56MPa。开始放喷时，筛管压力为 0.04MPa，砂层压力为 0MPa。放喷结束时，筛管压力、砂层压力均为 0MPa(图 6)。

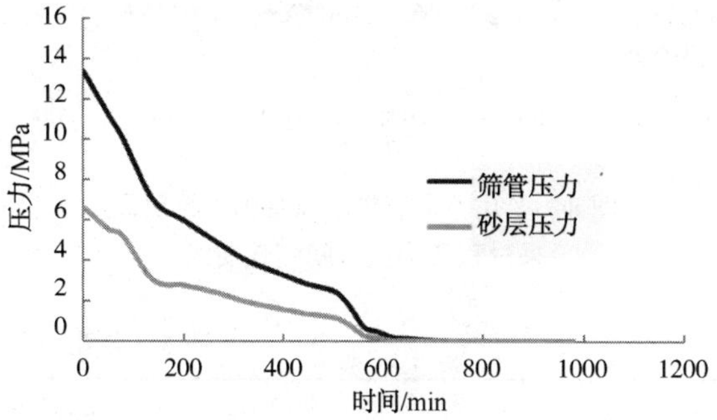

图 6　多孔隙金属防砂筛管第 1 轮次焖井放喷过程压力随时间变化曲线

随焖井过程的进行，温度逐渐下降，但下降幅度在逐渐减小。焖井开始时，筛管温度为 328.5℃，筒体温度为 351.5℃，砂层温度为 331℃。开始放喷时，筛管温度为 80.5℃，筒体温度为 118.2℃，砂层温度为 107℃。放喷结束时，筛管温度为 49℃，筒体温度为 72.3℃，砂层温度为 74.5℃(图 7)。

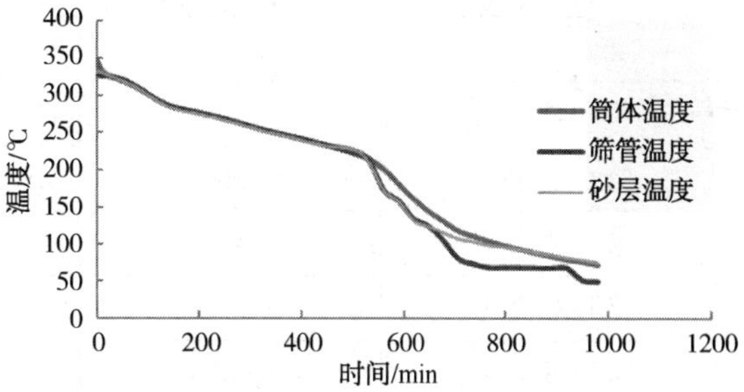

图 7　多孔隙金属防砂筛管第 1 轮次焖井放喷过程温度随时间变化曲线

(3) 回采过程

当筛管中、砂层中的压力接近零时，导通回采试验流程，设定回采排量，启动液体循环泵，往主模型中注入模拟液，模拟液从填充的砂层外侧均匀扩散流入筛管内部，最后流出模型。回采过程中连续监测模型中压力和温度的变化。

回采过程总计 4334 分钟，回采过程压力变化曲线(图 8)可看出模型入口压力>砂层压力>筛管压力，且压力变化趋势基本保持一致，在回采过程中，压力值先迅速上升，但随回采过程的进行压力值增长速度变缓，之后压力逐渐回落，并趋于稳定。最大回采压差为 0.05MPa。

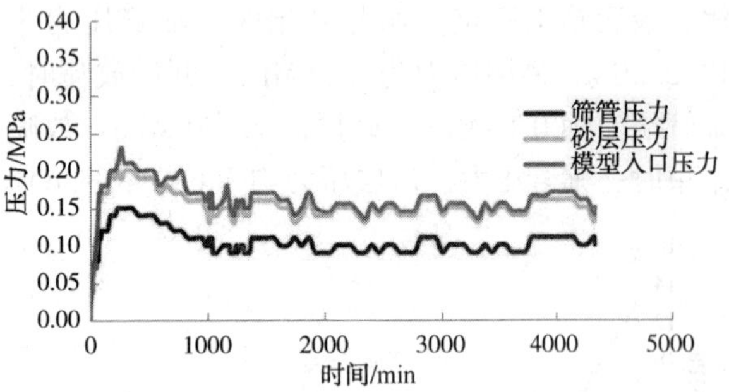

图8　多孔隙金属防砂筛管第1轮次回采过程压力随时间变化曲线

3.2　实验产出砂样分析

多孔隙金属筛管经过16个轮次的蒸汽吞吐防砂试验。每个轮次在注蒸汽及回采的过程中，通过过滤器收集试验砂样，然后经过沉降、烘干，进行粒度分析，获得每个轮次的砂样分布结果见表5。

表5　多孔隙金属筛管砂样分析情况表

注汽轮次	回采砂样			
	砂样重量/g	最大粒径/μm	最小粒径/μm	粒度中值/μm
第1轮次	9.1990	94.574	0.972	13.053
第2轮次	2.7193	212	69.702	114
第3轮次	2.0496	300	59.839	107
第4轮次	0.5157	300	69.702	54
第5轮次	0.9838	300	51.371	117
第6轮次	1.3988	425	<62	116
第7轮次	0.9680	425	<62	116
第8轮次	2.5246	425	<62	1167
第9轮次	2.4255	425	<62	124
第10轮次	2.1152	425	<62	116
第11轮次	1.5069	425	<62	114
第12轮次	1.6525	425	<62	110
第13轮次	0.5893	425	<62	123
第14轮次	0.5175	425	<62	119
第15轮次	0.6568	425	<62	117
第16轮次	0.4595	425	<62	116

从表5可以看出，第一轮次，产出液含砂量较大，粒度中值很小，从第二轮次开始，产出液含砂量有逐渐降低的趋势，但是有一定的波动。前2个轮次回采时，产出液流体含砂最大粒径在筛管的挡砂精度值120μm范围内，筛管挡砂效果良好；从第3轮次至第16轮次回采，产出液最大粒径均超过了筛管的挡砂精度值120μm，说明在第3轮次蒸汽吞吐过程中，筛管过滤层已经发生了弹性变形，导致产出液少量砂粒粒径大于筛管挡砂精度，但是整体出砂量并没有变大的趋势，说明筛管并没有发生破坏，在稳定生产条件下，筛管与地层砂仍能形成稳定的砂桥，起到挡砂作用。

回采过程中出砂浓度的变化关系，如表6所示。整体来看，16个轮次出砂出砂浓度维持在较低的水平，波动范围为$1.86\times10^{-7}\%\sim6.63\times10^{-6}\%$，远低于行业标准0.03%的安全出砂浓度，表明筛管在多轮次蒸汽吞吐工况下仍具备优良的挡砂效果。

表 6　多孔隙金属筛管砂样分析情况表

吞吐轮次	注汽量/L	回采液量/L	回采砂样		
			砂样重量/g	砂样体积/L	含砂量/%
1	380.1	86670	9.1990	0.00575	6.63×10^{-6}
2	375.0	86610	2.7193	0.00170	1.96×10^{-6}
3	371.1	173230	2.0496	0.00128	7.39×10^{-7}
4	373.5	173470	0.5157	0.00032	1.86×10^{-7}
5	381.6	25956	0.9838	0.00061	2.37×10^{-6}
6	380.1	26291	1.3988	0.00087	3.33×10^{-6}
7	381.0	35040	0.9680	0.00061	1.73×10^{-6}
8	371.1	34929	2.5246	0.00158	4.52×10^{-6}
9	378.0	35016	2.4255	0.00152	4.33×10^{-6}
10	378.0	364940	2.1152	0.00132	3.62×10^{-7}
11	376.5	17419	1.5069	0.00094	5.41×10^{-6}
12	377.1	17572	1.6525	0.00103	5.88×10^{-6}
13	373.8	17472	0.5893	0.00037	2.11×10^{-6}
14	377.4	17400	0.5175	0.00032	1.86×10^{-6}
15	383.4	17251	0.6568	0.00041	2.38×10^{-6}
16	383.1	17215	0.4595	0.00029	1.67×10^{-6}

3.3 筛管抗堵塞性能分析

为了分析随着吞吐轮次的增加及生产时间的延长，筛管的堵塞趋势如何变化，利用试验数据，绘制同一筛管在不同吞吐轮次的压差变化曲线，如图 9 所示。

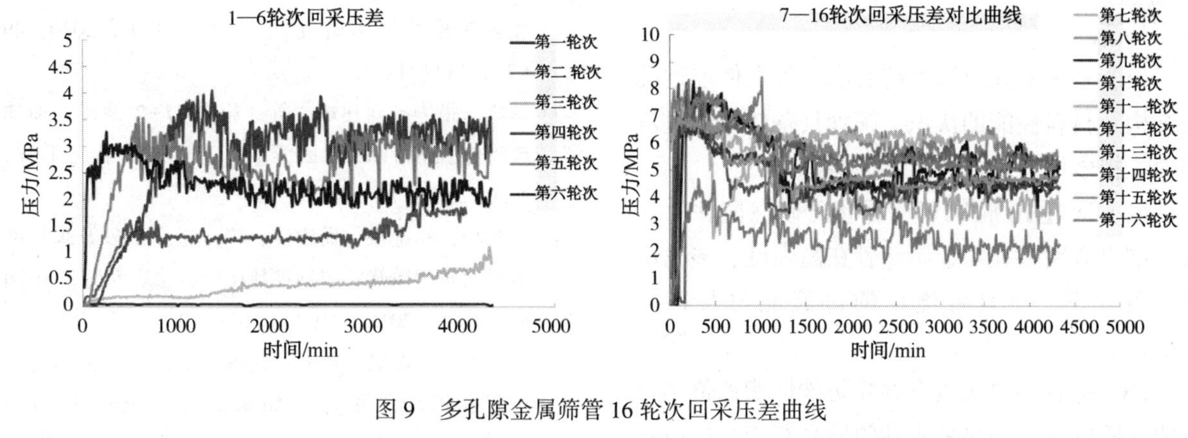

图 9　多孔隙金属筛管 16 轮次回采压差曲线

整体看，各轮次的生产压差变化趋势较为一致，在初期快速增大，后期逐渐趋于稳定。随着吞吐轮次的增加，回采压差上升幅度有增大趋势。回采压差上升越快，表示筛管的堵塞程度逐渐加剧。

为进一步了解堵塞程度变化趋势，绘制了生产压差、渗透率随吞吐轮次变化关系，见图 10 所示。

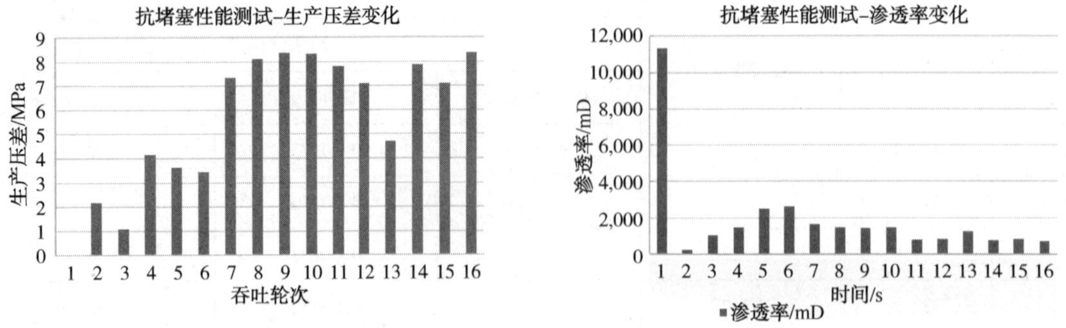

图10　多孔隙金属筛管抗堵塞性能随吞吐轮次变化关系

通过渗透率变化关系，可以明显看出，除去第一组过流能力异常出众外，其余表现的非常稳定，随着吞吐轮次的增加，渗透率始终保持在1000mD左右的水平。相较于第2~4轮的平均渗透率为910mD左右，最后三轮的平均渗透率为780mD左右，渗透率保持率在85.7%左右。实验结果表明筛管在多轮次热采工况条件下，仍能够保持较高的过流能力。

3.4　筛管实验前后外观形态对比

将多孔隙金属筛管进行蒸汽吞吐试验后从模型内起出，进行全方位观测，发现筛管其外观均完好(图11)，无明显变形或破坏迹象，筛管未发生破坏，初步判断筛管防砂效果良好

图11　筛管试验前后外观形态对比

4　结论

(1)基于多孔隙筛管特有的三维立体连通孔喉结构及材料性能的认识，筛管具备较好的过流能力、挡砂性能及耐高温腐蚀能力；

(2)通过16轮次蒸汽吞吐防砂性能评价实验，结果表明多孔隙金属筛管在高强度、多轮次热采条件下，仍具备优良的过流能力及挡砂性能；

(3)筛管多轮次蒸汽吞吐防砂性能评价结论表明，筛管在稠油热采防砂领域具有较好的应用前景。

参考文献

[1] 蒋延明．海上稠油油藏热采开发效果评价方法与应用[D]．北京：中国石油大学北京，2020.

[2] 刘义刚，邹剑，王秋霞，等．海上稠油油藏水平井注蒸汽开发技术研究[J]．当代化工，2020，49(7)：1447-1451.

[3] 邹剑，张华，刘建斌，等．旅大27-2油田稠油油藏流体流动性影响因素[J]．科学技术与工程，2020，20(23)：9308-9312.

[4] 王利华，邓金根，周建良，等．适度出砂开采标准金属网布优质筛管防砂参数设计试验研究[J]．中国海上油气，2011，23(2)：107-110.

[5] 车争安，修海媚，孟召兰，等．渤海蓬莱油田防砂历程及机理研究[J]．钻采工艺，2016，39(1)：56-59.

[6] 刘新锋，王新根，王忠禄，等．新型热采筛管在海上稠油油田的应用[J]．特种油气藏，2016，23(3)：148-150.

[7] 贾立新，韩耀图，陈毅，等．稠油热采井防砂筛管失效机理及完整性研究[J]．装备环境工程，2021，

18(1)：77-81.
[8] 刘强，陈勋，祝国川，等．热采工况下钛合金筛管性能计算与实验研究[J]．稀有金属材料与工程，2022，51(2)：587-597.
[9] 孙金，邓金根，王尧，等．新型泡沫金属筛管堵塞机理及影响因素试验研究[J]．石油钻探技术，2015，43(5)：123-128.
[10] 高斌，王尧，张春升，等．一种新型防砂筛管的研制及性能评价[J]．石油天然气学报(江汉石油学院学报)，2015，37(3+4)：51-54.
[11] 王尧，邢洪宪，张磊，等．泡沫金属防砂筛管性能评价试验[J]．石油机械，2019，47(4)：90-95.

海上特超稠油热采射流泵注采一体化技术研究与应用

喻小刚 赵 宇 于法浩 李 越 李海涛

(中海石油(中国)有限公司天津分公司)

摘 要 特超稠油是渤海油田增储上产重要部分，蒸汽吞吐是主要开采手段。现有电潜泵注采两趟管柱存在修井频次高、费用高、修井液漏失影响注热效果等问题，一定程度制约了特超稠油经济高效开发。为提高特超稠油热采开发效益，基于射流泵举升机理，通过一体化管柱设计、关键工具及地面装备研发，创新研发了射流泵注采一体化技术。该技术在旅大5-2北油田A12H井已成功完成注热、焖井、放喷和转抽：①整个系统经受住高温、低温、高低交变严峻工况的考验，整体平稳运行，满足高温高压注采要求，目前产液量150m^3/d，含水率22%；②与注采两趟管柱相比，该技术单轮次降低作业费用150万以上，节省作业时间21天；③因修井液基本无漏失，提升了注热效果，减少了热采返排时间。

关键词 海上特超稠油；热采；射流泵；注采一体化；井下安全阀

渤海油田特超稠油储量丰富，热采是行之有效的开采手段。自2008年起，渤海油田先后在南堡35-2油田、旅大27-2油田进行了多元热流体、蒸汽吞吐试验，为海上特超稠油开发奠定了良好基础。

在注采工艺方面，主要采用注采两趟工艺管柱，即注热时下入注热管柱，生产时下入生产管柱。由于注热转生产期间需要更换管柱作业，这就导致存在以下问题：一是两趟管柱作业增加了热采操作费用，有统计表明，修井作业费用占了海上热采总费用的40%以上；二是更换管柱作业期间，洗压井液对油层造成了冷伤害，降低了热采开发效果。

随着海上稠油热采开发步伐的不断推进，注采两趟工艺管柱已不能满足海上热采需求。由于注采一体化技术可同时实现注热和采油两种工艺，且能降低热采操作费用，因此中海油加快了注采一体化技术研究。目前陆地油田主要采用杆式泵注采一体化技术(如胜利油田、辽河油田、新疆油田等)，但是受海上平台空间限制，不能在海上油田推广使用。此外，根据海洋石油安全生产条例，海上注热井必须解决井下安全控制问题。

针对以上情况，通过技术攻关，研制出了适用于海上油田的同心管射流泵注采一体化技术。

1 技术原理

同心管射流泵是利用射流原理将注入井内的动力液的能量传递给井下油层产出液的无杆采油设备，与常规的套管式射流泵不同，同心管射流泵采用同心双泵筒：内泵筒和工作筒。内泵筒与工作筒之间设置有插入密封结构，工作时内泵筒插入工作筒，泵芯插入内泵筒。因此，同心管射流泵具有两个特点：一是能够实现注采一体化，通过上提一根小油管后，内泵筒与工作筒之间环形通道打开，形成注蒸汽通道；二是检泵非常方便，只需切换专用采油树阀门，实现反循环便能起出泵芯进行检修。

1.1 井下管柱及工艺原理

同心管射流泵注采一体化管柱采用同心双油管，由外管柱和内管柱组成。

外管柱(由下至上)由引鞋+普通油管(含若干配注阀)+变扣+井下安全装置+射流泵工作筒+隔热油管+热采封隔器+补偿器+隔热油管+外管悬挂器组成；内管柱(由下至上)由射流泵内泵筒+小油管+内管悬挂器组成，见图1(a)。

注蒸汽前，起出泵芯，并起出一根小油管，见图1(a)。此时，射流泵内泵筒从射流泵工作筒中拔出，注蒸汽通道打开，蒸汽通过同心管柱环空，以及内管柱注入井底。注热时，外管柱和内管柱受热后均会伸长，其伸长量差由起出的一根小油管的长度补偿。

注热结束后，回接之前起出的一根小油管，从而使射流泵内泵筒重新插入射流泵工作筒。试压合格后，投入泵芯，恢复生产。

生产时，启动正循环，动力液通过采油树进入内管柱，沿内管柱到达泵芯，在泵芯内产生负压吸入地层产液，与动力液混合后进入扩散管，随后通过同心管柱环空上返产出，见图 1(b)。更换泵芯时，启动反循环，动力液通过同心管柱进入射流泵内泵筒，从内管柱返回至井口，反流动力液撑开泵芯的皮碗，将泵芯带至井口，见图 1(c)。

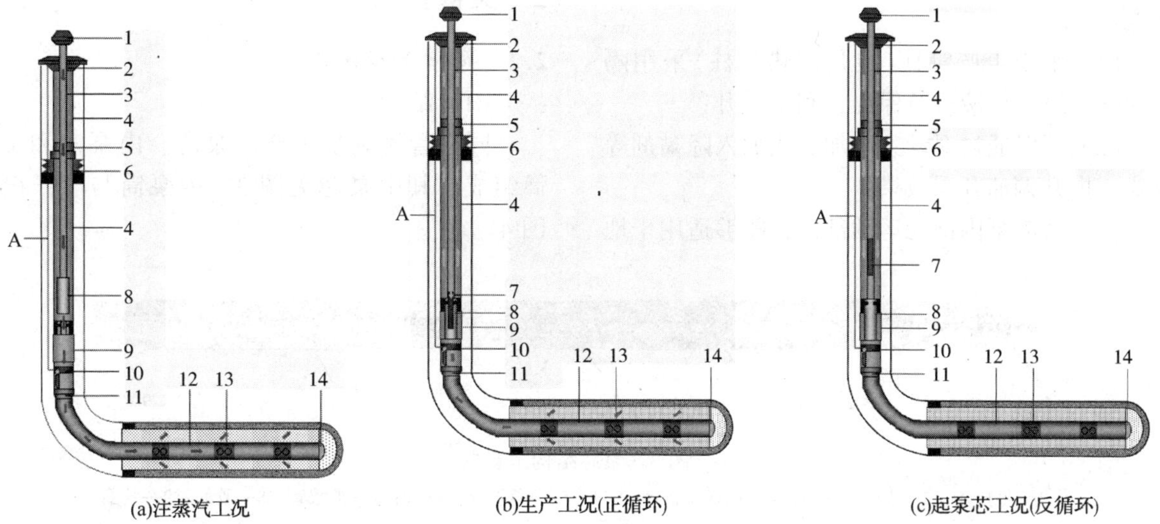

图 1　射流泵注采一体化管柱示意图

1—内管悬挂器；2—外管悬挂器；3—小油管；4—隔热油管；5—补偿器；6—热采封隔器；7—泵芯；8—射流泵内泵筒；9—射流泵工作筒；10—井下安全装置；11—变扣；12—普通油管；13—配注阀；14—引鞋；A—液控管线

1.2　地面设备及工艺原理

同心管射流泵的地面流程主要包括产出液初级处理和动力液供给两部分，见图 2。油气水砂分离器对产出液进行初级处理，分离后的水相作为动力液继续循环使用，分离后的油相和气相进入平台流程进行后续处理。地面柱塞泵对动力液进行加压，通过调节配套的变频柜输出频率，从而调节动力液的排量，控制井底流压和产液量的目的。注采一体化采油树满足注热与生产的双重需求，实现同心管柱流体的正循环、反循环。

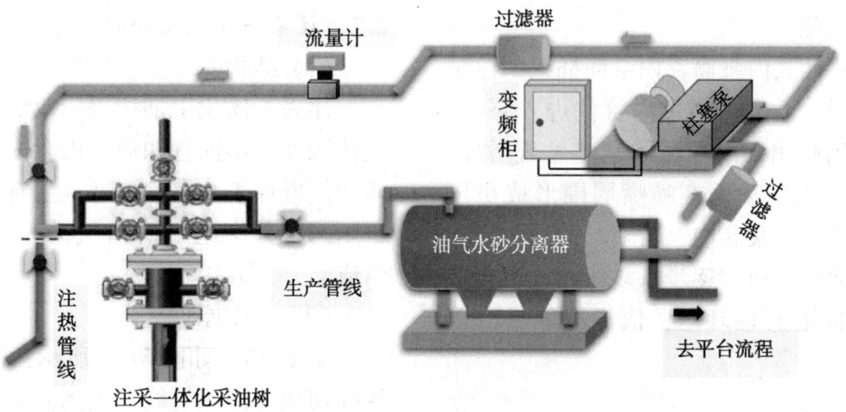

图 2　射流泵注采一体化平台地面流程示意图

注热转生产时地面设备如下切换：注热前，关闭并切断地面生产流程，连接注热管线，试压合格后开始注热；生产前，切断并拆除注热管线，连接地面流程管线，试压合格后恢复生产。

1.3　技术特点

同心管射流泵工作时，以高压水为动力液，

驱动井下泵芯工作，以动力液和产出液之间的能量转换达到举升的目的。在产出液的举升过程中，由于动力液的加入、喷嘴和喉管对产出液的搅动作用，使混合液形成水为连续相，稠油为分散相的水包油乳状液，其产出液黏度大幅度降低，摩阻变小，有利于举升。

同心管射流泵注采一体化技术具有以下优点：

(1) 由于生产管柱(也是注热管柱)采用隔热油管，对产出液进行保温，利于举升；

(2) 可以通过对动力液加温或加入降黏剂等方式，提升稠油开采效果；

(3) 射流泵内部无运动部件，能够适用于地层出砂井；

(4) 注热与生产之间快速转换，避免地层冷伤害，节约修井成本；

(5) 通过同心管柱的正、反循环，实现泵芯起下，根据配产需要及时调整“喷嘴/喉管”比。

2 关键技术

2.1 同心管射流泵

(1) 结构

同心管射流泵主要由泵芯、内泵筒和工作筒组成。其中泵芯见图3，内泵筒与工作筒见图4。

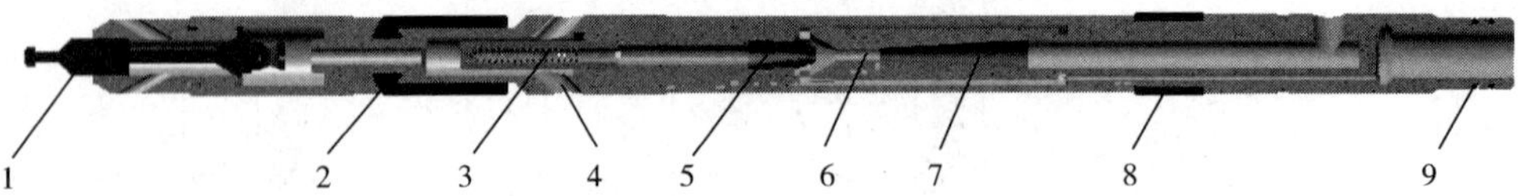

图3 泵芯结构示意图

1—打捞矛；2—皮碗；3—过滤管；4—动力液入口；5—喷嘴；6—喉管；7—扩散管；8—胶筒；9—胶圈

泵芯主要由打捞矛、皮碗、过滤管、动力液入口、喷嘴、喉管、扩散管、胶筒、胶圈等组成。泵芯与内泵筒之间设有插入密封，内泵筒与工作筒之间亦设有插入密封。

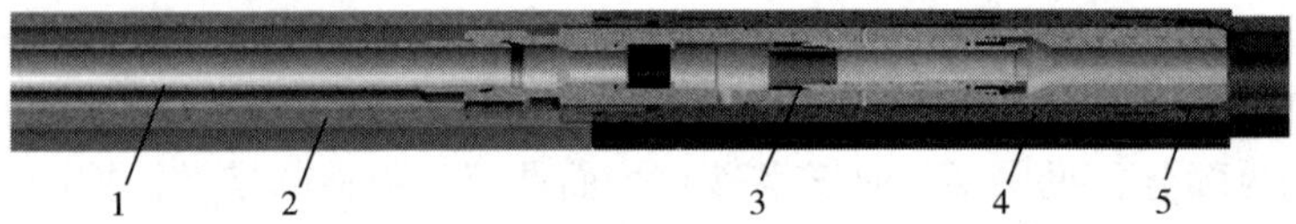

图4 内泵筒与工作筒结构示意图

1—内管柱；2—外管柱；3—内泵筒；4—工作筒；5—插入密封

(2) 工作原理

射流泵泵芯插入内泵筒，内泵筒插入射流泵工作筒。生产时，动力液通过内管柱进入泵芯，通过泵芯的喷嘴喷出，由于流体速度显著增加，导致压能显著降低，从而在喷嘴周围形成负压区，井底产液被吸入泵芯内，与喷出的动力液混合，再经过扩散管扩散，逐步恢复压能。混合液经过流道进入同心管柱环空，依靠压能举升至地面。

(3) 技术参数

射流泵工作筒外径114.3mm，内径69mm，长度1.64m。射流泵内泵筒外径69mm，内径37mm，长度1.68m。泵芯外径37mm，长度1.1m。

2.2 注采一体化采油树

(1) 结构

注采一体化采油树采用双级油管头，采油树主体增加了小油管四通，内含内管悬挂器，采油树两侧增加了双翼，主通径上有一个组合阀和平板闸阀，其中组合阀由气动安全阀和平板闸阀组成。

(2) 工作原理

① 注热。如图5(a)所示，注热前，动力液管线切换为注热管线。关闭G阀、H阀，打开A阀、B阀，以及C阀、D阀、E阀、F阀。此时蒸汽分别通过内管柱和油管环空注入井底，该种注入方式下蒸汽的摩阻小，干度高。

② 正循环。如图5(b)所示，关闭G阀、E阀、F阀，打开A阀、B阀、C阀、D阀、H

阀。此时，动力液进入内管柱，产出液走油管环空。正循环主要用于同心管射流泵正常生产或下入泵芯。

③ 反循环。如图 5(c)所示，关闭 D 阀、H 阀，打开 A 阀、B 阀、C 阀(安装泵芯投捞器)、E 阀、F 阀、G 阀。此时，动力液进入同油管环空，产出液走内管柱。反循环主要用于起出泵芯。

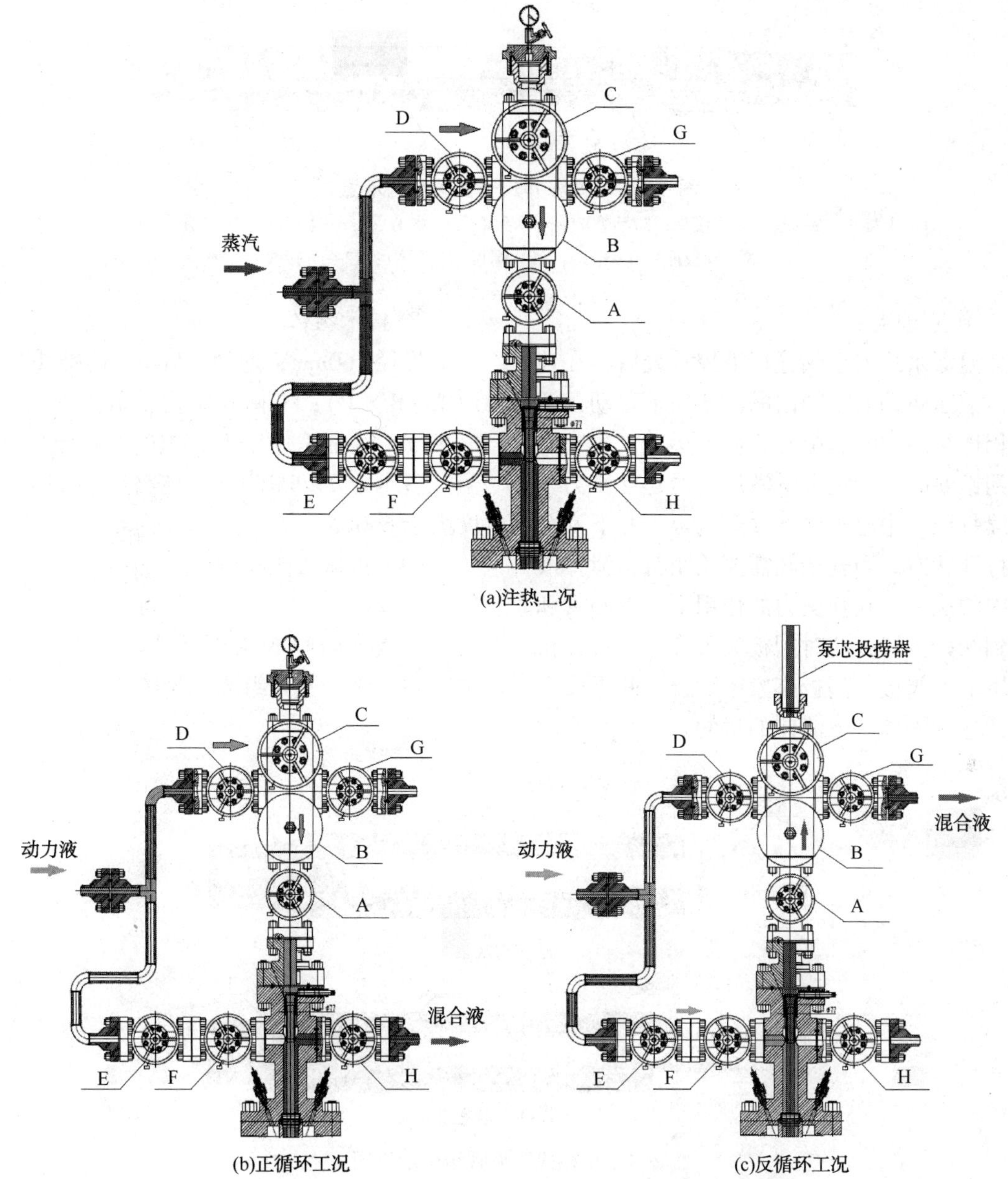

(a)注热工况

(b)正循环工况　　(c)反循环工况

图 5　射流泵注采一体化采油树示意图

A—主阀，B—气动安全阀，C—清蜡阀，D—动力液进口上翼阀，
E、F—动力液进口下翼阀，G—混合液出口上翼阀，H—混合液出口下翼阀

(3) 技术参数

规范等级：PSL-3；性能等级：PR1；额定工作压力：5000psi；温度等级：370℃；上法兰设 4 个穿越孔；内通径 80mm。

2.3　井下安全控制装置

由于同心油管柱的独特结构，即“大油管内套小油管”，导致现有的耐高温井下安全阀无法正常使用。针对这种情况，笔者团队前期设计了多种方案，并从中优选出了 2 种方案用于现场试验，分别为机械式防喷阀、耐高温深水式安全阀，两种工具均耐温 350℃。其中，机械式防喷阀结构简单，能够防止注热期间井底热流体上返，满足前期试验的基本安全要求；耐高温深水式安全阀通过液控管线在地面进行控制，最大下入垂深为1300m，满足注采一体化技术在海上油田推广的需求。

（1）耐高温深井式安全阀

① 结构

耐高温深井式安全阀主要由上接头、液控管线接头、活塞腔、活塞、中心管、连接环、弹簧、主体、阀板座、扭簧、阀板、下接头组成，见图6。

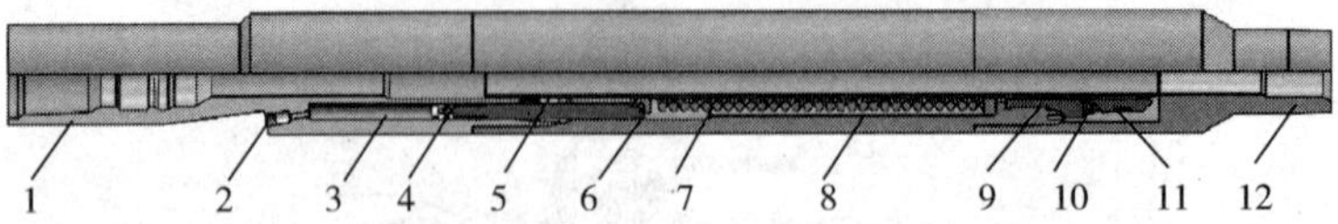

图6　耐高温深井式安全阀结构示意图

1—上接头；2—液控管线接头；3-活塞腔；4—活塞；5—中心管；6-连接环；7-弹簧；8—主体；9—阀板座；10-扭簧；11—阀板(含锥塞)；12—下接头

② 工作原理

耐高温深水式安全阀连接液控管线后，在地面打压，液压驱动安全阀内的活塞向下移动，活塞推动相连接的弹簧和中心管向下运动，当中心管接触到锥塞时，阀板上下液压连通建立压力平衡，继续打压，中心管向下顶开阀板，井下安全阀处于打开状态。当安全阀需要关闭时，泄掉液控管线内的压力，在弹簧力的作用下，中心管和活塞回到初始位置，此时阀板失去支撑，且在扭簧的作用下，阀板与阀板座紧密贴合，井下安全阀关闭，达到隔离井下流体的目的。

③ 技术参数

外径160mm；通径57mm；连接扣型2-7/8 EUE（B×P）；平衡式结构；工作管线接口1/4 in NPT；额定工作压力21MPa；耐温350℃；完全开启压力23.5MPa；主体材料1Cr13；抗拉强度大于650kN。

（2）机械式防喷阀

① 结构

机械式防喷阀由下接头、阀板、扭簧及销轴、阀板座、主体组成，见图7。

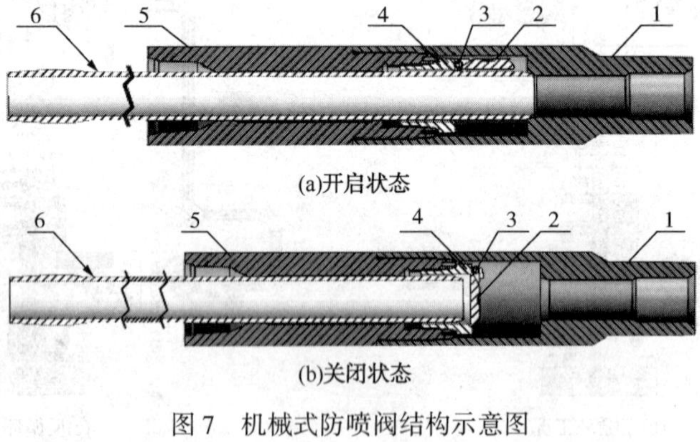

图7　机械式防喷阀结构示意图

1—下接头；2—阀板；3—扭簧；4—阀板座；5—主体；6—插管

② 工作原理

机械式防喷阀位于射流泵工作筒的下端，通过特制金属密封螺纹与射流泵工作筒相连接。

当正常生产时，由于射流泵内泵筒插入射流泵工作筒，此时射流泵内泵筒下端的插管顶开机械式防喷阀，允许地层流体流入射流泵，举升至地面。

当注入蒸汽时，上提一根内管柱，此时插管拔出，机械式防喷阀在扭簧的作用下关闭。机械式防喷阀类似于单向阀，当注入蒸汽压力大于地层压力时，蒸汽推开阀板注入井底；当遇到紧急情况时，停止注热，在扭簧的作用下，机械式防喷阀随即关闭，阻止井底流体上返，达到维护井筒安全的目的。

③ 技术参数

外径120mm；内径57mm；连接扣型2-7/8

EU P ×TR100 B；平衡式结构；无工作管线接口；额定工作压力 35MPa；耐温 350℃；主体材料 N80-13Cr；抗拉强度≥650KN。

2.4 专用动力液分离器

射流泵注采一体化专用动力液分离器应满足以下要求：(1)能够实现海上热采井产出液中多相介质高效分离与集输；(2)具备罐内流体补充与排泄功能；(3)能够进行温压、液位、水质监测；(4)能够实现安全监测与控制；(5)便于平台吊装、安装。

研制的专用动力液分离器如图 8 所示。分离器整体为卧式、撬装结构，外部设置有混合液进入、输油、动力液排出、泄放、补液接口，分别与流程相应的管线连接；距离罐底一定距离设置上、中、下三个观察口，用于取样观察动力液的水质；罐底设置两个沉砂漏斗，能够收集并排出分离出的固相杂质；另外，分离器外部还设置有温压、液位、关停设备。分离器内部设置有冲击挡板、助流板、迷宫装置、填料装置和收集槽等，用于实现油、气、水、砂等多种介质的分离与油气的集输。

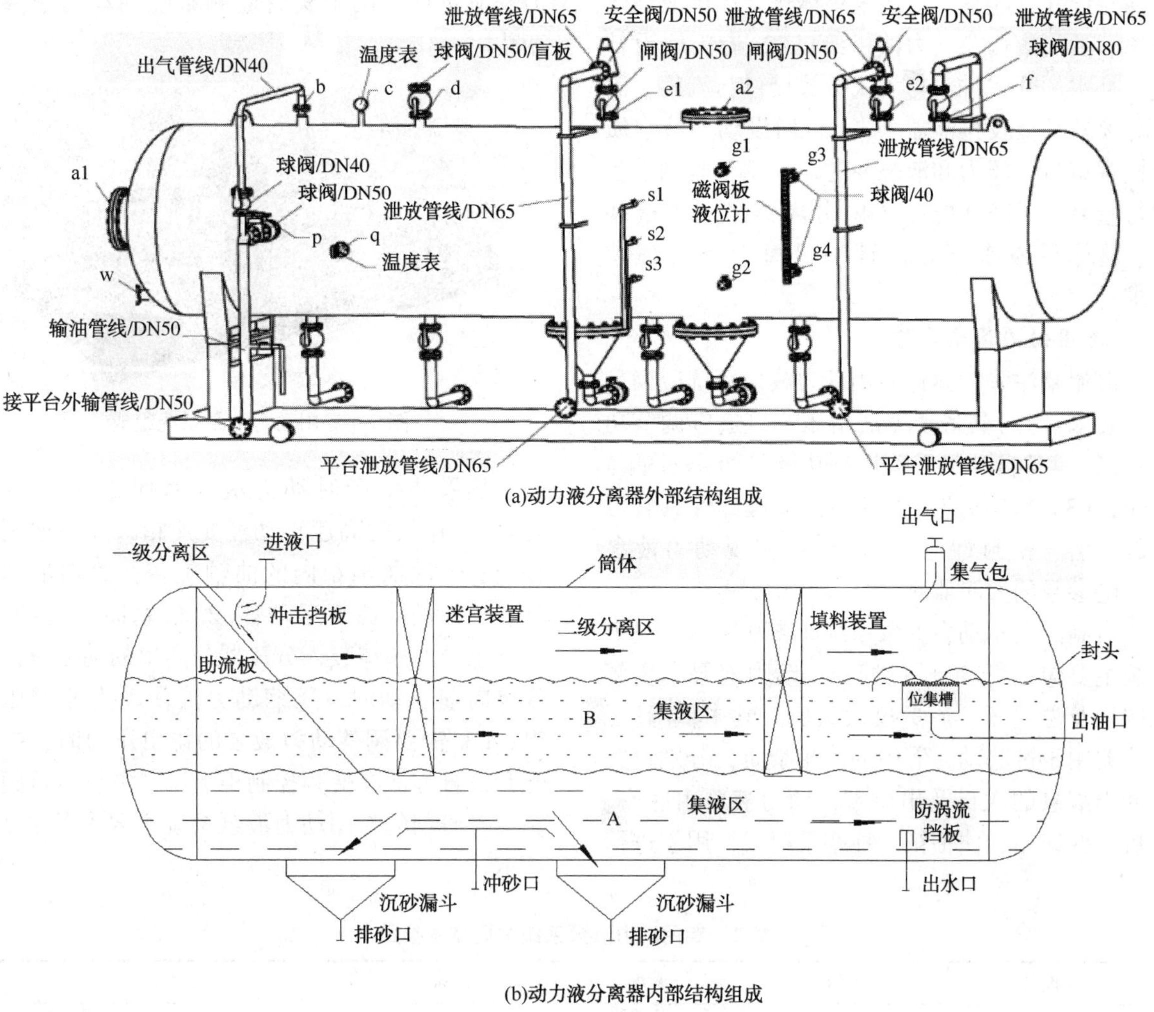

图 8 动力液分离器结构组成

动力液分离器主要利用重力沉降原理实现油、气、水、砂三相分离，整个分离工艺流程为：(1)热采井产出液经混合液管线进入分离器，并以较高速度冲击到挡板上，利用气、液、固的比重差完成初步分离；(2)经初步分离后的产出液进入二级分离区，经过迷宫装置、填料装置的进一步分离及重力沉降，彻底实现油、气、水、砂的分离；(3)分离器出的油、气通过输油管线进入平台生产流程；分离出的动力液经出口管线进入柱塞泵；分离出的砂进入沉砂漏斗中。研制的专用动力液分离器主要参数如表 1 所示。

表1　专用动力液分离器主要技术参数

指标	参数	指标	参数
撬装尺寸(长×宽×高)	5.8m×2.6m×4.5m	输油口位置	1.17m(距罐底)
设计压力/温度	2.65MPa/120℃	水质观察口位置	0.5/1/1.5m(距罐底)
工作压力/温度	2.0MPa/50℃	电气防爆等级	二级
最大处理液量	$279m^3/d$	设计寿命	10年
容积	$15m^3$		

与传统分离器相比，专用动力液分离器具有以下技术特点：(1)分离器内部斜板、迷宫装置、收油槽式设计，外部输油口、动力液口及沉砂漏斗设计，能够实现注采一体化井产出液高效分离、油气集输及动力液供给；(2)专门增设补气、补水、开式排放与闭式排放接口与流程，满足分离器补液及排泄需求；(3)增设动力液水质取样观察口、压力和液位变送器，用于监测设备运行参数与安全保护；(4)分离器采用了撬装式、罐体与鞍座分开设计满足海上平台吊装需求；

2.5　专用动力液泵系统

射流泵注采一体化专用动力液泵系统应满足以下要求：(1)具备动力液增压及自适应调节功能；(2)具备自动与手动控制功能且切换简单易操作；(3)整体适应海上环境，关键部件具有可靠的耐磨、密封性能；(4)能够实现动力液参数、电参数的实时监测。

研制的专用动力液泵系统如图9所示。整个系统主要包括低/高压过滤器、动力液泵、变频控制柜及温、压、流量仪表组成。其中低/高压过滤器用于过滤动力液中的固相杂质，分别设置在动力液泵的入口及出口端；动力液泵由底座、电机、变速箱、曲轴箱、柱塞泵组成，用于进行动力液的增压；变频控制柜用于动力液泵的启停、调压、手动/自动控制，控制方式为固定压力、自适应调节流量。系统还设置多个温度、压力及流量计，用于实时监测系统的动力液参数变化。

图9　专用动力液泵系统组成

热采井生产时动力液泵系统的工作过程为：(1)电机的高速转动经变速箱减速传递至曲轴箱，带动曲轴箱内的曲轴旋转；曲轴带动连杆、柱塞进行往复运动；(2)柱塞向后运动时，柱塞泵内的阀体吸入分离器分离出的动力液；柱塞泵向前运动时，压缩动力液使动力液增压排出；(3)需要调整动力液泵的排出压力时，按照配套设置方法在变频控制柜上调节电机运行频率实现。研制的专用动力液泵系统主要参数如表2所示。

表2　专用动力液泵系统主要技术参数

系统设备	指标	参数	指标	参数
低/高压过滤器	过滤精度	20/40目	适用压力	2/25MPa
动力液泵	流量	$7.5m^3/min$	变速箱传动比	5.6
	吸入压力	0.3MPa	电机功率	75kW
	排出压力	25MPa	电机电压	380V
	柱塞直径	42mm	电机防护等级	IP56
变频控制柜	功率	90	防护等级	IP23

与传统柱塞泵相比，专用动力液泵系统具有以下技术特点：(1)除实现动力液增压外，还具有流量自适应调节、自动/手动控制，自动化程度高；(2)关键部件，如曲轴、连杆、柱塞等，均采用球墨铸铁或陶瓷材质，强度高、耐磨性强、重量轻；(3)电机、变频柜防尘、防爆等防护等级高，适应海上环境；(4)底座采用整体式撬装金属底座，动力液泵安装在撬底座上，方便固定和移动。

3　现场试验

截至目前，研发的同心管射流泵注采一体化技术在旅大5-2北油田热采井A12H井顺利完成了注热、焖井、放喷和转抽，整体运行平稳。A12H井目的层为馆陶组，完钻斜深2166m，垂深1044m，水平段实钻619m，解释油层498.1m，前端453.7m连续油层段下入筛管生产，尾端差油层泥岩段封堵。

期间，注采一体化系统历经了下管柱作业、注蒸汽焖井作业、热采试采作业，各项作业实施效果为：(1)下管柱作业期间，同心内、外管柱顺利下入。内管打压21MPa×5min，内、外管间环空打压10MPa×5min，压力不降合格，管柱符合耐压要求；(2)注热焖井阶段：试验第一轮次累计注入蒸汽量6000m^3，最高注入压力17MPa，锅炉最高出口温度350℃，焖井6天。整个系统承受多次高温、低温及高低温交变等严峻工况的考验；(4)生产期间，放喷阶段日产液40m^3/d左右，射流泵生产阶段产液150m^3/d左右，与注采两趟管柱模式下电潜泵产液水平相当。

同时，射流泵注采一体化技术与该井注采两趟技术相比，减少作业费用81%，节省作业费用82%，同时注采转换期间修井液基本无漏失，提高了注热效果，减少了注热后的返排时间，较常规注采两趟管柱提前见油。射流泵注采一体化技术大幅提高了稠油热采开发效益，助推了海上特超稠油规模化热采进程。

(a)油气水砂分离器　(b)地面柱塞泵　(c)变频柜　(d)流量计

图9　海上油田试验地面设备

4　结论与建议

(1) 创新形成了海上特超稠油热采射流泵注采一体化技术，包括关键工具、装备及工艺的研发，一趟管柱集成两趟管柱的注热、焖井、生产、安全控制等功能，满足海上平台环境、热采井注采及安全作业等需求。该技术的创新研发与成功实践，解决了注采两趟管柱修井频繁、费用高、修井影响生产时效等一系列问题，助推了海上特超稠油规模化开发；

(2) 室内和现场试验表明了同心管射流泵、井下安全工具配合良好、启闭灵活，射流泵工作筒与内泵筒插入密封性能良好，耐温达350℃，耐压达20MPa，泵芯、试压泵芯和固定阀起下可靠，具备在现场推广应用的条件；

（3）基于射流泵注采一体化现有技术成果，以提高射流泵注采一体化技术适应性为目标，研发井下温压监测技术、高效产出液处理及动力液增压技术，优化形成井下安全控制技术、长效井口装置及快速作业工具，健全注采一体化技术体系，并通过注采一体化技术扩大试验，提升注采一体化技术稳定性，为该技术在旅大5-2北I期油田、锦州23-2油田应用提供了技术支撑。

参 考 文 献

[1] 王通，孙永涛，邹剑，等．海上多元热流体高效注入管柱关键工具研究[J]．石油钻探技术．2015(06)：12-16.

[2] 刘花军，孙永涛，王新根，等．海上热采封隔器密封件的优选试验研究[J]．钻采工艺．2015(03)：21-24.

[3] 刘花军，王通，孙永涛，等．新型油管高保温热力补偿器[J]．石油机械．2014(09)：32-35.

[4] 赵利昌，林涛，孙永涛，等．氮气隔热在渤海油田热采中的应用研究[J]．钻采工艺．2013(01)：9-13.

[5] 张华，刘义刚，周法元，等．海上稠油多元热流体注采一体化关键技术研究[J]．特种油气藏，2017，24(4)：171-174.

[6] 刘若虚，岳慧，刘花军，等．热采喷射泵举升注采一体化工艺在河南油田的应用[J]．石油地质与工程．2011(01)：115-118.

[7] 巩小雄，王爱华，李军，等．深层稠油天然气吞吐注采一体化技术研究与应用[J]．石油天然气学报．2008(01)：121-125.

[8] 盖平原，曲丽，张紫军，等．稠油热采油藏一体化设计研究与应用[J]．油气地质与采收率．2003(02)：4-8.

[9] 程纠．海洋平台油气水分离器设计与分析[D]．成都：西南石油大学，2014：25-36.

[10] 王超．卧式油气水三相分离器的流场研究[D]．吉林：吉林大学，2011：55-63.

[11] 邹昌明，马金喜，黄岩，等．海上平台离心式注水泵流量调节及节能措施[J]．中国海洋平台，2019，34(3)：91-95.

[12] 张文杰，魏玉莲．海上平台注水泵技术探究[J]．流体机械，2017，45(10)：51-53.

海上水平井蒸汽驱长效光纤监测技术研究及应用

顾启林[1] 孙玉豹[1,2] 苏 毅[3] 孙永涛[1,2] 汪 成[1] 胡厚猛[1]

(1. 中海油田服务股份有限公司油田生产研究院；
2. 海洋石油高效开发国家重点实验室 试验与分析室；
3. 中国海油(中国)有限公司天津分公司)

摘 要 分布式光纤监测技术是近几年来发展起来的一项井下测试新技术，与传统测试技术相比，具有实时性、稳定性、长效性等特点，具有无可比拟的优势。在蒸汽驱过程中，为了解注汽管柱隔热效果、水平段的吸汽情况，实现长期安全、高效注汽，有必要对注汽井进行井下温度、压力监测，获取井筒沿程及水平段的温度、压力数据。而海上热采井多为水平井，且工艺管复杂、应用工况恶劣，安全要求高，监测难度大。为此，结合海上热采井特点和蒸汽驱监测需求，开展了水平井蒸汽驱光纤监测技术研究，并研制了关键配套工具，形成了一套水平井管内外穿越转换监测工艺。现场应用结果表明，该监测技术具有耐高温、耐高压、实时、长效的特点，能为海上稠油规模化热采开发提供科学依据，具有较好的应用前景。

关键词 海上水平井；蒸汽驱；长效；光纤监测；规模化热采

渤海油田拥有丰富的稠油资源，注蒸汽热力采油是目前开采稠油最有效的方法之一，而井下监测工艺则是整个热采工艺的重要组成部分。在注蒸汽过程中，准确、全面地测取井下各项参数，对安全、经济、高效地开采稠油油藏具有重要意义。渤海油田自 2008 年开始，先后在南堡 35-2 油田、旅大 27-2 油田、旅大 21-2 油田开展吞吐式热采，截止 2022 年 5 月已应用了 40 余井次，取得了较好的增产效果。目前已逐步进入规模化热采开发阶段，且已开展注采一体化及蒸汽驱先导试验。对于蒸汽驱井而言，了解长期高温注工况下的井筒管柱隔热效果、套管和固井水泥的温度以及水平段均注汽效果尤为重要，因此，有必要研究配套的监测技术，获取井下注汽参数，为海上蒸汽驱先导试验提供技术支撑。

目前国内外应用的水平井测温方式主要包括传统温度计测温、分布式光纤测温、不锈钢内嵌热电偶以及微差井温测试等。目前海上热采监测技术还处于探索、试验阶段，缺乏成熟、可靠的配套监测技术，随着海上稠油规模化热采开发，热采测试技术的作用将更加凸显。高温光纤监测技术能够实时连续准确监测井下温度，是一种先进的测温技术。为此，根据海上热采井特点，开展了蒸汽驱长效光纤监测技术研究，实现水平井注汽期间全井段多点温度参数的实时录取，为井筒安全评估、注采方案优化和效果评价提供指导和依据。

1 高温光纤监测技术简介

高温光纤监测技术利用光纤作为信号传输介质，在光纤传感器上安装绝缘层和不锈钢管，实时、长期、稳定监测井下温度。测试时将光缆下入井内，光缆在井口与地面主机设备(DTS 及微机设备)相连，此时整根光缆管的光纤在井下既是信号传输线，也是温度传感器。

1.1 技术原理

(1) 光纤传感原理

光纤本身就是传感器，光纤传感器是一种把被测量的状态转变为可测的光信号的装置，主要由光发送器、敏感元件、光接收器、信号处理系统以及耐高温光纤构成。高温光纤监测系统主要由耐高温光纤光缆以及地面光纤解调仪组成(图 1)。

图 1 分布式光纤传感原理

(2) 分布式光纤测温原理

光在光纤中传输能够产生后向散射，在光纤中注入一定能量和宽度的激光脉冲，在光纤中传输的同时持续产生后向散射光波，如瑞利散射、布里渊散射和拉曼散射等。其中拉曼散射受到所在光纤散射点的温度影响而有所改变，将散射回来的光波经波分复用、检测解调后，经过解调处理系统便可将温度信号以图形或表格形式实时显示出来。

1.2　主要技术指标

(1) 测温范围：0~400℃；

(2) 测温精度：±0.2℃；

(3) 测温分辨率：0.1℃、温度漂移：≤0.1℃/年；

(4) 定位精度：±0.5m；

(5) 空间分辨率：≤0.5m。

2　关键技术及配套工具研制

2.1　关键技术分析

在海上油田蒸汽驱水平井进行光纤监测，既要解决光缆在水平井中应用面临的问题，光缆长期耐高温问题，又要解决光缆与井下安全控制工具同时应用面临的技术问题：

(1) 全井筒测温(采样间隔≤1m)、耐高温高压(350℃、21MPa)：光纤选型以及光缆结构；

(2) 水平井应用：光缆的保护、固定，油管内外转换，光缆在油管内底部的固定以及解锚；

(3) 井下安全控制：热采封隔器具备穿越通道，实现在不截断光缆的情况下穿越封隔器，且不影响密封性能；

(4) 井口及地面安全控制：具备高温高压井口穿越密封功能，防止井下光缆损坏时高温流体沿光缆内部上返至地面造成安全风险。

2.2　耐高温复合光缆

(1) 光纤封装于毛细管中，采用双层毛细管结构设计，保障光缆的强度、密封性以及耐腐蚀性能：外管采用 ϕ6.35mm 、625 合金管，内管采用 ϕ4.0mm、316L 不锈钢管。

(2) 内置光纤类型：双披覆纯硅芯光纤(2芯、多模、1用1备)。

(3) 主要性能指标。

耐温≥350℃、耐压≥21MPa、抗拉强度≥20KN、拉伸强度≥18KN、屈服强度≥800MPa。

2.3　关键配套工具研制

2.3.1　穿越式热采封隔器

(1) 功能：穿越式热采封隔器主要用于井在应急状态下快速关断油套环空通道，防止井下流体上返，避免井喷、环境污染等事故的发生，保障热采井安全注汽及生产。同时，该封隔器安装有高温排气阀具有地面控制的环空注氮及洗压井通道，可从油套管环空补充注入氮气隔热、增能，同时在后期修井作业中也可以提供洗压井通道。具备穿越通道，实现液控管线及光缆在封隔器内部的穿越。

(2) 结构：穿越式热采封隔器主要由封隔器本体和高温排气阀组成，封隔器本体由坐封机构、锁紧机构、密封件、锚定机构、解封机构等五部分组成(图2)。

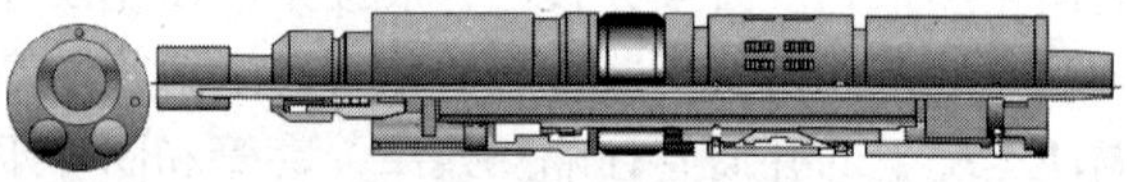

图2　穿越式热采封隔器结构示意图

(3) 主要技术参数(表1)

表1　穿越式热采封隔器主要技术参数表

套管规格/in	两端连接螺纹	最大外径/mm	通径/mm	座封压力/MPa	解封力/kN	耐温/℃	耐压/MPa	穿越管线/in
9 5/8	3 1/2EU	216	76	27.5-31	200	350	21	1/4

(4) 主要技术特点

采用液控管线坐封，具备多次补压机构；

采用隔热结构设计，具备隔热功能；

具备热力自补偿功能，可补偿注热管柱的伸缩；

采用组合密封，常温~350℃高温下均具有良好的密封性能；

具备注氮气/洗压井通道，可实现过封隔器注入氮气、洗压井作业；

具备穿越通道，可实现过封隔测试以及化学药剂注入。

2.3.2　光缆穿越器

(1) 功能：将光缆由油管外捆绑形式转换至油管内下入，进入水平段之前通过光缆穿越器将光缆转入油管内部，保护测试光缆。

(2) 结构：主要由有上接头、卡扣、压帽、分瓣承压环、穿越接头、密封组件以及下接头组成(图3)。

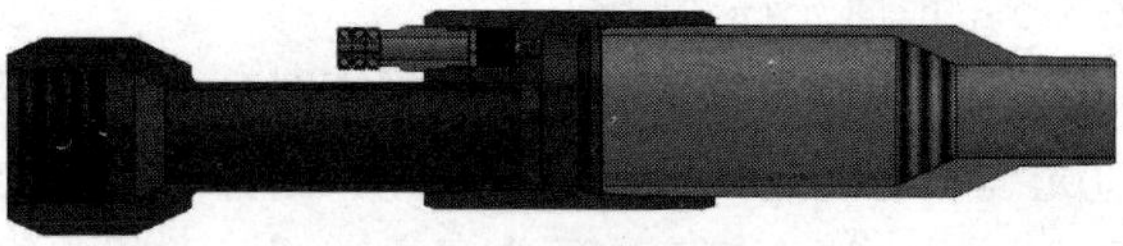

图3　光缆穿越器

(3) 主要技术参数(表2)

表2　井下光缆穿越器主要技术参数表

最大外径/mm	内通径/mm	耐温/℃	耐压/MPa	两端连接螺纹	穿越管线/in	适用套管
150	76	350	21	3 1/2in EU	1/4	≥7in

2.3.3　光缆尾端固定工具

(1) 功能：实现光缆在油管内底部固定，防止光缆由于自身的弹性或者注汽冲击发生跳动。

(2) 结构：主要由开孔圆堵、对接挂钩、固定基座、连接接头、限位芯轴、芯管、外筒、光缆密封装置等部分组成(图4)。

图4　光缆尾端固定置结构示意图

(3) 主要技术参数(表3)

表3　光缆尾端固定工具主要技术参数表

最大外径/mm	内通径/mm	耐温/℃	耐压/MPa	两端连接螺纹	连接光缆/in	适用筛/套管
88.9	/	350	21	2 7/8in EU	1/4	≥5in

2.3.4　光缆扶正器

(1) 功能：使油管居中，保护测试光缆，防止下入管柱期间接箍处的光缆与套管内壁发生挤压、摩擦而造成损坏，保护测试光缆。

(2) 结构：主要由主体、副体、圆柱螺栓、螺母以及垫圈组成(图5)。

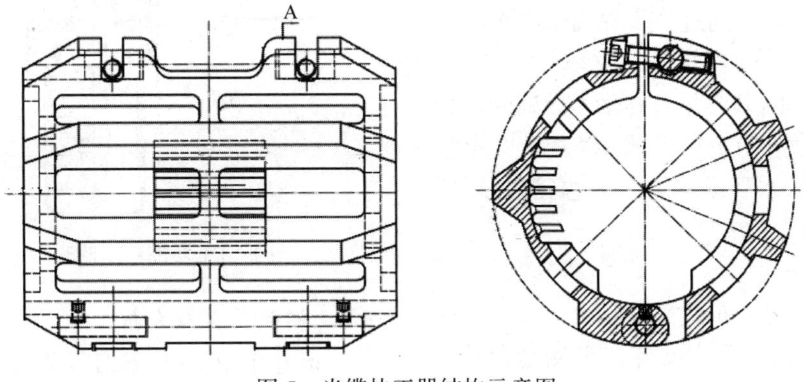

图5　光缆扶正器结构示意图

(3) 主要技术参数(表4)

表4　光缆扶正器主要技术参数表

工具名称	最大外径/mm	适用接箍外径/mm	适用接箍长度/mm	可穿越管线规格/in	可穿越管线数量/个	耐温/℃	适用套管
光缆扶正器	195	139	225.5~227	1/4	≥3	350	9 5/8in

2.3.5　地面光纤密封器

(1) 功能：防止井下光缆损坏时高温流体通过光缆上返至地面造成安全风险，当井下光缆出现泄漏时，压力表会有压力显示，通过关闭球阀来切断地面与井下的流体通道。

(2) 结构：主要由球阀、卡套三通、针阀、光纤密封器以及压力表组成(图6)。

(3) 主要技术参数：耐温350℃、耐压21MPa、连接光缆：1/4in。

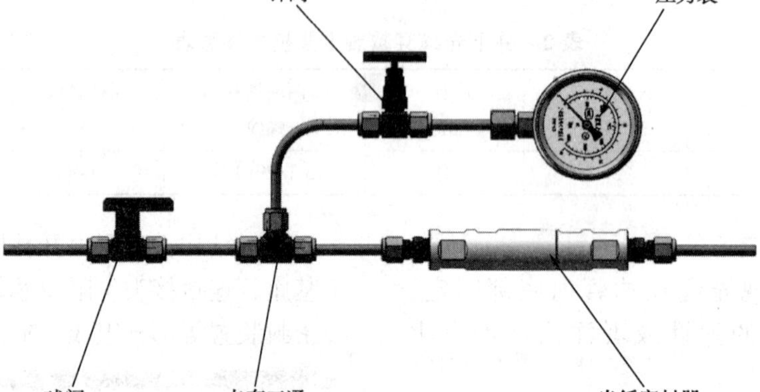

图6　地面光纤密封装置

3　现场应用

3.1　测试井概况

X1井为渤海某油田一口热采水平井，完钻井深1752m。该井自2011年开始，先后开展过三个轮次多元热流体吞吐作业，随着吞吐轮次增加，该井所在井区油藏压力逐渐降低，继续吞吐的潜力及经济效益差，亟待寻找替代技术来保障稠油的稳产增产，以达到进一步提高采收率的目的。为进一步提高该油田热采采收率，以X1井为注汽井开展大井距水平井蒸汽驱先导试验。为保障长期安全高效注汽，该井采用“井下安全控制+井筒高效隔热+水平段均匀注热+高温光纤监测”的注汽管柱组合(图7)。

3.2　监测方案设计

(1) 采用耐高温分布式光纤获取全井筒的温度数据，分析注汽管柱隔热效果，监测套管及固井水泥的温度，防止高温破坏，了解水平段的吸汽情况，安全评估和效果评价提供指导和依据

(2) 水平段以上光缆采用油管外部捆绑的方式下入，使用光缆保护器及扶正器保护测试光缆；在热敏封隔器上部光缆进入水平段之前，光缆通过光缆穿越器进入油管内部，并通过光管尾端固定装置锚定于管柱底端。

(3) 光缆在穿越热采封隔器时不截断，做好穿越密封后，将光缆在封隔器两端连接油管进行缠绕，当注汽管柱受温度变化伸缩时可调整光缆伸缩量，以防止光缆受损。

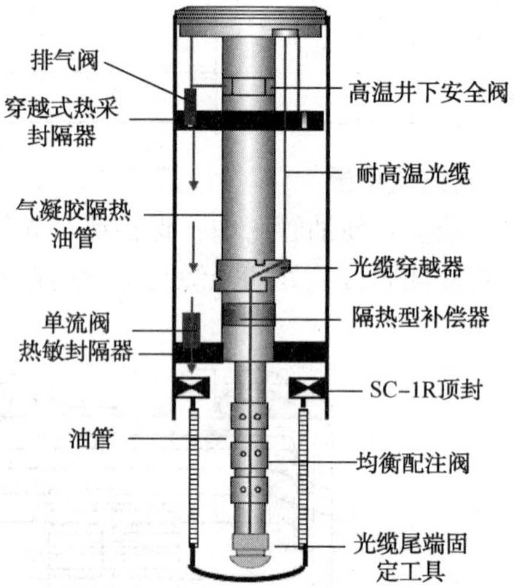

图7　X1井蒸汽驱监测工艺管柱示意图

3.3　测试结果及分析

该井于2020年6月开始湿蒸汽驱，2021年3月转入过热蒸汽驱，最高注汽温度348.5℃、最高注汽压力12.2MPa、最大注汽速度297t/h，注汽期间环空间歇补充氮气隔热。截至2022年3月，分布式光纤监测系统稳定运行21个月，实时监测、显示井筒温度数据，长效性得到了验证。

注汽期间通过高温光纤监测，获取了该井油套环空的温度数据及变化趋势，如图8所示。从图8中可以看出，除了高温井下安全阀、热采封

隔器处的温度较高（<250℃），隔热油管外壁平均温度约 142.1℃，远低于管内注汽温度，说明该井采用的“气凝胶隔热油管+隔热型接箍+热敏封隔器+环空充氮气”全井筒高效隔热工艺，取得了良好的隔热效果，有效地降低的井筒沿程热损失，提高了注汽效果。但历经长期注热、多次冷热交变，隔热油管外壁温度逐渐升高并逐渐趋于稳定，隔热效果逐渐衰减，分析认为主要原因为长期高温，多次冷热交变、热胀冷缩以及接箍隔热性能低于本体，存在局部散热点。

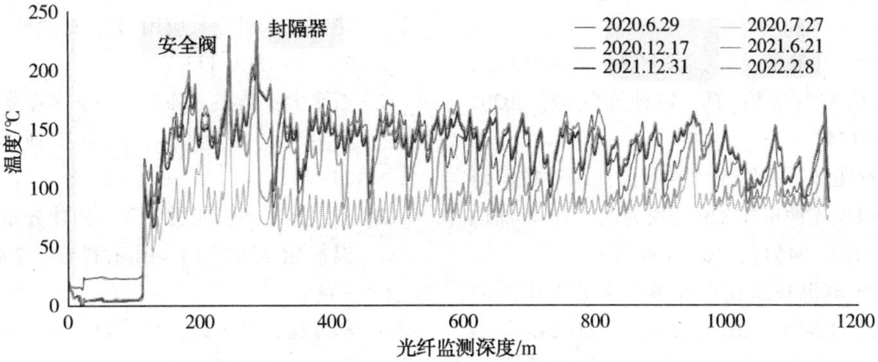

图 8　X1 井油套环空温度监测曲线

注汽期间通过高温光纤监测获取了该井全水平段的温度数据，如图 9 所示。从图 9 可以看出，该井水平段温度差异较小，吸汽相对均匀，说明该井采用的水平段均匀注汽工艺取到的较好的效果。

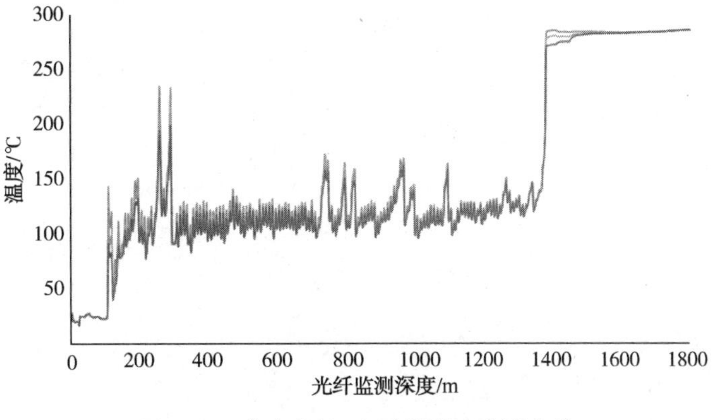

图 9　X1 井全井筒/水平段温度监测曲线

4　结论与认识

（1）采用分布式光纤监测技术，可实时测取注汽井全井筒的温度数据以及水平段的吸汽情况，为注汽井隔热效果分析、安全评估、效果评价以及注采工艺优化提供科学指导和依据，对海上蒸汽驱以及稠油热采开发具有重要的指导意义。

（2）采用“气凝胶隔热油管+隔热型接箍+高温环空封隔器+热敏封隔器”高效隔热工艺管柱，具有良好的隔热效果，能够有效防止环空高温流体上返，保障井筒安全、提高注汽质量，但随着注热时间的增加，隔热油管隔热性能逐渐衰减，有必要进一步优化隔热油管结构及加工制造工艺。

（3）现场应用表明，高温光纤监测技术测试数据准确、灵敏度高，现场实施便捷，安全可靠、长效，具有传统井温监测技术难以比拟的优势，值得在海上稠油油田推广应用。

参　考　文　献

[1] 王荣艳，王红兵．孤东油田稠油热采测试技术应用[J]. 油气井测试，2007，16(4)：46-47.

[2] 梁栋，刘明，杨琴琴，等．热采水平井井温剖面测

试及分析技术研究与应用[J]. 化学工程与装备，2012，6：89-91.

[3] 程国强，杨国武，叶志权，等. 动态监测新技术在稠油热采中的应用[J]. 石油天然气学报，2014，4：333-335.

[4] 唐晓旭，马跃，孙永涛. 海上稠油多元热流体吞吐工艺研究及现场试验[J]. 中国海上油气，2011，23(3)：185-188.

[5] 韩晓冬，邹剑，唐晓旭，等. 海上热采井高效注汽及监测工艺研究与应用[J]. 特种油气藏，2020，27(2)：169-174.

[6] 孙振彪. 蒸汽驱井下温度压力连续监测采油技术研究与试验—以曙光油田杜229区块为例[J]. 石油地质与工程，2020，34(1)：103-106.

[7] 廖洪波. 光纤测温技术在稠油蒸汽驱开发中的应用[J]. 石油化工应用，2010，29(1)：21-24.

[8] 宋启辉. 稠油水平井热力开采监测工艺技术研究[J]. 中外能源，2010，15：60-63.

[9] 高振涛，郑庆龙，郑德胜，等. 微差井温仪的研制及在油田开发中的应用[J]. 石油管材与仪器，2016，2(4)：18-21.

[10] 阮林华，王连生，吴军，等. 稠油热采水平井测试技术的研究与应用[J]. 石油科技论坛，2009，6：43-46.

[11] 王卓飞，魏新春，江莉，等. 浅层稠油热采水平井测试技术研究及应用[J]. 石油地质与工程，2008，22(6)：112-113.

[12] 石平太，苗杰，陈露. 井下多点光纤测试技术在海上平台的应用[J]. 山东工业技术，2018，19：74-75.

[13] 刘媛，雷涛，张勇，等. 油井分布式光纤测温及高温标定实验[J]. 山东科学，2008，21(6)：40-44.

[14] 胡厚猛，孙永涛，孙玉豹，等. 海上蒸汽驱井筒长效安全控制工具研制及应用[J]. 石油矿场机械，2022，51(1)：86-92.

海上特超稠油油藏蒸汽吞吐前置降黏剂评价及应用

王志远　王弘宇　张伟　韩晓冬　王　成

（中海石油（中国）有限公司天津分公司）

摘　要　渤海 X 特超稠油油田采用水平井蒸汽吞吐开发，针对其原油特征开展油溶性降黏剂的评价，在此基础上开展前置注入油溶性降黏剂降低注汽压力的实验研究。研究结果表明：具有沥青质分散性能的油溶性降黏剂具有较好的耐温及降低原油黏度的效果，老化前后降黏效果均>95%；室内实验表明油溶性降黏剂能降低驱替前缘及油溶性降黏剂波及区域蒸汽驱替阻力，油溶性降黏剂注入量为 0.2PV 时，可以降低最大注汽压力 22.9%，降低平稳注汽压力 10.8%；渤海 X 油田 A 井进行前置降黏剂工艺设计，油溶性降黏剂设计处理半径 0.15m，蒸汽注入过程中蒸汽注入压力逐渐下降，压力下降 1.1MPa。

关键词　特超稠油油藏；注汽压力；油溶性降黏剂；蒸汽吞吐

渤海 X 特超稠油油田地面原油黏度超过 10000mPa·s，在原始地层温度条件下基本无产能，需要进行蒸汽吞吐开发。蒸汽吞吐井首轮次由于地层能量充足，蒸汽注入过程中，地层能量不断得到补充，井周围平均原始地层压力会逐渐上升，视吸汽指数逐渐下降，井口注汽压力逐渐上升。注汽压力太高，会压破地层，需要降低注汽速度，但增大了井筒热损失，导致井底干度达不到要求，影响蒸汽吞吐注热效果。为了降低注汽压力，一般采用油溶性降黏剂来降低注汽压力。油溶性降黏剂降黏主要通过分子相似相溶机理、分子间氢键作用和溶剂化作用降低原油黏度。常用的油溶性降黏剂主要有缩合物型、不饱和单体的共聚物及高分子表面活性剂型几种类型，在我国胜利油田、辽河油田、胜利油田、吐哈油田及青海油田均有广泛的应用。为了降低注汽压力，提高水平井蒸汽吞吐注热效果，通过室内实验优选适合渤海 X 特超稠油油田的油溶性降黏剂，在此基础上通过高温高压岩心驱替实验评价油溶性降黏剂对特超稠油油藏注汽压力降压效果。

1　室内实验

1.1　实验装置

实验采用 HAAKE MRAS III 流变仪进行油溶性降黏剂降黏率测定，并用高温高压反应釜进行高温老化实验。高温高压岩芯驱替实验主要由驱替系统、注油系统、注水系统、压力及温度检测系统等组成，实验装置见图 1。

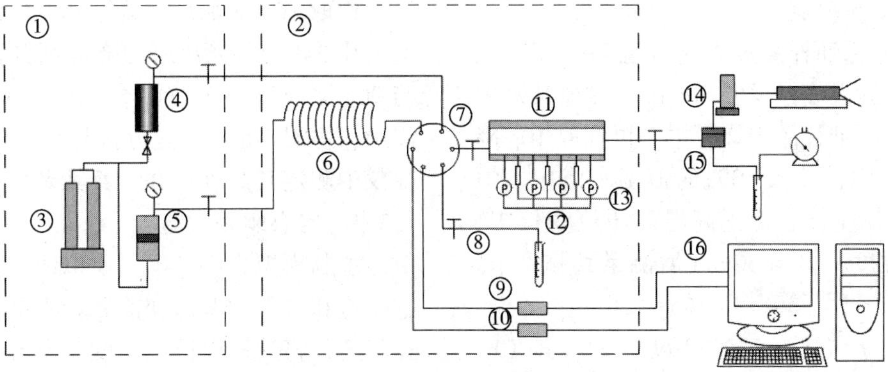

图 1　高温高压岩心驱替实验装置示意图

①—高温烘箱；②—常温烘箱；③—驱替系统；④—注油系统；⑤—注水系统；⑥—加热盘管；⑦—六通阀；⑧—排空系统；⑨—压力传感器；⑩—压差传感器；⑪—一维模型；⑫—压力传感器；⑬—温度传感器；⑭—回压系统；⑮—产出计量；⑯—数据采集

1.2 实验材料

原油：本次实验采用原油为海上X油田馆陶组原油样品，50℃条件下地面脱气原油黏度为36735mPa·s，其黏温曲线如图2所示，地面脱气原油性质见表1。

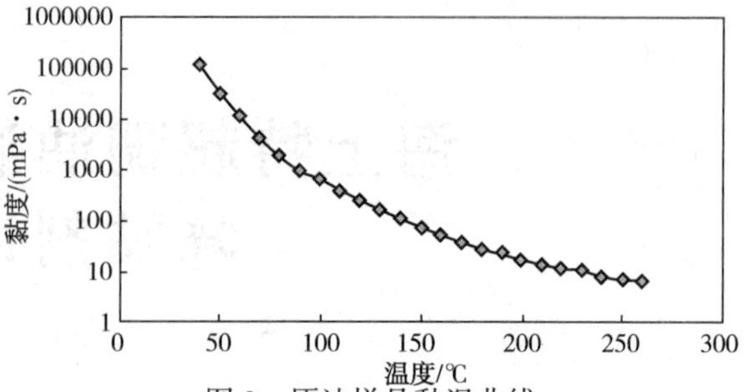

图2　原油样品黏温曲线

表1　渤海X油田地面原油性质

密度/g·cm^{-1}	黏度(50℃)/mPa·s	凝点/℃	含硫/%	含蜡/%	胶质/%	沥青质/%
0.988	53203	25	0.43	1.45	20.31	15.11

地层水：本次实验地层水根据渤海X油田地层水离子组成配置而成，其离子组成见表2，总矿化度为10249.1mg/L，属于$CaCl_2$水型。

降黏剂：依据三个方面的要求选取六种不同类型的药剂进行实验：①降黏剂针对特稠油具有较好的降黏效果；②针对胶质和沥青质具有明显效果；③具有耐温性和耐盐性(表3)。

表2　渤海X油田地层水组成

离子类型	Na^+	K^+	Mg^{2+}	Ca^{2+}	CL^-	SO_4^{2-}	HCO_3^-	CO_3^{2-}	总矿化度	水型	PH值
矿化度/(mg/L)	2294.6	657.6	115	903.8	5752.2	91.3	434.7	0	10249.1	$CaCl_2$	7

表3　六种不同油溶性降黏剂主要成分

编号	类型	样品主要成分	备注
BH-JN-1	油溶性	沥青分散剂+重芳烃	气味大
BH-JN-2	油溶性	沥青分散剂+重芳烃	/
BH-JN-3	油溶性	十六烷基羧酸酯类	/
BH-JN-4	油溶性	苯乙烯类	气味大
BH-JN-5	油溶性	醋酸乙烯酯类	/
BH-JN-6	油溶性	丙烯酸酯类	/

1.3 实验方法

1.3.1 静态降黏率测试

称取100g原油样品放置于高温高压流变仪中，加热到实验温度，恒温30min后测量其黏度μ_0；称取90g原油样品于烧杯中，再称取10g降黏剂加入稠油中，放入50℃的恒温水浴中，恒温30min，充分搅拌后置于高温高压流变仪中，加热到实验温度，恒温30min后测量其黏度μ。降黏率按公式(1)计算：

$$f=(\mu_0-\mu)/\mu_0\times100 \tag{1}$$

式中：f为降黏率，%；μ_0为加样前原油黏度，mPa·s；μ为加样后原油黏度，mPa·s。

1.3.2 老化性能测定

称取10g降黏剂，置于300℃高温高压反应釜老化24h。将老化后的降黏剂置于烧杯中，并与90g原油样品进行混合，放入50℃的恒温水浴中，恒温30min，充分搅拌后置于高温高压流变仪中测定其黏度，并计算其老化后的降黏率。

1.3.3 岩心驱替实验

填制模拟岩心，配置模拟地层水。岩心抽真空、饱和水，称取饱和前后岩心重量，计算岩石孔隙度，将油样以恒定速度注入岩心，建立束缚水饱和度，同时计算岩心含油饱和度，两组实验模拟岩心基础参数见表4。驱替过程中记录压差及采收率变化，驱替至含水98%以上。

表4 填砂管模型岩心基础参数

序号	渗透率/mD	孔隙度/%	含油饱和度
蒸汽驱	3200	34.5	85.0%
0.2PV 油溶性降黏+蒸汽驱	3356	35.5	86.6%

2 结果与分析

2.1 前置降黏剂优选

对渤海X油田开展降黏率测试实验，实验结果如表5所示。从实验结果来看，BH-JN-4、BH-JN-5、BH-JN-6高温老化前后对渤海油田X油田的降黏率均低于95%，而BH-JN-3在经过300℃高温老化后，降黏率低于95%，因此这四种类型的油溶性降黏剂不适合用作该油田前置降黏剂。BH-JN-1、BH-JN-2两种降黏剂老化前后降黏效果较好，降黏率均在95%以上，其中BH-JN-1气味较大，不太适合用作该油田前置降黏剂，因此最终推荐BH-JN-2降黏剂进行后续实验。

表5 渤海X油田油样降黏率实验结果

样品名称	浓度	配比	老化前		老化后	
		油：剂	黏度	降黏率	黏度	降黏率
			mPa·s	%	mPa·s	%
原油	—	—	36735	\	36735	\
BH-JN-1	纯品	9：1	2248	93.88	1179	96.79
BH-JN-2	纯品	9：1	1233	96.64	1479	95.97
BH-JN-3	纯品	9：1	1972	94.63	3942	89.27
BH-JN-4	纯品	9：1	2585	92.96	2297	93.75
BH-JN-5	纯品	9：1	4273	88.37	4249	88.43
BH-JN-6	纯品	9：1	17120	53.40	14949	59.31

2.2 效果评价

优选出油溶性降黏剂BH-JN-2开展高温高压岩心驱替实验，注入过程中驱油效率曲线如图3所示。从实验结果来看，蒸汽驱驱油效率为51.2%，前置注入油溶性降黏剂0.2PV驱油效率为59.4%，驱油效率提高16%，这表明油溶性降黏剂具有提高蒸汽驱油效率的作用。

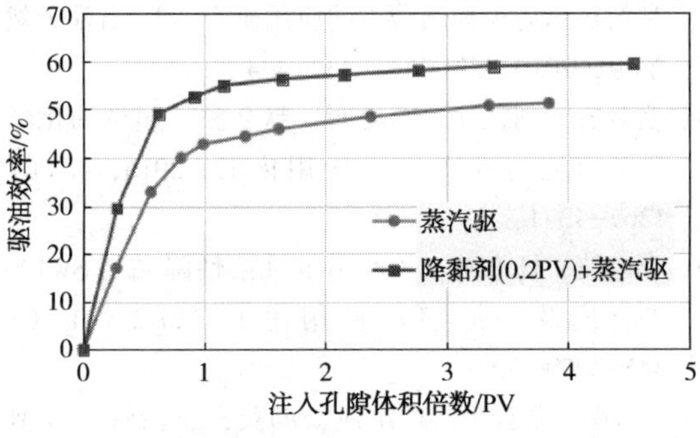

图3 不同油溶性降黏剂注入量情况下采收率曲线

图4为蒸汽驱及前置注入降黏剂后再进行蒸汽驱驱替过程中的压力变化曲线。从实验驱替过程来看，其最大注汽压力能反映蒸汽吞吐过程中驱替前缘，即油溶降黏剂与地层原油混合区域，油溶性降黏剂对注汽压力影响情况。平稳注汽压力，即蒸汽驱替3~4PV时的压力，能反映油溶性降黏剂波及过的区域，油溶性降黏剂对注汽压力的影响情况。从实验结果来看，不注入前置油溶性降黏剂，蒸汽驱替过程最大注汽压力为6.54MPa，注入前置油溶性降黏剂0.2PV，蒸汽驱驱替过程最大注汽压力5.04MPa，最大注汽压力下降22.9%。由于前置注入油溶性降黏剂，原油与油溶性降黏剂混合区域因油溶性降黏剂对沥青质的分散作用及相似相溶机理，原油黏度大幅下降，驱替阻力下降，最大注汽压力大幅度下降。不注入油溶性降黏剂，蒸汽驱平稳注汽压力为1.85MPa，注入前置降黏剂0.2PV，蒸汽驱平稳注汽压力为1.65MPa，平稳注汽压力下降10.8%。由于油溶性降黏剂波及到的区域含油饱和度下降，原油在孔隙通道中所占比例也大幅度下降，蒸汽流动空间增大，流动阻力也相应减

少，岩心吸汽指数上升，平稳注汽压力较未注入前置油溶性降黏剂有一定幅度下降。通过上述分析表明，油溶性降黏剂不仅能降低驱替前缘的驱替阻力，还能降低波及区域的驱替阻力，具有较好的降压效果。

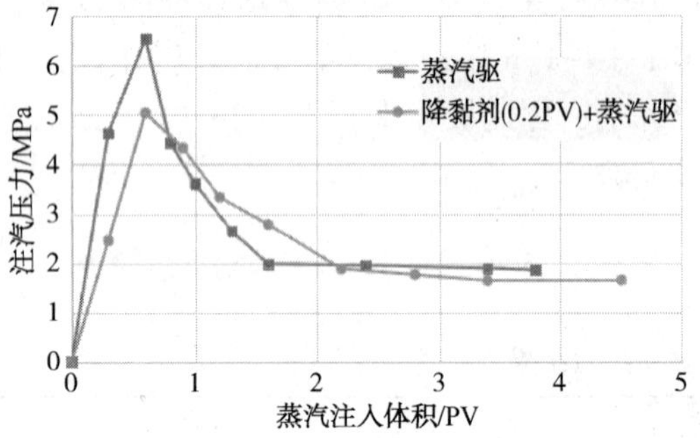

图4　注汽压力影响情况

3　现场试验

渤海X特超稠油油田A井为水平井，井斜深2166m，垂深1000m，水平段长度498m，采用裸眼砾石充填复合筛管完井，并采用水平井蒸汽吞吐开发。在进行蒸汽吞吐作业前，用BH-JN-2型油溶性降黏剂进行预处理，设计处理半径0.15m，设计注入量30方，通过油管正挤方式注入。

进行油溶性降黏剂预处理后，A井井口注汽压力及视吸汽指数随注汽天数的变化规律见如图5所示。A井在注蒸汽过程中，第7天及第16天因机械故障停炉维修，其余时间注汽正常。注蒸汽过程中注汽速度、注汽干度平稳，注汽速度稳定在300t/d，井口注入干度维持在85%，视吸汽指数逐渐升高，井口注汽压力也由最初的16.3MPa，逐渐下降至15.2MPa，降幅6.7%。

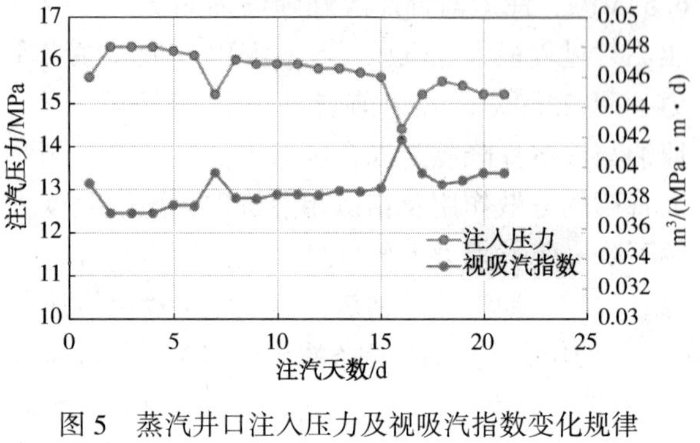

图5　蒸汽井口注入压力及视吸汽指数变化规律

4　结论

(1)通过对渤海X油田原油开展降黏率测试实验，沥青分散剂+重芳烃组合的油溶性降黏在高温老化前后降黏率均在95%以上。

(2)前置注入油溶性降黏剂，能有效降低驱替前缘及油溶性降黏剂波及区域蒸汽驱替阻力。前置注入0.2PV油溶性降黏剂，注汽压力有明显下降，最大注汽压力降压幅度达22.9%，平稳注汽压力降压幅度在10.8%。

(3)根据现场试验结果，渤海X油田A井首轮次注汽压力过程中，注汽压力呈现出下降趋势，注汽压力下降1.1MPa。

参　考　文　献

[1] 刘东，胡廷惠，潘广明，吴金涛，张俊廷．海上多元热流体吞吐与蒸汽吞吐开采效果对比[J]．特种油气藏，2015，22(04)：118-120+157.

[2] 梁丹，冯国智，曾祥林，房茂军，何春百．海上稠油两种热采方式开发效果评价[J]．石油钻探技术，2014，42(01)：95-99.

[3] 张贤松．渤海油田稠油水平井蒸汽吞吐油藏经济技术界限研究及应用[J]．中国海上油气，2013，25(04)：31-35.

[4] 高达，侯健，孙建芳，吴光焕，王传飞．水平井蒸汽吞吐经济技术界限[J]．油气地质与采收率，2011，18(01)：92-96+117.

[5] 李萍，刘志龙，邹剑，刘海英，于继飞，范永涛．渤海旅大27-2油田蒸汽吞吐先导试验注采工程[J]．石油学报，2016，37(02)：242-247.

[6] 罗珊，吴婷，袁伟杰，徐浩，万芬．渤海油田蒸汽吞吐试验井注汽压力影响因素分析[J]．海洋石油，2019，39(01)：24-27.

[7] 韩鹏，袁美，蒋淑婷，张德杰，姚连勇．油溶性降黏剂在孤岛稠油油藏中的应用研究[J]．石油天然气学报，2010，32(06)：432-434.

[8] 毛金成，刘佳伟，李勇明，赵金洲．超稠油化学降黏剂研究与进展[J]．应用化工，2016，45(07)：1367-1371.

[9] 李建波，杨海燕，钟小芳．油溶性降黏剂SWLY-1的合成及评价[J]．应用化工，2012，41(03)：445-447+452.

[10] 雷鸣，黄志宇，惠洪刚，冯英，王治红．油溶性ASM稠油降黏剂的研究[J]．钻采工艺，2003(04)：88-90+10.

基于 COMSOL_ Multiphysics 注热井沿程温度与注氮参数关系研究

仝春玥　张卫行　梅　伟　林珊珊　张建亮

（中海油田服务股份有限公司）

摘　要　为了降低注热井的热量散失，提高注热效率和经济效益，保护套管和水泥环，海上油田多采用隔热油管+环空注氮的方式进行稠油开采，针对环空注氮参数与注热井沿程温度的关系，利用 COMSOL_ Multiphysics 软件进行研究。在不同参数下，对注热井环空注氮隔热实际问题进行建模计算。分析连续注氮下注氮温度、压力、排量对井筒沿程温度的影响；分析间歇注氮下间歇时间、注氮温度、压力、排量对井筒沿程温度的影响。模拟分析结果表明：连续注氮温度越高，注热终了时油套管温度越高；连续注氮排量越高，注热终了时油套管温度越低；连续注氮压力越高，注热终了时油套管温度越高；连续注氮排量对井筒温度影响最大，压力对井筒温度影响不明显；间歇注氮较连续注氮热损失少，经济效益更高；间歇注氮的间歇过程中间歇时间、注氮初始温度、间歇注氮压力及间歇注氮排量对井筒沿程温度影响不明显。

关键词　稠油热采；流热耦合；间歇注氮；环空隔热

稠油热采是目前稠油油藏开采的主要手段，为了降低注热井的热量散失，提高注热效率，保护套管和水泥环，海上稠油热采井多采用隔热油管+环空注氮的方式进行稠油热采作业。环空注氮工艺有以下两点优势：一是通过降低环空导热系数从而降低热流体沿程热损失，提高井底流体焓值；二是抑制热流体环空上返，影响套管质量和固井效果。环空注氮的效果经过实践检验，得到业界广泛认可，但注氮参数与井筒温度之间的关系，目前研究较少，仍处于优化摸索阶段。

孙玉豹等对环空注氮隔热增产机理进行了研究讨论，证明了环空注氮工艺具有较好的隔热效果，同时还能通过降低原油黏度、提高热效率和提高地层压力来提高热采效果；赵利昌等对环空充水隔热、环空充氮气隔热、油套环空连续注氮气隔热三种方式进行了对比研究，研究结果表明油套环空连续注氮气套管温度最低，同时连续氮气的注入有利于增加地层能量。刘利等对海上大斜度热采井注氮排量优化进行了研究，通过建立理论模型及实例计算得到了稳态下井底温度与注氮排量的关系，研究表明注氮排量与井底温度之间的关系存在拐点，当注氮排量为 200m^3/h 左右时井底热损失最小。

本文基于 COMSOL_ Multiphysics 多物理场数值模拟软件对注热井井筒温度与注氮参数关系开展研究，探索连续注氮条件下注氮温度、压力、排量对注热井筒管柱温度影响；对比间歇注氮与连续注氮对注热井筒管柱温度影响；分析间歇注氮时间、间歇注氮温度、压力、排量对注热井筒管柱温度影响，为环空注氮隔热工艺参数优化提供依据和参考。

1　物理模型

1.1　井筒中的流体和固体传热

对于井筒非等温流动传热模拟存在等比例模型长径比较大与三维模型计算量大之间的矛盾，而实际井筒截面径向流动参数对井筒整体流动效果影响并不明显，因此将油管、套管假设为一维轴向流动，求解沿井筒轴向方向的平均流动参数，油、套管出口处不发生互窜(图 1)。

实际注蒸汽过程中井筒内为气液两相流，随着热量损耗，发生相变，释放潜热，蒸汽干度不断降低，井筒内两相流流态随之改变，对于一维简化流动模型难以清晰描述，因此本文采用高温高压热水为介质进行研究，通过井筒单向流沿程温度变化特征描述隔热油管内的热量变化。

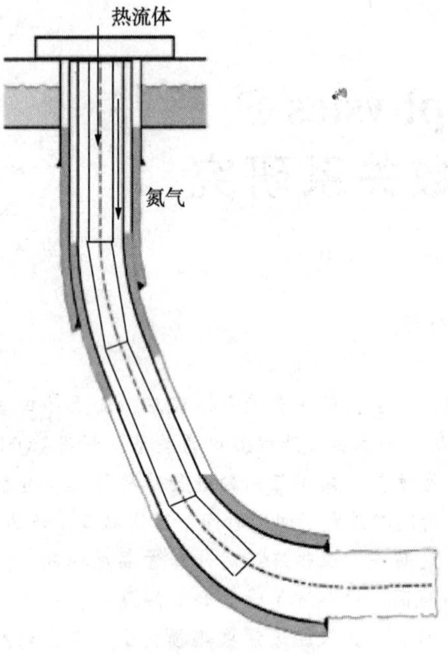

图1

热水的密度、黏度、比热及导热系数为关于温度的一元函数；氮气的黏度、比热、导热系数为关于温度的一元函数，氮气密度为关于温度、压力的二元函数；隔热油管、套管、水泥环及地层的密度、比热及导热系数假设为常数。

物理模型中流体流动、传热必须遵循质量守恒、动量守恒及能量守恒方程。

动量守恒方程：

$$\rho\frac{\partial u}{\partial t}=-\nabla_t p\cdot\vec{e}_t-\frac{1}{2}f_D\frac{\rho}{d_h}|u|u+F\vec{e}_t \quad (1)$$

质量守恒方程：

$$\frac{\partial A\rho}{\partial t}+\nabla_t\cdot(A\rho u\vec{e}_t)=0 \quad (2)$$

能量守恒方程：

$$\rho AC_p\frac{\partial T}{\partial t}+\rho AC_p u\vec{e}_t\cdot\nabla_t T=\nabla_t\cdot(Ak\nabla_t T)+\frac{1}{2}f_D\frac{\rho A}{d_h}|u|u^2+Q+q_sT+Q_{wall} \quad (3)$$

式(3)中

$$q_s=-\frac{\rho}{A}\left(\frac{\partial\rho}{\partial T}\right)|_p\left(\frac{\partial\rho}{\partial t}+u\vec{e}_t\cdot\nabla_t p\right) \quad (4)$$

$$Q_{wall}=(hZ)_{eff}(T_{ext}-T) \quad (5)$$

式(5)中

$$(hZ)_{eff}=\frac{2\pi}{\dfrac{1}{r_0h_{int}}+\dfrac{1}{r_Nh_{ext}}} \quad (6)$$

式(6)中

内部对流换热系数：

$$h_{int}=N_u\frac{k}{d_h} \quad (7)$$

$$N_u=\max(Nu_{lam},Nu_{turb})$$

$$\begin{cases}Nu_{lam}=3.66\\ Nu_{turb}=\dfrac{(f_D/8)(Re-1000)Pr}{1+12.7\sqrt{\dfrac{f_D}{8}}(pr^{\frac{2}{3}}-1)}\end{cases} \quad (8)$$

外部对流换热系数：

$$h_{ext}=N_u\frac{k}{d_h} \quad (9)$$

$$N_u=0.3+\frac{0.62\sqrt{Re}\,Pr^{\frac{1}{3}}}{\left(1+\left(\dfrac{0.4}{Pr}\right)^{\frac{2}{3}}\right)^{\frac{1}{4}}}\left(1+\left(\frac{Re}{282000}\right)^{\frac{5}{8}}\right)^{\frac{4}{5}} \quad (10)$$

式中，ρ 为介质密度，kg/m^3；u 为轴向速度，m/s；p 为轴向压力，MPa；F 为体积力，N；∇_t为拉普拉斯变换中时间的变量；f_D为达西摩擦因子，由雷诺数、管壁粗糙度及管道尺寸、形状决定；d_h为水力直径，m；C_p为恒压热容，J/(kg·℃)；k 为热传导系数 W/(m·℃)，Q 为热源热能，W/m；q_sT 为体系压力功，W/m；Q_{wall}为穿过壁面的外部热源，W/m；$(hZ)_{eff}$为有效传热系数与周长的乘积，W/(m·℃)；T_{ext}为管壁外部温度,℃；r_0为管道内半径，m；r_N为管道外半径，m；h_{int}为管道内侧对流换热系数，$W/(m^2\cdot℃)$；h_{ext}为管道内侧对流换热系数，$W/(m^2\cdot℃)$；k_{wall}为管壁热传导系数，W/(m·℃)；Nu 为努塞尔数，Nu_{lam}为层流努塞尔数，Nu_{turb}为湍流努塞尔数，Re 为雷诺数，Pr 为普朗特数。

1.2 数值模型

以海上常规注热井筒尺寸、材料物性、注热工况为基础进行建模，如图2所示。根据物理场建立网格，对井筒及接触边界处对网格进行加密处理，最小网格单元大小为0.042m，网格满足计算精度要求。通过数值模拟对井筒沿程温度与注氮参数(温度、压力、排量、间歇时间等)关系进行分析研究。海上常规注热井基础数据如表1所示。

表 1　海上常规注热井基础数据

模型长度	1550m	水泥环恒压热容	850J/(kg·K)
隔热油管内径	76mm	水泥环导热系数	0.35 W/(m·K)
套管内径	224mm	地层砂岩密度	2500kg/m^3
隔热油管壁厚	19mm	地层砂岩恒压热容	920J/(kg·K)
套管壁厚	10mm	地层导热系数	1.74W/(m·K)
隔热油管导热系数	0.1W/(m·K)	地温梯度	0.03[℃/m]
套管导热系数	44.5W/(m·K)	注热质量流量	12.5[t/h]
水泥环厚度	0.03m	注热入口压力	17[MPa]
水泥环密度	3100kg/m^3	注热入口温度	300[degC]

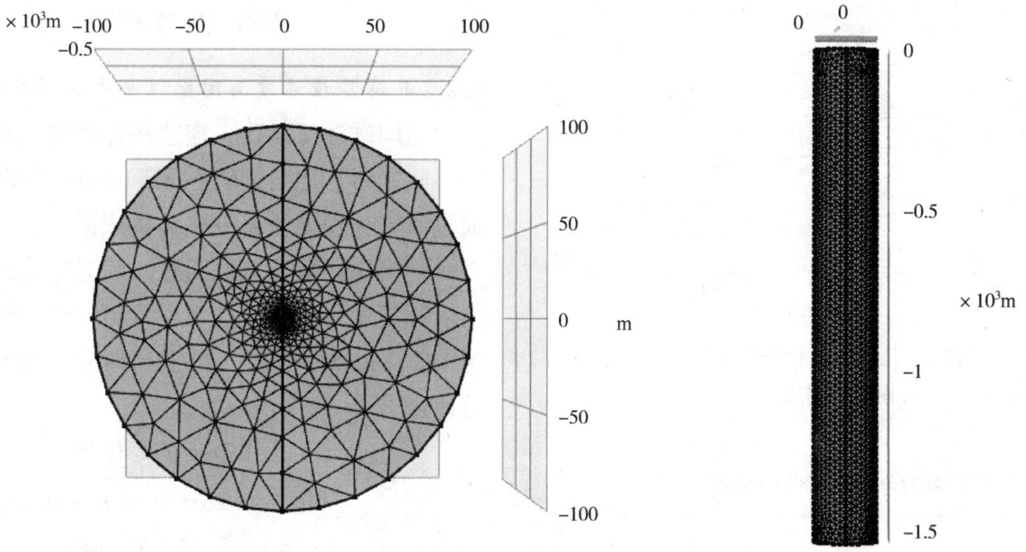

图 2　海上常规注热井几何模型及网格划分

2　仿真实验分析

2.1　井筒沿程温度与连续注氮参数关系研究

以油套管温度为纵轴，管柱下入深度为横轴，隔热油管的注入温度 300℃、注入压力 17MPa，注入排量为 12.5t/h。设定连续注氮温度为 5℃、30℃、50℃、70℃；设定连续注氮压力为 15MPa、17MPa、19MPa、21MPa；设定连续注氮排量为 100m^3/h、200m^3/h、300m^3/h、400m^3/h、500m^3/h 进项参数化扫描，将数据绘制在坐标系中分析对比井筒沿程温度与连续注氮参数之间的关系。

计算结果表示，连续注热 28 天后，隔热油管内沿程温度随注氮温度的升高而升高，随注氮压力的增大略有升高，随注氮排量的增大而降低。环空沿程温度随初始注氮温度升高而升高，但环空温度增长率降低；环空沿程温度随注氮压力的增大而升高；环空沿程温度随注氮排量的增大而升高。初始注氮温度越高，油管与环空的温差越小，油管内热损耗越小，而初次注氮温度越高，环空与地层之间的温差就越小，环空温度增长率也越小，有利于保护套管。另外，地面加热氮气消耗的能量最终也会随着氮气注入地层起到升温增油的效果，因此，在保护套管的前提下，氮气初始注入温度越高，越有利于保持沿程注热温度，从而达到更好的注热效果。注氮压力对井筒沿程温度影响不明显，保证抑制注热环空上返的前提下，控制较低的注氮压力可降低注氮设备功率从而减少燃料损耗，同时可降低作业风险。注氮排量对沿程井筒温度影响最为显著，注氮排量越低，环空与油管内及地层的对流换热系数越低，从而减少实际热损失，达到更好的注热效果(图3~图5)。

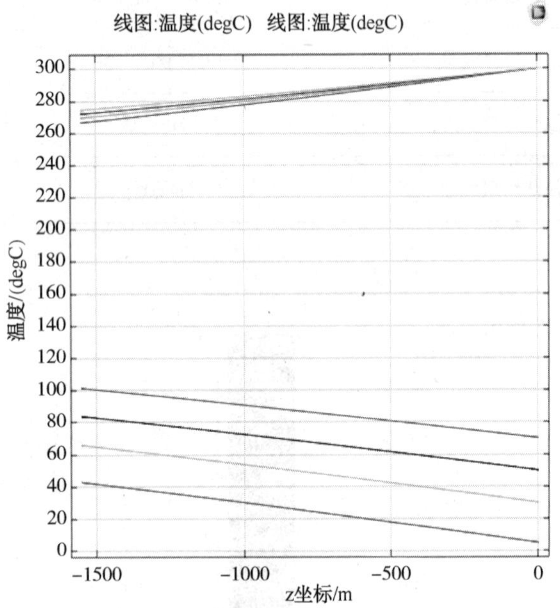

图3　连续注氮初始温度与井筒沿程温度关系

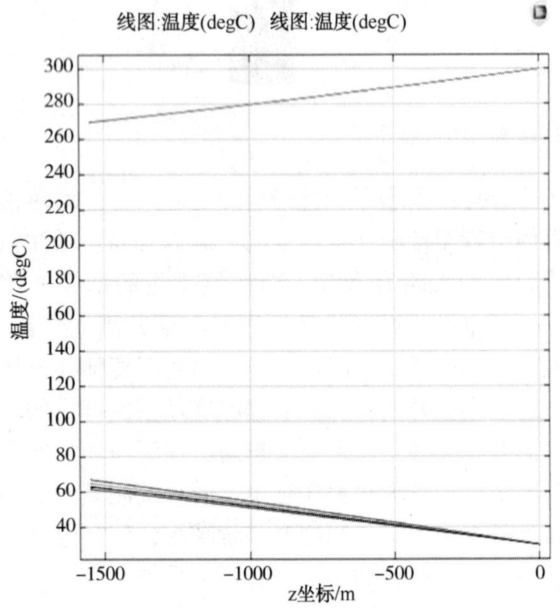

图4　连续注氮压力与井筒沿程温度关系

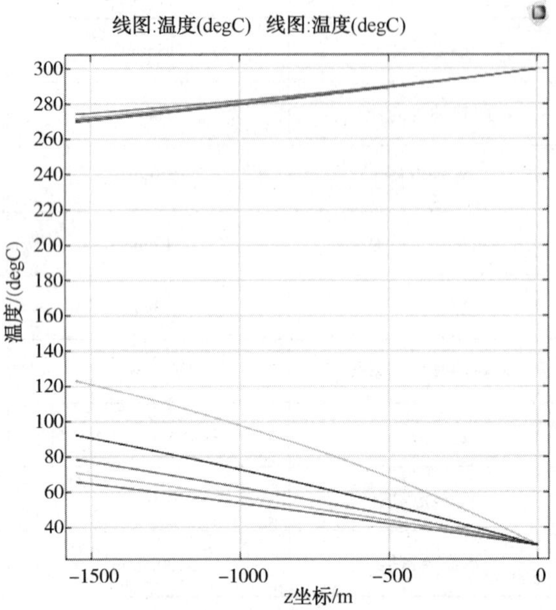

图5　连续注氮排量与井筒沿程温度关系

2.2　井筒沿程温度与间歇注氮参数关系研究

与间歇注氮相比，连续注氮增加了套压升高的风险同时从燃料损耗方面不具有经济性，因此通过研究为现场注氮方式提供依据。

为模拟间歇注氮及间歇时间对注热终了时井筒沿程温度影响，以注氮时间0.25d，间歇时间为1d、3d、5d、7d、14d进行研究，引入周期性分段函数：

$$f(t)=\begin{cases}1(0\leqslant t\leqslant 0.25)\\10^{-3}(0.25\leqslant t\leqslant n+0.25)\end{cases}\quad (n=1,\ 3,\ 5,\ 7,\ 14) \tag{11}$$

此时定义注入氮气的入口边界条件为：

$$mfr2^{*}=mfr2\times f(t) \tag{12}$$

式中 $mfr2^{*}$ 为间歇注氮时体积流率入口边界条件，mfr2为连续注氮时体积流率入口边界条件，$f(t)$为关于时间的系数函数。

为了提高模型的收敛性，保证模型的计算精度，对关于时间的系数函数$f(t)$进行连续函数平滑处理，过渡区相对大小设置为0.1(图6)。

2.2.1　注氮间歇时间与井筒温度关系

以油套管温度为纵轴，管柱下入深度为横轴，隔热油管的注入温度300℃，注入压力17MPa，注入排量为12.5t/h；氮气注入温度30℃，注入压力17MPa，注入排量为500m³/h，

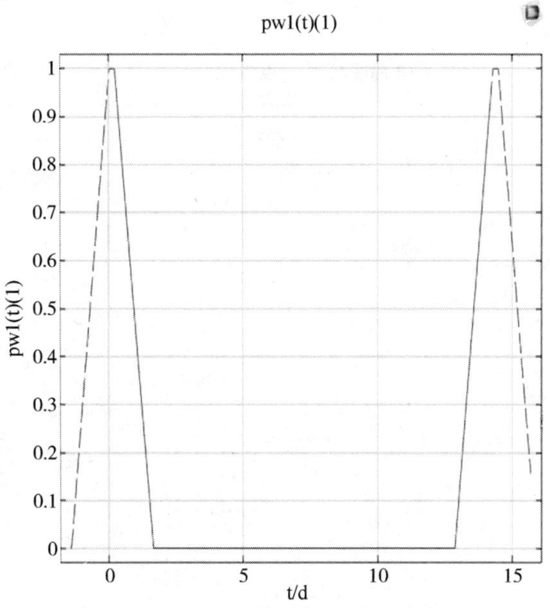

图 6　间歇 14 天时的周期性分段函数图

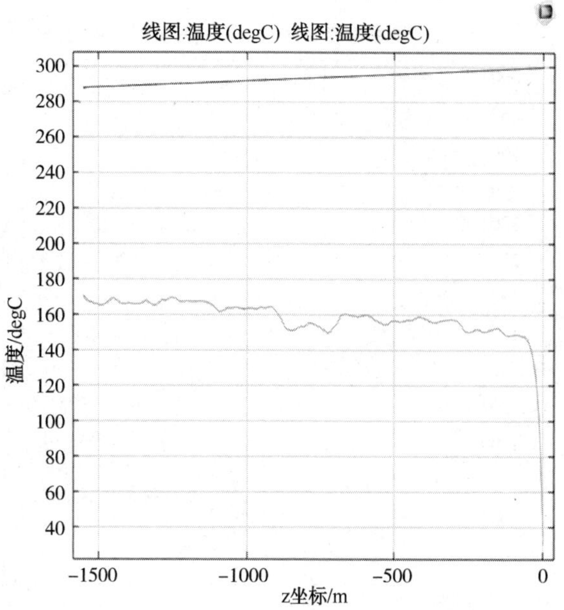

图 8　间歇 7d 油套管沿程温度图

间歇为 1d、3d、5d、7d、14d，将注热终了时数据绘制在坐标系中分析对比井筒沿程温度与间歇注氮时间的关系(图 7~图 11)。

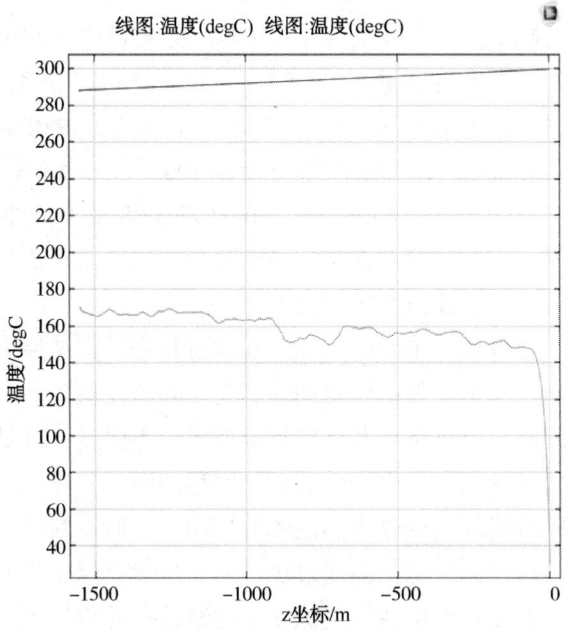

图 7　间歇 14d 油套管沿程温度图

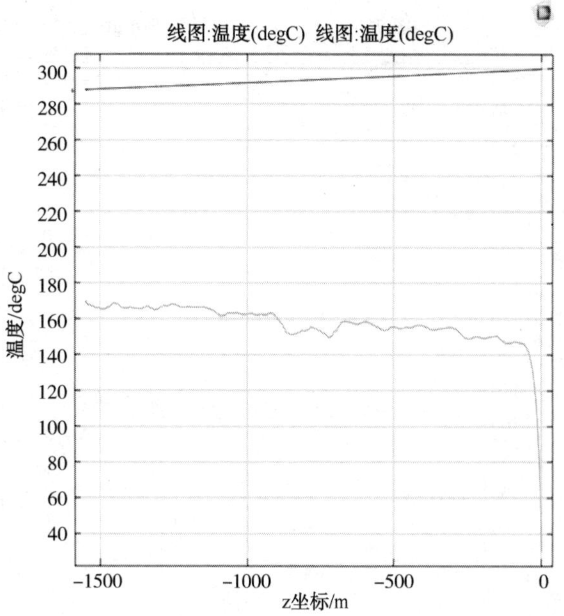

图 9　间歇 5d 油套管沿程温度图

计算结果表示，注热终了时，间歇注氮时间对井筒沿程温度影响不明显；连续注热 28 天后，油管内温度为 265℃，环空温度为 65℃，间歇注氮最后间歇周期时，间歇注氮的间歇过程中油管内温度为 288℃，环空温度为 170. 5℃，注氮过程中油管内温度为 270℃，环空温度为 67℃。由此可知，间歇注氮间歇过程中注热热损耗较低，间歇时间越长累计的实际热损失越少，地面燃料损耗越少，注热效率越高，但环空温度也长时间较高会影响套管寿命，此外，间歇时间过长也降低了注氮增加地层能量的协同增效效应。

为此，以油套管出口温度为纵轴，时间为横

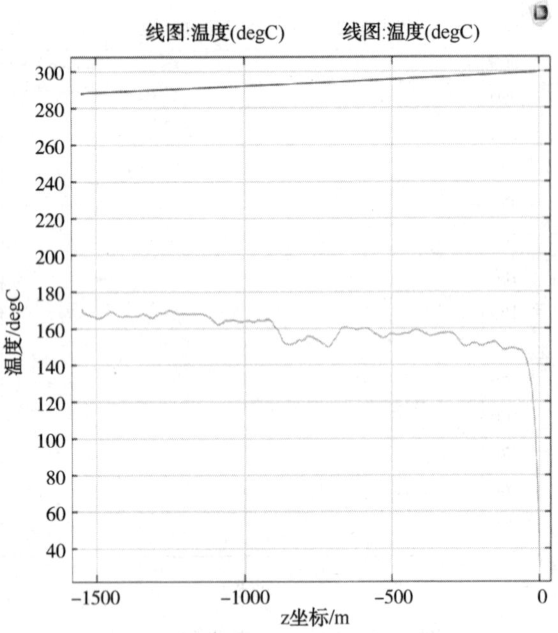

图10　间歇3d油套管沿程温度图

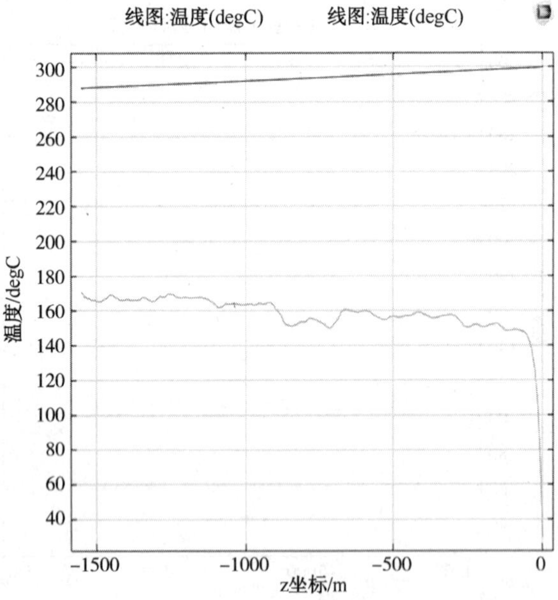

图11　间歇1d油套管沿程温度图

轴，以间歇14d为例分析井筒井底温度随时间变化规律。图12表明间歇注氮中的注氮过程可对套管进行明显降温，而对油管内的温度影响并不显著，下次间歇时井筒又会迅速回到低热损耗状态，因此，短周期多组数的间歇注氮不仅可以降低隔热油管内热流体的热损耗，降低环空高温造成套管的寿命损伤，同时可以及时的将环空积攒的能量携带入地层，为地层提供热能和压能，起到更好的协同增油效果。

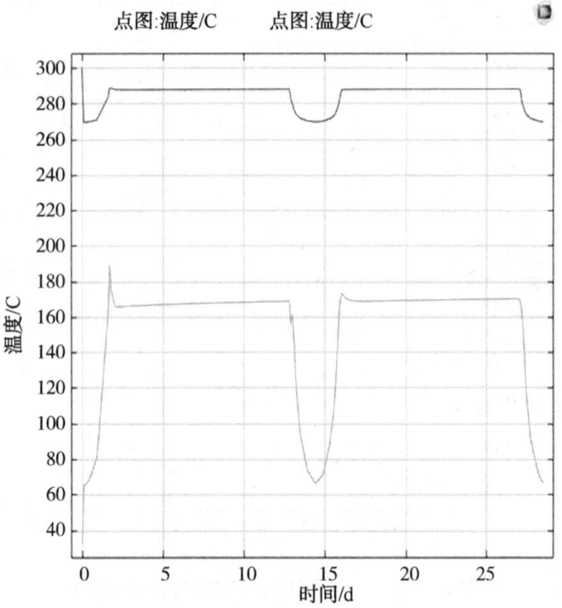

图12　间歇14d井底温度动态变化图

2.2.2　间歇注氮参数对井筒温度影响

以油套管温度为纵轴，管柱下入深度为横轴，隔热油管的注入温度300℃、注入压力17MPa，注入排量为12.5t/h。设定间歇时间为7d，间歇注氮温度为5℃、30℃、50℃、70℃；设定间歇注氮压力为15MPa、17MPa、19MPa、21MPa；设定间歇注氮排量为100m^3/h、200m^3/h、300m^3/h、400m^3/h、500m^3/h进项参数化扫描，将数据绘制在坐标系中分析对比井筒沿程温度与间歇注氮参数之间的关系。

最后一个间歇周期的间歇过程中计算结果表示，间歇注氮的注氮初始温度、间歇注氮压力及间歇注氮排量对井筒沿程温度影响不明显，这是由于注氮过程中造成的井筒沿程的温度差异在间歇时间通过油管中热流体的持续注入而逐渐拉平并积累到稳态，并通过热传导和自然对流换热的方式使环空中的氮气温度也逐渐拉平并积累到稳态。对于间歇注氮在保护套管抑制环空回流的前提下，建议提高注氮温度、降低注氮压力，同时建议增大排量，增大注氮排量对间歇时的井筒热损失影响不大但可以更好地冷却套管同时在一定的注氮时间内可以向地层中注入更多的氮气，从而增加地层能量，提高协同增油效果(图13～图15)。

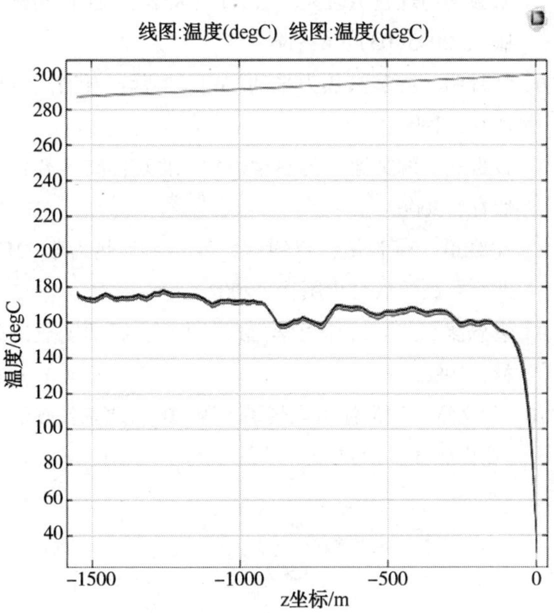

图 13　间歇注氮排量与
井筒沿程温度关系

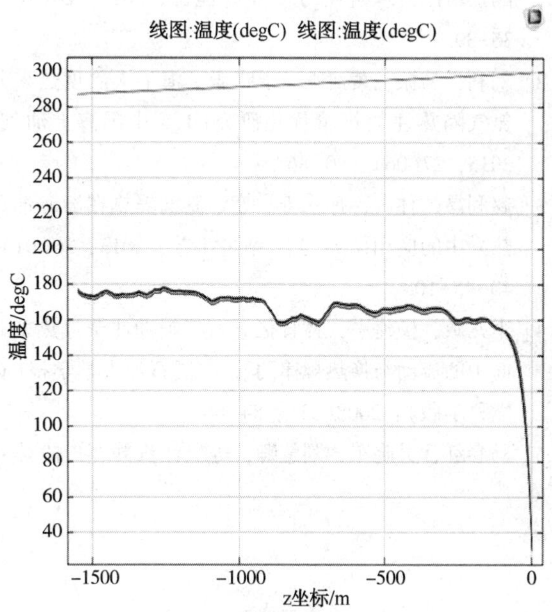

图 15　间歇注氮压力与
井筒沿程温度关系

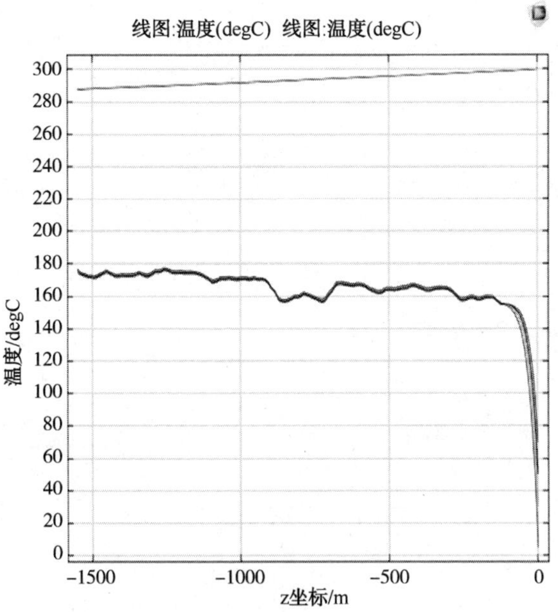

图 14　间歇注氮初始温度
与井筒沿程温度关系

3　结束语

建立注热井环空注氮隔热物理模型，分析连续注氮温度、压力、排量对井筒温度的影响。通过自定义分段函数模拟间歇注氮，分析间歇注氮时间、间歇注氮温度、压力、排量等参数对井筒温度的影响。实验数据表明：

（1）连续注氮温度越高，注热终了时油管温度越高，套管也温度越高；连续注氮排量越高，注热终了时油管温度越低，套管也温度越低；连续注氮压力越高，注热终了时油管温度越高，套管也温度越高；注氮排量对井筒温度影响最大，注氮压力对井筒温度影响最小；连续注氮时，在保护套管抑制环空回流的前提下，建议提高注氮温度、降低注氮压力及排量实现降本增效。

（2）间歇注氮较连续注氮风险更低且经济性更佳，短周期多组数的间歇注氮不仅可以降低隔热油管内热流体的热损耗，降低环空高温造成套管的寿命损伤，同时可以及时的将环空积攒的能量携带入地层，为地层提供热能和压能，起到更好的协同增油效果；

（3）间歇注氮的注氮初始温度、间歇注氮压力及间歇注氮排量对井筒沿程温度影响不明显，对于间歇注氮在保护套管抑制环空回流的前提下，建议提高注氮温度、降低注氮压力，同时建议增大排量，增大注氮排量对间歇时的井筒热损失影响不大但可以更好地冷却套管同时在一定的注氮时间内可以向地层中注入更多的氮气，从而增加地层能量，提高协同增油效果。

参　考　文　献

[1] 孙玉豹，张伟，姬辉，等．海上稠油热采环空注氮

隔热增产机理研究[J]. 中外能源，2019，24(10)：35-39.
[2] 刘利，马振，黄武鸣，于晓聪. 海上大斜度热采井氮气隔热注氮排量优化研究[J]. 中国海上油气，2015，27(06)：80-86.
[3] 赵利昌，林涛，孙永涛，等. 氮气隔热在渤海油田热采中的应用研究[J]. 钻采工艺，2013，36(01)：43-45+10.
[4] 李兆敏，杨建平，林日亿. 氮气辅助注蒸汽热采井筒中的流动与换热规律[J]. 中国石油大学学报(自然科学版)，2008(03)：84-88.
[5] 马春红，吴晓东，刘慧卿，等. 注汽井氮气隔热效果数学物理模拟研究[J]. 石油大学学报(自然科学版)，2005(05)：62-66.
[6] 陈月明. 注蒸汽热力采油[M]. 东营：石油大学出版社，1996.
[7] 杨世铭，陶文铨. 传热学[M]. 北京：高等教育出版社，2006.
[8] 沈维道，蒋智敏，童钧耕，等. 工程热力学[M]. 北京：高等教育出版社，2002.
[9] 袁恩熙. 工程流体力学[M]. 北京：石油工业出版社，1986.
[10] 刘文章. 稠油注蒸汽热采工程[M]. 北京：石油工业出版社，1997.

海上电泵井空心杆电加热降黏举升工艺研究

方　涛　陈华兴　吴华晓　于法浩　李　越

（中海石油（中国）有限公司天津分公司）

摘　要　陆地油田针对有杆泵井井筒降黏、防蜡需求，开发形成了一套成熟的空心杆电加热工艺技术。海上油田主要采用电潜泵举升，且海洋石油开采对安全生产有极高的要求，陆地空心杆电加热工艺不能直接用于海上油田。为此，结合陆地油田应用经验和海上油井工况，研发了专用偏心采油树、抽油杆悬挂器、改造双公短节等关键工具，设计了电加热工艺管柱，形成了适合海上油田电潜泵井的空心杆电加热工艺。该工艺解决了抽油杆与油管环空之间的井控、抽油杆悬挂、加热电缆投放等问题，还具有节能、施工作业简单的特点。该技术首次在渤海海上油田某稠油井开展了现场试验，结果表明产出流体井口温度达到60℃以上，降黏效果明显，单井产能得到释放，且没有出现任何安全问题，验证了工艺的可靠性。后续扩大规模应用6口井，提高了井筒原油举升效率。该技术的在海上稠油油田和高含蜡油田具有广阔的推广应用前景。

关键词　海上油田；空心杆电加热；电潜泵；偏心采油树；抽油杆悬挂器；防蜡降黏

空心杆电加热，即加热电缆由电缆引入器下入空心抽油杆，在空心抽油杆底部，通过电缆连接器将加热电缆与空心抽油杆进行连接，形成回路。加热回路通入交流电后，在加热电缆和空心抽油杆内形成大小相等方向相反的交变电流，从而在加热电缆与空心抽油杆之间建立起交变磁场。在交变磁场的作用下，加热电缆和空心油杆内壁就会产生趋肤效应，使电流集中从加热电缆与空心抽油杆内壁薄层流过。由于电流密度的增大，涡流效应和磁滞效应的作用增强，从而产生大量热量，并通过空心抽油杆将这些热量传递给原油，实现电磁能向热能的有效转换和利用。由于加热体在油管内部，故产生的热量随时被举升的油流带走，实现了油管内部的全过程加热。在集肤效应的作用下，绝大部分的电流从油管内壁流过，而不流经油管外壁，油管就自动形成了绝缘保护的作用。国内陆地油田已经形成一套针对杆式泵井的空心杆电加热工艺技术，主要由抽油杆、光杆、悬挂器、防喷盒、井口三通、加热电缆、电源组成，将抽油杆直接下入到井筒内部，在井口向抽油杆内投放加热电缆，井口部分没有采油树，直接采用三通进行采油。该工艺广泛应用于辽河油田、胜利油田、新疆油田等，并取得了较好的开采效果。

然而，海上油田主要采用电潜泵生产，属于无杆泵，并配置采油树，控制油井安全生产。陆地杆式泵空心杆电加热工艺若直接应用于海上油井，会出现常规采油树主阀无法正常关闭、空心抽油杆与生产油管的环空安全控制无法保障等问题，不满足海上油田应用需求。为此，本文研发了一套适合电潜泵井的空心杆电加热工艺，设计了配套的地面、井下工具，解决了空心抽油杆与油管环空井控、空心抽油杆悬挂、海上供电设备匹配、加热电缆投捞等问题，为海上稠油、高含蜡原油电潜泵举升井井筒流动保障奠定了基础。

1　电泵井电加热工艺系统设计

针对海上油田生产管柱特点，设计电加热工艺系统如图1所示，主要由中频电源、偏心采油树、空心抽油杆、抽油杆悬挂器、改造双公短节、加热电缆、杆缆连接头及深井安全阀等组成。空心抽油杆内置于生产油管，抽油杆底部连接终端器，终端器与导电座对接，形成闭式回路；空心抽油杆上端与特制抽油杆悬挂器连接。抽油杆悬挂器坐挂在与油管挂相连接的改造双公短节内，上端与专用的偏心采油树对接密封。采油树主通道采用偏心设计，并设计了电缆通道，用于投放加热电缆。加热电缆在地面与中频电源连接。在抽油杆底部以下、电潜泵泵头以上的位置采用液控深井安全阀。

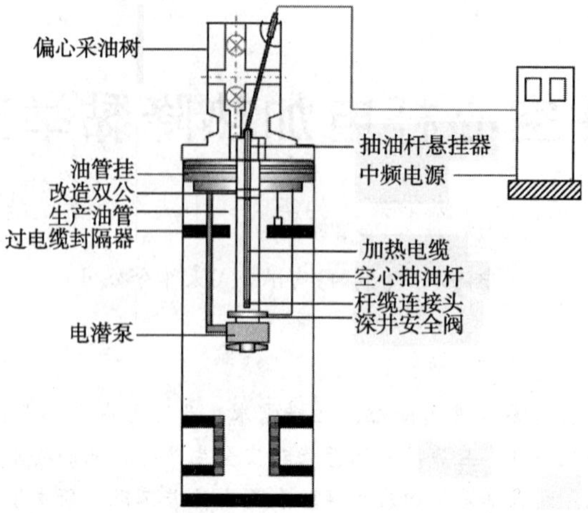

图1　海上油田电潜泵井电加热工艺系统

由此可见，该工艺设计空心抽油杆悬挂于采油树以下，采油树主阀可正常开启和关闭，采用深井安全阀解决了空心抽油杆与油管环空之间的井控问题，从而保证油井安全生产。偏心采油树设计专用电缆通道可实现不拆井口投放和起出加热电缆，施工作业简单、方便；中压变频电源则有利于整个系统节电降本。

2　关键工具设计

2.1　偏心井口采油树

偏心井口采油树主要由主通道、过电缆通道、电缆密封接头、抽油杆对接密封孔、注酯孔组成，如图2所示。与常规采油树相比，其最大的区别在于具有过电缆通道和抽油杆对接密封孔；抽油杆对接密封孔与抽油杆悬挂器配合使用，实现抽油杆与采油树之间的密封。

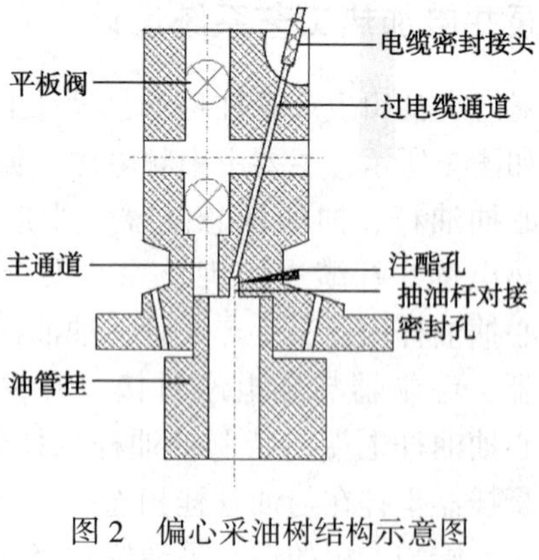

图2　偏心采油树结构示意图

2.2　抽油杆悬挂器

抽油杆悬挂器主要由密封圈槽、提升用外螺纹、坐挂台阶和抽油杆接头组成，主要用于悬挂抽油杆，并与采油树过电缆通道下部对接密封，如图3所示。悬挂器上部设计采用三道密封，两道密封之间通过采油树注酯孔注脂试压。外螺纹扣用于回接管柱对接，实现抽油杆管柱的下入及起出。坐挂台阶主要用于抽油杆管柱坐挂于改造双公内，下部通过螺纹扣与空心抽油杆相连接。

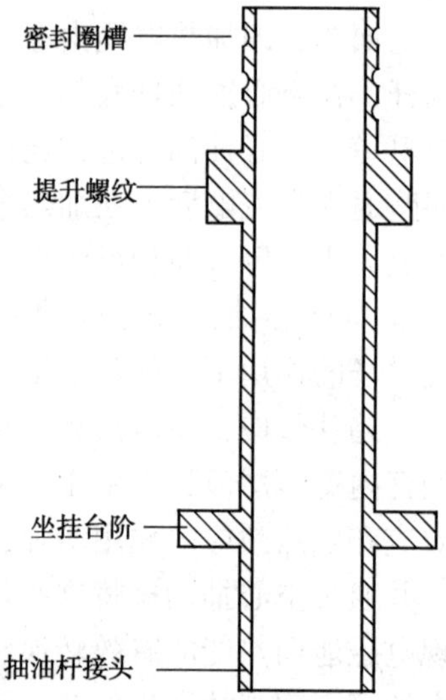

图3　空心抽油杆悬挂器结构示意图

2.3　改造双公短节

与常规双公短节一样，改造双公短节主要起上部连接油管挂、下部连接生产油管的作用。此外，改造双公短节内壁设计了对称的限位台阶，与抽油杆悬挂器的坐挂台阶配合，从而实现悬挂抽油杆管柱；内壁采用凹陷设计，从而确保井流物具有流动的通道，如图4所示。

2.4　深井安全阀

深井安全阀采用液控安全阀，在给液控管线施加压力时，活塞在压力作用下运动，推动上弹簧座压缩动力弹簧，并携带中心管一起运动。中

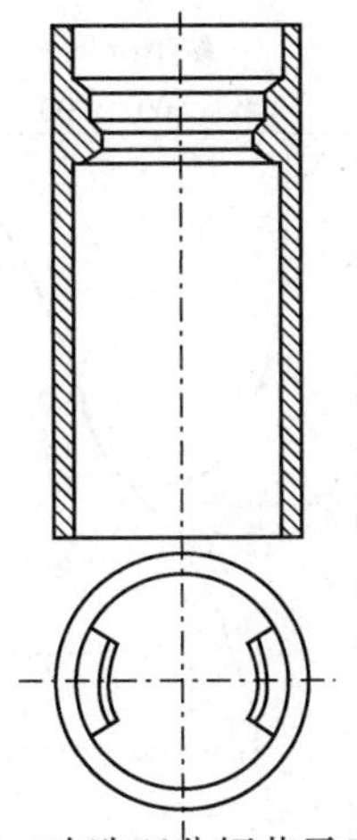

图4 改造双公短节示意图

心管下端接触并开启阀板上的平衡阀，使阀板上下端压力平衡，中心管继续向下运动，直至到达限位位置，安全阀完全处于打开状态。卸载液控管线内的压力，中心管则在动力弹簧的作用下恢复至初始位置，在扭簧的作用下阀板恢复至关闭位置。

2.5 抽油杆及加热电缆

空心抽油杆下入到井筒油管内，与加热电缆构成闭合回路。加热电缆下入到空心抽油杆内，连接地面中频电源和空心抽油杆底部终端器，通电后形成内集肤效应。

2.6 中频电源

作为加热电源的抽油杆电加热采油装置中，电流输出频率可以调节。在井况相同的条件下，变频加热装置可调整电流频率，从而比工频加热装置产生更强烈的内集肤效应，抽油杆获得的电功率增大，电源自损降低至最低程度，达到节电目的。中频柜利用变频电源供电，变频加热装置采用交—直—交的整流逆变电路，从根本上解决了三相不平衡问题，且在电源输入端增加电抗器用于消除谐波，实现趋肤效应加热充分将电能转变为热能。

3 现场应用

以渤J油田某井区B1井为例，储层埋深1300~1470m，地层温度57℃，地层原油黏度50.9mPa·s，地面原油密度为937kg/m^3，胶质含量17.5%，沥青质含量4.3%左右，实际井口产液温度在20~35℃之间，井筒原油流动性较差，为此开展了空心杆电加热海上试验。该井下入空心电加热杆1250m，对应垂深830m，电加热启动后未出现任何安全问题，电加热前后产量和井口温度对比如图5所示。

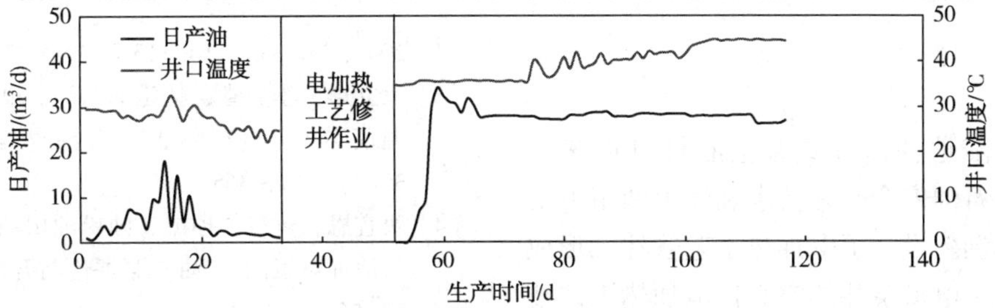

图5 试验井电加热前后产量和井口温度对图

由图5可知，在实施加热功率约50kW的情况下，井口温度在40-50℃之间，较加热前提升10-20℃，且原油产量较电加热前增加约24m^3/d。后续进一步提高加热功率至90kW，根据井筒电加热温度场模拟方法，模拟加热前后井筒温度场分布如图6所示。井筒流体温度维持在43℃以上，井筒上部流体升温明显，井口温度维持在60℃以上，较正常不加热情况下提升约33℃。井筒流体黏度剖面如图7所示，由于井筒电加热工艺的应用，井筒原油温度升高，原油黏度大幅降低，井口黏度由1189mPa·s降至206mPa·s，降黏率高达82.6%。

后续扩大规模，成功应用6口井，效果见表1。单井平均加热功率为100kW，井口温度大幅增加，达到50℃以上；单井产能得到有效释放，B38井在完井阶段就实施空心杆电加热工艺，投入运行后未见井筒原油流动问题。B1和B25两口井平均日产油增加6.6~10.3m^3/d；长停井B6、B27和B28也恢复正常生产，不再出现井筒堵塞现象，生产时率大幅增加，经济社会效益显著。

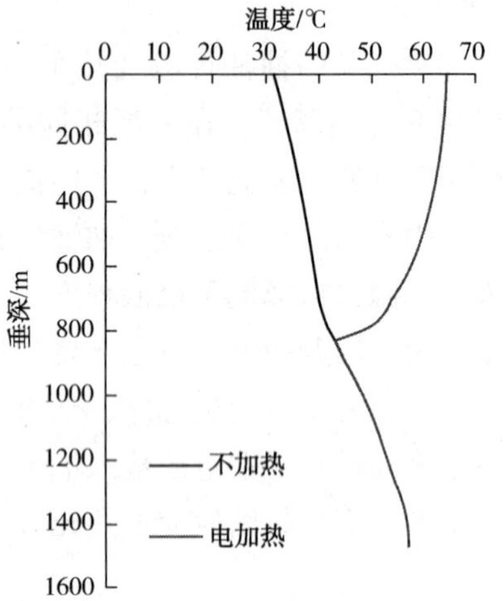

图 6　井筒温度场剖面

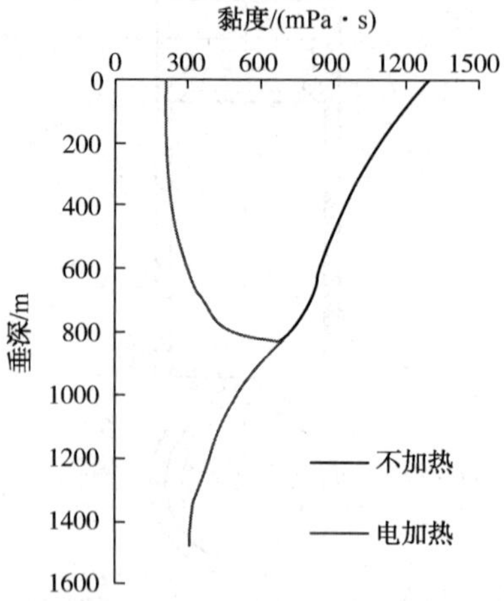

图 7　井筒流体黏度

表 1　渤海海上油田空心杆电加热应用效果统计表

井号	电加热前		电加热后		加热功率/kW	备注
	平均日产油/(m³/d)	平均井口温度/℃	平均日产油/(m³/d)	平均井口温度/℃		
B1	34.2	40	44.5	62	80-110	/
B25	24.1	45	30.7	59	80-100	/
B6	/	/	10.8	64	60-80	工艺应用前长期关井
B27	/	/	55.7	62	80-110	
B28	/	/	28.7	62	80-100	
B38	/	/	72.7	53	80-115	调整井

结论

(1) 结合陆地油田杆式泵空心杆电加热工艺，考虑海洋石油安全开采要求和海上油田电潜泵管柱特点，创新设计了电加热工艺管柱，形成了适合海上油田电潜泵井的空心杆电加热工艺技术，满足海上安全生产要求。

(2) 现场应用结果表明：电潜泵井空心杆电加热工艺施工作业简单，应用升温明显，降黏幅度高，提升了井筒举升效率，有利于进一步释放单井产能，为海上稠油、高含蜡原油油井井筒流动保障提供了新思路，具有较好的推广应用价值。

参 考 文 献

[1] 王立影. 稠油的电加热开采理论及方法研究[D]. 大连理工大学，2005.

[2] 李启堂，王立影，何东升，等. 基于集肤效应的空心抽油杆电热系统的数值计算[J]. 石油学报，2005，26(3)：110-113.

[3] 王立影，李启堂，林建平，等. 电加热空心抽油杆温度分析与应用[J]. 石油勘探与开发，2008，35(3)：362-365.

[4] 康宜恩，黄海，孙杰. 帅垛油田油井蜡卡规律研究与治理对策[J]. 油气藏评价与开发，2014，4(6)：53-56.

[5] 周震岩. 空心杆电加热在唐海油田的使用[J]. 石化技术，2016，23(5)：161+164.

[6] 张朋举，项红军，张佩玉，等. 空心抽油杆电加热采油技术在三塘湖油田的应用[J]. 钻采工艺，2020，43(3)：114-116.

[7] 刘连玉. 辽河海上油田稠油开采及配套工艺[J]. 中国石油和化工标准与质量，2014，34(12)：133.

[8] 李胜彪，张振华，徐太宗，等. 井筒电加热技术在稠油开采中的应用[J]. 油气田地面工程，2005(1)：29-30.

[9] 王晖，史宝光，许浩伟，等. 空心杆电加热用于稠油开采[J]. 油气田地面工程，2003(10)：62.

[10] 郭雄华，汤志强，张国荣，等. 空心杆过泵电加热装置在孤东稠油开采中的应用[J]. 油气采收率技

术，1999(1)：83-86+7.
[11] 方涛，刘义刚，白健华，等．海上高含蜡油田井筒清蜡周期预测图版建立及应用［J］．石油钻采工艺，2018，40(6)：823-828.
[12] 张中宝，李军，李勇，等．抽油杆悬挂器的研制与应用［J］．钻采工艺，2019，42(6)：81-83.
[13] 陈华兴，刘义刚，白健华，等．海上油田稠油热采井注采一体化工艺技术研究［J］．石油机械，2020，48（4）：43-49.
[14] 胡厚猛，孙玉豹，马增华，等．海上井筒电加热清防蜡工艺研究［J］．石油化工应用，2020，39(2)：42-46.
[15] 王俊奇，张祖峰，李建馨，等．稠油开采电加热设备节能技术［J］．石油机械，2010，38(9)：45-48+88.
[16] 修德欣．海上稠油油田电加热开采技术研究［D］．中国石油大学(华东)，2014.

污水改性修井液在稠油油藏的研究与应用

尤秋彦[1]　王小芳[1]　吕志欣[2]　张　扬[1]　师坤坤[2]

(1. 大港油田石油工程研究院；2. 大港油田公司采油五厂)

摘　要　高凝非均质稠油油藏因原油凝固点高、孔渗性差、易结蜡等内因。作业过程入井流体易造成冷伤害、水敏、水锁、结垢。常规技术作业后，油气井产量平均恢复期超过6.6天，平均恢复率低于77.8%。针对这类稠油油藏难题，将"温度大于40℃的大站污水"改造成具备防垢、防水锁、防水敏储层保护性能的修井液，现场施工井恢复期2天，恢复率100%。

关键词　采油污水；高凝稠油；返排率；洗油率

某油田高凝低渗油田油气产量占总产量的35%以上。地质特征复杂，储层渗透率低、水敏性强、原油凝固点高，开发难度大。作业过程中油层污染比较严重，作业后油井出现大幅度减产，恢复期长达6.6天，每年为此损失油气超过3万吨。调查表明，大部分修井作业采用采油污水、卤水作为修井液，没有采取油层保护措施，对储层造成严重污染。原油物性差，凝固点高，温度较低的修井液作业过程容易造成油管内或储层蜡堵，使得油层渗透率降低，或者增加洗井压力，使更多的修井液浸入储层，造成油层污染。同时这类油藏泥质含量高，渗透率低，水敏现象严重，储层受到修井液的侵蚀后，产生黏土膨胀、颗粒运移、水锁，导致渗透率下降，而采油污水成分复杂，同样造成固相堵塞、结垢等等问题，使修井作业后产量恢复困难。

1　机理及配方选择

1.1　高凝油修井液CGZ机理研究

传统的无固相修井液采用洁净的自来水配制，因为自来水中结垢离子、固相颗粒等杂质含量低，不容易造成对油气层的损害。本技术打破常规，采用"物理与化学协同作用"的思路，利用表面润湿、离子螯合、黏土稳定等技术将"温度大于40℃的采油污水"改造成具备防垢、防水锁、防水敏储层保护性能的修井液。一方面，修井液的温度保持在40℃以上，可以有效防止高凝原油结蜡和冷伤害；另一方面，研发润湿剥离洗油剂和阻垢剂，进一步解除有机垢和无机垢。在修井液温度和表面活性剂的双重作用下，防止高凝稠油结蜡性能更加高效，可在较低温度和处理剂加量的基础上实现对该类储层的保护，实现循环利用采油污水，即绿色环保又降低成本。

1.2　配方选择

室内研究配方组成如下：采油污水温度为40℃~60℃+润湿剥离剂+黏土稳定剂+有机胺聚合物阻垢剂+杀菌剂。

1.2.1　基液选择

筛选基液的原则是采油污水温度大于原油凝固点，对地层损害小，与其它添加剂配伍性好。因采油污水成分复杂与添加剂配伍性差，存在结垢、固体堵塞等损害因素。所以，考虑温度的同时对水质进行了改性，加入低磷有机胺类聚合物阻垢剂，采取沉淀过滤的方式，使采油污水在保证温度的同时水质≤30NTU，达到配制用液要求。

1.2.2　多重除垢、防垢能力的选择

实际油气井生产中，地层中的垢样成分是复杂的，往往是多种有机和无机成分的混合物，为保护储层，提高油气井产量，需要考虑修井液协同作用下，有效清除有机、无机复杂混合垢，为进一步储层保护打下基础。。

(1) 有机除垢剂的选择　在有化学试剂作用下，无固相修井液的温度保持在40℃以上，可以有效防止高凝原油结蜡问题。温度指标要求过高，浪费能源，增加成本，过低，对于有机垢清

除效率低。因此，通过添加聚醚与丙三醇混合物的水溶液，磺酸钠与乙醇混合物的水溶液，聚醚为非离子表面活性剂，抗盐但抗温不好，而磺酸钠为阴离子表面活性剂，抗盐性稍差，但比较抗温，两种表面活性剂取长补短，增加了修井液体系对不同矿化度、不同井温下适应性。丙三醇与乙醇，均为互溶剂，可以与油、水混溶，有助于对有机成分的分散与溶解。为降低成本，提高效率，充分考虑试剂的协同增效作用，药剂 WB 加量 0.97%~2.8%与 SY 加量 0.18%~0.28%的低加量情况下，洗油效率仍然达到 80%以上，满足了对有机垢的润湿、剥离、清除。

(2) 无机除垢剂的选择　采用杀菌剂杀死水源中的细菌，来防止修井液中细菌繁殖过快而堵塞储层原油流通道。选用具有螯合、分散作用的低磷碱性阻垢剂，一方面防止修井液与地层水不配伍形成无机垢，难溶或微溶盐类，如碳酸钙、硫酸钙等。另一方面通过降低高矿化度配制出修井液对井下设施的腐蚀性，减少腐蚀产物对除垢的不利影响。

1.2.3　防水敏剂的选择

由于配制修井液采用的是采油污水，其原始矿化度较高，水的活度较小，可以起到一定防止黏土膨胀作用。选用环氧丙基三甲基氯化铵和氯化钾协同作用保持黏土稳定，防止水敏。加量 0.97%~1.86%，在采油污水、环氧丙基三甲基氯化铵和氯化钾综合作用下，皂土防膨率可达 90.5%。，防止了修井液对储层的水敏损害。

1.2.4　防水锁剂的选择

修井液采用高矿化度的采油污水配制，为了提高处理剂抗盐能力，考虑了磺酸钠类与聚醚类混合物的水溶液二者协同作用，减少了储层由于毛细管阻力造成的流体滞留，提高体系的快速返排时间，防止水锁损害。体系对煤油的界面张力 0.277~0.921mN/m 之间，大幅度降低界面张力，使得原油在储层孔喉中的流动阻力降低，从而提高油井渗透率。

同时，配方中的磺酸钠类、烷基酚聚氧乙烯醚等表面活性剂为水润湿，可以避免环氧丙基三甲基氯化铵等阳离子表面活性剂因为润湿反转作用造成对储层的伤害。

2　配方性能评价

2.1　CGZ 体系抑制性

对配方抑制性采用常温离心法和耐水洗膨胀倍数来评价黏土在膨胀过程中，黏土把水吸入到晶体结构中，导致体系增加，从而堵塞地层孔道；在运移过程中，黏土物质被外来液体分散，或为产出液所携带，在毛细管的孔隙喉道处形成桥阻或节流点，然后导致地层渗透率的下降，见表 1。

表 1　CGZ 体系黏土稳定性试验

样品名称	膨胀量/mL	防膨率/%	耐水洗倍数
清水	8.87	/	/
煤油	0.28	/	/
采油污水	2.72	71	18
常规体系	2.48	74	24
BH-CGZ 体系	1.3	88	32
BF-CGZ 体系	1.1	90.5	35

通过试验数据，可以看出 CGZ 配方体系防膨率抑制性强，耐水洗适中，满足施工和油层保护的需求。

2.2　CGZ 体系润湿剥离能力

对润湿剥离能力试验，采用石英粉砂中加入 8.0%蒙脱石含量为 80%~90%的膨胀润土，30%小 9-3-1 井原油(凝固点 44℃、含蜡量 27%)，混合均匀后，装入带刻度的试管内，制成非胶结岩心，然后加入一定浓度 CGZ 体系，放置 40℃~60℃水浴锅 8h，观察原油剥离情况，见图 1。

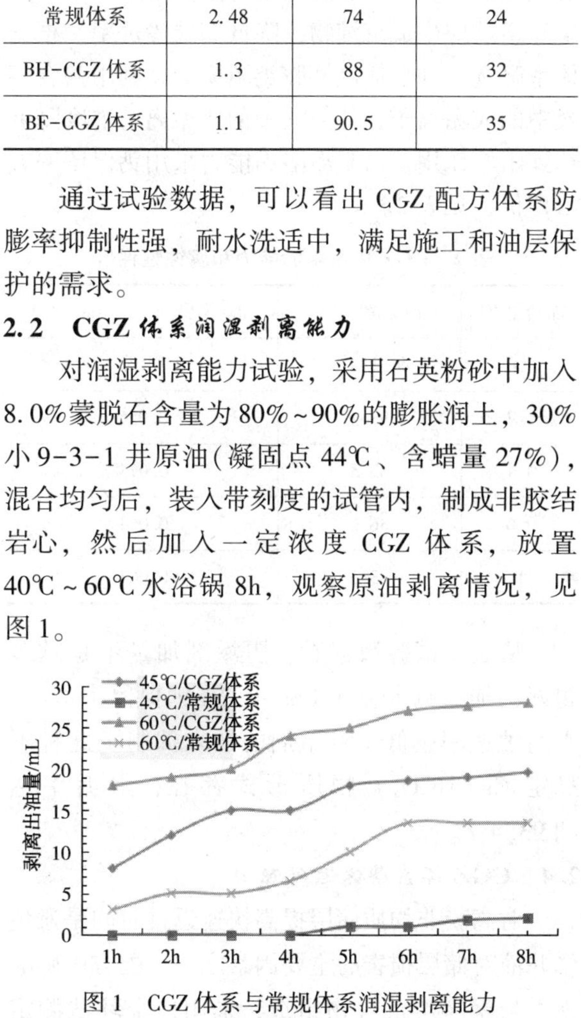

图 1　CGZ 体系与常规体系润湿剥离能力

由图可知，在采油污水中加热到60℃常规体系润湿剥离出油量13.5mL，说明单一的采用采油污水作业达不到高凝油润湿剥离的目的。CGZ体系45℃润湿剥离出油量19.6mL，说明聚醚与丙三醇混合物的水溶液，低温下将原油中蜡润湿脱离溶解，丙三醇与乙醇，均为互溶剂，可以与油、水混溶，有助于对有机成分的分散，加快了高凝原油的剥离速度，CGZ体系60℃润湿剥离出油量28mL，比常规体系剥离出油量高出51.7%。按采油用地层清洗剂苯酚醚Q/12DGY 3432-2014中5.7检测洗油率86%。

2.3 CGZ体系阻垢溶垢能力

采油污水最多成分是Na、Ca、Si 、Mg等，还有溶解浓度不同H_2S、CO_2，使污水整体的矿化度升高。回注水中含有大量的成垢离子Ca^{2+}和HCO^{-3}，当温度升高、压力发生变化时便可分解成$CaCO_3$。在添加药剂后与温度之间不断的发生互逆反应生成沉淀物，降低储层渗透率。根据体系筛选一种合成碱性胺类阻垢剂，利用螯合溶液中的成垢离子，使溶液中的成垢离子浓度降低达到阻垢作用。对阻垢溶垢能力采用钙保留率方法评价，见表2。

表2　CGZ体系阻垢能力和腐蚀性评价

加药量/%	钙保留率/%	N80钢腐蚀评价/(mm/a)
0	67.2(采油污水)	1.133
0.2	93.4	0.056
0.4	89.3	0.074
0.6	86.6	0.064
1	83.5	0.064

从表2试验数据看，阻垢剂加量不是越多越好，加量范围在0.1%~0.2%钙保留率最高，水腐蚀速率越低。阻垢剂的加入抑制了此种不稳定$Ca(HCO_3)^2$物质形式存在，阻垢率达到93.4%。

2.4 CGZ体系快速返排能力

对高凝非均质储层提高快速返排时间是避免修井液对储层损害的主要因素之一。配方中磺酸钠类与聚醚类混合物组成，采用白金环法测定CGZ体系表面张力23mn/m、界面张力0.78mn/m。配制上述配方和常规体系，在常温条件下选用小10-16井岩心，7#岩心渗透率8.5md，12#岩心渗透率12.5md；长度2.45mm进行岩心返排时间试验，标准盐水饱和岩心制备好样品。在相同流量和泵压下进行测试，见图2。

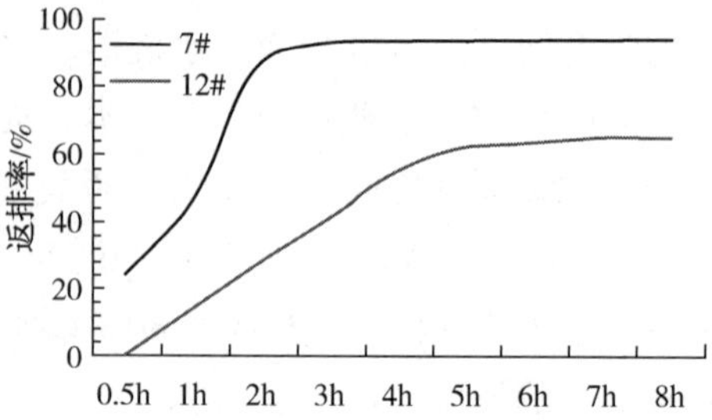

图2　CGZ体系与常规体系岩心评价返排能力

通过实验数据，可以看出7#岩心配方润湿性好表面张力低，返排速度快3h返排率达到90%以上，常规体系返排速度慢返排率最高63%。说明CGZ体系采用表面活性剂、醇类、阻垢等试剂在对储层表面的原油和复杂垢清除后，油气流通道得到基本疏通，磺酸钠与乙醇混合物加入大幅度降低界面张力，使得原油在储层孔喉中的流动阻力降低，从而提高油井储层的渗透率。

3　现场应用情况

CGZ体系2021年在小集、段六拨油田维护井现场技术服务24口井，(D42-66、D36-51-1、J36-18)均1次作业成功。

上述三口井是老井检泵作业恢复生产。储层物性较差，渗透率从1.53~60md，凝固点38℃~50℃，含蜡量27%~33%，原油黏度84.39~2594.4mPa·s。采用CGZ体系进行修井液作业，层位为枣二~五油组细砂岩，泥质含量均≥5%。2021年全年应用修井液体系1320方。检泵作业施工过程顺利，恢复期均2天恢复，恢复率均100%，见D42-66井施工曲线图，润湿改变，作业后油上升液下降，取得较好的油层保护效果。按照恢复期7天计算，1天恢复减少原油损失1.2吨。增产原油按365天计算，增产438吨，经济效益显著(图3)。

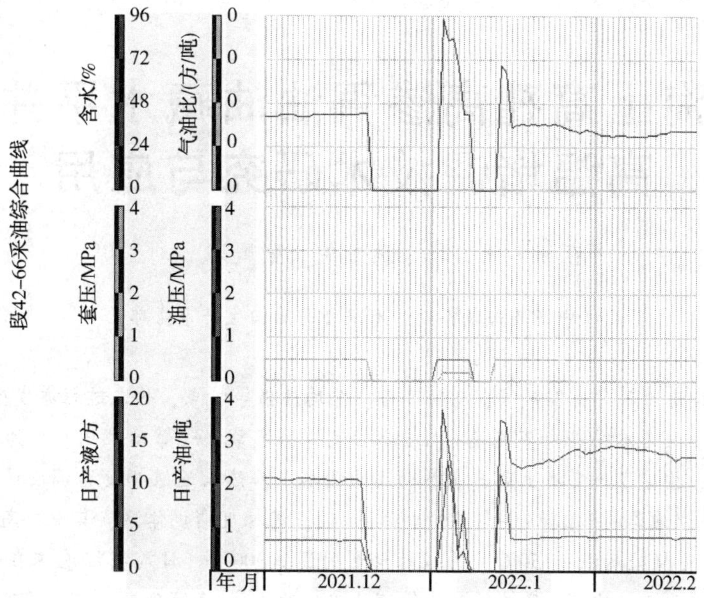

图3　应用井生产曲线

4　结论

研制出修井液CGZ，具有如下性能：

（1）防膨抑制性强。该配方耐水洗倍数≥32，可防止非均质储层中泥质含量的防膨抑制率降低；

（2）润湿剥离能力强。该配方比常规体系剥离出油量高出51.7%，界面张力0.78mn/m，使体系60℃洗油率达到86%；

（3）阻垢效果好。将采油污水通过低磷碱性阻垢剂与杀菌剂协同作用，改造为阻垢率93.4%，腐蚀速率≤0.076mm/a高温配伍性好的基液；

（4）对地层损害小。该配方润湿性好，较低的表、界面张力，3h返排率达到90%以上，减少了液体滞留储层，造成储层渗透率降低，影响油井恢复期。

参考文献

[1] 孟庆学，王玉臣．高凝油及其开采技术[J]．石油科技论坛，2006，25(5)：43-47.

[2] 陈根强 表面活性剂[J]．西南石油学院学报，1983，(4)

[3] 章嫒君，马洪兴聚季胺——氯化铵复合黏土稳定剂的研究和应用[J]．石油钻采工艺，1988，10(5)

[4] 罗宪波，何艳．一种新型低伤害压井液LW的研制[J]．钻采工艺，2004，27(5)。

[5] P. H. Javora，G. Baccigalopi. Effective High - Density Wellbore Cleaning Fluids：Brine - based and Solids - Free，SPF99158，2006.

[6] Mingjie Ke and William Foxenberg. Lubricity of Brine Completion and Workover Fluids，SPE130679，2010.

[7] 王彪．原油降凝剂的发展概况[J]．北京：精细石油化工．1989，(5).

[8] 国玺．表面活性剂物理化学．北京：北京大学出版社，1984.

[9] 王彪等．含蜡原油流动性改进剂— F21原油降凝剂[J]．精细石油化工，1989(5).

[10] 张琰，崔迎春．低渗气藏主要损害机理及保护方法研究[J]．地质与勘探，2000，36(5)：76-78

[11] 胡文瑞．中国低渗透油气的现状与未来[J]．中国工程科学．2009，11(8)：29-37.

[12] 左景栾，任韶然，于洪敏．油田防垢技术研究与应用进展[J]．石油工程建设．2008，34(2)

[13] 钟新荣，黄雷，王利华．低渗透气藏水锁效应研究进展[J]．特种油气藏．2008，15(6)：12-15.

[14] 靳秀菊，姚合法．低渗致密砂岩气田储层损害评价及保护措施[J]．现代地质．2002；16(4)：408-413.

[15] 姚培正，包秀萍，郭丽梅，刘敏．油田水阻垢剂的阻垢机理及其研究进展[J]．杭州化工，2009.39(1) 16-19

海上高孔高渗稠油油藏水平井高温堵调技术研究与应用

吴春洲　王少华　蔡　俊　张殿印　刘亚琼

(中海油田服务股份有限公司油田生产事业部)

摘　要　海上稠油油藏具有埋藏深、高孔高渗、非均质强等特点，热采过程亦发生汽窜\气窜问题，且海上稠油井完井方式为水平井砾石充填+优质筛管完井，汽窜\气窜治理困难。为此，针对海上热采井汽窜\气窜问题，构建了一套海上高孔高渗稠油油藏水平井热采逐级梯度堵调设计方法，研制了适用于海上水平井的"高温泡沫-高温凝胶-高温封口体系"的三维梯度堵调体系，其中，高温强化泡沫耐温≥350℃，智能温敏可逆凝胶耐温≥150℃，高温封口剂耐温≥300℃。目前高温泡沫在海上应用12井次，智能温敏可逆凝胶应用5井次，显著减缓了海上稠油热采的气窜/汽窜问题，提高了海上稠油热采的开发效果。

关键词　中深层；水平井；汽窜；高温；逐级梯度；堵调

海上油田水平井、高孔高渗(孔隙度20%~30%、渗透0.5mD~3D)、非均质性差，注入的非凝析气体量大，是海上稠油热采汽(气)窜的主导因素，同时稠油热采开发是一个长期动态过程，经过多轮次吞吐以后，油藏条件会发生显著变化，给调堵带来较大的技术难度。海上稠油热采过程中这一问题日益凸显，如何预防和治理气/汽窜问题是制约海上稠油热采开发的关键问题之一。且海上稠油井完井方式为水平井砾石充填+优质筛管完井，加大了汽窜\气窜治理难度。为解决海上稠油热采水平井气窜问题，需要形成适应于海上油田的高温堵调体系和堵调方法。空间上，根据渗透率的不同，选用不同类型堵剂体系，根据气窜及水窜通道等严重非均质区选用高强度堵剂，普通非均质区选用强化泡沫调堵。时间上，根据开发不同阶段及主要矛盾，多轮次有区别的进行调堵。

针对海上高孔高渗稠油油藏水平井热采特点，形成了近井封口，深部封窜，远井调剖的逐级梯度堵调思路，并根据水平井完井方式和热采耐温及堵调强度要求，室内研制了"高温泡沫-高温凝胶-高温封口体系"逐级梯度堵调体系，并形成了逐级梯度堵调设计方法，为海上热采堵调提供了重要支持。

1　"高温泡沫-高温凝胶-高温封口体系"逐级梯度堵调体系研制

1.1　耐盐型高温起泡剂的研制

1.1.1　高温起泡剂的合成

通过开展泡沫伴注，可起到良好的热采调剖目的，有效抑制汽窜，然而海上油田地层水钙镁离子含量高，常见的阴离子型高温起泡剂很难满足要求。因此设计了一种新型的起泡剂产品PH-FA-1，对分子结构的要求：较长的烷基链(亲油基)、含有亲水基1(形成氢键)、强的亲水基2(图1)。

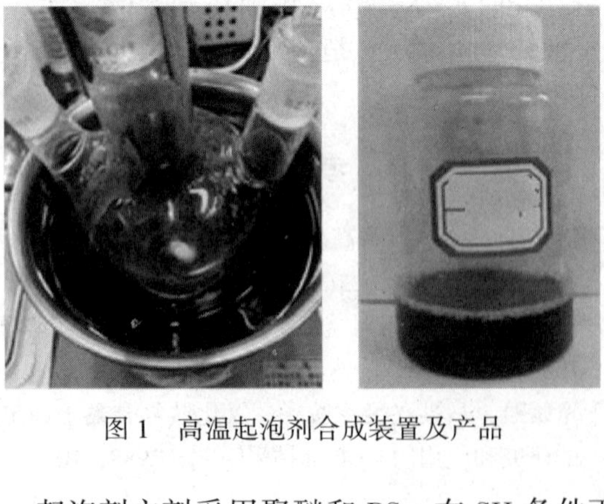

图1　高温起泡剂合成装置及产品

起泡剂主剂采用聚醚和BS，在SH条件下，通过威尔逊醚法合成耐高温耐盐表面活性剂，同时通过加入固体纳米粒子作为辅助稳定剂，提高主剂发泡的泡沫半衰期。

$$R(N)_nOH+SH \rightleftharpoons R(N)_nONa+H_2O$$

$$R(N)_nONa+BS \longrightarrow R(N)_nY+NaBr$$

1.1.2 高温起泡剂的性能评价

(1) 静态起泡性能评价

使用海上油田模拟地层水配制1%起泡剂溶液100mL，搅拌均匀，将起泡剂溶液倒入搅拌杯，将搅拌生成的泡沫倒入500mL量筒，并记录泡沫体积，该体积即为起泡体积；记录析液半衰期(即析出一半液体体积50mL所用的时间)。实验结果如表1所示。

表1 起泡剂老化前后静态性能

	起泡体积/mL	析液半衰期/s
老化前	479	452
老化后	491	392

实验表明，老化前后，该起泡剂均具有优良的起泡性能。

(2) 动态评价

测定起泡剂350℃老化后，在250℃下的阻力因子。

实验结果表明，PH-FA-1老化后，阻力因子仍后可达83，封堵效果良好。

起泡剂驱替压差变化曲线如图2所示。

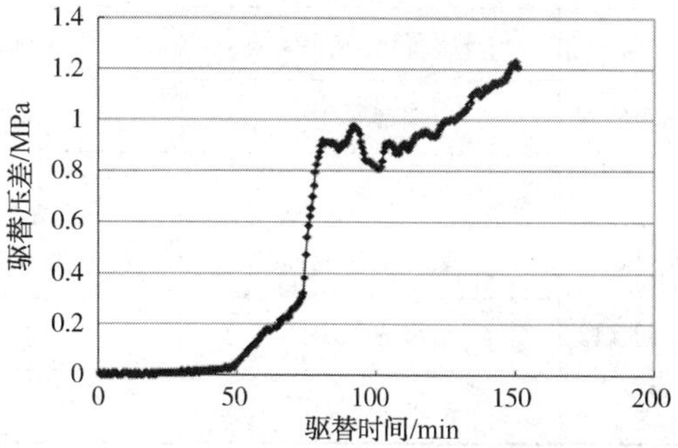

图2 起泡剂驱替压差变化曲线

1.2 高温凝胶的研制

用于远井调剖的凝胶，要求耐温较高(100~200℃)，成胶强度较高(F级以上)，且不会造成地层堵塞，渗透率下降明显，无法解堵等问题。利用不同纤维素醚的特性形成“网络互穿”结构，研制了不同系列的智能温敏可逆凝胶体系，成胶温度可调，成胶可逆，配液黏度低，更容易施工(图3、表2)。

图3 温敏凝胶

表2 温敏凝胶性能参数

	温敏Ⅰ型	温敏Ⅱ型	陆地成熟产品
使用浓度	1%~1.5%	1.5%~2%	1.5%~2%
成胶起始温度	60℃	75℃	75℃
1.5%黏度，50℃	250mPa·s	500mPa·s	600mPa·s
成胶后黏度	≥20万mPa·s	≥20万mPa·s	≥20万mPa·s
溶解	速溶	速溶	非速溶
封堵率	≥95%	≥98%	≥90%

1.2.1 高温凝胶的性能评价

室内评价了凝胶的封堵性能和解封性能(表3)。

表3　封堵及解封性能评价

序号	参数	第一阶段	第二阶段	第三阶段
		注凝胶前测渗透率	80℃成胶1h后渗透率	55℃或200℃恒温12h后测渗透率
第一组实验	驱替压差/MPa	0.0027	3.5	0.0031
	渗透率/D	13.08	0.039	11.39
			封堵率：99.7%	恢复率：87.08%(55℃)
第二组实验	驱替压差/MPa	0.0030	2.95	0.0032
	渗透率/D	11.77	0.012	11.04
			封堵率：99.8%	恢复率：93.8%(200℃)

实验结果表明，在岩心注入智能温敏凝胶并成胶后，封堵率达到99.7%以上；通过冷却解封的方式，可以使渗透率恢复87%，通过高温破坏解封的方式，可使渗透率恢复93.8%，可满足海上热采深部堵调需求。

1.3　高温封口体系的研制

高温封口剂主要封堵近井地带，要求封堵强度高，耐温高，且有一定的耐冲刷性。针对传统的栲胶/甲醛/苯酚冻胶体系，进行配方优化，采用环保型交联体系，同时加入了增韧剂，形成了纳米强化型栲胶冻胶体系，显著改善体系的韧性和强度，更适合海上油田高孔高渗的油藏需求。

1.3.1　高温封口体系的性能评价

(1) 成胶性能评价

不同配方浓度的成胶性能如表4所示。

表4　高温封口剂成胶性能

序号	栲胶/wt%	水溶性交联剂/wt%	纳米材料/wt%	成胶时间/h	成胶强度
1	4	2	0	18	G
2	4	2	1	14	I
3	4	2	2	4	I
4	4	2	3	2	I
5	4	2	4	1	I
6	4	2	5	1	I

结果表明纳米材料的加入有利于强化冻胶对游离水的结合能力，显著降低了冻胶的失水情况。在300℃条件体系强度仍然可以保持G-I级。

(2) 封堵性能评价

测定不同渗透率岩心的封口体系封堵率如图4所示。

实验结果表明，耐高温封口剂体系高温下封堵率达到92%，并且具有较好的耐冲刷性，可满足热采近井封窜要求。

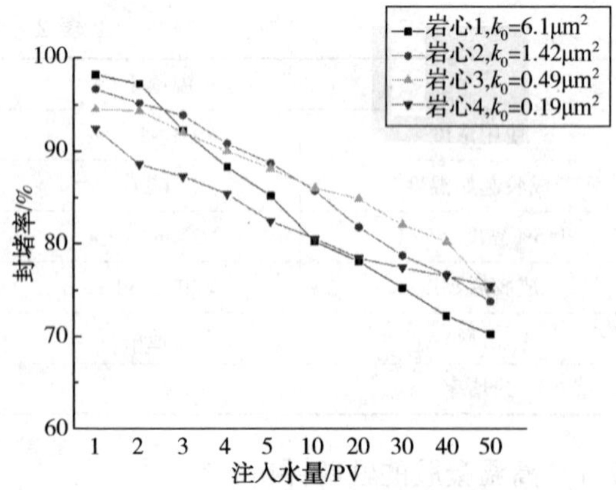

图4　凝胶封堵率

1.4 高温逐级梯度堵调物模实验

1.4.1 实验条件

蒸汽温度为300℃，烘箱温度150℃，蒸汽流量4mL/min，堵调体系：0.05PV封口剂+0.1PV凝胶+泡沫(伴注浓度1%)。首先采用二维模型，注入300℃的蒸汽，通过测量模型内不同位置处的温度变化和残余油饱和度的变化，研究蒸汽在平面上的波及规律以及蒸汽驱的采油效率。

1.4.2 实验结果

平板模型内饱和原油，老化24h后采用300℃蒸汽驱，记录注入压力、温度分布及出液情况。将驱替后的油砂取出后干馏分析，测定模型内不同部位的残余油饱和度。蒸汽驱过程的压力，采收率和含水率变化图5所示。

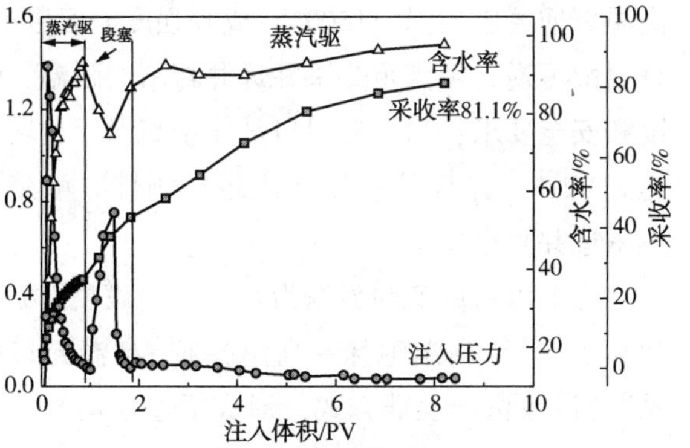

图5　平板模型驱替参数

由图可知，平板模型在蒸汽驱至含水率为90%时的采收率为25.3%。注入堵剂段塞后接着进行蒸汽驱，注蒸汽7PV左右后，累积采收率为81.1%、含水率为97.8%。

2 逐级梯度堵调设计方法

在各种室内实验数据基础上，成功建立了一套“高温泡沫—高温凝胶—高温封口体系”的逐级机理表征方式，形成了逐级堵调设计方法。

2.1 高温堵剂封堵机理表征

CMG数值模拟模型中采用Langmuir等温吸附计算在不同温度下，堵剂的吸附量，达到吸附量随着温度改变效果，进而实现堵剂封堵特性。同时考虑堵剂不可及孔隙体积对封堵的影响。通过公式(1)、(2)、(3)实现了堵剂封堵能力的改变。

(a) 堵剂吸附量计算公式：

$$ad = \frac{(tad_1 + tad_2 \cdot xnacl) \cdot ca}{1 + tad_3 \cdot ca} \tag{1}$$

(b) 残余阻力系数计算公式

$$R_g = 1 + (rrf - 1) \cdot ad/ADMAX \tag{2}$$

(c) 气相渗透率计算公式

$$K_g = K \cdot k_{rg}/R_g \tag{3}$$

式中，ad为吸附量；tad_1、tad_2、tad_3分别为Langmuir等温系数；xnacl为盐质量分数；ca为组分摩尔分数；K为渗透率；rrf为最大阻力因子；$ADMAX$为最大吸附量。

2.2 逐级堵调设计图版

结合逐级堵调机理油藏表征方法，对蒸汽驱汽窜时间、汽窜程度系数与封堵体系的关联性进行分析，构建了汽窜逐级调堵设计图版(图6)。

现场可根据汽窜情况，借鉴堵调设计图版，形成逐级梯度堵调设计方法，优化堵调组合方式。

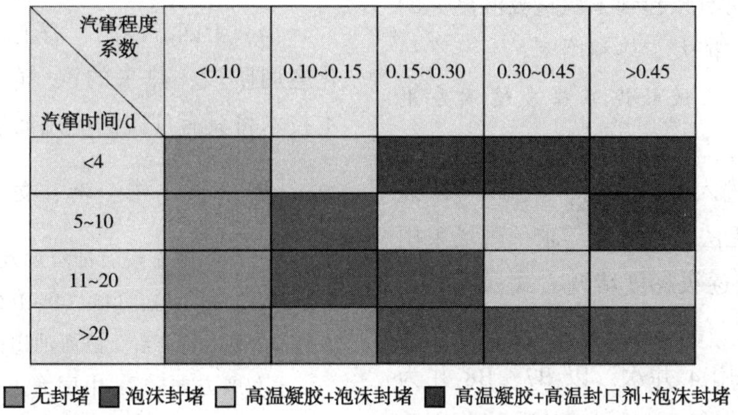

图6　逐级堵调设计图版

3 现场应用

3.1 高温泡沫堵调应用情况

目前高温泡沫堵调工艺在海上热采吞吐第一、二轮次应用共计12井次，一定程度延缓了汽/气窜，较好地保障了海上的热采推广。以海上多元热流体吞吐B5井为例，B5第一轮次注热前期，邻井B6出现了明显的产气量增加、产液产油量波动等生产状况，受B5注热的影响较大。B5井第二轮次注热过程中，采取了高温泡沫堵调工艺，起泡剂采用前置段塞+间隔伴注，前置段塞注入8t(浓度5%)，伴注4个段塞(浓度2%)，共计20t。现场注入过程中，起泡剂第一段塞注入后注汽压力提升1MPa，第二段塞注入后注汽压力上升1.2MPa，第三、第四段塞和第五段塞注入后注汽压力上升1.0MPa(图7)。

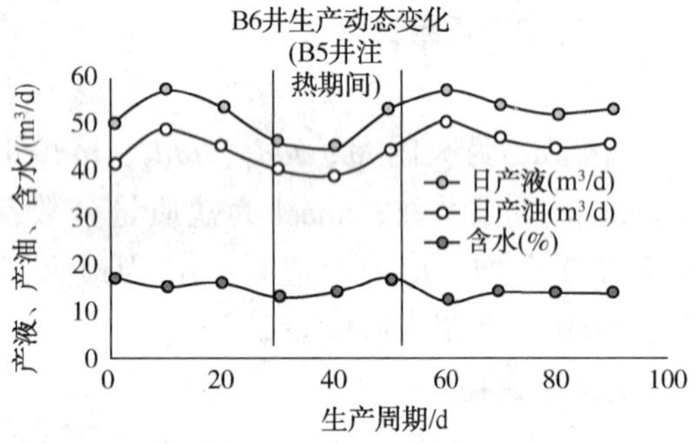

图7 B5井第二轮次注热过程中受效井B6井产出情况

B5井第二轮次注泡沫期间，邻井B6井未出现明显的产气量增加现象，且注泡沫后期，该井含水降低，产液及产油量有增加趋势，取得了较好的增油效果。现场试验表明，高温泡沫注入过程中压力升高，说明泡沫起到了调整吸液剖面的目的，抑制了汽窜，扩大了热利用率。

3.2 高温泡沫+高温凝胶逐级梯度堵调应用情况

海上热采吞吐进入三轮次后，汽窜/气窜强度增大，单一泡沫无法满足封窜需求，现场采用高温泡沫+高温凝胶逐级梯度堵调方式，同时工艺上采用双井同注，有效抑制了井间汽窜/气窜问题，现场共计应用4井次。以B7、B8井为例，现场注入热流体前，注入1.5%凝胶分别为250方和300方，同时环空注入氮气顶替，将环空中的凝胶顶替至地层。两口井注凝胶后注入压力平均升高3~4MPa，且后续注入压力保持稳定，周围邻井生产未受到影响，说明凝胶完全封堵住了2轮次吞吐期间形成的窜流通道，吸汽剖面得到有效调整。

B7、B8井施工前，日产液30m³/d，日产油为26~28m³/d，措施后，最高日产液可达110方，最高日产油达47方，平均日产油38方，较措施前产油增加42%，取得了良好的增油效果。

4 结论

(1)研制了针对海上大井距水平井的逐级梯度堵调体系，其中耐盐型高温起泡剂耐温≥350℃，老化后起泡体积491mL，半衰期392s，阻力因子可达83，可满足热采远井调剖的目的；高温可逆凝胶耐温≥150℃，成胶强度F级以上，且温敏可逆，可满足热采井远井封窜的耐温、强度和安全要求；耐高温封口剂体系高温下封堵率达到92%，并且具有较好的耐冲刷性，可满足热采近井封窜要求。

(2)以室内实验数据为基础，油藏数模模拟建立了一套"高温泡沫—高温凝胶-高温封口体系"的逐级机理表征方式，形成了逐级堵调设计方法，可用于指导现场堵调作业。

(3)海上稠油热采吞吐初期(1~2轮次)，现场累计应用高温泡沫12井次，取得了较好的抑制汽窜和增油效果；进入吞吐3轮次后，采用高温凝胶+高温泡沫逐级梯度堵调方式开展近井封窜及深部调剖，现场累计应用4井次，显著减缓了海上稠油热采的气窜/汽窜问题。

(4)十四五期间，海上稠油热采将进入规模化应用阶段，热采的汽/气窜问题将逐渐凸显，本技术将具有广阔的应用前景。

参考文献

[1] 李若平. 非常规石油资源及开发前景[J]. 当代化工，2006(03)：145-148+165.

[2] 郭太现，苏彦春. 渤海油田稠油油藏开发现状和技术发展方向[J]. 中国海上油气，2013，25(04)：26-30+35.

[3] 于连东. 世界稠油资源的分布及其开采技术的现状

与展望［J］. 特种油气藏，2001(02)：98-103+110.

［4］张威. 浅薄稠油油田热水驱新型耐高温调剖剂及应用技术研究［D］. 东北石油大学，2016.

［5］刘栋梁，顾继俊. 稠油热采技术现状及发展趋势［J］. 当代化工，2018，47(07)：1445-1447+1451.

［6］谭克，王帅，曹放. 稠油、超稠油热采技术研究进展［J］. 当代化工，2014，43(01)：97-99.

［7］赵修太，付敏杰，王增宝，董林燕，唐金玉. 稠油热采调堵体系研究进展综述［J］. 特种油气藏，2013，20(04)：1-4+151.

［8］C. Dai，Q. You，L. He，et al. Study and Field Application of a Profile Control Agent in a High Temperature and High Salinity Reservoir［J］. Energy Sources，Part A：Recovery，Utilization，and Environmental Effects，2011，34(1)：53-63.

［9］左佳奇，关灿华，朱冬，等. 耐温抗盐悬浮隔板凝胶堵剂研究［J］. 当代化工，2019，48(03)：449-452.

［10］陈泽华，赵修太，王增宝. 异步交联深部调剖体系的室内实验［J］. 新疆石油地质，2015，36(03)：317-321.

［11］廖月敏，付美龙，杨松林. 耐温抗盐凝胶堵水调剖体系的研究与应用［J］. 特种油气藏，2019，26(01)：158-162.

水平井分段注汽理论研究与应用

林珊珊　孙玉豹　张卫行　梅　伟　姬　辉　仝春玥　张建亮

(中海油田服务股份有限公司油田生产事业部)

摘　要　为解决笼统注汽时水平段油藏动用不均的矛盾，对水平井分段优化注气理论进行了研究，建立了传热模型，以及考虑油层厚度、孔隙度、渗透率等地层非均质、实现按需注汽的注汽模型，编制了包含水平段注汽优化设计的井筒热力参数计算软件，对注汽井A井水平段注汽段数、配注孔孔径和孔数进行优化计算。光纤测试结果表明，配注阀设计基本合理，水平段动用程度比较均匀，下步将调整配注方案，在温度相对偏低井段适当增加配注阀数量，缩小间距，保证水平段吸汽更均衡。

关键词　分段注汽；传热；非均质；吸汽；配注阀

水平井蒸汽吞吐和蒸汽辅助重力泄油是目前注蒸汽开采稠油的主要技术，由于油藏非均质性和水平井段长度的影响，水平井笼统注气时普遍存在水平段油藏动用不均的矛盾。室内模拟和现场测试资料表明，动用较好井段长度仅占总井段的1/3~1/2，且随着吞吐轮次增加，水平段油藏动用不均的矛盾将不断加剧，严重制约了水平井产能的发挥。调整吸气剖面，提高水平段油藏动用程度，改善注气开采效果的潜力非常大。为此，应用水平井分段优化注气技术，编制包含水平段注汽优化设计的井筒热力参数计算软件，有针对性地进行水平井分段优化注气，以有效调整水平段油藏的吸气剖面，改善油藏动用不均的状况，为现场注蒸汽提供指导。

1　水平段分段注汽理论

注汽管柱内的蒸汽通过注汽孔进入水平井环空，环空内同时接受注汽管柱的散热及蒸汽的补充，又不断地向地层散热以及渗透湿蒸汽。环空内的温度和干度是随着水平方向变化的。在微元段环空是连通的，在注蒸汽达到稳定状态后，每个注汽孔所控制的环空压力会维持一个相对稳定的值，所计算的微元段压力可以认为是不变的(图1)。

为了简化计算有如下假设：

① 水平井跟部注汽速率、压力和干度保持不变；

② 将套管等看作是地层的内缘；

③ 从注汽管柱中心到环空外缘为稳态传热，从环空外缘到地层则为非稳态传热；

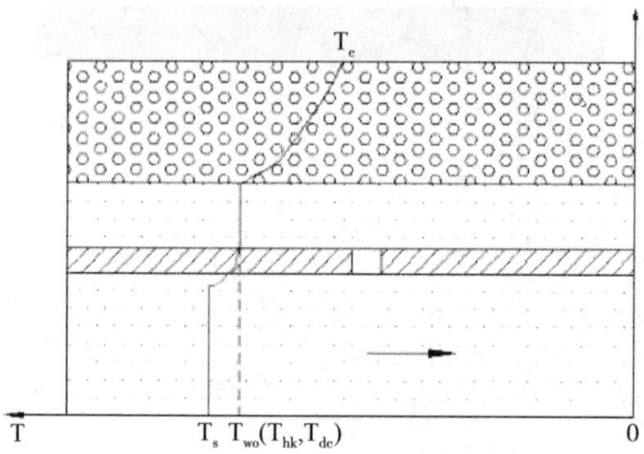

图1　水平井换热量模型

④ 不考虑微元段的压力变化；

⑤ 每个注汽孔进入环空的蒸汽只在此注汽孔附近控制区域进入地层。

1.1　流体从管内至管外壁的传热

稳态传热公式：

$$\delta\Phi_1=\frac{T_s-T_{wo}}{R_s}dz \tag{1}$$

式中，T_s为管内饱和蒸汽温度,℃；T_{wo}为注汽管外壁处温度,℃；R_s为复合热阻,℃·m·W^{-1}；$\delta\Phi_1$为注汽管中流体至管外壁在dz长度上的热流量(与管内流体到管内壁的热流量相等)，W。

管内对流换热热阻R_1：

$$R_1=\frac{1}{\pi h_t D} \tag{2}$$

式中，h_t为管内流体对流换热表面传热系数，W·m^{-2}·$℃^{-1}$；D为注汽管柱内径，m。

管内水蒸气对管壁的辐射换热热阻R_2：

$$R_2 = \frac{1}{\pi h_r D} \tag{3}$$

式中，h_r为管内水蒸气对管壁的辐射换热系数，W·m^{-2}·℃$^{-1}$。

注汽管壁的导热热阻 R_3：

$$R_3 = \frac{1}{2\pi\lambda_w}\ln\left(\frac{D_{out}}{D}\right) \tag{4}$$

式中，λ_w为注汽管柱的管壁导热系数，W·m^{-1}·℃$^{-1}$；D_{out}为注汽管柱外径，m。

则稳态传热总热阻如下图所示。

$$R_s = \frac{1}{\pi D(h_t+h_r)} + \frac{1}{2\pi\lambda_w}\ln\left(\frac{D_{out}}{D}\right) \tag{5}$$

由假设可知若环空充满饱和湿蒸汽，中间截面温度一致，且环空流速较小可忽略，因此可忽略流体与壁面接触的流动边界层以及热边界层，且辐射换热也可忽略，因此可假设水平井环空外缘温度与注汽管外壁温度相同，都等于水平井环空温度 $T_{hk}=T_{hw}=T_{wo}$。

1.2 储层吸汽量

根据 Williams 等提出的注汽速率和注汽压力的关系式，对单个注汽管柱对应的水平井段建立储层吸汽量的数学模型如下。

水平井段的吸汽量：

$$G_{hd}=\zeta(p_{hk}-p_e)\cdot J_0\cdot I_s \tag{6}$$

式中，G_{hd}为储层吸汽量，kg/s；p_{hk}为环空蒸汽压力，Pa；p_e 为储层初始压力，Pa；J_0为采油指数，kg/(s·Pa)；I_s为储层吸汽指数，无因次；ζ 为储层吸汽量修正系数。

在现有模型中，多数学者认为 p_{hk}为管内平均压力，显然误差较大。假设环空压力是不断变化的，受多种因素影响，在模拟中发现其从跟部到趾部缓慢下降，如下所示。

$$p_{hk} = \frac{a_1 p_{tub} + a_2 p_e}{(a_1+a_2)} + \zeta\,|p_{tub}-p_e| \tag{7}$$

式中，p_{tub}为管内蒸汽压力，Pa；a_1，a_2，ζ 为相关无因次系数。

$$I_s = \frac{2\ln\left(\dfrac{A_d}{r_w^2}\right)-3.86}{\ln\left(\dfrac{A_d}{r_w^2}\right)-2.71-\ln(E_h)} \tag{8}$$

式中，r_w为水平井井筒半径，m；E_h为储层中得到的热能与注入热能之比。

当 $t_D \leqslant t_{CD}$时

$$E_h = \frac{1}{t_D}\left[e^{t_D}\mathrm{erfc}\sqrt{t_D} + 2\sqrt{\frac{t_D}{\pi}} - 1\right] \tag{9}$$

当 $t_D \geqslant t_{CD}$时

$$E_h = \frac{1}{t_D}\left[\left(e^{t_D}\mathrm{erfc}\sqrt{t_D} + 2\sqrt{\frac{t_D}{\pi}} - 1\right) - \sqrt{\frac{t_D-t_{CD}}{\pi}}\left(\frac{1}{1+h_D} + \frac{t_D-t_{CD}-3}{3}e^{t_D}\mathrm{erfc}\sqrt{t_D} - \frac{t_D-t_{CD}}{3\sqrt{\pi t_D}}\right)\right] \tag{10}$$

式中，erfc(x)为误差补偿函数，$\mathrm{erfc}(x)=1-\mathrm{erf}(x)=2/\sqrt{\pi}\cdot\int_x^\infty e^{-y^2}dy$；$t_D$ 为无因次时间，$t_D=4\lambda_e\tau/(MH^2)$；$t_{CD}$为无因次临界时间，$e^{t_{CD}}\mathrm{erfc}\sqrt{t_{CD}}=1/(1+h_D)$；$h_D$ 为无因次热焓，即汽化焓与液体焓之比，$h_D=r_v x/(C_w\Delta T)$；λ_e 为油层导热系数，J(m·s·℃)；M 为油层热容量，J/(m^3·℃)；τ 为注汽时间，s；H 为油层导热系数，m；ΔT 为加热区与原始油藏间的温差,℃；C_w 为水的比热，J(kg·℃)；r_v 为汽化潜热，J/kg；x 为饱和蒸汽干度。

采油指数：

$$J_0 = \frac{2\pi Kha\cdot\rho_{oil}}{B_0\mu_0\ln\left(\dfrac{0.571A^{0.5}}{r_w} - \dfrac{3}{4} + S\right)} \tag{11}$$

式中，K 为储层渗透率，μm^2；h 为油层厚度，m；B_0为原油体积系数；μ_0为原油黏度，mPa·s；A 为井网有效面积，m^2；r_w为油井半径，m；S 为表皮因子；ρ_{oil}为原油密度，kg/m^3；

a 为单位换算系统，当 $a=10^9$时，J_0的单位为 kg/(Pa·s)；

$$B_0 = 0.972 + 0.011213F^{1.175} \tag{12}$$

$$F = 0.1404R_s\left(\frac{\rho_g}{\rho_0}\right)^{0.5} + 0.05625T_{dc} + 1 \tag{13}$$

式中，R_s为溶解气油比，m^3/m^3；ρ_0为地面脱气原油相对密度，小数；ρ_g为分离器气体相对密度，小数；T_{dc}为地层温度，K。

1.3 注汽孔摩擦压降

在有注汽孔的微元段，由于注汽孔内及周围边界层的分离、回流以及再附着，造成了注汽孔的摩擦压降 dp_{perf}，该流动状态十分复杂，如图 2 所示：

注汽孔摩擦压降本质上也是由于摩擦引起的，因此有以下形式：

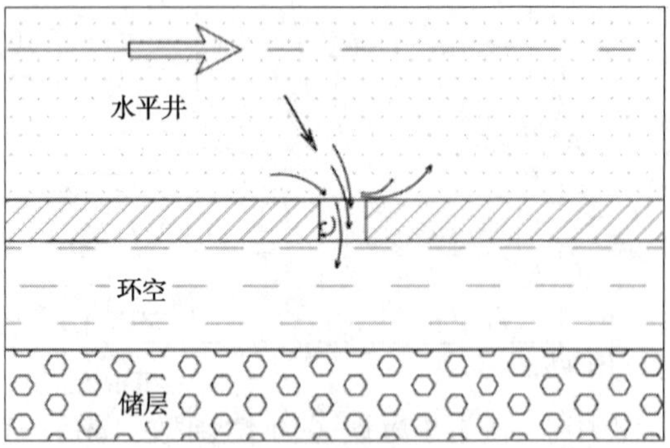

图2　注汽孔段微元体

$$dp_{\text{perf}}=f_{\text{perf}}\frac{\mathrm{d}z\rho w^2}{D\ 2} \tag{14}$$

式中，w 为流量速度，$w=Q/A$，m·s^{-1}；ρ 为气液两相的真实密度，$\rho=\phi\rho_g+(1-\phi)\rho_l$，kg·m^3；$f_{\text{perf}}$为注汽孔达西摩擦系数。

注汽孔达西摩擦系数可由以下隐式方程计算：

$$\sqrt{\frac{8}{f_{\text{perf}}}}=2.5\ln\left(\frac{Re}{2}\sqrt{\frac{f_{\text{perf}}}{8}}\right)+B-\frac{\Delta u}{u^*}-3.75 \tag{15}$$

式中，Re 为雷诺数；B 为与无注汽孔摩擦系数相关的系数，如式(16)所示。$\Delta u/u*$ 为粗糙度函数，如式(17)所示。

$$B=\sqrt{\frac{8}{f}}-2.5\ln\left(\frac{Re}{2}\sqrt{\frac{f}{8}}\right)+3.75 \tag{16}$$

$$\frac{\Delta u}{u^*}=7\cdot\left(\frac{d}{D}\cdot\frac{n}{12}\right) \tag{17}$$

式中，n 为注汽孔的个数；d 为注汽孔直径，m；D 为注汽管柱内径，m。

其中，无注汽孔的摩擦系数 f 可由 Haaland 方程计算：

$$f=\left\{-1.8\log\left[\frac{6.9}{Re}+\left(\frac{\varepsilon}{3.7D}\right)^{1.11}\right]\right\}^{-2} \tag{18}$$

式中，ε 为绝对粗糙度，m。

流道局部变化对流体的扰动在两相流系统中大约会延续到下游100个内径的距离，此时存在注汽孔的流道内的压降方程就多了一项注汽孔摩擦压降。

1.4　注汽孔流量

对注汽孔内高速流动的水和水蒸气，可视为忽略重力势能变化的定常流动，通过伯努利方程可计算注汽孔流速：

$$c^2=2(p_2-p_1)/\rho \tag{19}$$

式中，c 为注汽孔出口截面上的流速，m/s；p_1为注汽管内压力，Pa；p_2为储层压力，Pa。

注汽孔流量：

$$Q_n=\pi d^2 c/4 \tag{20}$$

式中，Q_n为注汽孔体积流量，m^3/s。

1.5　考虑地层非均质的注汽量

将每段的吸汽量相加，求得各段吸汽量所占总量的比重，再取倒数，得到比重的反比：

$$\lambda_i=1/\left(\frac{G_i}{G_1+\cdots+G_n}\right) \tag{21}$$

式中，G_i为各段吸汽量，kg/s；λ_1为各段吸汽量占总量比重的反比。

将各段的比重反比后的分数重新相加，求得各段比重分数所占总量的比重，该比重乘以实际初始热流体流量得到修正后的吸汽量：

$$G'_i=Q/\left(\frac{\lambda_i}{\lambda_1+\cdots+\lambda_n}\right) \tag{22}$$

式中，$G_{i,}$为各段反比修正后吸汽量，kg/s；Q 为实际初始热流体质量流量，kg/s。

2　水平段分段注汽相关软件

软件采用C#语言编制，并使用微软 Visual Studio IDE 窗体应用类项目开发环境，控件采用了 DevExpress 控件集，保证软件风格统一，提高了在 Windows 系统运行的流畅性。

水平段注热参数计算模块可根据井底流体参数及水平段参数计算得到流体在水平井内的压力、温度、干度等参数的沿程分布情况，同时可根据水平分段计算相应段的注汽阀参数。该模块可对水平井进行自由分段设置，以及各段对应的储层参数设置，进行多选、选段注汽设计(图3)。

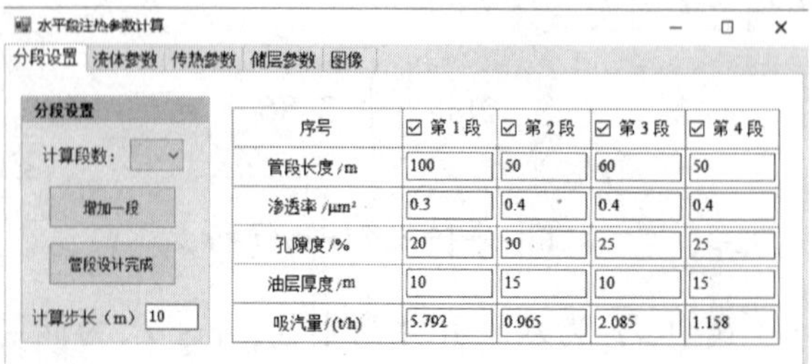

图3　软件主界面

3　水平段分段注汽设计

（1）注汽管柱设计

综合考虑井筒安全控制、井筒高效隔热、水平段注汽效果，开展注汽管柱设计，以保障注汽井筒的安全及注汽效果。

采用井筒安全控制工艺，封隔器封隔油套环空，防止井底高温蒸汽上返至油套环空、有效保护套管和水泥环；采用井筒隔热工艺，使用隔热油管，同时间歇向油套环空中补充氮气，减少井筒热损失，提高井底注汽干度，保护套管及水泥环；采用水平段均匀注汽工艺，提高水平段动用程度，确保注汽效果。管柱组合为：隔热油管+高温井下安全阀+高温环空封隔器+隔热型补偿+热敏封隔器+水平段均衡注汽管柱，管柱图如图4所示。

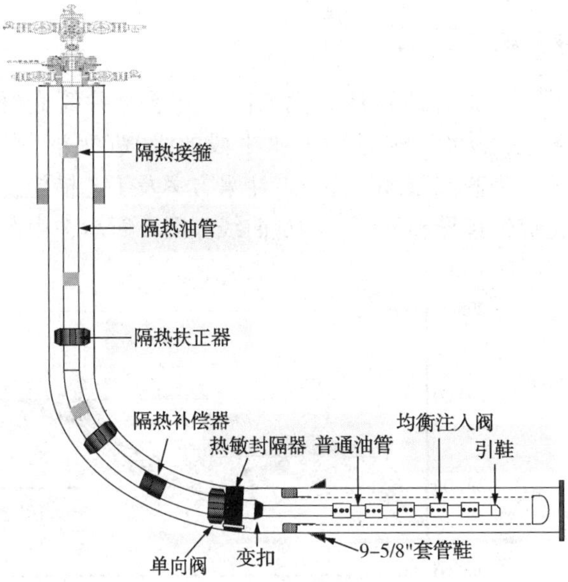

图4　注汽管柱图

（2）配注阀设计

以A井井深轨迹数据以及井口注入参数为基础，对水平段入口注汽参数进行计算，基础参数如表1所示。

表1　水平注热计算基础参数

名称	数值	名称	数值
井底压力/MPa	10	井底温度/℃	310
井底干度/%	80	井底流速/(t/h)	10
累计注汽量/t	27000	配气孔直径/m	0.01
地层导温系数/(m^2/s)	1×10^{-6}	地层导热系数/[W/(m·℃)]	2.45
地温梯度/(℃/m)	0.033	地表温度/℃	10
原油黏度/(mPa·s)	100000	原油密度/(kg/m^3)	985
海水表面温度/℃	15	海水流速/(m/s)	5
储层压力/MPa	2	泄油面积/m^2	97000

依据上述计算结果，设置流体参数。同时对水平段分段、储层参数等进行设置。根据分段设置优化配注阀方案如图5所示。

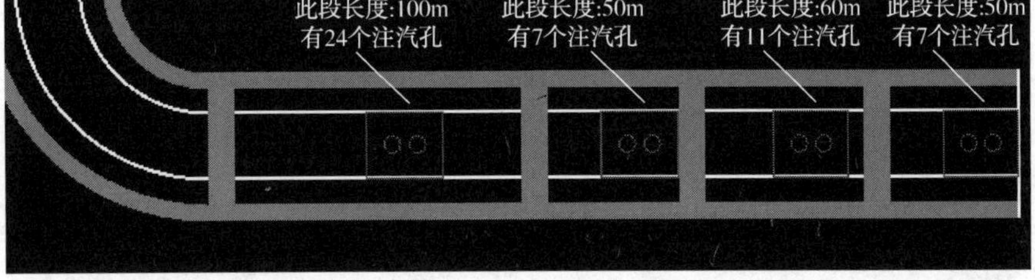

图5　水平段多段注汽配汽孔数目图

由计算结果可知，4段配注阀数目分别为24个、7个、11个、7个，对应S型配注阀个数为4、2、2、2，指导A井开展水平段注汽管柱设计。

4 现场测试

在A井停止注蒸汽期间，开展全井筒光纤测试，从而了解注汽井水平段的吸汽(吸液)状况，为蒸汽驱效果评价、注采方案及工艺措施优化提供指导和依据。测试曲线如图6所示，由测试结果可知，水平段动用程度比较均匀，配注阀设计比较合理，同时井深1530m~1580m处温度相对偏低，1590m~1705m处温度相对偏高，下步将调整配注方案，在温度相对偏低井段适当增加配注阀数量，缩小间距，保证水平段吸汽更均衡。

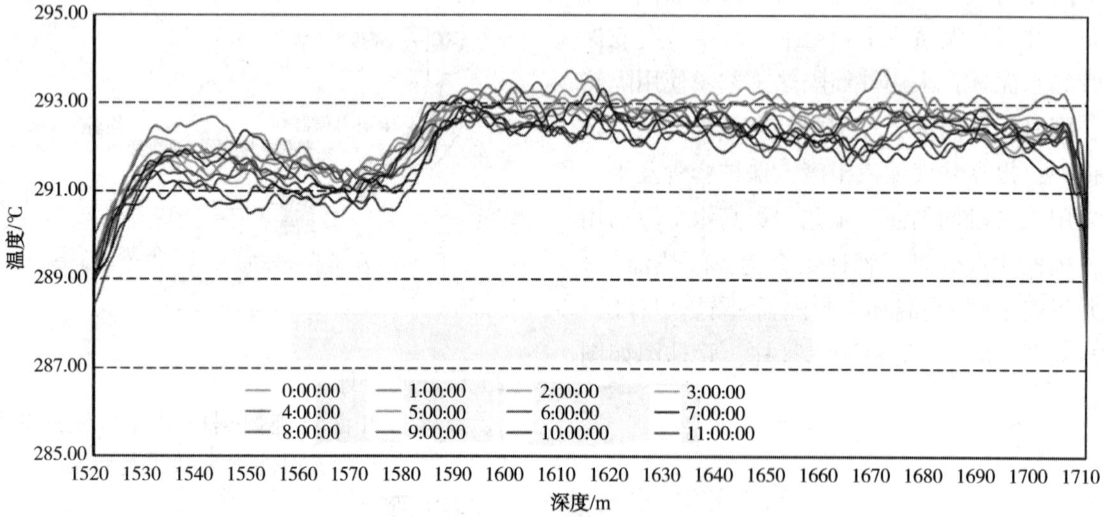

图6 A井水平段光纤测试温度

5 结论

(1) 水平段分段注汽理论进行研究，建立传热模型、考虑地层非均质、可实现按需注汽的注汽模型。编制包含水平段注汽优化设计的软件，对水平段段数(分段、选段)、配注孔孔径和孔数进行优化计算，实现按需注汽。

(2) 针对A井进行注热管柱设计，为提高注汽效果，隔热油管+高温井下安全阀+高温环空封隔器+隔热型补偿+热敏封隔器+水平段均衡注汽管柱。

(3) 对A井进行光纤测试，测试结果表明水平段配注阀设计比较合理，针对吸汽相对差的井段，下步将调整配注方案，在温度相对偏低井段适当增加配注阀数量，保证水平段吸汽更均衡。

参 考 文 献

[1] 王弥康．管内两相流沿程摩阻压降与单相摩阻系数[J]．石油大学学报．1997，21(5)：52-55.

[2] Ito H，Imai K. Energy losses at 90 pipe junctions[J]. Journal of the Hydraulics Division，1973，99(9)：1353-1368.

[3] Su Z，Gudmundsson J S. Pressure drop in perforated pipes：experiments and analysis[C]SPE Asia Pacific oil and gas conference. Society of Petroleum Engineers，1994.

海上稠油油田加密调整钻完井技术

李治衡[1,2]　霍宏博[1,2]　王桂萍[1,2]　岳　明[1,2]　张羽臣[1,2]

(1. 中海石油(中国)有限公司天津分公司; 2. 海洋石油高效开发国家重点实验室)

摘　要　渤海海上稠油油田加密调整已经进入开发中后期，逐步暴露出注采矛盾突出、层间和平面上储量动用差异大、单井控制储量过高、采油速度和采收率较低、综合含水上升快，产量递减快等问题，针对中国海油稠油开发面临的挑战，首次提出海上油田大规模综合调整研究，由于海上油田特殊的开发方式，陆地油田综合调整工作中成熟的研究思路和技术路线无法复制到海上油田，海上油田整体加密调整技术研究面临诸多技术难点，研究针对油田开发存在的问题，创新性地提出一整套海上油田的整体挖潜和调整的技术思路和研究方法，完成渤海某油田Ⅰ期整体加密调整方案，调整后油田井网由反九点面积注水井网转变成为行列注水井网，探索“定向井+水平井”开发模式，整体加密实施效果良好，油田水驱状况明显改善，水驱储量动用程度从调整前的80.5%提高到调整后的91.3%，采收率大幅度提高，预计提高采收率10.4%，整体加密调整技术必将在同类油田中推广应用。

关键词　渤海; 稠油; 加密调整; 钻完井

渤海稠油探明地质储量占总石油储量的80%。渤海已开发的稠油油田约70%为河流相沉积油藏，由于油水黏度差异及强平面非均质性，开发过程中含水会快速上升。目前渤海油田稠油地质储量采出程度约20%，而过半的稠油油田综合含水已达约80%，海上稠油油田加密调整提高采收率迫在眉睫。

参考陆地稠油油田经验，中高含水及特高含水阶段，提高采收率对于产量还会有较大贡献，加密调整是持续深入挖潜是重要手段。

渤海油田在调整方案实施过程中，提高了采油速度和采收率，控制了产量递减，较好的解决了层间及平面储量动用差异大、注采矛盾等难题，使单井控制储量更加合理，取得了较好效果。

地质油藏、钻完井等多专业融合，建立三维地质模型精细表征指导油田剩余油深入挖潜，作为优化注采关系的基础；又通过密闭取芯，依托油藏工程方法和数值模拟方法描述剩余油分布，互为验证，确保剩余油分布规律的准确。钻完井在调整井施工中浅层防碰邻井，目的层精确追踪剩余油，实现复杂井网再加密，有研发一系列工程新技术，防漏、解除污染、沟通储层，提高综合产能，经过加密调整及产能优化措施，油田采收率由调整前的24.2%提高至35.9%，为类似油田提高产能积累了经验。

1　海上稠油油田加密调整钻完井技术难点

海上稠油油田的大规模调整无法直接借鉴陆地油田的成熟思路，海上复杂河流相油田，储层浅埋深、储层疏松，且采用丛式井开发，老井轨迹密集，见图1，浅部地层存在极大的防碰风险。目的层剩余油分布局限，需要对井轨迹精确控制方可达到增产的目的。河流相储层非均质性强，大段合采导致对剩余油分布认识不清且导致压力紊乱，钻井过程中涌漏频发。

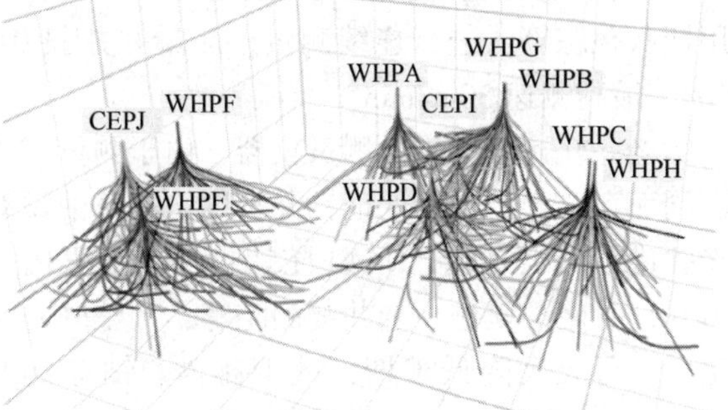

图1　海洋稠油油田丛式井轨迹分布

海上稠油油田开发初期是以复合砂体为研究单元，加密调整需要细分层系，油田开发动态测试资料欠缺，原始资料已无法满足高含水期剩余油认识及开发需求；对于储层内部小尺度非渗透隔挡尚无有效的合理描述方法，精细描述困难，油藏技术的限制给调整井钻完井提出诸多挑战，一方面要克服钻完井技术难题，另一方面需要满足解决地质油藏专业找油控水的需求。

海上稠油油田加密调整钻完井首先需要满足对轨迹的精确控制，在浅部地层要防止碰撞邻井，深部地层要使井眼避开水层钻遇剩余油分布区，根据油藏变化，实时优化调整井眼轨迹，最大限度释放产能；其次大段合采导致地层压力紊乱，尤其是疏松砂岩地层地层压力较低，漏失频发，需满足钻井及固井期间的漏失；再有需要提高钻井效率，一方面减少又涌又漏的复杂情况，另一方面提高起下钻效率。

2　海上稠油油田综合调整钻完井关键技术

渤海稠油油田综合调整见为全球首次进行海上复杂河流相、浅埋深、疏松储层油田的大规模综合调整，现有技术体系面临巨大挑战，钻完井领域无经验可借鉴。对钻完井技术提出较高要求，既包括丛式井组中加密部署调整井，又包括提高剩余油钻遇率，释放产能目的，还需要满足安全钻井的目的。

2.1　复杂井网再加密制导技术

调整井多采用外挂扩展甲板、依托老平台栈桥连接方式增加调整井槽口，或采用单筒双井增加槽口，上部地层防碰风险高，而上部地层隔水导管对定向存在磁干扰，影响防碰绕障，渤海油田自2000年以来，引入SDI公司的陀螺，后2013年中海油服自主研发SRM单点陀螺和NAVI连续陀螺进行浅层定向、避免磁干扰，采用捷联跟踪算法进行连续测量，测量井井斜0~70°，最高测速30m/min。

老井轨迹多为磁性测量仪器，由于测量方式不同而存在误差，为保证钻井精度，渤海油田对老井进行陀螺复测，NAVI陀螺可实现油管内不占井口时间拉轨迹。老井复测陀螺，调整井陀螺定向，可大大降低工期，减少碰撞、钻穿邻井风险。

深部地层随着丛式井轨迹分散，邻井防碰风向降低，但精确钻遇油藏剩余油难度极高。渤海油田以地层沉积模式为基础，井震结合，实现单砂体的精细刻画，根据岩电特征建立界面识别模式，以“岩性、相变、厚度”三因素变化确定构型边界，定量刻画隔夹层及构型空间展布特征。应用随钻地质导向设备，提高了目的层钻遇效率，实时监测地质参数，对轨迹进行调整(图2)。

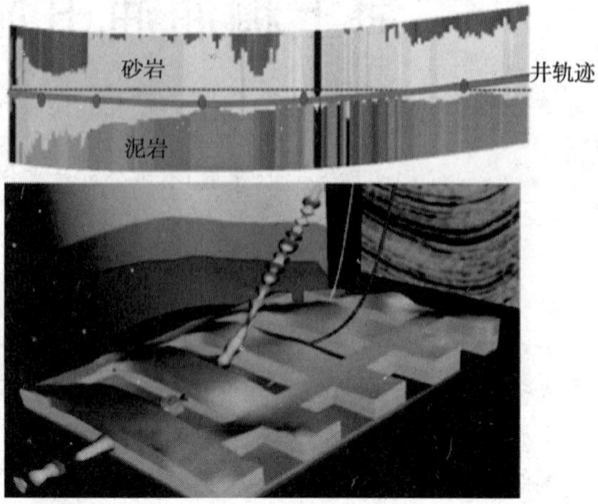

图2　油藏精确制导

中海油最初引入Halliburton公司的FEWD工具，可实现142.4mm~311.15mm井眼的钻进，在钻井过程中实时监测电阻率、伽马、密度、中子孔隙度，可配合随钻声波、旋转导向工具。后中海油服自主研发Drilog随钻测量设备，实现随钻四条线钻进，最高工作温度150℃，最高工作压力20000psi，达到国际先进水平。并依托随钻测压和随钻探边工具，反演油层顶底边界信息，及时修正油藏模型，随实际油藏走势钻进。

2.2　储层保护油田化学体系

天然能量开发油田或注采不均衡油田，储层压力不断变化，形成压力衰竭储层或异常高压储层。对钻完井作业带来诸多挑战，比如：溢流、井涌；压力亏空漏失，钻具黏卡；水泥浆窜槽，影响固井质量；储层保护困难，产能无法保证。

对于笼统注水油田，调整井钻井前，模拟非均质地层注水及停注过程地层压力变化规律，并由此制定精细注水及注水井停注时间计划(图3)。

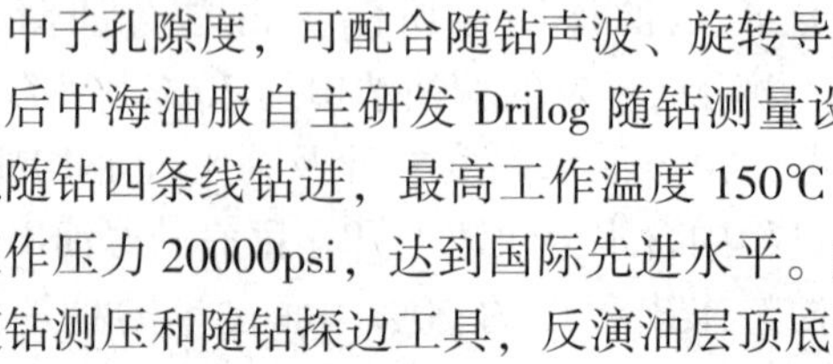

图3　合理关停时间选择

渤海稠油油田均属于中高渗、高渗储层，渗

透率 18.0MD ~ 5900.0MD，平均渗透率约1000MD。优化钻井液保证对储层的保护，对原有的PEC体系进行优化，研发纳米级可变形聚合物封堵剂PF-ECOSeal，实现高效"物理封堵"增强体系的承压封堵能力，封堵地层孔隙和微裂缝来降低孔隙压力传递，并在井壁上有效地生成半透膜，实现页岩稳定，在压力衰竭地层和砂岩地层，能够有效降低钻井液漏失和压差卡钻的风险，钻井液密度可降低0.03~0.05g/cm^3，并以渗透率为依据进行不同渗透率和压力下的交叉砂盘封堵实验，建立不同压差下的封堵性图版。

为防止表层固井漏失及深层污染储层，研发多种低密度固井液体系，补充了从0.9~1.5g/cm^{3}的低密度水泥浆体系。也研发了P-LifeStone防窜漏固井水泥浆体系，在水泥环出现微裂缝，有油气经过时，自发对微裂缝封堵，形成有效水力封隔，在不中断生产情况下，恢复水泥环的完整性，长期保证有效水力封隔，有效解决井口带压难题，缩短稠化时间，提高早期强度，防止集中表层发生窜槽(图4)。

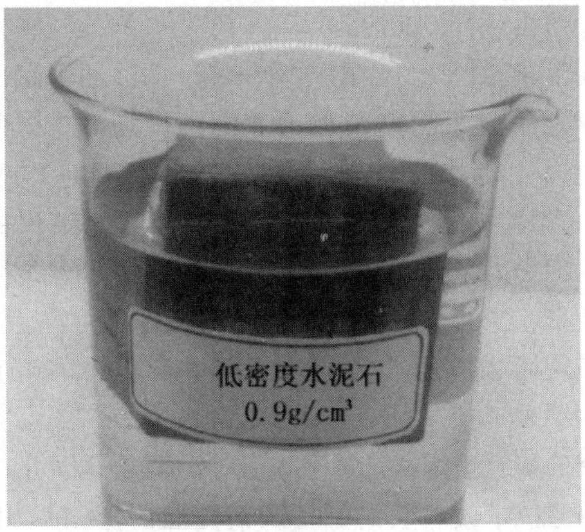

图4 低密度水泥石

2.3 综合调整提高产能技术

长时间开发后，注水压力增加对油田提产造成极大影响，且传统酸化解堵方式有效期短，酸化井次增多，总费用逐年增加。渤海油田通过微压裂方式，通过在井筒附近形成微裂缝来增加注入能力。以注入水为介质，泥浆泵或酸化泵为施工设备，相比酸化设备少、施工效率高、不使用额外化学药剂，可有效降本增效；作业过程中逐步提高压力，压开储层后即停止作业形成较为细微的裂缝来控制溢油、窜层等风险。

大规模推广压裂充填技术提高疏松砂岩地层生产井产量并防止出砂，经十年应用，压裂充填已成为一项成熟工艺，可增加井筒流入面积降低表皮系数，通过高砂比填埋环空，减少细粉迁移，防止远井地带出砂，显著提高了单井产量，控制油井出砂，取得很好的降本增效效果，成为中高渗储层增产、完井的新技术手段。渤海压裂充填段单层平均跨度为56.6米，最长为112米，最大井斜角可达80°。渤海油田已经逐步实现一趟多层压裂充填作业，采用国产化的一趟多层压裂充填防砂工具顺利实现了一次四层压裂充填。

2.4 综合调整应用效果

渤海油田以绥中某油田为起点，逐步拓展加密调整技术，以秦皇岛某油田为代表，实现了海上油田全面分层系调整；以渤南油田群为代表，实现了区域整体调整，形成了海上油田加密调整关键技术系列。

绥中某油田在油井间加密油井，注水井排加密注水井采用排状注采井网(定向井水平井联合井网)将实采油速度提高53%，油田含水与采出程度得到显著改善，通过数值模拟预测，经过加密调整及注采结构调整，油田采收率由调整前的24.2%提高至35.9%。

秦皇岛某油田在剩余油分布研究和水平井先导试验的基础上，对全油田细分层系，把不同油藏类型、不同流体性质的油层分采，由原来1套开发层系调整为多套开发层系，分(主力)单砂体利用水平井开发。

3 海上稠油油田综合调整未来发展方向

国内外已开发油田经验表明，高含水期仍是大幅度提高采收率的重要阶段，需要明确稠油油田未未来综合调整方向，并对新开发油田预留后期调整的对接方案。

渤海油田的综合调整均在高含水阶段进行，调整后采油速度大幅提高，但稳产难度巨大，要针对高含水期调整后的矛盾，深化高含水期稠油油田立体注采调整，通进精细油藏描述、精细高效注水、精细措施挖潜、精细生产管理、扩大水驱波及范围，实现高含水期稳油控水的目的。

此外，需要探索调整后剩余油分布及深入挖潜手段。渤海稠油油田首次调整已经针对相对富集的剩余油实施挖潜，加密后，油田的剩余油已经由连片富集转变为更为零散的点状富集，如何认识调整后高含水阶段剩余油富集模式，相应的挖潜方式也需要探索。一方面需要提升流场控油理论，以平面以及纵向的动、静非均质精细研究为基础，在理论研究与矿场试验的基础上，实现挖潜调整方式由油井间均匀加密向流场指导下的矢量挖潜转变；另一方面工程技术专业需要提高随钻设备精度和能力，与油藏专业结合，提供更好的技术支持。

海上稠油油田综合调整需需要多专业协同配合，地震属性分析、波阻抗反演和地震测井协同模拟的"三阶段"的综合储层预测研究，横向预测砂体分布范围和厚度大小，纵向预测砂体几何形态和演化规律，同时充分利用动态资料对多个随机实现进行优选，提高储层预测精度。

发挥测井优势，对地下情况实施化、精细化描述，大规模应用随钻陀螺，提高浅层定向效率，深部地层推广近钻头测井工具，缩短随钻反应时间。

引入大数据分析，将渤海各个油田开发过程统筹研究，建立学习机制，延长钻完井后评估与油田开发规律的长期关注，将钻井、岩心、测井、地震等资料与储层沉积相模式、油田开发相结合，选取与实际生产数据最为符合的模型。对注水开发油田制定合理化关停制度，明确注水井影响范围，提示钻井过程中是否需要关停。持续推进测井设备升级，提高井下参数获取的精度，拓展近钻头测井设备的探测范围。

在低油价下，需要调整老油田高效调整策略，油田加密调整需新增平台、海管海缆，工程投资巨大，老油田调整应以目前的国际原油价格水平进行经济测算，避免大规模调整，利用老井槽、单筒多井、依托老平台、外扩甲板等方式降低工程投资。对单井投资和增产收益进行精细化分析，实施高效益井。

4　结论和建议

本文针对渤海海上稠油油田加密调整进入开发中后期暴露出得问题，有针对性形成了渤海稠油油田加密调整钻完井技术。

(1) 复杂井网再加密制导技术。通过老井陀螺复测、随钻地质导向设备，随钻测压和随钻探边工具，实现对井轨迹精确控制，确保施工的安全性，提高了目的层钻遇效率；

(2) 储层保护油田化学体系。对原有的 PEC 体系进行优化，实现高效"物理封堵"增强体系。同时研发了多种低密度固井液体系和防窜漏固井水泥浆体系，确保水泥环的完整性，保证了安全生产的长期性；

(3) 综合调整提高产能技术。通过微压裂方式来控制溢油、窜层等风险。大规模推广压裂充填技术，渤海油田已经逐步实现一趟多层压裂充填作业，采用国产化的一趟多层压裂充填防砂工具顺利实现了一次四层压裂充填。

随着渤海油田的深入开发，稠油开发的重要性越发突出，渤海稠油油田加密调整钻完井技术确保了稠油开发的安全性和高效性，为渤海油田的稳产上产做出贡献。

参 考 文 献

[1] 郭太现，苏彦春．渤海油田稠油油藏开发现状和技术发展方向[J]．中国海上油气，2013，25(04)：26-30

[2] 周守为．中国海洋石油高新技术与实践[M]．北京：地质出版社，2005.

[3] 周守为．中国近海典型油田开发技术[M]．北京：地质出版社，2009.

[4] 胡治华，杨庆红，申春生，等．稠油油田高含水期剩余油分布规律及挖潜策略：以渤海 SZ 油田为例[J]．断块油气田，2013，20(6)：748-751.

[5] 束青林，张本华，毛卫荣，王宏．孤岛油田特高含水期提高采收率技术措施及效果[J]．油气地质与采收率，2009，16(05)：52-55.

[6] 霍宏博．笼统注水对调整井钻井安全的影响[J]．石油钻采工艺，2018，40(4)：425-429.

[7] 李治衡，张晓诚，董平华，等．调整井固井用聚合物型抗水侵材料的制备及其性能评价[J]．化工进展，2021，v.40；No.354(03)：1565-1573.

[8] 范白涛．渤海油田钻完井技术现状及发展趋势[J]．中国海上油气，2017，29(4)：109-117.

[9] 姜伟．中国海上油田开发中的钻完井技术现状和展望[J]．中国工程科学，2011，13(5)：59-64.

[10] 吴怡，幸雪松，庞照宇，黄兆鑫．海上勘探开发一体化钻完井关键技术研究与实践[J]．中国海上油气，2022，v.34(01)：128-133.

[11] 杨化东．海洋油田综合调整钻井技术[J]．石油工业技术监督，2022，v.38；No.389(01)：71-75.

[12] 吴春洲．稠油热水驱用耐温纳米冻胶堵剂室内研究[J]．当代化工，2022，v.51；No.314(03)：589-593.

纳米核壳结构改性聚丙烯酰胺微球的制备及其性质研究

陈　斌[1,2,3]　吴晓燕[1,2,3]　张　静[1,2,3]　康　蕾[1,2,3]　李　奇[1,2,3]　王成胜[1,2,3]　陈士佳[1,2,3]

（1. 海洋石油高效开发国家重点实验室；2. 中海油能源发展股份有限公司提高采收率重点实验室；3. 中海油能源发展股份有限公司工程技术分公司）

摘　要　本文以丙烯酰胺(AM)、嵌段聚醚大单体(PEP)、表面带有双键的改性SiO_2为原料，在醇水体系中采用分散聚合法制备了具有核壳结构共聚物微球(M-P(AM-PEP))。采用红外光谱、热重分析、扫描电镜和透射电镜表征了微球的结构，测试结果显示：AM和PEP已经发生共聚，在核壳微球中SiO_2含量为15%左右，微球具有球状形貌和核壳结构。实验考察了反应物单体浓度及AM和PEP投料比对核壳微球的乳液稳定性和粒径变化的影响，结构表明，增加PEP含量后可以控制微球粒径为纳米级。溶胀性能实验结果表明，(M-P(AM-PEP))在不同矿化度(0~10000mg/L)盐水中膨胀行为近似，18天的膨胀率为5~6倍。此外，M-P(AM-PEP)还具有良好界面活性。

关键词　聚合物微球；核壳结构；界面活性

油田在长期注水开发过程中，由于地下原油黏度大，地层非均质性严重，导致部分注水开发井组注水效果差，层内及层间矛盾日益突出。为了改善这些地区的注水开发效果，提高注入水波及系数，需要对注水井进行深部调驱。聚合物微球是通过特殊聚合方法制备出的一种弹性微球，由于其尺寸可控、在水中分散性好、易进入地层深部及在油藏温度下遇水膨胀等特点，可应用于油田深部调驱来扩大注入水波及体积，封堵油田开发中后期形成的大孔道，改变液流方向，提高注入水利用率，改善水驱开发效果，是近年发展的主要调驱技术之一。目前制备聚合物微球的主要聚合方式为反相乳液聚合法和分散聚合法，微球粒径可以在纳米至毫米范围内调控，然而常规的微球产品在遇水膨胀后易形成聚合物凝胶，往往导致抗压或抗剪切的强度不够。

本文以以丙烯酰胺(AM)、嵌段聚醚大单体(PEP)、表面带有双键的改性SiO_2为原料，通过醇水体系分散聚合制备得到了具有界面活性、核壳结构(无机SiO_2核/AM和PEP共聚物壳)的共聚物(M-P(AM-PEP))微球，以期提高聚合物微球的强度和增加其功能性。

1　实验部分

1.1　主要实验材料与仪器

实验材料：纳米SiO_2、γ-甲基丙烯酰氧基丙基三甲氧基硅烷(KH570)，分析纯，上海阿拉丁试剂公司；无水乙醇、丙烯酰胺(AM)、N，N-二甲基丙烯酰胺(MBA)、过硫酸铵(APS)，聚乙烯吡咯烷酮(PVP)，分析纯，成都科隆试剂公司；嵌段聚醚大单体(PEP)，参照文献自制。

实验仪器：FD1A50冷冻干燥仪，北京博医康实验仪器有限公司；Nicolet 6700傅里叶变换红外光谱仪，美国Thermo Fisher Scientific公司；STA449F3热重分析仪，德国NETZSCH公司；ZetaPALS型动态光散射仪，美国Brookhaven公司；DSA30界面参数测量一体仪，德国KRÜSS公司；vario EL cube型元素分析仪元素分析，德国Elementar公司；S-4800冷场发射扫描电子显微镜(SEM)，日本Hitachi公司；Tecnai G2 F20透射电子显微镜(TEM)，美国FEI公司；C2型激光共聚焦显微镜，日本Nikon公司；TX500C界面张力仪，美国CNG公司。

1.2　M-P(AM-PEP)的合成

如图1所示，合成路线制备得到改性SiO_2，核壳微球M-P(AM-PEP)的合成方法参照文献，其实验步骤如下：首先，称取80g体积比为1∶1的乙醇/水溶液于烧杯中，加入0.3g改性SiO_2，超声分散30min；接着，称取2.4g PVP和0.054g(0.060g) MBA加到烧杯中搅拌均匀；将烧杯中溶液倒入三口瓶中，升温至55℃后加入11.2g AM和4.8gPEP(AM和PEP的质量比可调整)，搅拌溶解并通入氮气10min除氧；最后，称取0.128g APS用少量水溶解后一次性加入至三口瓶中，开始计时，反应10h。反应结束后得到白色的乳液样品。

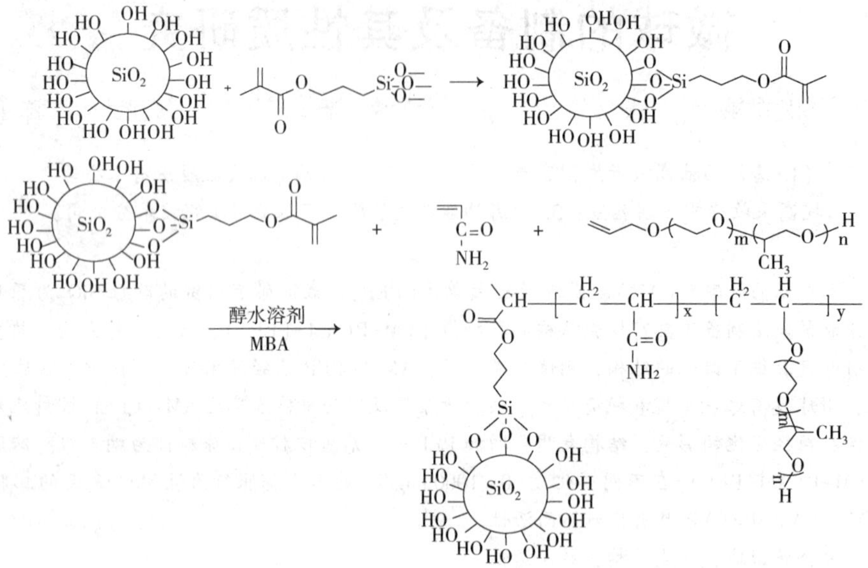

图1　改性SiO_2和M-P(AM-PEP)的合成路线

1.3　表征方法

将乳液样品冷冻干燥后得到M-P(AM-PEP)干粉。采用溴化钾压片法对样品进行红外光谱分析，扫描范围：$400cm^{-1}$～$4000cm^{-1}$。热重测试条件如下：氩气氛围，检测温度范围40～800℃，升温速度为10℃/min。接触角测定方法：将M-P(AM-PEP)干粉压片后测定表面的润湿性。粒径分布及粒径中值检测如下：采用纯水配制质量分数为0.5%微球溶液，超声分散30min后利用动态光散射测定其粒径分布和粒径中值。

1.4　性质及性能评价

(1)核壳微球的膨胀性评价方法：将M-P(AM-PEP)分散至不同矿化度的盐水中(质量分数为0.5%)，超声分散30min后放置于55℃下分别静置0天、3天、8天和18天后取出采用激光共聚焦显微镜观察其颗粒大小，统计粒径中值，计算膨胀率。

(2)核壳微球的界面性能测试方法：配制不同浓度M-P(AM-PEP)微球溶液，在55℃下测定油水界面张力(原油密度为$0.9365g/cm^3$)。

2　结果与讨论

2.1　M-P(AM-PEP)的表征

图2显示了PEP、改性SiO_2和M-P(AM-PEP)的IR谱图。谱图中$3411cm^{-1}$对应了水中-OH、伯酰胺中$-NH_2$和羟基中-OH伸缩振动峰，$2922cm^{-1}$对应了$-CH_3$的伸缩振动峰，2868和$1442cm^{-1}$为$-CH_2$的伸缩振动峰，$1680cm^{-1}$为伯酰胺中C=O的对称伸缩振动峰，$1103cm^{-1}$为C-O-C的对称伸缩振动峰。M-P(AM-PEP)中酰胺基和醚键的出现证明了AM和PEP发生了共聚。另外元素分析的结果显示M-PAM中N/C为0.30，而M-P(AM-PEP)中N/C比为0.27，同样间接表明M-P(AM-PEP)中AM和PEP已经发生共聚。另外，PEP、改性SiO_2和M-P(AM-PEP)的热重结果见图3。由图可知，改性SiO_2在800℃内不会分解，PEP在温度大于400℃会全部分解，而M-P(AM-PEP)中共聚物在450℃以后不再分解，剩下的物质应为SiO_2，其含量在15%左右。

M-P(AM-PEP)微球的SEM和TEM观察结果见图4。由SEM的观察结果可以发现M-P(AM-PEP)微球具有近似的球状特征，同时从TEM照片可以看出，P(AM-PEP)微球具有明显的核壳结构，图中深色黑点为改性SiO_2，浅色为聚合物。

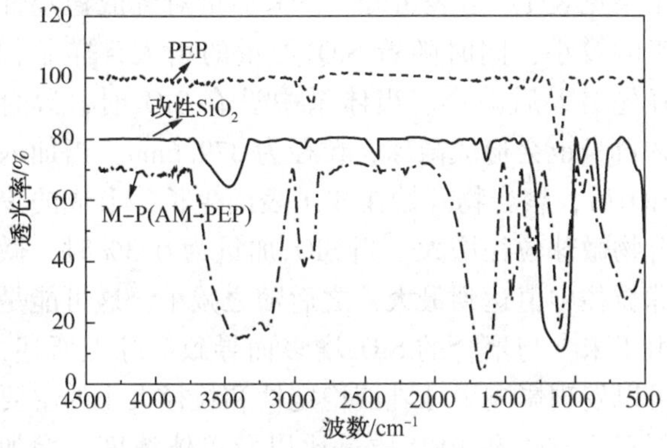

图 2　M-P(AM-PEP)的 IR 谱图

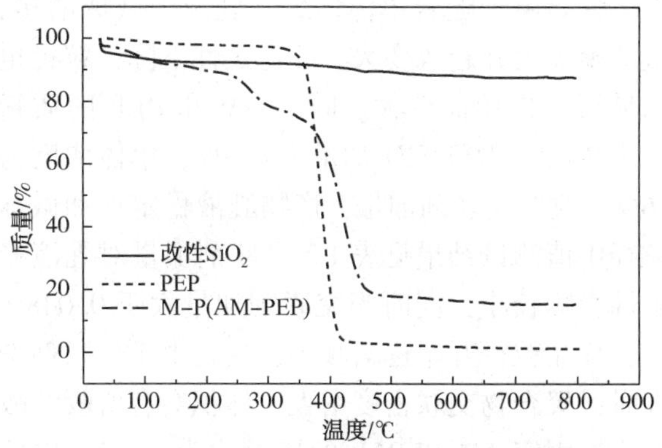

图 3　M-P(AM-PEP)的热重分析结果

((注明：图中 M-P(AM-PEP)的合成条件如下：AM 和 PEP 的质量比为 7∶3，SiO_2加量为 0.3%)

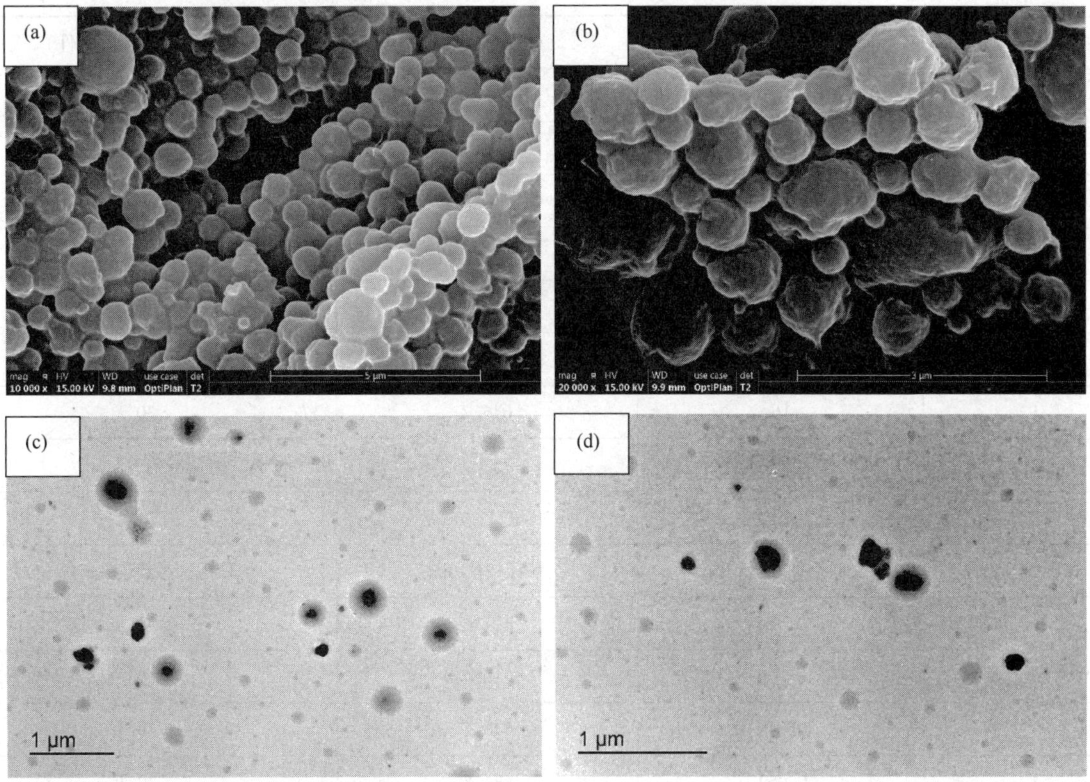

图 4　M-P(AM-PEP)微球 SEM 观察结果(a)，(b)；TEM 观察结果(c)，(d)

(注：图中 M-P(AM-PEP)的合成条件如下：AM 和 PEP 的质量比为 7：3，SiO_2加量为 0.3%。)

综合上述分析可以发现采用醇水体系分散聚合可以成功制备得到具有核壳结构的 AM 和 PEP 共聚物微球。

2.2　反应条件对 M-P(AM-PEP)稳定性和粒径的影响

固定改性 SiO_2加量为 0.3%，交联剂加量为 0.048%，单体浓度为 16%，改变 AM 和 PEP 的质量比，测试核壳微球的乳液稳定性和测定微球粒径中值(表 1)。由表 1 可知，随着共聚单体中 PEP 中含量的增大，乳液稳定性增强，粒径减小，由微米级减小至纳米级。这是由于功能单体自身具有一定界面活性和界面稳定性作用，增加功能单体的量，聚合过程的分散稳定作用增强，形成的微球会相应增多，粒径减小。固定 AM 和 PEP 的质量比为 7∶3，改性 SiO_2加量为 0.3%，交联剂加量为 0.048%，改变单体浓度，产物乳液稳定性和微球粒径中值的测试结果见表 1。随着单体浓度的增大，乳液稳定性下降，粒径增大。这是由于随着单体增大，乳液中微球增多，微球聚集聚并趋势变大，故稳定性下降，粒径也因易聚并作用而变大。固定AM和PEP的质量比为7∶3，改性SiO_2加量为0.3%，单体浓度为16%，改变交联剂加量，产物乳液稳定性和微球粒径中值测试结果见表1。交联剂加量对乳液稳定性影响较小，同时当交联剂加量大于0.048%后，样品粒径开始逐渐减小，这是由于交联剂增大时，聚合物交联密度增大，体积会有所收缩故减小。固定AM和PEP的质量比为7∶3，单体浓度为16%，交联剂加量为0.048%，改变改性SiO_2加量，产物乳液稳定性和微球粒径中值测试结果见表1。由表可知，SiO_2加量对乳液稳定性影响较小，同时随着SiO_2加量的增大，样品粒径先增大后减小。当体系中没有SiO_2时，聚合物自身也会形成微球，粒径为379.6nm，当加入SiO_2后，聚合物开始在SiO_2表面生长，形成的聚合物微球粒径增大，当SiO_2加量为0.3%时，微球粒径中值达到最大，之后随之减小，这可能是由于未参与聚合的SiO_2增多而导致。综上所述，可以发现影响微球乳液稳定性和粒径大小的主要因素为AM和PEP质量比以及单体浓度，增加PEP含量后可以控制微球粒径为纳米级。

表1　聚合反应条件对M-P(AM-PEP)稳定性和粒径的影响结果

序号	AM：PEP(质量比)	粒径中值/nm	稳定天数(室温条件)
1	9∶1	1231.1	7天
2	8.5∶1.5	1417.6	7天
3	8∶2	719.5	14天
4	7.5∶2.5	694.2	>30天
5	7∶3	646.7	>30天
序号	单体浓度/(wt%)	粒径中值/nm	稳定天数(室温条件)
1	16	646.7	>30天
2	18	752.9	21天
3	20	1211.1	7天
序号	交联剂加量/(wt%)	粒径中值/nm	稳定天数(室温条件)
1	0.024	601.6	>30天
2	0.036	618.4	>30天
3	0.048	646.7	>30天
4	0.054	484.8	>30天
5	0.60	324.2	>30天
序号	SiO_2加量/(wt%)	粒径中值/nm	稳定天数(室温条件)
1	0	379.4	>30天
2	0.1	477.6	>30天
3	0.2	577.2	>30天
4	0.3	646.7	>30天
5	0.4	621.8	>30天
6	0.5	500.5	>30天

2.3　M-P(AM-PEP)的性质研究

55℃下，核壳微球M-P(AM-PEP)在不同矿化度盐水中的膨胀行为见图4。由图可知，矿化度对M-P(AM-PEP)样品的膨胀行为影响比较小，不同矿化度下M-P(AM-PEP)的膨胀行为基本一致，18天内样品可由0.6微米膨胀至3.6微米左右，膨胀倍数同样约为5~6倍左右。

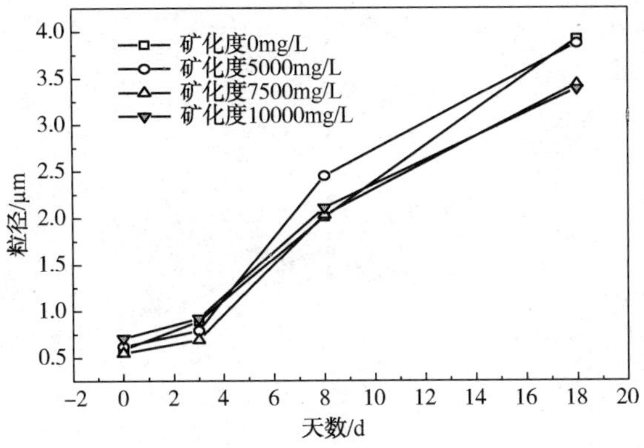

图5　M-P(AM-PEP)在不同盐水中的膨胀行为测定结果

(注：图中M-P(AM-PEP)的合成条件如下：AM和PEP的质量比为7∶3，SiO_2加量为0.3%。)

图6为不同浓度下M-P(AM-PEP)的油水界面张力变化曲线。由图可知，随着M-P(AM-PEP)浓度的增大，油水界面张力逐渐减下，当其浓度大于1000mg/L后，界面张力基本稳定在0.9mN/m左右。PEP是一种具有界面活性的嵌段聚醚大单体，其中含有亲油基团，它与AM共聚后共聚物也会同时具有亲油基团和亲水基团，即具有双亲性，从而降低油水界面张力。另外分别测定M-PAM和M-P(AM-PEP)的接触角分

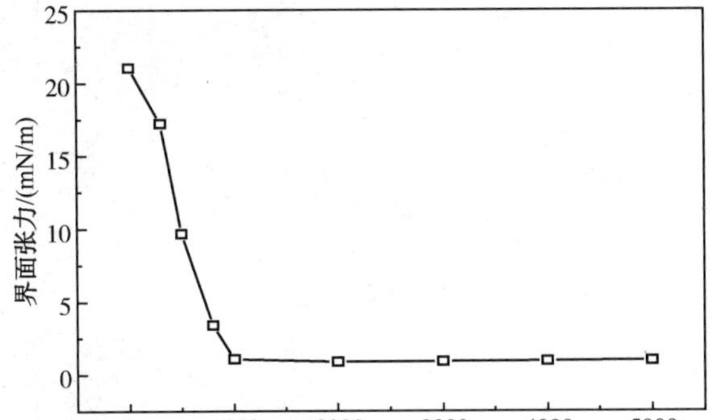

图6　不同浓度下M-P(AM-PEP)油水界面张力

(注：图中M-P(AM-PEP)的合成条件如下：AM和PEP的质量比为7∶3，SiO_2加量为0.3%。)

别为30.89°和51.75°，M-P(AM-PEP)表面的亲油性明显大于M-PAM，也间接表明在微球表面存在PEP，从而可以解释油水界面张力的下降。

3　结论

(1) 醇水体系分散聚合可以成功制备得到具有界面活性、核壳结构的AM和PEP共聚物纳米微球；

(2) 影响微球乳液稳定性和粒径大小的主要因素均为AM和PEP质量比以及单体浓度；PEP含量增加会增强乳液稳定性和降低微球粒径，而单体浓度增大结果则相反；

(3) M-P(AM-PEP)的膨胀率约为5~6倍，可降低油水界面张力至10^{-1}级；

(4) 核壳微球M-P(AM-PEP)乳液具有良好的稳定性，其粒径可控(nm级)，可望运用于中低渗透油藏的深部调驱，发挥良好的液流转向提高采收率的作用。

参　考　文　献

[1] 刘义刚，徐国瑞，鞠野，等．紫外分光光度法测定聚合物微球产出液浓度[J]．科学技术与工程，2015，15(17)：1671-1815.

[2] 廖新武，刘超，张运来，等．新型纳米微球调驱技术在海上稠油油田的应用[J]．特种油气藏，2013，20(5)：129-132.

[3] 刘阳玲．尺寸可调聚丙烯酰胺类复合微球调剖剂的合成及性能研究[D]．北京：北京化工大学，2014.

[4] 雷光伦，郑家朋．孔喉尺度聚合物微球的合成及全程调剖驱油新技术研究[J]．中国石油大学学报(自然科学版)，2007，31(1)：87-90.

[5] 孙焕泉，王涛，肖建洪，等．新型聚合物微球逐级深部调剖技术[J]．油气地质与采收率，2006，13(4)：77-79.

[6] 梁海波．锦99块中东部纳米微球调驱技术的研究与实验[J]．科技创新与应用，2017(8)：107-109.

[7] 陈渊，孙玉青，温栋良，等．聚合物纳米微球调驱性能室内评价及现场试验[J]．石油钻探技术，2012，40(4)：102-106.

[8] 孙哲．聚合物微球适应性评价方法及调驱机理研究[D]．大庆：东北石油大学，2017，.

[9] 赵修太，陈泽华，陈文雪．颗粒类调剖堵水剂的研究现状与发展趋势[J]．石油钻采工艺，2015，37(4)：105-112.

[10] 林莉莉，郑晓宇，刘可成，王雨，张蕾蕾．分散聚

合法制备深部调剖用交联聚合物微球[J]. 油田化学，2014，31(3)：361-365.

[11] 牛会娟. 用于深部调剖的新型微溶胶的合成、表征及性能评价[D]. 成都：西南石油大学，2011.

[12] Duan Ming，He Jie，Li Dongju，Wang Xiujun，Jing Bo，Xiong Yan，Fang Shenwen. Synthesis of a novel copolymer of block polyether macromonomer and diallyldimethylammonium chloride and its reverse demulsification performance[J]. Journal of Petroleum Science and Engineering，2019，175，317-323.

[13] 任小明，赵辉，朱研娇，等. 纳米二氧化硅粒子的改性研究[J]. 湖北大学学报(自然科学版)，2016，38(6)：522-526.

用于热采井三种套管评价实验研究

李文博 张晓诚 孙连坡 王文 陈 卓 李文龙

（中海石油（中国）有限公司天津分公司）

摘 要 研究三个厂家热采井用110H钢级套管材料在不同温度下8个注热轮次的拉伸性能。试验温度选用相关标准推荐的180，240，290，325，350℃，另增加室温拉伸试验。试验结果表明：随着温度升高，110H钢级热采井用套管材料的屈服强度、抗拉强度均呈下降趋势，且屈服强度对温度更加敏感，下降程度满足相关标准要求。对试验结果进行拟合，拟合可信度较高，为后续热采井套管设计与计算机模拟研究提供可靠依据。在8轮次注热试验中，首轮次材料强度下降明显，后7轮次材料强度略有下降但趋于稳定；弹性模量升高，导致热采井套管承受热应力增大，可能是导致热采井套管失效的原因之一。

关键词 套管；热采井；高温拉伸；强度

稠油油藏的开采方法主要有蒸汽吞吐、蒸汽驱及火烧油层等。在热采过程中，高温会导致套管发生形变、产生附加热应力，套管强度也会因此而下降。随着开采程度逐渐增加，地应力发生变化，作用在套管上的载荷会逐渐增加，故此对油井用套管提出了更高要求。近些年各大生产厂家根据热采实际工况，开发出了一些专用热采套管，要求其具有较好的热稳定性，即在多轮次注热工况下强度的衰减也能够满足实际开采需求。笔者对A、B、C生产厂研发的110H、100H、90H钢级套管材料在不同温度下的拉伸性能进行了试验研究，对不同温度下材料的屈服强度、抗拉强度及弹性模量的变化进行分析，并通过曲线拟合得出强度变化规律，以用于指导热采井套管的设计及选用。

1 试验设置及依据标准

选用Φ244.48mm×11.99mm规格A、B、C生产厂研发的110H钢级套管进行试验。对钢材进行8轮次注热高温拉伸试验，鉴于目前国内稠油开采时最高温度可达350℃，高温系列拉伸试验温度选用IPR标准中推荐的稠油热采温度，分别为180，240，290，325，350℃，另外增加室温拉伸试验，用于不同高温条件下材料强度的定量对比。高温和室温拉伸试验分别按照GB/T 228.1—2010、GB/T 228.2—2015中的方法进行，拉伸试样如图1所示。试样两端采用螺纹连接，安装到试验机上后加热炉开始升温，至试验温度后保温30min，然后开始加载，直至试样被拉断，试验机记录拉伸应力-应变曲线及屈服强度、抗拉强度等。

图1 金属拉伸试验所用试样

2 试验结果及分析

按照上述试验条件进行试验，每个温度下各有两个平行试样，不同厂家110H钢级套管材料的试验结果取平行试样平均值，在不同温度下的应力-应变结果各温度下只选一个试样的曲线，对实验结果进行分析。

2.1 单次注热不同温度对钢材性能影响

不同厂家110H钢级套管材料的系列温度拉伸试验数据见表1，350℃时所选管材中，屈服强度折减系数最小为0.81，抗拉强度折减系数为0.87，所有管材均满足GB/T 34907—2017《稠油蒸汽热采井套管技术条件与适用性评价方法》中规定“350~400℃温度范围，屈服强度、抗拉强度较室温降低幅度不大于20%”的要求。”

表1　不同厂家110H钢级套管材料的系列温度拉伸试验数据

厂家	温度/℃	标距 L_0/mm	平行段长度 L_c/mm	屈服强度 $R_{t0.6}$/MPa	抗拉强度 R_m/MPa	屈服强度折减系数	抗拉强度折减系数
A	23	30	45	921.0	1023.0	/	/
	350	30	45	785.0	944.5	0.85	0.92
B	23	30	45	920.5	986.5	/	/
	350	30	45	748.0	856.5	0.81	0.87
C	23	30	45	928.5	1030.5	/	/
	350	30	45	812.5	942.0	0.88	0.91

注：强度折减系数=对应温度强度/室温强度

如图2所示，根据不同厂家套管材料在不同温度下的应力-应变及强度衰减拟合曲线可以看出，随着温度的升高，试验材料的屈服强度和抗拉强度都减小，在180~290℃之间，各材质套管抗拉强度及抗内压强度下降较缓慢，当温度大于290℃以后，强度下降明显；与抗拉强度相比，屈服强度随温度下降的更快，即对温度更加敏感。

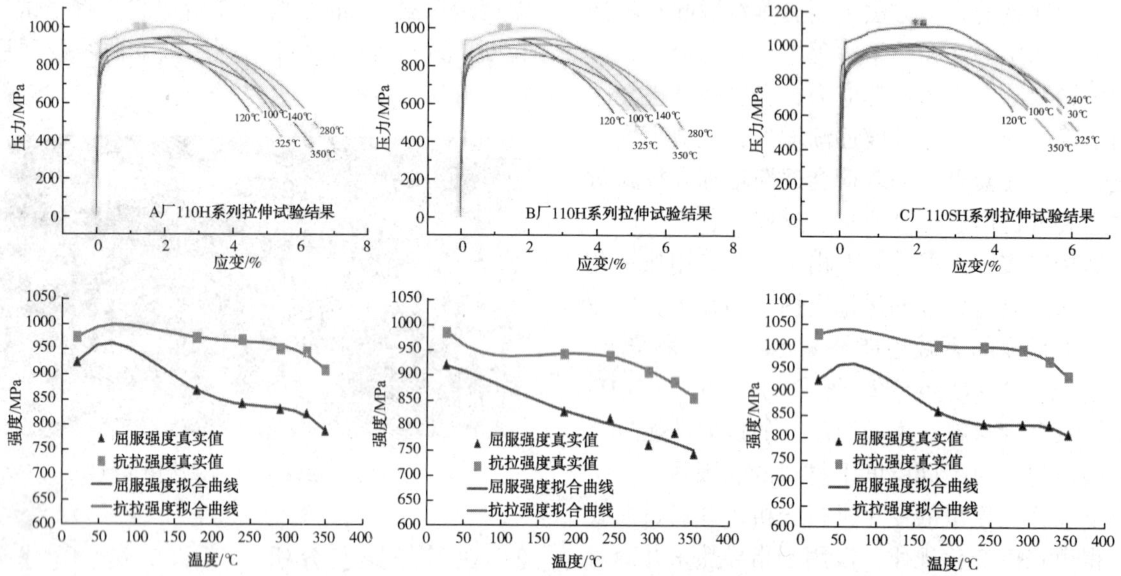

图2　不同温度下的应力-应变及强度衰减拟合曲线

从拉伸应力应变曲线可见，整个应力应变曲线分为四个阶段：第一阶段为弹性阶段，应力与应变呈正比例直线关系。第二阶段为屈服阶段，在试样达到弹性变形极限后，随着应变的增加应力出现小幅波动，出现屈服平台。第三阶段为均匀塑性变形阶段，随着试样塑性变形量的增加其抵抗变形力不断升高，呈现加工硬化现象。第四阶段为局部变形和断裂阶段，当应力达到最大值后开始下降，试样产生缩颈，此后试样应力值一直降低直至被拉断。

将不同温度下不同厂家110H钢级套管材料的屈服强度和抗拉强度值绘制在一起，可直观地看出屈服强度、抗拉强度变化趋势。对屈服强度和抗拉强度变化曲线进行拟合，得出屈服强度拟合公式和抗拉强度拟合公式。

A厂钢材屈服强度：

$$y=-2\times10^{-7}x^4+1.6\times10^{-4}x^3-0.0426x^2+3.732x+855.9\ (R^2=0.997)$$

抗拉强度：

$$y=-1\times10^{-7}x^4+7.7\times10^{-5}x^3-0.0199x^2+1.877x+936.4\ (R^2=0.972)$$

B厂钢材屈服强度：

$$y=-2\times10^{-8}x^4+1.6\times10^{-5}x^3-0.0033x^2-0.319x+929.3\ (R^2=0.966)$$

抗拉强度：

$$y=-5\times10^{-8}x^4+5.5\times10^{-5}x^3-0.0174x^2-2.126x+1027(R^2=0.996)$$

C 厂钢材屈服强度：

$$y=-2\times10^{-7}x^4+1.6\times10^{-4}x^3-0.0438x^2-3.765x+863.2(R^2=0.999)$$

抗拉强度：

$$y=-1.8\times10^{-7}x^4+8.2\times10^{-5}x^3-0.019x^2+1.443x+1006(R^2=0.999)$$

在高温力学性能试验的基础上对材料强度随温度变化进行数值拟合，将试验结果用多项式拟合，最小方差为 0.966，证明该拟合方法效果更接近实际试验数据，为后续热采井套管设计与计算机模拟研究提供可靠依据。

2.2　350℃不同循环轮次试验结果分析

在不同温度下对套管进行 8 轮次循环试验后再进行拉伸试验，获得材料屈服强度、抗拉强度变化规律。在首轮加热后，所有钢材强度均大幅下降，三种不同厂家钢材屈服强度平均下降 9.17%，13.09%，8.24%，抗拉强度平均下降 11.24%，11.30%，7.42%。在后 7 轮注热中，强度略有下降但逐渐趋于稳定(图 3)。

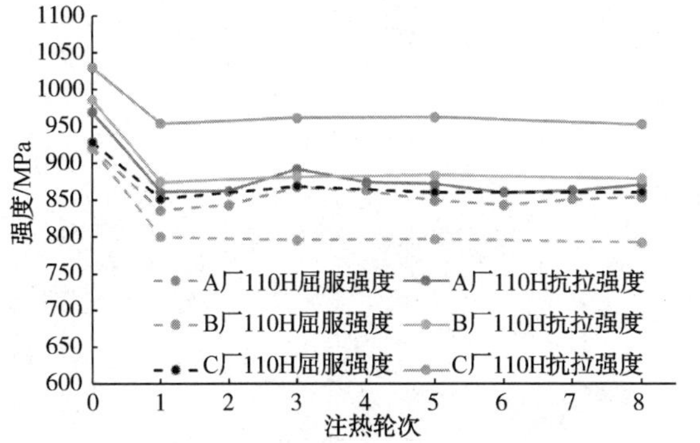

图 3　350℃不同轮次注热条件下套管强度变化

将不同厂家、同一钢级套管材料循环后弹性模量结果分别绘制在图中，如图 4 所示。由图中结果可以看出，循环后试样弹性模量较未循环试样有升高，分别平均升高 16%，17.7%，8.3%。不同循环轮次之间对套管弹性模量影响不大。350℃下 1~8 轮次材料循环试验结果表明，循环后试样弹性模量较未循环试样升高，不同循环轮次之间弹性模量无明显变化，循环后试样弹性模量升高，导致热采井套管承受热应力增大，可能是导致热采井套管失效的原因之一。

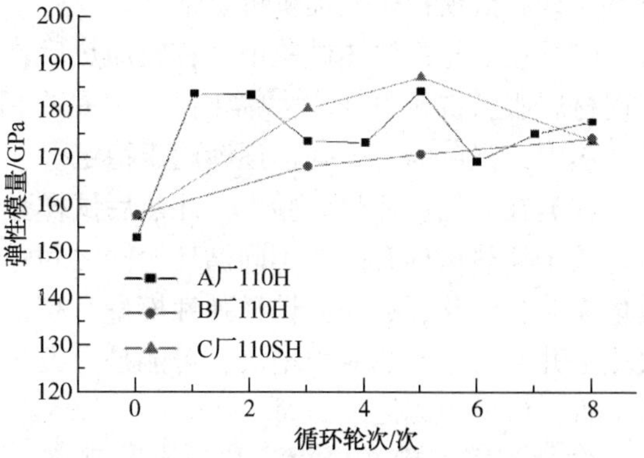

图 4　350℃不同轮次注热条件下弹性模量变化

2.3　不同温度 8 轮次注热后套管强度变化分析

在不同温度下对套管进行 8 轮次循环试验后再进行拉伸试验，获得材料屈服强度、抗拉强度变化规律。不同套管材料不同温度下 8 轮次循环后强度变化规律如图 5 所示。由图中数据可以看出，与未循环试样相比，循环后试样强度均低于未循环试样。在 180℃~290℃注热条件下，8 轮次后的管材强度随着温度升高，变化规律不明显，但当温度大于 290℃时，8 轮次后的管材强度随温度升高降低幅度明显增大。

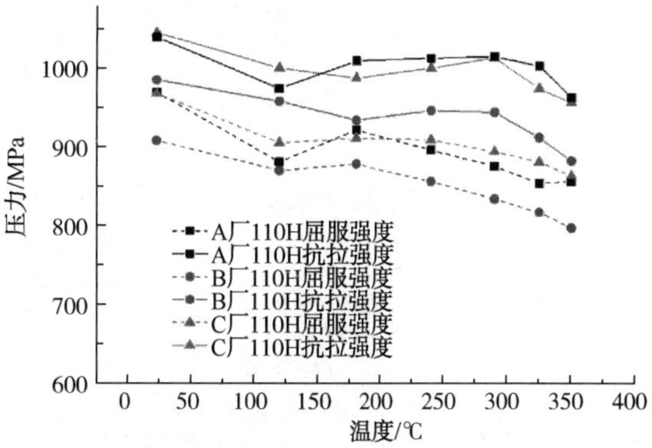

图 5　不同温度 8 轮次注热后屈服/抗拉强度变化规律

3　结论

（1）随着温度升高，三个厂家的 110 钢级套管材料的屈服强度和抗拉强度均降低，屈服强度对温度更敏感，折减系数较抗拉强度高；三种套管在 350℃最小屈服强度折减系数为 0.81，最小抗拉强度的为 0.87，满足相关标准要求；

（2）在高温力学性能试验的基础上对材料强度随温度变化进行数值拟合，将试验结果用多项式方法拟合，最小方差为 0.966，证明该拟合方法效果更接近实际试验数据，为后续热采井套管设计与计算机模拟研究提供可靠依据。

(3) 在8轮次注热试验中，首轮加热后，所有钢材屈服及抗拉强度均大幅下降，但是在后7轮注热中，强度略有下降但逐渐趋于稳定。

(4) 在8轮次注热试验中，注热后试样弹性模量较未注热试样升高，不同循环轮次之间弹性模量无明显变化，循环后试样弹性模量升高，导致热采井套管承受热应力增大，可能是导致热采井套管失效的原因之一。

(5) 不同温度8轮次注热后套管强度试验中，180℃~290℃注热条件下，管材强度随着温度升高，变化规律不明显，温度大于290℃，8轮次后的管材强度随温度升高降低幅度明显增大。

参 考 文 献

[1] 陈毅，许杰，贾立新，等．海上热采井套管热应力强度衰减与高温腐蚀叠加条件下的管材优选研究[J]. 表面技术，2018，47(02)：195-201.

[2] 谢涛，孙连坡，陈卓，等．弯曲度对热采井套管失效载荷的影响规律研究[J]. 石油工业技术监督，2021，37(09)：19-23.

[3] PLACIDO J C R, ADEMAR P, PAULO L A B F, et al. Stress Analysis of Casing String Submitted to Cyclic Steam Injection [J]. Society of Petroleum Engineers, 1997, 618: 20-30.

[4] 李静，林承焰，杨少春，等．稠油开发井套管损坏机理与强度设计问题分析[J]. 石油矿场机械，2009，38(1)：9-13.

[5] 董小卫，刘海龙，谢斌，等．稠油热采井套管设计方法探索与实践[J]. 钻采工艺，2020，43(06)：76-79+10.

稠油水平井变强度复合堵水技术研究与应用

代亚男　周　杨　王美佳

（山东省东营市胜利油田分公司现河采油厂工艺研究所）

摘　要　现河稠油吞吐井多轮次吞吐后，地层能量下降快，采收率低，现场采用氮气泡沫调剖等工艺见到了良好效果，但随着注入轮次增多，常规的氮气泡沫调剖的增油效果和效益明显变差。本文对热采多轮次调剖后的边水堵调开展技术复合应用研究，建立堵剂封堵强度与不同边水强度的对应关系实现高效长期稳定堵水，达到进一步提高稠油水平井开发效果的目的。

关键词　多轮次吞吐；水平井；堵水

现河稠油吞吐井经多轮次吞吐后，地层能量下降快，边底水快速侵入，吞吐周期递减大、单井日油下降、含水上升、油汽比下降，采收率低。针对该情况，现场采用氮气泡沫调剖等工艺见到了良好效果，但随着注汽轮次增多，常规氮气泡沫体系控制边水能力较差，无法有效抑制边水指进，导致汽窜及水侵现象加剧，常规的氮气泡沫已无法改善。通过分析蒸汽吞吐效果和效益的影响因素，发现边水入侵是影响蒸汽吞吐开发效果的首要因素，37%的低效无效井是受边水入侵影响，需对边水堵调开展技术复合应用研究，建立堵剂封堵强度与不同边水强度的对应关系，实现高效长期稳定堵水，达到进一步提高稠油水平井开发效果的目的。

稠油水平井堵水工艺主要采用机械堵水和化学堵水。现场施工采用同一类型堵剂时，往往难以满足“远调近堵”的要求；采用多个段塞时，往往未能实现堵剂性能、封堵强度的合理匹配。因此，常规稠油水平井堵水主要存在堵剂在水平段易滞留、耐温差、封堵半径小、施工风险大、堵水成功率低的不足。

近年来，现河采油厂不断加大边水入侵的稠油油藏水平井攻关力度，研制了变强度复合堵水体系，优化了定点分段堵水、错位精准注汽管柱配套，逐步完善形成了水平井变强度复合堵水系列技术，边水稠油油藏堵水措施有效率的提升、采收率的提高做出了重要贡献。

1　水平井变强度复合堵水技术原理

蒸汽吞吐过程是非常复杂的传热和传质过程。蒸汽注入开始时，由于原始地层与注入的蒸汽之间存在较大的温差，注入的蒸汽凝结成水并释放出热量来加热油层；当井底温度达到注入的蒸汽温度时，就会形成一个蒸汽带，并且当连续注入蒸汽时，蒸汽带会向前扩展。因此，在注汽过程中，均质储层的温度随时间和距离而变化。注入一定时间后，在以注入井筒为中心的油层中有四个不同的区域，即蒸汽带、热水带，冷水带和原始带(原始油层尚未受注入蒸汽的影响)。根据这些温度变化，需要为不同区域地层选择相适应的堵剂。离井筒越近，要求堵水剂的耐温性更高。另外，井底与地层之间的压力差也随地层与井筒之间的距离而变化。在注入堵水剂或蒸汽的过程中，离井筒越远，地层压差越小；在开井生产中，地层压差变化相同(图1、图2)。

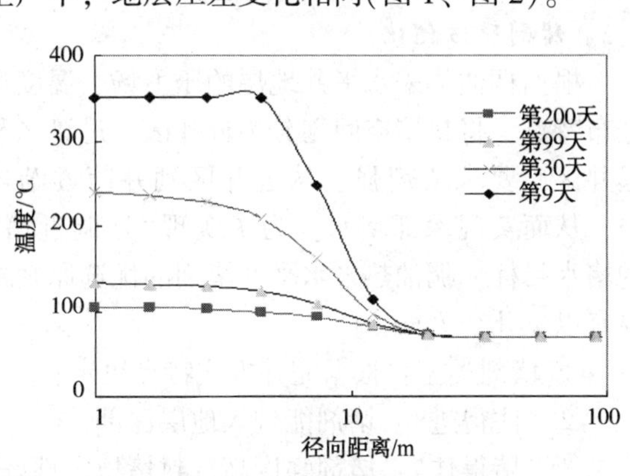

图1　蒸汽吞吐过程温度分布图

2　水平井变强度复合堵水技术适用条件

对具有边水的稠油油藏，根据水体能量大小进行分类，可以进一步细分为弱边水稠油油藏和

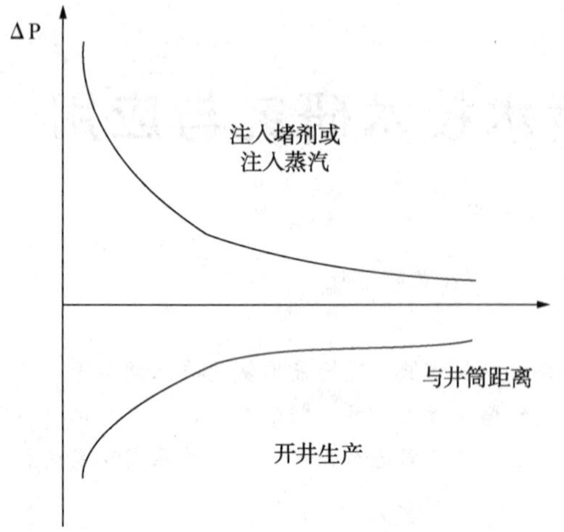

图2　地层压差随距井筒距离的变化

强边水稠油油藏，其中弱边水稠油油藏水油体积比<5，强边水稠油油藏水油体积比>5。对于不同能量的边水，不同位置的油井需要采取不同的治理对策：对于水体超过5倍的强边水稠油油藏，可实施一线井复合堵水，二线井堵调控水，经济效益最好；对于水体小于5倍以下的稠油油藏，在一线井采用氮气泡沫调剖，整体开发经济效益最好。总结如下：

3　水平井变强度复合堵水技术优化

3.1　测试找水技术

应用PNN测井等测试技术，通过储层温度场、剩余油分布了解水平段动用情况，进行地层分析，识别水窜通道，为选井、确定堵水方式以及堵剂用量优化提供依据。

3.2　堵剂配方优化

根据稠油热采水平井地层的压力场、温度场分布特点，将封堵空间划分为近井区、过渡区和远井区，要求堵剂强度从远井区到井筒逐渐增强，从而实现深部堵水。为了实现“远调近堵”的堵水目标，稠油热采水平井堵剂的优选原则主要有以下几个方面：

① 堵剂类型：根据完井方式特点决定；

② “注得进”：堵剂能进入地层深部；

③ “堵得住”：堵剂强度高、封堵稳定性好；

④ 耐温性好：堵剂热稳定性好；

⑤ 堵剂段塞组合：依据压力场和温度场匹配堵剂，发挥堵剂协同效应。

针对以上原则，通过室内实验，优选出了适应不同地带的先稀后稠、先细后粗，先深部堵水、后强力封口的多段塞组合堵剂体系。

（1）近井地带堵剂

近井地带温度在150℃～300℃，针对其生产压差大、受蒸汽冲刷等特点，自主研制出了过筛率高、耐温性能强、悬浮性好且价格低廉的复合堵剂。该堵水剂106μm筛子过筛率达100%；耐温性较强，180℃下呈凝固状态且强度较好；悬浮性好，且可快速脱水；价格低廉，可推广性强。

（2）过渡地带堵剂

过渡地带温度在120℃～150℃，生产压差较大，研制了强度较高、耐温较好的凝胶颗粒悬浮冻胶类堵剂，该体系具有较强的悬浮性能及吸附能力，与超细水泥颗粒混合后，在地层温度下形成高强度的混合胶体，可以有效进入地层深部，吸附并停留，形成用于堵塞水窜孔道的主力段塞。该堵剂106μm筛子过筛率达100%；耐温性强，180℃下呈凝固状态且强度较好；悬浮性好；岩心试验封堵率可达92.7%。

（3）远井地带堵剂

远井地带温度在70℃～120℃，研制了强度适中，耐温适中的冻胶类堵剂，对油藏伤害小，低温不凝固，90℃下29h堵剂终凝，耐高温达到150℃以上，可以起到驻留效果，延长稠化时间，实现高温堵水。

3.3　堵剂用量优化

在高含水水平井化学堵水中，在优选堵剂配方的基础上，需要进一步精准计算堵剂用量，保证堵水效果的同时合理优化堵剂用量，才能获得更高的经济效益。

为达到上述目的，对边水水侵井，建立长方体模型计算堵水剂用量

$$V=\alpha\varphi abc$$

式中，α 为水淹面积系数；φ 为油层孔隙度；a 为堵水剂分布的最大水平深度，m；b 为水平生产层段长度，m；c 为油层厚度，m。

通过应用长方体模型精确计算水平井堵水剂用量，对堵水剂用量进行了优化，以免注入过多的堵水剂，成本过高，同时又保证了堵水效果，提高了堵水波及半径(图3)。

3.4　堵水及注汽柱优化配套

根据近年来PNN测井结果显示，目前水平井水窜类型由初期的单点水窜，已演变为多点水窜，笼统堵水针对性较弱，难以准确封堵水窜通道，常规注汽也未能对准含油饱和度高的井段精

准注入，造成堵水有效期相对较短，周期油汽比提升有限。

为此对多点出水的井段进行定点封堵、对高含油饱和度井段精准注汽开采，分别优化形成稠油油藏水平井定点分段堵水、错位精准注汽管柱配套技术。根据测井结果，针对边水水窜井段，选择性配套不同孔径的配注器(图4)，并应用封隔器进行封隔，实现对高含水井段的定点分段堵水。针对剩余油饱和度高的井段，选择性配套不同孔径的注汽筛管(图5)实现错位精准注汽。

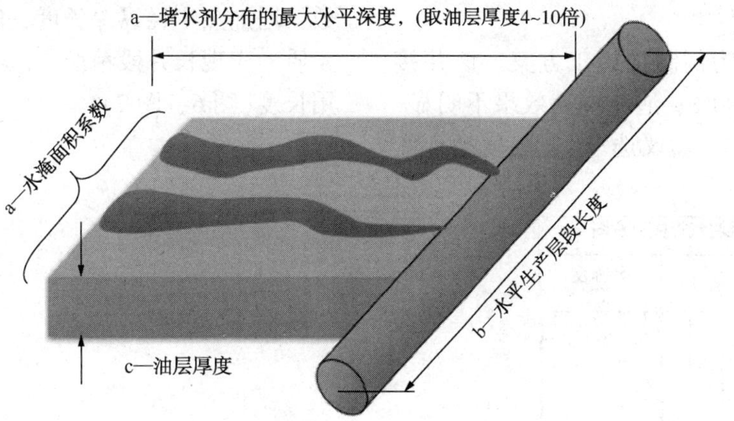

图3　水平井堵水长方体堵剂用量计算模型图

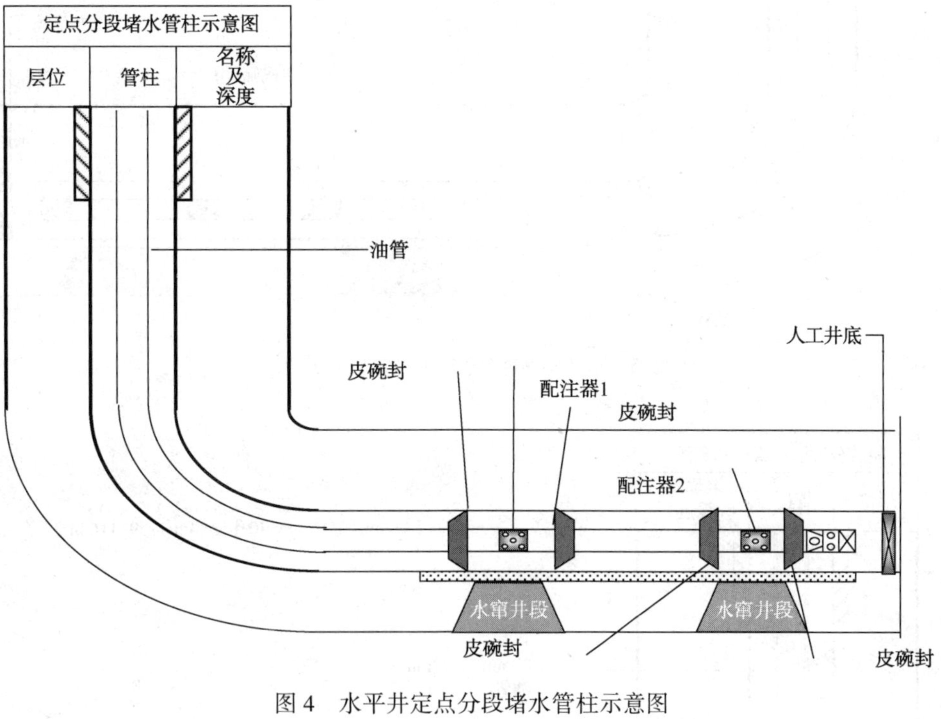

图4　水平井定点分段堵水管柱示意图

该技术相较常规堵水技术，具有以下优势：

一是利用封隔器和配注器组合，实现定点分段堵水，较目前的笼统堵水，具有更强的针对性，可以使堵水剂更大程度的注入高含水井段，延长了堵水有效期，改善了堵水效果。

二是根据剩余油饱和度的不同选择性配套注汽筛管，实现错位精准注汽，较目前的蒸汽吞吐，有效提高了热利用效率，提高了剩余油动用程度，实现了控水稳油开采。

4　现场应用

4.1　基础数据

CP2井位于乐安油田，距边水800米，油藏厚度5m，完钻井深1470m，最大井斜深度1280.32m，最大井斜90.13°，水平段长275.9m。Φ339.7mm表层套管下至438.15m，

Φ244.5mm油层套管下至1467.31m，桥塞深度1210.19m。经多轮次吞吐和调剖后，周期产量下降，含水上升。2014年03月对桥塞以上井段凝胶堵水，下泵冷采，周期末含水大98.26%。2020年10月对桥塞以上井段变强度复合堵水，下泵热采。

4.2　堵水工艺方案

本文以CP2井为例制定施工方案。该井接近边水、含水大于90%、泡沫调剖效果不明显，且水油体积比大于5，建议选取"变强度复合堵水技术"，即通过测试找水技术识别水窜通道，确定堵水井段，优化形成变强度堵水剂配方，提高堵水剂适应性，延长堵水有效期。优化变强度堵水剂用量，提高波及效率。优化变强度堵水施工方式，形成定点堵水。配套分段精准注汽模式，可针对油藏特点按目标段需求选择注入参数，增加热半径纵深长度，解决水平段尖端动用矛盾，实现长井段精准注汽，延长水平段有效动用长度(图6、图7)。

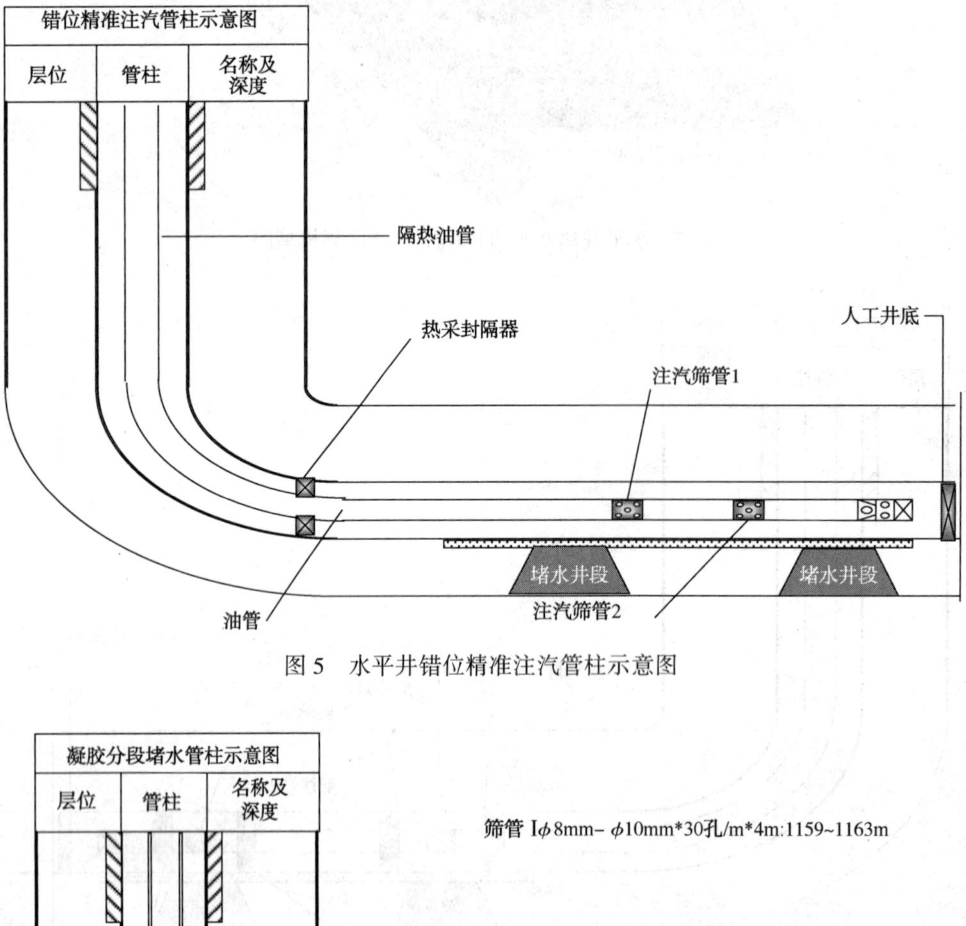

图5　水平井错位精准注汽管柱示意图

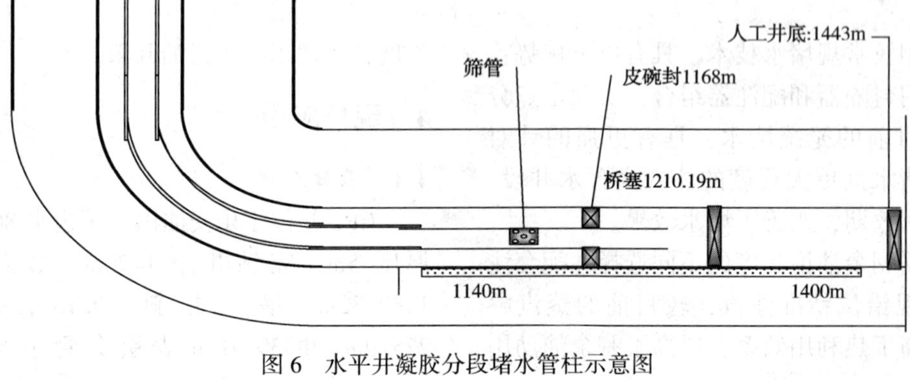

图6　水平井凝胶分段堵水管柱示意图

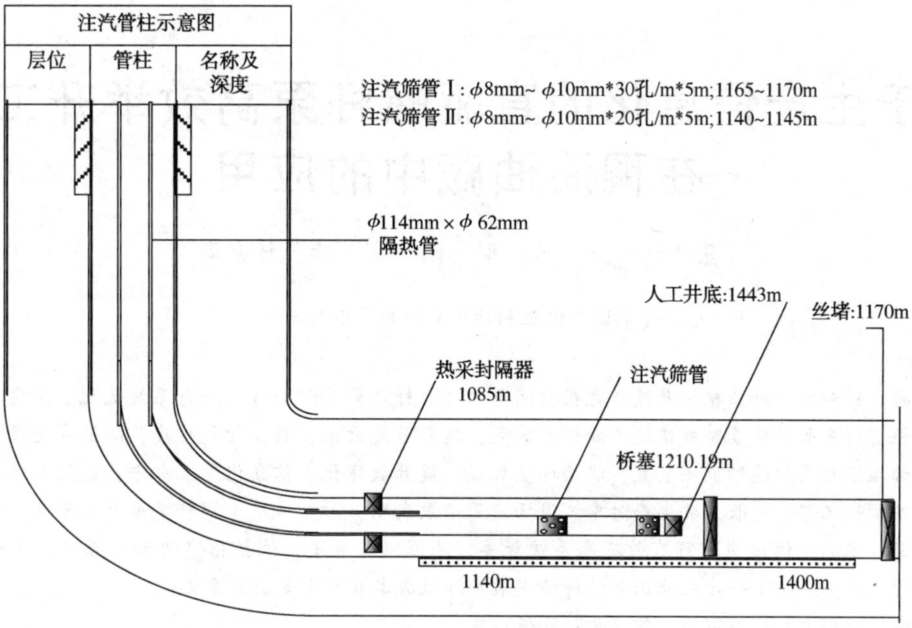

图 7　水平井注汽管柱示意图

4.3　现场应用及效果

CP2 井水平井段长，利用常规堵剂存在水平段易滞留、耐温差、封堵半径小、施工风险大、堵水成功率不足的缺点。该井采用变强度复合堵水技术，不仅优化了堵剂配方和用量，而且优化了施工方式形成定点堵水，同时采用精准注汽，有效保证了堵水效果和热利用率。工艺优化后，该井堵水压力最高至 11MPa，排量 $10m^3/h$，注汽压力为 13MPa，注汽量 1350 吨，比前一轮次吞吐注汽量降低 150 吨，注汽压力提高 1.5MPa，说明堵水效果明显。累油 689 吨，对比上周期堵水冷采，同比增油 212 吨，平均日油 1.3 吨/天，同比增长 0.4 吨/天。

2021 年，草 20 区块应用该成果现场实施 4 井次，平均注汽量 1783 吨，同比降低 214 吨。平均单井含水 93.1 吨，同比降低 3.9%。

4.4　结论及认识

（1）开展了变强度复合堵水研究，根据稠油油藏状况，结合测试找水技术识别水窜通道，确定堵水井段，优化形成变强度堵水剂配方，提高堵水剂适应性，延长堵水有效期。优化变强度堵水剂用量，提高波及效率。优化变强度堵水施工方式，形成定点堵水。

（2）针对该项目配套了分段精准注汽模式，可针对油藏特点按目标段需求选择注入参数，增加热半径纵深长度，解决水平段尖端动用矛盾，实现长井段精准注汽，延长水平段有效动用长度。

（3）建议后期再优化生产过程中的测试工作，确保测试资料的齐全，为生产分析提供充足的数据资料。

参　考　文　献

[1] 王进．稠油低效水平井综合治理技术研究[J]．辽宁化工，2021，50(06)：890-892.

[2] 郎宝山．稠油水平井大直径封漏堵水管柱的研制与应用[J]．特种油气藏，2020，27(03)：157-162.

[3] 刘强．辽河油田稠油油藏水平井找堵水配套工艺技术[J]．石油地质与工程，2019，33(01)：101-103.

[4] 檀森．春光油田稠油热采水平井乳化沥青堵水体系研究[D]．青岛：中国石油大学(华东)，2018.

[5] 杨昕．辽河稠油热采水平井配套工艺技术研究[D]．大庆：东北石油大学，2018.

[6] 王志坚，宋岱锋，杨胜利，张代森，刘伟伟．浅层稠油热采水平井高温堵水技术研究及应用[J]．化学工程与装备，2017(01)：65-67.

[7] 刘小亮．稠油水平井封堵调剖技术研究[D]．青岛：中国石油大学(华东)，2015.

[8] 李红爽．辽河油田水平井找堵水技术研究与应用[J]．中外能源，2015，20(04)：58-61.

[9] 宋秀芬．曙光兴隆台超稠油油藏吞吐开发配套技术研究与应用[D]．大庆：东北石油大学，2015.

[10] 科技动态[J]．石油化工应用，2014，33(11)：124-128.

[11] 赵吉成．辽河油田稠油油藏筛管完井水平井分段化学堵水技术[J]．石油钻采工艺，2014，36(06)：90-93.

[12] 秦洪岩．水平井综合调堵技术的研究与应用[J]．化工管理，2014(08)：94.

基于生产信息化的直驱螺杆泵高效举升工艺在稠油油藏中的应用

王　远　王　建　周　刚　张　腾　杨家豪

(中国石化胜利油田分公司鲁胜公司)

摘　要　针对常规抽油机举升技术存在的问题，对螺杆泵举升配套技术进行系统优化。主要提升措施包括：直驱螺杆泵驱动装置替换传统采油驱动装置，提升节能效果、减少管理难度、降低安全风险；应用信息化变频柜及动液面连续监测装置、非抽计量装置，提升数字化、信息化管理水平；优化井下泵及配套工具设计及制造工艺，延长油井生产时率。现场应用结果表明，对于适用于螺杆泵举升的油藏，直驱螺杆泵举升配套技术的规模化应用可有效提高系统效率，降低投入成本，依托信息自动化系统，实现无人值守，提高管理水平，对下一步采油工艺的持续发展和降低成本具有重要借鉴意义。

关键词　直驱电机；螺杆泵；信息化；降低成本

1　技术背景

螺杆泵流量均匀，不易产生气锁，流道面积大且扰动小，携带能力强能，适合在高黏、含砂蜡油质中工作，提液单耗对比抽油机、电泵，螺杆泵有明显优势，所以在举升工艺的选择上满足提液要求的情况下优选螺杆泵。但目前针对螺杆泵工作特性与实际工况特性缺乏深入研究，而常规螺杆泵传动方式的较为复杂，很难充分发挥其技术优势。

直驱螺杆泵配套举升技术以提高系统效率、降低举升单耗为目标，主要通过做好螺杆泵油藏适用性评价、井下泵及工具优化、地面驱动装置及周边配套优化等技术，以节省投资，提高系统效率，保证举升质量。通过应用信息化配套的直驱永磁电机配套驱动装置，提高设备稳定性和管理水平，降低吨油成本。通过螺杆泵井工况优化、长寿命螺杆泵举升技术配套，研究直驱螺杆泵配套举升配套的最优组合，使螺杆泵举升系统效率与举升成本进一步优化。

2　直驱螺杆泵举升配套技术

2.1　直驱电机驱动装置

传统地面驱动螺杆泵在现场应用过程中也存在一些问题。如整个传动过程机械能损耗较大，齿轮传动存在间隙与振动，长期啮合导致磨损加剧。电机偏置，存在振动现象。驱动装置重心与井口轴线不对称加速磨损。也会加剧底部密封装置泄露。同时，传动机构部件数量多，给日常维护带来困难，日常调参需人工更换皮带，无形中占用了大量的人力物力。电参数测试与监控系统不完善，不利于工况监控、诊断和优化调参。异步电机功率因数低，电机效率随负载率降低且下降较快，皮带及机械减速系统耗费能量。偏置式螺杆泵在使用过程中存在电机功率、系统耗能、控制不完善、安全隐患等诸多因素的限制，因此要保证这一机械采油方式高效稳定运行，势必要对传统偏置式螺杆泵进行改进。

直驱装置使用永磁同步电机，同时省掉了齿轮传动和皮带传动等中间传动部件，具有以下5个优势。

(1) 功率因数高，线路损耗小

异步电机转子绕组在运行过程中要吸收部分电能励磁，相当于消耗了电网电能，该损耗占总损耗的20%~30%，这导致电机效率下降。励磁电流折算到定子绕阻后呈感性电流，造成电机的功率因数下降。如图1所示，当异步电机负载率<50%，其效率和功率因数大幅下降，因此，一般要求负载率在75%~100%的经济区间运行。

永磁电机通过永磁体建立转子磁场，转子与定子磁场实现同步，转子中无感应电流产生，因此，不产生转子电阻损耗。因转子中无励磁电流，其功率因数接近于1。

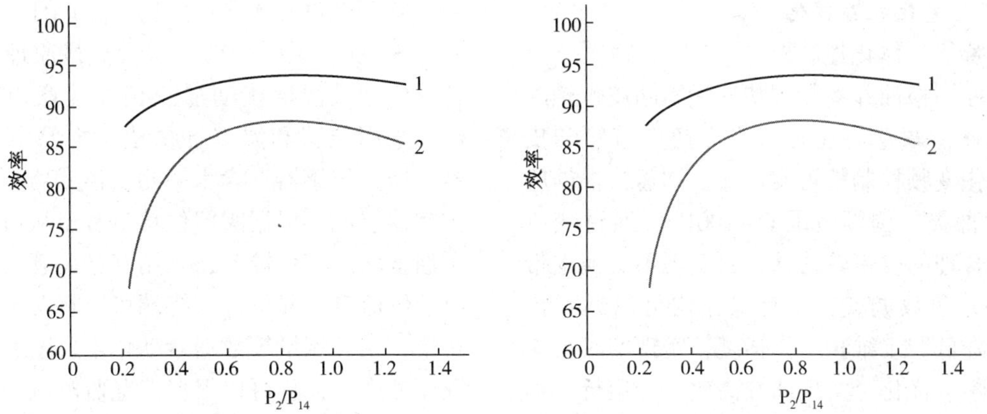

图 1 同步电机和异步电机效率和功率因数比较图

1—同步电机；2—异步电机

(2) 低负载高效能

偏置式螺杆泵为满足大的启动转矩，一般采用不低于 30kW 异步电动机，而螺杆泵正常运行时功率平均仅为 6kW，轻载运行时效率仅为 75%，功率因素 0.4。一般情况下，皮带传动效率为 92%，单级圆锥齿轮减速箱传动效率为 95%，因此传统地面驱动螺杆泵效率为：75%×92%×95%＝65.6%。

直驱式永磁同步电机在低负载情况下可提高电机自身效率，降低单井能耗；电机效率一般在 91%以上，变频器效率为 95%～97%，无功节电为 5%，因此直驱螺杆泵电机效率为：91%×96%＝87.4%。故直驱式螺杆泵相比传统驱动螺杆泵节电效果约 22%。直驱螺杆泵驱动系统从单井耗能和线路损耗上都有大幅降低。

(3) 防止泵杆断裂等事故

直驱螺杆泵，在 0～50%额定转速范围内具有 4 倍的最大转矩倍数，在额定负载、额定转矩工况下工作。当突遇井下下发生砂堵时，可以根据负载大小调节转矩，可在额定转矩 1.8 倍以上短时工作，避免事故发生。

(4) 防反转系统保障安全

变频器内置刹车控制程序，手动停机时，控制程序先降频降速，转速将为 0 后开始低速(40rpm 左右)反转以释放反转能量，当反转扭矩降低 80%后，控制柜自动断电。控制柜内置制动单元及制动电阻、电机组成回路，电机被动反转时会发电，制动电阻将电能转化成热能释放掉；回路会给电机转子一个反向制动力。无论正常停机或是突然停电都能自动根据反转速度调整刹车力量的大小，逐渐释放杆柱的弹性势能，避免杆柱的弹性势能突然释放造成事故，降低脱扣几率。

(5) 绿色环保

直驱螺杆泵改善了传统螺杆泵驱动系统受力状况，整个系统对称受力，因没有减速箱不存在侧摆力，减轻盘根渗漏油，对环境污染程度降到最低。转子轴与壳体之间设计成油杯式密封结构，将常规的骨架油封的动密封转换为静密封，解决油封漏油问题。装置采用油润滑型式对最主要的承重轴承进行润滑，并且设有单独的呼吸装置，改善轴承使用环境，延长轴承寿命。

由于直驱装置整体成对称形式，井口稳定、安全，无机械传动部件，运转噪音低，适合城区及建筑物周边油井(表 1)。

表 1 各举升装置类型噪音统计表

设备类型	抵近检测 (dB)	一米检测 (dB)	十米检测 (dB)
永磁电机直驱装置	58	53	45
常规螺杆泵驱动装置	75	69	54
游梁式抽油机	83	70	60
皮带抽油机	81	72	58

2.2 生产信息化配套优化

(1) 智能一体化控制柜

传统控制柜油井参数调整通过不同皮带轮配比进行调速，调整转速时需要更换皮带轮和皮带。信息化变频控制柜可实现无级调速，根据所使用电机种类，调频范围0～100Hz，通过变频控制柜和合理的皮带轮选择，可实现不更换皮带轮进行油井参数调整，所有操作均可以远程控制，有效降低职工维护工作强度，实现实时智能分析、诊断、优化，实现油井高效长寿运行。

(2) 原油含水及多相计量一体化方案

建立采集-计算-传输-应用一体化的技术体系，基于ZigBee传输协议，通过RTU将数据传输至SCADA系统。结合质量流量原理和介质电特性原理及温度扰动加互相关计算相结合的方法，采用位移和温差计量法。主要由温度传感器、压力传感器、含水率测量传感器、加热体及控制器组成。根据阀门位移量和出从口温度差分析温度场的变化情况，采用互相关算法，从而求出液体流量。井口计产终端可以将含水率、瞬时流量、累计流量等数据自动化生成图表，实时掌握原油产量，且可以根据工况监测该油井属于间出或有无修井需求，及时发现油井生产动态变化，针对性采取措施增产增效(图2)。

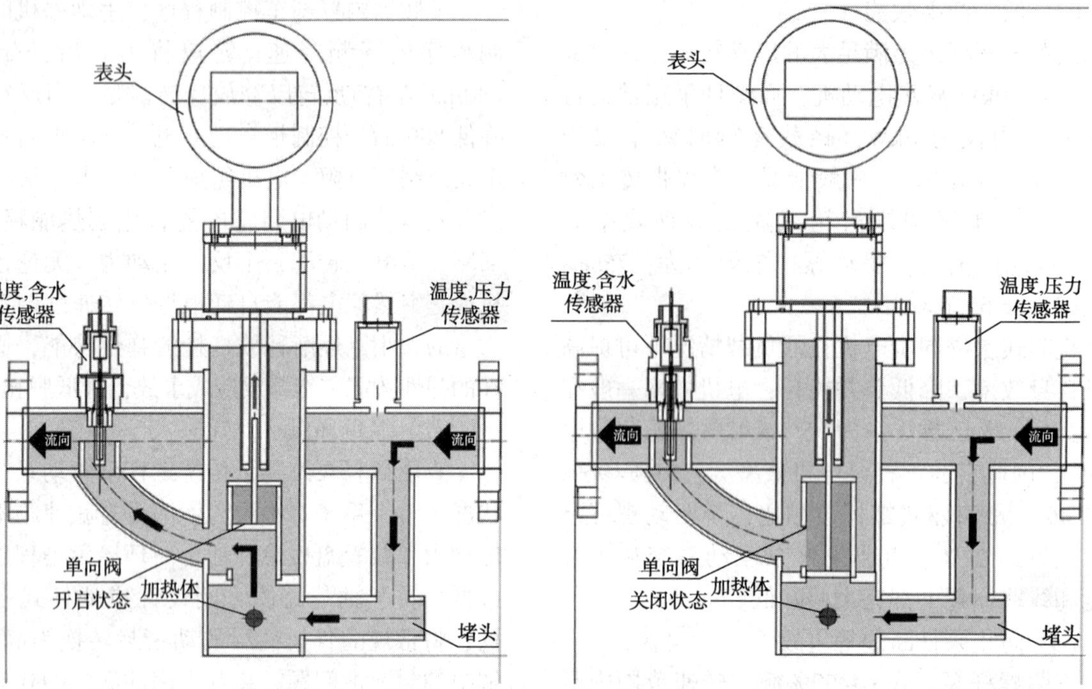

图2　井口在线多相计量装置结构图(开启、关闭)

(3) 液面连续测试仪

利用连续液面测试仪能实现油井液面深度连续测试，将数据通过RS485总线接入现有生产指挥系统(PCS系统)，可实现测试间隔等参数通过无线网络进行远程设置，实现测试数据通过浏览器浏览查看，历史测试数据通过浏览器可实现检索查询，实现对地层能量的实时跟踪，对基于供排协调的间歇采油技术和基于降耗的柔性生产具有重要的指导意义(图3)。

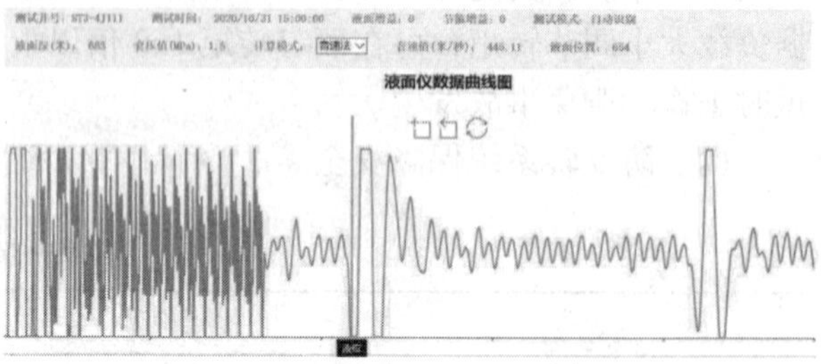

图3　连续液面测试曲线

2.3 举升管柱配套优化

(1) 等壁厚定子

螺杆泵定子由等壁厚的橡胶衬套代替原先厚度不均的橡胶衬套。该技术具有以下优势：①散热均匀，避免了有害的热积聚，延长定子橡胶寿命。②厚度均匀的前提下，定子橡胶均匀膨胀，便于合理配泵，提高泵工作稳定性。③均匀定子橡胶具有较强的抵抗变形能力，单级承压也更好，实现过盈配合。④等壁厚单级扬程比常规泵相比更高，长度上允许缩短40%，相同排量情况下启动扭矩更低(图4、图5)。

图4　等壁厚螺杆泵截面形状

图5　常规螺杆泵截面形状

(2) 转矩锚

转子随电机呈顺时针方向转动，会使定子顺时针方向上产生作用力，如若不采取锚定或锚定不可靠，容易导致油管脱扣。转矩锚一般设计在螺杆泵定子下方，把作用在定子上的顺时针旋转扭矩传递到套管上，极大程度上降低了脱扣风险(图6)。

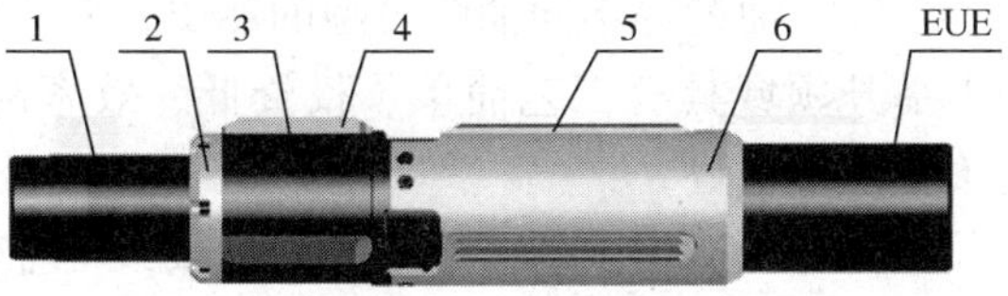

图6　转矩锚

1—凸轮连接体；2—挡圈；3—扶正块套筒；4—扶正块；5—卡瓦牙；6—卡瓦牙套筒

(3) 单向泄油器(上提式泄油)

螺杆泵单向泄油器(上提式泄油)连接于井下螺杆泵尾管与油管锚之间，是井下单向阀和泄油器的集成体，防止油液倒流，具有三种功能：①保证停机时油液不倒流；②可作为打压装置使用，避免油管漏导致重复作业；③上提油管可实现泄油。

3　应用效果

3.1　应用情况

胜利油田鲁胜公司自2012年起进行直驱螺杆泵替代齿轮减速驱动螺杆泵试验，至2016年形成一定应用规模，排量主要以中、小排量(理论排量10.8~72m^3/d)为主。截止目前直驱螺杆泵已成为较为成熟的人工举升方式(表2)。

表2　鲁胜公司举升方式统计表

序号	举升类型	数量/台	占比/%
1	皮带式抽油机	326	48.4
2	游梁式抽油机	130	19.3
3	直驱螺杆泵	144	21.4
4	普通地面螺杆泵	50	7.4
5	电潜泵	24	3.6
	合计	674	

鲁源管理区举升方式类型见表3，其中螺杆泵常用泵型以300型、190型及500型为主，占比分别为22.1%、20.9%和18.6%。

表3　鲁源管理区举升方式统计表

序号	举升类型	数量/台	占比/%
1	皮带式抽油机	130	42.8
2	游梁式抽油机	2	0.7
3	直驱螺杆泵	133	43.8
4	普通地面螺杆泵	39	12.8
	合计	304	

鲁源管理区直驱螺杆泵井设备参数及生产参数见表4。

表4　鲁源管理区直驱螺杆泵井设备参数及生产参数统计表

序号	参数	生产参数	平均值
1	直驱电机参数	功率/kW	23.5
2		转速/rpm	84.7
3		日耗电/kW·h	115
4	油井生产参数	原油黏度/mPa·s	3916
5		泵深/m	919
6		动液面/m	438
7		沉没度/m	481
8		回压/MPa	0.62
9		液量/t	33.2
10		含水/%	89.9

从应用效果看，同一油藏类型中直驱螺杆泵井平均单井耗电量115kW·h，提液单耗3.5kW·h/t，系统效率33.6%，在四种举升方式中，具备明显优势(表5)。

表5　四种举升方式产液及功耗对比表

序号	设备类型	井数/口	平均单井液量/(m^3/d)	平均单井耗电量/(kW·h)	提液单耗/(kW·h/t)	系统效率/%
1	皮带式抽油机	130	29.7	140	4.7	29.7
2	游梁式抽油机	2	32.9	230	7	30.5
3	普通螺杆泵	39	33.9	130	3.8	28.2
4	直驱螺杆泵	133	32.2	115	3.5	33.6

3.2　经济效益

(1) 一次性投入计算

从初次投入费用方面看，按地面费用、井筒举升费用、日常管理维护三部分，同口径对皮带式抽油机和直驱螺杆泵为例进行对比。(1)地面部分：主要包括抽油装置、信息化建设两部分的费用。抽油机27.97万元>直驱螺杆泵10.4万元。(2)井筒举升部分：根据不同规格泵型，按管式泵冲程＊冲次5＊2对标螺杆泵转速100rpm条件下的理论排量，螺杆泵举升管柱较管式泵高1.0~1.6万元。(3)日常维护部分：抽油机2000元/年，直驱螺杆泵300元/年。

一次性投入按高到底：抽油机41.5万元>直驱螺杆泵24.73万元，因此直驱螺杆泵技术有较大成本优势。

(2) 节约价值计算

采用直驱螺杆泵配套工艺，提液单耗与皮带式抽油机相比，由4.7kW·h/t降至3.5kW·h/t，降低1.2kW·h/t。目前平均单井液量为33.2t/d，直驱螺杆泵配套井数为133口，单井全年生产330天，按平均电度电价为0.7元/kW·h计算。电费年净节约价值=(皮带机平均提液单耗-直驱螺杆泵平均提液单耗)×平均单井液量×平均单井年生产天数×直驱螺杆泵配套井数×电价=(4.7kW·h/t-3.5kW·h/t)×33.2t/d×330d×133×0.7元/kW·h=122.4万元。5年电费节约价值为612万元。

3.3　社会效益

直驱螺杆泵举升工艺技术充分考虑了油藏类型和开发方式复杂多样的实际情况，目前已在鲁胜公司鲁源管理区43.3%以上的油井覆盖。该技术突出反映了效益效率理念、质量标准理念、统筹优化理念、精细管控理念，节省了大量的人力物力，正深刻影响和改变着广大干部员工的思维模式和工作方式。信息化技术的应用、实时海量数据的集成分析，实现了精细掌握动态、精准调控措施、精确预警防控，对老油田精细挖潜、提高开发效益提供了现代化手段支撑，极大地促进了劳动生产率提高，把一线员工从简单重复劳动中解放出来，为促进老油田人力资源优化拓展了渠道。

4　结论

(1) 直驱螺杆泵举升配套技术能够适应含砂、含气、油稠等不同油藏类型的油田开采，在人工举升领域具有工艺简单、投资低、效率高、便于管理等优势。

(2) 对于适用于螺杆泵举升的油藏，可有效提高系统效率，降低投入成本。

(3) 依托自动化、信息化系统，提高管理水平，降低吨油成本，该配套举升技术规模化应用已取得一定成效，对下一步采油工艺可持续发展和降低开采成本具有重要借鉴意义，对促进老油田转型发展具有典型的示范意义。

参考文献

[1] 张琪. 采油工程原理及设计[M]. 北京：石油大学出版社，2006.

[2] 齐振林. 螺杆泵采油技术问答[M]. 北京：石油工业出版社，2002.

[3] 张舒心. 地面驱动螺杆泵采油系统实时智能诊断与优化决策技术[D]. 青岛：中国石油大学(华东)，2017.

[4] 张刚. 油田采油直驱螺杆泵效率研究[J]. 江西化工，2019.

热采水平井动态调整技术研究

刘 明　陈晓春　赵 磊　殷方好　郭省学　翟 勇

(1. 中国石化胜利油田分公司石油工程技术研究院；2. 中国石化新春开发有限责任公司)

摘　要　稠油热采水平井进入多轮次吞吐后，储层非均质性、边底水入侵及注汽工艺不合理，水平段吸汽剖面不均，导致动用程度差异大，周期高含水，不能有效发挥水平井泄油面积大的优势，严重影响了热采水平井的开发效果。高效调整长水平段注采剖面可改善长水平段吸汽不均，实现储层均衡有效动用，提高多轮次吞吐水平井采收率和控制储量动用率，实现稠油油藏提质增效开发。通过研究，形成了以储层动用反演、组合堵调、动态变点配汽为核心的稠油油藏低效水平井综合治理关键工艺技术，优化了基于井温测试的水平段储层动用程度反演技术，现场实施符合率98.2%。现场实施效果表明，该技术的研发与应用有效解决了热采水平井动用不均衡的问题，长水平段有效动用率提高到70%以上，周期油汽比提高0.12以上，为热采水平井高效开发提供了技术支撑。

关键词　热采水平井；多轮次吞吐；动态调整；均衡动用

胜利油田开井热采水平井应用广泛，是新区动用，老区挖潜的主要方式。随着周期数增加，边底水入侵、储层非均质性，导致水平段吸汽不均，动用程度差异大，周期高含水，不能有效发挥水平井泄油面积大的优势，严重影响了热采水平井的开发效果。针对热采水平井汽窜、水侵等导致的长水平段动用不均，周期含水高、热利用率低的问题，研究热采水平井找水测试技术，有效识别高含水区域和高动用层段以及汽窜区域；研究热采水平井定点堵调技术，实施定点组合增效堵调技术，封堵水平段高含水和汽窜区域；研究热采水平井管内强制分段注汽技术，有效区分并封隔高低动用层段，未封堵区域与封堵区域、汽窜区域，实施差别化注汽，提高热利用率。

1　热采水平井动用程度测试技术研究

稠油热采长水平段经过多轮次吞吐后，水平段非均质加重，直观反映注汽前、后水平段各段温度差异，研究注汽后的井温与初始井温偏离程度与油藏非均质性和吸汽量的关系，确定水平井井段动用程度及吸汽百分比。

水平井相对于垂直井有四个特点：泄油面积大、生产压差小、采液指数高及无水采油期长。但是水平井开采也逐渐暴露出一些问题，油层的非均质性使得水平井轴向上吸汽量的大小差异较大，加热范围不均，直接影响到水平井注蒸汽开采的效果。因此，在开发稠油油藏的过程中进行实时监测，确定稠油油藏水平井轴向上吸汽量和加热范围，对于稠油油藏的高效开发有着极其重要的作用。

由于水平井筒内汽液两相处于饱和蒸汽状态，因此注汽过程中井筒内所测得的温度和压力主要反映当前井筒内流体流动状态，与周围地层的状况关联性较小，难于反映地层的吸汽和受热范围状况。稠油油藏水平注汽管柱测温工艺包括注蒸汽焖井放喷后管柱提捞测量温度剖面和水平井转周期注蒸汽前管柱下放测量温度剖面(图1)。

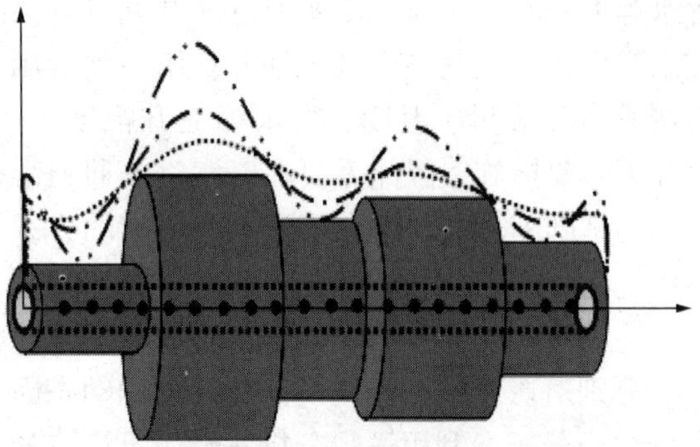

图1　沿井轴油层受热范围及温度分布示意图

无论注蒸汽焖井放喷后管柱提捞测量温度剖面工艺还是水平井转周期注蒸汽前管柱下放测量温度剖面工艺，由于注蒸汽结束后的油层内部持续的导热作用和产出流体的携热量、井筒内流体的自然对流作用、套管壁钢铁与油层岩石导热性能差异等等因素影响，所测得沿井筒轴向的温度剖面平均化，差异性特征很小，因此根据测定的即时温度剖面特征难于识别周围油层的受热范围状况，需要将这些因素滤除掉，才能解释出周围油层的吸汽状况差异性。

在对热采井井筒传热数学模型研究的基础上，对注蒸汽水平井关井测温剖面解释方法作了进一步的分析研究，并分别从的注蒸汽前后不同阶段对水平井筒进行解释。由于注入的蒸汽在油层内扩散，将热量传给油层，使得油层的温度上升，蒸汽逐渐将其所携带的潜热释放。随着时间的增加，加热区的一部分热量要通过径向导热传给未加热区，另一部分热量要通过轴向向导热传递给不同微元段。因此，各段加热区的平均温度随时间的增加而降低。而未加热区和各段的平均温度随时间的增加而降低。当蒸汽所携带的潜热完全释放后，加热区、未加热区、达到温度平衡(图2)。

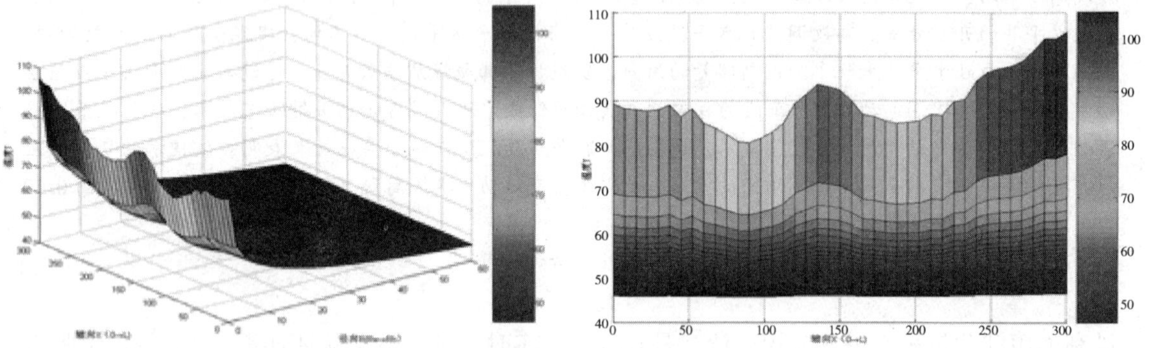

图2　注汽生产周期末温度剖面三维视图和三维视图

2　多轮次吞吐水平井注采剖面调整优化技术

多轮次吞吐水平井开发效果主要是受汽窜和非均质性导致的吸汽剖面不均衡的影响。

在汽窜方面，根据热采水平井井间窜流干扰的程度不同，窜通井可以分为几种类型：第一类为因严重汽窜造成油井不能正常生产，注汽井需要停注；第二类为因汽窜造成油井液量、温度、含水等上升幅度较大，需要通过油井调参等措施控制汽窜，防止蒸汽突破到油井；第三类为因汽窜造成油井液量、温度、含水等上升幅度不大，油井不需要措施。因此需要在蒸汽汽窜通道准确表述的基础上，开展组合堵调工艺措施的方式及参数优化。

建立热流场因子 F 来表征水平井汽窜的程度。分别对影响油藏流场的静态因素和动态因素进行综合分析，利用逻辑分析法筛选出最终的流场评价指标。同时利用层次分析法，求得每一行的乘积并且得出权重系数，从而得到蒸汽汽窜识别因子的公式：

$$F=0.4699\left|\frac{T-T_0}{T_0}\right|+0.1469\left|\frac{P-P_0}{P_0}\right|+0.2702\left|\frac{S_o-S_{o0}}{S_{o0}}\right|+0.0565\left|\frac{\Phi-\Phi_0}{\Phi_0}\right|+0.0565\left|\frac{K-K_0}{K_0}\right|$$

结合热采流场因子建立原则以及不同参数的计算权重最终得到稠油油藏热采流场因子计算公式，根据含油饱和度等参数将流场级别分为四个级别。

建立两口吞吐井的数值模拟模型，选取第九周期(包含四个级别流场)分析吞吐流场分布规律：

一级流场主要沿吞吐井的主流线，呈两头宽中间窄的哑铃型；

二级流场和三级流场呈环状分布，是主要产油区域；

四级流场与吞吐井距离较远，属于开发潜力较大的区域。

具体见图3。

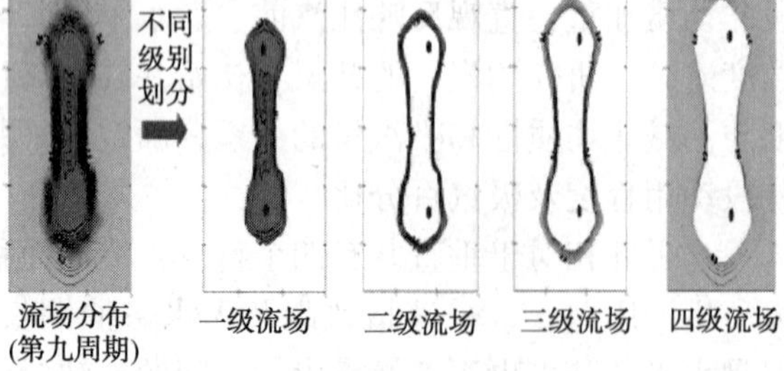

图3　水平井多轮次蒸汽吞吐不同级别流场分布图

可以依据汽窜因子的计算划分为4个不同的流场级别，一级流场、二级流场、三级流场、四级流场(表1)。

表1 热采汽窜不同级别流场划分依据及汽窜程度判别表

流场级别	蒸汽波及情况	热采汽窜因子	汽窜程度
一级流场	强波及	>0.8	严重汽窜
二级流场	中波及	0.6~0.8	汽窜
三级流场	弱波及	0.4~0.6	有汽窜趋势
四级流场	未波及	<0.4	蒸汽波及小

其中一级流场汽窜因子计算应大于0.8，在蒸汽吞吐过程中属于蒸汽强波及的区域，是汽窜的主流通道，定义为严重汽窜程度阶段或者区域；二级流场汽窜因子范围为0.6~0.8，属于蒸汽中波及区域，汽窜程度为一般汽窜通道；三级流场汽窜因子为0.4~0.6，属于将要有汽窜趋势的区域，属于汽窜预防阶段，四级流场汽窜因子小于0.4，属于蒸汽波及程度较小的区域，在汽窜程度划分上属于没有汽窜趋势的区域，是下一步蒸汽扩大波及的区域(表2)。

表2 不同汽窜阶段封窜工艺优选

汽窜通道发育阶段	封堵压力/(MPa/m)	热采流场因子F	汽窜通道宽度/m	封窜措施
发育阶段	1~2	0.4~0.6	<10	氮气泡沫
扩展阶段	2~6	0.6~0.8	10~30	凝胶封窜
稳定阶段	3~17	>0.8	>30	凝胶封堵+热固

热采生产初期，吞吐井之间存在注采时间差，主流线上形成汽窜通道，随着吞吐轮次的增加，加热面积增加的速度变慢，但汽窜通道逐渐变宽；根据划分的汽窜几个阶段以及汽窜因子的计算，可以根据汽窜程度优选组合堵调的方式。

根据优化结果：

发育阶段的汽窜通道尺度较小，适合强度较弱的氮气泡沫等工艺；

扩展阶段通道尺度较大，适合一定强度的耐温凝胶工艺，配合泡沫调剖面；

稳定阶段通道尺度大，纯凝胶已经效果不佳，需要凝胶+热固的封窜工艺。

3 水平井管内分段均衡注汽技术研究

对于水平井，长井段没有隔层，为了使水平井段尽可能均衡吸汽，在已知水平段物性或吸汽剖面的情况下，研究了水平井均衡注汽优化设计技术，通过优化设计配注器的位置和配注量，实现水平段的均衡注汽。

水平井多点注汽技术是采用单管+配汽阀的方式，将配汽阀均匀的分布在水平段内，很大程度上也改善了地层吸汽不均衡问题，一般来说出汽点越多，注汽越均匀，但过多的注汽阀使得蒸汽热能利用率低，增加开发成本。

水平井分段注汽技术是在多点注汽的基础上，在管外加装封隔器，使得在水平段形成相对独立的注汽腔，可实现有针对性的按需注汽，还能有效的防止汽窜。

根据不同的注汽井况和开采阶段，优选不同的注汽方式，可有效改善水平井的蒸汽吞吐开发效果。

水平井均衡注汽计算模型：

为了使蒸汽能沿整个水平段均匀分布，应满足两个条件：

① 沿水平段各处油套环空内的压力应相等，即：

$$P_{w1}=P_{w2}=P_{w3}=\cdots=P_{wi}=\cdots=P_{wn} \quad (1)$$

②各注汽点的注汽量应相等，即：

$$Q_1=Q_2=Q_3=\cdots=Q_i=\cdots=Q_n=\frac{1}{n}Q \quad (2)$$

根据前面对节流器节流模型的研究，孔口流量计算公式：

$$Q_i=C_dA_i\sqrt{\frac{2}{\rho}\Delta p}=C_dA_i\sqrt{\frac{2}{\rho}(p_i-p)} \quad (3)$$

由于水平段存在压降，为了使流量能够均匀分配，则每一段注汽量、油套环空内压力相等，因此，配注器的配流面积或泄流孔面积应沿水平段距离的增加而增加。当注汽速度和注汽压力增大时，沿程压降越大，沿程流量越小，为了弥补由压降引起的流量减小，应该增加配注器个数或沿水平段增加每个配注器的过流面积；在相同的注汽速度和压力条件下，若减少配注器个数，则流过每个配注器的流量就会增加，应相应的增加配注器的配流面积。

针对水平段吸汽不均、动用差异大的问题，基于井温测试和开发动态分析数据，反演水平段动用程度；结合优化决策技术，优化注汽工艺，形成弱汽窜的变点均衡注汽技术和强窜流的分段恒流量注汽技术(图4)。

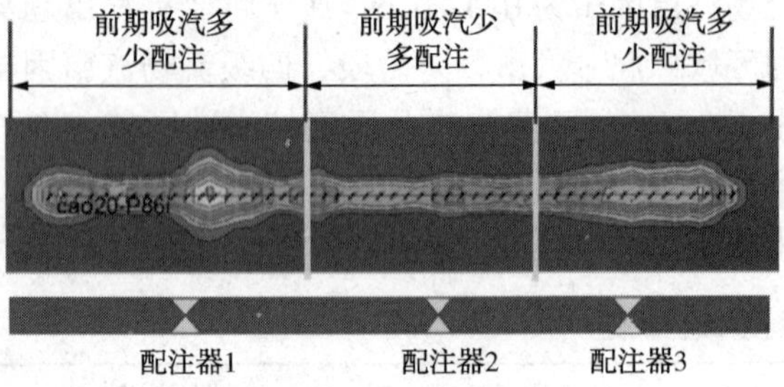

图4　水平井管内分段均衡注汽管柱示意图

利用井筒变质量流与油藏渗流的耦合模型，优化计算多轮次吞吐阶段不同注汽量和油藏参数条件下水平井段的吸汽长度。优化结果表明：配汽量越大，吸汽井段越长；原油黏度越高、渗透率越低、含油饱和度越高，吸汽井段越长。依据不同注汽量和油藏物性条件下水平井段的吸汽长度，通过优化配注器在水平段的位置、配汽量及分段封隔位置，均衡调整水平井吸汽剖面。

4　现场实施效果

典型井例：胜利西部A井：该井前期采用注采一体化工艺管柱投产，虽采用多点配汽的方式，但受目的层水平段长，出汽位置不变，储层非均质等影响，经多周期的吞吐，含水逐步上升，经济效益变差。第15周期注蒸汽后生产，液量温度下降较快，一直不能正常生产。针对存在矛盾，制定了分周期调整的策略，先进行堵水，再优化注汽管柱，提升热效率，提高热利用率，实现整个井段的有效动用，增加周期产能，实现高效高速生产。

组合堵调工艺设计：采用凝胶、泡沫组合堵调，充分发挥泡沫运移距离远、凝胶封堵强度大的优势，组合后驱替压差比单纯泡沫提高4倍，同时泡沫可以封堵凝胶固结后的微小汽窜通道，实现耐温性、封堵强度方面相补。

耐温凝胶用量：500m^3，采用前置注入。

泡沫用量：5t，氮气用量：5.0×10^4 Nm^3，采用蒸汽、氮气泡沫段塞混合注入：

第一段塞：蒸汽+氮气+泡沫混合注入，正注氮气$3.0\times10^4 Nm^3$、泡沫剂3t；

停注氮气泡沫，单独连续注蒸汽24h，待压力稳定后马上注入第二段塞；

第二段塞：蒸汽+氮气+泡沫混合注入，注氮气$2.0\times10^4 Nm^3$、泡沫剂2t。

水平井均衡注汽工艺设计：开展注汽管柱设计，优化调整注汽位置，进一步巩固堵调效果，提高水平段动用程度。

实施效果：该井实施凝胶+泡沫堵水后，周期内平均日油从2.21t提升到8.6t，含水率从88.2%下降到76.5%，下降11.7个百分点，周期油汽比由0.15提高到0.77，优化配套均衡注汽工艺技术后，周期内平均日油仍为8.6t，周期平均含水80.5%，周期油汽比0.57，采油速度及效益均明显提升(图5)。

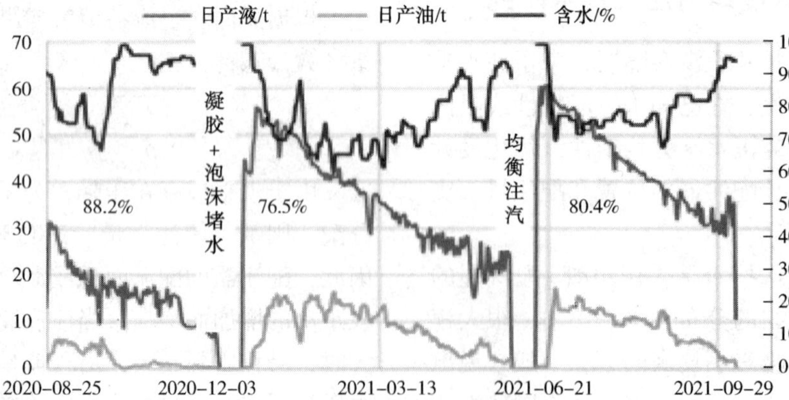

图5　A井措施后生产曲线图

目前该技术已经成为胜利油田提高热采水平井开发效果的主导技术。建立了两个示范区，加强了技术集成应用，起到示范引领作用。同时在现场推广应用100余井次，周期油汽比提高0.12，平均吨油成本降低20%以上，水平段动用程度明显提升，取得了良好的经济效益。

不同黏度环烷基稠油火驱见效特征分析

苏日古[1]　孙江河[1]　展宏洋[2]　彭邦洲[3]　乔　娜[3]

（1. 中国石油新疆油田公司工程技术研究院；2. 中国石油新疆油田公司勘探开发研究院；
3. 中国石油新疆油田公司采油一厂）

摘　要　新疆油田火驱工业化区域储层物性差异大，不同黏度油藏实施火驱过程中注气情况及生产井见效等方面存在不同，本文基于不同黏度原油火烧驱油机理、原油氧化反应特征和高黏原油流变特性，通过对比分析不同黏度原油点火参数、注气工况、生产情况，提出高黏原油火驱见效慢针对性措施，改善开发效果。

关键词　火驱；黏度；见效；影响因素；措施

稠油由于重质组分含量高，表现为黏度高、流动性差，常规开采方法无法开采，可以通过各种热力降黏方式开采稠油。注空气火驱开采是一项具有广泛应用前景的绿色、低成本的油田稠油开发技术，火驱技术指注气点火井向油层内注入空气，用点火器或化学剂将地层点燃，以原油中裂解沉积的石油焦炭作为燃料，维持燃烧前缘持续燃烧，在燃烧产生热量、气体、水蒸汽、气态烃等形成多种驱替共同作用下储层原油驱替至生产井采出，达到提高采收率的目的。与注蒸汽热采方式相比，火驱技术具有采收率高、能耗低、成本低等优势，国内胜利、辽河和新疆等油田开展了火驱技术研究及现场试验。

1　前言

新疆油田于2009年开始实施红浅1井区火驱先导试验，经十年攻关，累积产油15.4×10^4t，采出程度36.5%，成效显著，于2017年启动红浅1井区火驱工业化试验，形成了“千口井”工程，地质储量约1520万吨，部署注气井75口，采油井863口，线性交错井网开发，2018年点火开发后发现部分部署区域原油黏度远超先导试验区，随着点火天数的增加，不同黏度油藏火驱注采特征表现出巨大差异，给稳定注气和高效生产带来巨大难题，为解决高黏原油火驱见效慢等生产问题，开展了不同黏度原油火驱开发影响因素研究，提出针对性措施，达到提产提效的目的。

2　火驱筛选标准

由于火烧驱油的机理较为复杂，目前仍没有一个普适的筛选标准能确定某个油藏是否适合火驱。美国石油委员会总结了世界上一些成功火驱案例后得出了一个比较广泛认可的筛选条件。新疆油田注蒸汽濒临废弃油藏火驱先导试验部分指标突破了学术界公认的筛选条件，具体指标对比详见表1。

表1　火驱筛选标准与新疆火驱条件对比

	火驱筛选标准	美国石油学会	新疆火驱
指标对比	原油黏度	<5000mPa·s	25000mPa·s
	储层类型	砂岩	砂砾岩
	渗透率变异系数	<0.7	0.85
	含油饱和度	>50%	>30%
	火驱前采出程度	<25%	28.9%

可以看出，国际上成功的火驱项目基本上是在地层原油黏度小于5000mPa·s的稠油油藏上进行的，其原因是根据火烧区带的运移特征，在火烧驱油过程中驱替前缘会形成高饱和度“油墙”，原油黏度越高驱替阻力越大，相应的注气压力也随之增大，会导致注气速度下降、地层无法维持稳定燃烧，严重时地层熄火的问题。更换高压力等级的压缩设备和高压注入管线虽可解决此问题，但存在火线推进慢，空气油比高，设备投资大等问题，经济效益上不划算，所以国外普遍将火驱技术应用于低黏度的稠油油藏，但新疆油田部分部署区域原油黏度远超目前筛选标准，目前无借鉴案例，需深入研究，提出相关对策，为类似油藏火驱开发提供重要实践和理论依据。

3　火驱见效特征分析

3.1　原油性质分析

本论文通过对比分析H1区块不同区域两种原油物性、注采等参数，开展研究。文中涉及原油A、B两种原油黏温曲线见图1，部署区域原油A在50℃下原油黏度为780mPa·S，原油B在50℃下原油黏度为2300mPa·S，原油A为普通稠油，原油B为特稠油，原油A在H1区块低黏区域，原油B在H1区块高黏区域。

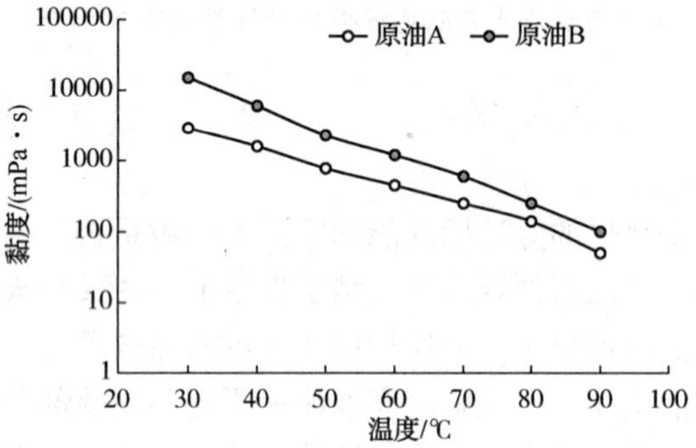

图1　H1区块A、B两种原油黏温曲线

原油A、B两种原油烷烃组分GC总离子流图见图2，从图中可以看出，两种原油都含有少量直链烃，主碳峰主要分布在C16-C20附近，两种原油环烷基峰占比均95%以上，都为典型的环烷基原油。

原油A、B两种原油性质表见表2，从表中可以看出，两种原油密度均大于0.90g/cm³，符合稠油特征，酸值、灰分、水含量和蜡含量差异均不大，火驱后表现出不同见效特征，推测原油黏度密切相关，因此，目前国内外稠油主体采用热力开发，稠油黏度对温度敏感性较强，导致不同黏度原油开发需采取不同开发方式，如蒸汽吞吐、蒸汽驱、蒸汽辅助重力泄油等。

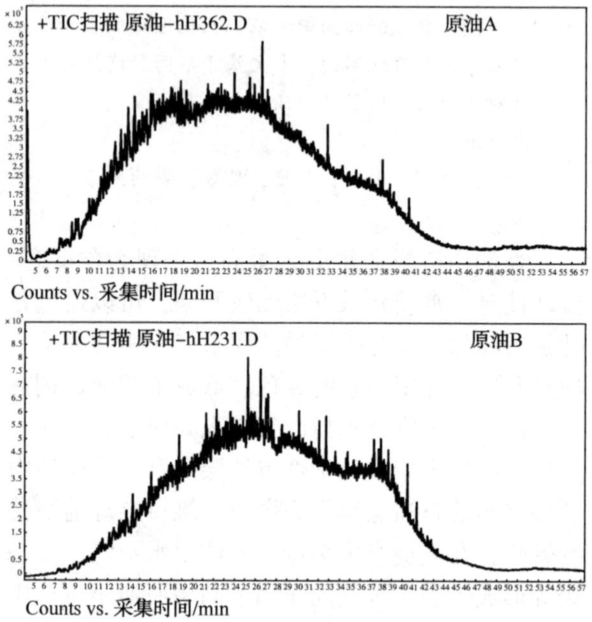

图2　H1区块A、B两种原油黏温曲线

表2　H1区块A、B原油性质表

井位	50℃密度/(g/cm³)	酸值/(mg KOH/g)	灰分/(%，m)	原油水含量/(%，m)	蜡含量/wt%
原油A	0.921	3.63	0.011	0.06	2.9
原油B	0.942	3.23	0.037	0.08	6.1

3.2　两用原油油藏点火参数对比

两种原油区域注气井点火及初期燃烧生产井产出气组分见图3~图4，两种黏度原油点火初期CO_2含量较低，小于2%，O_2含量较高大于3%，CO含量小于1%；点火后第四天4#样，CO_2含量逐渐上升至9%以上，O_2含量降低至小于1%，CO含量保持在1%以下，判断地层点火成功；持续监测产出气组分发现，在稳定注气阶段CO_2含量仍能持续保值10%以上(9~10#样)，大于12%，O_2和CO含量均小于1%；说明地层点火结束后两种黏度油藏均已进入高温燃烧阶段，两种原油油藏点火装备、天数、点火气量、点火温度和功率一致，因此点火后不同黏度油藏均可以成功点燃，并实现高温燃烧。

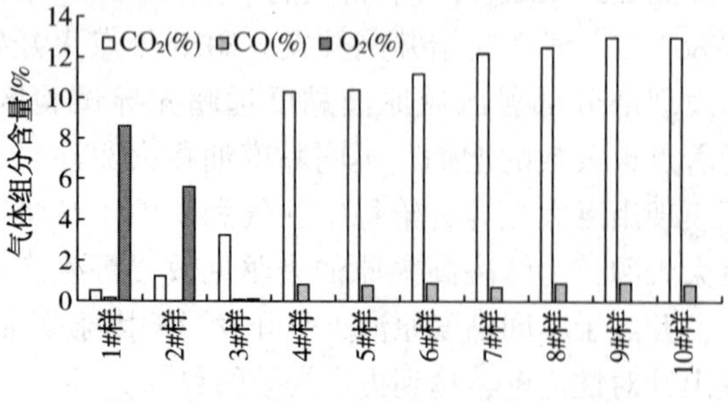

图3　H1区块A原油点火及燃烧初期产出气气体组分

3.3　两用原油油藏注气参数对比

两种原油区域注气井注气参数见图5，从图中可以看出，两种黏度原油油藏注气压力和注气量波动不大，注气较为平稳，日注气量稳步上升，周围生产井气体组分中也未监测到氧气，二氧化碳浓度一直高于10%，说明点火后油层一直保持高温燃烧状态。

3.4　两用原油油藏生产井见效特征

根据火驱生产特征，一般初期的排气排水阶段为3~6个月，此阶段以烟道气驱为主，然后才进入到火驱见效阶段(图6)。对于高黏油藏，在烟道气驱阶段地层温度会逐渐下降，原油黏度升高后存在堵塞通道的风险，因此实际火驱开发过程中，类似原油A油藏低黏区域火驱见效快，点火后半年到一年半产量明显上升；但类似原油B油藏高黏区域火驱见效慢，点火后两年还未进入产量上升阶段，为此，通过采取生产井低汽量多轮次吞吐后，效果明显改善，继续推广应用。

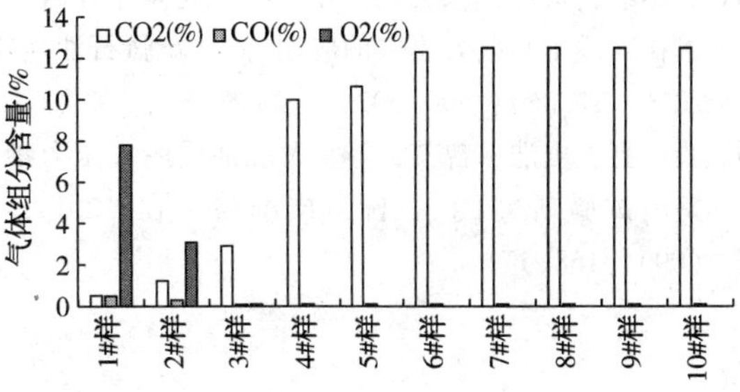

图4　H1区块B原油点火及燃烧初期产出气气体组分

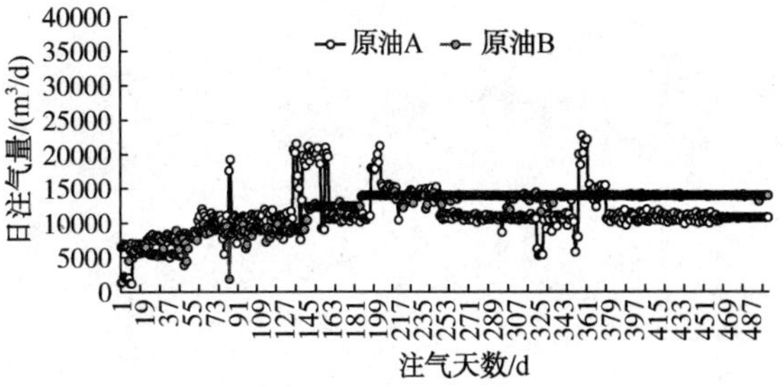

图5　H1区块A、B原油油藏注气曲线

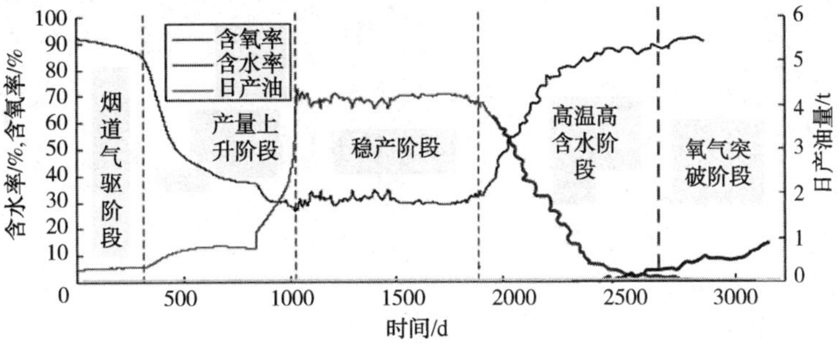

图6　火驱典型生产阶段划分

4　结论

(1) 新疆油田红浅1井区原油为典型环烷基原油；

(2) 不同黏度原油在同一点火条件下可以实现高温燃烧；

(3) 低黏原油火驱见效快，高黏原油火驱见效慢；

(4) 生产井可以采取吞吐引效措施加快火驱见效。

参考文献

[1] 钱根葆，程宏杰，张勇，等．不同碳原子数烃类对火驱燃烧效果的影响[J]．石油学报，2014，35(02)：326-331.

[2] 席长丰，关文龙，蒋有伟，等．注蒸汽后稠油油藏火驱跟踪数值模拟技术-以新疆H1块火驱试验区为例[J]．石油勘探与开发，2013，40(06)：715-721.

[3] 龚姚进，户昶昊，宫宇宁，等普通稠油多层火驱驱替机理及波及规律研究[J]．特种油气藏，2014，21(06)：83-86+145.

[4] 王元基，何江川，廖广志，等．国内火驱技术发展历程与应用前景[J]．石油学报，2012，33(05)：909-914.

[5] 廖广志，王连刚，王正茂．重大开发试验实践及启示[J]．石油科技论坛，2019，38(02)：1-10.

[6] 陈莉娟，潘竟军，陈龙，等．注蒸汽后期稠油油藏火驱配套工艺矿场试验与认识[J]．石油钻采工艺，2014，36(04)：93-96.

[7] 蔡罡，陈龙，坎尼扎提，等．火驱车载移动式电点火配套工艺设备研发[J]．石油机械，2017，45(03)：102-106+113.

[8] 黄继红，黄玲，朱文光，等. 常规气体组分监测技术在红浅1井区火驱中的应用[J]. 新疆石油地质，2016，37(05)：590-592.
[9] 龚厚亮，史浩，曾英，等. 火烧油层注气压力参数室内试验研究[J]. 科学技术与工程，2014，14(09)：168-171.
[10] 袁士宝，宁奎，蒋海岩，等. 火驱燃烧状态判定试验[J]. 中国石油大学学报(自然科学版)，2012，36(05)：114-118.
[11] 霍进，赵仁保，孙新革，杨凤祥. 火驱技术国内外进展及理论发展方向的思考[J]. 新疆石油天然气，2021，17(03)：30-36.

斜直水平井在新疆油田 VHSD 生产中的应用

向 红 刘 利 陈 昂 郭文轩 宋 恒

(中国石油新疆油田分公司工程技术研究院)

摘 要 新疆油田浅层稠油资源丰富，以特、超稠油为主，油层厚度薄，采用垂直水平井方式一是影响套管完整性，二是垂直水平井井眼曲率大，举升管柱入井及工作存在风险。为了探索浅层稠油斜直水平井开发可行性，新疆油田 2018 年在九$_8$区 VHSD 区域完钻一口斜直水平井，该井目前已正常生产两年半，说明斜直水平井工艺能满足 VHSD 正常生产。本文对比分析了斜直水平井与相邻垂直水平井的生产特征，明确了影响生产效果的主要因素，包括储层亏空严重、蒸汽超覆和储层强非均质性等，并提出了改善开发效果的针对性对策，可为类似油藏的开发提供依据。

关键词 斜直水平井；VHSD；影响因素；对策

1 国内外斜直水平井应用现状

国外加拿大浅层超稠油油藏双水平井 SAGD 开发 250m 以浅均采用斜直水平井方式，最早于 1987 年在 UTF 油藏 SAGD 双水平井开发中完钻 6 组斜直水平井，目前加拿大麦凯河油藏斜直水平井应用规模较大，已完钻 191 井组。

国内 90 年代开始发展斜直水平井开采方式，河南油田开展试验最早，于 1990 年 1 月钻成我国第一口斜直水平井(井深 731m，井斜 11°)，同时试验规模最大，截至 2005 年河南油田斜直井数量超过 60 口，且均正常生产，井斜最大的 L1711 井斜角达 49°，井深在 300m 左右，已连续生产了 349d。

新疆油田有丰富的浅层稠油资源，其中，相当一部分是特、超稠油，且油层厚度薄，采用垂直水平井方式存在一定风险。一是影响套管完整性，由于井眼曲率大及热采过程中套管高温膨胀，易造成井口抬升、偏移；二是举升管柱入井及工作存在风险，垂直水平井井眼曲率大，造成大排量泵入井困难、工作条件恶劣。为了研究其有效开采方式以适应超浅层稠油油藏开发需求，早在 1993 年，新疆油田就在风城油田完钻一口试验斜直水平井，后又在九区相继开钻 7 口斜直水平井，对这套技术进一步研究和完善、提高，但由于当时钻井设备及采油工艺的局限性，斜直水平井技术并未得到大规模的推广应用。

为探索超稠油油藏蒸汽吞吐后提高采收率接替开发技术，2013 年，新疆油田在风城开展了 VHSD 直井-水平井组合蒸汽驱先导试验，VHSD 井网水平井位于两排直井井间侧下方，直井射孔位置高于水平段 5m，水平段高于油层底部 2m，直井持续向油藏内注入蒸汽，加热地层原油，被加热原油在重力作用下，向下流动被水平生产井采出。风城 VHSD 先导实验取得了较好的生产效果，因此，2018 年又在新疆油田浅层稠油老区九$_8$区采用 VHSD 开发方式进行接替开发，并完钻了一口斜直水平井，随后 2019 年~2020 年，在九$_7$区及九$_6$区完钻了 5 口斜直水平井。

2 VHSD 斜直水平井生产效果分析

2.1 基本情况

新疆油田九$_8$区斜直水平井 A1 于 2018 年 12 月完钻，是新疆油田第一口利用斜直钻机钻成的 VHSD 水平井，A2 是与该井相邻同期完钻的 VHSD 垂直水平井，油藏顶、底部构造形态为西北向东南倾的单斜构造，地层倾角 3°~9°，A2 井位于 A1 下倾方向，两口井的位置见图 1，井轨迹见图 2、图 3。

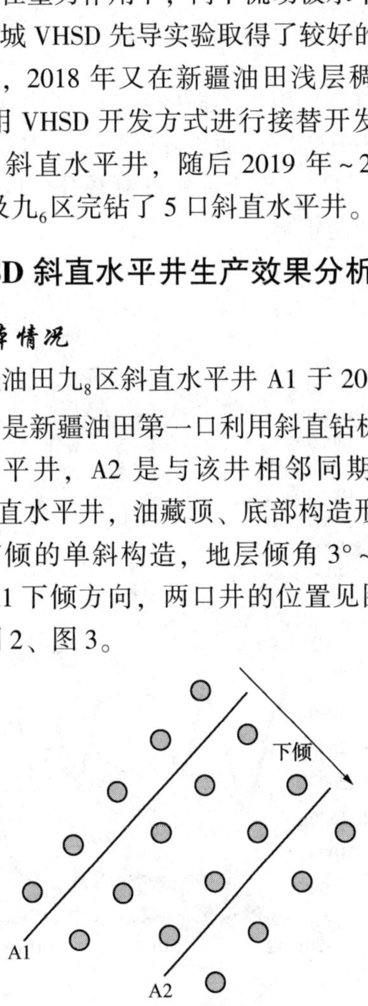

图 1 井位图

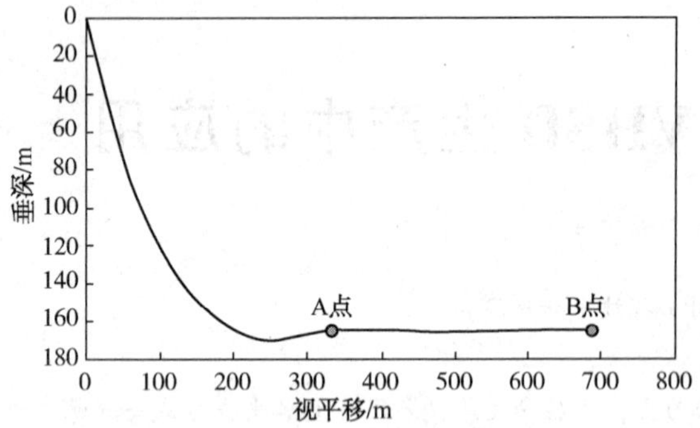

图 2　A1 井轨迹

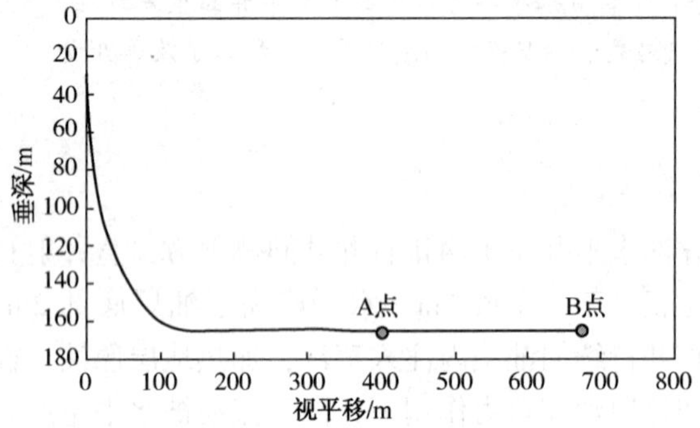

图 3　A2 井轨迹

两口井采用了不同的举升工艺，A2 井采用有杆泵举升工艺，而斜井有杆泵举升工艺复杂，因此 A1 井采用双金属螺杆泵举升，该井目前已正常生产两年半。

根据前期生产经验，热电偶测试工艺能够满足 VHSD 水平井测试要求。为了对生产动态进行实时监测，九$_8$区 VHSD 生产水平井吞吐阶段不进行测试，转 VHSD 生产阶段在副管中下入测试缆。采用热电偶测温，设 8 个测温点，其中下泵位置 1 点，水平段布 7 点，通过温度数据可以反映出水平井的水平段动用程度。

2.2　生产特征

VHSD 生产分为两个阶段，第一阶段是吞吐阶段，即水平井与周围直井同时进行吞吐建立井间热连通，直井水平井间热连通建立后转汽驱阶段，即周围直井连续注汽，水平井生产。两口井在两个生产阶段的生产曲线及转驱后水平段测温曲线见图 4～图 7，从注采曲线图 4 可以看出 A1 井转驱后的 1 年时间内注入大量蒸汽，而月产油量没有明显增加，最近 1 年生产效果开始变好，从水平段测温曲线(图 6)可以看出最初水平段温度较低且不均匀，说明水平段动用不好，近 1 年，水平段温度上升到 120℃以上且较均匀，因此生产效果变好；A2 井转驱初期水平段前端温度较高动用较好(图 7)，产油量较吞吐阶段升高(图 5)，转驱一年半后水平段后端温度升高开始动用，因此产油量大幅上升。

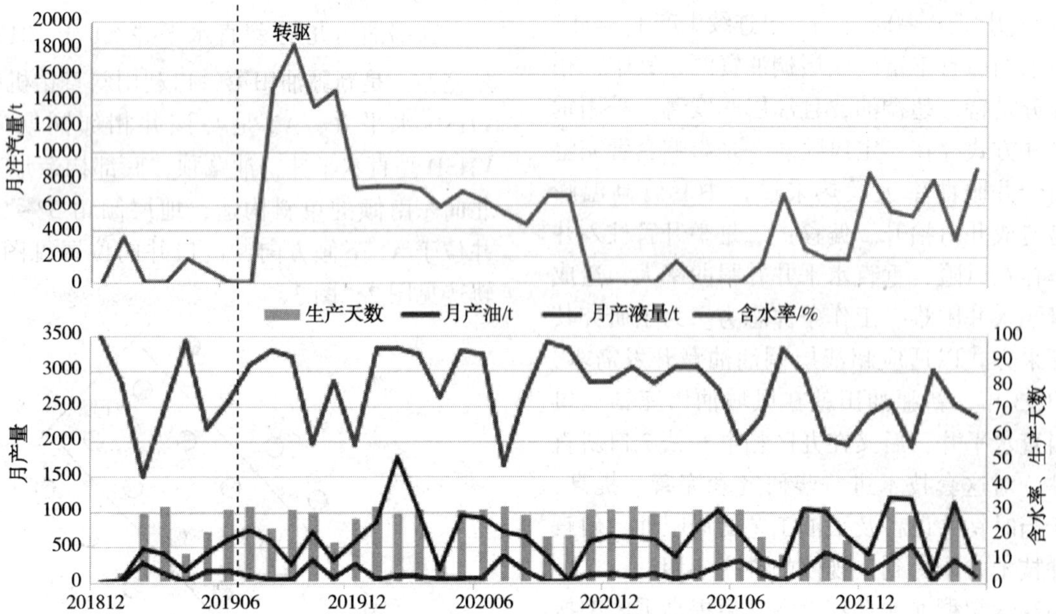

图 4　A1 井注汽生产曲线图

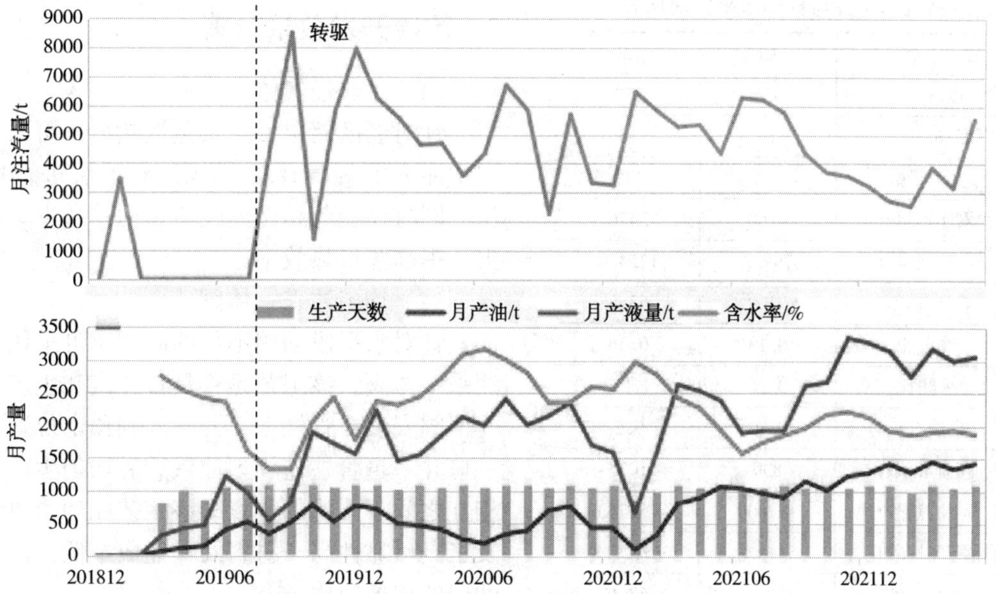

图 5　A2 井注汽生产曲线图

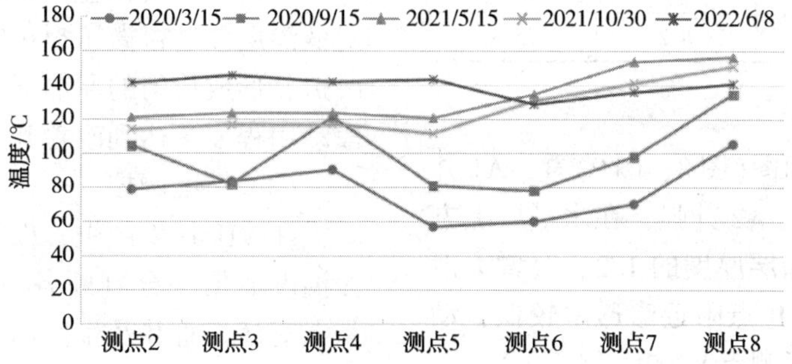

图 6　A1 井水平段温度图

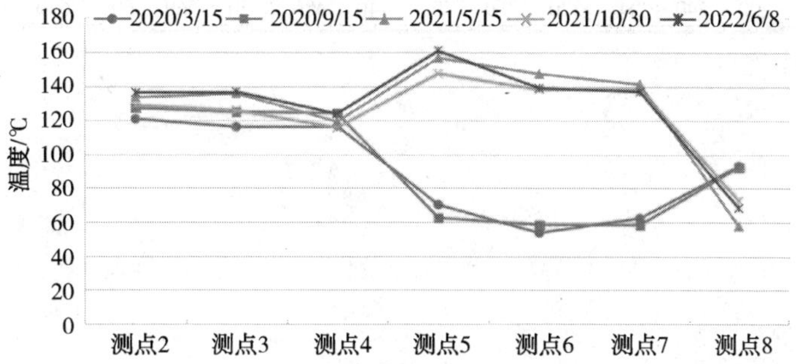

图 7　A2 井水平段温度图

两口井生产效果对比见表 1，油层厚度接近，两口井的采注比都较低，而 A1 井水平段更长，但该井在两个阶段的日产油量、油汽比和采注比均低于邻井 A2。

2.3 影响因素分析

(1) 储层亏空严重

九$_8$区是稠油老区，储层亏空严重，地层压力由原始地层压力 1.58MPa 下降至目前的 0.9MPa，因此在生产中注入的蒸汽大部分用于填补地层亏空，导致了低采注比、油汽比。

(2) 蒸汽超覆

从表 1 可以看出，吞吐预热阶段，A1 井注汽量是 A2 井的 1.8 倍，斜直水平井 A1 位于 VHSD 区域最边部，且储层从西北向东南倾斜 (图 1)，注入的蒸汽在超覆作用下会流向外部区域，导致了大量的无效注汽。

表1　九$_8$区斜直水平井与相邻水平井对比表

井号		A1	A2
水平段长度/m		355	272
油层厚度/m		15	16
吞吐阶段	生产天数	156	139
	累注汽量/t	6160	3476
	累产油量/t	799.9	1254.4
	含水率/%	71.9	63.8
	油汽比	0.13	0.36
	采注比	0.46	1
	日产油/(t/d)	5.1	9.1
转驱阶段	生产天数	830	1025
	累注汽量/t	167000	152763
	累产油量/t	5119.8	25729.8
	含水率/%	77.6	63.9
	油汽比	0.03	0.17
	采注比	0.14	0.47
	日产油/(t/d)	6.2	25.1

(3) 储层非均质性

从储层渗透率剖面图(图8、图9)看，A1井纵向渗透率非均质性较A2井强，在水平段上方渗透率较低的区域占储层厚度的1/2，会增大泄油阻力；A2井水平段B点附近渗透率较低，动用较困难，这就导致了测点8温度低(图7)。

3　改善开发效果对策

(1) 注非烃气体

针对老区储层亏空及蒸汽超覆，可采取向地层中注入非烃气体如氮气，对地层进行增能补压，同时还能起到保温隔热作用，减少蒸汽热损失，提高蒸汽热效率。

(2) 均匀注采一体阀

针对水平段动用不均的问题，可采用CIVET注采一体阀，该工艺是将具备注汽和生产功能的井下阀安装在管柱上，并下入到预定位置，实现一口井一趟管柱先均匀注汽、后均匀生产，具有相互之间不干扰的特点。该工艺原理简单，管柱及工具可靠性高，材料及作业成本低，能够满足油田的规模应用。

(3) 微压裂改造

该技术主要借鉴SAGD水力扩容技术经验，对低渗层段进行微压裂扩容，实现未动用井段的改造，形成均匀的原油下泄通道，从而提高水平段动用程度，达到改善开采效果的目的。

(4) 精细调控

在VHSD生产中，根据生产动态并结合水平段温度数据综合判断各直井与水平井的对应关系，对注汽直井及生产水平井进行精细调控，确保生产效果最优化。

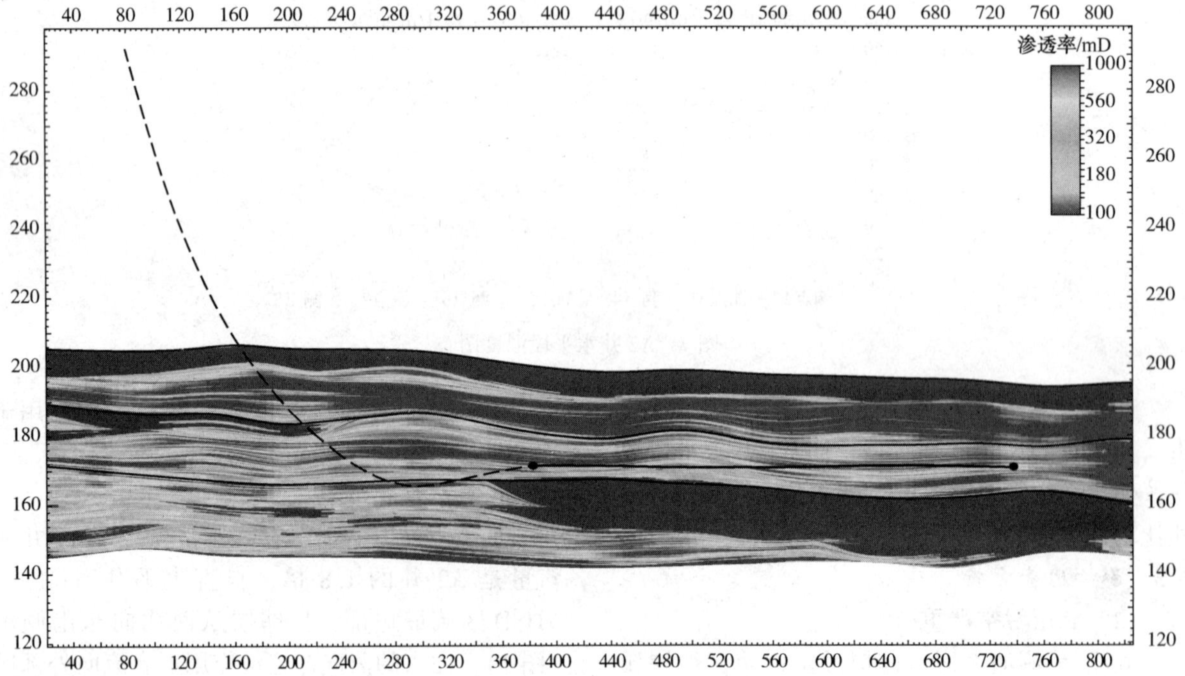

图8　A1井渗透率剖面图

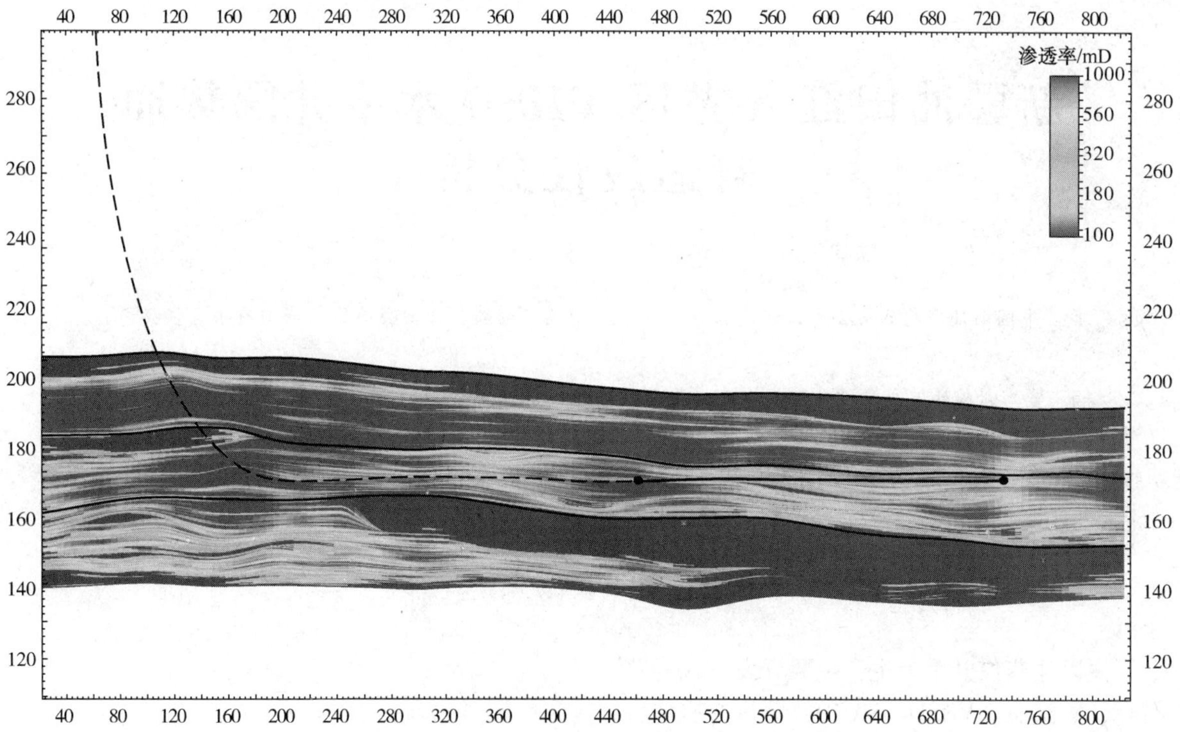

图 9　A2 井渗透率剖面图

4　结论

（1）A1 井目前已正常生产两年半时间，说明斜直水平井工艺能满足 VHSD 正常生产；

（2）井位及储层强非均质性是导致斜直水平井 A1 生产效果不如 A2 井好的主要原因；

（3）可采取注非烃气体、安装均匀注采一体阀、微压裂改造以及精细调控来改善斜直水平井的开发效果。

参　考　文　献

[1] 常峰伟．超稠油油藏吞吐后汽驱接替方式研究[D]．青岛：中国石油大学(华东)，2018.

[2] 董甜甜．辽河油田稠油蒸汽吞吐开发后接替技术的研究[J]．化工管理，2014，32：113.

[3] 王莉利，刘涛，蔡玉川．倾斜油藏蒸汽驱后期接替开发方式优化——以辽河断陷盆地西部凹陷欢曙上台阶齐 40 块为例[J]．新疆石油地质，2017，38(3)：319-324.

[4] 王大为，杜春晓，耿志刚，等．蒸汽辅助重力泄油隔夹层影响正交数值试验[J]．新疆石油天然气，2020，16(3)：51-55

[5] 樊玉新，王连生，姜玲．浅层超稠油斜直水平井副管测试技术[J]．石油钻采工艺，2000(04)：55-58+85.

新疆油田红A井区VHSD水平井隔热油管适应性分析

陈登亚[1]　薛　瑾[1]　于　倩[2]　任颜萍[1]　陈　勇[1]

(1. 中国石油新疆油田公司工程技术研究院；2. 中国石油新疆油田公司红山油田有限责任公司)

摘　要　新疆油田浅层稠油资源丰富，采用注蒸汽热采开发，蒸汽吞吐井油管大部分为N80平式油管，在注汽和生产过程中造成大量的热损失，红A井区油藏中部深度550m，在举升过程中温度下降幅度大，严重影响稠油效益开发。本文针对这一问题开展红A井区蒸汽吞吐井隔热油管适应性分析，通过井筒模拟软件得出平式油管和隔热油管注汽过程中的井筒干度损失和生产过程中的井筒温度分布情况，分析红A井区蒸汽吞吐井采用隔热油管的可行性，为类似油藏蒸汽吞吐井采用隔热油管提供了依据。

关键词　蒸汽吞吐；井筒热损失；隔热油管；适应性分析

稠油以注蒸汽开采为主，主要开发方式为蒸汽吞吐、蒸汽驱、VHSD、SAGD，蒸汽的质量直接影响开发效果。普通油管能够满足浅层稠油蒸汽干度要求，但随着油藏深度的增加，到一定深度之后，注蒸汽干度损失大，热效率低，不能满足油藏开发的条件，必须采用隔热措施来保证蒸汽的质量，目前有效的途径主要为隔热油管和油套环空注氮气隔热技术。

1　隔热油管技术

隔热油管为同心双管结构，两层管的环形空间采用充填绝热材料或真空隔热。注蒸汽开采稠油时使用隔热油管可以降低井筒热损失，提高可注入深度和注入地层的蒸汽热效率，同时预应力隔热油管可以克服因温度变化发生的伸缩变形，减少套管和固井水泥环的热应力，防止套管在高温环境下损坏(图1)。

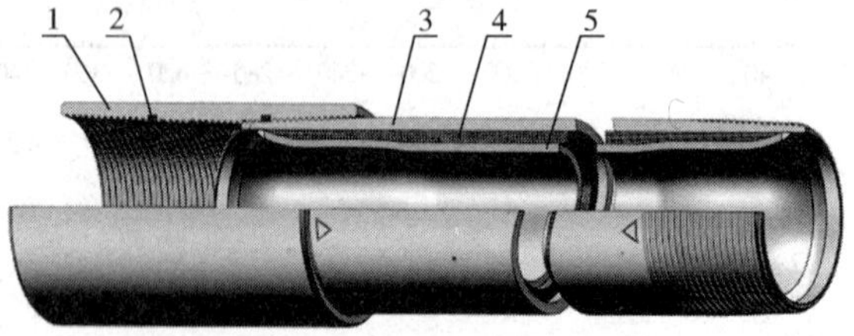

图1　隔热油管结构示意图

1—接箍；2—密封圈；3—外管；4—隔热系统；5—内管

2　红A井区VHSD水平井存在问题

红A井区清水河组 K_1q_1 平均油层厚度14.4m，油藏中部深度550m，平均孔隙度29.0%，平均渗透率988.9mD，平均含油饱和度66%。2021年投产8口VHSD水平井，吞吐第一轮平均注汽量3953t，平均日产液13.7t，平均日产油4.0t。采注比0.34，油汽比0.10，整体偏低，未达到设计要求(图2)。

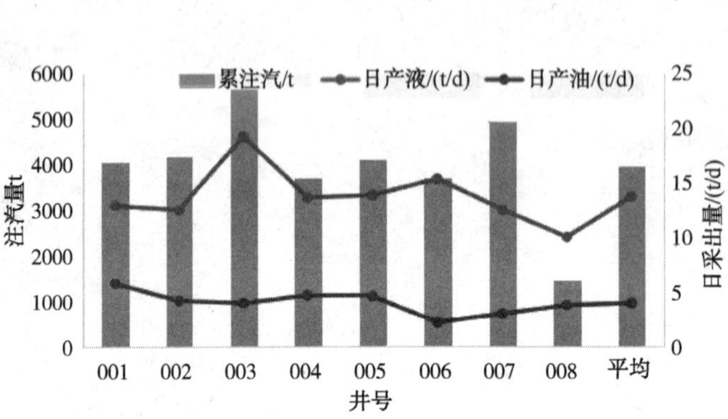

图2　红A井区8口水平井第一轮生产情况

井温测试显示8口井井底温度区域上整体呈中间温高，向东西两侧逐渐降低的特征。在举升的过程中，水平段温度高，部分水平井井口温度偏低，从井底到井口温度平均降低125℃，导致原油黏度增加，举升困难。

004井温度测试剖面如图3所示，该井水平段A点温度为174℃，井口温度40.4℃，水平段中后部渗透率低，隔夹层发育，水平段A点附近吸汽请情况好，温度高于B点，但是井筒温度下降幅度大，严重影响生产时效。

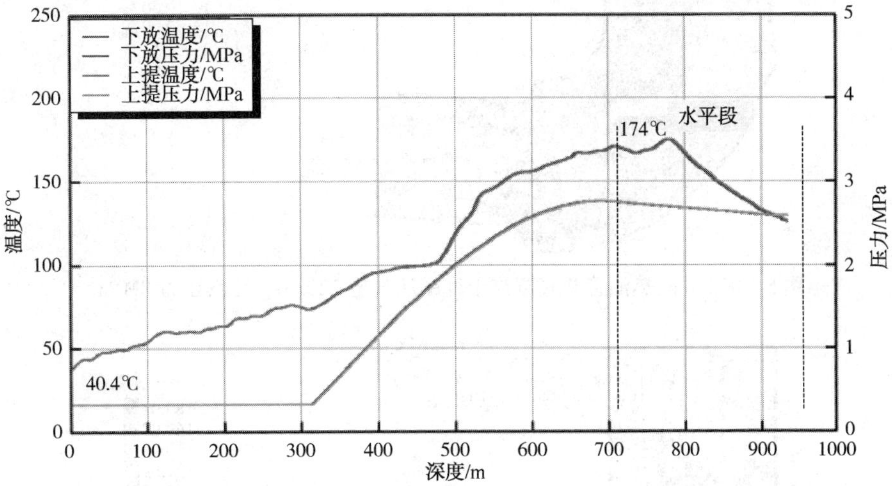

图3 004井温压测试剖面图

3 红A井区隔热油管适应性分析

3.1 注汽过程分析

为了解决注汽过程中井底蒸汽干度损失大的问题，分别计算了Φ88.9mmN80平式油管和Φ114mm×76mm隔热油管在水平井注汽过程中井筒干度分布情况，注汽时，按井口蒸汽干度95%计算，普通油管井底蒸汽干度为79.02%，隔热油管井底蒸汽干度为92.62%，两种油管均满足井底蒸汽干度大于70%的要求，采用隔热油管蒸汽质量更高(图4、图5)。

3.2 生产过程分析

为了解决井筒举升过程中温度损失大的问题，分别计算了Φ88.9mmN80平式油管和Φ114mm×76mm隔热油管在水平井生产过程中井筒温度情况，如表1和图6所示，按实际井底温度175℃，设定不同的产液量和产油量，产液量越低，温度损失越大，在相同的产液条件下，隔热油管生产过程中平均井口温度比平式油管高33.2℃。

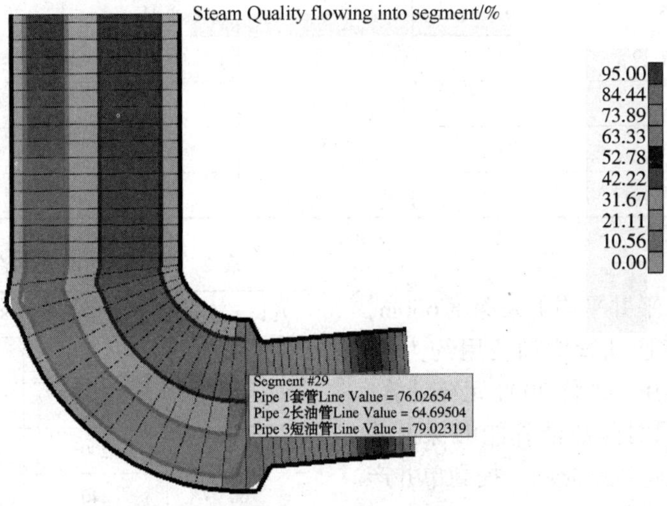

图4 004井普通油管井底蒸汽干度图注汽量220t/d，注汽压力8MPa

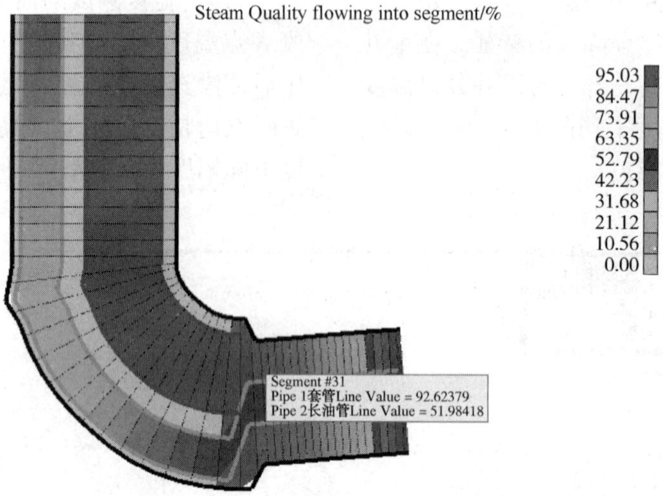

图5　004井隔热油管井底蒸汽干度图注汽量220t/d，注汽压力8MPa

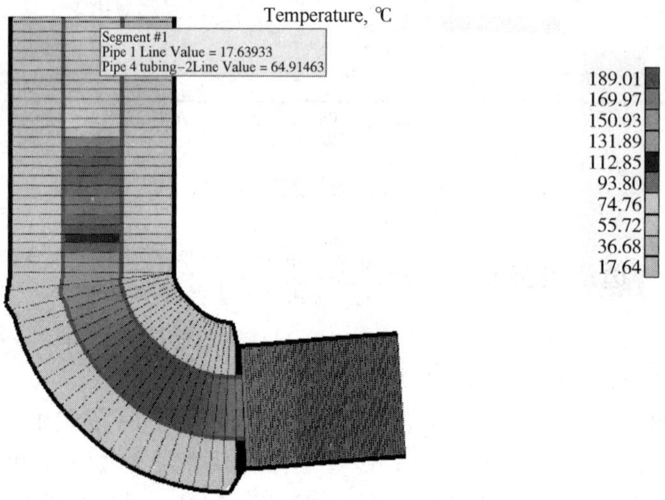

图6　004井隔热油管生产过程温度模拟图　产液量11.6t/d，产油量2.0t/d

表1　004井温度模拟表

垂深/水平段/m	产液量/(t/d)	产油量/(t/d)	井底温度/℃	井口温度/℃		温度差/℃
				普通油管	隔热油管	
570/230	6.5	0.8	175	41	66	25
	8.7	1		41	72	33
	11.6	2		65	99	34
	23.3	4		71	108	37
	29.2	6		77	114	37

3.3　经济评价

红A井区VHSD水平井平均下泵深度650m，单井隔热油管费用比普通油管增加费用约为26万元，按平均日产油4.0t，油价2000元/t计算，32.5天可收回费用。同时隔热油管能够保证井筒举升温度，可延长每轮生产时间，提高单井产量和油汽比。

表2　采用隔热油管油汽比和增油量预测表

延长天数/d	单井增油/t	8口井增油/t	油汽比增量
30	120	960	0.03
40	160	1280	0.04
50	200	1600	0.05
60	240	1920	0.06

3.4 推广应用前景

新疆油田常规蒸汽吞吐生产井大多以普通油管为主，井深大于 350 米的稠油生产井约 15000 口，根据产能部署，六 1 区、红一 4 区、重 18 井区等稠油老区油藏，具有转 VHSD 接替开发的潜力，预计新建产能井 166 口，平均埋深大的井推荐应用隔热油管，应用前景广阔。

4 结论及下步建议

(1) 红 A 井区 VHSD 实施区储层非均质性强，隔夹层发育，水平段吸汽不均。

(2) 红 A 井区 VHSD 水平井未下隔热油管，吞吐阶段举升过程井筒温度损失大，严重影响生产效果。

(3) 采用隔热油管可以减少注汽过程井底蒸汽干度损失，有效降低生产过程井筒温度损失，延长生产时间，提高油汽比。

(4) 建议新疆油田井深超过 350m 的井，更换隔热油管保证生产效果。

参 考 文 献

[1] 刘文章. 稠油注蒸汽热采工程[M]. 北京：石油工业出版社，1997：144-155.

[2] 刘云飞，刘乔，刁广智，等. 重质油藏氮气辅助蒸汽驱注采参数敏感性分析及优化[J]. 新疆石油天然气，2021，17(1)：55-59

[3] 李洪等. 稠油热采隔热油管技术适应性分析[J]. 石油化工应用，2014，33(3)：17-19.

[4] 赵利昌等. 氮气隔热在渤海油田热采中的应用研究[J]. 钻采工艺，2013，36(1)：43-45.

[5] 潘建华. 氮气隔热井筒传热物理模拟研究[J]. 特种油气藏，2004，11(1)：96-99.

[6] 李景玲等. 超稠油油藏直井采用隔热油管注采经济性分析[J]. 石油地质与工程，2014，28(5)：137-140.

[7] Chierici G L, Ciucci G M, Sclocchi G. Two-Phase Vertical Flow in Oil Wells Prediction of Pressure Drop [J]. JPTAUGUST, 1974: 927-937.

特超稠油区VHSD开发配套采油工艺技术应用

吕玉兰　甘磊　祖力帕尔江·艾合买提　张峰　孙梓嫣

(中国石油新疆油田公司重油开发公司)

摘　要　新疆油田九8区属特超稠油区，常规开采难度大，油藏动用程度低，通过实施VHSD开发方式，整体提温提压。针对转驱泄生产后精细调控困难的问题，以及地层温度及压力场建立后，井口压力高无法更换密封填料的问题，以及在修井时井控风险高、修井难度大的问题。通过应用杆式泵+不压井技术，实现带压修井作业，解决因压力高无法上修的问题；应用新型热采井口密封器+防喷装置，解决井口密封装置维护问题；应用热电偶井下测温技术，时时监测井下温度，随时调控注汽井蒸汽注入量及注入速度，避免高温段蒸汽突破，提高动用程度。

关键词　驱泄组合开发；不压井作业；新型热采井口密封盒；井下温度监测

1　应用背景

新疆油田九8区齐古组稠油油藏经历了30年的高轮次常规吞吐，剩余地质储量302.8万吨，采出程度26%。油藏开发效果持续变差，平面上、纵向上动用不均的矛盾突出。为了充分发挥老区潜力，转换驱动机理，结合优化调控技术，寻求浅层稠油老区提质增效、有效产能接替的新方向。2018年，结合九8区齐古组油藏的地质油藏特性，采用VHSD方式对九8区齐古组的油藏进行接替开发，提高九8区齐古组油藏剩余油开发程度。

VHSD为直井-水平井组合蒸汽驱，直井持续向油藏内注入蒸汽，开采中后期在油藏中形成蒸汽腔，各井间形成热连通。井口压力、温度、产量升高，平均采出液温度在100℃。常规生产工艺已无法满足VHSD生产管理要求，需开发配套的采油工艺技术，以确保VHSD顺利、高效开发。

1.1　转VHSD生产后修井作业困难

VHSD水平井投产后周围直井持续注汽，在油藏中形成汽腔发育，地层温度及压力场建立后，井口高温高压，修井时泄压困难，需提前排液，排液周期在1~3个月，占产时间长。随着地下蒸汽腔体积不断发育扩大，排液降压修井作业所需占产时间会不断加长，排液降压时间最长达200天，严重制约修井作业进度。

1.2　井口高温高压，日常维护困难

随着地下蒸汽腔体积不断发育扩大，也给生产管理带来困扰，井口高温高压，造成井口日常维护困难，更换密封填料排液泄压占产时间不断加长，严重影响油井生产时率，影响产量。

1.3　及时调控难，蒸汽突破风险大

驱泄组合开发方式具有高采油能力、高油汽比、高采收率的特点。在驱泄生产预热期，需通过井下温度变化来判断注入蒸汽运动方向，掌握注入蒸汽在油层中的分布，随时调控蒸汽驱动方向，从而实施注采调控。利用常规井下温度测试，数据不连续，数据不及时，影响调控及时性。

九8区非均质严重，平面、层间矛盾突出，若调控不及时，非常容易出现汽窜或井底积液，生产水平井一旦出现高温段蒸汽突破，会导致局部汽窜严重，蒸汽前沿无法均匀推进，水平段不能均衡连通，从而降低动用面积，影响动用程度。将对驱泄生产不利，影响开发效果。

2　关键技术及特点

2.1　杆式泵+不压井工艺技术

采用杆式泵+不压井工具，实施泵下封堵，隔绝井下压力。在检泵时只提出内工作筒检泵，无需排液降压，无需压井，实现带压作业，以解决修井带来的安全环保隐患。

(1) 杆式泵+不压井工具结构

杆式抽油泵由泵筒总成、柱塞总成、阀总成、支承总成等组成；不压井作业工具由轨道脱接器、封堵器总成、引导丝堵等组成(图1)。

(2) 不压井工具原理

不压井作业工具与杆式泵配套使用，利用抽

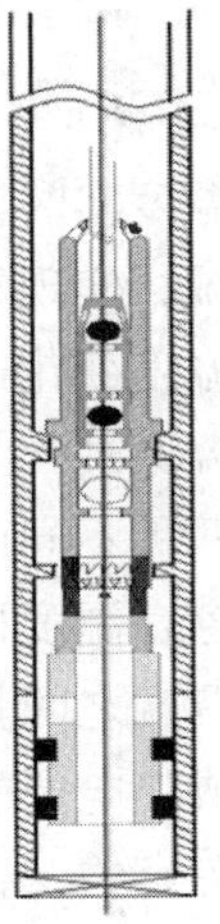

图 1　杆式泵+不压井工具示意图

油泵与泵下封堵器相结合的方法，以脱接器为连接纽带，通过杆柱动作与杆式泵进行脱接作业，从而实现井下油管内流油通道打开或关闭，对接时是打开流油通道，脱开时是封闭流油通道。

当进行井下作业时，通过上提抽油杆关闭封堵总成，关闭油流通道，封隔井下压力，同时实现柱塞和封堵器丢手，从而实现带压提杆，进行检泵作业；修井完成后，下放杆柱使脱接器对接，推动封堵器下移实现解封，打开油流通道进行生产。

2.2　杆式泵+防喷总成工艺技术

(1) 杆式泵+防喷总成结构

杆式泵主要由内工作筒、外工作筒组成，防喷总成由滑套、复位弹簧、防喷密封阀组等组成(见图 2)。

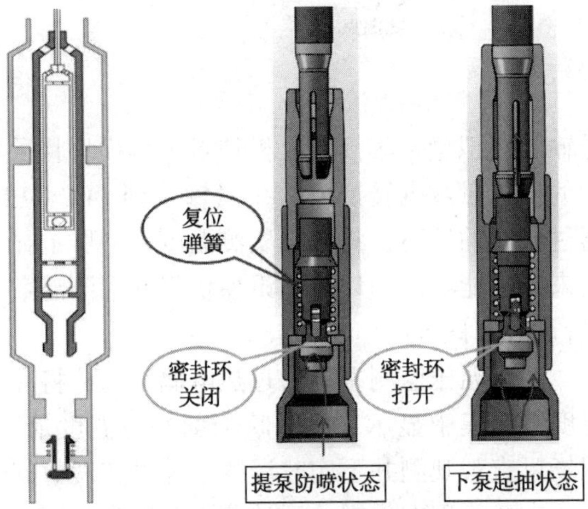

图 2　杆式泵+防喷总成示意图

(2) 不压井工作原理

防喷总成安装在泵筒的底部，主要作用从泵的底泵封隔井下压力，实现带压检泵、更换井口盘根盒等作业。当上提抽油杆和内工作筒后，滑套装置上的弹簧向上弹起，滑套装置被向上顶起，底部被防喷密封阀封堵，井下压力被封隔；当内工作筒下放到泵筒底部，弹簧装置被压缩，底部通道被打开，井底原油进入泵筒，可以实现采油。

当需要注汽时上提内工作筒，工作筒提入油管中，让出泵筒空间，弹簧弹起，井下被封隔。只要注汽压力高于井下压力 0.1MPa 时，弹簧被压缩，通道被打开，蒸汽进入到油层中。

修井作业的时候，上提抽油杆和内工作筒，井下密封装置封隔住井底压力，可实现不压井作业检泵。

2.3　新型热采井口密封盒+井口防喷装置

针对井口产液压力温度过高，维护井口密封填料难度大，采用新型热采井口密封盒+井口防喷装置，与专用光杆配合，用于井口临时切断井下压力，从而进行井口密封盒更换密封填料的操作，更换井口多级密封填料时无需排液泄压。带泵注汽时，井口防喷装置有效解决了注汽时井口盘根刺漏、井喷的安全隐患，避免井喷、污染，降低油田生产环保压力。

(1) 新型热采井口密封盒+井口防喷装置结构

新型热采井口密封盒由两级盘根盒、注剂调偏中套、盘根盒法兰、放汽接头、密封外体、密封内体组成；防喷装置主要由防喷管、复合防喷柱塞、精密刻痕光杆组成(图 3)。

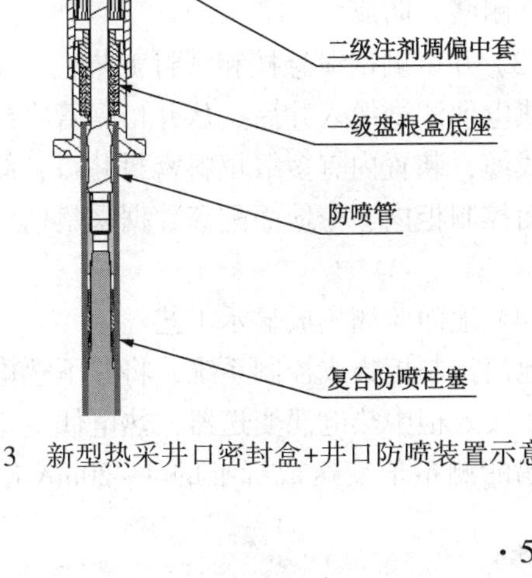

图 3　新型热采井口密封盒+井口防喷装置示意图

(2) 新型热采井口密封盒工作原理：

新型热采井口密封盒上设计有三个单独的密封腔，上下两个密封腔内加装密封填料，中间密封腔内添加特制注剂，实现三级密封，密封安全可靠。中间密封腔外面带有注剂孔，实现不倒流程补充密封填料，减少劳动强度。上下两个密封腔内密封填料可对中间密封腔内注剂保持有效密封，能够长期承受高温高压，注汽过程无汽液油泄漏，井口干净卫生安全。

(3) 井口防喷装置工作原理

带泵注汽时，上提光杆，使与光杆相连接的密封内体进入与盘根盒法兰相连接的密封外体，密封内体进入密封外体，切断井下压源，注汽压力由内、外体金属件承担，井口防喷装置起到防喷作用；抽油生产时，打开放汽接头，调整抽油杆柱至防冲距的位置，密封内、外体完全脱开，并保持一定间隔距离，实现正常抽油(抽油过程中，密封内、外体不接触)；更换盘根时，井口防喷装置发挥隔断井下压力、温度作用，油井更换盘根不受压力影响，实现安全、可控的作业。

配套光杆杆体下端1米处有永久刻度标记，在提升光杆过程中，可视化操作，防止提升撞击井口事故。

2.4 井下温度监测系统

为了满足井下温度实时监测需要，采用热电偶井下温度监测系统，实现井下温度变化随时在线查看，及时根据温度变化进行生产调控。

(1) 热电偶测温原理

热电偶缆是由两种不同成份的均质导体组成闭合回路，当两端存在温度梯度时，回路中就会有电流通过，此时两端之间就存在热电动势，而热电势的大小与组成热电偶的材料、所处的工作端温度和冷端温度等有关，根据热电动势与温度的函数关系，制成热电偶分度表，在热电偶材料已定的情况下，若保持冷端温度不变，则根据热电动势的大小就能推算出被测温度的数值。

(2) 热电偶井下测温系统结构

热电偶测试缆的8个测温点由8股整根热电偶(长度0m~2000m)组成，测温点为温度传感器，电偶中间无接点，根据井下测点位置预先接入温度传感器进行预制组成热电偶缆，在地面将热电偶电缆预制到φ18mm不锈钢连续油管内(图4)。

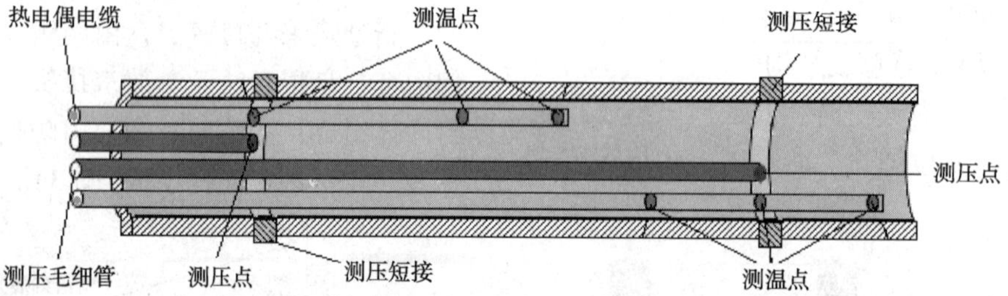

图4　热电偶线缆示意图

ϕ18mm热电偶测试缆最外层为测试缆外护管，给内部的各测试单元提供保护。热电偶有两层绝缘层，材料为聚酰亚胺高分子材料，耐磨、耐油、耐酸、防腐。

(3) 井口测试缆悬挂和密封工艺

热电偶测试缆入井后，从井口副管密封装置引出线缆，装置内有多级填料密封井口，线缆接入地面控制柜内，与地面配套数据采集监测系统连接。

(4) 地面监测集成显示工艺

地面控制柜集成控制系统，将井下热电偶补偿导线接入柜中热电偶变送器，热电偶变送器将热电偶的测量值变送成标准的4~20mA电流信号输入模拟量采集模块，模拟量采集模块将采集到的模拟量数据转换成数字量输入到PLC，PLC通过程序的编写，将井下实测温度在触屏上显示出来。并能实现串口及通讯模块将井下测温数据进行远传(图5)。

井下温压监测系统通过热电偶测温，将井下温度数据集中显示，以反映当前井下温度情况。现场可直观观测井下实时温度，并可实现数据远传。生产管理中根据井下的蒸汽温度变化，分析蒸汽相态、注汽效果、闪蒸情况、水平段热连通状况，从而进行注采参数调整与优化。

热电偶测温技术可以实时监测井下的蒸汽温度变化，了解井下蒸汽运移方向和突破位置，直观指导生产制度的调整，为分析地层供液能力、调整注汽井网、合理制定生产制度提供直接的监测数据。

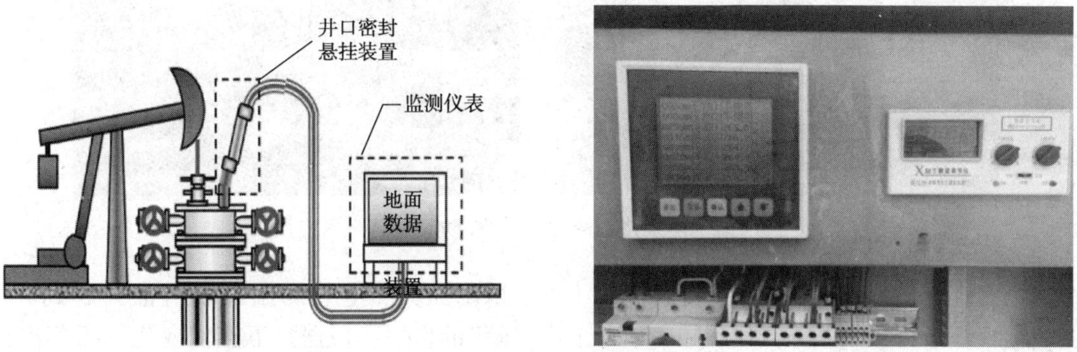

图 5　井口密封及地面监测集成显示

3　现场应用情况及效果分析

九 8 区 VHSD 实验区投产 29 个井组。下入杆式泵+不压井工具 88 井次，下入杆式泵+防喷装置 54 井次；应用新型热采井口密封盒+井口防喷装置 144 套；下入井下温度监测系统 59 口井次。

3.1　杆式泵带压作业应用情况

不压井工具和防喷装置投用以来，通过坐封井下带压装置，实现带压检泵 2 井次，多次带压更换盘根。

不压井工具实现了在井底有压力、温度的情况下，通过上提、下放光杆操作切断井下压源，实现带压检泵作业。与常规作业相比，不泄压、不压井，带压完成作业，使作业井井筒附近地层压力变化小，有利于预防套管损坏，减少泄压造成的能量损失，减少环境污染。解决了井下温度、压力高无法上修的问题，有效保护蒸汽腔。检泵作业时只需提出内工作筒，不提管柱，缩短 30%单次检泵作业时间，节约 20%修井费用(图 6)。

图 6　带压作业现场

实施带压检泵作业，缩短了作业时间，避免因压井和排液放压造成的能量损失，有效保护蒸汽腔，确保 VHSD 长期稳产。

3.2　新型热采井口密封盒+井口防喷装置应用情况

新型热采井口密封盒与专用光杆配合，在更换井口两级盘根时，无需关井降压或放压，可通过上提光杆临时切断井下压力，从而进行井口更换密封填料的操作。

新型热采井口密封盒+井口防喷装置自投入使用至目前，能够方便快捷完成日常的盘根维护、更换。解决了因井口产液压力温度过高，维护密封盘根难度大的问题。有效避免了井口污染，降低了油田生产环保压力(图 7)。

图7　新型热采井口密封盒+井口防喷装置现场应用

经现场验证，该装置运行稳定、井口不刺不漏、更换盘根安全可控、施工方便，减少了井下作业工作量，提高了油井生产时率。

3.3　井下温度监测系统应用情况

VHSD 转驱初期根据热电偶监测温度进行注采调控，注汽速度由初期 26t/d 调整至 45t/d，注汽压力由 1.2MPa 提升至 2.3MPa，快速补充地下能量。通过精准有效调控，地层温度上升到 150°以上，油汽比从 0.13 上升至目前的 2.68，区域日产油从 168t/d 上升至 246t/d，含水下降 9 个百分点。VHSD 井吞吐预热和转驱开发阶段单井产油水平均超过同区域老井，开发效益明显提升。

相比较于移动测试，热电偶固定测试数据连续、完整，根据温度变化能判断出蒸汽在地层中运动状态，从而准确采取对应措施，实现精准注采调控。热电偶测温技术对油井起到井下“眼睛”的作用，根据井下温度变化判断蒸汽在地层中运动状态，直观判断注汽效果、蒸汽相态、水平段热连通状况，直观指导生产，为分析地层供液能力、调整注汽井网、合理制定生产制度提供直接的监测数据，实现精准注采调控。通过应用最终实现稠油单井组日产液达 100t/d，日产油在 40t/d 以上。

4　结论

通过在 VHSD 驱泄组合生产中实施带压作业技术，配套应用热电偶井下温度监测系统、新型热采井口密封盒+井口防喷装置，解决了九 8 区改变生产方式带来的困扰，实现了精准注采调控，避免了因压井和排液放压造成的能量损失，有效保护蒸汽腔，确保 VHSD 长期稳产。

稠油水平井出砂治理技术研究应用

张　峰　商振新　吕玉兰　王争光　陈　磊

（中国石油新疆油田公司重油开发公司）

摘　要　六、九区油藏埋藏较浅，油层温度较低，原油黏度高，水平段采用采取筛管防砂，由于注蒸汽长期冲砂加之稠油较强的携砂作用，稠油水平井易出砂且造成油井减产或停产，制约水平井的开发。通过在稠油老井首次引进同心管排砂采油一体化工艺技术，成功应用于新疆油田浅层稠油水平井，实现了不动管柱检泵。制定了操作规程和检泵、生产管理制度，保证了生产和修井作业的顺利进行。形成了配套降黏工艺技术，提高井筒举升、地面集输效率。

关键词　稠油油藏　出砂；同心管；射流泵；现场应用

1　基本概况

六、九区油藏埋藏较浅，油层温度较低，原油黏度较高，水平段采用筛管防砂，由于注蒸汽长期冲砂加之稠油较强的携砂作用，稠油水平井易出砂，造成油井减产活停产，制约水平井的开发。在油层部位取出的岩芯几乎全为散砂。油井出砂容易造成泵卡，影响油井正常生产，降低了油井生产时率。另外高温、高压携砂原油对地面管线、多通阀、计量器及集输设施具有破坏作用，给油田管理和安全、环境造成极大困难和威胁。

2　技术特性

2.1　同心管举升技术

同心管排砂采油技术是以分离器中的水通过地面泵增压，经动力液管进入井下泵，与产出液混合后经环空回到地面，进入分离器。混合液经分离后，原油进入集油线，水再次进入动力系统循环。

动力液由井口经动力液管到达井下射流泵，地层产出液携地层砂通过尾管被射流泵吸入泵内，与动力液混合形成混合液，增压后的混合液沿动力液管与混合液管之间的环空到达地面。

在排砂采油生产过程中，从油井产液进入尾管开始，每个断面上含砂液体的上升速度始终大于砂子的沉降末速两倍以上，以阻止地层砂下沉。当产液量较低携砂能力较弱时，可通过套管加水方法提高液量，增加液流速度。在尾管吸入口处有一缝宽为 1.8mm 的绕丝筛管，以防止大颗粒杂质堵塞井下泵流道，影响井下泵的正常工作。同心管举升工艺如图 1 所示。

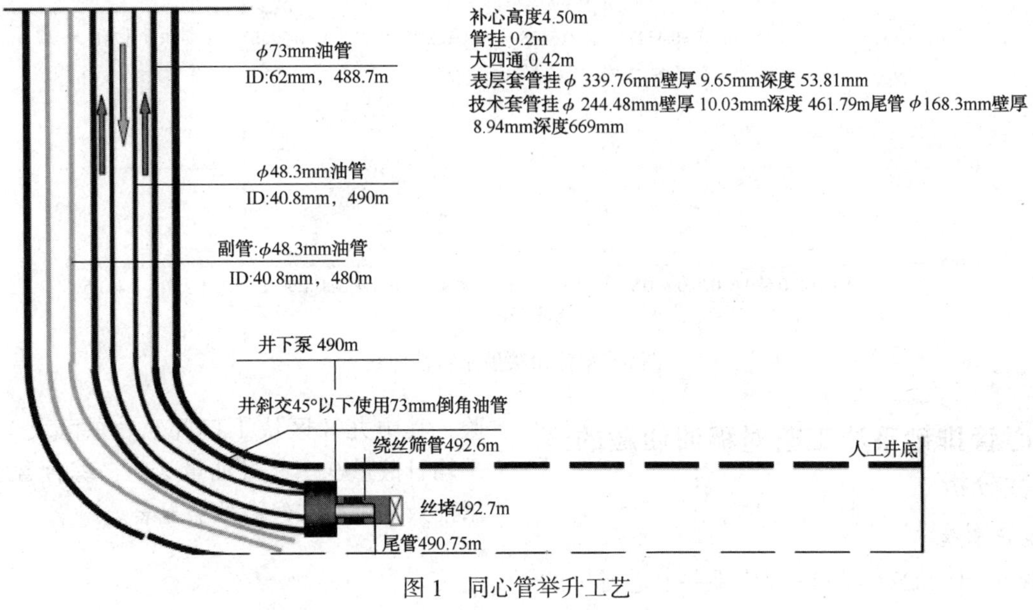

图 1　同心管举升工艺

2.2 井下射流泵技术

井下泵整机由工作筒、井下泵芯、固定阀组和插入接头等部件组成，井下泵的关键零件是喷嘴和喉管，井下泵及井下工具无运动部件。其工作如图2所示当动力液通过喷嘴时，由于喷嘴的节流作用，在喷嘴和喉管之间形成相对低压区；地层液在地层压力的作用下，经尾管进入泵内，流向低压区和动力液混合后进入喉管，混合后的液体流动速度不断降低，因为流经的扩散管截面积逐渐扩大，而压力则是不断升高的，在扩散管截面积最大处的压力即为井下水力排砂泵的举升扬程，此时依靠扩散管截面积最大处的压力作为混合液的动力即可将混合液从举升工艺管柱的底部举升至地面。

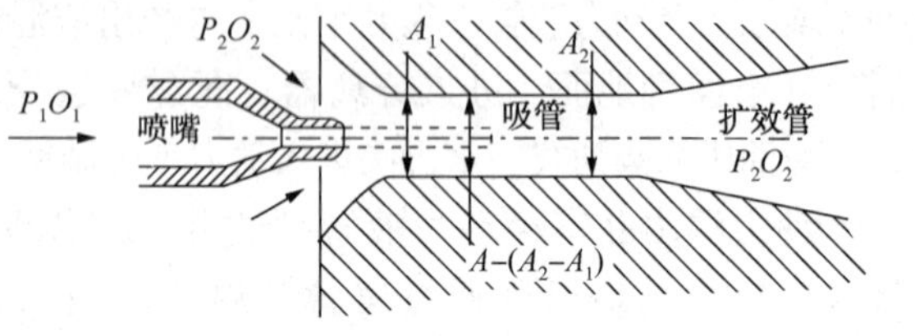

图2　喷嘴喉管结构示意图

压力比计算公式为：

面积比 R = 喷嘴面积/喉管面积

流量比 M = 地层产液量/动力液量

压力比 H = (混合液出泵压力 P2-地层产液入泵压力 P3)/(动力液入泵压力 P1-混合液出泵压力 P2)

图3为排砂采油井下装置射流泵特性曲线，从特性曲线可以看出不同的面积比其最大效率点不同，对应的流量比和压力比也不同，而不等的动液面在最大效率点处对应的井口压力也不同。

2.3 地面装置

如图4所示，同心管排砂采油工艺地面装置主要包括地面综合处理部分和增压部分。由井口输出的混合液(含有油、地层水、作为动力液的水、气、砂等成分)先进入地面综合处理装置，分离出油、气及部分产出液进入生产集油管线，高含砂液体可经装置底部排污口排出进入储砂罐，分离出的水作为动力液进入水力泵增压后输入井下，驱动井下泵工作。

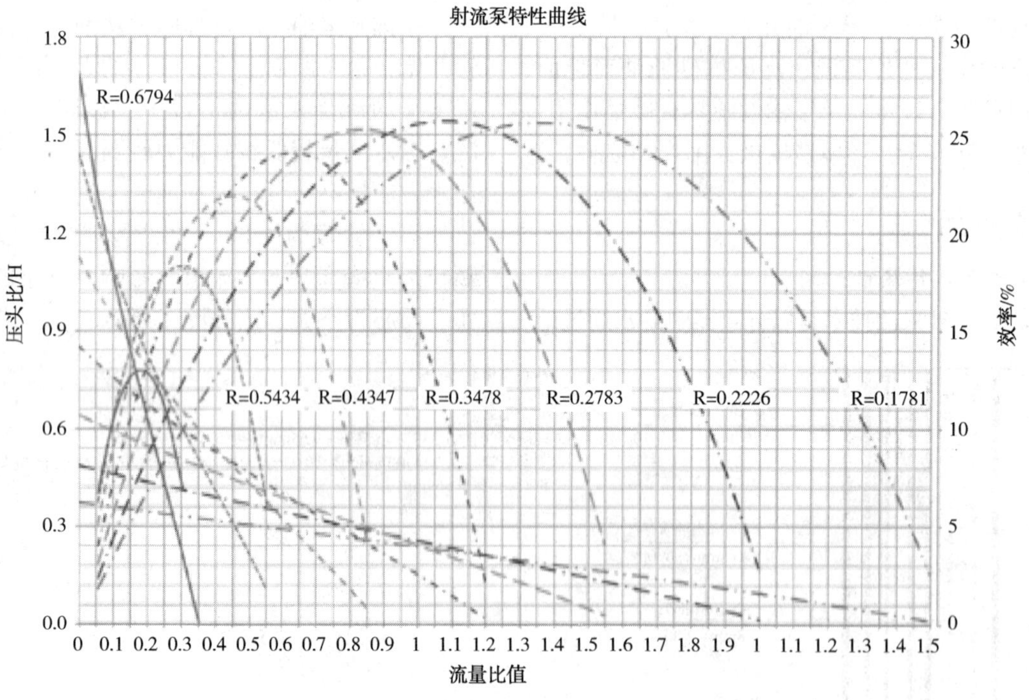

图3　射流泵喷射泵特性曲线

3 同心管排砂采油工艺对稠油油藏的适应性分析

3.1 现场实施

该措施于2022年在13口水平井上进行了试验，其中九8区块1口井，六东区块12口井，平均日液量9.7t，日油量2.7t，综合含水69%。增油效果突出，经济效益显著。

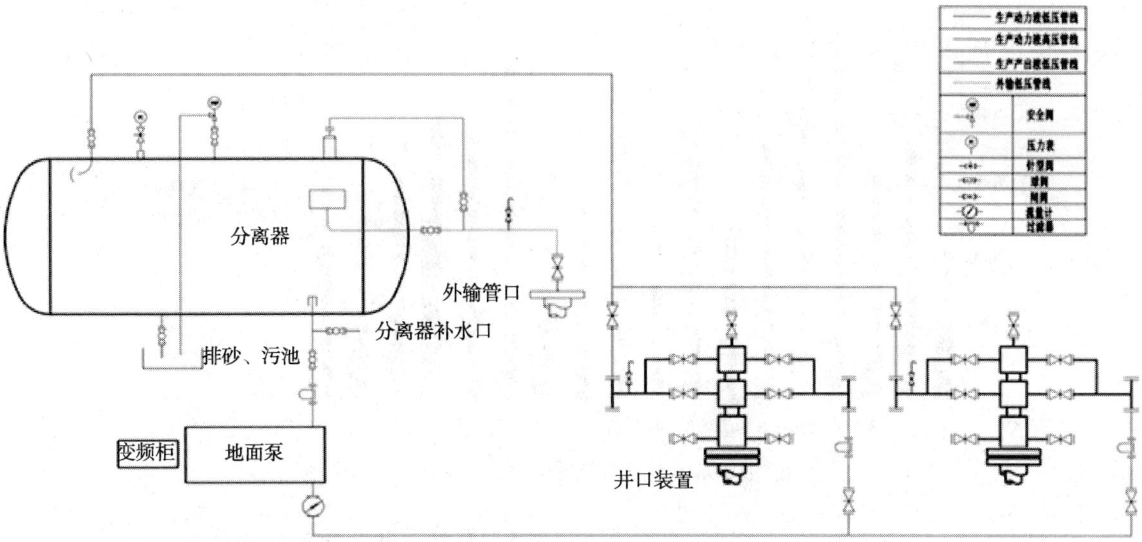

图 4　同心管排砂采油工艺地面装置图

3.2　典型井生产情况

九 8 区 HW9816 井于 2006 年 07 月新投，该井在 2013 年、和 14 年经过 2 次氮气泡沫冲砂，第一次冲砂厚度 67.0m，第二次冲砂厚度 65m，两次冲砂时间间隔 390 天，冲砂效果维持时间较短。在同心管排砂采油措施实施以后，该井没有因为出砂而检泵修井，通过分离器有少量砂排出，油井运行良好作业免修期仅 390 天。

2018 年 5 月 11 日该井使用同心管排砂采油工艺下泵后，注蒸汽生产，初期日产液量 12t，日产油量 8t；目前日产液 11.5t/d，日产油 2.1t/d。截止到下一轮注汽，累计生产 473 天，平均日产液 10.6t/d，平均日产油 5.2t/d，综合含水 48.5%；作业免修期大于 540 天(目前转轮注汽生产，未因出砂问题修井)。生产过程中仅通过液力起下更换了两次井下泵芯，根据生产参数调整了井下崩泵芯喷嘴、喉管尺寸和面积比，维护维修了井下泵芯的易损件，生产曲线见图。

以试验井 HW9816 为例，实施同心管排砂采油工艺后的产油量是前 5 个吞吐周期平均值的 10.1 倍，油汽比提高 7 倍，如图 5、图 6 所示。

生产特征证明排砂采油工艺技术能够有效解决该井周期生产时间短、产液量低的矛盾。该工艺能满足九区浅层稠油水平井的生产要求，井下泵可下至水平段生产。在产出液含细粉砂、泥质含量较高的条件下，实现了连续排砂采油生产。

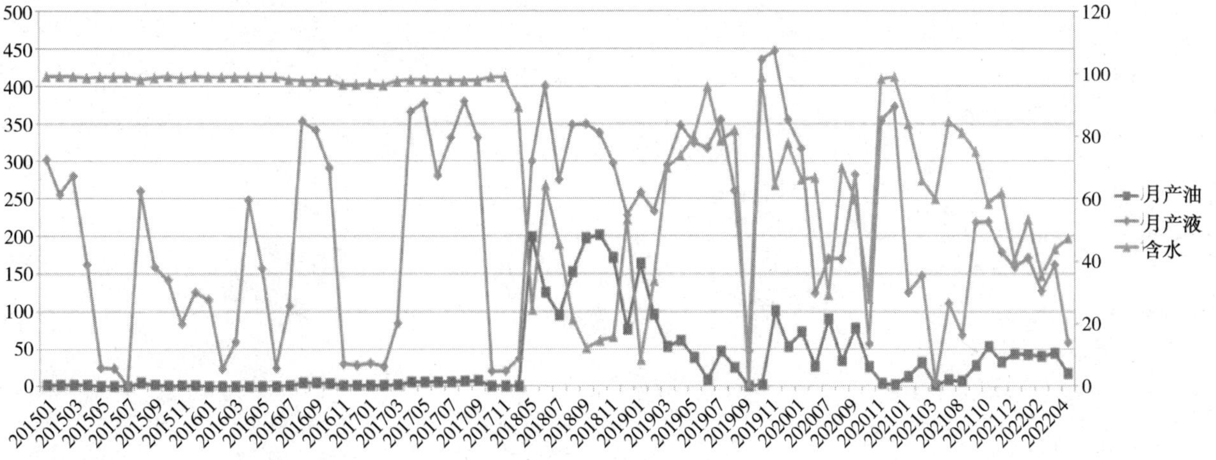

图 5　HW9816 生产动态

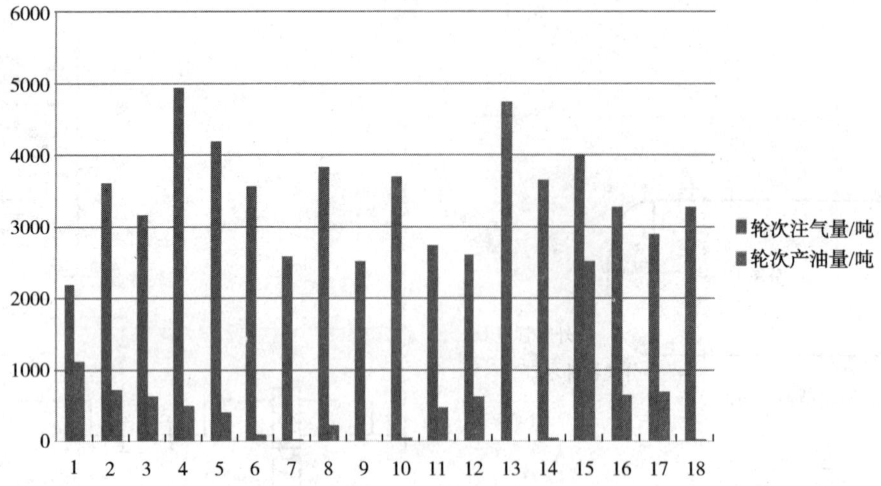

图6　HW9816轮次注汽量、轮次产油量柱状图

4　结论与认识

4.1　携砂能力强

在排砂采油生产过程中，从油井产液进入尾管开始，每个断面上含砂液体的上升速度始终大于砂子的沉降末速两倍以上，以阻止地层砂下沉。现场应用以来单井最大出砂量8.7m^3。

4.2　液流稳定性强

排砂采油工艺没有类似传统油泵采出液般的脉冲，因此具有更加稳定的地下压力场，有效地减少了地层的出砂数量。

4.3　解决了油井的杆管偏磨

排砂采油装置无运行件，从根本上解决了井筒杆管偏磨现象的发生。该工艺特别适应于水平井、斜井以及丛式井组，偏磨、腐蚀较严重的井。

4.4　可随时录取动态资料

排砂采油装置在井下没有放置封隔器，因此可以随时录取动液面、套压等动态资料，便于地面上的工作人员监测井下生产状态，及时分析、应对状况。

撬装式油田采出水深度处理技术研究与应用

李　扬　刘冬冬　梁爱国　崔鸿涛　芦学惠

（中国石油新疆油田分公司克拉玛依红山油田有限责任公司）

摘　要　油田上大多的污水深度处理，都是以净化软化水为水源，进行除硅脱盐处理，后回用于锅炉。而红003井区19#站污水深度处理，是以采出污水为水源，针对红003井区采出水二氧化硅及矿化度等指标较高，开展了油田采出水深度处理技术的研究，使用氮气气浮除油工艺、电絮凝除硅工艺、两级过滤除悬浮物工艺、离子交换软化工艺、高温RO膜反渗透脱盐工艺等，将采出水处理为可回用于锅炉的清水软化水，并成功应用于现场。该技术为油田采出水处理提供了技术参考与借鉴。

关键词　油田采出水处理；电絮凝除硅；反渗透

1　引言

近年来随着对油田开发程度越来越高，我国大多数油田中已到达油田开发的中后期。特别是稠油油田，采出液的含水率一般情况下都会达到80%~95%。因此，合理、有效、正确的利用油田污水资源成为当下最热门的课题。

若油田产生的污水不经过处理就直接排放，环境就会受到很大程度的污染，并且是对资源的极大程度的浪费。因此，将采出水处理成可以回用于锅炉的软化水，这种处理方式对油田生产和环境以及资源充分利用有着十分重要的意义。

而红003井区采出水系统中的硅主要以溶解和胶体硅的形态存在，其形成主要是由于与地层土壤和岩石接触所致。在三元复合驱中，由于碱的引入导致采出系统结垢严重，硅垢成分中50%(质量分数)的含量为硅铝酸盐，此种水垢无比坚硬，极难处理，硅垢一旦形成，不仅造成传热效率最大程度的下降或者造成膜系统堵塞，而且很难去除。表1给出了各种水垢的导热系数，由此可见硅酸盐水垢危害很大，尤其是在和其他离子相互作用下，不仅增加水垢的生成量，而且增加水垢的硬度。且水垢一旦形成，增加了传热阻力。表2给出了水垢的厚度与浪费燃料的关系。这种结垢常常使得集输系统管线损坏甚至报废。若将含硅的采出水用于发生蒸汽，就会在热采锅炉或注汽管线内形成硅垢，其危害远远高于其他垢类，最终将导致炉管和注汽管线穿孔，甚至报废，给油田的生产带来困难。为了降低硅垢造成的运行危害和经济损失，必须严格控制水源中的含硅量，积极寻找一种高效率、无污染和低成本的除硅方法。

表1　水垢与锅炉钢导热系数对比

成分	水垢特性	含量/%	导热系数/(W/mk)	对比锅炉钢
锅炉钢	坚硬	—	48~58	—
碳酸盐水垢	松软	>50	0.47~0.7	约1/124~1/70
硫酸盐水垢	坚硬	>50	0.58~2.33	约1/100~1/20
硅酸盐水垢	坚硬	20~25	0.24~0.47	约1/240~1/124

表2　水垢的厚度与浪费燃料的关系

水垢厚度/mm	0.5	1	3	5	8
浪费燃料/%	2	3~5	5~10	15	34

本文主要从影响锅炉用水的含油量、二氧化硅含量、悬浮物、硬度及矿化度指标开展研究，提出一种高效处理采出水的工艺方法，形成了一套科学的撬装式采出水深度处理技术，可以将采

出水处理为可直接回用于锅炉的软化水，为油田采出水处理提供了技术参考。

2　污水深度处理关键技术

2.1　氮气气浮除油工艺

氮气气浮除油工艺就是向污水中通入氮气，并以微小气泡形式从水中析出成为载体，使废水中的乳化油、微小悬浮颗粒等污染物质粘附在气泡上，随气泡一起上浮到水面，形成泡沫-气、水、颗粒(油)三相混合体，通过收集泡沫或浮渣达到分离杂质、净化污水的目的。该工艺主要用来处理废水中靠自然沉降或上浮难以去除的乳化油或相对密度接近于1的微小悬浮颗粒。

气浮净水工艺已开发出多种形式。按其产生气泡方式可分为：布气法气浮(包括转子碎气法、微孔布气法，叶轮散气浮选法等)；电解气浮法；生化气浮法(包括生物产气浮法，化学产气气浮)；溶解气浮(包括真空气浮法，压力气浮法的全溶气式、部分溶气式及部分回流溶气式)。

本污水深度处理技术选用溶解气浮工艺，是将全部废水用水泵加压，在泵前或泵后注入氮气。在溶气罐内，氮气溶解于废水中，然后通过减压阀将污水送入气浮池。污水中形成许多小气泡粘附污水中的乳化油或悬浮物而逸出水面，在水面上形成浮渣。用刮板将浮渣连排入浮渣槽，经浮渣管排出池外，处理后的污水通过溢流堰和出水管排出。该气浮法的优点：①溶气量大，增加了油粒或悬浮颗粒与气泡的接触机会；②在处理水量相同的条件下，它较部分回流溶气气浮法所需的气浮池小，从而减少了基建投资。

溶气气浮处理后的污水，含油浓度可由30ppm降至0.1ppm，悬浮物可以保证低于50mg/L，最佳运行参数下能做到低于10mg/L，满足回用锅炉指标要求。

2.2　电絮凝除硅工艺

由于硅垢一旦形成就很难去除，为了避免硅沉积对生产过程产生危害以及经济损失，需要防止硅垢的生成。目前常见的除硅技术有化学混凝脱硅、反渗透脱硅、离子交换脱硅、超滤脱硅、电絮凝脱硅等。

(1) 铁剂脱硅。铁盐除硅是利用铁盐的水解特性，生成的氢氧化铁絮体对硅有一定的去除作用，季明德等用自制的铁盐混凝剂进行除硅处理，结果表明，常温下，pH在6.5~7.5范围内去除效率最高，最佳絮凝剂用量为0.20g/L，如果反应20min后沉降1h左右除硅效率将会得到进一步提高。对于原水硅浓度为30mg/L以下的原水，一次除硅效率可高达98%，此外，温度对硅的去除效率的影响不大。

(2) 离子交换脱硅。离子交换法相对于化学絮凝是一种可以实现较深度处理的技术。结合硅酸盐的特性，一般在水处理技术中采用强阴离子交换树脂进行除硅处理。由于硅酸盐存在形式复杂，离子交换只是针对可溶性离子有效，因此，必须将pH调节至酸性，将硅酸盐转换为可溶性离子，从而可以与树脂中的固相离子进行交换。然而，初始pH的降低，会对设备或者管线产生腐蚀作用，所以初始pH值最好控制在5.0~6.0。此外，废水中其他物质的存在也会影响离子交换树脂的性能，使其交换容量下降，使用寿命缩短，甚至发生树脂中毒现象由此可见，离子交换树脂无法去除胶体硅，对水质要求较严格，往往需要对进水进行预处理；另外，离子交换法的周期较长，耗盐量较大，排除大量的含盐废水会引起管道腐蚀。因此，离子交换法一般用于硅含量较低的场合。

(3) 反渗透除硅。反渗透是利用加压等方式使得盐类由低浓度向高浓度渗透。从1960年第一张高效率高渗透量膜制成以后，反渗透技术在脱盐领域发展迅速。反渗透技术对可溶性和胶体性硅均有去除效果，虽然反渗透技术除硅效果较好，能实现深度除硅，但对进水水质和水温要求较高，一般需要进行前处理，并将进水温度控制在20~30℃。且除硅成本较高。

(4) 超滤脱硅。超滤是利用物理筛分作用的膜系统，在膜孔大小和形状不一致的情况下可以将水中不同的物质加以去除，如果截留胶体硅，膜孔必须在100nm以下。显然，超滤系统无法去除溶解性硅，且需要对进水进行预处理。

由以上分析可知，传统的除硅方法去除效率低，运行费用高或者引入二次污染，为了有效的利用水资源，降低能源浪费，需要探索一种高效、洁净和低成本的除硅方法。近些年，电絮凝技术越来越广泛的应用于水处理和水净化领域，并表现出极具优势的潜力。

电絮凝除硅就是运用电化学原理，将电能转为化学能，对废水中有机或无机物进行氧化、还原，中和反应。通过凝聚、沉淀、气浮，将污染物从水体中分离，从而有效地去除废水中的油、硅及悬浮物，硅含量可由 160mg/L 降至 4.54mg/L。

2.3 两级过滤除悬浮物工艺

过滤是污水除悬浮物、除油最后的手段，即对污水中含有的悬浮颗粒、油、藻类及部分细菌进行截留、吸附，以便使处理后的污水达到锅炉回用的相应标准。

本工艺使用了以石英砂为滤料的一级过滤器和以纤维球为滤料的二级过滤器中进行过滤。石英砂过滤器是目前油田水处理系统中运用最广泛的设备。由于其结构简单、便于维护，且操作简单，具有较好的污水处理效果。但石英砂过滤器滤层纳污能力较低，且滤速不足，往往工作中只能发挥表层过滤效果，而下部大部分滤层不能发挥作用，影响利用率。故在后端设置以纤维球为滤料的二级过滤。纤维球滤料技术是一种较为新型的油田污水处理技术，从纤维球的外形来说，其丝径较细，比表面积每克最高可以达到 $2000m^2$。正是由于这一特点，经过有效的叠加后能减小滤层孔隙，保证孔隙度能够高于 80%，与传统的滤料相比拦截效果更好，也更适用与高悬浮物水排放过滤工作。经过特殊的化学配方合成，能提升纤维球的亲水性。遇水后，在纤维丝表面会聚集大量的水分子，其表面形成一层水膜，在油、纤维球中间起到良好的隔离层。通过反冲洗，能将纤维球表面油污进行清洗，提高其再生性能。

本工艺选择的以石英砂为滤料的一级过滤及以纤维球为滤料的二级过滤技术，可有效提升其除油、去悬浮物的效率，且过滤精度较高，率速较快，可提升污水处理量。在使用过程中，该工艺除去了水中绝大多数大于 5μm 的悬浮物。悬浮物由 62.06mg/L 降至 2mg/L。确保了后期高温 RO 反渗透装置安全、有效运行。

2.4 离子交换软化工艺

除了常规的污水中硬度去除技术有药剂软化法、离子交换软化法、电化学沉淀软化法等。本污水深度处理工艺选用的离子交换软化法，其原理是当水与离子交换剂接触时，离子交换剂中可交换的离子就会与水中产生硬度的钙、镁离子相交换，使钙、镁离子被吸附到离子交换剂的“骨架”上，从而实现软化除硬的目的。目前，常用于水的软化处理中的离子交换剂有 Na+型阳离子交换树脂与 H+型阳离子交换树脂。相比于药剂软化法，离子交换软化法具有处理效率高，出水水质稳定等优点，并且当树脂失效时，可使用再生液进行再生。钠离子交换法原理如以下公式所示：

$$Ca^{2+} + 2NaR = CaR_2 + 2Na^+ \quad (1)$$

$$Mg^{2+} + 2NaR = MgR_2 + 2Na^+ \quad (2)$$

经过离子交换器软化后的污水，硬度由 90.02mg/L 降低至 0mg/L，且碱度保持不变，满足了锅炉回用水质要求。

2.5 高温 RO 膜反渗透脱盐工艺

高温 RO 膜反渗透脱盐工艺，其原理为渗透是水从稀溶液一侧通过半透膜向浓溶液一侧自发流动的过程。半透膜只允许水通过，而阻止溶解的固体物质通过。浓溶液随着水的流入而不断被稀释。当水向浓溶液流动而产生的压力足够用以阻止水继续净流入时，渗透处于平衡状态。到达平衡时，水从任一边通过半透膜向另一边流入的数量相等，此时压力称为溶液的渗透压。当在浓溶液上有外加压力，而且压力大于渗透压时，浓溶液中的水就会通过半透膜流向稀溶液，使得浓溶液的浓度变得更大，这一过程就是渗透的相反过程，称为反渗透。反渗透过程如图 1 所示。

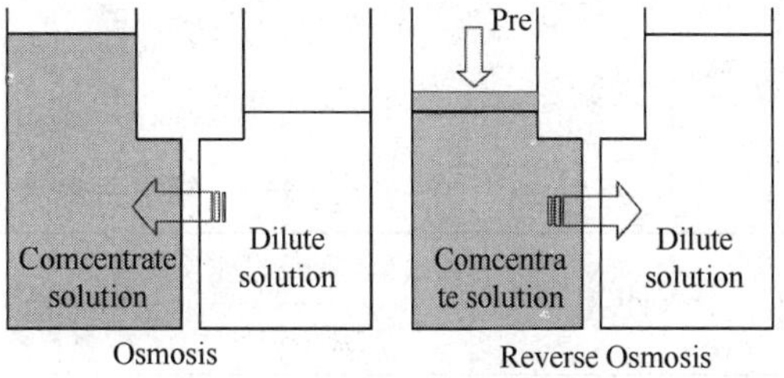

图 1 反渗透基本原理

普通的 RO 膜，其设计运行温度为 25～40℃，红 003 井区污水温度为 75℃，因此采用设计运行温度为 60～90℃的高温 RO 膜，可将污水矿化度由 4165mg/L 降至 221.31mg/L。该技术能耗低，无污染，工艺先进，操作简单、安全等，是减缓资源利用、减少能源消耗和保护环境的一项重要新技术，具有良好的发展前景。

3 现场流程及运行情况

红 003 井区污水深度处理流程为，来水经稳流后进入除油气浮，除油气浮为主要除油单元，出水含油量需小于 2mg/L，保证后续单元不被油污污染。经除油后进入电絮凝装置，电絮凝为主要除硅单元，并且起到絮凝悬浮杂质的作用，被絮凝、除硅后的水进入沉降池澄清并过滤，过滤分为石英砂过滤及纤维球过滤两部分，为保证过滤器不被污染前端添加保护除油单元—二级除油气浮。过滤后的清水经过树脂软化、RO脱盐后供给锅炉。沉淀池-气浮系统采用PSA变压吸附所产的氮气保护和溶气，避免了水中溶解氧的问题。除油气浮、二级气浮分离的油收集后可供回收。所有的排污水、反洗水进回收池进行污泥沉降，分离上清液至二级气浮重新利用。工艺流程图见图2。

锅炉用水水质要求及污水处理前后水质数据见表3。

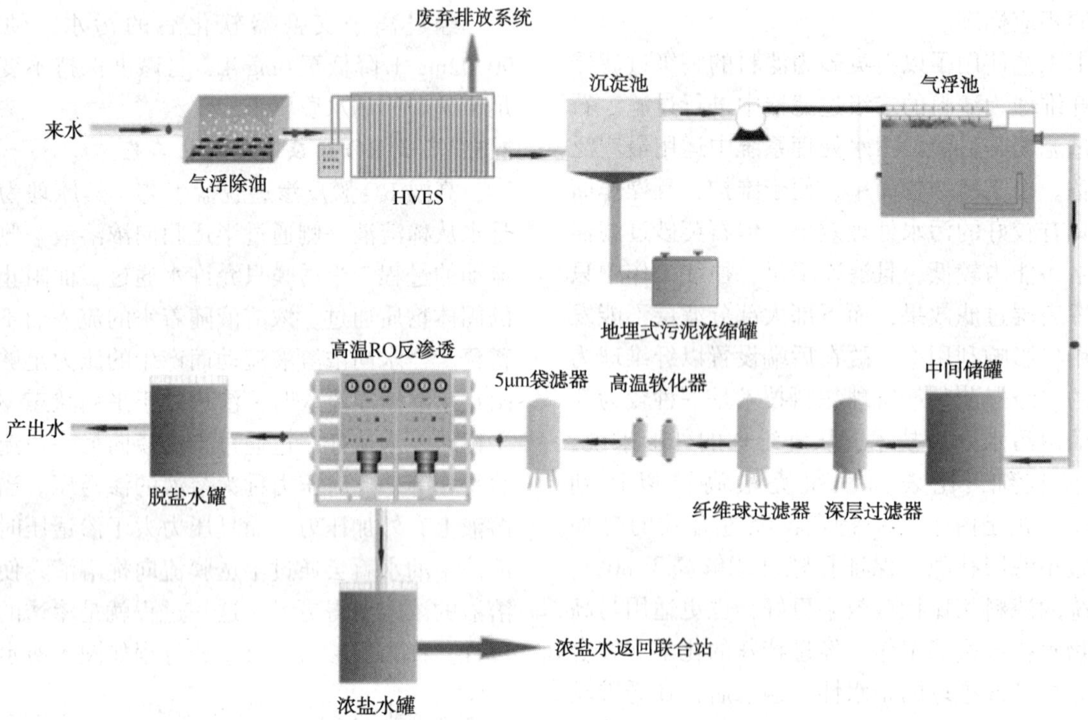

图2　污水深度处理工艺流程

表3　锅炉用水水质要求及污水处理前后水质数据

项目	水质要求		污水深度处理水质检测		
	过热锅炉	湿饱和蒸汽锅炉	指标	处理前	处理后
矿化度/(mg/L)	≤2500	<7000	≤700	4500	400
pH值	7.5~11	7.5~11	7.5~11	7.6	7.6
含油/(mg/L)	≤2	≤2	≤2	200	0
溶解氧/(mg/L)	≤0.05	≤0.05	≤0.05	0.5	0.05
总硬度/(mg/L)	≤0.1	≤0.1	≤0.1	100	0.00
总铁/(mg/L)	≤0.05	≤0.05	≤0.05	0.05	0
二氧化硅/(mg/L)	≤100	≤150	≤100	200	12.9
悬浮物/(mg/L)	≤2	≤2	≤2	70	2
总碱度/(mg/L)	≤2000	≤2000	≤2000	850	120

4　结论

(1) 油田上大多的污水深度处理，都是以净化软化水为水源，进行除硅脱盐处理，后回用于锅炉。而红003井区19#站污水深度处理，是以采出污水为水源，处理为可回用于锅炉的清水软化水。处理难度更大，技术要求更高。

(2) 目前新疆油田普遍采用化学混凝除硅技术，在污水中加入除硅剂，并进入到除硅反应器中，提高药剂反应效率，可将硅含量由276.3mg/L降至59.4mg/L，除硅率为78.5%。而红003井区19#站污水深度处理装置运行以来，二氧化硅含量由160mg/L降至4.54mg/L，除硅率达到97.2%，除硅效果显著。

(3) 采用撬装式小型处理装置，占地较小，结构紧凑，节省空间。并可依据燃气蒸汽锅炉用水需求及分散布置情况，按需建站，地面建设难度低，加快施工进度，提高了整体效率。且设备设施集中，便于人员管理及维修维护。

参 考 文 献

[1] 刘德绪. 油田污水处理工程. 石油工业版社，2001.
[2] 杨技等. 几种油田污水处理方法对比. 石油矿场机械，2000；29(5)
[3] 田瑞侠等. 油田污水处理中气浮装置的改造. 工业用水与废水，2003；34(2)：56-57.
[4] 董燕等. 油田污水处理絮凝剂的研究. 精细石油化工进展，2007；8(11)：45-47.
[5] 商燕红. 孤东油田污水对聚合物黏度影响的探讨. 内江科技，2006(2)：137.
[6] 李道山. 大港南部油田污水分析及主要成份对聚合物溶液黏度的影响. 油田化学，2007；24(3)：223-227.
[7] 邓秀英. 油田采出水处理技术综述. 工业用水与废水，1999；(2)：7-9.
[8] 王蓉沙. 电絮凝法处理油田污水. 环境科学研究，1999；12(4)：30-32.
[9] 高晓丽，王源该. 几种形式精细过滤器在海上油田含油污水精细处理中的应用比较分析[J]. 广东化工，2017，13(08)：99-102.
[10] 王发永，刘正刚. 南堡油田1号构造污水处理站过滤系统改造及其效果[J]. 油气田地面工程，2018，25(03)：64-66.

超稠油机械采油系统效率提效降耗的研究及应用

于　倩　郭　娟　卢新萍　梁艳艳　李　扬

(中国石油新疆油田分公司克拉玛依红山油田有限责任公司)

摘　要　本文针对红003井区超稠油油田进行研究，按照油层-井筒-地面思路，以油井供排平衡为核心出发点，系统分析井区机采指标低的原因，以管理与技术手段相结合，采用措施攻关，井筒举升优化以及依托物联网技术，建立一套适应超稠油井的举升工艺、配套技术以及合理工作制度，提升了井区机采指标与降低了系统能耗。在该井区应用后，取得较好的效果，2021年全区系统效率达到18.4%，高于中国石油新疆油田分公司限定值3.4个百分点，吨液单耗持续下降。

关键词　抽油机；机采系统；系统效率

红003井区随着油田的持续开采，机采井数量越来越多，设备状况参差不齐，早期投产的油井设备相对落后、机采设备老化严重。同时，长期开采导致地层能量不足，油井产液量减少，机采井效率下降，机采系统耗电量居高不下，尤其是2019年系统效率、泵效、检泵周期、平衡率4项机采指标中检泵周期、泵效2项指标低于中国石油新疆油田分公司平均水平，尤其是系统效率，纵向对比降低2.4个百分点，不利于油田节能降耗工作的开展现阶段油价低迷，油田企业倡导通过深入挖潜实现降本增效，针对能耗上升与节能减排的矛盾，需要综合分析导致机采系统效率下降的因素，加强采油生产管理，优化抽油机工作参数，选择合理的机采设备，提高机采系统工作效率，降低采油生产成本。

1　影响机采效率因素

红003井区油气生产过程中主要耗能环节包括：机采系统、注汽系统、集输系统、原油处理系统等环节。通过对2018年、2019年两年全年用电量统计，发现在油气生产处理各环节中，机采系统用电占比最高，达到约70%。因此，从油井生产全过程的角度考虑，影响机采效率指标的因素。主要分为油藏，井筒和地面原因，按照油藏条件制约供液能力，井筒条件决定举升效率，地面条件维持供排平衡这一思路对红003井区目前现状进行了分析。

从油藏生产方面，油藏特征储层岩性复杂，非均质性强，开采难度大，并且原油黏度跨度广，开发效果差异大。随着油区开发时间延长，40%的井面临着产量低、成本高，蒸汽吞吐注汽无效益情况。

(1) 从井筒条件方面，井区75%井为定向井，由于在举升设计过程中，杆柱组合未经过力学校正，部分井在造斜点以下依然存在偏磨现象，另外，井区注汽锅炉利用清污混掺水，导致油井焖开泵卡比例达到9.4%，大大拉低了井区平均检泵周期水平。

(2) 从机采参数方面，井区以5型抽油机为主，目前机型最低冲次无法满足部分井生产末期，井下供液和泵排量不匹配问题，存在“大马拉小车”现象，对于供排关系认识不清，缺乏合理的生产参数及技术标准来进行现场指导工作。

2　提高机采效率措施

2.1　优选砂砾岩超稠油辅助增产技术

通过分析增油机理、制定选井标准、优化注入工艺、分析生产效果，以增能、降黏、堵水为目的，来改善供液能力，包括多介质复合吞吐措施及超稠油机械隔水工艺技术。

(1) 多元热流体技术：增油机理是将一定量的空气与燃料在密闭空间中燃烧，产生的二氧化碳+氮气+水蒸汽高能复合热载体，然后注入地下起到综合增产的作用。重点针对高轮次、高采出程度及低采出程度边底水与供气半径较远井进行实施。2019及2020年共实施多元措施92井次，见效68井次，有效率70.3%，增油7557吨，平均单井增油82.1吨(图1)。

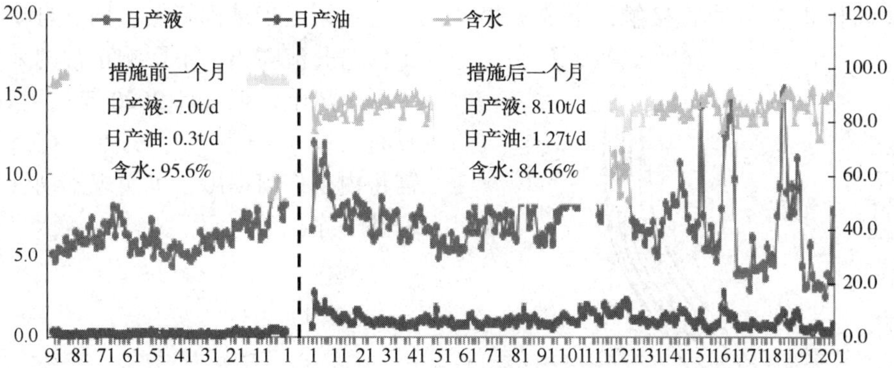

图 1 多元热流体增产技术生产效果图

（2）二氧化碳技术：增油机理是以膨胀增能与溶解降黏的原理达到增产的效果，重点针对了油层厚度较大，黏度较高，注汽无效益井的实施，在实施方式上，通过研究对比，形成了一种以冷采为主，热采为辅；联井吞吐为主，单井吞吐为辅的注入方式。2019 及 2020 年共实施二氧化碳 113 井次，见效 92 井次，有效率 81%，增油 5540 吨，平均单井增油 50. 1 吨(图 2)。

（3）隔水工艺技术：以地质需求为主导，该工艺可以通过封隔器封隔与管外封窜两种方式实现封上采下与封下采上的目的。2019 及 2020 年共实施机械隔水措施井 5 口，措施增油 682 吨，平均单井增油 136 吨，平均单井日增油 1. 5 吨（图 3）。

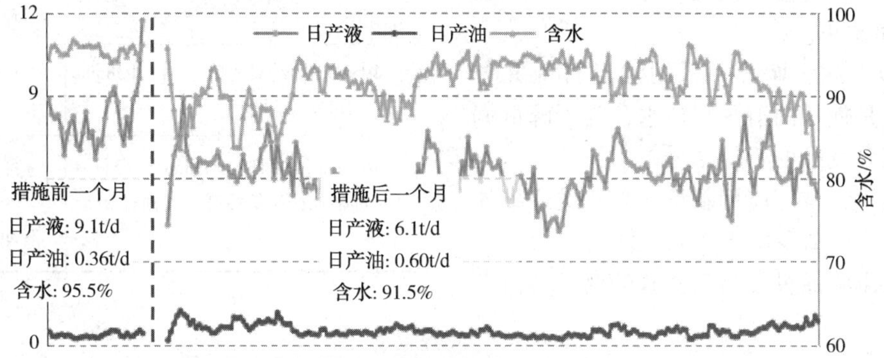

图 2 二氧化碳增产技术生产效果图

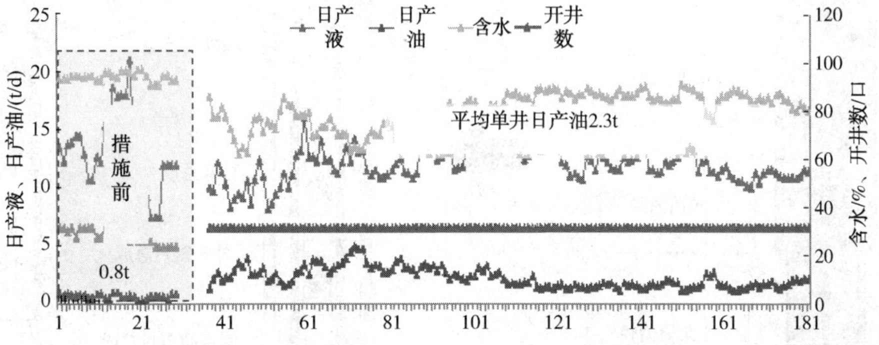

图 3 隔水工艺技术生产效果图

2.2 适用超稠油‘井下+地面’注抽耐磨降参一体化举升工艺

（1）杆柱组合：通过分析超稠油井杆柱偏磨的原因，在轴向上，由于受到黏滞阻力影响，在下冲程时，阻力过大，造成杆柱失稳弯曲，当绕度超过管杆间距的时候，发生偏磨；在侧向上，抽油机运动的过程中，造斜点以下，处于拉升或压缩状态的抽油杆也会与油管接触，造成偏磨(图4)。

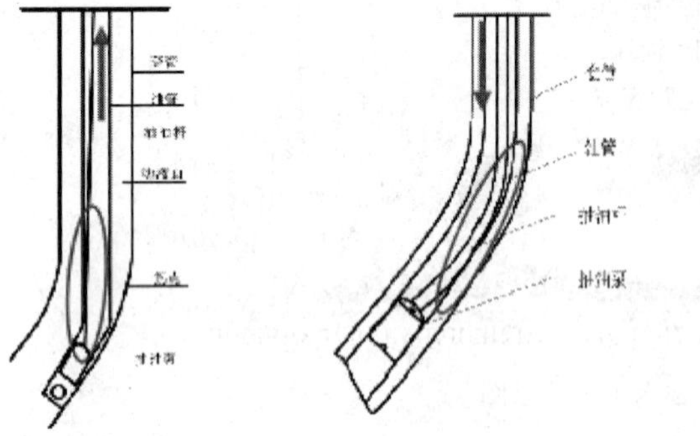

图4　杆柱上、下行时偏磨示意图

同时与传统的“扶正器+加重杆”的扶正工艺进行对比(图5)，该工艺具备优势：该工艺具备的优势，首先等径杆全面积线性接触设计，改变点接触加剧磨损现状；与传统的卡箍式与滚轮式的扶正器相比，液体过流性能较好，压降损失较小，并且空心设计，增大浮力，减轻抽油机负荷，优选了等径杆防偏磨扶正工艺，偏磨井次较19年对比下降56%。

(2) 泵型：油区焖开井采用油套管开井方式，注汽锅炉是使用的清污混掺水，为了降低焖开时管内反馈泵变径处析盐结垢泵卡风险，从优化抽油泵型入手，推广应用新型注采双通道抽油泵(图6)，传统反馈泵由于注采一体的通道，导致油井自喷采出液通过泵筒与柱塞的变径节流点时，会有盐类物质析出，造成泵卡现象，而注采双通道泵由于结构特点，焖开自喷时采出液从外工作筒分流喷出，不影响正常的采油通道，降低了垢卡风险。据统计2020年使用双通道泵的井，只有1口杆卡(表2)，另外，在修井时，该泵只需将内工作筒提出，可实现不动管柱检泵，减少修井工序。

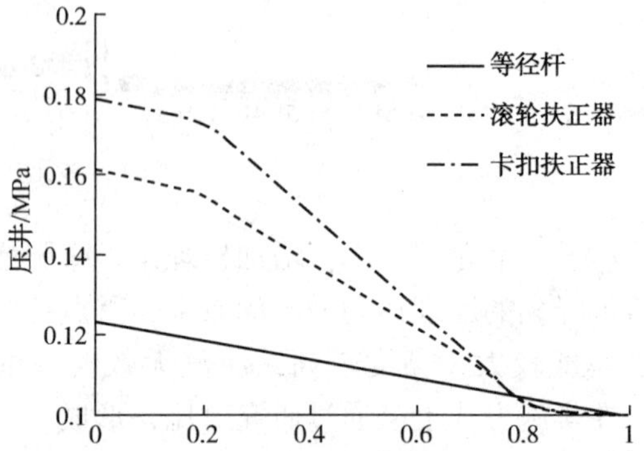

图5　轴向截面压力分布

表1　两种扶正工艺载荷对比

杆柱组合	抽油机行程	最大平均载荷/kN
Φ19mm 抽油杆+扶正器+Φ38mm 加重杆	上冲程	38.9
	下冲程	12.8
Φ19mm 抽油杆+Φ38mm 等径杆+19mm 抽油杆，等径杆与抽油杆相互串接	上冲程	35.2
	下冲程	19.5

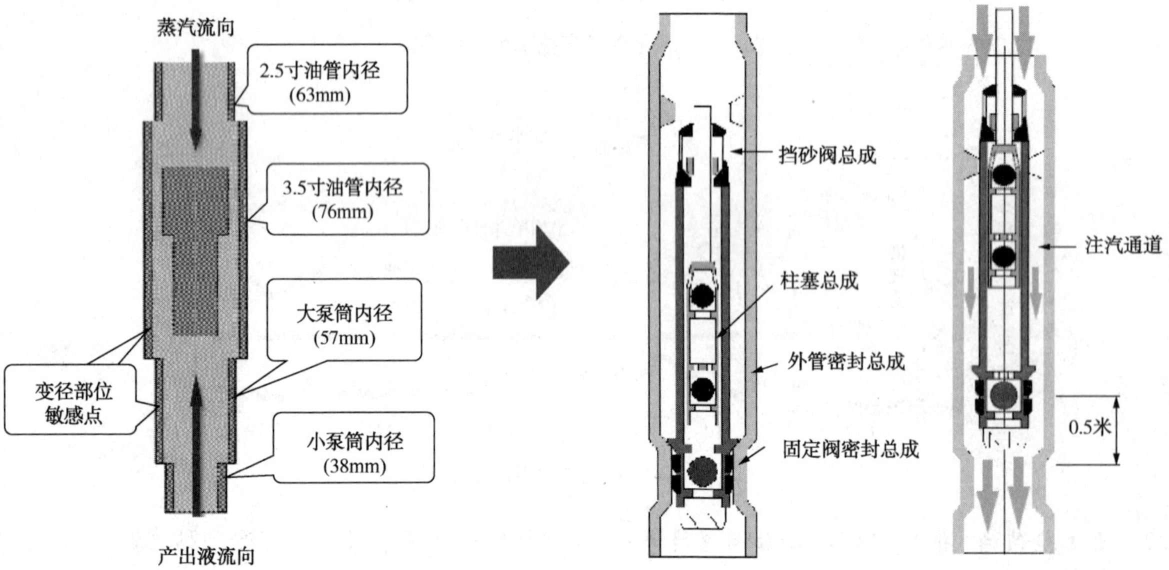

图6　反馈泵和双通道示意图对比

表 2　反馈泵和注采双通道泵使用情况表

2020 年	应用井数/口	焖开井数/口	焖开泵卡井数/口	焖开泵卡率/%	修井工序
反馈泵	552	965	76	7.9	需要提管
注采双通道泵	798	252	1	0.4	不动管柱

（3）设备参数：加装过桥式调速装置（图 7），通过新增了一套减速比为 1∶2.5 塔轮结构，利用皮带轮之间线速度与角速度之间的相互转换的关系，在保留原有冲次的前提下，将冲次进一步降低，最低可降至 2/min 次。

对比了使用前后情况，单井生产异常天数占比较之前下降 14%。同时，由于电机负载变化的原因，最大运行电流较之前也有下降，通过电表测试，单井最大节电率可以达到 17%。

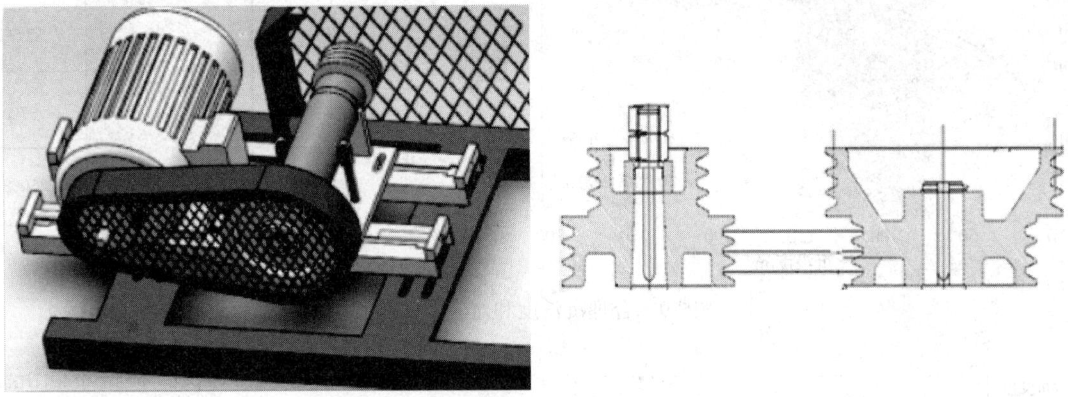

图 7　桥式调速装置示意图

表 3　桥式调速装置使用情况表

管汇	井号	生产参数(前后一个月数据对比)				生产异常天数比（产液量落零）	
		调速前：5 次/min		调速后：2 次/min			
		产液量/(t/d)	泵效/%	产液量/(t/d)	泵效/%	调速前	调速后
7-9	hD91510	3.4	18	9.2	89	23%	2%
	hD91513	4.8	26	8.5	82	29%	0%
	hD91511	12.9	70	7.1	69	3.3%	0%
	h91512	2.3	13	5.9	57	33%	2%
	hD91499	1.4	7	7.4	72	42%	9%
	hD91501	3.1	17	7.3	70	25%	2%
	hD91500	6.7	6.7	8.6	83	10%	1%
平均	/	4.64	25	7.18	72	25%	11%

2.3　依托物联网技术，形成单井合理工况分析体系

依托油井物联网技术，自主研发了油井监测系统、示功图分析诊断系统，异常井系统（图 8），通过大数据生产参数采集分析研究，单井合理工况、合理参数调节、异常情况处理提供理论依据。

抽汲参数通过对井区 1500 余口油井含水率、平均泵效及沉没度进行分析，结合单井日产液水平，形成了井区不同液量及沉没度调参选择表，动态调参，保持供采平衡，维持供排平衡（图 9、图 10）。

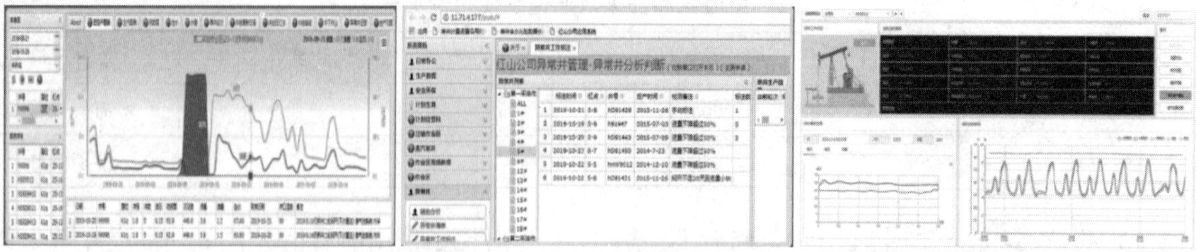

图 8　合理沉没度和对应泵效图

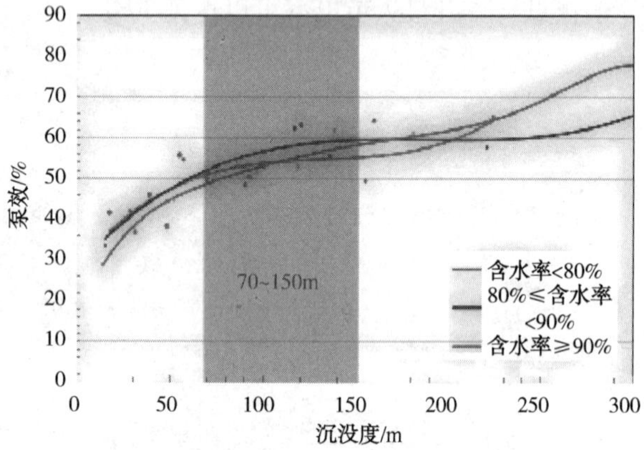

合理沉没度和对应泵效

含水率	合理沉没度	平均泵效
<80%	70~120m	55.6%
80%~90%	100~140m	57%
≥90%	110~150m	59%

图 9　合理沉没度和对应泵效图

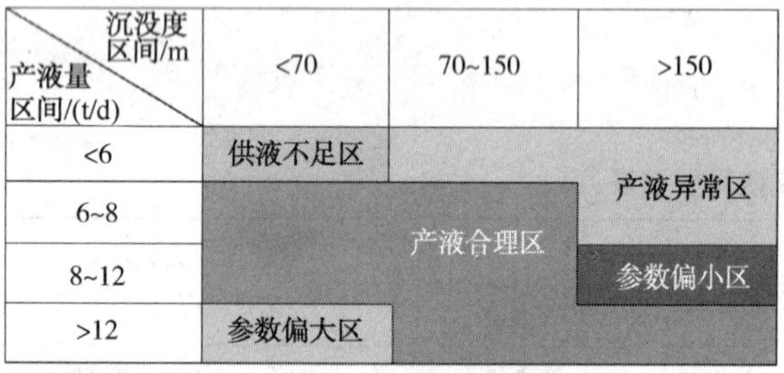

图 10　不同沉没度及产液量条件下对应油井工况表

提高异常井处置的时长，根据不同沉没度及产液量条件下对应油井工况表以及利用示功图诊断系统分析判断泵况(图 11)，优化了异常井筛选标准与处置流程，根据不同区域针对性制定异常井筛选标准，再依托物联网技术，大大提高了筛选与处置效率。异常井处理时间由原先的 3~4 天缩短至 1.8 天。

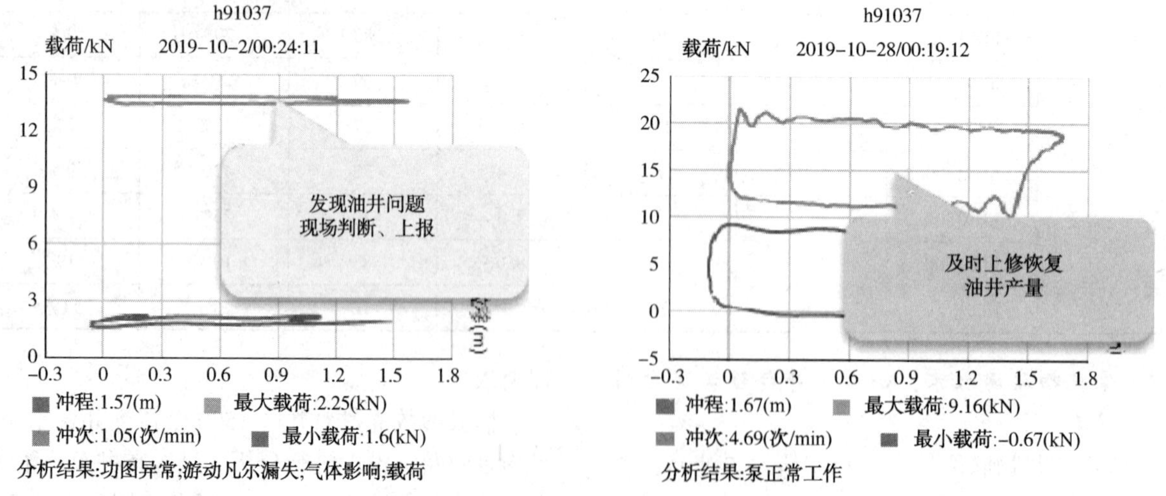

图 11　示功图诊断分析系统

3　措施效果

本文针对红003井区超稠油油藏存在的问题进行了分析。并结合井区的实际生产现状，开展了相对应的措施、技术研究，应用于现场实际，取得了较好的生产效果及经济效益。主要研究结论如下：

（1）通过探索砂砾岩超稠油辅助增产技术，改善了供液能力，2019~2020年在老区重点实施了以多项增产措施以及超稠油机械隔水工艺技术，累计增油1.4万吨。

（2）通过研究分析井区定向井管杆偏磨影响因素，不同类型抽油泵的特点及适应性分析，明确了井区定向井扶正工艺的优化方向，优化了泵型泵级的使用，使用了等径杆+双通道抽油泵，形成了一套适合超稠油油藏的从式定向井配套举升工艺技术，井区焖开杆卡率由9.4%降至5%，较2018年延长检泵周期211天。

（3）通过物联网技术推广应用，实现了井区1800余口油井的物联网全覆盖，真正实现了单井生产节点运行参数全面采集，关键环节运行工况全面监控，生产周期异常情况全面分析。平均异常井处置时间由3~4天缩短到1~2天。

2021年系统效率达到18.4%，高于新疆油田公司限定值3.4个百分点，吨液单耗持续下降。

参考文献

[1] 刘波．抽油机井系统效率影响因素分析及对策研究[D]．长江大学，2013(21)

[2] 于庆．提高抽油机井系统效率的对策分析[J]．石油石化节能，2016，6(01)

风城 SAGD 新型举升工艺探索及应用

王美成　康承满　刘凤江　禄红新　万宏宾

(新疆油田公司风城油田作业区)

摘　要　风城SAGD普遍采用管式泵举升，由于油藏埋深较浅(190~470m)，自然井斜大、实钻轨迹变化大，杆柱在上下往复运动过程中容易偏磨，造成杆脱、泵卡等现象。为解决上述问题，引进螺杆泵、电潜泵两种新型举升工艺，消除杆柱上下往复运动，降低杆脱、泵卡的风险。同时消除了由于往复运动造成的井下压力波动，采出液流量持续稳定，井组在产油水平相当的情况下采出液温度降低且更加平稳，对SAGD的调控工作具有积极意义。

关键词　SAGD；偏磨；螺杆泵；电潜泵

1　技术背景

为满足风城SAGD举升需求，生产水平井采用“直—增—稳—增—平”五段制轨迹，主体配套8m冲程的立式皮带抽油机及8m冲程的管式泵，钻井过程中要求井斜角60°附近设置20m的稳斜段，井眼曲率小于3°/30m，距水平段垂深20~30m；同时第一段增斜段井眼曲率小于12°/30m，第二段增斜段井眼曲率小于13°/30m。但是由于油藏埋深较浅，轨迹要求高，钻井难度大，导致实钻轨迹与设计轨迹相差较大。自然井斜大和实钻轨迹变化大造成抽油杆柱偏磨、泵卡等现象，为SAGD大排量举升带来风险。

2　结构组成及工作原理

为解决管式泵杆柱上下往复运动过程中造成的偏磨问题、探索适合于风城SAGD高温采出液的新型举升方式，引入螺杆泵、电潜泵。

2.1　螺杆泵

电机通电旋转，经皮带和减速箱两级减速后带动抽油杆旋转，再由抽油杆带动螺杆泵的转子转动，通过定转子间的啮合运动在泵内形成多个腔室，流体随转子转动连续沿轴向推移，完成泵内机械能与液体能的相互转化，从而实现流体的举升。螺杆泵系统由地面部分和井下部分组成，地面部分由电控箱、电机、皮带、方卡子、减速箱、专用井口等组成，在传动机构中有防倒转装置。井下部分由抽油杆、抽油杆扶正器、螺杆泵、筛管、丝堵等部分组成(图1)。

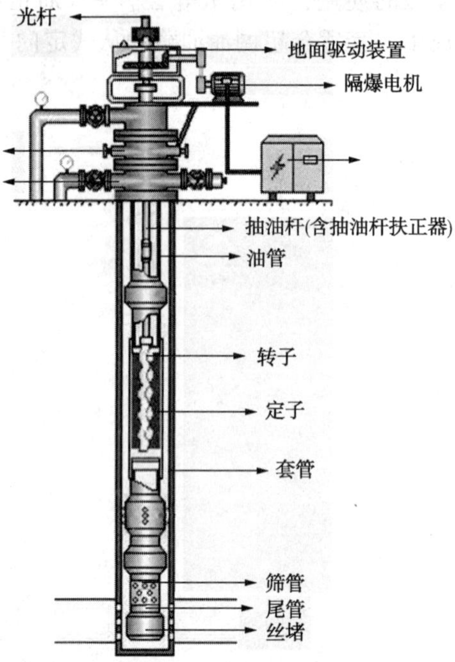

图1　螺杆泵油井举升布局图

2.2　电潜泵

电潜泵是将电机、保护器、油气分离器、多级离心泵同电缆及油管一同下入井内，通过地面的变压器、控制柜等将电能输送给电机，电机带动多级离心泵旋转将电能转化为机械能，把油井中的井液举升到地面的机械采油设备。电潜泵机组分井下与地面两大部分，如图2所示。

①井下部分包括：潜油电机、保护器、高效油气分离器(含吸入口)、潜油多级离心泵、组合线缆等；

②地面部分包括：专用变压器、防爆接线盒、多参数监测系统、电潜泵机组控制系统。

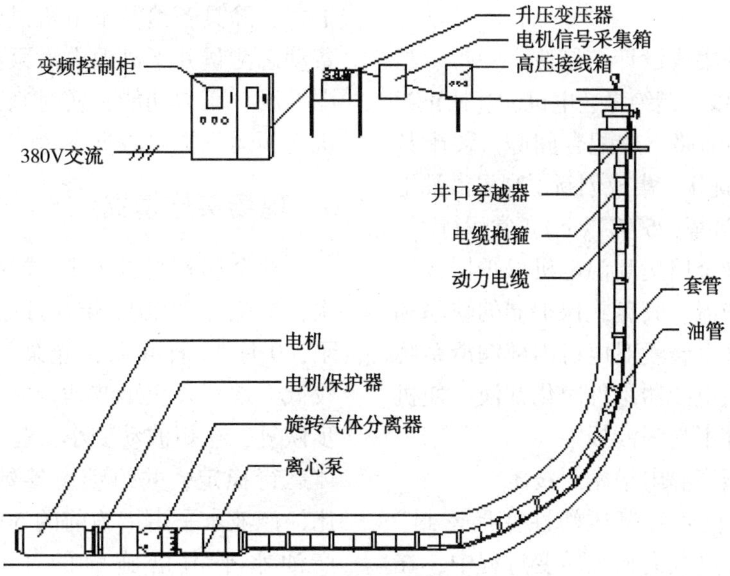

图 2　电潜泵油井举升布局图

3　技术难点

与蒸汽驱、蒸汽吞吐相比，SAGD 主要利用蒸汽的汽化潜热，导致采出液温度高（160～220℃），传统的螺杆泵、电潜泵难以满足风城 SAGD 现场需求。

3.1　螺杆泵

螺杆泵的技术难点主要体现在定子橡胶的耐高温、耐腐蚀能力差，在高温采出液的侵蚀下容易失效，无法适应注蒸汽的热采井。常规螺杆泵定子衬套的内部螺旋体由橡胶构成，硫化粘接在衬套外壳内，橡胶螺杆泵定子橡胶材料因产出液原油物性以及化学剂对定子橡胶造成的溶胀、老化、结垢而大幅缩短寿命，同时衬套橡胶表面磨擦因数大，启动和运行扭矩大，启动困难。

3.2　电潜泵

电潜泵的技术难点主要体现在电机的设计、保护器适用性以及电缆接头密封可靠性三个方面。

电机是机组的动力源，同时也是重要的发热源，温度最高的关键部件。长期高温环境中，硅钢片的导磁性能出现降低和损耗增加；电机各部分结构的热胀冷缩导致电机结构变形及零部件配合间隙变化。

保护器起到隔离井液与电机油，避免井液进入电机内部，承受泵轴的重量和泵轮工作时产生的轴向力。但是传统沉淀式保护器不适用于水平放置或倾斜放置，胶囊式保护器的弹性囊又没有足够的抗拉强度和耐温性。

电缆接头往往是供电系统的薄弱点，在高温应用环境下（绝缘寿命与温度之间的经验关系：温度每升高 10℃，绝缘寿命减半）如何长时间持续为线芯提供良好的绝缘密封是关键。

4　设计与制造

4.1　双金属螺杆泵

由于普通螺杆泵难以满足 SAGD 的举升需求，将传统的橡胶定子改为全金属定子，使其具有更强的耐磨、耐腐蚀、耐高温等性能，且工作寿命更长。工作过程中定子、转子处于间隙配合状态，泵内摩擦情况相对较弱，泵启动更容易，运行更节能。

双金属螺杆泵采用液压成型技术制造，在一个压模中放置 1 根钢管，通过向钢管内注入高压水，使钢管填充压膜的空腔获得所需形状，螺杆泵定子采用内膜外加压方式加工，具体工序是先将经初步弯扭预成型的钢管装在相应的液压成型模型里，通过注入专用润滑剂，最大限度地减少工件与液压模型之间的摩擦影响。液压成型工序结束后，使用镀涂工艺对定子内表面进行处理，以提高其硬度和耐磨性能，达到延长使用寿命的目的。管件液压成型技术制品具有质量轻、刚性佳等优点，且在生产过程中可减少对接、组装、加工等过程，成本低、加工周期短。采用液压成型技术可使零件的尺寸精度由IT14提高到IT10。

4.2　耐高温电潜泵

(1) 高温电机的集成设计与制造

设计并优选电磁线、槽绝缘、电机油、扶正衬套、止推轴承、润滑油路、热配合间隙、装配技术，辅以计算、仿真优化，集成创新了高温潜油电机，保证电机在高温环境(250℃以下)正常运行。

(2) 新型波纹管金属囊高温电机保护器技术

针对沉淀式保护器、胶囊式保护器的缺陷和局限性，采用波纹管金属囊对电机内部润滑系统进行补偿，同时采用甩沙器组件净化井液，使机械密封和波纹管组件不受泥沙损害。

(3) 新型补偿型高温电缆密封技术

传统“三孔橡胶垫环套挤压塑性变形密封”的电缆密封方法，在高温向低温转变过程中，在塑料护层表面形成沟痕，从而在塑料护层与橡胶垫之间产生缝隙，密封性能减弱甚至失效。采用“补偿密封技术及配套结构”实现高温密封的方法，弥补温度变化在动力电缆上引起的残留环形沟痕，对液体、气体等介质实现隔离，提高密封可靠性。

(4) 多参数动态监测与控制设技术

新型组合线缆是将供电电力电缆和测温测压线缆用专用卡子组合，在下井作业时随油管一同下井，除具备给井下电机供电的功能外，同时具备动态测量井下高温电潜泵温度、高温电潜泵周围温度、压力功能，实时判断井液的变化，为电机变频运行提供数据参考。

5　现场实施情况

双金属螺杆泵在风城油田SAGD实施1井次，措施井于2011年9月22日下入双金属螺杆泵，9月23日起泵，起泵初期由于采出液温度较低，螺杆泵扭矩波动较大，随着采出液温度逐步恢复，扭矩波动变小，趋于稳定，目前设备整体运行稳定，井组动态参数平稳。与措施前相比，产液水平由措施前的50t/d提高至量67t/d，产油水平由措施前的14t/d提高至18.6t/d(图3)。

耐高温电潜泵在风城油田SAGD实施5井次，最早实施的措施井于2018年11月下入耐高温电潜泵，稳定运行超过1000天，其余4口井均为2021年下入，目前运行稳定。采用耐高温电潜泵的5井组，4井组产油水平与措施前持平，1井组好于措施前；5井组含水率均呈下降趋势，热效率提高(图4)。

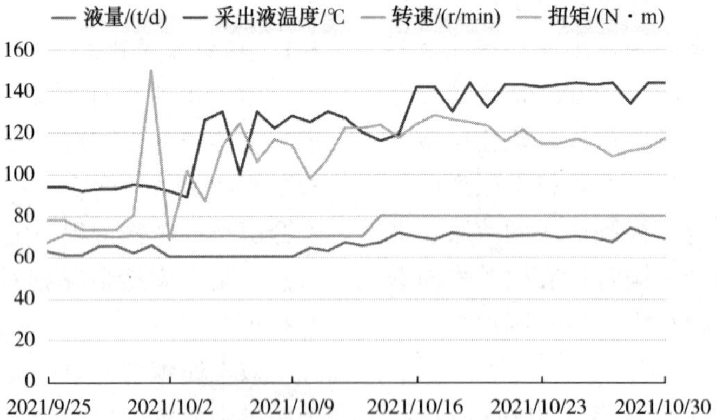

图3　双金属螺杆泵运行曲线

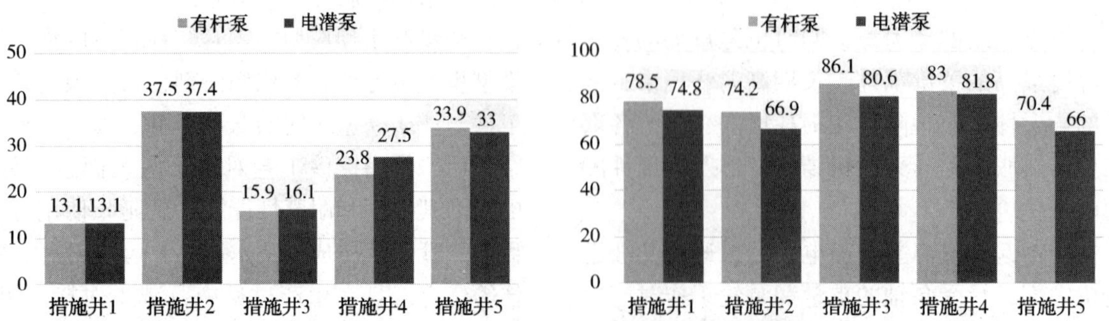

图4　耐高温电潜泵使用前后产油量、含水率对比图

6 结论

（1）双金属螺杆泵、耐高温电潜泵降低了杆柱偏磨的影响，提高了油井生产时率，同时降低了盘根刺漏、光杆断脱等带来的环境污染风险；

（2）双金属螺杆泵、耐高温电潜泵消除了管式泵往复运动造成的井下压力波动，井组在产油水平相当的情况下采出液温度降低且更加平稳，热效率提高，油汽比上升；

（3）双金属螺杆泵、耐高温电潜泵，结构简单紧凑，地面设备占地少、安装、维修简便工作量少，对于稠油油藏高效开发降本增效具有战略意义，应用前景广阔。

参考文献

[1] 刘建国．稠油机械采油技术研究[D]．东北石油大学，2013.

[2] 栗继美，吴运刚，毕友军．车排子探区全金属螺杆泵低转速排液在浅层稠油试油中的适用性研究与应用[A]．西安石油大学、陕西省石油学会．2019 油气田勘探与开发国际会议论文集[C]．西安石油大学、陕西省石油学会：西安石油大学，2019：6.

[3] 姜东．全金属螺杆泵蒸汽吞吐注采一体化试油技术[J]．钻采工艺，2019，42(01)：35-38+3.

[4] 李增亮，李昆鹏，孙召成，杜明超，于然，姜东．全金属螺杆泵定转子配合优化及特性试验研究[J]．石油机械，2018，46(02)：77-83.

[5] 陈舟圣，刘志龙，杨万有，牛贵锋，刘海英．全金属螺杆泵工作特性实验研究[J]．石油钻采工艺，2012，34(05)：65-67.

[6] 王俊．SAGD 高温电潜泵举升技术研究与应用[J]．内江科技，2019，40(07)：23+99.

[7] 索美娟，龚万兴，夏力．电潜泵举升工艺新进展[J]．国外油田工程，2007(06)：29-30.

[8] 姚春雪，颜伟．高温电动潜油泵在稠油开采中的应用分析[J]．数码世界，2020(06)：278.

[9] 汪卫军，高温潜油电泵机组研制．天津市，中国石油集团渤海石油装备制造有限公司钻井装备分公司，2019-11-26.

[10] 白山，陈冲，孙乙铭．绕组电阻随温度变化对高温潜油电机性能的影响[J]．微特电机，2014，42(11)：44-47+50.

高温封窜驱油技术在新疆浅层超稠油油藏的研究与应用

赵　婷　鲜　菊　肖鲜东　薛　毅　范银银

(中国石油新疆油田公司风城油田作业区)

摘　要　新疆油田老区目前进入高轮次开采，老区油井平均轮次已达14.5轮，油汽比低至0.06以下。并且油井剖面动用程度低，油层上部动用程度达到80%以上，纵向剩余油主要集中分布在油层中、下部。通过开展高温封窜技术，将温敏可逆凝胶、油溶性有机颗粒进行大剂量、段塞式注入，以实现堵水不堵油的目的，并增加驱油段塞提高原油流动性、改善油井蒸汽吞吐开发效果。高温封窜技术已在新疆油田应用17井次，平均单井产油提高58t，油井纵向剖面动用程度提高45%，注气压力平均单井增加9%，汽窜井降低82.4%。该技术能够有效地改善了高轮次吞吐井层内间吸汽不均的状况，提高蒸汽波及体积和稠油返排能力，解决了井间汽窜问题，改善了新疆油田稠油油藏的开发效果。

关键词　高温封窜；超稠油；汽窜

1　前言

新疆油田稠油老区进入高轮次开采，生产效果变差，井间窜扰严重。蒸汽吞吐开发周期生产时间短，平均周期生产90天，油井转轮频繁。重32井区在10轮之后，重18井区8轮之后油汽比下降至0.1以下。直井受储层纵向渗透性差异、射孔跨度及蒸汽超覆影响，剖面动用程度低，随轮次增加，超覆现象加剧。油层在纵向上动用程度差异较大，上部的吸汽百分比和产液百分比高于下部，油层上部动用程度达到80%以上，纵向剩余油主要集中分布在油层中、下部。

平面上减少井间汽窜干扰，纵向上提高油层的动用程度是新疆油田实施增产措施的主要方向一。本文通过优化封窜堵剂体系配方，气体驱油效率评价，以实现“封窜”效果，达到提高油井生产效果的目的。

2　稠油油藏高轮次吞吐井开发存在的问题

新疆浅层超稠油老区油藏进入高轮次开采，蒸汽吞吐周期生产效果变差。其中A井区开发侏罗系齐古组油藏，油藏类型为受断裂控制的、局部存在底水的构造岩性超稠油油藏。平均油层原始地层温度为17~22.4℃，原始地层压力为2.1~4.45MPa，压力系数0.935~0.987，地面原油密度0.953~0.962g/cm³，50℃时地面脱气原油黏度15839~19974mPa·s，流动困难。

截止2020年底，老区油井平均轮次已达14.5轮，油汽比低至0.06以下。同时伴随着高轮次油井注采不平衡，井间窜扰严重，蒸汽热利用率低等问题，制约油井周期开发效果。

油井剖面动用程度低：由于受各层物性纵向条件的差异及生产过程中蒸汽超覆的影响，油层在纵向上动用程度差异较大，上部的吸汽百分比和产液百分比高于下部，油层上部动用程度达到80%以上，纵向剩余油主要集中分布在油层中、下部。

3　高温封窜驱油技术思路及增产机理研究

高温封窜驱油措施的技术思路是在总结其他超稠油增产技术的原理基础上，将封堵和驱油的两项技术有机结合起来，实现“先堵后驱”和“堵驱结合”的复合型增产技术，利用轻型封堵材料和温敏可逆凝胶封堵汽窜通道，通过固体气源产生的气体驱替原油，达到提高油层动用程度，提升驱油效率的目的。

3.1　高温封窜驱油机理

3.1.1　封堵原理

封窜堵剂主要由温敏可逆凝胶+油溶性有机固体颗粒组成。温敏热可逆凝胶是一种高分子聚合物，无毒，抗菌性强，本身具有独特的热可逆性，随温度的升降可数次经过生成凝胶和溶解的可逆过程，加入电解质或非电解质，可改变成胶温度和黏度。

汽窜通道和高渗透层主要集中在油层上部，选择低密度的油溶性有机封堵颗粒与可逆凝胶混配，利用封堵材料优先进入大孔道汽窜通道的特点，优化注入参数能确保上部汽窜位置选择性进入和完全充满的要求。实现对上部汽窜层的有效封堵(图1、图2)。

凝固前　凝固后

图1　温敏可逆凝胶体系

图2　可逆凝胶与油溶性有机颗粒混配示意图

3.1.2　驱油原理

驱油原理是注入固体气源实现驱油的作用。以碳酰胺为主要成份，含碳、氮、氧、氢等有机化合物的固体气源。

在超过150℃时吸热裂解为二氧化碳、氮气和其他烟道气成份的复合气体，一部分溶解于原油，与地层原油形成混相，使原油体积膨胀，在降低原油黏度的同时，增加液体的内动能；另一部分充满地层孔隙，扩大蒸汽波及面积，有利于原油回采。当压力降低时，气体会从原油中析出并连续把油驱入压力更低的井筒，起到了溶解气驱的作用。

3.2　高温封窜驱油技术室内研究成果

3.2.1　封堵药剂体系浓度的对封堵率影响评价

经实验评价采用新疆油田采出水配制的封堵体系的有机颗粒和有机凝胶浓度大于10%和0.5%时，封堵率相差不大，因此，从施工成本方面考虑，现场施工选择有机颗粒浓度10%和有机凝胶浓度0.5%的组合(表1)。

3.2.2　与地层水的配伍性

高温封窜驱油技术以有机凝胶为载体，影响有机凝胶性能的主要指标是地层水的矿化度，经前期研究，新疆超稠油油田A区块地层水室内评价矿化度不超过10000mg/L，井口采出水的矿化度5000mg/L左右，不会对有机凝胶的性能造成影响，因此不会影响措施的有效性(表2)。

表1　封堵体系浓度对封堵率的影响

岩心编号	药剂质量浓度配比/%		封堵前的渗透率/mD	封堵后的渗透率/mD	封堵率/%
	有机颗粒	有机凝胶			
1	20	2	1174.66	35.91	96.94
2	15	1.5	986.23	41.23	95.82
3	10	1	1153.07	39.54	96.57
4	10	0.5	1033.36	37.87	96.34
5	5	0.3	954.74	105.44	88.96

表2　矿化度对堵剂凝固的影响检测表

矿化度/mg·L^{-1}	凝固时间/h	凝固强度	凝胶弹性
2000~5000	4	I	柔性
5000~8000	6	I	柔性
8000~12000	8	H	柔性
12000~15000	12	G	柔性
15000~18000	12	G	柔软
18000~2000	14	F	很软(少量脱水)

3.2.3　驱替介质对封堵率影响评价

按封堵性能评价的实验流程制备2个填砂管，分别检测使用不同驱替介质的岩心的封堵率。经实验评价封堵体系对水的封堵率高(97.07%)，对稠油的封堵率低(28.45%)，验证了高温下有机颗粒溶解于原油，实现堵水不堵油的堵而不死的效果(表3)。

表3　不同驱替介质对封堵率的影响

岩心编号	驱油介质	封堵前的渗透率/mD	封堵后的渗透率/mD	封堵率/%
1	水蒸汽	947.55	27.8	97.07
2	稠油	1072.39	767.3	28.45

3.2.4　气体驱油效率评价

以A井区的八道湾和齐古组地层的平均渗透率1000mD(岩心1)和520mD(岩心2)(图3)，当注入气体后岩心1的采收率上升至6%，提高采收率3%；岩心2的采收率上升至2.5%，提高采收率1.75%；说明气体可以做为一种驱油方式提高原油采收率。

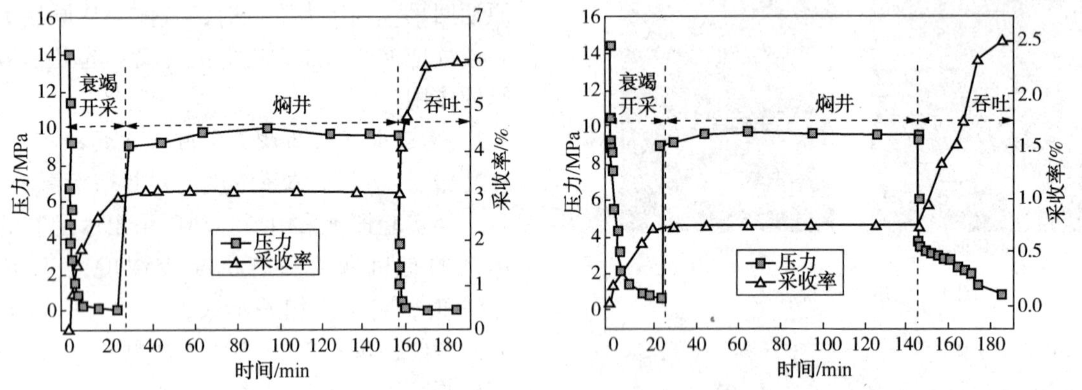

图3　岩心1、2采收率变化图

4　高温封窜驱油技术方案设计

4.1　选井原则

选井以直井为主，主要针对八道湾组直井进行措施，改善这批井的汽窜情况，提高油井生产效果。因此，优选措施井时应侧重于(1)油层厚度大于10m，采出程度小于25%；(2)50℃地面脱气原油黏度<20000毫帕秒；(3)区域集中实施，整体调剖。

4.2　高温封窜驱油施工参数优化设计

4.2.1　封窜剂用量设计

依据室内试验结果，堵剂段塞在1/2井距(L)位置时的蒸汽波及系数最大，段塞尺寸为10%~15%(堵剂体积占窜通孔隙体积百分比)时的蒸汽波及系数基本达到最大值(图4)。

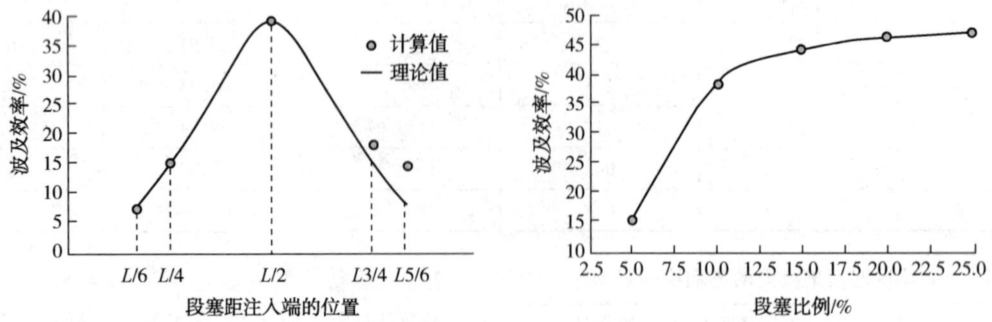

图4　蒸汽涉及系数与段塞位置、段塞尺寸的关系图

数模计算窜通孔隙体积

对于多吞吐周期，注汽发生窜流时，窜流通道内蒸汽驱的非活塞驱替方程：

$$\int_0^t [cjqs\nu\omega s - \overline{G}jV1tj]dt = \phi \frac{V1tj}{f's}$$

式中，$V1tj$为j方向蒸汽窜通体积，m^3；qs为注汽井注汽速度(冷水当量)，t/d；γws为水蒸汽的比容，m^3/t；$f's(Sgf)$为驱替前缘含汽率导数(由图解法确定)，无因次；tbj为j方向汽窜时间，d；

需要计算：

C_j 为 j 方向注汽量劈分系数，无因次；

G_j 为 j 方向单位时间单位岩体体积内凝析体积，$m^3/(m^3d)$；

C_j注汽量劈分系数计算：

$$C_j = \beta_j (\overline{Kh})_j / \sum_{j=1}^{M} \beta_j (\overline{Kh})_j$$

式中，β_j 为 j 方向的窜通角；M 为对应注入井的窜通方向数，无因次；K 为油层的绝对渗透率，md；h 为油层厚度，m。

4.2.2　驱油剂用量设计

驱油剂使用的是尿素+起泡剂。在高温下尿素水解后生成二氧化碳和氨气，按实验室的结论，气体驱油可以增加采收率3%以上。

试验室内使用浓度为30%的尿素溶液，温度150℃，1小时内完全分解。结合现场施工的费用成本核算，使用20%浓度的尿素溶液。

起泡剂使用的是S1发泡剂，经试验筛选浓度为0.3%~0.6%时，生成的泡沫量最高，稳定性最好，结合现场施工实际和成本核算，确定浓度为泡沫剂的使用浓度为0.5%（表4）。

表4　发泡剂性能试验统计表

浓度	S1 发泡剂	
	发泡体积/ml	半衰期/S
0.10%	850	320
0.30%	1320	660
0.60%	1300	660
1.00%	920	360

驱油剂溶液体积设计公式：$Q = \pi R2H\phi$，平均处理半径 $R = 3m$。

尿素的用量=$Q\times(20\% \sim 30\%)$

S1 发泡剂用量 = 措施轮次注入蒸汽量×0.5%

4.2.3　施工工艺选择

（1）配方优选：优选出热可逆凝胶1.5%浓度和5%的有机颗粒浓度的配比进行调配，饱和尿素浓度20%与起泡剂0.5%进行均匀混合。

（2）试压、试挤：连接井口管线，试压达到5MPa，稳定10分钟，管线不渗不漏为合格，挤入前置高含盐污水1方，确定地层吸收性；

（3）药剂注入：从油管首先注入封堵段塞（可逆凝胶、有机颗粒），随后注入驱油段塞（起泡剂、尿素），记录压力、温度等变化值；

（4）顶替段塞：注入顶替污水5方，确保管柱内无药剂残留。

5　现场应用总结与分析

5.1　措施井生产情况

高温封窜驱油技术已在新疆油田应用17井次，措施后注汽压力提高0.9MPa，自喷天数延长5天，自喷期产油水平提高0.9d/t，轮产油水平提高0.18d/t，油汽比提高0.036，采注比提高0.03。自喷期的产液产油提升不明显，但是自喷时间延长，轮产油增加。分析原因是措施有效抑制窜扰的发生，防止能量流失，提高蒸汽利用率（图5）。

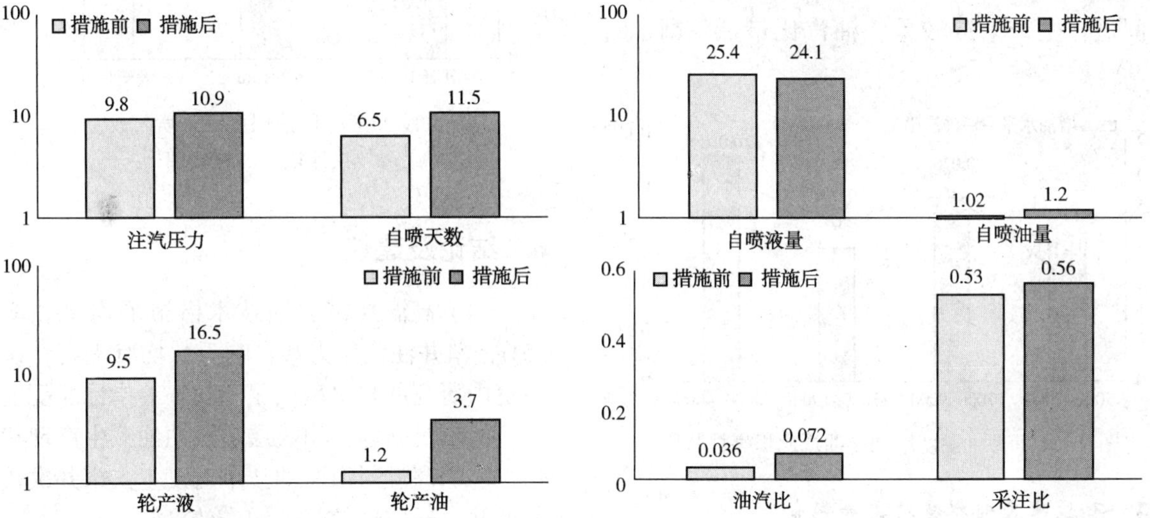

图5　高温封窜驱油措施效果统计图

5.2　汽窜程度对措施效果的影响

措施前发生汽窜井次越高的油井措施效果越好，经对比发现措施前发生汽窜7-13井次的油井，随汽窜井次的增高，其增油水平、油汽比、自喷天数、采注比等指标相应增高。说明高温封窜驱油技术对发生汽窜井次多且汽窜程度高的井，能提高蒸汽能量转化比，提升油井注汽质量，达成油井增产的生产效果(图6、图7)。

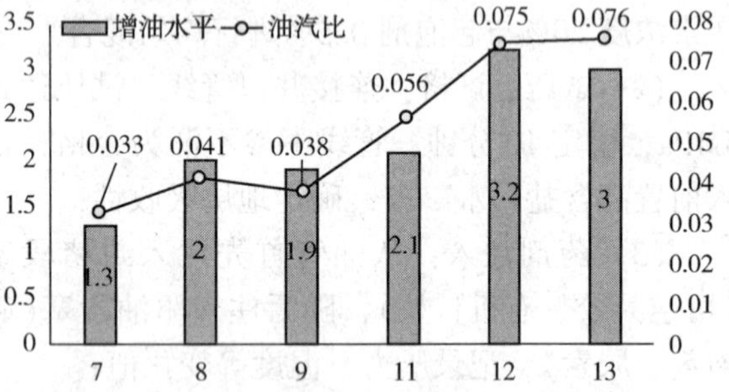

图6　不同汽窜程度措施井增油水平柱状图

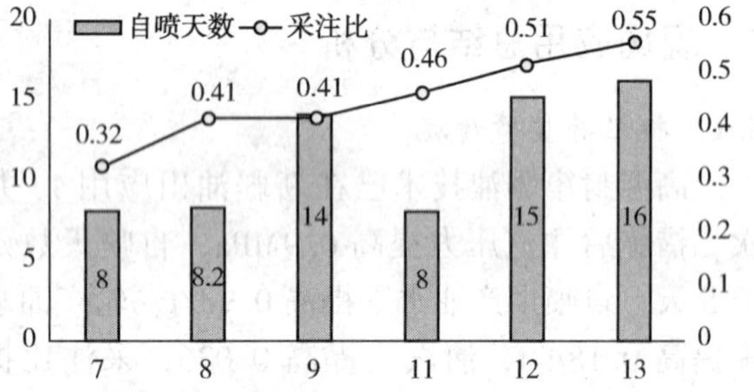

图7　不同汽窜程度措施井增油水平柱状图

5.3　原油黏度对措施效果的影响

受原油黏度影响，黏度在10000~38000~40000厘泊之间，油汽比和采注比最高，生产天数也最长；在5000~7000厘泊的低黏区，自喷时间短，生产效果较差，油汽比最低。(图8、图9)。

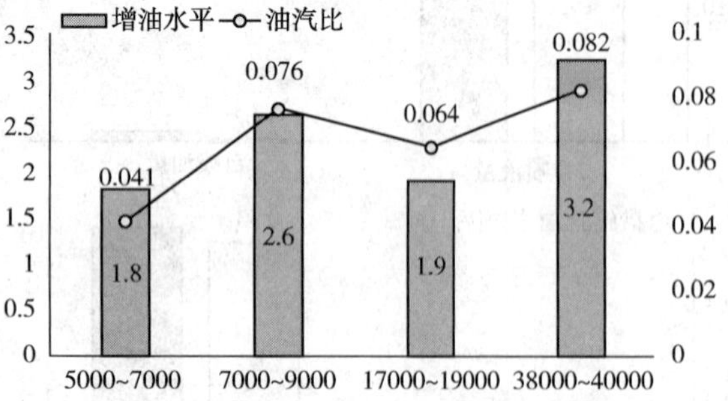

图8　不同原油黏度增油、油汽比提高柱状图

5.4　有效厚度对措施效果的影响

直井随油层厚度增加，措施增油水平提高，油层厚度在10~25m时，增油水平和油汽比最高，生产效果最佳；油层厚度大于15m时，采注比最高，自喷期最长。由于油层厚度过大，蒸汽波及范围有限，油汽比和增油水平稍有下降(图10、图11)。

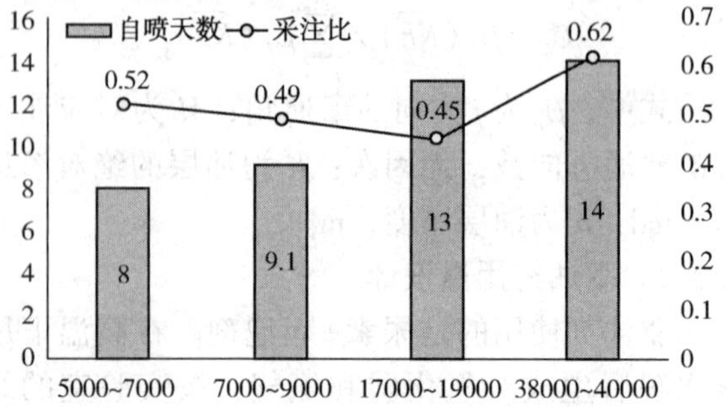

图9　不同原有黏度生产天数、采注比提高柱状图

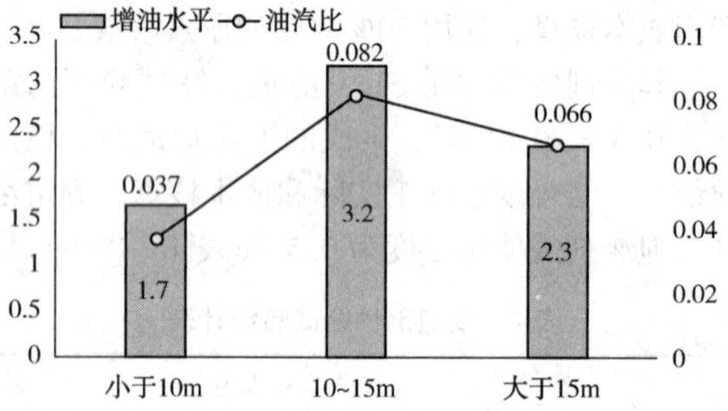

图10　不同油层厚度增油、油汽比提高柱状图

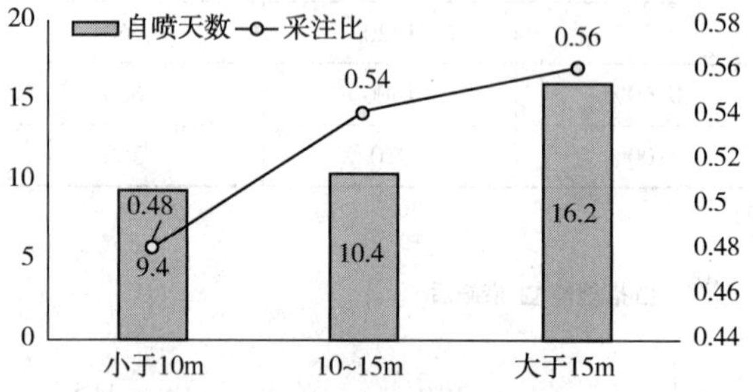

图11　不同油层厚度自喷天数、采注比提高柱状图

6　结论及建议

(1) 高温封窜驱油技术措施平均单井增油351t，单井注汽压力和自喷天数均有提高，说明与室内研究的封堵率及驱油效率等指标匹配度较高，能满足新疆油田浅层超稠油油藏生产现状。

(2) 高温封窜驱油技术对发生汽窜井次较高的油井，适应性较强，增产效果好。

(3) 高温封窜驱油技术对产油黏度超过

10000 厘泊以上的油井适应性更好。

（4）高温封窜驱油技术对油层厚度 10～25 米的井，增产效果好。

（5）现场施工采用脱油污水与浓度 10%有机颗粒和浓度 0.5%有机凝胶的组合，适应性强，施工成本低，环保。

（6）选择性封堵，堵水不堵油，堵高不堵低，有效动用中低渗透层，提高油层剖面动用程度，对地层伤害低。

参考文献

[1] 罗池辉，赵睿，杨智，等．浅层超稠油油藏 FAST-SAGD 提高采收率技术研究［J］．特种油气藏，2017，24(3)：119-122.

[2] 张淑华．高温调剖堵水技术研究及在锦 45 块的应用［A］．锦州采油厂开发论文集［C］．北京：石油工业出版社，2003：228-232.

[3] 蔡德军．锦 91 块蒸汽吞吐汽窜防治技术［A］．锦州采油厂开发论文集［C］．北京：石油工业出版社，2003：233-238.

[4] 刘翔鹗．我国油田堵水调剖技术的发展与思考［J］．石油科技论坛，2004(1)：41-47.

[5] 邹斌，盖平原，宋文方，等．胜利油区蒸汽驱工艺技术现状及攻关方向［J］．油气地质与采收率，2010，17(5)：50-52.

[6] 孙建芳．稠油油藏表面活性剂辅助蒸汽驱适应性评价研究［J］．油田化学，2012，29(1)：60-64.

[7] 黄翔，张凤丽．稠油油藏高温泡沫调剖体系室内实验研究［J］．西南石油大学学报，2007，29(5)：116-118.

[8] 杨艳，王业飞，张鹏，等．选择性封窜剂的作用机理及应用影响因素［J］．油田化学，2012，29(4)：502-506.

[9] 周亚洲，殷代印，张承丽．大庆油区三元复合驱耐碱性调剖剂的研制与段塞组合优化［J］．油气地质与采收率，2014，21(5)：73-76.

一种超稠油直井调剖封窜技术的研究应用

袁　栋　董振杰　黄雁红　张鑫华　高乙栩

(中国石油新疆油田公司风城油田作业区)

摘　要　随着开发年限不断增加，风城超稠油常规开发区进入高轮次开采，目前油井平均轮次已达17.4轮，井间窜扰严重，吞吐轮次锐减，周期产油量下降。通过直井堵水调剖技术，采用凝胶、堵剂复合段塞封堵，改善直井注汽效果，封堵汽窜大通道和高渗层，提高低渗层和未动用层蒸汽注入量，提高蒸汽热能利用率，改善低动用井段动用效果，提高直井采收率。为风城老区超稠油油藏有效开发采油技术提供借鉴。

主要原理是将耐高温凝胶、封口剂注入油层，利用地层选择性和注入压力控制等手段，使堵剂占据地层中的高孔高渗部位。因汽窜通道和高渗透层主要集中在油层上部，第一段塞选择低密度固相颗粒与有机凝胶混配，利用封堵材料优先进入大孔道汽窜通道的特点，优化注入参数确保上部汽窜位置选择性进入和完全充满的要求。实现对上部汽窜层的初步有效封堵。第二段塞优选高强度封口堵剂，一定温度下固化后形成有效封堵，防止药剂返吐，有效延长调剖封窜有效期。通过上述手段，将大幅提高地层均质程度，优化油层物性，为后续注入蒸汽扩大波及范围创造良好的条件。

关键词　风城超稠油；高黏度；供氢催化改质；不可逆降黏

1　引言

稠油具有高黏度、高密度的特点，稠油中主要包含了沥青质成分、含有较多的胶质和自身密度较低，并且其储量也十分丰富，在我国稠油主要分布在准格尔盆地、松辽盆地、渤海湾盆地等地，具有较高的开发价值。风城油田位于准噶尔盆地西北缘，稠油地质储量4.3亿吨，其中探明储量1.98亿吨，主力开发区块重32、重18井区。目前投入开发单元10个，动用地质储量11684.6×10^{4}t，采出程度仅为16%，剩余可采储量1094.7×10^{4}t。面向公司国内外百亿吨稠油储量，瞄准稠油开发“双高”关键问题，探索地下直接实现重质原油轻质化与不可逆降黏方法，实现全过程“能量一次利用和降耗减排”，是“上下游一体化”构想的核心技术，有望从根本上解决高黏原油在开采、集输与炼化等环节能耗、投资与环境问题。

随着开发年限的增加，风城超稠油油藏已进入中后期开发阶段，油藏性质属于储层埋藏浅、孔渗性好、原油黏度高、地层能量低的超稠油油藏。经过多轮次生产后，呈现出生产周期短、油汽比低等特点，严重影响了经济效益。风城油田开展了增产技试验术攻关，现有增产技术存在有效期短、适应范围小等局限性的基础上，开展了超稠油直井调剖封窜技术研究和应用，通过优化工艺参数，提高了稠油开发效果，为风城超稠油稳产提供技术支撑。

2　调剖封窜技术机理研究

2.1　药剂体系研究

凝胶体系：

研制“凝胶+固相颗粒”药剂体系，阻力因子37~46，黏度28000mPa·s，成胶时间20h可调，有效解决了凝胶遇高温蒸汽后封堵效果变差问题，实现了颗粒组合“逐级”封堵汽窜通道，成功率85%以上。

高分子聚合物受温度、复合交联剂的催化作用，发生结构单元间交联反应，生成立体网状空间结构，束缚水分子和微小颗粒，使凝胶自身具备一定的封堵强度和耐温性能(图1)。

通过室内实验可以得知，有机颗粒凝胶封堵率最高可达到95%，对高渗透岩芯有较好封堵效果；有机颗粒凝胶黏度随时间的延长总体趋势是逐渐减弱，不会对地层造成永久伤害(图2、表1)。

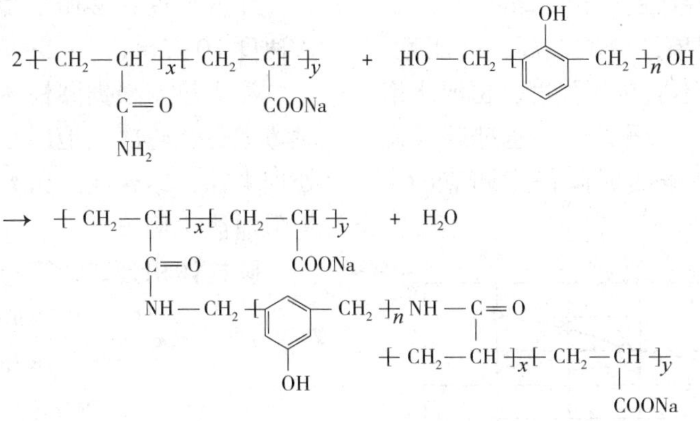

图 1　凝胶分子链反应图

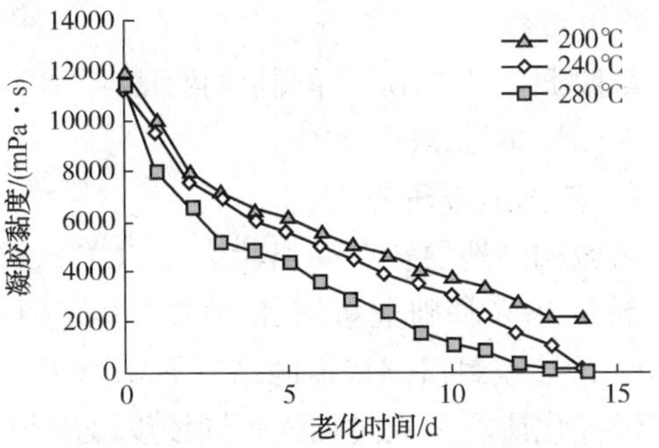

图 2　实验室内凝胶黏度随时间变化情况

表 1　凝胶封堵室内实验

岩心编号	K_1/ $10^{-3}\mu m^2$	K_2/ $10^{-3}\mu m^2$	F_{RR}	E/%
1	5508.6	302	9.2	94.5
2	1223.6	156	8.4	87.3
3	3315.2	253	10.1	92.4
4	8721.7	437	11.8	95.0

封口堵剂：

由多相化学剂组成，耐温 350℃、耐压 15MPa，固化过程存在“活化-水硬-强度增长”三个阶段，可有效降低出水层段的渗透性，防止凝胶体系返吐，最长可持续半年时间(图 3、图 4)。

图 3　凝胶与不同颗粒组合封堵

图 4　封堵剂显微镜下分子强度提升反应图

活化期：一定条件下，颗粒表面产生部分氢氧化钙和硅酸溶胶，溶胶逐渐增加形成网状结构，使浆体失去流动性。

水硬期：水化产物逐渐填充于原充水空间，使网状结构更加致密，具有一定的形状和强度。

强度增长期：凝胶体形成的主要时期，初期强度增加较大，后期水化反应趋向平衡，强度增加放缓，最强可持续至半年。

通过室内实验可得知，封堵剂具备以下性能，流动性：40%浓度下黏度 37mPa·s，流动性能优，泵入性好；分散性：存放24小时未出现分层、沉降及析水现象，分散性高；耐压性：通过调整药剂浓度实现不同抗压强度，恒温水浴20天最高仍达到15MPa；缓凝性：通过调节添加剂可实现不同温度下候凝时间任意调节(1~350h)(图5、图6)。

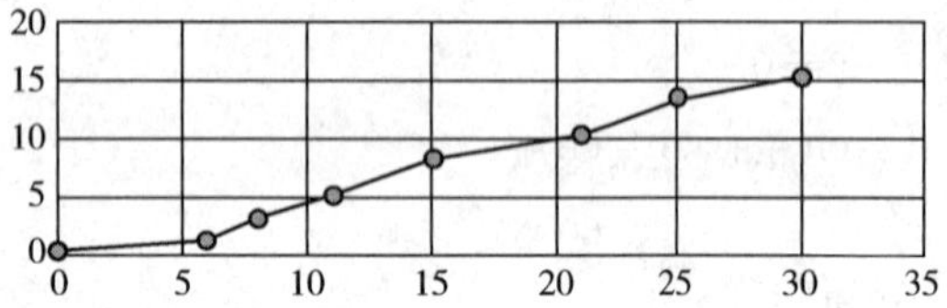

图5　封堵剂浓度与抗压强度的关系

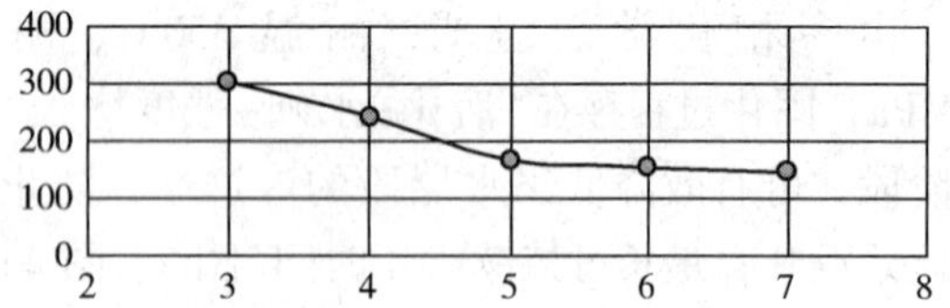

图6　激活剂加入量与候凝时间的关系(20℃)

2.2　工艺技术研究

2.2.1　参数设计研究

注入压力：结合区块地层特性，重18控制在8MPa，重32控制3MPa以下；

注入速度：遵循小排量注入，凝胶调剖剂注入速度10~20m³/h；封口剂控制在15~25m³/h。

注入量：根据圆柱体积法计算堵剂用量，同时考虑吞吐轮次、地层亏空、井距等因素，确定处理半径，结合注汽压力、汽窜通道等参数，确定附加值比例。

圆柱体积公式计算药剂总用量：

$$Q=\pi\times r2\times h\times\varphi\times\eta$$
$$=3.14\times25\times15\times0.3\times0.75$$
$$\approx260m^3$$

其中：Q 为调剖剂用量/m³；h 为调剖层厚度/m；φ 为孔隙度/%；R 为调剖处理半径/m；η 为修正系数。

凝胶调剖剂210m³(配制浓度1%~3%)，封口剂50m³，配制浓度25%)。

2.2.2　药剂适应研究

风城稠油地层长期高温状态(>50℃)，而封口堵剂在30℃基础上每增加10℃，初凝时间缩短50%，导致封口剂快速固结(图7、图8)。

经优化研究，通过加入不同浓度缓凝剂可满足相应地层温度下48h固化时间需求，避免管线堵塞(图9)。

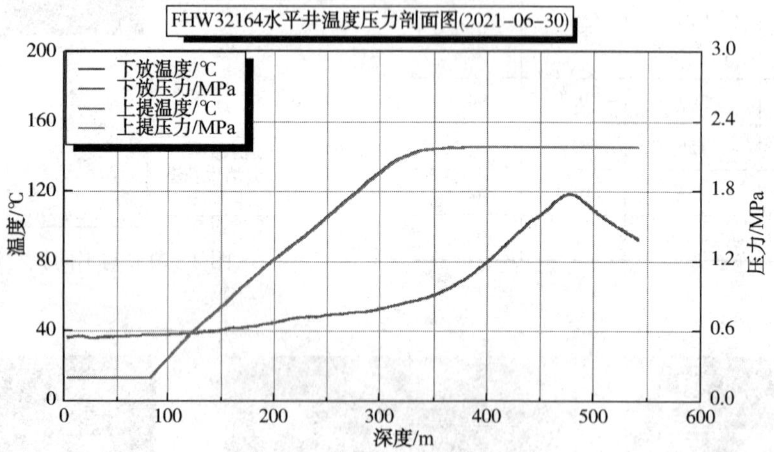

图7　A井轮次末井温测试

2.2.3　工艺适应研究

建立"关联测试+整体调剖+集中注汽"政策，有效针对调剖措施后邻井返吐，导致故障率高、调剖效果差，保证区块措施效果。

关联测试：通过查询地质台账或工程方法(注水观察邻井压力)，判断地层连通情况，为下步工艺提供依据；

调剖作业：根据注入过程中压力、注入量等参数，控制调剖剂锥进，提高封口堵剂侯凝强度；

顶替段塞；调剖剂挤入地层后，防止在油井管柱内固结，保证近井地带渗透率；

集中实施：通过关联测试结果，对周围井可实行整体调剖、集中注汽侯凝，避免邻井返吐，提高蒸汽热利用率。

3　现场应用效果分析

截止 2021 年 12 月，现场累计实施 17 井次，目前已开井生产 9 井次，阶段增油 452 吨，预计当年增油 0.44 万吨；措施井含水率由 94.31%降至 87.24%；减少汽窜通道 4 井次，改变汽窜通道 2 井次，油汽比较上轮提高 0.003。措施井实施后首轮井口压力稳定，封堵调剖效果明显(表 2、表 3)。

图 8　现场管柱药剂凝固

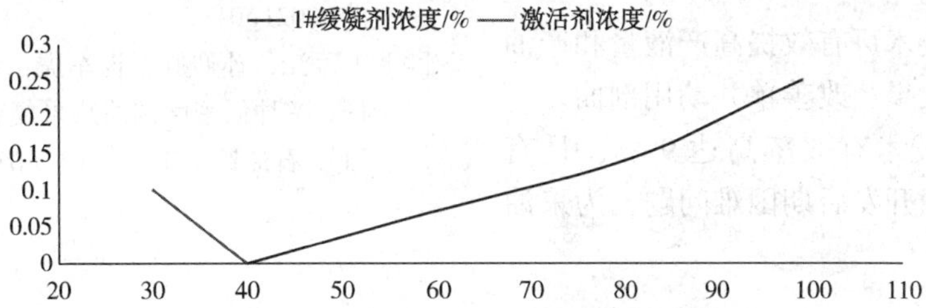

图 9　48h 初凝所需添加剂浓度与地层温度关系曲线

表 2　措施实施井生产效果统计表

序号	井号	施工日期	措施前			措施后			汽窜情况
			日产液/(t/d)	日产油/(t/d)	含水/%	日产液/(t/d)	日产油/(t/d)	含水/%	
1	F1 井	202108	9.93	0.78	94.37	17.03	4.57	63.87	改变汽窜方向 1 井次
2	F2 井	202109	13.75	0.46	97.05	19.13	0.50	97.4	1 井次未发生汽窜
3	F3 井	202109	5.29	0.12	97.52	23.09	6.06	73.25	/
4	F4 井	202109	6.35	0.28	96.65	8.36	0.29	96.73	/
5	F5 井	202109	9.19	0.43	94.41	19.35	2.93	87	改变汽窜方向 1 井次
6	F6 井	202109	9.10	0.32	96.34	32.8	3.28	90	/
7	F7 井	202109	18.39	1.13	95.47	25.97	2.36	91.37	未发现汽窜干扰
8	F8 井	202109	16.18	0.94	94.25	17.19	1.10	95.54	1 井次汽窜干扰
9	F9 井	202109	14.71	2.80	82.74	18.08	1.81	90	汽窜方向减少 1 个
总计/平均			11.42	0.81	94.31	20.11	2.54	87.24	

表 3　措施井注汽参数统计表

井号	轮次	累注汽量/t	注汽速度/(t/d)	注汽压力/MPa	注汽温度/℃
措施前	18	1804	110	9.1	232
措施轮	19	1493	106	9.5	225

直井调剖封窜技术的成功应用，可有效减少汽窜井影响，大幅降低员工劳动强度，整体提高稠油吞吐区蒸汽热能利用率，不仅经济效益潜力巨大，且对于终极“双碳”目标意义深远；为油田采收率的提高提供了有效途径，为整装超稠油油藏高效、绿色开发奠定了基础(表 4)。

表4　直井调剖封窜效益统计表

项目	稠油	产生效益/万元		投入费用/万元	经济效益/万元
		阶段	全周期预计		
增产原油效益	1122元/吨	50.71	1689.96	699.72	1119.84
节约蒸汽利用	53.58元/吨	10.72	129.6		
合计		61.43	1819.56		

4　结论与建议

(1)“凝胶+堵剂”双重封堵技术可有效封堵大孔隙汽窜通道，减少井间汽窜，提高单井注汽压力。

(2) 调剖封窜技术可有效提高产液量和产油量，提升单井生产效果，改善单井动用剖面。

(3) 调剖封窜技术有效率高达99%，且有效期较长，改善稠油开发后期困难问题，为采油开发提供新思路。

参考文献

[1] 刘江玲．蒸汽吞吐超稠油复合段塞调剖封窜技术[J]．中国石油石化，2017(02).

[2] 宋向华，蒲春生，肖曾利，时宇．稠油热/化学采油技术概述[J]．特种油气藏．2004(01)

[3] 舒展，裴海华，张贵才，曹旭，葛际江，蒋平．有机颗粒高温封堵体系的研制与性能评价[J]．油田化学．2021(01).

[4] 王孟江，孙迎胜，杨军虎，常国栋，燕收广，李新丹．一种低密度稠油热采复合封窜剂的研制与应用[J]．石油钻采工艺．2017(03).

碳酰胺辅助 SAGD 技术在风城超稠油 SAGD 开发区的应用

康承满　王美成　刘凤江　禄红新　万宏宾

（中国石油新疆油田公司风城油田作业区）

摘　要　风城油田 SAGD 开发区Ⅲ类油藏储层物性与Ⅱ类油藏相比较差，其孔隙度、渗透率、含油饱和度低，黏度高，储层非均质性较强，导致蒸汽腔发育和水平段动用程度不均，开发效果相对较差。为实现Ⅲ类油藏 SAGD 技术的高效开发，前期试验了复合吞吐，氮气辅助等增产技术，虽然取得了一定效果，但仍然需探索其他增产手段。

根据国内外文献调研及前期同类油藏不同开发方式油井应用结果发现，利用碳酰胺溶液热裂解产生的气体与蒸汽协同作用，可以降低蒸汽在高渗地层的窜流，起到蒸汽转向、扩大蒸汽波及体积的作用，改善油藏开发效果。2020 年在风城油田Ⅲ类油藏开展了 2 井组碳酰胺辅助 SAGD 技术现场试验，开展了油藏适用性，溶液配比，注入量，注入方式等一系列参数的研究。对比措施前，单井组产油水平提高 11%，该技术的成功试验为同类油藏 SAGD 技术高效开发和稳产增产提供了一项技术手段。

关键词　SAGD；碳酰胺辅助；Ⅲ类油藏

1　前言

双水平井 SAGD 采油技术已成为风城超稠油的主力开采技术，建产规模逐步扩大，新建产油藏类型主要为Ⅲ类油藏，储层物性差于Ⅱ类油藏，目前井组数已占到 SAGD 开发总井数的 43%，存在着井组动用程度低、蒸汽腔发育差，开发效果远低于Ⅱ类油藏的问题，对比同期投产的Ⅱ类油藏，Ⅲ类油藏 SAGD 井组水平段动用程度下降 22%，蒸汽腔扩展速度下降 20%，日产油量下降 1. 6t/d，采油速度、油汽比均相对较低。碳酰胺辅助蒸汽热采是在注蒸汽之前往地层中注入碳酰胺溶液，其在一定温度下热裂解生成非凝析气体 CO_2 和 NH_3，两者与蒸汽共同作用，具有乳化降黏改善流动能力、降低残余油饱和度提高驱油效率、改善水敏、提高渗透率等作用，前期已在风城油田蒸汽吞吐油井进行了应用，平均单井增油达到 568t。

2　试验井组筛选标准

孔隙度、渗透率、含油饱和度、原油黏度及油层厚度是决定油藏开发效果的主要因素，采用单一变量法进行数值模拟研究，井组水平段长设置为 400m、井距为 70m，采用正交试验法分别在不同油层厚度、渗透率、含油饱和度、原油黏度的条件下进行模拟。当油层厚度>13m，渗透率>700mD，含油饱和度>50%，采出程度和油汽比增加幅度变缓，同时，随着原油黏度增加，采出程度和油汽比呈快速下降趋势。根据模拟结果，最终确定试验井组的油层厚度>15m，渗透率>700mD，地面脱气原油黏度<20×10^4mPa·s，含油饱和度>60%，采出程度>10%。

根据 SAGD 井组生产特点、工艺条件及井身结构，水平段动用程度高时，注入的溶液会以整体均衡的状态进入水平段中，分解后生成的 CO_2 和 NH_3 也会均匀分布，其中 CO_2 会分布在蒸汽腔的边缘，NH_3 分布在井筒中的束缚水中。生产水平井的温度监测可以确定水平段动用情况，但受井轨迹波动和储层非均质性影响，水平段可能出现局部汽窜点，为避免碳酰胺未充分分解并在汽窜点过度采出，要求注入与采出井井间均匀连通。为了保障现场试验的顺利开展，结合井身结构、盖层封闭性、注采系统完好性，选择处于稳定重力泄油阶段且水平段动用程度>70%，采出程度>10%，无汽窜点的井组，结合模拟结果，最终选择 Z45 井区 2 井组进行试验，井组储层参数见表 1。

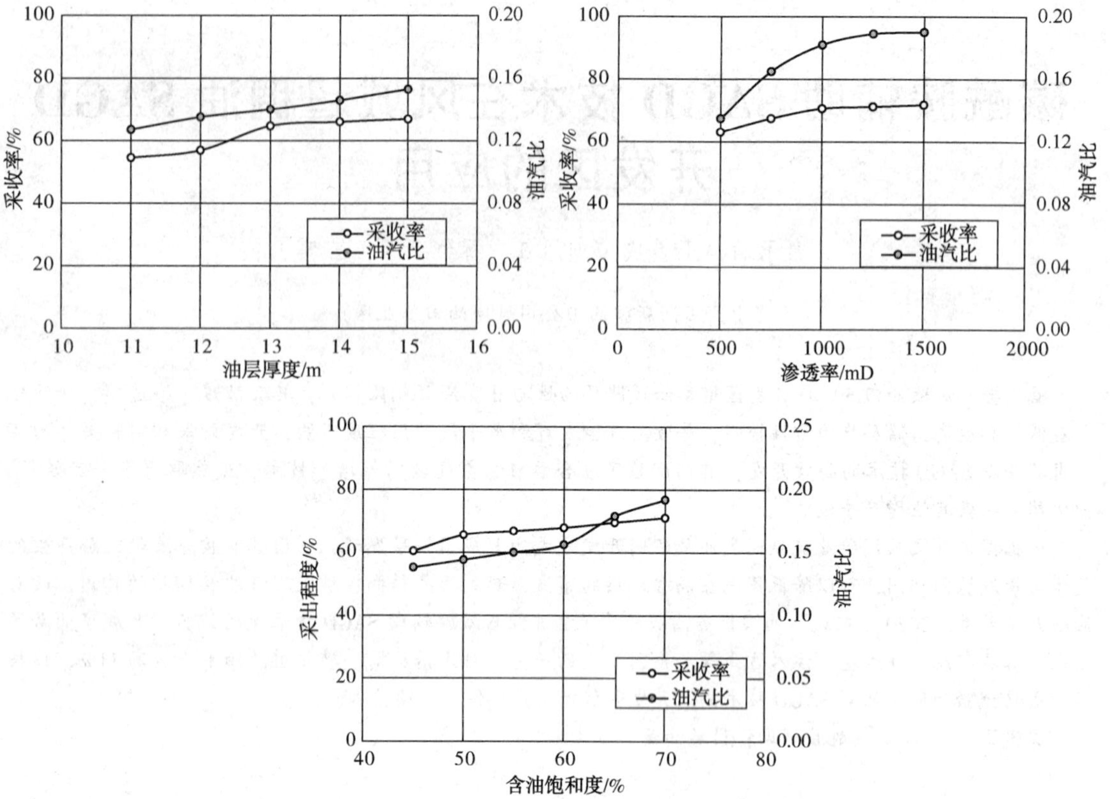

图1　不同厚度、渗透率、含油饱和度 SAGD 开发效果对比

表1　Z45 井区齐古组 J_3q_3 层储层参数

区域	层位	油藏顶深/m	油层厚度/m	油藏压力/MPa	孔隙度/%	水平渗透率/mD	50℃脱气原油黏度/(10^4mPa·s)	含油饱和度/%	原油密度/(g/cm^3)
Z45井区	J_3q_3	440~495	17.2~31.3	4.4	23.3~35.1	1000	9~44.8	61.1	0.976

3　注入参数

3.1　碳酰胺量

模拟结果显示，与仅注蒸汽相比，实施碳酰胺辅助后生产效果显著改善，但随着碳酰胺浓度增加，增油量与碳酰胺的比值呈先增后降趋势。当碳酰胺与蒸汽注入质量比为 1：100 时，经济效益最好，而日产油和油汽比随着注入浓度的增加而增加。为避免碳酰胺溶液浓度过高不能完全分解，在一定条件下堵塞储层孔隙和生产管柱，结合施工工艺难点，采用小段塞注入，适当增大注入浓度，实际注入时碳酰胺与蒸汽量调整为 3：100。而试验井组蒸汽腔目前处于横向扩展阶段，注汽速度过小则会导致日产油量和油汽比降低，但随注汽速度增加，油汽比先增后减，因此，综合确定现场蒸汽注入量为 100t/d。

3.2　注入方式

综合考虑定期段塞注入与蒸汽伴注的作业难度，结合模拟结果及油井井身结构，现场实施时采用长管注入，以 14 天为一个周期，每日注入 3t 碳酰胺配制的溶液段塞，并按 0.5%的比例加入高温发泡剂以降低溶液的表面张力，促进溶液的分解反应。根据碳酰胺分解的性质，采用 80℃左右的油田脱油热污水作为溶剂，并按溶质与溶剂质量比 1：3 配比，提高溶液浓度的同时降低结晶堵塞生产管柱和储层孔隙的风险（表 2）。

表 2　不同温度下碳酰胺溶解度表

温度/℃	30	40	45	50	60	70
溶解量/g	117	153	180	210	237	250

3.3　反应时间

根据 $CO(NH_2)_2+H_2O \rightarrow CO_2+2NH_3$ 分解反应原理，利用状态方程计算碳酰胺溶液的浓度随时间的变化及其分解速率，发现浓度对分解速率没有明显影响，但随温度升高，分解速率增大。SAGD 注汽井正常井筒温度约 260℃，实验测定溶质与溶剂质量比为 1∶3 时分解完毕的反应时间<30min，为保证碳酰胺充分分解，溶液注入完毕后焖井 30min 再恢复注汽，利用后续蒸汽段塞将分解后的气体顶替到汽腔深部。为避免分解的气体自生产井采出，在注汽井注入碳酰胺溶液时至恢复注蒸汽的 1h 内，生产井停止采出。

3.4　注采参数

按小段塞连续注入 14 天后以 SAGD 方式生产 28 天后再进行第二次注入，根据区块生产调控经验，生产时井组注汽量控制在 100t/d，采注比>1.2，Sub-cool 控制在 10~20℃。

4　应用效果

2 井组第一次注入结束后，对比措施前 1 井组注汽水平上升 29.2t/d，产油水平上升 3.5t/d，油汽比达到 0.164，效果较好，另 1 井组措施后注汽系统工况变差，蒸汽质量下降，注汽量未能达到设计水平，效果较差。初次现场试验应用规模有限，但油汽比相比仅注蒸汽时提高了 0.064，表明碳酰胺辅助 SAGD 能够提高采油速度，同时，碳酰胺原料价低易得，施工作业简便，投入产出比较高，建议推广应用。

参　考　文　献

[1] 林伯韬，刘星，陈森，等．新疆风城油田重 18 井区稠油储集层非均质性定量评价[J]．新疆石油地质，2017，38(05)：575-579.

[2] 张洪源，李婷，解阳波，等．夹层对蒸汽辅助重力泄油的影响[J]．特种油气藏，2017，24(05)：120-125.

[3] 王倩，高祥录，罗池辉，等．超稠油Ⅲ类油藏夹层发育模式及 SAGD 提高采收率技术[J]．特种油气藏，2020，27(04)：105-112.

[4] 王诗．氮气辅助 SAGD 在曙一区超稠油油藏的应用[J]．中国石油和化工标准与质量，2017，37(13)：102-103.

[5] 刘梦．曙一区杜 84 块超稠油油藏增产技术对策研究[D]．大庆：东北石油大学，2015.

[6] 刘勇．蒸汽辅助重力泄油技术提高超稠油采收率研究[D]．大庆石油学院，2008.

[7] 程中疆．浅薄层稠油油藏多介质开发技术研究[A]．西安石油大学、成都理工大学、陕西省石油学会．2020 油气田勘探与开发国际会议论文集[C]．西安石油大学、成都理工大学、陕西省石油学会：西安石油大学，2020：10.

[8] 李文会，刘鹏程，沈德煌，钱宏图．稠油油藏尿素泡沫蒸汽驱油藏适应性试验[J]．中国科技论文，2015，10(11)：1273-1277.

[9] 牛保伦，林伟民，邓瑞健，等．稠油油藏尿素辅助蒸汽驱特征研究[J]．特种油气藏，2014，21(03)：83-86+154-155.

[10] 霍进，吕柏林，杨兆臣，等．稠油油藏多元介质复合蒸汽吞吐驱油机理研究[J]．特种油气藏，2020，27(02)：93-97.

[11] 罗健，李秀峦，王红庄，刘昊．溶剂辅助蒸汽重力泄油技术研究综述[J]．石油钻采工艺，2014，36(03)：106-110.

[12] 侯健，高达，孙建芳，等．稠油油藏不同热采开发方式经济技术界限[J]．中国石油大学学报(自然科学版)，2009，33(06)：66-70+86.

[13] HuaDaode，Liu Pengcheng，Liu Peng，Xi Changfeng，Zhang Shengfei，Liu Pan. Experimental study and numerical simulation of urea - assisted SAGD in developing exra-heavy oil reservoirs[J]. Journal of Petroleum Science and Engineering，2021，201.

SAGD井口密封装置研发与应用

刘凤江　杨树波　王美成　康承满　徐卫芳

(中国石油新疆油田公司风城油田作业区)

摘　要　SAGD采油技术即蒸汽辅助重力泄油技术，新疆油田公司成功试验至规模生产已达十年之久，随着油井生产时间延长，井口密封装置导致修井频发，严重影响油井生产时率，同时多项井口密封实验效果不佳，SAGD井口密封仍需探索。通过开展技术创新及新工艺探索，研制和实验新型井口密封装置，延长盘根更换周期，规避填料炭化的副作用；基于防喷技术原理的光杆带压更换技术，解决带压更换光杆难题；优选合金光杆，增强光杆抗腐蚀性和耐磨性，提高机抽时率，降低修井作业成本，形成一套适合风城SAGD井口配套工艺，为规模开发提供技术保障。

关键词　SAGD　井口密封；带压作业；安全

SAGD技术在国际上是超稠油开发的一项成熟技术，最终采收率可达50%~70%，是目前超稠油开发的有效手段，其特点是注汽井连续注入，生产井连续采出，存在高温、高压特性。SAGD采油技术在新疆油田公司成功试验至规模生产已达十年之久，蒸汽腔逐步扩展融合，井控对井口密封提出了新挑战。由于SAGD采出液高温高压特性，导致频繁停井更换盘根，近三年平均盘根更换周期13.6d/次，对成本控制和现场管理提出了新挑战。注脂更换盘根后，密封胶随采出液进入管线易堵塞可调油嘴，进入井内高温碳化结块导致泵卡检泵，严重影响油井生产时率。前期开展了一系列工艺试验，在井口密封设备长期高温、高压服役过程中缺陷开始显现，均存在密封不耐温、工艺结构适应性不强等问题导致试验不理想，SAGD井口密封仍需探索。

因此，为了满足现场安全、高效生产需求，解决SAGD井口密封难题，本文通过开展井口静密封新工艺以及带压换光杆技术探索，实现经济高效开发，推进企业改革，降低SAGD井控风险，形成了风城超稠油双水平井SAGD井口密封技术，为SAGD整体开发技术的完善提供强有力支撑。

1　适用于SAGD开发的新型井口密封技术

1.1　机械转轴密封技术

以替代注胶为手段的静密封技术，设备由盘根压体、密封仓、转抽阀、应急阀等组成，含动态密封、转抽阀静态密封和应急阀静态密封三级密封结构。

设备密封原理为上级动态密封，密封仓体与光杆环形空间，旋转盘根压体的手柄可压实密封空间内的填料，提供光杆动态密封；中间和下级为静态密封，更换上级密封填料或应急更换中间级密封填料时，通过旋转转抽阀或应急阀手柄可带动内部的齿轮结构压实密封空间内的填料，提供静态密封。级密封填料为塔式氟橡胶盘根(最高耐温337℃)，中下级密封填料为改良氟橡胶盘根(最高耐温290℃，工作温度258℃)。

上级密封仓压盖安装有弹簧和轴承，弹簧实现一次紧固压盖后，弹簧压紧力持续回弹，起到长时间压紧盘根作用，实现长时间密封；轴承安装在压盖与盘根接触位置，紧压盖时避免压盖与盘根之间的摩擦力造成盘根破损；光杆密封不严时，停抽油机，压紧中间级密封仓的盘根实现光杆静密封，更换上级密封仓盘根即可，特殊情况中间密封仓盘根密封失效时，压紧下级密封仓的盘根更换上级密封盘根填料，更换中间密封仓盘根及上级密封仓盘根。更换盘根操作无需注胶，单次更换盘根时间由原来的2小时缩短为10min，大幅减少运行费用，提高管理效率(图1)。

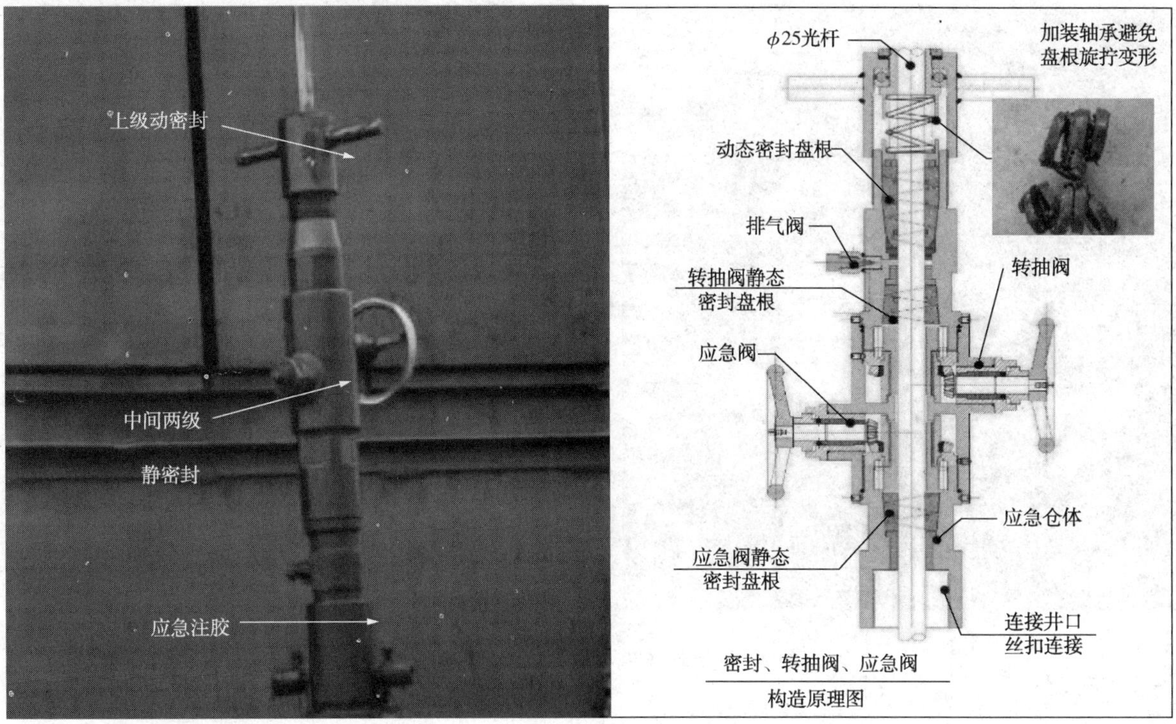

图 1 转轴密封防喷盘根盒实物图和示意图

1.2 气囊式多级密封技术

集成防腐、防喷、防偏磨一体的多级密封技术，设备由高压密封凡尔座调偏器、封井器、防喷器、保护密封器、气动密封器、四级密封、五大部分组成。

高压密封凡尔座连接在调偏器底部，安装时无需调整，装置自动与光杆同轴，运动灵活，同心后拧紧压冒即可，随光杆摆动解决了偏磨现象，延长盘根和光杆使用寿命。封井器内 V 型盘根由石墨、碳纤维、佛橡胶等混合组成，极大地延长了盘根使用寿命，正常生产时封井器是不密封状态，气密封盘根损耗殆尽预发生泄漏需更换时，可作为封井器拧紧压盖后起到密封作用来更换气密封盘根，更换盘根后松开封井器压盖可正常起抽。防喷器在光杆断掉时，液体和气体会把防喷球向上顶入光杆脱离处，自动封闭光杆通道防止油气喷射；球舱内储存满黄油润滑光杆，减小摩擦。气动密封是在储气舱内安装充气盘根，充气后盘根实时抱紧光杆，当盘根与光杆有磨损时它会自动补充损耗部分，达到无缝隙、无死角、无泄漏。极大地延长了盘根的使用寿命，盘根对光杆表面采用柔性压力密封。保护密封器：当高温高压吞吐注气时起到密封作用，内装有压力轴承挤压盘根可以轻松自如调整盘根松紧度，盘根由石墨、碳纤维、佛橡胶等混合组成。正常生产时它与光杆微结合密封，特别针对稠油热采、高含蜡抽油机井起到刮油作用，当气动密封遭人为破坏或突然爆裂，密封自动启动来保护井口无泄漏保证抽油机正常安全生产(图 2)。

1.3 基于腐蚀机理研究的光杆加工工艺优化技术

确立了“三次冷拔减径+改性加工+镀层工艺优选”加工工艺，提高了光杆硬度、光洁度、耐腐蚀性能，开展氢致开裂(HIC)试验保障光杆质量。

采用电镀光杆加工工艺，加工镀铬合金光杆。在同等条件下，合金 Cr 原子在超强 00Cr 材料中扩散速度，要比在普通材料奥氏体材料中快几十倍，被介质腐蚀时，表面形成一层富 Cr 的钝化膜，有效防止晶间腐蚀，点腐蚀等现象；合金光杆年化腐蚀率平均 0.003mm/a，腐蚀速率远小于行业标准的 0.076mm/a(图 3、图 4)。

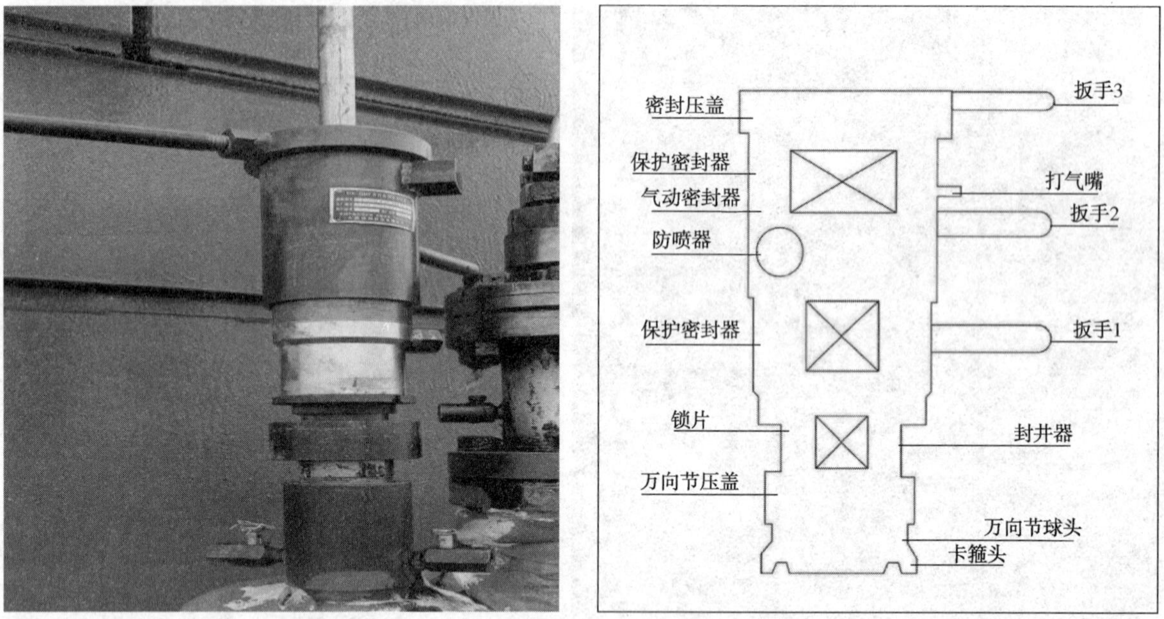

图 2　气囊式多级密封实物图和示意图

K^++Na^+	Ca^{2+}	Mg^{2+}	Cl^-	SO_4^{2-}	HCO_3^-	矿化度	备注
2,039	13,988	9,438	54,652	412	808	81,337	模拟井况水

钢片型号	腐蚀前质量/g	去膜后质量/g	去膜后总质量损失/g	年化腐蚀率mm/a
00Cr RZ-9Cr	10.6068	10.6061	0.0007	0.003399263
00Cr RZ-13Cr	10.6388	10.6382	0.0006	0.002913654
35CrMoA	17.6158	17.3884	0.2274	0.9049

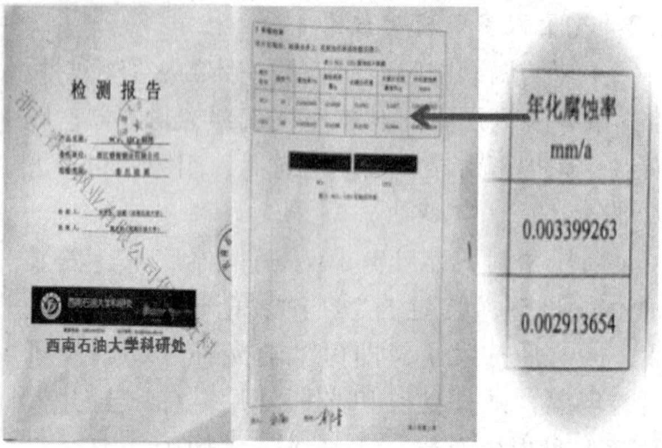

图 3　合金 00Cr 耐腐蚀性能测试情况

图 4　镀铬与不镀铬自然条件下腐蚀情况对比图

2　适用于 SAGD 开发的光杆带压更换技术

风城 SAGD 已开发 10 年以上，部分井组蒸汽腔已扩展融合，井组长期注汽后地层积累了较高的能量和温度，对井下作业时压力和温度控制提出了挑战。传统井下作业的做法是油井停汽后长时间的排液将蒸汽腔压力和温度降至压井液能够平衡与耐受的范围内。随着投产规模扩大、生产时间延长，各类井下工况问题逐年增加，但井下作业难度与占产时间增速更快，年平均排液修井占产天数由 27 天增加至 43 天，个别井组超

150 天仍不具备上修条件，严重制约油井正常生产时率和开发效益。基于防喷技术原理，形成带压更换光杆技术-抽油杆防喷器，实现带压更换光杆。

该装置集成了换光杆、盘根、井控应急功能，采用带压开孔技术解决了闸板承载高温难题；采用油井防喷器技术、防喷管作业技术，结合闸板与闸阀三次密封切换，保证更换光杆作业中静密封和动密封的需求，实现带压更换光杆作业(图 5)。

项目	闸板防喷器
型号	SFZ7.6-14
光杆动密封	闸阀密封+盘根盒
光杆静密封	闸板胶芯密封
上部联结形势	3 1/2 TBG
下部联结形势	3 1/2 TBG
高度(mm)	600
通径	ϕ76mm
静水压试验压力	21MPa
额定工作压力	1 4MPa
其他	抗硫化氢应力腐蚀

图 5　SFZ7. 6-14 防喷密封装置工艺及参数

3　应用情况

为了验证 SAGD 井口密封适应性，进行了现场应用试验。试验效果如下：

3.1　井口密封应用效果

开展机械、气囊密封装置累计试验 7 口，单次更换盘根时间由 45 分钟缩短至 10~15min，作业占产时间缩短 60%，效果显著(表 1)。

表 1　机械、气囊静密封装置试验情况统计表

盘根盒	井号	时间	效果
机械转抽静密封装置	FHW3017	2021 年 5 月 11 日	(1) 成功更换盘根 6 次； (2) 替代原注脂工艺，作业时间缩短 60%； (3) 节省注胶材料费用； (4) 配合使用合金光杆，盘根更换周期由 16 天延长至 140 天
	FHW3007	2021 年 10 月 16 日	
	FHW3124	2020 年 6 月 9 日	
	FHW3094	2020 年 6 月 24 日	
气囊式多级密封装置	FHW310	2021 年 5 月 20 日	
	FHW336	2021 年 5 月 24 日	
	FHW334U	2021 年 5 月 25 日	

合金防腐光杆累计更换 89 井次，原光杆腐蚀平均时间 90~180 天，更换后至今未发生腐蚀缩径现象，平均更换盘根周期由 16 天延长至 45 天(图 6、图 7)。

3.2　抽油杆防喷器应用效果

针对 SAGD 井更换光杆高成本、风险大难题，开展新型热采井口密封装置试验 7 口，成功实现了带压更换光杆、盘根盒，缩短作业时间、降低成本 90%以上(表 2)。

图6　FHW3015更换前、后使用160天对比情况

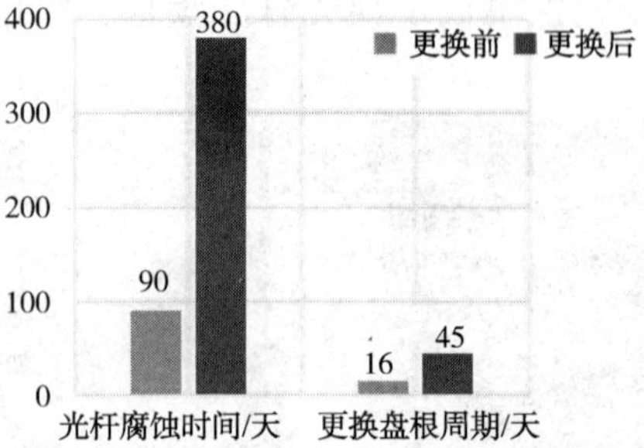

图7　光杆使用效果统计图

表2　抽油杆防喷器安装效果评价

序号	井号	安装时间	运行跟踪	效果评价
1	FHW3075	2020年11月3日	实施安装7井次，带压作业2井次，完成更换光杆作业	(1)大幅提高油井生产时率，作业时间由72h以上缩短至4h，降幅94%；(2)大幅降低油井作业成本，作业费用由13万元/井次降低至1万元/井次，降幅92%；(3)相对冷冻作业完全避免了井筒污染
2	FHW111P	2021年4月14日		
3	FHW307P	2021年4月19日		
4	FHW336UP	2021年4月23日		
5	FHW3017P	2021年5月11日		
6	FHW3007P	2021年10月16日		
7	FHW335P	2021年2月6日		

4　结论

（1）转轴密封与气囊多级密封装置试验，以及配合合金光杆组成的新型井口密封工艺，优化盘根了更换模式，单次更换盘根时间缩短至10~15min，大幅降低员工劳动强度；

（2）抽油杆防喷器成功实现带压更换光杆，大幅节约更换光杆费用；

（3）通过创新组合研究，从井控安全、环保、经济开发、企业改革角度解决了长久以来一系列井口密封难题，形成了SAGD配套井口工艺技术，为油田高效经济开发提供了支撑，可为高温、高压井口密封工艺提供借鉴。

参　考　文　献

[1] 李凤英．井口密封装置[J]．油气田地面工程，2010，(08)．

[2] 裴峻峰，张桂鑫，殷舜时，邓学风．井口装置材料抗应力腐蚀的可靠性评价[J]．石油工业技术监督，2008，(12)．

[3] 冯斌，林燕．带压作业技术的理论研究及现场应用[J]．中国石油和化工标准与质量，2012，(06)．

风城超稠油污油分类处理技术研究及应用

邱江源　马大文　吴迪华　阿丽娜·阿尔斯朗

（中国石油新疆油田公司）

摘　要　风城超稠油属浅层超稠油油藏，油藏胶结疏松，黏土含量高，井底出砂量大。原油中携带的黏土矿物、粉砂等固体杂质具有明显的表面活性，能够在沉降罐的油水过渡带富集乳化，直接影响含水原油的脱水效果，从而导致污油的产生。风城稠油处理站自投产以来，就面临污油产生量大、油田来液性质差、含沙量大且不稳定等诸多困难。经过充分的理论分析现场试验验证证明，“热化学高温密闭+预处理除泥”组合工艺技术能够使污油处理效率提高50%以上，处理后污油直接达到原油交接指标要求，极大缓解了生产运行压力，具有较好的推广应用价值。

关键词　超稠油；污油；分类处理；高温密闭；预处理除泥

风城稠油联合处理站系统污油来源主要有SAGD循环液处理单元、除油罐、调储罐浮渣等，不同生产单元产生的污油物性存在较大差异。受现场处理工艺制约，各节点污油掺混后利用大罐热化学沉降处理、工艺单一，外加部分高含固污油无有效处理手段、长期系统内部循环处理占用4座净化油罐，在高浓度酸性破乳剂及95℃、20%掺柴比的工况条件下，达标处理(原油含水<1.5%)需沉降约100h以上，污油处理周期长、效率低，影响系统平稳运行。

统计近3年稠油联合处理站污油处理破乳剂用量，呈逐年上升趋势，且老化油的处理效率低，污油处理工艺技术提升、降低污油处理单耗工作迫在眉睫。

1　污油物性分析

风城稠油联合处理站系统产生污油主要有两个工艺单元：一是SAGD循环液处理单元，因SAGD开发初期产生循环液以水为连续相，投加净水药剂体系，产生的污油具有高黏、高聚合物特点；通过色谱分离法，确定污油中胶质含量为沥青质的两倍，其中活性组分占到了1/3，具有较强的乳化能力、稳定性强，常温下黏度高达33000mPa/s以上；在2000r/min、90℃的条件下离心10min，油水界面处富集大量灰色中间层，进一步验证SAGD循环液处理单元污油乳化程度高、黏性强。二是系统原油储罐底部泥砂等长期循环产生的污油，泥砂固体颗粒累积、乳化严重，固相杂质含量占比达到2%～20%，活性物质占比30%以上，具有分散相强、粒径小、表面吸附能力强等特性。

2　污油处理室内评价试验

2.1　SAGD循环液处理单元污油处理评价试验

（1）试验准备：耐压密闭钢瓶、恒温烘箱（最高温度200℃）、恒温水浴锅。

（2）试验步骤：①将恒温烘箱开至140℃恒温；②将SAGD循环液处理单元污油油样分出游离水后放置于90℃恒温水浴锅中，预热15min后摇匀，倒入密闭钢瓶中(不超过钢瓶体积的三分之二)；③加入不同浓度破乳剂后混合均匀，加药量分别为300mg/L、500mg/L、700mg/L、1000mg/L，一组掺柴油比例10%，一组不掺柴油；④将密闭钢瓶密封，并补充0.2MPa的氮气(N_2)，以保证原油不沸腾；⑤将密闭钢瓶放置于恒温烘箱中，30min后开始计时，在沉降时间4h和8h后取中上层原油测定含水，见图1、表1。

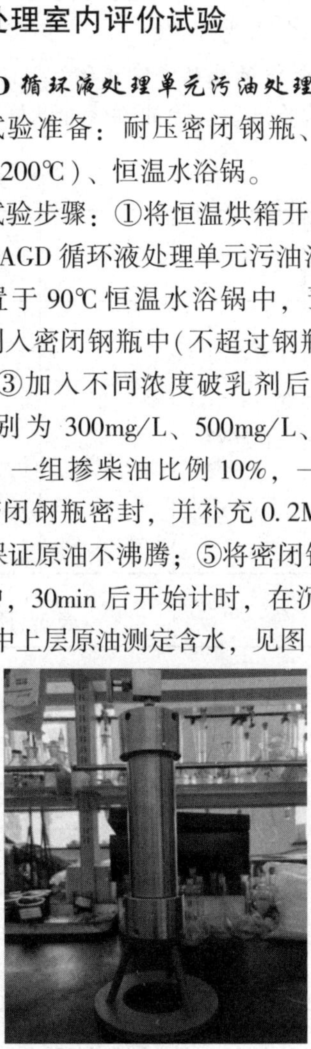

图1

表1

油样	掺柴比例/%	破乳剂	加药量/(mg/L)	沉降4h后中上层原油含水/%	沉降8h后中上层原油含水/%
6000m³油样	0	SB-1	300	13.8	10.5
			500	11.5	8.8
			700	10.2	8.3
			1000	8.6	6.8
	10		300	13.0	8.7
			500	10.2	7.5
			700	8.3	6.6
			1000	5.8	3.5

(3) 试验结论：在140℃下，SAGD循环液处理单元污油油样加入1000mg/L耐温破乳剂后沉降8h后中上层原油含水为6.8%；在140℃下，SAGD循环液处理单元污油油样掺柴10%后，再加入1000mg/L耐温破乳剂后沉降8h后中上层原油含水为3.5%。

2.2 除油罐污油处理评价试验

(1) 试验准备：除油罐污油油样、除泥预处理药剂、污油破乳剂、恒温水浴锅。

(2) 试验步骤：通过除泥预处理药剂、污油破乳剂的不同浓度组合，在95℃恒温水浴中进行“常规热化学脱水”与“预处理除泥+破乳”药剂体系的脱水试验对比，见表2、表3。

表2　除油罐污油常规热脱水试验

序号	药剂	掺柴量/%	脱水温度/℃	加药量/(mg/L)	原油含水/%			
					48h上层	48h中层	72h上层	72h中层
1	KL-WY	5	95	800	11.28	42.57	4.83	21.52
2				1000	8.73	36.96	3.57	19.87
3				1200	6.24	32.51	3.39	15.65
4				1500	4.58	28.63	3.13	13.76
5				2000	4.24	21.72	3.02	10.50
6				空白	23.5	45.81	19.2	35.70

表3　除油罐污油“预处理除泥+破乳”脱水试验

掺柴量/%	温度/℃	破乳剂/(mg/L)	除泥剂/(mg/L)	沉降20h后中上层原油含水/%	沉降44h后中上层原油含水/%
5%	95	1000	1000	43.0	18.5
		1000	2000	33.0	15.7
		1000	3000	21.0	9.5
		2000	1000	22.0	8.6
		2000	2000	19.0	7.3
		2000	3000	8.0	2.0

(3) 试验结论：除油罐中污油含泥量较高，是脱水难度增加的主要原因，采用“预处理除泥

剂+破乳”的药剂体系可有效提高脱水效率。

3 “热化学高温密闭脱水”技术及工艺参数的确定

针对SAGD循环液处理单元污油特性，影响其脱水的重要因素就是温度，温度上升的情况下，污油破乳及脱水速度不断加快，应用“蒸汽掺热+热化学沉降分离”污油高温密闭脱水工艺，通过热化学脱水器专有的“整流+波纹填料”结构，实现小分子油滴的充分碰撞聚集，提高脱水效率(图2)。

图2 高温密闭热化学脱水装置内部结构(整流+波纹填料)

在现场处理过程中，我们需要对装置运行参数进行有效的明确，并规定合适的调控范围，从高温密闭热化学脱水装置对污油处理效果产生的影响因素进行分析研究，不断调整摸索运行温度、压力、加药种类、加药浓度等关键参数，确定最优工况。通过SAGD单元污油黏温曲线，在120℃时原油黏度可降至1000mPa·s以下，此时对污油破乳脱水处理效果显著提高，通过现场不断调整试验，最终确定了在120～130℃、800mg/L破乳剂浓度条件下，高温密闭热化学脱水装置出油含水可降至1.5%以下，直接达到交油指标，脱水效果明显。

4 “预处理除泥+破乳”药剂体系

针对不同节点单元产生的污油物性的差异化，结合室内评价得出的最终结论，优选确定了生产应用的2种污油破乳药剂，对比原来采用同一种污油破乳剂处理效率、处理指标明显提升。针对系统除油罐、调储罐等储罐内部长期系统循环的污油含砂、含固量高特点，研制低界面张力、强润湿性的除泥药剂，优先完成固相干扰杂质分离，采用“预处理除泥+破乳”药剂体系，在1800mg/L综合浓度下，污油处理效率提高100%以上。

5 经济效益

稠油处理站污油经过该工艺处理之后含水量能够满足外输交接条件，与该站的净化油一同进行外输，作业区稠油处理站中污油在脱水系统循环的问题得到充分的缓解，通过“相变掺热+热化学沉降分离”及“预处理除泥+破乳”药剂体系的现场应用，有效保障污油在系统内产生和富集的情况得到有效的规避，污油产生原头控减额度思路得以落实，加药浓度答复下降，最大限度保障这些污油得到有效的回收处理并且不对外排放，对处理站生产运行管理及效益开发有重要意义。

6 结束语

本课题通过离心法、化学法等手段分析了不同污油物性差异。结合“热化学高温密闭+预处理除泥”、“源头控减、分类处理”的组合工艺技术，实现关键节点污油分类处理，应用“预处理除泥+破乳”药剂体系，污油处理效率提高100%，为稠油处理站安全运行提供了有力保障，也为作业区提质增效工作做出积极贡献。

参考文献

[1] 孙靖凯，孙洪双．对大庆油田老化油处理技术的几点探讨[J]．化工管理，2020(26)：188-189.
[2] 李楠．联合站老化油处理工艺优化[J]．中国石油和化工标准与质量，2020，40(11)：255-256.

鲁克沁深部稠油安全提速配套技术

刘登兵　柏富友　李云志　张创科　杨振东

(西部钻探工程有限公司吐哈钻井公司)

摘　要　鲁克沁油田深部稠油区块作为吐哈油田的主要产区，存在埋藏深、地质情况复杂的问题，钻井过程中表层井漏、煤系地层、逆掩推覆体断层井塌、岩性复杂多变钻头使用受限、轨迹控制段长控制难度大等突出问题，造成该区块施工井机速慢、周期长、事故复杂率高的问题，通过优化防漏堵漏技术、优选个性化钻头、完善复杂地层安全钻井技术、优化轨迹控制方案、优化安全快速钻进钻井液配方等的研究，形成了一套适合鲁克沁深部稠油的安全快速钻井技术。

关键词　鲁克沁；稠油；间歇式水泥堵漏；煤系地层；逆掩推覆体

1　前言

鲁克沁区块是吐哈油田稠油的主要产区，鲁克沁稠油具有高密度、高黏度、高凝固点、高非烃含量、中等含蜡量的“四高一中”的特点，油藏深度在2600～4500m，原油密度在0.905～0.965g/cm^3，黏度在55～13467mPa.s，属于典型的芳香性稠油。随着鲁克沁二叠系梧桐沟组(P2w)油藏获得突破后，钻井深度不断加深，钻井难度不断增加，前期完成井平均井深4543m，平均机速3.3m/h，平均月速808.16m/台月，平均钻井周期170.14天，事故复杂时率29.36%，存在机速慢、周期长、事故复杂率高的问题。

2　存在问题

(1) 受山前构造影响，表层裂缝发育，井漏问题突出，漏层机械钻速低，钻井周期长。平均漏失量972.88方/口，平均堵漏损失时间114.24h/口，平均机械钻速3.71m/h，平均表层钻井周期23.87天。

(2) 中部侏罗系煤层断层发育(段长1200m)，受逆掩推覆体影响地层破碎，井塌风险高，保守钻进机速低，周期长。平均机械钻速2.47m/h，钻井周期30.16天

(3) 上部地层夹层多，钻头易崩齿造成先期损坏；3800m以下地层存在大段砂砾岩，地层研磨性强，上部地层机械钻速4.1m/h，下部机械钻速3.39m/h，钻井周期42天。

(4) 地层倾角大，方位固定不变，稳斜段长，调整井眼轨迹频繁，滑动钻进机速慢、时间长。稳斜段平均长2200m，滑动机速1.15m/h。

(5) 钻进过程中起下钻遇阻、破碎带井壁失稳、煤层垮塌、摩阻大等复杂情况频发，井下安全快速钻进风险高。完成井平均斜井段长2800m，钻遇漏层、砂泥岩互层、煤层、断层、砂砾岩层等复杂地质层位，完成井复杂事故率3.15%，短拉次数平均达到25次(225h)，平均摩阻达到40T。

3　技术研究对策

3.1　应用表层间歇式快钻水泥塞堵漏技术、防堵MWD、优化表层防斜钻具结构，减少表层漏失，提高机械钻速，缩短钻井周期

3.1.1　表层裂缝性漏失的特征

鲁克沁深部稠油区位于火焰山北麓，受造山运动影响，该区块表层存在大裂缝，同时上部受地表水长期冲刷，形成冲积扇地层，因此该区块表层冲积扇与大裂缝并存。钻井过程中表现出的漏失特征比较明显，60m以上地层胶结疏松，承压能力低，地层裂缝连通性一般，漏失速度平均在50m^3/h，漏失量平均在60m^3，中下部100～400m地层裂缝发育，裂缝连通性好，存在垂直裂缝，漏失速度平均在90m^3/h，漏失量平均在92m^3。

3.1.2　优化间歇式快钻水泥塞堵漏技术

根据不同配方的水泥凝固强度，优选堵漏水泥浆配方，缩短水泥凝固时间，使水泥浆在4～5小时具有合适的强度，即达到堵漏效果又避免水泥强度过强导致钻塞时重新进入漏层。

3.1.3　优化堵漏施工工艺技术

(1) 优化导眼段井身结构

根据表层漏失特征优化省略Φ660mm导眼

段施工工序，表层直接采用Φ375mm/Φ444.5mm钻头一开。

(2) 优化水泥浆堵漏施工工艺

① 0~60m开钻时弱化钻井参数，轻压吊打开直井眼，初期排量控制在30L/s，若井下未漏失则逐渐增大排量至60L/s。

② 60m之前发生漏失，直接打水泥封固漏层防止基础下沉。

③ 钻进过程中如果发生井漏，起钻换堵漏钻具采用小排量抢钻(钻压：40~60kN，排量：10L/s)，抢钻过程中注意钻时变化，若钻时变慢则打水泥堵漏。

④ 根据漏失点和抢钻井段，确定水泥浆打入量，先在漏点打水泥，若堵漏时返出则起钻候凝，若堵漏后钻井液未返出，则上提钻具10m再次打水泥。

⑤ 打水泥堵漏候凝4~5小时后，下入扫塞钻具钻塞。

3.1.4 表层防斜技术研究

(1) 改进优选防卡伺服脉冲MWD，避免堵漏材料造成仪器无信号，实现表层全程随钻轨迹监测和控制。

(2) 采用单弯螺杆"0-1"钻具，根据井眼尺寸的不同进行一体化设计安装扶正器，实现大井眼防斜打快。

3.1.5 应用效果

相比应用前漏失量减少70.07%，堵漏损失时间减少64.85%，表层机械钻速提高83.91%，钻井周期缩短25.03%，井身质量质量都为合格。

3.2 精确认识煤系地层煤层埋藏规律，优化井眼轨迹剖面，完善煤层钻具结构和钻井参数，提高煤系地层机械钻速，缩短钻井周期

3.2.1 精确认识煤系地层煤层埋藏规律。

鲁克沁深部稠油区块整体呈南东-北西向展布，轴向同火焰山一致。构造带由若干个断块组成，构造带西低东高、南高北低，井位以火焰山走向布置，从前期钻井情况分析，该区块煤层集中于2900~3000m，3100~3200m，3600~3750m三个段。

3.2.2 完善煤系地层钻具结构和钻井参数。

(1) 完善煤系地层钻具结构

通过前期煤系地层钻具结构使用情况分析，前期使用钻具结构存在以下不足：①使用1.25°无扶螺杆滑动定向造斜率低，增加了滑动井段；②随钻震击器使用过程中由于斜井段较长，震击器震击效果不明显，力量不足，无法达到及时破碎塌块的目的。

针对以上两点，应用1.35°无扶螺杆+随钻加速器，提高了钻具滑动造斜率，增强了钻具震击效果。

(2) 完善煤系地层钻井参数

通过对煤层埋藏规律进行了细致分析，对前期技术进行了总结，摸清了煤层埋藏规律，坍塌认识更加清楚，基于煤层埋藏规律的认识，对前期采用的全井段"控时减压"保守钻进措施优化为部分井段，提高煤系地层机械钻速。

3.2.3 应用效果

相比应用前平均机械钻速提高52.8%，钻井周期缩短45%，事故复杂降低100%。

3.3 开展地层可钻性研究，优选个性化钻头，提高机械钻速，减少钻头使用数量

3.3.1 地层可钻性研究

该区块自上而下钻遇四系十三个组，齐谷组以上地层以泥岩为主，侏罗系中下部以砂泥岩互层为主，夹薄砂砾层；三叠系以下地层以砂岩为主，夹大段砂砾岩，通过对岩石的机械特性进行了研究，确定了各段地层的可钻性极值和研磨性(表1、表2)。

表1 岩石机械特性参数

层号	起始深度/m	终止深度/m	体积模量/Mpsi	剪切模量/Mpsi	杨氏模量/Mpsi	泊松比/%	横纵波比S/C
J2q	2424.6	2429.4	3.81	1.71	4.46	0.3	1.89
J2s	2843	2851	4.32~4.52	1.9~2.48	4.99~6.2	0.26~0.32	1.77~1.94
J2x	2918	3137	4.17~4.99	2.29~3.06	5.81~7.48	0.22~0.27	1.68~1.78
J1	3208	3599	3.43~6.04	1.89~3.81	4.78~7.78	0.14~0.3	1.56~1.91
P3w	4140	4141	3.48	1.51	3.96	0.31	1.91

表2　岩石可钻性

井段/m	地层	可钻性级值	可钻性评价	研磨性级值	研磨性评价
1000~2765	$J_3k \sim J_2s$	2~4	较好	3~4	强
2765~3873	$J_2x \sim J_1$	3~5	一般	3~4	较强
3873~4861	$T_{2-3}k \sim P_2w$	4~7	差	5~7	很强

3.3.2　优选个性化四刀翼钻头，提高上部泥岩段机械钻速

(1) 采用单圆弧和外锥TAPER冠形设计，加长钻头外肩部增加布齿量，冠形内锥和外肩部的TAPER设计使钻头具有双重稳定作用。

(2) 采用深排屑槽设计，提高钻头的排屑能力，降低岩屑堆积；大角度保径设计，增加钻头保径与井壁的接触面积，使钻头钻进中更加稳定；优化钻头水力结构，保证钻头表面的清洗、冷却和润滑，降低钻头发生泥包的机率。

(3) 采用大螺旋高密度结构设计，两长两中短刀翼设计，优化每颗齿的破岩角度，切削齿采用标准出露高度设计，保证钻头具有较高的地层吃入量。

3.3.3　优选个性化定向PDC钻头，提高深部地层定向机械钻速

(1) 切深限制结构。有效控制钻头切削深度，防止切削齿切削过量，减少钻头卡滑现象，减小扭矩波动，提高工具面的稳定性。

(2) 无保径结构刀翼与常规结构刀翼组合设计。降低定向时保径面与井壁的磨损阻力，减小扭矩波动，提高工具面的稳定性；有效增加钻头的排屑面积，降低岩屑堆积的概率，防止钻头泥包。

(3) 加强保径设计。保径面采用复合片平放设计，提高保径面的耐磨性，提高钻头的使用寿命。

3.3.4　应用效果

定向井应用后平均机械钻速提高1.69m/h，钻头使用数量减少2只，单只进尺增加510.13m。水平井应用后平均机械钻速提高1.71m/h，使用钻头数量减少5只，单只进尺增加740.89m。

3.4　开展地层自然造斜规律研究，优化井眼轨迹，形成山前轨迹控制技术

3.4.1　地层倾角及倾向规律研究

三间房以上地层地层倾角在25°~40°，倾向在45°，上盘西山窑地层地层倾角在27°~31°，倾向在35°，上盘下侏罗统地层地层倾角在17°~18°，倾向在25°，下盘西山窑地层地层倾角在35°~58°，倾向在25°，下盘下侏罗统地层地层倾角在36°~53°，倾向在345°，克拉玛依组以下地层地层倾角在15°~28°，倾向在15°。

3.4.2　地层自然造斜规律研究

井斜变化规律：上盘断层以上地层以增斜为主，地层增斜率在0.3°/30m。下盘断层以降斜为主，地层降斜率在0.4~0.7°/30m。三叠系以下地层以增斜为主，地层增斜率在0.2°/30m。

方位变化规律：方位整体呈现右倾规律，复合钻进中方位向200°漂移，漂移量在0.5°/30m。

3.4.3　进行轨迹剖面投影，优化井眼轨迹剖面

该区块井眼轨迹以“直-增-稳”三段制为主，为避免钻遇复杂地层，利用地层自然造斜率达到控制井眼轨迹的目的，开钻之前对设计井眼轨迹进行三维地震剖面投影，将设计轨迹投影在地震剖面图上，依据投影情况，根据地层自然造斜率优化井眼轨迹避开易发生事故的断层破碎带。根据投影结果优化井眼轨迹为“直-增-自然增-增-稳”五段制剖面。

3.4.4　二开后钻具组合优化

1000~2800m：采用1.25°双扶强控斜钻具。

2800~3800m：采用1.25~1.5°无扶螺杆加球扶单-2钻具稳斜钻进。

3800-井底：定向井采用1°双稳钻具稳斜钻进。水平井：造斜段采用1.5°倒装强增钻具，稳斜段采用1.25°倒装稳斜钻具。

3.4.5　应用效果

与应用前相比倒换钻具组合次数减少幅度50%，调整轨迹时间减少4.76天，滑动井段减少幅度45.08%。

3.5　开展矿物组分与理化性能研究，优化钻井液性能，优选处理剂，提高钻井液抑制性、封固防塌性、润滑性，形成安全快速钻进钻井液配方

3.5.1　矿物组分与理化性能研究

(1) 岩屑主要矿物组分。矿物组分差别较

大，以方解石与白云石为主，平均含量分别为36.73%、37.77%，黏土矿物含量不均，平均含量为10.8%，最高含量达56%。

（2）黏土矿物组分。黏土矿物中伊蒙混层含量很高，平均含量高达82.66%，易水化分散。1800~1900m（J3q~J2q交界面）、2000~2100m（J2q~J2s交界面）井段伊利石含量较高，易剥落坍塌。

（3）理化性能。1800m（J3q）及以上井段平均回收率10.2%，膨胀率19.5%，属于强分散、高膨胀型地层；1800m以下井段（J2q~J2s）回收率略有升高，平均39.8%，膨胀率11.3%，属于强分散、中膨胀型地层。

3.5.2 优化钻井液性能，优选处理剂，提高钻井液抑制性、封固防塌性、润滑性，形成安全快速钻井液配方

（1）优选抑制剂，确定抑制剂最佳加量，提高钻井液抑制性与封堵性。

① 在基浆（清水+4%土粉）中加入不同浓度抑制剂（ZNP-1、KPAM、IND-30），选用齐古组露头岩，进行120℃，16h，40目滚动回收实验。确定0.3%IND30为主抑制剂。

② 通过API、HTTP失水实验，上部井段优选使用1%的HS-1聚合物降失水剂，下部井段优选使用2%的HS-2抗高温降失水剂。

上部基浆：清水+4%土粉+0.3%IND30（上部降失水剂NaHPAN、KHPAN、HS-1）

下部基浆：清水+4%土粉+0.3%IND30+1%HS-1（下部降失水剂HS-2、SHR、SMP、KJ-1）

③ 优选离子型抑制剂辅助提高抑制性，通过对基浆、基浆+0.3-0.5%NW-1、基浆+3-8%Weigh2、基浆+5%Weigh2+0.5NW-1等配方进行试验，其中加入5%Weigh2后抑制性、流变性、失水等综合性能最好。

④ 根据地层温度选择相应软化点防塌处理剂，通过砂床渗透率优选出1%KR-n+2%NFA-25复配防塌性能最好。

（2）钻井液配方确定

二开-J3q中下部：清水+4%土粉+0.3%IND30+1%HS-1+5%Weigh2

J3q中下部-J2x煤层前：聚合物浆+2%HS-2+1-1.5%PSC+1%KR-n+2%NFA-25+0.2%NaOH

室内评价该配方在J3q泥岩岩屑在钻井液中回收率>85%，膨胀率<4%，抑制泥岩水化分散、膨胀能力强于优化前钻井液。

（3）优选固壁剂，确定最佳加量，提高钻井液固壁防塌性能。

① 优化高温降滤失剂用量，通过加入不同量的HS-2、PSC后进行失水试验，结果表明在原聚磺泥浆基础上增加1-1.5%HS-2+1.5%PSC控制HTHP失水10ml以内。

② 根据地层温度优选出相应软化点的沥青。

鲁克沁稠油区地温梯度在2.5℃/100m。因此2500~3000m优选DBFT-201，软化点在70~90℃，含量30%，膨胀量相对降低20%，3000m以下地层优选KH-n和HF-024，软化点在90~115℃，含量60%，膨胀量相对降低20%~40%。

③ 优选防塌固壁剂，在基浆中加入不同浓度的MAX-SHIELD、TCGB-1、TCGB-2等固壁剂，通过岩心抗压实验确定最佳加量分别为1.5%MAX-SHIELD、1%TCGB-1+1%TCGB-2。

④ 钻井液配方确定

通过实验确定两种钻井液配方：纳米封堵配方和固壁配方（表3）。

⑤ 室内评价：120℃热滚前后钻井液流变、失水性能良好。

表3

配方	AV/（mPa·s）	PV/（mPa·s）	YP/Pa	Gel/Pa	API失水/ml	HTHP/mL	实验条件
纳米封堵配方	35	26	9	2/6	3.8		50℃
	31	23	8	2/5	4.0	7.9	120℃×16h
固壁配方	37	27	10	2/6	4.2		50℃
	33	24	9	2/5	4.4	8.2	120℃×16h

（4）开展不同地层摩阻分析、润滑剂润滑效果评价，根据地层特点及要求形成了复合润滑钻井液技术。

① 前期施工井不同地层摩阻分析

随着斜井段的增加和不同的地层岩性，进入下盘西山窑后摩阻逐渐增大，由10T增加到60T，其中三叠系地层摩阻最大。

② 润滑剂评价实验

通过室内优配不同含量、不同品种的润滑剂后对钻井液性能和摩擦系数、润滑系数进行了对比，通过对比发现：原油润滑效果最好，液体与固体润滑剂中TRH-1、LU-99单剂以及与石墨粉复配润滑效果好(表4)。

表4

实验内容	AV/(mPa·s)	PV/(mPa·s)	YP/Pa	API失水/ml	泥饼摩擦系数	极压润滑系数
基浆：清水+4%土粉+0.2%Na_2CO_3	14	5	9	18	0.1228	0.4371
基浆+2%LU-88	13.5	8	5.5	16.6	0.0437	0.1133
基浆+2%LU-99	12.5	7	5.5	14	0.0349	0.0927
基浆+2%WRH-1	14	7	7	14	0.0612	0.1030
基浆+2%TRH-1	13.5	8	5.5	14.2	0.0349	0.0824
基浆+2%LU-66(固体)	14.5	7	7.5	15.8	0.0875	0.272
基浆+2%石墨粉	14	6	8	15.6	0.0699	0.255
基浆+2%TRH-1+2%石墨粉	14.5	7	7.5	14	0.0262	0.0721
基浆+2%LU-99+2%石墨粉	14.5	7	7.5	14.2	0.0262	0.0824
基浆+6%原油+ABSN	15	6	9	17.2	0.0262	0.0721

③ 不同地层润滑配方确定

结合地层摩阻、井壁稳定及环保要求，确定不同地层润滑配方。三间房以上地层应用2% TRH-1/LU-99；上盘西山窑和上盘三工河地层应用2-3%TRH-1/LU-99；下盘西山窑至克拉玛依组应用6-8%原油+ABSN；梧桐沟组应用2-3%TRH-1/LU-99+2%石墨粉。

4 应用效果

与应用前相比，上、中侏罗系井段短拉遇阻现象大幅减少，短拉井段延长为300~500米，井塌事故复杂率降低6.08个百分点，井下摩阻均在30吨以下。

5 现场实施情况

应用后完成井平均井深4565.85m，平均钻井周期76.24天，平均机械钻速6.14m/h，平均月速1797.58m/台月，复杂事故率1.32%。与应用前相比钻井周期缩短幅度30.25%，机械钻速提高幅度94.9%，月速提高幅度43.82%，事故复杂率降低幅度58.09%。

参 考 文 献

[1] 武超，李宏伟，盛双占，等．吐哈盆地鲁克沁构造带二叠系——三叠系油气成藏特征与主控因素[J]．中国石油勘探，2021，26(04)．

[2] 王永超，杨少春，王亚，等．鲁克沁东二区梧桐沟组砂砾岩储层特征及其对稠油开采的影响[J]．2019油气田勘探与开发国际会议论文集．

[3] 左冰心，陈芳，章瑾．大井丛集约化开发钻井模式在鲁克沁深层稠油的应用．西部探矿工程，2017，29(05)．

[4] 雍富华，冯义，徐丽琴，等．鲁克沁复杂山地深层稠油大平台丛式井优快钻井技术研究与应用．西部探矿工程，2017，29(04)．

[5] 刘蕴博．鲁克沁油田水平井提速及应用研究．东北石油大学 2018．

[6] 张增男．鲁克沁油田钻井液设计与应用．东北石油大学，2016．

[7] 李立华．鲁克沁玉北区块钻井提速技术．化工管理，2014，(35)．

九$_1$～九$_5$区块稠油开采地面配套工艺技术应用

戴玉良　江　波　马国政　丁　琼　蒋跃杰

（中国石油新疆油田分公司新港公司）

摘　要　新疆油田九1～九5区块在稠油开采中应用了注采两用泵井口防喷技术、油区冬季蒸汽保温替代技术、简化优化新建产能流程工艺技术、抽油机启停控制技术、锅炉燃烧器风门电动控制技术、油井自动计量技术等地面配套工艺技术，技术的应用不但提升了公司的生产及设备管理水平，而且有效缓解了由于人员紧张给生产带来的被动局面，为公司原油产量连续稳产、实现安全生产22年无事故和企业的高质量、高效益运行起到了积极作用。

关键词　稠油热采；配套工艺；新技术；应用

1　概述

新疆油田九$_1$～九$_5$区块位于克拉玛依市东北约40km处，是九区齐古组稠油油藏的五个开发小区（图1）。

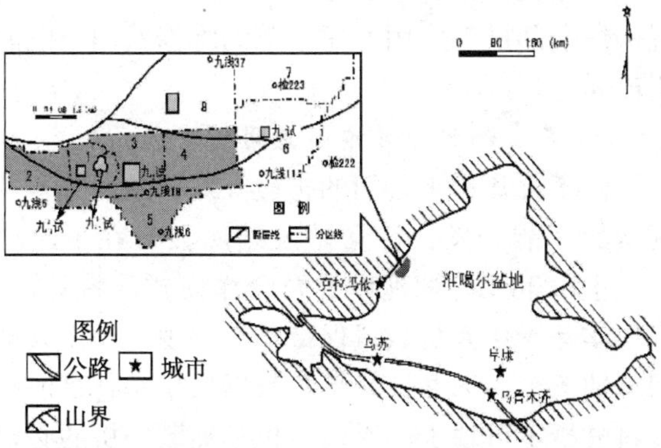

图1　克拉玛依油田九区齐古组油田地理位置图

区块面积20km^2，范围为东经85°12′20″～85°17′00″，北纬45°44′00″～45°46′20″。区域构造上位于克—乌断裂二级构造带上盘超覆尖灭带上，为断裂控制的岩性油藏，油藏构造形态单一，其顶部构造为一向东南缓倾的单斜，倾角约4°～9°（图2）。

随着油田开发的深入，新区块开发对人员的需求逐年增加，人员紧张给生产带来的被动局面日益显现。从提高油藏采收率及单井产量为基点，加大区块综合配套工艺技术应用，探索稠油油藏后期开发规律和配套工艺技术的实践。重点开展和应用了注采两用泵井口防喷技术、油区冬季蒸汽保温替代技术、简化优化新建产能流程、

图2　九$_1$～九$_5$区齐古组油藏区域构造及J_3q^2、J_3q^3含油面积图

抽油机启停控制应用、锅炉燃烧器风门电动控制技术、油井自动计量技术等配套工艺技术，力求在油藏开发管理和技术创新中有所突破，保持了企业的高质量、高效益运行。

2　稠油开采地面配套工艺技术的应用

2.1　注采两用泵井口防喷技术的应用

该技术是基于使用注采两用泵，在注汽过程中发生井口盘根刺漏隐患开展的关键技术攻关研究，创新性提出了将油田注汽锅炉高压蒸汽引压管卡套锥形密封技术原理经过技术提炼转换用于两用泵注汽井口光杆密封的独创技术；研究设计了一套使用安全、操作方便、经济可行的防喷装置；通过技术应用，有效防止了两用泵注汽井井口盘根盒刺漏导致井口失控，消除了稠油生产环境污染事故隐患，保证了安全生产。防喷技术的

研究成功，解决了稠油注汽生产过程中出现井口盘根刺漏及井口失控风险的问题，为两用泵推广应用提供了安全保障。两用泵使用数量增加后，减少了修井作业的工作量，避免了修井过程中压井液对油层的伤害，减少热损失，提高了稠油井高温高效期有效时率。工艺技术历经9200多井次的实践应用，安全可靠性100%，实施效果显著，技术成熟，经济和社会效益巨大。

2.2 油区冬季蒸汽保温替代技术应用

油区采油计量站冬季采用蒸汽保温方式，每年保温期需要消耗大量蒸汽用于保温，增加了非生产用汽。为落实“双碳”目标和“清洁替代、战略接替、绿色转型”三步走规划部署，加快企业绿色低碳发展转型，进一步做好提质增效工作，挖掘生产潜力，通过开展技术试验研究，采用电加热器加热技术替代原蒸汽保温方式实现保温需求，电加热器加热技术的试验成功应用后，经济效益可观，减少了蒸汽保温产生的冷凝水进入集油系统，实现了油区冬季保温“以电代汽”工艺结构调整，降低了稠油生产运行成本费用；与蒸汽加热保温相比，使用电加热器技术保温节约生产成本50%以上，为降低成本奠定了基础，为企业创造了良好的经济效益，也是当前油区提质增效和降低冬季非生产用汽最有效果的技术手段之一。

2.3 简化优化流程，形成独特的建站模式

近几年来，在新建产能开发中，形成了独特的建站创新模式，简化了油井集输工艺流程，实现了多座管汇计量站围绕一座中心接转站的建设布局；老区流程的合并、优化，有利于充分利用已有设备设施，减少建站投资、缩短建站周期，提高了设备设施的利用率。对所钻零星井充分利用已建计量站，采用新井进老站的方式，减少新建计量站数量等措施减少投资，几项措施共减少产能投资4000多万元，同时加快了施工进度，而且确保了新井投产时率。

在老区计量站工艺改造中，按照简化思路，对30多座计量站合并工艺、设施，节约了对计量站储油罐、输油泵等生产设施的维修、维护，每年节约维修费用260万元。通过计量站合并，减少了设备的维修、维护工作量，降低了员工的劳动强度，取得了较大的社会效益。

2.4 抽油机启停控制技术应用

为了解决油区抽油机在大面积停电、停抽后的复抽工作，推广试验抽油机自动启停装置，该装置除具有抽油机来电自动启抽、间开控制功能外，还具有手动启抽、自动启抽报警、间抽等功能。近年来油区大风天气频繁，造成了油区电网供电“闪停”，但并没有给抽油机生产带来大的影响，得益于抽油机启停“控制器”系统的推广应用。共计完成油区全部抽油机启停“控制器”安装，实现全公司抽油机的推广应用。

2.5 锅炉燃烧器风门电动控制系统应用

公司40多台注汽锅炉，作为天然气用量调峰单位，当天然气出现供给受限时，部分锅炉需使用燃油替代。锅炉燃油点炉初期，需要压缩空气对燃油进行雾化，其燃烧器的阀门定位器也是气动仪表，气源来自站内的空气压缩机。每年供热站维护修理更换空压机的配件费用在70多万元，耗电约30万多度，不仅运行费用高，而且在控制上存在电气转换问题。近年来，天然气供给不再受限，运行锅炉已全部使用天然气作为燃料，用电动执行器取代原阀门定位器，将供热站空气压缩机全部停运，通过试验并取得了成功，现锅炉全部推广应用，每年节约维修费用及电能消耗80多万元。

2.6 油井自动计量技术的应用

由于近几年来公司的扩边开发、井网完善及其他的产能开发，计量站及站库数量在不断增长，也由于公司管理模式及合作模式的特殊性，现场实际操作人员数量保持不变，现场操作人员明显缺乏，而油井计量资料数据采集一直是油井资料分析不可缺少的手段，也是油藏分析的必要地质资料，油井每天不但按照油藏地质的安排进行日常的产量计量，同时对于措施井要求加密连续计量。在这样的情况下，虽然实行了人力资源的调整及培训，计量站实行远传监控，但由于受计量设备的限制及人员缺少的限制，仍然不能解决目前人员紧张、计量工计量时间长等问题。经多方调研，组织开展油井自动计量试验，采用多通阀结合分离器的方式用于油井计量，以缓解人员紧张，降低计量工劳动强度。项目已实施270多套，完成了现场设施的安装工作，实现了对油井的自动计量。

3 结论

在稠油开采生产中，通过配套工艺技术的不断应用，采取相应的对策措施，提升了企业的生

产管理水平，有效缓解了人员紧张给生产带来的被动局面，确保了企业生产的安全、平稳、经济运行，为企业创造了良好的经济效益。尽管我们在稠油开采配套工艺技术的应用方面做了一些努力与探索，也取得了一定的成效，但还必须认真总结经验，不断总结先进经验，才能把稠油开采配套工艺技术的应用工作做得更好、更深、更细，促进生产管理水平再上新台阶。在今后的工作中，应突出资源掌控、老区稳产两项重点工作，推行精细管理，推广使用节能新技术、新产品，深化节能降耗、降本增效，努力实现“十四五”稳产目标。

参考文献

[1] 俞伯炎，吴照云，等．石油工业节能技术[M]．北京：石油工业出版社，2000.

[2] 武占．油田注汽锅炉[M]．上海：上海交通大学出版社，2008.

控液管柱在超稠油水平井中的应用

王彦卫

(中油辽河油田公司特种油开发公司)

摘　要　杜84-兴H53、H54井组位于曙一区杜84块，生产兴隆台油层，油品性质为超稠油，靠近兴ⅥSAGD试验区，频繁抽喷，脚跟温度较高，严重影响油井的正常生产，阻碍了SAGD蒸汽腔的发育。我们通过控液管柱，有效解决汽窜问题，保证油井的良好的发展态势。

关键词　控液管柱；频繁汽窜；抽喷；脚跟温度

1　井组概况

1.1　地质概况

杜84块纵向上发育有馆陶油层和兴隆台油层两套超稠油主力含油层系。馆陶油层主要发育在杜84块构造中部，埋深530~640m，平均油层有效厚度106m，兴隆台油层埋深690~850m，纵向上兴隆台油藏自上而下划分为兴Ⅰ~兴Ⅵ油层组，其中兴Ⅰ~兴Ⅴ组为扇三角洲沉积的互层状油藏，单层厚度一般3~5m；兴Ⅵ组为近水源水下扇重力流沉积的厚层状油藏，单层厚度一般大于10m。

兴H53-54井组位于曙一区杜84块西部，构造上位于辽河盆地西部凹陷西斜坡欢曙上台阶中段为高孔、高渗厚层块状超稠油油藏，储层物性好，油层相对集中，有利于水平井开发。该井组位于兴Ⅵ组SAGD试验区兴平50外侧：地质储量：27.9×10⁴t，平均厚度：35.3m

1.2　油井概况

兴H53、54井为2007年新井，共2口水平井，平均吞吐6轮。截止目前阶段注汽：10.5×10⁴t；阶段采油：3.6×10⁴t；阶段采水：9.5×10⁴t；阶段油汽比：0.34；阶段采注比：1.25；采出程度：12.9%。

杜84-兴H53在第三轮和第五轮实施的三元复合吞吐措施，由于第五轮与周边直井汽窜导致油汽比大幅降低至0.1，因此第六轮实施的复合调剖并分段注汽，后来由于和兴ⅥSAGD井区频繁汽窜，决定在本轮更换控液管柱。

杜84-兴H54在第五轮和第六轮实施的三元复合吞吐措施，由于第六轮该井与兴ⅥSAGD井区频繁汽窜，因此在本轮更换控液管柱。

2　开发存在的矛盾

2.1　兴H53、54极易抽喷

杜84-兴H53在2012年下入控液管柱之前，全年抽喷次数高达9次，严重影响油井的正常生产(图1)。

杜84-兴H54从2012年6月7日到2012年11月10日防兴Ⅵ组SAGD窜停，全年停抽时间长达157天，在下入控液管柱之后油井才恢复正常生产(图2)。

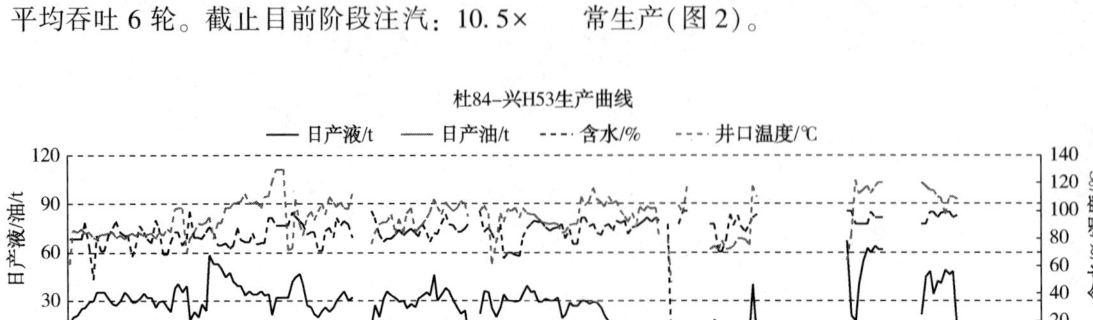

图1　杜84-兴H53生产曲线

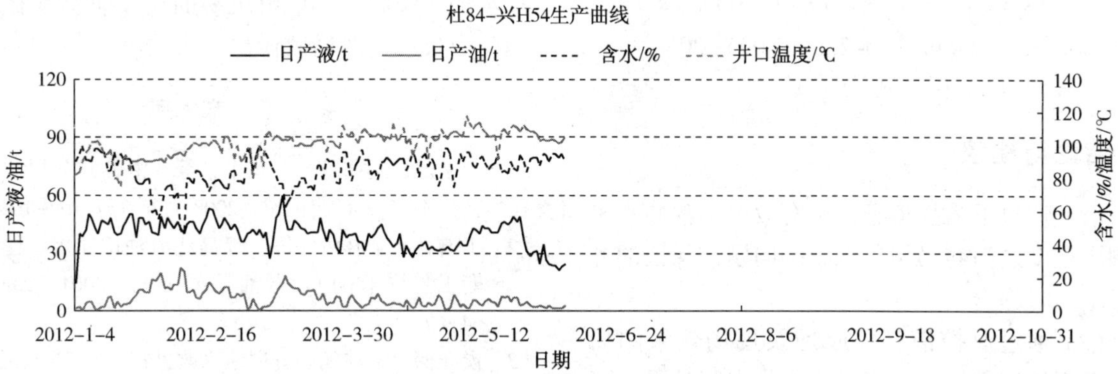

图 2　杜 84-兴 H54 生产曲线

2.2　兴 H53、54 脚跟温度较高

通过历轮的井温曲线分析得出兴 H53、54 脚跟温度较高，主要集中在 950～1050m 位置，平均温度达到 165℃。

杜 84-兴 H53 第 3、4、5 轮的脚跟温度明显较高，最高温度接近 180℃，平均温度接近 170℃。

杜 84-兴 H54 五轮末的井温曲线明显高于前几轮，说明该井已被兴Ⅵ SAGD 蒸汽腔波及汽窜。

2.3　汽窜原因分析

通过研究分析兴 H53、54 汽窜主要原因有以下几点。

（1）兴平 49-50 井组蒸汽腔不发育，生产过程中存在汽窜，目前正在实施间歇注汽来培育蒸汽腔的，兴 H53、54 与兴Ⅵ SAGD 井区兴平 49、50 相邻受兴ⅥSAGD 影响汽窜严重；

（2）吞吐阶段降低了地层压力，吞吐井之间的汽窜有助于加快水平生产井和注汽直井之间的热连通；

（3）兴 H53、54 在历史生产过程中曾多次和兴平 49、50 发生过汽窜；

（4）兴 H53、54 的垂深与兴平 49、50 井组周边的注汽井射孔井段垂深相对应。

3　对策研究与效果评价

3.1　对策研究

我们针对兴 H53、54 水平段脚跟温度较高的问题，在井内下入了控液管柱来解决。

控液管柱结构：我们以兴 H53 为例，在原井 159 悬挂器以上下入 Y361-210 丢手封隔器，ф114 油管 97 根，ф114 平式油管 35 根，ф114 筛管 4 根，ф114 导锥丝堵（图 3）。

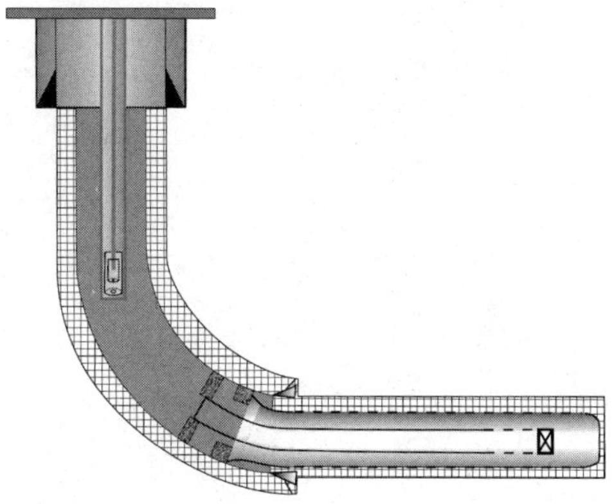

图 3　杜 84-兴 H53 管柱结构示意图

控液管柱原理：下入带尾管的封隔器至脚跟处，使脚跟处液体强制流至脚尖处，与井底液体换热，降低温度，抑制水平段汽窜及井筒闪蒸，达到遏制抽喷的目的。

3.2　增产效果

（a）兴 H53 增产效果

兴 H53 于 2012 年 9 月 20 日下入控液管柱生产，平均日产液 56t，日产油 5.5t，预计全年出油约为 1800t。与下管柱之前同期对比：平均冲次上升 0.4 次，阶段增液 3659t，阶段增油 282t。

（b）兴 H54 增产效果

兴 H54 于 2012 年 11 月 11 日下入控液管柱生产，平均日产液 52t，日产油 11.3t，预计全年出油约为 3500t。与下管柱之前同期对比：平均冲次上升 0.2 次，阶段增液 1206t，阶段增油 540t。

3.3　经济效果评价

兴 H53、54 更换控液管柱后，阶段增油 822t，创造经济效益 71.9 万元。

计算公式：

$$E=(1-30\%)\times F\times Q\times(P-T-C)-I$$

$$E=(1-30\%)\times1\times(822\div10000)\times(3449.1-542.3-1309)-20=71.9\text{万元}$$

4　结论与建议

(1) 通过下入控液管柱，有效解决油井水平段脚跟温度过高容易引起汽窜的问题，保证油井正常生产时率。

(2) 通过对控液管柱原理及现场效果的研究，得到控液管柱在生产过程中的实际效果，可以针对水平段脚跟汽窜严重问题的SAGD井或吞吐水平井中应用，以解决易抽喷井抽喷停抽的问题，为公司增产增效做出巨大贡献。

参考文献

[1] 李常友，刘明慧，贾兆军，等．液控式分层注水工艺技术[J]. 石油机械，2008，36(9)：102-104.

[2] 王增林，辛林涛，等．埕岛浅海油田注水管柱及配套工艺技术[J]. 石油钻采工艺，2001，23(3)：64-67.

[3] 侯守探．常规偏心分层注水改进技术研究[J]. 石油天然气学报，2007，(4)：112~113.

辽河X蒸汽吞吐井套管变形分析

肖云峰[1]　李晗丽[2]

（1. 中国石油辽河油田分公司钻采工艺研究院；2. 中国石油辽河油田分公司冷家油田开发公司）

摘　要　本文针对辽河X蒸汽吞吐井注汽过程中因套管变形挤毁注汽管柱的问题进行了分析，认为回挤补救形成上下封固和中间空幅是造成套管变形的主要原因，套管在受热过程中纵向无延展空间，空幅段横向上无水泥环支撑，因此导致螺旋屈曲变形。本文最后提出，要开展热采井井口回挤补救措施实施条件研究，针对返高不足的井，要具体分析井口回挤措施的可行性。

关键词　套管变形；返高；固井；热采井；空幅；回挤

1　X井基本情况

1.1　钻井情况

（1）井身结构

该井完钻井深1668m，垂深1246m，自上而下分别钻遇平原组、明化镇、馆陶组、东营组，井身结构数据见表1，套管柱情况见表2，完井方式为砾石充填完井。

（2）井身质量

该井770m开始造斜，双靶点，五段制剖面，最大狗腿度6°/30m。二开平均井径258.4mm，最大井径在338m~388m段，为409.2mm。

（3）固井情况

该井表层固井正常，水泥返地面。油层套管固井顶替过程中发生漏失，电测水泥返深818m，600m~825m段声幅图见图1。候凝48h后从井口回挤水泥，回挤后123m~266m井段存在水泥环，0~123m、266m~818m井段仍旧为空幅状态，井口回挤补救后100m~300m段声幅图见图2。

1.2　生产及套损情况

该井完井后注3000m^{3}纯度99%的氮气进行隔热，8月7日进行投产前注汽注，注汽温度320℃。8月15日前注汽正常，套压12.8MPa、油压18.6MPa、累注2000t。8月16日注汽压力骤降，套压降至4.1MPa、油压降至6.3MPa，现场判断注汽管柱断脱导致注汽压力异常，立刻停注焖井。

9月23日该井取隔热管发现第31根114mm隔热管尾部公扣断裂，井深296.06m。下入Φ152mm铅印，起出后表面平滑无台阶，铅印变形缩径，最小处139mm，最大处154mm。下Φ73mm笔尖，296.37m遇阻，判断套管变形严重。

表1　X井井身结构数据表

钻序	井段名称	钻头尺寸/mm	钻井深度/m		套管尺寸/mm	套管下深/m		水泥封固段/m	
			自	至		自	至	自	至
1	表层套管	346.0	0	218	273.05	0	217.31	217.31	地面
2	油层套管和筛管	241.3	218	1668	177.8	0	1401.31	1401.31	地面
						1401.31	1651.46	筛管	

表2　X井套管柱数据表

套管程序	尺寸/mm	扣型	钢级	壁厚/mm	抗内压/MPa	抗挤/MPa	抗拉/kN	下入深度/m	
								自	至
表层套管	273.05	梯形螺纹	J55	8.89	21.6	10.9	3113	0	217.31
油层套管	177.8	梯形螺纹	110H	9.19	68.6	42.9	3794	0	1401.31

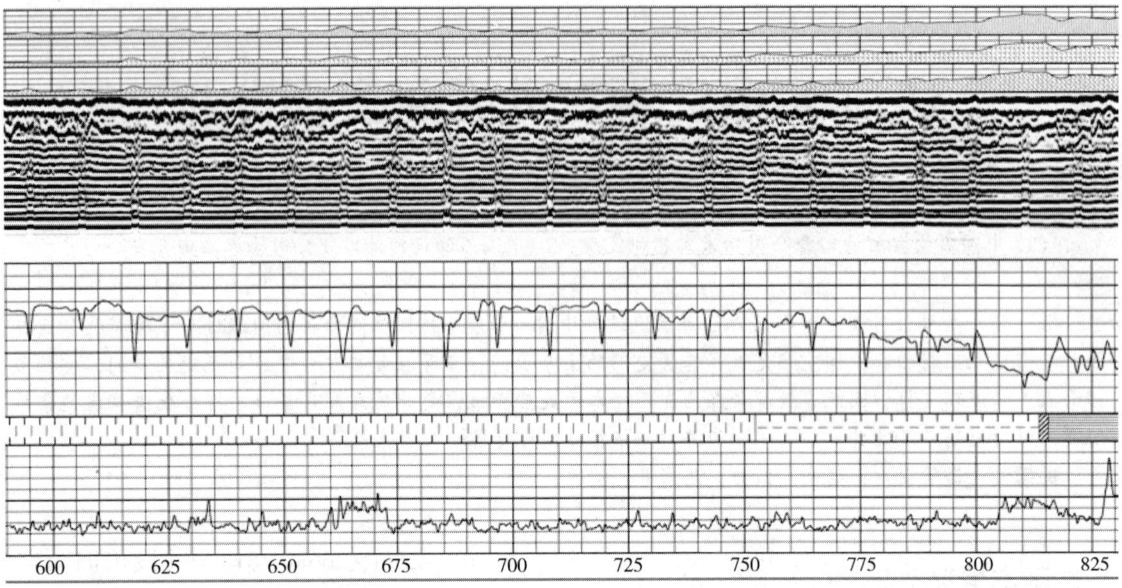

图1　X井初始完井固井声幅图(600~825m)

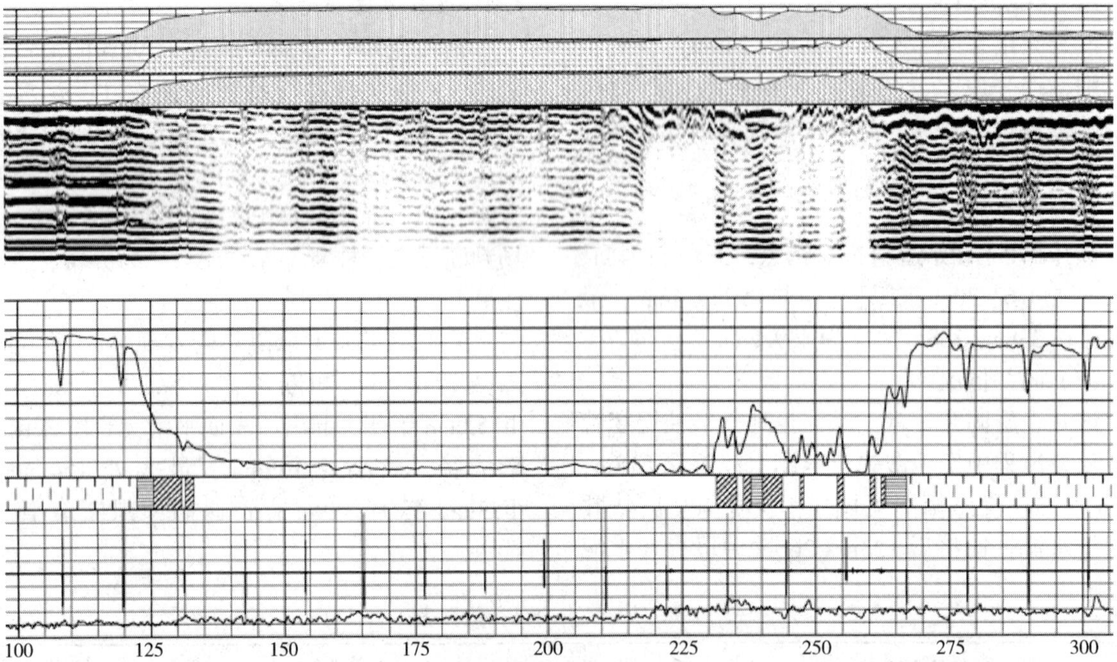

图2　X井井口回挤补救后固井声幅图(100~300m)

为进一步摸清井下状况，下入井下可视成像仪，共下测4次，前三次均在290.4m遇阻，第四次在291.12m遇阻，成像图见图3，测试结果表明套管在290m左右位置发生强烈变形弯曲。

2　有限元分析

针对该井情况，开展套管变形有限元分析，选取226~823m井段进行建模。按照套管的实际服役环境进行分析计算，分为两个载荷步：第一步计算套管在上、下两端完全约束的前提下，套管自重对套管受力的影响；第二步在第一步的基础上施加温度载荷，分析套管在蒸汽注入过程中应力和位移变化。

采用间隙元模拟套管与井眼之间环空，对比分析有限元几种非线性后屈曲分析方法：特征值分析适用于估计最大临界载荷和屈曲模态，无法查看后屈曲状态；稳态静力分析适用于计算结构刚度不变或结构刚度增大的结构，如果结构出现屈曲或者垮塌，很容易出现不收敛问题，无法计算后屈曲状态；隐式动力分析将屈曲问题作为隐式动力问题来处理，适合接触脱开的后屈曲分析问题，这种分析类型使用的是隐式积分方法。因此，计算分析方法采用隐式动力分析。

按照电测井身轨迹数据建模，套管初始状态设为套管轴线与井眼轴线重合，地层与套管弹性模量、泊松比、密度、剪切模量、线膨胀系数、屈服强度等材料力学参数参照相关手册及现场经验选取，并分常温(20℃)和高温(300℃)两种。

2.1 套管未施加温度载荷自重状态下受力变形分析

固定套管上下两端轴向位移分析，套管下入后在自重作用下，套管柱变形见图 4，套管井内位移变化见图 5。

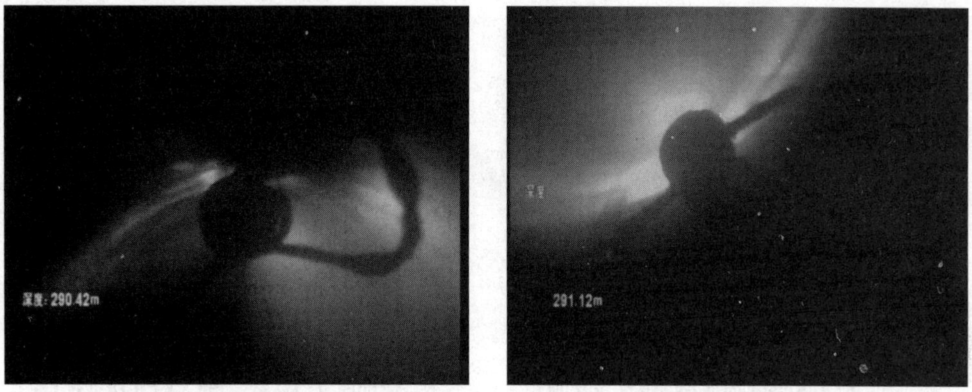

图 3　井下成像测试图(290. 42m、291. 12m)

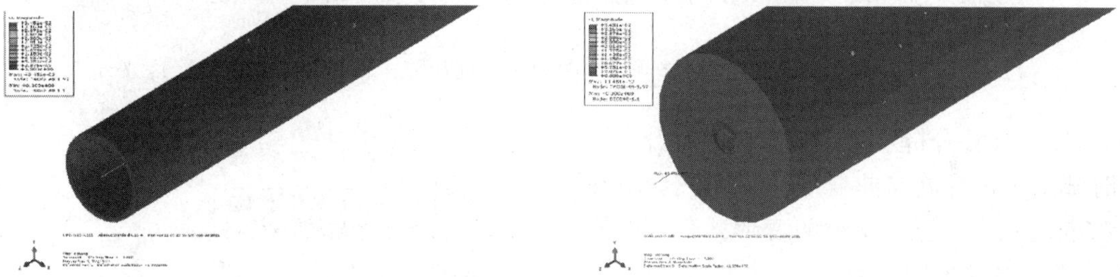

图 4　417m 处套管变形分析图(左图为套管形貌、右图为套管在井筒中形貌)

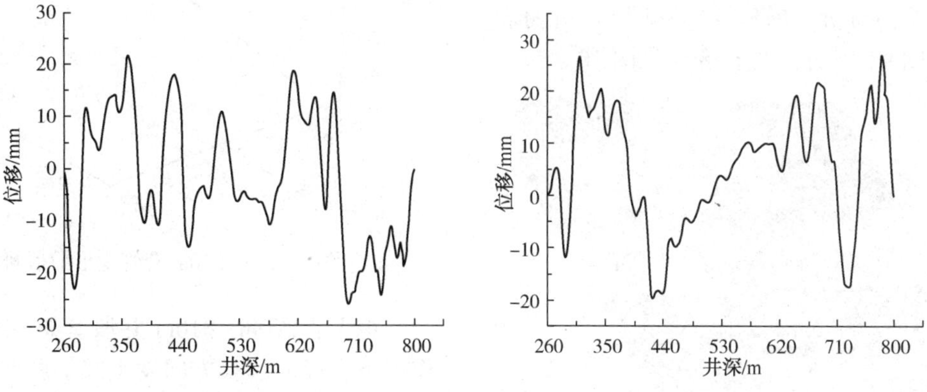

图 5　套管位移分析图(左图为 X 方向位移，右图为 Y 方向位移)

通过以上计算分析发现，套管在未施加温度载荷状态下局部产生了 120MPa 的应力，但远远低于套管屈服强度，套管并没有发生塑性变形。由于井眼轨迹存在井斜和方位，套管在个别位置与井壁接触发生了接触，与实际工况相符。综上，套管在未施加温度载荷状态下没有发生结构失效变形。

2.2 升温过程套管受力变形分析

套管在自重和温度作用下，套管柱变形见图6，套管井内位移变化见图7。

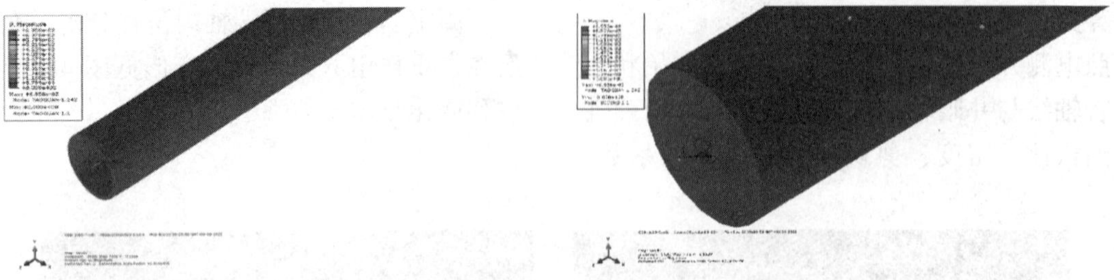

图6　708m处套管在100℃时变形图(左图为套管形貌、右图为套管在井筒中形貌)

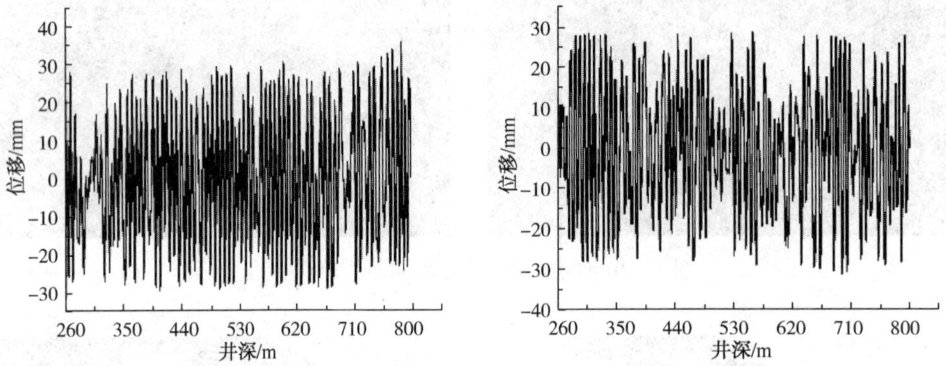

图7　100℃时套管位移分析图(左图为X方向位移，右图为Y方向位移)

通过以上计算分析发现，套管在温度升高到100℃时开始发生螺旋屈曲变形，自由段套管在X、Y方向上发生了正负交替的变形，套管变形距离与套管的环空间隙一致。

2.3 局部井段受力变形分析

提取套管段290~310m在温度300℃下进行局部变形及受力分析，局部变形见图8，井身轨迹变化图见图9，Y方向位移变化见图10。

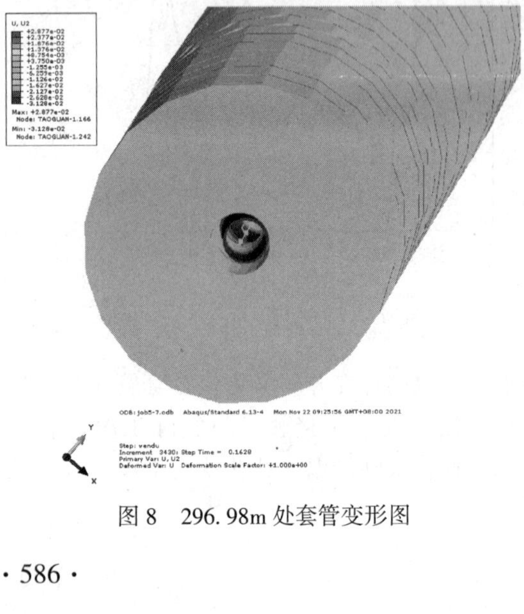

图8　296.98m处套管变形图

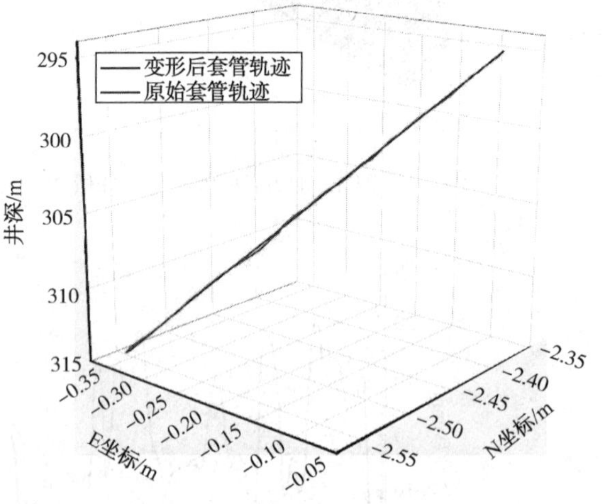

图9　294~310m套管变形前后轨迹图

综上，290m~310m井段套管在自重及温度作用下，径向位移方向发生螺旋屈曲变形，且接触井壁，分析结果与实际结果一致。

2.4 上端不固定套管受力变形分析

为了验证上端约束对套管热应力下变形影响，进行了上端不约束分析，通过计算发现，在上部不存在固井水泥约束的情况下，套管在受热

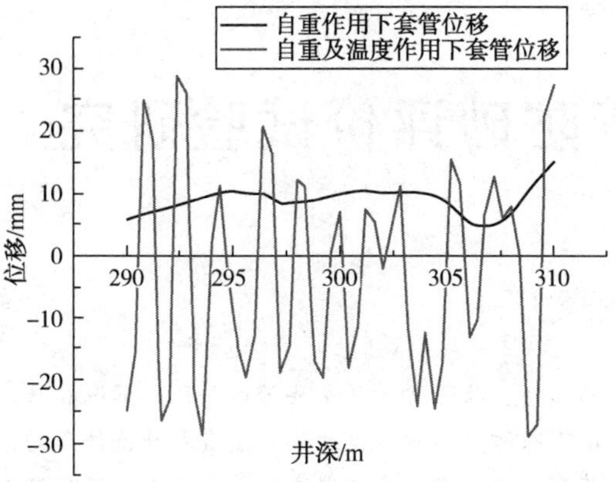

图 10 套管 Y 方向(径向)位移变化

过程中上部可以自由伸展，套管的在 X、Y 方向的变形情况与套管不施加温度载荷基本一致，没有发生明显的屈曲变形。

3 结论与建议

(1) 226~823m 井段在两端固定的情况下，温度升高至一定程度后发生螺旋屈曲变形。解除上部约束，套管在受热过程中不发生严重屈曲变形。分析结果与实际情况一致。

(2) X 井油层套管在注汽过程中受热膨胀，由于 266~818m 井段横向无固井水泥支撑，纵向上无延展空间，导致套管形变，隔热管柱在油套内部挤压错断。

(3) 针对热采井水泥返高不足的情况，需要进一步研究井口回挤补救措施的可行性、实施条件及实施方法，避免上述情况发生，确保井筒完整性。

参 考 文 献

[1] 曾攀. 有限元分析及应用[M]. 北京：清华大学出版社. 2004.
[2] (美)钱德拉佩特拉. 工程中的有限元方法[M]. 曾攀，雷丽萍，译. 北京：机械工业出版社. 2015.
[3] 辛春亮，薛再清，等. 有限元分析常用材料参数手册[M]. 北京：机械工业出版社. 2020.

稠油热采蒸汽吞吐井筛管防砂评价试验研究

匡韶华

(中油辽河油田公司钻采工艺研究院)

摘　要　疏松砂岩稠油油藏蒸汽吞吐井在开采过程中容易出砂，筛管防砂是主要治理手段。蒸汽吞吐井井下工况恶劣，对防砂筛管的性能提出严苛要求。为了测试不同防砂筛管在稠油热采蒸汽吞吐条件下的防砂性能，研制出了一套大型蒸汽吞吐井筛管防砂模拟试验装置。该装置具有高温高压蒸汽注入、高压流体放喷冲蚀、高温流体回采等试验功能，能够模拟稠油热采井的注汽、放喷、回采等生产环节。依据试验获取的采出液平均含砂量和筛管压差变化曲线，可以评价出筛管在特定油藏条件下的挡砂效果和抗堵塞效果，从而指导防砂筛管的选型和设计。根据辽河油田W区块地层砂特征、注汽参数、产液量、井下温度、原油黏度等参数，开展了多种筛管在蒸汽吞吐条件下的防砂评价试验，依据试验评价结果优选出适合该区块蒸汽吞吐井防砂的筛管类型和挡砂精度，并在现场应用取得良好的效果。

关键词　蒸汽吞吐；防砂筛管；防砂模拟试验；筛管评价；挡砂性能；抗堵塞性能

中国稠油资源占石油总资源量的20%以上，其中，大约78%的稠油油藏采用蒸汽吞吐的开采方式。疏松砂岩稠油油藏在蒸汽吞吐开采过程中极易出砂，导致井下和地面设备磨损、井筒砂堵或储层砂埋，使得油井产量大幅降低，不能正常生产。筛管防砂是解决稠油蒸汽吞吐井出砂问题的重要手段。

随着防砂技术的发展，形成了类型繁多、产品多样、性能各异的防砂筛管，包括缝隙类筛管、滤网类筛管、金属棉类筛管、金属网筛管、颗粒充填类筛管、可膨胀筛管及其他新型筛管等50余种。由于各筛管的结构和性能不同，在特定的油气藏条件和开采方式下表现出不同的适用性。因此，选择合适的筛管类型和筛管参数是防砂成功的关键。在过去，筛管的选择方法主要是依据经验和计算，存在很大的局限性。近些年来，挡砂测试和模拟试验已经成为选择合适筛管的有效方法。Ballard等人研究出一种室内测试方法，采用小型测试装置评价不同筛管挡砂介质的性能。该方法经过十几年的改进，已经成为筛管选择的一种常用方法。Mahmoud Asadi等人研制出大型试验装置，通过模拟井下筛管挡砂过程，评价大尺寸筛管的挡砂性能以及筛管的解堵效果。Yan Jin等人研制出大型挡砂试验装置，模拟气井筛管防砂过程，并研究了不同筛管在气井中的挡砂性能。朱春明研制出一套热采筛管防砂模拟试验装置，通过注入热油的方式来模拟热采过程，可以进行大尺寸筛管防砂模拟试验，测试筛管的性能。此外，前人利用现有的防砂试验装置在筛管防砂试验方面做了大量工作。

但是，针对稠油热采蒸汽吞吐井筛管防砂，目前尚无专业的试验装置和评价方法。在蒸汽吞吐井中，筛管工作环境恶劣，由于高温高压及高流速的作用下，防砂筛管过滤介质容易发生变形和破坏，严重影响防砂效果。因此，本文利用自主研制的大型蒸汽吞吐井筛管防砂模拟试验装置，以辽河油田W区块为目标区块，开展了不同筛管在蒸汽吞吐条件下的防砂效果评价试验，优选出适合该区块蒸汽吞吐井为的防砂筛管。

1　试验装置及流程

根据蒸汽吞吐原理及筛管防砂原理，研制出蒸汽吞吐井筛管防砂模拟试验装置，用于评价蒸汽吞吐条件下的筛管防砂效果。该模拟试验装置由高压试验釜、保温加热系统、蒸汽注入系统、热流体注入系统、砂样收集系统和数据采集系统组成(图1)。高压试验釜能够承受20MPa的工作压力。釜中安装待测试的防砂筛管以及渗流筒。筛管两端连接密封帽，其中上端作为蒸汽入口，下端作为采出流体出口。筛管与渗流筒之间的环空中填满模拟地层砂。模拟地层与目标区块储层岩石粒度分布和黏土含量相同或接近。渗流筒上设置许多微孔，使流体能够均匀进入到砂体中，从而模拟近井地层径向流动过程。保温加热系统包裹在高压试验釜外，防止釜体内温度降低。筛管内外两侧设置压力传感器，监测试验过程中筛管压差的变化。砂体中设置温度传感器，监测釜体内温度变化。蒸汽注入系统能够提供最大排量 0.8kg/min，最高温度 350℃，最大压力 17MPa 的高温高压蒸汽。热流体注入系统能够提供最大排量 15L/min，最高压力 20MPa，最高温度 95℃，最高黏度 500mPa. s 的模拟液。正向注蒸汽，模拟油井蒸汽注入过程；反向注热流体，模拟油井回采过程。

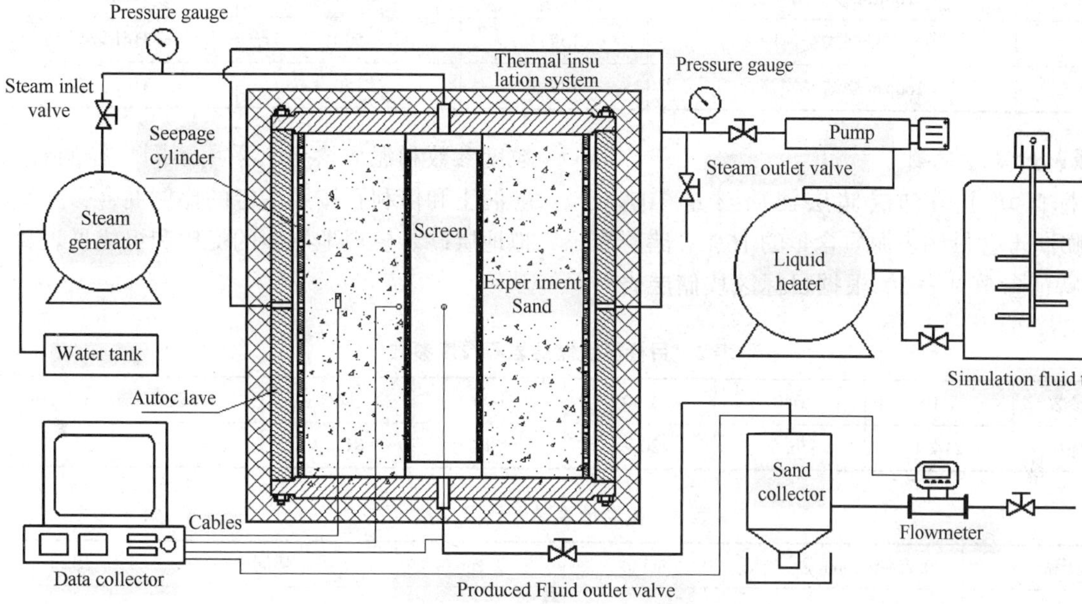

图 1　蒸汽吞吐防砂模拟试验装置

2　试验条件

本次试验以辽河油田 W 区块为目标区块。该区块属于疏松砂岩稠油油藏，主要采用蒸汽吞吐开采方式，出砂严重。为了优选出最合适该区块的防砂筛管类型和技术参数，通过模拟该区块出砂砂样特征和生产参数，对油田常用的几种防砂筛管进行了评价试验。

2.1　测试筛管选择

油田常用的筛管类型包括：金属棉筛管、金属网筛管、镶嵌式金属网筛管和烧结滤网筛管。因此，选取这四种筛管作为本次试验的测试对象，并加工成测试样件，如图 2 所示。测试筛管样件的编号、类型和技术参数见表 1。金属网筛管和烧结滤网筛管都是采用相同的金属编织网作为过滤介质，但是金属网筛管具有导流槽的外保护罩。

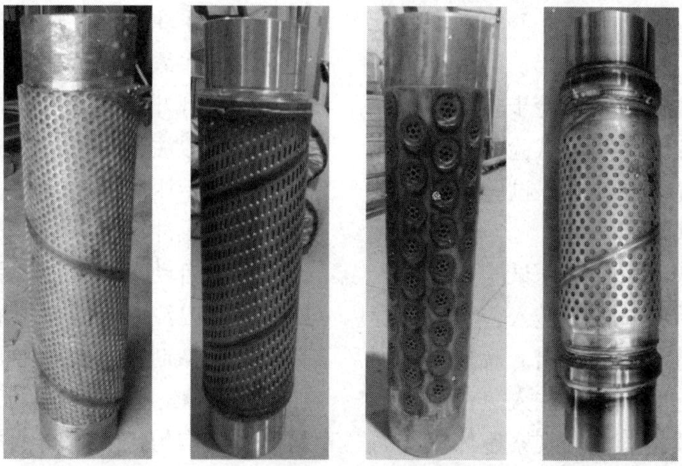

(a)金属棉筛管　(b)金属网布筛管　(c)镶嵌式金属网筛管　(d)烧结滤网筛管

图 2　四种不同类型筛管测试样件

表1 四种不同类型筛管样件主要参数

筛管编号	筛管类型	规格尺寸/mm	有效长度/mm	过滤介质材质
1#	150μm 金属棉筛管	139.7	500	434 不锈钢
2#	120μm 金属网筛管	139.7	500	316L 不锈钢
3#	150μm 金属网筛管	139.7	500	316L 不锈钢
4#	200μm 金属网筛管	139.7	500	316L 不锈钢
5#	200μm 镶嵌式金属网筛管	139.7	500	316L 不锈钢
6#	160μm 烧结滤网筛管	139.7	350	316L 不锈钢

2.2 模拟地层砂配制

目标区块主力油层储层泥质含量10%~15%，膨润土含量约占泥质含量的16%。储层岩石粒度特征参数见表2。根据目标区块储层岩石粒度参数和泥质含量，采用不同粒径的石英砂、膨润土和伊利石按照一定的比例混合，配制成模拟地层砂。模拟地层砂的配比和组成见表3。

表2 目标区块储层岩石粒度参数

特性参数	D10	D40	D50	D75	D90	SC	UC
参数值	214.1	336.59	220.85	143	81.72	4.15	2.7

表3 模拟地层砂配比及组成

砂粒(黏土)	0.25~0.5mm 砂	0.15mm 砂	0.1mm 砂	膨润土	伊利石
重量百分比/%	12.7	51	21.3	2.5	12.5

2.3 试验参数

目标区块注蒸汽后回采过程中，井下温度约90~110℃，原油黏度180mPa.s。根据油井实际注汽参数、产液量、井下温度、原油黏度等，确定出模拟试验的关键参数，见表4。理想的试验参数应该尽可能接近油井注汽和生产的实际情况，但是由于试验装置的条件限制，在注汽速率和回采流量方面不能达到理想的要求。不过，这并不妨碍不同筛管之间的对比优选。

表4 蒸汽吞吐筛管防砂模拟试验参数

试验参数	注汽速率/(kg/min)	回采流量/(L/min)	模拟液温度/℃	模拟液黏度(95℃)/mPa·s
参数值	0.8	2	95	180

3 试验步骤

蒸汽吞吐井筛管防砂评价试验步骤如下：

(1) 将测试筛管安装在高压试验釜中，并填充模拟地层砂，利用注入泵往高压试验釜中小排量注入清水，将砂体润湿。

(2) 启动蒸汽注入系统往高压试验釜内注入高温高压蒸汽。蒸汽从筛管内部进入，穿过筛管过滤介质和砂体，从蒸汽出口排出。观察釜体内温度变化，当温度稳定时，持续注入蒸汽3h后，关闭蒸汽出口阀。继续注蒸汽，观察釜体内压力变化，直到压力上升至15MPa后，关闭蒸汽入口阀，停止注蒸汽。这个试验过程模拟了现场油井的蒸汽注入过程。

(3) 打开采出液出口阀，快速卸掉釜体内的压力，模拟注蒸汽后的放喷过程。在放喷泄压过程中，由于压力高、流速快，有可能会对筛管过滤介质造成冲蚀破坏。

(4) 启动热流体注入系统以恒定的流量往高压试验釜内注入高温模拟液。模拟液采用清水与高分子增黏剂在配液罐中配制而成，经过加热器加热到95℃，再由注入泵注入高压试验釜。高温模拟液均匀进入砂体，并驱替部分砂粒通过筛管过滤介质，进入砂样收集器。砂样收集器对采出液中的砂粒进行分离和收集。采出液经过流量计计量后，排出。持续注入热流体，监测筛管内外压差的变化。持续注热流体 1~3h 后，停止试验。这个试验过程模拟了现场油井放喷后的回采过程。

(5) 从砂样收集系统中取出采出砂样，烘干后，测量砂样体积。

4　试验结果分析

筛管的防砂性能通常采用挡砂效果和抗堵塞效果来进行表征，既反映出筛管挡砂能力，又能反映出筛管防砂后对产能的影响。筛管挡砂效果以试验过程中采出液平均含砂量作为评价指标；筛管抗堵塞效果以试验过程中筛管两侧压差变化来作为评价指标。根据试验获得的这两个参数就可以对比评价出不同筛管对目标区块的适应性。

4.1　挡砂效果分析

在油田现场，通常采用产出液含砂量来评价筛管的挡砂性能，为了使试验结果更加接近现场实际情况，并考虑回采试验过程中流体驱替时间的影响，本次试验采用采出液评价含砂量来评价筛管挡砂性能。采出液平均含砂量 η 计算公式如(1)式。H 值越高，挡砂性能越差。通常油田要求采出液含砂量控制在 0.03%以内。

$$\eta=\frac{m}{V}\times100\% \tag{1}$$

式中，η 为采出液平均含砂量,%；m 为通过筛管的总出砂量，L；V 为通过筛管的采出液体积，L。

表 5 给出了模拟液驱替过程中的出砂试验数据。根据出砂量和采出液总体积计算出每一种筛管的采出液平均含砂量(图 3)。从图 3 中可以看出，150μm 金属棉筛管的采出液平均含砂量最高，大于 0.03%。这种筛管在蒸汽吞吐条件下挡砂效果很差，油田通常不能接受如此高的出砂量。其余几种筛管的采出液平均含砂量均小于 0.03%，都能满足油田防砂的要求。150μm 金属棉筛管和 150μm 金属网布筛管具有相同的过滤网孔尺寸(Diameter of filter ole)，但是采出液平均含砂量相差很大。434 不锈钢金属棉相对于 316L 不锈钢金属网，在蒸汽高温和高速含砂流体冲蚀作用下，容易发生变形和破坏，导致出砂量大幅增加。

表 5　模拟试验出砂试验数据

筛管编号	回采时间/min	回采流量 L/min	采出液总体积/L	出砂量/mL
1#	150	2	300	235
2#	145	2	290	29
3#	150	2	300	35.7
4#	145	2	290	84.1
5#	95	2	190	34.2
6#	150	2	300	13.3

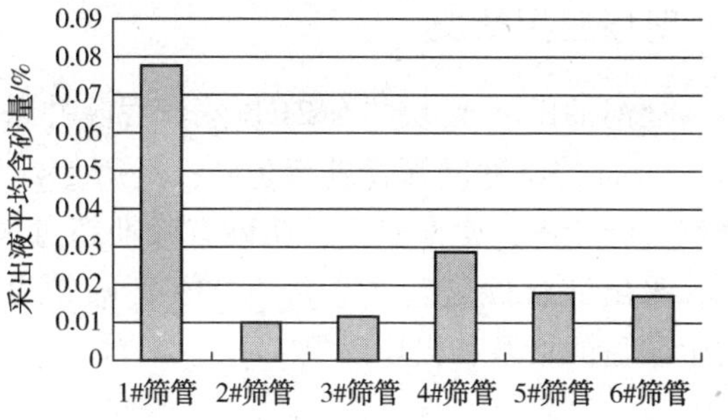

图 3　模拟试验采出液平均含砂量

4.2　抗堵塞效果分析

图 4 给出了模拟液驱替过程中的筛管压差随时间变化曲线。模拟液携带砂粒和泥质逐步在筛管表面和过滤介质内部堆积，导致筛管压差增大，反映了筛管堵塞过程。如图 4 所示，可以看出，不同筛管的压差增加速率不同。筛管压差增加越快，表示筛管的抗堵塞性能越差。200μm 镶嵌式金属网筛管压差增长最快，抗堵塞性能最差。该筛管的过流面积远小于其他筛管，是造成其抗堵塞性能差的原因。120μm、150μm 和 200μm 金属网筛管的过滤网孔尺寸增大，抗堵塞性能变好。从图 4 中可以看出，150μm 金属棉筛管、200μm 金属网筛管和 160μm 烧结滤网筛管的压差增加平稳缓慢，抗堵塞性能优良，且明显好于其他筛管。

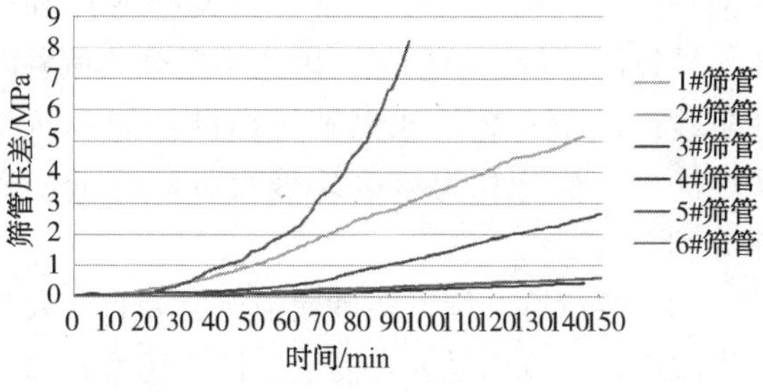

图 4　筛管压差曲线

4.3 防砂筛管推荐

通过上述分析可知，150μm 金属棉筛管、200μm 金属网筛管和 160μm 烧结滤网筛管的抗堵塞性能优良，但是 150μm 金属棉筛管的挡砂性能差，200μm 金属网筛管和 160μm 烧结滤网筛管的挡砂性能接近。根据 Procyk 等人的研究成果，带有导流槽保护罩的筛管，当导流槽堵塞后容易形成射流，对金属编织网造成冲蚀破坏。因此，推荐辽河油田 W 井区蒸汽吞吐井采用 160μm 烧结滤网筛管防砂。

5 现场应用情况

辽河油田 W 区块共有 21 口蒸汽吞吐井采用了 160μm 烧结滤网筛管进行防砂，经历 1~4 个蒸汽吞吐轮次，生产稳定，防砂有效期超过 840 天，采出液含砂量基本小于 0.03%，筛管没有发生明显的堵塞和损坏现象。

6 结论

(1) 研制出大型蒸汽吞吐井筛管防砂模拟试验装置，能够评价高温高压蒸汽注入、高压流体放喷冲蚀、高温流体回采对筛管性能的影响，对比不同筛管在蒸汽吞吐条件下的防砂效果，为筛管的选择和设计提供依据。

(2) 采用试验中的产出液平均含砂量和筛管压差分别作为评价筛管挡砂性能和抗堵塞性能的参数，并且将挡砂性能和抗堵塞性能作为选择筛管的依据。产出液平均含砂量小于 0.03%，表示筛管的挡砂性能满足油田现场要求；筛管压差增长越缓慢、越平稳，表示筛管的抗堵塞性能越好。

(3) 针对辽河油田 W 区块，开展了多种筛管在蒸汽吞吐条件下的防砂效果评价试验，试验结果表明：金属棉筛管在高温高压以及高速流体冲蚀条件下，筛管过滤介质容易发生变形和破坏，导致出砂量大幅增加，因此不适合蒸汽吞吐井防砂；160μm 烧结滤网筛管挡砂性能和抗堵塞性优良，推荐作为该区块蒸汽吞吐井的防砂筛管。

(4) 蒸汽吞吐筛管防砂模拟试验装置需要进一步改进，一方面是要提高蒸汽注入速率；另一方面是要防止蒸汽注入过程中模拟地层砂随蒸汽穿过渗流筒流出。

参 考 文 献

[1] 廖泽文，耿安松. 油藏开发中沥青质的研究进展[J]. 科学通报，1999(19)：2018—2024.

[2] 曾玉强，刘蜀知，王琴，等. 稠油蒸汽吞吐开采技术研究概述[J]. 特种油气藏，2006，13(6)：5-9.

[3] 李成军，邵先杰，胡景双，等. 浅层稠油油藏蒸汽吞吐出砂机理及影响因素分析[J]. 特种油气藏，2008，15(4)：90-93.

[4] 王晓彬，唐庆，牛艳花，等. 水平井防砂筛管评价试验[J]. 石油钻采工艺，2011，33(5)：49-52.

[5] Coberly, C. J., "Selection of Screen Openings for Unconsolidated Sands", API Drilling and Production Pratice, 1937.

[6] Markestad, P. and Chrisite, O., "The Selection of Screen Slot width to Prevent Plugging and Sand Production", SPE 31087 presented at the Formation Damage Control Conference, Lafayette, Louisiana, February 14-15, 1996.

[7] Ballard, T, . et al," The Development and Application of a Method for the Evaluation of Sand Screens", SPE 54745 presented at the 1999 SPE European Formation Damage Conference, The Hague.

[8] Mahmoud Asadi," Sand Control Screen Plugging and Cleanup", SPE64413 presented at the SPE Asia Pacific Oil & Gas Conference and Exhibition held in Brisbane, Australia 16-18 October 2000.

[9] Yan Jin. et al, Experimental study on the performance of sand control screens for gas wells[J], J Petrol Explor Prod Technol(2012)2: 37-47

[10] 朱春明. 热采筛管防砂模拟试验装置的研制与应用[J]. 海洋石油，2015，35(4)：35-39.

[11] Tiffin, D. L. and King, G. E. "New Criteria for Gravel and Screen Selection for Sand Control," paper SPE 39437 presented at the 1998 SPE International Symposium on Formation Damage Control held in Lafayette, Louisiana, February 18-19.

[12] Gillespie, G., Deem, C, K., and Malbrel, "Screen Selection for Sand Control Based on Laboratory Tests", SPE 64398 presented at the SPE Asia Pacific Oil and Gas Conference and Exhibition, Brisbane, Australia, October 16-18, 2000.

[13] Hodge, R., Burton, R., Constien, V., and Skidmore, V., "An ExperimentalMethod for Screen-Only and Gravel-Pack Completions", SPE 73772 presented at the Formation Damage Control Conference, Lafayette, Louisiana, February 20-21, 2002.

[14] Ballard, T., and Beare, S., "Media Sizing for Pre-

miun Sand Screens: Dutch Twill Weaces", SPE 82244 presented at the European Formation Damage Control Conference, The Hague, The Netherlands, May 13-14, 2003.

[15] 车强. 超稠油油藏水平井筛管损坏研究与保护对策[D]. 青岛：中国石油大学(华东), 2009.

[16] Willians, C. F., Richard, B. M., and Homer, D., "A New Sizing Criterion for Conformable and Nonconformable Sand Screens Based on Uniform Pore Structures", SPE 98235 presesnted at the Formation Damage Control Conference, Lafayette, Louisiana, February 15-17, 2006.

[17] 刘新锋，王新根，刘正伟，等. 热采防砂筛管冲蚀试验研究与应用[J]. 长江大学学报(自科版), 2016, 13(17): 59-62.

[18] Procyk, Whitlock, Ali. Plugging - induced screen erosion difficult to prevent [J]. Oil&Gas Journal, 1998: 80-90.

组合注汽蒸汽计量调控技术

马宏伟[1]　范喜群[2]　范钰纬[1]　周文玉[1]　焦明远[1]

(1. 中国石化河南油田分公司石油工程技术研究院；2. 中国石化河南油田分公司)

摘　要　河南油田东部稠油以注蒸汽吞吐开采为主，注汽时单台锅炉对多口井组合注汽，对于锅炉产出的湿饱和蒸汽，常规蒸汽流量计无法精准计量，单井实际注汽量不清，存在井间偏流，易引起井间汽窜。为了解决组合注汽井间偏流问题，在锥形孔板流量计基础上，引入“差压噪声”理论，建立了湿蒸汽流量、干度双参数测量模型，通过高频采集分析及数据库动态补偿运算，提高不同干度下的流量精度，湿蒸汽流量计量误差在5%以内，结合蒸汽流量控制阀，解决了组合注汽蒸汽流量精准计量和控制技术难题。

关键词　组合注汽；汽液两相流；蒸汽计量；流量控制

河南油田东部稠油以注蒸汽吞吐开采为主，油层埋深浅(90～950m)、油层厚度薄(1～6m)，单井注汽量低，23吨锅炉需要同时搭配多口井组合注汽；注汽锅炉产出蒸汽通常为干度70%～90%的湿饱和蒸汽，属于典型的汽液两相流，由于流体中同时存在汽、液两种相态介质，液相的存在，导致流过节流装置的差压变大，由于液滴在蒸汽注入过程中是不均布的，差压的变动也不规律，因此，测量误差较大，通常达到30%以上，需要每口井标定修改参数，传统的流量测量装置无法应用。国内外湿蒸汽精准计量通常采取分相计量、等干度分配等技术，将汽、液分离，单独计量，装置复杂、成本高；同时由于薄层稠油注汽时间短、频次高，每一轮注汽组合井组不固定，不适合薄层稠油效益开发。由于蒸汽流量无法计量，组合注汽单井注汽量通常根据油藏厚度劈分，实际生产中不同井的油藏厚度、渗透率和孔隙度等存在较大差异，单井注汽量不清，易出现井间偏流，而且井间偏流通常是在窜流发生后才进行控制，蒸汽热损失已经发生，同时增加了生产管理难度。高轮次吞吐后，井间偏流引起的井间汽窜更加突出，据统计，河南油田东部稠油组合注汽每年蒸汽偏流372井次，占比28.9%，极大的影响了蒸汽热能利用率。

如何利用单相的测量装置，通过合理修正手段获得湿饱和蒸汽流量的测量结果，使之适用于两相流测量的应用，是两相流测量领域的一个研究方向。结合油田注汽温度高、流量大的特点，本文针对现场应用较多的孔板流量计开展了湿饱和蒸汽计量应用研究，通过湿饱和蒸汽低成本精准计量，配套流量调控，解决组合注汽汽窜偏流问题。

1　锥形孔板流量计测量原理

1.1　锥形孔板流量计结构

锥形孔板流量计结构主要由锥形孔板、本体、智能差压表、针型阀、螺旋管卡箍连接头等组成。

针对标准孔板前易堆积杂物、锐角易磨损，影响测量精度的问题，设计了双锥形孔板，能够防杂物堆积、防锐角损伤、防变形，使用寿命长。

1.2　锥形孔板流量测量原理

锥形孔板作为非标准节流装置测量流量时，参考标准孔板国标GB/T 2624—2006，制定试验测评项目，做系列口径流量计，不同孔板开孔与测量管道内径比值，流量测试；不同单侧入口锥角α°和不同出口锥角β°，流量测试；通过大量数据测试，制作数据库，开发制做锥形孔板计算软件；通过大量数据测试，制作出锥形孔板转换为标准孔板的计算软件，在线校准流量。

1.3　锥形孔板流量计测量汽液两相流量原理

两相流(湿饱和蒸汽属两相流)通过孔板时存在着差压噪声，即差压脉动。这种噪声是两相流动的固有特性，与两相流的质量流量(kg/h)和干度(质量含汽率)密切相关。油井注入蒸汽为高干度的汽液两相流，符合汽相为连续相(载带相)、液相为分散相(夹带相)的假设，适用于孔板差压噪声两相流双参数测量模型。

采用孔板流量计结合噪声法和数据库模型，

实现蒸汽流量及其干度测量。其原理为圆形管道内流体流经孔板节流装置时，在孔板节流元件前后端面会产生静压力差，此静压力差与流体的流速有关，且静压力差的噪声信号为其流体中分散相(即饱和水)的信息载体，通过检测管道内的静压、温度、静压力差及其差压噪声，结合已知设计规格参数，采用蒸汽性质 IAPWS-IF97 公式、伯努利方程、噪声理论模型及其数据即可推出蒸汽流量及其干度，属两相流介质测量。

适用伯努利方程

$$\frac{\nu_1^2}{2}+\frac{\kappa}{\kappa-1}\frac{p_1}{\rho_1}=\frac{\nu_2^2}{2}+\frac{\kappa}{\kappa-1}\frac{p_2}{\rho_2}$$

锥形孔板流量方程式：

$$q_m=k_1\sqrt{\rho_c\Delta P}\left(1+R\left(\sqrt{\rho_d/\rho_c}-1\right)/\theta\right)$$

差压噪声公式：

$$R=\sigma(\sqrt{\Delta P})/\sqrt{\Delta P}$$

干度公式：

$$干度=1-R/\left[\theta\sqrt{\rho_c/\rho_d}+R\left(1-\sqrt{\rho_c/\rho_d}\right)/\theta\right]$$

其中：κ——等熵指数

K_1——锥形孔板流出系数修正因子(由实流标定确定)

C——流出系数

β——孔板开孔与管道内径比值

A_0——孔板开孔面积

ε——可膨胀系数

ΔP——静压力差

ρ——介质工况密度

$\sqrt{\Delta P}$——孔板差方根平均值

$\sigma\sqrt{\Delta P}$——差压方根统计方差

θ——经验常数

角标——i 采样序列

ρ_C——汽相

ρ_d——液相

1.4 锥形孔板流量计技术参数

锥形孔板流量计用于测量湿饱和蒸汽的主要参数如表 1。

表 1 湿饱和蒸汽测量用锥形孔板流量计主要参数

测量介质	饱和水蒸汽
工作温度	≤350℃
工作压力	1~15MPa
流量范围	0.5~5t/h，2~15t/h

续表

流量精度	≤8%
测量干度范围	高温湿蒸汽，干度 30%~90%
干度精度	≤8%

1.5 湿饱和蒸汽测量用锥形孔板流量计特点

(1) 压损小，小于标准孔板的 70%；

(2) 倒喇叭锥形结构的锥形孔板，避免了孔板前杂质堆积，可保障测量精度不受影响；

(3) 不破坏汽液两相流态，更适宜测量汽液两相流量，测量精度得以提高；

(4) 独特的传感器结构设计，能适用于各种工况条件，使用寿命长；

(5) 厚度的增加能有效避免孔板挠曲及流体冲刷孔板锐角，保障测量精度；

(6) 可测量过热蒸汽、饱和蒸汽流量，测量湿蒸汽流量和干度。

2 蒸汽流量控制阀

现有闸板控制阀用于常开常关用，不适用于流量控制。闸板控制阀现场控制流量时，由于过流孔较大，调节控制流量难度大，而且轻微的开关阀门，流量变化就较大，不适合蒸汽流量调节。针对蒸汽流量微量控制需要，优选出蒸汽流量调节阀。主要参数见表 2。

表 2 蒸汽流量调节阀参数

工作温度	≤375℃
工作压力	32MPa
流量范围	≤15t/h
全开压降	0.3MPa

3 锥形孔板流量计现场标定及试验应用

3.1 单炉对单井注汽试验锥形孔板流量计

为了试验测试锥形孔板流量计流出系数修正因子，降低计量误差，选取 9.2 吨锅炉对单井注蒸汽时，试验锥形孔板流量计。将锥形孔板流量计串入井口注汽管线上，通过锅炉供水流量标校流量计，测试瞬时流量，改变注汽参数，对比阶段累计水量，测试流量计误差，通过流量计智能差压表高频采集分析及数据库动态补偿运算，提高不同流量和干度下的流量精度。

3.1.1 流量计标校

锅炉进水电磁流量计标定过，电磁流量计精

度1%，根据锅炉进水电磁流量计来水流量计，标校蒸汽流量计。注汽井距离锅炉房2.2km，管线保温层老化，保温效果较差，注汽管线干度损失粗略计算为25%。保持锅炉出口瞬时流量在6.5t/h左右，保持干度70%~80%范围内稳定注汽3个小时后，标校锥形孔板流量计，见表3。

表3　标校锥形孔板流量计

测试时间 8-27	锅炉出口					锥形孔板流量计					
	瞬时流量/(t/h)	温度/℃	干度	压力/MPa	累计量/t	瞬时流量/(t/h)	温度/℃	干度	压力/MPa	累积量/t	流量误差/%
14：50	6.5	294	79	7.8	3831.3	6.6	269	52	5.3	44	1.5
15：10	6.5	297	79	8.2	3833.7	6.1	272	58	5.8	47	-6.1
15：30	6.5	299	78	8.3	3836.0	5.3	268	62	5.9	47.8	-18.5
15：50	6.5	297	78	8.1	3838.2	5.5	268	59	5.8	50.5	-15.3
16：10	6.5	297	75	8	3840.4	6	271	58	5.7	51.8	-7.7
阶段累计量					9.1					7.8	-14.3

3.1.2　初步检验流量计累计流量误差

锥形孔板流量计初步标校完成后，保持注汽参数稳定连续注汽一段时间，通过锅炉用水流量计校核锥形孔板流量计误差(表4)。初步检验锥形孔板流量计流量误差-6.8%，计算流出系数修正因子，修改流量计软件。

表4　初步校核流量计流量误差

测试时间	锅炉出口					锥形孔板流量计				
	流量/(t/h)	温度/℃	干度	压力/MPa	水表读数/t	流量/(t/h)	温度/℃	干度	压力/MPa	流量计读数/t
8-27-16：50	6.5	297	73	8	3844.8	6.4	269	56	5.6	310.5
8-28-9：50	6.5	303	74	8.9	3956.4	6	280	60	6.4	413.8
阶段水量 t					110.3					103.3
累计流量误差	-6.8%									

3.1.3　二次标校流量计

改变注汽流量、蒸汽干度，再次标校流量计，计算流出系数修正因子，修改流量计软件，见表5。

表5　二次标校流量计

测试时间 8-28	锅炉出口					锥形孔板流量计				
	流量/(t/h)	温度/℃	干度	压力/MPa	水量/t	流量/(t/h)	温度/℃	干度	压力/MPa	流量计读数/t
15：50	7.5	302	66	9	3998.1	7	279	48	6.4	448.8
16：10	7.5	302	67	9.1	4000.5	6.8	279	46	6.4	451.3
16：30	7.5	303	67	9.1	4003.1	7	281	46	6.4	453.5
16：50	7.5	303	67	9.1	4005.5	6.8	281	46	6.5	455.8
17：10	7.5	303	67	9.1	4008.1	7.5	281	48	6.5	458.2
阶段水量					10.0					9.4
流量误差	-6.0%									

3.1.4　再次检验流量计累计流量误差

锥形孔板流量计二次标校完成后，保持注汽参数稳定注汽一段时间，通过锅炉用水流量计校核锥形孔板流量计误差(表6)。锥形孔板流量计累计流量误差-1.7%，表明流量计标校后，局部范围内计量精度达到较好水平。由于井口干度没有准确测量，无法计算干度误差。

表6　阶段注汽量计算流量计误差

测试时间	锅炉出口					锥形孔板流量计				
	流量/(t/h)	温度/℃	干度	压力/MPa	水表读数/t	流量/(t/h)	温度/℃	干度	压力/MPa	流量计读数/t
8-28-17：40	6.5	304	78	9.2	4011.4	6	281	48	6.6	461.7
8-29-9：25	6.5	303	75	9	4115.0	5.8	281	46	6	563.5
阶段水量/t					103.6					101.8
累计流量误差	-1.7%									

3.2　组合注汽流量计量和调控试验应用

锥形孔板流量计试验标定完成后，在组合注汽井开展现场应用。为了防止组合注汽井蒸汽偏流，在每一口井注汽管线上安装锥形孔板流量计、流量控制阀，根据每口井的设计配注汽量，结合注汽锅炉产汽量，计算每口井的瞬时流量，通过锥形孔板流量计精准计量，调节控制阀控制超注井注汽量，实现组合注汽单井精准注汽，注汽结束焖井后，拆掉锥形孔板流量计和流量控制阀，通过卡箍连接替代短节，恢复采油生产流程，流量计、流量控制阀转移到其他井继续应用，减少流量计购置数量，节约成本。

试验阶段现场开展了46井次蒸汽计量和控制试验应用，其中单炉对2口井组合注汽8个井组(表7)，单炉对6口井(层)组合注汽1个井组，多井组合单井计量23口井，除了部分蒸汽驱井流量计长期应用后出现引压管堵塞故障外，总体应用良好，实现了单井注汽量的精准控制，累计增加注汽量827吨。46井次蒸汽计量和控制应用后，和前一轮次注汽相比，增油1599.2t，目前正在扩大应用蒸汽计量和控制技术。

表7　单炉对两口井组合注汽应用情况

井组	井号	锅炉产汽/t	配注/t	实际注入/t	压力调节前/后		流量调节前/后		增注/t	流量计误差/%
					注汽压力/MPa	注汽压力/MPa	流量/(t/h)	流量/(t/h)		
1	AX1422	2381.3	760	712.5	5.4	4.9	5	4.1		-4.7
	A1426		1400	1556	5.5	6.1	6.6	7.1	245	
2	A3303	1292.5	500	528	4.25	4.41	6.8	8.1	148	-1.8
	A3204		700	740.8	4.8	4.26	11.6	8.5		
3	B405	1565.8	1012	1083.8	7.74	7.9	10	10.3	124	-2.2
	BH5211		425	447.9	8.8	7.8	5.2	4.3		
4	B167-1	1138.2	605	624.9	9.2	9.78	9.6	10.4	83	-3.0
	B3210		517	547.7	9.5	8.8	11	9.9		
5	A1117	1322.7	700	679.7	4.83	5.87	5	7.3	110	-4.1
	AX1191		550	588.6	7	6.22	10	8		
6	B6263	750.8	256	281.8	9.5	8.2	7.2	6.3	43	-2.9
	B6295		500	447.6	9.2	9.4	8.3	8.9		

续表

井组	井号	锅炉产汽/t	配注/t	实际注入/t	压力调节前/后		流量调节前/后		增注/t	流量计误差/%
					注汽压力/MPa	注汽压力/MPa	流量/(t/h)	流量/(t/h)		
7	BK11	1165.3	508	670.4	11.6	12.2	6.7	7.3	58	-3.4
	B浅69		435	455.5	12.3	11.3	7	6.5		
8	BEX25	856.5	420	426.1	7.5	7.6	6.5	6.7	15	-1.7
	B5007		407	415.6	9.3	9.2	6.6	6.4		
累计									826	平均误差3%

4 结论和认识

(1) 锥形孔板流量计引入了声波噪声理论模型，通过合理修正手段获得湿饱和蒸汽流量的测量，和锅炉产汽相比流量误差<5%，解决了湿饱和蒸汽流量难以计量的问题。

(2) 湿饱和蒸汽精准计量与控制技术，解决了河南油田稠油热采组合注汽井间偏流的难题，减少了蒸汽窜流，为稠油热采精细开发提供了技术支撑。

(3) 针对锅炉用水添加剂容易引起流量计堵塞问题，需要定期检修疏通传压管，避免异常情况造成的无法计量。

参 考 文 献

[1] 王文然，等．稠油热采注入饱和蒸汽的计量和调节[J]．清华大学学报(自然科学版)，2000，40(12)：29-32.

[2] 马明 等．稠油热采单井蒸汽分配计量技术[J]．特种油气藏，2008，15(2)：97-99.

[3] 张毅等．稠油热采注汽分配计量调节一体化装置研究[J]．石油机械，2000，28(9)：8-10.

[4] 张 毅等．注蒸汽管网等干度蒸汽分配技术[J]．石油机械，2001，29(3)：54-56

[5] 赵兴正，李亚奇．稠油热采湿蒸汽汽水分离及等干度分配计量技术研究．[J]内蒙古石油化工，2012(21)：113-114.

自渗透型稠油降黏冷采开发技术研究与应用

常国栋　赵　林　耿　超　赵一潞　陈慧卿　赵　楠　吕兆雷　王晓东

（中国石化河南油田分公司石油工程技术研究院）

摘　要　针对无法注汽或注汽经济性差的稠油油藏，原油流动性差，冷采开发油井无法正常生产的问题，研究了可对稠油渗透混相且长效稳定的冷采降黏体系，开展了原油配伍性、静态降黏性、渗透稳定性、油砂清洗性能以及物模驱油效果评价。实验结果表明，该降黏剂对胶质沥青质含量38%以下的特稠油、普通稠油静态降黏率达到99%以上，8h内实现自动混相，对油砂静态洗油率达到73.8%，物模驱替采收率提高11.3%。在河南油田现场试验15口井，油井含水率由99%下降到94%，阶段增油1950吨。

关键词　稠油；降黏；冷采；驱油

河南油田稠油油藏以蒸汽吞吐开发为主，部分区块因油藏埋藏浅、油层厚度薄、距水层近等因素，无法注汽开采或注汽经济效益差，储量难以有效动用。储层条件下，稠油主要为假塑性流体，流动性极差，在无搅拌条件下难以与水乳化，实现高效降黏。

本研究针对上述问题，研制了具有高效渗透性能的冷采降黏体系，该体系可弱稠油内部重质组分之间的相互作用，令降黏剂进入稠油内部分散油相，实现原油在弱剪切条件下的有效降黏。通过现场应用取得了良好的效果，为稠油油藏冷采开发提供了一种有效方法。

1　自渗透型稠油冷采化学降黏体系研制思路

以降黏致效机制为基础，降黏剂微观构效关系和相互作用机制作为设计依据，研究的自渗透型稠油冷采化学降黏体系包括稠油降黏剂、低聚型表面活性剂以及助剂。通过研究降黏剂分子结构与稠油组成的匹配性，确定适合河南稠油的乳化降黏剂亲油端为烷基芳基结构、亲水端为聚醚及其阴离子衍生物。低聚型表面活性剂分子链侧基上接枝大的疏水基团、强吸附的亲水基团及大量活性基团，能够大幅度降低油水表面张力，对油包水乳状液进行反相乳化，高空间位阻结构单元能有效阻止稠油形成网络层状结构，实现稠油乳液的长效稳定。降黏体系对河南油田原油的乳化能力强，可实现稠油在油藏条件下的微动力降黏。

2　自渗透型稠油冷采化学降黏体系性能评价

2.1　稠油组成分析

选用河南油田主力区块原油，对其组成进行了分析，结果见表1。

表1　河南稠油组成分析

项目		楼A	楼B	新A
20℃密度/($g \cdot cm^{-3}$)		0.96	0.96	0.96
蜡质量分数/%		2.3	2.2	1.3
总酸值/($mgKOH \cdot g^{-1}$)		4.93	4.60	1.47
元素质量分数/%	C	76.43	80.32	43.36
	H	10.86	11.65	9.23
	S	0.43	0.38	0.08
	N	0.18	0.24	0.07
四组分质量分数/%	沥青质	4.9	4.5	2.3
	胶质	29.5	32.7	25.2
	饱和烃	38.2	33.1	39.9
	芳烃	27.4	29.7	32.6
金属质量分数/($\mu g \cdot g^{-1}$)	Fe	37.4	8.7	20.5
	Ni	5.5	7.9	1.6
	V	0.6	0.4	0.4
	Na	1885	1010	1762
	Ca	330	491	481
	Mg	120	119	131
	Al	11.4	<0.1	2.1
	K	19.2	9.9	57.7

从表1的结果可以看出，3种稠油密度约0.96g/mL，属于特稠油。原油酸值较高，井楼稠油酸值高至4mgKOH·g^{-1}以上。蜡质量分数均较低，对稠油黏度影响不大。稠油的胶质质量分数为23%~32%，属于高胶质稠油，胶质含量高导致稠油具有较大的黏度。从非金属元素含量来看，稠油的碳氢比较高，重质组分较多，S、N含量均不到0.5%。

2.2 稠油黏温性质分析

采用Haake VT550型旋转黏度计测试原油黏温性质，转子为SV-DIN，剪切速率恒定在10s^{-1}，测定黏温曲线温度变化范围为30~80℃。三口井原油黏度与温度之间的关系见图1。

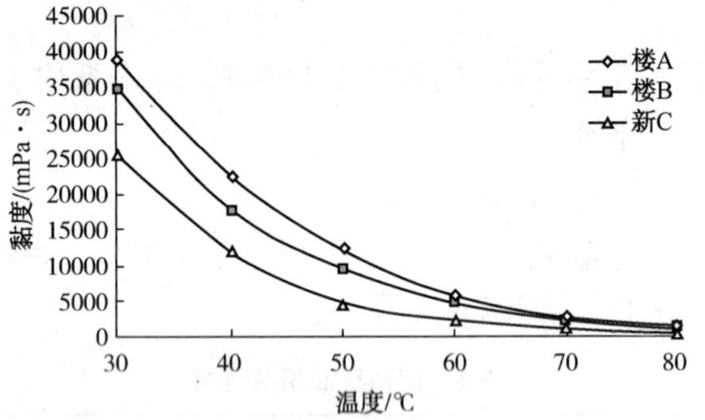

图1　河南油黏温关系曲线

3种稠油在50℃属于普通稠油、特稠油，黏度随着温度呈现指数性变化，表现出较强的温敏性。

2.3 静态降黏效果

在250ml的烧杯中加入50℃稠油100g。以矿化度3000mg/L的地层水将降黏剂配制成一定浓度的水溶液，取100g加入稠油中，在50℃恒温水浴中静置5h。待油水呈均匀状态，倒入旋转黏度计测量筒中测定50℃黏度。降黏率按下式计算：

$$\mu=(\eta_0-\eta_1)/\eta_0\times100\%$$

式中，η_0为加剂前稠油黏度，mPa·s；η_1为加剂后稠油黏度，mPa·s；μ为降黏率，%。

原油降黏率随降黏剂浓度变化关系如表2所示，随降黏剂浓度增加，降黏率迅速增加，当降黏剂质量分数为0.8%以上时，原油降黏率达到97%以上。

表2　降黏剂对稠油的降黏效果

浓度/%	降黏率/%		
	楼A	楼B	新C
0.1	-	-	-
0.3	-	-	80.4
0.5	85.7	78.0	86.3
0.8	99.1	97.6	98.2
1.0	99.3	99.2	99.5

注："-"表示稠油未混溶

2.4 渗透性实验

称取一定量的原油放于清洁干燥的烧杯中，将1%降黏剂溶液按不同油水比加入原油中，在无搅拌状态下，观察不同温度、不同时间原油状态。

由表3可以看出，降黏剂具有很好的渗透性能，8h内可与黏度40000mPa·s以下的原油自动混溶，温度升高、剂油比增加、接触时间延长均有利于降黏剂发挥作用。

表3　楼A井不同时间下的渗透实验

时间/h	30℃			50℃			70℃		
	7：3	6：4	5：5	7：3	6：4	5：5	7：3	6：4	5：5
0.5	未混溶	未混溶	未混溶	未混溶	未混溶	部分混溶	混溶	混溶	混溶
1	未混溶	未混溶	未混溶	部分混溶	部分混溶	部分混溶	混溶	混溶	混溶
2	未混溶	部分混溶	部分混溶	部分混溶	部分混溶	部分混溶	混溶	混溶	混溶
4	部分混溶	部分混溶	部分混溶	混溶	混溶	混溶	混溶	混溶	混溶
8	混溶	混溶	混溶	混溶	混溶	混溶	混溶	混溶	混溶
12	混溶	混溶	混溶	混溶	混溶	混溶	混溶	混溶	混溶
24	混溶	混溶	混溶	混溶	混溶	混溶	混溶	混溶	混溶

2.5 油砂洗油实验

取30-80目地层砂900g，放入烧杯中，取100g油样分三次倒入砂中，充分搅拌混合均匀，薄膜封口放入60℃烘箱中老化30天。取10g油砂于250ml烧杯，加入90g降黏剂溶液在50℃下浸泡24h，倒出液体，干燥称重，计算洗油效率：

$$\omega=(m_1-m_2)/m_0\times100\%$$

式中，m_0为油砂中含油质量，g；m_1为洗油前油砂质量，g；m_2为洗油后油砂质量，g；ω为洗油率，%。

不同浓度降黏剂洗油效果如表4所示，药剂对普通稠油具有较好的洗油效果，对特稠油洗油率稍低，原油黏度越大，洗油效果越差。分析认为，随着胶质沥青质含量升高，油砂间的作用力变大，吸附作用更强导致洗油率下降。

表4 不同浓度降黏剂的洗油率

浓度/%	原油黏度/mPa·s		
	楼A	楼B	新C
0.2	9.4	10.6	13.7
0.5	25.1	30.7	52.6
0.8	46.3	48.5	66.5
1.0	53.8	56.4	73.8

2.6 岩心驱油实验

采用物理模拟装置评价热水和降黏剂在多孔介质中对原油的驱替效率，将50℃黏度2000mPa·s的原油脱水处理后，饱和进38×500mm、渗透率0.3μm²、孔隙度26%的填砂管模型。以15ml/min排量先用150℃蒸汽驱替至含水98%以上，再用50℃水驱，最后用50℃降黏剂体系驱替，测试不同阶段极限采收率（图2）。

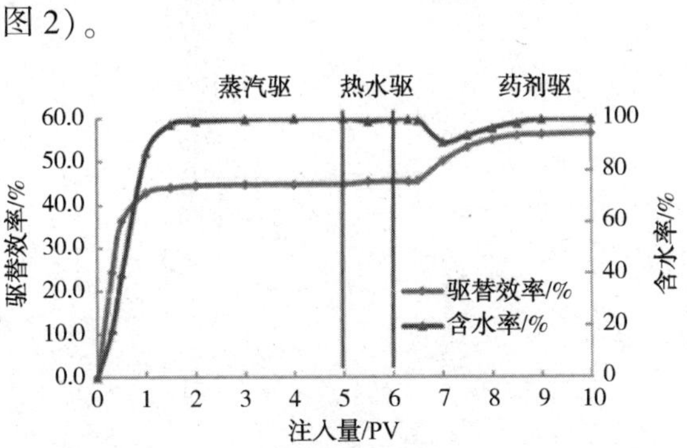

图2 物模注入参数与驱替效果曲线

实验结果表明，蒸汽能够快速大幅提高稠油采收率，转热水驱驱替效率增加0.6%，使用降黏剂体系可继续提高驱替效率11.3%，含水降低9%。分析认为蒸汽窜进后稠油采收率提高难度增大，配方中的低聚表面活性剂发挥调驱作用，扩大了波及体积，降黏剂降低原油黏度，改善水油流度比，综合提升了驱替效率，可用于热采转水驱开发的低效水驱油藏。

3 现场应用

该技术在河南油田现场应用15口井，措施降低了水油流度比，措施井含水从99%下降到94%，阶段增油1950吨，投入产出比1：2，具有良好的经济效益。

楼A井油层深度129.9~132.3m，属于浅层稠油，孔隙度38.1%，渗透率5.242μm²，采出程度仅15%，具有良好物质基础，因靠近剥蚀线及断层，无法正常热采，依靠小剂量蒸汽吞吐热处理生产。冷采措施前一周期，该井热处理注汽62.4吨，产油46吨，含水87.3%。采用降黏冷采开发技术注入降黏剂550m³，焖井后生产，周期含水降至69%，本周期增油110吨，后续热处理继续增油280.6吨。

楼B井油藏夹层薄，油层距水层近，注汽易注破水层。措施前日产液29吨，日产油0.1吨，含水99.7%。采取降黏冷采措施后日均产油2.3吨，综合含水降至94%，有效期127天，累计增油279.4吨。

河南某区块2012年投入开发，蒸汽吞吐生产效果和经济效益差，2016年转水驱开采。该区油层深度800米，地层温度50℃，脱水脱气原油黏度1200~1500mPa·s，注水井4口，油井12口，日产液116m³，日产油3.5吨，含水97%。为提高采收率，对4个井组实施先期降黏驱试验，投入措施费用50万元，在线注入降黏剂15吨，措施实施20天井组开始见效，日产油上升至11.3吨，综合含水下降5.6个百分点，累计增油800吨。

4 结论

（1）稠油降黏冷采体系具有较强的渗透降黏效果，对胶质沥青质含量38%以下的特稠油、普通稠油静态降黏率达到99%以上；与黏度40000mPa·s以下稠油8h内实现自动混相，24h

长效稳定；50℃对普通稠油油砂静态洗油率达到73.8%；对热采后水驱油藏，室内物模化学剂驱可继续提高采收率11.3%，对提升稠油冷采开发效果具有重要意义。

（2）化学降黏冷采技术在河南油田15口油井开展现场试验，油井从措施前含水99%下降到94%，阶段增油1950吨，现场取得很好的效果，解决了无法注汽的稠油井降黏生产问题，投入产出比1∶2，具有良好经济效益。

参考文献

[1] 吴川，张汝，张祖国，等．特超稠油改质降黏分子模拟及机理[J]．石油学报，2015，36(3)：355-360.

[2] 丁保东，张贵才，葛际江，等．普通稠油化学驱的研究进展[J]．西安石油大学学报(自然科学版)，2011，26(3)：52-58.

[3] 胡常忠，杨晓蓓，杨志斌，等．河南油田薄层稠油出砂冷采可行性分析及矿场试验[J]．石油勘探与开发：2000，27(5)：87-89.

[4] 尉小明，刘喜林，张建英，等．稠油乳化降黏开采用表面活性剂的筛选[J]．日用化学工业：2002，32(4)：40-42.

[5] 杨森，许关利，刘平，等．稠油化学降黏复合驱提高采收率实验研究[J]．油气地质与采收率：2018，25(5)：80-86.

[6] 李宗阳，王业飞，张娜，等．聚合物-降黏剂复合驱原油黏度界限确定方法[J]．油气地质与采收率：2018，25(6)：96-100.

[7] 夏晞冉．聚合物-降黏剂复合驱注入速度界限确定方法[J]．油气地质与采收率：2018，25(6)：90-95.

[8] 吴伟．特高温中低渗透油藏乳液表面活性剂驱提高采收率技术[J]油气地质与采收率，2018，25(2)：72-76，82.

[9] 唐海龙．聚合物-表面活性剂复合驱注采调控技术研究[J]．特种油气藏，2017，24(3)：123-128.

[10] 计秉玉，王友启，聂俊，等．中国石化提高采收率技术研究进展与应用[J]．石油与天然气地质，2016，37(4)：572-576.

高矿化度普通稠油油藏降黏复合驱油体系研制与应用

陈慧卿　赵　林　赵一潞　常国栋　吕兆雷　郝丽娜

（中国石化河南油田分公司石油工程技术研究院）

摘　要　针对CG油田储层矿化度高，原油黏度高、水驱波及系数低，水油流度比大、油井含水上升快，常规驱油体系配伍性差的问题，研究开发了耐高盐、降黏效果好和兼具流度控制的降黏复合驱油体系。该体系一方面可降低原油黏度，改善原油流动性；另一方面自身黏度可调，可通过调节驱替相的黏度来控制流度比，达到扩大波及体积，提高采收率的目的。该体系在CG油田C161-149井组进行现场实施，日产油从0.7吨上升至1.9吨，含水从96%下降至90%，措施初步见效。

关键词　降黏；流度控制；复合驱；高矿化度

河南油田稠油资源丰富，普通稠油地层储量为844.71万吨，采收率仅为18.6%，仍有很大的可开采空间。随着热采进入中后期，油气比低，采出效果差。目前，注水开发是油田最常用的提高采收率和保持油藏压力的方法。注水开发通常是经济有效的，而且比其他方式更容易在油田实现和推广。但是水驱只能提高采收率20%~40%。由于稠油含有较多的胶质沥青质，因此稠油黏度大密度高，水驱开发时水油流度比大，导致水的波及系数低，原油采收率低。

聚合物驱也是一种常用的提高石油采收率的技术手段，其基本原理是通过聚合物来提高水相黏度，从而降低水油流度比、提高波及系数。虽然聚合物驱对常规原油油藏有明显的降水增油效果，但对黏度较高的稠油油藏驱油效果较差，这主要有两方面的原因：首先，开发稠油油藏需要的聚合物黏度更高，但在高盐油藏条件下，常规聚丙烯酰胺聚合物收到高盐的降解作用，聚合物的黏度大幅度降低，导致聚合物对水相的增黏效果很有限。其次，对于黏滞力较强的稠油，聚合物很难把岩石孔隙中的剩余油驱出。单独使用常规聚合物难以满足我国胜利、河南、新疆等油田高盐稠油油藏高效开发的需要。

表面活性剂作为驱油剂，能够降低油水界面张力、改变岩石表面的润湿性，因此表面活性剂能够提高驱替液的洗油效率，但对于黏滞力较强的稠油，界面降低的程度并不能产生足够的动力使剩余油从岩石孔隙中驱出。降黏剂能够通过乳化分散降黏、吸附降黏、反应降黏等机理降低原油的黏度，从而改善水油流度比提高波及系数，从而提高原油的采收率。

对于200~2000mPa·s普通稠油仅从单一驱替相增黏或被驱替相降黏控流度，采收率提高幅度小，无法满足油田大幅提高采收率的需求。因此，研制高性能驱油体系，提高驱替效果，实现稠油降能增产目标，为稠油储量经济有效动用提供技术支撑，将产生巨大的经济和社会效益。

本文通过开展降黏复合驱体系的耐盐性能、抗剪切性能、润湿洗油效果、降黏性能等实验，优选出适合CG油田降黏复合驱配方体系，并通过室内物模实验，研究了不同驱油方式对高矿化度普通稠油提高采收率效果的影响，开展了现场试验。

1　实验部分

1.1　材料与仪器

实验用油为河南CG油田C2-04井脱水原油（40℃时黏度为390.51mPa·s）；实验用水为地层水（矿化度74870mg/L）或模拟地层水（配制方法见表1）；碳酸钠、氯化钠、硫酸钠、碳酸氢钠、氯化钙、氯化镁，分析纯，国药集团上海化学试剂有限公司；实验用降黏剂AL、YX、TY-3、BY-2、SDBS、AS，流度控制剂GN-2、FY、ZJ均由方圆化工有限公司提供。

ViscotesterIQ流变仪；SL200B接触角测定仪；IX71倒置显微镜；多功能岩心驱替装置、高温高压一维驱替采集系统、填砂管（30cm×

2.5cm)、中间容器、水浴恒温装置、恒速电动搅拌器、精密电子称、实验用试管。

表1　春2区块室内模拟地层水配制方法

品名	浓度/(mg/L)
碳酸钠	62.5
氯化钠	64490
硫酸钠	1537
碳酸氢钠	396.5
氯化钙	5754
氯化镁	5588.5

1.2　实验方法

1.2.1　降黏复合体系的制备

以多种降黏剂和流度控制剂为原料通过复配和筛选，在常温常压下配成降黏调驱复合体系，用作降黏复合驱剂。该体系外观为澄清透明溶液，pH值为6.5~7.5。

1.2.2　降黏复合体系耐盐性能评价

采用地层水分别配制降黏剂和流度控制剂溶液，观察其配伍性。

1.2.3　降黏复合体系降黏效果室内评价

降黏效果主要由降黏率和乳状液稳定性评价。

在250mL烧杯中加入20g稠油，在40℃恒温水浴中静置20min后，用ViscotesterIQ流变仪测定稠油的黏度(η_0)，另取一个250mL烧杯中加入稠油和降黏复合驱剂(质量比1∶1)，在40℃恒温水浴中静置20min后，晃动或用玻璃棒搅拌，直至乳化均匀。在40℃用ViscotesterIQ流变仪测定乳化液的黏度(η_1)。由式(1)计算稠油的降黏率E：

$$E=(\eta_0-\eta_1)/\eta_0\times 100\%$$

将稠油和降黏复合驱剂混合后的乳状液，倒入带刻度的具塞试管中，观察自然沉降脱水速度，并用倒置显微镜观测降黏后乳状液的微观形貌，观察油滴分散大小。

1.2.4　降黏复合体系润湿洗油效果评价

将稠油与40目的砂子以质量比1∶7混合，在40℃条件下老化3天，称取老化后的油砂20g置于量筒中，加入复合体系溶液至油砂完全浸没，在40℃烘箱中静置24小时后，取出拍照并计算洗油率。将原油涂覆在玻璃片表面，通过测量复合体系与原油接触角来反映复合体系的润湿性能。

1.2.5　降黏复合驱体系驱油效果评价

采用一维填砂管实验，分别考察水驱+热水驱、水驱+降黏驱及水驱+降黏复合驱三种驱替方式对提高采收率的影响。实验步骤：(1)制作填砂管模型；(2)测量模型孔隙体积及孔隙度；(3)测量模型渗透率；(4)建立模型原始含油饱和度70%；(5)先水驱直至含水达到95%以上，再开展水驱/降黏剂驱/复合体系驱油实验，驱至产液含水率达到经济极限，实验过程中，实施监测填砂管模型沿程压力，记录出口端产水产油、沿程压力随注入PV数变化的数据，并计算驱油效率。

2　实验结果及讨论

2.1　降黏复合体系的制备

2.1.1 降黏剂的筛选

将收集到的6种降黏剂分别用C2地层水配制成0.5%的溶液，并与C2-04原油，按5∶5的比例混合，在油藏温度40℃条件下搅拌均匀后测量原油黏度，结果如表2所示。

表2　降黏剂与C2区块油水的配伍性

序号	降黏剂	类型	地层水溶解性	溶解时间/min	pH值	微动力降黏效果	降黏后原油黏度/mPa·s	降黏率/%
1	AL	阴离子型	常温易溶	<15	6.5	分散均匀，油滴较大	23.7	93.93
2	YX	阴离子型	40℃水易溶	<15	6.5	分散均匀，油滴细小	8.4	97.85
3	TY-3	阴离子型	常温易溶	<15	6.5	分散均匀，油滴较大	36.4	90.68
4	BY-2	复合型	沉淀	/		/	/	/
5	SDBS	阴离子型	常温易溶	<15	9.0	不分散，无降黏效果	/	/
6	AS	阴离子型	沉淀	/		/	86.0	77.98

可以看出，6种不同类型的降黏剂均具有较好的水溶性，15分钟内可完全溶解，0.5%浓度水溶液的pH值符合行业标准的要求，pH范围6.0~9.0。0.5%的YX降黏剂对C2-04原油具有较好的分散降黏效果，降黏后的稠油油滴细小，黏度仅为8.4mPa·s，降黏率高达97.85%，可作为C2区块优选降黏剂进行下一步研究。

2.1.2　流度控制剂的筛选

采用地层水配制流度控制剂水溶液，对待选流度控制剂的溶解性能进行考察，结果如表3所示。可以看出，流度控制剂GN-2在室内模拟水中溶解不均匀，且有絮状物产生。其他类型的流度控制剂均可在高矿化度的地层水中溶解，溶液澄清透明，溶解时间小于2小时。分别配制不同浓度的ZJ和FY，其黏浓曲线如图1所示。可以看出，随着使用浓度的增加，两种流度控制剂的黏度大幅增加，但在相同浓度下ZJ黏度略高于FY的黏度，为优选流度控制剂。

表3　流度控制剂溶解性能评价

流度控制剂名称	水溶性	溶解时间	0.2%浓度下的黏度/mPa·s
ZJ	常温易溶，无沉淀	≤2h	20.84
FY	常温易溶，无沉淀	≤2h	19.53
GN-2	常温溶解不均匀，有絮状沉淀	/	/

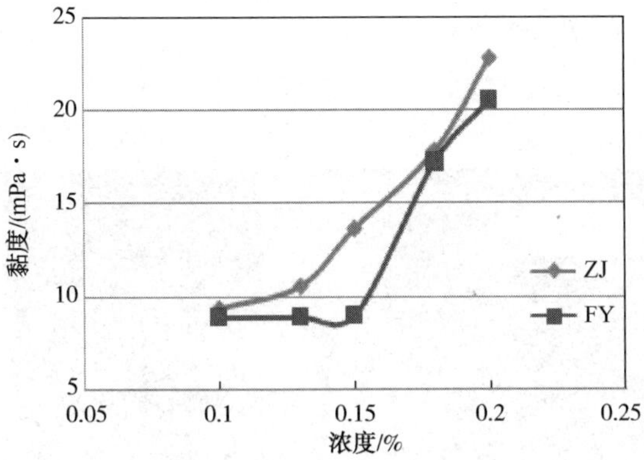

图1　不同流度控制剂的黏浓曲线

2.1.3　降黏复合体系配方的研制

在筛选出降黏剂和流度控制剂类型的基础上，通过对比体系不同浓度条件下的降黏性能、体系黏度和乳状液稳定性，对冷采复合驱油体系的最佳使用浓度进行优化。

固定流度控制剂黏度为10mPa·s左右，此时ZJ浓度为0.1%，通过改变降黏剂YX的浓度，研究复合体系中降黏剂的浓度对体系降黏性能的影响。结果显示，降黏剂质量浓度对复合体系的降黏性能影响较大，随着降黏剂浓度的增加，复合体系对C2-04脱水稠油的降黏率呈现先大幅上升后逐渐平稳的趋势，拐点浓度为0.1%，因此，复合体系中降黏剂的最佳适用浓度为0.1%(图2)。

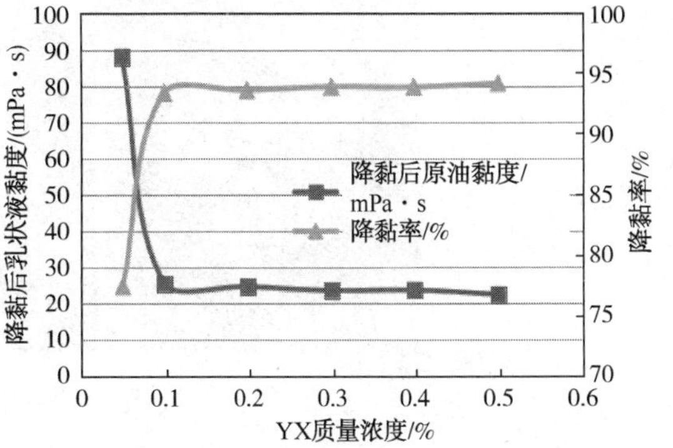

图2　复合体系降黏率随降黏剂质量浓度变化曲线

固定降黏剂YX浓度为0.1%，通过改变流度控制剂的浓度，研究复合体系中流度控制剂的浓度对体系黏度和降黏性能的影响，结果如表4所示。

实验结果显示，随着流度控制剂质量浓度的上升，复合体系对C2-04稠油的降黏率呈现逐渐下降的趋势。主要有两方面原因：由于流度控制剂黏度随着其浓度的升高而上升，一方面增大了降黏剂活性分子进入稠油内部的难度，另一方面复合体系黏度的增加也增大了稠油乳状液的体相黏度。因此，流度控制剂黏度不易过高，以降黏后稠油油水黏度比≤3为指标，综合考虑经济因素，优选出流度控制剂最佳适用浓度0.1%。

表4　流度控制剂浓度对复合体系黏度和降黏性能的影响

流度控制剂浓度/%	复合体系黏度/mPa·s	降黏后原油黏度/mPa·s	降黏率/%	油水黏度比
0.1	9.43	25.5	93.47	2.70
0.15	13.76	38.2	90.22	2.77
0.2	22.88	52	86.68	2.27

综上可得，降黏复合体系配方为0.1%YX+0.1%ZJ。

2.2　降黏复合体系耐盐性能评价

常规化学驱油体系不耐盐，黏度保留率低，流度控制难度大，同时由于盐敏效应，盐离子压缩流度控制剂分子的双电层造成分子链断、蜷缩，导致出现絮凝或沉淀现象，因此要求复合驱油体系具备良好的耐盐性、地层配伍性。

C2区块无机盐含量高，主要含有K^+、Na^+、Ca^{2+}、Mg^{2+}、Cl^-、SO_4^{2-}、CO_3^{2-}、HCO_3^-离子(K^+、Na^+含量为26014.15mg/L、Ca^{2+}为2077.74mg/L、Mg^{2+}为669.25mg/L)其中的矿物离子尤其是二价阳离子对常规降黏剂、聚合物影响较大，易导致絮凝沉降失效。用地层水配置筛选出的复合体系溶液黏度较常规聚合物高，放置18h后溶液澄清，说明复合体系具有良好的耐盐性和地层配伍性(图3)。复合体系溶液具有较好的耐剪切性能，在6r/min、40℃条件下连续剪切2h后的黏度保留率为75.63%。

图3　不同流度控制剂配伍性对比

2.3　降黏复合体系降黏效果评价

复合体系(0.1%YX+0.1%ZJ)与C2-04原油1∶1混合，在40℃条件下测得降黏后乳状液的黏度为25.5mPa·s，降黏率为93.47%。采用倒置显微镜观察复合体系对C2-04稠油的分散效果微观照片(放大100倍)，如图4所示。可以看出，在复合体系作用下，C2-04的连续相稠油被分散成均匀、细小的油滴，粒径要略大于单独降黏剂YX分散的油滴，小油滴的均匀程度明显高于单独降黏剂YX分散的油滴，具有较好的乳化分散稠油的能力。

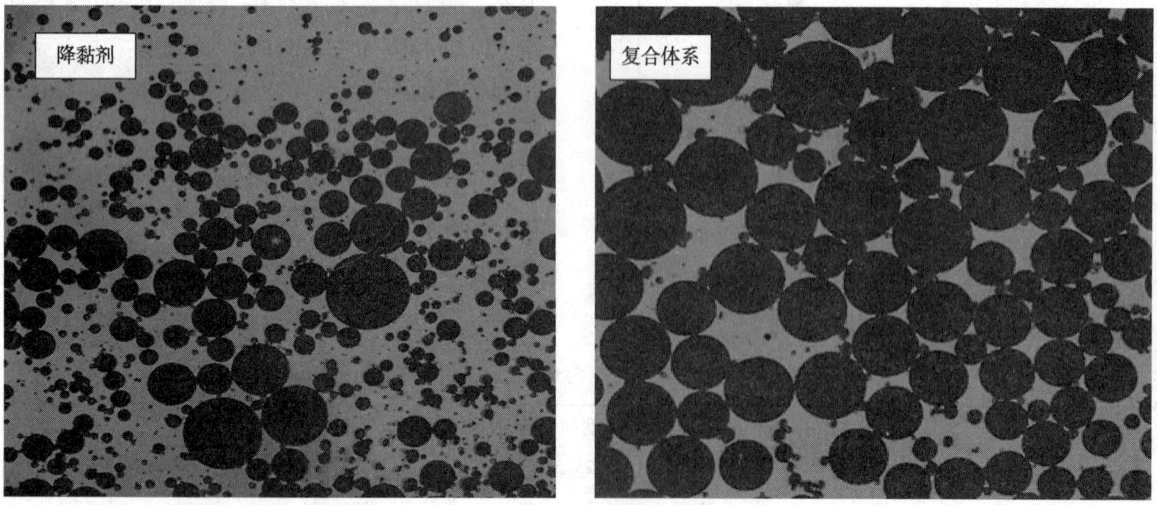

图4　降黏剂、复合体系分别与C2稠油作用效果微观照片

为了进一步探究分散小油滴的稳定性，考察了复合体系乳状液脱水率随时间变化规律如图 5 所示。结果显示，复合体系与 C2-04 稠油形成的乳状液相比单一降黏剂具有较好地稳定性，降黏剂与原油形成的乳状液 30min 内脱水率达到 90%，而复合体系 6 小时内的脱水率为 50%，且脱出水相清澈、不挂壁，说明流度控制剂不仅能够有效稳定水包油乳状液，还能起到絮凝作用来清洁分离的水相。

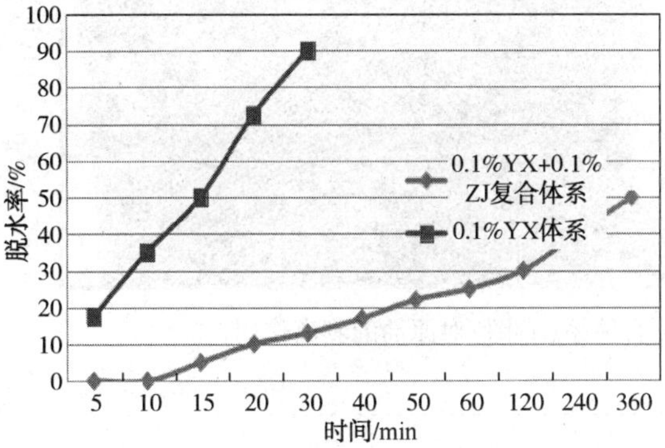

图 5 复合体系与 C2-04 稠油形成乳状液的脱水率随时间变化曲线

2.4 降黏复合体系润湿洗油效果评价

为了探究复合体系剥离原油的作用机制，将原油涂覆在玻璃片表面，通过测量复合体系与原油的接触角，解释复合体系与原油之间的作用效果。接触角结果如图 6 所示。

可以看出，模拟地层水与 C2-04 稠油的接触角略大于 90°，单独降黏剂溶液与原油接触角较低，为 56.99°，复合体系与原油接触角与单纯的降黏剂溶液相差不大，流度控制剂的加入不会干扰降黏剂对原油接触角的作用效果。

本文通过静态洗油实验考察了复合体系对油砂的洗油效果，结果如表 5 所示。对比空白样，复合体系对油砂的洗油率与单独的降黏剂 YX 溶液相差不大。

表 5 复合体系洗油性能评价

体系	洗油率/%
空白样	0
0.1%YX	32.4
0.1%YX+0.1%ZJ	28.7

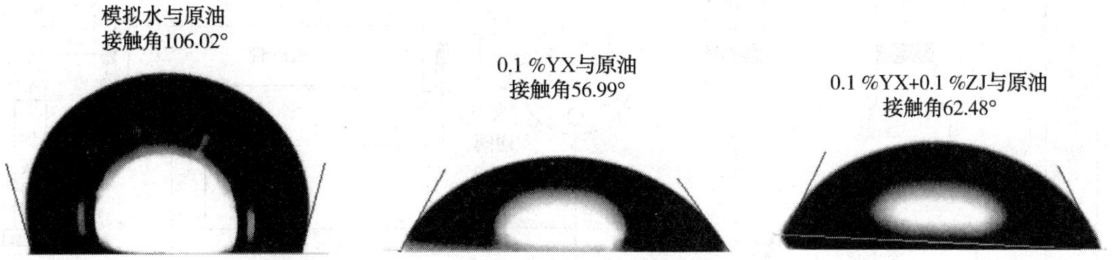

图 6 复合体系与 C2-04 稠油的接触角

通过观察原油洗油动态可知，降黏剂 YX 通过剥离油砂上包裹的原油起到洗油的作用；流度控制剂的加入会在一定程度上延缓剥离油膜的速度，但对最终洗油率影响不大(图 7)。

2.5 降黏复合驱体系驱油效果评价

在研制出 C2 区块降黏复合驱油体系的基础上，针对 C2 区块的油藏、原油和流体特性，开展室内一维物理模拟填砂管驱油实验(图 8)。通过对比不同驱油方式，评价复合体系配方提高采收率的效果。填砂模型尺寸为 30cm×2.5cm，驱替速度为 1mL/min，填砂管腔体温度 40℃，热水驱注入流体温度为 85℃，实验用油为 C2-04 脱水稠油，实验用水为模拟地层水，饱和填砂相关实验参数和流程如表 6 所示。

表 6 不同注入方式填砂模型驱油实验参数

注入方式	水驱+热水驱	水驱+降黏剂驱	水驱+复合驱
注入流体	模拟地层水	0.1%YX	0.1%YX+0.1%ZJ
渗透率/mD	2240.9	2125.76	2214
孔隙度/%	37.34	36.25	36.93
饱和油/%	68.7	70.2	72

三种驱油方式室内提高采收率效果如图 9 所示。可以看出，①针对 C2 区块孔渗情况，室内水驱极限采收率为 30%左右；②在水驱基础上，三种驱油方式总采收率极限从大到小依次为：复合驱(55.87%)>热水驱(51.63%)>降黏剂驱(49.99%)；③三种驱油方式相对水驱提高采收率从大到小为：复合驱(28.46%)>热水驱(21.09%)>降黏剂驱(10.91%)。在水驱工艺达

到驱油极限的情况下，注入复合驱油体系后，驱油效率大幅上升，表明复合驱油体系具有优异的驱油性能，能在水驱基础上进一步扩大波及、改善驱油效果，提高稠油采收率。

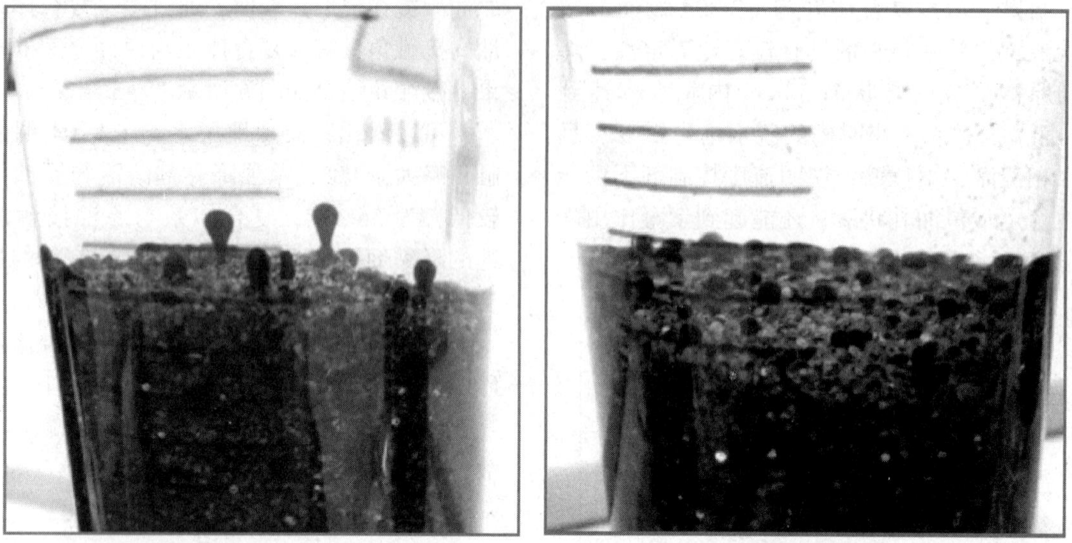

图7　降黏剂(左图)和0.1%YX+0.1%ZJ复合体系(右图)对原油的剥离作用

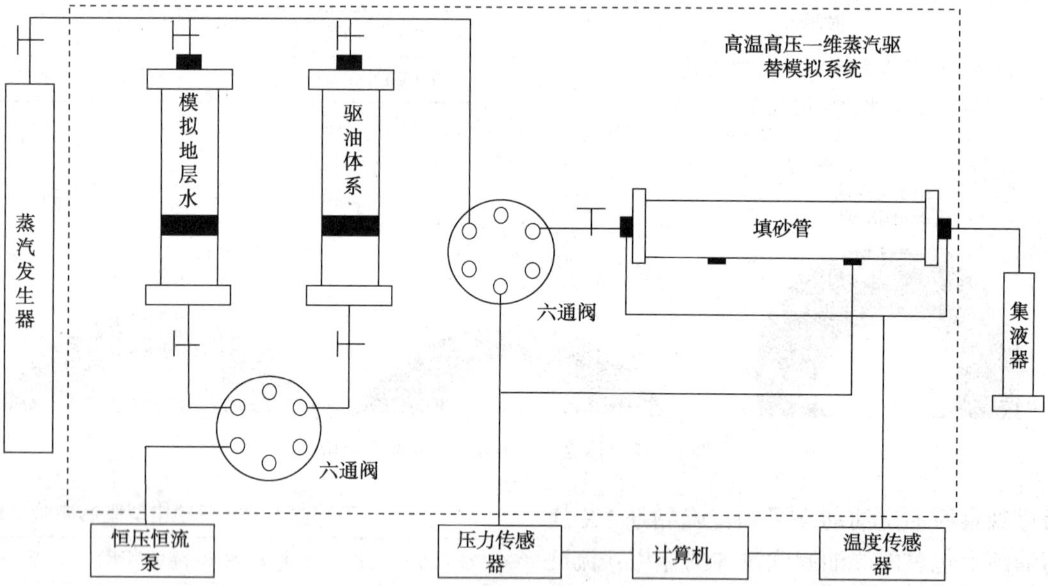

图8　驱替实验示意图

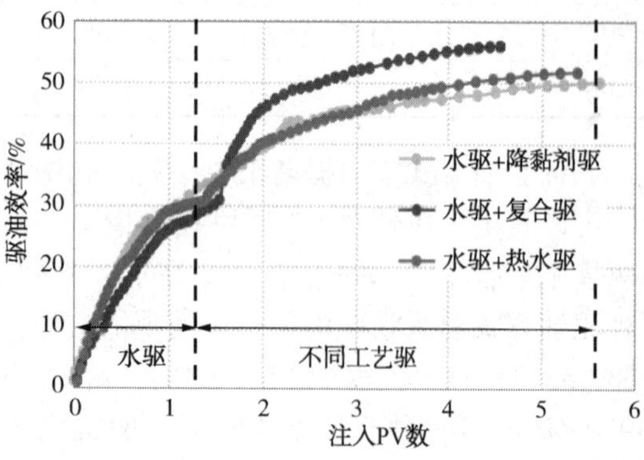

图9　不同驱油方式室内驱油效率随注入量变化

三种驱油方式驱油过程中含水率随注入量变化规律如图10所示。可以看出，①水驱开始后，采出液含水率迅速上升，很快达到90%以上；②在水驱基础上，改变开发方式，复合驱含水迅速大幅下降，而热水驱和降黏剂驱开展后含水降幅较小，且达到最低值后很快上升至含水率90%以上。

在水驱工艺达到含水极限的情况下，注入复合驱油体系后，含水率大幅降低，且拿油期持续时间较长，表明复合驱油体系能够有效延缓含水上升速率。

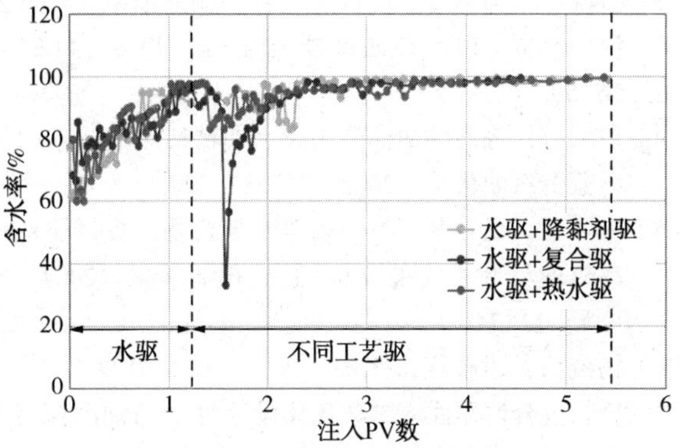

图 10　不同驱油方式含水率随注入量的变化

3　矿场应用

CG 油田含油面积 25.48km^2，覆盖地质储量 1523.48 万吨。C161-149 单元油层单一，构造简单，属于高孔高渗(ϕ：32.67%，K：1.73μm^2)边水稠油岩性油藏。油层温度下(42.2~54.42℃)脱气原油黏度为 221~1475mPa·s，属于普通稠油Ⅰ-2 类，地层水总矿化度为 78300mg/L，属 $CaCl_2$水型。储层中等偏强水敏，盐敏特征显示临界盐度在 20000mg/L 左右，非均质性弱(渗透率级差 1.81)，储层物性好、连通性较好。

该单元投产以来利用天然边水驱动能量开发，因原油黏度高、水油流度比大(340~1475)，边水指进造成油井含水上升快，油井产能低，剩余油动用不均；地层矿化度高、储层敏感性造成常规驱油体系耐盐差、地层配伍性不强，化学冷采提高采收率难度大。

该井于 2021 年 9 月 28 日开始实施降黏复合驱措施，日配注量 25 方。措施前一个月平均日产油 0.7 吨，日产液 18.7 吨，含水 96%；措施后从该井生产曲线上可以看出该井含水逐渐下降，日产油量逐步上升，日产液量相对稳定，截止 2021 年 11 月 10 日，日产油 1.9 吨，日产液 18.5 吨，含水 90%，措施初步见效。

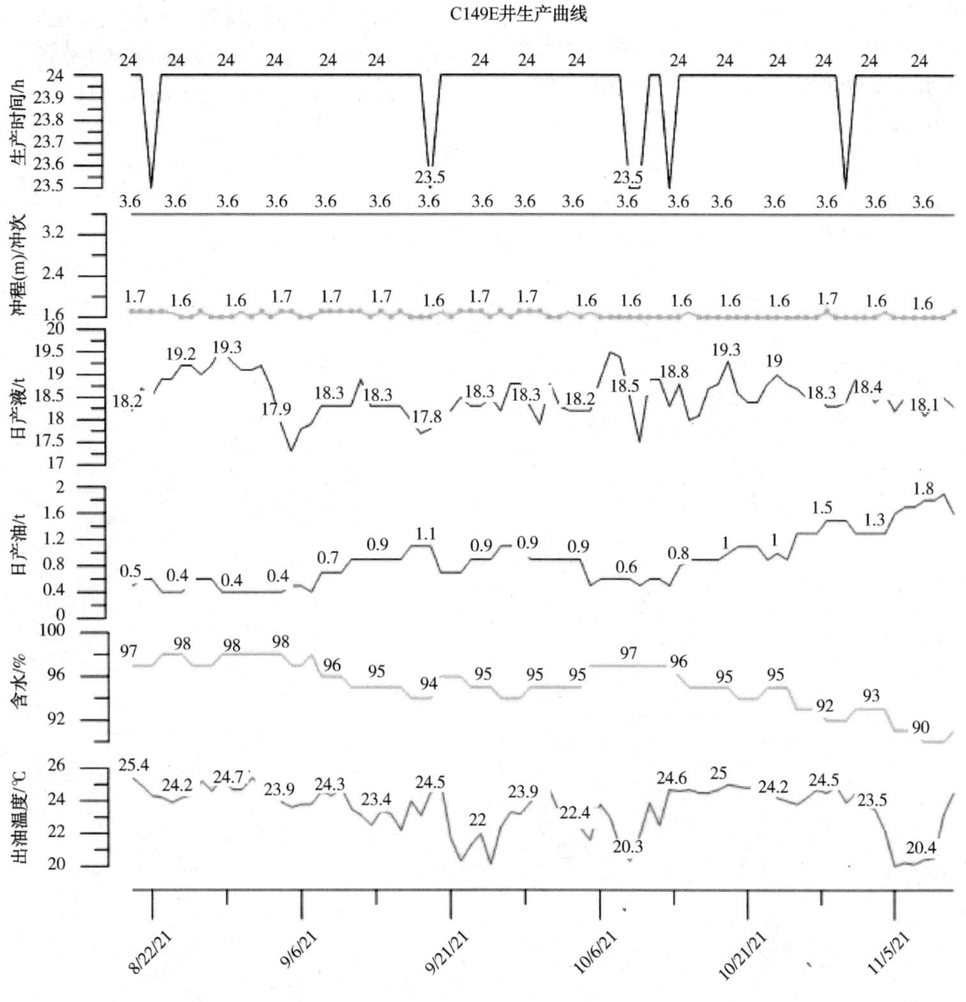

图 11　C149E 井生产曲线

4 结论与认识

(1) 针对C2区块地层水矿化度高、原油黏度高的问题，本文通过室内评价实验筛选出了耐高盐的降黏剂YX和流度控制剂ZJ，形成了耐高矿化度的降黏复合驱油体系配方。

(2) 系统评价了降黏复合驱油体系配方的性能。该配方对C2区块原油具有良好的降黏分散、洗油润湿效果，对C2-04原油的降黏率>90%，静态油砂洗油率>25%，在水驱基础上可进一步提高采收率28.46%，具有优异的驱油性能。

(3) 降黏复合驱油体系在C149E开展现场实验，措施后该井含水由96%下降至90%，日产油量由0.7吨上升至1.9吨，措施初步见效。

参 考 文 献

[1] 冯瑞林，李仰民，李凤群，等．普通稠油油藏周期注水提高水驱效率技术研究与应用[J]．石油钻采工艺，2001，23(01)：63-66.

[2] 靳晓军，申志军．河南油田泌123、124断块普通稠油油藏注水开发规律探讨[J]．特种油气藏，2003，9(10)：40-42.

[3] 石晓渠，马道祥．古城油田普通稠油油藏注水开发潜力研究[J]．石油地质与工程，2008，4(22)：56-58.

[4] 卢跃海，普通稠油油藏高含水期精细注水技术[J]．内蒙古石油化工，2008，9：225-227.

[5] 宋考平，杨二龙，王锦梅等．聚合物驱提高驱油效率机理及驱油效果分析[J]．石油学报，2004，25(3)：72-74.

[6] 杨俊茹，谢晓庆，张健，等．交联聚合物微球-聚合物复合调驱注入参数优化设计[J]．石油勘探与开发，2014，41(6)727-730.

[7] 李国．大庆油田聚合物驱后利用残余聚合物挖潜剩余油技术探索[J]．油田化学，2010，27(2)：193-197.

[8] 李杰瑞，刘卫东，周义博，等．化学驱及乳化研究现状综述[J]．应用化工[J]．应用化工，2018，47(9)：1958-1963.

[9] 任强，王振宇，孙玉海，等．二元复合驱表面活性剂在油水界面的作用机理[J]．石油炼制与化工，2018，49(9)：43-49.

[10] 石静．新型耐温抗盐稠油乳化降黏剂的性能研究[J]．石油化工应用，2016，35(02)：100-103.

[11] 富缨钧．聚合物溶液的稳定性分析[J]．化工设计通讯研究与开发，2018，9(44)：127.

提高稠油井井下机采系统效率研究

彭芳芳

（中国石化河南油田分公司石油工程技术研究院）

摘　要　抽油机是应用最普遍的石油开采机械之一，其机采井系统效率可以反映抽油机系统整体工作的能力，较高的系统效率能减少能耗，提高产量；较低的系统效率则会增加成本，降低效益。通过热采井生产周期机采效率变化规律研究，确定了影响热采井机采系统效率的主要因素，并结合热采井周期内机采效率变化规律，提出了优化抽油杆、抽油泵，调参、调平衡度、间开等措施，达到提高系统效率、降低成本的目的。

关键词　稠油；系统效率；评价；优化

稠油蒸汽吞吐井由于周期内生产特点，温度、原油黏度、供液能力和含水率等参数变化大，导致泵效低；而且稠油热采吞吐轮次转换频繁，油井调参难度大，一个生产周期内抽油机载荷变化大，导致机采系统效率变化幅度大；河南油田稠油油层条件下黏度为6000～8000mPa·s，随着举升动液面深度的增加、井筒温度的下降，原油的黏度也增加，抽油杆的摩擦阻力越来越大，造成抽油机能耗增大，绝大部分稠油油井均存在做负功，因此需要对稠油热采井的能耗影响因素进行分析研究。

1　机采系统效率的理论计算方法

1.1　系统效率的定义

抽油机井系统效率是指地面电能传递给井下液体，将液体举升到地面的有效做功能量与系统输入能量之比。即抽油机的有效功率与输入功率的比值百分数：

$$\eta=\rho_{有效}/\rho_{输入}\times100\%$$

抽油机的有效功率指的是特定的扬程（H）内，把井内的液体输送到地面上所需的功率。

$$P_{有}=\frac{抽油机有效功率}{抽油机输入功率}\times100\%$$

$$P_{有}=\frac{Q_L\times H_d\times\rho_L\times g}{86400}$$

式中：$P_{有}$ 指的是有效功率，单位为 kW；L、Q 指得是油井产液量，单位为 m^3/d；D、H 指的是有效扬程，单位为 m；L 指的是油井液体密度，单位为 t/m^3；G 指的是重力加速度，单位为 $9.8m/s^2$。

1.2　系统效率的分解

该系统的效率由地面效率以及井下效率组成。光杆悬绳器以上机械传动的效率以及电机的运行效率二者的乘积就为地面效率。悬绳器以下直至井口的效率叫做井下效率。

$$\eta_{系}=\eta_{地}\times\eta_{井}$$

其中：$\eta_{系}$指的是抽油机井的系统效率；$\eta_{井}$指的是抽油机井的井下效率；$\eta_{地}$指的是抽油机井的地面效率。

井下的能量损失主要产生在盘根盒、管柱上、抽油泵以及抽油杆，所以

$$\eta_{井}=\eta_1\times\eta_{2井}\times\eta_3\times\eta_{4井}$$

其中：η_1指的是为盘根盒效率；η_2指的是为抽油杆效率；η_3指的是抽油泵效率；η_4指的是为管柱效率。

为了减少井下功率的损失，提高井下系统的效率，对各种损失的功率和相关的影响因素进行深入的分析是十分有必要的。

2　井下机采效率影响因素分析

2.1　抽汲参数对系统效率的影响

对于同一有效扬程，抽汲参数不同，抽油机系统效率不同，而且差别很大。以新庄油田为例，冲程主要集中在3m、3.6m，统计实测冲程、冲次与系统效率的分布关系如图1所示。由图1可知，同一冲程下，系统效率随冲次的增加而降低。降低冲次能够使电机的负荷变化周期延长，循环的次数缩减，对系统效率的提高十分有利。

抽油机在长冲程、低冲次下运行，随着冲次降低，抽油杆和液体之间的黏滞摩擦做功降低，

最小载荷上升，下行阻力减少，抽油杆收缩量减少，有效冲程增加，泵筒充满程度增加，进而提高油井的系统效率（图2）。

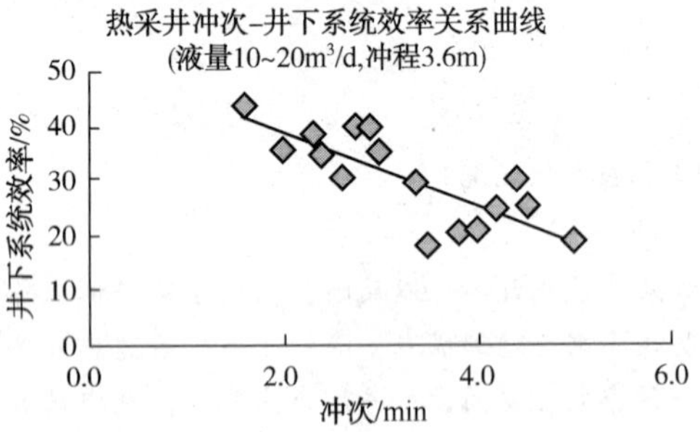

图1　热采井冲次-井下系统效率关系曲线

2.2　下泵深度对系统效率的影响

下泵深度的改变也会引起油井抽油杆摩擦损失功率和油管柱的有效功率发生改变，从而影响到系统效率。如图2所示，整体上井下系统效率随沉没度的增加呈下降趋势，沉没度在100~300米范围变化时，井下系统效率较高，在实际生产中，应优化下泵深度，适当降低沉没度的大小。

抽油杆柱与液体间的黏滞摩擦功与下泵深度、原油黏度、抽油杆运动速度的平方成正比。随着下泵深度的增加，摩擦损失功率增大，导致系统效率的下降。

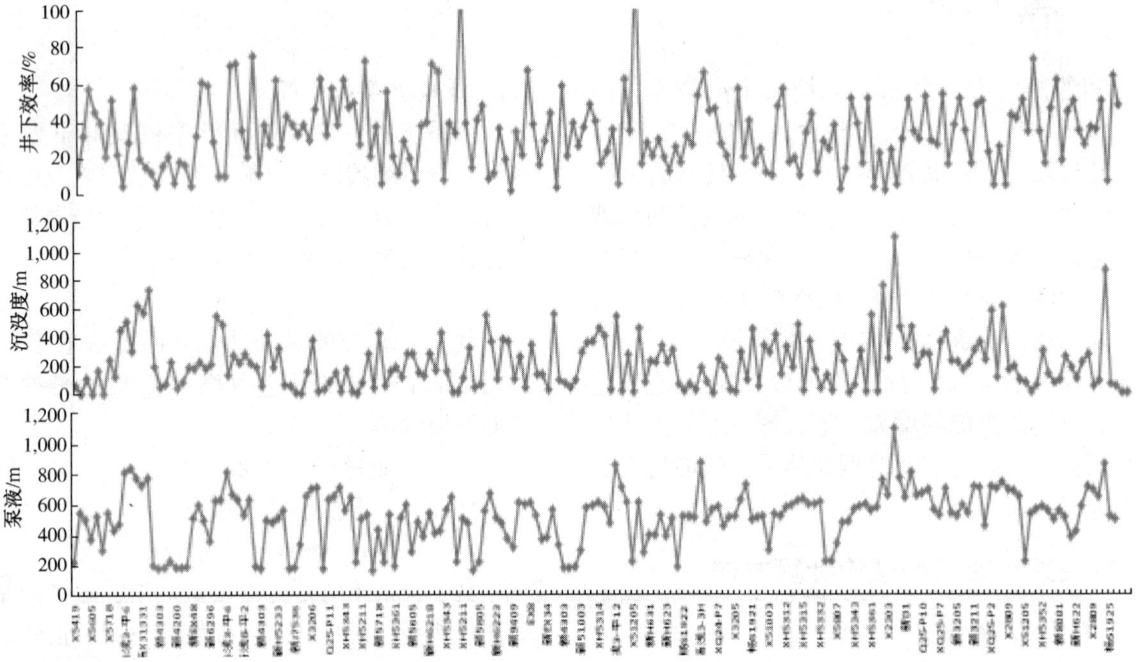

图2　热采井泵深/沉没度-井下效率统计图

2.3　产液量对系统效率的影响

在泵深基本相同的情况下系统效率随着油井产液量的增加而上升，从油井产液量与系统效率关系曲线可以看出，油井产液量的增加与系统效率正比增加，同时通过从油井产液量与系统效率关系柱状图还可以看出，在泵深基本不变的情况下，系统效率随着油井产液量不断增加呈上升趋势。油井的产液量的增加和系统效率呈正比增加的关系（图3、图4）。

2.4　黏度（温度）对系统效率的影响

对于稠油井，从油井出油温度与井下系统效率关系曲线（图5）可以看出，由于稠油黏度高、黏滞阻力大，下冲程可能会造成抽油杆柱滞后，当温度升高，稠油黏度降低时，井下系统效率将提高。

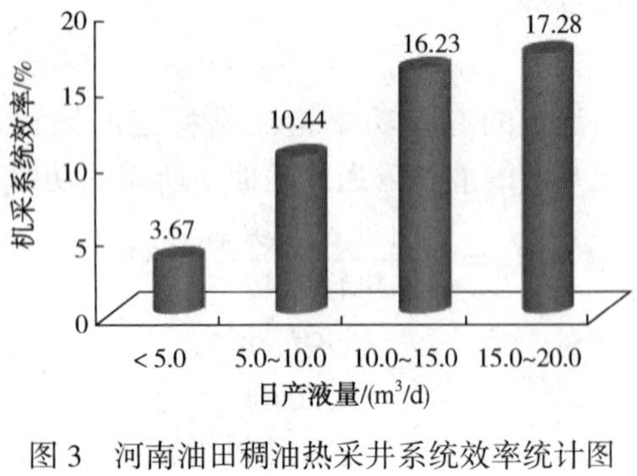

图3　河南油田稠油热采井系统效率统计图

2.5　热采井指标周期变化规律研究

稠油热采井生产经历注、焖、喷、抽四个生产环节，生产初期产液量高、温度高、沉没度相对较高、泵充满程度高，机采系统效率相对较高，但维持时间较短(10～15 天)。随着生产的延续，温度降低、产液量下降、泵工况变差，机采系统效率降低。末期生产温度进一步降低、油黏度增加进泵更加困难，产液量更低、机采系统效率处于更低的水平。

通过稠油热采井机采参数随生产周期的变化规律分析认为：机采系统效率呈现出生产初期由低到高、中后期由高到低逐渐降低；地面效率的波动趋势不明显、幅度波动不大；机采系统效率与井下效率(泵效)相关性较大，趋势一致(图 6)。

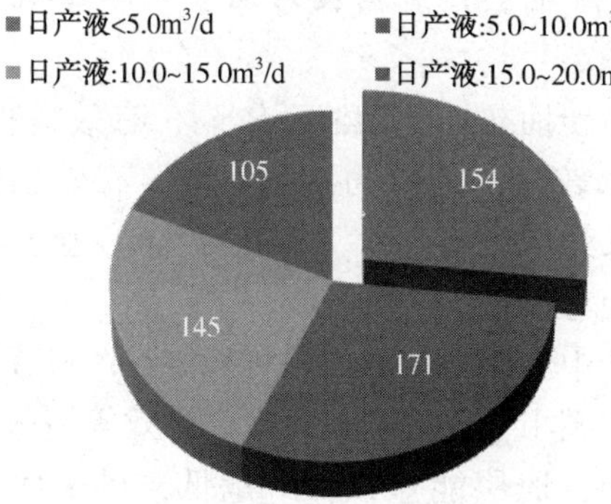

图 4　产液量与井数的关系图

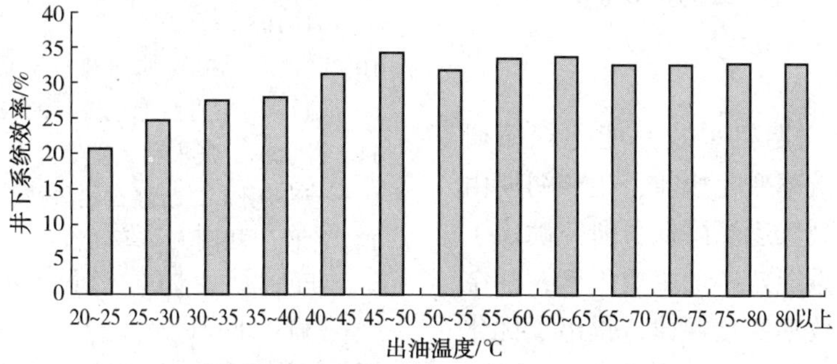

图 5　热采井出油温度-井下系统效率关系曲线

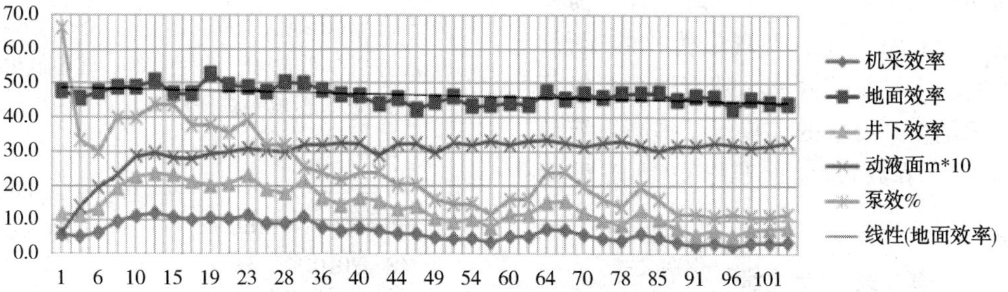

图 6　完整周期的机采系统效率跟踪测试

3　机采系统效率优化及应用

3.1　抽油泵优化

抽油泵是有杆泵举升系统中的主要设备，在开展抽油泵设计时，主要针对泵型、泵径、下泵深度等参数进行设计。

选择泵型主要考虑不同类型油藏采用的抽油泵有所区别、井斜和地层是否出砂等因素。对于稠油井，根据稠油油藏配产，结合不同泵型在初期、末期条件下的理论排量和泵效，优选合适的泵径。下泵深度需结合生产压差计算法进行理论计算、参考邻井动液面深度和下泵深度以及考虑井眼轨迹、全角变化率、套管组合点等位置。

王 112 等 4 口井通过上提泵挂、换泵等措施，沉没度下降，液量上升，机采效率从平均 17.9%上升至 22.3%，上升了 4.4 个百分点，泵效提高了 2.7 个百分点。

3.2　抽油杆优化

稠油井由于稠油黏度高、黏滞阻力大，下冲程可能会造成抽油杆柱滞后，根据不同区块原油物性对抽油杆柱进行强度校核，优选合适的抽油杆。楼 5616 等 6 井次在作业中更换了抽油杆，抽油杆从 Φ22 抽油杆更换为 Φ19 抽油杆，措施实施后平均有功功率从 2.3kW 降至 2.1kW，平均机采效率从 8.6%升至 12.1%，综合节电率平均为 23%。

3.3 稠油井生产周期提高机采效率措施节点优化

放喷转抽初期，动液面较高，有效扬程小，机采效率较低；随着动液面下降，有效扬程增加，机采效率逐步升高。采用调大参，强排，降低动液面等措施。

生产中后期，动液面相对稳定，产量逐步降低，采用调小参，提高油井生产泵效等措施。到生产末期，地层能量低，产量低，机采效率更低，采用间开生产，提高生产效率，降本增效。

该研究在井楼、古城、新庄优化推广热采井杆泵优化措施2191井次，全年机采系统效率提高了0.37个百分点，节电325.4×10^4kW·h。

4 结论及认识

通过热采井生产周期机采效率变化规律研究，确定了机采系统效率变化规律，生产初期由低到高、中后期由高到低逐渐降低。研究确定了影响热采井井下机采系统效率的主要因素，并结合热采井周期内机采效率变化规律，提出了优化抽油杆、抽油泵，下泵深度、工作制度等措施，达到提高井下机采系统效率、降低成本的目的。

提高抽油机系统效率是一个系统工程，需要从整体上进行分析和调整，实现最优化的配置，才能最大限度地提高系统效率。随着油藏开发不断深入，在满足生产要求的前提下，提高系统效率，降低能耗，节约成本的工作更是任重而道远。

参 考 文 献

[1] 陈博，等．安201区块提高机采系统效率研究[J]．工程技术，2014.16：257
[2] 马骁骅，苟利鹏，等．姬塬油田提高机采井系统效率技术研究与推广[J]．石油化工应用，2013，03：65-69.
[3] 丁明华．克拉玛依油田八区下乌尔禾组油藏提高抽油机井系统效率研究．西安石油大学，2008
[4] 王宝明．靖安油田提高抽油机井系统效率技术研究与应用西安石油大学，2009
[5] 高董武．机采井提高系统效率研究[J]．中国科技博览，2009(01)：116-117
[6] 张海霖．塔河油田抽油机井系统效率研究西南石油学院，2005
[7] 李敏，王文秀，秦晓东．等抽油机地面效率现状调查与分析[J]．资源节约与环保，2011(3)：33-36
[8] 刘福林．吉林油田提高机采系统效率技术研究东北石油大学，2010
[9] 万立民，班文华．赵刚抽油机系统效率测试在油田的应用和推广[J]．科技创新导报，2007(35)：104-105
[10] 薛世君．提高抽油井机采系统效率的做法及效果[J]．内蒙古石油化工，2012(4)：151-154
[11] 崔学军，张永利．盛学方提高抽油系统效率的研究与应用[J]．新疆石油科技，2009，19(1)25-31
[12] 徐俊、胡雨人，等．斜井有杆泵抽油工况预测和诊断的新方法[J]．江汉石油学院学报，1994，17(1)：28-31
[13] 肖书岐，杨磊，张建飞．等抽油机合理沉没度的确定[J]．石油地质与工程，2010，24(5)：107-109
[14] 袁谋，黄日成．郑宗胜抽油机井系统效率评价图[J]．油田地面工程，，
[15] 王东伟，张向阳，唐斌，等．江苏低渗透油田机采系统效率影响因素分析及对策[J]．新疆石油天然气，2008，4(2)：61-65
[16] Gabor takacs. Ways to Obtain Optimum Power Efficiency of Artificial Lift Installations. SPE126544-MS，2010
[17] David Forbes，Schlumberger. Resource Efficiency Programs in an Oilfield Service Company Using Real-Time Monitoring. SPE 126629-MS. 2010
[18] 张琪．采油工程原理与设计[M]．北京：石油大学出版社，2000：100-117.

稠油斜直井大修修井技术与配套应用

孙程前

（中国石化河南油田采油气工程服务中心）

摘　要　稠油开采通常采用热采的方式，长期的高温高压蒸汽也使套管产生了不同程度的损伤，大修施工必不可少。斜直井大修技术是油气勘探与开发系统工程中非常重要的一个环节，但是目前斜直井大修技术仅局限于斜直井小修修井机进行简单的措施和油井维护，复杂大修因没有斜直井大修修井机而未开展。通过对斜直井大修技术进行配套和完善，形成适应河南油田斜直井大修配套技术，解决斜直井大修的技术难题。

关键词　稠油；斜直井；大修

1　研究背景

斜直井小修修井机是河南油田斜直井井下作业的主要动力设备。河南油田采油气工程服务中心目前共有斜直井修井机5台，担负着采油二厂269余口斜直井的日常维护、措施作业及大修作业等施工任务。

由于二厂区域油质较稠，稠油热采，高温水蒸汽会破坏套管外水泥固井质量，导致管外水泥环不稳定，无法起到固定保护套管的作用，加剧了套管损坏速度；另外，多轮次的蒸汽吞吐开采，由于热胀冷缩效应，降低了套管抗挤压能力，特别是套管丝扣处容易渗漏、破裂甚至错断。又因为斜直井施工难度大，对施工工艺要求较高，也常导致解卡困难多，处理效率低，冲砂难度大，漏失量大，周期长。因为斜直井井深大多集中在150~350m，磨铣、套铣施工时易磨偏，易造成套管损坏。

所以，斜直井大修技术是油气勘探与开发系统工程中非常重要的一个环节，但是目前斜直井大修技术仅局限于斜直井小修修井机进行简单的措施和油井维护，复杂大修因没有斜直井大修修井机而未开展。斜直井大修设备的配套完善及工艺配套技术直接影响着原油生产。

2　斜直井大修技术工具

2.1　斜直井修井设备的完善

由于河南油田采油二厂斜直井是一种斜度在15~45度的直井，油层较浅，在套、磨铣作业过程中，由于水动力驱动受到扭矩和钻压的影响，导致套磨铣进尺缓慢，影响施工进度。这给小修作业施工带来了很大的局限性。

在实际修井施工作业中，受井场条件等方面的影响，大修设备无法进行施工作业，因此必须有一套适合小修设备的旋转系统来完成一些大修施工。

2.1.1　液压转盘

液压转盘是在修井机液压带动液压泵旋转，通过变速机构，带动方补心转动，从而带动方钻杆转动，使钻柱旋转钻进、造扣、打捞、倒扣等。因为井口空间小，受井身结构的影响，配套24型液压转盘。这里以ZP70Y－12转盘为例，其转盘结构与24型类似(图1)。

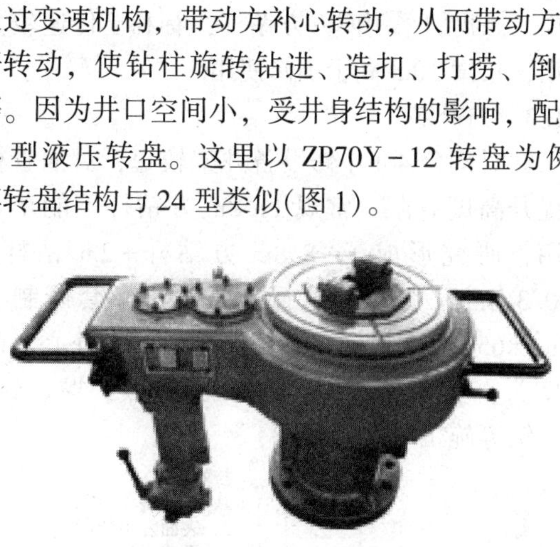

图1

液压转盘主要由箱体、液压泵、齿轮、输入轴总成、锁紧装置、方瓦、箱盖等部分组成。

箱体是铸焊组合件，是由铸钢底座与金属结构件组焊而成。它是主、副轴承及输入轴总成的支撑，同时，也是作为润滑螺旋锥齿轮和轴承的油池，是整个转盘安装的基体，可承受所标定的最大载荷。

液压泵安装在箱体上，是转盘的动力来源，

把修井机的液压能转化成机械能带动钻杆转动。

为调整螺旋锥齿轮副的啮合间隙，主轴承下有调整垫片，轴承套法兰上有调整垫片。

在转盘的顶部装有制动转台向顺时针和逆时针方向转动的锁紧装置左右锁紧块和操纵杆。

当制动转台时左右锁紧块之一被操纵杆送人转台止动槽位中的一个槽位，从而实现了转台的制动。

为了更好的将液压转盘的扭矩传递给钻柱，我们还设计配套了方钻杆。

2.1.2　方钻杆

方钻杆位于钻柱的最上端。在转盘修井中，主要作用是传递扭矩并承受钻柱悬重重量；在涡轮和螺杆钻具的修井中，方钻杆承受钻柱悬重重量和反扭矩。

方钻杆结构：方钻杆由驱动部分、上下接头等组成。上部接头螺纹为右旋螺纹，下部接头螺纹为左旋螺纹。水眼为圆形。我国和 API 标准系列均用无细扣方钻杆，其两端接头与主钻村焊在一起或与方钻杆做成一体。

国产方钻杆按驱动部分的断面形状可分四方方钻杆（代号为 FZGS）和六方方钻杆（代号为 FZGL），我们采用四方方钻杆，有利于传递较大扭矩，长度 10m 利于小修使用。

2.1.3　方补芯

针对部分 40t 小修设备井架较短，对油管柱的提升高度有限，常规 11.8m 方钻杆不能正常使用，研究形成了“8.8m 方钻杆 + 2m 钻杆 + Φ60.3 钻杆”套铣工艺操作方法，配套研制了 65mm×65mm 小规格方钻杆及相应的方补心、配合接头，实现了 500m 内管柱的套、磨、铣、倒、钻等施工（图 2、图 3）。

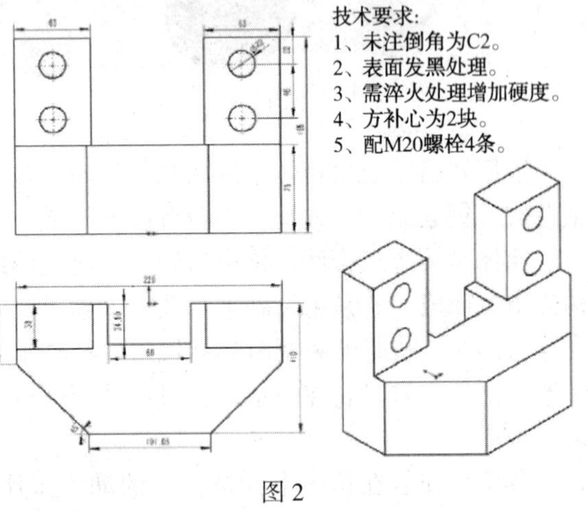

图 2

图 3

2.1.4　井口气动卡瓦安装盘

针对液压转盘上平面没有法兰螺孔，不能安装气动卡瓦，在修井过程中，需要岗位员工在井口使用手动安全卡瓦进行起下油管柱，劳动强度大、施工效率低。研制配套了气动卡盘连接装置，利用半工型卡盘可将开口法兰与液压转盘上平面进行快速连接，提高了起下油管的效率（图 4～图 6）。

功能示意图

图 4

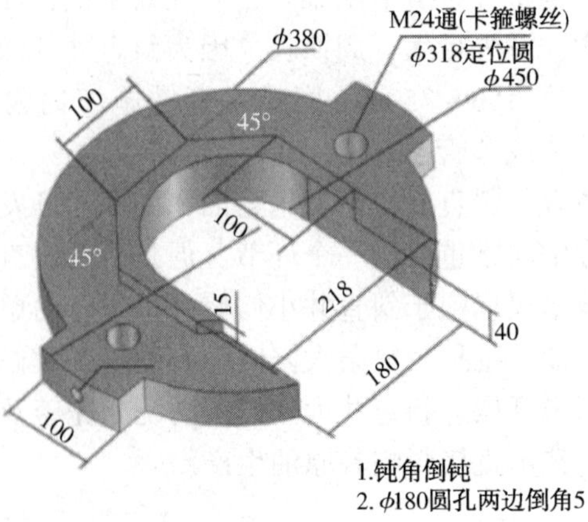

图 5

2.1.5　防开窗领眼铣锥

根据斜直井打通道工艺技术，进行套损井修复工具的设计论证，充分考虑到修套施工时的井

图 6

况，采用防开窗设计，避免因使用磨铣工具而造成修套过程中开窗事故的发生。此外，磨铣工具采用高效合金铺焊，满足了打通道施工中对高强度磨铣类工具的材质要求，提高了工具的有效工作时间，减少了起下钻的次数，提高了作业效率(图 7)。

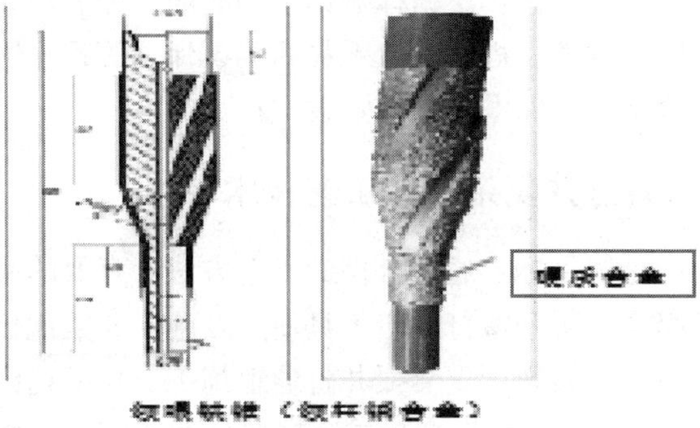

防开窗领眼铣锥

图 7

(1) 在工具的本体材料方面，采用高强度的钢制作，并对高效、高强度合金应用方面进行选择配置，切削材料采用新型的 YSE 合金材料，切削能力强，在施工钻压小于 10kN 的情况下，磨铣效率高，可达 0.6~0.8m/h。

(2) 在工具加工方面，进行焊接制造，提高焊接介质的强度和流动性能工具强度和韧性良好，能满足在比较恶劣的条件下施工的要求。

(3) 工具采用特殊设计，减少或避免了工具使用中造成套管开窗事故的发生。严重套损井修复工具的设计，应充分考虑在修套施工中修套工具前端始终处于通道内，故需采用防开窗设计，避免修套过程中发生开窗事故，设计原则：一是前端有领杆居中导引，二是笔尖导引。此外，修套工具导引杆铺焊高效硬质合金，遵循逐级修套原则。

笔尖式领眼铣锥找眼范围广，可最大可能地找到套损井原通道。找通道时，应上提钻具旋转不同角度下放，找出最大方入后再加压扩铣(图 8)。

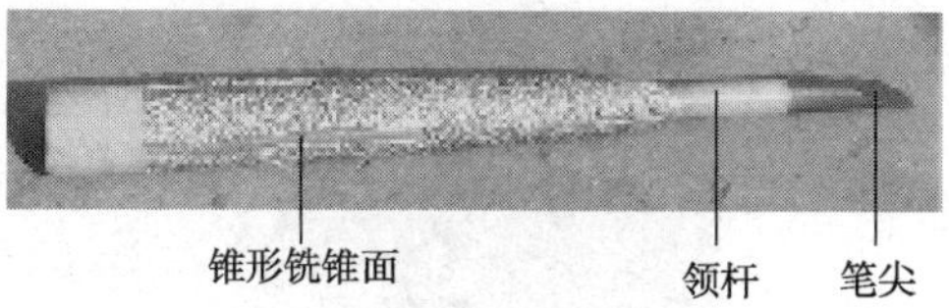

笔尖式领眼铣锥

图 8

同时，修套钻具组合应考虑防钻具蹩钻，一般需加钻压控制器及密封万向节。

2.1.6　弯笔尖

为了找到下面套管通道，我们形成了弯管找鱼技术。弯管找鱼就是给油管一个适当的偏心角及偏心距，以达到使油管在自由状态下偏离中心线，这样就可以达到找鱼的目的(图 9)。

图 9

对于套管完全错断，并且通道很小的井，将找鱼弯油管下入井筒内，在套管错断口处，多次变换角度下探找鱼，根据地面管柱深度、泵压大小及返出情况判断是否进入鱼腔，这样的工艺就是找鱼弯油管找鱼技术。

2.1.7　辊子扶正器

斜直井套磨铣时钻柱始终紧贴套管壁，磨铣、套铣施工时易磨偏，易造成套管损坏。应用扶正器和防偏钻铤，减少钻柱钻进时急转效应，有效克服了斜直井大修在套磨铣施工时存在的种种弊端，大大降低斜直井套磨铣施工造成套管开窗的可能性。

辊子扶正器：包括钻杆短节，辊子，其结构要点是，由上接头、本体、下接头组成的钻杆短节的外部安装有辊子，辊子的外圆设有过水槽，本体与辊子间安装有串轴承，该串轴承的两端用堵头固定，安装位置合理，钢球不会脱落，增加了施工的安全性。适用于井眼曲率变化较大的定向井，特别适用于“水平井”大修，安放在施工钻柱上，以降低钻柱的径向及轴向摩擦阻力，以便传递扭矩及提拉力(图10)。

图10　扶正器照片

2.1.8　高效磨鞋

通过对平底磨鞋、凹面磨鞋、锥形铣鞋、梨形铣鞋等工具的合金颗粒筛选、改变布齿方向及铺焊(堆焊 YT 合成)工艺，提高了磨铣效率(图11~图13)。

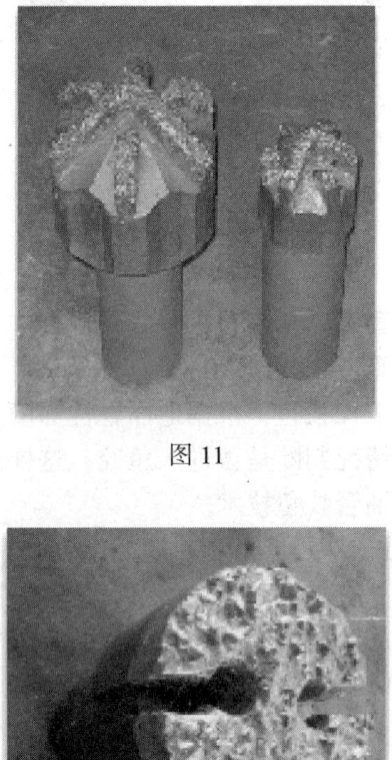

图11

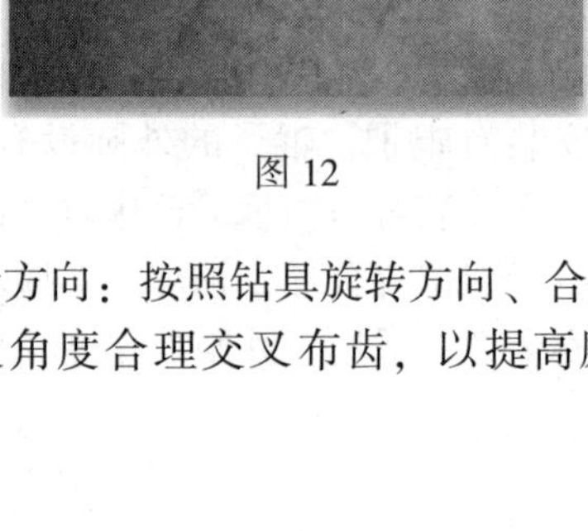

图12

布齿方向：按照钻具旋转方向、合金颗粒棱角方向及角度合理交叉布齿，以提高磨鞋切削

图13

效率。

形状结构：根据不同磨铣对象设计改进磨鞋形状、结构，如锥形、棱形等，并结合孕镶合金柱、合金块，再铺焊硬质合金的方法。

铺焊工艺：严格撑握铺爆焊时间，控制焊接温度，并按铜焊打底、颗粒布局、保温等程序铺焊合金，确保颗粒粘结强度。

3　斜直井复杂修井工艺技术

总体目标：通过合理的工艺方法、有效的钻具组合、防开窗打通道工具使用及施工参数优化等措施，实现严重套损井打通道施工成功率达到75%以上，从而提高严重套损井打通道施工技术水平和施工能力。

3.1　斜直井打捞解卡工艺技术

3.1.1　补贴管扶正磨铣技术

斜直井套磨铣时钻柱始终紧贴套管壁，套磨铣时依据井下不同材料，应用扶正器和防偏钻铤，减少钻柱钻进时急转效应，有效克服了斜直井大修在套磨铣施工时存在的种种弊端，大大降低斜直井套磨铣施工造成套管开窗的可能性。斜直井补贴管磨铣难度大，易磨偏，形成长条状落物，造成施工复杂化。采取“钻杆+扶正器+1.5m 钻杆短节+扶正器+铣锥”和“钻杆+扶正器+引眼磨鞋”管柱组合，引杆强制扶正，小于补贴管 2~3mm，磨鞋外径大于补贴管 3~4mm(图14~图17)。

3.1.2　大直径工具打捞技术

斜直井施工打捞井下大直径工具时，经常出现砂埋管柱、砂埋工具、工具卡死等现象，为了增加打捞成功率，采取对工具倒扣，将工具遇卡部位倒散，实现工具解锁，然后分段打捞出井内工具，增加打捞成功率(图18~图20)。

图14

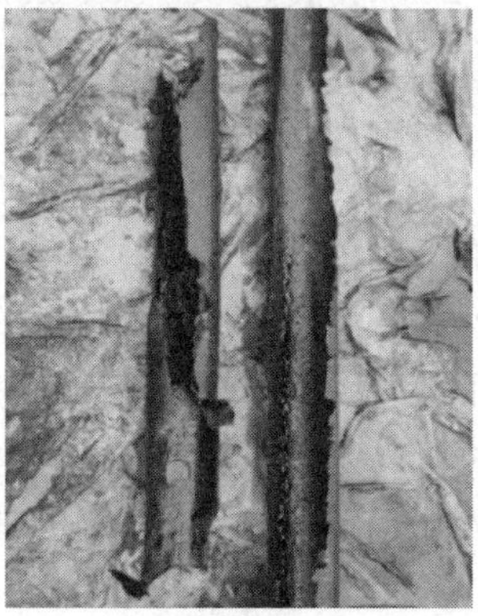

图15

图16

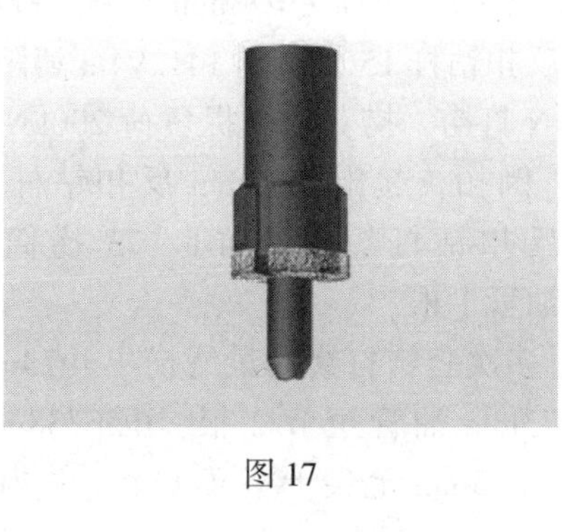

图17

图18

图19

图20

3.2 套管加固工艺技术

油田对原井套管损坏井段的加固装置及加固方法，特别涉及一种小套管加固装置及加固方法，这种小套管加固装置，是由悬挂碰压式悬挂器、无接箍小套管、套管浮箍、套管倒扣引鞋组成，其特殊之处是：悬挂碰压式悬挂器与无接箍小套管上端连接，无接小套管下端与套管浮箍连接，套管浮箍与套管倒扣引鞋连接，加固方法：是利用井队钻具连接小套管加固装置中的悬挂碰压式悬挂器，将带有套管倒扣引鞋、套管浮箍的无接箍小套管下入原井套管损坏井段后，用水泥车将水泥泵入无接箍小套管与原井套管损坏井段的环空中，使两层套管用水泥固在一起，结构简单，使用方便，使用寿命长，安全坚固，不会造成井下事故。

序号	规格	内径
1	Φ127mm	Φ108.62mm
2	Φ114.3mm	Φ102.92mm
3	Φ114.3mm	Φ99.56mm
4	Φ108mm	Φ94.96mm
5	Φ101.6mm	Φ86mm

3.3 斜直井钻、磨、铣工艺技术

对于采油二厂区域的稠油浅井，管柱负荷轻，有效钻压低，进尺慢，通过测算，优选Φ114.3mm隔热管柱、Φ73mm钻杆代替部分油管，增加钻压，提高了作业时效。

井下工具被砂、垢卡埋，井口活动解卡无效情况下，单根套铣效率低、施工时间长，套铣时采用下Φ127、Φ114.3和Φ101.6mm无接箍套管方式连续套铣，并根据井况，加工了相应的套铣引鞋、套铣管柱扶正器等工具。

打通道施工

(1) 找眼钻具

① Φ60.3mm弯钻杆笔尖加工斜面光滑、斜面斜度小于45°、弯曲程度(飘移距离)应确保笔尖斜口能进入破断口、长度5m以上。

② 破断口遇阻加压控制5~10kN内，再下探试放，找出最大方入通过断口。

③ 确认笔尖本体通过后，可逐步上提钻具快速扩胀破断口，扩大套管通径。

(2) 扩眼钻具

① 扩眼用铣锥应测量小端直径，确保扩眼时铣锥能始终在套管内。

② 扩眼时钻压控制5~15kN内、转速30~50r/min，排量适中，切忌大排量冲刷，防止上部套管环空水泥、岩屑大量掉块，引起套管摆动偏移。

③ 使用钻杆笔尖或偏心胀管器扩眼时，找出最大方入后扩胀，扩胀时不得将工具提出破断口，并逐步增压下顿，防止钻具卡钻。

④ 使用胀管器或液压整形工具按相关标准逐级整形。

(3) 取直钻具

① 用磨鞋扶正对破断套管取直时，钻压5~20kN，转速30~50r/min。

② 铣锥与铣棒组合对具有一定通径的套管或弯曲套管取直前，应先用铣锥逐级扩铣后，再用铣锥加铣棒组合钻具扩铣取直。

(4) 钻磨钻具

主要针对严重错断或破裂套管进行磨铣，使用小直径铣锥或钻头，磨铣进尺控制在1.5m内，钻压5~20kN，转速30~50r/min。

4 项目实施效果及应用前景

4.1 斜直井打捞解卡工艺技术的现场应用

典型案例：

楼31121井，人工井底322.20m，油补距5.77m，作业过程中，起原井抽油杆及活塞上提180kN，活动解卡无效，后经反复上提打捞出部分油管及油管接箍(接箍处见调剖剂)，目前井内仍有剩余73mm油管7根，Φ56/38mm抽稠泵1个、十字叉1个未打捞出来。为了恢复楼31121井正常生产，经讨论决定对井下工具进行打捞。

下Φ152mm铅模+钻杆扶正器+Φ73mm反扣钻杆短节+Φ73mm反扣钻杆15根至137.28m遇阻，加压10kN打印后发现印底面有明显圆圈印痕，根据印痕分析判断为Φ73mm油管公扣。

下Φ114mm套铣筒3根+变扣+Φ73mm油管短节+Φ73mm油管12根至141.94m遇阻，连接地面管线，用本区块热污水进行套铣，泵压3MPa，排量500L/min，返出物为水泥颗粒，套铣4根，进尺31.56m，套铣井段141.94~173.50m，起出。

下DLT-73捞筒+Φ73mm反扣钻杆短节+Φ73mm反扣钻杆15根，至141.94m遇阻，旋转加压20kN打捞，捞获后上提负荷200kN活动解卡无效，倒扣，起出Φ73mm反扣钻杆15根+Φ73mm反扣钻杆短节+DLT-73捞筒，捞获Φ73mm油管1根。

经过多次套铣打捞后最终捞出Φ73mm油管7根、Φ73mm油管短节2根、Φ56/38mm抽稠泵1个、Φ73mm笔尖十字叉1个，井内管柱全

部捞完。

4.2 套管加固工艺技术的现场应用

典型案例：

古5510井是古城油田BQ10区部署的一口采油井，人工井底500.24m，油补距5.21m，该井于2001年3月19日投产H3Ⅵ52.6层生产，砂层厚度4.0m，有效厚度3.0米，累计吞吐了18个周期，累计注汽13943吨，累计产液22372吨，累计产油6590吨，检泵作业通井过程中在深度140.10米处遇阻(152mm通井规)。

打印，铅印底部有明显嵌入型圆弧印痕，侧面无明显印痕，最小处最大通径84mm，初步判断在139.60m处套管错断遇阻。

探通道：下Φ73mm钻杆笔尖+Φ73mm反扣钻杆2根+Φ140mm扶正管+Φ73mm反扣钻杆2根，笔尖在139.6m遇阻。尝试多次只能上提管柱3.0m快速下放才能通过，上提负荷增加至100kN提出，起出后，检查检查扶正管外壁有轻微刮痕。

下Φ152mm铅印，深度139.60m，起出铅印后，发现铅印底面有明显圆弧印痕，最大通径70mm。

小套管探通道：下Φ127mm无接箍小套管笔尖+Φ127mm接箍小套管15根至套管错断位置139.60m遇阻，上提下放转管柱，小套管套管错断位置，加深1根无遇阻，起出，安装小套管悬挂变扣，将小套管悬挂在井口，笔尖深度：143.78m。

小套管固井：下Φ73mm油管1根+变扣，上提Φ127mm＊9.19mm无接箍小套管至封井器，起出Φ73mm油管1根+变扣，下Φ127mm＊9.19mm无接箍小套管1根，套管深度402.82m，加深下Φ73mm油管2根，探砂面深度412.13m，焊环形钢板，焊旁通，安装井口，安装旁通闸门，用1.0g/cm^{3}的清水正循环洗井合格后，正替挤1.70/cm^{3}水泥浆10m^3，反挤1.70/cm^{3}水泥浆2m^3，改正挤清水3.5m^3，压力2.5MPa，关井侯凝3天。

钻水泥塞：下Φ105mm钻头+90螺杆钻+Φ60.3mm油管39根，最后1根方入4.53m，加压10kN连探3次位置不变，核实灰面深度375.79m。连接地面管线，用本区块热污水进行钻塞，泵压2MPa，排量400L/min，钻塞井段375.79~397.00m，返出物为水泥颗粒，循环至进出口一致后停泵。安装井口，试压12MPa，试压合格，起出。

4.3 斜直井钻、磨、铣工艺技术

典型案例：

楼651井，人工井底341.8m，油补距5.76m，该井起原井时在88.0m处有碰挂，打铅印显示套管错断，丈下Φ156mm×0.40m梨型铣锥+Φ73mm反扣钻杆短节+Φ156mm扶正器+Φ73mm钻杆短节+Φ73mm反扣钻杆8根+方钻杆1根缓慢下放至深度88.00m遇阻，用液压转盘继续驱动修套后打捞出防砂管，通井至209.32m遇阻，打印显示套管破损。

下Φ152mm×400mm梨形铣锥+钻杆短节+扶正器+钻杆短节+Φ73mm反扣钻杆21根，连接方钻杆下放至209.13m，正常情况下磨铣修套大概要2~3天，采用液压转盘之后，磨铣修套6h，进尺2m，通过，大大提高了施工时效，减少了作业占产时间，节约作业费用3万元。

5 结论

(1) 形成一套适应河南油田斜直井大修工艺技术体系，为斜直井大修作业提供了技术支撑。

(2) 研制配套了适宜斜直井修井施工的井口驱动装置、井下扶正装置等系列工具，更有利于解决斜直井大修问题。

(3) 形成了斜直井打捞解卡工艺技术、套管加固工艺技术、斜直井钻、磨、铣工艺技术等一系列适用于斜直井大修施工工艺。

(4) 斜直井大修工艺技术还需要不断完善，在满足大修技术指标的前提下，更多的节约修井成本，提高修井效率，降低修井过程中员工的劳动强度。

参 考 文 献

[1] 万仁溥，罗英俊，等．采油技术手册(第3版)[M]. 北京：石油工业出版社，2005.

[2] 万仁溥．采油工程手册[M]. 北京：石油工业出版社，2003.

[3] 吴奇．井下作业工程师手册[M]. 北京：石油工业出版社，2008.

[4] 张仕民．水平井连续管高效清砂技术进展[J]. 石油机械．2012，11：82-85.

[5] 王鸿勋，张琪，等．采油工工艺原理(修订本)[M]. 北京：石油工业出版社，1989.

[6] 白玉，俊亮．井下作业实用数据手册．石油工业出

版社．2007. 8.
[7] 房斌．(2015)．井下打捞工艺技术分析．华东科技：学术版(6)，1.
[8] 赵磊．简明井下工具使用手册[M]．北京：石油工业出版社，1999.
[9] 康凯．石油井下作业打捞技术分析[J]．化工管理，2016，(18)：72.
[10] 张延开，白永占，刘艳伟，等．石油系统井下作业打捞技术深讨[J]．中国高新技术企业，2014，(22)：135-136.

注汽管网提高热效率技术研究与应用

沈战岭 丁 波

(河南油田采油二厂)

摘 要 本文针对采油二厂注汽管网老化、地面热损失大、热损失不达标等现状，回顾了地面注汽管网保温技术的发展，对岩棉、复合硅酸盐、钛陶瓷、气凝胶等不同保温材料，以及它们的不同保温结构的热损失进行了实地测试分析和性能比较，优选出了适合采油二厂注汽热采的地面管网保温技术。并针对不同区块的注汽需求，分析计算了配套相应保温技术的经济效益，提出了保温优化方案，并对重新保温施工后的注汽管网进行了效果测试评价。

关键词 保温材料；保温结构；气凝胶

1 注汽系统技术现状

1.1 概述

采油二厂目前有热采注汽锅炉 30 台，年均生产高压蒸汽 120 万吨。地面注汽管网干线长达 79.9km，分支线总长 233km。管网使用的保温材料主要有岩棉、硅酸盐、钛陶瓷等。使用年限最长的大于 20 年。

1.2 注汽管网保温发展过程

随着稠油热采技术的发展，注汽管道保温层结构型式经历了以下几个阶段：

第 1 阶段：注汽管线保温层采用 60mm×2 防水岩棉，防水层采用油毡，缠两道玻璃布外刷调和漆。经测试评价，该技术满足季节运行工况允许最大散热损失 308W/m^2 和常年运行工况允许最大散热损失 186W/m^2 的标准。

第 2 阶段：注汽管线保温层采用硅酸盐+防水岩棉的双层复合保温结构。经测试评价，散热损失为 104W/m^2，满足技术要求。

第 3 阶段：注汽管线采用 50mm×2 复合硅酸盐作为保温材料，散热损失为 141.3W/m^2，满足技术要求。

第 4 阶段：保温开始采用微孔硅酸钙 50mm×2 作为保温材料，保护层采用 0.6mm 红色彩钢板。

历经 30 年的发展，采油二厂注汽管管网使用的保温材料主要有三种：防水岩棉、复合硅酸盐、钛陶瓷+微孔硅酸钙。

1.3 注汽管网存在问题

根据统计管线大部分保温在 10 年以上，保温多采用岩棉或复合硅酸盐，由于逐年老化、开裂、偏心、脱落，导致保温层导热系数显著增加，管网保温效果变差，注汽热损失加大。同时，管网附件管托、阀门等保温层也损坏严重，热能损失严重(表 1、表 2)。

从表 1 可以看出，管网经多年支行后，散热损失已不能达标。

表 1 管线保温测试情况

节点	保温情况	散热量/kW	占管网散热比例/%	热效率/%	干度降百分比/km	折算散热损失(线)/(W/m)	折算散热损失(面)/(W/m^2)	允许最大散热损失值/(W/m^2)	是否达标
注汽站至 22 号站南阀门	Φ133 管线，硅酸盐保温，2011 年，500 米	80.83	15.55	98.09	6.4	161.65	229.74	174.82	否
22 号站南阀门至井口	Φ114 管线，硅酸盐+岩棉保温，2007 年，1523m	432.52	83.21	89.59	9.18	283.68	625.98	174.82	否
采油树栅	-	6.43	1.24	-	-	-	2375.6	174.82	否

表2　管线附件保温效果测试情况

节点	散热量/kW	占管网散热比例/%	折算散热损失(面)/(W/m²)	允许最大散热损失值/(W/m²)	是否达标
采油树栅	6.43	1.24	2375.6	174.82	否
阀门及法兰(8个)	25.06	4.82	3409.94	174.82	否
管托(215个)	38.38	7.38	1830.6	85	否

从表2可以看出，管网附件散热损失超出标准，不达标。

从管网散热损失上看，注汽散热损失已不能注汽要求，需重新保温。另外，根据集团公司规定，岩棉已列为淘汰产品，禁止使用，也需要重新保温。

2　保温材料优选

2.1　各种保温材料性能比较

由于防水岩棉已属淘汰产品，故不再考虑使用。只进行复合硅酸盐、微孔硅酸钙、气凝胶三种材料的性能比较(表3)。

表3　保温材料性能对比表

序号	保温材料	300℃导热系数/[W/(m·K)]	安全使用温度/℃	密度/(kg/m³)	防水性	抗压强度/MPa	使用年限/年	1km蒸汽温度及干度变化(DN100为例，出口干度/70%)	
								温降	干度
1	复合硅酸盐	0.078	600	80~180	不防水	≥0.3	3~5	4℃	67%
2	微孔硅酸钙	0.081	650	170	仅表面防水	≥0.5	5~10	4℃	66.6%
3	气凝胶	0.026	750	220	憎水率>99%	≥0.6	≥15	4℃	68.2%

从表3看，气凝胶保温材料具有导热系数低、防水性能好、抗压强度好，以及使用年限长等优点。

2.2　不同保温结构性能价格比较

分别使用不同的保温材料，按一定的施工工艺，新建不同的注汽管线，进行性能价格比较，优选出经济性最佳的保温结构。具体见表4。

表4　保温材料经济性能对比表

序号	管线规格/mm	保温材料(含保护层)/mm	综合价格/(元/m)	使用年份/年	年平均价格/(元/m)
1	ϕ114	复合硅酸盐管壳2×50	370	5	74
		微孔硅酸钙2×50mm	312	7	44.6
		气凝胶毡2×6+1×50钛陶瓷	312	5	62.4
		气凝胶毡3×10mm	388	15	25.9
2	ϕ133	复合硅酸盐管壳2×50	400	5	80
		微孔硅酸钙2×50mm	336	7	48
		气凝胶毡2×6+1×50钛陶瓷	356	5	71.2
		气凝胶毡3×10mm	438	15	29.2
3	ϕ159	复合硅酸盐管壳2×50	422	5	84.4
		微孔硅酸钙2×50mm	352	7	50.3
		气凝胶毡2×6+1×50钛陶瓷	391	5	78.2
		气凝胶毡3×10mm	493	15	32.9

备注：综合价格中包含防锈漆、钢板、施工费用，价格不含税。

从上面表格可以看出，从年平均费用价格上比较，使用3层气凝胶保温材料和保温结构，年平均费用最低。从现有保温材料的综合性能，以及经济性能来看，气凝胶毡都有极大的优势。

2.3 气凝胶保温结优选

为了取得较好的保温效果和经济效益，对气凝胶不同保温结构进行保温施工，管径φ114mm，整体结构为：气凝胶+反射铝箔+彩钢瓦，分别按4层、3层、2层结构进行施工，分别测试它们的保温性能(表5)。

表5　气凝胶+反射铝箔+彩钢瓦保温测试评价

项目	管径/mm	114	蒸汽温度/℃	292	允许最大散热损失值/(W/m^2)
	气凝胶+反射铝箔结构+铁皮				
	4层		3层	2层	
长度/m	25		100	200	-
平均厚度/mm	68.5		55	32.5	-
周长/mm	1.07		0.81	0.65	-
偏心率/%	80		72.73	92.31	-
线散热损失/(w/m)	72.07		81.25	109.11	-
散热损失/(W/m^2)	67.35		100.31	167.86	164
是否合格	合格		合格	不合格	-

从表中可以看出，采用4层和3层结构均合格，而采用2层结构时常年运行工况时不合格，季节运行工况时合格。兼顾成本和隔热效果综合考虑，建议对长期运行工况的注汽干线采用3层气凝胶进行施工，对季节运行的支干线采用2层气凝胶进行施工。

2.4 经济效益分析计算

计算条件：

根据测试情况，旧管线平均热损失按492.29W/m^2计算，破损严重保温效果较差的625.98W/m^2，保温效果较好的229.74W/m^2；新保温管线散热损失按达到标准要求163.8W/m^2计算；保温费用折算每公里每年3万元计算；干线年运行天数按180天、240天、300天计算；干支线按60天、120天计算；单井支线按30天计算。

这时其经济效益如表6所示。

表6　每公里干线保温效益计算

保温状况	日节约蒸汽量	15天	30天	60天	120天	180天	240天	300天
	t/(km·d)	万元	万元	万元	万元	万元	万元	万元
保温较差	5.19	1.671	3.34	6.69	13.37	20.06	26.74	33.43
一般保温	4.41	1.42	2.84	5.68	11.36	17.04	22.72	28.4
保温较好	0.97	0.312	0.62	1.25	2.499	3.749	4.998	6.248

根据前述，每公里管线运行成本为3万元/年，因此当节约蒸汽效益大于3万元时净效益为正。由上表可以看出，

(1) 对于使用年限较长，破损严重，保温效果较差的管线，重新保温经济效益较为明显；而对于保温效果较好的管线，重新保温经济效益相对较差。

(2) 管线年注汽运行时间越长，其重新保温的经济效益越明显。

3 注汽管线保温效果

按照管线保温新施工标准，对部分管线重新进行了保温施工。目前完成了八区和部分三区的注汽管线保温工作，并对保温效果进行了测试。

保温前其保温结构为岩棉+玻璃丝布共325m，设定为工况1；保温后其保温结构为气凝

胶+反射铝箔+铁皮，设定为工况2。保温施工前后效果测试对比结果如表7和表8所示。

表7　保温前后散热损失对比表1

节点	散热量/kW		占散热比例/%		热效率/%	
	工况1	工况2	工况1	工况2	工况1	工况2
注汽站至龙门架(325m，含管道附件)	101.74	33.51	37.03	13.57	98.98	99.61

表8　保温前后散热损失对比表2

节点	折算线散热损失/(W/m)		折算散热损失/(W/m^2)		允许最大散热损失值/(W/m^2)	
	工况1	工况2	工况1	工况2	工况1	工况2
注汽站至龙门架(325m，含管道附件)	313.04	103.12	304.84	138.74	144	164

从表7和表8可以看出，重新保温后，散热损失达到了长年运行允许散热164W/m^2的标准。

重新保温后，八区注汽干线的热效率从98.98%提高到99.61%。

4　结论

根据以上分析及重新保温后的效果测试，可以得出以下结论：

(1) 对于长年运行的注汽干线来说，宜应用3层气凝胶的保温结构，既能满足最大允许散热损失，也更经济；

(2) 而对于季节运行的支干线，宜使用2层气凝胶的保温结构。

参　考　文　献

[1] 丁波，等. 河南油田稠油热采注汽管网保温技术应用分析[J]. 石油天然气学报，2010(5).

[2] 刘晓燕，等. 复合硅酸盐保温材料在稠油热采注蒸气管道上的应用研究[J]. 硅酸盐通报. 2003，(4)：41-45.

高温电潜泵举升工艺在浅层SAGD开发中的应用分析

曹宇超　解阳波　张　康　康承满　刘春兰

（中国石油新疆油田分公司）

摘　要　目前风城油田浅层SAGD开发主要以皮带式抽油机配套有杆泵举升为主，受浅层SAGD开发"高温、高压、井眼斜率大"等影响，现场易出现卡泵、断脱、偏磨等问题，影响井组正常生产。为此，油田引入高温电潜泵举升工艺，发挥其无杆柱机械传动、排量大、连续均匀举液等特点，弥补有杆泵举升不足，完善浅层SAGD开发举升工艺。随之开展了6井组高温电潜泵试验，取得了一定的成功，同时存在部分试验井未达到方案指标，生产效果差等问题。本文分析了试验6井组的生产运行情况，从井组泄液能力、举升工艺变化、邻井影响、气体影响等方面分析，结合风城油田浅层SAGD开发生产特点，总结了目前高温电潜泵举升工艺在浅层SAGD开发应用的影响因素，为其进一步在浅层SAGD开发推广应用提供参考。

关键词　电潜泵；SAGD；控液管；影响因素

风城油田浅层超稠油SAGD开发主要以皮带式抽油机配套有杆泵举升为主，由于油藏埋深浅、井眼曲率大、原油黏度高等因素，使井筒内杆柱磨损严重，时常因杆柱下行不畅、卡泵、断脱、管柱磨穿等问题使举升系统失效，影响油井正常生产，频繁的检泵维修也增加了经营成本。同时SAGD有杆泵泵效下降快，平均泵效小于55%，不能满足SAGD高产稳产井的产液需求，井组产液潜力未充分释放。SAGD采出液的高温、高压特性使有杆泵井口密封位置易腐蚀、老化，造成密封刺漏，安全环保风险大。

针对上述问题，借鉴国内外SAGD举升工艺技术及经验，风城油田引入高温电潜泵举升工艺，发挥其无杆柱机械传动、排量大、连续均匀举液、安全环保、简单易操作等特性，完成了高温电潜泵从进口到国产化，再到国产改进型，提高了技术质量，降低了生产成本，弥补有杆泵举升不足，完善SAGD举升工艺。但下入电潜泵后，部分井组生产效果低于预期，影响高温电潜泵的进一步推广应用，急需分析影响因素解决问题，指导下一步推广应用提供参考。

1　高温电潜泵举升工艺原理

高温电潜泵，即耐高温的潜油离心泵，主要由井下的电动机、保护器、气液分离器、多级离心泵、电缆及地面的变压器、控制柜组成。其主要工作原理是：电能通过动力电缆输送到井下，使电动机转动后带动同轴气液分离器、离心泵旋转，将井下积液气液分离后举升至地面的过程。

2　试验历程及效果

引进试验阶段：引进国外高温电潜泵，2016年9月在风城油田超稠油SAGD开发区FZ1321井组试验，对比有杆泵举升：产液增加12吨/天，产油增加3吨/天，已连续稳定运行1500天以上，累计产油4.5万吨，生产效果好。

国产化试验阶段：引入国产高温电潜泵，2018年11月在风城超稠油SAGD开发区FZ1330井组试验，对比有杆泵：产液、产油持平，连续稳定运行900天后因井下设备故障导致控制柜显示黑屏，潜油电泵机组停止工作，累计产油1.2万吨，基本实现国产替代。

扩大试验阶段：改进型国产电潜泵扩大试验，2021年9月陆续下入4井组，对比有杆泵举升：增液增油1井组，其余3井组均未达到方案生产指标。

3　现场应用分析

井组生产效果低于预期，现场从井组泄液能力、举升工艺变化、邻井影响、气体影响等方面入手，结合电潜泵运行参数变化规律等，分析高温电潜泵在浅层SAGD开发应用中的主要影响因素。

3.1 地质因素

3.1.1 井组泄液能力

根据井组历史生产数据，确定井组泄液能力及生产稳定性。主要从井组近两年产液水平及稳定运行时间入手分析，再对标电潜泵生产指标是否合理，分析数据表明：试验井组具备高产稳产的泄液能力，电潜泵选井生产指标合理(表1)。

表1　有杆泵生产情况统计表

井号	有杆泵生产情况(近两年)		电潜泵指标
	产液水平/(吨/天)	稳定运行天数/天	产液水平/(吨/天)
FZ1321	83	242	80
FZ1330	58	229	55
FZ1303	149	336	145
FZ1310	123	274	120
FZ83005	122	285	120
FZ83006	138	243	135

3.1.2 邻井影响

电潜泵选井为SAGD开发中后期汽腔发育规模大，高产、稳产井井组，部分井组汽腔与周围邻井汽腔连通，可能受到邻井产液影响。因此，在对比下入电潜泵前后产液水平时，不仅要分析单电潜泵井组的产液变化，还要分析连通井组的总产液变化，分析数据表明：邻井连通影响电潜泵产液水平，但不影响电潜泵井组评价，可根据连通井组总产液水平对比判断井组产液能力。

3.1.3 气体影响

有杆泵举升存在“机抽+自喷”的生产状态，其采出液存在大部分游离气，地面称重式计量器计量的产液水平包含一部分游离气的冷凝水，产液水平偏高；电潜泵举升时，井下泄液在经气液分离器后，仅有液相被举升至地面，计量液量不包含游离气的冷凝水，产液水平偏低，形成相同的泄液能力出现产液不相同的假象。

超稠油SAGD开发具有“高温、高压”特性，井桶内流动的采出液温度较高，当井组提频提液后，因采出液流速增加使泵吸入口附近压力降低，且低于蒸汽饱和压力时，会出现气体“闪蒸”现象。大量的气体造成气液分离器分离不彻底，气体进入离心泵占据部分泵腔体积，影响泵效率，井组运行参数(出液压力、温度、电潜泵运行电流)出现波动，产液能力随之降低，甚至出现气锁抽空、电流欠载停机等情况(图1)。

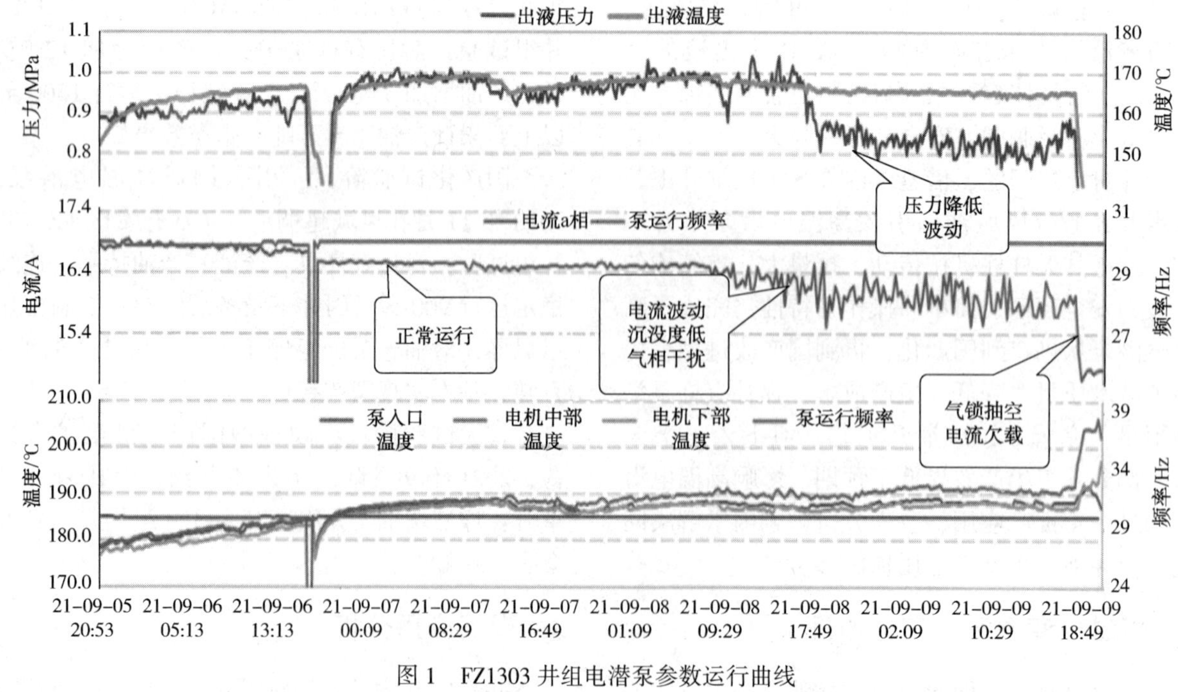

图1　FZ1303井组电潜泵参数运行曲线

3.2 举升工艺因素

3.2.1 管柱结构变化

统计电潜泵下入前后管柱结构数据，结合井组基础资料及生产效果进行对比。发现有杆泵和电潜泵下泵位置相同，都位于井斜 60°附近(稳斜段)，不同的是下入电潜泵前后井下有无配套的尾管和控液管结构，导致井下进液点位置不同。由此开展不同分类对比试验(表 2、表 3、表 4)。

表 2　按有杆泵有、无尾管分类对比表

井号	有杆泵	电潜泵	进液点				产液水平对比
	尾管	控液管	下深	垂深	目前位置	垂深变化	
FZ1321	有	有	340	0	水平段	无	12
FZ1303	有	无	-260	-28	井斜 60°	有	-40
FZ83006	有	无	-211	-28	井斜 60°	有	-24
FZ1330	无	有	280	40	水平段	有	-5
FZ1310	无	无	1	0	井斜 60°	无	15
FZ83005	无	无	-4	-2	井斜 60°	无	-24

表 3　按电潜泵有、无控液管分类对比表

井号	有杆泵	电潜泵	进液点				产液水平对比
	尾管	控液管	下深	垂深	目前位置	垂深变化	
FZ1321	有	有	340	0	水平段	无	12
FZ1330	无	有	280	40	水平段	有	-5
FZ1303	有	无	-260	-28	井斜 60°	有	-40
FZ83006	有	无	-211	-28	井斜 60°	有	-24
FZ1310	无	无	1	0	井斜 60°	无	15
FZ83005	无	无	-4	-2	井斜 60°	无	-24

表 4　按进液点垂深有无变化分类对比表

井号	有杆泵	电潜泵	进液点				产液水平对比
	尾管	控液管	下深	垂深	目前位置	垂深变化	
FZ1321	有	有	340	0	水平段	无	12
FZ1310	无	无	1	0	井斜 60°	无	15
FZ83005	无	无	-4	-2	井斜 60°	无	-24
FZ1330	无	有	280	40	水平段	有	-5
FZ1303	有	无	-260	-28	井斜 60°	有	-40
FZ83006	有	无	-211	-28	井斜 60°	有	-24

按有杆泵有、无尾管分类对比：有杆泵有尾管井组下入电潜泵，有控液管，产液水平增加，无控液管，产液水平减少；有杆泵无尾管井组下入电潜泵，有控液管，产液水平持平，无控液管，产液水平有增加、有减少。

按电潜泵有、无控液管分类对比：电潜泵有控液管井组前期，有尾管，产液水平增加，无尾管，产液水平持平；电潜泵无控液管井组前期，有尾管，产液水平减少，无尾管，产液水平有增加、有减少。

按井下进液点垂深有无变化分类对比：井下进液点垂深无变化，进液点位于水平段，产液水平增加，进液点位于井斜 60℃，产液又增加有减少，井下进液点垂深有变化，进液点垂深变深，产液水平持平，进液点垂深变浅，产液水平减少。

对三类对比综合分析，结果表明：电潜泵配套控液管结构，进液点位于水平段，不论前期有无尾管，都不影响井组产液水平；电潜泵不配套控液管结构，进液点位于井斜60°，对前期有尾管井组，影响产液水平；对前期无尾管井组，不影响产液水平；进液点垂深无变化，不影响井组产液水平；进液点垂深有变化，对垂深变浅的井，影响产液水平；对垂深变深的井，不影响产液水平。因此，下入电潜泵井组生产效果不佳的举升工艺因素是未配套控液管结构，井下进液点变化引起井组泄液能力降低、产出液温度升高、泵沉没度相对降低。

井下进液点变化，井组泄液能力降低。前期有杆泵下尾管，进液点在水平段位置，下入电潜泵无控液管结构，进液点在井斜60°位置，由于井下水平段无控液管结构，无法抑制前端高温点动用，导致前端高温点动用更强，甚至蒸汽单点突破，抑制后端动用，使后端低温点动用变弱，甚至不动用，整体水平段动用不均匀，动用程度降低，井组泄液能力降低。

井下进液点变化，产出液温度升高。井下水平段无控液管结构，井下前端流体流向改变，高温流体未经控液管绕流降温，直接到达井斜60°位置，导致井斜60°位置产出液温度偏高，影响电潜泵正常运行，限制了井组产液。

井下进液点变化，泵沉没度相对降低。对于有杆泵有尾管，下入电潜泵无控液管井，由于进液点垂深变浅，泵沉没度相对减少，对前期产液稳定时液面在井斜60°至水平段垂深之间井组影响较大，可能出现无沉没度泵空转停机的现象。

4　结论

(1) 高温电潜泵举升工艺满足SAGD产能和井下高温条件需求，弥补了有杆泵举升的不足，完善了浅层SAGD开发举升工艺。

(2) 目前制约高温电潜泵在风城浅层超稠油SAGD开发的主要因素为：缺乏配套控液管结构，使井下进液点变化引起的井组泄液能力降低、泵沉没度不够、产出液温度高。

(3) 后续电潜泵试验，可根据浅层SAGD井组实际情况，继续优化井、泵的匹配度，建议优选排量120方和150方两种类型。同时，下入高温电潜泵前，可依据前期有杆泵管柱结构，适时下入配套控液管结构，提升高温电潜泵举升工艺在浅层SAGD开发应用效果，为其进一步推广应用提供参考。

参　考　文　献

[1] 柳盛森.SAGD高温潜油电泵采油技术研究与试验[J]. 工艺技术，2018(3)：175-176.

[2] 刘光宇.SAGD高温电潜泵国产化研究与试验[J]. 内蒙古石油化工，2018(6)：15-17.

[3] 李凌宇，柳海啸，李亦白等.浅析电潜泵采油技术[J]. 工艺技术，2021(8)：173-174.

[4] 刘卫东.浅析电潜泵采油工艺在油田新技术领域中的应用[J]. 装备制造，2009(6)：225.

[5] 胡博.SAGD大排量举升工艺系统优化研究与应用[D]. 大庆：东北石油大学，2018.

[6] 李凌宇，魏舒，邱小华等.电潜泵采油工艺在油田新技术领域中的应用分析[J]. 2021(9)：153-154.

[7] 陈森，窦升军，游红娟等.SAGD水平井尾管控液技术研究[J]. 石油机械，2012(7)：97-99.

[8] 牛彩云，甘庆民，郑天厚等.宽幅电潜泵举升工艺在致密油水平井应用分析[J]. 石油矿场机械，2021(3)：69-74.

[9] 张茹，韩光耀.SAGD控液管柱解封工具结构优化研究[J]. 新疆石油天然气，2012(3)：104-110.

[10] 王贺.SAGD潜油电泵控制策略研究[D]. 沈阳：沈阳工业大学，2014.

稠油热采水平井同心双管射流泵采油技术

方　舒　李澳徽　王　琳　孙同明

（河南油田分公司采油二厂）

摘　要　杨浅3区IV6、IV7层为特稠油油藏，以水平井开发为主，受高黏原油进泵难、胶结疏松出砂严重、蒸汽吞吐后泵活塞镀层磨损、脱落、结垢等影响，周期有效生产时间短、维护作业频次高，开发效果效益较差。针对上述问题，配套应用了同心双管射流泵采油技术，实现携砂采油，延长了检泵周期，从而降低油井生产成本。

关键词　稠油；水平井；携砂采油；同心双管射流泵；检泵周期

1　问题的提出

杨浅3区隶属杨楼油田，位于泌阳凹陷北部斜坡带，目前主要开发IV6、IV7层，以水平井开发为主。油藏埋深702m～863m，原油黏度14991～77507mPa·s，高孔，中-高渗储集层。生产过程中主要有三个方面问题：一是原油黏度高，原油进泵阻力大，含水上升快，有效生产时间短；二是由于储层胶结疏松，出砂严重，多轮次蒸汽吞吐后，出砂情况进一步加剧，频繁卡泵；三是井筒举升困难，蒸汽吞吐后活塞镀铬层磨损、脱落、结垢等影响导致维护作业频次居高不下，不仅造成维护作业工作量大，使热能在频繁作业过程中损失，而且降低蒸汽有效利用率。

2　同心双管射流泵采油技术

2.1　工艺结构

同心管射流泵举升系统由井下管柱系统及地面工艺系统组成。井下管柱系统整体为同心双管结构，外管为ϕ89mm（ϕ73mm）油管，内管为ϕ48.26mm小油管。其中，外管底端连接射流泵外筒，小油管底端连接射流泵内筒，集成喷嘴、喉管、扩散管的射流泵泵芯放置在内泵筒内（图1）。地面工艺系统整体为闭式循环，具备产出液处理及动力液供给功能，主要由地面增压泵、变频控制系统、高、低压过滤器、计量仪表和分离罐等组成（图2）。

2.2　工作原理

同心双管射流泵采油工艺技术是以高压水为动力液，驱动井下泵工作，以动力液和采出液之间的能量转换达到采油目的。其工作原理是动力液沿动力液管柱进入井下泵中，当动力液通过喷嘴时，由于喷嘴的节流作用，在喷嘴和喉管之间形成相对低压区；地层液在地层压力的作用下，经尾管进入泵内，流向低压区和动力液混合后进入喉管，在喉管内形成混合液并且由动能转换为压能，从而将混合液沿混合液管柱举升到地面（图3）。

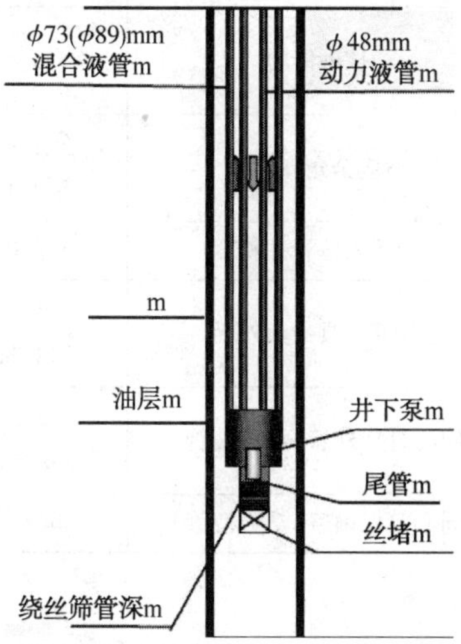

图1　井下管柱结构示意图

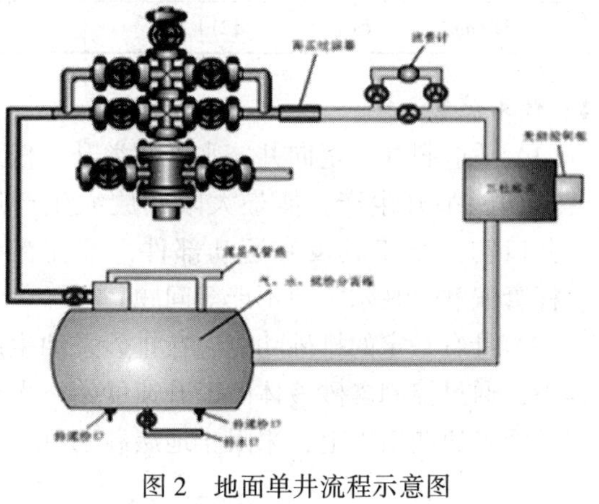

图2　地面单井流程示意图

2.3 基本参数

基本参数见表 1、表 2。

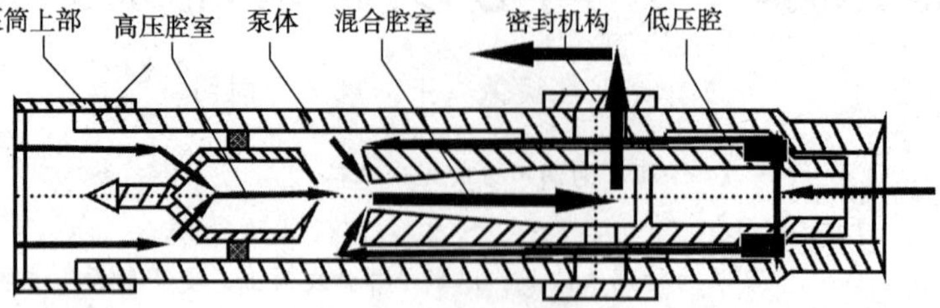

图 3　工作原理示意图

表 1　同心管射流泵采油技术参数

序号	射流泵工艺技术参数		
	项目	技术参数	参数说明
1	地面工作压力	0~35MPa	提供动力液工作压力
2	井下泵排量	0~200m³/d	调整工作压力和井下泵芯的喷嘴、喉管的配比，以适合不同产液量的需求
3	举升扬程	0~3500m	调整工作压力和井下泵芯的喷嘴、喉管的配比，以适合不同举升高度的需求
4	单井动力液	30~200m³/d	可根据排采要求，配置单井动力液流速
5	携砂能力	≤10%	在地层产液含砂量≤10%、粒径小于 1.8mm 的条件下可实现正常生产
6	适应全角变化率	全角变化率小于等于 19.1°/30m	井下工具可顺利起下
7	下入位置井斜	不受井斜角限制	可下至井(包括大斜度井、水平井)筒任何位置
8	井下工具最大外径	78mm/92mm/98mm/114mm	可适用最小套管直径 82mm
9	同心管柱外管(混合液管)	Φ88.9mm 或 Φ73mm 油管	根据产液量和动力液量的大小选择
10	同心管柱内管(动力夜管)	Φ48.3mm 油管	满足井下泵芯的液力起下条件

表 2　采油装置(泵)工作筒基本参数

套管规格/mm	114.3	127	139.7	≥177.8
最大外径/mm	78	92	98	114
长度/mm	1214	1253	1285	1550

2.4 技术优势

(1) 适应斜井、定向井、水平井举升。任意角度下均能举升生产，能最大限度放大生产压差。井口与井下工具没有运动部件，不存在卡泵、杆管偏磨、凡尔关闭不严等问题。

(2) 具有一定的排砂功能。在排砂采油生产过程中，通过控制含砂液体的上升速度始终大于砂的沉降末速两倍以上，来阻止地层砂下沉。利用《垂直井筒携砂规律研究》论文中砂子的上升速度，沉降末速和液体流速之间的关系，计算得出不同粒径砂粒上升的最低速度。在产出液出砂量<10%，砂粒粒径<1.8mm 时，可实现不防砂直接生产。

(3) 适应稠油举升。高动力液射流速度更利于原油形成水包油乳化液；可通过动力液加温、加药降低原油黏度；井下所有液体均为连续流动，流动阻力小，可提高原油进泵黏度，延长低温采油期。

（4）维护方便，作业免修期长。可通过动力液反向循环实现液力起泵芯检修，无需作业动管柱，有效降低作业频次。

3 考虑和解决的关键技术问题

稠油热采射流泵举升工艺技术的关键在于如何使用射流泵实现不动管柱热采，这对整体管柱的设计、射流泵的设计、可靠性提出了更高的要求。

3.1 整体管柱的设计

在整体管柱的设计中，采用了同心管热采射流泵注采合一管柱：外管采用 Φ114mm 隔热油管，内管采用 Φ48.3mm 油管与射流泵相连，内外管在下部采用密封插管密封，Φ48.3mm 油管为动力液通道，Φ114mm 隔热油管和 Φ48.3mm 油管环空为混合液通道。

3.2 热采喷射泵的设计

考虑到射流泵在注汽时要经受蒸汽的高温，要尽量减少射流泵的密封点，密封部位全部采用金属密封。因为没有橡胶密封部件，可以承受注汽时的高温，适用于射流泵热采工艺管柱。

3.3 地面系统的设计

设计动力夜管柱悬挂装置。按照减少投资原则，地面动力液系统采用一拖多工艺，通过一个注塞泵给多口井提供动力液，新建动力液管线输送至各射流泵采油井口(图4、图5)。

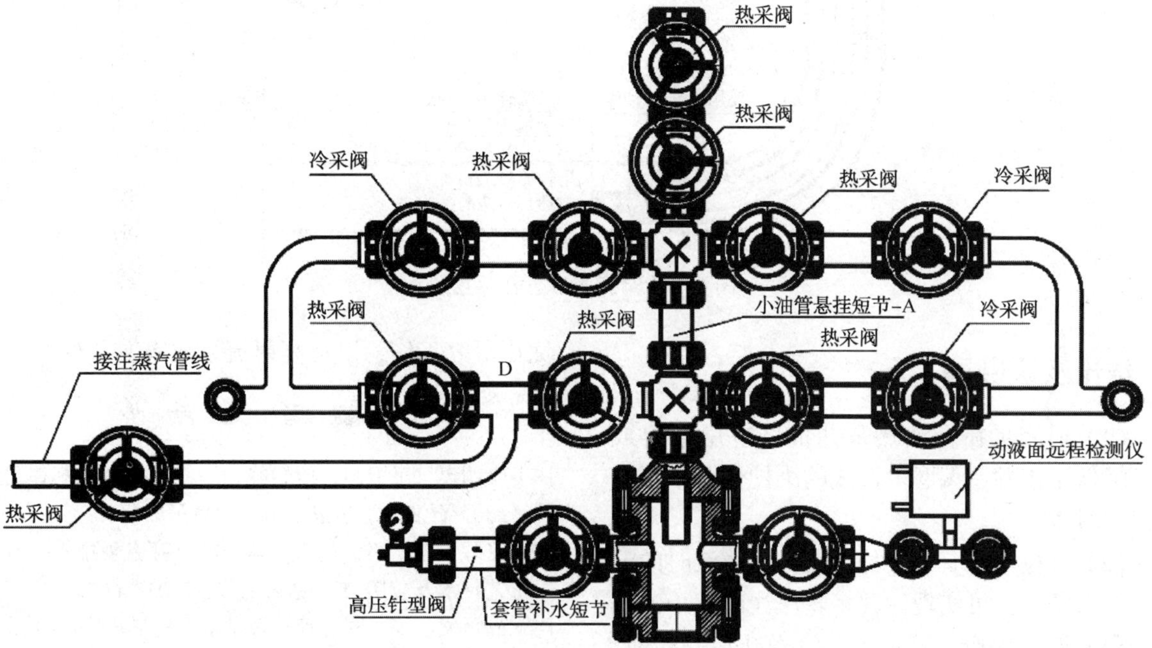

图4 井口装置示意图

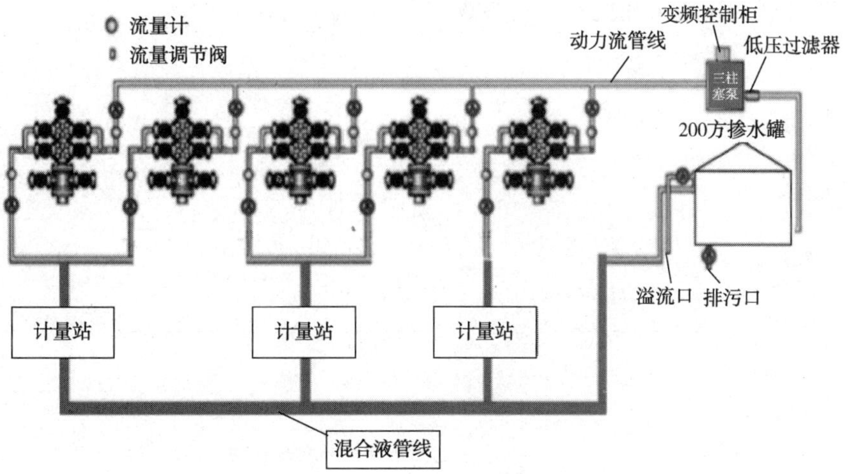

图5 动力液系统示意图

4 现场应用情况

4.1 总体情况

截止目前杨浅3区同心双管射流泵采油技术实施5口井，阶段井口产油2455吨，实施前平均检泵周期209天，实施后均正常生产，目前继续有效，最长生产时间已达565天，解决了出砂、偏磨、泵结垢，维护作业频繁的问题。

4.2 典型井例

杨浅3-平8井是部署在杨浅3区的一口水平井，单井控制地质储量34063吨，采出程度15.7%。该井在吞吐过程中存在出砂、偏磨，注汽后活塞结垢转抽光杆不下现象严重，导致作业频次居高不下，实施射流泵采油技术至今已累计生产566天，累计产油1056吨(图6)。

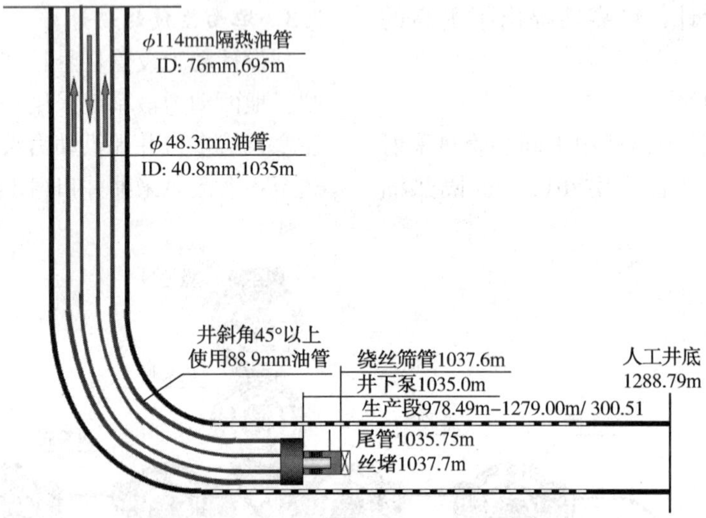

图6 杨浅3-平8管柱示意图

5 结论及认识

(1) 射流泵在稠油热采井推广应用取得成功，降低了出砂、偏磨等造成的维护作业，提高了生产时效。

(2) 该技术所有工具均能满足注蒸汽时的温度、压力条件，可实现油井多轮次注汽、采油两个过程的连续生产，满足了蒸汽吞吐油井转注、转抽不动混合液管柱的要求。

(3) 需进一步开展射流泵采油技术工艺参数优化研究工作，以提高射流泵效率。

参 考 文 献

[1] 李明忠，王卫阳，何岩峰．垂直井筒携砂规律研究[J]．石油大学学报，2000(24)第2期．

[2] 张霖，李学康，刘伟，等．水力射流泵排水采气工艺技术及应用[J]．钻采工艺，2005，(07)．

[3] 薛承文，等．同心管复合排水采气工艺技术[J]．天然气勘探与开发，2017，(12)．

[4] 张宏录，等．煤层气同心双管排采新工艺技术应用研究[J]．中国煤层气，2015(12)第2期．

浅层稠油套管错断井扶正打通道补贴加固技术

孙同明

（中国石化河南油田分公司）

摘　要　套管错断是浅层稠油油藏油井套损的主要类型，小套管二次固井工艺是主要修复工艺，存在作业周期长，费用高等问题。针对稠油油藏埋藏浅、地层疏松、错断上下套管可以横向活动容易扶正的特点，研发了模拟管模拟通井技术和扶正打通道技术，完成了套管错断井扶正打通道补贴加固技术研究，并建立了选井条件。实践证明套管错断井扶正打通道补贴加固技术是修复治理浅层稠油热采套管错断井经济有效的一种工艺技术，为套管错断井修复提供了一条新的有效途径。

关键词　浅层稠油；套管错断；模拟通井；扶正打通道；补贴加固

河南油田稠油油藏埋藏浅，埋深为90~1500米，小于500米的油井占60%。经多轮次蒸汽吞吐开发后，油井套损严重，年新增套损井约100口，套损率6.3%左右，套管错断是主要套损类型，占比59%。小套管二次固井工艺是目前主要修复工艺，存在作业周期长，费用高等问题，平均单井作业周期25天，作业费用38万元。针对稠油油藏埋藏浅、地层疏松、错断上下套管可以横向活动容易扶正的特点，研发了套管错断井扶正打通道补贴加固工艺技术，该技术修复套管错断井不需磨铣打通道，由小修设备即可完成，工艺简单，施工周期短，费用低，是一种经济有效的修复工艺技术。

1　套管错断井扶正打通道补贴加固技术工艺原理

1.1　工艺原理

套管错断井扶正打通道补贴加固技术，主要由模拟管模拟通井技术、扶正打通道技术、套管补贴技术、小直径大膨胀封隔器验封技术组成，扶正打通道工具采用丝扣连在补贴管下端，起扶正错断套管、打开通道、保护补贴管密封器作用；小直径大膨胀封隔器验封技术采用扩张式封隔器，配套小直径高膨胀率密封胶筒，用于检验套管错断井加固后的密封性。实施工艺首先打印落实套损情况，必要时螺杆钻磨铣修整错断口；然后实施模拟管模拟通井技术，为确定套管错断井能否实施补贴加固及为下步补贴施工提供参数依据；接下来补贴管下部连接扶正打通道工具补贴加固套管错断处，遇阻加压不超过100kN；最后下封隔器检验加固井段密封性，完成错断套管补贴加固（图1、图2）。

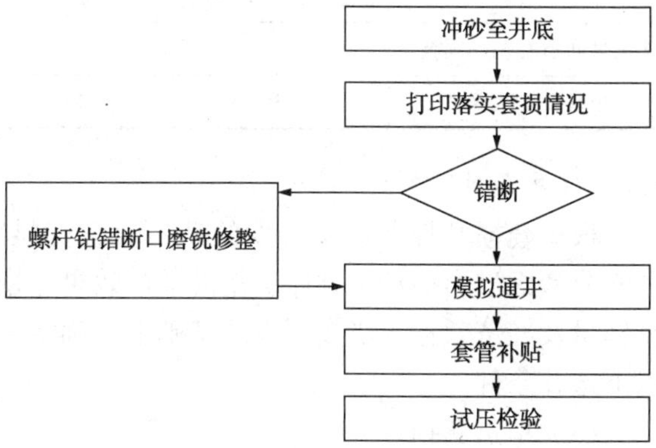

图1　套管错断井扶正打通道补贴加固工艺流程图

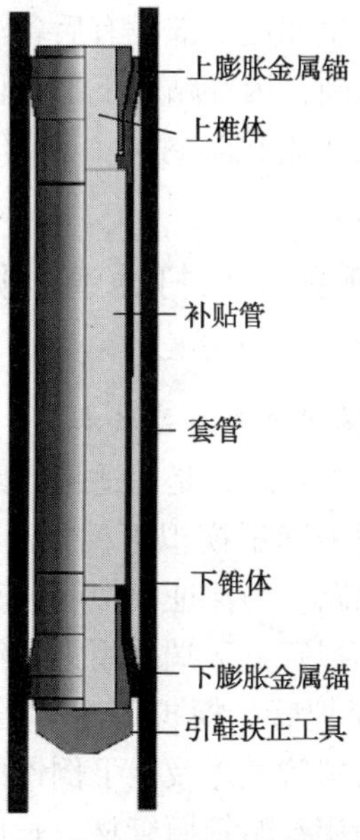

图2　套管错断井扶正打通道补贴加固技术原理示意图

1.2　主要技术指标(表1)

表1　主要技术指标

套管外径/mm	补贴管外径/内径/mm	锚定力/kN	密封压力/MPa	挤毁压力/MPa	管体倔服强度/kN
177.8	152/140	400	≥15	33.6	2320

1.3　技术特点

(1) 采用软金属密封，耐温性能好，可满足热采井蒸汽吞吐要求。

(2) 扶正打通道，工艺简单、对作业设备要求低，采用现有设备和常规油管，配套部分工具由小修队伍即可完成施工。

(3) 费用低，所需费用仅为小套管二次固井技术的1/2(表2)。

表2　套管错断井修复工艺技术作业费用、施工周期对比

项目	平均作业费用(万元)	平均周期(天)
扶正打通道补贴加固技术	18	7
小套管二次固井	38	20

1.4　选井条件

根据套损井控制储层开发的动、静态资料，在充分考虑潜力层动用顺序、挖潜增产效果、恢复储量及经济效益等诸多因素的基础上，确定了以下选井条件。

(1) 单点套损。

(2) 区块未呈现多点套损特征。

(3) 错断上下套管可以扶正。

(4) 目前生产层下部没有后备潜力层，即不再实施下返措施，因补贴段下部层段封堵工艺手段有限，只能实施化学封堵，后续措施投入高，且有效期较短。

2　套管错断井扶正打通道补贴加固技术配套技术

2.1　模拟管模拟通井工艺技术

为确定套管错断井是否适用补贴工艺技术进行修复，研制配套了模拟管模拟通井工艺技术。模拟管制做思路：为保证模拟管顺利下入、起出错断套管，模拟管上下端采用锥形结构；设计适用于7″套管模拟管；模拟管主体管材采用补贴管原管材。模拟管主体及上下倒锥的设计：模拟管主体管材采用补贴管原管材，长度与补贴时补贴管长度相同；根据统计错断井打印显示的错断后通径大小分布规律进行倒锥设计，统计数据表明错断井通径主要集中在100~154mm之间，首先进行下部倒锥设计(锥度1：5)，上部锥度与下部倒锥相同；外径略大于补贴工具最大外径，倒锥材质为35CrMo钢。整个模拟管设计外径为156mm，长度为4米(图3、图4、图5)。

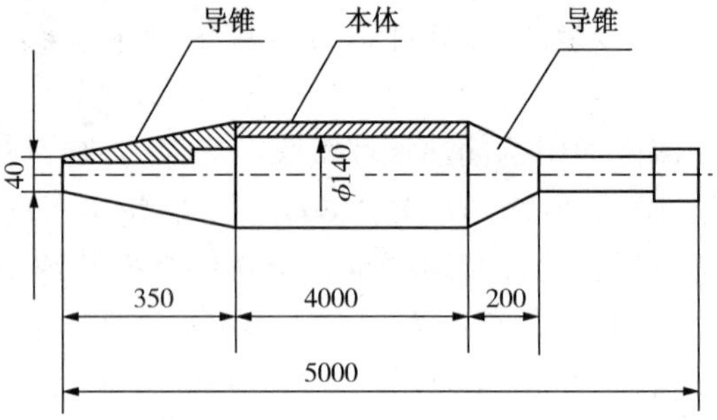

图3　模拟管示意图

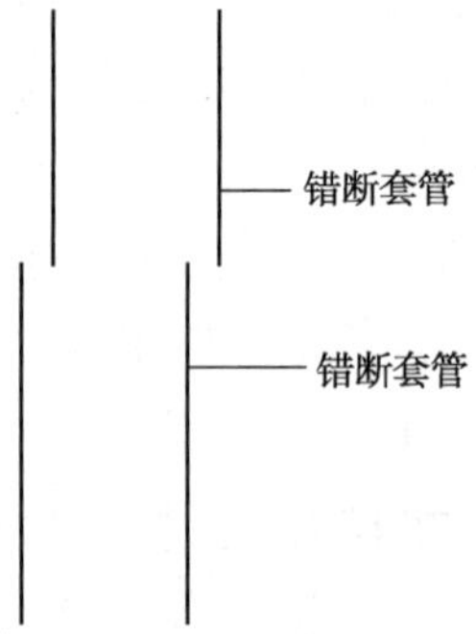

图4　套管错断井端口结构示意图

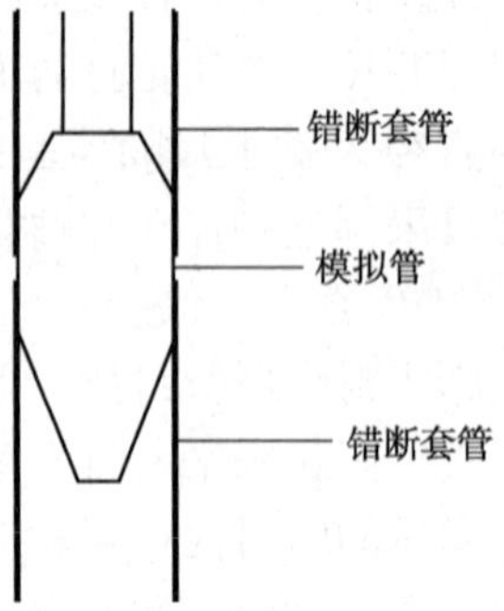

图5　模拟管模拟通井原理示意图

模拟施工前首先冲砂至井底，然后模拟通井至井底，目的是检验错断处以下井段是否仍存在错断、变形情况及确保补贴管扶正工具落入井

底。若错断处模拟通井遇阻，可采取反加压措施，最大加压不超过 100kN；反加压模拟通井仍不成功，则变更修复工艺，若打印情况表明断口不规则可先修整断口再模拟。

2.2　扶正打通道工艺技术

模拟通井成功后，即可实施补贴加固作业。为保证补贴管顺利通过错断处，研究配套了扶正打通道工艺技术，关键技术是扶正打通道工具研制。工具研制思路：采用锥形结构；设计适用于 7″套管扶正打通道工具；采用丝扣与补贴管下端金属锥相连。扶正打通道工具连在补贴管下端，采用丝扣与补贴管下端金属锥相连，起扶正错断套管、打开通道、保护补贴管密封器作用。设计锥度与模拟管锥度相同，上端面设计为 M147×1 的丝扣，与补贴管相连，最大外径为 156mm，必要时反加压使补贴管通过错断处，然后投棒启动完成错断套管补贴加固施工，最后下油管将引鞋通至井底(图 6)。

2.3　补贴管验封工艺技术

补贴后套管内通径变小，常规封隔器无法对补贴管密封性进行试压检验，为此引进了 K344-130mm 小直径封隔器，配套了补贴管验封工艺技术。工艺管柱结构：盲堵引鞋+尾管+小直径封隔器+节流器(表 3)。

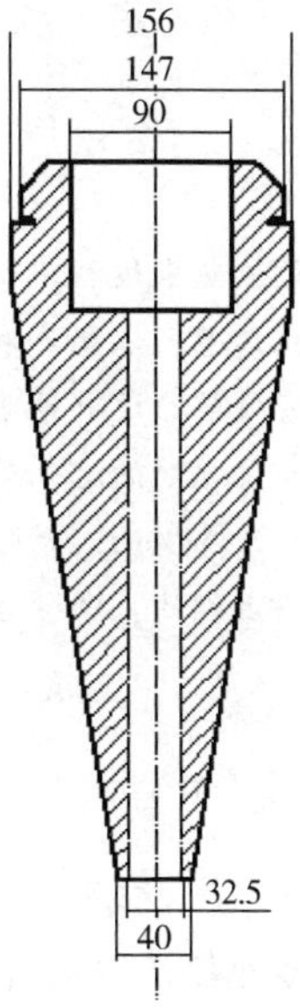

图 6　扶正打通道工具结构示意图

表 3　小直径封隔器规格型号及技术参数

规格型号	长度/mm	最大外径/mm	工作压力/MPa	耐温/℃
K344-130	1430	130	≤25	120

3　现场试验及应用效果

该技术近五年累计现场实施 14 井次，工艺成功率 100%，修复井目前日产油 18.2 吨，阶段累计增油 19937 吨；累计降低作业费用 140 万元。现场应用效果显著，为河南油田稠油热采套损复产提供了有效的技术方法。修复井最长吞吐 16 个轮次，阶段有效时间最长 1824 天。

4　结论与认识

(1) 扶正打通道补贴加固技术是修复套管错断井不需磨铣打通道，由小修设备即可完成施工，工艺简单，费用低，是一种有效工艺技术。

(2) 该技术要求井况必须是套管错断单一故障且错断上下套管在外力作用下可以扶正，选井条件苛刻，可以作为套损井修复的一种辅助工艺技术。

参　考　文　献

[1] 万仁溥. 现代完井工程[M]. 北京：石油工业出版社，2000(05)：154-155.

[2] 杨树林，苏涛. RT-1 型热采套管头的研制与应用[J]. 石油矿场机械，2005，(3)：

[3] 马占斌. 小通径无接箍套管二次固井工艺技术[J]. 石油地质与工程，2011，(1)：

海上稠油油藏热稀油复合吞吐解堵工艺研究

韩晓冬　毕培栋　张　伟　王秋霞　张　华　王　成　王弘宇　刘　昊

(中海石油(中国)有限公司天津分公司)

摘　要　稠油热采过程中形成的油包水乳状液可能会堵塞地层孔喉，影响热采井产量。采用热稀油复合吞吐解堵措施工艺，以稀油和化学降黏剂为采油介质，利用注入稀油稀释地下稠油、化学破乳降黏增效等作用，能够有效解除近井地带乳化堵塞，实现增产增效。开展相关室内实验，稠油掺入稀油后黏度显著降低，稀油作为化学剂的溶剂载体，改变稠油状态，化学剂促进稀油与稠油混合溶解，减小乳状液尺寸，降低液阻效应，改善稠油流动性，扩大波及范围，具有工艺简单、成本低、低碳等优势。

关键词　海上稠油；稀油吞吐；原油乳化；解堵；降黏剂

1　引言

稠油热采是开采稠油的有效方法，向稠油油藏中注入蒸汽或多元热流体等水相流体后，有可能会形成W/O乳状液，增大原油表观黏度，甚至可能堵塞地层孔喉，影响油流通道，从而影响热采井产量。渤海某油田X1井在注入低温多元热流体后，地下稠油加热并乳化，降温后形成稳定高黏的W/O乳状液，并且含有大量水滴和水滴聚集体的乳状液具有显著的液阻效应，原油在储层孔喉中流动会产生液阻效应，增大流体的表观黏度，造成驱替困难。解决乳化堵塞问题的关键在与降低稠油黏度和降低液阻效应影响，建议采用热稀油吞吐解堵措施工艺。

在陆地油田，稀油吞吐解堵技术已经取得广泛应用。辽河油田井筒和地面管线掺轻质油研究和应用结果表明，掺轻质油可使稠油黏度显著降低，稀稠比2∶8时可使超稠油黏度降低95%以上。乳化严重普通稠油低温时掺稀降黏效果一般，需要升高温度或者添加破乳剂。江汉油田马王庙作业区存在“水敏、酸敏、盐敏、速敏”的四敏特性，利用原油对地层不产生二次伤害的原理，用热洗车加热原油堵塞油井进行“热油吞吐”，堵塞油层被成功疏通。针对X1井存在的原油乳化堵塞问题，结合乳化稠油特征及可用稀油资源，为解决原油黏度高问题，开展不同条件下稠油掺稀降黏实验，同时为解决液阻效应强问题，开展不同降黏剂破乳降阻实验研究。实现降黏降阻目的，有效解除近井地带乳化堵塞，从而改善热采效果。

2　实验过程

2.1　材料和仪器

实验材料：目标油田乳化稠油、稀油#1、稀油#2、常规降黏剂#1、复合降黏剂等。

实验仪器：Haake MARS40高温高压模块化流变仪，赛默飞世尔科技公司；奥林巴斯BX53显微镜及配套仪器，日本奥林巴斯株式会社公司(图1)。

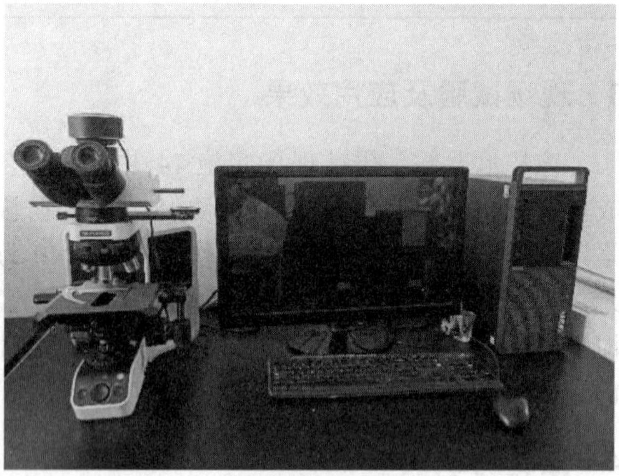

奥林巴斯BX53显微镜

图1　原油乳化状态显微仪器

2.2　实验方法

(1) 稀油掺稀降黏实验

采用配备密闭系统的Haake MARS40高温高压模块化流变仪，开展海上稠油与稀油的混合稀释，测量目标油田稠油、掺稀后原油的黏度等流变性参数，海上稠油与稀油混合物流变性实验条件和实验方案设计如下：

测量温度：50℃、60℃、70℃、80℃；

稀油：稀油#1、稀油#2(表1)；

表1 稀油#1与稀油#2黏温数据

温度/℃	稀油#1黏度/(mPa·s)	稀油#2黏度/(mPa·s)
30	76	963.4
40	20.79	478.31
50	12.32	248.62
60	10.17	139.36
70	7.67	89.75
80	6.93	60.78
90	6.45	44.3
100	4.03	43.92

稠油：目标油田50%含水率乳化稠油；

稀稠比：1∶9、2∶8、3∶7；

经流变仪测定该目标油田乳化稠油与两种不同黏度的稀油，在不同温度和掺稀比情况下掺稀混合物的黏度。

(2)液阻效应实验

采用具有多个测压点的一维长填砂管，模拟乳化稠油在地层中流动过程，通过监测不同测压点的压力，并与流变性测试结果相结合，分析填砂管孔隙中乳化稠油流动特性。采用具有5个测压点的填砂管和实际地层砂(洗油筛析后配制)填砂后，在50℃下，以0.2mL/min速度注入含水40%稠油，监测各点压力变化，测算填砂管各段稠油表观黏度，测算填砂管中稠油表观黏度与采用流变仪测得的稠油黏度进行对比。

(3)破乳降阻评价实验

实验方法与稀油掺稀降黏实验类似，在稀油#1中加入分别加入不同浓度的常规降黏剂#1和复合降黏剂，降黏剂破乳降阻实验条件和实验方案设计如下：

测量温度：50℃、60℃、70℃、80℃；

稀油：稀油#1(50℃黏度为12mPa·s)；

降黏剂：常规降黏剂#1、复合降黏剂；

稠油：目标油田50%含水率乳化稠油。

3 掺稀降黏实验结果分析

如图2所示，为目标井采出油样外观状态，从外观和微观状态来看，油样呈现明显的反相乳化状态，取样黏度4845mPa·s(50°C)、含水48%，脱水后原油黏度仅为1214mPa·s(50°C)，说明原油乳化后乳液黏度大幅上升，是脱水原油的3倍左右(表2)。

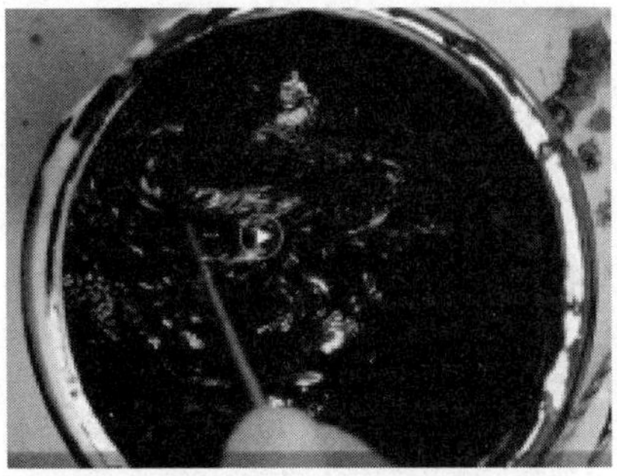

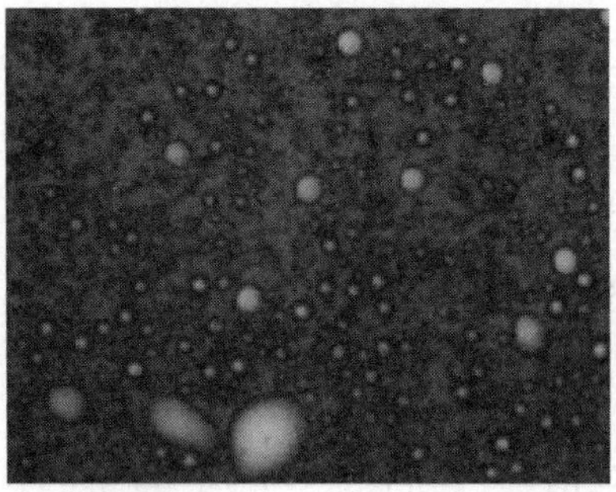

图2 A1H1井采出油样状态

表2 不同温度下乳化油和脱水原油黏度测定结果

温度/℃	未脱水原油黏度/mPa·s	脱水原油黏度/mPa·s
30℃	15720	
40℃	9343	
50℃	4845	1214
60℃	2852	695.5
70℃	1697	382.8
80℃	995	
90℃	736	

将含水50%的乳化稠油与稀油#1在不同温度和掺稀比下进行掺稀降黏实验，根据降黏实验表明，60℃稀稠比3∶7时降黏率为98.06%，稀稠比1∶9时掺稀降黏率为90.02%，在不同掺稀比和温度条件下均可取得良好的掺稀降黏效果，可满足降黏解堵需求(表3)。

同样将含水50%的乳化稠油与稀油#2在不同温度和掺稀比下进行掺稀降黏实验，60℃稀稠比3∶7时降黏率为88.95%，稀稠比1∶9时掺稀降黏率为75.66%，由于稀油#2黏度较高，

50℃下原油黏度为248mPa·s，掺稀降黏效果相较稀油#1较差(表4)。

表3　稠油与稀油#1掺稀降黏实验结果

掺后稀油比例	最终含水	掺稀后黏度/(mPa·s)				掺稀降黏率			
		50℃	60℃	70℃	80℃	50℃	60℃	70℃	80℃
0%	50%	7698	3895	2234	1309				
10%	45%	1397	768	441	292	81.85%	90.02%	94.27%	96.20%
20%	40%	374	246	172	133	95.14%	96.80%	97.76%	98.27%
30%	35%	221	150	101	88	97.13%	98.06%	98.69%	98.85%

表4　稠油与稀油#2掺稀降黏实验结果

掺后稀油比例	最终含水	掺稀后黏度/(mPa·s)				掺稀降黏率			
		50℃	60℃	70℃	80℃	50℃	60℃	70℃	80℃
0%	50%	7698	3895	2234	1309				
10%	45%	3488	1874	1106	710	54.69%	75.66%	85.64%	90.77%
20%	40%	2400	1299	778	505	68.82%	83.12%	89.89%	93.44%
30%	35%	1495	850	526	344	80.58%	88.95%	93.17%	95.54%

掺稀降黏实验中，所用稀油黏度越低，掺稀降黏的效果也更好，向目标油田稠油中加入稀油#1和稀油#2，在不同的掺稀比情况下，黏度更低的稀油#1降黏效果都更好，在现场实践中，建议使用稀油#1进行热稀油复合吞吐解堵作业(图3)。

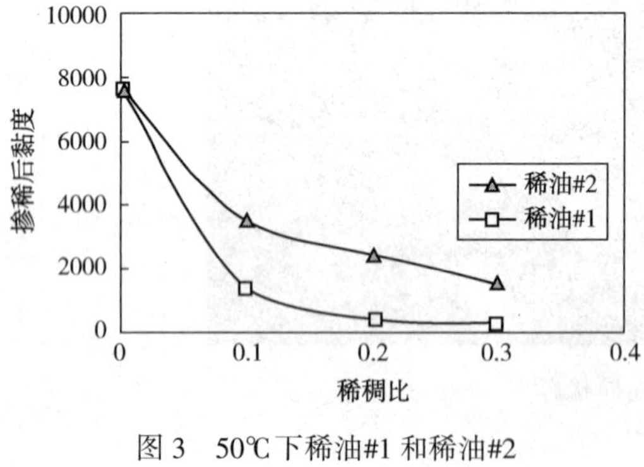

图3　50℃下稀油#1和稀油#2掺稀降黏效果对比

掺稀降黏实验中，随着实验温度的升高，降黏率也随之升高，如图4所示，在不同的实验温度情况下，掺稀降黏效果与温度呈正相关，对于黏度较高的稀油#2该效应更为明显。在井筒温度计算过程中，由于稀油的比热容比水要小的多，在注入过程中，稀油温度损失较快，为避免地层造成冷伤害，在现场实践中，采用加热设备对稀油加热是有必要的，充分发挥热能和掺稀的双重降黏效果，有效解除近井地带堵塞。

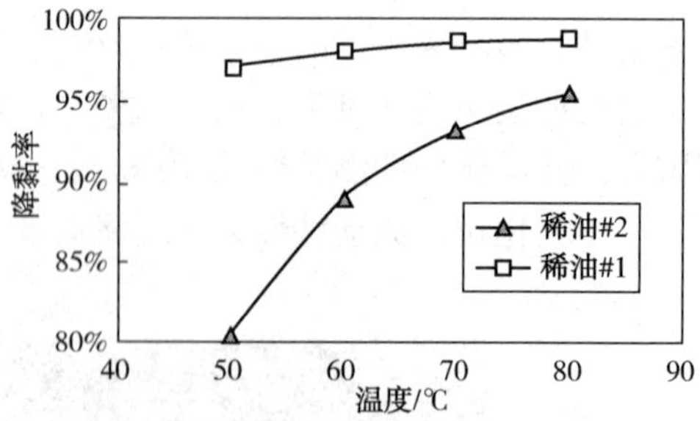

图4　温度对于掺稀降黏率的影响

4　破乳降阻实验结果分析

4.1　液阻效应评价

原油乳化引起地层堵塞的主要原因为原油黏度升高和液阻效应的存在，流变仪测得的原油黏度通常无法充分反映乳化原油在地层中流动的难易程度，因此通过岩心驱替实验模拟乳化稠油在地层中的流动过程，通过达西渗流公式反推乳化稠油的表观黏度，与原油采用流变仪测得的黏度对比，可以量化评估液阻效应对于原油流动的影响。

根据岩心驱替实验结果，含水40%稠油岩心驱替实验折算黏度为10615mPa·s，是流变仪测定黏度(3801mPa·s)的3倍左右。预计含水升高时，液阻效应导致的黏度增大倍数会进一步提高。通过显微镜拍照结果统计储层孔喉直径和乳化液大小的匹配程度。统计结果显示，储层孔喉直径 5μm~20μm，W/O 乳状液中水滴粒径达 10μm~50μm。反相乳化后，原油在储层孔喉中流动会产生液阻效应，加大流体在地层中流动的难度(图 5)。

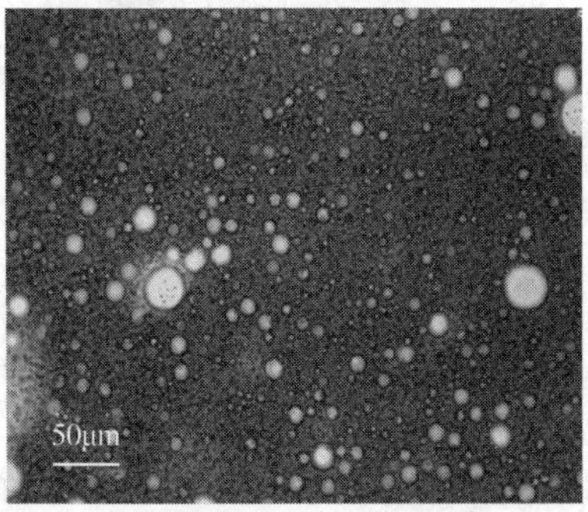

图 5　乳化稠油显微照片

4.2　降黏剂降阻效果

热稀油吞吐开采效果与地下稀油与稠油的接触效率及混合稀释效果直接相关。降黏剂可以改善稀油和稠油的接触效率和混合效果。在热稀油吞吐开采稠油过程中，油藏稠油处于油包水乳化状态。通过在含水稀油中加入乳化降黏剂或一方面可以降低稀油黏度、提高稀油注入速度，同时，可以在稀油对稠油的稀释降黏作用基础上通过改变地下油水乳化状态进一步降低稠油黏度。

向稀油#1 中分别添加 1%浓度的常规降黏剂#1 和复合降黏剂，与目标油田乳化稠油进行掺稀实验评价，根据实验结果，原油黏度和液滴粒径都在一定程度上得到降低，相较于常用的降黏剂#1，复合降黏剂在降低原油黏度和减弱液阻效应方面效果更为显著，因此建议开展热稀油复合吞吐解堵作业过程伴注复合降黏剂。

如图 6 所示，通过显微观察分析，加入降黏剂体系后，在室内实验条件下可实现乳状液由大粒径 W/O 转为小粒径 O/W，在降黏基础上达到降阻的目的。从显微观察结果可以得出，在不同含水率情况下，复合降黏剂相较于常规降黏剂#1，形成的 O/W 乳状液黏度更低、液滴尺寸更小，可以显著地减弱液阻效应，提升原油在地层流动性。

表 5　不同降黏剂降黏降阻实验数据

含水率/%	黏度/(mPa·s)			粒径/μm	
	原油	降黏剂#1	复合降黏剂	降黏剂#1	复合降黏剂
0	1329	33.1	14.6	10.1	7.3
20	1752	55.4	23.0	14.3	7.5
30	2439	149.4	30.7	19.2	8.4
40	4536	285.3	39.6	25.3	10.6
50	7698	843.4	52.1	32.8	12.4
60	17673	1572.8	65.3	40.6	14.7

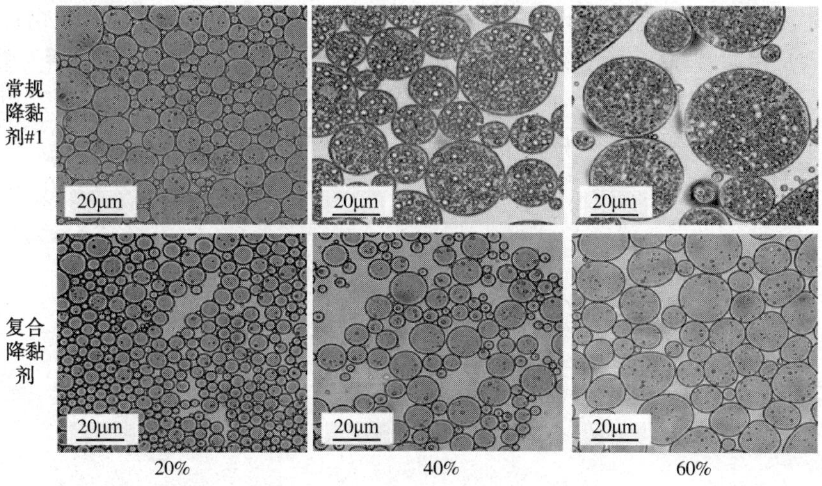

图 6　加入降黏剂后液滴形态

如图7所示，按照稀稠比2：8进行掺稀的基础上，加入复合降黏剂后，W/O乳状液发生破乳，W/O乳状液中内相水液滴析出，随之发生O/W乳化，逐渐转变为分散程度较好的O/W乳状液，W/O液滴半径减小数量减少，O/W液滴增加，黏度和液阻效应降低。

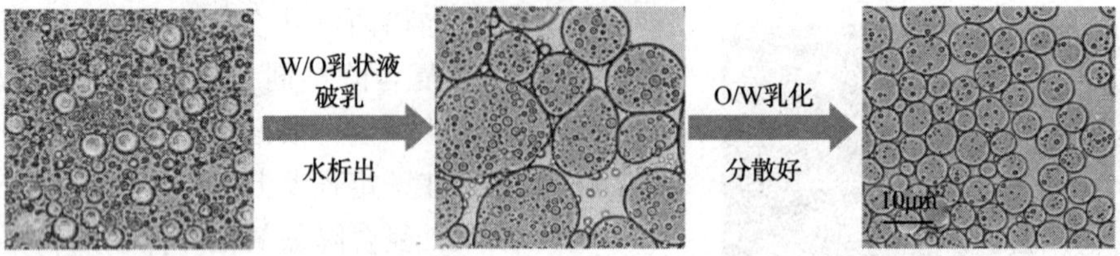

图7　复合降黏剂破乳降阻过程

5　结论

(1) 造成原油乳化堵塞问题的关键为原油黏度高和液阻效应强，通过热稀油复合吞吐工艺，可以有效降黏降阻，解除乳化堵塞，实现增产增效。

(2) 掺入稀油可以显著降低原油黏度，同时作为油溶性化学剂的载体，有效防止地层再次出现乳化问题，掺稀降黏效果与温度呈正相关，与稀油黏度呈负相关，建议采用黏度更低的稀油#1实施作业，同时采用加热装置加热稀油，进一步提升降黏效果。

(3) 稀油伴注降黏剂可以实现乳状液由大粒径W/O转为小粒径O/W，显著减弱液阻效应，提升原油在地层的流动性。复合降黏剂形成的O/W乳状液黏度更低、液滴尺寸更小，建议热稀油吞吐解堵作业中伴注复合降黏剂，在降黏基础上达到降阻目的。

参　考　文　献

[1] 杨光璐，李迎环，何慧卓．特稠油油藏多元热流体吞吐技术研究与应用[J]．特种油气藏，2020，27(2)：103-107.

[2] 刘义刚，邹剑，张华，等．稠油热采高效供水系统改进与应用[J]．科学技术与工程，2019，19(20)：211-214.

[3] 孙江河，范洪富，张付生，等．提高稠油采收率技术概述[J]．油田化学，2019，36(2)：366-371.

[4] 孟祥海，张云宝，张德富，等．稠油乳化降黏剂筛选及其注入参数优选实验-以渤海LD5-2油藏为例[J]．当代化工，2016，45(11)：2612-2614.

[5] 孙娜娜，敬加强，蒋华义，等．稠油水包油型乳状液表观黏度的影响因素及预测模型[J]．石油学报(石油加工)，2016，32(5)：987-996.

[6] 满江红，陈雷．掺稀降黏工艺在塔河油田试油开采中的应用[J]．石油钻探技术．2002，(4)：65-65.

[7] 赵海洋，王世杰，李柏林．塔河油田井筒降黏技术分析与评价[J]．石油钻探技术，2007，35(3)：82-84.

[8] 蒙永立，郭文德，徐明强，等．新疆油田稠油掺稀油降黏研究[J]．新疆石油科技，2004，14(3)：2.

[9] 杨亚东，杨兆中，甘振维，等．掺稀采油在塔河油田的应用研究[J]．西南石油学院学报，2006，28(6)：53-55.

[10] 睢芬．塔河油田缝洞型超深超稠油藏效益开采技术研究[J]．油气藏评价与开发．2020，10(2)：7.

[11] 周克厚，缪云．热油吞吐室内实验研究与评价[J]．油气地质与采收率，2011，18(4)：75-77.

[12] 解来宝，吴玉国，宫克，等．稠油降黏方法研究现状及发展趋势[J]．应用化工．2018，(6)：1291-1295.

海上稠油井下多元热流体发生技术研究

王 成[1] 刘 昊[1] 夏 欢[1] 张 伟[1] 王秋霞[1] 孙玉豹[2]

(1. 中海石油(中国)有限公司天津分公司；2. 中海油田服务股份有限公司)

摘 要 渤海油田稠油资源储量规模大，但传统注蒸汽热采方式碳排放量大、能耗高，热损失严重，在“双碳”背景下，亟需一种低能耗、低排放、低污染的稠油热采方式。井下多元热流体发生技术直接在井底产生热流体，具有节能高效、降低完井成本、增加管柱寿命、适应性强等特点，具有很大的应用潜力。初步完成了井下多元热流体发生器燃料优选、排量设计、发生器结构设计、点火工艺设计、流体输送工艺设计等，“十四五”期间将完成井下多元热流体发生器样机试制并开展现场试验。

关键词 双碳；井下热力发生；稠油热采；多元热流体

1 引言

渤海油田稠油资源储量规模大，原油黏度大于350mPa·s的稠油三级地质储量达7.41×10^8t，未动用三级储量6.5×10^8t。结合渤海稠油黏度分布范围和开发方式，将普通稠油(黏度50~10000mPa·s)细分为地层原油黏度50~150mPa·s的普I-1类稠油、地层原油黏度150~350mPa·s的普I-2a类稠油和黏度350~10000mPa·s的普I-2b类稠油。对于普I-2b类稠油，国内外通常采用热采开发，如辽河油田杜66块、锦45块、齐40块、胜利孤岛油田、风城油田等，常用热采开发技术主要包括蒸汽吞吐、蒸汽驱、SAGD等。但是传统注蒸汽热采技术注入的蒸汽都是在地面产生，地面管线、井筒热损失大，热量损失大、热效率低。在“双碳”背景下，亟需研究一种低能耗、低排放、低污染的稠油热采方式。

井下热力发生技术是一项新兴的稠油热采技术，没有传统地面蒸汽发生器、蒸汽集输系统和井口到井底的保温运输部分，大大的减少因为蒸汽在管道运输过程损失的热量。1969年Robert. V. Smith获得井下蒸汽发生器的专利假设，1976年美国能源部提出“深井注汽项目”，由美国桑迪亚国家实验室负责研制井下蒸汽发生器，旨在开发世界范围内储量巨大的深层稠油资源，论证了井下蒸汽发生器方案的可行性，并在1978年研制出第一台井下蒸汽发生器，进行了大约半年地面模拟实验，它总长5.5m，直径在152mm。1981年在Kern River油田现场实验，结果表现令人满意，在1981~1989年期间，由美国几家公司合资经营成立的提高能源系统公司，一共在3个州的9个油田进行了30井次的现场实验，取得了一定的成果。但是，20世纪80年代，稠油价格大跌，资金不足导致井下蒸汽发生器项目实验被迫中止。中国石油勘探开发研究院热采所张义堂、张朝晖在中国石油学会石油工程学会2001年度年会发表文章论述井下电热蒸汽发生装置在稠油热采开发中的优点与优势。马保松、鄢泰宁等人在第五届中国(西安)国际石油天然气及石化科技装备展览会暨石油技术发展研讨会，论证了井下电热蒸汽发生装置的在我国发展的可行性和科学性。总的来说，国内对于井下蒸汽发生技术研究仍处于理论研究阶段。

2 技术原理及优势

2.1 井下多元热流体发生技术原理

近年来，多元热流体技术在渤海稠油油田开展了大量试验，取得了良好的开发效果。多元热流体是一种高温、高压流体，主要组成为水/水蒸气、氮气和二氧化碳，其产生机理是利用高压燃烧机理，将注入发生器的燃料(柴油或天然气)和氧化剂(空气)在燃烧室中燃烧，依靠产生的高温高压燃气将混合掺入的水汽化，产生多元热流体。多元热流体发生装置体积小，基本无排放，具备实现井下热力发生的技术优势。

井下多元热流体发生技术充分结合现有多元热流体技术特点，将热流体发生器直接放置于油层附近，通过井下管柱将水、空气、燃料输送至井下发生器燃烧腔，在井下直接燃烧，生成热流体(主要组成为水/水蒸气、氮气和二氧化碳)，然后直接注入地层，如图1所示。该项技术可有效降低注入过程中的热量损失，降低作业成本，提高注热效率并保障井筒完井完整性。

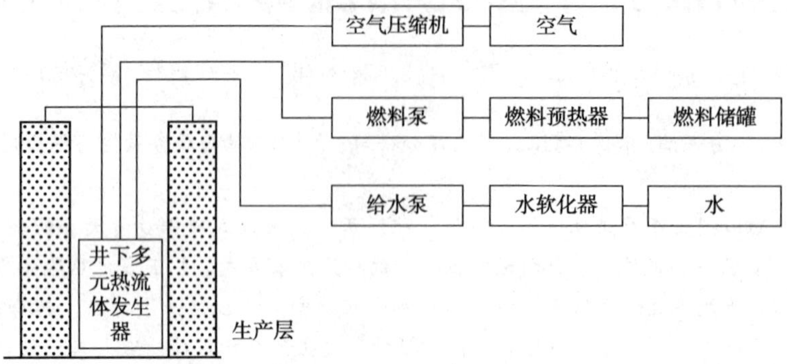

图1 井下多元热流体发生技术原理

井下热流体发生技术直接在井底产生热流体，相比地面产生的热流体，可以得到更高注汽效率、更高温度的热流体。与常规多元热流体技术相比，井下热流体发生技术提高稠油采收率机理主要包括：(1)提高注汽效率，所产生的热流体全部直接注入油层，避免了地面和井筒内的热损失(20%~30%)，可以大大提高系统的注汽效率；(2)多组分综合增产作用，多元热流体波及半径更大，(波及半径为单一流体的2倍左右)，综合提高采收率更高；(3)减少水介质注入，通过多元热流体将热量带入地层，减小水的注入量，(相同热量下减少水量16%左右)，提高注热效率；(4)高温裂解，结合研究表明裂解主要在300℃以上，通过井下热流体发生技术进一步提高出口温度(可达330~350℃)。

2.2 井下多元热流体发生技术优势

井下多元热流体发生技术将发生器置于近油层位置，在消除地面管线和井筒热损失(热效率高)，保护套管和水泥环、防止井口抬升，延长管柱寿命等方面具有明显的优势，在中深层稠油油藏具有较好的应用前景。主要优势包括以下几方面：

(1) 节能高效。按照相同的条件，计算井筒损失热量，在燃料热值43000KJ/kg、燃烧效率0.9时，计算得到常规热采井筒热损失约19%~22%，井下热流体发生器每天节约燃料消耗量2.868~3.315t，年节约燃料成本可达690~798万元。

(2) 完井成本降低。与常规油井相比，热采井完井成本更高，费用差异主要表现在套管钢材、固井水泥级别和井口装置等，如表1所示。但是井下多元热流体发生技术是将热力发生装置移至井下，油井仍可采用常规完井方式，完井成本大幅降低。

表1 常规完井与热采完井费用差异

参数	常规完井	热采完井	费用差异/万元
套管	N80	TP110	40
固井水泥	常规G级水泥	高温水泥体系	50
	未上返至井口	上返至井口	
井口装置	常规井口	热采井口	20
合计			110

(3) 延长管柱使用寿命。采用井下多元热流体发生技术开采的生产井，上部注汽管柱不与热流体直接接触，不仅能够提高管柱的使用寿命，还能降低井筒抬升风险。

(4) 减少碳排放、节约空间。将多元热流体发生器置于井筒内，还可以降低地面施工作业安全风险。减少CO_2排放(CO_2回采气率为28.5%)。地面设备减少了主机舱橇，占地面积、甲板承重等需求减少近20%~30%。对于平台空间有限的海上油田，井下多元热流体发生技术的适用性更强。

3 方案设计

3.1 发生器燃料优选

本文对比了柴油、原油、天然气、甲醇/丙醇等常见燃料的优缺点和现场实际应用情况，如表2所示。综合考虑，井下多元热流体发生器可采用柴油或者天然气作为燃料。原油燃烧不稳定、易结焦堵塞，井下无法检修。考虑到经济性，现场试验建议采用天然气作为燃料，成本可节约60%~70%。

表2 井下多元热流体发生器燃料优选

发生器燃料类型	优点	缺点	现场应用情况	是否可行
柴油	输送安全	成本高	目前海上采用柴油作为燃料	是
原油	经济	积碳、燃烧连续性等因素难以保障	新疆油田应用两井次，应用效果较差	不建议
天然气	经济	需要气源、地面设备需增加天然气压缩装置	陆地油田应用、目未在海上应用	是
甲醇/丙醇等	节能环保	运输问题、安全问题	国外陆地油田有应用	不建议

3.2 发生器排量确定

排量是决定发生器适用性和应用效果的关键因素。对比了渤海典型稠油油田热采设计注入排量，以优先满足油藏注热量需求为目标，结合发生器参数计算，设计发生器最大水排量15~25t/h（120℃）、热流体最大排量≥20~30t/h（120℃）。对应最大空气排量5600Nm³/h，天然气排量600Nm³/h，如表3所示。

表3 井下多元热流体发生器排量设计

开发方式	目标油田/井	热采方案设计参数				井下发生器参数设计				
		井底注入温度/℃	油藏压力/MPa	注水排量/(t/h)	注气排量/(Nm³/h)	出口温度/℃	出口压力/MPa	柴油消耗/(kg/h)	天然气消耗/(Nm³/h)	空气量/(Nm³/h)
热水复合	LD-5	108	12	24.2~25.8	2875~3083	150	18	392.7	494.8	5706.4
	NB-3	108	11.3	14.6~50	1666~5000	150	18	761.1	959.0	11058.9
	SZ-3	108	12.8	4.2~25	520~3166	150	18	380.6	479.5	5529.5
蒸汽复合	LD-2	340	12.8	12.5	1600	300	18	430.6	542.5	6256.0
	LD-2	340	14.5	12.5	1813	300	18	430.6	542.5	6256.0
	LD-5	340	10	12.5	1250	300	15	431.6	543.8	6271.1
	KL-9	340	7	12.5	1250	300	15	431.6	543.8	6271.1
	JZ-2	340	9.3	12.5	1163	300	15	431.6	543.8	6271.1
多元热流体	NB-3	200	20	8.3	625	250	21	229.4	289.0	3333.2
平均值		/	/	19	2177	/	/	412	519	5982

3.3 发生器总体结构设计

井下多元热流体发生器初步设计外径140mm，长度6m。发生器头部与壳体采用焊接方式进行连接，后端止回阀采用螺纹进行连接，如图2所示。发生器制造采用GB150标准进行制造。发生器头部与输送管缆间设计复合止回阀装置，发生器后端设计止回阀，防止流体回流，起到安全控制的目的。通过建立有限元分析模型，对发生器的强度进行校核(图3)，校核结果表明，发生器整体强度能够满足井下安全设计要求。

3.4 点火工艺设计

本文试验了电加热棒点火和高压点火2种点火方式。电加热点火棒(220V 100W)通电30s左右后可点燃柴油和空气混合物(地面环境下)，但是井下环境热量散失大，没有聚焦点，电加热点火达不到天然气点火温度(300~460℃)。试验条件下，高压点火均能一次点火成功，如表4所示。因此，井下多元热流体发生器采用高压点火器，设置一用一备两个点火器。

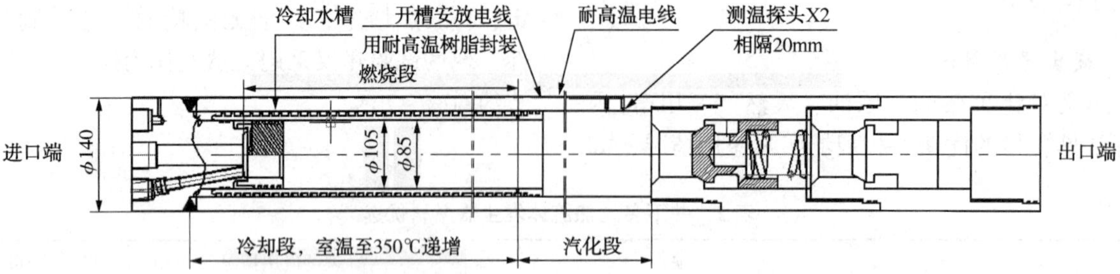

图2　井下多元热流体发生器结构设计

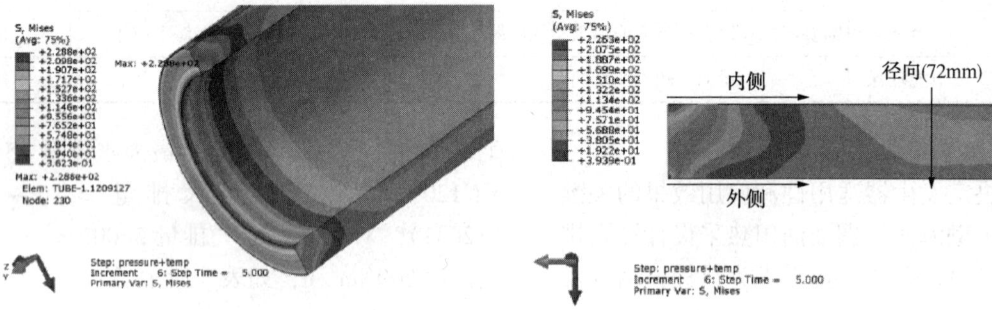

图3　井下多元热流体发生器有限元模型强度校核

表4　高压点火试验记录表

序号	空气流量/(kg/h)	空气压力/MPa	进水流量/(kg/h)	上进水入口压力/MPa	柴油		热载体		点火时间/s	备注
					流量/(kg/h)	入口压力/MPa	压力/MPa	温度/℃		
1	254	1.12	690	1	15	1.03	0.99	38		点火前
	172	2	680	2.12	20.43	2.15	2.04	70	20	温度上升
2	251	4.9	670	4.93	16.18	4.99	4.84	39		点火前
	187	5.43	670	5.46	21.46	5.57	5.38	63	20	温度上升
3	102	9.09	670	9.15	7.45	9.13	9.07	37		点火前
	97	9.32	0.66	9.38	6.76	9.3	9.3	60	20	温度上升

3.5　流体输送工艺设计

根据井下热力发生技术特点，对比论证了同心管柱及多通道连续油管两种输送方案，如表5所示。多通道连续油管输送方案中，流体通过独立的管路输送、安全性高，但是大尺寸连续油管在海上平台吊装、下入作业困难；另外，多通道连续油管起下管柱作业成本相对较高。综合考虑，选择同心管柱作为井下多元热流体发生器的流体输送模式，同心管为承载管柱，内管输空气，内外管环空输水，液控管线输燃料。

表5　同心管柱/多通道连续油管输送方案对比

流体输送方案	同心管柱输送方案	多通道连续油管输送方案
发生器设计	以套管作为外壳，结构更紧凑	加装外壳
点火方式	一用一备，电加热棒点火	
进水方式	通过环空进入，无止回阀	有止回阀
测温方式	热电偶测温	

续表

流体输送方案	同心管柱输送方案	多通道连续油管输送方案
多相流体输送	利用小油管+油管(2~3 根)	多通道连续油管(至少 3 根)
技术优势	(1) 井口及管柱结构较为成熟; (2) 流体输送通道大; (3) 管柱强度高、作业简便; (4) 作业成本低	(1) 流体通过独立的管路输送、安全性高; (2) 无需考虑洗压井期间环空杂质对发生器的影响; (3) 发生器与连续油管可在地面连接点火、调试后入井; (4) 更换管柱作业快捷
技术难点/缺点	(1) 洗压井期间环空的杂质对发生器的影响; (2) 封隔器密封:要求长期有效; (3) 小油管与发生器插入密封可靠性:长期高温、高压、气密	(1) 多通道连续油管结构尺寸优化; (2) 大尺寸连续油管在海上平台的吊装、下入; (3) 作业期间的井控、穿越及悬挂问题

4 结论

(1) 井下多元热流体发生技术直接在井底产生热流体，具有节能高效、降低完井成本、增加管柱寿命、适应性强等特点，在海上热采稠油油田具有较大的应用前景。

(2) 井下多元热流体发生器可采用柴油或者天然气作为燃料。考虑到经济性，现场试验建议采用天然气作为燃料，成本可节约 60%~70%。发生器最大水排量 15~25t/h(120℃)、热流体最大排量≥20~30t/h(120℃)。

(3) 井下多元热流体发生器初步设计外径 140mm，长度 6m。通过有限元分析模型对发生器的强度进行校核，发生器整体强度能够满足井下安全设计要求。

(4) 井下多元热流体发生器采用高压点火器，选择同心管柱作为井下多元热流体发生器的流体输送模式。

参 考 文 献

[1] 郭太现，苏彦春. 渤海油田稠油油藏开发现状和技术发展方向[J]. 中国海上油气，2013，25(3)：26-35.

[2] 张健，梁丹，康晓东，等. 海上稠油油田热水化学驱油技术研究[J]. 中国海上油气，2021，33(5)：87-93.

[3] 李萍，刘志龙，邹剑，等. 渤海旅大 27-2 油田蒸汽吞吐先导试验注采工程[J]. 石油学报，2016，37(2)：242-247.

[4] 沈平平. 热力采油提高采收率[M]. 北京：石油工业出版社，2006：155-161.

[5] 范世通. 欢喜岭油田齐 40 块蒸汽驱开发蒸汽腔发育规律研究[J]. 特种油气藏，2013，20(1)：92-94.

[6] 田仲强，黄敏，田荣恩，等. 胜利油田稠油开采技术现状[J]. 特种油气藏，2001，8(4)：52-55.

[7] 霍进，吕柏林，杨兆臣，等. 稠油油藏多元介质复合蒸汽吞吐驱油机理研究[J]. 特种油气藏，2020，27(4)：93-97.

[8] David E. Wright，Robert L. Binsley. Feasibility Evaluation of a Downhole Steam Generator[J]. Journal of Petroleum Technology，1982，34(4)：881-887.

[9] 马保松，鄢泰宁，蒋国盛，等. 稠油热采井下电热蒸汽发生器技术研究[C]. 第五届中国(西安)国际石油天然气及石化科技装备展览会暨石油技术发展研讨会. 2005.

[10] 张毅，王弥康. 井下蒸汽发生器和蒸汽-燃气发生器[J]. 2001，29(10)：51-53.

[11] 张义堂，张朝晖. 国外稠油低成本开采新技术[C]. 中国石油学会石油工程学会 2001 年度年会. 2001.

[12] 唐晓旭，马跃，孙永涛. 海上稠油多元热流体吞吐工艺研究及现场试验[J]. 中国海上油气，2011，23(3)：185-188.

[13] 彭世强，郑伟. 海上稠油多元热流体吞吐产能影响因素研究——以渤海 N 油田为例[J]. 石油地质与工程，2020，34(3)：67-70.

[14] Sun，Y.，Zhao，L.，Tao Lin，Sun，Y.，et al. Case Study：Thermal EnhanceBohai Offshore Heavy Oil Recovery by Co-stimulation of Steam and Gases[C]. 2013. Paper SPE 165410 Presented at SPE Heavy Oil Conference，Calgary，Canada，11-12 June.

[15] Liu D.，Zhao C.，Su Y.，et al. New research and application of high efficient development technology for offshore heavy oil in China[C]. 2012. Paper OTC 23015 Presented at the Offshore Technology Conference，Houston，Texas，USA，30 April-3 May.

海上热采井井下电加热辅助蒸汽吞吐开发效果模拟研究

温　佳　韩晓冬　王弘宇　刘　昊　曹子娟

(中海石油(中国)有限公司天津分公司)

摘　要　渤海L油田是海上首个特超稠油油田，采用蒸汽吞吐的方式进行开发，但是该油田平均地层原油黏度高达44815mPa·s，存在周期内和周期间产量递减快，水平段动用不均匀的问题。为改善开采效果，提出井下电加热辅助蒸汽吞吐技术，运用数值模拟方法对该技术在渤海L油田的适用性及加热机理进行模拟分析，并在实际热采井模型的基础上对电加热的辅助模式进行分析，最后从经济效益角度进行总结分析。结果表明：井下电加热辅助蒸汽吞吐技术适用于渤海L油田，注热时进行井下电加热辅助，可以有效提高井底干度，生产时进行井下电加热辅助，会大幅度提高温度，从而达到增效的作用。井下电加热在蒸汽吞吐过程中进行辅助加热的效果好于蒸汽吞吐前利用电加热预热地层或者吞吐前进行预热地层，吞吐中进行辅助加热的效果，通过计算经济效益，设备使用年限考虑2年，产出投入比为1对应的油价为43美元。

关键词　特超稠油；蒸汽吞吐；井下电加热；数值模拟；经济分析

L油田位于渤海辽东湾海域，明下段为曲流河沉积，馆陶组为辫状河沉积，油藏埋深为地下845.0~1060.5m，具有边水、顶水、底水特征，属块状特~超稠油油藏。明下段地面原油密度(20℃)1.004g/cm^3，地面原油黏度(50℃)33595~39099mPa·s，馆陶组地面原油密度(20℃)1.004~1.011g/cm^3，地面原油黏度(50℃)37196~74462mPa·s。目前采用蒸汽吞吐方式进行开发，存在单井周期内和周期间产量递减快的问题，同时L油田明下段渗透率为185.5~17041.5mD，馆陶组渗透率为169.2~11144.7mD，非均质性较强，水平段动用程度不均匀。

为了改善蒸汽吞吐的开采效果，提出井下电加热辅助技术，井下电加热技术是将加热设备放入水平段，对近井地带的原油直接加热，以降低原油黏度，提高原油流动性，达到增产的目的。该技术与目前常用的氮气泡沫，多元复合等化学复合增效技术相比，有独特的优势：(1)没有地面和井筒的热损失，热利用率比较高；(2)减少产出液的处理；(3)可随时进行电加热辅助，不影响开采时率；(4)地面配套设备少，海上安装比较容易。

目前井下电加热技术可以通过电磁或者电缆来实现，电缆加热与电磁加热相比，电路更加简单，加热功率大，目前功率可达到2kW/m，电缆外层采用矿物绝缘，耐温可达到700℃，加热电缆的尺寸比较小，更适合海上油田的开发。因此从渤海L油田的地质特征出发，运用数值模拟技术对井下电加热辅助蒸汽吞吐技术的适用性、电加热的辅助原理和辅助模式进行模拟分析，揭示了井下电加热辅助蒸汽吞吐的增效机理，为类似特超稠油的增效开发提供参考意义。

1　油藏适用性研究

渤海L油田具有高渗、非均质性强，油层厚度大、原油黏度高的显著特点(表1)，运用数值模拟软件CMG的STARS模块，建立机理模型，从渗透率、油层厚度、原油黏度三个方面开展适用性分析研究，表2为蒸汽吞吐及电加热的参数设计。

表1　渤海L油田的地质特征

地质参数	数值
渗透率/mD	明下段185.5~17041.5mD，平均值4181.2mD 馆陶组169.2~11144.7mD，平均值2908.3mD
油层厚度/m	明下段8.7~49.7m；馆陶组44.2~85.8m
原油黏度/mPa·s	明下段36427mPa·s；馆陶组53203mPa·s

表 2　井下电加热辅助蒸汽吞吐技术参数设计

蒸汽吞吐	井下电加热
吞吐周期：5 个周期	电加热轮次：3~5 轮次
注热：23d；焖井：6d	电加热功率：1000W/m
注汽速度：250 方/天	电加热温度：350℃
注入温度：300℃	电加热长度：540m
产液速度：200 方/天	/

1.1　储层厚度

根据 L 油田的地质特征，机理模型的孔隙度为 0.315，渗透率为 3000mD，50℃的原油黏度为 44160mP·s，在机理模型的基础上，开展油层厚度为 20m，30m，40m 的模拟，蒸汽吞吐共进行 5 个轮次，在第 3~5 个轮次进行井下电加热辅助。图 1 显示随着油层厚度的增加，井下电加热辅助蒸汽吞吐的累增油量也呈现增加的趋势，厚度 40m 的累增油量达到了 2029m^3，进行电加热辅助的油汽比达到了 1.7，这是由于油层厚度越大，单井控制地质储量越大，产油能力越强，同时储层储热量也越大，井下电加热的热损失越小，热利用率高，增产效果越明显，因此该技术更适用于油层厚度大的储层。

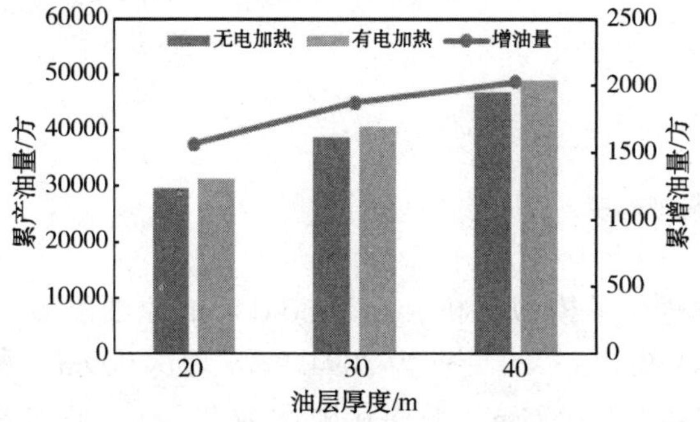

图 1　不同油层厚度的增效对比图

1.2　储层渗透率

对于储层的渗透率，从均质储层和非均质储层进行充分分析。针对均质储层，开展储层渗透率为 1000mD、2000mD、3000mD、4000mD 的分析，针对非均质储层，将模型的渗透率从左端到右端逐渐由 3000mD 降低至 900mD。蒸汽吞吐进行 5 轮次，在第 3~5 轮次进行井下电加热辅助蒸汽吞吐。图 2 结果显示随着储层渗透率的增加，井下电加热辅助蒸汽吞吐的累产油量呈现增加的趋势，且渗透率越大，增产效果越好，储层渗透率为 4000mD 时，井下电加热辅助蒸汽吞吐的累产油量达到 6.27×10^{4}m^3，累增油量达到了 2316m^3。对于非均质储层，由近井地带的温度场（图 3）可知，该技术不仅可以进一步提高高渗透部位近井地带的温度，还可以提高低渗透部位的近井地带温度，改善水平段的动用程度。

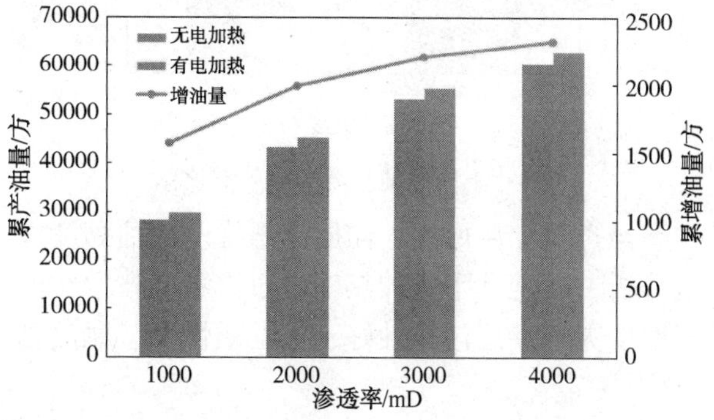

图 2　均质储层不同渗透率的增效对比图

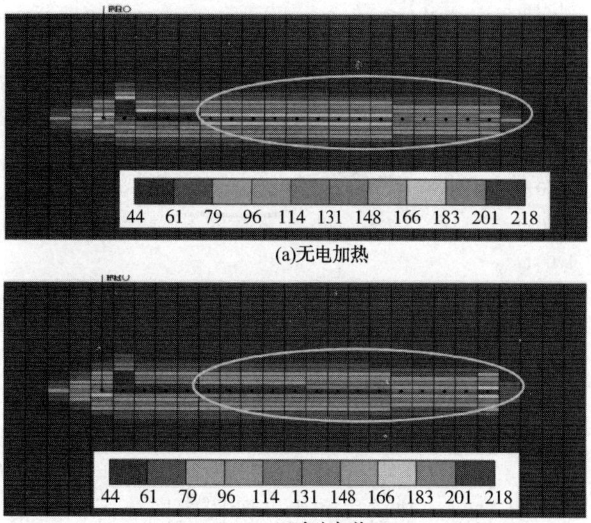

(a)无电加热

(b)有电加热

图 3　非均质储层有无电加热辅助的温度场

1.3　原油黏度

为了探究井下电加热辅助蒸汽吞吐技术更适用于高黏原油还是低黏原油，分别建立高黏原油和低黏原油模型，高黏原油模型 50℃下的原油黏度为 44160mP·s，低黏原油模型 50℃下的原油黏度为 1820mP·s。由图 4 所示的结果可知，高黏原油的增效效果远大于低黏原油，对不同模型的黏温数据进行分析，发现相同时刻，高黏原油模型和低黏原油模型的增温幅度均达到 30℃左右，在增温幅度相差不大的情况下，高黏原油的黏度降低 85mP·s，低黏原油的黏度仅降低 2mP·s，因此高黏原油的增产效果更加明显。

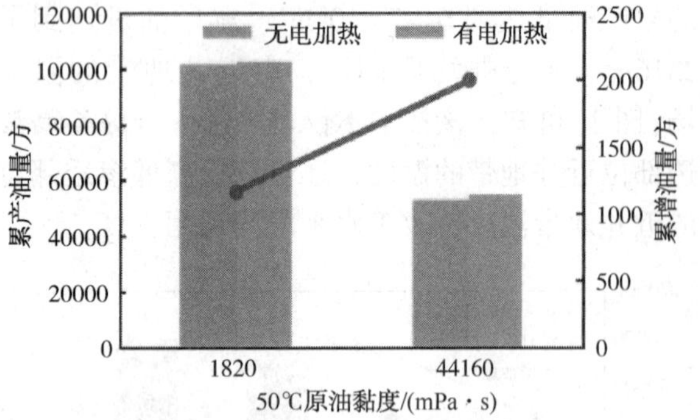

图 4　不同原油黏度的增效对比图

经过对储层厚度、储层渗透性、原油黏度进行分析，发现井下电加热辅助蒸汽吞吐技术在油层厚度大、储层渗透性好、非均质性强、原油黏度高的储层中的增产效果更好，因此对比渤海 L 油田的地质特征，确定该技术是完全适用的。

2　电加热辅助原理分析

稠油热采蒸汽吞吐分为注热、焖井、生产三个阶段，而井下电加热具有大功率，长时间，长井段的特点，为进一步探索电加热辅助蒸汽吞吐的原理，分析注热阶段进行井下电加热辅助，对蒸汽的影响，生产阶段进行井下电加热辅助，对井筒的影响，借助 wellflo 井筒模拟软件，建立井筒模型，从注热和生产两个阶段，开展分析。井筒模型见图 5。

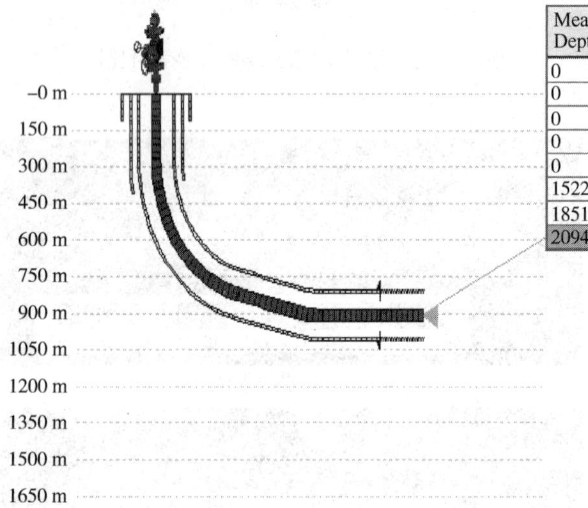

Measured Depth [m]	Type	Label	Information
0	Wellhead	Wellhead	N/A
0	Tubing	Tubing#1	ID:76.00mm OD:114.00 mm
0	Casing	Production Casing#1	ID:224.40mm OD:244.50 mm
0	Casing	ExternalCasing#1	ID:318.00mm OD:339.73 mm
0	Casing	ExternalCasing#2	ID:457.20mm OD:508.00 mm
1522.4	Tubing	Tubing#1	ID:62.00mm OD:73.00 mm
1851	Open Hole	Production Casing#1	ID:219.00 mm
2094.9	Bottom Hole	Bottomhole	N/A

图 5　wellflo 井筒模拟模型

经过对注热阶段和生产阶段模拟分析，注热阶段设置注入压力分别为 8MPa、11MPa、15MPa 下有无电加热的 6 种模拟情况，生产阶段设置无电加热、电加热功率 1000W/m、电加热功率 1500W/m 的 3 种模拟情况，模拟结果如图 6和图 7 所示。根据分析结果，认为在注热过程进行井下电加热辅助，可以有效提高井底干度，且注汽过程中，水平段干度越低，相同功率下的电加热的增效效果越好。在生产过程进行井下电加热辅助时，会大幅度提高温度，一方面可以增强流体流动性，但管柱耐温程度有限，因此应从增效和工艺安全充分考虑。

3　电加热辅助方式模拟分析

为进一步对井下电加热辅助蒸汽吞吐技术的辅助方式进行分析，选择渤海 L 油田的实际井 A 井进行了模拟分析。A 井 50℃下的原油黏度为 14160mPa·s，测深为 2094.9m，埋深 909m，水平段长度 571m，平均孔隙度为 0.321，平均渗透率为 4090mD，蒸汽吞吐单周期注汽 23 天，焖井 6 天，注汽速度为 $300m^3/d$，注汽温度为 300℃，蒸汽干度≥0.4。蒸汽吞吐 1 轮次，将电加热的辅助模式设置为：吞吐前地层预热、吞吐中加热辅助、吞吐前地层预热及吞吐中加热辅助三种模式进行模拟分析。

3.1　吞吐前地层预热

以一个吞吐周期为例，井下电加热可以在蒸汽吞吐前进行预热，为进一步探索井下电加热作为一种地层预热的手段，减少后续注蒸汽的热损失的辅助效果，借助 CMG 软件，建立实际模型，考虑 4 种模式：纯蒸汽吞吐、预热 1 个月、预热 2 个月、预热 3 个月，从预热地层角度开展分析。分析结果如图 8 所示，由不同地层预热模式的日产油量对比图可知，借助井下电加热在蒸汽吞吐前预热地层，可以有效提高生产井的高峰日产量，但从不同地层预热模式的累产油量对比图可知，对于整个蒸汽吞吐生产周期，短暂预热地层相比蒸汽吞吐并没有增效效果。

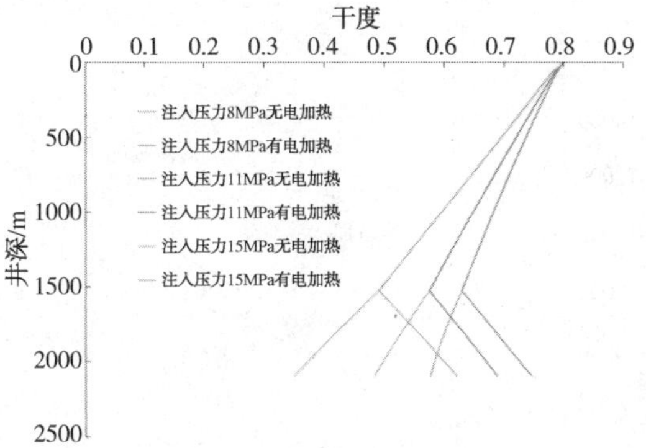

图 6　注热阶段模拟分析

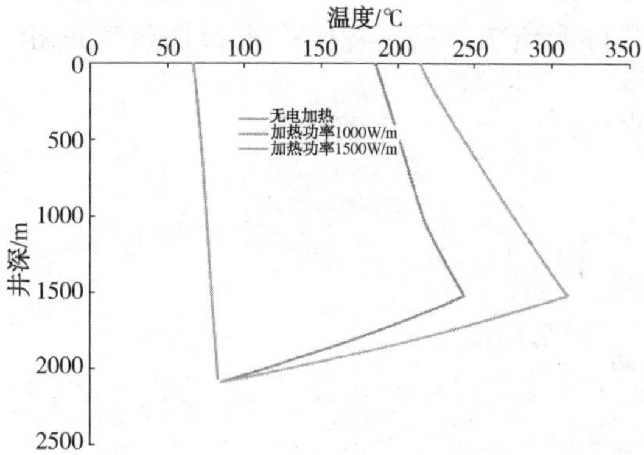

图 7　生产阶段模拟分析

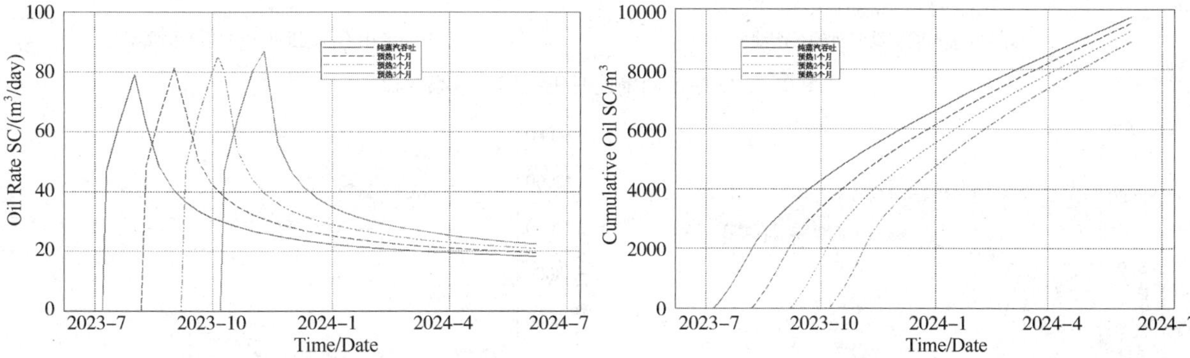

(a)不同地层预热模式的日产油量对比　(b)不同地层预热模式的累产油量对比

图 8　不同地层预热模式的辅助效果对比

为进一步分析数值模拟结果，结合采油工程手册，对比湿饱和蒸汽和大功率电缆的热量进行对比分析，结果如表 3 所示，结果表明每天 1000W/m 的电缆提供的热量只有 0.4 干度湿饱和蒸汽的十二分之一，这也可以解释对于整个蒸汽吞吐生产周期，短暂预热地层的热量远低于湿饱和蒸汽含有的热量，因此井下电加热作为吞吐前预热地层的辅助手段，相比蒸汽吞吐并没有增效效果。

表 3　加热电缆与湿饱和蒸汽的热量对比表

模式	参数	热量
电缆	功率 1000W/m、长度 571m	4.93×10^{7} kJ/day
湿饱和蒸汽	干度：0.4、压力：15.56MPa	6.0426×10^{8} kJ/day

3.2　吞吐中加热辅助

以一个吞吐周期为例，井下电加热可以在蒸汽吞吐过程中进行电加热，为进一步探索井下电加热在蒸汽吞吐的过程中进行加热辅助的效果，借助 CMG 软件，建立实际模型，考虑 6 个因素：注热阶段、焖井阶段、生产 3 个月、生产 6 个月、生产 9 个月、全阶段，从协同辅助角度开展分析。分析结果如图 9 所示。由对比结果可知，从日产油角度分析，在蒸汽吞吐的过程中进行电加热辅助，能够迅速见效，提高日产量，有效降低递减速度；从累产油角度分析，无论在注热阶段，焖井阶段还是生产阶段，井下电加热辅助均可以提高蒸汽吞吐的效果；对比不同时机的累增油量，在整个吞吐周期进行电加热的增效效果最好，增油量达到了 0.34 万方

3.3　吞吐前地层预热及吞吐中加热辅助

以一个吞吐周期为例，将井下电加热的辅助模式设置为复合模式：吞吐前进行预热地层，吞吐中进行加热，进一步探索复合模式的增效效果。借助 CMG 软件，建立实际模型，考虑 3 个因素：预热 1 个月+吞吐全程辅助、预热 2 个月+吞吐全程辅助、预热 3 个月+吞吐全程辅助，

从复合模式辅助角度开展分析，分析结果如图10所示。由分析结果可知，复合模式与纯蒸汽吞吐相比，进行地层预热后，日产高峰得到明显提升，且吞吐期间的产油量也得到提高，但复合模式与无预热，只在吞吐中进行加热辅助相比，借助井下电加热技术预热地层，虽然能够短暂提高日产油量，但热能有限，因此吞吐前不进行预热，直接在吞吐全程进行电加热的辅助效果优于复合模式的辅助效果。

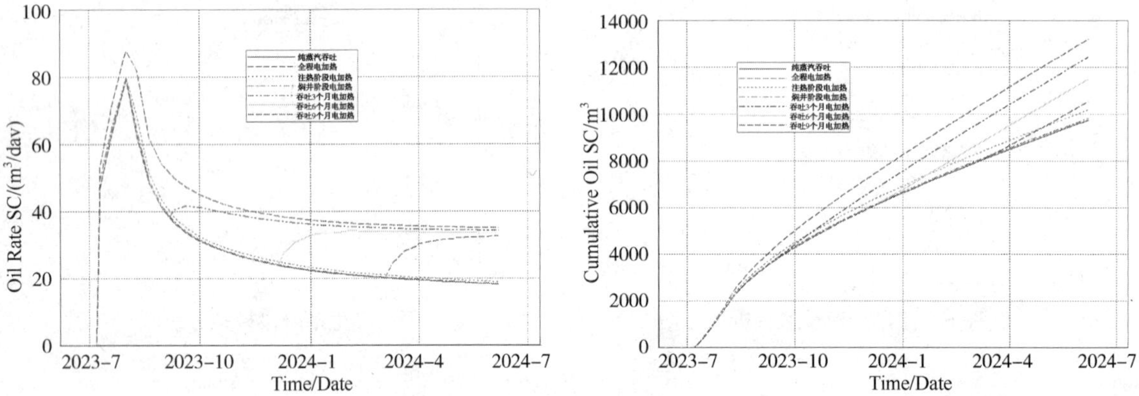

(a)吞吐中不同辅助时机的日产油量对比　　(b)吞吐中不同辅助时机的累产油量对比

图9　吞吐中不同辅助时机的辅助效果对比

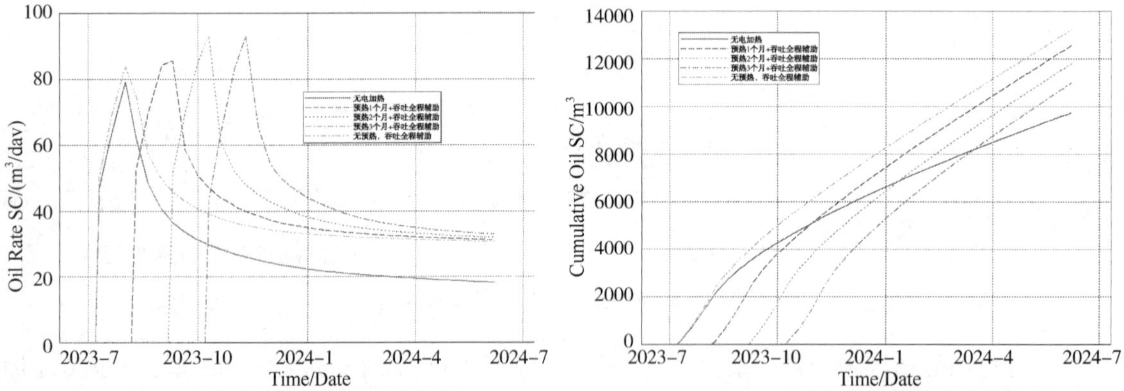

(a)不同复合模式下的日产油量对比　　(b)不同复合模式下的累产油量对比

图10　不同复合模式下的辅助效果对比

4　经济效益分析

收集井下电加热技术相关设备的费用，如表4所示，按照电费单价每度0.8元，设备使用年限为2年进行计算，根据蒸汽吞吐中全程进行电加热辅助的增效效果进行经济效益测评，得到如表5所示的结果。由表5可知，在单轮次蒸汽吞吐的过程中，全程进行电加热辅助，增油量为3478m^3，根据蒸汽吞吐全程进行电加热辅助的经济分析结果，当设备使用年限按照2年考虑，随着原油价格的升高，产出投入比也逐渐升高，产出投入比为1对应的油价为43美元。

表4　井下电加热技术的设备费用

名称	单价/元	数量	小计/元	备注
地面控制柜	500000	1	500000	配套设备含采油树下法兰、油管挂、电缆穿越器、护罩等
电缆入井辅助装置	140000	1	140000	
双穿越封隔器	150000	1	150000	
配套设备	400000	1	400000	
电缆(1000W/m)	动力电缆：1900元/m；加热电缆：2000元/m			

表 5 蒸汽吞吐全程进行电加热辅助的经济效益

增油量/m^3	3478.02			
增油量/t	3443.24			
每桶原油价格/美元	40.00	43.00	50.00	60.00
汇率	6.45	6.45	6.45	6.45
每吨原油价格/元	1806.00	1941.45	2257.50	2709.00
投入/万元	662.44			
产出/万元	621.85	668.49	777.31	932.77
产出投入比	0.94	1.01	1.17	1.41

5 结论

（1）井下电加热辅助蒸汽吞吐技术适用于渗透率高、非均质性强、厚度大和黏度较高的渤海 L 油田；

（2）注热过程进行井下电加热辅助，可以有效提高井底干度，且注汽过程中，水平段干度越低，相同功率下的电加热的增效效果越好；

（3）生产过程进行井下电加热辅助，会大幅度提高近井地带温度，可以增强流体流动性，但管柱耐温程度有限，因此应从增效和工艺安全充分考虑；

（4）对吞吐前地层预热、吞吐中加热辅助、吞吐前地层预热及吞吐中加热辅助三种模式进行模拟分析，认为在蒸汽吞吐过程中全程进行井下电加热辅助的效果最优，单轮次的累增油量达到 0.35 万方；

（5）结合蒸汽吞吐过程中全程进行井下电加热辅助的效果进行经济效益分析，当设备使用年限按照 2 年考虑，电费单价按照每度 0.8 元，产出投入比为 1 对应的油价为 43 美元。

参 考 文 献

[1] 桑林翔，王立龙，吴永彬，等．SAGD 电加热启动技术油藏适应性研究[J]．特种油气藏，2020，27(03)：109-114.

[2] 程仲富．塔河油田超深超稠油矿物绝缘电缆加热技术研究[J]．长江大学学报(自然学科版)，2017，14(21)：32-35+4.

[3] 刘玉国．孤岛油田稠油井筒举升降黏工艺选择[J]．石油机械，2020，48(02)：114-119.

[4] 张明伟，高永华，甄宝生，等．渤海稠油油田井筒电加热技术可行性分析[J]．化工管理，2019(12)：124.

[5] 任维娜，张庆华，魏裕森，等．海上稠油油田电加热改善原油流动性技术研究[J]．长江大学学报(自然科学版)，2019，16(03)：37-42+7.

[6] 李正南．井筒电加热技术在稠油开采中的应用[J]．石化技术，2018，25(11)：117+131.

[7] 李正辉，赵莉，陈菊涛，安金彪．氮气驱与氮气泡沫驱技术适用性分析[J]．内蒙古石油化工，2019，45(11)：83-85.

[8] 霍进，吕柏林，杨兆臣，等．稠油油藏多元介质复合蒸汽吞吐驱油机理研究[J]．特种油气藏，2020，27(02)：93-97.

[9] 贾岩．稠油开采降黏增效工艺技术研究[J]．石化技术，2019，26(11)：295-296.

[10] 梁志艳，邱振军，夏新跃，等．矿物绝缘加热电缆在塔河超稠油开采中的应用[J]．新疆石油天然气，2018，14(02)：64-67+4.

[11] 刘晓，苑塔亮，王澈，等．电磁加热技术开采稠油和沥青油藏的研究进展[J]．当代化工，2015，44(12)：2796-2801.

[12] 唐国强，熊友明，王跃曾，杜建波．Huate Mer A 海上稠油油田电缆加热降黏技术研究[J]．石油矿场机械，2015，44(03)：55-59.

[13] 杜建波，熊友明，马帅，等．刚果深水稠油井井筒电缆加热降黏工艺[J]．大庆石油地质与开发，2014，33(02)：106-110.

[14] 王国锋．稠油井油管电加热间歇加热制度优化[J]．大庆石油地质与开发，2018，37(3)：96-100.

[15] 周洪亮．稠油井油管电加热功率优化与应用[J]．石油机械，2019，47(03)：99-103.

渤海J油田稠油热采井 H_2S 产生机理及趋势预测

葛伟凤[1]　何　睿[1]　杨国斌[2]　丛广佩[3]　张　飞[4]

(1. 中海油安全技术服务有限公司；2. 中海油天津化工研究设计院有限公司；
3. 广东石油化工学院；4. 中国石油集团海洋工程有限公司天津分公司)

摘　要　针对渤海J油田常规开采转入蒸汽吞吐开采后产生 H_2S 的问题，研究了热采过程中 H_2S 的产生机理及产生趋势。研究表明：J油田在蒸汽吞吐转生产后，产生 H_2S 的原因是井底原油通过高温裂解反应产生的；岩心对 H_2S 的产生有一定的促进作用；地层水以及锅炉软化水中 SO_4^{2-} 的含量均较小，不会对 H_2S 的生成产生明显的影响；在温度超过60℃后，硫酸盐还原菌基本不能生长，也不会促进 H_2S 的产生；热采工艺与 H_2S 的产生存在着关联性，焖井的高温过程会导致 H_2S 的产生，随着放喷过程 H_2S 会出现一个集中释放过程，在后续生产过程中由于井内温度较低，停止产生 H_2S，随着生产的持续，H_2S 浓度逐步衰减。研究成果有助于预防渤海油田稠油热采开发过程中 H_2S 的产生，减少人员和设备损害。

关键词　渤海油田；稠油热采；H_2S 产生机理；产生趋势

1　概述

J油田位于渤海湾盆地北部的滩海地区，开发方式为前期常规开采，适时转入蒸汽吞吐开采。在常规开采期间，油田未发现 H_2S 的存在；当转入蒸汽吞吐开采，油井放喷过程中在放喷罐的放喷口、井口等处以及转生产后在井口处、原油储罐罐顶等处均可检测到一定浓度的 H_2S 气体。由于现场调研时收集到的资料和数据有限，无法得到即时的 H_2S 监测数据，现场存在安全隐患。尽管先前已有很多学者对 H_2S 产生机理进行了研究，但不同油田 H_2S 产生机理不同，且很少关注随着生产的进行 H_2S 产生趋势如何。因此需要进行实验，确定该油田稠油热采过程中 H_2S 的产生机理及产生趋势。

本文结合J油田J13井稠油热采过程中的实际情况，对原油、地层岩心进行取样分析，开展了 H_2S 的产生机理实验研究；采用关联分析法，通过物理和统计两个角度进行定量分析，分析了热采工艺对 H_2S 产生的影响，预测了随着生产的进行，H_2S 的产生趋势。

2　稠油热采井 H_2S 产生机理实验研究

油井生产过程中产生 H_2S 的原因很多，常见 H_2S 产生机理有：原油组分热化学分解、硫酸盐热化学反应(TSR反应)、生物成因(SRB)等。在开发稠油时，蒸汽吞吐作为重要的开发方式之一，焖井过程中由于高温的作用，极易产生 H_2S，给人员和设备造成损害。为了明确J油田采用蒸汽吞吐后产生 H_2S 的机理，对能够产生 H_2S 的各种情况进行实验研究。

2.1　*原油热裂解实验研究*

J13井于2020年7月8日进行注汽，设计注汽量1500t，测试时累计注汽量350t，注汽时井口(井深20.0m)温度为341.1℃、井下(井深1400.0m)温度为358.5℃。为讨论现在现场实际井况下，原油是否会发生裂解而产生硫化氢，设计高温高压模拟实验，实验条件为：实验介质为原油与纯水混合溶液(原油、纯水质量比=1∶1，液相空间为60%)，温度340℃，压力15MPa，时间7d(根据现场调研结果选定)。实验所用材料及装置包括：J13井原油及岩心、WHF-型高温高压釜。

图1　原油裂解高温高压模拟实验

对高温高压试验前后的原油进行组分分析以及H_2S浓度检测，结果如表1所示。

表1 原油热裂解实验结果

实验条件	N质量分数	C质量分数	S质量分数	H_2S浓度/ppm
J13井原油(实验前)	0.04	76.17	0.68	0ppm(气相)
J13井原油+纯水裂解反应后	0.03	82.85	0.60	35ppm(气相)

从表1可知，模拟实验后检测到H_2S浓度为35ppm，且元素分析表明，S的质量分数从0.68%减小到0.60%，说明在现场条件下原油会发生裂解产生H_2S。

2.2 温度对裂解反应的影响实验研究

取J13井原油在不同温度下进行原油模拟实验，考察温度对原油裂解反应的影响，设计高温高压模拟实验，实验条件为：实验介质为J13井原油、纯水混合溶液(原油、纯水质量比=1∶1，液相空间60%)，温度分别为340℃、150℃，压力15MPa，时间7d，实验完成后测试H2S浓度，同时进行原油组分分析，结果如表2所示。

表2 温度对裂解感应的影响实验结果

实验条件	N质量分数	C质量分数	S质量分数	H_2S浓度/ppm
J13井原油(实验前)	0.04	76.17	0.68	0ppm(气相)
J13井原油+纯水裂解反应后(150℃)	0.01	84.52	0.67	0ppm(气相)
J13井原油+纯水裂解反应后(340℃)	0.03	82.85	0.60	35ppm(气相)

从表2来看，同等实验条件，模拟温度影响时，将实验温度设置成150℃，H_2S浓度为0ppm，同时S的质量分数为0.67%，与未反应的原油基本没有差别，说明原油裂解反应在此温度下，基本上不能发生，而实验温度在340℃有H_2S气体产生。另根据已知条件，J油田J13井在蒸汽吞吐转生产后井底温度远小于150℃，J油田在蒸汽吞吐转生产后，产生H_2S的原因是井底原油通过高温裂解反应产生的。

2.3 硫酸盐热化学反应(TSR反应)实验研究

TSR反应是由于地层岩心中或者地层流体中含有S元素、SO_4^{2-}，从而促进H_2S的产生，为此我们分别从这两个方面进行探讨。

(1) 地层岩心对TSR反应的影响

在室内试验研究了J13井东营组的地层岩心的成分，如图2所示，表3所示。

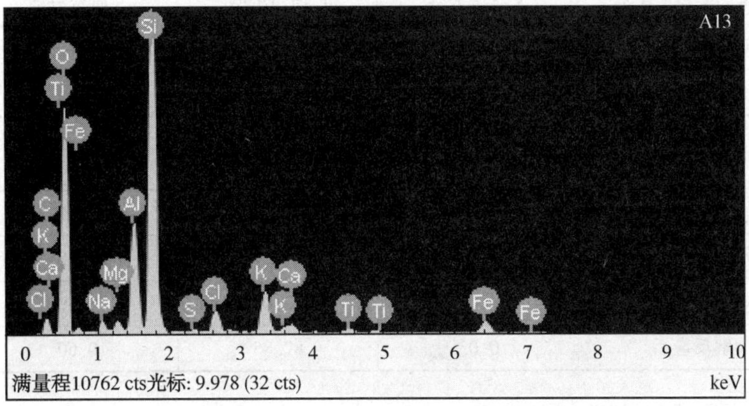

图2 J13井岩心成分分析(EDS)能谱元素图

表3 J13井岩心成分(XRD)分析结果

Visible	Ref. Code	Score	Compound Name	Displacement[°2Th.]	Scale Factor	Chemical Formula
*	01-085-0794	66	Quartz	0.000	0.185	SiO_2
*	01-075-0296	21	Sylvine, syn	0.000	0.009	KCl

续表

Visible	Ref. Code	Score	Compound Name	Displacement[°2Th.]	Scale Factor	Chemical Formula
*	01-075-1857	22	Potassium sulfate- $ -alpha	0.000	0.005	K_2SO_4
*	01-089-8573	21	Potassium tecto-alumotrisilicate	0.000	0.008	$K(AlSi_3O)$
*	00-001-0720	13	Calcium Silicate	0.000	0.007	$CaSiO_3$
*	01-083-1718	9	Barite	0.000	0.020	$BaSO_4$
*	01-089-1567	9	Magnesium Chloride	0.000	0.005	$MgCl_2$
*	00-036-0530	4	Calcium Sulfite	0.000	0.005	$CaSO_3$
*	00-001-0578	2	Calcium Sulfate	0.000	0.007	$CaSO_4$
*	00-043-1001	1	Lime, syn	0.000	0.022	CaO
*	01-074-1867	6	Calcium carbonate- $ -mue	0.000	0.018	$CaCO_3$

从以上结果可知，J13井岩心成分主要是SiO_2、$CaCO_3$、CaO、$CaSO_4$、$MgCl_2$、$BaSO_4$、$CaSiO_3$、KCl、$Na_4Al_2Si_2O_9$等盐类物质。其中存在的$CaCO_3$、$CaSO_4$对产生H_2S有一定的促进作用。

为讨论岩心是否会促进原油发生裂解而增加H_2S的浓度，设计高温高压模拟实验，实验条件为：实验介质为原油、纯水、岩心混合溶液(原油、纯水、岩心质量比=1∶1∶0.5，液相空间60%)，温度340℃，压力15MPa，时间7d，实验完成后测试H_2S浓度，同时进行原油组分分析，结果如表4所示。

从以上结果可知，模拟实验后检测到H_2S浓度为49ppm，且S的质量分数从0.68%减小到0.55%，说明在岩心对原油的裂解反应有促进作用。

(2) 地层流体对TSR反应的影响

根据现场提供的资料，锅炉水以及地层水中含有SO_4^{2-}，含量都非常低。为进一步验证现场液是否会对TSR反应产生影响，设计高温高压模拟实验，实验条件为：实验介质为原油、J13井地层水(选择SO_4^{2-}浓度较大的现场液)混合溶液(原油、地层水质量比=1：1，液相空间60%)，温度340℃，压力15MPa，时间7d，实验完成后测试H2S浓度，同时进行原油组分分析，结果如表5所示。

表4　原油/原油+纯水+岩心裂解反应结果

实验条件	N质量分数	C质量分数	S质量分数	H_2S浓度/ppm
J13井原油(实验前)	0.04	76.17	0.68	0ppm(气相)
J13井原油+纯水+岩心裂解反应后	0.07	86.98	0.55	49ppm(气相)

表5　原油+地层/原油+纯水裂解反应结果

实验条件	N质量分数	C质量分数	S质量分数	H_2S浓度/ppm
J13井原油(实验前)	0.04	76.17	0.68	0ppm(气相)
J13井原油+地层水裂解反应后	0.01	87.08	0.59	37ppm(气相)
J13井原油+纯水裂解反应后	0.03	82.85	0.60	35ppm(气相)

从表5可知，模拟实验后检测到H_2S浓度为37ppm，而与纯水发生裂解反应后的浓度为35ppm，且与纯水、地层水发生反应后S的质量分数分别为0.60%、0.59%，说明地层水对原油的裂解反应没有影响。

2.4 硫酸盐还原菌(SRB)影响实验研究

按照温度对SRB的影响，将SRB归为2类，一类是中温菌，通常存在于30~35℃左右，另一类是高温菌，生长在55~60℃，研究发现，温度在20~40℃，更适合SRB生长。

为了讨论H_2S的产生是否来自SRB，故对现场涉及到的现场液进行细菌分析，根据现场调研可知，J油田油井各段位最低温度约为60℃左右，因此在60℃下进行细菌分析，同时为了做对比，在35℃增做一组细菌分析。实验结果如表6所示。

表6　硫酸盐还原菌分析结果

腐蚀介质	锅炉水		J13井地层水	
温度	35℃	60℃	35℃	60℃
硫酸盐还原菌	1.5个/mL	无	4.5×10^4个/mL	1.5个/mL

从表6可知，锅炉软化水在35℃、60℃时的SRB含量均非常低，地层水在35℃时，SRB含量为 4.5×10^4个/mL，含量远大于锅炉水，这可能是由于地层水中含有一定有机物的缘故，而在温度升到60℃时，SRB含量减小至1.5个/mL，满足油田水标准小于25个/ml。由于现场的温度基本都在60℃以上，在此温度下SRB数量较小，不会产生H2S。

3　稠油热采井 H_2S 产生趋势预测

通过现场调研以及对收集到的资料进行整理分析，以J13井为例，采用关联分析法，通过物理和统计两个角度进行定量分析，分析了 H_2S 的产生是否与热采工艺存在关联，同时预测了随着生产的进行 H_2S 的产生规律。图3～图4是J13井注蒸汽放喷后井口 H_2S 监测数据以及随着生产的进行 H_2S 的衰减统计规律。

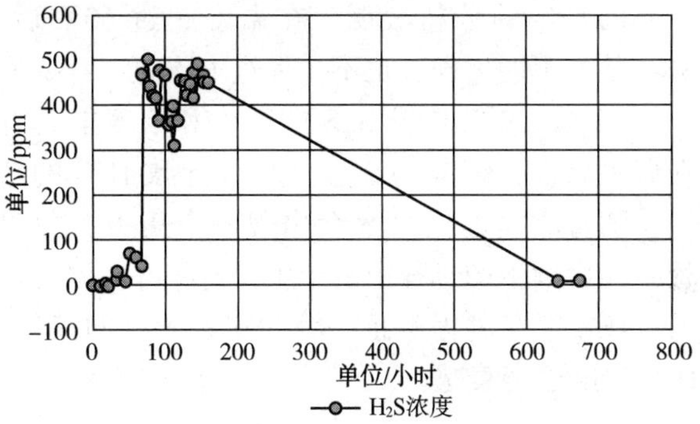

图3　J13井放喷后井口 H_2S 监测数据

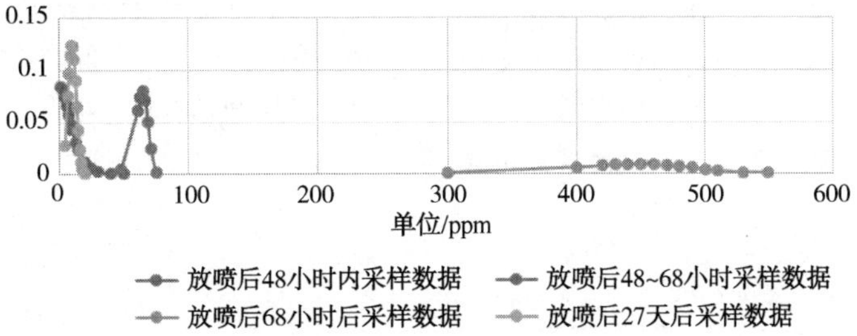

图4　J13井放喷后井口 H_2S 监测数据统计规律

从图3～图4可以看出，放喷之后初期 H_2S 呈现浓度逐步增多，并且呈现出在某一个时间点浓度突然大幅增加的特点；在放喷后27天，H_2S 浓度已经快速衰减并稳定在一个浓度较低的水平，根据这个规律，建议放喷后 H_2S 监测时间应达到至少30天(同时确保快速衰减过程已经结束)。此后 H_2S 浓度开始衰减直至趋于零。

总体规律而言，焖井过程中裂解产生的 H_2S 初期逐步释放，并且在某一个时间点开始大量集中释放，释放一段时间之后，释放量开始快速衰减，并趋于稳定在一个低浓度水平或者接近0。这种浓度变化规律说明，焖井过程中的高温导致裂解产生 H_2S，随着放喷过程裂解反应因温度降低而结束，此时H2S在油层的总量不再增加，而随着放喷和生产过程向外排放，由于不再有新的 H_2S 产生，排放一段时间后 H_2S 浓度会快速衰减，直至趋于稳定在一个远低于初期浓度的水平。

4　结论

(1) 在现场工况下(340℃、15MPa)，原油会发生裂解反应，从而产生H2S；

(2) 在同等实验条件下，模拟温度影响时，当温度为150℃时，H_2S 基本上不会产生，J油田J13井在蒸汽吞吐转生生产后井底温度远小于150℃，J油田在蒸汽吞吐转生产后，产生H_2S的原因是井底原油通过高温裂解反应产生的；

(3) 能谱(EDS)分析表明岩心中含有S元素，同时XRD分析说明岩心中存在$CaCO_3$、$CaSO_4$，实验证明，岩心对H2S的产生有一定的促进作用；

(4) J13井地层水以及锅炉软化水中SO_4^{2-}的含量均较小，分别为5.29mg/L、3.34mg/L，实验证明，地层水以及锅炉软化水不会对H_2S的生成产生明显的影响，这可能是由于硫酸根含量太低的缘故；

(5) 细菌分析表明，在温度超过60℃后，SRB基本不能生长，也不会促进H_2S的产生；

(6) 热采工艺与H_2S的产生和浓度上升存在着关联性，焖井的高温过程会导致H_2S的产生，随着放喷过程H_2S会出现一个集中释放过程，在后续生产过程中由于生产过程井内温度较低，H_2S生产过程停止，因此随着生产的持续，H_2S浓度逐步衰减。

参 考 文 献

[1] 陈童．东胜油区硫化氢形成机理及影响因素研究[D]．青岛：中国石油大学(华东)，2011.

[2] 林日亿，宋多培，周广响，等．热采过程中硫化氢成因机制[J]．石油学报，2014，35(6)：1153-1159.

[3] 杨彬，王迪，王曼依，张凤红，等．渤海某油田A平台硫化氢形成与治理研究[J]．广东化工，2019，46(9)：99-101.

[4] 王潜．辽河油田油井硫化氢产生机理及防治措施[J]．石油勘探与开发，2008，35(3)：349-354.

[5] 宫俊峰，王秋霞，刘岩．不同形态硫化物对稠油热采硫化氢产生的贡献分析[J]．油气地质与采收率，2015，22(4)：93-96.

[6] 何聪鸽，穆龙新，许安著等．稠油油藏蒸汽吞吐加热半径及产能预测新模型[J]．石油学报，2015，36(1)：1564-1570.

[7] 邵恒玉．稠油热采技术的发展趋势研究[J]．中国石油和化工标准与质量，2012(4)：67，45.

[8] 马强．稠油热采油田硫化氢生成机理研究[J]．吐哈油气，2012，17(3)：274-278.

[9] 吕慧．孤岛油田热采油井硫化氢生成规律研究[D]．青岛：中国石油大学(华东)，2014.

[10] 高博．齐40块蒸汽驱硫化氢浓度变化规律研究[J]．内蒙古石油化工期刊，2011，37(06)：152-153.

[11] 郭鲁冰．稠油热采作业风险及现场安全管理工作探究[J]．工程技术，2017，30：207.

[12] 刘涛．稠油热采作业风险及现场安全管理工作探究[J]．中国期刊网，2020.

[13] 陈野．硫酸盐还原菌腐蚀的影响因素及其防治方法[D]．大连：大连理工大学，2004.

[14] 赵宇华，叶央芳，刘学东．硫酸盐还原菌及其影响因子[J]．环境污染与防治，1997，19(5)：41-43.

[15] 蔡靖，郑平，张蕾．硫酸盐还原菌及其代谢途径[J]．科技通报，2009，25(4)：427-431.

热泵节能技术在大港稠油油田的应用

夏敏敏　李　鹏

（大港油田采油工艺研究院）

摘　要　在稠油处理及外输过程中，需要消耗大量的油气资源为加热系统提供热能；同时，在稠油生产过程中又有大量蕴含热能的污水没有经过利用就直接用于回注或者外排，存在热能的浪费。通过研究与应用热泵技术，回收利用油田污水中的热能用于生产加热系统供热，可以显著提高油田热能利用率，降低能耗、减少污染，达到节能减排的目的。

关键词　稠油油田；热泵；余热回收；节能；含油污水

1　前言

大港油田的孔店、枣园等油田属稠油油田，在生产过程中需要对原油进行加热，目前加热设备普遍采用传统加热炉，每年需要燃烧大量的油气资源，不仅生产成本较高，而且油气直接燃烧也产生了大量的有害气体，影响环境质量；同时，在生产过程中会产生大量40℃～70℃的含油污水，这些蕴含着大量余热资源的污水所没有经过利用就直接用于回注或者外排，存在热能的浪费。如果能够将这些污水中的热能提取出来，转化成高品位热能用于生产系统供热，则即可以节省大量宝贵的油气资源、减少环境污染，又可以有效利用污水余热，是实现提高油田节能减排水平及经济效益的有效途径。

2　热泵节能技术

热泵是通过消耗少量的电能或化学能，提取低温热源的低品位热能，输出高品位热能的制热装置。该技术起源于六十年代的美国，经过多年的研究和应用已经较为成熟，广泛应用于采暖，制冷等民用领域，近年来逐渐被大庆、辽河等油田引入，应用于联合站供暖、伴热等生产辅助系统，目前热泵技术在油田生产系统应用的还比较少。

2.1　热泵的类型

热泵按驱动源的不同可分为压缩式热泵和吸收式热泵，压缩式热泵以电力为驱动源，吸收式热泵以蒸汽或天然气等为驱动源。吸收式热泵与压缩式热泵相比具有维护方便、能效比高、出水温度高等优点，更适合应用于油田生产系统(表1)。

表1　压缩式热泵与吸收式热泵对比

类别	原理	能效比	温度
压缩式热泵	利用机械能使媒介产生相变来实现热量的转移，运转部件多，易损，维护复杂	相对电能的能效比为4～5，但转化为一次能源后，能效比比吸收式低	出水温度多为45℃～60℃
吸收式热泵	利用热能使媒介产生相变和浓度的变化来工作。无运转部件，寿命长，维护方便	相对天然气或燃油能效比为1.6～1.9	出水温度可达90℃

2.2　吸收式热泵原理

吸收式热泵主要由主要是由吸收器、发生器、冷凝器和蒸发器四部分组成的密闭系统，其内填充有一定量的吸收剂及制冷剂，通常情况下多采用溴化锂溶液为吸收剂，以水为制冷剂，利用水在高真空下蒸发吸热达到吸收低温热源热能的目的。原理示意图见图1。

吸收式热泵的具体工作过程如下：

吸收式热泵在以天然气为驱动源时，天然气燃烧放出的热量在发生器内加热溴化锂稀溶液产生水蒸汽，水蒸汽进入冷凝器放出热量，冷凝成液体后进入蒸发器，在蒸发器低温低压环境下吸收中介水的热量蒸发，这部分低温低压蒸汽进入高压的吸收器中绝热压缩，温度升高后被吸收，然后进入发生器进入下一个循环。

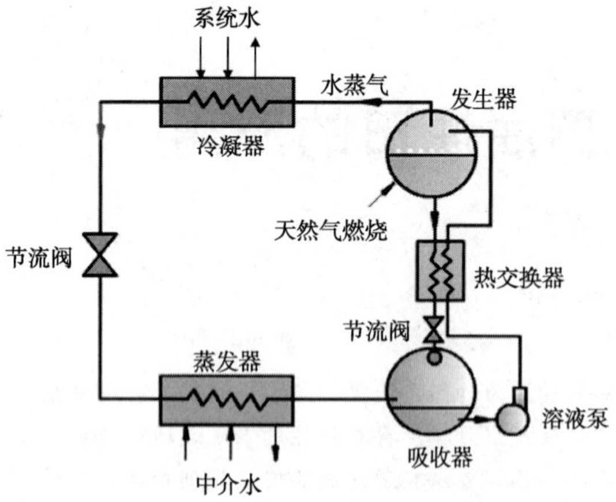

图1　热泵原理示意图

2.3　吸收式热泵的特点

吸收式热泵最主要的特点是运行效率高，节约能源。热泵的能效比可以到达1.9，即消耗1kW的能源，用户可获得1.9kW的热量，而目前油田常用的真空相变加热炉的加热效率最高只能达到0.9，吸收式热泵的效率可达加热炉1倍以上，因此热泵技术在油田生产系统具有广泛的应用空间。

3　热泵节能技术在大港稠油油田的应用

3.1　热泵节能技术的应用情况

大港油田孔店联合站采用2台供热功率为3000kW，能效比为1.9的吸收式热泵对站内加热系统进行了改造，利用站内的天然气资源驱动热泵机组，回收利用站内流量为5300m^3/d，温度为47~50℃的污水余热，取代原有加热炉为生产系统提供热能，实现节约燃油消耗，降低污染物排放的目的，这也是国内首个用于油田生产系统的吸收式热泵项目。

（1）运行情况

孔店联合站热泵机组投产后，热泵机组运行状况良好，基本达到了设计参数，满足了站内热负荷需求(表2、表3)。

表2　热泵机组冬季运行参数

参数	热泵编号	余热水进口温度/℃	余热水出口温度/℃	循环水进口温度/℃	循环水出口温度/℃
设计参数	1#	47	-	78	84
实际参数	1#	46	44	79	86
设计参数	2#	-	37	76	81
实际参数	2#	44	35	63	72

表3　热泵机组夏季运行参数

参数	热泵编号	余热水进口温度/℃	余热水出口温度/℃	循环水进口温度/℃	循环水出口温度/℃
设计参数	1#	50	40	78	84
实际参数	1#	51.9	49.8	80	87.6
设计参数	2#	50	40	76	81
实际参数	2#	51.9	50	57	64

（2）节能效果及效益分析

经现场计量统计，改造后孔店联合站原油消耗量减少2187.6t/a，电能消耗量增加了16.7×104kW·h/a，折合综合能耗年减少3052.55吨标准煤，占实施前综合能耗的31.3%，节能效果明显。年节约生产成本970.2万元，经济效益显著。

表4　孔店联合站改造前后能源消耗量

序号	项目	实施前	实施后	节约量
1	天然气/(10^{4}Nm^3/a)	401	401	0
2	原油/(t/a)	3409.5	1221.4	2187.6
3	电力/(10^{4}kW.h/a)	43	59.7	-16.7
4	合计/(吨标准煤)/a)	9738.95	6686.40	3052.55

参 考 文 献

[1] 刘勇，刘宝霞．热泵技术在油田的应用[J]．油气田地面工程，2004，11.

[2] 徐邦裕，陆亚俊，马景良，等．热泵[M]．北京：中国建筑工业出版社，2000.

[3] 李涛，梁萌．热泵技术在油田节能降耗上的应用[J]．油田节能，2004，3.

稠油热采安全风险及应急措施分析

袁宇翔 吴 亮 明学江 郭恩玥 王宪鑫

（中海油能源发展股份有限公司安全环保分公司）

摘 要 根据稠油热采工艺和作业过程中的安全风险分析，对稠油热采生产过程中可能存在的安全风险因素进行分类整理，结合预先危险性分析和风险矩阵方法对风险因素可能导致的后果进行评估分级，分析总结了热采过程可能发生的事故和相应的应急处置措施，研究成果对稠油田热采工艺的安全风险分析和应急决策具有一定的指导意义。

关键词 稠油热采；风险分析；应急处置

1 前言

在稠油油田开采过程中，原油采收率一般都会随着石油不断开采而有所降低，稠油热采能够作为一种有效提高采收率的方式，然而由于热采工艺的特殊性，热采作业过程中往往伴随着一定的安全风险，在系统失效、机械故障、人员操作失误或自然灾害等不安全因素的影响下可能会造成火灾、爆炸、油气泄漏、人员伤亡和设备损坏等危害。为了保障热采设施和人员的生命安全，保护生态环境不被破坏，把造成的事故危害降低到最低程度，针对热采作业过程的风险进行了全面分析，并应用安全风险矩阵评价法对风险后果进行了评估，并针对可能发生的事件应采取的应急措施进行了讨论，结果对稠油油田热采作业的安全管理和应急救援具有一定的参考价值。

2 热采作业安全风险分析

稠油热采作业过程中往井下注入热驱动介质（如蒸汽、氮气等）可能会引发油气泄漏、火灾爆炸、危险化学品伤害、硫化氢泄漏等相关事故，由于热采工艺的特殊性还可能存在汽窜、井喷、水击、管线或设备刺漏、锅炉破裂等危险，造成人员伤害、设备损失及环境污染，其中作业人员可能受到触电、烫伤、物体打击、起重伤害、中毒窒息、高空坠落等意外伤害。

在生产作业过程中主要风险如下：

2.1 油气泄漏

热采作业流程中的管道和容器中的燃料为加热后的介质，部分管道存在油气水的三相混合物。流程中涉及管道、容器、阀门、法兰接口等，由于腐蚀、雷击、阀门关闭不严、施工质量、维护保养不当或改变了安全保护装置（如压力控制阀、液位或压力报警/关停开关和压力安全阀等）的设计设定值等原因，可能产生油气泄漏。

2.2 火灾爆炸

在出现油气意外泄漏、外溢或积聚的情况下，有可能引发火灾或爆炸的主要原因有以下几点：

（1）原油生产系统（包括各类罐体、集输管道、阀门、泵等设备）泄漏；

（2）人员违章作业：作业人员在热采作业区内违章使用电器、抽烟、打手机、使用钢制工具敲击、检修中违章接线、临时电气设备不防爆、不按规定在危险作业区域内进行电气焊等违章作业行为都会成为引发事故的火源。

（3）电气火花：如油田安装的各种电气设备的线路短路、绝缘老化、破损、设备和线路负荷过大或通风不良等均会产生火花。

（4）静电：当压力容器或压力管道损坏导致油气高速喷射泄漏时，油气流与器壁或管壁或空气之间的摩擦有可能产生静电。放空管线有大量气体释放时与管壁空气之间的摩擦也有可能产生静电。

（5）物理爆炸：压力设备、压力容器超压、超温，设备设施腐蚀壁厚变薄，压力，温度监控系统故障，压力泄放装置失效都有可能导致物理爆炸的发生。

2.3 汽窜或井喷

在注热介质吞吐阶段，生产井因邻井注汽可

能发生汽窜，存在井口溢油、井喷的风险。热采过程中，由于高温高压介质的注入，在断层附近的油井可能存在蒸汽或油气窜流的可能。

2.4 高压刺漏

高压气体、水、高压水蒸汽均通过管线输送，在管线或设备连接处若出现泄漏，会对周边作业人员造成伤害，造成管线或设备处发生蒸汽泄漏，高压介质刺漏损伤附近设备设施时有可能引发二次事故。

2.5 锅炉破裂

注热蒸汽发生装置的蒸汽锅炉(湿蒸汽发生器)为盘管式锅炉，炉管包括对流段的炉管和辐射段的炉管。盘管锅炉的主要危险是盘管烧融化或盘管烧塌，在锅炉运行过程中，由于受压元件的某些部位超过了材料的极限强度，薄弱处发生断裂。

2.6 硫化氢泄漏

高温蒸汽作用下，油藏中的硫化物易发生化合作用生成硫化氢，且硫化氢会伴随着原油从井底流到地面，并从原油中释放出来。硫化氢的来源包括：油气井生产、管道集输、钻修井、试油作业过程中硫化氢气体泄漏。

2.7 人身意外伤害

人身意外伤害见表1。

表1　人员意外伤害风险分析

序号	意外伤害类别	主要原因
1	物体打击	设备防护缺陷、误入警戒区或违章操作等
2	机械伤害	活动管线连接、旋转部件、防护罩失效、违反机械操作规程等
3	起重伤害	起重设备故障、安全装置失效、操作过程中操作人员注意力不集中、安全意识不强、违章操作等
4	触电	防护用品使用不正确或电器设施缺陷、故障、短路、老化，违章操作等
5	高温灼伤	高温高压蒸汽、设备、管线的保温失效
6	高处坠落	洞边作业、临时构筑物的搭建作业、高空维修作业及高空火气探头更换校验作业、不正确使用防护用品或设施缺陷等
7	中毒或窒息	接触危险化学品/危险废物、氮气泄漏、工业毒物中毒，不正确使用防护用品或作业场所通风不畅等

续表

序号	意外伤害类别	主要原因
8	中暑	接触高温设备和管线、夏季高温天气、作业场所高温等
9	职业病伤害	噪声、震动、油漆长期接触、职业病因素控制防护不到位等

通过将风险矩阵法(表2、表3和表4)引入预先危险性分析(Preliminary Hazard Analysis)，根据识别出的风险结果，现场采用作业人员培训、安全作业程序文件、作业监护、安全监控系统、定期设备检查、专项应急预案和现场处置方案等手段进行风险控制，得到下述风险分析结果(表5)：

表2　风险发生概率

可能性大小分级	说　明
A级	极少发生–不太可能发生，同行业中从未发生过
B级	较少发生–同行业中听说发生过
C级	可能发生–本单位中发生过1~2次
D级	很可能–本单位中累计发生过3次以上
E级	时有发生–本单位几乎每年都发生几次

表3　风险发生后果

严重程度	人员伤害	财产损失	环境污染	社会影响
1	轻微影响，简单医疗处理或无需医疗处理	轻微影响，直接经济损失1万元以下	轻微影响，溢油0.1吨以下	轻微影响
2	未造成损失工作日的可记录伤害事故	直接经济损失1万元以上10万元	溢油0.1吨以上1吨以下	影响有限，社区投诉
3	1至2人重伤，有损失工作日的人员伤害	直接经济损失10万元以上100万元以下	溢油1吨以上10吨以下	较大/局部影响，引起省级主流媒体关注
4	1至2人死亡；3至9人重伤	直接经济损失100万元以上1000万元以下	溢油10吨以上100吨以下	重大影响，引起国家主流媒体关注
5	3人以上死亡；10人以上重伤(包括急性工业中毒)	直接经济损失1000万元以上	溢油100吨以上	特大影响，引起国际主流媒体关注

表4 风险大小评判矩阵

		风险发生后果				
	/	1	2	3	4	5
风险发生概率	A	四	四	四	四	三
	B	四	四	三	三	二
	C	四	四	三	二	一
	D	四	三	二	一	一
	E	三	二	一	一	一

表5 风险分析结果

序号	危险因素		频率	严重性	风险等级
1	油气泄漏	采油树阀门失效、电缆穿透器漏气； 采油树及相连的阀门、管线泄漏； 生产计量管汇及相关阀门、管线泄漏。 罐体、管线腐蚀、液位变送器损坏、阀门/法兰泄漏等导致容器爆炸； 罐体、容器出口离心泵机械密封泄漏，加热泵填料泄漏； 启泵流程错误、泵体管线损坏造成油气泄漏； 清管球发球器及相连的阀门、管线泄漏	C	3	三
2	火灾、爆炸	采油树、管汇、油气管线、热采管线泄漏引发火灾； 分离器、加热器、冷却器、洗涤器、接收罐、缓冲罐、热油膨胀罐等设备本体及管线腐蚀、法兰连接处密封失效等原因导致油气泄漏起火； 油泵及滤器密封老化； 锅炉燃气、燃料油泄漏； 电缆破损着火； 防爆灯具破损遇可燃气发生火灾； 气体储罐（氮气、公用气、仪表气、空气）安全阀失效、压力意外释放导致容器爆炸； 热工作业中施工混乱、气瓶与动火点的安全距离不够等原因导致火灾爆炸	C	4	二
3	气窜或井喷	钻修井、生产注热过程中井下压力过大导致井涌失控	C	5	一
4	高压刺漏	集输处理系统、注汽系统管线高压刺漏； 水击导致罐体或阀门泄漏	C	4	二
5	锅炉破裂	燃油进入炉膛发生爆炸； 燃油压力或风压波动太大导致的燃爆； 违反操作规程启停炉造成焊口开裂	C	3	三

续表

序号	危险因素		频率	严重性	风险等级
6	硫化氢泄漏	井口、各类罐体、油气管线中硫化氢发生泄漏	B	3	三
7	人员意外伤害	触电：在空压机、应急机、冰机系统、配电系统、电机等电气设备检查、安装、调试过程中，因人员违章作业、电气设备防护装置损坏、设备保养不到位，导致人员发生触电； 电焊作业、砂轮机作业、接临时电源、电手钻、热风机检查、电缆铺设等导致的触电	C	3	三
		机械伤害、物体打击：泵对中、零件更换、阀门更换等带有旋转部件机械设备或其他危险性大的机械设备因安全防护装置缺失或损坏、物料搬运、人员误操作或人员操作技能不娴熟，导致机械伤害、物体打击； 仪表设备如制氮机及空压机、仪表、防火风闸等检查、更换、保养时造成的机械伤害、物体打击、手部伤害等； 加热器清洗作业、滤器清洗、切泵、收发球作业等操作不规范等导致的物体打击或磕碰等； 拆装防喷器组、反循环冲砂、起钻、移井架等修井作业过程中由于物料搬运、设备故障、人员操作、沟通不畅导致的人员受伤； 除锈刷漆等使用砂轮机作业时，砂轮片未紧固、砂轮片破裂飞溅等原因导致的机械伤害； 电缆拆除与安装、铺设过程中人员交叉作业、风险不清楚、方法不对等原因导致的人员受伤	D	3	二
		中毒：加热器清洗作业有毒气体； 清罐作业受限空间缺氧； 收、发球作业氮气、可燃气释放泄漏等导致中毒窒息； 原油、天然气泄漏或人员进入有窒息性气体残留物的空间（如气体灭火系统保护区域），导致人员窒息性中毒	C	4	二
		高处坠落：在登高作业过程中，由于防坠落措施不当，栏杆梯子有缺陷，攀登梯子时的方法不当等原因，导致人员发生高处坠落事故； 脚手架搭建/作业/拆除过程中空间狭小，人员疏忽大意或违章，地面湿滑、未使用安全带等原因导致的人员高出坠落	C	4	二
		高温烫伤：人员误触碰锅炉及燃气管道高温部位造成烫伤	C	3	三

3 应急处置措施

3.1 油气泄漏

(1) 油气泄漏后立即停止作业，拉响警报，并报告事件的位置、类型和程度；通知电工切断所有作业设备电源、关断相关总电源；

(2) 查清事件原因、波及范围、人员伤亡情况；

(3) 作业人员停止作业并关闭相关阀门，氮气吹扫原油管线进油罐，如果为管线泄压，拆卸更换刺漏管线。

3.2 火灾爆炸

(1) 火灾或爆炸后立即暂停作业，拉响警报，并报告事件的位置、类型和程度；气体泄漏着火时，应先切断泄漏源，在保障自身安全的前提下根据火情大小选择用附近合适的消防设备灭火；

(2) 电工切断所有作业设备电源、关断相关总电源；

(3) 判断火情，如系初起局部着火，立即使用作业现场手持式二氧化碳灭火器进行灭火，若火势较大手持式二氧化碳灭火器无法扑灭时，在队长或相关人员到达现场后，配合开启二氧化碳灭火器系统进行灭火，如无法控制超出作业区域或涉及设施设备，请求支援；

(4) 协助进行灭火，电气设备着火时，对带电设备应使用干粉灭火器、二氧化碳灭火器等灭火，不得使用水、泡沫灭火器灭火。对注油设备应使用泡沫灭火装置等灭火。

3.3 气窜或井喷

(1) 发现油井气窜、井口压力控制失效时立即报告险情；

(2) 根据事故大小决定自行处理还是扩大应急，如果事态无法控制，立即通知其他人员；

(3) 现场作业人员停止所有的热工作业并熄灭所有火源和停用非防爆设备；

(4) 组织工艺旁通、关断关停、抢险堵漏、压井、关井等应急行动。

3.4 高压刺漏

(1) 停止注热作业，注热阀门处于关闭状态；

(2) 如果出现水击现象或罐体、阀门泄漏，及时停止蒸汽锅炉，及时隔离蒸汽管线流程；

(3) 管线放压后，对注热管线检修，对漏点进行修复；

(4) 修复后对管线试压后，恢复注蒸汽作业，若不能修复，更换刺漏的注热管线；

(5) 按照设计要求对更换的注热管线试压、检测，合格后恢复注热作业。

3.5 锅炉破裂

(1) 进行工艺隔离关断并紧急停炉，严密监视锅炉运行参数，防止超压时高温蒸汽泄漏伤人，锅炉干锅等事故；

(2) 缓慢打开注蒸汽放空管线阀门，关闭注汽阀门，注蒸汽设备停止运行；

(3) 中控协调进行工艺流程控制，严密监控水源供给、燃油供给系统；

(4) 对锅炉进行维抢修，管线泄压，进行设备检修。

3.6 硫化氢泄漏

3.6.1 当硫化氢在空气中的浓度超过5PPM，小于10PPM时，采取以下措施：

(1) 在作业现场醒目位置悬挂标有硫化氢字样的绿牌；

(2) 查找硫化氢来源，若能确定硫化氢来源，迅速采取有效措施尽可能地截断硫化氢来源，截断硫化氢的来源后，检查所负责区域硫化氢气体残留情况，并停止热工作业；

(3) 做好对硫化氢中毒人员的急救和护理准备工作。

3.6.2 硫化氢浓度在10PPM～20PPM之间时，采取以下措施：

发出警报告知其他人员，内容包括但不限于：泄漏地点的位置；事故发生的时间；空气中硫化氢浓度和井口硫化氢的含量；井口控制情况；气象条件；中毒人员情况；防硫化氢器材数量；救助急需的器材、物资。

(1) 在作业现场醒目位置悬挂标有硫化氢字样的黄牌，进入危险区人员穿戴好呼吸器；

(2) 持续观察和测量硫化氢浓度，应急队员穿戴好呼吸器待命；

(3) 组织检查吹灰系统状况，确保提供所需重晶石等加重材料；

(4) 向泥浆中加入硫化氢消除剂；

(5) 如果有人员中毒，组织现场救援；

(6) 当硫化氢浓度达到20PPM时，应采取以下进一步措施；悬挂标有硫化氢字样的红牌；在岗人员迅速取用正压式空气呼吸器，其他人员撤离；建立循环，降低硫化氢浓度。

3.6.3 当硫化氢气体浓度达到 100PPM 时，采取以下措施：在作业负责人的指挥下，做好封井工作并组织人员撤离。

3.7 人员意外伤害

3.7.1 机械伤害、起重伤害、高处坠落

（1）应第一时间采取人员急救，关停相关机械设备，无法及时关停时在确保自身安全的前提下将受伤人员脱离机械危险区域，严禁盲目施救造成二次伤害；

（2）环伤者 5m 设置为应急区域，禁止无关人员靠近，保证区域通风照明良好；

（3）留存现场受伤资料证据，配合医务人员对受伤人员接受有效治疗。

3.7.2 人员触电

（1）停止作业，切断设备或线路电源，与电工联系将施工总电源断开；

（2）触电施救时，可以用干燥的木棍或其他非导电物体将触电者身体同电线或电气设备隔离开，严禁未断电盲目施救；

（3）环伤者 5m 设置为应急区域，禁止无关人员靠近，保证区域通风照明良好；

（4）留存现场受伤资料证据，配合医务人员对受伤人员接受有效治疗。

3.7.3 高温灼伤

（1）立即对伤员进行现场救助，通知驻厂医务人员准备治疗必须药品，给伤员的烫伤部位涂抹治烫伤药物并进一步治疗；

（2）联系交通工具，在医生对伤员治疗后，将伤员送往医院进一步治疗。

4 结束语

热采作业安全风险和应急措施分析可以加强稠油油田生产单位对热采过程中的风险管控认知，强化关键岗位人员的安全和应急职责，加强安全防范工作，增强员工安全意识及自我保护意识，确保现场生产系统安全平稳运行，同时使员工掌握应急救援运行程序和方法，作为企业进行应急演练时情景设计的依据，不断提高稠油油田热采开发的应急准备能力和突发事件的处置能力。

参 考 文 献

［1］李嘉，赵景发. 稠油热采高风险作业现场安全管理研究与实践［J］. 工业安全与环保，2013，039（007）：96-98.

［2］吴秀全. 稠油热采注汽锅炉安全防爆技术改造的探讨［J］. 科技研究，2013，（012）：307-309.

［3］刘涛. 稠油热采锅炉燃气安全防爆工作探究［J］. 文摘版：教育，2016，（002）：291-291.

［4］金业海，赵智玮，王兴武，赵剑锋，高广启. 高温热采井作业安全控制技术［J］. 安全、健康和环境，2020，020（006）：8-12.

［5］尚思贤，吴平，魏新春. 新疆稠油油田 H_2S 动态分布、危害与安全防治研究［A］. 第十三届五省（市、区）稠油开采技术研讨会论文集［C］. 2006. 00000001-00000008.

［6］李拥军，黄继红，刘光胜. 稠油热采注汽管网检测及安全可靠性评价［A］. 第十三届五省（市、区）稠油开采技术研讨会论文集［C］. 2006. 00000001-00000012.

［7］刘建桥. 热采锅炉燃用天然气安全防爆措施［J］. 新疆石油科技，2009，19（002）：66-67.

［8］崔英. 稠油开发地面工程工艺危害分析［D］. 北京化工大学，2014.

含聚采出水处理技术研究与应用

宁亚军　孔宪永　杜泳林　王　瑟　乔志学

(中国石油大港油田分公司第三采油厂)

摘　要　随着油田勘探开发的不断深入，为进一步提高采收率，近年来大力推广应用聚合物驱油技术，目前第三采油厂已在枣园、王官屯等多个区块开展聚表二元驱开发，随着化学驱规模的扩大，采出液中聚合物及表活剂含量逐年增多。聚合物的存在使得联合站采出液的物性发生变化，存在产出水油滴粒径变小、乳化程度变高等现象，现有采出液处理工艺难以满足生产需求，致使油水分离困难，处理后水质难以达到回注水水质指标。其中枣二联采出水处理系统问题尤为突出，随着下游官109-1断块采出液聚合物含量的升高，枣二污处理后的水质逐渐恶化，采出水系统出口含油150~200mg/L、悬浮固体含量110~150mg/L，严重超过回注水水质指标。为进一步满足下步注水开发需求，有必要进行含聚采出水处理技术研究。

关键词　含聚采出水；聚表二元驱；聚合物；表面活性剂；乳化

1　采出水处理工艺现状及存在问题

1.1　生产概况

采油三厂管辖枣园、王官屯、小集、段六拨、乌马营、舍女寺、叶三拨共7个油田，油藏具有构造复杂、储层非均质性强、原油物性差的特点。目前，采油井总井数1833口，开井1414口；注水井总井数1022口，开井538口，日注水量$3.6\times10^4m^3/d$。

1.2　处理工艺

采油三厂目前共有9座采出水处理站，以多功能一体化污水处理技术为主，处理能力$5.35\times10^4m^3/d$，处理量$3.56\times10^4m^3/d$左右，下游共有注水泵站26座，注水量$3.6\times10^4m^3/d$(图1、表1)。

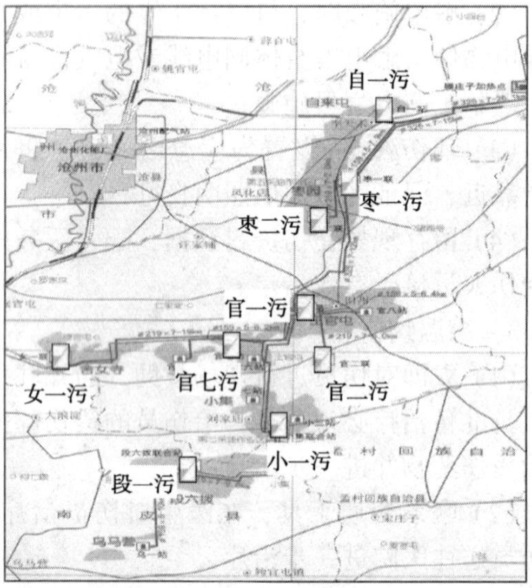

图1　采出水处理站分布图

表1　9座采出水处理站处理工艺现状表

序号	站　名	处理能力/(m^3/d)	采出水处理量/(m^3/d)	采出水处理主体工艺	投产时间
1	自一污	1500	1700	污水沉降罐+多功能一体化污水处理装置	2013.06
2	枣一污	6000	4300	隔油罐+多功能一体化污水处理装置	2015.11
3	枣二污	6000	5300	污水沉降罐+多功能一体化污水处理装置	2013.06
4	官一污	9000	5400	污水沉降罐+两级核桃壳过滤	2007.12
5	官二污	6000	4700	污水沉降罐+两级核桃壳过滤	2009.02
6	官七污	10000	6200	隔油罐+缓冲罐+多功能一体化污水处理装置	2016.02
7	女一污	3000	1400	污水沉降罐+多功能一体化污水处理装置	2011.08
8	小一污	9000	7800	污水沉降罐+多功能一体化污水处理装置	2011.01
9	段一污	3000	520	隔油罐+多功能一体化污水处理装置	2015.09
合计		53500	37320		

1.3　多功能一体化处理工艺应用情况

针对大港南部油田产出水矿化度高，细菌含量高，原油胶质沥青质含量高、黏度大的特点，应用了具有除油、过滤、杀菌等功能的多功能一体化集成装置，该装置在采油三厂自一联、枣一联、枣二联等8座采出水处理站应用。该处理工艺，核桃壳滤料通过体外搓洗进行再生，能够适用于常规油田采出水处理，2016年~2021年采油厂一级水质达标率趋于稳定达标，其中2018年达到97.6%。

表2　2016年~2021年
采油三厂一级水质达标率情况表

指标	2016年	2017年	2018年	2019年	2020年	2021年
一级水质	96.0%	97.5%	97.4%	97.6%	96.8%	96.1%	96%

近年来，随着油田三次采油技术的规模开展，聚表二元驱采出液地面处理难的问题日益凸显。采油厂枣二联上游所属断块(官109-1断块、枣1281断块)开展了聚表二元驱(缔合聚合物+表活剂)采油技术，随着大量聚合物和表面活性剂注入地层，油井产液中由于聚合物和表面活性剂的存在，易于形成更稳定的乳状液体系，使得油水界面膜强度增大，明显增加了油水分离的难度。其中枣二污上游官109-1断块聚表二元驱采出液呈现出油滴粒径小、乳化度高、黏度大的特点，在用的多功能一体化采处理工艺，在处理过程中，表现为处理负荷增大、核桃壳滤料易污染板结，过滤器上筛板间隙易阻塞，反洗处理效果差，不能满足目前的开发需求，因此近年来采油厂水质达标率呈现下降趋势(图2~图5)。

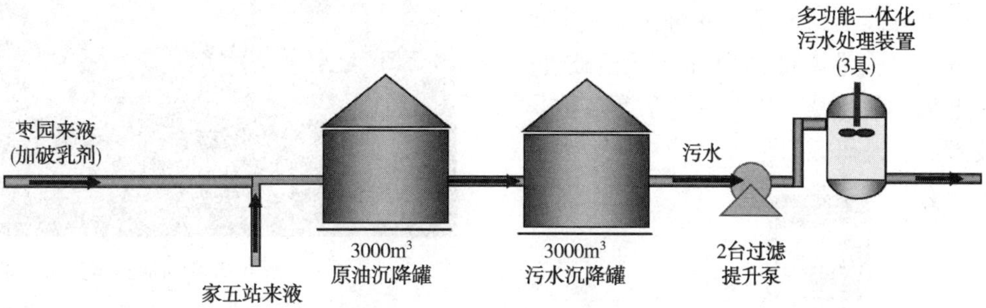

图2　枣二联来液处理流程图

(a)枣园来液正常破乳　　(b)官109-1断块来液无法破乳

图3　枣二联不同来液采出水破乳情况

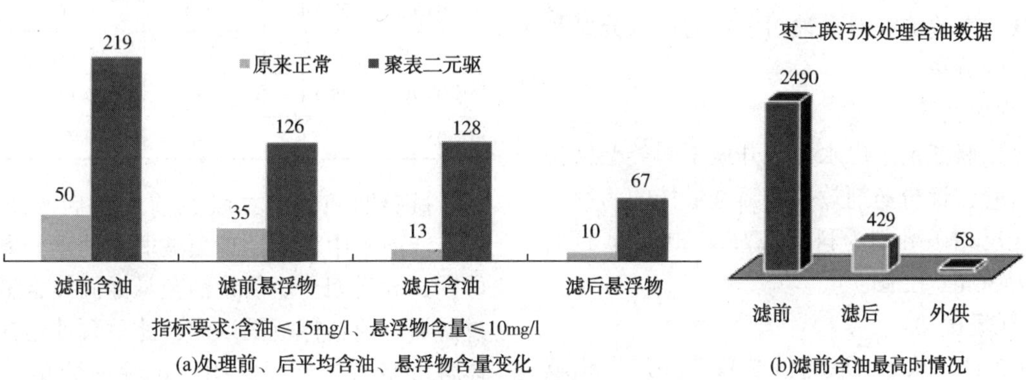

(a)处理前、后平均含油、悬浮物含量变化　　(b)滤前含油最高时情况

图4　受聚表二元驱影响枣二联采出水处理变化情况

图5　受聚表二元驱影响现场水样及过滤器滤料变化情况

2　含聚采出水处理技术研究与试验

2.1　聚合物对采出水的影响

聚表二元驱油井产液中由于聚合物和表面活性剂的存在，来水呈现出油滴粒径小、乳化度高、黏度大的特点，采出水处理所需的自然沉降时间增长，油水分离更加困难。针对含聚采出水的特殊性，近年来大港南部油田开展反相破乳、絮凝沉降、电化学氧化法、曝气-气浮等多种采出水处理技术试验及研究(图6)。

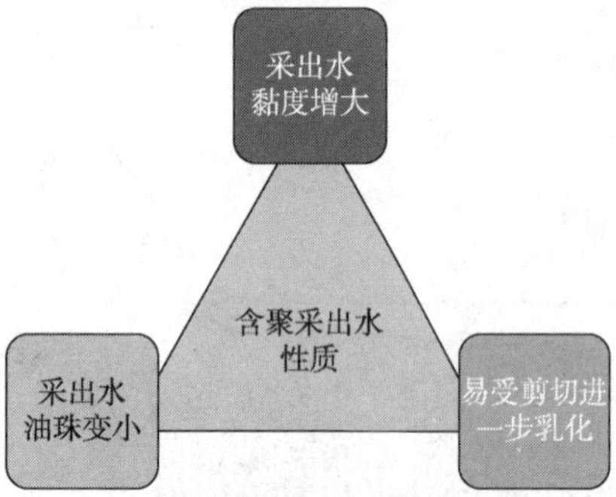

图6　含聚采出水的性质

2.2　反相破乳剂室内试验

技术原理：反相破乳剂能有效地改善油包水(W/O)或水包油(O/W)乳液的界面张力，使含油污水中的胶体颗粒失去稳定的排斥力及吸引力，最终失去稳定性而形成絮体，更进一步通过化学桥联，最终完成对含油污水中的油水分离及有害杂质的分离。

2.2.1　室内试验

取枣二联滤前采出水样，开展不同类型反相破乳剂试验，评价药剂效果并筛选最佳的药剂浓度，最佳反相破乳剂为科远 KYFX-3B，试验加药浓度为30mg/L(图7)。

2.2.2　现场试验

5月2日，从枣二联过滤装置前端加反相破乳剂，进行现场试验，加药浓度为30ppm，试验时间为7天(图8)。试验期间连续跟踪水质，化验数据如表3所示。

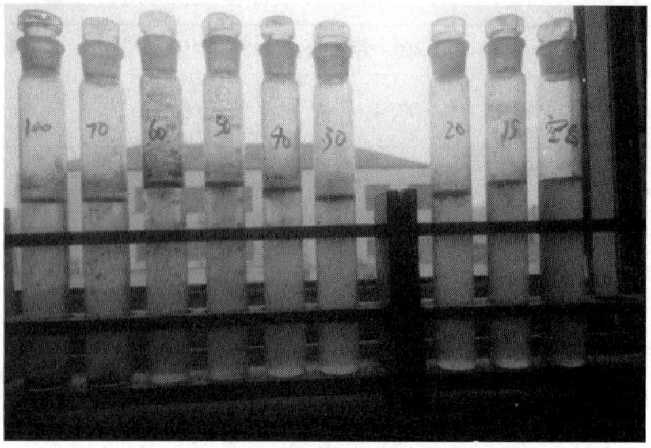

图7　反相破乳剂加药量优选试验

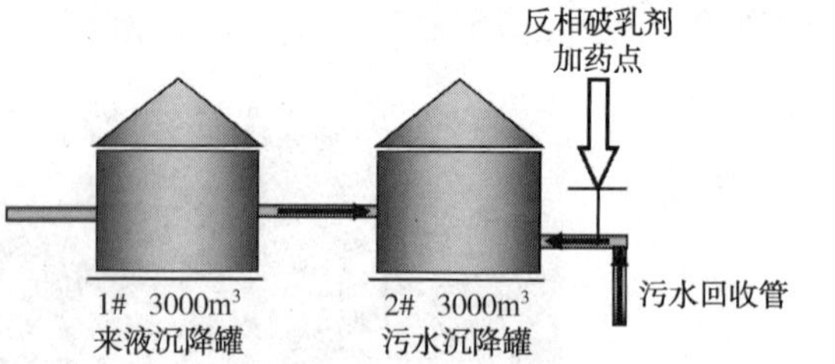

图8　枣二联反相破乳剂加药位置图

表3　反相破乳剂试验水质跟踪数据表

日期	滤前含油/(mg/L)	滤前机杂/(mg/L)	滤后含油/(mg/L)	滤后机杂/(mg/L)
18.05.02	219.12	180	205.01	80
18.05.03	97.94	74.3	14.11	滤不下
18.05.04	51.46	205.7	24.74	98.5
18.05.07	39.84	34	16.6	32
18.05.10	32.21	24	10.4	14

试验期间，枣二联滤前和滤后水质逐渐好转，滤前水中乳化油现象减弱，油水分离效果较好，试验后期，滤前含油及悬浮固体含量下降至过滤器滤前指标范围以内，滤后含油达标，浮固体含量略微超标，但相比试验前数据显著降低(图9)。

(a)枣二污水样(2018.05.02试验前)　(b)枣二污水样(2018.05.04试验中)

(c)枣二污水样(2018.05.07试验中)　(d)枣二污水样(2018.05.10试验结束)

图 9　试验期间水质变化情况

试验效果分析：反相破乳剂后可以改善含聚采出水的油、水分离效果，有效提升水质，但处理后期也产生一些新的问题：一是处理后会产生的絮状物较多，增加过滤器的负荷，过滤器反冲洗次由 1 次/天增加至 3 次/天，职工劳动强度增加；二是过滤器反冲水提升至原油沉降罐后，少量反相破乳剂与罐内原油破乳剂发生反应，导致混油层发生变化，来液油水分离效果差，从而影响输油系统的稳定。

2.3　絮凝沉降法

技术原理：通过向含油污水中投加混凝剂，水体中残余聚合物、悬浮物的胶体及分散颗粒在分子力的相互作用下生成絮状体，在沉降过程中互相碰撞凝聚，最终絮凝沉淀。

2.3.1　室内试验

取枣二联滤前水样，检测 pH 值、含油量、悬浮固体含量，试验不同浓度混凝剂(石油工程院配置)的絮凝效果，试验浓度分别为 0.25%、0.50%、0.75%、1%。结果显示，在 50℃条件下，0.5%浓度的混凝剂处理效果较好(图 10)。

(a)空白样和0.25%混凝剂浓度水样对比　(b)空白样和0.5%混凝剂浓度水样对比

(c)空白样和0.75%混凝剂浓度水样对比　(d)空白样和1.0%混凝剂浓度水样对比

图 10　不同浓度试验水质变化情况

试验效果分析：根据试验情况计算，混凝剂加药浓度较高，采出水处理成本高；同时在絮凝过程中产生的大团絮状物，如不进行单独处理，进入过滤装置后极易堵塞滤层，造成过滤器憋压，增大反冲洗工作量，不利于采过滤装置长期稳定运行。

2.4　电化学氧化法

技术原理：利用气浮、絮凝等多种机理的综合作用，去除水中的含油、悬浮物以及一些重金属离子的方法。即在一个外加电场的作用下，可溶性的金属(如铁或铝)在阳极失去电子溶解后形成混凝剂，同时阴极得电子，产生氢气，通过絮凝沉降以及气浮的共同作用下，达到净化水体的作用，其技术原理如图11所示。

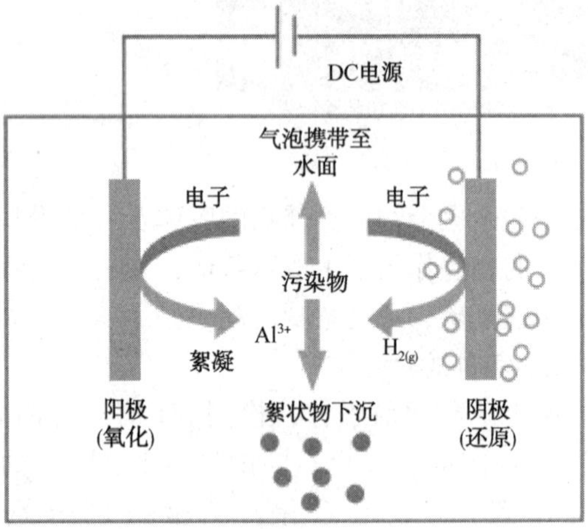

图11　污水电解技术原理示意图

以常用的“牺牲阳极”金属铝为例，在电解过程中的反应为：

阳极反应　$Al_{(S)} \longrightarrow Al^{3+}(aq)+3e^-$

阴极反应　$2H_2O_{(l)}+2e^- \longrightarrow H_{2(g)}+2OH^-_{(aq)}$

2.4.1　室内试验

所采用的水样为官109-1断块掺水，电解过程中，水体逐渐分层，最终上层漂浮的是墨绿色的胶状物，下层为清液，反应过程中未检测到硫化氢气体。取下层清液，水体中有明显的白色絮状物，静置5分钟左右后絮状物沉底，经粗滤后水体清澈(图12)。

试验效果分析：相对于常规过滤技术，电化学氧化法能够有效处理含聚采出水，电解过程无污染，是一种绿色的环保工艺；该处理技术可以有效降低水体中的含油以及矿化度，但电解的过程中，电极板也会逐渐消耗，不同水质及出水标准，电极消耗速度也不同，需定期更换电极板；另外电解水处理工艺需要较大的储存空间以及一

(a)试验前水样

(b)电解过程中分离出油污

(c)处理后水样

图12　试验过程中水质变化情况

定的反应时间，在现场应用中只应用于小规模的工业污水处理，对于油田大规模采出水处理，还需进一步开展试验(表4)。

表4　电解处理污水前后捡测矿化度对比数据

项　　目	处理前	处理后
总矿化度/(mg/L)	26340	18547
钙离子/(mg/L)	321	130
镁离子/(mg/L)	85	36
钠离子+钾离子/(mg/L)	9764	7027
氯离子/(mg/L)	15385	10777
硫酸根离子/(mg/L)	144	120
碳酸根离子/(mg/L)	0	60
碳酸氢根离子/(mg/L)	641	397
含油/(mg/L)	155.21	5.81
悬浮物/(mg/L)	—	—
pH	7.0	7.5
水型	氯化钙	氯化镁

2.5　曝气—气浮除油法

技术原理：通过“曝气-气浮”技术实现含油污水的破乳及油水分离，分为曝气和气浮两个处理单元。

曝气单元：来水加气进曝气罐，先经过空化管，发生空化反应产生气泡；再经过文丘里管，在气流的作用下，利用高速涡旋剪切作用，破坏油水界面张力，使污水中的乳化油破乳；通过曝气产生的大量微气泡黏附分离的油滴上浮，实现油水初步分离(图13)。

气浮单元：曝气破乳后的污水提升进气浮罐，利用微纳米气泡技术产生微纳米气泡，将污水中呈电解平衡状态的物质向生成化合物的方向进行偏移，使污水实现水质改性，利于破乳除油处理，通过溶气气浮，实现二次除油(图14)。

经过曝气-气浮工艺除油后，再经过滤装置除油、除悬浮物，该技术主要特点是不需要加入化学药剂。

2.5.1　现场试验情况

2020年，针对官109-1断块聚表二元驱产液的情况，采油厂在枣二联现场开展“曝气-气浮+三合一净化过滤”处理试验(图15)。

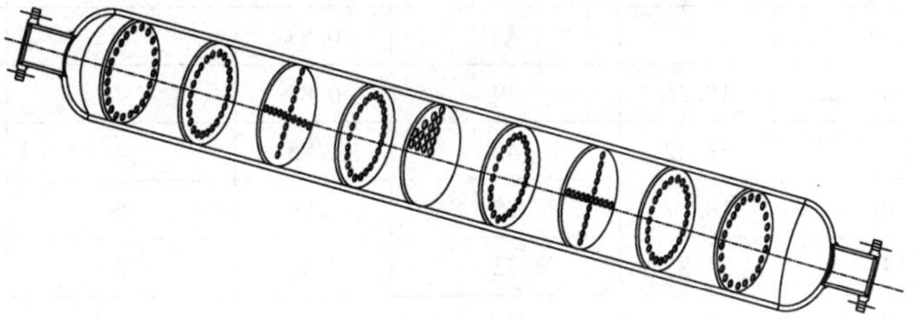

图13　空化板结构

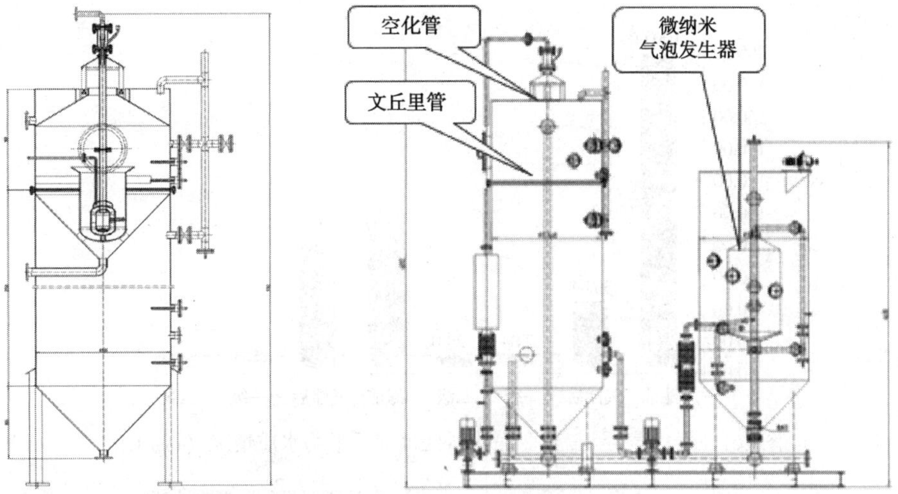

图14　曝气-气浮结构

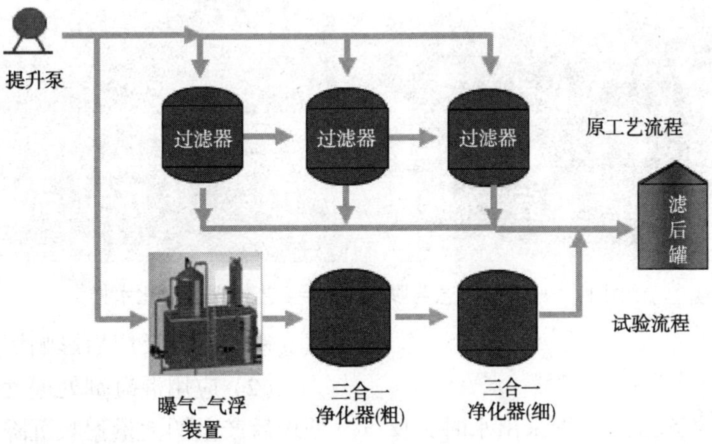

图15　现场工艺流程示意图

试验规模：枣二污含聚采出水处理工业试验，曝气-气浮装置处理能力为5~10m³/h，两级三合一净化器处理能力40m³/h。

水质指标：来水要求含油≤400mg/L、悬浮物≤200mg/L，处理后含油≤10mg/L、悬浮物≤10mg/L。

试验效果分析：处理前，滤前平均含油190.6mg/L，平均悬浮物87mg/L；曝气-气浮装置处理后，平均含油36.8mg/L，平均悬浮物73mg/L，其中含油量下降80.7%，处理后采出水中乳化油现象消失，该处理装置不添加任何化学药剂，除油效果较好(表5、图16~图17)。

表5　曝气-气浮+三合一净化器处理前后水质数据表

取样时间	滤前		曝气-气浮出口		一级石英砂出口		二级石英砂出口	
	含油量/(mg/L)	悬浮固体含量/(mg/L)	含油量/(mg/L)	悬浮固体含量/(mg/L)	含油量/(mg/L)	悬浮固体含量/(mg/L)	含油量/(mg/L)	悬浮固体含量/(mg/L)
11.13	117.86		10.79		4.15		4.15	
11.19	360.22	77	83	85	0.83	11	0.83	9
11.23	146.91	58	18.26	39	0.83	4	4.15	5
11.24	93.71	30	13.42	46	1.85	4	1.29	1
11.27	119.98	36	18.37	75	2.06	6	1.38	5
11.30	298.8	141	36.85	72	2.49	9	4.98	7
12.03	196.71	181	77.19	121				
平均	190.6	87	36.84	73	2.04	7	2.8	5

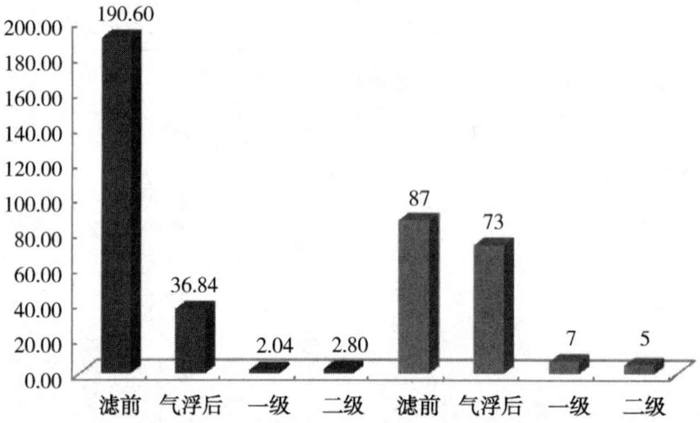

图16　曝气-气浮+三合一净化器处理前后平均水质情况/(mg/L)

图17　原处理工艺与曝气-气浮工艺处理后对比水样

3　结论及认识

(1) 应用反相破乳剂处理含聚采出水时，反冲洗水应单独进污水沉降罐，不能进来液沉降罐，避免发生反应后影响沉降罐油水分离效果。

(2) 应用混凝剂处理含聚采出水时，应考虑处理后产生的大量絮状沉降物，应增加油泥压滤处理系统，从而减少采出水过滤器的处理负荷。

（3）电化学氧化法能够处理含聚采出水，应最大限度地提高单套电极处理污水量，降低运行成本，同时考虑配套老化油处理系统，避免影响油系统的正常运行。

（4）曝气-气浮装置采用微气泡破乳技术，较常规曝气处理乳化油效果好，下步应考虑合理配比的曝气量，避免多余的曝气量造成对下游管道的腐蚀。

（5）针对聚表二元驱采出水处理，建议按注聚断块整体考虑，处理后的含聚水直接回注到注聚断块，配伍性好且可以更大限度降低生产成本。

参　考　文　献

[1] 郑帅，杨萍萍，刘建超，于文文，武文静. 油田含聚采出水处理工艺设计[J]. 油气田地面工程. 2018(06)：30-32.

[2] 国胜娟. 油田高含聚采出水水质特性及其处理技术研究[J]. 工业用水与废水. 2014，45(05)27-30.

[3] 夏福军，武云龙，黄宪春，李浩隆. 微气泡旋流气浮装置处理大庆油田含聚污水[J]. 工业水处理. 2017，37(03)89-91.

稠油油藏电磁波解堵技术应用效果分析

雷　扬　管延收　张伟峰　韩明太　崔恒啸

(胜利油田石油开发中心有限公司)

摘　要　目前稠油区块面临周期吞吐效益逐渐变差、油汽比达不到蒸汽吞吐经济下限、注蒸汽经济性不佳等问题，针对后期措施效果较差的低效井，急需寻找新的低成本增产技术，提高油井经济效益。电磁波解堵技术主要利用岩石、油、水三者的电性差异，通过物理场对饱和流体的岩石介质施加影响，使油层中发生电驱动、电化学、电渗透、电泳、电击、电爆和电热等多种电动力学效应，改善油层的微观渗流特性和流体的微观流动特性，从而改变油水的渗流规律，提高原油采收率。目前实施油井4井次，措施累增油253.6t，试验结果表明，电磁波解堵技术可以达到控水增油的效果。本文通过对电磁波解堵技术措施效果分析，明确下步措施选井原则，该技术作业简单、安全环保、成本较低，作为针对稠油低效井的低成本技术，若取得突破，对于低效益稠油油藏开发具有一定意义。

关键词　稠油油藏；电动力学；电渗流；采收率；渗透率

我国稠油具有资源分布广、储量大的特点，由于稠油黏度高、密度大，造成稠油开发难度大、成本高。目前较为常用的稠油热采技术，已无法较好解决低效稠油井的开发需要，因此必须解放思想，寻找其他低成本增产技术。电磁波解堵技术，是在前期电物理场技术基础上发展起来的一种EOR(Enhanced oil Recovery)技术。它主要是利用岩石、油、水三者的电性差异，通过物理场对饱和流体的岩石介质施加影响，使油层中发生电驱动、电化学、电渗透、电泳、电击、电爆和电热等多种电动力学效应，改善油层的微观渗流特性和流体的微观流动特性，从而改变油水的渗流规律，以提高原油采收率。针对目前草桥地区稠油油藏开发所面临的严峻形势，本文开展了电磁波解堵技术的应用试验，为低效益稠油油藏开发提供新思路。

1　电磁波解堵技术

油田开采过程中，电场是客观存在的。在油藏多孔介质中，岩石骨架本身存在自然电场，液体-固体界面存在双电层结构，使液体在多孔介质中流动时产生流动电势。因此液体在油藏多孔介质中的渗流总是在电场中进行并受其影响的。这就为利用外加电场干预来调整和控制液体在油藏多孔介质中的渗流过程和增加液体渗流速度、改善相对渗透特性、增加液流量、解除油层堵塞等提供了依据和基础。

电磁波解堵技术实质是向油层输送电磁波，在电磁波的激励下，干预油层岩石的孔隙结构和油层中的相流动，消除或改变油层的静电场和静电力的过程，即以两口同层邻井为目的井，向其输入特种电磁波，通过产生多种电动力学效应来达到驱动两口井间油层剩余油的目的(图1)。

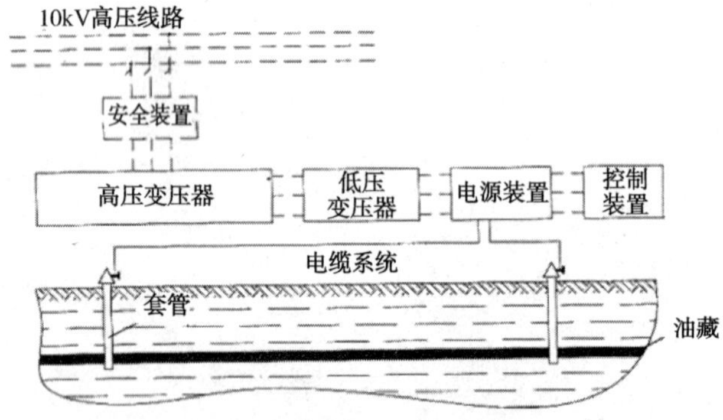

图1　电磁波解堵技术示意图

1.1　电磁波解堵技术工艺流程

电磁波解堵技术工艺流程如图2所示，设备运行时，电源输入端接入井场380V交流电源，依次连接低压开关柜、发生器、冷却设备等，发生器设备输出二个极，分别与二口同一油层油井的油井套管相连后通过控制装置开始工作。

2.2　电磁波解堵技术作用机理

(1) 电磁波电爆机理

油层含有大量的低电导的岩石骨架，表面覆盖着更多的含有少量坚固成分的电导层，两者通过黏土结合在一起，而这些物质中有一些阻碍物

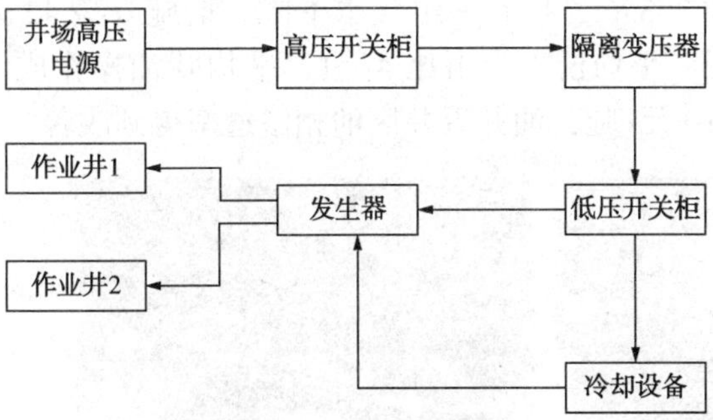

图2　设备连接流程图

位于岩石毛细管的狭窄部分因此就堵塞了毛细管的通道(图3a)。由于电磁波在毛细管窄小处能够显著的增加局部温度和加剧物理化学进程即发生微小爆裂(图3b)，当温度达到临界值时，窄小孔喉表面组成和黏土发生机械破坏，新的油流通道出现(图3c)，电磁波在油层中产生电爆的作用引起地层毛细管堵塞部位砂土颗粒的破裂和粉碎，毛细管的堵塞和狭窄部位被疏通，使地层的渗透性提高。

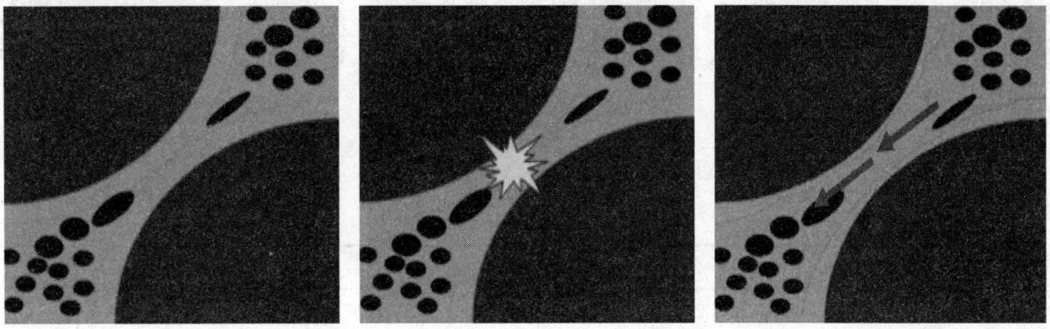

图3　电磁波电爆机理示意图

(2) 电磁波电动效应

根据扩散双电层理论，水湿油层地层水与岩石在界面处形成扩散双电层，在油水两相渗流情况下，当原油和含有溶解盐类的水受到电场激励时，双电层结构中扩散层内的阳离子就会向阴极移动，阳离子又会带走水分子，发生电渗现象。水相带正电向负极移动，油相带负电向正极移动，扩散双电层中可动层的阳离子向阴极移动的数目大于阴离子，携带水分子向阴极产生一个附加电渗流量，从而降低水相的流动能力。同时岩石表面水膜的厚度变薄为油流让出了空间，因油相表面带有负电，油相向正极(油井)流动的能力增加(图4)。

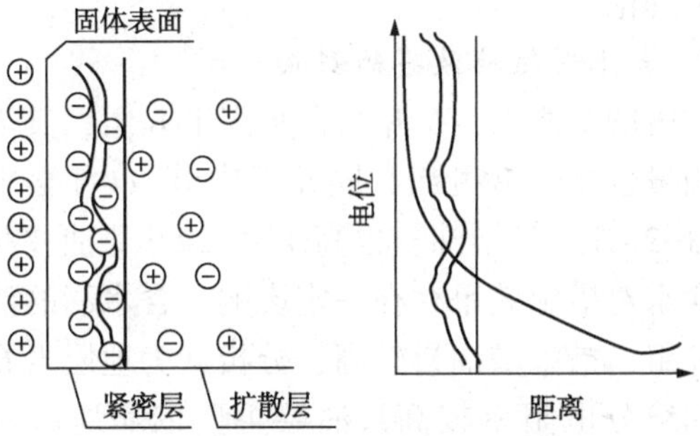

图4　扩散双电层理论示意图

在油水共存的多孔介质中，由于微细固体颗粒、油珠、水珠等固液和液液界面都带有一定电荷，这些带电颗粒、油珠、水珠会在外加电场的作用下产生电泳现象，迫使油相向生产井方向运移。这种利用油、水电特性差异，通过外加适当直流电场的方式，通过电磁波的电渗、电泳等多动力学效应，使流体中游离的带电微细固相组分定向运移，聚集在一起，固体颗粒发生各种电化学变化，使矿物表面晶格相互连接，由细小颗粒聚结为较大颗粒，并与孔隙表面牢固的连接在一起，该过程是电泳效应、电化学聚结效应的综合结果，颗粒越细越易参与以上各种变化和聚结，因此可以达到降低水的渗透率、提高油的相对渗透率、降低水油比，实现控水增油、增加原油产量的目的。

(3) 电磁波电解机理

因为水的导电性比油好很多，在水流渗透通道，电击引起的高温使水汽化，在水道中频繁产生微气泡并瞬间爆破(图5a)，这些气泡产生与爆破的过程能阻止液体的流动，特别是水，并重新规划液体流动路径(图5b)。最终原油在孔隙中可以畅通的流动，形成稳定的通道(图5c)，从而达到提高油相渗透率，降低水相渗透率的目的。

2　电磁波解堵技术现场应用

电磁波解堵技术具有控水、解堵的作用，以两口同层邻井作为一个试验井组，试验井组选择高含水低效井组A井组，低液量井组B井组，根据油井生产特点及地层情况，进行现场试验。

措施效果如表1所示，措施井组目前累计增油253.6t，措施井组含水下降。措施效益42万元，平均投入产出比4∶1，平均吨油操作成本910元/吨，油井近井区油相渗透率得到改善。

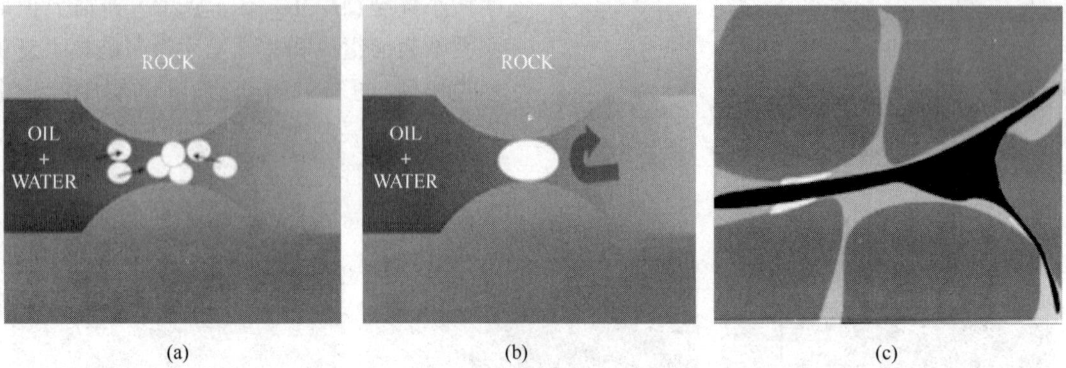

图5　电磁波电解机理示意图

表1　电渗流井组措施效果表

井号	实施前			实施后峰值产量			措施效果评价		措施增油
	日液	日油	含水	日液	日油	含水	累产液	累产油	
A-1#	41.2	0.54	98.6	41.1	1.34	96.7	3121.5	99.3	57.2
A-2#	39.3	0.71	98.1	39.3	2	94.8	2986.8	155	99.6
B-1#	3.7	1.05	70.3	4.9	2.45	48.8	326.3	166.5	95.1
B-2#	2.8	1.24	52.7	3	1.27	55.6	194.7	86	1.7
合计	87	3.54	79.9	88.3	7.06	73.9	6629	507	253.6

已B-1#井为例，该井施工6天，措施效果如图6所示。

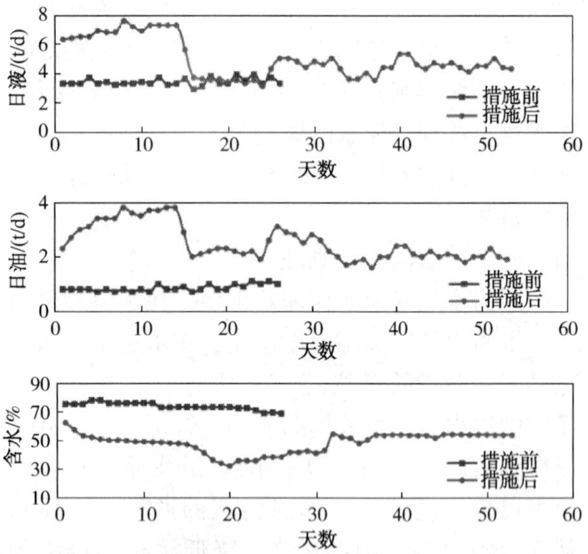

图6　B-1#井措施效果对比

B-1#井措施前平均日液3.4t/d，平均日油0.9t/d，平均含水73.6%。措施后日液峰值上升至7.6t/d，日油峰值上升至3.8t/d，含水下降至33.5%。目前日液稳定在4.5t/d，日油2t/d，含水53%左右，措施增油水平1.4t/d，措施效果较好，现场试验表明，电磁波解堵技术可以提高油井近井区油相渗透率，从而改善稠油油藏的开发效果。

3　措施效果影响因素分析

电磁波解堵技术现场应用效果较好，下一步根据井组措施后生产情况，从工艺、地质方面进行单因素分析，为后续电磁波解堵技术优化选井提供理论指导。

3.1　含水对措施效果的影响

由图7所示，A井组含水高于B组，其措施增油量也高于B井组，同井组中B-1#井含水高于B-2#井，其增油量也高于B-2#井。油井及井组含水对措施效果存在一定影响，含水高的油井或井组，措施增油量较高，分析认为地层岩石及原油组分电阻率较高，油层主要依靠地层水导电，在含水高的条件下导电效果相对较好，措施效果较好。

3.2　加电时间对措施效果的影响

A井组2020年1月电磁波技术加电3d，

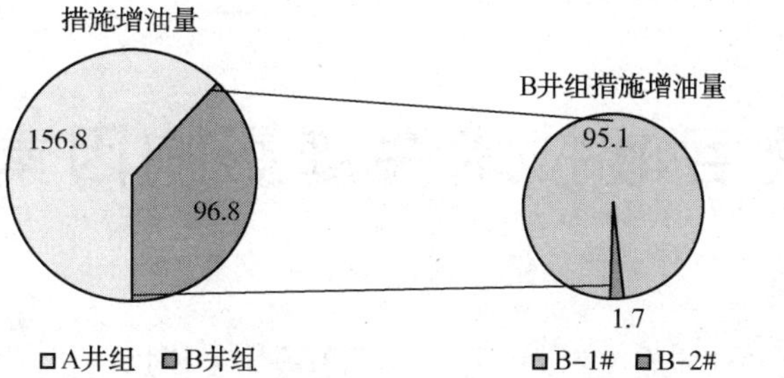

井组	A	B
含水/%	98.4	61.5

井号	B-1#	B-2#
含水/%	70.3	52.7

图 7　不同含水油井措施增油对比图

2021 年 9 月电磁波技术加电 6d，统计两次实施效果如图 8 所示，A 井组加电 3d 后，井组无增油效果，加电 6d 后该井组措施增油 156. 8t，认为增加地层物理场强度可以提高电渗流措施效果。

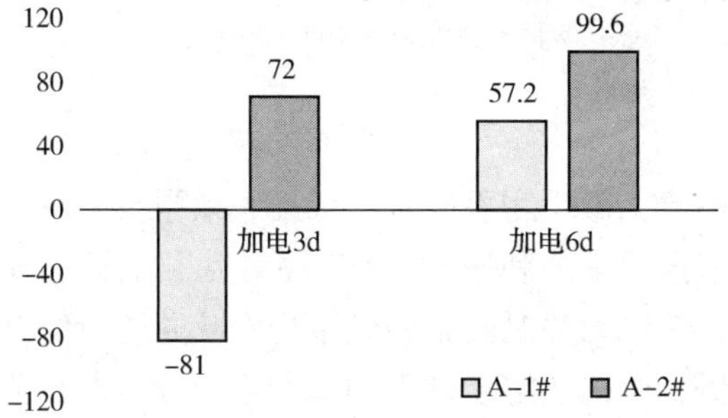

图 8　不同加电时间油井措施增油对比图

3.3　渗透率对措施效果的影响

A 井组累计实施电渗流试验 2 次，CQC128-P32 井增油量均高于 CQC128-P31 井，分析认为渗透率对措施效果起到正作用。地层中导电介质和渗流介质主要是地层水，导电路径与渗流路径相近，油层渗透率越大，导电效果越好，井筒附近高能物理场越强，措施效果越好(图 9)。

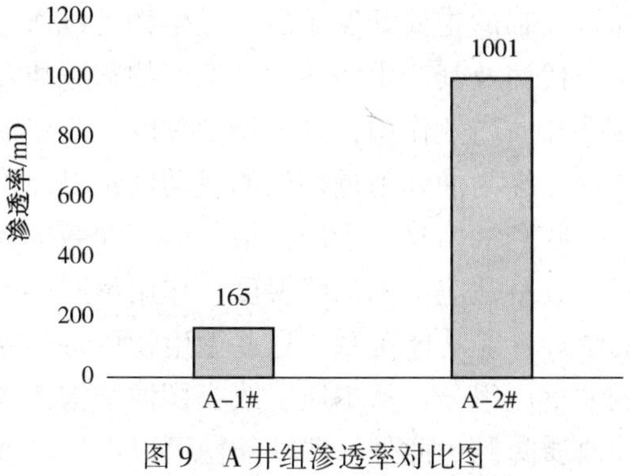

图 9　A 井组渗透率对比图

B 井组地层物性，油层井段长度均优于 A 井组，措施效果却低于 B 井组，分析认为地层含水是影响措施效果的主要因素，下一步应加强电磁波解堵技术在高含水地区的应用，不断认识不断优化，扩大应用范围，实现高含水油井增产增效。

4　结论

（1）电磁波解堵技术通过在油层中发生电驱动、电化学、电渗透、电泳、电爆等多种电动力学效应，改变油水的渗流规律，可以达到解堵控水的效果。

（2）目前累计实施 4 井次，措施井组增油 253. 6t，措施效益 42 万元，该工艺作业简单、操作方便、安全环保、成本较低，对于多轮次吞吐后期低效益稠油油藏开发具有一定意义。

（3）通过措施效果分析认为含水为影响措施效果的主控因素，下一步加强电磁波解堵技术在高含水区块的应用，进一步完善认识，促进后期推广应用。

参　考　文　献

[1] 李伟忠. 胜利油田稠油未动用储量评价及动用对策[J]. 特种油气藏，2021，28(2)：63-71.

[2] 胡平，刘欣颖. C 油田强边水重油油藏开发特征研究[J]. 长江大学学报(自科版). 2017，14(15)：65-69.

[3] 冯鑫，杨宏楠，乐平，等. 海上高含水稠油油藏治理对策研究[J]. 非常规油气. 2021，8(2)：62-70.

[4] 于国栋，张立明，薛国锋，等. 油层加电提高采收率技术[J]. 石油钻采工艺. 2004，5(2)：60-63.

[5] 王团，张伟，王宝军，等. 高频脉冲电磁波技术在靖边油田的应用[J]. 化工管理. 2017，7(12)：90-92.

[6] 陈辉，关继腾，房文静，等. 储层岩石周期性电渗流特性的微观机制[J]. 应用数学和力学. 2012，5(10)：1189-1198.

[7] 张继红，陈涛平，李跃辉，等. 流体在外加直流电场作用下的电动-水力渗流特性[J]. 大庆石油学院学报. 2002，26(3)：33-35.

微生物吞吐技术关键影响因素分析

胡　婧　宋永亭　吴晓玲

(中国石化胜利油田分公司石油工程技术研究院)

摘　要　胜利油田针对低效稠油油井开展了大量微生物吞吐现场试验，整体取得较好的应用效果，但不同单井间的实施效果存在较大差异。由于缺乏对已实施油井的系统分析，影响微生物吞吐效果的关键因素不明确，选井缺乏理论依据，制约该技术的进一步规模化推广。针对上述问题，本文利用SPSS软件分析了胜利油田已实施223口微生物吞吐井油藏参数、开发参数与累增油量间的相关性，明确影响吞吐效果的关键因素，优化选井标准。分析表明所有油井统一分析时，各参数与累增油量间均无统计学上有意义的相关关系。将油井区分为低液井(液量<15t)和高含水井(液量>15t，含水>90%)后分别进行分析，低液井的累增油量与实施前日油显著正相关，与有无注水井极显著正相关，高含水低效稠油井原油流度与增油量显著负相关。下一步低液井选井应选择有注水井对应，实施前日油大于0.7t的油井；高含水油井应选择原油流度小于0.6的油井，超出该范围油井需复合其他体系及工艺，进一步扩大微生物采油技术油藏适应性。

关键词　微生物吞吐；相关性；油藏适应性；低液井；高含水井

微生物吞吐技术是通过向油井中注入营养液或采油微生物，利用油藏条件下微生物降解原油重质组分、乳化原油、产生生物气以及改变岩石润湿性等复合机理增加原油产量的采油技术。该技术具有效期长，施工成本低，投入产出比高，工艺简单，生物注剂对地层无伤害，无环境污染等优势，是典型的绿色环保型采油技术。

2000年以来，我国大庆、胜利、吉林、辽河、中原等各大油田均实施了不同井次的微生物吞吐技术，并取得较好的增油效果。如大庆油田针对近井地带堵塞导致供液不足、产量递减快以及采油速度低的外围低渗透油田油井，先后进行了93井次的微生物吞吐试验，总有效率74.2%，平均单井增油量为149t，累积增油量为1.39×10^4t。扶余油田选择日产油小于1t、含水率大于85%的低产、低效、高含水油井实施微生物吞吐，进行了250井次矿场试验，195井次有效，有效率78%，累计增产原油18704t、平均单井增油74.8t，投入产出比为1：2.25。

随着绿色低碳战略的大力实施，胜利油田也加大了低效稠油井微生物吞吐技术的研究和现场应用力度。通过对比胜利油田已实施微生物吞吐单井效果发现，不同类型油井间实施效果存在较大差异，甚至同一区块内的邻近油井的实施效果也不尽相同。由于缺乏对已实施吞吐油井的系统分析，影响微生物吞吐效果的油藏及开发关键因素不清，微生物吞吐选井标准、效果分析缺乏理论依据。本文利用SPSS软件对胜利油田已实施的223口无井况问题的微生物吞吐井进行统计学分析，得出一定条件下油藏及生产参数与微生物吞吐实施效果之间的相关关系。在得出相关结论的基础上，优化微生物吞吐选井标准，保障该技术现场实施效果，推进微生物吞吐技术发展成为继蒸汽吞吐技术之后稠油油藏另一主要开发方式，实现节能降耗、绿色开发的目的。

1　胜利油田稠油微生物吞吐技术研究概况

稠油油藏原油黏度高，油水流度比大，是该类油藏面临的主要开发矛盾。微生物可以通过菌体生长代谢及其产生的活性代谢产物与原油及储层多孔介质高效作用，降低稠油黏度，改变油藏润湿性，提高油井附近稠油的流动性，提高单井产量。胜利油田建立了国内最大的石油微生物菌种库，具有适应不同油藏温度、作用不同类型原油的嗜烃降黏功能菌系。这些微生物可特异性降解稠油重质组分，从本质上改变稠油结构，实现稠油改质降黏。此外一些功能菌可以产生多种生物表面活性剂，如鼠李糖脂、脂肽、槐糖脂等，这些活性生物分子可降低油水界面张力，实现原油的乳化降黏，进一步提高稠油流动性。除作用原油外，菌体及代谢产物还能吸附在多孔介质界面，使储层由亲油转变为弱亲水，降低原油在多孔介质中的流动阻力。目前胜利油田微生物降黏吞吐体系可作用 50000mPa·s 以下的稠油，降黏率达到 80%以上，油相渗流阻力降低 55%以上。基于高效体系研发，针对不同的目标油藏，胜利油田进一步构建了内外源复合微生物吞吐、生物表面活性剂强化微生物吞吐、二氧化碳辅助微生物吞吐等技术系列，从体系及现场工艺方面满足不同类型稠油油藏微生物降黏吞吐的需求。

2 胜利油田微生物吞吐技术现场应用概况

胜利油田已实施的微生物吞吐油井涉及油藏类型主要是高轮次吞吐、强边底水、低渗敏感及低效水驱稠油等四类热采低效稠油油藏。2018~2020 年，胜利油田微生物吞吐技术现场实施规模逐年扩大，已累计超过 200 井次，2020 年实施有效率达到 81%，平均单井增油量达到 410t。本文对所实施的 223 口油井进行相关性统计学分析，具体的油藏及生产参数范围见表 1。从表中可以看出，已实施油井在油藏温度、渗透率、原油黏度、实施前累产油、日油、日液、含水等参数方面存在明显差异，实施后单井增油效果差异明显，单井增油量最高达到 4300t，最低为 0t，微生物吞吐技术的油藏适应性尚需进一步明确。

表 1 胜利油田微生物吞吐井油藏及生产参数统计表

油藏及开发指标	参数范围
油藏温度/℃	33~97
渗透率/$10^{-3}\mu m^2$	30~27000
50℃地面原油黏度/(mPa·s)	57~42756
实施前累产油/t	0~103518
实施前日液/(t/d)	0~86.4
实施前日油/(t/d)	0~5.6
实施前含水/%	0~100
增油量/t	0~4300

3 微生物吞吐技术关键影响因素分析

3.1 分析方法

虽然微生物吞吐技术整体效果较好，但是不同单井间的吞吐效果差异性较大。为了进一步明确影响微生物吞吐效果的关键因素，利用 SPSS (Statistical Product and Service Solutions，16.0) 软件开展微生物吞吐油井油藏物性及开发参数与实施微生物吞吐后累增油量的相关分析(Correlation analysis)。相关性分析选择两个变量间相关分析(Bivariate)，利用相关性指数(r)定量描述变量间的相关关系，r 的计算公式见公式(1)。

$$r=\frac{\sum(x-\bar{x})(y-\bar{y})}{\sqrt{\sum(x-\bar{x})^2\sum(y-\bar{y})^2}} \tag{1}$$

r 为相关系数，x、y 为两个变量值。

当$-1\leq r\leq 1$ 时，r 绝对值越大，两变量间的相关程度越强，当 $0<r\leq 1$ 时，表明两变量之间存在正相关；若 $r=1$，表明变量间存在完全正相关；当$-1\leq r<0$ 表明两个变量之间存在负相关。$r=-1$ 表明变量间存在完全负相关关系。$r=0$ 表明两个变量之间无线性相关。分析过程中进行显著性检验，选择双侧检验，明确相关性是否具有显著意义，$p\leq 0.05$，显著相关，$p\leq 0.01$，极显著相关。

油藏参数选择油藏温度、渗透率、原油黏度；开发参数选择实施前累油、日液、含水和日油数据。实施效果以实施后累增油为指标，当日油降到实施前日油水平后，视为失效不再累加增油。

3.2 整体相关性

首先将所有油井进行笼统的相关性分析，结果如表 2 所示，从表中可以看出在所分析的油井范围内，原油渗透率、实施前累产油与吞吐后累增油间存在负相关关系，其他参数与累增油间存在负相关关系，但所有参数与累增油间的相关关系 P 值检验都不具备显著性，即不具备统计学意义，整体分析无法找到影响吞吐效果的关键性的影响因素。

表 2 所有吞吐油井油藏开发参数与增油量的相关性分析

	油藏温度	渗透率	原油黏度	实施前累产油	实施前日液	实施前日油	实施前含水
Pearson Correlation(r)	0.157	−0.231	0.261	−0.112	0.252	0.072	0.105
Sig. (2tailed)(p)	0.309	0.142	0.527	0.447	0.088	0.625	0.484

为了提高分析的针对性和准确性，挖掘潜在的相关性，参考其他油田的实践经验，将参与分析的微生物吞吐井分为低液井和高含水井两个类型，其中实施前日液小于 15t 的 118 口井划分为

低液井，日液大于15t，含水大于90%的105口井划分为高含水井。通过分析发现两类油井中低液井微生物吞吐见效率高、增油量多，开发效果较好，高含水井相对见效率低、增油量少(图1)。后面针对这两类油井分别开展相关性分析，明确影响其吞吐效果的关键因素。

3.3 低液井微生物吞吐关键影响因素分析

该类型油井由于储层堵塞、地层能量等多种原因造成实施前液量低。在分析时，除上述参数外增加了有无注水井对应和原油流度指标来表征油井自身能量及原油渗流性质，其中有无注水井对应分别以1和0表示，流度为油藏有效渗透率和原油黏度的比值。计算所有参数与累增油量间的相关系数，结果见表3。

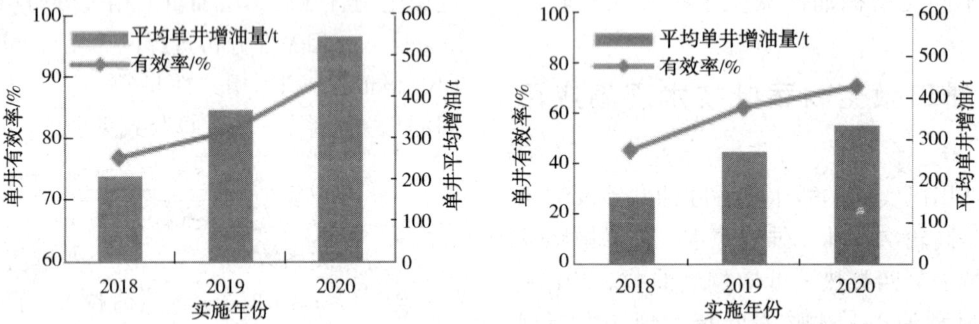

图1　低液井与高含水井平均单井增油量和实施有效率(A：低液井，B：高含水井)

表3　低液井微生物吞吐效果与不同参数间的相关系数及统计学检验

	油藏温度	渗透率	原油黏度	实施前累产油	实施前日液	实施前日油	实施前含水	有无注水井对应	流度
r	0.086	−0.007	0.081	0.153	0.020	0.212 *	−0.067	0.296 * *	−0.011
p	0.388	0.946	0.421	0.129	0.842	0.030	0.501	0.002	0.914

从结果可以看出，在所分析的油井范围内，油藏渗透率、实施前含水和原油流度与增油量间存在负相关关系，但相关性没有显著性。油藏温度、原油黏度、实施前累产油，实施前日液，实施前日油，有无注水井对应与累增油量间存在正相关关系。其中实施前日油与增油量之间显著正相关，有无注水井对应与累增油量间存在极显著的正相关关系，具有统计学意义。上述结果说明为了保持低产低液井增产效果，实施微生物吞吐的低液井地层能量必须充足，而且具有一定的产能潜力。

进一步分析实施前日油与实施后增油量的关系，从箱型统计分析图可以看出(图2)，随着实施前日油的增加，实施后的增油量逐渐增加，实施前日油大于0.7t的油井实施微生物吞吐后的增油量明显增加。后期低产低液井选井时应选择注采关系完善、注水井注水能力强且日油大于0.7t的油井。对于无注水井对应、地层能量低的油井，需要进一步研究微生物复合氮气补充能量，大排量、高压力注入工艺等微生物复合吞吐技术。

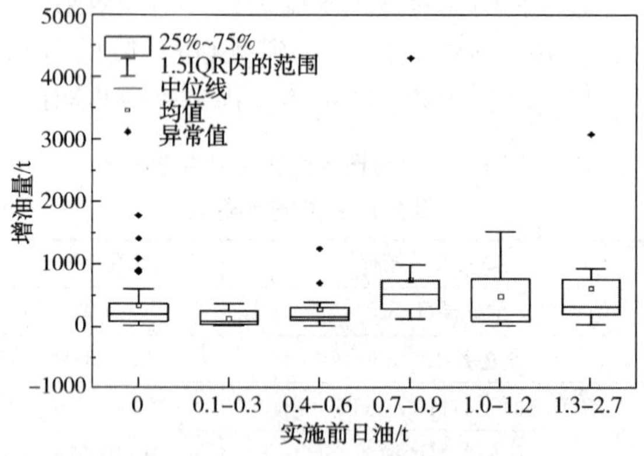

图2　低液井实施前日增油与微生物吞吐增油量关系

A油井属于典型的有注水井对应的低液低效稠油井，油藏温度80℃、渗透率153mD、原油黏度816mPa·s、由于地层堵塞，一直低液生产。2018年开始该井共实施三轮次微生物吞吐(图3)，通过微生物降黏解堵，日液由2t提高到14.8t，日油由0.8t提高到6t，累计增油4300t，持续有效长达700d，目前还在有效期内。

3.4 高含水井微生物吞吐关键影响因素分析

已实施的油井中共有105口高含水油井，这些油井由于长期水驱窜流及油藏边水、底水、次生底水入侵造成高液量和高含水，油井整体能量高于低液井，不存在能量问题，所以分析时不考虑有无注水井对应的情况，只增加原油流度参数。分析结果见表4所示。

从结果中可以看出，在所分析的油井范围内，油藏温度、原油黏度，实施前日液，实施前日油，实施前含水与累增油量间存在正相关关系，但没有显著性。油藏渗透率、实施前累产油和原油流度与增油量间存在负相关关系，其中原油流度与累增油间存在极显著的负相关关系。说明在该类油井中，原油流度是影响高含水油井微生物吞吐实施效果的最关键因素。

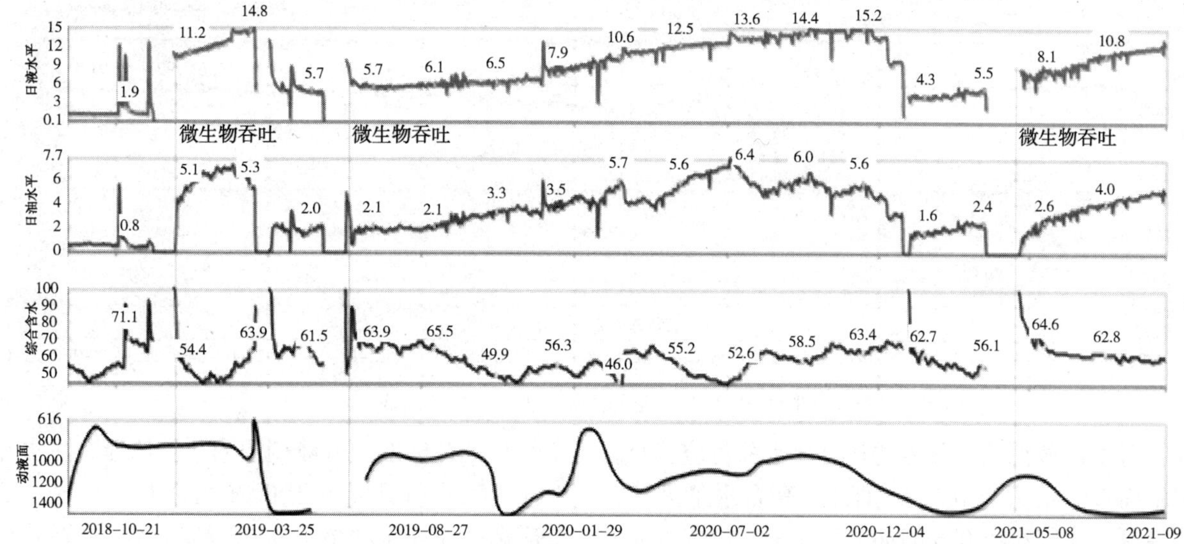

图3 A油井实施微生物吞吐后的生产曲线

表4 高含水井微生物吞吐效果与不同参数间的相关系数及统计学检验

	油藏温度	渗透率	原油黏度	实施前累产油	实施前日液	实施前日油	实施前含水	流度
r	0.157	−0.230	0.261	−0.112	0.252	0.072	0.105	−0.367 *
p	0.309	0.143	0.083	0.447	0.088	0.625	0.484	0.014

进一步分析原油流度与累增油量间的关系，从箱型统计图4可以看出，在所分析实施高含水油井范围内，随着原油流度的增加，累增油量逐渐降低。流度小于0.3时，累增油量高，平均累增油430t，最高1668t；流度0.3~0.5时，平均累增油169t，当流度大于0.6，累增油量明显降低。该结果说明微生物改善稠油流动性已经具备较强的能力和适应性，对于油水流度比差异大、原油渗流性质差导致的高含水井实施效果好，对于边底水或者注入水强度大的高含水井需要复合堵水调剖技术或者研发新型具有调剖功能的激活剂体系，扩宽微生物吞吐技术适应范围。

B油井属于高含水低效稠油井，油藏温度70℃、渗透率636mD、原油黏度6789mPa·s，原油流度0.09，热采开发过程中由于底水锥进，水窜迅速，2020年实施微生物吞吐后原油黏度降到1748mPa·s，日产油最高达到14.6t，含水降低至22.4%，累计增油1510t(图5)。

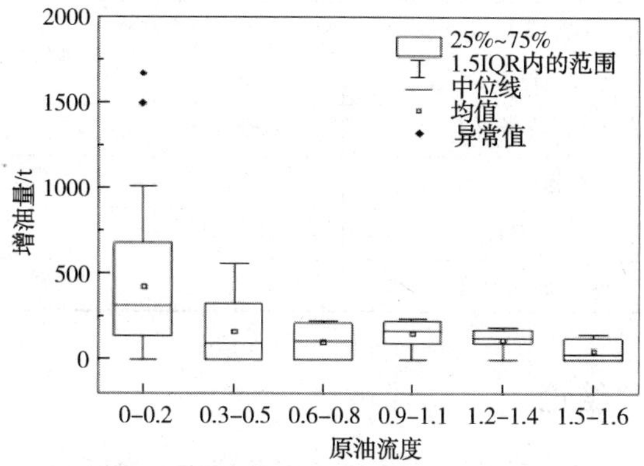

图4 高含水油井原油流度与累增油关系

4 微生物吞吐井选井标准

微生物吞吐技术在胜利油田低效稠油井开展了大规模试验，通过现场实践证实该技术在稠油油藏具有较强的适应性。通过对已实施油井的分析，进一步优化了微生物吞吐油井筛选指标，并针对低液油井和高含水油井增加了个性化选井指

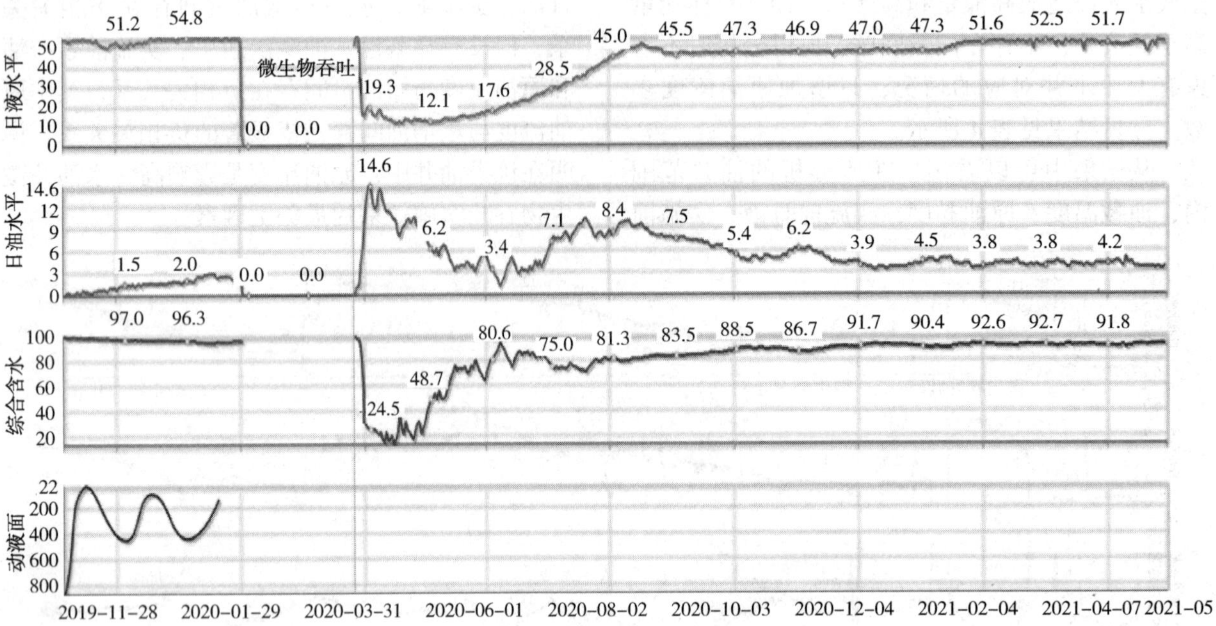

图5　B油井实施微生物吞吐后的生产曲线

标，对于低液稠油油井需选择有注水井对应，且实施前日产油大于0.7t的油井，高含水油井应选择原油流度小于0.6的油井。

表5　微生物吞吐油井筛选指标

指　　标	最佳条件范围	
	低液油井	高含水油井
油层温度/℃	<95	
渗透率/$10^{-3}\mu m^2$	>30	
地层水矿化度/(mg/L)	<150000	
地面原油黏度/(mPa·s)	<50000	
日产液/t	<15	<50
产出液含水率/%	<90	<95
实施前日产油/t	>0.7	
油藏能量	有注水井对应	
原油流度		<0.6

5　结论

(1)对于低液井，实施前日油与微生物吞吐效果呈显著正相关，有无注水井对应与微生物吞吐效果呈极显著正相关，地层能量的高低及油井产能对低液井吞吐实施效果影响最大。

(2)对于高含水低效稠油井，原油流度与吞吐增油量间存在显著负相关和极显著负相关关系，微生物降黏吞吐只能解决油水流度比大的问题。

(3)优化低液油井和高含水油井微生物吞吐个性化选井标准，低液稠油油井需选择有注水井对应，实施前日油大于0.7t的油井，高含水油井应选择原油流度小于0.6，超出微生物吞吐油藏适应范围的油井应复合其他体系和工艺拓展技术适应范围。

(4)本文未对微生物吞吐技术注入参数进行统计学分析，下一步将针对注入量、注入浓度等注入参数的优化及指标预测开展研究。

参　考　文　献

[1] 汪卫东. 微生物采油技术研究进展与发展趋势. 油气地质与采收率[J], 2021, 28(2): 1-9.

[2] 白林海. 北一区东部过渡带微生物吞吐现场试验效果分析[J]. 科学技术与工程, 2012, 20(20): 5012-5016.

[3] 武海燕, 张廷山, 兰光志, 等. 克拉玛依油田微生物吞吐矿场试验及效果分析[J]. 西南石油学院学报, 2005, 27(3): 57-59.

[4] 徐恩金, 李牧, 张浩, 等. 稠油微生物多轮次吞吐技术研究[J]. 油田化学, 2006, 23(3): 263-268.

[5] 侯兆伟, 李蔚, 乐建君, 等. 大庆油田微生物采油技术研究及应用[J]. 油气地质与采收率, 2021, 28(2): 10-17.

[6] 邸胜杰, 吕振山, 张卫帼. 扶余油田微生物采油矿场试验[J]. 新疆石油地质, 2005, 26(3): 293-295.

[7] 张浩, 赵贲, 陈巨明, 等. 利用微生物吞吐技术开采稠油、特稠油[J]. 石油钻采工艺, 2003, 25(zl): 49-51+93-94.

[8] 韩世庆，程远忠，安振月，等. 微生物复合降黏技术在底水稠油油藏开发中的应用[J]. 断块油气田，2012(S1)：68-72+76.

[9] 李月. 微生物吞吐技术在A油田的应用及认识[J]. 油气藏评价与开发，2013(1)：31-35.

[10] 王元胜，张还恩. 中原油田微生物采油室内试验及现场应用[J]. 断块油气田，1998，5(3)：47-49+70.

[11] 孙燊磁. 高温产表活剂菌种提高低效油井产能技术[J]. 大庆石油地质与开发，2015，34(3)：139-142.

[12] 杜勇，段志刚. 深层稠油油藏微生物吞吐技术研究与应用[J]. 油田化学，2018，35(3)：499-502.

[13] 宋永亭，李彩风，曹嫣镔，等. 内外源微生物复合吞吐技术在常规稠油低效井中的研究与应用[J]. 石油钻采工艺，2018，40(3)：400-404.

[14] 安晓康. 微生物吞吐采油技术在大庆油田葡北地区应用[J]. 长江大学学报(自然科学版)2010，7(2)：227-230.

[15] 盖立学，王艳玲，柏璐璐，等. 微生物采油技术在大庆油田低渗透油藏的应用[J]. 大庆石油地质与开发，2011，30(2)：145-149.

[16] 伍晓林，乐建君，王蕊，等. 大庆油田微生物采油现场试验进展[J]. 微生物学通报，2013，40(8)：1478-1486.

[17] 王娟娟，张宇，付娜，等. 超低渗油藏微生物吞吐技术的矿场试验[J]. 微生物学通报，2016，43(2)：241-253.

[18] 孙刚正，胡婧，刘涛，等. 油藏物性及采出程度对内源微生物驱油效果的影响[J]. 油气地质与采收率，2021，28(2)：41-48.

陈家庄薄层稠油油藏化学吞吐提效技术研究与应用

李月胜　唐　林　田云霞　李　栋　李　斌

(中国石化胜利油田分公司河口采油厂)

摘　要　随着陈家庄薄层稠油油藏的进一步热采吞吐开发，区块由初期的高效蒸汽吞吐开发进入到了第8轮次的低油汽比开发，区块开发效益逐年变差。面临着油汽比低、含水上升快，周期短、套损井增多等问题。研发了稠油活性高分子降黏剂，形成了化学吞吐技术，解决了现场生产难题。化学吞吐技术原理是高分子降黏剂通过相似相容嵌入沥青质的层间结构，引起稠油内部的各向异性，使水分子进入稠油内部，保持水包油状态，保证稠油的流动性。化学吞吐技术在边底水薄层稠油开发方面取得一定增油效果，但部分井在提高增油效果方面仍存在较大空间。

关键词　稠油油藏；高分子降黏剂；化学吞吐；气体复合

1　概况

陈家庄油田构造位置属于陈家庄东部凸起的西北部，构造形态总体为由南东向北西倾没的单斜构造，油藏埋深1180～1309m，高孔高渗。陈家庄油田南部为特稠油蒸汽吞吐开发，地质储量3401×10^4t，主力含油层系Ngx1-2。具有"薄"、"稠"、"砂"、"低"、"水"的特点，即单层有效厚度薄，仅为2～6m，原油黏度高，出砂严重，含油饱和度低，仅为50%～55%，边底水情况复杂多样。受储层条件的限制，陈家庄多薄层边底水油藏开发方式为热采蒸汽吞吐工艺，目前区块已经进入蒸汽吞吐多轮次开发后期，面临着原油黏度大，地层压力低，含水上升快，热采周期短等问题，难以满足油田经济开发需要。

随着进一步热采吞吐开发，边底水薄层稠油区块进入蒸汽吞吐多轮次开发后期，面临着油汽比低、含水上升快，周期短、套损井增多等问题，部分井区难以满足油田经济开发需要。研发了稠油活性高分子降黏剂，弥补传统降黏剂的缺陷并解决现场生产难题。但目前该降黏技术针对不同井型、不同井况应用效果存在差异；不同原油物性应用效果也存在较大差异；注入参数和注入工艺还需优化。因此需要针对边底水薄层稠油化学吞吐技术存在的难点问题，拓展思路，提高认识，细化完善选井条件，进而扩大技术适用范围。

2　稠油活性高分子降黏剂研究

2.1　稠油高黏度机理研究

稠油的某些物理性质如流变特性不只是与其化学组成和化学结构有关，更与稠油的胶体结构密切相关。许多学者通过大量和长期的研究工作说明，只有少数含沥青质和胶质的原油是真溶液，大部分原油并不是完全的真溶液，而是一种比较稳定的胶体分散体系，其中分散相由沥青(胶束中心)和其表面或内部吸附的部分可溶质构成，分散介质则由余下的可溶质构成，分散介质亦称胶束间相。实际体系中并不存在截然变化相界面，而是沿胶束核心向外其芳香度和分子极性连续递减至最小(分散本体)，呈现出"梯度"变化的特征。由此可以认为，稠油中的分散相是具有超分子结构的胶质沥青质组份(图1)。

前人研究表明，胶质对稠油的增黏作用可能正是由于其所含较大量的杂环原子促进了族分子间络合物的形成，而与胶质分子本身的大小关系不大。对脱沥青原油分别用石油醚、四氯化碳、苯、苯-乙醇溶剂抽提。将胶质分成五种亚组份，通过其红外光谱的特征吸收峰，推断胶质主要含芳香羧酸、并含有一定数量的醚类，胺类和酚类化合物。正是这些极性较强的胺、醇、醚类化合物，一方面使胶质分子具有极性，另一方面通过分子间力使胶质分子间、胶质与沥青质分子间产生缔合作用，引起胶质沥青分子的聚集，因

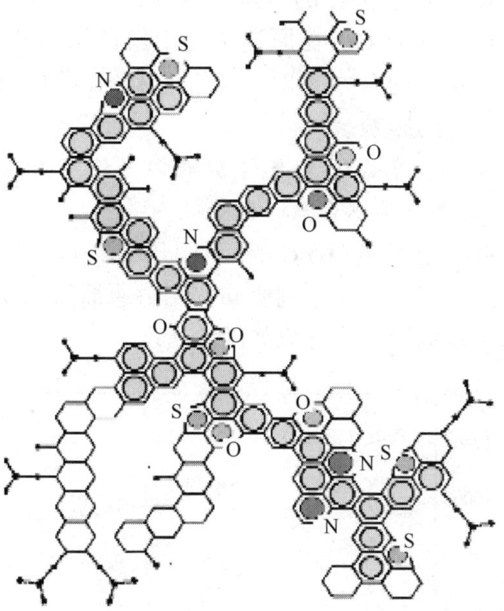

图 1　胶质、沥青质结构示意图

而造成原油体系黏度的升高。此外，国外研究者采用 CPC 逐级分离技术，也证实胶质确实为杂环和各种稠环羧酸的复杂混合物。由于大量羧酸的存在，在地层高矿化度条件下，胶质分子将呈现一定的表面活性。这种混合的表面活性物质一方面与原油中所含的水形成 W/O 乳状液，使原油的黏度增大；另一方面又使胶质以稳定的胶体分散状态存在于原油中，容易形成聚集状态稳定的分子聚集体，因而也使原油的黏度增大。

2.2　活性高分子降黏剂降黏机理

通过对稠油形成的原因进行分析，结果表明，含有两亲高活性功能基团、具有一定链长结构的活性分子，可以借助强的形成氢键能力和渗透、分散作用进入胶质和沥青质片状分子之间，部分拆散平面重叠堆砌而成的聚集体，形成片状分子无规则堆砌、有活性分子参与的结构比较松散(形成新的氢键)的聚集体，从而降低稠油黏度。这类活性分子有可能开发成为一种理想的高效的稠油降黏类驱油剂(图 2)。

经过大量实验研究，通过引入功能性单体及开发新型功能性活性分子实现了药剂在具有增黏、抗盐、耐温和良好溶解性能的同时，使其具有较高的表面活性，从而能够降低油水界面张力，具有很强的乳化分散原油的能力。其使用浓度较市场常用稠油降黏剂低，不增加后续采出液的破乳和污水处理难度。

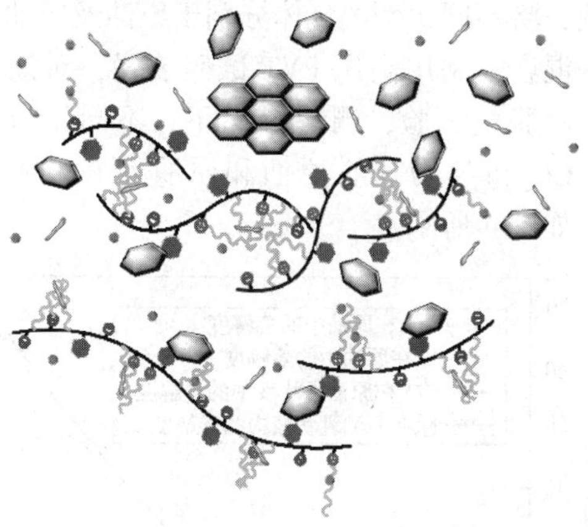

图 2　活性分子分散石油胶体作用机理示意图

2.3　稠油活性高分子降黏剂室内评价

通过室内试验，在油水界面混相过程中，活性高分子与稠油进行接触，在稠油中逐渐渗透分散，把高黏稠油剥离油水界面，形成水包油状态，达到降黏目的(图 3)。

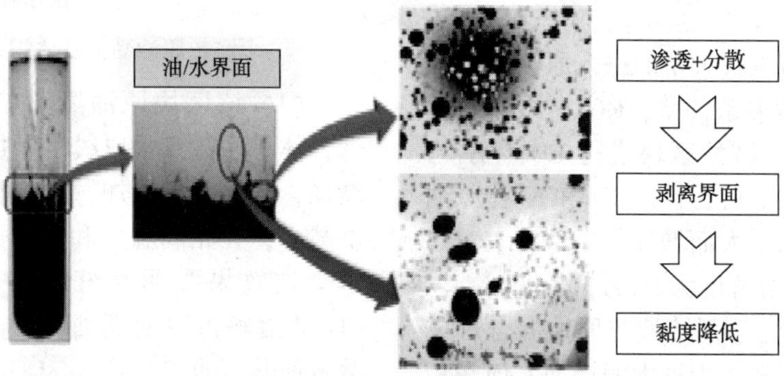

图 3　活性高分子稠油降黏过程

从微观角度观察，把表面吸附沥青质的云母片用 N_2 吹干后分别放入 80℃，1000ppm 浓度的活性高分子溶液及 SDS(普通降黏剂)溶液中，浸泡 2h。把在活性高分子溶液中浸泡过的云母片取出在显微镜下观察，发现经过活性高分子溶液浸泡过的云母片表面出现诸多“holes”，主要是由于活性高分子破坏了沥青质之间强 π-π 相互作用，通过剥离、携带、运移等过程形成的形态。

3　气体(CO_2、N_2)复合配套技术研究

为进一步完善稠油活性高分子降黏剂化学吞吐增效技术，提高应用效果，对气体(CO_2、N_2)复合配套技术进行研究。

3.1　溶解度评价

油藏温度条件下，CO_2、N_2在原油及含降黏剂溶液的原油中的溶解度进行对比分析。将原油与质量浓度为1%的稠油活性高分子降黏剂溶液按7：3的体积比进行混合，均匀配置成原油乳状液，将不同比例的气体分别于原油及原油乳液均匀混合，利用高压PVT试验装置，对油样进行单次脱气试验，测量65℃下，不同压力条件下，CO_2和N_2分别在原油和原油乳液中的溶解度。如图4所示。

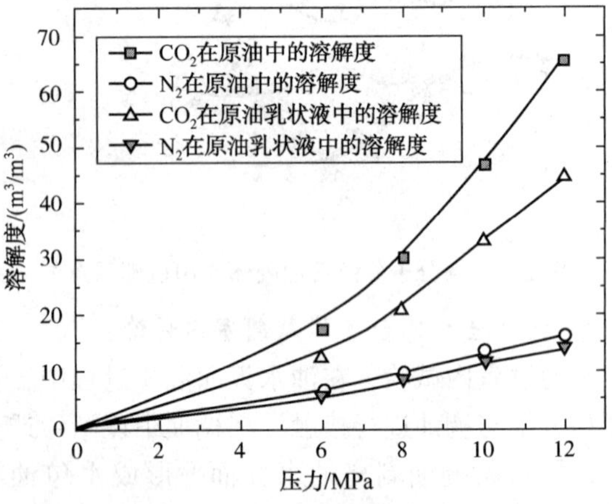

图4　溶解度曲线

由图可以看出：

(1) CO_2和N_2可以较大量的融入原油及乳液中，在相同温度和压力条件下，CO_2在原油中的溶解度明显大于N_2，稠油区块进行CO_2、N_2气体复合吞吐具有一定的可行性。CO_2和N_2在原油中的溶解度随压力的增大而增加，压力为10MPa时，CO_2在原油中的溶解度为N_2的3.5倍。

(2) CO_2、N_2在化学剂溶液与原油混合形成的乳状液中的溶解度随压力增大而增加，但在相同温度和压力下，CO_2在化学剂溶液与原油混合形成的乳状液中的溶解度明显小于N_2在化学剂溶液与原油混合形成的乳状液中的溶解度，且相同温度压力条件下，CO_2、N_2在原油乳状液中的溶解度小于在脱水脱气原油中的溶解度，由此可知，乳状液中所含的水降低了CO_2、N_2的溶解量，且含水对CO_2在原油中的溶解的影响比N_2大．地层中的含水率对CO_2吞吐和N_2吞吐的效果有一定的影响。

3.2　CO_2、N_2及高分子降黏剂协同作用对原油黏度及体积系数的影响

在一定温度(65℃)和不同压力条件下，测量气体及气体与化学剂协同作用对原油的黏度和体积系数的影响，结果如图5所示。

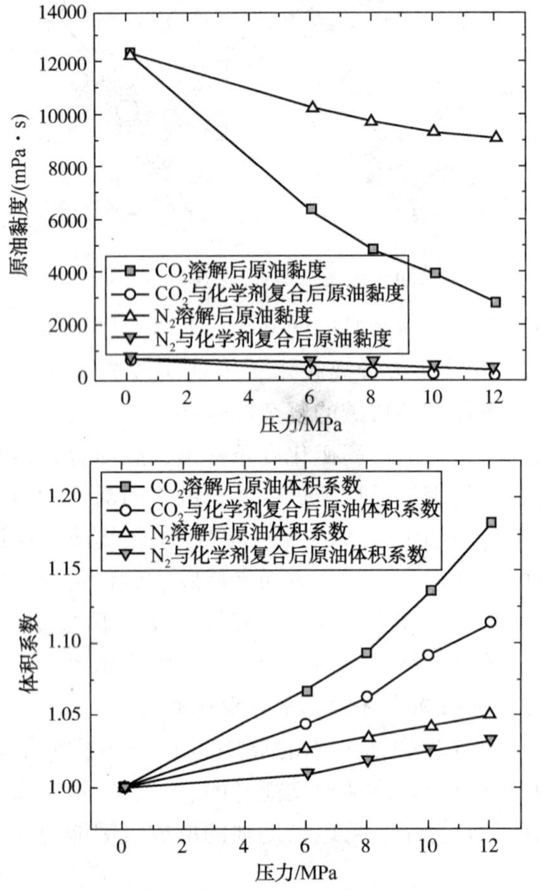

图5　原油黏度及体积系数影响曲线

(1) 该区块原油溶解CO_2、N_2后，黏度降低，体积系数几乎成线性增加。随着溶解气量的增加，体积系数增加，原油黏度降低，但降低幅度减小；在相同温度和压力下，CO_2对原油的溶解降黏效果要明显好于N_2，压力10MPa下，CO_2的溶解可以使稠油黏度降低67.63%，N_2的溶解使其降低23.91%，CO_2溶解对稠油的降黏率约为N_2的3倍，主要原因是CO_2在原油中的溶解度高于N_2在原油中的溶解度；原油溶解气体后体积膨胀，原油体积系数几乎呈线性增加，相同油藏条件下，溶解CO_2的原油体积系数高于溶解N_2的原油体积系数．气体溶解于原油中，

降低原油黏度，使原油体积膨胀，不仅可以增加地层的弹性能量，还可以使剩余油剥离岩石表面，降低残余油饱和度。

(2) 气体与高分子降黏剂在原油中共同作用后，原油黏度明显降低，CO_2或N_2与高分子降黏剂的协同作用更好地降低原油黏度，其中，N_2降黏效果低于CO_2降黏效果；即在活性高分子降黏剂实现有效降黏的基础上，气体溶解有一定的降黏辅助效果，同时随着气体溶解量的增加，原油的黏度进一步降低。

总之，CO_2或N_2与高分子降黏剂溶液在降低原油黏度方面有很好的协同作用，CO_2、N_2能够在稠油活性高分子降黏剂降黏的基础上进一步降低原油黏度，CO_2、N_2与活性高分子降黏剂协同降黏后，流体的黏度分别为活性高分子降黏剂单独降黏后黏度 18.4%和 54.4%。高分子降黏剂与CO_2的协同降黏效果优于高分子降黏剂与N_2的降黏效果。

4 化学吞吐工艺技术参数优化

4.1 稠油活性高分子降黏剂浓度优化

不同浓度下活性分子的降黏性能。实验条件：稠油 1、2，油水比：1∶1；活性分子 1#、2#，总矿化度 1.4×10^4mg/L，其中 Ca^{2+}浓度 1000mg/L。测试温度：80℃下油水混合，降至 50℃测试(表 1)。

表 1　不同浓度活性分子降黏能力

药剂浓度/(mg/L)	300	500	800	1000	1500	2000	3000
活性分子 1#混合稠油 1 降黏后	210	170	135	116	90	180	560
降黏率/%	98.6%	98.8%	99.1%	99.2%	99.4%	98.8%	96.2%
活性分子 2#混合稠油 2 降黏后		510	450	320	240	390	810
降黏率/%		99.6%	99.7%	99.7%	99.8%	99.7%	99.4%

活性分子体系随浓度增加，降黏率先增大后减小。低浓度就有很好的降黏效果。随着活性分子浓度增加，溶液中形成了空间网络结构，通过架桥或包卷效应，使乳化分散的稠油聚集，乳状液黏度变大，油水乳状液稳定性增强。

活性分子降黏剂对不同黏度稠油，都有很好的降黏效果，低至 500mg/L 的活性分子溶液对稠油降黏率超过 50%。浓度为 1000mg/L 时，降黏率超过 98%。但活性分子浓度增大到 2000mg/L 时，降黏率反而略有下降(图 6)。

从上图可以看出，稠油活性高分子降黏剂最佳浓度为 1000~1500mg/L。

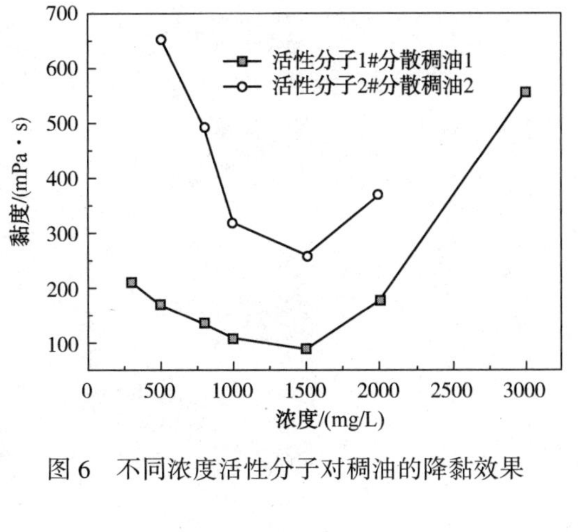

图 6　不同浓度活性分子对稠油的降黏效果

4.2 CO_2及降黏剂注入量的优化

利用正交优化试验的方法，分别选用降黏剂周期注入量为 3t、5t、6t、8t、10t、15t 六个水平，二氧化碳气体周期注入量为 60t、80t、100t、120t、150t、200t 六个个用量水平，开展正交优化，优选高分子降黏剂和二氧化碳气体的用量(图 7)。

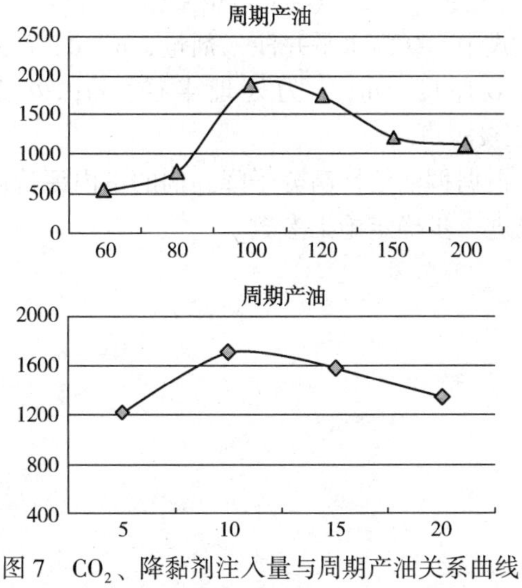

图 7　CO_2、降黏剂注入量与周期产油关系曲线

由曲线可以周期产油随着CO_2注入量的增加成上升趋势，当注入量超过 150t 以后，周期产油下降明显。由高分子降黏剂注入量与周期产油

关系曲线可以看出，随着降黏剂量的增加，周期增油量增加，当注入量超过10t以后，周期增油不明显。所以结合现场生产实际，综合考虑成本因素，可以得出，CO_2最佳注入量为100t~120t之间，降黏剂最佳注入量为5t~10t。

4.3 注入施工参数优化

活性高分子降黏剂的用量要根据单井情况的不同来调整用剂量。如在水平井注剂量设计过程中，以立方体模型设计注剂量，而直斜井，以圆柱体模型计算注剂量(图8)。

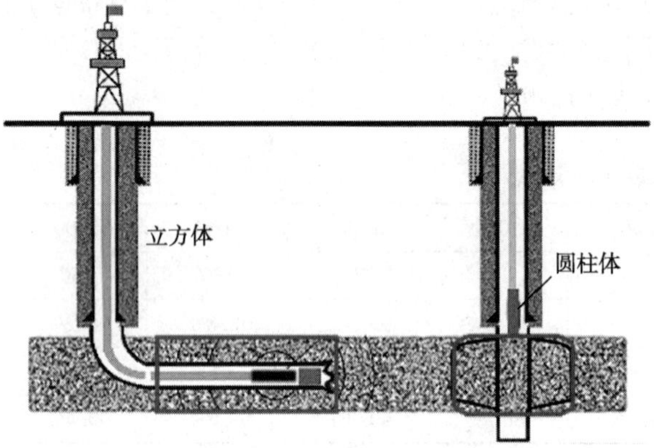

图8　水平井及定向井注剂用量模型

水平井注剂量Q(立方体模型)：

$$Q = HLW\Phi$$

式中，Q为水平井注入剂量，m^3/d；H为油藏有效厚度，m；L为水平井段长，m；W为预处理距离，m；Φ为孔隙度，%；

直斜井注液量Q(圆柱体模型)：

$$Q = \pi r^2 L\Phi$$

式中，Q为水平井注入剂量，m^3/d；L为油藏有效厚度，m；r为处理半径，m；Φ为孔隙度，%；

根据稠油活性高分子降黏剂的室内评价测试情况进一步确定施工参数。

(1) 使用本区污水现场混配，污水温度(50~60℃以上)；

(2) 水泥车自套管注入，前置段塞注入后需焖井5~8h再进行第二段塞注入；

(3) 注入排量视套压变化情况随时进行调整，排量一般为15~20m^3/h；

(4) 注入施工完成后需焖井，焖井时间根据套压情况适当进行调整，一般焖井5~7天。

5 现场实施情况及认识

截止目前，边底水薄层稠油化学吞吐增效技术应用88井次，阶段产油68760t，累增油36744t，平均单井日增油420t左右，取得了较好的开发效果。

(1) 通过对稠油形成的原因进行分析，结果表明，含有两亲高活性功能基团、具有一定链长结构的活性分子，可以借助强的形成氢键能力和渗透、分散作用进入胶质和沥青质片状分子之间，部分拆散平面重叠堆砌而成的聚集体，从而降低稠油黏度。

(2) CO_2、N_2能够在稠油活性高分子降黏剂降黏的基础上进一步降低原油黏度，协同降黏，流体的黏度分别为活性高分子降黏剂单独降黏后黏度18.4%和54.4%。高分子降黏剂与CO_2的协同降黏效果优于高分子降黏剂与N_2的降黏效果。

(3) 通过稠油活性高分子降黏剂化学吞吐提效技术参数优化，确定高分子降黏剂最佳浓度为1000mg/L ~ 1500mg/L，CO_2最佳注入量为100t~120t。

(4) 形成了边底水稠油油藏活性高分子化学吞吐提效技术系列，提高了稠油活性高分子降黏剂应用范围。

稠油油藏烟道气辅助蒸汽热采绿色开发技术

李　伟　吴光焕　邓宏伟

（中国石化胜利油田分公司勘探开发研究院）

摘　要　针对稠油热采注汽锅炉排放量大、开发效果逐渐变差的问题，烟道气辅助蒸汽热采绿色开发技术将烟道气与蒸汽一同注入油层，可以实现节能减排和稠油增效开发。通过攻关，揭示了烟道气辅助蒸汽热采“增能助排、热量缓释、接替降黏、深部封存”的开发机理；利用高温高压真实气体分压、相态、热量缓释、泡沫封堵的定量表征研究，建立了烟道气辅助蒸汽热采开发数学模型；研发了烟道气回收、净化系统、分级增压注入设备，实现锅炉烟道气安全高效注入；研发了耐高温高压烟道气专用缓蚀剂，形成了烟道气辅助蒸汽热采开发防腐工艺。2018 年来胜利油田在 15 个单元实施 523 井次，覆盖普通到特超稠油油藏储量 9354 万吨，减排二氧化碳 3.47 万吨，增油 16.04 万吨，周期产油由 464 吨上升到 897 吨，油汽比由 0.24 上升到 0.50，实现翻番。

关键词　烟道气；蒸汽；稠油；机理

党的十八大以来，我国把生态文明建设摆在治国理政的突出位置，着力推进绿色发展、循环发展、低碳发展，2021 年明确提出“双碳”目标，绿色低碳开发是油田可持续发展的必然选择。稠油油藏是我国重要的能源类型，我国稠油储量 80 亿吨，占石油总储量 27.2%，2020 年产量 1597 万吨，稠油产量对我国能源安全具有重要意义。而稠油热采排放量大，胜利热力采油产量占油田的 19.4%，碳排放占 55%，年均排放烟道气 75.8 亿标方，二氧化碳 239 万吨；同时随着蒸汽吞吐轮次的增加，周期产油量和油汽比逐渐降低，热采稠油开发效果和效益变差。烟道气辅助蒸汽热采绿色开发技术将烟道气与蒸汽一同注入油层，能够减少温室气体排放，符合当今绿色开发的趋势，同时高温烟道气的主要成分是氮气和二氧化碳，可以有效增加地层能量，扩大热波及，高压下 CO_2 溶解于原油，有明显的降黏效果，从而提高蒸汽驱开发效果。因此，烟道气辅助蒸汽热采开发技术具有节能减排和提高采收率的双重意义。

1　开发机理

1.1　增能助排

烟道气压缩性强，10MPa 条件下，其压缩系数是水的 360 倍，注入过程烟道气压缩储能，回采过程烟道气膨胀驱油；二氧化碳与稠油的高压物性实验表明，二氧化碳在稠油中具有良好的溶解膨胀能力，原油黏度 1760mPa·s 的原油在压力 20MPa 条件下饱和二氧化碳后体积增加 14.6%，同时在回采过程中由于压力降低，二氧化碳缓慢析出形成泡沫油，逐渐补充地层能量；烟道气辅助蒸汽热采中，烟道气增加弹性能量、延缓压力下降，提高油井产液能力，数值模拟表明周期中后期可提高地层压力 1MPa 以上，提高产能和周期生产时间（图 1）。

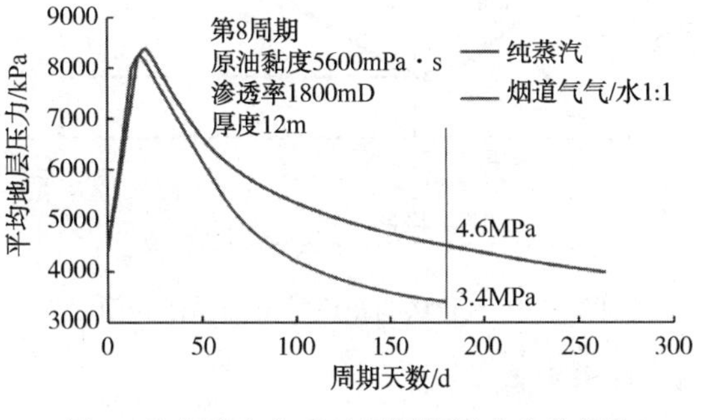

图 1　注烟道气气后地层周期压力变化规律

1.2　热量缓释

利用烟道气影响蒸汽冷凝实验发现，近井混合蒸汽带，由于烟道气不凝结，在岩石表面的液膜外聚集形成不凝气层，减低蒸汽与岩石间的传热系数，增加蒸汽向岩石的传热阻力，减缓蒸汽热量释放，使更多热量进入地层深部；在热水带，蒸汽冷凝烟道气上浮，由于气体导热系数比液体低一个数量级，饱和气体储层的导热系数比饱和液体储层明显降低，顶部饱和气体储层导热系数减低，减少热量向顶层损失；烟道气通过“烟气-蒸汽带减缓热量释放、热水带隔热保温”作用，把热量携往地层深部，有效扩大热波及，实验岩心中深部温度提高10~17℃(图2)。

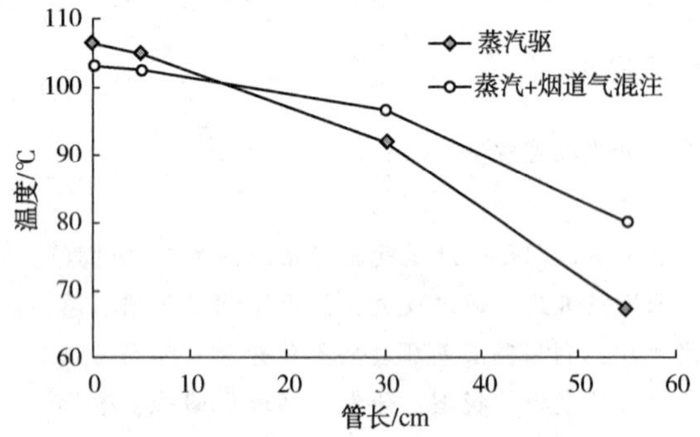

图2　驱替结束时沿程温度曲线

1.3　接替降黏

蒸汽加热与二氧化碳溶解均具有降低原油黏度的作用，近井地带温度高，蒸汽加热降黏作用明显。注入过程二氧化碳处于超临界状态，具有超强的扩散性，扩展距离是热水的1倍，二氧化碳溶解降黏主要作用于远井低温区，弥补蒸汽不足，实现接替降黏，降黏半径比单一蒸汽吞吐扩大1倍(图3)。

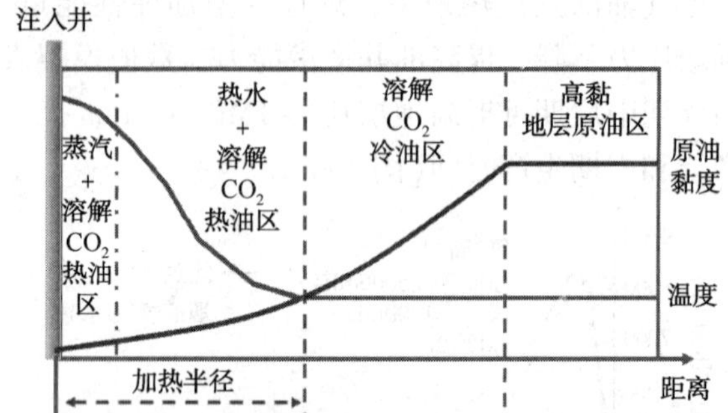

图3　二氧化碳与蒸汽接替降黏模式图

1.4　深部封存

利用烟道气辅助蒸汽热采驱替实验，研究了不同驱替阶段二氧化碳产出量变化，由于二氧化碳的溶解作用，产出气体中二氧化碳的比例低于注入气体，证明二氧化碳通过溶解作用滞留于地层中。数值模拟研究表明，近井地带由于压力下降二氧化碳被采出，注入二氧化碳主要在油层深部实现封存，烟道气辅助蒸汽吞吐中二氧化碳封存率随地层压力增加而增加(图4)。

2　烟道气辅助蒸汽热采开发数学模型

在机理研究基础上，通过高温高压下，真实

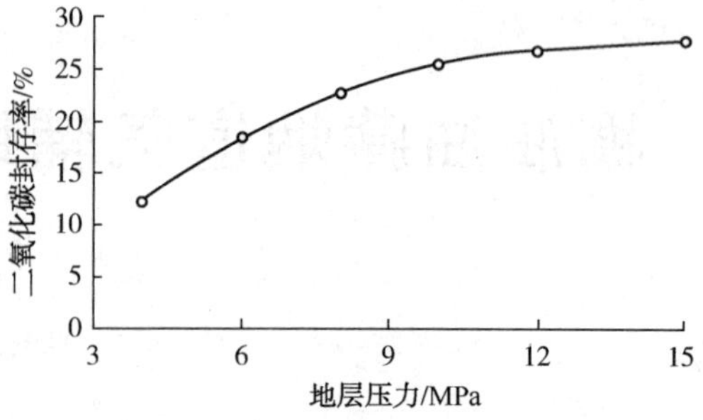

图4　不同地层压力下
烟道气辅助蒸汽吞吐中二氧化碳封存率

气体分压相态、热量缓释、泡沫封堵等机理的定量表征，对连续性方程、能量方程、气相渗透率方程进行修正，建立烟道气辅助蒸汽热采表征模型。

2.1　连续性方程

根据质量守恒定律，在单位时间单位体积内，单元体质量变化=流入流出的质量差+注入的流体质量+相变引起的质量变化，对微元体建立质量守恒方程如下：

$$\phi\frac{\partial(\rho_i S_i)}{\partial t}=-div(\rho_i\vec{u}_i)+q_i+\dot{m}_i \qquad (1)$$

式中，下标$i=w$、o、g分别表示液态水相、油相和气相；ϕ为岩石孔隙度；ρ为各相密度；S为各相流体饱和度；u为各相流体流动速度；q为源项；m为相变质量，对于油相而言，$m=0$，对于水相和气相，$m_w=-m_g$。

相变质量代表气相的蒸汽与水相之间由于相变引起的质量转换，相变质量的求取过程分为两步，首先是计算系统中混合体系中的气相质量，然后再计算其中蒸汽的相变质量。混合体系中的气相质量要将烟道气+蒸汽混合气体当做真实气体，其状态方程的计算可采用马丁-侯方程(简称为M-H方程)。根据实验测得的烟道气分压比例与蒸汽饱和温度关系(图5)，求取临界特征常数，进而计算系统中的蒸汽分压。

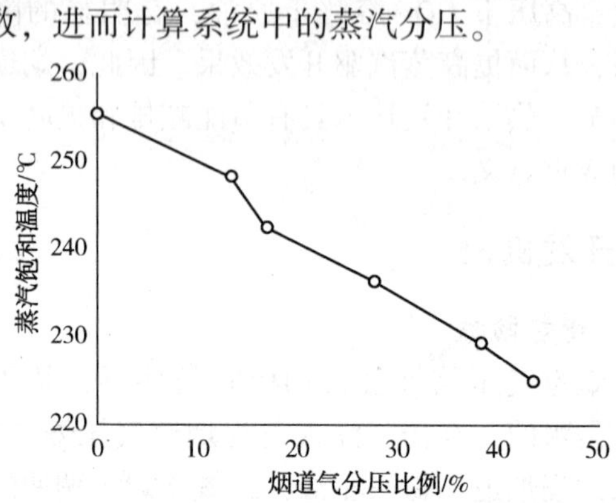

图5　蒸汽饱和温度随烟道气分压比例的变化

$$P_S = P - 0.008205 \cdot Z \cdot (1-\lambda) \cdot \frac{m_N}{M_N} \cdot \frac{T}{V} \quad (2)$$

λ 表示气相中水蒸气的摩尔分数，则气相摩尔质量的计算公式为：

$$\dot{m} = \frac{\partial}{\partial t}\left[\frac{PM_g \cdot (\lambda\phi S_g - b)}{\sigma TR}\right] \quad (3)$$

确定了蒸汽分压以及气相摩尔质量后，就可以计算单位体积气相相变质量：

$$M_g = M_N(1-\lambda) + M_s\lambda \quad (4)$$

2.2 能量方程

根据能量守恒定律，单元体能量变化=流体质量变化引起的热量差+注入流体携带的热量+流体热量变化+岩石骨架热量变化，用方程的形式表示为：

$$\frac{\partial(\phi\sum S_i\rho_i c_i T + (1-\phi)\rho_r c_r T)}{\partial t} = -\nabla(\sum \rho_i \vec{u_i} h_i) + \sum q_i h_i + \nabla(\phi\sum S_i K_i \Delta T) + \nabla[(1-\phi)K_r \Delta T] \quad (5)$$

式中，c 为比热容，J/(kg·K)；K_i 为流体的传热系数，W/(m^2·℃)，h 为热焓，J/kg。其中“流体热量变化”项里面的“气相传热系数”K_g需根据烟道气含量对其进行修正，以反映烟道气对蒸汽强化传热的影响。

根据烟道气影响蒸汽传热规律实验得到的不同烟道气含量下的传热系数变化实验结果(图6)，拟合可得到混合气体传热系数随蒸汽摩尔分数变化的关系式：

$$K_g = -2.72\ln(1-\lambda) + 6.05 \quad (6)$$

式中，K_g为混合气体传热系数；λ 为气相中蒸汽摩尔分数。

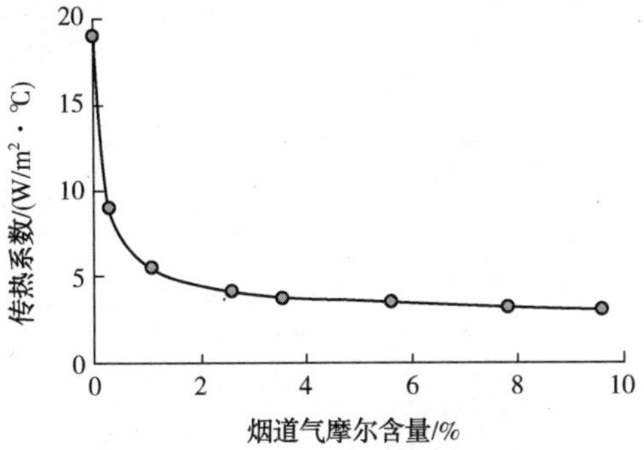

图6　不同烟道气含量下的传热系数

3　烟道气回收-净化-注入专用设备

3.1 锅炉烟道气回收装备

锅炉烟道气回收装备流通通道过长易造成烟气阻力增加，导致炉膛燃烧压力升高，为此，在锅炉烟道气捕集接口处设计可调挡板，实现烟道气捕集量与炉膛压力平衡，保证炉膛正常燃烧。同时，为实现烟道气余热最大化利用，研发真空相变换热装置，烟气热量通过真空相变换热器与水箱内的软化水进行充分热量交换。

3.2 锅炉烟道气净化系统

锅炉烟道气含有水蒸气、少量粉尘、残 O_2、SO_2等，影响设备运行效率，对设备、管柱等会造成严重的腐蚀，烟气净化需要除水、除氧、除尘。烟气通过尾部冷凝段，温度降低到露点以下，水蒸气析出，实现初级干燥，设计百叶窗除雾器，实现对超细颗粒液滴分离，烟气含湿量降到2%，实现二次干燥。二次干燥后的烟气，进入湿式电除尘器，湿式电除尘进口设置光度计，检测烟气颗粒物浓度(10mg/m^3)并自动投运电除尘器，烟道气颗粒物含量可降到3mg/m^3 以下。

3.3 烟道气增压注入系统

对于烟气增压回注系统来说，为避免温度过高和级间冷却期间的气体凝析，设计分级增压-级间冷却的注入方式，根据压缩曲线与气相图曲线，设计烟气压缩曲线是锯齿状的，即烟气压缩时温度升高，而在级间冷却时，压缩曲线几乎为水平线，实际压缩曲线会因为气体冷凝压力略微降低，出现与相线相交，但此时已经为压缩终点，直接进入回注管路，不会影响压缩机工况。

4　烟道气辅助蒸汽热采防腐工艺

室内实验表明，烟道气在高温高压下条件下对油井管材腐蚀速度大于 1.0mm/a，需要进行防腐。目前常用的防腐工艺主要包括缓释剂化学防腐、涂层、耐腐蚀合金材料三项技术，其中涂层工艺易遭到破坏，耐腐蚀合金材料技术价格高，且对现有老井管柱不适应，因此优选缓释剂化学防腐工艺。

缓释剂化学防腐工艺主要难点是研发耐高温高压缓蚀剂，利用分子动力学模拟等手段，研究了高压条件下缓释剂分子结构与耐高温耐二氧化碳的构效关系，设计合成了耐高温高压缓蚀剂GHX-1，缓蚀剂在基材表面反应成膜防腐，温度与压力越高，成膜的效果越好，缓蚀率越高，室内 350℃下 0.3%缓蚀剂浓度实验，烟道气与蒸汽环境中 N80 钢的腐蚀速率 0.054mm/a，缓蚀效率≥90%。

5 实施效果

2018年以来，在草4沙4等单元应用复合热流体吞吐523井次，覆盖储量9354万吨，从普通稠油到特超稠油油藏、从弱边水到强边水油藏均有应用，技术适用性强、适用范围广。矿场应用节能、减排、增效显著，累注烟道气9766万标方，减排二氧化碳3.47万吨。其中封存二氧化碳7136吨；回收热量节约533吨标准煤，减少二氧化碳排放1888吨；累计减少注汽量9.1万吨，减少二氧化碳排放25715吨。累计增油16.04万吨，平均周期产油由464吨上升到897吨，油汽比由0.24上升到0.50，实现周期产油量与油汽比翻番。

C4-12-X314井第9轮蒸汽吞吐，注汽2100t，周期产油578t，油气比0.28，周期含水76.4%，2018年4月转第一轮烟道气辅助蒸汽吞吐，注汽1800t，注烟道气13万方，周期产油1293t，周期油汽比0.72，周期含水65.3%。2019年3月转第二轮烟道气辅助蒸汽吞吐，注汽1724t，注烟道气10万方，周期产油1411t，周期油汽比0.82，周期含水69.8%。2020年4月转第三轮烟道气辅助蒸汽吞吐，注汽1800t，注烟道气12.8万方，周期产油789t，周期油汽比0.44，周期含水73.4%。

参 考 文 献

[1] 张弦，刘永建，车洪昌. 蒸汽+烟道气+化学剂复合驱提高稠油采收率研究[J]. 科学技术与工程，2010，10(10)：2445-2448.

[2] 付美龙，熊帆，张凤山. 二氧化碳和氮气及烟道气吞吐采油物理模拟实验——以辽河油田曙一区杜84块为例[J]. 油气地质与采收率，2010，17(1)：68-71.

[3] 刘慧卿，侯志杰，高本成. 高3断块烟道气蒸汽混注驱替实验研究[J]. 石油勘探与开发，2001，28(5)：79-82.

[4] 马春红，段永旭. 洼38块蒸汽复合烟道气驱试验研究[J]. 特种油气藏，2001，8(4)：74-77.

[5] 朱汇，常毓文，沈德煌. 稠油油藏注蒸汽和烟道气数值模拟研究[J]. 特种油气藏，2003，10(2)：59-63.

[6] 沈德煌，张运军，韩静. 非常规稠油油藏多元热流体开发技术实验研究[J]. 特种油气藏，2014，21(4)：134-137.

[7] 霍刚，范潇. 混注烟道气辅助蒸汽吞吐驱替机理数值模拟研究[J]. 油气地质与采收率，2012，19(4)：59-63.

[8] 王壮壮，李兆敏，鹿腾. 烟道气对蒸汽腔影响可视化研究及机理分析[J]. 特种油气藏，2019，26(2)：136-140.

[9] 李兆敏，王勇，李宾飞. 烟道气在超稠油中的溶解特性[J]. 特种油气藏，2010，17(5)：84-88.

[10] 王一平. 氮气辅助蒸汽驱强化传热机理及成因探讨[J]. 特种油气藏，2018，25(2)：134-138.

[11] 屈晓航，田茂诚，张冠敏. 含不凝气体蒸汽泡直接接触冷凝[J]. 化工学报，2014，65(12)：4749-4753.

新型调驱一体化高温烟道气驱用泡沫剂的室内评价

邓宏伟 吴光焕 李 伟

（中国石化胜利油田分公司）

摘 要 利用注汽锅炉废弃的烟道气等高温热流体驱油，既可以降低碳排放又可以提高石油采收率，是一项具有重大潜力的技术。但是烟道气较高的出口温度和复杂的体系组成严重影响了泡沫剂的性能，针对适合烟道气驱油用的泡沫剂研究十分有限。为此研发了一种调驱一体化的高温烟道气用三元共聚物泡沫剂（PNCAS），利用高温高压泡沫仪研究了泡沫剂性能，考察了泡沫剂浓度、温度、压力和气体组分对泡沫性能的影响。利用填砂管驱替实验装置评价封堵性能，测试了泡沫剂溶液的阻力因子，并进行了双管并联驱替和微观可视化实验。实验结果证明：PNCAS 泡沫剂在300℃高温老化后具有较高的阻力因子和较低的油水界面张力，能够大幅度降低烟道气和蒸汽的流速，减少气窜，增加蒸汽波及面积，进而提高稠油采收率。研究成果对稠油烟道气辅助热采开发有重大的指导意义。

关键词 烟道气；泡沫；二氧化碳；表面活性剂；稠油

中国稠油油藏目前依赖热采开发，单纯蒸汽吞吐开采稠油油藏采收率仅有20%左右，尤其大部分老油田经过长时间的蒸汽开采进入高含水期或特高含水期，汽窜严重，影响正常生产。泡沫在地层中视黏度较高，可以封堵高渗层和大孔道，有很好的封堵调剖功能。烟道气作为注汽锅炉废气价格低廉，烟道气泡沫驱既具有蒸汽驱、氮气驱、二氧化碳驱和泡沫驱等多重优点，又可以显著提高热效率。例如胜利油田注汽锅炉的平均热效率为85%，其中，排烟温度为240℃，热损失为9.8%，如将产生的水蒸气与烟道气一同注入油层，无烟道气排放，热效率提高至95%~99%，还可减少二氧化碳排放，是一项很有潜力和值得推广的技术。但目前大部分商业化的泡沫剂在烟道气的高温条件下起泡性、稳泡性较差，且烟道气组成复杂，包括可溶性和不溶性气体，尤其其中的二氧化碳液膜渗透率系数较大，进一步降低了泡沫剂体系的起泡性能和泡沫稳定性，达不到理想泡沫液膜的封堵调剖效果，制约了技术的发展。对于提高泡沫剂的耐温性和稳定性学者们进行了大量的实验探索，但关于耐高温老化的泡沫剂结构分析、烟道气等复杂气体体系用泡沫剂的研究十分有限。针对上述问题，文中提出制备新型三元共聚物泡沫剂 PNCAS，通过性能评价，可以作为一种优良的调驱一体化泡沫剂。

1 实验材料及方法

1.1 实验材料

实验用水为胜利油田孤岛三区油藏地层水（矿化度为5750mg/L）；实验用油为孤岛油田中二北区块2-29×535井；CO_2、N_2纯度为99.9%，林德气体有限公司；泡沫剂 PNCAS 制备工艺参考 Yang 等相关论文，实验用泡沫剂为300℃下老化72h 的泡沫剂 PNCAS；石英砂，粒径为150μm；SiO_2纳米颗粒，直径为20nm，有效含量为99.5%，南京宏德纳米材料有限公司。

筛选合成的烟道气驱用泡沫剂，要求在起泡能力强、稳定性好的基础上兼具耐高温和耐复杂气体组分能力。磺酸盐类阴离子表面活性剂，起泡能力强；分子量较大，在长直链的基础上含有众多支链，链与链之间能够形成交联网状结构，含有多芳环或双键类磺酸盐或羧酸盐，具有较好的耐温性；烟道气中的主要成分包括 N_2，CO_2，O_2等，其中高水溶性气体（如 CO_2）在泡沫液中的溶解与扩散会造成液膜破裂而消泡，所以 CO_2是筛选泡沫剂时考虑的重点。CO_2的液膜渗透系数较大，CO_2泡沫衰减的主要机理是气体扩散，提高泡沫剂的分子量和调整链的极性可以提高液膜的致密性和降低二氧化碳的溶解度，进而提高泡沫稳定性。综上所述，考虑到现有的泡沫剂分子结构不够合理，N-甲基丁烯酮羧酸盐(耐温)、乙烯基苯磺酸盐(耐二氧化碳)和乙烯基吡络烷酮的三元共聚物PNCAS兼具上述结构(图1)。

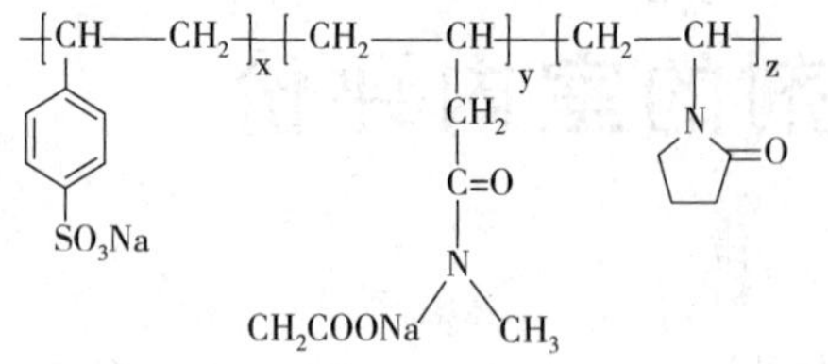

图1　PNCAS分子式

1.2　实验装置及实验方法

1.2.1　泡沫性能评价实验

由于烟道气中含有CO_2，在高温高压下由气相变为超临界流体，泡沫性能发生变化，烟道气驱用泡沫的评价必须在高压条件下进行。使用可视化高温高压泡沫仪(海安石油，内径为60mm，高度为427mm，有效容积为1200mL的高压容器)对泡沫性能进行评价(图2)。具体实验步骤如下：

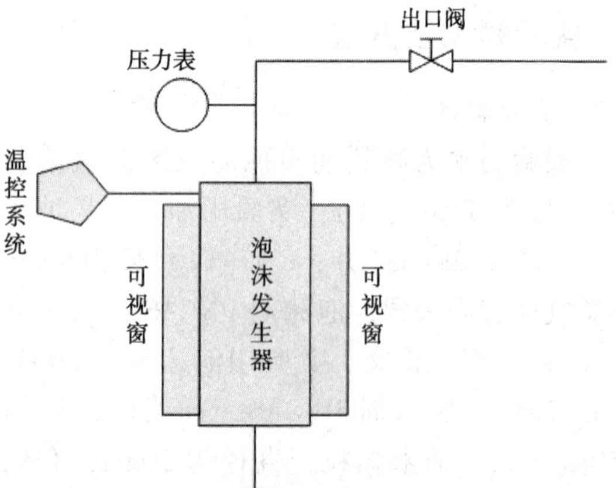

图2　可视化高温高压泡沫仪示意图

(1) 向泡沫发生器中注入质量分数为0.4%的泡沫剂溶液10mL。

(2) 将CO_2钢瓶和N_2钢瓶按比例1∶4收集600mL的混合气体到活塞容器。打开泡沫发生器的出口阀，缓慢打开进气阀。当气体从出气阀溢出时，迅速关闭出口阀。

(3) 设定磁力搅拌器转速为800r/min，搅拌30min。记录不同压力、不同温度以及不同CO_2浓度下泡沫的起泡高度和半衰期。

1.2.2　封堵与驱油性能测试实验

封堵性能和驱油性能测试装置如图3所示，包括模型系统、动力系统、温度控制系统、压力控制系统、回压控制系统、数据采集系统6个模块。实验条件：系统回压为3MPa，气液比为1∶2，泡沫剂质量分数为0.4%。测试条件如表1。渗透率级差为1∶4的双管并联驱替实验应用同样装置，实验条件如表2。微观可视化驱油实验将高低渗模型替换为实验区块的玻璃刻蚀仿真模型。实验方法如下：

(1) 预处理：选取合适的石英砂放入烧杯，倒入铬酸洗液浸泡12h以消除固体岩石表面污垢和杂质对实验的影响；泡完取出，用去离子水冲洗干净，烘干备用。

(2) 利用备好的石英砂制作所需的填砂模型。

(3) 填砂模型称重，饱和地层水，计算孔隙体积和孔隙度，玻璃刻蚀仿真模型饱和地层水。

(4) 设定恒温箱温度为实验温度。油驱水将双管模型和玻璃刻蚀模型驱替至束缚水状态。

(5) 利用双管模型和玻璃刻蚀模型开展不同注入介质驱油实验，记录产油量、产液量等实验数据。

(6) 1号填砂模型饱和水测定其压差后，在不同温度下泡沫驱测得模型两端压差。2号填砂模型饱和水并测定其压差后，进行75℃油驱水致束缚水状态。进行不同温度泡沫驱测得模型两端压差。

表1　阻力因子测试条件

实验状态	模型	长度/cm	直径/cm	孔隙度/%	渗透率/μm^2
饱和水	1号	30	2.5	33	1610
残余油	2号	30	2.5	34	1652

表2　渗透率级差为1∶4的双管并联驱替实验条件

模型管	长度/cm	直径/cm	孔隙度/%	渗透率/μm^2	体积/cm^3
低渗管	30	2.5	35.3	1607	147
高渗管	30	2.5	40.3	6500	147

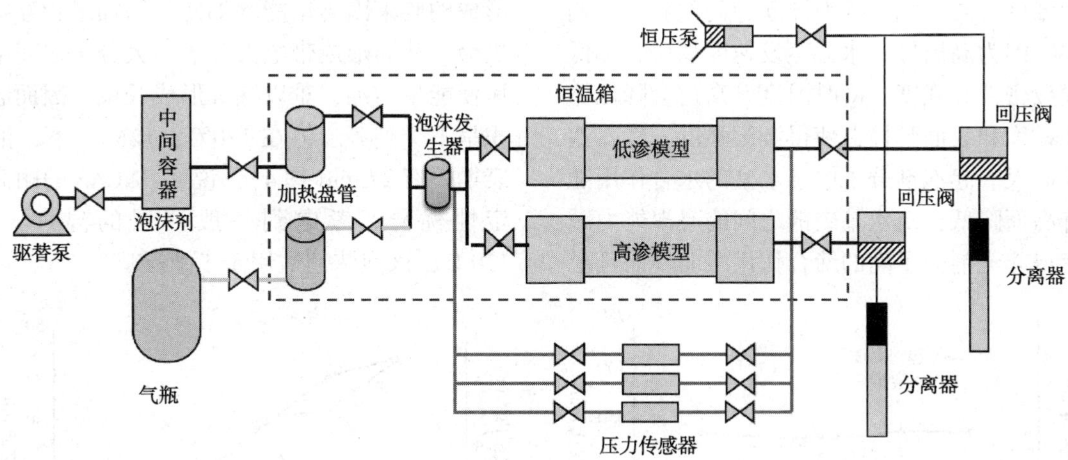

图3　封堵性能和驱油性能装置流程图

2　实验结果与讨论

2.1　PNCAS的泡沫性能评价

2.1.1　PNCAS的静态性能评价

采用TX 500C型全量程旋转滴界面张力仪测试界面张力，测试体系为新型泡沫剂与模拟地层水配成质量浓度为1%的溶液，另称取原油10g加入10%的二甲苯降低原油黏度以方便注射样品。在60℃时，测试界面张力为0.1mN/m，80℃时，测试表面张力为0.07mN/m，表明泡沫剂为低油水界面张力，表面活性好。

泡沫剂在地层中会有较少的吸附损耗，为保证泡沫剂的稳定性和减缓地层对泡沫剂体系的色谱分离功能，测试泡沫剂静态吸附量，质量分数0.4%的泡沫剂水溶液在液固比1∶1时，饱和吸附量为3.18mg/g，液固比达到20∶1时，泡沫剂的饱和吸附量为0.077mg/g，说明其在地层中吸附损耗较小。

2.1.2　高温老化对泡沫性能的影响

烟道气的出口温度一般为140~260℃，这要求与之配伍的泡沫剂要在长时间高温老化后仍能保持气泡性能和稳定性。选取300℃作为老化温度，首先测定300℃纯CO_2老化72h后的常温泡沫起泡体积为434mL，半衰期为150s，仍保持了处理前的水平，说明泡沫剂结构能够耐受高温和CO_2的复合环境。考虑到现场注入过程中可能会存在残氧，高温氧化可能会破坏聚合物网络，减弱泡沫剂性能，所以测定了300℃纯O_2老化72h后的泡沫性能，泡沫剂体系依旧能保持处理前水平，说明该泡沫剂不但耐CO_2和O_2，而且具有很好的耐温性。

2.1.3　浓度对泡沫性能的影响

随着PNCAS浓度的增加，泡沫的半衰期和起泡体积都呈现出先增加后降低最后稳定的趋势。这是由于高分子表面活性剂PNCAS的加入，提高了溶液的黏度，降低了界面张力，两方面因素协同作用提高了起泡剂的起泡性能和稳定性。当表面活性剂浓度明显高于临界胶束浓度时，界面张力不再发生显著改变，高黏度使得气体分散于形成的气液界面需要消耗更多的功，起泡体积减小，同时泡沫携液量增加，在重力作用下，加速了液膜的排液速度，气泡内的压力增加，加快了泡沫内气体的扩散速度，使得起泡体积和半衰期同时下降，之后趋于平稳。实验得到最佳泡沫剂质量分数为0.4%，后续试验均采用该浓度进行讨论。

2.1.4　不同条件对泡沫性能的影响

烟道气中的CO_2组分在加压过程中会有相态变化，50℃、8MPa以上时会转变为超临界状态，CO_2密度增大，此时形成的“泡沫”类似于乳液，与气态泡沫理化性质有很大差别，所以高压条件下CO_2泡沫性能测试是十分必要的。图4为质量分数0.4%的PNCAS矿化水溶液在不同压力下，模拟烟道气泡沫性能测试实验，可以看出，压力对泡沫稳定性有明显的作用，随着压力升高，起泡高度变化不大，而半衰期显著提高。这与离子型表面活性剂变化规律相似，分子结构中的烷基苯磺酸盐具有较强的亲水性，表面活性剂的亲水/亲CO_2平衡不会因CO_2压力(密度)的增大而被破坏。同时，随压力升高，泡沫半径变小，表面积变大，液膜变薄，排液速度降低，延缓了液膜破裂，提高了泡沫性能。

随温度升高，烟道气泡沫起泡高度和半衰期都减小。因为高温导致水分蒸发速度加快，降低了液膜致密性和强度，同时温度升高还会降低体系表面黏度和表面弹性，使得液膜强度下降，泡沫容易破灭。起泡剂分子中亲水基的水合作用随温度升高而降低，疏水基碳链之间的凝聚能力减弱，使得起泡剂分子间的缔合作用减弱，而且已形成的胶束因为动能增加使其增加了相互接触的机会，从而形成带电大分子，大分子之间电荷相斥使能量增加，难以继续形成胶束，因而起泡体积呈下降趋势。但在120℃，12MPa下，泡沫半衰期仍有27min(图4)，说明PNCAS的耐高温稳定性优异。考虑到一般油层的温度不超过120℃，该泡沫剂适用于工业推广。

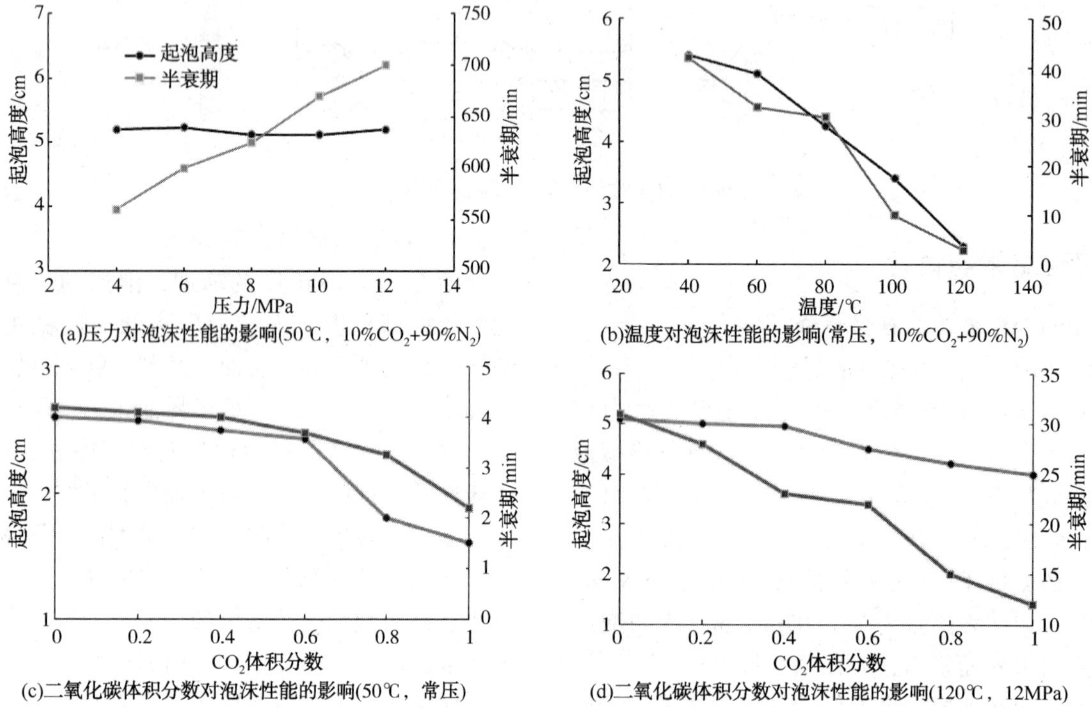

(a)压力对泡沫性能的影响(50℃，$10\%CO_2+90\%N_2$)

(b)温度对泡沫性能的影响(常压，$10\%CO_2+90\%N_2$)

(c)二氧化碳体积分数对泡沫性能的影响(50℃，常压)

(d)二氧化碳体积分数对泡沫性能的影响(120℃，12MPa)

图4　不同条件下的泡沫性能

随着CO_2浓度增大，较纯N_2条件下泡沫体系的起泡高度和半衰期明显降低，认为是CO_2液膜渗透系数大于N_2，易扩散破坏液膜稳定性引起的。但起泡高度和半衰期减小趋势明显弱于温度变化引起的减小趋势，说明CO_2的影响要小于温度影响。CO_2浓度小于40%时，起泡高度和半衰期变化不大，说明PNCAS可以耐受CO_2浓度高达40%的环境。

2.2　PNCAS的封堵性能评价

泡沫在多孔介质中的封堵能力是泡沫体系能否应用于泡沫驱油的关键因素，可以用阻力因子来衡量。文中分别测量了饱和水状态和残余油状态的阻力因子，随温度的升高，高温泡沫剂的阻力因子先增后减，在220℃达最大值1293和1186，当温度继续升高时，阻力因子迅速下降，温度为300℃时，阻力因子分别降为508和418，仍保持较大数值。说明高温泡沫剂能够大幅度降低蒸汽的流速，减少气窜，增加蒸汽波及体积，且在中性模型下的阻力因子大于油性条件下的阻力因子，即在中性条件下使用效果更好。

2.3　PNCAS的驱油性能评价

PNCAS泡沫剂具有较低的界面张力，本身具有一定的表面活性剂驱油功能。实验前先饱和原油直到岩心出口端无油产出，模拟实际油田未开发状况；75℃水驱后(矿化度为5750mg/L)，直到岩心出口端含水95%(油田水驱极限)，计算水驱采收率。再进行75℃泡沫驱，泡沫驱达到极限后再转水驱。实验结果可知，75℃热水驱含水率达到95%，驱油效率仅为27.38%。随后转泡沫驱，含水率迅速下降至65%，之后含水率逐渐上升；泡沫驱2.5倍孔隙体积时含水率达到97%，驱油效率提高至59.43%，和水驱相比驱油效率提高32.05%。这是由于泡沫剂具有良好的泡沫性能，泡沫剂能降低油水界面张力起到一定的表面活性剂驱作用。转后续水驱，含水率上升至99%，后续水驱驱油效率上升至

62.39%，仅提高3个百分点。

为了进一步评价封堵性能和驱油性能，进行了渗透率级差为1∶4的双管并联驱替实验。如图5所示，高渗管水驱后含水率达到91.6%，转泡沫驱后含水率略有下降。后续水驱前期，由于泡沫仍有残留，含水率上升缓慢，始终在92%左右。驱替到2倍孔隙体积后，泡沫剂被驱替到残余状态，含水率上升较快。低渗管前期水驱流体未流动。转泡沫驱后，经过短暂的无水期，含水率迅速上升至50%。后续水驱过程中含水率逐渐上升，但始终低于高渗管。泡沫驱油调剖效果显著，低渗管驱油效率提高了42%，高渗管提高了13.6%，后续水驱也提高了8%左右，低渗管提高幅度明显高于高渗管。这是由于泡沫剂的阻力因子较大，对高渗管有良好的封堵性能，泡沫提高波及系数，堵大不堵小，堵水不堵油，有良好的调剖功能，从而提高波及系数。由此可见，该实验条件下泡沫驱效果良好，该泡沫体系有效启动了低渗层，具有很好的调驱一体化功能。

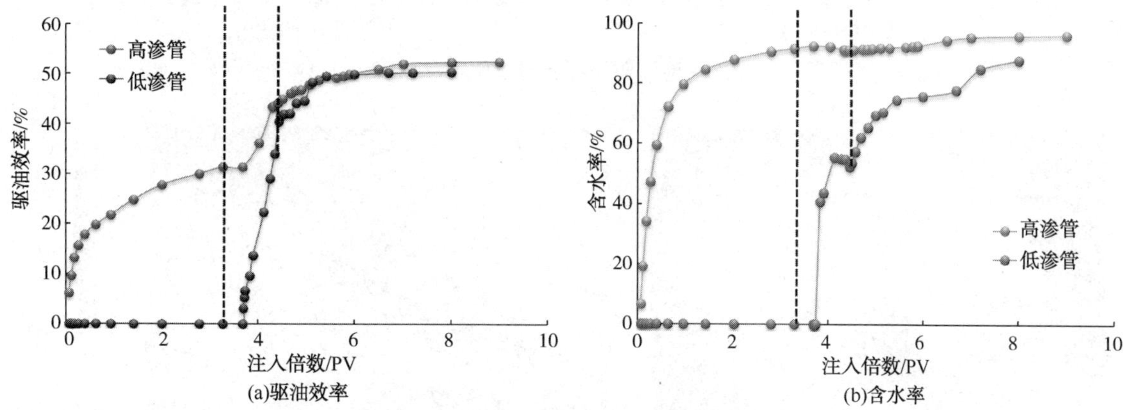

图5 双管并联驱替采收率实验结果

为了更好的评价PNCAS泡沫剂性能，进行了微观可视化驱油实验，并对实验结果进行了数值模拟反演(图6)。蒸汽驱过程中，形成了大量的高渗通道，转PNCAS泡沫驱替后，在高渗区域形成了大量的泡沫(图6中白色气泡)，进行封堵，迫使液流转向(图中白色箭头)，加之贾敏效应的作用(图6中白圈)，进一步扩大波及，实现了烟道气调剖和封堵。对实验结果进行了数值模拟反演(图7)。蒸汽驱过程中，受地层非均质影响，驱替具有明显的方向性，依据地层系数对其生产参数进行了干预，但仍无法有效抑制蒸汽和烟气的窜流，但转PNCAS泡沫驱替后，温度场发育较均匀，蒸汽波及效率得到有效提高，模型计算结果显示，其驱替压差有所提高，达到0.4MPa以上，采出程度也显著提高，蒸汽泡沫驱阶段提高采出程度36.3%。

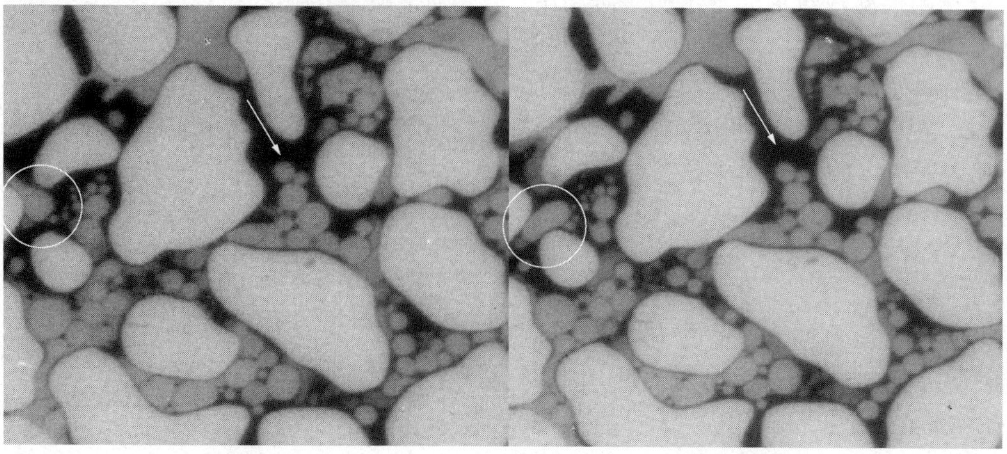

(a)时间为6min12s (b)时间为6min18s

图6 泡沫驱调剖和封堵作用

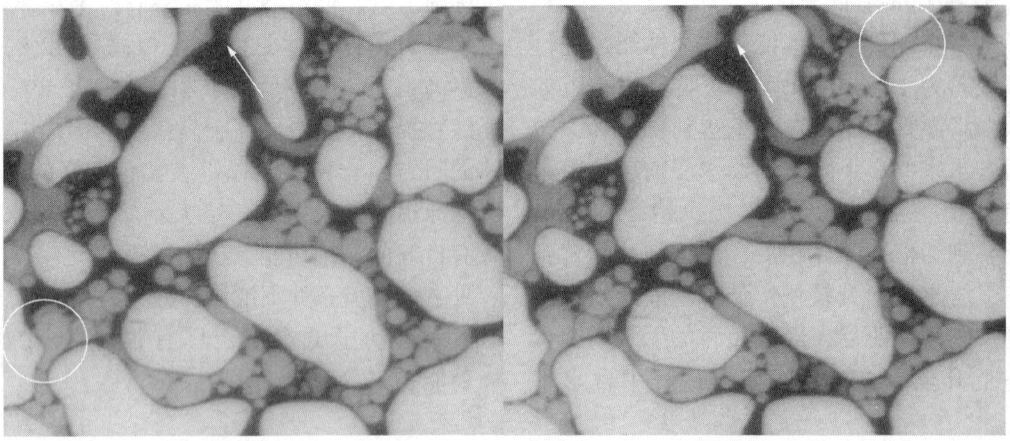

(c)时间为7min5s　　(d)时间为7min10s

图6　泡沫驱调剖和封堵作用(续)

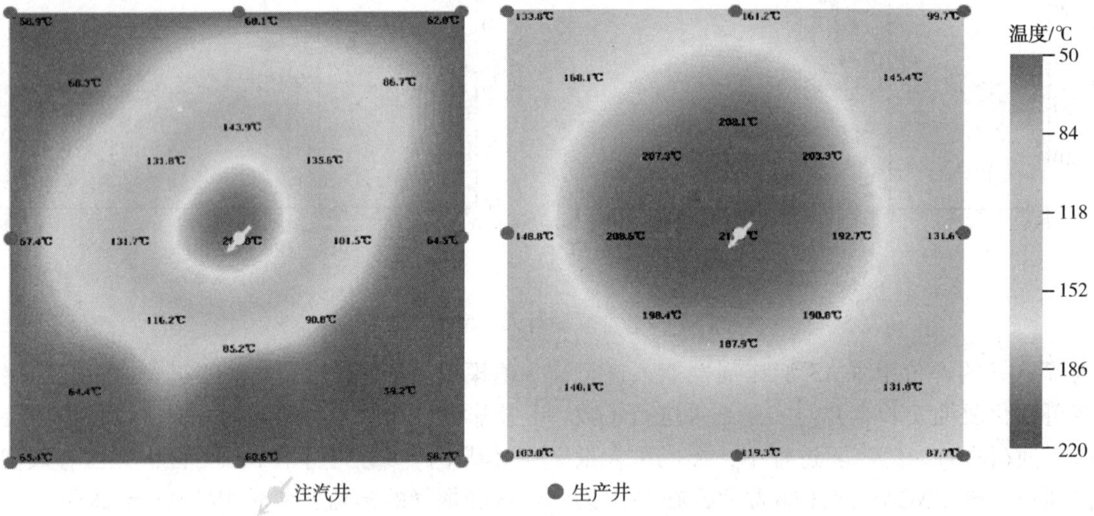

(a)蒸汽驱阶段反演温度场　　(b)泡沫驱阶段反演温度场

图7　蒸汽驱和泡沫驱反演温度场

3　结论

（1）分析耐高温泡沫剂分子结构，研制出PNCAS泡沫剂，PNCAS泡沫剂在300℃处理72h后具有处理前同等的泡沫性能和稳定性，能耐受CO_2、N_2、O_2等复杂气体组分环境。

（2）压力对泡沫的泡沫性能具有显著的作用，高温和高CO_2浓度对泡沫有显著的消极影响，PNCAS可耐受CO_2浓度40%以下的气体环境。

（3）PNCAS具有较低的界面张力和较好的封堵能力，界面张力可达10^{-2}数量级，阻力因子在300℃仍有400以上，可以作为一种优良的调驱一体化泡沫剂。

（4）PNCAS在泡沫驱中既能提高驱油效率又能扩大波及体积，室内实验可提高原油采收率32%，低渗管提高采油率42%，可抑制蒸汽驱(蒸汽驱+烟道气驱)过程中汽窜，进一步提高非均质油藏采收率。

参　考　文　献

[1] 刘强，马自俊，李世超，等. 稠油蒸汽驱深部调堵技术研究[J]. 油田化学，2014，31(1)：61-64.

[2] 尚明忠，孙焕泉. 中高渗透油藏特高含水期开采规律[J]. 油气地质与采收率，1998，5(3)：55-59.

[3] 王壮壮，李兆敏，鹿腾，等. 烟道气对蒸汽腔影响可视化研究及机理分析[J]. 特种油气藏，2019，26(2)：136-140.

[4] 孙洪军，程海清，宋扬. 火驱尾气CO_2含量与燃烧状态对应关系研究[J]. 特种油气藏，2019，26(5)：76-80.

[5] Yuan S Y, Wang Q, Center C A. New progress and prospect of oilfields development technologies in China

[J]. Petroleum Exploration and Development, 2018, 45(4): 698-711.

[6] 姜瑞忠，杨仁锋，段志刚，等. 复合热载体泡沫驱提高采收率研究[J]. 应用基础与工程科学学报, 2011, 19(4): 565-573.

[7] 张广卿. 注汽锅炉烟气余热利用技术[J]. 油气田地面工程, 2012, 31(6): 78-79.

[8] Qin S, Hansen B B, Søren Kiil. Foaming in Wet Flue Gas Desulfurization Plants: Laboratory-Scale Investigation of Long-Term Performance of Antifoaming Agents[J]. AIChE Journal, 2013, 59(10): 3741-3747

[9] Yuan X, Wang K, Chen J, et al. Research on oil-displacement effect of composite hot foam system[J]. Acta Petrolei Sinica, 2010, 31(1): 87-95.

[10] Sun C, Hou J, Pan G, et al. Optimized polymer enhanced foam flooding for ordinary heavy oil reservoir after cross-linked polymer flooding[J]. Journal of Petroleum Exploration and Production Technology, 2016, 6(4): 777-785.

[11] Pei H H, Zhang G C, Ge J J. Laboratory Investigation of Enhanced Heavy Oil Recovery by Foam Flooding with Low Gas-Liquid Ratio[J]. Petroleum Science and Technology, 2011, 29(11): 1176-1186.

[12] Yuan S Y, Wang Q, Center C A. New progress and prospect of oilfields development technologies in China [J]. Petroleum Exploration and Development, 2018, 45(4): 698-711.

[13] 钱宏图. 稠油油藏多元热流体开发技术研究[D]. 北京：中国石油大学, 2013.

[14] 张营华. 脱碳烟道气泡沫驱提高采收率方法研究[J]. 石油化工应用, 2017, 36(4): 28-30.

[15] 王云龙，赵法军，宋军，等. 用于改善蒸汽驱效果的高温抗盐泡沫剂研究进展[J]. 化学通报, 2016, 79(1): 26-33.

[16] 贾凯锋，王玉霞，王世璐，等. 储集层非均质性对低渗透油藏 CO_2 驱油气窜的影响规律[J]. 新疆石油地质, 2019, 40(2): 208-212.

[17] 李睿博，郭东红，王源源，等. 调驱一体化泡沫驱油体系配方优化研究[J]. 现代化工, 2019, 39(2): 146-149.

[18] Zhizhong Y. Selection of temperature resistant and salt resistant foaming agent[J]. Energy Chemical Industry, 2017, 39(1): 62-67.

[19] 郭东红，李睿博，孙建峰，等. 新型低张力泡沫驱油体系性能研究[J]. 现代化工, 2019, 39(10): 116-118.

稠油冷采复合驱渗流路径演化特征及驱油效果研究

张　民　张礼臻　吴秀英　张　泉　杨伟宇

(中国石油化工股份有限公司胜利油田分公司勘探开发研究院)

摘　要　稠油化学降黏冷采作为稠油开发的新方式在胜利油田现场取得了初步成效，但在驱油机理和渗流特征方面仍需进一步深化认识。采用大尺寸微观模型(10cm×10cm)进行水驱+降黏剂驱、水驱+泡沫+降黏剂驱的稠油冷采复合驱油实验，研究了稠油冷采复合驱的微观驱油机理、渗流特征和驱油效果。微观可视化驱油实验表明，水驱普通稠油扩波及的过程经历了两相连续流和非连续流两个渗流阶段，在注入水突破微观模型后的非连续流阶段仍可大幅度的扩大波及面积。对比研究了水驱后进行降黏剂驱和泡沫+降黏剂复合驱的微观驱油效果：水驱后，直接进行降黏剂驱，可明显观察到降黏剂溶液沿着优势渗流通道运移，提高驱油效果有限；而泡沫+降黏剂复合驱的协同驱油机理显著，注入泡沫既可以降低驱替前缘稠油黏度又可以扩大波及，滞留在多孔介质中的泡沫对后续的降黏剂驱起到了调驱的作用，降黏剂又可以与多孔中滞留的氮气进行二次起泡，进一步的扩大波及和提高驱油效率。稠油冷采复合驱微观驱油微观驱油机理及驱油效果可视化研究为现场注入方案的制定提供了实验依据，为稠油冷采复合驱的规模化应用提供了理论支撑。

关键词　稠油冷采；微观驱油；复合驱；渗流特征；泡沫；降黏剂

1　前言

稠油资源占全球油气资源储量的 50%左右，随着常规油气资源的开发，储量巨大的稠油资源在能源结构中占据越来越重要的地位。胜利油田作为国内稠油的主要生产基地之一，蒸汽热力一直是稠油开发的主导技术，在矿场取得了较好的开发效果。但是，热力采油消耗大量燃料，增加了采油成本，也存在容易汽窜等问题，在低油价、高环保要求下，热力采油的现场应用受到制约。另一方面，热力采油技术对薄层、深层、敏感及边底水活跃的稠油油藏的适应性差。稠油冷采技术能够有效弥补热采的不足，尤其是化学降黏复合开发技术注入油层后可降低油水界面张力和乳化分散稠油，形成“水包油”乳状液，具有降黏率高、成本低和易于操作的特点。胜利油田近些年持续探索稠油冷采开发技术，目前在现场已经取得了一定的开发效果，但是稠油冷采复合驱开发技术提高采收率的机理亟待深入研究。为此，本文采用大尺寸微观模型，室内连续进行模拟油藏条件下高倍水驱稠油、降黏剂驱替稠油及泡沫+降黏剂复合驱油微观驱替实验。针对稠油冷采复合驱的微观驱油机理及提高采收率的效果，采用图象分析方法分别从微观波及系数和驱油效率两个方面对不同驱替方式的驱油效果进行定量评价，为现场注入方案的制定提供了实验依据，为稠油冷采复合驱的规模化应用提供了理论支撑。

2　实验部分

2.1　实验仪器、药品及材料

实验用药品的 XG-4 降黏剂和 SL-II 泡沫剂均由东营市某化工厂提供，XG-4 降黏剂使用浓度为 0.3%，SL-II 泡沫剂使用浓度为 0.4%。实验原油采用胜利油田金 8 区块脱水脱气原油，地层温度 42℃条件下，黏度为 900mPa·s。实验用水为模拟地层水，总矿化度为 3070mg/L。实验用气为氮气，纯度为 99.9%。

实验用材料为微观模型，尺寸为 10cm×10cm，渗透率为 $1620\times10^{-3}\mu m^2$，面孔率为 36.5%，模型可模拟 1/4 的五点法井网。

实验用仪器有微观驱替物理模拟实验装置，主要由注入系统、数字摄像系统、微观模型夹持器系统(包括高温高压可视釜及内部的加热控温装置)等组成，如图 1 所示。

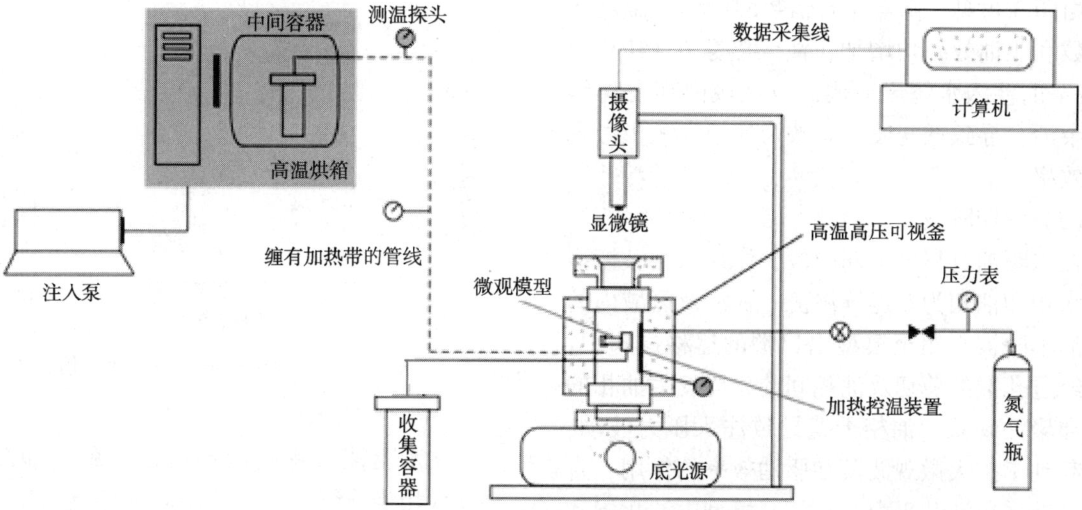

图 1　微观驱替物理模拟实验装置

2.2　实验方法

整个驱油实验过程包括以下步骤：

（1）微观模型抽真空饱和模拟地层水后称量，测定微观模型的孔隙体积；

（2）42℃条件下，饱和稠油造束缚水；

（3）水驱稠油至模型内含油饱和度不再发生变化；

（4）采用 XG-4 降黏剂溶液驱替稠油至含油饱和度不再变化；

（5）注入 0.3PV SL-II 泡沫剂溶液后，继续注入降黏剂溶液驱替稠油至含水饱和度不再变化；

（6）对不同驱油方式下的驱油过程进行拍照和摄像，采用图像分析法进行驱油机理和驱油效果定量分析。

2.3　实验结果及分析

采用图像分析法，分别从波及系数和驱油效率两个方面对不同驱油方式下的提高采收率的机理和效果进行定量评价。

2.3.1　水驱油实验过程

水驱油过程中根据水流路径的演化特征可以分为前期、中期和后期三个阶段，结合实验过程中的图像分别进行描述和定量分析。

（1）前期阶段

水驱油过程的前期阶段，主要特征为该阶段为水驱进入模型至水突破模型过程，不同注入倍数下的驱替图像如图 2 所示。

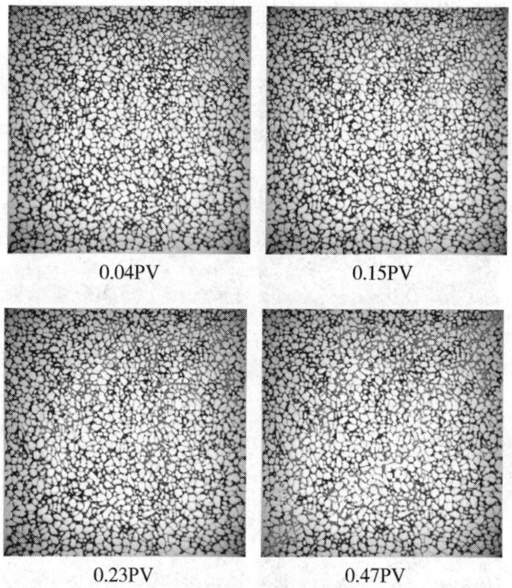

图 2　水驱油过程前期阶段微观图像

由图 2 可见，注入水在突破模型之前受模型非均质性及油水黏度比影响发生粘性指进，油水两相为连续渗流，为无水采油阶段，渗流区域与波及区域重合呈纺锤形，由注入端到输出端渗流面积先增大后减小。当注入水为 0.47PV 时，注入水突破模型，剩余油主要以未波及区域和注入水绕流区域内的连续剩余油为主。此过程中微观波及系数与驱油效率的变化曲线如图 3 所示。

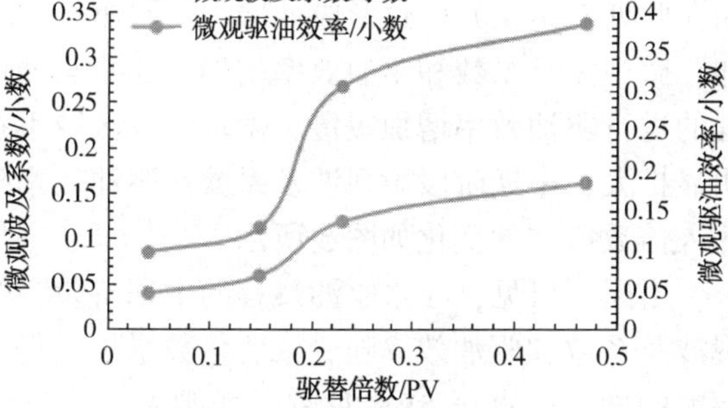

图 3　微观波及系数和驱油效率随注入倍数的变化

由图3可见，随着驱替倍数的增加，微观波及系数和驱油效率均增加，注入倍数0.15PV至0.25PV时注入水绕流造成波及区域内存在连续的剩余油，导致微观波及系数增加幅度大于微观驱油效率。

(2) 中期阶段

在水驱油过程的中期阶段，注入水突破模型后，水相和油相为非连续渗流。在波及区域内的剩余油不断被水驱至模型出口端的运移过程中，油相经过孔喉的剪切及油相间的碰撞发生油相的分散和聚并现象，油相干扰导致注入压力波动，从而起到了扩大微观波及和驱油效率的作用，直至出口处采出液几乎全为水相，模型内油相饱和度基本不变，微观波及和驱油效率趋于稳定。不同注入倍数下的驱替图像如图4。

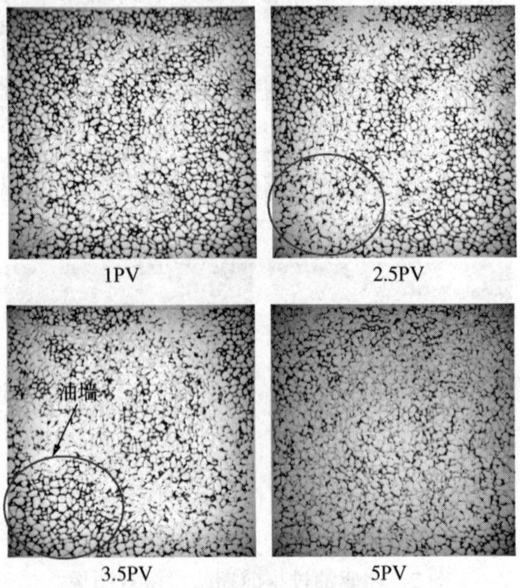

图4 水驱油过程中期阶段微观图像

由图4可见，在水驱油过程的中期阶段微观波及系数和驱油效率持续增加，对比2.5PV和3.5PV时刻的微观驱替图像的椭圆型标记处可知，由于出口端渗流面积变小，水驱动用的剩余油在此处发生聚并以致形成油墙，使水驱压力增加，微观波及系数和驱油效率增加。随着驱油过程的进行驱油效率增加缓慢，微观波及区域不在明显扩大，中期阶段微观波及系数和驱油效率随注入倍数增加的变化如图5所示。

由图5可见，在水驱油过程的中期阶段，微观波及系数和驱油效率随着水驱倍数增加，仍大幅度的增加，直至5PV左右时微观波及系数和驱油效率趋于稳定，剩余油分布以分散状态为主。

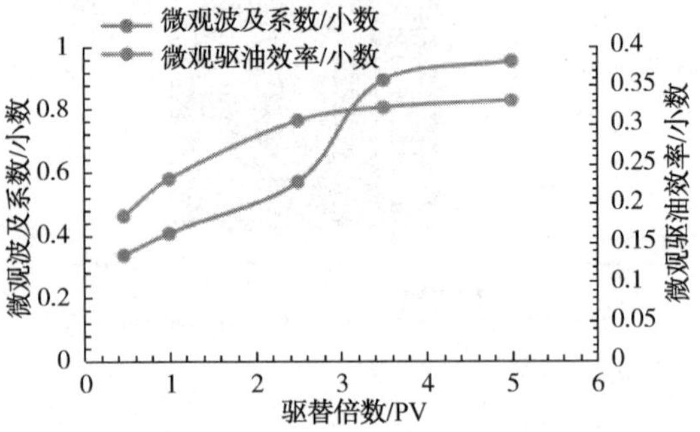

图5 微观波及系数和驱油效率随注入倍数的变化

(3) 后期阶段

在水驱油过程的后期阶段，剩余油高度分散，水相为连续流动，油相对水相流动几乎无干扰，残余油相起到"临时岩石骨架"作用，模型的非均质性增强，水相在模型非均质性影响下渗流路径逐渐固化，直至形成无效水驱状态，进入特高含水阶段。在水驱油过程的后期阶段，不同注入倍数下的微观驱替图像如图6所示，微观波及系数和驱油效率的变化如图7所示。

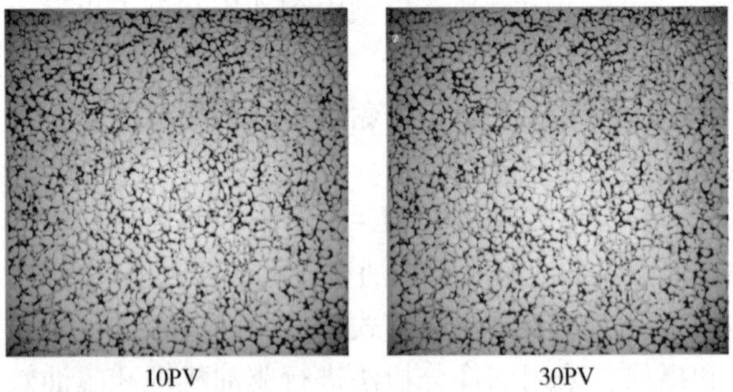

图6 水驱油过程后期阶段微观图像

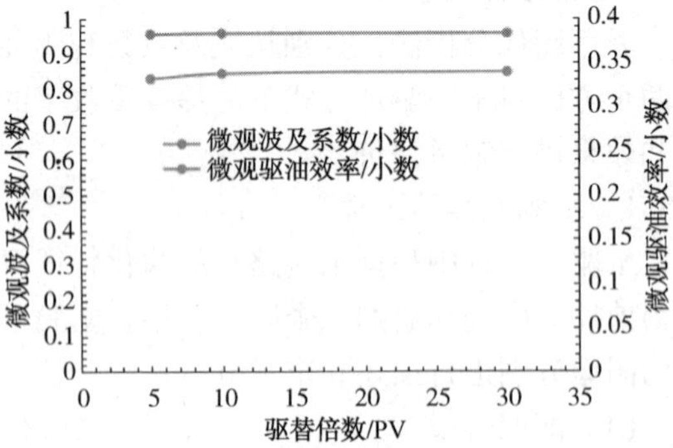

图7 微观波及系数和驱油效率随注入倍数的变化

由图6和图7可见，在水驱油过程的后期阶段，微观波及系数和驱油效率随着水驱倍数增加，趋于稳定，剩余油的分布高度分散状态。

2.3.2 降黏剂驱油实验过程

水驱油过程结束后，继续进行0.3%降黏剂溶液驱油，驱替倍数为10PV，降黏剂采用亚甲基蓝染为蓝色，直至模型内含油饱和度再次稳定，模型出口几乎不出油。降黏剂驱油过程微观图像如图 8 所示。

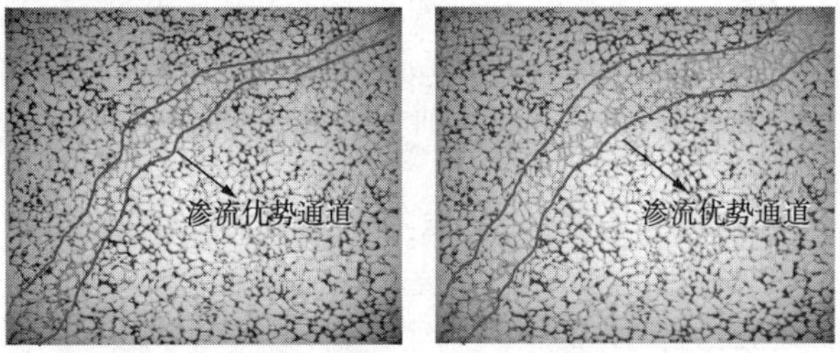

图 8　降黏剂驱油过程后期阶段微观图像

由图 8 可见，水驱后进行降黏剂驱油过程中，降黏剂沿水驱后期阶段形成的优势通道渗流，随着降黏剂驱油过程的进行，渗流优势通道向两侧扩展面积扩展不显著，降黏剂溶液只是进一步提高了优势通道区域的洗油效率。采用图像分析法定量分析，优势通道占波及面积的比例仅为 16.7%，提高驱油效率仅为 0.08%，降黏剂溶液沿渗流优势通道运移扩大微观波及系数和驱油效率左右甚微，降黏剂溶液的渗流区域小于水驱的波及区域。

2.3.3　复合驱油实验过程

由 2.2 可知，水驱后直接进行降黏剂驱油时，提高驱油效果有限。为了抑制渗流优势通道，向微观模型内注入浓度为 0.4% 的泡沫 0.3PV，然后注入浓度为 0.3% 的降黏剂溶液驱替，降黏剂溶液的驱替倍数为 10PV，进行稠油冷采复合驱替微观实验。稠油冷采复合驱替实验结果如图 9 所示。

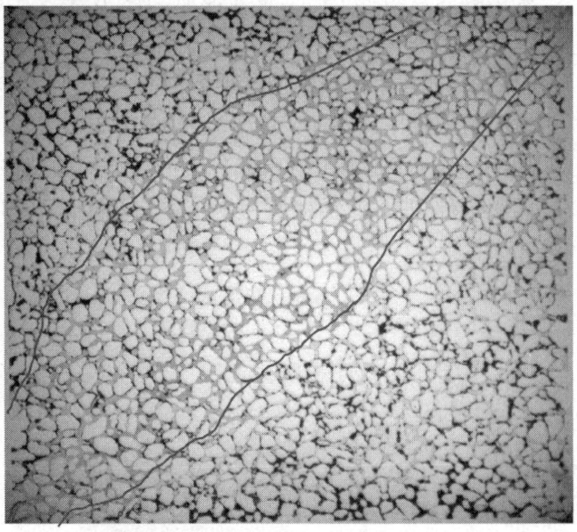

图 9　泡沫+降黏剂复合驱油微观驱油结果图像

由图 9 可知，泡沫+降黏剂复合驱能够抑制优势通道，尽管渗流区域仍小于水驱时的波及区域，但是渗流区域面积比直接降黏剂驱扩大了 3.62 倍，驱油效率比水驱增加了 3.4%。

泡沫+降黏剂复合驱油的机理主要有以下两个方面：

（1）泡沫具有堵水不堵油的特性，在含水饱和度较高部位，泡沫稳定存在［图 10(a)］，通过泡沫通过孔喉时的贾敏效应起到扩大微观波及的作用。泡沫遇油时消泡，分离为泡沫剂溶液和氮气，泡沫剂溶液能够乳化稠油［图 10(b)］进一步起到了调驱作用。

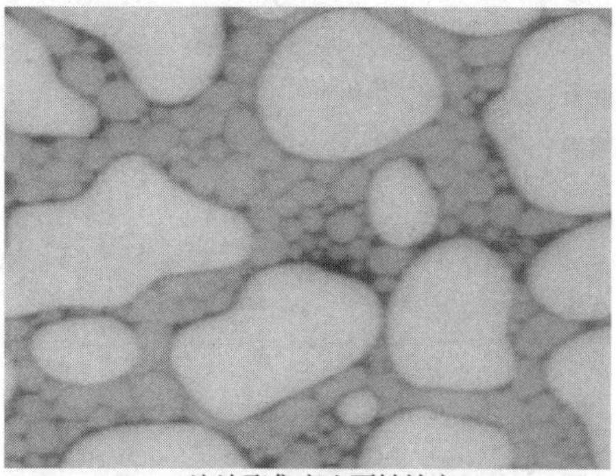

(a)泡沫聚集产生贾敏效应

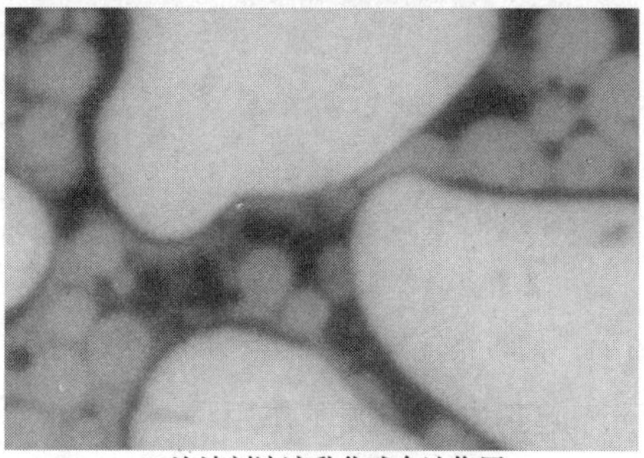

(b)泡沫剂溶液乳化残余油作用

图 10　泡沫调驱作用机理

（2）泡沫驱后降黏剂溶液降黏驱及二次起泡作用，泡沫注入多孔介质后封堵高渗通道，再继续注入降黏剂溶液时，泡沫对降黏剂溶液起到了暂堵作用，进一步扩大了降黏剂溶液的波及范围，强化的降黏剂溶液的降黏驱油作用。同时，泡沫消泡后分离出来的氮气能够嵌入到稠油中稳定存在［图 11(a)］，降黏剂溶液驱时，捕集氮气能够与降黏剂溶液二次起泡［图 11(b)］，进一步起到了调驱作用，提高了驱油效率。

3　结论

（1）将水驱油过程分为三个阶段，分析了每个阶段的驱替特征，定量评价了不同驱替阶段的微观波及系数和驱油效率随驱替倍数的变化规律。水驱稠油在突破后，可通过自聚并作用甚至

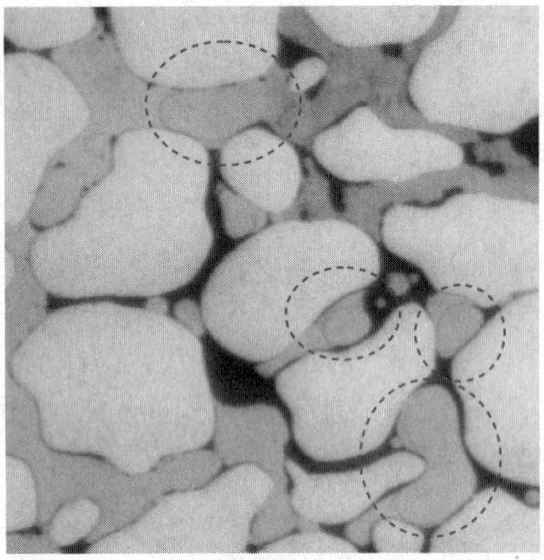
(a)捕集在油相中的氮气

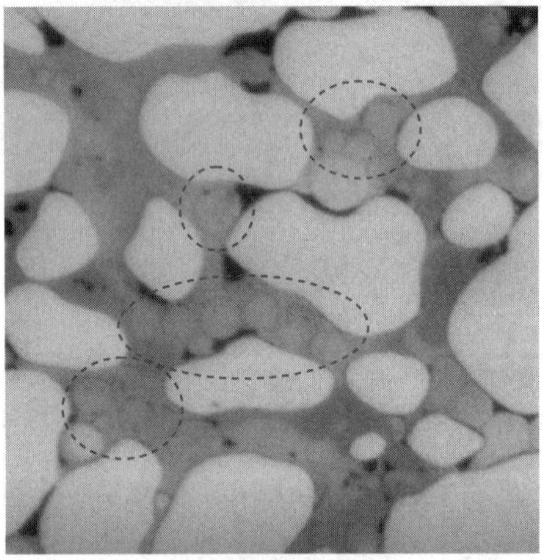
(b)降黏剂溶液的氮气泡沫

图11 捕集氮气与降黏剂溶液的二次起泡作用

形成油墙起到进一步调驱作用。

(2) 水驱稠油后直接进行染色的降黏剂驱可视化的观察到了水驱后期形成的优势渗流通道，优势通道面积仅为水驱波及面积的16.7%，降黏剂提高驱油效率仅为0.08%，降黏剂驱处于低效状态。

(3) 泡沫+降黏剂进行稠油冷采复合驱可抑制水驱后形成的优势渗流通道，进一步增加渗流区域的面积，通过泡沫的调驱作用及后续降黏剂与捕集在模型中的分散氮气二次起泡作用进一步强化驱油作用。相对于水驱油直接进行降黏剂驱，稠油冷采复合驱渗流面积是水驱后直接降黏剂驱的3.62倍，驱油效率相对于水驱提高了3.4%。

参考文献

[1] 刘晓瑜，赵德喜，李元庆，等. 稠油开采技术剂研究进展[J]. 精细石油化工进展，2018，19(1)：10-13.

[2] 刘彦成，王健，李拥军，等. 稠油开采技术的发展趋势[J]. 重庆科技学院学报(自然科学版)，2010，12(4)：17-23.

[3] 盖平原，赵延茹，沈静，等. 胜利油田稠油热采工艺现状与发展方向[J]. 石油地质与工程，2008，22(6)49-51.

[4] 金发扬，蒲万芬，任兆刚，等. 稠油水驱降黏开采新技术实验研究[J]. 特种油气藏，2005，12(6)：95-97.

[5] 沈平平，张义唐. EOR热力采油提高采收率技术[M]. 北京：石油工业出版社，2006.

[6] 裴海华，张贵才，葛际江，等. 化学驱提高普通稠油采收率的研究进展[J]. 油田化学，2010，(32)：350-356.

[7] 王婷婷，卢祥国，曹伟佳，等. 稠油表面活性剂乳化降黏效果及其作用机理研究[J]. 石油化工高等学校学报，2017，30(3)：26-31.

[8] 董元军，张子玉，韩炜，等. 稠油自乳化降黏技术在临盘油田的应用[J]. 新疆石油地质，2015，36(1)：90-93.

[9] 张民，王增林，杨勇，等. 利用"解-合"法分析稠油热水驱微观驱替效果[J]. 油气地质与采收率，2016，23(1)：85-90.

[10] 张民，王增林，杨勇，等. 稠油热水驱微观驱油效果影响因素分析[J]. 油气地质与采收率，2015，22(3)：89-92.

[11] 邢晓璇. 泡沫驱微观驱油机理剂驱油效果[J]. 油气地质与采收率，2020，27(3)：106-112.

[12] 胡渤. 不同渗透率和孔喉条件下泡沫流体的特性及调驱机理[J]. 油气地质与采收率，2016，23(4)：70-75.

普通稠油油藏乳化驱油机理研究

孙宝泉

（中国石化胜利油田分公司勘探开发研究院）

摘　要　本文基于不同储层物性条件的水驱普通稠油油藏，研究了乳化降黏驱油剂主要性能指标(乳化降黏率、界面张力)对提高驱油效率的贡献大小和增效机理。并通过微观可视化驱油实验，明确了乳化降黏驱油剂在孔隙尺度的致效机理。实验结果表明，油藏条件下乳化降黏驱油剂需要依靠乳化降黏和降低界面张力的协同增效作用，才能大幅度提高驱油效率。乳化降黏驱油剂的乳化能力越强，油水界面张力越低，驱油效率提高量越大。但是降低界面张力对提高驱油效率的作用比提高乳化降黏率的作用更大。乳化降黏驱油剂注入初期通过降低界面张力，降低注入压力，提高注入能力。而注入后期通过将大块的原油乳化形成大量不同尺寸的油滴，增强原油流动性，提高驱油效率；乳化形成的界面相对稳定的稠油油滴，能够暂堵岩石的喉道和大块稠油与岩石颗粒形成的通道，扩大平面波及面积。降黏驱油剂驱油实现了提高驱油效率同时扩大波及范围。研究结果为水驱稠油开发用驱油剂研发指明方向，为大幅度提高水驱普通稠油采收率奠定基础。

关键词　普通稠油；乳化降黏驱油剂；乳化能力；界面张力；致效机理

胜利油田以注水开发的普通稠油储量大，但是稠油黏度高、密度大，导致水驱稠油的采油速度低、平均采收率低，面临如何提高水驱稠油采收率的问题。特别是水驱稠油油藏中的深层低渗稠油、强敏感性稠油和强边底水稠油油藏，水驱采收率极低。化学驱作为一种水驱后提高采收率的重要开发方式，在不同类型油藏的开发中得到较好的应用效果。针对普通稠油油藏水驱过程中加入乳化型表面活性剂，也可改善水驱稠油开发效果，达到大幅度水驱普通稠油油藏提高采收率的目的。

1942 年 Subknow 提出用乳化剂开采重油或沥青的方法，但是国外针对稠油主要以热采开发为主，化学驱方面的现场应用一直较少。Dezabala、李华斌等认为，油-水界面张力最低值可以表征油藏提高采收率的最高能力。葛际江等指出，水驱后稠油油藏提高采收率应强化表面活性剂的乳化能力。通过快速乳化提高驱油剂对残余油的剥离能力；乳化形成的乳状液，可以通过捕集提高后续流体的波及系数。朱怀江等认为，油-水动态界面张力最低值对驱替效率虽然有一定影响，但是油-水动态界面张力平衡值更重要，是决定驱油体系能否获得较高驱油效率的关键。Liu Qiang 等采用筛选出的 5 种驱油剂进行驱油实验，水驱后提高采收率达 20% 以上。但是目前针对稠油化学驱主要以研究降黏剂的合成和乳化能力为主，部分专家研究了油水界面张力和乳化能力等单因素对提高驱油效率的作用，并未系统对比乳化能力和油水界面张力对提高驱油效率的贡献大小。

本次研究利用金家油田的普通稠油和不同渗透率的储层岩心，多次开展稠油一维驱油效率实验，研究了驱油剂主要性能指标对驱油效率的影响规律。定量对比了降低界面张力和乳化能力对提高水驱稠油驱油效率的贡献大小，为水驱稠油用乳化降黏驱油剂的研发指明方向。通过开展不同性能指标的驱油剂微观驱油实验，直观地观察了原油的变形和运移现象，揭示了新型驱油剂在水驱稠油开发过程中的致效机理。

1　实验准备

1.1　实验材料和装置

（1）实验材料

稠油一维驱油效率实验样品为储层岩心，物性参数见表 1。微观可视化驱油实验模型：根据岩石薄片获得孔隙结构图像，用激光刻蚀的玻璃仿真模型。实验用水：金家油田现场取样后，过滤处理的地层水。实验用油：经脱水及过滤处理后的金家油田原油。地层温度下（48.3℃）原油黏度为 1460mPa·s，属于普通稠油。

表 1　实验用岩心物性参数表

样品编号	长度/cm	直径/cm	φ/%	Ka/$\times10^{-3}\mu m^2$
No. 1	6. 01	2. 5	21. 37	998
No. 2	6. 00	2. 5	21. 20	1010
No. 3	6. 36	2. 5	21. 17	1018
No. 4	6. 78	2. 5	21. 12	971
No. 5	6. 47	2. 5	20. 50	991
No. 6	6. 17	2. 5	21. 78	1101
No. 7	6. 09	2. 5	20. 65	129
No. 8	5. 99	2. 5	20. 67	130
No. 9	6. 15	2. 5	20. 36	116
No. 10	6. 00	2. 5	20. 29	126
No. 11	6. 14	2. 5	20. 24	120

注：φ 为岩心孔隙度；Ka 为岩心空气渗透率。

为了研究化学剂的乳化能力和降低界面张力能力对水驱稠油驱油效率的影响，配制了四种不同性能的化学剂。其中 J1 乳化降黏率高、界面张力高；J2 乳化降黏率低、界面张力中等；J3 乳化降黏率高、界面张力中等；J4 乳化降黏率高、界面张力低。4 种化学剂性能评价结果如表 2 所示。

表 2　化学剂性能评价结果表

样品编号	乳化降黏率/%	自然沉降脱水率/%	吸附后降黏率/%	界面张力/(mN/m)	pH 值
J1	95. 68	86. 00	95. 26	7. 3×10^{-1}	6. 0
J2	37. 05	88. 91	35. 89	8. 0×10^{-2}	7. 0
J3	95. 53	81. 33	93. 28	9. 6×10^{-2}	7. 5
J4	95. 43	82. 43	93. 49	2. 2×10^{-3}	6. 0

(2) 实验装置

研究使用了稠油-热水相对渗透率实验装置和稠油微观可视化驱替实验系统两套实验装置。其中稠油-热水相对渗透率实验装置主要包括注入泵、中间容器、数字压力表、恒温箱、围压跟踪泵、出口油水分离器和数据采集系统，如图 1 所示。稠油微观可视化驱替实验系统主要包括高温高压微观可视夹持器、QIZEX 泵、温控仪、莱卡高倍显微镜等，如图 2 所示。

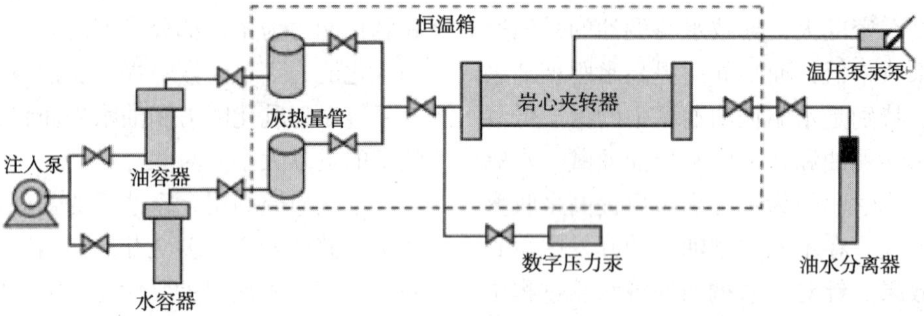

图 1　稠油-热水相对渗透率实验装置流程示意图

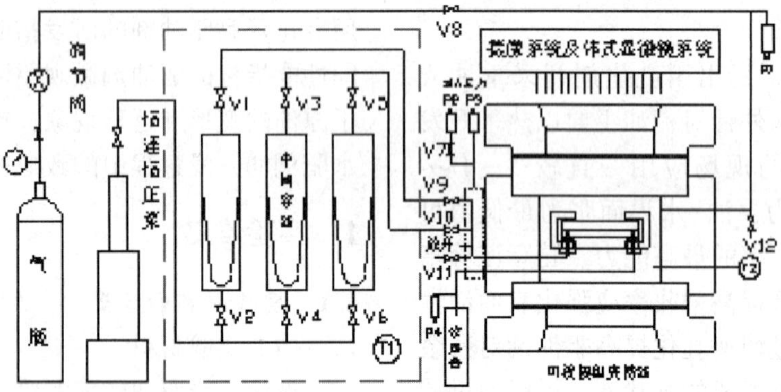

图 2　稠油微观可视化驱替实验系统图

1.2　实验方法

稠油一维驱油效率实验参考《中华人民共和国天然气行业标准》SY/T 6315—2006。主要实验步骤如下：①岩样称重，饱和地层水，计算空隙体积和孔隙度(ϕ)；②设定恒温箱温度为实验温度。油驱水，建立束缚水饱和度(Swi)；③进行不同注入介质驱油。高渗稠油油藏中水驱前缘的推进速度约为 0. 6 米/天。折算成岩心流动实验的驱替速度约为 0. 3mL/min。设置驱替前期，注入速度设定为 0. 3mL/min。注入 10 倍左右孔隙体积后，注入速度提高为 1.0mL/min。低渗稠油油藏中水驱前缘的推进速度约为 0.2 米/天。折算成岩心流动实验的驱替速度约为 0.05mL/min。设置驱替前期，注入速度设定为 0.05mL/min。注入 5 倍左右孔隙体积后，注入速度提高为 0.1mL/min。记录时间、产油量、产液量、进口压力、压差等实验数据；驱替倍数到达 30 倍孔隙体积以上，实验结束；④处理实验数据，计算并绘制驱油效率关系图。

稠油微观可视化驱替实验步骤为：①流程试压及实验用油、水预处理；②模型升温至油藏温度③微观模型饱和水；④稠油驱替水，建立微观模型束缚水饱和度；⑤不同注入介质驱油实验，对实验全过程进行显微照相；⑥采用“解-合”法对驱油效果进行定性和定量分析。

2 实验结果对比及机理分析

2.1 乳化能力对驱油效率的影响

为了研究乳化能力对驱油效率的作用大小，对比了高、低渗岩心中水驱和乳化能力强的化学剂 J1 驱实验结果。从驱油实验过程看(图 3、图 4)，注入速度为 0.3mL/min 时，高渗岩心中水对原油的剪切力低，化学剂 J1 不能通过乳化原油，增强原油的流动性。化学剂 J1 的驱油效率和水驱的驱油效率基本相同。当注入速度提高到 1.0mL/min 后(图 3 中三角形标记的位置)，产出液中有少量乳化油滴。化学剂 J1 驱的驱油效率仅比水驱提高 3.7%。低渗岩心在注入速度为 0.05mL/min 时，产出液中没有乳化油滴，驱油效率提高了 3.58%。注入速度提高到 0.1mL/min 后，产出液中有少量乳化油滴，化学剂 J1 驱的驱油效率比水驱提高 6.0%。驱替压力上表现为高渗和低渗岩心的驱替压差均低于水驱的驱替压差。如图 5、图 6 所示。

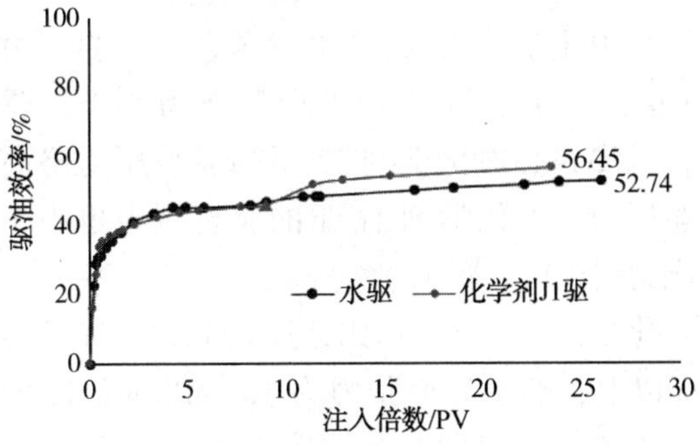

图 3 高渗岩心水驱和化学剂 J1 的驱油效率曲线

实验证明化学剂的乳化作用是一种被动作用。只有乳化性能好的化学剂要使稠油乳化形成分散的油滴，需要水和孔隙对原油的剪切超过一定的剪切力或者剪切速率。在低速注入条件下，只依靠化学剂的强乳化能力，不能大幅度提高驱替压力和水驱稠油驱油效率。

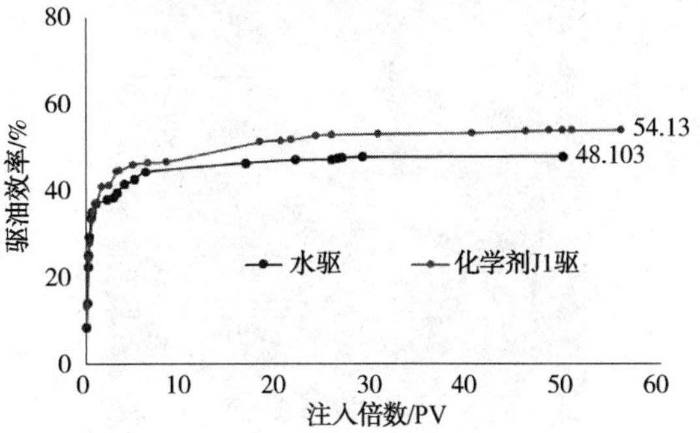

图 4 低渗岩心水驱和化学剂 J1 的驱油效率曲线

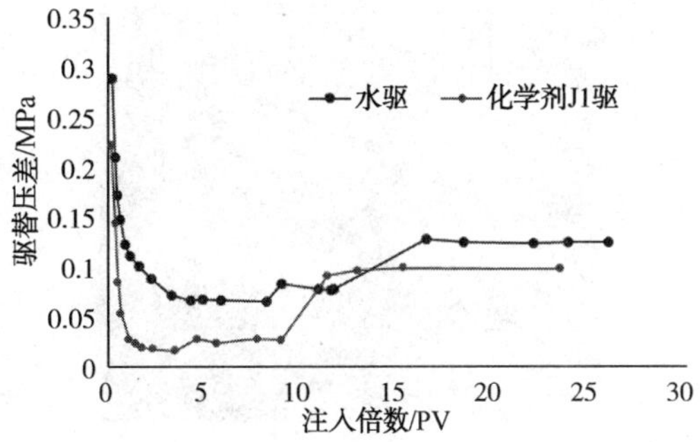

图 5 高渗岩心水驱和化学剂 J1 的驱替压差变化曲线

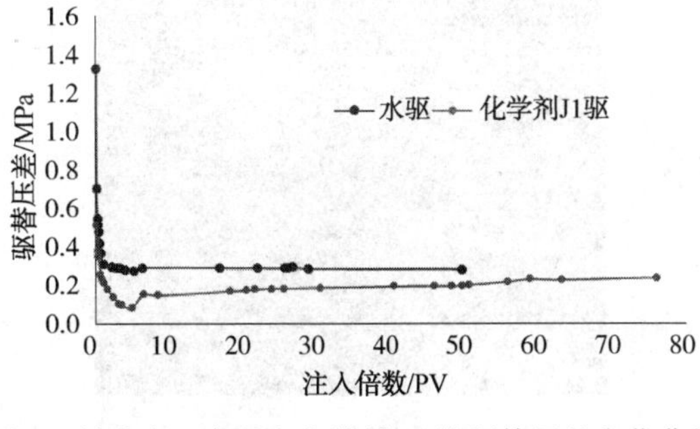

图 6 低渗岩心水驱和化学剂 J1 的驱替压差变化曲线

通过微观可视化驱油实验可直观地观察化学剂 J1 的微观驱油现象。在微观孔隙介质中化学剂 J1 乳化形成的油滴数量少，驱替产出液中只有零星分布(图 7)。说明化学剂 J1 没有大幅度改善原油流动性，不能大幅度提高驱油效率。这些油滴具有两个方面的特征：(1)油滴直径小(见图 8、图 9)。产出液在 1000 倍荧光显微镜下显示油滴直径均在 2μm 以下，远小于刻蚀模型最小喉道直径(10μm)；(2)油滴界面稳定性差，容易被二次捕集(图 10、图 11)。化学剂 J1 乳化形成的油滴界面张力大，界面能高。油滴在孔隙中运移的距离短，甚至运移到相邻的孔隙中即被二次捕集。有部分油滴被孔隙中的大块油滴捕获聚并，还有部分油滴重新吸附在岩石表面，再次成为难驱动原油。

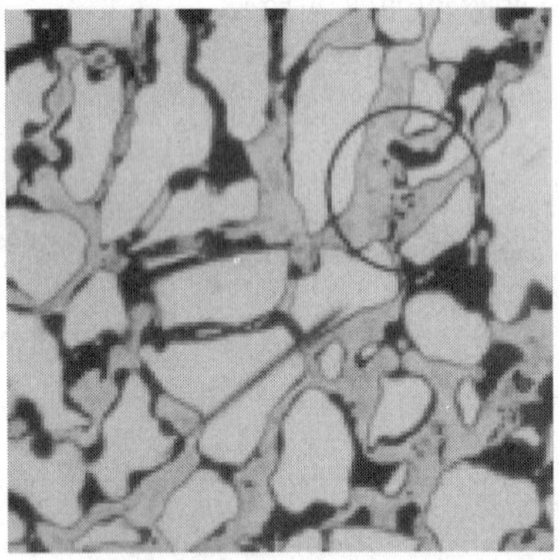

图7　产出液中乳化油滴分布

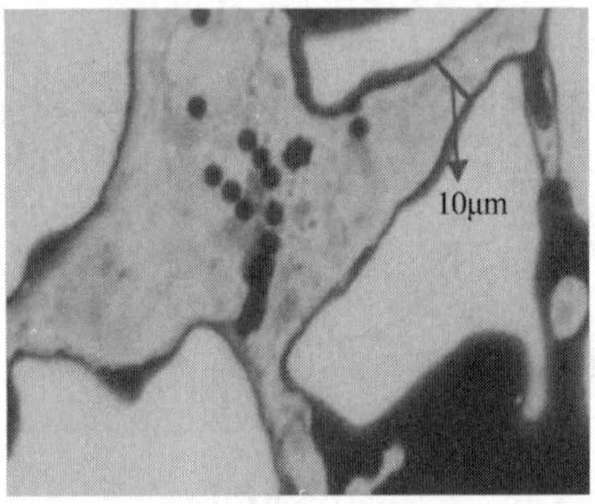

图8　孔隙介质中乳化油滴大小

图9　产出液中乳化油滴大小

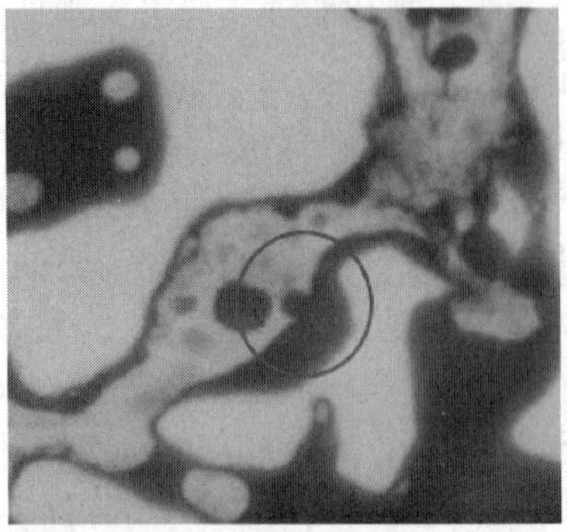

图10　乳化油滴被原油捕获聚并

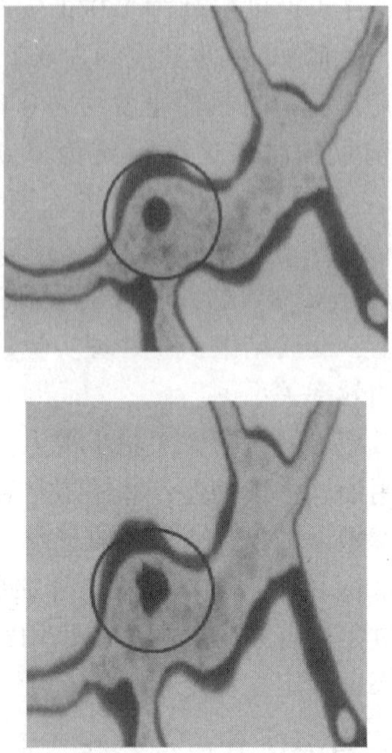

图11　乳化油滴二次吸附在岩石表面

2.2　界面张力对驱油效率的影响

为了对比界面张力对驱油效率的作用大小，利用高、低渗两类岩心，开展了地层水、化学剂J1、化学剂J2的驱油实验。低速条件下高、低渗岩心中，降低界面张力能力强的化学剂J2(油水界面张力降至10^{-2}mN/m)的驱油效率与水驱的驱油效率相近(图12、图13)。当注入速度(图中三角形标记的位置)提高后，水对原油的驱动和拉拽作用增强。在化学剂J2的低界面张力作用下，部分大块原油被拉拽、切割成小块原油，使得驱油效率明显提高。和水驱的驱油效率相比，高渗岩心中化学剂J2驱的驱油效率提高12.3%，低渗岩心中化学剂J2驱的驱油效率提高8.6%。从驱替压力上看，由于这几种化学剂与原油的界面张力都小于油水的界面张力，所以这些化学剂注入初期，在高渗岩心和低渗岩心的驱替压力均低于水驱的注入压力。注入后期，高渗岩心中化学剂J2驱的驱替压力是水驱压力的2.2倍，而化学剂J1驱的驱替压力小于水驱压力；低渗岩心中化学剂J2驱的驱替压力略高于水驱压力，而化学剂J1驱的驱替压力也小于水驱压力(图14、图15)。

化学剂J2与J1相比，J1的乳化降黏率达到95%以上，油水界面张力为10^{-1}mN/m；J2的乳化能力差，界面张力为10^{-2}mN/m。而化学剂J2的驱油效率比J1驱高8%以上。实验证明，降低油水界面张力比单纯增强化学剂的乳化能力对提高水驱普通稠油驱油效率的作用更大。

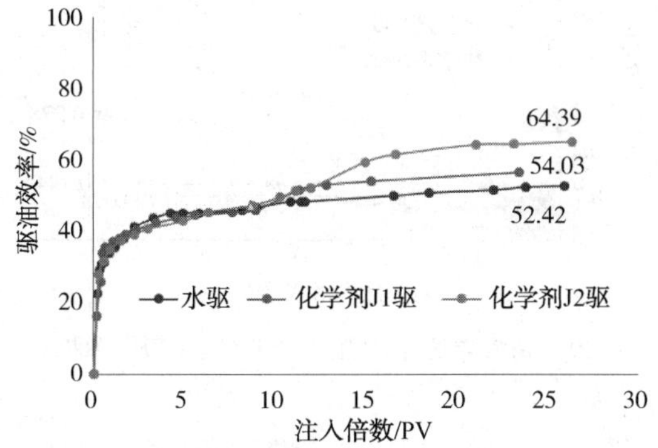

图 12　高渗岩心不同注入介质的驱油效率曲线

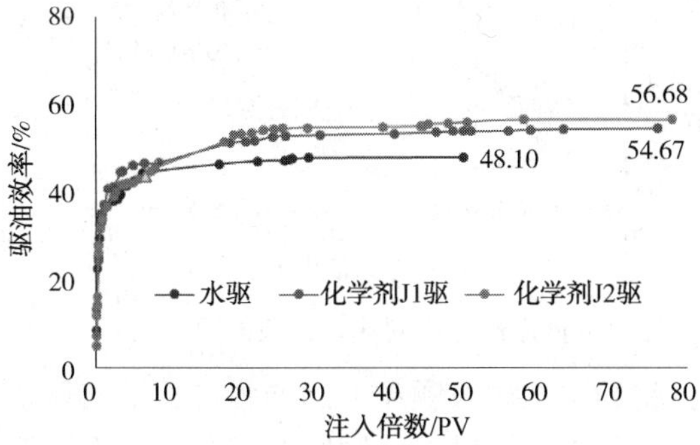

图 13　低渗岩心不同注入介质的驱油效率曲线

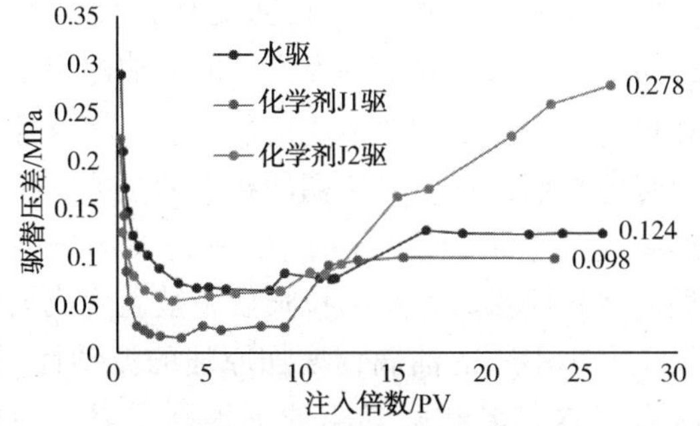

图 14　高渗岩心不同注入介质的驱替压力曲线

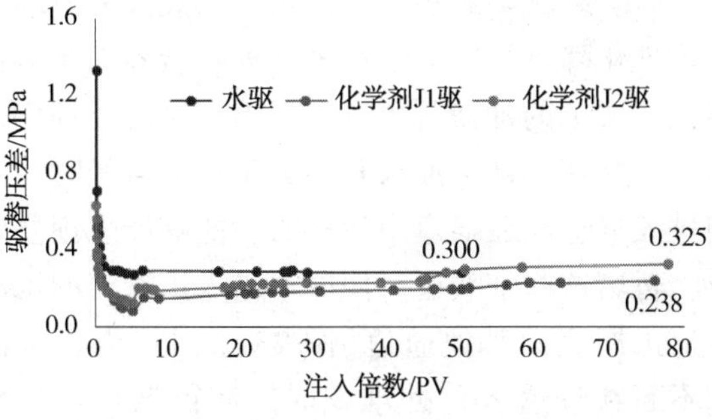

图 15　低渗岩心不同注入介质的驱替压力曲线

为了明确不同界面张力对驱油效率的影响大小，对比了 J1、J3、J4 三种化学剂的驱油效率实验结果。J1、J3、J4 的油水乳化降黏率均达到 95%以上，三种化学剂的油水界面张力从 10^{-1}mN/m 到 10^{-3}mN/m，依次降低一个数量级。从三种化学剂的驱油效率实验结果分析(图 16、图 17)，在高渗岩心中，和 J1 相比，J3、J4 的驱油效率依次提高 11.88%和 20.83%。油水界面张力每降低一个数量级，驱油效率提高 10%以上。在低渗岩心中，和 J1 相比，J3、J4 的驱油效率依次提高 7.95%和 7.38%。油水界面张力每降低一个数量级，驱油效率提高 7%以上。提高水驱普通稠油采收率，必须要降低油水界面张力。

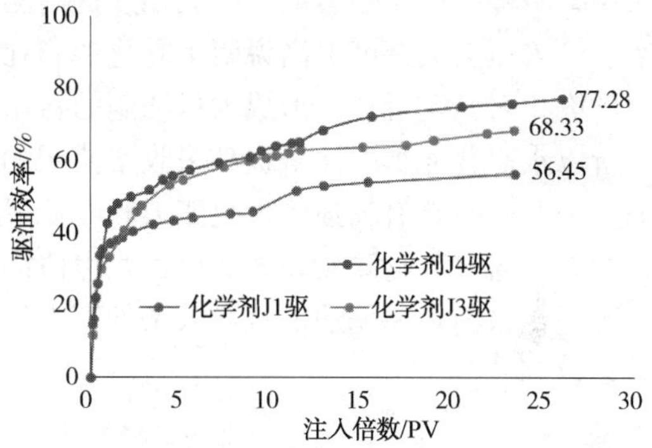

图 16　高渗岩心不同化学剂的驱油效率曲线

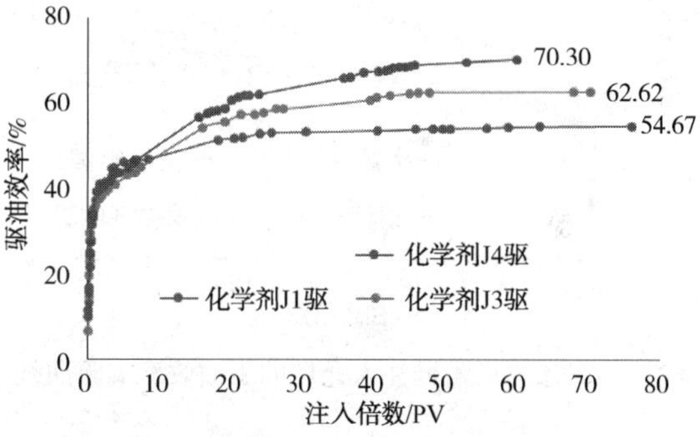

图 17　低渗岩心不同化学剂的驱油效率曲线

2.3　乳化能力和降低界面张力的协同作用对驱油效果的影响

化学剂 J4 是乳化能力和降低界面张力能力均比较强的乳化型驱油剂。从高、低渗岩心中的驱油效率实验过程看(图 18、图 19)，在低速条件下，高渗岩心中 J4 的驱油效率提高量为 14.3%低渗岩心中的驱油效率提高不大。从最终的驱油效率提高量看，高渗岩心中 J1、J2、J4 驱比水驱的驱油效率分别提高 3.7%、12.3%和 25%。J4 最终的驱油效率提高量比 J1 和 J2 的驱油效率提高量之和还高 9%。低渗岩心中 J1、J2、J4 驱比水驱的驱油效率分别提高 6.57%、8.58%和 22.2%。J4 最终的驱油效率提高量比

J1 和 J2 的驱油效率提高量之和还高 7.05%。从驱替压力上看，化学剂注入后期，高渗岩心中化学剂 J4 驱的驱替压力是水驱压力的 5.2 倍，比单一性能好的化学剂的驱替压力高的多；低渗岩心中化学剂 J4 驱的驱替压力是水驱压力的 32.3 倍，比单一性能好的化学剂的驱替压力高 30 倍(图 20、图 21)。

以上两个方面证明：注入水中加入的化学剂降低油水界面张力能力越强，乳化能力越强，最终的驱油效率越高。化学剂的乳化能力和降低界面张力存在协同增效作用，使储层中的原油在低剪切速率条件下被高效启动，并大幅度提高驱油效率。注入压力大幅度提高说明了乳化油滴在储层中形成相对稳定运移，形成大量油滴的暂堵效应。所以水驱普通稠油油藏提高采收率使用的化学剂，需要同时具有较强的乳化能力和降低界面张力能力。通过乳化降黏和降低界面张力协同增效，实现在目前水驱稠油油藏注入条件下大幅度提高采收率。

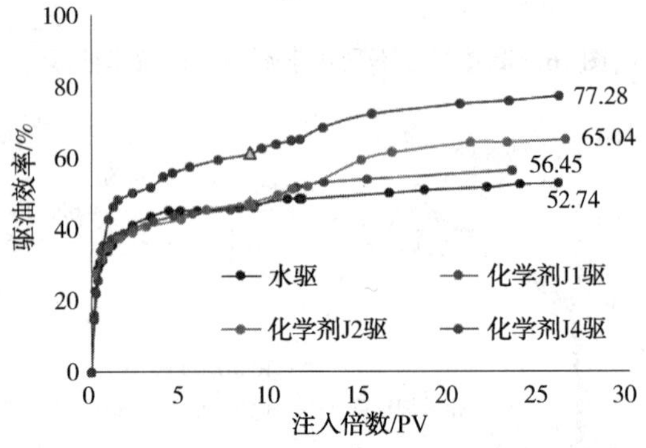

图 18　高渗岩心不同注入介质的驱油效率实验曲线

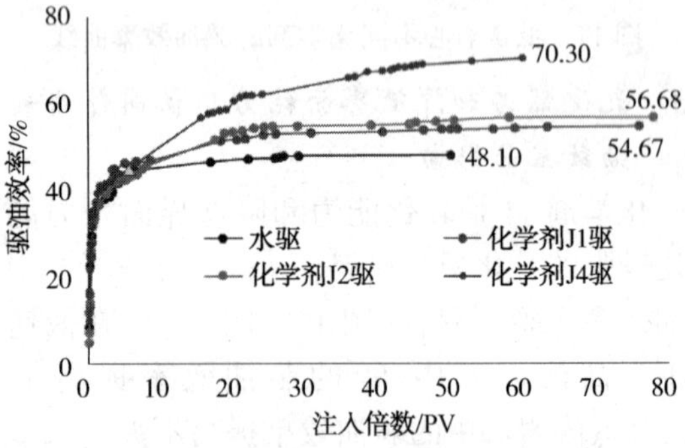

图 19　低渗岩心不同注入介质的驱油效率实验曲线

2.4　乳化型驱油剂驱油的微观致效机理

(1) 乳化降黏驱油剂提高驱油效率机理

从微观驱油实验过程中的油水运移状态看，乳化降黏驱油剂主要通过以下三种方式高效启动原油实现提高驱油效率。一是在低界面张力作用

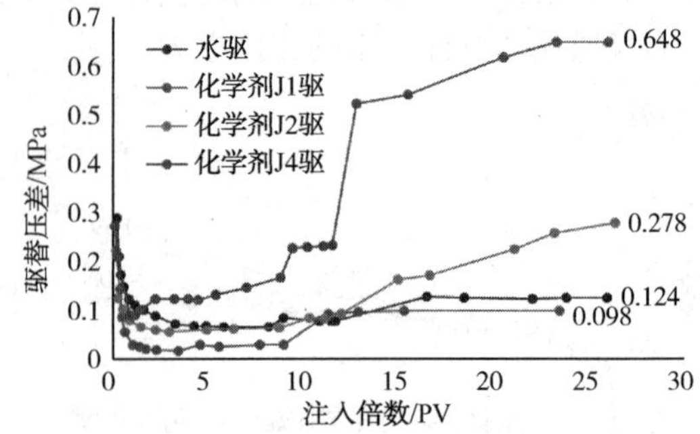

图 20　高渗岩心不同注入介质的驱替压力曲线

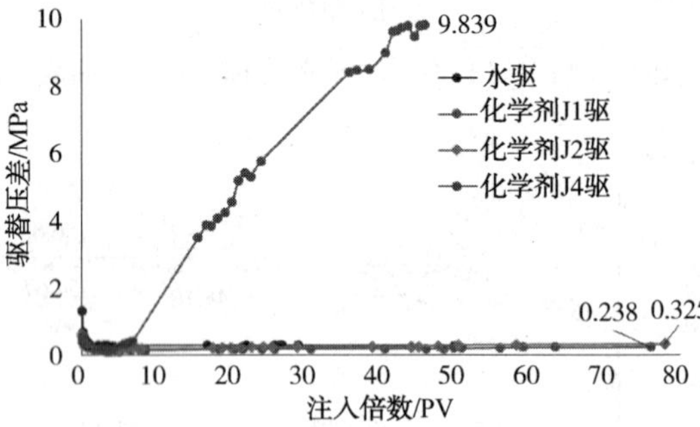

图 21　低渗岩心不同注入介质的驱替压力曲线

下，将黏附在岩石颗粒上的油膜拉长呈细丝状并剥离，随水流被带走。同时有部分细丝尖端的原油在乳化作用下被乳化成雾状的乳状液，被水驱走[图 22(a)]。二是低界面张力作用使大块原油更易变形。尺寸大于喉道直径的原油由于毛管力和自身形态的稳定性不能通过喉道。超低油水界面张力作用，可使大块稠油在水的拉拽下拉长变形后通过喉道[图 22(b)]。三是大部分的大块稠油在界面张力作用下拉长后，被乳化成大量的尺寸大小不一的油滴，增加原油的流动性[图 22(c)]。这是乳化降黏驱油剂提高水驱普通稠油驱油效率的主要机理。

(2) 乳化降黏驱油剂扩大平面波及的机理

乳化降黏驱油剂通过乳化和降低界面张力作用，形成了的油滴界面相对稳定。油滴圆度大，不易被捕获。单个油滴直径大于喉道直径时，油滴进入喉道和在喉道中运移时，能够产生锁塞效应，暂堵这些细喉道。使原本进入该喉道的水流被迫选择流向其他通道[图 23(a)]。当多个油滴不断在喉道入口处堆积时，使得该喉道被暂堵，产生贾敏效应[图 23(b)]。随着驱替压力的不断升高，当驱替压力超过油滴的暂堵压力时，油滴被驱动，喉道被打通，水流方向再次改变。

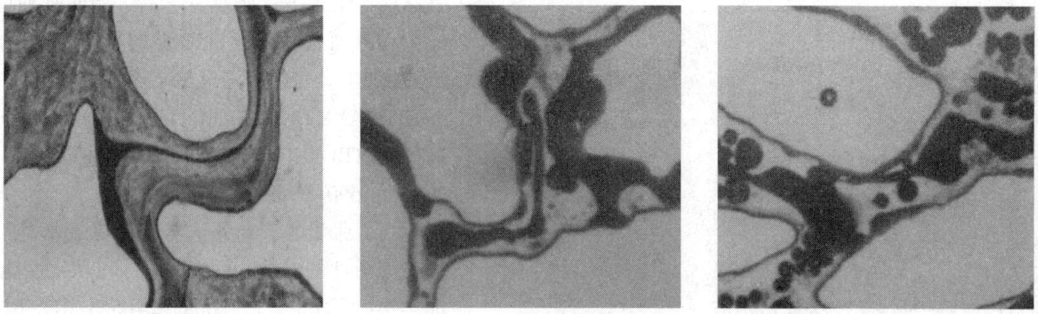
(a) (b) (c)

图 22 原油不同运移类型

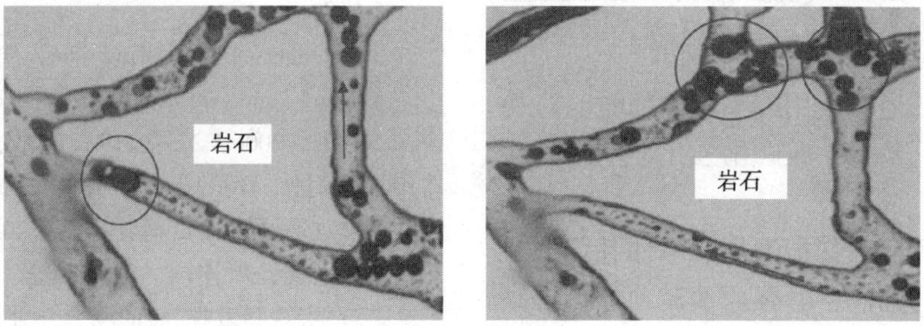

(a) (b)

图 23 油滴暂堵孔喉的两种方式

图 24(a)是孔隙中原油的赋存状态。在孔隙中大块原油黏附在岩石颗粒表面，冒充了“岩石颗粒”，形成了油和岩石、油和油的“喉道”。图 24(b)中当有油滴进入“喉道”时，油滴能够暂堵油和岩石或者油和油形成的“喉道”，造成该通道内压力升高，水分流到其他通道。同时由于原油有可塑性。通道内水流压力升高，使黏附的大块原油变形拉长，更有利于被驱走，如图 24(c)所示。

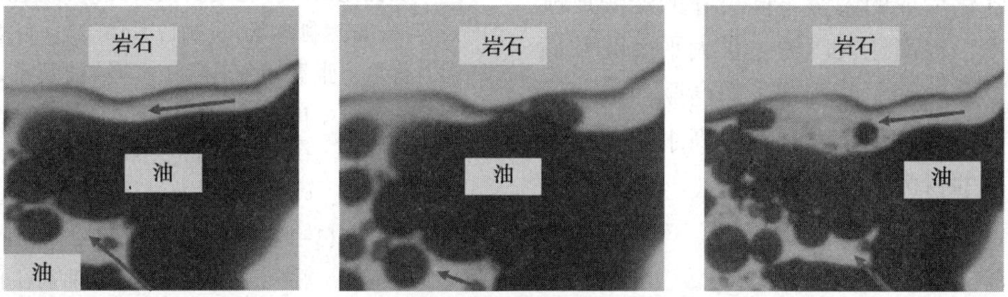

(a) (b) (c)

图 24 油滴暂堵原油和岩石间喉道的过程

乳化降黏驱油剂驱油过程中，持续对原油进行乳化，油滴的数量越来越多。对单一孔喉来说，断断续续地有油滴运移至该孔喉滞留堆积和暂堵，形成多次暂堵的叠加效应。多个孔隙内的压力升高会叠加放大到局部区域，最终会叠加放大到整个模型，使整个模型的驱替压力不断升高，平面波及面积增大。利用“解合法”对比分析水驱和驱油剂驱微观驱油实验结果(图 25)：水驱平衡后的微观波及面积比较小，微观波及系数为 35%。波及区外原油仍以连片状富集；在波及区内原油主要赋存于大孔隙中，喉道内较少，主要以块状或条带状赋存为主。微观驱油效率比较低，仅为 32%。驱油剂驱平衡后，剩余油主要以网状方式赋存于主流线垂直方向的边角处，微观波及系数达到 92%。在波及区内剩余油很少，仅有零星的油滴或油膜存在，微观驱油效率达到 95%。

3 结论

(1) 乳化降黏驱油剂大幅度提高普通稠油的驱油效率需要依靠化学剂的乳化降黏和降低界面张力的协同增效作用。驱油剂的乳化降黏率越高，油水界面张力越低，驱油效率提高量越大。但是降低界面张力对提高驱油效率的作用更大。

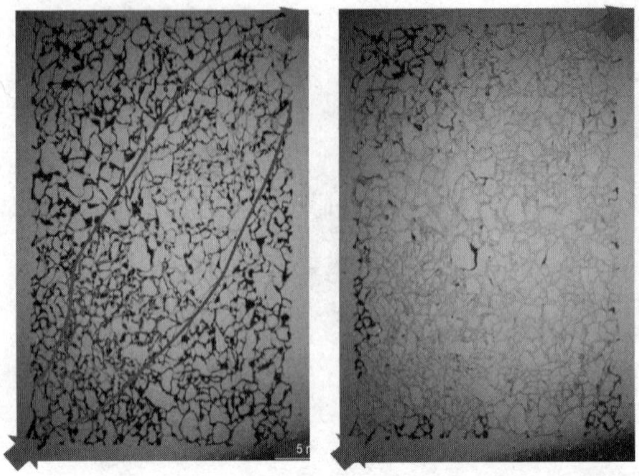

图25　两种驱替方式微观驱油结果

研发和评价水驱普通稠油用降黏驱油剂时，应使油水界面张力达到超低，兼顾增强化学剂的乳化降黏性能。

(2) 乳化降黏驱油剂把大块的原油乳化形成大量的不同尺寸的油滴，增强原油流动性，提高驱油效率。同时乳化形成的界面相对稳定的油滴，通过多种形式的贾敏效应作用于不同区域内不同尺寸的孔喉，使驱替压力不断升高，平面波及面积逐步扩大。

(3) 乳化降黏驱油剂注入初期，通过降低界面张力，降低驱替压力梯度，提高注入能力。而注入后期，乳化形成的大量不同尺寸的油滴形成暂堵叠加作用，提高注入压力，扩大平面波及面积。乳化降黏驱油剂驱油实现了提高驱油效率同时扩大波及范围。达到了大幅度提高水驱普通稠油油藏采收率的目的。

参　考　文　献

[1] Subknow P. Process for the removal of bitumen from bituminous deposits[P]. US 2288857, 1942.

[2] DEZABALA E F, RADKE C J. A nonequilibriumdescription of alkaline waterflooding[J]. SPE Reservoir Engineering, 1986, 1(1): 29-43.

[3] 李华斌，陈中华. 界面张力特征对三元复合驱油效率影响的实验研究[J]. 石油学报，2006，27(5)：96-98.

[4] LI Hua-bin, CHEN Zhong-hua. Characteristics of inter facial tension and oil displacement efficiency with alka line-surfactant-polymer flooding technology[J]. Acta Petrolei Sinica, 2006, 27(5): 96-98.

[5] 葛际江，王东方，张贵才，等. 稠油驱油体系乳化能力和界面张力对驱油效果的影响[J]. 石油学报(石油加工)，2009，25(5)：690-696.

[6] S OF HEAVY CRUDE OIL[J]. ACTA PETROLEI SINICA(PETROLEUM PROCESSING SECTION), 2009, 25(5): 690-696.

[7] 葛际江，张贵才，蒋平，等. 含烷氧基链节的硫酸盐表面活性剂的油-水界面张力和乳化性能[J]. 石油学报(石油加工)，2008，24(5)：614-620.

[8] 朱怀江，杨普华. 化学驱中动态界面张力现象对气体效率的影响[J]. 石油勘探开发，1994，21(2)：74-80.

[9] LIU Qiang, DONG Ming-zhe, MU Shan-zhou, et al. Colloids and surface A: Physicochem [J]. Eng A Spects, 2006, 273: 219-228.

[10] 刘义刚，李彦阅，王楠等. 稠油乳化驱油机理及室内效果评价[J]. 海洋石油，2020，40(1)：29-35.

[11] 张兴佳，卢祥国，王威，等. 稠油油藏乳化降黏与"宏观和微观"转向联合作业效果实验[J]. 大庆石油地质与开发，2019，38(6)：102-108.

[12] 刘宝良，沈德煌，张勇，刘其成，等. SY/T 6315—2006，稠油油藏高温相对渗透率及驱油效率测定方法[S]. 北京：国家发展和改革委员会，2006.

[13] 卢川，赵卫，郭少飞，等. 稠油油藏降黏剂注入过程乳化机理可视化实验研究[J]. 重庆科技学院学报(自然科学版)，2017，19(2)：1-4.

[14] 蒋平，张贵才，葛际江，等. 波及系数对稠油化学驱采收率的影响[J]. 西安石油大学学报(自然科学版)，2011，26(4)：38-42.

[15] 赵福麟. EOR 原理[M]. 东营：石油大学出版社，2001：13-14.

[16] 张立娟，岳湘安，郭分乔. 驱油剂在孔喉中的微观流动和宏观渗流特性[J]. 油气地质与采收率，2008，15(3)：57-59.

[17] 王卓飞，郎兆新，何军. 稠油化学驱微观机理及数学描述研究[J]. 石油勘探与开发，2005，32(2)：113-115.

[18] 张民，王增林，杨勇，等. 利用"解—合"法分析稠油热水驱微观驱替效果[J]. 油气地质与采收率，2016，23(1)：85-89.

稠油油藏不同驱替方式提高采收率研究

孙 超 贾丽华 吴秀英 杨伟宇 张 泉

（中国石油化工股份有限公司胜利油田分公司勘探开发研究院）

摘 要 胜利油田水驱普通稠油油藏采油速度低、平均采收率低。本文在水驱+降黏驱油剂驱、降黏驱油剂驱、降黏压驱三管长岩心模型驱油实验的基础上，分析了压力、驱油效率等变化情况，明确了不同驱替方式对驱油效率的影响。明确了降黏驱油剂驱通过降黏以及乳化等作用，能有效扩大波及范围，提高驱油效率；降黏压驱可迅速补充地层能量，提高低渗储层驱油效率，但易窜流，最终驱油效率不理想，需控制压驱轮次。

关键词 水驱；降黏驱油剂驱；降黏压驱；三管长岩心模型；乳化；驱油效率

胜利油田以注水开发的普通稠油储量大，但是受稠油黏度高、储层渗透率级差大、埋藏深注水压力高等因素影响，导致水驱稠油的采油速度低、平均采收率低，面临如何提高水驱稠油采收率的问题。因此开展了降黏驱油剂驱以及降黏压驱，改善水驱开发效果，实现水驱普通稠油油藏大幅度提高采收率。本次研究利用普通稠油和不同渗透率储层岩心，开展了三管长岩心模型不同驱替方式提高采收率实验，通过对比不同岩心管的压力、驱油效率等变化情况，分析了不同开发方式的优缺点以及提高采收率机理。

1 实验准备

1.1 实验材料和装置

（1）实验材料

稠油一维驱油效率实验样品为长岩心，物性参数见表1。实验用水：金家油田模拟地层地层水，矿化度。实验用油：经脱水及过滤处理后的金家油田原油。地层温度下（48℃）原油黏度为1560mPa·s，属于普通稠油。

表1 岩芯样品物性参数表

实验	样号	长度/cm	直径/cm	Φ/%	Ka/ $\times10^{-3}\mu m^2$
水驱油+降黏驱油剂驱	No. 1	30. 0	2. 46	17. 5	174. 56
	No. 2	30. 0	2. 50	18. 9	327. 79
	No. 3	30. 2	2. 52	18. 7	589. 40
降黏驱油剂驱	No. 4	29. 9	2. 50	17. 6	149. 95
	No. 5	30. 0	2. 50	17. 9	378. 98
	No. 6	30. 0	2. 50	19. 4	529. 98
压驱+降黏驱油剂驱	No. 7	30. 0	2. 50	17. 0	102. 44
	No. 8	30. 0	2. 56	18. 3	222. 31
	No. 9	30. 0	2. 50	19. 0	627. 75

注：φ 为岩心孔隙度；Ka 为岩心空气渗透率。

岩心夹持器选用 YQ-I 型高压长岩心夹持器，夹持器参数如表2所示。

表2 夹持器参数表

型号	长度/cm	直径/cm	压力测点数/个	耐压上限/MPa
YQ-I	30	2. 5	5	50

降黏剂选用乳化降黏率高、界面张力低的J1。4种化学剂性能参数评价结果如表3所示。

表3 化学剂性能参数表

样品号	乳化降黏率	自然沉降脱水率	吸附后降黏率	界面张力/(mN/m)	pH 值
J1	97. 3%	82. 5%	95. 7%	2.1×10^{-2}	7. 0
J2	98. 0%	81. 3%	91. 9%	3.8×10^{-2}	6. 2
J3	97. 8%	86. 2%	93. 9%	4.3×10^{-2}	7. 0
J4	96. 2%	90. 6%	88. 9%	1.7×10^{-3}	6. 4

（2）实验装置

本此研究使用了稠油降黏驱油实验装置，实验装置主要包括驱替动力系统、岩心夹持器、温度控制系统和数据采集系统，如图1所示。

1.2 实验方法

稠油一维驱替实验采用非稳态驱替法，详细实验步骤见详细实验步骤见《中华人民共和国天

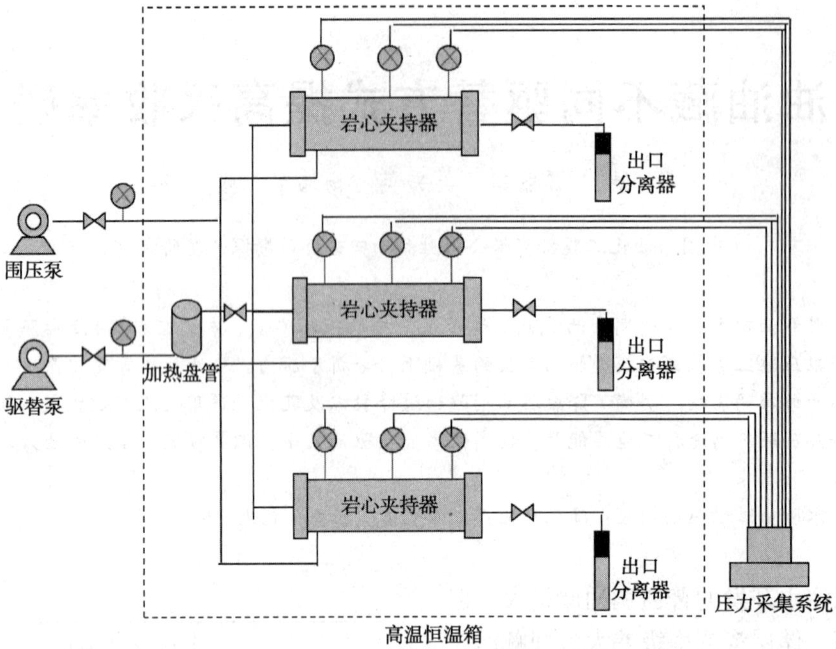

图1　稠油降黏驱油实验装置流程示意图

然气行业标准》SY/T 6315—2006。主要实验步骤如下。

(1) 水驱油+降黏驱油剂驱油

①岩样称重，饱和模拟地层水，计算空隙体积和孔隙度(φ)。②设定恒温箱温度为实验温度。③油驱水，建立束缚水饱和度(Swi)。④按照驱动条件的要求，以设定的驱替速度实施模拟地层水驱油；准确记录见水时间、见水时的累积产油量、累积产液量以及压力变化情况；见水初期，加密记录，根据出油量的多少选择时间间隔，随出油量的不断下降，逐渐加长记录的时间间隔；驱替倍数到达30倍孔隙体积或含水率达到98%时，转降黏驱油剂驱油。⑤按照驱动条件的要求，以设定的驱替速度实施0.3%降黏驱油剂溶液驱油；准确记录产液量、产油量以及压力变化情况；驱替倍数到达30倍孔隙体积或含水率达到98%时，结束实验。⑥处理实验数据，计算并绘制驱油效率关系图。

(2) 降黏驱油剂驱油

①岩样称重，饱和模拟地层水，计算空隙体积和孔隙度。(φ)；②设定恒温箱温度为实验温度。③油驱水，建立束缚水饱和度(Swi)；④按照驱动条件的要求，以设定的驱替速度实施0.3%降黏驱油剂溶液驱油；准确记录见水时间、见水时的累积产油量、累积产液量；见水初期，加密记录，根据出油量的多少选择时间间隔，随出油量的不断下降，逐渐加长记录的时间间隔；驱替倍数到达30倍孔隙体积或含水率达到98%时，结束实验。⑤处理实验数据，计算并绘制驱油效率关系图。

(3) 降黏压驱

①岩样称重，饱和模拟地层水，计算空隙体积和孔隙度(φ)。②设定恒温箱温度为实验温度。③油驱水，建立束缚水饱和度(Swi)。④关闭出口阀门，按照10mL/min的驱替速度，注入0.1PV0.3%的降黏驱油剂溶液，焖井至压力平衡；准确记录时间、各测压点压力。⑤打开出口阀门，以设定的驱替速度注入0.3%的降黏驱油剂溶液0.5PV；准确记录时间、产液量、产油量以及各测压点压力。⑥关闭出口阀门，按照10mL/min的驱替速度，注入0.1PV的0.3%降黏驱油剂溶液，焖井至压力平衡；准确记录时间、各测压点压力。⑦打开出口阀门，以设定的驱替速度注入0.3%的降黏驱油剂溶液0.5PV；准确记录时间、产液量、产油量以及各测压点压力。⑧关闭出口阀门，按照10mL/min的驱替速度，注入0.1PV的0.3%降黏驱油剂溶液，焖井至压力平衡；准确记录时间、各测压点压力。⑨打开出口阀门，以设定的驱替速度实施0.3%降黏驱油剂溶液驱油；准确记录时间、产液量、产油量以及各测压点压力等实验数据；驱替倍数到达30倍孔隙体积或含水率达到98%时，结束

实验。⑩处理实验数据，计算并绘制驱油效率关系图。

2 实验结果对比及机理分析

2.1 降黏驱油剂驱增强原油渗流能力，提高驱油效率

对比降黏驱油剂驱与水驱后转降黏驱油剂驱，降黏驱油剂驱可有效增强原油渗流能力，未动用区块降黏驱油剂驱在较少的驱替倍数下，即可大幅提高驱油效率至73.6%，较水驱提高30.2%；水驱后区块转降黏驱油剂驱，需要更多的注入量，且提高驱油效率幅度较小，提高量为20.7%；同时油滴的堆积卡堵使不同渗透率岩心驱油效率曲线均呈阶梯式上升趋势（图2、图3）。

2.2 降黏驱油剂驱提高储层均衡动用程度，扩大波及范围

从分流量变化情况看（图4），水驱时高中低渗分流量比例为47∶2∶1，降黏驱油剂驱高中低渗分流量比例为3.9∶2.1∶1，降黏驱油剂驱可有效提高储层均衡动用程度。

注入压力变化情况显示（图5），油滴乳化后的卡堵使注入压力波动上升。降黏驱油剂驱注入压力是水驱的4.8倍，水驱转降黏驱油剂驱压力提高3.3倍，有利于扩大波及范围。

2.3 储层渗透率越低，含油饱和度越高，乳化油滴堆积暂堵距注入井越近

直接实施降黏驱油剂驱时，各测压点压力监测情况显示，受乳化油滴堆积等因素影响，高渗岩心三测压点压力梯度分布均匀；中渗岩心乳化油滴主要堆积在第二、第三测压点之间，第二、第三测压点间压力梯度大；低渗岩心乳化油滴主要堆积在第一、第二测压点之间，第一、第二测压点间压力梯度大。储层渗透率越低，含油饱和度越高，乳化油滴堆积暂堵距注入井越近（图6、图7）。

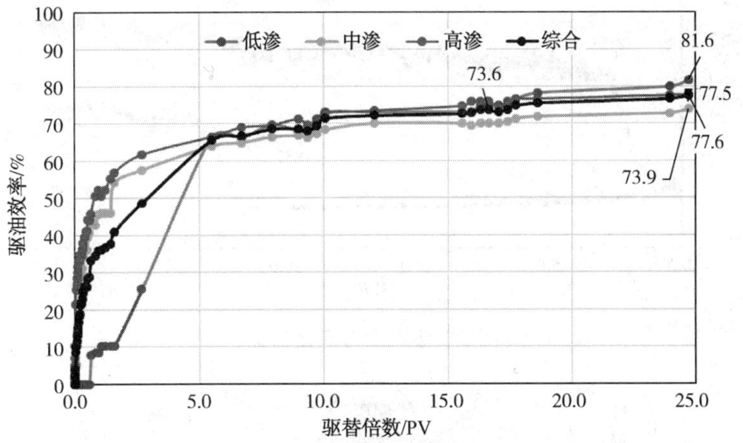

图2 降黏驱油剂驱驱油效率

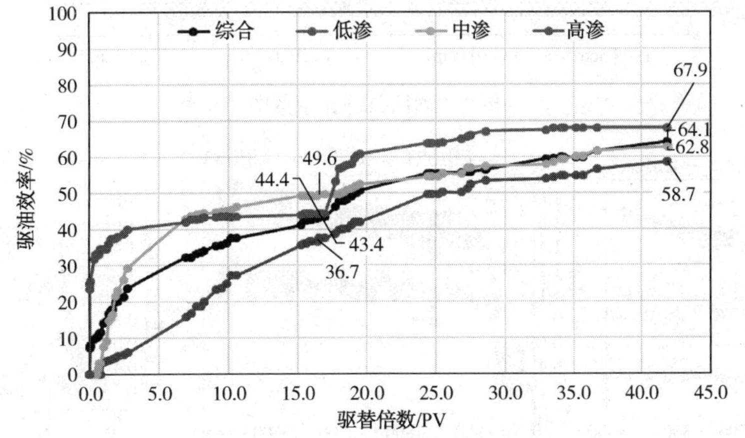

图3 水驱+降黏驱油剂驱驱油效率

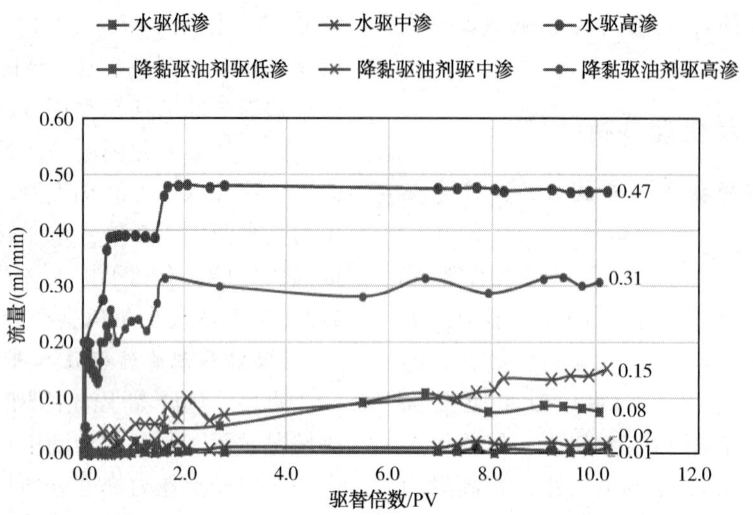

图4　分流量变化情况

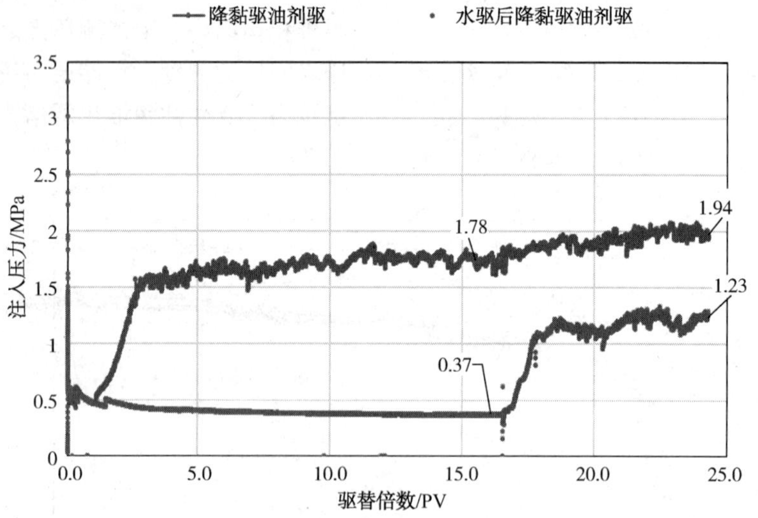

图5　注入压力变化情况

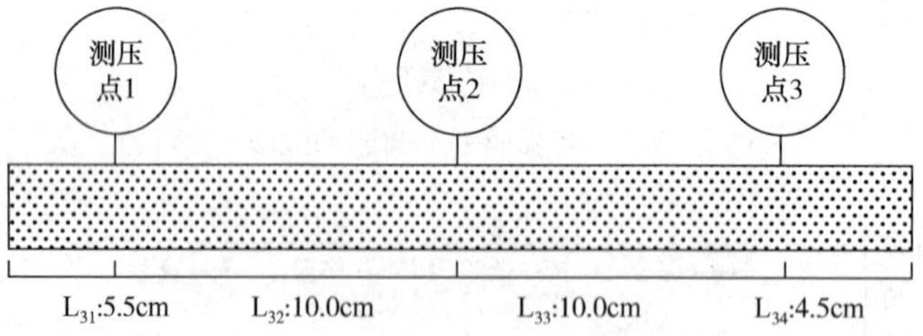

图6　测压点分布示意图

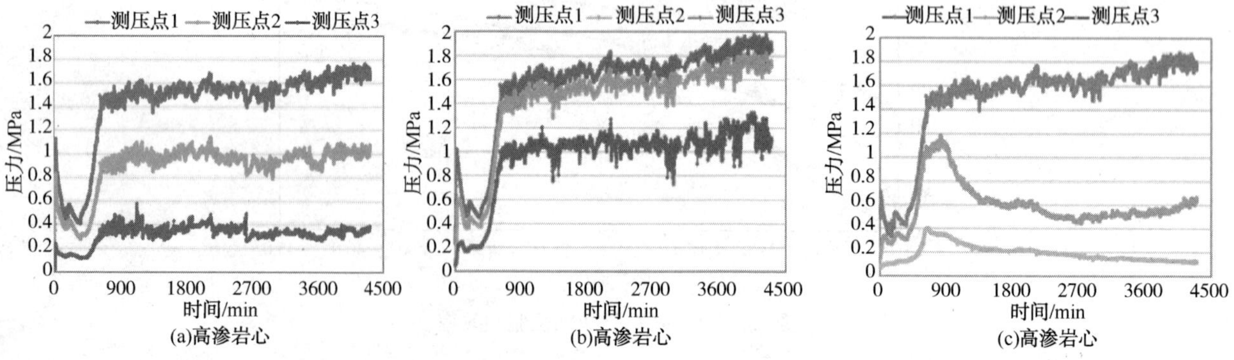

图7　注入压力变化情况

2.4　降黏压驱阶段快速提高综合驱油效率，但最终驱油效率不理想

不同驱替方式驱油效率对比实验显示：降黏压驱阶段(1.3PV)可以快速提高综合驱油效率至32.4%，较水驱提高17.55%，与降黏驱油剂驱基本相近；降黏压驱最终驱油效率较水驱提高11.3%，较降黏驱油剂驱降低10.93%(图8)。

从不同渗透率岩心驱油效率对比上看，降黏压驱阶段提高驱油效率主要体现在低渗储层上，低渗储层初期驱油效率得到快速提高，同比降黏驱油剂驱提高19.8%；综合驱油效率较低主要是由于转降黏驱后，中、低渗储层存在窜流通道，窜流通道含油饱和度低，无法形成有效的乳化堆积，造成驱油效率提高幅度小。

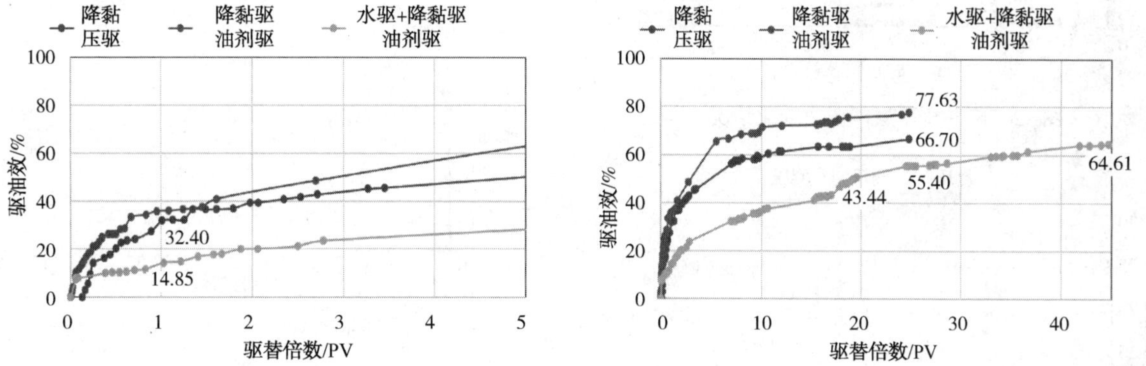

图8　不同驱替方式驱油效率对比

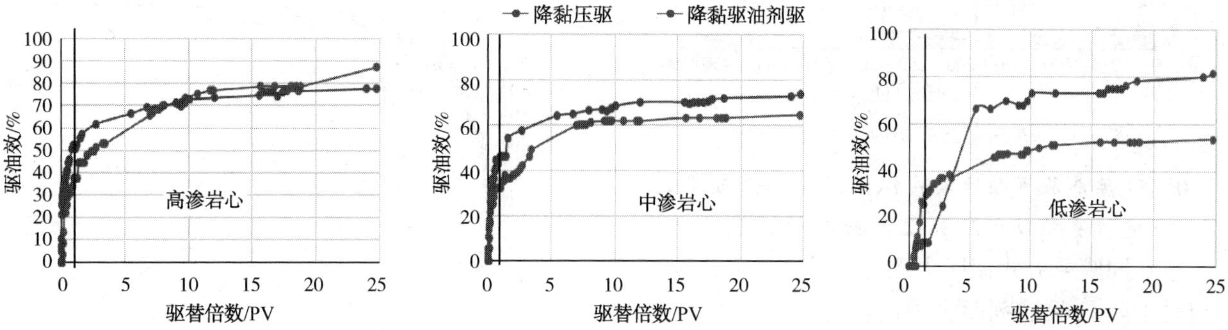

图9　不同渗透率岩心驱油效率对比

2.5　降黏压驱可迅速补充地层能量，压力扩散范围更大

从降黏压驱压力变化情况看，降黏压驱储层压力迅速升高，可以迅速补充地层能量，但不同渗透率储层受效情况不同。

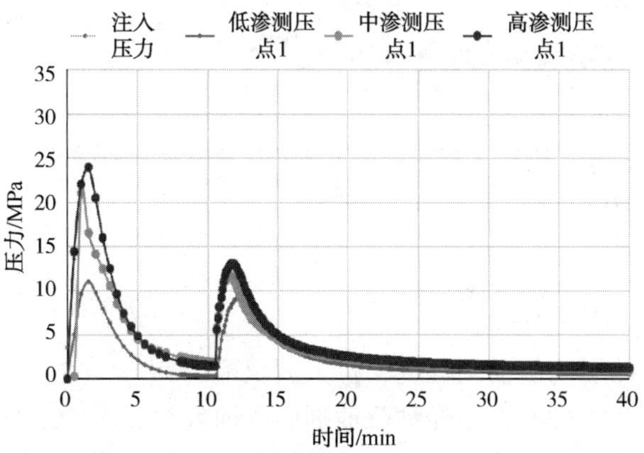

图10　第一轮压驱层间压力变化情况

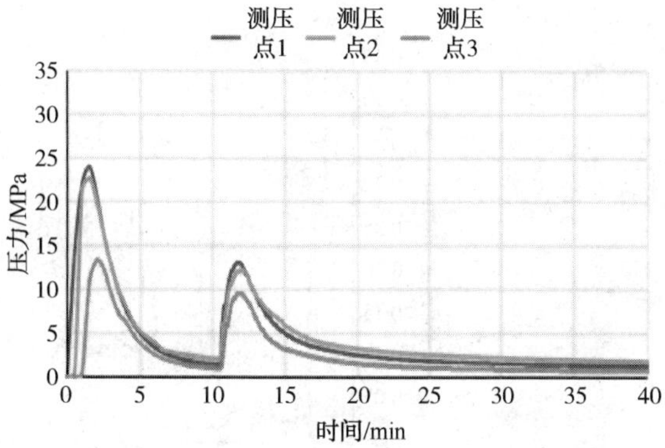

图11　第一轮压驱高渗层内压力变化情况

从不同轮次的降黏压驱压力变化情况上看，受乳化油滴堆积等因素影响，压驱压力随着轮次的升高逐渐上升；第一轮次压驱闷井时，高中低渗储层层间及层内压力呈梯度分布，储层间及储层内未窜通；第二轮次压驱闷井时，高中低渗储层层间及层内各部位压力相同，储层间及储层内均已窜通。

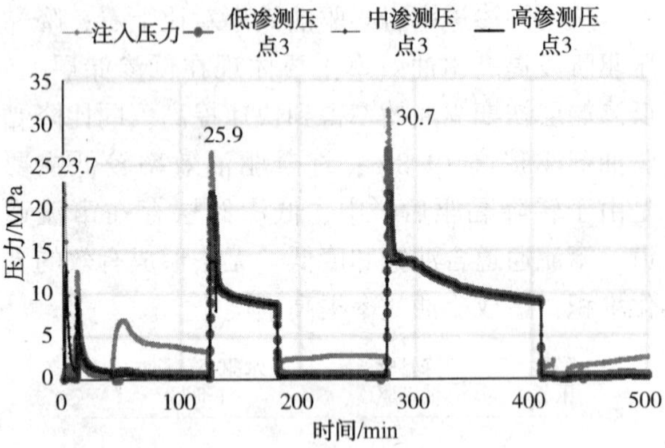

图 12　降黏压驱层间压力变化情况

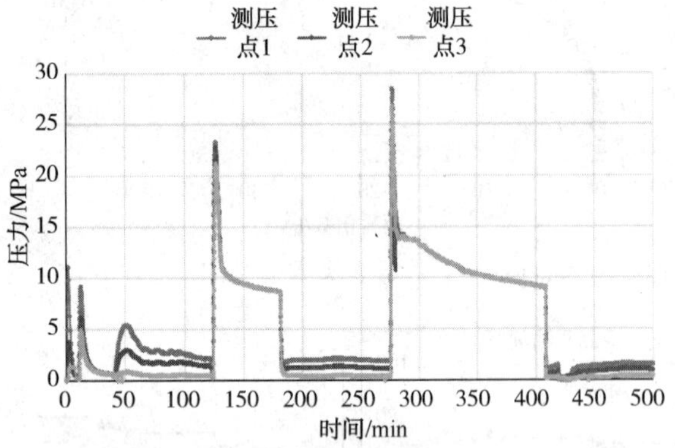

图 13　降黏压驱低渗层内压力变化情况

2.6　降黏压驱可快速动用低渗储层，但易窜流，建议压驱控制在 1~2 轮次

不同驱替方式储层含水变化对比显示，压驱相对于降黏驱油剂驱，中高渗储层含水变化较小，低渗储层含水含水上升快，主要是由于第二轮次降黏压驱时，低渗储层受高压影响形成水窜通道，造成含水快速上升；降黏压驱分流速度变化情况显示，三轮压驱低渗储层的分流速度比为 1∶4∶9，提高了 9 倍；综合含水以及分流速度变化，建议压驱控制在 1–2 轮次。

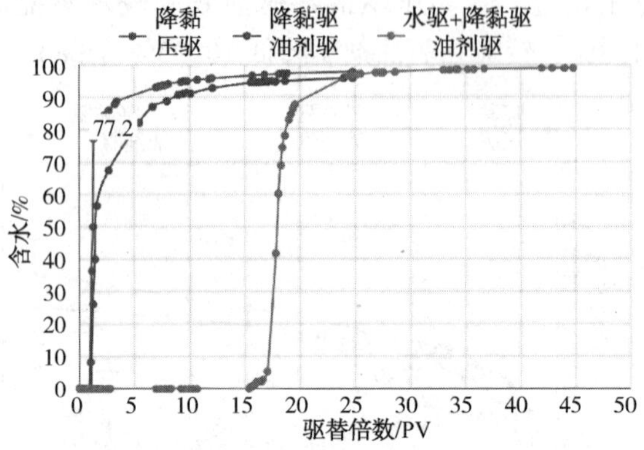

图 14　不同驱替方式低渗储层含水对比

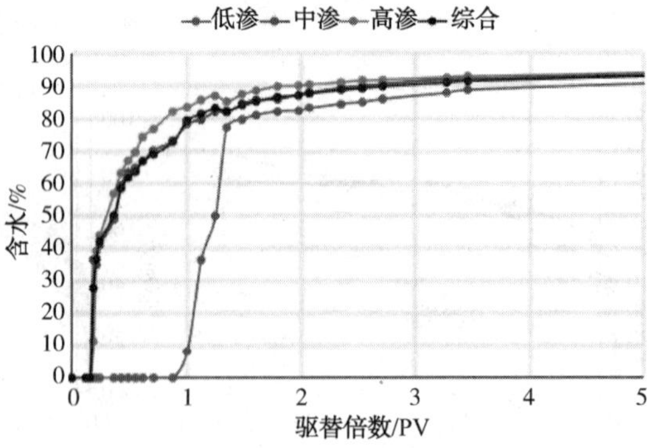

图 15　降黏压驱层间含水变化情况

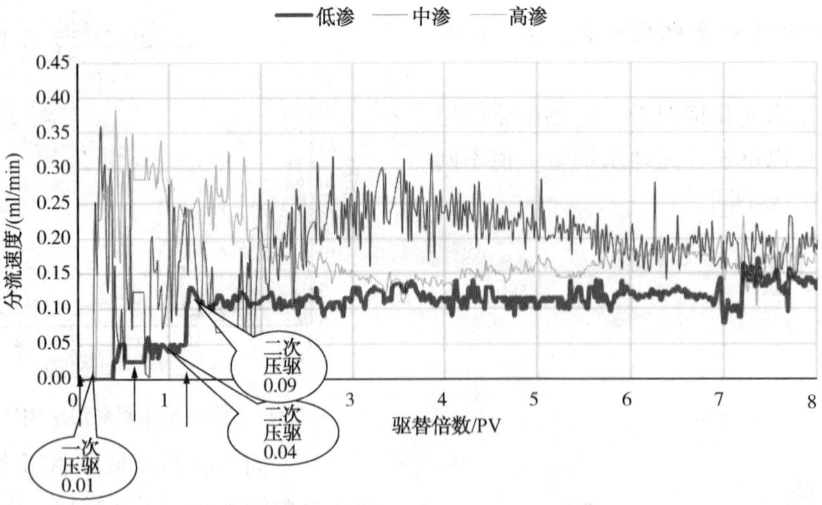

图 16　降黏压驱分流速度对比

3　结论

（1）降黏驱油剂驱可以增强原油渗流能力，提高驱油效率；且原油乳化堆积后，可有效提高储层均衡动用程度，扩大波及范围；

（2）直接降黏驱油剂驱驱油效率要高于水驱后转降黏驱油剂驱，未动用区块建议直接进行降黏驱油剂驱；

(3) 降黏压驱可迅速补充地层能量，压力扩散范围更大；初期可快速提高低渗储层驱油效率，但易窜流，最终综合驱油效率不理想，需控制压驱轮次。

参考文献

[1] 孙宝泉. 稠油蒸汽相对渗透率试验回压控制系统的改进[J]. 石油机械，2011，39(9)：5-7.

[2] 刘宝良，沈德煌，张勇，刘其成，等. SY/T 6315—2006 稠油油藏高温相对渗透率及驱油效率测定方法[S]. 北京：国家发展和改革委员会，2006.

[3] 蒋平，张贵才，葛际江，等. 波及系数对稠油化学驱采收率的影响[J]. 西安石油大学学报(自然科学版)，2011，26(4)：38-42.

[4] 赵福麟. EOR 原理[M]. 东营：石油大学出版社，2001：13-14.

[5] 王卓飞，郎兆新，何军. 稠油化学驱微观机理及数学描述研究[J]. 石油勘探与开发，2005，32(2)：113-115.

浅析稠油油田机采系统节电技术及应用

艾　强　白　川　李　勇　李　淑　母　丹

(中国石油新疆油田公司重油开发公司)

摘　要　在当前发展低碳经济的背景下，节能和减排的意识逐步提高，但在油田等工业生产领域，生产过程一般能耗较大。如何开展并做好节能、节电工作成为当今企业关注的重点，不但具备经济效益，同时具备良好的社会效益。本文结合稠油老油田区域采油生产过程中的用电特点，分析能耗发生的原因，总结出适用于生产现场的包括油井间抽控制、配电网减容并线、提高功率因数及应用自动化技术等8项措施，实现在节约电耗，优化采油产液单耗水平，达到节能减排、提高生产效益的目的。

关键词　稠油油田配电网，间抽，减容，功率因数，自动化，三相电动机

近年来，化石燃料消耗引起的环境问题越来越收到社会的关注，发展低碳经济已成为共识。在稠油老油田生产区域中，采油单井按热注轮次产出，其生产过程中机采使用率普遍较高，一般在80%以上，抽油机电机为主要耗能电气。同时，热注过程使用的锅炉柱塞泵、鼓风机配备功率较大，也为主要耗能电气。其次，电气容量配置、照明、电伴热等配套使用及线路损耗，同样造成电能消耗。结合稠油油田的生产特点，做好电能的配给管控，应用电力、自动化技术辅助节电工作，可有效控制油田生产的电能消耗，优化消耗及产出比，实现稠油油田的节能减排工作。

1　油田配电网电耗分析

油田生产属工业用电，一般来说其耗电构成区别于传统的生活用电，包括耗电量、占容量、功率因数及线损量几项关键电能指标，油田生产用电的电费构成亦是源于该四项指标。

1.1　稠油生产耗电特点

稠油较轻质原油相比一般为黏度高、密度大、流动性差的原油。热采技术通过向油层提供热能，提高油层岩石和流体的温度，增大油藏驱油动力，降低油层流体黏度，达到更好地开采稠油目的。常用的热采技术有注蒸汽或热水、火烧油层两类，注蒸汽的采油工艺包括蒸汽吞吐和蒸汽驱两种。

结合稠油热采的实施，油田生产使用电气一般具备的特点是：抽油机机采井数量较多、使用范围广，注输站库配备机泵功率大、配置容量高。由于大量三相电机的使用以及生产过程中负载的变化，造成配电网功率因数普遍偏低的情况；最后，由于油田滚动开发电网平衡发生变化，影响原有的电容平衡及补偿效果。结合电费的构成，具体影响分析见表1。

表1　电耗影响因素分析表

序号	关键参数	具体因素分析	重要性分析	量化分析
1	电量	电机功率配置高	较高	约65%
2		电机轻载时率高	关键	
3		伴热、照明等辅助电气使用效率低	一般	
4	变压器电容	大马拉小车、电网平衡变化	关键	约30%
5	功率因数	感性负载补偿不充分	关键	±5%
6		临时性大负荷负载	一般	
7	线损	电网长度合理性	一般	约0.5%
8	电参监测	辅助措施的电参监测点不足	较高	—

1.2　耗电量分析

一般来说，耗电量在电工学中称为电能，单位千瓦时(kW·h)。依据电工学电能消耗主要受功率和时率影响。油田广泛使用电动机，从采油单井的抽油机电机，到热注站的柱塞泵电机，再到输油及水处理系统的输油泵电机，功率配置自1kW至300kW不等，功率配置为耗电量的主导因素。

1.2.1　电动机功率配置偏高

稠油井生产主要包括采、注、输及其处理过程，其中注输过程的电动机负载率一般变化率不

大，管控较容易。采油井使用的抽油机在投产过程中，电动机配置一般按最大负载功率配置，同时为考虑上下冲程平稳，减少抽油机运行过程的重感负载，为此电机功率配置须再次放大。因此，采油抽油机配置功率本身偏高。

随着油田开发的深入，地下储量递减，注汽轮次内的产液水平降低，原有抽油机功率配置偏高，呈现轻载率逐渐偏高的情况，电能利用率降低。

1.2.2 抽油机轻载时率高

稠油热采在轮次生产过程中，机械产出负载率呈下降趋势，而生产时率一般变化不大。引用采油能耗指标吨液电单耗，其表述为产一吨液所消耗的电能。本轮产液量下降造成吨液电单耗下降，轻载时率造成电能浪费。

1.2.3 电伴热使用效率低

稠油热采生产方式的产液温度一般较高，但是以新疆油田为例，准噶尔盆地属戈壁沙漠地貌，冬季寒冷且风大降温速度快，因此为防止生产管网冻堵，需要在管网末端、计量管线等薄弱点兼顾部署保温及伴热设备。同时，此区域冬季持续时间长，相应的伴热周期较长，管网分布广，准确伴热需大量监测工作辅助，因此按气温变化伴热的效率低，电能损耗大。

1.3 占容量分析

电网企业根据用户变压器占容量，依据相关标准收取电费，即为基本电费，在油田配电网中变压器累计占容量影响基本电费。占容量体现配电网视在功率的配置情况，决定线路中电气所能达到的最大负荷。占容量偏高在用电方体现为变压器负载率低、电费增加，在供电方体现为发电机组为该线路配置更高的输出负荷、利用率低。因此，占容量同时影响供电方及用电方的能耗管控水平。

1.3.1 大马拉小车现象

变压器效率为输出有功功率与输入有功功率的比值，油田配电网一般使用6/10kV配电线路，线路中配置变比为0.4kV三相变压器，最佳使用效率为85%~90%。其配置过程考虑负荷该区域的最大产出的负载能力，由于生产过程中地层储量本身递减规律，电气负荷受其影响呈现下降趋势，而占容量保持不变，变压器的使用效率始终处于降低状态，轻载及空载现象逐步发生，即是变压器大马拉小车现象。

1.3.2 电网平衡变化

随着油田滚动开发的持续进行，变压器占容量若未随之变化，亦会造成高压配电线路的负荷配备不均衡，形成局部的变压器负载率过高或过低的现象。负载率过高造成电流过大，甚至接近于额定值，造成电气线路发热损耗，同时存在故障及安全风险；电流过载形成压降，影响该线路中低压侧电气的正常运行；负载率过低则造成大马拉小车现象。总之，容量配置不平衡造成的重载或轻载均会造成电能利用率低。

1.4 影响功率因数指标分析

功率因数是在交流配电系统中，有功功率与视在功率的比值，用 $\cos\varphi$ 表示，功率因数高则输出有功功率大。列举单台容量500kVA的变压器，功率因数 $\cos\varphi=0.9$，则变压器输出有功功率为450kW。结合生产实际情况，抽油机的往复动作其下冲程不做功，产液量降低则上冲程做功减少，其现象均体现为电气轻载运行，而用于变压器、电动机运行的感应磁场须无功电源，无功电源与有功电源满足一下公式：$S=\sqrt{(P^2+Q^2)}$。

无功功率增加则有功功率的占比减少。基于以上原因，油田配电网功率因数降低，电气运行效率随之降低。功率因数指标体现配电网输出有功功率的能力，同时也反映电能的利用效率，供电方对低于指标情况加收力调电费，其为供电方及用电方的重要管理指标。

1.5 配电网线损分析

任何配电网的线路配置在输电及配电过程中均存在能量损耗，其主要取决于线缆长度及电气数量产生的电阻值，以热量的形式散失。油田配电网在建设投用时负载均衡，其本身存在一定的线损量。随着新井及扩边生产，配电网长度加长，线损增加，同时无效的电能损耗造成线缆、电气发热，存在安全隐患。

2 稠油油田节电技术分析

根据上述影响稠油油田配电网的电耗分析，结合油田生产规律及工控变化情况，从电气效率、电气时率、占容量及功率因数指标等几个关键因素出发，有针对性的开展以下节电措施：

2.1 电力自动化技术应用

近年来随着信息自动化技术的发展，各传统工业都开始提高自动化程度，油田生产领域及电力行业也在其中。油田配电网应用自动化监测技术，对节能节电措施对开展起到重要的支撑作用。以几项典型的节电措施为例：控制时率节约总耗电量，通过抽油机电参数据掌握载荷变化，结合变化趋势在低负载情况下配合控制时率，在不影响产量的前提下实现节电。再比如减少电气或变压器的轻载现象，须采集电流、有功功率等参数，则可以及时掌握负载率的变化及趋势，优化调整配置电气功率及电容量。通过自动化技术提高用电效率的案例较多，其关键在于监测生产及电力运行的大量工况参数，分析其变化规律有效的识别电能使用效率，为精准供能和及时调配提供可靠的依据。

2.2　控制耗电量措施

2.2.1　优化电机配置

稠油油田机采使用的电动机随年限的增长，能耗水平高低不等，考虑稠油井吞吐及汽驱生产过程负载的周期性变化，抽油机电机的配置应考虑调速电动机，按生产工况的变化合理配置转速，降低轻载率，一般可实现电机节电10%~50%的潜力。同时，在具备条件的情况下尽量考虑节能电机的配备，使用永磁电机、高转差电机等可实现电机节电2%~6%的潜力。

2.2.2　抽油机间抽技术应用

根据稠油井机采生产负载变化，除控制功率配置外，另一项有效措施为控制时率，即控制轻载、空载过程的运行时率，在生产过程中一般称为抽油机间抽控制。间抽过程考虑采油生产过程中底层能量的积蓄，合理采取用能配置，达到采出与耗能的协调，避免空载的浪费。间抽技术应用须准确把握生产工况，避免影响产出，因此，一般须配备自动化监测及连锁控制技术，通过大量的监测数据判断电动机轻载、空载状态，合理介入间抽措施，提高采油效益。

2.2.3　优化电伴热等辅助应用

电伴热、照明等电气同样用于采油生产过程，但作为辅助，在开展节能措施时具有一定潜力。首先是电伴热，其为阻性负载，热能转化效率高，节能工作集中在控制时率。因此须准确识别管网的易冻堵薄弱点，结合温度、回压等参数监测，预判流体受滞情况，减少用电量。照明方面则建议采取逐步更替节能照明，节能灯具耗电量一般为传统灯具的1/6，在其生命周期内的购置、维修及耗能费用低于传统灯具，节电效率明显。

2.3　减容并线平衡电网容量

如上文所述油田配电网因生产的变化，面临新井投产、老井关停的生产变化，其变化造成配电网原有电容量配置不再合理，存在老区变压器负载率降低之趋势。因此，在没有新井潜力的情况下应考虑减容、并线，提高变压器负载率，确保变压器运行的良好工况。而在新井投产的情况下，应多考虑并网或可后期实现并网的组网方式，便于长期提高或平衡变压器负载。减少容量占用率不仅可节约用电方电费支出，同时减少供电方的低效电能配给，系实现油田生产节能节电减排的重要措施。

2.4　优化控制功率因数指标

2.4.1　做好无功补偿

功率因数指标体现配电网效率，油田配电网因大量使用三相电动机、变压器等感性负载，使其存在一定的无功功率，而生产的轻载工况影响配电网有功功率输出，加大影响功率因数指标。功率因数指标在低于0.9时发生电费，而高于该指标时则减收电费。因此控制指标不但实现节约用电，还可以进一步降低单价。油田中常用的管控方式为无功补偿，主要包括对注输站库大功率电动机的集中低压补偿方式；针对采油分散小功率电动机部署的低压分散补偿方式，其补偿切入点一把在变压器低压侧；最后是针对电网负载变化的高压补偿，其补偿切入点一般位于末端节电或出现汇聚点，用于补充低压补偿未达到的目标。在具体使用时三种措施相结合效果更加明显。

2.4.2　临时大负荷用电管理

老油区的后期生产过程中，为提高采收率，采用注聚、火烧油层等增产措施，一般伴随使用大功率电气，如注聚机泵功率高于150kW，火烧油层的空压机超过500kW，其运行时造成电网不平衡及补偿不足，降低整个配电网效率。因此，开展临时性措施使用大功率电气时，须同时考虑无功补偿及节能电气配置。

2.5　优化电网控线损

油田使用的6/10kV配电网高效输电距离不超过20千米，距离长造成压降大及电流热损。因此老油田滚动开发时，新增负荷须考虑配电网长度，延长时须平衡无效输送，控制供电半径，减少线损提高供电质量。

3 效果分析及结论

对比某稠油区块开展节电措施的年耗电情况，见图1。

电耗水平下降9%，累计节约电量621万度，构成如图2所示。

间抽、减容并线及功率因数管控为关键措施，占主导地位，自动化技术为关键措施提供数据支持；优化电气、电网配置更多取决于建成初始；平衡负荷及管控临时用电则更重视生产运行过程的管控；辅助措施使节电方法更加全面。在节电同时，累计吨液电单耗对比如图3所示。

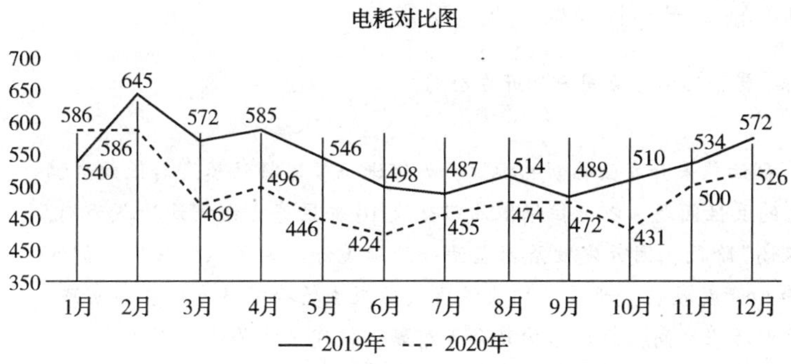

图1 年耗电量对比图

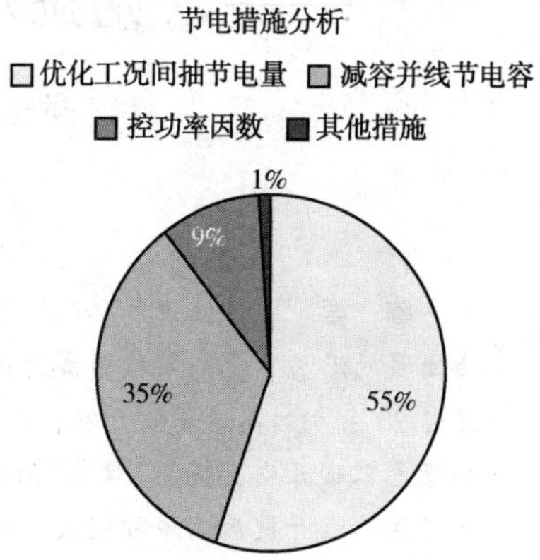

图2 节电措施效果分析图

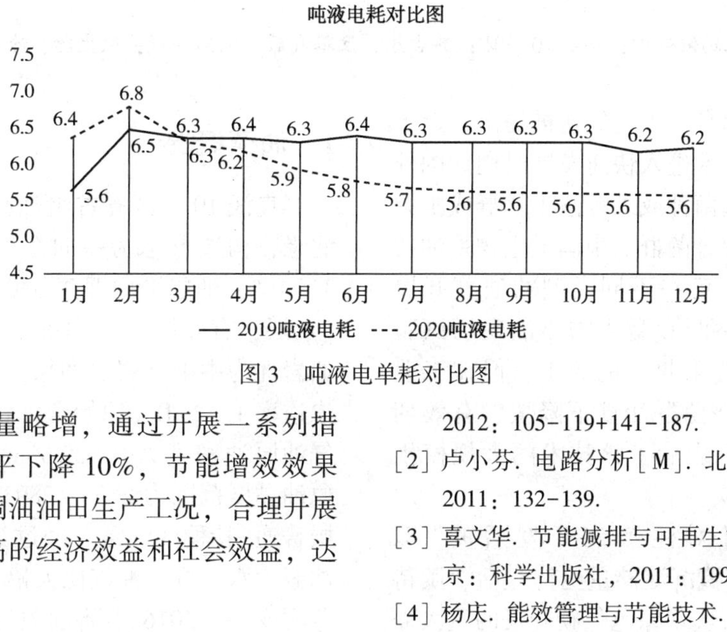

图3 吨液电单耗对比图

该稠油油区产量略增，通过开展一系列措施，吨液电单耗水平下降10%，节能增效效果明显。因此，结合稠油油田生产工况，合理开展节电措施，具有很高的经济效益和社会效益，达到节能减排的目的。

参 考 文 献

[1] 吴延荣. 电工学[M]. 北京：中国电力出版社，2012：105-119+141-187.

[2] 卢小芬. 电路分析[M]. 北京：中国电力出版社，2011：132-139.

[3] 喜文华. 节能减排与可再生能源知识手册[M]. 北京：科学出版社，2011：199-201.

[4] 杨庆. 能效管理与节能技术. 国家电网公司营销部，2011. 7，121-181.

[5] 林文荣. 电机学[M]. 北京：中国电力出版社，2011：43-50+121-125.

注蒸汽后低效益稠油油藏微生物冷采技术探讨与实践
——以克拉玛依克浅10井区齐古组油藏为例

郑爱萍 冀 楠 宋 栋 刘 欢 敬思伟

(中国石油 新疆油田分公司重油开发公司)

摘 要 在低油价和“双碳”背景下，稠油热采开发面临新的挑战，如何进一步发挥注蒸汽后低效益稠油油藏的潜力、提高采收率成为行业面对的共性问题。以克拉玛依油田克浅10井区齐古组稠油油藏为例，经过20余年的高速高效开发，已进入“双高”阶段，因开发效益变差油井陆续关停。为了从源头实现稠油的绿色零碳开发，提高“双负”油藏采收率和开发效益，开展了稠油注蒸汽后微生物冷采技术研究与实践。针对注蒸汽开发后油藏亏空大、油藏菌群灭活程度高、菌种结构复杂等难题，构建了注蒸汽后稠油油藏微生物三元开采体系，创建了循环驱替的低本本开采模式，形成了10注30采的开发规模，基本运行费下降到577元/吨，微生物绿色冷采技术使注蒸汽后低效益稠油油藏走出了困境，为同类油藏提高采收率提供借鉴。

关键词 克拉玛依油田；克浅10井区；齐古组；注蒸汽后；稠油油藏；微生物；冷采；提高采收率

微生物采油技术自二十世纪初被提出，近十几年来微生物采油技术进入快速发展时期。国外采油微生物多为筛选菌种或外源微生物群或本源微生物群，部分是混合菌群。中国微生物采油技术的发展比较迅速，已在不同类型的油藏开展大量试验，在单井吞吐和微生物驱油现场试验中均见到增油或提高采收率的效果，但在工业应用过程中仍然存在菌群活性下降快、有效期短、成本高等问题，影响了该技术的大规模推广应用。

本文主要是针对注蒸汽开发后的“双高”、“双负”稠油油藏沉淀储量亟待盘活、亟待降低开采成本、亟待实现绿色低碳开发的重大需求开展研究与实践，技术难点体现在稠油油藏注蒸汽后菌种灭活程度高、内源菌群被破坏后内源菌种类较少，菌群复杂、稳定的目标菌群建立难，地层压力保持程度极低、不足20%。本文以实验为基础，采用动静结合的技术手段，分析了稠油油藏长期注蒸汽开发后油藏微生物菌群结构变化特征及稠油油藏微生物开采提高采收率作用机理，构建了注蒸汽后期低效益稠油油藏微生物三元开采体系，并制定了微生物采油配套工艺技术，实现了低效稠油油藏微生物冷采提产提效、提高采收率的目的。

1 油藏概况

克浅10井区齐古组油藏位于准噶尔盆地西北缘，构造形态为一向东南缓倾的单斜，倾角3°~10°，油层平均埋深340m，油层主要集中在$J_3q_3^2$层，有效厚度4~10m，平均7.4m，主要含油岩性为中细砂岩。油层平均孔隙度为28.8%，渗透率1.42mD，原始含油饱和度66%，地面脱气油原油密度为0.932g/cm^3，20℃时地面脱气原油黏度范围为2633~28937mPa·s，为浅、薄层普通-特稠油油藏。经过20余年的高效开发，油藏含水上升，油汽比大幅下降，油藏开发效益急剧变差，2016年陆续关停，关停前平均采出程度41.4%。

2 注蒸汽后微生物驱油机理

稠油微生物冷采技术是将定向筛选的可降解稠油的微生物及激活体系或高效生物制剂注入地层，通过内外源微生物及其产生的代谢产物对地层稠油进行作用而进行的强化采油方式。其主要的作用机理如下：

（1）稠油烃降解功能微生物能够分解稠油中分子量较大的烃，释放CO_2、CH_4、N_2、H_2等气体，烃降解微生物作用后，稠油平均分子量下降，同时释放的气体部分溶解在稠油中降低原油黏度，提高稠油流动性。

（2）在内外源微生物激活培养过程中，部分微生物可以代谢出具有表面活性能力的双亲表活剂，如鼠李糖脂、槐糖脂等，这些表活剂可以通过乳化稠油而降低稠油黏度，增强稠油在地层中的流动能力。

（3）微生物在地层繁殖过程中，还可以代谢出小分子酸，起到溶解地层岩石和地层胶结物，提高地层渗透率的作用。

3 注蒸汽后菌群结构分析

稠油油藏经过长期蒸汽开发后，因蒸汽波及程度不同导致油藏菌群结构发生了较大的变化，因而如何搞清楚油藏内微生物采油功能菌群的结构及特征是首先要解决的难题。根据油藏开发动态特征和油层的温度差异将克浅 10 井区齐古组油藏分成三类，分类反映不同区域受注蒸汽影响的程度：部分区域地层温度一直保持在较低水平、接近原始地层温度，代表了蒸汽未波及区，主体区域温度已下降至 40℃～50℃，代表蒸汽弱波及区域，而部分油环封闭的区域油藏温度仍维持 70℃以上水平，代表受蒸汽灭活影响较大的区域。受蒸汽灭活影响不同、油藏微生物菌群特征也不相同。

在蒸汽未波及区，目前的菌群特征可以代表原始油藏菌群特征，油井的主要生产特征为目前采出液温度与原始井温相同，且生产动态反应蒸汽驱开发期间受蒸汽影响较小，长期汽驱不受效或者汽驱波及程度较弱，代表储层受蒸汽影响较小。采油功能菌以 Proteobacteria（变形菌门）为主，且具有很高的丰度，以假单胞菌（pseudomonas）为主，其次为乳杆菌（Lactobacillus）。

在蒸汽弱波及区，目前的菌群特征可以代表油藏蒸汽弱波及后的油藏菌群特征，油井的主要生产特征为目前采出液温度与原始井温接近，且动态反应蒸汽驱开发期间汽驱受效，油井长期维持中低温生产（50～70℃）。采油功能菌以 *Proteobacteria*（变形菌门）为主，且具有很高的丰度。

在蒸汽主要波及区、对菌群灭活程度高的区域，油井的主要生产特征表现为井口产液温度长期保持在 70℃以上，储层经过充分的蒸汽驱波及，菌群经过充分灭活并处于主冷凝水通道内，随关停时间延长，耐温菌沿冷凝水通道形成扩散，形成了以耐温菌为主要封堵的菌群特征。主要采油功能菌以耐温性好的乳杆菌（*Lactobacillus*）为主。

4 微生物功能菌群优选

4.1 微生物对原油乳化作用评价

乳化性能按照微生物作用后样品颜色、乳化油珠粒径及降黏率三个指标进行综合评价，其中乳化油珠粒径为核心指标。三株不同功能微生物菌剂乳化性能优越，其中 6-2 菌株对油品分散效果最好，油珠分散粒径小，5μm 以下粒径占比达 52%，5～10μm 占比 36%，大于 10μm 颗粒粒径只有 12%。6-2 菌株的降黏率最高，为 53.95%，1-2 和 6-1 菌株原油降黏率分别为 46.76%、44.78%。

4.2 微生物对原油烃降解能力评价

三株功能菌剂对样品 S 稠油烃降解能力不同，其中，6-2 菌株的降解率为 30.3%，6-1 为 20.1%，1-2 为 9.9%。不同功能菌株对样品 S 原油降解后的组分差异较大，显示功能微生物对杂多环降解方向不同，6-2 菌株降解胶质的能力更强，经过 6-2 菌株作用后，稠油样品中胶质沥青质总量由 41.22% 下降至 27.91，饱和烃、芳烃含量上升了 14.23%，大幅度改善了油品的流动性能。大分子杂多环化合物经过降解后，原油中饱和烃含量上升，稠油平均分子量下降，饱和烃和芳香烃含量的增加，对稠油起到了“掺稀”降黏作用（表 1）。

表 1 三株菌摇床培养 7d 后四组分对比表

样品	烷烃/%	芳烃/%	胶质/%	沥青/%	胶质+沥青/%
样品 S	37.32	20.45	34.37	6.85	41.22
1-2 作用	37.587	22.59	35.149	4.549	39.70
6-1 作用	42.827	20.237	30.622	6.23	36.85
6-2 作用	47.089	24.918	22.512	5.397	27.91

4.3 能微生物对稠油杂多环化合物的降解作用

稠油中含一个氮元素（N_1类），或者两个氧元素（O_2类）的杂多环化合物对原油黏度的贡献较大，稠油中胶质和沥青是含氮杂环的主要代表物，吲哚和咔唑系列也是稠油黏度增加的重要含氮元素的组分。含两个氧元素的杂环化合物通常是具有一定表面（乳化）活性的酯，有利于稠油黏度的降低。

图 1 是样品 S 经 6-2 菌株作用 7d 后杂多环

化合物组分的变化，其中对稠油黏度贡献较大的含氮杂环结构的组分相对含量下降了35%。对原油乳化降黏作用的含两个氧的杂环结构相对含量增加了58%。质谱分析显示，经6-2菌株作用后，样品S中650m/z谱峰附近的化合物峰值明显增加，对稠油黏度降低的贡献较大，易乳化分散成细小颗粒。

6-2菌株对稠油杂多环结构的降解，一方面降低了对稠油黏度上升影响较大的含氮多环化合物含量，降低了原油黏度。另一方面，通过拆散含氧多环化合物结构形成的代谢产物，增加了原油乳化降黏能力。

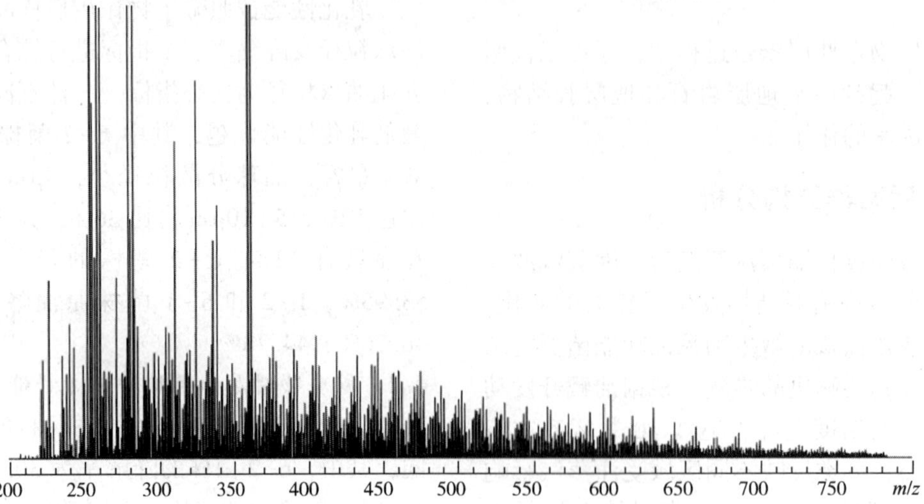

(a)样品S高分辨率质谱图

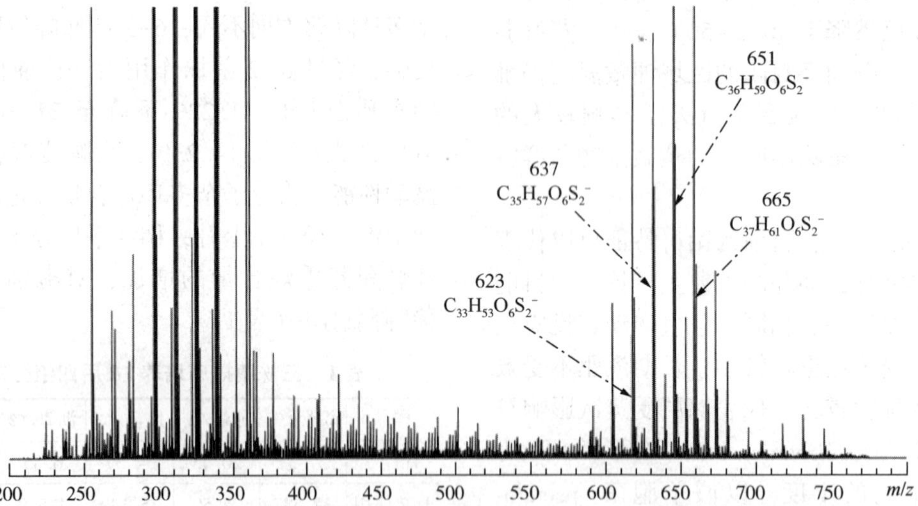

(b)样品S经6-2菌株降解后高分辨率质谱图

图1

5　注蒸汽后稠油油藏微生物三元开采体系构建

注蒸汽油藏蒸汽波及的差异性导致微生物菌藏的存在差异，构建注蒸汽后稠油油藏微生物冷采三元开采体系，是确保注蒸汽后稠油油藏微生物冷采驱油成功的关键。三元开采体系即内外源功能微生物体系、活性激活保持体系和助表剂辅助增溶体系。三元开采体系有利于加强内外源微生物代谢物质交流及细胞间相互接触耦合，构建油藏内部稳定的采油功能微生物群落，达到改善驱油效率、提高采收率的效果。

内外源功能微生物体系：本次共选择了15株不同功能烃降解菌进行评价，其中10株为菌库中前期筛选的不同功能烃降解菌，2株为胶质沥青菌，3株为克浅10井区蒸汽未波及区、低产液温度油井所取混合油样中提取的烃降解菌株。在实验室按原油5%，菌株接种量5%(对数生长期)，37℃ 220r摇床培养一周。摇床培养后，根据原油乳化效果进行优选，以水相浑浊，原油分散成乳液状为筛选标准。根据乳化特征初步筛选了乳化效果最优的8株菌，来来自克浅混合样的6-2菌株确定为内源优势功能菌，1-2胶质沥青菌确定为外源功能菌。

活性激活保持体系：包括主激活剂和辅助激活剂。活性激活保持体系的筛选是以确定的内外源功能微生物为核心，通过建立功能菌株的浓度、对原油的乳化效果、降解率和界面张力作为评价指标，优化了6-2菌株菌株专属的主激活剂(表2)，室内实验结果显示，在不同激活营养剂条件下，激活剂A表现出对微生物菌剂生长最敏感，微生物菌浓和克浅10井区混合油降解率普遍升高，乳化效果明显提高且较为稳定，能够起到刺激菌种生长，缩短其适应周期，从而加速微生物菌剂对原油的利用，因此选择激活剂A为克浅10井区定向主激活营养剂。辅助激活剂优化，则是在以往实验的基础上，通过加入不同菌株+主激活剂+辅助激活剂的活性激活保持体系对原油降解后界面张力变化为判断依据，确定最优辅助激活剂(表3)。室内室验结果表明：2号辅助激活剂的乳化特征最好。

表2　不同激活剂体系下评价指标对比表

评价指标	原始培养基	A	B	C	D
乳化评级	1	2.50	2.00	0.00	2.50
OD600	0.906	2.59	2.06	1.06	2.63
降解率/%	8.7	19.05	14.55	16.50	9.60

表3　不同辅助激活剂作用后界面张力对比

mN/m

油样	1号	2号	3号	4号
克浅混合油	12.56	0.32	3.04	4.565

助表剂辅助增溶体系：为进一步提升微生物与原油接触的机会，选择添加助表剂强化其与原油的接触，通过乳化分散能力的评价进行优选。在已筛选出的内外源功能微生物菌剂+定向激活剂+辅助激活剂的基础上进行实验评价。实验结果显示，添加0.2%助表剂后轻微摇晃，油品快速拉丝成细丝状，增大了菌剂体系与稠油组分接触的接触面积。

6　矿场试验

克浅10井区微生物试验，将原来蒸汽驱反九点井网调整为反五点微生物冷采驱油井网。原蒸汽驱井组的角井调整为反五点井网的注入井。

利用井区中心处理站和储油罐，建成了地面循环注采系统，采油井采出液集中进入经过油水分离，采出液菌群检测，功能微生物和定向激活剂定期补充后进行回注，建成了闭环的低成本的微生物循环注采开发模式。

选择与本源微生物同菌属的烃降解菌及定向激活剂，进行油藏微生物菌群培育，经过一段时间培育后，再实施微生物循环注采。单井注入微生物菌剂波及范围15m~20m，并设计焖井培育时间150d，依靠微生物在油藏环境中的繁殖及扩散，形成有利于稠油冷采的微生物环境。在采油井中注入定向激活剂及6-2菌株发酵液进行微生物焖井培育，以先期形成优势功能微生物菌藏。焖井4个月后开井生产，采出液分离后检测菌群变化，添加定向激活剂、激活助剂并适当补充发酵液进行回注，形成持续功能微生物菌藏培育。由于试验区地层亏空较大，初期微生物冷采驱油开发以补能为主、后期逐步提高采注比，采注比由0.9提高至1.2。

试验区于2020年7月投产，形成10注30采的试验规模，截止2021年7月，累积产油3627t，平均单井日产油达到0.57t/d，基本运行费由注蒸汽的2057元/吨下降到577元/吨。

7　结论与认识

(1) 注蒸汽后低效益稠油油藏微生物冷采增油效果明显，克浅井区年增油量平均2000t，基本运行费由注蒸汽的2057元/吨下降到577元/吨，为稠油油藏的提质增效提供了新的思路。

(2) 构建的稠油微生物三元开采体系和采出液回注+微生物循环驱替的开采模式，解决了薄浅层稠油注蒸汽后进一步提高采收率的难题。

(3) 注蒸汽后稠油老区微生物冷采不仅实现了提高采收率的目的，也是一种绿色低碳低能耗、可持续的开发方式，具有推广价值和重要的现实意义。

参 考 文 献

[1] 汪卫东. 微生物采油技术研究进展与发展趋势[J]. 油气地质与采收率，2021，28(2)：2-9.

[2] 黄世伟，张廷山，霍进，等. 新疆油田稠油微生物开采矿场试验研究[J]. 天然气地球科学，2005，16(2)：777-780.

[3] 侯维虹，纪平，张义江，等. 稠油段油层近井微生物吞吐试验[J]. 大庆石油地质与开发，2001，20(2)：133-134.
[4] 杨峰，高金峰，赵明宸，等. 微生物采油技术在营6断块的研究与应用[C]. 2003 年三次采油技术论文集. 北京：中国石化出版社，2003.
[5] 王红波，彭晓钟，吴运强，等. 克拉玛依油田六中区地层水内源微生物激活现场试验[J]. 新疆石油地质，2011，32(5)：524.
[6] 李明，王红波，钱玉祥，等. 克拉玛依油田七中区内源微生物驱矿场试验生化指标跟踪与评价[J]. 油田化学，2017，34(2)：323-328.
[7] 林军章，汪卫东，胡婧，等. 胜利油田微生物采油技术研究与应用进展[J]. 油气地质与采收率，2021，28(2)：19-26.
[8] 黄世伟，张廷山，霍进，等. 稠油微生物开采在新疆油田的现场应用[J]. 新疆地质，2006，24(1)：85-87.

新疆浅层超稠油油藏微生物冷采技术研究

薛 毅 肖鲜东 赵 婷 鲜 菊 王 静

（中国石油新疆油田公司）

摘 要 针对超稠油常规开发区，常因地表窜漏而无法正常注汽，且随着边水推进蒸汽热利用率降低，蒸汽吞吐生产效果变差。为有效动用此类油藏亟需开展稠油冷采技术，目前稠油冷采主要通过乳化降黏改善流度比，增加原油流动性来提高采出程度。本次冷采试验主要采用微生物乳化降黏冷采方式，注入筛选自本区块油藏的微生物，激活原油中的本源微生物，再注入一定量的激活剂，使微生物繁殖代谢，乳化原油，形成水包油体系，从而降低流度比，提高单井产量。此项技术通过内源乳化菌的研制和筛选，以及适合的激活剂筛选，找到适合本区域油藏生产条件的内源菌，进而激活地下原油中的微生物，使之与原油发生反应，实现地下冷采。在开井之后，结合其他增能引效的技术和方式，进一步提高单井产量。

关键词 超稠油；微生物；冷采

目前国内超稠油油田中后期开发阶段，蒸汽吞吐效果逐渐变差。为改善油藏整体开发效果，稠油冷采技术逐渐兴起，该项技术主要通过各种制剂来降低原油黏度，提高原油流动性，改善流度比。微生物乳化降黏冷采通过注入筛选自本区块油藏的微生物，激活原油中的本源微生物，再注入一定量的激活剂，使微生物繁殖代谢，乳化原油，形成水包油体系，降低流度比，提高单井产量。该技术通过现场实验，取得了阶段性成果，为新疆超稠油中后期开发提供了一条新的技术途径。

1 微生物冷采机理研究

由于原油中含有天然乳化剂(胶质、沥青质等)，当原油含水之后，易形成 W/O 型乳状液，使原油黏度增加。设法将 W/O 型乳状液转变成 O/W 型乳状液，则黏度将大幅度降低。利用外源菌激活内在微生物，产生 CO_2、表活剂等一系列代谢产物，降解原油大分子，乳化原油，形成水包油乳状液。

1.1 降低原油黏度，增加流动性

微生物可以石油中的烷烃为碳源进行生长繁殖，生长过程中产生的酶可降解原油中的重组分，改变原油组分、物理性质，降低凝固点、黏度、临界温度和压力，从而降低原油黏度，增加其流动性。

1.2 产生烃类气体，补充能量

大多数微生物在代谢过程中都会产生二氧化碳、氢气、甲烷等，增压并降低原油黏度，提高原油流动能力。

1.3 降低界面张力，提高驱油效果

微生物的生长代谢过程产生低分子量的醇、脂肪酸、糖脂、生物表面活性剂等，能降低油水界面张力，改善原油的流动性，提高驱油效果。同时生物表面活性剂会改变油藏岩石表面润湿性，从亲油变成亲水，使吸附在岩石表面上的油膜脱落，油藏残余油饱和度降低，从而提高原油采收率。

2 微生物筛选及评价

乳化降黏冷采技术能否实现，关键是本区块内源乳化菌筛选、复配和培养。(图 1、表 1)。传统培养微生物采用的是富营养基、恒温条件，此方法筛选时间较短，与原油适应性较弱。本实验创新采用油田现场采出液为培养基，并以现场油藏实际的温度为条件进行微生物的筛选和培养，确保最佳的配伍性。传统筛选微生物更多的是在水相中寻找，这种筛选方法比较成熟，成功率较高；难度较大的是如何在油相中寻找特定的微生物。通过特定的技术手段，目前采用穿刺接种、菌种配伍性、菌株复配实验等，再通过恩式蒸馏法、色谱分析法、色谱柱分离法等分析原油被发酵前后的变化。

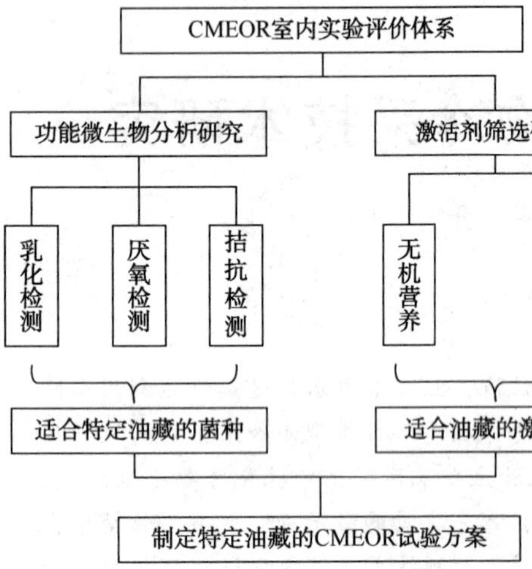

图1　CMEOR室内试验流程图

表1　EOP技术室内研究内容表

顺序	室内研究内容	确定项目	周期	本区块难点
1	功能菌群筛选	筛选出合适的外源激活菌	2~3个月	原油黏度大，微生物培养周期可能较长，室内乳化时间不确定，微生物消耗原油重组分时间较长，补充营养剂量增加，导致最终焖井时间较长
2	营养剂筛选	确定最佳的营养剂	1~2个月	
3	不同配比试验	明确各段塞浓度和总规模	15天	

2.1　微生物的筛选

(1) 培养基组成与配制

① 分离降解石油微生物的无机盐溶液

主要成分包括：NaCl、$(NH_4)_2SO_4$、$MgSO_4 \cdot 7H_2O$、$NaNO_3$、KH_2PO_4、$K_2HPO_4 \cdot 3H_2O$。

② 以原油为碳源的液体培养基

在50mL厌氧培养瓶中加入原油0.2g，按厌氧液体培养基制备方法分装无机盐溶液10mL，120℃蒸汽灭菌20min，然后用无菌注射器注入2mL ATS溶液和0.2mL 1.0% Na_2S 和 $NaHCO_3$ 溶液。

③ 以原油为碳源的固体培养基

无机盐溶液添加酵母膏0.1%，原油4.0%，琼脂2.0%，调PH值7.0~7.2，0.1MPa灭菌20min。

④ 以葡萄糖为碳源的固体培养基

无机盐溶液添加酵母膏0.1%，葡萄糖2.0%，琼脂2.0%，调PH值7.0~7.2，0.7~0.8MPa灭菌20min。

⑤ 以葡萄糖为碳源的液体培养基

无机盐溶液添加酵母膏0.2%，葡萄糖2.0%，琼脂2.0%，调PH值7.0~7.2，0.6~0.7MPa灭菌20min。

(2) 厌氧菌种的富集培养与分离纯化

① 将适量的污水及原油0.2g放入厌氧培养瓶重(每个样品做0%和10%矿化度)，按严格厌氧操作取适量的无机盐溶液，40℃，200~250rpm摇床培养7天。

② 0.5mL上述培养液注入以原油为碳源的厌氧液体培养基，相同条件培养7天。

③ 对上述培养液进行NO_2-离子检验，若有红色反应，则取其培养液0.5mL稀释到一定程度，在葡萄糖培养基上涂布，放入真空干燥箱内，真空箱密封抽真空30min，然后充入高纯度氮气，再抽真空10min，反复四次，使干燥箱保持-0.02MPa的真空度，相同温度恒温培养3天。

④ 取不同形态的菌落在葡萄糖固体培养基上划线，反复抽真空充氮气，厌氧条件恒温培养。如此反复几次，直到菌落形态一致。

⑤ 将划出的不同菌落在原油为碳源的固体培养基上划线，抽真空充氮气，厌氧培养7天，所得的菌落即为纯化菌种。

⑥ 挑取纯化的菌落分别接种在好氧、厌氧两种条件原油液体培养基中，200~250rpm摇床培养，观察其原油降解的情况，将能降解原油的菌种保存在葡萄糖斜面上。

通过以上方法初步获得3株可降解新疆油田A区块原油的兼性厌氧菌种，分别是DM-2、HB1、NG80-2。

(3) 菌种扩大培养小试研究

摇瓶实验

培养基配方的确定：采用正交实验方法确定碳源、氮源、磷源的种类及浓度。

摇瓶工艺参数的确定：固定摇瓶及数量，变换不同接种量、摇瓶转速及培养时间，进行生长曲线的测定，进而确定摇瓶最适合的工艺参数。

10L及50L发酵罐工艺参数确定

采用德国B. Braun公司生产的Biostat系列微机控制自动发酵罐。10L发酵罐工艺参数参考摇瓶工艺参数，通过分批发酵实验定时取样，测定菌数及活性，确定接种量、通气量、搅拌转速、消沫剂浓度、培养时间等参数。50L发酵罐工艺是在10L发酵罐工艺参数的基础上进一步实验获得的。

(4) 功能菌落筛选

优选内源菌、外源菌开展乳化效果实验，采用稀释涂布平板确定产菌量，观察每个样品的乳化效果。下图为实验效果，通过实验，利用区块采出液为培养基，采用振荡法，初步确定适合本区块的内源乳化菌 NG80-2 菌株(图 2)。

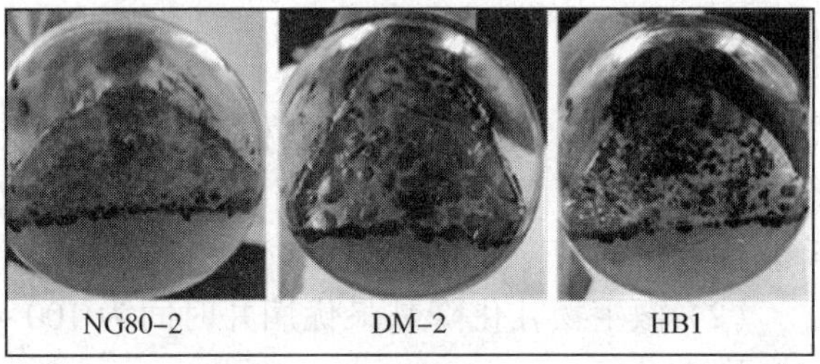

图 2　室内乳化效果实验

(5) 营养剂筛选

实验原理：乳化后的液体在 600nm 下的吸光度(OD600)出现变化，乳化效果越好，OD600 值越大。

将优选出的 NG80-2 菌株接种到多种培养液中，观察乳化后的液体在 600nm 下的吸光度(OD600)，糖蜜 2 号乳化液 OD600 值最大(图 3~图 4、表 2)。

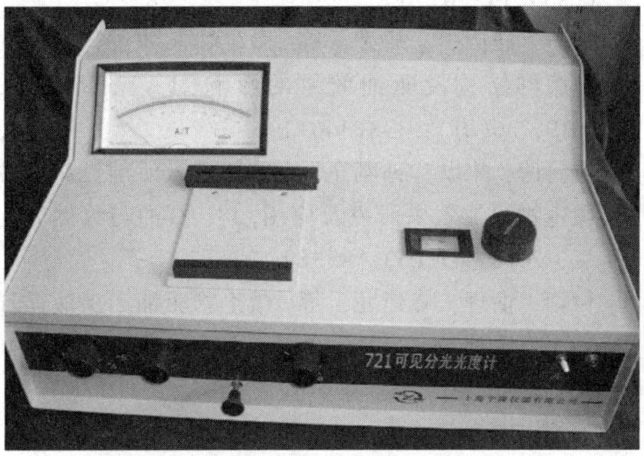

图 3　721 型分光光度计

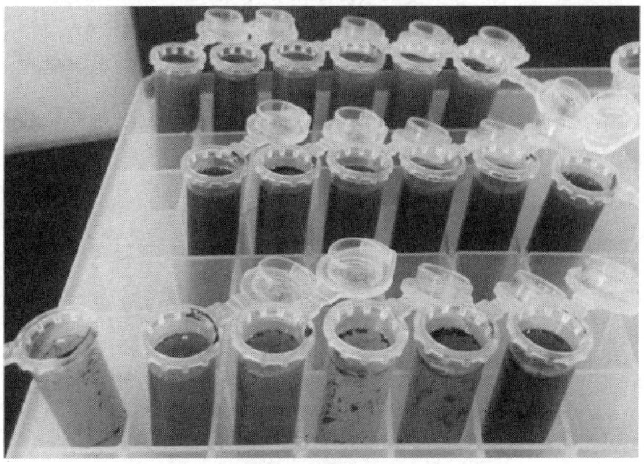

图 4　不同营养剂培养的示例

表 2　糖蜜二号成份含量表

成　分	糖蜜二号
糖蜜	0.25%
磷酸盐	0.3%
铵盐	0.6%
玉米浆	0.15%

2.2　配伍性评价

(1) 厌氧及拮抗检测

厌氧检测主要测试菌株的厌氧生长能力。拮抗检测主要测定菌株菌群之间配伍性。通过实验可以看出 NG80-2 厌氧生长能力最强(表 3)。

表 3　筛选微生物的厌氧生长能力表

菌株	乳化	厌氧	
		生长	产气
DM-2	++	++	+
HB1	++	++	+
NG80-2	++	++	++

(2) 改善原油性质

利用人造岩心，实验温度 55℃，实验用油为 A 区块采出原油，注入 NG80-2 菌液，关闭模型 7 天，分析菌种作用前后的原油的全烃色谱，可以看到作用后原油 C13 组份增加，而 C21 组份减少，降解原油中高碳数烷烃，使原油轻质组分增加。一是沥青质降低了 1.6%，原油的饱和烃增加了 4.6%，芳烃与非烃略有增加，改善了原油性质，增强了原油在地下的流动性。

(3) 降低原油黏度

用 HAAKE 黏度计，温度 45℃，RS150 转子检测了原油的流变性，从检测的数据中可以看到菌种作用后的原油黏度明显降低，流变性得到改善。

(4) 降低油水界面张力

将菌种的发酵液用非水中和容量法测定了发酵液的有机酸，从检测的数据中证明菌种代谢过程中产生了酸性物质，有机酸含量增加近两倍，同时发酵液的 PH 值由 7.2 下降到 6.0~5.5。微生物作用后，界面张力由空白的 35.63mN/m 降低到最低的 14.7mN/m，下降了 58.7%，进一步证明菌种发酵过程中代谢产生了活性剂，这些生物表面活性剂有利于降低油水间界面张力，改善原油流动性。

(5) 适用范围参数对比

从新疆超稠油基本油藏参数和实际情况，结合取得的室内实验研究进展来看，微生物乳化降黏冷采技术是可行的(表4)。

表4　微生物乳化降黏冷采技术筛选条件

参　数	适宜范围	最佳条件	A井区
孔隙度/%	≥17	≥20	27.2
渗透率/md	≥150	≥200	792.3
油层温度/℃	≤100	≤70	22.2
地下原油黏度/mPa·s	≤90000	≤50000	>100000
油层压力/MPa	≤40	≤40	4.74
地层水矿化度/mg/L	≤200000	≤100000	5362
油藏埋深/m	≤3000	≤1500	485
地层水PH值	5.5~9	6~8	7.2
油藏类型	边水、高含水	天然能量充足	边水

3　现场应用

利用内源菌激活微生物，单井吞吐，连续注入的方式且产液温度低于60℃。2019年8月实施微生物降黏井4口，挤液后焖井50~70天，平均生产天数18.3天，累产液106.8t，累产油6.0t，日产油0.3t/d，焖井时间较短，措施效果不佳。

2019年12月实施微生物降黏井6口，挤液后焖井100~130天，平均生产天数50.8天，累产液320.5吨，累产油106.8吨，日产油0.5吨/天，措施效果有明显提高。

措施后FD341632开井第4天，取样测黏度，20℃常温测试为54000mPa·s，50℃测试为3456mPa·s，较措施前下降67%，流动性增强。

措施后F341629开井第10天，取样测黏度，20℃常温测试为45218mPa·s，50℃测试为2453mPa·s，较措施前下降78%，流动性增强。

截至目前在新疆油田A区块已实施44口，累增油1943吨，平均单井增油44.2吨，油汽比按0.08计算，节约蒸汽2.43万吨。

4　结论

(1) NG80-2菌株为新疆超稠油乳化降黏优选微生物，糖蜜2号营养液为超稠油微生物乳化降黏优选营养液。

(2) 微生物乳化降黏最优焖井时间为100~130天。

(3) 现场应用44口井，累计增油1943吨，该方法具有可推广价值。

参　考　文　献

[1] 陈琼瑶，刘涛，于瑶，等. 一种微生物采油功能性激活剂激活特性及驱油性能[J]. 油田化学，2020，37(01)：128-132.

[2] 田聪，文富民，王睿麒，等. 稠油乳化降黏剂高温稳定性室内评价[J]. 石油化工应用，2019，38(09)：14-20+26.

[3] 刘涛，汪庐山，胡婧，等. 微生物驱油过程中配气对菌群结构及驱油效果的影响[J]. 油田化学，2019，36(01)：143-146+190.

[4] 侯研博，宋欣，孙刚正，等. 新型激活剂提高内源微生物驱油效果研究及应用[J]. 石油与天然气化工，2018，47(05)：85-89.

[5] 付颖，俞理，修建龙，等. 微生物驱油产出液循环利用方法研究[J]. 石油与天然气化工，2017，46(04)：72-76.

一种稠油热采利用余热发电技术的研究与应用

蒋　双　费　科　陈德山　李冰凝　玛依拉·吾斯曼　马大文

（新疆油田公司）

摘　要　SAGD 采出液具有高温（180℃～200℃）、携汽量大的（10%～45%）特点，在循环预热阶段采出液的蒸汽携带量可达 60%，正常生产阶段，井口至处理站闪蒸的蒸汽量可达 10%。随着开发规模的扩大，热源不断增加，冷源相对固定且调配困难，依赖于与锅炉软化水换热的热平衡矛盾突出；满足热平衡需要增加清水用量，而增加清水用量会造成净化水的富余排放，引发水平衡矛盾。通过比选各类技术优缺点，选定有机朗肯循环（ORC）技术开展 SAGD 采出液蒸汽余热发电应用研究，年消耗 SAGD 采出液伴生蒸汽 14.4 万吨，年发电量 680 万千瓦时，减少碳排放 1844 吨。

关键词　伴生蒸汽；余热；有机朗肯循环；发电；碳排放

新疆油田超稠油开发采用 SAGD、VHSD 模式，其中 SAGD 采出液具有高温（180℃～200℃）、携汽量大（10%～45%）的特点，在循环预热阶段采出液的蒸汽携带量可达 60%，正常生产阶段，井口至处理站闪蒸的蒸汽量可达 10%，大量的热焓需要冷源来平衡；目前采用将 SAGD 采出液的余热用于提高稠油热采注汽锅炉的进口水温，将净化水（85℃）、清水（17℃）升温至 100℃～110℃，在满足 SAGD 采出液处理的同时对部分余热回收利用。随着开发规模的扩大，热源不断增加，冷源相对固定且调配困难，依赖于和锅炉软化水换热的热平衡矛盾突出；满足热平衡需要增加清水用量，而增加清水用量会造成净化水的富余排放，引发水平衡矛盾。水、热平衡矛盾已成为 SAGD 开发和生产管理的制约性因素，急需解决。

现利用有机工质朗肯循环（低压液态有机工质经汽化-做功-冷凝往复循环）技术开展采出液携带的低温余热介质（蒸汽温度<300℃）热-电转化应用研究，解决热平衡矛盾，有效利用风城油田的余热资源，拓宽余热利用的途径，为余热综合利用提供新的技术储备。

1　蒸汽物性研究

根据 SAGD 采出液处理工艺特点，对 SAGD 采出液进行油水分离出的蒸汽的物性进行相关研究，研究主要包括：蒸汽冷凝水基本物性分析、伴生气组分分析、采出液携砂量分析。

（1）对 SAGD 蒸汽冷凝水基本物性分析，其基本物性检测结果见表 1。

表 1　SAGD 采出液蒸汽冷凝水检测结果表

分析项目	检测数据	分析项目	检测数据
pH 值	5.94	钙离子/（mg/L）	0
碳酸根/（mg/L）	0	镁离子/（mg/L）	0
碳酸氢根/（mg/L）	11.75	氯离子/（mg/L）	7.59
悬浮物/（mg/L）	8	硫化物/（mg/L）	7.33

从表可以看出，SAGD 采出液的蒸汽冷凝水含油量和悬浮物量均较低，以 $CaCO_3$ 计的硬度为 3.5mg/L，从冷凝水水质检测结果可以判断该蒸汽可以适用于汽轮机和 ORC 发电机组。

（2）对 SAGD 高温采出液经过汽（气）液分离后，对蒸汽和伴生气进行冷却，再对伴生气进行取样分析，伴生气组分见表 2。

表 2　SAGD 采出液蒸汽冷凝水检测结果表

组份名称	样本 1	样本 2	样本 3	样本 4	样本 5
	体积分数/%	体积分数/%	体积分数/%	体积分数/%	体积分数/%
甲烷	72.57	71.4	74.24	74.25	74.89
乙烷	1.4	1.39	1.35	1.35	1.46
丙烷	0.7	0.75	0.7	0.66	0.71
异丁烷	0.23	0.24	0.22	0.2	0.22
正丁烷	0.18	0.19	0.19	0.18	0.19

续表

	样本1	样本2	样本3	样本4	样本5
氧气	0.27	0.2	0.29	0.15	0.19
异戊烷	0.13	0.11	0.11	0.1	0.11
正戊烷	0.07	0.07	0.07	0.07	0.08
正己烷	0.03	0.01	0.01	0.02	0.02
正庚烷	未检出	未检出	未检出	未检出	0.01
氮气	0.72	0.63	0.81	0.57	0.57
二氧化碳	0.23	0.21	0.21	0.21	0.22

通过检测结果分析，伴生气中甲烷含量大于70%，最大含碳有机物为正己烷，在汽轮机组(0.14MPa、120℃)的环境下运行时，这些物质皆以气体的形式存在，不凝气不影响汽轮机的运行。在ORC机组换热器中，这些物质也是以气态为主，在水中的溶解量很小，不会影响换热器的运行。综上(1)、(2)中的分析可知，SAGD采出液分离出的蒸汽适合汽轮机和ORC余热发电机组的要求，可以用于余热发电。

2　发电技术选择

国内外余热余压利用以低温余热(≤300℃)的热-功(电)转化技术为主，主要有ORC、斯特林、半导体温差及卡琳娜循环发电等(表3)。

表3　余热余压发电技术比选

技术名称	原　理	优　点	缺　点
有机朗肯循环(ORC)	低压液态有机工质经过工质泵增压后进入预热器、蒸发器吸收热量转变为高温高压蒸汽之后，高温高压有机工质蒸汽推动涡轮机做功，产生能源输出，涡轮机出口的低压蒸气进入冷凝器，向低温热源放热并冷凝为液态，如此往复循环	(1)对较低温度热源的利用有更高的效率； (2)有机工质比水蒸气密度大，比容小，因此所需汽轮机的尺寸均较小； (3)有机工质始终保持干燥状态，避免产生腐蚀，更有效地适应部分负荷运行及大的功率变动； (4)在缺水地区，优先使用空气冷却的冷凝器； (5)有机工质凝固点很低(低于-73℃)在寒冷天气可增加出力，冷凝器也不需要增加防冻设施； (6)在锂电池、钢铁及石化行业均有成功应用案例	
斯特林循环	由两个定容吸热过程和两个定温膨胀过程组成的可逆循环，而且定容放热过程放出的热量恰好为定容吸热过程所吸收。该循环是工作在一个高温热源和一个低温热源间的可逆循环	在极限回热的理想条件下(即定容放热过程放出的热量恰等于定容加热过程所需吸入的热量)，其循环热效率可等于相同温度界限内卡诺循环的热效率	由于某些设备(如加热器等)的表面一直需在循环的最高温度下工作，使该循环最高温度直接受金属耐热性能的限制，以及存在摩擦等不可逆损失，故进一步提高斯特林循环的实际热效率难度较大
半导体温差发电	在温度梯度下导体内的载流子从热端向冷端运动，并在冷端堆积，从而在材料内部形成电势差，同时在该电势差作用下产生一个反向电荷流，当热运动的电荷流与内部电场达到动态平衡时，半导体两端形成稳定的温差电动势	无噪音、寿命长、性能稳定、可在零下40摄氏度的寒冷环境中迅速启动	发电效率低、造价高昂，且受材料性能的制约
卡琳娜循环	以氨-水混合物作为工质，由于工质相变的非等温过程和循环过程中工质浓度的改变，使得循环在整体上与热源和冷源有较好的换热匹配关系，应用对象是显热源(变温热源)的动力转换，它是一种热回收技术，主要是以燃气轮机排气余热进行发电	(1)在蒸发过程中工质变温蒸发，减少工质吸热过程的不可逆性，降低了热源的排烟温度，提高了热源的利用率，改善了循环性能； (2)冷凝过程中的基本工质(或基本溶液)含氨较少，减少了混合工质在冷凝过程中的不可逆性，抑制了混合工质在动力加环“冷端”部分的不利因素，同时实现了在较低压力下工质完全冷凝的问题； (3)利用内部回热技术，将透平排气的部分余热用于分馏过程所需能量，既解决工艺用热，又节约了能量	构成复杂，对系统密封性要求极高，尚需经实际工程应用结果的检验

通过查阅相关资料和实用案例，比选各类技术优缺点，选定有机朗肯循环(ORC)技术开展SAGD采出液蒸汽余热发电应用研究。

3　余热发电效果评价

(1) 余热利用：每天消耗SAGD采出液伴生蒸汽300~400t，减少混水提升泵、乙二醇循环泵等冷源电量消耗约2160kWh/d。

(2) 发电量：为重一井区年供电量约680×10^4kWh，折合减少碳排放1844t。

(3) 其他效益：验证ORC技术性能，为常规稠油吞吐开发伴生蒸汽利用提供技术储备；减少蒸汽放散造成的污染。

4　形成的认识及下一步工作

(1) 针对SAGD开发目前存在热、水平衡问题，形成了一套较完备的工艺技术，消除了开发限制因素，为下一步推广应用打好基础。

(2) 响应节能减排号召，实现经济效益和社会效益的双赢，为国家碳达峰、碳中和做出减排贡献。

参　考　文　献

[1] 林达，顾丹青，周宇昊，等. 太阳能有机朗肯循环系统技术经济性分析[J]. 浙江电力，2022，41(04)：14-19.

[2] 冯倩倩，杨浩钦，韩娅钟，等. 半导体温差发电转换效率研究[J]. 无线互联技，2021，18(04)：108-109+114.

[3] 梁俊伟，罗向龙，杨智，等. 基于PC-SAFT的混合工质筛选与有机朗肯循环系统优化[J]. 广东工业大学学报，2022，39(02)：91-98.

超稠油伴生气液相氧化还原工艺硫磺回收技术研究

马大文　聂　松　李学军　邱江源　费　科　谢珊珊　王　伟

(新疆油田公司)

摘　要　新疆F油田超稠油密闭集输伴生气处理采用LO-CAT技术。本文针对硫膏回收过程中管线堵塞、硫磺漂浮及硫浆液循环不畅等问题开展研究。采用降液管结构维持溶液沉降空间，通过投加药剂辅助LO-CAT溶液消泡、助凝调整溶液状态提高硫磺回收速度，实现硫膏含水<70%，溶液中硫黄含量<1.25%；较好的保障了伴生气脱硫工艺稳定运行。超稠油密闭集输系统伴生气硫化氢从8500mg/m³降低至15mg/m³满足大气污染防治要求，为稠油伴生气资源化利用提供工艺基础，助力实现碳达峰碳中和。

关键词　稠油伴生气；脱硫；直接接触氧化

油田伴生气是油田在开采过程中，油层之间有伴随石油液体产生的天然气。稠油热采易导致原油中C-S键断裂，产生的伴生气中H_2S浓度远超冷采开发方式，高浓度H_2S具有毒性同时对金属管道具有强腐蚀性，存在较大安全隐患。F油田2019年完成稠油密闭集输改造，密闭集输系统收集伴生气硫化氢浓度8000～12000mg/m³需脱硫后回收利用，伴生气脱硫采用"直接接触式络合铁"工艺技术，在稠油伴生气处理领域属首次应用。经过2年的运行，常出现硫膏回收管线堵塞、硫磺漂浮及硫浆液循环不畅等问题导致系统停机甚至设备腐蚀。

1　LO-CAT脱硫机理分析

LO-CAT液相氧化催化技术，是以螯合铁离子作为脱硫液中催化剂的湿式氧化法脱硫技术。在吸收塔中，H_2S与LO-CAT溶液接触，转化为单质硫和水，然后溶液被输送到氧化塔中，在此溶液中催化剂被空气再生。再生后的溶液又被泵送回吸收塔，氧化塔的硫浆被输送到过滤机中脱水产生硫饼。

LO-CAT工艺使用铁基水溶液，其在水中的溶解度和催化活性可以通过添加专有化学药剂得到增强。H_2S通过氧化还原反应转化为单质硫，总体反应如下：

LO-CAT反应　$H_2S+1/2O_2 \longrightarrow H_2O+S^{\circ}$ (1)

上述氧化还原总反应分步反应如下：

吸收塔　$H_2S+2Fe^{+++} \longrightarrow S^{\circ}+2Fe^{++}+2H^{+}$ (2)

氧化塔　$O_2+H_2O+2Fe^{++} \longrightarrow 2OH^{-}+2Fe^{+++}$ (3)

吸收反应是放热反应，直接将硫化氢氧化为单质硫，伴随的三价铁离子(活性的)还原为亚态铁(非活性)。氧化反应(也是放热反应)将亚铁氧化回三价活性铁。所有的反应都在溶液中发生，而且在接近环境条件下进行，这使得该工艺本质上是安全的。正常运行过程中溶液的pH值控制在8到9之间，通过添加NaOH或KOH来控制溶液pH值。

2　硫磺回收工艺介绍

工艺流程如图1所示。

伴生气中重组份较多，重烃会影响脱硫剂的吸收效果，因此需要将其进行分离。在进入LO-CAT装置之前，原料酸性气流经带有聚结器的分液罐，以去除可能夹带的液体或者固体。原料气被输送到吸收塔，与螯合铁的水溶液接触。H_2S溶解到溶液中，与铁反应生成单质硫。这个反应是不可逆的快速反应。

处理后的气体从吸收塔流出，通过净化气分液罐，以回收任何夹带的溶液，保护下游装置。

从吸收塔底部流出的溶液被输送到氧化塔，用鼓入空气对铁催化剂进行再生。当气体压力较高时，闪蒸罐用于在进入氧化塔之前闪蒸溶液中的甲烷或其他可燃成分。当气体压力较低时，吸

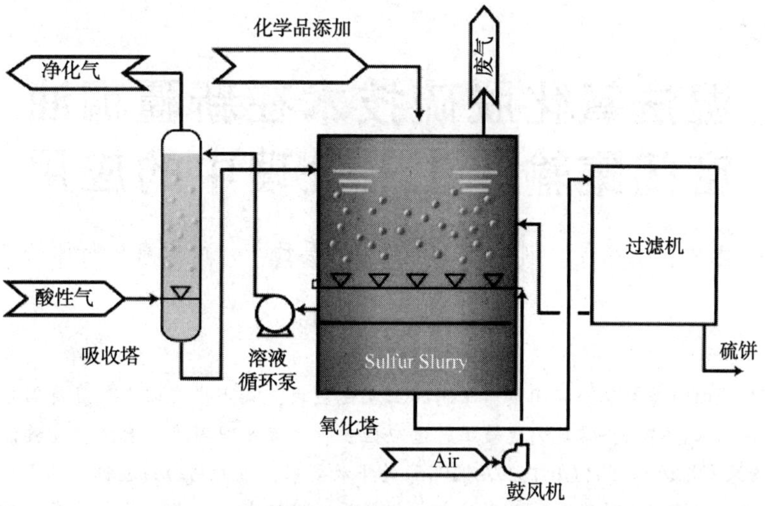

图 1 LOCAT 自循环工艺流程示意图

收塔需要提升泵，可能需要一个泵将溶液输送到氧化塔。从氧化塔排出的气体中硫化氢含量低于 1ppm。

大部分再生的溶液循环回到吸收塔，闭环系统连续运行，必要时更换一些药剂来弥补损失。如果发生了严重的污染，将进行排放和置换操作，直到溶液恢复到可接受的范围内。从装置中除去硫磺是通过将循环溶液引入到过滤机系统来完成．回收尽可能多的螯合铁溶液，同时将硫磺浓缩成固体硫饼。

3 结晶硫堵原因分析

通过分析，过高的氧化还原电位造成 LOCAT 溶液中硫酸盐浓度增加，在弯头、管线等部位温度骤降时形成结晶物堵塞管线。因此控制溶液电位、保持循环，维持温度是最佳防堵塞方法。在油田的开采过程中，随开采原油压力的降低，同时伴有轻油、水分、生气的出现，只有将伴生气中的水分、轻油等杂质去除之后，才可以作为加热炉的燃料使用。

硫代硫酸盐的生成：

$$2HS- + 2O_2 \longrightarrow S_2O_3^{2-} + H_2O \quad (3)$$

硫酸盐的生成：

$$2S_2O_3^{2-} + O_2 + 2H_2O \longrightarrow 4SO_4^{2-}(\text{惰性}) + 4H^+ \quad (ORP > -150mv) \quad (4)$$

4 防垢措施

按照最大限度保障循环、控制电位、维持温度的思路开展工艺优化：

（1）改进硫膏循环系统，增加硫浆液循环量，防止氧化塔锥底堵塞；

（2）提高氧化风投加精度，利用变频控制替代“手动操作”，氧化风进量更精准，溶液电位更稳定；

（3）优化闭式冷却塔换热控制逻辑，提升冷却水循环量，防止产生“死区”腐蚀设备。

5 优化效果

通过实施优化措施，伴生气处理站运行时率提高 200%，实现硫膏含水<70%，溶液中硫黄含量<1.25%；较好的保障了超稠油密闭集输伴生气脱硫工艺稳定运行。超稠油密闭集输系统伴生气硫化氢从 8500mg/m^3 降低至 15mg/m^3 满足大气污染防治要求。

参 考 文 献

[1] 屈志伟，李阳，杨璇，等. 油田伴生气净化工艺优化研究及工业应用[J]. 清洗世界，2021，37(08)：53-54.

[2] 李鹏，赵德银，张健，崔伟. 油田伴生气净化工艺优化研究及工业应用[J]. 石油与天然气化工，2021，50(02)：17-22.

[3] 卢洪源. 湿式氧化法脱硫工艺在辽河油田伴生气处理中的应用[J]. 石油规划设计，2019，30(04)：26-28.

[4] 朱红彬. 络合铁脱硫技术在油田伴生气脱硫中的应用[J]. 中国石油和化工标准与质量，2012，32(02)：23.

[5] 刘松. LOCAT-硫回收工艺降低药剂消耗浅析[J]. 化工管理，2018(12)：169-170.

湿法氧化脱硫技术在新疆稠油密闭集输伴生气处理中的应用

邱江源　李博文　郑春霞　荆晓磊　马大文　吴迪华　徐春泉　阿丽娜·阿尔斯朗

(新疆油田公司)

摘　要　新疆油田随着超稠油密闭集输工艺的工业化应用，稠油热采伴生气具有温度高、硫化氢含量高、含液态烃和饱和水等特点，常规的脱硫工艺适应性差、达标处理困难。采用燃烧放散生产方式，已不满足《大气污染物综合排放标准》(GB 16297—1996)的排放要求，成为制约新疆稠油绿色、高效、环保开发的瓶颈问题。针对这一情况，借鉴LO-CAT液相氧化还原脱硫技术，研发以螯合铁离子作为催化剂的湿法氧化脱硫技术，且对高温、含烃和饱和水伴生气有较强的适应性。通过实验验证，伴生气中硫化氢含量可从8000mg/m³降至10mg/m³以下，脱硫效果明显。

关键词　超稠油；伴生气；脱硫工艺；湿法氧化脱硫

新疆油田超稠油区块伴生气中甲烷含量30%~50%，硫化氢含量大于8000mg/m³，硫磺产量约为1.5t/d。目前常用的天然气脱硫方法主要有干法和湿法两大类。特针对新疆油田超稠油区块伴生气组分特性及规模，从工程投资、运行成本、技术可靠性等方面进行比选。

表1　工艺比选

名称	干法	湿法	氧化还原法	氧化+脱SO_2法
原理	H_2S与吸附剂产生反应，生成固体硫吸附于脱硫剂中，从而实现脱硫化氢	利用吸收剂吸收原料气中的硫化氢，吸收剂经再生后循环使用	利用氧化剂将原料气中的硫化氢氧化为硫，氧化剂经再生后循环利用	将硫化氢通过燃烧或高温氧化的方式转化为SO_2，再用石灰脱除SO_2
主要工艺	活性炭、氧化铁	MDEA、DIPA	LO-CAT、络合铁法、高效湿法脱硫、栲胶法等	RTO/焚烧炉+湿法/半干法脱二氧化硫
优点	脱硫精度高；系统简单、投资省	技术成熟，硫容高、脱硫效率高，适应性好	中型规模投资少、运行费用低，并且腐蚀性相对较小	工况适应性强，技术成熟，运行费用低
缺点	再生难度大、成本高，一般不再生，对于硫含量高的气体，运行费用大	需要配套克劳斯或氧化还原法运行，系统复杂、设备较多、一次性投资高	硫容较低，规模较大时投资较高	一次性投资高，伴生气无法回收利用
应用范围	小规模(≤0.5t/d)、脱除效率高的精细脱硫装置	大规模气体的处理及硫磺的回收装置(≥10t/d)	适合中小规模的脱硫处理(0.05~20t/d)	适合中小规模的脱硫处理(0.05~20t/d)

氧化还原法工艺直接将硫化氢转化成单质硫，具有吸收速度快、净化度高、硫磺易回收、络合剂性能稳定和副反应小等特点，在硫含量介于0.4t/d~20t/d的脱硫工况下具有较好的经济性。有主要有两种工艺类型，一种是直接接触式的，另一种是自循环式的(图1)。

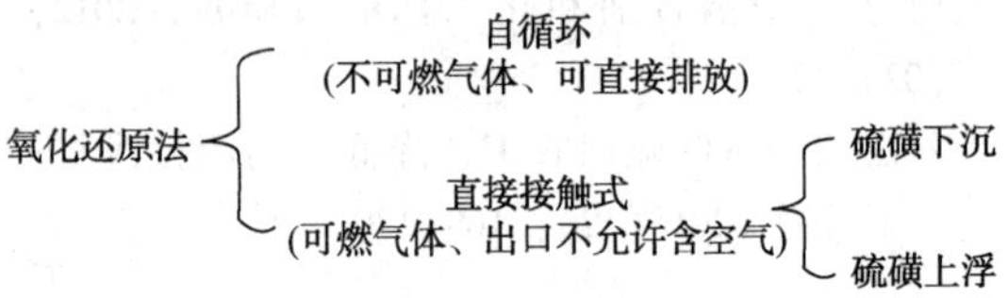

图1　氧化还原法工艺分类

直接接触式和自循环工艺对比如表2所示。

表2　直接接触式和自循环工艺对比

工艺类型	直接接触式	自循环
酸性气类型	可燃性气体及不能和空气混合的气体，如干气，天然气，伴生气等，也可以处理非爆炸性气体	非爆炸性气体。如胺液再生气，炼厂污水汽提气
操作压力	可处理各种中低高压的酸性气体	一般处理低压的原料气(≤100KPaG)
工艺流程	双塔结构，吸收和再生独立分开	单塔结构，一般将吸收塔安装在氧化塔内部

续表

工艺类型	直接接触式	自循环
保证工艺指标（H_2S排放）	≤10ppm	≤10ppm
设备数量	较自循环工艺流程多一台吸收塔和两台循环泵	
脱除H_2S的能力	均能达到99.99%	
操作成本	基本一致	
人力维护成本	一致	

通过对比，“直接接触式络合铁(LO-CAT)”脱硫技术可将H_2S直接转化为S单质，具有吸收速度快、净化度高、硫磺易回收、络合剂性能稳定的特点，在硫含量介于0.4t/d～20t/d的脱硫工况下具有较好的经济性，且该区块采出气中烃含量较多，因此，最终脱硫工艺锁定为“直接接触式-LO-CAT氧化还原法脱硫”技术。

1　湿法氧化脱硫技术

1.1　LO-CAT溶液特性

LO-CAT溶液主要由EDTA(Ln-)与Fe^{3+}配合形成，配备过程依次提高Fe^{3+}浓度，H_2S去除率逐渐上升，浓度为0.05mol/L时，达到峰值。当$[Ln^-]/[Fe^{3+}]<1.4:1$时，Fe^{3+}并未全部形成稳定的络合态，不利于H_2S去除。因此，[Ln-]/[Fe3+]=1.4：1为最佳配液比。除此之外，LO-CAT溶液还具有再生功能，逐渐提高系统内O2体积分数，溶液电势上升，可促使Fe^{2+}加速被氧化为Fe^{3+}，且溶液再生反应时需控制电势在-150至-250mV之间(图2)。

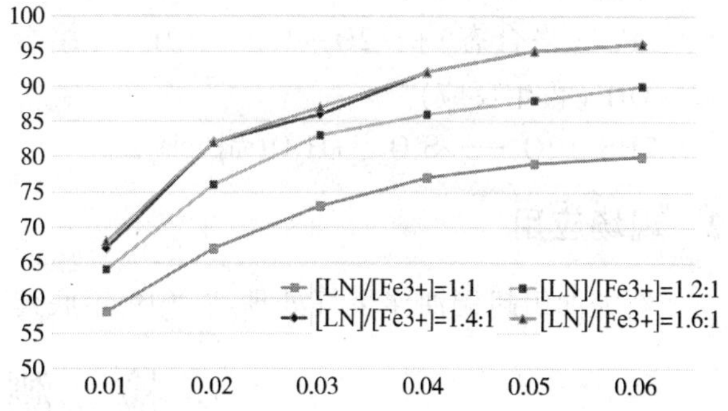

图2　Fe^{3+}浓度及配液比对H_2S去除率的影响

溶液pH值3至9时，耗碱量增长平缓，H_2S去除率明显提高；pH>9时，耗碱量增大，但H_2S去除率仍维持原水平。因此，溶液pH8至9为最优运行环境。随着系统O_2体积分数的提高，溶液电势随之上升，Fe^{2+}加速被氧化为Fe^{3+}，当电势提升至-250mV时Fe^{2+}氧化速率明显降低，因此溶液再生反应需将电势控制在-150至-250mV之间。

1.2　湿法氧化脱硫工艺

湿法氧化脱硫工艺关键设备主要有吸收塔、氧化塔、闪蒸罐等。来气首先进入进站卧式分离器，进行初步气液分离，再进入立式酸性分液罐进一步气液分离，之后进入吸收塔，吸收塔内溶液通过闪蒸罐进入氧化塔，并在氧化塔完成硫膏沉淀与回收，吸收塔分离出的净化气通过净化气分液罐气液分离后外输使用。在吸收塔内，伴生气经鸭嘴分布器均匀分布后与LO-CAT溶液充分接触，可有效提高HS^-被氧化为S^0的速率；当氧化塔内S^0大量沉淀时，在设备底锥部形成硫浆，利用设备自身环形空气吹扫系统可提高硫浆流出速度，防止硫浆堆积堵塞出料口(图3)。

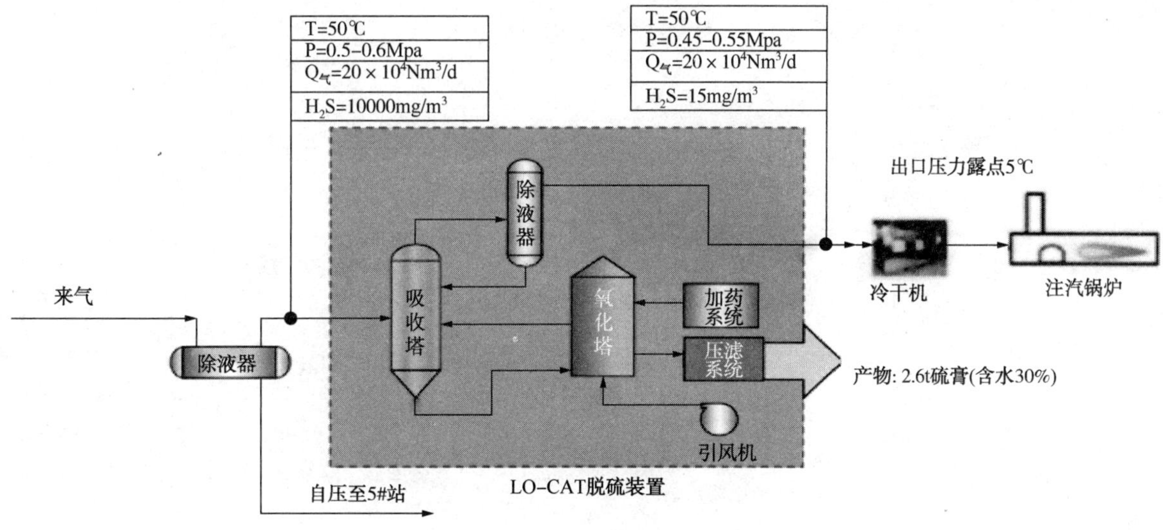

图3　湿法氧化还原脱硫工艺简图

系统主要反应如下：

$2Fe^{2+}$(络合态)$+1/2O_2+H^+ \longrightarrow 2Fe^{3+}$(络合态)$+OH^-$(再生反应)

$2HS^-+2O_2 \longrightarrow S_2O_3^{2-}+H_2O$(副反应)

2 现场应用

新疆油田超稠油伴生气处理站2019年底建成投用，处理规模$20\times10^4 Nm^3/d$。处理站进气压力0.4MPa，平均日处理气量$10\times10^4 Nm^3/d$，经处理后的净化气中硫化氢含量$<10mg/m^3$，H_2S脱除率达99%以上，完全满足《大气污染物综合排放标准》要求，具体检测数据如图4所示。

检　测　报　告

报告编号：No.KL/J2019-11-008（补充6）　　共 5 页第 4 页

样品名称：伴生气处理站			取样位置：进口1/出口1
取样人：邓志刚		分析日期：2019-11-05	取样日期：2019-11-04
组分名称	含量/%(进口/出口)	组分名称	含量/%(进口/出口)
甲烷	43.60/44.14	正戊烷	0.06/0.05
乙烷	0.60/0.48	异戊烷	0.03/0.03
丙烷	0.33/0.28	正己烷	0.01/0.01
正丁烷	0.10/0.07	正庚烷	0.02/0.06
异丁烷	0.07/0.05	氮气	7.86/16.69
氧气	1.60/2.34	二氧化碳	45.72/35.79
计算分子量	30.35/28.73	真实密度,kg/m^3	1.2655/1.1972
真实高位发热量/(kJ/m^3)	17287.13/17372.02	真实相对密度	1.0507/0.9940
真实低位发热量/(kJ/m^3)	15591.94/15667.15	压缩因子	0.9969/0.9975
硫化氢，ppm	8800/3.0		

图4　伴生气处理站出口气体成分检测分析报告

3 结束语

LO-CAT氧化还原脱硫技术对伴生气气量和H_2S浓度的变化适应性强，脱硫剂可循环再生，为油田有效利用伴生气创造了条件，是"直接接触式络合铁(LO-CAT)"脱硫技术在国内稠油油田首次工业化应用，具有广阔的应用前景与市场需求。

参　考　文　献

[1] 卢洪源. 湿式氧化法脱硫工艺在辽河油田伴生气处理中的应用[J]. 石油规划设计，2019，30(04)：26-28.

[2] 朱红彬. 络合铁脱硫技术在油田伴生气脱硫中的应用[J]. 中国石油和化工标准与质量，2012，32(02)：23.

超稠油密闭集输冷凝水处理技术研究应用

徐春泉　马大文　吴迪华　王　浩　杨晓龙

（新疆油田公司）

摘　要　新疆油田密闭集输工艺中，系统分离出的冷凝水矿化度低(矿化度<50mg/L)，悬浮物<20mg/L、含油<20mg/L，具有低含油、悬浮物、矿化度的特点，该部分水经换热后未进行回收处理，与采出液一起进入原油处理系统、采出水处理系统处理，不仅造成高品质水资源浪费，还增加原油处理及采出水处理系统处理成本。本研究针对冷凝水未有效利用问题，利用聚结除油+压力过滤工艺，单独处理冷凝水。对冷凝水回收工艺关键节点进行梳理，测算冷凝水单独处理效益。为同类油田密闭集输冷凝水单独处理提供技术参考。

关键词　密闭集输；冷凝水；矿化度

2018年前新疆油田吞吐开发集油区采用三级布站集输工艺，即“采油井场——多通阀集油计量配汽管汇站——接转站——稠油处理站”，常规稠油集输过程中，多数常规稠油开发接转站缓冲罐、处理站沉降罐存在非密闭生产工艺，罐顶冒出的烟气和日常油井所放套气，直接进入大气，导致了一定程度的油气损耗和气味散播，会污染环境，浪费能源，还存在一定的安全环保风险。

2018年，新疆油田开展了吞吐开发区集输系统密闭改造工程，密闭集输工艺中，系统分离出的冷凝水具有矿化度低，热值高，悬浮物、含油低、矿化度低等特点，该部分水经换热后未进行回收处理，与采出液一起输送至稠油联合处理站原油处理系统、采出水处理系统处理。冷凝水进入稠油联合处理站原油及采出水处理系统，不仅增加原油处理及采出水处理系统负荷，而且稠油联合处理站现有采出水处理流程长，加药量大，处理成本高。

1　超稠油密闭集输技术现状

密闭接转站采用“微正压汽液分离+采出液高温密闭接转+蒸汽喷淋冷却”工艺，密闭接转流程见图1。根据密闭接转站工艺流程可以看出，喷淋塔底部凝液进入油水分离器，油水分离器进行油水分离，冷凝水进空冷器冷却后作为喷淋塔冷却水循环使用。目前，密闭接转站分离出的富余冷凝水未回收，随采出液进入处理站，经原油系统处理后进入采出水处理系统处理。

2　项目内容

2.1　建设内容

为使采出水达标处理，除油是关键，在密闭处理站新建冷凝水外输撬，冷凝水外输电动阀与喷淋塔液位连锁，喷淋塔液位高时外输至新建冷凝水处理单元，冷凝水处理单元处理规模6400m^3/d，主要包括2×300m^{3}接收水罐及操作间、聚结除油装置、过滤器间、1000m^{3}凝结水罐及操作间。处理后的冷凝水(含油≤2mg/L，悬浮物<2mg/L)进入1000m^{3}凝结水罐，水罐内冷凝水依靠罐压流至站内已建2×1000m^{3}净化水罐出水总管进行掺混，利用已建软化水处理设备对掺混水进行软化，经已建外输系统将软化后的掺混水输送至稠油联合站外的混掺管汇撬，流程图见图2。

2.2　工艺技术

密闭接转站收集的冷凝水进入新建冷凝水处理单元2座接收水罐，对来水进行水量水质调节，接收水罐进口投加反相破乳剂，对含油进行初步去除，接收水罐出水经聚结除油装置上提升泵提升进入聚结除油器，在聚结除油器进水管线上加入反相破乳剂，去除含油和悬浮物，聚结除油器出水进入多介质过滤，过滤器出水进入软化水处理系统处理，软化器软化后单独供给至流化床锅炉替代清水(图3)，降低处理费的同时缓解水平衡压力。

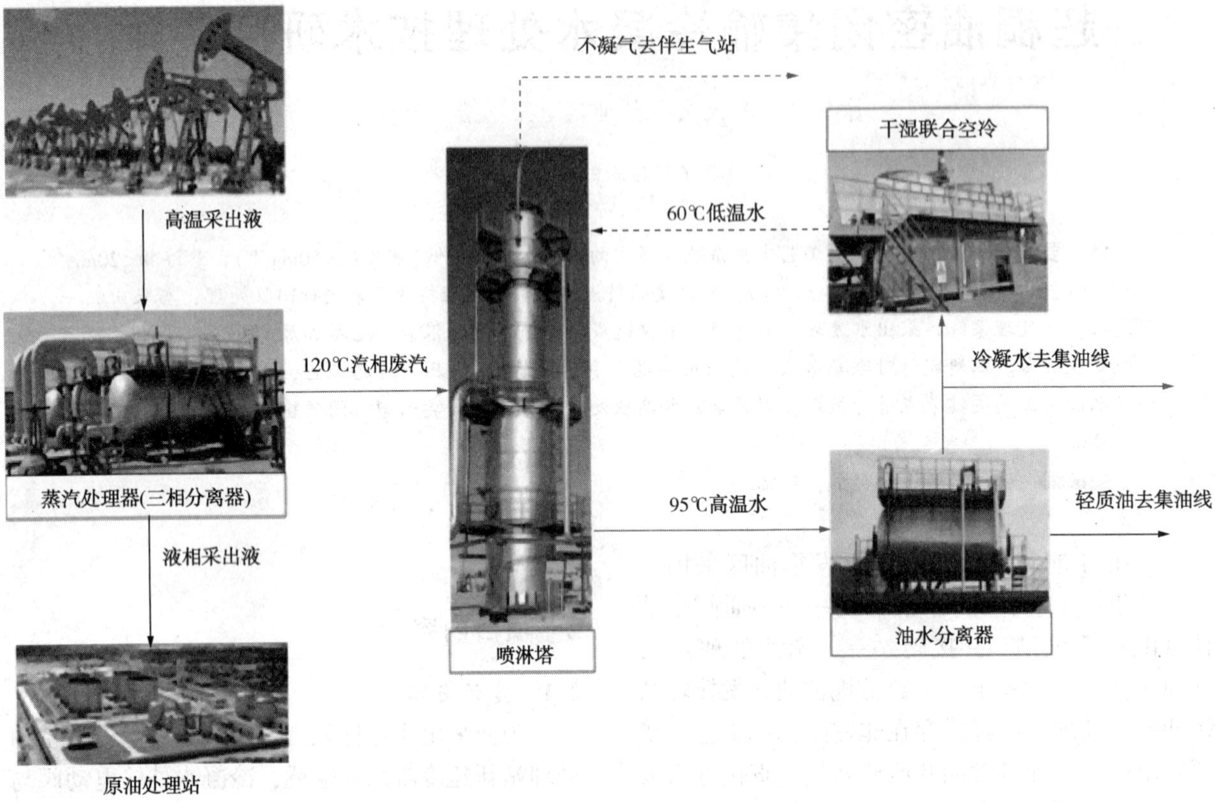

图 1　密闭接转流程图

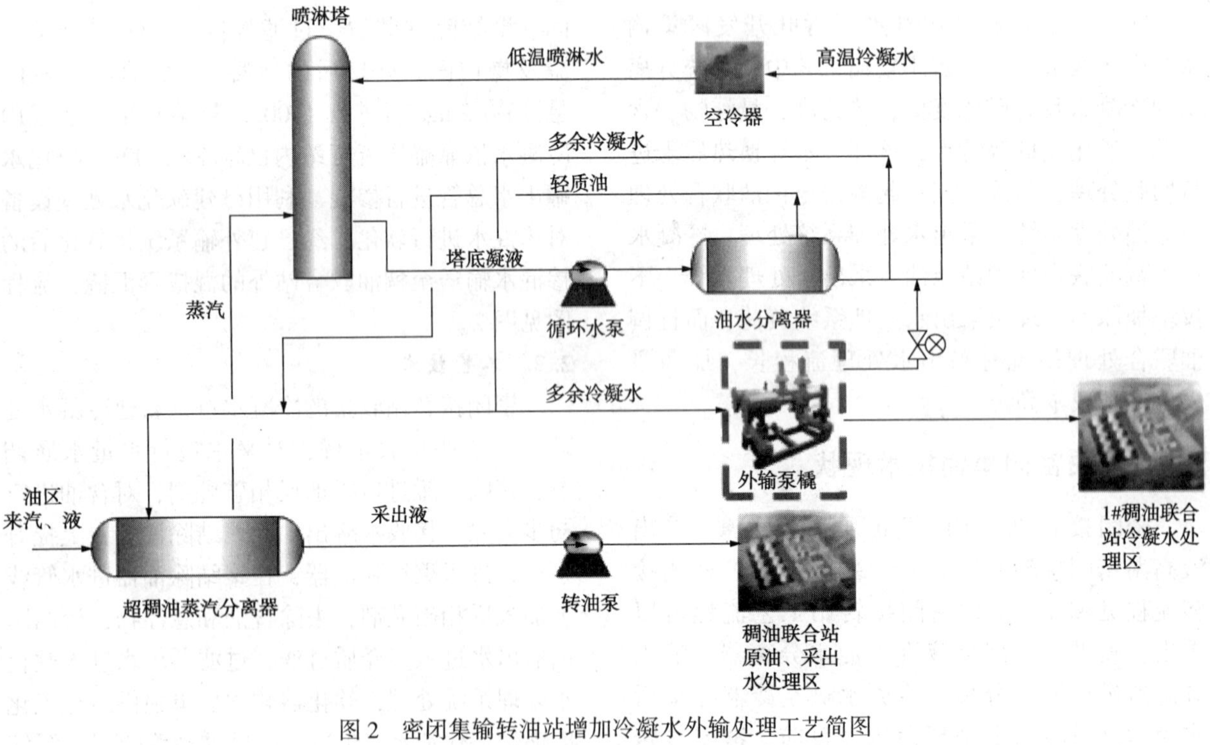

图 2　密闭集输转油站增加冷凝水外输处理工艺简图

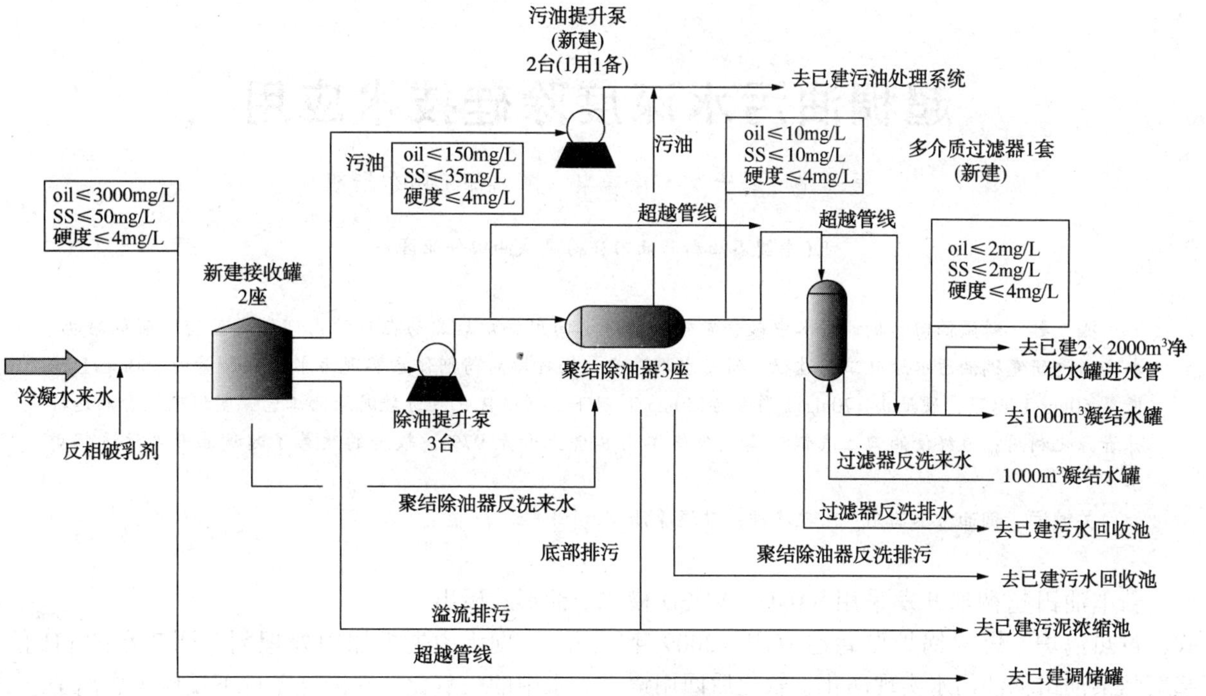

图 3　冷凝水处理工艺简图

3　工艺水质指标

为确保油田过热注汽锅炉安全经济运行，保证稠油高效开采。新疆油田密闭集输冷凝水是稠油区块油井采出液经超稠油蒸汽分离器分离，喷淋冷却塔降温后外输至冷凝水处理单元。冷凝水处理单元接收水罐进水含油<300mg/L，悬浮物<50mg/L，硬度<50mg/L，冷凝水经“聚结除油+压力过滤工艺”进入软化工艺除硬后供给油田流化床注汽锅炉，水质指标见表 1。

表 1　新疆油田稠油冷凝水处理单元节点控制指标

指标	含油/(mg/L)	悬浮/(mg/L)	硬度/(mg/L)
接收水罐进口	300	50	50
除油器出口	150	30	50
过滤器出口	2	2	50
锅炉进口	2	2	0.1

4　冷凝水处理效果评价

2021 年 11 月，新疆油田吞吐开发区密闭集输系统冷凝水单独回收利用工程建成投产，规模 6400 方/天。至 2022 年 5 月，实际日处理水量 2000 方/天。稠油集输系统冷凝水具有矿化度低(200~600mg/L)、悬浮物及含油低(10~100mg/L)等特点，相较于常规采出水(矿化度 4500~6000mg/L)，冷凝水经过简单的除油、过滤净化(悬浮物 2mg/L，含油 2mg/L)后，水质接近清水指标。冷凝水全部收集回收进入冷凝水处理单元后，全年预计可节约污水处理费用 290 万元。

5　形成的认识及下一步工作

(1) 超稠油密闭集输冷凝水经过简单处理就能达到回用锅炉标准；

(2) 超稠油密闭集输冷凝水单独处理，大大降低了处理站油、水处理负荷，缓解处理站压力。

(3) 超稠油密闭集输冷凝水单独处理后，替代清水供给锅炉，缓解了稠油生产过程中的水平衡压力。

参　考　文　献

[1] 费科，张芸聪，高少悦，等. 密闭接转站工艺运行效果分析[J]. 石化技术，2017，24(09)：191.

[2] 蔡明初. 废水聚结除油(文献综述)[J]. 炼油工业环境保护，1979，1(4)：17-33.

[3] 侯秀芹，张建军，邹君，陈行. 油田过热注汽锅炉过热度不达标原因分析及对策[J]. 石油化工安全环保技术，2022，38(01)：35-40+7.

超稠油污水深度除硅技术应用

吴迪华　马大文　徐春泉　阿丽娜·阿尔斯朗

(中国石油新疆油田公司风城油田作业区)

摘　要　新疆油田超稠油污水中硅含量较高，污水回用锅炉后容易在锅炉内部结成致密坚硬的硅垢。本文通过研究稠油污水除硅工艺过程，研发水质净化、除硅协同药剂体系实现污水中硅含量由350mg/L降低至50mg/L以下，硬度由120mg/L降低至50mg/L以下，通过优化改进硅泥除油工艺，实现硅泥含油达标并资源化利用；最终使油田注汽锅炉蒸汽合格率由84%上升至97%，较好的改善了超稠油开发注汽锅炉水质。

关键词　稠油污水回用；除硅降硬；硅泥除油

新疆油田超稠油开发采用SAGD、VHSD模式，过热锅炉、燃煤锅炉已普遍应用，2009年起新疆某油田稠油污水实现净化、软化后回用锅炉，为改善油田开发效果，2012年F油田推广使用过热锅炉，由于回用污水硅含量高等原因导致过热锅炉出现结盐、结硅垢问题，硅垢致密坚硬，即使用普通的酸碱也难于清洗。超稠油开发一方面对锅炉供水要求较高，存在大量优质锅炉供水需求；另一方面大量稠油污水需回收利用。2014年起，为缓解过热锅炉结盐、结垢问题，在污水净化基础上增加了除硅工艺。目前F油田共有超稠油污水处理站2座，污水净化处理能力共计7万方/日，除硅能力6万方/日，针对超稠油规模化污深度除硅降硬，开展除硅工艺研究。

1　除硅机理研究

污水中的硅主要以硅酸盐、多聚硅酸盐、溶解性有机硅、吸附硅、悬浮颗粒硅等形式存在。硅酸盐是以SiO_3^{2-}形式存在的硅元素；多聚硅酸盐是由两个或两个以上SiO_3^{2-}聚合形成，存在形态与pH、温度和硅酸盐浓度有关，当聚合度较高时形成胶体硅，溶解达到饱和时，析出形成悬浮颗粒硅。溶解性有机硅是溶解于水中的有机分子中的硅，多为硅元素将碳元素取代，形成“硅链”；吸附硅是吸附于悬浮颗粒物表面的硅元素，亦可解吸形成硅酸盐。悬浮颗粒硅是存在于悬浮颗粒内部的硅元素。不同形式的硅在废水中相互转化达到动态平衡，除去废水中的硅就是根据不同废水的性质，改变其平衡状态，使硅以沉淀形式析出。

向水中先投加预处理剂，调节水的pH值，水中的二氧化硅在碱性条件下反应生成离子态的硅酸根。

$$SiO_2+2OH^- \longrightarrow H_2O+SiO_3^{2-} \qquad (1)$$

该油田超稠油污水水型为重碳酸钠水型，水中的HCO_{3-}在碱性条件下生成CO_3^{2-}离子。

$$HCO_3^-+OH^- \longrightarrow H_2O+CO_3^{2-} \qquad (2)$$

CO_3^{2-}与水中的Ca^{2+}反应生成碳酸钙，具有降低原水硬度的作用。

$$Ca^{2+}+SiO_3^{2-} \longrightarrow CaSiO_3 \qquad (3)$$

向水中投加除硅剂，与水中的硅酸根离子反应生成硅酸盐沉淀，从而达到除硅的目的。

$$Ca^{2+}+CO_3^{2-} \longrightarrow CaCO_3 \qquad (4)$$

$$Mg^{2+}+SiO_3^{2-} \longrightarrow MgSiO_3 \qquad (5)$$

除硅剂对多聚硅酸去除效果较小，再向水中投加水质净化药剂，以硅酸盐沉淀为晶核，通过电性中和、网捕等效应，将水中的胶体颗粒聚集沉降，达到水质净化目的。

$$AlCl_3+3OH^- \longrightarrow Al(OH)_3+3Cl^- \qquad (6)$$

2　除硅工艺选择

在污水除硅处理过程中，主要是针对水中的胶体硅和溶解硅，常用的除硅方法包括化学混凝法、浮选法、反渗透法、电凝聚法、离子交换法。浮选机除硅处理能力小，对溶解硅去除效果有限，且产生的污泥上浮，产生的污泥难以处理，对气泡直径范围要求高、操作难度较大；反渗透除硅的RO膜只能耐受最高50℃，且设备对给水要求较苛刻，要求 SDI 小于 4，硅含量小于 50mg/L，产生浓盐水难以处理且无法回收利用，经济性较差；电凝聚对胶体硅去除率较高，但对溶解硅去除效果较差，要求进水阳离子含量低，耗能高，投资费用大；离子交换法对胶体硅无效，且再生频繁，经济性差。新疆某油田一稠油污水处理站日处理污水量为 30000 方，水温 90℃，进口硅含量 300～350mg/L，根据自生水质及当地工艺条件，污水除硅采用化学混凝法。

采用化学混凝除硅方法，难点在于除硅后的污泥要下沉，除硅后水的硬度不能增加，针对除硅后的污水水质，筛选出配套的水质净化药剂体系，保证水质净化效果。以往的除硅处理方法，对除硅效果、水质净化效果、硬度控制不能兼顾，导致稠油污水除硅未能实现工业化应用。新疆某油田超稠油污水除硅利用除硅剂与净水剂协同作用，在除硅的同时兼顾了降低硬度和水质净化功能，此外，利用一套硅泥清洗装置，降低干化硅泥中含油，为产生的大量硅泥资源化利用提供了条件。

3 新疆油田超稠油污水回用锅炉除硅工艺

3.1 稠油污水水质指标

F 油田超稠油污水是稠油区块油井采出水经油水分离及污水除油后进入调储罐的污水，调储罐进水含油<300mg/L，悬浮物<300mg/L，硅含量<350mg/L，硬度<120mg/L，污水经“重力除油+化学除硅+混凝沉降+压力过滤”进入软化工艺除硬后供给油田注汽锅炉；该油田 70%以上注汽锅炉均为过热锅炉(表 1)。

表 1 新疆油田某稠油污水处理站节点控制指标

指标	含油/(mg/L)	悬浮/(mg/L)	硅含量/(mg/L)	硬度/(mg/L)
调储罐进口	300	300	350	120
软化器进口	2	2	50	50
锅炉进口	2	2	50	0

3.2 除硅工艺流程简述

调储罐出水经提升泵加压提升后，分别投加预处理剂、除硅剂，投加除硅剂后污水进入除硅反应器充分反应，再通过投加净水剂充分旋流反应后投加助凝剂，经混凝罐充分沉降后压力过滤，最终经软化工艺进入注汽锅炉(图 1)。

3.3 除硅加药系统

化学法除硅、降硬主要基于化学反应原理，将不同功能的化学药剂(除硅药剂、除硬药剂)投加进污水中，与水中的二氧化硅、钙、镁离子反应形成沉淀物，再经水质净化而去除。

针对除硅药剂特性，设计制造了新的加药装置，该加药装置可实现药剂配制、药剂投加和处理水量之间的自动化联锁，提高药剂配制和药剂投加过程中的精确度。

3.4 硅泥除油系统

根据硅泥物性分析，硅泥因其疏水性硅酸盐含量较高，同油分粘附力较弱，在热化学水洗药剂作用下，黏附在污泥颗粒表面的油分很容易被剥离漂浮至上层，实现油泥水三相分离。该稠油污水处理站硅泥经专用装置处理后达到当地资源化利用标准(图 2)。

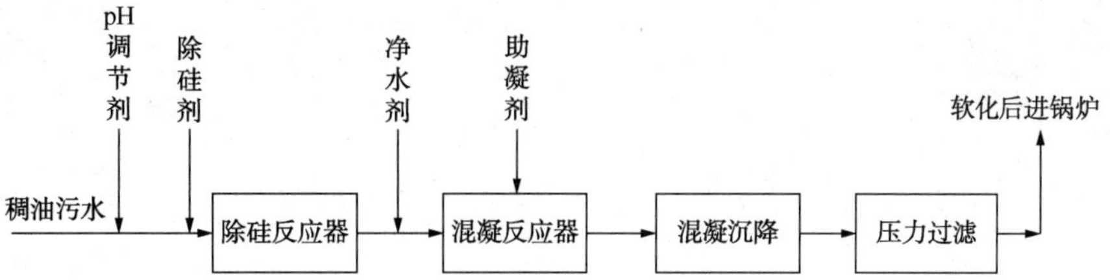

图 1 除硅装置工艺流程简图

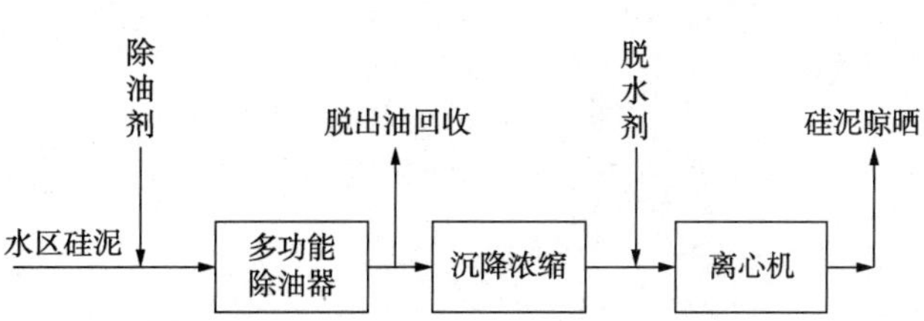

图 2 硅泥处理装置流程示意图

4　除硅效果评价

除硅后污水硅含量由350mg/L下降至50mg/L，硬度由120mg/L下降至50mg/L；后端软化器周期制水量增加40%，再生用盐量降低20%以上；软化器高含盐废水产生量下降15%；从用盐量减少和废水产生量下降角度评价具有较可观的经济效益。更重要的是，除硅后对应油田注汽锅炉蒸汽合格率由84%上升至97%，较大幅度提高了超稠油开发效果。

5　形成的认识及下一步工作

（1）稠油污水除硅可有效提高注汽锅炉蒸汽质量，尤其是超稠油开发使用的过热注汽锅炉；

（2）稠油污水除硅、降硬及除含油、悬浮工艺协同组合，可有效提高稠油污水除硅效率。

（3）稠油污水化学法除硅产生污泥量大，硅泥普遍含油较高，利用硅泥处理工艺可使硅泥达到资源化利用标准，进而降低稠油污水除硅成本。

参　考　文　献

[1] 张博等. 镁剂除硅剂在稠油污水处理过程中的应用. 石油化工应用[J]2015，34(8)，87-91.

[2] 赵振兴，韩桂华，李芮丽. 稠油废水回用锅炉化学除硅技术的研究[J]. 工业水处理，2004，24(8)：28-31.

[3] 孙绳昆. 稠油采出水深度处理除硅工艺技术[J]. 石油规划设计，2005，16(5)：27-29.

[4] 钱慧娟，胡烨，高清河，等. 稠油采出水除硅工艺技术研究[J]. 庆师范学院学报，2009，29(3)：116-119.

欢东油田 CO_2 冷采技术研究与应用

刘永为

（辽河油田储气库公司）

摘　要　为解决欢东地区部分井稠油吞吐效果差的问题，系统分析油藏生产资料，区块开发资料，分析出油藏压力低、地层能量不足、原油黏度逐年增大、近井地带污染严重或堵塞为部分稠油井低产原因，并针对低产原因制定技术对策。通过对二氧化碳冷采技术的工艺技术原理，工艺参数设计等方面研究进行现场应用，取得良好的实施效果。

关键词　稠油冷采；二氧化碳驱油；欢东油田；稠油吞吐

欢东油田普通稠油油藏目前主要开发单元有齐108块、欢127块及齐40块等，1987－1991年齐40块、欢127、齐108相继投入开发，现已开发30余年，目前处于缓慢递减的开发中后期。目前在役油井1005口，开井350口，日产油419t，综合含水高达90.3%。据统计，开井的350口井中，日产油小于1t的低产井有95口，占开井数的27%。

这些井大多数都已经进行吞吐开采10～15轮以上，多轮吞吐后，吞吐效果越来越差。这些井焖井完毕开始生产后，迅速进入低产期，并长期维持在低产低液状态，导致油井生产效率低下，采油成本居高不下，稳产难度大。而低效井在注汽生产后，前1～3个月可以正常生产，然后日产油量会迅速下降至1t以下，并维持至周期结束。这类井经过长期开采，剩余油饱和度较低，潜力有限，若提高注汽频率，增油量无法覆盖注汽和作业成本，反而没有经济效益。如何低成本的提高周期产油，成了一个我们需要解决的问题。

1　低产原因分析及技术对策

1.1　油藏压力低地层能量不足

欢X块X油层原始压力为7.5～7.8MPa，压力系数为0.98～1.0，目前地层压力为2.5MPa，齐X块原始地层压力为9.36MPa，目前地层压力为0.78MPa，降压8.58MPa。由于蒸汽吞吐开采是消耗地层天然能量的降压开采过程，随着压力的不断下降，油井生产能力逐渐降低（图1，表1）。

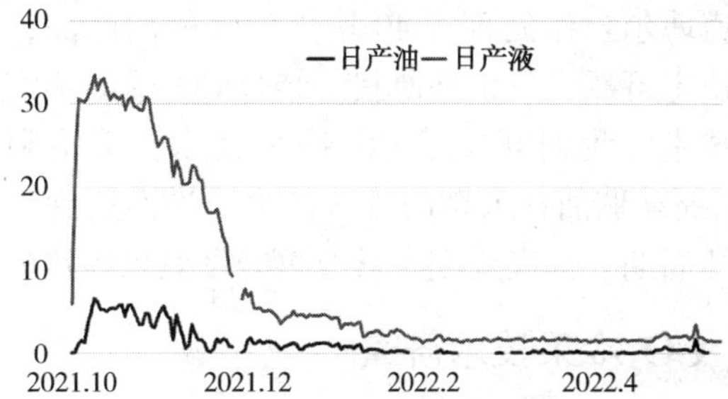

图1　吞吐后期典型生产曲线

表1　区块地层压力统计表

区块	齐X块	欢X块X层	欢X块X层
原始压力/MPa	9.36	7.8	10.5
目前压力/MPa	0.78	2.5	1.2

1.2　黏度逐年增大

随着开采时间延长，储层中轻质成份大部分被采出，腊、胶质沥青质含量增加，原油物性变差，黏度大幅度升高。欢X块个别井黏度从3000mPa·s左右升至120000mPa·s，齐X块的井原油黏度也有不同程度的上升。

黏度的增加降低了原油在地层中的流动性，同时也使得原油凝固点升高、重质组分上升，进一步增加了开采难度，降低了蒸汽吞吐的开采效果。

1.3　近井地带污染严重或堵塞

由于多轮次吞吐以及作业等措施，导致近井地带地层污染较为严重，蒸汽热量利用率降低，渗流通道被堵塞，从而导致渗流能力降低，长期处于低产低液状态。

1.4　技术对策优选

经过研究，可以从补充地层能量、降低原油黏度、提高地层排液能力的角度入手来改善低效井的开采现状。因此考虑利用非烃类气体来实现目标。目前常用的主要是空气、氮气、二氧化碳三种常见非烃类气体，为了确定最合适的技术，对这三种气体进行了对比(表2)。

表2　三种气体辅助蒸汽吞吐技术指标对比

类型	主要机理	货源	单井施工周期	施工难易程度	安全性
CO_2	降低原油黏度、膨胀原油体积、补充地层能量、降低油水流度比等	齐40块伴生气回收，气源广	1.5~2天	工艺流程简单	安全
空气	补充能量、升温降黏、减少热损失、扩大波及体积等	现场制备	7天	施工设备复杂	有爆炸危险
N_2	补充能量、减少热损失、扩大波及体积等	现场制备	7天	工艺流程简单	安全

通过分析我们可以发现，空气注入工艺复杂且有爆炸危险，氮气流程简单且安全，但价格较高。只有CO_2工艺简单且安全。而且CO_2为我厂与道博尔合作处理齐40块伴生气的副产品，来源稳定可靠，且价格便宜。结合CO_2辅助蒸汽吞吐技术，我们开发了CO_2冷采技术，希望利用CO_2提高稠油井末期的排液能力，进而达到延长吞吐周期、提高周期产量改善开发效果的目的。

2　CO_2冷采技术研究

2.1　工艺原理

为了研究CO_2冷采增油机理，选取了三种不同的油样进行试验，三种油样为不同黏度的稠油，具有一定的代表性(表3)。

表3　三种油样成分表

油样	密度/(g/cm^3)	黏度(50℃)/(mPa·s)	芳香份/%	胶质/%	沥青质/%
油样1	0.975	16800	30.59	25.55	4.37
油样2	0.945	5570	29.60	24.12	2.15
油样3	0.923	1510	27.95	25.80	1.08

(1) 溶解降黏作用

在不考虑地下原油溶解气影响的情况下，CO_2在油样1、2、3脱气稠油中的溶解度分别为80、84和86sm^3/m^3，且在实验条件(65℃、13MPa)下油样1、油样2和油样3溶解CO_2后降黏率达96%、94.2%和93.7%。CO_2的溶解大幅降低了稠油黏度，从而极大地提高了地层原油的流动性。总体来说，溶解降黏作用是CO_2最主要的增油机理之一(图2~图4)。

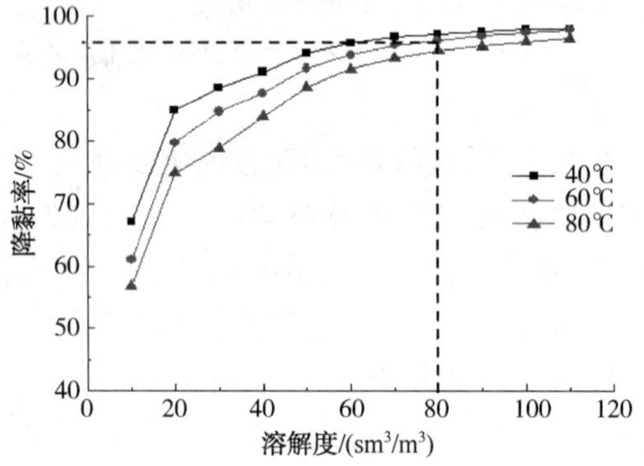

图2　油样1与CO_2混合物溶解降黏实验

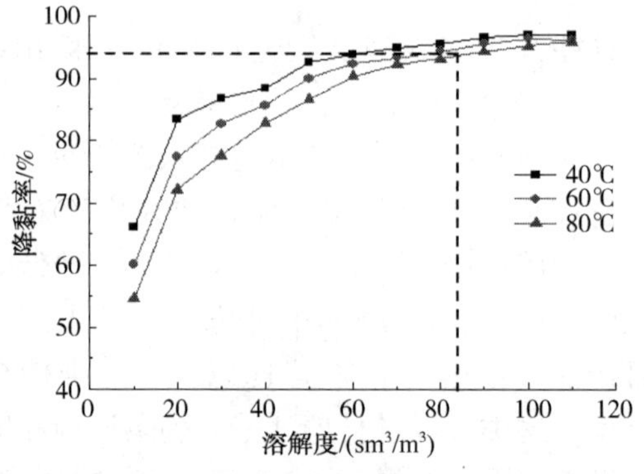

图3　油样2与CO_2混合物溶解降黏实验

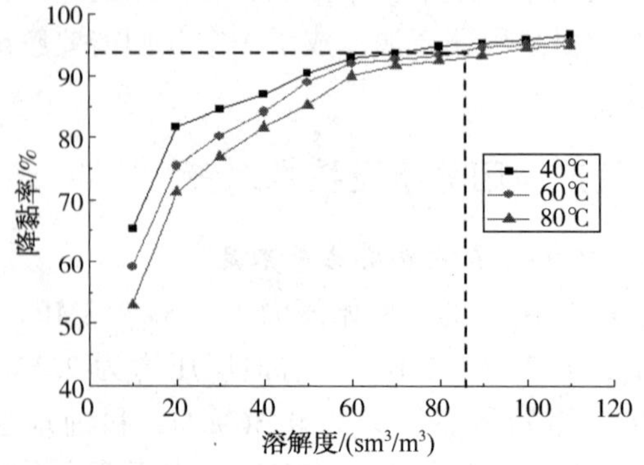

图4　油样3与CO_2混合物溶解降黏实验

(2) 原油膨胀增能作用

通过测量溶解饱和CO_2的三种油样体积可知，油样1、油样2和油样3溶解CO_2后的体积分别为原来的1.218、1.23和1.25倍，说明溶解CO_2后的稠油体积膨胀，增加地层的弹性能量，起到膨胀增能的效果，并且有利于膨胀后的剩余油脱离地层水以及脱离岩石表面的束缚，变成可动油，从而增加产油量。因此流体溶解CO_2后的膨胀增能作用是仅次于溶解降黏作用的重要增油机理之一。

（3）CO_2弹性驱动作用

CO_2吞吐开发过程中，随着地层压力不断下降，游离态CO_2不断膨胀，形成弹性气驱作用，弹性气驱在压力下降到一定阶段后，将转换为溶解气驱，原来呈溶解状态的CO_2便会从原油中分离，成为气泡分散在油中，在压力降低时气泡将产生弹性膨胀，这种弹性膨胀能也会发挥驱油流向井底的作用。由于气体弹性膨胀系数比岩石和液体的弹性系数大得多，所以溶解CO_2的弹性膨胀增油作用明显。因此，CO_2的弹性膨胀驱动作用与流体的膨胀增能作用同等重要，同样是CO_2增油的主要机理之一。

（4）降低界面张力作用

CO_2吞吐过程中，油层含水时，将形成油气水三相渗流。从CO_2-水-稠油体系界面张力研究可以看出，实验条件下（65℃、13MPa），CO_2-原油的表面张力能降低至7mN/m左右；饱和CO_2的原油-碳酸水体系的界面张力值能达到13mN/m左右，只有原油-纯水体系界面张力值的一半，说明CO_2能有效降低该类油藏的油水界面张力，有利于提高油相相对渗透率，减少油藏残余油饱和度。CO_2降低油水界面张力作用主要改善了流体的界面特性，增加油水界面活性，地层及流体的本质属性未产生较大改变，因此其重要性不如前三个增油机理。

（5）CO_2萃取作用

CO_2的萃取作用是指CO_2能够萃取和汽化原油中的轻质组分。但CO_2萃取作用对提高轻质油藏的采收率的效果明显，通过对CO_2吞吐室内实验结束后的产出油及残余油分析可以发现，对于重质油藏，随着吞吐轮次的增加，岩心中的残余重质组分增多，因此CO_2的萃取作用并不能大幅改善油藏整体的开发效果。

（6）酸化解堵作用

酸化解堵作用是指CO_2溶于水后生成碳酸能溶解岩石中的胶结物，使地层渗透率得到改善。没有从根本上解决稠油流动难的问题，因此其增油效果有限，只能作为一种辅助的增油机理。

通过作用机理我们可以发现，CO_2的降黏、增大原油体积和弹性驱动等主要作用机理，可以有效改善吞吐井后期黏度增高、压力不足导致流动性差的状况，延长生产周期，提高末期排液能力，提高区块吞吐末期的开发效果。

2.2 工艺参数设计

（1）注入工艺

油井关井卸负荷，将光杆放到下死点，然后安装防喷管，将液态二氧化碳沿油套环形空间注入后顶替适量热污水，施工完焖井一段时间后用热水反洗开井（图5）。

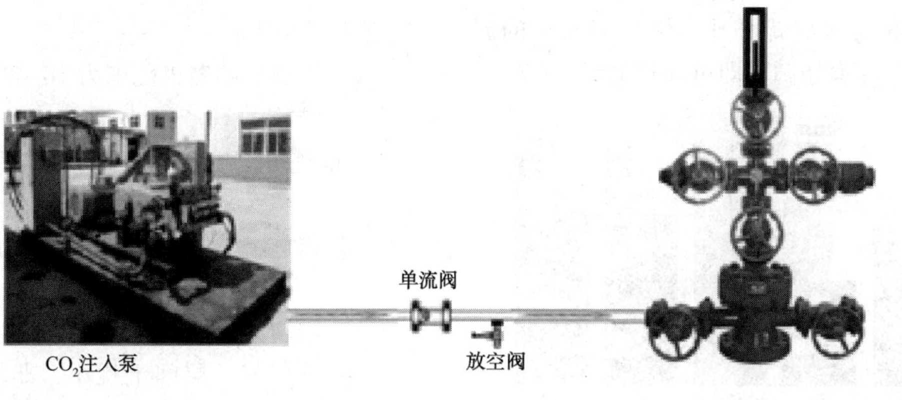

图5 CO_2冷采现场注入流程图

（2）注入量设计

实验条件下，CO_2注入量在0.2PV之前采收率迅速增加，当注入量大于0.2PV时，采收率的增加幅度不明显（图6）。

按照平均值计算，假设油层厚度15m，CO_2作用半径30～40m，平均孔隙度30%，则0.2PV约为2543～4521.6m^3。依据公式PV=nRT计算出，地层条件（35℃、2MPa）下的体积换算成地面条件（25℃、0.1MPa）约为36364.9～64658.8m^3。1t液态CO_2气化后约为509sm^3。经过计算可得，注入量为71.4～127.03t，按照生产实际，注入量通常依据不同井况设计为75～150t。

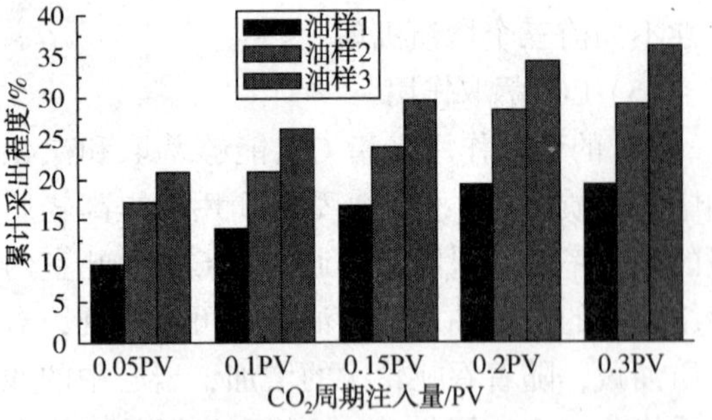

图6 不同CO_2注入量下的吞吐累计采出程度

(3) 注入速度设计

CO_2在注入的过程中会从地层吸收大量的热，从而导致地层温度的降低，而稠油又对温度极为敏感，当温度降低到一定程度时，稠油中的重质组分会从原油中凝结析出，使地层堵塞造成冷伤害。通过研究我们发现，注入过程中影响井筒周围温度的重要因素之一是注入速度，控制好注入速度，就能够有效的改善注入时温度下降的情况，从而降低地层冷伤害，提高措施效果。

通过研究及试验我们得到表中数据，其中，井深为1100m，原始地层温度55℃，地面CO_2温度为-17℃，采用三种不同的注入方式进行试验。其中①为油管注入CO_2，环空充满原油；②为环空注入CO_2，油管充满原油；③为油管注入CO_2，环空充满水。

现场我们一般选择从套管注入，油管内充满液体，因此应按照②中所示选择注入速度。据表所示，为了防止原油凝固造成地层冷伤害，注入速度应小于0.5m^3/min。考虑安全余量将注入速度定为不大于0.3m^3/min(表4)。

表4 不同注入方式及用量井底温度表

排量/($m^3\cdot min^{-1}$)	温度								
	方式①总注入量/m^3			方式②总注入量/m^3			方式③总注入量/m^3		
	20m^3	60m^3	90m^3	20m^3	60m^3	90m^3	20m^3	60m^3	90m^3
0.1	22.1℃	18.7℃	18.2℃	48.8℃	43.7℃	42.3℃	54.3℃	51.7℃	50.8℃
0.5	-3.3℃	-6.5℃	-7.2℃	24.4℃	14.5℃	11.2℃	38.4℃	26.5℃	22℃
1	-9.3℃	-11.1℃	-11.7℃	11.6℃	4.7℃	-1.2℃	28.2℃	15.2℃	10.6℃

(4) 焖井时间

焖井主要有两个作用，一是为了使地层温度恢复，二是使CO_2在地层中充分溶解。焖井时间越长，累计原油采出程度越高。通过实验可以知道，焖井24h后地层就可基本恢复到原来的温度。然后焖井至套压归零即可开井生产(图7)。

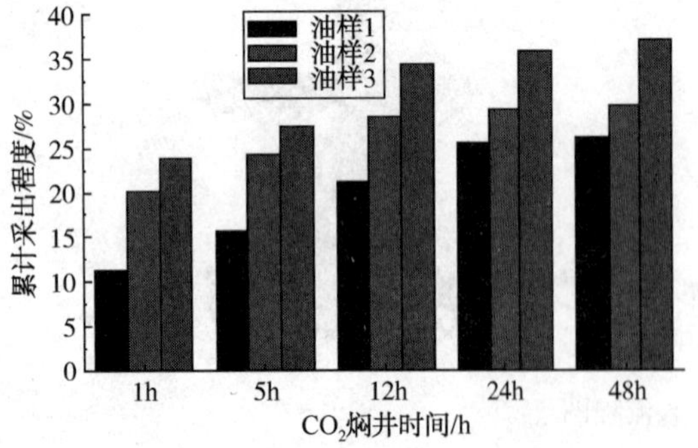

图7 焖井时间与累计采出程度关系

(5) 选井条件研究

根据理论研究及调研结果，同时结合我厂实际，制定了CO_2冷采适用条件：

① 油藏封闭性好，井间不气窜，层间不窜槽；

② 措施井黏度范围小于3000mPa·s最优，3000mPa·s~8000mPa·s为次优，8000mPa·s以上效果较差，一般不选为施工井；

③ 措施井油层静压最好大于2.7MPa，油层温度40℃以上；

④ 渗透率的覆盖范围为10~3000×$10^{-3}\mu m^2$；

⑤ 措施井日产液小于10t(日液小于5t更佳)，措施井日产油大于1t(日产油大于2t更佳)；

⑥ 措施井含水小于90%(含水小于50%更佳)；

⑦ 措施井油层厚度大于4m。

⑧ 分层好，层间干扰小，非均质性弱，油藏变异系数<0.5最优，0.5~0.7次优。

3 现场应用效果

3.1 *应用效果*

2020年以来，现场实施稠油井冷采技术10井次，注入CO_2 875t，累计增油1101t，平均延长吞吐周期136天，取得了良好的实验效果。

3.2 典型井

齐X井是齐X块莲II油层的一口多轮吞吐低效井，原油黏度为3000mPa·s，地层静压较低为2MPa，一直处于低产低液状态生产。经过反复论证，认为该井通过实施 CO_2冷采有一定的潜力，故决定对该井实施 CO_2冷采吞吐技术。

2021年5月在该井注入75t液态 CO_2，然后用热水顶替后焖井，于7月12日开井，初期日产液油19.1/3.5t（措施前日产液油1.5/0.1t），共延长吞吐周期263天，到2022年3月转下轮吞吐为止，增油257t，取得了良好的效果（图8）。

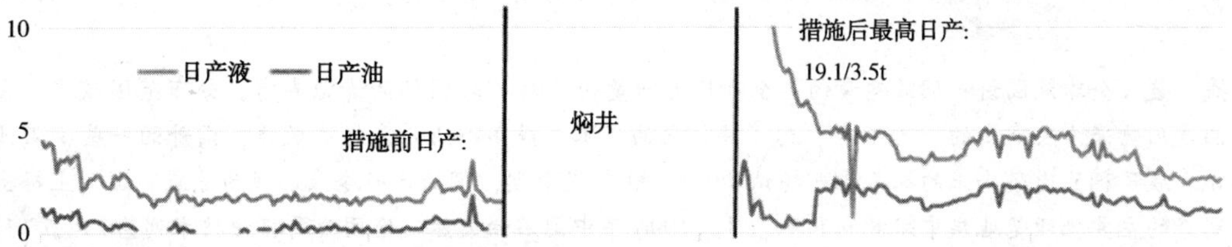

图8 齐X生产曲线

4 结论及认识

（1）地层压力下降、原油黏度升高、地层排液能力差是造成普通稠油油藏低产的主要原因。

（2）CO_2冷采技术有效补充底层能量，降低原油黏度，延长生产周期，提高普通稠油生产效果。

（3）现场应用表明，CO_2冷采技术具有增能效果好、安全性系数高、货源广、成本低、施工周期短等优点。在普通稠油油藏开发区块具有广泛应用前景。

参考文献

[1] 柳荣伟，陈侠玲. 稠油降黏技术及降黏机理研究进展[J]. 精细石油化工进展，2008，9(4)：20-25.

[2] 何旭. 垦119沙三段深层稠油冷采技术研究[J]. 化工管理，2017，(06)：122.

稠油出砂冷采技术原理及应用情况

王　月

(中国石油辽河油田分公司储气库公司)

摘　要　全球范围讲，稠油储量约占全部烃类储量的50%，我国稠油资源丰富，分布范围较广。大部分稠油是用热采方法采出的。1986年，为了降低采油成本，提高稠油开采经济效益，国外的一些小石油公司率先开展了稠油出砂冷采的探索性矿场试验。到90年代中期，稠油出砂冷采已成为热点。国际上提出了冷采高产的主要机理是地层中蚯蚓洞和泡沫油。1996年中国石油天然气集团公司将该技术列为‘九五”科研攻关重点项目，并在河南油田开展了浅薄层稠油油藏出砂冷采可行性研究及矿场试验。

关键词　稠油；出砂冷采技术

石油属于一项非常重要的不可再生能源。随着我国能源危机问题越来越严重，稠油作为一种常规油气资源，其重要性越来越高。当前石油工业所面临的主要问题就是进行稠油的开采，将其变为一种可以使用的油气资源。稠油具有较高的黏度，同时对温度非常敏感，通过加热的方式进行稠油的开采已经成为一种常规开采方式，但是因为稠油开采技术所涉及到的内容非常广泛，本文就稠油冷采技术进行研究分析。

1　稠油出砂冷采技术原理

苏丹6区Fula油田是一个地层胶结疏松、易出砂的稠油油田，CNODC是该油田的最大股东(95%股份)和作业者，该油田正处于开发准备阶段，为了制定切实可行的开发方案，2001年9月CNODC组织了一系列关于稠油开采方式的国内外调研工作，并且开展了防砂与不防砂对于产能影响的现场试验。根据调研、专题研究和现场试验的结果，认为防砂与不防砂是一种辩证关系，不能单纯强调防砂，也不能绝对不考虑防砂。一方面，在技术上要根据出砂高峰期所持续的时间、出砂量多少、泵的排砂效率如何以及产能是否达到设计要求等因素来决定是否采取防砂措施；另一方面，在经济上要对比这两种冷采开采方式的经济效益，以决定应该采用那种方式，或者两种方式的组合，以及两种方式如何形成接替关系。这就是苏丹6区的专家们提出的“稠油有限排砂采油”方式。

对于稠油油藏来讲，排砂冷采是指在没有人工能量补充的条件下，依靠天然能量．并通过调节压差使地层达到出砂，同时又保持地层骨架不被破坏，从而大幅度改善地层的渗透率．达到提高产量的过程。此过程由于有少量天然气的存在。通常伴随着泡沫油的形成，泡沫油在排砂采油的过程中起到了提供能量、降低黏度和携砂的作用。稠油冷采的主要做法是不注蒸汽，也不采取防砂措施，而是在射孔后直接应用螺杆泵进行采油。因此它具有开采工艺简单、生产成本低、适用范围广的优点，根据加拿大和河南油田的实践经验，一般单井日产油可达8t以上，采收率可达8%~15%。

1.1　适用油藏条件

稠油冷采技术适用的油藏范围较广，对于油层厚度、原油黏度和油藏压力没有明显的限制，油藏的埋深以满足螺杆泵的扬程为宜。只要油层胶结疏松、地层原油中含有一定溶解气量，距边底水较远的稠油油藏均可采用该技术。

1.2　稠油冷采机理

多数稠油排砂冷采的实践者认为，冷采之所以能够大大地提高单井产量，主要依赖以下机理：

(1) 大量出砂形成“蚯蚓洞网络．使油层孔隙度和渗透率大幅度提高，极大改善了油层的渗流能力；

(2) 稳定的泡沫油使原油密度变得很低，从而使黏度很大的稠油得以流动；

(3) 由于油层中产出大量砂粒，使油层本身的强度降低，在上履地层的作用下，油层将发生一定程度的压实作用，使孔隙压力升高，驱动能量增加；

（4）远距离的边底水可以提供一定的驱动能量。该技术最好应用于未开发过的新区，但也有许多在老区应用并取得成功的实例。如加拿大的 Husky 石油公司和 Pan Canada 石油公司，同时在常规采油的老井中引入冷采技术，在冷采的区块中钻加密井继续进行冷采，结果产量提高幅度达 1~6 倍(加密井产量达 8m3/d)，含水下降 10~40 个百分点。河南油田在注蒸汽热采的老区钻加密井进行冷采也取得了良好的效果，表现出该技术在老区也具有较好的适应性。

国内外实践经验表明，稠油冷采成功与否的先决条件是油层能否大量出砂形成"蚯蚓洞"网络，因此，除油藏条件外，射孔和采油工艺技术显得尤为重要，这是稠油冷采取得成功与高效的两个技术关键。

① 寸孔通常采用大孔径、深穿透、高密度射孔技术；

② 举升方式一般采用适合高含砂和高原油黏度的大排量螺杆泵。

1.3 地面集输及废物处理

目前稠油冷采地面集输方法主要是在井口设置大罐，使产出液直接进入大罐进行脱砂、脱水处理，再将经过多级处理的原油泵送到集油站。产出砂及粘稠混合物(原油、泥质、粉砂质及水的复杂乳化物)先暂时存放在混凝土池中，最后经处理再以砂浆形式注入合适的地层中。从环保和实用的角度考虑，经济有效地除去产出砂中的污染物或降低其含量，达到露天排放标准，是稠油冷采追求的目标。

2 稠油出砂冷采技术应用情况

EIK Point 普通稠油油藏，深度 600m，油层厚度 12.9m，脱气原油黏度 9500mPa·s。冷采单井最高产量 $12m^3/d$，一般 $4\sim10m^3/d$，稳产期长达 7 年，冷采采收率 15%左右。

Burnt Lake 特稠油油藏，埋深 500m，地层油黏度 26000mPa·s。冷采单井产量稳定在 $20\sim30m^3/d$，含砂、含水均在 5%以内。

EIK Point 超稠油油藏，埋深 550m，地层油黏度 2000~55000mPa·s。含砂 0.5~1%，冷采单井产油量 $10\sim30m^3/d$，峰值产量高于 $40m^3/d$。

Celtic 薄层稠油油藏，深度 450m，油层厚度 3~5m，地层原油黏度 1200~3000mPa·s。单井产油量稳定在 $10\sim20m^3/d$，产出液含砂量在 2%~3%，开采 7 年后，采出程度 14%。

河南油田已投产冷采井 65 口，动用储量 376 万吨，单井初期日产油 2t/d 左右，1~2 年内在 4t/d 以上。

3 结束语

石油能源属于当前世界范围内的重要能源，可以为当今社会提供基本的能源保障。世界上稠油储量约占全部烃类储量的 50%，我国在发展过程中很大程度上受到能源危机的影响，稠油开采将逐渐成为能源开采工作的主要发展方向。稠油冷采技术逐渐成为一种常规开采方式，随着时间的推移，举升工艺的改善，稠油冷采将进一步提高采收率。

参 考 文 献

[1] 付喜庆. 稠油开采国内外现状及开发技术[J]. 内蒙古石油化工，2014，01：109-110

[2] 董奇. 浅谈稠油开采技术进展[J]. 化工管理，2016，24：66.

浅谈辽河油田注汽锅炉提效技术

赵兴罡

(中油辽河工程有限公司)

摘 要 辽河油田稠油、超稠油产量占总产量的60%,蒸汽吞吐、蒸汽驱及SAGD为稠油、超稠油的主要开采方式。注汽锅炉作为蒸汽发生设备,也是稠油油田主要的能耗设备,占总能耗的80%以上。提高注汽锅炉的效率对于降低稠油油田的生产运行成本具有重要意义。

关键词 注汽锅炉;热效率;对流段;过渡段

辽河油田稠油、超稠油产量占总产量的60%,蒸汽吞吐、蒸汽驱及SAGD为稠油、超稠油的主要开采方式。辽河油田现有注汽锅炉300余台,年注汽量约为2500×10^4t,年耗天然气约为$16\times10^8m^3$,注汽系统能耗约占总能耗的80%。现有注汽锅炉是按JB/T 10094《工业锅炉 通用技术条件》设计,设计时热效率为85%。根据TSG G0002-2010《锅炉节能技术监督管理规定》标准(及2017年1#修改单)要求,燃用天然气时锅炉热效率不得低于92%,因此需对注汽锅炉进行提效改造,使其达到标准要求。

辽河油田自2017年开始进行注汽锅炉提效技术的研究与分析,通过对118台注汽锅炉进行检测,其平均热效率为87.2%,平均排烟温度为198.6℃,排烟温度过高是影响注汽锅炉热效率的主要因素,因此,注汽锅炉提效技术主要为增加锅炉对流段受热面积,减少锅炉排烟热损失的技术路线,主要包括对流段改造、过渡段改造及烟囱改造。

1 对流段改造技术方案

现有23t/h注汽锅炉对流段采用“梯形”结构(图1),最大外形尺寸为(长×宽×高):4132mm×2373mm×3885mm,总重28.8t。

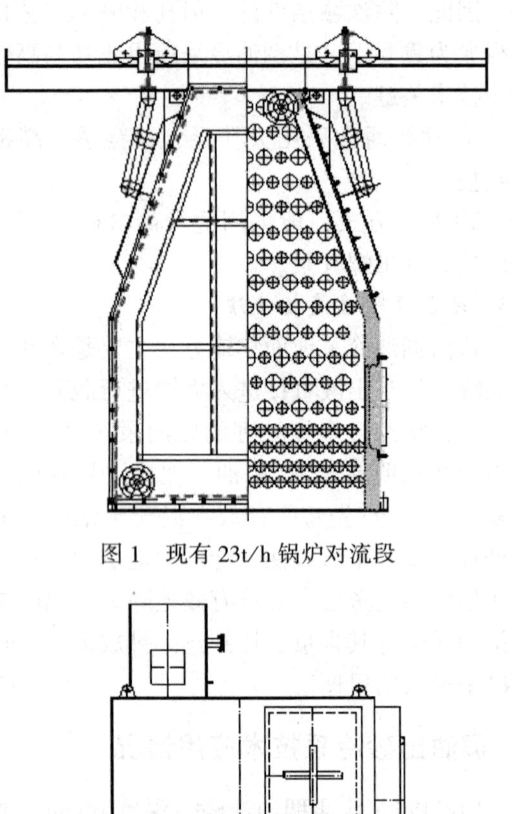

图1 现有23t/h锅炉对流段

注汽锅炉提效改造技术为新建对流段,由两部分组成(图2),上对流段为冷凝换热区,下对流段包括下对流换热区和蒸发区,对流段安装于过渡段上面,与烟筒连接,两段之间设置烟气转向室。

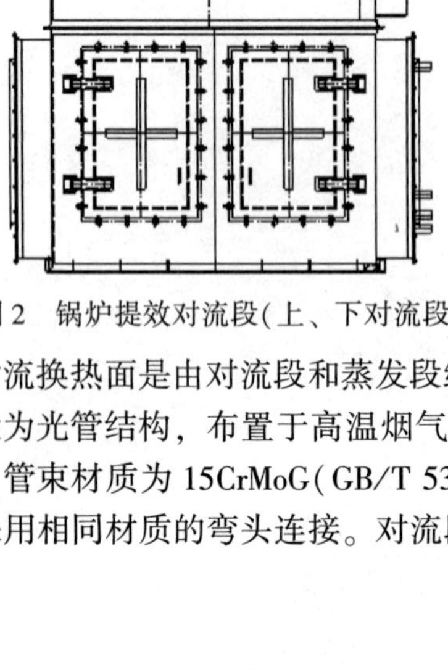

图2 锅炉提效对流段(上、下对流段)

锅炉冷凝段(图3)由低温防腐蚀翅片管组成,采用水平蛇形管布置形式,采用09CrCuSb耐腐蚀管材。外形尺寸为(长×宽×高):4312mm×2448mm×2432mm,总重18.0t。

下对流换热面是由对流段和蒸发段组成,其中蒸发段为光管结构,布置于高温烟气区,为3排光管,管束材质为15CrMoG(GB/T 5310),管子之间采用相同材质的弯头连接。对流段布置于蒸发段上面，为光管+翅片管组成(图4)，采用“方箱形”结构，采用3排光管+8排翅片管，管束材质为20G(GB/T 5310)，管子之间采用相同材质的弯头连接。最大外形尺寸为(长×宽×高)：4312mm×2448mm×2644mm，总重21.4t。

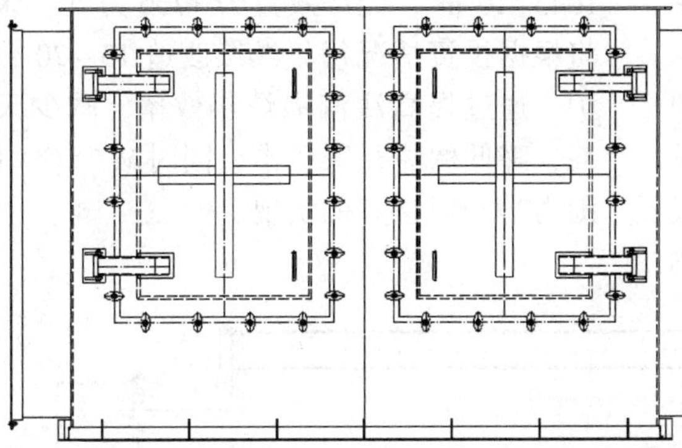
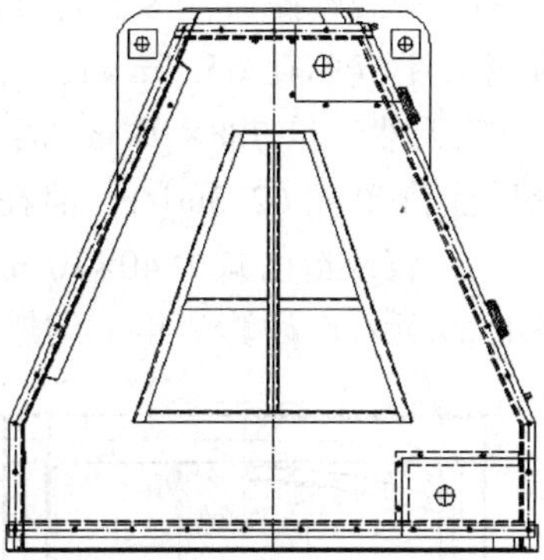

图3　锅炉提效上对流段(冷凝段)

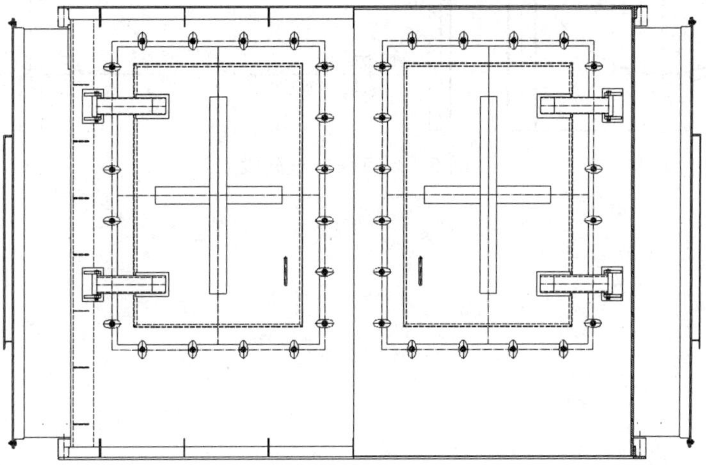

图4　锅炉提效下对流段(蒸发段+对流段)

改造前后参数比较见表1。

表1　锅炉对流段改造前后参数比较

名　　称	改造前	改造后
烟气进口温度/℃	951.7	964.3
烟气出口温度/℃	180~210	110
介质进口温度/℃	110.3	60
介质出口温度/℃	310.2	295.7
受热面积/m^2	671.4	1115.7

注：表中数值为理论计算值。

改造后对流段增加换热面444.3m^2，水阻力增加了0.48MPa，现有锅炉柱塞泵能够满足要求(现有锅炉汽水阻力2.065MPa，柱塞泵允许压降2.8MPa)，不需要进行改造。烟气阻力增加了85.8Pa，炉膛压力不会发生较大的变化，不会影响燃料燃烧和火焰形状，原有鼓风机可满足要求，不需要增加平衡通风设备或更换风机。

2　过渡段改造技术方案

现有23t/h注汽锅炉过渡段(图5)是起连接作用的一个半圆形烟气转向通道，没有布置受热面。现场大部分过渡段保温效果较差，表面腐蚀较大。

注汽锅炉提效改造技术为更换注汽锅炉过渡段，并采用气凝胶复合保温技术降低外表面温度，表面温度满足TSG G0002—2010《锅炉节能技术监督管理规定》标准要求。新建过渡段最大外形尺寸为(长×宽×高)：4553mm×2800mm×2465mm，总重3.8t。

3　烟囱改造技术方案

注汽锅炉提效改造后新建对流段与现有锅炉对流段烟气出口尺寸不同，需要新建注汽锅炉烟囱。改造后烟囱外形尺寸为(长×宽×高)：1000mm×1000mm×1500mm，总重0.6吨。烟囱采用 Q235B 材质，表面除锈后刷耐热漆，并涂刷烟囱漆。烟囱预留有烟气污染物排放检测口。

通过实施注汽锅炉提效改造后，可实现注汽锅炉热效率由 87.2%提升至 92%，以 23t/h 注汽锅炉为例，注汽单耗 65.7m^3/t，注汽量 12×10^4t/a，消耗天然气量 788×10^4m^3/a；实施锅炉提效改造后注汽单耗 62.3m^3/t，消耗天然气量 748×10^4m^3/a，较改造前减少 40×10^4m^3/a，按天然气价格 1.69 元/m^3 计算，年节约燃气费用 68 万元，单台锅炉改造费用约 150 万元，投资回收期约 2.2 年。截至 2020 年底辽河油田共改造自有 23 台 23t/h 注汽锅炉，投资 3195 万元，节气 1045×10^4m^3，经济效益为 1766 万元。未来几年将根据投资情况每年继续改造 15~20 台注汽锅炉，通过提高注汽锅炉热效率，减少天然气消耗，降低稠油开采成本，同时减少 CO_2的排放，助力“双碳目标”的实现。

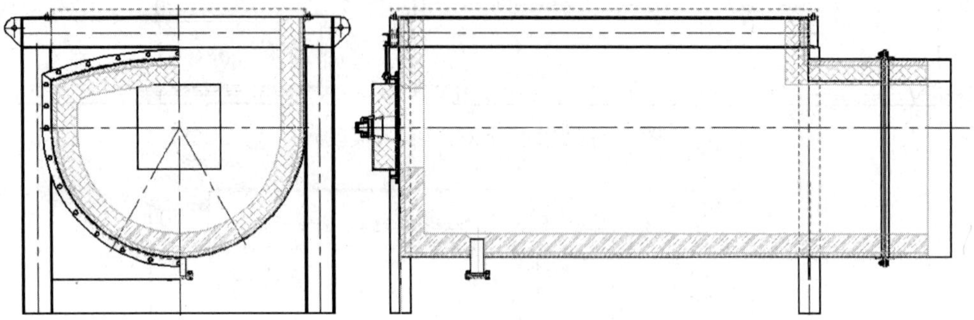

图 5　现有锅炉过渡段

油田无功补偿技术研究与优化应用

沈战岭　田　胜　葛红雨　陈　斌

（中国石油化工股份有限公司河南油田分公司采油二厂）

摘　要　采油二厂主要用电设备是抽油机电机、掺水泵、注水泵、风机等。其中抽油机耗电量约占总用电量1/3，是二厂无功电量的主要来源。大量的无功导致供配电线路损耗大，多耗电量。通过研究应用无功补偿装置，特别是优化无功补偿装置的安装容量和投切方式，充分发挥无功补偿装置的节能作用，可能减少供电线路损耗，从而减少电费开支。

关键词　功率因数；集控室；无功补偿；无功功率

1　供配电系统设备现状

1.1　供电干线运行情况

如表1所示，古城、新庄油田供电干线，功率因数均低于0.9的国家标准。古北线和王北线功率因数不到0.4。

表1　供电干线电力运行参数统计

序号	干线名称	有功功率	无功功率	功率因数
1	古东线	905	1466	0.53
2	古南线	1163	1403	0.64
3	古北线	428	1138	0.35
4	古西线	131	119	0.74
5	王南线	680	600	0.76
6	王柴线	1070	1240	0.67
7	王西线	1000	1660	0.52
8	王东线	430	500	0.65
9	王北线	860	2110	0.37

1.2　用电设备情况

据统计，新庄油田五条干线共安装变压器193台，覆盖油井1077口；古城油田四线干线共安装变压器76台，油井471口。

由于用电负荷主要是油井电机，因此，产生大量无功负荷的来源主要是油井电机。

2　集控室无功补偿装置存在问题

2.1　损坏严重

由于集控室已运行十多年而未进行检维修，多数无功补偿装置无法正常投入运行，失去了无功补偿的作用。

根据对集控室无功补偿损坏原因调查，主要有以下几方面：

（1）补偿电容器老化、损坏，占故障原因的绝大部分；

（2）熔断器烧坏，此类故障数量也比较多；

（3）交流接触器烧坏，此类故障数量一般；

（4）布线烧坏、老化，此类故障最少。

2.2　容量设计不合理

集控室的设计安装已经是十多年前了，当时的设计参数与现在的实际运行情况差别较大，已经不适应现在的运行要求了。主要有以下两个设计参数的差别：

（1）设备利用系数

原设计按游梁式抽油机鼠笼异步电动机取值0.3，而实际运行电机功率利用率全厂平均值只有0.2，设计取值偏大；

（2）电机功率因数

原设计电机功率因数取值0.45，而实际运行油井电机平均功率因数不到0.3，设计取值偏大。

由于设计参数取值偏大，导致无功补偿安装容量偏小，不能满足正常无功功率的补偿需求。对于开井数较多的集控室，无功补偿补偿容量偏小，设备能力不足；而对于开井数较少的集控室，无功补偿容量又偏大，造成设备利用率低下。

2.3　无功功率大的危害

由于无功补偿装置不能正常投入运行，导致供电线路上产生大量无功功率，供电干线功率因数偏低。经实际测试表明，采油二厂供电干线功率因数在0.3~0.7之间，低于国家标准规定的0.9。大量的无功功率将导致以下几方面的问题：

导致供配电系统线路损耗大，多耗电量；

(1) 大量的无功功率降低了变压器、电动机等设备的利用率，造成设备资源极大浪费；

(2) 无功功率大导致系统运行电流大，造成设备发热严重，设备故障率增高，威胁到设备的安全运行和生产连续性；

(3) 无功功率大造成系统电压损失大，导致供电质量变差。

综上所述，功率因数低，无功功率不能得到补偿，对供电系统危害极大。因此，进行无功补偿，特别是修复集控室无功补偿装置，是迫在眉睫的大事。

3　无功补偿的优化研究

目前应用电容器补偿电动机无功功率，是广泛应用的补偿装置，具有造价低，故障范围小，维护方便，补偿效果明显、性价比高等特点。

3.1　油井电动机运行特性曲线

抽油机电机与风机、泵类负荷相比，具有其特殊性。抽油机电机特别是热采井，最大的特点就是油井电机运行负荷不仅仅从长期来看运行负荷是不断变化的，从短期来看，在抽油机一个冲次内也是变化的。抽油机电机的无功功率也是不断变化的。这就给抽油机电机进行无功补偿带来很大难度。下图是一个油井电机典型的运行特性曲线(图1)。

从运行曲线上看，除了电压稍平一些外，其运行电流、有功功率、无功功率，均是变化的。因此，对单台电机的无功补偿，难于按固定容量来补偿，这正是电容器补偿难以做到的。

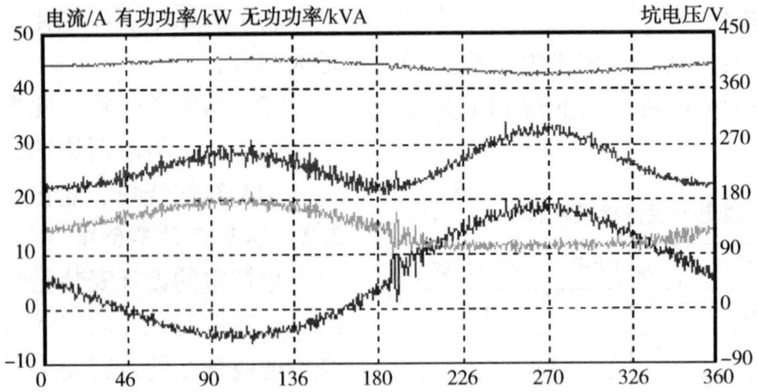

图1　3605井电能测试曲线

最好的解决办法是采用随动补偿，即根据电机无功的变化，随时调整补偿容量，但该技术复杂，成本高，维护难度大，本文中暂不讨论，留待下步工作中解决。

基于电容器性价比高的优点，仍采用电容器补偿。

3.2　就地补偿与集中补偿优缺点比较

就地补偿，也叫分散补偿，通常是针对单台电动机进行的补偿，补偿装置直接安装配套地电动机上端控制箱。

就地补偿优点：就地补偿直接在用户端进行补偿，是补偿最彻底、效果最好的补偿方式。因为就地补偿直接就近补偿了无功负荷产生的源头，从用户、变压器、供电线路到发电机的整个供电路径，均具有节能效果。

就地补偿缺点：就地补偿位置分散，点多面广，维护管理难度大。特别是对户外，存在一定安全风险。

因此，根据就地补偿的优缺点特点，就地补偿在偏远油井上比较适用，应大力推广。

集中补偿：当多台电机电源在集控室中时，可以采用集中补偿，即多台电机共用一组或多组电容器进行补偿。该方法造价低、运行维护方便、电容器利用率高。缺点是从集控室到电机的这段线路不能得到补偿，但从节能效果上看已经足够。从集控室到电机的电源线通常为几十米，相对于供电干线数公里的长度来说，可以忽略不计。

3.3　就地补偿容量计算

对于单台电动机的补偿容量设计，按照GB50052-2009《供配电系统设计规范》中单台电动机的计算补偿容量应按下式确定：

$$Q \leqslant 0.9 \times \sqrt{3} I_0 U$$

式中，Q为补偿容量，kVar；I_0为电机励磁电流或空载电流，A；U为电机电源电压，kV。

计算后按电容器容量取整。由于单台电动机

容量较小，通常只需要一组电容器即可满足补偿需要。

3.4 集中补偿容量计算

由于集控室已运行10余年，集中补偿容量可按实际运行经验来确定。为了满足补偿需要，最大限度节能，选择根据上一年度最大月有功负荷来设计。按要求集控室出口功率因数达到0.9即可，为了提高补偿效果，并留有一定裕量，可以按补偿到1计算，并按电容器容量规格取整。

由公式

$$P = S\cos\phi$$

及

$$Q = S\sin\phi$$

得到：

$$Q = Ptg\phi$$

其中：

$\cos\phi$ 可由补偿柜系统测得提供，或由集控室有功和无功计算得到，

$$\cos\phi = \frac{P}{S} = \frac{P}{\sqrt{P^2+Q^2}}$$

$$tg\phi = \frac{\sqrt{1-\cos^2\phi}}{\cos\phi}$$

式中，P 为用电量最大月有功负荷，kW；S 为用电量最大月视在功率，kVA；ϕ 为用电量最大月补偿前功率因数角。

3.5 集中补偿电容器组的确定

电容器应进行分组，一是要满足负荷需要，当负荷变化时，电容器补偿容量要能够随着负荷变化改变投入运行容量，二是要尽可能最大化地补偿无功负荷。因此，电容器组一般应为4~6组，不宜超过8组。

根据以上要求，电容器每组的容量按8421编码进行组合，既能减少组数，又能较大程度地进行无功补偿。同时必须满足最大组容量50，最小容量10。

例如，假如经计算补偿容量为64，取整，得70，通过8421编码，确定各组容量分别为30，20，10，10。这样，当无功负荷在0~70之间变化时，四组电容器经过组合，均能满足补偿要求，最大欠补量不超过10。

3.6 优化举例

以新庄17#集控室为例，经计算需无功补偿量190，编码后4×40+20+10。开井数7口井，补偿前有功32，无功97，功率因数0.31，电流156A。补偿后投入运行2×40+20+10，有功34，无功6.7，功率因数0.98，电流下降到59.3A，欠补量即6.7。因此，修复后功率因数从0.31提高到0.98，电流从156下降到59.3。线路损耗与电流的平方成正比，从电流下降的幅度可知补偿后节能效果明显。

4 效果测试

集控室经过优化设计并重新修复后，正常投入运行。为了测试其节能效果，需要在水电厂供电单位电量计量点分别读取无功补偿装置投入运行7天和切除运行7天两种状况下的电量消耗。

为了保证测试结果准确，应保证在每条供电线路上的负荷基本上没有大的变化，除了油井电机外，还应保证锅炉等大型用电负荷运行情况保持一致。

经过测试，无功补偿装置投入运行比不投入运行，年节电量194.7万度。从测试结果来看无功补偿装置节能效果显著。因此，当无功补偿装置需要维修时应立即维修，确保装置能正常运行，充分发挥节能作用。

5 结论

（1）由于集控室经过多年运行，未得到及时维修，导致无功补偿装置不能正常投入运行，失去了节能作用，导致线路损耗加大，浪费了大量电能；

（2）原设计由于与实际运行情况差距较大，补偿容量设计不合理。经过十多年的运行经验，具备了根据实际情况重新优化设计的条件；

（3）根据运行实际，选取合理的优化设计参数，充分发挥了补偿装置的节能作用；

（4）目前来看，电容器无功补偿投入低，节能效果明显。

参考文献

[1] 胡晓东. 抽油机电机无功补偿技术的研究[J]. 物联网技术与应用，2016(4).

[2] 王锋. 低压无功补偿几种投切开关对比分析[J]. 理论前沿，2016(5).

[3] 陈建军. 配电网无功补偿治理技术研究及工程应用分析[J]. 电子测试，2017(16).

双碳背景下制氢技术的研究进展

赵仁保[1,2*]　蒋宁宁[1]　王田田[1]　周娜娜[3]　杨　利[3]

(1. 中国石油大学(北京)油气资源与探测国家重点实验室;
2. 中国石油大学(北京)克拉玛依校区; 3. 中石化胜利石油工程有限公司钻井院)

摘　要　氢能作为一种新型绿色能源，加速对氢能的开发利用符合我国当前能源结构转变以及可持续发展战略，且氢气的制备路径(或方法)是氢能发展的关键问题。笔者简述了氢能的性质及用途，总结了国内外传统制氢技术及新型制氢技术的优缺点，并展望了制氢技术未来可能的发展趋势，指出了多技术联用、富氢资源重整、高效低碳是未来制氢技术的研究方向。

关键词　新能源; 氢能; 氢气; 制氢技术

能源是人类生存、生活与发展的重要基础，也是人类文明进步和经济变革的驱动力。随着全球性的能源危机和环境污染等问题的日益凸显，推动绿色低碳发展日益成为人类共识，由化石能源向清洁能源、可再生能源的能源转型已成为世界能源发展的主要趋势。其中，氢能作为高能量密度的燃料载体在提供能量的过程中可实现或接近实现无碳排放，而且具有资源丰富、热值高、无污染等优点，对改善国家能源结构、减少温室气体排放、推动实现低碳经济发展具有十分重要的作用。因此，氢能作为新能源、替代能源的重点布局领域，其制备、储存及利用俨然成为能源转型的关键技术突破重点。

近年来，随着中国“碳达峰、碳中和”双碳目标的推进，氢能源在社会舆论倡导和投资加快的环境中蓬勃发展。目前，以化石能源为原料的制氢技术较为成熟，主要包括煤制氢技术、天然气制氢技术，但是各种传统制氢技术的能耗高、温室气体排放高、环境污染严重，并且经济成本较高，无法达到绿色制氢的目的。可见，低成本低碳排放的制氢技术是打造氢能源经济的基础。在从化石能源向氢能源转型的过程中，针对成熟的工业化制氢原理、工艺技术、制氢指标及所用助剂的分析，对选择合理、可行和经济的工业化制氢技术具有重要意义。本文介绍了国内外制氢技术的研究现状，并展望了制氢技术的未来研究方向，以期为推动制氢技术的应用和发展提供理论基础与技术支撑。

1　氢气的概述

1.1　氢气的性质

氢气是氢元素标准状况下以气态存在的物质，化学式为 H_2。标准状况下，所有气体中氢气的密度最小，是空气比重的0.0695倍。地球上的氢主要以化合状态存在于水或碳氢化合物中，且地球上的水总体积约有13亿8600万立方千米，是氢取之不尽用之不竭的重要来源，氢储量极为丰富。

氢气分子由两个氢原子通过一个σ键组成，电子云形状是椭球形，两核间电子分布密集。在化学键形成时，两个电子进入成键轨道，基态氢气分子的σ键由两个氢原子分别贡献一个1s轨道的电子参与键结，形成稳定的氢气分子，如图1所示。H-H键键能大，在较高温度下可以燃烧，且产生的热值远高于传统化石能源，故氢气常被压缩成液态应用于火箭燃料和航天器的推进器。

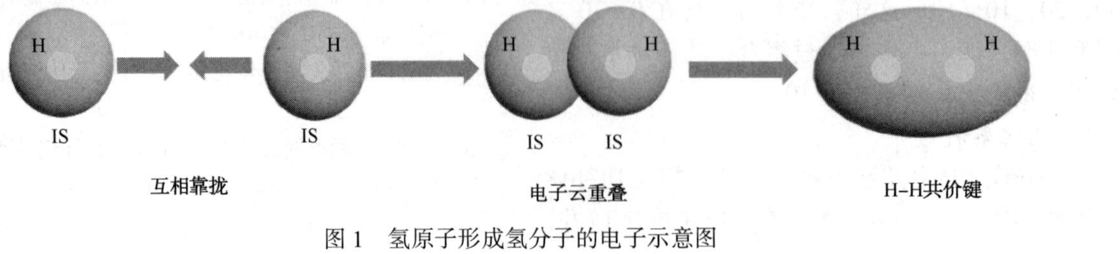

图1　氢原子形成氢分子的电子示意图

1.2 氢气的常规用途

中国的氢气消费量居世界首位，其中90%以上用于合成氨、石油炼制加氢、合成甲醇等工业用途，未来氢气的消费将持续增长。1980年全球纯氢消费量约为2045×10^4t，至2018年全球纯氢消费量约为7390×10^4t，年均增长率约为3.44%（表1）。我国是世界上最大的制氢国与消费国，国籍氢能委员会预计，至2050年，氢气将承担全球18%的能源终端需求，减少60×10^8t二氧化碳排放。据估计，2030年中国氢气的年需求量将增加至3715×10^4t，2060年则增加至约1.3×10^8t。

氢气广泛应用于石油炼化、金属冶炼、化工与电力等领域中，如图2所示。其中，氢气是一种理想的二次能源，根据质量的不同，任何其他燃料在燃烧过程中释放的能量都低于氢释放的能量，CH_4、汽油和煤的单位质量热值预计分别比H_2低2.4、2.8和4倍。因此，大力发展绿氢产业可以有效缓解对化石能源的依赖程度。

表1　近40年全球纯氢消费量变化情况

10^4t

项目 \ 时间	1980年	1990年	2000年	2010年	2015年	2018年
炼油	680	1200	2140	3100	3600	3820
合成氨	1620	2140	2860	2830	3190	3150
其他	150	190	250	310	380	420
合计	2045	3530	5250	6240	7170	7390

2 制氢技术的研究现状

2.1 传统制氢技术

传统制氢技术是以煤炭、天然气等化石能源为原料，经过一系列变化过程生产氢气。化石能源制氢工艺技术成熟、原材料相对廉价、制取成本低，是目前最主要的制氢技术。

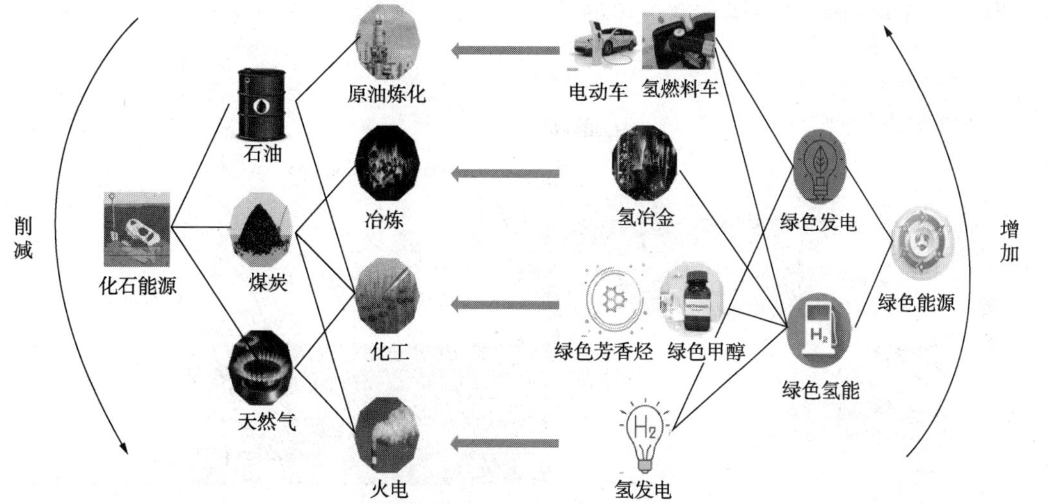

图2　绿氢对化石能源的替代示意图

（1）煤制氢技术

煤制氢技术是以煤炭为原料制取氢气的技术，主要包括两种：煤的气化与煤的热解。煤气化制氢是以煤炭为原料，将煤浆、煤粉或煤焦与氧气或水蒸汽混合，在原位燃烧产生的高温下转化为H_2和CO为主的混合气，再经过水煤气变换（WGS）、除酸、变压吸附等技术得到纯度99%~99.9%的纯氢。煤热解制氢技术是将煤隔绝氧气的条件下加热时，使煤中的有机物随着温度的升高发生物理化学反应，形成固态煤焦、和气态产物，煤热解制氢技术析出的气体氢气可占54%~59%。

煤制氢技术发展已有200年，技术已非常成熟，是目前较为经济的大规模制氢技术之一，其制氢成本约为8.3~19.5元/千克。Stańczykk等人对高湿度（53vol%）的褐煤样品两阶段气化生产富氢合成气的可行性研究中发现：在氧气气化阶段，生产的合成气包含26.4vol%的氢气；在蒸汽气化阶段，合成气的平均氢含量增加到46.3vol%。Yang等人在室内煤层制氢设备的实验中，氧气-蒸汽混合物的供应将合成气的H_2含量从30.24vol%增加到46.74vol%。Cetinkaya在其研究中，以煤气化制氢为研究对象，分析了煤炭制氢这一生命周期，得出284t/天的产氢能力所对应的温室气体排放量为11.299kg CO_2。李奕杨以无烟煤为研究对象，分析煤气化制氢的制氢效率与环境影响等因素，表明，煤气化制氢效率为47%，整个生命周期中煤的运输排放占比最高。虽然煤制氢具有产量高、成本低、商业化技术成熟等优点，但随着产氢规模的扩大，该技术所需的设备以及技术投资也随之上升，此外随着氢气一同产生的大量 CO_2 温室气体的产生也制约了煤制氢的进一步发展。后续煤制氢技术的发展应向降低能耗、提高制氢效率、结合CCS与CCUS技术降低温室气体排放等方面发展。

(2) 天然气制氢技术

甲烷是(CH_4)是天然气的主要成分，所以天然气制氢技术也叫甲烷制氢技术。在所有的碳氢化合物中，甲烷的氢碳比最高，因此天然气制氢方法具有高制氢效率、碳排放量低等优点，适用于大规模制氢。甲烷制氢方法根据甲烷参加的反应不同分为：甲烷水蒸气制氢(SMR)、甲烷部分氧化(POX)和甲烷自热重整(ATR)。其中甲烷水蒸气重整(SMR)由于其设备投资低，产氢率高等特点，是应用最广泛的制氢技术，也是发展最成熟的技术之一，其原理如图3所示。原料天然气在除硫、甲烷化之后在催化剂及高温条件下，甲烷与水蒸气发生反应形成含有氢气的合成气，然后经过重整反应和水煤气变换反应将生成的CO进一步转换为 H_2 和 CO_2 最后经过氢气分离技术得到纯氢。但甲烷重整制氢技术是强吸热过程，工艺耗能较高且设备投资大、制氢成本较高、二氧化碳排放量大等缺点不适合在目前双碳背景下大规模制氢。

综上，传统制氢技术如煤制氢技术与天然气制氢技术虽然是目前最主要的制氢手段，但由于其制氢能耗大、制氢浓度小，同时产生大量 CO_2，污染环境，因此迫切寻求新型制氢技术高效、清洁、经济的大规模制氢。

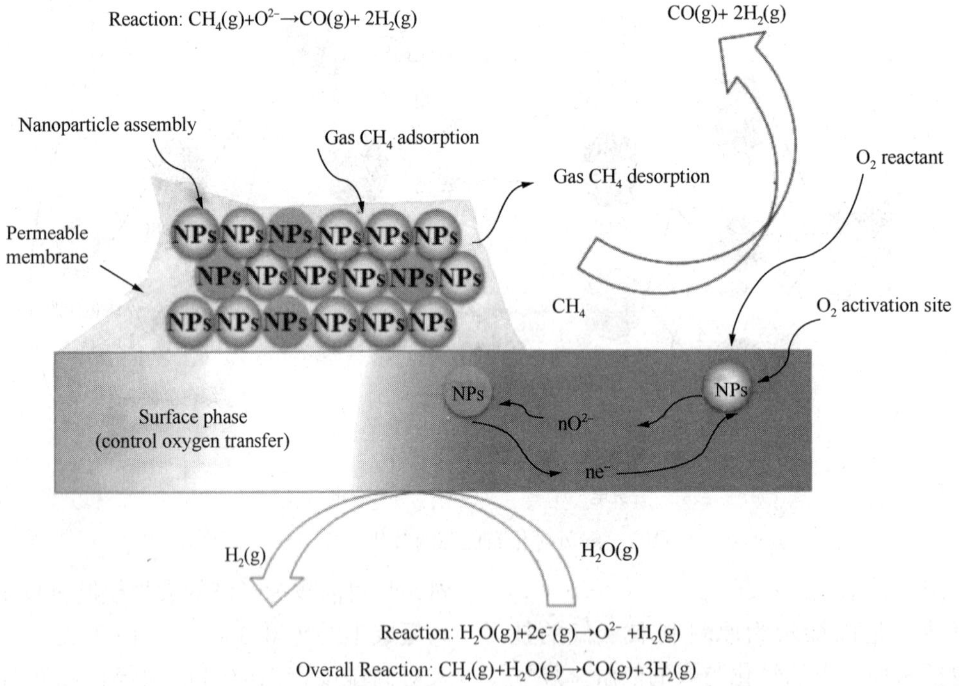

图3　蒸汽甲烷重整制氢示意图

2.2 新型制氢技术

(1) 生物质制氢技术

生物质制氢技术通过一定条件使生物质材料里的有机成分发生一定的化学反应，转化为含有氢气的可燃混合气体，然后再经过分离提纯工艺得到纯氢的技术。常见的生物质材料有农业及林业废弃物，如秸秆、稻壳、锯末、纤维素、动物排泄物等。根据不同的生物质转化方法，可以将生物质制氢分为：生物质热化学制氢、生物制氢和电解生物质制氢。生物质热化学制氢是指生物质再一定温度下发生热裂解反应产生含有氢气的混合气体，再将裂解副产物焦油催化裂解为焦炭与CO，再经过水煤气变换得到 H_2 与 CO_2，然后再经过分离提纯工艺得到纯氢的技术，其流程如图4所示。

生物质热化学制氢工艺流程简单，但是反应本身是强吸热反应，需要一定的化石能源供热，耗能高，对环境造成一定污染。生物制氢法是利用某些微生物分解生物质产生副产物氢气的特点，反应条件温和，能耗低，清洁无污染，但制氢效率低、可控性差、运行成本高，难以实现工业化，现在停留在实验室阶段。电解生物制氢技术是将生物质与电解液混合后电解，进而制取氢气的技术。

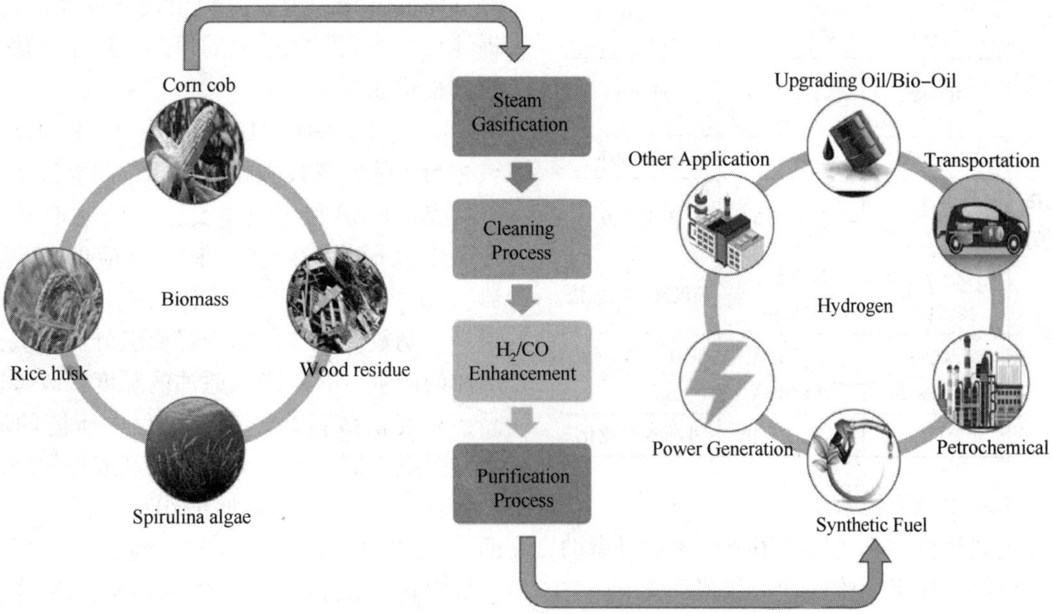

图 4　生物质热化学制氢流程图

（2）电解水制氢技术

电解水制氢技术实质是水存在于电解质环境内且通电条件下的分解反应。由于其产物无污染、制氢纯度高（99.99%）等优势，目前电解水制氢技术已成为使用相对广泛的制氢技术之一。高纯度水的电离度较小，导电性差，通常需要在溶液中加入一定电解质溶液。当电解反应发生时，水分子在阳极发生氧化反应析出氧气，在阴极发生还原反应形成氢气，电解水反应与添加的电解质无关，经过反应循环后电解质依然在电解槽体系中，但酸碱环境当中的制氢反应不同，因此所对应的反应机理也存在一定的差异，图 5 为电解水在两性环境中的反应机理示意图。根据电解池电解质的不同，电解水制氢技术可以分为三大类：碱性电解水制氢技术（ALK）、质子交换膜电解水制氢技术（PEM）与固体氧化物水电解技术（SOEC）。

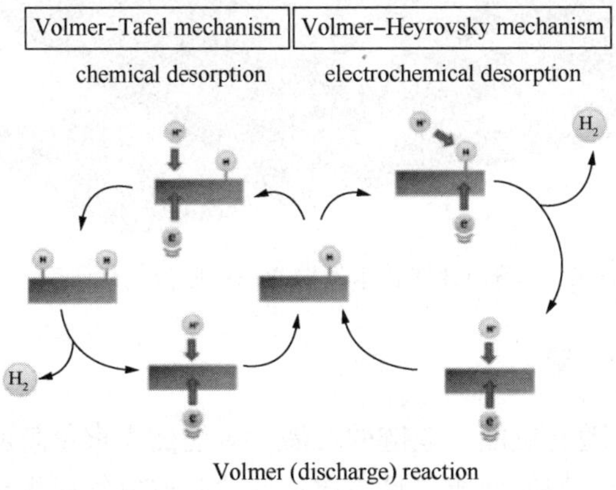

$2H^+ + 2e^- \rightarrow H_2$ (Acidic solution)	$H^+ + e^- + M \rightarrow M\text{–}H$ (Volmer) $H^+ + e^- + M\text{–}H \rightarrow H_2$ (Heyrovsky) or $2M\text{–}H \rightarrow H_2$ (Tafel)
$2H_2O + 2e^- \rightarrow H_2 + 2OH^-$ (Alkaline solution)	$H_2O + 2e^- \rightarrow M\text{–}H + OH^-$ (Volmer) $H_2O + e^- + M\text{–}H \rightarrow H_2 + OH^-$ (Heyrovsky) or $2M\text{–}H \rightarrow H_2$ (Tafel)

注: M表示催化剂表面的催化活性位

图 5　HRE 在两性溶液中反应机理示意图及步骤

表 2 为电解水制氢工艺的优缺点对比表，碱性电解池是工业上使用规模最大的水电解技术。电解水理论上转化率高，获得的氢气纯度高，但由于其生产成本过高目前中国制氢体系中水电解制氢只占 1%。电解生物质制氢技术操作简单、氢气产率高，但电解过程中中间产物与最终产物不明确，难以处理电解液中的有机质，会造成一定环境污染。

表 2　电解水制氢工艺的优缺点对比表

电解池类型	碱性电解池	固体氧化物电解池	质子交换膜电解池
电解质	20~30%KOH 或 NaOH	Y_2O_3/ZrO_2	PEM
工作温度(℃)	20~80	500~1000	20~200
电解效率	59~70%	Up to100%	Up to100%
标方氢能耗/(kW·h)	4.5~5.5	2.6~3.6	3.8~5.0
优点	投入低、稳定、技术成熟	成本低、耗量少	纯度高、响应快
缺点	碱蚀、气体渗透	机械不稳定、密封不当	低 OH^- 传导性、成本高
规模	充分产业化	尚未产业化	小规模产业化

(3) 光催化制氢技术

光催化制氢技术原理是利用半导体材料借助太阳光等辐射，在半导体表面产生光生电子-空穴对，在电解槽内使水分子或有机物发生氧化还原反应进而获得氢气。常见的光催化水制氢方法包括：光电化学分解水制氢、导体光催化制氢与光助络合催化制氢。Liu 等人在 TiQ_2 上负载了质量分数超过 1%的铜单原子，并在光解水反应中氢气生成速率达到 101.7mmol/(g·h)。常用的带宽隙半导体材料吸收阈值较少，TiO_2 吸收光亮仅占太阳光谱的 4%，染料敏化是一个提升吸收光谱的有效方法，Dhanalakshm 等人对 $[Ru(dcpy)_2(dpq)]^{2+}$ 敏化的 TiO_2 催化剂在可见光下的光催化产氢活性研究中发现：在承担贵金属以及吸附染料之后，光催化活性明显提高，最高的产氢速率可达 0.28mL/h。相对于电解水制氢，光催化制氢技术成本较低、能耗少、反应温度可控等优点。但光催化制氢的光电转化率小，仅有 20%-30%；生成的氢氧难以分离、光激发的电子-空穴对容易复合，使得催化效率降低；可见光催化剂成本高，且易被腐蚀失活等缺点，制约了光催化制氢技术的商业化应用。

(4) 原位制氢技术

原位制氢技术是一种通过向储层注入空气或氧气，在油气藏储层中就地燃烧产生游离氢的技术，如图 6，它的基本原理为：首先，将空气或氧气泵入地下石油、天然气储层或煤层中，点燃碳氢化合物使之在地层中燃烧；其次，在高温环境下(通常高于 500℃)，碳氢化合物的共价键断裂，产生大量自由基(如氢自由基、饱和烃自由基、不饱和烃自由基等)，并发生自由基重组，最终在储层内部生成一氧化碳、二氧化碳、氢气等气体混合物；最后，利用地下或地面的分离、提纯技术达到制氢采氢的目的。原位转化典型反应方程式如下：

$$C_xH_yO_z+O_2+H_2O \longrightarrow H_2+CO+CO_2 \quad (1)$$

与其他制氢技术相比，原位制氢技术具有以下特点：1)热利用效率高。原油就地燃烧过程中产生大量热，可作为制氢反应的“高温反应器”，大大提升热量的利用效率；2)原油改质效果好。制氢过程中伴随着轻质组分及二氧化碳等气体的产生，有效降低原油的黏度，改善原油油品；3)经济效益高。制氢过程中所需的原油和水均蕴藏于储层中，无外加助剂或外加助剂用量少，且氢气作为高附加值组分，最终实现“采油+采氢”双效目的。目前，稠油原位制氢技术已取得初步试验。2013 年在加拿大玛格丽特湖开展首次原位制氢的现场试验，结果表明：循环蒸汽和空气注入实验中产生的气体混合物中，氢气的采收率可达 20%。此外，加拿大质子公司于 2016 年也将燃烧技术和薄膜氢气过滤技术相结合，提出地下油藏采氢的新技术——HEE (Hygenic Earth Energy)。

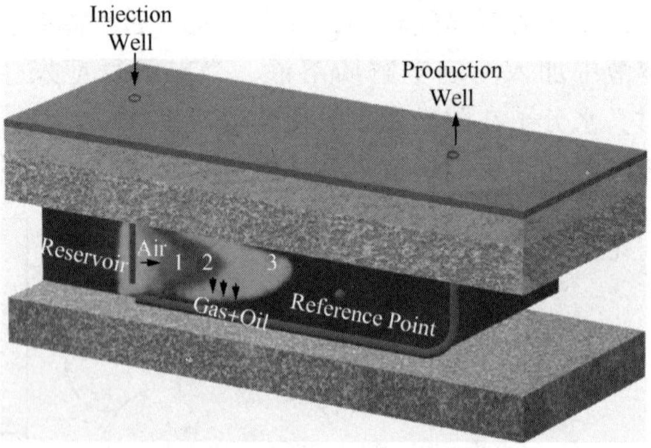

图 6　基于 THAI 技术的稠油油藏原位气化研究

3　展望

随着氢能产业链的发展，氢能的需求量急剧上升，如何低成本且高效环保地制取氢气成为当今研究的热点。针对当前所面临的挑战，将来的研究可能主要集中在以下几个方面：

(1) 建立多元制氢技术联用体系。明确各类制氢技术的应用特点，加强对各类制氢技术的优化及完善，如天然气制氢技术的高转化率、生物质制氢技术的清洁化、电解水制氢技术的无害化及原位制氢技术的高资源利用率等，通过有效联用现有的制氢技术，获得集多元化、清洁化、低碳化于一体的制氢策略，实现绿色低碳的高效制氢。

（2）拓宽制氢来源的可获得性。基于制氢资源供给侧的调控考虑，增强对富氢、含氢资源的重整开发，广泛开展如稠油、生物质油、石油焦等资源的动用开发，深化各资源的协同制氢效用，并充分发挥原位制氢技术的优势，对储量丰富却难动用的原油资源开展采油制氢双效开采，获得氢气等高附加值产品，实现资源的高效转化利用。

（3）加强针对新型制氢催化剂的研发力度。一方面，加强对理想催化剂的分子结构设计，以催化活性、比表面积、氢气采收率等性能为考察指标，探究催化剂分子的催化活性中心、载体类型及用量等因素对制氢效果的影响，建立催化剂分子结构特征与制氢效果的内在联系；另一方面，开发系列高普适性的绿色催化剂，充分发挥复配催化剂的优势，探索制氢催化剂在高温、高油水饱和度及高矿化度等复杂环境下的配伍性，从而显著提高制氢催化剂的应用经济性和普适性。

参考文献

[1] 邹才能，熊波，薛华庆，等. 新能源在碳中和中的地位与作用[J]. 石油勘探与开发，2021，48(2)：411-420.

[2] 陈彬，谢和平，刘涛，等. 碳中和背景下先进制氢原理与技术研究进展[J]. 工程科学与技术，2022，54(1)：106-116.

[3] 谢欣烁，杨卫娟，施伟. 制氢技术的生命周期评价研究进展[J]. 化工进展，2018，37(6)：2147-2158.

[4] 陈思晗，张珂，常丽萍，等. 传统和新型制氢方法概述[J]. 天然气化工(C1 化学与化工)，2019，44(02)：122-127.

[5] SURESH B，GUBLER R，HE X X，YAMAGUCHI Y. Hydrogen Chemical Economics Handbook[R]. 2015：209-211.

[6] 国际氢能委员会. 氢能规模化[EB/OL].（2017-11-13)[2020-05-15].

[7] 中国氢能源及燃料电池产业创新战略联盟. 中国氢能源及燃料电池产业白皮书 2020[R]. 北京：人民日报出版社，2020.

[8] 国际能源署. 氢的未来：抓住今天的机遇[R]. 日本 G20 峰会报告，大阪，2019.

[9] 王敏. 国内外新能源制氢发展现状及未来趋势[J]. 化学工业，2018，36(6)：13-18.

[10] 钱伯章，朱建芳. 煤层气开发与利用新进展[J]. 天然气与石油，2010，28(04)：29-34.

[11] 李立业，黄世平. 焦炉煤气高效多联产利用技术[J]. 燃料与化工，2018，49(03)：46-49.

[12] 许毛，张贤，樊静丽，等. 我国煤制氢与 CCUS 技术集成应用的现状、机遇与挑战[J]. 矿业科学学报，2021，6(6)：659-666.

[13] STANCZYK K，KAPUSTA K，WIATOWSKI M，et al. ExperimentalSimulation of Hard Coal Underground Gasification for Hydrogen Production[J]. Fuel，2012，91(1)：40-50.

[14] YANG L H，ZHANG X，ZHU K. Hydrogen Production in Underground Coal Gasification(UCG)[J]. Energy Sources，Part A：Recovery，Utilization，and Environmental Effects，2016，38(3)：376-383.

[15] CETINKAYA E，DINCER I，Naterer G F. Life Cycle Assessment of Various Hydrogen Production Methods[J]. International Journal of Hydrogen Energy，2012，37：2071-80.

[16] 李奕阳. 几种制氢方法的生命周期评价研究[D]. 西安建筑科技大学，2010.

[17] HOLGER S，DIETER U. HighEfficiency Zero Report Steam Reforming[J]. Chemical and Petroleum Engineering，2017，53(3/4)：166-170.

[18] STEINBEISS S，GLEIXNER G，ANTONIETTI M. Effect ofBiochar Amendment on Soil Carbon Balance and Soil Microbial Activity[J]. Soil Biology and Biochemistry，2009，41(6)：1301-1310.

[19] ABBAS H F，DAUD W W. HydrogenProduction by Methane Decomposition：A Review[J]. International Journal of Hydrogen Energy，2010，35(3)：1160-1190.

[20] MOKHTAR A B，MAJID S. Hydrogen Production via Integrated Configuration of Steam Gasification Process of Biomass and Water-Gas Shift Reaction：Process Simulation and Optimization[J]. International Journal of Energy Research，2021，45：19378-19394.

[21] KAMALPREET K B，ANELYSEA C，VANESSA O A. An Overview on Progress，Advances，and Future Outlook for Biohydrogen Production Technology[J]. International Journal of Hydrogen Energy，2022，1-28. https://doi.org/10.1016/j.ijhydene.2022.01.156.

[22] 于盼望. 面向可持续发展的制氢过程多目标流程优化[D]. 浙江工业大学，2019.

[23] 刘昊霖. 生物质气化制氢过程中的焦油脱除研究[D]. 浙江科技学院, 2021.

[24] 李琳娜, 应浩. 生物质热化学法制备富氢燃气的研究进展[J]. 林产化学与工业, 2009, 29(Z): 247-254.

[25] 张晖, 刘昕昕, 付时雨. 生物质制氢技术及其研究进展[J]. 中国造纸, 2019, 38(07): 68-74.

[26] 迟军, 俞红. 基于可再生能源的水电解制氢技术[J]. 催化学报, 2018, 39(3): 390-394.

[27] CIPRIANI G, DIDIO V, GENDUSO F, et al. Perspective onHydrogen Energy Carrier and Its Automotive Applications[J]. International Journal of Hydrogen Energy, 2014, 39(16): 8482-8494.

[28] 邹才能, 李建明, 张茜, 等. 氢能工业现状、技术进展、挑战及前景[J]. 天然气工业, 2022, 42(04): 1-20.

[29] 候雪伟. 过渡金属微纳结构催化剂的制备及在催化产氢方面的应用[D]. 河北: 燕山大学, 2019.

[30] CHEN X P, ZHANG Z X, CHI L N, et al. Recent Advances in Visible-Light-DrivenPhotoelectrochemical Water Splitting: Catalyst Nanostructures and Reaction Systems[J]. Nanomicro Lett, 2016, 8(1): 1-12.

[31] 莫容. 非贵金属制氢催化材料的掺杂与缺陷效应研究[D]. 湘潭大学, 2019.

[32] ADELI B, TAGHIPOURZ F. A Review of Synthesis Techniques for Gallium-Zinc Oxynitride Solar-Activated Photocatalyst for Water Splitting[J]. ECS Journal of Solid State Science and Technology, 2013, 2(7): 118-126.

[33] ZHANG Y, ZHAO J H, WANG H, et al. Single-atom CuAnchored Catalysts for Photocatalytic Renewable H_2 Production with a Quantum Efficiency of 56%[J]. Nature Communications, 2022, 13(1): 58.

[34] DHANALAKSHMI K B, LATHA S, Anandan S, et al. Dye Sensitized Hydrogen Evolution from Water[J]. International Journal of Hydrogen Energy, 2001, 26(7): 669-674.

[35] 郑秋艳, 王少波, 李绍波, 等. 氢气的生产方法综述[J]. 低温与特气, 2009, 27(6): 12-15.

[36] YANG S, HUANG S, JIANG Q, et al. ExperimentalStudy of Hydrogen Generation from In-situ Heavy Oil Gasification[J]. Fuel, 2022, 313: 1-12.

[37] KAPADIA P R, WANG J, KALLOS M S, et al. Practical Process Design for In-situ Gasification of Bitumen[J]. Appl Energy, 2013, 107: 281-96.

[38] WANG W, GIANNI O, DACHAMIR H, et al. InorganicMembranes for In-situ Separation of Hydrogen and Enhancement of Hydrogen Production from Thermochemical Reactions[J]. Renewable and Sustainable Energy Reviews, 2022, 160: 1-18.

[39] KAPADIA P R, KALLOS M S, GATES I D. Potential forHydrogen Generation from In-situ Combustion of Athabasca Bitumen. Fuel 2011; 90(6): 2254-2265.

[40] GATES I D. In-situProcess for Producing Hydrogen from Underground Hydrocarbon Reservoirs. [J] CN 108884711 A 2018.

[41] ZHAO R, ZHANG C, YANG F X, et al. Influence ofTemperature Field on Rock and Heavy Components Variation During In-situ Combustion Process[J]. Fuel, 2018, 230: 244-57.

大数据技术助推大港油田页岩油高质量勘探开发

范德军　王洪雨　龙　涛

（中国石油大港油田信息中心）

摘　要　近年来，在信息化技术的支撑下，勘探开发研究项目在数据信息收集、科研效率，成果共享等方面取得了长足得进步。本文重点论述了油藏科研项目中数据的实际需要，并探讨了项目研究中数据与业务融合的数据服务问题，给出了建设油藏项目数据数据库为适应数据与业务融合的基本策略。

关键词　页岩油；勘探开发；一体化；大数据；人工智能。

1　基本情况

开发50余年以来，可持续发展成为大港油田亟待破解的难题，页岩油勘探开发成为老油田可持续发函新的突破口。同时，页岩油勘探开发又与传统油田勘探开发有很大不同，需要通过选准甜点、找准箱体、打准水平井轨迹、定准压裂段簇、选准压裂参数、压准优势甜点等特点，大港油田通过勘探开发一体化、地质工程一体化等管理创新，实施工厂化作业摊薄成本，在提高页岩油勘探开发效益的同时，带动了页岩油勘探开发整个产业链向高端迈进，实现页岩油高产稳产。

大港油田自2017年开始页岩油研究，大港探区发育沧东、歧口两大富油凹陷，有利区面积2400km^2，主力烃源岩三套孔二段、沙三段、沙一段，是页岩油气富集层段，厚度200~500m，按照体积含油率法计算，沧东凹陷孔二段页岩油资源量10.96亿吨。2018年开始，陆续投产47口井（老井利用8口，新井39口），水平段长度346~1706米，已压裂35口，待压裂9口，压裂水平段长度404~1494米，日产液717吨，日产油333吨，累产液33万吨，累产油12万吨。峰值日产液达790吨，日产油达396吨。

2　需求分析

大港油田页岩油勘探开发之初，还面临着老、散、缺、滞、独五大制约页岩油高质量开发现状问题，数据分散逻辑性差、实时性分析决策信息基础薄弱、地质工程未能一体化以及缺乏统一管理平台和分析手段，造成页岩油井数据全周期查询难、远程实时指挥决策慢、生产规律摸不清、地质工程综合分析弱、方案策略风险大等难题，一定程度上制约着大港油田页岩油开发管理工作。

页岩油勘探开发业务流程主要包括井位优选、井位论证、钻井、试油、压裂、焖井、试采、钻塞下泵、投产、动态分析、生产规律研究11个主要业务流程，重点关注钻井、试油压裂、焖井与生产规律研究四个关键业务。通过调研分析，围绕地质、工程、生产、经济四大业务对象，通过对数据应用、现场跟踪、评价分析与投资管理等页岩油勘探现状调研分析，在页岩油勘探开发中急需通过对数据组织、实时监控、页岩油可视化跟踪、智能化分析以及地质工程与技术经济一体化等方面的建设，构建一个面向页岩油的全过程数据贯通、成果共享、智能分析、实时跟踪、自动预警的一体化的协同联动应用平台（表1）。

表1　页岩油勘探开发现状问题

序号	问题名称	问题描述	备注
1	“老”	沿用常规井数字化设备，且缺失视频监控	
2	“散”	业务应用系统繁多、页岩油数据分散管理，各自有入口与权限控制	
3	“缺”	针对页岩油勘探开发业务特色应用缺少系统支撑，页岩油部分数据缺少系统进行管理，缺少管理规范	
4	“滞”	作业现场、生产现场等信息、数据滞后，页岩油勘探开发时效性差，无法实现实时、动态管理	
5	“独”	页岩油地质、工程、经济等各专业独立工作，页岩油协同研究与多学科决策未实现	

2.1　远程跟踪分析需求

远程实时跟踪页岩油钻井现场，针对大斜度

井与水平井，结合地震解释、地层对比、录井实时监测等数据，进行随钻分析与地质导向，提高钻井工程品质，油层钻遇率。

远程实时跟踪页岩油压裂现场，针对大型多段压裂，结合实时作业压力、砂比、排量等，地质与工程部门互相协同，寻求最佳施工方案，提高压裂工程品质。

远程实时跟踪焖井放喷及投产后现场，针对压力变化，结合日产液、日产油、含水、返排率，分析生产规律，指导新井生产。

2.2 地质工程一体化需求

地质工程一体化综合研究是支撑页岩油勘探开发的重要技术保障，围绕“钻井、完井、压裂、生产、开发”，需要建立多学科、多部门、不断迭代的一体化共享模型。该模型包括地球物理及地质模型、裂缝模型、地质力学模型、数值模型模型，采取地质-工程一体化技术，掌握页岩油储层特性和地质力学规律，攻克开发工程中关键理论，实现地质甜点与工程甜点的最佳方案，实现页岩油经济有效开发。

2.3 多学科协同决策需求

围绕“钻井工程、完井及改造工程、生产工程、开发工程”，整合油气勘探地质、工程、经济全业务流程的数据资源，以数据表、图形、曲线、模型等多种形式展现，集合相关专家、领导，实现多部门、多学科协同分析决策，达到提高钻井品质、完井品质、储层品质的目的。

3 应用探索

3.1 总体设计

针对页岩油勘探开发中存在业务难题和业务需求，从2019年开始，大港油田组织开展了页岩油大数据分析技术研究，主要思路是利用油气生产物联网、数字孪生、大数据分析和可视化等技术，建立页岩油一体化全生命周期的大数据分析应用，实现了全周期运行管理、综合查询、预警报警、分析评价、单因素产量变化分析等功能，初步支撑了页岩油勘探开发工作。

页岩油大数据分析总体设计共分五层，第一层是物联层，主要是利用物联网、云计算等技术，实现对钻井压裂作业现场、页岩油井生产现场与研究现场、决策现场的互联互动、资源共享。第二层是数据层，依托物联层实时感知和区域数据湖体系，构建页岩油地质工程一体化数据库，实现对页岩油基础数据(设计数据、作业数据、实时数据、生产数据等)、研究数据和成果数据，为页岩油勘探开发提供统一数据管理与服务。第三层为服务层，借助梦想云平台提供的数据服务、算法服务、图形可视化服务等，为应用层提供平台支撑。第四层为应用层，该层是面向直接面向用户的功能应用层，主要为页岩油勘探开发、生产运行、评价分析和经营管理等提供大数据分析应用。第五层为展示层，建立页岩油地质工程一体化大数据分析平台，支撑WEB、移动应用和大屏应用等(图1)。

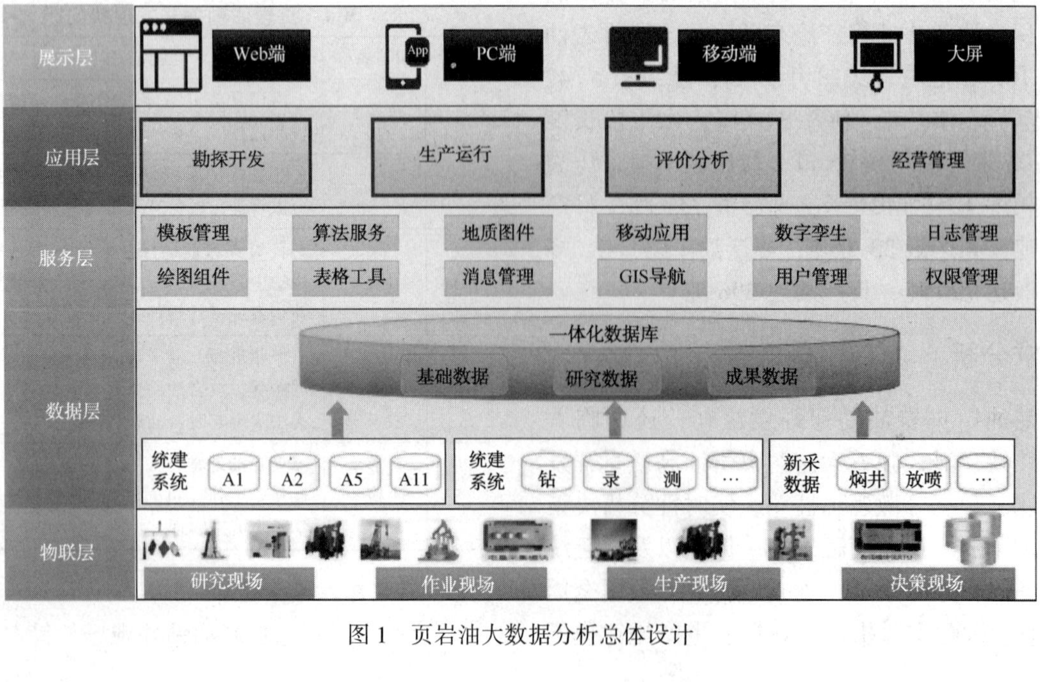

图1　页岩油大数据分析总体设计

3.2　页岩油一体化大数据分析平台

为了支持页岩油勘探开发工作，组织研发了页岩油地质工程一体化大数据分析平台，主要功能包括全区运行、综合查询、跟踪决策、评价分析、在线设计、智能应用、预警报警、投资管理等八大功能模块，并支持移动应用、大屏应用等多种模式。截止 2020 年底，已完成全区运行、综合查询、跟踪决策、预警报警与投资管理等五大功能研发，在新项目事业部、勘探开发研究院等 8 家单位投入应用后，获得了页岩油勘探开发管理、研究与决策用户的欢迎(图 2)。

为了提高平台的便捷性、及时性，配套开展了移动应用开发，依托大港油田移动应用平台，研发了页岩油产量分析 APP、产量数据跟踪 APP、日产跟踪查询 APP、实时压力跟踪 APP、示功图跟踪 APP、每日短信提醒 APP 等 6 个页岩油 APP，为页岩油勘探开发提供了高效、便捷的管理支撑。

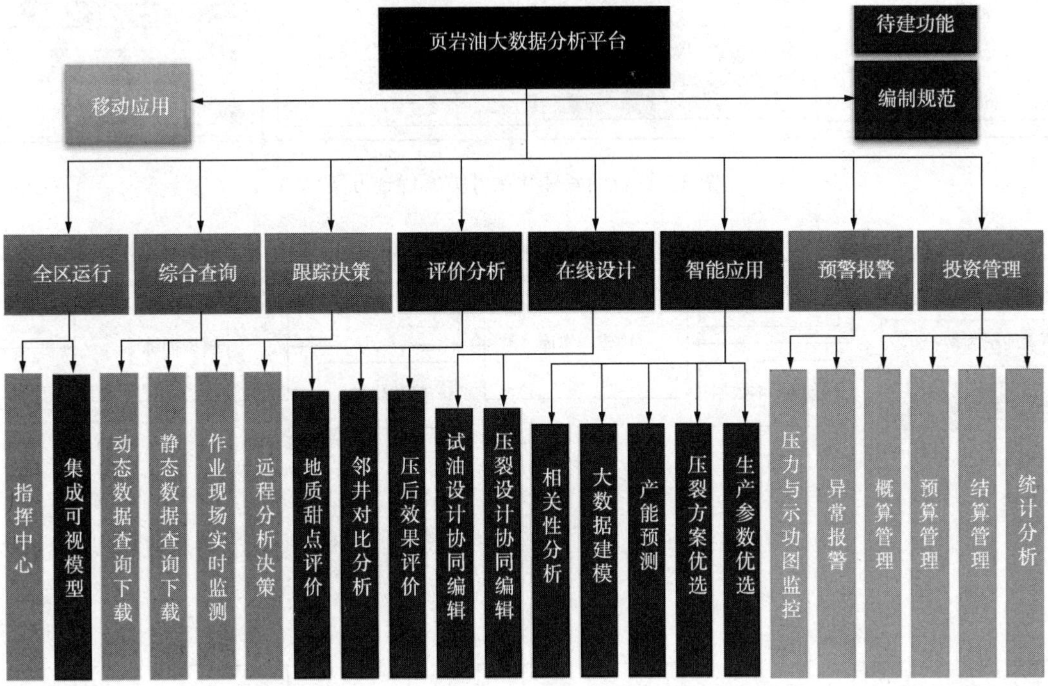

图 2　页岩油地质工程一体化大数据分析平台功能架构

3.3　页岩油钻井方案大数据优选

针对页岩油钻井方案与实施过程中，由于井场踏勘、钻井轨迹设计、钻井施工与投资测算等环节缺乏协同互动与关联分析，造成钻井成本过高、钻井周期过长等问题，在业界率先提出了利用地质靶区优选地面井场概念和算法，根据靶区信息，将地质数据与工程参数相结合，智能推荐备用井场和可选轨迹，实现了地质工程一体化井轨迹协同设计，提高了井轨迹设计精度和施工效率，钻井实施周期缩短 12%以上，并建立经济技术一体化投资收益测算模型，覆盖井场优选、轨迹优化、钻井设计优化、试油方案优化等环节，将施工经济预测贯穿到钻井设计优化全过程，实现了技术经济一体化钻井方案优选，支持钻井整体方案经济预测和决策优选，钻井工程投资降低 10%以上(图 3)。

3.4　页岩油井产量变化分析

结合页岩油生产管理业务实际，通过跟踪页岩油井产量变化与损失因素，定制产量变动分析自动处理功能，自动对影响油井产量变化因素进行追踪溯源处理，为页岩油效益开发提供决策依据(图 4)。

页岩油井产量变化分析，实现了指标变化情况分析、相关性分析、指标变化规律分析等产量变化分析功能，在相关性分析基础上，选取影响产量的管理、地层、工程等主要因素，构建多因素样本库，再利用优选机器学习算法，进行反复训练和评估，建立了精度不断提高的产量变化多因素分析模型，为产量分析提供强有力的大数据支撑，降低分析工作的难度，提高分析结果的准确性。

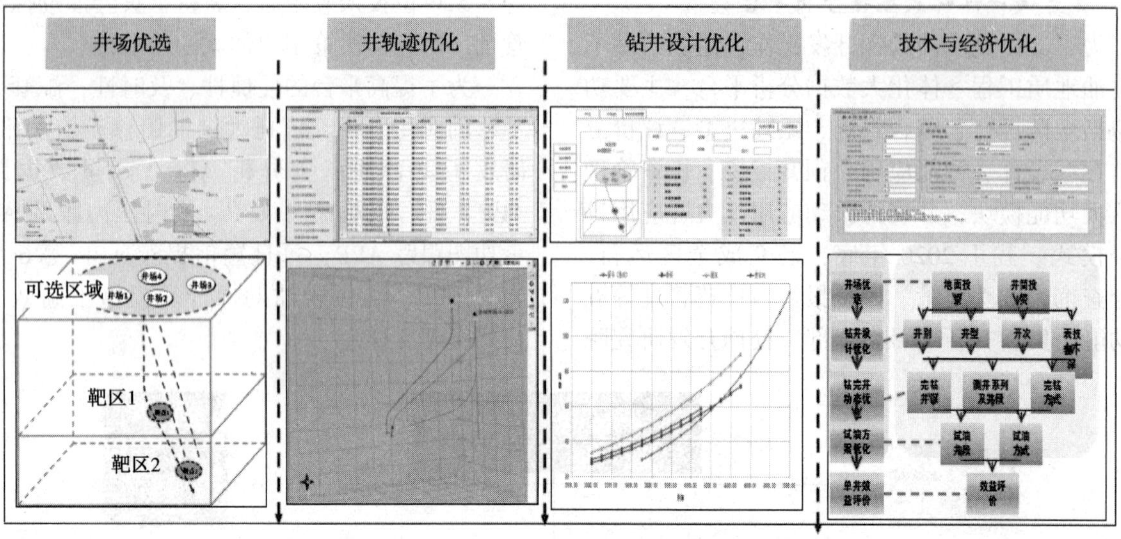

图3　页岩油一体化钻井方案优选方案

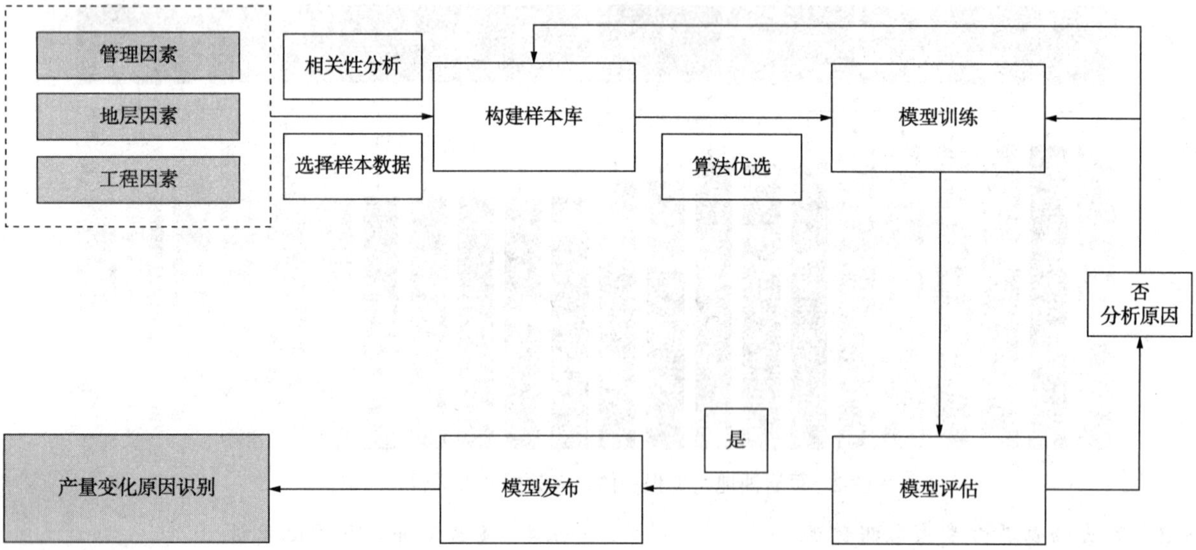

图4　页岩油产量变化多因素分析模型构建

4　应用成效

以数字化转型智能化发展为引领，利用油气生产物联网、数字孪生、大数据分析等技术，“夯实数据基础，结合用户需求，融合新型技术，搭建一体化协同平台”为建设思想，通过大数据技术应用、搭建页岩油地质工程一体化大数据平台，在大港油田页岩油勘探开发中取得了突出成效(图5)。

一是搭建页岩油一体化环境，实现地质工程协同工作。针对页岩油一体化业务，在国内首次建设地质工程一体化、地上地下一体化、技术经济一体化的智能化综合平台，为地质、工程、生产、经济等多部门搭建了多学科协同工作的环境。

二是创建页岩油一体化数据库，覆盖井全生命周期。建设页岩油一体化数据库，覆盖页岩油井全生命周期数据，以时间和空间两个维度，以井为主数据进行数据集成采集，根据用户需求和数据使用习惯，针对页岩油井的特点进行数据组织，为用户提供完善、精准、快速的数据服务。

三是打通了页岩油勘探开发生产全业务，实现全方位井数据检索。通过梳理页岩油井业务流程与数据流程，建立页岩油全生命周期数据查询与管理，组织建立了从井位设计、钻井、录井、测井、试油压裂、焖井放喷、投产等油井生命历程的查询系统，实现了时间与空间双维度的页岩油井的综合查询。

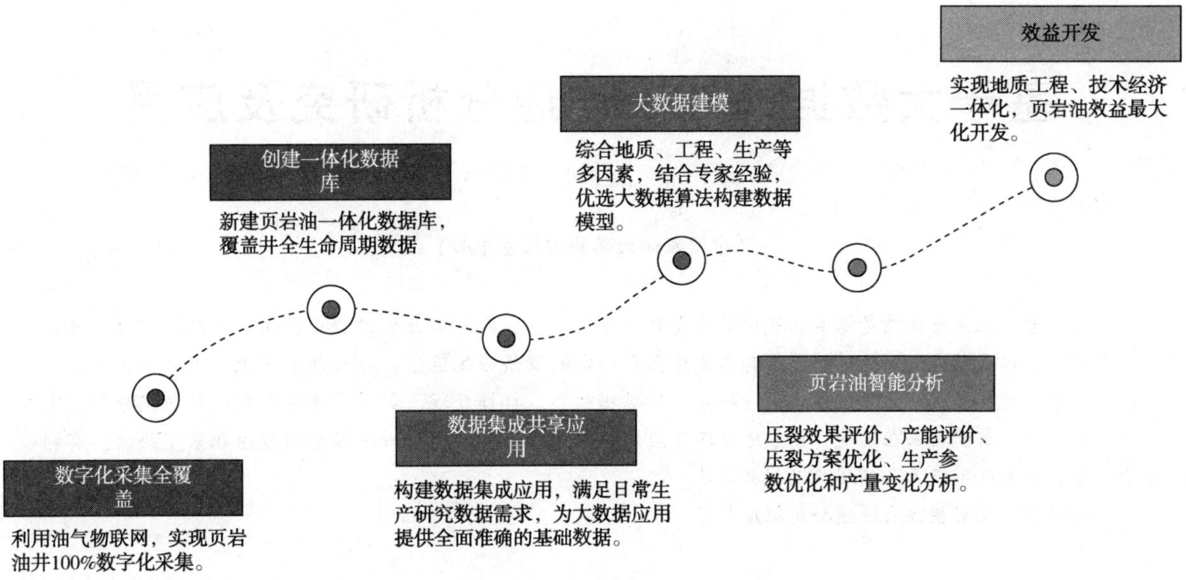

图5　页岩油大数据应用路线图

四是整合页岩油业务应用场景，实现主题数据精准推送。结合页岩油研究、生产与管理业务，针对井位设计、动态分析等业务场景，整合相关数据，利用缓存信息检索技术，实现检索结果有序组织与数据资源汇总，大大提高了数据查询检索的速度和效率，较传统查询速度提升2~3倍。

五是建立页岩油决策指挥中心，实时掌控全区生产动态信息。综合页岩油全区与单井生产运行信息，全面发布生产运行曲线图、产量构成图、变化井列表、多井横向对比、单井详情等，将研究与管理人员所关注的关键信息更直观的集中展示。

六是物联网数字化全面覆盖，全面感知生产作业现场。钻井与压裂作业现场实现实时参数监测、可视化图形监测，配套视频监控与远程综合分析功能，充分应用专家资源，降低作业现场决策风险。构建焖井放喷与正式投产两个阶段的实时掌控与综合决策的平台，为钻、录、测、压以及生产现场压力、示功图的综合分析以及工作决策，提供了有效及时的信息。

七是掌上移动应用预警提示，实时掌握生产异常波动。通过研发多款页岩油移动应用，在手机端提供产量分析总结、产量数据跟踪、产量阶段查询、实时压力查询、示功图查询功能。配合短信功能，提示生产信息与报警，让生产与管理人员第一时间掌握生产与异常信息。

5　结束语

大港油田通过在页岩油勘探开发中应用大数据技术，搭建了页岩油地质工程一体化大数据分析平台，纵向贯穿研究、生产、管理组织机构，横向贯通勘探开发、生产运行、经营管理全业务流程，提供了甜点预测、产能评价、压裂方案优化、生产参数优化、产量变化分析等智能应用，实现了页岩油地质工程、技术经济一体化开发管理，在大港油田数字化转型智能化发展中打造了页岩油智能化示范，提升了页岩油勘探开发水平，为大港油田数字化转型提供了可推广、可复制的样本示范。

基于大数据的注采连通分析研究及应用

阮　杰　柯拥振　龙　涛

(中国石油大港油田信息中心)

摘　要　注采连通性是影响油气田的开发的重要因素，在油气田开发过程中，注采井网的部署、开发方式的选取以及后期剩余油的挖潜等都需要建立在一定的储层砂体连通性分析的基础上。本文对基于大数据的注采连通关系涉及的关键技术进行研究，从数据收集、数据处理、数据建模等内容进行研究分析，对大数据、人工智能技术在油气行业落地及场景应用提供了范例，为全油田技术创新应用积累了经验，有利于在智能油藏研究及更多领域推动创新发展。

关键词　大数据注采连通分析深度学习

1　引言

全球大数据与人工智能技术的飞速发展，为油气勘探开发信息化的进一步跨越提供了坚实基础与有利条件，针对于油气勘探开发的信息化发展，提出了进一步的需求，采用先进的云计算、认知计算/大数据分析、物联网、移动应用、自动化等新技术，通过多专业跨部门协同工作，实现生产动态全面感知、变化趋势自动预测、生产过程自动控制，业务(节点)分析实时优化，辅助科学决策，提升效益。通过应用大数据、人工智能、知识图谱等技术，实时收集和分析，对各类现有系统信息进行深度挖掘，形成能够指导油气生产运行管理、有价值的决策信息，结合具体业务场景，研发一系列典型应用，并快速见效，重点关注油气生产分析、诊断、预测的相关大数据分析与基于机器学习等技术的智能化应用。

2　关键技术

2.1　知识图谱技术

知识图谱(Knowledge Graph)是一种技术方法，用图模型来描述知识，对世间万物之间的关联关系进行建模。随着人工智能特别是深度学习和自然语言处理技术的迅速发展，知识图谱在辅助智能问答、自然语言理解、大数据分析、智能推荐、物联网设备互联、可解释人工智能等方面展现出丰富的行业应用价值。

(1) 和传统的关系型数据库相比，知识图谱在数据多级查询方面效率高，关联表数量越多时，优势越明显；

(2) 知识表示方面简单明晰，易于理解，结构灵活，扩展性强，可快速响应变更的业务需求；

(3) 融合各类人工智能技术，提升知识检索效率，快速挖掘知识的价值；

(4) 海量结构化、非结构化知识有机地关联到一起，形成油气勘探开发行业的“超级智能大脑”；

(5) 关联后的知识图谱是勘探开发行业人工智能的基石，将应用从“感知智能”提升为“认知智能”。

2.2　自然语言处理技术

自然语言处理(NLP)技术是指机器按照设计的一系列算法对自然语言的各级语言单位(字、词、语句、篇章等)进行转换、传输、存贮、分析等加工处理；能像人一样进行词法、语法和句法分析和话语分析，包括挑战性的自然语言理解和自然语言生成。

(1) 词法分析：包括词形分析(实现对单词前后缀进行分析)和词汇分析(对整个词汇系统进行分析)

(2) 语法和句法分析：语法分析对句子的语法规则、处理方法进行分析；句法分析对词汇短语的分析，识别句子的句法结构，实现句子的自动分析。

(3) 话语分析：全方位的理解句子的语法、语调，实现对整个句子意思和情感的理解。

2.3　机器学习

机器学习是一门多领域交叉学科，涉及概率论、统计学等多门学科，专门研究计算机怎样模拟或实现人类的学习行为，并不断改善自身的性能。深度学习是机器学习领域的一个新的研究方向，在搜索技术、数据挖掘、机器学习、机器翻译、自然语言处理、多媒体学习、推荐和个性化技术等领域有应用方向。

3　技术实现

3.1　技术路线

井间注采连通性研究模型算法包油藏数值模拟法、简化油藏模拟法、多元回归模型、电容电阻模型、系统分析模型、基于数据驱动的井间动态连通性模型等，为大数据、机器学习模型研究提供了理论基础。

在前期研究基础上，立足地质小层连通分析和动态监测资料分析，开展基于大数据机器学习方法的不同场景注采连通预测模型研究，对模型进行现场验证和软件模块研发及上线试运行，实现迭代优化(图 1)。

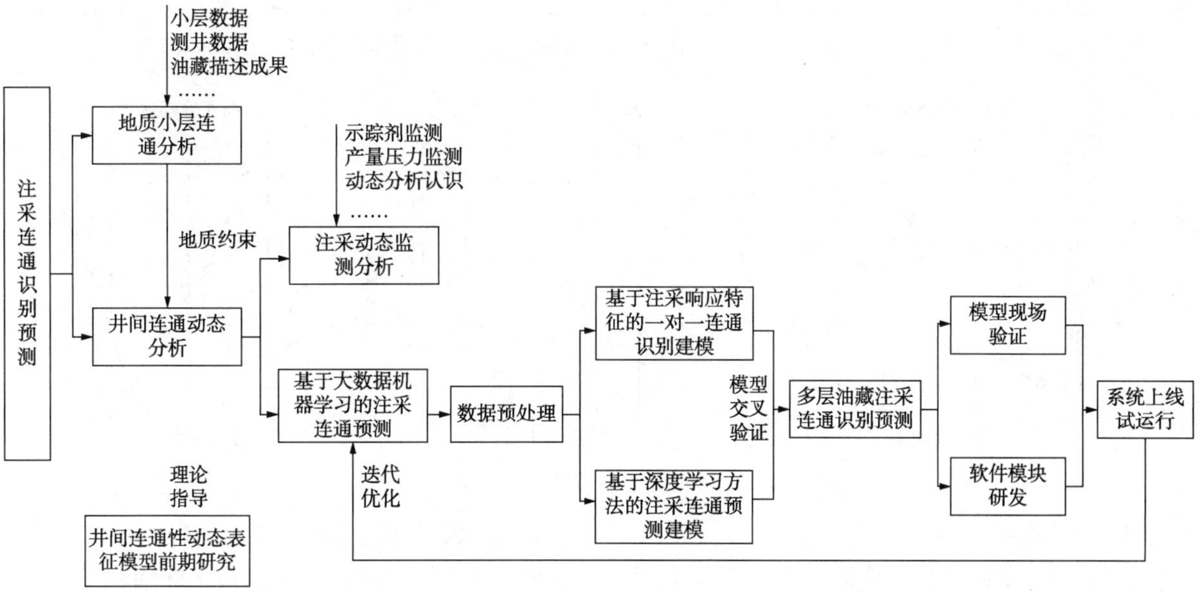

图 1　总体技术路线

3.2　数据准备

完成断块相关数据收集，包括钻井信息、测井数据、小层数据、射孔数据、油水井井史、油水井日数据、油水井动态监测等数据。

3.3　数据预处理

依据数据质量状况，类似低阻层干层潜力识别研究，对源数据进行预处理，包括缺失数据填补、错误数据修正、数据标准化、格式调整，数据关联性验证等工作。

对生产动态数据数据进行预处理，包括数据合并、层位修正、数据插补等预处理工作。

(1) 数据合并：将生产数据按井号、生产日期进行数据整合

(2) 层位修正：通过小层数据中的解释序号和水油井生产数据中的生产层号对生产层位数据进行修正。(200 余口井、近 70 万数据记录)

(3) 数据插补：利用油井月数据对油井日数据层位数据进行填补。

3.4　基于秩相关性分析的注采连通识别

采用 Spearman 秩相关性分析法判断井间连通性，类似于 1 对 1 人工分析注采连通响应关系的自动化，即两口注采井连通情况可以通过注采井生产动态的响应变化来跟踪，注采井距也可作为模型约束限制。

(1) 建模流程：基于秩相关性分析的注采连通识别主要用于 1 口水井对 1 口油井(1 对 1 模型)分析，通过数据选择、井距计算、规则确定、秩相关性计算、结果验证 5 个阶段来进行实现(图 2)。

(2) 模型构建：模型训练根据油井延迟时间进行训练，延迟时间初步设定 0~6 月，在部分井对可以看到相关系数随延迟时间呈上升趋势，如下图注采响应趋势随延迟时间一直在增强，容易识别出油水井连通关系。

(3) 模型预测：以水井港井 1 和油井井 2 的 NmIII6 层为例，而根据计算结果，注入量和动液面、月产液量随着延迟时间相关性变强的趋

势，在油井延迟5~6月后相关性较强，注入量和含水的相关性在延迟2个月最强，这跟现场数据相匹配，从静态地质小层数据的连井剖面上看，两井砂体也是连通的。

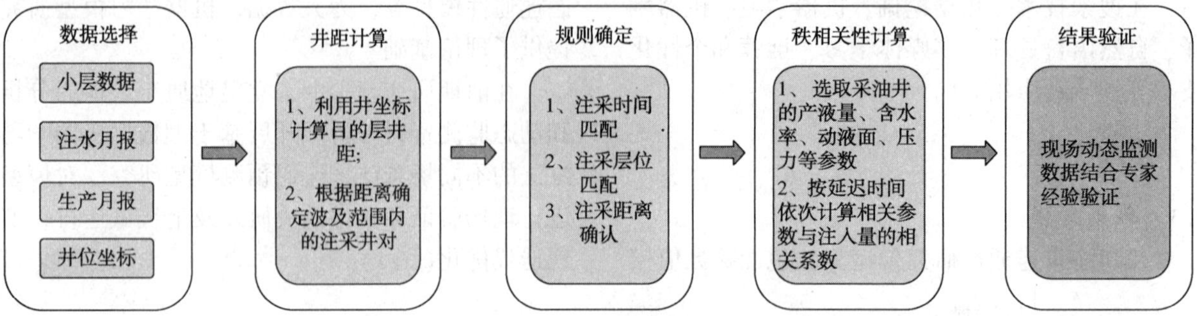

图2　建模过程

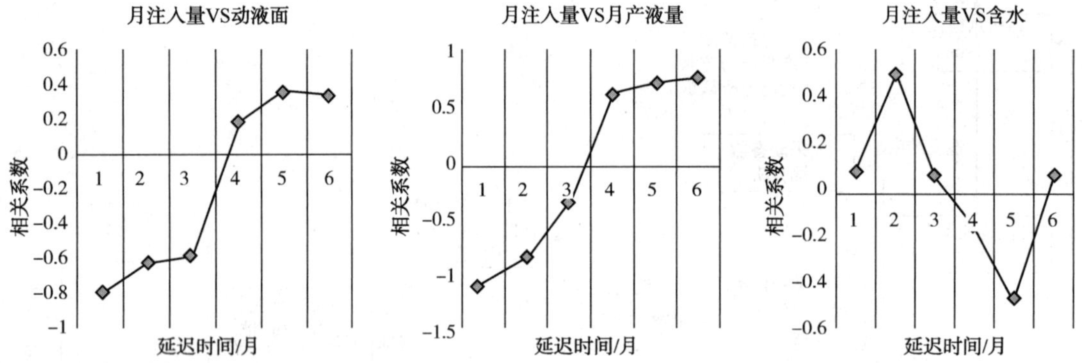

图3　模型预测

(4) 应用总结

1) 使用真实油田生产数据，并且引入生产小层和极限井距考量，并将相关性计算拓展到了更多生产参数(如产液量、动液面、含水等)，这属于国内首创，可用于模拟人工一对一注采连通响应分析;

2) 引入时间延迟也是基于斯皮尔曼方法的一个创新点，之前的使用都是直接忽略数据的时序性，经过尝试分析，确定加入时间延迟的斯皮尔曼秩相关性计算;

3) 斯皮尔曼关联性评价模型对于识别注采连通性有较强的适用性，通过示踪剂监测的结果验证，模型初步识别的注采连通性具有一定的可信性。

3.5　基于深度学习算法的产量预测模型

基于深度学习的注采连通预测模型，用长短期记忆(LSTM)法构建一个非线性的产量预测模型，并利用扩展傅里叶振幅灵敏度测试(EFAST)对产量预测模型进行敏感性分析，作为可定量评估的注采井对间连通系数。深度学习模型的优势及价值:

① 同时对多个水井的连通性进行比较，避免了统计模型在进行两两变量比较时，无法有效剔除其他变量(水井)干扰所带来的问题。

② 基于LSTM的多变量预测模型对历史数据的使用更加灵活，既可使用没有劈分的长远注采历史数据；也可只使用近期数据或者劈分的小层数据，提高了模型预测的可靠性和准确性。

③ 敏感性分析的引入，解决了井间连通性不易量化的问题。同时EFAST这一方法还充分考虑了各注入井间的相互影响，使计算结果更具可解释性。

(1) 目标选取：优选了一个有4口油井、4口水井的一个区域，时序数据主要利用油水井生产数据，开展基于深度学习方法的注采连通识别研究。以数据驱动为理念，对注采井生产日数据特征进行优选。

(2) 数据处理：主要包括以生产层位变更信息划分不同生产时序间隔和以注水层位变更信息划分不同注入时序间隔。

(3) 建模训练：深度学习模型需要进行初始化参数设置，而初始化参数是随机选取的，这样可能导致部分模型的拟合误差有一定随机性；随机误差处在可控的范围内，就可以降低模型结果的不确定性。

① 多对 1 注采连通识别模型

引入数据窗口参数调整：为了使模型同时在训练和测试集上均达到较好的拟合效果，将模型输入由原来的单个数值输入，修改为序列输入，序列化数据会继承更多历史数据特征，以期望获得更好的模型预测结果(图 4)。

② 多对多注采连通识别模型

考虑到井组中包含多个油井，每口水井流向其他水井的注入量是不同的，因此我们考虑物质守恒、井间干扰等现实情况，直接多对多同时进行建模分析。多对多的模型架构如图 5 所示。

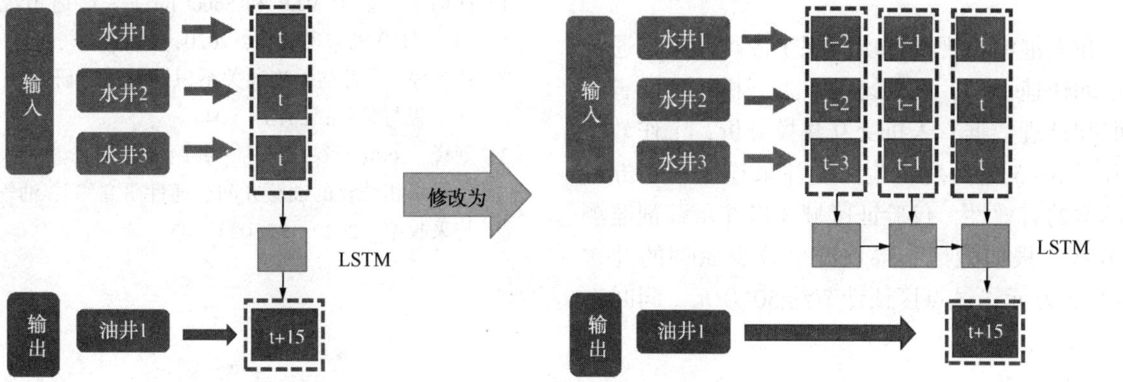

图 4　多对 1 模型架构示意图

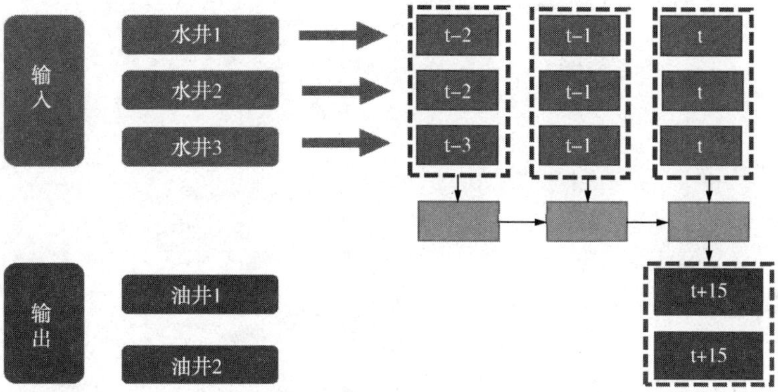

图 5　多对多模型架构示意图

3.6　现场验证

完成了 4 口注采井 1 对 1 注采连通性预测验证，3 口与现场匹配，准确率 75%

(1) 水井井 1 和油井井 2(主要层 NmIII4)

水井井 1 和油井井 2 井距 322.3 米，时间序列上是匹配的，注采层位都包含 NmIII4 层，注入量和动液面、月产液量随着延迟时间相关性变强，在延迟 4 月后相关性趋势最明显，这表明油水井之间是动态连通的，小层连井剖面上显示两井砂体也是连通的，与现场测试数据相匹配。

(2) 水井井 3 和油井井 4(主要层 NmIII11)

水井井 3 和油井井 4 井距 57.89 米，时间序列上是匹配的，注采层位都包含 NmIII11 层，注入量和动液面、月产液量随着延迟时间相关性变强，这表明油水井之间是动态连通的。小层连井剖面上显示两井砂体也是连通的，与现场测试数据及地质认识相匹配。

3.7　成果总结

(1) 斯皮尔曼关联性评价模型对于一对一识别注采连通性有较强的适用性，本项目引入延迟效应和极限井距考量，并拓展到了更多生产参数(如注入量与产液量、动液面、含水等)，实现了人工注采分析的自动化；

(2) 基于深度学习的井间连通性预测框架(LSTM)在学术界有广泛的研究，属于比较前沿的技术手段。基于敏感性分析方法，实现了不同注采井对间的连通差异性标定，验证了敏感性分析的有效性；

(3) LSTM 框架方法引入时间延迟设定，通过调整滑动延迟天数和数据窗口，可有效降低模型误差，通过遍历不同参数组合可确认最优模型；

(4) 考虑井间干扰等因素，应用多对多模型(多口水井同时对应多口油井)，可获得相对更合理的井间注采连通性分析，在井间注采连通研究中属于创新之举，并可推广应用到更多的区域。

4 应用效果

在大港油田现场首次实现了油藏注采连通关系自动快速识别，和传统的人工分析相比，智能获取和处理数据，人机交互建模分析，工作效率提升了3~5倍。现场验证了注采连通识别方法及模型的有效性，仅验证区域3口井示踪剂监测10井次，根据验证结果预计可减少30%的井次节约15万元，试点区预计节约50万元，同时有助力更好地评价注采驱替效果，为水驱聚驱优化调整、层系井网调整，和定量识别剩余油提供更多的技术方法，有利于提升断块油藏最终采收率。

参 考 文 献

[1] 仵海云. 基于MLP和Sobol的注采连通情况判别[J]. 计算机与现代化，2020，(03).
[2] 孔令瑾. 一种注采连通关系识别方法的研究[J]. 化学工程与装备，2018，(04).
[3] 刘巍、刘威、谷建伟等. 利用卡尔曼滤波和人工神经网络相结合的油藏井间连通性研究[J]. 油气地质与采收率，2020，27(02).

油田注汽锅炉热焓数据模型的建立与应用

陈林政　郑爱萍　陈宏飞　谢　强　宋文斌

（新疆油田公司重油开发公司）

摘　要　油田注汽锅炉是稠油热采的关键设备，占稠油生产成本的70%以上，注汽锅炉控制系统的优化成为制约油田注汽开发效益提升、节能降耗的关键问题。本文采用数字孪生焓参数建模技术，利用设备自带仪表，以热效率为核心，经过数字孪生迭代演化建立7个焓模型算法，实现锅炉自动最优工控运行。该模型通过正、反平衡热效率耦合方法，对排烟焓、散热损失焓进行简化，算法移植至PLC控制器编制程序，实现基于焓模型的油田注汽锅炉数字化控制。在克拉玛依油田锅炉调试动行后，热焓参数数据模型实现了不同环境温度下天然气流量的自动控制和干度实时调整，综合提高锅炉热效率0.5%。

关键词　油田注汽锅炉；焓模型；PLC；IAPWS-IF97

数字孪生技术是关注度最高的前沿研究，其充分利用物理模型、传感器更新、运行历史等数据，集成多学科、多物理量、多尺度、多概率的仿真过程。稠油热采领域中油田注汽锅炉具备数字孪生技术的各项硬件基础，国内油田注汽行业中没有相关的数学模型。本文中通过焓的概念，融合热工专业知识与信息化技术，通过热力学函数建立数学模型，并移植代码至PLC控制器中，实现锅炉燃气流量的自动控制。该模型可在设备效率分析、故障预警、管理决策等提供数据支持。

1　焓的概念与数据建模

1.1　焓的基本知识

为准确分析锅炉参数，引入“焓”的概念，焓亦称“热焓”。它是表示物质系统能量的一个状态函数，通常用 H 来表示，其数值上等于系统的内能 U 加上压强 P 和体积 V 的乘积，即

$$H=U+PV \tag{1}$$

式中，H 为热焓，J；U 为内能，J；PV 为膨胀而对外做功，J。

由上式可知，内能 U 是可加量，压强与体积的乘积 PV 也是可加量，所以焓 H 必然也是可加量。在等压的过程中，在系统温度升高时，不仅由于自身内能增大而吸收热量，而且由于体积的膨胀而对外做功，所以系统吸收的总热量应表示为：

$$(\Delta Q)p=\Delta U+P\Delta V=\Delta(U+PV)=\Delta H \tag{2}$$

由此说明，在等压过程中，系统温度升高所吸收的热量，等于系统的状态函数焓的增加。这就是态函数焓的最重要的特性。

1.2　水与水蒸汽焓的分类

水与水蒸汽的相关建模公式采用国际水蒸汽协会1997年9月于德国埃尔兰根公布的IAPWS1997年关于工业用水和水蒸气热力学性质计算公式。

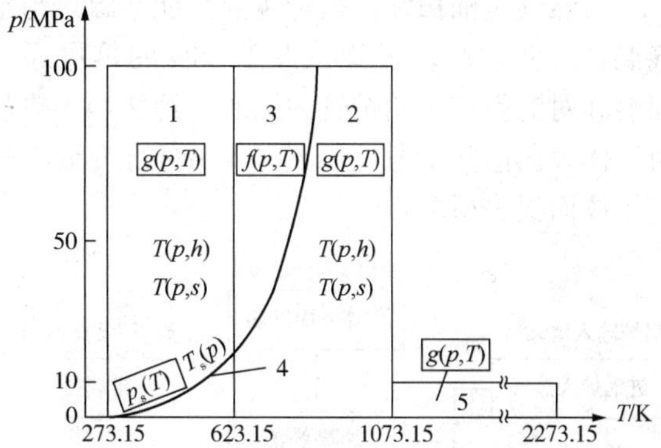

图1　IAPWS-IF97公式的分区与方程

根据IAPWS-IF97公式的分区，把水与水蒸汽分为5个区，如图1、表1所示。

表1　各区域的意义及所参照的方程

区域	意义	基本方程	参照的反推方程			补充模型	
1区	压缩水区		$T(p,h)$	…	…	$\mu(T,p)$	$\lambda(T,p)$
2区	过热蒸汽区	$g(p,T)$	$T(p,h)$	…	…	$\mu(T,p)$	$\lambda(T,p)$
5区	超高温蒸汽区		…	…	…	$\mu(T,p)$	$\lambda(T,p)$

续表

区域	意义	基本方程	参照的反推方程				补充模型	
3区	临界区	f (v, T)	T (p, h)	v (p, T)	…		μ (T, p)	λ (T, p)
4区	饱和区(线)	Ps (T)	…	…	Ts (p)		…	…

注：通过补充模型计算5区的动力黏度系数μ和导热系数λ时，有效温度范围：$t\leqslant 1173.15$K。

油田注汽锅炉的水与蒸汽采用1、2、4三个区的相关公式进行计算。

2 油田注汽锅炉流程分析

油田注汽锅炉在运行过程中，基于焓建立数字化模型相关的参数主要是水汽流程参数和燃料流程参数。

2.1 水汽流程焓相关参数

经水处理后的脱氧软化水进入柱塞泵加压后，通过差压变送器计量水量，由对流段进口进入对流段及辐射段受热，通过汽水分离器注入地层；过程中设定给水焓为初始焓，出口水和蒸汽为100%增加焓，不同过程程焓增加情况如图2所示。

水汽流程建模使用以下参数，给水进口压力、温度→柱塞泵出口水量→对流段进口温度、压力→对流段出口温度压力→辐射段进口压力、温度→辐射段出口温度、压力→取样干度。

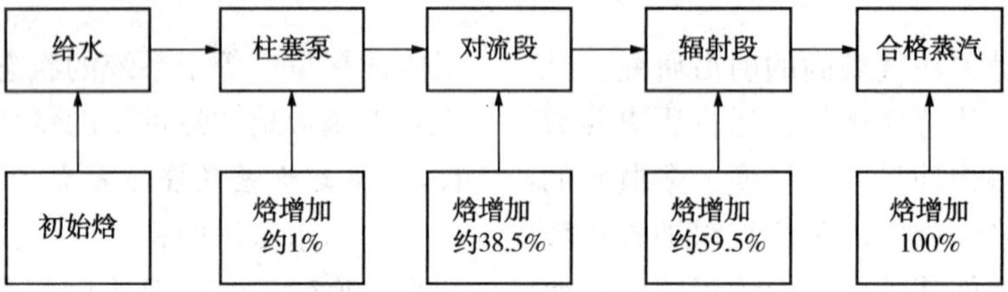

图2　油田注汽锅炉水汽流程焓变化图

2.2 燃料(天然气)流程焓变化相关参数

天然气是油田注汽锅炉主要热能来源，与空气混合后在炉膛内燃烧，大于88%的热量通过辐射和对流效应供给炉管内的水，约2~4%热量由炉体表面散热而损失，约4~10%的热量因烟气排放而损失(图3)。

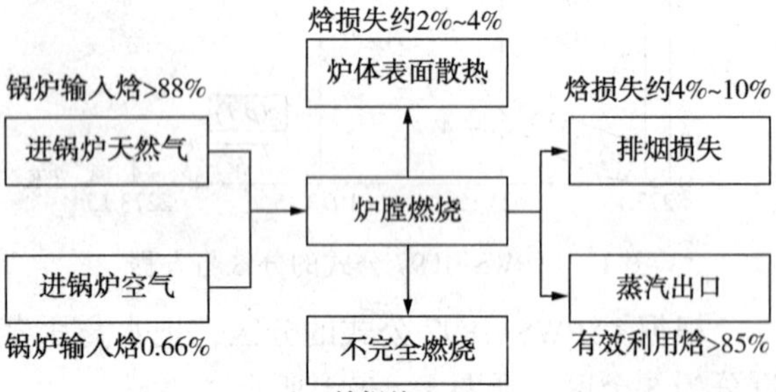

图3　油田注汽锅炉燃料流程焓变化图

燃气流程建模需要的主要参数是天然气流量、排烟温度、空气温度、炉体表面温度和过剩空气量。

2.3 基于焓关系的油田注汽锅炉工艺流程仪表设计

油田注汽锅炉工艺流程仪表与焓关系的功能分解如图4所示。

从上图可知，建立油田注汽锅炉焓模型，需要5个压力传感器，7个温度传感器，2个流量传感器，1个湿度传感器，1个天然气成分仪表和多个炉体表面温度数据。按设备现有仪表，增加1个三合一(大气压力、相对湿度、温度)传感器，建模所需的硬件条件已经具备。建模中不同物理量关系连接的核心是热效率，每个仪表数据的变化同时也都会对热效率产生影响。

3 建模算法

3.1 1区(锅炉进口水)水焓计算

锅炉进口水属于IAPWS-IF97的1区范围，也称过冷水，压缩水，在油田大面积使用回收污水后，进口水温度高达60~70℃，代入锅炉的热量约占总热量10%左右。

1区建模采用以下几个公式：

$$h(\pi,\ \tau)=(\tau\gamma_\tau-\gamma)\times(RT) \tag{3}$$

式中，$H_{(\pi,\gamma)}$为某温度、压力下水的焓；$R=0.461526\text{kJ}\cdot\text{kg}^{-1}\text{K}^{-1}$；$t$=锅炉进口温度℃；$T=t+273.15$K；$\tau=T^*/T$；$T^*=1386$K；

式中γ_τ计算：

$$\gamma_\tau=\sum_{i=1}^{34} n_i(7.1-\pi)^{I_i}J_i(\tau-1.222)^{J_i-1} \tag{4}$$

该式计算需要调用表2。

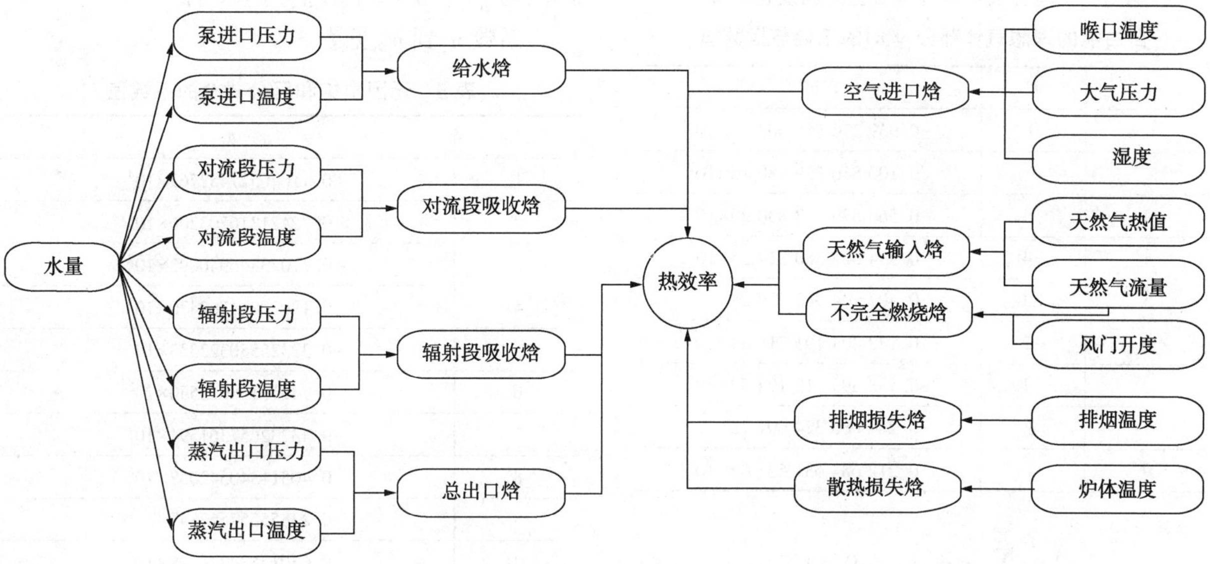

图 4　焓参模型与设备仪表的功能分解图

表 2　无因次吉布斯自由能方程的系数和指数值

1	0	-2	0. 146 329 712 131 67
2	0	-1	-0. 845 481 871 691 14
3	0	0	-0. 375 636 036 720 40×10^{1}
4	0	1	0. 338 551 691 683 85×10^{1}
5	0	2	-0. 957 919 633 878 72
6	0	3	0. 157 720 385 132 28
7	0	4	-0. 166 164 171 995 01×10^{-1}
8	0	5	0. 812 146 299 835 68×10^{-3}
9	1	-9	0. 283 190 801 238 04×10^{-3}
10	1	-7	-0. 607 063 015 658 74×10^{-3}
11	1	-1	-0. 189 900 682 184 19×10^{-1}
12	1	0	-0. 325 297 487 705 05×10^{-1}
13	1	1	-0. 218 417 171 754 14×10^{-1}
14	1	3	-0. 528 383 579 699 30×10^{-4}
15	2	-3	-0. 471 843 210 732 67×10^{-3}
16	2	0	-0. 300 017 807 930 26×10^{-3}
17	2	1	0. 476 613 939 069 87×10^{-4}
18	2	3	-0. 441 418 453 308 46×10^{-5}
19	2	17	-0. 726 949 962 975 94×10^{-15}
20	3	-4	-0. 316 796 448 450 54×10^{-4}
21	3	0	-0. 282 707 979 853 12×10^{-5}
22	3	6	-0. 852 051 281 201 03×10^{-9}
23	4	-5	-0. 224 252 819 080 00×10^{-5}
24	4	-2	-0. 651 712 228 956 01×10^{-6}
25	4	10	-0. 143 417 299 379 24×10^{-12}
26	5	-8	-0. 405 169 968 601 17×10^{-6}
27	8	-11	-0. 127 343 017 416 41×10^{-8}
28	8	-6	-0. 174 248 712 306 34×10^{-9}
29	21	-29	-0. 687 621 312 955 31×10^{-18}
30	23	-31	0. 144 783 078 285 21×10^{-19}
31	29	-38	0. 263 357 816 627 95×10^{-22}
32	30	-39	-0. 119 476 226 400 71×10^{-22}
33	31	-40	0. 182 280 945 814 04×10^{-23}
34	32	-41	-0. 935 370 872 924 58×10^{-25}

式中 γ 的计算：

$$\gamma = \sum_{i=1}^{34} n_i (7.1-\pi)^{I_i} (\tau-1.222)^{J_i} \tag{5}$$

1 区公式在油田注汽锅炉计算用于 3 个部分，一是锅炉进口水，二是经柱塞泵加压后的进口水，三是锅炉蒸汽出口的饱和水部分。

3.2　2 区(出口蒸汽区)焓计算

锅炉蒸汽出口分为蒸汽部分和饱和水部分，其中蒸汽部分采用 2 区公式计算。2 区计算公式如下：

$$\frac{h(\pi,\ \tau)}{RT} = \tau(\gamma_\tau^o + \gamma_\tau^r) \tag{6}$$

公式 6 中 $\tau = T*/T$，γ_τ^o 与 γ_τ^r 采用公式如下

$$\gamma_\tau^o = 0 + \sum_{i=1}^{9} n_i^o J_i^o \tau^{J_i^o - 1} \tag{7}$$

式中 $\pi = p/p*$，$\tau = T*/T$，$p* = 1\text{MPa}$，$T* = 540\text{K}$。

公式(7)的系数 n_i 和指数 I_i、J_i 见表 3。

表3　方程公式7中计算2区无因次吉布斯自由能的理想气体部分 γ^o 时的系数与指数值

i	J_i^o	n_i^o
1[a]	0	$-0.969\,276\,865\,002\,17\times10^{1}$
2[a]	1	$0.100\,866\,559\,680\,18\times10^{2}$
3	-5	$-0.560\,879\,112\,830\,20\times10^{-2}$
4	-4	$0.714\,527\,380\,814\,55\times10^{-1}$
5	-3	$-0.407\,104\,982\,239\,28$
6	-2	$0.142\,408\,191\,714\,44\times10^{1}$
7	-1	$-0.438\,395\,113\,194\,50\times10^{1}$
8	2	$-0.284\,086\,324\,607\,72$
9	3	$0.212\,684\,637\,533\,07\times10^{-1}$

$$\gamma_\tau^r=\sum_{i=1}^{13} n_i\pi^{I_i}J_i(\tau-0.5)^{J_i-1} \qquad (8)$$

式中，$\pi=p/p*$，$\tau=T*/T$，$p*=1\text{MPa}$，$T*=540\text{K}$。

公式8的系数 n_i 和指数 I_i、J_i 见表4。

表4　公式8中的系数和指数

i	I_i	J_i	n_i
1	1	0	$-0.733\,622\,601\,865\,06\times10^{-2}$
2	1	2	$-0.882\,238\,319\,431\,46\times10^{-1}$
3	1	5	$-0.723\,345\,552\,132\,45\times10^{-1}$
4	1	11	$-0.408\,131\,785\,344\,55\times10^{-2}$
5	2	1	$0.200\,978\,033\,802\,07\times10^{-2}$
6	2	7	$-0.530\,459\,218\,986\,42\times10^{-1}$
7	2	16	$-0.761\,904\,090\,869\,70\times10^{-2}$
8	3	4	$-0.634\,980\,376\,573\,13\times10^{-2}$
9	3	16	$-0.860\,430\,930\,285\,88\times10^{-1}$
10	4	7	$0.753\,215\,815\,227\,70\times10^{-2}$
11	4	10	$-0.792\,383\,754\,461\,39\times10^{-2}$
12	5	9	$-0.228\,881\,607\,784\,47\times10^{-3}$
13	5	10	$-0.264\,565\,014\,828\,10\times10^{-2}$

锅炉水汽系统有效利用焓通过出口干度区分水和蒸汽比例，分别用1区和2区公式计算。

3.3　4区(饱和线)计算

4区饱和线方程是一个隐含的二次方程，能够被直接解释为关于饱和压力Ps和饱和温度Ts的关系式。这个方程记作：

$$\beta^2\psi^2+n_1\beta^2\psi+n_2\beta^2+n_3\beta\psi^2+ n_4\beta\psi+n_5\beta+n_6\psi^2+n_7\psi+n_8=0 \qquad (9)$$

其中，$\beta=(p_s/p*)^{1/4}$，$\psi=Ts/T*+n_9/[Ts/T*)-n_{10}]$，$p*=1\text{MPa}$，$T*=1\text{K}$。

系数 n_1 到 n_{10} 见表5：

表5　无因次饱和区公式9的系数值

i	n_i
1	$0.11670521452767\times10^{4}$
2	$-0.72421316703206\times10^{6}$
3	$-0.17073846940092\times10^{2}$
4	$0.12020824702470\times10^{5}$
5	$-0.32325550322333\times10^{7}$
6	$0.14915108613530\times10^{2}$
7	$-0.48232657361591\times10^{4}$
8	$0.40511340542057\times10^{6}$
9	-0.23855557567849
10	$0.65017534844798\times10^{3}$

公式9推导的饱和压力计算方法为：

$$\frac{P_s}{P^*}=\left[\frac{2C}{-B+(B^2-4AC)^{0.5}}\right]^4 \qquad (10)$$

其中 $p*=1\text{MPa}$，

$$A=\phi^2+n_1+n_2 \qquad (11)$$

$$B=\phi^2n_3+\phi\,n_4+n_5 \qquad (12)$$

$$C=n_6\phi^2+\phi\,n_7+n_8 \qquad (13)$$

公式9推导的饱和温度计算方法为：

$$\frac{T_s}{T*}=\{n_{10}+D-[(n_{10}+D)^2-4(n_9+n_{10})]^{0.5}\}/2 \qquad (14)$$

其中，$T*=1\text{K}$，并且

$$D=2G/[-F-(F^2-4EG)^{0.5}] \qquad (15)$$

其中，

$$E=\beta^2+n_3\beta+n_6 \qquad (16)$$

$$F=n_1\beta^2+n_4\beta+n_7 \qquad (17)$$

$$G=n_2\beta^2+n_5\beta+n_8 \qquad (18)$$

4区公式没有焓的计算，但是他是一个区分参数分界的公式，对温度、压力仪表数据准确性的判断具有指导意义。注：以上水和水蒸气部分计算方法摘自文献2

3.4　空气焓的数据建模

空气焓计算公式：

$$h_k=1.01t+(2500+1.84t)\frac{d}{1000} \qquad (19)$$

其中：t 为空气温度值；d 为空气含湿量。

含湿量 d：

$$d=0.622\times\frac{P_q}{P-Pq} \qquad (20)$$

P 默认为 101325 帕，一个标准大气压，实际计算采用当地大气压力。

饱和水蒸气的分压力 P_q 计算公式：

$$P_q = EXPT\left(12.062 - \frac{4039.558}{t+235.379}\right) \quad (21)$$

相对湿度 φ：

$$\varphi = \frac{P_a}{P_q} \quad (22)$$

式中 P_a：湿空气水蒸气分压力

理论空气量计算公式：

$$V^0 = 7.13\,\bar{n} + 2.28 \quad (23)$$

式中 $\bar{n}$ 计算公式：

$$\bar{n} = \frac{1V(CH_4)+2V(C_2H_5)+3V(C_3H_8)}{100-(V(CO)+V(N_2))} \quad (24)$$

不同温度压力下空气量校正：

$$V_{(t,p)} = V^0\left(\frac{273+t}{273}\right)\times\frac{0.1}{P} \quad (25)$$

式中，t 为空气的实际温度，℃；P 为空气的实际压力，MPa。

计算中，空气量与锅炉天然气量相关，先计算运行中送入炉膛的天然气流量所需空气量，再计算空气焓。注：以上空气焓公式算法摘自文献 1。

3.5　烟气焓建模

烟气理论焓值计算公式：

$$h_y^0 = (V_{RO_2}c_{RO_2} + V_{H_2O}c_{H_2O} + V_{N_2}c_{N_2} + V_{O_2}c_{O_2})\,t_y \quad (26)$$

式中，C_{H_2O}、C_{RO_2}、C_{N_2}、C_{O_2} 分别为水、三原子气体、氮和氧的平均定压容积比热（kJ/m³·K），查询烟焓表可得。

实际烟气焓公式为：

$$h_y = h_y^0 + (\alpha-1)h_k \quad (27)$$

式中，α 为过剩空气系数，取 1.04；h_k 为理论空气焓。

若无天然气成分在线数据，根据现有烟温数据，建模可用简化拟合公式计算烟焓：

$$h_y = (1.37780934\times t_y - 2.392866)\times V_{(t,p)} \quad (28)$$

式中，t_y 为烟气温度，$V_{(t,p)}$ 为实际空气量。

注：本节公式算法摘自文献，公式 28 采用泊松分布函数拟合

3.6　天然气焓建模

天然气是锅炉输入热焓的主要来源，天然气的成分及燃烧热值见表 6。

表 6　天然气组分及性质

组分 \ 项目	含量/%	高热值/（kJ/Nm³）	低热值/（kJ/Nm³）
CH_4	90.04	39842	35906
C_2H_6	5.33	70351	64397
C_3H_8	1.95	101270	93244
i-C_4H_{10}	0.07	113048	122857
n-C_4H_{10}	0.02	133885	123649
CO_2	0.17	0	0
N_2	2.22	0	0
O_2	0.20	0	0
天然气	100.00	41704.12	37691.1 1

低热值：是指 1m³ 燃气完全燃烧后其烟气被冷却至原始温度，但烟气中的水蒸气仍为蒸汽状态时所放出的热量。计量天然气热量焓取低热值，计算公式如下：

$$H_1 = H_{11}r_1 + H_{12}r_2 + \cdots\cdots + H_{1n}r_n \quad (29)$$

式中，H_{11}、H_{12}…为各燃料热值；γ_1、γ_2…为各成分百分比。

燃料入炉 Q_f 显热为：

$$Q_f = C_f + T_f \quad (30)$$

式中，C_f 为燃料比热容（2.374kJ/NM³）；T_f 为燃料入炉温度，取环境温度。

油田注汽锅炉原流程中没有安装天然气成分仪表，简化处理可取天然气低热值的平均值或典型值计算天然气输入热量焓。

3.7　散热损失焓建模

锅炉若采用天然气为燃料，不完全燃烧焓可忽略不计。

散热损失焓计算公式为：

$$h_s = \frac{\sum a_{ij}\times F_{ij}(t_{ij}+t_{lk})}{B\times Q_{net}}\times 360 \quad (31)$$

式中，t_{ij} 为某 i 结构形式 j 区域的炉体外表面平均温度（根据炉体外表面结构特点以及温度梯度，把外表面分成若干区域）；t_{lk} 为环境温度；α_{ij} 为某 i 结构形式 j 区域的外表面换热系；B 为燃料消耗量；Q_{net} 为燃料低位发热量；F_{ij} 为某 i 结构形式 j 区域的炉体外表面面积；油田注汽锅炉的散热损失主要存在与辐射段、过渡段和对流段表面。

实际工程应用中，散热焓可选用便携式测温装置，选取区域进行测量，依据公式 31 计算，用散热焓值与总焓占比确定散热损失比进行简化计算。

注：公式31摘自文献。

4　热效率分析

4.1　锅炉正平衡模型分析

锅炉的正热平衡法是指在稳定工况下，锅炉的输入热量和输出热量之间的平衡。通过热平衡计算出锅炉的热效率和燃料消耗量。

锅炉有效利用热量是水和蒸汽所吸收的那部分热量，对于生产饱和蒸汽的油田注汽锅炉每小时产生的蒸汽所吸收的热量为：

$$Q_1 = L_1[h_C \times x + h'_c \times (1-x) - h_{gs} - h_k] \quad (32)$$

式中，L_1为锅炉蒸发量，kg/h；h_c为锅炉工作绝对压力下的饱和蒸汽焓，kJ/kg；h'_c为锅炉工作绝对压力下饱和水的焓 kJ/kg；x为锅炉出口干度,%；h_{gs}为锅炉给水焓，kJ/kg；h_k为锅炉空气焓，kJ/kg；

锅炉正平衡热效率η_1公式：

$$\eta_1 = \frac{Q_1}{Q_r} \times 100\% \quad (33)$$

4.2　锅炉反平衡模型分析

分析注汽锅炉运行状况：

(1) 送入锅炉的热量主要受燃气流量影响，设定组分基本不变，燃料组分定为常数；

(2) 锅炉热效率受过量空气系数和排烟温度的影响，对流段积灰、管内结垢是一个逐渐积累的过程，所以整个过程中锅炉热效率是一个衰减变量，衰减值本文不做研究；

反热平衡以热损失为基础进行计算，热平衡方程如下：

$$\eta_2 = 1 - q_2 - q_3 - q_4 - q_5 - q_6 \quad (34)$$

式中，q_2为排烟热损失，kJ/kg；q_3为化学未完全燃烧热损失，kJ/kg；q_4为机械未完全燃烧热损失，kJ/kg；q_5为锅炉散热损失，kJ/kg；q_6为灰渣物理热损失，kJ/kg。

对于通常燃气的油田注汽锅炉，机械不完全燃烧热损失和灰渣物理损失几乎没有，热平衡公式可简化为：

$$\eta_2 = 1 - q_2 - q_3 - q_5 \quad (35)$$

4.3　动态热效率算法整合

(1) 功能域参数分类

油田注汽锅炉焓参数建模的功能域的函数功能(FR)和焓参数分类结构设计参数(DP)表示其映射关系，总体结构如图5所示。

(2) 焓参建模公式函数矩阵设计

根据参数功能与结构分类，进行公式函数整理，见表7。

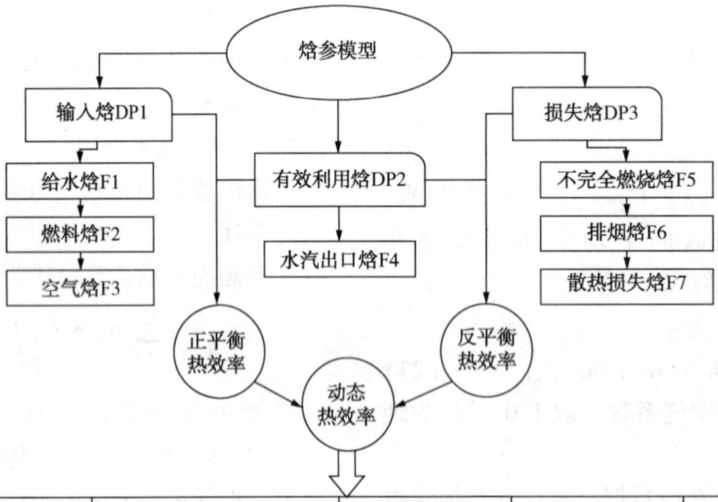

功能域编号	计算函数	结构域编号	焓分类	焓编号
FR1	IAPWS-IF-97一区公式	DP1 (输入焓)	给水焓	F1
FR2	天然气组分公式		燃料焓	F2
FR3	空气焓计算公式		空气焓	F3
FR4	IAPWS-IF-97二区公式 IAPWS-IF-97一区公式	DP2 (有效利用焓)	水汽系统输出焓	F4
FR5	烟气焓拟合公式	DP3 (损失焓)	烟气焓	F5
FR6	拟合百分比		不完全燃烧焓	F6
FR7	拟合百分比		散热损失焓	F7

图5　焓参模型功能结构参数提取过程

表 7　矩阵函数耦合

给水焓 FR1	IAPWS-IF97 的 1 区公式	$h(\pi,\ \tau)=(\tau\gamma_\tau-\gamma)\times(RT)$ $\gamma_g=\sum_{i=1}^{34} n_i(7.1-\pi)^{I_i}J_i(\tau-1.222)^{J_i-1}$ $\gamma=\sum_{i=1}^{34} n_i(7.1-\pi)^{I_i}(\tau-1.222)^{J_i}$	输入焓 DP1
燃料焓 FR2	天燃气组分公式	$H_i=H_{i1}r_1+H_{i2}r_2+\cdots\cdots+H_{in}r_n$ $Q_f=C_f+T_f$	
空气焓 FR3	空气焓相关公式	$h_k=1.005t+d(2500+1.84t)\times v^o\times a$ $P_q=EXPT\left(12.062-\frac{4039.558}{t+235.379}\right)$ $xs=\frac{P_a}{P_{qA}}$ $V^o=7.13\bar{n}+2.28$ $\bar{n}=\frac{1V(CH_4)+2V(C_2H_5)+3V(C_3H_3)}{100-[V(CO)+V(N_2)]}$ $V_{(t,\bullet)}=V^o\left(\frac{273+t}{273}\right)\times\frac{0.1}{P}$	
蒸汽出口焓 FR4	IAPWS-IF97 的 1 区公式 IAPWS-IF97 的 2 区公式 IAPWS-IF97 的 4 区公式	$\frac{h(\pi,\ \tau)}{RT}=\tau(\gamma_\tau^o+\gamma_\tau^t)$ $\gamma_\tau^o=0+\sum_{i=1}^{9} n_i^o f_i^o \tau^{J_i^o-1}$ $\gamma_\tau^t=\sum^{13} n_i\pi^{\bullet}J_i(\tau-0.5)^{J_i-1}$ $\beta^2\psi^2+n_1\beta^2\psi+n_2\beta^2+n_3\beta\psi^2+n_4\beta\psi+n_5\beta+n_6\psi^2+n_7\psi+n_8=0$ $\frac{P_a}{P}=\left[\frac{2C}{-B+(B^4-4AC)^{0.2}}\right]^4$ $A=\varphi^2+n_1+n_2$ $B=\varphi^2n_3+\varphi n_4+n_5$ $C=n_6\varphi^2+\varphi n_7+n_8$ $\frac{T_\bullet}{T^\bullet}=\{n_\bullet+D-[(n_\bullet+D)^\bullet-4(n_\bullet+n_\bullet)]^\bullet\}/2$ $E=\beta^2+n_3\beta+n_6$ $F=n_1\beta^2+n_4\beta+n_7$ $G=n_2\beta^2+n_3\beta+n_8$ IAPWS-IF97 的 1 区公式	输出焓 DP2
不完全燃烧焓 FR5	燃料焓的百分数	0.0025	损失焓 DP3
排烟焓 FR6	烟焓表拟合公式	$I_y=(1.37780934\times t_y-2.392866)$	
散热损失焓 FR7	简化计算公式	$h_s=\frac{\sum a_{ij}\times F_{ij}(t_{ij}+t_{lk})}{B\times Q_{net}}\times 360$	

（3）虚拟仿真与简化处理

根据表 7 内焓的分类及算法、代入设备运行数据，在 EXCEL 内进行集成算法。燃料为天然气时，不完全燃烧焓(FR5)基本可以忽略，计算中采用 0.25%损失进行替代，散热损失焓(FR7)精确计算需要安装 12 个以上表面温度传感器，现场采用便携式温度计测量后测算实际比例，约定为 2.5%～4%，进行简化处理，可节约大量硬件采购和维护费用。其他焓均采用锅炉仪表实际数据进行模拟验证，建立焓参数初始模型。

（4）正反平衡法公式耦合

设计矩阵分为正平衡法热效率矩阵和反平衡法设计矩阵，采用正平衡热效率进行天然气流量进行计算时，反平衡法参数不参与计算，不能实现全参数跟踪，因此拟合一个天然气流量公式，根据动态热效率与反平衡效率系数的相互关系，将正反平衡法进行耦合，在环境和工况发生变化时计算出动态的燃料量，实现全参数自动控制。

$$L_2=\frac{\dfrac{(H_C+H'_C)}{\eta-\eta^i}-H_k-H_g}{H_6\times 1000} \tag{36}$$

式中，L_2为根据焓模型计算的理论天然气流量；H_c为锅炉工作绝对压力下的饱和蒸汽焓，kJ/kg；H'_c为锅炉工作绝对压力下饱和水的焓 kJ/kg；η 为锅炉动态热效率；η^i 为锅炉反平衡热效率校正系数；H_k 为空气焓；H_g 为给水焓；H_6为天热气低热值。

5　焓参模型算法移植至 PLC 程序环境

（1）算法移植

上述算法移植到 PLC 程序环境有三种选择：

① 采用梯形图方式，优点是符合一般维护人员的习惯，整体逻辑清晰。缺点是程序过于复杂，编程难度大，占用大量的位存储空间，不适合在中小型 PLC。维护人员不仅要懂 PLC 的专业知识，还要懂热工的复杂公式和逻辑关系。

② 采用 SCL(ST 文本)语言编程，优点是程序简明，代码量少，不占用位存储空间。缺点是，编程语言比较专业，传统电工出身维护人员不好理解。

③ 采用梯形图+scl 语言结合方式，利用 PLC 的背景数据块和函数块，把大量浮点数和计算采用 scl 编程实现功能，集成为函数功能块，在主程序内调用功能块，节约位存储空间，全部显示为梯形图，方便了维护人员读懂程序，减少了位存储空间占用。

本文采用第 3 种方式，兼顾专业化和一般维护(图 6)。

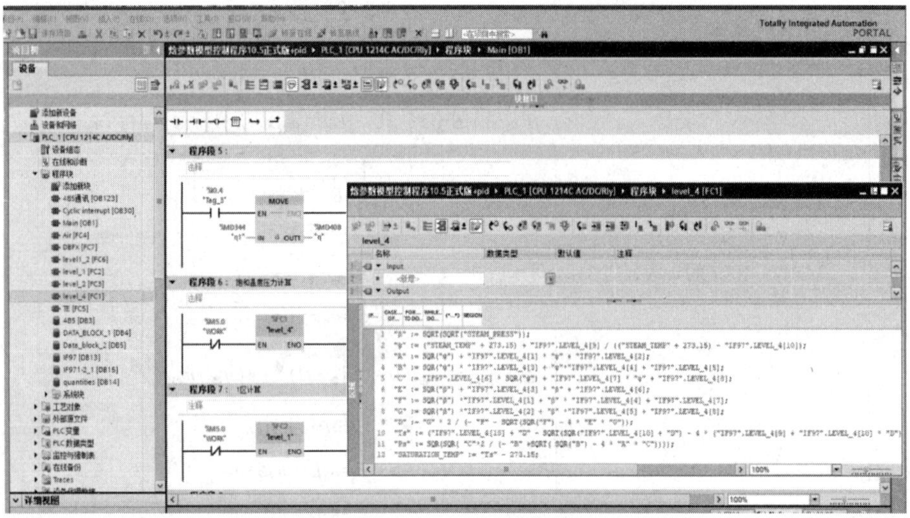

图 6　PLC 代码示意图

（2）数据模型的验证

采用表 7 中 EXCEL 整合焓参模型算法，与 PLC 计算结果进行两步验证。

一是离线验证：设备实际数据代入 EXCEL 内进行计算，同时启动 PLC 编程软件、虚拟 PLC 软件，设备运行参数写入虚拟 PLC 监控强制表，PLC 与 EXCEL 运算结果必须相同。二是在线验证：程序灌装至 PLC，运行后观察内部运行结果与离线验证数据吻合。

小型 PLC 支持 32 位以下数据运算，焓模型调用数据有大量超长浮点数，会出现计算机与 PLC 模拟数据计算结果不同的现象，此时需要找到运算错误的数据源，对比结果加入系数校正。采用中、大型 PLC 则无此问题(图 7)。

（3）焓参模型控制器的现场调试和运行

现场调试时，PLC 控制器内灌入程序，通过程序内 PID 模块对调节阀进行控制，调试时，不能采用自动 PID 参数，因 PID 模块在自学习确定参数过程中，有较大震荡，电动阀开度过小时，锅炉会停运，程序无法通过自学习功能确定 PID 的参数值，只能通过手动调整 PID 确定参数。同理，调节阀的机械行程关闭位置不能为 0，也需要人工调试找到一个开度值，一般在 10%左右(图 8)。

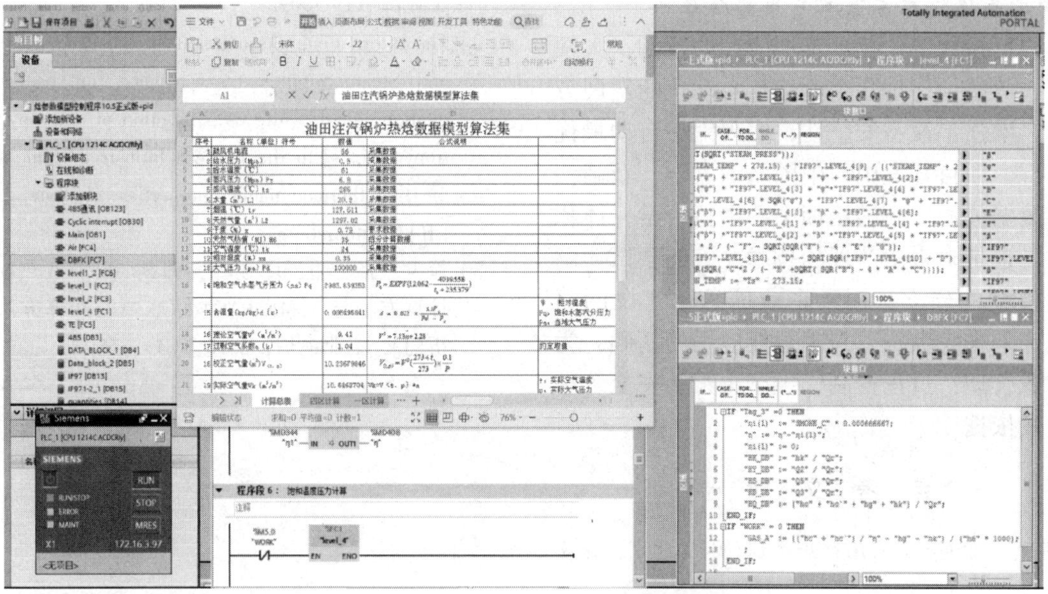

图 7　PLC 计算结果与 Excel 计算结果比较

图 8　现场天然气调节阀与 PLC 控制柜

6　应用情况

基于热焓参数的控制模型在克拉玛依油田九区 9-8 锅炉上开展试验，传统现场锅炉工况调整为操作员工测量干度，根据测量结果进行人工调整，输入锅炉的空气温度昼夜不同，对应到天然气只有 8～10 方的差距，相较于锅炉 1300 方左右的用气量过于微小，是否及时调整取决于员工的责任心。采用本技术的焓参模型自动控制后，内部算法控制结果与重油开发公司在线干度值匹配，可根据环境温度，自动微调天然气流量，测算提高热效率 0.27%左右，当烟气温度、给水温度、水量等发生变化时能实时调节，综合全部控制过程，提高热效率 0.5%。同时大幅降低操作员工的劳动强度，缓解一线工作人员不足的问题。

7　结论和认识

7.1　奠定工业现场设备大数据应用的基础

焓参数模型的建立，研究锅炉不同物理量参数之间的函数逻辑关系，实现设备的数字化控制，随着历史数据的积累，不同设备的效率，存在问题，革新方向等都可以给出数据支持，形成从数字孪生，大数据分析，AI 应用的完整数字化技术应用链条，奠定了大数据应用的基础。

7.2　实现在小型 PLC 内集成复杂算法

国内油田注汽锅炉行业首创在小型 PLC 内集成复杂算法。利用梯形图+scl 编程方法，在小型 PLC 内集成 42 个函数公式及上千浮点数，实现在小型 PLC 内集成大型算法的成功案例。

7.3 探索数字化技术落地应用的路径

本项目是数字化技术落地应用的范例，大幅提高工作效率，与现代企业信息自动化的发展方向吻合。增强了设备安全性，实现锅炉自动最优工况运行。项目开发中与中国石油大学，新疆油田公司数据公司，新疆培训中心进行产学一体化的合作，也是未来生产现场技术突破的尝试。焓参数学模型的建立，探索企业信息化建设的路径，奠定未来大数据，人工智能应用的基础，为今后设备管理，过程控制，生产决策、安全管理提供有效依据。

参 考 文 献

[1] 林宗虎，徐通模. 实用锅炉手册[M]. 北京：化学工业出版社 2009. 8.

[2] The International Association for the Properties of Water and Steam. Supplementary release on backward e-quations for pressure as a function of enthalpy and en-tropyp(h, s) to the IAPWS Industrial formulation1997 for the thermodynamic properties of water andsteam [R]. Gaithersburg。

[3] 徐冉，张晓明，谭金峰，韩剑. 锅炉散热损失简化计算方法与 ASME PTC4 标准中的计算方法比对分析[J]. 工业锅炉，2016，(4)：58.

稠油注汽过程物联网数据挖掘技术探索

陈　雷　周春燕　白　川　贾　盛　艾　强　刘江涛

（新疆油田公司重油开发公司）

摘　要　随着油田物联网系统建设不断完善，各生产环节的自动化数据逐渐丰富，为解决油田生产管理中的老问题提供了信息资源。绿色低碳的要求以及单位人员值守范围不断扩大的趋势，增加了稠油生产过程安全生产、节能减排的压力。本文以稠油生产过程中的蒸汽为主线，分析蒸汽生产、利用过程中的安全、能耗和效率问题，利用信息技术和已建物联网资源，探讨注汽锅炉防过热向量报警、预警技术，提高蒸汽生产过程安全；油田注汽锅炉单位热焓能耗实时监测技术，降低蒸汽生产过程能耗；稠油井汽窜干扰特征库技术，提高蒸汽利用效率；建立注汽管理成果数据库，整体提升注汽管理工作效率。

关键词　稠油生产；注汽；物联网；数据挖掘；

物联网系统建设不断完善，各生产环节的数据资源逐渐丰富，使得用信息技术赋能传统石油行业提质增效成为可能。绿色低碳的要求以及单位人员值守范围不断扩大的趋势，增加了稠油生产过程安全生产、节能减排的压力。本文从稠油生产过程中安全产汽、高效产汽、高效用汽的角度探索物联网数据的挖掘、应用技术。

湿蒸汽油田注汽锅炉的安全报警系统不能适应注汽压力的变化，不具备动态过热报警及预警的能力，存在过热风险，目前主要靠人工巡检及时发现问题和隐患；不具备锅炉热效率实时评价的能力，不能及时发现存在问题的、高能耗的设备问题，节能减排工作难度大；在蒸汽的使用过程中，由于两相流蒸汽计量、油藏温压信息测量难度大，注汽精细化管理难度大。针对以上问题，从设备的运行数据中找出规律，在原有系统的基础上，新增报警、预警、评价等功能，形成提高油田注汽管理效率的新技术。针对稠油生产的注汽质量、注汽有效性等问题，以生产过程中蒸汽的生产、利用为主线，从安全生产、节能减排、注汽管理的难点出发，充分挖掘物联网数据资源，从数据的不同维度反映生产过程的特点，为油田注汽安全生产、节能减排、提质增效提供信息化方案，为物联网技术赋能传统行业提供具体实例。

1　注汽锅炉防过热向量报警、预警技术，提高蒸汽生产过程安全

确保油田注汽锅炉安全、连续运行是保证注汽质量的首要条件，按照《油田注汽锅炉及配套水处理系统运行技术规程》（SYT 6086—2019）的要求，蒸汽温度安全报警设置为锅炉额定饱和温度，管壁温度安全报警设置为锅炉额定饱和温度+15，额定饱和温度计算可依据卡末林–昂尼斯方程，见公式(1)。

$$eV=RT(1+B'e+C'e^2+D'e^3+A)$$

$$B'=\left[\frac{0.44687}{T}-\left(\frac{565.965}{T^2}\right)\cdot 10^{\frac{100800}{34900+T^2}}\right]\times 10^{-5} \tag{1}$$

或戈夫–格雷奇公式，见公式(2)

$$\begin{aligned} \lg e_w &= 10.79586(1-T_0/T)- \\ &5.02808\lg(T/T_0)+1.50475\times 10^{-4} \\ &[1-10^{-8.2969(T/T_0-1)}]+0.42873\times 10^{-3} \\ &[10^{4.76955(1-T_0/T)}]+0.78614 \end{aligned} \tag{2}$$

也可以通过查表的方式获得，见表1，饱和蒸汽温度与压力对照表。现实应用中多用采人工查表法。

表1　饱和蒸汽温度与压力对照表

压力/MPa	温度/℃	压力/MPa	温度/℃	压力/MPa	温度/℃	压力/MPa	温度/℃
0.0010	6.9491	0.30	133.556	2.50	223.990	9.5	307.289
0.0015	12.9751	0.31	134.677	2.55	225.046	9.6	308.050
0.0020	17.5403	0.32	135.770	2.60	226.085	9.7	308.806
0.0025	21.1012	0.33	136.836	2.65	227.110	9.8	309.556
0.0030	24.1142	0.34	137.876	2.70	228.120	9.9	310.299
0.0035	26.6707	0.35	138.891	2.75	229.115	10.0	311.037
0.0040	28.9533	0.36	139.885	2.80	230.096	10.2	312.496
0.0045	31.0533	0.37	140.855	2.85	231.065	10.4	313.933

续表

压力/MPa	温度/℃	压力/MPa	温度/℃	压力/MPa	温度/℃	压力/MPa	温度/℃
0.0050	32.8793	0.38	141.803	2.90	232.020	10.6	315.348
0.0055	34.6141	0.39	142.732	2.95	232.962	10.8	316.743
0.0060	36.1663	0.40	143.642	3.0	233.893	11.0	318.118
0.0065	37.6271	0.41	144.535	3.1	235.718	11.2	319.474
0.0070	38.9967	0.42	145.411	3.2	237.499	11.4	320.811
0.0075	40.2749	0.43	146.269	3.3	239.238	11.6	322.130
0.0080	41.5075	0.44	147.112	3.4	240.936	11.8	323.431
0.0085	42.6488	0.45	147.933	3.5	242.597	12.0	324.715
0.0090	43.7901	0.46	148.751	3.6	244.222	12.2	325.983
0.0095	44.8173	0.47	149.550	3.7	245.812	12.4	327.234
0.010	45.7988	0.48	150.336	3.8	247.370	12.6	328.469
0.011	47.6934	0.49	151.108	3.9	248.897	12.8	329.689
0.012	49.4281	0.50	151.867	4.0	250.394	13.0	330.894
0.013	51.0488	0.52	153.350	4.1	251.862	13.2	332.084
0.014	52.5553	0.54	154.788	4.2	253.304	13.4	333.260
0.015	53.9705	0.56	156.185	4.3	254.719	13.6	334.422
0.016	55.3401	0.58	157.543	4.4	256.110	13.8	335.571

由于PLC控制器的浮点运算能力较弱，卡末林-昂尼斯方程和戈夫-格雷奇公式难以在PLC上实现，而查表法需要较大内存来存储饱和蒸汽温度与压力对照表，并且表格内数值不连续，在PLC上也不易实现计算。经研究、实验，可将饱和蒸汽温度与压力的关系在允许误差范围内分段线性化，从而实现在PLC端的自动计算、报警。控制系统可自适应注汽压力变化，动态生成注汽压力变化时的过热度安全阈值，产生动态报警信息，解决因注汽压力波动引发的过热安全问题。见公式(3)。

$$\begin{aligned}&\cdots\cdots\\&T_{(\text{饱和})}=17.69P+180.5℃;\ P_1<P<P_2\\&T_{(\text{饱和})}=12.98P+198.74℃;\ P_3<P<P_4\\&T_{(\text{饱和})}=9.52P+218.82℃;\ P_5<P<P_5\\&T_{(\text{饱和})}=6.92P+241.02℃;\ P_7<P<P_8\\&\cdots\cdots\end{aligned}\tag{3}$$

在此基础上，利用物联网资源，通过分析上位机采集的各项实时数据、历史数据，形成针对炉管局部过热、炉管差压增大等隐患的相关分析向量，在上位机实现实时线上预警，突破了传统控制器的运算能力，扩展了锅炉安全控制系统的预警能力，解决了局部过热的预警问题。预警控制逻辑见图1。

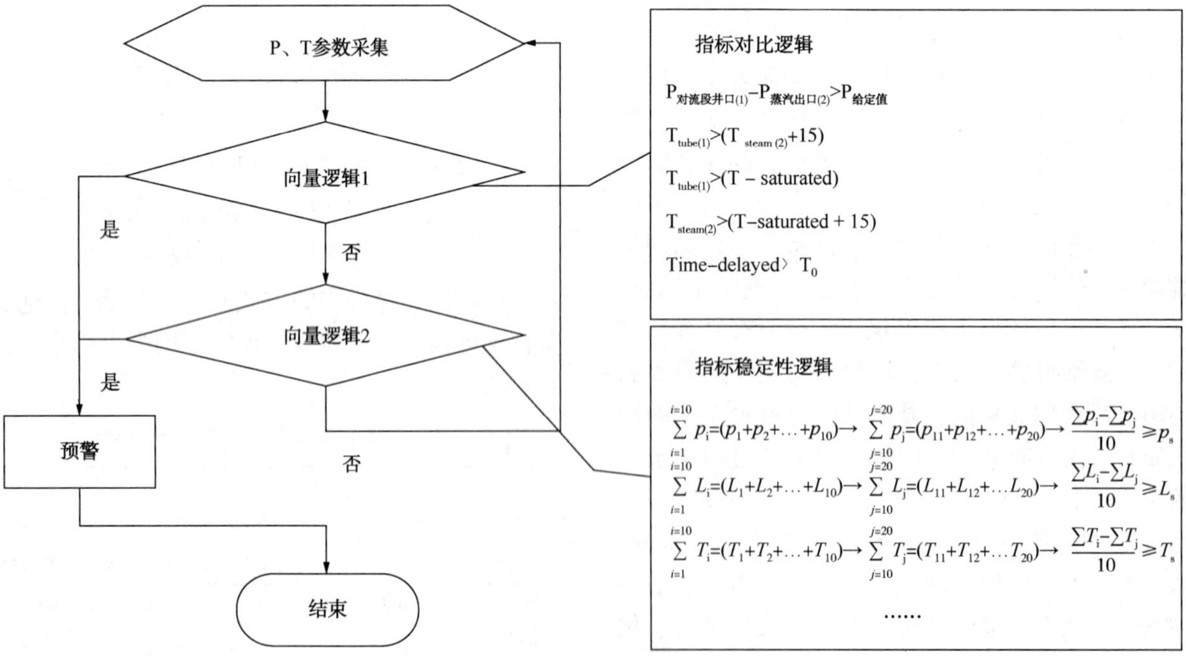

图1　防过热向量预警逻辑

应用以上方法，新疆油田重油开发公司建立了以锅炉蒸汽出口压力、蒸汽出口温度、炉管温度为参数的湿蒸汽锅炉动态过热度计算模型，完善控制系统报警功能，实现了对锅炉过热风险的动态监测，在边缘计算的基础上，实现实时报警控制，并以此为基础，研发了防过热、防爆管向量预警技术，通过上位机实现实时线上预警。通过该项技术的推广应用，保障了在高干度运行状态下的连续、安全运行，实现了在少人值守、巡检制管理条件下的安全生产。

2　油田注汽锅炉单位热焓能耗实时监测技术，降低蒸汽生产过程能耗

传统的单耗指标“吨汽耗气”只能单纯地反映产生单位蒸汽的天然气耗量，由于同一蒸汽干度在不同注汽压力下的热焓值不同，因此“吨汽耗气”指标不能直接反映油田注汽锅炉的实际热效率情况，不能及时发现问题、调整工况，造成高能耗现象。另外也有通过热平衡结合排烟含氧量分析的方法计算热效率，但由于费用和仪表损耗率较高等问题，该方法还未推广普及。

近年来，新疆油田公司结合现场经验，摸索了蒸汽干度在线计算方法，见公式4。

$$x=K_6\times\frac{K_2+\dfrac{L_2\times Q\times\eta}{L_1}+K_1\times P+K_3\times T}{K_4+K_5\times P}\times 100\% \quad (4)$$

依托干度实时计算模型(模型参数通过现场标定确保结果准确)，建立热焓耗气实时监测方法，见公式5。

$$热焓=k_7\times Pk_8+(k_9\times P+k_{10})\times xk_{11}\times T\times L \quad (5)$$

应用该方法综合反应注汽量、注汽质量和能耗情况，实现天然气单耗和热焓单耗双重预警，指导动态调整锅炉工况。预警信息见表2。

准确定位高能耗设备，及时调整节能措施，在保证蒸汽质量的前提下，降低锅炉运行能耗。

现场具体做法是首先及时调整锅炉运行参数，优化燃烧状况，调整方法见图2。

表2　锅炉设备运行及预警报表

锅炉	时间	水量	火量	燃气流量	给水温度	蒸汽温度	饱和温度	管温（过热段）	蒸汽压力	蒸汽干度	天然气单耗	热焓能耗	排烟温度	蒸汽热焓
4	16：30	19.06	80	1282.43	53	260	264	283	5.20	80.94	67.29	28.59	208	44856.28
4	16：00	19.07	80	1231.57	53	261	264	283	5.20	80.95	67.20	28.59	210	44828.80
3	16：30	19.34	99	1230.02	61	311	311	280	10	79.63	63.60	28.02	159	43904.49
3	16：00	19.34	99	1226.86	61	311	311	280	10	79.18	63.44	28.01	159	43802.99
1	16：30	19.34	62	1335.85	61	280	276	260	6.20	78.23	71.66	29.27	232	47343.84
1	16：00	19.34	62	1381.17	61	280	276	260	6.20	78.73	71.42	29.26	232	47200.76
2	16：30	19.39	75	1375.62	61	275	276	262	6.30	78.26	70.94	29.24	214	47042.60
2	16：00	19.39	75	1379.82	61	275	276	262	6.30	78.68	71.16	29.25	213	47173.58
4	16：30	19.41	62	1274.36	61	281	276	262	6.10	78.74	65.65	28.40	139	44867.39
4	16：00	19.37	62	1264.92	61	281	276	293	6.10	77.73	65.30	28.39	139	44562.27
3	16：30	19.45	38	1252.33	61	273	276	266	6.50	78.82	64.39	27.50	154	45541.39
3	16：00	19.46	38	1252.02	61	272	276	266	6.40	78.83	64.34	27.50	154	45531.91
8	16：30	19.39	80	1250.72	61	281	276	290	6.50	80.31	64.50	28.06	170	44573.83
8	16：00	19.40	80	1247.66	61	281	276	290	6.50	79.95	64.31	28.05	170	44477.12

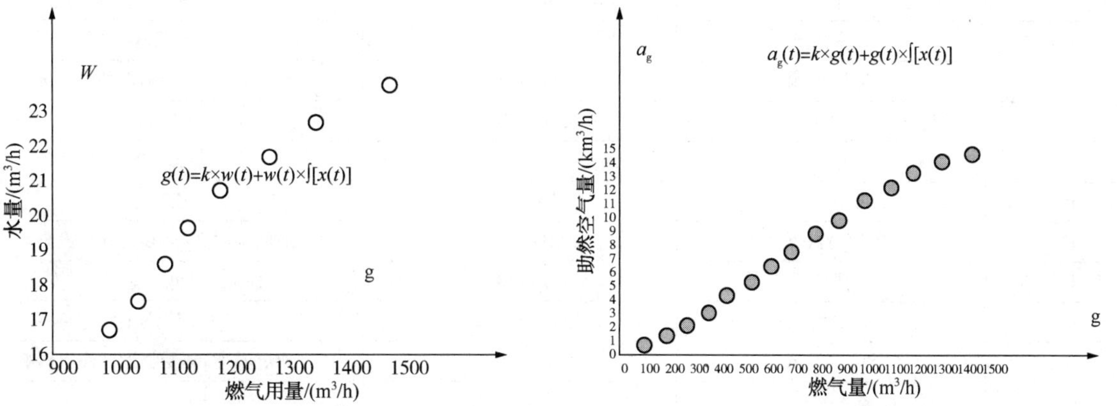

水火自动跟踪函数曲线示意图　　空燃配比函数曲线示意图

图2　优化调整锅炉运行参数

调整无效后上报技术部门，通过专业检测、维修提高锅炉设备的热效率。

本方法的关键意义在于能够更科学、快速地定位热效率低的锅炉设备。依据该方法，操作层可及时调整空燃比等运行参数，提高锅炉设备运行热效率，管理层可及时发现热效率低的设备，及时采取清灰、除垢、保温层修复等措施，提高设备本体热效率，降低锅炉运行能耗，实现节能减排。

3 稠油井汽窜干扰特征库技术，提高蒸汽利用效率

上述两个方面解决了如何安全、节能地生产高质量的蒸汽，下面探讨如何利用好蒸汽的问题，由于地层的温度、压力等参数获取成本高、实时性差，因此，快捷、方便的方式是从地面井口数据分析入手。

首先，对稠油井井口数据开展主成分分析，确定稠油井井口参数特征，分析结果见表3，其中第一主成分中井口温度载荷为0.942，是载荷最高的因子，符合稠油生产中温度与生产状态相关性大的现场规律，可作为分析稠油井生产特征的主要参数。

其次，以上述稠油井参数主成分分析结论为基础，对第一主成分中载荷最高的温度因子进行聚类分析，分析结论见表4。结合现场经验，从自然分类中提出“汽大\汽窜”类型，形成油井汽窜判断的主要依据。

表3　稠油井井口参数主成分分析表

		液量	电机参数	角位移量	温度	油压	功率	泵充满度	…
相关系数	液量	1.000	.218	.314	.848	.678	.175	.701	…
	电机参数	.218	1.000	.516	.216	.200	.203	.394	…
	角位移量	.314	.516	1.000	.154	.120	.317	.280	…
	温度	.848	.216	.154	1.000	.761	.214	.629	…
	油压	.678	.200	.120	.761	1.000	.167	.447	…
	功率	.175	.203	.317	.214	.167	1.000	.173	…
	泵充满度	.701	.394	.280	.629	.447	.173	1.000	…
	…	…	…	…	…	…	…	…	…

主成分	1	2
井口温度	0.942	0.297
产量	0.898	0.07
油压	0.740	0.024
电机功率	0.737	0.477
电机参数	0.143	0.851
角位移量	0.093	0.857
功图参数	0.01	0.177
…	…	…

表4　稠油井井口温度聚类分析结果

区块	油井状态	温度范围	备　注
1	停产	0~40℃	油井产量低，地层温度低
2	正常生产	40~110℃	定期巡检
3	汽大\汽窜	110~130℃	地层温度高/受临近井注汽影响
4	注汽	130~320℃	正常注汽井
5	停产	0~30℃	油井产量低，地层温度低
6	正常生产	30~90℃	定期巡检
7	汽大\汽窜	90~120℃	地层温度高/受临近井注汽影响
8	注汽	120~320℃	正常注汽井
9	停产	0~30℃	油井产量低，地层温度低
10	正常生产	30~90℃	定期巡检
11	汽大\汽窜	90~120℃	地层温度高/受临近井注汽影响
12	停产	0~25℃	油井产量低，地层温度低
13	正常生产	25~90℃	定期巡检
14	汽大\汽窜	90~120℃	地层温度高/受临近井注汽影响
…	…	…	…
28	正常生产	10~40℃	定期巡检

第三，利用方差分析，快速定位温度波动异常的油井，形成注汽干扰判断的主要依据，并形成稠油井汽窜干扰特征数据库，温度异常变化如图 3 所示。

从静态测量值、变化趋势、变化周期等多个维度刻画注汽生产过程的井口特征，形成有稠油生产特点的稠油井汽窜干扰特征库技术，将稠油井分类为低温能量不足井、正常生产井、汽窜井、干扰井等类型，对比井口温度测量数据，实时提供注汽生产过程的汽窜、干扰等异常信息。通过该项技术的推广应用，及时调整注汽策略，管控注汽过程，为注汽地质设计提供参考依据，提高注汽设计效率，实现注汽精细化管理。

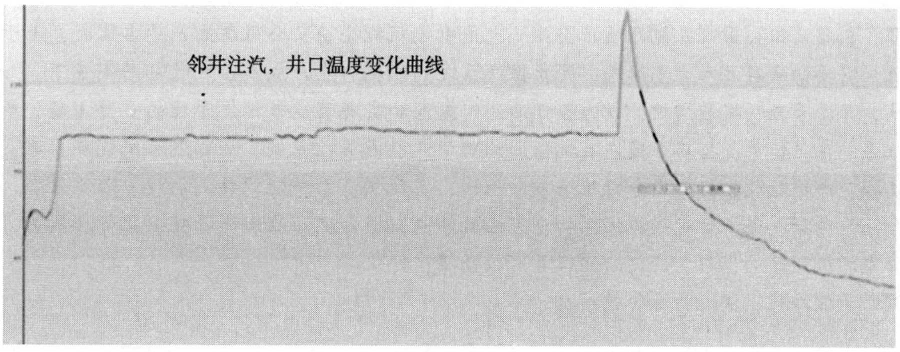

图 3　井口温度异常变化实例

4　建立注汽管理成果数据库，整体提升注汽管理工作效率

按照稠油注汽管理特点和生产运行模式，梳理注汽管理的业务流程，搭建注汽成果数据库，对注汽业务产生的生产数据、管理数据、成果数据进行集中管理和分类存储，通过基础资料、生产资料、测试资料、工程资料、注汽过程管理 5 大类 14 小类数据入库，实现数据快速检索、全面共享，图示化现场复杂的注汽管网关系。系统的应用使得注汽管理实现三级审核流程，即“区队-区块-注汽室”，使得注汽管理更为精细，促进“井井一策”到“一井一策”的转变，实现注采一体化，严格把控注汽井转轮时间，更好的解决油井注需矛盾，因井制宜；设计过程结合油井动用情况及储层参数，优化注汽方式，将汽注到目的层，在确定目的层的基础上，结合油井物性和历史生产规律，合理配注，保证注汽效益；最终结合油井与周边井地层连通情况及历史窜扰情况，对周边采油井采取配套措施，确保注入有效性，在注汽保障的基础上，采用合理的采油方式，稳定生产效果。

系统的推广应用强化了注汽管理工作，明晰注汽管理的过程，完善注汽管理体系，实现注汽管理信息化，确保注汽工作高效、平稳进行，整体提升注汽管理工作的效率和精细化管理水平。注汽有效性得到提升，热场在油层内部扩展趋于均匀，减少蒸汽在地层无效循环，减缓蒸汽超覆对生产影响，提高油藏油汽比，减缓油藏递减，保持老区油藏开发效益。

5　结语

稠油注汽过程物联网数据挖掘技术的探索，在确保蒸汽质量的前提下，提高了注汽效率，降低了天然气能耗，及时发现并制止了汽窜，避免了环境污染，努力践行了绿色低碳、安全环保的理念。技术的推广过程中培养了科研、管理和操作等不同层面的人才，促进了科研开发、生产管理的良性循环。应用信息化手段，深度挖掘物联网数据资源，解决稠油注汽生产过程中的老问题，探索油田智能化建设的方法，为提质增效提供信息化的解决方案，为物联网技术赋能传统行业的提供了具体实例。

能源管控技术在稠油热采中的应用

贾　盛　陈　雷　周春燕　王　栋　谢宗英

(新疆油田公司重油开发公司)

摘　要　新疆油田公司既是能源生产企业，也是重点耗能企业，公司稠油产量占比大，由于稠油热采的开发特性，需要向油层注入大量蒸汽，因此供汽系统的能耗和生产成本占比长期居高不下。如何掌控企业用能现状，开源节流、提质增效，成为各稠油油田探索和实现节能精细化管理的重要课题。本文结合稠油油田供汽系统生产特性，搭建了国内首批稠油油田供汽能源管控系统，从供汽系统能耗监测、供汽能耗主体业务建模、关键能效指标归因分析几个方面入手，实现供汽系统能源计划调度、监测预警、能源绩效考核、综合统计分析、现场运行模拟优化和专家经验诊断，提升稠油油田能源精细化管理能力，达到供汽系统节能降本增效的目的，在稠油热采油田具有较高推广价值。

关键词　节能降耗；供汽能源管控；

新疆油田公司既是能源生产企业，也是重点耗能企业，早在2015年，工信部针对石油化工行业就出台了《石油和化工企业能源管理中心建设实施方案》，2022年，国家发展改革委等部门联合印发了《高耗能行业重点领域节能降碳改造升级实施指南(2022年版)》，再次明确要加强高能耗行业能源管控，推进工业企业能源管控中心建设。

能源管控是利用互联网技术，通过配备符合标准的仪表以及采用在线采集的方式达到准确计量，利用有线及无线相结合的传输方式有效的传输数据，再进行对标及系统建模，从而实现能源利用最优化，促进经济效益最大化的活动。相较于传统节能管理模式以层层量化节能考核指标为抓手，从事后统计、分析和问题追踪的被动能源管理模式；能源管控以实际生产计划合理调度和生产过程用能把控做节能的文章，打破了单纯以节能量完成与否的“指标至上”节能管理模式。创新的利用物联网、大数据、深度学习等信息化手段，完成数据积累的同时，分析获得生产与用能效率之间潜移默化的内在关联逻辑，摸索出潜在规律和变化趋势。在现场实践过程中，除了完成适用的、准确的业务建模外，还需要克服现场设备启停、机械故障、保养维护等其他因素，以保证学习样本的可用性，实现能源管控技术的真正落地。

新疆油田公司稠油油田开发中，一般使用蒸汽吞吐、蒸汽驱、SAGD等热采技术，需通过供汽系统向采油单元提供大量的高压饱和蒸汽或过热蒸汽。随着部分稠油老油田开发进入中后期，开发能源消耗量不断攀升，油气田企业从节约能源、强化有效用能入手，降低能源消耗，对现场生产节能降本增效具有重要现实意义。从财务成本来看，供汽系统水电气运行成本占稠油厂处水电气运行成本约70%，从能耗占比来看，供汽系统能耗占稠油生产能耗90%以上，其中仅天然气消耗占比一项就达85%左右，见图1。

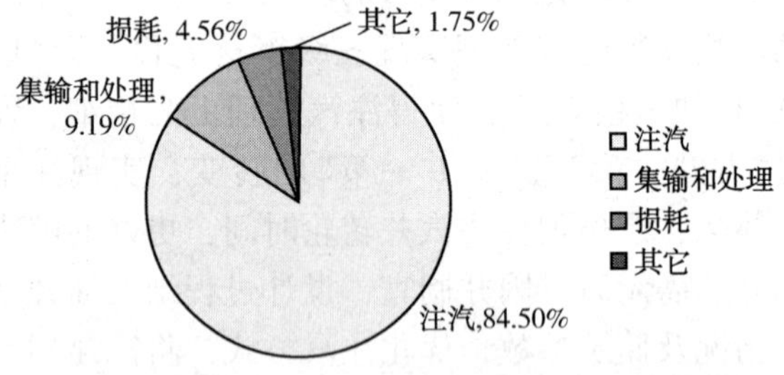

图1　某稠油油田天然气能耗构成比例图

因此，供汽系统能源管控研究应用成为了稠油油气田节能降耗的首选突破口。

1　通过业务建模提高锅炉热效率

现场生产经验和各类研究都表明，无论是蒸汽吞吐还是蒸汽驱，地下油层注入的蒸汽干度越大，稠油热采的效果越好。因此供汽能源管控系统解决的难题之一就是在保证蒸汽干度的情况下，提高锅炉热效率，消耗更少的天然气制造出更多的热能。

1.1 注汽锅炉热效率业务建模

供汽能源管控系统通过正平衡和反平衡算法得出锅炉燃烧热效率，按照西北节能监测中心编制的《锅炉正平衡热效率计算软件》进行热效率计算，由于正平衡只能反映锅炉运行的实际能源利用情况，无法确切的找到锅炉热效率不达标的具体影响因素，因此系统主要使用反平衡算法作为主要绩效指标，正平衡算法作为参考指标。

正平衡算法实现过程：系统交互界面设置用户录入权限，将每季度或加密监测获得的天然气发热值录入系统，结合注汽锅炉运行时进口水温水压流量、蒸汽出口温度压力干度、助燃空气温度、烟气温度、烟气含氧等数据，计算得出锅炉热效率。

正平衡炉效计算公式如下：

$$\eta_{gl}=\frac{Q_1}{Q_r}\times 100\% \tag{1}$$

输入热量 Q_r 为：

$$Q_r=Q_{dw}+Q_{rx}+Q_{wl}$$

式中，Q_{dw} 为燃料低位发热量，kJ/kg；Q_{rx} 为燃料的物理显热，kJ/kg；Q_{wl} 为其他热源加热空气而带入锅炉系统内的热量，kJ/kg；

输出热量 Q_1 为：

$$Q_1=D_{gs}\times 1000 * [h_{bh}-h_{gs}-\varphi_{sd}(h_{bh}-h_{bs})] \tag{2}$$

式中：D_{gs} 为给水流量，m^3/h；h_{bh} 为饱和蒸汽焓值；Q_{wl} 为给水焓值；φ_{sd} 为蒸汽湿度；h_{bs} 为饱和水焓值。

正平衡炉效计算表见表 1。

表 1　炉效计算表(正平衡)

所需点位	获取方式	计算公式
给水流量	系统对接	热效率=(出口蒸汽热焓-进口给水热焓)/燃料低热值(安装有冷凝装置锅炉以高热值计算)
给水温度	系统对接	
给水压力	系统对接	系统后台预留燃料热值配置功能，在每季度对燃料成分检测后进行热值数值(低热值、高热值)更新
蒸汽湿度	系统对接	
蒸汽压力	系统对接	
炉效指标	系统配置	针对各台锅炉型号、老旧程度、烟气余热装置定制化配置

反平衡算法实现过程：通过对各种能量损失的值进行测算，计算出对应当量下，能量在锅炉中的消耗情况，从而得出锅炉的反平衡效率。

反平衡炉效计算公式如下：

$$\eta_{反}=100\%-q_2-q_3-q_4-q_5 \tag{3}$$

其中：

(1) 过剩空气系数：

$$\alpha_{py}=\frac{20.9\%}{20.9\%-\varphi_{O_2}}$$

(2) 排烟热损失：

$$q_2=\frac{(3.5\times\alpha_{py}+0.5)\times(t_{py}-t_{lk})}{100\times\left(1-\frac{q_4}{100}\right)}$$

(3) 散热热损失：

$$q_5=\frac{1.3}{\eta_{fhl}}$$

各个参数的获得方式见表 2。

表 2　式中参数及获得方式

公式项	参数	单位	获得方式
φ_{O_2}	烟气含氧量	%	测量
t_{py}	排烟温度	℃	测量
t_{lk}	环境温度	℃	测量
q_4	固体未完全燃烧损失	%	计算
η_{fhl}	锅炉负荷率	%	计算

1.2 注汽锅炉工况优化

以往注汽锅炉的管理模式主要目标为保证注汽干度，因此各供汽站、采油作业区、技术监督站分别配备干度监测人员，并依托蒸汽干度在线监测系统，实时监测，矫正误差，使得蒸汽质量基本维持在指标水平。与此同时，由于锅炉热效率监测频率低，为提高蒸汽干度，保证注汽量，当热效率较低时只能提高天然气量，浪费了部分热源，主要表现现象为排烟温度升高。

而由于现场工人配备烟气含氧分析仪成本高，攀爬锅炉房顶的安全风险也较高，一般各供汽联合站会安排专岗，每月或发现烟温过高时监测烟气含氧并调整风门开度。整个调整流程周期长，覆盖面小，使得部分锅炉工况无法得到及时优化，运行热效率较低。

通过使用供汽能源管控系统，在监测每台锅炉热效率的同时，也记录了当前实时数据，包括风门开度、燃气流量、水量等。即系统可以利用机器学习方法，采集锅炉不同运行工况样本，再根据当前锅炉运行工况，结合以往运行参数，推荐当前最佳运行指标，方便运行岗对比调整锅炉工况，达到提升锅炉热效率的目的。

同时系统还设置了注汽锅炉绩效预警，根据不同锅炉类型，设置不同的炉效、气单耗、过剩空气系数预警指标，及时推送至预警界面，并展示燃气流量、风门开度等建议调整参数，辅助优化锅炉工况。

最终系统根据每日锅炉运行情况，生成供汽能源管控系统绩效考核日报，发布界面见图2，为各站锅炉运行状况评价和优化策略提供数据支撑。

图2　供汽能源管控绩效考核日报

1.3　注汽锅炉调度优选

系统除了显示每台锅炉的运行建议，以提升锅炉运行热效率外，还从整个联合站和各供热站层面提供了调度优选功能，发布界面见图3。从宏观层面提高工况好、热效率高的锅炉点炉率，少点或不点工况差、热效率低的锅炉，从而提升全站的锅炉平均运行热效率，达到整体调度优选，节能降本增效的目的。

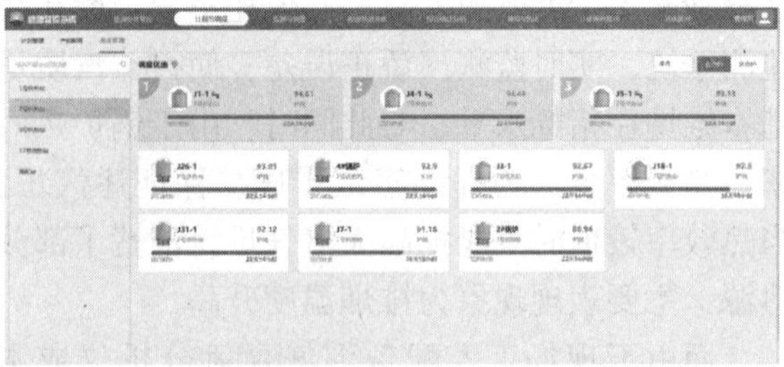

图3　供汽能源管控计划调度

2　建立能效指标影响因素归因分析模型

注汽锅炉在运行过程中，由于天然气组分变化、辐射段短时间过热、来水漏硬等各类原因，会出现锅炉翅片管积灰、炉管结垢等异常工况。系统通过积灰结垢分析模型，可以通过数据统计分析出工况异常的锅炉，进行积灰结垢严重程度排行，用于清灰除垢措施优先性的选择参考，使清灰除垢工作更有效。从以下两个方面实现具体功能：

2.1　积灰影响分析

系统可采用排烟温度与对流段热交换效果(对流段前后温度差值)双项指标综合判断积灰影响程度，根据内部模型算法实现积灰状态的分析，根据分析出的数据自动作出数据排行及限制值报警。

2.2　结垢严重程度分析

系统内基于以往现场人工经验，建立分析模型，根据相关工艺过程的压力、温度变化，作出对比分析，分析出锅炉状态异常、可能结垢，时时展示出相关数据，并做排行，达到限制值时，会发出报警提示。

系统建模过程框图见图4，归因分析排名发布界面见图5。

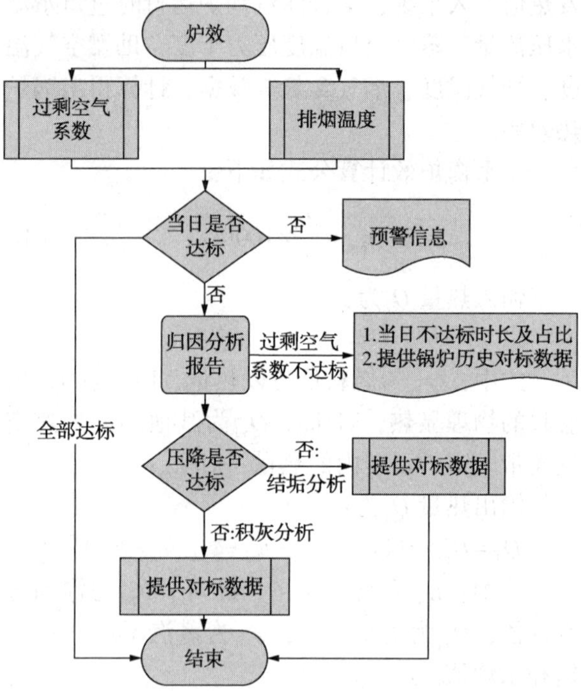

图4　归因分析逻辑框图

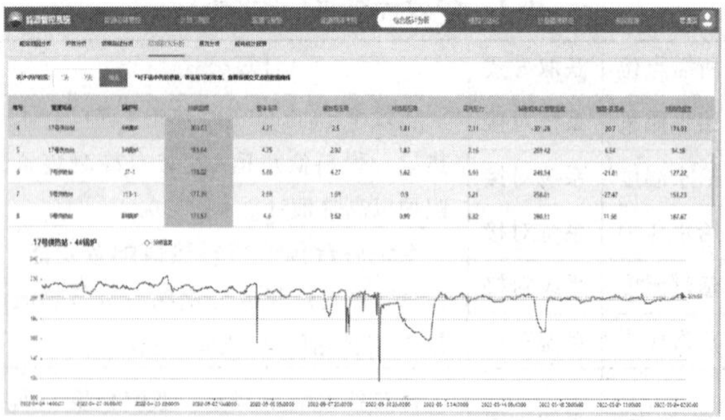

图5　积灰及结垢工况排名发布界面

3　供汽能源管控技术的实现和应用

供汽系统的主要能源消耗实物为天然气、电和水，主要能耗设备为油田注汽锅炉。按照Q/SY 09004.3《能源管控 第3部分：油气田技术规范》标准要求，计量级能源计量器具配备应符合 GB/T 20901 和 Q/SY 1212 的相关规定。能源管控单元的主要能源实物消耗应分主要生产系统计量，重点耗能设备宜实现单独计量。配置站、注入站(注聚合物、注水、注蒸汽、注天然气、注二氧化碳等)各生产工艺能耗应按能源实物类型分类单独计量；对于多压力等级的注水站，各压力等级应单独计量。

油田注汽锅炉属于高温高压生产设备，为保证其运行安全，减少人工操作，其本体均自带一套自动化仪控系统。供汽能源管控系统建设时，仅增加部分参数，即可实现各节点能耗计量。通过利用已建仪控参数，结合能源管控注入系统绩效考核要求，形成一套完备的能源管控监控数据。同时为方便后续分析、模拟、优化等环节的系统开发，还需完善传输网络、监控组态及数据库存储。

完善监测参数后，指标及参数情况见表 3。

表 3　供汽能源管控系统监测参数表

设备	动态参数		有无计量	是否远传	上传系统
	计算指标	计量参数			
锅炉	热效率	给水流量	有	是	SCADA 系统
		烟气含氧量	有	是	
		给水温度	有	是	
		排烟温度	有	是	
		给水压力	有	是	
		蒸汽湿度	有	是	
		蒸汽压力	有	是	
		蒸汽温度	有	是	
	锅炉单位蒸汽能耗	耗气量	有	是	
		耗电量	有	是	
		产汽量	有	是	

续表

设备	动态参数		有无计量	是否远传	上传系统
	计算指标	计量参数			
锅炉柱塞泵	机组效率	机组日用水量	有	是	A2
		日耗电量	有	是	能源管控系统
		泵机组进口压力	有	是	SCADA 系统
		泵机组出口调节阀后压力	有	是	SCADA 系统
软化水处理泵	机组效率	机组日用水量	有	是	A2
		日耗电量	有	是	能源管控系统
		泵机组进口压力	有	是	SCADA 系统
		泵机组出口调节阀后压力	有	是	SCADA 系统
鼓风机	机组效率	日耗电量	有	是	能源管控系统

软件架构与数据流见图 6。

通过在某稠油油田试点应用，2021 年夏季对比 2020 年夏季燃气单耗由 69. 7 方/吨下降为 67. 87 方/吨，下降 1. 83 方/吨。按照平均注汽锅炉运行台数 20~25 台，产汽量 198. 72 万吨计算，可节约天然气 363. 6 万方。按照天然气结算金额 0. 73 元/方计算，可创造经济效益 265. 5 万元。

4　结语

通过供汽能源管控系统基础数据监测、能耗主体业务建模提升注汽锅炉热效率以及关键能效指标的归因分析，一方面可以实现保持锅炉的良好运行工况，锅炉异常工况预警，运行岗参数调节和处理提示，保持供汽系统整体调度最优；另一方面也在保证蒸汽质量的前提下，降低供热系统能耗，实现能源精细化管理。

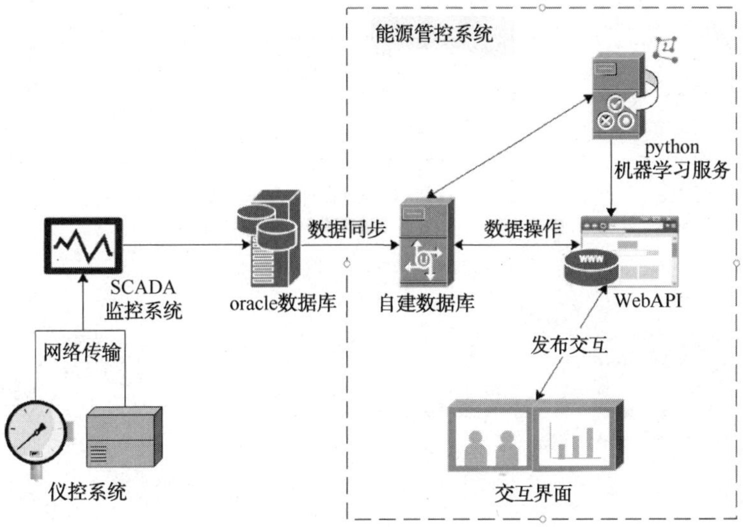

图 6　供汽能源管控系统数据流

随着物联网、大数据、人工智能分析等信息化技术手段不断发展，供汽能源管控系统可结合企业实践，进一步提升稠油油田能源管控的质量和管理效率，为油田智能化节能降本增效提供强大助力。

参 考 文 献

[1] 翟民江. 注入系统能源管控等级评估方法研究[J]. 石油石化节能，2019，9(09)：28-30+10.

[2] 郭以东，何晓梅. 从能源管控建设谈石油化工企业的节能管理[J]. 中国能源，2020，42(05)：44-47.

[3] 郭以东，马建国，何晓梅. 能源管控信息系统建设关注要素与评估[J]. 石油石化节能，2020，10(06)：34-38+9-10.

[4] 江兴家，杨阳，向涛，阮龙飞，鲁冬，刘永才. 基于深度学习的能源管控系统设计与应用[J]. 中国管理信息化，2022，25(03)：106-111.

[5] 朱英如，吴浩，张士奇，解红军，王丽，管伟. 能源管控系统在油气田企业中的应用[J]. 石油规划设计，2019，30(01)：8-9+14+48.

[6] 苏文明，岳军，梁新宇，林森明，袁淑良. 油田注汽锅炉运行管理远程监控系统建设及应用[J]. 信息系统工程，2014，(04)：151-153.

[7] 魏文勇，邱海涛，王彬，苗苗. 青海油田采油五厂能源管控系统的研究与应用[J]. 石油石化节能，2022，12(01)：35-36+40+9-10.

智能机器人野外巡检系统算法研究与现场应用

母　丹　陈　雷　周春燕　艾　强　王　栋

（新疆油田公司重油开发公司）

摘　要　油井巡检是油井管理的一项日常工作，随着油田开发时间延长，采油站生产规模逐渐扩大，管辖油井数量越来越多，巡检时间不断延长，尤其对偏远地区的场站，需要耗费的时间更长。目前智能机器人巡检技术在电力行业广泛应用，但在石油行业鲜少，特别是针对油田野外智能巡检技术还处在探索中。本文结合油井实际运行环境要求，采用A星算法实现全局路线的规划、TEB算法实现局部巡检路径的规划、绝对定位和相对定位结合，并利用地图模块实现低成本高精度的定位、表计识别算法实现各种型号指针表数据的读取，研发了智能机器人野外巡检系统，并部署在新疆油田A班所管区域，有效降低该区域设备停摆、漏油、盗窃等安全隐患，提升了工作效率。

关键词　野外；油井；智能巡检；机器人；A星算法

传统的油井巡检模式是人工巡检，但随着设备设施的逐年增加，油田生产用工需求增多与在职员工自然递减的矛盾日渐凸显，油气生产数字化建设是促进生产组织模式优化，进而提高人力资源利用率，解决生产用工需求的有效方式，因此运用机器人在一定程度上代替人工实现智能巡检成为油井巡检的发展趋势。

智能机器人是用于替代人工对设备进行检查和维护的机器人，主要分为室外巡检机器人和室内巡检机器人。目前在电力、煤炭行业的室内或者站区内等已有应用，但在油田行业鲜有应用。本文针对油田行业特点，研发适合油田野外的自主定位导航、巡检路径规划、表计识别算法，实现对机器人的准确导航、定位、仪表数据的读取以及高清视频的监测等，并实时向运维管理云平台返回设备状态和机器人本体工作状态，平台通过网络对机器人实施监控，对返回的数据进行处理，及时发现漏油、抽油机停摆等故障，从而达到可靠的巡检，缓解值班人员力量薄弱的问题，提升工作效率。

1　系统整体设计

本系统由三个重要部分组成如图1所示：机器人、运维管理平台和客户端。值班人员登录机器人管理平台，选中目标机器人，设定巡检任务后，下发至机器人。机器人接收到巡检任务后，由充电房出发进入巡检区域执行巡检任务。执行巡检任务过程中，机器人将自身巡检的动态（巡检信息、图片、视频等）发送至后台管理平台，管理平台接收到机器人动态消息后在客户端显示。机器人巡检完成后，返回充电房待机。管理后台整合机器人巡检数据生成巡检报表。

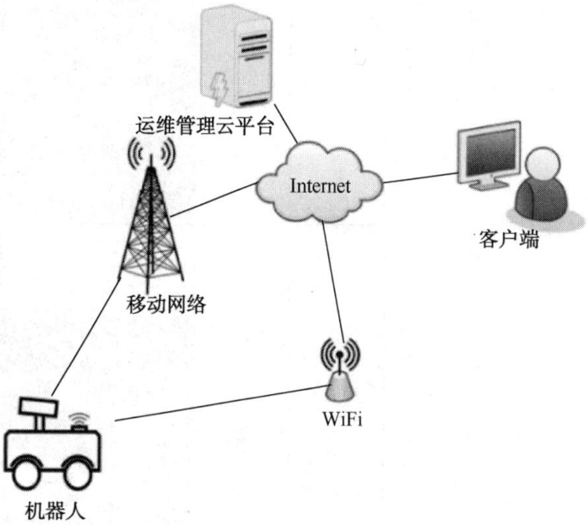

图1　系统架构图

2　关键算法研究

新疆油田地域辽阔、设备众多、井区施工多、极端天气多（冬季积雪时间长，春秋季大风多），采用室内的或者站区的巡检机器人算法，无法使机器人正常运转。本文针对油田巡检的环境，各种主观、非主观的造成巡检区域各种参照物的变化，研发出适合油田野外的巡检路径算法与定位算法；针对油田的设备，研发出适合油田设备的表计识别算法。

2.1　巡检路径算法的研究

路径规划是巡检机器人信息感知和智能控制的桥梁，是实现自主驾驶的基础。路径规划的任务就是在具有障碍物的环境内按照一定的评价标准，寻找一条从起无碰路径。

2.1.1　全局巡检路径的规划

新疆油田每个班组巡检的油井点多面广，在A班组油井占地面积约54万平方米，共计51口油井。根据现场实际情况，将机器人巡检区域分三张地图进行巡检，分别为地图1，2，3，如图2，机器人巡检时只需调用当前地图，在到达地图边界时可以自动切换为相邻地图。

将油井动态信息与三张地图结合，采用A星算法，实现实时、动态、合理的调整机器人在野外巡检的路线。

名称	描述				
地图1	属性	大小/m²	油井数量	切换点数量	充电桩数量
		207937.08	23	2	0
	缩略图	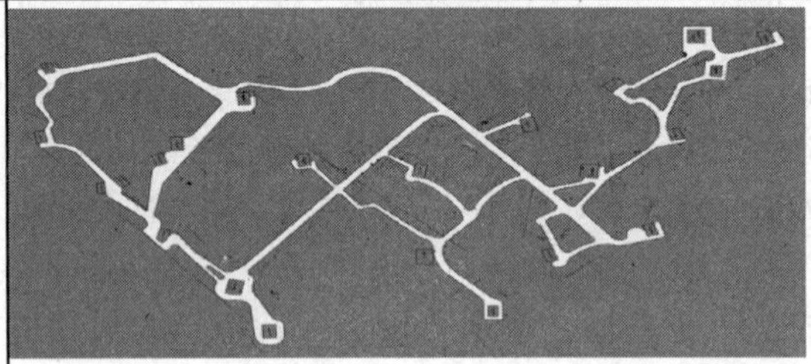			
地图2	属性	大小/m²	油井数量	切换点数量	充电桩数量
		356534.1	26	4	0
	缩略图	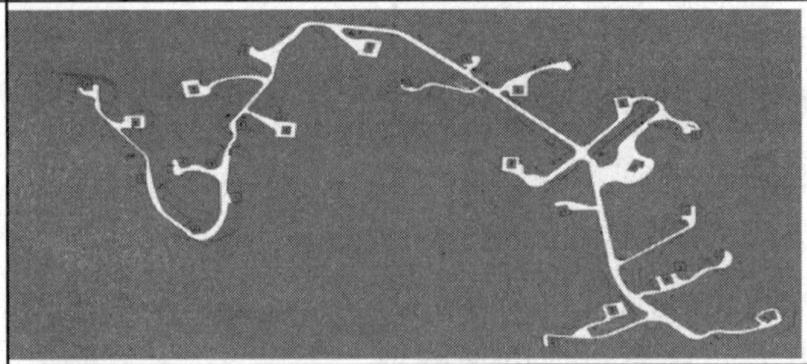			
地图3	属性	大小/m²	油井数量	切换点数量	充电桩数量
		66827.42	3	4	1
	缩略图				
全域图	属性	大小/m²	油井数量	切换点数量	充电桩数量
		548900	51	10	1
	缩略图	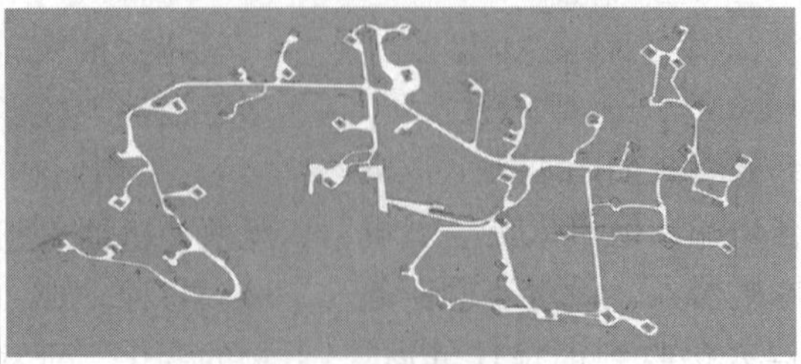			

图2　A班巡检地图

A＊(AStar)算法是一种路径搜索以及图像(地图)遍历的算法，计算每个地点的优先级，选取优先级最小的地点继续遍历。相邻两口巡检井之间的移动代价并不总是一致的，例如：平地和山坡中机器人的移动速度并不相等，靠近障碍物的地点和远离障碍物的地点的移动代价也不相同。每个地点优先级计算方法如下：

$$f(\mathrm{n})=g(\mathrm{n})+h(\mathrm{n})$$

其中，$g(\mathrm{n})$是从起点移动到地点 n 的代价函数，$h(\mathrm{n})$是从地点 n 移动到终点的预估代价函数。

$h(\mathrm{n})$是 A＊算法的启发函数，它会影响整个搜索算法的行为：

$h(\mathrm{n})=0$，此时，A＊算法就退化成了 Dijkstra 算法，每个地点都会尽可能地遍历地图中的地点；

$h(\mathrm{n})<$真实代价，这种情况下，A＊算法可以最佳路径，但是 $h(\mathrm{n})$越小，遍历的地点越多，性能越差；

$h(\mathrm{n})=$真实代价，这是理想情况，在这种情况下 A＊算法保证了使用最少的性能生成最佳的路径；

$h(\mathrm{n})>$真实代价，这种情况下，A＊算法不一定会找出最佳路径，但是性能一定是最佳的。

由于应用要求不同，$h(\mathrm{n})$需根据实际情况设计。在油井巡检路径规划中，改变启发函数 $h(\mathrm{n})$，实现实时、动态、合理的调整机器人在野外巡检的路线。

在进行路径规划时，定义 OPEN 和 CLOSED 两个集合：OPEN 集表示等待检查的节点集合，CLOSED 集表示已经搜索过的节点集合。不断的比较 OPEN 集中当前节点的扩展节点的 f、g、h 值，并根据比较结果更新两个集合，当前节点为目标节点时，路径规划结束，此时按顺序提取 CLOSED 集中的节点，即为巡检路径。路径规划程序采用 C 语言编程，首先每日将巡检计划下发给上位机，上位机将要巡检井按照坐标值进行排序，在确定起点位置后，将起点设为当前节点，第一口需要巡检的井为目标节点，对其进行路径规划，到达目标节点后将其设为当前节 n，下口井为目标节点，以此往复，直到巡检完最后一口井，返回充电房子，即起始位置后，路径规划结束，此时按照顺序提取 CLOSED 集中的节点，即为巡检机器人规划路径。

2.1.2 局部巡检路径的规划

局部路径规划是在全局路径规划生成的可行驶区域指导下，依据传感器感知到的局部环境信息来决策巡检机器人当前前方路段所要行驶的轨迹，以避过突然出现的行人、车辆等障碍物，并实现局部路径最优。本文依靠激光雷达和超声波等传感器实时监测周围障碍物，采用 Timed Elastic Band 算法，帮助机器人在短时间、短距离绕开突发障碍物。

Timed Elastic Band 算法的基本原理如下：在机器人当前位置和目标点之间插入 n 个控制点，并且控制点之间的移动时间为 time。

机器人位姿定义如下：

$$X_a=(xi,\ yi,\ \beta i)T\in R2*S1$$

表示机器人在地图上的位置和朝向，那么路径上的一系列控制点为：

$$Q=\{xi\}\,i=0,\ 1,\ 2\cdots \mathrm{nn}\in \mathrm{N}$$

如图 3 所示。

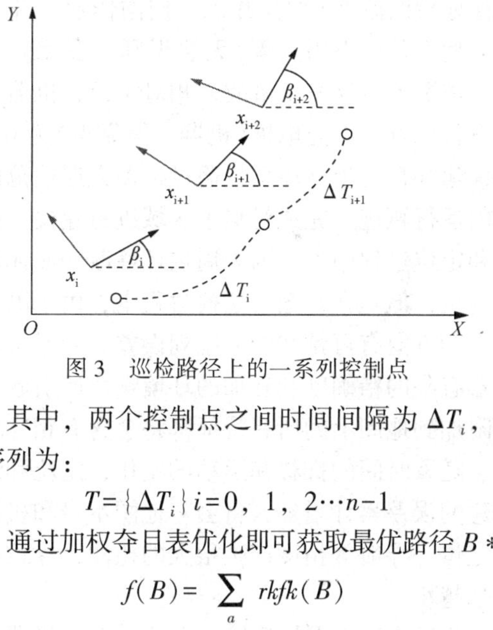

图 3 巡检路径上的一系列控制点

其中，两个控制点之间时间间隔为 ΔT_i，时间序列为：

$$T=\{\Delta T_i\}\,i=0,\ 1,\ 2\cdots n-1$$

通过加权夺目表优化即可获取最优路径 $B*$：

$$f(B)=\sum_a rkfk(B)$$

$$B*=\mathrm{arg}B\mathrm{minf}(B)$$

其中，$f(B)$为考虑各种约束的目标函数，$f(k)$为个目标函数的权值。

在机器人巡检中，本文主要考虑了以下几种约束：

(1) 已知的全局规划路径：以距离全局路径的允许最大距离最为全局路径的约束，使得最终规划出来的局部路径尽可能达到跟随全局路径的效果；

(2) 避过局部障碍物：以距离障碍物的允许最小距离作为约束，避障的约束使得规划出来的局部路径尽可能远离障碍物；

(3) 速度和加速度的约束：已知相邻控制点之间距离以及时间间隔，可以计算出两个控制点之间的平均线速度和角速度，满足机器人巡检本身的速度约束；

(4) 运动学约束：巡检机器人是差速驱动的机器人，只能前向移动和水平旋转；

(5) 时间最短约束：使得机器人能够获取到在时间上最优的路径。

2.2　定位算法的研究

巡检机器人的定位模块用于确定巡检机器人其自身的地理位置，知道“自己在什么地方”，是巡检机器人的路径规划和任务规划的支撑。现有自主导航定位技术可分为相对定位(SLMA 定位)与绝对定位。

绝对定位有效解决了机器人巡检平台与整个物联网平台的有效融合，并能机器人实时位置进行监控，但是绝对位置对地貌、临时性物品、突发性地貌的改变(如修井机、挖沟作业、井区放置大型设备、下雪天等)无法识别，在无人为干预的情况下容易发生事故。相对定位，机器人自行设置原点，以充电桩(机器人停靠点)为 0.0.0 点，建立自有坐标体系，通过机器人巡检范围区域内运行轨迹，完成对整个区域进行建模，在建图和定位过程中不会因为周边环境改变而无法识别定位，但是在建图与建模过程中，由于测得的距离和方向有可预知的一系列误差——通常由传感器有限的精确度和外加的环境噪声所引起，那么附加到地图上的所有特征都将会含有相应的误差。随着时间的推移和运动的变化，定位和地图构建的误差累计增加，将会对地图本身和机器人的定位、导航等精度产生很大的扭曲，导致精度越来越小。

为适应油田野外环境，设计的巡检机器人精度必须达到厘米级别，才能准确找到需要巡检的井，以及遇到障碍物才能精准定位自身位置，才不会出现安全事故。采用组合定位，将绝对定位和相对定位结合，加入 CORS 差分的 GPS 系统，利用地图模块，根据巡检区域的实际情况调整两种定位方式的权重，当井区地貌复杂时，加大相对定位的权重；当井区地貌平台障碍物少时，增加绝对定位的权重。实现机器人低成本高精度定位。

2.3　智能抄表算法的研究

智能抄表是巡检机器人需要具备的一项重要能力，然而现场仪表安装的有高有低，有的安装的环境狭小，环境复杂，仪表多样性，给巡检机器人抄表作业带来一定挑战。为了让机器人准确快速的读取各个表计的示数，在硬件上，巡检机器人添加了升降杆设备，可以自动设置云台高度，同时结合 360 度可旋转云台，可以有效覆盖现场表计。在算法上，采用了基于人工智能深度学习的精度高、通用性好、鲁棒性强的表计识别算法。可以识别各种型号的指针表，无需工作人员手动设置仪表类别，实现仪表示数的智能读取。

3　系统的现场应用

目前已经在新疆油田 A 班运行了两年，实现了 51 口油井的实时监控、仪表数据的自动读取，有效降低设备停摆、漏油、盗窃等安全隐患，缓解值班人员力量薄弱的问题，提升了工作效率。该系统具备实时监控、巡检任务管理、数据查询、机器人的开启与关闭、机器人电量的显示、一键返航、充电设置等功能。

实时监控功能：当需要机器人进入现场实时操控时，值班人员登录机器人管理平台，进入机器人实时控制页面，打开机器人视频直播画面并控制机器人进行移动，视频画面可以实时展示在中控台，工作人员在中控室远程监控场站内各个设备的运行参数，并根据状态报告做出相应处理，为油田的安全提供可靠的保障。

巡检任务管理：机器人制定巡检任务，任务可以分为“立即执行”、“定时执行”和“周期执行”三种类型的任务：“立即执行”的任务主要是进行临时突发的巡检；“定时任务”主要在特定时间段执行巡检任务；而“周期任务”则替代工人日常巡检任务，每天定时机型巡检。如图 4 所示。

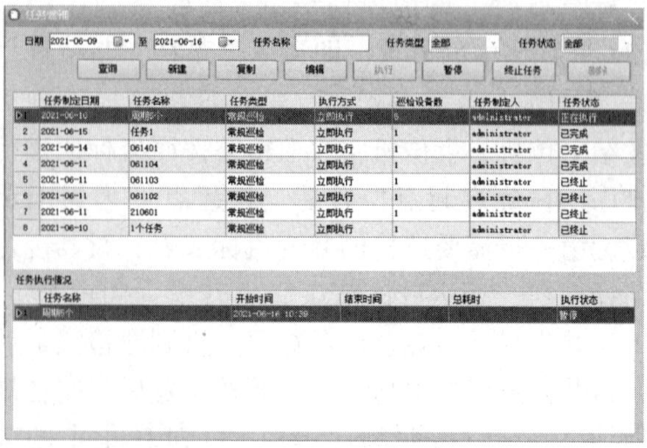

图 4　巡检任务管理界面

数据查询：数据查询功能是对机器人巡检结果历史数据进行查询和分析，包括可见光图像、热红外图像数据分析、仪表图像数据分析、视频、音频、历史数据显示、历史曲线显示、报表输出等。图5是A井在6月15日的巡检报告。

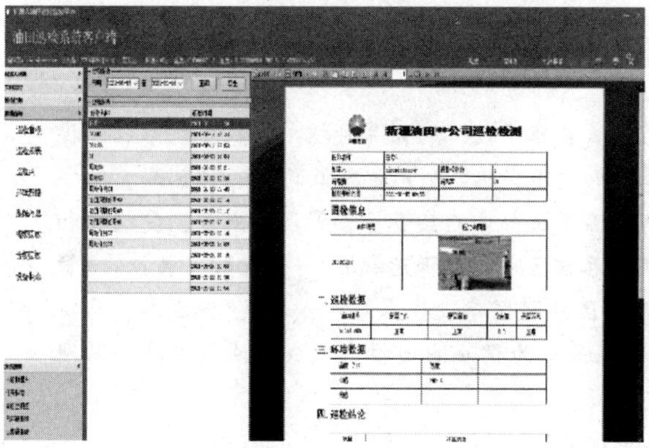

图5　A井在6月15日的巡检报告

4　结论与认识

针对油田行业特点，研发的智能机器人野外巡检系统，已成功部署在新疆油田A班所管区域。巡检机器人工作不受时间和环境影响，将巡检结果实时传送到后台，自动生成报表记录和存储，有助于及时发现油井故障，降低巡检的人力成本，减少安全事故发生，提高工作效率。本文打破了传统的巡检方式，科技创新，采用智能化手段辅助现场设备管理，推动油田行业朝着数字化、智能化方向发展，也是当今提倡运用人工智能技术赋能传统行业的重要体现。

参考文献

[1] 任昶. 室内移动机器人路径规划及轨迹跟踪控制研究[D]. 哈尔滨：哈尔滨工业大学，2017.

[2] 胡杰，王子卉，朱倚娴. 基于运动检测的飞行区车辆差分北斗/SINS组合导航[J]. 大地测量与地球动力学，2021，41.

[3] 赵晓，王铮，黄程侃，等. 基于改进A*算法的移动机器人路径规划［J］. 机器人，2018，40(6)：903-910.

[4] 高玉健，胡立夫，王海明，等. 化工厂智能巡检机器人系统设计[J]. 工业仪表与自动化装置，2020(3)：55-59.

稠油吞吐开发区低成本物联网建设及应用

李万柏[1]　蒋能记[2]　陆　兴[1]　宁晓波[1]

(1. 新疆油田公司风城油田作业区；2. 新疆油田公司百口泉采油厂)

摘　要　稠油吞吐开发生产过程，面临缺乏以数据为核心管理手段，焖开井时机、过程管控难以掌握的“难点”问题，和数据抄录量大、不连续，异常工况难以及时发现，热能利用效率低的“痛点”问题，数字化转型需求紧迫。但稠油吞吐开发地面工艺复杂、全流程高温高压，井站数量多、管理节点多，受投资和技术难度限制，传统“井口物联网”建设模式难以适用于稠油吞吐区。本文研究采用“一体化数字电控箱+管汇非侵入式温度采集+多通阀自动选井称重计量”的稠油吞吐区物联网建设技术路线，形成“低成本、易实施”的建设思路，并在新疆某稠油油田建设实施，应用成效显著，为稠油油田推广低成本油气生产物联网建设起到了引领示范效应。

关键词　稠油吞吐区；一体化数字电控箱；非侵入式温度采集

1　前　言

中国石油集团公司加快数字化转型、智能化发展步伐，明确“十四五”末初步建成“数字中国石油”，油田企业数字化转型形势紧迫。稠油油田开发面临劳动密集、单井产量效益低的根本性问题，以及生产过程存在缺乏以数据为核心管理手段的“难点”问题和数据抄录量大、不连续，异常工况难以及时发现的“痛点”问题。焖开井生产时机、过程管控难以掌握，热能利用和生产管理效率亟待提升，是“油公司”改革和数字化转型升级的“硬骨头”。

同时，稠油注过热蒸汽吞吐开发，采出液携蒸汽量大、温度高(80～130℃)，井站数量多，地面工艺复杂，管理节点多，单井物联网建设面临施工作业量大、实施周期长、成本高等问题，且受稠油注汽、采油不同阶段参数(压力、温度)变化大，工况环境恶劣等影响，仪表、设备选型困难，受投资和技术限制，传统单井物联网建设模式不适用于稠油吞吐区。

2　稠油吞吐区低成本物联网技术路线研究

围绕稠油吞吐开发区“数据采集应用痛点”和“生产管理难点”，分析稠油井场“油井-计量(注汽)管汇-接转站(密闭)-处理站”三级布站生产工艺及特点，以稠油单井管理自动化数据采集和控制应用需求为出发点，以“油井低成本覆盖，管汇数据集约化采集，采出液远程无线计量”为主要思路，研究适用于稠油吞吐开发区的自动化仪表、设备及通讯组网等配套技术，形成“低成本、易实施”的稠油吞吐区物联网建设方案。

2.1　采集与控制功能需求分析

(1) 工艺流程概述

稠油吞吐开发井场主要生产工艺流程为“油井-计量(注汽)管汇-接转站(密闭)”，其中油井至管汇为“注采合一”管线，分别在不同生产阶段用于高温蒸汽和采出液输送，管汇承担油井注汽分配、产液量计量及汇集转输功能，主要流程如图1所示。

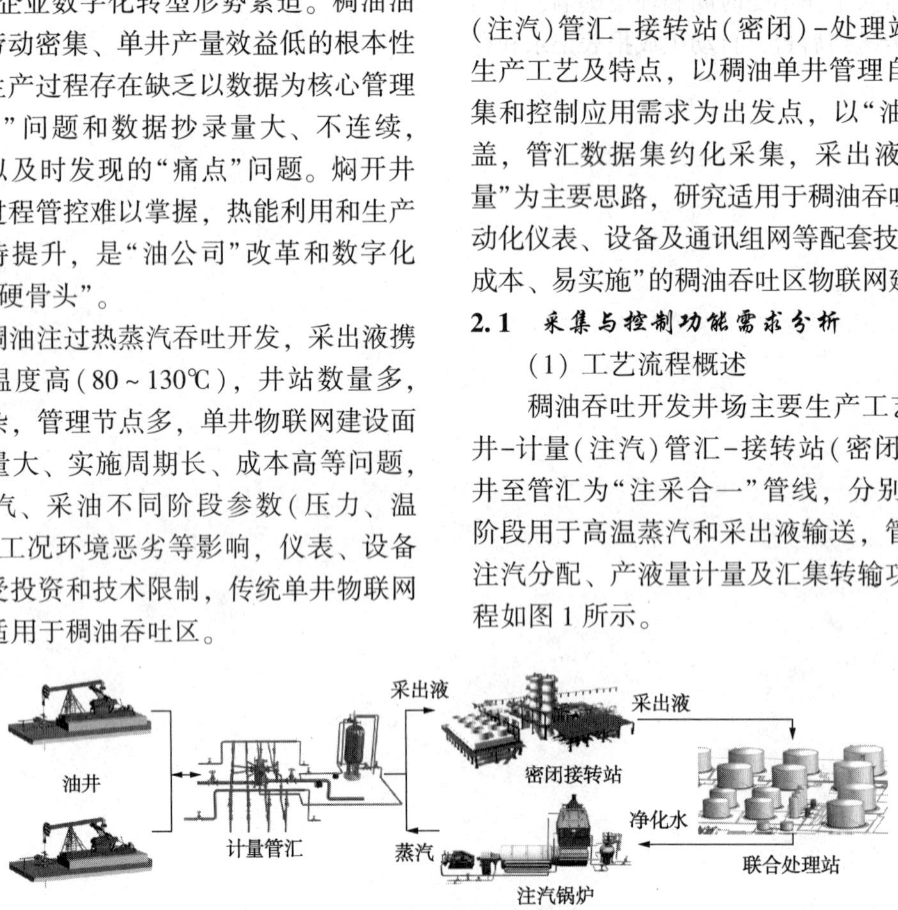

图1　稠油吞吐开发井场主要工艺流程

（2）生产模式简介

稠油吞吐开发为"转轮"生产模式，一个生产轮次包含"注汽（10 天）、焖井（3 天）、自喷（5 天）、机抽（90 天）"四个环节，其中注汽阶段主要关注油井注汽压力、温度及注汽量，确保注够汽、注好汽；焖井阶段关注油井温度变化情况，判断焖开时机；自喷阶段关注采出液温度、油井产液量变化；转机抽阶段关注抽油机运行状态及启停控制、三相电压电流，采出液温度、油井产液量情况等，及时掌握生产动态，制定调控措施，保障生产安全平稳。主要参数及作用如表 1 所示。

表 1　吞吐井主要采集与控制参数及意义

序号	主要参数	主要作用
1	温度	注汽：衡量注入蒸汽质量 焖井：判断焖开时机 生产：井下换热、井间汽窜等情况判别
2	压力	注汽情况判断
3	电参	抽油机运行工况、状态判断，能耗分析等
4	产液量	掌握油井生产情况，制定调控措施，评价措施效果

（3）实施节点分析

稠油吞吐开发具有井站分布密集，多井集联管汇（8～14 井/座），井口至管汇距离短（10～200 米）的特点，初步分析可将管汇作为油井数据采集汇聚点，同时，将油井与管汇物联网建设统筹考虑，运用集约化理念提出"油井温度在管汇采集"的建设思路，并进行可行性论证：以 100 米由保温棉包裹的管线为例，对其热损失进行计算（流体热量散失主要由热辐射和对流传热）。

管道在大气中的热损失：

$$\Delta Q=(T-T_0)\times(1+\beta)\times L/(R_n+R_g+R_b+R_w)$$

$$\Delta T=\Delta Q/(CM)$$

在以下条件下：T 为管道中液体温度，100℃；T_0为管道周围环境的温度，0℃；β 为管道的散热损失系数，0.25；R_n为介质与管内壁的对流传热热阻，0.01061601m·℃/W；R_g为管壁热阻，0.00029178m·℃/W；R_b为保温层的热阻，0.98073379m·℃/W；R_w为保温层外表面到外空气的对流传热热阻，0.08331656m·℃/W；L 为管道长度，100m。

测算经过 100m 保温层包裹的管线，100℃的介质温度下降在 3℃以内，满足稠油生产日常管理数据精度要求。由此确定可将油井注汽温度、采出液温度采集转移至管汇处建设，井口只进行抽油机三相电参采集及抽油机启停控制内容建设，同时管汇部署油井数据采集网关和计量控制 RTU，实现油井数据汇聚及计量控制，从而达到简化建设内容，降低实施费用的目的。

2.2　物联网实现技术研究

稠油吞吐区低成本物联网建设，主要研究应用抽油机工况采集与控制、管汇温度非侵入式采集、采出液远程计量、无线网络通讯等技术。

（1）抽油机工况采集与控制技术。围绕抽油机运转、三相电参采集、延时自启停功能，研究采用"一体化数字抽油机电控箱"设计思路，设计"时序控制+分组预设"自控回路，实现抽油机远程分时批量启停控制，避免了抽油机大面积启动对电网冲击的问题，满足抽油机运转控制及关键参数采集双重需求功能。

（2）非侵入式介质温度测量技术。研究分析非侵入式温度测量，利用温度补偿算法在不接触管道内介质的情况下，通过测量环境温度（T_1）、管道表面温度（T_2），结合测温组件导热属性、管道导热属性等信息，计算管道内油井来液温度（T_3），采集精度在±0.1℃以内，保证介质温度的准确性。与传统接触式测温相比，非接触测温（管夹式）仪表安装高效便捷，且大幅降低施工安全风险，实现不动火、不停产施工。

（3）远程计量控制技术。管汇多通阀选井与称重式计量装置采用 RTU 集成控制，依托采油厂 SCADA 数据采集监控系统，开发远程计量管理平台，可批量导入计量指令并远程下发至计量控制 RTU，构建"SCADA 平台+RTU"的远程计量控制系统，实现采出液计量集中高效管理。计量远程控制模块构建"通讯-计划-执行"三重指令下发验证机制，实现通讯异常自动甄别、计量计划差异比对、执行结果安全验证，确保计量指令下发准确性 100%。

（4）计量选井与温度自动关联技术。将油井采出液温度采集与液量计量进行程序关联，通过管汇 RTU 采集当前多通阀通道号和计量管线内介质温度数据，并根据计量通道关联井号，实现油井产量和温度同步采集发布。

（5）无线网络通讯技术。设计采用"ZigBee+

WLAN”两层无线组网架构，其中井口数据采集汇聚至管汇用ZigBee无线通讯，实现短距离低成本通讯，管汇数据用WLAN无线通讯技术实现上传，并通过光纤传输至百公里外的集中控制室实现生产过程集中监控，报表自动发布及数据资源化应用。该网络建设应用模式适用于稠油吞吐区高密度设备设施的数据采集，避免了有线通讯纵横交错，使用、维护困难的问题。

2.3 总体实施技术架构

综上分析及研究，稠油吞吐区总体实施技术架构如图2所示。采用该技术架构将单井一部分物联网内容转移至管汇建设，提升资源利用效率，降低实施难度。

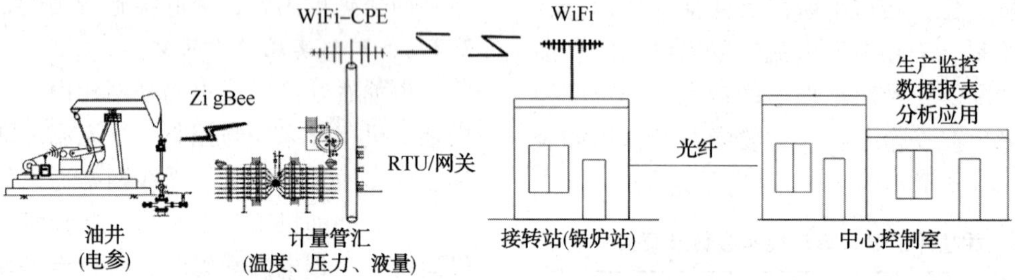

图2　稠油吞吐区低成本物联网实施机构

3　稠油吞吐区低成本物联网建设及应用

3.1 建设情况

本次技术研究在新疆某稠油油田进行建设实施，共计实施稠油吞吐井3328口，安装具有远程启停控制、三相电参采集的一体化数字电控箱3328台；注汽管汇185座，安装压力变送器和温度变送器各185台；计量管汇296座，安装管夹式温度变送器592台，配套计量RTU 296台；新建WIFI基站47座(通讯主站模块141台)，实现稠油吞吐区井场无线网络及数字化全覆盖。

3.2 应用情况

物联网实施后，促进了现场生产运行管控能力和效率提升。

(1) 实现稠油吞吐开发全流程集中监控。物联网“武装”到单井，各类生产数据自动采集，报表自动生成，异常工况及时预警，通过数字化管控方式提升油田生产管理能力，进一步夯实现场平稳生产保障基础，降低生产安全、环保事件发生，各类异常生产情况减少60%以上。

(2) 实现抽油机运行高效管理。通过“一体化数字抽油机电控箱”实现3328口稠油井三相电参数据、运行状态等主要生产工况数据的实时采集监测，及抽油机远程启停控制，降低员工日常巡检工作量30%以上，稠油井场设备运行管理效率提升50%。

(3) 实现稠油吞吐井远程自动计量。每日由1人2小时即可完成全厂油井计量指令下发工作，改变了以往就地计量工作模式，提高了计量工作效率，同时可根据地质分析需求，在中控室及时调整计量计划，实时发布计量结果，为稠油生产动态分析、措施调整、生产评价提供可靠的数据支持，有力推动了油田地质研究及调控工作精细化管理，助力稳产增产。

(4) 实现温度数据的模型化、资源化分析应用。通过稠油管汇实现注汽压力、温度，采出液温度的实时采集，结合注汽锅炉、处理站、水处理系统温度数据，建立起稠油吞吐开发全流程“温度监测体系”，为强化“热能”利用，提升稠油开发效果及稠油生产精细化管理能力，提供温度大数据基础。

(5) 发展了多项低成本油气物联网技术。研究创新了非侵入式温度采集技术、一体化数字电控箱技术在油田的应用，国内仪表企业研制出了相关产品，推动了非侵入式温度测量仪表(管夹式温度计)在国内的发展应用。

(6) 创新了稠油井场物联网建设模式。将油井注汽温度、压力及采出液温度采集转移至管汇处集成化建设，采用“抽油机工况采集+管汇数据采集”节点化建设模式，大大减少了仪表需求及项目实施工作量，井场运用无线网络通讯，大幅降低了项目实施难度及改造费用，实现物联网建设便捷化、低成本实施。

4　结　论

本次研究及建设应用，打破了“单井自动化建设在单井”的思维定式。创新形成了“一体化数字抽油机电控箱”，形成“集约化、标准化、模块化”电控箱设计思路；创新温度采集方式及部署架构，形成稠油吞吐井温度集约化监测建设模式。打破了稠油吞吐开发区物联网建设难以实施的现状，建成了国内首个稠油吞吐开发区物联网应用工程，为稠油吞吐开发区高质量发展和数字化升级奠定了基础，同时为其他类似油田提供了借鉴和示范。

通过数据自动采集，生产工况远程监控，有效减轻了一线员工劳动强度，推动生产运行管理模式的变革，经济社会效益显著。但稠油吞吐井采出液含水在线监测、设备设施运行定性监测分析还有不足，是未来技术研究和继续探索应用关注的方向，将进一步拓展油田数字化建设宽度及智能化应用深度。

参 考 文 献

[1] 王丽. 高电压技术[M]. 北京：中国电力出版社，2010.
[2] 韩江. 抽油机远程启停控制分析及实践探讨. 中国管理信息化，2019(7).
[3] 杨柳，倪高强，张汝权. 数字化抽油机在合水油田中的应用[J]. 科技鱼企业，2013(24).
[4] 王欣，赵法军. 稠油比热容导热系数及粘温物性参数变化研究. 化工科技，2012，03：10-13.

稠油油田水处理软化器运行数据分析与应用

韩　菲　陆　兴　兰明菊　乔龙巴特

(中国石油新疆油田分公司风城油田作业区)

摘　要　稠油油田注蒸汽开发成本高、能耗大，如何效益产汽、节汽降耗已成为稠油油田高质量发展的关键所在。注汽生产涵盖水处理、供水管网、注汽锅炉等多个环节，工艺流程复杂、工况变化快，人工管理注汽运行和蒸汽质量难度大，存在时效性差、工作量大、对标考核难等突出问题，影响注汽时率、注汽总量、蒸汽品质等关键指标精细化管理。借助注汽工艺日均产生的海量物联网数据，以数据挖掘技术为核心，构建复杂理论公式、专家经验知识、实时动态数据三要素融合分析体系，推动注汽生产过程数据价值变现，是提升油田开发综合效益的有效途径。

关键词　注汽全流程；数据分析；注汽时率；注汽量；蒸汽品质

1　研究思路

研究总体目标是创新研发注汽全流程分析平台，应用日均千万条动态数据，在注汽工艺工况异常报警、作业质量监督、指标动态评价三方面开展建模分析与应用，提高数据挖掘利用率，赋能注汽生产提质增效效果显著。形成一套基于产汽指标动态跟踪的对标考核管理体系，建立指标分析模型，推动蒸汽质量管理由“人工判断+经验分析”向“智能预警+模型分析”转变，提高管理效率。

2　注汽全过程数据服务平台

为了解决各类数据分散在不同系统中形成“信息孤岛”难以集成应用的问题，研发注汽全流程一站式生产服务平台，平台按体系架构、数据建设、算法模型、功能开发四个层次，建立针对稠油油田注汽生产体系、预测模型及算法分析库；关联计划数据、开发生产数据及典型区块数据，建立适应蒸汽质量变动分析和预测系统，从多角度多层次分析蒸汽量和指标变动及预警。在数据层，通过开发基于C#的API接口，打通管汇、水处理、锅炉工艺上百个设备的生产动态数据链路，实现秒级动态传输，建立动态、静态数据库链路，实现报警和分析两大类关系数据的存储与共享集成，将注汽关系网日均千万条数据集中展示和关键数据的端对端发布(图1)，为各

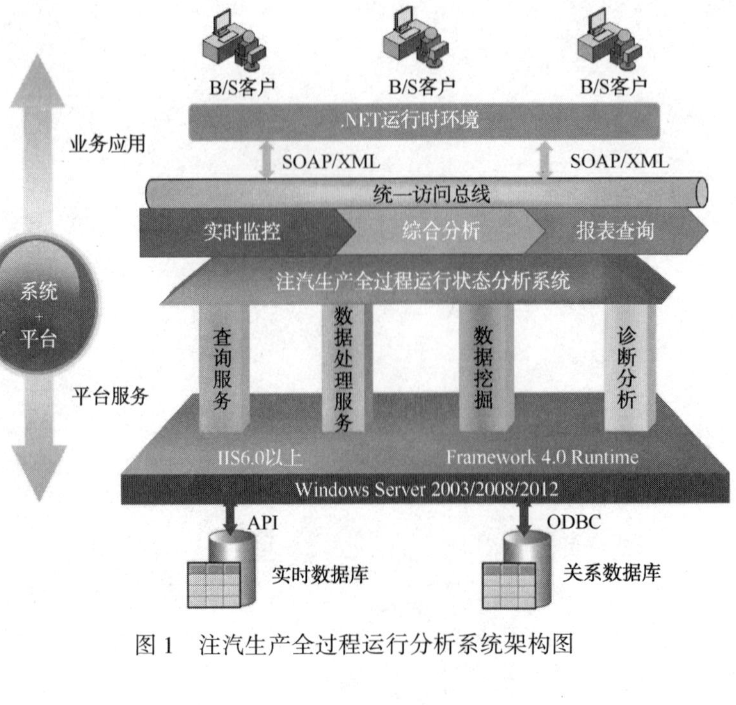

图1　注汽生产全过程运行分析系统架构图

级人员提供数据全方位实时展示，为全流程集成工况分析奠定基础。在平台层，基于SOA架构+扩展式平台化设计、知识库与数据挖掘技术，开发注汽工艺全流程中重点参数趋势预警、平衡分析、指标算法定义等数据分析功能，同时开发组态定制工具，采用可视化的展示方式、拖拽式的操作及轻便的图形编辑排版，用户可根据实际需求进行流程的快速定制发布和维护。满足分析算法和系统组态扩展定制，形成故障原因快速准确定位、流程轻松查询的注汽生产递进式分析管理体系，提高注汽全流程数据挖掘利用率。

3 建立产汽指标算法评价体系

以注汽生产全过程管控为导向，以数据为核心，通过构建注汽生产全过程运行状态分析系统，将理论公式与动态数据融合分析，实现注汽时率、注汽量、蒸汽品质关键指标的精确考核，建立起协同响应机制，实现全要素的精准指挥。

3.1 注汽时率达标评价

由于非计划停炉导致的断塞式注汽直接影响注汽效果。在宏观保障注汽时率方面，以保障点炉数为主，应用多元线性回归算法和最小二乘法，建立供水管网节点压力平衡预警模型，通过建立供水管网压力平衡的多元线性回归分析模型，建立管网管汇进出口压力平衡模型，实现管网失压和超压异常的快速趋势预警，避免因失压导致的锅炉大面积停炉事件，减少区域性断塞式注汽情况发生，在宏面层面保障注汽时率达标；在微观层面，以单台锅炉的多项运行参数为核心，构建过热段温度、掺混器压降异常等综合分析报警模型，同步预测上百台锅炉工况变化拐点，减少单台锅炉断塞式注汽行为，提高单台锅炉有效注汽时率。

3.2 注汽量指标评价

（1）聚焦注汽量保障难问题，在保障区块单台锅炉注汽指标方面，结合锅炉和注汽井炉线关系、区块生产压力，建立锅炉到单井注汽压力、汽量指标关系网，采用决策树算法，实时诊断锅炉压力、汽量是否达标，靶向指导锅炉注汽压力合理运行范围，相比人工判断效率提高98%以上。

（2）保障系统用水量平衡方面，应用趋势分析技术，根据锅炉用水量、软化器制水量、清水补充量构建基于生产流程级联关系的水平衡模型，趋势预测水平衡状态，动态调整系统各节点用水、供水配比关系，解决水量不足导致的炉前压力低停炉问题，保障系统总注汽量。

（3）在保障水处理设备净化污水制水能力方面，通过上升沿连续计算，系统可自动获取软化器、过滤器等水处理设备运行周期内制水量、制水时间、反洗次数和强度，建立水处理关键设备反洗、过滤等行为分析模型，实时诊断各作业频次、质量是否达标，与操作规程标准对标管理，发挥了数据精准量化员工生产操作质量的作用，提高单台水处理设备污水回用量增加，减少系统补充清水量，提高高温净化污水回用量。

3.3 蒸汽质量合格率评价

（1）影响蒸汽作业质量诊断：超稠油过热锅炉分离器定时排污，可有效提高锅炉用水水质，降低锅炉结垢风险。应用多参数建模技术结合重心因子分析法、“min-max 标准化”归一化，将不同维度的锅炉参数降维分析，按权重关系建立锅炉分离器排污模型，过热锅炉以分离器液位、液位调节阀开度、火焰信号、火量为核心参数，点炉状态下，分离器当前液位值小于360mm，液位调节阀反馈开度小于8%~10%（根据不同锅炉型号，调节阀开度可稳定分离器液位为准），且4分钟前分离器液位大于400mm，小于800mm，满足以上条件为排污合格锅炉，用数据量化作业范围区间，提高蒸汽品质的操作行为质量达标诊断模型，整体作业合格率大幅提高。

（2）锅炉蒸汽质量诊断：依靠人工分析蒸汽品质存在时效性差，结果不一致等问题，保障单台锅炉注入蒸汽品质和蒸汽量，应用正交分析算法和趋势分析预测技术，分别建立过热锅炉和湿蒸汽锅炉运行合格分析模型。过热锅炉以过热度、运行状态、分离器液位为核心参数，当过热度>=1并且<=30时，判断锅炉过热运行；当过热度>1℃或非正常值（即过热度为空、0、>30℃）时，通过分离器液位（不同型号锅炉分离器液位>620/800mm）是否大于一定指标，判断锅炉为过热或饱和运行，每日过热锅炉饱和运行时间累计大于3小时锅炉当日运行不合格（排除点炉后投过热2小时），并统计饱和运行总时长。湿蒸汽锅炉判断标准是干度在80%、热效率为93%，通过给水温度区间范围判断锅炉在7MPa蒸压下单耗是否达标（表1），累计不合格运行时长大于4h，判定锅炉运行不合格，建立湿蒸锅炉蒸汽合格率分析模型，用数据精准反映不合格参数问题，准确指导锅炉工况调整，蒸汽质量平均合格率提高至95%以上。

表1　单耗验证表

湿蒸锅炉运行干度80%下单耗验证表									
蒸压 / 水温度	4MPa	5MPa	6MPa	7MPa	8MPa	9MPa	10MPa	11MPa	12MPa
50℃	64. 35	64. 55	64. 67	64. 70	64. 66	64. 57	64. 43	64. 25	64. 03
60℃	63. 15	63. 35	63. 47	63. 50	63. 47	63. 37	63. 23	63. 05	62. 83
70℃	61. 95	62. 16	62. 27	62. 31	62. 27	62. 18	62. 04	61. 85	61. 63
80℃	60. 75	60. 96	61. 07	61. 11	61. 07	60. 98	60. 84	60. 65	60. 43
90℃	59. 55	59. 76	59. 87	59. 90	59. 87	59. 77	59. 63	59. 45	59. 23
100℃	58. 35	58. 55	58. 67	58. 70	58. 66	58. 57	58. 43	58. 25	58. 03
110℃	57. 14	57. 34	57. 46	57. 49	57. 46	57. 36	57. 22	57. 04	56. 82

（3）考核体系建立：建立锅炉水量合格率—排污监测和锅炉冲洗—蒸汽质量合格指标考核体系，以天为单位，进行数据公开发布，通过数据分析结果为锅炉工况线上监督提供运行考核指标，并通过动态优化各项指标，实现各关键节点指标的不断提升。

4　应用情况

实现动态数据、数据挖掘技术与注汽管理场景的深度整合，为生产管理提供精准化、个性化数据服务，更加精准地管理，减少员工重复工作量，在日均运行110台锅炉的管理体量下，实现锅炉各项管控指标进一步提升，单炉管理人员进一步压降至2.1人，居集团公司首位，同时激发了注汽全要素生产效率提升，通过控降蒸汽量、节约天然气消耗、减少二氧化碳排放，助力稠油油田高效、绿色、低碳发展。

5　结论

（1）提高管理精细化水平：该项目全面整合注汽生产全流程数据，直观地了解注汽生产情况，实现了故障快速定位、生产的精准指挥，让员工少跑路，让数据多跑路，让数字技术为提升生产服务效能、提升员工获得感、幸福感提供强大助力。

（2）推进技术进步：通过建立数据分析模型，优化各工艺运行指标，明确工艺参数运行范围，为生产管理考核提供依据，改变了以往数据分析靠人工，分析效率低的现状，推进了数据分析的规模化应用，提高了科学决策水平，为专家经验有效沉淀、数据资产有效积累打下了基础，发挥了信息技术对油田生产的引擎作用。

（3）保护生态环境：稠油注蒸汽热采消耗大量天然气，该项目提高稠油蒸汽利用率，减少天然气消耗，为节能减排和新疆地区天然气民生保供提供一定支持。

参　考　文　献

[1] 丁万成，王卓飞，等，降低稠油注汽系统能耗技术研究[J]. 特种油气藏，2005，(12)：P94-99.

[2] 朱敏. 基于人工智能技术的物联网大数据挖掘算法[J]. 黑龙江工业学院学报(综合版)，2021，(21)：P54-59.

[3] 高学田. 基于智能化数据挖掘算法技术的辅助诊断系统设计研究[J]. 科学技术创新，2022，(6)：P74-77.

[4] 贾晓强，基于多目标决策的时间序列数据挖掘算法[J]. 电子设计工程，2021，(29)：P45-49.

[5] 李英，汤庸. 基于关联规则与相似度的数据挖掘算法研究[J]. 华南师范大学学报(自然科学版)，2021，(53)：P121-127.

基于数据挖掘的稠油生产工况预警研究及应用

伍文英　陆　兴　兰明菊　韩　菲

（中国石油新疆油田公司风城油田作业区）

摘　要　吞吐开采是稠油主要开发方式之一，生产工况复杂多变，管理及时性要求高，传统数据分析方式无法满足多维度的应用需求。本文以稠油生产上下游的温度数据为核心，应用大数据分析方法，深度挖掘温度在吞吐开发中地面、地下的变化规律，构建稠油“采–注–输”生产全流程温度监测分析体系，建立生产工况智能诊断模型，实现井间蒸汽窜扰、高低压阀门窜漏、管线冻凝等典型工况预警及生产趋势预测，为生产管理决策提供支持。本次研究的开展，将采出液平均温度控降约10%，减少了稠油热采过程中的蒸汽能耗，辅助实现单井开发效益的提升。同时，大数据技术与稠油生产的首次结合应用，推动了生产管理模式由“人工判断+经验分析”向“自动预警+智能分析”转变，为企业数字化转型、智能化发展提供了强有力的支撑。

关键词　吞吐开采；温度；大数据分析；工况预警

1　引言

随着信息化技术的高速发展，催生出“数据”这一新型的业务驱动要素。物联网在油田的规模化应用，产生了海量的生产数据，这些数据具有巨大的潜在价值。然而，传统的数据应用方式分析效率低、应用范围窄，难以满足油田高质量发展的应用需求，致使大量数据处于“沉睡”状态，未能发挥出应有的价值，也阻碍了企业由数字化迈向智能化的步伐。因此，如何将这些数据进行有效的整合，运用在油田生产和决策当中，提升油田开发效益，是现阶段亟待解决的关键问题。

2　稠油生产数据应用现状

吞吐开采是稠油主要开发方式之一，地面工艺采用多级布站模式，即“单井–注汽生产管汇–接转站–处理站”，生产过程具有高温高压、工况复杂多变等特点，因此连续的数据监测对于稠油生产管控具有重要的意义。然而，由于稠油井数量多、分布广，实施单井自动化建设将面临作业难度大、施工周期长、建设成本高等问题，不具备良好的经济效益，单井数据仍然采用人工录取方式进行。

针对稠油吞吐井数据采集难题，通过技术攻关，确立了以管汇数据代替单井自动化建设的思路，在管汇处的注汽总线、计量总线应用非侵入式温度测量技术，同时结合管汇轮井计量程序，以计量通道关联计量井号，实现计量温度与单井采出液温度的一一对应，并将数据回传至自动化数据管理系统，便于生产管理人员进行查询，解决了现有数据采集方式精度低、不连续的问题，为后续的生产分析提供了数据基础。但由于受到技术水平的限制，目前的数据分析仍然以人工经验分析为主，分析手段单一、效率滞后，数据应用价值有限。日趋成熟的大数据分析挖掘技术为油田数据应用提供了新的解决方案。

3　异常工况数据挖掘研究

在进行数据挖掘之前，需要明确的找出业务需求及痛点，并设计相应的数据分析场景和挖掘方案。稠油油藏具有黏度大、流动性差的特点，粘温反应敏感。温度越高，黏度越低，越利于开采及运输，但温度一旦过高，对能耗成本控制、地下温度场建立、地面工艺系统稳定性都是极大的考验。因此，温度是稠油生产中的关键参数，科学合理的温度控制指标，对于注采参数调整、焖开时机判断具有重要指导意义。由于以往缺乏数据监测和分析手段，生产管理属于“粗放”模式，一定程度上制约了开发效果的提升。物联网的建设推广实现了稠油吞吐井温度数据的集约化采集，本次将以稠油采出液温度即生产管汇采集参数为研究核心，借助大数据分析挖掘技术，开展数据应用研究。

3.1 数据挖掘技术概述

数据挖掘是从大量数据中通过数理统计算法搜索隐藏于其中的信息的过程。它主要基于人工智能、机器学习、模式识别、统计学、数据库、可视化等技术，对大量业务数据进行抽取、转换、分析和建模处理，从中提取辅助决策的关键性数据，做出归纳性的推理，从中挖掘出潜在的数据价值。

常用的数据挖掘算法可分为分类、回归、聚类等。根据具体的研究场景，不同的算法具有不同的适用性。结合本次研究的主要应用对象及分析需求，主要采用了的决策树模型、支持向量机、长短期记忆网络、知识图谱等大数据技术，实现稠油常见异常工况的数据关联分析、异常工况识别、核心参数预测等。

3.2 数据挖掘应用流程

3.2.1 数据清洗与治理

数据样本的完整性与准确性是数据分析的基础。由于受到网络传输等因素的影响，采集的数据可能存在缺失及异常，会影响数据分析结果的准确率。因此在数据准备阶段，应当对原始数据进行预处理。应用聚类缺值填补技术(图1)，建立数据预处理机制，设计缺失值检测算法来检测具有缺失值的样本，采用层次聚类模型预测缺失变量的类型，再以该类型的均值插补，实现原始数据的清洗治理。

3.2.2 异常工况特征提取

本次研究以稠油吞吐生产中的生产注汽管汇数据为主要分析对象，并结合管汇上下游的生产井、密闭站等关键工艺节点，开展全流程的数据挖掘分析。

根据管汇流程示意图上(图2)所示各采集点的安装位置可知，注汽线数据测得的是该管汇大汽线总注汽温度及压力；计量线温度采集仪表安装在称重仪的进口管线上，可对当前计量井的采出液温度进行测量，因此计量线温度可近似代替单井井口温度；集油线温度安装在管汇采出液进集油线的管线上，测得数据为该管汇除当前计量井外其他所有井的采出液混合温度。

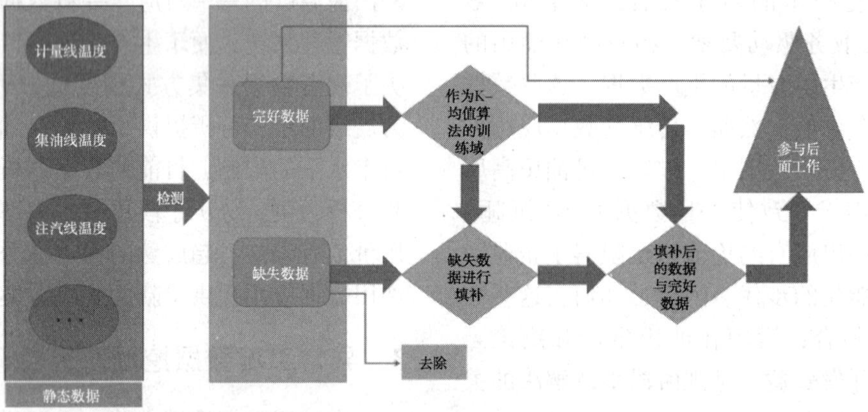

图1　聚类缺值填补模型图

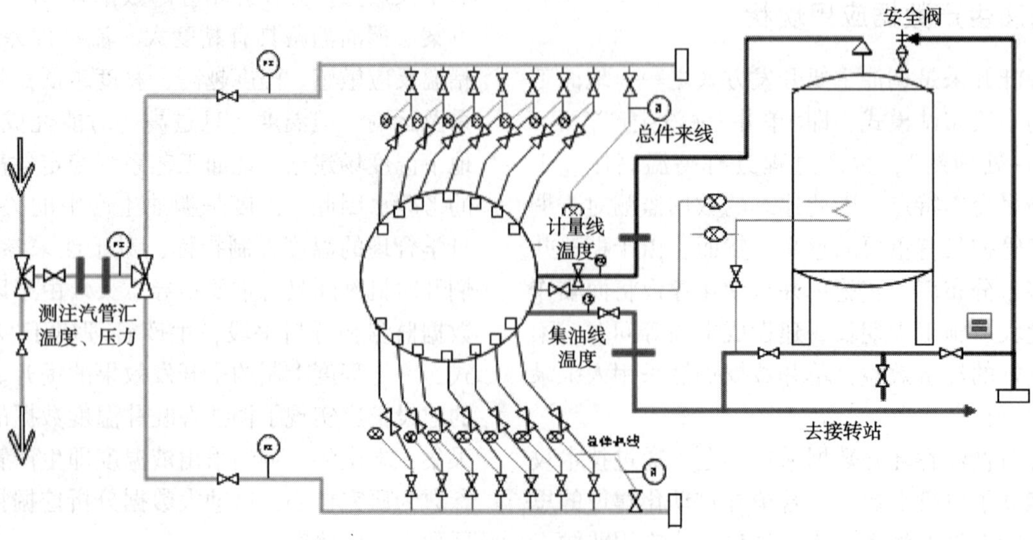

图2　管汇流程示意图

通过对管汇温度进行横向及纵向对比分析，结合温度运行规律，确定管汇温度的变化主要受两类因素影响：生产因素和非生产因素。

生产方面的因素主要是受采出液温度影响。采出液温度高一般有以下几种情况：开采方式、焖开生产、汽窜干扰后、生产制度。温度低则可能是由于供液不足导致井不出液。

(1) 开采方式：部分区域采用 VHSD 和 HHSD 方式进行开发，这种开发方式不同于吞吐开采的间注间采方式，而是采用连续注汽来补充地层能量。通过对数据规律的分析发现，VHSD 和 HHSD 开发井组产量高，出液温度 110-140℃之间，因此该区域的井组对管汇温度的影响较大，导致整体温度偏高。

(2) 焖开生产：吞吐井经过一轮注汽后，焖井 2-3 天开井生产。此时地层已充分吸收热量，地下温度场处于一个较高水平，采出液温度可达 110℃以上。若管汇中焖开井数较多，管汇温度会出现明显上升。

(3) 汽窜干扰：汽窜是注汽井的蒸汽通过地层裂缝等汽窜通道窜向邻近的生产井，从而导致生产井温度上升。

(4) 注采参数：属地单位会根据实际生产情况进行注采参数的调整，例如注汽量、油嘴、冲次、间抽、间关等。其中注汽量对于管汇温度会产生较为明显的影响。下图(图 3)为汽量与温度变化趋势图，从图中可看出，集油线温度与注汽量整体呈现出正相关性。

图 3 注汽量与集油线温度变化趋势

非生产因素则主要由以下三类构成：

(1) 阀门内漏：这类因素为非生产因素中的最主要影响因素。管汇处的高压阀门或低压阀门由于故障、裂缝等原因导致无法完全密封，从而使得高压管线中的蒸汽向低压管线中窜漏，引起管汇温度升高。阀门内漏问题会导致蒸汽未能注入地下，直接从地面管线进入后端处理系统，造成蒸汽浪费。

(2) 管线冻凝：冬季气温低，单井集油线可能存在冻堵的可能性，一旦发生冻堵，会对计量线温度及集油线温度均会产生一定程度的影响。该井计量时，由于管道内无流体通过，计量温度会迅速降低，集油线温度也会有不同程度的下降。

(3) 环境温度：环境温度对管汇温度也存在一定的影响，但不是最主要的因素。

以上影响因素中，转轮焖开井及生产制度调整属于正常生产工况调整，而环境温度则为客观因素，无法进行人为干预。因此本次研究分析主要针对汽窜干扰、阀门内漏、管线冻堵等三类异常工况因素进行研究(表 1)。

表 1 管汇温度影响因素

类别	影响因素	类别
生产因素	(1) 开采方式	正常生产调整
	(2) 焖开生产	正常生产调整
	(3) 井间汽窜	异常工况
	(4) 注采参数	正常生产调整
非生产因素	(1) 阀门内漏	异常工况
	(2) 管线冻凝	异常工况
	(3) 环境温度	客观因素

汽窜是注汽井的蒸汽通过地层裂缝等汽窜通道窜向邻近的生产井，从而导致生产井温度上升。由于转轮焖开井和汽窜井都会导致管汇温度上升，因此仅从管汇温度变化情况无法准确定位温度升高原因(图 4)。为防止将转轮焖开井误识别为汽窜，需要结合其他数据进行判断。

根据稠油生产规律特征，转轮焖开井开井采出液温度较高，可达 120～130℃，随后逐步下降。而汽窜则是正常生产井受到 1～2 个井距内

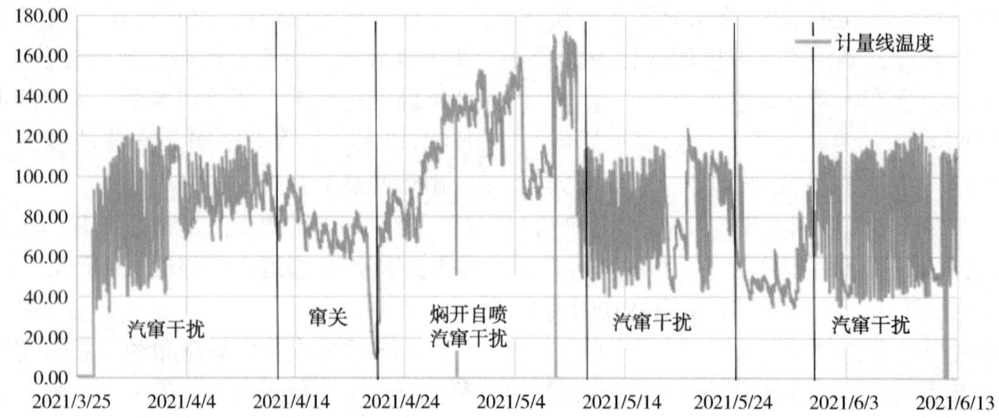

图 4　汽窜及焖开影响下的计量线温度曲线

注汽井汽窜后导致温度上升，其温度变化规律为低-高-低，与转轮焖开井有明显区别。同时，结合单井采出液计量液量、含水等数据，总结汽窜及转轮焖开井数据特征如下表(表 2)。

表 2　汽窜特征分析表

工况类型	集油线温度	采出液温度	产液量	含水	邻井
汽窜	上升	低-高-低	低-高	低-高	1~2 个井距内必有注汽井
转轮焖开	上升	高-低	高	低	不一定有注汽井

高低压注汽、生产闸门间蒸汽的窜漏是吞吐生产中的一个常见异常工况，当管汇处的闸门密封不严时，部分高温蒸汽会通过该闸门窜向地面管线，未能进入到地层，从而造成蒸汽浪费。通过结合集油线、计量线以及注汽线温度进行分析发现，不同位置的闸门内漏会呈现出不同的数据特征：(1)低压闸门：计量线温度正常，集油线温度整体高于计量线，集油线与注汽线正相关；(2)高压闸门：计量线温度明显升高，集油线影响相对较小，计量线与注汽线正相关；(3)高低压闸门：计量线和集油线温度同时升高。

管线冻凝方面，冬季气温较低的情况下，若采出液温度较低，再加上管线保温破损或其他原因，可能导致单井至管汇的集油线发生冻堵。一旦冻堵产生，会导致计量线、集油线出现不同程度的下降，单井产液量降为 0。

3.2.3　预警模型识别与建立

通过采用传统的数据统计归纳方法对管汇数据运行规律的进行分析，初步形成了三类稠油生产典型异常工况的经验模型。经验模型主要基于数据表象进行定性分析，仍然存在一定的局限性。采用数据挖掘方法对采集到的数据进行“定性+定量”分析，挖掘数据间隐藏的信息，利用机器主动学习等方法，有效结合专家经验对各种已知工况进行识别和对未知工况进行诊断，将会大幅度提高分析效率和精度。

基于实际生产数据中的异常工况标识及样本数据，采用支持向量机模型、决策树模型，结合人工经验模型，对输入的管汇、单井生产数据进行无量纲的归一化处理，将预处理后的数据通过主动学习等方法进行数据特征提取和模型训练，建立异常工况的识别及诊断模型(图 5)。

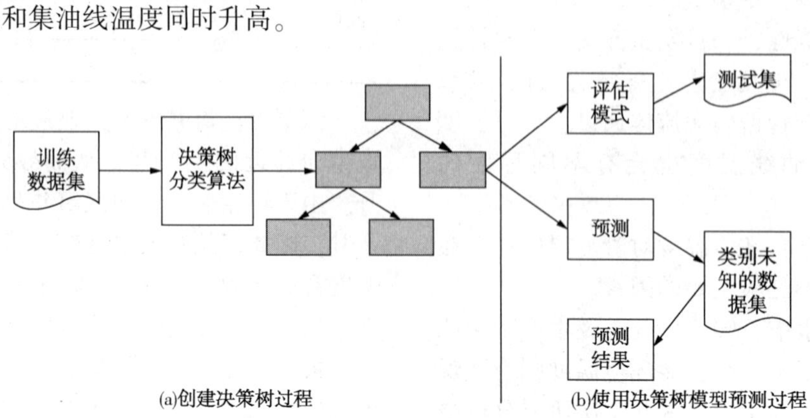

图 5　决策树模型

以汽窜工况为例，由上文可知，当汽窜会导致单井井口温度、管汇温度上升，同时该井的产液量及含水也会呈现不同程度的上升趋势。选取2021年1月至6月的管汇动态数据及单井日报数据，并根据已知68个汽窜工况实例对数据样本进行标记，同时将人工经验模型作为辅助标签。从原始数据集中，将已知工况实例数据抽取出来作为训练数据集，利用机器学习来进行汽窜算法模型的识别训练，完成汽窜模型的建立。剩余数据(其中包含26个汽窜实例)则作为模型检验集，用于进行模型的测试验证(图6)。

模型检验集的验证结果显示：该汽窜模型对检验集中的26个汽窜实例准确识别了22个，有4个未被识别，模型识别准确率为85%。

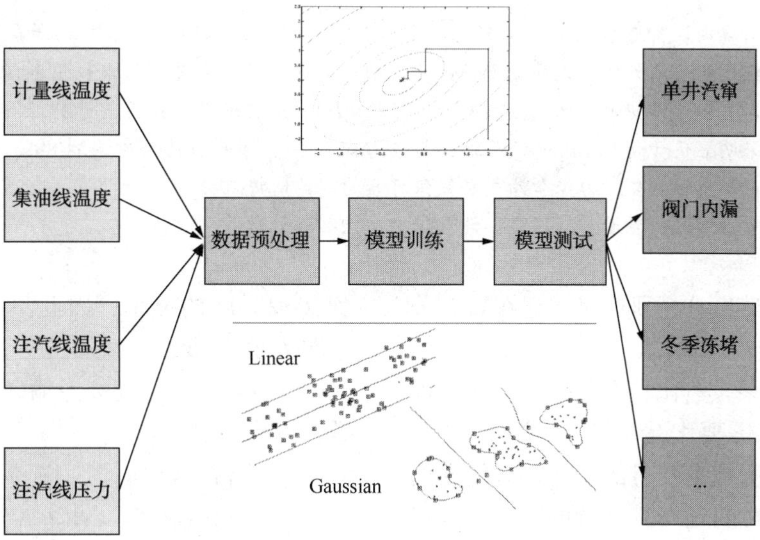

图6 异常工况模型识别及训练

通过大数据算法融合人工经验，目前已经完成了井间汽窜、闸门窜漏、管线冻凝的三大类工况模型的建立，辅助技术人员快速发现稠油生产过程中的异常工况变化，及早介入处理，有效提升了生产过程管控效率。

4 数据分析应用效果

通过研究温度数据在稠油生产过程中地面和地下的变化规律，结合大数据挖掘技术，确定温度与生产异常工况的量化关系，建立稠油典型工况预警模型。在此基础上，进一步的将分析范围向采油工艺环节的上下游流程进行拓展，从“注-采-输”各个层级挖掘数据关联关系，构建了“稠油生产全流程温度分析体系”，科学指导现场生产调控。研究开展以来，预警闸门内漏336次，注汽线温度异常42次。同期对比，平均采出液温度下降7℃，非生产用汽量降低12%，为降低稠油蒸汽能耗、提升油田综合开发效益发挥了重要作用。

5 结语

在信息化高速发展的时代背景下，数据的分析及应用愈发重要，已经成为推动企业高质量发展的“内生动力”，而大数据挖掘技术则是扩展数据应用维度的强力抓手，应当将其融入到信息化建设顶层设计当中，以实现数据资产的高效智能应用。通过数据深层次价值的挖掘，开展有针对性的开发策略优化调整，强化油气田开发过程管控，能够有力助推油田企业由数字化向智能化迈进。

参 考 文 献

[1] 李耀全. 数据挖掘在油田开采中的应用方法分析[J]. 应用与实践，2019(09)：268.

[2] 李淑，王鹏，郭怡晓，等. 数据挖掘技术在油田企业生产中的应用分析[J]. 中国管理信息化，2022. 25(04)：102-104.

[3] 张洋洋，基于聚类算法和关联规则的油田异常井分析[D]. 兰州：兰州理工大学，2019.

[4] 张甜甜. 影响超稠油蒸汽吞吐开发效果因素研究[J]. 中国石油和化工标准与质量，2021，41(2)：40-42.

[5] 周若男，陈雷，母丹等. 基于稠油井井口温度聚类分析的生产预警系统建设[J]. 智能制造，2021(S1)：103-110.

应用量子神经网络快速预测储层敏感性

王　娇

(辽河油田储气库公司)

摘　要　针对室内评价储层敏感性预测的不足和传统神经网络模型的缺陷，笔者在收集岩心分析资料、分析生物神经元的信息处理方式和量子特性的基础上提出一种具有量子特性权值和活性值的量子神经网络预测模型。对吉林油田伊通地区储层敏感性进行快速预测，其结果表明：量子神经网络模型的敏感性伤害程度预测结果明显优于传统BP神经网络，与岩心流动实验结果的符合率达到88%。该方法能快速、准确地预测储层的敏感性指数，为保护油气层提供可靠的理论依据。

关键词　量子神经元；量子神经网络；储层保护；预测；敏感性

常规的储层敏感性分析研究是建立在岩心分析基础之上，直接由各种岩心分析资料得出结论。这样取得的结果虽然比较准确，但是综合评价储层敏感性损害需要大量的室内实验，耗时长。储层敏感性预测是多变量的非线性系统，而神经网络解决非线性问题有其独特的优势，是目前用于储层敏感性预测较好的方法。但传统BP神经网络模型容易陷入局部趋近以及收敛速度慢等缺点，而将量子计算与神经计算相融合的量子神经网络(QNN)克服传统神经网络模型的缺陷和不足，有效提高了网络模型的收敛性和预测的准确率，极大促进了人工智能在油气层保护中的发展。

1　量子神经网络预测模型

1.1　量子神经元模型

量子神经元模型包括输入、并行、激励、反馈、输出，储层敏感性问题中输入、输出均为实值，是神经细胞的量子行为的模拟，笔者提出的量子神经元模型如图1所示。

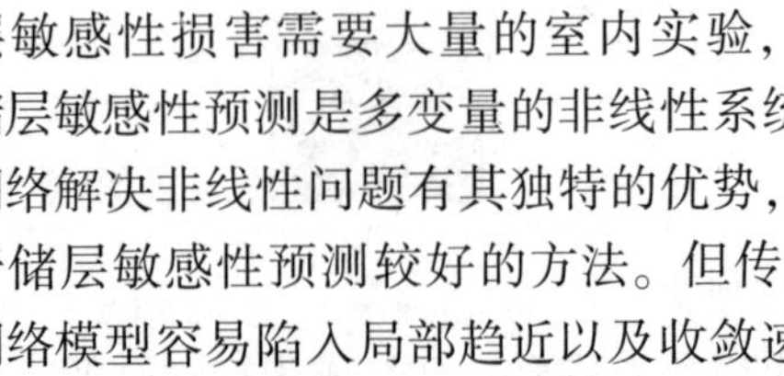

图1　量子神经元模型

在量子理论中，权值和活性值分别用量子位表示。一个量子位的状态表示为：

$$|\psi\rangle=\alpha|0\rangle+\beta|1\rangle$$

其中α和β为任意复数，但必须满足$|\alpha|^2+|\beta|^2=1$. $|\alpha|^2$ $|\beta|^2$分别表示该量子位测量时坍缩到$|0>$和$|1>$的概率，因此量子比特也可以用概率幅表示为$[\alpha,\ \beta]^T$。

记$X=(x_1x_2\cdots x_n)$为输入向量；y为输出实数；权值向量为：

$$|\psi\rangle=(|\psi_1\rangle,\ |\psi_2\rangle\cdots|\psi_n\rangle)^T=\left[\begin{pmatrix}\cos\theta_1\\ \sin\theta_1\end{pmatrix},\ \begin{pmatrix}\cos\theta_2\\ \sin\theta_2\end{pmatrix}\cdots\begin{pmatrix}\cos\theta_n\\ \sin\theta_n\end{pmatrix}\right]^T$$

当前活性值为：$|\varphi\rangle=[\cos\gamma,\ \sin\gamma]^T$

量子神经元输入与输出的关系为：

$$h_j=f\left[\sum_{i=1}^{n}x_i\psi_{ij}\varphi_j-\mu_j\right]=f\left[\sum_{i=1}^{n}x_i\cos(\theta_{ij}-\gamma_j)-\mu_j\right]\tag{1}$$

$$y_k=f\left(\sum_{j=1}^{p}h_j|\psi_{jk}\rangle\cdot|\varphi_k\rangle-\mu_k\right)=f\left\{\sum_{j=1}^{p}f\left[\sum_{i=1}^{n}x_i\cos(\theta_{ij}-\gamma_j)-\mu_j\right]\cos(\theta_{jk}-\gamma_k)-\mu_k\right\}\tag{2}$$

式中：$i=1,\ 2,\ \cdots n$；$j=1,\ 2,\ \cdots p$；$k=1,\ 2,\ \cdots m$；x_i为网络输入；h_{ji}为隐层输出；y_k为网络输出；ψ_{ij}为隐含层权值；φ_j为隐含层活性值；ψ_{jk}为输出层权值；φ_k输出层活性值；μ_j为隐含层阈值；μ_k为输出层阈值。

f为激励函数sigmoid函数，应用上述量子神经元模型可构造出量子神经网络模型。

1.2　量子神经网络模型

本文提出的基于量子神经网络的储层敏感性预测模型由n个输入层、p个隐层和m个输出层以及各层神经元之间连接组成的神经网络拓扑结构。如图2所示。

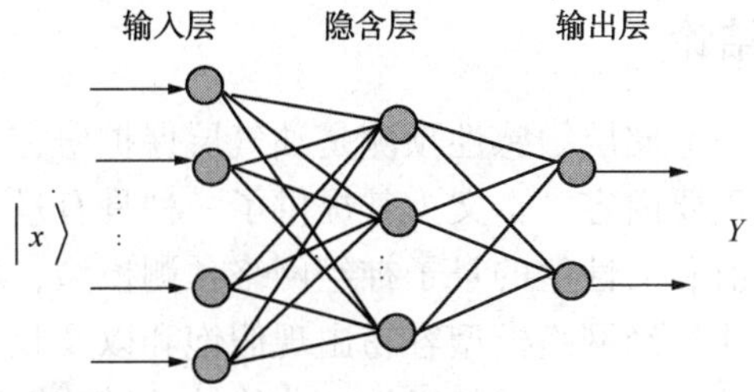

图 2 量子神经网络拓扑结构

各层神经元节点数会影响网络模型的训练时间。隐层节点太多会导致网络学习时间过长，预测准确率下降；神经元节点太少，层间容错性差，反映不出相互关系。经反复试验，各类敏感性所采用的神经网络结构输入层、隐层及输出层的神经元个数如表 1 所示。

表 1 各类敏感性预测神经网络的神经元个数

网络结构	水敏网络	盐敏网络	速敏网络	酸敏网络	碱敏网络
输入层	9	10	10	10	10
隐层	9	10	10	10	10
输出层	1	1	1	1	1

2 量子神经网络预测模型算法训练

2.1 训练集的构成

训练集选取是非常重要的工作。训练集要求数据真实可靠和具有代表性，可以代表地层中的各种地层组成状况。还要对训练集中的数据进行归一化处理，以便于加快收敛速度。如表 2 是根据现场数据建立的一个水敏训练集。

表 2 水敏训练集

序号	石英/%	蒙脱石/%	泥质/%	粒径/mm	矿化度/(g/L)	胶结类型	孔隙度	气测渗透率/($10^{-3}\mu m^2$)	粒度分选	酸敏指数
1	59.0	2.40	9.12	0.13	140	0.681	0.04	150.32	0.158	0.688
2	35.2	10.10	21.0	0.21	178	0.27	0.05	135.7	0.230	0.910
3	52.0	5.50	11.6	0.24	1.85	0.49	0.20	69.3	0.403	0.920
4	34.6	7.20	24.2	0.12	190	0.27	0.05	66.4	0.230	0.960
5	20.2	0.30	7.0	0.166	70	0.54	0.125	2.4	0.104	0.100
6	55.0	4.60	12.0	0.15	140	0.68	0.04	58.4	0.163	0.946
7	65.2	5.60	11.3	0.30	1.85	0.49	0.27	280	0.403	0.412
8	20.3	0.40	8.12	0.17	73	0.54	0.128	3.0	0.103	0.200
9	32.0	5.10	16.0	0.23	175	0.84	0.045	230.2	0.230	0.680
10	30.5	7.05	20.0	0.15	125	0.88	0.07	290.2	0.183	0.710

将规格化后的数据用前面建立的量子神经网络算法进行训练，修正各层量子权值、量子活性值及阈值等，直到网络的输出达到所要求的精度。

2.2 网络的训练

量子神经网络预测模型采用梯度下降法训练算法。在每个训练循环中，训练算法要更新修正修正各层量子权值、量子活性值及阈值。

网络误差函数为 $E=\dfrac{1}{2}(t_m-o_m)^2$

学习速率 η；动量因子 $\kappa(0<\kappa<1)$ t_m 为理想输出；o_m 为实际输出。

$$\Delta\theta_{ij}(t+1)=\eta f_{(x_i)}(1-f_{(x_i)})+\kappa\Delta\theta_{ij}(t) \quad (3)$$

$$\Delta\theta_{jk}(t+1)=\eta(t_m-o_m)o_m(1-o_m)+\kappa\Delta\theta_{jk}(t) \quad (4)$$

$$\Delta\mu_j(t+1)=\eta f_{(x_i)}(1-f_{(x_i)})+\kappa\Delta\mu_j(t) \quad (5)$$

$$\Delta\mu_k(t+1)=\eta(t_m-o_m)o_m(1-o_m)+\kappa\Delta\theta_k(t) \quad (6)$$

达到网络输出要求后，训练结束时，网络中的各层量子权值、量子活性值等都固定下来，即敏感性的影响因素和敏感性的对应关系已经建立起来。

3 应用实例

在量子神经网络预测模型确定的基础上，为达到油气层保护智能化发展的目的，开发编制了《快速预测储层敏感性软件》。软件运算时间短、预测准确率和实用化程度高。将该软件应用于油田区块，通过与室内实验的敏感性数据进行对比，其结果如表 3 所示。

表3　速敏预测对比结果

序号	岩心号	实测值	QNN模型预测值	BP模型预测值	QNN预测误差/%	BP预测误差/%
1	R3	0.561	0.518	0.630	7.7	12.3
2	R12	0.328	0.352	0.358	7.3	9.1
3	R14	0.722	0.793	0.802	9.8	11.1
4	R28	0.558	0.501	0.596	10.2	6.8
5	R29	0.438	0.407	0.476	7.1	8.7

表4　水敏预测对比结果

序号	岩心号	实测值	QNN模型预测值	BP模型预测值	QNN预测误差/%	BP预测误差/%
1	R13	0.461	0.423	0.416	8.2	9.8
2	R17	0.723	0.755	0.770	4.4	6.5
3	R23	0.540	0.510	0.597	5.6	10.5
4	R24	0.510	0.561	0.443	10	13.1
5	R27	0.650	0.602	0.715	7.4	10.1

表5　酸敏预测对比结果

序号	岩心号	实测值	QNN模型预测值	BP模型预测值	QNN预测误差/%	BP预测误差/%
1	R9	0.732	0.792	0.660	8.2	9.8
2	R15	0.286	0.313	0.328	9.4	14.7
3	R20	0.664	0.601	0.736	9.5	10.8
4	R58	0.487	0.517	0.530	6.2	8.8
5	R30	0.512	0.574	0.596	12.1	16.4

从表中可知，基于量子神经网络的预测模型的预测误差控制在12.1%以内，比BP网络模型有更高的预测准确率，完全满足现场施工的要求。

4　结论

（1）储层敏感性预测是油气层保护研究中的一项重要内容．本文为其提供了一种具有量子特性权值和活性值的量子神经网络预测模型，改进了以往神经网络模型容易出现假饱和以及收敛速度慢的缺点，对强随机性、非线性的敏感性数据具有良好的预测精度，有效提高了钻井完井过程中对储层损害的预测能力。

（2）基于量子神经网络的预测软件可以对潜在敏感性进行快速、准确的预测，尤其适用于探井和缺乏岩心样品参数较少的井，准确率在88%以上，明显高于传统BP网络模型，对现场智能化施工具有理论指导意义。

参　考　文　献

[1] 许增福，吴贵生，王宏伟. 量子神经网络及其在复杂水淹层识别的应用[J]. 测井技术，2007，10(5)：433-437.

[2] 廖晓峰，李传东. 神经网络研究的发展趋势[J]. 国际学术动态，2006(5)：43-44.

[3] Andreeut M. and Ali MK. A quantum neural network model. International Journal of Modern Physics C，2002，13(1)：75-8.

[4] 彭春耀、鄢捷年、李玉凤，预测储层潜在敏感性损害的新方法[J]，钻井液与完井液，1999，16(2)：1-7.

[5] 高大启，有教师的线性基本函数前向三层神经网络结构研究[J]，计算机学报，1998，12(1)：80-85.

[6] 李琪. 人工智能与油气储集层保护[M]. 北京：石油工业出版社，1998：51-52.

[7] 解光军，庄镇泉. 量子神经计算模型研究[J]. 电路与系统学报，2002，7(2)：83-88.

智能调控技术在油田开发中的应用

沈　群

（中国石油辽河油田分公司）

摘　要　针对在油田超稠油蒸汽驱开发过程中，生产井受效强弱不同，井下油层供液能力不同，使抽油泵供排关系不平衡，导致排液不及时，影响蒸汽驱替效率，或导致抽油泵无功抽空，泵体损耗及电能浪费等问题，运用智能调控采油技术手段，根据油井自动在线实时监测到的动液面位置参数，灵活实时自动控制调节抽油机电机频率转速，改变抽油杆上下往复冲次，使抽油泵实现对生产井液量的供排平衡。当动液面高度高于设定值时，抽油机电机增频率提冲次，加速泵体排液速度；当动液面高度低于设定值时，抽油机电机减频率降冲次，减缓泵体排液速度。从而大大提高抽油机系统工作效率，达到稳定泵效，提高产量，降低损耗，节能增效的目的。在超稠油开发领域全面推广，对延缓公司产量下降具有重要的深远意义。

关键词　超稠油；智能调控采油；动液面；调频；抽油泵；供排平衡；节能增效

辽河油田杜229断块为中厚层边底水互层状超稠油油藏，构造上位于辽河盆地西部凹陷西斜坡中段，油藏共规划有蒸汽驱井组20个，动用层位为兴Ⅲ$_3$、Ⅳ、Ⅴ组，含油面积0.76km^2，油藏埋深900~1020m，有效厚度23m，地质储量342×10^{4}t，蒸汽驱开发于2007年进入现场，先后经历了先导试验、扩大试验和规模实施阶段，目前年采油量保持在10×10^{4}t以上的水平。由于油井在转驱前蒸汽吞吐开发期间，各单井吞吐投产时间参差不齐，吞吐轮次高低不同、周期长短不一，加热半径远近有别，采出程度差异较大，再加上受储层非均质性等因素影响，使井组内注汽井与各生产井之间热连通性不同，受效程度不同，造成各生产井供液能力不同。按照汽驱开发要求，为了维持采注比在1.2以上，使汽驱开发顺利进行，必须平衡抽油泵供排关系，保证合理的采液量，而以往采用人工操作方式，根据手动测试的油井动液面参数，调控抽油机频率转速来提降抽油杆上下往复冲次，维持抽油泵的供排平衡，其监控操作难免及时性差，甚至因为油套环空内的介质组成复杂，使动液面参数测试误差大而误导调控。或者造成排液过快，抽油泵无功抽取，干摩损耗泵体，浪费电能；或者造成排液过慢，液量积压，影响蒸汽正常驱替推进。另外，因汽驱规模扩大，井数多且位置分散，技术人员不足，人工采集动液面数据工作量大，周期较长，难以满足及时调控需要。为了满足蒸汽驱规模不断扩大的需要，减少人员工作量，提高调控及时性，开展智能调控采油技术研究，使油井供液能力与抽油泵排液速度保持合理的供排平衡关系，以到达增产降耗目的，在汽驱开发中具有很高的应用价值。

1　智能调控采油系统基本工作原理

抽油机智能调控采油技术是集自动化技术、通信技术和计算机信号处理技术相结合。主要是通过在线自动实时监测并录取油井油管与套管之间的环形空间内的动液面参数作为调控依据。预先设置固定合理的动液面参数后，通过实时监测动液面高度动态变化，对抽油机变频电动机进行自动变频控制调频，近而调节抽油杆带动抽油泵内活塞的上下往复冲次数。当监测到动液面超过设定值时，油层供液能力强，系统自动提频，上调冲次，加速排液；当监测到动液面低于设定值时，油层供液能力弱，系统自动降频，下调冲次，放缓排液。使抽油泵始终在理想的供液能力范围内高效排液工作。

2　智能调控采油主要工作系统

2.1　智能监测系统

2.1.1　动液面智能监测

智能调控采油的关键参数是动液面，动液面是油井生产稳定时，油管与套管之间的环形空间内的液面，油井通过动液面计算抽油泵沉没度和井底流压，依据动液面变化制定油井工作制度。动液面反应油井地层供液能力的强弱，地层供液能力是决定油井产量和持续性的关键性因素。其准确程度直接决定了智能调控采油技术能否成功应用。动液面智能监测是以音标法为基础，采用亚声波作为回波信号，频率小于20Hz的亚声波在油套环形空间内传播距离远，能量消失的慢，测出率和自动识别率高。采用两种方式发声：在高套压下回收套管气发声，在低套压下使用打气泵将套管气打入井中产生亚声波声源，实现连续自动测试动液面。通过现场试验，确定了不同套压下对应的声速值，并测出了气液过渡带的普遍厚度，从而为不具备使用回音标的油井动液面测试提供了准确的测试方法，对稠油热采井尤为适用。

2.1.2　示功图智能监测

由于热采稠油井油套环形空间内工况复杂，动液面测试技术一旦出现故障，将直接影响调控，为预防因液面测不出或测不准造成调控失效，系统集成了示功图智能监测分析功能，可通过示功图测试仪按照固定频率定期进行测取功图，并可在调控失效时，立刻绘制示功图，同时提示报警。系统提示转为人工控制，方便技术人员维修，使地质人员及时对井下供液状况做出辅助评价，保障抽油机安全稳定生产。示功图测试仪主要由位移传感器、载荷传感器、单片机处理器、小无线单元等部件组成。通过位移传感器和载荷传感器，按照预先设定好的固定间隔时间，定期定时测试抽油机光杆位移与悬点载荷，同时将数据输送给单片机处理器完成数据处理及信号转换，再通过小无线单元把数据输传给智能控制柜采集数据终端。

2.1.3　优化管控箱

在优化管控箱主要由RTU、控制模块、变频器、电参模块及通讯模块。当RTU接收到动液面的测试数据或示功图测试仪的数据后，进行分析计算处理变换并储存，可以绘制出光杆的移动示功图。电参模块按设定时间定期测试电动机电参数据，并传给RTU储存。RTU可将数据和功图显示出来供技术人员查看。RTU定期会将数据转换成信号传递给通讯模块，通过GPRS信号传输给中心控制系统的GPRS路由器。通讯模块接收到中心控制系统的管控命令后，传递给RTU将数据转换输传给控制模块，由其根据命令灵活调动变频器，进而控制抽油机上电动机自动改变抽油杆上下往复冲次，带动抽油泵内活塞运动速度与泵腔内进液速度相互匹配，达到最大泵效。

2.2　中心监督管控系统

中心监督管控系统的核心是GPRS路由器数值处理中心，它包括动态数值交换机制、自动分析控制软件、动液面算数软件、功图计算软件、数据库和网页显示软件。首先动态数值交换机制获得GPRS路由器传递的GPRS信号后，将信号变换为数值信号储存至数据库内，动液面算数软件和功图计算软件从数据库内提取需要的各种数据并分析计算，将结果储存到数据库中，工人通过网页显示软件与数据库进行对接沟通，从数据库中获得数据，并发布自动管控命令，自动管控软件依据得到的多种参数和动液面设计值做数据筛选，将命令传递给动态数值交换机制，动态数值交换机制将数值信号变换成GPRS通讯信号输送给GPRS路由器，将信号传递给优化管控箱内通讯模块。

2.3　自动保护管控系统

自动保护管控系统由断路器、交流接触器、热继电器、中间继电器等组成。变频运行过程中出现故障自动切换工频运行，保护自身变频器；当外接电网出现大电压、大电流时，主开关跳闸，切断整个供电线路，保护整个设备；当电源电压下降或瞬时停电时，直流母线电压会下降，变频器通过降低输出频率，使电机转速降低，负载的惯性能量回馈到直流一侧，维持直流电压高于欠压动作值，避免因欠压而停机；当电机带有大惯性负载并快速停车时，或在运行过程中由于负载突变等原因引起短时再生制动时，变频器的直流母线电压会上升，通过调整输出频率和自动延长减速时间、降低制动转矩，以控制直流母线电压的稳定。

2.4　自动报警管控系统

为了防止出现特殊异常状况，增加了自动报警功能，随时监测油井状态变化。对于达到运算出错、基本参数输入有误，以及实际泵效位于参数过大区域、位于参较小区域、位于待落实区域、位于断脱漏失区域内等等；或者井口温度、压力、动液面、冲次、套压以及电机电流最大实际载荷超过规定范围；或者串口设备通信、变频器、电度表读取等参数出现故障；或者出现抽油杆断杆、管漏和卡泵等特殊情况出现时，自动报警。同时调整油井相关参数，减小损失。不同情况有不同的报警等级，根据等级，对采油系统设备进行自动控制保护。

3 现场试验应用

3.1 试验井组情况简介

杜 32-52-K36 井组隶属于杜 229 断块蒸汽驱开发先导试验区 7 个井组之一，位于区块中部，开发层位兴Ⅳ～Ⅴ组，井组含油面积 0.03km²，油层平均厚度 28.4m，地质储量 21.1×10⁴t。井组于 2009 年 12 月份由蒸汽吞吐开发转为蒸汽驱开发，转驱后井组累计注汽 24.4×10⁴t，累产液 28.3×10⁴t，累产油 4.4×10⁴t，油汽比 0.18，采注比 1.16，阶段采出程度 54.3%。井组为反九点正方形井网，共有 9 口井，1 口中心注汽井，周围 8 口生产井，试验前 8 口生产井，平均日产液 28.1t，日产油 4.2t，含水 85.2%，井底流压 2.45MPa。根据生产效果将 8 口生产井分为两类，正常受效生产井 5 口，受效弱井 3 口。因油井分布较为分散，井与井之间距离较远，人工定期监测并操控能力有限，时常管控及时性差，部分井供液能力与抽油泵排液量时常不匹配，不能及时被发现，泵效低，造成泵体磨损，增加作业成本和浪费电能，因此，对 8 口生产井全部安装智能调控采油设备，提高系统运行效率。

3.2 应用效果分析

实施智能调控采油技术，对油井生产动态实时监测，依据动液面变化，自动智能变频调速，改变抽油杆冲次，实现抽油泵供排平衡，提高泵效。下面举例 2 口典型井智能调控采油效果跟踪情况。

3.2.1 杜 32-51-37 井应用情况

该井属井组中汽驱受效较好井，油层中深 998m，泵深 960m，泵径 φ57mm，光杆冲程 3m，安装智能调控系统前后生产中，测试动液面比较稳定，冲次、产液量和泵效变化显著。

通过安装智能调控系统后，设定自动控制动液面高度 600m，阶段生产 20d 对比发现，实施后在线监测的动液面数据与实施前对比，误差不大，基本比较吻合，曲线显示比较平稳，动液面数据基本维持在 500～550m 之间波动，说明该井供液情况比较稳定，注采井间连通性较好，蒸汽驱替持续比较平稳有效。实施后自动监测动液面较高，泵沉没度在 400m 以上，供液能力充足，系统自动控制电机调频提速，抽油杆冲次从实施前的每分钟 5 次提高到 6 次，抽油泵排量增加，日产液量增加（图 1、图 2），由实施前平均 23.4t/d 提高到 31.0t/d，日产液提高了 7.6t；泵效由实施前的平均 28.4%，提高到实施后的 31.3%，提高了 2.9%，日耗电量从 243kW·h 降到 196kW·h。

3.2.2 杜 32-54-36 井应用情况

该井属井组中汽驱受效较弱井，油层中深 1022m，泵深 980m，泵径 φ57mm，光杆冲程 3m，安装智能调控系统前后生产中测试动液面比较稳定，冲次、产液量和泵效变化明显。

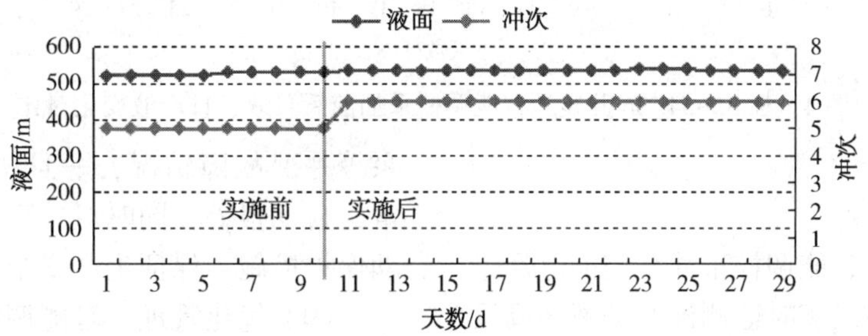

图 1　杜 32-51-37 井实施智能调控采油前后液面、冲次变化对比

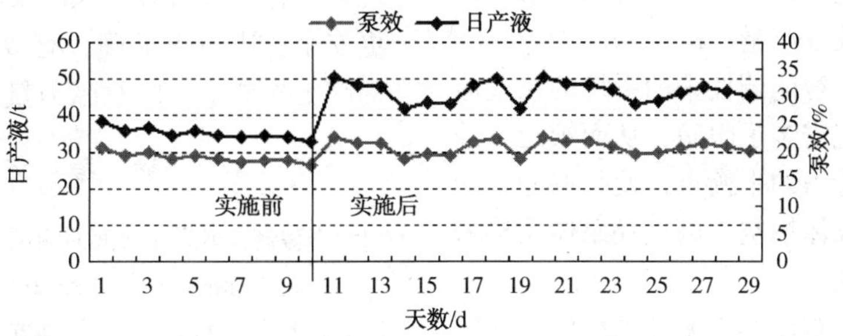

图 2　杜 32-51-37 井实施智能调控采油前后日产液、泵效变化对比

通过安装智能调控系统后，设定自动控制动液面高度700m，阶段生产20d对比发现，实施后在线监测的动液面数据与实施前对比，误差不大，基本比较吻合，曲线显示比较平稳，动液面数据基本维持在800m左右波动，说明该井供液情况虽然比较稳定，但动液面较低，抽油泵沉没度在200m以下，供液能力不够充足，注采井间连通程度较差，蒸汽驱替受效较弱。系统自动控制电机调频减速，冲次从实施前的5次降低到4次，缓慢抽吸油液，留出充足的时间让油液入泵，提高泵效，日产液量虽然变化不大，维持在15t左右，但泵效由实施前的平均27.9%，提高到实施后的34.8%，提高了6.9%，(图3、图4)；日耗电量从212kW·h降到173kW·h。通过井组整体实施智能调控采油技术试验前后对比，阶段生产220d，井组整体增油1100t，油汽比0.24，采注比达到1.32，平均单井检泵次数减少1次，检泵周期平均延长32d，同时有效降低了因泵体损耗而检泵、检杆等作业费用，节约了电能，避免了抽油机系统及电能的无效损耗和浪费，可见，智能调控采油技术系统，完全可以替代人工手动操作管控调节采油，不但能提高系统效率，节能降耗，增加经济效益，而且油井供液量充足时，产液量也会显著增加，完全适应蒸汽驱现场实际生产需求，保证蒸汽驱开发平稳顺利进行。

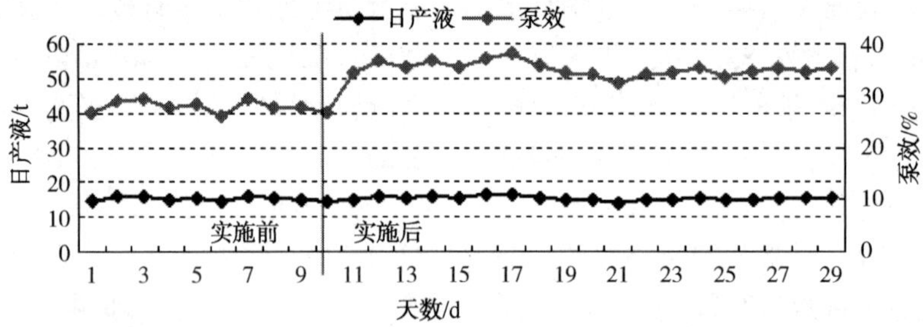

图3　杜32-54-36井实施智能调控采油前后液面、冲次变化对比

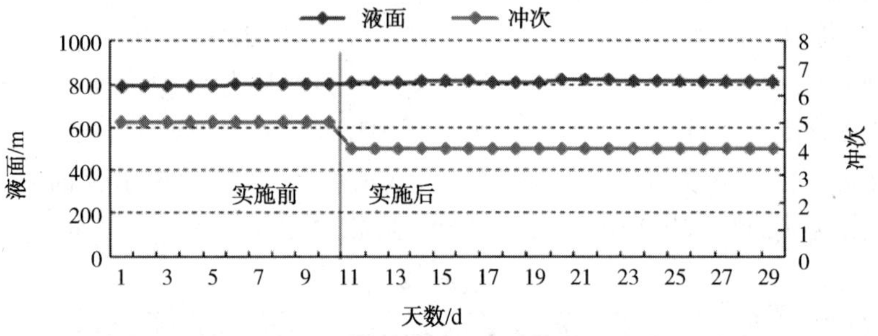

图4　杜32-54-36井实施智能调控采油前后泵效、日产液变化对比

4　结语

(1) 提高产量。智能调控采油系统能够通过多种传感器，同步在线实时监测油井动液面高度及悬点载荷等参数动态变化，并测算油井供液能力，自动调整抽油机平稳运行，维持抽油泵供排平衡，有效提高泵效及产量。

(2) 降耗节能。智能调控采油系统的在线监测相当于为机采系统安装了眼睛，从而锁定了油井供液能力与泵排能力的平衡点，使每一冲程的泵效最大化，避免泵体抽空干磨损耗泵体及机采系统，同时节省能耗。

(3) 安全生产。智能调控采油系统的示功图绘制监测功能，能够实时监测出杆断、管漏、卡泵等井况故障情况，一旦机采系统出现生产异常，自动报警，同时对故障进行诊断，并启动自动保护措施，保证生产安全。

(4) 优化管理。智能调控采油系统可以自动在线实时监控抽油机等机采系统的工作动态，实现数字化高效管理，及时发现油井故障，使生产更安全，决策更准确，有效节省大量人力资源，提高工作效率。吨贡献力量。

参考文献

[1] 李瑷辉. 难测井动液面测试方法研究[J]. 中国石油和化工标准与质量，2012(05)：51.

[2] 赵宏奇. 动液面录取辅助方法的研究与应用[J]. 现代商贸工业，2012(05)：191.

[3] 王化平. 提高深井动液面测试成功率方法探讨[J]. 内蒙古石油化工，2013(09)：74-75.
[4] 孙东，崔晓霖，齐光峰，等. 基于动液面连续监测的油井间开优化方法[J]. 石油石化节能，2012(08)：1-2.
[5] 王国栋. 动液面测试干扰因素分析[J]. 山东工业技术，2013(10)：76.
[6] 孙秀英，黄国忠，李艾红，等. 油井动液面的求解方程推导及与应用，河南石油[J]，2004(S1)：54-55.
[7] 魏佳超，田新民，能学春. 新型动液面测试设备的试验与应用[J]. 设备管理与维修，2011(S1)：84-86.
[8] 郑晓旭. 油井动液面录取辅助方法研究与应用[J]. 内蒙古石油化工，2013(07)：129-130.
[9] 李伟强. 基于STM32的智能采油控制系统[J]. 信息记录材料，2018(01)：218-219.
[10] 陈志军. 基于动液面的智能采油控制系统[J]. 科技资讯，2001(12)：58.
[11] 杨志，蔡龙浩等. 井下泵功图获取动液面深度的计算方法[J]. 石油地质与工程，2013(03)：139-141.
[12] 何建中. 抽油机在线监测及自动控制技术研究与应用[J]. 石油机械，2012(02)：51-53.
[13] 张海浪，李苹，谢启安，等. 功图计算动液面的方法初步研究和应用[J]. 青海石油，2007(02)：31-35.
[14] 柴满州. 抽油机井遥测技术[J]. 石油钻采工艺，2002(01)：50-53.
[15] 乔森. 间歇采油的智能控制系统[J]. 油气田地面工程，2009(04)：49-50.
[16] 徐光，凌云峰，曹宝良，等. 新型智能间歇式采油原理分析及应用[J]. 机电设备，2006(05)：6-10.
[17] 高长乐，董宏宇，龚晓明，等. 调径变矩节能抽油机平衡方案研究[J]. 石油机械，2002(11)：40-43.
[18] 李敏，崔爱玉，宁刚，等. 抽油机节能技术的探讨[J]. 油气田地面工程，2002(04)：116-117.
[19] 刘三威，王海，张连明，等. 文留油田抽油机井系统效率影响因素研究[J]. 断块油气田，2002(04)：66-68.

探评井方案一体化研究与设计

范德军　王洪雨　龙　涛

(中国石油大港油田信息中心)

摘　要　本文主要阐述了探评井项目在靶场踏勘、井轨迹设计以及钻井方案研究与分析过程中存在的问题，并提出了按照一体化战略思维和方法，设计探评井方案优选技术方案，实现地面地下一体化靶区优选、地质工程一体化井轨迹优化、技术经济一体化钻井方案优选，从而提高了钻井方案研究效率和精度、降低了钻井成本，实现了探评井项目一体化管理水平，助推油田公司500万吨上产战略目标实现。

关键词　钻井方案；一体化；靶区优选；方案优选；井轨迹优化

1　背景

作为开发50余年的老油田，大港油田采出程度高，资源、产量、效益等结构性矛盾日渐突出。为突破现有模式、提质增效，油田公司近年来创新实施一体化战略，实现各业务有效衔接、高效沟通、同步同向。信息技术为一体化战略实施开展提供了重要平台支持，其中数据共享、协同环境、大数据分析为一体化战略的实施提供了全面的信息技术支撑。

一体化战略已经成为油田公司提质增效的主要途径，当前各业务、各环节均在大力开展相关工作，作为其中关键环节，相关的流程有待优化。

问题1：地面井场与地下靶点优选有待优化。当前通过地下靶点，明确地上井场，再实际踏勘井场是否可行，若井场在敏感区域内，则需要改靶点或换井场进而满足地面要求，如此反复浪费了资源、降低了效率。

问题2：轨迹优化与工程防碰设计一体化有待加强。依据井位设计开展的轨迹设计及防碰设计，任何环节不符合要求，需要重新进行轨迹优化甚至重新开展井位设计，从而降低工作效率。

问题3：井轨迹设计、优化技术、经济一体化有待提升。井轨迹确定后交由造价中心根据设计进行钻前的投资预算，业务人员不能实时了解造价情况，仅从专业技术角度考虑的井轨迹设计，忽略了投资预算，造成成本过高、经济效益不明显。

2　解决思路与方法

针对探评井项目前期现状，通过数据共享加强一体化应用，实现地上与地下一体化、地质与工程一体化、技术与经济一体化，寻找各业务平衡点是解决上述问题的主要思路。因此利用信息技术构建探评井一体化研究研究与设计系统，构建二维、三维地形地貌与地下油气藏综合展示体系，实现井位设计、轨迹优化、投资预算及方案优选，全面推动探评井项目一体化实施，实现效益最大化。

2.1　系统架构

该系统从数据、服务、应用三大层面入手，基于SOA技术进行开展，实现系统数据、服务、应用的简单复用，通过数据的集中管理、各功能的服务化构建、最终形成面向用户的各类应用功能，实现油藏评价项目前期的一体化开展(图1)。

2.2　功能架构

系统主要规划项目动态、地面踏勘、轨迹优化、效益评价、试油方案优选、考核评估等功能模块(图2)。

3　关键技术研究

3.1　“深度学习”在井轨迹设计中的优化技术

通过“深度学习”，根据目的层构造、沉积、砂层、油层等成果数据特点，研究基于数据变量、模式等关键点的对应分析方法，对用户定义区块的数据进行关联性分析，结合钻井进尺等推荐最优轨迹。

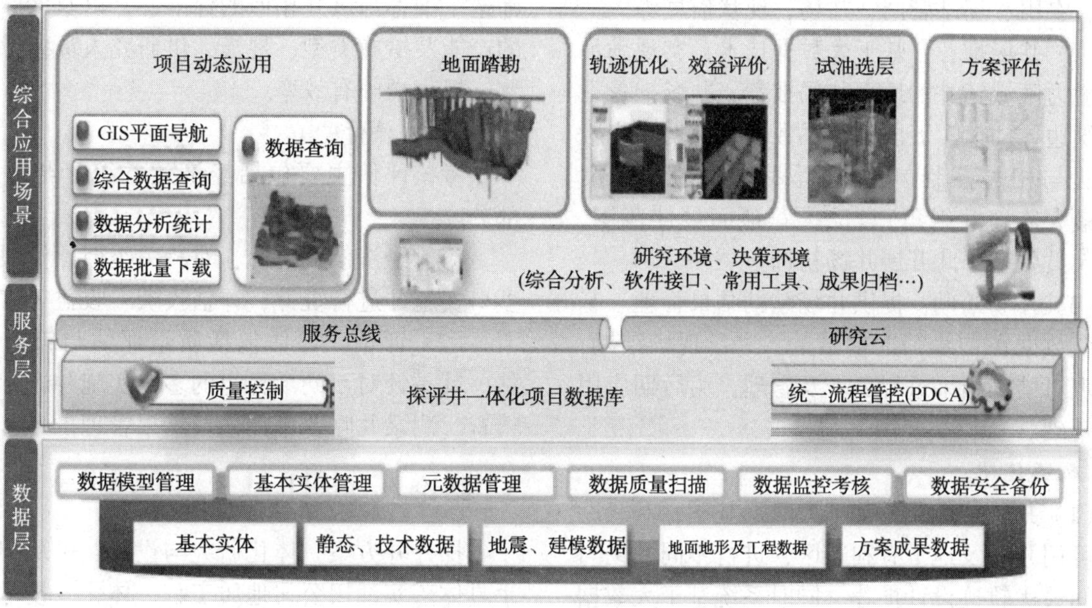

图1　系统技术架构图

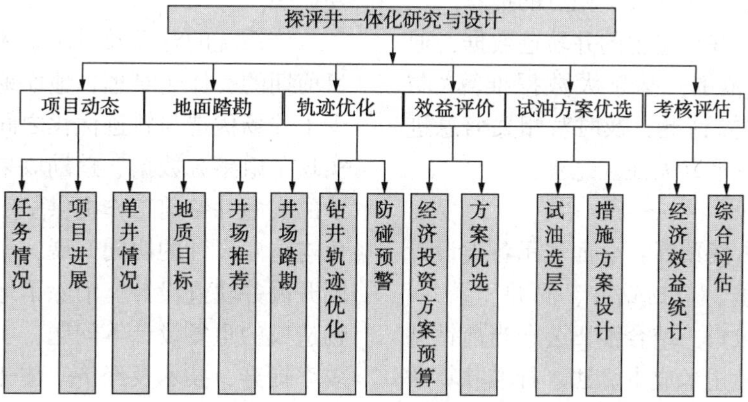

图2　系统功能架构图

3.2　大数据分析技术在试油选层中的应用技术

通过对各类资料特征及参数关联性研究分析，基于聚类算法，探索出探评井措施决策的特征变量、分析试油选层失败的主导因素、构建区块、层位试油选层模型，找出潜力待试层。

3.3　数据可视化技术

系统出提供常规可视化展示技术外，对常用平面成果图(GEOMAP、双狐等)解编功能进行集成，且通过三位立体引擎进行展示。

4　系统开发及应用实践

4.1　项目动态

项目动态功能从探评井项目部任务情况、项目情况、单井情况等角度出发，给各级用户整体的信息展示，以明确当前现状。

(1) 任务情况：整体展示探评井项目任务开展情况。包括井数、进尺、投资任务完成情况以及钻井全生命周期(地面、轨迹、设计、钻井、试油、储量等阶段)进展统计，可直观从井、任务等不同维度查看相关具体信息。

(2) 项目进展：图形化展示探评井项目进展情况。包括钻井进度，井位部署、钻井工作量完成、试油工作量完成、储量完成、投资完成等具体情况，同时可以单井为单位查看详细信息。

(3) 单井情况：以井位单位展示相关评价项目信息。包括单井设计、钻井、试油、生产等全生命周期信息。

4.2　地面踏勘

(1) 地质目标：基于成果数据及 GIS 信息进行综合查询展示。其中成果数据主要包括构造图、等厚图、属性图、沉积相图等；GIS 信息包括地面基本信息及敏感信息，如环保红线、政府规划、农田、场站管网、井场、现状信息等。

(2)井场推荐：基于大数据技术，实现满足地下潜力区域钻井的地面井场推荐。井场推荐主要提供边界插值、五段制及系数法。根据用户所选算法与相关控制参数(拾取间距、造斜深度点、最大造斜井斜角)自动推荐地面最佳范围，研究人员可基于此开展井场初选。

(3)井场踏勘：提供井场踏勘结果管理。基于系统数据在初步筛选基础上，进行现场踏勘，并实现对踏勘结果进行更新及管理，为后期应用奠定基础。

4.3 轨迹优化

(1)井轨迹优化：基于大数据基础，对踏勘标记可用井场及地下有利靶区，进行不同井场与靶点间最优轨迹设计推荐。同时系统基于大数据分析可通过研究人员确定的靶点区域、井场区域，结合最优轨迹设计实现最优靶点的推荐。

(2)防碰预警：基于完善的井轨迹数据，通过设置设计井防碰范围，基于大数据推算“防碰”(即新井穿过老井)情况，及时对相关信息进行预警，供研究人员重点关注。

4.4 效益评价

(1)经济投资方案预算：全面展示各类设计相关的投资费用估算，包括钻井、测井、录井、试油、措施的费用投资，结合油田公司当前钻井的主要造价方法，使用米成本算法、标准井算法以及15定额算法计算各类设计的费用估算。

(2)钻井方案优选：基于不同井场、不同井轨迹投资费用总体运算(地面、钻井、录井、测井、试油、措施)，优选投资最佳方案。

4.5 试油方案优选

(1)试油选层：利用大数据技术，以该区域的完钻井数据为基础，针对目的层进行评估，明确试油或措施的必要。

(2)措施方案设计：依据该井的深度、层位、区块、孔渗等参数，基于大数据技术，自动筛选、推荐与该井相似的标准井，以及该标准井的产能及措施类型、规模，供研究人员参考、借鉴，提高措施有效率。

4.6 考核评估

考核评估主要包括经济效益统计与评估两部分

(1)经济效益统计：对相关类似评价项目的多口实施井进行统计，评估投资、收益等信息。

(2)评估：评估包括质量评估与符合率评估。其是针对不同项目组的多口实施井进行质量检查、测录井吻合率评估及结果管理。

5 结论

探评井方案一体化研究与设计，是从细节入手具体落实油田公司地质工程一体化、技术经济一体化战略的体现，是探评井项目提质增效的主要抓手。

该系统的开发及应用整体上实现了探评井项目前期的一体化管理，地面地下一体化的应用减少了井场优选与轨迹优化之间的重复工作，同时实现了敏感源数据、踏勘成果数据的管理，为后续的实施井钻前工作提供坚实的基础；井轨迹优化与防碰设计的协同开展，实现了地质与工程协同开展井轨迹设计，消除了地质、工程间沟通不畅造成的重复设计等问题，实现了资源的节约及效率提升；技术及经济一体化的实施，明确了不同轨迹情况下的投资预算，结合油藏情况，整体考虑经济可行性，实现钻井轨迹的最优选择，达到效益最大化。

本项目的开展还利用了大数据、云计算等相关信息技术，其可以基于已有数据实现井场、靶点、井轨迹最优推荐，试油及措施方案的优选，快速实现经济效益的估算，后续将进一步优化相关模型，进一步提升其准确性，更好的为探评井项目前期一体化管理提供信息技术支持。